시대에듀

2025 시대에듀
축산기사·산업기사 한권으로 끝내기

Always with you

사람이 길에서 우연하게 만나거나 함께 살아가는 것만이 인연은 아니라고 생각합니다.
책을 펴내는 출판사와 그 책을 읽는 독자의 만남도 소중한 인연입니다.
시대에듀는 항상 독자의 마음을 헤아리기 위해 노력하고 있습니다.
늘 독자와 함께하겠습니다.

축산기사·산업기사는 육류 사용의 증가에 따른 축산업 규모의 확대와 더불어 가축사육의 고도기술이 필요함에 따라 가축을 합리적으로 사육할 수 있는 전문인력을 양성함으로써 품질 좋고 안전한 축산물을 생산·공급하고, 국제경쟁에 대처할 수 있는 축산기술을 발전시키기 위하여 제정된 자격제도이다.

축산에 관한 기술의 이론과 지식을 가지고 가축의 생산관리, 경영관리 등의 기술업무를 수행하며, 구체적으로 질 좋은 유제품, 육류, 난류와 같은 축산물을 생산하기 위하여 유전자조작을 통해 새로운 형질의 가축을 생산·개선하고 소, 돼지, 닭, 토끼, 양, 벌과 같은 가축을 사육·번식·관리하는 직무를 수행하며, 선을 통한 가축의 생산성 향상을 위해 효율이 높은 사료를 개발하고, 보존자원을 동물의 먹이로 사용할 수 있는 새로운 사료자원을 개발하는 업무를 수행하고 있다.

자격증·공무원·금융/보험·면허증·언어/외국어·검정고시/독학사·기업체/취업
이 시대의 모든 합격! 시대에듀에서 합격하세요!
www.youtube.com ➜ 시대에듀 ➜ 구독

PREFACE 머리말

시대에듀에서는 가장 효율적인 합격노하우를 수험생들에게 제시하기 위해 다음과 같은 특징을 가지고 본 도서를 출간하게 되었다.

첫째, 핵심이론+적중예상문제+기출문제 3단계로 구분하여 본 도서 한 권으로 기본기를 다지고, 능동적으로 시험에 대비할 수 있도록 하였다.

둘째, 출제기준과 실제 기출문제를 철저하게 분석해 핵심이론을 엄선함으로써 학습부담감을 줄이고, 보다 효율적인 학습이 가능하도록 하였다.

셋째, 최근 출제된 기출복원문제와 상세한 해설을 수록하여 수험생 스스로 출제경향을 파악하는 것은 물론, 학습방향을 세우는 기회로 삼도록 하였다.

동물산업의 대상이 소, 돼지, 닭 등의 주요 축종으로부터 모든 동물로 확대되고 있는 현 시점에서, 부디 여러분들이 우수한 전문자격인으로 거듭나 시설자동화 및 유전공학적 기법에 의한 생산성의 증가와 새로운 기능성 물질의 창출을 탐색하는 일 등에 앞장서기를 바란다. 아울러 수험생 여러분의 건투와 건승을 기원한다.

편저자 올림

시험안내

축산기사(Engineer Livestock)

진로 및 전망

- 축산관련 협동조합, 축산물 유통회사, 유가공회사, 사료회사, 질병방역, 축산 관련 공무원 등으로 진출할 수 있고, 농장을 경영하거나 농장 근무, 자영업 등에 종사할 수 있다.
- 동물산업의 대상이 소, 돼지, 닭 등의 주요 축종으로부터 모든 동물로 확대되고 있으며, 시설자동화 및 유전공학적인 기법에 의한 생산성의 증가와 새로운 기능성 물질의 창출을 탐색하는 등 축산 관련 산업도 전문화되고 있다.

시험일정

구 분	필기원서접수	필기시험	필기합격자 발표	실기원서접수	실기시험	최종 합격자 발표
제1회	1월 하순	2월 중순	3월 중순	3월 하순	4월 하순	6월 중순
제2회	4월 중순	5월 초순	6월 초순	6월 하순	7월 하순	9월 초순
제3회	6월 중순	7월 초순	8월 초순	9월 초순	10월 중순	12월 중순

※ 상기 시험일정은 시행처의 사정에 따라 변경될 수 있으니, www.q-net.or.kr에서 확인하시기 바랍니다.

시험요강

❶ **시행처** : 한국산업인력공단
❷ **관련 학과** : 대학 및 전문대학의 축산(학)과, 축산경영학과, 축산개발과, 사료영양학과, 유가공학과 등
❸ **시험과목**
  ㉠ 필기 : 1. 가축육종학 2. 가축번식생리학 3. 가축사양학 4. 사료작물학 및 초지학
           5. 축산경영학 및 축산물가공학
  ㉡ 실기 : 축산 실무
❹ **검정방법**
  ㉠ 필기 : 객관식 4지 택일형, 과목당 20문항(2시간 30분)
  ㉡ 실기 : 필답형(2시간 30분)
❺ **합격기준**
  ㉠ 필기 : 100점을 만점으로 하여 과목당 40점 이상, 전 과목 평균 60점 이상
  ㉡ 실기 : 100점을 만점으로 하여 60점 이상

축산산업기사 (Industrial Engineer Livestock)

진로 및 전망

- 축산 관련 협동조합, 축산물 유통회사, 유가공회사, 사료회사, 축산 관련 공무원 등으로 진출할 수 있고, 농장을 경영하거나 농장 근무, 자영업 등에 종사할 수 있다.
- 동물산업의 대상이 소, 돼지, 닭 등의 주요 축종으로부터 모든 동물로 확대되고 있으며, 시설자동화 및 유전공학적인 기법에 의한 생산성의 증가와 새로운 기능성 물질의 창출을 탐색하는 등 축산 관련 산업도 전문화되고 있다.

시험일정

구 분	필기원서접수	필기시험	필기합격자 발표	실기원서접수	실기시험	최종 합격자 발표
제1회	1월 초순	2월 중순	3월 하순	3월 하순	4월 하순	6월 하순
제3회	8월 초순	9월 초순	9월 하순	10월 초순	11월 초순	12월 중순

※ 상기 시험일정은 시행처의 사정에 따라 변경될 수 있으니, www.q-net.or.kr에서 확인하시기 바랍니다.

시험요강

❶ **시행처** : 한국산업인력공단
❷ **관련 학과** : 대학 및 전문대학의 축산(학)과, 축산경영학과, 축산개발과, 사료영양학과 등
❸ **시험과목**
   ㉠ 필기 : 1. 가축번식육종학 2. 가축사양학 3. 축산경영학 4. 사료작물학
   ㉡ 실기 : 축산 실무
❹ **검정방법**
   ㉠ 필기 : 객관식 4지 택일형, 과목당 20문항(2시간)
   ㉡ 실기 : 필답형(2시간)
❺ **합격기준**
   ㉠ 필기 : 100점을 만점으로 하여 과목당 40점 이상, 전 과목 평균 60점 이상
   ㉡ 실기 : 100점을 만점으로 하여 60점 이상

출제기준

2025 축산기사·산업기사 한권으로 끝내기

축산기사 필기

과목명	가축육종학	가축번식생리학	가축사양학
주요 항목	• 기본적 유전현상 • 양적 형질의 유전과 변이 • 선발 • 교배방법 • 축종별 육종	• 생식기관의 구조와 기능 • 생식세포의 형성과 생리 • 번식에 관련된 내분비작용 • 가축의 번식생리 • 가축의 비유생리 • 번식의 인위적 지배 • 번식장애	• 사료 내의 영양소 • 소화기관과 소화·흡수 • 가축의 사양원리 • 축종별 사양관리 • 축산시설 및 위생·방역관리 • 축산환경관리 • 동물행동 및 복지

과목명	사료작물학 및 초지학	축산경영학 및 축산물가공학
주요 항목	• 목초의 분류와 특성 • 초지조성 • 초지의 관리 및 이용 • 사료작물 재배 • 사료작물의 이용 • 사료의 종류와 특성 • 사료의 배합과 가공	• 축산경영의 특징과 경영자원 • 축산경영 계획 및 조직화 • 축산경영관리 • 축산경영분석 및 평가 • 축산물 유통 • 유가공 • 육가공

축산산업기사 필기

과목명	가축번식육종학	가축사양학	축산경영학	사료작물학
주요 항목	• 가축번식 • 가축육종	• 가축에 필요한 영양소 • 소화기관과 소화·흡수 • 가축 사양의 원리 • 종축별 사양관리 • 축산 시설 및 위생·방역 관리 • 축산환경관리 • 동물행동 및 복지	• 축산경영의 특징과 경영자원 • 축산경영 계획 및 조직화 • 축산경영관리 • 축산경영 분석 및 평가 • 축산물 유통	• 사료작물 • 목초류 • 사료의 종류와 특성

목 차

PART 01 | 가축육종학
- CHAPTER 01 　기본적 유전현상 　3
- CHAPTER 02 　양적 형질의 유전과 변이 　39
- CHAPTER 03 　선 발 　59
- CHAPTER 04 　교배방법 　78
- CHAPTER 05 　축종별 육종 　101

PART 02 | 가축번식생리학
- CHAPTER 01 　생식기관의 구조와 기능 　169
- CHAPTER 02 　생식세포의 형성과 생리 　188
- CHAPTER 03 　번식에 관련된 내분비작용 　199
- CHAPTER 04 　가축의 번식생리 　224
- CHAPTER 05 　가축의 비유생리 　284
- CHAPTER 06 　번식의 인위적 지배 　297
- CHAPTER 07 　번식장애 　335

PART 03 | 가축사양학
- CHAPTER 01 　사료 내의 영양소 　359
- CHAPTER 02 　소화기관과 소화 · 흡수 　421
- CHAPTER 03 　사료의 종류와 특성 　443
- CHAPTER 04 　사료의 배합과 가공 　481
- CHAPTER 05 　가축의 사양원리 　506
- CHAPTER 06 　축종별 사양관리 　535
- CHAPTER 07 　축산시설 및 위생 · 방역관리 　591
- CHAPTER 08 　축산환경관리 　631
- CHAPTER 09 　동물행동 및 복지 　658

목차

PART 04 | 사료작물학 및 초지학

CHAPTER 01	목초의 분류와 특성	675
CHAPTER 02	초지조성	717
CHAPTER 03	초지의 관리 및 이용	771
CHAPTER 04	사료작물 재배	800
CHAPTER 05	사료작물의 이용	840

PART 05 | 축산경영학 및 축산물가공학

CHAPTER 01	축산경영의 특징과 경영자원	893
CHAPTER 02	축산경영계획 및 조직화	929
CHAPTER 03	축산경영관리	967
CHAPTER 04	축산경영분석 및 평가	989
CHAPTER 05	축산물 유통	1025
CHAPTER 06	유가공	1049
CHAPTER 07	육가공	1067

부록 | 과년도+최근 기출복원문제

2019년	축산기사·산업기사 과년도 기출문제	1089
2020년	축산기사·산업기사 과년도 기출문제	1169
2021년	축산기사·산업기사 과년도 기출(복원)문제	1255
2022년	축산기사·산업기사 과년도 기출(복원)문제	1353
2023년	축산기사·산업기사 과년도 기출복원문제	1412
2024년	축산기사·산업기사 최근 기출복원문제	1469

PART 01

가축육종학

CHAPTER 01	기본적 유전현상
CHAPTER 02	양적 형질의 유전과 변이
CHAPTER 03	선 발
CHAPTER 04	교배방법
CHAPTER 05	축종별 육종

합격의 공식 시대에듀
www.sdedu.co.kr

CHAPTER 01 기본적 유전현상

PART 01 가축육종학

01 유전물질

1. 유전자의 구조와 기능

(1) 유전자의 구조

① 유전자는 DNA의 일정 구간을 이루는 염기서열이다.
② DNA는 유전정보를 저장하고 있는 물질이고, 뉴클레오타이드가 수없이 많이 연결되어 이루어져 있는 구조이다.
③ DNA의 기본단위 : 뉴클레오타이드로 인산, 당(데옥시리보스), 염기(A, T, G, C)로 이루어져 있다(당 : 인산 : 염기 = 1 : 1 : 1).
④ 인산과 당의 결합은 공유결합, 염기와 염기 사이의 결합은 수소결합이고, 타이민(T)은 아데닌(A)과 결합하고 구아닌(G)은 사이토신(C)과 결합하는데 이것을 상보적 결합이라 한다.
⑤ 유전자의 본질인 DNA는 염기와 당, 그리고 인산으로 이루어진 뉴클레오타이드들의 중합체이다.
⑥ 뉴클레오타이드는 큰 염기인 퓨린(Purine)염기와 작은 염기인 피리미딘(Pyrimidine)염기 사이에서 수소결합을 하며, DNA 이중가닥의 폭은 항상 일정하다.
⑦ DNA의 구조 : 두 가닥의 폴리뉴클레오타이드가 나선형으로 꼬여 있는 이중나선구조이다.
⑧ 게놈(Genome) : 원형질과 함께 완전한 생활기능을 발휘하고 진화에 응하는 최소한도의 염색체 수의 1벌을 의미한다.
　예 동물의 경우 정자(n = 23)와 난자(n = 23)가 가지는 염색체의 총합(2n = 46)

> **더알아두기**
>
> **리보솜**
> 전령 RNA(mRNA)에 내장된 유전정보를 받아서 단백질을 합성하는 세포 내 소기관

(2) 유전자의 기능(DNA와 RNA의 비교)

① DNA는 생명체를 구성하는 단백질 합성명령이 들어 있다.
② DNA에는 유전정보가 저장되어 있고, 세포분열 시 복제된 후 딸세포로 유전정보가 전달된다.
③ DNA는 유전정보를 보유하고, RNA는 유전정보를 발현하는 단백질 합성 시에 작용한다.
④ RNA는 DNA로부터 만들어지며, DNA는 핵 속에서 Transcription Factor의 작용에 의해 RNA를 생성한다.
⑤ DNA 염기의 5탄당은 데옥시리보스(Deoxyribose)이고 RNA 염기의 5탄당은 리보스(Ribose)이다.
⑥ 리보스는 2번 탄소에 −OH기(하이드록시기)가 붙어 있지만 데옥시리보스는 2번 탄소에 −H(수소)가 붙어 있다. 즉, 5탄당의 2번 탄소에 H가 결합해 있으면 DNA이고 OH가 결합해 있으면 RNA이다.
⑦ DNA는 자연적인 분해나 효소에 의한 분해에 잘 견디며, 손상되더라도 반대사슬이 상보적 정보를 가지고 있기 때문에 회복이 가능하나, RNA는 −OH기를 하나 더 가지고 있기 때문에 화학적 반응성이 더 크고 일단 변형되면 회복이 불가능하다.
⑧ RNA는 핵산의 일종으로, 리보스, 염기, 인산 등 세 가지 성분으로 되어 있다.
⑨ DNA 복제 시에는 프라이머가 필요하지만 RNA 복제 시에는 프라이머가 필요하지 않다.
⑩ DNA는 단 한가지 형태뿐이지만 RNA는 DNA의 정보를 직접적으로 받는 mRNA(전령RNA), mRNA로부터 폴리펩타이드(단백질)를 합성하는 데 작용하는 tRNA(운반RNA), 단백질 합성에 작용하는 리보솜의 작용에 관여하는 rRNA(리보솜RNA)로 구분된다.
⑪ DNA의 염기는 A, G, C, T이고, RNA는 A, G, C, U이다.
   ※ **염기의 약자** : A(Adenine), T(Thymine), G(Guanine), C(Cytosine), U(Uracil)
⑫ DNA는 이중나선, RNA는 단일사슬이다.
⑬ 피리미딘계열 염기에는 Cytosine, Uracil, Thymine의 3가지가 있고, 퓨린계열 염기에는 Adenine, Guanine이 있다.
⑭ Cytosine, Adenine, Guanine은 DNA와 RNA에서 공통적으로 존재하는 반면, Thymine은 DNA에서만, Uracil은 RNA에서만 존재한다.

더알아두기

피리미딘과 퓨린
- 피리미딘(Pyrimidine) : 타이민과 사이토신, 질소와 탄소로 구성된 6각형 고리로 이루어짐
- 퓨린(Purine) : 아데닌과 구아닌, 질소와 탄소로 구성된 6각형과 5각형의 2중 고리로 이루어짐

[DNA와 RNA의 비교]

성 분	DNA	RNA
5탄당	데옥시리보스	리보스
염 기	A, T(타이민), G, C	A, U(우라실), G, C
기 능	유전정보저장, 자기복제	유전정보를 전달하여 형질발현, 단백질 합성에 관여
분자구조	2중나선	단일나선
위치장소	핵, 미토콘드리아, 엽록체	핵, 세포질, 리보솜

2. 유전자의 발현과정

(1) 유전자와 형질발현의 개념

① 유전자에 의해 단백질이 합성되고, 단백질에 의해 형질이 나타나는 과정을 형질발현이라고 한다.
② 특정유전자를 가지고 있으면 특정형질이 나타나며, 생물마다 형질이 다른 것은 유전자가 다르기 때문이다.

(2) 발현과정

① 전사(轉寫, Transcription) : 유전정보가 DNA에서 유전자의 전사체인 전령 RNA(mRNA ; messengerRNA)로 흘러가는 과정
② 번역(飜譯, Translation) : mRNA의 정보에 따라 단백질이 합성되는 과정

3. 염색체의 구조와 기능

(1) 염색체의 개념

① 염색체는 가느다란 실처럼 보이는 염색사의 형태로 핵 속에 존재하며, 생명체의 유전물질을 안전하게 보관하고 운반하기 위해 실타래처럼 뭉쳐 이동에 용이한 형태를 이룬다.
② 염색체는 세포분열이 일어날 때 핵 속에 들어 있던 염색사가 응축되어 생긴 막대모양의 물질이다.
③ 염색체는 유전정보를 가진 물질이 가장 많이 존재한다.

(2) 염색체의 구조

① DNA와 히스톤단백질로 이루어져 있다.
② 두 가닥의 폴리뉴클레오타이드 사슬이 서로 마주 보고 나선모양으로 꼬여 이중나선구조를 이루며, 히스톤단백질을 휘감아 뉴클레오솜을 형성한다.
③ 뉴클레오솜은 DNA에 의해 연결되어 있는데, 수백만 개의 뉴클레오솜이 연결되어 염색사를 형성하며, 세포분열 시 염색사가 꼬이고 응축되어 염색체가 된다.
④ 정보의 시작과 끝을 알리는 엑손과 정보가 담겨 있는 인트론으로 구성되어 있다.
⑤ 세포분열 전기에 나타나는 염색체는 유전자 구성이 동일한 2개의 염색분체로 이루어져 있으며, 이들 염색분체는 동원체에 서로 연결되어 있다.

※ **2개의 염색분체** : 분열 전 간기에 DNA가 복제되어 2배로 된 후 각 DNA가 독자적으로 응축되어 각 염색분체가닥을 형성한다(2개의 염색분체는 유전자 구성이 같다).

⑥ 동원체 : 세포분열 시 방추사가 연결되는 염색체 부위를 말한다. 염색체는 두 개의 염색분체로 구성되어 있지만 동원체는 하나이므로 염색체의 수는 동원체의 수와 같다.
⑦ 상동염색체 : 체세포 속에 들어 있는 크기와 모양이 같은 1쌍의 염색체이다.

(3) 세포분열

① 체세포분열(유사분열)
  ㉠ 체세포분열의 개념
    - 생물의 생장과 조직의 재생과정에서 모세포와 유전적으로 동일한 2개의 딸세포를 형성한다.
    - 동물은 몸의 여러 조직에서 체세포분열이 일어난다.
    - 핵분열과 세포질분열로 이루어진다.
  ㉡ 핵분열 : 간기 이후에 염색체가 둘로 나누어져 2개의 딸핵이 형성되는 과정으로 전기, 중기, 후기, 말기로 구분된다.

간기		• 핵막과 인이 뚜렷이 보이고, 염색체는 관찰되지 않는다(염색사 상태로 존재). • DNA가 복제되고, 세포가 생장한다. • 중심체가 복제되어 2개가 된다.
분열기	전기	• 핵막과 인이 사라지고, 염색체가 나타난다(각 염색체는 2개의 염색분체로 되어 있다). • 중심체에서 방추사가 형성되어 염색체의 동원체에 부착된다.
	중기	• 염색체가 세포의 적도판(적도면)에 배열된다. • 염색체가 가장 많이 응축되어 가장 뚜렷해진다(염색체의 형태와 수를 정확히 알 수 있는 시기). • 중심체가 양극에 위치한다.
	후기	• 염색체가 방추사에 의해 양극으로 끌려간다. • 동원체에 붙은 방추사가 짧아지면서 염색분체가 분리되어 양극으로 이동한다.
	말기	• 염색체가 염색사 상태로 풀리면서 핵막이 형성되어 2개의 핵이 뚜렷이 구분된다. • 핵막과 인이 다시 나타나 유전적으로 동일한 2개의 딸핵이 생긴다. • 방추사가 사라지고, 세포질분열이 일어난다.

ⓒ 세포질분열
- 말기가 끝나갈 무렵 세포질분열이 일어나 유전적으로 동일한 2개의 딸세포가 형성된다.
- 적도면 부근의 세포질이 바깥쪽에서 안쪽으로 함입되어 세포질이 나누어진다.
  ※ **생식세포분열(감수분열)** : 유성생식을 하는 생물에서 식물의 난세포와 꽃가루, 또는 동물의 난자와 정자 등의 생식세포가 만들어질 때 일어나는 세포분열이며, 부모세포는 자신이 가진 유전자의 절반만 딸세포에게 전하기 때문에 감수분열이라고도 한다.

② 감수분열
  ㉠ 감수분열(Meiosis)의 개념
   - 생식세포를 만들기 위한 세포분열이다.
   - 생식세포가 만들어질 때는 체세포분열과는 달리 딸세포에는 모세포가 가지고 있는 유전자의 절반만이 전해진다.
  ㉡ 제1감수분열
   - 간기 : 핵막과 인이 뚜렷이 관찰되고, DNA가 복제되며, 세포분열에 필요한 물질이 합성된다.
   - 전기 : 방추사가 형성되고, 핵막과 인이 사라지며, 상동염색체가 쌍을 이루어 2가염색체를 형성한다. 세사기, 접합기, 태사기, 복사기, 이동기로 세분된다.

세사기	DNA의 응축에 의하여 가느다란 섬유모양의 염색사가 관찰되는 시기이다.
접합기	상동염색체가 가까이 근접하여 접합되는 시기로, 2가염색체를 형성한다.
태사기	하나의 염색체가 4개의 염색분체(Tetrad)로 되는 시기로, 교차가 일어난다(굵은 섬유기).
복사기	접합복합체 분해와 2가염색체 일부가 분리되고, 그 결과 교차되었던 부위는 X자형의 키아스마(Chiasma, 교차점) 구조가 관찰되기 시작한다.
이동기	상동염색체가 거의 완전하게 분리되어 중기판으로 이동한다(서로 줄을 지어 붙어 있다).

   - 중기 : 2가염색체(4분 염색체)가 세포의 중앙(적도면)에 배열된다.
   - 후기 : 상동염색체가 분리되어 방추사에 의해 양극으로 이동한다.
   - 말기 : 핵막이 다시 나타나고, 방추사가 사라지며, 세포질분열이 일어나 염색체 수가 반감된 2개의 딸세포가 형성된다.
  ㉢ 제2감수분열(동형분열)
   - 염색분체가 분리되므로 염색체 수에 변화가 없어 동형분열이라고 한다(n → n).
   - 제2감수분열은 체세포분열과 같은 방식으로 일어난다.
   - 전기 : 핵막이 사라지고, 세포는 상동염색체 쌍 중 하나만 가진다.
   - 중기 : 염색체가 적도면에 배열되고, 방추체가 형성된다.
   - 후기 : 염색분체가 분리되어 방추사에 의해 양극으로 이동한다.
   - 말기 : 염색체가 염색사로 풀리고, 핵막과 인 생성, 세포질분열, 4개의 딸세포가 형성된다.

[체세포분열과 감수분열의 비교]

구 분	체세포분열	감수분열
DNA 복제	체세포분열 전 간기의 S기에 일어난다(1회).	제1감수분열 전 간기의 S기에 일어난다(1회).
분열 횟수	1회	연속 2회
상동염색체의 접합	일어나지 않는다.	일어난다(2가염색체 형성).
딸세포의 수	2개	4개
염색체수 변화	2n → 2n	2n → n
기 능	세포증식 → 생장, 재생	생식세포 형성
분열결과	• 생물의 생장 • 상처의 재생 • 단세포 생물의 생식	• 생식세포 형성 　- 식물 : 꽃가루와 난세포 　- 동물 : 정자와 난자
2가염색체	형성하지 않음	제1감수분열 전기에 형성 - 후기에 상동염색체가 분리됨
분열장소	• 동물의 온몸 • 식물의 생장점과 형성층	• 생식기관 　- 동물 : 정소와 난소 　- 식물 : 꽃밥과 밑씨

02 유전자의 작용

1. 멘델의 유전

더알아두기

멘델(Mendel)의 3가지 유전법칙
• 우열의 법칙
• 분리의 법칙
• 독립의 법칙

(1) 우열의 법칙

① 형질이 대립되는 개체끼리 교배시키면 잡종 제1대(F_1)에서는 우성형질만 나타나고 열성형질은 숨어서 표현되지 않는 현상이다.

② 예를 들면 흑색 무각인 암소와 적색 유각인 수소의 교배에 의하여 우성인자인 흑색 무각 송아지만이 생산되는 것이다.

(2) 분리의 법칙

① 잡종 제1대(F_1)에서 나타나지 않은 열성형질이 잡종 제2대(F_2)에서는 우성형질과 열성형질이 일정한 비율(3 : 1)로 나타나는 현상이다.
② 예를 들면 돼지에 있어서 백색인 요크셔(Yorkshire)종과 흑색인 버크셔(Berkshire)종을 교잡시키는 경우 F_2에서 백색과 흑색의 분리비는 3 : 1이다.
- P ---- 요크셔(WW)×버크셔(ww)
  ↓
- F_1 ---------- Ww(백색)×Ww(백색) : 우열의 법칙
  ↓
- F_2 -------- WW : Ww : Ww : ww(백색 3 : 흑색 1) : 분리의 법칙

더 알아두기

멘델의 가설
멘델은 단성잡종교배 실험의 결과를 설명하기 위하여 다음과 같은 가설을 설명하였다.
- 첫째 : 유전형질은 유전자(단위형질)에 의해 지배되고 그 유전자는 개체 속에 쌍으로 존재한다.
- 둘째 : 같은 개체 속에 서로 다른 두 개의 유전자가 함께 있을 때에는 한 가지 형질만 나타나며 나타나는 형질은 우성이고 안 나타나는 형질은 열성이다.
- 셋째 : 개체 속에 쌍으로 존재하는 유전자는 배우자 형성과정에서 하나씩 분리되어 다른 배우자(생식세포)로 분배된다. 따라서 배우자는 유전자를 하나씩만 가진다. → 분리의 법칙으로는 설명이 되지만 우열의 법칙으로는 설명이 되지 않는다.

(3) 독립의 법칙

① 두 쌍의 대립형질이 함께 유전될 때, 각각의 형질은 서로 간섭하지 않고 우열의 법칙과 분리의 법칙에 따라 독립적으로 유전되는데, 이를 독립의 법칙이라고 한다.
② 양성교잡에서 3개 유전자 좌위의 대립인자 간에 어떠한 간섭이 없이 각 대립인자의 유전자들이 독립적으로 유전되는 현상이다.
③ 잡종 제2대(F_2)에서는 표현형의 분리비는 4종류로 9 : 3 : 3 : 1로 나타난다.

더 알아두기

잡종의 F_2 분리비
- 단성잡종 : $(3+1)^1 = 3+1$
- 양성잡종 : $(3+1)^2 = 9+3+3+1$
- 3성잡종 : $(3+1)^3 = 27+9+9+9+3+3+3+1$

> **예제** 각 대립유전자의 빈도가 0.5로 같을 때, 소의 모색은 흑색(B)이 적색(b)에 대하여, 뿔은 무각(P)이 유각(p)에 대하여 얼굴색은 흰색(H)이 다른 색깔(h)에 대하여 우성으로 작용하며 이들 형질들은 각각 독립적으로 유전된다. BbPpHh의 유전자형을 가진 개체 간에서 태어나는 자손 중 흑색 피모, 무각, 검은 얼굴을 가진 개체는 전체 중에서 얼마인가?
>
> **해설**
> - 이 F_1개체에서 얻을 수 있는 배우자의 종류는 BPH, BPh, BpH, Bph, bPH, bPh, bpH 및 bph와 같은 8종류를 얻을 수 있다.
> - 이러한 8가지의 배우자가 서로 임의로 결합할 때 F_2에서 64개의 조합을 형성하거나 유전자형의 종류수는 한 쌍의 유전자에 대해 3가지의 유전자형이 나타나므로, 3×3×3 = 27가지가 된다.
> - 표현형의 종류 수 역시 각 대립유전당 두 가지씩 나타나므로 2×2×2 = 8가지가 된다.
> - 분리비는 (3B+1b)×(3P+1p)×(3H+1h)로써 27BHP, 9BPh, 9BpH, 3Bph, 9bPH, 3bPh, 3bpH, 1bph가 된다.
> ∴ 흑색 피모(B), 무각(P), 검은 얼굴(h)을 가진 개체는 9/64이다.

2. 대립유전자 간의 상호작용

(1) 불완전우성

① 잡종 1대가 완전히 한쪽 어버이의 형질만을 표현하는 경우를 완전우성이라고 하는데 잡종 1대가 양친의 중간적 형질을 나타내는 경우를 불완전우성이라고 하며 그 잡종, 즉 잡종 1대를 중간잡종이라고 한다.

② 이와 같은 유전현상으로는 닭의 역우(Frizzle) 깃털 유전현상에서 볼 수 있다.
  예 닭의 모관과 비모관, 갈색란과 백색란, 각모와 무각모는 불완전우성이라 한다.

③ 육우인 쇼트혼(Shorthorn)종의 피모색 유전에서 적색소와 백색소를 교배시킨 경우 F_2에서 적색 : 조모색 : 백색의 분리비는 1 : 2 : 1이다.

> **더 알아두기**
>
> 완전우성 : 가축의 한 특정형질이 단일 유전자 A의 지배를 받는다고 가정할 때 Aa의 표현형이 AA의 표현형과 같을 때 여기에 작용한 유전현상

> **예제** 젖소품종인 홀스타인에는 r이라는 열성유전자가 있어 붉고 흰 반점이 나타나고 우성유전자인 R은 검고 흰 반점을 나타나게 한다. 만약 열성유전자를 갖고 있는 이형접합체 수소를 열성유전자를 갖고 있는 이형접합체 암소에 교배시킨다면 처음의 새끼가 붉고 흰 반점을 지닐 확률은?
>
> **정답** 1/4

> **더알아두기**
>
> F_2가 1(RR) : 2(Rr) : 1(rr)로 분리되는 이형접합체(F_1)의 표현형 형태는 불완전우성, 공우성이다.

(2) 부분우성

① 대립형질에 있어서 부분적으로 서로 우성으로 작용하는 것을 부분우성이라고 한다.
② 이때의 잡종을 모자이크잡종 또는 구분잡종이라고 한다.
③ 예를 들면 안달루시안종의 표준색은 청색인데, 청색 + 청색에 의한 병아리는 흑색 1 : 청색 2 : 백색 1의 3종으로 분리되며, 이 흑색과 백색을 교잡하면 청색으로 된다. 이것은 흑색과 백색이 서로 깃털에 대해 부분적으로 우성으로 작용하기 때문이다.

(3) 공우성(공동우성)

① 하나의 유전자가 둘 이상의 우성 대립유전자를 가지는 현상이다.
② 공우성은 두 대립유전자의 형질이 함께 나타나는 경우이다.
③ 두 유전자의 형질이 우열성에 관계없이 독립적으로 잡종 F_1에 다 함께 나타나는 유전
④ 예를 들면, 혈액형 대립유전자 A와 B가 만난 AB는 A형의 형질과 B형의 형질을 함께 갖는다. 붉은 털과 흰색 털의 소 사이에서 태어난 송아지의 털 색깔이 섞여 있는 경우이다.

(4) 복대립유전자

① 동일 유전자좌에 3개 이상의 유전자가 있을 때 1개의 유전자가 다른 2개 이상의 유전자와 대립하여 우열관계에 있는 것을 복대립유전자라 한다.
② 복대립유전자는 서로 작용하여 상이한 표현형을 나타내지만, 모두 동일한 형질을 지배하기 때문에 그 작용은 비슷하다.
③ 이것은 원래 동일 유전자였던 것이 돌연변이에 의하여 생긴 것이다.
　예 사람의 혈액형, 누에의 반문, 면양의 뿔유무, 닭의 우모색 등

> **더알아두기**
>
> 비상가적 효과
> - 비상가적 효과는 대립유전자의 우열관계에 따라 나타나는 우성효과와 비대립유전자 간의 상호작용에 의하여 나타나는 상위성효과로 구분한다.
> - 상가적 작용 : 대립유전자 간에 있어 유전자형의 변화에 따라 표현형 능력에 상승효과를 나타내는 유전자작용이다.
> - 초우성 : 대립유전자 간의 상호작용에 의하여 이형접합체의 개체가 동형접합체의 개체보다 성적이 우수한 현상이다.

3. 비대립유전자 간의 상호작용

(1) 보족유전자(Complementary Gene)

① 비대립 관계인 2쌍 이상의 유전자가 독립적으로 유전하면서 기능상 협동적으로 작용하여 양친에게는 없는 새로운 특정형질을 나타내도록 하는 유전자를 말한다.

② 닭의 호두관, 야생우색, 집토끼 및 마우스의 야생모색 등이 그 예에 속하며, 그 F_2(잡종 2대)의 분리비는 9 : 3 : 3 : 1, 9 : 7, 9 : 3 : 4 등으로 된다.

③ 닭의 완두관(rrPP)과 장미관(RRpp)은 모두 홑볏에 대하여 우성이며, F_1에서 호두관이 되며, F_2에서는 호두관 9 : 장미관 3 : 완두관 3 : 홑볏 1로 분리된다.

④ 호두관은 두 개의 우성유전자, 즉 장미관유전자(R)와 완두관유전자(P)가 공존·협력한 결과 생긴 것이며, R이 1개이면 장미관, P가 1개이면 완두관으로 되고, 두 유전자의 열성호모(rrpp)는 역시 공존·협력하여 홑볏이 된다.

> **더알아두기**
>
> 보족유전자의 작용
> 닭의 볏 모양에 관여하는 유전자는 서로 다른 염색체상에 존재하는 장미관유전자(R)와 완두관유전자(P)이다. 이들 유전자 모두를 1개 이상 가지고 있는 개체(R-P-)는 장미관도 아니고 완두관도 아닌 호두관을 나타내게 된다. 이와 같이 몇 개의 비대립유전자들이 하나의 형질에 관여하여 각기 고유의 표현형과는 전혀 다른 제3의 표현형을 만들어내는 유전현상이다.

(2) 상위유전자(Epistatic Gene)

① 유전자좌가 다른 비대립유전자(B)가 우성유전자(A)의 발현을 피복함으로써 발현을 억제시키는 유전자를 상위유전자라 하고, 발현이 억제되는 유전자를 하위유전자라 한다.

② 열성상위 : 열성유전자에 의해 생성된 표현형이 다른 유전자 표현형을 지배

③ 우성상위 : 우성유전자에 의해 표현형이 다른 유전자 표현형을 지배[닭의 우모색, F_2(잡종 2대)의 분리비는 13 : 3]

　예 상위유전자 작용에 의한 생쥐의 유전자형이 BB와 Bb인 것은 검은색을, bb인 것은 갈색을 나타낸다. 색을 발현하는 다른 좌위에서 CC와 Cc는 착색을 하지만, cc는 착색을 방해하여 알비노(Albino)가 된다. 유전자형이 CcBb인 것들 사이에 교배가 이루어졌을 때 새끼 생쥐의 표현형(검은색 : 갈색 : Albino)의 분리비는 9 : 3 : 4이다.

> **더 알아두기**
>
> 비대립유전자의 상호작용
> - 어떤 형질발현에 있어서 2쌍 혹은 그 이상의 비대립유전자들이 직접 또는 간접적인 공공작용에 의하여 표현형이 결정되는 경우를 비대립유전자의 상호작용이라 한다.
> - 상위성 : 비대립유전자들이 상호작용을 함으로써 양친에는 없었던 새로운 형질이 F_2에서 분리되어 나올 때, 이와 같은 상호작용을 유전자의 상위성이라 한다.
> - 서로 다른 유전자 좌위에 있는 비대립 유전자 간의 상호작용에 따른 유전현상에 해당하는 것은 상위유전자작용이다.

(3) 변경유전자

① 자기 자신만으로는 단독으로 형질발현작용을 하지 못하지만 특정 표현형을 담당하고 있는 주유전자와 공존할 때 그 작용을 변경시켜 표현형을 양적 또는 질적으로 변화시키는 1군의 유전자를 변경유전자라고 한다.

② 변경유전자는 한 개 또는 수 개일 수 있으며 특정 유전자형일 때만이 변경작용의 효과가 뚜렷하게 나타난다.

③ **질적 변경유전자에 의해 지배되는 것** : 닭의 무미(Rumpless)에 대한 변경유전자, 홑볏에 대한 장미관 또는 완두관 변경유전자, 갈색란의 농담에 대한 변경유전자 등이 있다.

④ **양적 변경유전자에 의해 지배되는 것** : Holstein종의 모색에 있어서 백반의 크기, 마우스 및 집토끼의 흑색과 백색무늬 등

(4) 동의유전자
① 유전자 작용이 비슷하여 동일한 형질을 나타내는 독립유전자이다.
② 동일 형질의 표현에 대해 비대립관계에 있는 2쌍 이상의 독립유전자가 동일 방향으로 작용할 때 이들을 동의유전자(Polymery)라고 한다.
③ 중복유전자, 복다유전자, 중다유전자 등이 속한다.
  ㉠ 중복유전자 : 대립유전자 2쌍이 어떤 한 형질에 대하여 같은 방향으로 작용하지만 우성유전자 간에 누적적인 효과가 없어 우성유전자를 Homo로 가진 개체와 Hetero로 가진 개체의 표현형은 같고 단지 열성유전자가 Homo일 때에 한해서 표현형이 다를 때 이들을 이중유전자(Duplicate)라고 하며 잡종 2대는 15 : 1로 분리한다.
  ㉡ 중다유전자 : 주로 양적 형질의 유전에 관여하며, 동일 방향으로 작용되는 유전자수가 극히 많고 그 개개의 유전자작용이 극히 미소하며 표현력이 환경변이보다 작은 유전자이다.
  ㉢ 복다유전자 : 유전자들이 누적된 작용역가의 크기에 따라 형질의 표현 정도가 달라지는 경우의 유전자

(5) 억제유전자(Inhibiting Gene)
① 비대립 관계에 있는 2쌍의 유전자가 특정의 한 형질에 관여하는 경우 한쪽의 유전자는 특별한 발현작용이 없으면서 다른 쌍에 속하는 유전자의 작용을 발현하지 못하게 하는 경우의 유전자를 말한다.
② 억제유전자와 피억제유전자는 각기 독립유전을 하므로 F_2에서는 양성잡종 분리비의 변형인 13 : 2 또는 12 : 3 : 1 등의 분리비를 나타낸다.
③ 닭의 품종인 우성백 레그혼(Leghron)종과 열성백 와이언도트(Wyandotte)종의 교배
  ㉠ 억제유전자에 의한 우성백색이다.
  ㉡ F_1은 모두 백색이고, F_2에서는 양성잡종분리비의 변형인 백색 13 : 유색 3의 분리비를 나타낸다.
  ㉢ 유색유전자의 발현이 억제된 것이다.
  ㉣ 닭의 억제유전자는 불완전우성이므로 헤테로(Hetero)상태에서 F_1의 백색 13 중에서 7은 순백색이고, 6은 오백색(순수한 백색이 아님)이다.

> **더알아두기**
>
> 비대립유전자 간의 상호작용
> 보족유전자, 상위유전자, 동의유전자, 억제유전자, 변경유전자 작용 등이 있다.

4. 유전자의 특수작용

(1) 상사유전자

① 표현형은 동일하거나 극히 비슷한 형질을 발현시키지만 전연 별개의 유전자가 관여할 때 이들을 상사유전자(Analogous Gene, Mimic Gene)라고 한다.

② 예를 들면 닭의 백색 레그혼종의 백색 깃털색은 우성백이라 하는데, 이것은 우성유전자 I에 기인하지만, 백색의 플리머스록종, 오골계, 와이언도트종, 자보종 등의 백색 깃털색은 열성백이고, 이것은 흑색 및 그 밖의 유색에 대하여 열성인 c유전자에 기인하며, 또 상염색체백 자는 a유전자에 기인한다. 이들 I, c, a의 3유전자는 백색우장을 발현하는 상사유전자이다.

(2) 유전자의 다면작용(Pleiotropism)

① 1개의 유전자가 2개 이상의 형질발현에 관계할 때 이와 같은 현상을 유전자의 다면작용이라고 한다. 즉, 하나의 유전자가 여러 형질을 지배하는 현상이다.

② 예를 들면 소의 매끄러운 혀(Smooth Tongue)는 한 쌍의 상염색체성 단순열성유전자에 의하여 발현되는데 혀 표면의 작고 굳은 유두돌기가 미약하게 발달함으로써 표면이 매끄럽고 부드러우며 조직이 섬세하여 상처가 나기 쉽다. 이 개체의 피모는 벨벳처럼 짧고 가늘며 피부는 수직의 주름살을 갖는다. 송아지는 음수량이 많아 연변을 배설하며 피모는 항상 더럽고 피부습진 등의 발생이 많다. 뿔은 연하고 혈청 내 철분 함유율이 낮으며 적혈구의 헤모글로빈 농도도 정상에 비해 현저하게 낮은 저색소성 빈혈증을 나타낸다. 이와 같이 1개의 유전자가 여러 형질을 지배하는 유전현상이다.

5. 유전자의 돌연변이

(1) 돌연변이(Mutation)

① 염색체의 구조와 숫자가 변해 일어나는 염색체 돌연변이(결실, 전좌, 역위)와 DNA의 구조가 변해 일어나는 유전자 돌연변이(치환, 첨가, 결실)가 있다.

② 포유동물의 경우 1개의 유전자가 다음 세대에 변이를 일으킬 수 있는 빈도는 대체로 $10^{-5} \sim 10^{-6}$이다.

(2) 인위적인 돌연변이 유발원
   ① 물리적 돌연변이 유도물 : 이온화 방사선[α, β, γ, X선, 양성자(Proton), 중성자(Neutron) 등], 자외선
   ② 화학적 돌연변이 유도물 : 알킬화합물, 과산화물, 퓨린유도체, 발암물질, 콜히친 등

6. 성 관련 유전현상

(1) 반성유전(Sec Linked Inheritance)
   ① 암수공통으로 존재하는 성염색체(X)에서 암수의 성별에 따라 형질의 발현 비율이 다르게 나타나는 유전현상이다.
   ② 반성유전은 주로 X염색체상의 유전자에 이상이 있어서 열성이 나타나는 경우가 대부분이다.
   ③ 수컷 Hetero형 반성유전 : 성염색체가 수컷은 Hetero(XY, XO), 암컷은 Homo(XX)인 경우에 생기는 반성유전이다. 포유동물의 예는 극히 적다. 사람에서는 색맹, 혈우병, 안구진탕증, 시신경소모증, 거대각막증 등이 있고 가축에서 개의 혈우병, 크리스마스병, 고양이의 귀갑, 소의 감모증 등이 있다.
   ④ 암컷 Hetero형 반성유전 : 성염색체가 암컷은 Hetero(XY, XO, ZW), 수컷은 Homo(XX, ZZ)인 경우에 일어나는 반성유전이다.
   ⑤ 횡반 플리머스록(Plymouth Rock)종 암탉과 흑색 미노르카(Minorca)종 수탉을 교배할 때 우보색의 유전방식
      ㉠ 횡반 수컷과 흑색 암컷을 교잡하면 잡종 1대는 암수 모두 횡반이고 잡종 2대에서는 암평아리의 절반은 흑색이고 수평아리는 모두 횡반이다(반성유전의 제1특징).
      ㉡ 흑색 수컷에 횡반 암컷을 교배하면 암컷은 전부 흑색이고 수컷은 모두 횡반으로, 즉 아비의 흑색은 잡종 1대의 암컷에, 어미의 횡반은 잡종 1대의 수컷에 유전되므로 이것을 십자유전(Criss-Cross Inheritance)이라 한다(반성유전의 제2특징).
      ㉢ 잡종 2대는 3 : 1로 분리하지 않고 암수 각각 흑색과 횡반이 1 : 1 동수로 분리한다. 즉, 이형접합체상태의 횡반 수컷과 흑색 암컷을 교배하면 흑색과 횡반이 1 : 1의 동수로 나타난다(반성유전의 제3특징).
      ㉣ 닭에는 횡반(B) 외에도 만우성(K), 은색(S), 백색다리(Id) 등의 반성형질이 있으며 이를 이용하여 초생추에서 자웅을 감별할 수 있는데, 이를 반성유전자웅감별법이라 한다.

> **더 알아두기**
> 초생추 : 닭·오리·거위·칠면조·메추리, 꿩 및 기러기의 갓 부화한 새끼를 말한다.

(2) 한성유전(Sex-Limited Inheritance)
   ① 성별에 따라 한쪽 성별에만 제한적으로 발현되어, 한쪽 성별에서만 유전자의 형질이 나타나는 것을 말한다. 종성유전의 극단적인 형태에 해당한다.
   ② 사람 손발의 물갈퀴 유전, 백만어(수, XY형)의 등지느러미의 흑색반점, 초파리의 단발유전자 등이 있고 가축에는 젖소의 비유성과 닭의 산란성이 대표적이다.

(3) 종성유전(Sex-Controlled Inheritance)
   ① 상염색체에 존재하는 유전자에 의해 발현되나 그 개체의 발현은 성에 의해 영향을 받는 유전현상이다.
   ② 상염색체에 있는 유전자의 유전자형은 동일하지만 호르몬의 작용 등으로 표현형적 차이가 생겨 한쪽의 성에만 나타나거나 또는 한쪽의 성에는 우성으로 발현하고 반대쪽 성에서는 열성으로 잠재하여 유전하는 현상을 말한다.

   > **더 알아두기**
   > 면양의 뿔은 같은 유전자형(Hh)이라도 암컷은 뿔이 없고 수컷만 뿔이 나온다. 따라서 뿔이 나게 하는 유전자(H)가 수컷에서는 우성으로, 암컷에서는 열성으로 작용한다고 볼 수 있다.

   ③ 가금에서의 깃 형태, 볏 모양, 가축의 뿔, 면양의 수컷 유각과 암컷 유각(Dorset Horn종과 Suffolk종 면양을 교배할 때 뿔의 유전양식) 등이 있고 사람의 대머리 등이 있다.

(4) 귀선유전(격세유전)
   ① 1계통에 우연히 또는 특정 교배를 실시하였을 때 선조의 형질이 나타나는 경우가 있는데, 이것을 귀선유전이라고 한다.
   ② 닭의 취소성은 귀선유전(격세유전)의 좋은 예로 알려져 있다.
   ※ 취소(就巢)란 알을 품고 부화시키는 행동인 포란(抱卵, Incubation)을 말한다.

7. 치사유전자와 유전적 결함

(1) 치사유전자

① 가축의 발생 또는 발육과정에서 일정한 시기에 생리적 또는 물리적 결함을 초래하여 개체를 죽게 하는 유전자
② 치사작용 : 수정란의 발육 초기부터 개체발생 또는 출생 초기에 이르기까지 형태적 이상이나 생리적 결함을 일으켜서 그 개체를 죽게 하는 작용을 치사작용이라고 하며 이에 관여하는 유전자를 치사유전자(Lethal Gene)라고 한다.
　㉠ 수정과 동시에 수정란이 치사한 경우
　㉡ 임신기간 중에 치사한 경우
　㉢ 분만과 동시에 치사한 경우

(2) 치사유전자의 유전적 결함

① 상염색체적 열성치사유전자 : 선천적 무모, 사지결여, 수두, 선천적 수종, 상피 결함
② 우성형질을 동반한 열성치사유전자 : Dexter 형질, 닭의 포복성
③ 저활성 결함 : 반성나체돌연변이, 선천적 백내장, 장기재태(임신기간이 훨씬 지나 분만이 늦어지는 경우)

(3) 가축에서 치사유전자작용에 의하여 발현되는 형질

① **치사유전자** : Karakul 면양에서의 회색 피모, 닭에서의 포복성, 불독형의 연골발육부전, 장기재태, 태아미라변성, 선천성 수종, 하악부전, 상피부전, 소에서의 선천성 무모, 사지단소, 말단결손 등
② **반치사유전자** : 선천적 백내장, 반무모, 선천적 곡계 등

(4) 소의 치사유전자 중 완전치사유전자와 부분치사(반치사)유전자

① 치사형질
　㉠ 하악부전 : 아래턱이 없거나 짧고 불완전하다.
　㉡ 구치압접 : 구치가 악골에 압접되어 있고 하악골이 짧다.
　㉢ 두골결손 : 전두부 및 두정골에 구멍이 있다.
　㉣ 척추단소 : 척추와 흉골이 짧다.
　㉤ 사지단소 : 사지가 짧고 발굽의 발달이 불량하다.

ⓗ 말단결손 : 사지의 무릎 이하와 상악골이 퇴화되어 있다.
ⓢ 상피부전(Imperfect Epitheliogenesis) : 사지의 하부, 구강 및 비강의 점막 등에 결함이 있고, 체표에 큰 무모반이 있으며, 귀, 발굽 등이 기형으로 된다.
ⓞ 선천성 무모(Congenital Hypotrichosis) : 입 주위, 눈두덩, 귀 끝, 발목, 꼬리 끝 이외에는 완전히 무모이다.
ⓩ 선천성 인피(Congenital Ichthyosis) : 피부에 인피와 균열이 있다.
ⓧ 파행(Lameness) : 뒷다리의 기형 때문에 보행이 거의 불가능하다.
ⓚ 장기재태(Prolonged Pregnancy) : 임신기간이 길다(분만지연).
ⓣ 태아미라변성(Foetal Mummification) : 태아의 목이 짧아지고 사지가 강직해진다.

② 반치사형질
ㄱ 선천성 계부굴곡(Congenital Flexed Pasterns) : 발목이 굽어서 보행이 곤란해진다.
ㄴ 다제(Polyactylism) : 발굽이 여러 개로 분기하여 보행이 곤란해진다.
ㄷ 선천성 백내장(Congenital Cataract)
ㄹ 반무모(Semi-Hairlessness) : 신체의 부위에 따라 무모부가 있다.

③ 기형형질
ㄱ 왜소(Dwarfism) : 체구가 극히 작다.
ㄴ 단지단동(Duck Leg and Compactness) : 다리 또는 동체가 짧다.
ㄷ 유두이상(Teat Abnormality) : 유두가 1개뿐인 것, 전후 또는 좌우의 유두가 유착된 것 등이 있다.
ㄹ 편미(Wry Tail) : 미근부에서 꼬리가 비틀어진 것
ㅁ 이미(Screw Tail) : 꼬리가 중간에서 구부러진 것
ㅂ 무미(Tailness) : 꼬리가 없는 것
ㅅ 계부굴곡(Bowed Pasterns) : 발목이 굽은 것
ㅇ 다지(Multiple Legs) : 다리가 정상보다 많은 것
ㅈ 다제(Polyactylism) : 발굽이 여러 개로 분기된 것
ㅊ 단제(Monodactylism) : 발굽이 갈라지지 않은 것
ㅋ 권축모(Karakul Type Curliness) : 털이 곱슬곱슬한 것
ㅌ 열이(Notch in Ears) : 귀가 갈라진 것

03 염색체의 유전현상

1. 연관과 교차

(1) 연관
① 하나의 염색체에 여러 유전자들이 함께 존재할 때 이들 유전자들은 서로 연관되어 있다고 한다.
② 두 개 이상의 유전자가 같은 염색체 위에 있으면서 감수분열이나 수정과정에서 같이 행동하는 현상이다.
③ DNA 염기서열의 일부가 조절부위와 구조유전자부위로 구성되어 특정한 단백질(효소) 1개를 생산할 수 있는 정보를 가진 단위를 말한다.

(2) 교차(불완전연관)
① 제1감수분열의 과정에서 상동염색체가 접합한 2가염색체의 염색분체 중 일부만을 부분교환함으로써 연관되어 있던 유전자들이 서로 바뀌게 되어 나타나는 유전현상이다.
② 서로 다른 두 유전자의 대립유전자 사이에서 재조합(조환)을 일으키는 것을 말한다. 교차가 일어난다는 것은 DNA의 화학결합이 절단되고 염색분체가 교환된다는 것을 뜻한다.
③ 연관된 유전자 간에는 교차가 잘 일어나지 않는다.

> **더알아두기**
>
> 교차의 예
> A와 B가 한 염색체에 있고 a와 b가 또 하나의 염색체에 있다면, 정자나 난자가 AB나 ab의 유전자조합만을 가지게 될 뿐이고 Ab나 aB와 같은 유전자조합은 가지지 못하는 것이 정상이다. '교차'가 일어나면 이러한 Ab나 aB와 같은 유전자조합을 가진 생식세포가 나타난다.

④ 세포분열의 과정에서 밀착한 상동염색체 사이에 절단·재결합에 의한 대응 부분의 교환이 일어나고, 이 결과 연관되는 대립유전자가 교환됨으로써 유전자재조합이 이루어지는 현상이다.

(3) 교차율(r)
① 연관되어 있는 두 유전자 사이에서 교차가 일어나는 빈도를 교차율이라고 한다.
② 교차율은 전체 생식세포 중 교차로 인하여 생긴 생식세포의 비율로 나타낸다.

③ 동일한 염색체 위에 연관되어 있는 두 유전자 사이의 거리가 멀수록 교차가 일어날 기회가 많아져 교차율이 커지고 거리가 가까울수록 교차가 일어날 기회가 적어져 교차율이 작아진다.

④ 교차율(조환가, Recombination Value) $= \dfrac{\text{교차형}}{\text{교차형} + \text{비교차형}} \times 100$

$= \dfrac{\text{조환형 개체수}}{\text{조환형 개체수} + \text{양친형 개체수}} \times 100$

⑤ 교차율은 전체 생식세포 가운데 교차에 의해 나타난 유전자조합을 가진 생식세포의 비율을 나타내는 것으로, 교차형의 개체수를 총개체수로 나눈 값을 백분율로 나타낸 것이다.

⑥ 실제로 교차가 일어나는 불완전연관의 경우의 교차율(%)은 $0 < r < 50$이다.

⑦ 어느 2쌍의 대립유전자에 대해 계산한 교차율이 0%이었다면 교차가 전혀 일어나지 않은 것이므로, 2쌍의 대립유전자가 완전연관을 하는 경우이다.

⑧ 교차율(%)이 50%이었다면, 2쌍의 대립유전자가 독립분리되는 경우에 해당한다.

> **더알아두기**
>
> 0%이면 완전연관, 50%이면 독립유전이며 일부가 교차되어 새로운 유전자조합이 나타난 경우 교차율은 0~50% 사이의 값을 가지게 된다.

⑨ 교차율은 생식세포 형성과정에서 대립유전자의 완전연관·불완전연관(교차)·독립분리 등을 판별하는 데도 이용된다.

⑩ 양성잡종 AaBb에서 두 유전자 A, B가 불완전연관되었을 때 생식세포 분리비는 AB : Ab : aB : ab = n : 1 : 1 : n이 되며, 교차율은 100/(n+1)%가 된다.

> **더알아두기**
>
> 재조합률이 낮을수록 연관이 강하고, 재조합률이 높을수록 연관이 약하다. 또 재조합률은 유전자 간의 연관의 유무, 강도 및 거리 등을 나타내는 척도가 된다.

> **예제** 두 유전자 A와 B 사이의 교차율이 10%이면, AB/ab와 ab/ab교배에서 생산된 자손 중에서 가장 빈도가 높은 유전자형은?
>
> **해설**
> - 100/(n+1) = 10 → n = 9
> - AB연관이므로 상인이고 AB : Ab : aB : ab = 9 : 1 : 1 : 9로 나타난다.
>   ∴ AB/ab

2. 염색체지도

(1) 염색체지도의 개념

① 염색체 위에 자리 잡고 있는 유전자의 위치와 유전자 사이의 상대적인 거리를 그림으로 나타낸 것이다.
② 교차율과 유전자 사이의 거리는 비례하므로 교차율로 연관되어 있는 두 유전자 사이의 상대 거리를 알 수 있다.
③ 연관지도, 유전학적 지도, 세포학적 지도, 타선 염색체지도 등이 있다.
④ 연관지도는 유전자 간 거리의 단위가 조환가로 표시되어 있다.
⑤ 유전자의 연관지도는 유전자 간 조환가(교차율)를 기초로 작성한다.
⑥ 연관지도상 두 유전자 간 거리가 가까울수록 교잡후대에 재조환형의 출현비율이 높다.
⑦ 원칙적으로 상동염색체 벌수와 유전자 연관군의 개수는 동일하다.
   예 A, B, C 세 유전자가 서로 연관되어 있을 때, 유전자 A와 B 사이의 교차율이 10%이고 유전자 B와 C 사이의 교차율이 2%이며, 유전자 A와 C 사이의 교차율이 8%라면 염색체상의 세 유전자의 배율은 A-C-B 또는 B-C-A 순이다.

(2) 3점 검정교배(Three-Point Testcross)

① 3개 유전자에 대한 이형접합체를 3중열성 동형접합체와 교배하는 것이다.
   예 AaBbCc × aabbcc
② 3점 검정교배의 장점
   ㉠ 한번 교배로 연관유전자 간의 재조합빈도를 알 수 있다.
   ㉡ 2중 교차정보를 얻을 수 있다.

(3) 염색체지도의 이용

① 동물의 잡종 후대 조환형을 분리 예측할 수 있다.
② 육종계획(계통선발, 육종규모)을 체계적으로 수립할 수 있다.
③ 초파리·금어초·누에·쥐·토끼·벼·보리·옥수수 등의 염색체지도가 만들어져 있고, 사람뿐 아니라 대장균·붉은빵곰팡이·효모균 등의 미생물의 염색체지도도 만들어져 있다.

3. 염색체 이상에 의한 유전현상

(1) 염색체의 구조적 변이

① 결실 또는 삭제
  ㉠ 염색체의 일부가 없어지거나 삭제된다.
  ㉡ 인간의 장애로는 울프-허시호른증후군(4번 염색체 단완의 일부가 결실), 야콥센증후군(11번 염색체 장완 끝이 결실)이 있다.

② 중 복
  ㉠ 염색체의 일부가 복제되면서 겹치는 현상이다.
  ㉡ 인간의 장애로는 1A형 샤르코-마리-투스병(17번 염색체에 있는, 말초 미엘린단백질 22를 암호화하는 유전자의 중복)이 있다.

③ 전좌 : 한 염색체의 일부가 다른 염색체로 옮겨가서 결합하는 현상이다.

④ 역위 : 염색체의 일부가 절단된 다음(염색체 절단은 자주 일어나며, 보통의 경우에는 다시 원상태로 회복된다) 반대 방향으로 붙은 것이며, 불임이 되는 경우가 많다.

(2) 염색체의 수량적 변이

① 이수성
  ㉠ 이수성은 염색체의 수가 정상인에 비해 몇 개 많거나 적은 돌연변이이다.
    예 다운증후군의 경우 21번 염색체가 1개 더 많아서 나타나는 염색체 돌연변이
  ㉡ 이수성의 경우는 염색체의 수가 많은 경우보다 적은 경우가 더 치명적이다.
  ㉢ 염색체수가 $2n \pm 1$, $2n \pm 2$와 같이 변칙적인 것으로 생식세포분열 시 염색체의 비분리나 절단 등이 원인이다.
  ㉣ 이수현상
    • 영염색체적(Nullisomic) : $2n - 2$
    • 단염색체적(Monosomic) : $2n - 1$
    • 2중3염색체적(Double Trisomic) : $2n + 1 + 1$

> **더알아두기**
>
> **이수현상의 예**
> • 다운증후군 : $2n + 1$로 21번 염색체가 세 개이다.
> • 클라인펠터증후군 : X염색체가 하나 더 있는 남자(XXY)
> • 터너증후군 : X염색체가 하나뿐인 여자(XO)

② 배수성
   ㉠ 배수성은 염색체의 수가 n개 단위로 더 많아지거나 적어진 돌연변이이며, 감수분열을 할 때 핵분열만 일어나고 세포질분열이 일어나지 않거나, 방추사가 형성되지 않아 염색체가 한쪽으로만 이동함으로써 나타나는 돌연변이이다.
   ㉡ 염색체의 수가 n, 3n, 4n 등과 같이 기본수(2n)의 배수로 되는 현상
   ㉢ 씨없는 수박(2n 콜히친처리 → 3n), 토끼의 난자에 콜히친을 처리하여 3배체 토끼생산 등

> **더 알아두기**
>
> 염색체 이상현상
> • 수량적 변이 : 이수성, 배수성
> • 구조적 변이 : 중복, 역위, 전좌(전위), 결실, 삽입 등

4. 성 결정과 간성

(1) 성염색체와 성의 결정

① **성염색체** : 성의 결정에 관계하는 염색체를 성염색체라 하며 X, Y로 표시한다.
   ㉠ 수컷이 Hetero형인 경우 : 수컷이 XY형, XO형, 암컷은 성염색체가 Homo로서 XX형이다.
      • XY형 : 암컷이 XX형이고 수컷이 XY형(사람, 포유동물, 초파리 등)
      • XO형 : 암컷이 XX형이고 수컷이 XO형(메뚜기 등의 일부 곤충 등)
   ㉡ 암컷이 Hetero형인 경우 : 암컷이 XY형 또는 XO형이고, 수컷이 Homo로서 XX형이다.
      • XY형 : 암컷이 XY형이고 수컷이 XX형(나방, 누에 등)
      • XO형 : 암컷이 XO형이고 수컷은 XX형(조류와 파충류 등)

② **성의 결정**
   ㉠ 성유전자설
      • 수컷 Hetero형 : Y에 수컷 결정 유전자, X에 암컷 결정 유전자가 있으나 Y가 X에 우성이어서 XY는 수컷, XX는 암컷이 된다.
      • 암컷 Hetero형 : Y에 우성의 암컷 결정 유전자가 있어서 XY는 암컷, XX는 수컷이 된다.
   ㉡ 유전자평형설 : 성염색체와 상염색체에 있는 성유전자의 유전적 평형관계에 따라 결정된다.

ⓒ 수량설 : 성유전자의 양적인 관점에서 성이 결정된다.
③ 성 비
㉠ 암수의 비를 성비(Sex Ratio)라 한다.
㉡ 성비는 총개체 중 수컷이 차지하는 비율($\frac{수컷}{수컷+암컷} \times 100$) 또는 암컷에 대한 수컷의 비율($\frac{수컷}{암컷} \times 100$)로 나타낸다.

> **더 알아두기**
>
> **염색체**
> - 동물의 염색체는 염색체의 크기, 모양, 중심립의 위치 등이 같은 2개의 염색체 쌍으로 되어 있다.
> - 포유동물의 성염색체에는 X와 Y염색체가 있으며, 자손의 성별은 Hetero형의 유전자에 의해 결정된다.
> - 포유동물의 X염색체는 Y염색체보다 크기가 크다.
> - 조류에서 ZW의 성염색체를 가진 개체는 암컷이다.
>
> **염색체수**
>
> | 오 리 | 닭 | 개 | 말 | 염 소 | 소 | 양 | 산토끼 | 집토끼 | 돼 지 |
> |---|---|---|---|---|---|---|---|---|---|
> | 80 | 78 | 78 | 64 | 60 | 60 | 54 | 48 | 44 | 38 |

(2) 간 성

① 프리마틴(Freemartin)
㉠ 소의 이성쌍태(異性雙胎)에 있어서 암컷에 나타나는 이상(異常)으로 이를 프리마틴이라고 하는데 성의 형태는 간성(間性)이다.
㉡ 프리마틴이란 소의 이란성 쌍생아가 암컷과 수컷인 경우에, 수컷은 이상이 없지만 암컷은 난소에 장애가 있어 간성형 또는 정소와 유사한 구조를 보이며, 부정소나 수정관이 발달하여 태어난 암컷은 생식기관에 결함이 있어 새끼를 낳지 못하는 것을 말한다.
㉢ 소에 있어 이성쌍태를 분만하는 경우 암컷은 불임이 되는 것이 일반적이다. 이와 같은 암컷을 프리마틴이라 한다.
㉣ 이성쌍태 암컷의 약 90%는 프리마틴이 되지만 10% 정도는 정상적인 암컷으로 번식이 가능하며, 그 짝인 수컷은 모두 정상으로 나타난다.
㉤ 프리마틴이 발생되는 원인은 수컷 태아의 정소의 발육이 암컷 태아의 난소보다 먼저 일어나 웅성호르몬이 먼저 난소에 작용을 미치는 것으로 알려져 있다.
※ 소를 제외한 다른 포유류에서는 프리마틴효과를 찾아볼 수 없다고 한다.

② 진반음양(Hermaphroditism) : 한 개체나 난소와 정소를 각각 1개씩 가지고 있거나, 양쪽의 성선(생식선)이 난정소(卵精巢, Ovotestis)인 경우이다.
③ 위반음양(Pseudohermaphroditism) : 암컷의 생식기를 가지고 있으면서 제2차 성징은 수컷인 경우와 같이 외관상의 성과 생식선의 성이 일치되지 않는 것을 말하며, 가반성 반음양이라고도 한다.

> **더알아두기**
>
> 육종의 주요사항
> - 가축육종의 목표
>   - 축산물의 생산량을 증가시킨다.
>   - 축산물의 생산성을 증진시킨다.
>   - 축산물의 품질을 개선하여 소비자의 요구에 보다 알맞도록 한다.
> - 영국의 로버트 베이크웰(Robert Bakewell) : 18세기 동물육종의 효시라고 불리우며 육종원리를 "Like Begets Like"라고 하였다.
> - 축산법령으로 지정된 개량 대상 가축의 범위 : 한우·젖소·돼지·닭·오리·말 및 염소로 한다(축산법 시행규칙 제6조).

CHAPTER 01 적중예상문제

PART 01 가축육종학

01 다음 중 가축육종의 목표로 적합하지 않은 것은?
① 축산물의 두당 생산량 증가
② 축산물의 효율적인 생산
③ 축산물의 품질 향상
④ 가축의 세대간격을 장기화

해설
가축육종의 목표
- 축산물의 생산량을 증가시킨다.
- 축산물의 생산성을 증진시킨다.
- 축산물의 품질을 개선하여 소비자의 요구에 보다 알맞도록 한다.

02 18세기 동물육종의 효시라고 불리는 영국의 육종가로서 육종원리를 "Like Begets Like"라고 하였는데 이 사람은 누구인가?
① H. Lewis
② F. Hopkins
③ J. Gilbert
④ R. Bakewell

해설
동물육종의 효시라고 불리는 영국의 로버트 베이크웰(Robert Bakewell)이 사용하였던 육종원리는 'Like Begets Like'이었다.

03 원형질과 함께 완전한 생활기능을 발휘하고 진화에 응하는 최소한도의 염색체 수의 1벌을 의미하는 것은?
① DNA
② RNA
③ Polydactyl
④ Genome

04 동물에서의 유전현상은 동물체가 부모로부터 물려받는 유전자의 작용에 의한 것이다. 그렇다면 유전자의 본질은?
① 동물세포 내의 핵물질 조성
② 동물세포 내의 염색체 조성
③ 염색체 내의 단백질 조성
④ 염색체 내의 DNA 염기서열

정답 1 ④ 2 ④ 3 ④ 4 ④

05 RNA는 DNA와 다른 어떤 염기(鹽基)를 지니고 있는가?

① 타이민(Thymine)
② 아데닌(Adenine)
③ 우라실(Uracil)
④ 사이토신(Cytosine)

해설

DNA와 RNA 구조
- DNA : 오탄당인 데옥시리보스, 인산, 염기(아데닌, 구아닌, 사이토신, 타이민 중의 하나)로 구성되어 있다.
- RNA : 오탄당인 리보스, 인산과 염기(아데닌, 구아닌, 사이토신, 우라실 중의 하나)로 이루어져 있다.

06 한 가닥(Single Strand)의 DNA염기의 배열이 ATTGC일 때 이와 상보적인 DNA염기배열은?

① TAACG ② UAACG
③ GCCAT ④ TUUGC

해설

DNA구조에서 염기들이 나선의 내부를 향하게 되며, Adenine은 Thymine과만 결합하고, Guanine는 Cytosine과만 결합한다.

07 전령 RNA(mRNA)에 내장된 유전정보를 받아서 단백질을 합성하는 세포 내 소기관은?

① 리보솜 ② 미토콘드리아
③ 골지체 ④ 중심체

08 다음 중 유전정보를 가진 물질이 가장 많이 존재하는 곳은?

① 리보솜
② 미토콘드리아
③ 염색체
④ 골지체

09 체세포분열의 중기에 나타나는 특징으로 가장 적합한 것은?

① 핵인(Nucleus)이 없어짐
② 염색체가 세포의 적도판에 배열
③ 세포질의 분할
④ 염색분체의 양극으로의 이동

해설

체세포의 분열은 핵분열이 먼저 일어나고 이어서 세포질분열이 일어난다. 체세포분열은 편의상 전기, 중기, 후기, 말기로 나눈다.
- 전기 : 핵막이 소실되기 시작하고 인은 점차 작아지며, 염색사가 응축한다.
- 중기 : 굵어진 염색체가 적도판에 일렬로 배열하고 방추사에 연결된다.
- 후기 : 염색체가 방추사에 의해 양극으로 끌려간다.
- 말기 : 양극으로 이동한 염색사가 염색질 상태로 풀리면서 핵막이 형성되어 2개의 핵이 뚜렷이 구분된다.

정답 5 ③ 6 ① 7 ① 8 ③ 9 ②

10 생식세포분열 중 전기(I)에서 하나의 염색체가 4개의 염색분체(Tetrad)로 되는 시기는?

① 세사기(Leptotene)
② 접합기(Zygotene)
③ 태사기(Pachytene)
④ 이중기(Diplotene)

11 멘델(Mendel)의 3가지 유전법칙에 속하지 않는 것은?

① 우열의 법칙
② 분리의 법칙
③ 대립의 법칙
④ 독립의 법칙

해설
멘델의 유전법칙 : 우열의 법칙, 분리의 법칙, 독립의 법칙

12 유각(hh)과 무각(HH)인 소의 교배에서 태어난 F_1을 부모 중 유각인 소와 다시 교배시켰을 때 나타나는 자손들의 무각과 유각의 분리비는?(단, 유각은 완전열성형질이다)

① 3 : 1
② 1 : 1
③ 2 : 1
④ 7 : 1

13 양성교잡에서 3개 유전자좌위의 대립인자 간에 어떠한 간섭이 없이 각 대립인자의 유전자들이 독립적으로 유전되는 유전현상을 무엇이라 하는가?

① 분리의 법칙
② 독립의 법칙
③ 대립의 법칙
④ 우열의 법칙

14 멘델의 유전법칙 중 독립의 법칙에 예외가 발생할 수 있는 원인으로 옳은 것은?

① 연 관
② 부분우성
③ 등위유전
④ 불완전우성

해설
Bateson이 멘델의 유전법칙 중 독립의 법칙이 적용되지 않는 유전자의 연관현상을 발견하였다.

15 멘델의 독립의 법칙에서 F_2의 표현형이 8종류로 출현되는 경우는?

① 단성잡종(Monohybrid)
② 양성잡종(Dihybrid)
③ 3성잡종(Trihybrid)
④ 4성잡종(Tetrahybrid)

해설
잡종의 F_2 분리비
• 단성잡종 : $(3+1)^1 = 3+1$
• 양성잡종 : $(3+1)^2 = 9+3+3+1$
• 3성잡종 : $(3+1)^3 = 27+9+9+9+3+3+3+1$

정답 10 ③ 11 ③ 12 ② 13 ② 14 ① 15 ③

16 가축의 한 특정형질이 단일유전자 A의 지배를 받는다고 가정할 때 Aa의 표현형이 AA의 표현형과 같을 때 여기에 작용한 유전현상은?
① 완전우성　　② 초우성
③ 부분우성　　④ 공우성

17 질적 형질의 유전에 있어 F_1이 양친의 중간적 형질을 나타낼 때 이를 무엇이라 하는가?
① 상위성유전　　② 불완전우성
③ 공우성　　　　④ 완전우성

18 비상가적 효과에서 대립유전자의 우열관계에 따라 나타나는 효과는?
① 평균효과(平均效果)
② 우성효과(優性效果)
③ 상위성효과(上位性效果)
④ 상가적 효과(相加的 效果)

해설
비상가적 효과는 대립유전자의 우열관계에 따라 나타나는 우성효과와 비대립유전자 간의 상호작용에 의하여 나타나는 상위성효과로 구분한다.

19 대립유전자 간에 있어 유전자형의 변화에 따라 표현형 능력에 상승효과를 나타내는 유전자작용을 무엇이라 하는가?
① 비상가적 작용　　② 상가적 작용
③ 선발효과　　　　 ④ 평균효과

20 대립유전자 간의 상호작용에 의하여 이형접합체의 개체가 동형접합체의 개체보다 성적이 우수한 현상을 무엇이라고 하는가?
① 열 성　　② 한 성
③ 초우성　　④ 돌연변이

21 두 유전자가 우열성에 관계없이 각각 담당하는 형질이 독립적으로 잡종에 함께 나타나는 유전현상은?
① 완전우성　　② 공우성
③ 부분우성　　④ 불완전우성

해설
공우성은 두 개의 대립유전자가 함께 발현되는 것이고, 불완전우성은 두 개의 대립유전자의 중간형이 발현되는 것이다. 예를 들어 빨간색 꽃과 흰색 꽃을 교배시켰을 때 그 자손이 붉은색과 흰색이 뒤섞인 꽃이 되면 공우성이 되는 것이고, 그 자손이 분홍색 꽃이 되면 불완전우성이 되는 것이다.

정답 16 ① 17 ② 18 ② 19 ② 20 ③ 21 ②

22 무각적색(PPRR)과 유각백색(pprr)인 Shorthorn 종 육우를 교배하여 생산한 F₁끼리 교배하여 얻은 F₂의 분리비가 다음 [보기]와 같다. 이에 대한 설명으로 옳은 것은?

보기

F_2					
무각 적색	무각 조모	무각 백색	유각 적색	유각 조모	유각 백색
(P_RR)	(P_Rr)	(P_rr)	(ppRR)	(ppRr)	(pprr)
3	6	3	1	2	1

① 무각(P)은 유각(p)에 대해 불완전우성이다.
② 적색(R)은 백색(r)에 대해 완전우성이다.
③ 두 형질 중 1쌍만 불완전우성이다.
④ F₁의 표현형은 무각적색이다.

해설
① 무각(P)은 유각(p)에 대해 완전우성이다.
② F₂의 표현형의 분리비는 적색 1 : 조모색 2 : 백색 1으로 적색(R)이 백색(r)에 대해 불완전우성이다.
④ F₁의 표현형(PpRr)은 무각조모이다.

23 비대립유전자 간의 상호작용에 해당하지 않는 것은?

① 보족유전자작용
② 상위유전자작용
③ 동의유전자작용
④ 한성유전자작용

해설
비대립유전자 간의 상호작용 : 보족유전자, 상위유전자, 동의유전자, 억제유전자, 변경유전자작용 등이 있다.

24 다음 형질 중 보족유전자의 작용에 의하여 발현되는 것은?

① 닭의 우성백색 ② 닭의 호두관
③ 닭의 각모   ④ 닭의 귀뿔색

해설
보족유전자 작용 예 : 닭의 호두관, 야생소의 털색깔, 집토끼 및 쥐의 털색깔 등

25 닭에 있어서 완두관과 장미관을 교배하면 호두관이 되는 것은 어느 유전자의 작용으로 발현되는 것인가?

① 변경유전자   ② 상위유전자
③ 보족유전자   ④ 억제유전자

26 닭에 있어서 장미관 흑색인 햄버그종과 단관 백색인 레그혼종을 교배시키면 F₁에서 볏의 모양과 우모색은 어떻게 발현되는가?

① 단관 백색   ② 단관 흑색
③ 장미관 백색 ④ 장미관 흑색

정답 22 ③ 23 ④ 24 ② 25 ③ 26 ③

27 비대립 관계에 있는 2쌍의 유전자가 특정의 1형질에 관여하는 경우 한쪽의 유전자는 특별한 발현작용이 없으면서 다른 쌍에 속하는 유전자의 작용을 발현하지 못하게 하는 경우의 유전자는?

① 보족유전자　② 억제유전자
③ 동의유전자　④ 변경유전자

28 다음 중 억제유전자(Suppressor)에 의하여 나타나는 것은?

① Wyandotte종 닭의 백색우모
② Leghorn종 닭의 백색우모
③ Duroc종 돼지의 적색모색
④ Berkshire종 돼지의 흑색모색

29 우성백색유전자를 가진 Leghorn종(IICC)과 열성백색유전자를 가진 Wyandott종(iicc)을 교배하여 얻은 F_1을 다시 교배시켜 얻은 F_2의 백색과 유색의 분리비는?

① 15 : 1　② 14 : 2
③ 13 : 3　④ 12 : 4

해설
F_2에서는 양성잡종분리비의 변형인 13 : 3의 분리비를 나타낸다.

30 비대립유전자 간의 상호작용에 의한 효과와 가장 관련성이 높은 것은?

① 상가적 효과　② 우성효과
③ 상위성효과　④ 환경효과

31 서로 다른 유전자좌위에 있는 비대립유전자 간의 상호작용에 따른 유전현상에 해당하는 것은?

① 완전우성
② 상위유전자작용
③ 공우성
④ 복대립유전자작용

32 유우 Holstein종의 모색에 있어서 백반의 크기를 지배하는 유전자는?

① 중복유전자　② 변경유전자
③ 보족유전자　④ 상위유전자

해설
변경유전자의 작용
• 양적 변경유전자 : 홀스타인, 마우스, 집토끼의 백반
• 질적 변경유전자 : 닭의 무미, 홑볏에 대한 장미관과 호두관, 갈색란의 농담

33 다음 형질 중 변경유전자의 작용에 의하여 발현되는 것은?

① 닭의 우성백색과 열성백색 깃털
② 집토끼의 흑색과 백색무늬
③ 돼지의 적색과 백색피모
④ 고기소의 조모와 적색피모

34 젖소(Holstein)의 흰점과 검은점의 분포비율에 미치는 유전자작용은?

① 변경유전자
② 보족유전자
③ 단일유전자
④ 억제유전자

35 작용이 비슷하여 동일방향으로 작용함으로써 동일한 형질을 나타내는 두 쌍 이상의 독립유전자를 동의유전자(Polymery)라고 한다. 다음 중 동의유전자에 속하지 않는 것은?

① 상위유전자(Epistatic Gene)
② 복다유전자(Multiple Gene)
③ 중다유전자(Poly Gene)
④ 중복유전자(Duplicate Gene)

36 다음의 [보기]의 설명에 해당되는 것은?

┤보기├

유전자들이 특정형질의 발현에 같은 방향으로 작용을 하되 개개의 작용역가가 누적된다는 점에서 상가유전자와 같다. 그러나 형질발현에 관계된 유전자의 수가 대단히 많고, 또 유전자 개개의 작용역가는 극히 경미해 환경변이의 효과보다 적다. 즉, 유전자 개개의 작용효과를 뚜렷이 식별할 수 없다는 것이 특색이다.

① 변경유전자(Modifying Gene)
② 중복유전자(Duplicate Gene)
③ 복다유전자(Multiple Gene)
④ 중다유전자(Polygene)

37 단 1개의 유전자가 2개 이상의 형질발현에 관계하는 경우의 유전자작용은?

① 다면작용
② 상사작용
③ 생리작용
④ 변경작용

정답 33 ② 34 ① 35 ① 36 ④ 37 ①

38 생물에 대한 인위적인 돌연변이 유발원 물질들은 비교적 많은 편이다. 실용성이 가장 떨어지는 물질은?

① 자외선 ② 초음파
③ Proton ④ Colchicine

해설
인위적인 돌연변이 유발원
- 물리적 돌연변이 유도물 : 이온화 방사선[α, β, γ, X선, 양성자(Proton), 중성자(Neutron) 등], 자외선
- 화학적 돌연변이 유도물 : 알킬화합물, 과산화물, 퓨린유도체, 발암물질, 콜히친 등

39 반성유전에 대한 설명으로 옳은 것은?
① Y-염색체에 존재하는 유전자에 의해 지배된다.
② X-염색체에 존재하는 유전자에 의해 지배된다.
③ 상염색체에 존재하는 유전자에 의해 지배된다.
④ 모든 염색체에 존재하는 유전자에 의해 지배된다.

해설
반성유전은 주로 X-염색체상의 유전자에 이상이 있어서 열성이 나타나는 경우가 대부분이다.

40 닭의 횡반유전자(B)는 유전자가 성염색체상에 존재하는 반성유전을 한다고 하는데 이에 대한 다음의 설명 중 틀린 것은?
① 깃털에 의한 자웅감별이 가능하다.
② 횡반 수컷과 흑색 암컷을 교배하면 암평아리는 항상 흑색이다.
③ 횡반 암컷과 흑색 수컷을 교배하면 암평아리는 전부 흑색이고 수평아리는 모두 횡반이다.
④ 이형접합체 상태의 횡반 수컷과 흑색 암컷을 교배하면 흑색과 횡반이 1 : 1의 동수로 나타난다.

해설
횡반 수컷과 흑색 암컷을 교배하면 잡종1대는 암수 모두 횡반이고, 잡종2대는 암평아리 절반은 흑색이고 수평아리는 모두 횡반이다.

41 닭에 있어서 우성의 반성유전자인 B는 검은색에 흰 횡반이 나타나게 한다. 동형접합체인 횡반의 수탉에 횡반이 아닌 흑색 암탉을 교배시켰을 때에 잡종 1대에서 수탉의 색깔은?
① 전부가 흑색이다.
② 전부가 흰색이다.
③ 전부가 횡반이다.
④ 횡반 1 : 흑색 1이다.

42 상염색체에 존재하는 유전자에 의해 발현되나 그 개체의 발현은 성에 의해 영향을 받는 유전현상은?

① 종성유전(Sex-Influenced Inheritance)
② 반성유전(Sex-Linked Inheritance)
③ 한성유전(Sex-Limited Inheritance)
④ 모계유전(Maternal Inheritance)

43 종성유전(Sex-Influenced Inheritance)을 하는 형질은?

① 토끼의 털
② 닭의 횡반
③ 개의 혈우병
④ 면양의 뿔

해설
상염색체에 있는 우성유전자가 이형접합체에서 성에 따라 우성형질의 발현이 달라지는 현상을 성연관우성 또는 종성유전이라고 한다. 면양의 뿔은 같은 유전자형(Hh)이라도 암컷은 뿔이 없고 수컷만 뿔이 나온다. 따라서 뿔이 나게 하는 유전자(H)가 수컷에서는 우성으로, 암컷에서는 열성으로 작용한다고 볼 수 있다. 그 이유는 뿔을 형성하는 우성유전자 H가 발현할 때 성호르몬의 영향을 받기 때문이다.

44 다음 중 괄호 안에 알맞은 내용은?

> 1계통에 우연히 또는 특정교배를 실시하였을 때 선조의 형질이 나타나는 경우가 있는데, 이것을 ( )이라고 한다.

① 강력유전
② 득성유전
③ 귀선유전
④ 모색유전

해설
닭의 취소성은 귀선유전의 좋은 예로 알려져 있다.

45 가축의 발생 또는 발육과정에서 일정한 시기에 생리적 또는 물리적 결함을 초래하여 개체를 죽게 하는 유전자를 무엇이라 하는가?

① 복대유전자
② 동의유전자
③ 치사유전자
④ 보족유전자

46 다음 [보기]에서 치사유전자(Lethal Gene)의 설명으로 맞는 것을 모두 고른 것은?

보기
ㄱ. 수정과 동시에 수정란이 치사한 경우에만 해당
ㄴ. 임신기간 중에 치사한 경우에만 해당
ㄷ. 분만과 동시에 치사한 경우에만 해당

① ㄱ
② ㄱ, ㄴ
③ ㄴ, ㄷ
④ ㄱ, ㄴ, ㄷ

정답 42 ① 43 ④ 44 ③ 45 ③ 46 ④

47 소의 치사유전자 중에는 완전치사유전자와 부분치사유전자 등이 있다. 부분치사(반치사)는 어느 것인가?

① 무 모
② 다 제
③ 연골 발육부전
④ 상피부전

해설

기형형질
- 소 : 왜소증, 단제, 다제, 무미
- 돼지 : 단각, 부등턱, PSS
- 닭 : 겹지증, 무미, 나체성, 왜소증

48 연관(Linkage)과 교차(Crossing Over)의 설명이 옳은 것은?

① 연관과 교차는 규칙적인 유전법칙을 갖는다.
② 연관된 유전자 간에는 교차가 잘 일어나지 않는다.
③ 연관된 유전자 간에는 교차가 잘 일어난다.
④ 연관과 교차는 무관하다.

49 소의 무각은 유각에 대하여 우성이다. 무각(PP)인 소와 유각(pp)인 소를 교배하였을 때 그 F_1의 표현형과 유전자형이 모두 옳게 표시된 것은?

① 무각(PP)
② 무각(Pp)
③ 유각(Pp)
④ 유각(pp)

해설

이들의 교배에서 생산되는 F_1은, 유전자형이 Pp로 무각인 개체들이 된다.

50 무각인 암소와 무각인 수소를 교배하였더니 자손 중에는 유각인 송아지도 태어났다고 한다. 이러한 유전현상에 대하여 올바르게 설명한 것은?

① 무각인 수소의 것이 아닌 다른 소의 정액이 들어 갔다.
② 어미소의 뿔이 작아 무각으로 오인한 것이다.
③ 뿔의 유무는 부모와는 전혀 관계가 없다.
④ 열성으로 잠재되어 있던 유전자들이 발현되었다.

51 한 염색체상에 X-Y-Z의 순으로 있는 유전자에 대해 X-Y 간의 교차율은 20%, Y-Z 간의 교차율은 10%이며, 실제로 X-Z 간의 이중교차율이 1%라면 병발계수(Coefficient of Coincidence)는?

① 0.20
② 0.30
③ 0.33
④ 0.50

해설

$$병발계수 = \frac{실제\ 이중교차율}{이론상\ 이중교차율} = \frac{0.01}{0.2 \times 0.1} = 0.5$$

52 재조합률(Recombination Percent)에 대한 설명으로 틀린 것은?

① 교차형의 개체수를 총개체수로 나눈 값을 백분율로 나타낸 것이다.
② 재조합률이 0%라면 연관, 조환이 전혀 없이 각기 독립유전한다는 것을 의미한다.
③ 재조합률이 낮을수록 연관이 강하고, 재조합률이 높을수록 연관이 약하다.
④ 재조합률은 유전자 간의 연관의 유무, 강도 및 거리 등을 나타내는 척도가 된다.

53 다음의 염색체 이상현상 가운데 성격이 다른 것은?

① 중복현상(Duplication)
② 이수현상(Aneuploidy)
③ 역위현상(Inversion)
④ 전좌현상(Translocation)

해설
염색체 이상현상
- 수량적 변이 : 이수성, 배수성
- 구조적 변이 : 중복, 역위, 전좌(전위), 결실, 삽입 등

54 염색체의 이수현상(異數現象)을 틀리게 표현한 것은?

① 영염색체적(Nullisomic) : $2n-2$
② 단염색체적(Monosomic) : $2n-1$
③ 4염색체적(Tetrasomic) : $4n$
④ 2중3염색체적(Double Trisomic) : $2n+1+1$

해설
감수분열 시 한두 개의 염색체가 비분리되어 염색체 수가 $2n+1$, $2n-1$과 같이 $2n$보다 한두 개 많거나 모자라는 현상을 이수성이라고 한다.

55 염색체에 대한 설명 중 틀린 것은?

① 동물의 염색체는 염색체의 크기, 모양, 중심립의 위치 등이 같은 2개의 염색체 쌍으로 되어 있다.
② 포유동물의 성염색체에는 X와 Y염색체가 있으며, 자손의 성별은 어머니로부터 물려받는 성염색체에 의해 결정된다.
③ 포유동물의 X염색체는 Y염색체보다 크기가 크다.
④ 조류에서 ZW의 성염색체를 가진 개체는 암컷이다.

해설
성별을 결정하는 것은 정자에 들어 있는 성염색체이다.

정답 52 ② 53 ② 54 ③ 55 ②

56 소에 있어서 2배체(Diploid) 상태에서의 염색체 수는?

① 40개 ② 50개
③ 60개 ④ 80개

해설

염색체수

오리	닭	개	말	염소
80	78	78	64	60
소	양	산토끼	집토끼	돼지
60	54	48	44	38

58 한 개체가 난소와 정소를 각각 1개씩 가지고 있거나, 양쪽의 성선이 난정소(卵精巢, Ovo-testis)인 것을 의미하는 것은?

① 진반음양 ② 위반음양
③ 웅성위반음양 ④ 프리마틴

해설

- 위반음양(Pseudohermaphroditism) : 암컷의 생식기를 가지고 있으면서 제2차 성징은 수컷인 경우와 같이 외관상의 성과 생식선의 성이 일치되지 않는 것을 말하며 가반성반음양이라고도 한다.
- 프리마틴(Freemartin) : 소의 이성쌍태(異性雙胎)에 있어서 암컷에 나타나는 이상(異常)으로 성의 형태는 간성(間性)이다.

57 소의 이성쌍태(異性雙胎)에 있어서 암컷에 나타나는 이상(異常)으로 이를 프리마틴(Freemartin)이라고 하는데 성의 형태는 어떤 것인가?

① 자성(雌性) ② 웅성(雄性)
③ 간성(間性) ④ 우성(優性)

해설

프리마틴 : 소의 이란성 쌍생아가 암컷과 수컷인 경우에 수컷은 이상이 없지만 암컷은 난소에 장애가 있어 간성형 또는 정소와 유사한 구조를 보이며, 부정소나 수정관이 발달하여 태어난 암컷은 생식기관에 결함이 있어 새끼를 낳지 못하는 것을 말한다.

CHAPTER 02 양적 형질의 유전과 변이

PART 01 가축육종학

01 집단의 유전적 구조

1. 집단의 유전적 평형

(1) 하디 바인베르크(Hardy-Weinberg) 법칙
　① 개체군이 가지는 유전자풀 안에서 여러 유전자들의 비율은 세대를 거듭해도 그대로 유지된다는 법칙이다.
　② 희귀한 유전자가 사라지지 않고 보존된다.

(2) 유전자 빈도의 변화가 없는 평형을 이루는 조건
　① 인위적인 선발 및 돌연변이가 없어야 한다.
　② 유전적 부동(Genetic Drift)이 없어야 한다.
　③ 부모세대에 집단 간의 이주(Migration)가 없어야 한다.
　④ 돌연변이가 없어야 한다.
　⑤ 집단이 매우 크고, 무작위교배가 이루어져야 한다.
　　※ 어느 젖소집단에 있어 유전자가 Hardy-Weinberg 평형상태에 있을 때 흑색인자의 유전자 빈도를 a라 하면, 이 집단에서 3세대 경과 후 이의 유전자 빈도는 a이다.

2. 유전자 빈도의 변화 요인

(1) 돌연변이
　① 한 개체가 가진 DNA에 변화가 생기면 유전자 돌연변이가 나타난다. 돌연변이는 집단의 유전자풀(Gene Pool)에 새로운 대립유전자를 제공하고 그 결과 유전자 빈도가 달라진다.
　② 유전자 돌연변이는 DNA 복제나 재조합과정에 관련된 효소의 오류로 발생한다. 방사선, 담배연기, 바이러스 등이 돌연변이를 유발한다.
　③ 유전자 돌연변이에 의해 낫 모양 적혈구 빈혈증, 혈우병, 알비노, 색맹, 헌팅턴무도병 등 대립유전자가 다음 세대에 전달되고 있다.

(2) 자연선택

① 특정형질을 가진 개체가 다른 개체보다 생존에 더 유리하고 자손을 많이 남기면 집단 내에서 유전자 빈도에 변화가 생기는 현상을 자연선택이라고 한다.
② 자연선택은 환경변화에 적합한 개체의 생존율이 증가하는 형태로 나타나므로 어떤 표현형이 생존에 유리한가에 따라 유전자 빈도가 달라질 수 있다.
③ 예를 들어 곤충이 살충제에 내성을 가지게 되는 경우이다. DDT가 살포되는 환경에서 DDT 저항성 유전자를 가지는 개체가 살아남아 더 많은 자손을 남기면서 DDT 저항성 유전자의 빈도가 점점 증가한다. 즉, DDT가 살포되는 환경에 적합한 유전자가 자연선택된 것이다.

(3) 이주(유전자 흐름), 격리

① 생식능력이 있는 개체나 배우자가 다른 개체군으로 이동하여 원래 집단에 없었던 새로운 대립유전자가 유입되는 현상이다.
② 처음 이 대립유전자는 특정지역에서 돌연변이에 의해 발생하였지만 다른 지역으로 이주하여 자연선택에 의해 빈도가 증가하게 된 것이다.
　㉠ 수컷 비비원숭이는 다른 수컷의 공격을 받고 나면 다른 지역 개체군으로 이동하여 유전자 흐름이 일어난다.
　㉡ 꽃가루를 운반하는 바람이나 곤충에 의해 식물 개체군의 유전자 흐름이 이루어진다.
　㉢ 유전자풀이 다른 집단의 경우 작은 유전자 흐름도 개체군 내 유전자 빈도의 변화를 크게 하고 이미 유전적으로 비슷한 집단 간에는 유전자 흐름의 영향이 적다.

(4) 유전적 부동과 병목현상

① **유전적 부동** : 우연한 사건으로 대립유전자의 빈도가 예측할 수 없는 방향으로 변화하는 것을 말한다.
② 규모가 작은 집단의 경우 유전적 부동이 더 크게 나타난다.
③ 적은 수의 개체가 큰 집단으로부터 격리되어 새로운 집단을 만들 때 원래의 집단과 다른 유전자 빈도를 가진 집단이 형성되는 것을 창시자효과라고 한다.
④ 천재지변을 겪고 난 후에 살아남은 생존자로 구성된 집단의 유전자 빈도는 원래 집단과 달라지고 여러 세대를 거치면서 유전자풀이 변화한다.
⑤ 병목효과를 거친 집단은 개체수가 회복되어도 유전자풀이 단순하여 환경적응력이 낮다.
　※ **병목효과** : 화재나 홍수와 같은 갑작스런 환경 변화에 의해 집단의 규모가 급격히 줄어드는 현상이다.

3. 유전자 빈도와 유전자형 빈도

(1) 유전자 빈도(Genotypic Frequency)
① 유전자 빈도는 유전자의 대립유전자가 얼마나 자주 개체군에 나타나는지를 나타낸다.
② 유전자 빈도는 개체군 내 유전자좌상의 대립유전자의 상대적 빈도를 측정한 것이다.
③ 유전자 빈도는 어느 집단 전체의 비율이 1이 되도록 정의한다.
④ 유전자형 빈도는 한 집단에 속한 모든 개체의 특정 유전자형의 비율이다.

(2) 유전자 빈도계산
① 하나의 유전자위(Locus)에 위치하는 한 쌍의 대립유전자(Allele)를 A와 a라고 할 때 AA, Aa 및 aa의 3개의 유전자형이 존재한다.
② AA, Aa, aa의 유전자형을 가진 개체의 빈도를 각각 P, H, Q라고 하면 $P + H + Q = 1$이 되도록 정의하고, 이때 이들 각각에 대해 AA, Aa 및 aa의 유전자형 빈도라고 한다.
③ 유전자형이 AA인 개체는 2개의 A유전자를 가지고 있고, Aa는 A와 a를 각각 하나씩 가지고 있으며, aa는 2개의 a유전자를 가지고 있다. 따라서 A유전자의 수와 a유전자 수의 합은 2배체 생식을 하는 생물체집단에 속하는 전 개체수의 2배가 되며, A 및 a의 유전자 빈도는 다음과 같이 계산한다.

> **더알아두기**
>
> A유전자 빈도
> p = AA의 빈도 + 1/2 × Aa의 빈도 = $P + 1/2H$
> 또한 $p + q = 1$이 되게 정의하므로 $q = 1 - p$나 $p = 1 - q$와 같이 계산할 수 있다.

02 양적 형질의 변이 분석

1. 표현형가의 분할

(1) 변이(Variation)의 개념

① 변이의 특징
  ㉠ 개체 간의 차이를 변이라고 한다.
  ㉡ 환경변이와 유전변이로 구분된다.
  ㉢ 변이의 크기는 선발과 관계가 있다. 즉, 변이가 크면 선발이 용이하다.
  ㉣ 변이는 강력한 선발로서 감소된다.
  ㉤ 전체 변이 중에서 유전변이가 차지하는 비율을 유전력이라 한다.
  ㉥ 유전적 원인에 의한 변이만이 선발을 통해 가축개량에 효과적으로 이용될 수 있다.
  ㉦ 환경의 차이에 의한 변이는 가축개량에 쓰일 수 없다.
  ㉧ 동일한 유전적 조성을 가진 가축이라도 환경이 다르면 상이한 변이를 나타낸다.
  ㉨ 유전 여부에 따라 가축의 변이를 유전적 변이와 비유전적 변이로 구분한다.
  ㉩ 우량변이를 발견 선발하는 육종과정에서 유전적 변이는 중요한 육종의 소재가 된다.
  ㉪ 교잡에 의한 변이의 형성은 주로 잡종의 감수분열 때에 염색체의 교차에 의하여 형질에 변화가 생기거나 또는 유전자의 상호작용에 변화가 생겨서 일어나는 것이 보통이다.
  ※ **변이** : 양적 형질에서 유전과 환경의 두 요인에 의해서 나타나는 개체 간 집단 간의 능력 차이를 말한다.

② 유전력 추정치가 높은 수치로 나타날 수 있는 조건
  ㉠ 환경변이의 최소화
  ㉡ 유전변이의 극대화
  ㉢ 상가적 분산의 최대화

③ 변이의 크기를 나타내는 방법
  어느 집단의 변이 크기를 나타내는 데에는 범위, 분산, 표준편차 등을 이용할 수 있다.
  ㉠ 범위(Range) : 가장 큰 값과 가장 작은 값의 차이를 말한다.
  ㉡ 분산 또는 평균제곱 : 각 측정치와 집단평균 간의 차이를 제곱한 값의 평균치
  ㉢ 표준편차 : 표본분산의 제곱근

(2) 양적 형질과 질적 형질

① 양적 형질의 특성
  ㉠ 어떤 특정형질은 많은 수의 유전자에 의해 좌우되며, 개개의 유전자작용은 미약하다.
  ㉡ 연속적인 변이를 나타낸다.
  ㉢ 양적 형질에는 성장률, 유지율, 증체량, 산란수 등이 있다.
  ㉣ 변이가 정규분포를 나타낸다.
  ㉤ 개개의 유전자작용은 미약하다.
  ㉥ 경제적으로 중요하다.
  ㉦ 여러 쌍의 유전자에 의해 좌우된다.

② 질적 형질
  ㉠ 질적 형질은 불연속적이며, 하나 또는 극소수의 유전자에 의해서 지배되는 형질이다.
  ㉡ 유전적으로 지배되는 정도가 강해서 상대적으로 환경의 영향을 덜 받는다.
  ㉢ 체형, 뿔의 유무, 털 색깔, 볏의 형태 등 양적으로 표현할 수 없는 형질이다.

> **더알아두기**
>
> **가축의 양적 형질과 질적 형질**
> - 양적 형질 : 젖소의 비유량, 돼지와 고기소의 증체량, 닭의 산란수 등
> - 질적 형질 : 소와 양에서 뿔의 유무, 돼지의 털 색깔 및 닭 볏의 형태 등

(3) 표현형질의 분할

① 표현형가란 개체의 형질 측정값이다.

$$\text{표현형가(Phenotypic Value)} = \text{유전자형가(Genotypic Value)} + \text{환경효과(E)}$$

② 표현형을 크게 나누면 유전적 요인과 환경적 요인으로 구분된다.
  ※ **유전적 요인** : 상가적 효과, 우성효과, 상위성 효과

③ 육종가
  ㉠ 각각의 부모에서 온 유전자가 합쳐져 새로이 태어난 자손의 유전자형을 형성한 유전자들의 값이다.
  ㉡ 어떤 개체의 자손 세대에서 나타나는 유전자 효과의 평균치로, 이는 어떤 형질에 미치는 관련 유전자 각각의 효과 총합과 같다.
  ㉢ 가축의 육종가는 상가적 유전형가의 총합이다.
  ㉣ 가축의 육종가는 전달능력(Transmittingability)의 2배이다.
  ㉤ 가축의 육종가는 실생산능력(Real Producing Ability)보다 항상 작다.

ⓑ 육종가의 계산은 유전력에 선발차를 곱하여 구한다.
ⓢ 육종가의 기본이 되는 유전자의 효과는 상가적 효과이다.
ⓞ 추정공식

> 육종가 약식 $G = \overline{X} + h^2(X - \overline{X})$
> 여기서, $\overline{X}$: 개체기록의 평균치, h^2 : 유전력, X : 개체능력치

예제 1 어느 수소를 검정하였더니 일당 증체량이 1,300g이었다. 한우의 일당 증체량 평균이 900g이고 일당 증체량의 유전력이 0.40이라면 이 소의 육종가는?

해설 육종가 약식은 $G = \overline{X} + h^2(X - \overline{X})$ = 900+0.4(1,300-900) = 1,060g

예제 2 유지생산량이 400kg인 암소가 속해 있는 목장의 평균 유지생산량은 300kg이었다고 한다. 유지생산량에 대한 유전력이 40%일 때 이 암소의 육종가는?

해설 선발차에 유전력을 곱해서 평균치에 더해 준다.
400-300 = 100 → 선발차 100×40% = 40
300+40 = 340kg

④ 우성효과 : 대립유전자 간의 상호작용에 의한 효과
⑤ 상위성 효과 : 비대립유전자 간의 상호작용에 의한 효과
※ 유전자형가(G) = 육종가(A) + 우성효과(D) + 상위성 효과(I)
※ 변이가 0이면 효율성도 0%이다.

(4) 표현형 분산의 분할

① 형질변이의 유전적 분석은 양질형질의 유전을 연구하는 중요한 수단이다.
② 개체 간에서 볼 수 있는 표현형의 격차는 표현형(공) 분산으로 나타난다.
③ 표현형(공) 분산은 유전자형 분산과 환경분산으로 분할한다.
④ 표현형 분산은 항상 양의 값(+값)을 취한다.

(5) 표현형 상관의 분할

① 양적 형질의 표현형에 나타나는 상관관계를 표현형 상관이라 한다.
② 상관관계의 결과는 상관계수(Correlation Coefficient)로서 나타난다.
③ 상관계수의 범위는 -1~1까지이며 1, -1 모두 강한 선형관계를 의미한다.
④ 표현형 상관은 두 형질 간의 표현형 공분산/두 형질의 표현형 표준편차의 곱으로 구할 수 있다.
⑤ 두 형질 간의 표현형 상관은 또 다시 유전상관과 환경상관으로 구분할 수 있다.

2. 유전분산과 환경분산

(1) 형질을 발현시키는 데 있어서 유전과 환경 간의 관계
  ① 가축의 형질발현은 유전과 환경의 공동작용으로 나타난다. 즉, 아무리 환경조건이 좋다 하더라도 그 개체가 태어날 때부터 가진 유전적 한계선은 초과하지 못한다.
  ② 모색 : 유전의 영향이 크다.
  ③ 수태율 : 환경적 요인에 의한 영향이 크다.

(2) 유전과 환경과의 관계에 대한 예
  황색지방 개체(yy)에게 크산토필이 함유되지 않은 사료를 급여하였더니 피하지방이 백색이 되는 것은 야생토끼의 피하지방이 백색으로 백색유전자(Y)에 의해 황색지방을 침착시키는 사료 내 잔토필을 파괴하는 효소를 만들기 때문이다.
  ① 굴토끼의 피하지방색 : 황색, 백색
  ② Y(백색유전자) > y(황색유전자)
    ㉠ 잔토필 함유 사료급여 시
      • YY, Yy : 백색피하지방
      • yy : 황색피하지방
    ㉡ 잔토필 미함유 사료급여 시
      • YY, Yy, yy : 백색피하지방

> **더 알아두기**
> • 표현형 분산 = 유전분산 + 환경분산
> • 유전자형 분산 = 상가적 유전분산 + 우성분산 + 상위성분산
> • 상가적 유전분산 : 육종가의 차이에 의한 분산

03 유전모수

1. 유전력의 정의와 이용

(1) 유전력(Heritability)의 개념

① 전체분산 중에서 유전분산이 차지하는 비율을 유전력이라 하고 이는 표현형 분산에 대한 유전분산의 비율로서 표현된다.

$$유전력 = \frac{유전분산}{표현형\ 분산}$$

② 형질의 유전력이 높으면 표현형 변이 중에 유전적 요인의 비중이 크고, 유전력이 낮은 형질은 환경요인의 영향이 상대적으로 더 크다는 것을 의미한다. 그러나 유전력이 높다고 해서 그 형질이 환경에 의해 변화하지 않는다는 것은 아니다.

※ **모수** : 추측 통계학의 개념으로는 전체의 일부를 조사하여 전체를 알려고 하는 것으로 모집단에 대한 평균, 분산 등을 아는 것을 목적으로 하며 그들을 모집단 특성값 또는 모수라고 한다.

③ 좁은 의미의 유전력
  ㉠ 표현형 분산에 대한 상가적 유전분산의 비율
  ㉡ 상가적 효과는 유전력의 크기를 결정하는 데 가장 중요한 역할을 한다.
  ㉢ 좁은 의미의 유전력은 양친의 유전요인이 자손으로 전달되는 정도를 나타내는 척도가 되며, 선발육종에서는 개량의 정도를 예측하는 지표로 이용한다.

$$좁은\ 의미의\ 유전력 = \frac{상가적\ 유전분산}{전체분산(표현형\ 분산)}$$

> **예제** 한우의 어느 형질에 있어 상가적 유전분산은 0.6, 우성분산은 0.2, 상위성분산은 0.1, 환경분산은 1.1이었다. 이 형질에 대한 좁은 의미의 유전력은?
>
> **해설** 좁은 의미의 유전력 $= \dfrac{상가적\ 유전분산}{전체분산(표현형\ 분산)} = \dfrac{0.6}{0.2+0.6+0.1+1.1} = \dfrac{0.6}{2} = 0.3$

④ 넓은 의미의 유전력
  ㉠ 표현형 분산에 대한 상가적 유전분산뿐만 아니라 우성분산과 상위성분산을 포함한 분산의 비율로 정의한다.
  ㉡ 좁은 의미의 유전력에 비하여 넓은 의미의 유전력이 더 높게 되는 데 기여할 수 있는 것은 상위성분산과 우성분산이다.

$$\text{넓은 의미의 유전력} = \frac{\text{상가적 유전분산} + \text{우성분산} + \text{상위성분산}}{\text{전체분산(표현형 분산)}}$$

(2) 유전력의 변이

① 유전력의 범위는 0~1이며, 유전효과가 없을 경우 0의 값을 갖게 되고 유전효과에 의해서만 표현형이 결정될 경우 1의 값을 갖게 된다.
   ※ 어떤 형질의 유전력을 '1'이라 가정한다면 이는 개체 간의 차이가 전부 유전자 간의 차이에 의함을 의미한다.
② 양적 형질의 경우는 최고치(1)와 최저치(0)를 갖기보다는 일반적으로 이들 사이의 값을 갖게 된다.
③ 유전력이 0.0~0.2의 범위에 있으면 작은 유전력, 0.4 이상이면 큰 유전력으로 고려되기도 한다.
   ㉠ 저도의 유전력 : 20% 이하인 때
   ㉡ 중도의 유전력 : 20~40%인 때
   ㉢ 고도의 유전력 : 40~50% 이상인 때
④ 유전력이 클수록 유전효과가 표현형 값에 미치는 영향이 크다. 따라서 유전력이 클 때 표현형에 기초한 선발은 유전적 개량에 효율적으로 작용한다.
   ※ 유전력이 낮은 형질의 예로는 소의 수태율을 들 수 있다.
⑤ 유전력의 변이는 유전효과(종, 품종, 동물의 집단 등)의 변이와 환경효과(사양환경 등)의 변이에 의해 좌우된다.

(3) 유전력의 이용

① 유전력이 크면 개체선발이 효율적이고, 유전력이 작으면 가계선발이 효율적이다.
② 유전력의 추정치를 이용하여 선발반응을 예측할 수 있다.
③ 유전력의 추정은 혼합모형을 이용한 육종가를 추정하기 위해서이다(유전력의 추정이 선행되어야 하기 때문).

> **더 알아두기**
>
> 회귀
> • 변수들 간에 원인과 결과의 관계를 나타내는 것으로 원인이 되는 변수를 독립변수, 결과가 되는 변수를 종속변수라 한다.
> • 하나의 변수를 이용하여 다른 변수를 예측하고자 한다.
> • 유전력은 회귀계수의 두 배이다.

> **예제** 어미소와 딸소의 유량을 조사하여 어미소 유량에 관한 딸소 유량의 회귀, 즉 모낭 간 회귀를 구한 결과 그 회귀계수(b)가 0.125였다면 이 결과로 추정할 때 유전력은?
> **해설** 유전력은 $0.125 \times 2 = 0.25$이다.

2. 유전력 추정방법

(1) 분산분석에 의한 방법

① 반형매 간의 유사도 또는 전형매 간의 유사도에 근거하여 추정하는 방법이 있다.
② 다수의 품종 또는 계통을 반복재배하여 분석한다.

(2) 친(부모)에 대한 자식의 회귀에서 추정하는 방법

① 실제 선발에 의해 세대를 진전시키는 것
② 부친과 모친에 대한 자식의 회귀, 부친이나 모친의 평균에 대한 자식의 회귀
③ 동일 부친 내 모친에 대한 자식의 회귀
   ※ **선발실험에서의 추정법** : 선발에 의해 집단평균치가 변화하는 양을 조사하여 계산

(3) F_2세대와 양친, F_1세대에서의 분산이용

① 광의의 유전력
② F_2집단의 전체분산(표현형 분산) = 유전자에 의한 분산 + 환경분산

> **더알아두기**
>
> 환경분산(VE) 추정법
> - 동형접합체 간(순계 내의 개체 간)의 분산
> - 근교계 내의 개체 간 분산
> - 동형접합체 간 교잡한 F_1 개체들의 분산
> - 영양계 간의 분산
> - Identical Twins(일란성 쌍둥이들) 간의 차이

3. 유전상관(Genetic Correlation)

(1) 유전상관의 개념

① 두 개의 형질을 지배하는 유전자가 동일염색체 상에 존재하거나 또 동일유전자라는 것 등의 원인에 의하여 이들 형질이 잡종집단 속에서 양 또는 음의 방향으로 동시에 변동하는 현상을 말한다.

② 닭의 초산일령이 늘어날수록 산란수는 줄어들기 때문에 유전상관이 부(負)의 관계이다(초산일령과 산란수 간의 상관계수 : -0.4~-0.6).

$$유전상관 = \frac{두\ 형질\ 간의\ 유전공분산}{두\ 형질\ 각각의\ 상가적\ 유전분산의\ 제곱근의\ 곱}$$

(2) 표현형 상관(Phenotypic Correlation)

① 표현형 상관은 한 형질에 대한 능력과 다른 형질에 대한 능력 사이의 관계가 밀접한 정도(일관성, 신뢰성)의 측정치이다.

$$표현형\ 상관 = \frac{두\ 형질\ 간의\ 표현형\ 공분산}{두\ 형질의\ 표현형\ 표준편차의\ 곱}$$

② 두 형질 간의 표현형 상관은 또 다시 유전상관과 환경상관으로 구분할 수 있다.

(3) 환경상관(Environmental Correlation)

① 환경상관은 한 형질에 대한 환경효과와 다른 형질에 대한 환경효과 사이의 관계가 밀접한 정도(일관성, 신뢰성)의 측정치이다.

② 육우에서 생시 체중과 이유 시 체중 사이의 환경상관은 대략 0.1이다. 이것은 태아기와 출생 후의 환경 사이의 관계가 양의 관계(정의 상관)이지만 약하다.

4. 반복력

(1) 반복력(Repeatability)의 개념

① 반복력이란 한 개체에 대하여 특정형질이 반복하여 발현되고 측정될 수 있다면 동일한 개체에 대해 측정된 기록 간에 상관관계가 형성되는데, 이에 해당하는 상관계수를 말한다.

② 젖소의 산차별 산유량에서와 같이 같은 개체에 두 개의 다른 기록 사이의 상관계수이다.
③ 반복력이 적용되는 형질로는 산차(Parity)별로 측정될 수 있는 산유량과 산자수가 있다.

※ **반복 형질의 예** : 젖소에 있어서 산유량, 말에서의 경주능력, 돼지에서 복당 산자수, 양에서 산모량이 있다. 반복력은 단순히 r로 나타낸다.

④ 반복력은 전체분산에 대한 개체기록분산의 비율로서 내상관계수로 표현할 수 있다.

$$반복력(r) = \frac{개체기록분산}{전체분산} = \frac{유전형\ 분산 + 영구환경분산}{표현형\ 분산}$$

(2) 반복력의 변이, 추정 및 이용

① 반복력의 범위는 유전력과 마찬가지로 0~1이며, 반복력은 항상 유전력과 같거나 큰 값을 갖는다.
② 반복력이 클수록 우수한 기록을 갖는 개체로부터 우수한 기록을 예측할 수 있다.
③ 반복력이 작으면 우수한 기록을 갖는 개체가 다음 기록에서 우수할 가능성이 낮다.
④ 반복력의 추정은 개체의 생산능력을 표현하는 최대가능생산능력을 추정할 수 있고 개체의 생산능력에 대한 선발 시에 이용될 수 있다.
⑤ 개체의 생산능력을 위한 선발은 최대가능생산능력에 기초한 영구환경효과까지 고려가 된다는 점에서 개체의 유전적 개량을 위한 선발과 다르다.

> **더알아두기**
>
> 반복력(Repeatability)
> • 한 개체의 여러 기록들 간의 상관관계
> • 유전력의 상한값(Upper Limit)
> • 반복력의 범위는 0과 +1.0 사이 또는 0에서부터 100%까지
> • 반복력이 높을수록 다음 기록의 예측이 용이
> • 반복력 계산

> **예제** 영구환경분산이 10, 일시적 환경분산이 20, 표현형 분산이 50이면 반복력은?
>
> **해설** • 유전형 분산 = 표현형 분산 - 환경분산(일시적 + 영구적)
> $= 50-(10+20) = 20$
> • 반복력 $= \dfrac{유전형\ 분산 + 영구환경분산}{표현형\ 분산}$
> $= \dfrac{20+10}{50} = 0.6$

PART 01 가축육종학

02 적중예상문제

01 하디 바인베르크(Hardy-Weinberg)법칙에 대한 설명으로 틀린 것은?

① 인위적인 선발 및 돌연변이가 없으면 세대 간 유전자 빈도의 변화가 없다.
② 유전적 부동(Genetic Drift)이 있을 경우에도 유전자 빈도가 변하지 않는다.
③ 부모세대에 집단 간의 이주(Migration)가 없으면 유전자 빈도의 변화가 없다.
④ 돌연변이가 없을 경우 유전자 빈도가 변하지 않는다.

해설
무작위교배를 하는 큰 집단에서는 돌연변이(Mutation), 선발(Selection), 이주(Migration), 격리(Isolation), 유전적 부동(Genetic Drift)과 같은 요인이 작용하지 않을 때 유전자 빈도와 유전자형 빈도는 오랜 세대를 경과해도 변하지 않고 일정하게 유지된다.

02 유전자 빈도를 변화시키는 요인이 아닌 것은?

① 선 발
② 무작위교배
③ 돌연변이
④ 유전적 부동

해설
하디-바인베르크(Hardy-Weinberg)의 법칙에 의하면 돌연변이·이주·선발·자연도태·유전적 부동 등이 작용하지 않을 때 무작위교배를 하는 한 큰 집단의 유전자 빈도와 유전자형 빈도는 오랜 세대를 경과하더라도 변화되지 않는다.

03 100마리의 앵거스(Angus) 소에 대한 모색을 조사한 결과가 다음과 같을 때, 붉은색에 대한 유전자 빈도는?(단, 유전적 평형상태를 가정한다)

표현형	유전자형	두 수
검은색	BB or Bb	64
붉은색	bb	36
계	–	100

① 0.4
② 0.6
③ 0.8
④ 1.0

해설
붉은색 유전자의 빈도 $= \sqrt{\dfrac{360}{1,000}} = 0.6$

04 어느 홀스타인(Holstein)종 젖소집단에 있어 B의 유전자 빈도가 0.9이고 b의 빈도는 0.1이다. 이 집단이 하디-바인베르크(Hardy-Weinberg) 평형상태에 있을 때 Bb의 빈도는?

① 0.14
② 0.16
③ 0.18
④ 0.20

해설
$B^2 + 2Bb + b^2 = 1$
여기서, 2Bb의 빈도는 $2(0.9 \times 0.1) = 0.18$

정답 1 ② 2 ② 3 ② 4 ③

05 한 유전자좌위(Locus)에 두 가지 형태의 대립유전자 A와 a가 존재할 때 한 집단에서 A의 빈도가 0.5이고 이 집단이 유전적 평형상태를 이루면 유전자형 Aa의 빈도는?

① 0.75 ② 0.5
③ 0.25 ④ 0.1

해설

유전자 빈도
- 한 집단 내 대립유전자들의 상대적 빈도로 A의 빈도는 p로, a의 빈도는 q로 나타낸다.
- p와 q의 합은 1이다.
- AA 개체수의 빈도는 p, Aa 개체수의 빈도는 $2pq$, aa 개체수의 빈도는 q로 나타낸다.

$1 = p(0.5) + q(x)$이므로 $q = 0.5$
여기서, Aa의 빈도는 $2pq$이므로 $2 \times 0.5 \times 0.5 = 0.5$ 이다.

06 양적 형질의 표현이 주된 유전자작용은?

① 1개 또는 소수의 유전자에 의해 영향을 받는다.
② 대단히 많은 수의 유전자에 의해 영향을 받는다.
③ 주로 우성작용에 의해 영향을 받는다.
④ 상위작용에 의해 영향을 받는다.

해설

양적 형질의 특성
- 어떤 특정형질은 많은 수의 유전자에 의해 좌우되며, 개개의 유전자작용은 미약하다.
- 연속적인 변이를 나타낸다.

07 다음 중 양적 형질의 특성에 해당되지 않는 것은?

① 연속적인 변이를 나타낸다.
② 몇 개의 그룹으로 나누어 연구한다.
③ 경제적으로 중요하다.
④ 여러 쌍의 유전자에 의해 좌우된다.

08 가축의 양적 형질은 어떤 변이에 속하는가?

① 유전적 변이   ② 환경적 변이
③ 연속적 변이   ④ 불연속적 변이

해설

양적 형질은 연속적인 변이에 나타나는 형질이고 질적 형질은 불연속적인 변이를 나타낸다.

09 가축형질에서 관찰될 수 있는 변이 가운데 성격이 다른 것은?

① 모 색   ② 산자수
③ 체 장   ④ 체 중

해설

모색은 질적 형질이다.

10 변이(Variation)에 대한 설명으로 부적합한 것은?

① 개체 간의 차이를 변이라고 한다.
② 변이의 크기는 선발과 관계가 있다.
③ 전체변이 중에서 유전변이가 차지하는 비율을 유전력이라 한다.
④ 환경적 변이도 가축개량에 이용된다.

해설
유전적 원인에 의한 변이만이 선발을 통해 가축개량에 효과적으로 이용될 수 있고 환경의 차이에 의한 변이는 가축개량에 쓰일 수 없다.

11 가축의 경제형질의 변이(Variation)를 설명한 것 중 옳지 않은 것은?

① 환경변이와 유전변이로 구분된다.
② 변이가 크면 선발이 용이하다.
③ 동형접합체가 많은 집단에서 변이가 크게 나타난다.
④ 변이는 강력한 선발로서 감소된다.

12 가축개량에 가장 효율적으로 이용할 수 있는 변이는?

① 방황변이 ② 체세포변이
③ 유전변이 ④ 환경변이

13 생물의 유전현상에서 다음 세대에 형질들이 양친과 닮지 않고 다르게 나타나는 변이가 생기는데 이러한 변이에 속하지 않는 것은?

① 유전변이 ② 방황변이
③ 돌연변이 ④ 개체변이

14 유전력 추정치가 높은 수치로 나타날 수 있는 조건이 아닌 것은?

① 환경변이의 최소화
② 유전변이의 극대화
③ 상가적 분산의 최대화
④ 환경변이의 최대화

해설
환경변이가 커지면 표현형 변이가 함께 커지기 때문에 유전력은 낮아진다.

정답 10 ④ 11 ③ 12 ③ 13 ④ 14 ④

15 가축형질의 변이에 관한 설명으로 옳지 못한 것은?

① 동일한 유전적 조성을 가진 가축이라도 환경이 다르면 상이한 변이를 나타낸다.
② 교잡에 의한 변이의 형성은 유전자 변화로 인해 새로운 유전자를 형성하기 때문이다.
③ 유전 여부에 따라 가축의 변이를 유전적 변이와 비유전적 변이로 구분한다.
④ 우량변이를 발견 선발하는 육종과정에서 유전적 변이는 중요한 육종의 소재가 된다.

해설
교잡에 의한 변이의 형성은 주로 잡종의 감수분열 때에 염색체의 교차에 의하여 형질에 변화가 생기거나 또는 유전자의 상호작용에 변화가 생겨서 일어나는 것이 보통이다.

16 집단의 개체 간에 존재하는 변이의 크기를 계산하는 데 적합하지 않은 것은?

① 표준편차
② 범위
③ 분산
④ 개체 간의 동일한 측정치

해설
어느 집단의 변이 크기를 나타내는 데에는 범위, 분산, 표준편차 등을 이용할 수 있다.
- 범위(Range) : 가장 큰 값과 가장 작은 값의 차이를 말한다.
- 분산 또는 평균제곱 : 각 측정치와 집단평균 간의 차이를 제곱한 값의 평균치
- 표준편차 : 표본분산의 제곱근

17 질적 형질에 대한 설명으로 옳은 것은?

① 여러 유전자의 영향을 받는다.
② 환경의 영향은 미약하다.
③ 개개의 유전자효과는 비교적 작다.
④ 기구를 이용한 측정이 가능하다.

해설
질적 형질은 하나 또는 극소수의 유전자에 의해서 지배되는 형질이다. 유전적으로 지배되는 정도가 강해서 상대적으로 환경의 영향을 덜 받는다.

18 환경변이가 없는 조건에서 사육한 돼지의 165일령 체중이 다음과 같다고 할 때 이형접합체의 유전자형가는?(단, AA : 120kg, Aa : 110kg, aa : 90kg)

① 5kg
② 10kg
③ 15kg
④ 30kg

해설
$$\frac{120+90}{2} = 105$$
$$\therefore 110 - 105 = 5$$

19 각각의 부모에서 온 유전자가 합쳐져 새로이 태어난 자손의 유전자형을 형성한 유전자들의 값을 무엇이라고 하는가?

① 육종가 ② 우성편차
③ 평 균 ④ 표현형가

20 부모의 추정 육종가가 각각 100과 80일 때 이 둘에서 태어날 자손의 예상 육종가는?

① 180 ② 100
③ 90 ④ 80

해설
자손의 예상 육종가 $= \dfrac{100+80}{2} = 90$

21 다음 공식은 무엇을 추정하는 데 쓰이는 것인가?(단, $\overline{X}$: 개체기록의 평균치, n : 기록의 수, h^2 : 유전력, r : 반복력, X = X의 축군 평균)

$$\overline{X} + \dfrac{nh^2}{1+(n-1)r}(X-\overline{X})$$

① 육종가 ② 선발차
③ 유전상관 ④ 유전적 개량량

22 어느 수소를 검정하였더니 일당 증체량이 1,300g이었다 한우의 일당 증체량 평균이 900g이고, 일당 증체량의 유전력이 0.40이라면 이 소의 육종가는?

① 160g ② 360g
③ 1,060g ④ 1,460g

해설
육종가(G) $= \overline{X} + h^2(X - \overline{X})$
$= 900 + 0.4(1,300 - 900)$
$= 1,060g$

23 육종가의 설명으로서 틀린 것은?

① 가축의 육종가는 상가적 유전형가의 총합이다.
② 가축의 육종가는 전달능력(Transmitting Ability)의 2배이다.
③ 가축의 육종가는 실생산능력(Real Producing Ability)보다 항시 작다.
④ 육종가의 계산은 반복력(Repeatability)을 곱하여 구한다.

24 육종가의 기본이 되는 유전자의 효과는?

① 우성효과(Dominance Effects)
② 상가적 효과(Additive Effects)
③ 초우성효과(Overdominance Effects)
④ 상위성효과(Epistatic Effects)

25 유전자형가(Genotypic Value)에 포함되지 않는 것은?

① 산차효과(Parity Effect)
② 육종가(Breeding Value)
③ 우성효과(Dominance Effect)
④ 상위성효과(Epistatic Effect)

해설
유전자형가(G) = 육종가(A) + 우성효과(D) + 상위성효과(I)

26 좁은 의미의 유전력의 크기를 결정하는 데 가장 중요한 역할을 하는 것은?

① 상가적 효과 ② 우성효과
③ 상위성효과 ④ 유전자형가

해설
좁은 의미의 유전력 = $\dfrac{\text{상가적 유전분산}}{\text{전체분산(표현형 분산)}}$

27 한우의 어느 형질에 있어 상가적 유전분산은 0.6, 우성분산은 0.2, 상위성분산은 0.1, 환경분산은 1.1이었다. 이 형질에 대한 좁은 의미의 유전력은?

① 0.1 ② 0.2
③ 0.3 ④ 0.4

해설
좁은 의미의 유전력 = $\dfrac{\text{상가적 유전분산}}{\text{전체분산(표현형 분산)}}$
$= \dfrac{0.6}{0.2+0.6+0.1+1.1}$
$= \dfrac{0.6}{2}$
$= 0.3$

28 좁은 의미의 유전력에 비하여 넓은 의미의 유전력이 더 높게 되는 데 기여할 수 있는 것은?

① 환경분산과 상가적 유전분산
② 환경분산과 우성분산
③ 상위성분산과 우성분산
④ 상위성분산과 상가적 유전분산

해설
유전력
- 좁은 의미의 유전력 = $\dfrac{\text{상가적 유전분산}}{\text{전체분산(표현형 분산)}}$
- 넓은 의미의 유전력
  $= \dfrac{\text{상가적 유전분산} + \text{우성분산} + \text{상위성분산}}{\text{전체분산(표현형 분산)}}$

정답 24 ② 25 ① 26 ① 27 ③ 28 ③

29 형질을 발현시키는 데 있어서 유전과 환경 간의 관계를 바르게 설명한 것은?

① 유전적으로 우수한 가축은 불량한 환경에도 영향을 받지 않는다.
② 아무리 환경조건이 좋다 하더라도 그 개체가 태어날 때부터 가진 유전적 한계선은 초과하지 못한다.
③ 개체의 유전적 한계선은 환경조건에 따라 변화될 수 있다.
④ 개체의 능력은 유전과 무관하게 단지 환경의 영향으로 결정된다.

해설
가축의 형질발현은 유전과 환경의 공동작용으로 나타난다.
• 모색 : 유전의 영향이 크다.
• 수태율 : 환경적 요인에 의한 영향이 크다.

30 어떤 형질의 유전력을 '1'이라 가정한다면 이의 의미는?

① 개체 간의 차이가 대부분 환경요인의 차이에 의함을 의미
② 개체 간의 차이가 전부 유전자 간의 차이에 의함을 의미
③ 어떤 개체의 형질발현가가 다른 개체와 전혀 다름을 의미
④ 어떤 개체의 형질발현가가 다른 개체와 동일함을 의미

31 다음 설명하는 통계분석의 용어는?

• 변수들 간에 원인과 결과의 관계를 나타내는 것으로 원인이 되는 변수를 독립변수, 결과로 되는 변수를 종속변수라 함
• 하나의 변수를 이용하여 다른 변수를 예측하고자 함

① 상 관　　② 분 산
③ 회 귀　　④ 평 균

32 홀스타인종의 유량을 조사한 다음 어미소와 딸소가 함께 조사된 것들만 골라 어미소에 관한 딸소의 회귀계수(b)를 계산하였더니 b = 0.15이었다. 이 결과로 유전력을 추정한다면 유량에 관한 유전력을 얼마라고 할 수 있겠는가?

① 0.15　　② 0.25
③ 0.30　　④ 0.45

해설
유전력은 회귀계수의 두 배이다.
∴ 유전력은 0.15 × 2 = 0.30이다.

33 어떤 형질의 표현형 분산 중에서 유전분산이 차지하는 비율을 의미하는 것은?

① 유전력　　② 육종가
③ 반복력　　④ 유전상관

정답　29 ②　30 ②　31 ③　32 ③　33 ①

34 유전상관이 부(負)의 관계인 형질들은?

① 닭의 산란수와 초산일령
② 돼지의 체중과 등지방층두께
③ 소의 체중과 사료섭취량
④ 닭의 체중과 난중

해설
- 초산일령이 늘어날수록 산란수는 줄어들기 때문이다.
- 초산일령과 산란수 간의 상관계수 : -0.4~-0.6
※ 유전상관 : 두 개의 형질을 지배하는 유전자가 동일 염색체상에 존재하거나, 또 동일유전자라는 것 등의 원인에 의하여 이들 형질이 잡종집단 속에서 양 또는 음의 방향으로 동시에 변동하는 현상을 말한다.

35 X형질과 Y형질의 유전분산은 각각 4.0 및 9.0이며, 이들 두 형질 간 유전공분산은 3.0이다. 이들 두 형질 간 유전상관은?

① 0.4
② 0.5
③ 0.6
④ 0.7

해설
유전상관
$= \dfrac{\text{X와 Y두 형질 간의 유전공분산}}{\text{각각 X와 Y의 상가적 유전분산의 제곱근의 곱}}$
$= \dfrac{3}{\sqrt{4} \times \sqrt{9}} = 0.5$

36 한 개체에 대하여 특정형질이 반복하여 발현되고 측정될 수 있다면 동일한 개체에 대해 측정된 기록 간에 상관관계가 형성되는데, 이에 해당하는 상관계수를 무엇이라 하는가?

① 육종가
② 유전력
③ 반복력
④ 유전상관

37 다음 중 반복력의 계산이 어려운 것은?

① 돼지의 산자수
② 소의 생시체중
③ 양의 산모량
④ 산 차

해설
반복형질의 예에는 젖소에 있어서 산유량, 말에서의 경주능력, 돼지에서 복당 산자수, 양에서 산모량이 있다. 반복력은 단순히 r로 나타낸다.
※ 산차(Parity) : 동일개체의 과거 분만횟수

38 반복력(Repeatability)에 대한 설명 중 잘못된 것은?

① 한 개체의 여러 기록들 간의 상관관계
② 유전력의 상한값(Upper Limit)
③ 반복력의 범위는 -1과 +1 사이
④ 반복력이 높을수록 다음 기록의 예측이 용이

해설
반복력이 취하는 값의 범위는 유전력에서와 같이 0에서 1.0까지 또는 0에서부터 100%까지이다.

CHAPTER 03 선발

PART 01 가축육종학

01 선발의 의의와 효과

1. 선발의 의의와 종류

(1) 선발의 개념과 종류

① 선발이란 다음 세대에 가축을 생산하는 데 쓰일 종축(種畜)을 고르는 것이다.
② 선발은 유전적으로 우수한 개체를 종축으로 이용하여 다음 세대 가축의 유전적 조성을 인간의 목적에 보다 적합하도록 변화시키는 것이다.
③ 선발의 목표는 경제적으로 중요한 형질을 개량하는 데 있다.
 ※ **가축의 육종방법** : 선발방법, 근친교배, 순종교배, 잡종강세 등

(2) 선발의 중요한 기능

① 우량종축의 선택
② 유전자 빈도의 변화
③ 유전자형의 증가, 감소, 제거
④ 불량가축의 도태
 ※ 선발은 새로운 유전자를 창출하지 못한다. 우수한 품종을 육성, 경제형질의 개량, 가축의 외모개선 등의 효과가 있다.

(3) 선발과 변이

① 품종 또는 계통과 같은 하나의 집단에서 많은 수의 개체 간의 차이를 변이라 한다.
② 변이의 크기는 범위, 분산, 표준편차 등을 이용할 수 있으나 변이의 크기를 측정하는 데는 분산이 가장 널리 이용된다.

> 표본의 분산 $S^2 = \dfrac{\sum(X-\overline{X})^2}{(n-1)}$
> 여기서, S^2 : 표본의 분산, X : 형질의 측정치, $\overline{X}$: 측정치의 평균, n : 측정치의 수

(4) 선발차(選拔差, Selection Differential)

① 어떤 형질에 대한 모집단의 평균능력과 그 집단에서 종축으로 사용하기 위하여 선발된 개체들의 평균능력 간의 차이를 말한다.
② 선발된 개체의 평균과 집단의 평균 간 차이
③ 선발 전의 집단평균과 선발된 집단의 평균과의 차이
④ 선발차의 크기
　㉠ 선발차를 크게 하기 위해서는 우선 개량하고자 하는 형질의 변이가 커야 한다.
　㉡ 일반적으로 암가축에서보다 수가축에서 선발차를 더 크게 할 수 있다.
⑤ 선발차 계산

> 선발차(S) = 종축으로 선발된 개체의 평균 − 모집단의 평균

> **예제** 어느 고기소군의 1일 평균 증체량이 1kg이고, 육종의 목적으로 사용된 군은 평균 증체량이 1.25kg이라고 할 때 선발차는?
> **해설** 선발차(S) = 1.25 − 1 = 0.25kg

(5) 선발강도(Selection Intensity)

① 선발차를 표현형 표준편차로 나눈 값으로 표준화된 선발차라고도 한다.
② 선발비율의 영향을 크게 받는다.
③ 측정단위가 다른 형질 간의 선발차를 비교하는데 쓰인다.
④ 가축의 증식률과 밀접한 관계를 가진다.
⑤ 선발강도가 낮아지는 것이 수가축에서보다 암가축에서 특히 현저한 경향이 있다.
⑥ 젖소의 선발 시 선발강도를 높이기 위한 방법은 선발 대상군에서 선발축의 수를 줄인다.

2. 유전적 개량량

(1) 유전적 개량량의 개념

① 특정형질에 대한 선발에 의해 다음 세대에 얼마나 효과를 얻을 것인가를 나타내는 값이 유전적 개량량(선발반응, Selection Response)이다.
② 선발에 의한 개량효과는 집단의 평균이 선발에 의해 얼마나 변화하였는가를 측정해 알 수 있다.

③ 한 세대 동안의 선발에 의해 기대되는 유전적 개량량(ΔG)의 계산

- ΔG(유전적 개량량)$= h^2$(유전력)$\times S$(선발차)
- $\Delta G/L$(연간 유전적 개량량)$= \dfrac{h^2(\text{유전력}) \times S(\text{선발차})}{L(\text{세대간격})}$

(2) 유전적 개량량을 크게 하는 조건

① 형질의 유전력이 커야 한다.
② 세대간격이 짧아야 한다.
③ 대상형질의 선발차가 커야 한다.
④ 육종가와 표현형가 사이에 상관계수가 높아야 한다.

> **더알아두기**
>
> 연간 유전적 개량량을 크게 하기 위한 방법
> - 집단의 규모를 크게 한다.
> - 세대간격이 짧아야 한다.
> - 환경변이보다 상가적 유전변이가 커야 한다.
> - 선발된 집단과 모집단의 평균 차이가 커야 한다.

3. 선발효과를 크게 하는 방법

(1) 선발의 효과를 크게 하는 방법

① 유전력을 크게, 유전변이를 크게, 환경변이를 작게 한다.
② 선발차를 크게 한다. - 집단의 크기를 크게
③ 세대간격을 짧게 한다. - 젊은 가축을 번식에 이용
④ 균일한 사양관리 조건하에서 사육한다.
⑤ 후보종축의 기초축 두수를 크게 한다.

※ **선발(選拔)의 효과** : 우량유전자 빈도의 증가, 즉, 기존의 우량유전자를 더 많게 하는 것이다.

(2) 선발차를 크게 하기 위한 조건
① 개량형질의 차이가 커야 한다.
② 우수한 종축의 이용 및 계획적인 선발의 수행
③ 증식률의 증가와 사망률의 감소

4. 선발과 환경
① 종축선발은 형질이 충분히 발휘될 수 있도록 가장 좋은 환경하에서 실시되어야 한다.
② 종축선발은 불량한 환경하에서 실시되어서는 안 된다.
③ 종축선발은 그 자손이 사육될 환경조건하에서 실시되어야 한다.
④ 개량량을 크게 하려면 표현형 분산과 유전형 분산이 커야 한다.
⑤ 좋은 환경에서 종축선발이 유리하다.

02 단일형질 개량을 위한 선발방법

1. 개체의 능력에 근거한 선발

(1) 개체선발의 개념
① 개체의 능력만을 기준으로 하여 그 개체를 종축으로 선발하는 방법이다.
② 가계, 선조, 형매 또는 자손의 능력은 전혀 무시하고 개체의 능력에만 근거해서 그 개체의 씨가축으로서의 가치를 추정하는 것이다.
③ 유전력이 높은 형질의 개량에 효과적으로 이용될 수 있다.
④ 도체(屠體)에서 측정되는 형질과 같이 개체를 도살해야만 측정할 수 있는 형질에 대해서는 선발할 수 없다.
⑤ 일반적으로 유전력이 높은 형질 개량을 위해서는 개체선발방법이 효과적이다.

(2) 개체선발의 장점
① 선발이 용이하다.
② 유전력이 높은 형질의 개량에 효과적이다.

(3) 개체선발의 단점

① 한쪽 성에만 나타나는 형질의 개량을 위해서 개체선발방법을 다른 쪽 성에 적용할 수 없다(산유량).
② 도체형질에 대해 개체선발 이용이 불가능하다. → 후대검정, 가계선발, 형매검정 이용
③ 유전력이 낮은 형질의 개량에는 효과가 작다.

(4) 추정생산능력(MPPA ; Most Probable Producing Ability)

① 어떤 개체의 차기생산능력을 추정한다(젖소 비유량, 돼지 산자수, 면양 산모량 등).
② 개체의 표현형에만 근거하여 개체의 육종가를 추정하는 방법이다.

$$추정생산능력 = 축군의\ 평균치 + \frac{기록수 \times 반복력}{1+(기록수-1)반복력} \times (개체의\ 일생에\ 걸친\ 생산기록의\ 평균치 - 축군의\ 평균치)$$

예제 어느 젖소의 3회 측정 평균 비유량이 5,000kg이었고, 이 젖소가 속한 우군 평균 비유량이 4,000kg이었을 때 이 젖소의 차기 추정생산능력은?(단, 비유량의 반복력은 50%이다)

해설 $추정생산능력 = 4,000 + \frac{3 \times 0.5}{1+(3-1)0.5}(5,000-4,000) = 4,750kg$

(5) 육종가

① 개체의 종축으로서의 가치이다.
② 해당 개체가 반복하여 형질을 발현할 때 다음 번 능력을 예측할 수 있다.
③ 형질의 측정은 2~3회면 충분하다.

$$육종가 = 유전력 \times (측정치 - 축군의\ 평균)$$

2. 선조의 능력에 근거한 선발

(1) 혈통선발의 개념

① 부모, 조부모 등의 선조능력에 근거하여 종축의 가치를 판단하여 선발하는 방법이다.
② 선조능력에 적절한 중요도를 두고 선발에 이용 시 개체선발에만 의존하는 것보다 큰 효과를 얻을 수 있다.

③ 선조능력에 근거하여 종축가치 판단 시 개체와 혈연관계가 가까운 선조의 능력에 더 큰 비중을 두어야 한다.

(2) 혈통선발의 장단점
① 선조에 대한 능력이 이미 조사되어 있는 경우 자료를 쉽게 구할 수 있어 유리하다.
② 자료가 없는 어린 개체선발에도 이용할 수 있다.
③ 한쪽 성에만 발현되는 형질, 도살하여야만 측정할 수 있는 형질, 가축의 수명과 같이 측정에 오랜 시일이 소요되는 형질의 개량에도 이용할 수 있다.
④ 단점은 선조의 능력에 대한 기록이 부정확하거나 환경요인의 영향을 많이 받는 경우 효율성이 떨어진다.

(3) 혈통선발 시 선조능력에 대한 중요도 결정 시 고려사항
① 평가대상개체와 선조 간의 혈연관계가 어느 정도인가?
② 선조능력이 얼마나 정확하게 기록되어 있는가?
③ 개량하고자 하는 형질의 유전력이 어느 정도인가?
④ 선조와 평가개체 간의 환경상관은 어느 정도인가?

3. 방계친척의 능력에 근거한 선발

(1) 개념
① **방계친척** : 전자매, 반자매, 전형제, 반형제, 숙모, 숙부 등의 능력에 근거한 선발
② **자매검정** : 자(형)매의 능력에 근거하여 종축선발하는 방법

(2) 방계친척 능력기준 선발법(자매검정과 형매검정)
① **자(형)매검정의 활용**
  ㉠ 가금의 개량에 많이 이용 – 산란능력
  ㉡ 한쪽 성에만 발현되는 형질
  ㉢ 도살해야 측정 가능한 형질
  ㉣ 실무형질(All or None Trait)
② **형매검정 활용** : 도살해야 측정 가능한 형질에 이용된다.

4. 후대의 능력에 근거한 선발

(1) 후대검정의 개념
① 자손의 평균능력에 근거하여 종축을 선발하는 방법이다.
② 개체의 육종가 추정에 가장 이상적인 선발방법이다.
③ 자손을 많이 생산할 수 있으므로 주로 수가축의 선발에 많이 이용된다.

(2) 후대검정의 이용
① 한쪽 성에만 발현되는 형질의 개량(비유량 등)
② 유전력이 낮은 형질의 개량
③ 도살해야 측정 가능한 형질의 개량(도체율 등)

(3) 후대검정의 단점
① 검정기간이 길다. - 노령으로 폐사 또는 활용 불가
② 많은 시설과 경비가 소요된다.

(4) 후대검정의 정확도를 높이는 방법
① 후대자손수를 많게 한다. 후대검정에 이용하는 개체당 자손의 수를 늘리면 환경요인의 효과, 우성효과 또는 상위성효과에 의한 영향이 감소하여 정확도가 높아진다.
② 교배 시 수가축 수보다 암가축의 수를 많게 한다.
③ 후대검정 시 교배되는 암가축의 능력을 고르게 한다. 즉, 검정에 이용되는 배우자(암컷)의 유전적 능력이 고르게 분포되어야 한다.
④ 환경요인의 영향을 균등하기 위하여 여러 곳에서 검정을 한다. 즉, 후대검정되는 개체의 자손이 유사한 시기에, 유사한 환경에서 사육되어 비교되어야 한다.
⑤ 유전력이 낮은 형질의 개량에는 개체선발보다 후대검정이 효과적이다.

> **더알아두기**
>
> 종웅지수(種雄指數, Sire Index)
> $Z = 2D - M = D + (D - M)$
> 여기서, Z : 종웅지수, D : 딸의 평균, M : 어미의 평균

> **더 알아두기**
>
> 한우 후대검정에 걸리는 시간
> - 우량씨수소 교배계획 및 교배 : 3개월
> - 씨암소의 임신기간 : 10개월
> - 송아지 분만 및 육성 : 6개월
> - 후보씨수송아지 당대검정 : 6개월
> - 당대검정 자료정리, 후보씨수소 선발, 후보씨수소 교배계획 및 교배 : 3개월
> - 후보씨수소의 배우자(암소) 임신기간 : 10개월
> - 송아지 육성 및 도살 : 24개월
> - 후대검정 자료정리 및 보증씨수소 선발 : 4개월

5. 가계의 능력에 근거한 선발

(1) 가계선발의 개념

① 가계별 평균능력을 계산하고 우수한 가계를 선발한다. 즉, 가계능력의 평균을 토대로 가계 내의 개체를 전부 선발하거나 도태하는 방법이다.

② 가계 내 개체 간 차이는 무시하고 가계의 평균능력에 근거한 선발이다.

③ 가계는 전형매 가계, 반형매 가계와 같이 개체 간 상호 혈연관계가 있거나 유전적으로나 표현형적으로 서로 비슷한 무리이다.

④ 가계선발의 단점 : 많은 시설과 경비가 소요되고, 선발되는 가계수가 적을 때는 근친교배로 능력저하위험이 있다.

(2) 가계선발의 이용

① 유전력이 낮은 형질의 개량 – 가계의 평균을 구하면 환경요인의 영향이 상쇄된다.

② 개체 간 공통환경요인 변이가 작을 때(자돈 이유 체중)

③ 가계 구성원 수가 많을 경우

④ 개량하려는 형질발현이 한쪽 성에만 나타날 경우

⑤ 실무형질 개량의 경우(뿔 유무)

⑥ 가축수명과 같이 형질의 측정이 오랜 시간 소요되는 경우

(3) 가계 내 선발

① 개체의 능력과 그 개체가 속한 가계의 평균능력과의 차이를 기준으로 하는 선발방법이다.
② 가계선발과 정반대의 선발방법이다.
③ 가계능력을 무시하고 가계 내 개체들의 능력을 비교하여 선발하는 방법이다.
④ 폐쇄된 집단 내에서 선발을 실시할 때 근교계수의 상승을 낮게 하는 데 가장 효과적인 선발방법이다.
⑤ 가계선발과는 달리 근친교배의 위험성을 작게 할 수 있는 장점이 있으나, 표현형 분산이 작아지게 되므로 선발의 효과가 낮아진다.

(4) 개체와 가계의 결합선발

① 개체능력과 가계능력을 동시에 고려하여 선발하는 방법이다.
② 개체선발이나 가계선발의 한 가지만을 이용하는 방법보다 개체와 가계의 능력을 동시에 고려하여 선발하는 방법이 효과가 크다.
③ 개체와 가계의 결합선발은 상대적 선발반응의 크기가 가장 크다.
④ 산란계의 산란능력을 개량하기 위한 보다 효과적인 선발방법이다.

6. 간접선발

(1) 간접선발의 개념

① 두 형질 간에 높은 유전상관을 나타내는 경우 측정이 용이한 형질을 개량함으로써 측정이 곤란한 형질을 개량하는 선발방법이다.
② X라는 형질을 개량하고자 할 때 X 대신 Y형질에 대해 선발하여 X형질에 상관반응이 나타나게 함으로써 X형질을 개량하는 방법이다.
　예 성장률이라는 형질을 개량하고자 할 때 성장률 대신 체중이라는 형질에 대해 선발하여 성장률을 개량하는 선발방법이 간접선발이다.
③ **상관반응** : X라는 한 형질의 선발에 의해 Y라는 형질에 나타난 반응이다(유량과 유지율).

(2) 간접선발의 이용성

① 개량하려는 형질의 정확한 측정이 곤란하고 그 형질의 유전력이 낮은 경우(가축 성비)
② 개량하려는 형질이 한쪽 성에만 발현되어 다른 쪽 성의 개체에 대해 선발할 수 없을 경우

03 다수형질 개량을 위한 선발방법

(1) 다형질 선발
① 가축을 개량할 때 1개의 형질만 개량하는 것이 아니고 여러 개의 형질을 개량하는 것이다.
   예 젖소의 경우 산유량 1개 형질만이 아니고 유지율, 유단백질률, 체형, 번식능률 등을 개량한다.
② 다형질 선발법에는 선발지수법, 독립도태법, 순차적 선발법 등이 있다.
③ 다형질 선발의 장점
   ㉠ 선발의 정확도가 증가한다.
   ㉡ 실질적으로 총체적 경제가치를 높일 수 있다.
   ㉢ 많은 양의 정보를 이용할 수 있다.

(2) 독립도태법(Independent Culling Method)
① 각 형질(산유량, 유지율, 체형, 번식능력)에 대하여 동시에 그리고 독립적으로 선발하는 방법이다.
② 형질마다 일정한 수준을 정하여 어느 한 형질이라도 그 수준 이하로 내려가는 개체는 다른 형질이 아무리 우수하더라도 도태한다.

(3) 순차적 선발(Tandem Method)
① 우선 한 가지 형질에 대해 선발하여 그 형질이 일정 수준까지 개량되면 다음 형질에 대해 선발하여 한 번에 한 형질씩 개량해 가는 방법이다.
② 한 가지 형질이 일정기준의 개량량에 도달할 때까지 선발하고 그다음에는 제2, 제3의 형질로 넘어가는 형태의 선발방법이다.
③ 선발지수법에 비해 효과가 낮아 이용 빈도가 낮다.

(4) 선발지수법(Selection Index Method)
    ① 선발지수법의 개념
        ㉠ 여러 형질을 종합적으로 고려하여 점수로 산출한 후 점수를 근거로 선발하는 방법이다.
        ㉡ 가축의 총체적 경제적 가치를 고려한 선발법이다. 즉, 다수의 형질을 개량할 경우에 대상 형질의 경제적 가치를 감안하여 선발하는 방법이다.
            예 돼지를 개량하는 데에는 증체율, 산자수, 사료효율, 도체의 품질 등 여러 가지의 경제형질을 동시에 고려하여야 한다. 이와 같이 다수의 경제형질을 개량하기 위한 선발 방법이다.
    ② 선발지수
        ㉠ 선발지수는 적용될 가축의 집단에서 조사된 자료를 근거로 한다.
        ㉡ 선발지수는 선발지수가 만들어진 집단에서 이용될 때 가장 효과적이다.
        ㉢ 선발지수를 산출하는 데 필요한 자료 : 유전력, 상대적 경제가치통계량, 유전상관계수(상가적 유전분산)
    ③ 선발지수를 산출할 때 이용되는 통계량
        ㉠ 각 형질의 표현형 분산
        ㉡ 각 형질 간의 표현형 공분산 또는 표현형 상관계수
        ㉢ 각 형질 간의 유전공분산 또는 유전상관계수
        ㉣ 각 형질의 유전력 또는 상가적 유전분산
        ㉤ 각 형질의 상대적 경제가치
        ※ **절단형 선발** : 개량 대상형질에 대하여 일정한 값을 기준으로 그 이상의 개체는 선발하고 그 이하의 개체는 모두 도태시키는 방법

CHAPTER 03 적중예상문제

PART 01 가축육종학

01 다음 세대에 가축을 생산하는 데 쓰일 종축(種畜)을 고르는 것을 무엇이라고 하는가?
① 선 발
② 도 태
③ 교 배
④ 증 식

02 선발의 가장 중요한 기능은?
① 우수한 유전형질의 고정
② 가축의 능력 퇴화 방지
③ 유전자 빈도의 변화
④ 새로운 유전자의 도입

03 선발의 결과가 아닌 것은?
① 우수한 품종을 육성
② 경제형질의 개량
③ 새로운 유전자의 창출
④ 가축의 외모개선

04 어떤 형질에 대한 모집단의 평균능력과 그 집단에서 종축으로 사용하기 위하여 선발된 개체들의 평균능력 간의 차이를 가리키는 용어는?
① 예상차
② 선발차
③ 선발지수
④ 종웅지수

05 다음 중 (가), (나)에 알맞은 내용은?

> • 선발차를 크게 하기 위해서는 우선 개량하고자 하는 형질의 변이가 (가).
> • 일반적으로 암가축에서보다 수가축에서 선발차를 더 (나) 할 수 있다.

① 가 : 작아야 한다. 나 : 작게
② 가 : 작아야 한다. 나 : 크게
③ 가 : 커야 한다. 나 : 작게
④ 가 : 커야 한다. 나 : 크게

해설

선발차를 높이는 방법
• 형질의 변이가 커야 한다.
• 변이의 증가는 환경적 요인이 아닌 유전적 변이이어야 한다.
• 의외의 변수(질병 등)로 인한 사망률을 낮춰, 개체수를 늘려 많은 수의 종자개체를 확보해야 한다.
• 종자개체는 수컷보다 암컷이 더 많이 필요하기에, 선발차가 큰 수컷이 암컷보다 종자개체가 되는 이유이기도 하다.

정답 1 ① 2 ③ 3 ③ 4 ② 5 ④

06 A축군의 선발차는 2,000kg, 표현형 표준편차는 400kg, B축군의 선발차는 1,000kg, 표현형 표준편차가 200kg일 때 두 축군의 선발강도에 대한 설명 중 옳은 것은?

① 선발강도는 표현형 표준편차와 무관하므로 A축군의 선발강도가 높음
② 선발강도는 선발차와 무관하게 표현형 표준편차가 작을수록 높아지므로 B군의 선발강도가 높음
③ 선발강도는 선발차와 표준형 표준편차와 무관하므로 본값으로 축군 간 선발강도의 차이를 알 수 없음
④ 선발강도는 선발차/표준형 표준편차이므로 A축군과 B축군의 값이 동일함

07 젖소산유량 분석결과 유전력(h^2)은 0.25, 선발차(s)는 1,200kg, 표현형 표준편차(σ_p)는 1,200kg이다. 이때 계산되는 선발강도(i)는 얼마인가?

① 1
② 300
③ 600
④ 1,200

해설

$$선발강도 = \frac{선발차}{표준편차} = \frac{1,200}{1,200} = 1$$

08 표준화된 선발과 의미가 같은 것은?

① 선발강도
② 선발효과
③ 선발반응
④ 절단형 선발

해설

선발차를 표현형 표준편차로 나누어 선발강도로 나타내면 측정단위와 관계가 없으므로 측정단위가 다른 형질이나 변이의 크기가 다른 집단의 선발차를 비교할 수 있다. 따라서 선발강도는 표준화된 선발차라고도 한다.

09 선발강도에 대한 설명으로 틀린 것은?

① 선발차를 표현형 표준편차로 나눈 값이다.
② 가축의 증식률과 밀접한 관계를 가진다.
③ 측정단위가 다른 형질 간의 선발차를 비교하는데 쓰인다.
④ 선발강도가 낮아지는 것이 암가축에서보다 수가축에서 특히 현저한 경향이 있다.

10 다음 중 유전적 개량량(선발반응, Selection Response)을 추정하는 데 필요하지 않은 요소는?

① 선발된 개체들의 평균
② 유전력
③ 도태된 개체들의 평균
④ 모집단의 평균

해설

유전적 개량량 = $h^2 S$
- 유전력(h^2)
- 선발차(S) = 종축으로 선발된 개체의 평균 − 모집단의 평균

정답 6 ④ 7 ① 8 ① 9 ④ 10 ③

11 다음 세대의 유전적 개량량을 크게 하는 조건으로 부적합한 것은?

① 형질의 유전력을 높게 한다.
② 유전적 변이를 최소화한다.
③ 선발차를 크게 한다.
④ 세대간격을 짧게 한다.

해설
선발에 의한 유전적 개량량을 높이는 방법
• 선발차가 커야 한다.
• 형질의 유전력이 높아야 한다.
• 세대간격이 짧아야 한다.
• 연간 유전적 개량량 = $\dfrac{h^2(유전력) \times S(선발차)}{L(세대간격)}$

12 한우의 일당 증체량에 대하여 개체선발을 한 결과 선발차는 수컷에서 0.12kg이었고 암컷에서 0.08kg이었다. 이 집단에 있어 일당 증체량의 유전력이 0.3일 때 이 선발에서 기대되는 유전적 개량량의 이론치는?

① 0.01kg ② 0.02kg
③ 0.03kg ④ 0.04kg

해설
유전적 개량량
= $\dfrac{수컷 일당 증체량 + 암컷 일당 증체량}{2} \times 유전력$
= $\dfrac{0.12 + 0.08}{2} \times 0.3$
= 0.03kg

13 어느 종빈돈군의 평균산자수가 9두, 종축으로 개체선발된 종빈돈의 평균산자수가 11두, 산자수의 유전력이 20%였다. 선발된 종빈돈이 다음 세대에 기여하는 유전적 개량량은?

① 0.2두 ② 0.3두
③ 0.4두 ④ 0.5두

해설
유전적 개량량 = 선발차 × 유전력
= 2 × 0.2 = 0.4

14 선발(選拔)의 효과란 무엇인가?

① 새로운 유전자의 창출
② 새로운 유전자의 제거
③ 우량유전자 빈도의 증가
④ 우량유전자 빈도의 감소

해설
기존의 우량유전자의 빈도를 증가시키는 것이다.

15 선발의 효과를 크게 하기 위한 조건이 아닌 것은?

① 유전력을 높인다.
② 선발차를 크게 한다.
③ 세대간격을 길게 한다.
④ 유전적 개량량이 커야 한다.

해설
세대간격을 짧게 한다.

정답 11 ② 12 ③ 13 ③ 14 ③ 15 ③

16 가축의 유전적 개량에 미치는 요인이 아닌 것은?

① 선발강도
② 선발의 정확도
③ 유전적 변이
④ 일시적 환경효과

해설
가축형질의 변이는 유전적 원인과 환경적 원인에 의하여 나타나는데, 그중에서 유전적 원인에 의한 변이만이 선발을 통해 가축개량에 효과적으로 이용될 수 있고 환경의 차이에 의한 변이는 가축개량에 쓰일 수 없다.

17 개체선발에 관한 설명 중 틀린 것은?

① 개체의 능력만을 기준으로 하여 그 개체를 종축으로 선발하는 방법이다.
② 가계나 선조 또는 자손의 능력에만 근거를 두고 개체의 표현형은 전혀 무시하여, 그 개체의 육종가를 추정한다.
③ 유전력이 높은 형질의 개량에 효과적으로 이용될 수 있다.
④ 도체(屠體)에서 측정되는 형질과 같이 개체를 도살해야만 측정할 수 있는 형질에 대해서는 선발할 수 없다.

해설
가계, 선조, 형매 또는 자손의 능력은 전혀 무시하고 개체의 능력에만 근거해서 그 개체의 씨가축으로서의 가치를 추정하는 것이다.

18 일반적으로 유전력이 높은 형질 개량을 위해서는 어떤 선발방법이 효과적인가?

① 개체선발   ② 가계선발
③ 계통선발   ④ 후대검정선발

19 선조의 능력을 기준으로 한 선발방법을 무엇이라 하는가?

① 개체선발   ② 가계선발
③ 혈통선발   ④ 가계 내 선발

20 한쪽 성에만 발현되는 형질을 개량할 때 또는 개량하고자 하는 형질의 유전력이 낮아 개체선발을 효과적으로 이용할 수 없을 때 가장 적합한 방법은?

① 혈통선발   ② 형매검정
③ 후대검정   ④ 가계 내 선발

21 자손의 능력에 기준을 두는 선발방법은?

① 가계 내 선발   ② 후대검정
③ 혈통선발   ④ 개체선발

정답 16 ④ 17 ② 18 ① 19 ③ 20 ③ 21 ②

22 후대검정은 어떠한 경우에 가장 효과적으로 이용할 수 있는가?

① 유전력이 높은 형질
② 개체 간의 변이 중 거의 유전적 변이에 의한 형질
③ 유전력이 낮고, 한쪽 성에만 발현되는 형질
④ 개체선발을 효과적으로 이용할 수 있는 형질

해설
후대검정을 이용하는 경우
• 한쪽 성에만 발현되는 형질의 개량
• 유전력이 낮은 형질의 개량
• 도살해야 측정할 수 있는 형질의 개량

23 젖소의 후대검정에 근거한 선발의 정확도를 높이는 방법 중 맞는 것은?

① 후대검정되는 자손수가 적어야 한다.
② 선발지수식에 포함되는 대상형질의 유전력이 높아야 한다.
③ 세대간격이 짧아야 한다.
④ 세대간격과 대상형질의 유전력이 낮아야 한다.

해설
후대검정의 정확도를 높이는 방법
• 후대검정에 이용하는 개체당 자손의 수를 늘리면 환경요인의 효과, 우성효과 또는 상위성효과에 의한 영향이 감소하여 정확도가 높아진다.
• 유전력이 낮은 형질의 개량에는 개체선발보다 후대검정이 효과적이다.
• 검정에 이용되는 배우자(암컷)의 유전적 능력이 고르게 분포되어야 한다.
• 후대검정되는 개체의 자손이 유사한 시기에, 유사한 환경에서 사육되어 비교해야 한다.

24 후대검정 시 선발의 정확도를 높이는 방법으로 옳지 않은 것은?

① 후대 자손수를 많게 한다.
② 교배 시 암가축 수보다 수가축의 수를 많게 한다.
③ 후대검정 시 교배되는 암가축의 능력을 고르게 한다.
④ 환경요인의 영향을 균등하게 하기 위하여 여러 곳에서 검정을 한다.

해설
1마리의 수가축에 많은 수의 암가축을 교배시켜 고르게 섞이도록 한다.

25 후대검정 시 숫종축의 딸이 평균유량이 6,400kg이고, 이들 어미의 평균유량은 6,100kg이라 할 때 이 수컷의 종웅지수(種雄指數, Sire Index)는?

① 300kg   ② 6,250kg
③ 6,400kg   ④ 6,700kg

해설
$Z = 2D - M$
$= D + (D - M)$
(Z : 종웅지수, D : 딸의 평균, M : 어미의 평균)
$= 2 \times 6,400 - 6,100$
$= 6,700$kg

26 산란계의 산란능력을 개량하기 위한 보다 효과적인 선발방법은?

① 개체선발
② 가계선발
③ 개체와 가계 결합선발
④ 가계 내 선발

해설

개체와 가계 결합선발
- 개체능력과 가계능력을 동시에 고려하여 선발하는 방법
- 개체선발이나 가계선발의 한 가지만을 이용하는 방법보다 개체와 가계의 능력을 동시에 고려하여 선발하는 방법이 효과가 크다.

27 상대적 선발반응의 크기가 가장 큰 것은?

① 가계선발
② 개체선발
③ 가계 내 선발
④ 개체와 가계의 결합선발

28 다음 선발방법 중 가계선발에 관한 설명으로 옳은 것은?

① 가계별 평균능력을 계산하고 우수한 가계를 선발한다.
② 전체집단에서 능력이 우수한 개체만을 선발한다.
③ 각 가계 내에서 우수한 개체를 골라 선발한다.
④ 가급적 많은 수의 가계를 선발한다.

해설

가계선발은 가계능력의 평균을 토대로 가계 내의 개체를 전부 선발하거나 도태하는 것을 말한다.

29 가계선발에 대하여 옳은 설명은?

① 가계 내 개체 간의 차이는 선발에 있어서 완전히 무시된다.
② 개체 자신의 능력이 가계 평균능력을 계산하는 데 포함되지 않는다.
③ 어미돼지의 포유능력에 영향을 받는 이유 시 체중을 개량하는 데 효과적이다.
④ 단시간 내에 저렴한 비용으로 선발할 수 있다.

30 검정된 12마리 수퇘지 중 4마리만을 종돈으로 이용하고 나머지는 도태하고자 한다. 가계선발에 의하여 선발되는 개체의 번호는?

가계	1	2	3	4	평균
A	75 (A-1)	81 (A-2)	91 (A-3)	93 (A-4)	
B	92 (B-1)	80 (B-2)	94 (B-3)	86 (B-4)	
C	82 (C-1)	90 (C-2)	74 (C-3)	74 (C-4)	

① A-3, A-4, B-1, B-3
② A-4, B-1, B-3, C-2
③ B-1, B-2, B-3, B-4
④ A-4, B-1, B-3, B-4

해설

가계선발은 가계(A, B, C) 중에서 A가계 평균은 85, B가계평균 88, C가계평균 80이므로 B가계를 선발해야 한다. 가계 내 선발이라면 그 가계에서 가장 우수한 것을 선발하면 되므로 A가계에서는 A-4, B에서는 B-3이다.

정답 26 ③ 27 ④ 28 ① 29 ① 30 ③

31 근친교배의 위험성을 가장 작게 할 수 있는 교배법은?
① 가계선발 ② 후대검정
③ 가계 내 선발 ④ 상반반복 선발법

해설
가계 내 선발은 개체의 능력과 그 개체가 속해 있는 가계의 평균능력과의 차이를 기준으로 한 선발방법을 말한다. 따라서 가계 내 선발은 가계선발과는 정반대의 선발방법으로써 가계의 능력은 무시하고, 가계 내 개체들의 능력을 비교하여 선발하는 방법이다. 이 방법은 가계선발과는 달리 근친교배의 위험성을 작게 할 수 있는 장점이 있으나, 표현형 분산이 작아지게 되므로 선발의 효과가 낮아진다.

32 유전력이 높은 형질에 대해 가장 효과적인 선발방법은?
① 자신의 기록과 부모기록에 의한 선발
② 가계선발
③ 조모의 기록에 의한 선발
④ 반형매 기록에 의한 선발

33 두 형질 간에 높은 유전상관을 나타내는 경우 측정이 용이한 형질을 개량함으로써 측정이 곤란한 형질을 개량하는 선발방법은?
① 결합선발 ② 개체선발
③ 간접선발 ④ 순차선발

34 성장률이라는 형질을 개량하고자 할 때 성장률 대신 체중이라는 형질에 대해 선발하여 성장률을 개량하는 선발방법은?
① 간접선발 ② 반복선발
③ 순차선발 ④ 절단선발

35 다형질선발의 장점이 아닌 것은?
① 단일형질선발 시보다 단일형질의 개량 속도가 빨라진다.
② 선발의 정확도가 증가한다.
③ 실질적으로 총체적 경제가치를 높일 수 있다.
④ 많은 양의 정보를 이용할 수 있다.

36 한 가지 형질이 일정기준의 개량량(改良梁)에 도달할 때까지 선발하고 그다음에는 제2, 제3의 형질로 넘어가는 형태의 선발방법은?
① 독립도태법(Independent Culling Method)
② 순차적 선발법(Tandem Method)
③ 선택지수법(Selection Index Method)
④ 혈통선발법(Pedigree Selection)

정답 31 ③ 32 ① 33 ③ 34 ① 35 ① 36 ②

37 돼지를 개량하는 데에는 증체율, 산자수, 사료효율, 도체의 품질 등 여러 가지의 경제형질을 동시에 고려하여야 한다. 이와 같이 다수의 경제형질을 개량하기 위한 선발방법 중에서 돼지에서 가장 많이 이용되고 있는 것은?
① 순차선발법 ② 독립도태법
③ 간접선발법 ④ 선발지수법

38 젖소에서 우수종축을 뽑을 때 보편적으로 이용되는 선발지수법을 올바르게 설명한 것은?
① 두 가지 이상의 형질을 선발 시 형질 간 상관관계를 고려한 선발방법
② 하나의 형질이 일정한 수준에 도달하면 다음 형질을 선발하는 방법
③ 두 가지의 형질에 대한 일정수준을 정하고 그 이하의 개체는 도태시키는 방법
④ 두 가지의 형질 중 선발반응이 우수한 형질을 뽑는 방법

39 선발지수를 산출할 때 이용되는 통계량으로서 이용가치가 작은 것은?
① 각 형질 간의 표현형 공분산
② 각 형질 간의 표현형 상관계수
③ 각 형질의 상대적 경제가치
④ 각 형질의 추정생산능력

해설
선발지수를 산출할 때 이용되는 통계량
- 각 형질의 표현형 분산
- 각 형질 간의 표현형 공분산 또는 표현형 상관계수
- 각 형질 간의 유전공분산 또는 유전상관계수
- 각 형질의 유전력 또는 상가적 유전분산
- 각 형질의 상대적 경제가치

40 선발지수를 산출하는 데 필요한 자료가 아닌 것은?
① 육종가
② 유전력
③ 상대적 경제가치
④ 유전상관계수

41 각 형질의 유전력 또는 상가적 유전분산과 상대적 경제가치의 통계량은 어느 것을 산출하는 데 쓰이는 것인가?
① 근교계수 ② 보정계수
③ 선발강도 ④ 선발지수

42 개량 대상형질에 대하여 일정한 값을 기준으로 그 이상의 개체는 선발하고 그 이하의 개체는 모두 도태시키는 방법은?
① 절단형 선발(Truncation Selection)
② 가계선발(Family Selection)
③ 간접선발(Indirect Selection)
④ 당대검정에 의한 선발

해설
절단형 선발 : 여러 개의 선발대상 형질을 동시에 선발하는 방법으로 어떤 개체나 계통이 선발대상 형질에 대해 육종가 정한 일정한 기준 이상의 특성을 보유한 것만 선발하는 방식

정답 37 ④ 38 ① 39 ④ 40 ① 41 ④ 42 ①

CHAPTER 04 교배방법

01 근친교배

1. 근교계수와 혈연계수 산출

(1) 근교계수

① 어느 유전자좌에 있는 두 개의 유전자가 양친으로부터 전달받아 동일할 확률이다.
② 동형접합상태인 유전자좌위의 비율이다.
③ 공통선조가 갖고 있는 유전자의 복제확률이다.
④ 상동염색체상의 유전자가 동일전수유전자일 확률이다.
⑤ 근교계수의 값은 0~1, 또는 0~100%이다.
⑥ 근교계수가 0이란 개체의 부친과 모친 간에 전혀 혈연관계가 없다는 뜻이다.
⑦ 개체의 부와 모의 혈연관계가 가까우면 근교계수는 높게 나타난다.

$$\text{근교계수 } F_X = \Sigma\left\{\left(\frac{1}{2}\right)^{n+n'+1}(1+F_A)\right\}$$

여기서, n : 부친에서 공통선조까지의 세대수
n' : 모친에서 공통선조까지의 세대수
F_A : 공통선조의 근교계수
Σ : 공통선조가 여럿일 경우 이를 모두 합한다는 뜻

예제 어느 종모우가 이미 12.5%만큼 근친이 되어 있다고 할 때 자기 딸소와 교배해서 생긴 후손의 근친계수는?

해설 $n=1$, $n'=0$, $F_A=0.125$

$$\text{근친계수 } F_X = \Sigma\left\{\left(\frac{1}{2}\right)^{1+0+1}(1+0.125)\right\} = 0.28125 = \frac{9}{32}$$

(2) 혈연계수

① 혈연계수(r_{PQ})는 두 개체의 육종가 간의 상관계수로 정의된다.

② 부친과 자식의 혈연관계는 1/2로 정의한다.

③ 조부와 손자는 평균적으로 유전자의 1/4을 공유하게 되며 혈연관계는 1/4이다.

④ 근친계수는 전형매에서는 25%, 반형매에서는 12.5%이다.

$$\text{혈연계수 } r_{PQ} = \frac{\sum_{i=1}^{k}\left(\frac{1}{2}\right)^{n+n'}(1+F_A)}{\sqrt{(1+F_P)(1+F_Q)}}$$

여기서, r_{PQ} : P와 Q 두 개체 간의 혈연계수
n : P에서부터 공통선조까지의 세대수
n' : Q에서부터 공통선조까지의 세대수
F_P : P의 근교계수
F_Q : Q의 근교계수
F_A : 공통선조의 근교계수

[예제] 다음 혈통도에서 A의 근교계수는 얼마인가?(단, 반형매 간 교배에 의하여 생산된 자손의 근교계수를 나타낸다)

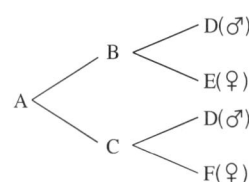

[해설] 근친계수는 전형매에서는 0.25, 반형매에서는 0.125이다. 따라서 12.5%이다.

2. 근친교배의 유전적 효과

(1) 근친교배의 유전적 효과

① 유전자의 Homo성(동형접합체)을 증가시킨다.

② 유전자의 Hetero성(이형접합체)을 감소시킨다.

③ 형질의 발현에 영향을 주는 유전자를 고정시킨다.

④ 치사유전자와 기형의 발생빈도가 증가한다.

(2) 근교 퇴화현상(근친도가 높아짐에 따라 나타나는 불량한 결과)
　① 가축의 근친도가 올라가면 유전자의 호모성이 증가됨에 따라 기형 발현빈도가 높아진다.
　② 각종 치사유전자와 번식능력저하, 성장률, 산란능력, 생존율 등이 낮아진다.
　③ 태아 사망률 증대, 이유 시 체중의 저하(한우), 한배새끼수 감소(돼지) 등이 나타난다.

> **더알아두기**
> 젖소의 근친교배 시 나타나는 나쁜 영향
> • 비유량, 유지생산량 감소, 생시체중, 일년 시 체고, 활력 등
> • 수태당 종부횟수의 증가
> • 암소의 번식능력 저하
> • 관절강직, 사산, 후구마비 등

3. 근친교배의 이용

(1) 근친교배를 유익하게 이용할 수 있는 것
　① 유전자를 고정하고자 할 때
　② 불량한 열성유전자를 제거하고자 할 때
　③ 어떤 축군 내에서 특히 우수한 개체가 발견되어 그 개체와의 혈연관계가 높은 자손을 생산하려고 할 때
　④ 자본 부족으로 씨암가축이나 정액을 구입할 능력이 없는 경우
　⑤ 여러 가계를 만들어 가계선발을 통한 가축의 유전적 개량을 도모하기 위한 경우
　⑥ 근교계통을 만들어 계통 간 교배를 통한 잡종강세를 이용하기 위한 경우

(2) 춘기발동(Puberty)
　① 성숙과정의 개시를 춘기발동이라 하고, 춘기발동이 시작되는 시기를 춘기발동기라 한다.
　　※ 춘기발동기 – 동물, 사춘기 – 사람
　② 근친교배는 춘기발동(Puberty)을 늦춘다.
　③ 주요 가축의 성 성숙 도달 월령
　　㉠ 소 : 8~11개월
　　㉡ 말 : 15~16개월
　　㉢ 면양과 산양 : 6~8개월
　　㉣ 돼지 : 8개월

4. 근교계통의 육성

(1) 근교계통 육성개념
① 근교계통(Inbreed Line)은 근친교배에 의해 생산된 계통을 말한다.
② 닭은 자손의 근교계수가 50% 이상인 경우 근교계통이라 한다.

(2) Winters의 근교계통 육성
① 능력이 우수한 몇 개의 기초축을 선정하여 근친교배를 실시한다.
② 근친교배 시 발생하는 불량계통 또는 계통 내의 능력이 불량개체를 제거한다.
③ 고도와 저도의 근친교배를 융통성 있게 이용한다.
④ 다른 개체와 혈연관계를 무시하고 능력이 우수한 개체를 선택한다.

02 순종교배

> **더알아두기**
>
> 순종교배(Purebred Breeding)
> - 같은 품종에 속하는 개체 간의 교배를 순종교배라고 한다.
> - 순종교배는 품종의 특징을 유지하면서 축군의 능력을 향상시키기 위하여 이용된다.
> - 일반적으로 각종 가축에서 널리 사용되고 있다(젖소개량 등).
> - 순종교배에는 근친교배, 계통교배, 동일 품종 내의 이계교배, 무작위교배 등이 있다.

1. 근친교배

(1) 근친교배의 개념
① 집단 내 동형접합체(Homozygote)의 비율을 높게 하고 이형접합체(Heterozygote)의 비율을 낮게 하는 교배법이다.
② 강력 유전과 관련이 있는 교배방법이다.

③ 가축에서 흔히 일어날 수 있는 근친교배에는 전형매 간, 반형매 간, 부랑 간, 모자간, 숙질간, 사촌간, 조손간 교배 등이 있다.

※ 전형매 : 양친이 동일한 친형제나 자매인 경우
　반형매 : 부모의 한쪽만 다른 형제자매인 경우
　부랑 간 : 친부와 딸인 경우

(2) 젖소의 근친교배를 피할 수 있는 방법

① 특정지역 젖소의 근친교배 방지를 위해 종모우를 교환하여 이용한다.
② 즉, 지역별로 일정기간마다 종모우를 교환하여 이용한다.

> **더알아두기**
>
> **강력유전**
> 어떤 개체가 지니고 있는 뛰어나게 우수한 형질을 자손에게 확실하게 유전시키는 것

2. 계통교배(Line Breeding)

① 어느 특정한 개체의 능력이 우수하고 그 우수성이 유전적 능력에 기인한다고 인정될 때, 이 개체의 유전자를 후세에 보다 많이 남기고 또 그 개체와 혈연관계가 높은 자손을 만들기 위하여 이용하는 교배방법이다.
② 계통교배법은 특정 개체의 형질을 고정시키는 데도 유용하게 이용할 수 있다.
③ 계통교배법을 이용할 때에는 근친도가 필연적으로 높아지게 되므로, 근친 정도를 가능한 한 낮게 유지하여, 근교퇴화에 의한 피해를 최소화하여야 한다.
④ 단, 특정 개체의 우수성이 유전적인 요인이 아닌 환경적인 요인에 의한 것이라면 이 방법을 이용하면 오히려 손해를 볼 수 있다.

3. 이계교배

① 이계교배는 동일 품종에 속하는 암소와 수소를 교배시키되, 이들 암소와 수소는 서로 혈연관계가 먼 개체를 택하는 방법을 말한다.
② 품종의 특징을 유지하면서 축군의 능력을 향상시키는 데 이용되는 교배방법이다.
③ 젖소의 번식능력, 생산능력, 활력 등의 개량에 많이 이용되는 교배방법이다.

4. 무작위교배

① 동일집단 내에서 암수가 서로 교배될 수 있는 확률을 완전 임의로 하는 것이다.
② 유전자 빈도를 변화시키는 요인(선발, 이주 및 격리, 돌연변이)들이 작용하지 않을 때 무작위교배를 하는 큰 집단의 유전자 빈도와 유전자형 빈도는 오랜 세대를 지나더라도 변화되지 않는다.

03 잡종교배

1. 잡종교배의 유전적 효과

(1) 잡종강세

① 잡종강세(Heterosis)의 효과를 얻기 위해서 혈연관계가 없는 개체끼리의 교배에서 잡종 제1대의 능력이 부모의 능력평균보다 우수하게 나타나는 현상이다.
② 혈연관계가 없는 개체 간의 교배에서 생긴 자손은 성장률, 산자수, 수정률, 생존율, 비유량 등 가축의 형질에 있어서 그 양친에 비해 우수한 경향이 있는데, 이를 잡종강세라 한다.
③ 잡종강세의 효과(Heterosis)가 최대로 나타날 수 있는 경우는 타품종 간의 교배에 의한 F_1이며, F_2에서는 나타나지 않는다.

$$잡종강세율 = \frac{F_1의\ 평균 - 부모품종의\ 평균}{부모품종의\ 평균} \times 100$$

$$= \frac{F_1 - 양친잡종강세율}{양친품종} \times 100$$

(2) 잡종교배의 목적

① 이형접합체의 개체를 많게 하기 위하여
② 품종 또는 계통 간의 상보성을 이용하기 위하여
③ 잡종강세를 이용하기 위하여
④ 유해한 열성인자의 발현을 가리기 위하여

> **더 알아두기**
>
> 잡종강세의 이용
> • 닭, 돼지, 고기소, 젖소, 면양, 산양 등
> • 산란계 : 4원교배, 3원교배, 2원교배 등
> • 육용계 : 모계코시니, 부계 백색플리머스록종 등
> • 돼지 : 2품종 간 교배(F_1이용), 퇴교배, 상호역교배, 종료윤환교배, 윤환교배 등

(3) 잡종강세를 일으키는 유전적 효과

① 우성효과(Dominance)

② 초우성효과(Over Dominance)

③ 상위성효과(Epistasis)

[돼지에서 품종 간 교배에 의한 잡종강세의 강도]

구 분	1대 잡종(%)	3품종교배(%)	퇴교배(%)
생존 자돈의 생시 체중(개체 체중)	1.96	0.39	14.57
생존 자돈의 생시 체중(한배새끼 전체 체중)	13.39	20.65	11.97
1복당 생존자돈의 수	11.22	20.19	−2.34
1복당 자돈의 총수	4.04	8.62	−11.85
1복당 이유자돈의 수	5.87	36.22	12.21
이유 시 한배새끼의 전체 체중	24.84	60.76	38.89
사료효율	2.99	3.85	2.91
체중이 100kg에 달하는 일수	8.67	8.63	11.28

2. 2품종교배

(1) 품종 간 교배 및 계통 간 교배

① 품종 간 교배 : 다른 품종에 속하는 개체 사이의 교배

② 계통 간 교배 : 다른 계통에 속하는 개체 사이의 교배

③ 품종 간 교배나 계통 간 교배는 이형접합체의 비율을 증가시키고 동형접합체의 비율을 감소시킨다(근친교배와는 정반대).

(2) 가축의 품종 또는 계통 간 교배(잡종교배)의 목적

① 새로운 유전자의 도입
② 새로운 품종이나 계통의 육성
③ 잡종강세의 이용

> **더알아두기**
>
> 품종 간 및 계통 간 교배
> - Incross(근교계 간 교배종) : 동일한 품종 내에서 서로 다른 2개의 근교계통 간 교배에 의하여 생산된 1대 잡종
> - Incrossbred(이품종근교계 간 교잡종) : 다른 품종에 속하는 2개의 근교계통 간의 교배에 의하여 생산된 1대 잡종
> - Topcross(품종계통 간 교잡, 톱교잡종) : 근교계통의 수가축과 비근교계통의 암가축에서 생산된 F_1
> - Topcrossbred(이품종톱교잡종) : 2개의 다른 품종 간의 교배에 있어 근교계통의 수가축과 근교되지 않은 암가축 사이의 교배에 의하여 생긴 자손

(3) 종간교배와 속간교배

① 종 간 교배
㉠ 동물학상으로 동속이면서 종을 달리하는 두 개체 간의 교잡이다.
㉡ 암말 × 수나귀 = 노새(힘이 좋아 역축으로 이용) – 말과 나귀는 같은 말속

② 속 간 교배
㉠ 속을 달리하는 개체 간의 교배이다(F_1).
㉡ 말 × 얼룩말, 닭 × 꿩, 염소 × 양, 수공작 × 암탉

※ 간생 : 종 간 잡종과 속 간 잡종을 간생이라 하며, 생식력이 없는 경우가 많다.

3. 종료교배

(1) 퇴교배(역교배)

2개의 다른 품종 또는 계통 간의 교배에 의해 생산된 1대 잡종을 양친의 어느 한쪽 품종이나 계통에 교배시키는 것

(2) 상호역교배(Criss-Crossing)

① 두 품종 또는 두 계통 간의 1대 잡종에 양친 중 어느 한쪽의 품종을 교배시키고 잡종 2대에는 양친의 다른 쪽 품종을 교배시키는 것이다.

② 상호역교배의 예

$$\begin{array}{c} \text{Hereford}(♀) \times \text{Angus}(♂) \\ \downarrow \\ F_1(♀) \times \text{Hereford}(♂) \\ \downarrow \\ F_2(♀) \times \text{Angus}(♂) \\ \downarrow \\ F_3(♀) \times \text{Hereford}(♂) \\ \downarrow \\ \vdots \end{array}$$

> **더알아두기**
>
> **3품종종료교배**
> - 가축개체가 잡종이므로 인하여 얻어지는 개체 잡종강세효과뿐만 아니라 개체의 모친이 잡종으로 인하여 얻어지는 모체 잡종강세효과 모두 100%로 유지하기 위하여 돼지에서 가장 많이 이용되는 교배방법이다.
> - 3품종의 순종을 유지해야 하는 어려움 때문에 소규모 양돈장보다는 대규모 양돈장에 적합한 방법이다.

4. 윤환교배

(1) 윤환교배의 개념

① 서로 다른 3품종을 매세대 교대로 교배하는 것. 즉, 2개 이상의 품종을 이용하여 생산된 암컷에 순종 수컷을 매세대 교대로 교배하는 방법이다.

② 유전적으로 다른 계통이나 품종 등을 윤환교배하여 잡종강세를 이용한다.

③ 윤환교배는 3계통 또는 4계통에 응용할 수 있다(육용돼지에 이용).

> **더 알아두기**
>
> **돼지 윤환교배의 특징**
> - 3품종 중 암컷은 번식돈으로, 수컷은 비육돈으로 이용된다.
> - 사양관리와 교배의 설정 및 실행이 복잡하다.
> - 품종 보상성의 이용도가 3품종종료교배에 비해 떨어진다.
> - 2품종 간 윤환교배인 상호역교배는 개체 잡종강세효과가 더 떨어진다.

> **더 알아두기**
>
> **3원윤환교배방법**
>
> $$\begin{aligned} &\text{Landrace}(♀) \times \text{Yorkshire}(♂) \\ &\qquad\qquad \downarrow \\ &\qquad F_1(♀) \times \text{Duroc}(♂) \\ &\qquad\qquad\qquad \downarrow \\ &\qquad\qquad F_2(♀) \times \text{Landrace}(♂) \\ &\qquad\qquad\qquad\qquad \downarrow \\ &\qquad\qquad\qquad F_3(♀) \times \text{Yorkshire}(♂) \\ &\qquad\qquad\qquad\qquad\qquad \downarrow \\ &\qquad\qquad\qquad\qquad F_4(♀) \times \text{Duroc}(♂) \end{aligned}$$

(2) 3원교잡

① 2개의 품종 간 2원교잡으로 태어난 자식을 어미로 하여 여기에 제3의 품종의 수컷을 교배시키는 것이다.

② 3원윤환교잡을 실시할 경우 마지막으로 사용된 품종이 차지하는 유전적 조성은 57%이다.

③ 3품종윤환교배는 한우에서 품종 간 교배를 실시할 때 번식용 암소 두수의 감소를 방지하는데 도움이 된다.

※ **4원교잡종** : 1대 잡종을 모돈으로 하고 다른 두 개의 품종에 의한 1대 잡종을 부돈으로 하여 교잡돈을 생산하는 것

(3) 종료윤환교배

① 윤환교배 형태이나 3품종 또는 그 이상의 품종교배 후 종료하는 것으로 비육축(실용축)의 생산을 위해 주로 이용된다.

② 윤환교배방법과 종료교배방법의 장점을 이용할 수 있는 방법으로 일정비율의 암컷은 대체종 빈축의 생산을 위해 윤환교배를 실시하고 나머지 일정비율의 교잡종 암컷은 종료종모축과 교배하여 실용축을 생산하도록 하는 교배방법이다.

5. 누진교배

(1) 누진교배(Grading Up)의 개념
① 개량종을 도입하여 능력이 불량한 재래종 가축의 능력을 단시간에 효과적으로 개량하는 데 이용된다.
② 개량되지 않은 재래종의 능력을 높이기 위하여 계속해서 개량종과 교배하여 개량종의 혈액비율을 높이는 것이다.

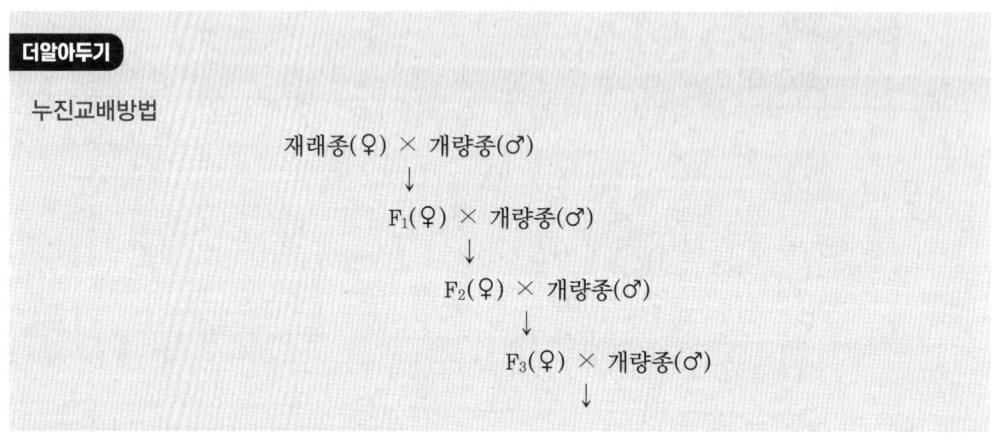

(2) 누진교배 시 각 세대 자손의 유전적 조성의 변화
① 재래종(♀)에 개량종(♂)을 3세대간 누진교배시켰을 때 나타난 자손이 재래종 유전자를 가지는 비율은 12.5%이다.
② 재래소를 5세대 동안 개량종과 누진교배를 하였다면 5세대의 개량종 혈액비율은 96.875%이다.

[누진교배를 이용할 때 각 세대 자손의 유전적 조성의 변화]

세 대	자 손	
	개량종(%)	재래종(%)
1	50	50
2	75	25
3	87.5	12.5
4	93.75	6.25
5	96.88	3.12
6	98.44	1.56
7	99.22	0.78

6. 조합능력의 개량

(1) 조합능력(Combining Ability)

① 잡종강세를 이용하기 위해 특정 계통을 다른 계통과 교배시켜 얻은 자손에 대한 능력의 좋고 나쁨을 조합능력이라고 한다.
② 조합능력은 주로 계통에 대하여 사용하나 개체에 대하여 이용하는 경우도 있다.
③ 조합능력은 일반조합능력과 특정조합능력으로 구분한다.
　㉠ 일반조합능력 : 어느 계통을 여러 개의 다른 계통과 교배시켜 생기는 각종 F_1의 평균능력이다(상가적 유전분산에 기인).
　㉡ 특정조합능력 : 2개의 특정한 계통 간 교배에 의해 생산된 F_1의 능력과 이들 두 계통의 일반조합능력에 의해 기대되는 값과의 차이이다(비상가적 유전분산에 기인).
④ 자손의 능력평균 = X계통의 일반조합능력 + Y계통의 일반조합능력 + X, Y계통의 특정조합능력

$$M_{xy} = GC_x + GC_y + SC_{xy}$$

여기서, M_{xy} : X계통과 Y계통의 교잡에서 생긴 자손의 평균능력
　　　　GC_x : X계통의 일반조합능력
　　　　GC_y : Y계통의 일반조합능력
　　　　SC_{xy} : X, Y계통 간의 특정조합능력

(2) 상반반복선발법

① 조합능력을 개량하기 위하여 고안된 육종방법이다.
② 상반반복선발법과 상반순환선발법이 있다.
③ 교배되는 품종이나 근교계 사이의 조합능력을 추정하는 데 이용된다.
④ 장점 : 여러 개의 근교계통을 육성하고 이들 상호 간의 교잡을 통하여 조합능력이 가장 좋은 교잡종을 선발하는 방법에 비하여 실시하기가 용이하다.
⑤ 단점 : 개량을 위한 세대 간의 간격이 길어지고 많은 비용이 소요된다. 따라서 큰가축(소 등)을 개량하는 데는 부적합하다.
⑥ 상반반복선발법에서 A계통과 B계통을 교잡하여 어느 개체가 우수한 교잡종을 생산하는지를 알기 위해 실시하는 교잡을 검정교배라 한다.
⑦ 검정교잡(Test Cross)
　㉠ F_1의 유전자형을 알아보기 위해서 열성형질과 교배시키는 것이다.
　㉡ 유전자형이 알려져 있지 않은 개체의 유전자형을 알기 위하여 실시한다.

ⓒ 교배에 의해 생긴 잡종 제1대와 이 교배에 이용된 부모 중 어느 한쪽과의 교배를 말한다.
ⓔ 이형접합체를 찾아내기 위하여 주로 이용된다.
ⓜ 불량 열성형질을 제거하는 데 주로 이용된다.
ⓗ 임신기간과 성 성숙이 빠른 동물에서 보다 효과적이다.

> **더알아두기**
>
> **검정교배의 예**
> - 순종인 둥근 완두(AA)를 열성인 주름진 완두(aa)와 교배시키면 자손에서는 둥근 완두(Aa)만 나타나고, 잡종인 둥근 완두(Aa)를 주름진 완두(aa)와 교배시키면 자손에서는 둥근 완두(Aa)와 주름진 완두(aa)가 1 : 1의 비로 나타난다.
>   - 열성인 주름진 완두와 교배했을 때 모두 둥근 완두만 나타나면 순종(AA)이다.
>   - 열성인 주름진 완두와 교배했을 때 둥근 완두 : 주름진 완두 = 1 : 1로 나타나면 잡종(Aa)이다.
> - 검정교배시켰을 때 자손에서 열성개체가 나타나지 않으면 우성인 개체의 유전자형은 순종(동형접합)이고, 자손에서 열성개체가 나타나면 우성인 개체의 유전자형은 잡종(이형접합)이다.

04 적중예상문제

01 근교계수를 설명한 것 중 옳지 않은 것은?

① 동형접합상태인 유전자 좌위의 비율
② 공통 선조가 갖고 있는 유전자의 복제 확률
③ 두 개체 간 유전자형의 유사도
④ 상동염색체상의 유전자가 동일전수유전자일 확률

02 다음 중 근교계수가 낮아지는 경우는?

① 어떤 개체의 부친과 모친 간의 혈연관계가 가까운 경우
② 동형접합체의 비율이 증가하고, 이형접합체의 비율이 감소된 경우
③ 가계도 추적 시 공통선조의 수가 증가하는 경우
④ 개체의 부모 간에 혈연관계가 거의 없는 경우

해설
개체의 부와 모의 혈연관계가 가까우면 근교계수는 높게 나타난다.
※ 근교계수 : 근친교배에 의해 동형접합체가 증가하는 정도를 나타내는 계수를 말한다.

03 수컷 3두, 암컷 100두인 폐쇄집단을 무작위 교배하여 매세대 유지할 때 근교계수가 매세대 상승하는 정도는 얼마인가?

① 2% ② 4%
③ 6% ④ 8%

해설
(1/8 × 수컷의 수) + (1/8 × 암컷의 수)
= (1/8 × 3) + (1/8 × 100)
= (1/24) + (1/800)
= 0.0416 + 0.00125
= 0.04285 → %로 환산 × 100 = 4%

04 그림과 같은 가계도를 가지는 X개체의 근교계수는?

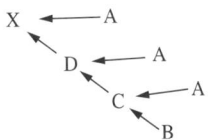

① 0.125 ② 0.250
③ 0.375 ④ 0.500

해설
공통조상은 A이고, A를 기준으로 X와의 거리를 나타내 보면 크게 두 개의 경우
• X ← A → D → X = 1/2$^{(0+1+1)}$ = 0.25
• X ← A → C → D → X = 1/2$^{(0+2+1)}$ = 0.125
∴ 0.25 + 0.125 = 0.375

정답 1 ③ 2 ④ 3 ② 4 ③

05 전형매(全兄妹) 사이에 서로 교배를 시켰을 때에 근친계수는 얼마인가?

① 6.25% ② 12.5%
③ 25%   ④ 50%

해설
근친계수는 전형매에서는 25%, 반형매에서는 12.5%이다.

06 근친교배의 유전적 효과를 바르게 설명한 것은?

① 동형접합체의 비율을 증가시킨다.
② 이형접합체의 비율을 증가시킨다.
③ 유해유전자의 출현빈도를 낮춘다.
④ 잡종강세의 현상이 나타난다.

07 한우의 근친교배로 인한 결과에 대한 설명으로 옳은 것은?

① 이유 시 체중의 저하
② 사료이용성의 개선
③ 근교계수의 저하
④ 12개월령 체중의 증가

08 유우의 형질 중 근친교배에 크게 영향을 받지 않는 형질은?

① 번식효율   ② 유생산량
③ 유지방률   ④ 활 력

해설
젖소는 근친교배로 인하여 유지방률(생산형질)에 나쁜 영향을 미치지 않는다.

09 젖소의 근친교배 시 나타나는 증상은?

① 암소의 번식능력 향상
② 수태당 종부횟수의 감소
③ 비유량, 유지생산량 감소
④ 초산 송아지의 폐사율 감소

10 근친교배의 이용목적이 아닌 것은?

① 어떤 유전자를 고정하고자 할 때
② 특정개체와 혈연관계가 높은 자손을 생산키 위해
③ 근교계통을 조성하여 근교계통 간 교잡으로 잡종강세를 얻기 위해
④ 근친교배를 통해 산란율, 수정률과 같은 생산능력을 높이고자 할 때

해설
근친교배의 주된 목적은 혈통의 순수성을 보전하고 조상의 우수형질을 제대로 후손에게 전달하는 것이 목적이다.

정답 5 ③ 6 ① 7 ① 8 ③ 9 ③ 10 ④

11 근친교배에 대한 설명 중 틀린 것은?

① 번식능력 저하
② 이형접합체의 비율 감소
③ 동형접합체의 비율 증가
④ 강건한 자손 생산

해설
근친교배의 유전적 효과
- 유전자의 호모성(동형접합체)을 증가, 헤테로성(이형접합체)을 감소시킨다.
- 가축에 있어서 근친도가 높아짐에 따라 각종 치사유전자와 기형 발현빈도가 높아지며, 번식능력, 성장률, 산란능력, 생존율 등이 저하된다.

12 일반적으로 가축의 생산능력이 떨어지는 근친교배를 실시하는 이유로서 틀린 것은?

① 특정유전자의 고정
② 불량한 열성유전자의 제거
③ 근친 계통 간의 잡종강세 이용
④ 이형접합체의 증가

해설
- 근친교배는 동형접합체의 비율을 높이고 이형접합체의 비율을 줄임으로써 계통을 조성하거나 특정형질을 고정시키는 데 주로 이용하며, 열성불량유전자의 발견에도 이용된다.
- 근친교배의 단점은 불량형질이 동형접합화되면서 기형 발생률의 증가, 번식능력 및 내병성의 저하현상이 나타난다.

13 근친교배를 유익하게 이용할 수 있는 것은?

① 축군의 능력을 향상시킬 때
② 능력이 낮은 재래종을 개량할 때
③ 특정유전자를 고정시킬 때
④ 이형접합체의 비율을 증가시킬 때

해설
근친교배의 이용
- 어떠한 유전자를 고정하려고 할 때
- 불량한 열성유전자나 치사유전자를 제거할 때
- 어떤 축군 내에서 특히 우수한 개체가 발견되어 그 개체와의 혈연관계가 높은 자손을 생산하려고 할 때
- 자본 부족으로 씨암가축이나 정액을 구입할 능력이 없는 경우
- 여러 가계를 만들어 가계선발을 통한 가축의 유전적 개량을 도모하기 위한 경우
- 근교계통을 만들어 계통 간 교배를 통한 잡종강세를 이용하기 위한 경우

14 다음 교배방식 중 춘기발동(Puberty)을 가장 늦추는 것은?

① 근친교배
② 이계교배
③ 품종 간 교배
④ 잡종교배

정답 11 ④ 12 ④ 13 ③ 14 ①

15 다음 중 수소의 춘기발동기는?
① 8~11월령
② 12~24월령
③ 24~36월령
④ 36~48월령

16 같은 품종에 속하는 개체 간의 교배법은?
① 누진교배
② 종 간 교배
③ 잡종교배
④ 순종교배

17 순종교배(Purebred Breeding)에 해당하지 않는 것은?
① 무작위교배
② 근친교배
③ 윤환교배
④ 이계교배

18 집단 내 동형접합체(Homozygote)의 비율을 높게 하고 이형접합체(Heterozygote)의 비율을 낮게 하는 교배법은?
① 잡종교배
② 누진교배
③ 종 간 교배
④ 근친교배

19 어떤 개체가 지니고 있는 뛰어나게 우수한 형질을 자손에게 확실하게 유전시키는 것은?
① 특성유전
② 강력유전
③ 선부유전
④ 귀선유전

20 가축에서 흔히 일어날 수 있는 근친교배는?
① 누진교배
② 전형매교배
③ 계통 간 교배
④ 속 간 교배

정답 15 ① 16 ④ 17 ③ 18 ④ 19 ② 20 ②

21 어느 특정한 개체의 능력이 우수하고 그 우수성이 유전적 능력에 기인한다고 인정될 때, 이 개체의 유전자를 후세에 보다 많이 남기고 또 그 개체와 혈연관계가 높은 자손을 만들기 위하여 이용하는 교배방법을 무엇이라 하는가?

① 순종교배　　② 계통교배
③ 상호역교배　④ 누진교배

22 다음 중 ( ) 안에 알맞은 내용은?

> ( )(이)란 동일 품종에 속하는 암소와 수소를 교배시키되, 이들 암소와 수소는 서로 혈연관계가 먼 개체를 택하는 방법을 말한다.

① 이계교배　　② 후대검정
③ 혈통선발　　④ 자매검정

23 다음에서 설명하는 어떤 요인들에 해당하지 않는 것은?

> 유전자 빈도를 변화시키는 어떤 요인들이 작용하지 않을 때 무작위교배를 하는 큰 집단의 유전자 빈도와 유전자형 빈도는 오랜 세대를 지나더라도 변화되지 않는다.

① 무작위교배　② 선 발
③ 이주 및 격리　④ 돌연변이

24 다음 교배방법 중 잡종강세(Heterosis)의 효과를 얻기 위해서 사용되는 것은?

① 아비소와 딸소 간의 교배
② 어미소와 아들소 간의 교배
③ 조부와 손녀 간의 교배
④ 혈연관계가 없는 개체끼리의 교배

해설

혈연관계가 없는 개체 간의 교배에서 생긴 자손은 성장률, 산자수, 수정률, 생존율, 비유량 등 가축의 형질에 있어서 그 양친에 비해 우수한 경향이 있는데, 이를 잡종강세라 한다.

25 잡종강세의 효과(Heterosis)가 최대로 나타날 수 있는 경우는?

① 동일품종 간의 교배에 의한 F_1
② 타품종 간의 교배에 의한 F_1
③ 타품종 간의 교배에 의한 F_1의 동계교배에 의한 F_2
④ 동일품종 간의 교배에 의한 F_1의 동계교배에 의한 F_2

정답 21 ②　22 ①　23 ①　24 ④　25 ②

26 잡종교배를 이용하는 경우가 아닌 것은?

① 새로운 유전자의 도입
② 품종의 특성을 유지하면서 축군의 능력 향상 도모
③ 새로운 품종이나 계통의 육성
④ 잡종강세의 이용

27 고기소에서 3품종 종료교배를 하는 경우 송아지의 이유 시 체중에 있어 순종암소에서 태어난 교잡종 송아지의 잡종강세율이 9.5%이고, 이들 교잡종 어미소에서 태어난 교잡종 송아지의 잡종강세율이 24.5%라고 하면 교잡종 송아지의 개체 잡종강세율은?

① 9.5% ② 15.0%
③ 17.0% ④ 24.5%

해설

$$\text{잡종강세율} = \frac{F_1 - \text{양친잡종강세율}}{\text{양친품종}} \times 100$$

$$= \frac{24.5 - 9.5}{100} \times 100$$

$$= 15.0\%$$

28 White Leghorn닭의 평균산란수는 280개이고, Rhodes Island Red닭의 평균산란수는 250개였다. White Leghorn(♀)×Rhodes Island Red(♂)의 교배에 의하여 생산된 잡종의 평균산란수는 290개였으며, Rhodes Island Red(♀)×White Leghorn(♂)의 교배에 의하여 생산된 잡종의 평균산란수는 280개였다고 하면 이때의 잡종강세율은?

① 1.8% ② 1.9%
③ 7.0% ④ 7.5%

해설

$$\text{잡종강세율} = \frac{F_1\text{의 평균} - \text{부모품종의 평균}}{\text{부모품종의 평균}} \times 100$$

$$= \frac{\frac{(290+280)}{2} - \frac{(280+250)}{2}}{\frac{280+250}{2}} \times 100$$

$$= 7.5\%$$

29 잡종강세를 일으키는 유전적 이유로 타당하지 않은 것은?

① 우성효과(Dominance)
② 초우성효과(Over Dominance)
③ 상위성효과(Epistasis)
④ 상가적 효과(Additive)

30 육우에서 교잡종 생산을 위한 잡종강세에 이용된 유전작용의 주원인은?

① 우성의 효과
② 열성의 효과
③ 상가적 효과
④ 돌연변이 효과

31 다음의 설명 중에서 잡종교배의 목적으로 가장 적절하지 못한 것은?

① 동형접합체의 개체를 많게 하기 위하여
② 품종 또는 계통 간의 상보성을 이용하기 위하여
③ 잡종강세를 이용하기 위하여
④ 유해한 열성인자의 발현을 가리기 위하여

해설
잡종교배는 근친교배와는 정반대되는 교배법으로, 근친교배와는 정반대의 유전적 효과를 나타낸다. 근교배가 동형접합체의 비율을 증가시키고 이형접합체의 비율을 감소시키는 데 반하여 품종 간 교배나 계통 간 교배는 이형접합체의 비율을 증가시키고 동형접합체의 비율을 감소시킨다.

32 가축의 품종 또는 계통 간 교배를 실시하는 경우로 틀린 것은?

① 새로운 유전자의 도입
② 새로운 품종 또는 계통 육성
③ 유용한 유전자의 고정
④ 잡종강세의 이용

33 근교계통의 수가축과 근교되지 않은 암가축 사이의 교배에 의하여 생긴 자손은?

① Topcross
② Backcross
③ Criss-Cross
④ Roation Crossing

34 잡종강세현상이 잘 나타나는 노새를 만드는 교배법은?

① 암말×수나귀
② 암소×수나귀
③ 암나귀×수말
④ 암말×수소

35 2개의 다른 품종 또는 계통 간의 교배에 의해 생산된 1대 잡종을 양친의 어느 한쪽 품종이나 계통에 교배시키는 것을 무엇이라 하는가?

① 퇴교배
② 누진교배
③ 계통교배
④ 근친교배

정답 30 ③ 31 ① 32 ③ 33 ① 34 ① 35 ①

36 가축개체가 잡종이므로 인하여 얻어지는 개체 잡종강세효과뿐만 아니라 개체의 모친이 잡종으로 인하여 얻어지는 모체 잡종강세효과 모두 100%로 유지하기 위하여 돼지에서 가장 많이 이용되는 교배방법은?

① 3품종종료교배
② 3품종윤환종료교배
③ 3품종윤환교배
④ 상호역교배

37 잡종강세를 이용한 돼지의 윤환교배란?

① 서로 다른 2품종을 매세대 교대로 교배
② 서로 다른 3품종을 매세대 교대로 교배
③ 서로 다른 2품종을 체계적으로 교배
④ 서로 같은 4품종을 매세대 암, 수를 교대로 교배

38 한우에서 품종 간 교배를 실시할 때 번식용 암소 두수의 감소를 방지하는 데 도움이 되는 다음의 교배법은?

A × B
↓
F₁ × C
↓
F₂ × A

① 1대 잡종의 이용
② 퇴교법
③ 상호역교배
④ 3품종윤환교배

39 3원교잡이란 무엇인가?

① 2품종 간 교배에 의하여 각각 생산된 F₁ 암컷과 F₁ 수컷을 교배시키는 것
② 각 그룹에서 대체축으로 남아 있는 암컷의 아비를 조사하여 아비와 반대의 품종인 수컷으로 교배시키는 것
③ 2개의 품종 간 2원교잡으로 태어난 자식을 어미로 하여 여기에 제3의 품종의 수컷을 교배시키는 것
④ 서로 다른 두 품종 간 또는 계통 간의 교배에 의하여 생산되는 1대 잡종을 실용축으로 활용하고 이들은 번식에 이용하지 않는 것

40 윤환교배방법과 종료교배방법의 장점을 이용할 수 있는 방법으로 일정비율의 암컷은 대체종빈축의 생산을 위해 윤환교배를 실시하고 나머지 일정비율의 교잡종 암컷은 종료종모축과 교배하여 실용축을 생산하도록 하는 교배방법은?

① 3품종종료교배   ② 종료윤환교배
③ 윤환교배   ④ 2품종교배

41 개량종을 도입하여 능력이 불량한 재래종을 빠른 시간 내에 개량하는 데 효과적인 교배법은?

① 순종교배   ② 종간교배
③ 누진교배   ④ 이계교배

42 재래종(♀)에 개량종(♂)을 3세대 간 누진교배시켰을 때 나타난 자손이 재래종 유전자를 가지는 비율은?

① 50% ② 30%
③ 25.5% ④ 12.5%

해설

누진교배를 이용할 때 각 세대 자손의 유전적 조성의 변화

세 대	자 손	
	개량종(%)	재래종(%)
1	50	50
2	75	25
3	87.5	12.5
4	93.75	6.25
5	96.88	3.12
6	98.44	1.56
7	99.22	0.78

43 어느 계통을 여러 개의 다른 계통에 교배시켜 생기는 각종 F₁의 평균능력은 무엇을 나타내는가?

① 우성효과 ② 상위성효과
③ 일반조합능력 ④ 특정조합능력

44 계통교잡 시 나타나는 일반조합능력(一般組合能力)은 주로 어떤 유전자작용에 의존하는가?

① 우성작용
② 초우성작용
③ 상위성작용
④ 상가성작용

해설

일반조합능력의 차이는 주로 상가적 유전분산에 기인하며, 특정조합능력의 차이는 주로 비상가적 유전분산에 기인한다.

45 젖소의 유지생산량에 있어 A계통의 일반조합능력이 +10kg, B계통의 일반조합능력이 +20kg이고, 이 두 계통 간의 교배에 의한 자손의 평균능력이 +15kg이라면 두 계통 간의 특정조합능력은?

① −15kg ② 0kg
③ 10kg ④ 15kg

해설

$M_{xy} = GC_x + GC_y + SC_{xy}$

여기서, M_{xy} : x계통과 y계통의 교잡에서 생긴 자손의 평균능력
GC_x : x계통의 일반조합능력
GC_y : y계통의 일반조합능력
SC_{xy} : x, y계통 간의 특정조합능력

따라서, 15 = 10 + 20 + (특정조합능력)
∴ 특정조합능력 = −15

46 잡종강세를 이용하기 위해 특정계통을 다른 계통과 교배시켜 얻은 자손에 대한 능력의 좋고 나쁨을 조합능력이라고 한다. 다음 중 조합능력을 개량하기 위하여 고안된 육종방법은?

① 상반반복선발
② 선발지수
③ 계통조성
④ 상호역교배

47 잡종강세를 이용하기 위하여 어떤 계통을 다른 계통과 교배시켜 얻은 자손의 능력이 좋고 나쁨을 나타내는 조합능력에 대한 설명으로 옳은 것은?

① 일반조합능력은 상성(Nicking)과 비슷한 의미로 사용된다.
② 특정조합능력의 차이는 상가적 유전분산에 기인한다.
③ 특정조합능력은 여러 개의 다른 계통과 교배시켜 나오는 각종 F_1 능력의 평균을 말한다.
④ 상반반복선발법은 조합능력의 개량을 위하여 고안된 것이다.

48 한 개체가 우성동형접합체인지 이형접합체인지 구분이 되지 않을 때 이 개체와 검정교배하는 개체들의 유전자형은?

① aa
② AA
③ Aa
④ 어떤 형태도 가능

해설
검정교배(Test Cross) : 여교배 중에서 양친 중 열성친과 교배하는 경우를 검정교배라 하며, 검정교배를 하면 F_1의 유전자형을 알 수 있다.

49 어떤 개체의 유전자형을 알기 위하여 열성의 호모개체를 교잡하는 검정교배(Test Cross)를 나타낸 것은?

① BB × BB
② BB × Bb
③ Bb × Bb
④ Bb × bb

50 유전자형이 알려져 있지 않은 개체의 유전자형을 알기 위하여 실시하는 검정교배에 대한 설명으로 옳지 않은 것은?

① 검정대상 개체를 암컷으로 하는 것이 보다 효과적이다.
② 임신기간과 성 성숙이 빠른 동물에서 보다 효과적이다.
③ 불량열성형질을 제거하는 데 주로 이용된다.
④ 이형접합체를 찾아내기 위하여 주로 이용된다.

해설
검정교배(Test Cross) : 교배에 의해 생긴 잡종 제1대와 이 교배에 이용된 부모 중 어느 한쪽과의 교배를 말한다.

CHAPTER PART 01 가축육종학

05 축종별 육종

01 한·육우

1. 경제형질과 유전력

(1) 한우의 경제형질

① 산육능력(발육능력)
    ㉠ 생시체중, 이유 시 체중, 증체율, 사료효율 및 체형 등을 말하며 육용우인 한우의 주요 개량대상형질이 된다.
    ㉡ 한우의 생시체중은 다른 품종에 비해 작아서 수송아지가 24~25kg, 암송아지가 22~23kg 정도이다.

② 번식능력
    ㉠ 수태율, 초산월령, 발정재귀일수, 수정횟수, 임신기간, 분만형태, 분만간격, 연산성, 장수성, 난산의 비율, 비유능력 및 어미소의 송아지 육성률 등
    ㉡ 어미소가 송아지를 낳아 기르는 능력을 말한다.
    ㉢ 번식률은 일반적으로 한 집단의 성숙한 암소의 수와 이 암소가 송아지를 낳아 이유할 때까지 육성을 완료한 송아지의 비율(%)로 나타낸다.

③ 도체품질
    ㉠ 육질등급(형질) : 육질, 근내지방도, 연도, 조직감 등
    ㉡ 육량등급(형질) : 지육률(지육량/도체중), 도체중, 등지방두께, 배최장근단면적(12 및 13번째 늑골의 등심단면적) 등
    ※ 질적 형질 : 체형과 외모(털색, 피부색, 뿔의 형태 등)

(2) 한우의 유전력

① 경제형질의 능력이 다음 세대의 자손에게 유전되는 정도를 유전능력 또는 유전력이라고 한다.

구 분	지 표	유전력(%)	비 고
도체형질	근내지방도, 연도, 등심단면적, 등지방두께	50~70	높은 유전력
발육형질	증체율, 사료효율, 체중, 체고	30~40	중간 유전력
번식형질	분만간격, 분만난이도, 번식률(수태율, 종부횟수)	10~20	낮은 유전력

② 유전력의 범위는 0~1로서, 이는 0~100% 범위 내에 속한다.
③ 고도의 유전력이란 다음 세대에게 전해지는 형질의 전달이 환경적인 것보다는 개체 자체가 갖고 있는 유전특성에 의한다는 것이다. 그러므로 다음 세대의 능력개량을 위해서는 유전력이 높은 형질을 선정하여야 한다.

> **더알아두기**
>
> **분석대상 형질**
> 한우 주요 경제형질에 대한 표현형 평균, 표현형 상관, 유전력 및 유전상관들이다.
> - 체중 : 생시, 3, 6, 12, 18, 22, 24개월령
> - 체위(11개 부위) : 체고, 십자부고, 체장, 흉심, 흉폭, 고장, 요각폭, 곤폭, 좌골폭, 흉위, 전관위
> - 도체(4개 사항) : 도체율, 등지방두께, 배최장근단면적, 근내지방도
> - 번식(8개 사항) : 초종부일령, 초임일령, 초산일령, 분만 후 종부소요일수, 공태기간, 분만간격, 임신기간, 임신 소요 수정횟수

2. 개량목표와 능력검정

(1) 한우의 개량목표

① 한우의 개량방향
  ㉠ 생산성 향상 : 거세우와 비거세우로 구분하여 단위기간당 가축의 성장률, 사료효율, 도체율을 증진시켜 생산성을 향상시킨다.
  ㉡ 품질의 고급화 : 등심면적, 근내지방 점수를 증가시키고, 등지방두께를 감소시켜 품질을 고급화한다.

② 번식능률
  ㉠ 일반적으로 소의 집단 내에서 임신할 수 있는 암소 두수에 대하여 젖을 뗀 송아지 두수의 비율로 나타낸다.
  ㉡ 암소의 수태율과 송아지를 육성시키는 비율에 의하여 좌우된다.
  ㉢ 소의 번식능률에 대한 유전력은 보통 0~10%로서 매우 낮은 편이므로 사양관리조건을 개선시켜 번식능률을 향상시켜야 한다.
  ㉣ 개체별로 분만 등의 번식사항을 기록, 분석하여 불량한 개체를 조기에 발견 도태함으로써 번식능률의 향상을 기할 수 있다.

③ 이유 시 체중
  ㉠ 송아지가 젖을 뗄 때의 체중으로 송아지의 유전적 소질에 의하여 어느 정도 영향을 받지만 어미소의 비유능력이나 어미소가 송아지를 기르는 능력에 의해서도 영향을 받는다.
  ㉡ 한우의 이유 시 체중은 어미소의 비유능력, 아비소의 유전능력 및 송아지의 성장잠재력을 나타내는 지표가 된다.
  ㉢ 한우의 이유 시 체중은 암송아지가 138.1kg, 수송아지가 176.4kg인 것으로 보고되고 있다.

> **더알아두기**
>
> 한우의 이유 후 증체율
> - 이유 후 증체율이 높으면 사료 이용성이 좋다.
> - 이유 후 증체율이 높으면 생산비가 저하된다.
> - 이유 후 증체율은 이유 후 일당 증체량으로 표시한다.
> - 이유 후 증체율의 유전력은 0.4~0.6으로서 높은 편이다.

④ 이유 후 증체율
  ㉠ 증체율이란 송아지가 젖을 떼고 나서 성장하는 속도로, 흔히 사용하는 1일 증체량(또는 일당 증체량) 등이 동일한 개념이다.
  ㉡ 이 형질의 유전력은 0.4~0.6으로서 유전력이 높기 때문에 성장률이 높은 소의 선정은 다음 세대의 자손도 성장률이 높아지므로 개량의 효과도 높게 된다.
  ㉢ 일반적으로 증체율이 빠르면 증체에 소요되는 사료요구량이 적게 소요된다.
  ㉣ 한우의 사육비는 사육두수, 기간, 사료 채식량 등에 따라서 영향을 받게 되는데 증체율이 빠르면 일정한 시설에서 일정한 기간 내에 보다 많은 소를 사육할 수 있기 때문이다.

⑤ 사료요구량
  ㉠ 일정한 기간 내에 섭취한 사료량을 증체량으로 나누거나 또는 증체량을 사료섭취량으로 나누어 계산한다.
  ㉡ 한우나 고기소의 사육비에서 사료비가 대부분을 차지하고 있으므로 사료요구량이 나쁜 소는 사료비를 줄일 수 없어 수익성을 올릴 수가 없게 된다.
  ㉢ 사료요구량의 측정은 일정한 체중에서 일정한 체중에 도달할 때까지이다. 외국의 육우인 경우는 보통 체중 250kg에서 450kg에 도달할 때까지의 기간에 걸쳐서 사료요구율을 측정한다.
  ㉣ 사료요구량도 유전력이 비교적 높고 증체율과 서로 상관관계가 있기 때문에 증체율이 빠른 개체의 선정을 통해 간접적으로 사료효율을 개선할 수 있다.

⑥ 도체품질
　㉠ 고기생산을 목적으로 하고 있으므로 특히 도체품질 중 배장근단면적(背長筋斷面積), 근내지방교잡도, 도체율 등이 우수해야 한다.
　㉡ 국내생산 소고기는 축산물 등급판정소의 축산물등급판정기준에 따라 냉도체중, 배최장근단면적, 근내지방도, 등지방두께, 육색, 지방색, 조직감 및 성숙도 등을 조사하여 육량지수, 육량등급과 육질등급(1^{++}, 1^{+}, 1, 2, 3등급)을 제공하므로 농가에서는 이러한 기록들을 이용하여 축군의 개체평가 시에 활용하도록 하여야 한다.
　㉢ 암소에 대한 도체형질을 평가하기 위하여 자손 및 혈연관계가 있는 개체의 도체성적자료를 조사하고, 아비의 능력을 이용하여 예측하는 것이 필요하다.
　㉣ 최근에는 살아있는 상태에서 배최장근단면적, 등지방두께 및 근내지방도를 측정할 수 있는 초음파생체단층촬영이 이용되고 있다.
⑦ 체형과 외모 : 고기소의 생김새는 어느 정도 경제적인 가치를 가지고 있는데, 이는 고기소의 시장가치가 몸매의 생김새 등에 의하여 영향을 받고 있기 때문이다.

더알아두기

정의 - 한우ㆍ젖소(가축검정기준 제2조 제1호)
가. '씨수소'란 후보씨수소와 보증씨수소를 말한다.
나. '당대검정'이란 후보씨수소를 선발하기 위하여 수소의 외모심사, 발육상태 등의 능력을 검정하는 것을 말한다.
다. '후대검정'이란 보증씨수소를 선발하기 위하여 후보씨수소 자손의 능력을 검정하는 것을 말하며, '검정소후대검정'과 '농장후대검정'으로 구분한다.
라. '검정소후대검정'이란 한우 검정기관에서 후보씨수소 자손의 능력을 검정하는 것을 말하며, '농장후대검정'은 한우농가에서 후보씨수소 자손의 능력을 검정하는 것을 말한다.
마. '후보씨수소'란 당대검정을 통해 선발된 능력이 우수한 수소를 말한다.
바. '보증씨수소'란 후보씨수소 중 후대검정을 통해 선발한 능력이 공인된 수소를 말한다.
사. '당대검정우'란 보증씨수소 선발을 목적으로 생산한 송아지 중 후보씨수소 선발을 위해 당대검정 대상으로 선발한 수송아지를 말한다.
아. '후대검정우'란 후보씨수소의 후대검정을 위하여 생산한 수송아지를 또는 검정딸소를 말한다.
자. '씨암소'란 등록기관에 부모가 혈통등록 이상 등록된 암소로서 당대검정우를 생산하는 암소를 말한다.
차. '교배암소'란 혈통이 등록된 암소로서 후대검정우를 생산하는 암소를 말한다.
카. '번식능력검정'이란 암소의 초종부일, 초산월령, 임신기간, 분만간격, 분만난이도, 인공수정 기록, 기타 번식형질에 대해 조사하는 것을 말한다.
타. '유우군능력검정'이란 젖소 암소(후대검정우 포함)의 산유량, 유지율, 유지량 및 기타 유성분 등에 대한 생산능력을 조사하는 것을 말한다.
파. '젖소검정소'란 검정기관의 승인을 득하여 농가를 대상으로 젖소의 번식능력과 산유능력 검정에 필요한 일체의 행위를 실시하는 조합 및 단체를 말한다.

하. '검정동기군'이란 같은 장소에서 같은 시기에 검정을 함께 받는 일정 집단을 말한다.
거. '유전체정보를 포함한 유전능력(유전체 육종가)'이란 개체의 능력검정, 혈통 및 유전체 자료를 이용하여 종축으로서의 가치를 분석한 값으로, 개체가 가진 유전적 능력 중 후대에 전달될 수 있는 능력을 추정한 것을 말한다.
너. '유전체 육종가 정확도'란 추정한 유전체 육종가 값의 신뢰할 수 있는 정도를 의미하며, 예측 유전체 육종가가 실제 유전체 육종가 대비 얼마나 정확한지를 나타내는 수치를 말한다.

(2) 한우의 당대검정(가축검정기준)

① 한우 당대검정 조건(제4조 제1항, 제2항)
  ㉠ 당대검정을 하는 검정기관은 검정에 적합한 사육시설(사양관리 우사는 [별표 2]의 기준에 따름)을 구비하고, 보유 중인 12개월령 이상의 소에 대하여 연 1회 이상 다음의 가축전염병에 대하여 검사를 받아야 한다.
    - 구제역
    - 브루셀라병
    - 결핵병
    - 요네병
  ㉡ 당대검정우는 다음의 조건을 모두 구비하여야 한다.
    - 씨암소에서 태어난 생후 160일령 이전에 이유한 수송아지일 것
    - 등록기관에 부모가 혈통등록 이상 등록되고 유전자검사 결과 친자가 확인된 것
    - 당대검정우나 당대검정우의 부모 또는 형제, 자매 중에서 선천성 기형이나 유전적 불량 형질이 나타나지 않은 것

② **조사사항(제5조)** : 당대검정우의 체중, 체척, 사료섭취량과 사료요구율, 외모심사, 정액검사는 다음 방법에 따라 실시한다.
  ㉠ 체중은 개시 시, 축군의 평균일령 270일령, 종료 시에 측정하되 측정 당일 사료 급여 전 공복 시 1회 이상 측정한다.
  ㉡ 체척은 종료 시에 측정하되, 체고, 십자부고, 체장, 흉위, 흉심, 흉폭, 고장, 요각폭, 곤폭, 좌골폭의 10개 부위를 측정한다.
  ㉢ 사료섭취량은 매 15일 간격으로 조사한 급여량에서 잔여량을 감하여 구하고, 사료섭취량을 해당 기간의 증체량으로 나누어 사료요구율을 구한다.
  ㉣ 외모심사는 종축등록기관이 공고하는 가축외모심사기준에 따라 종료 시에 실시한다.
  ㉤ 정액검사는 [별표 1]에 따른다.

> **더 알아두기**
>
> 정액 검사시기 및 방법(가축검정기준 [별표 1])
> - 한우 당대검정우는 검정완료 직후(12개월령) 후보씨수소 선발 예정두수의 1.5배에 해당하는 유전능력 상위두수를 1회 이상 실시한다.
> - 한우 후보씨수소는 후대검정교배용 정액 생산 시(13~15개월령)에 2회 이상 실시한다.
> - 젖소 예비후보씨수소의 정액검사는 12개월령 이후 16개월령 사이에 1주 간격으로 5회 실시한다.

③ 검정방법(제4조 제3항) : 예비검정과 본검정으로 구분하되, 예비검정은 축군 평균월령 5개월령에서 6개월령 사이에 최소 20일 내외로 하며, 동기간 중에 기생충구제, 예방접종, 질병검사와 사육환경에 대한 적응여부를 검정하고 본검정은 검정동기군 5두 이상에 대하여 실시하며 축군의 평균월령이 가급적 6개월령일 때 개시하여 170일간 실시한다. 다만, 축군은 상반기(5~6월), 하반기(11~12월)에 교배 후 생산된 개체로 한정한다.

④ 최종 선발(제4조 제4항) : 당대검정우는 다량의 유전체 정보를 포함한 유전능력(유전체 육종가)을 평가하여 그 결과를 바탕으로 최종 선발한다.

(3) 한우의 후대검정(가축검정기준)

① 후대검정우의 선발기준(제11조)

  ㉠ 후대검정은 검정소후대검정과 농장후대검정으로 구분하여 실시하고, 후대검정 축군은 상반기(1~2월), 하반기(7~8월)에 교배 후 생산된 개체로 한정한다.

  ㉡ 검정소후대검정은 검정기관에서 실시하고, 후대검정우에 대한 검정기간은 예비검정과 본검정으로 구분하며, 예비검정은 축군평균 5개월령에서 6개월령 사이에 최소 20일 내외로 실시하고, 이 기간 중 기생충구제, 예방접종, 질병검사와 사육환경 적응여부를 검정하며, 본검정은 축군의 평균월령이 가급적 6개월령일 때 개시하여 530일 동안 실시한다.

  ㉢ 검정소 후대검정우의 선정기준은 다음과 같다.
  - 후보씨수소 1두당 교배암소 40두 이상을 교배시켜 생산하고, 별표 4에 따른 유전자검사 결과 친자가 확인된 수송아지가 6두 이상이어야 한다.
  - 외모는 기형 및 유전적인 결함이 없어야 한다.
  - 가축전염병 예방법에 따른 국립가축방역기관 또는 시·도가축방역기관이 실시한 가축전염병(구제역, 브루셀라병, 결핵병, 요네병) 검사 결과 음성이어야 한다.

  ㉣ 농장후대검정은 한우사육농가에서 실시하며, 검정축군의 평균일령이 180일령에 개시하여 출하 시까지 실시한다. 단, 축군의 일령범위는 평균값 ±30일 이내로 한다.

  ㉤ 농장검정 후대검정우는 후보씨수소와 유전자검사 결과 친자로 확인된 수송아지로 검정완료두수가 한우농가당 4두 이상으로 한다. 다만, 검정기관은 한우농가당 3두 이하로 검정을 실시해야 할 경우 가축개량총괄기관과 협의하여야 한다.

⑥ 후대검정우 중 다음의 어느 하나에 해당하는 사유가 발생한 때에는 검정을 하지 아니한다.
- 만성질환이 있거나 현저하게 발육이 떨어지는 것
- 사고에 의해 계속 사육이 어려운 것
- 부계 형매 중(후보씨수소 자손) 유전적 결함이 발견된 것
- 실격 처리된 후보씨수소의 자손

② 후대검정 조사사항(제12조)
  ㉠ 검정소 후대검정우의 체중 등 조사사항
  - 체중은 제5조 제1호에 따르되, 측정시기는 개시 시, 축군 평균일령이 360일령, 540일령 및 종료 시로 하며, 측정 당일 사료 급여 전 공복 시 1회 이상 측정한다.
  - 사료섭취량은 매 15일 간격으로 조사한 급여량에서 잔여량을 감하여 구하고, 사료섭취량을 해당 기간의 증체량으로 나누어 사료요구율을 구한다.
  - 체적은 제5조 제2호에 따르되, 측정시기는 축군 평균일령이 360일령, 540일령 및 종료 시에 측정한다.
  - 체적은 종료 시에 측정하되, 체고, 십자부고, 체장, 흉위, 흉심, 흉폭, 고장, 요각폭, 곤폭, 좌골폭의 10개 부위를 측정하며, 측정시기는 축군 평균일령이 360일령, 540일령 및 종료 시에 측정한다.
  - 도체조사 및 평가는 가축검정기준 [별표 3]에 의한다.

> **더 알아두기**
>
> 한우 도체조사 및 평가기준(가축검정기준 [별표 3])
> - 해체정형 요령 : 축산물위생관리법 제7조 및 동법 시행규칙 제2조의 규정에 의한 축산물의 처리방법에 의한다.
> - 도체조사
>   - 도체조사는 정부가 고시한 축산물등급판정세부기준을 적용한다.
>   - 수율조사는 정부가 고시한 '식육의 부위별 등급별 및 종류별 구분방법'의 쇠고기 대분할 부위에 따라 실시한다.
> - 도체평가
>   - 도체평가는 육량평가와 육질평가로 크게 나눈다.
>   - 평가방법 : 가축개량협의회(한우분과)에서 결정한 바에 따른다.

  ㉡ 농장 후대검정우의 체중 등 조사사항
  - 체중은 개시 시, 축군의 평균일령 270일령, 종료 시에 측정하되 측정당일 사료급여 전 공복 시 1회 이상 측정하며, 측정시기는 개시 시, 축군 평균일령이 360일령, 540일령 및 720일령, 출하 시로 하며 측정당일 사료급여 전 공복 시에 측정한다.

- 한우초음파생체단층촬영은 710일령에 등심단면적, 등지방두께, 지방함량 분석을 위하여 검정기관에서 촬영한다.
- 도체조사 및 평가는 가축검정기준 [별표 3]에 의하며, 출하시기는 농가별로 실시한다.

③ 후보씨수소의 실격(제13조) : 후보씨수소 중 다음의 어느 하나에 해당하는 경우에는 가축개량총괄기관장이 실격시킬 수 있다.
   ㉠ 정액성상 이상, 질병 및 외상 등으로 도태사유가 발생한 경우
   ㉡ 후보씨수소로 선발된 후 2년 이내에 후대검정용 송아지를 생산하지 않은 경우
   ㉢ ㉡에 따라 생산한 후대검정용 송아지를 후대검정하지 않은 경우
   ㉣ 보증씨수소 선발에서 탈락한 경우

④ 보증씨수소 선발(제14조)
   ㉠ 후대검정이 완료된 후보씨수소는 검정성적을 가축개량총괄기관에 제출하여야 한다.
   ㉡ 가축개량총괄기관은 검정성적을 분석·평가하여 가축개량협의회의 심의를 받아 보증씨수소로 선발하고, 보증씨수소 선발두수는 가축개량협의회를 통하여 조정할 수 있다.
   ㉢ 보증씨수소 선발대상이 되는 후보씨수소는 다음의 기준을 모두 충족하여야 한다.
      - 유전체 정보를 포함한 유전능력(유전체 육종가) 정확도가 각 개체의 대상형질별로 70% 이상이거나 검정소후대검정을 종료한 두수가 씨수소 마리당 6두 이상인 것
      - 후대검정우에서 선천성 기형이나 유전적 불량형질이 나타나지 않은 것
      - 가축전염병 예방법에 따른 국립가축방역기관 또는 시·도가축방역기관이 실시한 가축전염병(구제역, 브루셀라병, 결핵병, 요네병, 소류코시스) 검사 결과 음성인 것

> **더알아두기**
>
> **한우의 후대검정에 의하여 선발되는 씨수소의 선발지수**
> - 각 후보씨수소는 한우 개량농가의 암소와 계획교배를 실시하여 송아지를 생산하게 되며, 생산된 송아지 중 수소를 24개월령까지 검정한 후 도축하여 냉도체중, 도체율, 배장근단면적, 등지방두께, 근내지방도 등을 측정한다.
> - 측정된 형질 중에서 도체중, 배최장근단면적 및 근내지방도에 대한 유전능력평가를 실시하고, 이용되는 3가지 형질 중 육량과 관련된 도체중과 배최장근단면적 그리고 육질의 평가기준인 근내지방도의 비율이 1대 1이 되도록 종합지수를 설정하여 지수값의 순위에 따라 보증씨수소를 선발한다.

⑤ 씨수소 정액생산·보관·처리(제15조)
   ㉠ 후보씨수소는 보증씨수소로 선발되기 이전까지 냉동정액을 생산, 보관하여야 하며, 실격된 후보씨수소의 정액은 실격된 날로부터 6개월 이내에 폐기처분하고, 보증씨수소로 선발된 정액은 인공수정용으로 활용한다.

ⓒ 보증씨수소로 선발되기 전에 생산된 후보씨수소 정액을 판매하고자 할 경우 가축개량총괄기관과 협의하여야 하며, 한우 사육농가에 충분히 공지하여야 한다.
ⓒ 가축개량총괄기관은 국내 한우집단의 근친 예방을 위하여 가축개량협의회를 통해 정한 씨수소의 개체별로 생애주기동안 생산 및 판매가 가능한 정액의 수량을 씨수소 선발 시 해당 씨수소를 보유한 정액등처리업체에 공지하여야 한다.
ⓔ 검정기관은 유전자원 보존연구 등을 위하여 모든 씨수소의 정액을 일정량 보존한다.

3. 종축의 평가와 선발

(1) 한우의 선발과 개량

① 능력검정에 의한 선발
  ㉠ 일정기간의 능력을 직접 검정하여 개체별 유전능력을 판단한 후 선정하는 방법이다.
  ㉡ 당대검정과 후대검정의 방법으로, 연구기관 등의 검정기관에서 실시하고 있다.
  ㉢ 시간과 경비가 많이 소요되고 전문기술과 인력이 필요한 단점이 있다.

② 외모에 의한 선발
  ㉠ 소의 골격구조와 생리적 기능 간의 상호작용으로 표현된다.
  ㉡ 품종별로 가장 우수한 체형과 자질 등을 제시한 심사표준에 의한다.
  ㉢ 선발이 간편하고 가축품평회나 종축의 등록 시 이용된다.
  ㉣ 한우의 개량할 점은 후구의 빈약과 사고(斜尻) 등 육용 체형이다.
  ㉤ 단점은 심사자의 주관에 치우칠 경향이 있다.

③ 한우의 개량방법
  ㉠ 순종개량 : 순종 품종으로 유지하기 위한 한우의 선발을 통한 품종개량
  ㉡ 교잡개량 : 한우와 다른 육우 품종교잡을 통한 능력 개량
    • 한우(♀) × 샤롤레, 심멘탈, 헤어포드, 쇼트혼, 브라만, 앵거스(♂) 등
    • 1974년부터 한우 × 샤롤레 교잡우 생산 보급
    • 1985년 소값 하락과 순종 보존을 위한 집단개량지구(강화도)를 설정하여 통제 사육

(2) 소도체의 등급판정(축산물 등급판정 세부기준)

① 소도체의 육질등급 판정기준(제4조)
  ㉠ 소도체의 육량등급판정은 등지방두께, 배최장근단면적, 도체의 중량을 측정하여 ㉢의 규정에 따라 산정된 육량지수에 따라 다음과 같이 A, B, C의 3개 등급으로 구분한다.

[육량등급 판정기준]

품 종	성 별	육량지수		
		A등급	B등급	C등급
한우	암	61.83 이상	59.70 이상 ~ 61.83 미만	59.70 미만
	수	68.45 이상	66.32 이상 ~ 68.45 미만	66.32 미만
	거세	62.52 이상	60.40 이상 ~ 62.52 미만	60.40 미만
육우	암	62.46 이상	60.60 이상 ~ 62.46 미만	60.60 미만
	수	65.45 이상	63.92 이상 ~ 65.45 미만	63.92 미만
	거세	62.05 이상	60.23 이상 ~ 62.05 미만	60.23 미만

ⓒ ㉠의 규정에 따른 소도체의 육량등급판정을 위한 육량지수는 소를 도축한 후 2등분할된 왼쪽 반도체에 마지막등뼈(흉추)와 제1허리뼈(요추) 사이를 절개한 후 등심쪽의 절개면(이하 "등급판정부위"라 한다)에 대하여 다음의 항목을 측정하여 산정한다.

- 등지방두께 : 등급판정부위에서 배최장근단면의 오른쪽 면을 따라 복부쪽으로 3분의 2 들어간 지점의 등지방을 mm단위로 측정한다. 다만, 등지방두께가 1mm 이하인 경우에는 1mm로 한다.
- 배최장근단면적 : 등급판정부위에서 가로, 세로가 1cm 단위로 표시된 면적자를 이용하여 배최장근의 단면적을 cm^2단위로 측정한다. 다만, 배최장근 주위의 배다열근, 두반극근과 배반극근은 제외한다.
- 도체중량 : 도축장경영자가 측정하여 제출한 도체 한 마리분의 중량을 kg단위로 적용한다.

ⓒ ㉠의 규정에 따른 육량지수는 다음과 같이 산정한다.

품 종	성 별	육량지수산식
한우	암	[6.90137 − 0.9446 × 등지방두께(mm) + 0.31805 × 배최장근단면적(cm^2) + 0.54952 × 도체중량(kg)] ÷ 도체중량(kg) × 100
	수	[0.20103 − 2.18525 × 등지방두께(mm) + 0.29275 × 배최장근단면적(cm^2) + 0.64099 × 도체중량(kg)] ÷ 도체중량(kg) × 100
	거세	[11.06398 − 1.25149 × 등지방두께(mm) + 0.28293 × 배최장근단면적(cm^2) + 0.56781 × 도체중량(kg)] ÷ 도체중량(kg) × 100
육우	암	[10.58435 − 1.16957 × 등지방두께(mm) + 0.30800 × 배최장근단면적(cm^2) + 0.54768 × 도체중량(kg)] ÷ 도체중량(kg) × 100
	수	[−19.2806 − 2.25416 × 등지방두께(mm) + 0.14721 × 배최장근단면적(cm^2) + 0.68065 × 도체중량(kg)] ÷ 도체중량(kg) × 100
	거세	[7.21379 − 1.12857 × 등지방두께(mm) + 0.48798 × 배최장근단면적(cm^2) + 0.52725 × 도체중량(kg)] ÷ 도체중량(kg) × 100

ⓒ ㉢의 규정에 따라 계산된 지수는 소수점 셋째자리 이하를 절사하여 둘째자리까지 산정한다.

ⓒ ㉠의 규정에 따라 구분된 소도체의 육량등급이 다음 중 하나에 해당하는 경우에는 육량등급을 낮추거나 높여 최종 판정한다.
- 도체의 비육상태가 매우 나쁜 경우에는 산출된 등급에서 1개 등급을 낮춘다.
- 도체의 비육상태가 매우 좋은 경우에는 산출된 등급에서 1개 등급을 높인다.

② 소도체의 육질등급판정기준(제5조)
㉠ 소도체의 육질등급판정은 등급판정부위에서 측정되는 근내지방도(Marbling), 육색, 지방색, 조직감, 성숙도에 따라 1^{++}, 1^{+}, 1, 2, 3의 5개 등급으로 구분한다.
㉡ ㉠의 규정에 따른 육질등급판정을 위한 항목별 측정 및 등급구분은 다음과 같이 한다.
- 근내지방도 : 등급판정부위에서 배최장근단면에 나타난 지방분포 정도를 기준과 비교하여 해당되는 기준의 번호로 판정하고, 다음과 같이 등급을 구분한다.

[근내지방도 등급판정기준]

근내지방도	등 급
근내지방도번호 7, 8, 9에 해당되는 것	1^{++}등급
근내지방도번호 6에 해당되는 것	1^{+}등급
근내지방도번호 4, 5에 해당되는 것	1등급
근내지방도번호 2, 3에 해당되는 것	2등급
근내지방도번호 1에 해당되는 것	3등급

- 육색 : 등급판정부위에서 배최장근단면의 고기색깔을 육색기준과 비교하여 해당되는 기준의 번호로 판정하고, 다음과 같이 등급을 구분한다.

[육색 등급판정기준]

육 색	등 급
육색번호 3, 4, 5에 해당되는 것	1^{++}등급
육색번호 2, 6에 해당되는 것	1^{+}등급
육색번호 1에 해당되는 것	1등급
육색번호 7에 해당되는 것	2등급
육색에서 정하는 번호 이외에 해당되는 것	3등급

- 지방색 : 등급판정부위에서 배최장근단면의 근내지방, 주위의 근간지방과 등지방의 색깔을 지방색기준과 비교하여 해당되는 기준의 번호로 판정하고, 다음과 같이 등급을 구분한다.

[지방색 등급판정기준]

지방색	등 급
지방색번호 1, 2, 3, 4에 해당되는 것	1^{++}등급
지방색번호 5에 해당되는 것	1^{+}등급
지방색번호 6에 해당되는 것	1등급
지방색번호 7에 해당되는 것	2등급
지방색에서 정하는 번호 이외에 해당되는 것	3등급

• 조직감 : 등급판정부위에서 배최장근단면의 보수력과 탄력성을 조직감 구분기준에 따라 해당되는 기준의 번호로 판정하고, 다음과 같이 등급을 구분한다.

[조직감 등급판정기준]

조직감	등급
조직감번호 1에 해당되는 것	1^{++}등급
조직감번호 2에 해당되는 것	1^{+}등급
조직감번호 3에 해당되는 것	1등급
조직감번호 4에 해당되는 것	2등급
조직감번호 5에 해당되는 것	3등급

• 성숙도 : 왼쪽 반도체의 척추 가시돌기에서 연골의 골화 정도 등을 성숙도 구분기준과 비교하여 해당되는 기준의 번호로 판정한다.

ⓒ 소도체의 육질등급판정은 ⓒ의 규정에 따른 근내지방도, 육색, 지방색, 조직감을 개별적으로 평가하여 그중 가장 낮은 등급으로 우선 부여하고, 성숙도규정을 적용하여 규정에 따라 최종등급을 부여한다. 다만, 다음의 어느 하나에 해당하는 경우에는 그러하지 아니한다.

• 육색 등급과 지방색 등급이 모두 2등급인 경우에는 육질등급을 3등급으로 한다.
• 근내지방도와 육색·지방색·조직감의 평가결과가 2개 등급 이상 차이 나는 경우 성숙도를 적용하지 않고 최저등급을 최종등급으로 한다.

③ 소도체의 등급표시(제7조)

㉠ 등급표시는 판정된 육질등급을 1^{++}, 1^{+}, 1, 2, 3으로 표시하고, 등외등급으로 판정된 경우에는 등외로 표시한다. 다만, 신청인 등이 희망하는 경우에는 판정된 육량등급도 함께 표시할 수 있다.

㉡ 축산물위생관리법의 규정에 따른 축산물검사 결과, 결함이 있는 도체에 대하여는 [별표 5]에 따라 그 결함내역을 표시할 수 있다.

[소도체의 결함 내역 및 표시방법 [별표 5]]

결함내역	표시방법
근출혈(筋出血)	ㅎ
수종(水腫)	ㅈ
근염(筋炎)	ㅇ
외상(外傷)	ㅅ
근육 제거	ㄱ
기 타	ㅌ

[소체위 측정부위]

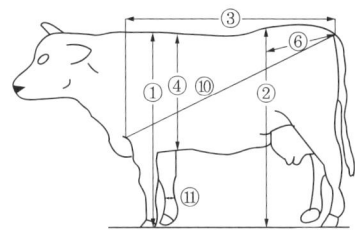 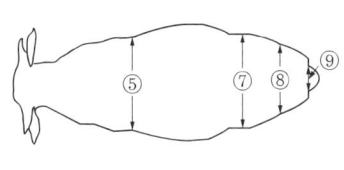

① 체 고
② 십자부고
③ 체 장
④ 흉 심
⑤ 흉 폭
⑥ 고 장
⑦ 요각폭
⑧ 곤 폭
⑨ 좌골폭
⑩ 흉 위
⑪ 전관위

4. 육우의 경제적 형질과 선발

(1) 육우의 주요 경제형질

① 번식형질 : 수태율, 수태당 종부횟수, 발정재귀중단율, 수정횟수, 임신율, 임신기간, 분만간격, 연산성, 난산의 비율 등

※ **고기소에서 송아지 생산율** : 우군 내 번식우로 사용되는 모든 암소에 대한 이유된 송아지의 비율

② 발육형질 : 생시체중, 이유 시 체중, 이유 후 체증률, 증체율, 사료효율 및 체형 등

③ 도체형질

　㉠ 육질등급(형질) : 육질, 근내지방도, 연도, 조직감 등
　㉡ 육량등급(형질) : 도체율, 도체중, 등지방두께, 배최장근단면적 등

④ 체형과 외모(털색, 피부색, 뿔의 형태 등) – 질적 형질

※ **질적 형질** : 체형과 외모(털색, 피부색, 뿔의 형태 등)

(2) 육우의 경제형질과 유전력

형 질	유전력(%)	형 질	유전력(%)
수태율	0~10	이유 시 체중	30~35
분만간격	0~10	이유 후 일당 증체량	40~60
임신기간	30~40	사료효율	30~50
생시체중	30~40	도체율	35~40
증체율	40~50	배장근단면적	55~60

(3) 육우의 교잡목적

① 번식능력, 생존율, 초기 성장 등에서 잡종강세를 이용하기 위하여
② 품종 간 상보효과(Complementation)를 이용하기 위하여
③ 새로운 유전인자를 도입하여 유전적 변이를 크게 하기 위하여

※ **육우의 잡종교배이용** : 이유 전 생존율, 이유 시 체중, 이유 전 일당 증체량 향상 등

(4) 고기소 교잡종 생산을 위한 품종선택 시 고려할 사항

① 교배되는 품종 간에 서로 차이가 많아 상보성이 클 때 잡종강세도 크게 나타난다.
② 사료자원과 기후조건에 대한 적응성이 높아야 한다.
③ 난산과 번식상의 문제가 야기되지 않도록 품종을 선택해야 한다. 육우들은 품종 간에 생시 체중과 초산일령차가 현저히 다르다.
④ 대체 종빈우의 수와 체형을 미리 고려해야 한다.
⑤ 잡종교배에 이용되는 종모우나 종빈우도 엄격한 기준에 따라 선발 이용해야 한다.

(5) 육우의 품종

품 종	원산지 및 분포	특 징	능 력
쇼트혼 (Shorthorn)	영국, 유럽지역뿐만 아니라 전세계적으로 사육분포	• 체형 : 육용형인 장방형 • 체중 : 암컷(700kg), 수컷(900kg) • 모색 : 백색, 적색 및 조모색 • 뿔이 짧다는 데서 유래	• 조숙조비 • 도체율 : 60~70% • 육질은 연하고 즙이 많음
헤어포드 (Hereford)	• 영 국 • 미국 및 전세계지역	• 체중 : 암컷(600~700kg), 수컷(900~1,000kg) • 모색 : 적색 바탕에 백반 • 얼굴이마, 발굽주위, 하복부, 하경부, 미방 등에 백색	• 조숙조비 • 도체율 : 65~70%
애버딘 앵거스 (Aberdeen Angus)	• 영 국 • 남미, 아르헨티나, 미국 등지	• 뿔이 없고 모색이 흑색 • 체중 : 암컷(500kg), 수컷(800~900kg)	• 조숙조비 • 도체율 : 65~67%
샤롤레 (Charolais)	• 프랑스, 전세계에 고루 분포 • 한우와 교잡용으로 사용	• 체중 : 암컷(700~800kg), 수컷(1,000~1,200kg) • 모색 : 크림색 또는 백색 • 이마 중앙에는 털이 곱슬거림	• 도체율이 비교적 높고 • 육질도 우수한 편 • 신품종육종에 활용
리무진 (Limousin)	프랑스 남부	• 체중 : 암컷(600kg), 수컷(1,100kg) • 모색 : 엷은 황갈색~농갈색 또는 적색	도체율 : 69~71%
브라만 (Brahman)	인도가 원산지	• 체중 : 암컷(600kg), 수컷(900kg) • 어깨 위에 견봉이 매우 큰 편 • 모색 : 회색(대표적), 최근에는 적색 또는 흑색	도체율 : 60~65%

품 종	원산지 및 분포	특 징	능 력
산타 게르트루디스 (Santa Gertrudis)	• 미 국 • 쇼트혼종+브라만종	• 체중 : 암컷(600kg), 수컷(900~1,000kg) • 모색 : 연한 적색~진한 적색	도체율 : 60~65%
브랑거스 (Brangus)	• 미 국 • 브라만종+앵거스종	-	-
한우 (Hanwoo)	우리나라 고유의 전통 재래가축	• 체중 : 암컷(400~500kg), 수컷(600~700kg) • 모색 : 황갈색	육질도 양호하며 씹는 맛이 좋음

① 육우 신품종인 Santa Gertrudis를 만들기 위한 교배방법 : Shorthonrn×Brahman
② 안면백반(顔面白斑) 유전자를 가지고 있는 소의 품종 : Hereford종
③ Brangus종의 육종에 사용된 기초 품종 : Brahman 종과 Angus
④ Beefmaster : 헤어포드 암소(약 25%)와 Brahman 황소(50%)와 Shorthorn 암소(25%)의 교차로에서 품종을 만들었다.

(6) 육우의 선발방법

① 어미소의 도태는 자신의 능력과 자신이 낳는 송아지의 이유 시 체중에 근거한다.
② 육우의 능력을 평가하는 방법으로 이유 시 체중을 보정하는 데에는 어미의 나이와 송아지의 성별을 고려한다.
③ 종모우의 능력을 검정하는 형질에는 일당 증체량, 사료효율 및 체형 등을 말한다.

(7) 육우의 보증 종모우 선발체계

① 당대검정에서는 산육형질이 주요 선발대상 형질이다.
② 육질을 고려할 경우 후대검정 후에 선발한다.
③ 사료효율도 주요 선발대상 형질이 될 수 있다.

02 젖 소

1. 경제형질과 유전력

젖소의 경제적 가치는 유량과 유지량, 단백질량, 무지고형분량 등의 유성분, 번식능률, 체형, 착유속도, 분만난이도, 체세포수 및 생애수명 등에 의해 결정된다.

(1) 번식능력과 유전력

① 젖소에서 주요 경제형질의 하나인 비유량은 번식주기에 따라 변화되므로 분만 후 일정기간까지는 증가되지만 그후 점차적으로 감소되므로 우유의 생산을 극대화하려면 번식횟수나 번식시기 등을 합목적적으로 유지시키는 것이 매우 중요하다.
② 번식형질에는 번식효율, 수태당 종부횟수, 종부 개시일부터 수태일까지의 소요일수, 분만간격 등이 있다.
③ 번식형질의 대부분은 유전력과 반복력이 낮다.
④ 번식형질에는 유전자들의 효과가 거의 미치지 않는다.
⑤ 번식형질의 상가적인 유전분산이 낮은 것은 주로 환경이 영향을 준다는 것을 의미한다.
⑥ 젖소의 번식능력을 개량하는 데 있어 고려되어야 할 주요 경제형질에는 분만간격, 수태당 종부횟수, 공태기간, 분만 후 발정재귀일수, 다태성 및 불임성과 같은 번식능력에 대한 유전력과 반복력 등이 있다.

[젖소 번식능력의 주요 형질에 대한 유전력과 반복력]

구 분	유전력	반복력
분만간격	0.00~0.10	0.14~0.18
수태당 종부횟수	0.00~0.19	0.00~0.12
공태기간	0.00~0.09	0.00~0.10

(2) 유량과 유성분

① 젖소의 유량(Milk Yield)과 유지량은 가장 중요한 경제형질이다.
② 유지량은 산유량과 유지율에 의하여 결정된다.
③ 젖소의 산유능력을 측정할 때 규정된 표준 비유기간은 305일이다.
④ 산유량의 유전력은 대체로 20~30% 정도이며, 유지율의 유전력은 약 50%로 높기 때문에 개체선발에 효과적이다.

[젖소의 경제형질 중 유전력]

형 질	유전력	형 질	유전력
비유량	0.2~0.3	유지생산량	0.2~0.3
유지율	0.5~0.6	유단백질생산량	0.2~0.3
생산수명	0~0.1	사료효율	0.3~0.4
번식효율	0~0.1	총고형분량	0.2
유단백질	0.45~0.55	체형평점	0.15~0.3

(3) 체 형

① 육우의 체형은 쐐기형, 체심, 다리, 엉덩이, 유방형상 등의 기능적 형질이 젖소의 생애산유량에 큰 영향을 미친다.
② 생애산유량과 우수한 외모의 후대를 생산하기 위해서는 기능적 형질을 충분히 발휘할 수 있는 우수한 체형을 가진 젖소의 선발이 무엇보다도 중요하다.
③ 젖소의 생애산유량과 내구연한에 큰 영향을 미치는 선형 체형형질의 유전력은 다음 표와 같다.

[선형 체형형질의 유전력]

형 질	유전력	형 질	유전력
키	0.37	발굽의 각도	0.10
강건성	0.26	앞유방 부착	0.18
체 심	0.32	뒷유방 높이	0.18
예각성	0.23	뒷유방 너비	0.16
엉덩이 너비	0.24	유방의 깊이	0.25

(4) 기타 형질

수익성에 직·간접적으로 영향을 주는 기타 경제형질들로는 환경에 대한 적응성, 질병에 대한 항병성, 착유속도, 분만난이도, 체세포수치 및 생애수명 등이 있다.

2. 개량목표와 능력검정

(1) 젖소의 개량목표

① 번식효율의 향상
② 두당 우유생산량의 증가
③ 유방염에 대한 항병성의 증진
④ 착유시간의 단축, 유지율의 증가
⑤ 소비자의 기호에 부응한 유질 향상 등

(2) 젖소개량의 특성

① 젖소의 유생산능력은 비교적 쉽게 측정할 수 있다.
② 젖소의 유생산형질들은 수소에서 측정할 수 없다.
③ 세대간격이 길어 개량속도가 빠르지 않다.

④ 수소에 대한 선발강도를 높일 수 있다.
⑤ 젖소를 개량할 때에 주로 이용되는 유전자작용은 상가적 유전자작용이다.
⑥ 젖소개량 시 사용되는 예측치(PD ; Predicted Difference)란 유전능력의 차이를 뜻한다.
⑦ 젖소의 가장 이상적인 체형은 쐐기형(설상형)이다.

※ 젖소에서 일정기간의 착유기간 후 다음 비유기 동안 최대한의 우유를 생산하기 위하여 실시하는 건유기의 가장 바람직한 기간은 약 60일(50~70일)이다.

(3) 젖소검정

① 젖소의 검정은 검정목적에 따라 씨수소를 선발하기 위한 검정과 암소의 산유 및 번식능력을 조사하는 유우군능력검정으로 구분한다.
② 씨수소 선발을 위한 검정은 후보씨수소를 선발하기 위한 '당대검정'과 보증씨수소를 선발하기 위한 '후대검정'으로 구분한다.
③ 유우군능력검정은 농가 또는 기관, 단체가 보유한 전체 암소 우군을 대상으로 실시하며, 검정당일 검정원 입회여부에 따라 '입회검정'과 '자가검정'으로 구분한다.

(4) 당대검정

① 씨암소의 자격(당대검정우 생산을 위한 씨암소의 조건)
  ㉠ 초산차 이상으로 정상적인 번식기록을 갖고 외모심사점수는 80점 이상인 것
  ㉡ 산유능력은 1일 2회, 305일 착유, 305일 보정기록을 기준으로 유전능력평가를 실시하여 가축개량협의회에서 정한 선발형질에 대한 유전능력이 상위 5% 이내인 것
  ㉢ 등록기관에 혈통등록된 것
  ㉣ 만성질환이 없는 것
② 당대검정우의 조건(당대검정우 선발대상)
  ㉠ 고능력 수정란에 의해 생산된 수송아지
  ㉡ 고능력 정액을 고능력 씨암소에 수정하여 생산된 수송아지
  ㉢ 보증씨수소 정액을 고능력 씨암소에 수정하여 생산된 수송아지
③ 후보씨수소 선발심사
  ㉠ 외모심사 : 12~14개월령에 1회 실시하며, 종축등록기관이 공고하는 가축외모심사기준에 따라 심사(80점 이상의 소)
  ㉡ 발육상태 : 6개월령, 12개월령 체중(월령별 체중의 90% 이상인 것)
  ㉢ 성욕 및 정액검사 : 12~16개월령에 실시

(5) 후대검정

① **교배암소의 자격** : 검정딸소 생산을 위하여 후보씨수소의 정액으로 교배시키는 교배대상 암소는 다음의 조건을 모두 구비하여야 한다.
  ㉠ 등록기관에 등록이 되어 있을 것
  ㉡ 유우군능력검정에 참여하고 있는 농가의 보유 젖소
  ㉢ 만성질환이 없는 것

② **검정딸소의 생산**
  ㉠ 검정딸소를 생산·확보하기 위한 교배암소는 후보씨수소당 200두 이상으로 한다.
  ㉡ 후보씨수소당 검정해야 할 검정딸소는 20두 이상이어야 한다.

③ **검정딸소 생산을 위한 교배방법**
  ㉠ 검정딸소 생산을 위한 교배방법은 인공수정을 원칙으로 하며, 수정횟수는 3발정주기까지 적용한다.
  ㉡ 후보씨수소별 교배계획은 검정기관에서 무작위로 설계하여 추진하되 가능한 연중 고르게 수태되도록 한다.

> **더알아두기**
>
> 젖소의 후대검정
> • 검정개체로부터 많은 수의 자식을 생산하여 검정하여야 한다.
> • 검정수소와 교배되는 암소는 임의로 배정되어야 한다.
> • 검정되는 자식들은 가능한 한 여러 곳에서 검정하여야 한다.
> • 검정개체의 자식 중 능력이 불량한 것도 검정하여야 한다.

④ **검정딸소 관리**
  ㉠ 초유급여기간은 3일 이상이어야 하며, 총포유기간은 45일 이상으로 한다.
  ㉡ 검정딸소의 외모에 기형 및 유전적 결함이 있거나 유전자검사를 통하여 친자가 아님이 확인된 때에는 검정대상에서 제외한다.
  ㉢ 검정딸소에 대한 초종부는 14개월령 이상으로 체중 350kg 이상이 되었을 때 실시한다.
  ㉣ 검정딸소의 초발정부터 임신·분만까지 일련의 번식상황을 기록·보관해야 한다.
  ㉤ 검정딸소의 포유기간에서부터 검정종료 시까지의 사양관리는 최신 한국사양표준에 준한다.

⑤ **조사항목** : 후대검정에서 검정딸소의 조사항목은 번식능력과 산유능력으로 구분한다.
  ㉠ 번식능력 조사항목
    • 번식상황 : 생연월일, 등록번호(부, 모 포함), 개체식별번호(바코드귀표), 종부일, 인공수정기록, 종부방법, 농장번호

• 분만상황 : 분만일, 정상분만여부, 유산, 사산, 성별, 산차수, 분만난이도, 건유일, 농장번호
ⓒ 산유능력 조사항목
• 산유량, 유성분량 및 유성분율(유지방, 유단백질, 무지고형분) 등
• 착유일수, 1일 착유횟수 등
⑥ 검정딸소에 대하여는 외모 및 선형심사를 실시한다.
⑦ **검정의 중지** : 검정딸소에 대한 다음 사유가 발생할 때는 검정을 중지하거나 검정성적을 후보씨수소 능력평가에서 제외시킨다.
㉠ 검정딸소가 후보씨수소에서 기인하는 유전적 불량형질의 발현이 인정될 때
㉡ 만성질환이 있는 것
⑧ **후보씨수소의 정액 생산관리**
㉠ 후보씨수소는 후대검정 참여 암소 교배용으로 검정종료 시까지 냉동정액으로 300두 교배분 이상을 생산한다.
㉡ 검정기관은 유전자원 보존연구 등을 위하여 모든 씨수소의 정액을 일정량 보존한다.
⑨ **후대검정 성적평가 및 보증씨수소 선발** : 가축개량총괄기관은 가축개량협의회의 심의를 거쳐 후보씨수소별 후대검정 성적을 토대로 보증씨수소를 선발하고 선발된 보증씨수소는 다음 항목에 대하여 성적을 공표해야 한다.
㉠ 산유량, 유성분량 및 유성분율, 체형에 대한 암·수소의 유전능력 예상치
㉡ 보증씨수소에 대한 외모심사 결과 및 기타 필요한 사항
⑩ **검정대상축** : 검정을 받고자 하는 대상축은 종축등록기관에 개체등록이 되어 있어야 한다.
⑪ **대상농가 및 지역선정**
㉠ 농장검정은 검정대상 지역을 선정 기준
• 전·기업 낙농목장
• 검정원의 입회검정 및 시료채취 운반이 가능한 지역
• 검정동기군 형성이 가능한 지역
㉡ 검정농가의 선정기준
• 검정사업을 이해하고 검정기준을 준수하며, 지속적인 검정이 가능한 농가
• 조사료 확보가 가능하며, 암소 10두 이상으로 착유두수를 5두 이상 보유한 농가
• 젖소개량에 의욕이 높고, 검정딸소를 등록기관에 등록하여 혈통관리를 할 수 있는 농가
⑫ **검정횟수** : 검정횟수는 생애(生涯)검정을 원칙으로 검정농가당 매월 1회 및 측정당일 연속 2회(당일 오전·오후 또는 당일 오후·익일 오전)를 기준으로 한다.
⑬ **검정절차** : 검정원은 다음 절차에 의거 검정업무를 수행한다.
㉠ 검정원은 검정간격 내에서 불특정일에 불시 입회하여야 한다.
㉡ 검정원은 검정당일 착유시간 전에 검정우를 개체별로 확인한다.

ⓒ 검정원은 검정기록에 의심의 여지가 있을 경우 검정일로부터 15일 이내에 재측정한다.
ⓓ 조사기록상황은 검정기록표로 작성하고 검정기관에서 운영하는 프로그램에 전산입력 등의 방법으로 송부한다.
ⓔ 검정기관은 검정기록표에 의거 검정성적표를 작성, 직접 또는 젖소 검정소를 통하여 검정 농가에 통보한다.
ⓕ 검정기관 및 젖소 검정소(조합)는 검정성적표를 참고하여 검정 참여농가에 개량, 사양, 경영에 관한 사항을 지도한다.

⑭ 검정의 중지 : 검정우에 질병, 생리적 이유, 검정우 도태, 매각 등으로 검정기록이 얻어질 수 없을 때에는 당해 검정우의 검정을 중지한다.

⑮ 검정기록 및 평가
ⓐ 검정기록은 분만 후 제6일째 아침 착유부터 비유기 끝까지 실시하고 산유량 기록은 분만일로부터 기록한다.
ⓑ 첫 검정기록은 적어도 분만 후 6~45일 이내에 실시한다.
ⓒ 검정일 간격은 30±5일을 원칙으로 한다.
ⓓ 착유횟수는 1일 2회 착유를 기준으로 하되, 1일 2회 이상 착유 시는 매착유 시마다 기록하고, 305일 보정성적평가 시의 보정계수를 사용하여 2회 착유기준으로 보정한다.
ⓔ 착유기간이 305일이 되지 못할 경우에는 305일로 보정하며, 착유일수가 75일 이하이면 305일로 보정할 수 없다.
ⓕ 검정 중 임신 후 180일 이내에 유산, 사산할 경우는 기록의 중지없이 계속검정을 실시하여 건유일 또는 305일 착유로 1비유기의 검정이 종료되며, 임신 후 180일이 경과하여 유산, 사산할 경우는 유산 당일부터 다음 산차 및 새로운 비유기로 본다.

더알아두기

기타 주요사항
- 젖소의 생애 중 우유생산이 최고조에 달하는 시기 : 6~7세
- 홀스타인 젖소 암컷의 초종(初種付)시기 : 생후 15개월령 이상, 체중 350kg 이상
- 젖소에 있어서 가장 이상적인 공태기간 : 60~90일
- 젖소 예비후보씨수소의 정액검사는 12개월령 이후 16개월령 사이에 1주 간격으로 5회 실시한다.
- 개체선발이 적합하지 않은 것
  - 비유량과 유지율 등의 비유능력에 대해 젖소 종모우를 선발할 때 적합하지 않다.
  - 산유량에 대하여 어린 수송아지를 선발하는 방법이 아니다.
- 후대검정을 통해 인공수정용 종모우를 선발하는 경우 젖소 개량에 있어 가장 크게 기여하는 것은 종모우의 아비소 선발이다.
- 젖소의 주요 경제형질인 산유량과 유지율 개량을 위한 수컷 선발에 후대검정, 가계선발, 자매검정 등은 이용이 가능하나 능력검정은 이용이 불가능하다.

3. 종축의 평가와 선발

(1) 종축의 평가방법

① CDM법(Centering Date Method) : 한 비유기의 생산량을 계산하는 방법으로, 1개월 간격으로 월검정(月檢定)을 10회 실시한 다음 월검정성적의 누계에 30.5를 곱하여 305일의 생산량을 산출하는 법

> **더알아두기**
>
> 젖소 산유기록의 통계적 보정
> - 젖소개체의 유전능력을 정확하게 평가하고 환경요인이 서로 다름으로 인하여 발생되는 개체 간의 차이를 비교하기 위해서는 환경효과를 통계적으로 보정한 기록을 이용하여야 한다.
> - 우유의 산유기록은 일반적으로 산유기간이 305일인 경우의 산유기록으로 환산한다.
> - 성숙우의 305일 산유기록으로 연령보정에 필요한 산출방법에는 전체비교법, 병렬비교법, 혼합모형법 등이 있다.
> - 1일 3회 착유한 유량은 2회 착유 시 유량으로 보정하여 개체 간 산유능력을 비교하는 것이 보편적이다.
> - 암소의 연령에 따른 산유량의 차이를 보정하기 위해 성년형으로 보정한다.
> - 유지율이 다른 산유기록을 비교하기 위해 유지보정 유량(Fat Corrected Milk)을 계산한다.
> - 환경효과로는 착유횟수, 분만연령, 분만계절, 건유기간, 산유일수, 공태일수 등이 있다.
>
> 젖소 산유기록의 통계적 보정 대상
> - 착유일수
> - 1일 착유횟수
> - 암소의 분만 시 연령
> - 건유기간, 공태기간
> ※ 보정대상이 아닌 것 : 수소의 연령, 분만체중 등
> ※ 젖소에서 연령보정계수를 산출하는 방법 : 전체비교법, 혼합모형법, 품종연령평균법

② BLUP법(Best Linear Unbiased Prediction) : 최적선형불편추정법
  ㉠ BLUP지수는 가축의 생산을 평가하기 위해 1948년 Dr. C.R. Henderson에 의해 미국에서 개발된 통계적인 분석을 이용하는 방법이다.
  ㉡ 가축의 경제형질에 대한 육종가와 유전모수를 추정하는 예측법이다.
  ㉢ 가축육종에 있어 종축의 평가방법으로서 특히 젖소 종모우의 평가방법이다.
  ㉣ 최적선형불편예측법(BLUP)의 개체 모형에는, 고정효과모형, 양의효과모형, 혼합효과모형 등이 있다.
  ㉤ Best란 오차의 분산을 최소화한다는 의미이다.
  ㉥ Unbiased란 진정한 값과 예측치가 일치한다는 의미이다.
  ㉦ Linear란 추정치가 선형함수로 된다는 의미이다.

③ TIM법(Test Interval Method) : 전비유기간을 매검정일의 검정간격으로 나누고 각 검정간격의 생산량을 이전 검정성적과 금번 검정성적을 함께 이용하여 산출한 후 이들을 누계하여 산유량을 추정하는 방법

$$\text{TIM} = \frac{(\text{검정일 간격} - 1) \times (\text{전검정일 산유량} + \text{검정일 산유량})}{2} + \text{검정일 산유량}$$

예제 젖소의 산유능력검정에 있어 전검정일 산유량이 28kg이고 검정일 산유량이 32kg이었으며, 검정일 간격이 31일인 경우 TIM에 의한 검정기간 산유량은?

해설 $\text{TIM} = \left\{(31-1) \times \frac{(28+32)}{2}\right\} + 32 = 932\text{kg}$

(2) 종빈우 선발

① 우군 내의 평균비유량과 유사한 시기에 분만된 암소의 기록을 비교한다.
② 우군 내의 각 개체의 육종가를 계산하여 암소의 선발 및 도태를 한다.
③ 가계능력을 이용한다.
④ 산유기록의 통계적 보정을 한다.
⑤ 유량에 대한 유전능력이 상위 4%이고, 평균유지율이 4%인 것이어야 한다.

(3) 종모우 선발

① 딸의 능력, 자매능력, 어미능력 등을 고려하여 선발한다.
② 후대검정이 종모우 선발에 효과적이다.
③ 종웅지수는 양친등가지수와 종모우 회귀지수를 사용한다.

더 알아두기

체형능력종합지수(Type-Production Index)
- 한국형 체형능력종합지수(KTPI, Korea Type-Production Index)
  - 유지방 2.5, 유단백 1.5, 체형 1, 유방종합지수 1의 비율로 계산된다.
  - KTPI = 50[(2.5PTAF/6.67+1.5PTAP/5.46+PTAT/0.38+UDC/0.59)]+1,300
- 미국형 체형능력종합지수(TPI, Type-Production Index) : 체형과 생산능력을 종합한 지수로 유단백 27, 유지방 16, 체형 10, 예각성 -1, 유방지수 12, 발굽과 다리 6, 생애지수 9, 체세포 -5, 임신율 11, 분만난이도 -2, 딸소 사산율 -1 비율로 계산된다.

03 돼 지

1. 경제형질과 유전력

(1) 돼지의 경제적 개량형질

복당 산자수, 이유 시 체중, 이유 후 성장률, 사료효율, 도체의 품질(도체장, 배장근단면적, 도체율, 햄-로인 비율, 등지방두께, 근내지방도)

※ 돼지의 경제형질에 해당하지 않는 것 : 유량(Milk Yield), 포유 시 비유량

① 복당 산자수(돼지가 한 번에 출산하는 새끼돼지의 수)
  ㉠ 출생 시와 이유 시에 측정한다.
  ㉡ 유전력이 낮기 때문에 개체선발을 하였을 경우 유전적 개량량이 낮다.
  ㉢ 경산돈은 초산돈보다 산자수가 많다.

② 이유 시 체중
  ㉠ 한배새끼 육성률과 더불어 어미돼지의 자돈 육성능력을 표시하는 지표가 된다.
  ㉡ 새끼돼지는 이유 시 체중이 큰 것이 좋고, 모돈의 비유능력에 영향을 받는다.

③ 이유 후 성장률
  ㉠ 이유 시부터 시장출하 체중에 도달할 때까지의 일당 증체량으로 평가한다.
  ㉡ 이유 후 증체율과 사료효율 간에는 아주 높은 유전상관이 있다.
  ㉢ 이유 후 일당 증체량을 개량하면 사료효율이 개선되어 사료비가 개선된다.

④ 사료효율
  ㉠ 돼지육종에 있어서 가장 중시해야 할 형질이다.
  ㉡ 사료효율이 높을수록 수익성이 높다.
  ㉢ 사료효율 $= \dfrac{\text{증체량}}{\text{사료소비량}} \times 100$
  ㉣ 사료요구율 $= \dfrac{\text{사료소비량}}{\text{증체량}}$

(2) 돼지의 경제형질 간 유전력(Heritability)

① 돼지의 경제형질 중 일반적으로 유전력이 가장 높은 것 : 체장(50~60%)
② 돼지의 경제형질에 대한 유전력이 가장 낮은 것 : 복당 산자수(5~10%)

[돼지 경제형질의 유전력]

형 질	유전력(%)	형 질	유전력(%)
복당 산자수	5~15	체형평점	30~40
복당 이유두수	5~15	젖꼭지 수	30~40
21일령 복당 체중	15~25	등지방 두께	40~55
이유 시 체중	10~20	도체율	25~35
일당 증체량	20~30	배장근단면적	45~55
사료요구율	25~30	햄퍼센트	40~50
체 장	50~60	린컷의 퍼센트	35~45

2. 개량목표와 능력검정

(1) 돼지의 육종목표

① 복당 산자수를 많게 하고 육성률을 향상시킨다.
② 사료효율을 개선하여 사료비를 절감한다.
③ 등지방층두께가 얇고 배장근단면적이 넓으며 도체율, 정육률을 향상시킨다.
④ 성장률이 빠르도록 개량하여 시장출하일령을 단축시킨다.

(2) 돼지의 모돈생산능력지수(SPI ; Sow Productivity Index)

① 모돈의 번식, 육성능력이 산차에 따라 달라지므로 모돈 생산능력지수는 산차에 대해 보정한다.
② 가능한 경우 위탁포유를 통해 복당 포유개시 두수를 6~12두가 되게 한다.
③ SPI의 계산에는 생후 21일령에 모돈이 육성한 한배새끼돼지의 수와 한배새끼돼지의 체중을 측정한다.
④ 한배새끼의 전체체중을 생후 21일령에 측정하지 못하면 보정계수로 통계보정한다.
⑤ SPI = 6.5NBA+2.2ALW
여기서, NBA : 해당 모돈의 복당 산자수(생존자돈수), ALW : 21일령 복당 체중

(3) 돼지 계통조성의 목적

① 우수유전자를 영속적으로 유지 활용할 수 있다. 즉, 계통조성은 우수한 유전자를 고정함으로써 유전적 개량을 극대화시키고 외국으로부터의 무분별한 종돈 수입수두를 줄인다.
② 제일성(유전적 균일 정도)을 높일 수 있다. 즉, 유전적 능력이 유사하고 체격과 체중이 균일한 계통조성돈을 생산한다.

③ 생산목표에 대한 결과예측과 반복을 통해 도축가공 및 지육유통업체의 수익률을 높인다.
④ 효과적인 잡종강세효과를 얻을 수 있다. 즉, 계통조성을 통해 순종의 순수도를 높임으로써 잡종강세효과를 최대화하여 생산성을 높이고 유전력이 낮은 번식형질의 향상을 꾀한다.
⑤ 궁극적으로 소비자에게 균일한 품질의 돈육을 공급하고 생산자가 누구인지, 어떻게 생산된 돈육일지를 알려 줄 수 있는 '상표화 돈육'을 시도한다.

(4) 피라미드형
① 피라미드형의 돼지 집단구조는 돼지의 유전적 개량과 능력향상에 효과적인 것으로 평가되고 있으며, 우리나라에서도 이렇게 나아가고 있다.
② 피라미드형 돼지 집단구조는 중핵돈군-증식돈군-실용돈군으로 이어진다.
  ㉠ 중핵돈군에서는 유전적으로 능력이 우수한 돼지를 보유하고, 순종교배에 의해 계통을 유지하여야 한다.
  ㉡ 중핵돈군에서는 반드시 능력검정과 후대검정을 실시하여야 한다.
  ㉢ 증식돈군에서는 중핵돈군에서 받은 돼지를 이용하여 잡종강세효과가 최대로 발현될 수 있도록 잡종교배시킨다.
  ㉣ 실용돈군에서는 증식돈군에서 분양받은 종돈을 이용하여 출하돈을 생산하는 단계로, 실용모돈단계에서 생산된 돼지들은 모두 비육출하되게 된다.

[피라미드 3단계 구조]

구 분	기 능	특 징
원원종(GGP ; Great Grand Parent)	중핵돈군	순종라인이 유지, 개량되어지는 단계로 여러 형질에 대한 검정, 유전능력평가, 선발이 이루어지는 단계
원종돈(GP ; Grand Parent)	증식돈군	핵군으로부터 가져온 개량된 돼지들을 이용해 비육돈을 생산하는 데 쓰이는 실용돈군, 즉 F_1을 늘리는 단계
실용돈군(PS ; Parent Stock)	실용돈군	증식돈군에서 분양받은 종돈과 돼지인공수정센터에서 보유하고 있는 두록종과의 교배를 통하여 출하돈을 생산하는 단계

(5) 스트레스 감수성의 개량
① 돼지의 스트레스 감수성(PSS) 여부를 판정하는 방법
  ㉠ 육안적 판정법
  ㉡ 할로텐(Halothane)검정법
    • 돼지의 PSS(Porcine Stress Syndrome)를 검정하는 데 널리 쓰인다.
    • 스트레스 감수성 PSS돈의 검사방법으로 정확도(95% 이상)가 가장 높은 방법이다.
    • 조사자가 숙련되어 있지 않은 경우에는 주관이 개입되고, 특히 PSS유전자가 이형접합체(Hetrozygote)인 경우에는 할로테인 음성돈으로 분류해야 한다.

         ⓒ 혈청 중 CPK활성판정법
         ② DNA검사법
    ② 할로텐 검정결과 PSS(Porcine Stress Syndrom)돼지의 검출빈도가 가장 높은 품종 : 피어트레인(Pietrain)종
    ③ 돼지스트레스증후군(PSS) 양성출현율이 가장 낮은 품종 : 두록(Duroc)종
    ④ 돼지스트레스증후군(PSS)은 라이아노딘 리셉터(Ryanodine Recepter)의 1,843번째 염기가 사이토신(Cytocine)에서 타이민(Thymine)으로 돌연변이를 일으켜 유발된다.

(6) 잡종강세현상
    ① 새끼돼지의 사산비율이 낮고, 출생 시 활력이 강하여 이유 시까지의 생존율이 높다.
    ② 잡종은 순종에 비하여 이유 후 성장이 빨라 일당 증체량이 높다.
    ③ 잡종 종모돈의 산자능력이 우수하다.
    ④ 돼지에서는 잡종강세현상을 이용하기 위하여 품종 간 교배를 많이 하고 있는데, 이때 수돼지로 사용되는 품종의 특징은 일당 증체량, 사료요구율, 근내지방도 등이다.
    ⑤ 돼지의 육성에서 잡종강세를 최대한 이용하기 위한 교배방법 : 3원교잡종생산

3. 종축의 평가와 선발

(1) 돼지의 검정(가축검정기준)

    돼지능력검정은 '산육검정'과 '산자검정'으로 구분하여 실시하고, 산육능력검정은 검정소검정과 농장검정으로 구분하여 실시한다.

    ① 검정소 검정(제44조)
        ㉠ 검정소 검정은 버크셔, 랜드레이스, 요크셔, 두록, 햄프셔, 재래돼지, 합성돈(가축개량총괄기관에서 인정한 것)과 기타 검정기관이 필요하다고 인정하는 품종의 암・수로 한다.
        ㉡ 검정돈의 구비조건
            • 혈통등록 이상의 상위등록된 씨수돼지와 씨암돼지 사이에서 생산된 자돈으로서 동복 전두수 자돈등기가 된 종돈
            • 정상적인 젖꼭지가 6쌍 이상
            • 유전적인 불량형질이 없는 한배새끼 중에서 선발된 자돈
            • 검정개시 전 돼지단독, 돼지콜레라, 위축성 비염, 마이코플라스마 폐렴, 파스퇴렐라 비염, 흉막폐렴 등의 예방주사를 필하고 적리, 오제스키, 옴이 없는 자돈

ⓒ 검정돈은 검정돈사에서 입식(27~32kg) 후 검정동기군의 평균체중이 35kg 전후 도달 시까지 예비사육기간을 두며, 35kg 도달 시부터 검정을 개시하고 검정동기군의 평균체중이 105kg 전후에 도달 시 검정을 종료한다. 단, 입식체중이 35kg을 초과한 경우 검정을 실시할 수 없다.

ⓒ 검정개시돈의 35kg 도달일령 및 105kg 도달일령은 다음과 같이 보정한다.
- 35kg 도달일령 = 측정 시 일령+(35kg-측정체중)×(측정 시 일령-35.3)/측정체중
- 105kg 도달일령 = 측정 시 일령+(105kg-측정체중)×(측정 시 일령-수컷 63.3 또는 암컷 47.3)/측정체중

ⓜ 검정돈사의 크기는 원칙적으로 폭 160cm, 길이 350cm로 하고, 운동장을 병설한 경우에는 폭 150cm, 길이 270cm로 하며 검정돈은 1돈방에 동복자돈 2두 수용을 원칙으로 한다. 단, 기존 검정시설의 경우 시설개선 시까지 현재의 검정돈사를 활용할 수 있다.

ⓑ 검정기간 중의 사양관리방법
- 검정돈을 입식한 후 검정동기군의 평균체중이 35kg 도달 시까지의 예비사육기간 중에 검정사료로 순치시키고 내부기생충을 구제한다.
- 검정용 사료를 무제한 급여한다. 이 경우 검정용 사료는 가축검정기준에서 정한 영양수준, 검정사료 배합비율에 적합하여야 하며, 질병예방 및 치료를 위하여 비타민 및 첨가제를 첨가할 수 있다.
- 급수는 자유급수한다.
- 기타 사양관리는 검정기관의 관행에 따른다.

ⓢ 검정기간 중 조사사항
- 체중은 본 검정개시 시와 종료 시에 측정한다.
- 사료섭취량은 돈방별로 조사하여 검정종료 시 사료요구율을 조사한다.
- 사료요구율을 측정할 때는 체중 30kg 전후의 자돈을 사료효율 측정장치가 있는 돈방에 입식하여 7일간 적응기간 후에 검정을 개시하며, 개시체중 측정과 검정기간의 사료섭취량 총합을 측정한다.
    - 사료요구율 = 사료섭취량 ÷ (검정종료체중 - 검정개시체중)
    - 잉여 사료섭취량 = 예측 사료섭취량 - 실제 사료섭취량
- 등지방두께 및 등심단면적, 등심깊이 및 근내지방은 검정동기군의 평균체중이 105kg 전후가 되었을 때 초음파 측정기 등을 사용하여 조사하며, 측정기기가 A모드인 경우 측정부위는 어깨(제4늑골), 등(최후늑골), 허리(최후요추), 3부분의 정중선에서 좌측 또는 우측 5cm 부분을 측정하여 그 평균치를 이용하고 측정기기가 B모드인 경우 측정부위는 등(제10늑골)의 정중선에서 좌측 또는 우측 5cm 부분을 측정하되 등심단면적과 등지방두께 측정 시에는 측정부위를 기준으로 수직으로 측정하고 등심깊이와 근내지방

측정 시에는 측정부위를 기준으로 수평으로 측정한다.
- 보정된 등지방두께 = 측정 시 등지방두께 + (105kg – 측정체중) × (측정 시 등지방두께 – 수컷 2.6 또는 암컷 3.7) ÷ 측정체중
- 보정된 등심단면적 = 측정 시 등심단면적 + (105kg – 측정체중) × (측정 시 등심단면적 – 수컷 29.1 또는 암컷 33.0) ÷ 측정체중
- 검정동기군의 평균체중이 90kg 도달시기에 일반체형, 사지의 상태, 번식능력(생식기의 발육, 성욕상태) 등 종돈의 적격성을 종축등록기관이 공고하는 가축외모심사기준에 따라 심사한다.

◎ 검정을 중지하는 경우
- 검정돈에 전염병이 발생하였거나 절박도살을 해야 할 필요가 있을 경우
- 동복 내 개체 간의 차이가 20kg 이상일 경우
- 지제불량에 의한 기립불능, 기타 질병 등으로 검정을 계속할 가치가 없다고 판단될 경우

ⓩ 검정성적의 판정은 선발지수식에 의해 결정한다.
ⓩ 검정결과 합격여부를 판단하기 위하여 검정기관장은 가축개량총괄기관과 협의하여 '검정위원회'를 구성하고 평가한다.

② 농장검정(제45조)
㉠ 농장검정은 버크셔, 랜드레이스, 요크셔, 두록, 햄프셔, 재래돼지, 합성돈(가축개량총괄기관이 인정한 것)과 기타 검정기관이 필요하다고 인정하는 품종의 암수로 한다.
㉡ 검정종돈의 조건은 가축검정기준의 조건을 구비하여야 한다.
㉢ 검정기간 중 조사사항은 체중이 70~130kg(재래돼지는 50~80kg)에 도달하였을 때, 105kg 도달일령, 1일평균증체량, 등지방두께, 등심단면적(등심깊이), 종돈의 적격성을 조사하여 체중 105kg(재래돼지는 70kg)을 기준으로 다음과 같이 보정한다.
- 1일 평균증체량은 (종료 시 체중-1.0kg)÷(종료일령)으로 하고, 이 경우 종료체중은 105kg(재래돼지는 70kg) 전후가 되었을 때 측정한다.
- 105kg 도달일령은 검정종료 시 종료일령과 종료체중을 조사하여 105kg 도달 시의 일령으로 보정한다. 등지방두께 및 등심단면적은 검정돈의 체중이 105kg(재래돼지는 70kg) 전후가 되었을 때 초음파측정기 등을 사용하여 조사하며, 측정기기가 A모드인 경우 측정부위는 어깨(제4늑골), 등(최후늑골), 허리(최후요추)의 정중선에서 좌측 또는 우측 5cm 부분을 측정하여 그 평균치를 이용하고 측정기기가 B모드인 경우 측정부위는 등(제10늑골)의 정중선에서 좌측 또는 우측 5cm 부분을 측정한다.
  - 보정된 105kg 도달일령 = 측정 시 일령 + (105kg – 측정체중) × (측정 시 일령 – 수컷 63.3 또는 암컷 47.3) ÷ 측정체중

- 보정된 등지방두께 = 측정 시 등지방두께 + (105kg - 측정체중) × (측정 시 등지방두께 - 수컷 2.6 또는 암컷 3.7) ÷ 측정체중

  ※ 재래돼지는 다음과 같이 보정한다.
  - 보정된 등지방두께 = 측정 시 등지방두께 + [(70kg - 측정체중) × 측정 시 등지방두께 ÷ (측정체중 - 4.3)]
  - 보정된 등심단면적 = 측정 시 등심단면적 + (105kg - 측정체중) × (측정 시 등심단면적 - 수컷 29.1 또는 암컷 33.0) ÷ 측정체중

- 종돈의 적격성은 일반체형, 사지상태, 번식능력(생식기 발육, 성욕상태) 등을 종축등록기관이 공고하는 가축외모심사기준에 따라 심사한다.
- 검정성적의 판정은 농장검정용 선발지수식에 의해 결정한다.

③ 산자검정(제46조)
  ㉠ 산자검정은 원종돈을 대상으로 한배새끼의 분만일로부터 자돈의 이유 시까지 실시한다.
  ㉡ 사료급여는 최근 한국사양표준에 준하고, 교배는 혈통보전을 위하여 순종교배를 실시하며, 검정기간 동안의 사양관리는 동일한 조건하의 관행의 방법에 따른다.
  ㉢ 검정기간 중의 조사항목과 기준
  - 교배횟수는 한 번의 교배에 웅돈 또는 정액을 사용한 횟수로 표시한다.
  - 초종부일령은 출생 이후 모돈의 최초 교배일까지의 기간으로 표시한다.
  - 수태율은 종부두수에 대한 수태두수의 백분비로 표시한다.
  - 분만율은 분만예정 복수 중 분만한 모돈의 비율로 표시한다.
  - 임신기간은 최종종부일로부터 분만일까지의 일수로 한다.
  - 복당 산자수는 한배새끼의 자돈 중 사산과 미라를 포함한 전두수로 한다.
  - 생시 복당 평균체중은 한 모돈당 출산한 생존자돈수의 총체중값의 평균으로 한다.
  - 복당 생존산자수는 한배새끼의 자돈 중 미라와 사산을 제외한 두수로 한다.
  - 복당 포유개시 두수는 복당 생존산자수 중 생존이 가능하다고 판단되는 자돈두수로 한다.
  - 젖꼭지는 좌·우 젖꼭지수를 각각 기록한다.
  - 이유 시 복당 체중은 이유한 자돈들의 총체중으로 한다.
  - 이유육성률은 포유개시 두수 중 이유된 자돈의 비율로 표시한다.
  - 이유자돈수는 젖을 떼서 자돈사로 넘어가는 자돈수로 표시한다.
  ㉣ 산자검정 성적평가는 검정기관이 검정위원회 등을 구성하여 평가한다.
  ㉤ 산차별 보정은 보정계수를 참고하여 보정한다.

(2) 돼지의 능력검정 및 후대검정

① 능력검정
   ㉠ 종돈으로 쓰일 돼지 자체의 능력을 기준으로 한다.
   ㉡ 여러 마리의 수퇘지를 일정한 사양관리 조건하에서 사육하여 일당 증체량, 등지방두께, 체형 등을 조사한다.
   ㉢ 후대검정에 비해 시설과 비용이 적게 든다.
   ㉣ 돼지의 능력검정소를 설치하여 검정하기도 한다.

② 돼지의 후대검정
   ㉠ 후대검정은 종축가치를 생산한 자돈의 능력에 근거하여 평가하는 방법이다.
   ㉡ 후대검정, 개체선발, 혈통선발을 함께 이용하는 경우가 많다.

   ※ **형매검정** : 형제 또는 자매의 능력에 근거하여 평가하는 방법으로, 돼지에서 도체 품질의 개량을 위하여 가장 많이 이용하는 검정방법이다.

(3) 돼지의 교배법 및 품종, 기타 주요 사항 등

① 3원교배법 = [다산계 A품종(♀)×다산계 B품종(♂)](♀)×육질좋은 C품종(♂)
② 우리나라에서 비육돈을 생산할 때 가장 널리 사용되는 방법으로 모체 잡종강세효과와 개체 잡종효과를 각각 100%씩 이용할 수 있는 교배법 : 3원종료교배
③ 대규모 양돈장에서 잘 이용되는 교배법으로 교잡종의 능력이 가장 우수하게 나타나는 교배법 : 3품종종료교배
④ 돼지 3원교잡종 생산 시 육질개선을 위하여 가장 많이 이용되는 품종 : 두록(Duroc)
⑤ 돼지의 교잡종 생산을 위하여 사용되는 부모돈의 품종으로 가장 적합하지 않은 것 : Limousin
⑥ 돼지의 품종 중 산자수가 많고, 비유능력이 양호하며 새끼돼지를 잘 키우는 품종 : Landrace
⑦ 종빈돈 선발을 위한 이유자돈의 정상유두(乳頭)는 12개 정도가 이상적이다.
⑧ 돼지 도체의 등지방층두께를 조사하는 데 이용되지 않는 부위 : 제7허리뼈
⑨ 돼지의 도체형질을 조사하는 방법으로 초음파를 이용하여 측정하는 형질 : 등지방두께, 등심단면적, 정육률 및 근내지방과 같은 도체형질의 측정
⑩ 돼지의 검정소 능력검정에서는 검정성적을 평가하는데 선발지수를 사용하고 있다.

   ※ **선발지수(I지수) 계산**
   선발지수 식 = 250 + (35 × 일당 증체량 kg) − (40 × 사료요구율) − (75 × 등지방두께 cm)

⑪ 개체선발을 이용하여 가장 효과적으로 개량할 수 있는 돼지의 형질 : 등지방층두께

   ※ 어떤 종돈장에서 체장과 등지방층두께 사이의 유전상관을 추정한 결과 −0.50이었다고 한다. 체장을 중점적으로 개량하고자 한 형질에 대해서 체장이 긴 쪽으로 선발할 경우 다음 세대에서 기대되는 유전적 효과 : 체장은 길어지고 등지방층두께는 얇아진다.

04 닭, 오리

1. 경제형질과 유전력

(1) 경제형질

① 산란계 : 생존율, 초산일령, 산란율, 산란지수, 사료요구율, 평균난중, 체중, 수당 사료섭취량, 난각질
② 육용계 : 생체중, 증체량 및 성장률, 사료섭취량과 사료효율, 체지방 및 복강(腹腔)지방, 체형, 도체율, 다리의 결함, 육성률, 번식능력, 질적 형질

(2) 산란율(능력)

① 근본적으로 지배되는 형질은 유전적 요소로 복잡한 유전양식을 갖는다.
② 산란성은 유전력이 낮아 개체선발법으로는 효과가 적다.
③ 산란율에 영향을 미치는 대표적인 요소는 일조량의 감소, 질병, 알품기, 영양실조 및 스트레스이다.
④ 초년도의 산란수를 지배하는 GOODALE-HAYS의 산란 5요소
  ㉠ 조숙성 : 계군의 산란율이 50%에 도달하는 초산일령으로 조숙할수록 산란수가 많다.
  ㉡ 취소성 : 알을 품거나 병아리를 기르는 성질로 취소성이 낮은 것이 좋다.
  ㉢ 동기휴산성 : 늦가을부터 초봄까지 일조시간이 짧아 휴산하는 성질이다.
  ㉣ 산란강도 : 연속 산란일수의 장단을 의미한다.
  ㉤ 산란지속성 : 일반적으로 초산일로부터 다음 해 가을 털갈이로 휴산하기까지의 기간이다 (초년도 산란기간의 장단). - 연간 산란수에 가장 크게 영향을 주는 형질

(3) 산육능력의 유전과 개량

① 병아리의 성장률(증체속도)과 체형 등이 산육능력과 관계가 있다.
② 닭의 산육능력과 가장 관계 깊은 요소는 성장속도이다.
③ 성장률에 대한 유전력은 0.4~0.5 정도이다.
④ 생체중과 정강이 길이 간의 높은 상관관계를 갖는다.
⑤ 수평아리가 암평아리보다 성장률이 빠르다.

⑥ 기타 주요 사항
  ㉠ 산란계의 경제형질 중 유전력이 가장 낮은 형질 : 부화율
  ㉡ 산란계에서 30~40주령에 측정한 난중의 유전능력 : 40~50%
  ㉢ 형질 중 간역형질(Threshold Character)에 해당하는 형질 : 성비(Sex Ratio)
  ㉣ 계란의 비중은 난각품질 형질을 개량하기 위하여 측정한다.
  ㉤ 난각질은 난질 중 가장 중요한 형질로 파각률의 결정적 요인이 된다.
  ㉥ 닭의 체중과 가장 밀접한 상관관계를 가지는 형질 : 정강이 길이
  ㉦ 왜소성유전자(Dwarf Gene)는 육용계 육종에서 산업적으로 널리 이용되고 있다.

2. 개량목표와 능력검정(가축검정기준)

(1) 산란계의 선발 요건(개량목표)
  ① 산란을 많이 할 것(다산일 것)
  ② 산란기간 내 폐사율이 작을 것
  ③ 난질이 양호하고 난중이 무거운 것
  ④ 사료의 이용성이 좋을 것(사료소비량이 적은 것)
  ⑤ 몸 크기를 작게 할 것
  ⑥ 닭의 산란능력 개량을 위해 고려할 사항
    ㉠ 능력이 우수한 기초 계군을 확보한다.
    ㉡ 산란성 향상을 위한 유효한 선발방법을 선택한다.
    ㉢ 단기검정법을 이용하여 세대간격을 줄인다.
    ㉣ 사육규모 확대로 선발강도를 높인다.

(2) 육용계 선발요건과 개량
  ① 정강이 길이가 긴 것, 1차 선발 4~6주령, 2차 선발 10~12주령
  ② 우모의 발육이 빠르고 백색일 것(육계의 도체품질을 가장 좋게 하는 우모)
  ③ 건강하고 산란능력이 우수하며 사료요구율이 낮은 것
  ④ 가슴과 다리부분의 착육성을 높일 것
  ⑤ 특히 수탁선발에 유의할 것
  ⑥ 육용계에서 생체중의 실현유전력 : 0.30~0.40

⑦ 성장에 관련된 형질의 유전력이 높은 편이므로 개체선발이 효과적이다.
   ※ 개체선발 : 육용계의 선발에서 복강지방에 대하여 선발할 경우 이용하기 어려운 선발방법이다.
⑧ 부계통은 성장률과 체형, 체지방, 사료효율, 수정률 등을 고려하여 선발하여야 한다.
⑨ 모계통의 선정 시에는 성장률보다도 산란율이나 부화율과 같은 번식능력을 고려하여야 한다.
⑩ 브로일러 생산을 위한 이상적인 종계의 교배체계 : 겸용종(♀)×육용종(♂)

더알아두기

육용계의 복강지방을 측정하는 방법
- 캘리퍼(Callpers)를 높일 수 있다.
- 초음파 단층촬영(CAT Scan)방법
- 혈장 중의 초저밀도 지질단백질을 측정하여 체지방축적의 지표로 이용하는 방법

(3) 난용종 순계검정(제51조)

① 난용종 순계를 대상으로 첫 모이를 준 날로부터 72주령까지로 하고 검정개시 수수는 계종당 암컷 800수, 수컷 200수로 하되, 필요에 따라 검정기간과 수수를 증감할 수 있다.
② 검정계의 사양은 최신 한국사양표준의 영양소 요구량에 준하여 동일한 사육환경하에서 검정하여야 하며, 기타 일반관리사양은 관행의 방법에 의한다.
③ 검정기간 중의 조사사항 및 기준
   ㉠ 수정률 : 부화 입란수에 대한 수정란의 백분비로 표시한다.
   ㉡ 부화율 : 수정란에 대한 발생수수의 백분비로 표시한다.
   ㉢ 육성기생존율 : 첫 모이 수수에 대한 17주령 종료일 수수의 비율로 한다.
   ㉣ 성계생존율 : 18주령 개시일 수수에 대한 검정종료일 수수의 비율로 한다.
   ㉤ 첫 산란일령 : 첫 모이를 준 날로부터 첫 산란 개시일령으로 한다.
   ㉥ 18주령 체중 : 첫 모이를 준 날로부터 18주령 종료일의 체중으로 한다.
   ㉦ 40주 및 72주령 체중 : 첫 모이를 준 날로부터 40주령 및 72주령 종료일의 체중으로 한다.
   ㉧ 첫 산란난중 : 첫 산란 개시일령의 난중으로 한다.
   ㉨ 40주 및 72주령 난중 : 첫 모이를 준 날로부터 38~40주령 및 70~72주령 사이의 평균난중으로 한다.
   ㉩ 40주 및 72주령 산란수 : 첫 산란부터 40주령 및 72주령 종료일까지의 생존계 개체별 산란수로 한다.
   ㉪ 질병조사 : 각 개체별 질병발생사항 및 폐사원인을 조사한다.

④ 선발은 주경제형질인 시산일령, 산란수, 난중 및 체중을 고려한 선발지수법에 의거 가계 및 개체선발을 실시하고, 선발지수는 계종당 200수(암컷 160수, 수컷 40수) 내외로 한다.
⑤ 계종당 가계조성은 25~30수 수컷가계와 수컷가계당 5~6수의 암컷가계를 조성한다.
⑥ 교배는 순수혈통 보전을 위하여 인공수정을 통한 계종 내 교배를 실시한다.
⑦ 검정성적 평가는 검정기관 자체에서 정하는 바에 의한다.

※ **능력검정방법** : 순계검정(난용계와 육용계로 구분)과 종계검정(난용계와 육용계로 구분) 및 경제능력검정(산란계와 육용계경제능력검정으로 구분)으로 구분하여 실시한다.

(4) 육용종의 순계검정(제52조)

① 육용종 순계를 대상으로 첫 모이를 준 날로부터 64주령까지로 하고, 검정개시수수는 계종당 암컷 1,000수, 수컷 300수로 하되 필요에 따라 검정기간과 수수를 증감할 수 있다.
② 검정기간 중의 조사사항 및 기준
  ㉠ 수정률, 부화율
    • 수정률 : 부화 입란수에 대한 수정란의 백분비로 표시한다.
    • 부화율 : 수정란에 대한 발생수수의 백분비로 표시한다.
  ㉡ 육추율 : 첫 모이 수수에 대한 8주령 종료수수의 비율로 한다.
  ㉢ 육성률 : 9주령 개시일 수수에 대한 23주령 종료일 수수의 비율로 한다.
  ㉣ 성계생존율 : 24주령 개시일 수수에 대한 검정종료일 수수의 비율로 한다.
  ㉤ 6주령 체중 : 첫 모이를 준 날로부터 6주령 종료 시의 체중으로 한다.
  ㉥ 23주령 체중 : 첫 모이를 준 날로부터 23주령 종료 시의 체중으로 한다.
  ㉦ 40주령 체중 : 첫 모이를 준 날로부터 40주령 종료 시의 체중으로 한다.
  ㉧ 첫산란일령 : 첫 모이를 준 날로부터 첫 산란 개시일령으로 한다.
  ㉨ 64주령 산란수 : 첫 산란일로부터 64주령까지의 생존계 개체별 산란수로 한다.
  ㉩ 64주령난중 : 첫 모이를 준 날로부터 62~64주령 사이의 평균 난중으로 한다.
  ㉠ 질병조사 : 각 개체별 질병 발생사항 및 폐사원인을 조사한다.
③ 선발은 주 경제형질인 6주령 체중, 체형, 시산일령, 산란수, 난중을 고려한 선발기준에 의거 가계 및 개체를 선발하며, 계종당 암컷 300수, 수컷 100수 합계 400수 내외로 한다.
④ 계종당 가계조성은 30~60수 수컷가계와 수컷가계당 8~10수의 암컷가계를 조성한다.
⑤ 교배는 순수혈통 보전을 위하여 인공수정을 통한 계종 내 교배를 한다.
⑥ 검정성적 평가는 검정기관 자체에서 실시한다.

(5) 난용종 종계검정(제54조)
   ① 난용종 종계를 대상으로 첫 모이를 준 날로부터 72주령까지로 하고 검정개시 수수를 계종당 암컷 1,000수, 수컷 200수로 하되, 필요에 따라 검정기간과 수수를 증감할 수 있다.
   ② 검정계의 사양은 최신 한국사양표준의 영양소 요구량에 준하여 동일한 사육환경하에서 검정하여야 하며, 기타 일반관리사양은 관행의 방법에 의한다.
   ③ 검정기간 중의 조사사항 및 기준
      ㉠ 수정률 : 부화 입란수에 대한 수정란의 백분비로 표시한다.
      ㉡ 부화율 : 수정란에 대한 발생수수의 백분비로 표시한다.
      ㉢ 육성기생존율 : 첫 모이 수수에 대한 17주령 종료일 수수의 비율로 한다.
      ㉣ 성계생존율 : 18주령 개시일 수수에 대한 검정종료일 수수의 비율로 한다.
      ㉤ 첫 산란일령 : 첫 모이준 날로부터 첫 산란 개시일령으로 한다.
      ㉥ 18주령 체중 : 첫 모이준 날로부터 18주령 종료일의 체중으로 한다.
      ㉦ 40주 및 72주령 체중 : 첫 모이준 날로부터 40주령 및 72주령 종료일의 체중으로 한다.
      ㉧ 첫 산란난중 : 첫 산란 개시일령의 난중으로 한다.
      ㉨ 40주 및 72주령 난중 : 첫 모이준 날로부터 38~40주령 및 70~72주령 사이의 평균난중으로 한다.
      ㉩ 40주 및 72주령 산란수 : 첫 산란부터 40주령 및 72주령 종료일까지의 생존계 개체별 산란수로 한다.
      ㉪ 질병조사 : 각 개체별 질병발생사항 및 폐사원인을 조사한다.
   ④ 검정성적평가는 검정기관 자체에서 정하는 바에 의한다.

(6) 육용종의 종계검정(제55조)
   ① 육용종 종계를 대상으로 첫 모이를 준 날로부터 64주령까지로 하고, 검정개시수수는 계종당 암컷 1,000수, 수컷 200수로 하되 필요에 따라 검정기간과 수수를 증감할 수 있다.
   ② 검정계의 사양관리는 최신 한국사양표준의 영양소 요구량에 준하여 동일한 사육환경 하에서 검정하여야 하며, 기타 일반관리사양은 관행의 방법에 의한다.
   ③ 검정기간 중의 조사사항 및 기준은 가축검정기준에 준한다. 단, 토종종계의 경우 산란수와 난중을 80주령을 기준으로 조사한다.
   ④ 검정성적평가는 검정기관 자체에서 실시한다.

(7) 산란계 경제능력검정방법(제57조)

① 난용종 실용계(CC)를 검정대상으로 하며, 동일계통의 2배 이상의 종란 중에서 검정기관이 정한 소요량을 무작위로 추출하여 집란하며 검정기관에서 자체 부화한다.
② 검정개시 수수는 ①에 따라 부화한 초생추 중에서 무작위 추출하여 1개구를 4반복으로 하고 1반복당 30수 이상으로 하며, 검정기간은 첫 모이를 준 날로부터 72주령으로 한다. 단, 필요시 검정기관장은 검정기간 및 검정수수를 증감할 수 있다.
③ 검정계의 사양은 최신 한국사양표준의 영양소 요구량에 준하여 동일한 사육환경하에서 검정하여야 하며, 기타 일반관리사양은 관행의 방법에 따른다.
④ 검정기간 중 도태는 하지 않는 것을 원칙으로 하고, 전염병의 발생 또는 기타 사고가 있을 시 검정기관장 판단하에 검정을 중지할 수 있다.
⑤ 검정기간 중의 조사사항 및 기준
　㉠ 육성률 : 첫 모이수수에 대한 17주령 종료일 수수의 비율로 표시한다.
　㉡ 성계생존율 : 18주령 개시일 수수에 대한 검정종료일 수수의 비율로 표시한다.
　㉢ 성 성숙일령 : 검정계군의 산란율이 연속 2일 50%에 달한 전일의 일령으로 한다.
　㉣ 산란율(Hen Day) : 성 성숙일령으로부터 검정종료일까지의 연 생존수수에 대한 총산란개수의 비율로 표시한다.
　㉤ 산란지수(Hen House Index) : 18주령 개시일로부터 검정종료일까지의 총산란개수를 18주령 개시일 수수로 나눈 개수로 표시한다.
　㉥ 난중 : 18주령 개시일로부터 검정종료일까지의 총난중을 총산란개수로 나눈 중량으로 표시한다.
　㉦ 사료요구율 : 18주령 개시일로부터 검정종료일까지의 달걀 1kg 생산에 소요되는 사료중량비로 표시한다.
　㉧ 체중 : 42주령 종료일 및 검정종료일에 측정한 검정계의 평균체중으로 한다.
　㉨ 사료소비량 : 첫 모이를 준 날로부터 검정종료일까지의 소비한 사료의 총량을 표시하되 육성, 산란기별로 표시한다.
　㉩ 난질 : 30주령, 50주령, 72주령에 각각 조사하며 조사항목은 난형, 난각색, 하우유닛(HU), 난황색, 난각두께를 조사한다.

(8) 육용계 경제능력검정방법(제58조)

① 육용종 실용계(CC)를 검정대상으로 하며, 동일계통의 2배 이상의 종란 중에서 검정기관이 정한 소요량을 무작위로 추출하여 집란하며, 검정기관에서 자체 부화한다.
② 검정개시 수수는 ①에 따라 부화한 초생추 중에서 무작위로 추출하되 1개구를 240수로 4반복을 하며 1반복당 60수 이상으로 실시하며 검정기간은 첫 모이를 준 날로부터 6~10주령으로 한다. 단, 검정기관장은 검정개시 수수 및 기간을 조절할 수 있다.
③ 검정계의 사양은 최신 한국사양표준의 영양소 요구량에 준하여 동일한 사육환경하에서 검정하여야 하며, 기타 일반관리사양은 관행의 방법에 따른다.
④ 검정기간 중 도태를 하지 않는 것을 원칙으로 하며 전염병의 발생 또는 기타 사고가 있을 시 검정기관장 판단하에 검정을 중지할 수 있다.
⑤ 검정기간 중의 조사사항 및 기준
  ㉠ 생존율 : 검정개시 수수에 대한 검정종료일 수수의 비율로 표시한다.
  ㉡ 체중조사 : 첫 모이를 주기 직전과 2, 4, 5주 말(토종닭은 6주, 8주, 10주말까지)에 각각 기간별로 조사하되 최종조사는 검정종료일에 측정한다.
  ㉢ 사료소비량 : 체중조사와 동시에 기간 중 소비한 사료의 총량을 조사하고 최종조사는 검정 개시일로부터 검정종료일까지 소비한 사료의 총량으로 한다.
  ㉣ 사료요구율 : 검정개시일로부터 검정종료일까지의 생체중 1kg 증체에 소요된 사료증량비로 표시한다.
  ㉤ 생산지수 = [평균생체중(g) × 생존율(%)] ÷ [사육기간(일) × 사료요구율] ÷ 10

3. 종축의 평가와 선발

(1) 산란계의 능력검정성적

① 생존율과 산란율 등에 큰 차이가 없으나 유색계통은 체중과 사료요구율, 백색계통은 산란율이 유리하다.
② 사료요구율 = 증체에 소요된 사료량 / 증체량 : 낮을수록 좋다.
③ 사료효율 = 증체량 / 증체에 소요된 사료량 : 높을수록 좋다.

> **더 알아두기**
>
> 산란지수(Hen Housed Production)와 헨데이 산란율(Hen-Day Rate of Egg Production)
> - 산란지수 : 일정기간의 총산란수를 그 기간 최초의 마릿수로 나눈 것, 즉 산란수와 생존율을 결합하여 총산란수를 검정개시 시 생존한 닭의 마릿수로 나눈 것
> - 헨데이 산란율 : 일정기간의 총산란수를 기간 내 매일 생존 암탉수로 나눈 것
>
> **예제** 어떤 양계장에서 산란계의 수수가 6월 1일에 100수였는데 6월 5일에 2수, 6월 15일에 3수가 죽었으며, 7월 중 총산란수가 2,280개라면 이 양계장의 6월 중 산란지수(Hen House Egg Production)는?
>
> **해설** 산란지수 = $\dfrac{\text{일정기간의 총산란수}}{\text{그 기간 최초의 마릿수}} = \dfrac{2,280}{100} = 22.8$개수

(2) 품종, 성장률, 체형의 차이

① 백색종(레그혼)과 겸용종에서 부화 후 4주령까지는 성장률에 차이가 없으나 8주령에는 겸용종의 성장률이 높다.
② 암평아리보다 수평아리의 성장률 및 체중이 높다.
③ 정강이 길이는 성장률 측정의 척도이며, 길이가 긴 계통이 짧은 계통보다 성장률과 사료이용성이 높다.

(3) 달걀 형질의 개량

① 난형은 알의 길이에 대한 알의 넓이의 비율인 난형지수로 나타낸다.

※ 난형지수 = $\dfrac{\text{알의 넓이}}{\text{알의 길이}} \times 100$

② 난형은 타원형이 적당하며, 너무 길거나 둥글면 포장이 힘들고 상품가치가 저하된다.
③ 난형지수는 달걀의 폭과 길이를 캘리퍼스로 측정하여 계산한 비율로 정상치를 벗어나는 경우에는 포장과 수송 도중에서 달걀이 파손될 가능성이 많다.
④ 난형지수는 74 정도가 바람직하며, 대개 72~76 정도이면 양호하다고 할 수 있다.
⑤ 난중은 고도의 유전력을 가지는 형질로 개체선발로 개량이 가능하다.

(4) 오리 검정기준(가축검정기준)
  ① 검정대상 및 방법 등(제59조)
    ㉠ 종오리의 일반검정은 축산법 시행규칙 제11조에 따라 검정기관에 검정을 신청한 종오리를 대상으로 서류심사 및 종오리검사로 구분하여 실시한다.
      • 서류심사 시 외국에서 수입해 온 종오리(PL, GPS, PS 포함)는 수입 시 첨부된 종오리보증서(종오리혈통서)를, 수입된 종오리(PL, GPS) 후대는 초생오리 인수 시 발행된 초생오리 계통보증서 또는 종오리확인서로 검사한다.
      • 종오리검사 시 서류심사에서 합격된 종오리는 현지 종오리심사에서 그 특색과 마릿수를 확인한다.
      • 종오리검사의 신청은 종오리의 20주령 이내에 하여야 한다.
      • 종오리의 유효기간은 부화일로부터 육용종오리의 경우 18개월(78주)까지로 한다.
    ㉡ 일반검정 시 실격사유
      • 계통보증서 또는 종오리확인서가 없는 오리와 이에서 생산된 오리
      • 계통고유의 특징을 가지고 있지 않은 오리
      • 가축전염병예방법의 의한 가축전염병 또는 전염성 질병에 감염된 오리
      • 세대별 품종 또는 계통이 다른 오리를 동일 축사에서 사육하고 있는 오리
    ㉢ 능력검정 구분 및 장소, 대상(제60조, 제61조)
      • 종오리의 능력검정은 '종오리검정'과 '경제능력검정'으로 구분 실시한다.
      • 능력검정은 종오리 또는 육용종 실용오리를 사육하는 농장에서 한다.
      • 종오리검정은 육용종오리를 대상으로 실시한다.
    ㉣ 종오리 검정방법(제62조)
      • 종오리를 대상으로 첫 모이를 준 날로부터 72주령까지로 하고, 농장 전체 사육수수를 검정하는 것을 원칙으로 한다.
      • 검정기간 중의 조사사항 및 기준은 다음과 같다.
        - 육추율 : 첫 모이 수수에 대한 8주령 종료수수의 비율로 표시한다.
        - 육성률 : 9주령 개시일 수수에 대한 20주령 종료일 수수의 비율로 표시한다.
        - 성오리 생존율 : 20주령 개시일 수수에 대한 72주령 수수의 비율로 표시한다.
        - 8주령 체중(첫 모이를 준 날로부터 8주령 종료 시의 체중) : 사육수수 중 무작위로 100수 이상을 측정한다.
        - 20주령 체중(첫 모이를 준 날로부터 20주령 종료 시의 체중) : 사육수수 중 무작위로 100수 이상을 측정한다.
        - 72주령 체중(첫 모이를 준 날로부터 72주령 종료 시의 체중) : 사육수수 중 무작위로 100수 이상을 측정한다.

- 첫 산란일령(50%) : 동일군의 산란율이 50% 이상 도달일로 표시한다.
- 72주령 산란수 = $\dfrac{72주령까지 \ 생산한 \ 총산란수 \times 2}{개시수수 + 72주령 \ 종료수수}$
- 질병조사 : 각 개체별 질병 발생사항 및 폐사원인을 조사한다.
- 기타 조사형질은 가축개량협의회(가금분과)의 심의를 거쳐 시행한다.

② 경제능력 검정방법(제64조)
  ㉠ 육용종 실용오리(CD)를 10,000수 이상 사육하는 농가에 대하여 실시한다. 검정대상은 사육수수 규모에 따라 1% 이상을 무작위로 추출하여 병아리의 발육능력을 조사한다.
  ㉡ 검정기간은 첫 모이를 준 날로부터 6주령(토종오리 8주령)으로 한다.
  ㉢ 검정오리는 검정농장에서 일반적으로 사양을 관리하는 다른 군과 동일한 조건하에서 사양관리를 하여야 한다.
  ㉣ 검정기간 중 도태하지 않는 것을 원칙으로 하며 전염병의 발생 또는 기타 사고가 있을 시 검정을 중지할 수 있다.
  ㉤ 검정기간 중의 조사사항 및 기준은 다음과 같다.
    • 생존율 : 농장의 입식수수에 대한 6주령(토종오리 8주령) 생존수수의 비율로 표시한다.
    • 체중조사 : 첫 모이를 주기직전과 3, 6주 말(출하 시, 토종오리 8주)에 각각 기간별로 조사하되 최종조사는 검정종료일에 측정한다.
  ㉥ 기타 조사형질은 가축개량협의회(가금분과)의 심의를 거쳐 시행한다.
  ㉦ 경제능력검정은 육용종 실용오리를 대상으로 실시한다.

05 적중예상문제

PART 01 가축육종학

01 한우 암소의 개량 대상이 되는 형질 중 번식 형질에 속하는 것은?

① 생시체중, 이유 시 체중
② 사료요구율, 체형과 외모
③ 초산일령, 발정재귀일수
④ 육질등급, 육량등급

02 한우 발육능력과 거리가 먼 것은?

① 연도(고기의 단단함)
② 이유 시 체중
③ 12개월령 체중
④ 일당 증체량

03 다음 중 한우의 이유 후 증체율에 대한 설명으로 가장 적절하지 못한 것은?

① 이유 후 증체율이 높으면 사료 이용성이 좋다.
② 이유 후 증체율이 높으면 생산비가 저하된다.
③ 이유 후 증체율은 이유 후 일당 증체량으로 표시한다.
④ 이유 후 증체율의 유전력은 0.25로 낮다.

해설
이유 후 증체율의 유전력은 0.4~0.6으로서 높은 편이다.

04 한우의 개량방향이 아닌 것은?

① 사료이용성의 우수
② 도체품질의 우수
③ 조기발육의 양호
④ 분만가력의 증가

05 한우의 능력검정에 사용되는 용어 중 잘못 설명된 것은?

① 당대검정 : 후보 종모우를 선발하기 위해 자손의 능력을 검정하는 것
② 후보종모우 : 당대검정을 통해 선발된 능력이 우수한 수소
③ 보증종모우 : 후대검정을 통해 선발된 능력이 공인된 수소
④ 검정대상우 : 후대검정을 위해 생산된 수송아지

해설
당대검정 : 후보 종모우를 선발하기 위해 해당 수소의 능력을 검정하는 것

정답 1 ③ 2 ① 3 ④ 4 ④ 5 ①

06 한우의 당대검정우의 조건에 해당하지 않는 것은?

① 등록기관에 혈통등록 이상 등록되고 유전자검사 결과 친자가 확인된 것
② 씨암소에서 태어나고 생후 160일령 이전에 이유한 수송아지일 것
③ 생후 180일령에 체중이 120kg 이하인 것
④ 당대검정우나 당대검정우의 부모 또는 형제, 자매 중에서 선천성 기형이나 유전적 불량형질이 나타나지 않은 것

해설

한우의 당대검정우의 조건
- 씨암소에서 태어난 생후 160일령 이전에 이유한 수송아지일 것
- 등록기관에 부모가 혈통등록 이상 등록되고 유전자검사 결과 친자가 확인된 것
- 당대검정우나 당대검정우의 부모 또는 형제, 자매 중에서 선천성 기형이나 유전적 불량형질이 나타나지 않은 것

07 한우의 후대검정의 단점에 해당하는 것은?

① 유전적으로 우수한 개체를 확인할 수 없다.
② 선발된 개체는 인공수정에 이용할 수 없다.
③ 산육능력에 대한 검정이 불가능하다.
④ 자손의 능력에 근거하므로 세대간격이 길어진다.

해설

후대검정의 단점
- 검정기간이 오래 걸려서 종축의 이용연한이 짧다(노령으로 폐사 또는 활용 불가).
- 세대간격이 길어 단위시간당 개량량이 작아진다.

08 한우의 도체품질 중 육질등급에 대한 설명으로 틀린 것은?

① 근내지방도에 의해 등급이 결정되며 육색, 지방색, 조직감, 성숙도를 감안하여 조정한다.
② 육질등급에 관한 형질은 배장근단면적에서 검사하지만 조직감은 흉추, 요추 및 천추의 골화상태로 평가한다.
③ 근내지방도는 근내지방도 기준에 대비시켜 평가하며 지방침착 정도에 따라 구분한다.
④ 조직감검사는 수분침출, 탄력, 촉감이 온도와 시간에 따라 다를 수 있어 육색검사 후 바로 실시한다.

해설

조직감 : 등급판정부위에서 배최장근단면의 보수력과 탄력성을 [별표 1]에 따른 조직감 구분기준에 따라 해당되는 기준의 번호로 판정한다(축산물등급판정 세부기준 제5조).

09 한우의 도체등급 평가 시 육량등급을 결정하기 위한 기준지수 계산에 필요한 측정항목이 아닌 것은?

① 등지방두께
② 근내지방도
③ 배장근단면적
④ 도체중량

10 한우 체위 측정 시 다음 그림에서 A에서 B까지의 길이가 의미하는 것은?

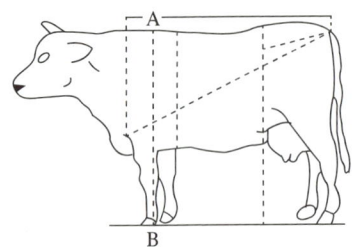

① 체 고
② 체 장
③ 십자부고
④ 고 장

11 같은 축군에서 같은 연도, 같은 계절에 분만한 번식우를 가리키는 용어는?
① 종모우
② 동거우
③ 검정우
④ 동기우

12 한우에 있어서 능력검정 및 선발의 대상이 되지 않는 형질은?
① 산육능력
② 산유능력
③ 역용능력
④ 도체품질

13 한우의 후대검정에 의하여 선발되는 씨수소의 선발지수에 포함되지 않는 형질은?
① 도체중
② 배최장근단면적
③ 일당 증체량
④ 근내지방도

해설
한우의 후대검정에 의하여 선발되는 씨수소의 선발지수
각 후보씨수소는 한우 개량농가의 암소와 계획교배를 실시하여 송아지를 생산하게 되며, 생산된 송아지 중 수소를 24개월령까지 검정한 후 도축하여 냉도체중, 도체율, 배장근단면적, 등지방두께, 근내지방도 등을 측정한다. 측정된 형질 중에서 도체중, 배최장근단면적 및 근내지방도에 대한 유전능력평가를 실시하고, 이용되는 3가지 형질 중 육량과 관련된 도체중과 배최장근단면적 그리고 육질의 평가기준인 근내지방도의 비율이 1대 1이 되도록 종합지수를 설정하여 지수값의 순위에 따라 보증씨수소를 선발한다.

14 생후 200일에 이유 시 체중이 200kg이고, 생후 350일에 380kg이 되었다. 이때 소의 이유 후 일당 증체량은?
① 1.0kg/일
② 1.2kg/일
③ 1.4kg/일
④ 1.6kg/일

해설
$\dfrac{380-200}{350-200} = 1.2$kg/일

15 육우의 일당 증체량 개량에 적당한 검정방법은?

① 후대검정   ② 가계검정
③ 형매검정   ④ 당대검정

16 한우 선발육종 시 생시체중에 역점을 두는 경우 예상되는 위험성은?

① 난산(難産)의 우려
② 과적(過積)의 우려
③ 왜소의 우려
④ 장기재태(長期在胎)의 우려

17 육우의 주요 경제형질에 속하지 않는 것은?

① 수태율
② 산유량
③ 증체량
④ 도체등급

18 육우의 경제형질 중 이유 후 증체율의 유전율(%)로 가장 적합한 것은?

① 20% 미만   ② 20~30%
③ 40~50%   ④ 60% 이상

해설
육우의 경제형질의 유전력

형 질	유전력(%)
수태율	0~10
분만간격	0~10
임신기간	30~40
생시체중	30~40
증체율	40~50
이유 시 체중	30~35
이유 후 일당 증체량	40~60
사료효율	30~50
도체율	35~40
배장근단면적	55~60

19 육우에서 모체효과(Maternal Effect)의 영향을 가장 크게 받는 형질은?

① 생시 체중
② 이유 시 체중
③ 12개월령 체중
④ 18개월령 체중

정답 15 ④ 16 ① 17 ② 18 ③ 19 ②

20 이유 후 성장률과 가장 밀접한 관계가 있는 고기소의 경제형질은?
① 번식효율 ② 생시체중
③ 사료효율 ④ 도체품질

21 비육우의 도체 품질에 관한 형질이 아닌 것은?
① 도체장 ② 도체율
③ 정육률 ④ 등지방 두께

22 육우의 교잡목적으로 부적합한 것은?
① 번식능력, 생존율, 초기 성장 등에서 잡종강세를 이용하기 위하여
② 품종 간 상보효과(Complementation)를 이용하기 위하여
③ 강력유전현상(Prepotency)을 이용하기 위하여
④ 새로운 유전인자를 도입하여 유전적 변이를 크게 하기 위하여

23 고기소에서 교잡종 생산에 이용되는 품종의 선택에 있어 고려할 사항으로 가장 거리가 먼 것은?
① 품종 간의 차이
② 암소의 성 성숙 도달 연령
③ 대체 종빈우의 체형
④ 종모우의 확보 두수

해설

고기소 교잡종 생산을 위한 품종선택 시 고려할 사항
- 교배되는 품종 간에 서로 차이가 많아 상보성이 클 때 잡종강세도 크게 나타난다.
- 교배용 품종선택은 사료자원과 기후조건 등을 감안해서 주어진 여건에 적응성이 좋은 품종을 택해야 한다.
- 난산과 번식상의 문제가 야기되지 않도록 품종을 선택해야 한다. 육우들은 품종 간에 생시체중과 초산 일령차가 현저히 다르다.
- 대체 종빈우의 수와 체형을 미리 고려해야 한다.
- 잡종교배에 이용되는 종모우나 종빈우도 엄격한 기준에 따라 선발 이용해야 한다.

24 고기소의 신품종인 Santa Gertrudis를 만들기 위한 교배방법은?
① Hereford × Angus
② Shorthorn × Brahman
③ Brahman × Angus
④ Charolais × Shorthorn

25 고기소에서 송아지 생산율이란?
① 우군 내 번식우로 사용되는 모든 암소에 대한 이유된 송아지의 비율
② 우군 내 번식우로 사용되는 모든 암소에 대한 출생된 송아지의 비율
③ 우군 내 번식우로 사용되는 모든 암소에 대한 출하된 송아지의 비율
④ 출생된 송아지에 대한 이유된 송아지의 비율

26 다음 육우 중 Brangus종의 육종에 사용된 기초 품종은?
① Brahman종과 Shorthorn
② Angus종과 Hereford
③ Brahman종과 Angus
④ Hereford종과 Santa Gertrudis

27 다음 육우품종 중 브라만, 쇼트혼과 헤어포드의 피가 일정한 비율로 구성되어 있는 것은?
① Galloway   ② Santa Gertrudis
③ Beefmaster ④ Charbray

28 육우의 선발방법으로 맞지 않는 것은?
① 어미소의 도태는 자신의 능력과 자신이 낳는 송아지의 이유 시 체중에 근거한다.
② 농가 암소의 인공수정용 종모우로 선발하는 방법은 당대검정에 의한다.
③ 육우의 능력을 평가하는 방법으로 이유 시 체중을 보정하는 데에는 어미의 나이와 송아지의 성별을 고려한다.
④ 종모우의 능력을 검정하는 형질에는 일당 증체량, 사료효율 및 체형 등을 말한다.

29 육우의 실제 이유 시 체중이 130kg이고 생시체중이 30kg이며, 실제나이가 100일령일 때 보정된 205일 체중은 몇 kg인가?
① 160kg   ② 205kg
③ 235kg   ④ 270kg

해설

일당 증체량 $= \dfrac{130-30}{100} = 1$

205일 체중 = 205일 × 일당 증체량(1) + 생시체중(30)
= 235kg

정답 25 ① 26 ③ 27 ③ 28 ② 29 ③

30 젖소의 경제형질 중 번식형질에 대한 설명으로 맞지 않는 것은?
① 번식형질의 대부분은 유전력은 낮으나 반복력은 높다.
② 번식형질에는 유전자들의 효과가 거의 미치지 않는다.
③ 번식형질에는 번식효율, 수태당 종부횟수, 분만간격 등을 말한다.
④ 번식형질의 상가적인 유전분산이 낮은 것은 주로 환경이 영향을 준다는 것을 의미한다.

31 다음 중 젖소의 번식능률을 표기하는 데 이용되지 않는 것은?
① 분만간격
② 수태당 소요되는 종부횟수
③ 종부개시일부터 수태일까지의 소요일수
④ 발정 지속시간

32 유우 육종대상형질 중 질적 형질이라고 보기 쉬운 것은?
① 산유량   ② 체 중
③ 항병성   ④ 유전적 기형

33 유우의 경제형질 중 비유량의 유전력은 얼마인가?
① 0~0.1   ② 0.2~0.3
③ 0.4~0.6   ④ 0.7~0.9

34 암소를 개량하는 데 있어 개량속도가 가장 빠를 것으로 생각되는 형질은?
① 산유량
② 유지량
③ 유지율
④ 수태당 종부횟수

35 젖소의 경제형질 중 유전력이 가장 높은 것은?
① 비유량   ② 유지율
③ 생산수명   ④ 번식효율

해설
유전력
• 비유량 : 0.2~0.3
• 유지율 : 0.5~0.6
• 생산수명 : 0~0.1
• 번식효율 : 0~0.1

30 ① 31 ④ 32 ④ 33 ② 34 ③ 35 ②

36 다음 중 젖소의 개량목표와 가장 관계가 적은 것은?
① 번식효율의 향상
② 두당 우유생산량의 증가
③ 유방염에 대한 항병성의 증진
④ 도체의 품질 개선

37 다른 가축의 개량에 비해 젖소 개량의 특성을 설명한 것 중 틀린 것은?
① 젖소의 유생산능력은 비교적 쉽게 측정할 수 있다.
② 젖소의 유생산형질들은 수소에서 측정할 수 없다.
③ 세대간격이 길어 개량속도가 빠르지 않다.
④ 암소에 대한 선발강도를 높일 수 있다.

38 젖소를 개량할 때에 주로 이용되는 유전자 작용은?
① 초우성유전자 작용
② 상위성유전자 작용
③ 우성유전자 작용
④ 상가적 유전자 작용

해설
상가적 유전효과, 근친저하, 우성효과, 상위성효과 등의 유전적 특성은 유전자의 조합, 즉 교배의 형태에 따라서 각각 이용하는 부분이 달라지는데 집단 내에 우수한 유전자가 조성되도록 하여 젖소개량을 앞당기기 위해서는 계획교배가 매우 효과적이다.

39 젖소 개량 시 사용되는 예측치(PD ; Predicted Difference)란 무엇인가?
① 부피단위의 차이를 뜻한다.
② 무게단위의 차이를 뜻한다.
③ 표현형의 차이를 뜻한다.
④ 유전능력의 차이를 뜻한다.

40 젖소의 산유기록의 통계적 보정에 대한 설명으로 틀린 것은?
① 우유의 산유기록은 일반적으로 산유기간이 305일인 경우의 산유기록으로 환산한다.
② 암소의 연령에 따른 산유량의 차이를 보정하기 위해 성년형으로 보정한다.
③ 1일 착유횟수에 따른 산유량 차이를 보정하기 위해 4회 착유 비유기록으로 보정한다.
④ 유지율이 다른 산유기록을 비교하기 위해 유지보정유량(Fat Corrected Milk)을 계산한다.

정답 36 ④ 37 ④ 38 ④ 39 ④ 40 ③

41 젖소의 산유능력을 측정할 때 규정된 표준 비유기간은?

① 300일 ② 305일
③ 360일 ④ 368일

42 젖소 개체의 유전능력을 정확하게 평가하고 환경요인이 서로 다름으로 인하여 발생되는 개체 간의 차이를 비교하기 위해서는 환경효과를 통계적으로 보정한 기록을 이용하여야 한다. 젖소의 산유능력검정에 있어 통계적 보정을 필요로 하는 형질이 아닌 것은?

① 분만연령 ② 분만체중
③ 건유기간 ④ 공태기간

43 젖소 산유기록의 통계적 보정에 있어서 그 대상이 되지 않는 것은?

① 착유일수
② 1일 착유횟수
③ 암소의 분만 시 연령
④ 수소의 연령

해설
비유기록의 통계적 보정
비유기간, 1일 착유횟수, 암소의 연령 등에 차이가 있을 경우, 젖소의 비유기록을 이들 차이에 대하여 통계적으로 보정한 다음, 이 보정된 수치에 근거하여 종축의 가치를 비교함으로써 젖소의 유전적 능력을 보다 정확히 알 수 있다.

44 젖소 산유기록에 영향을 주는 환경효과의 보정에 대한 설명으로 틀린 것은?

① 유방염, 케토시스 같은 질병에 의해 기록이 종료된 부분기록도 종모우 평가에 포함시키는 것이 일반적이다.
② 환경효과로는 착유횟수, 분만연령, 분만계절, 건유기간, 산유일수, 공태일수 등이 있다.
③ 성숙우의 305일 산유기록으로 연령보정에 필요한 산출방법에는 전체비교법, 병렬비교법, 혼합모형법 등이 있다.
④ 1일 3회 착유한 유량은 2회 착유 시 유량으로 보정하여 개체 간 산유능력을 비교하는 것이 보편적이다.

45 젖소에서 일정기간의 착유기간 후 다음 비유기 동안 최대한의 우유를 생산하기 위하여 실시하는 건유기의 가장 바람직한 기간은?

① 20~30일
② 30~50일
③ 50~70일
④ 70~90일

정답 41 ② 42 ② 43 ④ 44 ① 45 ③

46 젖소에 있어서 가장 이상적인 공태기간은?

① 30~60일 ② 60~90일
③ 90~120일 ④ 120~150일

47 암소의 생산기록을 보정하기 위한 고정환경요인에 가장 적합하지 않은 것은?

① 비유기간 ② 착유횟수
③ 체 중 ④ 연 령

해설
유량에 대한 추정 : 비유기간, 착유횟수, 분만연령, 건유기간, 유조성분

48 젖소에서 연령보정계수를 산출하는 방법이 아닌 것은?

① 전체비교법
② 직렬비교법
③ 혼합모형법
④ 품종연령평균법

49 비유량과 유지율 등의 비유능력에 대해 젖소 종모우를 선발할 때 적합하지 않은 방법은?

① 개체선발 ② 후대검정
③ 혈통선발 ④ 자매검정

해설
유전력이 낮은 형질의 개량에는 개체선발보다 후대검정이 효과적이다.

50 산유량에 대하여 어린 수송아지를 선발하는 방법이 아닌 것은?

① 개체선발 ② 혈통선발
③ 형매검정 ④ 후대검정

51 한 비유기의 생산량을 계산하는 방법을 1개월 간격으로 월검정(月檢定)을 10회 실시한 다음, 월검정성적의 누계에 30.5를 곱하여 305일 생산량을 산출하는 법은?

① MCC법(Modified Contemporary Comparison)
② BLUP법(Best Linear Unbiased Prediction)
③ TC(Type Classification)
④ CDM법(Centering Date Method)

해설
① MCC법 : 수정동기우비교법
② BLUP법 : 최적선형불편추정법
③ TC : 등급분류

정답 46 ② 47 ③ 48 ② 49 ① 50 ① 51 ④

52 젖소의 후대검정에 의하여 선발되는 씨수소의 체형능력종합지수(Type-Production Index)에 포함되지 않는 형질은?

① 유지방 ② 유단백질
③ 체 형 ④ 산유량

53 젖소의 후대검정에 대한 설명 중 틀린 것은?

① 검정개체로부터 많은 수의 자식을 생산하여 검정하여야 한다.
② 검정수소와 교배되는 암소는 임의로 배정되어야 한다.
③ 검정되는 자식들은 가능한 한 여러 곳에서 검정하여야 한다.
④ 검정개체의 자식 중 능력이 불량한 것은 검정에서 제외하여야 한다.

54 젖소의 후대검정용 후보 종모우를 생산하기 위한 종빈우의 자격요건에 포함되는 것은?

① 외모심사점수가 90점이나 등록기관에 혈통등록이 안 된 것
② 외모심사점수가 70점이고, 만성질환이 없는 것
③ 유량에 대한 유전능력이 상위 4%이고, 평균유지율이 4%인 것
④ 초산차 이상으로 정상적인 번식기록은 없으나 외모심사점수가 75점인 것

55 젖소의 당대검정용 후보 씨 수송아지를 생산하기 위한 씨암소의 자격요건에 포함되는 것은?

① 외모심사점수가 90점이나 등록기관에 혈통등록이 안 된 것
② 외모심사점수가 70점이고, 만성질환이 없는 것
③ 초산차 이상으로 정상적인 번식기록을 갖고 외모심사점수는 75점인 것
④ 산유능력은 1일 2회, 305일 착유, 305일 보정기록을 기준으로 유전능력평가를 실시하여 가축개량협의회에서 정한 선발형질에 대한 유전능력이 상위 5%인 것

> **해설**
>
> **씨암소의 자격**
> 당대검정우 생산을 위한 씨암소는 다음 각 호의 조건을 모두 구비하여야 한다.
> - 초산차 이상으로 정상적인 번식기록을 갖고 외모심사점수는 80점 이상인 것
> - 산유능력은 1일 2회, 305일 착유, 305일 보정기록을 기준으로 유전능력평가를 실시하여 가축개량협의회에서 정한 선발형질에 대한 유전능력이 상위 5% 이내인 것
> - 등록기관에 혈통등록된 것
> - 만성질환이 없는 것

56 후대검정을 통해 인공수정용 종모우를 선발하는 경우 다음 중 젖소개량에 있어 가장 크게 기여하는 것은?

① 종모우의 아비소 선발
② 종모우의 어미소 선발
③ 종빈우의 아비소 선발
④ 종빈우의 어미소 선발

57 젖소의 주요 경제형질인 산유량과 유지율 개량을 위한 수컷의 선발에 이용이 불가능한 검정방법은?

① 후대검정
② 가계선발
③ 능력검정
④ 자매검정

58 가축의 경제형질에 대한 육종가와 유전모수를 추정하는 최적선형불편예측법(Best Linear Unbiased Prediction)을 고안한 사람은?

① 하디(Hardy)
② 바인베르크(Weinberg)
③ 피셔(Fishar)
④ 헨더슨(Henderson)

해설
BLUP지수는 가축의 생산을 평가하기 위해 1948년 Dr. C.R. Henderson에 의해 미국에서 개발된 통계적인 분석을 이용하는 방법이다.

59 젖소 종모우의 평가방법인 BLUP(최량선형불편추정법)를 고안한 사람은?

① Davidson
② Harvey
③ Henderson
④ Robertson

60 최적선형불편예측법(BLUP)의 개체모형에 해당되지 않는 것은?

① 고정효과모형
② 양의효과모형
③ 혼합효과모형
④ 표준효과모형

61 가축육종에 있어 종축의 평가방법(특히 젖소)으로서 가장 주목을 받고 있는 것은 최량선형불편추정법(BLUP ; Best Linear Unbiased Prediction)이다. 이의 설명으로서 맞지 않는 것은?

① Best란 종축평가방법으로서 가장 좋은 것이라는 의미이다.
② Best란 오차의 분산을 최소화한다는 의미이다.
③ Unbiased란 진정한 값과 예측치가 일치한다는 의미이다.
④ Linear란 추정치가 선형함수로 된다는 의미이다.

정답 57 ③ 58 ④ 59 ③ 60 ④ 61 ①

62 젖소의 암소개량을 위한 선발의 방향이 아닌 것은?
① 유량의 증가
② 착유시간의 단축
③ 유방염에 대한 저항성의 증가
④ 유지율의 감소

63 젖소의 외모심사평점이나 체척측정치만을 이용한 종축선발이 바람직하지 않은 이유는?
① 비유량이나 유지량보다 높은 유전력을 가진다.
② 젖소에 대한 외모심사평점은 높은 반복력을 가진다.
③ 외모심사평점이나 체척측정치와 비유량 간에는 높은 상관이 있다.
④ 환경이나 미지의 유전자의 복합작용에 의해 외모나 체형이 유전적 고정이 안 될 수 있다.

64 유우의 유전적 개량에 있어서 유전 전달경로 중 선발강도가 가장 낮은 경로는?
① 수소 - 수소(Sire to Sire)
② 수소 - 암소(Sire to Dam)
③ 암소 - 수소(Dam to Sire)
④ 암소 - 암소(Dam to Dam)

65 젖소의 생애 중 우유생산이 최고조에 달하는 시기는 언제인가?
① 2~3세   ② 4~5세
③ 6~7세   ④ 9~10세

66 돼지의 육종목표가 아닌 것은?
① 복당 산자수를 많게 하고 육성률을 향상시킨다.
② 예방접종을 철저히 함으로써 자돈의 폐사율을 줄인다.
③ 성장률을 빠르게 하여 시장출하체중 도달일수를 단축시킨다.
④ 사료효율을 개선하여 사료비를 절감한다.

67 돼지의 경제적 개량형질이 아닌 것은?
① 체 형   ② 이유 시 체중
③ 복당 산자수   ④ 도체의 품질

해설
돼지의 경제적 개량형질
복당 산자수, 이유 시 체중, 이유 후 성장률, 사료효율, 도체의 품질(도체장, 배장근단면적, 도체율, 햄-로인 비율, 등지방두께, 근내지방도)

68 돼지의 도체형질에 해당하지 않는 것은?
① 도체장   ② 배장근단면적
③ 도체율   ④ 사료효율

69 돼지육종에 있어서 가장 중시해야 할 형질은?
① 임신율   ② 사료효율
③ 비유량   ④ 생존율

해설
사료효율이 높을수록 수익성이 높다.

70 다음 중 돼지의 경제형질 간 유전상관관계가 나머지와 다른 것은?
① 일당 증체량과 사료요구율
② 이유 시 체중과 이유 후 증체량
③ 사료요구율과 등심단면적
④ 등지방두께와 정육률

71 돼지의 경제형질 중 유전력이 가장 높은 형질은?
① 도체장   ② 등지방두께
③ 일당 증체량   ④ 사료효율

해설
유전력
- 도체장 : 50~60
- 등지방두께 : 40~55
- 일당 증체량 : 20~30
- 사료효율 : 25~30

72 돼지에서 일반적인 복당 산자수의 유전력으로 가장 적합한 것은?
① 5~10%   ② 15~20%
③ 25~30%   ④ 35~40%

73 돼지의 개량목표로 바람직하지 않은 것은?
① 복당 산자수를 많게 한다.
② 육성률을 향상시킨다.
③ 배장근단면적을 줄인다.
④ 육돈의 시장출하체중 도달일수를 단축시킨다.

해설
등지방층두께가 얇고 배장근단면적이 넓으며 도체율, 정육률을 향상시킨다.

74 모돈 생산능력지수(SPI)에 위해 어미 돼지를 선발하는 경우 기준이 되는 것은?

① 생시 생존산자수와 모돈의 사료효율
② 생시 생존산자수와 21일령 복당 체중
③ 이유두수와 모돈의 사료효율
④ 모돈의 사료효율과 21일령 복당 체중

해설

SPI = 6.5NBA + 2.2ALW
여기서, NBA : 해당 모돈의 복당 산자수(생존자돈수)
ALW : 21일령 복당 체중

75 SPI(Sow Productivity Index)의 계산에는 복당 산자수와 무엇을 이용하는가?

① 1일령 때의 한배새끼 전체체중
② 11일령 때의 한배새끼 전체체중
③ 21일령 때의 한배새끼 전체체중
④ 31일령 때의 한배새끼 전체체중

76 경산돈의 모돈생산능력지수(SPI) 산출과정에 대한 설명으로 옳지 못한 것은?

① 모돈이 분만한 산자수를 사산, 미라 및 기형 등을 포함한 복당 총산자수를 조사한다.
② 가능한 경우 위탁포유를 통해 복당 포유개시두수를 6~12두가 되게 한다.
③ 생후 21일령에 모돈이 육성한 한배새끼 돼지의 수와 한배새끼돼지의 체중을 측정한다.
④ 한배새끼의 전체체중을 생후 21일령에 측정하지 못하면 보정계수로 통계보정한다.

77 돼지의 계통조성 목적이 아닌 것은?

① 제일성(유전적 균일 정도)을 높일 수 있다.
② 우수유전자를 영속적으로 유지 활용할 수 있다.
③ 돼지 생산비용을 줄일 수 있다.
④ 효과적인 잡종강세효과를 얻을 수 있다.

78 돼지의 유전적 개량과 능력향상에 효과적인 돼지집단의 구조는?

① 원 형
② 피라미드형
③ 사각형
④ 일자형

79 돼지의 능력검정에 대한 설명으로 틀린 것은?

① 종돈으로 쓰일 돼지 자체의 능력을 기준으로 한다.
② 혈통에 따라 사양관리환경에 차이를 둔다.
③ 후대검정에 비해 시설과 비용이 적게 든다.
④ 돼지의 능력검정소를 설치하여 검정하기도 한다.

정답 74 ② 75 ③ 76 ① 77 ③ 78 ② 79 ②

80 돼지의 후대검정에 대한 설명으로 옳은 것은?
   ① 주로 종돈으로 이용할 암퇘지의 종축가치를 판정하기 위해 이용한다.
   ② 후대검정, 개체선발, 혈통선발을 함께 이용하는 경우가 많다.
   ③ 개체 자신의 능력에 근거한 검정방법이다.
   ④ 후대검정은 시설, 비용이 적게 든다는 장점이 있다.

81 돼지에서 도체 품질의 개량을 위하여 가장 많이 이용되는 검정방법은?
   ① 혈통검정   ② 능력검정
   ③ 후대검정   ④ 형매검정

82 돼지에서는 잡종강세현상을 이용하기 위하여 품종 간 교배를 많이 하고 있는데, 이때 수퇘지로 사용되는 품종의 특징이 아닌 것은?
   ① 일당 증체량   ② 비유량
   ③ 사료요구율   ④ 근내지방도

83 돼지에서 나타나는 잡종강세현상이 아닌 것은?
   ① 새끼돼지의 사산비율이 낮고, 출생 시 활력이 강하여 이유 시까지의 생존율이 높다.
   ② 잡종은 순종에 비하여 이유 후 성장이 빨라 일당 증체량이 높다.
   ③ 잡종 종모돈의 산자능력이 우수하다.
   ④ 이유 시 잡종 새끼돼지의 체중은 순종보다 1.36~1.81kg 더 가벼웠다.

84 비육돈 생산에 적합한 3원교배법은?
   ① [다산계 A품종(♀)×다산계 B품종(♂)](♀)×육질좋은 C품종(♂)
   ② [다산계 A품종(♀)×육질좋은 B품종(♂)](♀)×육질좋은 C품종(♂)
   ③ [육질좋은 A품종(♀)×다산계 B품종(♂)](♀)×육질좋은 C품종(♂)
   ④ [육질좋은 A품종(♀)×육질좋은 B품종(♂)](♀)×육질좋은 C품종(♂)

85 대규모 양돈장에서 가장 널리 이용되고 있는 돼지의 교배방법은?
   ① 1대잡종(품종 간 교배)
   ② 상호역교배
   ③ 3품종종료교배
   ④ 4품종윤환교배

정답 80 ② 81 ④ 82 ② 83 ④ 84 ① 85 ③

86 돼지의 스트레스 감수성(PSS) 여부를 판정하는 방법으로 부적합한 것은?

① 모색판정법
② DNA분석법
③ 혈청 중 CPK 활성판정법
④ 할로텐(Halothane) 검정법

해설
스트레스 감수성(PSS) 판정법
• 육안적 판정법
• 할로텐 검정법
• CPK 활성조사법
• DNA 검사법

87 스트레스 감수성 PSS돈의 검사방법으로 정확도가 가장 높은 방법은?

① Halothane 검정법
② 육안판정법
③ SPI검정법
④ 초음파검사법

88 돼지의 등지방두께를 개량하기 위하여 등지방두께가 얇은 수퇘지를 구입하였다. 구입한 수퇘지의 등지방두께는 2.1cm이었고 수퇘지 돈군의 평균은 2.8cm였다고 한다. 새끼돼지를 얻기 위해 선발되어 종부에 이용된 암퇘지들의 평균은 2.5cm였고, 암퇘지 돈군의 평균은 3.0cm였다고 한다. 등지방두께의 유전력이 0.5라고 할 때 새끼돼지들에서 기대되는 등지방두께는?

① 2.7cm   ② 2.6cm
③ 4.4cm   ④ 3.3cm

해설
유전적 개량량(= 선발차 × 유전력)
• 수퇘지 선발차 = 2.8 − 2.1 = 0.7
• 암퇘지 선발차 = 3.0 − 2.5 = 0.5
• 선발차 = (0.7 + 0.5) / 2 = 0.6
• 개량량 = 0.6 × 0.5 = 0.3
• 새끼돼지 기대치 = 3.0 − 0.3 = 2.7cm

89 돼지도체의 등지방층두께를 조사하는 데 이용되지 않는 부위는?

① 제11등뼈   ② 제7허리뼈
③ 마지막등뼈   ④ 제1허리뼈

90 돼지의 도체형질을 조사하는 방법으로 초음파를 이용하여 측정하는 형질이 아닌 것은?

① 등지방두께 ② 배장근단면적
③ 도체율 ④ 근내지방도

해설
초음파기기로 할 수 있는 일
실시간 초음파 측정기술에 대한 다양한 연구는 등지방두께나 등심의 크기를 측정하는 간단한 연구에서부터 근내지방을 추정하기까지 다양하게 사용되어지고 있고, 현재는 수의과적인 측면과 생산자까지도 직접 사용이 가능할 정도로까지 발전되었다. 초음파기기는 임신진단, 태아 성감별이나 산자수의 추정같은 번식형질의 측정에 이용되어질 수 있으며, 또한 등지방두께, 등심단면적, 정육률 및 근내지방같은 도체형질의 측정에도 활용될 수 있다.

91 돼지 3원교잡종 생산 시 육질개선을 위하여 가장 많이 이용되는 품종은?

① 랜드레이스 ② 라지화이트
③ 라 콤 ④ 두 록

92 다음 중 돼지의 교잡종 생산을 위하여 사용되는 부모돈의 품종으로 가장 적합하지 않은 것은?

① Landrace ② Yorkshire
③ Duroc ④ Limousin

93 돼지의 품종 중 산자수가 많고 비유능력이 양호하며 새끼돼지를 잘 키우는 품종은?

① Berkshire종 ② Hampshire종
③ Landrace종 ④ Duroc종

94 종빈돈 선발을 위한 이유자돈의 정상유두(乳頭)는 몇 개 정도가 이상적인가?

① 12개 정도 ② 10개 정도
③ 8개 정도 ④ 6개 정도

95 종돈능력검정소에서는 검정이 끝나면 다음의 선발지수를 이용하여 종모돈을 선발한다고 한다. 출품된 종모돈의 성적이 다음 표와 같을 때 선발지수가 가장 높은 종모돈은?(단, 아이오와주의 검정방법을 기준으로 한다)

종모돈 번호	검사기간 중의 일당 증체량 (ADG, kg)	사료요구율 (FE)	평균등지방두께 (ABF, cm)
A	1.0	2.6	2.4
B	0.9	2.4	2.3
C	0.8	2.3	2.2
D	0.8	2.2	2.2

① A ② B
③ C ④ D

해설
돼지개량에 이용할 수 있는 선발지수(I지수)
선발지수(I지수) = 250 + (35 × 일당 증체량 kg)
　　　　　　　－ (40 × 사료요구율)
　　　　　　　－ (75 × 등지방두께 cm)
① A = 250 + (35 × 1.0) − (40 × 2.6) − (75 × 2.4) = 1
② B = 250 + (35 × 0.9) − (40 × 2.4) − (75 × 2.3) = 13
③ C = 250 + (35 × 0.8) − (40 × 2.3) − (75 × 2.2) = 21
④ D = 250 + (35 × 0.8) − (40 × 2.2) − (75 × 2.2) = 25
따라서, D의 선발지수가 가장 높다.

정답 90 ③ 91 ④ 92 ④ 93 ③ 94 ① 95 ④

96 우리나라 공인 종돈능력검정소에서 선발지수를 산출하는 데 포함된 형질들로만 구성된 항목은?
① 일당 증체량, 사료요구율, 등지방층두께
② 일당 증체량, 사료요구율, 산자수
③ 일당 증체량, 산자수, 등지방층두께
④ 사료효율, 산자수, 등지방층두께

97 돼지의 검정소능력검정에서는 검정성적을 평가하는 데 선발지수를 사용하고 있다. 이 선발지수에 포함되지 않는 형질은?
① 한배새끼수   ② 일당 증체량
③ 사료요구율   ④ 등지방두께

98 종모돈 선발 시 선발지수(Selection Index)를 추정하는데 불필요한 것은?
① 일당 증체량
② 도체품질
③ 사료요구율
④ 평균등지방두께

99 돼지에서 잡종강세현상을 얻기 위하여 잡종교배를 많이 하게 되는데 이때 수퇘지로 사용되는 품종의 특징이 아닌 형질은?
① 산자수   ② 성장률
③ 사료효율   ④ 도체 품질

100 돼지의 선발 시 고려사항으로 옳지 않은 것은?
① 암퇘지보다는 수퇘지를 선발함으로써 개량의 효과를 더욱 높일 수 있다.
② 암퇘지에 비해 수퇘지의 종돈 소요두수가 적으므로 선발강도를 낮추어야 한다.
③ 선발된 암퇘지는 번식적령기에 도달 시 수태성적 등에 근거하여 일부 불량개체는 도태한다.
④ 능력이 우수한 경우라도 사지와 발굽의 상태가 불량하면 도태하는 것이 바람직하다.

101 다음 중 산란계의 경제형질이 아닌 것은?
① 산란능력   ② 난 중
③ 육성률   ④ 난형지수

해설

닭 경제형질
• 산란계 : 생존율, 초산일령, 산란율, 산란지수, 사료요구율, 평균난중, 체중, 수당 사료섭취량, 난각질
• 육용계 : 생체중, 증체량 및 성장률, 사료섭취량과 사료효율, 체지방 및 복강(腹腔)지방, 체형, 도체율, 다리의 결함, 육성률, 번식능력, 질적 형질

102 육용계(재래닭 제외)의 경제형질과 가장 거리가 먼 것은?
① 성장률 ② 사료효율
③ 도체율 ④ 8주 체중

103 산란계의 경제형질에 속하지 않는 것은?
① 산란율 ② 생존율
③ 성장률 ④ 난각질

해설
성장률은 육용계의 경제형질이다.

104 산란계 경제능력검정의 조사형질이 아닌 것은?
① 수정률 ② 성계생존율
③ 성 성숙일령 ④ 사료요구율

105 닭에서 양적 형질에 해당하지 않는 것은?
① 난 중 ② 산란수
③ 깃털색 ④ 부화율

106 산육계에서 모계통의 번식능률을 결정해 주는 요소가 아닌 것은?
① 산란수 ② 수정률
③ 부화율 ④ 난 중

107 난질 중 가장 중요한 형질로 파각률의 결정적 요인이 되는 형질은?
① 난각질 ② 난 중
③ 난각색 ④ 난형지수

해설
파각(알 깨짐)은 난각의 질에 좌우된다.

108 다음 형질 중 간역형질(Threshold Character)에 해당하는 형질은?
① 성비(Sex Ratio)
② 사료이용성
③ 비유능력
④ 닭의 횡반우모색

정답 102 ④ 103 ③ 104 ① 105 ③ 106 ④ 107 ① 108 ①

109 초년도의 산란수를 지배하는 GOODALE-HAYS의 산란 5요소와 관계가 없는 것은?

① 조숙성　② 취소성
③ 강건성　④ 동기휴산성

해설
GOODALE-HAYS의 산란 5요소 : 조숙성, 취소성, 동기휴산성, 산란강도, 산란지속성

110 닭의 체중과 가장 밀접한 상관관계를 가지는 형질은?

① 정강이 길이　② 생존율
③ 산란율　④ 산료효율

111 닭의 산육능력과 가장 관계 깊은 요소는?

① 성장속도　② 부화율
③ 휴산성　④ 산란지속성

112 닭의 산육능력의 유전에 관한 설명 중 틀린 것은?

① 성장률에 대한 유전력은 0.4~0.5 정도이다.
② 생체중과 정강이 길이 간의 높은 상관관계를 갖는다.
③ 근친교배종이 잡종교배보다 성장률이 빠르다.
④ 수평아리가 암평아리보다 성장률이 빠르다.

113 왜소성 유전자(Dwarf Gene)는 다음 중 어느 축종의 육종에서 산업적으로 널리 이용되고 있는가?

① 돼 지　② 가 토
③ 산 양　④ 육용계

해설
Z염색체상에 존재하여 반성유전을 하며 열성유전자를 가질 때 정상적인 개체보다 몸집이 작은 것이 특징이고 정상적인 수컷과 왜소유전자를 갖는 암컷을 교배하면 정상적인 자손이 생산되므로 모계통을 왜소한 것으로 사용하면 생산비를 약 20% 절감하면서 정상 브로일러를 얻을 수 있어 육종에 이용할 수 있다.

정답 109 ③　110 ①　111 ①　112 ③　113 ④

114 산란계 농장의 검정성적이 다음 표와 같을 때 이 농장의 평균난중은?

[8월 산란계 검정성적]

일자	입식수수	폐사수수	생존연수수	산란수(개)	난중(kg)	사료소비량(kg)
1	1,000	–	–	–	–	–
7		5	6,000	4,980	301.3	900
14		8	6,965	5,691	347.2	1,010
21		7	6,909	5,628	351.1	1,035
28		4	6,860	5,621	354.1	1,015
31		1	3,903	3,235	205.4	570
계	1,000	25	30,637	25,155	1,559.1	4,530

① 65.1g ② 61.9g
③ 53.9g ④ 46.9g

해설

난중 : 18주령 개시일~검정종료일까지의 총난중을 총산란개수로 나눈 중량

평균난중 = $\dfrac{1,559,100g}{25,155}$ = 61.9g

115 Hen-Day Rate of Egg Production을 옳게 설명한 것은?

① 일정기간의 총산란수를 기간 내 매일 생존암탉수로 나눈 것
② 일정기간의 총산란수를 그 기간 최초의 암탉수로 나눈 것
③ 일정기간의 총산란수를 마지막 날의 생존암탉수로 나눈 것
④ 일정기간의 총산란수를 기간 중간 날의 생존암탉수로 나눈 것

116 산란지수(Hen Housed Production)를 옳게 설명한 것은?

① 일정기간의 총산란수를 기간 내 매일 생존수로 나눈 것
② 일정기간의 총산란수를 그 기간 최초의 마릿수로 나눈 것
③ 일정기간의 총산란수를 그 기간 마지막 날의 마릿수로 나눈 것
④ 일정기간의 총산란수를 그 기간 평균생존수로 나눈 것

117 어떤 양계장에서 산란계의 수수가 6월 1일에 100수였는데 6월 5일에 2수, 6월 15일에 3수가 죽었으며, 7월 중 총산란수가 2,280개라면 이 양계장의 6월 중 산란지수(Hen House Egg Production)는?

① 78.5% ② 76.0%
③ 22.8개/수 ④ 24개/수

해설

산란지수 = $\dfrac{\text{일정기간의 총산란수}}{\text{그 기간 최초의 마릿수}}$

= $\dfrac{2,280}{100}$ = 22.8개/수

정답 114 ② 115 ① 116 ② 117 ③

118 산란계의 난형(卵型)에 대한 설명으로 틀린 것은?

① 알의 길이에 대한 알의 넓이(너비)의 비율인 난형지수로 나타낸다.
② 고도의 유전력을 가지는 형질로 개체선발로 개량이 가능하다.
③ 난형은 타원형이 적당하며, 너무 길거나 둥글면 포장이 힘들고 상품가치가 저하된다.
④ 난형지수는 74 정도가 바람직하며, 대개 72~76 정도이면 양호하다고 할 수 있다.

119 난형지수는 달걀의 폭과 길이를 캘리퍼스로 측정하여 계산한 비율로 정상치를 벗어나는 경우에는 포장과 수송 도중에서 달걀이 파손될 가능성이 많다. 난형지수의 정상치로 가장 적합한 것은?

① 0.70~0.75
② 0.75~0.80
③ 0.80~0.85
④ 0.85~0.90

120 채란양계를 위한 난용종의 선발요건이 아닌 것은?

① 다산일 것
② 폐사율이 작을 것
③ 몸집을 크게 할 것
④ 사료이용성이 좋을 것

해설

산란계의 선발요건
- 다산일 것
- 폐사율이 작을 것
- 몸 크기를 작게 할 것
- 사료이용성이 좋을 것
- 난중이 무거운 것
- 난질이 양호할 것

121 산란용 닭의 선발요건으로 가장 거리가 먼 것은?

① 산란을 많이 할 것
② 체중이 무거운 것
③ 난중이 무거운 것
④ 사료소비량이 적은 것

122 채란양계에서 산란계의 선발요건에 관한 설명 중 틀린 것은?
① 산란계의 폐사율이 낮음으로써 폐사로 인하여 생기는 손실을 막을 수 있을 뿐만 아니라 이로 인하여 보충시킬 갱신비용이 적게 든다.
② 일반적으로 닭의 몸집이 클수록 알도 잘 낳고 건강하며 굵은 알을 낳는다.
③ 난중은 그 닭의 유전적인 소질로서 계통 선발에 있어서는 조숙성이며, 초산 후 2~3개월만에 표준난중에 도달하는 닭을 선택해야 한다.
④ 난질은 닭의 유전적 소질과 사양관리·질병·환경·기후·관계 등에 따라 좌우되지만 보통은 그 계통의 유전적 능력에 의하여 차이가 생긴다.

123 브로일러 생산을 위한 이상적인 종계의 교배 체계는?
① 육용종(♀) × 육용종(♂)
② 육용종(♀) × 겸용종(♂)
③ 겸용종(♀) × 육용종(♂)
④ 산란종(♀) × 육용종(♂)

124 육계 개량을 위한 다음의 설명 중 옳지 않은 것은?
① 산란계에서보다 선발지수법을 더 효율적으로 적용할 수 있다.
② 성장에 관련된 형질의 유전력이 높은 편이므로 개체선발이 효과적이다.
③ 부계통은 성장률과 체형, 체지방, 사료효율, 수정률 등을 고려하여 선발하여야 한다.
④ 모계통의 선정 시에는 성장률보다도 산란율이나 부화율과 같은 번식능력을 고려하여야 한다.

125 육용계의 선발에서 복강지방에 대하여 선발할 경우 이용하기 어려운 선발방법은?
① 개체선발
② 전자매선발
③ 반자매선발
④ 후대검정

126 육용계의 복강지방을 측정하는 방법이 아닌 것은?
① 캘리퍼(Callpers)를 높일 수 있다.
② 초음파 단층촬영(C.A.T. Scanning)방법
③ 반사분광광도계(Reflective Spectro-photometer)를 이용하는 방법
④ 혈장 중의 초저밀도 지질단백질을 측정하여 체지방축적의 지표로 이용하는 방법

정답 122 ② 123 ③ 124 ① 125 ① 126 ③

교육은 우리 자신의 무지를 점차 발견해 가는 과정이다.

– 윌 듀란트 –

PART 02
가축번식 생리학

CHAPTER 01	생식기관의 구조와 기능
CHAPTER 02	생식세포의 형성과 생리
CHAPTER 03	번식에 관련된 내분비작용
CHAPTER 04	가축의 번식생리
CHAPTER 05	가축의 비유생리
CHAPTER 06	번식의 인위적 지배
CHAPTER 07	번식장애

합격의 공식 시대에듀
www.sdedu.co.kr

CHAPTER 01 생식기관의 구조와 기능

PART 02 가축번식생리학

01 수컷의 생식기관

수컷의 생식기관은 음낭, 정소, 정소상체, 정관, 요도, 부생식선(정낭선, 전립선, 요도구선), 음경으로 구성되어 있다.

1. 정소

(1) 정소의 구조

① 정소는 동물의 생식세포인 정자를 생산하는 기관으로 고환이라고도 한다.
② 음낭 속에 좌우 각 1개씩 있으며, 이 안에는 정세포와 정자형성에 관여하는 각 세포, 2차 성징에 관여하는 간질세포가 있다.
③ 정소소엽은 정소의 기능단위로 1개 이상의 세정관으로 구성되어 있다.
④ 세정관은 한 층의 기저막과 여러 층의 정자형성상피로 구성되어 있다
⑤ 기저막은 수축성의 근양세포, 정자형성세포, 지지세포로 구성되어 있다.
⑥ 세정관은 성숙한 포유가축에서 정자형성(Spermatogenesis)이 일어나는 장소이다.
⑦ 모든 세정관(또는 정세관)은 1개로 합쳐져서 수정관과 연결되어 외부로 통해 있다.
⑧ 돼지의 정소는 체구에 비하여 크고 비교적 유연하며 음낭 내에 거의 수평으로 있다.

(2) 정소의 기능

① **호르몬 생산** : 간질세포에서는 황체형성호르몬의 영향을 받아 2차 성징과 깊은 관계가 있는 테스토스테론과 같은 웅성호르몬을 분비하는데, 정소의 활동은 뇌하수체 전엽에서 분비되는 호르몬에 의하여 지배된다.
② **정자 생산** : 정조세포(= 정원세포, Spermatogonium)가 곡세정관에서 정자로 발달한다.
③ **정소액 생산** : 지지세포(Sertoli Cell)에서 정소액을 생산한다.

④ **정소강하** : 포유류의 정소는 처음에는 복강 속에 들어 있으나, 시간이 지나면서 밑으로 내려와 음낭 속으로 들어간다. 이 현상을 정소강하라 한다.
   ※ 몸속의 온도와 음낭 내의 온도는 약 1~8℃의 온도차가 있는데, 온도가 높으면 정자가 잘 만들어지지 않으며, 정자의 생존에도 방해를 받기 때문에 온도 차이가 나도록 정소는 음낭이라는 주머니에 싸여 몸 밖으로 나와 있다.
⑤ **지지세포(Sertoli Cell)** : 정소에서 정자가 만들어질 때 발생 중인 생식세포에 영양물질을 공급하고 아울러 대사산물을 배설하는 세포
⑥ **볼프관** : 태아의 생식도관의 분화와 발달이 이루어지는 과정에서 웅성생식도관의 발생원기 즉, 태아의 성분화에 영향을 미쳐서 볼프관으로부터 웅성생식도관이 발생하는 것을 조절하고 뮐러관을 퇴행시킨다.

2. 정소상체

(1) 정소상체의 구조

① 정소상체는 정관과 정소를 연결하는 긴 곡세정관의 형태를 이루고 있다.
② 두부, 체부, 미부로 구성되어 있다.
   ㉠ 두부 : 정자를 함유하는 가는 강관형태의 정소수출관으로 구성되고, 정소수출관의 기저막에는 분비세포와 운동성 섬모가 있는 세포가 있다.
   ㉡ 체부 : 정소액(정소에서 생산된 묽은 정자부유액)이 흡수되어 40~80배 정도로 농축된다.
   ㉢ 미부 : 정자가 정액으로 사출되기 직전까지 저장되어 있는 곳이다.

(2) 정소상체(부고환)의 기능

① 정자의 운반, 농축, 성숙 및 저장에 관계하는 웅성생식기관이다.
   ㉠ 정자의 운반 : 정소수출관을 통과할 때 섬모운동과 근층의 연동운동으로 운반한다.
   ㉡ 정자의 농축 : 정소상체 체부에서 정소액을 흡수하여 농축한다.
   ㉢ 정자의 성숙 : 정소상체 상피세포에서 분비되는 분비물에 의해서 성숙되어진다.
   ㉣ 정자의 저장 : 정소상체 미부는 정자의 농도도 높고 관강도 넓어서 정자가 저장된다.
② 소에서 정자가 정소상체를 통과하는 데 필요한 시간 : 10일
   ※ 동물에 따라 정소와 정소상체가 음낭(정소낭)에 의하여 몸에 매달려 있는 상태가 각각 다르다. 소의 정소와 정소상체는 수직방향으로 매달려 있다.

3. 음낭과 음경

(1) 음낭

① 정소와 정소상체를 싸고 있는 주머니로 근육층으로 되어 있다.
② 음낭의 기능은 정소상체의 온도를 4~7℃ 정도 낮게 유지하는 일이다.
③ 음낭의 피부는 얇고 유연하며 피하지방이 거의 없고 땀샘이 잘 발달되어 있어 열 발산에 적합하도록 되어 있다.
④ 피부 안쪽에는 육양막과 근섬유(정소근)가 존재하여 온도에 따라 수축작용을 한다.
⑤ 바깥온도가 높으면 음낭표면의 주름이 펴지면서 늘어지고, 온도가 낮으면 주름이 생기면서 몸쪽으로 올라간다.
⑥ 돼지는 음낭이 뚜렷하게 돌출되어 있지 않다.

※ **포유류의 정소를 체온보다 낮은 온도로 유지하는 데 직접적으로 관계가 있는 것** : 음낭피부의 땀샘, 육양막, 내정소근

(2) 음경

① 음경은 근부, 체부, 유리선단부로 구성되어 있다.
② 음경은 수컷의 교미기관으로 오줌의 배설과 암컷의 생식기관 내에 정액을 주입하는 기능을 한다.
③ 돼지의 음경은 탄성섬유성이고, 유리선단부는 나선상으로 되어 있다.
④ 개는 다른 가축과 달리 음경골을 가지고 있다.

※ **정자의 사출경로** : 곡세정관 → 직세정관 → 정소망 → 정소수출소관 → 정소상체두부 → 체부 → 미부 → 정관 → 정관팽대부 → 요도 → 음경

4. 부성선(부생식선)

부성선은 정낭선, 전립선(섭호선), 요도구선(쿠퍼선, Cowper's Gland)으로 구성되어 있다.

(1) 정낭선

① 1쌍의 선체로 정관 팽대부 옆에 위치하고 알칼리성 분비물을 배출하며, 소는 정액의 32~40%를 차지한다.
② 대부분의 포유동물에서 사정되는 정액 중 대부분은 이곳에서 분비되며, 특히 정액에서 검출되는 프로스타글란딘(Prostaglandin)도 이곳에서 분비된다.
③ 정낭선의 분비액은 정자를 보호하는 유백색을 띤 점조된 액체로서 고농도의 단백질, 칼슘, 구연산, 과당 및 여러 종류의 효소를 함유한다.

> **더알아두기**
> - 돼지에서 사정된 정액 중 정장물질(Semical Plasma)의 대부분이 분비되는 장소 : 정낭선
> - 정장 : 정액 중 정자(전체용량의 1% 내외)를 제외한 액체성분(정낭액, 전립선액, 요도구선액)을 말한다.
> - 프로스타글란딘(Prostaglandin)
>   - 장기나 체액 속에 널리 분포하면서 극히 미량으로 생리작용을 한다. PG라고 약칭한다.
>   - 1930년 미국의 산부인과 의사인 클츠록(Kurzrok)이 사람의 정액에 자궁을 수축·이완시키는 작용이 있다는 것을 보고하였다. 후에 그 유효성분이 전립선(前立腺 : Prostate Gland)에서 나온다고 생각하여 프로스타글란딘이라고 이름을 붙였다.
>   - 1950년대에 들어 스웨덴의 S. 베리스트림(Bergström)이 양의 정낭선(精囊腺)에서 PG를 추출하고 결정화하는 데 성공하였으며, 현재는 화학적으로 합성이 가능하다.

(2) 전립선(섭호선)
① 정낭선의 기부에서 방광경부의 배측에 부착되어 있는 딱딱한 선체이다.
② 전립선은 정액에 특유의 냄새를 부여하는 엷고 불투명한 액체를 분비한다.
③ 전립선의 분비액은 유백색으로 알칼리성이며, 정자의 운동과 대사에 관여한다.
④ 개는 전립선이 잘 발달되어 있고, 정낭선과 요도구선이 없다.

(3) 요도구선(Cowper's Gland)
① 요도의 세척 및 중화와 관련된 액체를 분비한다.
② 전립선의 뒤쪽과 요도면에 있는 한 쌍의 작은 구형의 선체이다.
③ 요도구선이 가장 잘 발달된 가축은 돼지이다.

5. 정관과 요도

(1) 정 관
① 정관은 정소상체 미부에서 요도까지의 관으로 정자를 운반하는 통로이며, 1쌍으로 되어 있다.
② 혈액 림프관, 신경, 경계를 형성하고, 경계는 서혜관을 지나 복강으로 들어가 굵게 확장되어 정관팽대부를 이룬다.
③ 돼지, 고양이는 정관팽대부가 없다.

(2) 요도

① 수컷의 요도는 오줌의 배출과 정액의 사출통로로 요도구부와 음경부로 구분된다.
② 요도 선반부에 요도구선이 있다.

※ **음낭헤르니아** : 정소의 하강이란 정소가 복강으로부터 내서경륜과 서경관을 거쳐 음낭까지 도달하는 과정을 말한다. 그러나 때로는 복강내장이 초상돌기를 통하여 음낭 내로 침입하는 경우가 있으며 흔히 돼지에서 발생되는 현상을 말한다.

[수소의 번식기관별 주요 기능]

기 관	기 능
정 소	정자의 생산, 음성호르몬의 생산
음 낭	정소의 지지, 온도조절 및 보호
정 색	정소의 지지 및 온도조절
정소상체	정자의 생산, 저장, 성숙, 이동
정 관	정자의 이동통로
요 도	정액의 이동
정낭선	정액의 영양물질, 완충제 및 액체분비
전립선	정액의 무기이온성 물질 및 액체분비
부생식선	요도에 잔류된 오줌의 세척
음 경	수소의 교접기관
포 피	음경의 끝부분은 둘러쌈

02 암컷의 생식기관

1. 난 소

(1) 난소의 구조

① 난소는 자궁의 좌우에 각각 1개씩 존재하며 구형 또는 타원형 모양으로 남성의 고환에 해당한다.
② 난소는 중앙에 수질(Medulla)이 있고 그 바깥쪽에 피질(Cortex)이 있으며 난소의 수질은 기질(Stroma)과 많은 원시난포(Primordial Follicle)로 구성되어 있다.
③ **난소수질** : 성숙된 포유가축의 난소에서 혈관, 림프관 및 신경이 분포되어 있는 곳이다.
④ 난소의 기능
　㉠ 수정에 필요한 성숙된 난자를 매달 배출하는 기능을 한다.
　㉡ 스테로이드호르몬을 생성하는 기능을 한다.

※ 난소는 난자를 배출시키고 배출된 난자가 수정이 이루어지고 나아가 착상에 성공할 수 있도록 자궁, 난관 및 주위 조직을 적절히 준비하는 기능을 한다.

(2) 난포의 종류

① 원시난포 : 감수분열 전기에 분열을 정지한 상태의 제1차 난모세포를 한 층의 난포세포가 싸고 있는 난포이다.

② 제1차 난포
  ㉠ 원시난포가 난모세포의 성장과 더불어 두께가 증가되어 입방(정사각) 또는 원주상 상피로 되며, 난모세포와 과립막세포 사이에 투명대(Zona Pellucida)가 나타난다.
  ㉡ 과립막세포와 난모세포는 간극결합(Gap Junction)에 의하여 세포 간의 연결통로를 형성한다.

③ 제2차 난포
  ㉠ 난모세포가 발육되면서 이를 싸고 있는 난포세포도 분열증식으로 여러 층으로 된 난포이다.
  ㉡ 한 층이던 과립막 세포층이 증식하여 2~3층으로 된다.
  ㉢ 난포와 경계하고 있던 난포 주위의 기질세포가 변형하여 난포막세포(Theca Cell)로 분화한다.

④ 제3차 난포
  ㉠ 포상난포라고도 한다. 난포세포의 과립층이 증가하며 난포액이 과립층 사이에 저류되는 시기의 난포이다.
  ㉡ 과립막 세포층 사이에 체액으로 찬 작은 소공(Vacuole)이 나타나는데 이것을 칼-엑스너체(Call-Extner Body)라고 부른다.

⑤ 그라프난포(그라피안난포) : 성숙난포이다. 난포강이 형성되고 그 안에 난포액이 차 있는 난포로 난모세포는 난포의 과립층에 싸여 난구를 형성한다. 즉, 암가축의 난소에서 성숙, 발달하는 여러 개의 난포 중 배란 직전에 가장 크게 발달한 난포이다.

(3) 배란 난포수
  ① 난포의 수는 가축의 품종, 유전, 환경에 따라서 다르다.
  ② 난포의 성숙과 배란은 성선자극호르몬(Gonadotropin)의 영향에 따른다.

(4) 난포의 파열
  ① 그라프(Graafian, 그라피안)난포가 파열하여 난자와 난포액을 방출한다.
  ② 난포의 정점에서 파열이 일어나며 최외층이 먼저 일어나고 이곳을 통해 내층이 돌출하여 유두 또는 주두를 형성한다.
  ③ 발정 시 주두가 파열하면 난자와 난포액이 함께 파열구를 통과하는데 이를 배란이라 한다.

(5) 황체형성

① 배란 후 과립세포의 비대와 황체화가 개시되며, 황체세포가 비대하여 황체를 형성한다.
② 배란 전의 난포는 주로 안드로겐과 에스트로겐을 합성하였으나, 배란 후에는 난포가 황체화됨으로써 형성된 황체는 황체호르몬인 프로게스테론을 분비한다.
③ 소의 황체발달은 발정주기 3일에서 12일 사이에 급격히 발달하고, 16일 이후부터 퇴화한다.
④ 돼지의 황체발달은 발정주기 2일부터 8일까지이며, 15일 이후부터 퇴화한다.
⑤ 임신황체(진성황체)란 임신기간 중 황체가 계속 존속하면서 크기도 계속 유지되는 황체를 말한다.

(6) 황체의 퇴화

① 발정기간 중 임신이 되지 않으면 자궁에서 황체퇴행인자($PGF_{2\alpha}$)가 분비되어 황체를 퇴행시킨다.
② 황체가 퇴행되면서 프로게스테론 분비가 감소되므로 시상하부의 황체형성호르몬 방출인자(LH-RH)의 방출에 대한 억제가 해제되어 뇌하수체는 다시 난포자극호르몬(FSH)을 분비하게 되며 따라서 다른 난포가 발육하면서 새로운 발정주기가 시작된다.
③ 황체의 퇴화는 지방변성 및 섬유화가 먼저 일어나고 나중에는 초자 양변성이 일어나면서 반흔조직으로 된다. 이것을 백체(Corpus Albicans)라고 부른다. 이에 비하여 난포기에 자라던 난포가 퇴화(Atresia)에 빠져 결과적으로 반흔으로 남는 것을 섬유체(Corpus Fibrosum)라고 한다.
※ **황체** : 난소에서 난포가 배란된 위치에 처음으로 생기는 것

2. 난 관

(1) 난관의 구조

① 난관은 난자와 정자의 운반통로로 난관채(Fimbriae)가 있는 누두부, 팽대부, 협부로 되어 있다.
② 난관팽대부는 난관의 상대에 있고, 협부에 연결되며 이 협부는 직접 자궁각에 연결(자궁·난관접속부)된다.
※ **난관팽대부** : 가축에 있어서 정자와 난자가 만나서 수정이 이루어지는 부위
③ 난관간막에 의하여 유지되고 있는 난소와 자궁각으로 연결된 도관이다.
④ 난소 근처에 있는 난관채, 난관팽대부, 난관협부와 자궁각과 연결되는 자궁난관 접속부에 의하여 자궁과 연결된다.

⑤ 난관채는 탄성조직으로 되어 있으며, 강상의 근섬유와 윤상을 이룬 큰 혈관을 내포하고 있다.
⑥ 난관벽은 점막, 근층, 장막의 3층으로 되어 있다.

※ 암가축의 생식기 중 난관의 길이

구 분	소	말	면 양	돼 지
난관의 길이	25cm	20~30cm	15~19cm	15~30cm

(2) 난관의 기능

① 난관은 암컷의 생식기관으로 난자와 정자가 결합하여 수정이 이루어지는 장소이다.
② 난관채는 배란된 난자를 수용한다.
③ 난자를 자궁으로 운반하고 정자를 수정부위로 운반하는 일은 섬모세포와 에스트로겐, 프로게스테론에 의해 조절된다.
④ 난관으로 정자를 운반하는 일과 자궁으로 난자를 운반하는 일을 통제·조절하는 것은 자궁과 난관접합부이다.
⑤ 난자의 생산과 이동경로
난소 → 난관채 → 난관누두부 → 난관팽대부 → 난관협부 → 난관자궁 접속부 → 자궁

3. 자 궁

(1) 자궁의 형태

① 2개의 자궁각, 자궁체, 자궁경으로 되어 있다.
② 자궁의 형태는 쌍각자궁, 분열자궁, 중복자궁, 단자궁으로 나뉜다.
  ㉠ 쌍각자궁
    • 자궁경관 바로 앞의 작은 자궁체와 두 개의 긴 자궁각이 있다.
    • 돼지의 자궁각은 소의 자궁각보다 훨씬 더 길다.
  ㉡ 분열자궁
    • 자궁경관 앞까지 현저한 자궁체가 있다.
    • 쌍각자궁에서처럼 길고 뚜렷하지는 않지만 2개의 자궁각이 있다.
  ㉢ 중복자궁
    • 2개의 자궁경관에 각각 1개씩의 자궁이 있다.
    • 자궁경관은 질에서 각각 개구된다.

② 단자궁
- 자궁각이 없다.
- 사람과 다른 영장류에서 볼 수 있다.

※ **가축별 자궁의 형태**
- 중복자궁 : 설치류, 토끼류
- 분열자궁(양분자궁) : 소, 말, 산양, 개, 고양이
- 쌍각자궁 : 돼지
- 단자궁 : 사람, 영장류

(2) 자궁의 기능

① 자궁은 수정란을 착상시켜 태반을 형성하고 태아의 개체발생을 완료하는 근생식기관이다.
② 포유가축의 자궁이 수행하는 생리학적 기능
  ㉠ 난자와 정자의 수송
  ㉡ 황체기능의 조절
  ㉢ 수정란 착상
  ㉣ 임신유지 및 분만개시

(3) 자궁의 구조

① 자궁내막
  ㉠ 자궁강의 내면에 있는 상피선층과 결체조직으로 이루어져 있고 선의 발달이 현저하다.
  ㉡ 반추류의 경우 궁부성 태반으로 자궁소구(Caruncle)와 융모막의 융모(Cotyledon)가 결합하여 영양공급을 한다.
  ㉢ 반추동물의 자궁내막에 있는 자궁소구
   - 자궁내막 표면의 버섯처럼 생긴 비선성의 돌기이다.
   - 자궁소구에는 자궁의 다른 곳에 비해 혈관분포가 풍부하다.
   - 자궁소구에서 태반결합이 이루어진다.
   - 자궁소구에는 융모총이 침입한다.
   - 암소의 자궁 내에 분포되어 있는 자궁소구의 수 : 70~120개
  ※ **자궁각** : 젖소의 태아가 착상하는 부위
② 자궁근층
  ㉠ 외층과 내층의 2층으로 나누어져 있다.
  ㉡ 외층은 얇은 외축종주근으로, 내층은 내축수주근으로 되어 있다.
  ㉢ 외층과 내층 사이에는 혈관, 림프관, 신경, 결체조직이 있다.

4. 자궁경관

(1) 자궁경관의 구조

① 자궁경관의 내벽은 여러 형태의 융기로 되어 있고 앞은 자궁체와 연결되어 있으며 뒤는 질에 연결되어 있다.
② 자궁경관은 자궁에서 개구되는(연결되는) 하나의 관(Cannel)이다. 즉, 발정기 때 정자가 들어가는 경우와 분만 시에 이완되고 그 외에는 닫혀 있다.
③ 반추동물의 융기는 윤상환(추벽)으로 횡 또는 나선형으로 연결되어 있다.
④ 소에는 3~5개의 추벽이 존재한다.

(2) 자궁경관의 기능

① 자궁 내로의 세균의 감염을 막는다.
② 교배 후 정자의 저장소로(정자가 자궁경관에 일시적으로 고여 있다)의 역할을 한다.
③ 생존할 수 있는 정자는 수송하고 생존능력이 없는 정자는 배출한다.
④ 태아만출(분만) 시 산도역할을 한다.
⑤ 분비상피세포는 발정 시 자궁경관에서 점액을 분비한다.

5. 질과 회음부

(1) 질(Vagina)

① 암컷의 생식기로 얇은 막의 아주 탄력성 있는 관이다.
② 질은 자궁경에서 외음부까지 연결되어 있다.
③ 질벽은 점막, 근층, 장막으로 되어 있다.
④ 질의 바깥층은 장막이고, 안쪽층은 평활근이며, 원형의 긴 섬유로 되어 있다.
⑤ 대부분 끈적끈적한 층이며, 바늘모양의 상피세포층을 이루고 있다(경산우는 예외).
⑥ 상피세포는 에스트로겐의 영향으로 각질화된다.
⑦ 분만 시 태아와 태반을 만출하는 통로로 팽창성이 크다.

(2) 회음부

① 회음부는 항문과 외부생식기(등 쪽 음순) 부분으로, 소에서 구분이 명확하다.
② 일반적으로 회음부 간격은 암컷이 좁으나 회음은 포유류에서 주로 볼 수 있는 부분이기도 하다.
③ 암컷의 요도는 방광에서 질전정에 있는 외요도부까지의 부분을 말하며 암컷의 요도골반부에 해당되고, 그 길이는 수컷보다 짧다.
④ 전장은 요도근에 의해 싸여있다.
⑤ 암소의 요도는 질의 복위를 후방으로 약 12cm 지나서 외요도부로 열린다.

[암소의 번식기관별 주요 기능]

기 관	기 능
난 소	• 난자의 생산 • 자성호르몬(Estrogen)의 생산 • 황체호르몬의 생산
난 관	• 정자와 난자의 이동 • 수정장소
자 궁	수정란과 태아의 발육장소 및 기능 유지
자궁경관	• 자궁의 미생물학적 오염원 방지 • 정액의 저장소 및 정자의 이동통로
질	• 교접기관 • 자연종부 시 정액의 사정부위
음 순	외부로 열려 있는 번식기관

03 가금의 생식기관

1. 암탉의 생식기관

암탉의 생식기관은 난소와 난관으로 구성되어 있다.

(1) 난 소

① 난소는 닭에서 왼쪽, 신장의 앞쪽에 위치하며, 등의 척추벽에 부착되어 있다.
② 암탉의 난소와 난관은 왼쪽과 오른쪽에 있으나 왼쪽에 있는 것만 성장하여 발달한다.
③ 에스트로겐을 분비하여 난관의 성장과 산란을 촉진하며, 난각을 형성한다.

④ 난소에서 성숙한 난황은 난포막이 터지면서 난관의 누두부로 배란된다.
⑤ 난포는 난포경에 의하여 난소에 부착되어 있다.
⑥ 난자에는 난황이 들어 있고 매일 한 개의 난자가 성숙하여, 배란한다.
⑦ 수정은 암탉의 난관 누두부에서 이뤄진다.

(2) 난 관
① 난관은 왼쪽 배의 대부분을 차지하며, 총길이가 60~70cm로 길고 꾸불꾸불한 형태의 관이다.
② 난관은 구조 및 기능에 따라 다음과 같이 5부분으로 나누어진다.
  ㉠ 누두부(나팔관) : 길이 9~10cm로, 배란된 난황을 받아들이고 정자와의 수정이 이루어진다(15분 소요).
  ㉡ 팽대부(난백분비부) : 길이 33~37cm로, 농후난백을 분비하고 알끈을 형성한다(3시간 소요).
  ㉢ 협부 : 길이는 10~12cm로, 수양난백과 난각막(알껍질막)을 형성한다(2시간 15분 소요).
  ㉣ 자궁부 : 길이는 8~12cm 정도로, 난각을 형성하고 색소(우포피린, 프로토포피린)를 분비한다(19~20시간 소요).
  ㉤ 질부 : 길이는 7~12cm로, 완전히 형성된 알을 산란하는 데 도움을 준다(1~10분 소요).

2. 수탉의 생식기관

(1) 구 조
① 생식기는 1쌍의 정소, 정소상체, 2개의 정관, 퇴화된 교미기(암수감별)로 되어 있다.
② 다른 수컷의 음경, 부생식선(전립선, 정낭선, 요도구선)에 해당하는 기관이 없다.
③ 수컷의 생식돌기는 항문 안쪽에 위치해 있다.
④ 안드로겐은 종소의 간질세포에서 분비되며, 수탉의 볏을 성장시키고 때를 알리며 우는 2차 성징을 나타나게 한다.

(2) 기 능
　① 수정능력은 22~26주령 이후 가능하다.
　② 사정량은 0.3~1mL/1회, 정액의 pH는 7.0(6.9~7.1) 정도이다.

(3) 수정과 초기 발생
　① 난관 질부에 수입된 정자는 대부분 배출되고 일부는 난관에 상승하여 누드부에서 수정이 이루어진다.
　② 닭과 같은 조류에서는 한 개의 난자에 5개 이내의 정자가 들어가는 다정자 침입의 수정현상이 나타난다.
　③ 최초의 세포분열은 정자와 난자가 만나 수정이 된 수정란이 난관협부라는 기관에 들어간 초기에 일어난다.
　④ 제1세포분열 후에 제2분열이 일어나고 1분열 방향과 직각으로 교차하여 분열이 일어난다.
　⑤ 제3분열에 의해서 8개의 세포로 분열되어 완전히 독립된 세포형태로 발달된다.
　⑥ 제3분열 후에 수정란은 협부를 나와 자궁부에 들어간 후 4시간 이내에 약 256개의 세포로 될 때까지 분열을 계속한다.
　⑦ 닭이 방란을 하게 되면 세포는 40,000~60,000세포의 배반포단계까지 분열한다.

적중예상문제

PART 02 가축번식생리학

01 다음 중 정자를 만들어 내는 기관은?
① 정 관 ② 정 소
③ 정소상체 ④ 정관 팽대부

02 포유류의 정소를 체온보다 낮은 온도로 유지하는 데 직접적으로 관계가 없는 것은?
① 음낭피부의 땀샘
② 백 막
③ 육양막
④ 내정소근

해설
음 낭
정소가 들어 있는 피부주머니로 음낭피부는 얇고 유연하며 피하지방이 거의 없고 땀샘이 잘 발달되어 있어 열 발산에 적합하도록 되어 있다. 피부 안쪽에는 육양막과 근섬유(정소근)가 존재하여 온도에 따라 수축작용을 한다.

03 정소에서 정자가 만들어질 때 발생 중인 생식세포에 영양물질을 공급하고 아울러 대사산물을 배설하는 세포는?
① 지지세포(Seritoli Cell)
② 간질세포(Leydig's Cell)
③ 기저막세포
④ 배아상피세포

해설
지지세포에서 분비된 정소액은 정자의 성숙에 필요한 영양소의 공급 및 정자세포의 대사산물을 분해하는 기능을 수행한다.

04 성숙한 포유가축에서 정자형성(Spermato-genesis)이 일어나는 장소는?
① 정 관 ② 세정관
③ 정관팽대부 ④ 정소수출소관

해설
정자는 정자형성이라는 특수한 과정에 의거 세정관 상피에서 만들어진다.

05 정자의 운반, 농축, 성숙 및 저장에 관계하는 웅성생식기관은?
① 정 소 ② 곡정세관
③ 정 관 ④ 정소상체

해설
부고환(정소상체)의 기능 : 정자의 운반, 농축, 성숙, 저장

1 ② 2 ② 3 ① 4 ② 5 ④ **정답**

06 정자가 정액으로 사출되기 직전까지 저장되어 있는 곳은?
① 정낭선 ② 정소상체 체부
③ 정소상체 미부 ④ 정관팽대부

해설
정소상체 미부는 정자의 농도도 높고, 관강도 넓기 때문에 정자의 과반수가 미부에 저장된다.

07 동물에 따라 정소와 정소상체가 음낭(정소낭)에 의하여 몸에 매달려 있는 상태가 각각 다르다. 소의 정소와 정소상체는 어떤 상태로 매달려 있는가?
① 전배방향 ② 후배방향
③ 수직방향 ④ 수평방향

해설
소의 정소와 정소상체는 수직방향이다.

08 정소의 하강이란 정소가 복강으로부터 내서 경륜과 서경관을 거쳐 음낭까지 도달하는 과정을 말한다. 그러나 때로는 복강내장이 초상돌기를 통하여 음낭 내로 침입하는 경우가 있으며, 흔히 돼지에서 발생되는 현상은?
① 잠복정소
② 음낭헤르니아
③ 거 세
④ 요도구선

09 소에서 정자가 정소상체를 통과하는 데 필요한 시간은?
① 10일 ② 15일
③ 20일 ④ 25일

10 성숙된 포유가축에서 수컷의 부생식선만을 나열해 놓은 것은?
① 정낭선, 전립선, 쿠퍼선
② 정낭선, 전립선, 유선
③ 랑게르한스섬, 유선, 쿠퍼선
④ 정낭선, 쿠퍼선, 랑게르한스섬

해설
부생식선(부성선) : 정낭선, 전립선(섭호선), 요도구선(쿠퍼선)

11 대부분의 포유동물에서 사정되는 정액 중 대부분은 이곳에서 분비되며 특히 정액에서 검출되는 프로스타글란딘(Prostaglandin)도 이곳에서 분비된다. 이곳이란 어느 부위인가?
① 정낭선 ② 전립선
③ 쿠퍼선 ④ 정소상체

정답 6 ③ 7 ③ 8 ② 9 ① 10 ① 11 ①

12 웅성생식기에 대해서 바르게 설명한 것은?

① 부생식선은 전립선과 정낭선 2개로 구성되어 있다.
② 정낭선의 분비액은 요도를 세척하고 알칼리성으로 중화한다.
③ 전립선의 분비액은 알칼리성이며, 정자의 운동과 대사에 관여한다.
④ 쿠퍼선은 전립선을 말한다.

해설
① 부성선(부생식선)은 정낭선, 전립선, 요도구선으로 구성되어 있다.
② 정낭선의 분비액은 정자를 보호하는 유백색을 띤 점조된 액체로서 고농도의 단백질, 칼슘, 구연산, 과당 및 여러 종류의 효소를 함유한다.
④ 쿠퍼선(Cowper's Gland)은 요도구선을 말한다.

13 수가축의 부생식선 중 쿠퍼선(Cowper's Gland)이라고 불리는 것은?

① 정낭선　　② 전립선
③ 요도구선　④ 요도선

14 다음 중 요도구선이 가장 잘 발달된 가축은?

① 소　　② 말
③ 면양　④ 돼지

해설
요도구선 : 분비액은 돼지를 제외한 일반 가축은 정낭선이나 전립선에 비해 소량이지만, 돼지에서는 잘 발달되어 원통상의 큰 관으로 백색의 교양물질을 분비하여 정액 사출 시 요도를 세척하는 역할을 한다.

15 수소의 생식기도 내에서 정자와 정장이 섞이어 정액이 만들어지는 부위는?

① 정소상체 미부
② 정관팽대부
③ 요도골반부
④ 요도음경부

해설
요도의 골반부에 있는 부생식선에서 나온 액체(정장)와 정소상체와 정관으로부터 나온 정자가 완전히 혼합하여 정액(Semen)을 만든다.

16 성숙된 포유가축의 난소에서 혈관, 림프관 및 신경이 분포되어 있는 곳은?

① 난소피질
② 난소수질
③ 그라프난포
④ 원시난포

17 암가축의 난소에서 성숙, 발달하는 여러 개의 난포 중 배란 직전에 가장 크게 발달한 난포는?

① 그라프난포　② 포상난포
③ 성장난포　　④ 원시난포

해설
완숙하여 파열 직전에 이른 난포를 말하며, 그라피안(Graafian)난포라고도 한다.

12 ③　13 ③　14 ④　15 ③　16 ②　17 ①

18 난소에서 난포가 배란된 위치에 처음으로 생기는 것은?

① 백 체　　② 황 체
③ 난 구　　④ 과립막

해설
- 난포 : 난자가 존재하는 곳
- 황체 : 난자가 배란된 후 형성되는 것

19 다음 중 난자와 정자가 만나서 수정이 이루어지는 부위는?

① 난 관　　② 자궁체
③ 난 소　　④ 자궁경

해설
난관은 암컷의 생식기관으로 난자와 정자가 결합하여 수정이 이루어지는 장소이다.

20 다음 중 난관에 관한 설명 중 틀린 것은?

① 난관간막에 의하여 유지되고 있는 난소와 자궁각으로 연결된 도관이다.
② 난소 근처에 있는 난관채, 난관팽대부, 난관협부와 자궁각과 연결되는 자궁난관 접속부에 의하여 자궁과 연결된다.
③ 난관채는 아주 두꺼운 막으로 되어 있어 모세관혈관이 불량하다.
④ 난관벽은 점막, 근층, 장막의 3층으로 되어 있다.

해설
난관채는 탄성조직으로 되어 있으며, 강상의 근섬유와 윤상을 이룬 큰 혈관을 내포하고 있다.

21 포유류 난관의 구성순서가 옳은 것은?

① 난관채 → 난관누두부 → 난관팽대부 → 난관협부 → 자궁
② 난관누두부 → 난관채 → 난관팽대부 → 난관협부 → 자궁
③ 난관채 → 난관누두부 → 난관협부 → 난관팽대부 → 자궁
④ 난관누두부 → 난관채 → 난관협부 → 난관팽대부 → 자궁

해설
난관은 난관채가 있는 누두부, 팽대부 및 협부로 되어 있으며, 이 협부는 직접 자궁각에 연결(자궁·난관접속부)된다.

22 난자의 생산과 이동경로가 올바르게 연결된 것은?

① 난소 - 난관팽대부 - 난관채 - 난관협부 - 난관자궁 접속부 - 자궁
② 난소 - 난관채 - 난관팽대부 - 난관협부 - 난관자궁 접속부 - 자궁
③ 난소 - 난관채 - 난관협부 - 난관팽대부 - 난관자궁 접속부 - 자궁
④ 난소 - 난관협부 - 난관팽대부 - 난관채 - 난관자궁 접속부 - 자궁

23 가축에 있어서 정자와 난자가 만나서 수정이 이루어지는 부위는?

① 난관누두부　　② 난관팽대부
③ 난관채　　　　④ 난관자궁접속부

해설
난자는 대부분 제1극체를 방출한 다음 난관팽대부의 하단에서 수정이 이루어진다.

정답 18 ② 19 ① 20 ③ 21 ① 22 ② 23 ②

24 다음 암가축의 생식기 중 난관의 길이가 맞는 것은?

① 소 : 50~60cm
② 말 : 40~50cm
③ 돼지 : 15~30cm
④ 산양 : 5~10cm

해설
난관의 길이

구 분	난관의 길이	구 분	난관의 길이
소	25cm	면 양	15~19cm
말	20~30cm	돼 지	15~30cm

25 정상적인 가축에서 수정란의 착상이 일어나는 장소는?

① 난 관
② 자 궁
③ 자궁경
④ 질

해설
자궁은 수정란을 착상시켜 태반을 형성하고 태아의 개체발생을 완료하는 근생식기관이다.

26 젖소의 태아가 착상하는 부위는?

① 자궁각
② 난관하부
③ 자궁경내
④ 난관상부

27 포유가축의 자궁이 수행하는 생리학적 기능을 올바르게 설명한 것은?

① 교미, 난자와 정자의 수송, 수정란 착상, 임신유지 및 분만개시
② 교미, 난자와 정자의 수송, 황체기능의 조절, 임신유지 및 분만개시
③ 난자와 정자의 수송, 수정란 착상, 비유개시, 임신유지 및 분만개시
④ 난자와 정자의 수송, 수정란 착상, 황체기능의 조절, 임신유지 및 분만개시

해설
자궁의 기능
• 교배 시에는 수축운동으로 정자의 상행을 용이하게 하며 착상하기 전의 배반포에 영향을 미쳐 자궁액을 분비하고, 태반형성과 태아발달장소가 된다.
• 강력한 수축력은 분만 시에 태아의 반출을 용이하게 하며, 분만 후에는 자궁퇴축에 의하여 분만 이전의 상태로 거의 복귀한다.

28 반추동물의 자궁내막에 있는 자궁소구(Caruncle)에 대한 설명 중 틀린 것은?

① 자궁소구에는 자궁의 다른 곳에 비해 혈관분포가 풍부하다.
② 자궁소구에서 태반결합이 이루어진다.
③ 자궁소구에는 융모총이 침입한다.
④ 자궁소구에는 자궁선이 분포되어 다량의 자궁액을 분비한다.

해설
반추류의 경우 궁부성 태반으로 자궁소구(Caruncle)와 융모막의 융모총(Cotyledon)이 결합하여 영양공급을 한다.

29 다음 그림은 자궁형태에 대한 모식도이다. 분열자궁형태로써 소, 산양의 자궁모식도는?

Ⅰ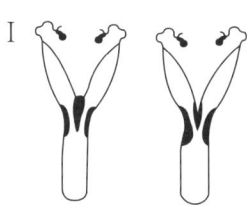

Ⅱ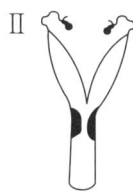

Ⅲ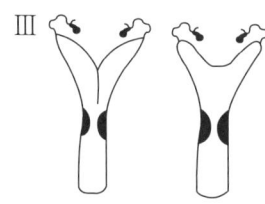

Ⅳ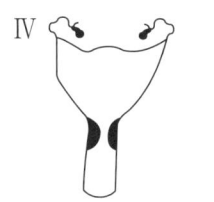

① Ⅰ
② Ⅱ
③ Ⅲ
④ Ⅳ

해설
포유류의 경우, 자궁은 크게 네 가지 형태로 나뉜다.
- 중복자궁 : 양쪽의 자궁이 유합되지 않고 독립하여 있다.
  예 설치류, 토끼류
- 분열자궁(양분자궁) : 자궁이 내벽으로 나뉘어져 있다.
  예 소, 말, 산양, 개, 고양이 등
- 쌍각자궁 : 자궁 아랫부분만 붙어 있고 뿔처럼 나뉘어져 있다.
  예 돼지
- 단자궁(단일자궁) : 전체가 유합되어 있다.
  예 사람, 영장류

30 암컷의 자궁형태가 축종별로 바르게 연결되지 않은 것은?
① 중복자궁 – 설치류
② 쌍각자궁 – 돼지
③ 분열자궁 – 소
④ 단일자궁 – 산양

해설
- 단일자궁 : 사람, 원숭이
- 분열자궁 : 소, 말, 산양, 개, 고양이

31 쌍각자궁(Bicornuate Uterus)의 형태를 가진 가축은?
① 소
② 돼 지
③ 토 끼
④ 산 양

32 닭의 경우 달걀의 형성 시 난각이 형성되는 생식기관은?
① 난관누두부
② 난백분비부
③ 난관협부
④ 자 궁

해설
자궁부 : 혈액 속의 칼슘이 분비되어 난각과 난각색소가 만들어지며, 가장 오래 머문다.

CHAPTER 02 생식세포의 형성과 생리

01 정자형성과 생리

1. 정자형성과정

(1) 정자의 형성

① 정자는 정자형성이라는 특수한 과정에 의거 세정관 상피에서 만들어진다.
② 정소 내에서 생식원세포는 체세포분열을 거듭하여 정원(정조)세포가 된다.
③ 정원세포는 계속 분열, 성장하여 제1정모세포가 된다.
④ 제1정모세포에서 제2정모세포가 되는 과정에서 감수분열이 일어난다.
⑤ 제1정모세포는 감수분열에 들어가 제1분열로 2개의 제2정모세포가 되고(2n → n), 제2분열로 4개의 정세포가 되며, 이들 정세포는 분화하여 편모를 갖는 정자가 된다.
   ※ 1개의 제1정모세포는 4개의 정자로 분화 발달된다.
⑥ 정자세포는 핵염색질의 농축, 정자의 미부의 발달과 같은 정자형성과정을 거쳐 정자가 된다.
⑦ 제1정모세포는 제1감수분열과 성숙분열을 통하여 X정자와 Y정자로 나누어지는 2차 정모세포가 된다.
   ※ 소의 경우 정조세포(정원세포)가 정자세포로 발달하는 데에는 45일 정도 소요된다.

[정자의 형성모식도]

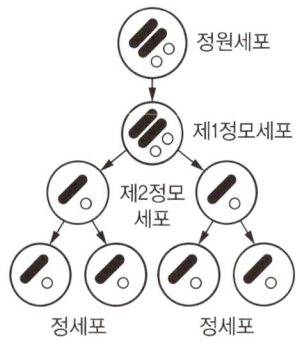

(2) 포유동물에서 정자의 완성과정

골지기 → 두모기 → 첨체기 → 성숙기

① **골지기** : 골지체 내에 PAS 양성의 전첨체과립이 형성되는 시기
② **두모기** : 첨체과립이 정자세포의 핵표면에 확산되는 시기
③ **첨체기** : 핵, 첨체 및 미부의 형태가 변화하는 시기, 수피상판(포켈상판 : Manchette)이 나타나는 시기
④ **성숙기** : 길어진 정자세포가 세정관강에 유리될 수 있는 형태로 바뀌는 시기
   ※ 성숙한 포유가축에서 정자형성이 가장 활발히 일어나는 최적의 온도 : 30~35℃

2. 정자의 형태와 구조

(1) 두 부

① 주로 핵으로 구성되어 있다.
② 염색체가 들어 있다. 즉, DNA(핵산의 한 종류로, 히스톤(Histone)단백질과 함께 염색체를 형성하며 유전자의 본체를 이루는 물질)를 함유하고 있다.
③ 암가축의 생식기관 내에서 수정능력을 획득할 때 주로 변화되는 부분이다.
   ※ **첨체** : 두부에서 아크로신(Acrosin), 히알루로니다아제(Hyaluronidase) 등을 함유하고 있다.

(2) 경 부

① 정자의 두부와 미부를 연결하는 부위이다.
② 수정 후 잘려 나간다.

(3) 미 부

① 정자의 운동기관으로 중편부, 주부, 종부로 구성되어 있다.
② **중편부** : 미토콘드리아가 있어 정자의 운동에 필요한 에너지를 합성하여 공급한다.
③ **주부** : 파동에 의하여 정자를 추진하는 역할을 한다.

3. 정자의 생리

(1) 정자의 운동성

정자의 운동성에 영향을 미치는 주성에는 주류성, 주화성, 주촉성, 주전성, 주지성이 있다.
① **주류성** : 정액의 흐름에 거슬러 이동하는 성질
② **주화성** : 질점액, 자궁점액, 난포액에 함유되어 있는 특정 화학성분의 방향으로 이동하는 성질
③ **주촉성** : 기포, 세균, 먼지 등의 접촉성 물질 주위로 이동하는 성질
④ **주전성** : 특정 전극의 방향으로 선택적으로 이동하는 성질
⑤ **주지성** : 중력을 중심으로 이동하는 성질

(2) 정자의 생존성과 운동성에 영향을 미치는 요인

사출된 정자의 생존성과 운동성에 결정적인 영향을 미치는 요소에는 온도(빛, 산소), pH, 삼투압, 전해질, 비전해질 등이 있다.
① **온 도**
  ㉠ 온도가 상승하면 대사활동의 증가로 운동성은 증가하고, 생존성은 감소한다(한계온도 초과 시 모두 감소).
  ㉡ 온도가 내려가면 운동성은 감소하고 생존성은 증가한다.
  ㉢ 초저온으로 동결하여 정자를 보관하면 대사활동의 정지로 반영구적 보존이 가능하다.
  ㉣ 정액을 급속도로 냉각하면 정자의 활력은 저하한다.
  ㉤ 직사광선은 정자의 활력을 일시적으로 증가시키지만 곧이어 유해하게 작용한다.
  ㉥ 정자의 운동성을 가장 정상적으로 유지하는 온도는 37~38℃이다.
② **pH**
  ㉠ 정자의 운동은 pH 7.0일 때 가장 활발하다.
  ㉡ 산성이나 염기성이면 정자의 운동성은 급격히 저하된다.
  ㉢ 정장에 존재하는 당류는 유기산으로 분해되어 pH가 산성으로 변할 경우 생존성이 감소된다.
  ㉣ 정액 보관 시 생존성을 높이기 위해서는 인산염, 구연산염, 중탄산염 등의 완충제를 첨가해야 한다.
③ **삼투압**
  ㉠ 생리적 범위 내에서 삼투압이 증가하면 정자의 운동성과 생존성이 증가한다.
  ㉡ 생리적인 삼투압의 범위를 벗어나면 정자세포가 손상되어 정자의 생존성과 운동성 모두 감소한다.

④ 전해질
　㉠ 칼륨, 마그네슘은 정자의 정상적인 기능을 수행하는 데 필요하다.
　㉡ 칼슘, 중금속, 고농도의 인은 정자의 운동을 억제 또는 유해하게 작용한다.
⑤ 비전해질
　㉠ 당과 같은 비전해질의 농도가 생리적 삼투압이 유지되는 수준에서 증가하면 운동성이 증가한다.
　㉡ 비전해질의 농도가 과도하게 증가하면 삼투압의 증가를 초래하여 정자세포가 손상된다.
　※ 비타민 A와 E의 결핍 시 정자생성이 심각하게 악화되고 정자형성 기능이 저하된다.

02　난자형성과 생리유전물질

1. 난자의 형성과정

(1) 난자의 형성

① 개체발생의 초기에 분화된 원시생식세포가 태아의 성이 암컷으로 되면 생식선융기가 난소로 발달되어 배아세포를 거쳐 난원세포가 된다.
② 난원세포는 태생기의 난소에서 유사분열을 반복하여 그 수가 증가되며, 곧이어 분열을 중지하고 성장기에 들어가 핵 및 세포질의 용적이 현저히 증가된다.
③ 난원세포(난조세포로 성장)가 분열을 끝내고 성장기에 들어가면 난모세포라고 부르는데, 난원세포(2n)는 제1난모세포(2n)로 변한 후 제1난모세포는 제2난모세포(n)와 제1극체로 나누어진다.
④ 난모세포는 두 번의 감수분열, 즉 제1성숙분열과 제2성숙분열을 거쳐서 난자(난자세포)가 된다.
⑤ 이때 제1성숙분열이 완료될 때까지를 제1차 난모세포라 하고, 제2성숙분열이 완료될 때까지를 제2차 난모세포라고 한다.
　※ 하나의 난모세포는 1개의 난자로 발달한다.
⑥ 제1극체의 방출시기 : 배란 직전 제1난모세포는 제1성숙분열로 염색체수가 반감되면서 제2난모세포가 되어 제1극체 방출한다(제1극체가 방출되는 시기 : 제2난모세포).
　※ 소의 난자가 배란되는 단계 : 제1극체 방출 후
⑦ 제2극체의 방출시기 : 배란 후 수정이 되면서(수정 직후) 제2성숙분열을 하고 제2극체를 방출한다.

⑧ 성숙한 포유가축의 난포에서 제2극체가 방출되는 난자의 제2차 성숙분열은 수정 직후 일어난다.
⑨ 원시생식세포는 난조세포, 1차 난모세포, 2차 난모세포로 분화되어 난자의 형태로 배란된다.
※ 소와 돼지에서 황체가 퇴행하기 시작하는 시기부터 배란이 일어나기까지의 기간에 해당하는 난포기(Follicular Phase)는 4~5일이다.

[난자의 형성모식도]

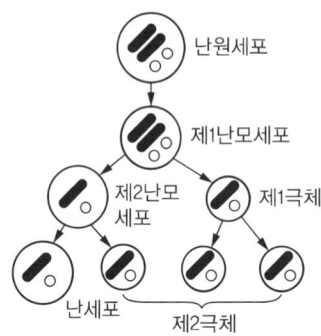

2. 난자의 구조 및 생리

(1) 난자의 구조

① 배란 직전의 난자는 여러 층의 과립세포(방사관)로 싸여 있다.
② 방사관은 투명대 바깥쪽에 형성되어 난자발육의 영양물질을 공급한다.
③ 난자의 나화란 배란 후 방사관세포가 제거되는 현상을 말한다.
④ 난자의 표면은 난황막과 투명대로 둘러싸여 있다.
⑤ 난자의 내부는 난황으로 차 있으나, 수정 후 난황의 수축으로 투명대와 난황막 사이에 위란강이라는 공간이 생기고 이 안에는 극체가 있다.
⑥ 난황은 핵, 미토콘드리아, 내형질세포, 골지체, 리보솜, 리소좀 등의 영양물질로 되어 있다.

(2) 난자의 생리

① 대부분 포유동물의 배란은 난모세포가 제2감수분열 중기상태에서 일어난다.
② 배란된 난자는 정자와 수정 후 제2성숙분열을 하고 제2극체를 방출한다.
③ 난모세포는 2차례의 감수분열을 거쳐 난자로 완성된다.
④ 다정자 침입방지를 위하여 난자는 투명대반응을 일으킨다.
⑤ 정자의 인지작용이 최초로 일어나는 장소는 투명대이다.

적중예상문제

CHAPTER 02　　PART 02 가축번식생리학

01 정자형성과정 중 X정자와 Y정자는 어느 과정에서 형성되는가?

① 유사분열과정
② 제1성숙분열과정
③ 제2성숙분열과정
④ 형태변성과정

해설

제1정모세포는 제1감수분열과 성숙분열을 통하여 X정자와 Y정자로 나누어지는 2차 정모세포가 된다.

02 다음 중 소의 정자형성에 관한 설명으로 틀린 것은?

① 정조(정원)세포가 정자세포로 발달하는 소의 경우 약 8개월이 소요된다.
② 정자세포는 핵염색질의 농축, 정자의 미부의 발달과 같은 정자형성과정을 거쳐 정자가 된다.
③ 제1정모세포에서 제2정모세포가 되는 과정에서 감수분열이 일어난다.
④ 정자는 정자형성이라는 특수한 과정에 의거 세정관 상피에서 만들어진다.

해설

소의 경우 정조세포가 정자세포로 발달하는 데에는 45일 정도 소요된다.

03 1개의 제1정모세포에서 생성되는 정자세포의 수는?

① 1개　　② 4개
③ 8개　　④ 16개

해설

정모세포

정자가 만들어질 때에는 감수분열이 일어난다. 즉, 제1정모세포가 감수분열 제1분열에 의하여 2개의 제2정모세포가 되고, 그 각각은 제2감수분열에 의해 2개씩의 정세포(精細胞)가 되어 결국 1개의 정모세포에서 4개의 정세포가 된다. 이 정세포는 복잡한 구조변화를 일으켜 각각 정자로 변한다.

04 포유동물에서 정자의 완성과정을 4단계로 나눌 수 있는데, 그 순서를 올바르게 나열한 것은?

① 골지기 – 두모기 – 첨체기 – 성숙기
② 골지기 – 첨체기 – 두모기 – 성숙기
③ 두모기 – 골지기 – 첨체기 – 성숙기
④ 두모기 – 첨체기 – 골지기 – 성숙기

정답 1② 2① 3② 4①

05 정자의 완성과정과 관계가 없는 것은?
① 골지기 ② 두모기
③ 첨체기 ④ 접합기

06 정자에서 유전자(DNA)를 함유하고 있는 부위는?
① 두부(Head)
② 경부(Neck)
③ 종부(Tail)
④ 중편부(Middle Piece)

해설
정자의 형태와 구조
- 두부 : 주로 핵으로 구성
  - DNA(핵산의 한 종류로, 히스톤단백질과 함께 염색체를 형성하며 유전자의 본체를 이루는 물질) 함유
- 경부 : 정자의 두부와 미부를 연결
- 미부는 중편부, 주부, 종부로 구성
  - 중편부 : 미토콘드리아가 있어 운동에 필요한 에너지를 합성하는 부위
  - 주부 : 파동에 의하여 정자를 추진하는 역할

07 정자가 암가축의 생식기관 내에서 수정능력을 획득할 때 주로 변화되는 부분은?
① 두 부 ② 중편부
③ 주 부 ④ 종 부

08 정자 두부에서 아크로신(Acrosin), 히알루로니다아제(Hyaluronidase)를 함유하고 있는 부위는?
① 핵(Nucleus)
② 핵막(Nuclear Membrane)
③ 첨체(Acrosome)
④ 세포막(Cell Membrane)

09 정자의 운동에 필요한 에너지(Energy)를 합성하여 공급하는 부위는?
① 두부(Head)
② 중편부(Middle Piece)
③ 주부(Main Piece)
④ 경부(Neck)

정답 5 ④ 6 ① 7 ① 8 ③ 9 ②

10 소의 정자에서 운동에 필요한 에너지를 합성하는 부위와 세포소기관은?

① 두부 – 골지체
② 경부 – 골지체
③ 중편부 – 미토콘드리아
④ 종부 – 미토콘드리아

11 사출된 정액에 들어 있는 정자의 생존성과 운동성에 결정적인 영향을 미치는 요인에 속하지 않는 것은?

① 습도, 계절
② 전해질, 온도
③ 산소량, 광선
④ pH, 삼투압

해설
정자의 생존성과 운동성에 결정적인 영향을 미치는 요소 : 온도(빛, 산소), pH, 삼투압, 전해질, 비전해질

12 정자의 생존성과 운동성에 영향을 미치는 요인이 아닌 것은?

① 정자의 운동은 pH 7.0일 때 가장 활발하다.
② 정자의 운동은 정장의 삼투압과는 영향이 없다.
③ 정액을 급속도로 냉각하면 정자의 활력은 저하한다.
④ 직사광선은 정자의 활력을 일시적으로 증가시키지만 곧이어 유해하게 작용한다.

해설
삼투압
- 생리적 범위 내에서 삼투압이 증가하면 정자의 운동성과 생존성이 증가한다.
- 생리적인 삼투압의 범위를 벗어나면 정자세포가 손상되어 정자의 생존성과 운동성이 모두 감소한다.

13 수가축에서 사출되는 정액 내 정장물질의 기능에 대한 설명으로 옳지 않은 것은?

① 정자를 운반하는 매체로 작용한다.
② 암컷의 질 내 사정된 정자를 보호한다.
③ 정자의 자가응집반응을 강화하여 수정능력을 높인다.
④ 정자의 운동성을 항진시킨다.

해설
정장 : 부생식선, 정소상체, 정관분비물의 혼합체로 정자의 운반, 보호 및 수정능력 억제의 기능을 가지고 있다.

14 다음 어떤 경우에 정자생성(Spermatogenesis)이 심각하게 악화되고 정자형성기능이 저하되는가?

① 비타민 A와 D의 결핍 시
② 비타민 A와 E의 결핍 시
③ 비타민 E와 K의 결핍 시
④ 비타민 K와 D의 결핍 시

15 정자의 운동성에 영향을 미치는 주성이 아닌 것은?

① 주류성
② 주촉성
③ 주기성
④ 주화성

해설

정자의 운동성 : 주류성, 주화성, 주촉성, 주전성, 주지성

16 암컷의 생식기관이 발생되는 과정에서 난소의 발생과 가장 관계가 깊은 것은?

① 중 신
② 생식선 융기
③ 생식 결절
④ 생식 추벽

해설

개체발생의 초기에 분화된 원시생식세포가 태아의 성이 암컷으로 되면 생식선융기가 난소로 발달되어 배아세포를 거쳐 난원세포가 된다.

17 출생 시 대부분 포유류의 난소에 존재하는 생식세포의 형태는?

① 난모세포
② 난조세포
③ 난자세포
④ 난낭세포

해설

난자형성과정

- 난원세포는 태생기의 난소에서 유사분열을 반복하여 그 수가 증가되며, 곧이어 분열을 중지하고 성장기에 들어가 핵 및 세포질의 용적이 현저히 증가된다.
- 난원세포(난조세포로 성장)가 분열을 끝내고 성장기에 들어가면 난모세포라고 부르는데, 난모세포는 두 번의 감수분열, 즉 제1성숙분열과 제2성숙분열을 거쳐서 난자(난자세포)가 된다.
- 이때 제1성숙분열이 완료될 때까지를 제1차 난모세포(난모세포)라 하고, 제2성숙분열이 완료될 때까지를 제2차 난모세포(난낭세포)라고 한다.

18 하나의 난모세포는 몇 개의 난자로 발달하는가?

① 1개
② 2개
③ 3개
④ 4개

19 난자생성과정에서 세포학적 염색체수가 2n인 단계는?

① 제1난모세포
② 제2난모세포
③ 성숙난자
④ 제2극체

해설
난원세포(2n)는 제1난모세포(2n)로 변한 후 제1난모세포는 제2난모세포(n)와 제1극체로 나누어진다.

20 제1, 2극체의 방출시기를 정확하게 표현한 것은?

① 제1극체 – 배란 직후, 제2극체 – 수정 직전
② 제1극체 – 배란 직전, 제2극체 – 수정 직후
③ 제1극체 – 배란 직후, 제2극체 – 수정 직후
④ 제1극체 – 배란 직전, 제2극체 – 수정 직전

해설
제1, 2극체의 방출시기
- 배란 직전 제1난모세포는 제1성숙분열로 염색체수가 반감되면서 제2난모세포가 되면서 제1극체 방출
- 배란 후 수정이 되면서 제2성숙분열을 하고 제2극체를 방출한다.

21 소의 난자가 배란되는 단계는?

① 난조세포
② 난모세포
③ 제1극체 방출 후
④ 제2극체 방출 후

22 난모세포의 발달과정에서 제1극체가 방출되는 시기는?

① 제1난모세포　② 제2난모세포
③ 성숙난자　　　④ 접합체

23 포유동물에서 배란시기에 도달한 난자의 발생단계는?

① 원시생식세포
② 난원세포
③ 제1차 난모세포
④ 제2차 난모세포

해설
난자의 발달단계
원시생식세포는 난조세포, 제1차 난모세포, 제2차 난모세포로 분화되어 난자의 형태로 배란된다.

정답 19 ① 20 ② 21 ③ 22 ② 23 ④

24 성숙한 포유가축의 난포에서 제2극체가 방출되는 난자의 제2차 성숙분열은 언제 일어나는가?
① 배란 직전
② 배란 직후
③ 수정 직전
④ 수정 직후

해설
배란 후 수정이 되면서 제2성숙분열을 하고 제2극체를 방출한다.

25 소와 돼지에서 황체가 퇴행하기 시작하는 시기부터 배란이 일어나기까지의 기간에 해당하는 난포기(Follicular Phase)는?
① 1~2일
② 4~5일
③ 7~8일
④ 10~11일

26 난자의 구조 중 정자의 인지작용이 최초로 일어나는 장소는?
① 난자세포막
② 투명대
③ 난구세포
④ 난포막

27 다음 중 난자의 생리에 대한 설명으로 옳지 않은 것은?
① 대부분 포유동물의 배란은 난모세포가 제2감수분열 중기상태에서 일어난다.
② 배란된 난자는 정자와 수정 후 제1극체가 형성된다.
③ 난모세포는 2차례의 감수분열을 거쳐 난자로 완성된다.
④ 다정자 침입방지를 위하여 난자는 투명대반응을 일으킨다.

해설
배란 후 수정이 되면서 제2성숙분열을 하고 제2극체를 방출한다.

28 수정 시 난자에서 다정자거부반응(多精子拒否反應)에 의하여 다정자 침입을 막는 곳은?
① 과립세포
② 투명대
③ 위란강
④ 핵 막

CHAPTER 03 번식에 관련된 내분비작용

PART 02 가축번식생리학

01 내분비의 개요

1. 내분비와 호르몬의 정의

(1) 내분비의 개념

① 몸 안에서 생긴 호르몬을 도관(導管)을 거치지 않고 직접 혈액이나 체액 속에 보내는 작용
② 동물체의 특정한 조직이나 기관에서 합성·분비된 물질(Hormone)이 특정한 도관을 거치지 않고, 직접 혈액이나 림프관를 타고 신체의 다른 부위(표적기관)로 운반되어 그 부위의 생리작용을 지배·조절하는 현상을 말한다.
  ※ 내분비선에서 분비되는 특수한 물질을 호르몬(Hormone)이라 하며, 호르몬의 지배를 받아 생리작용을 발휘하는 신체의 부위를 표적기관이라 한다.
③ 내분비선(Endocrine Gland)
  ㉠ 분비선(Secretory Gland) 가운데 분비물을 운반하는 도관이 없어서 분비물(Hormone)을 체액(혈액 및 림프) 중으로 방출하는 형태의 분비선을 말한다.
  ㉡ 포유동물의 내분비선에는 뇌하수체, 송과선, 흉선, 갑상선, 부갑상선, 부신, 췌장, 랑게르한스섬(Islet of Langerhans), 정소 및 난소 등이 있다.

(2) 호르몬의 개념 및 특성

① 호르몬(Hormone)의 개념
  ㉠ 신체의 특정한 기관이나 조직, 또는 조직 내의 세포에서 합성된 다음, 체액(혈액 및 림프액)을 타고 신체의 다른 부위로 운송되어 그 부위의 활동이나 생리적 과정에 특정한 영향을 미치는 특수한 유기화합물을 총칭하여 호르몬이라고 한다.
  ㉡ 호르몬은 구성성분에 따라 지질의 일종인 스테로이드계 호르몬과 단백질로 구성된 호르몬, 아미노산으로부터 유도된 아민계 호르몬으로 나누어진다.
② 호르몬의 특성
  ㉠ 내분비샘에서 생성, 분비되어 혈액을 따라 이동하다가 표적세포에만 작용한다.
  ㉡ 표적세포에는 수용체가 있어 호르몬에 특이적으로 반응한다.
  ㉢ 생성되는 장소와 작용하는 장소가 다르다.

ㄹ 특정조직이나 기관의 생리작용을 조절하는 화학물질이다.
　　ㅁ 특정수용체가 있고 반감기가 짧다.
　　ㅂ 극히 적은 양으로 효과를 나타내며, 분비량이 적정하지 못하면 결핍증이나 과다증이 나타난다.
　　ㅅ 생체의 생장과 생식기관의 발달 등의 변화를 일으키고, 항상성 유지에 관여한다.
　　ㅇ 새로운 생체반응을 유도하지 않는다.
　　ㅈ 종간 특이성이 없어서 척추동물의 경우 같은 내분비샘에서 분비된 호르몬은 같은 효과를 나타낸다. 즉, 인슐린의 경우 돼지의 인슐린을 사람에게 주사해도 같은 효과를 나타낸다.
　　ㅊ 호르몬에 의한 반응은 신경계에 비해 느리지만 지속적인 효과를 나타낸다.

2. 호르몬의 분류

(1) 호르몬의 기능상 2종류

① 생식관련 제1위적 호르몬(Primary Hormone of Reproduction)
생식활동을 직접조절 : 시상하부, 뇌하수체 전·후엽, 성선(정소, 난소), 태반

② 생식관련 제2위적 호르몬(Secondary Hormone of Reproduction)
다른 생식(번식)계통에 직·간접적으로 영향을 미쳐 생식활동을 조절

(2) 분비기관 중심 분류

① 뇌하수체 호르몬

　ㄱ 뇌하수체 전엽호르몬
- GH(Growth Hormone, Somatotrophin, 성장호르몬) : 조직 및 골격의 성장촉진
- Prolactin(유즙분비호르몬) : 유즙합성(비유촉진), 모성행동유발(취소성)
- TSH(Thyroid Stimulating Hormone) : Thyroxin의 분비자극 및 Iodine 섭취조절
- ACTH(Adrenocorticotropin, 부신피질자극호르몬) : Glucocorticoids 방출
- FSH(Follicle Stimulating Hormone, 난포자극호르몬)
- LH(Luteinizing Hormone, 황체형성호르몬)

　ㄴ 뇌하수체 후엽호르몬
- 바소프레신[Vasopressin, 항이뇨호르몬(Antidiuretic Hormone, ADH)] : 수분의 재흡수성 증가
- 옥시토신(Oxytocin) : 분만 시 자궁수축과 유즙배출 촉진

② 송과선호르몬 : 멜라토닌
③ 갑상선호르몬 : 타이록신, 3,5,3'-트라이아이오도타이로닌
④ 부갑상선호르몬 : 파라토르몬
⑤ 흉선호르몬
⑥ 부신호르몬 : 스테로이드호르몬(코르티솔, 알도스테론, 안드로겐), 카테골아민(에피네프린, 노르에피네프린)
⑦ 방절호르몬
⑧ 이자호르몬(랑게르한스섬호르몬) : 글루카곤, 인슐린, 소마토스타틴
⑨ 정소호르몬 : 안드로겐(테스토스테론)
⑩ 난소호르몬 : 에스트로겐, 프로게스테론
⑪ 태반호르몬 : 임마혈청성성선자극호르몬(PMSG), 임부태반융모성성선자극호르몬(hCG), 태반성락토겐(hPL)

(3) 화학적 성분별 호르몬의 분류

① 펩타이드호르몬(Peptide Hormone) : GnRH, 옥시토신
  ※ GnRH(Gonadotropin Releasing Hormone, **성선자극호르몬방출호르몬**) : 돼지나 면양에서 분리, 정제된다.
② 단백질호르몬 : LH(황체형성호르몬), FSH(난포자극호르몬), 인히빈(Inhibin), 프로락틴(Prolactin), 액티빈(Activin)
③ 스테로이드호르몬 : 성호르몬[테스토스테론(Testosterone), 에스트로겐(Estrogen), 프로게스테론(Progesterone)], 부신피질호르몬[코르티솔(Cortisol)]
④ 프로스타글란딘(Prostaglandin, PG) : 20개의 탄소로 구성된 불포화 수산화 지방산

3. 호르몬의 조절기전

(1) 피드백 기전에 의한 분비조절

① 정(正)의 피드백(Positive Feedback)
  ㉠ 정(+)의 메커니즘 : 하위기관에서 분비한 호르몬이 상위기관의 호르몬 분비를 촉진
  ㉡ 난소에서 분비되는 에스트로겐(Estrogen)이 시상하부의 배란 전 방출조절 중추를 자극하여 GnRH 분비를 유발시킴으로써 뇌하수체로부터 황체형성호르몬(LH)를 급격하게 방출시키는 조절기전이다.

ⓒ 성숙한 포유동물에서 배란 직전에 호르몬의 혈중농도가 급상승하여 배란을 유도하는 정(Positive)의 피드백작용을 하는 호르몬은 뇌하수체 호르몬인 황체형성호르몬과 난소호르몬인 에스트로겐이다.

ⓔ 암컷에서는 난소에 황체가 존재하면 황체에서 분비되는 프로게스테론에 의한 부(Negative)의 피드백기구가 발동되어 뇌하수체의 성선자극호르몬(GTH ; Gonadotropin) 분비가 억제된다. 그러나 발정주기의 진행과 더불어 황체가 퇴행되면 부의 피드백이 해제되어 난포가 발달하고, 따라서 에스트로겐이 분비되는데, 이 에스트로겐은 뇌하수체계에 정의 피드백작용으로 LH-급증(LH-Surge)을 유도한다.

② 부(負)의 피드백(Negative Feedback)

ⓐ 부(-)의 메커니즘 : 하위기관에서 분비한 호르몬이 상위기관의 호르몬 분비를 억제한다.

ⓑ 수컷에서는 뇌하수체 전엽에서 분비되는 황체형성호르몬(LH, ICSH)이 정소의 간질세포를 자극하여 Androgen의 분비를 자극하고, 분비된 안드로겐은 시상하부의 황체형성호르몬 방출호르몬(LHRH)의 분비를 억제함으로써 LH의 분비를 억제한다. 이와 같이 하위호르몬인 안드로겐에 의하여 상위호르몬인 LH의 분비가 억제되는 것을 부의 피드백이라 한다.

> **더 알아두기**
>
> - 피드백의 거리에 따른 분류
>   - 자가피드백(Auto Feedback) : ACTH나 FSH와 같이 뇌하수체 전엽에서 분비되는 호르몬이 직접 뇌하수체 전엽에 작용하여 자신의 분비기능을 조절하는 작용
>   - 단경로피드백(Short-Loop Feedback) : GTH 분비는 뇌하수체에서 분비되는 GTH가 직접 시상하부에 작동하는 피드백
>   - 장경로피드백(Long-Loop Feedback) : GTH의 자극으로 생식선에서 분비된 성스테로이드호르몬에 의한 피드백에 의하여 조절된다.
> - 성선자극호르몬(FSH와 LH)은 정(正) 또는 부(負)의 피드백과 단경로 또는 장경로피드백을 통한 조절기전에 의하여 분비가 조절된다.

(2) 특정대사산물에 의한 조절

① 호르몬의 작용을 받는 특정대사산물의 혈중농도가 호르몬의 분비를 조절한다.

② 혈액 중 칼슘이온농도는 부갑상선호르몬에 의해 조절된다. 부갑상선호르몬의 혈중농도가 상승하면 혈액 중 칼슘농도가 높아지고, 칼슘농도가 높아지면 부갑상선호르몬 분비가 억제되어 칼슘농도가 낮아진다.

(3) 신경에 의한 조절
   ① 교미 또는 자궁경에 대한 물리적 자극
   ② 흡유 또는 착유에 의한 유방의 물리적 자극 : 물리적 자극에 의해 신경계가 자극을 받으면, 신경계의 자극이 뇌하수체에 전달되어 호르몬 분비를 조절한다.

02 생식선 자극호르몬

[내분비선에서 생성되어지는 호르몬의 종류와 주요 작용]

내분비선	호르몬	주요 작용	조절자
뇌하수체 전엽	성장호르몬(GH)	성장과 대사기능촉진	시상하부호르몬
	갑상선자극호르몬(TSH)	갑상선의 타이록신 분비촉진	혈중 T_4의 농도
	부신피질자극호르몬(ACTH)	Glucocorticoid 분비촉진	Glucocorticoid
	난포자극호르몬(FSH)	난자 및 정자 생성촉진	시상하부호르몬
	황체형성호르몬(LH)	난소 및 정소자극, 배란촉진	시상하부호르몬
	프로락틴(Prolactin)	젖분비촉진	시상하부호르몬
뇌하수체 중엽	인터메딘(MSH)	양서류의 체색 진하게	시상하부호르몬
뇌하수체 후엽	옥시토신(Oxytosin)	자궁수축과 유선세포 자극	신경계
	바소프레신(ADH)	신장에서의 수분재흡수 증가	수분/염기 균형
송과체	멜라토닌(Melatonin)	하루 또는 계절적 리듬생활 조절에 관여	일조주기
갑상샘	타이록신(Thyroxine ; T_4)과 트라이아이오도타이로닌(Triiodothyronine ; T_3)	대사과정 유지 및 촉진	TSH
	칼시토닌(Calcitonin)	혈액 내 칼슘농도 감소	혈액 내 칼슘농도
부갑상샘	파라토르몬(PTH)	혈액 내 칼슘농도 증가	혈액 내 칼슘농도
가슴샘	사이모신(Thymosin)	T cell 발달촉진	모 름
부신피질	알도스테론(Aldosterone)	신장의 세뇨관에서 Na^+ 재흡수 및 K^+ 분비 촉진	혈액 내 K^+ 농도
	글루코코르티코이드(Glucocoriticoid)	혈당증가	ACTH
부신수질	에피네프린 또는 노르에피네프린	혈당량증가 : 대사촉진, 혈관수축, 혈압상승	신경계
이 자	글루카곤(Glucagon)	혈당증가	혈 당
	인슐린(Insulin)	혈당감소	혈 당
정 소	안드로겐(Androgen)	정자형성 촉진 : 남성의 2차 성징 발달 및 유지	FSH, LH
난 소	에스트로겐(Estrogen)	자궁속막 발달촉진, 배란촉진	FSH, LH
	프로게스테론(Progesterone)	배란억제, 임신유지	FSH, LH

1. 시상하부 호르몬

(1) 시상하부 호르몬의 개념
① 시상하부는 시상의 바로 밑에 있으며, 제3뇌실의 벽을 따라서 존재한다.
② 시상하부의 중요한 기능 중 하나는 뇌하수체를 경유하여 신경계와 내분비계를 연결하는 것이다.
③ 시상하부는 대사과정과 자율신경계의 활동을 관장한다.
④ 신경호르몬들을 합성하고 분비하며 이들은 차례로 뇌하수체 호르몬들의 분비를 자극하거나 억제한다.
⑤ ACTH, LH, FSH, TSH, GH, 프로락틴의 방출을 억제 또는 촉진하는 신경물질을 생성한다.

(2) 시상하부 호르몬의 종류
① 방출호르몬(RH)
　㉠ 성선자극호르몬방출호르몬(GnRH, GTH) - 황체형성호르몬방출호르몬(LHRH), 난포자극호르몬방출호르몬(FSHRH, FRH)] : LH 및 FSH의 분비촉진
　　※ FSH(난포자극호르몬)와 LH(황체형성호르몬)을 성선자극호르몬이라고도 한다.
　㉡ 갑상선자극호르몬방출호르몬(TRH) : TSH의 분비촉진
　㉢ 부신피질자극호르몬방출호르몬(CRH) : ACTH의 분비촉진
　㉣ 프로락틴방출호르몬(PRH) : Prolactin의 분비촉진
　㉤ 성장호르몬방출호르몬(GHRH) : GH의 분비촉진
② 억제호르몬(IH)
　㉠ 프로락틴억제호르몬(PIH) : Prolactin의 분비억제
　㉡ 성장호르몬억제호르몬(GHIH) : GH의 분비억제

2. 뇌하수체호르몬

(1) 뇌하수체호르몬의 개념
① 뇌하수체는 간뇌의 시상하부 아래에 위치한 작은 내분비기관이며, 2개의 엽(전엽과 후엽)으로 이루어져 있다.
② 뇌하수체 전엽은 구강 위쪽의 라트케낭으로부터 발생한 기관이며, 후엽은 태아의 신경세포로부터 발생한 기관이다.

③ 전엽은 5가지 다른 형태의 세포가 있어 각기 다른 호르몬을 합성하고 분비하며, 후엽은 신경조직으로 이루어져 신경세포에서 만들어진 신경분비물질을 잠시 저장하였다가 자극을 받으면 혈액 속으로 방출한다.
④ 뇌하수체호르몬의 분류
　㉠ 뇌하수체 전엽에서 분비되는 호르몬 : 성장호르몬(GH), 갑상선자극호르몬(TSH), 부신피질자극호르몬(ACTH), 난포자극호르몬(FSH), 황체형성호르몬(LH : 당단백질호르몬), 프로락틴 등의 호르몬
　㉡ 중엽에서 분비되는 호르몬 : 인터메딘(색소세포자극호르몬, MSH ; Melanocyte Stimulating Hormone) – 어류, 양서류, 파충류의 체색 변화
　㉢ 후엽에서 분비되는 호르몬 : 옥시토신, 바소프레신

(2) 뇌하수체호르몬의 생리작용
① 성장호르몬(GH ; Growth Hormone)
　㉠ 성장호르몬(Somatotropic Hormone, STH라 약기, Somatotropin이라고도 한다)은 뇌하수체 전엽에서 분비되는 펩타이드호르몬이다.
　㉡ 조직과 골격의 성장을 촉진하고 분만을 하면 모유 생산을 자극하기도 한다.
② 갑상선자극호르몬(TSH)
　㉠ 갑상선 성장을 자극하고 갑상선호르몬인 타이록신을 분비한다.
　㉡ 대사조절작용으로 임신 시 태아발달을 촉진한다.
③ 부신피질자극호르몬(ACTH)
　㉠ 신장 위쪽의 부신에서 분비를 조절한다.
　㉡ 부신피질호르몬 : 코르티솔, 코르티코스테론
④ 난포자극호르몬(FSH)
　㉠ 생식선을 자극하여 에스트로겐을 분비하고 난자와 정자가 자라는 것을 돕는다.
　㉡ 정소 간질세포를 자극하여 테스토스테론 분비, 정자형성을 촉진한다.
　㉢ 난포자극호르몬은 난포의 성장과 성숙을 자극한다.

난소에 대한 작용	• 난포의 발육촉진 • 난포액의 분비촉진 • 에스트로겐의 분비유도
정소에 대한 작용	원시생식세포의 분화촉진

⑤ 황체형성호르몬(LH)
- ㉠ 성호르몬인 에스트로겐, 프로게스테론, 테스토스테론 분비를 자극한다.
- ㉡ 배란 후 황체를 형성하고 프로게스테론 분비, 난포성숙, 에스트로겐 분비촉진, 정소에서 테스토스테론의 분비를 촉진한다.
- ㉢ 배란 직전에 급증하고 암가축의 배란을 유발한다.
- ㉣ 정소의 간세포를 자극하여 웅성호르몬인 안드로겐(Androgen)을 분비하게 하여 성욕을 자극한다.

※ FSH와 LH는 성선(정소, 난소)을 자극하기 때문에 성선자극호르몬이다.

⑥ 프로락틴(LTH, 최유호르몬, 황체자극호르몬)
- ㉠ 설치류 동물의 황체를 유지하는 호르몬이다.
- ㉡ 유선세포 발육, 유즙분비, 모성행동 유발(취소성, 모성애) 등

※ 유즙분비는 Prolactin, 유즙강화는 Oxytocin이 관여한다.

⑦ 옥시토신(Oxytocin)
- ㉠ 포유동물의 유선에서 유즙을 배출시키고 분만 시에 자궁근을 수축시켜 태아를 만출시키는 기능을 수행한다.
- ㉡ 분만 후 자궁의 수축과 유즙분비를 촉진시키는 뇌하수체 후엽호르몬이다.
- ㉢ 축산 분야의 응용에서 분만이 지연될 때 분만촉진제로서 또는 유즙의 유하(流下)를 유도하기 위하여 사용되기도 하는 Peptide계 호르몬이다.

※ 자궁근육의 강한 수축을 위해서는 Estrogen의 자극이 있어야 한다.

⑧ 바소프레신(Vasopressin, ADH)
  신장에서 수분재흡수를 촉진시키고 체내 수분보유를 증가시키는 항이뇨호르몬이다.

3. 태반성호르몬

(1) 태반성호르몬의 개념
① 임신한 포유동물의 태반이나 자궁내막에서는 태반호르몬을 분비하는 호르몬이다.
② 태반호르몬에는 임마혈청성성선자극호르몬, 융모성성선자극호르몬, 태반성락토겐 등이 있다.

(2) 태반성호르몬의 생리적 작용
① 임마혈청성성선자극호르몬(PMSG ; Pregnant Mare's Serum Gonadotropin)
- ㉠ 젖소의 난소에서 난포가 발육되지 않아 무발정이 계속될 때 치료제로서 가장 적합한 호르몬이다.

　　　　ⓛ 태반에서 분비되는 호르몬이다.
　　　　ⓒ 난포자극호르몬(FSH)의 대용으로 자주 쓰이는 호르몬이다.
　　　　ⓔ 난포발육, 배란, 황체형성, 성욕증진, 간질세포 발달에 관여한다.
　　② 임부태반융모성성선자극호르몬(hCG ; human Chorionic Gonadotropin)
　　　　㉠ 난소를 자극하여 배란을 유도하며 황체를 형성하여 황체세포로부터 프로게스테론의 분비를 증가시키는 역할을 한다.
　　　　ⓛ 임신한 여자의 태반에서 분비되는 호르몬으로서 LH와 유사한 생리적 작용을 한다.
　　　　ⓒ 가축의 난소위축, 난소낭종, 발정미약, 배란장애 등 번식장애의 치료에 임상학적으로 널리 이용된다.
　　③ 태반성락토겐(hPL ; human Placental Lactogen)
　　　　㉠ GH와 유사한 작용을 한다.
　　　　ⓛ 태아성장과 유즙분비를 촉진한다.
　　　　※ 난소에서 난포를 완전히 발육시켜 배란이 일어나는 데까지 필요한 호르몬 : FSH, LH

03　생식선호르몬

> **더알아두기**
>
> 생식선호르몬의 개념
> - 유의어로 생식소, 생식선, 성샘, 성선이 있다.
> - 수컷의 생식샘은 고환이며 암컷의 생식샘은 난소이다. 여기서 생산되는 물질인 생식체는 반수체 생식세포이다. 예를 들어 정자와 난자세포는 생식체이다.
> - 성선에서는 성스테로이드호르몬으로 웅성호르몬(테스토스테론), 난포호르몬(에스트로겐), 황체호르몬(프로게스테론)이, 단백질호르몬으로 릴랙신, 인히빈, 액티빈 등이 분비된다.

1. 웅성호르몬(Androgen)

(1) 웅성호르몬의 개념

　① 웅성호르몬의 작용을 나타내는 물질에 대하여 총괄적으로 안드로겐(Androgen)이라고 부른다.
　② 테스토스테론(Testosterone)은 생리적 활성이 가장 높은 스테로이드계의 웅성호르몬이다.

(2) 웅성호르몬의 생리적 작용

① 정소에서 분비되는 호르몬으로 정자의 형성에 관여
② 태아의 성분화 및 정소하강
③ 웅성의 부생식기관(정소상체, 정관, 음낭, 전립선, 정낭선, 요도구선, 포피)의 성장과 기능발현
④ 수컷의 제2차 성징발현
⑤ 세포의 질소 축적에 의한 근골격의 성장
⑥ 음낭 내의 온도 조절작용

※ 수컷의 포유동물에서 정자형성에 관계가 있는 호르몬
안드로겐, 황체형성호르몬(LH), 성선자극호르몬(Gonadotropin)

2. 자성호르몬(에스트로겐, 프로게스테론)

(1) 자성호르몬의 개념

① 척추동물의 난소 안에 있는 난포에서 분비되는 자성(雌性)호르몬에는 에스트로겐과 프로게스테론의 2종류가 있다.
② 에스트로겐(Estrogen)은 암컷의 동물에서 발정을 일으키는 일군의 자성(여성)호르몬으로 발정호르몬・난포호르몬・여포호르몬이라고도 한다.
③ 프로게스테론(Progesterone)은 주로 난소의 황체나 태반・부신피질・고환에서 내분비되는 스테로이드계 호르몬으로 황체호르몬이라고도 한다.

(2) 자성호르몬의 생리적 작용

① 에스트로겐
  ㉠ 난포호르몬은 발정을 유발하는 기능이 있기 때문에 암가축의 발정징후와 직결되는 호르몬이다.
  ㉡ 에스트로겐은 난소에서 분비되는 호르몬이다. 즉, 난포호르몬은 난소에서 주로 합성되며 태반, 부신, 정소에서도 합성되지만 양은 그리 많지 않다.
  ㉢ 생리적 활성이 가장 큰 대표적인 난포호르몬은 Estradiol-17β이다.
    ※ 난포 속에는 에스트론(Estrone)・17β-에스트라디올(17β-Estradiol)・에스트리올(Estriol)이 있고, 이 중 17β-에스트라디올이 분비량・생물활성 모두 가장 높다.
  ㉣ 유선관계의 발달, 제2차 성징의 발현 등에 관여한다.
    ※ **유선발육에 관여하는 호르몬** : 난포호르몬(Estrogen), 황체호르몬(Progesterone), 프로락틴(Prolactin) 등
    ※ 유선관계의 발육은 Estrogen, 유선포계의 발달은 Progesterone의 지배를 받는다.

② 프로게스테론(Progesterone)
　㉠ 난소의 황체에서 주로 분비되는 황체호르몬이다.
　㉡ 배반포의 착상에 필요한 자궁의 준비적 변화를 유발하고, Collagen의 합성을 촉진하는 Protocollagen Hydroxylase의 활성을 증대시킴으로써 임신에 따른 자궁의 비대에 필요한 교원질을 공급해 주는 기능을 한다.
　㉢ 착상, 임신유지, 자궁액의 분비증대, 유선자극, 유선포계의 발달 등 생리작용을 한다.
　㉣ 수정란의 착상과 임신의 유지에 적합하도록 부생식기관의 기능발현을 조절하는 성선자극 호르몬이다.
　㉤ 임신 중 옥시토신(Oxytocin)의 자궁수축작용이 일어나지 못하게 하는 호르몬이다.
　㉥ 분만이 개시될 때 프로게스테론의 분비가 상대적으로 감소한다.
　㉦ 높은 농도의 프로게스테론은 시상하부를 통한 부(-)의 피드백작용으로 FSH(난포자극호르몬)와 LH(황체형성호르몬)의 분비를 억제하므로 발정과 배란을 억제한다.

※ 임신과 가장 관계 있는 호르몬 : 황체호르몬(Progesterone, Progestogen, Progestin, Gestagen)
※ 성호르몬 일람표

구 분	생산부위	주요 생리적 작용
안드로겐	정소간질세포	수컷 부생식기자극, 정자형성촉진, 동화작용
에스트로겐	난소(태반, 정소)	암컷 부생식기자극, 발정유지
프로게스테론	난소(태반)	암컷 부생식기자극, 착상작용, 임신유지
생식선자극호르몬	-	-
난포자극호르몬(FSH)	뇌하수체 전엽	난포발육, 세정관자극
황체형성호르몬(LH)	뇌하수체 전엽	배란, 황체형성, 간질자극성 Steroid 분비촉진
프로락틴(LTH)	-	유선비유자극, 게스타겐 분비
태반융모성생식선자극호르몬(hCG)	사람, 태반, 융모막	LH와 같은 작용, 황체기능 보강
임마혈청성생식선자극호르몬(PMSG)	임신과 태반(내막반)	FSH 및 LH와 같은 작용, 부황체 형성
태반성황체자극호르몬	태반(흰쥐, 사람)	프로락틴과 같은 작용, 황체기능보강
뇌하수체후엽호르몬(Oxytocin)	뇌하수체 후엽	자궁근 수축, 젖 분비
기 타 황체퇴행인자(Relaxin)	자궁내막 황체 및 임신자궁	황체 퇴행, 산도 개장, 골반인대 이완, 자궁운동 억제

04 기타 번식 관련 호르몬

1. 프로스타글란딘

(1) 프로스타글란딘(Prostaglandin, PG)의 개념
  ① 프로스타글란딘은 프로스탄산 골격을 가지는 일련의 생리활성물질을 말한다.
  ② 아라키돈산에서 생합성되는 에이코사노이드의 하나로 다양하며, 생리활성을 갖는다.
  ③ 프로스타글란딘과 트롬복산을 아울러 프로스타노이드라고 일컫는다.

(2) 프로스타글란딘의 생리작용
  ① 교배 시 수컷 및 암컷의 생식도관을 수축시켜 정자의 수송을 촉진한다.
  ② 성주기를 반복하는 동물에서 자궁은 $PGF_{2\alpha}$를 분비하여 황체의 수명을 조절한다.
  ③ 분만기에 분비된 $PGF_{2\alpha}$는 황체를 퇴행시키고 자궁근 및 위와 장도관 내 윤활근의 수축을 자극하므로 분만 시에 분만촉진제로서의 역할을 한다.
  ④ 포유가축에서 발정의 동기화, 분만시기의 인위적 조절 및 번식장애의 치료에 광범위하게 사용되는 호르몬이다.
  ⑤ 분만관리의 편리성을 위하여 분만을 인위적으로 유도하는 데 이용된다.
  ⑥ 난소에 황체낭종이 발생하여 발정이 일어나지 않을 경우 치료제로서 가장 적합하다.
  ⑦ 임신 말기에 주사하여 분만을 유기할 수 있는 호르몬제이다.
    ㉠ 임신 말기의 돼지에서 분만유기를 위하여 주로 사용되는 호르몬 : $PGF_{2\alpha}$, Dexamethasone
    ㉡ 가축에게 프로스타글란딘을 투여했을 때 가장 현저하게 감소하는 혈중호르몬 : 프로게스테론(황체호르몬)

  ※ 분만 시 작용하는 호르몬
    • Estrogen의 분비가 증가한다.
    • Prostaglandin의 분비가 증가한다.
    • Progesterone의 분비가 감소한다.
    • 태아의 Cortisol이 증가한다.

2. 릴랙신, 인히빈

(1) 릴랙신(Relaxin)

① 임신기의 암컷에서 분비되는 Polypeptide호르몬으로서 주로 임신황체에서 분비되지만 말, 토끼, 고양이 및 원숭이 같은 동물에서는 태반에서도 분비된다.
② 릴랙신이 기능을 발휘하기 위해서는 난포호르몬의 선행작용이 있어야 한다.
③ 난포호르몬의 전처리를 받은 릴랙신은 치골결합을 분리시켜 태아가 용이하게 골반을 통과하도록 한다.
④ 난포호르몬과 협동하여 유선발육을 촉진시킨다.
⑤ 릴랙신은 임신 중 태반이나 자궁내막에서 분비되는 단백질계 호르몬이다.
⑥ 릴랙신은 난포벽에 있는 결합조직을 붕괴시켜 배란을 유도하는 생리작용도 있다.
⑦ 임신 시에는 릴랙신과 프로게스테론과 공동작용으로 자궁근의 수축을 억제하여 임신을 유지시키며, Estradiol과 동시에 투여하면 유선의 성장을 촉진시킨다.

(2) 인히빈(Inhibin)

① 암컷에서는 포상난포의 과립막세포에서 수컷에서는 정소의 세르톨리세포에서 분비되는 호르몬으로서 뇌하수체의 FSH에 의하여 분비가 자극된다.
② 생리작용은 시상하부-뇌하수체축에 부(負)의 Feedback의 작용으로 FSH의 분비를 억제한다. 그러나 LH의 분비에는 영향을 미치지 못한다.
③ 뇌하수체에서 FSH와 LH가 분비될 때 서로 다른 분비양식의 유지가 부분적으로 가능하다.
④ 인히빈은 암컷의 난포형성과정의 후반부에 많이 분비되는데, 배란 직전에 일어나야 하는 FSH의 합성과 분비의 억제를 유발한다.
⑤ 수컷에서 왕성한 조정작용이 이루어질 때 인히빈의 분비가 급격히 증가하여 FSH 분비가 억제되어 정자형성이 억제되며, 뒤이어 인히빈의 분비가 저하되면 정자형성이 재개된다. 따라서 조정작용이 왕성한 수컷에서는 인히빈의 농도가 낮고, 정자형성장애가 있는 수컷에서는 인히빈의 농도가 증가한다.

CHAPTER 03 적중예상문제

PART 02 가축번식생리학

01 가축의 성 성숙과정을 지배하는 내분비 상호작용은?

① 대뇌 - 시상하부 - 뇌하수체
② 시상하부 - 뇌하수체 - 성선
③ 뇌하수체 - 성선 - 생식세포
④ 대뇌 - 뇌하수체 - 생식세포

해설
번식에 관여하는 호르몬의 주요 합성부위는 시상하부, 뇌하수체 및 성선으로 각각의 기관에서 합성된 호르몬은 표적세포에 단독 혹은 복합적으로 작용해 번식생리를 조절한다.

02 다음 중 가축의 번식에 직접 관여하는 호르몬들을 분비하는 기관들만을 묶어 놓은 것은?

① 뇌하수체, 사구체, 정소
② 사구체, 정소, 난소
③ 정소, 뇌하수체, 난소
④ 난소, 뇌하수체, 사구체

03 화학적 구조에 따른 호르몬의 분류 중 스테로이드계에 해당되는 것은?

① Dopamine
② Cortisol
③ Relaxin
④ Oxytocin

해설
코르티솔(Cortisol)은 부신피질에서 분비하는 스테로이드계 호르몬이다.

04 다음 중 스테로이드호르몬은?

① 옥시토신　② 바소프레신
③ 테스토스테론　④ 프로스타글란딘

해설
스테로이드계 호르몬 종류 : 성호르몬, 부신피질호르몬

정답　1 ②　2 ③　3 ②　4 ③

05 다음 중 성스테로이드호르몬에 해당하는 것은?
① 갑상선자극호르몬
② 프로게스테론
③ 프로락틴
④ 부신피질자극호르몬

해설
성스테로이드호르몬 : 테스토스테론, 에스트로겐, 프로게스테론

06 성선(性腺)에서 분비되는 호르몬 중 스테로이드호르몬이 아닌 것은?
① Testosterone   ② Relaxine
③ Estrogen   ④ Progesterone

해설
릴랙신, 인히빈, 액티빈은 성선(性腺)에서 분비되는 호르몬 중 단백질호르몬이다.

07 ACTH나 FSH와 같이 뇌하수체 전엽에서 분비되는 호르몬이 직접 뇌하수체 전엽에 작용하여 자신의 분비기능을 조절하는 작용은?
① Positive Feedback
② Negative Feedback
③ Auto Feedback
④ Ultra-Short Feedback

08 난소에서 분비되는 에스트로겐(Estrogen)이 시상하부의 배란 전 방출조절중추를 자극하여 GnRH 분비를 유발시킴으로써 뇌하수체로부터 LH를 급격하게 방출시키는 조절기전을 무엇이라 하는가?
① 정(正)의 피드백(Positive Feedback)
② 부(負)의 피드백(Negative Feedback)
③ 신경–체액의 조절기전
④ 단경로피드백(Short Loop Feedback)

해설
피드백 메커니즘
• 부(-)의 메커니즘 : 하위기관에서 분비한 호르몬이 상위기관의 호르몬 분비를 억제
• 정(+)의 메커니즘 : 하위기관에서 분비한 호르몬이 상위기관의 호르몬 분비를 촉진

09 성숙한 포유동물에서 배란 직전에 호르몬의 혈중농도가 급상승하여 배란을 유도하는 정(Positive)의 피드백작용을 하는 뇌하수체호르몬과 난소호르몬을 올바르게 연결한 것은?
① 난포자극호르몬(FSH) – 에스트로겐(Estrogen)
② 황체형성호르몬(LH) – 에스트로겐(Estrogen)
③ 난포자극호르몬(FSH) – 프로게스테론(Progesterone)
④ 황체형성호르몬(LH) – 프로게스테론(Progesterone)

해설
정(正)의 피드백(Positive Feedback)
난소에서 분비되는 에스트로겐(Estrogen)이 시상하부의 배란 전 방출조절 중추를 자극하여 GnRH 분비를 유발시킴으로써 뇌하수체로부터 LH를 급격하게 방출시키는 조절기전

정답 5 ② 6 ② 7 ③ 8 ① 9 ②

10 다음 중 시상하부에서 주로 분비되는 호르몬은?

① LTH ② FSH
③ LHRH ④ ACTH

해설
호르몬의 종류

뇌하수체 호르몬	전엽	GH, TSH, ACTH, FSH, LH, LTH
	중엽	인터메딘(MSH)
	후엽	옥시토신, 바소프레신
성선호르몬		웅성호르몬, 난포호르몬, 황체호르몬, 릴랙신, 인히빈 등
태반호르몬		PMSG, hCG, hPL 등
시상하부 호르몬	방출호르몬 (RH)	GnRH · GTH, LHRH, FRH · FSHRH, TRH, CRH, PRH, GHRH
	억제호르몬 (RIH)	프로락틴억제호르몬, 성장호르몬억제호르몬

11 성장호르몬(GH), 갑상선자극호르몬(TSH), 부신피질자극호르몬(ACTH), 난포자극호르몬(FSH) 등의 호르몬이 분비되는 곳은?

① 시상하부
② 뇌하수체 전엽
③ 뇌하수체 중엽
④ 뇌하수체 후엽

해설
뇌하수체 전엽에서 분비되는 호르몬
성장호르몬(GH), 갑상선자극호르몬(TSH), 부신피질자극호르몬(ACTH), 난포자극호르몬(FSH), 황체형성호르몬(LH), 프로락틴 등의 호르몬

12 뇌하수체 전엽에서 분비되는 당단백질 호르몬은?

① 황체형성호르몬(LH)
② 임마혈청성성선자극호르몬(PMSG)
③ 임부융모성성선자극호르몬(hCG)
④ 옥시토신

13 정소의 간세포(間細胞)를 자극하여 웅성호르몬인 안드로겐(Androgen)을 분비하게 하여 성욕을 일으키게 하는 호르몬은?

① FSH(난포자극호르몬)
② LH(황체형성호르몬)
③ hCG(태반융모성생식선자극호르몬)
④ PMSG(임마혈청성생식선자극호르몬)

14 설치류 동물의 황체를 유지하는 호르몬은?

① 안드로겐 ② 프로락틴
③ 옥시토신 ④ 인슐린

15 뇌하수체 전엽에서 분비되지 않는 호르몬은?
① 프로락틴호르몬
② 옥시토신호르몬
③ 황체형성호르몬
④ 난포자극호르몬

16 다음 중 젖소 착유 시 유즙분비를 촉진시키는 뇌하수체 후엽 호르몬은?
① 에스트로겐 ② 프로게스테론
③ 프로락틴   ④ 옥시토신

17 포유동물의 유선에서 유즙을 배출시키고 분만 시에 자궁근을 수축시켜 태아를 만출시키는 기능을 수행하는 호르몬은?
① 프로게스테론(Progesterone)
② 성선자극호르몬방출호르몬(GnRH)
③ 옥시토신(Oxytocin)
④ 안드로겐(Androgen)

18 다음 중 유즙분비와 유즙강화(Milk Letdown)에 관여하는 호르몬을 올바르게 연결한 것은?
① 유즙분비 : FSH
   유즙강화 : Progesterone
② 유즙분비 : Prolactin
   유즙강화 : Progesterone
③ 유즙분비 : FSH
   유즙강화 : Oxytocin
④ 유즙분비 : Prolactin
   유즙강화 : Oxytocin

19 임신한 포유동물의 태반이나 자궁내막에서는 태반호르몬을 분비하는데 다음 중 여기에 해당되지 않는 것은?
① LH
② PMSG
③ hCG
④ Placental Lactogen

해설

태반호르몬
- 임마혈청성성선자극호르몬(PMSG)
- 임부융모성성선자극호르몬(hCG)
- 태반성락토겐(HPL)
※ 황체형성호르몬(LH)은 뇌하수체 호르몬이다.

정답 15 ② 16 ④ 17 ③ 18 ④ 19 ①

20 태반에서 분비되는 호르몬은?
① 갑상선자극호르몬방출호르몬(TRH)
② 임마혈청성성선자극호르몬(PMSG)
③ 테스토스테론(Testosterone)
④ 황체형성호르몬(LH)

21 포유가축의 정소나 난소를 표적기관으로 하여 그 기능을 지배하는 성선자극호르몬이 아닌 것은?
① 난포자극호르몬(FSH)
② 황체형성호르몬(LH)
③ 프로게스테론(Progesterone)
④ 프로락틴(Prolactin)

해설
프로게스테론은 수정란의 착상과 임신의 유지에 적합하도록 부생식기관의 기능발현을 조절하는 성선자극호르몬이다.

22 난소에서 난포를 완전히 발육시켜 배란이 일어나는 데까지 필요한 호르몬은?
① Progesterone, LH
② FSH, LH
③ Progesterone, FSH
④ Estrogen, Prolactin

해설
가축의 번식단계와 호르몬
- 성결정 : 에스트로겐, 난포자극호르몬(FSH)
- 성 성숙 : 에스트로겐(자), 테스토스테론(웅)
- 발정 : 에스트로겐, 테스토스테론
- 정자생성 : 난포자극호르몬(FSH), 테스토스테론
- 배란 : FSH, LH(황체형성호르몬)
- 임신 : 프로게스테론
- 분만 : 프로스타글란딘, 옥시토신, 릴랙신
- 비유 : 옥시토신, 프로락틴

23 정자형성과 난포발육에 관계하는 호르몬은?
① 황체형성호르몬(LH)
② 프로게스테론(Progesterone)
③ 임부융모성성선자극호르몬(hCG)
④ 난포자극호르몬(FSH)

24 FSH의 생리작용에 해당하는 것은?
① 난포발육자극 ② 황체발육자극
③ 태아발육자극 ④ 태반발육자극

해설
난포자극호르몬(FSH)

난소에 대한 작용	• 난포의 발육촉진 • 난포액의 분비촉진 • 에스트로겐의 분비유도
정소에 대한 작용	원시생식세포의 분화촉진

25 난포자극호르몬의 생리작용에 대하여 바르게 설명한 것은?
① 난포의 성장과 성숙을 자극한다.
② Oxytocin의 분비를 자극한다.
③ 성장호르몬 분비를 자극한다.
④ 정자형성에는 관여하지 않는다.

20 ② 21 ③ 22 ② 23 ④ 24 ① 25 ①

26 난포자극호르몬(FSH)의 대용으로 자주 쓰이는 호르몬은?

① 황체형성호르몬(LH)
② 임부융모성성선자극호르몬(hCG)
③ 최유호르몬(LTH)
④ 임마혈청성성선자극호르몬(PMSG)

27 성선자극호르몬인 FSH와 LH의 생리작용과 유사한 작용을 하는 태반호르몬들을 서로 바르게 연결한 것은?

① FSH – GnRH, LH – hCG
② FSH – PMSG, LH – GnRH
③ FSH – PMSG, LH – hCG
④ FSH – hCG, LH – PMSG

해설

태반호르몬의 생리적 기능

종류	생리적 기능	응용
PMSG(임마혈청성성선자극호르몬)	FSH(난포자극호르몬)와 유사	난포발육
hCG(임부융모성성선자극호르몬)	LH(황체형성호르몬)와 유사	배란
hPL(태반성 락토겐)	GH 및 LTH와 유사	발육, 유즙분비

28 젖소의 난소에서 난포가 발육되지 않아 무발정이 계속될 때 치료제로서 가장 적합한 호르몬은?

① Progesterone
② Prostaglandin $F_{2\alpha}$
③ Prolactin
④ PMSG

29 태반성 호르몬으로 LH의 작용과 비슷하여 난소를 자극하여 배란을 유도하며 황체를 형성하여 황체세포로부터 프로게스테론의 분비를 증가시키는 역할을 하는 호르몬은?

① PMSG   ② hCG
③ FSH   ④ $PGF_{2\alpha}$

30 가축의 난소위축, 난소낭종, 발정미약, 배란장애 등 번식장애의 치료에 임상학적으로 널리 이용되는 호르몬(Hormone)은?

① 난포자극호르몬(FSH)
② 황체형성호르몬(LH)
③ 임부태반융모성생식선자극호르몬(hCG)
④ 임마혈청성생식선자극호르몬(PMSG)

정답 26 ④ 27 ③ 28 ④ 29 ② 30 ③

31 생식선을 표적으로 하는 호르몬은?

① 성스테로이드호르몬
② 릴랙신(Relaxin)
③ 뇌하수체 후엽 호르몬
④ 생식선자극호르몬(GTH)

32 다음 중 성선자극호르몬(GTH)에 대한 설명으로 옳지 않은 것은?

① 난포자극호르몬(FSH)은 난소에서 난포 발달을 촉진한다.
② 황체형성호르몬(LH)은 암가축의 배란을 유발하며, 황체형성 기능을 갖고 있다.
③ 성선에 작용하는 스테로이드(Steroid)계 호르몬이다.
④ 황체형성호르몬(LH)은 수가축의 고환에서 테스토스테론의 합성을 촉진한다.

해설
성선에서는 성스테로이드호르몬 이외에 단백질 호르몬으로 릴랙신, 인히빈, 액티빈 및 뮐러관 억제물질 등도 분비한다.

33 성선자극호르몬(Gonadotropin, GTH)의 생리적 기능이 아닌 것은?

① 난포성숙   ② 배 란
③ 황체형성   ④ 2차 성징

해설
성선자극호르몬은 난소, 정소와 같은 성선에서 분비되는 호르몬으로써 생리적으로 난포성숙, 배란, 황체형성 등 부생식기관의 발달이 이루어지며, 제2차 성징의 발현(가슴 발육, 음경 발달) 및 수컷의 성욕과 암컷의 발정을 유발하며 임신유지에 대해서도 물리화학적으로도 중요한 역할을 한다.

34 수컷의 포유동물에서 정자형성에 관계가 없는 호르몬은?

① 안드로겐
② 황체형성호르몬(LH)
③ 성선자극호르몬(Gonadotropin)
④ 바소프레신(Vasopressin)

해설
바소프레신은 신장에서 수분 재흡수를 촉진시키고 체내 수분보유를 증가시키는 항이뇨호르몬이다.

정답 31 ④ 32 ③ 33 ④ 34 ④

35 웅성호르몬(Androgen)의 생리작용에 대하여 바르게 설명한 것은?

① 발정 및 배란에 관여한다.
② 정자의 형성에 관여한다.
③ 태아의 성분화에는 영향을 미치지 않는다.
④ 수컷의 2차 성징과는 무관하다.

36 정소에서 분비되는 Androgen의 기능이 아닌 것은?

① 수컷의 제2차 성징발현
② 세포의 질소축적에 의한 근골격의 성장
③ 음낭 내의 온도조절작용
④ 암컷에서 LH의 분비촉진 및 FSH 분비억제

37 성선호르몬인 안드로겐(Androgen)의 생리작용이 아닌 것은?

① 태아의 성분화
② 웅성부생식기관의 발달과 기능발현
③ 2차 성징발현
④ 수정란의 착상과 임신유지

38 수가축에 있어서 춘기발동을 일으키는 직접적인 원인이 되는 호르몬은?

① 난포자극호르몬(FSH)과 테스토스테론(Testosterone)
② 황체형성호르몬(LH)과 테스토스테론(Testosterone)
③ 황체형성호르몬방출호르몬(LHRH)과 테스토스테론(Testosterone)
④ 에스트로겐(Estrogen)과 테스토스테론(Testosterone)

해설
웅축의 춘기발동은 FSH와 Testosterone의 분비상승에 기인한다.

39 수컷(雄性)의 2차 성징을 발현시키는 호르몬은?

① 에스트로겐 ② 프로게스테론
③ 테스토스테론 ④ 옥시토신

해설
웅성호르몬인 테스토스테론은 수컷의 부생식기(정소상체, 정관, 음낭, 전립선, 정낭선, 요도구선, 포피)의 성장, 발육과 그 분비기능을 증진시킬 뿐만 아니라 제2차 성징을 발현시키고 성행동이나 성욕을 유발하는 등 수컷의 번식작용에 매우 광범위하게 영향을 미친다.

40 수컷에서 부생식기관을 유지시키고 제2차 성징을 발현시킬 뿐만 아니라 정자의 형성에도 직접적으로 관여하는 호르몬은?

① LH
② hCG
③ Testosterone
④ Progesterone

정답 35 ② 36 ④ 37 ④ 38 ① 39 ③ 40 ③

41 테스토스테론(Testosterone)을 분비하는 세포는?

① 임신황체세포
② 난소수질세포
③ 세르톨리세포
④ 라이디히세포

해설

간질세포라 불리는 라이디히세포(Leydig Cell)는 세정관 사이에 존재하면서, 뇌하수체 전엽에서 생성되는 황체형성호르몬(LH)의 자극을 받아 웅성호르몬인 테스토스테론을 분비한다.

42 암가축의 발정징후와 직결되는 호르몬은?

① 에스트로겐
② 테스토스테론
③ 릴랙신
④ 옥시토신

해설

난포호르몬(Estrogen)은 자성성호르몬이라고도 하며 발정을 유발하는 기능이 있기 때문에 발정호르몬이라고도 한다.

43 난소에서 분비되는 호르몬은?

① 테스토스테론 ② 프로락틴
③ 에스트로겐   ④ 옥시토신

해설

난포호르몬은 난소에서 주로 합성되며 태반, 부신, 정소에서도 합성되지만 양은 그리 많지 않다.

44 유선발육에 관여하지 않는 호르몬은?

① 난포호르몬(Estrogen)
② 황체호르몬(Progesterone)
③ 프로락틴(Prolactin)
④ 옥시토신(Oxytocin)

45 성 성숙 이후 유선관계(Duct System)의 발육에 영향을 주는 호르몬은?

① Estrogen
② Progesterone
③ Testosterone
④ Relaxin

해설

유선관계의 발육은 Estrogen, 유선포계의 발달은 Progesterone의 지배를 받는다.

46 황체자극호르몬(Prolactin)과 가장 관계 있는 것은?

① 혈관수축 ② 산란촉진
③ 환우촉진 ④ 취소성 유발

해설
프로락틴은 중추신경계에 작용하여 모성행동, 모성애, 취소성 등 모성으로서의 특성을 발휘하게 하는 데 관련이 있다.

47 임신유지에 불필요한 호르몬은?

① 옥시토신(Oxytocin)
② 프로게스테론(Progesterone)
③ 에스트로겐(Estrogen)
④ 게스타겐(Gestagen)

해설
옥시토신은 포유동물의 유선에서 유즙을 배출시키고 분만 시에 자궁근을 수축시켜 태아를 만출시키는 기능을 수행한다.

48 다음 중 분만 시 작용하는 호르몬에 대한 설명으로 틀린 것은?

① Estrogen의 분비가 증가한다.
② Prostaglandin의 분비가 증가한다.
③ Progesterone의 분비가 증가한다.
④ 태아의 Cortisol이 증가한다.

해설
분만이 개시될 때 Progesterone의 분비가 상대적으로 감소하며, 높은 농도의 프로게스테론은 시상하부를 통한 부의 피드백작용으로 FSH(난포자극호르몬)와 LH(황체형성호르몬)의 분비를 억제하므로 발정과 배란을 억제한다.

49 난소의 황체에서 주로 분비되는 호르몬은?

① 옥시토신(Oxytocin)
② 프로락틴(Prolactin)
③ 프로게스테론(Progesterone)
④ 테스토스테론(Testosterone)

50 다음 중 황체호르몬의 생리작용으로 옳은 것은?

① 자궁운동의 촉진
② 난포호르몬의 활성촉진
③ 자궁액의 분비증대
④ 유선세포의 발육과 분화억제

51 수정란의 착상과 임신의 유지에 적합하도록 부생식기관의 기능발현을 조절하는 성선자극호르몬은?

① 에스트로겐(Estrogen)
② 안드로겐(Androgen)
③ 프로게스테론(Progesterone)
④ 릴랙신(Relaxin)

52 프로게스테론(Progesterone)의 작용이 아닌 것은?

① 착 상
② 분 만
③ 임신유지
④ 유선자극

해설
프로게스테론(Progesterone)의 생리작용 : 착상, 임신유지, 유선포계의 발달 등

53 프로게스테론(Progesterone)의 생리작용이 아닌 것은?

① 임신유지
② 암컷의 성행동
③ 착 상
④ 유선포계의 발달

54 프로스타글란딘(Prostaglandin ; PG)의 생리작용에 대한 설명 중 틀린 것은?

① 교배 시 수컷 및 암컷의 생식도관을 수축시켜 정자의 수송을 촉진
② 성주기를 반복하는 동물에서 자궁은 $PFG_{2\alpha}$를 분비하여 황체의 수명을 조절
③ 수정된 난자가 자궁 내 착상하여 임신을 유지하는 역할
④ 분만기에 분비된 $PFG_{2\alpha}$는 황체를 퇴행시키고 자궁근을 수축하여 분만촉진제 역할 수행

해설
③은 프로게스테론(Progesterone)의 작용이다.

55 포유가축에서 발정의 동기화, 분만시기의 인위적 조절 및 번식장애의 치료에 광범위하게 사용되는 호르몬은?

① 프로스타글란딘
② 황체형성호르몬
③ 임마혈청성성선자극호르몬
④ 성장호르몬방출호르몬

56 소에서 프로스타글란딘(Prostaglandin)의 기능은?

① 황체형성
② 임신유지
③ 프로게스테론 분비촉진
④ 자궁근육 수축

해설
프로스타글란딘($PGF_{2\alpha}$)의 기능
황체를 퇴행시키고 자궁근 및 위와 장도관 내 윤활근의 수축을 자극하므로 분만 시에 분만촉진제로서의 역할을 한다.

57 분만관리의 편리성을 위하여 분만을 인위적으로 유도하는 데 이용되는 호르몬은?

① $PGF_{2\alpha}$ ② PMSG
③ hCG   ④ Estrogen

58 황체의 퇴화를 일으키는 물질은?

① PMSG   ② $PGF_{2\alpha}$
③ hCG   ④ LH

59 영구황체 치료 시에 사용하는 호르몬은?

① $PGF_{2\alpha}$
② LTH
③ STH
④ MSH

60 소의 황체낭종을 치료하는 약제는?

① 성선자극호르몬방출호르몬(GnRH)
② 프로스타글란딘($PGF_{2\alpha}$)
③ 황체형성호르몬(LH)
④ 임부융모성성선자극호르몬(hCG)

해설
프로스타글란딘(Prostaglandin, $PFG_{2\alpha}$)
포유가축에서 발정의 동기화, 분만시기의 인위적 조절 및 번식장애의 치료에 광범위하게 사용되는 호르몬이다.

61 릴랙신(Relaxin)에 대한 설명 중 옳지 않은 것은?

① 릴랙신(Relaxin)이 기능을 발휘하기 위해서는 난포호르몬의 선행작용이 있어야 한다.
② 난포호르몬의 전처리를 받은 릴랙신(Relaxin)은 치골결합을 분리시켜 태아가 용이하게 골반을 통과하도록 한다.
③ 난포호르몬과 협동하여 유선발육을 촉진시킨다.
④ 난소에서 분비되는 호르몬으로 스테로이드호르몬이다.

해설
릴랙신은 임신 중 태반이나 자궁내막에서 분비되는 단백질계 호르몬이다.

정답 56 ④ 57 ① 58 ② 59 ① 60 ② 61 ④

CHAPTER 04 가축의 번식생리

PART 02 가축번식생리학

01 성 성숙

1. 성 성숙과정과 변화

(1) 성 성숙과 성 성숙기의 개념

① 성 성숙

㉠ 성 성숙과정이 시작되는 시기를 춘기발동기라고 한다.
㉡ 수컷 가축의 성 성숙은 교미와 사정이 가능한 시기이다.
㉢ 암소의 성 성숙은 발정이 나타나고 임신이 가능하다.
㉣ 성 성숙기가 번식적령기와 반드시 일치하는 것은 아니다.

※ 종모축에서 나타나는 성 성숙현상
- 정자생산능력 완성
- 부생식선 발육
- 발현과 교미, 사정가능

② 성 성숙기

㉠ 수컷의 포유가축에서 정자생성기능이 완성되고 부생식선이 발달하여 교미와 사정이 가능하게 되어 암컷을 임신시킬 수 있는 상태에 도달한 시기이다.
㉡ 암컷이 배란가능한 성숙난포를 가지고 첫 발정이 오면 춘기발동이며, 이 과정이 반복되면서 수컷과 교미하여 임신이 가능한 성 성숙기에 도달하는 것이다.
㉢ 각 가축의 암컷 성 성숙월령 및 번식적령

구 분	성 성숙월령	번식적령
소	6~10개월 (젖소 8~13개월)	14~22개월(평균16~18개월령) 홀스타인 암소의 평균체중 300~400kg
돼 지	5~8개월	8~12개월(암수 평균 10개월), 체중 120kg 이상
면 양	6~8개월	9~18개월(산양 12~18개월)
말	15~24개월	24~48개월

- 모축인 돼지의 성 성숙이 완료되는 시기 : 생후 30주
- 암소 중 성 성숙이 가장 느린 품종 : 에어셔(Ayrshire)

(2) 성 성숙 발현기전

① 암컷의 성 성숙기전

어린 가축의 성 성숙은 시상하부-뇌하수체-난소의 상호작용에 의하여 이루어진다.

㉠ 미성숙단계에서는 Tonic Center의 작용으로 GnRH의 분비가 억제되고, 성 성숙이 되면 Tonic Center의 기능이 둔화되어 GnRH의 분비량이 증가한다.

㉡ 미성숙단계에서는 에스트로겐의 분비량이 적어서 Surge Center에 대한 자극이 미약하여 GnRH의 분비를 자극하지 못한다.

㉢ 시상하부에서 분비되는 GnRH는 뇌하수체 전엽에서의 FSH와 LH 분비를 자극하고, 분비된 FSH와 LH는 난소에서 에스트로겐의 분비를 자극한다.

㉣ 증가된 에스트로겐은 Surge Center를 자극하여 다량의 GnRH의 분비를 유도한다.

② 수컷의 성 성숙기전 : 수컷의 성 성숙은 시상하부, 뇌하수체 및 성선의 상호작용에 의하여 조절된다.

㉠ 미성숙 수컷은 Tonic Center의 기능으로 GnRH의 분비가 억제된다.

㉡ GnRH의 분비억제로 FSH와 LH의 분비자극이 미약하고, 이로 인해 정소에서 테스토스테론의 분비량이 촉진되지 않는다.

㉢ 성 성숙된 수컷의 정소에서 분비된 테스토스테론은 Aromatase에 의해 에스트로겐으로 전환되고, 전환된 에스트로겐은 Tonic Center의 작용을 억제하여 GnRH의 분비가 촉진된다.

㉣ GnRH의 분비량 증가로 FSH와 LH의 분비가 증진된다.

㉤ 증가된 FSH, LH 및 테스토스테론이 증가되면 세정관 상피의 생식세포와 세르톨리세포 등에 작용하여 정자를 형성하여 성욕을 일으키므로 수컷의 춘기발동기가 온다.

2. 성 성숙에 영향을 미치는 요인

(1) 유전적 요인

① 동물종, 품종 및 계통 간에 성 성숙시기의 차이가 있다.
② 동일한 가축에서 체구가 작은 품종이 큰 품종보다 성 성숙이 빠르다.
③ 수명이 짧은 동물이 성 성숙이 빠르고 수명이 긴 동물이 늦다.
④ 교잡종(잡종번식)이 순종보다 성 성숙이 빠르다.
⑤ 근친교배는 소, 돼지, 면양 등에 있어서 성 성숙을 지연시킨다.
⑥ 돼지에 있어서 근친교배를 시킬 경우 산자수가 적어진다.

※ 가축의 성 성숙에 영향을 미치는 주요인은 유전적 요인, 영양, 계절, 온도, 사육방법이다.

(2) 영양적 요인

① 영양이 부족된 개체의 성 성숙은 지연된다.
② 비만일 경우 성 성숙이 지연된다.
③ 소에 있어서 성 성숙시기에 가장 크게 영향을 미치는 요인은 체중(비만)이다.

(3) 온도 요인

① 고온환경하에서 사용된 개체의 성 성숙은 지연된다.
② 극단으로 온도가 높거나 낮을 때 대부분 가축의 성 성숙은 지연된다.

(4) 사육방법

① 사육시설, 위생상태와 같은 환경조건도 성 성숙에 영향을 미친다.
② 돼지는 개체사육보다 공동사육하면 성 성숙이 빨라진다.
③ 암소의 경우 수소와 접촉시켜 키우거나 수소의 오줌에 접촉시키면 성 성숙이 빨라진다.

(5) 계절적 요인

① 출생계절에 따라 성 성숙시기가 달라질 수가 있다.
② 계절번식동물 중 출생시기가 늦은 개체는 성 성숙이 지연된다.
③ 계절요인 중 가장 많은 영향을 주는 요인은 광 주기성, 즉 일조시간이다.

더알아두기

계절번식
- 가축의 번식계절에 영향을 미치는 요인은 일조시간의 장단, 온도, 내분비학적 기구 등이다.
- 계절번식동물(특히 면양)의 성 성숙에 대하여 가장 큰 영향을 미치는 요인은 일조시간이다.
  - 장·단일성 일조시간 : 성중추를 자극하여 시상하부의 GnRH를 분비하고, 이것이 뇌하수체 전엽을 자극하여 FSH와 LH의 분비를 촉진시켜 발정을 유발한다.
  - 온도 : 일조시간에 비하면 그 영향이 약하나 번식계절의 개시에 영향을 주는 중요한 요인 중 하나이다.
- 계절번식가축
  - 주년성 번식동물(계절적 영향이 작아 연중번식이 가능한 가축) : 소, 돼지, 토끼
  - 비주년성 번식동물
    ⓐ 단일성 번식동물 : 면양, 산양, 염소, 사슴, 노루, 고라니 등
    ⓑ 장일성 번식동물 : 말, 당나귀, 곰, 밍크 등

02 발정

1. 성 주기의 길이와 지속기간

(1) 발정의 개념

① 성 성숙기에 도달해야 발정이 개시된다.
② 발정주기는 주기적이고 연속적으로 일어난다(무발정기간은 제외).
  ㉠ 발정기(Estrus)란 암컷이 수컷의 교미를 허용[교미를 위해서 서 있다(Stand)]하는 시기이다.
  ㉡ 발정주기는 발정 전기, 발정기, 발정 후기, 발정 휴지기로 구분된다.
③ 발정기의 생식기관은 에스트로겐 영향하에 놓이게 된다.
④ 발정 후기는 프로게스테론 영향하에 놓이게 된다.
⑤ 성 성숙에 도달한 암컷이 임신하지 않았으면 일정한 간격으로 발정이 반복된다.

(2) 발정주기

① 발정주기 개념 : 한 발정기의 개시로부터 다음 발정기 개시 직전까지의 기간
② 발정주기 종류
  ㉠ 완전 발정주기 : 난포발육, 배란 및 황체형성이 주기적으로 반복된다.
  ㉡ 불완전 발정주기
    • 불완전 발정주기에서도 난포발육, 배란 및 황체형성이 반복된다.
    • 불완전 발정주기의 황체는 교미자극에 의하여 분비기능이 생긴다.
    • 불완전 발정주기는 4~6일 간격으로 반복된다.
  ㉢ 지속성 발정주기 : 난소에 소량의 성숙난포가 존재하면서 발정이 지속된다.
③ 가축별 발정주기와 발정지속기간, 배란시간

구 분	번식특성	발정주기(일)	발정지속시간(시간)	배란시간(시간)
소	연 중	21~22	18~20	발정종료 후 10~11
돼 지	연 중	19~21	48~72	발정개시 후 35~45
면 양	단일성	16~17	24~36	발정개시 후 24~30
산 양	단일성	21	32~40	발정개시 후 30~36
말	장일성	19~25	4~8(일)	발정종료 전 24~48

④ 발정주기와 발정동물
  ㉠ 단발정동물(1년에 한 번의 발정기) : 개, 곰, 여우, 이리 등
  ㉡ 다발정동물(1년에 수회 주기적 발정주기) : 소, 돼지, 말 등
  ㉢ 계절적 다발정동물 : 양, 말, 고양이

> **더알아두기**
>
> 번식적령기
> • 가축의 번식을 번식적령기 이전에 시작하면 암컷은 수태율이 낮아지고 난산이 많으며, 생시체중이 작아진다.
> • 비유량이 적어 어린 가축의 발육이 불량해지며 어미도 체성장이 지연되고 번식수명이 단축된다.

2. 성 주기에 따른 생식기의 변화

(1) 발정단계

> **더알아두기**
>
> 포유가축 암컷의 발정주기 4단계
> 발정 전기 → 발정기 → 발정 후기 → 발정 휴지기

① 발정 전기
  ㉠ 발정 휴지기로부터 발정기로 이행하는 시기로, 발정이 시작되기 직전의 단계이다.
  ㉡ 난소에서 난자를 배출시키기 위한 준비와 교미를 위한 준비기간이다.
  ㉢ 이 단계에서는 웅축을 허용하지 않는다.
  ㉣ 난소에서는 하나 혹은 수개의 난포가 급속하게 발육하면서 그 속에 난포액이 충만된다.
  ㉤ 발정 전기의 지속시간 : 소 1일, 말 1~2일, 돼지 1~7일이다.

② 발정기
  ㉠ 발정기는 난포로부터 에스트로겐이 왕성하게 분비되기 때문에 생식계는 에스트로겐의 영향하에 놓이게 된다.
  ㉡ 자축은 몹시 흥분하게 되고 웅축의 승가를 허용한다.
  ㉢ 소와 산양을 제외하고 대부분의 가축이 이 기간에 배란하게 된다.
  ㉣ 발정기의 지속시간 : 소 12~18시간, 면양 24~36시간, 돼지 40(48)~72시간, 말 4~8일

③ 발정 후기
  ㉠ 발정기 다음에 이어지는 시기로서 높았던 에스트로겐함량이 낮아지면서 프로게스테론의 농도가 높아지고 발정기 때의 흥분이 가라앉게 된다(황체가 형성된다).
  ㉡ 자궁내막에는 자궁선이 급속도로 발달한다.

ⓒ 소에 있어서 자궁 내 출혈 또는 발정에 의한 출혈이 외부로 나타나는 때이다.
ⓔ 보통 배란 후 24시간, 즉 발정개시 후 50~71시간에 일어나며, 이것은 임신 여부와는 관계없이 발생한다.

④ 발정휴지기
ⓐ 발정 후기 이후부터 다음 발정 전기까지의 기간이다.
ⓑ 난소주기로 보아서는 황체기에 속하는 시기이다.
ⓒ 발정과 배란이 있은 후 만약 임신이 안 되었을 때는 자궁을 비롯한 모든 생식계는 서서히 환원하기 시작한다.
ⓔ 발정 휴지기의 기간 : 소는 발정주기의 5일부터 16~17일까지, 면양과 돼지는 발정주기 4일부터 13~15일까지, 말은 발정기간에 개체 차이가 크기 때문에 대략 14~19일간이다.

(2) 발정과 배란
① 발정주기 기간 중 난소(卵巢)에서 일어나는 생리적 변화순서
난포발육 → 성숙 → 배란 → 황체형성 → 퇴행
② 소를 제외한 대부분의 가축이 배란을 하는 단계는 난소주기로 보아서는 황체기에 속하는 시기이다.
③ 성숙한 암컷 가축의 난관 분비액
ⓐ 스테로이드호르몬에 의해 양이 조절된다.
ⓑ 수정란의 발달에 알맞은 환경을 제공한다.
ⓒ 주입된 정자의 수정능 획득을 유도한다.
④ 포유가축 암컷에서 배란 직전의 성숙난포가 배란에 이르기까지 일어나는 3가지 중요한 과정
ⓐ 난모세포의 세포질과 핵의 성숙
ⓑ 세포외벽의 파열
ⓒ 과립막세포 사이에 존재하는 세포결합의 손실

(3) 각 동물의 성 주기
① 고양이는 교미자극 후 보통 24~30시간에 배란이 일어난다.
② 사슴의 번식계절은 일조시간이 짧아지는 시기로 우리나라의 경우에서는 9~12월경에 해당된다.
③ 개의 임신기간은 산양보다 짧다.
④ 우리나라에서 말은 장일성 번식동물로 번식계절이 4~6월이다.

⑤ 개, 여우 등은 제1차 성숙분열(감수분열)이 완성되기 전에 배란이 일어난다.
⑥ 동물 중 교미를 해야 배란이 되는 것(일정한 성 주기가 없는 가축) : 토끼, 고양이, 밍크

> ※ **교미배란** : 대부분의 포유동물은 자연배란동물이지만, 토끼, 고양이, 밍크 등은 통상 교미자극에 의해 배란이 유기되어 이 자극이 없으면 발육한 난포는 폐쇄퇴행한다. 성 성숙이 완료된 시기에서도 교미자극이 가해지지 않는 한 배란이 일어나지 않고 발정이 계속된다.

3. 발정징후

(1) 소의 발정징후

① 수소의 승가를 허용한다.
② 불안해하고 자주 큰소리로 운다.
③ 식욕이 감퇴되고 거동이 불안해진다.
④ 외음부는 충혈되어 붓고 밖으로 맑은 점액이 흘러나온다.
⑤ 거동이 불안하고 평상시보다 보행수가 2~4배 증가한다.
⑥ 눈이 활기 있고 신경이 예민하며, 귀를 자주 흔들고 소리를 지른다.
⑦ 다른 암소에게 올라타거나 다른 암소가 올라타는 것(승가)을 허용한다.
⑧ 오줌을 소량씩 자주 눈다.
⑨ 다른 소의 주위를 배회하는 경우가 많다.

(2) 돼지의 발정징후

① 허리를 누르면 부동반응을 나타낸다.
② 식욕감퇴로 사료섭취량이 감소한다.
③ 질 밖으로 점액을 분비한다.
④ 다른 돼지의 승가를 허용한다.
⑤ 외음부가 충혈, 돌출하며 며칠간 붉은 분홍빛을 나타낸다.
⑥ 거동이 불안하고, 입에 거품이 발생한다.

4. 분만 후 발정재귀

(1) 소 분만 후 발정재귀

① 분만 후 발정이 다시 재개되는 것을 발정재귀라고 한다.

② 한우의 송아지 분만 후 발정재귀일수는 평균 50~60일 사이(30~90일)이다.

③ 한우 암소의 발정재귀에 영향을 주는 요인

　㉠ 어미소 자궁회복의 정도이다. 영양수준이 적정하지 못하면 발정재귀일수는 늦어지게 된다.

　㉡ 어미소 포유지속의 여부이다. 어미소가 포유를 계속하고 있을 경우 어미소의 체내 호르몬의 변화(옥시토신, 프로락틴의 지속적인 분비)로 인하여 발정재귀가 늦어지거나 미약발정이 와서 발정발현 파악이 어려울 수 있다. 따라서 포유 중인 송아지를 조기 이유할 경우 발정재귀일수를 앞당길 수 있다.

　㉢ 어미소의 월령과 산차가 발정재귀일수에 영향을 준다. 어리고 산차가 작을수록 발정재귀일수가 늦어지므로 성 성숙이 완전히 이루어지지 않은 소에 수정을 하는 것은 결과적으로 번식연한을 단축하는 결과를 초래한다.

　※ **친볼마커** : 수소 턱에 친볼마커를 달아서 승가했을 때 암소등에 표시되게 하는 방법으로 방목하고 있는 암소가 발정이 왔는지 알 수 있는 실제적인 방법이다.

(2) 돼지 분만 후 발정재귀

① 이유 후 10일 이내(평균 7일)에 발정이 오면 배란비율이 높아지고 수정능력이 좋아지고, 착상하는 수정란이 많아 산자수가 증가하는 긍정적인 효과가 있다.

② 이유로부터 발정이 발현될 때까지의 기간은 사양형태, 임신 중의 사료 및 단백질섭취량, 비유 중의 라이신섭취량, 포유기간 등에 의해 영향을 받는다.

③ 발정재귀가 지연되는 경우

　㉠ 포유모돈이 사료를 충분히 먹지 못하는 경우

　㉡ 포유모돈이 충분한 물을 섭취하지 못하는 경우(니플의 위치 잘못, 니플 결함, 분당 1.5L 이하의 급수기)

　㉢ 포유모돈에 공급되는 영양이 불충분하여 포유자돈에게 과도하게 영양이 손실되는 경우

　㉣ 포유모돈의 사료가 신선하지 않거나 급이기 내 사료가 상한 경우

　㉤ 조기이유(2주 이내)로 이유 후 발정재귀일이 불규칙하여, 이유 후 무발정 빈도가 증가하는 경우 등을 지적할 수 있다.

03 교배

1. 가축의 성행동

(1) 소의 성행동

① 암소의 성행동
  ㉠ 암소가 발정하면 평상시보다 2~4배 정도 많이 돌아다니며, 사료섭취량이 줄어들고, 외음부가 충혈되고 부어 있거나 점액이 흘러나온다.
  ㉡ 다른 소에 승가하려고 하며, 발정이 최성기에 도달하면 승가를 당해도 선 자세(스탠딩)로 버틴다.
  ㉢ 소가 승가를 허용하면 수정적기는 대략 12시간 이후이다.

② 수소의 성행동
  ㉠ 본능적으로 생식기, 분변의 냄새를 맡는다.
  ㉡ 암소의 발정 배설물이 묻은 의빈대를 보면 수소는 매우 흥분한다.
  ㉢ 수소는 시각, 청각, 후각에 의한 자극으로 암소에 접근하며 접촉에 의한 자극은 성행동에 있어서 최고의 자극이 된다.
  ㉣ 수소는 암소의 오줌을 핥고 또 냄새를 맡으며, 자극을 받아 입술을 벌리고 위를 향해 웃는 플레멘(Flehman)반응을 한다.

(2) 돼지

① 암퇘지는 교배적기 전에는 수퇘지의 교미를 거부하는 반응을 보인다.
② 주위에 대하여 아주 민감해지고 수퇘지를 찾아다니며 이상한 소리로 계속 웃어대고 사료에 거의 관심을 보이지 않는다.
③ 다른 암퇘지나 수퇘지의 승가를 허용하거나 관리자가 손으로 허리를 누르거나 엉덩이를 밀면 특이한 소리를 내면서 부동반응 또는 교미자세를 취하는데, 경산돈에서보다 미경산돈에서 더욱 현저하다.
④ 수퇘지는 승가 전에 음경을 외음부 주변에 마찰시키는 예비행동을 한다.

(3) 면양, 산양

① 발정한 암면양은 긴장된 상태로 숫양을 찾아 울타리 주변을 걸으면서 운다.
② 숫양이 없을 때에는 뚜렷한 발정징후를 나타내지 않는 것이 보통이다.
③ 숫양에 접근하여 구애를 하며, 꼬리를 자주 좌우로 흔들면서 숫양의 승가를 허용한다.

④ 외음부는 눈에 띄게 충혈하거나 종창하지 않으며, 점액도 거의 누출되지 않는다.
⑤ 산양의 발정징후도 면양과 거의 비슷하나, 꼬리를 좌우로 흔드는 것이 면양보다 더 심하다.

(4) 말

① 발정한 말은 흥분하고 사료를 먹지 않고, 수말에 대해서 더 관심을 보이면서 따라 다니지만 교미 허용시간에 이르기 전에는 수말의 접근을 허용하지 않는다.
② 숫말은 발정 중인 암말의 냄새를 맡을 때 윗입술이 웃는 듯한 모습으로 뒤집어지는 플레멘반응을 한다. 이는 공기 중의 성호르몬인 페르몬을 감지하기 위한 것이다.
③ 암말은 시간이 경과됨에 따라 수말에게 더욱 접근하여 승가를 유도하기도 하며, 꼬리를 들어 올리고 배뇨자세를 취하면서 오줌을 자주 눈다.
④ 암말은 종창된 외음부의 음순이 개폐하면서 질점액과 음핵을 노출시키는 라이트닝을 2~3초간 주기적으로 반복하다가 수말의 승가를 허용하게 된다.

2. 교배적기

(1) 가축의 교배적기를 결정하는 생리적 요인

① 발정지속시간
② 배란시기와 정자가 수정능력을 획득하는 데 요하는 시간
③ 자축의 생식기도 내에서 정자가 수정능력을 유지하는 기간
④ 배란된 난자가 자축의 생식기도 내에서 수정능력을 유지하는 기간
⑤ 수정부위까지의 정자수송시간

(2) 가축들의 교배적기

① 소는 발정 중기부터 발정종료 후 6시경까지이다.
  ㉠ 다른 소가 승가하는 것을 허용할 때 수정한다.
  ㉡ 소의 수정적기는 일반적으로 발정개시 후 12~18시간(배란 전 13~18시간) 또는 발정종료 전후 3~4시간 사이이다.
② 돼지는 외음부의 발적, 종창이 최고조를 지나 약간 감퇴한 시기이다.
  ㉠ 돼지의 교배적기는 수퇘지를 허용하기 시작한 시점으로부터 대략 10~26시간 동안이다.

ⓒ 아침에 암돼지의 허리를 눌러 보았더니 가만히 서서 수컷을 허용하는 자세를 취하였다면, 이 돼지의 교배적기는 당일 오후에서 다음날 아침까지이다.
　　ⓒ 일반적으로 돼지는 첫 발정 시 8~10개의 난자를 배란한다.
③ 개는 배란 전 54시간부터 배란 후 108시간까지 약 7일간이다.
④ 말은 직장검사를 한 경우 배란와(Ovulation Pit)가 닫혀 있지 않은 시기로 배란 후 2시간 이내에 교배시키면 최고의 수태율을 갖는다.
⑤ 면양의 교배적기는 발정개시 후 25~30시간이다.

※ 젖소의 교배적기 판정
- 아침 9시 이전에 발정을 확인한 경우는 당일 오후가 수정적기이다.
- 발정률 오전(9~12시) 중에 발견한 경우는 당일 저녁 또는 다음날 새벽이 수정적기이다. 오전 10시 이후는 늦다.
- 소의 수정적기는 발정 중기부터 발정종료 6시간 내에 해당한다.
- 발정을 오후에 발견한 경우는 다음 날 오전이 수정적기이다.

04　수 정

1. 정자와 난자의 이동

(1) 정자의 이동

① 교미에 의해 사정된 정자는 자궁의 수축운동과 흡인작용 및 정자의 운동성 등에 의해 자궁체, 자궁각을 지나 난관팽대부(수정부위)로 수송된다.
② 난관팽대부까지의 수송에는 에스트로겐과 옥시토신 등의 내분비적 요인이 관여한다.
③ 정자는 자궁과 난관을 이동하는 동안에 수정능력을 획득하고, 난관팽대부에 도달하게 된다.
④ 정자가 수정부위까지 도달하는 데 걸리는 시간은 설치류 1시간 내외, 가축(소, 돼지, 면양)의 경우 2시간 이상이다.

(2) 난자의 이동

① 난포에서 방출된 난자는 난관 내의 섬모운동으로 난관 내로 이동한다.
② 난관 내로 들어온 난자는 상피의 섬모운동과 난관벽의 근육운동에 의하여 1분에 0.1mm 속도로 신속히 팽대부의 하단으로 운반되어 정자와 만나게 된다.
③ 난자의 운반은 난관채의 형태, 배란 시 난소표면과 난관채의 상호관계, 난포에서 방출되는 과립막세포, 난관액과 난구세포의 생리적 작용 등에 영향을 받는다.

④ 배란 후 난자가 난관팽대부까지 이동하는 데 소 2~13분, 돼지 45분 정도 소요되고 면양은 느리다.

※ 배란된 난자가 착상될 때까지 난관에서의 수송시간
- 소 : 72~90시간
- 말 : 98시간
- 쥐 : 72시간
- 양 : 72시간
- 돼지 : 48~50시간

2. 생식세포의 수정능력

(1) 수정능력 부여

① 첨체화 반응(Acrosome Reaction)을 일으킬 수 있는 능력
② 투명대(Zona Pellucida)에 부착하는 능력
③ 과운동성(Hypermotility)의 획득 등이다.

(2) 정자의 수정능력

① 정자가 수정능력을 최종적으로 획득하는 부위는 암컷의 생식기이다.
② 정자가 암컷의 생식기도 내에서 수정능력을 획득하는 것은 분비액 중에 획득인자가 함유되어 있기 때문이다.
③ 정자의 수정능력을 획득시키는 작용에 있어서 난소호르몬의 영향이 크다.
④ 수정능력 획득에 수반되는 형태적 변화는 주로 첨체반응으로 나타난다.
⑤ 정자는 투명대를 통과하고 난자의 세포질에 진입하여 수정을 완료한다.

※ 소에서 수정란이 투명대로부터 탈출되는 시기는 배란 후 10~11일이다.

⑥ 정자의 첨체반응
  ㉠ 수정능력을 획득한 정자가 난자의 투명대를 통과하기 위하여 일어나는 현상이다.
  ㉡ 아크로신(Acrosin)이 투명대를 통과하도록 돕는다. 즉, 정자가 수정능력 획득에 의하여 정자두부에서 방출되는 효소 중에서 난자의 투명대를 용해하는 효소로 정자의 침투통로를 만든다.
  ㉢ 히알루로니다아제(Hyaluronidase)라는 효소가 정자를 투명대 표면에 도달하는 것을 돕는다.

※ 정자의 첨체에 함유된 효소(정자두부에서 방출되는 효소)의 종류
- 히알루로니다아제(Hyaluronidase)
- 에스트라제(Estrases)
- 칼페인 Ⅱ(Calpain Ⅱ)
- 아릴설파타제(Arylsulphatases)
- 아릴아미다제(Aryl Amidase)
- 아크로신(Acrosin)
- 포스포리파제 A_2(Phospholipase A_2)
- 산포스포타제(Acid Phosphotases)
- β-N-아세틸글루코사미니다제
- 비특이산프로테이나제(Nonspecific Acid Proteinases) 등

(3) 난자의 수정능력

① 배란 직전 제1극체를 방출하고 제2감수분열 중기에 배란되어 수정능력을 획득한다.
② 난자는 대개의 경우 배란 후 12~24시간 정도 수정능력을 유지한다.
③ 자성생식기관 내에서 난자의 수정능력 보유시간은 정자의 수정능력 보유시간보다 짧다.
④ 인공수정시간이 늦을 경우 난자는 그 수정능력 말기에 수정되기 때문에 수정란이 착상되지 못할 수 있다.
⑤ 난자가 노화되면 유산, 배아흡수 및 이상발생 등이 일어날 수 있다.

※ 포유가축에서 정자와 난자가 만나서 수정이 이루어질 때 다정자 침입을 방지하는 세 가지 주요 생리적 작용 : 정자수의 제한, 투명대 반응, 난황막 차단
※ 정자와 난자의 수정능력 보유시간

가축명	정자수정능력 보유시간	난자수정능력 보유시간
소	24~48(평균 30~40)시간	8~12(최대 12~24)시간
말	72~120시간	6~8시간
돼지	28~48시간	8~10시간
면양	30~48시간	16~24시간

3. 수정과정과 이상수정

(1) 수정의 개념

① 단 1개의 정자만이 난자속으로 들어가 정자가 난자에 도달하면 그곳에 수정돌기가 생기며, 이 수정돌기를 통해서만 정자의 머리 부분만(=핵이 있음)이 난자 속으로 들어간다.
② 암·수컷 각각의 배우자인 난자(제2차 난모세포, 조류와 포유류)와 정자가 합체하여 단일세포인 접합자를 형성하는 과정이다.
③ 수정과정은 난자와 정자의 접촉으로 시작되어 정자의 난자 내 침입, 난자의 활성화, 자·웅전핵의 형성과정을 거쳐 양전핵의 융합으로 완료된다.
④ 난자의 핵(n)과 정자의 핵(n)이 합쳐져서 수정이 이루어지며, 수정이 끝난 난자를 수정란(2n)이라고 한다.

(2) 수정과정(발생과정)

① 수정(Fertilization)은 정자와 난모세포가 만났을 때 시작되어 전핵(생식핵)으로 융합되어졌을 때 끝난다.
② 정자가 수정능 획득 → 첨체반응 일으킴 → 정자머리의 원형질파괴(첨체외막을 녹임) → 첨체효소를 방출하는 소포생산 → 첨체효소 방출

③ 난자반응
 ㉠ 투명대 반응 : 정자가 침입하면 다음 정자가 못 들어오게 한다.
 ㉡ 난황막 통과 : 하나의 정자가 투입되면 나머지의 정자는 출입금지시킨다.
  ※ 투명대 반응, 난황막 봉쇄가 안 되면 다정자수정이 된다.
 ㉢ 제2극체가 방출되고, 미토콘드리아가 정자의 꼬리를 분해하여 전핵이 만들어진다.
 ㉣ 두 개의 전핵이 형성되고 융합되어 하나의 수정란이 형성된다.
  ※ 소의 경우 교배(인공수정) 후 정자와 난자가 난관팽대부에서 만나 수정을 완료하는 데 소요되는 시간 : 20~24시간

(3) 이상수정
① 다정자수정
 ㉠ 한 개 이상의 정자가 들어가 수정되는 현상 : 다수체
 ㉡ 염색체수가 3배체가 되어 정상적으로 조금 발달하다가 죽거나 퇴화된다.
 ㉢ 다정자수정이 일어나는 이유(포유동물에서 일어나는 경우)
  • 배란된 후 너무 늦게 교미시키는 경우(적기에 교미시키지 못하거나 늦춘다)
  • 각종 열을 발생하는 병에 걸렸을 때, 실온이 높을 때(기온이 높거나 체온이 높을 때 배란된 난자)
② 다란핵수정(多卵核受精) : 난자에서 유래된 2개의 핵이 진입되어 융합됨으로써 3배체를 형성하는 현상이다.
③ 단위생식 : 단위생식 또는 처녀생식은 남성정자에 의한 수정없이 배아가 성장, 발달하는 것이다. 난자의 염색체가 극체(Polar Body)와 결합하여 두 벌이 되어 수정란이 되는 형태로 일어난다.

  ※ 소에 발생되는 프리마틴(Freemartin)
   • 개념 : 성(性)이 다른 다태아(쌍둥이, 세쌍둥이)로 태어난 암송아지 중에 생식기의 발육불량으로 번식능력이 없는 것을 말한다.
   • 프리마틴(Freemartin)이 생성되는 원인 : 암수 쌍태로 수컷의 호르몬에 의해서 즉, 암컷과 수컷, 쌍방의 혈액이 태반을 통해 교류되어 수컷의 성호르몬이 암컷의 생식기 발육을 억제함으로써 생긴다.
   • 프리마틴이 갖는 특징
    - 이성 쌍둥이의 암송아지 중 약 10%는 정상적인 생식능력을 갖는다.
    - 중간적인 양성의 생식기관을 갖는다.
    - 정상적인 암컷과 비슷한 외부생식기를 갖는다.
    - 정소와 여러 가지 유사점을 가진 변이한 난소를 갖는다.
    - 출생 직후 프리마틴 송아지는 외견상 정상 암송아지와 별 차이가 없다.
    - 일반적으로 외음부가 약간 작고, 음모가 길며, 음핵이 커 눈에 띄기도 한다.
    - 성(性) 성숙기가 지나도 발정이 오지 않는다.
    - 만 한 살이 지나면 외모와 성격이 수컷과 비슷해진다.

05 착상

1. 난할과정과 수정란의 이동

(1) 난할과정

① 난자가 난관팽대부에서 수정이 되면 이동을 하면서 동시에 난할을 하게 된다.
② 수정란은 곧 체세포분열을 하여 그 수를 늘리는데, 이와 같은 수정란의 세포분열을 난할이라 하며, 난할로 생긴 하나하나의 세포를 할구라고 한다.
③ 수정 → 2세포기(경할 : 위에서 아래로 분열) → 4세포기(경할) → 8세포기(위할 : 좌우로 분열) → 16세포기(경할) → 32세포기(위할, 5번째 난할) → 상실기 → 포배기 → 착상 → 낭배기
④ 난할과정이 진행되면서 상실배기가 된다. 상실배란 16세포기에서 32세포기 사이 분할기의 배(胚)이다(모양이 뽕나무 열매인 오디와 같아서 붙여진 이름이다).
⑤ 상실배가 더 발달하면 배반포기(상실배와 원장배의 중간기)가 된다.
　㉠ 모축의 자궁에 착상되는 수정란의 단계 : 배반포
　㉡ 배반포의 형성과 발달과정 중 수정란에서 태반과 태막이 되는 것은 영양배엽(영양막)이고, 내부세포괴는 태아로 발달한다.
⑥ 배의 주머니에 액체가 고여 내강을 만들고 분할된 세포들이 내강을 둘러싸게 된다.
⑦ 마지막에 착상이 이루어진다. 착상(수정란과 모체의 연결)은 자궁에 자리를 잡는 것이다.

(2) 수정란의 이동

① 난관 내 이동
　㉠ 수정란이 난관을 통해 자궁에 도달하는 시기가 난관팽대부 내 난자의 이동은 빠르게 진행된다.
　㉡ 수정란의 이동은 난관 내 섬모의 유동운동과 난관근육의 수축운동에 의해 이루어진다.
　㉢ 보통 에스트로겐은 자궁근층의 운동을 촉진하고 프로게스테론은 억제한다.
　㉣ 소의 난자가 난관팽대부 - 협부접합부에 도달하는 시간은 배란 후 8~10시간이고, 돼지의 난자는 발정개시 후 48~75시간이면 팽대부 하단에 도달하고 배란 후 24~48시간이면 자궁에 도달한다.
② 배의 자궁 내 이동분포
　㉠ 난자가 배란된 쪽의 난관에서 자궁 내로 들어가 착상하는 경우가 일반적이다.

ⓒ 자궁 내 전이
- 난자가 자궁체를 경유하여 다른 쪽의 자궁각에 착상하는 경우이다.
- 단태동물인 소, 면양의 경우는 발생률이 낮지만 돼지는 높다(40%).

ⓒ 복강 내 전이 : 난자가 복강 내를 경유하여 다른 편의 난관에 수용되는 경우이다.

2. 착상 전 자궁의 변화

(1) 착상 전 자궁의 변화
① 자궁은 근육활동과 긴장성이 감소(프로게스테론의 증가로)하여 배반포가 착상하기에 좋은 상태로 변한다.
② 자궁에 도달한 배는 일정기간 부유하면서 자궁유(자궁선에서 분비)를 영양분으로 계속 발달한다.
③ 자궁내막에는 혈액공급이 증가하면서 지방, 단백질, 글리코겐, 핵산 등의 함량이 증가하여 자궁상피와 자궁선이 발달하는 등 착상성 증식변화가 일어난다.

(2) 다태동물에 있어서 자궁 내 배의 착상부위 결정요인
① 자궁근의 교반운동
② 자궁근의 수축파
③ 배반포의 상호밀접 방어작용

3. 착상과정

(1) 착상양식
① 중심착상
  ㉠ 배반포가 자궁강 내에 확장하여 영양막세포가 자궁상피에 부착되는 착상이다.
  ㉡ 소, 돼지, 말 등 주요가축
② 편심착상
  ㉠ 배반포가 자궁내막 주름에 매장되어 착상한다.
  ㉡ 래트, 마우스, 등 설치류

③ 벽내착상
　㉠ 배반포가 내막상피를 통과하여 내막의 내부에 착상한다.
　㉡ 영장류, 두더지, 기니피그 등

(2) 착상과정

① 어느 동물이나 착상위치는 결정되어 있다.
② 자궁에 착상하는 배반포의 위치와 방향을 정위라 한다.
③ 돼지의 배반포는 자궁간막 부착부의 반대쪽에 착상한다.
④ 단태동물은 배란측 자궁각 중앙보다 약간 아래쪽에 착상한다.
⑤ 다태동물은 수정란이 자궁각 선단부터 자궁경 방향으로 일정한 간격으로 분포한다.
　※ **돼지에서 교배(인공수정) 후 수정란이 자궁에 착상하는 시기** : 13일경 접착을 시작하여 18~24일경 착상이 완료된다.
⑥ 착상지연
　㉠ 자연적 착상지연 : 자연상태에서 장기간 휴면기를 거쳐 수주 또는 수개월 후에 착상하는 경우(노루, 밍크, 족제비, 곰 등)
　㉡ 생리적 착상지연 : 분만 후 곧바로 발정 시 교미로 생긴 수정란은 젖먹이는 새끼수에 비례하여 수일에서 2주일간 착상이 지연되는 경우(흰쥐, 생쥐 등)
⑦ 착상과정은 면역학, 내분비학, 세포생리학 등이 관련된다.

(3) 초기배 치사의 원인

① 소, 말, 면양 및 돼지에서 초기배의 약 25~40%는 수정과 착상의 말기에서 초기배 치사가 발생되는 수가 많다.
② 발정호르몬과 황체호르몬의 불균형으로 인해 초기배 수송의 촉진 또는 지연으로 생긴다.
③ 특히 돼지의 경우 초기배의 높은 사망률은 모축의 연령 때문에 일어나는 경우가 많다.
④ 초기배 치사 원인의 해결에는 모체의 건강, 영양, 연령, 호르몬의 불균형, 열 스트레스, 자궁 내의 환경 등이 꼽히고 있다.

　※ 착상기간

동 물	투명대 소실시기	착상시기
소	배란 후 10~11일	30~35일
돼 지	발정개시 후 8일	12~20일
면 양	교미 후 8일	18~20일
흰 쥐	임신 5일	5일

06 임신

1. 임신가축의 생리적 변화

(1) 임신인지

① 임신인지란 임신에 관련된 수태산물이 보내는 신호를 임신하는 가축이 감지하여 $PGF_{2\alpha}$의 분비를 저지하여 임신을 유지하는 현상이다.
② 임신인지는 대부분 배반포가 자궁에 이송되는 시기에 일어난다. 그러나 말은 수정란이 자궁에 도착하는 즉시 인지한다.
③ 임신황체는 임신기간 중 존재하는 황체이다. 수태가 되면 발정황체가 임신황체로 그 기능을 계속하게 되고 에스트로겐은 $PGF_{2\alpha}$의 분비를 억제시킨다.
④ 임신을 하지 않으면 $PGF_{2\alpha}$가 분비되고, 이로 인해 프로게스테론의 분비가 억제되어 황체가 퇴행하게 된다.
⑤ 분만이 개시될 때 프로게스테론 농도가 상대적으로 감소된다.

※ 포유동물에 있어서 프로스타글란딘($PGF_{2\alpha}$)의 기능
황체를 퇴행시키고 자궁근 및 위와 장도관 내 윤활근의 수축을 자극하므로 분만 시에 분만촉진제로서의 역할을 한다.

(2) 임신과 내분비

① 프로게스테론
  ㉠ 자궁의 발육을 지속시키고, 자궁근의 운동을 저하시킨다.
  ㉡ 옥시토신에 대한 수축반응을 억제시켜 자궁 내의 배 또는 태아의 발육 등의 환경을 적합하게 한다.
  ㉢ 말과 면양은 임신 후반기에 황체가 없어도 태반에서 분비되는 프로게스테론에 의해서 임신이 유지된다. 단, 면양은 불가능하고, 소는 임신 7개월 이후에 가능하다.
  ㉣ 프로게스테론의 혈중농도는 대체로 수정 후 상승하며 임신기에는 발정주기에 비해서 높다.
  ㉤ 소는 프로게스테론이 임신기에 높은 수준으로 유지되다가 250일령부터 점차 감소하고 분만 직전에 소실된다.

※ 토끼나 돼지 등은 프로게스테론만으로 임신유지가 가능하나 일반적으로 에스트로겐의 협력이 필요하다.

② 에스트로겐
  ㉠ 자궁의 혈관분포 증가 및 자궁내막의 분비활동을 촉진시킨다.
  ㉡ 에스트로겐의 농도는 수정 후 모든 가축에서 저하되나 임신기간 중 조금씩은 분비된다.

        ⓒ 소는 임신기에 일정한 수준으로 유지되다가 250일령부터 급증하여 분만 직전에 가장 많이 분비되고 분만과 동시에 소실된다.
    ③ 릴랙신
        ㉠ 임신 중 소와 돼지에 나타난다.
        ㉡ 분만 직전에 혈중농도가 급증하여 분만 시 산도를 확장시키는 역할을 한다.

2. 태반의 형성

(1) 태반과 태막
① 태반은 배 또는 태아의 조직이 모체의 자궁조직과 부착되어 모체와 태아 간에 생리적인 물질교환을 수행하는 기관으로서 배반포가 착상한 후 영양세포의 활발한 증식에 의하여 점차 성장하며 임신 중기에는 그 크기가 최대에 달한다.
② 태막은 양막, 요막 및 융모막으로 양막은 태아를 싸고 있는 가장 안쪽의 막이며, 가장 바깥쪽의 막인 융모막은 자궁내막과 직접 접해 있다.
③ 일반적으로 산자수, 자궁의 내부구조, 모체와 태아조직 간의 융합 정도 등에 따라 산재성 태반과 궁부성 태반으로 나누는데 돼지와 말의 태반은 산재성 태반이고, 소와 면양의 태반은 궁부성 태반에 속한다.

(2) 임신 중인 포유가축의 태반이 수행하는 생리적 기능
① 물질교환과 호르몬 생산
② 태아의 호흡조절
③ 영양분 흡수

(3) 태반 종류
① 융모막융모의 분포범위와 윤곽의 형태학적 특징에 따라
    ㉠ 산재성 태반 : 돼지, 말, 당나귀, 낙타

    • 배아외막이 자궁내막에 있는 주름에 놓인다.
    • 융모막 융모가 모든 곳에 산재해 있다.

ⓒ 궁부성 태반 : 소, 면양, 산양, 사슴

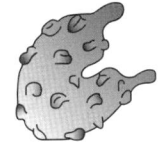

- 자궁소구와 융모가 붙어 있다.
- 자궁소구와 융모의 결합이 태반을 형성한다.
- 자궁소구는 소(임신 말기) 70~120개이고, 면양(Ewes)과 산양(Does)은 88~96개이다.

ⓒ 대상성 태반 : 개, 고양이, 불완전대상성 태반 : 밍크, 곰

ⓒ 반상성 태반 : 토끼, 설치류, 영장류(사람, 원숭이)

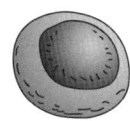

※ **소의 태반**
- 배반포의 영양막에서 융모가 발생하고, 이것이 자궁내막의 상피를 파괴하면서 침입하여 자궁내막의 고유층과 결합하는 양식이다.
- 궁부성 태반으로 자궁소구가 있다.
- 궁부와 자궁소구가 접합한 태반분엽이 있다.
- 비임신자궁각에도 궁부는 발달하나 태반분엽은 형성되지 않는다.

② 조직층의 수에 따라(접촉양식에 따라)
ⓐ 상피융모성 태반 : 말, 돼지
ⓑ 인대융모성 태반(궁부성) : 면양, 소, 산양 등 반추동물
ⓒ 내피융모성 태반(완전태반) : 고양이, 개, 족제비류 등 육식동물
ⓓ 혈액융모성 태반(반상태반) : 영장류
ⓔ 혈액내피성 태반 : 토끼, 기니피그 등 설치류

※ 태아순환과 모체순환을 이간시키고 있는 조직층을 태반장벽(Placental Barrier)이라 하는데, 이 장벽의 구조에 따라 태반을 조직학적으로 분류한다.

3. 태아의 발달 및 생리

임신기간 중에 일어나는 개체 발생과정은 난자기, 배아기, 태아기로 구분된다.

(1) 난자기(Period of Ovum)

① 난자기는 수정란이 난관을 거쳐 자궁각으로 이동하여 부유하는 착상 전 기간 즉, 모체의 자궁내막에 착상을 개시할 때까지의 기간을 의미한다.
② 기간 중 수정란은 상실배기를 거쳐 배반포에 이르며, 배반포에는 내부세포괴와 영양배엽이 형성된다.

(2) 배아기

① 투명대가 박리된 세포구조물이 각종 조직과 기관으로 분화되는 기간이다.
② 이때 배외막이 형성되므로 착상이 된다.
③ 소의 경우 임신 15일부터 45일까지를 배아기라 한다.
④ 배반포가 장배로 발달되는 과정에서 3층의 배엽, 즉 내배엽, 외배엽, 중배엽이 분화되고 각 배엽에 따라 분화 발달하는 조직은 다음과 같다.
　㉠ 외배엽에서 분화 : 표피계, 털, 발굽, 신경계통 등(뇌·척수 등의 신경기관).
　㉡ 내배엽에서 분화 : 소화기·호흡기 계통, 체절, 근육조직(간·췌장·폐·소장·대장같은 내장기관)
　㉢ 중배엽에서 분화 : 근육계, 골격계, 신경계, 비뇨생식기 등 순환기 계통 등(근육·신장·심장·혈액·혈관같은 심혈관계)

(3) 태아기

① 배아기에 분화가 끝난 각 조직들이 성장하는 시기이다.
② 태반이 완성되고 태아의 성장에 필요한 물질대사가 이루어진다.
③ 소는 임신 45일 이후부터 분만까지의 기간이다.

4. 임신진단

소, 돼지의 임신을 확인하기 위하여 실시하는 임신진단법에는 외진법(Non-Return, 발정무재귀관찰법), 직장검사법, 질검사법, 초음파진단법, 자궁경관점액검사법, 발정검사법 등이 있다.

(1) **외진법(Non-Return, 외관에 의한 진단)**
   ① 가장 대표적인 변화는 주기적으로 반복되던 발정이 중지되는 것이다.
      ※ 수정 후 2~4개월이 경과해도 발정이 오지 않을 때에는 임신으로 보는데 이것을 NR(Non-Return)이라고 한다.
   ② 영양상태가 양호해지고 피모가 윤택해진다.
   ③ 거동이 침착해지고 성질이 온순해진다.
   ④ 착유량이 차츰 줄고 수정 후 4~5개월부터 급격히 줄어든다.
   ⑤ 수정 후 4~5개월부터 젖통이 커지고 복부가 팽배해진다.
   ⑥ 질에서 분비물이 나오고, 음모에 덩어리진 똥이 붙는다.
      ※ 임신진단의 목적
      가축이 교배 이후 수태되었는가를 되도록 빨리 아는 것이 유산의 예방, 분만일의 결정, 건유일의 결정, 수태곤란 및 불임원인의 발견과 치료, 번식효율을 향상시킬 수 있다.

(2) **직장검사법**
   ① 직장검사법은 직장을 통하여 태아의 양막, 태막의 유무, 태반, 황체 혹은 태아를 촉진하거나 자궁동맥의 크기나 태동을 조사하여 임신을 진단한다.
      ㉠ 난소에는 전임신기간 최대의 크기를 유지하는 임신황체가 존재한다.
      ㉡ 자궁은 임신이 진행됨에 따라 커지므로 자궁의 크기에 의하여 임신을 진단할 수 있다.
      ㉢ 태아는 자궁각에 착상되어 커지기 때문에 자궁각의 대소 차이에 의하여 임신임을 확인할 수 있다.
      ㉣ 궁부의 크기는 임신단계와 개체에 따라 변이가 심하다. 궁부는 임신 3.5~4개월에 처음으로 촉진된다.
      ㉤ 임신 80일경에 최초로 중자궁 동맥을 감지할 수 있고, 100~175일경에는 쉽게 찾을 수 있으며, 맥동도 감지할 수 있다. 임신 말기로 갈수록 이 동맥은 굵어지면서 구불구불해지고 명확하게 감지되며, 연필 정도의 굵기에 이르면 맥동도 힘차게 이루어진다.
   ② 가장 간편한 임신진단법으로 정확하고 신속하다.
   ③ 대가축(소, 말 등)에서 가장 보편적이고 많이 사용되는 임신진단방법이다.
   ④ 임신 1개월의 소 생식기 직장검사에 의한 소견
      ㉠ 한 쪽의 자궁각이 반대쪽보다 크다.
      ㉡ 질은 건조하고 끈적끈적하다.
      ㉢ 농축된 점액이 자궁외구부를 밀폐한다.
      ㉣ 황체는 21일 전에 배란이 일어났던 난소에 존재한다.
   ⑤ 임신 2개월의 소 생식기 직장검사에 의한 소견 : 자궁각은 바나나 크기로 양쪽 자궁각의 비대칭을 촉진할 수 있다.

(3) 질검사법

① 소나 말의 질경을 이용하여 질 내를 관찰하고 질과 자궁질부의 상태에 따라 임신여부를 판단하는 방법이다.
② 소의 경우
    ㉠ 수정 후 2~3개월이 되면 임신한 개체에서는 질경을 삽입할 때 상당한 저항을 느끼게 된다.
    ㉡ 자궁질부는 긴축하여 작아지고, 자궁외부는 꼭 닫혀 있으며, 점액은 상당히 점착성을 띤다.
    ㉢ 임신 4개월에는 질벽이 건조하고 자궁외구에서 뚜렷한 점액 덩어리를 볼 수 있다.

(4) 초음파진단법

① 자궁 내 태아의 심박동수를 측정하여 검사한다.
② 가축의 임신을 진단할 때 초심자라도 쓰기 쉬운 방법이다.
③ 휴대가 간편하고 화질 및 해상도 등이 향상되어 임신진단의 정확도가 높아져 많이 사용되고 있는 기술이다.
④ 비교적 신속 정확하게 임신을 진단할 수 있는 장점이 있다.
⑤ 돼지의 임신진단에 가장 많이 이용되는 초음파진단에는 도플러방식과 에코펄스방식이 있다.
    ㉠ 도플러방식 : 태아의 심박동과 맥빅상대를 측정하며, 임신 15~16일부터 진단이 가능하다.
    ㉡ 에코펄스방식 : 자궁 내 양수의 유무를 측정하며, 임신 30~60일에 진단이 가능하다.

(5) 호르몬측정법

① 소의 경우 조기임신진단방법으로서 수정 후 19~24일 사이에 우유 내 프로게스테론(Progesterone)호르몬을 측정하여 일정한 수준이 넘으면 임신으로 판정을 한다.
② 우유 중의 프로게스테론측정법은 젖소에서 편리하게 사용할 수 있는 호르몬 분석에 의한 임신진단법이다.

    ※ **가축별로 가장 많이 사용되는 임신진단방법**
      • 젖소 : 우유 내 프로게스테론 농도 측정
      • 소 : 직장검사
      • 돼지 : 초음파검사
      • 면양 : Non-Return법
      • 말 : 직장검사, 초음파진단법

5. 임신기간

(1) 가축의 임신기간

구 분	말	소	면 양	산 양	돼 지	토 끼	개
범위(일)	330~340	270~290	144~158	146~155	112~118	28~32	58~65
평균(일)	330	280	150	152	114	30	62

※ 임신기간에 영향을 미치는 요인 : 모체의 연령, 소의 쌍태, 태아의 성(性), 유전적 인자

(2) 가축의 임신기간의 특징

① 소의 경우 태아가 암컷일 때는 수컷일 때보다 임신시간이 짧다.
② 초산우는 경산우보다 임신기간이 짧다.
③ 임신기간은 태아의 내분비기능에 의하여서도 영향을 받는다.
④ 젖소의 평균 임신기간은 280일이고, 일반적인 한우의 평균임신기간은 285일이다.
⑤ 젖소의 정상적인 생리적 공태기간은 40~60일이다.

07 분만

1. 분만개시 기전

(1) 태아 및 모태협동 분만개시설

① 태아의 혈중 글루코르티코이드(Glucocorticoid)의 자극에 대한 내분비의 반응이 자궁의 진통을 일으켜 분만을 가져온다는 이론이다.
② 임신 말기 태아의 혈액 중에 Glucocorticoid의 농도가 급속히 증가되면 태아를 자극하여 Prostaglandin($PGF_{2\alpha}$)과 에스트로겐의 분비를 증가시키게 된다.
③ $PGF_{2\alpha}$는 급격한 황체퇴행을 일으키며 이에 따라 모체혈액에 프로게스테론이 급감하고 에스트로겐이 급증한다.
④ 에스트로겐은 자궁의 운동성 증가와 함께 옥시토신에 대한 감수성을 높여, 옥시토신의 방출로 자궁의 수축과 함께 진통의 개시로 분만이 시작된다는 주장이다.

> **더알아두기**
>
> 반추가축에서 분만의 개시와 관련된 태아와 모체의 호르몬 변화
> - 임신 말기까지 황체에서 프로게스테론을 분비하는 소나 돼지와 같은 동물에서는 태아측의 코르티솔에 의하여 태반에서 에스트로겐이 분비되고, 이 에스트로겐이 자궁내막의 $PFG_{2\alpha}$ 분비를 촉진하며, 분비된 $PFG_{2\alpha}$가 난소의 황체를 퇴행시킴으로써 분만이 유기된다.
> - 태아의 혈중 코르티솔 농도가 증가하면서 모체의 혈중 프로게스테론 농도는 감소하고 에스트로겐 농도는 증가한다.
>
> 분만개시에 관하여 제시되고 있는 이론
> - 프로게스테론 수준의 감소
> - 에스트로겐 수준의 증가
> - 자궁용적의 증가
> - 옥시토신의 방출
> - 프로스타글란딘의 방출
> - 태아의 시상하부 – 뇌하수체 – 부신체계의 활성화

(2) 분만의 징후

① 분만징후
  ㉠ 유방 및 외음부의 부종(분만 3~5일 전)을 보인다.
  ㉡ 골반 인대의 이원으로 인한 외음부 함몰(분만 1~2일 전)이 시작된다.
  ㉢ 식욕감퇴 및 거동이 불안해진다.
  ㉣ 유방은 커지고 짜보면 유즙같은 것이 나온다.
  ㉤ 분만이 가까워지면 불안해하며 오줌을 자주 눈다.
  ㉥ 돼지는 분만 1~3일 전 보금자리를 만들기도 한다.

② 소의 분만 직전에 일어나는 분만징후
  ㉠ 유방이 커지고 유즙이 비친다.
  ㉡ 외음부가 충혈되고 종장된다.
  ㉢ 점액성 분비물의 누출량이 많아진다.
  ㉣ 미근부의 양쪽이 함몰되어 간다.
  ㉤ 점조성의 점액이 질 내에 고인다.
  ㉥ 에스트로겐과 릴랙신의 작용에 의하여 골반은 치골결합과 인대가 늦춰져 가동성이 늘어난다.

2. 분만과정과 분만관리

(1) 분만과정

① 분만과정은 준비기, 태아 만출기, 태반 만출기로 나누어진다.
② 분만과정과 증상

구 분	소요시간	과정 및 증상
자궁경관 확장기 (준비기, 개구기)	• 말 : 1~4 • 소 : 2~6 • 면양 : 2~6 • 돼지 : 2~12	• 자궁경관의 확장, 자궁근 수축 • 이유 후 일당 증체량, 요막액의 유출 • 자궁 내 에너지원과 단백질 비축 • 모체의 불안정, 태아의 태향과 태세의 변화 • 확장된 자궁경관을 통하여 태막이 질 내로 들어오면 융모막-요막이 파열되어 제1파수가 일어남
태아 만출기	• 말 : 0.2~0.5 • 소 : 0.5~1.0 • 면양 : 0.5~2.0 • 돼지 : 2.5~3.0	• 분만경과의 3기 중 소요시간이 가장 짧은 구간 • 모체가 눕거나 긴장함 • 음순에 양막출현 • 양막이 파열되어 제2파수가 일어남 • 태아의 만출[옥시톡신 분비 최고조 ; 옥시톡신 샤워(Oxytocin shower)]
태반 만출기	• 말 : 1 • 소 : 4~5 • 면양 : 0.5~8 • 돼지 : 1~4	• 태아만출 후부터 태반이 만출될 때까지의 시간 - 융모막의 융모가 모체의 태반조직으로부터 느슨해짐 - 융모막과 요막이 반전되고, 모체는 긴장 - 태아의 태막을 만출시킴

※ **암컷 가축의 분만 후 발정을 위한 자궁퇴축기간**
 • 소 : 35~40일(30~45일)
 • 돼지 : 25~28일
 • 면양 : 25~30일

(2) 분만의 과정 및 특징

① 분만과정은 진통부터 후산까지의 과정을 뜻한다.
② 분만 직전의 자궁 내 태위와 태향은 축종에 따라 다르다.
③ 소, 말과 같은 동물은 분만 직전에 하태향에서 상태향으로 회전한다.
④ 제1파수는 요막이 파열되는 것을 의미한다.
⑤ 돼지에서 분만 시 태위는 두위와 미위이다.
⑥ 소에서 태아의 만출되는 형(型) 중 후지가 먼저 나오는 미위(尾位)는 약 2% 정도이다.
⑦ 말의 분만 시 자궁경관이 완전히 확장된 후부터 분만이 완료될 때까지의 시간 : 0.2~0.5시간

(3) 인위적 분만유기방법
　① 인위적 분만유기의 방법으로 합성부신피질호르몬 투여와 Prostaglandin의 투여 등 두 가지 방법이 있다.
　② 부신피질호르몬에 의한 방법
　　㉠ ACTH의 자극을 받은 태아의 부신피질에서 Glucocorticoid의 분비증가를 일으키는 방법이다.
　　㉡ 합성 Glucocorticoid인 Dexamethason이 이용된다.
　　㉢ 반복투여가 필요하고 비용이 많이 든다.
　③ Prostaglandin에 의한 방법
　　㉠ PGE_2나 $PGF_{2\alpha}$ 등 Prostaglandin을 주사하여 분만유기를 일으키는 방법이다.
　　㉡ 사용이 용이하나 후산정체의 위험이 존재한다.

(4) 후산정체
　① 개 념
　　㉠ 후산정체란 후산의 만출이 정상적으로 이루어지지 않고 자궁에 체류하는 현상으로 태아 분만 후 10시간(12~24시간) 이내에 태반이 모체태반에서 분리되지 않는 경우를 말한다.
　　㉡ 후산정체 발생률이 가장 높은 동물은 궁부성 태반을 가지고 있는 소, 면양, 산양 등이다.
　　㉢ 소와 말은 후산의 지연만출로 자궁내막염(Endometrities)이 발생하는 경우가 있다.
　② 원 인
　　㉠ 전염성 유산(브루셀라), 패혈증, 캠필로박터균감염증
　　㉡ 영양결핍(Ca, Mg)
　　㉢ 분만 중의 간섭, 분만 후의 피로
　③ 대 책
　　㉠ 매달려 있는 후산을 가위나, 칼로 바싹 잘라낸다.
　　㉡ 에스트로겐(Estrogen)호르몬 주사를 510mg가량 3일 간격으로 2회 주사한다.
　　㉢ 항생제를 투여한다.

　　※ 갓 태어난 송아지가 호흡을 하지 않을 때 처치방법
　　　• 콧구멍 속을 짚으로 자극하기(5~6초간)
　　　• 송아지 입에 입김 불어 넣기(1분 이상 계속 실시)
　　　• 인공호흡(5~10분간 계속 실시)
　　　• 거꾸로 매단 후 찬물 끼얹기

CHAPTER 04 적중예상문제

PART 02 가축번식생리학

01 수컷의 포유가축에서 정자생성기능이 완성되고 부생식선이 발달하여 교미와 사정이 가능하게 되어 암컷을 임신시킬 수 있는 상태에 도달한 시기는?

① 태아기
② 춘기발동기
③ 성 성숙기
④ 번식적령기

02 종모축에서 나타나는 성 성숙현상이 아닌 것은?

① 정자생산능력 완성
② 부생식선 발육
③ 성욕의 발현과 교미, 사정가능
④ 발정발현

해설
암컷이 배란 가능한 성숙난포를 가지고 첫 발정이 오면 춘기발동이며, 이 과정이 반복되면서 수컷과 교미하여 임신이 가능한 성 성숙기에 도달하는 것이다.

03 각종 동물별로 암컷의 성 성숙월령 및 번식 적령이 바르게 연결된 것은?

① 소 : 6~10월, 14~22월
② 돼지 : 8~10월, 14~18월
③ 면양 : 7~8월, 18~20월
④ 말 : 12~18월, 20~22월

해설
② 돼지 : 5~8월, 8~12월
③ 면양 : 6~8월, 9~18월
④ 말 : 15~24월, 24~48월

04 젖소의 성 성숙월령으로 가장 적합한 것은?

① 8~13개월
② 15~20개월
③ 22~27개월
④ 29~34개월

정답 1 ③ 2 ④ 3 ① 4 ①

05 홀스타인 암소의 번식적령기의 평균체중은?
① 100~200kg
② 200~300kg
③ 300~400kg
④ 400~500kg

06 다음 암소 중 성 성숙이 가장 느린 품종은?
① Ayrshire
② Holstein
③ Guernsey
④ Jersey

07 모축인 돼지의 성 성숙이 완료되는 시기는?
① 생후 10주
② 생후 20주
③ 생후 30주
④ 생후 40주

08 다음 중 일반적인 돼지의 평균 번식적령기는 언제인가?
① 수컷 : 7개월경, 암컷 : 10개월경
② 수컷 : 10개월경, 암컷 : 10개월경
③ 수컷 : 15개월경, 암컷 : 15개월경
④ 수컷 : 20개월경, 암컷 : 20개월경

09 다음 중 가축의 성 성숙시기에 대한 설명으로 옳은 것은?
① 동일한 가축에서 체구가 작은 품종이 큰 품종보다 성 성숙이 빠르다.
② 잡종가축보다 순종가축이 성 성숙이 빠르다.
③ 저영양수준은 성 성숙을 빠르게 한다.
④ 체중보다 연령이 성 성숙과 밀접한 관계가 있다.

해설
② 잡종이 순종보다 성 성숙이 빠르다.
③ 저영양수준은 성 성숙이 지연된다.
④ 비만일 경우 성 성숙이 지연된다.

10 주요 가축의 번식적령기를 결정하는 주요 요인은?

① 온도와 위도
② 월령과 체중
③ 계절과 일조시간
④ 집단의 개체수

11 소에 있어서 잡종교배를 하였을 때 그 새끼의 성 성숙 도달일령은 어떻게 변하는가?

① 번식계절과 온도에 따라 크게 변화한다.
② 순종과 큰 차이가 없다.
③ 순종에 비하여 늦다.
④ 순종에 비하여 빠르다.

12 잡종번식은 순종번식에 의하여 성 성숙시기를 어떻게 변화시키는가?

① 단축시킨다.
② 지연시킨다.
③ 영향이 없다.
④ 품종에 따라 다르다.

13 소, 돼지, 면양 등에 있어서 성 성숙을 지연시키는 것은?

① 누진교배
② 근친교배
③ 잡종교배
④ 이계교배

14 성 성숙에 영향이 있는 요인들에 대한 설명 중 잘못된 것은?

① 번식계절 동물 중 출생시기가 늦은 개체는 성 성숙이 지연된다.
② 고온환경하에서 사용된 개체의 성 성숙은 지연된다.
③ 영양부족된 개체의 성 성숙은 지연된다.
④ 근친된 개체의 성 성숙은 촉진된다.

> **해설**
> ④ 근친된 개체의 성 성숙은 지연된다.

정답 10 ② 11 ④ 12 ① 13 ② 14 ④

15 성 성숙에 영향을 미치는 요인에 관한 설명 중 부적당한 것은?

① 신체발육과 성 성숙은 무관하다.
② 동물종, 품종 및 계통 간에 성 성숙시기의 차이가 있다.
③ 출생계절에 따라 성 성숙시기가 달라질 수 있다.
④ 사육시설, 위생상태와 같은 환경조건도 성 성숙에 영향을 미친다.

해설
성 성숙은 체구가 작을수록 빠르고 체구가 클수록 늦어지는 경향이 있다.

16 소에 있어서 성 성숙시기에 가장 크게 영향을 미치는 요인은?

① 체 중
② 연 령
③ 출생계절
④ 성장기의 온도

해설
과도한 영양소 공급으로 비만일 경우에는 지방세포에 에스트로겐이 축적되어 GnRH의 분비가 촉진되지 않아 발정이 지연될 수 있다.

17 다음 중 가축의 성 성숙에 결정적인 영향을 미치는 요인들만 나열한 것은?

① 습도, 계절
② 영양, 습도
③ 유전적 요인, 계절, 영양
④ 습도, 유전적 요인, 영양

해설
가축의 성 성숙에 미치는 주요인 : 유전적 요인, 영양, 계절, 온도, 사육방법

18 계절번식 동물(특히 면양)의 성 성숙에 대하여 가장 큰 영향을 미치는 요인은?

① 온 도
② 영양상태
③ 일조시간
④ 정신적 요인

해설
계절요인 중 가장 영향을 주는 요인은 광주기성, 즉 일조시간이다.

정답 15 ① 16 ① 17 ③ 18 ③

19 극단으로 온도가 높거나 낮을 때 대부분 가축의 성 성숙은 어떻게 변하는가?

① 촉진된다.
② 지연된다.
③ 변함이 없다.
④ 품종에 따라 다르다.

20 가축의 번식계절에 영향을 미치는 요인으로 가장 거리가 먼 것은?

① 일조시간의 장단
② 온 도
③ 내분비학적 기구
④ 수 분

해설

가축의 번식계절은 일조시간과 온도에 의해 결정된다.
- 장단일성 일조시간 : 성중추를 자극하여 시상하부의 GnRH를 분비하고, 이것이 뇌하수체 전엽을 자극하여 FSH와 LH의 분비를 촉진시켜 발정을 유발한다.
- 온도 : 일조시간에 비하면 그 영향이 약하나 번식계절의 개시에 영향을 주는 중요한 요인 중 하나이다.

21 계절적 영향이 적어 연중번식이 가능한 가축은?

① 말   ② 양
③ 돼 지   ④ 염 소

해설

번식계절
- 주년성 번식동물(일정의 번식계절이 없는 동물) : 소, 돼지, 토끼
- 비주년성 번식동물
  - 단일성 번식동물 : 면양, 산양, 사슴, 노루, 고라니 등
  - 장일성 번식동물 : 말, 당나귀 등

22 다음 중 단일성(Short Day) 계절번식 가축은?

① 소   ② 말
③ 면 양   ④ 돼 지

23 계절번식을 하는 동물은?

① 소   ② 돼 지
③ 토 끼   ④ 말

24 다음은 각 동물의 성주기에 대한 설명이다. 옳지 않은 것은?

① 고양이는 교미자극 후 보통 24~30시간에 배란이 일어난다.
② 사슴의 번식계절은 일조시간이 짧아지는 시기로 우리나라의 경우에서는 9~12월경에 해당된다.
③ 개의 임신기간은 산양보다 짧다.
④ 우리나라에서 말은 단일성 번식동물로 번식계절이 10~12월이다.

해설
우리나라에서 말은 장일성 번식동물로 번식계절이 4~6월이다.

25 다음 중 발정과 관련된 설명으로 옳지 않은 것은?

① 번식적령기에 도달해야 발정이 개시된다.
② 발정주기는 발정 전기, 발정기, 발정 후기, 발정 휴지기로 구분된다.
③ 발정기의 생식기관은 에스트로겐 영향 하에 놓이게 된다.
④ 발정 후기는 프로게스테론 영향하에 놓이게 된다.

해설
성 성숙에 도달한 암컷이 임신하지 않았으면 일정한 간격으로 발정이 반복된다.

26 번식적령기에 대해서 바르게 설명한 것은?

① 번식적령기 이전에 수정은 수태율을 높인다.
② 번식적령기 이전에 수정은 난산이 많아진다.
③ 번식적령기 이전에 수정은 번식수명을 연장한다.
④ 번식적령기 이전에 수정은 자축의 생시 체중이 커진다.

27 1년 중 단 한 번의 발정기밖에 없는 단발정 동물에 해당하는 것은?

① 소　　　　② 돼 지
③ 여 우　　　④ 면 양

해설
발정주기
• 단발정동물 : 개, 곰, 여우, 이리 등
• 다발정동물 : 소, 돼지, 말(가축) - 1년에 수회 주기적 발정주기
• 계절적 다발정동물 : 양, 말, 고양이

28 다음 동물 중 교미를 해야 배란이 되는 것은?

① 햄스터　　② 밍 크
③ 산 양　　　④ 말

해설
대부분의 포유동물은 자연배란동물이지만, 토끼, 고양이, 밍크 등은 통상 교미자극에 의해 배란이 유기되어 이 자극이 없으면 발육한 난포는 폐쇄퇴행하며, 이와 같은 배란을 교미배란이라고 한다.

정답 24 ④　25 ①　26 ②　27 ③　28 ②

29 다음 가축 중 성 성숙이 완료된 시기에서도 교미자극이 가해지지 않는 한 배란이 일어나지 않고 발정이 계속되는 것은?

① 토 끼 ② 소
③ 면 양 ④ 돼 지

30 불완전 발정주기에 대한 설명 중 틀린 것은?

① 불완전 발정주기에서도 난포발육, 배란 및 황체형성이 반복된다.
② 불완전 발정주기의 황체는 교미자극에 의하여 분비기능이 생긴다.
③ 불완전 발정주기는 4~6일 간격으로 반복된다.
④ 불완전 발정주기를 가지는 동물은 교미자극이 없으면 배란이 일어나지 않는다.

해설
지속성 발정주기는 토끼와 같이 교미 또는 그와 유사한 자극이 가해지지 않으면 배란이 일어나지 않아 난소 내에 항상 약간의 성숙난포가 존재하면서 발정이 지속적으로 계속된다.

31 제1차 성숙분열이 완성되기 전에 배란이 일어나는 동물은?

① 개   ② 소
③ 닭 ④ 돼 지

해설
동물들의 배란 및 수정 시의 난자의 성숙 정도는 종마다 많이 다르다. 성숙일차 난모세포일 때(개, 여우), 1차 성숙분열(감수분열) 전기일 때(많은 곤충), 2차 성숙분열(감수분열) 중기일 때(사람, 포유동물) 및 성숙한 난자일 때(말미잘, 성게) 등으로 분류된다. 갯지렁이 같은 경우는 종에 따라 배란 및 수정되는 시기가 다르다. 한 종에서 시기가 다른 예는 없다.

32 다음 중 성숙한 소와 돼지의 발정주기와 발정지속시간을 모두 올바르게 연결한 것은?

① 소 : 18~20일, 15~17시간,
   돼지 : 18~22일, 48~72시간
② 소 : 21~22일, 18~20시간,
   돼지 : 18~22일, 48~72시간
③ 소 : 18~20일, 18~20시간,
   돼지 : 18~22일, 24~48시간
④ 소 : 21~22일, 15~17시간,
   돼지 : 23~25일, 24~48시간

33 소와 돼지의 평균 발정주기로 가장 적합한 것은?

① 15일   ② 21일
③ 25일   ④ 30일

해설

가축별 발정주기와 발정지속기간

구 분	번식특성	발정주기(일)	발정지속시간 (시간)
소	연 중	21~22	18~20
돼 지	연 중	19~21	48~72
면 양	단일성	16~17	24~36
산 양	단일성	21	32~40
말	장일성	19~25	4~8(일)

34 소의 발정지속시간으로 가장 적합한 것은?

① 19~20시간   ② 24~36시간
③ 3~5일   ④ 4~9일

해설

소의 발정지속시간은 평균 20시간이라고 한다. 하지만 품종, 개체, 산차, 영양상태, 계절 등의 요인에 영향을 받아 차이가 난다. 특히 분만 후 2~3회까지는 불과 5~10시간 정도로 몹시 짧고 정상적인 사양관리를 하는 소는 18~20시간 정도이다. 영양이 나쁜 소가 다소 긴 편이며, 여름철에는 더 짧아지는 경우가 있다.

35 돼지에서 3~8주령인 자돈을 이유시킬 경우 이유 후 얼마 정도에 발정이 오는가?

① 3~15일   ② 20~30일
③ 30~40일   ④ 40~50일

36 다음 중 산양의 평균 발정주기 일수는?

① 18일   ② 21일
③ 28일   ④ 35일

37 다음 중 발정지속시간이 가장 긴 가축은?

① 소   ② 돼 지
③ 말   ④ 면 양

정답 33 ② 34 ① 35 ① 36 ② 37 ③

38 다음 중 성숙한 암컷의 포유가축에서 정상적으로 일어나는 발정주기를 올바르게 4단계로 나누어 놓은 것은?

> A : 발정 후기 B : 발정 휴지기
> C : 발정기   D : 발정 전기

① B → D → A → C
② B → D → C → A
③ D → C → A → B
④ D → C → B → A

해설
포유가축 암컷의 발정주기
발정 전기 → 발정기 → 발정 후기 → 발정 휴지기

39 난소에서 난포가 발육되는 시기는?
① 발정 전기   ② 발정기
③ 발정 후기   ④ 발정 휴지기

40 발정주기 기간 중 난소(卵巢)에서 일어나는 일련의 생리적 변화를 순서대로 가장 잘 설명한 것은?
① 난포발육 → 성숙 → 배란 → 황체형성 → 퇴행
② 난포발육 → 배란 → 퇴행 → 황체퇴행 → 형성
③ 황체형성 → 퇴행 → 난포성숙 → 발육 → 배란
④ 황체퇴행 → 형성 → 난포발육 → 성숙 → 배란

41 성숙한 암컷 가축의 난관분비액에 관한 설명 중 옳지 않은 것은?
① 스테로이드호르몬에 의해 양이 조절된다.
② 수정란의 발달에 알맞은 환경을 제공한다.
③ 주입된 정자의 수정능 획득을 유도한다.
④ 황체기에 분비량이 최고 수준에 달한다.

정답 38 ③ 39 ① 40 ① 41 ④

42 발정주기 중 소를 제외한 대부분의 가축이 배란(排卵)을 하는 단계에 대한 설명으로 옳은 것은?

① 발정 휴지기에서 발정기로 이행하는 시기이다.
② 난포로부터 에스트로겐(Estrogen)의 분비가 왕성해진다.
③ 황체에서 생성되는 프로게스테론(Progeterone)의 영향을 받는 시기이다.
④ 난소주기(卵巢週期)로 보아서는 황체기(黃體期)에 속하는 시기이다.

43 소에 있어서 발정주기 중 출혈은 언제 나타나는가?

① 발정 전기 ② 발정기
③ 발정 후기 ④ 발정 휴지기

해설
발정 후기(발정 후 출혈)
발정 후 출혈은 소의 꼬리 외음부에서 관찰되는 생식기관으로부터의 출혈이다. 출혈은 교배허용 발정 후 1~3일 사이에 일어나며, 소의 교미 또는 임신여부에 관계없이 일어난다.

44 발정주기가 정상적인 성숙한 암컷 포유가축에서 배란 직전의 성숙난포가 배란에 이르기까지 일어나는 3가지 중요한 과정이 아닌 것은?

① 제2극체의 방출
② 세포외벽의 파열
③ 과립 막세포 사이에 존재하는 세포결합의 손실
④ 난모세포의 세포질과 핵의 성숙

45 발정징후의 식별요령 중 잘못된 것은?

① 대부분의 가축은 발정 전기부터 웅축을 허용한다.
② 발정기에는 에스트로겐이 왕성하게 분비된다.
③ 발정 후기에는 황체가 형성된다.
④ 발정기에는 외음부가 붓고 출혈된다.

해설
발정기에 수컷의 승가를 허용한다.

46 다음 중 가장 확실한 젖소의 발정징후는?

① 승가를 허용한다.
② 큰 소리로 운다.
③ 비유가 감소한다.
④ 식욕이 감퇴한다.

해설

발정징후
- 거동이 불안하고 흥분하며, 소리를 지르기도 한다.
- 식욕이 저하되고 젖 생산량이 줄어들기도 한다.
- 눈이 충혈되거나 신경과민증상을 보인다.
- 다른 가축에 승가행동을 하거나 승가를 허용한다.
- 외음부가 붉어지고 부풀어 오르며, 점액이 분비되기도 한다.

47 소의 외부적 발정징후로 옳지 않은 것은?

① 수소의 승가를 허용한다.
② 불안해하고 자주 큰 소리로 운다.
③ 식욕이 왕성해지고 온순해진다.
④ 외음부는 충혈되어 붓고 밖으로 맑은 점액이 흘러나온다.

해설

식욕이 감퇴되고 거동이 불안해진다.

48 소의 발정징후 중에서 가장 적합하지 않은 것은?

① 거동이 불안하고 보행수가 증가한다.
② 눈이 활기 있고 신경이 예민하며 귀를 자주 흔들고 소리를 지른다.
③ 외음부가 창백해지고 복부 및 유방이 팽대된다.
④ 다른 암소에게 올라타거나 다른 암소가 올라타는 것을 허용한다.

49 소의 발정징후를 바르게 설명한 것은?

① 평상시보다 보행수가 2~4배 증가한다.
② 정서적으로 안정된 상태가 된다.
③ 식욕이 왕성해지고 반추횟수가 증가한다.
④ 오전보다 오후에 승가를 허용하는 횟수가 증가한다.

50 다음 중 소의 발정기 행동이 아닌 것은?

① 오줌을 소량씩 자주 눈다.
② 다른 소의 승가를 허용한다.
③ 다른 소의 주위를 배회하는 경우가 많다.
④ 주변의 다른 소리에 우둔하고 안정된다.

정답 46 ① 47 ③ 48 ③ 49 ① 50 ④

51 다음 중 암소와 암퇘지의 발정징후가 아닌 것은?

① 거동이 불안함
② 소리에 민감함
③ 수컷과의 교미를 허용함
④ 외음부에 주름이 나타남

52 돼지의 발정징후에 해당하는 것은?

① 식욕이 감퇴하고 반추가 줄어들거나 거의 중단된다.
② 외음부가 충혈, 돌출하며 며칠간 붉은 분홍빛을 나타낸다.
③ 꼬리를 흔들며 승가를 허용하지만 외음부의 충혈과 점액누출은 없다.
④ 외음부의 음순수축에 따른 개폐로 라이트닝(Lightening)을 2~3분간 주기적으로 반복한다.

53 돼지의 발정징후에 해당되지 않는 것은?

① 외음부가 충혈되고 부어오른다.
② 사료섭취량이 증가한다.
③ 질 밖으로 점액을 분비한다.
④ 다른 돼지의 승가를 허용한다.

해설
식욕이 감소한다.

54 가축의 교배적기를 결정하는 생리적 요인으로 부적합한 것은?

① 혈장 내 Cortisol호르몬의 함량
② 배란시기와 정자가 수정능력을 획득하는 데 요하는 시간
③ 자축의 생식기도 내에서 정자가 수정능력을 유지하는 기간
④ 배란된 난자가 자축의 생식기도 내에서 수정능력을 유지하는 기간

55 교배적기를 결정하는 요인만을 기재한 것은?

① 계절, 난자와 정자의 수정능력 보유시간
② 정자의 생존성과 운동성 및 기형률
③ 배란시기, 난자의 수정능력 보유시간, 기형률
④ 배란시기, 난자와 정자의 수정능력 보유시간

정답 51 ④ 52 ② 53 ② 54 ① 55 ④

56 포유가축의 교배적기를 결정하는 요인이 아닌 것은?

① 발정지속시간
② 정자의 성숙도
③ 정자의 수송시간
④ 정자의 수정능력 보유시간

57 가축의 수정적기를 결정하는 가장 중요한 요인은?

① 배란이 일어나는 시기와 수정부위까지의 정자수송시간
② 환경온도와 일조시간
③ 발정축의 영양상태
④ 발정축의 체중과 월령

58 수정적기를 결정하는 생리적 요인이 아닌 것은?

① 배란시기
② 난자의 수정능력 유지시간
③ 분만 후 자궁정복시기
④ 정자가 수정부위까지 상행하는 데 요하는 시간

해설
수정적기를 결정하는 생리적 요인
- 배란시기
- 배란된 난자가 암소의 생식기 내에서 수정능력을 유지하는 시간
- 정자가 수정부위까지 상행하는 데 요하는 시간
- 정자가 수정능력을 회복하는 데 요하는 시간
- 암소의 생식기 내에서 수정능력을 유지하는 시간

59 가축들의 교배적기에 관한 설명으로 맞지 않은 것은?

① 소는 발정 중기부터 발정종료 후 6시경까지이다.
② 돼지는 외음부의 발적, 종창이 최고조를 지나 약간 감퇴한 시기이다.
③ 개는 배란 전 54시간부터 배란 후 108시간까지 약 7일간이다.
④ 말은 직장검사를 한 경우 배란와가 닫혀 있는 시기로 배란 후 3일째이다.

60 소의 교배적기에 관한 설명 중 틀린 것은?

① 다른 소가 승가하는 것을 허용할 때 수정한다.
② 배란 전 13~18시간에 수정한다.
③ 발정종료 전 1시간에서 종료 후 3시간 내 수정한다.
④ 배란 후 6~12시간에 수정한다.

해설
소의 수정적기는 일반적으로 발정개시 후 12~18시간(배란 전 13~18시간) 또는 발정종료 전후 3~4시간 사이이다.

정답 56 ② 57 ① 58 ③ 59 ④ 60 ④

61 젖소목장에서 교배적기를 판정하는 설명 중 잘못된 것은?

① 아침 9시 이전에 발정을 확인한 경우는 당일 오후가 수정적기이다.
② 발정을 오전(9~12) 중에 발견한 경우는 당일 저녁 또는 다음 날 새벽이 수정적기이다.
③ 소의 수정적기는 발정 중기부터 발정종료 6시간 내에 해당한다.
④ 발정을 오후에 발견한 경우는 다음 날 오후 2시 이후가 수정적기이다.

62 성숙한 젖소에서 자연교배 또는 인공수정의 적기는?

① 발정개시부터 발정종료까지
② 발정종료 전후의 4시간
③ 발정개시 전후의 4시간
④ 배란 전후의 4시간

63 다음 가축들의 배란시간을 가장 바르게 나타낸 것은?

① 면양 발정개시 후 36~40시간
② 산양 발정개시 후 16~22시간
③ 돼지 발정종료 후 35~45시간
④ 소 발정종료 후 10~11시간

해설

주요 가축의 번식특성 및 발정주기

구 분	번식특성	배란시간(시간)
소	연 중	발정종료 후 10~11
돼 지	연 중	발정개시 후 35~45
면 양	단일성	발정개시 후 24~30
산 양	단일성	발정개시 후 30~36
말	장일성	발정종료 전 24~48

64 다음 중 소에서 배란이 일어나는 시기로 옳은 것은?

① 발정종료 후 8~11시간
② 발정 전기
③ 발정기
④ 발정종료 직후

61 ④ 62 ② 63 ④ 64 ①

65 발정기에 배란이 되지 않는 것은?
① 면 양   ② 돼 지
③ 소   ④ 생 쥐

해설
발정기에 따른 배란시기
- 소 : 발정기가 끝나고 10~12시간 후
- 염소 : 발정기가 끝나고 몇 시간 뒤
- 양 : 발정기 중간
- 돼지 : 발정기의 거의 중간
- 말 : 발정기가 끝나기 1~2일 전

66 다음 중 발정한 암퇘지의 배란시기로 옳은 것은?
① 수퇘지를 허용하기 시작한 시점으로부터 12~24시간 사이이다.
② 수퇘지를 허용하기 시작한 시점으로부터 30~35시간 사이이다.
③ 수퇘지를 허용하기 시작한 시점으로부터 50~65시간 사이이다.
④ 수퇘지를 허용하는 것과 수정시기와는 별개 문제이다.

67 일반적으로 돼지의 배란시기로 가장 적당한 것은?
① 발정개시 후 5~10시간
② 발정개시 후 약 20시간
③ 발정개시 후 약 25~30시간
④ 발정개시 후 약 40시간

68 정상적인 돼지에 있어 배란이 일어나는 시기로 가장 적합한 것은?
① 발정개시 직후
② 발정개시 36~44시간 후
③ 발정이 끝났을 무렵
④ 발정이 끝난 지 24시간 후

69 일반적으로 돼지는 첫 발정 시 몇 개의 난자를 배란하는가?
① 2~4개
② 4~6개
③ 6~8개
④ 8~10개

정답 65 ③ 66 ② 67 ④ 68 ② 69 ④

70 다음 중 돼지의 수정(종부)적기는?

① 발정개시 직후
② 수퇘지 허용 직후
③ 수퇘지 허용 후 10~26시간
④ 수퇘지 허용 후 3~4일

71 아침에 암퇘지의 허리를 눌러 보았더니 가만히 서서 수컷을 허용하는 자세를 취하였다. 이 돼지의 교배적기는?

① 당일 오전에서 오후에 걸쳐서
② 당일 오후에서 다음날 아침에 걸쳐서
③ 당일 오전부터 밤에 걸쳐서
④ 다음날 낮 동안에

72 면양의 교배적기로 적당한 것은?

① 발정개시 후 5~10시간
② 발정개시 후 25~30시간
③ 발정개시 후 45~50시간
④ 발정개시 후 60~70시간

73 동물종에 따른 정액특성과 사정부위를 옳게 설명한 것은?

① 소와 면양은 자궁에 사정하며, 정액의 정자농도가 높다.
② 원숭이는 질에 사정하며, 사정정액은 응고하지 않는다.
③ 말은 질에 사정하며, 자궁경을 확장시킨다.
④ 돼지는 자궁에 사정하며, 자궁경관은 교미 중 음경을 정체시킨다.

74 난관 내에서 난자가 수송되는 것을 지연시키는 요인은?

① 난관근층의 협부수축
② 난관추벽 표면의 섬모
③ 비섬모세포 분비액
④ 팽대부에서 협부를 향한 연동 수축

정답 70 ③ 71 ② 72 ② 73 ④ 74 ①

75 난자가 난관을 통과하는 데 소요되는 시간이 가장 긴 것은?(단, 난관의 길이와는 상관관계가 없다)

① 소 ② 말
③ 면양 ④ 개

해설
난자가 난관을 통과하는데 소요되는 시간

동물	난관에 체류하는 시간
소	90
면양	72
말	98
돼지	50
고양이	148
개	168
원숭이	96
사람	48~72

76 소에서 배란된 난자가 난관에 체류하였다가 통과하는 데 소요되는 시간은?

① 30시간 ② 60시간
③ 90시간 ④ 120시간

77 돼지에서 난자가 난관을 통과하는 데 필요한 시간은 약 얼마인가?

① 20 ② 50
③ 80 ④ 110

78 정자가 수정능력을 최종적으로 획득하는 부위는?

① 정소
② 정소상체
③ 정관
④ 암컷의 생식기

해설
난관은 암컷의 생식기관으로 난자와 정자가 결합하여 수정이 이루어지는 장소이다.

79 정자의 수정능력 획득을 바르게 설명한 것은?

① 정자는 형성과 동시에 수정능력을 획득하게 된다.
② 정자는 정자변형과 동시에 수정능력을 획득하게 된다.
③ 정자는 난자와 수정하기 전에 암컷의 생식기도 내에서 수정능력을 획득한다.
④ 정자는 사출과 동시에 수정능력을 획득한다.

정답 75 ④ 76 ③ 77 ② 78 ④ 79 ③

80 정자의 수정능력 획득에 관한 설명 중 틀린 것은?

① 정자가 암컷의 생식기도 내에서 수정능력을 획득하는 것은 분비액 중에 획득인자가 함유되어 있기 때문이다.
② 일단 수정능력을 획득한 정자는 다시 정장 중에 부유시키더라도 수정능력은 상실하지 않는다.
③ 정자의 수정능력을 획득시키는 작용에 있어서 난소호르몬의 영향이 크다.
④ 수정능력 획득에 수반되는 형태적 변화는 주로 첨체반응으로 나타난다.

82 소의 정자가 암컷의 생식기 내에서 생존하는 평균시간은?

① 10시간 이내
② 10~20시간
③ 30~40시간
④ 40~50시간

81 소에 있어서 암소의 생식기 내에서 정자가 수정능력을 유지하고 있는 시간은?

① 5~6시간
② 10~15시간
③ 28~30시간
④ 40~42시간

83 소의 난자가 배란된 후 수정능력을 유지할 수 있는 최대의 시간은?

① 6시간 이내
② 12~24시간
③ 30~42시간
④ 48~60시간

해설
난자의 수정능력 보유시간은 난자가 수정되어 정상적으로 발생할 수 있는 최대기간으로 12~24시간이다.

84 배란 후 난자의 수정능력과 보유시간에 대한 설명 중 맞지 않는 것은?
① 자성생식기관 내에서 난자의 수정능력 보유시간은 정자의 수정능력 보유시간보다 길다.
② 난자는 대개의 경우 배란 후 12~24시간 정도 수정능력을 유지한다.
③ 인공수정시간이 늦을 경우 난자는 그 수정능력 말기에 수정되기 때문에 수정란이 착상되지 못할 수 있다.
④ 난자가 노화되면 유산, 배아흡수 및 이상발생 등이 일어날 수 있다.

85 돼지에서 수정 시 다정자 침입을 방지하는 생리적 작용들만 묶은 것은?
① 투명대반응, 첨체반응, 난백차단
② 첨체반응, 난황막차단, 정자수의 제한
③ 난백차단, 정자수의 제한, 첨체반응
④ 정자수의 제한, 투명대 반응, 난황막차단

86 수정능력을 획득한 정자가 난자의 투명대를 통과하기 위하여 일어나는 현상은?
① 첨체반응
② 핵농축
③ 연동운동
④ 선회운동

87 정자의 첨체반응에 관한 설명 중 틀린 것은?
① 정자가 난자의 투명대를 통과하는 과정에 일어나는 현상이다.
② 정자가 난구세포로부터 활력을 받게 된다.
③ 아크로신(Acrosin)이 투명대를 통과하도록 돕는다.
④ 히알루로니다아제(Hyaluronidase)라는 효소가 정자를 투명대 표면에 도달하는 것을 돕는다.

88 정자가 수정능력 획득에 의하여 정자두부에서 방출되는 효소 중에서 난자의 투명대를 용해하는 효소는?
① 카테콜아민(Catecholamine)
② 하이포타우린(Hypotaurine)
③ 히알루로니다아제(Hyaluronidase)
④ 아크로신(Acrosin)

해설

첨체에서 분비되는 효소
- 아크로신(Acrosin)은 단백질분해효소로 투명대를 연화시켜서 정자의 침투통로를 만든다.
- 히알루로니다아제(Hyaluronidase)는 난자를 둘러싸고 있는 막을 뚫기 위해 필요한 효소이다.

89 암컷생식기 내에 주입된 정자가 난관을 통과하면서 나타나는 첨체반응에 의해서 분비되는 첨체효소들로만 묶여진 것은?

① Lipase, Acrosin
② Lipase, Hyaluronidase
③ Protease, Lipase
④ Hyaluronidase, Acrosin

해설

포유류의 첨체에 그라프난포의 세포 사이에 존재하는 세포질물질인 히알루론산을 녹이는 히알루로니다제와 난의 투명대를 녹이는 트립신유사효소(아크로신)가 들어 있다.

90 정자의 첨체에 함유된 효소의 종류가 아닌 것은?

① 이노시톨(Inositol)
② 히알루로니다아제(Hyaluronidase)
③ 아크로신(Acrosin)
④ 칼페인 Ⅱ(Calpain Ⅱ)

해설

포유류 정자의 첨체에 함유된 효소의 종류
- 히알루로니다아제(Hyaluronidase)
- 프로아크로신(Proacrosin, 아크로신의 불활성형)
- 에스트라제(Estrase)
- 포스포리파제 A_2(Phospholipase A_2)
- 산포스포타제(Acid Phosphotases)
- 아릴설파타제(Arylsulphatase)
- β-N-아세틸글루코사미니다제(β-N-acetylglucosaminidases)
- 아릴아미다제(Aryl Amidase)
- 비특이산프로테이나제(Nonspecific Acid Proteinases)
- 칼페인 Ⅱ(Calpain Ⅱ) 등

91 소에 발생되는 프리마틴(Freemartin)이 생성되는 원인은?

① 암수 쌍태로 암컷의 호르몬에 의해서
② 암수 쌍태로 수컷의 호르몬에 의해서
③ 암컷 쌍태로 심한 체중과다에 의해서
④ 암컷 쌍태로 심한 체중과소에 의해서

92 프리마틴이 갖는 특징의 설명으로 적절하지 않은 것은?

① 중간적인 양성의 생식기관을 갖는다.
② 정상적인 암컷과 비슷한 외부생식기를 갖는다.
③ 정소와 여러 가지 유사점을 가진 변이한 난소를 갖는다.
④ 생식선은 골반강까지 내려오는 경우가 많다.

93 다태동물에 있어서 자궁 내 배의 착상부위 결정요인이 아닌 것은?

① 자궁근의 교반운동
② 자궁근의 수축파
③ 난관의 수축작용
④ 배반포의 상호밀접 방어작용

해설
배에 자극된 자궁근은 수축하여 이미 착상된 배의 근처에 다른 배가 착상하는 것을 방지한다.

94 모축의 자궁에 착상되는 수정란의 단계는?

① 8세포기
② 16세포기
③ 상실배
④ 배반포

해설
배반포 : 수정란이 상실배기를 지나면 배의 내부에 액체가 충만한 분할강이 생기고 분할강이 커짐에 따라 할구는 난자 내 표면에 배열되어 1층의 세포층이 외측을 둘러싸고 그 내강의 한 쪽에 내세포괴가 형성된다. 이 시기의 배를 배반포라고 한다.

95 다음 중 수정란이 태아로 발달하는 것은?

① 영양막
② 내부세포괴(Inner Cell Mass)
③ 태 막
④ 투명대

해설
영양막은 태반과 태막형성에 관여하고 내부세포괴는 태아로 발달한다.

96 수정란에서 태반과 태막이 되는 것은?

① 난구세포
② 투명대
③ 내부세포괴
④ 영양배엽

97 소, 면양 및 돼지에서 초기배의 약 25~40%는 수정과 착상의 말기에서 소실된다. 이와 같은 초기배 치사의 원인으로 틀린 것은?

① 발정호르몬과 황체호르몬의 불균형으로 인해 초기배 수송의 촉진 또는 지연으로 생긴다.
② 소, 면양 및 말에서 비유기 중에서 초기배 치사가 발생되는 수가 많다.
③ 특히 돼지의 경우 초기배의 높은 사망률은 모축의 연령 때문에 일어나는 경우가 많다.
④ 모체의 영양과 초기배 치사는 무관하다.

해설
초기배 치사 원인의 해결에는 모체의 건강, 영양, 연령, 호르몬의 불균형, 열 스트레스, 자궁 내의 환경 등이 꼽히고 있다.

정답 93 ③ 94 ④ 95 ② 96 ④ 97 ④

98 돼지에서 교배(인공수정) 후 수정란이 자궁에 착상하는 시기는?

① 5일
② 15일
③ 25일
④ 35일

해설
돼지의 착상시기는 수정 후 12일경부터 24일경까지 계속된다.

100 다음 중 분만이 개시될 때 그 농도가 상대적으로 감소되는 호르몬은?

① $PGF_{2\alpha}$
② Progesterone
③ Oxytocin
④ Growth Hormone

해설
수정란이 착상되면 에스트로겐과 프로게스테론의 분비는 몇 달 동안 높은 수준으로 증가하며, 분만 시에는 옥시토신의 분비가 최고조에 달하는 반면 황체호르몬(프로게스테론)의 분비는 급격히 감소한다.

99 다음 중 임신 후 난자의 투명대 소실시기가 틀린 것은?

① 토끼 : 교미 후 5일
② 돼지 : 발정개시 후 8일
③ 면양 : 교미 후 8일
④ 소 : 배란 후 10~11일

해설
① 토끼 : 교배 후 7일

101 포유동물에 있어서 프로스타글란딘($PGF_{2\alpha}$)의 기능은?

① 2차 성징의 발현
② 임신의 유지
③ 황체의 퇴행
④ 난자의 수송

해설
프로스타글란딘($PGF_{2\alpha}$)의 기능
황체를 퇴행시키고 자궁근 및 위와 장도관 내 윤활근의 수축을 자극하므로 분만 시에 분만촉진제로서의 역할을 한다.

102 임신 중인 포유가축의 태반이 수행하는 생리적 기능이 아닌 것은?

① 태아의 호흡조절
② 태아의 온도조절
③ 호르몬 생산
④ 영양분 흡수

해설
태반은 모체의 자궁조직과 부착되어 모체와 태아 간의 생리적 물질교환을 하는 기관이다.

103 태아순환과 모체순환을 이간시키고 있는 조직층을 태반장벽(Placental Barrier)이라 하는데 이 장벽의 구조에 따라 태반을 조직학적으로 분류한다. 다음 중 토끼에 해당하는 것은?

① 혈액내피성 태반
② 혈액융모성 태반
③ 내피융모성 태반
④ 상피융모성 태반

해설
조직층의 수에 따른 태반의 형태
• 상피융모성 태반 : 말, 돼지
• 인대융모성 태반 : 면양, 소, 산양
• 내피융모성 태반 : 고양이, 개, 족제비류
• 혈액융모성 태반 : 영장류
• 혈액내피성 태반 : 토끼, 기니피그와 같은 설치류

104 다음 중 태반의 분류에서 동물종의 태반형태가 잘못 짝지어진 것은?

① 돼지 - 산재형
② 개, 고양이 - 대상형
③ 소 - 궁부형
④ 면양 - 반상형

해설
융모막 융모의 분포에 따른 태반의 분류
• 산재형 : 말, 돼지
• 궁부형 : 소, 산양, 면양, 사슴
• 대상형 : 개, 고양이, 육식동물
• 반상형 : 토끼, 설치류, 영장류

105 소의 태반에 대한 설명 중 틀린 것은?

① 자궁 내 자궁소가 없고, 융모막의 융모가 태반의 표면 전체에 산재하는 상피융모성 태반이다.
② 궁부성 태반으로 자궁소구가 있다.
③ 궁부와 자궁소구가 접합한 태반분엽이 있다.
④ 비임신자궁각에도 궁부는 발달하나 태반분엽은 형성되지 않는다.

정답 102 ② 103 ① 104 ④ 105 ①

106 융모막 융모의 분포범위와 모양에 따른 태반의 분류 중 그림과 같은 것은?

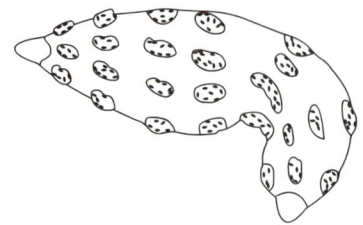

① 산재성 태반
② 대상 태반
③ 궁부성 태반
④ 원반상 태반

해설

동물의 태반 종류

산재성 태반		말, 돼지
궁부성 태반		소, 산양, 면양
대상성 태반		고양이, 개
반상성 태반		설치류, 영장류

107 다음 태반형태와 가축의 종류 연결이 옳은 것은?

① 산재성 태반 – 면양
② 궁부성 태반 – 소
③ 대상성 태반 – 말
④ 반상성 태반 – 돼지

해설

① 산재성 태반 : 말, 돼지
③ 대상성 태반 : 개, 고양이
④ 반상성 태반 : 토끼, 영장류, 설치류

108 태반의 형태학적 분류와 동물의 예가 잘못 짝지어진 것은?

① 산재성 – 돼지, 말
② 궁부성 – 소, 산양
③ 대상성 – 개, 고양이
④ 반상성 – 면양, 밍크

해설

④ 반상성 : 토끼, 영장류, 설치류

106 ③ 107 ② 108 ④

109 가축의 발생과정에서 내배엽에서 분화되는 것은?

① 간　　② 신경계
③ 뼈　　④ 심장

해설
내배엽, 중배엽, 외배엽 3개의 세포층으로 분화한다.
- 내배엽 : 간·췌장·폐·소장·대장과 같은 내장기관
- 중배엽 : 근육·신장·심장·혈액·혈관과 같은 심혈관계
- 외배엽 : 뇌·척수 등의 신경기관이 발생한다.

110 수정란이 분할을 거듭하여 각종 조직과 기관으로 분화되는 과정에서 순환기, 심장, 혈관 등으로 발생되는 기관은?

① 외배엽　　② 중배엽
③ 내배엽　　④ 난황막

111 수정란의 분화과정에서 신경계가 발생되는 부위는?

① 외배엽　　② 중배엽
③ 내배엽　　④ 투명대

112 다음 중 소, 돼지의 임신을 확인하기 위하여 실시하는 임신진단법으로 가장 거리가 먼 것은?

① 체온측정법
② 직장검사법
③ 초음파검사법
④ 발정무재귀관찰(Non-Return)법

해설
가축의 임신진단법(임상적 진단법)
외진법(Non-Return), 직장검사법, 질검사법, 초음파진단법 등

113 임상적 임신진단법에 속하지 않는 것은?

① 외진법(NR법)
② 직장검사법
③ 자궁경관점액검사법
④ 성선자극호르몬검출법

정답 109 ① 110 ② 111 ① 112 ① 113 ④

114 방목하고 있는 암소가 발정이 왔는지 알 수 있는 실제적인 방법은?

① 질구검사법
② 친볼마커
③ 보수계 부착
④ 스테로이드호르몬 측정

해설

친볼마커 : 수소 턱에 친볼마커를 달아서 승가했을 때 암소등에 표시되게 하는 방법

116 다음 중 소에서 가장 많이 사용되는 임신진단방법은?

① 직장검사법
② 질점막조직검사법
③ 방사선진단법
④ 외진법

해설

직장검사법은 정확하고 신속하다.

115 직장검사에 의한 소의 임신진단 시 확인되는 부분은?

① 태막의 유무
② 태막의 두께
③ 난포의 크기
④ 태아의 심박동

해설

직장검사법은 직장을 통하여 태아의 양막, 태막, 태반 혹은 태아를 촉진하거나 자궁동맥의 크기나 태동을 조사하여 임신을 진단한다.

117 소의 경우 임신 60일경에 직장검사법으로 임신진단을 했을 경우 중요한 소견에 해당하는 것은?

① 자궁각이 복강에 하수되어 촉진이 곤란하다.
② 자궁각은 바나나 크기로 양쪽 자궁각의 비대칭을 촉진할 수 있다.
③ 중자궁동맥의 직경이 10mm 이상으로 굵고 혈액의 흐름이 힘차게 촉진된다.
④ 태아를 촉진할 수 있다.

118 임신 1개월의 소 생식기 직장검사에 의한 소견이 아닌 것은?

① 한쪽의 자궁각이 반대쪽보다 크다.
② 질은 습윤하고 끈적끈적하다.
③ 농축된 점액이 자궁외구부를 밀폐한다.
④ 황체는 21일 전에 배란이 일어났던 난소에 존재한다.

해설
② 질은 건조하고 끈적끈적하다.

119 소에서 가장 조기에 임신진단이 가능한 방법은?

① 직장검사법
② 유즙 중 호르몬측정법
③ 초음파진단법
④ 방사선진단법

해설
소의 경우 조기임신진단방법으로서 수정 후 21~24일 사이에 우유 내 Progesterone을 측정하여 일정한 수준이 넘으면 임신으로 판정을 한다.

120 젖을 짜고 있는 소가 발정이 되었는지 알 수 있는 최근의 방법은?

① 발정검출기의 이용
② 친볼표시기(Chin-Ball Marker)의 이용
③ 호르몬을 주사한 암소의 이용
④ 우유 중의 호르몬 검출

121 호르몬 측정에 의하여 소의 임신을 조기 진단 코자 할 때 주로 어느 호르몬을 측정하는가?

① 코르티솔
② 에스트라디올
③ 프로게스테론
④ 임부융모성성선자극호르몬(hCG)

122 소의 조기임신진단법으로 우유 또는 혈액 중 호르몬 분석에 의한 진단 실시시기는?

① 수정 후 19~24일인 때
② 수정 후 46~50일인 때
③ 수정 후 56~60일인 때
④ 수정 후 76~80일인 때

정답 118 ② 119 ② 120 ④ 121 ③ 122 ①

123 가축별로 가장 많이 사용되는 임신 진단 방법이 틀리게 연결된 것은?

① 말 – 우유 내 프로게스트론 농도 측정
② 소 – 직장검사
③ 돼지 – 초음파 검사
④ 면양 – Non-Return법

해설
말의 임신진단방법 : 직장검사, 초음파진단법, 호르몬 분석법(에스트로겐, 혈구응집반응억제검사 혹은 PMSG 생물학적 검사) 등

124 가축의 임신을 진단할 때 초심자라도 쓰기 쉬운 방법은?

① 직장검사법
② 질점막조직검사법
③ 방사선진단법
④ 초음파진단법

해설
휴대가 간편하고 화질 및 해상도 등이 향상되어 임신진단의 정확도가 높아져 많이 사용되고 있는 기술이다.

125 돼지에 있어서 기구를 사용하여 임신을 가장 쉽게 진단할 수 있는 방법은?

① 초음파진단법
② 호르몬분석법
③ 질생체조직검사법
④ 직장촉진법

126 돼지의 임신진단법 중 하나인 초음파진단법에 대한 설명으로 옳은 것은?

① 질점막을 시료로 사용한다.
② 임신 100일령 이후부터 임신진단이 가능하다.
③ 혈구응집반응억제검사 혹은 PMSG 생물학적 검사를 한다.
④ 비교적 신속 정확하게 임신을 진단할 수 있는 장점이 있다.

127 돼지의 임신진단에 가장 많이 이용되는 초음파진단에는 도플러방식과 에코펄스방식이 있다. 이들 간의 관계가 틀리게 짝지어진 것은?

① 도플러방식 – 태아의 심박동과 맥박 상태 측정
② 에코펄스방식 – 자궁 내 양수의 유무 측정
③ 도플러방식 – 임신 10일령 이내에서도 진단 가능
④ 에코펄스방식 – 임신 30일령 이상에서 진단 가능

정답 123 ① 124 ④ 125 ① 126 ④ 127 ③

128 임신기간에 영향을 미치는 요인 중 틀린 것은?

① 모체의 연령
② 소의 쌍태
③ 소의 단태
④ 태아의 성(性)

129 가축의 임신기간에 대한 설명이 잘못된 것은?

① 소의 경우 태아가 암컷일 때는 수컷일 때보다 임신기간이 짧다.
② 소의 경우 쌍태는 성(性)에 관계없이 단태일 때보다 임신기간이 5~6일 길다.
③ 초산우는 경산우보다 임신기간이 짧다.
④ 임신기간은 태아의 내분비기능에 의하여서도 영향을 받는다.

130 다음 중 임신기간이 가장 짧은 동물은?

① 젖 소 ② 돼 지
③ 면 양 ④ 말

해설

가축의 임신기간

(단위 : 일)

구 분	범 위	평 균
말	330~340	330
소	270~290	280
면 양	144~158	150
산 양	146~155	152
돼 지	112~118	114
토 끼	28~32	30
개	58~65	62

131 돼지의 평균 임신기간은 얼마인가?

① 114일 ② 150일
③ 285일 ④ 340일

132 다음 중 가축별 평균 임신기간으로 옳은 것은?

① 소 : 337일
② 돼지 : 144일
③ 면양 : 148일
④ 토끼 : 62일

정답 128 ③ 129 ② 130 ② 131 ① 132 ③

133 일반적으로 홀스타인 젖소의 평균 임신기간은?

① 279일 ② 259일
③ 269일 ④ 330일

해설

소의 임신기간

종 류	평균(범위)
Holstein	279(262~282)
한 우	285(281~295)

134 젖소의 정상적인 생리적 공태기간은?

① 10~20일 ② 40~60일
③ 80~100일 ④ 120~140일

135 반추가축에서 분만의 개시와 관련된 태아와 모체의 호르몬 변화를 옳게 기술한 것은?

① 태아의 혈중 코르티솔 농도가 감소하면서 모체의 혈중 프로게스테론 농도는 감소한다.
② 태아의 혈중 코르티솔 농도가 증가하면서 모체의 혈중 프로게스테론 농도는 증가하고 에스트로겐 농도는 감소한다.
③ 태아의 혈중 코르티솔 농도가 감소하면서 모체의 혈중 프로게스테론 농도는 증가한다.
④ 태아의 혈중 코르티솔 농도가 증가하면서 모체의 혈중 프로게스테론 농도는 감소하고 에스트로겐 농도는 증가한다.

해설

임신 말기까지 황체에서 프로게스테론을 분비하는 소나 돼지와 같은 동물에서는 태아측의 코르티솔에 의하여 태반에서 에스트로겐이 분비되고, 이 에스트로겐이 자궁내막의 $PGF_{2\alpha}$ 분비를 촉진하며, 분비된 $PGF_{2\alpha}$가 난소의 황체를 퇴행시킴으로써 분만이 유기된다.

136 분만에 관한 설명으로 옳지 않은 것은?

① 분만과정은 진통부터 후산까지의 과정을 뜻한다.
② 분만 직전의 자궁 내 태위와 태향은 축종에 따라 다르다.
③ 소, 말과 같은 동물은 분만직전에 상태향(上胎向)에서 하태향(下胎向)으로 회전한다.
④ 제1파수는 요막이 파열되는 것을 의미한다.

해설

소, 말과 같은 동물은 분만 직전에 하태향에서 상태향으로 회전한다.

137 소의 분만 직전에 일어나는 분만징후 중 틀리게 설명한 것은?

① 유방이 커지고 유즙이 비친다.
② 외음부가 충혈되고 종장된다.
③ 점액성 분비물의 양이 감소된다.
④ 미근부의 양쪽이 함몰되어 간다.

138 다음 중 소의 분만 직전에 일어나는 분만징후를 잘못 설명한 것은?

① 미근부의 양쪽이 돌출된다.
② 점액성 분비물의 누출량이 많아진다.
③ 외음부의 충혈종창이 심해진다.
④ 점조성의 점액이 질 내에 고인다.

139 가축의 분만단계에 해당되지 않는 것은?

① 준비기   ② 태아의 만출
③ 후산만출 ④ 자궁퇴축

해설
분만과정은 준비기, 태아만출, 태반만출로 나눌 수 있다.

140 분만과정은 준비기, 태아만출기, 태반만출기로 나누어진다. 준비기에 일어나는 특징적인 현상이 아닌 것은?

① 자궁경관의 확장
② 자궁근육의 수축
③ 이유 후 일당 증체량
④ 옥시토신의 방출

해설
자궁경관 확장기(준비기, 개구기) 분만과정과 증상

소요시간	과정 및 증상
• 말 : 1~4 • 소 : 2~6 • 면양 : 2~6 • 돼지 : 2~12	• 자궁경관의 확장, 자궁근 수축 • 이유 후 일당 증체량, 요막액의 유출 • 자궁 내 에너지원과 단백질 비축 • 모체의 불안정, 태아의 태향과 태세의 변화 • 확장된 자궁경관을 통하여 태막이 질 내로 들어오면 융모막-요막이 파열되어 제1파수가 일어남

141 분만준비기에 일어나는 현상이 아닌 것은?

① 자궁 내 에너지원과 단백질 비축
② 자궁경관의 확장과 자궁근 수축
③ 요막액의 유출
④ 양막액의 유출

142 분만경과에서 태아만출기에 대한 설명으로 옳은 것은?

① 자궁경관이 확장되고 질이 팽창한다.
② 태아만출 후부터 태반이 만출될 때까지의 기간이다.
③ 분만경과의 3기 중 소요시간이 가장 짧은 구간으로서 양막파열과 같은 생리적 현상이 있다.
④ 모체의 불안정, 태아의 태향과 태세의 변화와 같은 생리적 변화가 있다.

143 태아의 만출 후부터 태반이 정상적으로 만출될 때까지의 시간을 가축별로 바르게 연결된 것은?

① 말 : 5시간
② 소 : 4~5시간
③ 면양 : 10~12시간
④ 돼지 : 6~10시간

144 소에서 태아의 만출되는 형(型) 중 후지가 먼저 나오는 미위(尾位)는 몇 % 정도인가?

① 약 1%
② 약 2%
③ 약 55%
④ 약 99%

145 소의 분만 시 파수현상의 순서와 파괴되는 막을 바르게 설명한 것은?

① 제1파수 - 요막, 제2파수 - 양막
② 제1파수 - 융모막, 제2파수 - 양막
③ 제1파수 - 융모막, 제2파수 - 요막
④ 제1파수 - 양막, 제2파수 - 융모막

146 분만과정에서 제1파수(First Rupture of Bag)가 일어나는 시기는?

① 개구기
② 태아만출기
③ 후산만출기
④ 일정하지 않음

해설

분 만
- 제1기(자궁경관확장기 - 개구기) : 확장된 자궁경관을 통하여 태막이 질 내로 들어오면 융모막 - 요막이 파열되어 제1파수가 일어난다.
- 제2기(태아만출기 - 만출기) : 양막이 파열되어 제2파수가 일어난다.
- 제3기(태반만출기 - 후산기)

147 반추동물의 분만과정에서 양막이 파열되는 것을 무엇이라 하는가?

① 제1파수
② 제2파수
③ 제3파수
④ 제4파수

148 암컷 가축의 분만 후 발정을 위한 자궁퇴축 기간이 바르게 연결된 것은?

① 소 : 35~40일, 돼지 : 25~28일, 면양 : 10~15일
② 소 : 90~100일, 돼지 : 5~7일, 면양 : 10~15일
③ 소 : 90~100일, 돼지 : 5~7일, 면양 : 25~30일
④ 소 : 35~40일, 돼지 : 25~28일, 면양 : 25~30일

149 말의 분만 시 자궁경관이 완전히 확장된 후부터 분만이 완료될 때까지의 시간으로 가장 적당한 것은?

① 0.2~0.5시간
② 1.2~1.5시간
③ 2.2~2.5시간
④ 3~4시간

150 다음 중 후산정체 발생률이 가장 높은 동물은?

① 돼 지   ② 말
③ 토 끼   ④ 소

해설

소, 면양, 산양 등은 궁부성 태반을 가지고 있어 모체와 태아태반의 연결이 복잡하다. 후산만출의 소요시간이 4~5시간으로 길고, 경우에 따라서는 후산정체가 일어나기도 한다.

정답 147 ② 148 ④ 149 ① 150 ④

CHAPTER 05 가축의 비유생리

PART 02 가축번식생리학

01 유방의 구조와 발육

1. 유방의 기본구조

(1) 유방(乳房, Udder, Uber, Mamma)

① 유선(Mammary Gland)이 모여서 구성된 주머니 모양의 수유기관을 말한다.
② 유방의 위치
  ㉠ 소, 면·산양, 말, 노새 등은 제부(臍部) 후방의 외부생식기 근처에 하수되어 있다.
  ㉡ 돼지, 개, 고양이, 래트, 마우스 등은 흉부에서부터 하복부에 걸쳐 분포되어 있다.
③ 유방은 무게가 많이 나가는 장기로 젖소의 후구 인대에 의해 단단하게 보정되어 있는데 외측제인대 및 정중제인대가 담당하고 있다.
  ㉠ 정중제인대(중앙현수인대) : 탄력성이 풍부하여 유방을 하복벽에 잡아당겨 유방의 부착을 견고하게 한다.
  ㉡ 외측제인대(측면제인대) : 유방의 외측면 전체를 둘러싸듯이 퍼져 있고 탄력성이 비교적 작으며, 유방을 옆으로 잡아당겨 흔들리지 않게 한다.
④ 유방의 피부는 얇고 유연하며, 섬세한 피모가 밀생되어 있으나, 유두와 그 주변부에는 피모가 없다.
⑤ 유방의 크기는 유선의 분비기능과 관계가 커서, 비유의 최성기에 가장 크다.

(2) 유 구

① 소의 유방은 좌·우 및 전·후로 독립된 4개의 유선으로 구성되어 있다.
② 각각의 유선에는 하나씩의 유두(乳頭, Teat)가 있으며, 이러한 독립된 유선 각각을 유구(乳區, Quarter)라고 부른다.
③ 정중제인대는 좌·우 유구의 사이에 있어 유방을 좌·우로 나누게 되고, 그 경계부에는 함몰부가 형성되는데, 이를 유방간구라고 한다.
④ 좌·우의 유방은 결합조직에 의하여 다시 전유구와 후유구로 나누어진다.
⑤ 좌측과 우측분방 간의 유량 차이는 거의 없으나, 전유구와 후유구의 크기는 40 : 60으로 분비되는 우유의 약 60%를 후유구가 분비한다.

⑥ 각각의 유구에서 생성된 유즙(Milk)은 옆의 다른 유구로 이행되지 않고 유구 안에 있는 도관을 통해 독립적으로 분비되며, 한 유구가 유방염에 걸려도 그 염증이 다른 유구에 전파되지 않는다.

⑦ 유방의 수

소	말, 면·산양	돼 지	개	고양이, 토끼	래 트	마우스
2쌍(4유구)	1쌍(2유구)	5~6쌍	4~6쌍	4쌍(8유구)	6쌍	5쌍

(3) 유 두

① 부유두
  ㉠ 어떤 개체에서는 발육이 나쁜 작은 유두를 추가로 가지고 있는데, 이를 부유두 또는 과잉 유두라고 한다.
  ㉡ 소에서는 개체에 따라 1~5개의 부유두를 가지는 것이 있다.
  ㉢ 부유두는 유즙의 배출능력이 없고, 유방염 원인균의 감염을 조장할 위험성이 있기 때문에 제거하는 것이 보통이다.

② 유두의 괄약근
  ㉠ 유두 끝의 괄약근은 젖이 새는 것을 막고 미생물의 침입을 막아 준다.
  ㉡ Hard Milker : 유두의 괄약근이 너무 강하게 조이고 있어 착유가 힘든 젖소
  ㉢ Milk Leaker : 유두의 괄약근이 너무 약하게 조이고 있어 젖이 새는 젖소

③ 유두관 점막에는 분비물을 생산하여 미생물의 침입을 막는다.

(4) 유방에 분포되어 있는 유선의 혈액공급

① 소, 면양, 산양, 말(동맥 1, 정맥 2) : 외음부동맥, 외음부정맥, 복피하정맥
② 돼지(동맥 2, 정맥 2) : 외음부동맥, 가슴(흉부)동맥, 외음부정맥, 흉부(가슴)정맥
③ 우유는 유방에 대량으로 보내어지는 혈액성분에 의해 유선상피세포에서 24시간 연속으로 만들어지고 있다.
  ㉠ 소에서 우유 1mL를 생산하기 위해서는 150~500mL의 혈액이 유방을 통과해야 한다.
  ㉡ 1kg의 우유를 생산하기 위해서는 약 500L의 혈액이 필요하다. 따라서 하루에 50kg의 우유를 생산하는 소에서는 약 25,000L 가량의 혈액이 유방으로 보내져야 한다.

2. 유선의 기본구조

(1) 유선의 구성

① 유선은 분비조직과 결합조직으로 되어 있다.
② 유선의 최소 분비단위인 유선포는 여러 개가 모여서 유선소엽을 형성하고, 유선소엽은 다시 접합하여 유선엽이 됨으로써 유선포계를 형성한다.
③ 유선의 분비조직인 유선포계에서 합성·분비된 유즙을 유두로 이끄는 유선관을 총칭하여 유선관계라고 한다.

(2) 유선포

① 유선포는 난원형의 주머니모양으로 안쪽에는 유선상피세포가 있고, 바깥쪽부분에는 근상피세포가 방사상으로 분포되어 있다.
② 유선상피세포는 우유를 만들어서 유선포 내측의 선포강(腺胞腔)에 분비한다. 우유는 세유관으로 이동한 다음 유관 → 대유관 → 유선조 → 유두조 순으로 이동한다.
③ 근상피세포는 옥시토신(Oxytocin)의 반응에 의해 유선포를 수축하여 유선포강 내의 젖을 배출시킨다.

(3) 유선의 특징

① 유선의 발생학적 원기는 외배엽에서 유래된 외분비기관이다.
② 유즙을 분비하는 기본구조는 유선포이다.
③ 유선에서 비유가 개시되는 데는 프로락틴의 역할이 가장 중요하다.
④ 유선의 조직학적 구조는 복합관상 포상선으로 되어 있다.
⑤ 유선은 한선이 변형된 피부선의 일종으로서, 포유동물만이 가지는 특유의 비유기관이다.
⑥ 유선은 분비세포의 분비양식을 기준으로 하면 이출분비선에 속한다.

  ※ 우유가 만들어지는 속도는 유방 내 압력에 의해 조절이 된다. 착유를 하면 유방 내 압력이 떨어지기 때문에 유선세포의 우유생산이 활발해지고, 시간경과에 따라 다시 유방 내 압력이 높아짐으로써 조절된다. 즉, 착유는 유방내압을 떨어지게 하여 유선에서의 우유생산이 활발하도록 신호를 보내게 되어서 개시되는 것이다.

3. 유선의 발육과 퇴행

(1) 유방의 발육

① 젖소의 유방은 수정 후 35일(태아연령)부터 발육한다.
② 유방의 발육은 출생 → 성 성숙기 → 임신기를 거쳐 단계적으로 발육하며 유즙분비능력은 첫 임신 말기가 되어야 완성된다.
③ 유방의 중량은 임신 후 최초의 3개월간은 비임신우와 거의 차이가 없다.

(2) 유선의 발육

① 유선관계는 성 성숙과 더불어 발육이 시작된다.
② 성 성숙에 따라 발정의 반복은 유선관계를 크게 발달시킨다.
③ 성 성숙이 가까워지면 유방의 유선관계가 급속도로 발달한다.
④ 일반적으로 유방의 발육은 체중증가에 의해서도 영향을 받는다.
⑤ 초유구(初乳述) 및 백혈구 등이 출현하는 시기는 임신 9개월이다.
⑥ 유관주위에 유선포의 발달이 왕성하게 일어나는 시기는 임신 말기이다.
⑦ 유선관계의 발육은 Estrogen, 유선포계의 발달은 Progesterone의 지배를 받는다.
⑧ 유선은 분만 후 최고 비유기까지 계속되다가 비유량의 감소와 함께 퇴행한다.

02 유즙생성 및 분비

1. 유즙의 생성과정

(1) 유즙의 개념

① 유즙은 암컷 포유동물의 유선에서 생산·분비되어 새끼의 영양 및 수분의 공급원으로 이용되는 액상물로서, 카세인(Casein), 유청단백질, 지방, 유당, 무기물 및 비타민 등 각종 영양소가 함유되어 있다.
② 동물종에 따라서 유즙의 성분이나 함량이 다르다. 즉, 서식환경, 생태, 출생 시 새끼의 발육 정도 및 출생 후의 영양소요구량 등에 대응하기 위하여 유즙의 성분 및 함량이 동물종에 따라 다르다.

㉠ 수생(水生) 또는 한랭지에 서식하는 동물에서는 지방의 함량이 높고(종에 따라서는 50% 정도), 유당함량은 낮다.
　　　㉡ 새끼의 발육이 빠른 동물에서는 일반적으로 단백질의 함량이 높다.
　③ 같은 종의 동물에서도 초유(初乳), 상유(常乳) 및 말기유의 성분이 다르다.
　　　㉠ 초유(분만 직후의 유즙)는 면역글로불린(Immunoglobulin)의 함량이 높다.
　　　㉡ 상유로부터 말기유 과정에서는 일반적으로 단백질, 지방 및 무기물의 함량은 증가되나 유당(Lactose) 및 칼륨(K)의 함량은 감소되는 경향이 있다.

(2) 유즙의 생성

① 유즙합성의 장소는 유선포(Alveolus)이다.
② Prolactin이 유선포의 분비상피세포 안의 골지체와 미토콘드리아의 유선합성효소계를 자극하여 지방·단백질·유당 등 유즙성분을 합성한다.
③ 혈액으로부터 조유물질(Precursor, 전구물질 – 포도당, 아미노산 등)이 유선포분비상피세포로 보내져 유즙을 합성하게 된다.
④ 세포 내에서 합성된 유즙은 세포막을 통해 유선포강으로 방출되어 고이고, 양이 증가됨에 따라 내압이 상승하면 분비활동이 둔화된다.

　※ 유즙분비를 촉진하고 유량을 많이 얻는 방법
　　• 흡유나 착유를 자주하여 유선포강 내에 잔존유를 없게 하여 내압이 낮은 상태로 유지시켜 준다.
　　• 혈액순환을 촉구하여 조유물질이 풍부하게 함유된 혈액의 공급을 많게 해야 한다.

2. 유즙분비과정

(1) 유즙분비와 비유

① 유즙분비 : 유선포의 분비상피세포에서 생성하는 유즙의 합성과 합성된 유즙이 유선포강으로 방출되는 것을 말한다.
② 유즙배출 : 유선포강 내의 유즙은 유즙의 이동과정을 거쳐 체외로 배출(유즙방출, 유즙배출)된다.
③ 유즙분비와 유즙배출과정을 합쳐서 비유라고 한다.

　※ 유선포의 분비상피세포는 혈액으로부터 포도당이나 아미노산과 같은 전구물질을 받아 유당(Lactose), 카세인(Casein), 락토알부민(Lactoalbumin) 및 락토글로불린(Lactoglobulin) 등과 같은 유즙 특유의 성분 합성과 면역글로불린(Immuno-globulin), 혈청단백질, 무기물 및 비타민 등을 혈류로부터 흡수하여 유즙 중으로 이송되기도 한다. 따라서 비유기의 유선에서는 전구물질을 공급하고, 유즙생산에 필요한 에너지를 공급하기 위하여 혈류의 흐름이 현저히 증가된다.

(2) 비유의 개시

① 비유개시는 지각신경과 운동신경이 관여한다.
② 분만 후 유선을 자극하여 비유를 개시시키는 호르몬은 프로락틴이다.
　　※ 동물의 종(種)에 따라서는 프로락틴과 더불어 부신피질자극호르몬, 성장호르몬 및 갑상선자극호르몬도 비유를 유기시키는 데 중요하게 작용한다.
③ 프로락틴은 유즙분비에, 옥시토신은 유즙강화에 관여하는 호르몬이다.
　　㉠ 프로락틴(Prolactin) : 포유류의 유선에 작용하여 유즙분비를 자극하는 뇌하수체 전엽에서 분비되는 탄수화물을 함유하고 있지 않은 폴리펩타이드 계통의 호르몬이다.
　　㉡ 옥시토신(Oxytocin) : 흡유 및 착유에 의한 유두와 유방에 가해지는 자극이 신경계에 의하여 시상하부에 전달되어, 분비된 옥시토신은 유선의 근상피세포를 수축시켜 유선포의 내압을 상승시켜 유즙을 유관으로 밀어내는 역할을 한다.
④ 비유(泌乳) 개시 시 분비가 상승되는 호르몬
　　㉠ 부신피질호르몬(Glucocorticoid)
　　㉡ 프로락틴(Prolactin)
　　㉢ 난포호르몬(Estrogen)
⑤ 유즙의 분비는 분만 후 급속도로 증가하며 2~4주에 최고에 달한다.
　　※ 포유자극에 의해 Thyroxine과 Insulin방출 → GH, Cortisol이 포유자극과의 공동작용으로 Prolactin을 방출시킨다.

(3) 유즙의 방출

① 우유는 유방에 대량으로 보내어지는 혈액성분에 의해 유선상피세포에서 24시간 연속으로 만들어지고 있다.
② 유선포에서 합성된 유즙은 유선소관으로 흘러나와 유선관의 말단에 있는 유선조에 저장된다.
　　※ **유선조** : 유선조직에서 합성된 유즙이 유관을 통하여 흘러나와 유방 내에 저장되는 곳으로 유두조와 윤산추벽 상단부에 존재하는 기관이다.
③ 유선조에 저장된 유즙은 착유 또는 송아지가 흡유할 때 유두조를 통해 외부로 나온다.
④ 유즙의 배출경로
　　유선포 → 유선소엽 → 유선소관 → 유선관 → 유선조 → 유두조 → 유두관
⑤ 젖소에서 유량을 높이기 위해서 고려해야 할 요인
　　㉠ 유선에 있는 유즙의 완전배출
　　㉡ 착유 전 유방의 세척 및 자극
　　㉢ 스트레스의 방지

> **더 알아두기**
>
> 포유가축에서 모자 간 일어나는 흡유행동의 자극 : 촉각, 시각, 청각
> ※ 유선에서 유즙분비조직의 최소단위는 유선포이고, 이것은 유선세관과 연결되어 있으며 유선포가 여러 개 모여 결합조직에 피복됨으로써 유선소엽이 된다. 또 다수의 유선소엽이 모여 유선엽을 구성하고, 유선의 분비조직이 모이면서 유즙을 배출하는 유선관도 점점 굵어져 주유관이 되고, 그 하부에는 내강이 확장된 유관동이 있다. 젖소에서는 유관동이 크게 확장되어 유선관의 말단에 유선조가 있고, 유선조에 이어진 유두조가 유두의 내부를 차지하고 있다.

3. 비유유지와 비유곡선

(1) 비유유지

① 분만(포유) 후 2개월 정도에 우유생산량이 최고조에 달한다.
② 포유 후 착유에 있어서는 프로락틴보다 성장호르몬이 더 중요한 작용을 한다.
③ 비유는 모체의 체내에 저장된 영양분을 소모하면서 진행되기 때문에 비유의 유지를 위해 적절한 영양공급이 필수적이다.

※ **유선조직의 퇴행** : 포유, 흡유, 착유가 중단되면 유선여포의 상피세포가 없어지거나 퇴행하고, 지방세포와 결합조직이 많아져서 결국 관조직(Duct System)만 남게 된다.

(2) 비유유지에 필요한 주요 호르몬

① 뇌하수체 전엽호르몬 : 프로락틴과 ACTH은 비유에 필수적인 호르몬이다.
  ㉠ 프로락틴 : 유선포의 분비상피세포에 직접 작용한다.
  ㉡ ACTH(부신피질자극호르몬) : 혈액이 유즙의 전구물질을 항상 필요량만큼 유지하게 한다.
  ※ 비유 유지에는 간접적이나 비유량에 영향을 주는 전엽호르몬에는 성장호르몬(GH or STH), 갑상선자극호르몬(TSH) 등이 있다.
② 뇌하수체 후엽호르몬 : 옥시토신이 유즙배출 및 젖 방출촉진기능을 한다.
③ 부신피질호르몬(Cortisol) 및 갑상선호르몬(Thyroxine)은 비유량 증가에 관여한다.
④ 부갑상선호르몬(Parathormone, PTH)은 혈액 중의 칼슘농도를 유지하는 작용을 한다.
⑤ 췌장호르몬 : 인슐린은 당의 대사에 관계하는 호르몬이므로 혈당의 수준을 좌우함으로써 간접적으로 유량에 영향을 미친다.

> **더 알아두기**
>
> 비유유지에 필요한 호르몬
> - 뇌하수체 전엽호르몬 : 프로락틴(유즙합성 및 분비), 부신피질자극호르몬(ACTH)
> - 뇌하수체 후엽호르몬 : 옥시토신
> - 부신피질호르몬(Cortisol) 및 갑상선호르몬(Thyroxine)
> - 부갑상선호르몬(Parathormone, PTH)
> - 췌장호르몬 : Insulin

(3) 포유동물에서 초유

① 포유동물에서 초유를 먹이는 가장 큰 이유는 필요한 면역물질(Immunoglobulin)을 공급하기 때문이다.

※ 신생자의 혈액 중에는 실질적으로 면역글로불린이 함유되어 있지 않은데, 초유를 먹음으로서 면역글로불린을 획득하여 병원균에 대한 저항성을 얻게 된다.

② 초유는 정상적인 우유(상유)보다 카세인, 단백질, 각종 무기물, 지용성 비타민 등의 함량이 높고, 유당과 칼슘의 함량이 낮다.

③ 젖소 착유 시 젖이 나오기 시작하면 가능한 10분 안에 착유를 끝내야 하는 이유는 옥시토신의 분비량이 감소하기 때문이다.

※ 젖이 유방에서 사출되기 위해서는 착유자극에 의해서 분비되는 옥시토신호르몬의 작용과 유방 내로 흘러드는 혈액량이 증가함으로써 유선에 압력이 가해져야 한다. 옥시토신에 대한 젖내림반응시간은 비유자극(전착유) 후 옥시토신이 최고로 분비되는 시간은 약 45초이며, 약 10분간 유지된다.

(4) 비유곡선

① 비유곡선은 측정치를 연속적인 값으로 추출할 수 있으며, 분만 직후 유량과 최고유량도달 등과 같은 비유곡선의 특징을 계산할 수 있다.

② 분만 후 5일간은 카세인, 단백질, 각종 무기물, 지용성 비타민 등이 풍부한 초유를 분비한다.

③ 분만(포유) 후 2개월 정도(평균 45일)에 최고유량을 생산하고 서서히 체중이 줄어든다.

④ 분만 월별 분만 직후의 유량은 5월이 가장 높고, 12월이 가장 낮게 추정된다.

⑤ 분만 직후의 유량은 4, 5, 6, 7, 8월인 봄과 여름에 분만한 개체들이 겨울에 분만한 개체들보다 높고, 최고유량 도달시기도 봄에 분만한 개체들이 빠른 경향을 보인다.

⑥ 최고의 비유기를 지나고 유량이 10kg 이하가 되면 건유를 한다.

※ 유즙을 배출하고 있는 동물을 놀라게 하면 유방의 내압이 떨어져 유즙의 방출이 저해된다. 즉, 부신수질에서 에피네프린(Epinephrine, Adrenalin, 아드레날린)이 분비되어, 혈관의 수축으로 인하여 유방으로 가는 혈액량이 감소되고 근상피세포를 수축시키는 데 충분한 양의 옥시토신이 유방에 도달되지 못하기 때문이다.

01 젖소에서 유방지지계의 정중제인대에 관한 설명 중 옳은 것은?

① 유방의 외측면에 퍼져 있다.
② 유방의 부착을 견고하게 한다.
③ 유방을 좌우로 흔들리지 않게 한다.
④ 탄력성이 작다.

해설

정중제인대 : 중앙현수인대라고도 한다. 탄력성이 풍부한 인대로서, 유방을 하복벽에 잡아당겨 부착을 견고하게 한다.

02 젖소에서 우유 1mL를 생산하기 위해서 유방 내를 지나가야 하는 혈액량은?

① 20~40mL   ② 50~70mL
③ 90~110mL   ④ 150~500mL

해설

우유 1mL를 생산하기 위해서는 150~500mL의 혈액이 유방을 통과해야 한다.

03 발생학적으로 볼 때 유선(Mammary Gland)은?

① 내배엽에서 유래된 외분비기관이다.
② 중배엽에서 유래된 내분비기관이다.
③ 외배엽에서 유래된 외분비기관이다.
④ 내배엽에서 유래된 내분비기관이다.

해설

유선의 분비조직은 외배엽에서 유래된다.

04 유선의 발육에 관한 설명 중 옳은 것은?

① Progesterone은 유선관계의 발육을 억제한다.
② Estrogen은 유선관계의 발육을 억제한다.
③ 성 성숙과 유선의 발육과는 생리적으로 별개의 문제이다.
④ 성 성숙에 따라 발정의 반복은 유선관계를 크게 발달시킨다.

해설

유선관계의 발육은 Estrogen, 유선포계의 발달은 Progesterone의 지배를 받는다.

정답 1② 2④ 3③ 4④

05 임신기에 있는 포유가축의 유방의 유선관계와 유선포계의 발달을 촉진시키는 호르몬들을 올바르게 연결한 것은?

① 유선관계 – Estrogen,
  유선포계 – Progesterone
② 유선관계 – Progesterone,
  유선포계 – Estrogen
③ 유선관계 – LH,
  유선포계 – FSH
④ 유선관계 – FSH,
  유선포계 – LH

해설

비유 유지에 필요한 호르몬
- 난포호르몬(Estrogen) : 유선관계의 발달
- 황체호르몬(Progesterone) : 유선포계의 발달
- 프로락틴(Prolactin) : 유즙합성 및 분비
- 성장호르몬(GH), 부신피질호르몬 및 갑상선호르몬도 관여한다.
- 옥시토신 : 유즙배출 및 젖 방출촉진기능

06 다음 중 유즙분비와 유즙강화(Milk Letdown)에 관여하는 호르몬을 올바르게 연결한 것은?

① 유즙분비 : FSH,
  유즙강화 : Progesterone
② 유즙분비 : Prolactin,
  유즙강화 : Progesterone
③ 유즙분비 : FSH,
  유즙강화 : Oxytocin
④ 유즙분비 : Prolactin,
  유즙강화 : Oxytocin

07 비유개시와 관계가 깊은 호르몬은?

① 에스트로겐(Estrogen)
② 프로락틴(Prolactin)
③ 옥시토신(Oxytocin)
④ 난포자극호르몬(FSH)

해설

프로락틴은 유선을 자극하여 비유를 개시시키는 호르몬이다.
※ 포유자극에 의해 Thyroxine과 Insulin방출 → GH, Cortisol이 포유자극과의 공동작용으로 Prolactin을 방출시킨다.

08 비유(泌乳)개시 시 분비가 상승되는 호르몬이 아닌 것은?

① 부신피질호르몬(Glucocorticoid)
② 프로락틴(Prolactin)
③ 난포호르몬(Estrogen)
④ 황체호르몬(Progesterone)

해설

분만 후 비유는 프로락틴의 증가와 프로게스테론의 감소에 의한다.

09 유선의 발달에 대하여 바르게 설명한 것은?

① 유관과 유관분지가 유방 내에서 형성되는 시기는 임신 중기이다.
② 유관 주위에 유선포의 발달이 왕성하게 일어나는 시기는 임신 말기이다.
③ 유선상피세포가 모여 유두를 형성하는 시기는 출생 이후이다.
④ 유선상피세포의 증식이 왕성하게 일어나는 시기는 성 성숙기에서 임신 직전까지이다.

해설

임신기 유방의 발육
임신 3~4개월까지 유방의 외적 변화는 뚜렷하지 않지만 임신 3개월까지는 유선관계의 신장기, 4~7개월은 분비조직의 증식기, 최후의 3개월은 유선포계의 성숙비대기라고 볼 수 있으며 이 최후의 시기에 유방의 크기는 현저히 증가한다. 분만 20일 전쯤되면 분비의 기능은 더욱 활발해지며, 이 때문에 유방은 더욱 커진다.

10 유선관계의 발육이 시작되는 시기는 언제인가?

① 성 성숙과 더불어
② 임신 6개월 이후
③ 분만 전후
④ 비유최성기

해설

젖소의 유선은 태아기에 형성되고 출생 후 성 성숙기까지는 성장에 비례하여 성장하며, 임신하면 급속도로 발달한다.

11 소의 유선발육에 관한 설명으로 틀린 것은?

① 일반적으로 유방의 발육은 체중증가에 의해서는 영향을 받지 않는다.
② 성 성숙이 가까워지면 유방의 유선관계가 급속도로 발달한다.
③ 초유구(初乳述) 및 백혈구 등이 출현하는 시기는 임신 9개월이다.
④ 유방의 중량은 임신 후 최초의 3개월간은 비임신우와 거의 차이가 없다.

12 유즙의 분비는 분만 후 몇 주째에 최고의 유량에 달하는가?

① 1~2주 후
② 10주
③ 8~10주 후
④ 2~4주

해설

유즙의 분비는 분만 후 급속도로 증가하며 2~4주에 최고에 달한다.

9 ② 10 ① 11 ① 12 ④

13 젖소의 경우 품종별 또는 개체별로 차이를 보이지만 일반적으로 분만 후 최고유량에 도달하는 시기는 약 얼마인가?

① 분만 후 1~2주
② 분만 후 2~4주
③ 분만 후 6~8주
④ 분만 후 8~10주

14 포유가축에서 모자 간 일어나는 흡유행동의 자극이 아닌 것은?

① 촉 각
② 시 각
③ 미 각
④ 청 각

15 젖소 착유 시 젖이 나오기 시작하고 가능한 10분 안에 착유를 끝내야 하는 이유는?

① 착유자극이 약해지기 때문
② 농후사료를 다 먹어 치웠기 때문
③ 지루하게 느꼈기 때문
④ 옥시토신(Oxytocin)의 분비량이 감소하기 때문

16 다음 젖소에서 유량을 높이기 위해서 고려해야 할 요인 중 가장 관계가 먼 것은?

① 유선에 있는 유즙의 완전배출
② 착유 전 유방의 세척 및 자극
③ 스트레스의 방지
④ 교감신경의 충분한 자극

해설
교감신경은 아드레날린을 분비하여 유즙분비를 방해한다.

17 포유동물에서 초유를 먹이는 가장 큰 이유는?

① 필요한 면역물질을 공급하기 때문이다.
② 초기 성장에 필요한 호르몬을 공급하기 때문이다.
③ 소화가 잘되고 모체의 유즙분비를 지속시키기 때문이다.
④ 단백질 등 필수영양소가 많아 발육을 촉진시키기 때문이다.

18 젖소의 유방에서 유즙이 생성운반되는 경로가 바르게 연결된 것은?

① 유선포 – 유선관 – 유선소엽 – 유선조 – 유두관
② 유선포 – 유선소엽 – 유선관 – 유선조 – 유두관
③ 유선포 – 유선조 – 유선관 – 유선소엽 – 유두관
④ 유선포 – 유선소엽 – 유선조 – 유선관 – 유두관

해설
유즙의 배출경로
유선포 → 유선소엽 → 유선소관 → 유선관 → 유선조 → 유두조 → 유두관

19 다음 중 비유(泌乳) 유지(維持)에 필요한 호르몬이 아닌 것은?

① 프로락틴(Prolactin)
② 부신피질자극호르몬(ACTH)
③ 코르티솔(Cortisol)
④ 난포자극호르몬(FSH)

해설
비유 유지에 필요한 호르몬
• 뇌하수체 전엽호르몬 : 프로락틴, 부신피질자극호르몬(ACTH)
• 뇌하수체 후엽호르몬 : 옥시토신
• 부신피질호르몬(Cortisol) 및 갑상선호르몬(Thyroxine)
• 부갑상선호르몬(Parathormone)
• 췌장호르몬 : 인슐린

20 다음 비유에 관한 설명 중 틀린 것은?

① Prolactin은 유선포의 분비상피세포에 직접 작용한다.
② 비유유지에 필요한 Oxytocin은 뇌하수체 전엽에서 분비된다.
③ 비유동물의 부신을 제거하면 비유는 현저하게 감소된다.
④ 갑상선호르몬은 비유에 관여한다.

해설
비유유지에 필요한 Oxytocin은 뇌하수체 후엽에서 분비된다.

CHAPTER 06 번식의 인위적 지배

PART 02 가축번식생리학

01 번식의 계절성 조절

1. 광선조절에 의한 방법

(1) 닭의 점등과 산란
   ① 점감점증 점등법
      ㉠ 병아리를 입추한 후 처음 4일 동안은 24시간 점등을 실시한다.
      ㉡ 20주령의 자연일조시간을 조사하는 그 시간에 5시간을 더한 시간을 4일령에 점등을 실시하며, 그 후에는 매주 15분간씩 점등시간을 감소하여 20주령 시 자연일조시간에 맞춘다.
      ㉢ 20주령이 되면 점등시간을 매주 15분간씩 증가하여 17시간에 도달할 때까지 연장시킨다.
      ㉣ 17시간이 되면 점등시간을 고정시켜 계속 유지시켜 주어야 하며, 한번 고정된 점등시간을 다시 감소시키는 일이 없도록 해야 한다.
   ② 자연일조 점등법
      ㉠ 병아리를 처음 입추한 후 4일 동안 24시간 점등을 실시한 후 자연일조시간에 따라 육성한다.
      ㉡ 20주령이 되면 점등시간을 14시간으로 일시에 올려 주고 30주령이 될 때까지 10주간 유지한다.
      ㉢ 30주령이 되면 주 15분간씩 점등시간을 연장하여 17시간이 되면 고정시킨 후 갱신 시까지 계속 유지시켜 준다.
   ③ 산란계 점등의 기본원칙
      ㉠ 육성기에는 점등시간이나 조도를 증가시키지 않는다.
      ㉡ 산란기간에는 점등시간이나 조도를 감소시키지 않는다.
      ㉢ 일령이 다른 계사의 점등에 영향을 받지 않도록 주의한다.
      ㉣ 점등광도가 지나치게 밝으면 카니발리즘 및 항문 쪼기 악습의 원인이 되므로 주의해야 한다.
      ㉤ 초생추 입추 후 12주간은 장시간 점등을 해 준다(환경적응).
      ㉥ 육성기에서 산란점등자극을 줄 때 시간증가가 클수록 점등자극이 크다.
      ㉦ 점등자극 이후 14~15시간(무창계사), 16~17시간(개방계사)에 고정 점등한다.
      ㉧ 간헐점등을 하면 전기료를 감소시킬 수 있다.

※ 닭에 있어서 빛의 중요성 및 필요성
- 빛은 닭의 내분비기관을 자극하여 육성기에는 성 성숙을 지연 또는 촉진하며 산란기에는 산란촉진, 환우방지, 비타민 D 합성 등에 관여한다.
- 빛 에너지가 시신경을 통해 뇌하수체 전엽을 자극하면 난포자극호르몬이 분비되어 난소의 난포발육을 촉진시키며 이것은 뇌하수체 전엽의 황체형성호르몬과 함께 작용하여 배란을 촉진시킨다.
- 닭이 장일성 동물에 속하여 일조시간이 점차 길어지는 계절에 번식을 하기 때문이다.
- 닭에 처음 점등을 실시하게 된 이유는 일조시간이 점차 짧아지는 계절에 산란율 저하를 방지하기 위하여 시도되었으나, 현재는 산란계의 산란율 향상을 위한 점등뿐만 아니라, 산란계의 합리적인 육성을 위한 점등 및 육계의 성장과 사료 요구율 향상을 위해서도 점등을 실시하고 있다.

(2) 말의 번식조절

① 말이 짧은 번식계절(3~7월)을 지나 전환기에 접어들었을 때, 번식계절 동안 임신이 되지 않은 말에 대하여 효과적으로 발정을 유도할 수 있는 기술이다.

② 실시방법

㉠ 번식계절(3~7월)을 지나 가을 전환기(9~11월)에 번식기간을 연장하기 위한 수단으로써 1일 16시간 이상 전등조명을 30일 이상 실시하여 정상적인 발정을 유도한다.

㉡ 전등조명은 10~240lx 정도(13포인트 정도의 글씨를 읽을 수 있을 정도의 밝기)이다.

㉢ 전등조명만으로는 개체 간의 차이가 있을 수 있으므로 광처리 후 30일경에 프로게스테론 질내 삽입물질을 처리한 후 7일째에 질내 삽입물질을 제거함과 동시에 $PGF_{2\alpha}$(성분명 : 디노프로스트, 천연제품) 1.5mL을 주사하여 발정률을 향상시킨다.

> **더알아두기**
>
> 말의 특징 및 문제점
> - 계절성 장일성 발정동물로서 3~7월의 짧은 번식기간을 가지고 있다.
> - 말은 번식계절이 지나고 전환기에 접어들면 멜라토닌량이 증가되면서 성선자극호르몬이 감소되어 비번식계절로 진행이 된다.
> - 전환기(9~11월)에는 발정주기가 불규칙적이고 발정징후가 뚜렷하지 않아 번식을 시키기가 용이하지 않다.

2. 호르몬 처리에 의한 방법

(1) 발정이 반복되는 기구

① 성 성숙이 완료되면 시상하부는 난포자극호르몬 방출인자(FSHRH)를 방출하여 뇌하수체 전엽에서 난포자극호르몬(FSH)을 분비하게 된다.

② 난포자극호르몬의 자극에 의하여 성숙한 난포는 에스트로겐을 분비한다.

③ 에스트로겐은 부생식선 작용에 의하여 발정을 불러일으킴과 동시에 피드백(Feedback)기전에 의하여 시상하부의 난포자극호르몬 방출인자(FSHRH)의 방출을 억제하고 황체형성호르몬(LH)의 방출을 촉진시킨다.
④ 난포자극호르몬(FSH)과 황체형성호르몬(LH)의 비율이 적당한 시기에 배란이 일어난다.
⑤ 배란된 자리에 형성된 황체는 프로게스테론을 분비하여 부생식기는 프로게스테론하에 놓이게 된다.

> **더 알아두기**
>
> 시상하부 FSHRH 방출 → 뇌하수체 전엽 FSH 분비 → 성숙한 난포 Estrogen 분비 → 발정 → Estrogen 피드백 → FSHRH의 방출억제 → LH방출 촉진 → FSH와 LH의 비율이 적당한 시기에 배란

(2) 호르몬의 처치
① 황체존속제(프로게스테론제) : 큐메이트(Cue-Mate), 시더(CIDR), 프리드(PRID)
② 성선자극호르몬 방출호르몬제(GnRH제) : 퍼타길(Fertagyl), 고나돈 등
③ 황체퇴행제($PGF_{2\alpha}$제제) : 루텔라이스(Lutelyse), 이리렌, 레프로딘, 프로솔빈, 프로글란딘, 엔자프로스트, 플라네이트, 에스트루메이트(Estrumate) 등
④ Sulpiride나 Domperidone 같은 도파민 길항제의 사용

02 발정동기화

1. 발정동기화의 이점

(1) 발정동기화의 개념
① 발정동기화를 실시하는 주된 목적은 자금회전율과 번식효율을 향상시키는 데 있다.
② 발정동기화 또는 발정주기(성주기)의 동기화는 인위적인 방법(우군의 번식효율증진을 위해 $PGF_{2\alpha}$과 황체호르몬의 계획적인 투여)에 의해, 한우군의 암소의 발정 및 배란을 일시적·집중적으로 동기화시키는 작업이다.
③ 배란기가 서로 다른 많은 수의 암컷에 대하여 인위적으로 배란을 단기간의 범위 내에 집중시켜 유기하는 것으로 발정과 배란시기를 동기화시키는 방법이다.

④ 번식기간을 단축할 수 있고, 분만시기를 조절하며, 이유 시 체중의 증가를 위해 많은 도움이 된다.

※ 계획번식은 우군의 번식기에 조기의 특정된 날에 인위적으로 발정을 유도하여, 인공수정 후에 수태가 되도록 하는 것이다.

(2) 발정주기 동기화의 장단점

장 점	• 발정관찰이 정확하여 인공수정의 실시가 용이하다. • 정액공급 및 보관 등 제반업무를 효율적으로 수행할 수 있다. • 분만관리와 자축관리가 더욱 용이하다. • 계획번식과 생산조절이 가능하다. • 발정의 발견과 교배적기 파악이 용이하다. • 수정란 이식기술의 발전에 공헌한다. • 가축개량과 능력검정사업을 효과적으로 수행할 수 있다.
단 점	• 사용약품(호르몬제의 처리)에 따른 부작용이 나타날 위험성이 있다. • 인건비와 약품비의 부담 • 전문지식과 숙련된 기술이 필요

2. 발정동기화의 구비조건

(1) 발정동기화의 효율성을 높이기 위한 조건

① 암소의 발정동기화를 실시하는 가장 중요한 이유는 분만기간을 약 2주간 정도로 집중시키고 매일 처리집단의 20%씩 분만하도록 유도하기 위해서이다.
② 발정동기화 처리 전에 암소의 신체충실도 및 증체량 등을 조사하여 번식에 이용하여도 좋을 만큼의 적절한 건강상태를 유지하고 있는지를 본다.
③ 미경산우의 경우 체중 250~300kg에 도달했을 때, 또 경산우보다 약간 빠른 시기에 실시하는 것이 좋으며, 경산우의 경우 분만 후 약 45일령(자궁 회복기간)경에 실시하는 것이 좋다.

(2) 성공적인 동기화를 위한 조건

① 성공적인 결과를 위한 수단과 전략
② 임신한 초임우와 암소에게 적절한 영양 제공
③ 숙련된 인공수정 시술자 및 우수한 정액
④ 교배와 분만시기에 훨씬 더 집중된 노동력이 필요
⑤ 악천후 상황에서도 집중된 교배 및 분만에 필요한 시설물 구축 등

3. 발정동기화방법

(1) 프로게스테론 제제 사용(황체존속제)
   ① 황체의 존재 유무에 관계없이 프로게스테론을 일정하게 투여하다가 중단시킴으로써 발정을 유기시키는 방법이다.
   ② 난포의 발육과 성숙을 인위적으로 일시 억제하여 모든 암컷의 난포발육 정도를 같은 상태로 만들어 두었다가 발정과 배란이 집중적으로 오도록 하는 방법이다.
   ③ 발정주기(황체기)에 프로게스테론 투여 – 황체기 연장 – 투여 중지 – FSH 분비 – 발정

(2) 프로스타글란딘(Prostaglandin $F_{2\alpha}$; $PGF_{2\alpha}$)제제 사용(황체퇴행제)
   ① 프로스타글란딘은 원래 자궁에서 생산·분비되며 이는 황체퇴행에 결정적인 역할을 한다.
   ② 황체의 수명을 인위적으로 단축 또는 연장시켜 모든 암컷의 황체퇴행시기를 같게 하여 발정과 배란이 같이 오도록 하는 방법이다.
   ③ $PGF_{2\alpha}$를 1차 주사 후 황체기가 아니라서 발정이 유도되지 않더라도 10~12일 후 2차 처리 시에는 황체기가 되므로 $PGF_{2\alpha}$제제에 의해 발정이 일어난다.
   ④ 주사 후 보통 2~4일 사이에 68% 정도가 발정을 나타내며, 반응하지 않는 경우는 30% 내외 정도이다.
   ⑤ $PGF_{2\alpha}$에 의한 발정동기화는 난소에 황체가 존재하여야만 투여가 가능하다는 단점이 있다.
   ⑥ 다른 동기화법에 비하여 수태율은 낮으나 처리비용이 저렴하고 가장 간편한 방법이다.

(3) 프로게스테론과 $PGF_{2\alpha}$제제 병행 사용
   ※ GnRH – $PGF_{2\alpha}$ – GnRH – (Ov-synch) 방법, 배란동기화법
   ① 임신되지 않은 암소에게 1차적으로 GnRH(성선자극호르몬 방출호르몬)제제($100\mu g$)를 투여한다.
   ② 7일 경과 후 2차적으로 $PGF_{2\alpha}$를 5mL 투여한다.
   ③ 2일 경과 후 3차적으로 GnRH를 $100\mu g$ 투여한다.
   ④ 3차 처리 후 24시간 경과하면 전두수 인공수정을 실시한다.

(4) 프리드(PRID) : 프로게스테론+에스트로겐
   ① 프리드는 플라스틱 코일모양의 프로게스테론 질내 삽입기구를 뜻하는 영어의 약자이다.
   ② 프리드에는 프로게스테론과 에스트로겐이 캡슐에 들어 있다.

③ 프리드는 삽입과 동시에 에스트로겐은 질 내에서 녹아 흡수되며 프로게스테론은 11~12일간 일정량이 계속 분비되어 발정이 억제되다가 프리드를 제거하면 일시에 난포가 급격히 발육 성숙되면서 2~3일 사이에 발정이 오도록 하는 방법이다.
④ 삽입 시 질 주위를 깨끗이 세척하여 오염을 방지하고 질내 깊숙하게, 즉 자궁경 가까이에 주입하여 빠져 나오지 않도록 한다.

※ 소의 발정동기화를 위해서 사용되는 방법
- 프로스타글란딘(Prostaglandin)
- 프로게스테론 제제 사용
- 에스트로겐(Estrogne) + 프로게스테론(Progesterone)
- 프로게스테론(Progesterone) + 프로스타글란딘(Prostaglandin, $PGF_{2\alpha}$)

03 인공수정

1. 인공수정의 장단점

(1) 인공수정의 장점

① 우수한 씨가축(종모축)의 이용범위가 확대된다.
② 후대검정에 다른 씨가축의 유전능력을 조기판정할 수 있다.
③ 씨가축(종모축) 사양관리의 비용과 노력이 절감된다.
④ 정액의 원거리 수송이 가능하다.
⑤ 자연교배가 불가능한 가축도 번식에 이용이 가능하다.
⑥ 교미 시 감염되는 전염병(전염성 생식기병 등)의 확산을 방지할 수 있다.
⑦ 우수 종모축을 이용한 가축개량을 촉진시킬 수 있다.
⑧ 특별한 주의 없이도 생식기 질병을 일으킬 확률이 매우 낮다.

(2) 인공수정의 단점

① 숙련된 기술자와 특별한 기구 및 시설이 필요하다.
② 1회 수정에 자연교배보다 많은 시간이 소요된다.

③ 부주의에 의한 생식기 전염병 발생의 위험이 있다.
④ 기술결함에 의한 생식기 점막의 손상 위험이 있다.
⑤ 잘못 선발된 씨가축을 이용할 경우 확산범위가 넓다.
⑥ 방목하는 집단은 인공수정이 불편하다.

2. 정액의 채취

> **더알아두기**
>
> 정액채취방법에는 종래의 채위법(정소상체정액 채취법, 누관법, 해면체법, 질내 채취법, 콘돔법, 페서리법)과 마사지법(음경마사지법, 정관팽대부마사지법), 전기자극법과 인공질법이 있다.

(1) 인공질법

① 인공질법이란 동물의 생식기(암소의 질)와 유사한 온도와 압력조건을 가진 암소의 질을 모방하여 만든 인공질 내에 사정시켜 정액을 채취하는 방법으로써 가장 이상적인 방법이며 세계 도처에서 널리 사용되고 있다.
② 인공질법은 소, 말, 양, 토끼 등에서 주로 이용되고 돼지에서는 부분적으로 이용된다.
③ **정액채취방법**
  ㉠ 인공질에는 40~42℃의 온수를 넣어 적당히 압력을 준 다음에, 인공질 입구에는 반드시 윤활제를 발라서 준비한다.
  ㉡ 준비가 끝나면 수소를 끌고 와서 의빈우의 후면으로부터 서서히 접근시켜 가승가를 2~3회 시켜 흥분을 고취시킨다.
  ㉢ 채취기술자는 수소의 오른쪽에 서서 오른손에 인공질을 잡고 대기하고 있다가 수소가 승가하면 왼손으로 포피위로부터 음경근부를 가볍게 잡아 자기 앞으로 약간 당기면서 인공질로 유도한다.
  ㉣ 인공질은 음경의 각도에 맞추어 개구부를 아래로 하여 30~35° 정도의 경사를 유지한다.
  ㉤ 음경의 상해를 줄이고 인공질을 유도하여 음경을 전진시켜 지체없이 사정시킨다.
  ㉥ 사정이 끝나면 즉시 인공질의 개구부를 위로하여 정액을 정액관에 모은다.
  ㉦ 정액관을 38℃ 내외의 보온기에 이동하여 보관하고 곧바로 원정액의 검사를 실시한다.
  ㉧ 1회 채취 시 평균정자수는 6~15억/cc이며, 정액량은 5cc이다.

(2) 마사지법

① 마사지법은 칠면조나 닭에 이용되는 주된 방법이다.
② 닭의 경우 머리가 아래로 가도록 보정한 후 음경, 복부를 마사지하고 사정중추를 자극하여 누출된 정액을 채취하는 방법이다.

(3) 전기자극법

① 전기자극법은 돼지, 소, 양, 개 등에 이용된다.
② 직장 내에 전기적인 자극을 가하여 사정중추를 흥분시켜 정액을 채취하는 방법이다.

※ 정액채취 시 일반적 주의사항
- 위생관념에 투철할 것
- 온도충격을 피할 것
- 채취 전에 종모축의 성적 흥분을 앙등시킬 것
- 정액은 오전 중에 채취할 것
- 사출된 정액의 손실을 줄일 것

3. 정액의 검사

(1) 정액의 육안적 검사

① 육안적 검사는 정액량, 색깔, 냄새, 농도(점조도), pH 등으로 구분하여 실시한다.
② 주의할 점은 30~35℃의 보온이 유지되어야 하며, 직사광선이나 한랭한 장소는 피하는 것이 좋다.
③ 정액의 외관
  ㉠ 정자농도가 높으면 균일하게 불투명하다.
  ㉡ 색깔은 유백색이 정상적이고, 황색을 띠면 정액속에 요가 포함되었을 가능성이 있고, 붉은색을 띨 경우 피가 감염되었을 가능성이 있고, 청색을 띨 경우 질병에 감염되어 있을 가능성이 높다(정액의 농도가 진하고 우수할 때에는 운무상을 띤다).
  ㉢ 소의 정액색깔은 진하고 돼지는 옅다.
④ 정액의 양
  ㉠ 정액의 양은 각 동물종에 따라 피펫, 정액채취관, 메스실린더 등으로 측정한다.
  ㉡ 소의 사정량은 5~8mL, 돼지는 240~250mL이다.
⑤ 정액의 pH
  ㉠ 지시지법은 비색지에 묻혀 색조도와 비교한다.
  ㉡ 초자전극법은 2~3mL의 시료를 미터를 이용하여 측정한다.
  ※ 성숙한 한우에서 곧바로 채취한 정액(신선한 정액)의 pH : 6.5~7.5

(2) 현미경검사

① 정자의 활력, 생존율, 정자의 형태 및 정자수 등을 측정하여 검사한다.
② 일선가축개량사가 인공수정소로부터 냉동정액이나 소송된 정액을 수령하고자 할 때에도 현미경검사를 실시하는 것이 바람직하다.
③ 전기가온장치가 장착된 현미경을 이용하여 약 400배율로 확인한다.
④ 정자의 운동성 : 직선적 직진운동, 선회운동, 진자운동으로 구분하여 표시

   ※ **정자의 활력표기**

5단계	운동상태	지 수	측정치(예)
+++	가장 활발한 전진운동	100	40
++	활발한 전진운동	75	30
+	완만한 전진운동	50	20
±	선회 또는 진자운동	25	10
-	운동하지 않는다.	0	0

   ※ 생존지수(VI) $= \dfrac{(40 \times 100) + (30 \times 75) + (20 \times 50) + (10 \times 25)}{100} = 75$

⑤ 정자의 생존율 : 정자가 완전히 사멸되지 않아도 운동성은 중지되는 경우가 있기 때문에 염색에 의한 생사를 구분한다.
⑥ 정자의 농도 : 혈구계산기나 비탁계 또는 분광광도계를 이용하여 측정한다.
⑦ 정자의 형태 : 정자를 염색하여 현미경에서 기형의 종류와 그 비율을 파악한다.

(3) 정자강도의 평가(정자의 질을 평가하기 위하여 검사하는 방법)

① 온도충격시험 : 저온과 고온에서 견디는 능력을 측정하는 방법
② 대사능력시험 : 해당 지수와 산소소모량을 측정하는 방법
③ 메틸렌블루 환원시험 : 정자가 탈색되는 시간을 측정하는 방법
④ 정자의 운동성 : 정자의 활력, 생존율을 측정하는 방법

   ※ **메틸렌블루 환원시간**
   • 정자는 메틸렌블루의 수소이온에 의하여 환원되면 무색으로 탈색된다.
   • 탈색속도는 정자의 농도와 활력이 클수록 비례하여 환원속도가 빠르다.
   • 메틸렌블루 환원시험 : 정자의 활력이 높으면 메틸렌블루가 환원되어 탈색되는 속도가 빠르다.

4. 정액수 계산

(1) 정자수 측정방법

정자수 측정방법에는 광전비색계법과 혈구계산판 이용법이 있다.

① 광전비색계법
  ㉠ 일반적으로 많이 쓰이는 측정방법으로 빛의 투과 정도에 따라 농도를 평가한다.
  ㉡ 간편하고 빠르게 측정할 수 있다.
  ㉢ 비색계가 고가이므로 인공수정센터에서 이용된다.
② 혈구계산판 이용법(현미경관찰법)
  ㉠ 정액을 희석하여 작은 공간의 혈구계산판에 넣어 정자수를 현미경을 이용하여 센 다음 환산하여 측정한다.
  ㉡ 혈구계산판은 이용하는 방법에 숙련이 필요하고 일일이 정자의 수를 세야 함으로 번거로운 단점이 있으나 경제적인 부담은 작다.

(2) 혈구계산판 이용법
① 혈구계산판의 정자수 세는 요령
  ㉠ 수억마리의 정자를 일일이 셀 수 없으므로 보통 3%의 생리식염수 등을 이용하여 100배 또는 200배로 희석한 다음 혈구계산판 내에 넣어 정자수를 세어 1mL의 양으로 환산하는 방법이다.
  ㉡ 혈구계산판은 $1mm^2$ 안에 큰 칸 25개와 큰 칸 내에 16개의 작은 칸, 즉 400칸으로 구성되어 있다.
  ㉢ 정자수를 셀 때에는 작은 16개의 칸을 하나로 보아 1개씩 25개를 세고 정자의 머리를 기준하여 세는 것이 좋다.
  ㉣ 큰 칸 경계에는 3개의 선이 있는데 머리를 기준하여 1/2 이상 들어온 것을 그 칸의 정자수로 세는 것이 좋다.

> **더알아두기**
>
> 0.05mL의 원정액을 100배로 희석할 경우의 예
> 100배 희석이란 원정액의 양에 100을 곱했을 때의 양으로 0.05mL의 100배는 5mL가 된다. 따라서 5mL - 0.05mL = 4.95mL가 된다.
> ※ 3% NaCl용액 또는 3%의 구연산나트륨용액 4.95mL를 마이크로피펫을 이용하여 시험관에 뽑아 넣는다.

② 혈구계산판의 정자수 계산
  ㉠ 적혈구 계산판에서 25구획의 정자수를 모두 세었을 때 그 수에다 100만을 곱하면 그 정액의 mL당 정자수가 된다.
  ㉡ 정자수(mL당) = 혈구계산판 내의 총정자수 × 희석배율(100배) × 혈구계산판용량(10×1,000)

ⓒ 위와 같은 방법으로 정자수를 세었을 때 정자수가 200마리였다면 1mL당 정자수는 2억마리이다.

ⓓ 25구획의 정자수를 모두 세기가 번거로울 경우는 네 군데 모서리와 중앙의 1구획, 총 5구획의 정자수만 세어서 500만을 곱할 수도 있다.

> **더알아두기**
>
> - 정자수(mL당) = 5개의 중구획 내의 정자수×5×10×희석배율×1,000
> - 정자수(mL당) = 1개의 중구획 내의 정자수×25×10×희석배율×1,000

ⓔ 오차를 줄이기 위하여 2~3회 반복검사하는 것이 좋다.

> **예제** 25칸으로 된 혈구계산판에서 200배로 희석한 정액의 경우 5칸의 혈구계산판 정자수의 총계가 100개라고 하면 정액 1mL 중의 정자수는?
>
> **해설** 1mL당 정자수 = 100(혈구계산판 5개의 총합)×5(총혈구계산판이 25칸이므로)
> ×200(희석배율 내)×10($1mm^2$의 환산)×1,000(1mL로 환산)
> = 10억마리
>
> **예제** 소를 인공수정하기 위하여 채취한 정액의 양은 5mL, mL당 정자수는 10억개, 생존율이 80%일 때, 1회 주입정자수를 20,000,000개로 한다면 몇 두의 암소에 인공수정할 수 있는가?
>
> **해설** {(채취한 1mL당 정자수×총정액량)×생존율}/1회 주입량
> = {(1,000,000,000×5)×0.8}/20,000,000 = 200두

※ 가축정액 사정량과 정자수

구 분	1회 사정량	평 균	정자수 $1mm^3$
소	3.0~10.0cc	5.0cc	17~27만
돼 지	60.0~500cc	250.0cc	3~7만
개	10.0~30.0cc	15.0cc	10~17만
닭	0.3~1.0cc	0.6cc	7~17만
토 끼	0.4~1.0cc	0.6cc	1.7~2.3만

※ 소정액 mL당 평균농도 : 10억마리 정도

5. 정액의 희석과 보존

(1) 정액의 희석

① 희석의 목적

ⓐ 원정액이 갖고 있는 불리한 조건을 제거하여 정자의 생존에 유리한 조건을 부여한다.
ⓑ 정액량을 증가시켜 다두 수정이 가능하도록 한다.

ⓒ 보존기간 동안에 정자의 활력 및 생존율에 최적의 조건으로 수정능력을 연장한다.
② 희석액의 구비조건
ⓐ 정자의 생존에 유리한 작용을 하여야 한다.
ⓑ 외부충격에 대한 완충효과가 있어야 한다.
ⓒ 삼투압 및 pH가 정액과 같게 유지되어야 한다.
ⓓ 세균증식을 억제하고 영양물질을 공급하는 에너지원이 함유되어야 한다.
③ 정액의 희석 시 첨가물
ⓐ 에너지원으로 포도당과 같은 당류, 저온충격의 방지제로 난황이나 우유, 완충제로서 시트르산, 인산 등이 사용된다.
ⓑ 세균증식을 방지할 목적으로 Sulfanilamide, Penicillin 등과 같은 항생물질을 첨가하기도 한다.
ⓒ 희석액은 정액과 등장이어야 하며, pH도 정액과 같이 중성이어야 한다.

※ 구연산
- 정액 희석액 구성성분 중 pH(산도)를 조절하는 물질이다.
- 정장 중에 함유되어 있는 유기산으로서 정액의 응고방지와 삼투압 유지에 관계하며, 정낭선의 분비기능의 진단에 이용되는 물질이다.

④ 정액의 희석비율
ⓐ 정자의 농도(정자수와 활력)를 기준으로 결정한다.
ⓑ 정자수가 1mL 중 500만을 기준으로 한다.
ⓒ 희석배수 : 원정액 1에 대하여 밀 1~2배, 돼지 1~4배, 닭 20~50, 소 100~200배로 한다.

(2) 정액의 보존

① 돼 지
ⓐ 채취한 돼지정액을 실온에서 보존할 때는 적절한 보존액을 희석하여 15~20℃의 온도에서 약 2~3일간 양호한 생존성과 활력을 유지할 수 있다.
ⓑ 4~5℃ 저온에서 보관 시는 보존시간이 3~4일로 다소 길어지나 15~20℃에 보관할 때보다 정자의 생존성과 운동성이 떨어질 뿐만 아니라 수태율도 낮다.
② 개 : 개의 정자는 채취 직후 원정액을 35~37℃에 보존할 경우 약 20~24시간 생존이 가능하기는 하나 희석을 하여 보존하면 생존성이 좋아지고 1주일까지 연장도 가능하다.
③ 동결보존 : 정액을 항동해제인 글리세롤 등을 함유한 희석액으로 희석한 다음 스트로에 분주하여 예비동결을 거쳐 −196℃의 액체질소에 넣어 동결보존한다. 소의 경우 앰플로 된 액상보존에서 지금은 스트로로 동결보존하여 사용하고 있다.

6. 정액의 주입

(1) 정액주입법

소의 정액주입은 스트로정액을 이용하는데 그 주입방법은 다음과 같다.
① 발정한 암소가 놀라지 않게 자연상태로 보정한다. 스트레스를 받으면 부신수질에서 아드레날린이 분비되어 배란을 지연시키고 자궁의 수축운동을 억제하여 수태율이 저하된다.
② 왼쪽팔에 직장검사용 장갑을 끼고 비눗물을 충분히 바른 후에 직장 내에 삽입해서 배분시킨다.
③ 생식기를 부드럽게 검사한다.
④ 수정할 정액의 가축명을 확인한 후 스트로정액을 개봉한다.
⑤ 왼팔을 직장에 넣은 상태로 외음부를 깨끗이 닦아 준다.
⑥ 왼손으로 자궁경관을 잡고 오른손에 주입기를 잡고 외음부를 넓게 벌려 주입기를 질 내에 천천히 삽입을 유도한다.
⑦ 주입기의 선단이 자궁경관의 마지막 삼추벽을 통과하였을 때 왼손의 둘째 손가락으로 주입기 끝을 확인한 후 자궁경심부에 서서히 정액을 주입한다.
⑧ 주입기와 왼손을 뺀다.
⑨ 수정증명서를 양축가에게 발급하여 주고 필요한 기록을 한다.

(2) 가축 인공수정 시 정액을 주입할 때 주입기를 삽입하는 부위

① 소 : 자궁체 내
② 돼지 : 자궁경관(자궁경 내)
③ 닭 : 난관개구부

(3) 각 가축의 정액 주입량과 정자수

동물명	1회 주입 정액량	정자수	1회 주입 정자 한도수
소	0.25~1	2.5천만	5백만 이상
말	10~25	10억 이상	3억 이상
면 양	0.1~0.5	1억 이상	4천만 이상
산 양	0.1~0	1억 이상	5천만 이상
돼 지	50	30억 이상	10억 이상
개	10~20	10억 이상	2억 이상
닭	0.03~0.1	5천만~1억 이상	3천만 이상
토 끼	0.5~1	7천만~1억 이상	5천만 이상

7. 동결정액 제조와 활용

(1) 스트로에 의한 동결법

① 원정액을 25~30℃에서 1차 희석하고 수시간에 걸쳐 5℃로 냉각한다.

② 글리세롤이 함유되어 있는 2차 희석액으로 1시간에 걸쳐 2차 희석을 하여 글리세롤이 최종농도가 7~8%로 되게 한다.

③ 5℃에서 6~12시간 글리세롤 평형을 실시하여 동결하며, 동결은 -100℃의 액체질소가스 내에서 5~10분간 정치한 후 급속동결하고 액체질소 내(-196℃)에 침지하여 보관한다.

※ 처음으로 소정액의 동결보존에 성공한 사람 : Polge와 Rowson
※ 동결정액을 제조하는 과정 : 정액희석 → 글리세롤 평형 → 예비동결 → 액체질소 내 침지

(2) 정액의 동결보존과정에서 동해방지제로 이용되는 물질

① 세포막을 통과할 수 있는 것
  ㉠ 1,2-프로판디올(1,2-propandiol ; PROH)
  ㉡ 다이메틸설폭사이드(Dimethyl Sulfoxide ; DMSO)
  ㉢ 글리세롤(Glycerol), Glucose

② 세포막 통과가 불가능한 동해방지제(세포외 동해방지제)에는 수크로스(Sucrose)가 있다.

※ 글리세롤의 평형조건
2차 희석을 끝내고 분주 및 봉인한 정액은 2~5℃에서 4~8(6)시간 정치한 후에 동결한 경우 양호한 생존성을 얻을 수 있다. 이 시간을 글리세롤 평형시간이라고 한다.

(3) 동결정액의 융해

① -196℃의 액체질소 중에 동결되어 있는 정액을 주입할 때에는 일단 융해한다.

② 저온융해 : 깨끗한 물에 얼음을 넣어 4~5℃의 빙수를 만든 다음 액체질소 중에 보관된 스트로를 들어내어 빙수 중에 4~5분이 지나면 정액이 완전히 융해되므로 곧 가축에 주입한다.

③ 고온융해 : 동결정액의 융해는 35~37℃ 온수에서 20초 이상 1분 이내 융해하여 주입기에 장치하고 5분 이내 수정한다.

※ 정자 동결보존 시 과냉각상태와 빙정형성으로 인하여 정자의 대사능력과 생존성을 저하하게 하는 위기온도 범위 : -25 ~ -15℃

04 수정란 이식

1. 수정란 이식의 장단점

(1) 수정란 이식의 개념

① 수정란 이식이란 생체 내(In Vivo), 생체 외(In Vitro)에서 만들어진 수정란을 동종의 동품종 또는 이품종의 생식기에 이식하여 착상 → 임신 → 분만을 유도하는 일련의 과정

② 1890년 토끼에서 수정란 이식을 최초로 성공한 이후 1973년 소를 비롯한 대가축에서 성공하여 현재의 실용화에 이르게 되었다.

③ 소에서 수정란 이식
호르몬처리 다배란 유기 → 다수의 난자배란 → 생체 내 수정 → 배의 회수(착상 전 회수) → 배의 검사 → 체외보존 → 수란축과 공란축 발정동기화 → 배의 이식(신선란, 동결란) → 송아지

(2) 수정란 이식의 장점

① 우수한 공란우의 새끼를 많이 생산할 수 있다.
② 수정란의 국내외 간 수송이 가능하다.
③ 특정 품종의 빠른 증식이 가능하다.
④ 우수 종빈축의 유전자 이용률을 증대할 수 있다.
⑤ 가축의 개량기간을 단축할 수 있다.
⑥ 가축 대신 수정란의 수송으로 경비를 절감시킬 수 있다.
⑦ 인위적인 쌍태유기에 이용하여 가축의 생산성을 높일 수 있다.
⑧ 계획적인 가축생산이 가능하다.
⑨ 후대검정을 하는데 편리하게 사용할 수 있다.

(3) 수정란 이식의 단점

① 다배란처리 시 배란수를 예측할 수 없다.
② 비외과적 혹은 외과적 방법에 의한 수정란 이식의 수태율은 아직도 낮다.
③ 수정란 이식을 위해서는 특별한 기구와 시설이 확보되어야 하며, 숙련된 기술자가 필요하다는 점이다.

2. 다배란 유기와 수정

(1) 다배란처리

> **더알아두기**
>
> 공란우 선발 → 공란우 다배란처리 및 인공수정 → 수정란 회수 → 수란우 선발 → 발정동기화 → 수정란 이식 및 임신

① 공란우의 선정조건
  ㉠ 유전적으로 우수형질을 보유한 소
  ㉡ 전염성 질병, 유전성 질병이 없는 건강한 소
  ㉢ 번식능력이 높고 발정주기가 정상인 소
  ㉣ 자궁 및 자궁경관에 염증이 없고 하수되지 않은 소
  ㉤ 영양상태가 양호한 소

② 다배란(과배란) 유기
  자연발정주기를 이용하는 방법과 프로스타글란딘($PGF_{2\alpha}$)을 이용하는 방법이 있다.
  ㉠ 자연발정주기를 이용하는 방법 : 임마혈청성성선자극호르몬(PMSG)을 다음 발정예정일을 기준으로 하여 발정주기 16일째 투여하고 → 3일, 4일째 난포호르몬인 Estradiol을 각각 2회 주사한 후 → 발정 당일 황체형성호르몬(LH) 또는 hCG를 주사한다.
  ㉡ 프로스타글란딘($PGF_{2\alpha}$)을 이용하는 방법 : 프로스타글란딘을 PMSG나 FSH와 병행하여 소의 발정주기에 맞춰 사용한다.

  ※ **다배란 유기에 사용되는 호르몬**
  - 임마혈청성성선자극호르몬(PMSG)
  - 난포자극호르몬(FSH)
  - 프로스타글란딘($PGF_{2\alpha}$)
  - 임부융모성성선자극호르몬(hCG)
  - 황체형성호르몬(LH)

③ 수란우의 선정조건
  ㉠ 번식적령기에 도달한 건강한 처녀우
  ㉡ 적절한 영양상태를 유지하고 있는 소
  ㉢ 건강한 생식기를 보유하고 있는 소
  ㉣ 질병 및 대사장애가 없는 건강한 소
  ㉤ 번식기록을 보유하고 있는 소

3. 수정란의 채란과 검사

(1) 수정란 회수

① 수정란은 대체로 수정 후 4일간은 난관 내에, 5일째는 자궁-난관접합부에, 6일째는 자궁관 선단에 존재한다. 따라서 난회수를 위한 관류는 수정 후 4일까지는 난관에서, 5일째는 난관과 자궁각의 양측에서, 6일 이후에는 자궁각에서 실시한다.
　㉠ 발정일을 0일로 하여 수정란 채란일은 7일째이다.
　㉡ 수정란 채란일 당일에 가장 먼저 할 일은 모든 수란우 중에서 발정이 6, 7 혹은 8일 아침에 발생한 개체를 선발하는 것이다.
② 호르몬을 처리하여 다배란을 유도시킨 젖소로부터 수정란을 비외과적으로 채취할 때 가장 적당한 시기는 착상 직전 자궁에서 한다.
③ 인공수정을 실시한 소에서 배반포기의 수정란은 수정 후 7일경 자궁에서 채취한다.
　※ 다배란처리된 공란우에서 수정란 이식에 가장 적합한 수정란의 채란시기는 수정 후 6~7일이다. 즉, 수정란은 인공수정 후 6~7일째 되는 날 채취하게 되는데, 이때는 수정된 난이 자라서 자궁에 착상되기 직전의 상태이다.
　※ **공란우의 수정란을 회수하는 외과적(外科的) 방법** : 자궁관류법, 난관관류법

(2) 수정란 검사

① 수정란의 회수 및 검사에 사용되는 모든 기구, 보존액 및 시약은 반드시 멸균된 것을 사용하고 독성이 없으며, 독소가 없는 것을 사용하여야 한다.
② 작업은 오염되지 않은 무균적 상태에서 수행되어야 하며 가능한 생체 내와 같은 조건을 유지하도록 온도, 기압, 빛 또는 자외선의 차단, pH, 삼투압 등을 일정하게 유지하여야만 한다.

4. 수정란의 보존

(1) 동결보존법

① 난포란을 체외성숙시키고 나서 한우 동결정액과 체외수정한 후 7~9일에 배반포단계로 발달된 수정란을 동결한다.
　㉠ 직접이식법 : 동결보존한 수정란을 융해하여 동해방지제에 희석 제거하지 않고 직접 이식에 이용하는 방법이다.
　㉡ 다단계법 : 동결보존한 수정란을 융해하여 스트로에서 꺼내어 동결보존에 사용한 동해방지제를 단계희석에 의해 제거한 후 수정란의 생존성을 확인한 후에 이식에 이용한다.

② 완만동결법으로써 직접 이식하는 동결법
- ㉠ 동결방지제로써 1.8 Methylene Glycol이 첨가된 동결배지에서 15~20분간 평형을 실시한 후 수정란 동결기를 사용하여 동결한다.
- ㉡ 수정란이 장착된 스트로를 동결기의 체임버에 넣고 -7℃에서 10분간 식빙(Seeding)한 후 -35℃까지 분당 -0.3℃의 속도로 온도를 하강시켜 동결한다.
- ㉢ 액체질소에 10분 이상 침지한 후 액체질소탱크에 넣어 보관한다.

③ 다단계를 이용한 동결법
- ㉠ 수정란의 동결을 위한 평형액은 세정액에 7.5% Ethylene Glycol(Sigma), 7.5% Dimethyl sulfoxide(DMSO, Sigma)가 되도록 조성한다.
- ㉡ 유리화 동결액은 세정액에 0.5M Sucrose(Sigma), 16% Ethylene Glycol, 16% DMSO를 첨가하여 제조한다.
- ㉢ 수정란의 동결은 수정란을 세정액으로 2~3회 세정하여, 평형액에서 3분 동안 평형시킨 후 유리화 동결액에서 수정란을 일정 간격으로 로딩한 후 액체질소탱크에 넣어 보관한다.

(2) 수정란 동결보존 시 동해방지제
① DMSO(Dimethyl Sulphoxide)
② 글리세롤(Glycerol)
③ 에틸렌글리콜(Ethylene Glycol)

5. 수정란의 이식

(1) 수정란의 융해

액체질소통에서 수정란이 들어 있는 스트로를 겸자로 집어 올려서 공기 중에 10초간 노출시킨 후, 37~38℃의 온수에 15~20초간 넣어 급속융해 후 멸균거즈로 닦고, 스트로 선단부 1.5cm 부위를 절단하고 수정란 이식기에 장진하여 빠른 시간 내에 비외과적 방법으로 이식한다.

> **더알아두기**
>
> 비외과적인 수정란 이식방법에는 자궁경관경유법과 질벽경유법이 있다.
> 자궁경관경유법은 야외에서 실시가 가능하고 시간이 절약되며, 기술자 혼자서도 시술이 가능한 간단한 방법이기 때문에 수술적인 방법이나 질벽경유법보다는 실용적인 방법이다. 이식기구를 인공수정과 같은 방법으로 자궁경관을 통과시킨 후 자궁각 심부까지 더 진입시켜서 수정란을 이식하는 방법이다.

(2) 수정란의 이식

수정란 이식방법은 외과적인 수술방법과 인공수정과 같이 경관을 경유하여 주입하는 비외과적 방법이 있다.

① 수란우의 보정
　㉠ 수란우를 보정틀에 기립 보정시키고 직장검사를 통하여 발정주기 동기화의 적합성과 영양상태 및 생식기의 정상유무를 확인한다.
　㉡ 적합으로 판정된 수란우는 직장 내에 있는 분변을 완전히 제거한 후 온수 또는 비눗물로 음부 및 그 주위를 깨끗이 세척하고 건조시킨 다음 다시 소독액으로 세척한다.

② 경막외 마취
　㉠ 경막외 마취는 직장 및 자궁을 충분히 이완시켜 이식기구의 삽입 조작이 용이하도록 하기 위한 조치이다.
　㉡ 마취제는 2% 염산프로카인 또는 리도카인으로 제1미추와 제2미추 사이의 함몰부에 주사침을 45° 각도로 3~4cm 삽입한 다음 2~5mL의 마취제를 서서히 주입한다.

③ 수정란의 세척
　㉠ 회수된 수정란에 부착된 점액이나 채란액과 같이 혼입된 혈액 등의 이물질을 제거하기 위하여 신선한 채란액으로 수회 세척 후 스트로 내에 장진한다.
　㉡ 동결수정란은 융해 후(동결수정란의 융해법 참조) 동결보존제의 제거를 위하여 동결보호물질이 함유되어 있지 않는 보존액(혈청이 첨가된 PBS나 BMOC-3)으로 세척하여 스트로에 장진한다.

④ 스트로 내 수정란의 장진
　㉠ 스트로 내로 수정란을 장진하는 과정은 먼저 0.25mL 스트로에 배양액을 약 1/3 수준이 되도록 흡인한 후 공기를 3~4mm 정도 흡인하여 스트로 내에 공기층을 만든다.
　㉡ 수정란을 배양액과 함께 약 1/3 수준으로 흡인하고, 한 번 더 공기를 흡인하여 공기층을 만든 후 최종적으로 배양액을 흡인한다.
　㉢ 끝으로 흡인하는 배양액의 양은 최초에 흡인된 보존액이 스트로 한쪽에 있는 면사와 파우더(Powder)가 배양액에 젖어서 파우더가 팽창할 때까지 흡인한다.

⑤ 이식기의 결합
　㉠ 야외에서나 또는 실내에서 할지라도 낮은 기온하에서는 금속성 재질로 된 이식기는 체온 정도로 가온한 다음 스트로를 결합한다.
　㉡ 이식기구의 외면으로 질 내에서의 오염을 방지하는 덮개를 삽입하여 주입할 때까지 보온 유지한다.
　㉢ 보정틀에 수란우를 보정하고 2% Lidocaine 5~7mL로 미추 경막외 마취를 한다.

ⓔ 직장으로부터 분변을 제거하고 외음부를 깨끗이 닦고 70% 알코올면으로 소독한 후 멸균
　　　된 비닐커버를 씌운 수정란 이식기를 질 내로 삽입한다.
　　ⓜ 이식기 끝이 자궁경관 입구에 도달 시 비닐커버를 통과하고 자궁경관을 경유하여 황체가
　　　있는 쪽의 자궁각까지 이식기를 밀어 넣어 가능한 한 자궁각 선단부에 삽입한 후 이식기를
　　　조작하여 수정란을 이식한다.
⑥ 이식기의 질 및 자궁경관 삽입
　　ⓐ 덮개로 감싸진 이식기를 질 내로 삽입하여 덮개의 선단부가 자궁경관의 입구에 잘 접촉
　　　되도록 삽입한다.
　　ⓑ 미경산우를 수란우로 사용하는 경우에는 먼저 자궁경관 확장봉을 무균적으로 삽입하여
　　　자궁경관을 일단 확장시킨 다음 이식기를 삽입한다.
⑦ 자궁각 삽입과 수정란의 주입
　　ⓐ 무균적인 조작으로 자궁경관을 통과하게 된 이식기구의 선단부를 황체가 존재하는 측의
　　　자궁각으로 될 수 있는 한 심부까지 진입시킨 다음 수정란을 주입한다.
　　ⓑ 주입기를 자궁각의 심부로 진입시킬 때는 자궁내막에 최소한의 자극으로, 심부까지, 신
　　　속하게 주입하여야 수태율이 높아진다.
⑧ 수정란의 주입 확인
　　ⓐ 수정란 주입 후 이식기의 선단부를 육안으로 확인하면 스트로의 면사에 혈액이 묻어
　　　있는 경우는 자궁경관이나 자궁내막에 상처를 입힌 증거로서, 이러한 경우에는 수태율이
　　　매우 낮다.
　　ⓑ 이식기구의 선단과 스트로의 선단부를 세척하여 수정란이 잔류해 있는지를 확인한다.

(3) 소 수정란 이식 시 주요사항

① 소의 수정란 이식과정은 다배란 처리 → 발정동기화 → 채란 → 검사 → 이식 순이다.
② 비외과적 방법에 의거 난자를 회수할 경우 배란 후 4일 이후 실시하는 것이 바람직하다.
③ 이식하고자 하는 수정란의 일령이 수란우의 배란 후 일수와 일치하지 않으면 임신율이 매우
　저하된다.
④ 수정란의 형태적 이상은 이식 후의 임신율을 저하시킨다.
⑤ 비외과적인 방법으로 수정란을 이식하려 할 때 수정란은 상실기~배반포기 시기에 자궁에
　이식한다.
⑥ 비외과적 수정란 이식 시 수정란의 이식부위는 자궁각 선단이 가장 적당하다.

⑦ PMSG는 공란우의 발정주기 5~14일째에 주사한다.
⑧ 소(성우)의 난포발육을 위해서는 FSH나 PMSG를 주사한다.
⑨ 수정란 채취방법은 외과적 처리와 비외과적인 방법이 있다.
⑩ 수정란의 보존액의 pH는 7.2~7.6이다.
⑪ 소의 4세포기 수정란을 일시적으로 토끼에 이식하여 배양할 경우 적절한 이식장소는 난관이다.

※ **수정란의 이식부위**
- 소 : 자궁각 선단부
- 돼지, 면양, 산양 : 4세포기 이하는 난관, 4세포기 이상은 자궁에 이식

※ 1890년 영국의 히페(Heape)가 토끼에서 수정란이식으로 난자를 생산한 것을 시초로 이 분야에 대한 광범위한 연구가 수행되어 산업분야에서는 유전능력이 우수하고 생산능력이 뛰어난 우량가축을 단기간에 증식시키기 위한 가축개량의 수단으로 개발되었다. 시험관 아기도 이러한 기술을 응용한 것이다.

05 분만유기

1. 분만유기의 장단점

(1) 분만유기의 개념

① 정상적인 분만이 일어나기 전에 인위적으로 분만시기를 조절하는 것을 말하며, 주로 조기 분만 유도, 장기재태 및 분만동기화를 위해서 이용된다.
② 분만유기에는 옥시토신, 프로스타글란딘이 이용된다.

(2) 분만유기의 장단점

① 임신기간 단축에 따른 번식회전율을 향상시킨다.
② 휴일이나 야간 특근시간이 절약된다.
③ 집중 조산으로 신생자 생존율을 향상시킨다.
④ 분만에 소요되는 노동력의 효율성이 제고된다.
⑤ 장기 재태의 예방 및 분만시기를 동기화할 수 있다.

2. 분만유기 방법

(1) 부신피질호르몬에 의한 방법

① ACTH의 자극을 받은 태아의 부신피질에서 Glucocorticoid의 분비증가를 일으키는 방법이다.
② 합성 Glucocorticoid인 Dexamethason이 이용된다.

(2) Prostaglandin에 의한 방법

PGE_2나 $PGF_{2\alpha}$ 등 Prostaglandin을 주사하여 분만유기를 일으키는 방법이다.

(3) 주간분만 유도기법

① 야간사료 급여법 : 어미소에게 급여하는 사료(농후사료, 조사료)를 오후 7~9시 사이에 급여하여 아침까지 먹도록 하고 아침 사료조에 남아 있는 사료를 깨끗이 치워버린 다음 물만 주면 낮에 분만하는 비율을 높일 수 있다.

② 자궁이완제 사용
 ㉠ 분만예정된 암소를 선발하여 자궁이완제인 염산리드드린제제를 25mg 투여하면 낮 분만율을 크게 높일 수 있다.
 ㉡ 자궁이완제를 투여할 때에는 손을 소독하고 소의 외음부 주위를 위생적으로 청결히 한 후 질 속에 손을 삽입하여 경관 이완상태를 검사하여 손가락 2개 이상 삽입이 가능한 소에게 1차 투여를 오후 6시에, 2차 투여를 오후 10시에 하면 다음날 새벽 5시경 이후에 분만이 이루어진다.
 ㉢ 주의해야 할 사항은 이미 산출기에 들어간 소에게는 자궁이완제를 투여해서는 안 된다.

06 기타의 인위적 지배

1. 체외수정

(1) 난자 준비

　① 체내성숙 난자(배란된 난자)
　　㉠ 체내에서 배란 직전의 난포란 또는 배란 직후 난관상단부에서 채취한 난자
　　㉡ FSH 또는 LH를 처리하여 과배란 유기된 난자
　　㉢ 체내에서 성숙한 난자의 채란은 도살 또는 마취 후 개복하여 난관으로부터 배란 직후 성숙난자를 채취하여 체외수정에 사용한다.

　② 체외성숙 난자(미성숙 난포란)
　　㉠ 해부 또는 도축 후 난포를 채취한다.
　　㉡ 난구세포층이 투명대에 긴밀히 부착된 것을 사용한다.
　　㉢ 성숙배양액에서 24~48시간 배양 후 사용한다.

(2) 체외성숙과 수정능력 획득

　① 난포란의 체외성숙 : 성선자극호르몬의 영향으로 난자가 감수분열을 재개하여 제1감수분열을 완성한 후 제2감수분열 중기로 진행하는 과정을 말한다.

　② 정자의 수정능획득 유기
　　㉠ 수정능획득에 중요한 물질은 칼슘이온(Ca^{2+})이다.
　　㉡ 정자의 첨체외막이나 원형질막은 칼슘이온의 도움을 받아 성상변화가 시작하고 첨체반응이 시작되기 때문이다.
　　㉢ 칼슘이온 흡수를 촉진하여 수정능획득 유기물질에는 헤파린(Heparin), IA9[아이노포어(Ionophore) A23187] 등이 있다.

(3) 체외수정과 수정란배양

　① 체외수정
　　㉠ 적합한 농도로 희석된 정자부유액에 난자를 첨가하는 방법
　　㉡ 준비된 난자배양액에 농축된 정자부유액을 첨가하는 방법

② 수정완료 후 체외수정 판단방법

수정 중이나 수정완료 직후에 고정 염색하여 위상차 현미경으로 관찰하여 다음과 같은 변화가 오면 수정으로 판정할 수 있다.
- ㉠ 세포질 내에 침입하여 팽대한 정자의 두부 확인
- ㉡ 자웅전핵의 형성 확인
- ㉢ 제2극체의 방출 여부 확인
- ㉣ 체외수정 시 정자의 꼬리동반 여부 확인

③ 수정란 배양
- ㉠ 배양액 : 포도당, 젖당, 피루브산 혼합배지
- ㉡ 배양조건 : 습도는 포화상태, 온도는 37℃ 전후, 공기 중에 5%의 이산화탄소 또는 질소에 이산화탄소 5%와 산소 5%를 혼합한 상태가 좋다.
- ㉢ 배양시간
    - 정자침입(수정란을 옮기는 시간) : 매정 후 6시간
    - 자웅전액 형성 : 매정 후 24시간
    - 2세포체 형성 : 매정 후 12시간
    - 4세포체 형성 : 매정 후 36~48시간

2. 동물복제

(1) 동물복제 종류

복제동물은 수정란 절단방법, 분할구 분리방법, 핵이식이나 핵치환 등으로 복제동물을 만들 수 있다.

① 분할구 분리방법
- ㉠ 수정란의 분할과정에 있는 난세포(할구)를 분할하거나 분리하는 방법이다.
- ㉡ 2~4세포기배의 할구(분열된 단세포)를 분리하여 결찰(결합)한 난관에 이식하여 발육된 수정란을 수란축에 이식한다.

② 수정란의 절단
- ㉠ 수정란 절단은 상실배나 배반포단계의 수정란을 마이크로나이프 또는 레이저로 이등분한 다음, 양분된 수정란을 각각 빈 투명대에 넣어 수란우의 자궁으로 이식하여 일란성 쌍태를 생산하는 방법이다.
- ㉡ 개체수를 쌍태 이상 생산할 수 없다는 단점은 있으나 개체생산이 상대적으로 확실한 방법이다.

③ 핵이식
　㉠ 수정란에서 핵을 분리한 후 미리 핵을 제거한 난자에 이식하는 방법이다.
　㉡ 복제과정은 수핵세포질(난자) 준비, 공여핵 세포의 준비와 핵이식, 난자 활성화와 리프로그래밍, 복제수정란 배양, 이식단계를 거친다.
④ 핵치환
　㉠ 난자의 핵을 제거한 후 거기에 체세포의 핵을 집어넣어 영양분 공급을 중단한 채 온도를 낮춰주면(4℃ 정도) 수정란처럼 난할이 일어나는데 이것을 대리모에 착상시켜 체세포핵의 공급자와 같은 유전자형의 개체를 얻을 수 있는 방법이다.
　㉡ 핵을 이식받은 난자는 핵을 제공한 동물의 세포와 동일한 유전형질을 가진 개체로 자라며, 핵이식기술을 이용하면 핵을 제공한 동물과 유전형질이 동일한 복제동물을 만들 수 있다.

(2) 주조직 적합성 복합체(MHC ; Major Histo-ompatability Complex)
① 주조직 적합성 복합체(MHC)는 포유동물에 존재하는 유전자 중에서 가장 다형성이 높은 유전자로 Self와 Nonself를 구분하여 Nonself에 대한 면역반응을 조절하는 가장 상위에 위치하는 단백질이다.
② MHC는 생쥐(H-2), 사람(HLA), 돼지(SLA) 및 소(BoLA)라고 부른다.
③ MHC-단백질 복합체가 세포의 표면에 위치하면, 근처에 있는 면역세포(주로 T세포나 자연살해세포)가 합성된 단백질을 확인할 수 있게 된다. 만약 확인된 단백질이 자기단백질이 아닌 것으로 판명되면, 면역세포는 그 감염된 세포를 죽인다.

※ **관류세포계수기(Flow Cytometer)분리법** : 포유동물 산자의 성비를 조절하기 위하여 X-Y정자를 분리하는 데 유효한 생명공학기법

(3) 형질전환동물
① 형질전환동물의 개념
　㉠ 인위적으로 외래유전자가 도입되어 새로운 형질을 가진 가축을 생산하는 것이다.
　㉡ 특정형질을 가진 외래유전자를 배의 세포에 주입하여 그 유전자를 새롭게 조합한 동물을 말한다.
② 형질전환동물의 생산기법
외래유전자를 수정란의 전핵에 미세주입하는 방법, Retrovirus 매개법, Embryonic Stem Cell 이용법, 정자세포이용법 등이 있다.

⊙ 전핵 내 미세주입법(Gordon)
- 새로운 유전자를 수정란의 핵에 직접 주입하는 방법으로 주입된 유전자는 세포분열과정 중 염색체에 무작위적으로 삽입되어 그 형질을 나타나게 된다.
- 형질전환동물 생산방법 중 가장 쉬우며, 효율도 어느 정도 높으므로 현재 가장 산업적으로 많이 사용되기도 한다.

ⓒ 레트로바이러스 매개법
- 인위적으로 병원성이 없도록 미리 조작된 유전자를 바이러스를 통하여 주입하는 것이다.
- 강력한 바이러스의 감염방법을 이용하여 유전자를 주입하게 되므로 유전자 주입효율은 좋으나, 새로운 유전자가 무작위적으로 삽입되어 발현조절이 어려운 단점을 갖고 있다.
  ※ 레트로바이러스(Retrovirus) : 유전자로서 RNA를 가지고 있으면서 감염된 세포에서는 이 RNA를 주형으로 DNA를 합성하여 Provirus가 되는 것의 총칭

ⓒ 배성간세포(Embryonic Stem Cell, ES cell ; 배아줄기세포) 이용법
- 배아줄기세포는 배반포의 내세포 집단에서 유래한 분화다능줄기세포이다.
- 배아줄기세포는 배아에서 유래한 미분화세포로 신체 내의 어떠한 조직이나 세포로 분화할 수 있는 전능성을 갖고 있다. 따라서 배아줄기세포에서는 새로운 유전자를 특정부위에 주입할 수 있는 특징을 갖고 있다.
- 세포가 생식계열세포에 기여하면 다음 세대에서는 도입유전자를 Hetero로 갖는 자웅의 개체가 얻어지며, 이들의 형매 간 교배에 의하여 다음 세대에는 계통화된 형질전환동물을 얻을 수 있다.

ⓔ 정자세포이용법
- 체외수정(시험관아기)은 정자와 난자의 수정과정을 체외에서 수행한 후 모체에 이식하여 임신이 성립되도록 하는 방법인데 이 과정을 통해서도 형질전환동물을 생산할 수 있다.
- 체외수정을 실시하기 전에 정자의 머리 부분에 주입하고자 하는 DNA를 부착시켜서 이를 난자와 수정시키게 되면 DNA가 수정란의 핵으로 유입되어 새로운 형질을 발현하게 되어 형질전환동물의 생산이 가능하게 된다.

CHAPTER 06 적중예상문제

PART 02 가축번식생리학

01 발정주기 동기화의 이점에 해당하는 것은?
① 분만관리 및 자돈관리가 어렵다.
② 수정란 이식기술의 발전을 돕는다.
③ 인공수정의 실시가 용이하나, 그 이용효율이 낮아진다.
④ 가축개량과 능력검정사업을 효과적으로 수행할 수 없다.

> **해설**
> **발정주기 동기화의 장단점**
>
> | | |
> |---|---|
> | 장점 | • 발정관찰이 정확하여 인공수정의 실시가 용이하다.
• 분만관리와 자축관리가 용이하다.
• 계획번식과 생산조절이 가능하다.
• 수정란 이식기술의 발전에 공헌한다.
• 가축개량과 능력검정사업을 효과적으로 수행할 수 있다. |
> | 단점 | • 사용약품에 대한 부작용의 우려가 있다.
• 인건비와 약품비의 부담이 있다.
• 전문지식과 숙련된 기술이 필요하다. |

02 발정주기 동기화의 응용과 이점에 관한 내용 중 틀린 것은?
① 분만관리와 자축관리가 더욱 용이해진다.
② 가축의 개량과 능력검정사업을 효과적으로 수행할 수 있게 한다.
③ 배란을 자유로이 유도할 수 없어 계획번식과 생산조절은 불가능하다.
④ 인공수정의 실시가 용이해져 정액공급 및 보관 등 제반업무를 효율적으로 수행할 수 있다.

03 가축들의 발정시기를 같은 시기로 인위적으로 유기하는 발정동기화의 장점으로 적당하지 않은 것은?
① 인공수정 실시의 용이
② 인건비의 절약
③ 분만간격의 단축
④ 수정란 이식기술 발전

04 가축의 발정을 동기화하였을 때의 설명으로 틀린 것은?
① 개체별 발정의 관찰이 필요하다.
② 배이식을 효과적으로 시술할 수 있다.
③ 가축의 개량과 능력검정사업을 효과적으로 수행할 수 있다.
④ 호르몬제의 처리에 따른 부작용이 나타날 위험성이 있다.

> **해설**
> 다두사육의 경우 많은 가축을 일시에 발정이 오게 하면 인공수정 및 수정란 이식이 용이해지고, 번식관리시간과 노력이 적게 들며, 또한 정액공급과 보관 등 제반업무를 효율적으로 수행할 수 있게 된다.

정답 1 ② 2 ③ 3 ② 4 ①

05 발정동기화처리에 이용되는 호르몬들로만 짝지어진 것이 아닌 것은?
① GnRH, PMSG, hCG, Progesterone
② FSH, TRH, LHRH, Testosterone
③ GnRH, LH, $PGF_{2\alpha}$, 17β-Estradiol
④ $PGF_{2\alpha}$, GnRH, PMSG, LH

06 소의 발정주기를 동기화시키기 위하여 가장 흔히 단독으로 사용하는 것은?
① 프로락틴(RPL)
② 임마혈청성성선자극호르몬(PMSG)
③ 임부융모성성선자극호르몬(hCG)
④ 프로스타글란딘($PGF_{2\alpha}$)

07 소의 발정동기화를 위해서 사용되지 않는 것은?
① 프로스타글란딘(Prostaglandin)
② 에스트로겐(Estrogne)+프로게스테론(Progesterone)
③ 프로게스테론(Progesterone)+프로스타글란딘(Prostaglandin)
④ 황체형성호르몬방출호르몬(LHRH)+임부태반융모성성선자극호르몬(hCG)

08 가축인공수정의 특징 설명으로 틀린 것은?
① 종모축의 사양관리에 필요한 부담을 경감시킨다.
② 종모축의 유전력을 조기에 판정할 수 있다.
③ 종모축의 이용효율을 증대시킴으로써 가축개량을 현저하게 촉진할 수 있다.
④ 숙련된 기술자와 특별한 시설이 필요 없다.

> **해설**
> 숙련된 기술자와 특별한 기구 및 시설이 필요하다.

09 가축인공수정의 장점 설명으로 옳은 것은?
① 가축의 개량에 큰 효과가 있다.
② 숙련된 기술자가 아니라도 수태율에는 이상이 없다.
③ 종모축의 선택에 관계없이 능력 개량이 가능하다.
④ 정자의 보관은 어디에나 장기간 가능하기 때문에 편리하다.

> **해설**
> **인공수정의 장점**
> • 우수한 씨가축의 이용범위가 확대
> • 후대검정에 다른 씨가축의 유전능력조기 판정 가능
> • 씨가축 사양관리의 비용과 노력 절감
> • 정액의 원거리 수송 가능
> • 자연교배가 불가능한 가축도 번식에 이용 가능
> • 교미 시 감염되는 전염병의 확산 방지

정답 5 ② 6 ④ 7 ④ 8 ④ 9 ①

10 인공수정의 장점에 해당하지 않는 것은?

① 우수한 종모축의 이용범위가 확대된다.
② 우수 종모축을 이용한 가축개량을 촉진시킬 수 있다.
③ 특별한 기술과 시설이 필요하지 않다.
④ 특별한 주의 없이도 생식기 질병을 일으킬 확률이 매우 낮다.

11 인공수정의 장점이 아닌 것은?

① 우수종모축의 이용범위가 확대된다.
② 종모축의 유전능력을 조기에 판정할 수 있다.
③ 정액의 원거리 수송이 가능하다.
④ 방목하는 집단에서 활용이 용이하다.

12 다음 정액채취방법 중 소에서 가장 많이 사용하는 이상적인 방법은?

① 전기자극법   ② 마사지법
③ 인공질법   ④ 콘돔법

해설
인공질법은 현재까지 알려진 가장 이상적인 정액채취법이다.

13 닭에서 주로 정액을 채취하는 방법은?

① 인공질법
② 전기자극법
③ 정관 팽대부 마사지법
④ 복부 마사지법

14 정자의 질을 평가하기 위하여 검사하는 방법 설명으로 옳지 않은 것은?

① 온도충격시험 – 저온과 고온에서 견디는 능력을 측정하는 방법
② 대사능력시험 – 해당 지수와 산소소모량을 측정하는 방법
③ 메틸렌블루 환원시험 – 정자가 착색되는 시간을 측정하는 방법
④ 정자의 운동성 – 정자의 활력, 생존율을 측정하는 방법

해설
메틸렌블루 환원시험 : 정자의 활력이 높으면 메틸렌블루가 환원되어 탈색되는 속도가 빠르다.

15 성숙한 한우에서 곧 바로 채취한 정액(신선한 정액)의 pH는?

① pH 7.5 이상   ② pH 6.5~7.0
③ pH 5.5~6.5   ④ pH 5.5 이하

정답 10 ③ 11 ④ 12 ③ 13 ④ 14 ③ 15 ②

16 25칸으로 된 혈구계산판에서 200배로 희석한 정액의 경우 5칸의 혈구계산판 정자수의 총계가 100개라고 하면 정액 1mL 중의 정자수는?

① 5억 ② 10억
③ 12억 ④ 14억

해설
mL당 정자수
= 100(혈구계산판 5개의 총합)×5(총혈구계산판이 25칸이므로)×200(희석배율 내)×10($1mm^2$의 환산)×1,000(1mL로 환산)
= 10억 마리

17 소를 인공수정하기 위하여 채취한 정액의 양은 5mL, mL당 정자수는 10억 개, 생존율이 80%일 때, 1회 주입정자수를 20,000,000개로 한다면 몇 두의 암소에 인공수정할 수 있는가?

① 100두 ② 200두
③ 300두 ④ 400두

해설
[(채취한 1mL당 정자수×총정액량)×생존율] / 1회 주입량
= [(1,000,000,000×5)×0.8] / 20,000,000
= 200두

18 1회 사정정액의 평균치 정자농도(정자수/mL)가 가장 낮은 가축은?

① 소 ② 돼 지
③ 산 양 ④ 양

해설
가축정액 사정량과 정자수

구 분	1회사정량	평 균	정자수 $1mm^3$
소	3.0~10.0cc	5.0cc	17~27만
돼 지	60.0~500cc	250.0cc	3~7만
개	10.0~30.0cc	15.0cc	10~17만
닭	0.3~1.0cc	0.6cc	7~17만
토 끼	0.4~1.0cc	0.6cc	1.7~2.3만

19 정액 희석액 구성성분 중 pH(산도)를 조절하는 물질은?

① 포도당 ② 구연산
③ 난 황 ④ 항생물질

해설
구연산(Citric Acid)
정자 중에 함유되어 있는 유기산으로서 정액의 응고방지와 삼투압 유지에 관계하며 정낭선의 분비기능의 진단에 이용되는 물질

20 정액의 희석액 속에 들어 있어서는 안 되는 물질은?

① 난 황　　② 포도당
③ 페니실린　④ 염 산

21 다음 중 돼지의 인공수정용 액상정액을 보관하기 위해 보존적온과 실용상 보존가능기간으로 가장 적절한 것은?

① 10~12℃, 1~2일
② 16~17℃, 2~3일
③ 20~21℃, 4~5일
④ 23~24℃, 6~7일

22 돼지의 인공수정 시 정액의 최적 주입부위는?

① 질 내　　　② 자궁경 내
③ 수란관 상부　④ 자궁체 내

23 처음으로 소 정액의 동결보존에 성공한 사람은?

① Polge와 Rowson
② Nagase
③ Lardy와 Phillips
④ Lvanoff

> **해설**
> 1952년에는 폴지(Polge)와 로손(Rowson)에 의해 정자는 냉동보관했다가 해동시켜도 생식력을 잃지 않는다는 사실이 확인되면서 본격적인 가축의 인공수정 시대가 열리기 시작했다.

24 정자 동결보존 시 과냉각 상태와 빙정형성으로 인하여 정자의 대사능력과 생존성을 저하하게 하는 위기온도범위에 해당되는 것은?

① −10~5℃　　② −25~−15℃
③ −75~−60℃　④ −196~−79℃

25 정액의 동결보존과정에서 동해방지제로 이용되는 물질이 아닌 것은?

① Glycerol　② DMSO
③ Sucrose　④ Penicillin

> **해설**
> **동해방지제의 종류**
> • 세포막을 통과할 수 있는 것
>   − 1,2-프로판다이올(1,2-Propandiol : PROH)
>   − 다이메틸설폭사이드(Dimethyl Sulfoxide : DMSO)
>   − 글리세롤(Glycerol)
> • 세포막 통과가 불가능한 동해방지제(세포외 동해방지제)는 수크로스(Sucrose)가 있다.

정답　20 ④　21 ②　22 ②　23 ①　24 ②　25 ④

26 동결정액 제조에서 동해방지제로 사용되는 글리세롤의 평형조건은?
① 2~10℃에서 12시간
② 2~5℃에서 6시간
③ 7~10℃에서 3시간
④ 7~10℃에서 6시간

27 동결정액을 제조하는 과정이 바르게 배열되어 있는 것은?
① 정액희석 → 예비동결 → 액체질소 내 침지 → 글리세롤 평형
② 정액희석 → 예비동결 → 글리세롤 평형 → 액체질소 내 침지
③ 정액희석 → 글리세롤 평형 → 예비동결 → 액체질소 내 침지
④ 정액희석 → 액체질소 내 침지 → 글리세롤 평형 → 예비동결

28 수정란 이식에 의하여 얻을 수 있는 가장 큰 이점은?
① 단위가격당 가축생산 두수 증대
② 단위시간당 가축생산 두수 증대
③ 종모축의 유전자 이용률 증대
④ 우수 종빈축의 유전자 이용률 증대

해설
인공수정은 아주 우수한 수소에서 정액을 채취하여 발정을 한 암소의 자궁에 정액을 주입하여 수정시키는 것이다. 이 기술은 우수한 형질을 가진 아비소의 정액을 이용하여 보다 능력이 우수한 송아지를 생산할 수 있다는 것이 장점이다.

29 다음 중 수정란 이식의 장점은?
① 종모축의 이용률을 증대시켜 가축의 능력을 개량할 수 있다.
② 종모축의 사양관리의 부담이 경감된다.
③ 종모축의 유전능력을 조기에 판단할 수 있다.
④ 종빈이 보유하고 있는 난자를 최대로 활용할 수 있다.

30 다음 중 수정란 이식의 장점이 아닌 것은?
① 우수한 모계의 유전형질을 이어받은 자축을 단기간에 다수 생산할 수 있다.
② 인위적인 쌍태유기에 이용하여 가축의 생산성을 높일 수 있다.
③ 우수종축 구입비 및 운송비를 절감할 수 있다.
④ 자연교배에 비해 번식방법이 편리하다.

31 소에서 수정란 이식의 장점이 아닌 것은?
① 계획적인 가축생산이 가능하다.
② 우수한 빈축의 자축을 많이 생산할 수 있다.
③ 가축 대신 수정란의 수송으로 경비를 절감시킬 수 있다.
④ 호르몬처리에 의한 개체반응이 심하지 않기 때문에 확실하고 효과적인 채란이 가능하다.

32 수정란 이식의 장점이 아닌 것은?
① 우수한 빈축의 자축을 많이 생산할 수 있다.
② 가축 대신 수정란의 수송으로 경비를 절감시킬 수 있다.
③ 후대검정을 하는데 편리하게 사용할 수 있다.
④ 세대간격을 넓힐 수 있다.

33 가축에서 실시하고 있는 수정란 이식의 장점으로 적당하지 않은 것은?
① 특정품종의 증식
② 가축도입의 대체수단
③ 동물의 품종 및 계통의 보존
④ 가축의 수명연장

34 호르몬을 처리하여 다배란을 유도시킨 젖소로부터 수정란을 비외과적으로 채취할 때 가장 적당한 시기의 수정란 발달단계와 장소는?
① 수정 직전, 난관
② 수정 직후, 자궁
③ 착상 직전, 자궁
④ 착상 직후, 난관

35 수정란이식의 기술에 관한 사항 중 틀린 것은?
① 수정란의 형태적 이상은 이식 후의 임신율을 저하시키는 결정적인 요인이 된다.
② 다배란유도는 주로 임마혈청성성선자극호르몬을 사용한다.
③ 수정란 채취는 생체 내외채취법이 있다.
④ 공란우와 수란우의 발정주기의 동기화 조절은 수태율과는 무관하다.

정답 31 ④ 32 ④ 33 ④ 34 ③ 35 ④

36 젖소에서 수정란 이식에 필요한 다수의 수정란을 확보하기 위하여 실시하는 다배란 유기에 사용되는 호르몬이 아닌 것은?

① 임마혈청성성선자극호르몬(PMSG)
② 난포자극호르몬(FSH)
③ 프로스타글란딘($PGF_{2\alpha}$)
④ 성장호르몬(GH)

해설

다배란 유기에 사용되는 호르몬 : FSH, PMSG, $PGF_{2\alpha}$, hCG, LH

37 소나 돼지에서 과배란을 유기시키기 위해서 가장 많이 사용되는 호르몬은?

① 난포자극호르몬(FSH)
② 황체형성호르몬(LH)
③ 임부융모성성선자극호르몬(hCG)
④ 프로게스테론(Progesterone)

해설

FSH에는 LH가 많이 함유되어 있어 FSH 주사 시에는 hCG나 LH의 첨가사용은 불필요하다.

38 수란우의 선정조건이 아닌 것은?

① 우수한 유전형질을 보유하고 있는 소
② 적절한 영양상태를 유지하고 있는 소
③ 건강한 생식기를 보유하고 있는 소
④ 질병 및 대사장애가 없는 건강한 소

해설

수란우의 선정조건
• 번식적령기에 도달한 건강한 처녀우가 가장 좋다.
• 영양상태가 양호해야 한다.
• 건강한 생식기를 갖고 있어야 한다.
• 질병 및 대사장애가 없이 건강해야 한다.
• 번식기록을 보유하고 있어야 한다.

39 인공수정을 실시한 소에서 배반포기의 수정란을 채취하려고 한다면 언제 어느 부위에서 채취하여야 하는가?

① 수정 후 7일경 난관
② 수정 후 5일경 난관
③ 수정 후 5일경 자궁
④ 수정 후 7일경 자궁

해설

수정란은 인공수정 후 7일째 되는 날 채취하게 되는데, 이때는 수정된 난이 자라서 자궁에 착상되기 직전의 상태이다.

40 다음 중 과배란 처리된 공란우에서 수정란 이식에 가장 적합한 수정란의 채란시기는?

① 수정 후 1~2일
② 수정 후 3~4일
③ 수정 후 5~7일
④ 수정 후 8~11일

41 수정란 동결보존 시 동해방지제로 적합하지 않은 것은?

① 디엠에스오(DMSO ; DiMethyl Sulphoxide)
② 글리세롤(Glycerol)
③ 에틸렌글리콜(Ethylene Glycol)
④ 시트르산(Citric Acid)

해설
수정란 동결보존 시 동해방지제 : DMSO, 글리세롤, 에틸렌글리콜

42 소의 수정란 이식과정에서 사용되는 기술을 순서대로 나열한 것은?

① 다배란처리 → 채란 → 검사 → 발정동기화 → 이식
② 다배란처리 → 발정동기화 → 채란 → 검사 → 이식
③ 발정동기화 → 다배란처리 → 채란 → 검사 → 이식
④ 다배란처리 → 채란 → 발정동기화 → 검사 → 이식

43 소의 수정란 이식 시 꼭 필요하지 않은 절차는?

① 다배란의 유도
② 공란우와 수란우 간의 발정동기화
③ 수정란의 채란
④ 체외수정

해설
수정란 이식과정 모식도

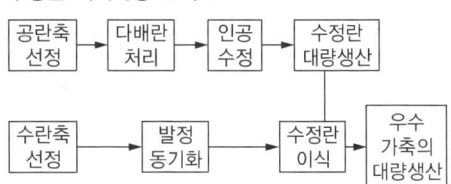

44 수정란 이식에서 수란축과 공란축의 발정동기화과정을 생략해도 무방한 기술은?

① 공란축의 다배란 처리기술
② 정상수정란의 반정기술
③ 수정란의 동결보존기술
④ 외과적인 수정란 이식기술

45 다음 중 최초로 수정란 이식을 성공한 사람과 축종을 옳게 짝지은 것은?

① Austin : 토끼
② Heape : 토끼
③ Heape : 양
④ Austin : 양

해설
Heape가 처음으로 토끼에서 수정란을 다른 개체에 이식하여 자토를 생산한 이래 1950년 이후에는 면양, 산양, 돼지 및 소 등의 가축에서 수정란 이식이 이루어지기 시작하여 최근 면양과 산양에서 수정란 이식에 의해 70~80%의 임신률을 얻기에 이르렀다.

46 소 수정란 이식기술에 관한 설명 중 틀린 것은?

① 비외과적 방법에 의거 난자를 회수할 경우 배란 후 5일 이상 경과한 후 채란하는 것이 좋다.
② 일반적으로 배반포까지 발달한 것보다 2~8세포기나 상실배를 이식하는 것이 좋다.
③ 이식하고자 하는 수정란의 일령이 수란우의 배란 후 일수와 일치하지 않으면 임신율이 매우 저하된다.
④ 수정란의 형태적 이상은 이식 후의 임신율을 저하시킨다.

해설
체내로부터 수정란을 얻어서 수란우에 이식을 하는 경우는 상실배(뽕나무 열매모양의 수정란)나 배반포기의 수정란을 채란하여 이용할 수 있다.

47 소에서 비외과적인 방법으로 수정란을 채취하는 시기는 배란 후 언제 실시하는 것이 바람직한가?

① 배란 직후
② 배란 후 2일 이전
③ 배란 후 3일 이전
④ 배란 후 4일 이후

48 소에 있어서 비외과적 방법으로 수정란 이식을 하기 위하여 채란하는 적절한 시기는?

① 수정 후 6~8일
② 수정 후 4~5일
③ 수정 후 2~3일
④ 수정 후 9~10일

49 소에서 비외과적인 방법으로 수정란을 이식하려 할 때 수정란의 발달시기와 이식부위로 가장 알맞은 것은?

① 발달시기 : 8~16세포기, 이식부위 : 난관
② 발달시기 : 8~16세포기, 이식부위 : 자궁
③ 발달시기 : 상실기~배반포기, 이식부위 : 난관
④ 발달시기 : 상실기~배반포기, 이식부위 : 자궁

50 소의 4세포기 수정란을 일시적으로 토끼에 이식하여 배양할 경우 적절한 이식장소는?
① 난 관
② 자궁각
③ 자궁체
④ 자궁경

> **해설**
> 이식부위
> • 소 : 자궁각 선단부
> • 돼지, 면양, 산양 : 4세포기 이하는 난관, 4세포기 이상은 자궁에 이식

53 수정란 이식에 관한 설명으로 옳지 않은 것은?
① PMSG는 공란우의 발정주기 5~14일째에 주사한다.
② 소(성우)의 난포발육을 위해서는 FSH나 PMSG를 주사한다.
③ 수정란 채취방법은 외과적 처리에 의해서만 실시한다.
④ 수정란의 보존액의 pH는 7.2~7.6이다.

> **해설**
> 수정란 이식방법은 수란축을 수술하여 수정란을 이식하는 외과적 방법과 수술하지 않고 수정란을 자궁각 내로 넣어 주는 비외과적인 방법이 있다.

51 소에서 비외과적 수정란 이식 시 수정란의 이식부위로서 어느 곳이 가장 적당한가?
① 자궁각 선단
② 자궁체 내
③ 자궁경 내
④ 질심부

52 소에서 비외과적인 방법으로 배반포기의 수정란을 이식할 경우 이식부위는?
① 황체가 존재하는 쪽의 자궁각 선단
② 황체가 존재하는 난관
③ 동기화가 이루어지지 않은 자궁각
④ 동기화가 이루어지지 않은 난관

54 공란우의 수정란을 회수하는 외과적(外科的) 방법으로 적합한 것은?
① 자궁관류법, 난관관류법
② 난관관류법, 전기자극법
③ 전기자극법, 자궁관류법
④ 난관관류법, 마사지법

55 포유동물에서 복제동물을 생산하는 데 사용되는 기술만을 나열한 것은?

① 수정란 절단방법, 유전자 이식방법, 호르몬 처리방법
② 수정란 절단방법, 분할구 분리방법, 핵 이식방법
③ 분할구 분리방법, DNA 증폭방법, 유전자 이식방법
④ 호르몬 처리방법, 핵 이식방법, 유전자 이식방법

56 다음 중 소의 주조직 적합성 복합체(Major Histocompatability Complex, MHC)를 일컫는 것은?

① H-2
② BoLA
③ ELA
④ HLA

해설
주조직 적합성 복합체(MHC)는 포유동물에 존재하는 유전자 중에서 가장 다형성이 높은 유전자로 Self와 Nonself를 구분하여 Nonself에 대한 면역반응을 조절하는 가장 상위에 위치하는 단백질이다. MHC는 생쥐(H-2), 사람(HLA), 돼지(SLA) 및 소(BoLA)라고 부른다.

57 포유동물 산자의 성비를 조절하기 위하여 X-Y정자를 분리하는 데 유효한 생명공학기법은?

① 초자화동결법(Vitrification)
② 관류세포계수기(Flow Cytometer) 분리법
③ 핵이식법(Nuclear Transplantation)
④ 유전자클로닝(Gene Cloning)

58 최근 국내외에서 생물공학적인 방법으로 생산되는 형질전환가축은 어느 것인가?

① 몸집이 크고 육질이 아주 우수하고 값이 비싼 복제된 가축
② 인위적으로 외래유전자가 도입되어 새로운 형질을 가진 가축
③ 유전형질이 우수하여 성장속도가 아주 빠른 복제된 가축
④ 국제적으로 공인된 우수한 혈통의 희귀한 품종으로 등록된 가축

해설
형질전환동물
특정형질의 외래유전자를 도입한 수정란으로 생산된 동물이 특정형질을 발현할 때 이 동물을 형질전환동물이라고 한다.

CHAPTER 07 번식장애

PART 02 가축번식생리학

01 수컷의 번식장애

1. 정자형성장애

(1) 정자형성장애

① **성 성숙의 지연** : 수가축의 영양상태가 적절하지 않으면 FSH와 LH의 분비가 억제되므로 정자형성의 기능이 떨어져 성 성숙의 지연 또는 불임의 원인이 된다.
② **하계불임** : 고온, 다습한 환경에서 정자농도가 감소하고, 기형정자수가 증가한다.
③ **잠복정소** : 정소가 음낭 내에 하강하지 않고 복강 내에 머무는 현상으로 잠복정소 내의 정자형성은 비정상적으로 이루어진다.
④ **정소발육이상** : 유전적 및 영양적 요인으로 정소발육과 정소형성의 불충분에 의해 정자형성이 저해된다.
⑤ **정소의 퇴화** : 섬유화가 일어나 탄력성이 감소하고 딱딱해지는 현상으로 이상정자수의 증가, 정자의 운동성 저하 및 정자수 감소증세가 나타난다.
   ※ **정자형성상의 장애요인** : 성 성숙의 지연, 하계불임, 잠복정소, 정소발육이상, 정소의 퇴화 등

(2) 정액과 정자의 이상

① **정액이상** : 무정액증, 무정자증, 정자감소증, 정자무력증, 정자사멸증
② **정자이상**
   ㉠ 면역학적 요인 : 암컷의 생식기로 침투한 혈청의 항체가 정자나 정장액을 항원으로 인식하여 면역반응을 일으킨다.
   ㉡ 유전적 요인 : 정자에 존재하는 치사인자
   ㉢ 노화정자, 체외사정 후 발생하는 이상, 정자형성과정의 기형정자

2. 수컷의 교미장애, 기타 번식장애

(1) 교미장애
  ① 교미욕 감퇴, 발기불능증
  ② 음낭헤르니아, 복부비대
  ③ 음경이나 포피의 기형 및 해부학적 결함

(2) 기타 번식장애
  선천적 기형, 퇴행성 질병, 전염성 미생물에 의해 부생식기에 이상이 발생하여 번식능력을 저하시킨다.

02 암컷의 번식장애

1. 난소 기능장애

더알아두기

난소의 기능이상으로 인한 번식장애
난포발육장애, 난소낭종(난포낭종, 황체낭종, 낭포성 황체), 황체의 이상, 발정이상(무발정, 둔성발정, 지속성 발정, 단반정, 무배란 발정) 등

(1) 난포발육장애
  ① 난소발육부전 : 난소가 작고 단단하며, 원시난포가 없어 발정이 되지 않는 것
  ② 난소정지 또는 휴지 : 난포의 발육 및 황체형성이 촉진되지 않아 배란이 안 되는 상태
    ※ 난소정지는 난소는 어느 정도 발육하고 있으나, 뇌하수체로부터 성선자극호르몬이 충분히 분비되지 못하기 때문에 난포가 성숙하지 않은 채로 퇴행하는 것을 말한다. 이는 에너지의 섭취부족으로 인해 황체형성호르몬 분비를 억제하기 때문이며, 무발정을 나타낸다.
  ③ 난소위축
    ㉠ 착유를 너무 자주하거나, 노령기의 소에게 양질의 조사료공급이 부족할 때 난소가 작아져 단단하게 되는 암소의 번식장애이다.
    ㉡ 영양불량, 바이러스 감염 등의 원인으로 성선자극호르몬의 분비가 저하된다.
    ㉢ 난소위축성 무발정치료에 사용하는 호르몬은 융모성성선자극호르몬(hCG)이다.

(2) 난소낭종

고단백 농후사료의 과도한 급여는 낭종발육을 조장하게 되며, 난소낭종에는 난포낭종, 황체낭종과 낭종성황체가 있다.

① 난포낭종
　㉠ 난포가 어떤 원인에 의해 배란되지 않고 성숙난포 이상의 크기에 달하여 난자가 사멸하거나 난포액이 흡수되지 않고 남아 있게 된다.
　㉡ 계속적으로 다량의 에스트로겐이 분비되어 발정이 지속되나 난포벽이 황체화하는 것은 없고 지속성, 빈발성이나 사모광형 또는 불규칙한 발정이 특징이다.
　㉢ FSH의 과잉분비, LH의 부족으로 성숙난포가 파열되지 않아 배란 및 황체형성이 진행되지 않기 때문이다.
　㉣ 호르몬제제인 LH작용을 나타내는 융모성성선자극호르몬(hCG)나 성선자극방출호르몬(GnRH) 투여 후 황체퇴행인자($PFG_{2\alpha}$)를 주사하면 발정이 온다.
　※ 사모광증 소는 강하고 지속적이고 불규칙적인 발정행동을 나타내며, 다량의 투명한 점액을 분비한다.

② 황체낭종
　㉠ 황체낭종은 직경이 2.5cm 이상의 무배란성 난포가 존재하여 있고, 내벽에 부분적인 황체화 즉, 황체조직층이 있고 중심부에는 내용액이 저류하여 장기간 존속하여 무발정이 특징이다.
　㉡ LTH, LH 등의 호르몬 부족에서 기인된다.

③ 낭포성 황체
　㉠ 정상적으로 배란된 후에 황체가 형성된 경우이기 때문에 황체돌출부(배란점)가 있다.
　㉡ 불임증과 관계가 없으며 정상적인 성주기가 반복된다. 만약 임신이 성립되면 내강이 충실한 황체조직으로 채워진다.
　㉢ 임신황체가 낭포성 황체일 때는 임신유지는 가능하나 불완전하다.

※ 난소낭종의 원인

간접적 원인	• 유전적인 소인 • 고비유우에 다발 : 2~5산차에 다발 • 농후사료 과다급여 • 고영양사료 급여 • 겨울철 다발 : 햇빛 및 운동부족 • 스트레스 : 분만 전후에 발생하는 질병(유열, 유방염, 태반정체, 자궁염) • 곰팡이 난 사료 : 에스트로겐 물질
직접적 원인	• 난소 유착 • 뇌하수체호르몬의 분비이상 : FSH 분비과잉 및 LH 분비저하 • 스트레스에 의한 ACTH 증가 • 베타카로틴 저하 → 에스트로겐 분비저하 → LH Surge 부족 • 에스트로겐이 다량 함유된 알팔파 등의 대량 급여 • 지방간

※ 증상 : 분만 후 60일까지는 무발정형(75%)이 많으며, 그 이후는 사모광증이 많다.

(3) 황체의 이상(영구황체)

① 미임신 시에도 황체가 퇴행하지 않은 채로 남아 무발정이 되는 현상이다.
② 자궁 내에 이물질이 존재하여 내분비이상이 발생하는 현상이다.
③ 영구황체가 존재하는 가축에 있어서는 난포발육과 배란이 억제되어 무발정상태가 계속된다.
④ 영구황체는 주로 자궁의 병적 상태와 수반되어 난소에 계속 존재하는 경우가 흔하며, 자궁축농증, 자궁감염, 태아미라변성, 태아의 조기사 등의 원인으로 인하여 자궁 내에 마치 태아가 존재하는 것과 같이 황체가 퇴행되지 않음으로 발생한다.
⑤ 난포가 자라지만 프로게스테론의 LH분비 억제로 발정과 배란이 되지 않는다.
⑥ 직장검사 시 황체는 발정황체보다 작고, 딱딱하며, 황체경이 없고 끝이 뾰족한 것이 특징이다.
⑦ 치료 : $PGF_{2\alpha}$ 제제의 투여로 황체를 퇴행시킴으로서 발정을 유도한다. 또한 자궁 내에 Iodine 제를 주입하면 황체의 퇴행이 일어난다.

※ 자궁 내 미라변성 태아가 존재하면
- 난포의 발육이 억제되어 발정이 나타나지 않는다.
- 감염으로 태아와 태막의 탈수에 의해 발생한다.
- 프로스타글란딘(Prostaglandin)의 투여로 태아를 배출시켜야 한다.

(4) 발정이상

① 무발정
  ㉠ 성 성숙시기 또는 분만 후 생리적 휴지기를 지나도 발정 및 발정징후가 발현되지 않는 상태를 말한다.
  ㉡ 난소이상에 의해 난소주기가 비정상적으로 발정을 나타내지 않는다.
  ㉢ 성숙한 암컷의 포유가축에서 성선자극호르몬의 결핍, 난소이상 및 황체퇴행장애 등에 의해서 난포의 발육이 되지 않은 경우 나타나는 증상이다.
  ㉣ 무발정의 원인
   - 난소이상 : 형성부진, 난소낭종, 프리마틴 등으로 인한 난포발육이상
   - 자궁요인 : 임신, 위임신, 태아미라, 자궁염증 등으로 인한 황체퇴행장애
   - 환경적 요인 : 계절, 비유, 영양공급으로 성선자극호르몬 결핍

② 둔성발정
  ㉠ 난포의 발육, 성숙, 배란, 황체형성 및 퇴행(난소주기)은 정상적으로 이뤄지나, 난포의 발육·성숙시기에 발정이 나타나지 않는 상태를 말한다.
  ㉡ 소의 난소질환 중에서 둔성발정의 발생률이 높으며, 유량이 많은 소, 1일 3회 착유하는 소, 포유 중인 한우, 사양관리조건이 나쁜 사사우에게 다발한다.
  ㉢ 치료는 황체기에 $PGF_{2\alpha}$ 투여나 질내 삽입형 프로게스테론제제를 이용한다.

> **더 알아두기**
>
> 리피트 브리더(Repeat Breeder)
> - 경산우 가운데 질과 직장검사결과가 이상이 없는데도 3~4회 이상 교배하여도 수태되지 않으면서 계속 발정이 반복되는 번식장애가 있는 소를 뜻한다.
> - 리피트 브리더의 원인
>   - 수정장애가 있을 때
>   - 호르몬이 불균형 상태일 때
>   - 암축의 생식관 내 정자수송에 장애가 있을 때

③ 지속성 발정
  ㉠ 발정이 비정상적으로 길게 지속되는 상태(10~40일간)로, 배란장애를 병발하고 있는 것이 많다.
  ㉡ 성숙한 난포가 장기간에 걸쳐 존속하는 경우 난포의 발육, 성숙, 폐쇄, 퇴행이 점차 일어나거나, 난포가 낭종화하는 경우에 보인다.
  ㉢ 젖소에서 많이 발생하며, 정상적인 발정 지속시간은 10~27시간(평균 18시간)인데 3~5일 이상 지속되는 것으로 알려져 있다.
④ 그 외 발정 지속시간이 짧은 단발정(Short Period Estrus), 배란을 수반하지 않는 무배란성 발정(정상상태 발정)이 있다.

[발정이상]

발정형태	원 인	생리적 기능
무발정	자궁축농증, 태아미라변성 비유	황체유지 : 포유자극은 성선자극호르몬이 저해받음
	난소낭종, 난소형성 부전, 프리마틴 영향 및 비타민 결핍증	LH/GnRH 부족 • 난소 Estrogen 비생산 • 뇌하수체 전엽의 성선자극호르몬생산
둔성발전	고비유	–
사모광	난소낭종	내분비 이상

2. 수정장애

① 저수태우에서 수정장애의 주요한 원인으로는 비적기 수정, 배란지연 및 배란난자의 노화, 내분비 이상 또는 생식기의 염증에 의한 난자 및 정자의 이송장애와 사멸이다.
② 고능력 젖소에서는 발정발견이 어렵고, 비적기 수정이 증가함으로써, 수정률이 저하하는 경우가 있다.
③ 수정 후의 배란확인이 이뤄지지 않는 우군에서는 비적기 수정 및 배란지연에 의한 비수태의 빈도가 높은 경향에 있다.

㉠ 난자이상 : 노화된 난자는 거대난자, 난형난자, 투명대의 파열 등으로 수정력과 생존배를 만드는 능력이 저하된다.
㉡ 이상수정 : 배우자의 노화, 환경조건의 변화, 독성물질 등에 의해 일어날 수 있다.

3. 임신이상

(1) 배폐사(배사멸)

① 일반적으로 호르몬 이상(불충분한 프로게스테론), 박테리아에 의한 자궁감염, 수정란의 유전적 기형(이상) 등으로 자궁 내 환경이 태아발육에 불량하기 때문이다.
② 배사멸에는 발정주기의 연장이 나타나지 않는 경우를 조기 배사멸, 정상적인 발정간격(18~24일)을 지나 발정이 재귀하는 경우를 후기 배사멸(또는 단순히 배사멸)로 구분된다.
③ 조기 배사멸
  ㉠ 수정장애와 동시에 저수태의 원인으로 되며, 발생빈도는 경산우에서는 미경산우에 비해 높고, 유량이 많은 시기 및 더운 여름철에 보다 증가한다.
  ㉡ 사양관리의 수준과 밀접한 관계가 있고, 영양, 안락(Cow Comfort) 등의 저하는 조기배사멸을 증가시켜 우군의 임신율 저하를 수반한다.
④ 후기 배사멸
  ㉠ 배사멸은 기관형성완료 전의 수태산물(수정란)의 사멸을 말하며, 이후의 유산(태아사망)과 구분된다.
  ㉡ 조기배사멸에 비해 발생빈도가 낮고, 유량이나 더위의 영향을 받아 증가하지 않으나, 후기배사멸 및 유산은 분만간격을 크게 연장하기 때문에 소 사육농가의 손실을 크게 초래한다.
⑤ 배사멸을 증가시키는 내분비이상
  고능력우에 있어서 조기배사멸이 증가하는 원인은 분만 후 에너지 부족, Stress, 저칼슘혈증, 단백질의 과다급여, 마이코톡신에 의한 사료의 오염 등에 기인하는 내분비 및 면역계의 이상이며, 자궁의 염증, 배란 전후 및 황체형성기의 내분비 이상을 초래하여 배사멸을 증가시킨다.
⑥ 배사멸의 분류
  ㉠ 소 : 프로게스테론 결핍, 근친번식, 중복임신
  ㉡ 면양 : 식물성 에스트로겐, 근친번식, 중복임신, 고온환경
  ㉢ 돼지 : 근친번식, 과다사육, 과식, 고온환경
  ㉣ 말 : 비유, 쌍태, 영양상태

(2) 태아의 미라변성

① 태아가 자궁 내에서 죽은 뒤에 배출되지 않고 장기간 잔류하는 동안에 수분이 흡수되어 건조위축된 상태로 임신이 유지되는 것을 태아의 미라변성이라고 한다.
② 미라화된 태아가 자궁 내에 잔류하는 것은 황체퇴행이 억제되어 그 결과 자궁 내에 태아가 잔존하게 된다.
③ 미라변성의 원인은 태아에 대한 혈액공급의 장애, 태반형성의 결함, 태아제대의 기형 및 임신자궁의 바이러스감염 등에 기인한다.

(3) 자연유산

① 유전적 요인, 염색체이상, 호르몬이상 및 영양적 요인 등에 의해 분만 전에 태아가 나오는 현상이다.
② 맥각곰팡이가 호밀밭에 퍼지면 그 곡식을 먹은 가축들은 자연유산을 하게 된다.

※ 자연유산과 인공유산, 진행유산과 완전유산, 비감염성 유산과 감염성 유산으로 분류하며 비감염성 유산은 산발성 유산과 습관성 유산으로 감염성 유산은 감염원에 따라 세균성, 바이러스성, 원충성 유산 등으로 구분한다.

원인체	발생시기	전파방식	비 고
세 균			
Leptospira spp.	임신 말기(*L. pomona*) 또는 어느 때나(기타 혈청형)	감염된 야생동물, 소(*L. hardjo*)에 의해 오염된 물	현재 이용가능한 백신의 효력 지속기간이 제한적임
Listeria monocytogenes	중기 또는 말기(좀 더 흔함)	질이 나쁘거나 부패한 사일리지에서 가장 흔히 발견됨	-
Ureaplasm diversum, Mycoplasma bovigenitalium	어느 때나	청정한 우군에 도입된 감염동물(특히 수소), 비위생적인 인공수정방법	정상적인 건강한 소의 생식기에서 발견가능하며, 이전에 감염되지 않은 우군에서 유산 폭풍을 일으킬 수 있음 (*L. hardjo*)
바이러스			
소바이러스성 설사증 바이러스(BVDV)	임신 초기 또는 중기	송아지는 출생하기 전에 만 성적으로 감염될 수 있고, 감염동물의 우군 내 도입	상업적 BVD 바이러스 백신 구입 가능
전염성 비기관지염 바이러스 (IBRV)	임신 중기 또는 말기	일부 공기전파와 동물에서 동물 간 전파	유산은 일반적으로 다른 증상(폐렴)에 부가적으로 발생
기 타			
Neospora caninum	임신 중기 또는 말기 (흔히 4~5개월)	개과 동물이 전파	네오스포라로 인해 유산한 동물은 다시 유산할 위험이 높고 보통 유산폭풍을 일으키지는 않음
Trichomonas foetus, Campylobacter fetus	임신 초기, 가끔 임신 4~7개월 (Campylobacter)	수소가 주 전파요인(특히 노령우)이며, 감염된 암소가 건강한 수소를 재감염시키고, 인공수정도구로 전파가 가능함	-

(4) 장기재태(Prolonged Gestation)

① 임신기간이 정상의 범위를 훨씬 지나 분만이 늦어지는 경우를 분만지연이라고 한다. 태아측에서는 이것을 장기재태라고 한다.
② 장기재태는 유전적 또는 비유전적 원인으로 인하여 임신기간의 이상적 지연되며 태아가 존속하는 장애이다.
③ 장기재태의 징후
　㉠ 발육이 끝난 태아가 현저한 형태이상을 나타내는 경우
　㉡ 외모상 성숙과 미성숙 등
　㉢ 안면 두개 및 중추신경에 이상징후를 보이는 경우

(5) 저수태

① 정상 혹은 정상에 가까운 발정주기를 가지고 있고 난소 및 부생식기에 특이한 이상이 없음에도 불구하고, 3회 이상 수정하여도 수태되지 않으며, 그 원인이 불확실한 소를 말한다.
② 원인은 영양결핍, 산후 조기수정, 자궁 내 세균감염, 호르몬 분비이상, 미네랄 및 비타민 부족과 수정시기 부적절, 수정기술 부족, 수송이나 이동, 고온(27℃ 이상)에 따른 스트레스 등 매우 다양하다.
③ 치료는 적정사료의 급여와 충분한 운동 그리고 합리적인 사양관리를 실시하고 분만 전후의 철저한 위생관리로 세균감염 등을 방지케 하고 수정 전에 자궁세척과 항생제 등을 자궁에 넣어 복합적인 치료를 해야 한다.

4. 분만이상

(1) 난 산

① 정상분만의 곤란과 장애를 가져오는 분만이상이다.
② 난산은 크게 모체측 원인, 기계적 원인, 태아측 원인으로 구분된다.

모체측 원인	기계적 원인	태아측 원인
자궁무력, 자궁경의 경련과 불완전한 확장	• 태아골반의 불균형 • 자궁염전 • 자궁경과 질의 협착 • 선천성 기형	• 태위, 태향, 태세의 이상 • 발육부전 • 과대태아, 쌍태

※ **유열** : 젖소의 분만 시 혈장 내의 칼슘과 무기인량의 급속한 감소로 발생하며, 허탈을 초래하는 질병이다.

(2) 태반정체(후산정체)

① 반추동물의 궁부성 태반이 원인이다.
② 궁부성 태반은 모체태반과 태아태반을 연결하고 있으므로 태반만출 시에 이들 태반연결이 모두 분리되어 태반이 떨어져야 하는데 일부가 떨어지지 않는 경우가 있다.
③ 태반의 만출이 분만 후 12시간 이상 지연될 때 태반정체라고 한다.
④ 태반정체의 원인
　㉠ 프로게스테론의 증가나 에스트로겐이나 프로락틴의 감소
　㉡ 브루셀라병, 태아고균성 유산증 등의 발생이나 난산, 태아무력증, 쌍태 등

5. 기타 번식장애

(1) 프리마틴(Freemartin)

① 프리마틴은 선천적인 번식장애의 질병으로 소에서 많이 발병한다.
② 성별이 다른 이성상태로 임신되어 암컷과 수컷의 사이에 혈액의 교환이 이루어져 암컷의 생식기 이상을 초래하는 질병이다.
③ 92~93%는 정상적인 성의 분화가 일어나지 않는다. 난소는 잘 발달되지 않아 작고 편평한 과립상의 크기이며 미분화상태로 흔적만 남아 있고, 고환형태의 잔존물이 존재한다.
④ 대개 이러한 소는 생후 1년이 경과하여도 발정주기를 나타내지 않으며, 유두와 유방이 매우 작고, 외부 모습은 거세우와 비슷하다.
⑤ 진단은 생후 7~14개월령 시에 직장검사로서 질, 자궁경관 발육장해, 자궁 및 성선의 현저한 발육억제로 가능하다.
　※ 프리마틴과 백색처녀우병(White Heifer Disease)은 선천성 기형암송아지의 장애라는 점이 같다.

(2) 백색처녀우병(White Heifer Disease)

① 백색모피를 가진 동물의 유전자와 관련되어 출생하는 선천적 기형암송아지병이다.
② 태생기에 비정상적으로 발달된 처녀막(Hymen)이 질을 폐쇄하여 교미가 불가능하게 되는 것이다.
③ 외과수술로 임신이 가능한 점이 프리마틴과 다른 점이다.
　※ **잠복정소**
　정소가 음낭 내에 하강하지 않고 복강 내에 머무는 현상으로 하강하지 않은 정소는 정상적으로 발육하지 못한 정소로, 정상적인 정자를 형성하지 못한다. 또 양측성 정소인 경우에는 복강 내의 높은 온도로 정자생산이 어렵다.

(3) 자궁내막염
① 자궁내막염은 자궁질환 중 가장 많은 것으로 불임우의 원인이 되고 있다.
② 원인은 세균의 감염, 즉 비브리오균, 브루셀라균, 트리코모나스원충과 대장균 등의 비전염성 세균에 의하여도 유발된다.
③ 증상은 정자의 운동성을 막고 수정란의 착상도 저해하거나 배의 조기사망 또는 유산을 유발시킨다.
④ 가축의 피부나 자궁을 생리적 식염수, 1~3%의 루고루씨액, 0.1%의 과망간산칼륨액 등을 사용하여 4~5일 간격으로 세척한다. 세척한 후에 자궁 내에 항생제를 주입하면 효과적인 치료방법이 된다.

(4) 자궁축농증(Pyometra)
① 소의 자궁축농증은 농 또는 점액농양물의 자궁 내 저류와 심한 자궁내막염으로 인한 자궁내막성의 황체퇴행인자를 억제함으로써 황체가 난소에 존재하므로 무발정을 특징으로 한다.
② 난소에 존재하는 황체는 분만 후 1~3회째의 배란에서 생긴 황체로서 이 황체는 자궁감염 때문에 계속 존재한다.
③ 자궁축농증은 무발정과 자궁 내의 농즙 또는 정액농성물질의 정체가 특징이다.
④ 직장검사에서 자궁벽은 보통 비후되어 있고 연약화되어 이완되어 있으며 수축성이 없다.

※ 기타 번식장애의 주요사항
- 번식장애란 번식이 일시적 또는 영구적으로 정지 또는 장애를 받고 있는 상태를 말한다.
- 면역학적 불친화성(不親化性)은 수정방해나 신생자사망을 일으키는 원인이 된다.
- 무발정은 성숙한 암컷의 포유가축에서 성선자극호르몬의 결핍, 난소 이상 및 황체퇴행장애 등에 의해서 난포의 발육이 되지 않은 경우에 나타난다.

03 전염성 번식장애

※ 전염성 번식장애의 분류

바이러스성 감염증	소 전염성 비기관염(IBR), 파보바이러스 감염증, 소 바이러스성 설사병(BVDV), 일본뇌염, 아카바네병, 소 유행성 유산, 뇌심근염, 돼지생식기호흡기증후군(PPRS), 오제스키병, 돼지콜레라, 돼지 인플루엔자, 엔터로바이러스 감염증 등
세균성 감염증	브루셀라증, 렙토스피라증, 캄필로박터 감염증, 돈단독, 대장균증, 결핵, 창상성위염, 살모넬라균증, 연쇄상구균증 등
원충성 감염증	트리코모나스, 톡소플라스마병, 네오스포라병
진균성 감염증	콕시듐병, 진균성 유산

1. 바이러스성 감염증

(1) 소 전염성 비기관염(Bovine Herpesvirus-1 ; IBR/IPV Virus)
① 소 전염성 비기관염 바이러스가 병원체이고, 파스퇴렐라균(*Pasteurella multocida*)이 2차적 병원체작용을 한다.
② 접촉(接觸) 및 비말(飛沫)에 의한 감염과 오염된 사료, 물 등에 의해 전염된다.
③ 연중 발생(여름철에 집단적으로 발생가능)하며 사양환경의 변화, 장거리 수송, 방목 직후 많이 발생한다.
④ 식욕부진과 유량감소, 호흡곤란과 심한 기침이 계속되고 결막염이 생겨 눈물을 흘린다.
⑤ 호흡기계통의 급성염증(急性炎症)과 괴사(壞死)가 특징이고 고열, 기침, 콧물을 흘리는 소의 호흡기성 전염병이다.
⑥ 운동실조, 불균형, 무기력 등이 특징인 뇌염형은 6개월령 이하 송아지에서 잘 발생하며 발생률은 낮지만 폐사율은 높다.

(2) 소 파보바이러스 감염증(Bovine Parvovirus Infection)
① 소 파보바이러스(*Bovine parvovirus*)가 원인체이며 축사 내의 사료, 건초, 물 등에 분변 등을 통해 바이러스에 오염되어 입으로 감염된다.
② 건강한 캐리어(Carriers) 소가 분변으로 바이러스를 배출한다.
③ 유산태아와 어린 송아지 분변에서 발견되며, 대부분의 감염은 불현성 감염으로 나타난다.
④ 호흡기증상, 결막염, 설사를 나타내고, 임신 초기에 감염되면 유산을 일으킬 수 있다.
⑤ 위생적인 사양관리가 가장 중요하며, 갓 태어난 새끼소는 분만 직후 4시간 이내에 첫 젖을 먹이는 것이 좋다.
⑥ 항생제와 전해질제제를 동시에 투여해 2차 세균감염과 탈수증을 예방하면 치료효과를 얻을 수 있다.

(3) 돼지 파보바이러스 감염증
① 돼지 파보바이러스 감염증은 번식돈에서 사산, 미라, 산자수 감소, 불임 등을 일으키는 돼지의 전염성 번식장애 질병이다.
② 돼지 파보바이러스는 매우 안정하여 소독약에서도 잘 견디며, 양돈장에서 오랫동안 감염력을 유지할 수 있다.
③ 불임, 유산, 사산, 허약자돈 분만, 재발률 증가, 불규칙 발정돈 증가 등의 증상이 있다.

④ 임신 초기에 감염된 태아는 폐사되어 흡수되어 없어지고 임신 70일 이후 감염되면 미라가 되어 분만되거나 사산이 된다.
⑤ 예방접종
  ㉠ 후보돈에는 선발 후 2회 백신을 접종하여 견고한 면역을 형성시켜야 한다.
  ㉡ 경산돈의 경우는 교배 1~2주 전, 즉 이유 직전 혹은 이유 1주 전에 백신접종을 해야 한다.
  ㉢ 종웅돈에도 1년에 1회씩 반드시 백신접종을 해야 한다.

(4) 소 바이러스성 설사병(BVDV ; Bovine Viral Diarrhea Virus)

① 소 바이러스성 설사증 바이러스(BVDV)의 감염에 의하여 발병하는 소의 전염병으로서 소화관 점막의 궤양과 설사, 호흡기 병변 등을 유발하고 심하면 폐사하는 질병이다.
② BVDV의 감염경로는 분변으로 오염된 사료에 의한 경구감염과 태반감염이 주가 되나 호흡기 및 생식기 감염에 의해서도 가능하다. 생식기 감염은 정액과 수정란을 통하여 전염될 수 있다고 한다.
③ 임신 초기의 태아에 감염 시 특징적으로 감염우에서 분만된 송아지에서 항체가 형성되지 않는 경우가 대부분이며 심한 면역기능저하를 야기하여 생산성이 극도로 떨어진다.
④ 증상은 급성형, 준임상형, 호흡기형, 번식장애형 및 만성형으로 구분된다.

(5) 일본뇌염

① 큘렉스 모기(Culex tritaeniorhynchus)가 전파하는 전염병으로 돼지와 사람에게 중추신경계에 질병을 일으킨다.
② 발생시기는 9~12월에 분만한 자돈에서 주로 나타나며, 자돈, 비육돈, 성돈에서는 임상증상이 거의 없다.
③ 임신돈에 감염되면 일본뇌염 바이러스가 태반감염으로 태아에 병원성을 일으킨다.
④ 사산돈이나 허약자돈에서 관찰되는 병변은 뇌수두증, 피하수종, 흉수, 복수, 장막의 점상출혈, 림프절(임파절)의 충혈, 간과 비장의 괴사반점, 척수의 충혈 등이 나타난다.
⑤ 종웅돈이 감염되면 생식기에 침입하여 정자형성을 저해하여 정자수의 감소, 정자의 활력 저하, 기형정자의 증가, 수태율이 하락된다. 또 고환이 충혈, 부종되면서 고환염이 된다.
⑥ 모기가 활동하기 전 5~6월경에 후보돈 및 초산돈은 반드시 2회 예방접종하고, 경산돈과 종웅돈은 매년 1회씩 보강접종하면 된다.

(6) 아카바네병

① 아카바네 바이러스는 모기에 의해 매개되어지며, 주로 처음 임신한 소에 많이 발생하며 한 번 감염된 소는 다시 발생하는 경우가 적다.
② 임신한 태아에 감염되어 척추가 구부러지고 네 다리의 관절과 얼굴 및 머리가 변형되는 등 기형이 발생하고 허약우, 눈먼 송아지 등이 태어난다.
③ 임신우는 유산, 사산, 조산, 및 태수과다증을 보이며 때로는 난산 등이 발생한다.

2. 세균성 감염증

> **더알아두기**
>
> 세균, 바이러스, 곰팡이(진균), 원충 등 미생물 감염에 의해 유산이나 번식장애를 일으키며, 전염성이 강한 병원체는 유산의 원인이 되나, 브루셀라병, 캄필로박터, 트리코모나스의 감염은 유산이 나타나지 않고 불임증(번식장애)을 수반한다. 또 생식기 감염을 일으키는 번식장애를 나타내는 병원미생물은 통상 포도상구균, 연쇄상구균, 대장균, 용혈성 아카노박테리움균 등 상재균이 많다.

(1) 브루셀라증(Brucellosis)

① 소에서 브루셀라균(세균감염)에 의한 급·만성의 전염병으로 유산을 일으킨다.
② 감염 소의 생식기로부터 누출되는 배설물에 오염된 사료나 물의 세균을 섭취함으로써 전염되는 가장 일반적인 소의 생식기병으로 유산을 일으키는 특징이 있다.
③ 유산된 태아나 태반, 오염된 사료 등에 의해서 경구 또는 생식기로 감염된다.
④ 주요증상은 유산, 불임, 고환염, 후구마비, 파행 등이다.
⑤ 종웅돈의 경우 고환염, 부고환염이 나타나며 농양이 형성될 수도 있다.
⑥ 임파절의 세포질 내에서 증식하며, 인수공통전염병 제2종 가축전염병이다.

(2) 렙토스피라증(Leptospirosis)

① 렙토스피라증은 소, 면양, 돼지 등 여러 가축에서 유산을 일으키는 세균성 질환이다(주로 소에서 많이 발병하여 유산을 일으킨다).
② 원인균은 감염된 동물의 소변과 세포조직에서 발견되는 렙토스피라균이다.

③ 임상증상은 식욕결핍, 고열, 혈색소뇨가 나오며 부검소견으로 신장에 회백색 괴사반점이 나타난다.
④ 인수공통전염병이며, 조기발견하면 항균제의 치료가 가능하다.

(3) 캄필로박터 감염증(Campylobacteriosis)

① 캄필로박터 감염증은 *Campylobacter fetus* 및 *C. venerealis*의 감염에 의해 소와 양의 불임, 유산 등의 번식장애를 일으키는 질병이다.
② 캄필로박터균에 의한 감염 중 식중독과 관련된 것은 대부분 캄필로박터 제주니(*Campylobacter jejuni*)에 의해 발생한다(인수공통전염병).
③ 감염경로는 감염부위가 생식기에 한정되어 있어 교배 및 인공수정으로 감염이 이루어지며 감염된 조직이나 오염된 물질을 섭취함으로써 구강으로도 전염된다.
④ 암소에 이행된 균은 자궁경관염, 자궁내막염을 일으켜 이 시기에는 착상이 되지 않아 초기에 유산되므로 불수태가 된다. 또한 태반, 태막에서 이 균이 증식하고 혈액순환장애에 의해 유산이 일어난다.

3. 원충성 감염증

(1) 트리코모나스병(Trichomoniasis)

① 원인체는 *Trichomonnas hoetus*로 서양배 모양이다.
② 소의 생식기병으로 수컷에 의해 전파되는데, 이 병원체는 불임우의 체내에서는 몇 주일 안에 죽어버리고, 임신된 암컷에서만 살 수 있다.
③ 암소에 있어서는 유산, 태아사망, Vaginitis, 자궁내막염 등이 일어난다.
④ 감염된 수컷은 포피염을 일으키고 국부는 충혈, 총창되며 농양의 점액을 분비한다.

(2) 톡소플라스마

① *Toxoplasma gondii*에 의한 고양이를 종숙주로 하는 기생충이다.
② 단일세포인 원생동물 기생충 톡소플라스마 포자충에 의한 병으로 사람을 포함한 포유동물과 조류로 흔히 감염되는 인수공통 질병이다.
③ 임신한 모돈은 태반감염으로 유산, 사산, 조산이나 이상태아의 출산을 한다.
④ 예방을 위해서는 고양이의 출입을 막는다.

(3) 네오스프라

① 이 병은 원충성 질병으로 임신 중기에 유산을 일으키는 질병이다.
② 진단은 원충을 확인함으로써 확진한다.
③ 전파경로는 개나 고양이들이 매개체로써 특히 개의 경우 유산된 태아나 후산물 등을 먹거나 이동시킴으로써 감염원이 된다.
④ 소의 임신 약 6개월령에서 유산을 일으킨다.

4. 진균성 감염증

(1) 콕시듐증

① 콕시듐원충의 소화관벽 기생에 의하여 일어나는 조류의 질병으로 설사와 장염, 혈변을 특징으로 하는 원충에 의한 기생충성 질병이다.
② 소의 콕시듐증
  ㉠ 일반적으로 3주~6개월 된 송아지에 감염되지만, 특히 많은 수가 감염되었을 때에는 임상증상이 성우나 어미소에서도 나타나는 경우도 있다.
  ㉡ 방목장의 소에서도 생기며, 심한 경우는 $E.\ zuernii$가 감염된 경우이다. 이를 흔히 겨울구포자충증이라 한다.
  ㉢ 콕시듐(구포자충)에 감염된 송아지나 보균 소는 계속해서 분변 내로 오시스트(Oocyst)를 배출하기 때문에 감염이 확인되면 격리 수용하여야 한다.
  ㉣ 최초 증상은 갑작스런 설사로 악취가 나며 묽은 설사변이 점액이나 혈액과 섞여 나온다.
  ㉤ 급성으로 콕시듐증이 발생되면 근육이 떨리거나, 지각과민, 경련 등을 보이며 주로 송아지에서 나타나고 높은 폐사율(80~90%)을 보인다.
③ 닭의 콕시듐증
  ㉠ 낭포가 닭에 감염되면 10,000배로 증가하기 때문에 소량의 낭포가 침입하여도 급속도로 증가하여 대량감염의 위험이 있다.
  ㉡ 산란계에 있어서는 폐사율은 거의 없고 산란이 저하되나, 육계에서 발육이 저해되며 30~40일령 사이에 감염률과 폐사율이 매우 높다.

(2) 진균성 유산(Mycotic Abortion)
① 진균성 유산은 곰팡이에 대한 섭식 등으로 대부분의 소 전염성 및 비전염성 유산에 대한 주요한 원인이 되고 있다.
② 궁부조직궤사, 피부결손(링웜과 같은 형태), 임신 4~9개월령에서 유산을 일으킨다.

CHAPTER 07 적중예상문제

PART 02 가축번식생리학

01 정자형성상의 장애요인이 아닌 것은?
① 기후
② 잠복정소
③ 교미장애
④ 정소의 퇴화

> **해설**
> 정자 형성상의 장애요인 : 성 성숙의 지연, 하계불임, 잠복정소, 정소발육이상, 정소의 퇴화 등

02 수가축의 정자형성 및 번식장애와 관련된 설명 중 틀린 것은?
① 정액생산 개시시기는 동일 품종 내에 있어서는 체중보다 연령의 영향을 많이 받는다.
② 고온, 다습한 환경에서 정자농도가 감소하고, 기형정자수가 증가한다.
③ 잠복정소 내의 정자형성은 비정상적으로 이루어진다.
④ 정소발육과 정소형성의 불충분에 의해 정자형성이 저해된다.

> **해설**
> 연령보다 체중의 영향을 많이 받는다.

03 수가축의 영양상태가 적절하지 않으면 정자형성의 기능이 떨어져 불임의 원인이 된다. 그 이유는 무엇인가?
① 성적인 충동이 감소하므로
② 고환의 온도가 높아지므로
③ 정소상체의 기능이 저하되므로
④ FSH와 LH의 분비가 억제되므로

04 수가축에서 생길 수 있는 번식장애는?
① 무발정
② 교미장애
③ 위임신
④ 무배란

05 난소의 기능이상으로 인하여 나타나는 현상이 아닌 것은?
① 무발정
② 이상발정
③ 배란장애
④ 다정자 침입

> **해설**
> 난자는 투명대 반응과 난황차단에 의하여 다정자 침입을 거부한다.

정답 1 ③ 2 ① 3 ④ 4 ② 5 ④

06 난소의 기능이상에 의한 번식장애 현상으로 보기 어려운 것은?
① 난포발육과 배란이 비정상적으로 된다.
② 무발정이 지속된다.
③ 이상발정이 유발된다.
④ 후산정체를 일으키기 쉽다.

해설
후산정체는 태아분만 후 3~8시간에 태반이 배출되나 분만 후 10시간(12~24시간) 이내에 태반이 모체태반에서 분리되지 않는 경우를 말한다.

08 난포낭종이 발생한 소가 사모광(思牡狂)이 되는 경우 무슨 호르몬의 분비가 왕성할 때 인가?
① 에스트로겐(Estrogen)
② 옥시토신(Oxytocin)
③ 프로게스테론(Progesterone)
④ 프로락틴(Prolactin)

09 젖소에 있어서 난포낭종이 발생하는 가장 대표적인 원인은?
① FSH의 분비부족
② LH의 분비과잉
③ LH의 분비부족
④ LTH의 분비부족

해설
FSH의 과잉분비와 LH의 분비부족으로 성숙난포가 파열되지 않아 발생한다.

07 착유를 너무 자주하거나, 노령기의 소에게 양질의 조사료공급이 부족할 때 난소가 작아져 단단하게 되는 암소의 번식장애는?
① 무발정
② 난소난종
③ 난소기능정지
④ 난소위축

10 난소낭종과 관련이 없는 것은?
① 무발정 증상
② 사모광증 증상
③ 둔성발정
④ 비유량이 많은 젖소에서 다발

11 말이나 소에 많이 발생하는 난소질환의 하나로 무발정, 사모광증 등 불규칙한 발정이 일어나는 번식장애현상은?

① 위임신
② 난소낭종
③ 영구황체
④ 프리마틴

12 불임과 관계 있는 황체는?

① 발정황체
② 진성황체
③ 임신황체
④ 영구황체

해설
영구황체는 자궁에 미라나 기타 이물, 염증에 의한 불순물이 들어 있을 때 생긴다.

13 자궁 내 미라변성 태아가 있을 때의 설명 중 잘못된 것은?

① 난포의 발육이 억제되어 발정이 나타나지 않는다.
② 난소에 위축된 난포가 많이 있다.
③ 감염으로 태아와 태막의 탈수에 의해 발생한다.
④ 프로스타글란딘(Prostaglandin)의 투여로 태아를 배출시켜야 한다.

해설
미라화된 태아가 자궁 내에 잔류하는 것은 황체퇴행이 억제되어 그 결과 자궁 내에 태아가 잔존하게 된다.

14 성숙한 암컷의 포유가축에서 성선자극호르몬의 결핍, 난소이상 및 황체퇴행장애 등에 의해서 난포의 발육이 되지 않은 경우 어떤 증상이 나타나는가?

① 난소낭종
② 위임신
③ 사모광증
④ 무발정

15 성숙한 암컷의 포유가축에서 발정이 발현되지 않는 것을 무발정이라고 하는데, 다음 중 무발정의 원인이 아닌 것은?

① 성선자극호르몬의 결핍
② 위임신
③ 황체퇴행장애
④ 영양과다

정답 11 ② 12 ④ 13 ② 14 ④ 15 ④

16 성숙한 가축의 무발정을 일으키는 환경적 요인은?

① 계절, 비유, 습도
② 계절, 비유, 영양공급
③ 계절, 습도, 영양공급
④ 비유, 습도, 영양공급

17 다음 설명 중 틀린 내용은?

① 난소의 기능이상과 질환으로 인한 번식장애가 가장 많다.
② 계절적인 무발정도 가축에서 나타난다.
③ 계절적인 무발정은 절대적인 난소의 휴지상태이다.
④ 난소의 기능부전은 영양불량 동물에서 발생된다.

해설
무발정은 발정을 일으키지 않는 성적 비활동상태를 의미하며, 일반적으로 난소발육부전, 난소정지, 난소 기능감퇴 및 난소위축 등에 의해 발생한다.

18 난산은 크게 모체측 원인, 기계적 원인, 태아측 원인으로 구분된다. 다음 중 기계적 원인에 의한 난산은?

① 1차 자궁무력
② 태위, 태향, 태세 이상
③ 태아골반의 불균형
④ 발육부전

해설
난산의 원인

모체측 원인	기계적 원인	태아측 원인
• 자궁무력 • 자궁경의 경련과 불완전한 확장	• 태아골반의 불균형 • 자궁염전 • 자궁경과 질의 협착 • 선천성 기형	• 태위, 태향, 태세의 이상 • 발육부전 • 과대태아, 쌍태

19 혈장 내의 칼슘과 무기인량의 급격한 감소로 발생하는 분만 시 젖소에서 가장 많이 발생하는 질병은?

① 유 열
② 목초강식증
③ 케토시스증
④ 임신중독증

16 ② 17 ③ 18 ③ 19 ①

20 복강 내에 위치하는 잠복정소의 생리적 결함은 어떤 것인가?
① 양측성 잠복정소인 경우에는 복강 내의 높은 온도로 정자생산이 어렵다.
② 양측성 잠복정소인 경우에는 웅성호르몬인 Androgen 분비가 어렵다.
③ 양측성 잠복정소인 경우에는 교미욕이 떨어진다.
④ 편측성 잠복정소의 경우에 수태능력이 없다.

21 다음 중 선천적인 번식장애의 질병은?
① 프리마틴
② 요 질
③ 난소낭종
④ 자궁축농증

22 프리마틴(Freemartin)은 어느 가축에서 많이 발생하는가?
① 토 끼
② 돼 지
③ 산 양
④ 소

23 번식장애의 원인이 되는 것은?
① 고창증
② 간장염
③ 자궁내막염
④ 심낭염

24 다음 번식장애와 관련된 설명 중 틀린 것은?
① 면역학적 불친화성(不親化性)은 수정방해나 신생자 사망을 일으키는 원인이 된다.
② 리피트 브리더(Repeat Breeders)의 가장 큰 원인은 태아의 조기사망이다.
③ 번식장애란 생식을 영구적으로 할 수 없는 불임증만을 의미한다.
④ 번식장애는 사양관리 부실로 될 수 있다.

해설
웅축이나 자축에서 일시적 또는 지속적으로 번식이 정지되거나 저해되는 상태이다.

정답 20 ① 21 ① 22 ④ 23 ③ 24 ③

25 다음 중 번식장애와 가장 깊은 관계가 있는 비타민은?
① 비타민 E
② 비타민 D
③ 비타민 C
④ 비타민 A

해설
비타민 E는 항불임성 비타민이라 한다.

26 전염성 번식장애를 일으키는 질병은?
① 자궁축농증
② 난소낭종
③ 영구황체
④ 브루셀라병

해설
브루셀라병은 세균성 감염에 의한 급·만성 전염병으로 유산을 일으킨다.

27 감염 소의 생식기로부터 누출되는 배설물에 오염된 사료나 물의 세균을 섭취함으로써 전염되는 가장 일반적인 소의 생식기병으로 유산을 일으키는 특징을 가지는 것은?
① 브루셀라병
② 비브리오병
③ 렙토스피라
④ 톡소플라스마병

28 렙토스피라병은 주로 어떤 가축에서 유산을 일으키는가?
① 소
② 산 양
③ 말
④ 토 끼

29 다음 동물의 질병 및 장애 중 다음 설명에 적합한 것은?

> 소의 생식기병으로 수컷에 의해 전파되는데, 이 병원체는 불임우의 체내에서는 몇 주일 안에 죽어버리고, 임신된 암컷에서만 살 수 있다. 암소에 있어서는 유산, 태아사망, Vaginitis, 자궁내막염 등이 일어난다.

① 프리마틴
② 이상발정
③ 비브리오균
④ 트리코모나스병

PART 03

가축사양학

CHAPTER 01	사료 내의 영양소
CHAPTER 02	소화기관과 소화·흡수
CHAPTER 03	사료의 종류와 특성
CHAPTER 04	사료의 배합과 가공
CHAPTER 05	가축의 사양원리
CHAPTER 06	축종별 사양관리
CHAPTER 07	축산시설 및 위생·방역관리
CHAPTER 08	축산환경관리
CHAPTER 09	동물행동 및 복지

합격의 공식 시대에듀
www.sdedu.co.kr

CHAPTER 01 사료 내의 영양소

PART 03 가축사양학

01 영양소의 종류와 생리적 기능

1. 영양소의 분류와 종류

(1) 영양과 영양소

① **영양(Nutrition)** : 가축이 사료를 섭취하여 소화·흡수한 후 일련의 대사과정을 거치면서 체성분을 만들고 생명을 유지하며, 불필요한 물질을 배설하는 전과정을 의미한다.

② **영양소(Nutrient)** : 생명현상을 유지하기 위해서 동물이 체외로부터 섭취하는 물질을 말하며, 탄수화물, 지방, 단백질, 비타민 및 광물질을 5대 영양소라고 한다.

(2) 영양소의 분류

① 유기영양소와 무기영양소

유기영양소		무기영양소
단백질	단순단백질, 복합단백질, 유도단백질, 비단백질태질소화합물	• 다량 필수광물질 • 미량 필수광물질 • 준필수광물질 • 중독광물질 • 비필수광물질
지방	단순지방, 복합지방, 유도지방	
탄수화물	가용무질소물(단당류, 과당류, 다당류), 조섬유	

② 영양소의 종류
　㉠ 3대영양소 : 단백질, 지방, 탄수화물
　㉡ 5대영양소 : 단백질, 지방, 탄수화물, 비타민, 무기물
　㉢ 6대영양소 : 단백질, 지방, 탄수화물, 비타민, 무기물, 물

(3) 단백질의 분류와 특징

① 동물세포 원형질의 주요한 성분이다.
② 생물체 내에서 효소 및 호르몬의 주성분으로 유전현상 및 생명현상에 관여한다.
③ 특히 성장 중인 가축에서 체내 축적이 왕성하게 이루어지므로 다량 요구되는 성분이다.
④ 각종 기관과 연조직의 주요 구성성분이다.
⑤ **단순단백질** : 가수분해하였을 때 α-아미노산과 그 유도체만으로 구성되어 있는 것

(+ : 가용, - : 불가용)

명 칭	용해성				예
	물	염류	묽은 산	묽은 알칼리	
알부민 (Albumin)	+	+	+	+	Ovalbumin(난백), Conalbumin(난백), Lactalbumin(젖), Serum albumin(혈청), Ricin(피마자), Myogen(근육), Leucocine(밀)
	열, 알코올에 의해 응고				
글로불린 (Globulin)	-	+	+	+	Ovoglobulin(난백), Lactoglobulin(젖), Serumglobulin(혈청), Myosin(근육), Fibrinogen(혈장), Glycine(콩)
	열에 응고, Albumin과 공존하는 일 많음				
글루텔린 (Glutelin)	-	-	+	+	Oryzenin(쌀), Glutenin(밀), Hordenin(보리)
	알코올에 불용				
프롤라민 (Prolamin)	-	-	+	+	Hordnin(보리), Gliadin(밀), Zein(옥수수)
	70~80% 알코올에 가용				
알부미노이드 (Albuminoid)	-	-	-	-	Keratin(피부, 머리털), Collagen(연골, 결체조직), Elastin(심줄), Fibroin(명주)
	강산, 강알칼리에 녹으나 변질				
프로타민 (Protamine)	+	+	+	+	Salmin(연어의 정액), Clupein(청어의 정액), Scombrin(고등어의 정액), Sturin(상어의 정액)
	열에 불응고, 핵단백질, 구성단백질				
히스톤 (Histone)	+	+	+	+	Globin(혈색소), 흉선 히스톤
	열에 불응고, 핵단백질, 구성단백질				

⑥ **복합단백질** : 단순단백질과 비단백성분(인, 핵산, 다당류, 금속, 지질, 색소 등)으로 결합된 것으로, 세포의 기능에 관여한다.

명 칭	특 성	소 재
인단백질 (Phosphoprotein)	• 단백질+인산 • 핵단백질·지단백질에서는 인산이 비단백 질성분의 일부를 차지	• 동물성 식품에서만 존재 • Casein(젖), Vitellin(난황), Vitellogenin(난황), Hematogen(난황), Ichtulin(어란)
핵단백질 (Nucleoprotein)	• 단백질+핵산 • Histone 또는 Protamine이 결합	동·식물세포핵의 주성분 배아·효모
당단백질 (Glycoprotein 또는 Mucoprotein)	• 단백질+다당류 • 당단백질은 대부분에 Amino당을 함유	• 동·식물세포, 점성분비물에 존재 • Mucin(점막분비·수액 : 초산에 의하여 침전) • Mucoid(난백·혈청)
금속단백질 (Metalloprotein)	단백질+금속(철, 구리, 아연 등)	• Ferritin(비장) • Hemocyanin(연체동물의 혈액) • Insulin(췌장)
지단백질 (Lipoprotein)	• 단백질+지질 • 중성지질, 인지질, 콜레스테롤이 핵단백질, 인단백질, 단순단백질과 결합	• Lipovitellin(난황) • Lipovitellenin(난)
색소단백질 (Chromoprotein)	• 단백질+색소 • Heme, Chlorophyll, Carotenoid, Flavin	• Hemoglobin(혈액), Myoglobin(근육) • Rhodopsin(시홍), Astaxanthinprotein(갑각류의 외피), Flavorprotein(황색색소)

⑦ 유도단백질 : 천연단백질(단순단백질 또는 복합단백질)이 물리, 화학적(산·알칼리, 효소, 가열 등)으로 변화를 받은 단백질로 파라카세인, 젤라틴, 피브린 등이 있다.
  ㉠ 제1유도단백(변성단백질) : 열·자외선(물리적), 묽은 산, 알칼리, 알코올(화학적), 효소적 작용으로 변화하여 응고된 것이다.
    예 응고단백, Protein, Metaprotein 등
  ㉡ 제2유도단백(분해단백질) : 제1유도단백질이 가수분해되어 아미노산이 되기까지의 중간산물을 말한다.
    예 Protein → 제1유도단백 → 제2유도단백(Proteose → Peptone → Peptide) → 아미노산
⑧ 필수 및 비필수아미노산 : 동물체 단백질을 구성하는 아미노산에는 체내에서 합성이 되는 아미노산과 합성이 불가능한 아미노산이 있다.

필수아미노산		비필수아미노산
대치 불가능 아미노산	대치 가능 아미노산	
아르기닌(Arginine)	-	글리신(Glycine)
라이신(Lysine)	-	알라닌(Alanine)
트립토판(Tryptophan)	-	세린(Serine)
히스티딘(Histidine)	-	아스파르트산(Aspartic Acid)
페닐알라닌(Phenylalanine)	타이로신(Tyrosine)	글루탐산(Glutamic Acid)
류신(Leucine)	-	프롤린(Proline)
아이소류신(Isoleucine)	-	하이드록시프롤린(Hydroxyproline)
트레오닌(Threonine)	-	시스테인(Cysteine)
메티오닌(Methionine)	시스틴(Cystine)	타이로신(Tyrosine)
발린(Valine)	-	하이드록시라이신(Hydroxylysine)

  ㉠ 글리신은 닭에서는 필수아미노산이다.
  ㉡ 유황을 함유한 아미노산 : Cysteine, Methionine, Cystine
  ㉢ 질소를 포함하고 있는 것 : Methionine, Lysine, Cystine
  ※ 메티오닌(Methionine)은 유황을 함유하고 있는 아미노산이며, 동물성 단백질에 많이 함유되어 있고 식물성 단백질에는 함량이 적으므로 어분 등의 사용량이 적을 때에는 사료에 첨가하면 효과적이다.

(4) 탄수화물의 분류와 특징
  ① 탄수화물의 분류

단당류	3탄당	글리세르알데하이드(Glyceraldehyde), 다이하이드록시아세톤(Dihydroxy Acetone)
	4탄당	에리트로스(Erythrose)
	5탄당	자일로스(Xylose), 리보스(Ribose), 아라비노스(Arabinose)
	6탄당	포도당(Glucose), 과당(Fructose), 갈락토스(Galactose), 만노스(Mannose)
이당류		설탕(Sucrose), 유당(Lactose), 맥아당(Maltose), 셀로비오스(Cellobiose)
삼당류		라피노스(Raffinose)
사당류		스타키오스(Stachyose)

다당류	오당류			버바스코스(Verbascose)
	단순다당류	펜토산		아라반, 자일란(Xylan)
		헥소산	글루칸	전분(Starch), 덱스트린, 글리코겐, 셀룰로스
			프록탄	이눌린, 레반
			갈락탄	–
			만 난	–
	복합다당류			펙틴, 헤미셀룰로스, 검, 뮤코 다당류
특수화합물				키틴, 리그닌

② 보통의 반추가축사료에서 주된 에너지 공급원이 되는 영양소이다.

③ 사료영양소의 분류 중 가용무질소물(NFE) : 전분, 당류

※ **가용무질소물(NFE)** : 사료의 전체 함량에서 수분, 조단백질, 조지방, 조섬유 및 조회분을 뺀 나머지를 가용무질소물이라 하며 백분율로 나타내는데 NFE는 전분당류, 덱스트린 등으로 되어 있고 식물성 사료에 함량이 높으며 비교적 값이 싸고 소화가 잘된다.

④ 단당류 구성원소(C : H : O)의 결합비율은 1 : 2 : 1

삼탄당($C_3H_6O_3$), 사탄당($C_4H_8O_4$), 오탄당($C_5H_{10}O_5$), 육탄당($C_6H_{12}O_6$)

⑤ 유당(Lactose) : 포도당과 갈락토스가 각각 1분자씩 결합된 것으로서 포유동물의 젖 속에 들어 있다.

⑥ 리그닌(Lignin) : 탄소, 수소, 산소의 비율이 다른 다당류와 달라 탄수화물이라고 간주하지 않는다. 즉, 리그닌은 셀룰로스 외의 탄수화물과 결합하여 존재하는 페닐프로파노이드 중합물이다.

(5) 지방의 분류와 특징

① 단순지질(Simple Lipids)

㉠ 중성지방 : 글리세롤과 지방산의 에스터 결합산물로 저장지방, 에너지원이다. 상온에서의 액체상태를 기름(Oil)이라 하고 고체상태를 지방(Fat)이라 한다.

※ **중성지방의 기능**
주요 에너지원, 필수지방산의 공급, 세포막의 유동성, 유연성, 투과성을 정상적으로 유지, 두뇌발달과 시각기능 유지, 효율적인 에너지 저장, 지용성 비타민의 흡수 촉진과 이동, 장기보호 및 체온조절

㉡ 왁스 : 고급 알코올과 지방산의 에스터 결합산물로 동·식물체의 표면에 존재하고 습윤 건조방지를 하며, 영양적 의의는 없다.

② 복합지질(Compound Lipids)

㉠ 인지질

- 글리세롤과 2개의 지방산에 염기가 결합된 형태이다.
- 핵, 미토콘드리아 등의 세포성분의 구성요소, 뇌조직, 신경조직에 다량 함유되어 있다 [레시틴(Lecithin), 세팔린(Cephalin), 스핑고미엘린(Sphingomyelin)].
- 세포막에서 발견되는 인지질 중 중요한 것은 레시틴(Lecithin)이며, 유화제로 쓰인다.

ⓒ 당지질
　　　• 지방산, 당질 및 질소화합물을 함유한다(인산, 글리세롤은 함유하지 않는다).
　　　• 뇌, 신경조직에 많다.
　　ⓒ 지단백질(혈장 단백질)
　　　• 단백질+지방(중성지방, Free 콜레스테롤, 콜레스테롤 Ester, 유리지방산)으로 구성된다.
　　　• 혈액 내에서 지질운반에 관여하는 Chylomicron, 초저밀도 지단백질(VLDL), 저밀도 지단백질(LDL), 고밀도 지단백질(HDL) 등이 있다.
③ 유도지질
　ⓐ 콜레스테롤
　　• 동물성 식품에만 존재하며, 뇌, 신경조직, 간 등에 많이 들어 있고, 물에 녹지 않는다.
　　• 성호르몬, 부신피질호르몬, 담즙산, 비타민 D 등의 전구체이다. → 7-하이드로콜레스테롤
　　• 간에서 분해되어 담즙산을 생성하며, 지질의 유화와 흡수에 관여한다.
　ⓑ 에르고스테롤
　　• 식물계에 존재하는 스테롤로 효모나 표고버섯에 많다.
　　• 식물성 스테롤은 혈청 콜레스테롤의 농도를 낮추는 작용이 있다.
　　• 비타민 D의 전구체로 Ergosterol에 자외선을 조사하면 비타민 D_2가 생성된다.
④ 포화지방산 : $C_nH_{2n}+1COOH$의 일반식으로 표시된다.
　ⓐ 탄소수가 적을수록 물에 녹기 쉽고 융점이 감소한다.
　ⓑ 동물성 유지에 대부분 함유되어 있고, 고체가 대부분이다.
　ⓒ 축육지방에는 C_{16}, C_{18}의 함량, 어유나 식물유에는 C_{16}의 함량이 많다.
　ⓓ 팔미트산(C_{16}), 스테아르산(C_{18}), 프로피온산, 뷰티르산 등이 있다.
⑤ 불포화지방산 : $C_nH_{2n}-2xO_2$의 일반식으로 표시되고, 탄소수가 같은 포화지방산에 비해 융점이 낮아 소화가 잘되며, 많이 함유할수록 상온에서 액체상태이다.
　ⓐ 오존에 의해 분해된다.
　ⓑ 아이오딘(요오드) 원소들이 붙을 수 있다.
　ⓒ 보통상태에서 모두 액체상태로 존재한다.
　ⓓ 산소와의 이중결합반응으로 Peroxide를 형성한다.
　ⓔ 이중결합이 많을수록 불포화도가 높다.
　ⓕ C의 이중결합은 올레산 1개, 리놀레산 2개, 리놀렌산 3개, 아라키돈산 4개이다.
　　※ 이중결합이 가장 많이 들어 있는 지방산 : 아라키돈산
　ⓖ 닭은 포화지방산과 불포화지방산이 70 : 30의 비율로 포화지방산을 많이 섭취하면 불포화지방산도 증가를 요한다.

◎ 불포화지방산 섭취 시 포화지방산 섭취 시보다 혈중콜레스테롤함량이 저하된다면 고콜레스테롤 환자의 경우 닭고기가 적합하다.
㉖ 고기 중 불포화지방산의 함량이 많고 Linoleic Acid 등의 필수지방산이 많이 들어 있는 고기 : 돼지고기
㉗ 불포화지방산의 요구량에 영향을 주는 요인
- 콜레스테롤의 공급이 많으면 불포화지방산도 많이 주어야 한다.
- 포화지방산을 많이 주면 불포화지방산도 많이 주어야 한다.
- 불포화지방산의 결핍에 어린 생물 또는 수컷이 더 예민하다.
※ **튜버큘로스테아르산(Tuberculostearic Acid)** : 변형된 분자 사슬형 지방산으로서 불포화지방산의 이중결합과 유사한 방식으로 세포막의 유동성을 증가하고 고리구조형 지방산을 합성하는 지방산이다.

⑥ 필수지방산(= 비타민 F)
㉠ 정의 : 체내에서 합성이 되지 않거나 불충분하게 합성되어 반드시 식사로부터 매일 일정량을 섭취해야 하는 지방산
㉡ 종류와 기능

필수지방산		구 조
리놀레산 (Linoleic Acid)	C_{18} (2개의 이중결합)	가장 중요한 필수지방산으로 하루 총열량의 1~2%를 섭취해야 한다.
리놀렌산 (Linolenic Acid)	C_{18} (3개의 이중결합)	신체기능을 조절하고 EPA, DHA(생선이유)를 합성한다.
아라키돈산 (Arachidonic Acid)	C_{20} (4개의 이중결합)	Linoleic Acid로부터 합성한다.

- 오메가-3계열 : Linoleic Acid, DHA, EPA
- 오메가-6계열 : Linolenic Acid, Arachidonic Acid

㉢ 필수지방산의 기능
- 세포막이나 혈청 지단백질의 구성성분으로 아이코사노이드(Eicosanoids, 프로스타글란딘 등)의 전구체이다.
- 성장촉진, 피부병 예방, 지방간 예방

※ **지방산 중에 C_{18}과 C_{18} : 1의 비교**
- C_{18} : 1은 이중결합이 1개인 불포화지방산으로 상온에서 액체상태로 존재한다.
- C_{18}은 이중결합이 없는 포화지방산으로 상온에서 고체상태로 존재한다.

※ **소체지방이 닭의 체지방보다 경도가 높은 이유** : 반추위 내에서 발생하는 수소이온이 지방산의 이중결합을 포화시킨다.

(6) 광물질의 분류와 특징
① 무기영양소(Mineral, 광물질, 조회분) : 여러 가지 원소 중 C, H, O, N 등 원자량이 16 이하인 원소들을 제외한 3~5주기의 금속원소들이 해당한다.

② 광물질의 분류

㉠ 필수광물질 : 성장효과가 있고, 공급이 없으면 결핍증이 나타나는 광물질

다량 광물질	• 양이온(알칼리성) : Ca, Na, Mg, K • 음이온(산성) : Cl, S, P
미량 광물질	Mn, Fe, Cu, I, Zn, Co, Se, F, Mo, As

㉡ 준필수광물질 : 가축이 공급을 요구하는 광물질 예 Ba, Br, Sr, Mo, F
㉢ 중독광물질 : 극히 소량에 의해서도 중독을 일으킨다. 예 F, Cu, Se, Mo, As
㉣ 비필수광물질 : 체내에 들어 있으나 특수기능이 알려지지 않은 광물질 예 Al, As, B, Ni, Rb, Si, Pb

> **더알아두기**
>
> 필수광물질이 되기 위한 요건
> • 건강한 동·식물체 조직들에 반드시 존재할 것
> • 동일 종류의 생체 내 특정부위의 함량이 거의 비슷하거나 같을 것
> • 결핍에 의해서 발현되는 생리·화학적 이상이 동물의 종류에 관계없이 발생할 것
> • 생리·화학적 이상은 반복해서 같은 증상으로 나타날 수 있을 것
> • 결핍됨이 없게 해 주면 정상상태로 회복되며, 어린 동물의 성장촉진에 효과가 있을 것

(7) 비타민의 분류와 특징

① 지용성 비타민(비타민 A, D, E, K)

㉠ 비타민 A(Retinol) - 항안구건조증인자
• 식물계에서는 Provitamin A로 카로틴(Carotene)의 형태로 존재한다.
• 가축이 카로틴을 섭취하면 체내에서 비타민 A로 전환된다.
• 우유 중에 카로틴함량이 가장 풍부한 계절은 여름이다.
• 시력, 상피조직의 형성과 유지, 항암제, 정상적 성장유지, 생식기능촉진
  ※ **과독증** : 식욕저하, 두통, 피부건조, 머리털이 잘 벗어지며, 장골이 부풀어오르고, 신장과 간 등이 확장, 설사 유발
• 결핍증 : 번식장애, 상피세포 및 점막의 생장장애(심하면 경화현상), 질병에 대한 저항력의 감퇴, 신경조직의 이상현상, 정상적인 뼈 형성의 장애
  - 소는 번식력이 약해지고 닭은 산란율, 부화율이 뚜렷이 저하된다.
  - 보행장애를 일으키고, 식욕이 없어지며, 야위어 쇠약해지고, 깃털이 거꾸로 서는 것같이 된다.
• 비타민 A는 간유에 많이 함유되고 카로틴은 녹엽(綠葉), 황색옥수수에 많이 함유되어 있다.

ⓒ 비타민 D(Calciferol) – 항구루병인자
- 분만 후 유열에 걸린 적이 있는 젖소의 유열 발생예방에 관여한다.
- 칼슘, 인의 흡수 이용 및 골격형성에 영향을 준다.
- 반추위 내에서 합성되지 않고, 성장한 가축에서 주로 골연화증의 원인이 된다.
- 결핍증 : 칼슘과 인의 대사장애(골격형성장애, 구루병), 산란율 및 부화율 저하, 난각질 불량 등
- 비타민 D_2는 포유류, 비타민 D_3는 가금류에 유리하다.
  ※ 비타민 D_2, D_3 : 항구루병 인자로 에르고칼시페롤[Ergocalciferol(D_2)], 콜레칼시페롤[Cholecalciferl(D_3)]이다.
- 비타민 D_3의 활성이 가장 높은 물질 : $1.25(OH)_2$ Cholecalciferol
- 비타민 국제단위(International Unit ; I.U) : 이 단위를 사용하고 있는 영양성분은 비타민 E, 비타민 A, 비타민 D이다.

ⓒ 비타민 E(Tocopherol) – 항불임증, 항산화제인자
- 비타민 E는 알파 토코페롤(α-Tocopherol)의 공식이름이다.
- 식물성 기름과 푸른 채소가 급원이다.
- 세포막 손상을 막는 항산화제, 비타민 A · 불포화지방산의 항산화제, Se과 관련, 혈액 세포막 보호 등의 기능을 한다.
- 결핍증 : 번식장애(태아사망, 유산, 정충생산불능), 병아리의 뇌연화증 또는 근육위축증 등
- 반추위 내 미생물이 합성 공급할 수 없으므로 보충해 주는 것이 좋다.
- 비타민 E이 활성은 국제단위(IU) 또는 알파-토코페롤 당량(α-TE)으로 표시한다.
- dl-α-Tocopheryl Acetate(디엘-알파-토코페릴 초산염) 1mg을 비타민 E의 1 국제단위(IU)로 하고 있다(1mg = 1IU).

형 태		비타민 E 종류
천연형태	d-α-Tocopherol(디-알파-토코페롤)	1.49
	d-α-Tocopheryl Acetate(디-알파-토코페릴 초산염)	1.36
	d-α-Tocopheryl Succinate(디-알파-토코페릴 호박산)	1.21
합성형태	dl-α-Tocopherol(디엘-알파-토코페롤)	1.1
	dl-α-Tocopheryl Acetate(디엘-알파-토코페릴 초산염)	1
	dl-α-Tocopheryl Succinate(디엘-알파-토코페릴 호박산)	0.89

- 알팔파, 곡류의 배아 등에 많고 사료첨가제로서는 초산토코페롤의 형태로 쓰여진다.

ⓒ 비타민 K(Menaquinone) – 항혈액응고인자
- 혈액응고 Prothrombin 합성에 필수적, 단백질 형성에 도움을 준다.
- K_1(푸른 잎에 함유), K_2(박테리아가 합성), K_3(옥수수의 생장점 부위에 함유)
- 반추동물은 Rumen 내 미생물이 합성한다.
- 대장에서 합성되나 재이용하지 못한다.
- 가금류는 대장의 길이가 짧아 합성량이 적고, 결핍가능성이 크다.

- 결핍증 : 혈액응고시간 연장, 병아리의 피하출혈, 산란율·부화율 감소 등
- 필요한 물질 : Ca, Vitamin K, Prothrombin

> **더알아두기**
>
> 비타민의 특징
> - 비타민은 사람, 동물의 정상적인 성장과 생명현상의 유지 및 번식 등 대사활동에 필수적인 영양소이다.
> - 체내에서 합성되지 않기 때문에 음식이나 다른 공급원으로부터 반드시 공급받아야 하는 유기화합물이다.
> - 다른 영양소와는 달리 아주 소량으로 필요한 물질이다.

② 수용성 비타민
  ㉠ Thiamin(티아민, 비타민 B_1) - 항각혈병인자
   - 당질대사의 보조효소(Thiamin Pyrophosphate, Transketolase)
   - 생체 내에서는 인산과 결합해서 보효소로 되고 탄수화물의 대사에 중요한 역할을 하고 있다.
   - 효모, 탈지 쌀겨 같은 곡류부산물, 어분 같은 동물성 사료, 양질의 건초 등에 많다.
   - 반추가축에는 반추위 내 미생물에 의해서 합성되므로 부족한 경우가 없지만 돼지나 닭에서는 부족한 경우가 있다.
   - 우리나라의 경우, 사료첨가제로서 염산티아민(Thiamine HCl : 티아민 염산) 또는 초산티아민의 형태로 쓰여지고 있다.
   - 결핍증 : 식욕 저하, 메스꺼움, 구토, 맥박수의 감소, 수종, 심장확대, 사람의 각기병(Beriberi) 및 조류의 다발성 신경염
     ※ **조류의 다발성 신경염** : 닭은 머리를 등쪽으로 구부려 위를 향해서 경련을 일으키는 특징이 있다.
  ㉡ Riboflavin(리보플라빈, 비타민 B_2) - 항구순구각염인자
   - 단백질, 지방, 탄수화물의 대사에 매우 중요한 성분으로 생리학적 기능으로는 체내 산화환원작용에 중요한 조효소의 구성성분으로 돼지사료에서 부족하기 쉬운 비타민이다.
   - 생체 내에서는 인산과 결합해서 황색효소를 구성하고 또는 플라빈·아데닌·다이뉴클레오타이드(Dinucleotide : FAD)라고 해서 산화반응에 중요한 역할을 하고 있다.
   - 효모, 탈지유, 어분, 양질건초 등에 많지만 사료 중에는 가장 부족하기 쉬운 비타민의 하나이다.
   - 결핍증 : 구순구각염, 설염, 눈이 부시는 현상, 다리 마비, 피부 각질화, 성장률 감퇴 등
     - 닭에서는 발가락이 구부러지는 각약병(Curled Toe Paralysis)을 일으키는 것이 특징인데, 그 밖에 설사, 성장저해, 좌골신경 등의 종대(腫大), 산란율·부화율의 저하 등 각종 장애를 일으킨다.

- 돼지는 다리가 움직일 수 없게 되고 피부가 트고, 눈의 백내장, 성장저해, 번식장애 등을 볼 수 있다.
- 반추가축에서는 제1위 내에서 합성되므로 부족한 일은 없으나 어린 가축에서는 제1위가 미발달상태이므로 부족해지는 일이 있다.
- 사료첨가물로서는 리보플라빈 또는 리보플라빈낙산에스터의 형태로 이용된다.

ⓒ Niacin(나이아신, Nicotinic Acid, 비타민 B_3) - 항펠라그라 인자
- 니코틴산(Nicotinic Acid)이라고도 하며, 인간의 항펠라그라(Antipellagra)인자이다.
- 당질산화, 지방산 생합성, 전자전달계에 작용한다.
- 니코틴산은 생체 내에서 트립토판(Tryptophan)으로부터 합성된다.
- 밀기울, 쌀겨, 효모, 어분, 알팔파 밀에 많이 함유되어 있고, 곡류라든지 유박(油粕)에는 적게 함유되어 있다.
- 사료첨가물로서는 니코틴산 또는 니코틴산아마이드의 형태로 이용된다.
- 보효소, DPN, TPN에 함유되어 있고 해당(解糖)이라든지 호흡 같은 생체 내의 기본적인 대사(代謝)에 관여한다.
- 결핍증 : 홍반증, 심한 설사, 피부염, 신경장애, 전신쇠약, 펠라그라(Pellegra)
  ※ **과잉증** : 구역질, 토사, 설사, 얼굴·목·손이 붉어짐
  - 돼지에는 체중감소, 설사, 구토, 피부염 같은 것이 생기고 닭에는 성장저하, 구강염(口腔炎), 볏과 다리에 피부염, 산란지하 등을 일으킨다.
  - 반추가축에는 제1위 내에서 합성되므로 결핍이 일어지지 않는다.
  ※ 티아민(B_1), 리보플라빈(B_2), 나이아신(B_3)은 특히 탄수화물에서 에너지를 얻는 데 필수적인 비타민이다.

ⓔ Pyridoxine(비타민 B_6) - 항피부병인자
- 아미노산대사의 보조효소(PLP), 단백질대사, 적혈구 합성, 신경전달체대사, 근육기능유지 등을 한다.
- 아데르민(Adermin)이라고도 하며 화학구조에서 피리독신(Pyridoxine)이라고 불려진다.
- 효모, 곡류 및 강류에 많으며, 보통은 결핍하는 일이 좀처럼 없지만 강류(糠類)가 적은 고열량사료에서는 부족할 염려가 있다.
- 결핍증 : 유아(발작)지루성 피부염, 빈혈, 신경염
  - 돼지는 빈혈, 경련 및 성장부진, 발작 등의 증세를 일으킨다.
  - 닭은 성장저해, 식욕부진이 일어나고 산란율, 부화율이 저하, 흥분과 경련을 일으키고 쓸데없이 돌아다니며 날개를 텁석거리다가 폐사한다.
- 사료첨가물로서는 염산피리독신이 이용된다.

ⓜ Pantothenic Acid(판토텐산, 비타민 B_5)
- 에너지대사의 보조효소(Coenzyme A), Acetyl Choline, Cholesterol, 케톤체 합성에 관여한다.

- 화학적으로는 β-알라닌과 판토인산이 결합된 것이며, 아세틸기의 전이에 필요한 Coenzyme A 구조의 일부이다.
- 지방 또는 탄수화물의 대사에 필수적인 물질이며, 여과성 인자라고도 부른다.
- 옥수수와 대두박에는 부족하고 알팔파 분말, 어간, 밀기울 등에는 풍부하다.
- 결핍증 : 피로, 불면증, 복통, 수족의 마비 등
  - 돼지는 번식돈의 설사, 식욕 및 음수량 감소, 보행불안 등을 일으킨다.
  - 쥐는 털의 회색화·피부염·부신손상을 일으킨다.
  - 병아리의 경우 피부염, 개에서는 위장증상이 생긴다.

ⓑ Folic Acid(비타민 M) - 엽산
- 폴라신(Folacin) 또는 비타민 M이라고도 한다.
- RNA와 DNA대사의 보조효소, 단일탄소전달의 보조효소, 핵산·아미노산대사, 적혈구 생성에 관여한다.
- Purine, Pyrimidine 또는 특수한 아미노산의 생합성에 필요한 비타민이다.
- 결핍 : 거대적 아구성 빈혈(Megalo Blastic Anemia), 신경계 장애, 우모착색불량 등
- 사료 중의 부족보다는 오히려 그의 흡수 혹은 이용기구의 결함에 원인이 있다.

ⓢ Biotin(바이오틴, 비타민 H) - 항난백장애인자
- 당질, 지방대사에서 탄소길이를 늘이는 데 필요한 보조효소, 아미노산대사(지방산 합성·분해) 등에 관여한다.
- 생체 내에서는 탄산가스 고정의 반응에 관여하고 있으며, 아미노산이나 지방의 합성·대사에 중요하다.
- 젖소의 산유량 증진, 피부병 및 젖소의 발굽질병을 예방할 수 있는 비타민이다.
- 일반적으로 사료에 널리 분포해 있으므로 보통은 결핍되는 일이 없지만 생난백(生卵白)을 주면 난백에 함유된 아비딘이 장내에서 바이오틴과 결합해서 바이오틴의 흡수를 방해하기 때문이며 난백장애라고 한다.
- 결핍증 : 비늘이 벗겨지는 피부염, 탈모 및 성장부진 등
  - 병아리는 발바닥이 갈라지게 되고 부리나 눈 주위에 부스럼딱지가 생기는 피부염이 생기고 또 각약증(Perosis)의 발병원인이 되며, 종계(種鷄)에서는 부화율이 저하된다.
  - 돼지는 피부염, 피부의 건조, 성장저해 등을 일으킨다.
- 우리나라에서는 사료첨가물로서 α-Biotin이 쓰여지고 있다.

ⓞ 비타민 B_{12} - 항악성빈혈인자
- RNA와 DNA보조효소, 메티오닌 합성 관여, 신경섬유의 수초유지 등에 관여한다.
- 생체 내에서는 보조효소로서 아미노산대사, 핵산대사에 중요한 역할을 하고 있다.
- 어분, 어즙 등에 많고 발효부산물, 알팔파분말 등에 함유되어 있다.

- 성숙한 반추동물은 필요한 Vitamin B_{12}를 1위에서 합성한다.
- 결핍증 : 거대 적아구성 악성빈혈(IF 부족인 경우), 신경계질환 등
  - 닭은 부화율이 저하되고 부화된 병아리는 다리에 이상(異常)을 일으킨다.
- 반추위 내에서 미생물이 비타민 B_{12}를 합성할 때 꼭 필요한 무기물은 코발트(Co)로 코발트가 부족하면 제1위에서의 합성이 저해되어 비타민 B_{12}의 결핍이 일어난다.
- 우리나라에서는 사료첨가용으로 사이아노코발아민(Cyanocobalamin)이 인정받고 있다.

ⓩ 콜린(Choline)
- 콜린은 인지질 레시틴의 구성성분이고 지질의 대사에 관계한다.
- 콜린은 간장, 어분, 효모, 대두박, 곡류, 초류에 함유되어 있다.
- 가축이나 가금이 결핍되면 지방간이 되고 성장저하 등의 장애를 일으킨다.
- 각약증에 걸린다.
- 병아리나 자돈은 콜린의 요구량이 많아 이들의 사료에는 보통, 염화콜린이 첨가된다.

> **더알아두기**
>
> 비타민 B군
> - 반추위에서 합성되는 비타민이다.
> - 젖소의 제1위 내에서 합성된다.
> - 소는 수용성 비타민이 체내에서 생합성되기 때문에 사료에 필수적으로 공급해 줄 필요가 없다.

ⓩ 비타민 C - 항괴혈병인자
- Collagen 합성, 항산화제, 철분 흡수, 혈액응고, 모세혈관기능 유지, 산화·환원계 관여, 호르몬·신경계 전달물질 생성 등에 관여한다.
- 결핍 : 괴혈병, 정상출혈, 허약증세, 상처회복의 지연, 면역체계, 치아손상

2. 영양소의 생리적 기능과 역할

(1) 단백질의 영양소로서의 중요성과 기능

① 세포막의 구성성분으로서 성장 및 발육에 필요한 영양소이다.
  ㉠ 혈장단백질, 헤모글로빈(Hemoglobin)의 합성, 아미노산 풀(Pool)의 형성, 뼈의 신장, 장기·근육·피부, 털, 발굽 및 뿔 등의 구성성분이다.
  ㉡ 혈장단백질인 알부민, 글로불린, 피브리노겐이 간에서 합성된다.
② 당질이나 지질섭취량이 부족하면 체단백질이 분해되어 에너지를 공급한다.

③ 효소와 호르몬의 주성분으로서 영양소의 대사와 소화에 있어서 중요한 역할을 한다.
  ㉠ Peptide계 호르몬이나 아민호르몬(갑상선호르몬, 아드레날린, 인슐린, 글루카곤 등)을 생성하여 대사속도나 생리기능을 조절한다.
  ㉡ 효소는 순수단백질로 작용하거나, 조효소나 보결분자단이 결합하여 작용한다.
④ 유해물질이 체내에 침입하면 생체는 자기방어를 위해 이 침입물에 선택적으로 결합하는 물질인 항체(Antibody)를 형성하여 질병에 대한 저항력을 제공한다.
⑤ 세포막 내외의 체액분포는 전해질에서 일어나는 삼투압과 단백질(Albumin)에서 오는 압력에 따라 수분평형을 조절한다.
⑥ 기타 pH 조절, 신경자극전달계 형성, 아미노산의 생리적 기능 등이 있다.

(2) 탄수화물의 영양적 기능과 중요성

① 뇌와 신경조직의 구성성분이다.
② 유선에서 유당의 합성물질로 이용된다.
③ 동물 체내에서의 중요한 에너지 공급원이다.
  ㉠ 1g당 4kcal의 에너지를 공급(소화흡수율 평균 98%)한다.
  ㉡ 포도당(Glucose)은 뇌의 유일한 에너지 급원이다.
④ 지방과 단백질의 합성원료(지방산과 비필수아미노산의 합성원료)이다.
⑤ 지질대사를 원활하게 하여 케톤체(Ketone Body)가 생성되지 않도록 한다.
⑥ 에너지 전달체계의 구성물질이기도 하며, 일부 조직의 구성물질이다.
⑦ Cellulose, Hemicellulose, Pectin, Gum 등의 식이섬유를 공급한다.

(3) 지질의 기능과 중요성

① 고열량 영양소로 1g당 9kcal의 열량을 내는 효과적인 에너지 공급원이다.
② 필수지방산(Linoleic Acid와 Linolenic Acid, 아라키돈산 등)의 공급원이다.
③ 지용성 비타민(A, D, E, K)의 공급원이다.
④ 지방조직, 세포막, 호르몬, 신경보호막 등의 구성성분이다.
⑤ 체지방조직의 1/2 정도가 피하지방으로 체온유지에 관여한다.
⑥ 체지방조직의 나머지 1/2은 중요 내장기관을 보호한다.
⑦ 동물 체내에서 피하, 지방조직에 저장된다.
⑧ 유지는 UGF의 공급원으로 병아리의 성장을 촉진하고 사료의 기호성을 증진시킨다.

(4) 광물질(무기물)의 기능과 중요성
   ① 골격, 난각의 주요 구성성분이다.
   ② 체액의 삼투압을 조절한다.
   ③ 세포막의 투과성 조절로 영양소의 이동을 조절한다.
   ④ 신경과 근육 간의 자극전달에서 매개역할을 한다.
   ⑤ 체액 내 산과 염기의 평형을 조절한다.
   ⑥ 효소나 호르몬의 활성제 역할을 한다.
   ⑦ 에너지 발생을 위한 작용을 조절한다.
   ⑧ 혈액응고에 필수적인 역할을 한다.
   ⑨ 호르몬의 분비와 비타민의 합성에 관여한다.

> **더 알아두기**
>
> **주요 광물질의 중요성**
> - Na는 혈액 내에서 산과 염기의 평형과 삼투압 등을 조절하는 양이온이다.
> - Ca은 젖소가 분만 직후 갑자기 다량의 착유로 칼슘이 부족하게 되면 유열(Milk Fever)이 일어나고 산란계가 부족하면 난각이 얇아져 파란이 많이 발생하게 한다.
>
> 체내 Ca대사작용에 관여하는 비타민과 호르몬 : 비타민 D와 부갑상선호르몬(PTH)
> - Ca와 Mg는 세포막의 선택적 투과성을 조절하는 주요 양이온이다.
> - K, Ca, Mg는 신경과 근육 사이의 자극전달에 조력하는 주요 양이온들이다.
> - Mg와 Mn 등은 에너지대사에 관여하는 효소들의 활성을 증가시켜 주는 필수광물질이며, Ca는 혈액응고에 관여한다.
> - 아연(Zn)
>   - 가축에 부족하게 되면 부전각화증이 발생하고 모피의 형성이 저해를 받게 되며 또한 번식 관련 조절호르몬인 난포자극호르몬(FSH)과 황체호르몬(LH)의 기능을 조절한다.
>   - 난포자극호르몬과 난황호르몬의 기능을 증진하고, 젖소의 유방염 예방으로 체세포수를 감소시킨다.
> - 사료 중 인과 칼슘을 위해 공급하는 사료로는 골분, 인산칼슘제, 탈불인광석 등이다.
> - 셀레늄(Se)
>   - Se가 부족하게 되면 백근병(White Muscle Disease)과 후산정체가 발생된다.
>   - 병아리에서 비타민 E가 부족하여 발생되는 삼출성소질을 예방 또는 치료하기 위해 대체되는 무기물이다.

(5) 비타민의 기능과 중요성
   ① 번식, 시력, 골격형성 등의 고유한 생리현상을 지배한다.
   ② 조효소의 구성성분으로 탄수화물대사 및 에너지대사에 관여한다.

③ 여러 영양소의 효율적인 이용에 관여한다.
④ 피부병, 빈혈, 신경증 등의 질병을 예방한다.
⑤ 비타민 C, E는 항산화제로 지방의 산화방지역할을 한다.

※ 주요 대사성 질병의 영양학적 원인 및 관련해 발생하는 대사성 질병

구 분	영양상태		관련 대사성 질병
	결 핍	과 잉	
산독증	조섬유	에너지(농후사료)	전 위
난 산	에너지, 단백질	에너지	유 열
유 열	칼슘, 마그네슘, 단백질	칼슘, 인, 나트륨, 칼륨, 비타민 D	난산, 후산정체, 케토시스, 유방염
그래스테타니 (Grass Tetany)	마그네슘	칼륨, 단백질	-
기립불능	칼륨, 염소, 칼슘, 마그네슘	단백질, 칼륨, 유방염 (대장균이 원인)	유 열
후산정체	셀륨, 구리, 아이오딘, 인, 단백질, 에너지, 비타민 A, E	에너지, 칼륨	유열, 케토시스
유방부종	단백질, 마그네슘	나트륨, 칼륨	
케토시스	에너지, 단백질	-	유열, 후산정체, 전위
제4위 전위	조섬유	에너지(농후사료)	유열, 케토시스, 유방염

3. 영양소의 체내 대사작용

(1) 단백질의 대사작용

① 체내 단백질의 작용
  ㉠ 혈액, 근육, 골격 등 조직단백질의 합성에 이용 및 호르몬, 효소, 비타민 및 핵산 등의 합성재료를 제공한다.
  ㉡ 산화되어 에너지원으로 사용하며, 탈아미노화 후의 아미노기는 요소로 배출한다.
  ㉢ 탄수화물 및 지방질로 전환되고 혈당원, 비필수아미노산 생성 등에 작용한다.

② 아미노산의 변화
  ㉠ 탈아미노화 반응(Deamination) : 아미노산을 α-keto산과 NH_3로 분해하는 반응이다.
    • 아미노산이 암모니아와 케토산으로 나누어지는 것이다.
    • NH_3 : 요소회로(Urea Cycle)에 의해 요중으로 배설된다.
    • α-keto산 생성, 간과 신장에서 발생한다.
  ㉡ 아미노기 전이반응(Transamination) : α-아미노산의 Amino기가 다른 α-keto산으로 이동되어 새로운 아미노산과 keto산을 생성하는 반응이다. 이때 PLP(Pyridoxal-Phosphate)를 보효소로 사용한다.

ⓒ 탈탄산화반응(Decarboxylation) : α-아미노산의 -COOH에 Decarboxylase가 작용하여 Amine을 생성하는 반응(생리적 활성아민)이다.
ⓔ Ornithine회로(요소회로) : 탈아미노화 반응생성물인 암모니아는 혈액을 통해 간으로 이동하여 간세포에서 이산화탄소와 반응하고 그 생성물은 Ornithine과 반응하여 Citrulline이 되면서 요소생성경로로 돌아가 신장으로 배설된다.
ⓜ Creatine, Creatinine의 생성
- Creatine : 주로 신장에서 Arginine과 Glycine, Methionine을 원료로 하여 합성되며, 근육에 운반되어 Creatine Phosphate의 형태로 저장된다.
- Creatinine : Creatine의 최종 분해산물로 요 중으로 배설되며, 생성량은 총근육량에 비례하고, 섭취된 단백질량에 영향을 받지 않는다. 즉, 근육의 노동량에 비례하여 배설된다.

③ 미생물에 의한 단백질대사
㉠ 반추동물은 셀룰로스나 탄수화물 중합체들을 분해할 수 있는 효소가 없으므로, 반추미생물은 반추가축이 섭취한 섬유질사료를 소화하고 발효시키는 역할을 한다.
㉡ 반추미생물은 크게 세균(박테리아, Bacteria), 원생동물(Protozoa), 혐기성 곰팡이(Anaerobic Fungi) 3가지가 있다.
㉢ 반추미생물은 휘발성 지방산(VFA), 메탄, 이산화탄소 및 암모니아를 생성한다.
㉣ 반추동물미생물은 모두 단백질분해요소인 Urease를 가지고 있다.
㉤ 분해단백질은 반추위 내에서 반추미생물에 의해 암모니아로 분해된 후 반추미생물의 체구성에 이용되어 미생물체단백질을 형성하며 미생물체단백질은 장에서 흡수된다.
㉥ 비분해단백질은 반추위 내에서 미생물에 의해 분해되지 않고 반추위를 통과한 후 소장에서 직접 흡수된다.
㉦ 반추동물의 사료 중에 평균 60%가 반추위에서 분해되어 암모니아로 된 다음 미생물체단백질로 합성되어 이용되고, 나머지 40%는 제4위로 이행되어 소장에서 소화, 흡수된다.
㉧ 일반적으로 사료단백질은 단백질분해효소나 자체적으로 용해되어 더 작은 형태인 펩타이드로 변하고 다시 아미노산으로 분해된다.
㉨ 암모니아는 아미노산으로부터 생성되거나 사료 내 존재하는 비단백태질소물의 분해로 생성이 되어진다. 이러한 단백질 분해과정에서 생산된 작은 펩타이드, 아미노산 및 암모니아는 미생물에 의해 흡수가 되어 미생물체단백질을 생산해낸다.

> **더 알아두기**
>
> 미생물의 단백질대사
> - 사료 중의 단백질은 반추위 내 미생물의 분해작용
>   단백질 → 펩타이드 → 아미노산 → 암모니아, 휘발성 지방산 및 탄산가스
> - 대사과정 중 과잉 생산된 암모니아
>   - 타액(Saliva)으로 이동하여 다시 반추위로 돌아와 미생물체단백질로 이용된다.
>   - 혈액 중 암모니아 과대축적으로 암모니아중독증을 유발할 가능성이 있다.
> - 반추동물의 단백질의 이용 : 증식한 미생물(체단백질), 미분해사료단백질은 소장으로 유입되어 소화효소에 의해 아미노산으로 분해 및 흡수·이용된다.
> - 사료 내 질소화합물의 이용
>   - 질소화합물 → 아미노산 → 암모니아
>   - 반추위에서 흡수되어 간에서 요소형성 후 요(뇨)로 배출되거나 질소재순환에 활용된다.

(2) 탄수화물의 대사작용

① 간에서의 글루코스대사

㉠ 혈당 공급원
- 음식물 중 당질의 소화흡수에 의한 포도당(외인성)
- 간 글리코겐의 분해에 의해 생성된 글루코스
- 근육 글리코겐의 분해에 의해 생성된 유산이 간으로 운반되어 생성된 글루코스
- 당질의 이성화(Galactose, Mannose, Fructose)에 의해 생성된 글루코스
- 당질 이외의 물질로부터 생성된 글루코스(당신생 : Gluconeogenesis)

> **더 알아두기**
>
> 당류가 포도당으로 변화되어 사용되는 예
> - 지방합성에 쓰인다.
> - CO_2와 H_2O로 산화되어 에너지를 발생한다.
> - 여분이 있으면 Glycogen으로 저장된다.
> - 비필수아미노산의 탄소골격으로 쓰인다.

㉡ 대사경로
- 혈당(근육에서 글리코겐 합성 또는 산화)
- 글리코겐으로 합성되어 간에 저장
- 당질의 산화 : 해당작용 → TCA회로 → 전자전달계 → 에너지
- 지방합성 : 해당작용 → Acetyl-CoA → 지방산

- 다른 당의 형성
  - Ribose, Deoxyribose로 변화되어 핵산합성
  - Mannose, Glucosamine, Galactosamine으로 변화되어 Hyaluronic Acid, Chondroitin Sulfate, Heparin 생성
  - UDP-Glucuronic Acid로 변화되어 해독작용
  - Galactose로 변화되어 Lactose, Glycoprotein 생성
  - 아미노산 형성을 위한 탄소골격 제공(비필수아미노산의 생성)

> **더 알아두기**
>
> **글루코스의 신합성**
> - 주로 신장과 간에서 이루어진다.
> - 글리세롤과 젖산은 원료물질로 쓰인다.
> - 탄수화물사료의 공급이 부족할 때 꼭 필요한 과정이다.
> - 반추동물의 글루코스 신합성에는 글리세롤, 젖산, 프로피온산이 주원료로 이용된다.
> - 글루코스 신합성(Gluconeogenesis)에 관여하는 효소 : Pyruvate Carboxylase

② 근육에서의 글리코겐 대사
  ㉠ 근육 글리코겐의 합성
  - 혈액에 의해 운반된 글루코스는 근육에서 글리코겐으로 합성된다(간과 동일).
  - 근육에는 글루코스-6-P를 글루코스로 분해하는 효소(Glucose-6-Phosphatase)가 없기 때문에, 근육 글리코겐은 글루코스로 분해되지 않으므로 혈당에 영향을 미치지 않는다.
  ㉡ 근육 글리코겐의 분해
  - 근육 수축 시 근육 글리코겐이 분해된다.
  - 심근에서는 호기적인 분해가 일어나며, 다량의 에너지(ATP)와 CO_2, H_2O가 생성된다.
  - 골격근에서는 급격한 근수축 시 주로 혐기적인 분해가 일어나서 에너지와 유산을 생성한다.
  - 생성된 과잉의 유산은 혈액에 의해 간으로 보내져서 포도당으로 전환되고 다시 혈액을 따라 근육으로 이동하여 글리코겐의 형태로 재합성된다.

> **더알아두기**
>
> 주요사항
> - 물체의 간과 근육에 주로 저장되어 있는 탄수화물 : 글리코겐
> - 동물 체내에서 포도당의 해당과정(Glycolysis)으로부터 8ATP가 생성된다.
> - 포도당 1분자가 체내에서 완전히 산화될 때 ATP생성량은 : 38ATP
>   - 1분자의 포도당이 완전히 산화할 때 688kcal의 에너지가 방출되지만, 세포호흡에서는 이 중의 약 40%에 해당하는 277.4kcal만이 38ATP에 저장된다.
>   7.3kcal × 38ATP = 277.4kcal
>   - 표준조건하에서 포도당 1분자가 해당작용(Glycolysis)과 TCA회로를 거쳐 완전산화될 때 열발생효율은 약 40%이다.

③ 미생물에 의한 탄수화물대사
  ㉠ 전분은 곡류의 종자에 저장된 탄수화물로서 단위가축과 반추가축 모두가 쉽게 분해 이용할 수 있지만 조사료의 잎과 줄기에 함유되어 있는 탄수화물인 헤미셀룰로스와 셀룰로스는 반추가축의 반추위 내 미생물에 의해서 천천히 분해되는 특성을 가지고 있다.
  ㉡ 반추위 내 미생물은 탄수화물 분해효소를 분비하여 탄수화물을 단당류로 분해시킨다.

> **더알아두기**
>
> 탄수화물 분해효소
> - Maltase : Maltose → 2Glucose
> - Lactase : Lactose → Glucose + Galactose
> - Sucrase : Sucrose → Glucose + Fructose

  ㉢ 분해된 단당류들은 미생물세포 내로 들어가 대사과정을 거치면서 최종적으로 휘발성 지방산이 생성되는데 탄수화물의 55~65%가 휘발성 지방산으로 변한다.
  ㉣ 휘발성 지방산은 초산, 프로피온산, 낙산 등으로 대별되며 이들의 생성비율은 일반적으로 초산 65%, 프로피온산 20%, 낙산 9%의 비율로 생산된다.
  ㉤ 생성된 휘발성 지방산의 대부분은 반추위벽을 통해 흡수되며, 그중 프로피온산은 간에서 다시 글루코스로 재합성된 후 에너지원 또는 체지방의 합성에 이용되고, 초산은 체내에서 에너지원 및 유지방의 합성에 이용된다.
  ㉥ 휘발성 지방산과 미생물발효의 최종생산물은 제1위 벽을 통하여 간으로 흡수되어진다.
  ㉦ 대부분의 초산과 모든 프로피온산은 간으로 이동하지만 낙산의 대부분은 제1위벽에서 베타 하이드로뷰티레이트(β-Hydrobutyrate)라고 불리우는 케톤체(Ketone Body)로 전환된다.

◎ 케톤체는 체내 대부분의 조직에 에너지 공급원으로 사용되어진다. 한편, 케톤체는 주로 제1위에서 생성된 낙산으로부터 유래하지만 비유 초기에는 체내지방조직의 이동으로부터 생긴다.

> **더 알아두기**
>
> 케톤체(Ketone Body)가 생기는 원인
> • 초산과 낙산이 많을 경우
> • 포도당의 섭취량이 매우 적은 경우
> • Oxaloacetate가 적은 경우
> • 간에서 당류의 분해에 이상이 있는 경우

(3) 지방의 대사작용

① 간-효소와 호르몬 분비
  ㉠ 지방산+Glycerol과 새로운 TG(VLDL)에 의해 간 밖으로 운반 → 지방조직에 저장된다.
  ㉡ 지질운반 인자는 Choline, Methionine이다.
  ㉢ 당질 다량 섭취 시 지질로 전환(지방조직에 저장)된다.
  ㉣ 포화 Fa : 불포화 Fa(Stearic Acid → Oleic Acid, Linoleic Acid → Arachidonic Acid)
  ㉤ TG : 에너지 필요시 공급, 인지질·Cholesterol·기타 지방합성에 사용
  ㉥ 2개 탄소의 Acetyl CoA → Cholesterol 합성 → 담즙산을 생성한다.

② 지방의 β-산화
  ㉠ 지방산은 산화 시 카복시기(-COOH)로부터 베타 위치에 있는 탄소들이 2개씩 산화·분리되는데 이를 β-산화라고 한다.
  ㉡ 지방이 글리세롤과 지방산으로 분해되면, 글리세롤은 α-글리세롤포스페이트가 되어 해당과정(Glycolysis)을 거치며, 지방산은 β-산화(β-Oxidation)로 분해된다.
  ㉢ 지방산이 β-산화작용을 받게 되면 TCA회로 중의 Acetyl-CoA를 생성한다.
  ㉣ 생성된 Acetyl-CoA는 TCA회로에서 완전산화된다.
  ㉤ 한 개의 Acetyl-CoA가 TCA회로 중에서 완전산화하면 12개의 ATP가 생성한다.

> **더 알아두기**
>
> 팔미트산(Palmitic Acid)
> - 팔미트산의 완전산화로 106개의 ATP가 생성된다.
> - Palmitoyl CoA+7FAD+7NAD$^+$+7CoA+7H$_2$O → 8Acetyl CoA+7FADH$_2$+7NADH+7H$^+$
> - 팔미트산의 β-oxidation단계에서 생성되는 Acetyl-CoA의 수는 8개이다.
>
> 육탄당 일인산회로
> - 지방산 합성경로에 필요한 보조인자 NADPH는 육탄당 일인산회로 과정에 의하여 생성된다.
> - 지방산의 합성은 지방산 합성효소의 반응계를 통해서 이루어지며 이 반응계에 중요한 역할을 하는 조효소 NADPH는 탄수화물대사의 일종인 육탄당 일인산회로를 통해서 얻어지기 때문이다.
> - 육탄당 일인산회로의 기능적 특성
>   - 오탄당의 공급원이다.
>   - NADPH의 생산기구이다.
>   - 직접산화에 의해 CO$_2$가 생성된다.

③ 케톤체 형성
  ㉠ Acetyl-CoA가 옥살로아세테이트(Oxaloactic Acid)의 결핍이나 부족으로 인해 TCA회로로 순조롭게 들어가지 못해 과잉축적되면, Acetyl-CoA 2분자가 축합하여 케톤체 생성 반응으로 진행된다.
  ㉡ 케톤체는 아세토아세트산·β-하이드록시뷰티르산·아세톤 등이다.
  ㉢ 굶었을 경우 케톤체는 주요 에너지원이 되기도 한다.
  ㉣ 과잉의 포도당이 있으면 지방의 β산화가 감소되고 케톤체 형성이 감소한다.

④ 미생물에 의한 지방대사
  ㉠ 사료 중의 지방은 대부분 반추미생물에 의하여 글리세롤과 지방산으로 분해되는데 반추미생물은 이를 이용하여 휘발성 지방산과 미생물체지방을 형성한다.
  ㉡ 미생물은 휘발성 지방산을 이용하여 체내 마이리스틱산(Myristic Acid, $C_{14}:0$) 및 팔미틱산(Palmitic Acid, $C_{16}:0$)과 같은 새로운 지방산 및 미생물체지방을 합성한다.
  ㉢ 글리세롤은 반추미생물에 의한 발효과정에서 주로 프로피온산으로 전변되어 위벽에서 흡수된다.
  ㉣ 미생물체지방은 4위와 소장을 경유하면서 소화흡수가 이루어지는데 흡수된 지방은 에너지로 발산되거나 체내에 에너지원으로서 축적된다.
  ㉤ 불포화지방산은 반추위액 중에 있는 수소와 결합하여 포화지방산이 되어 일부는 미생물의 합성에 필요한 지방의 구성분이 되고 일부는 하부장기로 이동하여 소화·흡수된다. 이러한 작용 때문에 소고기가 닭이나 돼지고기보다 포화지방산함량이 높게 나타난다.

ⓑ 소화기관에서 흡수된 중성지방은 체내의 에너지원으로서 간에 저장되거나 체지방에 저장되어 에너지원으로 이용된다.

⑤ 생산되는 휘발성 지방산
  ㉠ 초산(아세트산, Acetic Acid, C_2) : 유지방의 합성에 가장 영향을 많이 미친다. 즉, 체내에서 에너지원 및 유지방의 합성에 이용된다.
  ㉡ 프로피온산(Propionic Acid, C_3) : 에너지원 또는 체지방의 합성에 이용된다.
  ㉢ 낙산(뷰티르산, Butyric Acid, C_4) : 에너지원으로 이용된다.

> **더알아두기**
>
> 사료와 육지방과의 관계
> 고기의 지방은 광택이 나는 백색 또는 크림색의 경지방이 좋으며, 황색의 연지방은 좋지 않으므로 비육 말기 출하 전에 사료의 선택이 매우 중요하다. 특히 돼지사료에 연지방함량이 높으면 생축, 가공용으로 불리하다고 한다.
> - 연지방(황색의 연한 지방)형성 : 옥수수, 미강, 어분, 대두박, 아마인박, 땅콩박, 채종박, 비지, 두과 사일리지
> - 경지방(백색의 단단한 지방)형성 : 보리, 밀, 호밀, 밀기울, 쌀, 맥강, 야자박, 고구마, 감자, 전분박, 짚류, 완두, 순무
>   - 비육 중 육지방(肉脂肪)을 단단한 지방(硬脂肪)으로 만드는 대표적인 사료 : 보리
>   - 크림색의 경지방을 가진 돼지고기를 생산하기 위해서는 비육돈 사료에 조섬유 함량이 많은 맥류(보리, 귀리, 호밀) 주원료로 하여 배합된 사료를 급여해야 한다.

02 사료의 영양가치평가

1. 소화율

(1) 소화율의 개념

① 소화율의 의의 : 가축이 섭취한 사료영양소 중 소화, 흡수된 부분의 비율이다.

$$\text{소화율} = \frac{\text{소화·흡수된 영양소량}}{\text{섭취한 영양소량}} \times 100 = \frac{\text{섭취한 영양소} - \text{분으로 배설된 영양소}}{\text{섭취한 영양소}} \times 100$$

$$\text{진정소화율} = \frac{\text{섭취한 사료성분량} - (\text{똥으로 배설된 사료성분량} - \text{대사성 성분량})}{\text{섭취한 영양소량}} \times 100$$

예제 송아지에 대한 소화시험에서 다음 성적을 얻었다. 이 사료 중 단백질의 소화율은?

- 사료섭취량 9.0kg
- 분배설량 6.0kg
- 사료 중 N% 2%
- 분 중 N% 0.32%

① 105% ② 89%
③ 84%   ④ 78%

해설 (9×2/100)−(6×0.32/100)/(9×2/100)×100 = 약 89%

예제 다음 조건에서 건물의 순소화율(또는 진정소화율, True Digestibility) 값은?

구 분	건물기준
섭취한 사료성분량	150g
똥으로 배설된 사료성분량	30g
대사성 성분량	2g

해설 진정소화율 $= \dfrac{150-(30-2)}{150 \times 100} = 81.33\%$

(2) 소화율에 영향을 주는 요인

① 가축에 의한 요인
  ㉠ 반추동물과 비반추 초식동물은 조사료에 대한 소화율이 높다.
  ㉡ 단위동물은 농후사료에 대한 소화율이 높다.
  ㉢ 대체적으로 재래종은 개량종보다 같은 영양소에 대한 소화율이 5% 정도 우수하다.
  ㉣ 나이가 어린 가축과 늙은 가축일수록 성체보다 소화율이 낮다.

② 사료에 의한 요인
  ㉠ 조섬유나 실리카 등을 많이 함유하면 소화율이 낮다.
  ㉡ 적당한 지방첨가는 소화율을 높이지만 지나치면 사료의 표면에 피막을 형성하여 소화율이 낮아진다.
  ㉢ 반추동물에서 전분을 소량 첨가하면 소화율은 높아지나, 과다하게 첨가하면 조사료의 소화율을 저하시킨다.
  ㉣ 일반적으로 아밀로펙틴은 아밀로스에 비해 소화율이 높다. 즉, 반추위 내 전분 분해속도는 귀리, 밀, 보리, 옥수수, 수수의 순이다.
  ㉤ 사료의 입자도는 소화율에 영향이 있다. 즉, 곡류를 가공할 경우 대부분은 반추위 내에서 전분의 소화율과 소화속도가 증가한다.
  ㉥ 곡류와 옥수수를 이용하여 사일리지를 제조할 경우 반추위 내 전분 소화율은 증가된다.

- ⓐ 사료의 소화율과 발효 속도를 보면 소화율이 낮을수록 소화물질로 발효되는 시간이 길어진다.
- ⓞ 당밀 소화율이 가장 빠르며 비트펄프, 곡류사료의 소화속도가 빠름과 동시에 소화율이 높다.
- ⓩ 비트펄프의 기호성과 소화율이 좋으나, 소화속도가 빨라 과다급여 시 반추위 내 이상발효가 일어난다.
- ⓒ 사료섭취량이 과다하면 소화율이 낮아지고 너무 적으면 대사분의 질소가 많아져 진정 소화율이 떨어진다.
- ㉠ 단위 동물에서 감자, 고구마, 곡류 등을 삶아 급여하면 전분질이 덱스트린으로 변화해서 쉽게 소화되어 효과적이며 특히 비육돈이나 어린 자돈에는 유리하다.
- ㉡ 같은 영양소도 사료의 종류에 따라 소화율이 달라진다.
- ㉢ 리그닌(Lignin)함량이 높으면 소화율은 낮다.

※ **사료의 소화율에 영향을 미치는 요인** : 동물의 종류, 품종, 연령, 조섬유, 지방첨가의 영향, 전분질 첨가의 영향
※ **반추가축 사료의 소화율 감소에 영향을 미치는 요인** : 배합사료섭취량 증가, 섬유소함량 증가, 분쇄곡류나 분말조사료

(3) 소화율 측정방법

① 직접측정방법(전분채취법, Total Collection Method)
  ㉠ 시험동물을 대사틀(Metabolic Cage)에 넣고 분을 채취한다.
  ㉡ 사료섭취량과 배분량을 측정하여 성분량으로 계산한다.
  ㉢ 일반적으로 외관소화율 측정에 이용한다.

  ※ **외관소화율(Apparent Digestibility)** : 외관상으로 흡수된 영양소의 비율

  $$소화율 = \frac{흡수한\ 영양소}{섭취한\ 영양소} \times 100$$

② 간접측정법
  ㉠ 표시물을 이용하는 방법
   • 사료에 소화할 수 없는 표시물을 넣어 먹이고 사료와 분의 표시물 함유량의 비율을 토대로 소화율을 측정한다.
   • 표시물의 종류 : 표시물질에는 산화철(Fe_2O_3), 산화크로뮴(Cr_2O_3), 황산바륨($BaSO_4$), 동위원소 색소원(Chromogen) 또는 리그닌(Lignin) 등이 있는데, 그중 산화크로뮴이 많이 이용된다.

> **더알아두기**
>
> 외부 표시물의 조건
> - 생리적으로 불활성물질일 것
> - 소화율을 구하는 목적성분이 아닐 것
> - 독성이 없고, 색의 구별이 쉬울 것
> - 정량분석이 용이할 것

　　ⓒ 인공 소화시험에 의한 방법(In Vitro)
　　　• 반추위의 환경조건을 유지한 시험기를 이용한다.
　　　• 펩신, 트립신 등의 약품이나 효소를 가지고 시험사료의 불소화물을 산출하여 소화율을 측정한다.
　　　※ **진정소화율(순소화율, True Digestibility)** : 분의 성분 중 소화액, 장상피세포, 박테리아 등의 함량과 대사분질소를 제외한 순수한 불소화영양소에 근거한 소화율이다.
　　　※ **대사분질소(Metabolic Fecal Nitrogen)** : 분으로 배설된 질소성분 중 체내에서 단백질의 분해로 생성된 질소성분

2. 사료의 영양가치 평가방법

(1) 화학적 평가방법

　① 일반성분 분석법
　　ⓐ 수 분
　　　• 100~150℃에서 건조하여 수분함량을 산출한다.
　　　• 주요 성분 : 수분과 휘발성 물질(100% − H_2O = DM%)
　　ⓑ 조회분
　　　• 시료를 연소로에서 500~600℃에 2시간 이상 완전히 태운 후 남는 중량으로 산출한다.
　　　• 주요성분 : 광물질
　　ⓒ 조단백
　　　• 황산을 이용하여 사료 중 질소함량을 켈달(Kjeldahl)법으로 분해하여 질소정량하여 6.25를 곱한 값(N × 6.25 = 조단백질)
　　　• 주요 성분 : 단백질, 아미노산, 비단백태질소화합물
　　ⓓ 조지방
　　　• 에터에 의해 용출되는 지방의 함량으로 산출한다.
　　　• 주요성분 : 지방, 유지, 왁스, 수지, 색소물질

- ⑩ 조섬유
  - 약산과 약알칼리로 끓인 후 용출되지 않는 성분 중 회분함량을 제한 값이다.
  - 주요 성분 : 셀룰로스, 헤미셀룰로스, 리그닌
- ⑪ 가용무질소물(Nitrogen Free Extract)
  - 전체 100에서 위의 다섯 가지 영양소를 제외한 잔량(100 - 위의 5가지 성분)
  - 주요 성분 : 전분, 당류, 약간의 셀룰로스, 헤미셀룰로스, 리그닌
② 반 소에스트(Van Soest)법
  - ⊙ 개 념
    - 섬유질성 탄수화물 성분을 분석한다.
    - 사료의 건물을 세포 내용물, 세포막 구성물질로 분류하여 정량한다.
    - 세포막 구성물질을 셀룰로스, 헤미셀룰로스, 리그닌으로 정량한다.
  - ⓒ 정량되는 내용물의 특성
    - NDS(Neutral Detergent Solubles) : 중성세제에 끓여서 용해되는 물질로 세포내용물을 의미하며, 일반분석방법에서의 조단백질, 조지방, 가용무질소물 중 대부분이 여기에 속한다.
    - NDF(Neutral Detergent Fiber) : 중성세제에 끓여도 용해되지 않는 물질로 세포막 성분에 해당하며, 셀룰로스, 헤미셀룰로스, 리그닌, 실리카 등을 정량한다.
      ※ 가용성 물질인 셀룰로스, 헤미셀룰로스는 소, 면양, 산양 등의 반추위 내 미생물에 의해서 소화된다. 그러나 리그닌과 실리카는 미생물에 의해서 소회되지 않는다.
    - ADF(Acid Detergent Fiber) : NDF 중 산성세제에 용해되지 않는 물질로 셀룰로스, 리그닌, 실리카 등을 정량한다. NDF-ADF = 헤미셀룰로스의 양이 계산에 의해 구해진다.
    - ADL(Acid Detergent Lignin) : 리그닌의 함량을 분석한다.

(2) 에너지대사와 단위

① 에너지대사의 개념
  - ⊙ 에너지란 물리적으로 일을 수행할 수 있는 능력을 말한다.
  - ⓒ 가축은 시료로부터 에너지를 얻으며, 생명활동을 유지한다.
  - ⓒ 반추위 내에서 소화되는 것은 조단백질로서 비단백태질소화합물(NPN)이나 Peptide와 같이 매우 급속히 분해되는 가용성 단백질(SIP)과 다양한 속도로 미생물에 의해 분해되는 분해성 단백질(RDP) 및 탄수화물과 섬유소 등을 들 수 있다.
  - ⓔ 사료에너지는 GE(총에너지), DE(가소화에너지), ME(대사에너지) 및 NE(정미에너지)로 분류되고, TDN(가소화영양소총량)을 이용하여 표기한다.

② 에너지의 단위
  - ⊙ 에너지단위로 가장 많이 사용되는 것은 J(Joul, 줄)이며, J(줄)은 다시 cal(칼로리, Calorie)로 전환될 수 있다.

ⓒ 1줄은 1뉴턴의 힘으로 1kg의 물체를 1m 움직이는 데 소요되는 에너지의 양이다.
　　ⓒ 1칼로리는 1g의 물을 1기압하에서 14.5℃에서 15.5℃로 1℃ 올리는 경우에 소요되는 열량을 '칼로리'라 하고 cal로서 나타낸다. 4.186J에 상당한다.
　　ⓔ 1,000cal를 '1kg칼로리' 또는 '대(大)칼로리'라고 하고 kcal 또는 cal로 표시한다.
　　ⓜ 영양학에서는 '대(大)칼로리'를 단순히 '칼로리'라고 하는 예가 많다. 1,000kcal를 1Mcal (메가칼로리)라고 한다.
　　ⓗ 사료의 총에너지(Gross Energy) 측정은 칼로리미터(열량계)를 사용하며 가축 등의 발열량을 측정하는 장치로서 호흡칼로리미터(호흡열량계)가 있다.

(3) 생물학적 평가

① 총에너지(Gross Energy, GE)
　ⓐ 섭취한 사료의 총에너지
　ⓑ 사료를 완전히 산화시키면 사료 중의 화학에너지가 물(H_2O)과 이산화탄소(CO_2) 및 그 밖의 가스로 분해되면서 일정한 열을 발생하는데, 이때 발생하는 열량을 말한다.
　ⓒ 사료의 에너지가를 측정하기 위해서는 열량계(熱量計 : Calorimeter)를 사용한다.

② 가소화에너지(Digestible Energy, DE)
　ⓐ 섭취한 사료의 총에너지에서 분으로 배설된 에너지를 공제한 값으로 계산한다.
　ⓑ 소와 돼지에서는 비교적 측정이 간단하다.
　ⓒ 닭은 총배설강(Cloaca)를 통하여 동시에 똥과 오줌을 배설하기 때문에 똥으로만 배설된 에너지를 측정하기는 어렵다.

③ 대사에너지(Metabolizable Energy, ME)
　ⓐ 가소화에너지에서 오줌 및 가연성 가스 등으로 손실되는 에너지를 공제한 값이다. 즉, 섭취한 사료의 총에너지에서 분에너지, 요(뇨)에너지, 가연성 가스를 제외한 에너지이다.
　ⓑ 가금에 주로 이용되는 에너지 표시방법이다.
　ⓒ 가축의 질소균형에 따라 크게 영향을 받는다.
　ⓓ 질소정정대사에너지 산출 시 동물에 따라 각각 다른 정정계수를 사용한다.
　ⓔ 메탄과 같은 가스에너지에 의해서도 영향을 받는다.
　ⓗ 단위가축(돼지, 닭)에서 가소화에너지와 대사에너지의 차이는 주로 오줌으로 인한 손실에 기인한다.

④ 정미에너지(Net Energy, NE)
　ⓐ 대사에너지에서 열량증가로 손실되는 에너지를 뺀 에너지이다.
　ⓑ 순수하게 가축의 생명유지, 성장, 축산물 생산, 기초대사, 체온조절 등으로 쓰이는 가장 과학적인 에너지 표현방법이다.

ⓒ 가축이 사료로 섭취한 에너지 중 순수하게 동물의 유지 및 생산을 위하여 이용되는 에너지이다.

② NEm(정미유지에너지 : Net Energy for maintenance)
- 유지(維持)를 위한 정미에너지는 동물이 에너지 균형상태에 있을 때 소요되는 에너지를 말한다.
- 유지(維持)를 위한 에너지요구량은 동일 체중이라도 생산(生産)의 여부에 따라서 달라지게 되는데, 이는 호르몬의 분비량 또는 자율활동 증가의 차이에 기인한다.

◎ NEg(증체를 위한 정미에너지 : Net Energy for gain)
- 정미에너지 중 유지(維持)를 위하여 사용된 NE는 대부분 열(熱)의 형태로 체외로 분산되지만 성장하는 데 사용된 NE는 화학에너지의 형태로 이 에너지는 생산물에 축적하게 된다.

ⓗ NEl(유생산을 위한 정미에너지 : Net Energy for lactation)
착유우에 있어 섭취한 에너지가 최종적으로 이용되는 단계에 이르기까지 여러 과정에서 소실되어 최종적으로 우유생산이나 증체를 위해 이용된다. 우유생산을 위한 정미에너지를 NEl이라 한다.

⑤ TDN(가소화영양소총량 : Total Digestible Nutrients)
㉠ 사료에 들어 있는 가소화열량가의 총합으로 소화율을 기초로 계산한다.
㉡ 측정이 간단하나 저질조사료의 사료가치평가에 문제가 있다.
㉢ TDN과 DE는 상호전환이 가능하다(1kg TDN = 4,400kcal).

> TDN = 가소화조단백질 + (가소화조지방 × 2.25) + 가소화조섬유 + 가소화가용무질소물
> = 가소화탄수화물 + 가소화단백질 + 가소화지방 × 2.25

㉣ 가소화조지방에 2.25배를 곱하는 이유는 조지방의 열량이 단백질이나 탄수화물보다 2.25배 높기 때문이다.
※ 단백질이나 탄수화물 1g에서 발생하는 열량은 4kcal, 지방은 9kcal이다.

> **예제** 가소화조단백질 11%, 가소화조지방 1.0%, 가소화조섬유 2.0%, 가소화조회분 2.0%, 가소화가용무질소물 70%일 때 가소화양분총량(TDN)은 약 얼마인가?
> **해설** 가소화양분총량(TDN) = 가소화탄수화물 + 가소화단백질 + 가소화지방 × 2.25
> = 2 + 70 + 11 + 1 × 2.25
> = 85.25%
> ※ 가소화탄수화물 = 가소화조섬유 + 가소화가용무질소물

㉤ TDN의 결점을 보완하고자 다음과 같이 개정하였다.

> TDN = (가소화조단백질 × 1.36) + 가소화탄수화물 + (가소화조지방 × 2.25) + 가소화조섬유
> ※ 가소화단백질에 1.36배를 곱하는 이유는 단백질이 탄수화물보다 1.36배의 에너지를 가졌기 때문이다.

⑥ 전분가(SV)
　㉠ 사료의 에너지가치를 녹말의 체지방 생산능력을 기준으로 만든 에너지단위이다.
　㉡ 독일의 켈네르(Kellner, 1907)가 비육우를 이용하여 만든 정미에너지평가법이다.
　㉢ 전분을 1로 할 경우 가소화순단백질은 0.94, 가소화조지방은 1.91~2.41을 기초로 전분가를 계산한다.
　㉣ 비육축에는 비교적 정확하나 젖소 등에는 부정확하다.

⑦ 사료의 단위
　㉠ 사료단위란 보리 1kg이 가지고 있는 우유 생산효과를 말한다.
　㉡ 스웨덴의 한슨(Hanson)이 창안한 것으로 스칸디나비아 사료단위라고도 한다.
　㉢ 젖소의 우유 생산효율을 기준으로 하였다.
　㉣ 1사료단위(SFU)는 0.75 유생산가와 같다. 따라서 사료별 유생산가를 계산하여 0.75로 나누면 사료단위(SFU)가 계산된다.
　　※ 몰가드(Mollgard) 사료단위는 소의 비육에 있어서 1kg의 전분가는 2,365kcal의 정미에너지에 해당한다.

(4) 사료의 단백질가 표시

① 가소화조단백질(DCP)
　㉠ 가축이 섭취하여 소화가 가능한 사료중의 조단백질함량을 나타내는 것이다.
　㉡ 조단백질이란 순단백질과 비단백태질소화합물(NPN)을 총칭한다.
　㉢ 사료의 조단백질함량에 소화율을 곱한 것이다.

> 가소화조단백질(DCP) = 조단백질 × 단백질소화율

> **예제** 사료의 조단백질함량이 40%이고, 소화율이 70%일 때의 가소화조단백질(DCP)함량은?
> **해설** 가소화조단백질(DCP) = 0.4 × 0.7 × 100 = 28%

② 단백질 당량(Protein Equivalent : PE)

> 단백질 당량(PE) = 가소화순단백질 + 1/2비단백태질소화합물
> 　　　　　　　　= DCP + DTP / 2

　㉠ 가소화조단백질과 가소화순단백질의 장단점을 보완하기 위해 영국에서는 단백질 당량이라고 하는 단위를 사용하고 있다.
　㉡ 이것은 비단백태질소화합물(NPN)이 가소화순단백질의 1/2에 상당하는 영양가치를 지니고 있다는 데 근거를 두고 있다.
　㉢ 반추동물의 경우 요소와 같은 NPN(비단백태질소화합물)도 유효하게 이용된다.

③ 단백질효율(PER ; Protein Efficiency Ratio)

$$\text{단백질효율(PER)} = \frac{\text{증체량(g)}}{\text{단백질섭취량(g)}}$$

㉠ 단백질섭취량에 대한 체중 증가량의 비율로 측정한다.
㉡ 성장하는 동물의 체중 증가에 기여하는 단백질의 이용을 기준으로 단백질의 질을 평가하는 방법이다.

④ 단백질가(GPV ; Gross Protein Value) : 단백질함량 8%의 기초사료에 공시단백질을 첨가한 사료, 또 하나는 기초단백질을 첨가한 사료를 병아리에게 주었을 때 두 구간의 증체비율을 단백질가라고 한다.

$$\text{단백질가} = \frac{\text{공시 단백질 첨가구 병아리 1g의 증체량}}{\text{기준 단백질 첨가구 병아리 1g의 증체량}} \times 100$$

⑤ 생물가(BV ; Biological Value)
㉠ 소화 흡수된 분해단백질의 체단백질 합성량을 기준으로 단백질을 평가하는 방법이다. 즉, 흡수된 단백질이 얼마나 효율적으로 체단백으로 전환되었는가를 측정한다.
㉡ 가축 체내에 축적 또는 이용된 단백질의 양으로 사료의 단백질가치를 평가하는 방법이다(가소화단백질의 체단백질로의 이용가치).
㉢ 단점 : 흡수된 질소를 기준으로 단백질의 질을 판정하기 때문에 소화흡수율에 차이가 있는 식품단백질의 평가로는 적절하지 못하다.

더알아두기

$$\text{단백질 생물가} = \frac{\text{체내 축적된 질소량}}{\text{흡수된 질소량}} \times 100$$

$$\text{생물가} = \frac{\text{섭취한 질소} - (\text{분질소} + \text{요질소})}{\text{섭취한 질소} - \text{분질소}} \times 100$$

⑥ 정미단백질가(NPV ; Net Protein Value)
㉠ 섭취한 사료단백질에 대한 체단백질로 재합성량을 토대로 한 단백질의 가치평가법이다.
㉡ 생물가에 소화율을 곱해서 구하거나, 섭취한 질소량 중에 체내흡수·이용질소량 비율로 측정한다.
㉢ 체내단백질의 이용효율이라는 면에서 생물가와 유사하나 생물가는 흡수된 단백질을 기준으로 이용률을 평가하는 반면, 정미단백질가는 사료단백질의 효율과 체내 흡수이용률이 모두 고려된 단백질평가법이다.

$$\text{정미단백질가} = BV \times \text{소화율} = \text{체내 이용질소량} / \text{섭취한 질소량} \times 100$$

⑦ **순단백질 이용률**(NPU ; Net Protein Utilization)
  ㉠ 섭취단백질의 체내 보유량을 성장하는 동물에서 측정하는 방법이다.
  ㉡ 생물가는 흡수된 단백질이 몸 안에서 이용되는 것을 나타내지만 소화율이 고려되지 않은 데 비하여 순단백질 이용률은 소화율을 배려한 값이다.

$$NPU = \frac{\text{체내 축적 질소량}}{\text{섭취 질소량}} = \text{생물가} \times \text{소화흡수율}$$

⑧ **화학가(아미노산가)**
  ㉠ 평가단백질의 필수아미노산 조성을 분석하여 인체단백질 합성에 이상적인 단백질의 필수아미노산 조성과 비교한다.
  ㉡ 표준단백질의 선택에 따라 그 값이 달라지며 생체 이용률이 고려되지 않았고, 평가단백질의 구성 아미노산 간의 균형이 평가되지 않는다는 단점이 있다.

$$\text{화학가} = \frac{\text{평가 단백질의 g당 제1제한아미노산의 mg}}{\text{이상적인 단백질의 g당 위와 같은 필수아미노산의 mg}} \times 100$$

※ **이상적인 단백질** : 달걀이나 우유단백질 등 완전단백질

(5) 사료의 종합적 평가

① **영양률**(NR ; Nutritive Ratio) : 가소화단백질에 대한 비단백질 가소화영양소총량(가소화지방 $\times 2.25$, 가소화탄수화물)의 비율을 말한다.

$$\text{영양률} = \text{가소화탄수화물} + \text{가소화지방} \times 2.25 / \text{가소화단백질}$$
$$= \text{가소화양분총량(TDN)} - \text{가소화단백질(DCP)} / DCP$$

예제 가소화양분총량(TDN)이 72%, 가소화단백질(DCP)이 12%인 사료의 영양률(NR)은 얼마인가?
해설 $NR = \dfrac{TDN - DCP}{DCP} = \dfrac{72 - 12}{12} = 5$

※ 사료작물 영양가치는 성숙기가 진행됨에 따라 단백질과 이용가능한 탄수화물이 감소된다.

② 사료효율(FE ; Feed Efficiency)
  ㉠ 성장 중인 가축에서 증체량의 사료섭취량에 대한 비율로 나타낸다.
  ㉡ 사료의 이용효율을 나타낼 뿐만 아니라 비용 대비 생산성을 측정하는 지표로 활용된다.
  ㉢ 사료효율이 클수록 좋다. 사료효율을 역으로 계산하면 사료요구율이 된다.

  - 사료효율 증체량(kg)/사료건물섭취량(kg)
  - 사료요구율(Feed Conversion Rate, FCR) = 사료건물섭취량/증체량

  ※ **사료효율이 가장 좋은 경우** : 증체량은 높으나 사료섭취량이 낮은 경우

③ 칼로리단백질비율(CPR)
  ㉠ 사료 중 조단백질에 대한 대사에너지의 비율로 사료의 가치를 평가하는 방법이다.
  ㉡ 사료 1kg에 들어 있는 대사에너지의 칼로리를 조단백질함량으로 구한다.
  ㉢ 단백질과 에너지 수준이 높을수록 성장률과 사료효율이 향상된다.
  ㉣ 닭에 주로 사용된다.
  ㉤ 칼로리단백질비율(CPR) = 대사에너지/조단백질

> **더 알아두기**
>
> **사료의 영양가치를 표시하는 방법**
> - 사료의 일반성분 : 수분 또는 건물, 조단백질, 조지방, 조섬유, 조회분 및 가용 무질소물 등
> - 소화율
> - 에너지 : 총에너지, 가소화에너지, 대사에너지, 정미에너지
> - 가소화영양소 총량(TDN)
> - 사료효율과 사료요구율

3. 사료 분석방법

(1) 수분정량분석

  ① 시료분석
    ㉠ 칭량병(도가니)의 항량을 구한다.
      - 빈 칭량병을 105℃ Dry Oven에서 2시간 건조(이때 칭량병의 뚜껑을 반드시 열 것)
      - Desiccator에서 30분 방랭(칭량병의 뚜껑을 반드시 닫을 것)
      - 칭량병 칭량(이 조작을 항량이 될 때까지 반복)
    ㉡ Dry Oven(105℃)에서 뚜껑을 반쯤 열고 30분 건조 → Desiccator에서 10분 방랭 → 칭량한다.

② 계 산

$$수분(\%) = \frac{W_1 - W_2}{W_1 - W_0} \times 100$$

- W_0 : 칭량병의 중량(g)
- W_1 : (시료+칭량병)의 중량(g)
- W_2 : W_1을 건조하여 항량이 되었을 때의 중량(g)

(2) 조단백질 정량분석

① 시료분석(적정)

㉠ 암모니아를 포집한다.
㉡ 플라스크 중에 잔존하고 있는 N/10 황산용액에 혼합지시약(Methyl Red : Methylene Blue = 2 : 1)을 넣고 N/10 수산화나트륨(NaOH)용액으로 적정한다(종말점 : 담초록).
㉢ 암모니아에 의해서 중화한 N/10 황산용액의 용량을 알 수 있다.
㉣ 이상의 조작과 같게 별도로 바탕시험(공시험)을 행한다.

② 계 산

$$조단백질 = \frac{(b-a) \times F \times 0.0014 \times V \times 6.25}{S} \times 100$$

- a : 본시험에 대한 N/10 NaOH 용액의 적정치(mL)
- b : 공시험에 대한 N/10 NaOH 용액의 적정치(mL)
- S : 시료의 평취량(g)
- F : N/10-NaOH 용액의 역가(g)
- V : 희석배수
- 0.0014 : N/10-NaOH 용액 1mL에 상당하는 질소량(g)

(3) 조지방 정량분석

① 시료분석

㉠ 105℃ Dry Oven에서 수기를 1시간 건조한 후 데시케이터에서 30분간 방랭한다(W_0).
㉡ 분쇄한 시료(라면) 5g을 원통여지에 넣고 칭량한다(S).
㉢ 시료의 뜸을 방지하기 위해 탈지면을 위시료 위에 덮는다.
㉣ 단, 시료의 수분함량이 많을 경우에는 Dry Oven(105℃)에서 2~3시간 건조하고 데시케이터 안에서 방랭한 후 사용한다.
㉤ 시료를 Soxhlet 추출장치의 추출관에 넣는다.
㉥ 50~60℃의 물중탕 위에서 약 8~16시간 가열한다.

ⓐ 지방질이 완전히 추출되면 원통여지를 추출관에서 속히 핀셋으로 꺼내고 다시 냉각기를 연결해 물중탕 위에서 가열한다.
ⓑ 수기(정량병) 중의 Ether가 전부 추출관에 모이면 수기만을 분리하여 물중탕에서 남은 Ether를 휘발시킨다.
ⓒ 수기 주위를 거즈로 깨끗이 닦고 Dry Oven(100~105℃)에서 1시간 건조시킨다.
ⓓ 데시케이터에서 30분간 방랭한 후 칭량한다(W_1).

② 계 산

$$조지방 = \frac{W_1 - W_0}{S} \times 100$$

- W_0 : 수기의 무게(g)
- W_1 : 지방추출 후의 수기의 무게(g)
- S : 시료의 채취량(g)

(4) 조섬유 정량분석(헨네베르크-스토만(Henneberg-Stohmann) 개량법에 의한 정량법)

① **시료분석**

㉠ 시료 1~2g을 500mL 톨비커에 취하고 5% 황산액 50mL와 증류수 150mL를 가하고 거품방지제 2~3방울을 떨어뜨린 다음 30분간 끓인 후 뜨거운 증류수로 여러 번 세척한다.
㉡ 산 불용해물은 증류수 130~140mL로 톨비커에 씻어 넣고 5% 수산화나트륨용액 50mL를 가한 다음 200mL 표선까지 증류수로 채운다.
㉢ 다시 30분간 끓이고 여과지 또는 유리여과기로 여과하는데 알칼리성이 없어질 때까지 뜨거운 증류수로 세척한다.
㉣ 다시 95% 에틸알코올로 3회, 에틸에터로 2회 세척하고 95~100℃에서 2시간 예비 건조한 다음 135±2℃에서 2시간 건조 후 데시케이터 내에서 30분간 방랭한다.
㉤ 칭량 후 5A여과지에 사용 시에는 자제크루시블(600℃ 전기로에서 2시간 태워 항량을 구한 것)에 넣고, 유리여과기의 경우 직접 전기로에 넣어 600℃에서 2시간 회화하고 40분간 데시케이터 내에서 방랭한 후 무게를 측정한다.

② 계 산

$$조섬유(\%) = \frac{d - a}{s} \times 100$$

- d : 분해 후 여과한 잔사의 건조중량(g)
- a : 잔사를 회화한 후 남은 회분량(g)
- s : 공시료의 중량(g)

(5) 조회분정량분석

① 시료분석
  ㉠ 600℃ 전기로에서 1~2시간 태운 크루시블(Crucible)을 데시케이터 내에서 40분간 방랭한 후 칭량한다.
  ㉡ 시료 2~3g을 취하여 전기곤로 또는 가스버너로 열을 가하여 예비 회화시킨 후 600℃ 전기로에 넣어 2시간 태운 다음 데시케이터 내에서 40분간 방랭 후 칭량하여 이중량으로부터 크루시블의 중량을 감(減)한 것을 조회분함량으로 한다.

② 계 산

$$조회분(\%) = \frac{회화 \, 후 \, 무게(시료+크루시블) - 크루시블 \, 무게}{시료중량(g)} \times 100$$

(6) 가용무질소물(Nitrogen Free Extract)

① 시료를 100으로 하여 여기에서 수분, 조단백질, 조지방, 조섬유, 조회분함량(%)을 감해서 구한다.
② NFE의 주성분은 가용성 당과 전분이고 일부 Cellulose와 Hemicellulose 및 Lignin이 포함된다.
③ 특히 조사료 분석 시 NFE 중에는 농후사료보다 상당량의 Cellulose, Hemicellulose 및 Lignin이 포함되어 있다.
④ NFE = 100 - [수분(%) + 조단백질(%) + 조지방(%) + 조섬유(%) + 조회분(%)]

4. 사료의 품질감정

① **경험적 방법** : 오감(시각, 미각, 후각, 촉각 등)에 의하여 사료의 품질을 판별하는 방법
② **이학적 방법** : 기구, 시약을 사용하여 사료의 품질을 판별하는 방법
  ㉠ 사별법(篩別法, 체별법) : 각기 다른 구멍이 있는 체를 사용하여 크기별로 분류한 후 사용된 원료, 혼입된 잡사료를 판정한다.
  ㉡ 비중선별법 : 비중이 다른 액체에 사료를 넣어 뜨는 것과 가라앉는 것을 분류하여 이물질의 혼입비율, 단미사료의 종류를 판정한다.
  ㉢ 용적중 칭량법 : 용적중(일정용적에 대한 사료의 중량 ; Bulk Density)을 측정하여 원료의 충실도, 이물질의 혼입여부, 사료가공의 정도로 사료의 질을 판정한다.

② 확대경 및 현미경검사 : 분리, 정성검사, 정량검사, 기타 검사가 있으며, 크기가 작은 사료의 식별에 이용된다.
      ⓜ 자석에 의한 방법 등이 있다.
  ③ **화학적 방법**
      ㉠ 정성분석법 : 리그닌의 검출·사료 중의 무기염류의 검출
      ㉡ 정량분석법 : 사료의 영양소함량을 측정하여 그 성분량으로 사료의 가치, 이물질의 혼입 여부를 판정한다.
  ④ **이화학적 감정법**
      ㉠ 무기염의 검출
      ㉡ 항생물질의 검사
  ⑤ **미생물학적 감정법** : 원료나 배합사료 내에 미생물의 존재 유무를 직접 또는 배양하여 검사하는 것이다.
  ⑥ **동물시험에 의한 감정법**

적중예상문제

PART 03 가축사양학

01 동물세포의 구성성분일 뿐만 아니라 효소 및 호르몬의 주성분으로 유전현상 및 생명현상에 관여하는 영양소는?
① 탄수화물 ② 지 방
③ 단백질 ④ 광물질

02 특히 성장 중인 가축에서 체내 축적이 왕성하게 이루어지므로 다량 요구되는 성분은?
① 단백질
② 수용성 비타민
③ 탄수화물
④ 물

03 단백질에 대한 설명 중 옳지 않은 것은?
① 세포원형질의 주요한 성분이다.
② 생물체 내에서 효소 호르몬의 구성성분이다.
③ 각종 기관과 연조직의 주요 구성성분이다.
④ 체온의 상실을 방지하는 절연체이다.

04 다음 아미노산 중 순수하고 완전한 Ketogenic 아미노산은?
① Serine ② Glycine
③ Alanine ④ Leucine

해설

분해경로에 의한 아미노산의 분류

Ketogenic (케톤원성)	• Leucine	• Lysine
케톤원성 및 당원성	• Isoleucine • Tryptophan	• Phenylalanine • Tyrosine
단지 Glucogenic (당원성)	• Alanine • Aspartic Acid • Cysteine • Glutamine • Histidine • Proline • Threonine	• Arginine • Aspargine • Glutamic Acid • Glycine • Methionine • Serine • Valine

정답 1 ③ 2 ① 3 ④ 4 ④

05 다음 [보기]의 영양소를 바르게 골라 나열한 것은?

보기
- ㉠ Arsenic
- ㉡ Aspartic Acid
- ㉢ Ascorbic Acid
- ㉣ Oleic Acid

① 아미노산 : ㉢, 비타민 : ㉡, 지방산 : ㉠, 미네랄 : ㉣
② 아미노산 : ㉡, 비타민 : ㉢, 지방산 : ㉣, 미네랄 : ㉠
③ 아미노산 : ㉢, 비타민 : ㉡, 지방산 : ㉣, 미네랄 : ㉠
④ 아미노산 : ㉡, 비타민 : ㉢, 지방산 : ㉠, 미네랄 : ㉣

06 지방산의 화학적 분석에 가장 많이 쓰이는 전용 분석기기는?

① Gas Chromatography
② Spectrofluorometer
③ Scintillation Counter
④ Atomic Absorption Spectrophotometer

해설

Gas Chromatography
각종 사료나 식품 내에 함유하고 있는 포화지방산, 불포화지방산 및 휘발성 지방산의 분석이 가능하며 일정함량까지 구할 수 있다. 또한 콜레스테롤 분석까지 가능하여 다양한 방향으로 사용되고 있다.

07 필수아미노산(Essential Amino Acid)으로만 구성되어진 것은?

① Lysine - Tyrosine - Serine - Glycine
② Methionine - Cystine - Valine - Serine
③ Histidine - Valine - Lysine - Leucine
④ Threonine - Valine - Lysine - Alanine

해설

필수 및 비필수아미노산

필수아미노산		비필수아미노산
대치 불가능 아미노산	대치 가능 아미노산	
아르기닌 (Arginine)	-	글리신 (Glycine)
라이신 (Lysine)	-	알라닌 (Alanine)
트립토판 (Tryptophan)	-	세린 (Serine)
히스티딘 (Histidine)	-	아스파르트산 (Aspartic Acid)
페닐알라닌 (Phenylalanine)	타이로신	글루탐산 (Glutamic Acid)
류신 (Leucine)	-	프롤린 (Proline)
아이소류신 (Isoleucine)	-	하이드록시프롤린 (Hydroxyproline)
트레오닌 (Threonine)	-	시스테인 (Cysteine)
메티오닌 (Methionine)	시스틴	타이로신 (Tyrosine)
발린 (Valine)	-	하이드록시라이신 (Hydroxylysine)

※ 글리신은 닭에서는 필수아미노산이다.

08 가축에 있어서 필수아미노산에 속하지 않는 것은?

① Lysine
② Methionine
③ Valine
④ Tyrosine

09 다음 중 필수아미노산인 페닐알라닌을 대치할 수 있는 아미노산은?

① 프롤린   ② 알라닌
③ 시스틴   ④ 타이로신

10 다음 ( ) 안에 알맞은 것은?

> ( )은/는 유황을 함유하고 있는 아미노산이며, 동물성 단백질에 많이 함유되어 있고 식물성 단백질에는 함량이 적으므로 어분 등의 사용량이 적을 때에는 사료에 ( )을/를 첨가하면 효과적이다.

① Lysine   ② Methionine
③ Vitamin A   ④ Vitamin B

해설
유황을 함유하고 있는 아미노산 : 메티오닌, 타우린, 시스테인, 시스틴

11 다음 영양소 중 질소를 포함하고 있지 않은 것은?

① Methionine   ② Lysine
③ Cystine   ④ Lactose

해설
④ Lactose(유당, $C_{12}H_{22}O_{11}$) : 포도당과 갈락토스가 각각 1분자씩 결합된 것으로서 포유동물의 젖 속에 들어 있다.

12 보통의 반추가축사료에서 주된 에너지공급원이 되는 영양소는?

① 탄수화물   ② 단백질
③ 지 방   ④ 비타민

13 사료영양소의 분류에서 가용무질소물(NFE)에 해당되는 것은 어떤 것들인가?

① 중성지방, 규소
② 셀룰로스, 리그닌
③ 지방산, 아미노산
④ 전분, 포도당

해설
가용무질소물(NFE) : 사료의 전체함량에서 수분, 조단백질, 조지방, 조섬유 및 조회분을 뺀 나머지를 가용무질소물이라 하며, 백분율로 나타내는데 NFE는 전분당류, 덱스트린 등으로 되어 있고 식물성 사료에 함량이 높으며 비교적 값이 싸고 소화가 잘된다.

14 다음 중 단당류에 속하지 않는 것은?

① Maltose   ② Galactose
③ Mannose   ④ Fructose

해설
① Maltose(맥아당) : 이당류
②·③·④ Galactose(갈락토스), Mannose(만노스), Fructose(과당) : 단당류(6탄당)

정답 9 ④ 10 ② 11 ④ 12 ① 13 ④ 14 ①

15 단당류의 구성원소(C : H : O) 결합비율은?

① 1 : 1 : 1
② 1 : 2 : 1
③ 2 : 1 : 2
④ 2 : 2 : 1

해설
단당류 : 삼탄당($C_3H_6O_3$), 사탄당($C_4H_8O_4$), 오탄당($C_5H_{10}O_5$), 육탄당($C_6H_{12}O_6$)

16 다음 가용무질소물 중 이당류에 해당하는 것은?

① Maltose
② Glucose
③ Galactose
④ Mannose

17 포도당과 갈락토스가 각각 1분자씩 결합된 것으로서 포유동물의 젖 속에 들어 있는 것은?

① 서당(Sucrose)
② 맥아당(Maltose)
③ 유당(Lactose)
④ 과당(Fructose)

18 다음 중 다당류에 속하지 않는 것은?

① Glucose
② Starch
③ Glycogen
④ Cellulose

해설
포도당(Glucose)은 단당류이다.

19 다음 중 탄소, 수소, 산소의 비율이 다른 다당류와 달라 탄수화물이라고 간주하지 않는 것은?

① 리그닌(Lignin)
② 검(Gums)
③ 글리코겐(Glycogen)
④ 펙틴(Pectins)

해설
리그닌은 셀룰로스 외의 탄수화물과 결합하여 존재하는 프로필벤젠 유도체(誘導體)이다.

20 불포화지방산 섭취 시 포화지방산 섭취 시보다 혈중 콜레스테롤함량이 저하된다면 고콜레스테롤 환자의 경우 다음 중 어느 육류가 적합한가?

① 소고기
② 돼지고기
③ 닭고기
④ 양고기

정답 15 ② 16 ① 17 ③ 18 ① 19 ① 20 ③

21 고기 중 불포화지방산의 함량이 많고 Linoleic Acid 등의 필수지방산이 많이 들어 있는 고기는?

① 소고기 ② 양고기
③ 돼지고기 ④ 닭고기

22 소의 체지방이 닭의 체지방보다 경도가 높은 이유는?

① 사료 자체의 지방산함량과 조성에 차이가 있다.
② 반추미생물이 탄소수가 홀수인 지방을 합성한다.
③ 반추위 내에서 발생하는 수소이온이 지방산의 이중결합을 포화시킨다.
④ 소기름은 가금지방보다 불포화지방산의 함량이 많다.

23 각 영양소의 기능 설명이 옳지 않은 것은?

① Cystine – 황 함유 아미노산
② Oleic Acid – 필수지방산
③ Vitamin C – 괴혈병 치료
④ 코발트(Co) – Vitamin B_{12} 구성인자

> **해설**
> 필수지방산
> • 오메가-6계열 : Linolenic Acid, Arachidonic Acid
> • 오메가-3계열 : Linoleic Acid, DHA, EPA

24 다음의 불포화지방산 중에서 필수지방산이 아닌 것은?

① Arachidonic Acid
② Oleic Acid
③ Linoleic Acid
④ Linolenic Acid

25 이중결합이 가장 많이 들어 있는 지방산은?

① 올레인산
② 리놀산
③ 리놀렌산
④ 아라키돈산

정답 21 ③ 22 ③ 23 ② 24 ② 25 ④

26 지방산 중에 C_{18}과 $C_{18}:1$을 비교 설명한 것 중 옳은 것은?

① $C_{18}:1$은 이중결합이 1개인 불포화지방산으로 상온에서 액체상태로 존재한다.
② C_{18}은 이중결합이 없는 불포화지방산으로 상온에서 고체상태로 존재한다.
③ C_{18}은 필수지방산이지만, $C_{18}:1$은 필수지방산이 아니다.
④ C_{18}은 Linolenic Acid, $C_{18}:1$은 Linoleic Acid이다.

27 오메가-3 지방산에는 불포화지방산이 많이 함유되어 있다. 불포화지방산의 특성이 아닌 것은?

① 오존에 의해 분해된다.
② 아이오딘(요오드) 원소들이 붙을 수 있다.
③ 상온에서 모두 고체상태로 존재한다.
④ 산소와의 이중결합반응으로 Peroxide를 형성한다.

해설
불포화지방산은 이중결합의 특성 때문에 반응성이 현저하고 융점도 매우 낮아, 보통상태에서는 모두 액체상태로 있다.

28 불포화지방산 가운데 이중결합의 수가 3개인 지방산은?

① 스테아린산(Stearic Acid)
② 팔미틴산(Palmitic Acid)
③ 리놀렌산(Linolenic Acid)
④ 리놀레산(Linoleic Acid)

29 변형된 분자 사슬형 지방산으로서 불포화지방산의 이중결합과 유사한 방식으로 세포막의 유동성을 증가하고 고리구조형 지방산을 합성하는 지방산은?

① 네르본산(Nervonic Acid)
② 팔미톨레산(Palmitoleic Acid)
③ 올레산(Oleic Acid)
④ 튜버큘로스테아르산(Tuberculostearic Acid)

30 다음 중 가축에 있어 필수지방산은?

① Propionic Acid
② Acetic Acid
③ Linolenic Acid
④ Stearic Acid

해설
필수지방산
리놀렌산(Linolenic Acid), 리놀레산(Linoleic Acid), 아라키돈산(Arachidonic Acid)

정답 26 ① 27 ③ 28 ③ 29 ④ 30 ③

31 다음 중 필수지방산이며, 프로스타글란딘(Prostaglandin)호르몬의 전구물질인 지방산은?

① Linoleic Acid
② Linolenic Acid
③ Arachidonic Acid
④ Stearic Acid

> 해설
> Arachidonic Acid(아라키돈산) : Eicosanoid(프로스타글란딘, 트롬복세인, 류코트라이엔 등)의 전구물질이다.

32 동물의 간에서는 여러 가지 복잡한 대사작용이 일어나는데 그중에서 간에 지방이 과도하게 축적되는 것을 예방하기 위해 최저밀도 지단백질인 VLDL(Very Low Density Lipoprotein)에 의해 간 밖으로 운반되는데 이 과정에서 지방 운반인자로 작용하는 물질은?

① Methionine과 Lysine
② Lysine과 Choline
③ Phenylalanine과 Lysine
④ Methionine과 Choline

> 해설
> 사료 내 각종 영양소 중 Methionine과 Choline의 체내에서의 공통된 작용은 유효 Methyl기 공급이다.

33 다음 중 지방간(脂肪肝)의 설명으로 옳지 않은 것은?

① 콜린(Choline)이 부족할 때 나타난다.
② 항지방간인자(Methionine 등)가 부족할 때 발생한다.
③ 특정한 독성물은 간손상을 일으켜 중성지방의 간세포 침윤을 일으킨다.
④ 아미노산이 결핍된 사료, 탄수화물, 지방함량이 많은 사료 등의 과다섭취와는 관계가 없다.

> 해설
> **지방간의 발생원인**
> - 독성물질에 의한 간의 손상 : 지용성 물질인 사염화탄소(CCl_4) 등에 의한 간의 손상
> - 항지방간인자의 결핍 : 콜린이나 사료 중에 항지방간인자 부족에 의한 지방침윤
> - 시스테인이나 시스틴 등 아미노산의 결핍
> - 탄수화물의 과다 섭취
> - 지방이 많이 들어 있는 사료와 비타민 B군의 과다 섭취

34 결핍되면 지방간 생성의 원인이 되는 영양소는?

① 콜린
② 라이신
③ 바이오틴
④ 트립토판

정답 31 ③ 32 ④ 33 ④ 34 ①

35 닭에 있어서 사료 내 첨가하는 항지방간인자에 해당되지 않는 것은?

① Choline
② Inositol
③ Methionine
④ Glucose

36 영양소는 유기영양소와 무기영양소로 구분되는데 다음 중 일반성분에 해당되며, 무기영양소에 해당되는 것은?

① 조회분
② 조단백질
③ 조지방
④ 탄수화물

해설

영양소
- 유기영양소 : 탄수화물, 지방질, 단백질, 비타민으로 구분한다.
- 무기영양소(Mineral, 광물질, 조회분) : 여러 가지 원소 중 C, H, O, N 등 원자량이 16 이하인 원소들을 제외한 3~5주기의 금속원소들이 해당한다.

37 다음 중 알칼리성을 나타내는 무기물은?

① P
② S
③ Cl
④ Ca

해설

양이온과 음이온
- 양이온(알칼리성) : Ca, Na, Mg, K
- 음이온(산성) : Cl, S, P

38 동물에 필요한 영양소의 특성을 바르게 설명한 것은?

① 전분은 일종의 조섬유이다.
② 인지질(Phospholipid)은 단순지방이다.
③ 칼륨(K)은 다량 필수무기질에 속한다.
④ 시스틴(Cystine)은 필수아미노산이다.

39 다음 중 닭의 영양소요구량에서 고려하여야 하는 미량광물질로만 짝지어진 것은?

① Zn, Cd, Fe, Ca
② Mn, Hg, Fe, Se
③ Mn, Fe, I, Se
④ Mn, S, Co, Zn

해설

광물질의 분류

다량광물질	• 양이온 : Ca, Na, Mg, K • 음이온 : Cl, S, P
미량광물질	Mn, Fe, Cu, I, Zn, Co, Se, F, Mo, As

40 다음 중 지용성(脂溶性) 비타민에 해당하지 않는 것은?

① 비타민 A
② 비타민 B
③ 비타민 D
④ 비타민 E

정답 35 ④ 36 ① 37 ④ 38 ③ 39 ③ 40 ②

41 다음 지용성 비타민 중 결핍 시에 야맹증이나 안질장애를 유도하는 물질은?

① 비타민 A ② 비타민 D
③ 비타민 E ④ 비타민 K

해설

지용성 비타민 결핍증
- 비타민 A : 안질장애, 번식장애, 상피세포 및 점막의 경화
- 비타민 D : 구루병, 비정상적인 골격형성
- 비타민 E : 번식장애, 근육위축증
- 비타민 K : 혈액응고 지연, 내출혈

42 다음 중 비타민 구분에 따른 연결이 틀린 것은?

① 비타민 A – Pyridoxine
② 비타민 B_2 – Riboflavin
③ 비타민 C – Ascorbic Acid
④ 비타민 B_1 – Thiamin

해설

① 비타민 B_6 : Pyridoxine

43 가축이 카로틴(Carotene)을 섭취하면 체내에서 어떤 물질로 전환되는가?

① 비타민 A ② 비타민 B
③ 비타민 C ④ 비타민 K

44 우유 중에 카로틴(Carotene)함량이 가장 풍부한 계절은?

① 봄 ② 여름
③ 가을 ④ 겨울

45 분만 후 유열에 걸린 적이 있는 젖소의 유열 발생 예방에 관계 있는 비타민은?

① 비타민 A ② 비타민 B_{12}
③ 비타민 C ④ 비타민 D

해설

유열의 원인체
체내 칼슘 및 비타민 D의 대사장애 또는 결핍, 분만 후 다량의 유즙배출로 인한 혈중 칼슘농도의 급작스러운 감소

46 성장한 가축에서 주로 골연화증의 원인이 되는 비타민은?

① 비타민 A ② 비타민 D
③ 비타민 B_1 ④ 비타민 E

정답 41 ① 42 ① 43 ① 44 ② 45 ④ 46 ②

47 반추위 내에서 합성되지 않는 비타민은 어느 것인가?
① 타이아민(Thiamin)
② 나이아신(Niacin)
③ 비타민 K
④ 비타민 D

해설
반추동물은 반추위미생물이 대부분 수용성 비타민과 비타민 K를 합성할 수 있다.

48 다음 가축에서 비타민 D_2와 D_3를 이용할 때 동등한 효력을 나타내지 않는 것은?
① 송아지   ② 돼 지
③ 개   ④ 병아리

해설
비타민 D_2는 포유류, 비타민 D_3는 가금류에 유리하다.

49 Vitamin D의 국제단위는?
① USP   ② mg
③ IU   ④ %

해설
국제단위(IU)를 사용하고 있는 영양성분은 비타민 E, 비타민 A, 비타민 D이다.

50 다음 중 반추위 내 미생물이 합성 공급할 수 없어 보충해 주는 것이 좋은 비타민은?
① 비타민 K
② 나이아신(Niacin)
③ 알파-토코페롤(α-Tocopherol)
④ 바이오틴(Biotin)

해설
반추위에서 반추미생물에 의해 대부분의 수용성 비타민과 비타민 K가 합성되지만, 비타민 A, D, E는 합성되지 않아 사료로부터 공급이 요구된다.

51 혈액응고에 필요한 물질이 아닌 것은?
① Ca^{2+}
② Vitamin K
③ Prothrombin
④ Oxalic Acid

52 다음 설명 중 수용성 비타민의 특성으로 적당한 것은?
① 대부분 전구물질을 가지고 있다.
② 주로 C, H, O로만 구성되어 있다.
③ 체내에 축적이 잘되지 않는다.
④ 배설은 담즙을 통하여 분으로 이루어진다.

정답 47 ④ 48 ④ 49 ③ 50 ③ 51 ④ 52 ③

53 수용성 비타민 중에는 주로 영양소의 대사과정에서 조효소(Coenzyme)로 관여하는 비타민이 많은데 다음 중 이 기능과 관계가 없는 비타민은?

① 티아민
② 리보플라빈
③ 토코페롤
④ 판토텐산

54 다음 중 비타민 B제의 종류가 아닌 것은?

① 리보플라빈   ② 니코틴산
③ 판토텐산   ④ 카로틴

55 수용성 비타민 중 쌀겨와 밀기울 같은 곡류 분사물에 많이 있으며, 결핍 시 다발성 신경염인 각약증과 맥박수 감소 등이 발생하는 물질은?

① 티아민   ② 리보플라빈
③ 니코틴산   ④ 판토텐산

56 단백질, 지방, 탄수화물의 대사에 매우 중요한 성분으로 생리학적 기능으로는 체내 산화환원작용에 중요한 조효소의 구성성분으로 돼지사료에서 부족하기 쉬운 비타민이므로 요구량 충족에 세심한 주의를 요해야 하는 것은?

① 판토텐산   ② 나이아신
③ 리보플라빈   ④ 카로틴

57 수용성 비타민이 체내에서 생합성되기 때문에 사료에 필수적으로 공급해 줄 필요가 없는 동물은?

① 소   ② 돼 지
③ 가 금   ④ 개

해설
반추동물은 반추위미생물이 대부분 수용성 비타민과 비타민 K를 합성할 수 있다.

58 젖소의 제1위 내에서 합성되는 비타민은?

① 비타민 A   ② 비타민 B
③ 비타민 D   ④ 비타민 E

59 다음 중 결핍증의 조합이 잘못된 것은?

① Ca – 구루병
② 비타민 A – 야맹증
③ 비타민 C – 괴혈병
④ Riboflavin – 홍반병

해설
• Riboflavin결핍증 : 다리 마비, 피부 각질화, 성장률 감퇴
• Niacin결핍증 : 홍반증

60 비타민 중 판토텐산은 옥수수와 대두박에는 부족하고 알팔파 분말, 어간, 밀기울 등에는 풍부하다. 판토텐산이 부족할 경우 돼지에게 나타나는 증상이 아닌 것은?

① 번식돈의 설사
② 식욕 및 음수량 감소
③ 보행불안
④ 빈혈증

61 식물성 사료에 결핍되어 있는 비타민으로 모든 동물의 대사작용을 위해 꼭 필요하며, 병아리의 성장과 부화에 필수적인 영양소이고, APF와 동일물질인 것은?

① 비타민 B_1
② 비타민 B_2
③ 비타민 B_6
④ 비타민 B_{12}

62 반추위 내에서 미생물이 비타민 B_{12}를 합성할 때 꼭 필요한 무기물은?

① 철(Fe)
② 구리(Cu)
③ 코발트(Co)
④ 황(S)

63 젖소의 산유량 증진, 피부병 및 젖소의 발굽질병을 예방할 수 있는 비타민은 어느 것인가?

① 비타민 K
② 비타민 D
③ 바이오틴(Biotin)
④ 콜린(Choline)

64 단백질의 영양소로서의 중요성과 기능 중 부적합한 것은?

① 세포막의 구성성분으로서 성장 및 발육에 필요한 영양소이다.
② 체온을 보호하고 외부의 충격으로부터 내부조직을 보호한다.
③ 효소와 호르몬의 주성분으로서 영양소의 대사와 소화에 있어서 중요한 역할을 한다.
④ 동물의 피부, 털, 발굽 및 뿔 등의 구성성분이다.

해설
②는 지방의 기능이다.

65 탄수화물의 영양적 기능을 설명한 것 중 옳지 않은 것은?

① 헤모글로빈(Hemoglobin)의 주성분으로 산소를 세포로 운반하는 데 필요하다.
② 동물 체내에서의 중요한 에너지 공급원이다.
③ 유선에서 유당의 합성물질로 이용된다.
④ 에너지 전달체계의 구성물질이기도 하며, 일부조직의 구성물질이다.

해설
①은 철분(Fe)의 기능이다.

66 가축사료에서 탄수화물의 가장 중요한 영양적 기능은?

① 에너지를 공급한다.
② 섬유소를 공급한다.
③ 포도당을 공급한다.
④ 사료에 부피를 제공한다.

해설
가축에게 에너지를 공급하는 영양소는 곡류 중의 탄수화물이나 지방이 주를 이룬다.

67 탄수화물의 기능을 설명한 것 중 틀린 것은?

① 지방산, 단백질의 합성에도 쓰인다.
② 가장 경제적인 에너지 발생 영양소이다.
③ 체내에서는 지방으로만 축적된다.
④ 뇌와 신경조직의 구성성분이다.

68 탄수화물 1g이 동물 체내에서 분해되면서 공급하는 에너지는?

① 3kcal
② 4kcal
③ 6kcal
④ 9kcal

69 가축체 내에서 무기물의 일반적인 기능에 속하지 않는 것은?

① 골격, 난각의 주요 구성성분이다.
② 산, 염기의 평형에 필요하다.
③ 고열량의 영양소이다.
④ 효소나 호르몬의 활성제이다.

해설
광물질(무기물)의 기능
- 골격의 구성물질이다.
- 체액의 삼투압을 조절한다.
- 세포막의 투과성 조절로 영양소의 이동을 조절한다.
- 신경과 근육 간의 자극전달에서 매개역할을 한다.
- 체액 내 산과 염기의 평형을 조절한다.
- 효소의 활성제 역할을 한다.
- 에너지 발생을 위한 작용을 조절한다.
- 혈액응고에 필수적인 역할을 한다.
- 호르몬의 분비와 비타민의 합성에 관여한다.

정답 65 ① 66 ① 67 ③ 68 ② 69 ③

70 새로운 광물질이 발견되었다. 이것이 필수광물질이 되기 위한 요건에 해당되지 않는 것은?

① 정상적인 동·식물의 체조직 내에 반드시 존재할 것
② 동일종류 생물의 특정부위에서의 함량이 거의 비슷하거나 같을 것
③ 이것의 결핍에 의하여 고유한 생리화학적 이상이 동물의 종류에 관계없이 발생할 것
④ 이러한 생리화학적 이상은 반복해서 다른 증상으로 나타날 수 있을 것

해설
필수광물질이 되기 위한 요건
- 건강한 동·식물체 조직들에 반드시 존재할 것
- 같은 종류의 생체 내 특정부위의 함량이 거의 비슷하거나 같을 것
- 결핍에 의해서 발현되는 생리·화학적 이상이 동물의 종류에 관계없이 발생할 것
- 생리·화학적 이상은 반복해서 같은 증상으로 나타날 수 있을 것
- 결핍됨이 없게 해 주면 정상상태로 회복되며, 어린 동물의 성장촉진에 효과가 있을 것

71 광물질의 중요성을 설명한 것 중 틀린 것은?

① Na는 체액의 삼투압을 조절하는 주요 음이온이다.
② Ca와 Mg는 세포막의 선택적 투과성을 조절하는 주요 양이온이다.
③ K, Ca, Mg는 신경과 근육 사이의 자극전달에 조력하는 주요 양이온들이다.
④ Mg와 Mn 등은 에너지대사에 관여하는 효소들의 활성을 증가시켜 주는 필수광물질이며, Ca는 혈액응고에 관여한다.

해설
Na는 혈액 내에서 산과 염기의 평형과 삼투압 등을 조절하는 양이온이다.

72 가축에 부족하게 되면 부전각화증이 발생하고 모피의 형성이 저해를 받게 되며, 또한 번식관련 조절호르몬인 난포자극호르몬(FSH)과 황체호르몬(LH)의 기능을 조절하는 광물질은?

① Fe   ② Mn
③ Zn   ④ Co

73 난포자극호르몬과 난황호르몬기능을 증진하고, 젖소의 유방염 예방으로 체세포수를 감소시키는 광물질은?

① 아연(Zn)   ② 몰리브덴(Mo)
③ 마그네슘(Mg)   ④ 염소(Cl)

74 인(P)과 칼슘(Ca)을 동시에 공급할 수 있는 물질은?

① 탈불인광석   ② 석회석
③ 패각분   ④ 탄산칼슘

해설
사료 중 인과 칼슘을 위해 공급하는 사료로는 골분, 인산칼슘제, 탈불인광석 등이다.

75 Ca은 젖소가 부족하게 되면 유열(Milk Fever)이 일어나고 산란계가 부족하면 난각이 얇아져 파란이 많이 발생하게 하는 광물질이다. 체내 Ca대사작용에 관여하는 비타민과 호르몬은?

① Vitamin A와 프로락틴(Prolactin)
② Vitamin D와 부갑상선호르몬(PTH)
③ Vitamin A와 프로게스테론(Progesterone)
④ Niacin과 에스트로겐(Estrogen)

76 분만 직후 갑자기 다량의 착유로 칼슘이 부족해서 발생되는 병은?

① 유방염　② 유두종
③ 유두루　④ 유 열

77 비타민 E의 중요한 생리적 기능으로 올바르게 설명한 것은?

① 지방의 산화방지 역할을 한다.
② 구루병을 예방한다.
③ 빈혈증을 예방한다.
④ 골연증을 예방한다.

78 셀레늄(Se)이 부족하게 되면 백근병(White Muscle Disease)과 후산정체가 발생되는데 다음 사료 중 어떤 비타민의 함량과 매우 밀접한 관계가 있는가?

① 비타민 A　② 비타민 B
③ 비타민 D　④ 비타민 E

79 병아리에서 비타민 E가 부족하여 발생되는 삼출성 소질을 예방 또는 치료하기 위해 대체되는 무기물은?

① 셀레늄　② 몰리브덴
③ 망 간　④ 유 황

해설
삼출성 소질 : 점막의 염증을 일으키기 쉽고, 피부의 습진, 화농성 발진 등을 일으키고 셀레늄이나 비타민 E의 결핍증이다.

80 단백질의 대사과정 중 요소회로가 일어나는 장소는?

① 간과 근육　② 간과 췌장
③ 간과 신장　④ 간과 맹장

정답　75 ②　76 ④　77 ①　78 ④　79 ①　80 ③

81 아미노산 Alanine을 생체 내에서 합성하는 데 필요한 과정이 아닌 것은?

① Transamination과정
② Transmethylation과정
③ Deamination과정
④ Embden-Meyerhof과정

해설

아미노산의 대사과정
- 탈아미노반응(Deamination과정) : 아미노산에서 아미노기(-NH₂)가 제거되는 반응
  - 암모니아와 α-keto Acid 생성, 간과 신장에서 발생
- 아미노기 전이반응(Transamination과정) : 아미노산의 아미노기를 α-keto Acid에 전달
- 탈탄산반응(Decarboxylation) : 아미노산에서 CO_2를 방출시켜 Amine이 되는 반응
- 요소 생성(Urea Cycle)
- 아미노산 생합성

※ Embden-Meyerhof과정은 아미노산의 탄소부분의 대사과정이다.

82 다음 중 Deamination을 가장 잘 설명한 것은?

① 아미노산이 분해하여 요소가 되는 것
② 아미노산이 지방과 물로 나누어지는 것
③ 아미노산이 분해하여 질소로 환원되는 것
④ 아미노산이 암모니아와 케토산으로 나누어지는 것

83 무기물의 영양대사 중 황(S)과 관련된 설명으로 틀린 것은?

① 무기태황의 형태로 오줌이 배설되는 것으로서 그 배설량은 섭취한 단백질의 양에 비례한다.
② 아미노산인 Cystine · Cystein · Methionine 등의 구성성분이다.
③ 소장으로부터의 당류의 흡수를 돕고, 신장에서의 Glucose의 재흡수를 돕는다.
④ 반추동물사료 중의 황과 질소함량의 비율은 1 : 10 정도가 적당하다.

해설

③은 인(P)의 기능이다.

84 당류가 포도당으로 변화되어 사용되는 것을 설명한 것 중 옳지 않은 것은?

① 지방합성에 쓰인다.
② H_2O로 환원되면서 에너지를 발생한다.
③ 여분이 있으면 Glycogen으로 저장된다.
④ 비필수아미노산의 탄소골격으로 쓰인다.

해설

CO_2와 H_2O로 산화되어 에너지를 발생한다.

85 동물체의 간과 근육에 주로 저장되어 있는 탄수화물은 어떤 것인가?

① 조섬유
② 콜레스테롤
③ 글리코겐
④ 유당

86 동물 체내에서 포도당의 해당과정(Glycolysis)으로부터 생성되는 ATP수는?

① 3 ② 5
③ 8 ④ 11

87 포도당 1분자가 체내에서 완전히 산화될 때 ATP 생성량은 얼마인가?

① 28ATP ② 38ATP
③ 48ATP ④ 58ATP

해설

1분자의 포도당이 완전히 산화할 때 688kcal의 에너지가 방출되지만, 세포호흡에서는 이 중의 약 40%에 해당하는 277.4kcal만이 38ATP에 저장된다.
∴ 7.3kcal×38ATP = 277.4kcal

88 표준조건하에서 포도당 1분자가 해당작용(Glycolysis)과 TCA회로를 거쳐 완전산화될 때 열발생효율은 약 몇 %인가?

① 40% ② 50%
③ 60% ④ 70%

89 케톤체(Ketone Body)가 생기는 원인과 거리가 먼 것은?

① 초산과 낙산이 많을 경우
② 포도당의 섭취량이 매우 적은 경우
③ Oxaloacetate가 많은 경우
④ 간에서 당류의 분해에 이상이 있는 경우

해설

당질대사의 저하로 인한 Oxaloacetate의 생산부족으로 인해 생성된 Acetyl CoA가 순조롭게 TCA Cycle로 들어가지 못하게 된다. 그 결과 축적된 Acetyl CoA로부터 아세토아세트산, 베타 하이드록시뷰티르산, 아세톤 등의 케톤체가 생산된다.

90 단위가축 소장의 대사과정에서 가장 중요하게 쓰이는 탄수화물은?

① Glucose ② Fructose
③ Mannose ④ Galactose

해설

단위가축 장액에 의한 소화 중 탄수화물의 소화
- Maltase : Maltose → 2Glucose
- Lactase : Lactose → Glucose+Galactose
- Sucrase : Sucrose → Glucose+Fructose

정답 86 ③ 87 ② 88 ① 89 ③ 90 ①

91 글루코스의 신합성에 관한 설명으로 틀린 것은?

① 주로 신장과 간에서 이루어진다.
② 글리세롤과 젖산은 원료물질로 쓰인다.
③ 탄수화물사료의 공급이 부족할 때 꼭 필요한 과정이다.
④ 반추동물의 글루코스 신합성에는 휘발성 지방산 중 초산이 주원료로 이용된다.

해설
글루코스 신합성 : 글루코스의 결핍 시 신장과 간에서 글리세롤, 젖산 또는 프로피온산을 이용하여 글루코스를 합성하는 과정이다. 반추동물의 경우는 특이하게 프로피온산이 글루코스 합성에 이용된다.

92 글루코스 신합성(Gluconeogenesis)에 관여하는 효소는?

① Pyruvate Carboxylase
② Phosphofructokinase
③ Glucokinase
④ Hexokinase

해설
당신생경로 특유의 반응
- 제1단계 : Pyruvate → Phosphoenolpyruvate(PEP)
  - 관련 효소 : Pyruvate Carboxylase(2ATP 소비), PEP Carboxykinase(2GTP 소비)
- 제2단계 : Fructose-1,6-Bisphosphate → Fructose-6-Phosphate
  - 관련 효소 : Fructose Diphosphatase(이인산가수분해효소)
- 제3단계 : Glucose-6-Phosphate → Glucose
  - 관련 효소 : Glucose-6-인산 가수분해효소(Phosphatase)
- 조절단계 : Pyruvate Carboxylase 단계 → Acetyl CoA는 촉진
  Fructose-1,6-Bisphosphatase → ADP 저해
※ 에너지 소비 : 6개 ATP 소비

93 베타-산화(β-Oxidation)에 의하여 분해가 이루어지는 영양소는 무엇인가?

① 지 방
② 탄수화물
③ 무기질
④ 단백질

해설
지방이 글리세롤과 지방산으로 분해되면, 글리세롤은 α-글리세롤포스페이트가 되어 해당과정(Glycolysis)을 거치며, 지방산은 β-산화(β-Oxidation)로 분해된다.

94 팔미트산(Palmitic Acid)의 β-Oxidation 단계에서 생성되는 Acetyl-CoA의 수는 몇 개인가?

① 6
② 8
③ 10
④ 12

해설
팔미트산은 β산화를 7회전하면서 각각 7개의 7FADH$_2$와 NADH, 8Acetyl-CoA을 생산한다.
∴ Palmitoyl CoA + 7FAD + 7NAD$^+$ + 7CoA + 7H$_2$O → 8Acetyl CoA + 7FADH$_2$ + 7NADH + 7H$^+$

95 지방산이 β-산화작용을 받게 되면 TCA회로 중의 Acetyl-CoA를 생성한다. 이때 Acetyl-CoA 1분자가 TCA회로 중에서 완전산화될 때 생성되는 ATP수는?

① 35ATP
② 30ATP
③ 15ATP
④ 12ATP

해설
아세틸 CoA는 TCA회로를 한 번 회전할 때 3NADH, 1FADH$_2$, 1ATP를 생성한다. 따라서, 생성되는 ATP는 (3NADH×3) + (1FADH$_2$×2) + 1ATP = 12ATP이다.

96 지방산 합성 시 환원작용에서 조효소로 이용되는 것은?

① NADH ② CO_2
③ FAD   ④ NADPH

해설
지방산의 합성은 지방산 합성효소의 반응계를 통해서 이루어지며, 이 반응계에 중요한 역할을 하는 조효소 NADPH는 탄수화물대사의 일종인 육탄당 일인산회로를 통해서 얻어지기 때문이다.

97 육탄당 일인산회로의 기능적 특성이 아닌 것은?

① 오탄당의 공급원이다.
② NADPH의 생산기구이다.
③ 유당이 생성된다.
④ 직접산화에 의해 CO_2가 생성된다.

해설
대표적인 육탄당에는 포도당, 과당, 갈락토스, 만노스 등이 있다.

98 유지방합성에 중요한 전구물질은?

① Propionic Acid ② Palmitic Acid
③ Acetic Acid   ④ Butyric Aicd

해설
초산(Acetic Acid)은 체내에서 에너지원 및 유지방의 합성에 이용되며, 프로피온산은 에너지원 또는 체지방의 합성에 이용된다.

99 돼지사료에 연지방함량이 높으면 생축, 가공용으로 불리하다고 한다. 다음 사료 중 연지방사료는?

① 야자박   ② 호 밀
③ 탈지유   ④ 아마인박

해설
생리적 성질에 따른 분류
- 연지방(황색의 연한 지방) 형성 : 옥수수, 미강, 어분, 대두박, 아마인박, 땅콩박, 채종박, 비지, 두과 사일리지
- 경지방(희고 단단한 지방) 형성 : 보리, 밀, 호밀, 쌀, 맥강, 야자박, 고구마, 감자, 전분박, 짚류, 완두, 순무

100 고기의 지방은 광택이 나는 백색 또는 크림색의 경지방이 좋으며, 황색의 연지방은 좋지 않으므로 비육 말기 출하 전에 사료의 선택이 매우 중요한데 다음 사료 중 백색의 경지방을 생산하는 사료로만 묶여진 것은?

① 옥수수, 대두박
② 보리, 대두박
③ 보리, 밀기울
④ 옥수수, 밀기울

정답 96 ④ 97 ③ 98 ③ 99 ④ 100 ③

101 사료 내 섬유소함량을 나타내는 NDF란 중성세제에 용해되지 않는 부분을 말하는데, 이에 해당되지 않는 것은?

① 펙틴(Pectin)
② 실리카(Silica)
③ 셀룰로스(Cellulose)
④ 헤미셀룰로스(Hemicellulose)

해설
NDF(중성세제 섬유소) : 셀룰로스, 헤미셀룰로스, 리그닌, 실리카를 함유하며, 보통 세포벽 물질이라고 한다.

102 사료의 품질평가 구성항목 중 소화율이 낮은 세포벽 구성물질은 어느 것인가?

① 리그닌   ② 단백질
③ 전 분   ④ 펙 틴

103 Van Soest에 의한 조사료의 탄수화물 분류방법에 속하지 않는 것은?

① NDS   ② NDF
③ ADF   ④ NFE

해설
Van Soest에 의한 조사료의 탄수화물 분류방법 : NDS, NDF, ADF, ADL
※ 가용무질소물(Nitrogen Free Extract : NFE) 수분, 조단백질, 조지방, 조섬유, 조회분의 다섯 성분을 총합한 수치(%)를 100에서 차감(差減)한 값을 말한다.

104 조사료 분석을 위한 Van Soest방법 중 ADF(Acid Detergent Fiber)의 주성분이 아닌 것은?

① Cellulose   ② Hemicellulose
③ Lignin   ④ Silica

해설
ADF(Acid Detergent Fiber) : NDF 중 산성세제에 용해되지 않는 물질로 셀룰로스, 리그닌, 실리카 등을 정량한다.

105 우리나라 축산에서 사용하지 않는 사료의 에너지단위는?

① TDN   ② kcal
③ 덤(Therm)   ④ Mcal

해설
1덤은 기체소비량을 측정하는 단위로 10만 btu를 말한다.

106 사료의 에너지평가법과 관계가 없는 것은?

① 가소화총영양소(TDN)
② 대사에너지(ME)
③ 전분가(SV)
④ 생물가(BV)

해설
생물가(BV)는 사료의 단백질가 표시에 속한다.

정답 101 ① 102 ① 103 ④ 104 ② 105 ③ 106 ④

107 사료가치평가법 중 사료를 에너지가로 표시하는 설명이 틀린 것은?

① 대사에너지는 가소화에너지에서 오줌 및 가연성 가스 등으로 손실되는 에너지를 공제한 값으로 계산한다.
② 가소화에너지는 섭취한 에너지에서 분으로 배설된 에너지를 공제한 값으로 계산한다.
③ 정미에너지는 순수하게 가축의 생명 유지, 성장, 축산물 생산, 기초대사, 체온 조절 등으로 쓰이는 가장 과학적인 에너지 표현방법이다.
④ 사료의 영양성분 1g당 총에너지 값은 탄수화물 > 단백질 > 지방 순이다.

해설
사료의 영양성분 1g당 총에너지 값은 탄수화물 4kcal, 단백질 4kcal, 지방 9kcal이다.

108 다음 ( ) 안에 적합한 것은?

( )는 총에너지에서 똥으로 배설된 에너지를 뺀 것을 말한다. 닭은 총배설강(Cloaca)을 통하여 동시에 똥과 오줌을 배설하기 때문에 똥으로만 배설된 에너지를 측정하기는 어렵다.

① 총에너지
② 가소화에너지
③ 대사에너지
④ 정미에너지

109 한우의 임신 말기 2개월간 유지 이외의 추가 영양소 요구량을 가소화에너지로 나타내면 얼마인가?

① 3.10Mcal
② 3.20Mcal
③ 3.30Mcal
④ 3.40Mcal

해설
임신 말기 2개월간 유지에 더해 주어야 할 영양소요구량

대사에너지(ME, Mcal)	2.71
가소화에너지(DE, Mcal)	3.30
가소화영양소총량(TDN, kg)	0.75
조단백질(CP, g)	166
칼슘(Ca, g)	13.7
인(P, g)	4.5

110 다음 중 사료에너지(Gross Energy, GE)에서 분뇨 및 가스상태로 손실되는 에너지를 공제한 후 동물체내에서 이용되는 에너지를 무엇이라고 하는가?

① 가소화영양소총량(Total Digestible Nutrients, TDN)
② 가소화에너지(Digestible Energy, DE)
③ 대사에너지(Metaboliable Energy, ME)
④ 정미에너지(Net Energy, NE)

111 단위가축(돼지, 닭)에서 가소화에너지와 대사에너지의 차이는 주로 어디에 기인하는가?

① 똥으로 인한 손실
② 오줌으로 인한 손실
③ 암모니아 가스로 인한 손실
④ 열량증가로 인한 손실

해설
가소화에너지와 대사에너지
- 가소화에너지(DE) : 총에너지(GE)에서 대변으로 배설된 에너지를 공제한 것
- 대사에너지(ME) : 가소화에너지(DE)에서 오줌 및 가연성 가스로 손실되는 에너지를 공제한 것

112 가금에 주로 이용되는 에너지 표시방법은?

① 대사에너지(ME)
② 소화에너지(DE)
③ 정미에너지(NE)
④ 총가소화에너지(TDN)

113 각 영양소의 대사에너지(ME)가 비육에 이용되는 효율이 가장 높은 가축은?

① 육 우
② 면 양
③ 돼 지
④ 육 계

114 다음의 화합물들이 체내에서 완전산화할 때 대사수 생성량이 가장 많은 것은?

① 1g의 Glycerol
② 1g의 Glucose
③ 1g의 Stearic Acid
④ 1g의 Glutamic Acid

115 단백질 100g당 대사에너지(ME)의 가치(Value)는 400kcal이고, 대사에너지 100kcal당 대사수 생성량은 10.5g이라고 할 때 이 단백질의 대사수 생성량은 얼마나 되는가?

① 100g
② 42g
③ 60g
④ 108g

해설
단백질 100g – (400kcal/100kcal) × 10.5g
= 42g

116 가축이 사료로 섭취한 에너지 중 순수하게 동물의 유지 및 생산을 위하여 이용되는 에너지를 무엇이라고 하는가?

① 총에너지
② 가소화에너지
③ 대사에너지
④ 정미에너지

해설
정미에너지 : 대사에너지에서 열량증가로 손실되는 에너지를 뺀 에너지

정답 111 ② 112 ① 113 ③ 114 ③ 115 ② 116 ④

117 착유우에 있어 섭취한 에너지가 최종적으로 이용되는 단계에 이르기까지 여러 과정에서 소실되어 최종적으로 우유생산이나 증체를 위해 이용된다. 우유생산을 위한 정미에너지를 나타내는 것은?

① DE
② ME
③ TEm
④ NEl

118 비유 중인 젖소의 체유지를 위한 정미에너지 요구량을 계산하는 공식 중 옳은 것은?

① $70 \times W^{0.75}$
② $75 \times W^{0.75}$
③ $80 \times W^{0.75}$
④ $85 \times W^{0.75}$

해설
W : 체중(kg)

119 몰가드(Mollgard) 사료단위는 소의 비육에 있어서 1kg의 전분가는 몇 kcal의 정미에너지에 해당하는가?

① 2,265kcal
② 2,365kcal
③ 2,465kcal
④ 2,565kcal

120 400kcal를 생성할 수 있는 전분과 같은 양의 지방을 가축에 급여하였다면 이 지방이 발생하는 에너지량은?

① 600kcal
② 900kcal
③ 1,300kcal
④ 1,800kcal

해설
400kcal × 2.25 = 900kcal

121 가소화영양소총량 계산 시 지방은 단백질이나 탄수화물보다 몇 배의 에너지를 더 내는가?

① 2.05배
② 2.15배
③ 2.25배
④ 2.35배

해설
단백질이나 탄수화물 1g에서 발생하는 열량은 4kcal, 지방은 9kcal이다.
∴ 9÷4 = 2.25배

122 사료의 TDN값의 계산에서 사용되지 않는 영양소는?

① 가소화조섬유
② 가소화조단백질
③ 가소화가용무질소물
④ 가소화조회분

정답 117 ④ 118 ③ 119 ② 120 ② 121 ③ 122 ④

123 어떤 목초의 영양소함량 중 가소화조단백질 10%, 가소화조섬유 12%, 가용무질소물 26% 및 가소화조지방함량이 1%일 때 이 목초의 가소화영양소총량(TDN)은 몇 %인가?

① 54.25
② 48.25
③ 50.25
④ 52.25

해설

가소화영양소총량(TDN)
= 가소화조단백질% + 가소화가용무질소물%
  + 가소화조섬유% + (가소화조지방% × 2.25)
= 10% + 26% + 12% + (1% × 2.25) = 50.25%

124 가소화조단백질 11%, 가소화조지방 1.0%, 가소화조섬유 2.0%, 가소화조회분 2.0%, 가소화가용무질소물 70%일 때 가소화양분총량(TDN)은 약 얼마인가?

① 82%
② 85%
③ 88%
④ 90%

해설

가소화양분총량(TDN)
= 가소화탄수화물 + 가소화단백질 + 가소화지방 × 2.25
= 2 + 70 + 11 + (1 × 2.25)
= 85.25%
※ 가소화탄수화물 = 가소화조섬유
  + 가소화가용무질소물

125 보리 1kg이 가지고 있는 우유생산효과를 무엇이라고 하는가?

① 전분가
② 사료단위
③ 우유생산가
④ 사료효율

126 사료단백질의 품질평가와 관계가 먼 것은?

① 생물가(BV)
② 사료효율(Feed Efficiency)
③ 필수아미노산계수(EAAI)
④ 화학적 등급(Chemical Score)

127 어느 사료의 조단백질함량이 20%이고, 조단백질의 소화율이 80%라면 가소화단백질함량은?

① 12%
② 14%
③ 16%
④ 24%

해설

가소화조단백질(DCP) = 조단백질 × 단백질 소화율
= 0.2 × 0.8 × 100 = 16%

128 $\dfrac{체내\ 축적된\ 질소량}{흡수된\ 질소량} \times 100$으로 표현되는 단백질평가법은 무엇인가?

① 가소화단백질
② 단백질효율
③ 단백질 생물가
④ 정미단백질 이용률

해설

단백질 생물가(BV)는 흡수된 단백질이 얼마나 효율적으로 체단백으로 전환되었는가를 측정한다.

129 다음 중 단백질의 질을 측정하는 방법으로 성장을 위한 생물가(Biological Value)를 산출하는 공식으로 맞는 것은?

① $\dfrac{\text{섭취한 질소} - (\text{분질소} + \text{요질소})}{\text{섭취한 질소} - \text{분질소}} \times 100$

② $\dfrac{\text{섭취한 질소} - (\text{분질소} + \text{요질소})}{\text{섭취한 질소} - \text{요질소}} \times 100$

③ $\dfrac{\text{섭취한 질소} - (\text{분질소} - \text{요질소})}{\text{섭취한 질소} - \text{요질소}} \times 100$

④ $\dfrac{\text{섭취한 질소} + (\text{분질소} - \text{요질소})}{\text{섭취한 질소} + \text{분질소}} \times 100$

130 단백질효율(PER)을 바르게 표시한 것은?

① $\dfrac{\text{섭취한 질소} - (\text{분질소} + \text{요질소})}{\text{섭취한 질소} - \text{분질소}}$

② $\dfrac{\text{축적된 질소량}}{\text{섭취한 질소량}}$

③ $\dfrac{\text{증체량(g)}}{\text{단백질 섭취량(g)}}$

④ 생물가 × 소화율(%)

131 가소화양분총량(TDN)이 72%, 가소화단백질(DCP)이 12%인 사료의 영양률(NR)은 얼마인가?

① 4.0 ② 5.0
③ 6.0 ④ 7.0

해설

$\text{NR} = \dfrac{\text{TDN} - \text{DCP}}{\text{DCP}} = \dfrac{72 - 12}{12} = 5$

132 사료작물 영양가치는 성숙기가 진행됨에 따라 변하게 되는데 그 변화는 어떤 것인가?

① 단백질과 이용가능 탄수화물이 감소된다.
② 리그닌이 감소된다.
③ 비단백태질소화합물함량이 증가한다.
④ 칼슘과 인의 함량이 증가한다.

133 성장 중인 가축에서 증체량의 사료섭취량에 대한 비율로 나타내는 영양가치평가법은?

① 사료효율 ② 생물가
③ 사료단위 ④ 영양률

해설

사료의 영양가치를 표시하는 방법
- 사료의 일반성분 : 수분 또는 건물, 조단백질, 조지방, 조섬유, 조회분 및 가용무질소물 등
- 소화율
- 에너지 : 총에너지, 가소화에너지, 대사에너지, 정미에너지
- 가소화영양소총량(TDN)
- 사료효율과 사료요구율

정답 129 ① 130 ③ 131 ② 132 ① 133 ①

134 다음 중 사료효율이 가장 좋은 경우는?

① 증체량과 사료섭취량이 비례적으로 증가하는 경우
② 증체량은 높으나 사료섭취량이 낮은 경우
③ 증체량과 사료섭취량 감소하는 경우
④ 증체량은 감소하나 사료섭취량이 증가하는 경우

135 다음 [보기]는 옥수수 엔실리지(Ensilage)의 조성분이다. 이 사료의 고형분(DM)함량(%)은?

> **보기**
> 조단백질 2.2%, 조지방 1.2%, 가용무기질소물 14.9%, 조섬유 7.6%, 조회분 1.9%, 칼슘 0.4%, 인 0.2%

① 30.4%　　② 28.2%
③ 27.8%　　④ 25.9%

해설
DM함량 = 2.2 + 1.2 + 14.9 + 7.6 + 1.9 = 27.8%
※ 칼슘과 인은 조회분에 속해서 포함되지 않는다.

136 어느 사료의 일반성분을 분석했을 때 수분이 12%, 조지방이 3%, 조단백질이 15%, 조섬유 6%, 조회분 5%라면 가용무질소물(NFE)은 몇 %이겠는가?

① 17%　　② 34%
③ 59%　　④ 72%

해설
NFE = 100−수분−조단백질−조지방−조섬유−조회분
　　= 100−12−15−3−6−5
　　= 59%
※ NFE란 가용무질소물로 전분이나 당이 여기에 포함된다. 주에너지원으로 옥수수의 전분은 85% 내외이다.

137 다음 중 사료원료(原料)의 품질관리를 위한 이화학적(理化學的) 방법에 해당하는 것은?

① 사별법(篩別法)
② 무기염(無機鹽)의 검출
③ 용적중(容積重) 칭량법
④ 비중(比重) 선별법

해설
사료의 품질검사방법
• 경험적 방법 : 시각, 미각, 후각, 촉각에 의하여
• 이학적 방법 : 기구, 시약을 사용
　– 사별법(篩別法, 체별법) : 체를 사용
　– 비중선별법
　– 용적중 칭량법
　– 자석에 의한 방법
　– 확대경 및 현미경검사 : 분리, 정성검사, 정량검사, 기타 검사
• 화학적 방법
　– 정성분석법 : 리그닌의 검출·사료 중의 무기염류의 검출
　– 정량분석법 : 사료의 영양소함량 측정
• 이화학적 감정법
　– 무기염의 검출
　– 항생물질의 검사
• 미생물학적 감정법
• 동물시험에 의한 감정법

정답 134 ② 135 ③ 136 ③ 137 ②

CHAPTER 02 소화기관과 소화·흡수

PART 03 가축사양학

01 소화기관의 구조와 기능

1. 단위가축

(1) 단위가축의 개념

① 단위동물 : 돼지, 말, 토끼, 가금
② 단위소화기관의 구조 : 식도 – 위 – 소장 – 대장
  ※ 돼지, 가금 등은 맹장의 기능이 거의 없어 조섬유를 소화하지 못한다.
③ 단위동물 중 비반추동물인 말과 토끼는 대장과 맹장이 발달하였고 또 많은 미생물이 서식하고 있어 반추위에서와 같이 조사료의 소화가 가능하다.
  ※ **비반추초식동물** : 초식동물이나 위가 하나이며, 반추위가 없다.
④ 닭은 소낭, 선위, 근위를 가지고 있고 항문은 총배설강이다.

(2) 돼지의 소화기관

① 입
  ㉠ 구강에는 혀(사료의 혼합, 연하), 이빨(연하, 저작), 침샘이 있다.
  ㉡ 사료의 입자를 잘게 하는 기계적 소화로 사료를 분쇄하므로 효소의 공격면적을 증가시켜 소화에 도움을 준다.
  ㉢ 타액(침)은 수분, 뮤신, 중탄산염, 효소 등으로 구성되어 있다.
  ㉣ 입에서 침과 섞이고 전분은 아밀레이스(아밀라아제), 프티알린에 의해 덱스트린과 맥아당으로 변한다.
  ※ 닭에는 이빨, 침샘이 없어서 이런 기능이 없다.
② 식도 : 식도 윤충근에 의한 연동작용으로 내용물을 구강에서 위까지 보낸다.
③ 위
  ㉠ 배 모양으로 근육성 소화기관이다.
  ㉡ 기능은 사료 내용물 저장, 근육운동(물리적 소화), 위액분비(염산, 펩신, 레닌 등)이다.
  ㉢ 위점막세포에서 염산의 분비하여 pH 2 정도의 강산성이 된다.
④ 소 장
  ㉠ 소장은 십이지장, 공장, 회장으로 구성되며, 장내에서 강력한 소화효소가 분비된다.

ⓒ 십이지장 : 췌장액, 담즙을 분비하여 내용물을 소화한다.
ⓒ 공장 : 소장의 중심부분으로 영양소를 흡수한다.
ⓔ 회장 : 소장의 아랫부분으로 영양소를 흡수한다.
⑤ 대 장
㉠ 돼지대장은 맹장, 결장, 직장으로 구분된다.
㉡ 대장은 수분의 재흡수, 칼슘 등 무기물의 흡수, 단백질 및 수용성 비타민의 합성, 섬유질 소화 등의 기능을 한다.

(3) 말의 소화기관
① 위는 상대적으로 작고, 대장은 크게 발달하였다.
② 사료를 대장의 미생물 발효작용으로 반추위 역할을 한다.
③ 대장은 맹장, 대결장, 소결장, 직장으로 구성되어 있다.
④ 맹장과 대결장에는 미생물이 서식하여 휘발성 지방산생성, 수용성 비타민합성, 균체단백질합성 등의 기능을 한다.
⑤ 휘발성 지방산은 맹장에서 흡수하고, 소결장에서는 수분을 흡수한다.

2. 반추가축

(1) 소
① 입
㉠ 위턱에는 앞 이빨이 없고 입천장이 단단한 각질의 상피세포조직으로 되어 있다.
㉡ 입에서는 많은 타액이 분비(50L)된다.

> **더알아두기**
>
> 반추동물의 타액(침)의 기능
> • 건조한 사료의 수분함량을 높이고 저작과 삼키는 일을 돕는다.
> • 반추위 내 내용물의 수분농도를 미생물의 작용에 알맞도록 조절한다.
> • 미생물의 성장에 필요한 영양소를 공급한다(뮤신, 요소, Na, K, Cl, P, Mg 등).
> • 반추위 내의 pH를 5~7 정도로 유지하게 한다(HCO_3^-와 Cl, P, Mg의 작용).
> • 거품생성을 방지하여 고창증을 예방한다(뮤신의 작용).
> • 소량의 리파제를 분비하여 지방의 가수분해를 돕는다.

② 제1위(혹위, 반추위, Rumen)
   ㉠ 소의 복부 왼쪽에 위치되어 있으며, 내부는 근대에 의하여 배낭, 복낭, 2개의 후맹낭 등으로 이루어진다.
   ㉡ 반추동물의 4개 위 중 용량이 가장 크다.
   ㉢ 미생물이 서식하여 발효가 일어나는 위이다. 즉, 주로 혐기성 미생물들이 서식하면서 가축이 섭취하는 영양소를 이용하여 미생물 대사작용을 한다.
   ㉣ 내부 표면은 유두(Papillae)라고 하는 케라틴화된 돌기로 덮여져 있다.
   ㉤ 2위와 함께 사료의 저장, 연화, 혼합, 미생물의 서식처를 제공한다.
   ㉥ 반추위는 용적이 커서 큰 소의 경우 180L 정도되며, 점막에 많은 반추위 유두가 분포되어 있다.
③ 제2위(벌집위)
   ㉠ 반추위와 연결된 제2위, 조직과 기능이 반추위와 비슷하다.
   ㉡ 위벽 점막이 벌집과 같은 모양을 하고 있다.
   ㉢ 용적은 약 8L 정도이다.
   ㉣ 사료를 되새김질하는 기능이 있다.
④ 제3위(겹주름위)
   ㉠ 벌집위와 진위 사이에 있는 근엽이 잘 발달된 위로, 용적이 약 17L 정도이다.
   ㉡ 근엽을 통해서 사료 내용물의 수분을 흡수하여 식괴를 형성하며, 분해가 잘된 위 내용물을 제4위로 넘어가도록 하는 체의 역할을 한다.
   ㉢ 위(胃) 내용물의 수분을 흡수하여 희석된 상태의 내용물을 농축시켜 다음 소화기관에서 소화작용이 잘 이루어질 수 있도록 돕는다.
⑤ 제4위(진위)
   ㉠ 분문부, 위저부, 유문부로 구성되며 용적이 21L 정도 된다.
   ㉡ 반추동물의 4개의 위 중에서 단위동물의 위와 같이 소화액에 의한 화학적인 소화작용이 일어나는 곳이며, 담즙이 위 내로 역류하는 것을 방지하는 역할을 한다.
   ㉢ 제4위는 갓 태어난 송아지의 위 중 가장 크고, 점차 성장하여 성우가 되면서 위의 용적이 변화된다.
   ※ **위액(胃液)의 주된 작용** : 살균과 단백질의 분해작용을 하며, 섬유소를 가장 잘 이용할 수 있다.

(2) 반추동물 소화기관의 특징
① **식도구** : 송아지가 먹은 우유를 제1, 2위를 거치지 않고 제3위로 들어가도록 한다.
② **반추** : 처음 먹은 거친 목초나 조사료를 역출하여 되새김질하고 타액을 분비한다.

③ 트림(Eructation) : 미생물에 의한 이산화탄소와 메탄가스가 트림에 의하여 반출된다. 트림이 잘되지 않으면 고창증이 발생한다.
④ 반추위 발달 : 어린 송아지는 제4위가 약 70%를 차지하나 1, 2위가 더 커진다.
  ※ 소는 소화기관의 해부학적 기능 차이로 인해 혈당(Blood Glucose)치가 가장 낮다.

3. 가 금

(1) 닭

① 입
  ㉠ 이빨과 입술이 없어 저작을 하지 못한다.
  ㉡ 부리가 있어 사료를 쪼아 먹는다.
② 식도 및 소낭
  ㉠ 소낭(Crop)은 돼지와 달리 닭에만 있는 소화기관이다.
  ㉡ 소낭은 식도가 변형된 것으로 내용물을 저장하고 수분공급 및 연화작용을 한다.
  ㉢ 미생물에 의한 발효작용 또는 아밀라제에 의한 소화 등이 이루어진다.
③ 선 위
  ㉠ 음식물의 소화를 위해 위산과 펩신(Pepsin) 등의 소화액을 분비한다(화학적 소화).
  ㉡ 전위라고도 하며, 내용물을 위선성 전위부로 신속하게 통과시킨다.
④ 근 위
  ㉠ 사료의 분쇄기능을 한다(기계적 소화).
  ㉡ 근위 속에는 모래가 들어 있어 단단한 곡류 등의 분쇄에 도움을 준다.
⑤ 소 장
  ㉠ 다른 포유동물과 같이 효소가 들어 있어 소화작용을 한다.
  ㉡ 아밀레이스(아밀라아제, Amylase), 라이페이스(리파아제, Lipase), 펩티데이스(펩티다아제, Peptidase) 등의 효소가 분비된다.
⑥ 맹장 및 대장
  ㉠ 맹장은 두 개로 갈라져 장간 막에 연결되어 있다.
  ㉡ 맹장과 대장은 미생물발효를 통해서 수용성 비타민의 합성 및 섬유소 소화 등을 한다.
  ㉢ 대장은 총배설강으로 연결되어 있다.

(2) 닭의 소화작용

　① 탄수화물

　　㉠ 소낭에서 부드럽게 연화되어 선위와 근위를 거쳐 소장에서 소화가 완료된다.

　　㉡ 최종 소화산물인 글루코스 등의 단당류는 소장점막을 통해 흡수된다.

　② 지 방

　　㉠ 소장에서 지방분해효소에 의해 지방산과 글리세린으로 분해된다.

　　㉡ 지방산과 글리세린은 장점막에 흡수된 후, 킬로미크론을 형성하여 임파선과 모세혈관을 통해 흡수된다.

　③ 단백질

　　㉠ 소장에서 트립신, 키모트립신, 엘라스타제, 카복시펩티다아제 등의 췌장 및 장액분비효소에 의해 아미노산으로 분해되어 소장점막으로 흡수된다.

　　㉡ 닭의 필수아미노산은 포유동물의 10종 이외에 글리신이 포함되어 11종이 된다.

　　㉢ 글리신은 닭의 질소노폐물을 요산형태로 배설하는 데 중요한 역할을 한다.

02 영양소의 소화 및 흡수

1. 탄수화물의 소화와 흡수

(1) 탄수화물 분해요소

기 관	소화액	영양소	소화요소	분해산물
입	침	Starch	Amylase	Maltose
십이지장	췌장액	Starch	Pancreatic Amylase	Maltose, Maltotriose
소 장	장 액	Maltose	Maltase	Glucose+Glucose
		Lactose	Lactase	Glucose+Galactose
		Sucrose	Sucrase	Glucose+Fructose

※ 단위가축의 소화기관 내에서 전분의 최종 분해물 : 포도당

(2) 탄수화물의 소화와 흡수

　① 모든 단당류는 거의 소장에서 완전히 흡수된다.

　　㉠ 반추동물의 소화기관 중 섭취한 영양소를 가장 왕성하게 흡수하는 곳은 소장이다.

　　㉡ 탄수화물인 당류의 흡수부위로 가장 적합한 곳 : 소장의 상부, 십이지장

② 단당류의 흡수율 : Galactose > Glucose > Fructose > Mannose > Pentose
  ㉠ 활성흡수 : Galactose, Glucose
  ㉡ 단순확산 : Fructose, Mannose, Pentose

(3) 반추위 미생물
  ① 반추위 내 미생물의 기능
    ㉠ 휘발성 지방산(VFA)의 생산
    ㉡ 비타민의 합성
    ㉢ 섬유질의 분해 및 발효와 소화
    ㉣ 단백질(질소)을 암모니아로 분해하여 미생물체단백질을 합성
    ㉤ 미생물체 영양소의 공급
  ② 반추위 내에서 미생물에 의한 섬유소의 최종 분해물 : 휘발성 지방산
    ㉠ 휘발성 지방산은 제3위에서도 흡수된다.
    ㉡ 탄수화물 발효로 생성된 휘발성 지방산은 단순확산에 의해 제2위벽으로 흡수된다.
    ㉢ 흡수된 휘발성 지방산은 제1위 정맥을 통해 문맥을 거쳐 간장으로 들어간다.
    ㉣ 전분이나 당류가 풍부한 소화물은 장내 통과속도가 짧아진다.
    ㉤ pH가 낮으면 휘발성 지방산은 이온화되지 않은 상태이므로 빨리 흡수된다.
    ㉥ 휘발성 지방산의 조성은 조사료와 농후사료의 비율에 따라 크게 변한다.
    ㉦ 불용성 탄수화물인 섬유소와 전분의 일부는 반추위 미생물에 의해서 휘발성 지방산으로 분해되어 반추위벽을 통해 흡수된다.
    ㉧ 젖소에 있어서 휘발성 지방산의 일일 총생산량은 건우유가 30~40mol, 착우유가 108mol 정도이다.
    ㉨ 반추동물은 단위동물과 달리 섬유질성 탄수화물을 주사료로 이용할 수 있다. 그 이유는 반추위 내 미생물 중에 섬유소 분해효소를 가지고 있기 때문이다.
    ㉩ 다량 광물질들의 반추위 내 대사작용
      • K는 반추위 박테리아의 성장에는 필요하나 휘발성 지방산 생성을 촉진하지는 않는다.
      • S은 셀룰로스의 소화를 촉진한다.
      • Ca는 반추위 내 원생동물에 의한 휘발성 지방산 생성을 촉진한다.
  ③ 반추위 내 미생물에 의하여 생성되는 휘발성 지방산 : 초산(Acetic Acid), 뷰틸산(Butyric Acid), 프로피온산(Propionic Acid)
    ㉠ 초산(Acetate)
      • 반추동물이 조사료로 건초를 섭취하는 경우 가장 많이 생성되는 휘발성 지방산이다.
      • 휘발성 지방산 중 유지방 합성에 가장 많은 영향을 미치는 것은 초산(Acetic Acid)이다.

- 급여사료 중의 조사료의 비율이 높아지면 초산이 증가한다.
  ⓒ 프로피온산(Propionic Acid)
  - 조사료보다 농후사료를 더 많이 섭취하면 반추위 내에 생성되는 휘발성 지방산 중 생성 비율이 가장 많이 증가된다.
  - 코발트는 반추위에서 생성된 프로피온산이 체내에서 포도당으로 전환되는 데 반드시 필요한 미량원소이다.
  - 프로피온산은 흡수되어 유당합성에 이용된다.
  ⓒ 반추위 내에서 휘발성 지방산의 생성비율 순서 : 초산 > 프로피온산 > 뷰틸산
  ⓔ 휘발성 지방산들 간의 흡수속도 : 뷰틸산 > 프로피온산 > 아세트산
④ 전분을 분해 이용하는 반추미생물 : 아밀로필루스(Amylophillus), 아밀로라이티카(Amylolytica), Bacteroides, Butyrlvibrio, 숙시니모나스(Succinimonas)
⑤ C_{13}, C_{15}, C_{17} 같은 홀수인 지방산을 3개 모두 합성할 수 있는 미생물 : *Selenomonas ruminantium*

※ 반추동물에서 제1위 내 미생물의 주요작용
- 불포화지방에 수소를 첨가하여 트랜스지방산을 만든다.
- 반추동물의 타액에는 Amylase가 전혀 없거나 조금밖에 없으므로 탄수화물은 소화되지 않은 채 제1위로 들어간다.
- 제1위 내에 존재하는 미생물의 작용에 의하여 비타민 B군과 비타민 K가 합성된다.
- 단백질이나 비단백태질소화합물의 일부는 제1위 안에서 소화되지 않고 제4위나 소장에서 소화되기도 하지만 대부분은 미생물의 작용을 받아 아미노산이나 암모니아로 분해된다.
- 요소를 이용하여 단백질을 합성한다.
- 주로 세균과 원생동물에 의해 탄수화물 분해작용, 단백질 합성작용, 지방대사작용, 비타민 합성작용을 한다.

※ 호흡상
체내 흡수된 영양소는 에너지를 생성하는데 이때 소비된 O_2와 생성된 CO_2량과의 비율을 호흡상이라 하고, 탄수화물 : 1, 지방 : 0.70, 단백질 : 0.82 정도이다.

2. 단백질의 소화와 흡수

(1) 단백질 소화요소

기관	영양소	소화요소	분해산물
위	Protein	펩신(Pepsin)	Polypeptide
	Casein	레닌(Rennin)	우유응고
십이지장	Protein, Peptone	트립신(Trypsin)	Dipeptide, Polypeptide
	Protein, Peptone	Chymotrypsin	Dipeptide, Polypeptide
	Polypeptide	Carboxypeptidase	Free Amino Acids, Dipeptide
소장	Polypeptide	Aminopeptidase	Amino Acid, Peptide
	Dipeptide	Dipeptidase	Amino Acid

(2) 단백질의 소화흡수

① 사료단백질은 반추위 미생물에 의해 아미노산으로 분해된 다음 미생물체 단백질합성에 이용된다.
② 합성된 미생물체 단백질은 소화효소에 의해 아미노산으로 분해되어 소장벽을 통해 흡수된다.
③ 사료단백질 중 분해되지 않은 단백질은 소화효소에 의해 아미노산으로 분해되어 소장벽을 통해 흡수된다.
④ 반추위 미분해단백질(UDP)을 반추위 통과단백질이라 한다.

> **더알아두기**
>
> 사료 중에는 제1위 내에서 분해되지 않고, 제4위에서 분해되어 소장으로 내려와 그곳에서 소화, 흡수되는 단백질도 존재한다. 이러한 단백질을 비분해성 단백질(UIP 또는 UDP)이라고 하고, Bypass단백질이라고 불린다.

⑤ 산유량이 많은 유우의 경우 미생물체 단백질에 의한 단백질 부족을 충족시키기 위하여 반추위 통과단백질(보호단백질)을 급여하여 생산성을 증진시킬 수 있다.
⑥ 질소(요소의 형태로 공급)는 반추위 미생물 단백질 합성에 원료로 이용될 수 있어 사료단백질의 절약효과를 기대할 수 있다.
⑦ 생성된 암모니아 중 일부는 반추위벽을 통해 흡수되어 침을 통해 재순환된다.
⑧ 아미노산으로 분해된 단백질이 소장에서 흡수되어 체조직, 우유, 달걀, 호르몬, 효소 등의 합성과 노쇠된 조직의 대체(손톱, 발톱) 등에 쓰인다. 그러나 필수아미노산 합성에는 쓰이지 않는다.

(3) 요소(Urea) 이용의 특징

① 섭취한 순단백질이 반추위 미생물에 의해 아미노산 및 VFA로 분해될 수 있다.
② 반추위 내의 미생물은 요소를 이용하여 필수아미노산을 합성할 수 있다.
③ 요소중독결과 나타나는 증상으로는 신경장애, 호흡곤란, 근육경련과 강직현상 그리고 구토가 수반된다.
④ 한꺼번에 많은 양을 급여하는 것보다 소량씩 나누어 여러 번에 걸쳐 급여한다.
⑤ 콩이나 콩깻묵과 함께 급여하지 않는다.
⑥ 물에 타서 급여하지 않는다.
⑦ 반추위 발달이 충분치 못한 송아지에게는 급여하지 않는다.
⑧ 소, 양 등은 요소를 이용하기 적합하나 돼지는 부적합하다.

(4) 트립신 저해인자(Trypsin Inhibitor)

① 생콩을 급여하면 설사를 한다.

② 끓이면 파괴된다.

③ 단백질 이용을 저해한다.

> ※ 위내 점막세포에서 분비되는 염산의 기능
> - 위에서 미생물에 의해 일어나는 발효 및 부패를 억제한다.
> - Fe^{2+}의 흡수를 돕는다.
> - 단백질을 변성시키고 이당류의 가수분해를 약간 일으킨다.
> - Pepsinogen(펩시노겐)을 활력이 있는 Pepsin(펩신)으로 만든다.

3. 지방의 소화와 흡수

(1) 지방분해효소

기 관	영양소	소화요소	분해산물
간(담즙액)	Lipid	담즙산	지질유화
십이지장 (췌장액)	Lipids	Lipase	글리세롤(Glycerol)+지방산(Fatty Acid)
	Phospholipid	Phospholipase	Fatty Acid

(2) 지방의 소화 흡수

① 사료 내 지방은 반추위미생물에 의해 수소가 첨가(포화)된 다음 소화효소에 의해 지방산과 글리세롤로 분해되어 소장벽을 통해 흡수되고, 일부분은 반추위 미생물에 의해 측쇄지방산을 형성한다.

② 지방이 소장벽에서 흡수되는 주형태는 Zingkomin이다.

③ 사료지방의 일부분은 반추위 미생물에 의해 휘발성 지방산으로 분해되어 반추위벽을 통해 흡수된다.

④ 간문맥으로 흡수되는 지방은 짧은 사슬지방이다. 즉, 소장에서 중성지방이 재합성된 후 긴 사슬지방은 유미지립(Chylomicron) 형태로 림프관을 통해 흡수되고, 짧은 사슬지방산은 알부민과 함께 문맥을 통해 간으로 직접 흡수된다.

> ※ Chylomicron : 혈액 중 분자량이 낮은 지질운반체

⑤ 사료지방은 췌장과 소장에서 분비된 라이페이스(리파아제)에 의해서 글리세롤, 트라이글리세라이드, 다이글리세라이드, $\alpha \cdot \beta$ 모노글리세라이드, 지방산으로 분해되어 흡수된다.

(3) 간으로부터 분비되는 담즙산염(Bile Salt)의 기능

① 유화작용(표면장력의 약화)으로 지방의 소화를 촉진한다.
② 췌장에서 분비되는 라이페이스(리파아제)를 활성화시킨다.
③ 지방산, 콜레스테롤, 비타민 A, D와 카로틴의 흡수를 돕는다.
④ 담즙의 분비와 교류를 자극한다.
⑤ 콜레스테롤이 혈관 내에서 침전없이 녹아 있도록 한다.

4. 기타 영양소의 소화와 흡수

(1) 물의 생리적 기능

① 용매제로서 우수하고 이상적인 분산배지이다.
② 용질의 화학적 성질을 안정된 상태로 유지한다.
③ 물은 비열이 커서 발생되는 열을 효과적으로 흡수하여 급격한 체온 상승을 막아 준다.
④ 증발열이 커서 체온을 발산할 수 있으므로 과잉생산된 열을 방출할 수 있다.
⑤ 영양소의 가수분해에 관여하고, 영양소와 대사생성물의 수송을 돕는다.
⑥ 체액의 구성물질이며, 조직기관의 관절부에서 윤활유 역할을 한다.
※ 물은 동물체 구성의 50% 이상을 차지하면서 체지방과 역의 관계에 있는 영양소이다.

(2) 대사수(Metabolic Water)

① 호기성 대사작용 시 에너지와 함께 생성되는 물
② 탄수화물의 경우 다당류에서 단당류로 분해될 때 생성되는 물
③ 펩타이드 결합(Peptide Bond) 시 생성되는 물
④ 불포화지방산의 생성 시 이용되거나, 지방산의 산화 시에 발생하는 물
※ 대사수 생성량에 영향을 주는 요인 : 사료영양소의 화학적 조성, 사료의 섭취량

(3) 수분의 배출형태

① 오줌 : 체내 수분조절에 가장 큰 비중 차지하고, 신장은 오줌의 배설량을 조절한다.
② 분 : 초식동물은 분 중 수분함량이 높고, 잡식동물과 육식동물은 낮다.

③ 피부 : 땀에 의한 수분소실과 피부를 통한 불감수분 소실이 있다.
   ※ **불감수분 소실** : 쾌적한 온도조건이나 그 이하의 온도에서 감각적으로 느끼지 못하는 형태로 수분이 소실되는 것
④ 호흡 : 체온상승 및 환기량 증가는 호흡을 통한 수분배출량을 증가시킨다.
   ※ **항이뇨호르몬**(Antidiuretic Hormone, ADH) : 체수분 부족 시 신장에서 수분배설을 억제시키는 호르몬

(4) 물의 요구량에 관여하는 요인
① 기온 : 외기온도가 증가하면 수분요구량이 증가한다.
② 습도 : 대기 중 상대습도가 감소하면 수분의 요구량이 증가한다.
③ 풍속 : 풍속이 증가하면 증발속도가 증가하여 수분요구량이 증가한다.
④ 젖생산 : 젖생산 시 수분의 요구량은 증가한다.
⑤ 사료의 화학적 조성 : 건물함량 또는 단백질의 함량이 높은 사료일수록 수분요구량이 증가한다.

(5) 수분의 결핍증상
① 식욕감퇴로 사료섭취량이 감소한다.
② 활기가 저하되고 체액 및 혈액량이 감소되며 체온조절이 곤란하다.
③ 호흡장애와 소화작용이 저해되어 질소손실량이 증가한다.

> **더알아두기**
>
> **영양소의 흡수방법**
> - 단순확산(Simple Diffusion)
>   - 물질의 농도가 높은 곳에서 낮은 곳으로 이동하는 현상이다.
>   - 확산에 에너지를 필요로 하지 않는다.
> - 활성흡수(능동수송, Active Transport)
>   - 농도가 낮은 곳에서 높은 곳으로 즉, 물질의 분자농도에 역행하여 흡수되는 과정을 말한다.
>   - 매개물(Carrier)과 에너지가 요구된다.
>   - 나트륨이나 칼륨, 포도당(Glucose), L-아미노산은 능동수송으로 흡수되고 있다.
>
> **영양소 흡수에 미치는 요인** : 흡수면적(소장벽의 미세융모), 혈액순환, 전압차(세포와 혈액 간의 차), 상피세포의 투과성 등

적중예상문제

CHAPTER 02 · PART 03 가축사양학

01 다음 중 소화기관의 해부학적 기능 차이로 인해 혈당(Blood Glucose)치가 가장 낮을 것으로 예상되는 동물은?

① 돼 지　　② 말
③ 닭　　　 ④ 소

해설
소는 섬유소를 가장 잘 이용할 수 있는 가축이다.

02 반추동물의 타액에 관한 설명으로 틀린 것은?

① 사료의 저작과 삼킴을 돕는다.
② 반추위 내 pH를 6~7 사이로 유지시킨다.
③ 아밀레이스가 들어 있어 전분을 분해한다.
④ 거품생성을 방지하여 고창증을 예방한다.

해설
반추동물의 침의 기능
- 건조한 사료의 수분함량을 높이고 저작과 삼키는 일을 돕는다.
- 반추위 내 내용물의 수분농도를 미생물의 작용에 알맞도록 조절한다.
- 미생물의 성장에 필요한 영양소를 공급한다(뮤신, 요소, Na, K, Cl, P, Mg 등).
- 반추위 내의 pH를 5~7 정도로 유지하게 한다(HCO_3와 Cl, P, Mg의 작용).
- 거품생성을 방지하여 고창증을 예방한다(뮤신의 작용).
- 소량의 라이페이스를 분비하여 지방의 가수분해를 돕는다.

03 반추동물의 소화작용 중 타액(침)의 기능으로 옳지 않은 것은?

① 타액은 식도의 내면을 습윤하게 하여 반추 시 위에 있는 사료를 입으로 토출하는 것을 막아 준다.
② 타액은 사료에 습윤성을 주어 저작과 삼키는 것을 도와준다.
③ 반추동물의 타액은 알칼리성으로 반추위에서 발효될 때 생성되는 산을 중화시키는 완충제 역할을 한다.
④ 반추동물의 타액은 Na^+, K^+, Ca^{2+}, Mg^{2+}, Cl^-, HCO_3^-, 요소 등이 비교적 높은 농도로 함유되어 있어 반추위 내 미생물에 영양소 공급원이 되기도 한다.

04 위액(胃液)의 주된 작용은?

① 녹말을 분해한다.
② 지방을 분해한다.
③ 미생물의 생성과 녹말의 분해작용을 한다.
④ 살균과 단백질의 분해작용을 한다.

정답　1 ④　2 ③　3 ①　4 ④

05 소의 복부 왼쪽에 위치되어 있으며, 내부는 근대에 의하여 배낭, 복낭, 2개의 후맹낭 등으로 이루어진 것은?

① 제1위　　② 제2위
③ 제3위　　④ 제4위

06 다음 설명에 해당하는 위의 종류는?

- 반추동물의 4개 위 중 용량이 가장 크다.
- 미생물이 서식하여 발효가 일어나는 위이다.
- 내부표면은 유두(Papillae)라고 하는 케라틴화된 돌기로 덮여져 있다.

① 1위　　② 2위
③ 3위　　④ 4위

해설

반추동물의 위

제1위 (반추위, 혹위)	• 반추위는 용적이 커서 큰 소의 경우 180L 정도되며, 점막에 많은 반추위 유두가 분포되어 있다. • 주로 혐기성 미생물들이 서식하면서 가축이 섭취하는 영양소를 이용하여 미생물 대사작용을 한다.
제2위 (벌집위)	• 반추위와 연결된 제2위, 조직과 기능이 반추위와 비슷하다. • 위벽 점막이 벌집과 같은 모양을 하고 있다. • 용적은 약 8L 정도이다. • 사료를 되새김질하는 기능이 있다.
제3위 (겹주름위)	• 벌집위와 진위 사이에 있는 근엽이 잘 발달된 위로, 용적이 약 17L 정도이다. • 근엽을 통해서 사료 내용물의 수분을 흡수하여 식괴를 형성하며, 분해가 잘 된 위 내용물을 제4위로 넘어가도록 하는 체의 역할을 한다.
제4위 (진위)	• 위 소화가 이루어지는 부위이다. • 분문부, 위저부, 유문부로 구성되며 용적이 21L 정도된다. • 위 점막은 위액과 일부 효소를 분비하는 조직으로 되어 있어, 단위동물의 위와 비슷한 기능을 한다.

07 반추동물에 있어서 위(胃) 내용물의 수분을 흡수하여 희석된 상태의 내용물을 농축시켜 다음 소화기관에서 소화작용이 잘 이루어질 수 있도록 돕는 곳은?

① 제1위　　② 제2위
③ 제3위　　④ 제4위

해설

반추위 내 사료의 이동

- 반추작용과 미생물에 의한 효소작용을 거쳐 일부는 제1위에서 소화·흡수되고, 나머지 발효산물들은 제3위로 이동한다.
- 제3위로의 식괴의 이동은 제2위의 수축으로 액상 식괴들이 밀려나는 유출과정으로 이루어진다.
- 제3위에서는 내용물의 수분 흡수로 식괴를 농축시켜 제4위와 소장에서 소화가 잘되도록 만든다.
- 제4위는 단위동물의 위와 비슷한 기능을 가지고 위 소화작용을 한다.
- 소장으로의 내용물 이동은 산도가 낮아지면서 유문 괄약근의 이완으로 이루어지는데, 사료의 이동속도는 건물의 입자도, 비중, 사료 섭취량 및 섭취 빈도에 따라 달라진다.

08 반추동물의 4개의 위 중에서 단위동물의 위와 같이 소화액에 의한 화학적인 소화작용이 일어나는 곳이며, 담즙이 위 내로 역류하는 것을 방지하는 역할을 하는 곳은?

① 1위　　② 2위
③ 3위　　④ 4위

09 반추동물은 4개의 위로 이루어져 있는데 이 위는 갓 태어난 송아지로부터 점차 성장하여 성우가 되면서 위의 용적이 변화된다. 갓 태어난 송아지의 위 중 가장 큰 위는?

① 제1위　② 제2위
③ 제3위　④ 제4위

해설
어린 반추가축의 경우는 제1위, 제2위, 제3위가 발달되어 있지 않아 포유 중일 때의 소화기능은 단위동물에서처럼 주로 제4위와 소장의 작용에 의존한다.

10 다음 중 음식물의 소화를 위해 위산과 펩신(Pepsin) 등의 소화액을 분비하는 닭의 기관은?

① 식도(Esophagus)
② 소낭(Crop)
③ 선위(Proventriculus)
④ 근위(Gizzard)

해설
닭과 같은 가금류의 소화기관
- 이빨이 없어 저작을 하지 못한다.
- 위는 단단한 사료를 부드럽게 하는 소낭, 위액을 분비하는 선위, 사료의 분쇄기능을 하는 근위 등으로 되어 있다.
- 맹장은 두 개로 갈라져 장간 막에 연결되어 있다.
- 총배설강을 가지고 있다.

11 돼지와 달리 닭에서만 있는 소화기관은?

① 맹장(Cecum)
② 소장(Small Intestine)
③ 대장(Large Intestine)
④ 소낭(Crop)

해설
가금류 소화
- 소낭 : 사료저장, 단단한 사료를 부드럽게 한다.
- 선위 : 위액분비, 화학적 소화
- 근위 : 사료 분쇄, 기계적 소화

12 닭의 소장에서 분비되지 않는 효소는?

① 락테이스(Lactase)
② 아밀레이스(Amylase)
③ 라이페이스(Lipase)
④ 펩티데이스(Peptidase)

13 탄수화물의 소화에 관여하는 효소는?

① Lipase　② Protease
③ Amylase　④ Peptidase

해설
소화효소
- 탄수화물 : Amylase, Maltase, Sucrase, Lactase 등
- 지방 : Lipase, Steapsin 등
- 단백질 : Protease, Pepsin, Trypsin, Peptidase 등

14 단위가축에서 분비되지 않는 탄수화물 소화효소는?

① 아밀레이스 ② 말테이스
③ 수크라아제 ④ 셀룰레이스

15 단위가축의 소화기관 내에서 전분의 최종분해물은?

① 포도당 ② 맥아당
③ 설 탕   ④ 유 당

16 소화에 대한 각종 영양소의 최종생산물을 나타낸 것 중 옳지 못한 것은?

① 전분(Starch) → 포도당(Glucose)
② 유당(Lactose) → 포도당+말토오스(Maltose)
③ 셀룰로스(Cellulose) → 유기산
④ 지방(Lipid) → 지방산 + 글리세롤(Glycerol)

해설
유당 → 글루코오스+갈락토오스

17 가축은 섭취한 사료 중 탄수화물의 소화를 용이하게 하기 위해서 다양한 종류의 탄수화물 소화효소를 분비하는데 다음 중 말토스(Maltose)를 분해시키는 효소인 말테이스(Maltase)의 최종분해산물은?

① Glucose+Glucose
② Glucose+Fructose
③ Glucose+Galactose
④ Glucose+Glucoside

해설
말테이스(Maltase) : 말토오스(Maltose)를 2분자의 글루코스(Glucose)로 가수분해하는 효소

18 소가 섭취한 사료의 소화기관 체류시간에 대해서 가장 올바르게 설명한 것은?

① 농후사료 위주로 급여하면 체류시간이 길어진다.
② 사료섭취량이 증가하면 소화물의 통과속도는 짧아진다.
③ 전분이나 당류가 풍부한 소화물은 장내 통과속도가 짧아진다.
④ 장 내에 소화물의 체류시간이 길면 영양소의 흡수 이용은 나빠진다.

정답 14 ④ 15 ① 16 ② 17 ① 18 ③

19 반추동물의 소화기관 중 섭취한 영양소를 가장 왕성하게 흡수하는 곳은?

① 소 장
② 반추위
③ 대 장
④ 식 도

20 다음 중 탄수화물인 당류의 흡수부위로 가장 적합한 것은?

① 소장의 상부, 십이지장
② 소장의 하부 회장
③ 대장의 하부, 맹장
④ 대장의 상부, 결장

21 반추가축의 소화기관 중 영양소별 흡수장소를 설명한 것 중 틀린 것은?

① 포도당은 제4위에서 주로 흡수된다.
② 휘발성 지방산(VFA)은 제3위에서도 흡수된다.
③ 탄수화물 발효로 생성된 휘발성 지방산(VFA)은 단순확산에 의해 제2위벽으로 흡수된다.
④ 흡수된 휘발성 지방산(VFA)은 제1위 정맥을 통해 문맥을 거쳐 간장으로 들어간다.

해설
① 포도당은 소장에서 주로 흡수된다.

22 반추위 내 미생물의 기능이 아닌 것은?

① 휘발성 지방산의 생산
② 비타민의 합성
③ 섬유질의 발효와 소화
④ 반추위 내의 산도(pH) 유지

23 반추위 내에서 미생물에 의한 섬유소의 최종 분해물은?

① 포도당   ② 글리세롤
③ 아미노산 ④ 휘발성 지방산

해설
여러 반추위 세균들이 섬유소 같은 다당류를 단당류로 가수분해하고 단당류를 휘발성 지방산으로 발효시킨다.

24 다음 미생물 중 전분을 분해 이용하는 반추 미생물이 아닌 것은?

① Bacteroides   ② Clostridium
③ Butyrlvibrio ④ Succiniconas

해설
전분을 분해 이용하는 반추미생물
• 아밀로필루스(Amylophillus)
• 아밀로라이티카(Amylolytica)
• Bacteroides
• Butyrlvibrio
• 숙시니모나스(Succinimonas)

정답 19 ① 20 ① 21 ① 22 ④ 23 ④ 24 ②

25 탄수화물의 혐기성 발효의 결과로 생성되는 휘발성 지방산에 해당하지 않는 것은?

① Acetic Acid
② Propionic Acid
③ Stearic Acid
④ Butyric Acid

26 반추가축에서 농후사료를 많이 급여하였을 때 생성비율이 가장 많은 휘발성 지방산은?

① 아세트산
② 프로피온산
③ 젖산
④ 개미산

해설

농후사료의 급여비율이 높아지면 전분분해박테리아 수가 증가하고 Cellulose 분해박테리아 수가 작아지며, 프로피온산의 생성비율이 높아진다.

27 반추동물이 조사료로 건초를 섭취하는 경우 가장 많이 생성되는 휘발성 지방산은?

① 프로피온산(Propionate)
② 젖산(Lactate)
③ 뷰틸산(Butyrate)
④ 초산(Acetate)

해설

조사료를 많이 급여할 경우 Cellulose 분해박테리아의 수가 증가하여 초산의 생성비율이 높아진다.

28 반추위 내에서 휘발성 지방산의 생성비율을 순서대로 나열한 것은?

① Propionic Acid > Acetic Acid > Butyric Acid
② Acetic Acid > Butyric Acid > Propionic Acid
③ Propionic Acid > Butyric Acid > Acetic Acid
④ Acetic Acid > Propionic Acid > Butyric Acid

해설

휘발성 지방산은 초산, 프로피온산, 낙산 등으로 대별되며 이들의 생성비율은 일반적으로 초산(Acetic Acid) 65%, 프로피온산(Propionic Acid) 20%, 낙산(Butyric Acid) 9%의 비율로 생산된다.

29 미생물의 발효산물의 하나인 휘발성 지방산의 흡수는 전소화기관에서 이루어지는데, 이것의 흡수속도는 장 내의 PH가 저하될수록 흡수율이 증가하고 장 내의 휘발성 지방산 조성비율에 많이 좌우된다. 휘발성 지방산들 간의 흡수속도를 나타낸 것 중 맞는 것은?

① Acetic acid > Propionic Acid > Butyric Acid
② Propionic Acid > Acetic Acid > Butyric Acid
③ Butyric Acid > Acetic Acid > Propionic Acid
④ Butyric Acid > Propionic Acid > Acetic Acid

해설

휘발성 지방산들 간의 흡수속도 : 뷰틸산 > 프로피온산 > 아세트산

정답 25 ③ 26 ② 27 ④ 28 ④ 29 ④

30 반추위 내에서 생성되는 휘발성 지방산 중 유지방합성에 가장 많은 영향을 미치는 것은?

① 구연산(Citric Acid)
② 초산(Acetic Acid)
③ 프로피온산(Propionic Acid)
④ 젖산(Lactic Acid)

해설
불용성 탄수화물인 섬유소와 전분의 일부는 반추위미생물에 의해서 휘발성 지방산으로 분해되어 반추위벽을 통해 흡수된다.
- 아세트산(초산)과 뷰틸산(낙산)은 흡수되어 유지방 합성에 이용된다.
- 프로피온산은 흡수되어 유당합성에 이용된다.
※ 분자량이 작은 지방산은 거의 아세트산으로부터 합성된다고 볼 수 있다.

31 반추동물인 소는 제1위 내 미생물에 의하여 특유한 영양작용을 한다. 다음 중 장내 미생물이 영위하는 영양작용과 관계가 있는 것은?

① 섬유소를 분해하여 리그닌을 생성한다.
② 요소를 이용하여 단백질을 합성한다.
③ 전분을 이용하여 아미노산으로 분해한다.
④ 포화지방에 수소를 첨가하여 불포화지방산을 만든다.

해설
①・③ 불용성 탄수화물인 섬유소와 전분의 일부는 반추위미생물에 의해서 휘발성 지방산으로 분해되어 반추위벽을 통해 흡수된다.
④ 불포화지방에 수소를 첨가하여 트랜스지방산을 만든다.

32 반추동물에서 제1위 내 미생물의 주요작용에 대한 설명으로 옳지 않은 것은?

① 지방이 제1위 내에 들어가면 포화지방산에 수소가 떨어져 나와 불포화지방산이 된다.
② 반추동물의 타액에는 Amylase가 전혀 없거나 조금밖에 없으므로 탄수화물은 소화되지 않은 채 제1위로 들어간다.
③ 제1위 내에 존재하는 미생물의 작용에 의하여 비타민 B군과 비타민 K가 합성된다.
④ 단백질이나 비단백태질소화합물의 일부는 제1위 내에서 소화되지 않고 제4위나 소장에서 소화되기도 하지만 대부분은 미생물의 작용을 받아 아미노산이나 암모니아로 분해된다.

해설
반추동물은 체내에서 지방 소화과정 중 제1위에서 미생물의 작용에 의하여 수소첨가가 일어나며, 이때 트랜스지방이 생성된다.
※ 제1위 내 미생물의 역할 : 주로 세균과 원생동물에 의해 탄수화물 분해작용, 단백질 합성작용, 지방대사작용, 비타민 합성작용을 한다.

33 대부분의 다량 광물질들은 반추위미생물의 성장을 자극하고 도우며, 이들 미생물의 셀룰로스 소화능력을 향상시키거나 휘발성 지방산 생성을 촉진시킨다. 다량 광물질들의 반추위 내 대사작용에 대한 설명으로 틀린 것은?

① K는 반추위박테리아의 성장에는 필요하나 휘발성 지방산 생성을 촉진하지는 않는다.
② Na와 Cl은 반추위 내 박테리아의 활동을 억제하여 휘발성 지방산 생성을 저하시키고 셀룰로스의 소화를 방해한다.
③ S은 셀룰로스의 소화를 촉진한다.
④ Ca는 반추위 내 원생동물에 의한 휘발성 지방산 생산을 촉진한다.

30 ② 31 ② 32 ① 33 ②

34 반추위에서 생성된 프로피온산이 체내에서 포도당으로 전환되는 데 반드시 필요한 미량 원소는?

① 코발트　　② 구 리
③ 아 연　　　④ 셀레늄

해설

성숙한 반추동물은 필요한 Vitamin B_{12}를 1위에서 합성한다. 반추미생물은 코발트를 이용하여 Vitamin B_{12} 합성하며, 합성된 Vitamin B_{12}(Cyanocobalamin)는 4%의 코발트를 함유하고 소장에서 흡수되어 간에 저장된다. 코발트의 결핍은 Vitamin B_{12}결핍을 유발한다. Vitamin B_{12}는 반추동물의 에너지대사과정에 주요한 역할을 한다. 반추위 발효과정에서 생성된 프로피온산은 간에서 포도당으로 전환되어 에너지의 주공급원이 된다. 포도당 전환과정에 관여하는 Methyl-Malonyl-CoA효소는 보조인자로 Vitamin B_{12}를 필요로 하며 코발트의 결핍은 Vitamin B_{12} 결핍을 초래하여 Methyl-Malonyl-CoA효소를 불활성화하여 프로피온산의 효율적 이용을 저해한다.

35 반추동물은 단위동물과 달리 섬유질성 탄수화물을 주사료로 이용할 수 있다. 그 이유는 무엇인가?

① 타액 중에 분해효소를 가지고 있기 때문이다.
② 췌장에서 효소를 분비하기 때문이다.
③ 장액의 분해기능이 특수하기 때문이다.
④ 반추위 내 미생물 중에 섬유소분해효소를 가지고 있기 때문이다.

해설

반추위 내 미생물의 기능은 섬유소의 분해, 아미노산의 합성, 비타민 B군과 K의 합성, 미생물체영양소의 공급 등이다.

36 체내 흡수된 영양소는 에너지를 생성하는데 이때 소비된 O_2와 생성된 CO_2량과의 비율을 호흡상이라 하는데, 일반적으로 탄수화물과 지방의 호흡상은 각각 약 얼마인가?

① 1.0과 1.2　　② 1.0과 1.0
③ 1.0과 0.7　　④ 1.0과 0.9

해설

호흡상 → 탄수화물 : 1, 지방 : 0.70, 단백질 : 0.82

37 위에서 주로 분비되는 단백질 분해효소는?

① Trypsin
② Carboxypetidase
③ Amylase
④ Pepsin

해설

펩시노겐이 염산에 의해 펩신으로 활성화되며, 위에서 단백질을 분해한다.

38 단백질 분해효소가 아닌 것은?

① 펩신(Pepsin)
② 트립신(Trypsin)
③ 락테이스(Lactase)
④ 레닌(Rennin)

해설

락테이스(Lactase)는 탄수화물 분해효소이다.

정답 34 ① 35 ④ 36 ③ 37 ④ 38 ③

39 트립신 저해인자(Trypsin Inhibitor)에 대한 설명이 아닌 것은?

① 요소를 분해한다.
② 생콩을 급여하면 설사한다.
③ 끓이면 파괴된다.
④ 단백질 이용을 저해한다.

40 다음 중 단백질 분해생성물과 분해효소가 바르게 연결된 것은?

① 아미노산 – Cellulase
② 지방산 – Lipase
③ 아미노산 – Pepsin
④ 지방산 – Amylase

41 다음 중 췌장에서 분비되지 않는 소화효소는?

① 아밀레이스(Pancreatic Amylase)
② 라이페이스(Lipase)
③ 트립신(Trypsin)
④ 뮤신(Mucin)

해설
뮤신은 위점막에서 분비되는 일종의 뮤코프로테인이다.

42 위 내 점막세포에서는 강한 산성인 염산(HCl)이 분비되는데 이때 분비되는 염산의 기능이 아닌 것은?

① 위에서 미생물에 의해 일어나는 발효 및 부패를 억제한다.
② Fe^{2+}의 흡수를 돕는다.
③ 단백질을 변성시키고 이당류의 가수분해를 약간 일으킨다.
④ 펩신(Pepsin)을 활력이 있는 펩시노겐(Pepsinogen)으로 만든다.

43 아미노산으로 분해된 단백질이 소장에서 흡수되어 사용되지 않는 것은?

① 체조직, 우유, 달걀 등의 합성을 한다.
② 호르몬, 효소 등을 합성한다.
③ 필수아미노산 합성에도 쓰인다.
④ 노쇠된 조직의 대체(손톱, 발톱) 등에 쓰인다.

정답 39 ① 40 ③ 41 ④ 42 ④ 43 ③

44 다음 요소의 이용에 관한 설명 중 틀린 것은?

① 섭취한 순단백질이 반추위미생물에 의해 아미노산 및 VFA로 분해될 수 있다.
② 반추위 내의 미생물은 요소를 이용하여 필수아미노산을 합성할 수 있다.
③ 요소중독결과 나타나는 증상으로는 신경장애, 호흡곤란, 근육경련과 강직현상 및 구토가 수반된다.
④ 특정기간에 과다량을 급여하여 적응시켜야 한다.

해설
요소는 분해가 빠르기 때문에 사용량과 사용방법에 주의를 하지 않으면 중독의 위험이 있다. 한꺼번에 많은 양을 급여하는 것보다 소량씩 나누어 여러 번에 걸쳐 급여한다.

45 요소(Urea)를 이용하기 부적합한 가축은?

① 젖 소   ② 고기소
③ 산 양   ④ 돼 지

해설
비단백태질소화합물은 단백질에서 유래하지 않는 질소화합물로, 반추동물에서는 중요한 단백질 보충제로 이용되고 있다.
※ 반추가축 : 위가 복위로 반추위를 갖고 있는 가축으로 소, 양 등

46 중성지방은 지방 분해효소인 리파제(Lipase)에 의해 어떤 물질로 분해되는가?

① 글리세롤(Glycerol)+지방산(Fatty Acid)
② 글리세롤(Glycerol)+콜레스테롤(Cholesterol)
③ 지방산(Fatty Acid)+콜레스테롤(Cholesterol)
④ 레시틴(Lecithin)+지방산(Fatty Acid)

해설
섭취된 중성지방은 바로 체지방으로 이송되지 못하고 장 내에서 라이페이스(리파아제)의 작용에 의해서 지방산과 2-모노아실글리세롤로 가수분해된다.

47 지방이 소장벽에서 흡수되는 주형태는?

① Glycerol   ② Triglyceride
③ Lincomycin   ④ Zingkomin

48 다음 중 지방의 소화흡수과정과 관련이 없는 것은?

① Emulsfication   ② Transamination
③ Micelle   ④ Chylomicorn

해설
②는 단백질의 소화흡수과정이다.
지질의 흡수
소장 내에서 모노글리세라이드, 지방산, 콜레스테롤과 인지질은 담즙과 결합하여 교질입자(Micells)를 형성한다. 즉, 담즙이 지방 부분과 결합하여 수용성 용액에 분산될 수 있도록 유화(Emulsification) 흡수될 수 있는 형태를 만든다. 교질입자상의 지방과 단·중쇄의 트라이글리세라이드는 소장의 점막세포로 직접 흡수되나, 장쇄지방산은 Chylomicron의 형태로 흡수된다.

정답 44 ④ 45 ④ 46 ① 47 ④ 48 ②

49 다음 중 간문맥으로 흡수되는 지방은?

① 긴 사슬지방
② 짧은 사슬지방
③ 팔미틱산(Palmitic Acid)
④ 스테아릭산(Stearic Acid)

해설
소장에서 중성지방이 재합성된 후 긴 사슬지방은 유미지립(Chylomicron) 형태로 림프관을 통해 흡수되며, 짧은 사슬지방산은 알부민과 함께 문맥을 통해 간으로 직접 흡수된다.
※ 킬로미크론(Chylomicron) : 혈액 중 분자량이 낮은 지질운반체

50 간으로부터 분비되는 담즙산의 중요한 기능이 아닌 것은?

① 유화작용으로 지방의 소화를 억제한다.
② 췌장에서 분비되는 리파제를 활성화한다.
③ 지방산, 콜레스테롤, 비타민 A · D와 카로틴의 흡수를 돕는다.
④ 담즙의 분비와 교류를 자극한다.

해설
담즙산염은 지방을 유화시켜서 지방소화효소인 리파제가 잘 작용할 수 있게 한다.

51 동물체 구성의 50% 이상을 차지하면서 체지방과 역의 관계에 있는 영양소는?

① 탄수화물   ② 비타민
③ 단백질   ④ 물

52 동물 체내에서의 물의 생리적 기능을 설명한 것으로 틀린 것은?

① 용매제로서 우수하고 이상적인 분산배지이다.
② 비열과 증발열이 적어 체온상승을 막아준다.
③ 영양소와 대사생성물의 수송을 돕는다.
④ 체액의 구성물질이며, 조직기관의 관절부에서 윤활유 역할을 한다.

해설
증발열이 커서 체온을 발산할 수 있으므로 과잉생산된 열을 방출할 수 있다.

53 다음 중 활성흡수에 의해 흡수되는 영양소는?

① 프럭토스(Fructose)
② 만노스(Mannose)
③ 포도당(Glucose)
④ 리보스(Ribose)

해설
영양소의 흡수방법
- 단순확산(Simple Diffusion) : 물질의 농도가 높은 곳에서 낮은 곳으로 이동하는 현상
- 활성흡수(능동수송, Active Transport) : 물질의 분자농도에 역행하여 흡수되는 과정을 말하며, 매개물(Carrier)과 에너지가 요구된다. 나트륨이나 칼륨, 포도당(Glucose), L-아미노산은 능동수송으로 흡수되고 있다.

CHAPTER 03 사료의 종류와 특성

PART 03 가축사양학

01 사료의 정의와 분류

1. 사료의 정의와 분류

(1) 사료(Feed)의 정의
① 사료란 한 가지 이상의 영양소를 가지며 무해하고 소화가 될 수 있는 물질을 말한다.
② 가축이 생명의 유지와 축산물(달걀, 우유, 고기, 털 등)을 생산하고 성장, 번식, 수유하는 데 필요한 유기태, 무기태 영양소를 함유하고 있는 물질을 사료라 한다.

(2) 좋은 사료의 조건
① 가축에 영양소 공급능력이 높고 가축에게 무해, 무독하여야 한다.
② 생산량이 많고 손쉽게 이용할 수 있어야 한다.
③ 영양소가 쉽게 변질되지 않고 신선해야 한다.
④ 영양소의 소화율이 높아야 한다.

(3) 사료의 분류
① 영양가에 따른 분류
  ㉠ 농후사료
    - 용적이 작고 조섬유함량이 적은 것
    - 곡류(옥수수 등), 당류(대두박 등), 어분, 동물성 사료, 배합사료 등
  ㉡ 조사료
    - 부피가 크고 가소화 영양소의 함량이 낮은 것
    - 볏짚, 엔실리지, 콩깍지, 산야초, 목초 등
  ㉢ 특수사료(과학사료)
    - 과학적인 연구의 결과로 생산과 이용의 길이 열린 사료로서 공업적으로 고도의 기술을 응용해서 만들어지는 것
    - 무기질, 비타민, 성장촉진제, 요소, 아미노산, 효소, 향미료, 항생물질 및 미네랄 등

② 성분에 따른 분류
　㉠ 단백질사료 : 단백질이 20% 이상 들어 있는 것으로 어분, 우모즙, 육골분, 대두박, 들깻묵(임자박), 면실박, 박류 등
　㉡ 전분질사료 : 전분이 주성분인 사료로 곡류 및 그 부산물, 감자류, 고구마 등
　㉢ 지방질(유지)사료 : 지방의 함량이 15% 이상 함유된 것으로 콩, 유실류, 누에, 번데기, 쌀겨 등
　㉣ 섬유질사료 : 조섬유함량이 20% 이상인 사료로 볏짚, 대맥강, 콩껍질, 사일로, 목초류 등
　㉤ 무기질사료 : 가축에 무기영양소를 공급할 목적으로 급여되는 것으로 석회석, 인산칼슘, 소금, 골분, 무기물혼합제 등
　㉥ 비타민사료 : 비타민을 공급할 목적으로 급여하는 것으로 간유분말, 발효탈지유, 비타민 프리믹스 등
　㉦ 항생물질사료 : 불량한 환경에서 가축의 성장이나 생산을 높이기 위하여 사료에 첨가하는 항생물질
　㉧ 아미노산사료 : 곡류위주의 사료에서 부족되기 쉬운 라이신이나 메티오닌을 보급하기 위하여 사용하는 화학제품
　㉨ 다즙사료 : 무우, 배추 등
　※ 에너지사료 : 건물기준 단백질함량이 20% 이하, 조섬유의 함량이 18% 이하 그리고 NDF함량이 35% 이하인 사료

③ 가공형태에 따른 분류
　㉠ 알곡사료 : 알곡(옥수수, 수수, 밀, 보리 등)사료로 주로 닭사료에 이용된다.
　㉡ 가루사료 : 사료를 분쇄한 것이다.
　㉢ 펠릿(Pellet) : 분말사료를 특수한 기계(펠레터)를 사용하여 특정한 모양으로 굳힌 것을 말한다.
　㉣ 크럼블(Crumble) : 펠릿을 다시 거칠게 부순 것이다.
　㉤ 큐브(Cube) : 고형사료 중에서 각형(角形)으로 성형한 사료를 큐브라고 한다. 일반적으로 알팔파 등의 건초를 큐브로 만든다.
　㉥ 플레이크(Flake) : 곡류를 찐 후 단순히 롤러로 압편(壓片)한 것으로, 박편(薄片)이라고도 한다.

④ 배합상태에 따른 분류
　㉠ 단미사료 : 배합사료의 원료가 되는 것(옥수수, 수수 등)
　㉡ 혼합사료 : 몇 가지 단미사료를 혼합한 것
　㉢ 배합사료 : 사양표준에 의거 각 영양소를 균형 있게 사료공장에서 만든 사료
　㉣ 완전배합사료 : 여러 가지 원료를 일정한 비율로 배합하여 가축의 영양소 요구량에 과부족이 없도록 만들어진 사료

02 농후사료

1. 곡류사료

(1) 곡류사료의 특성

① 단백질함량이 낮고 아미노산 조성이 좋지 않다.
② 에너지함량이 높고 조섬유함량이 낮다.
③ 영양소의 소화율이 높고 기호성이 좋다.
④ 일반적으로 Ca과 P, 비타민 B, B_1 및 나이아신의 함량이 적다.
⑤ 비타민 A와 D의 함량이 낮다(황색옥수수 제외).
⑥ 에너지 공급원으로 가장 중요한 원료사료이다.
⑦ 일반적으로 곡류의 가소화 조단백질함량 범위는 6~9%이다.

(2) 곡류의 종류

① 옥수수
 ㉠ 농후사료로 가장 많이 사용되며, 전분질이 많고 에너지가 높다.
 ㉡ 비육우 사육에서 에너지사료로 가장 많이 이용된다.
 ㉢ 황색 옥수수는 카로틴을 함유하고 있어 비타민 A의 효과가 높다.
 ㉣ 조섬유함량과 니코틴산함량이 낮다.
 ㉤ 옥수수는 곡류 중에서 조단백질함량이 비교적 낮은 편이고 질도 좋지 않다.
 ㉥ 가용무질소함량이 높고, 지방함량도 비교적 높다.
 ㉦ 아미노산 조성에 있어서 라이신과 트립토판이 부족하고 Ca와 P의 함량도 다른 곡류보다 낮다.
 ㉧ 옥수수를 과다하게 섭취 시에 나이아신(Niacin)결핍증이 유발되기 쉽다.

> **더 알아두기**
>
> 옥수수를 과다하게 섭취 시에 나이아신(Niacin)결핍증이 유발되기 쉬운 원인
> • 옥수수에는 나이아신이 결핍되고 불용성 형태로 존재하기 때문
> • 트립토판(Tryptophan)의 함량이 낮아져 나이아신으로 전변되는 양이 적음
> • 류신(Leucine)의 함량이 많아져 나이아신의 생성과정을 억제함

> **더 알아두기**
>
> 트립토판(Tryptophan)
> - 돼지나 닭과 같은 단위동물은 나이아신이 부족할 경우 피부병 및 체중감소 등이 발생할 수 있다. 그러나 트립토판을 충분히 급여할 경우 나이아신을 별도 급여하지 않아도 되는데 이는 트립토판에서 나이아신으로의 합성이 가능하기 때문이다.
> - 600mg의 트립토판은 10mg의 나이아신 합성이 가능하다.

② 밀(소맥)
  ㉠ 양질의 밀(Wheat)은 옥수수에 떨어지지 않는 영양가를 가지고 있다.
  ㉡ 주성분은 전분으로 TDN과 타이아민함량이 높고 소화율이 좋다.
  ㉢ 에너지함량은 옥수수보다 약간 낮고 보리보다는 훨씬 높다.
  ㉣ 옥수수나 보리보다 단백질함량이 높다.

③ 수 수
  ㉠ 주로 전분이며 섬유소함량이 적어 TDN가가 옥수수만큼 높다.
  ㉡ 지방과 비타민 A의 공급능력이 적고 Ca과 비타민 D함량도 매우 낮다.
  ㉢ 니코틴산함량이 높다.
  ㉣ 타닌(Tannin) 성분을 가지고 있기 때문에 단백질의 소화를 억제한다.
  ㉤ 타닌함량이 많아 수수의 사료가치를 저해하는 가장 큰 요인이 된다.

④ 보리(대맥)
  ㉠ 단백질의 함량이나 단백질의 아미노산 조성이 옥수수에 비하여 우수한 편이다.
  ㉡ 곡류 중 섬유소가 풍부하다.
  ㉢ 비타민 D, B_2, 카로틴함량이 낮다.
  ㉣ 비육 후기사료로 급여 시 좋다.
  ㉤ 겉보리는 껍질이 있어서 소화하기 힘들고 섬유소가 많아 영양소함량도 떨어지나 분쇄하여 주면 소화가 양호해진다.

⑤ 기 타
  ㉠ 호밀(호맥) : 밀보다 영양가치가 떨어지고 다른 곡류에 비하여 기호성이 떨어진다.
  ㉡ 귀리(연맥) : 단백질함량은 12% 정도이고 겨층이 두꺼워 조섬유함량이 10% 이상이며, TDN은 70% 정도이다.

ⓒ 조 : 조섬유의 함량이 높고 TDN도 낮은 편(55.7%)이며, 단백질에 있어서 라이신의 함량이 낮으나 트립토판의 함량은 높다.
② 메밀 : 단백질의 함량은 귀리보다 낮고 지방의 함량은 귀리의 절반 정도이나 TDN은 비슷하다. 사료가치는 거의 없다.

※ 인은 피틴(Phytin)태 형태로 되어 있어 돼지사료에서 소화율이 낮고, 이로 인해 환경을 오염시킨다. 또 피타테(Phytate)는 식물성 사료에서 인의 이용에 방해되는 형태의 물질이다.

2. 강피류 사료

(1) 강피류 사료의 특성

① 조단백질 및 인의 함량은 곡류보다 높다.
② 곡류에 비하여 부피가 크고 전분은 적다.
③ 조섬유함량은 높고 가용무질소물의 함량이 낮아 에너지는 곡류보다 낮다.
④ 리보플라빈, 타이아민, 나이아신 등 비타민 B군의 함량은 비교적 풍부하다.
⑤ 광물질 중 P의 함량이 많은 것이 특징이다.
⑥ 라이신, 메티오닌, 트립토판함량은 곡류보다 높으나 메티오닌은 낮아 제한아미노산이다.
⑦ 강피류는 곡류를 도정하거나 제분할 때 생산되는 농산가공부산물이다.
⑧ 강피류에는 밀기울, 쌀겨, 보릿겨, 대두피, 옥수수겨, 전분박, 해조분 등이 있다.

(2) 강피류의 종류

① 밀기울(소맥피 : Wheat Bran)
  ㉠ 과피, 종피, 배유, 호분층, 배아, 밀가루 일부를 포함하고 있다.
  ㉡ 조단백질과 조섬유가 곡류보다 높은 편이고, 에너지값은 낮다.
  ㉢ 인함량도 비교적 높으나 닭·돼지 등의 단위동물은 잘 이용할 수 없는 형태이다(피틴태(態) 형태의 인).
  ㉣ 아미노산 조성은 옥수수보다는 양호하나 깻묵류보다는 저조하다.
② 쌀겨(미강 : Rice Bran)
  ㉠ 벼를 현미로 도정하는 과정에서 생긴 부산물로 과피, 종피, 외배유, 호분층 등이 혼합된 것이다.
  ㉡ 단백질은 13~16%, 지방의 탈지여부에 따라 2~14%이며, 비타민 B군이 많다.
  ㉢ 아미노산은 시스틴과 트립토판의 함량이 낮고, 칼슘 소량, 인은 피틴태(態)인으로 이용성이 낮다.

ⓐ 지방함량이 높음으로 산패되는 것을 방지하기 위해 탈지하는 것이 좋다.
　　ⓑ 생미강은 지방이 많이 함유되어 있어 에너지값은 높으나, 산패 또는 연지방이 형성된다.
　　ⓒ 쌀겨를 돼지에게 많이 급여하면 연한 지방이 축적되고 체지방의 색깔이 황색을 띠게 되어 돼지의 도체 품질을 저하시키므로 비육 말기에는 급여하지 않는 것이 좋다.
　　ⓓ 탈지강은 생미강에서 지방을 제거한 것으로, 배합사료의 원료로 사용할 수 있으나 에너지 함량이 낮다.
　③ 보릿겨(맥강 : Barley Bran)
　　㉠ 보리를 도정할 때 생성되는 부산물로 정맥강과 황맥강이 있다.
　　㉡ 황맥강은 조단백질함량이 낮고, 조섬유함량이 높다.
　　㉢ 정맥강은 타이아민, 나이아신, 인함량이 높고 기호성이 좋다.
　　㉣ 조섬유함량이 높기 때문에 단위동물의 배합사료에는 소량만 첨가되고 있다.
　　㉤ 기호성은 밀기울보다는 떨어지나 돼지와 고기소에 급여하는 것이 좋다.
　　㉥ 돼지나 소의 근육에 굳은 흰 지방을 생성케 하여 축산물의 가치를 높일 수 있다.
　④ 옥수수겨
　　㉠ 옥수수에서 가루를 제조할 때 나오는 부산물로 종피, 배아, 전분을 함유한다.
　　㉡ 조섬유의 함량이 높아 소·양 등의 반추동물에 급여하는 것이 좋다.
　⑤ 기 타
　　㉠ 대두피 : 조섬유함량은 높으나 단백질과 인의 함량이 낮아 사료가치가 적다.
　　㉡ 전분박 : 감자, 옥수수 등에서 전분을 생산하면서 부산물로 생산된 것으로 반추동물에서 사일리지로 만들어 사용할 수 있다. 또 변질되기 쉽고 부피에 비해 영양소함량은 낮다.
　　㉢ 해조분 : 주로 갈조류가 사용되며 주로 강피류 사료의 대체제로 사용된다.

3. 식물성 단백질사료

(1) 식물성 단백질사료의 특성
　① 콩, 목화씨, 땅콩, 해바라기 등 각종 종실에서 기름을 짜고 남은 깻묵(유박)류이다.
　② 열대지방에서 생산되는 야자나 팜에서 기름을 짜고 남은 찌꺼기도 있다. 조단백질의 함량이 높아 배합사료에서 단백질함량 조절역할을 한다.
　③ 단백질 함유량은 40% 정도로 동물성보다 낮다.
　④ 동물성보다 메티오닌, 라이신, 트립토판이 함량이 낮고 아미노산 조성이 불량하다.
　⑤ 비타민 B군의 함량이 높다.

⑥ 조단백질함량(%) : 아마박(35.79) < 채종박(36.24) < 임자박(39.01) < 대두박(44.95)

※ 가축에 옥수수와 대두박 위주 사료 급여 시 부족하기 쉬운 제1, 2 필수아미노산은 메티오닌(Methionine)과 라이신(Lysine)이 제한아미노산이다.

(2) 식물성 단백질사료의 종류

① 대두박(Soybean Meal)
  ㉠ 콩에서 기름을 짜고 남은 부산물로 식물성 단백질 공급원의 대표라고 할 수 있다.
  ㉡ 조섬유의 함량이 낮고 기호성이 좋다.
  ㉢ 메티오닌, 시스틴은 제한아미노산 인자이다.
  ㉣ 트립신 저해인자 등 유해인자를 제거하기 위하여 가열처리하여 이용된다.
  ㉤ 가소화 조단백질함량이 매우 높아, 가축에게 단백질 및 아미노산 공급원으로 이용된다.

> **더알아두기**
>
> 대두박
> - 적당한 가열처리를 한 것이 그렇지 않은 것보다 영양가가 높고, 단백질원으로서 소, 돼지, 닭 등에 널리 이용되지만 가축에 과다급여 시 체지방이 연하게 된다.
> - 닭의 경우 이것만으로는 메티오닌(Methionine) 등이 충분하지 못하므로 어분과 같은 단백질원이나 메티오닌 첨가물 등과 함께 배합하는 것이 좋다.

② 면실박(Cottonseed Meal)
  ㉠ 목화씨의 기름을 짜고 남은 부산물로, 항영양인자 고시폴(Gossypol)이 함유되어 있다.
  ㉡ 고시폴은 단위동물에는 그 사용이 제한되어 있으며, 젖소에게는 일반적으로 15% 이하로 첨가되고 있다.
  ㉢ 단백질은 탈피하지 않은 것은 25~30%, 탈피한 것은 40% 이상 함유하고 있다.
  ㉣ 고시폴은 페놀성 화합물의 함량이며, 사료에 다량 배합되면 성장률 및 사료효율이 나빠지므로, 고시폴의 함량을 낮추기 위해서 열처리하면 효과적이다.
  ㉤ 돼지에 있어 대두박과 혼용 또는 라이신을 보급하면 대두박과 같은 가치가 있다.
  ㉥ 단백질함량이 약 35% 정도이다.
  ㉦ 산란계의 단백질사료에 있어서 항영양인자의 함유로 사용이 제한된다.
  ㉧ 산란계 사료로 사용될 경우 난백을 핑크색으로 변색시키며, 난황의 색을 퇴색시키고 흑색반점이 생긴다.
  ㉨ 소사료에 면실박은 다른 가축사료보다 안전하다.

> **더알아두기**
>
> 지방의 주요사항
> - 사료의 단백질, 탄수화물에서도 체지방이 합성된다.
> - 사료의 지방성분 중 아이오딘가가 높으면 체지방은 연성지방이 된다.
> - 돼지의 체지방은 백색이지만 번데기 기름과 같은 것을 급여하면 황색이 된다.
> - 불포화지방산이 많이 함유되어 있는 사료를 공급하면 연성지방이 생성된다.
> - 경지방을 생산하는 사료는 면실박, 야자박 등이 있다.

③ 임자박

　㉠ 들깨묵을 말하며, 생산량이 적어 사료로 이용하는 것은 극히 드물다.

　㉡ 라이신이 제한아미노산으로 다른 깻묵류와 혼합하여 사용하는 것이 좋다.

　㉢ 가축의 사료로 10% 정도 사용 가능하다.

　※ 옥수수, 임자박, 밀은 라이신(Lysine)이 제한아미노산이다.

④ 채종박(Rapeseed Meal)

　㉠ 유채에서 기름을 짜고 남은 깻묵으로 조단백질함량은 35% 정도이다.

　㉡ 항영양성 인자 : 글루코시놀레이트(Glucosinolate : 항갑상선물질), 에루크산(Erucic Acid : 심근괴저, 지방침윤 유발), 미로시나제(Mirosinase : 갑상선 비대), 비타민 B군 흡수저해물질(각약증 유발)을 함유하고 있다.

　㉢ 항영향성 인자 결점을 보완한 캐놀라(Canola) 품종이 개발되어, 국내에서는 대두박 다음으로 많이 사용되는 단백질공급원이다.

　㉣ 아미노산 조성에 있어서 라이신이 모자라는 것을 제외하고는 우수한 편이다.

　㉤ 0.2~0.5%의 겨자유, 3%의 타닌(Tannin), 시내핀(Sinapin)이라는 쓴맛을 내는 물질을 포함하고 있어서 기호성을 떨어뜨린다.

⑤ 아마박(Linseed Meal)

　㉠ 아마(삼씨)에서 기름을 짜고 남은 찌꺼기이며 반추동물에게 기호성이 높은 단백질공급원이다.

　㉡ 닭의 사용한도는 3%이며, 제1제한아미노산은 라이신이다.

　㉢ 반추가축은 정장효과가 있고 5~10% 정도 사용하는데, 양질의 목초와 함께 급여하면 좋다.

　※ **알도비오닌산** : 점착성 물질로 반추가축의 정장작용, 피부를 윤이 나게 하는 물질

　㉣ 돼지는 아마박을 사용할 경우 옥수수보다는 밀이나 보리를 혼합하는 것이 효과적이다.

⑥ 호마박

　㉠ 참깨에서 기름을 짜고 남은 찌꺼기로 조단백질의 함량은 44~48% 내외이다.

　㉡ 다른 박류에 비해서 메티오닌과 트립토판의 함량이 높다.

ⓒ 호마박을 가금에게 단용 시 아연결핍증이 나타나므로 혼합하여 사용한다.
ⓓ 젖소에게 너무 많이 급여하면 체지방 및 유지의 연화현상이 나타난다.
ⓔ 돼지는 라이신이 제한아미노산으로 동물성 단백질과 함께 사용한다. 그러나 과용하면 연지방이 축적된다.

⑦ 옥수수글루텐(Corn Gluten)
ⓐ 옥수수에서 전분과 포도당을 만들 때 생기는 부산물로 조단백질이 주성분이다.
ⓑ 크산토필이 다량 함유되어 달걀 및 브로일러육의 착색효과물질이다.
ⓒ 닭은 사료의 10%, 돼지는 다른 단백질사료와 함께, 반추가축도 다른 박류와 혼합하여 급여한다.

⑧ 밀글루텐(Wheat Gluten)
ⓐ 밀에서 전분을 만들 때 분리되는 성분으로, 조단백질함량이 높다.
ⓑ 가금의 사료로 쓸 때 10%까지 사용이 가능하다.

⑨ 낙화생박(Peanut Meal)
ⓐ 땅콩에서 기름을 짜고 남은 부산물로 조단백질함량은 45% 내외로 높으나 라이신과 메티오닌이 부족하다.
ⓑ 저장 시 아플라톡신이라는 독소가 생성되며, 과용하면 설사의 우려가 있다.

⑩ 야자박(Coconut Meal)
ⓐ 야자를 건조한 코프라(코코넛)에서 생산된 것으로 단백질은 20% 정도이고 기호성이 좋다.
ⓑ 라이신은 제한아미노산이며, 메티오닌이나 시스틴의 함량도 낮다.
ⓒ 병아리 및 산란계 사료에는 사용하지 않은 것이 좋고, 돼지에게는 동물성 단백질사료와 혼용하여 사용한다.
ⓓ 반추가축 특히 젖소는 유지율이나 산유량에 영향을 미치지 않고 지방을 단단하게 한다.

⑪ 해바라기씨박(Sunflower Seed Meal)
ⓐ 해바라기씨 기름을 짜낸 부산물로 유박류보다 비타민 B군함량이 크다.
ⓑ 산란계 사료로 사용하면 난각에 반점이 생기고 듀록종 돼지에 급여하면 모색이 바랜다.
ⓒ 라이신이 제한아미노산이다.

⑫ 주정박(Distillers Feed)
ⓐ 고구마, 감자, 옥수수 등에서 알코올을 발효시켜 주정을 생산할 때 나오는 부산물이다.
ⓑ 육성비육돈은 10% 정도를 다른 유박류와 함께 급여한다.

⑬ 맥주박(Brewers Dried Grain)
ⓐ 맥주 제조 시 생산되는 부산물로 단백질함량은 25%, TDN의 함량은 낮다.
ⓑ 조섬유함량이 높고, 건조맥주박은 젖소의 사료로 사용이 가능하다.

※ 액상상태로 전 축종에 단백질공급원으로 이용되고 있는 맥주효모 : *Saccharomyces*속

⑭ 옥수수배아박(Corn Gern Meal) : 옥수수로 전분, 물엿 등을 제조할 때 생기는 부산물로 닭 및 돼지의 사료로 사용된다.

> **더알아두기**
>
> 식물성 단백질사료 중 유박류에 함유되어 있는 독성물질
>
> | 사료명 | 독성물질 |
> | --- | --- |
> | 대두박 | 트립신(Trypsin) |
> | 면실박(목화씨깻묵) | 고시폴(Gossypol) |
> | 낙화생박 | 아플라톡신(Aflatoxin) |
> | 아마박 | 청산(Prussic Acid) |
> | 채종박 | 미로시나제(Mirosinase) |

4. 동물성 단백질사료

(1) 동물성 단백질사료의 특성

① 단백질함량이 높고 미지성장인자(UGF ; Unknown Growth Factor)가 함유되어 있다.
② 아미노산 조성이 좋기 때문에 식물성 단백질사료에서 부족하기 쉬운 메티오닌과 라이신의 함량이 높다.
③ Ca, P과 같은 광물질함량이 어분, 육분, 육골분, 새우박 등의 경우는 상당히 높고 우모분, 피혁분의 경우는 낮다.
④ 우모분, 모발분과 같은 동물성 단백질은 케라틴태(態)단백질로서 가축에 의한 이용성이 어렵다(어분이나 탈지분유를 제외).
⑤ 우모분, 모발분, 제각분, 혈분, 피혁북 등은 단백질함량이 75~80%로 높다.
⑥ 탈지분유, 가금부산물, 새우박 등은 25~30%로 단백질함량이 비교적 낮다.
⑦ 반추동물의 경우 동물성 단백질사료는 비분해성 단백질의 중요한 공급원이 될 수 있다.
⑧ 동물성 단백질사료는 반추위 내 분해율이 낮아 고능력우의 경우 필요한 비분해성 단백질의 중요한 공급원이 될 수 있다.

> **더알아두기**
>
> 동물성 단백질의 종류
> - 버터밀크, 탈지분유, 유청, 육분, 육골분, 혈분, 우모분, 모발분, 제각분, 가금부산물
> - 어분, 어즙, 새우박, 피혁분(제혁부산물), 잠용분(잠업부산물)

(2) 동물성 단백질의 분류

① 어분(Fish Meal)
  ㉠ 각종 어류에서 기름을 짜고 남은 생선 부스러기 등을 건조시켜 분말로 만든 것이다.
  ㉡ 라이신, 메티오닌, 시스틴 등 황 함유 아미노산이 풍부하다.
  ㉢ 단백질함량은 우수하고, 비타민 B, 특히 리보플라빈과 나이아신의 함량이 미지성장인자를 함유하고 있다.
  ㉣ 가금은 10% 정도를 혼합하고 산란계에서는 5% 정도가 적정하다.
  ㉤ 돼지의 육성돈과 종돈에 있어 양질 어분은 육분보다 양호하다. 단, 지나친 어분의 급여는 체지방을 연하게 하고 고기에서 어취가 날 수 있다.
  ㉥ 성장이 끝난 반추가축에 있어 어분은 성장에 큰 영향을 미치지 않고, 성장 중인 송아지나 또는 대용유를 만드는 원료로 사용하고 있다.
  ㉦ 반추위 미분해율이 가장 높은 단백질공급원인 사료이다.

② 우모분(Feather Meal)
  ㉠ 닭의 도축처리과정에서 나오는 깃털을 고압·가열처리하여 건조한 분말이다.
  ㉡ 조단백질의 함량은 85.6%로 높으나 케라틴태(態)로 되어 있어 소화율이 낮다.
  ㉢ 브로일러에 대두박의 대용으로 과잉 사용하면 성장에 저해가 되고, 산란계에 많이 배합하면 산란율도 떨어지고 난중도 가벼워진다.

③ 어즙(Fish Soluble)
  ㉠ 생선통조림, 어박 제조 시 생기는 어즙, 어간유 비타민 제조 시에 나오는 어즙, 생선의 내장 및 찌꺼기를 자가소화시킬 때 나오는 어즙 등이 있다.
  ㉡ 단백질, 비타민 B_{12}, 리보플라빈, 판토텐산, 나이아신 등 B군 풍부하다.
  ㉢ 미지성장인자의 공급원이나 염분함량이 높다.
  ㉣ 종계사료에 첨가하면 부화율이 향상된다.

④ 육분(Meat Meal)과 육골분(Meat and Bone Meal)
  ㉠ 육분은 도축장, 육가공 공장에서 나오는 고기찌꺼기를 증기로 쪄서 건조·분쇄한 것이다.
  ㉡ 육골분은 육분에 뼈가 함유된 것이다.
  ㉢ 비타민 B군이 많고 칼슘, 인 등의 함량이 풍부하다.
  ㉣ 어분에 비해 트립토판, 시스틴 및 메티오닌의 함량이 상대적으로 낮다.
  ㉤ 소해면상뇌증(BSE)을 유발하는 변형단백질로 알려진 프리온(Prion) 생성의 원인이 되므로 반추동물에서는 2000년부터 사용이 금지되어 있다.

⑤ 가금부산물분(Poultry Byproduct Meal)
  ㉠ 닭처리공장 등에서 나오는 닭의 불가식 부분을 건조·분쇄한 것이다.
  ㉡ 단백질, 광물질, 비타민 B군이 많이 함유되어 있다.

⑥ 모발분(Hair Meal)
　㉠ 돼지털, 우모를 가공처리하여 만든 사료이다.
　㉡ 조단백질의 함량이 85.5%로 높으나 케라틴태로 이용성이 낮다(고온·고압처리해서 사용).
　㉢ 비필수아미노산의 함량은 높고, 필수아미노산의 함량은 낮다.

⑦ 새우분(Shrimp Meal)
　㉠ 새우 가공 시 생기는 부산물이다(머리, 껍질, 다리).
　㉡ 단백질, 칼슘, 인의 함량이 비교적 높다.
　㉢ 아미노산의 조성이 어분보다는 떨어지고 염분의 함량이 높다.
　㉣ 식물성 단백질과 혼용하여 급여한다(사용량은 10% 이내).

⑧ 잠용분(Silk Warm Pupa Meal)
　㉠ 누에번데기로 어분보다 지방함량이 높다.
　㉡ 지방의 함량이 높기 때문에 탈지하여 사용해야 한다.

⑨ 제각분(Hoof and Horn Meal)
　㉠ 도축장에서 나오는 발굽, 뿔 등 가축부산물을 사료화한 것이다.
　㉡ 조단백질함량이 높으나 케라틴태로 되어 있어 가공해야 소화율이 높아 이용 가능하다.

⑩ 탈지분유(Dried Skim Milk)
　㉠ 우유에서 크림을 분리한 탈지유를 건조시킨 것이다.
　㉡ 포유자축에게 이유 후의 에너지 공급원으로 이용가능하다.
　㉢ 자돈 전용사료인 입질사료(Prestarter)의 가장 중요한 주원료 사료이다.
　㉣ 필수아미노산과 비타민 B군의 함량은 비교적 높으나 지방함량은 낮다.

⑪ 피혁분(Leather Meal)
　㉠ 제품을 만들고 남은 가죽찌꺼기로 만든 사료이다.
　㉡ 조단백질함량이 78% 정도이나 콜라겐(Collagen)태 단백질로 구성되어 있어 소화·이용성이 낮다.
　㉢ 상당량의 크로뮴이 잔류한다.

⑫ 혈분(Blood Meal)과 혈장단백질(Plasma Protein)
　㉠ 도축장에서 나온 혈액으로 조단백질의 함량이 80%로 높으나 질과 소화율이 낮다.
　㉡ 초생추사료에 라이신의 공급원으로 사용될 수 있고, 안전 사용량은 2~4%이다.
　　※ 건조혈장단백(SDPP, Spray Dried Plasma Protein)
　　　비싼 우유단백질과 항영양성 인자 등이 있는 식물성 단백질을 대체할 수 있는 조기 이유자돈을 위한 새로운 단백질원이다.

5. 유지사료

(1) 유지사료의 특성

① 사료의 에너지함량을 높여 주고 사료효율을 개선한다.
② 필수지방산의 공급원이다.
③ 지용성 비타민 A·D·E·K의 공급원이다.
④ 사료의 기호성과 색상을 향상시킨다.
⑤ 사료배합 시 먼지발생을 감소시키고 배합기 마멸을 감소한다.
⑥ 펠릿사료 제조능력을 향상시킨다.

(2) 유지사료의 종류

구 분	원 료	유지명
동물성	동 물	우지, 돈지, 계유, 사료용 동물성 분말유지, 특정 동물성 유지
	어 류	정어리기름, 청어기름
	우 유	버터
식물성	종 실	대두유(콩기름), 채종유(유채기름), 아마기름, 해바라기기름
	과 일	팜유, 올리브유
	과 핵	야자유, 팜핵유
	배 아	쌀기름, 옥수수기름
	기 타	식물성 검(Gum)물질, 팜유 지방산칼슘, 사료용 식물성 분말유지

6. 기타 농후사료(근괴사료)

(1) 근괴사료의 특징

① 뿌리나 근괴를 이용하는 사료이다.
② 근괴에는 고구마, 감자, 풍딴지, 무, 사료용 비트, 타피오카 등이 있다.
③ 가용무질소함량이 많으나 단백질함량이 매우 낮다.

(2) 고구마

① 고구마는 단위면적당 영양소의 생산량이 가장 많다.
② 조단백질과 칼슘, 인, 등의 광물질의 함량이 낮고, 아미노산 조성이 불량하다.
③ 에너지는 많으나 저장성 낮다.

④ 병아리의 경우 삶아 성장저해인자를 파괴한 후 사용 가능하다.
⑤ 닭보다는 돼지사료(경지방 형성)로, 또한 돼지보다는 소에게 좋은 사료이다.
⑥ 저장적온은 13℃이다.

(3) 타피오카
① 카사바(Cassava), 만디오카(Mandioca)라고 불리는 고구마 모양의 열대작물이다.
② 열대지방의 중요한 에너지사료로 단위면적당 건물생산량이 높다.
③ 단백질 등의 영양소함량은 적으나 가용성 탄수화물함량이 높다.
④ 타피오카 외피에 리나마린(Linamarin)이라는 배당체가 있어서 리나마라제(Linamarase)라는 효소에 의해 청산을 생성시켜 가축에게 해가 될 수 있다.

03 조사료

1. 조사료의 특성

(1) 조사료의 개념
① 일반 성분상으로 볼 때 건물 중 조섬유의 함량이 18% 이상인 사료를 말한다.
② 부피가 크고 가소화 영양소함량이 적으며 섬유질이 많은 사료의 총칭이다.
③ 조사료에는 볏짚, 건초류, 생초류, 강피류, 산야초, 옥수수 엔실리지, 수입조사료 등이 이용되고 있다.

(2) 조사료의 일반적인 특징
① 에너지의 함량이 낮고 조섬유의 함량이 높으며 반추가축에게 만복감을 줄 수 있다.
② 농후사료에 비하여 미량광물질과 칼슘의 함량이 높으며, 반추가축에 기호성이 높다.
③ 단백질함량이 4~5%로 극히 낮고 아미노산의 공급능력도 적다.
④ 70% 정도가 셀룰로스, 헤미셀룰로스로 되어 있고 실리카의 함량도 높다.
⑤ 젖소의 사료로는 일정 수준의 유지방을 유지하기 위해서는 반드시 급여해야 한다.
⑥ 돼지의 비육 말기의 사료로는 사용하지 말아야 한다.
⑦ 축우에 있어서 조사료의 상대적 영양가치는 추운 겨울에 높다.

(3) 반추가축의 조사료 기능

① 단위동물은 필요한 영양소를 농후사료로부터 공급받는데 비해 반추(되새김)가축은 조사료와 농후사료를 통해 필요한 영양소를 공급받는다.
② 반추가축은 소화기관의 기능과 미생물의 활동을 촉진하고, 소화기관의 용적과 골격을 발달시켜 산유, 산육능력을 높여 준다.
③ 반추위벽에 물리적 자극을 가하여 반추위의 되새김작용과 침의 분비를 촉진한다.
④ 양질의 목초나 청예사료작물은 비타민과 광물질함량이 풍부하여 소가 필요한 영양소를 충분히 공급할 수 있다.
⑤ 소는 섭취한 조사료를 되새김질함으로써 사료입자를 더욱 미세하게 하여 미생물 등이 분해하는데 용이하게 한다.
⑥ 침과 사료를 혼합하여 가스제거를 위한 트림을 한다.
⑦ 조사료에 의해 분비가 촉진된 타액은 pH가 7.7~8.7로 반추위의 산성을 방지한다.
⑧ 반추위의 적정산도는 미생물을 균형 있게 성장시켜 기능을 활성화하고 섭취된 사료의 소화율을 높여 사료효율 개선과 섭취량 증가를 통해 생산성을 향상시킨다.

(4) 조사료공급이 부족 시 폐해

① 조사료의 양이 부족하면 우유성분 중 유지방의 함량이 감소된다.
  ※ 젖소의 조사료를 세절, 분쇄 또는 펠릿화하면 유지방의 함량이 나빠진다.
② 미생물에 의하여 충분히 발효되지 않은 사료가 제4위로 유입되어 소화장애를 일으키고 이완 또는 무력상태가 되어 확대되는 제4위전이증을 유발하게 된다.
③ 양질의 조사료 부족과 농후사료 다량급여에 의해 형성된 체지방은 반추 가축에게 과비우증후군을 유발하며 체지방이 간에 축적되어 지방간이 발생하게 되고, 지방간이 발생하게 되면 케토시스 및 간기능장애가 초래된다.
④ 지방간과 과비우증후군을 보이는 소 중에 64%가 분만 후 기립불능, 태반정체, 자궁내막염, 유열, 산욕열 등의 번식장애를 보이고 있다.

2. 화본과 목초

(1) 화본과 목초의 특징

① 어린 목초는 단백질함량이 높고 영양가 높으나 성숙할수록 영양가가 떨어진다.
② 두과 목초에 비해 단위면적당 수량과 가소화 영양소 총량이 상당히 높다.
③ 두과 목초와 혼파에 의하여 수량 및 단백질 등의 영양성분을 증가할 수 있다.

(2) 화본과 목초의 종류
   ① 오처드그라스(Orchard-grass)
      ㉠ 원산지인 유럽에서는 콕스풋(Cock's-foot)이라 부른다.
      ㉡ 다년생 목초로 우리나라에서 가장 많이 재배되며, 다발성이고 상번초이다.
      ㉢ 건물기준으로 8~18%의 조단백질을 함유하고 있다.
      ㉣ 두과와 혼파하면 더 많은 수확량을 얻을 수 있고, 청예용뿐만 아니라, 건초나 엔실리지 재료로도 사용할 수 있다.
   ② 티머시(Timothy)
      ㉠ 다년생으로 내한성이 강한 목초로 다발형을 이루며 상번초이다.
      ㉡ 건물기준 8~12%의 조단백질을 함유하고 있다.
      ㉢ 알팔파나 클로버와 같이 혼파하면 수량과 기호성을 더욱 증가시킬 수 있다.
      ㉣ 개화 후 사초의 가치가 저하하므로 출수 말기에서 개화 초기에 예취하는 것이 좋다.
   ③ 퍼레니얼라이그래스(Perennial Ryegrass)
      ㉠ 유럽, 아시아의 온대지방에 분포한 다년생 하번초로 기호성이 좋다.
      ㉡ 방목용 초지로 효과적이며, 여름에는 심한 하고현상을 일으킨다.
      ㉢ 건물 중에는 6~13%의 조단백질을 함유하고 있다.
   ④ 이탈리안라이그래스(Italian Ryegrass)
      ㉠ 일년생・월년생으로 우리나라의 남부지방에서 답리작으로 많이 재배된다.
      ㉡ 청예, 건초, 사일리지로 이용할 수 있으나 청예가 가장 일반적이다.
   ⑤ 켄터키블루그래스(Kentucky Bluegrass)
      ㉠ 다년생 하번초로 건조지대를 제외하고 세계적으로 재배되고 있다.
      ㉡ 기본적으로 방목용 목초이고, 정원, 축구장의 잔디로 이용되기도 한다.
      ㉢ 라디노클로버와 혼파하여 방목지를 조성하는 것이 좋다.
   ⑥ 톨페스큐(Tall Fescue)
      ㉠ 다년생 상번초로 방석모양이며, 세계의 냉・온대지역에 널리 분포하고 있다.
      ㉡ 개간지, 척박지, 하천제방 등 사방용으로 이용되며, 출수 이전에 방목용으로 사용된다.
      ㉢ 면양이나 육우를 장기간 방목 시 페스큐 풋(Fescue-foot ; 소 발의 질환) 질병발생 우려가 있다.
   ⑦ 리드카나리그래스(Reed Canarygrass)
      ㉠ 다년생 상번초로 건물 중에는 약 9~13%의 조단백질을 함유하고 있다.
      ㉡ 잎이 거칠고 무성하게 자라는 것이 특징이며, 습한 곳에서 잘 자란다.
      ㉢ 청예, 건초, 사일리지로 이용된다.

⑧ 스무스브롬그래스(Smooth Bromegrass)
　㉠ 온대지방원산으로 토양비옥도와 배수가 양호한 곳에서 방석을 형성하여 토양보존을 할 수 있는 목초이다.
　㉡ 한발에 잘 견디고 기호성이 좋으며, 건초생산과 방목용으로 이용된다.
　㉢ 방목용으로 단파하는 것이 보통이나 알팔파와 혼파하면 좋다.

3. 두과 목초

(1) 두과 목초의 특성
① 잎, 줄기에 단백질의 함량이 풍부하여, 고단백 영양공급제의 역할을 한다.
② 생초는 비타민 A(카로틴), 건초는 비타민 D가 많이 함유되어 있다.
③ 골격형성 영양소인 P, K, Ca와 같은 광물질의 함량이 높다.
④ 화본과 목초와 혼파하면 수량과 단백질함량을 늘릴 수 있고 초지의 비옥도를 증진시킬 수 있다.

(2) 두과 목초의 종류
① 알팔파
　㉠ 지중해 연안이 원산지로 영양가가 풍부하며 건초로 이용 시 그 사료적 가치가 높다.
　㉡ 가뭄과 건조지대에 잘 적응하고 단백질, 비타민, 무기물이 다량 함유되어 있다.
　㉢ 알팔파 – 화본과 목초의 혼파는 토양보존, 질산 제거능력이 탁월하다.
　㉣ 건초, 청예, 사일리지로 이용된다.
② 화이트클로버(White Clover)
　㉠ 포복경으로 지면에 따라서 번식하기 때문에 과방목에 잘 견디고, 토양 및 수로 보존에 효과적이며 질소고정 식물이다.
　㉡ 단백질과 광물질원으로 우수하다.
　㉢ 화본과 목초와 혼파된 목초지에서 고창증의 발병을 줄여 줄 수 있다.
③ 레드클로버(Red Clover)
　㉠ 다년생 상번초로 주로 건초용으로 이용하나 방목도 가능하다.
　㉡ 조단백질의 함량은 12~22%이며, 목양력(Carrying Capacity)은 알팔파에 비해 다소 낮다.
　㉢ 화본과 목초와 혼파하여 건초로 만들면 아주 좋은 사료가 된다.

④ 크림슨클로버(Crimson Clover)
  ㉠ 온난한 지방에서 재배되며 건초, 엔실리지, 생초 등으로 사용할 수 있다.
  ㉡ 라이그래스류와 혼파하면 좋고 녹비나 토양 보존을 위한 사초로 이용된다.
⑤ 버즈풋트레포일(Birdsfoot Trefoil)
  ㉠ 다년생 목초로 척박지, 산성토양, 염분이 있는 지역에서도 생육이 가능하다.
  ㉡ 영구 초지로 이용 가능한 목초로 고창증이 없다.
  ㉢ 방목용, 건초 및 엔실리지용으로 재배된다.
⑥ 크라운베치(Crown Vetch)
  ㉠ 포복성이 있어 토양 보존 및 초지 개량의 목적으로 이용할 수 있다.
  ㉡ 방목용 목초로 고창증이 없으나 단위가축은 배당체가 있어 해를 준다.
⑦ 라디노클로버(Ladino Clover)
  ㉠ 다년생이고, 온화한 기후에서 잘 자란다.
  ㉡ 우리나라 혼파 초지에 흔히 파종하며, 방목용으로 알맞은 목초이다.

4. 사료작물

(1) 청예사료작물

① 수단그라스(Sudan Grass)
  ㉠ 아프리카의 수단지방이 원산지로, 재생이 왕성하여 1년에 3~4회 정도 예취가 가능하다.
  ㉡ 청예, 건초, 사일리지, 방목으로 이용이 가능하다.
  ㉢ 여름철 가장 선호하는 풋베기 작물로, 풋베기(Soiling)로 이용할 때는 1m 이상 자란 것을 이용하는 것이 좋다(너무 어린 것은 청산을 함유함).
② 호밀(Rye)
  ㉠ 봄호밀과 가을호밀이 있고, 답리작으로 재배이용이 가능하다.
  ㉡ 가을호밀은 초봄의 생육이 왕성하여 봄철 청예작물 공급원으로 중요하다.
  ㉢ 건물중 조단백질은 8~12% 정도이며, 사일리지로도 제조할 수 있다.
③ 유채(Rape)
  ㉠ 단백질이 풍부하고 섬유소가 적으며, 수분함량이 많아 가축의 기호성이 좋다.
  ㉡ 한랭한 조건(-10℃까지)에서도 청초상태로 유지할 수 있어서 늦가을부터 초겨울에 이르기까지 목초의 생산이 없는 시기에 우수한 청예사료를 공급할 수 있다.
  ㉢ 답리작으로 재배가능하며, 다른 목초에 비해 광물질함량 및 비타민 A, C도 풍부하다.

④ 피(Japanese Millet)
  ㉠ 논이나 밭의 잡초로 재배와 종자생산이 용이하고, 빠른 시일에 사초생산이 가능하여 청예로 이용되고 있다.
  ㉡ C_4작물로서 고온에서 생산력이 높아서 수단그라스와 함께 여름철의 사료작물로 많이 재배되고 있다.
  ㉢ 질소를 과다 시용하면 식물체 내 질산이 축적되어 가축이 질산에 중독될 염려가 있다.
⑤ 연맥(Oat)
  ㉠ 내한성이 약하여 우리나라에서 가을연맥은 수원이남 지방에서만 월동이 가능하다.
  ㉡ 청예용이 일반적이나 사일리지 제조가 가능하고, 청예용으로는 출수 전에 베는 것이 좋다.
⑥ 보리(Barley)
  ㉠ 한지에서 재배가 가능하며, 청예용으로도 사용되고 있다.
  ㉡ 수량은 한지에서는 호밀보다 적고, 온지에서는 연맥보다 적다.

(2) 엔실리지 사료작물
  ① 옥수수
    ㉠ 사일리지용으로 경립종과 마치종을 재배한다.
    ㉡ 50% 종실(자루)과 50% 줄기·잎의 양분구성으로 유숙 말기 또는 황숙기(8월 중·하순 수확)에 예취한다.
  ② 수수, 수수×수단그라스 교잡종
    ㉠ 옥수수 재배에 부적합한 땅에서도 재배가 가능하다.
    ㉡ 어린 것은 청산배당체가 존재하기 때문에 1m 이상 자란 것을 이용한다.
    ㉢ 유숙기에 예초하여 건초, 사일리지로 제조 이용한다.

5. 기타 조사료

(1) 야초(야생의 풀)
  ① 야초는 논두렁, 밭가, 길섶, 산에서 자생하는 모든 종류의 야초류를 총칭한다.
  ② 야초에는 화본과 야초, 국화과 야초, 국화과, 두과, 마디풀과, 석죽과 등이 있다.
  ③ 화본과 야초 : 강아지풀, 새, 억새, 솔새, 그령, 띠, 개밀, 조개풀, 안고초, 큰기름새, 기름새, 참억새, 바랭이 등이 있다.
  ④ 두과 야초 : 자운영, 싸리, 칡, 족제비싸리, 살갈퀴, 벌노랑이, 비수리, 매듭풀, 차풀, 돌콩 등이 있고 쑥, 제비쑥 등의 엉거시과 등이 있다.

⑤ 사료적 가치
  ㉠ 어릴 때는 높으나 생육이 진행됨에 따라서 조섬유의 함량이 많아져 가치가 떨어진다.
  ㉡ 유해, 유독초의 함량이 적고 질이 좋은 화본과와 두과가 많이 섞여 있되 특히 토끼풀이 많이 섞여 있는 것이 좋다.

> **더알아두기**
>
> 유해초와 유독초
> - 유해초 : 고사리, 산딸기, 짚신나물 등
> - 유독초
>   - 다년생 : 파리풀, 독미나리, 대극, 진범, 미나리아재비, 할미꽃, 천남성, 수염가래꽃, 자리공, 호장근, 마취목, 철쭉꽃 등
>   - 2년생 : 자주괴불주머니, 깻괴불주머니, 애기똥풀, 외젖가락풀 등
>   - 1년생 : 까마종이(까마중), 개여뀌, 도꼬마리 등
> - 야생초 중 유해, 유독한 성분
>   - 식물체 내의 알칼로이드(Alkaloid), 알데하이드(Aldehyde), 글리코사이드(Glycosides) 등
>   - 고사리에는 Aneurase라고 하는 효소가 있으므로 많이 먹지 않도록 하여야 한다.

(2) 고간류

① 벼, 보리, 밀, 호밀, 옥수수 등의 짚과 대를 총칭한다.
② 볏짚은 축산농가가 많이 이용하고 있는 대표적인 고간류이다.
③ 우리나라와 같이 목초의 생산량이 많지 않은 곳에서 경제적인 조사료 공급원이다.
④ 볏짚의 영양적 특징
  ㉠ 단백질의 함량이 4~5%로 낮고 아미노산의 공급능력도 적다.
  ㉡ 조섬유가 많아 소화율이 낮고 칼슘과 인 및 비타민도 매우 부족하다.
⑤ 볏짚의 사료가치 증진
  ㉠ 보조적으로 소량 사용해야 한다.
  ㉡ 이용성을 높이기 위해 적당한 길이로 잘라 먹이거나 사일리지를 담글 때 적당량을 넣어 주면 고간류가 부드럽게 되어 먹기 좋은 사료가 된다.

04 특수사료

1. 광물질사료

(1) 칼슘, 인 첨가제

① **칼슘사료 공급원** : 패분, 탄산칼슘, 석회석, 석고
  ㉠ 가금에서 탄산칼슘은 산란율이나 난각의 품질에 가장 큰 영향을 준다.
  ㉡ 돼지는 다량 급여 시 증체량이 저하되고, 피부병 발생빈도가 상승한다.
  ㉢ 반추동물은 과량급여 시 증체율이 감소한다.
  ※ **석회석** : 산란사료나 착유사료에서 칼슘함량 하나만이 부족할 때 가장 경제적인 광물질사료로 양계사료의 칼슘공급제로 가장 많이 쓰이고 있다.

② **칼슘·인사료 공급원** : 인(P)과 칼슘을 동시에 공급할 수 있는 물질
  ㉠ 골분 : 주성분은 인산제3칼슘(Tricalcium Phosphate)으로 가장 이상적인 칼슘·인공급제이다.
  ㉡ 인산칼슘제 : 동물의 뼈를 산에 녹여 인산염을 추출한 후 건조한 것이다.
    • 인산제1칼슘, 인산제2칼슘 등으로 인산과 칼슘이 각각 15.9~38.8% 사이 및 18~24.5% 함유하고 있다.
    • 탈불인광석 : 플루오린함량이 높아 탈불처리가 필요하다.
    • 인광석 분말 : 인광석을 분말로 만든 것으로 플루오린이 다량 함유되어 있다.

③ **인 공급제** : 사료용 인산, 인산요소, 인산암모니아
  ㉠ 이용성 : 인산나트륨, 인산제1칼슘 > 인산제2칼슘 > 저불인광석 > 피틴태(態)인
  ㉡ 사료용 인산 : 수용성 인산으로 식수에 타서 당밀과 함께 급여해야 기호성이 저하되지 않는다.

(2) 나트륨, 염소첨가제

① 산과 염기 균형, 물질수송, 삼투압조절, 반추동물에서 산도조절의 기능을 한다.
② 염화나트륨인 식염형태로 공급한다.
③ 초식동물이 단위동물보다 요구량이 많다(농후사료의 1% 미만, 단위동물은 0.3% 공급).

(3) 칼륨, 마그네슘, 황 첨가제

① **칼륨** : 세포의 물질이동과 근육의 수축과 이완에 관여하며, 과다공급 시 그래스테타니(Grass Tetany)를 유발한다.

② 마그네슘 : 체내효소작용 및 에너지대사와 관련이 있다. 즉, ATP 합성, 세포막 물질수송, 당분해, 유전물질 및 신경물질의 전달 등과 관련이 있다.

※ **그래스테타니(Grass Tetany)** : 봄철에 방목하는 육우나 젖소에서 가끔 발생되는 질환으로 강직성 경련을 일으키는데, 마그네슘이 결핍되면 발생한다.

③ 황 : 아미노산(메티오닌, 시스테인, 시스틴)과 비타민의 구성물질로 반추동물에게 비단백태질소화합물 급여 시 보충급여한다.

(4) 미량 광물질 첨가제

① 구 리
  ㉠ 혈구생성, 헤모글로빈, 산화효소의 합성에 관여한다.
  ㉡ 결핍 시 빈혈, 골격기형, 피모 퇴색 등의 증상이 발생한다.

② 철
  ㉠ 헤모글로빈의 구성요소로서 영양성 빈혈방지에 큰 역할을 한다.
  ㉡ 어린 자축에게 특히 중요한 물질이다.

③ 아 연
  ㉠ 효소 구성성분으로 면역기능 발현에 중요한 역할을 한다.
  ㉡ 부족 시 생장 및 피모의 발육이 나빠지고 영양성 피부병인 부전각화증에 걸리기 쉽다.
  ㉢ 각기병 예방에도 효과 있다.

④ 아이오딘
  ㉠ 갑상선에 들어 있으며, 타이록신이라는 호르몬의 합성에 중요한 물질이다.
  ㉡ 결핍 시 갑상선종을 유발한다.

⑤ 망간 : 효소 구성물질이며, 펩타이드 분해효소의 활성제이다.

⑥ 코발트 : 비타민 B_{12}의 구성성분이며, 결핍 시 식욕감퇴, 체중감소, 빈혈 등이 발생한다.

⑦ 셀레늄
  ㉠ 비타민 E와 함께 중요한 항산화제로 작용하며, 글루타티온퍼옥시다제(Glutathione Peroxidase)의 구성물질이다.
  ㉡ 결핍 시 간괴사, 근육경련, 마비증 등이 발생한다(소량 첨가만으로 결핍증 예방).

⑧ 규산염 광물질 첨가제
  ㉠ 산란계, 육성돈 사료에 소량 첨가할 경우, 증체율, 산란율, 사료효율 개선효과가 있다.
  ㉡ 종류 – 제올라이트, 벤토나이트
    • 제올라이트 : 주성분은 조회분(규소, 알루미늄, 칼슘)으로 연변방지, 장내 통과속도 지연으로 소화율 향상 등의 기능이 있다.

- 벤토나이트 : 주성분은 나트륨, 칼슘으로, 연변방지, 유해가스흡착, 펠릿사료결착제의 기능이 있다.

2. 비타민 및 아미노산공급제

(1) 비타민 첨가제

① 지용성 비타민 첨가제
  ㉠ 비타민 A : 시각, 성장, 번식 및 면역기능 증진
  ㉡ 비타민 D : 식물체는 건조된 과정에서 생성
  ㉢ 비타민 E : 세포 파괴 방지, 육질 개선 및 신선도 유지
  ㉣ 비타민 K : 혈액응고에 관여, 반추동물은 반추미생물에 의한 합성이 가능

② 수용성 비타민 첨가제
  ㉠ 비타민 B와 C 계열로 축적이 되지 않기 때문에 중독증상이 없다.
  ㉡ 반추동물은 미생물에 의한 비타민 B 계열을 합성하므로 추가적인 공급이 필요 없다.

(2) 아미노산제

① 아미노산 공급제
  ㉠ 합성아미노산을 식물성 단백질사료와 함께 첨가한다.
  ㉡ 주로 라이신과 메티오닌이 사료에 첨가되고, 트립토판, 트레오닌, 글리신 등의 아미노산 제제도 이용된다.

② 아미노산 첨가효과
  ㉠ 가 금
    • 옥수수·대두박 위주의 사료에 메티오닌을 첨가하면 산란율과 사료효율이 개선된다.
    • 사료단백질의 수준이 낮을 경우 효과적이다.
  ㉡ 돼 지
    • 곡류를 많이 사용할 경우 대부분 라이신이 부족한 경우가 발생한다.
    • 첨가하면 사료효율, 성장률 및 육질 개선효과가 있다.
  ㉢ 반추동물 : 반추동물은 비단백태질소화합물을 이용할 수 있어 스스로 합성이 가능하지만, 젖소의 경우 생산성을 증진시킬 수 있다.

3. 호르몬 및 항생제

(1) 호르몬제

① 목 적
  ㉠ 가축의 성선이나 갑상선의 기능을 인위적으로 변화시켜 신진대사를 억제한다.
  ㉡ 에너지의 체내축적을 극대화하여 육질과 성장률을 개선하기 위함이다.
  ㉢ 가축의 성장률, 비육능력, 산란능력 향상에 그 목적이 있다.

② 호르몬제의 종류 : DES, 메틸테스토스테론, 타이오우라실, 타이로프로틴 등

③ 호르몬제의 영양적 특성
  ㉠ DES(다이에틸스틸베스테롤) : 여성호르몬의 일종이며, 반추가축의 어린 숫가축에 사용되나 그 작용기전은 정확히 밝혀지지 않았다.
  ㉡ 메틸테스토스테론(MT) : 남성호르몬의 일종으로 세포 내에서 단백질합성을 촉진한다.
  ㉢ 타이오우라실 : 갑상선호르몬의 분비억제 및 기초대사량을 감소시킨다.
    (닭 – 사료효율 개선효과, 돼지 – 지방의 과다축적)
  ㉣ 타이로프로틴 : 젖소에 투여하면 갑상선호르몬의 분비를 촉진하여 비유량 증가(타이오우라실과는 반대되는 작용)

> **더 알아두기**
>
> 시험에 자주 나오는 주요 호르몬
> - 비육과 관계 깊은 호르몬 : 갑상선호르몬
> - 타이록신(Thyroxine) : 갑상선에서 생성되는 호르몬으로서 결핍 시 체단백질합성을 감소시키며, 과잉 시 아미노산의 산화를 촉진시킨다.
> - Glucagon : 혈당을 증가시키는 호르몬이다.
> - 옥시토신 : 뇌하수체 호르몬인 프로락틴의 분비가 감소되면 유즙분비상피세포의 자극이 불충분하게 되어 유선포 등 분비조직이 퇴행하게 되는데, 이러한 유선의 퇴행을 억제할 수 있는 호르몬이다.

(2) 항생제

① 어린 가축의 설사를 예방하고, 사료효율, 증체량을 개선시킨 사료첨가제이다.
② 최근에는 항생제 내성, 잔류 등의 문제를 야기하여, 유럽국가들을 시작으로 지금은 전세계에서 사용을 금지하고 있는 추세이다.
③ 우리나라도 2011년부터 사료첨가용 항생제 사용을 금지하고 있다(수의사처방 예외).

> **더 알아두기**
>
> 항생제 대체 사료첨가제
> - 산 제
>   - 종류 : 푸마르산, 폼산, 구연산, 프로피온산(이상 유기산), 인산, 염산(이상 무기산)
>   - 효과 : 위내 산도를 증가시켜 단백질의 소화율이 증가되고 장관 내 유해미생물이 감소되며 에너지원으로 사용이 가능하다.
> - 프리바이오틱스(식이섬유)
>   - 종류 : 올리고당, 프럭토올리고당 등
>   - 효과 : 병원성 미생물수 감소, 유익균을 성장시켜 이유자돈의 설사 억제 등
> - 식물추출물, 향신료추출물
>   - 종류 : 허브, 향신료, 한약재, 마늘, 부추 등
>   - 효과 : 유해미생물의 감소, 유익미생물의 증가, 기호성 증진, 성장률 증진 등

4. 기타 사료첨가제

(1) 모넨신(Monensin) - 반추위 발효조정제

① 반추위 발효조정제란 반추동물의 제1위 내 발효산물을 유효하게 변화시켜 사료효율을 개선하게 하는 사료첨가제를 말한다.
② 일종의 반추위 내 발효산물을 유효하게 변화시켜 사료효율을 개선시켜 주는 것이다.
③ 1976년 미국 FDA로부터 반추위 발효조정제로 최초로 승인을 받은 물질이다.

(2) 유기산제, 유기비소제

① 유기산제 : 자돈의 위 내 pH를 낮추는 목적으로 사용되는 사료첨가제
② 유기비소제
   ㉠ 유기비소제는 콕시듐병 예방제로 사용되고 성장촉진효과가 있는 것으로 밝혀지고 있다.
   ㉡ 유기비소제가 가축의 성장을 촉진시키는 기전
   - 장 내에 서식하는 유해한 미생물의 성장을 억제한다.
   - 장벽을 얇게 하여 영양소의 흡수를 돕는다.
   - 질소의 배설을 감소시키는 등 단백질을 절약하는 작용을 한다.
   - 장내 암모니아의 생성을 억제하여 미생물 활동을 돕는다.

> **더 알아두기**
>
> 항산화제
> 배합사료의 열량을 높이기 위하여 콩기름, 우지(Tallow) 등을 혼합하는 경우가 있는데 이와 같이 사료에 기름을 첨가하면서 산화되기 쉬우므로 이것을 방지하기 위하여 사용되는 약제이다.

(3) 비단백태질소화합물(NPN)

① 반추동물에서는 요소나 암모니아와 같은 물질이 단백질원으로 이용되고 있는 물질을 말한다.

② 반추위 내 섬유소를 분해, 이용하는 미생물이 단백질합성을 위해 중요한 질소원으로써 이용된다.

③ NPN(Non-Protein Nitrogen Compound)의 특징

   ㉠ 단백질 침전제로써 침전하지 않는 부분에 함유되는 질소화합물의 총칭이다.

   ㉡ 요소가 대표적이며 암모니아, 아미노산 및 아마이드 등이 있다.

   ㉢ 단백질은 아니지만 조단백질 중에 함유되어 있다.

   ㉣ 수용성이고 흡수가 잘된다.

④ 비단백태질소화합물 중 요산 구조식

적중예상문제

PART 03 가축사양학

01 다음 중 사료를 영양가에 따라 분류한 것은?
① 조사료, 농후사료
② 낙농사료, 고기소사료, 돼지사료, 닭사료
③ 가루사료, 알곡사료, 펠릿사료
④ 에너지사료, 단백질사료, 무기질사료

02 다음 중 농후사료가 아닌 것은?
① 옥수수　　② 어 분
③ 대두박　　④ 고구마넝쿨

03 건물기준 단백질함량이 20% 이하, 조섬유의 함량이 18% 이하 그리고 NDF함량이 35% 이하인 사료는?
① 청예사료작물　　② 사일리지
③ 에너지사료　　　④ 단백질사료

04 곡류사료의 영양적 특성에 대한 설명 중 적당하지 않은 것은?
① 단백질함량이 높고 아미노산 조성이 좋다.
② 에너지함량이 높고 조섬유함량이 낮다.
③ 영양소의 소화율이 높고 기호성이 좋다.
④ 일반적으로 Ca과 P의 함량이 적다.

해설
① 단백질함량이 낮고 아미노산 조성이 좋지 않다.

05 식물체의 조성에 대한 설명 중 틀린 것은?
① 잎과 줄기의 화학적 조성은 거의 같다.
② 식물이 성숙하면서 수분은 감소하고 섬유질은 증가한다.
③ 전분은 자연계의 탄수화물 중 동물이 요구하는 에너지의 가장 많은 양을 공급한다.
④ 같은 초종에 속하는 식물이라도 토양조건에 따라 영양소함량에 차이가 많다.

정답　1 ④　2 ④　3 ③　4 ①　5 ①

06 다음 사료원료 중 가축에 대한 열량공급능력이 가장 높은 것은?
① 당 밀   ② 옥수수
③ 대두박 ④ 육골분

07 반추동물에 있어서 다음 곡류 중 대사열량(ME)함량이 가장 많은 것은?
① 옥수수 ② 보 리
③ 수 수   ④ 트리티케일

08 조단백질함량이 가장 높은 것은?
① 수 수   ② 옥수수 글루텐
③ 보 리   ④ 알팔파 건초

09 다음 중 조단백질함량이 가장 높은 조사료는?
① 옥수수 사일리지
② 티머시 건초
③ 수단그라스 청초
④ 알팔파 건초(초기)

10 일반적으로 곡류의 가소화 조단백질함량범위는?
① 0.3~0.5%   ② 6~9%
③ 20~22%   ④ 33~35%

11 옥수수를 과다하게 섭취 시에 나이아신(Niacin) 결핍증이 유발되기 쉬운 원인 중 틀린 것은?
① 히스티딘(Histidine)의 함량이 많아져 나이아신(Niacin)으로 전변되는 양이 적음
② 옥수수에는 나이아신(Niacin)이 결핍되고 불용성 형태로 존재하기 때문
③ 트립토판(Tryptophan)의 함량이 낮아져 나이아신(Niacin)으로 전변되는 양이 적음
④ 류신(Leucine)의 함량이 많아져 나이아신(Niacin)의 생성과정을 억제함

정답 6 ② 7 ① 8 ② 9 ④ 10 ② 11 ①

12 돼지와 닭과 같은 단위동물은 나이아신(Niacin)이 부족할 경우 피부병 및 체중감소 등이 발생할 수 있다. 그러나 트립토판(Tryptophan)을 충분히 급여할 경우 나이아신을 별도로 급여하지 않아도 되는데 이는 트립토판에서 나이아신으로의 합성이 가능하기 때문이다. 그렇다면 600mg의 트립토판은 몇 mg의 나이아신 합성이 가능한가?

① 5mg　　② 10mg
③ 15mg　　④ 20mg

해설
1mg 나이아신 당량(Niacin Equivalent, NE)은 나이아신 1mg 또는 트립토판 60mg을 나타낸다.

13 피틴(Phytin)태 형태로 되어 있어 돼지사료에서 소화율이 낮고, 이로 인해 환경을 오염시키는 물질은?

① 칼슘　　② 인
③ 구리　　④ 칼륨

14 다음 중 식물성 사료에서 인의 이용에 방해되는 형태의 물질은?

① Trypsin Inhibitor
② Phytate
③ Cholecystokinin
④ 1,25-Dihydroxy Cholecalciferol

해설
Phytic Acid상태의 인은 단위가축의 장내에서 거의 분해·이용되지 못하고 분변으로 배설되는데 대장에서 일부 분해되어지기는 하나 대부분의 인이 소장 내에서 흡수되기 때문에 이용되어지지 못한다. 인 공급을 위해 별도로 사료에 첨가된 인의 경우도 대부분 과도하게 첨가되어 일부가 분변으로 배설된다. 이렇게 배설된 인은 환경오염의 주요 원인으로 작용, 호수의 부영양화 등을 초래하게 되는데 세계적으로 규모가 커지는 축산업을 고려할 때 심각한 문제점으로 지적되고 있다.

15 수수의 사료가치를 저해하는 가장 큰 요인은?

① 타닌(Tannin)함량이 많다.
② 옥수수보다 단백질이 많다.
③ 옥수수보다 나이아신(Niacin)이 많다.
④ 카로틴(Carotene)함량이 적다.

16 강피류 사료의 영양적 특성을 기술한 것 중 틀린 것은?

① 조단백질 및 인의 함량은 곡류보다 높다.
② 곡류에 비하여 부피가 크고 전분은 적다.
③ 조섬유함량은 높고 에너지는 곡류보다 낮다.
④ 영양소가 풍부하여 제한아미노산이 없다.

정답 12 ②　13 ②　14 ②　15 ①　16 ④

17 강피류가 아닌 것은?
① 밀기울
② 대두피
③ 옥수수겨
④ 트리티케일

18 가축에 단백질사료로 유박류를 많이 사용하고 있는데 다음 중 유박류에 속하지 않는 것은?
① 대두박
② 면실박
③ 아마박
④ 장유박

해설
식물성 유박류로서는, 예를 들면 대두박, 콩가루, 아마박, 면실박, 낙화생 박, 홍화박, 야자박, 팜박, 호마박, 해바라기박, 유채박, 케폭박, 겨자박 등을 들 수 있다.
※ 장유박 : 장유제조 부산물로 원료로는 콩, 탈지콩, 밀, 밀기울 등이 사용된다.

19 다음에서 설명하는 이것은 무엇인가?

이것은 적당한 가열처리를 한 것이 그렇지 않은 것보다 영양가가 높고, 단백질원으로서 소, 돼지, 닭 등에 널리 이용되지만 가축에 과다급여 시 체지방이 연하게 된다. 닭의 경우 이것만으로는 메티오닌(Methionine) 등이 충분하지 못하므로 어분과 같은 단백질원이나 메티오닌 첨가물 등과 함께 배합하는 것이 좋다.

① 채종박
② 면실박
③ 대두박
④ 임자박

해설
소나 돼지에서 대두박은 가소화 조단백질함량이 매우 높아 가축에게 양질의 사료라는 것을 알 수 있다. 단위동물인 가금 및 돼지에게 훌륭한 단백질 및 아미노산공급원이 되며, 특히 가금에서는 메티오닌의 공급으로 깃털의 성장을 촉진한다.

20 다음 사료 중 조단백질함량이 가장 높은 것은?
① 채종박
② 대두박
③ 아마박
④ 임자박

해설
조단백질함량(%)
아마박(35.79) < 채종박(36.24) < 임자박(39.01) < 대두박(44.95)

21 가축에 옥수수 – 대두박 위주의 사료급여 시 부족하기 쉬운 제1, 2필수아미노산은?
① 히스티딘(Histidine) – 라이신(Lysine)
② 메티오닌(Methionine) – 발린(Valine)
③ 메티오닌(Methionine) – 라이신(Lysine)
④ 라이신(Lysine) – 발린(Valine)

정답 17 ④ 18 ④ 19 ③ 20 ② 21 ③

22 옥수수와 대두박 위주의 산란계 사료에서 제1제한아미노산은 무엇인가?

① 메티오닌(Methionine)
② 알라닌(Alanine)
③ 글루타민(Glutamine)
④ 타이로신(Tyrosine)

해설
옥수수와 대두박을 위주로 사료배합한 사료의 경우 필수아미노산 중 라이신(Lysine)과 메티오닌(Methionine)이 제한아미노산으로 되기 쉬우며, 이들 아미노산이 부족하게 되면 정상적인 단백질 대사는 물론 세포의 분화·증식이 정상적으로 일어나지 못하게 되어 성장률이 저하된다.

23 다음 중 라이신(Lysine)이 제한아미노산인 사료들로만 묶인 것은?

① 대두박, 보리, 수수
② 옥수수, 육골분, 대두박
③ 어분, 육골분, 밀
④ 옥수수, 임자박, 밀

24 면실박(목화씨깻묵)의 사료적 가치를 설명한 것 중 잘못된 것은?

① 단백질함량이 약 35% 정도이다.
② 면실박에는 고시폴이라는 성분이 있다.
③ 닭사료에는 사용량의 제한이 없다.
④ 소사료에 면실박은 다른 가축사료보다 안전하다.

25 다음 중 산란계 사료로 사용될 경우 난백을 핑크색으로 변색시키며, 난황의 색을 퇴색시키고 흑색반점이 생기게 되어 곤란한 것은?

① 대두박   ② 면실박
③ 임자박   ④ 땅콩박

해설
면실박에는 달걀을 분홍난백으로 만드는 물질이 존재하는데, 이는 환상지방산에 의한 것으로 보이며 이 물질은 가열하면 파괴된다.

26 산란계의 단백질사료에 있어서 항영양인자의 함유로 사용이 제한되는 것은?

① 면실박   ② 대두박
③ 어 분   ④ 우모분

27 면실박에 들어 있는 유독성분은?

① Myrosinase   ② Linamarin
③ Glucosinolate ④ Gossypol

정답 22 ① 23 ④ 24 ③ 25 ② 26 ① 27 ④

28 다음 설명 중 틀린 것은?
① 사료의 단백질, 탄수화물에서도 체지방이 합성된다.
② 사료의 지방성분 중 아이오딘가가 높으면 체지방은 경성지방이 된다.
③ 돼지의 체지방은 백색이지만 번데기 기름과 같은 것을 급여하면 황색이 된다.
④ 불포화지방산이 많이 함유되어 있는 사료를 공급하면 연성지방이 생성된다.

해설
아이오딘(요오드)가가 높은 사료를 급여하면 연성지방을 생산한다.

29 경지방을 생산하는 사료는?
① 옥수수, 보리
② 고구마, 대두박
③ 면실박, 야자박
④ 전분박, 채종박

30 다음 사료 중 청산 배당체를 함유하고 있는 사료는?
① 아마씨깻묵   ② 목화씨깻묵
③ 들깻묵   ④ 콩깻묵

31 가축에 많이 사용하고 있는 식물성 단백질사료 중 유박류, 제조부산물, 종실 등에는 가축에 유해한 독성물질을 함유하고 있다. 다음 중 사료와 사료에 함유되어 있는 독성물질 연결이 잘못된 것은?
① 대두박 – 트립신(Trypsin)
② 면실박 – 고시폴(Gossypol)
③ 임자박 – 고이트린(Goitrin)
④ 아마박 – 청산(Prussic Acid)

32 채종박(유채박)의 조단백질함량은?
① 약 0.5% 정도
② 약 5% 정도
③ 약 15% 정도
④ 약 35% 정도

33 갑상선 종양을 일으킬 수 있는 물질(Goit-rogenic)을 갖고 있는 사료는?
① 대두박   ② 호마박
③ 채종박   ④ 임자박

28 ② 29 ③ 30 ① 31 ③ 32 ④ 33 ③

34 콩에 있는 유해물질이 아닌 성분은?
① 고시폴
② 트립신 억제인자
③ 사포닌
④ 갑상선종 유기인자

35 액상상태로 전 축종에 단백질공급원으로 이용되고 있는 맥주효모에 속하는 것은?
① *Tarulopsis*속
② *Saccharomyces*속
③ *Hansenula*속
④ *Candida*속

36 다음 중 동물성 단백질 급원사료라고 볼 수 없는 것은?
① 골 분   ② 혈 분
③ 피혁분 ④ 우모분

37 다음 중 반추위 미분해율이 가장 높은 단백질공급원인 사료는?
① 대두박   ② 알팔파 분말
③ 어 분   ④ 카세인

해설

미생물에 의한 단백질의 분해율(%)

구 분	미분해단백질
카세인(Casein)	10
제인(Zein)	60
대두박(Soybean Meal)	37
어분(Fish Meal)	70
땅콩박(Peanut Meal)	37
면실박(Cotton Seed Meal)	32
알팔파 분말(Alfalfa Meal)	40
평 균	40

38 메티오닌, 시스테인, 라이신의 함량이 높고 비타민 B, 특히 리보플라빈과 나이아신의 함량이 미지성장인자를 함유하고 있는 동물성 사료는?
① 혈 분   ② 어 분
③ 피혁분 ④ 우모분

정답 34 ① 35 ② 36 ① 37 ③ 38 ②

39 자돈 전용사료인 입질사료(Prestarter)의 가장 중요한 주원료 사료는?
① 분쇄황색옥수수
② 어 분
③ 탈지분유
④ 설 탕

해설
입질사료(Prestarter)는 가능한 빨리 급여해서 고형사료의 채식습성을 길러 주는 것이 좋기 때문에 생후 5~7일부터 급여하기 시작한다. 이 사료는 그 성분이 어미젖과 비슷할수록 좋기 때문에 기호성과 소화이용률이 좋은 탈지분유를 많이 사용하고 있다.

40 콜라겐(Collagen)태 단백질로 구성된 사료는?
① 우모분   ② 모발분
③ 제각분   ④ 피혁분

41 동물성 단백질사료에 관한 설명 중 옳지 않은 것은?
① 일반적으로 단백질함량이 높고 미지성 장인자가 함유되어 있다.
② 일반적으로 Methionine과 Lysine의 함량이 높다.
③ 우모분, 모발분과 같은 동물성 단백질은 케라틴태 단백질로서 가축에 의한 이용성이 좋다.
④ 어분과 육골분에는 Ca과 P 등의 광물질 함량이 높다.

해설
우모분, 모발분과 같은 동물성 단백질은 케라틴태(態) 단백질로서 가축에 의한 이용성이 어렵다(어분이나 탈지분유를 제외).

42 다음 중 에너지함량이 가장 높은 사료는?
① 옥수수   ② 우 지
③ 대두박   ④ 어 분

해설
우지는 유지(지방)사료이다.

39 ③ 40 ④ 41 ③ 42 ②

43 다음 중 올바르게 연결되지 않은 것은?

① 단백질사료 – 어분, 우모분
② 지방질사료 – 대두박, 옥수수기름
③ 전분질사료 – 곡류, 고구마
④ 섬유질사료 – 목초, 볏짚

해설
지방질(유지)사료 : 콩, 유실류, 누에, 번데기, 쌀겨 등

44 조사료의 종류 중 TDN함량이 가장 적은 것은?

① 볏 짚
② 옥수수
③ 알팔파
④ 오처드그라스(초기)

해설
볏짚은 고간류로서 다른 조사료에 비해서 조단백질(4.45%) 및 TDN함량이 낮고, NDF함량이 높은 저급조사료로 분류된다.

45 사료 중 Tallow(우지)을 사용할 경우 이점이 아닌 것은?

① Boller의 착색을 좋게 한다.
② 고단백사료를 만들 수 있다.
③ 사료의 맛을 개선한다.
④ 사료공장에 먼지가 나지 않게 하여 작업자 건강에 좋다.

해설
② 고지방사료를 만들 수 있다.

46 다음 중 근괴사료에 속하는 것은?

① 타피오카   ② 캐놀라 밀
③ 옥수수 글루텐   ④ 채종박

47 축우에 있어서 조사료의 상대적 영양가치와 환경과의 관계를 가장 바르게 설명한 것은?

① 추운 겨울에 가치가 높다.
② 더운 여름에 가치가 높다.
③ 봄, 가을에 가치가 높다.
④ 계절과 조사료의 상대적 가치는 무관하다.

해설
열량 이용효율을 고려할 때 육우에 있어서 조사료의 상대적 이용가치가 가장 높은 계절은 겨울이다.

48 조사료의 양이 부족하면 우유성분 중 감소되는 성분은?

① 유단백질   ② 유지방
③ 유 당   ④ 알부민

해설
다량의 농후사료와 소량의 조사료를 급여할 경우에는 초산의 생성비율이 저하되기 때문에 유지방의 함량이 저하된다. 초산은 체내에서 에너지원 및 유지방의 합성에 이용된다.

정답 43 ② 44 ① 45 ② 46 ① 47 ① 48 ②

49 젖소의 조사료를 세절, 분쇄 또는 펠릿화하면 나빠지는 것은?
① 사료섭취량
② 젖 생산량
③ 증체량
④ 유지방의 함량

50 두과 목초를 충분히 줄 경우 추가공급이 필요 없는 물질은?
① 칼슘
② 인
③ 아이오딘
④ 셀레늄

51 엔실리지 제조 시 첨가물질의 사용목적으로 적당하지 않은 것은?
① 젖산생성을 촉진하는 물질이다.
② 사료 내의 pH를 직접 저하시키기 위한 첨가물이다.
③ 유해발효를 억제시키는 물질이다.
④ 재료의 양분을 저하시키는 첨가물이다.

52 다음 중 산란사료나 착유사료에서 칼슘함량 하나만 부족할 때 가장 경제적인 광물질 사료는?
① 석회석
② 골분
③ 인광석
④ 어분

해설
석회석은 양계사료의 칼슘공급제로 가장 많이 쓰이고 있다.

53 봄철에 방목 중인 육우에서 그래스테타니(Grass Tetany)가 발생하는데 다음 중 어떤 광물질의 결핍이 그 원인인가?
① Fe
② Se
③ Mg
④ K

54 뇌하수체 호르몬인 프로락틴의 분비가 감소되면 유즙분비상피세포의 자극이 불충분하게 되어 유선포 등 분비조직이 퇴행하게 되는데, 이러한 유선의 퇴행을 억제할 수 있는 호르몬은?
① 옥시토신
② 에피네프린
③ 에스트로겐
④ 옥시토시나제

정답 49 ④ 50 ① 51 ④ 52 ① 53 ③ 54 ①

55 다음 중 갑상선에서 생성되는 호르몬으로서 결핍 시 체단백질 합성을 감소시키며, 과잉 시 아미노산 산화를 촉진시키는 것은?

① Growth Hormone
② Thyroxine
③ Insulin
④ Androgen

해설
타이록신은 동물의 성장이나 번식에 관여하며, 단백질이나 지방의 대사를 촉진한다. 이 호르몬이 과다하게 분비되면 단백질과 지방의 축적이 억제되며, 동물의 체중이 감소된다.

56 다음 호르몬 중 혈당을 증가시키는 것은?

① Insulin   ② Glucagon
③ Calcitonin   ④ Estrogen

57 반추위 발효조정제란 반추동물의 제1위 내 발효산물을 유효하게 변화시켜 사료효율을 개선하게 하는 사료첨가제를 말한다. 1976년 미국 FDA로부터 반추위발효조정제로 최초로 승인받은 이 물질은?

① Bacitracin   ② Monensin
③ Lincimycin   ④ Zingkomin

58 자돈의 위 내 pH를 낮추는 목적으로 사용되는 사료첨가제는?

① 생균제   ② 유기산제
③ 식물추출물   ④ 항생제

59 일종의 반추위 내 발효산물을 유효하게 변화시켜 사료효율을 개선시켜 주는 발효조정제는?

① 바시트라신
② 스트렙토마이신
③ 모넨신
④ 페니실린

60 배합사료의 열량을 높이기 위하여 콩기름, 우지(Tallow) 등을 혼합하는 경우가 있는데 이와 같이 사료에 기름을 첨가하면서 산화되기 쉬우므로 이것을 방지하기 위하여 사용되는 약제들을 무엇이라 하는가?

① 항미생물제
② 항산화제
③ 완충제
④ 향미제

정답 55 ② 56 ② 57 ② 58 ② 59 ③ 60 ②

61 유기비소제는 콕시듐병 예방제로 사용되고 성장촉진효과가 있는 것으로 밝혀지고 있다. 유기비소제가 가축의 성장을 촉진시키는 기전 중 틀린 것은?

① 장 내에 서식하는 유해한 미생물의 성장을 억제한다.
② 장벽을 얇게 하여 영양소의 흡수를 돕는다.
③ 질소의 배설을 감소시키는 등 단백질을 절약하는 작용을 한다.
④ 장 내 암모니아의 생성을 촉진하여 미생물의 활동을 돕는다.

해설
장 내 암모니아 생성을 억제하여 미생물의 활동을 돕는다.

62 반추위 내 섬유소를 분해, 이용하는 미생물이 단백질합성을 위해 중요한 질소원으로써 이용하는 것은?

① 비단백태질소화합물(NPN)
② 초산(Acetate)
③ 프로피온산(Propionate)
④ 우회단백질(Bypass Protein)

해설
반추위미생물은 비단백태질소화합물(NPN)과 유기산을 이용하여 미생물체단백질을 합성한다.

63 NPN(Non-Protein Nitrogen Compound)에 대한 설명으로 옳지 않은 것은?

① 요소가 대표적이다.
② 비단백태질소화합물이다.
③ 곡류에도 많이 들어있다.
④ 수용성이고 흡수가 잘 된다.

해설
비단백태질소화합물
단백질 침전제로써 침전하지 않는 부분에 함유되는 질소화합물을 총칭해서 비단백태질소화합물이라고 한다. 이것은 단백질은 아니지만 조단백질 중에 함유되는 것인데, 이에는 암모니아, 요소, 아미노산 및 아마이드 등이다.

64 그림과 같은 구조식의 비단백태질소화합물 이름은?

① 요 산
② 요 소
③ 크레아틴
④ 바이오틴

정답 61 ④ 62 ① 63 ③ 64 ①

CHAPTER 04 사료의 배합과 가공

01 사료의 배합과 급여

1. 사료배합률의 작성

(1) 사료배합비 작성 의의

가축의 영양소 요구량을 충족시키기 위해 여러 가지 단미사료를 적절한 비율로 조합시키되 원료비가 최소가 되게 하는 작업을 말한다.

(2) 사료배합비 작성에 필요한 정보

① 합리적인 사료배합표를 작성하는 방법
  ㉠ 축종별과 생산단계별로 정확한 영양소 요구량을 알아야 한다.
  ㉡ 원료의 성분분석표가 필요하다.
  ㉢ 원료의 사용가격이 제시되어야 한다.
② 위의 세 가지 자료를 활용하면 가축이 필요로 하는 영양소 요구량을 최소가격으로 충족시킬 수 있는 배합비율표의 작성이 가능한데, 이를 최소가격배합표라 한다.

(3) 사료의 계산

① **대수방정식** : X, Y 두 사료를 혼합하여 일정한 단백질함량을 맞추어 주는 계산법이다.

> **예제** 갑농가가 가지고 있는 사료는 조단백질 44%인 대두박과 조단백질 16%인 밀기울을 가지고 있다. 이 농가는 조단백질함량 35%인 사료 100kg을 만들려면 각각 몇 %(kg씩) 배합해야 하는가?
>
> **해설** ① 관계식을 만든다.
>   X+Y = 100 -----(A)
>   0.44X+0.16Y = 35 -----(B)
>   여기서, X = 대두박의 사용비율(%), Y = 밀기울의 사용비율(%)
> ② (A)식에 0.44를 곱하면 (C)식이 되는데 여기에서 (B)식을 빼면
>   0.44X+0.44Y = 44 ------(C)
>   −0.44X+0.16Y = 35 ------(B)
>   ─────────────────
>   0.28Y = 9
>   ∴ Y = 9/0.28 = 32, X = 100−32 = 68
> ③ 밀기울 32%(kg)과 대두박 68%(kg)을 혼합하면 된다.

② **방형법(Pearson' square Method)** : 방형법은 단순히 두수의 비율을 이용하여 두 사료의 배합비를 구하는 방법이다.

> **예제** 단백질이 48% 들어 있는 대두박과 단백질이 8% 들어 있는 옥수수를 가지고 단백질이 20%되는 사료를 만들려면 각각 배합비율은 얼마나 되는가?(단, 방형법을 사용한다)
>
> **해설** 두수의 비율을 이용하여 관계식을 만든다.
>
>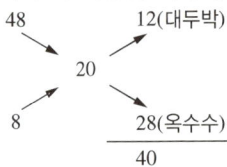
>
> ─────
>   40
> • 대두박의 배합비율 = (12/40)×100 = 30%
> • 밀기울의 배합비율 = (28/40)×100 = 70%
> ※ 방형법은 두 가지 사료에만 적용되고 중앙에 있는 배합목적수는 왼쪽 두 숫자의 중간숫자이어야 한다.

③ **연립방정식** : 가축이 필요한 영양소 요구량에서 단백질, TDN 등의 주성분을 만족시키기 위해 두 사료를 이용하여 배합비를 구하는 방법이다. 즉, 연립방정식을 이용하여 에너지와 단백질을 구하는 것이다.

> **예제** 젖소의 영양소 요구량이 조단백질 16%, TDN 70%였다.
> - 농가가 배합할 수 있는 농축사료 X의 영양소함량이 조단백질 30%, TDN 60%이다.
> - 농가가 배합할 수 있는 옥수수 Y의 함량이 조단백질 8%와 TDN 78%이다.
>
> **해설** ① 젖소사료의 영양소 요구량에 맞추어 연립방정식을 세운다.
>   0.3X+0.08Y = 16 --- (A)
>   0.60X+0.78Y = 70 --- (B)
> ② 한 미지수를 없애주기 위해서는 (A)식에 0.60을 곱하고 (B)식에 0.30을 곱하여 식 (C)과 (D)를 만들고, (D)식에서 (C)식을 빼 준다.
>   0.18X+0.048Y = 9.6 -- (C)
>   −0.18X+0.234Y = 21.0 -- (D)
>   0.186Y = 11.4
>   ∴ Y = 11.4/0.186 = 61.3
> ③ Y값 61.3을 (A)식에 대입하여 X를 구한다.
>   X = 16−(0.08×61.3)/0.30 = 37.0
> ④ 농축사료 X 37.0%와 옥수수 Y 61.3%를 배합하면 영양소 요구량인 조단백질 16%, TDN 70%의 젖소사료를 만들 수 있는 것이다.
> ⑤ 두 사료배합비의 합이 98.3%이므로, 100%가 되기 위해서는 나머지 1.7%는 TDN과 단백질이 함유되지 않은 다른 원료나 첨가제를 혼합한다.

④ **선형계획(Linear Programming, LP)에 의한 사료배합**
  ㉠ 대규모, 사료공장에서 컴퓨터를 이용하여 선택할 수 있는 여러 가지 요인들 중 최적조합의 배합비를 구하는 것이다.
  ㉡ 선형계획에는 최소가격사료배합(Least Cost Ration : LCR)과 최소가격생산(Least Cost Production : LCP)방법이 있다.

⑤ **선형계획의 과정**
  ㉠ 문제를 수식화하고, 수식화된 문제를 풀어서 미지수를 구한다.
  ㉡ 얻어진 해답을 검토하고 구체적인 계획을 작성한다.

⑥ **선형계획과정의 전제조건**
  ㉠ 각 원료사료의 단가는 일정하고, 얼마든지 구할 수 있다.
  ㉡ 원료사료의 영양소함량을 확실히 알고 있고, 한 종류의 영양소함량은 그 사료의 사용량에 비례한다.
  ㉢ 두 종류 이상의 사료를 배합하였을 때의 영양소함량은 각 사료 중의 함량을 합계한 것과 같다.

⑦ 선형계획법의 장단점
  ㉠ 비용을 최소로 하는 배합비를 계산할 수 있고, 배합비의 정밀도를 높인다.
  ㉡ 단시간 내에 많은 양의 자료를 계산하고 수정이 용이하다.
  ㉢ 세밀한 감도분석을 통해 원료의 수급계획에 도움을 준다.
  ㉣ 단점은 사료의 품질에 대한 고려가 어렵다(영양학적 경험이 필요한 부분).

> **더알아두기**
>
> LP의 수식화 작업 예
> - 제약조건
>   - 합 계 $X_1+X_2+ \cdots\cdots +X_n = 100$ ·········· (A)
>   - 단백질 $0.08X_1+0.44X_2+ \cdots +0X_n \geq 22$ ······ (B)
>   - 에너지 $3.32X_1+2.21X_2+ \cdots +0X_n \geq 310$ ···· (C)
>   - 칼 슘 $0.0001X_1+0.002X_2+ \cdots +036X_n \geq 1.0$ ···· (D)
>   - $X_1 \geq 0, X_2 \geq 0 \cdots X_n \geq 0$ ··············· (E)
> - 목적함수 $130X_1+280X_2+ \cdots +24X_n \rightarrow$ 최소가격 ······ (F)

2. 사료의 배합방법

(1) 배합사료의 제조

① 배합의 형태

  ㉠ 배치식 사료공장
  - 배합될 모든 원료가 원료 빈(배합기 위에 설치)에 저장된 후 설계된 배합비율대로 배합기에 투입되어 한 번에 배합이 이루어진다.
  - 배합사료의 원료는 알곡원료, 분말원료, 액상원료, 첨가제 등이다.
  - 다량으로 사용되는 주원료는 벌크상태로 반입된다.
  - 소량으로 사용되는 부원료나 첨가제는 포장상태로 공장에 반입되어 창고에 저장된다.
  - 분말원료는 지정된 원료 빈에 옮기지만, 알곡원료들은 분쇄과정을 거친 후에 원료 빈으로 옮긴다.
  - 액상원료는 창고 밖에 별도로 설치된 탱크에 저장하였다가 사용한다.
  - 첨가제는 예비배합한 후 원료 빈에 투입하거나 수동 투입구로 옮긴다.
  - 사료공장의 두뇌에 해당되는 조정실에서 모든 작업공정을 통제한다.
  - 주로 양계 및 양돈사료를 생산하기에 적합하다.

ⓒ 연속식 사료공장
　　　　• 연속식 사료공장은 생산하는 제품의 품목 수가 한정되어 있고 원료의 종류가 단순할 경우에 적합한 공장이다.
　　　　• 주로 젖소사료를 제조하는 데 이용한다.
　　　　• 제조공정은 원료 빈으로부터 원료가 배합비율에 따라 연속적으로 배출되면서 배합되며, 연속식 배합기가 설치·운영된다.
　　　ⓒ 종합식 사료공장
　　　　• 양계, 양돈 및 젖소사료까지 원활히 생산할 수 있다.
　　　　• 2가지 이상의 가공형태의 혼합사료를 생산한다.
　　　　• 분말과 펠릿형태, 플레이크와 펠릿형태를 혼합한 사료형태를 생산한다.
　　　　• 배치식과 연속식 배합시설이 설치되어 있다.
　　② 분쇄공정의 분류
　　　㉠ 배합 전 분쇄공정(미국식)
　　　　• 알곡원료를 분쇄한 후 배합하는 것이다.
　　　　• 분쇄능력이 직접적으로 생산능력을 결정하지 않으며 분쇄입자도 조절이 용이하다.
　　　　• 분쇄 및 운송에 소요되는 동력이 적게 든다.
　　　　• 곡물가격이 저렴하고 종류가 다양하지 않을 경우에 적합하다.
　　　　• 원료를 높은 버킷엘리베이터를 이용하여 끌어 올린 후 중력에 의한 자유낙하로 운송한다.
　　　㉡ 배합 후 분쇄공정(유럽식)
　　　　• 원료배합공정을 마친 후 일괄적으로 분쇄공정이 이루어진다.
　　　　• 분쇄한 곡물을 저장하기 위한 빈이 추가로 필요치 않으므로 투자비용이 저렴하다.
　　　　• 제품의 균일한 입자도를 유지할 수 있다.
　　　　• 곡물가격이 비싸고 종류가 다양할 경우에 적합하다.
　　　　• 액상원료를 제외한 모든 원료들은 계량호퍼에서 계량 후 배합기로 옮겨져 배합된다.

(2) 배합사료의 일반적인 제조과정

원료반입 → 저장 → 분쇄 → 배합 → 포장 및 저장 → 출하

① 원료반입 및 저장
　　㉠ 주원료 : 옥수수, 소맥, 수수
　　㉡ 부원료 : 대두박, 채종박, 밀기울, 어분
② 원료반입시설 및 기계
　　반입원료의 장비에는 계량기, 반입호퍼, 반송기, 버킷엘리베이터, 반입정선기 등이 있다.

    ㉠ 반송용 컨베이어 : 스크루 컨베이어, 드래그 컨베이어, 공기 컨베이어 등이 있다.
    ㉡ 반입정선기 : 이물질을 거르는 것 즉, 원료에 혼입되어 있는 이물질 또는 입자크기가 너무 크거나 작은 것을 제거하기 위한 장치로 반입호퍼와 버킷엘리베이터 사이에 설치한다.
    ㉢ 버킷엘리베이터 : 원료사료 및 제품을 수직이동장비이며, 벨트 또는 체인에 바가지가 부착되어 있다(집진기 부착 필수).
    ㉣ 디스트리뷰터 : 버킷엘리베이터에 의해 운송된 원료와 제품을 지정된 저장사일로, 또는 제품 빈에 보내 주는 역할을 한다.
    ㉤ 호퍼빈 : 곡물을 중력으로 배출시키는 장치로 저장용량이 평바닥보다 훨씬 적고 설치비용이 비싸며, 곡물의 장기저장이 어렵다. 따라서 단기저장용으로 이용된다.
    ㉥ 저장사일로 : 주원료 저장반입시설, 호퍼 빈과 평바닥 빈의 두 종류가 있다.
    ㉦ 원료 빈 : 원료가 배합되기 전 1~2일 정도 임시저장하는 장소이다.
    ㉧ 오거 : 저장된 곡물을 배출시킬 때 이용된다.
③ 분쇄시스템
    분쇄기의 종류에는 해머밀, 버밀, 롤러밀이 있다.
    ㉠ 해머밀 : 중심부 회전축(해머)과 핀 사이에 원료가 부딪혀 분쇄가 된다.
    ㉡ 버밀(맷돌과 유사) : 원판과 회전원판 사이에서 곡물이 절단, 전단, 압쇄작용으로 분쇄된다.
    ㉢ 어트리션밀 : 2개의 회전판이 역방향으로 회전하면서 분쇄된다.
    ㉣ 롤러밀 : 서로 다른 방향으로 회전하는 두 쌍의 롤러 사이를 곡물이 통과하면서 분쇄된다.
    ※ **분쇄의 주목적** : 소화율 증가, 배합용이, 취급용이, 펠릿작업의 원활화, 소비자선호도 만족 등
④ 배합시스템
    ㉠ 예비배합 : 미량원료(무기물, 비타민, 항생물질)들을 사전에 부형제(밀기울 등)와 혼합하여 성분을 희석시켜 저장해 두는 과정이다.
    ㉡ 본배합 : 주원료(옥수수, 소맥, 대두박)와 부원료(대두박, 채종박, 밀기울, 어분)를 본격적으로 혼합하는 것으로, 배치식과 연속식으로 구분된다.
⑤ 배합 시설 및 기기
    ㉠ 스크루피더(Screw Feeder) : 원료 빈으로부터 계량호퍼로 원료를 운반하는 장비로 유지와 같은 액상원료는 이용할 수 없다(나선식 먹이혼합기).
    ㉡ 계량호퍼 : 배합 전에 호퍼의 사료량을 계량한다.
    ㉢ 조절패널 : 사료공장의 원료반입, 저장, 분쇄, 배합, 펠릿가공, 포장, 반출 등 생산공정을 전체적으로 알 수 있도록 표시되어 있는 판으로 미리 입력된 프로그램에 의해 조정하는 역할을 한다.

ⓔ 배합기 : 본격적으로 각 원료를 배합하는 것으로 배치식(수평식, 수직식)과 연속식이 있다.
  • 수직식(소규모) : 배합이 잘되고 가격이 저렴하나 배합시간이 길다.
  • 수평식(대규모공장) : 배합시간이 짧다(1~5톤, 1배치의 배합시간 5~7분).
ⓜ 사료정선기(Feed Finisher) : 배합기 내에서 사료의 액상원료와 혼합과정 중 생긴 큰 덩어리와 기타 이물질을 제거시키는 데 쓰이는 기기이다.

⑥ 기 타
  ㉠ 열처리 가공시스템 : 펠릿, 플레이크, 익스트루전 가공시설
  ㉡ 벌크 반출 및 포장시스템
    • 포장사료용 : 25~50kg 포대로 재봉, 펠릿은 1톤, 2톤 단위로 적재한 후 보관한다.
    • 벌크형태로 반출될 사료는 트럭에 적재하여 실시한다.
  ㉢ 집진시스템 : 집진기에는 사이클론형, 필터형, 백형이 있다.

3. 사료의 급여방법

(1) 급여방법

① 제한급여
  ㉠ 육성기에 배합사료를 제한급여하는 것, 즉 조사료의 섭취량을 늘리고 조기과비를 막기 위해 기준에 의한 정량만을 급여하는 방법이다.
  ㉡ 번식우, 번식돈, 종모우, 웅돈, 육용 종계 등 번식가축에 적용한다.
  ㉢ 제한급여의 효과
    • 조사료의 섭취량을 늘리는 것과 같은 효과를 기대할 수 있다.
    • 조사료 섭취량 증가는 소화기관의 발달, 골격의 발달 등 비육기에도 지속적인 증체가 가능해 출하체중을 늘려 육생산량을 극대화할 수 있다.
    • 조기과비를 막아 도체에 등지방 등 불가식 지방의 부착을 감소시켜 육량등급도 개선된다.
    • 고급육을 생산할 가능성이 높아진다.

② 무제한급여
  ㉠ 비육기에 좋은 고기를 생산하는 사양관리체계를 유지하기 위해서 육성기에 양질의 조사료를 다량 급여하여 장기비육에 대비하는 것이다.
  ㉡ 개체관리가 필요치 않고 무제한급이가 필요한 송아지, 육성우, 비육우, 자돈, 육성돈, 비육돈 등에 적용된다.

ⓒ 육성기 조사료 다급효과
- 조사료의 거침과 부피에 의해 제1위와 소화기관의 충분한 발달과 골격도 잘 발달되어 출하체중을 늘릴 수 있는 기초체형을 형성시켜 지속적인 증체가 가능하다.
- 내장 주위나 근육과 근육 사이에 지방이 조기 부착되는 것을 예방할 수 있다.
- 침의 다량분비를 촉진하여 제1위의 미생물의 활동을 활성화시켜 발효상태를 양호하게 하여 반추위의 기능을 원활하게 한다.
- 조사료는 볏짚과 알팔파나 옥수수담근먹이를 다량 급여하면 일당 증체량이 늘어날 뿐만 아니라 체중 대비 조사료섭취량이 증가하여 반추위 등 소화기관의 발달에도 도움이 된다.
- 양질 조사료인 옥수수담근먹이를 많이 급여하면 발육과 사료 이용성도 좋아지고 육질도 개선되는 효과가 있을 뿐만 아니라 생산비 절감도 기대할 수 있다.

더 알아두기

조사료를 너무 적게 급여하고 농후사료를 다량 급여한 경우 등
- 반추위의 기능 저하로 사료섭취량이 감소한다.
- 우유의 유지율이 감소한다.
- 장기간 급여 시 각종 대사성 질병이 발생한다.
- 농후사료를 다량 급여한 경우 유지방의 감소를 방지하기 위해서는 적어도 최소 17%의 조섬유가 사료 중에 함유되어야 한다.
- 산유량에 따른 조섬유 적정함유량

산유량	30kg 이상일 때	20~29kg일 때	20kg 이하일 때
조섬유	16~17%	18%	19~21%

- 산유량이 적을수록 조섬유함량은 약간 증가한다.
- 농후사료의 TDN 기준 : 50% 이상은 농후사료이고 50% 미만은 조사료로 구분한다.
※ 젖소가 정상적인 제1위 발효와 유지율을 유지하기 위하여 반드시 섭취해야 하는 최소사료섭취수준은 체중의 1.5%이다(단, 고형물 기준으로 건초나 사일리지의 섭취 시).

(2) 급여형태

① 습식급이
  ㉠ 물과 혼합한 급여형태이다.
  ㉡ 사료섭취율 및 소화율 향상의 효과를 가져올 수 있다.
  ㉢ 여름철 사료의 변성과 부패 등의 문제점이 있다.

② 건식급이
  ㉠ 일반적으로 배합사료를 그대로 급여하는 형태이다.
  ㉡ 관리가 수월하다는 장점이 있으나 먼지 등의 발생과 채식 중 사료손실이 있다.

(3) 소의 TMR(Total Mixed Ration)사료 급여

① TMR의 개념
  ㉠ 젖소가 하루 동안에 필요한 조사료, 농후사료, 무기물, 비타민, 기타 미량요소 등 모든 영양소를 함유하도록 여러 종류의 사료를 혼합한 사료를 TMR(Total Mixed Ration, 완전혼합사료)이라 한다.
  ㉡ 농후사료와 조사료를 모두 혼합해서 완전사료로 급여하는 방법이다.
  ※ 거세우에게 저에너지사료(L), 중에너지사료(M) 및 고에너지사료(H)를 90일 동안 각각 급여했을 때 도체의 최종 체지방함량을 가장 높이는 급여방법 : H - H - H

② TMR의 장점
  ㉠ 고능력우 사양에 적합하고 산유량과 유지율이 증가된다.
  ㉡ 가장 단순한 방법으로 노동시간 단축 및 시간의 활용이 용이하다.
  ㉢ 편식을 방지하고 영양소가 균형 있게 섭취되어 사료의 이용효율을 높인다.
  ㉣ 기호성이 좋으므로 사료섭취량이 증가하고 산유량 및 유지율이 향상된다.
  ㉤ 한 가지 사료를 한꺼번에 급여하므로 고용인력이나 헬퍼 요원들에게도 안심하고 사료급여를 맡길 수 있다.
  ㉥ 적절한 조사료 첨가로 인해 반추시간이 길어져 반추위조건이 좋아진다.
  ㉦ 계약진료에 의해 분만간격 단축, 도태율 및 질병발생빈도가 감소된다.
  ㉧ 번식효율과 건강이 개선되어 약값, 진료비 등의 지출 감소로 농가의 소득이 향상된다.
  ㉨ 우군의 성질이 온순해지고 능력도 향상된다.
  ㉩ 자유 채식을 해도 식체 발생빈도가 감소된다.
  ㉪ 추가 조사료 구입이 필요치 않게 되고 다른 조사료 급여량도 감소된다.
  ㉫ 농가 부산물의 이용이 가능하여 부산물의 폐기에 따른 환경오염 방지에도 공헌을 한다.

> **더알아두기**
>
> 브로일러(Broiler) 생산에서 에너지가 높은 사료를 급여할 때 나타나는 효과
> 증체율이 높음, 사료효율이 좋음, 출하일령이 단축됨
>
> 가축의 음수량 제한 시 나타나는 현상
> 분뇨 배설량 감소, 가축의 활력 저하, 사료섭취량 감소, 체중감소

③ TMR의 단점
  ㉠ TMR에 대한 충분한 이해와 지식이 필요하다.
  ㉡ TMR배합용 단미사료의 확보 및 유통이 원활해야 한다.
  ㉢ 사양관리상의 시설투자에 큰 비용이 소요된다.

② TMR배합을 위한 사료배합프로그램의 확보와 운영에 대한 지식이 필요하다.
⑩ 비유단계별, 성장단계별, 산유능력별 등 우군분리가 전제되어야 하나 중소규모 낙농가의 경우 군분리가 어려워 과비우나 마른소가 나올 수 있고 번식장애 및 각종 대사장애가 발생할 가능성이 높다.
⑪ 원료의 변화가 있을 때 정확한 사료적 가치를 평가하기 어렵다.
⑬ 볏짚이나 베일형태의 긴 건초는 배합기에 넣기 전에 적당한 길이로 세절해야 하는 번거로움이 있다.
⑭ 소규모 사육농가에 부적당하다.
⑮ 사양관리상의 시설개선 및 기술이 필요로 한다.
⑯ 습식사료이므로 장기간보관이 어렵고 사료 내 이물질이 함유될 경우가 있다.

더알아두기

사료로 사용하는 것을 금지한 물질(사료 등의 기준 및 규격 [별표 19])
1. 소 등 반추동물에게 사료로 사용하는 것을 금지한 물질
   ① 동물성 단백질류
   ② 동물성 무기물 : 모든 동물에서 유래한 단백질이 포함된 골분·골회(1,000℃ 이상에서 회화처리한 것은 제외)·인산2칼슘(광물에서 유래의 것, 지방 및 단백질을 함유하지 않은 것은 제외)
   ③ 불용성 불순물함량이 중량환산으로 0.15% 이상인 동물성 유지(다만, 반추동물대용유용은 0.02% 이상)
   ④ 젤라틴 및 콜라겐. 다만, 시·도지사가 다음에 해당되어 승인한 젤라틴 및 콜라겐과 기타 농림축산식품부장관이 지정하는 것은 제외한다.
      ㉠ 가죽에서 유래한 것으로서 가죽 이외에서 유래한 단백질의 제조공정과 완전히 분리된 공정으로 제조된 것일 것
      ㉡ 뼈에서 유래된 것으로서 다음 공정을 전부 걸쳐 처리된 것일 것
         • 가압하에서 세정
         • 산에 의한 탈회
         • 장기적인 알칼리 처리
         • 여 과
         • 138℃에서 4초간 살균처리
   ⑤ 남은 음식물(폐기물관리법에 따른 음식물류 폐기물) 및 남은 음식물사료
   ⑥ 교차오염방지에 대한 규정을 위반하여 제조·포장 또는 운송한 사료
   ⑦ ①부터 ⑥의 규정에 따른 사료가 포함된 단미사료 및 배합사료
   ⑧ ①부터 ⑦의 규정에도 불구하고 우유·산양유 및 낙농가공부산물류는 사용이 가능하다.
2. 닭 등 가금류에게 사료로 사용하는 것을 금지한 물질
   남은 음식물(폐기물관리법에 따른 음식물류 폐기물). 다만, 단미사료 중 수분 14% 이하로 제조된 남은 음식물사료는 사용이 가능하다.

02 사료의 조리가공

1. 농후사료의 가공방법

(1) 분쇄(Grinding)
　① 일반적으로 곡류 등의 농후사료를 분쇄하는 것이다.
　② 분쇄의 효과
　　㉠ 에너지 이용률이 향상된다.
　　㉡ 조작하기가 용이하다.
　　㉢ 다른 사료와 혼합하기가 용이하다.
　　㉣ 소화율이 증진된다.
　　㉤ 소는 거칠게, 돼지는 곱게(제한급식 시 거칠게) 한다.

(2) 수침(Soaking)
　① 사료원료 중의 단단한 알곡이나 조사료원을 적정시간 물에 담가두었다가 사료로 이용하는 방법이다.
　② 곡류의 수침처리 효과
　　㉠ 저작이 용이해진다.
　　㉡ 돼지의 경우 유리하다.
　　㉢ 소화율을 높인다.
　　㉣ 유해물질이 우러나와 무독화되는 효과가 있다.
　　㉤ 원료의 수분함량이 증가되어 저장성은 매우 불리하다.

(3) 펠레팅(Pelleting)
　① 펠릿사료의 개념
　　㉠ 펠릿이란 일반적으로 분말사료를 특수한 기계(펠레터)를 사용하여 특정한 모양으로 굳힌 것을 말한다.
　　㉡ 펠릿사료란 사료의 부피를 줄이며, 사료섭취량을 높이기 위해 가루사료를 고온·고압하에서 단단한 알맹이로 만든 사료이다.
　　㉢ 펠레팅은 배합사료 제조 시 사료회사에서 가장 많이 이용되는 가공처리법이다.
　　㉣ 펠릿사료의 목적은 사료의 취급용이, 먼지발생 방지, 편식방지, 기호성 향상, 밀도증가로 인한 수송용이 및 노동비 절감 등을 들 수 있다.

② 펠레팅의 장점
　　㉠ 사료로부터 발생하는 먼지를 막고, 사료의 부피를 줄일 수 있다.
　　㉡ 사료 중 열에 약한 병원성 세균 및 독성물질이 파괴된다.
　　㉢ 사료성분의 소화율을 향상시킨다.
　　㉣ 사료섭취량과 사료 이용효율 및 기호성을 증진한다.
　　㉤ 사료의 취급 및 수송이 용이해진다.
　　㉥ 영양소 불균형과 사료 허실 발생을 예방한다.
　　㉦ 가축의 선택적 채식이 방지되고, 짧은 시간에 많은 사료를 먹일 수 있다.
③ 펠레팅의 단점
　　㉠ 가공과정에서 비타민 등 열에 약한 영양소가 파괴될 수 있다.
　　㉡ 음수량이 증가한다.
　　㉢ 젖소에 급여하는 조사료를 분쇄 및 펠레팅하면 유지방의 함량이 나빠진다.
　　㉣ 가공을 위한 시설투자 비용이 비싸고 가공비용이 소요되는 단점이 있다.

(4) 박편처리(Flaking)
① 플레이크는 사료를 납작하게 압편한 것으로 박편이라고도 한다.
② 플레이크에는 곡류를 단순히 롤러로써 압편한 것, 쪄서 압편한 것, 건열가열 후 압편한 것 등이 있다.
③ 비유젖소의 배합사료를 가공하는 방법 중 이용효율이 가장 높은 방법이다.
④ 스팀 또는 적외선으로 가열한 뒤에 압편한 옥수수, 수수, 보리 등이 있다.
⑤ 옥수수는 주로 원료를 분쇄하지 않고 롤러밀로 압편하기 전에 30~40분간 스팀처리한 후 압편하여 생산한다.
⑥ 기호성, 섭취량, 옥수수 내 전분의 이용성을 증진시키는 데 초점을 두고 있다.
⑦ 장점 : 옥수수 내 전분이 호화(젤라틴화)되어 구형의 전분 입자들이 열, 수분 등의 영향으로 부피가 증가하고 가용성이 증가되며 점성증가현상이 나타나서 소화율이 증가하게 된다.
⑧ 단 점
　　㉠ 플레이크 가공에 필요한 시설이나 가공비용에 따른 사료값이 비교적 비싸다.
　　㉡ 플레이크 사료의 부패도 및 곰팡이 오염가능성이 높다.
　　※ 곡류의 이용성을 높이기 위하여 전분을 알파화시킨 가공처리에는 증기압편(플레이크), 가압압편(플레이크), 건열처리가공 등이 있다.

(5) 익스트루전(Extrusion)

① 원료사료에 고열·고압을 가한 후 조그만 구멍을 통하여 밀어내면 갑작스런 압력 저하로 인하여 사료가 부풀어 오르면서 기공이 생기게 되는데 이것을 적당한 틀을 이용하여 여러 가지 모양으로 만든다.
② 익스트루전 사료는 주로 애완동물용 또는 갓난 돼지의 원료 가공용으로 많이 사용된다.
③ 익스트루딩은 펠레팅과 매우 유사하지만, 중간과정에 열처리를 담당하는 익스트루더(Extruder)가 사용되며 열처리가 높은 압력하에서 이루어진다는 점이 다르다.
④ 사료 가공형태 중 비용이 가장 많이 든다.
⑤ 익스트루전 처리를 했을 때 기대효과
　㉠ 사료 중 배합된 전분이 젤라틴화된다.
　㉡ 사료의 기호성이 향상된다.
　㉢ 비중이 적고 수분을 잘 흡수하게 된다.
　㉣ 항영양성 인자나 성장저해 요소 중 열에 약한 성분을 효과적으로 파괴하거나 불활성화시킬 수 있다.
　㉤ 단백질의 열변성에 의해 구조상의 변화를 유발하여 보호단백질이나 인조육단백질의 생산이 가능하다.
　㉥ 가공 대상사료의 밀도, 비중, 부피 등의 변화를 자유롭게 할 수 있다.
⑥ 익스트루전 공정 : 사료의 사전 열처리 → 익스트루전 → 절단 → 건조 및 냉각

(6) 익스팬딩(Expanding)

① 익스팬딩은 익스트루딩과 비슷한 원리를 가지나 가공목적에 있어서 약간의 차이가 있다.
② 익스팬딩은 펠레팅 전에 에너지 투입을 증가시켜서 펠릿의 품질을 개선시키는 데 사용되며, 펠레팅보다는 온도가 높아서 전분의 열처리 정도가 커지게 된다.
③ 익스팬딩은 펠릿제품의 품질을 향상시키기 위하여 펠릿기와 전처리기 사이에 익스팬더(Expander)를 도입했다.
④ 구조는 건식 익스트루딩과 유사하며, 익스팬더 내의 평균압력은 35~30bars이고, 최종 제품의 수분함량은 18% 정도이다.

(7) 자비 및 증기처리
   ① 사료를 찌거나 삶는 것이다.
   ② 병원균 사멸, 풍미증진, 잡초종자 사멸, 유독성분 제거
      ※ 유독성분
         감자 – 솔라닌, 날콩 – 항트립신 인자, 목화씨 – 고시폴, 아마박 – 리나마린, 유채종자 – 마이로신
   ③ 단백질이 응고하여 소화율 저하, 비타민 파괴, 연료와 노력의 손실 증가 등의 단점이 있다.

2. 조사료의 가공방법

(1) 조사료의 세절
   ① 볏짚, 건초, 생초, 근채류 등을 적당한 크기로 잘라주는 것이다.
   ② 길이는 볏짚에서 소 2.5~3.5cm, 말·양 1.5~2.5cm가 적당하며 생초와 건초는 이보다 조금 길어도 된다.
   ③ 씹고 삼키기 쉬워서 단위시간당 섭취량이 증가하고 골라먹지 않으며, 다른 사료와 같이 주기도 좋다.
   ④ 너무 잘게 썰어 먹이면 침과 잘 섞이지 않고 미생물에 의한 발효작용을 적게 받아 소화율이 떨어지고 고창증과 같은 병증을 유발할 수 있다.

(2) 알칼리 처리
   ① 조사료세포에 알칼리가 작용하여 섬유질이 부드러워지고 세포표면이 파괴되어 이때 규산이 녹아 나와 소화율 증진, 칼슘 보충효과, 전분가 증가 등의 효과가 있다.
      ※ 목질화된 조사료를 알칼리로 처리하면 리그닌이 없어져 소화율이 향상된다.
   ② 단백질, 비타민은 파괴되어 못 쓰게 되고, 품이 많이 들어 실용화에 장애가 된다.
   ③ 처리방법
      ㉠ 알칼리 처리 및 산 처리가 대표적인 방법이다.
      ㉡ 다즙사료와 수분조절제 및 목초와 함께 급여한다.
      ㉢ 세절, 분쇄, 침적, 삶기, 펠레팅, 효소처리, 계분발효처리 등이 있다.
   ④ 알칼리 처리한 볏짚, 밀짚, 보리짚의 사료가치
      ㉠ 짚이 부드러워져서 소화효소의 침투가 잘되어 소화율이 향상된다.
      ㉡ 전분가가 2~3배로 증가한다.
      ㉢ 칼슘의 보급효과가 있다.
      ㉣ 알칼리에 의해 단백질, 비타민이 파괴된다.

(3) 가성소다 처리

① 가성소다(5%)와 보리짚(100kg)을 중성반응 시까지 끓인 다음 물로 씻어 이용한다.
② 장점 : 헤미셀룰로스를 용해하고 팽창시켜 반추미생물의 소화를 돕는다.
③ 단 점
　㉠ 가성소다 가격이 비싸고 취급이 어려우며 다량의 가용성 영양소가 유출된다.
　㉡ 세척 시 많은 물이 필요하고 토양오염의 문제가 있다.
　㉢ 단백질, 탄수화물, 지방, 비타민 등은 알칼리 처리에 의해 파괴된다.

(4) 암모니아 처리

① 농산부산물에 암모니아액을 처리하여 사료가치를 증진시키는 것이다.
② 흡착된 암모니아가 반추위 내 미생물에 의해 미생물체단백질로 전환가능하다.
③ 볏짚을 암모니아로 처리하면 암모니아가 리그닌과 작용해 질소원을 공급하는 동시에 소화율을 향상시킨다.
④ 암모니아 처리는 처리비용이 적게 들고, 처리 후에는 반추가축이 이용할 수 있는 질소함량이 증가하며, 소화율도 향상되므로 농가에서 소규모로 실시되고 있다.
⑤ 소나 닭에게 암모니아 흡착 당밀을 급여 시 중독현상을 일으킬 수 있다.

※ 수산화나트륨 처리
볏짚의 목질화한 세포벽 내의 리그닌, 큐틴 및 규산의 일부가 제거되고, 그 함유물질과 섬유소, 펜토산 등의 결합부위에 균열이 생겨 소화효소의 작용이 좋아지므로 소화율이 개선된다.

(5) 석회 처리

① 볏짚 100kg와 소석회 10~12kg, 물 800L에 처리 후 2~3일 방치 후 물에 씻어 말리거나 또는 그대로 말려서 이용한다.
② 산 처리와 같은 원리에 의해 사료의 소화율을 향상시킨다.
③ 알칼리는 알칼리성이 강하고 값이 비싸며, 볏짚 같은 부드러운 조사료를 처리하기에는 알칼리성이 너무 강하므로 이러한 단점을 처리하기 위해 석회수를 이용한다.

(6) 과산화수소 처리

① 굴드(Gould, 1984)가 개발한 것으로 알칼리화과산화수소 처리를 하면 셀룰로스복합체의 구조를 파괴하고 리그닌함량이 감소되어 조사료의 소화율을 개선과 생산성이 증가된다.

② 장 점
　　㉠ 세포막물질이 파괴되어 소화가 용이하고 사료의 밀도를 높여 섭취량이 증가한다.
　　㉡ 증기 및 가압처리에 의하여 병원성 세균 및 독소물질이 파괴된다.
　　㉢ 사료의 취급·수송·저장(저장면적이 작게 소요) 등이 용이하다.
　　㉣ 허실량이 적고 제조 시 공해발생이 저하된다.
③ 단점 : 시설비용이 많이 들고, 열에 약한 비타민류가 파괴된다.

03 사료의 저장 이용

1. 배합사료의 저장방법

(1) 원료의 저장

① 원료의 상태 : 알곡상태로 저장한다.
② 수 분
　㉠ 수분이 8% 이하이면 생물적 활동은 중지되고 화학적 변화는 진행되며, 25% 이상이면 원료사용이 불가능하게 된다.
　㉡ 안전저장을 위한 수분함량은 최저 10%, 최고 13% 사이이다.
③ 온 도
　㉠ 저온상태에서 저장한다.
　㉡ 고온 시 곰팡이 발생 우려가 있으므로 통풍장치를 설치한다.

(2) 배합사료

① 공장에서 생산된 제품은 생산된 순서대로 출고될 수 있도록 한다.
② 사료의 최대보관기간은 일반적으로 60일이다.
③ 플레이크 사료는 곰팡이가 발생하기 쉽기 때문에 항곰팡이제의 첨가 없이 2~4주를 넘기지 않도록 한다.
④ 사료공장에서 농장에 도착된 후 보관기간이 길어질수록 사료 내에 아플라톡신 오염도와 함량이 증가할 수 있다.

⑤ 생산된 배합사료는 빠른 시간 내에 신선한 상태에서 급여하여야 하고 건식사료는 수분함량이 낮은 상태에서 보관하여야 한다.
⑥ 상대습도가 높으면 제품의 수분함량이 크게 증가하고, 미생물의 활동이 더욱 활발해져서 발열하거나 곰팡이의 발생을 촉진하게 된다.
⑦ 고온·다습한 여름철에는 사료에 직사광선이나 습기를 피하고, 통기성을 개선시켜야 미생물의 증식과 영양소 파괴에 의한 손실을 줄일 수 있다.
⑧ 농장에 설치되어 있는 벌크 빈의 내벽에 사료 입자들이 부착되면 미생물에 의한 변질이 발생하므로, 벌크 빈 내부를 주기적으로 완전히 비워서 잔류되지 않도록 해야 한다.
⑨ 농후사료는 저장하는 과정에서 일어나기 쉬운 영양소의 손실과 변질을 막으려면, 사료를 충분히 말려 통풍이 잘되는 저온·저습한 곳에 저장해야 한다.
 ※ **배합사료의 저장 시 사료가치나 풍미 저하를 가장 작게 할 수 있는 수분함량** : 11~13%

2. 건 초

(1) 건초 만들기

① 야생초나 목초를 이삭이 패는 때부터 꽃피기 시작하는 사이에 베어, 햇빛이나 열풍으로 건조한다.
② 건초의 안전한 저장을 위한 수분함량은 15% 이하여야 한다.
③ 생초에서 수분만 제거하고, 그 밖의 영양소의 손실과 분해를 적게 하기 위해 포장건조법, 초가건조법, 발효건조법, 상온통풍건조법, 화력건조법 등이 이용되고 있다.

(2) 건초제품

① **알팔파 밀** : 리프밀, 알팔파 스템밀 등이 있다.
② **건초펠릿** : 분쇄하여 펠릿 성형기에 넣어 가압 성형한 것이다.
③ **헤이 큐브** : 각형인 것으로 알팔파 큐브 등이 있다.
④ **웨이퍼** : 피스톤에 성형한 것

(3) 건초의 급여

① 체중의 1~2%를 급여한다.
② NDF함량에 의한 1일 섭취량을 구하여 급여한다(120/NDF함량).

3. 사일리지

(1) 사일리지의 개념
① 명칭은 엔실리지, 매초, 매장사료라고도 하며, 용기는 사일로라고 한다.
② 사일리지는 자연계에 존재하는 유산균을 잘 이용하여 재료 중의 수분을 그대로 보존하면서 저장하는 방법이다.
③ 엔실리지는 건초와 달리 재료를 말리지 않고 만들기 때문에 날씨의 제약을 덜 받고, 저장용적이 덜 들며 만드는 과정 중 영양소 손실이 적고, 기호성이 향상되어 소가 즐겨 먹는다.

(2) 엔실리지를 만드는 기본원리
① 혐기적인 젖산발효에 의해 조사료를 발효시키는 것이다.
② 먼저 재료를 잘게 썰어 사일로 안에 빈틈없이 채워 넣는다. 특히 사일리지 제조 중 공기가 유입되면 사일리지가 발효되지 않고 부패하게 된다(낙산 생성).
③ 수분을 조절하기 위하여 재료를 예비 건조하거나 짚이나 건초를 첨가하기도 한다.
④ 사일로는 원통형, 기밀형, 트렌치형, 벙커형 및 스택형 등이 있다.
⑤ 엔실리지는 흔히 목초, 풋베기 작물, 곡식용 작물 및 농산 부산물로 만든다.
⑥ 재료에 당분이 모자라면 당밀이나 녹말을 첨가하기도 한다.
⑦ 인공적으로 pH를 조절하기 위해 염산과 황산의 혼합액이나 폼산을 첨가하기도 한다. 재료를 넣은 지 50~60일이 지나면 엔실리지가 된다.

(3) 엔실리지에 첨가하는 물질
① 젖산생성을 촉진하는 물질(pH를 4.0 이하로 낮추어야 함)
② 사일로 내 pH를 직접 저하시키는 물질
③ 유해발효를 억제시키는 물질(호기성 세균의 제거)
④ **재료의 양분을 보강하기 위한 물질** : 당밀, 전분 또는 곡분, 개미산, 요소, 강류(보리겨, 쌀겨, 밀기울 등)를 첨가한다.

> **더알아두기**
>
> 사일리지 제조에 적당한 조건
> - 적당한 온도와 수분을 부여할 것
> - 잡균의 번식을 방지할 것
> - 필요시 적절한 첨가제를 사용할 것
> - 다져 넣을 때 공기를 배제할 것
> - 적절한 탄수화물의 함량을 가질 것
> - 기계화 작업체계가 확립될 것

(4) 엔실리지의 품질

① 외관에 의한 품질판정
  ㉠ 향취 : 시큼한 냄새가 나는 것이 정상이다(두엄, 곰팡이 냄새가 나면 질이 나쁜 것).
  ㉡ 맛 : 새콤하고 향긋한 산미가 좋다(무미, 떫은맛은 저질 엔실리지).
  ㉢ 색깔 : 황록색이 정상이다(재료에 따라 다양한 색깔).
  ㉣ 감촉 : 부슬부슬하고 부드러운 감촉이 있는 것이 좋다(끈적끈적한 것은 불량).

② 화학적 방법에 의한 품질평가
  ㉠ pH 측정 : pH 3.5~4.0
  ㉡ 유기산의 조성 : Flieg방법으로 유산, 초산, 낙산을 정량한 다음 이들의 조성비율을 계산한다.
  ㉢ 질소화합물의 함량에 따른 판정 : 제조 중 단백질의 일부가 휘발성 염기질소로 변하고 이것이 산패취의 원인이다.

(5) 엔실리지의 급여

① 사일리지 제조 후 40~50일부터 급여한다.
② 한 번에 꺼내는 두께는 4~6cm 정도로 하고 비닐로 덮어 놓는다.
③ 가축별 급여방법
  ㉠ 젖소 : 50~70kg/1일, 체중의 5~6%
  ㉡ 한우 : 볏짚 4kg와 엔실리지 15kg 급여
  ㉢ 송아지 : 생후 6개월이 지난 후

CHAPTER 04 적중예상문제

PART 03 가축사양학

01 최소가격배합표(Least Cost Formula) 작성에 필요한 자료로써 필수적인 것이 아닌 것은?

① 영양소 요구량
② 원료의 성분분석표
③ 원료의 상대가치
④ 원료의 가격

해설

합리적인 사료배합표를 작성하려면, 축종별과 생산단계별로 정확한 영양소 요구량을 알아야 하고, 원료의 성분분석표와 원료의 사용가격이 제시되어야 한다.

03 Pearson의 사료계산법은 두 가지의 원료사료를 섞어서 희망하는 사료성분을 만들어 내고자 할 때 쓰이는 계산방법이다. 그러면 70%의 TDN을 함유한 대두박과 84%의 TDN을 함유한 옥수수를 배합하여 TDN함량이 78%인 사료를 만들고자 한다면 대두박과 옥수수를 각각 몇 %씩 섞어야 하는가?

① 대두박 : 57.14%, 옥수수 : 42.86%
② 대두박 : 41.98%, 옥수수 : 58.02%
③ 대두박 : 58.02%, 옥수수 : 41.98%
④ 대두박 : 42.86%, 옥수수 : 57.14%

해설

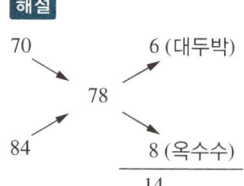

- 대두박 : (6/14)×100 = 42.857%
- 옥수수 : (8/14)×100 = 57.142%

02 사료첨가용 요소(N : 45%) 30ton이 있다면 단백질량으로 환산할 때 대두박(단백질 : 44%) 몇 ton에 해당하는가?

① 약 31ton
② 약 84ton
③ 약 192ton
④ 약 371ton

해설

요소 30ton의 조단백량
= 30×0.45(N비율) × 6.25(조단백환산계수)
= 84.375
대두박 x×0.44 = 84.375이므로
x = 191.76ton

04 대두박(44% 조단백질)과 옥수수(9% 조단백질)를 혼합하여 1,000kg의 16% 조단백질사료를 만들려면 대두박은 얼마나 필요한가?

① 200kg ② 250kg
③ 300kg ④ 400kg

해설

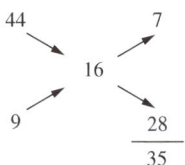

- 대두박 = 7/35 × 1,000 = 200kg
- 옥수수 = 28/35 × 1,000 = 800kg

05 옥수수 사일리지 10톤을 조제하고자 한다. 영양소(단백질원) 강화목적으로 요소를 첨가하고자 할 때 최대로 혼합 가능한 양은?

① 5kg ② 10kg
③ 50kg ④ 100kg

해설
요소 최대첨가치는 0.5%이다.
10,000kg × 0.5% = 50kg

06 다음 중 브로일러 배합사료에서 칼슘 : 인의 비율로 가장 적당한 것은?

① 1 : 1 ② 2 : 1
③ 3 : 1 ④ 4 : 1

해설
칼슘과 인의 비율은 2 : 1로 필요하지만, 이외에 비타민 D가 첨가되면 발육에 효과가 있다.

07 사료의 액상원료와 혼합과정 중 생긴 큰 덩어리와 기타 이물질을 제거시키는 데 쓰이는 기기는?

① Feeder Finisher ② Screw Feeder
③ Scale Hopper ④ Mixer

해설
② Screw Feeder : 나선식 먹이혼합기
③ Scale Hopper : 분체계량기
④ Mixer : 혼합기

08 다음 중 (A)에 알맞은 내용은?

> 사료 관련법상에서 소 등 반추동물에서 사료로 사용하는 것을 금지한 물질 중 불용성 불순물함량이 중량환산으로 (A) 이상인 동물성 유지(다만, 반추동물대용유용은 0.02% 이상)

① 0.05% ② 0.10%
③ 0.15% ④ 0.20%

09 NRC 사양표준에 의하면 착유우에 급여하는 사료 중에 최소한의 섬유소 공급을 추천하고 있는데 만약 조사료를 너무 적게 급여하고 농후사료를 다량 급여한 경우 일어날 수 있는 현상이 아닌 것은?

① 반추위의 기능저하로 사료섭취량이 감소
② 우유의 유지율이 감소
③ 휘발성 지방산 중 프로피온산의 생성비율이 저하
④ 장기간 급여 시 각종 대사성 질병 발생

해설
조사료보다 농후사료를 더 많이 섭취하면 반추위 내에 생성되는 휘발성 지방산 중 프로피온산의 생성비율이 가장 많이 증가된다.

10 다량의 농후사료와 소량의 조사료를 급여할 경우에는 유지방의 함량이 저하하는데, 유지방의 감소를 방지하기 위해서는 적어도 최소 몇 %의 조섬유가 사료 중에 함유되어야 하는가?

① 10%
② 13%
③ 15%
④ 17%

11 일일 30kg 이상 산유하는 젖소의 사료(배합사료+조사료)에서 조섬유는 적어도 몇 % 이상 함유해야 하는가?

① 56%
② 36%
③ 17%
④ 6%

해설
산유량에 따른 조섬유 적정함유량

산유량	30kg 이상 일 때	20~29kg 일 때	20kg 이하 일 때
조섬유	16~17%	18%	19~21%

12 젖소가 정상적인 제1위 발효와 유지율을 유지하기 위하여 반드시 섭취해야 하는 최소 조사료 섭취수준은?(단, 고형물 기준으로 건초나 사일리지의 섭취 시)

① 체중의 8%
② 체중의 5%
③ 체중의 3%
④ 체중의 1.5%

13 거세우에게 저에너지사료(L), 중에너지사료(M) 및 고에너지사료(H)를 90일 동안 각각 급여했을 때 도체의 최종 체지방함량을 가장 높이는 급여방법은?

① L – L – L
② L – L – H
③ H – M – L
④ H – H – H

14 돼지의 유지에 필요한 가소화 에너지(DE)는 대사체중($kg^{0.75}$)당 114cal 정도이나, 실제로는 운동에 필요한 에너지량을 고려하여 20% 증가시켜 급여한다. 유지를 위한 돼지의 DE는?

① $131kcal/kg^{0.75}$
② $134kcal/kg^{0.75}$
③ $137kcal/kg^{0.75}$
④ $140kcal/kg^{0.75}$

해설
114+(114×20%) = $136.8kcal/kg^{0.75}$

15 브로일러(Broiler) 생산에서 에너지가 높은 사료를 급여할 때 나타나는 효과 중 틀린 것은?

① 증체율이 높다.
② 사료섭취량이 많다.
③ 사료효율이 좋다.
④ 출하일령이 단축된다.

16 가축의 음수량 제한 시 나타나는 현상이 아닌 것은?

① 분뇨 배설량 감소
② 가축의 활력 저하
③ 사료섭취량 증가
④ 체중감소

17 질소함량이 2% 되는 사료의 조단백질함량으로 가장 적합한 것은?

① 6.25%   ② 8.25%
③ 10.25% ④ 12.50%

> **해설**
> 조단백질함량 = 질소함량×6.25
> = 2×6.25 = 12.5%
> ※ 단백질의 질소함량이 16%이므로 질소의 양에 100/16(6.25)을 곱하는 것이다.

18 옥수수 60%, 대두박 38%, 인산칼슘 2%를 사료로 혼합급여하고자 한다. 혼합된 농후사료의 TDN은 얼마인가?(단, TDN은 건물기준으로 옥수수 85%, 대두박 84%, 인산칼슘 0%)

① 약 81.9%   ② 약 82.9%
③ 약 83.9%   ④ 약 84.9%

> **해설**
> • 옥수수 TDN 85(%)× 0.6(배합비) = 51
> • 대두박 TDN 84(%)× 0.38(배합비) = 31.92
> • 인산칼슘 TDN 0(%)× 2(배합비) = 0
> • 농후사료의 TDN = 51 + 31.92 = 82.92

19 농후사료와 조사료를 나눌 때 가소화 영양소 총량(TDN)의 함량을 기준으로 한다면, 농후사료는 가소화 영양소 총량의 몇 % 이상인가?

① 20%   ② 30%
③ 40%   ④ 50%

> **해설**
> **농후사료의 TDN기준** : 50% 이상은 농후사료이고 50% 미만은 조사료로 구분한다.

20 볏짚과 옥수수 사일리지의 TDN이 각각 43%, 67%라고 할 때 볏짚 40%, 옥수수 사일리지 60%를 섞어서 조제한 조사료의 TDN함량은?

① 55.2%   ② 57.4%
③ 62.5%   ④ 45.7%

> **해설**
> {(0.43×0.4)+(0.67×0.6)}×100 = 57.4%

21 사료급여방법 중 TMR의 장점으로 가장 거리가 먼 것은?

① 볏짚 및 건초 등의 배합이 쉽다.
② 반추위 내 산도를 안정시킨다.
③ 사료건물섭취량을 증가시킨다.
④ 산유량의 증가 및 고능력소의 산유량 유지가 가능하다.

> **해설**
> 볏짚이나 베일형태의 긴 건초는 배합기에 넣기 전에 적당한 길이로 세절해야 하는 번거로움이 있다.

22 곡류사료의 가공효과 중 분쇄의 효과로 틀린 것은?

① 에너지 이용률이 향상된다.
② 조작하기가 용이하다.
③ 다른 사료와 혼합하기가 용이하다.
④ 입자도를 곱게 할수록 유리하다.

> **해설**
> 소는 거칠게, 돼지는 곱게(제한급식 시 거칠게) 한다.

정답 17 ④ 18 ② 19 ④ 20 ② 21 ① 22 ④

23 곡류의 수침처리효과로 틀린 것은?
① 저작이 용이해진다.
② 돼지의 경우 유리하다.
③ 소화율을 높인다.
④ 비타민의 함량을 높인다.

해설

수침처리

장점	수침처리를 통해 전분의 일부를 수화 또는 호화시켜 소화율을 개선할 수 있으며, 원료가 부드러워지고 부피가 늘어나서 씹기 쉬워지며 유해물질이 우러나와 무독화되는 효과가 있다.
단점	원료의 수분함량이 증가되어 저장성은 매우 불리하다.

24 배합사료 제조 시 사료회사에서 가장 많이 이용되는 가공처리법은?
① 익스트루딩
② 볶기(Roasting)
③ 펠레팅
④ 플레이킹

25 사료의 부피를 줄이며, 사료섭취량을 높이기 위해 가루사료를 고온·고압하에서 단단한 알맹이사료로 만든 다음 이를 다시 거칠게 분쇄하여 만든 사료는?
① 가루사료　② 펠릿사료
③ 크럼블사료　④ 큐브사료

26 다음 중 펠레팅의 장점으로 틀린 것은?
① 증기 및 가압으로 병원성 세균 등이 파괴된다.
② 사료성분의 소화율을 향상시킨다.
③ 사료섭취량을 증가시킨다.
④ 허실되는 사료량은 증가한다.

해설

펠릿사료
- 사료로부터 발생하는 먼지를 막고, 사료의 부피를 줄일 수 있다.
- 사료섭취량과 사료 이용효율 및 기호성을 증진한다.
- 영양소 불균형과 사료 허실 발생을 예방한다.
- 가공과정에서 유해세균과 바이러스 등을 파괴할 수 있지만 비타민 등 열에 약한 영양소가 파괴될 수 있다.
※ 펠릿의 효과는 저질조사료에서 크고, 농후사료에서는 소맥, 유채(채종박), 호밀 및 대맥 이용 시 사료적 가치가 증가한다.

27 다음 중 펠릿사료의 단점에 해당되는 것은?
① 사료섭취량이 증가한다.
② 지용성 비타민의 산화속도가 느리다.
③ 음수량이 증가한다.
④ 유해한 박테리아나 바이러스를 파괴한다.

28 곡류의 이용성을 높이기 위하여 전분을 알파화시킨 가공처리가 아닌 것은?
① 증기압편(플레이크)
② 가압압편(플레이크)
③ 건열처리가공
④ 수 침

정답 23 ④　24 ③　25 ②　26 ④　27 ③　28 ④

29 비유 젖소의 배합사료를 가공하는 방법 중 이용효율이 가장 높은 방법은?
   ① 수침(Soacking)
   ② 볶기(Roasting)
   ③ 튀기기(Popping)
   ④ 박편처리(Flaking)

30 다음 사료 가공형태 중 비용이 가장 많이 드는 것은?
   ① 가루(Mash)
   ② 펠릿(Pellet)
   ③ 익스트루전(Extrusion)
   ④ 플레이킹(Flaking)

31 애완용 개사료를 익스트루전 처리했을 때 기대할 수 있는 효과와 관계가 없는 것은?
   ① 사료 중 배합된 전분이 젤라틴화된다.
   ② 사료 중 비타민 A의 이용성을 향상시킨다.
   ③ 사료의 가소성이 향상된다.
   ④ 비중이 적고 수분을 잘 흡수하게 된다.

32 볏짚을 알칼리 처리할 때 기대할 수 있는 가장 큰 효과는?
   ① 볏짚 중 섬유소의 소화율이 향상된다.
   ② 볏짚 중 비타민 B군 합성량이 증가한다.
   ③ 볏짚 중 미량광물질함량이 증가한다.
   ④ 볏짚에 납두균이 증가한다.

33 곡물이 저장 중에 호흡작용으로 인하여 발생하는 부산물이 아닌 것은?
   ① 산 소
   ② 열
   ③ 물
   ④ 탄산가스

34 배합사료의 저장 시 사료가치나 풍미 저하를 가장 적게 할 수 있는 수분함량은?
   ① 11~13%
   ② 20~22%
   ③ 28~30%
   ④ 31~33%

   해설
   사료를 장기간 안전하게 보존하려면, 햇볕이나 화력으로 건조시켜 수분이 15% 이하가 되게 해야 한다.

35 특정상 사일리지 특유의 냄새와 맛이 있는 사일리지 산도(pH)의 범위는?
   ① pH 3~3.5
   ② pH 3.5~4.1
   ③ pH 4.1~4.8
   ④ pH 4.8 이상

정답 29 ④ 30 ③ 31 ② 32 ① 33 ① 34 ① 35 ②

CHAPTER 05 가축의 사양원리

PART 03 가축사양학

01 사양표준

1. 영양소 요구량과 사양표준

(1) 사양표준의 개념
① 사양표준의 개요
  ㉠ 사양표준의 제정은 1810년 독일의 건초가인 테어(Thaer)에 의해 최초로 시도되었고, 사료의 영양가를 비교하는 기준으로 삼았는데, 이것이 오늘날 사양표준의 시초라고 할 수 있다.
  ㉡ '한국가축사양표준'은 가축에게 사료를 먹일 때 과하거나 부족함 없이 현재상태에 알맞은 영양소 요구량을 나타내는 기준으로 국가적 사양관리지침이다.
  ㉢ 가축의 종류, 성별, 성장단계 및 생산목적에 따라 유지와 생산에 필요한 1일 영양소 요구량을 과학적인 실험을 통해 결정해 놓은 기준이다.
② 사양표준에서 급여기준
  ㉠ 1일 중 영양소 요구량이나 사료의 단위중량당 영양소함량(%)으로 표시한다.
  ㉡ 요구량은 1일 24시간 중에 필요로 하는 영양소량을 의미한다.
  ㉢ 비율은 가축이 자유채식하는 상태에서 영양소의 균형을 이루는 것을 의미한다.
③ 영양소 요구량
  가축의 종류별, 성별, 생리단계별 또는 산육, 산유, 산란 등의 사육목적에 따라 그 능력을 충분히 발휘할 수 있도록 사료로서 공급해야 할 영양소의 양을 말한다.

(2) 사양표준에 사용된 기준
① 에너지 : TDN, DE, ME 등
② 단백질 : DCP, CP
③ 비타민 : 수용성 비타민과 지용성 비타민(A, D, E, K)
④ 무기질 : 칼슘, 인
⑤ 급여상태

2. 사양표준의 종류

(1) 한국사양표준

① 2002년 한우, 젖소, 돼지 및 가금류에 대한 한국사양표준을 제정
② 2007년 1차 개정, 2012년 2차 개정, 2017년 3차 개정, 2022년 4차 개정
③ 단백질 : CP(조단백질)
④ 에너지 : TDN, ME, DE
⑤ 광물질, 비타민 요구량
⑥ 사양관리 방법 및 사료급여량, 가용부산물 사료자원의 종류 등 고려사항 포함
⑦ 컴퓨터를 이용한 사료배합 프로그램 제공

> **더알아두기**
>
> 한국사양표준 4차 개정 주요 내용
> - 사육환경 변화를 반영하고 탄소중립에 대응하는 지속 가능한 축산업 구현에 중점을 뒀다.
> - 국내 주요 축종인 한우, 젖소, 돼지, 가금과 사료성분표에 최신 연구 결과를 반영하였으며, 염소 사육 마릿수 급증과 사육 농가의 요구에 따른 염소 사양표준을 새로 제정하였다.

(2) NRC(National Research Council) 사양표준의 특징

① 1942년 미국의 국가연구위원회(National Research Council)의 가축영양위원회에서 제정한 것이다.
② 대상동물을 젖소·육우·말·돼지·닭을 비롯해 면양·토끼·개와 고양이, 밍크와 여우 등 실험동물에 이르기까지 다양하게 포함하고 있다(실험동물, 애완동물을 포함한 모든 종류의 축종).
③ 영양소 요구량 표현방법
   ㉠ 단백질 : 조단백질(CP ; Crude Protein), 총단백질(TCP ; Total Crude Protein)
   ㉡ 에너지 : 가소화 에너지(DE ; Digestible Energy), 대사에너지(ME ; Metabolizable Energy), 정미에너지(NE ; Net Energy)로 표기하며 NE의 요구량을 NEm, NEg 및 NEl로 구분하여 제시
   ㉢ 아미노산 요구량, 광물질 및 비타민 요구량 명시
   ㉣ 젖소 : TCP, TDN
   ㉤ 돼지 : CP, 라이신, 가소화 라이신, DE
   ㉥ 가금 : DCP, ME
   ※ 우리나라 돼지에서 가장 널리 쓰이고 있는 사양표준 : NRC

(3) ARC(Agricultural Research Council) 사양표준

① 영국의 농업연구위원회(Agricultural Research Council)의 농업연구기술분과위원회에서 제정한 가축사양표준이다.
② 대상가축은 가금, 반추동물, 돼지이다.
③ 영양소 요구량 표현방법
　㉠ 에너지 : ME(대사에너지)를 사용하며, 단위는 줄(Joul)을 사용한다.
　㉡ 단백질 : Digestible Crude Protein(DCP)을 사용하며 반추가축의 경우 RDP, UDP를 구분하여 사용한다.
　　• RDP(Rumen Degraded Protein, 반추위 분해단백질)는 반추위 내에서 미생물에 의해 분해되어 미생물체 단백질합성에 이용되거나 암모니아로 손실되는 단백질을 의미한다.
　　• UDP(Undegraded Protein, 반추위 비분해단백질)는 반추위에서 미생물에 의해 분해되지 않고 소장으로 흘러가 소장에서 분해되어 이용되는 단백질을 의미한다.
④ ARC 사양표준은 NRC 사양표준과 함께 오늘날 가장 합리적인 사양표준으로 인정되고 있으며, 반추동물에서 DCP를 RDP와 UDP로 구분하고 있는 면에서는 더 발전된 표시방법으로 볼 수 있다.

(4) 볼프-레만(Wolf-Lehmann) 사양표준

① 1864년 독일의 볼프가 창안하였고, 1897년 레만이 개량한 사양표준이다.
② 가축이 필요한 건물, 가소화 단백질, 가소화 지방, 가소화 탄수화물 및 영양률을 가지고 요구량을 표시하였다.
③ 이 사양표준은 그 후 제정된 사양표준의 기준서 역할을 했다.

> **더알아두기**
>
> **사양표준의 기준서 역할 예**
> • 1989년 미국의 헨리가 개발한 TDN법
> • 1907년 독일의 케널에 의해 주장된 전분가
> • 1912년 윌의 스칸디나비아 사료단위
> • 1914년 미국 해커의 젖소표준
> • 1915년 암스비의 정미에너지가
> • 1939년 덴마크 묄고의 생산단위 등

(5) 켈너(Kellner)의 사양표준

① 1907년 켈너가 만든 사양표준으로 역용 및 비육용 가축에 효과적이다.
② 영양소는 건물, 가소화 조단백질, 가소화 조지방, 가소화 탄수화물, 및 가소화 순단백질(DPP)과 전분가(SV)를 가축별로 제시하고 있다.
③ DPP와 SV를 사용하고 있는 것이 특징이다.
④ **전분가** : 체지방 생성력을 기준으로 하는 영양가 표시단위

(6) 한손(Hanson)의 사양표준

① 1915년 스웨덴의 한손과 덴마크의 피오르(Fjord)가 만든 사양표로서 보리 1kg을 사료 1단위로 한 표준이다.
② 스칸디나비아 등 각 국에서 젖소나 돼지 등에 주로 사용되고 있다.
③ 영양소는 건물량, 가소화 순단백질, 사료단위, 전분가에 기초한 사양표준이다.
④ 단백질의 경우 체지방보다 유생산에 효율적이라는 점에 착안하여 전분가를 수정하여 사료단위를 제정하였으므로 젖소에 합리적이다.

(7) 암스비(Armsby)의 사양표준

① 미국의 암스비(Armsby)에 의해 1915년 제정된 사양표준이다.
② 정미에너지(NE)와 가소화 순단백질을 기준으로 제정하였다.
③ 가축이 필요로 하는 총영양소를 에너지로 나타내고 이를 정미에너지로 표시한다.
④ 젖 생산에 있어서 유지영양소와 생산영양소를 구분하고 있다.

(8) 모리슨(Morrison)의 사양표준

① 1936년 미국의 모리슨(Morrison)이 독일의 볼프-레만의 사양표준에 근거하여 제정하였다.
② 영양소는 건물(DM), 가소화 조단백질(DCP), 가소화 영양소 총량(TDN), Ca, P, Carotene, NE까지 구체적으로 제시하고 있다.
③ TDN을 사양시험이나 대사시험을 거치지 않고 화학적 분석결과에 근거하고 있다는 단점이 있다.

(9) 일본 사양표준

① 일본 농림수산기술회의 주관 아래 농림성 축산시험장에서 제정되었다.

② 대상가축은 가금, 젖소, 고기소, 돼지이다.

③ 영양소 요구량은 체중별, 증체량별로 되어 있다.

④ 단백질은 CP, DCP, TDN, DE로 표시되고 칼슘과 인 및 비타민 A가 표시되고 있다.

02 생활주기 단계별 사양

1. 유지사양

(1) 절식대사

① 유지 요구량과 절식분해대사

㉠ 가축의 유지영양이란 동물이 생명현상을 유지하기 위한 기본적인 생리작용에 필요한 영양을 의미한다.

㉡ 절식대사란 외부 영양소가 공급되지 않는 상태에서 생명유지에 필요한 영양소를 자체의 체조직을 분해하여 이용하는 대사를 의미한다.

㉢ 절식상태란 외부로부터 섭취한 사료영양소를 완전히 소화한 공복의 상태를 말하며, 절식이 계속되면 기아상태가 된다.

② 절식대사의 분류

㉠ 완전기아(Complete Starvation) : 열량증가가 일어나지 않는 절식상태에서 체조직의 수분과 영양소만으로 최소의 활동을 유지할 경우의 기아를 말한다.

㉡ 절대기아(Absolute Starvation) : 체조직의 이용한계를 넘어 사료의 형태로 영양소를 다시 급여해도 정상적인 건강상태로 회복이 어려운 경우의 기아를 말한다.

③ 절식상태의 판정

㉠ 단위동물 : 사료섭취 후 12시간 이후이다.

㉡ 반추동물 : 반추위 내 메탄 발생량 최저시점이다. 사료섭취 후 조사료는 90~120시간, 농후사료는 30~70시간 이후이다.

(2) 기초대사

① 기초대사(Basal Metabolism) : 건강한 동물이 쾌적한 환경온도 조건에서 편안하게 휴식하는 상태에서 섭취한 영양소의 소화 및 흡수가 끝난 후 소요되는 에너지를 말한다.

② 기초대사량
  ㉠ 몸 유지에 소모하는 최소한의 에너지이다.
  ㉡ 절식 시 열 생산량, 즉 완전기아 상태에서 생산되는 열량을 의미한다.
  ㉢ 생명유지를 위하여 생산하는 열량을 의미한다.

③ 가축의 기초대사 측정조건
  ㉠ 동물의 영양상태가 양호할 것(영양상태가 불량하면 절식 시 열생산이 감소될 수 있다)
  ㉡ 완전한 기아상태일 것(동물의 소화가 완전히 끝난 상태)
  ㉢ 근육이 완전히 휴식상태일 것(움직이면 불필요한 열생산이 증가함)
  ㉣ 최적의 온도조건에서 실시할 것(약 25℃ 정도일 때를 기준)

더알아두기

기초대사율
- 기초대사율이란 평균 또는 표준 기초대사량에 대하여 동물 개체별 편차를 나타내는 지수를 말한다.
- 동물의 기초대사율은 체중보다는 동물의 크기가 더 관계가 깊다.
- 기초대사율(BMR : kcal) = $K \times 체중(kg)^{0.75}$ = $70 \times 체중(kg)^{0.75}$이다.
  (이 식에서 K는 축종별 단위체중당 발생하는 기초대사량이며, 체중$(kg)^{0.75}$는 대사체중을 의미한다)
- 기초대사율은 수가축이 암가축보다 크고 임신기가 비임신기보다 크다.
- 기초대사율은 나이가 적은 가축이 나이가 많은 가축보다, 오전이 오후보다, 그리고 비거세우가 거세우보다 더 크다.

④ 기초대사와 체표면적
  ㉠ 기초대사량은 단위체중보다 체표면적에 비례하기 때문에 동물의 체중보다 동물의 크기에 비례한다.
  ㉡ 항온동물이 발생하는 열량은 단위체중보다 체표면적(Body Surface Area)에 비례한다.
  ㉢ 체표면적과 기초대사량을 조사하여 관계식을 성립한 대사체중이 제정·이용되고 있다.
  ㉣ 가축의 체표면적 계산은 체중 혹은 체장과 흉위를 겸용하여 기타 체적 특히 체고와 체장을 가지고 산출한다.

⑤ 절식 시 에너지대사의 변동
  ㉠ 근육의 수축 정도는 잠자는 동안 가장 적다.
  ㉡ BMR은 영양상태가 불량할 때 낮아지고 감정적인 자극에 의해 증가한다.
  ㉢ BMR은 나이가 많아지거나 거세한 가축은 낮아진다.
  ㉣ 갑상선호르몬은 맥박, 호흡을 높이고 열생산을 증가시킨다.

⑥ 내생질소대사
  ㉠ 절식 시에도 무기물대사는 활발히 이루어지며, 체내에서 분해된 후 모두 배설되지 않고 일부는 재이용된다.
  ㉡ 내생질소대사의 기초가 되는 것은 절식 후 완전기아상태에서 배설되는 질소량이다.
  ㉢ 내생요질소(Endogenous Urinary Nitrogen, EUN) : 내생질소의 대부분을 차지하는 것으로, 절식 후 완전기아상태에서 오줌으로 배설되는 최소한의 질소이다.
  ㉣ 대사성 분질소(Endogenous Fecal Nitrogen, 혹은 Metabolic Fecal Nitrogen) : 분으로 배설되는 최소한의 질소를 말한다.
  ㉤ 내생질소(Endogenous Nitrogen) : 내생요질소와 대사성 분질소의 합이다.
    • 1일 내생요질소량(EUN : mg) = 146×대사체중
    • 내생요질소량 = 2.1mg/기초대사(kcal)

(3) 유지요구량

① 유지를 위한 에너지 요구량
  ㉠ 유지요구량이란 동물이 체조성의 변화가 없고 생산적인 활동을 하지 않으면서 기본적인 생명현상의 유지를 위해서 소요되는 영양소의 양을 말한다.
  ㉡ 가축 체내조직의 손실 없이 영양소의 균형을 유지하기 위해 필요한 최소한의 영양소를 말한다.
  ㉢ 유지에너지 요구량의 측정은 사양시험방법, 에너지평형법 및 도체분석법을 이용하여 측정한다.
  ※ **도체분석법** : 유지에너지 요구량 결정시험 중 시험개시 시와 종료 시의 체조성과 공복 시 체중을 측정하여 유지와 증체에 필요한 요구량 결정법이다.
  ※ **가축의 성장에 필요한 에너지 요구량** : 가축의 체(體) 유지와 새로운 조직에 필요한 에너지

② 유지를 위한 단백질 요구량
  ㉠ 유지단백질 요구량이란 동물 체내의 단백질 균형을 유지하기 위해 사료의 형태로 공급되어야 하는 최소한의 단백질 요구량이다.

ⓒ 반추동물은 양질의 미생물체 단백질을 공급받을 수 있기 때문에 아미노산 조성이 크게 문제되지 않으나, 단위동물은 사료의 단백질의 아미노산 조성에 영향을 받는다.
ⓒ 유지단백질 요구량의 결정은 요인법, 질소균형법 혹은 사양시험법 등을 이용한다.

※ **유지단백질 요구량 결정 시 고려사항**
- 성장, 임신을 위한 단백질 축적, 체단백질 손실
- 젖생산, 털생산 등의 이용량
- 사료의 생물가

(4) 유지요구량에 영향을 미치는 요인

① 가축의 적정 임계온도를 벗어나면 요구량이 증가한다.
② 임계온도 내에서는 유지요구량이 낮다.
③ 유지요구량은 쾌적한 환경에서 가장 적으며, 온도·습도·풍속 등이 부적절하면 증가한다.
④ 기후나 사료급변, 운송 등의 환경스트레스를 받게 되면 요구량이 증가한다.
⑤ 가축의 건강상태가 허약하거나 만성적인 질병에 감염되어 있을 때 요구량이 증가한다.
⑥ 신경이 예민한 가축은 온순한 가축에 비하여 유지요구량이 높다.
⑦ 체구가 작을수록 요구량이 감소하고, 체구가 크면 유지요구량이 증가한다.
⑧ 생산능력이 높은 가축일수록 유지요구량이 높고, 생산능력이 낮은 가축이 일반적으로 유지요구량이 적게 요구된다.
⑨ 대동물보다는 소동물이 체중당 유지요구량이 높다.
⑩ 산유 중인 가축은 건유 중인 가축에 비하여 유지요구량이 더 높다.

> **더알아두기**
>
> 유지 요구량 결정에 영향을 주는 요인
> - 외적 요인 : 운동, 기후, 스트레스, 건강상태, 사료의 급변 등
> - 내적 요인 : 체구의 크기, 체질, 개체의 차이, 생산 수준, 비유 등

2. 성장사양

(1) 성장생리

① 성장의 개념
ⓐ 성장이란 세포수와 세포크기의 증가를 말한다.
ⓑ 근육·골격·장기 등과 같이 생명현상과 직접 관계가 있는 조직의 증대를 의미한다.

ⓒ 일반적으로 성장은 임신 중 태아발육을 제외하고, 출생 후부터의 발육을 의미한다.
ⓔ 육성비육 시 성장형태의 3단계
골격최대성장기 → 근육최대성장기 → 지방최대축적기(골격 → 근육 → 지방)

② 세포의 종류
  ㉠ 영구세포 : 태아발육 초기에 분열, 증식하여 세포가 증가한 이후엔 일정한 수가 유지되는 세포로, 파괴되면 재생이 곤란한 신경세포 등이 있다.
  ㉡ 안정세포 : 동물이 성장하는 동안 계속 분열, 증식하고 성장이 완료되면 분열이 정지되는 세포로, 재생이 가능한 동물의 조직세포 등이 있다.
  ㉢ 역변세포(이변세포) : 동물이 일생을 통하여 분열하는 세포들로, 파괴와 재생이 계속되는 세포이다(상피세포, 혈액세포 등).

③ 체부위별 성장과정
  ㉠ 체구성 성분의 발육이 빠른 순서 : 뇌 → 뼈 → 근육 → 지방
  ㉡ 뇌는 태아의 발육에서부터 성장이 될 때까지 가장 먼저 발달한다.
  ㉢ 근육의 성장
    • 근육은 골격근의 섬유와 관련된 세포로 구성되어 있으며 성장과 가장 관계가 깊은 조직이다.
    • 근육의 성장은 근섬유 수의 증가와 증대로 이루어지며, 어린 동물이 성장을 하는 데 중심적인 역할을 한다.
    • 근육의 성장은 태아기에는 근섬유수가 증가하고 후기에는 근섬유의 증대가 일어난다.
  ㉣ 골격의 성장
    • 골격은 생육 초기에 많이 발달하고 이후에는 둔화된다.
    • 골격은 근육에 앞서 성장하며 체구의 크기에 영향을 준다.
  ㉤ 지방의 성장
    • 지방은 성장기에 증가한다.
    • 지방조직은 가축이 영양소를 섭취하여 체내에서 영양소를 활용하는 순서 중 가장 늦다.
    • 지방축적은 근육 증대기 이후에 시작하여 성장완료기에 주로 많이 이루어진다.
    • 가축 체내의 축적지방의 주 형태 : 트라이글리세라이드(Triglyceride)
    • 송아지의 성장단계에 따른 지방 발달순서 : 신장지방 → 피하지방 → 근간지방 및 근내지방
    • 한우의 지방의 침착순서 : 신장 → 내장 → 피하 → 근육 내
    • 가축의 체중(연령) 증가에 따른 체조성의 변화 : 수분함량이 감소되고 지방함량이 증가된다.
    • 지방이 근육 내 침착되어 마블링이 많이 생성되도록 하기 위해 비육 말기에는 고열량사료를 급여해야 한다.

> **더 알아두기**
>
> 동물의 체중과 체부위별 중량과의 관계식
> $y = bxa$
> (y : 체부위별 중량, b : 상수, x : 체중, a : 성장계수)
> $a = 1$: 해당 부위의 성장이 전체의 성장보다 빠르다.
> $a < 1$: 해당 부위의 성장이 전체의 성장보다 늦다.

④ 생장과 생산성
  ㉠ 가축의 성장곡선(S자곡선)
   • 가축의 성장기별 체중과 나이와의 관계를 그래프로 그린 것으로 S자곡선을 이룬다.
   • 태아시기와 출생 후 성 성숙기까지는 성장률이 빨리 증가한다.
  ㉡ 보상성장
   • 일정기간 영양소가 부족한 저영양사료를 급여하여 성장을 지연시킨 후 고영양사료를 급여하여 일시적으로 성장을 원래의 상태로 회복시켜 주는 사육방법이다.
   • 성장기 전반에 영양소 급여를 적정수준에서 제한하고, 성장 후기에 집중적으로 영양소를 보충하면 급속하게 성장을 회복하는 효과가 있다.
   • 사료의 양이나 질을 떨어뜨렸을 때 발육이 억제되었던 소에게 그 후 충분한 영양소를 공급해 주면 다시 성장이 회복되는 현상이다.
   • 비육우의 단기비육에 많이 이용된다.

(2) 성장을 위한 영양소 요구량
  ① 성장에 필요한 에너지
   ㉠ 체구의 증가와 유지에너지의 증가가 비례하기 때문에 유지에 필요한 에너지는 가축의 성장에 따라 증가한다.
   ㉡ 자라면서 성장이 둔화되므로 자체 조직의 생성에 필요한 에너지는 상대적으로 비율이 감소한다.
   ㉢ 성숙에 따라 체조직이 성장함에 따라 수분함량이 감소하고, 지방의 생성이 증가한다.
  ② 성장에 필요한 단백질
   ㉠ 성장 중에는 단백질의 축적이 활발하여 요구량이 높으므로 충분히 공급해 주어야 한다.
   ㉡ 병아리는 필수아미노산 중 Arginine, Tryptophan, S 등을 보충해 주어야 한다.
   ㉢ 사료 중에 함유된 질소의 생물가 등을 고려해 공급한다.
   ㉣ 단위동물인 돼지와 닭에서는 아미노산이 부족·결핍되면 성장이 저하 또는 중지되므로 아미노산 요구량도 동시에 표시해 주어야 한다.

　　　　ⓗ 반추동물인 소에 있어서는 반추위 내 미생물에 의해 단백질이 재합성되므로 아미노산 요구량이 중요하지 않다.

　　　※ 성장하는 가축에서 동물성 단백질이 식물성 단백질보다 이용성이 더 높다. 그 이유는 동물성 단백질에서는 필수아미노산인 라이신이 더 많이 들어 있기 때문이다.

　③ 단백질 요구량 표시방법
　　　ⓐ 가축 개체별 아미노산 일당요구량
　　　ⓑ 사료 중 함량(%), 사료 단백질 중 함량(%)
　　　ⓒ 대사에너지(ME) : 1,000kcal당 요구량(g) → 닭에 많이 이용된다.

　④ 성장을 위한 광물질·비타민 요구량
　　　ⓐ 성장 중인 가축은 영양소에 대한 대사작용이 왕성하므로 체내대사와 관련된 미량광물질의 요구량이 증가하게 된다.
　　　ⓑ 가축에서 광물질의 요구량은 성장기에 높으며, 결핍 시에는 성장장애가 유발된다.
　　　ⓒ 비타민 D는 Ca의 흡수이용과 관계를 가지며, 골 형성에 직접 영향을 준다.
　　　ⓓ 성장 중인 돼지와 닭에서 비타민 B군은 필수적인 성분이나, 반추동물에서의 비타민 B군의 요구량은 체내합성이 되기 때문에 큰 의미가 없다.

　　　※ **자기분식성(Coprophagy)**
　　　　비반추동물 중에서 쥐나 토끼 같은 설치류는 대장 내에서 비타민 K를 합성하므로 자신의 분(糞) 속에 들어 있는 비타민 K를 섭취하기 위해 분을 먹어 비타민 K결핍증을 예방하는 습성을 말한다.

　⑤ 성장을 위한 영양소 요구량에 영향을 주는 요인
　　　ⓐ 가축의 연령(Age) : 어린 가축은 발육이 빠르고, 체중단위당 음수량, 사료섭취량이 많고, 사료의 이용효율이 높다.
　　　ⓑ 품종(Breed) : 소형종은 조숙종이 많아서 성장이 빠르고, 영양소 요구량이 높다.
　　　ⓒ 성(Sex) : 암가축보다 수가축의 성장이 빠르고 사료 요구량도 높다. 그러나 수가축도 거세하면 비거세축에 비하여 성장이 둔화된다.
　　　ⓓ 성장률(Rate of Growth) : 성장률이 높으면 영양소 요구량도 높아진다.

3. 축산물 생산사양

(1) 번식과 영양

　① 번식과 영양의 관계
　　　ⓐ 번식기능은 개체의 능력, 번식기술, 환경조건, 질병 및 영양수준에 영향을 받는다.
　　　ⓑ 영양부족은 뇌하수체의 성선자극호르몬의 생성 및 분비가 지연되어 춘기발동기의 개시가 지연된다.
　　　ⓒ 가축의 성 성숙은 암·수에 따라 차이가 있으며, 영양소의 수준에 영향을 받는다.

ㄹ 영양소의 과다급여 또는 과소급여는 영양수준이 호르몬분비 개시시기와 그 양에 영향을 준다.
　　ㅁ 번식가축에서 영양조건은 직접 생식기의 기능과 내분비계통에 영향을 준다.
　　ㅂ 번식용 가축에 에너지, 단백질, 광물질 및 비타민 등 어느 한 가지 영양소라도 부족하게 되면 생식기관의 정상적인 발육이 되지 않으며, 내분비에 영향을 주어 생식기능의 발휘도 어려워진다.

② 종모축(수컷)에 대한 번식과 영양
　　ㄱ 수가축의 영양상태 불량 : 정자형성기능 저하, 승가의욕이 저하, 불임의 원인이 된다.
　　ㄴ 정자형성에 영향을 주는 영양소 : 에너지, 단백질·광물질·비타민 등이다.
　　ㄷ 저에너지 사료 : 성적충동과 테스토스테론의 생산에 영향을 준다.
　　ㄹ 단백질의 결핍 : 성장 중인 가축에서 성적인 충동과 특성을 감소시킨다.
　　ㅁ 무기물 중 구리, 코발트, 아연, 망간 등의 보충 : 정자형성과 수태율을 개선시킨다.
　　ㅂ 비타민 A나 카로틴의 결핍 : 모든 가축에서 고환의 퇴화를 초래한다. 특히 비타민 A는 뇌하수체 생성 자극호르몬의 분비를 억제시킨다.

③ 종빈축(암컷)에 대한 번식과 영양
　　ㄱ 암가축의 난자형성과 배란, 수정, 착상은 FSH와 LH 등 뇌하수체호르몬과 난소호르몬의 영향을 받는다.
　　ㄴ 에너지 결핍은 난소의 기능을 저해하고 무발정의 원인이 된다.
　　ㄷ 비타민 A와 E, 무기물 중 P, Mg 등의 결핍은 불규칙한 발정과 무발정을 가져온다.
　　ㄹ 분만 전 저에너지 사양은 분만 후 재발정을 지연시키고 분만 후 저에너지 상태는 수태율의 저하를 가져온다.
　　ㅁ 임신 중인 가축에 영양소가 부족하면 사산, 유산을 일으키며, 분만을 하더라도 새끼가 허약한 경우가 많다.
　　ㅂ 돼지 같은 다태동물인 경우 임신 중 영양소가 부족하면 태아의 조기사멸과 유산 또는 사산을 가져오며, 산자수가 감소되기도 한다.
　　　※ **임신 중 영양결핍** : 사산, 유산, 산자수 감소, 비유량 감소, 폐사율 증가

④ 번식을 위한 에너지 요구량
　　ㄱ 임신기간 중 자궁 및 태아의 발달은 임신 말기에 특히 높다.
　　ㄴ 임신 중 태아의 발육, 태막과 자궁 및 유방조직의 발달에 에너지가 필요하다.
　　ㄷ 임신 중 에너지 요구량은 태아발육을 위한 에너지와 임신에 의한 열량증가가 포함된다.
　　ㄹ 임신에 의한 열량증가로 에너지를 고려해야 되는 시기는 조직 내 대사활동이 증가하는 분만 전 60~90일간이다.

ⓓ 소의 경우, 임신 중에는 에너지 이용효율이 낮아 체지방의 손실이 늘어나기 때문에 유지에너지 요구량이 증가한다.
ⓑ 돼지의 경우 임신기간 중 증체량은 임신돈의 성숙 정도에 따라 다르다.

⑤ 번식을 위한 단백질 요구량
ⓐ 태아 및 태반, 양수, 자궁 등의 발달을 위해 단백질이 필요하다.
ⓑ 단백질 요구량은 임신기간이 경과할수록 증가한다.
ⓒ 임신 말기에는 단백질 요구량의 50~100%가 더 필요하다.
ⓓ 태아의 주성분은 단백질이므로 추가공급을 요한다(특히 임신 말기에 다량).
ⓔ 소의 임신기간 중 태아발달과 관련한 단백질 요구량이 단백질 축적량보다 높은 것은 생물가와 소화율이 고려되기 때문이다.
ⓕ 단백질이 부족하면 발정부진 및 태아의 사망, 비유량 부족 등의 원인이 된다.
※ **육성비육돈에 있어서 필수아미노산의 요구량과 그 효율이 가장 큰 것** : Lysine

⑥ 번식을 위한 광물질 요구량
ⓐ Ca, P 결핍 : 번식장애, 태아 및 어미의 골격발달과 유지에 심한 장애를 가져온다.
ⓑ 소의 경우 임신기간 중 Ca, P은 태반보다 태아에 많이 축적된다.
ⓒ 소의 경우 Ca, P의 축적은 임신 말기에 주로 이루어진다(250~280일).

⑦ 번식을 위한 비타민 요구량
ⓐ 비타민 A결핍 : 발정부진, 수태율 저하
ⓑ 비타민 D결핍 : 태아의 골격형성, Ca·P의 보조역할
ⓒ 비타민 E결핍 : 새끼에서 근육위축병 발생
ⓓ 비타민 B군 : 성장에 필요한 모든 B-Factor
ⓔ 수용성 비타민은 반추동물에서보다 닭, 돼지 등 단위동물에서 더 중요한 역할을 한다.

(2) 비육과 영양

① 성장과 비육
ⓐ 성장(Growth) : 골격과 근육, 장기 및 지방조직의 균형적인 발달이다.
ⓑ 비육(Fattening) : 섭취한 영양소를 근육조직이나 지방조직에 최대한으로 축적시키는 형태로 이루어진다.
ⓒ 비육은 체지방을 증가시키는 목적이기 때문에 초기보다 말기에 더 많은 에너지를 공급한다.
ⓓ 비육 시 양분요구량을 결정할 때 고려할 사항 : 증체량, 건물, 사료 사정, 생체중 등

※ **상강육** : 근육의 발육은 세포의 수적, 양적으로 증가하는 것과 동시에 지방이 복강과 피하에 축적되는데 이때 근섬유 세포 간에 지방이 축적되는 고기

※ **NRC의 영양소 요구량(닭, 돼지)에 명시된 필수지방산** : 리놀레산(Linoleic Acid)

② 증체량과 사료효율과의 관계
　㉠ 지방이 체내에 축적되어 비육이 진행되기 때문에 비육진행 시 사료효율이 감소하게 된다.
　㉡ 단위증체에 필요한 사료 에너지량은 비육이 진행될수록 저하된다.
　㉢ 증체량이 높은 가축이 사료효율이 우수하다.

(3) 젖 생산과 영양

① 유성분의 특징
　㉠ 유성분은 수분 80~88%와 고형분(지방+무지고형분) 12~20%로 구성되어 있다.
　㉡ 유성분 중 수분을 제외한 고형분은 일반적으로 지방과 무지고형분(Solid Non-Fat, SNF)으로 구분·표시한다.
　㉢ 유성분 중 지방이나 무지고형분은 유산양·돼지 등 소형동물에 많이 들어 있고, 같은 젖소에서도 홀스타인과 같은 대형품종보다 저지나 건지 또는 유량이 적은 품종에서 많다.
　㉣ 초유에는 상유보다 황색을 띠며, 무지고형분(유단백질)이 현저히 많다.
　㉤ 초유에는 특히 유단백질함량이 많다. 이는 갓 낳은 어린 가축의 질병저항력을 공급하기 위한 면역글로불린이 많이 들어 있기 때문이다.

② 혈액성분과 유성분
　㉠ 유성분의 원료가 혈액으로부터 공급되어 유방조직 내 유선세포에서 합성된다.
　㉡ 혈장 중 수분함량은 우유 중 수분함량보다 많다.
　㉢ 우유의 단백질은 락토글로불린, 락트알부민, 면역 글로불린 등의 유단백질 성분으로 구성되어 있다.
　㉣ 우유에는 혈장에서보다 Ca, P 및 K함량이 훨씬 높고, Na와 Cl함량은 훨씬 적은 편이다.
　　• 수분 : 혈장 > 우유
　　• 당분 : 혈당 < 유당
　　• 지방 : 혈장 내 지방 < 유지방(아세트산이 유지방으로 이용)

③ 유단백질, 유당 및 유지방의 합성
　㉠ 유단백질 합성 : 혈액 내 아미노산 → tRNA → mRNA → rRNA → 유단백
　㉡ 유당의 합성
　　• 유당의 합성은 골지체에서 글루코스(Glucose)가 갈락토오스(Galactose)로 전환된다.
　　• 글루코스 중 50%가 유당 합성에 이용된다.

ⓒ 유지방의 합성
- 유지방은 대부분 중성지방으로 구성된다.
- 반추동물은 단쇄지방산(Short Chain Fatty Acid)의 비율이 높다.
- 우유 중 지방산의 50%는 사료로부터 공급된다.
- 단쇄지방산은 분비세포 내에서 초산과 β-Hydroxybutyrate로부터 합성된다.

④ 광물질 및 색소
  ㉠ 우유의 광물질은 혈액으로부터 이행되어 유성분이 된다.
  ㉡ 우유 중에는 칼슘(Ca : 25%)과 인(P : 인산염의 형태), 염소(Cl), 나트륨(Na), 마그네슘(Mg) 등이 들어 있다.
  ㉢ 유즙색소는 주로 카로틴(지용성 색소)과 리보플라빈(수용성 색소)이 혈액에서 유즙으로 이행된다.
  ㉣ 반추동물은 반추위 내에서 수용성 비타민이 합성되어 유즙 중 일정한 수준을 유지하나 지용성 비타민은 사료의 공급에 의한다.

⑤ 산유량 및 유성분에 영향을 미치는 요인
  ㉠ 산유량은 분만 후 6~8주에 최고에 이르고, 이후 점차 감소한다.
  ㉡ 산유량이 많은 젖소는 최고 비유기의 유량이 많고 지속성이 높다.
  ㉢ 산유량이 많을수록 우유 내 지방과 단백질함량이 낮다. 즉, 최고비유기에 가장 낮으며, 산유기 말기로 갈수록 높아진다.
  ㉣ 착유간격이 길면 유방압이 높아져 유지율이 낮아진다.
  ㉤ 아침에 착유한 우유보다 저녁에 착유한 우유가 유지율이 높다.
  ㉥ 최대 산유량을 얻기 위한 가장 적절한 건유기간은 50~60일이다.
  ㉦ 젖소는 6세가 되어야 성숙하여 산유량이 최대가 되며, 8~9세부터는 산유량이 감소하기 시작한다. 그러나 우유 중의 무지고형물과 지방함량은 5세까지 감소하고, 이후에는 증가한다.
  ㉧ 체중이 무겁고 체구가 크면, 산유량도 매우 높다. 그러나 유지율은 체구가 작은 것이 높다.
  ㉨ 임신 5개월 이후 태반호르몬의 작용으로 산유량은 감소한다.
  ㉩ 환경적 스트레스는 유생산량이 감소한다.
  ㉪ 산유량은 10~15℃의 쾌적한 온도에서 가장 높다(15~25℃에서도 크게 영향을 받지 않는다).
  ㉫ 봄·여름보다 가을과 초겨울에 분만한 젖소의 연간산유량이 높다.
  ㉬ 사료 중 단백질이 부족하면 산유량과 무지고형분이 감소한다.
  ㉭ 조사료는 에너지함량이 낮아, 유지율 향상에 효과적이다.

⑥ 젖 생산을 위한 에너지 요구량
  ㉠ 비유 중인 젖소의 에너지 요구량은 유생산량과 성분의 함량에 따라 다르며 유지방함량과 높은 상관관계를 가진다.
  ㉡ 지방보정유(Fat Corrected Milk, FCM) : 가축에 따라 유지율과 산유량이 다른데, 우유의 에너지함량을 비교하기 위해서 유지율을 4%로 환산하여 계산한다. 이를 4% 보정유라 한다.

  > 4% 보정유 = 0.4M+15F
  > 여기서, M : 유량
  >   F : 지방량(유량×유지율)

  > **예제** 유지율 3.5%인 우유 40kg을 FCM으로 환산하면?
  > **해설** FCM(환산유량) = 0.4M+15F(M : 산유량, F : 유지율)
  >   = (0.4×40)+15(40×3.5%)
  >   = 37kg

  ㉢ 1kg의 FCM에는 750kcal의 에너지가 들어 있다.
  ※ 유지율을 높이는 효과가 있는 것 : 아세트산(Acetic Acid)

(4) 달걀생산과 영양

① 달걀의 구성
  ㉠ 달걀은 타원형으로 비중 1.08~1.09, 표준중량 55~60g이다.
  ㉡ 난황은 전체의 30%이며, 단백질, 무기물, 지방, 비타민의 함량이 많다.
  ㉢ 난백은 전란의 58%이며, 수양성 난백과 농후난백으로 구분된다.
  ㉣ 난각은 탄산칼슘($CaCO_3$) 94%, $MgCO_3$과 $Ca_3(PO_4)_2$이 각각 1% 정도이다.

② 난 생산을 위한 에너지 요구량
  ㉠ 기초대사에 필요한 에너지: 대사체중당 83kcal
  ㉡ 활동에너지 : 기초대사에너지의 약 50%(케이지 사육 시 37%)
  ㉢ 달걀에 축적되는 에너지 : 달걀 한 개의 에너지함량은 360kcal이다.
  ㉣ 추운 겨울철의 에너지 요구량은 평시보다 10~15% 증가한다.
  ㉤ 산란사료의 대사에너지함량이 kg당 11.09MJ 또는 2,650kcal(겨울 11.5MJ 또는 2,750kcal) 이하로 떨어질 때 최대산란율을 얻을 수 없다.
  ㉥ 산란계의 기초대사량(kcal NE/일) : $68Wkg^{0.75}$

> **더알아두기**
>
> 닭의 에너지 이용
> - 체중이 적을수록 에너지 이용효율이 높다.
> - 산란능력이 높은 닭이 낮은 닭보다 에너지 이용효율이 높다.
> - 에너지 요구량은 케이지 사육에 비하여 평사에 사육 시 높게 제시되고 있다.
> - 체중이 가벼운 닭은 전체 에너지 소비량이 더 낮다.

③ 난 생산을 위한 단백질 요구량
  ㉠ 산란에 필요한 단백질은 달걀 내 단백질함량이 기준이 된다.
  ㉡ 달걀 내 단백질함량이 12%일 때(달걀중량이 56g → 단백질 6.7g), 사료단백질의 이용효율이 55%이므로 달걀 1개를 생산하는 데 12.29g의 단백질이 필요하게 된다.

  > **예제** 신선한 달걀의 단백질함량은 12%이고 산란계의 단백질 이용효율이 55%일 때 산란계가 평균란중(重) 56g의 달걀을 매일 산란한다고 하면 산란계의 1일 산란을 위한 단백질 요구량은 얼마인가?
  >
  > **해설** (평균란중)56g × (단백질함량)12% = 6.72g
  > (산란계의 1일 산란을 위한 단백질 요구량)x × 55% = 6.72g
  > ∴ x = 12.2g

  ㉢ 체유지에 필요한 단백질 : 3g
  ㉣ 성장에 필요한 단백질 : 1.4g
  ㉤ 깃털형성에 필요한 단백질 : 0.4~0.1g
  ㉥ 산란계의 1일 단백질 요구량 : 16g
  ㉦ 적당하고 성숙한 산란계의 칼로리·단백질비(C/P) : 193~195
  ㉧ 양계사료에서 초생추사료 중에 현저히 더 많은 함량을 요구하는 영양소 : 단백질
  ㉨ 산란예비계 사양프로그램 – 초생추의 적정 단백질 및 에너지 수준 : 단백질 18~20%, 에너지 약 3,000kcal/kg ME
  ㉪ 닭에 있어서 필수아미노산으로 분류되는 것 : 글리신(Glycine), 라이신(Lysine), 류신(Leucine), 메티오닌(Methionine), 발린(Valine), 아르기닌(Arginine), 아이소류신(Isoleucine), 트레오닌(Threonine), 트립토판(Tryptophan), 페닐알라닌(Phenylalanine), 히스티딘(Histidine)
  ㉫ 성장기의 병아리에 있어서 필수아미노산 아르기닌(Arginine)의 역할 : 가축의 체내에서 요소의 합성에 중요한 역할을 한다.

> **더 알아두기**
>
> NRC 사양표준
> - NRC 사양표준이 규정한 갈색 산란계의 단백질 요구량 : 16%
> - 브로일러 초생추의 NRC 단백질 요구량 : 23%
> - 브로일러의 경우 사료단백질 이용효율 : 64%
> - 체중 1.8kg인 산란계의 경우에 1일 사료섭취량 : 110g

④ 광물질 및 비타민 요구량

    ㉠ 산란계에 가장 많이 필요한 무기물 : 칼슘

    ㉡ 산란계 사료는 난각형성을 위한 적정 Ca함량(%) : 3.5% 이내

    ㉢ 난각을 구성하는 무기물 중 가장 많은 비중을 차지하는 것 : $CaCO_3$

    ㉣ 연령증가에 따라 유기태인의 이용효율은 증가한다.

    ㉤ Mn, Zn, NaCl이 부족되지 않도록 유의한다.

    ㉥ 산란계의 부화율을 높이는 비타민 : 비타민 B_{12}

    ㉦ 비타민은 체내합성을 못 하므로 비타민 요구량이 높고, 부족 시 결핍증상 발생

> **더 알아두기**
>
> 부화율에 악영향을 미치는 영양결핍
> - 비타민 A : 부화 2~3일째 사망, 정상적인 혈액의 발육 실패
> - 리보플라민 : 부화 9~14일째 사망, 수종, 기형의 발, 발가락 위축, 왜소증
> - 판토텐산 : 비정상적인 깃털, 발생되지 못한 배자의 피하출혈
> - 칼슘결핍 : 발생률 저하, 짧고 굵은 다리, 짧은 날개, 처진 하악골, 굽은 부리와 다리
> - 바이오틴 : 장골의 위축, 다리, 날개, 두개골의 위축, 18~21일째 사망
> - 비타민 B_{12} : 수종, 짧은 부리, 굽은 발가락, 근육발달의 불량, 부화 8~14일째 사망
> - 비타민 K : 배자와 배자의 혈관에서 출혈 또는 혈액응고
> - 비타민 E : 부화 1~3일째 사망, 수종, 부푼 눈
> - 폴라신 : 바이오틴 결핍현상과 유사함, 부화 18~21일째 사망
> - 인 : 부화 14~18일째 사망, 연약한 부리와 다리, 부화율 감소
> - 아연 : 골격 기형, 날개와 다리가 형성되지 않음
> - 망간 : 부화 18~21일째 사망, 날개와 다리가 짧고 비정상적인 머리, 성장지연, 수종

CHAPTER 05 적중예상문제

PART 03 가축사양학

01 가금류의 에너지 요구량을 표현하는 데 있어 가장 널리 쓰이고 있는 방법은?

① TDN   ② DE
③ ME   ④ NE

해설
우리나라에서 젖소에서는 단백질은 TCP, 에너지는 TDN이 이용되고, 돼지에서는 CP와 라이신, 가소화 라이신, 가소화 에너지(DE), 닭에서는 가소화 조단백질(DCP)과 ME가 이용되고 있다.

02 축산 선진국에서는 각기 고유의 가축사양표준을 가지고 있다. 우리나라의 '한국사양표준'이 주요 축종별로 처음으로 제정된 연도는?

① 1998년   ② 2000년
③ 2002년   ④ 2004년

해설
우리나라에서는 과거 NRC 사양표준이 주로 이용되었다. 2002년에 농림축산식품부 산하 농촌진흥청 주관으로 한우, 젖소, 돼지 및 가금류에 대한 한국사양표준을 제정하였다.

03 사양표준에서 젖소의 정미에너지(Net Energy)의 요구량을 NEm, NEg 및 NEl로 구분하여 제시한 것은 어떤 것인가?

① NRC 사양표준
② ARC 사양표준
③ Morrison 사양표준
④ 건초가

해설
NRC(National Research Council) 사양표준
미국의 국가연구위원회(National Research Council)의 가축영양위원회에서 제정한 것으로, 1942년 처음 만들어졌으며 이후 가축별로 세분화되고, 여러 차례 수정·보완되었는데, 대상동물을 젖소·육우·말·돼지·닭을 비롯해 면양·토끼·개와 고양이, 밍크와 여우 등 실험동물에 이르기까지 다양하게 포함하고 있다. 영양소 요구량도 단백질은 조단백질(CP), 총조단백질(TCP), 에너지는 가소화 에너지(DE), 대사에너지(ME) 및 정미에너지(NE)로 보다 구체적으로 구분하고 있으며 특히 정미에너지는 다시 몸의 유지를 위한 에너지(NEm)와 증체·우유·고기생산·임신 등 각종 생산을 위한 에너지(NEp)로 구분하여 제시되고 있다.

정답 1 ③ 2 ③ 3 ①

04 다음 중 DM, DCP, TDN, Ca, P, Carotene, NE 등으로 제정하고 Wolff-Lehmann의 사양표준을 개정하여 만든 사양표준은?

① Amsby 사양표준
② Morrison 사양표준
③ Hansson 사양표준
④ NRC 사양표준

05 다음 중 Kellner가 제정한 사양표준 중 사용한 영양소만 나열한 것은?

① 가소화 단백질, 가소화 지방, 영양률
② 고형물, 가소화 영양소, 가소화 단백질, 전분가
③ 가소화 순단백질, 정미에너지
④ 가소화 순단백질, 사료단위

06 다음 중 가축의 기초대사량 설명으로 옳은 것은?

① 가소화 성분의 산화로 생성되는 일
② 몸 유지에 소모하는 최소한의 에너지
③ 섭취한 사료의 소화에 소요되는 에너지
④ 호기적 조건에서의 열 생성량

07 가축의 기초대사 측정 시 요구되는 적합한 조건이 아닌 것은?

① 동물의 영양상태가 양호할 것
② 동물의 소화가 완전히 끝난 상태일 것
③ 근육이 완전히 휴식상태일 것
④ 모든 축종이 동일한 최적의 환경온도에서 실시할 것

해설
④ 최적의 온도조건에서 실시하여야 한다.

08 기초대사율이란 평균 또는 표준기초대사량에 대하여 동물 개체별 편차를 나타내는 지수로서 다음의 설명 중 잘못된 것은?

① 기초대사율은 대사체중을 근거로 하여 계산하기 때문에 체표면적보다 단위체중에 더 큰 관계가 있다.
② 기초대사율은 $70 \times 체중(kg)^{0.75}$으로 계산한다.
③ 기초대사율은 수가축이 암가축보다 크고 임신기가 비임신기보다 크다.
④ 기초대사율은 나이가 적은 가축이 나이가 많은 가축보다, 오전이 오후보다, 그리고 비거세우가 거세우보다 더 크다.

해설
기초대사량은 단위체중보다 체표면적에 비례하기 때문에 동물의 체중보다 동물의 크기에 비례한다.

09 내생질소대사의 기초가 되는 것은 다음 중 어느 것인가?
① 사료 이용기간 중 배설되는 질소량
② 단백질사료 흡수량
③ 절식 후 완전기아상태에서 배설되는 질소량
④ 사료급여 후 대사과정 중 생성되는 질소량

10 가축의 성장에 필요한 에너지 요구량이란?
① 조직의 생성에만 필요한 에너지
② 가축의 체(體)유지에 필요한 에너지
③ 가축의 체(體)유지와 새로운 조직에 필요한 에너지
④ 가축의 번식과 생산에 필요한 에너지

11 가축의 생명유지에 필요한 에너지를 지배하는 요인이 아닌 것은?
① 가축의 운동
② 환경온도
③ 가축의 수면
④ 사료의 성분과 섭취

해설
유지요구량 결정에 영향을 주는 요인
• 외적인 요인 : 운동량, 기후, 스트레스, 건강상태, 사료의 급변 등
• 내적 요인 : 체구의 크기, 체질, 개체의 차이, 생산수준, 비유 등

12 가축 체내조직의 손실 없이 영양소의 균형을 유지하기 위해 필요한 최소한의 영양소 요구량을 유지요구량이라 하는데 이 유지요구량에 영향을 주는 요인에 대한 설명으로 잘못된 것은?
① 가축의 적정 임계온도를 벗어나면 요구량이 증가한다.
② 기후나 사료급변, 운송 등의 환경스트레스를 받게 되면 요구량이 증가한다.
③ 가축의 건강상태가 허약하거나 만성적인 질병에 감염되어 있을 때 요구량이 감소한다.
④ 체구가 작을수록 요구량이 감소한다.

해설
가축의 건강상태가 허약하거나 만성적인 질병에 감염되어 있을 때 요구량이 증가한다.

13 유지에너지 요구량 결정시험 중 시험개시 시와 종료 시의 체조성과 공복 시 체중을 측정하여 유지와 증체에 필요한 요구량 결정법은?
① 기초대사에 의한 방법
② 사양시험에 의한 방법
③ 에너지평형법
④ 도체분석법

14 가축의 성장곡선(S자곡선)에 대한 설명 중 옳은 것은?

① 태아시기와 출생 후 성 성숙기까지는 성장률이 빨리 증가한다.
② 성 성숙기 이후부터 빠른 성장을 한다.
③ 성숙체중에 가까워지면 성장률은 더욱 빨라진다.
④ 일정한 속도를 유지하며 성장한다.

15 성장이란 세포수와 세포크기의 증가를 말하는데 태아발육 초기에 분열, 증식하여 세포가 증가한 이후엔 일정한 수가 유지되는 영구세포는?

① 근육세포 ② 신경세포
③ 표피세포 ④ 혈액세포

16 사료의 양이나 질을 떨어뜨렸을 때 발육이 억제되었던 소에게 그 후 충분한 영양소를 공급해 주면 다시 성장이 회복되는 현상은?

① 보상성장 ② 위축성장
③ 왜곡성장 ④ 돌출성장

17 성장 중인 반추동물의 단백질 요구량을 결정하는 요인이 아닌 것은?

① 분뇨로 없어지는 질소량
② 체중별 증체량에 대한 축적
③ 사료 중에 함유된 질소의 생물가
④ 아미노산 화학적 등급

해설
반추동물의 경우에는 반추위 내에서 미생물에 의하여 단백질과 아미노산의 분해 및 합성이 이루어지기 때문에 아미노산의 제한을 받지 않는다.

18 다음 설명 중 ( ) 안에 적합한 용어는?

성장하는 가축에서 동물성 단백질이 식물성 단백질보다 이용성이 더 높다. 그 이유는 동물성 단백질에서는 필수아미노산인 ( )이 더 많이 들어 있기 때문이다.

① 시스틴 ② 발 린
③ 트레오닌 ④ 라이신

정답 14 ① 15 ② 16 ① 17 ④ 18 ④

19 번식과 사양과의 관계를 올바르게 설명한 것은?

① 가축의 성 성숙은 영양소의 수준에 영향을 받는다.
② 가축의 성 성숙은 암·수에서 일정하게 나타난다.
③ 영양수준과 성 성숙시기와는 관계가 없다.
④ 영양소의 과잉공급은 성 성숙을 지연시킨다.

20 임신한 가축의 단백질 요구량 결정에 고려할 필요가 없는 것은?

① 자궁과 양수의 발달
② 임신기간의 조절
③ 유방조직의 생성
④ 태아와 태반의 발육

> **해설**
> 임신 중인 가축은 태아 및 태반, 양수, 자궁 등의 발달을 위해 단백질이 필요하다.

21 다음 중 임신한 가축에 특히 필요한 무기물로만 구성된 것은?

① Ca, P, Fe　　② P, Mg, K
③ Ca, I, Na　　④ P, K, Fe

22 다음 중 가축이 영양소를 섭취하여 체내에서 영양소를 활용하는 순서 중 가장 늦은 것은?

① 지방조직　　② 골 격
③ 신경조직　　④ 뇌

23 가축 체내의 축적지방의 주형태는?

① Monoglyceride
② Diglyceride
③ Triglyceride
④ Free Fatty Acid

24 근육의 발육은 세포의 수적, 양적으로 증가하는 것과 동시에 지방이 복강과 피하에 축적되는데 이때 근섬유세포 간에 지방이 축적되는 고기를 무엇이라고 하는가?

① 적 육　　② 지방육
③ 상강육　　④ 염지육

정답 19 ① 20 ② 21 ① 22 ① 23 ③ 24 ③

25 지방이 근육 내 침착되어 마블링이 많이 생성되도록 하기 위해 비육 말기에는 어떤 사료를 급여해야 하는가?
① 고단백사료
② 고열량사료
③ 고칼슘사료
④ 고섬유소사료

26 한우의 체조직 성장순서 중 지방의 침착순서로 맞는 것은?
① 피하 - 근육 내 - 신장 - 내장
② 신장 - 내장 - 피하 - 근육 내
③ 신장 - 근육 내 - 내장 - 피하
④ 내장 - 근육 내 - 피하 - 신장

27 가축의 체중(연령) 증가에 따른 체조성의 변화에 대하여 바르게 설명된 것은?
① 수분함량이 감소되고 지방함량이 증가된다.
② 수분함량은 증가되고 지방함량이 감소된다.
③ 수분함량과 지방함량 모두 증가된다.
④ 수분함량과 지방함량 모두 감소된다.

28 소의 비육 시 각각 영양소 1kg씩을 공급하였을 때 지방생산능력이 가장 낮은 것은?
① 가소화전분
② 가소화당분
③ 가소화단백질
④ 가소화조섬유

29 비육은 체지방을 증가시키는 목적이기 때문에 비육을 위한 에너지의 공급은?
① 초기보다 말기에 더 많은 에너지를 공급한다.
② 말기보다 초기에 더 많은 에너지를 공급한다.
③ 초기보다 중기에 더 많은 에너지를 공급한다.
④ 말기보다 중기에 더 많은 에너지를 공급한다.

30 비육 시 양분요구량을 결정할 때 고려하지 않아도 되는 것은?
① 증체량(增體量)
② 산유량(産油量)
③ 사료 사정(事情)
④ 생체중(生體重)

해설
비육 시 양분요구량을 결정할 때 고려할 사항 : 증체량, 건물, 사료 사정, 생체중 등

정답 25 ② 26 ② 27 ① 28 ② 29 ① 30 ②

31 육성비육돈에 있어서 필수아미노산의 요구량과 그 효율이 가장 큰 것은?

① Lysine ② Arginine
③ Histidine ④ Leucine

해설
돈육생산을 위한 단백질의 이용효율에 영향을 미치는 주요 요인으로서는 아미노산의 균형인데, 특히 사료 내 필수아미노산의 균형은 필수적이다. 돼지의 아미노산 요구량 산정에는 이상단백질의 개념을 적용하고, 이상단백질의 비율은 라이신을 기준으로 한 각 필수아미노산들의 상대적 비율로 이용되었다. 라이신은 단백질 축적을 위해 필요하며, 곡류위주의 사료에서 제1제한아미노산으로 작용하고 있어 필수아미노산 요구량 산정의 기준으로 하고 있다.

32 NRC의 영양소 요구량(닭, 돼지)에 명시된 필수지방산은?

① 올레산(Oleic Acid)
② 리놀레산(Linoleic Acid)
③ 아라키돈산(Arachidonic Acid)
④ 리놀렌산(Linolenic Acid)

33 일일 유지에너지가 10Mcal가 필요한 착유우가 하루 동안 4km를 움직인다고 할 때 NRC에 의한 임의 활동 권장량은?

① 0.12Mcal ② 0.8Mcal
③ 1.2Mcal ④ 12Mcal

해설
NRC사양표준 젖소의 영양소 요구량 : 소 이동 시 매 km당 유지에너지의 3% 소모
∴ 10×3%×4 = 1.2Mcal

34 유지율을 높이는 효과가 있는 것은?

① 아세트산(Acetic Acid)
② 프로피온산(Propionic Acid)
③ 낙산(Butyric Acid)
④ 젖산(Lactic Acid)

35 다음 중 지방률 정정유(Fat Correct Milk)란 무엇인가?

① 유지율 6%의 표준유
② 유지율 5%의 표준유
③ 유지율 4%의 표준유
④ 유지율 3%의 표준유

36 유지율 3.5%인 우유 40kg을 FCM으로 환산하면?

① 33kg ② 35kg
③ 37kg ④ 39kg

해설
FCM(환산유량) = 0.4M+15F(M : 산유량, F : 유지율)
= (0.4×40)+15(40×3.5%)
= 37kg

37 다음 [보기]를 보고 1일 필요한 총에너지를 구하면?

> [보기]
> 중량 57g이고, 90kcal의 에너지를 함유하는 달걀 1개를 생산하는데 필요한 에너지가 122kcal이고, 체중 2.7kg인 닭이 유지 시 필요한 에너지는 335kcal/일, 산란율이 70%일 때

① 410kcal ② 420kcal
③ 430kcal ④ 440kcal

해설
122×70%+335 = 420.4kcal

38 대란 한 개에 축적되는 에너지는 대략 얼마인가?

① 200kcal ② 250kcal
③ 300kcal ④ 360kcal

해설
달걀 한 개의 에너지 함량 : 360kcal

39 닭의 에너지 이용과 관련된 내용으로 잘못 설명된 것은?

① 체중이 적을수록 에너지 이용효율이 높다.
② 에너지 요구량이 평사보다 케이지에서 사육 시 더 많다.
③ 산란능력이 높은 닭이 낮은 닭보다 에너지 이용효율이 높다.
④ 체중이 가벼운 닭은 전체 에너지 소비량이 더 낮다.

40 산란계의 기초대사량(kcal NE/일)은?

① $45Wkg^{0.75}$ ② $55Wkg^{0.75}$
③ $68Wkg^{0.75}$ ④ $88Wkg^{0.75}$

41 적당하고 성숙한 산란계의 칼로리·단백질비(C/P)는?

① 193~195 ② 198~201
③ 205~210 ④ 208~215

해설
C/P율 : 성장률이 빠르고 산란을 해야 하는 시기에는 C/P율이 낮으며, 성장률이 낮고 산란율이 낮은 시기에는 합성대사가 활발하지 않기 때문에 C/P율이 높다.

정답 37 ② 38 ④ 39 ② 40 ③ 41 ①

42 다음 중 칼로리·단백질(C/P)비율이 가장 큰 사료는?

① 육계 중기사료
② 산란계 사료
③ 산란용 초생추사료
④ 산란용 대추사료

해설
산란용 대추(14~20주)사료가 가장 높다(C/P율 242).

43 양계사료에서 초생추사료 중에 현저히 더 많은 함량을 요구하는 영양소는?

① 칼슘과 인   ② 에너지
③ 단백질   ④ 비타민

44 산란 예비계의 사양프로그램은 보통 3단계, 즉 초생추, 중추, 및 대추로 나눌 수 있는데 각각의 생육단계별 적정수준의 단백질 및 에너지가 요구된다. 그러면 초생추의 적정 단백질 및 에너지 수준은?

① 단백질 18~20%, 에너지 약 3,000kcal/kg ME
② 단백질 14~16%, 에너지 약 3,500kcal/kg ME
③ 단백질 12~14%, 에너지 약 2,500kcal/kg ME
④ 단백질 10~12%, 에너지 약 3,000kcal/kg ME

해설
3단계 사양 프로그램 적용
- 초생추(0~6주령) : 18~20% CP, 3,000kcal/kg ME
- 중추(6~12주령) : 14~16% CP, 3,000kcal/kg ME
- 대추[약 12주령부터 산란시작(20주령)] : 12~14% CP, 3,000kcal/kg ME

45 산란계 사양에서 사료 내 단백질함량을 증가시켜 주지 않아도 될 경우는?

① 다산 시(多産時)
② 체중이 표준치보다 적을 때
③ 식욕이 부진할 때
④ 기온이 적정 사육온도보다 낮았을 때

해설
산란계의 단백질 요구량의 계산은 체중, 1일 증체량, 1일 산란량 등을 고려하여 계산한다.

정답 42 ④ 43 ③ 44 ① 45 ④

46 닭의 단백질 요구량은 곧 필수아미노산과 비필수아미노산의 요구량이라고도 할 수 있다. 다음 중 필수아미노산이 아닌 것은?

① 트립토판(Tryptophan)
② 메티오닌(Methionine)
③ 발린(Valine)
④ 세린(Serine)

해설
닭의 필수아미노산
글리신(Glycine), 라이신(Lysine), 류신(Leucine), 메티오닌(Methionine), 발린(Valine), 아르기닌(Arginine), 아이소류신(Isoleucine), 트레오닌(Threonine), 트립토판(Tryptophan), 페닐알라닌(Phenylalanine), 히스티딘(Histidine)

47 닭에서 10가지의 필수아미노산 외에 필수적으로 공급해 주어야 하는 아미노산은?

① 메티오닌
② 글루타민산
③ 발 린
④ 글리신

48 다이아미노-모노카복시산에 속하는 염기성 아미노산이면, 히스톤과 프로타민과 같은 염기성 단백질 중에 다량 들어 있다. 성장기의 병아리에 있어서 필수아미노산이며, 가축의 체내에서 요소의 합성에 중요한 역할을 하는 것은?

① 아르기닌(Arginine)
② 아이소류신(Isoleucine)
③ 페닐알라닌(Phenylalanine)
④ 글리신(Glycine)

해설
아르기닌(Arginine)
성장기의 병아리에 있어서 글리신(Glycine)과 더불어 필수아미노산이다. 가축의 체내에서는 요소의 합성에 중요한 역할을 하며 정자의 형성에도 필요한 것으로 알고 있다.

49 NRC 사양표준(1994)이 규정한 갈색 산란계 단백질 요구량은 약 얼마인가?

① 4%
② 11%
③ 13%
④ 16%

50 브로일러 초생추의 NRC 단백질 요구량은 얼마인가?

① 8%
② 12%
③ 18%
④ 23%

정답 46 ④ 47 ④ 48 ① 49 ④ 50 ④

51 브로일러의 경우 사료단백질 이용효율로 가장 적합한 것은?
① 44%   ② 54%
③ 64%   ④ 74%

52 NRC 사양표준에 의하여 체중 1.8kg인 산란계의 경우에 1일 사료섭취량은?
① 110g   ② 150g
③ 180g   ④ 210g

53 다음 중 산란계에 가장 많이 필요한 무기물은?
① 아 연   ② 마그네슘
③ 칼 슘   ④ 칼 륨

해설
칼슘과 같은 광물질의 요구량은 초산 직전의 육성계에서 높은데, 이는 산란에 대비한 체내축적을 고려한 것이다.

54 갈색 산란계의 산란 초기 사료의 칼슘함량이 가장 적당한 것은?
① 1.1~1.2%   ② 1.8~2.5%
③ 3.5~3.7%   ④ 4.0~4.5%

55 산란계의 부화율을 높이는 비타민은?
① 비타민 B_6 ② 비타민 B_{12}
③ 비타민 K   ④ 비타민 C

56 영양결핍 또는 독성물질은 산란율과 부화율 모두에 악영향을 미친다. 다음 중 영양결핍에 따른 배자의 상태로 틀린 것은?
① 비타민 A : 부화 2~3일째 사망, 정상적인 혈액의 발육 실패
② 리보플라빈 : 부화 9~14일째 사망, 수종, 기형의 발, 발가락 위축, 왜소증
③ 판토텐산 : 비정상적인 깃털, 발생되지 못한 배자의 피하출혈
④ 칼슘 : 부화 14~18일째 사망, 연약한 부리와 다리, 부화율 감소

해설
④는 인의 결핍상황이다.

정답 51 ③ 52 ① 53 ③ 54 ③ 55 ② 56 ④

CHAPTER 06 축종별 사양관리

PART 03 가축사양학

01 한·육우의 사양관리

1. 송아지 및 육성우의 사양관리

(1) 송아지 사양관리

① 출생 직후 송아지 관리
  ㉠ 송아지 출생 직후 가장 먼저 어미소의 상태를 파악하고, 어미소가 초산일 경우에는 사람이 인위적으로 포유를 유도한다.
  ㉡ 송아지 몸 표면 건조
    • 출생 직후 어미소가 송아지의 젖은 몸 표면을 핥아서 건조시킬 수 있도록 한다.
    • 마른 수건이나 잘 건조된 쌀겨 등으로 빨리 닦아주며, 마사지로 혈액순환을 촉진하여 체온유지에 도움을 준다.
  ㉢ 송아지 호흡 확인 및 유도
    • 송아지의 입과 코에 남아 있는 양수를 제거한다.
    • 콧구멍으로 건초나 볏짚 한 가닥을 넣어 재채기를 유도한다.
    • 송아지를 거꾸로 들고 흔들어서 코, 입 및 목구멍에 있는 양수가 흘러내리도록 한다.
    • 인공호흡의 실시 또는 송아지를 거꾸로 들고 머리, 가슴에 찬물을 붓는 방법을 실시한다.
  ㉣ 탯줄과 후산처리
    • 탯줄을 소독하여 제대염 발생을 예방한다.
    • 어미 소가 자신의 후산섭취 시 기도폐색, 고창증, 반추위 식체 등이 발생될 수 있으므로 주의해야 한다.
    • 후산 배출이 지연되면 수의사의 의견을 구한다.
    • 갓 태어난 송아지의 위는 멸균상태에서 처음 입을 대는 것이 어미소의 젖꼭지이므로 어미소의 유방과 유두 세척 및 소독을 꼭 실시한다.

② 초유급여 및 기타
　㉠ 어미소의 초유는 송아지를 낳고 이틀 이내에 분비하는 우유로 송아지가 면역물질을 공급받을 수 있는 유일한 사료이다.
　㉡ 갓 태어난 송아지의 혈청 속에는 외부 질병에 대항할 수 있는 면역물질이 거의 없으므로 이 면역물질은 출생 후 24시간 동안 초유를 통해 받게 된다.
　㉢ 분만 후에 반드시 30~40분 이내에 처음 급여하거나 포유할 수 있도록 도와준다.

(2) 육성우 사양관리
　① 우량한 송아지의 구입
　　㉠ 우량한 암소에서 생산된 송아지를 구입해야 한다.
　　㉡ 우량한 암소는 외모나 체격이 좋고 건강하여 1년에 한 마리씩 송아지를 생산하고, 분만한 송아지에게 충분히 포유할 수 있는 소를 말한다.
　　㉢ 육질이 우수한 보증종모우의 정액으로 인공수정한 송아지를 구입한다.
　　㉣ 비육 중인 소가 자연교미로 생산된 송아지를 구입하지 않는다.
　　㉤ 구입한 송아지는 소독약을 살포하고, 스트레스 감소를 위해 전해질제, 수용성 비타민제, 소화촉진제를 급여한다.
　② 소의 발육 특성
　　㉠ 소의 체는 뇌 → 뼈 → 근육 → 지방 순으로 발육이 진행된다.
　　㉡ 발육순서는 영양에 관계없이 동일하나 저영양으로 사육 시에는 발육기간이 연장될 뿐이다.
　　㉢ 소에게 공급된 영양분은 발육이 빠른 순서대로 우선 공급된다.
　　㉣ 생체중은 생후 4~20.7개월령까지 왕성하게 자란다.
　　㉤ 살고기(적육)는 생후 3~18개월령까지 발육이 왕성하다.
　　㉥ 지방은 생후 12~23개월령, 뼈는 -0.6~10.7개월령까지 발육이 왕성하다.
　　㉦ 소화기관은 0.6개월령부터 발육하여 12개월령 전후까지 발육이 완료된다.
　　㉧ 소 몸조직의 발육이 가장 잘되는 시기는 1세(12개월령) 전후이다.

더알아두기

소의 품종 분류
- 유용종 : 홀스타인종, 저지종, 건지종, 에어셔종, 브라운스위스종 등
- 육용종 : 한우, 헤리퍼드종, 애버딘 앵거스종, 쇼트혼종, 샤롤레종, 브라만종

(3) 거 세

① 거세 개념
- ㉠ 종축으로서 가치가 없어 육, 역용으로 쓸 가축의 정소(고환) 또는 난소를 제거해 성욕을 없애는 것이다.
- ㉡ 고환기능의 완전중지 및 병적인 고환을 제거함으로써 동물의 이용가치를 높이는 것이다.
- ㉢ 거세는 주로 수컷에게만 실시하며, 암컷은 별로 하지 않는 것이 보통인데, 이는 난소를 제거하는 수술이 극히 어려울 뿐만 아니라 그 효과도 적기 때문이다.

② 거세시기
- ㉠ 일반적으로 거세의 영향이 적은 이유 전 포유기에 주로 실시한다.
- ㉡ 통상의 경우는 6개월 전후에 실시한다.
- ㉢ 육용 비육의 경우
  - 포유 중일 때는 생후 1~2개월령
  - 이유 중일 때는 생후 4~5개월령
- ㉣ 역용의 경우 : 생후 15~24개월령
- ㉤ 거세의 계절 : 봄(4, 5월) > 가을 > 겨울 > 여름 순으로 나쁘다.

③ 거세의 장점
- ㉠ 근내지방도가 증가하고, 근섬유가 가늘어지며 향미가 좋아진다.
- ㉡ 고기의 연도(전단력)가 비거세우보다 현저히 낮아(연해)진다.
- ㉢ 교미능력의 상실로 암수 합사사육이 가능하다.
- ㉣ 소의 성질은 온순하고, 투쟁심이 없어지며, 사양관리가 쉽다.
- ㉤ 출하 시 좋은 등급으로 높은 가격을 받을 수 있다.
- ㉥ 종축으로서의 가치가 없는 가축의 번식을 중단시킬 수 있다.
- ㉦ 체지방 축적이 많아지고, 다즙성이 향상된다.

④ 거세의 단점
- ㉠ 거세우의 발육은 비거세우보다 일반적으로 떨어진다.
- ㉡ 일당 증체량은 다소 떨어지고 사료효율 역시 낮다.
- ㉢ 체지방량이 많아 정육량이 다소 떨어진다.
- ㉣ 출하체중 도달일수가 지연된다.

2. 비육우의 사양관리

(1) 비육밑소의 선발요령

① 건강상태
   ㉠ 외모상 전체적으로 원기가 있고, 활력이 있으며, 피모에 윤기가 흘러야 한다.
   ㉡ 눈곱이 없고 콧등에 습기가 촉촉하여 이슬방울처럼 맺혀 있어야 한다.
   ㉢ 배분이 정상적이고, 배가 크게 늘어지지 않아야 한다.

② 체 형
   ㉠ 월령에 알맞게 자란 균형잡힌 소로 체고는 크고 발굽이 건강하게 발달해야 한다.
   ㉡ 머리가 너무 크지 않고, 앞다리와 가슴이 넓고 충실한 것이어야 한다.

③ 육 질
   ㉠ 귀안에 털이 부드럽고 귀가 작으며, 털은 가늘고 부드러우며, 밀생한 것이어야 한다.
   ㉡ 뿔은 가늘고 매끈하게 보이며 곤폭이 넓고 전관위가 가는 것을 선발한다.
   ※ 비육대상우를 선정할 때 지육비율이 높은 소로 가장 적합한 것 : 목이 짧고, 주름이 잡혀 있는 소

(2) 입식 초기 사양관리

① 비육밑소의 운반은 가능한 한 장시간 수송을 피하고, 서늘한 시간대를 이용한다.
② 수송 전 많은 양의 사료급여를 피하고, 수송 시 너무 많은 두수의 적재를 하지 않는다.
③ 도착 후에는 수송 시의 스트레스 회복을 위해서 비타민 A나 영양제를 급여하고, 질병예방을 위하여 항생제를 2~3일간 주사한다.
④ 도착 후 사료급여는 양질의 조사료를 자유롭게 먹을 수 있도록 하고 배합사료는 배분상태를 관찰하면서 체중의 1.0% 정도 급여하되 목표 일당 증체량까지 서서히 증량한다.
⑤ 입식 전에 축사를 청결히 청소 및 소독 후 바닥을 건조하게 하며, 마른 깔짚을 깔아 준다.
⑥ 사료는 가능한 구입 전에 먹이던 사료를 주고, 약 2주간에 걸쳐서 서서히 변경해야 한다.
⑦ 생후 3~4개월령의 소를 입식했을 경우 기호성이 좋은 양질의 조사료를 자유롭게 채식하도록 한다.
⑧ 6개월령(체중 160kg)까지 일당 증체량이 0.8~0.9kg이 되도록 육성한다.
⑨ 반추위 발육과 기능을 발달시키기 위해 곡류사료와 건초를 먹인다.

> **더알아두기**
>
> 송아지의 발육은 유전적 요인, 기상적 요인 및 영양수준에 의해서 크게 영향을 받으나 실제로 암송아지(젖소)의 육성계획을 세우는데 초산월령을 언제로 잡을 것인지가 가장 중요하다.
>
> 송아지 반추위 발달을 위한 조치
> - 신선하고 깨끗한 물을 충분히 급여한다.
> - 혐기적 환경을 유지한다.
> - 충분한 양의 송아지사료를 급여한다.
> - 양질조사료와 인공유 등 고형사료(固形飼料)를 조기에 섭취하도록 해야 한다.

(3) 비육기별 사양관리

① 비육 전기(고영양)
  ㉠ 생후 12개월령(체중 292kg)에서 15개월령(체중 367kg)까지의 시기이다. 급격한 지방이 축적되는 것을 방지하는 비육완충기라고도 할 수 있다.
  ㉡ 단백질함량이 높은 농후사료와 양질의 조사료를 많이 급여한다.
  ※ **비육용 사료를 선택할 때 고려할 사항** : 기호성, 경제성, 영양가

② 비육 중기(중등 및 고영양)
  ㉠ 생후 16개월령(체중 395kg)에서 21개월령(체중 536kg)까지 시기이다.
  ㉡ 근내지방의 왕성한 축적이 되는 시기이다.
  ㉢ 일당 증체량이 최고가 되는 시기이다.
  ㉣ 배합사료 내 TDN함량과 조단백질함량을 적절히 조절해야 한다.

③ 비육 후기(저영양 수준)
  ㉠ 생후 22개월령(체중 560kg)에서 출하까지 말한다.
  ㉡ 근내지방이 계속 증가되는 시기이다.
  ㉢ 농후사료의 절대섭취량을 유지하고, 조사료 급여량은 제한적으로 급여한다.
  ㉣ TDN함량은 높이고, 조단백질함량은 감소시킨다.
  ㉤ 사일리지나 청초를 급여하면 케로틴으로 인한 지방색이 황색으로 변하여 육질등급이 낮아지므로 건초나 볏짚을 급여한다.
  ㉥ 보리를 급여하면 지방색이 백색으로 되어 육질등급이 좋아진다.
  ※ **한우의 육성 비육 시 영양시스템** : 조사료로 육성 후 농후사료로 비육한다.

(4) 비육우의 육성 시 조사료 다급 시 장점

① 지속적인 증체가 가능한 건강한 비육밑소를 육성할 수 있다.
② 조사료의 거침과 부피에 의해 제1위와 소화기관 및 골격 발달된다.
③ 조사료를 많이 급여함으로써 내장 주위나 근육 사이에 불가식 지방의 조기침착을 방지한다.
④ 침의 다량분비를 촉진하여 제1위 내 미생물을 활성화시켜 발효가 양호해지고 반추위의 기능을 원활하게 한다.

(5) 비육우의 사양의 특징

① 비육우의 효과를 높이기 위한 조건 : 조숙성·조비성일 것, 사료의 이용성이 높을 것
② 한우고기의 품질에 있어서 가장 크게 영향을 미치는 요인 : 지방의 함량
③ 비육우의 성장과 도체 특성에 영향을 미치는 요인 : 성별, 품종, 사료의 영양수준
④ 대두박이나 옥수수를 많이 급여하면 체지방이 연해진다.
⑤ 비육 말기에 지방을 많이 공급할수록 육질이 더 좋아진다.
⑥ 소와 같은 반추동물은 반추위미생물이 대부분 수용성 비타민과 비타민 K를 합성할 수 있기 때문에 특별한 경우를 제외하고는 수용성 비타민의 추가공급이 필요하지 않다.
⑦ 고기의 상품가치는 경지방이 많을수록 좋다.
⑧ 비육우 사양에 있어서 비육촉진제에는 항생제, 생균제제, 호르몬제, 반추위 발효조정제, 유기비소제, 황산구리, 효소, 효모, 미지성장인자 등이 있다.

3. 번식우의 사양관리

(1) 임신우 관리

① 임신기간
 ㉠ 한우 암소의 임신기간은 평균 280~285일이다.
 ㉡ 분만일의 계산 : 수정일에 10을 더하고, 수정월에서 3을 빼면 분만예정일이 된다.
② 임신 초기(3개월까지) : 유산의 가능성이 있으므로 과격한 운동을 피한다.
③ 임신 중기(6개월까지) : 약 6~7kg의 태아가 성장하는 단계이다.
④ 임신 말기
 ㉠ 태아성장률이 약 70%를 나타낸다.
 ㉡ 임신 말기에는 급격하게 성장하므로 전체 급여영양소를 약 20~30% 가량 증량급여한다.
 ㉢ 임신우의 경우 영양소 공급이 가장 많아야 하는 시기이다.

(2) 임신우 사료급여

① 임신우에게 녹엽의 건초류나 황색 옥수수사료를 많이 급여한다. 이는 사료 중의 β-carotene 의 함량을 높여 주게 되어 번식기간을 단축하는 효과를 기대할 수 있다.
② 분만 약 1개월 전에 항산화제인 비타민 E와 Se제형을 근육으로 투여한다. 이는 송아지의 출생 후 백근증을 예방할 수 있으며, 분만 후 어미소의 후산정체, 유산 및 사산 등을 예방할 수 있다.
※ 셀레늄(Se) 부족 시 육성우에서 가끔 설사를 유발하고 임신우에서는 분만 후 후산정체를 일으킨다.
③ 지용성 비타민 제제를 임신 말기에 투여한다. 이는 초유 중의 면역단백질의 농도와 질을 높일 수 있다.
④ 분만 직전에 농후사료량을 증가하여 전체 TDN가를 높여 준다. 이는 어미소에서는 발정재귀일 수를 단축하는 효과와 더불어 수태율을 높일 수 있고, 수태당 종부횟수를 줄여 번식능력을 개선할 수 있으므로 분만간격도 당연히 줄어들게 된다.

(3) 분만우 사양관리

① 포유기는 조단백질 및 대사에너지 요구량이 급격히 증가한다.
② 발정재귀 단축, 수태율 향상을 위해 임신우보다 20% 정도를 더 급여한다.
③ 영양상태가 육안으로 보아 불량할 때는 기준량보다 약 10% 정도 증량급여한다.
④ 조사료원으로 볏짚만 급여하는 농가에서는 종합비타민제와 광물질제제를 반드시 보충급여 하여야 한다.

> **더알아두기**
>
> 한우 번식우의 분만 전후 주요 관리사항
> - 영양소 요구량 충족, 사료의 건물섭취량 증가
> - 운동과 일광욕을 통한 대사활성과 비타민 D 합성 이용
> - 조사료와 대사에너지 요구량 증가
> - 자궁회복 촉진과 발정재귀일수 단축
> - 첨가제나 이온(음, 양이온)균형자료 급여

(4) 번식우 관리

① 정액생산과 교배를 목적으로 사육하고, 비만과 영양소결핍에 유의한다.
② 단백질과 비타민 A, C, E 및 칼슘과 인 등의 영양소를 공급하고 운동을 충분히 시킨다.
③ 농후사료 급여량은 제한급여하고, 양질의 조사료급여를 통하여 반추위를 포함한 소화기관을 건강한 발달을 촉진시키도록 해야 한다.
④ 영양결핍 시 정자 수 감소, 정자의 활력 저하, 기형률이 높아진다.

02 젖소의 사양관리

1. 송아지 및 육성우의 사양관리

(1) 젖소의 품종

① 홀스타인(Holstein)
  ㉠ 원산지는 네덜란드와 북부 독일이다.
  ㉡ 유량은 많으나 유지율이 낮다.
  ㉢ 환경적응력이 강하나 추위에 약하다.
  ㉣ 외관이 뚜렷하고 주둥아리가 넓으며, 콧구멍이 열려지고 매우 강한 턱이 있다.
② 저지(Jersey)
  ㉠ 영국 저지섬이 원산지로 성 성숙이 빠르다.
  ㉡ 유지율 및 전고형분함량이 다른 품종보다 높다.
③ 건지(Guernsey)
  ㉠ 영국 건지섬이 원산지이다.
  ㉡ 추위에 강하고 유지율은 5% 정도로 높으며, 전고형분의 함량도 많다.
④ 에어셔 : 영국 원산으로 환경적응력이 강하다.
⑤ 브라운스위스 : 스위스 원산으로 유·육 겸용종이다.

(2) 출생 후 송아지(분만으로부터 생후 3일까지) 사양관리

① 분만 후 콧구멍과 입에 있는 점액을 닦아 준다.
② 호흡 곤란 시 흉벽을 눌러 주거나 송아지 뒷다리를 잡고 거꾸로 하여, 기관지나 콧구멍에 있는 점액을 제거해 준다.
③ 마른 헝겊으로 양수와 오물을 닦아낸다.
④ 탯줄은 배꼽에서 5~7cm 정도를 가위로 잘라 주고 소독한다.
⑤ 즉시 초유를 급여하며, 1시간 내에 송아지가 못 일어나면 세워 준다.
⑥ 포유하지 않는 송아지는 강제로 초유를 먹인다.

(3) 송아지 초유급여

① 초유의 개념
  ㉠ 초유는 단백질과 유지방함량이 높고 유당함량은 낮다.
  ㉡ 보통 우유에 비하여 진한 황색이다.

ⓒ 면역물질이 되는 글로불린함량이 높다.
ⓔ 카로틴, 비타민 A의 함량이 높다.
ⓜ 태변의 배설을 도와준다.
ⓗ 송아지에게 이행된 항체의 효력은 생후 2개월간 지속된다.
ⓢ 나이가 많은 경산우의 초유가 어린 초산우의 초유보다 항체함량이 2배 정도 높다.

② 초유의 급여
  ㉠ 분만 2~3일 전에 어미소의 유방을 미지근한 물을 수건에 적셔 깨끗하게 닦아 준다.
  ㉡ 태어난 송아지는 면역물질이 거의 없으므로, 분만 후에 반드시 30~40분 이내에 즉시 급여하거나 포유할 수 있도록 도와준다(6시간 이내 급여).
  ㉢ 최소한 생후 3일 동안 하루 2번씩 반드시 충분한 양의 초유를 흡유해야 한다.
  ㉣ 초유의 양은 송아지 체중의 4~5%(25kg인 송아지는 1.0~1.2L)를 24시간 이내 섭취할 수 있도록 해야 한다.

> **더알아두기**
>
> **냉동초유 저장방법과 이용방법**
> - 3살 이상의 나이 많은 젖소의 초유를 이용한다.
> - 1~2kg 단위로 나누어 냉동시켜 보관한다.
> - 생산일자, 어미소 이름 등을 기입한 비닐포장에 옮겨 담아 보관한다.

(4) 젖소 송아지 사양관리
  ① 생후 4일령부터 2주령까지
    ㉠ 생후 4~5일령이 되면 저장해 놓은 초유나 전유를 급여한다.
    ㉡ 7일부터 서서히 대용유로 전환하고 1일 2회로 나누어 급여한다.
    ㉢ 반추위 발달을 위해 7일령부터 양질의 건초를 급여한다.

> **더알아두기**
>
> **대용유 급여 요령**
> - 대용유는 45℃에 용해시켜 따뜻하게(39℃) 1일 2회 정량급여한다.
> - 모유 대신 탈지유를 급여해도 된다.
> - 항상 깨끗한 물을 급여한다.

② 생후 15일령부터 이유 시까지
    ㉠ 대용유는 체중의 5~8% 정도 급여하고, 양질건초를 급여하여 반추위의 발달을 촉진시킨다.
    ㉡ 수분이 많은 청초나 사일리지 급여는 건물섭취량을 떨어뜨리므로 피한다.
    ㉢ 수송아지 42일령, 암송아지 49일령까지 대용유를 포유시킨 후 이유한다.
    ㉣ 이유는 5~6주령 이후에 사료를 700g 이상 섭취할 때 실시한다.

> **더알아두기**
>
> 송아지를 어미와 떼어서 새끼 따로 먹이기(Creep Feeding)의 기대효과
> - 이유 시 송아지 체중이 증가된다.
> - 이유 시 송아지의 건강이 증진된다.
> - 어미소의 체중감소가 적어진다.
> - 어미소의 번식횟수를 증가시킬 수 있다.

③ 어린 송아지 사양관리(이유~3개월령)
    ㉠ 과도한 비육은 피한다.
    ㉡ 과도한 비육은 유선조직에 지방침착을 가져오게 되므로 유선발달이 저해하게 되고, 분만 후 산유량이 떨어지게 됨은 물론 대상성 질병이나 난산 발생률이 높아진다.
    ㉢ 농후사료
        - 건초를 자유 채식시키면서 농후사료 급여량을 조절하여 급여한다.
        - 육성우나 착유우 사료에는 단백질의 함량이 낮고 어린 송아지가 이용할 수 없는 요소 등의 비단백태질소화합물(NPN)이 함유되어 있으므로 급여하지 않는다.
    ㉣ 조사료
        - 청초나 사일리지 등 수분이 많은 조사료는 송아지의 건물섭취량이 적어지므로 발육이 뒤진다.
        - 옥수수 사일리지의 처음 급여시기는 6개월령 이후로 미루는 것이 좋다.
        - 가급적 방목을 피한다. 방목은 기생충의 감염이 늘고 풀의 질이 계절적으로 고르지 않아서 송아지의 발육이 균일하지 못하며, 방목을 하다 보면 송아지를 제대로 돌볼 수 없다.

④ 중송아지 사양관리(4~6개월령)
    ㉠ 발육부진, 과다비육이 되지 않도록 일당 증체량을 0.6~0.8kg으로 유지한다.
    ㉡ 6개월령까지는 청초나 사일리지 등 수분이 많은 조사료는 제한 급여하고(일당 4~5kg 이내) 건초 위주로 사육한다.
    ㉢ 조사료는 부드러우며 단백질함량이 높은 것을 급여한다.

② 부득이 볏짚, 산야초 등 저질조사료를 급여할 때는 단백질사료와 비타민 첨가제를 별도로 보충한다.
⑩ 아직 반추위의 발달이 완전하지 못하므로 조사료 외에 농후사료를 보충 급여한다.
⑪ 비육용 사료, 착유우 사료 등을 먹이지 않도록 한다. 이들 사료들은 단백질함량이 낮고 요소가 함유되어 있으므로 발육이 감소하기 때문이다.
⑫ 6개월령에 구충제를 투여한다.

(5) 제 각

① 뿔자르기는 생후 7일령에 실시한다.
② 제각의 이유
  ⊙ 치료목적 : 성우의 뿔이 끝부분(根部)에서 부러졌을 때에는 화농되어 전두동염을 일으킬 가능성이 있으므로 치료목적으로 제각한다.
  ⓒ 사고방지 : 뿔이 있는 소가 다른 소를 받아 상처를 입히거나 유산시키는 사고를 방지한다.
  ⓒ 관리상의 안전 : 관리인의 안전과 위협감을 없애기 위해서 제각한다.

(6) 부유두 제거

① 부유두는 4~6주령에 제거한다.
② 정상적인 젖소의 젖꼭지는 4개이다.
③ 부유두가 있으면 유방염 등에 감염될 염려가 있고 기계 착유 시 장애가 된다.

※ 젖소의 유속(乳速)에 영향을 미치는 요인
유두 괄약근의 탄력성, 유방 내 우유의 양, 유두구멍의 크기 등으로 유방의 크기와는 무관하다.

2. 착유우의 사양관리

(1) 비유 초기 사양관리(산유량 유지를 위한 유도사양, 번식관리)

① 비유 초기는 분만 후 최고비유기인 3개월(12주)까지의 기간이다.
② 산유량은 분만 후 4~5주에 최고수준에 도달하고, 사료섭취량은 8~10주에 최고에 달한다. 즉, 산유량이 빠르게 증가하고, 체중은 감소하는 특성을 보인다.
③ 비유 초기의 젖소에 있어서 조사료 : 농후사료 급여비율(건물기준)은 40 : 60이다.
④ 젖소의 영양소 요구량이 높아 농후사료의 증량급여가 필수적이나 이 경우에도 반추위의 정상적인 기능을 유지하기 위해서는 양질의 조사료를 40% 이상 급여해야 한다.

⑤ 최대섭취량을 위해 가급적 사료급여 횟수를 늘려 준다(최소한 3회 이상).
⑥ 사료 급여횟수를 증가시킬 경우 사료섭취량 증가, 우유생산량 증가, 유지방량 증가 등의 효과가 있다.

(2) 비유 중기 사양관리(산유량 유지, 수태확인)
① 비유 중기는 분만 후 10주 후부터 6~7개월령까지이다.
② 사료섭취량이 최대로 증가하나 산유량은 매주 2~3%씩 감소하므로 사료로부터 충분한 영양소를 공급받는 시기이다.
③ 조사료의 섭취량은 건물기준으로 최소한 젖소체중의 1%가 되도록 하며 농후사료는 체중의 2.5%까지 급여할 수 있다.
④ 충분한 양의 사료를 섭취하기 때문에 사료 내 에너지 및 단백질함량이 비유 초기와 같이 높을 필요가 없다.
⑤ 비유 중기 우유생산을 위한 영양소 공급에 있어서 이상적인 조사료 : 농후사료 급여비율은 60 : 40이다.
⑥ 비유 중기 이후의 건강이 좋거나 다소 과비 경향이 있는 젖소에게 비유촉진호르몬을 투여하여 산유량 증진을 계획한다.

(3) 비유 말기 사양관리(적정 체중 증가 유도, 건유기 준비)
① 비유 말기는 분만 후 6~7개월령에서 건유 전까지의 기간이다.
② 산유량이 감소하고, 체지방 축적으로 전환되어 체중 증가시기이다.
③ 실제 요구량보다 약간 많은 양의 에너지가 공급될 수 있도록 급여하여 비유 초기에 잃은 체내 축적에너지를 회복하도록 한다.
④ 성장 중인 젖소는 실제 요구량보다 10%(3세의 경우)~20%(2세의 경우) 정도 더 많은 양의 사료를 급여한다.
⑤ 과비상태일 때는 분만장애, 대사성 질환, 전염성 질병의 발생확률이 높으므로 과다한 체중증가를 피한다.

※ 비유 중인 젖소의 경우 다량의 농후사료 급여는 유당과 유량이 증가하고, 단백질의 함량은 변화가 없다.
※ **유도사육** : 젖소의 관리에 있어서 분만예정 3주 전쯤부터 곡류사료를 서서히 증가시켜 체중의 1.0~1.5% 증량급여하는 사육방법

(4) 기타 주요 사항
① 위생적인 착유순서
기기소독·세척 → 전착유 → 유방세척 → 유방건조 → 유두컵 장착 → 착유 → 유두컵 제거 → 유두소독
※ **착유 시 맥동기의 가장 적합한 분당 맥동주기 : 50~60회**

② 젖소의 비유곡선
㉠ 비유 초기에 충분한 영양소를 공급해야 산유량이 정상수준으로 회복된다.
㉡ 비유 최성기에 도달하는 시기는 그 동물의 유전적 요소와 그 동물의 분만 전 영양상태 및 분만 후 사양관리에 따라 다르나 젖소의 경우는 평균 4~8주째이다.
㉢ 최고유량에 도달한 후 젖소의 산유량은 일정한 비율로 점차 감소하는데, 이 감소율은 개체와 비유기에 따라 다르지만 재임신 후 22주경에 더욱 급속히 떨어진다.
㉣ 재임신시키지 않고 착유를 계속하면 유선의 활동이 약화되어 비록 유량은 감소하지만 2~3년 또는 그 이상까지도 젖을 분비할 수 있고, 6년 이상 비유를 계속한 기록도 있다.

③ 젖소에 있어서 완충제(Buffer)의 사용
㉠ 착유우사료 중에 사용되는 완충제의 사용을 고려할 경우
  • 유지방함량이 낮을 경우
  • 총급여사료 중 조사료가 45% 이하일 경우
  • 시료를 분쇄 또는 펠릿화했을 경우
  • 농후사료 급여량이 체중의 2% 이상일 경우
㉡ 완충제의 종류 : 중조(중탄산나트륨, $NaHCO_3$), 중탄산칼륨, 산화마그네슘, 석회 등

④ 착유우사료에 요소를 이용하는 경우 적절한 방법
㉠ 농후사료에 2% 이상 사용하지 않는다.
㉡ 총사료단백질 중 1/3을 초과하지 않는다.
㉢ 1일 두당 0.2kg 이상 사용하지 않는다.
㉣ 사료 중의 TDN함량이 낮을 때 요소이용량을 낮추어 사용한다.

⑤ 조사료
㉠ 착유 중인 젖소사료에 함유되어야 할 최소한의 조섬유함량 : 16% 이상
㉡ 소의 사료로서 조사료가 필수적인 이유 : 반추위와 장기의 정상적인 생리작용 때문에
㉢ 착유우의 유지율 향상을 위한 방법 : 양질의 조사료를 충분량 급여한다.
㉣ 조사료가 풍부한 지역에서 유리한 축종 : 젖소

⑥ 젖소의 건물섭취량에 영향을 주는 요인
㉠ 동물적 요인 : 체중, 산유량, 임신, BCS, 질병발생, 호르몬 변화, 반추위 크기와 반추위 내 휘발성 지방산 등

ⓒ 사료적 요인 : 반추작용, 반추위 산도, 지방함량, 수분함량, 조사료 입자도, 유효섬유소, 영양소함량 및 부피, 기호성, 조사료의 질, 조·농비율, 단백질/에너지비율, 탄수화물의 분해속도
　　ⓒ 환경적 요인 : 사조관리, 우군 규모, 사조 접근용이도, 잔량처리, 급여횟수, 스트레스 등 시설환경요인
　　※ 우유의 품질등급 중 체세포수의 변화에 영향을 주는 요인 : 유두상처, 개체 스트레스, 비유일령

3. 건유우의 사양관리

(1) 젖소의 건유 필요성

① 유방조직의 휴식 및 유선세포의 회복
② 체내 무기물의 보충과 임신 중 태아의 영양분 공급
③ 차기 젖생산을 위한 영양소 축적
④ 비유기 모체 영양손실의 회복
⑤ 장기간 농후사료를 섭취한 소화기관의 휴식
⑥ 유방염 등 질병치료

(2) 건유기 사양관리

① 건유기에 단백질, 에너지의 과잉공급 시 과비를 초래한다.
② Ca, P, 소금을 과잉공급하면 유열 등 대사성 질병이 발생한다.
③ 비유기에 쇠약해진 제1위의 점막과 융모돌기를 회복하기 위해 양질의 건초의 급여한다.
④ 단백질, 칼슘의 함량이 높은 두과목초가 총급여사료의 50%를 초과하면 유열의 발생률이 높아진다.
⑤ 건유기에 옥수수 사일리지만을 급여하면 분만전후의 건물섭취량이 크게 저하된다.
⑥ 옥수수 사일리지는 에너지함량이 높아 과비되기 쉬우므로 다급은 피한다.
⑦ 분만 2~3주 전은 건물섭취량이 저하함으로 양질의 조사료를 급여한다.
⑧ 분만 2~3일 전에 칼슘, 인을 공급하여 유열의 발생빈도를 낮춘다.
⑨ 건유우의 소금섭취량이 너무 많으면 유방부종의 원인이 된다.
⑩ 건유기의 농후사료 급여의 상한치를 NRC는 건물섭취량의 40%까지로 제한하고 있으므로 농후사료는 체중의 0.7%까지를 상한으로 하여 급여한다.
　　※ 착유우에서 유기가 경과되어 건유기에 가까워지면 감소하는 우유성분 : 유당

(3) 젖소 건유기 사양의 특징

① 젖소의 임신 말기가 되면 태아의 발육이 왕성해져 충분한 영양이 요구되는 시기이다.
② 비유로 인하여 휴식과 안정이 필요하고 건유기간은 60일 정도가 바람직하다.
③ 건유기간이 너무 길면 비만증상이 나타나 유열 등의 대사성 질병이 나타날 수 있다.
④ 건유를 시키지 않고 계속 착유를 했을 경우 다음 유기의 산유량이 30% 정도 감소한다.
⑤ 분만 후 비유기간에는 아무리 많은 칼슘을 공급해도 자기골격에서 손실되는 것을 방지할 수가 없다. 따라서 건유기에 칼슘과 인이 체내에 다시 축적된다.
⑥ 젖소에 있어서 최대산유량을 얻기 위하여 권장되는 건유기간은 50~60일이다.
⑦ 임신한 젖소는 분만예정 전 일정기간 착유를 하지 않고 반드시 분만예정 전 60일부터 건유를 시켜야 한다.

더알아두기

고능력 젖소가 분만 초기에 사료건물섭취량이 떨어지는 반면에 산유량이 증가하면서 우유분비에 부족한 에너지의 조달과정에서 일어나는 현상
체지방 분해, 지방간 발생, 케토시스 발생

(4) 젖소의 대사성 질병

① **유열** : 비정상적인 Ca대사에 의해 발생한다.
② **케토시스** : 분만 전·후 특히 분만 후 비유량 증가에 수반하여 소비에너지가 섭취에너지량을 상회 시 체내에너지원이 소비되어 저혈당과 케톤혈증이 유발된다.
③ **고창증** : 반추동물의 경우 반추위 내 이상발효에 의한 과도한 가스생성과 트림반사의 저하로 극도로 위가 팽창하는 대사성 질환이다.
④ 그 외 대사성 질병에는 난산, 후산정체, 유방염, 제4전위증 등이 있다.

더알아두기

유열발생을 막을 수 있는 예방대책
• 비타민 A와 D 및 단백질을 충분히 섭취토록 한다.
• 분만 전에 양이온보다 음이온을 더 공급한다.
• 분만 후 충분한 양의 칼슘을 공급한다.
• 건유기간 중 칼슘섭취량을 제한한다.
※ 고능력 젖소사료에 중조($NaHCO_3$)를 사용하는 것은 산중독증을 예방하기 위함이다.

03 돼지의 사양관리

1. 자돈 및 육성돈의 사양관리

(1) 돼지의 품종 - 체형 및 이용도에 따른 분류

① 라드형(지방형 : Lard Type)
  ㉠ 품종 : 폴란드 차이나종(Poland China), 두록(Duroc)종, 체스터화이트종(Chester White), 버크셔(Berkshire)종 등
  ㉡ 체구가 작고 체폭과 체심이 크며, 다리가 짧고 지방이 많이 축적되는 체형이다.
  ㉢ 살이 많이 찌고 지방축적이 많아서 비육능력은 우수하나 번식능력이 떨어져 산자수가 적다.

② 베이컨형(가공형 : Bacon Type)
  ㉠ 품종 : 랜드레이스종(Landrace), 대요크셔(Large Yorkshire)종, 탬워스종(Tamworth) 등
  ㉡ 낙농부산물, 완두콩, 보리, 밀, 연맥, 호맥, 근채류 등이 많이 이용되는 곳에서 질이 좋은 베이컨 생산을 목적으로 개량된 체형이다.
  ㉢ 몸 안에 지방을 축적시키지 않고 가운데 몸통이 길며 햄이 풍부하며 베이컨이 잘 발달되었다.

③ 미트형(고기형 : Pork Type, Meat Type)
  ㉠ 품종 : 햄프셔(Hampshire)종, 중요크셔종(Middle Yorkshire) 등
  ㉡ 라드형과 베이컨형의 중간체형이며 생육용으로도 좋고, 산자수도 높다.
  ㉢ 발육이 빠르고 근육 부착상태가 좋으며, 햄 부위가 충실하고 지방의 과다축적이 없다.

(2) 포유자돈 관리

① 일반적으로 2~3주가 지나면 사료섭취가 가능하다.
② 초유를 태어난 지 1시간 이내에 충분히 급여한다.
③ 거세는 생후 2~3주에 하는 것이 좋다.
④ 이유 1주일 전부터 모돈의 사료를 조금씩 줄여서 건유를 촉진시킨다.
⑤ 신생 포유자돈의 적절한 환경적온은 30℃ 정도(28~32℃)이다.
⑥ 자돈을 조기 이유시키는 주된 목적
  ㉠ 이유 후 모돈의 재발정이 빨리 오기 때문에 모돈의 번식회전율을 높인다.
  ㉡ 모돈으로부터 조기이유 격리하여 특정 병원균에 오염되지 않은 청정돼지 생산이 목적이다.

⑦ 자돈이 빈혈에 걸리기 쉬운데 그 이유는 어미젖 중에 특히 철분이 부족하기 때문이다.
⑧ 철분주사는 생후 3일 이내에 1차 주사(100mg/1두)하고, 생후 10~14일 이내에 2차 주사(100mg/1두)한다.

(3) 기타 주요 관리사항

① **후보돈 관리** : 질병 상황이 다른 농장에서 입식되는 후보돈은 기존 농장의 질병상황을 불안정하게 변화시킬 수 있기 때문에 격리사를 통한 환경적응과정이 매우 중요하다.

② **견치(이빨) 자르기**
  ㉠ 돼지는 위·아래에 2쌍식(8개)의 송곳니가 있는데, 이로 인해 어미돼지의 유방에 상처를 유발하고 식육증을 촉진하게 된다.
  ㉡ 출생 직후 스테인리스 니퍼를 이용하여 절단해 준다.

③ **꼬리 자르기(단미)**
  ㉠ 돼지는 본능적으로 호기심이 많아 입으로 무는 것을 좋아해 신체를 물어뜯는 식육증이 있다.
  ㉡ 식육증을 예방하기 위해 신생자돈의 꼬리를 단미기로 생후 3일 이내에 3~4cm 남기고 잘라 준다.

④ **이각(개체표시)**
  ㉠ 개체 표시를 할 때는 주로 이각과 이표를 사용한다.
  ㉡ 이각은 귀의 일부를 잘라내어 번호를 표시하는 것으로 개체 관리 시 용이하다.
  ㉢ 이표는 RFID 전자칩 등을 이용해 개체관리에 활용할 수 있다.

⑤ **거 세**
  ㉠ 종축으로서 가치가 없어 육용, 역용으로 이용할 가축의 정소 또는 난소를 제거하여 성욕을 없애는 것을 거세라고 한다.
  ㉡ 거세의 목적
    • 종축 이외의 가축을 거세하는 것으로 품종의 균일화와 개량에 목적이 있다.
    • 성질이 온순해져서 다수의 돼지를 함께 사육할 수 있다.
    • 온순하고 성욕이 없으므로 에너지와 낭비를 억제한다.
    • 웅성호르몬의 분비를 차단하므로 수퇘지의 냄새를 줄여 돼지고기의 기호성을 높여 준다.
  ㉢ 거세시기 : 생후 2주일 이내(10일경) 즉, 포유기인 어린 시기에 하면 시술 후 회복이 빠르고, 효과도 좋다.

2. 비육돈의 사양관리

(1) 돼지의 성장특성
① 이유 직후 : 사료 및 환경의 급격한 변화에 의해 성장지연 및 체중감소현상이 있다.
② 이유자돈기 및 육성기
　㉠ 골격 및 근육조직이 왕성하게 발달하는 시기로 고열량, 고단백사료를 급여하여야 한다.
　㉡ 자돈은 성장속도가 매우 빠르나 위의 용적이 작아 사료섭취량이 제한되므로 영양소가 고농도로 농축된 사료의 공급이 필요하다.
　㉢ 초기 성장이 저조한 돼지는 성장 후반부에 보상성장이 일어나지만 주로 지방이 축적되기 때문에 육질저하를 가져온다.

(2) 육성 비육돈의 일반관리
① 구입자돈 입식 2일에는 건강상태를 점검하고 사료를 급여한다.
② 입식 7일경에는 구충 및 예방접종을 실시한다.
③ 계절별 적정 온·습도를 유지한다(온도 17~21℃, 습도 65% 내외).
④ 적정 사육공간을 유지하고 경지방, 백색지방 돼지고기 생산에 유의한다.
⑤ 조섬유를 많이 함유한 사료 위주로 배합된 비육돈사료를 급여한다.
⑥ 지방사료나 탈지하지 않는 쌀겨 등 급여 시는 연지방 돼지고기가 되므로 제한급여한다.
⑦ 동물성 지방 첨가 시에는 유리지방산함량을 15% 이내로 한다.
⑧ 비육 전기와 비육 후기사료의 단백질 수준은 체중증가가 되는 후기에 2~3% 낮추어 주는 것이 좋다.

(3) 돼지의 육질에 관계하는 요인
① 도체평가 중에서 육질등급은 지방교잡(근내지방도), 지방색, 육색 등으로 한다.
② 도체율이란 가축의 생체중에 대한 도체중의 생산비율이다.
③ 상강육(Marbling Meat)이란 근육 내, 즉 근속 간에 지방이 축적된 고기를 말한다.
　㉠ 1차 근속과 1차 근속 사이에 지방이 축적된 고기
　㉡ 2차 근속과 2차 근속 사이에 지방이 축적된 고기
　㉢ 1차 근속과 2차 근속 사이에 지방이 축적된 고기
④ SPF 돼지란 특수 병원균에 감염이 안 된 돼지이다.
　※ **특정 병원균 부재돈**(SPF ; Specific Pathogen Fee) : 임신 말기의 어미 돼지를 무균실에서 제왕절개 수술 또는 자궁적출 수술로 특정 병원균을 배제시키는 첨단기술이다.

⑤ 이상(異常) 돼지고기는 근육이상, 체지방이상 및 기타 고기품질이상 형태를 말한다.
⑥ 근육이상 돼지고기 : PSE육, DFD육, 백근증
  ㉠ PSE육(PSE ; Pale Soft Exudative, 물돼지고기) : 스트레스가 원인으로 고기의 색깔이 창백하고, 품질은 탄력 없이 흐물흐물하며, 고기 내 수분이 잘 빠져 나오는 고기
  ㉡ 백근증 : 비타민 E나 셀레늄의 부족으로 심근이나 골격근이 희고 변성을 일으키는 것
  ㉢ DFD육 : 색이 지나치게 검고(Dark), 고기가 단단(Firm)하며, 건조(Dry)한 고기로 도살 전 스트레스를 많이 받아 도축 후 해당작용의 부조화에 의해 나타나는 검붉은 색깔의 식육으로 pH가 높아 미생물이 신속히 발육하여 저장성이 떨어지는 고기
⑦ 기타 주요사항
  ㉠ 저단백질사료에 에너지 급여수준을 과다하게 증가시키면 등지방이 두꺼워진다.
  ㉡ 단백질의 급원에 따라 도체의 지방 대 정육비율이 영향을 받는다..
  ㉢ 돼지는 비육되어 체중이 클수록 도체율이 높다.
  ㉣ 거세하지 않은 수퇘지는 암퇘지나 거세돈에 비하여 증체율과 사료효율이 높다.
  ㉤ 단백질의 급원에 따라 도체의 지방대 정육비율이 영향을 받는다.
  ㉥ 거세한 돼지는 거세하지 않은 것보다 지방층이 두꺼워지고 살코기의 생산비율이 적어지는 경향이 있다.
  ㉦ 비육돈의 출하체중은 원칙적으로 사료효율과 시장성에 의해서 결정된다.

(4) 돼지의 체적 측정부위
① 체장 : 귀상의 중앙에서 체상선을 따라 미근까지의 길이 측정
② 흉위(가슴둘레) : 앞다리 바로 뒤의 몸둘레를 길이로 측정
③ 관위 : 왼쪽 앞다리의 가장 가는 부위의 둘레를 길이 측정
④ 체고 : 어깨상단에서 바닥까지의 직선거리를 길이 측정
⑤ 흉심 : 앞다리 바로 뒷부분의(흉위를 측정하는 부분) 가슴깊이를 측정하는 것으로 가슴상단에서 가슴바닥까지의 길이측정
⑥ 전폭 : 전구의 가장 넓은 부위의 폭을 측정
⑦ 흉폭 : 앞다리 바로 뒷부분의 가슴의 폭을 측정(흉위, 흉심을 측정하는 위치)
⑧ 후폭 : 후구의 가장 넓은 부위의 폭을 측정

3. 번식돈의 사양관리

(1) 후보돈 관리

① 후보돈의 구입
- ㉠ 후보돈 구입목적이 갑작스러운 증산 혹은 질병을 대비한 산차복수의 확보인지 단기간의 출하물량 확보를 위한 것인지를 먼저 생각하고 결정하여야 한다.
- ㉡ 후보돈의 구입은 어느 정도 체형을 볼 수 있는 80~90kg 대에서 구입한다.
- ㉢ 질병의 감염 및 전파의 예방을 위하여 도입 후 20일 정도 격리사육이 가능한 면적을 확보하여야 한다.
- ㉣ 도입한 돈체를 소독하고 유효 혈중농도가 3일 이상 지속되는 항생제를 1~2회 근육주사한다.

② 후보돈의 격리관리
- ㉠ 이표나 개체관리표를 이용한 개체번호 부여하고 매일 보행상태의 이상 유무, 분변, 식욕 등을 관찰하여 이상이 있으면 치료 또는 도태를 결정하여야 한다.
- ㉡ 도입 익일부터 사료급이를 시작하고 소화제와 생균제를 첨가하여 3일간 소량씩 증량 후 무제한 급이체제로 들어간다.
- ㉢ 도입 3일 후에는 내·외부 구충을 실시하고 약 1주일경에 필요한 백신(PRRS, APP, PM 등)을 실시한다.

③ 후보돈의 발정유도관리
- ㉠ 160일령쯤 되어 웅돈 근처의 돈방으로 이동시키어 성적인 자극을 받게 하면서 사료를 포유돈사료로 전환하고 제한급이로 들어 간다.
- ㉡ 10개월 이상의 성숙된 웅돈를 이용하고 1일 2회씩 웅돈과 접촉을 시킨다.
- ㉢ 아침, 저녁 각각 다른 웅돈을 후보 돈방에 넣어 접촉시킨다.
- ㉣ 일반적으로 발정유도 후 20일쯤 경과하면 처음 발정이 오기 시작하는데 이때의 일령이 180일 정도가 되게 된다.
- ㉤ 2차 발정이 오면 사료량을 서서히 증가시켜 주고, 3차 발정이 오고 체중이 130~140kg 정도가 되면 교배를 시킨다.

> **더알아두기**
>
> 강정사양
> - 일반적으로 교배 직전 1~2주의 미경산돈에 대하여 실시한다.
> - 교배하기 전에 에너지섭취량을 증가시켜 주는 것, 특히 고에너지사료를 급여하는 방법이다.
> - 강정사양을 하게 되면 건강이 개선되고 교배 시 배란수가 많아지며 산자수를 증가하는 효과가 있다.
> - 발육이 지체된 돼지에 대하여 실시할 때 특히 효과가 크다.

(2) 성숙한 웅돈의 관리
　① 영양소 및 에너지의 급여에 따라 정액과 성욕은 영향을 받는다.
　② 정자수 증가를 위해서 단백질, 비타민 A・E, 칼슘, 셀레늄 등 고에너지사료를 급여한다.
　③ 웅돈의 적정 사육온도는 18℃가 적당하다(13~24℃).
　④ 하루 12시간 이상 밝은 빛(최소 300lx 이상 조명설치 등)을 받게 한다.
　⑤ 건강한 웅돈이라도 2주 이상 휴식 중인 웅돈은 정액의 질이 저하되므로 사용하지 않거나 사용 횟수가 극히 적은 웅돈은 즉시 도태시키도록 한다.
　⑥ 생후 1년 이내의 웅돈은 주 1회 사용을 하고, 1년 이상 성숙된 웅돈은 주 2~3회 사용한다.
　⑦ 고온환경(30℃ 이상)에서는 스트레스를 받아 수태율 및 승가욕이 저하된다.
　　※ 일반적으로 번식돈의 발정주기는 21일이고 임신일수는 114일이다.

(3) 임신돈 관리
　① 수정 후 가장 먼저 안정을 취하게 하고, 21일 이내에 임신여부를 확인하는 관리이다.
　② 임신 초기
　　㉠ 스트레스 요인을 최대한 억제하고 절대적인 비만을 예방한다.
　　㉡ 기본 급여량을 기준으로 하며 과도한 영양관리를 피한다.
　③ 임신 중기
　　㉠ 태아의 안정성과 고른 발달을 위하여 각종 비타민과 미네랄의 부족이 없도록 한다.
　　㉡ 유선조직이 발달할 수 있도록 사료량을 감량하여 급여한다.
　④ 임신 후반기
　　㉠ 임신돈의 체중 증가, 유선의 발달, 태아의 증체, 태아성장의 완성, 양막의 증량 등 빠르게 변화를 가져와 많은 영양분을 필요로 하는 시기이다.
　　㉡ 임신돈에서 영양소 요구량이 가장 높은 시기이다.
　　　※ 번식모돈의 일생 중 영양소 요구량이 가장 많은 시기 : 포유기
　　㉢ 모체와 태아에 충분한 영양을 공급하되 과비가 되지 않게 한다.

더알아두기

임신돈에 대한 제한 급식방법
- 정량급식법 : 일정한 양의 사료를 매일 급여하는 방법으로 군사의 경우보다 개체사양 시 더 유리하며, 가장 많이 이용되고 있다.
- 자유급식법 : 밀기울, 녹사료, 보릿겨 등 섬유질사료의 배합률을 높여 자유급식시켜 사료의 질을 제한하는 방법이다.
- 급여시간제한법 : 3일에 1일 2~8시간 사료를 자유급식시켜 사료급여시간을 제한하는 방법이다.

(4) 분만 · 포유돈 관리

　① 분만징후

　　㉠ 외음부가 붉게 부어오르고 팽대해지며, 음부에서 점액이 분비된다.

　　㉡ 유방은 점차 커지고 유두는 검붉은색을 띠며, 유방을 짜보면 물과 같은 유즙이 나온다.

　　㉢ 복부가 팽대해지고 파수가 발생하며 동작불안 등의 행동을 보인다.

　② 분만 시

　　㉠ 새끼가 나오면 탈지면이나 헝겊으로 입과 코주위를 닦아 호흡이 편하게 해 준다.

　　㉡ 몸전체 점액을 제거하고 탯줄을 2~3cm 정도 여유를 두고 소독된 실로 묶은 후 자른 다음 소독한다.

　　㉢ 분만 후 30분 이내에 초유를 포유시킨다.

　③ 포유돈

　　㉠ 분만 후 2~3일은 완화제를 공급하여 태변을 잘 나오게 한다.

　　㉡ 충분한 영양공급이 될 수 있도록 급여한다.

　　㉢ 포유기는 영양적 결핍이 가장 민감한 단계이다.

　　㉣ 포유돈의 비유량과 포유습성

　　　• 어미돼지의 비유량은 1일 평균 3~4kg이다.

　　　• 초유를 먹여 면역성을 길러 주며, 새끼의 태변 배출을 용이하게 한다.

　　　• 자돈은 생후 3~4일이 되면 각자 젖꼭지를 결정하는 습성이 있다.

　　　• 위탁포유를 시킬 수 있다.

　　　※ 비유기 초산돈은 경산돈에 비해 사료급여량을 더 늘린다.

04 닭의 사양관리

1. 병아리의 사양관리

(1) 육추환경

　① 병아리의 선별요령

　　㉠ 깃털에 광택이 있고 눈이 총명한 것

　　㉡ 몸이 충실하고 탄력이 있는 것

　　㉢ 우는 소리가 크고 몸무게가 35g 이상 되는 것

　　　　ⓔ 깃털이나 난각, 항문, 기타 부위에 분비물이 묻어 있지 않은 것
　　　　ⓜ 일찍 발생된 것
　② 온도관리
　　　㉠ 어린 병아리는 체온조절능력이 충분하지 못하여 저온에 대한 저항력이 약하다.
　　　㉡ 1~2주 동안은 부화발생 시 온도에 가깝도록 온도를 조절해 주어야 한다.
　　　㉢ 온도는 33~35℃ 정도부터 1주일에 약 3℃씩 낮추어 주고 20℃ 전후에서 폐온하여 실온으로 맞추어 주는 것이 좋다.
　③ 습도관리
　　　㉠ 적당한 상대습도는 1주간은 70%, 2주에는 65%, 그 후에는 50~60%를 유지시켜 준다.
　　　㉡ 습도가 부족하면 깃털의 발생이 더디고 다리가 건조하고 발육이 나빠지며, 심하면 탈수증이나 항문폐쇄증 등에 의해서 폐사하는 수도 있다.
　　　㉢ 병아리에게 충분한 습기를 주면 사료효율을 높여 주고 쪼는 악습도 방지할 수가 있다.
　④ 환기관리
　　　㉠ 환기의 목적은 신선한 공기를 공급하고 오염된 공기(유독가스나 먼지)를 밖으로 제거하여, 적절한 습도를 유지시키는 데 있다.
　　　㉡ 적절한 환기는 질병과 스트레스를 막아 주고, 사료효율을 개선하며 성장을 원활하게 한다.
　⑤ 점등관리 : 1주일 동안은 22~23시간 점등하여 병아리가 환경에 익숙해지도록 한다.
　⑥ 첫 모이주기
　　　㉠ 병아리 도착 후 물을 먼저 먹인 후 사료를 급여한다.
　　　㉡ 부화 후 21~22시간에 물을 주고, 24~25시간에 첫 모이를 공급한다.

(2) 부리자르기

　① 시기 : 7~10일경에 실시한다.
　② 부리자르기 목적
　　　㉠ 탁우증 예방
　　　㉡ 사료의 손실 및 편식방지
　　　㉢ 알을 깨 먹는 습성방지
　　　㉣ 투쟁심 방지(체력 소모, 신경과민 예방)

(3) 탁우성(啄羽性, Cannibalism : 쪼는 성질, 식우성)

① 개 념
    ㉠ 식우성은 새로 난 깃털의 발육이 가장 왕성한 30~40일의 병아리에 발생하기 쉽다.
    ㉡ 깃털·항문·발가락을 쪼는 성질 등 여러 가지 나쁜 버릇이 나타나게 된다.

② 병아리 육추 시 탁우성이 발생하는 원인
    ㉠ 과도한 밀사사육 시, 고온사육 시
    ㉡ 직사광선 또는 과도한 조도로 밝기가 너무 밝을 때
    ㉢ 지나친 농후사료로 섬유질이 부족한 때
    ㉣ 사료 중에 비타민, 단백질, 무기성분이 결핍되었을 때
    ㉤ 유전적 영향과 습성

③ 탁우성에 대한 대책
    ㉠ 사육면적을 넓혀 주어 너무 밀집되지 않도록 조절한다.
    ㉡ 쪼는 습관이 있는 병아리를 조기에 발견하여 따로 분리시킨다.
    ㉢ 직사광선을 차단하고 점등밝기를 낮춰주며, 부리자르기를 해 준다.
    ㉣ 쪼인 병아리는 출혈부위에 알코올 성분의 소독약 등을 발라주고 격리시켜 준다.
    ㉤ 적정온도를 유지해 주며, 양질의 녹사료와 염분을 보충해 준다.

2. 육계의 사양관리

(1) 육계의 적정 사육밀도

① 추운 곳에서는 $3.3m^2$당 300수 정도, 더운 곳에서는 150수 정도를 유지한다.
② 겨울철에는 여름철보다 동일한 면적에서 약 10~20% 정도 더 사육할 수 있다.
③ 밀집사육 시 문제점
    ㉠ 사료섭취량 감소 및 성장률 저하
    ㉡ 사료효율 저하, 폐사율 증가
    ㉢ 탁우성 발생
    ㉣ 흉부 수종 발생 증가, 닭의 상품가치 저하

(2) 육계 사양관리의 특징

① 실내는 조금 어둡고 온도를 적절히 유지하여 사료효율을 높인다.
② 출하시기를 단축시키기 위해 고열량, 고단백, 비타민, 광물질사료를 풍부하게 급여한다.
③ 급이기가 높을 경우 균일도와 사료 요구율이 불량해지므로 급이기의 높이를 닭의 등높이와 같도록 조절한다.
④ 4주령 이후에는 적정온도보다 1℃ 저하되면 사료효율이 0.01 저하된다.
⑤ 겨울철 폐온 후 온도가 너무 내려가면 사료섭취량이 많아지고 스트레스로 인하여 증체량이 떨어진다.
⑥ 닭에게 적당한 습도는 60~70%이다.
⑦ 습도가 너무 높으면 깔짚을 습하게 해서 암모니아가스가 발생하고, 너무 건조하면 먼지가 많이 발생하며 기관지의 점막이 말라 외부병원체를 막아내는 면역기능이 떨어진다.
⑧ 4~5주령에 출하할 경우 사료는 무제한 급여한다.

※ 닭의 경제적 사육기간 : 산란 개시 후 약 15개월

3. 산란계의 사양관리

(1) 산란계의 기별 사양관리

① 산란 초기
㉠ 산란 초부터 최고산란기 직후까지, 즉 22주령부터 42주령까지 20주간에 해당되는 시기이다.
㉡ 산란율이 0%에서 최고산란을 하는 85~90% 또는 그 이상까지를 말한다.
㉢ 닭의 체중은 1,450g에서 1,900g으로 성숙하고, 달걀의 크기는 40g에서 60g으로 증가한다.
㉣ 정상적인 산란을 유지하고 난중을 최대한 크게 하려면 단백질, 아미노산, 비타민, 광물질 등을 충분히 급여하여야 한다.
㉤ 최고산란율(Peak Production)에 도달되는 시기는 초산 후 약 2개월 후이다.
㉥ 산란계에서 산란피크로 올라가는 시기의 사양관리
• 물과 사료는 항상 먹을 수 있도록 해 주어 충분한 영양을 공급한다.
• 20주령을 전후로 점등시간을 증가시켜 주며 백색계에 비해 체중이 무거운 갈색계는 점등교체시기를 다소 빠르게 해 준다.
• 온도, 습도 및 환기상태를 수시로 점검하고 최적의 환경조건을 만들어 준다.

- 산란피크에 도달하면 생리적으로 질병에 대한 저항력이 약해지므로 이 기간 중에 질병이 발생하지 않도록 해야 하며, 뉴캐슬이나 산란저하증후군 등의 예방접종을 산란 개시 전에 완료해 병을 이길 수 있는 힘을 키워 놓아야 한다.
    ※ 닭의 산란주기 : 한 마리의 암탉이 연일 산란하는 달걀의 수

② 산란 중기
  ㉠ 체성숙이 끝나는 42주령부터 62주령까지 약 4개월이 이 기간에 해당한다.
  ㉡ 산란 초기에 비해 단백질 요구량이 감소한다.
  ㉢ 이 기간 중 증체가 계속되면 과비(過肥)하여 오히려 능력이 떨어진다.
  ㉣ 산란율은 서서히 감소하지만 난중은 계속 증가한다.
    ※ 산란계의 경우 알이 배란되어 난관을 통과하여 산란하기까지의 평균 소요시간 : 24~25시간

③ 산란 후기
  ㉠ 체중변화가 거의 없으며 난중이 약간 증가하는 시기이다.
  ㉡ 영양소의 공급을 감소시켜야 한다.
  ㉢ 산란율이 60~65% 이하로 떨어지는 시기이다.
  ㉣ 고단백질, 고에너지사료를 계속해서 급여하면 닭의 체내에 지방이 축적되어 산란율이 빨리 떨어지게 된다.

(2) 점등관리

① 개 념
  ㉠ 닭은 일정시간 이상 빛을 쬐어야 정상산란을 한다.
  ㉡ 산란계의 산란수, 난중, 생존율 등은 점등시간 및 방법에 따라 영향을 받는다.
  ㉢ 산란능력에 미치는 점등요인은 점등시간, 점등광도 및 빛의 색, 점등횟수 등이 있다.
  ㉣ 계사를 밝히는 빛은 태양광, 인공광 모두 닭의 뇌하수체를 자극한다.
  ㉤ 점등관리의 목적 : 계군의 성 성숙을 동기화하고, 산란을 촉진하기 위한 것이다.

② 점등관리의 원칙
  ㉠ 15일령부터는 점등시간을 동일하게 유지한다.
  ㉡ 육성기간 동안은 점등기간(일조시간)이나 조도를 절대로 증가시키지 않는다.
  ㉢ 산란기에는 점등시간(일조시간)이나 조도를 절대로 감소시키지 않는다.
  ㉣ 계군이 50% 산란을 할 때, 최소 14시간 이상 점등하여야 한다.
  ㉤ 점등시간의 연장은 아침과 저녁으로 나누어 조절한다.
  ㉥ 일령이 다른 인근계사에 점등영향을 받지 않도록 주의한다.
  ㉦ 무창계사는 작은 빛이라도 들어오지 못하도록 해야 한다.

③ 점등의 방법
  ㉠ 일정시기 점등법
    • 하루 24시간을 계속하여 점등하는 계속조명법이 있다.
    • 자연일장기간에 주야 인공조명시간을 가산하여 1년 중에 가장 일조시간이 긴 하지 정도의 시간(14시간 42분)을 연중 유지하는 방법이 있다.
  ㉡ 점감점증법
    • 산란 전에는 점등시간을 점감하여 조숙을 방지한다.
    • 산란 시에는 점증하여 산란율을 높이는 방법이다.
    • 자연일조시간이 점점 길어지는 시기에 해당하는 9월부터 다음해 3월 사이에 부화된 병아리를 개방계사에서 육성할 때 육성기간과 산란기간을 통하여 적용한다.
    • 점등관리
      - 1주령 병아리는 22~23시간 점등을 한다.
      - 2주령에는 20시간으로 조절하고 8주령이 될 때까지 매주 1시간씩 감소시킨다.
      - 4주령까지는 9시간 점등한 후 18주령 때에는 12~13시간으로 연장한다.
      - 그 후부터는 매주 30분~1시간씩 증가시켜 17시간이 되면 고정한다.
      ※ 점감점증법은 산란계의 산란율을 증가시키기 위해 최대 17시간까지의 점등시간을 연장해 점등관리한다.
  ㉢ 자연일조 점등법
    • 일조시간이 길어지는 4월에 생산된 산란계 초생추를 개방식 계사에서 사육할 때 적당한 점등 방법이다.
    • 육추 시부터 20주령까지는 일조시간에 의하고 20주령부터는 일조시간을 포함하여 최소 13시간 이상을 포함하도록 한다.
    • 점등관리
      - 1주령 병아리는 22시간 점등해 준다.
      - 2주령에는 18시간, 3주령에는 16시간으로 낮추어 점등한다.
      - 4주령부터 14주령까지는 15시간 고정 점등한다.
      - 15주령부터 19주령까지는 자연일조시간에 의한다.
      - 20주령부터 15시간 30분을 기준으로 매주 15~30분씩 연장하여 17시간에 도달하면 고정 점등한다.

(3) 강제 환우(털갈이)

① 환우의 개념(생리)
   ㉠ 환우는 보통 1년에 한 번씩 하지만 환경에 따라 1년에 2번 또는 그 이상을 하기도 한다.
   ㉡ 환우 개시시기는 산란지속성과 관계가 있다.
   ㉢ 산란능력이 우수한 닭은 늦가을까지 계속 산란을 하므로 털갈이를 늦게 하거나 털갈이 중에도 계속 산란을 한다.
   ㉣ 산란을 계속하면서 환우를 하려면 닭의 체중을 유지, 증가시킬 수 있어야 한다.

② 산란계의 강제 환우의 목적
   ㉠ 달걀 생산시기 조절, 계획적인 난중생산
   ㉡ 환우기간의 단축, 산란기간 연장
   ㉢ 육성비의 절감
   ㉣ 달걀의 품질개선(수정률, 부화율이 개선, 특란 및 대란 생산율 향상)
   ㉤ 건강하고 충실한 병아리를 많이 생산

③ 환우의 시기 : 산란계의 강제 환우는 차기에 생산될 수 있는 산란량과 난질이 경제적인 면에서 유리할 때 수행한다.
   ㉠ 차기에 달걀가격 상승이 기대될 때
   ㉡ 현재 달걀가격이 낮아서 유지가 곤란할 때
   ㉢ 햇닭으로 교체하는 비용이 많이 들 때 이용된다.

> **더알아두기**
>
> 닭의 질병
> - 가금 티푸스 : *Salmonella gallinaru*균에 의해서 발병되며, 여름철에 발병빈도가 높다.
> - 가금 콜레라 : 주로 대추 이상의 성계에서 발병하며, 치사율이 아주 높은 급성전염병으로 제2종 법정전염병이다.
> - 마이코플라스마병 : 만성호흡기병의 증상을 나타내며, CRD라고도 한다.
> - 전염성 코라이자 : *Haemophilus paragallinarum*의 감염에 의하여 일어나는 닭의 호흡기병이다.

(4) 탈항(脫肛)

① 탈항의 원인
   ㉠ 육성과정 중 영양의 과다급여 및 운동 부족으로 복부, 난관, 총배설강에 지방층이 형성되어 신축성이 저하될 경우
   ㉡ 육성기간 중 인접계사의 점등으로 초산일령이 매우 빨라진 경우
   ㉢ 알을 낳을 때 밀려오는 난관을 다른 닭이 쪼아 신축성을 잃을 경우

         ㉣ 초산 시 체구가 작은 닭이 큰 알을 낳는 경우
         ㉤ 기타 유전적 원인
    ② 탈항의 예방책
         ㉠ 계사 안의 점등광도를 어둡게 하여 준다.
         ㉡ 부리자르기를 실시한다.
         ㉢ 콕시듐병, 회충병, 설사병의 감염을 피한다.
         ㉣ 가급적 산란 케이지에 늦게 올린다.
         ㉤ 다른 계사의 점등 불빛이 들어오지 못하게 한다.
         ㉥ 중추 및 대추의 제한급사를 신중히 한다.
         ㉦ 초산 시 점등을 일시에 증가하지 말고 점차 증가하되 규칙적인 점등과 소등을 한다.
    ※ 헨데이 산란수(Hen Day Eggs)와 헨하우스 산란수(Hen Housed Egg Production)
        • 헨데이 산란수는 총산란수를 닭 마릿수로 나눈 수치
        • 헨하우스 산란수는 알은 잘 낳지만 폐사가 많다면 좋은 닭이 아니기 때문에 현재 살아 있는 닭 숫자가 아닌, 처음의 마릿수를 기준으로 산란수를 계산하는 방식

(5) 다산계 감별과 도태
    ① 노란색 색소의 퇴색에 의한 감별 : 노란색 색소는 항문 → 눈주위 → 귓불 → 부리 → 정강이 순으로 퇴색된다.
    ② 외모와 체형에 의한 감별 : 다산계와 괴산계는 외부 체형, 골격, 건강상태 등에 따라 식별할 수 있다.

[다산계와 괴산계의 비교]

구 분	알을 많이 낳는 닭(다산계)	알을 적게 낳는 닭(괴산계)
산란상태	산란 계속	산란 중지
눈	총명하고 활기를 띰	흐리고 활기가 없음
볏	선홍색으로 팽팽하여, 잘 발달됨	빛깔이 퇴색되고, 위축되어 있으며, 비듬으로 덮여 있음
귀뿌리	희게 퇴색됨	황색을 띰
부 리	희게 퇴색됨	황색을 띰
다 리	희게 퇴색됨	황색을 띰
깃 털	퇴색되어 조잡하고 거침	윤기가 있음
피 부	연하고 얇으며, 지방이 적음	두꺼우며, 지방이 많음
항 문	습기가 있어 축축하고, 탄력이 있으며, 희게 퇴색됨	건조하고, 주름살이 있으며, 황색을 띰
치골 간의 넓이	손가락이 3개 이상 들어감	손가락이 3개 이하가 들어감
가슴뼈끝과 치골간격	3~5개 손가락이 이상 들어감	손가락이 3개 이하가 들어감
복부지방	지방축적이 적음	지방축적이 많음
배	용적이 크고 깊음	용적이 작고 위축되어 있음

③ 불량계의 도태
  ㉠ 병에 걸려 회복이 불가능한 닭
  ㉡ 발육불량으로 산란이 충실하지 못한 닭
  ㉢ 계속 산란계로 기를 수 없는 늙은 닭
  ㉣ 산란능력이 좋지 못한 닭

> **더 알아두기**
>
> 기타 산란계의 주요 사항
> - 칼로리, 단백질(C/P)비율이 가장 큰 사료 : 산란용 대추사료
> - 산란계 사료의 적정 Ca함량(%) : 3.5% 이내
> - 산란계의 육성기(0~6주령)사료에 알맞은 조단백질함량 : 약 18%
> - 잔토필
>   - 달걀의 난황과 육계의 피부색을 진한 노란색으로 착색시키는 효과가 있는 성분
>   - 황색 옥수수에 함유된 성분으로 난황, 다리, 부리, 피부 등을 황색으로 변하게 하는 물질
> - 가금류에 많이 사용하는 성장촉진제 : 항생제, 생균제, 호르몬제, 효소제, 유기비소제
> - 브로일러사료에 가장 많이 첨가하는 성장촉진제 : 항생제
> - 계군의 평균체중의 균일성을 알기 위해 사용하는 방법 중 변이계수를 구하는 공식
>   - 변이계수 = 표준편차/평균체중×100

CHAPTER 06 적중예상문제

PART 03 가축사양학

01 다음의 설명 중 ( ) 안에 맞는 것은?

> 송아지의 발육은 유전적 요인, 기상적 요인 및 영양수준에 의해서 크게 영향을 받으나 실제로 암송아지(젖소)의 육성계획을 세우는데 ( )을(를) 언제로 잡을 것인가가 가장 중요하다.

① 초산월령
② 최고비유기
③ 건유기
④ 사료중급기

02 송아지 반추위 발달을 위한 조치로 옳지 않은 것은?

① 신선하고 깨끗한 물을 충분히 급여한다.
② 혐기적 환경을 유지한다.
③ 충분한 양의 송아지사료를 급여한다.
④ 호기적 환경을 유지한다.

03 비육우의 체구성 성분의 발육이 빠른 순서부터 바르게 연결한 것은?

① 뼈 - 근육 - 뇌 - 지방
② 지방 - 근육 - 뼈 - 뇌
③ 뇌 - 뼈 - 근육 - 지방
④ 근육 - 뼈 - 뇌 - 지방

04 한우에 대한 거세의 효과 중 육질에 대한 효과가 아닌 것은?

① 고기의 연도(전단력)가 비거세우보다 현저히 낮아(연해)진다.
② 근섬유의 직경이 가늘어진다.
③ 근내지방도가 낮아져 향미가 좋아진다.
④ 다즙성이 향상된다.

해설
근내지방도가 증가하고, 근섬유가 가늘어지며 향미가 좋아진다.

정답 1 ① 2 ④ 3 ③ 4 ③

05 비육 대상우를 선정할 때 지육비율이 높은 소로 가장 적합한 것은?

① 거칠고 피부에 주름이 잡혀 있지 않은 소
② 머리가 크고, 배가 많이 늘어져 있는 소
③ 목이 짧고, 주름이 잡혀 있는 소
④ 머리가 크고, 주름이 없는 소

06 비육용 사료를 선택할 때 고려할 사항과 가장 거리가 먼 것은?

① 기호성
② 가축의 성별
③ 경제성
④ 영양가

07 비육우의 장기비육기간을 3기로 구분할 때 소의 생리적인 면을 고려한 제1기의 사양관리로서 가장 적합한 것은?

① 단백질함량이 높은 농후사료와 양질의 조사료를 많이 급여한다.
② 단백질함량이 낮은 농후사료를 급여한다.
③ 배합사료 중의 전분질사료비율을 높이고 조사료 급여량을 감소시킨다.
④ 조사료를 많이 급여하여 농후사료의 섭취를 줄인다.

08 한우의 육성 비육 시 영양시스템으로 알맞은 것은?

① 전기 조사료 – 후기 조사료
② 전기 조사료 – 후기 농후사료
③ 전기 농후사료 – 후기 농후사료
④ 전기 농후사료 – 후기 조사료

09 비육용 밑소의 입식 시 필요 없는 것은?

① 청결하고 건조한 장소를 마련할 것
② 물을 마음껏 먹을 수 있도록 할 것
③ 농후사료를 충분히 급여할 것
④ 기호성이 좋은 양질의 조사료를 급여할 것

정답 5 ③ 6 ② 7 ① 8 ② 9 ③

10 비육우의 육성 시 조사료 다급 시 장점이 아닌 것은?

① 배합사료 섭취량 증가
② 소화기관과 골격발달
③ 건강한 비육밑소 육성
④ 불가식지방 조기침착 방지

> **해설**
> 육성기에 조사료를 많이 급여함으로써 내장 주위나 근육과 근육 사이에 지방이 조기 부착되는 것을 예방할 수 있고 침의 다량분비를 촉진하여 제1위의 미생물의 활동을 활성화시켜 발효상태를 양호하게 하여 반추위의 기능을 원활하게 한다. 따라서 육성기에는 충분한 조사료를 섭취할 수 있도록 조사료를 배합사료보다 먼저 주거나 짧게 썰어 섞어 준다.

11 비육우의 효과를 높이기 위한 조건이 될 수 없는 것은?

① 조숙성일 것
② 조비성일 것
③ 사료의 이용성이 높을 것
④ 다산성일 것

12 16%의 조단백질을 함유하는 비육돈사료를 만들기 위하여 기초사료(조단백질 10%)와 단백질사료(조단백질 35%)를 이용할 때 기초사료와 단백질사료는 어떤 비율로 섞어야 되는가?

① 기초사료 : 단백질사료 = 10 : 35
② 기초사료 : 단백질사료 = 19 : 6
③ 기초사료 : 단백질사료 = 3 : 10
④ 기초사료 : 단백질사료 = 13 : 25.5

> **해설**
> 방형법(피어슨 공식)을 이용한다.
>
> 기초사료　10 ＼ ／ 19
> 　　　　　　　　16
> 단백질사료　35 ／ ＼ 6
> 　　　　　　　　　 25

13 다음 중 비육우의 성장과 도체특성에 영향을 미치는 요인으로 적합하지 않은 것은?

① 성 별　　② 품 종
③ 출생지역　④ 사료의 영양수준

14 비육우의 사양을 바르게 설명한 것은?

① 비육 말기에 단백질을 많이 공급할수록 육질이 더 좋아진다.
② 비육 중인 가축에게 수용성 비타민의 공급은 필수적이다.
③ 대두박이나 옥수수를 많이 급여하면 체지방이 연해진다.
④ 고기의 상품가치는 연지방이 많을수록 좋다.

> **해설**
> 대두박은 단백질원으로서 소, 돼지, 닭 등에 널리 이용되고 있다. 그러나 가축에 과다급여시키면 체지방이 연하게 된다.

정답 10 ① 11 ④ 12 ② 13 ③ 14 ③

15 한우고기의 품질에 있어서 가장 크게 영향을 미치는 요인은?

① 단백질의 함량
② 무기질의 함량
③ 글리코겐의 함량
④ 지방의 함량

16 한우고기의 품질향상을 위해 비육기간을 연장하여 사육할 때 수반되는 단점은?

① 등지방두께 증가
② 배최장근단면적 증가
③ 근내지방도 증가
④ 관능특성(연도, 다즙성, 풍미) 개선

17 비육우 사양에 있어서 비육촉진제로 사용하지 않는 것은?

① 항생제　② 항산화제
③ 생균제제　④ 호르몬제

해설
성장촉진제는 항생제, 생균제제, 호르몬제, 반추위 발효조정제, 유기비소제, 황산구리, 효소, 효모, 미지성장인자 등이 있다.

18 한우 번식우의 분만 전후 주요 관리사항으로 적합하지 않은 것은?

① 영양소 요구량 충족
② 운동과 일광욕을 통한 대사활성과 비타민 D 합성
③ 송아지 포유기간 연장
④ 자궁회복 촉진과 발정재귀일수 단축

19 다음 중 임신우의 경우 영양소 공급이 가장 많아야 하는 시기는?

① 임신 초기
② 임신 중기
③ 임신 말기
④ 모두 동일

20 일반적으로 가공형태별로 보면 청초의 섭취량이 많고 건초의 섭취량은 적은데, 다음 중 번식우에 대한 조사료의 섭취가능량(체중비)이 틀린 것은?

① 짚류 : 3~4%
② 사일리지 : 5~6%
③ 근채류 : 6~8%
④ 청예작물 : 8~10%

21 젖소의 분만 전후 대사적 장애를 예방하기 위한 영향적인 전략으로 적합하지 않은 것은?

① 사료의 건물섭취량 증가
② 조사료와 농후사료의 비율 증가
③ 영양소함량 증가
④ 첨가제나 이온(음, 양이온) 균형자료 급여

22 젖소의 초유에 대한 설명 중 옳지 않은 것은?

① 보통 우유에 비하여 진한 황색이다.
② 면역물질이 되는 글로불린함량이 높다.
③ 초유는 분만 직후 1회만 급여하면 된다.
④ 비타민함량이 높다.

23 젖소의 초유와 정상유 간의 성분상 가장 큰 차이는?

① 초유는 단백질과 유지방함량이 높고 유당함량은 낮다.
② 초유는 단백질과 유지방함량이 높고 유당함량은 높다.
③ 초유는 모든 유성분이 정상유보다 높다.
④ 초유는 단백질함량만이 정상유보다 높다.

24 초유가 일반 우유에 비하여 낮은 성분은?

① 유 당
② 면역글로불린
③ 칼 슘
④ 단백질

정답 20 ① 21 ② 22 ③ 23 ① 24 ①

25 젖소 송아지의 사양관리 중 초유와 관련된 설명으로 잘못된 것은?
① 초유는 태변의 배출을 촉진시키는 역할을 한다.
② 초유에는 송아지 성장에 필요한 영양소가 충분히 들어 있다.
③ 경산우의 초유보다는 초산우의 초유에 면역물질이 많다.
④ 초유에는 질병에 대한 저항력을 갖게 하는 면역글로불린이 들어 있다.

해설
초유 내 면역글로불린의 함량은 초산우의 경우 5.9%로 경산우보다 낮으며, 경산우에서도 3산우에서 면역물질 수준이 8.2%로 가장 높다.

26 송아지의 포유작업을 바르게 설명한 것은?
① 전지분유는 대용유로서 부적당하다.
② 모유 대신 탈지유를 급여해도 된다.
③ 분만 후 반드시 초유를 급여할 필요는 없다.
④ 대용유는 빈혈방지를 위해 반드시 공급해야 한다.

27 정상적인 젖소의 젖꼭지는 몇 개인가?
① 1개 ② 2개
③ 3개 ④ 4개

28 젖소를 분만한 어미 소로부터 생산되는 초유의 생산시기로 가장 적당한 것은?
① 1~3일간 ② 3~5일간
③ 5~7일간 ④ 7~9일간

29 갓 태어난 젖소 송아지에게 초유는 언제 급여하는 것이 옳은가?
① 되도록 빨리(30분 이내) 급여한다.
② 생후 24시간 이후 급여한다.
③ 생후 48시간 이후 급여한다.
④ 3일 이내에 급여한다.

정답 25 ③ 26 ② 27 ④ 28 ① 29 ①

30 송아지에 있어서 가장 적합한 초유 급여시기는?

① 출산 직후 12시간 이내
② 출산 후 13~24시간
③ 출산 후 1~2일
④ 출산 후 만 48시간 이후

31 다음은 이유 전의 송아지를 어미와는 별도로 떼어서 따로 먹이는 새끼 따로 먹이기(Creep Feeding)를 할 때 기대할 수 있는 효과와 직접 관계가 없는 것은?

① 이유 시 송아지 체중이 증가된다.
② 이유 시 송아지의 육질을 개선한다.
③ 어미 소의 체중감소가 적어진다.
④ 어미 소의 번식횟수를 증가시킬 수 있다.

32 초유는 송아지가 기간 내에 먹을 수 있는 양보다 많이 생산되어 버리게 되는 경우가 많은데, 이때 초유를 잘 저장 보관하여 어미의 초유를 먹일 수 없게 된 송아지에게 급여할 수 있게 된다는 의미에서 매우 중요한 관리기술이라 할 수 있다. 이러한 목적을 위한 냉동초유 저장방법과 이용방법으로써 합리적이지 못한 것은?

① 3살 이상의 나이 많은 젖소의 초유를 이용한다.
② 1~2kg 단위로 나누어 냉동시켜 보관한다.
③ 생산일자, 어미소 이름 등을 기입한 비닐포장에 옮겨 담아 보관한다.
④ 더운 물이나 레인지 등을 이용하여 신속하게 데워서 먹인다.

33 다음은 젖소에서 송아지 인공포유 및 조기이유를 설명한 것이다. 틀린 것은?

① 제1위는 곡류 등의 발효로 생성되는 VFA(휘발성 지방산)의 화학적 자극과 조사료 등에 의한 물리적 자극으로 발달된다.
② 포유기간은 송아지가 단위동물에서 반추동물로 이행하는 기간이다.
③ 포유횟수는 1일 2회로 나누어 규칙적으로 체중의 8~10%를 급여한다.
④ 우유나 대용유를 가지고 14일째부터 인공포유시킨다.

정답 30 ① 31 ② 32 ④ 33 ④

34 젖소의 비유곡선과 관련된 내용의 설명 중 틀린 것은?

① 비유 최성기에 도달하는 시기는 그 동물의 유전적 요소와 그 동물의 분만 전 영양상태 및 분만 후 사양관리에 따라 다르나 젖소의 경우는 평균 4~8주째이다.
② 최고유량에 도달한 후 젖소의 산유량은 일정한 비율로 점차 감소하는데, 이 감소율은 개체와 비유기에 따라 다르지만 재임신 후 22주경에 더욱 급속히 떨어진다.
③ 비유 초기에 충분한 영양소를 공급하지 못하더라도 비유 중기 이후 충분한 영양소를 공급할 때는 보상성장의 효과로 인해 산유량이 거의 정상수준으로 회복된다.
④ 재임신시키지 않고 착유를 계속하면 유선의 활동이 약화되어 비록 유량은 감소하지만 2~3년 또는 그 이상까지도 젖을 분비할 수 있고, 6년 이상 비유를 계속한 기록도 있다.

해설
비유 초기에 충분한 영양소를 공급해야 산유량이 정상 수준으로 회복된다.

35 젖소의 유속(乳速)에 영향을 미치는 요인이 아닌 것은?

① 유두 괄약근의 탄력성
② 유방의 크기
③ 유방 내 우유의 양
④ 유두구멍의 크기

36 착유우의 일일산유량이 최고에 도달하는 시기는?

① 비유 초기
② 비유 중기
③ 비유 말기
④ 건유기

해설
분만 후 젖생산량은 매일 증가하여 4~8주에서 최고수준에 달하며 10주 정도 유지하다가(비유 초기) 그 후부터 매주 2~2.5% 감소하여 분만 후 10개월(44주) 또는 분만 전 2개월 동안 착유를 하지 않는 건유기간에 들어간다.

37 산유 초기에 있는 젖소의 생리적 특성으로 가장 적합한 것은?

① 체중이 증가하고 산유량은 감소하는 특성을 보여 준다.
② 산유량이 빠르게 증가하며, 체중은 감소하는 특성을 보인다.
③ 산유량에 비례하여 유지율도 대단히 높게 나타난다.
④ 식욕이 왕성해서 젖생산에 필요한 영양소를 사료로 충족이 가능하다.

해설
비유 초기에는 젖생산량이 급격히 증가하며 건물섭취량도 따라서 증가하는데, 급상승하는 영양소 요구량을 충족시킬 만큼 사료섭취량이 따라가질 못해 결국 체내 지방의 연소를 통해 젖생산에 필요한 영양소를 자체 보충하게 된다.

38 착유우에서 사료 급여횟수를 증가시킬 경우의 장점이 아닌 것은?

① 사료섭취량 증가
② 우유생산량 증가
③ 유지방량 증가
④ 완충제 요구량 증가

39 착유우사료 중에 사용되는 완충제의 사용을 고려할 경우가 아닌 것은?

① 유지방함량이 높을 경우
② 총급여사료 중 조사료가 45% 이하일 경우
③ 사료를 분쇄 또는 펠릿화했을 경우
④ 농후사료 급여량이 체중의 2% 이상일 경우

40 젖소에 있어서 완충제(Buffer)의 사용과 관계없는 것은?

① 유지율 저하 방지
② 산성증(Acidosis) 발생 방지
③ $NaHCO_3$
④ $CuSO_4 \cdot 5H_2O$

해설
젖소의 경우 비유 초기 많은 양의 농후사료 급여 시, 발효목초가 사료 중 비중이 클 때, 사료의 입자크기가 분쇄 등으로 작아져서 반추위의 발효속도를 증가시키고 타액의 분비와 완충효과를 저하시킬 때 완충제를 사용하면 효과적이다.
종류 : 중조(중탄산나트륨, $NaHCO_3$), 중탄산칼륨, 산화마그네슘, 석회 등
※ $CuSO_4 \cdot 5H_2O$의 황산구리는 석회보르도액의 원료로 사용된다.

41 착유우사료에 요소를 이용하는 경우 적절한 방법이 아닌 것은?

① 농후사료에 2% 이상 사용하지 않는다.
② 총사료단백질 중 1/3을 초과하지 않는다.
③ 1일 두당 0.2kg 이상 사용하지 않는다.
④ 사료 중의 TDN함량이 낮을 때 요소이용량을 높여 사용한다.

42 젖소와 같은 반추동물들은 비단백태질소 화합물을 단백질 합성의 원료로 이용할 수 있으므로 사료단백질의 일부로 대체가 가능한데 요소의 조단백질함량은?

① 218% ② 281%
③ 340% ④ 408%

해설
사료등급의 요소는 45%의 질소를 함유하고 있다. 요소는 조단백질 등가(CPE, Crude Protein Equivalent)로 보면 281%(45% × 6.25)이다.

43 착유 중인 젖소사료에 함유되어야 할 최소한의 조섬유함량은 얼마인가?

① 10% 이하
② 10~12%
③ 12~14%
④ 16% 이상

44 비유 초기의 젖소에 있어서 조사료 : 농후사료 급여비율(건물기준) 중 가장 적당한 것은?

① 20 : 80
② 40 : 60
③ 60 : 40
④ 80 : 20

해설
이 시기에는 젖소의 영양소 요구량이 높아 농후사료의 증량급여가 필수적이나 이 경우에도 반추위의 정상적인 기능을 유지하기 위해서는 양질의 조사료를 40% 이상 급여해야 한다(이때 조농비율은 40 : 60이다).

45 우유생산을 위한 영양소 공급에 있어서 이상적인 조사료 : 농후사료 급여비율은?

① 90 : 10
② 60 : 40
③ 30 : 70
④ 20 : 80

해설
비유 중기 및 말기에는 영양소 요구량이 높은 비유 초기의 농후사료위주 사양에서 조사료위주 사양으로 전환해야 하며, 이때 조농비율은 60 : 40(NDF 30~40%)이다.

46 젖소의 건물섭취량에 영향을 주는 중요한 요인이 아닌 것은?

① 체 중
② 유방의 크기
③ 산유량
④ 조사료의 품질

해설
건물섭취량은 크게 세 가지 요인에 의해 편차가 있다.
• 동물적 요인 : 체중, 산유량, 임신, BCS, 질병 발생, 호르몬변화, 반추위 크기와 반추위 내 휘발성 지방산 등
• 사료적 요인 : 반추작용, 반추위 산도, 지방함량, 수분함량, 조사료 입자도, 유효섬유소, 영양소함량 및 부피, 기호성, 조사료의 질, 조·농비율, 단백질/에너지 비율, 탄수화물의 분해속도
• 환경적 요인 : 사조관리, 우군 규모, 사조 접근 용이도, 잔량 처리, 급여횟수, 스트레스 등 시설환경요인

정답 43 ④ 44 ② 45 ② 46 ②

47 위생적인 착유순서로서 가장 올바른 것은?

① 기기소독·세척 → 유방세척 → 유방건조 → 전착유 → 유두소독 → 유두컵 장착 → 착유 → 유두컵 제거
② 기기소독·세척 → 유방세척 → 유두소독 → 유방건조 → 전착유 → 유두컵 장착 → 착유 → 유두컵 제거
③ 기기소독·세척 → 전착유 → 유방세척 → 유방건조 → 유두컵 장착 → 착유 → 유두컵 제거 → 유두소독
④ 기기소독·세척 → 유방세척 → 전착유 → 유방건조 → 유두컵 장착 → 착유 → 유두컵 제거 → 유두소독

48 착유우의 유지율이 감소되었을 때 유지율 향상을 위한 사양관리방법으로 적합한 것은?

① 박편된 곡류를 다량 급여한다.
② 요소와 같은 비단백태질소를 급여한다.
③ 사료의 기호성을 높이기 위하여 당밀을 급여한다.
④ 양질의 조사료를 충분량 급여한다.

49 소의 사료로서 조사료가 필수적인 이유는?

① 영양가가 높으므로
② 소화가 잘되므로
③ 위와 장기의 정상적인 생리작용 때문에
④ 농후사료보다 값이 싸고 얻기 쉬우므로

50 우유의 품질등급 중 체세포수의 변화에 영향을 주는 요인이 아닌 것은?

① 유두상처
② 개체 스트레스
③ 비유일령
④ 착유두수

해설
체세포수 측정은 개체별 유두건강상태 및 유방염의 발병 유무 등을 사전에 항상 점검할 수 있는 방법이다.

51 착유 시 맥동기의 가장 적합한 분당 맥동주기로 가장 적합한 것은?

① 40~50회
② 50~60회
③ 60~70회
④ 70~80회

정답 47 ③ 48 ④ 49 ③ 50 ④ 51 ②

52 MUN(우유 중 요소태질소)에 관한 설명으로 잘못된 것은?
① MUN 수준이 높으면 자궁 내 pH를 저하시켜 태아의 착상에 문제가 발생한다.
② MUN의 수준은 사양관리 특히 농가의 사료 단백질 급여수준을 예측할 수 있다.
③ MUN 증가 원인은 반추위 내 암모니아 생산과잉에 의하여 일어난다.
④ 젖소가 섭취하는 SIP(분해단백질)가 높으면 MUN은 내려간다.

53 젖소의 관리에 있어서 분만예정 3주 전쯤부터 곡류사료를 서서히 증가시켜 체중의 1.0~1.5% 증량 급여하는 사육방법은?
① 보상사육
② 유도사육
③ 제한사육
④ 계단식사육

54 특히 고능력 젖소의 경우 건유기 사양은 착유 시 못지 않게 중요하다. 다음 중 건유기 사양의 중요성과 관계없는 것은?
① 비유기관의 활성유지
② 임신 중인 태아의 성장
③ 비유기 모체의 영양손실 회복
④ 다음 착유기간을 위한 영양축적

55 착유우에서 유기가 경과되어 건유기에 가까워지면 감소하는 우유성분은?
① 지 방
② 단백질
③ 유 당
④ 비타민

56 분만 후 비유기간에는 아무리 많은 칼슘을 공급해도 자기골격에서 손실되는 것을 방지할 수가 없다. 그러면 어느 시기에 칼슘과 인이 체내에 다시 축적되는가?
① 임신 초기
② 비유 초기
③ 건유기
④ 비유 절정기

정답 52 ④ 53 ② 54 ① 55 ③ 56 ③

57 다음 중 젖소에서의 건유기 사양 설명으로 틀린 것은?

① 젖소의 임신 말기가 되면 태아의 발육이 왕성해져 충분한 영양이 요구되는 시기이다.
② 오랫동안 비유로 인하여 휴식과 안정이 필요하고 건유기간은 90일 정도가 바람직하다.
③ 건유기간이 너무 길면 비만증상이 나타나 유열 등의 대사성 질병이 나타날 수 있다.
④ 건유를 시키지 않고 계속 착유를 했을 경우 다음 유기의 산유량이 30% 정도 감소한다.

58 임신한 젖소는 분만예정 전 일정기간 착유를 하지 않고 반드시 건유를 시켜야 하는데 적정 건유기간은?

① 분만예정 전 40일
② 분만예정 전 50일
③ 분만예정 전 60일
④ 분만예정 전 70일

59 고능력 젖소가 분만 초기에 사료건물섭취량이 떨어지고 반면에 산유량이 증가하면서 우유분비에 부족한 에너지의 조달과정에서 일어나는 현상이 아닌 것은?

① 체지방 분해
② 지방간 발생
③ 케토시스 발생
④ 신체충실지수(BCS) 증가

60 신체충실지수(BCS ; Body Condition Score)는 젖소의 사양관리에 매우 중요한 지표로 활용할 수 있는데 만약 BCS 점수 1차이는 체중 약 몇 kg 차이이며, 체조직 1kg이 젖생산에 이용될 때 약 몇 kg의 우유를 생산할 수 있는가?

① 60kg, 7kg
② 80kg, 15kg
③ 100kg, 7kg
④ 125kg, 15kg

> **해설**
> - 0.45kg의 체조직을 이용하여 3.2kg의 우유를 생산할 수 있는 에너지를 제공한다. 즉, 신체충실지수(BCS) 1점은 젖소 체중 약 60kg과 같다.
> - 체조직 1kg이 젖생산에 이용될 때 우유생산량
> $0.45 : 3.2 = 1 : x$
> $x ≒ 7.1kg$

61 젖소는 분만 전후 사양관리 부실로 유열이 발생할 수 있다. 유열발생을 막을 수 있는 예방대책이 아닌 것은?

① 비타민 A와 D 및 단백질을 충분히 섭취토록 한다.
② 분만 전에 음이온보다 양이온을 더 공급한다.
③ 분만 후 충분한 양의 칼슘을 공급한다.
④ 건유기간 중 칼슘섭취량을 제한한다.

정답 57 ② 58 ③ 59 ④ 60 ① 61 ②

62 젖소의 유열(Milk Fever)과 가장 관계가 큰 것은?

① 비정상적인 에너지대사
② 비정상적인 단백질대사
③ 비정상적인 Ca대사
④ 비정상적인 Na대사

63 젖소의 대사성 질병에 해당되지 않는 것은?

① 기종저　② 유 열
③ 케토시스　④ 고창증

64 반추동물의 경우 반추위 내 이상발효에 의한 과도한 가스생성과 트림반사의 저하로 극도로 위가 팽창하는 대사성 질환이 발생하는데, 이를 무엇이라 하는가?

① 케톤증
② 유 열
③ 고창증
④ 그래스테타니

65 반추가축의 요결석에 대한 설명으로 틀린 것은?

① 농후사료를 많이 급여하면 체내에 인산의 과잉을 가져와 칼슘과의 비율이 깨어져 오줌 속에 인이 많아진다.
② 조사료 부족 시 제1위 기능저하와 설사로 칼슘의 흡수가 불량하여 인산과잉을 초래하고, 비타민 A부족으로 요로계 점막상피가 떨어지기 쉬우며, 이것이 인산암모늄 마그네슘의 결정화를 조장한다.
③ 급수부족으로 오줌 속 여러 성분의 농도가 높아지거나 밀사 등도 간접적인 원인이 되며, 거세우는 음경의 발육불량으로 요도가 가늘어 요석이 막힐 가능성도 있다.
④ 가벼운 증세에서는 음수량 증가를 위하여 수산염을 많이 먹이거나 요석 배출촉진을 위하여 1일 15~25g(예방 : 6~10g)의 염화나트륨을 1일 2회로 나누어 5~6일간 먹인다.

해설
과도한 인을 함유한 농후사료를 장기간 섭취하여 발생하는 인산 요결석의 예방으로는 석회석 또는 다른 칼슘을 공급하여 칼슘-인의 비율을 1.7~2 : 1에 이르도록 하면 좋다. 또 다른 방법으로는 소금, 염화암모늄을 사료에 0.5~1% 첨가하는 것이다.

66 비유 중인 젖소의 경우 다량의 농후사료 급여로 인해 발생하는 결과가 아닌 것은?

① 유당이 증가한다.
② 유량이 증가한다.
③ 유지방이 증가한다.
④ 단백질의 함량은 변화가 없다.

정답　62 ③　63 ①　64 ③　65 ④　66 ③

67 다음 품종 중 모계로 적합하여 널리 이용되는 품종은?

① 버크셔(Birkshire)
② 햄프셔(Hampshire)
③ 대요크셔(Large Yorkshire)
④ 두록(Duroc)

해설
대요크셔종의 평균 산자수는 10~12두 이상으로 번식능력이 우수하며, 포유능력 또한 우수한 것으로 알려져 있어 F1 모돈을 생산하는데 부계나 모계라인으로 활용되고 있다.

68 돼지는 뼈, 근육, 지방의 발육과정이 품종 간에 차이가 있으며 이를 베이컨형과 라드형으로 구분한다. 다음의 연결 중 잘못된 것은?

① 라드형 : 두록종
② 베이컨형 : 대요크셔종
③ 라드형 : 랜드레이스종
④ 라드형 : 버크셔종

해설
베이컨형 : 랜드레이스종

69 생후 4~7일간의 포유자돈에게 적절한 환경온도는?

① 20~24℃   ② 24~28℃
③ 28~32℃   ④ 32~36℃

해설
분만모돈과 신생자돈의 사육온도
모돈 : 17~21℃, 자돈 : 31℃ 정도

70 자돈의 포유관리에 관한 설명 중 부적당한 것은?

① 일반적으로 2~3주가 지나면 사료섭취가 가능하다.
② 생후 3~4주부터 계속하여 철분을 주사한다.
③ 거세는 생후 2~3주에 하는 것이 좋다.
④ 이유 1주일 전부터 모돈의 사료를 조금씩 줄여서 건유를 촉진시킨다.

해설
빈혈증 예방을 위해 생후 1~3일과 10~14일 2차에 걸쳐 각각 100mg/두씩 대퇴부 또는 목부위 근육에 철분주사를 한다.

71 자돈의 영양성 빈혈 예방을 위하여 철분공급제를 인위적으로 투여하고자 할 때 그 적당한 양은?

① 40mg   ② 60mg
③ 80mg   ④ 120mg

해설
자돈은 분만 직후 급격하게 철분 부족상태가 되기 때문에 빠르게 철분을 공급해야 하며, 100~200mg의 철분을 Fe-덱스트란 형태로 근육주사하여 빈혈을 예방할 수 있다.

72 자돈을 조기이유시키는 주된 목적은?

① 사료비를 절감한다.
② 이유 후 자돈의 성장률이 느리게 한다.
③ 모돈의 번식회전율을 높인다.
④ 노동력을 절감한다.

해설
돼지에 있어서는 모돈의 번식회전율을 높이기 위하여 3~4주령경에 조기이유를 실시하고 있다.

73 포유자돈을 조기이유시키는 중요한 원인은?
① 이유 후 모돈의 재발정이 빨리 오기 때문에
② 자돈의 사료비가 절약되기 때문에
③ 자돈의 관리가 쉬워지기 때문에
④ 자돈의 설사병을 방지할 수 있기 때문에

74 자돈이 빈혈에 걸리기 쉬운데 그 이유는 어미젖 중에 특히 어느 미량 광물질이 부족하기 때문인가?
① 철분(Fe)   ② 아이오딘(I)
③ 아연(Zn)   ④ 셀레늄(Se)

해설

빈혈 발생원인
- 자돈의 출생 직후에는 높았던 헤모글로빈량이 젖을 섭취하기 시작하여, 초유성분을 직접 장관에서 흡수하는 것에 의해서 순환혈액량이 증가하여 적혈구가 희석되게 된다. 이것은 어린 자돈의 생리적인 빈혈이다.
- 돼지는 생리적으로 성장이 빨라서 생후 10일령이면 출생 시 체중의 2배 이상이 된다. 이렇게 급속하게 발육하게 되면 체내에 저장된 철분이 동원되는데, 포유자돈이 1일 7~10mg의 철분이 필요하지만, 자돈이 모돈의 젖을 통해 1일 1mg 정도 섭취하고 붕괴된 적혈구로부터 재이용되는 철분이 1mg 이하가 되므로 자연적으로 철분 부족상태가 된다. 이것은 포유자돈의 철결핍성 빈혈이다.

75 자돈의 빈혈방지와 가장 거리가 먼 것은?
① Na   ② Fe
③ Co   ④ Cu

해설

나트륨은 양이온과 음이온의 공급을 위해 필요하다.

76 돼지의 육질에 관계하는 요인을 설명한 것 중 틀린 것은?
① 돼지는 비육되어 체중이 클수록 도체율이 높다.
② 거세하지 않은 수퇘지는 암퇘지나 거세돈에 비하여 증체율과 사료효율이 낮다.
③ 단백질의 급원에 따라 도체의 지방 대 정육비율이 영향을 받는다.
④ 저단백질사료에 에너지 급여수준을 과다하게 증가시키면 등지방이 두꺼워진다.

77 돼지의 비육 전기와 비육 후기사료의 단백질 수준을 바르게 설명한 것은?
① 비육단계에 관계없이 일정수준으로 공급하는 것이 좋다.
② 체중 증가가 되는 후기에 2~3% 높게 주는 것이 좋다.
③ 체중 증가가 되는 후기에 2~3% 낮추어 주는 것이 좋다.
④ 단백질 수준은 관계가 없다.

78 비육돈의 출하체중은 원칙적으로 어떤 기준에서 결정되는가?
① 사료효율과 시장성
② 노동력의 제한
③ 사육면적의 협소
④ 사료섭취량의 증가

정답 73 ① 74 ① 75 ① 76 ② 77 ③ 78 ①

79 상강육(Marbling Meat)의 설명이 잘못된 것은?

① 1차 근속과 1차 근속 사이에 지방이 축적된 고기
② 2차 근속과 2차 근속 사이에 지방이 축적된 고기
③ 1차 근속과 2차 근속 사이에 지방이 축적된 고기
④ 피하에 지방이 축적된 고기

80 도체평가 중에서 육질등급과 관계가 없는 것은?

① 지방색
② 지방교잡(근내지방도)
③ 맛
④ 육색

81 도체율에 대해 올바르게 설명한 것은?

① 가축의 생체중에 대한 정육의 생산비율
② 가축의 도체중에 대한 정육의 생산비율
③ 가축의 생체중에 대한 도체중의 생산비율
④ 가축의 도체중에 대한 지방량의 생산비율

82 돼지의 체척 측정부위 중 어깨상단에서 바닥까지의 직선거리를 길이로 측정한 것은?

① 체고
② 체장
③ 관위
④ 후폭

해설

돼지의 체척 측정부위
체장, 흉위, 관위, 체중의 4개 부위만 측정하는 경우가 많다.
- 체장 : 귀상의 중앙에서 체상선을 따라 미근까지의 길이 측정
- 흉위(가슴둘레) : 앞다리 바로 뒤의 몸둘레를 길이로 측정
- 관위 : 왼쪽 앞다리의 가장 가는 부위의 둘레를 길이 측정
- 체고 : 어깨상단에서 바닥까지의 직선거리를 길이 측정
- 흉심 : 앞다리 바로 뒷부분의(흉위를 측정하는 부분) 가슴깊이를 측정하는 것으로 가슴상단에서 가슴바닥까지의 길이측정
- 전폭 : 전구의 가장 넓은 부위의 폭을 측정
- 흉폭 : 앞다리 바로 뒷부분의 가슴의 폭을 측정(흉위, 흉심을 측정하는 위치)
- 후폭 : 후구의 가장 넓은 부위의 폭을 측정

83 이상(異常) 돼지고기는 근육이상, 체지방이상 및 기타 고기품질이상 형태를 말하는데, 다음 중 근육이상 돼지고기가 아닌 것은?

① 화북돈
② 백근증
③ PSE
④ DFD

해설

근육이상 돼지고기 : PSE육, DFD육, 백근증(백근증은 비타민 E나 셀레늄의 부족으로 심근이나 골격근이 희고 변성을 일으키는 것)

정답 79 ④ 80 ③ 81 ③ 82 ① 83 ①

84 도살 전 스트레스를 받아 도축 후 해당작용의 부조화에 의해 나타나는 검붉은 색깔의 식육으로 pH가 높아 미생물이 신속히 발육하여 저장성이 떨어지는 고기를 무엇이라 하는가?
① 신선육
② PSE육
③ DFD육
④ 가공육

85 SPF 돼지란 무엇을 의미하는가?
① 모든 병원균에 감염이 안 된 돼지
② 모든 병원균이 감염된 돼지
③ 특수 병원균이 감염된 돼지
④ 특수 병원균에 감염이 안 된 돼지

86 일반적으로 번식돈의 발정주기와 임신일수가 바르게 짝지어진 것은?
① 4일, 114일
② 21일, 144일
③ 4일, 144일
④ 21일, 114일

87 돼지의 미경산돈은 대개 강정사양(Flushing)의 효과가 크다. 강정사양이란?
① 교배하기 전에 에너지섭취량을 증가시켜 주는 것
② 교미 전에 휴식
③ 시장에 출하하기 직전 비육
④ 도살 직전에 절식 및 급수의 중단

해설
강정사양
- 임신을 시키기 몇 주 전부터 미경산돈의 1일 에너지섭취량을 늘림으로써 배란율을 향상시키고 산자수를 증가시키기 위한 사양을 관리한다.
- 장점 : 발정의 재귀가 빠르고, 산자수가 증가하며 수태율이 높아진다.

88 돼지에서 강정사양(Flushing)하여 나타난 결과와 거리가 먼 것은?
① 건강이 개선된다.
② 배란율이 높아진다.
③ 배자의 생존율이 높아 많은 산자수를 얻게 된다.
④ 비육으로 좋은 가격이 예상된다.

84 ③ 85 ④ 86 ④ 87 ① 88 ④

89 번식돈의 강정사양(Flushing)에 관한 설명 중 잘못된 것은?

① 일반적으로 교배 직전 1~2주의 경산돈에 대하여 실시한다.
② 특히 고에너지사료를 급여하는 방법이다.
③ 강정사양을 하게 되면 교배 시 배란수가 많아져서 산자수를 증가하는 효과가 있다.
④ 발육이 지체된 돼지에 대하여 실시할 때 특히 효과가 크다.

90 비유기 모돈의 관리를 바르게 설명한 것은?

① 사료 급여량은 모돈의 체중만을 고려하여 결정하면 된다.
② 분만 직후부터 사료급여량을 증가시킨다.
③ 모돈이 초산일 경우 몸의 유지와 비유에 필요한 영양소만을 요구한다.
④ 초산돈은 경산돈에 비해 사료급여량을 더 늘린다.

91 임신돈의 제한급식에 대한 설명 중 맞는 것은?

① 섬유질사료를 더 적게 급여하면 사료의 질을 낮게 하는 것도 제한급여의 한 방법이다.
② 경산돈은 다소 비만하여도 분만에 문제가 없으므로 제한급여가 필요 없다.
③ 정량급식법은 군사의 경우보다 개체사양 시 더 유리하다.
④ 정량급식법은 분만 시까지 매일 일정량을 증가시켜 급여하는 방법이다.

해설

임신돈에 대한 제한 급식방법
- 일정한 양의 사료를 매일 급여하는 정량급식법
- 밀기울, 녹사료, 보릿겨 등 섬유질사료의 배합률을 높여 자유급식시켜 사료의 질을 제한하는 방법
- 3일에 1일 2~8시간 사료를 자유급식시켜 사료급여 시간을 제한하는 방법(급여시간제한법)

위 세 가지 방법 중 정량급식법이 가장 많이 이용되고 있으며, 임신돈은 스톨(Stall)사에 개체별로 수용하여 사료를 급여할 경우에도 정량급식법이 편리하다. 그러나 여러 마리를 한 돈방이나 방목장에 넣어 군사할 때는 모든 개체가 사료를 균일하게 섭취하지 못하기 때문에 유의해야 한다.

92 임신돈에서 영양소 요구량이 가장 높은 시기는?

① 임신 직전
② 임신 전반기
③ 임신 후반기
④ 분만 직전

해설

돼지의 임신 후반기는 종부 12주부터 분만까지의 기간, 즉 30일간을 말하고 이때는 태아의 발육이 매우 급진전으로 증가하게 되므로 이에 따라 자궁, 양막, 유선 등의 발달로 인하여 모돈의 체중이 36% 정도 증가되므로 이 시기에는 태아성장에 필요한 영양분을 충분히 공급해야 한다.

정답 89 ③ 90 ④ 91 ③ 92 ③

93 번식모돈의 일생 중 영양소 요구량이 가장 많은 시기는?
① 종부기　② 임신 전기
③ 포유기　④ 임신 후기

94 돼지영양에서 영양적 결핍이 가장 민감한 성장단계는?
① 강정기　② 포유기
③ 육성기　④ 비육기

해설
포유기는 돼지의 일생 중 대사율이 가장 높은 기간이기 때문에, 영양적 결핍에 가장 민감하게 반응한다.

95 포유돈의 비유량과 포유습성에 관한 설명으로 틀린 것은?
① 어미돼지의 비유량은 1일 평균 3~4kg이다.
② 초유를 먹여 면역성을 길러주며, 새끼의 태변 배출을 용이하게 한다.
③ 자돈은 생후 3~4일이 되면 각자 젖꼭지를 결정하는 습성이 있다.
④ 위탁포유를 시킬 수 없다.

96 병아리의 선별요령으로 부적합한 것은?
① 깃털에 광택이 있고 눈이 총명한 것
② 늦게 부화한 것
③ 몸이 충실하고 탄력이 있는 것
④ 우는 소리가 크고 몸무게가 무거운 것

해설
병아리의 선별요령
- 깃털에 광택이 있고 눈이 총명한 것
- 일찍 발생된 것
- 몸이 충실하고 탄력이 있는 것
- 우는 소리가 크고 몸무게가 35g 이상되는 것
- 깃털이나 난각, 항문, 기타 부위에 분비물이 묻어 있지 않은 것

97 산란계 병아리 사양 시 첫 모이급여방법 중 가장 옳은 것은?
① 부화 직후 바로 급여
② 병아리 도착 후 사료와 물을 함께 급여
③ 병아리 도착 후 물을 먼저 먹인 후 사료 급여
④ 부화 후 3~4일 후 급여

해설
병아리 발생 후 예방접종과 각종 작업과정 및 수송 등으로 많은 시간이 소요되므로, 실제 병아리의 첫 모이는 도착 후 잠시 휴식시키면서 물을 먹인 후 주도록 한다.

정답　93 ③　94 ②　95 ④　96 ②　97 ③

98 갓 태어난 병아리의 첫 모이와 물은 부화 후 몇 시간 정도에 공급해 주는 것이 좋은가?

① 부화 후 15~16시간에 첫 모이와 물을 공급한다.
② 부화 후 12~13시간에 물을, 15~16시간에 첫 모이를 공급한다.
③ 부화 후 15~18시간에 물을, 18~21시간에 첫 모이를 공급한다.
④ 부화 후 21~22시간에 물을, 24~25시간에 첫 모이를 공급한다.

99 병아리 육추 시 탁우성(啄羽性 : 쪼는 성질)이 발생하는 원인과 거리가 먼 것은?

① 밀사(密飼)하고 있을 때
② 직사광선의 부족으로 너무 어두웠을 때
③ 지나친 농후사료로 섬유질이 부족한 때
④ 사료 중에 비타민, 단백질, 무기성분이 결핍되었을 때

해설
탁우성 발생하는 원인
• 과도한 밀사사육 시, 고온사육
• 직사광선 또는 과도한 조도로 밝기가 너무 밝을 때
• 지나친 농후사료로 섬유질이 부족한 때
• 사료 중에 비타민, 단백질, 무기성분이 결핍되었을 때
• 유전적 영향과 습성

100 다음 중 닭의 경제적 사육기간은?

① 산란 개시 후 약 5개월
② 산란 개시 후 약 15개월
③ 산란 개시 전 약 5개월
④ 산란 개시 전 약 15개월

101 닭의 산란주기(産卵週期)를 바르게 설명한 것은?

① 한 마리의 암탉이 1년 중 산란한 달걀의 수
② 한 마리의 암탉이 1개월 중 산란한 달걀의 수
③ 한 마리의 암탉이 연일 산란하는 달걀의 수
④ 한 마리의 암탉이 연일 산란하는 시간의 주기적 변화

102 산란용 닭의 성 성숙시기와 가장 관계 깊은 것은?

① 폐사율   ② 사료섭취량
③ 질 병   ④ 산란율 및 난중

정답 98 ④ 99 ② 100 ② 101 ③ 102 ④

103 정상적으로 산란계를 사육하였다면 최고산란율(Peak Production)에 도달되는 시기는 초산 후 약 몇 개월 후인가?

① 2개월 후
② 4개월 후
③ 6개월 후
④ 8개월 후

104 다음 중 산란계의 사료급여기준에 가장 밀접하게 관여하는 기준은?

① 실내온도와 체중에 따라서
② 실내온도와 산란율에 따라서
③ 체중과 산란율에 따라서
④ 산란율과 기온에 따라서

105 레그혼종 산란계의 육성기(0~6주령) 사료에 알맞은 조단백질함량으로 가장 적합한 것은?

① 약 15%   ② 약 18%
③ 약 12%   ④ 약 25%

106 산란계에서 산란피크로 올라가는 시기의 사양관리 중 잘못된 것은?

① 물과 사료는 항상 먹을 수 있도록 해 주어 충분한 영양을 공급한다.
② 20주령을 전후로 점등시간을 증가시켜 주며 백색계에 비해 체중이 무거운 갈색계는 점등교체시기를 다소 빠르게 해 준다.
③ 온도, 습도 및 환기상태를 수시로 점검하고 최적의 환경조건을 만들어 준다.
④ 산란피크에 도달하면 생리적으로 질병에 대한 저항력이 약해지므로 가급적 산란율이 오르고 있는 기간 중 가능한 모든 예방접종을 실시한다.

> **해설**
> 예방접종은 산란 개시 전에 완료해 병을 이길 수 있는 힘을 키워 놓아야 한다.

107 산란기별 사양(Phase Feeding)의 산란 초기에 대한 설명으로 적합하지 않은 것은?

① 산란 초부터 최고산란기 직후까지, 즉 22주령부터 32주령까지 10주간에 해당되는 시기이다.
② 산란율이 0%에서 최고산란을 하는 85~90% 또는 그 이상까지를 말한다.
③ 닭의 체중은 1,450g에서 1,900g으로 성숙하고 계란의 크기는 40g에서 60g으로 증가한다.
④ 정상적인 산란을 유지하고 난중을 최대한 크게 하려면 단백질, 아미노산, 비타민, 광물질 등을 충분히 급여하여야 한다.

> **해설**
> 산란 초부터 최고산란기 직후까지, 즉 22주령부터 42주령까지 20주간에 해당되는 시기이다.

정답 103 ① 104 ③ 105 ② 106 ④ 107 ①

108 산란계의 경우 알이 배란되어 난관을 통과하여 산란하기까지의 평균 소요시간은?

① 10~14시간 ② 15~20시간
③ 24~25시간 ④ 30~31시간

해설
난황은 충분히 성숙하면 배란되어 난관에 들어간다. 알이 난관을 완전히 통과하는 데는 24~25시간이 걸린다.

109 산란계의 산란 중기의 특징을 설명한 것으로 가장 적당하지 않은 것은?

① 산란 초기에 비해 단백질 요구량이 감소한다.
② 체성숙이 끝나는 42주령부터 약 4개월 간이 이 기간에 해당한다.
③ 이 기간 중 증체가 계속되면 과비(過肥)하여 오히려 능력이 떨어진다.
④ 체성숙이 끝났으므로 체중이 감소된다.

110 산란계에서 기별사양을 실시할 때 산란 후기를 설명한 것 중 맞는 것은?

① 체중과 난중이 증가하는 시기이다.
② 닭의 체중과 산란율이 비교적 안정된 시기이다.
③ 산란율이 60~65% 이하로 떨어지는 시기이다.
④ 아미노산, 비타민, 무기물을 충분히 공급해야 한다.

해설
③은 산란 후기를 말한다.

111 부화 중 제2회 검란 시의 관찰상태가 아닌 것은?

① 기실이 크고 난황이 검은 무정란이 보이기 시작한다.
② 정상발육란에서는 배자의 운동을 볼 수 있다.
③ 발육란은 기실 가까이까지 굵은 혈관을 보인다.
④ 발육 중지란은 혈관발달이 적다.

해설
1회 검란 시 무정란과 발육중지란을 골라낸다.

112 점등관리의 목적은 계군의 성 성숙을 동기화하고, 산란을 촉진하기 위한 것이다. 육용 종계에 있어 점등관리의 원칙에 맞지 않는 것은?

① 15일령부터는 점등시간을 동일하게 유지한다.
② 육성기에 점등시간을 늘려 주고, 점등강도도 높여 준다.
③ 산란기에는 점등시간을 줄여 주어서는 안 된다.
④ 계군이 50% 산란을 할 때 최소 14시간 이상 점등하여야 한다.

해설
육성기간 동안은 점등기간(일조시간)이나 조도를 절대로 증가시키지 않는다.

정답 108 ③ 109 ④ 110 ③ 111 ① 112 ②

113 산란계의 사양관리 중 산란능력에 미치는 점등요인으로 가장 거리가 먼 것은?
① 점등시간
② 점등광도 및 빛의 색
③ 점등횟수
④ 점등전구의 형태

해설
산란능력에 미치는 점등요인 : 점등시간, 점등광도 및 빛의 색, 점등횟수 등

114 일조시간이 길어지는 4월에 생산된 산란계 초생추를 개방식 계사에서 사육할 때 적당한 점등방법은?
① 자연일조 점등
② 일정시간 점등
③ 점감점증 점등
④ 간헐점등

115 점감점증법은 산란계의 산란율을 증가시키기 위해 최대 얼마까지의 점등시간을 연장해 점등관리를 하는가?
① 15시간
② 17시간
③ 19시간
④ 21시간

해설
점감점증법
- 처음 1주간은 22~23시간 점등을 한다.
- 2주령에는 20시간으로 조절하고 8주령이 될 때까지 매주 1시간씩 감소시킨다.
- 14주령까지는 9시간 점등한 후 18주령 때에는 12~13시간으로 연장한다.
- 그 후부터는 매주 30분~1시간씩 증가시켜 17시간이 되면 고정한다.

116 산란계의 강제 환우 목적에 해당되지 않는 것은?
① 계란생산시기 조절
② 환우기간의 단축
③ 육성비의 절감
④ 일조시간의 증가

해설
산란계 강제 환우는 달걀의 품질개선 및 산란기간 연장을 목적으로 하고 있다.

117 산란계에 있어서 강제 환우에 대한 설명으로 옳지 않은 것은?
① 산란계의 육성비를 절감할 수 있다.
② 특란 및 대란생산율을 높일 수 있다.
③ 비용을 절감하기 위해서는 초생추를 육성하는 것이 좋다.
④ 달걀가격이 낮은 시기를 피하고 달걀가격이 높은 시기를 맞추어 달걀을 생산할 수 있다.

해설
산란계의 강제 환우는 차기에 생산될 수 있는 산란량과 난질이 경제적인 면에서 유리할 때 수행한다.
- 차기에 달걀가격 상승이 기대될 때 이용
- 현재 달걀가격이 낮아서 유지가 곤란할 때 이용
- 햇닭으로 교체하는 비용이 많이 들 때 이용

정답 113 ④ 114 ① 115 ② 116 ④ 117 ③

118 탈항(脫肛)의 예방책으로 볼 수 없는 것은?
① 점등의 광도를 너무 밝게 하여 준다.
② 부리자르기를 실시한다.
③ 콕시듐병의 감염을 피한다.
④ 가급적 산란 케이지에 늦게 올린다.

해설
계사 안의 점등광도를 어둡게 하여 준다.

119 달걀의 난황과 육계의 피부색을 진한 노란색으로 착색시키는 효과가 있는 성분은?
① 수단 Ⅲ
② 새우껍질
③ 로다빈 레드
④ 크산토필

해설
잔토필은 황색 옥수수에 함유된 성분으로 난황, 다리, 부리, 피부 등을 황색으로 변하게 하는 물질이다.

120 브로일러사료에 가장 많이 첨가하는 성장촉진제는?
① 항생제
② 호르몬제
③ 생균제
④ 성장미지인자

121 가금류에 많이 사용하는 성장촉진제가 아닌 것은?
① 생균제
② 효소제
③ 황산구리
④ 유기비소제

122 산란계사에 산란 직전의 대추를 10,000수 입식하였는데 현재 9,000수가 생존하여 1일 8,000개의 달걀을 생산하고 있다. 이 계군의 헨하우스(Hen-Housed) 산란지수는?
① 80.0%   ② 88.9%
③ 92.0%   ④ 95.0%

해설
헨하우스(Hen-Housed) 산란지수
$= \dfrac{\text{총산란수}}{\text{산란 개시 최초수수}} \times 100$
$= \dfrac{8{,}000개}{10{,}000수} \times 100$
$= 80\%$

정답 118 ① 119 ④ 120 ① 121 ③ 122 ①

123 브로일러 종계의 체중조절을 위해서는 계군 평균체중조사를 2주령~초산 시기까지 매주 측정을 실시해야 하는데, 계군의 평균체중의 균일성을 알기 위해 사용하는 방법 중 변이계수를 구하는 공식이 있다. 다음 중 맞는 것은?

① 표준편차/평균체중×100
② 표준편차/(평균체중-표준오차)×100
③ 표준편차/(최고체중-평균체중)×100
④ 표준오차/평균체중×100

124 산란계 농장의 경영에서 손익분기점 분석 시 산란일량 파악과 관계가 없는 것은?

① 1일 1수당 사료섭취량
② 생산비중 성계사료비의 비율
③ 달걀과 사료의 가격비율
④ 계사 및 시설의 감가상각비

125 일반적으로 휴산과 환우하는 닭이 많이 발생하며, 질병의 발생 우려가 있는 시기는?

① 봄(3~5월)
② 여름(6~8월)
③ 가을(9~11월)
④ 겨울(12~2월)

126 $Salmonella\ gallinaru$균에 의해서 발병되며, 여름철에 발병빈도가 높은 닭의 질병은?

① 가금 콜레라
② 가금 티푸스
③ 마이코플라스마병
④ 전염성 코라이자

해설
① 가금 콜레라 : 주로 대추 이상의 성계에서 발병하는, 치사율이 아주 높은 급성전염병으로 제2종 법정전염병이다.
③ 마이코플라스마병 : 만성 호흡기병의 증상을 나타내며, CRD라고도 한다.
④ 전염성 코라이자 : $Haemophilus\ paragallinarum$의 감염에 의하여 일어나는 닭의 호흡기병이다.

127 고능력 젖소사료에 중조($NaHCO_3$)를 사용하는 것은 어떠한 증상을 예방하기 위함인가?

① 유열
② 케토시스(Ketosis)
③ 불임증
④ 산중독증

해설
산중독증을 예방하기 위해서 사료배합 시에 중조나 산화마그네슘과 같은 완충제를 반드시 첨가해야 한다.

CHAPTER 07 축산시설 및 위생·방역관리

PART 03 가축사양학

01 축산시설

1. 가축사육 환경요인

환경요소	환경요인
열환경	온도, 습도, 공기유동, 열방사
물리적 환경	빛, 소리, 축사, 시설구조, 사육밀도 등
화학적 환경	공기, 물, 산소, 이산화탄소, 암모니아, 먼지 등
지모·토양환경	위도, 고도, 지형, 토양 등
생물적 환경	야생동식물, 목초, 수림 등
사회적 환경	수용밀도, 동물행동, 이종가축, 관리자 등

(1) 온도

① 일반적으로 가축은 37℃의 체온을 사계절 내내 일정하게 조절한다.

② 가축별 생육적온

말	소	돼지	면양	닭
15℃	12~15℃	10~13℃	10℃	13℃

③ 한·육우에서는 온도변화에 따라 총사료섭취량이 변화한다.
  ㉠ 25℃ 이상이면 사료섭취량이 3~20% 감소되고, 35℃ 이상이면 10~35% 감소된다.
  ㉡ 30℃에서 사료소화율은 적온에 비해 20~30% 떨어진다.
  ㉢ 고온에서는 식욕저하, 성장률 감소, 비유량 감소 같은 현상이 발생한다.

④ 젖소의 경우 21℃ 이상이면 산유량 감소의 징후가 보이며, 특히 홀스타인은 27℃ 이상이면 산유량이 급격히 감소한다.

⑤ 돼지의 밀집 사육환경에서 여름철 고온(32℃)은 증체량이 감소한다.

⑥ 닭은 고온에서 사육하면 난중 및 산란율의 감소가 나타난다.

⑦ 과습은 기생충 발생, 폐렴 등의 원인이 된다.

⑧ 과습보다는 건조가 가축 생산성에 더 많은 영향을 미친다.

> **더알아두기**
>
> 환경온도대와 동물의 생산반응
> - 사료섭취량의 변화 : 고온에서 급감하고 저온환경에서 점차 증가함
> - 음수량의 변화 : 고온에서 급증하고 적온 및 저온에서 완만히 감소함
> - 소화율의 변화 : 저온에서 미세 감소하고, 고온에서 미세 증가함
> - 환경온도가 동물의 생산성에 미치는 영향
>   - 대부분의 동물들이 20℃ 부근에서 최적의 생산능력을 발휘하고, 27℃ 이상에서 생산성 저하가 나타난다.
>   - 돼지와 닭은 저온에 약하고, 소는 고온에 약하다.

(2) 광 선

① 태양광선은 가시광선이 13%, 근적외선 80%로 열을 생산하고 7%는 자외선이다.
② 자외선은 살균작용, 비타민 D의 형성, 대사촉진, 혈압강하작용이 있다.
③ 피하에 있는 콜레스테롤을 비타민 D_3로 전환시켜, 비타민 A의 생성작용으로 골격형성에 영향을 미친다.
④ 햇볕이나 인공광은 뇌하수체 전엽 성선자극호르몬의 분비를 촉진하여 번식행동에 직접적으로 작용한다.
⑤ 단일동물(산양), 장일동물(말, 닭)은 인공적 조명조절을 통해 발정을 유도할 수 있고, 산란을 촉진한다.
⑥ 우사의 햇빛 투과율은 고정식보다 개폐식이 효과가 좋으며, 지붕자재별로는 투광재가 햇빛 투과율이 높아 우사 안의 깔짚 건조효과가 높다.
⑦ 불필요한 강한 불빛은 가축의 신경을 예민하게 하고, 일사병이나 피부병의 원인이 되고, 과도한 활동으로 비육이 저하된다.

(3) 습 도

① 겨울철 저온 시 과습은 소에게 보다 많은 스트레스를 줄 수 있다.
② 고온·다습하고 환기가 불량한 우사에 계류할 경우 열사병 발생의 증가한다.
③ 한우에게 적합한 습도는 60~70%이지만, 습도가 80% 이상으로 높아지면 체표면에서 열과 수분의 증산이 억제되므로 체온의 상승과 더불어 생산성에 큰 영향을 미친다.
④ 낮은 온도에서 습도가 높으면 추위를 가중시킨다.
⑤ 축사 내 온도유지 때문에 환기, 환풍량을 줄여야 하는 겨울철이 습기문제가 더욱 심각하다.

⑥ 축사 내 습기의 주요 발생처는 분습기, 호흡습기, 외부 유입습기, 건물벽체로부터의 습기 등이다.
⑦ 환기, 환풍시설 및 인공열로서 습기를 제거할 수 있다.
⑧ 우사바닥의 깔짚이 축축하면 우사 내의 암모니아 등 유해가스농도가 증가하므로 깔짚을 항상 건조하게 하고 자주 교체하여 과습하지 않도록 하여야 한다.

더알아두기

불쾌지수
- 기온이나 습도, 풍속, 일사 등이 인체에 주는 쾌감, 불쾌감의 정도를 수량화한 지수로서, 주로 기온과 습도만으로 계산하는 방법이 보급되어 있는데, (건구온도+습구온도)×0.72+40.6으로 산출한다.
- 지수 70대에서는 상쾌함을 느끼고, 80 이상이면 불쾌, 86 이상이면 참기 어려운 불쾌감을 느낀다.
- 미국인 보스에 의해 고안되고 발달하였다.

예제 축사 내에 걸어 둔 온도계의 건구가 31°C 습구가 25°C였다. 이때의 불쾌지수는 얼마인가?
해설 불쾌지수 = (건구온도 + 습구온도) × 0.72 + 40.6
= (31 + 25) × 0.72 + 40.6
= 80.92

(4) 축사 내 공기속도와 환기시스템

① 공기속도는 초속 m(m/sec)으로 나타내며 축사 내 공기흐름, 환기량 등을 알아보기 위하여 쓰여진다.
② 여름철 적당한 풍속은 체감온도를 저하시키고, 바닥 깔짚재를 말려 주어 비육효과를 높여 주고 반면 겨울철 빠른 풍속은 체온감소 우려가 있다.
③ 환기는 여름철 우사 내 온도를 낮게 하고, 고온·건조 시 우사 내 과다한 먼지를 제거한다.
④ 겨울철 보온을 유지하기 위해 우사의 외벽을 막으면 소들이 배출하는 분뇨와 호흡가스 등으로 우사 안에 유해가스가 쌓이고 습도가 높아져 호흡기질병과 유해세균의 감염을 초래하는데 이를 낮추기 위해서 환기를 한다.
⑤ 겨울철 우사를 개방하여 환기를 하면 찬바람이 그대로 우사 안으로 들어와 온도를 떨어뜨리게 되어 오히려 해로우므로 겨울철에는 최소환기를 한다.
⑥ 송아지에게는 샛바람이 직접 닿지 않도록 해야 한다.

⑦ 샛바람이란 공기로 인하여 일방적으로 냉각을 유발하는 것을 의미한다.

※ 축산건축에 있어서 환기설비 : 환풍기, 급·배기구, 환기선과 제어장치, 덕트(풍도)
※ 축사 내 환기시스템

양압환기	외부로부터 공기를 흡입하여 축사 내로 불어 주는 형태로 대기보전의 차원에서 배기구는 천장에 설치하는 것이 좋다.
음압환기	환풍기는 축사공기를 흡입하여 배출시키기 때문에 외부 환경에 대하여 축사 내에서는 음압이 형성된다. 이러한 원리에 의하여 신선한 공기가 축사 안으로 들어 간다.
등압환기	환기시킬 공간과 외부 환경 사이에 압력 차이가 없을 때 등압환기방식이라고 한다.
환풍기에 의한 공기 유입	-

(5) 분 진

① 과다한 분진은 가축의 성장을 지연시키고, 호흡기 질병과 유해세균의 감염률을 높인다.
② 분진량에 대한 미국 국가직업안전과 건강위원회(NIOSH)의 호흡기준은 5mg/m^3 이하이며, 총노출먼지는 10mg/m^3이다.
③ 축사 내 먼지는 사료의 분말, 분(糞)분말, 동물 체내에서 유리된 세포분말 등이다.
④ 먼지의 양은 낙하세균 수와 비례하며 분말이 날려서 공기 중에 올라가는 양은 습도가 적을 때(건조 시) 더욱 심하다.
⑤ 먼지가 많은 곳에서는 가루사료보다 펠릿사료를 급여하고, 사료에 우지(牛脂)를 첨가하는 것이 유리하다.

(6) 유해가스

① 암모니아(NH_3)

㉠ NH_3는 자극이 강하며, 암모니아가스 허용한계는 25ppm 이하이다.
㉡ 25ppm 이상일 때 공기보다 무겁기 때문에 공기 중의 습기에 융해되어 각종 질병감염의 원인이 되며, 특히 기관지 점막손상 등 호흡기성 질병을 유발시킨다.

② 이산화탄소(CO_2)

㉠ CO_2는 냄새가 없고 2,500ppm 이하에서 지장이 없으며, 최대허용한계는 5,500ppm 이하이다.
㉡ 치명수준은 300,000ppm이며, 호흡증가, 졸음, 두통, 질식, 폐사 등을 유발할 수 있으므로 주의하여야 한다.

(7) 수 질
① 물은 가축의 대사작용(소화, 흡수, 배설, 삼투압 등)에 필수적이다.
② 가축의 음용수는 수인성 전염병인 장티푸스, 콜레라, 전염성 설사, 장염의 원인이 되며, 기생충(폐디스토마)의 전염원이 되기도 한다.
③ 우유 1L의 생산에는 약 3L의 물이 필요하며, 성체의 60~65%가 수분으로 구성되어 있다.
④ 지하수가 중금속(납, 비소, 구리 등) 등에 오염된 경우가 많으므로 오염 여부를 확인한 후 사용하여야 한다.

2. 한·육우시설

(1) 우사시설 배치
① 우사방향
  ㉠ 우사방향으로 겨울철에는 햇빛을 최대로 이용하고 여름철에는 햇빛의 영향을 줄일 수 있도록 우사는 동서방향으로 길게, 정면이 남향이 되도록 배치하는 것이 좋다.
  ㉡ 우사방향은 햇빛은 물론 바람의 이용측면에서도 중요하다.
② 우사의 배치간격
  ㉠ 우사 배치는 환기와 밀접한 관련이 있으므로 우사를 가급적 멀리 떨어져 있게 배치한다.
  ㉡ 우사 배치는 주로 병렬형으로 하며, 구조는 단식과 복식이 있다.

단 식	사육규모가 작고, 번식우의 경우에 주로 사용한다.
복 식	• 우사와 우사를 연동으로 배치하는 것으로 비육전문농장에서 주로 사용된다. • 여러 마리 사육에 따른 동선을 최대한 활용하기 위하여 선택한다. • 우사 폭이 넓어 환기가 단식보다 불량할 수 있으므로 윈치커튼이나 주위의 장애물 등을 제거하여 환기를 최대한 도모해야 한다. • 우사 중앙의 천장높이가 5m인 경우에는 우사 간의 거리를 25m 정도로 해야 통풍을 효과적으로 유지할 수 있다.

(2) 최적 사육환경
① 지역선정
  ㉠ 교통이 편리하고, 전기와 먹는 물 사정이 좋으며, 분뇨처리가 용이하고 사육규모 확대에 따른 우사의 확장이 가능하며, 재해위험이 없고, 악취 민원이 없는 곳이어야 한다.
  ㉡ 햇빛이 잘 들고, 바람이 잘 통하며, 물이 잘 빠지고, 안개 상습지역이 아니며, 지하수위가 낮고, 되도록 주위에 축사가 없는 곳이어야 한다.

② 장소선정
　　㉠ 채광시간이 긴 곳(일출부터 일몰까지)
　　㉡ 공기의 이동이 좋은 곳
　　㉢ 안개 상습지가 아닌 곳
　　㉣ 지하수위가 낮은 곳

(3) 우사의 종류
　① 개방식 우사
　　㉠ 개방식 우사는 사면이 개방되어 자연환경 속에서 소를 사육하는 우사이다. 건축비가 적게 들며 한우의 사육시설로 많이 이용되고 있다.
　　㉡ 전면 지붕이 설치된 우사로서 투광지(FRP, PET 등)를 설치하여 햇빛을 우사 내에 비치게 함으로써 수분의 증발과 가축이 필요로 하는 양의 빛을 공급받을 수 있도록 되어 있다.
　　㉢ 내부는 사료섭취장과 급수장으로 구분되고 우사 전체가 운동장 겸 휴식장으로 이용된다.
　　㉣ 우상바닥은 평면우상으로 기계에 의한 분뇨제거작업을 할 수 있다.
　　㉤ 우상바닥에 톱밥, 왕겨 등의 깔짚을 깔아 분뇨처리를 동시에 해결하고 있다.
　　㉥ 개방식 우사이나 지붕이 있으므로 지붕 중앙에 환기구를 설치하고 먹이통과 급수통은 서로 반대편에 설치하여 운동과 발굽손질, 깔짚 뒤집기를 유도한다.
　　㉦ 우사 내의 울타리는 회전문을 설치하여 소의 관리 및 분뇨처리가 용이하도록 하고 사료급여 통로 및 북서쪽에 겨울철 바람을 막아주기 위하여 윈치커튼 등을 설치한다.
　　㉧ 개방식 우사의 장단점

장 점	• 다른 형태의 축사보다 건축비가 적게 든다. • 사료급여, 분뇨 제거 등의 기계화작업이 가능하며 생력화가 가능하다. • 가축관리의 생력화로 노동력을 절약할 수 있다. • 번식우나 비육우의 사육에 적합하다.
단 점	• 자연환경의 조절이 불가능하여 나쁜 환경(저온, 고온)에 의해 생산성이 많이 좌우된다. • 개체 관찰이나 질병발생 가축의 조기발견과 치료가 어렵다.

　② 계류식 우사
　　㉠ 계류식 우사는 소를 한 마리씩 묶어서 사육하는 우사로, 개체관리가 용이하다.
　　㉡ 단열식과 복열식이 있다. 단열식은 소규모 사육에 적합하고 복열식은 대규모 우사에 적합하다.

단열식	• 우사는 사료통, 우상, 분뇨구, 통로로 구성되어 있다. • 기계작업이 불편하며 소규모 농가에 적합하다. • 분뇨제거는 인력을 이용하여 리어카나 일륜차 등으로 지금은 거의 이용되지 않는다.
복열식	• 우사는 분뇨구, 우상, 사료통, 통로로 구성되어 있다. • 분뇨처리방법으로는 우사바닥에 저장조를 만들어 처리하는 저장액비화방법과 깊은 분뇨구를 이용하여 분과 요가 분뇨탱크로 흘러 들어가게 하는 간이저장조 방식이 있다.

ⓒ 계류식 우사의 장단점

장 점	• 좁은 면적의 시설에 소를 집약 관리할 수 있다. • 한 마리씩 매어서 사육하므로 소의 체구가 달라도 같은 우사 내에서 사육이 가능하다. • 개체별 사료섭취량 점검 등 개체관리가 용이하다. • 질병과 발정의 조기발견과 치료가 빠르고 피부손질과 인공수정 등이 편리하다. • 대상은 부업규모의 번식우나 비육우의 비육 후기 사육에 적합하다.
단 점	• 번식우의 경우 번식장애 발생률이 높다(군사형태가 15.8%인 반면 계류형태는 34.6%). • 마리당 우사 건축비나 단위면적당 건축비가 많이 소요된다. • 소의 운동이 제한되어 식욕이 저하되고 번식우 사육에 불리하다. • 소 체구의 크기에 따라 우상의 크기를 조절할 수 없어 분뇨제거 등에 많은 노동력과 비용이 소요된다. • 분뇨처리방법은 간이정화조, 저장액비화방법 등이 이용되는데 설치비용 및 운영비용이 많이 소요된다.

③ 방사식 우사
  ㉠ 방사식 우사는 우사의 벽면이 설치되고 우사 내부는 무리사육을 할 수 있도록 되어 있다.
  ㉡ 소에게 어느 정도의 자유를 주고 군사를 하는 방법이며, 성력관리가 용이하다.
  ㉢ 분뇨처리방법은 저장액비화방법으로 우상바닥을 슬랫(Slat)바닥(틈바닥)을 이용하여 처리하는 형태이다.
  ㉣ 저장액비화방법의 우사는 액비를 살포할 수 있는 농경지가 확보되어야 하고 우사시설비 과다 및 운영관리비용이 많이 소요된다.
  ㉤ 볏짚 등 조사료가 우사바닥으로 끌려들어가 저장액비시설이 제대로 가동되지 않는 문제점이 발생할 수 있다.
  ㉥ 소규모 사육농가보다는 대규모 사육농가에 적합하다.

3. 낙농시설

(1) 낙농시설의 분류

① 수용시설
  ㉠ 기후환경이나 위험요소로부터 가축을 보호하기 위한 시설
  ㉡ 휴식장, 채식공간, 분만실, 치료실, 이동이 가능한 송아지 사육상, 환축계류실 및 분류작업장 등

② 급사시설
  ㉠ 사료의 저장·조리 및 분배에 이용되는 시설
  ㉡ 사일로, 사료창고, 사료조리실, 급사통로 및 사조, 개체구분책, 채식행동제어책 등

③ 착유시설
  ㉠ 우유생산에 필요한 시설체계
  ㉡ 착유우 대기장, 착유실, 우유저장실, 기계실, 부속되는 착유장비(진공발생장치, 세척장치 및 냉각기) 일체

④ 분뇨관리시설
  ㉠ 유우의 배설물을 수거·저장·처리 또는 처분하는 시설
  ㉡ 분뇨구, 분뇨저장조, 퇴비장, 액비운반 및 살포시설 등

⑤ 보조시설
  ㉠ 목장의 경영관리작업을 보조하기 위한 시설
  ㉡ 진입로, 급수시설, 동력시설, 농기계창고, 목장사무실, 관리자 숙소 등

(2) 유우사시설

유우사는 벽체의 구조형식에 따라 개방형, 폐쇄형 및 절충형으로 구분되며, 기능 및 수용방식에 따라 계류식 유우사, 방사식 유우사로 구분된다.

① 계류식 유우사의 장단점

장점	• 계류식 유우사는 착유우의 개체별 사료급여, 인공수정, 분만관리 및 치료 등의 작업이 간편하다. • 소를 개체별로 관찰, 점검하는 데 용이하므로 개체별 집약관리를 위한 소규모 사육(경산우 50두 이하)농가에 적합하다.

단점	• 소에게 안락한 시설이 되지 못한다.
	• 장기간 계속 계류하여 사육하는 경우 운동 및 일광욕의 부족에 의한 유방의 손상, 발굽의 이상, 다리형태의 변형, 번식장애 등의 문제점이 발생될 수 있다.
	• 계류식 유우사에서는 운동장을 별도로 마련하여 사용하고 있다.
	  - 착유우에게 자유로운 운동과 부드러운 흙바닥, 신선한 공기와 일광을 제공함으로써 번식관리가 용이하고 운동부족에 의한 질병을 예방하며, 체형을 유지시키고 소를 청결히 관리할 수 있다.
	  - 용적이 많은 조사료(사일리지, 청초, 건초, 볏짚, 부산물 등)를 운동장에서 급여함으로써 우사 내로 운반·급여하는 노력과 불편을 덜게 되고, 우사 내 사조의 용적을 농후사료 급여량에 맞게 설치함으로써 시설비를 절약할 수 있게 된다.

② **방사식 유우사** : 노동력의 절약을 도모하기 위하여 작업자는 가능한 한 이동하지 않고 사료섭취나 착유 시 유우가 스스로 이동하도록 하는 형태로 기능면에서는 계류식 유우사와 비슷하지만 작업자의 동선보다는 유우의 동선을 고려하여 시설의 기능과 구성을 결정해야 한다.

  ㉠ 개방식 유우사
    • 강추위나 강우, 강설량이 많지 않은 지방(중부 이남)에서 사조와 우상에 지붕을 설치하고 벽이 없는 상태에서 연중사육하는 시설형태이다.
    • 여름철에는 일광을 차단하고 겨울철에는 일사각을 최대로 우사 내에 들임으로서 시설비를 절약하며, 소를 자연환경 조건에서 사육하는 조방적인 관리형태이다.

- 우사의 방향은 남향으로 하고 지형적으로 경사를 이루어 배수가 잘되며 북서면이 자연적으로 방풍벽이 되거나 방풍림이 조성되어야 유리하다.
- 상수원 보호구역이나 지하수의 오염이 우려되는 지역, 풍향이 주거지역으로 향하는 지역 등은 피해야 한다.
- 착유실을 별도로 설치하여 이용할 수 있으며 소가 생활하게 되는 운동장을 완전개방하므로서 젖소가 활동하는 데는 자유롭다.
- 여름철의 더위와 겨울철의 추위, 그리고 눈과 비를 맞으며 자연상태에 노출된 환경에서 생활하게 되므로 좋은 환경이라 할 수 없다.
- 강우나 강설, 겨울철의 동결로 분뇨를 집약적으로 처리하기 어렵고 관리작업에 불편이 많다.

ⓒ 프리 스톨 유우사 : 경산우 40~60두 이상의 전업내지 대규모 낙농에서 주로 이용한다.
- 송아지, 육성우, 임신우, 건유우, 착유우 등 단계별로 구분하여 한동의 건물 안에서 방사식으로 사육하게 되므로 관리노력이 적게 들고 편리하다.
- 착유우의 경우 우상을 제외한 활동공간이 통로로서 분뇨구가 된다.
- 사조의 앞턱에는 연동식 계류장치를 설치하며 환기는 중력에 의한 자연환기방식을 채택한다.
- 착유는 우사 내에 별도로 설치된 착유실(헤링본식 또는 텐덤식)에서 한다.
- 농후사료는 전자감지식 농후사료 자동급여기를 설치하여 개체별로 자동조절하여 급여한다.

※ **계류식 유우사와 방사식 유우사의 비교**

구 분	계류식 유우사	방사식 유우사
특 징	• 개체관리 • 유우의 행동이 제한된다. • 급사와 착유 시 사람이 사조(구유)나 스탠천(Stanchion)으로 이동해서 행한다.	• 군관리 • 유우의 행동이 자유롭다. • 급사와 착유 시 유우가 이동하므로 사람의 작업량이 적다.
적합조건	• 토지면적이 좁고 조사료의 공급 및 이용을 제한할 필요가 있는 경우 • 사양규모가 중간 이하인 경우 • 유우의 개체관리를 통하여 생산성의 향상이 특별히 요구될 경우 • 노동력의 유동성이 클 경우	• 충분한 면적과 조사료의 공급이 원활하고 저장이 용이한 경우 • 사양규모가 큰 경우(적어도 50두 이상) • 유우의 군관리가 유리한 경우 • 노동력이 비싸고 기계의 도입이 유리한 경우 • 혹한지대가 아닌 경우

※ **계류장치(Stanchion)** : 소의 목주변을 둘러싸서 우상에 계류(繫留)시킬 수 있도록 고안한 타원형의 철제 구조물

※ 버킷식과 파이프라인 착유기의 장단점

구 분	버킷식	파이프라인식
장 점	• 가장 저렴한 착유시설이다. • 착유를 위한 소의 이동이 불필요하다. • 착유하는 동안 충분한 양의 농후사료를 먹을 수 있다. • 두당 우유생산량의 점검이 용이하다.	• 착유된 우유는 바로 냉각기에 들어 간다. • 착유를 위한 소의 이동이 불필요하다. • 배당된 농후사료를 충분히 섭취할 수 있다. • 착유실을 위한 별도의 건물이 필요 없다.
단 점	• 과도한 노동력이 소요되고, 착유에 많은 시간이 소요된다. • 착유된 우유를 냉각기에 옮기는 번거로움이 있다. • 방목 중에도 우사를 사용해야 한다.	• 착유실보다는 노동력이 비능률적이다. • 투자 및 유지비가 버킷식보다 더 많이 든다. • 물과 소독제의 사용량이 많다. • 유두에 진공압의 변이가 심하다. • 방목 중에도 우사를 사용해야 한다.

4. 양돈시설

(1) 돈사의 분류

① 경영목적에 따른 분류

㉠ 번식돈사 : 새끼돼지(子豚)를 생산할 목적으로 하는 돈사

㉡ 비육돈사 : 새끼돼지(仔豚)를 육성·비육하는 돈사

㉢ 번식·비육돈사 : 번식과 비육을 겸하는 돈사

② 이동가능성에 따른 분류

㉠ 이동식 돈사(비고정형 돈사)

- 최근에 격리 조기이유 자돈을 사육하기 위한 돈사이다.
- 이동이 가능하며 내부환경 변화를 효율적으로 조절할 수 있다.
- 전염병의 전파에 대응할 수 있고 화재의 위험성이 작다.
- 투하자본이 적어 양돈을 처음 시작하거나 소규모 양돈에 적합하다.
- 단점으로는 사육규모가 소형이다.

㉡ 고정형 돈사

- 현재 통상적인 돈사로서 이동이 불가능하다.
- 콘크리트 바닥으로 기초하며, 관리작업을 능률적으로 할 수 있어서 다두(多頭)사육에 용이하다.
- 투하자본이 크고 질병의 만연이나 화재의 위험이 있다.

③ 건물의 환기방식에 따른 분류

㉠ 개방식 돈사

- 일반적으로 여름철의 무더위에 충분한 통풍이 필요한 지역에서 많이 사용된다.
- 철재나 목재를 골재로 이용하며, 양쪽 긴 측벽을 윈치커튼을 이용하여 건축한 돈사이다.

- 주로 비육돈사에 많이 적용된다.
- 건축비가 적게 들어가나 기온이 낮아지는 겨울철 온도관리의 어려움이 있는 단점이 있다.

ⓒ 밀폐식 돈사(무창돈사)
- 돈사 내 환경을 인위적으로 조절하기 위해서나, 겨울철의 추운지역에서 많이 이용된다.
- 샛바람의 침입을 막을 수 있는 방한구조가 필요하다.
- 주로 돈사 내부의 환경을 인위적으로 조절하기 위해서 건축되는 돈사로써 분만돈사, 이유자돈사에 많이 적용되고 있다.
- 건축비가 많이 들어가는 단점이 있다.

④ 돈방(돼지방)의 배열방식에 따른 분류
ㄱ) 단식형 돈사(單列型豚舍)
- 돈방을 1열로 배열하는 돈사이다.
- 내부사양시설인 급이시설이나 분뇨처리방식이 자동화인 경우 경제적일 수 있다.
- 주로 육성비육돈사에서 적용되고 있다.

ㄴ) 복열형 돈사(複列型豚舍)
- 돈방을 2열로 배치하는 방법이다.
- 급사통로를 중앙에 설치하는 방법과 양측에 설치하는 2가지 방법이 있다.
- 작업능률면에서 보면 급사(사료급여)작업과 분뇨제거작업 중 급사(給飼)작업이 일반적으로 많을 경우 급사통로를 중앙에 배치한다.
- 복열형 돈사에서도 급이시설이나 분뇨처리방식이 자동화인 경우 경제적일 수 있다.

(2) 돈사의 환경과 입지조건

① 돈사의 입지조건
ㄱ) 주변보다 높고 일광, 통풍이 좋으며 배수가 용이하고 용수 등이 좋아야 한다.
ㄴ) 가까운 곳에 다른 축사가 있거나 민가 근처는 피하여야 하며 농경지에서 멀리 떨어진 곳이 좋다.
ㄷ) 교통, 전기, 물 사정이 좋으면서 분뇨의 처리가 용이한 곳이 여러모로 유익하다.
※ 교통은 위생환경과 밀접한 관계를 가지는 환경요소로 돼지의 방역 및 소음과 주거환경에 영향을 갖는 장소는 피하는 것이 좋다.
ㄹ) 진입로는 단독으로 사용하는 것이 좋다.
ㅁ) 지하수위의 상승점이 낮아 돈사 내부의 지하수위로 인한 과습과 피해를 억제할 수 있어야 된다.
ㅂ) 북향의 경사지에 위치한 곳은 자연환경을 이용하기에는 여러모로 불리한 곳이므로 가급적 피하는 것이 좋다.

> **더 알아두기**
>
> 시설부지 정지 시의 유의사항
> - 시설의 방향은 정남향이나 동남 또는 서남방향이 되도록 한다.
> - 배수로는 가능한 한 짧고 바르게 분산시킨다.
> - 지하수위가 돈사바닥에 영향이 없도록 지면을 다소 높게 한다.
> - 통로는 짧고 곧으며 경사가 없도록 한다.
> - 배뇨방향과 배수방향이 같지 않도록 한다.
> - 돈사가 여러 동 군집하는 경우에는 각 동이 환경적으로 독립되도록 부지를 정지한다.
> - 분뇨 퇴적장이나 요(尿) 집합장이 돈사보다 낮은 위치에 설치한다.

② 돈사의 배치

㉠ 돈사는 동서로 길게 지어 남향으로 배치하는 것이 좋다.

㉡ 돈사 간 이동거리가 짧고 쉽게 이동될 수 있도록 배치하여야 한다.

㉢ 입구 가까운 쪽에 육성사를 배치하는 것이 방역상 유리하며 출하할 때도 편리하다.

㉣ 돈사간격은 개방식 돈사인 경우 돈사의 폭 만큼 띄어 주어야만 환경관리를 양호하게 할 수 있고 무창돈사도 충분한 간격을 두는 것이 좋다.

> **더 알아두기**
>
> 돈사 간의 작업로를 만들 때의 기본원칙
> - 돈사 간의 거리는 옆 돈사의 환경이 영향을 주지 않는 거리를 유지하여야 한다.
> - 돈사 간의 작업로 경사도가 높으면 거리를 짧게 해야 하며 시설 및 기구의 배치는 작업순서에 맞도록 한다.
> - 운반작업이나 기계의 이동이 많으면 직선적으로 거리를 단축한다.
> - 기상에 의해서 작업이 방해받지 않도록 한다.
> - 분뇨처리나 사료급여 및 운반이 용이하도록 한다.
> - 장래의 시설증설이나 확대계획을 고려한다.

(3) 돈사의 환경조성

① 적정 사육면적

㉠ 돈방의 최소면적기준은 돼지가 네 다리를 오므리고 엎드려 있을 때 차지하는 면적이다.

㉡ 적정면적은 돼지가 사지를 쭉 뻗어서 옆으로 편안히 쉬는 상태에서 차지하는 면적이다.

㉢ 육성돈과 비육돈의 성장단계별 적절한 두당 적정면적은 $0.4 \sim 1.1 m^2$이다.

㉣ 밀집사육을 하면 서열형성에 따른 스트레스로 사료섭취량이 줄고, 허약한 돼지가 많이 발생하는 등 생산성이 떨어진다.

> **더알아두기**
>
> 육성 비육돈의 돈방면적에 영향을 주는 요인
> - 맨바닥 돈방보다 부분적으로 또는 전면 슬랫(Slat)인 돈방과 급이기와 급수기가 가깝게 적절히 배치되어 있는 돈방은 두당 소요면적을 적게 차지한다.
> - 성격이 유순하거나 공격적이지 않은 돼지는 두당 소요면적이 크다.
> - 내부 온도가 높은 여름철과 환기가 불량하거나 공기의 흐름이 불량한 돈방은 두당 소요면적이 커진다.

② 돈방 수용수칙
  ㉠ 돈방 크기에 따라 수용하되, 20두가 초과되지 않도록 하고 두당 적정 사육면적(0.8~1.1m^2/두)을 유지해야 한다.
  ㉡ 한 돈방 내에 수용하는 돼지는 체중 차이가 나지 않도록 고르기를 실시한다.
  ㉢ 체중 차이가 나면 지체돈 발생이 많아 선별 출하 시 성장률이 떨어져 늦게 출하되는 돼지는 스트레스로 인해 이용효율이 저하되며 규격 미달돈 판매로 수익이 줄어들게 된다.
  ㉣ 암·수, 거세·비거세 등을 고려한 구분수용이 중요하다.

③ 적정 사육온도와 습도
  ㉠ 육성 비육돈은 자돈사에서 이동 후 2~3일간은 23~25℃ 정도로 온도를 높게 유지하며, 이후 서서히 낮추어 일주일 후에는 18~21℃를 유지하도록 한다.
  ㉡ 돼지는 땀샘이 점차적으로 퇴화하여 육성 비육돈의 시기가 되면 고온에 약해진다.
  ㉢ 돈사의 적정온도 유지와 일교차를 줄이는 것이 더 중요하다.
  ㉣ 고온기에는 송풍기 가동, 그늘막 설치, 샤워시설 등 방서대책을 강구해야 한다.
  ㉤ 겨울철 저온의 환경에서는 체열의 증가로 사료섭취량이 증가하게 된다.
  ㉥ 이때의 사료증가량은 대부분이 자체의 체온유지수단으로 사용되기 때문에 사료효율이 떨어진다.
  ㉦ 돈사 내 적정습도는 60~70%이다.

④ 환기관리
  ㉠ 팬의 위치
    - 겨울철은 주로 부는 방향과 같게 설치하는 것이 좋다.
    - 바람의 방향과 반대로 팬을 설치하는 경우에는 2~3m 떨어진 곳에 바람막이를 설치한다.
    - 연속 가동하는 팬이 아닌 경우에는 역풍을 막기 위한 셔터를 설치하여야 한다.
    - 공간을 이용한 환기 시 배출 팬이 이웃 축사의 입기구와 최소한 12m는 떨어져야 한다.

ⓒ 팬 크기와 온도조절기의 설정

추운 날씨 (겨울)	• 최소량의 배량과 입기량의 환기를 시키면서 적정 사육온도를 유지할 수 있어야 한다. 비육돈사의 적정한 공기 교환주기는 7~8분이다. • 환기량 계산은 사육 두수×0.3m³/h/kg×120kg이다.
포근한 날씨 (봄, 가을)	• 부가적으로 축사 내 온도를 컨트롤한다. • 환기량 계산은 사육두수×0.9m³/h/kg×120kg이다.
더운 날씨 (여름)	• 환기율을 높게 하고, 풍속을 높여서 가축의 체감온도를 낮추어 스트레스를 줄인다. 외부기온이 올라가는 것에 맞추어 점진적으로 공기흐름을 증가시킬 수 있도록 온도조절기 설정방법과 팬의 용량을 선택하여야 한다. • 환기량 계산은 사육두수×1.5m³/h/kg×120kg이다.

※ 체중 120kg인 후보모돈 돈방의 적당한 여름철 환기량 : 5.09m³

⑤ 수질관리

ⓐ 여름철 더위는 물의 온도를 상승시키고 상승한 온도에 따라 물에 함유되어 있는 성분이 달라지고, 특히, 세균의 증식이 빨라지므로 음용수에 소독약을 투약해야 한다.

ⓑ 음수소독에는 염소계, 산성계, 알데하이드(4급 암모늄) 등이 사용되며 소독제별로 제조회사에서 권장되는 대로 따른다.

ⓒ 농장의 수질검사는 연 2회 이상 정기적으로 실시해야 한다.

ⓓ 좋은 물의 개념
- 전염병을 일으키는 미생물(바이러스, 박테리아 등)이 없어야 한다.
- 유해한 유독물질의 함량이 수질기준을 초과하지 않아야 한다.
- 색도, 탁도, 맛, 냄새, 수온 등 물리적 성질이 양호하여야 한다.
- 용존산소(DO ; Dissolved Oxygen)가 많아야 한다.
- 무기물이 풍부한 약알칼리성이어야 한다.

※ 음수 소독제
- 산화제(염소계)
- 산성제(구연산)
- 알데하이드(4급 암모늄)
- 복합제(계면활성제)

⑥ 급수관리

ⓐ 돼지는 음수량의 섭취가 부족할 때에는 소화흡수가 어려워지고, 대사작용과 배설이 곤란하게 되기 때문에 발열과 설사 및 구토를 일으킬 수도 있다.

ⓑ 급수기는 자돈기간(35kg까지)에는 니플급수기 1개당 10두가 적당하다.

ⓒ 그 이상의 큰 돼지는 1개당 12~15두까지 수용이 가능하다.

ⓓ 니플급수기의 각도는 벽면과 약 15~45°로 아래로 향한 것이 물의 낭비를 최소화한다.

ⓔ 급수기의 높이는 돼지어깨 높이보다 약간 높게 설치하는 것이 바람직하다.

ⓕ 급수기 간격은 육성돈기간에는 45cm 이상, 비육돈과 후보돈 등에게는 60~90cm 간격이 필요하다.

ⓐ 급수기의 수량은 분당 2L의 수량을 유지해야 한다.
ⓑ 급수기는 배분장소 또는 옆돈방 돼지가 보이는 펜스상에 설치한다.
ⓒ 돼지는 잠자리에서 먼 위치에 배분하며 물을 섭취하면서 배분하는 습성이 있다.

더알아두기

전자식 급이의 장단점
- 전자식 급이의 장점
  - 개체별로 사료량, 사료질, 급여형태(분이, Pellet, 연이, 액상 등) 등의 조정 가능
  - 어떠한 돈방 바닥형태(콘크리트 평상, 전면 또는 부분 슬랫상면, 방목장, 야외돈사 등)에도 응용이 가능
  - 군사(群飼)의 장점(스톨사양의 단점), 즉 모돈도태율, 사산율 감소, 연산성 증가의 효과를 기대
  - 사료섭취 시 급이기에 격리됨으로 위화감이나 투쟁 없이 평안하게 섭취
  - 개체별 능력을 비롯한 각종 기록관리를 컴퓨터로 관리 가능
  - 다른 급이시설보다 경제적일 수 있음
- 전자식 급이의 단점
  - 고급인력과 관리가 요구됨
  - 개체별 번호표가 오염에 의한 식별에 어려움과 분실우려가 있음
  - 시설의 기능작동이 고장우려가 있고 고장 시의 대책이 어려움
  - 악벽(Bitting, Bullying)의 증가 우려가 있음
  - 모돈이 적응할 수 있도록 훈련이 필요함

5. 가금류시설

(1) 계사의 종류

① 사육목적에 따른 분류

㉠ 채란계사, 육계사, 종계사로 나눌 수 있다.

㉡ 병아리의 성장단계에 따라 육추사, 육성사, 성계사로 세분된다.

② 사육형식에 따른 분류 : 평사사육, 케이지 또는 배터리 사육 등으로 나눈다.

㉠ 평사에 의한 사육

- 평면사육의 경우 부속 운동장을 잘 활용해야 한다.
- 운동장은 닭들이 운동과 일광욕을 할 수 있어 유리하며 위생적 관리가 용이하다.
- 평사에는 자리깃을 필요로 한다.
- 자리깃은 오염된 것을 매일 바꾸어 주며 사육할 수도 있고, 닭의 배설물과 혼합 퇴적하는 형태로 이용할 수도 있다.

- 퇴적형은 매일 치워 줄 필요가 없어 보온효과와 닭의 운동 촉진, 비타민 B_{12} 및 기타 미지성 장인자의 생성으로 닭의 발육과 생산성 및 산란율과 부화율을 좋게 하는 장점이 있다.
- 평사식은 전염병 예방을 위한 위생관리를 잘 해 주어야 한다.
- 육추, Broiler사육에 적당하며, 바닥에 자리깃을 깔아 주어야 한다.
- 토지와 건물비가 높다.

ⓒ 케이지사육
- 닭이 2~3수가 들어가는 칸막이 계사이며, 개별 닭의 산란을 포함하는 관리가 가능하다.
- 케이지에는 단사케이지, 2~3수씩 수용하는 중케이지, 25수 정도 수용하는 배터리식 케이지 등이 있다.
- 케이지(Cage)는 계사의 단위면적당 사육수수를 높이고, 닭의 운동을 제한함으로써 사료요구율을 낮추고, 기계화로 노동력을 절감시키는 등 경제성을 높이는 데 효과적이다.
- 케이지 계사는 주로 채란용 산란계의 사육에 이용되고 있다.
- 케이지사육은 닭을 입체적으로 수용하므로 환기관리를 잘해야 한다.
- 모이통과 물통의 면적은 이용에 적합하게 적절히 분배되어야 한다.
- 시설비가 많고 닭이 운동을 할 수 없는 단점이 있다.

③ 구조에 따른 분류

㉠ 개방계사
- 건물의 벽면에 공기와 햇빛이 자유롭게 드나들 수 있도록 한 계사로 우리나라 계사 중 대부분을 차지하는 형태이다.
- 양쪽 벽에 윈치커튼을 설치하여 겨울철에는 윈치커튼을 움직여 밀폐시키고 그 외 계절에는 외부온도에 따라 윈치커튼을 개폐하여 자연환기에 의해 계사 내부를 환기시키는 계사로 유창계사라고도 한다.
- 벽면이 단열되지 않아 겨울철에 계사 내부의 온도가 낮아 사료효율이 떨어진다.
- 여름철에 광선과 복사열이 계사 안으로 침입하여 고온스트레스를 받기 쉽다.

> **더알아두기**
>
> 개방계사의 형태
> - 계사의 양쪽 벽을 완전히 개방한 형태
> - 벽높이의 중간을 막고 상부와 하부를 개방한 형태
> - 벽높이의 상부와 하부에 벽을 막고 중간 부분을 개방한 형태
> - 계사의 한쪽 벽면을 완전히 개방하고, 다른 한쪽 면을 완전히 벽으로 막은 형태 등

ⓒ 간이계사
- 우리나라 육계 사육농가들이 간이계사를 이용하여 닭을 사육하고 있다.
- 반원형의 철재파이프 위에 비닐과 보온덮개를 덮고 측면에 1m 내외의 윈치커튼을 단 형태이다.
- 초기 시설투자비는 적지만 환경을 관리하기가 어렵고 노동력이 많이 소요된다.

ⓒ 무창계사(환경자동조절계사)
- 산란계 농장에서 많이 이용된다.
- 외부로부터 공기나 열이 계사 안으로 들어오지 못하도록 천장과 양쪽 벽에 지붕과 마찬가지로 단열재를 부착하여 계사 내와 계사 외를 완전히 차단하는 계사이다.
- 개방계사와는 달리 광선과 복사열의 침입을 완전히 차단함으로써 계사 내 온도를 계사 외 온도보다 2~3℃ 낮출 수 있다.
- 무창계사에서는 공기의 흐름을 평준화할 수 있는 팬의 시설이 필수적이다.
- 냉방시설을 운영하기가 용이하다.
- 무창계사의 장단점

장 점	• 단열과 풍속으로 여름철 계사 내 온도를 낮게 유지할 수 있다(온도변화 최소화). • 영하의 날씨에도 계사 내 온도를 18~23℃로 높게 유지할 수 있어 사료비가 적게 든다. • 완벽한 점등관리로 부화계절에 관계없이 높은 산란율의 유지가 가능하다. • 부리 자르기를 하지 않아도 된다. • 고밀도사육이 가능하다. • 토지의 방향에 관계없이 계사건축이 가능하다. • 소음, 분진, 해충 등의 환경공해를 막을 수 있다. • 계분의 처리가 용이하다. • 기계화, 자동화로 노동력이 절감된다.
단 점	• 전기사용량이 많다. • 정전에 대비하여 비상발전기 보유가 필수적이다. • 단위면적당 계사의 건축비가 높다. • 일시에 많은 자본이 필요하다.

(2) 닭의 사육환경
① 가금축사의 위치
  계사를 지을 때에는 일반적으로 다음의 사항을 고려해야 한다.
  ⓐ 도로와 진입로, 다른 계사 및 부속건물과 연계되는 거리와 위치들을 파악하고 농장의 규모에 따라 대형 일반화물수송차나 로리화물자동차(Lorry Truck)가 회전할 수 있는 충분한 공간이 필요하다.
  ⓑ 계사의 문이나 창문은 남향 또는 동남향으로 해야 한다.
  ⓒ 전기, 수도, 도시가스, 송유관과 같은 공공시설과 연계할 수 있는 곳을 선정한다.

② 계분이나 폐수 및 소각장으로부터 가급적 멀리 떨어진 곳이어야 하고 바람이 농가나 달걀 세척장 쪽으로 향하지 않게 한다.
⑩ 토양의 상태를 조사하여 배수가 잘되는 곳을 선정한다.
⑪ 향후 확장 가능성을 고려하여 위치를 선정한다.

② 적정온도
 ㉠ 체구는 작지만 체온이 평균 41℃로 매우 높다.
 ㉡ 여름철 고온 시 계사의 온도가 높아져 그냥 두면 닭이 고온스트레스를 받아 죽게 된다.
 ㉢ 최저임계온도 이상을 유지해야 하고, 그 이하에서는 사료비의 부담이 높아진다.
 ㉣ 산란계의 경우 온도가 1℃ 낮아짐에 따라 1수당 1일 사료섭취량이 1.5g 증가하여 고온에서는 생산성이 저하된다.
 ㉤ 양계의 최적온도는 13~24℃이다.
 ㉥ 종란의 부화 중 발육기간(19일간)의 적정온도 : 37.5~37.7℃
 ※ 닭의 체감온도는 건구온도(DBT)와 습구온도(WBT)에 따라서 변한다.
   닭의 체감온도 = (0.7~0.8 × DBT) + (0.2~0.3 × WBT)

③ 적정습도
 ㉠ 단위체중당 이산화탄소의 생산량이 많고 배설물에서 암모니아가스가 발생하기 때문에 환기를 소홀히 하면 계사 내 유해가스의 농도가 높아진다.
 ㉡ 닭의 체내에는 9개의 공기주머니가 있어서 유해가스를 흡입하면 호흡기질환이 발생하기 쉽다.
 ㉢ 습도가 너무 높으면 건축물의 내구성이 저하되고 병원성 세균의 증가로 질병이 많이 발생하는 반면, 너무 낮으면 탈수증세가 나타나고 호흡기질병이 생긴다.
 ㉣ 상대습도는 50%가 적당하다.
 ㉤ 환기, 분뇨청소, 물통관리에 의해 습도를 적절히 유지할 수 있다.
 ※ 부란실의 적합한 상대습도 : 70~75%

④ 적절한 환기
 ㉠ 유해가스를 건물 밖으로 내보내고 계사온도를 적정수준으로 유지하는 동시에 계사의 수분을 제거하기 위해서 환기가 충분히 이루어져야 한다.
 ㉡ 호흡으로부터의 먼지, 탄산가스, 분뇨에서 생산되는 H_2S, NH_3, CH_4 등이 계사공기를 나쁘게 하는 원인이다.
 ㉢ 가장 유독한 가스는 NH_3이며, 30ppm 이상이면 호흡기 섬모운동이 감소한다.
 ㉣ NH_3의 공기 중 농도는 25ppm 이하로 유지되어야 한다.
 ㉤ 분뇨청소관리, 창문, 환기시설에 의해 공기조성을 깨끗하게 유지할 수 있다.

⑤ 채 광
  ㉠ 일광은 여러 가지 기능이 있기 때문에 계사는 햇빛이 잘 드는 것이 좋다.
  ㉡ 광선이 닭의 뇌하수체를 자극하여 생식선 발달을 촉진하기 때문에 일광은 성 성숙, 산란, 환우에 영향을 미친다.
  ㉢ 햇빛의 자외선이 피부의 비타민 D 전구체인 7-Dehydrocholecalciferol을 비타민 D로 전환한다.
  ㉣ 일광은 겨울에 계사를 따뜻하게 하고, 자외선이 미생물을 사멸한다.

6. 축산법의 이해

(1) 축산법의 목적 등

① 목적(법 제1조)
  이 법은 가축의 개량·증식, 축산환경 개선, 축산업의 구조개선, 가축과 축산물의 수급조절·가격안정 및 유통개선 등에 관한 사항을 규정하여 축산업을 발전시키고 축산농가의 소득을 증대시키며 축산물을 안정적으로 공급하는 데 이바지하는 것을 목적으로 한다.

② 용어의 정의(법 제2조)
  ㉠ 가축 : 사육하는 소·말·면양·염소[유산양(乳山羊 : 젖을 생산하기 위해 사육하는 염소)을 포함]·돼지·사슴·닭·오리·거위·칠면조·메추리·타조·꿩, 그 밖에 대통령령으로 정하는 동물(動物) 등을 말한다.
  ㉡ 토종가축 : ㉠의 가축 중 한우, 토종닭 등 예로부터 우리나라 고유의 유전특성과 순수혈통을 유지하며 사육되어 외래종과 분명히 구분되는 특징을 지니는 것으로 농림축산식품부령으로 정하는 바에 따라 인정된 품종의 가축을 말한다.
  ㉢ 종축 : 가축개량 및 번식에 활용되는 가축으로서 농림축산식품부령으로 정하는 기준에 해당하는 가축을 말한다.
  ㉣ 축산물 : 가축에서 생산된 고기·젖·알·꿀과 이들의 가공품·원피[가공 전의 가죽을 말하며, 원모피(原毛皮)를 포함]·원모, 뼈·뿔·내장 등 가축의 부산물, 로얄젤리·화분·봉독·프로폴리스·밀랍 및 수벌의 번데기를 말한다.
  ㉤ 축산업 : 종축업·부화업·정액 등 처리업 및 가축사육업을 말한다.
  ㉥ 종축업 : 종축을 사육하고, 그 종축에서 농림축산식품부령으로 정하는 번식용 가축 또는 씨알을 생산하여 판매(다른 사람에게 사육을 위탁하는 것을 포함)하는 업을 말한다.
  ㉦ 부화업 : 닭, 오리 또는 메추리의 알을 인공부화시설로 부화시켜 판매(다른 사람에게 사육을 위탁하는 것을 포함)하는 업을 말한다.

◎ 정액 등 처리업 : 종축에서 정액·난자 또는 수정란을 채취·처리하여 판매하는 업을 말한다.
ⓩ 가축사육업 : 판매할 목적으로 가축을 사육하거나 젖·알·꿀을 생산하는 업을 말한다.
ⓧ 축사 : 가축을 사육하기 위한 우사·돈사·계사 등의 시설과 그 부속시설로서 대통령령으로 정하는 것을 말한다.
㉠ 가축거래상인 : 소·돼지·닭·오리·염소, 그 밖에 대통령령으로 정하는 가축을 구매하거나 그 가축의 거래를 위탁받아 제3자에게 알선·판매 또는 양도하는 행위(가축거래)를 업(業)으로 하는 자로서 등록한 자를 말한다.
㉡ 국가축산클러스터 : 국가가 축산농가·축산업과 관련되어 있는 기업·연구소·대학 및 지원시설을 일정 지역에 집중시켜 상호연계를 통한 상승효과를 만들어 내기 위하여 형성한 집합체를 말한다.
㉣ 축산환경 : 축산업으로 인해 사람과 가축에 영향을 미치는 환경이나 상태를 말한다.

(2) 축산법의 허가

① 축산업의 허가 등(법 제22조)
㉠ 축산업(종축업, 부화업, 정액 등 처리업, 가축사육업 등)을 경영하려는 자는 대통령령으로 정하는 바에 따라 해당 영업장을 관할하는 시장·군수 또는 구청장에게 허가를 받아야 한다.
㉡ ㉠의 허가를 받으려는 자는 다음의 요건을 갖추어야 한다.
• 가축분뇨의 관리 및 이용에 관한 법률에 따라 배출시설의 허가 또는 신고가 필요한 경우 해당 허가를 받거나 신고를 하고, 처리시설을 설치할 것
• 대통령령으로 정하는 바에 따라 가축전염병 발생으로 인한 살처분·소각 및 매몰 등에 필요한 매몰지를 확보할 것. 다만, 토지임대계약, 소각 등 가축처리계획을 수립하여 제출하는 경우에는 그러하지 아니하다.
• 대통령령으로 정하는 축사, 악취저감 장비·시설 등을 갖출 것
• 가축사육규모가 대통령령으로 정하는 단위면적당 적정사육기준에 부합할 것
• 닭 또는 오리에 관한 종축업·가축사육업의 경우 축사가 가축전염병 예방법에 따른 가축전염병 특정매개체로 인해 고병원성 조류인플루엔자 발생 위험이 높은 지역으로서 대통령령으로 정하는 지역에 위치하지 아니할 것
• 닭 또는 오리에 관한 종축업·가축사육업의 경우 축사가 기존에 닭 또는 오리에 관한 가축사육업의 허가를 받은 자의 축사로부터 500m 이내의 지역에 위치하지 아니할 것
• 그 밖에 축사가 축산업의 허가 제한이 필요한 지역으로서 대통령령으로 정하는 지역에 위치하지 아니할 것

ⓒ 제1항제4호(가축 종류 및 사육시설 면적이 대통령령으로 정하는 기준에 해당하는 가축사육업)에 해당하지 아니하는 가축사육업을 경영하려는 자는 대통령령으로 정하는 바에 따라 해당 영업장을 관할하는 시장·군수 또는 구청장에게 등록하여야 한다.
ⓒ ⓒ의 등록을 하려는 자는 다음 각 호의 요건을 갖추어야 한다.
- 가축분뇨의 관리 및 이용에 관한 법률에 따라 배출시설의 허가 또는 신고가 필요한 경우 해당 허가를 받거나 신고를 하고, 처리시설을 설치할 것
- 대통령령으로 정하는 바에 따라 가축전염병 발생으로 인한 살처분·소각 및 매몰 등에 필요한 매몰지를 확보할 것. 다만, 토지임대계약, 소각 등 가축처리계획을 수립하여 제출하는 경우에는 그러하지 아니하다.
- 대통령령으로 정하는 축사, 악취저감 장비·시설 등을 갖출 것
- 가축사육규모가 대통령령으로 정하는 단위면적당 적정사육기준에 부합할 것
- 닭, 오리, 그 밖에 대통령령으로 정하는 가축에 관한 가축사육업의 경우 축사가 기존에 닭 또는 오리에 관한 가축사육업의 허가를 받은 자의 축사로부터 500m 이내의 지역에 위치하지 아니할 것

ⓜ ⓒ에도 불구하고 가축의 종류 및 사육시설 면적이 대통령령으로 정하는 기준에 해당하는 가축사육업을 경영하려는 자는 등록하지 아니할 수 있다.
ⓗ ㉠에 따라 축산업의 허가를 받거나 ⓒ에 따라 가축사육업의 등록을 한 자가 다음의 어느 하나에 해당하면 그 사유가 발생한 날부터 30일 이내에 시장·군수 또는 구청장에게 신고하여야 한다.
- 3개월 이상 휴업한 경우
- 폐업(3년 이상 휴업한 경우를 포함)한 경우
- 3개월 이상 휴업하였다가 다시 개업한 경우
- 등록한 사항 중 가축의 종류 등 농림축산식품부령으로 정하는 중요한 사항을 변경한 경우(가축사육업을 등록한 자에게만 적용)

ⓢ 국가나 지방자치단체는 ㉠ 및 ⓒ에 따라 축산업을 허가받거나 가축사육업을 등록하려는 자에 대하여 축사·장비 등을 갖추는 데 필요한 비용의 일부를 대통령령으로 정하는 바에 따라 지원할 수 있다.
ⓞ 국가 또는 지방자치단체는 축산업의 허가를 받은 자나 가축사육업의 등록을 한 자가 대통령령으로 정하는 바에 따라 축사·장비 등과 사육방법 등을 개선하는 경우 이에 필요한 비용의 일부를 예산의 범위에서 지원할 수 있다.

02 축산위생·방역관리

1. 축산위생·방역의 이해

(1) 축산위생

① 축산물 안전성 관리강화 필요성
  ㉠ 가축의 질병을 예방하고 조기진단 및 구제하여 안전한 축산물을 생산·유통하기 위함이다.
  ㉡ 축산물은 가축의 사육부터 생산 및 유통과 소비에 이르는 모든 단계마다 잠재적 위해요소가 존재한다.
  ㉢ 소비자들은 축산물 선택기준으로 위생과 안전성을 중시, 특히 수입축산물 위생사고로 관리강화에 대한 필요성이 증대하고 있다.

② 질병의 발생요인
  ㉠ 병원체 : 병원체가 없으면 발병할 수 없다. 그러나 병원체가 있다고 반드시 발병하는 것은 아니다.
  ㉡ 병원체와 관련된 요인 : 병원체에 의해 발병하는 데 영향을 미치는 여러 가지 요인을 말하는데 병인, 숙주, 환경 등이 병원체와 관련된 요인이다.

③ 질병발생의 3대 조건
  ㉠ 전염원 : 병원체를 배설하는 가축이 전염원이며, 이들에 의해 전염이 시작된다.
  ㉡ 전염경로 : 병원체가 전염원에서 다른 개체에 감염되기 위해서는 특이한 경로를 통하여 이동한다.
  ㉢ 감수성 있는 동물 : 전염원이 있고 감염경로가 있어도 병원체의 오염을 받은 개체가 저항력이 있으면 발병하지 않는다. 따라서 병원체에 영향을 받는 감수성이 있어야 발병한다.

(2) 소 독

① 소독의 중요성
  ㉠ 소독은 전염병의 위험성이 있는 병원균과 그 병원균을 전파하는 해충 등을 박멸함으로써 전염병으로부터 가축을 보호하는 수단이다. 가축 전염병의 발생이나 만연을 방지하는 방법 중에서 가장 중요한 작업이다.

> **더알아두기**
>
> 소독의 정의
> 질병은 병원체(세균, 바이러스, 곰팡이 등)와 감염경로(공기, 물, 사료 등)의 요건이 갖추어질 때 발생한다. 이러한 병원체를 없애거나 줄이며 가축에 해가 없도록 하는 과정을 소독이라 하고, 이러한 목적으로 사용하는 제제를 소독약이라고 한다.

ⓒ 소독은 소독대상, 외부온도, 소독제 성분 등을 종합적으로 고려하여 가장 적합한 소독제를 선택하여 실시한다.

※ 소독의 종류

분류	소독방법
물리적 방법	열(소각, 건열, 습열), 광선, 방사선
화학적 방법	소독약
물리·화학적 방법	소독약 + 열
기타	건조, 발효 등

② 소독제의 종류

ⓐ 소독효과가 높아 적은 양으로도 신속하고 확실한 효과가 있어야 한다.

ⓑ 소독 대상 동물이나 물체에 대해 독성이 적고 안전성이 높으며, 축사 및 축산기구들을 부식시키지 말아야 한다.

ⓒ 물에 쉽게 녹고, 침전물이나 분해가 일어나지 말아야 하며 비용이 적게 들어야 한다.

[소독대상에 따른 권장소독제]

소독대상	권장소독제
축제, 사람	구연산
축사내부(축산기구)	• 가축이 있을 경우 : 구연산 • 가축이 없을 경우 : 알칼리제, 염소제
축사외부	알칼리제
소독조	알칼리제, 알데하이드제
차량	복합산성제, 알칼리제, 산성세제
음수소독	염소제

③ 소독약의 주요 작용

ⓐ 바이오필름을 파괴하고 균체의 벽(세포벽, 세포막)을 깨뜨린다. 막에 구멍이 생기면 세포 내 성분, 즉 세포질이 새어나와 균이 죽게 된다.

ⓑ 균체 단백질의 변성 : 균의 몸체 주요 부분은 단백질로 되어 있는데, 소독약의 화학작용은 이를 변성시켜 세포 내 성분(세포질)을 유출시키거나 세포 내 단백질의 응고를 통해 세균 세포의 발육을 저지한다.

ⓒ 세포호흡 방해 : 균체 표면을 둘러싸서 세균세포의 호흡을 억제한다.
ⓔ 효소저해작용 : 효소는 단백질과의 상호작용으로 세포 내 반응을 조절하는데, 이를 저해하면 세포의 증식은 물론 생존을 어렵게 한다.

④ 병원성 미생물의 저항력
　㉠ 결핵균과 같이 저항력이 강한 미생물은 간단한 일광소독, 건조소독, 발효소독으로는 거의 사멸하지 않는다.
　㉡ 대장균과 같이 저항력이 보통인 미생물은 발효작용 등을 이용하여 효과적으로 소독할 수 있다.
　㉢ 브루셀라균과 같이 저항력이 약한 미생물은 발효, 건조 등에 의하여 쉽게 소독할 수 있다.
　㉣ 병원미생물은 혈액이나 분뇨 등과 같은 유기물과 섞여 있을 경우 외부작용에 대한 저항력에 변동이 생긴다.
　㉤ 소독약을 유기물 등에 혼합할 때에는 소독이 어려워지므로 여러 조건을 고려해야 한다.
　㉥ 아포를 형성하고 강한 저항력을 가진 균들은 토양에 수십 년간 생존하며 쉽게 사멸하지 않으므로 특히 주의해야 한다.

※ **이상적인 소독약의 조건**
- 소독효과가 신속해야 한다.
- 세균, 바이러스, 곰팡이 등 넓은 범위의 항균력을 가져야 한다.
- 저항균이 생성되지 않아야 한다.
- 단백질(유기물)에 의하여 불활성화 되지 않아야 한다.
- 독성이 적어야 한다.
- 생체조직을 벽색 또는 부식시키지 않아야 한다.
- 냄새가 없거나 적어야 한다.
- 세정 후에도 잔류작용을 나타내어야 한다.
- 사용하기 편리하고 경제적이어야 한다.

[주요 성분별 소독약 선택기준]

분 류	성분명	선택기준 적용대상	사용농도	소독제의 특징 및 주의사항
염기체	탄산소다	사체, 축사, 환경, 물탱크	4%	• 분변이 있는 곳에도 소독효과 발휘 • 알루미늄 계통에는 사용하지 말 것
	가성소다	사체, 축사, 환경, 물탱크, 차량, 기계류, 의복	2%	• 분변이 있는 곳에도 소독효과 발휘 • 매우 효과적이나 차량 등 금속 부식성 • 눈과 피부에 자극이 있으므로, 사용 시 장갑, 의복 등과 같은 보호용구 착용 • 강산과 접촉을 피할 것
산성 세제	구연산	사체, 사람, 분뇨, 배설물, 주택, 차량, 기계류, 의복	0.2%	• 침투력이 약하므로 단단한 표면에만 사용(중성계면 활성제를 원액의 1/1,000로 희석, 혼합사용하면 침투력 증가) • 사람, 축체, 의복 소독에 적용 가능
	복합염류	기계류, 차량, 의류, 소독조	2%	광범위하게 적용 가능(축체 제외)
산화제	차아염소산	축사, 주택, 의류	2~3% 유효 염소	• 분변, 우유 등이 있는 대상물에 사용금지 • 유기물에 의해 효과가 감소하므로 반드시 사용 전에 청소 • 어둡고 서늘한 곳에 보관 • 눈과 피부에 독성이 있음
	아이소사이 안산나트륨	축사, 주택, 의류	0.2~ 0.4%	• 분변, 우유 등이 있는 곳에 사용금지 • 반드시 사용 전에 청소 • 정제이므로 사용 직전에 물에 희석 사용
알데 하이드	폼 알데하이드	전기기구, 볏짚, 건초	가 스	• 물을 피해야 하는 자동차 내부, 전기기구 등의 소독에 사용 • 소독 후 환기 철저 및 가스흡입 금지 • 유독성 가스 외부 방출금지 주의 • 물, 차아염소산, 염소 등이 있을 경우 사용금지
	글루타 알데하이드	축사 내외부, 차량, 소독조	2%	• 사용 시 장갑, 의복 등과 같은 보호용구 착용 • 적당한 환기조건에서 사용 • 직사광선을 피해 건조한 실온보관
	포르말린	사료, 의복	8%	자극성 가스 배출 : 사용자 주의(글루타알데하이드에 준함)

※ 소독약의 희석방법
- 소독약이 분말일 경우의 계산방법
  - 희석방법 예시 : 소독약 1kg을 물 100L와 섞으면 100배, 물 200L와 섞으면 200배, 물 300L와 섞으면 300배, 물 400L와 섞으면 400배, 물 1,000L와 섞으면 1,000배가 된다.
- 소독약이 액체일 경우의 계산방법
  - 희석방법 예시 : 소독약 1L를 물 100L와 섞으면 100배, 물 200L와 섞으면 200배, 물 300L와 섞으면 300배, 물 400L와 섞으면 400배, 물 1,000L와 섞으면 1,000배가 된다.

(3) 방 역

① 방역의 정의

㉠ 방역이란 외부에서 발생한 질병이 농장 내로 침입하지 못하게 막거나 내부에서 발생한 질병이 외부로 퍼져나가 전파되는 것을 막는 일련의 행위를 말한다.

㉡ 방역의 종류로는 질병이 농장 내로 침입하지 못하게 막는 차단방역, 농장 내부의 병원체로부터 감염을 방지하는 농장 내 방역 및 유전능력개량과 비육을 위하여 외부로부터 도입하는 도입축의 방역관리 등으로 나눌 수 있다.

② 방역절차

㉠ 안내문 및 방역경고문을 설치한다.

㉡ 출입관리대장 비치하고, 작성한다.

㉢ 방역복 및 장화를 비치하고 착용한다.

㉣ 소독설비 및 발판소독조를 사용하여 출입자와 출입차량을 소독한다.

㉤ 물품반입창고에 있는 기자재 등을 올바르게 소독하고 보관한다.

㉥ 농장에 경계표시를 한다.

※ 소에서 발생할 수 있는 전염병

질병명	원인	전염경로	증상	비고
우 역	바이러스	경구 및 호흡기	고열, 식욕감퇴, 반추정지, 악취성 설사	-
구제역		타액, 유즙, 정액, 비말	구강점막과 제관부에 수포 발생	-
블루텅병		흡혈곤충	파행과 유산, 구강 내 병변, 대뇌결손 및 뇌수종증	-
수포성구내염		경구, 흡혈곤충	수포를 동반한 다량의 유연, 발열, 제부수포	인수공통전염병
소 유행열		흡혈곤충	고열, 호흡이 가빠짐, 변비, 안구충혈	-
아카바네병		흡혈곤충(모기)	유산, 사산, 체형이상(사지만곡, 척추만곡)	-
우폐역	세균	호흡기	발열, 호흡촉박, 식욕부진, 심한 기침, 호흡곤란	-
탄 저		경구, 창상	천연공 출혈, 응고부전	인수공통전염병
기종저		경구, 창상	전신적 고열, 반추정지, 염발성 종창, 사지온도 저하	-
브루셀라		경구, 경피, 교미	유산, 관절염, 고환염, 후산정체, 수태율 저하	인수공통전염병
결핵병		경구, 태반, 교미, 야생조류	기침, 빈혈, 기관지 호흡음, 체표 림프절 종창	인수공통전염병
요네병		경 구	만성설사, 비유량 저하, 하악부종, 영양실조	-
큐 열		진드기	열, 두통, 흉통, 산발적인 유산	-
소 해면상뇌증	프리온 단백질	경 구	근육경련, 파행, 운동실조, 기립불능을 동반한 신경증상	인수공통전염병

2. 위생·방역시설 관리

(1) 차단방역

① 차단방역의 개념
  ㉠ 질병이나 병원성 미생물에 감염된 가축이 농장 내로 유입되는 것을 차단하는 것이다.
  ㉡ 가축수송차량, 사료운반차량, 분뇨처리차량 등과 같은 각종 차량에 의하여 또는 사람, 개, 고양이, 설치동물, 야생동물 및 바람에 의하여 전파될 수 있는 전염병을 예방하는 것이다.

② 차단방역의 목적
  ㉠ 전염성 질병 원인체의 농장 유입을 막고, 전염병 원인체가 발생 지역에서 비발생지역으로 전파되는 것을 방지한다.
  ㉡ 질병발생과 공중보건상 중요한 미생물의 확산을 최소화하는 것이다.

③ 차단방역의 종류
  ㉠ 격리 : 농장에서 사육하는 가축을 사람과 차량의 출입이 제한된 축사에 수용하는 것을 말한다.
  ㉡ 수송수단 통제 : 사료운송차량, 약품운반차량, 가축수송차량, 일반차량의 농장이동과 농장 안에서의 이동을 모두 통제하는 것이다.
  ㉢ 위생(소독) : 방문객, 농장에서 사용되거나 농장 안으로 유입되는 기계 및 기구, 농장관리인 등에 대한 청결과 소독을 말한다.
  ㉣ 백신접종 : 차단방역으로 설정된 경계선을 넘어 질병이 농장으로 유입되었을 경우 가축이 백신접종으로 면역이 되었다면 질병발생을 막을 수 있다.

(2) 농장 내 방역

가축이 병원체에 노출되지 않는 행동을 총칭하는 것으로 축사세척, 소독, 가축소독 및 정기소독 등이 포함되며 농장의 질병상황, 주위 지역의 질병발생과 온·습도와 밀접하게 관련되어 있으므로 환경에 맞추어 실시하거나 최소 1주일에 한번 이상 실시한다.

① 축사 내부 및 기구 소독
  ㉠ 청소가 끝난 상태로 축사가 완전히 비어 있고 축사의 밀폐가 가능할 경우에 포르말린 훈증 소독을 실시한다.
  ㉡ 포르말린 훈증소독이 어려울 경우 복합소독제, 수산화나트륨 소독제(최종농도 2%), 차아염소산나트륨(유효염소가 2~3% 또는 20,000~30,000ppm이 되도록 희석) 등으로 축사 내부를 완전히 적셔 소독한다.

② 발판소독조 및 차량소독조
　㉠ 소독조를 축사입구에 설치하되 발이나 차량바퀴가 충분히 잠길 수 있도록 10cm 이상의 깊이로 하며, 주당 2~3회 교환해 준다.
　㉡ 강알칼리제, 알데하이드제 등 비교적 유기물에 강한 소독제를 사용한다.
　㉢ 발판소독조의 소독약을 주기적으로 교환해 주어야 한다. 교환해 주지 않으면 오히려 오염된 병원균이 신발이나 차량바퀴에 묻어 병을 전파하는 역할을 하게 되므로 주의해야 한다.

③ 바닥 및 축사 주위 소독
　㉠ 축사 주위의 흙바닥이나 축사바닥의 소독에는 주로 강알칼리 소독제를 사용한다.
　㉡ 수산화나트륨용액을 2% 되도록 희석하여 바닥에 흠뻑 뿌려 소독하거나, 물을 뿌린 후 생석회를 도포하여 소독한다.
　㉢ 생석회는 평당 약 1kg(m^2당 300~400g)을 뿌리거나 물로 5% 생석회유제액을 만들어 살포한다.
　㉣ 유제액을 만들 때는 물에 생석회를 조금씩 넣어야 하고, 생석회에 물을 넣지 않도록 한다.
　㉤ 생석회는 물과 접촉하면 200℃ 정도의 고열이 발생하므로 밀폐된 공간에서 볏짚과 같은 인화성 물질이 있으면 불이 날 위험이 있다.
　㉥ 생석회를 차량이 많은 도로에 분말상태로 뿌리지 않도록 해야 한다.
　㉦ 마른상태에서는 소독효과도 낮고 인축의 눈에 들어가면 실명을 초래할 수 있다.

④ 축사 내 분 및 깔짚소독
　㉠ 축사바닥의 분, 깔짚, 흙 등은 병원균이나 유기물의 오염이 심한 상태이므로 표면을 완전히 걷어 내 소독을 해야 한다.
　㉡ 소각 또는 매몰을 해야 하지만 60℃ 이상의 온도가 되도록 3일 이상 발효시켜 퇴비화할 수도 있다.
　㉢ 걷어 낸 깔짚, 분, 흙이 깨끗한 구역으로 흩어지거나 주변에 뿌려지지 않도록 하며, 만일에 대비하여 작업이 끝난 후 그 구역을 소독한다.
　㉣ 톱밥 발효 계사와 같이 출하 후 분과 톱밥을 긁어 내지 않는 형태의 축사는 특정 전염병이 상재할 우려가 있으므로 차단방역을 특별히 철저하게 하여 원천적으로 병원체에 오염되는 일이 없도록 주의해야 한다.

3. 폐사축 관리

(1) 폐사축의 처리방법
① 폐사축의 처리방법의 대표적인 방법으로는 구덩이 매몰, 매몰용기 이용, 퇴비화, 소각 및 재활용(렌더링) 등이 있다.
② 폐사축은 가축전염병예방법에 의해 처리한다.

(2) 폐사축의 처리
① 매 몰
  ㉠ 매몰 구덩이를 이용하여 폐사축을 처리하는 전통적인 방법이다.
  ㉡ 일반적으로 가장 간단하고 편리한 방법으로 지하수 취수장이나 샘물이 나오는 곳과 멀리 떨어져 있어야 한다.
  ㉢ 병원체의 형태나 지하수 오염과 관련하여 사람의 잠재적인 건강과 환경에 위험성이 있다.
② 소 각
  ㉠ 소각로는 폐사축을 땅에 묻을 공간이 없거나 수질을 오염시킬 우려가 있을 때 가장 유용한 방법이다.
  ㉡ 폐사축을 처리하는 데 있어서 생물학적으로 가장 안전한 방법이다.
  ㉢ 관리가 쉽고 위생적이나 작동하는 데 시간이 오래 걸리고, 비용이 비싸며, 냄새가 나고 미립자가 방출될 수 있다.
  ㉣ 소각하는 동안 폐사축 전체가 재로 변해 부피가 줄어들고 해충을 발생시키지 않으며, 뿌려 버릴 수 있다.
  ㉤ 직접 제작한 소각로는 대기오염에 주의해야 한다.
③ 퇴비화
  ㉠ 퇴비화는 유기물을 파괴하여 안정된 최종산물로 분해하는 자연적·생물학적인 과정이다.
  ㉡ 퇴비화과정은 유기물질을 소화시킬 수 있는 세균, 곰팡이 및 다른 미생물들에 의해 이루어지며 부식토 형태가 된다.
  ㉢ 퇴비화는 미생물들의 성장에 좋은 영양, 물 및 산소만 제공하면 과정이 전개된다.
  ㉣ 미생물 성장에 필수적인 요소는 탄소, 질소, 산소 및 습도이며, 이들 중 어떤 하나라도 결핍되거나 제공되지 않으면 미생물들이 잘 자랄 수 없고, 분해작용에 필요한 충분한 열을 발생시킬 수 없다.

④ 렌더링
ㄱ. 렌더링은 폐사축처리에 있어서 환경적으로 가장 안전한 방법이다.
ㄴ. 동물조직에서 단백질과 지방 같은 재활용이 가능한 성분을 추출하기 위해 가열하는 과정이다.
ㄷ. 렌더링과정을 통해 폐사축은 가치 있는 자원으로 변하게 된다.

⑤ 기타 방법
ㄱ. 외국에서는 사육하는 악어나 모피동물의 먹이로 신선한 폐사축을 사용한다.
ㄴ. 압출과정을 거쳐 사료화하거나 젖산발효 및 분해하는 방법도 있다.

[폐사축 처리방법별 장단점]

처리방법	장 점	단 점
렌더링	• 환경에 해로운 효과가 없다. • 폐사축으로부터 농장오염의 위험이 없다.	• 시설이 설치된 일부 지역에서 사용할 수 있다. • 처리 전 안전한 보관장소가 필요하다. • 비용이 많이 들 수 있다.
퇴비화	• 유용한 산물을 생산한다. • 톱밥 같은 다른 농장의 자원도 재생할 수 있다. • 높은 퇴비온도가 병원체를 파괴하고 파리의 부화를 예방한다.	• 톱밥 같은 탄소 공급원의 확실한 공급이 필요하다. • 퇴비화에 대한 지식이 필요하다. • 육식동물이나 해충의 방제가 필요하다. • 완성된 퇴비는 가축 방목장에 뿌려서는 안 된다.
구덩이	• 처리가 간단하다. • 경비가 효과적이다. • 관리가 수월하다.	• 누출액이 지하수를 오염시킬 수 있다. • 육식동물과 해충의 방제가 필요하다. • 사용제한이 증가한다. • 겨울에는 땅을 파기 어렵다.
매장	• 처리가 간단하다. • 경비가 효과적이다.	• 해충방제가 필요하다. • 노동력이 필요하다. • 지하수를 오염시킬 수 있다. • 겨울에는 땅을 파기 어렵다.
소각	• 폐사체가 빠르게 소멸된다. • 모든 병원체가 파괴된다.	• 불쾌한 냄새나 연기가 발생할 수 있다. • 농장 밖에서 소각 시 운송비와 소각경비가 발생한다.

4. 가축전염병 예방법

(1) 죽거나 병든 가축의 신고(법 제11조 제1항)

① 죽거나 병든 가축의 신고의무자
ㄱ. 신고대상 가축의 소유자
ㄴ. 신고대상 가축에 대하여 사육계약을 체결한 축산계열화사업자
ㄷ. 신고대상 가축을 진단하거나 검안(檢案)한 수의사
ㄹ. 신고대상 가축을 조사하거나 연구한 대학·연구소 등의 연구책임자
ㅁ. 신고대상 가축의 소유자 등의 농장을 방문한 동물약품 또는 사료판매자

② 신고기관
　㉠ 국립가축방역기관장
　㉡ 신고대상 가축의 소재지를 관할하는 시장·군수·구청장 또는 시·도 가축방역기관장
③ 신고대상 가축
　㉠ 병명이 분명하지 아니한 질병으로 죽은 가축
　㉡ 가축의 전염성 질병에 걸렸거나 걸렸다고 믿을 만한 역학조사·정밀검사·간이진단키트 결과나 임상증상이 있는 가축

(2) 사체의 처분제한(법 제22조)

① 가축사체의 소유자 등은 가축방역관의 지시 없이는 가축의 사체를 이동·해체·매몰·화학적 처리 또는 소각하여서는 아니 된다. 다만, 수의사의 검안결과 가축전염병으로 인하여 죽은 것이 아닌 가축의 사체로 확인된 경우에는 그러하지 아니하다.

② 가축전염병에 걸렸거나 걸렸다고 믿을 만한 역학조사·정밀검사결과나 임상증상이 있는 가축사체의 소유자 등이나 가축을 살처분한 가축방역관은 농림축산식품부령으로 정하는 바에 따라 지체 없이 해당 사체를 소각하거나 매몰 또는 화학적 처리를 하여야 한다. 다만, 병성 감정 또는 학술연구 등 다른 법률에서 정하는 바에 따라 허가를 받거나 신고한 경우와 대통령령으로 정하는 바에 따라 재활용하기 위하여 처리하는 경우에는 그러하지 아니하다.

③ ②에 따라 사체를 소각·매몰·화학적 처리 또는 재활용하려는 자 및 시장·군수·구청장은 농림축산식품부령으로 정하는 바에 따라 주변 환경의 오염방지를 위하여 필요한 조치를 정하는 기간 동안 하여야 한다. 다만, 시장·군수·구청장은 매몰지의 규모나 주변 환경여건 등을 고려하여 그 기간을 연장 또는 단축할 수 있다.

④ ②에 따라 소각·매몰·화학적 처리 또는 재활용하여야 할 가축의 사체는 가축방역관의 지시 없이는 다른 장소로 옮기거나 손상 또는 해체하지 못한다.

⑤ 시장·군수·구청장은 가축의 사체를 매몰한 토지 등에 대한 관리실태를 농림축산식품부령으로 정하는 바에 따라 매년 농림축산식품부장관에게 보고하여야 한다.

(3) 소각 또는 매몰기준(가축전염병 예방법 시행규칙 [별표 5])

① **매몰장소의 선택** : 농장부지 등 매몰 대상가축 등이 발생한 해당 장소에 매몰하는 것을 원칙으로 한다. 다만, 해당 농장부지 등이 매몰장소로 적합하지 않거나, 매몰장소로 활용할 수 없는 경우 등에 해당할 때에는 국·공유지 등을 활용할 수 있다.

② 매몰장소로 적합한 장소
  ㉠ 하천, 수원지, 도로와 30m 이상 떨어진 곳
  ㉡ 매몰지 굴착(땅파기)과정에서 지하수가 나타나지 않는 곳(매몰지는 지하수위에서 1m 이상 높은 곳에 있어야 한다)
  ㉢ 음용 지하수 우물(지하수를 이용하기 위한 수리시설)과 75m 이상 떨어진 곳
  ㉣ 주민이 집단적으로 거주하는 지역에 인접하지 않은 곳으로 사람이나 가축의 접근을 제한할 수 있는 곳
  ㉤ 유실, 붕괴 등의 우려가 없는 평탄한 곳
  ㉥ 침수의 우려가 없는 곳
  ㉦ 다음의 어느 하나에 해당하지 않는 곳
    • 수도법에 따른 상수원보호구역
    • 한강수계 상수원수질개선 및 주민지원 등에 관한 법률, 낙동강수계, 금강수계, 영산강·섬진강수계 등 물관리 및 주민지원 등에 관한 법률에 따른 수변구역
    • 먹는물관리법에 따른 염지하수 관리구역 및 샘물보전구역
    • 지하수법에 따른 지하수보전구역
    • 기타 수질환경보전이 필요한 지역

③ 사체의 매몰
  ㉠ 가축의 매몰은 살처분 등으로 가축이 죽은 것으로 확인된 후 실시하여야 하고, 사체의 매몰은 다음 방법에 따른다.
    • 매몰 구덩이는 사체를 넣은 후 해당 사체의 상부부터 지표까지의 간격이 2m 이상이 되도록 파야 하며, 매몰 구덩이의 바닥면은 2% 이상의 경사를 이루도록 한다.
    • 구덩이의 바닥과 벽면은 두께 0.2mm 이상인 이중비닐 등 불침투성 재료로 덮는다.
    • 구덩이의 바닥에는 비닐에서부터 1m 높이 이상의 흙과 5cm 높이 이상의 생석회를 투입하고, 생석회 위에 40cm 높이 이상으로 흙을 덮은 후 2m 높이 이하로 사체를 투입한다.
    • 사체를 흙으로 40cm 이상 덮은 다음 5cm 두께 이상으로 생석회를 뿌린 후 지표면까지 흙으로 메우고, 지표면에서 1.5m 이상 성토(흙쌓기)를 한 후, 생석회를 마지막에 도포한다.
    • 가스배출관은 폴리염화비닐(PVC) 등의 재질로 만들어진 홈통을 이용하여 사체와 접촉되도록 설치하고, 가스배출관의 밑면에는 자갈 등을 깔아 막힘을 방지하며, 매립 당시 $20m^2$당 최소 1개 이상을 설치하되, 가스 및 용출수가 많이 발생하거나 매몰한 사체가 융기하는 등의 문제가 발생하면 그 설치 개수를 늘린다.
    • 매몰지 주변에 배수로 및 저류조를 설치하되 배수로는 저류조와 연결되도록 하고, 우천 시 빗물이 배수로에 유입되지 않도록 둔덕을 쌓는다.

- 매몰 후 경고표지판을 설치하여야 하며, 표지판에는 매몰된 사체의 병명 및 축종, 매몰 연월일 및 발굴 금지기간, 책임관리자 및 그 밖에 필요한 사항을 적어야 한다.
- 집중호우에 대비하여 매몰지가 유실되거나 붕괴되지 않도록 비닐 등으로 덮어 관리를 철저히 하고, 빗물 배수로와 빗물을 모을 수 있는 집수로를 설치하여야 한다.

ⓒ 시장·군수·구청장은 구제역, 고병원성 조류인플루엔자 등의 발생으로 사체를 대규모로 매몰해야 하는 경우로서 ⊙의 방법으로는 가축전염병의 확산 등을 방지하기에 미흡하다고 판단하는 경우에는 다음 사항을 추가로 조치하게 하거나 조치할 수 있다.

- 매몰 구덩이의 바닥과 측면에는 점토광물과 흙을 섞은 혼합토(혼합비율 15 : 85)로 충분하게 도포(바닥 30cm 이상, 측면 10cm 이상)한 후 두께 0.2mm 이상인 이중비닐 등 불침투성 재료를 사용여야 하며, 이중비닐을 사용한 경우에는 이중비닐 훼손방지를 위하여 부직포, 비닐커버 등을 추가로 덮어야 한다. 다만, 고밀도폴리에틸렌(HDPE) 등 고강도 방수재질을 사용한 경우에는 혼합토 도포, 부직포, 비닐커버 등을 추가로 설치하는 것을 생략할 수 있다.
- 매몰 구덩이의 경사진 바닥면 하단에 침출수 배출관을 설치하여, 집수된 침출수를 뽑아낼 수 있도록 한다.
- 저류조의 용량은 $0.5m^3$ 이상으로 하되, 경사 아래쪽 중에서 적절한 장소를 선택하여 만들고, 수시로 소독제 등으로 소독을 실시하며, 정기적으로 수거하여 처리한다.
- 매몰지 외부로 침출수가 유출되는지를 확인하기 위하여 매몰지 내부와 매몰지 경계에서 외부와의 이격거리 5m 이내인 곳(지하수 흐름의 하류방향인 곳을 말한다)에 깊이 10m 내외의 관측정을 각각 설치하며, 관측정의 수질측정, 결과해석, 보고 및 통보 등에 관한 사항은 환경부장관이 농림축산식품부장관의 의견을 들어 정하는 바에 따르고, 관측정 수질측정 결과에 따른 이설 등 매몰지 조치사항은 농림축산식품부장관이 정하는 바에 따른다. 다만, 매몰지 내부에 설치하는 관측정은 침출수 배출관[유공관(有孔管)으로서 상부에는 개폐장치가 설치된 것]을 활용할 수 있다.

④ 사체 등의 운반
  ⊙ 사체 등은 핏물 등이 흘러내리지 아니하고 외부에서 보이지 아니하는 구조로 된 운반차량을 사용하여 소각·매몰 등의 목적지까지 운반하여야 한다.
  ⓒ 사체 등의 소각·매몰 등을 위한 목적지 출발 전과 목적지에 도착하여 사체 등을 하차한 후에 동 운반차량 전체를 고압분무세척소독기 등으로 소독하여야 한다.
  ⓒ 동 운반차량에는 가축방역관 또는 가축방역담당공무원이 탑승하여 사체의 소각·매몰 등을 위한 목적지까지 안전하게 운반하여야 한다.

5. 구충, 구서 등 관리

(1) 구충 · 구제

① 물리적 방법

㉠ 환경관리
- 질병 매개동물의 서식처 제거
- 사람 및 매개동물과 병원체의 접촉빈도를 줄이기 위한 환경위생의 개선

㉡ 청결 및 방충망 설치

② 화학적 방법

㉠ 유충구제
- 배설 후 24시간이 지난 분변을 좋아하므로 1일 1회 이상 분변을 제거한다.
- 온도가 45℃ 이상이 되면 알, 구더기, 번데기가 죽으므로 퇴비장에 쌓아 둔 분변에는 비닐을 덮어 내부온도를 높여 준다.
- 분뇨의 수분함량이 50% 이하가 되도록 말린다.
- 가축의 사료에 구더기구제제를 섞어 먹인다.
- 퇴비장에 살충제를 뿌린다. 살충제를 뿌릴 때에는 퇴비의 겉표면으로부터 5~10cm 밑에 구더기가 살고 있으므로 그곳까지 살충제가 스며들 수 있도록 충분히 뿌린다.
- 퇴비가 5~10cm 쌓일 때마다 생석회를 뿌린다.

㉡ 성충구제
- 사료급여기 밑바닥, 분뇨구 구성 등을 철저히 청소한다.
- 분무용 살충제, 연막용 살충제, 먹이는 살충제, 축사에 바르는 도포용 살충제 등을 10일 정도 간격으로 살포한다.
- 약제에 대한 내성을 획득하므로 성분이 서로 다른 약제를 번갈아가며, 사용한다.
- 분무용이나 연막용 살충제를 사용할 때에는 비가 오는 날이나 구름이 낀 날 낮에 뿌리고, 그렇지 않은 날에는 저녁 무렵에 파리가 활동하지 않을 때 뿌린다.
- 축사에 바르는 지속성 살충제는 골고루 충분히 바르며, 가축의 입이 닿지 않고 비가 들어가지 않으며 청소할 때 씻겨 나가지 않도록 축사의 벽, 천장, 기둥 등에 바른다.

㉢ 소에서의 기생충 구제
- 구충제를 투여하기 전에 어린 가축을 제외하고 가축을 금식시킨다.
- 금식은 투여하기 전 12~48시간 동안, 투여 후 6시간 동안 시키도록 한다.
- 포유 중인 어미소의 경우 금식보다는 사일리지나 농후사료의 급여를 중지하고 건초를 적당량 가볍게 급여한다.
- 액상구충제는 동물이 잘 먹지 않기 때문에 투약기 등을 이용하여 투여하고, 주사제와 마찬가지로 스트레스를 많이 받으므로 주의해야 한다.

(2) 구서작업

① 덫의 설치
  ㉠ 스프링 덫에 사용되는 미끼로는 신선도가 유지되는 땅콩크림 등과 같은 식품을 사용한다.
  ㉡ 덫은 설치류가 다니는 길에 설치해야 하며, 이를 자주 점검하고 죽은 설치류는 조심스럽게 치워야 한다.

② 접착판의 설치
  ㉠ 생쥐가 잘 다니는 길목 부근에 놓아 두고 자주 점검한다.
  ㉡ 생쥐가 판에 달라붙어 산소나 물의 부족으로 또는 도주하려다 지쳐서 수시간 후에 죽는데, 판과 생쥐는 즉시 수거해야 한다.

③ 독먹이(면허를 소지한 경우에만 다룰 수 있음)의 설치
  ㉠ 독먹이는 식품 미끼 속에 첨가하여 큰 쥐가 다니는 길목에 두는데, 독미끼는 반드시 옥외에서만 사용하며 식품이나 식품접촉물품을 감염시키지 않도록 해야 한다.
  ㉡ 미끼는 적어도 2주일 동안 매일 교체하여 옥외에 둔다.
  ㉢ 미끼가 효력을 발휘할 때까지 미끼의 종류와 장소를 바꾼다.

더알아두기

양계농장에서 쥐의 생태
- 쥐들이 계사로 한번 들어오면 쉽게 굴을 파고, 깔짚 깊은 곳이나 벽 사이 공간 및 구멍 속에 숨어 있게 된다.
- 쥐들은 배관이나 배선구멍 또는 건물의 가라진 틈을 따라 이동하며, 건물골조를 이용하여 계사 간에 이동한다.
- 쥐들은 주로 밤에 활동하여 발견하기 어려우므로 쥐들의 흔적을 세밀하게 찾는 것이 필요하다.
  - 쥐들은 낮에는 좀처럼 움직이지 않는다.
  - 농장 관계자는 밤에 쥐의 움직임을 관찰하여야 하며, 특히 계사 소등 후에 세밀하게 관찰해야 한다.
- 쥐들의 은신처 선택은 특별한 것이 없고, 단지 새끼들을 낳아서 기를 수 있는 건조하고 한적한 곳을 요구한다.
  - 어떤 쥐들은 굴을 파서 보금자리를 만들지만 어떤 쥐들은 땅 위의 적당한 은신처를 더 좋아한다.
  - 쥐들의 존재와 은신처를 조사할 때 땅에서 바닥으로 통하는 굴뿐만 아니라 장비나 물건들이 있는 곳, 빈 포대가 쌓여 있는 곳, 포장된 사료들이 있는 곳 등의 장소에서 찾아야 한다.
  - 마릿수가 많아지면 은신처와 굴의 흔적이 발견될 수 있다.
- 쥐들은 주로 밤에만 먹으며, 보통 저녁 일찍부터 다음날 아침까지 먹는다.
- 쥐들은 매우 빠르게 번식하여 한 쌍의 쥐와 그 새끼들이 9개월 동안 800마리 이상으로 불어난다. 그러므로 쥐들이 거점을 확보하기 전에 즉시 구서작업을 실시해야 한다.
- 쥐들은 보통 사료 먹는 곳과 은신처 사이를 오갈 때 동일한 경로를 이용하며, 개방된 공간보다 서까래, 기둥 및 울타리 등을 이용한다. 쥐들은 문질러서 번들거리게 보이거나, 탈색되거나 먼지 위에 자국을 남기거나 목재를 닳게 하는 등의 흔적을 남긴다.
- 강한 오줌냄새를 풍기고 빈번한 배변으로 직경 약 10mm 정도의 작고 거무스름한 알갱이를 남긴다.

CHAPTER 07 PART 03 가축사양학

적중예상문제

01 개방식 우사의 장점으로 옳지 않은 것은?
① 다른 형태의 축사보다 건축비가 적게 든다.
② 사료급여 등의 기계화작업이 가능하다.
③ 가축관리의 생력화로 노동력을 절약할 수 있다.
④ 개체 관찰이나 질병발생 가축의 조기발견과 치료가 편리하다.

해설
④ 자연환경의 조절이 불가능하여 나쁜 환경(저온, 고온)에 의해 생산성이 많이 좌우되며, 개체 관찰이나 질병발생 가축의 조기발견과 치료가 불편하다.

02 계류식 우사에 대한 설명으로 옳지 않은 것은?
① 우사의 벽면이 설치되고 우사 내부는 무리사육을 할 수 있도록 되어 있는 우사로 소에게 어느 정도의 자유를 주고 군사를 하는 방법이다.
② 계류식 우사는 단열식과 복열식이 있다.
③ 분뇨처리방법으로는 저장액비화방법과 간이저장조방식이 있다.
④ 장점으로는 좁은 면적의 시설에 소를 집약관리할 수 있다.

해설
①은 방사식 우사의 설명이다. 계류식 우사는 소를 한 마리씩 묶어서 사육하는 우사로서 개체관리가 용이하지만 건축비가 많이 소요된다.

03 방사식 우사의 설명으로 옳지 않은 것은?
① 소에게 어느 정도의 자유를 주고 군사를 하는 방법이다.
② 분뇨처리방법은 저장액비화 방법으로 우상바닥을 슬랫을 이용하여 처리하는 형태이다.
③ 저장액비화방법은 우사시설비 과다 및 운영관리비용이 많이 소요된다.
④ 소규모 사육농가에 적합하다.

해설
소규모 사육농가보다는 대규모 사육농가에 적합하다.

04 방사식 유우사의 장점으로 틀린 것은?
① 소에게 자유로운 활동공간을 준다.
② 관리노력이 적게 들고 편하다.
③ 개체별 관리를 집약적으로 기계자동화할 수 있다.
④ 시설비가 적게 들고, 소규모 사육두수에서는 적합하다.

해설
④ 소규모 사육두수에서는 적합하지 않다.

정답 1 ④ 2 ① 3 ④ 4 ④

05 다음 중 화학적 사육환경인자에 속하는 것은?

① 사료
② 탄산가스
③ 온도
④ 사육밀도

해설
가축사육 환경요인

열 환경	온도, 습도, 공기유동, 열방사
물리적 환경	빛, 소리, 축사, 시설구조, 사육밀도 등
화학적 환경	공기, 물, 산소, 이산화탄소, 암모니아, 먼지 등

06 다음 중 한우에게 적합한 습도는?

① 50~60%
② 60~70%
③ 70~80%
④ 80~90%

해설
한우에게 적합한 습도는 60~70%이지만, 습도가 80% 이상으로 높아지면 체표면에서 열과 수분의 증산이 억제되므로 체온의 상승과 더불어 생산성에 큰 영향을 미친다.

07 다음 중 돈사의 입지조건으로 적합하지 않은 것은?

① 주변보다 높고 일광, 통풍이 좋으며 배수가 용이해야 한다.
② 가까운 곳에 다른 축사가 있고 분뇨의 처리가 용이한 곳이 좋다.
③ 진입로는 단독으로 사용하는 것이 좋다.
④ 북향의 경사지에 위치한 곳은 가급적 피하는 것이 좋다.

해설
② 가까운 곳에 다른 축사가 있거나 민가 근처는 피하여야 하며, 농경지에서 멀리 떨어진 곳이 좋다.

08 계사 내의 습기제거는 쾌적한 환경을 통한 닭의 생산력 향상에 매우 중요하다. 다음의 계사 내 습기제거 원리에 관한 설명 중 틀리거나 관계없는 것은?

① 계사 내 습기의 주요 발생처는 계분습기, 호흡습기, 외부 유입습기, 건물벽체로부터의 습기 등이다.
② 환기, 환풍시설 및 인공열로서 습기를 제거할 수 있다.
③ 계사 내 온도유지 때문에 환기, 환풍량을 줄여야 하는 겨울철이 습기문제가 더욱 심각하다.
④ 겨울철 깔짚을 가능한 한 오래 깔아 둘수록 발열효과로 인하여 에너지를 절감할 수 있어 겨울철 계사 환경관리에 유익하다.

해설
겨울철에는 계사 안팎의 온도 차이가 크다. 계사 내의 습도가 높아지면 깔짚에도 각종 병원성 미생물의 증식이 가속화되어 질병피해를 일으키는 직접적인 요인이 될 수도 있다.

09 축산건축에 있어서 환기설비와 관계없는 것은?

① 급·배기구
② 환기선과 제어장치
③ 제분설비
④ 덕트(풍도)

정답 5② 6② 7② 8④ 9③

10 축사의 위치는 주택으로부터 좀 떨어진 건조하고 약간 높은 곳이 좋으며, 축사의 방향은 어디가 좋은가?

① 동 향　② 서 향
③ 남 향　④ 북 향

해설
겨울철에는 햇빛을 최대로 이용하고 여름철에는 햇빛의 영향을 줄일 수 있도록 우사는 동서방향으로 길게, 정면이 남향이 되도록 배치하는 것이 좋다.

11 다음 중 개방우상식 우사의 특징이 아닌 것은?

① 젖소의 개체관리가 가장 용이하다.
② 건초를 자유롭게 채식시킬 수 있다.
③ 발굽의 손상이나 외상이 적다.
④ 관리하는 데 노동력이 적게 든다.

해설
개방우상식 우사의 장단점

장 점	단 점
• 축사의 건축비가 적게 된다. • 유방, 발굽손상이나 외상이 적다. • 사육규모의 확대나 축소에 융통성이 있다. • 건초를 자유롭게 채식시킬 수 있다. • 소가 활동하기 편하고 환기문제가 적다. • 관리하는 데 노동력이 적게 든다.	• 개체의 면밀한 관리가 어렵다. • 짚이 많이 들고 건초의 낭비가 많다. • 짚관리 및 환기가 원활하지 않을 경우 분뇨로 인해 우체가 더러워진다. • 자동개체별 급이기 혹은 스탠천(Stanchion)을 이용하여 사료섭취량을 관리하지 않을 경우 영양소의 과다 및 부족현상이 발생하기 쉽다. • 인공수정, 진료 등에 노력이 많이 들고, 소 다루기가 힘들다.

12 체중 120kg인 후보모돈 돈방의 적당한 여름철 환기량은?

① $2.83m^3$　② $3.40m^3$
③ $5.09m^3$　④ $7.08m^3$

13 육계(브로일러)경영에서 평사식 사육방법이 입체식 사육방법보다 불리한 것은?

① 사료 이용률이 높다.
② 발육성적이 양호하다.
③ 토지와 건물비가 높다.
④ 노동생산성이 높다.

14 닭의 체감온도는 건구온도(DBT)와 습구온도(WBT)에 따라서 변한다. 닭의 체감온도를 나타낸 수식은?

① $(0.15 \times DBT)+(0.85 \times WBT)$
② $(0.15 \times DBT)+(0.65 \times WBT)$
③ $(0.35 \times DBT)+(0.35 \times WBT)$
④ $(0.7 \sim 0.8 \times DBT)+(0.2 \sim 0.3 \times WBT)$

15 부란실의 적합한 상대습도는?

① 75~80%
② 70~75%
③ 65~70%
④ 60~65%

16 종란의 부화 중 발육기간(19일간)의 적정온도는?

① 35.5~35.7℃
② 36.5~36.7℃
③ 37.5~37.7℃
④ 38.5~38.7℃

17 닭의 사육환경으로 옳지 않은 것은?

① 체온이 평균 41℃로 매우 높다.
② 양계의 최적온도는 13~24℃이다.
③ NH_3의 공기 중 농도는 40ppm 이하로 유지되어야 한다.
④ H_2S, NH_3, CH_4 등이 계사공기를 나쁘게 하는 원인이다.

해설
제일 유독한 가스는 NH_3이며, 30ppm 이상이면 호흡기 섬모운동이 감소하므로 25ppm 이하로 유지되어야 한다.

18 부화관리사항으로 옳지 않은 것은?

① 종란의 단기간 보관 시 최적온도는 18℃이고 습도는 75%이다.
② 부화율에 영향을 주는 요인은 부화온도, 부화습도, 전란 등이다.
③ 부화장은 양계장과 인접하여 생산된 병아리의 이용에 능률적이어야 한다.
④ 병아리의 자웅감별에 사용되는 반성유전에는 횡반유전자, 은색유전자, 깃털 성장속도에 의한 감별 등이 있다.

해설
부화장은 종계장과 멀리 떨어져 있어 각종 질병의 원인을 차단하여야 한다.

19 다음 소독에 대한 설명으로 옳지 않은 것은?

① 물리적 방법에는 열(소각, 건열, 습열), 광선, 방사선 소독이 있다.
② 축사 내부에 가축이 있을 경우 알칼리제를 이용하여 소독을 한다.
③ 소독제는 물에 쉽게 녹고, 침전물이나 분해가 일어나지 말아야 한다.
④ 소독약은 세정 후에도 잔류작용을 나타내어야 한다.

해설
소독방법
• 가축이 있을 경우 : 구연산
• 가축이 없을 경우 : 알칼리제, 염소제

정답 15 ② 16 ③ 17 ③ 18 ③ 19 ②

20 가축전염병예방법상 폐사축의 처리방법으로 옳지 않은 것은?

① 국립가축방역기관장, 신고대상 가축의 소재지를 관할하는 시장·군수·구청장 등에 신고한다.
② 병명이 분명하지 아니한 질병으로 죽은 가축은 신고대상 가축이다.
③ 신고대상 가축의 소유자 등의 농장을 방문한 식육판매업자는 신고의무자이다.
④ 가축 사체의 소유자 등은 가축방역관의 지시 없이는 가축의 사체를 이동·해체·매몰 또는 소각하여서는 아니 된다.

해설
죽거나 병든 가축의 신고의무자(가축전염병예방법 제11조 제1항)
• 신고대상 가축의 소유자
• 신고대상 가축에 대하여 사육계약을 체결한 축산계열화사업자
• 신고대상 가축을 진단하거나 검안(檢案)한 수의사
• 신고대상 가축의 소유자 등의 농장을 방문한 동물약품 또는 사료 판매자

21 축산법상 가축이 아닌 것은?

① 곰   ② 꿀벌
③ 당나귀   ④ 메추리

해설
정의(축산법 제2조 제1호)
가축이란 사육하는 소·말·면양·염소[유산양(乳山羊 : 젖을 생산하기 위해 사육하는 염소)을 포함]·돼지·사슴·닭·오리·거위·칠면조·메추리·타조·꿩, 그 밖에 농림축산식품부령으로 정하는 동물(노새, 당나귀, 토끼, 개, 꿀벌) 등을 말한다.

22 다음 축산의 설명으로 옳지 않은 것은?

① 축산업 허가를 받아야 하는 경우 가축사육시설의 면적은 150m^2 초과이다.
② 축사를 건축하고자 할 때 건축신고의 규모는 연면적 400m^2 이하이다.
③ 가축전염병 방지를 위하여 법적으로 소독설비를 갖추어야 하는 가축사육시설의 면적은 50m^2이다.
④ 사료검정기관은 한국방송통신대학교, 농협중앙회, 국립축산과학원 등이 있다.

해설
① 축산업 허가를 받아야 하는 경우 : 가축사육시설 면적이 50m^2를 초과하는 소·돼지·닭 또는 오리 사육업

23 다음 중 구충, 구서 등 관리 등에 관한 설명으로 옳지 않은 것은?

① 파리와 모기 유충 천적은 배노랑금좀벌과 개구리이다.
② 온도가 45℃ 이상되면 알, 구더기, 번데기가 죽으므로 퇴비장의 분변에는 비닐을 덮어 내부 온도를 높여 준다.
③ 퇴비가 5~10cm 쌓일 때마다 생석회를 뿌린다.
④ 접착판의 설치는 생쥐가 잘 다니는 길목 부근에 놓아 두고 자주 점검한다.

해설
파리 유충의 천적은 배노랑금좀벌이고 모기 유충의 천적은 미꾸라지이다.

CHAPTER 08 축산환경관리

PART 03 가축사양학

01 친환경축산의 이해

1. 친환경축산 및 자연순환농업의 이해

(1) 친환경농축산물의 개념

① 환경을 보전하고 소비자에게 보다 안전한 농축산물을 공급하기 위해 유기합성농약과 화학비료 및 사료첨가제 등 화학자재를 전혀 사용하지 아니하거나, 최소량만을 사용하여 생산한 농축산물을 말한다.

② 친환경농축산물 관리토양과 물은 물론 생육과 수확 등 생산 및 출하단계에서 인증기준을 준수했는지에 대한 엄격한 품질검사와 시중 유통품에 대해서도 허위표시를 하거나 규정을 지키지 않은 인증품이 없도록 철저한 사후관리를 하고 있다.

> **더알아두기**
>
> **친환경농축산물 인증제도**
> 소비자에게 보다 안전한 친환경농축산물을 전문인증기관이 엄격한 기준으로 선별·검사하여 정부가 그 안전성을 인증해 주는 제도이다.
> - 친환경농산물 인증(2종류) : 유기농산물, 무농약농산물
> - 친환경축산물 인증(2종류) : 유기축산물, 무항생제축산물

③ 친환경축산물의 종류
  ㉠ 유기축산물 : 항생제·합성항균제·호르몬제가 포함되지 않은 유기사료를 급여하여 사육한 축산물
  ㉡ 무항생제축산물 : 항생제·합성항균제·호르몬제가 포함되지 않은 무항생제사료를 급여하여 사육한 축산물
  ※ **유기사료** : 유기농산물 인증기준에 맞게 재배·생산된 사료, 또는 국제식품규격위원회(Codex)에서 정한 기준에 맞게 생산·수입된 사료

(2) 자연순환농업

① 자연순환농업의 개념
  ㉠ 자연생태계의 영속적인 물질순환기능을 활용하여 작물과 가축이 건강하게 자라게 하고 농축산물의 안전성과 품질을 높이고자 하는 농업이다.
  ㉡ 특정자재의 사용 또는 특정농법에 한정되지 않고 "자연계 물질순환의 균형"을 추구하는 모든 농업을 포함한다.
  ㉢ 가축분뇨를 활용한 퇴·액비 등 유기질 자원을 토양에 환원하고 화학비료와 농약사용을 감축하여 토양을 건전하게 유지·보전하면서 농업생산성을 확보코자 하는 농업이다.
  ㉣ 환경적이면서, 경제적으로 수익이 보장되며, 국민의 건강과 안전성을 증진시킬 수 있어야 한다.

② 자연순환농업의 효과
  ㉠ 농업생태계의 물질순환을 원활하게 하여 논·밭 토양의 자연정화원리에 의한 환경오염 방지 효과가 있다.
  ㉡ 농업에 발생하는 유기물 활용으로 화학비료 절감과 친환경적인 농사를 지을 수 있다.
  ㉢ 가축분뇨 발효액비는 고형분함량이 낮으나 발효과정에서 완숙시키면 토양생물과 식물생육을 위한 유효양분의 이용효율이 높다.
  ㉣ 질소성분은 줄어들고 미량원소 등이 다량 함유되어 있어 농경지의 지력이 증진된다.
  ㉤ 돈사 내의 장기간 분뇨의 저류에 의한 악취 및 파리 등 해충감소로 양돈 생산성 향상과 농촌생활환경개선이 가능하다.
  ㉥ 축산업과 경종농업(씨앗을 뿌려 재배하는 작물)의 결합에 의한 새로운 유축농업의 생산 기반이 조성된다.

2. 가축분뇨의 관리 및 이용에 관한 법의 이해

(1) 목적(법 제1조)

이 법은 가축분뇨를 자원화하거나 적정하게 처리하여 환경오염을 방지함으로써 환경과 조화되는 지속가능한 축산업의 발전 및 국민건강의 향상에 이바지함을 목적으로 한다.

(2) 용어정의(법 제2조)

① 가축 : 소·돼지·말·닭, 그 밖에 대통령령으로 정하는 사육동물[젖소, 오리, 양(염소 등 산양을 포함), 사슴, 메추리, 개]을 말한다.

② **가축분뇨** : 가축이 배설하는 분(糞)·요(尿) 및 가축사육과정에서 사용된 물 등이 분·요에 섞인 것을 말한다.

③ **배출시설** : 가축의 사육으로 인하여 가축분뇨가 발생하는 시설 및 장소 등으로서 축사·운동장, 그 밖에 환경부령으로 정하는 것(착유실, 먹이방, 분만실 및 방목지)을 말한다.

④ **자원화시설** : 가축분뇨를 퇴비·액비 또는 바이오에너지로 만드는 시설을 말한다.

⑤ **가축분뇨 고체연료** : 가축분뇨를 분리·건조·성형 등을 거쳐 고체상의 연료로 제조한 것을 말한다.

⑥ **퇴비(堆肥)** : 가축분뇨를 발효시켜 만든 비료성분이 있는 물질 중 액비를 제외한 물질로서 농림축산식품부령으로 정하는 기준에 적합한 것을 말한다.

⑦ **액비(液肥)** : 가축분뇨를 액체상태로 발효시켜 만든 비료성분이 있는 물질로서 농림축산식품부령으로 정하는 기준에 적합한 것을 말한다.

⑧ **공공처리시설**
   ⊙ 지방자치단체의 장이 설치하는 처리시설
   ⓒ 농업협동조합법에 따른 조합 및 중앙회(농협경제지주회사를 포함, 농협조합이라 한다)가 특별시장·광역시장·도지사(이하 "시·도지사"), 특별자치시장 또는 특별자치도지사의 승인을 받아 설치하는 자원화시설

⑨ **생산자단체**
   ⊙ 농협조합
   ⓒ 축산업자를 조합원으로 하는 협동조합·협동조합연합회·사회적 협동조합 및 사회적 협동조합연합회
   ⓒ 축산업자를 조합원으로 하는 중소기업협동조합 중 협동조합·사업협동조합·협동조합연합회
   ㉣ 축산업자를 구성원으로 하는 비영리법인

(3) 가축사육의 제한 등(법 제8조 제1항)

시장·군수·구청장은 지역주민의 생활환경보전 또는 상수원의 수질보전을 위하여 다음에 해당하는 지역 중 가축사육의 제한이 필요하다고 인정되는 지역에 대하여는 해당 지방자치단체의 조례로 정하는 바에 따라 일정한 구역을 지정·고시하여 가축의 사육을 제한할 수 있다. 다만, 지방자치단체 간 경계지역에서 인접 지방자치단체의 요청이 있으면 환경부령으로 정하는 바에 따라 해당 지방자치단체와 협의를 거쳐 일정한 구역을 지정·고시하여 가축의 사육을 제한할 수 있다.

① 주거밀집지역으로 생활환경의 보호가 필요한 지역

② 상수원보호구역, 특별대책지역, 그 밖에 수질환경보전이 필요한 지역
③ 한강수계 상수원 수질개선 및 주민지원 등에 관한 법률, 낙동강수계, 금강수계, 영산강·섬진강수계 등 물관리 및 주민지원 등에 관한 법률에 따라 지정·고시된 수변구역
④ 환경정책기본법에 따른 환경기준을 초과한 지역
⑤ 환경부장관 또는 시·도지사가 가축사육제한 구역으로 지정·고시하도록 요청한 지역

(4) 가축분뇨 및 퇴비·액비의 처리의무(법 제10조)

① 가축분뇨 또는 퇴비·액비를 배출·수집·운반·처리·살포하는 자는 이를 유출·방치하거나 액비의 살포기준을 지키지 아니하고 살포함으로써 공공수역에 유입시키거나 유입시킬 우려가 있는 행위를 하여서는 아니 된다.
② 시장·군수·구청장은 유출·방치된 가축분뇨 또는 퇴비·액비로 인하여 생활환경이나 공공수역이 오염되거나 오염될 우려가 있는 경우에는 가축분뇨 또는 퇴비·액비를 배출·수집·운반·처리·살포하는 자, 그 밖에 가축분뇨 또는 퇴비·액비의 소유자·관리자에게 가축분뇨 또는 퇴비·액비의 보관방법 변경이나 수거 등 환경오염 방지에 필요한 조치를 명할 수 있다.

(5) 배출시설 및 처리시설의 관리 등(법 제17조 제1항)

배출시설설치자와 그가 설치한 배출시설을 운영하는 자(배출시설설치·운영자), 처리시설설치자와 그가 설치한 처리시설을 운영하는 자(처리시설설치·운영자) 또는 퇴비·액비를 살포하는 자는 가축분뇨 또는 퇴비·액비를 처리·살포할 때 다음에 해당하는 행위를 하여서는 아니 된다.
① 가축분뇨를 처리시설에 유입하지 아니하고 배출하거나 배출할 수 있는 시설을 설치하는 행위
② 처리시설에 유입되는 가축분뇨를 자원화하지 아니한 상태 또는 최종 방류구를 거치지 아니한 상태로 배출(중간배출)하거나 중간배출을 할 수 있는 시설을 설치하는 행위. 다만, 처리시설의 처리과정에서 액비를 생산하기 위하여 관할 시장·군수·구청장에게 미리 중간배출이 필요하다고 인정을 받은 경우에는 그러하지 아니하다.
③ 정화시설에 유입되는 가축분뇨에 물을 섞어 정화하는 행위 또는 물을 섞어 배출하는 행위. 다만, 관할 시장·군수·구청장이 한국환경공단 등 관련 전문기관의 자문을 거쳐 가축분뇨의 정화공법상 물을 섞어야만 가축분뇨의 정화가 가능하다고 인정한 경우에는 그러하지 아니하다.

④ 자원화시설에서 가축분뇨를 처리하는 경우 퇴비액비화기준에 적합하지 아니한 상태의 퇴비·액비를 생산하여 사용하거나 다른 사람에게 주는 행위. 다만, 환경부령으로 정하는 바에 따라 퇴비액비화기준에 적합하지 아니한 상태의 퇴비·액비를 다시 발효시켜 사용하려는 자에게 주는 경우에는 그러하지 아니하다.
⑤ 액비를 만드는 자원화시설에서 생산된 액비를 해당 자원화시설을 설치한 자가 확보한 액비살포지 외의 장소에 뿌리거나 환경부령으로 정하는 살포기준을 지키지 아니하는 행위
⑥ 퇴비 또는 액비를 비료로 사용하지 아니하고 버리거나 가축분뇨 고체연료를 연료로 사용하지 아니하고 버리는 행위
⑦ 정당한 사유 없이 정화시설을 정상적으로 가동하지 아니하여 방류수수질기준에 맞지 아니하게 가축분뇨를 배출하는 행위

3. 비료관리법의 이해

(1) 목적(법 제1조)

이 법은 비료의 품질을 보전하고 원활한 수급(需給)과 가격안정을 통하여 농업생산력을 유지·증진시키며 농업환경을 보호함을 목적으로 한다.

(2) 용어정의(법 제2조)

① **비료** : 식물에 영양을 주거나 식물의 재배를 돕기 위하여 흙에서 화학적 변화를 가져오게 하는 물질, 식물에 영양을 주는 물질, 그 밖에 농림축산식품부령으로 정하는 토양개량용 자재 등을 말한다.
② **보통비료** : 부산물비료 외의 비료로서 공정규격이 설정된 것을 말한다.
③ **부산물비료** : 농업·임업·축산업·수산업·제조업 또는 판매업을 영위하는 과정에서 나온 부산물, 사람의 분뇨, 음식물류 폐기물, 토양미생물 제제(제제, 토양효소 제제를 포함), 토양활성제 등을 이용하여 제조한 비료로서 공정 규격이 설정된 것을 말한다.
④ **공정규격** : 농림축산식품부장관이 규격을 정하는 것이 필요하다고 인정하는 비료에 대하여 주성분의 최소량, 비료에 함유할 수 있는 유해성분의 최대량, 주성분의 효능유지에 필요한 부가성분의 함유량과 유통기한 등 비료의 품질유지를 위하여 농림축산식품부장관이 정하여 고시한 규격을 말한다.
⑤ **보증성분** : 비료업자가 생산·수입 또는 판매하는 비료에 대하여 그 비료가 함유하고 있는 주성분의 최소량을 백분율로 표시한 것을 말한다.

⑥ 비료업자 : 다음의 어느 하나에 해당하는 자를 말한다.
  ㉠ 비료생산업자 : 비료를 생산(제조·배합·가공 또는 채취를 말한다)하여 판매하거나 무상으로 유통 또는 공급하는 것을 업(業)으로 하는 자로서 법에 따라 등록한 자
  ㉡ 비료수입업자 : 비료를 수입하여 판매하거나 무상으로 유통 또는 공급하는 것을 업으로 하는 자로서 법에 따라 신고한 자
  ㉢ 비료판매업자 : 비료의 판매를 업으로 하는 자

02 가축분뇨 관리

1. 가축분뇨 특성 및 발생량

(1) 가축분뇨의 특징

① 오염부하량이 사람보다 10배 정도 높다.
② 오염성분량은 오줌보다 분에 많다.
③ 오염성분 농도가 높다. - 돼지는 요만으로도 5,000ppm이며, 분과 혼합되면 24,000ppm이나 된다.
④ 생물적 처리가 가능하다. - 가축분뇨오수는 BOD가 COD, TOC에 비하여 높으므로 생물적으로 분해가능물질이 많은 것을 의미한다.
⑤ 질소농도가 높다.
  ㉠ 분의 유기물과 질소농도비(C/N비)를 보면 소 20 이상, 돼지 14, 닭 10 정도이다.
  ㉡ 요 오수의 BOD : N비는 돼지의 경우 100 : 40 정도이다.
⑥ 취기가 강하다.
  ㉠ 가축분뇨는 악취가 강하며 암모니아, 황화수소, 휘발성 지방산 등이 악취 성분물질이다.
  ㉡ 저류조 등 혐기상태에서는 더욱 악취가 강하게 느껴진다.
  ㉢ 활성오니법 등 호기상태로 처리하면 호기성 미생물에 의해서 빠르게 악취물질을 산화분해 할 수 있다.

(2) 가축분뇨발생량

① 2023년 기준, 가축분뇨발생량은 연간 총 50,871천톤이다. 이 중 돼지가 19,679천톤(39%)으로 가장 많고, 한·육우에서 17,511천톤(34%)으로 이들 축종이 전체 발생량의 73%를 차지했다.

② 가축 1두당 1일 분뇨발생량 : 젖소 > 한우 > 돼지 > 닭, 오리
③ 축종별 분뇨발생량 : 돼지 > 한·육우 > 가금 > 젖소

2. 가축분뇨 수거 및 저장시설

(1) 한우분뇨 수거방법

① 생분뇨 수시 수거
  ㉠ 10두 미만의 부업규모의 계류식 우사나 비계류식 우사에서 주로 이용하고 있다.
  ㉡ 필요할 때마다 생분뇨를 인력으로 수거하므로 우체 및 우사가 청결하고 수거노동이 분산되어 수거비용이 덜 드는 장점이 있는 반면, 노동력이 많이 소요되는 단점이 있다.

② 깔짚우상을 활용한 정기적 수거
  ㉠ 우리나라에서 가장 일반화되어 있는 수거방법이다.
  ㉡ 비계류식의 경우 우방의 바닥에 톱밥이나 왕겨 또는 톱밥과 혼합 발효 건조시킨 우분을 약 5cm 이상의 두께로 깔고 그 위에 소를 사육하여 소가 배설한 분뇨를 소가 밟고 뒤집어 줌으로써 우방에서 1차 건조된 축분뇨를 퇴비사로 운반하여 최종적으로 퇴비화하는 방법이다.
  ㉢ 자주 수거하지 않는 만큼 분뇨처리 노력이 절감된다.
  ㉣ 적절한 관리가 이루어지지 않을 경우 우체가 지저분해지는 결점이 있다.

(2) 돈사바닥 분뇨처리

① 평사바닥 관리
  ㉠ 돈사의 바닥 가운데 평사는 바닥 전체가 콘크리트로 구성되어 있다.
  ㉡ 현재는 거의 사용하지 않는 방식이지만, 부분적으로 분만 자돈사의 경우 사용하고 있다.

② 스크레이퍼(Scraper) 관리
  ㉠ 스크레이퍼 돈사는 분뇨가 발생되면 스크레이퍼에 의해 분과 요가 분리되어 배출된다.
  ㉡ 스크레이퍼는 1일 1회 운전으로 돈사바닥에 배설한 분을 주로 오전 중 배출한다.
  ㉢ 고액 분리가 된 상태이므로 분의 경우는 대부분 퇴비화를 한다.
  ㉣ 요 및 돈사의 미제거된 일부의 분과 청소수가 축산폐수의 주성분을 이룬다.
  ㉤ 일반적으로 오염도가 낮은 편이고, BOD/TKN의 비가 낮은 것이 일반적이다.
  ㉥ 스크레이퍼 장치의 관리가 적절하게 수행되어야 한다.
  ㉦ 수거가 적절하지 못할 경우 고액분리 및 후속처리공정이 오히려 곤란하게 되는 상태로 분뇨가 수거되는 경우도 발생한다.

③ 슬러리 관리
    ㉠ 슬러리는 틈바닥(슬랫 : Slat)을 통하여 배설된 분뇨를 장기간 저장하였다가 한꺼번에 저장조에 배출하는 것이다.
    ㉡ 보통 6개월에 1회 정도 배출하며 이때 전량 배출하는 것이 아니라, 피트에 사료나 분 고형물이 굳지 않게 슬러리를 10% 정도 남겨두고 배설한다.
    ㉢ 슬러리 돈사의 경우 돈사에서 돼지를 출하하거나 이동시킬 경우에만 돈사 하부에 설치된 피트에서 분뇨를 제거하여 처리한다.
    ㉣ 상당기간 저류되어 있었기 때문에 오염물질의 농도가 매우 높으며, 분뇨의 혐기성 발효가 진행됨에 따라 입자성 물질이 분해되어 분뇨의 고액분리가 상당히 어렵다.
    ㉤ 처리에도 상당한 문제를 안고 있으며, BOD/TKN의 비는 스크레이퍼 돈사보다 높다.
    ㉥ 인력 절감 차원에서 유리한 점이 있다.
    ㉦ 규모가 큰 농장을 비롯한 많은 수의 농장에서 선호되는 방법이다.
④ 톱밥 돈사관리
    ㉠ 가축분뇨를 수분조정제(주로 톱밥, 왕겨 등을 이용)와 혼합 발효시키는 처리방법이다.
    ㉡ 축사바닥에 수분조정제(톱밥)를 일정한 깊이로 충진한 후, 톱밥 상면에서 가축을 사육하면서 자주 교반 및 발효균제를 살포하여 톱밥과 분뇨를 발효시키는 방법이 있다. 보통 '톱밥 발효축사'라고 한다.

> **더알아두기**
>
> **톱밥발효 돈사관리 시 유의사항**
> - 돼지의 발육 균일성이 떨어질 가능성이 있으므로 돈방의 수용두수를 줄이는 것이 유리하다.
> - 톱밥발효 돈사는 바닥이 습해지고 차가워지는 곳이 있는데, 이럴 경우 돼지는 특정 1개소에서 침식해야 하므로 자주 뒤집기와 돈분을 흩어 뿌려 주어야 한다.
> - 톱밥이 돈사 내에 충분히 발효되지 않는 농장에서는 퇴비장을 이용하게 되는데, 이를 방지하기 위하여 미생물을 첨가해 주고 톱밥을 자주 뒤집어 주어야 한다.
> - 천장을 가급적 높게 설치해 주어야 한다.

(3) 계분수거방법

① 산란 계분수거
    ㉠ 3단 케이지 계분의 수거
        - 산란계사는 주로 과거에는 3단 케이지의 경우 인력 또는 스크레이퍼시설을 설치하여 제거한다.

- 계분벨트에 의하여 수거된 분뇨는 벨트 끝단에 설치되어 있는 스크레이퍼시설에 의하여 한 곳으로 수거된다.
- 만약 스크레이퍼시설이 없을 경우에는 외바퀴 리어카를 벨트 끝에 두어 분뇨를 모아서 퇴비장으로 배출한다.

ⓒ 직립식 케이지
- 현재 대부분의 산란계사는 직립식 케이지에서 사육하고 있는 실정으로 계분벨트에 의하여 계분을 운반한다.
- 케이지 끝으로 운반된 분뇨는 계분수거벨트에 의하여 계사 외부로 배출된다.
- 계사 외부로 배출된 계분은 외부에 설치된 수거벨트에 의하여 계분 퇴비사로 이동한다.
- 외부에 계분 수거벨트는 악취 또는 해충의 발생을 방지하기 위함 뿐만 아니라, 비가 올 경우를 대비하여 덮개를 씌워 사용하는 것이 일반적이다.

② 육계 계분수거
  ㉠ 육계사의 경우에는 평사 바닥형태가 대부분으로 보통 처음 바닥에 톱밥이나 왕겨를 10cm 전후로 깔아 준다.
  ㉡ 육계를 1회 사육한 후 그 위에 지속적으로 미생물과 함께 톱밥이나 왕겨를 5cm 이내 추가로 깔아 준다.
  ㉢ 육계를 3~5회 사육한 후 바닥재의 수명이 다했거나 수분이 과다할 경우 계분을 수거 또는 외부 퇴비장으로 수거할 준비를 한다.
  ㉣ 육계를 사육·출하한 후 스키드 로더 등을 이용하여 계분을 수거한다.

더 알아두기

계분 수거장비
- 산란계사는 대부분 계분벨트에 의하여 수거한다.
- 육계사의 계사 내 계분처리는 현재 스키드 로더 또는 트랙터를 이용하여 외부 퇴비장으로 배출한다.

(4) 저장시설(한우 퇴비사)

① 퇴적 교반식 퇴비화시설
  ㉠ 톱밥 깔짚우사에서 수거한 분뇨를 함수율이 높을 경우 톱밥이나 왕겨와 같은 수분조절제를 이용하여 함수율을 조절한다.
  ㉡ 유효높이를 2m 정도로 유지한 상태에서 60일 정도 퇴비화시킬 수 있도록 설계한 구조물이다.

ⓒ 퇴적교반식 퇴비사는 별도의 송풍 및 교반시설이 없으므로 스키드 로더나 트랙터로 뒤집기를 하여 호기조건을 제공해 주는 특징이 있다.

② 퇴적 통풍식 퇴비화시설
    ㉠ 퇴적 교반식 퇴비사와 유사하다.
    ㉡ 퇴비사의 바닥에 송풍 및 침출수 배수시설을 갖추고 있는 특징이 있다.

③ 기계 교반식 퇴비화시설
    ㉠ 퇴적 송풍식 퇴비사와 마찬가지로 퇴비사의 바닥에 송풍 및 침출수 배수시설을 갖추고 있다.
    ㉡ 기계적인 교반장치(에스컬레이터식, 로터리식, 스크루식 등)를 이용하여 퇴비더미를 교반하는 것이 주특징이다.

> **더알아두기**
>
> 액비저장조
> - 액비저장조는 설치방법에 따라 지상식, 반지하식, 지하식으로 구분할 수 있다.
> - 재질은 아연도금, 범랑(세라믹피복 철판), 합성수지, 콘크리트, 유리코팅 철판, 스테인리스, PVC 시트(타포린, 탑지) 등이 있다.
> - 가축분뇨 액비를 농경지에 살포하기 위해서는 사포 전까지 액비를 저장, 관리할 수 있는 액비저장조가 필요하며, 용량은 액비를 6개월 이상 저장할 수 있어야 한다.
> - 충분히 부숙된 액비는 사용 전에 항상 성분을 분석하여 작물생육에 필요한 양만큼을 농경지에 살포하여야 한다.

3. 가축분뇨처리 및 자원화 이용

(1) 고액분리

① 고액분리 원리 및 방법
    ㉠ 고액분리는 분뇨 내 존재하는 액상물을 고상입자들과 크기, 무게로 분리하는 것이다.
    ㉡ 고형입자의 모양 및 크기, 입자 표면 특성에 따라 고액분리의 효율이 달라진다.
    ㉢ 액비 및 정화처리 등 액상물 처리이용을 위해서 고형물을 제거해야 한다.
    ㉣ 액분리의 성능을 향상시키기 위해서는 물리적 기법 및 화학적 개량을 적용하기도 한다.

② 고액분리기 종류
　㉠ 약품투입 유무에 따른 분류
　　• 물리적 방법 : 스크린, 원심력분리기(약품 미투입 경우)
　　• 물리·화학적 방법 : 벨트 프레스, 필터 프레스, 스크루 프레스, 원심력 분리기(약품투입 경우)
　㉡ 힘을 가하는 방식에 따른 분류
　　• 기계압착으로 짜 주는 방식 : 벨트 프레스, 필터 프레스, 스크루 프레스
　　• 중력으로 채에 의한 방식 : 경사스크린, 드럼스크린, 진동스크린
　　• 원심력에 의한 비중 차이 방식 : 고속스크루데칸터, 원심분리기
　　• 원심력과 채를 이용한 방식 : 저속스크루데칸터, 고속회전원추형
③ 고액분리의 효과
　㉠ 악취의 원인이 되는 고형물을 사전에 제거하여 악취를 제거한다.
　㉡ 액비 저장탱크 바닥에 쌓이는 고형물질을 제거함으로써 탱크저장용량이 확대된다.
　㉢ 퇴비화의 경우 액상분리로 퇴비화효율 증가와 톱밥소요비용이 절감된다.

(2) 퇴비화

① 퇴비화의 개념
　㉠ 퇴비화는 통상적으로 유기물이 미생물에 의하여 분해되어 안정화되는 과정이다.
　㉡ 최종물질은 환경에 나쁜 영향을 주지 않아야 하고, 토양에 사용할 수 있어야 한다.
　㉢ 저장하기에 충분한 부식상태의 물질로 변화시키는 생화학적 공정 또는 고체유기물을 인위적 조건에서 연속적으로 생물학적 처리를 하는 것이다.
　㉣ 유기물은 미생물에 의해 완전히 분해되면 이산화탄소, 물 및 무기물로 전환된다.
② 퇴비화기간
　퇴비 부숙온도는 15일경에 60℃ 이상에 도달하며 20일 정도 고온으로 지속되며, 1차 부숙 후에 후발효가 시작되면서 부숙온도가 다시 증가된다.
③ 퇴비화단계
　㉠ 1단계(초기 단계)
　　• 가축분과 수분조절제를 혼합하여 발효가 시작되는 초기 단계에는 중온성인 세균과 사상균이 유기물 분해에 관여한다.
　　• 퇴비원료 중에 당류, 아미노산, 지방산 등 분해되기 쉬운 물질들이 분해되는 단계로서 부숙온도가 상승한다.
　　• 유기물이 분해되면서 퇴비더미 온도가 40℃ 이상으로 상승하면 중온성 균은 사멸되고, 고온성 균이 증식한다.

- 퇴비화과정에 관여하는 중온성 균은 퇴비원료에 따라 상이하나 일반적으로 토양 중에 존재하는 미생물과 유사한 종류가 많다.
  ⓒ 2단계(고온단계)
    - 초기 단계에서 중온성 미생물에 의해 폐기물이 분해되어 열이 발생되고 퇴비의 온도가 상승하면 중온성 미생물의 밀도와 분해활동이 급격히 감소하며, 고온성 미생물의 농도가 증가한다.
    - 셀룰로스, 헤미셀룰로스, 펙틴 등 난해성 물질들이 분해되는 단계로서 고온성 미생물이 관여하며 수주간 지속된다.
    - 고온단계에서 퇴비온도는 50~60℃ 유지되지만 온도가 60℃ 이상 상승하면 퇴비 중의 고온성 박테리아 및 방선균 조차 모두 사멸하고 포자 형성 박테리아만 남게 되어 퇴비화 효율이 급격히 떨어진다.
    - 퇴비화는 40~45℃에서 가장 효율적으로 진행된다.
    - 기계식 퇴비화장치에서는 70℃ 이상의 고온이 지속되기도 한다.
  ⓒ 3단계(숙성단계)
    - 퇴비더미의 온도가 떨어지며, 분해속도도 지연되는 단계로서 숙성단계라고 하며 방선균을 중심으로 구성되는 중온성 균들이 관여한다.
    - 2단계에서 고온성 미생물에 의하여 셀룰로스 같은 분해가 쉽지 않은 섬유성 유기물이 분해되면 리그닌 같은 난분해성 유기물만 남게 되어 분해속도가 느려지고 퇴비더미온도도 40℃ 이하로 낮아진다.
    - 다시 중온성 미생물이 재정착을 하는데, 초기 단계의 미생물 종류와 밀도와는 차이가 있다. 즉, 숙성단계의 유기물은 상당 부분이 더 이상 분해가 쉽지 않은 부식질이기 때문이다.
    - 부식질은 리그닌함량이 높고, 가용 영양분의 함량이 낮기 때문에 이러한 환경에 적합한 방선균이 많아진다.

(3) 액비화

① 액비의 개념
  ㉠ 액비(液肥)란 가축분뇨를 액체상태로 발효시켜 만든 비료성분이 있는 물질이다.
  ㉡ 질소전량의 최소함유량은 0.1% 이상이어야 한다.
  ㉢ 액비가 비료로서 경지에 환원되기 위해서는 균일성, 액상화, 저접착력, 무악취, 작물에 대한 피해가 없어야 한다.
  ㉣ 제조방법에는 혐기성 액비화방법과 호기성 액비화방법이 있다.
  ㉤ 호기성 액비화방법이 부숙속도가 빠르고 고액분리하였을 경우 성분함량이 감소되므로 액상화가 더 용이하다.

② 혐기성 액비화
　㉠ 액상의 가축분뇨에 포기를 하지 않고 저장탱크 내에 단순 저장하는 방법이다.
　㉡ 저장된 액상분뇨는 3가지층, 즉 부상층(스컴), 액상층, 침전층을 형성한다.
　㉢ 액비저장탱크 내의 혐기발효는 유기물이 분해되는 과정에서 황화수소, 암모니아 등의 악취 물질이 휘산된다.
　㉣ 액비를 교반하지 않고 장기간 혐기상태로 저장 시에는 액비의 성상에는 큰 변화가 일어나지 않으나 저장기간이 진행됨에 따라 액비 저장 깊이별로 유기물 침전에 의한 층 분리현상이 나타나 바닥쪽에서는 건물함량 증가와 유기태질소함량이 증가한다.
　㉤ 혐기성 처리방식으로 완숙된 액비를 제조하기 위해서는 가축분뇨를 장기간(6개월 이상) 저장해야 한다.

③ 호기성 액비화
　㉠ 액상의 가축분뇨를 교반하면서 공기를 불어넣어 포기처리하는 방법이다.
　㉡ 퇴비화와 같이 호기성 미생물로 유기물을 분해시켜 액비를 제조한다.
　㉢ 액상의 가축분뇨를 호기성으로 부숙시키기 위해서는 호기성 미생물이 활동할 수 있는 조건을 갖추어 주어야 한다.
　㉣ 필요한 조건으로는 미생물의 영양원, 산소, 온도, 수분 등이 있다.
　㉤ 호기성 미생물이 활동하기 위해서는 산소 공급이 필수적이다.
　㉥ 액상분뇨는 호기성 미생물이 액 중의 용존산소를 쉽게 이용해서 용존산소가 거의 없기 때문에 공기를 액중에 강제적으로 공급하는 포기처리를 하지 않으면 액 중의 산소가 없어서 호기성 미생물이 활동할 수 없게 된다.
　㉦ 호기적 처리방식은 분뇨 중의 난분해성 유기물의 분해를 촉진시켜 단기간에 완숙된 액비를 제조할 수 있다는 장점이 있다.
　㉧ 포기 중에 질소성분의 손실이 크기 때문에 액비이용 측면에서는 불리한 면도 있다.
　㉨ 호기성 처리의 효과는 악취물질이 대기 중에 휘산되기 때문에 악취가 없고, 점도도 낮아진다. 또한 대장균, 기생충란, 병원성 미생물, 잡초종자 등이 사멸되고, 수분이 감소되며, 질소는 20~30% 저하된다. 액비 중의 pH는 8~9로 상승한다.

[혐기성 액비화와 호기성 액비화 비교]

구 분	혐기성 액비화	호기성 액비화
체류기간	비교적 길다.	짧 음
처리경비	저 렴	고 가
투자비	비교적 적다.	높 음
시비 전 희석	3~5배(필요시)	필요 없음
악 취	악취가 많아 시비 전 전처리 필요	악취가 없음
저장방법	용이함	처리 후 저장 시에 동력 소모

(4) 액비사용 시 주의사항

① 액비 쇼크현상 : 미부숙 액비 등의 시용에 의한 작물의 일시적인 생육억제, 생육저해와 토양의 산성화, 악취의 확산 등 토양환경에 미치는 마이너스작용을 말하며, 동시에 경영에 영향을 미친다.

② 액비 쇼크원인
  ㉠ 유기태질소의 무기화가 심하게 이루어진다. 보통 가축분뇨슬러리는 C/N(탄소질소비율)이 낮고 쉽게 분해되는 유기물을 많이 함유하고 있어 무기화가 급격히 이루어진다(역분해성 유기물의 급격한 분해반응).
  ㉡ 급격한 분해반응은 활발한 미생물반응이며, 이때 산소가 대량으로 급격히 소비가 되기 때문에 미부숙 액비가 투여된 토양은 환원상태가 된다(산소 결핍상태·일반적 생육저해).
  ㉢ 환원상태(혐기조건)가 된 토양에는 유기물이 혐기적 분해로 변화하여 유기산이 생성되며, 작물뿌리를 갈변시키는 등 뿌리썩음을 발병하게 한다.
  ㉣ 유기태질소가 심하게 무기화되면 토양 중의 무기태질소농도가 높아진다. 특히 암모니아태질소의 농도가 높아지면 작물의 일시적인 생육억제 등 장애를 일으킨다.
  ㉤ 미부숙 액비(미발효)단백질, 당질, 탄수화물 등 쉽게 분해되는 유기물이 많이 함유된 것을 토양에 투여하면 이들 물질은 미생물에 의해 심한 분해반응을 일으킨다.

(5) 수분조절제

① 수분조절제의 개념
  ㉠ 퇴비 만들기에서는 가축분뇨에 왕겨 및 톱밥 등의 조절제를 첨가하는 것이 일반적이다.
  ㉡ 조절제의 사용목적은 발효를 자연스럽게 진행시키기 위하여 가축분뇨의 수분을 조절하여 퇴비원료의 통기성을 확보하든지 퇴비원료 전체의 성분 조절을 하는 것이다.

② 수분조절제 기능
  ㉠ 수분을 흡수 또는 보유로 수분조절을 할 수 있게 한다.
  ㉡ pH, C/N비율을 조절할 수 있게 한다.
  ㉢ 입자 간의 매트릭스를 지지하여 퇴비형상을 유지시켜 준다.
  ㉣ 혼합물 사이의 공극량과 공기량을 증가시켜 준다.
  ㉤ 사용량이 너무 많으면 관리 노동력이 많이 든다.
  ㉥ 부재료의 소요량 증가는 물량처리비용이 증가한다.
  ㉦ 퇴비생산량 증가로 퇴비사용 토지면적이 많아진다.

③ 수분조절제의 효율적 이용
  ㉠ 가축분의 수분함량을 정확하게 파악하여 최소량을 사용한다.
  ㉡ 가축분의 수분조절제를 혼합하여 퇴비화에 지장이 없을 정도의 범위까지 수분함량을 최대(65%)로 하면 절약할 수 있다.
  ㉢ 수분조절제 소요량 산출

$$\text{소요량(kg)} = \text{분뇨량(kg)} \times \frac{\text{분뇨수분함량(\%)} - \text{목표수분(\%)}}{\text{목표수분(\%)} - \text{수분조절제수분(\%)}}$$

03 축산악취관리

1. 축산악취의 특성

(1) 악취의 개념

① 원인은 가축분뇨 내의 유기물들이 미생물에 의해 분해되어 휘발성 물질로 전환되어 냄새가 난다.
② 악취의 주요 물질은 암모니아, 황함유 화합물, 휘발성 지방산, 방향족 화합물 등이 있다.
③ 호기성 조건에서는 암모니아, 트라이메틸아민이 많이 발생하고 케톤, 스카톨(Skatol)이 조금 발생한다.
④ 혐기성 조건에서는 황화수소, 알코올류, 저급지방산, 파라크레졸 등이 다량 발생한다.
⑤ 악취는 불쾌한 냄새로 인하여 인근 주민의 민원과 지역사회 문제가 되고 있다.

(2) 축사 내 악취의 종류

① **수용성** : 암모니아, 아민, 페놀, 휘발성 지방산, 황화수소, 메르캅탄 등
② **지용성** : 설파이드, 알데하이드, 케톤, 중성인돌, 에스터류 등

(3) 축산악취의 특성

① 악취의 주관성
  ㉠ 개인에 따라 좋아하는 냄새와 싫어하는 냄새 차이가 크다.
  ㉡ 예민한 사람과 둔감한 사람이 악취 차이는 최대 10배이다.

② 악취 유발물질의 다양성
   ㉠ 일본의 조사에 따르면 주요 악취물질은 1,000여 가지라고 한다.
   ㉡ 특정물질 규제에 따른 한계로 복합악취가 규제된다.
③ 온도 및 습도 의존성
   ㉠ 일반적으로 25~30℃에서 강한 영향(온도가 낮을수록 악취세기 감소)을 받는다.
   ㉡ 60~80%의 상대습도에서 인체가 민감하게 반응한다.

2. 악취저감시스템

(1) 악취개선용 화학적 처리방법
   ① 혐기성 미생물 활동의 억제방법
      ㉠ 건강한 가축의 적절한 관리와 청소
      ㉡ 신선한 분뇨의 조기 분리와 축사 밖으로 신속한 반출
      ㉢ 깔짚에 의한 수분 및 악취성분의 흡착
      ㉣ 환기에 의한 악취발생의 억제 등
   ② 화학적 방지법의 종류
      ㉠ 화학첨가제
         • 악취제거용 제제는 탈취원리에 따라 크게 4가지로 마스킹제, 중화제, 생물 또는 화학적 탈취제 및 흡착제로 구분할 수 있으며, 생물제제 및 화학제제로 대별되기도 한다.
         • 마스킹제 : 취기를 향료, 방향제 등으로 화합하여 냄새의 질을 변화시킨다.
         • 중화제 : 석회, 가성소다용액, 묽은염산, 묽은황산, 과인산석회 등으로 산 또는 염기의 중화반응에 의해서 냄새를 제거한다.
         • 산화제 : 과망간산칼륨, 이산화염소, 차아염소산염 등으로 산화작용을 일으켜 취기를 제거한다.
         • 흡착제 : 활성탄, 활성백토, 제올라이트 등으로 취기성분을 흡착하여 제거한다.
         • 미생물제제 : 세균, 곰팡이, 효모 등으로 분해하여 취기의 성분의 양과 질을 변환시킨다.
      ㉡ 오존처리법
         • 오존은 천연원소 중 플루오린 다음으로 강한 산화력을 갖고 있다.
         • 강력한 산화제인 오존과 악취물질이 라디칼반응에 의해 산화시켜 악취물질을 분해시키는 방법이다.

- 음료수의 살균정화, 색도의 탈색, 식품가공에서의 악취 제거, 냉장고 내의 김치, 된장, 간장, 치즈, 달걀 썩는 냄새 등의 악취를 제거하는 데 이용되어 왔다.
- 각종 폐수처리장에서 오존을 이용하는 난분해성 무기질 및 유기화합물들을 분해시키는 데 이용되고 있다.

ⓒ 이산화염소처리법
- 이산화염소는 산소계 살균·소독제로서 오존에 이어 가장 강력한 살균력과 탈취·표백력을 갖고 있는 수용성 산화제로 가스가 용액에 녹아 있다.
- 수용성이 매우 낮고 경시 변화가 심해 보관이 용이치 못하다.
- 부산물로 인한 발암물질 등의 생성이 없고 빛에 의해 쉽게 분해되는 환경친화적 특성 때문에 염소계 소독제의 대체약품으로 활용도가 급속히 확대되고 있는 물질이다.

(2) 악취 개선용 미생물 제제(생물탈취법)

① 생물탈취법의 종류

ⓐ 퇴비탈취법
- 퇴비 내 미생물을 이용하는 방법이다.
- 발효재료 속으로 취기가스를 통과시켜 미생물의 활동으로 취기성분을 무취화하는 방법이다.
- 운전비용이 다른 방식에 비하여 저가이다.
- 고농도의 취기가스에 적합한 시스템으로 알려져 있다.
- 발효재료의 수분이 높고 통기성이 불량한 경우에는 부적합하며 미생물의 활동이 낮은 경향이 있다.

ⓑ 토양탈취법
- 토양 내 미생물을 이용하는 경우
- 화산재 토양 등에 취기가스를 통과시켜 미생물의 활동으로 무취화를 유도하는 방법이다.

ⓒ 활성오니법
- 활성오니를 이용하여 악취를 제거하는 방법이다.
- 활성오니와 취기가스를 접촉시켜서 오니 중의 미생물의 활동으로 취기성분의 무취화를 유도하는 방법이다.

② 미생물제제의 사용방법

ⓐ 사료 내 첨가로 분뇨 내 악취물질 저감을 유도하는 방법으로, 소화효율을 증가시켜 가축의 증체 및 육질개선 등과 함께 악취제거를 유도하는 방식이다.

ⓑ 특정 미생물 및 효소를 축사와 분뇨슬러리에 직접 투입하여 악취물질을 감소시키는 방식이 있다.

③ 미생물제제의 종류와 투여효과
　㉠ 가축의 정장작용과 설사방지, 가축의 성장촉진의 효과를 갖는 고초균의 발효산물을 사료에 1% 첨가함으로써 암모니아 생산억제효과를 볼 수 있다.
　㉡ 바실러스균, 유산균속균, 낙산균 및 효모균으로 구성된 복합미생물제제가 육계의 장내 세균총과 암모니아와 유화수소를 줄여 계사환경을 개선시킨다.
　㉢ 효모균 및 유산균 등 14종 복합미생물제제를 0.1% 수준으로 사료 내 혼합급여 시 돈사 내 암모니아는 24.4%, 초산은 18.3%의 감소를 가져와 환경개선효과가 있다.

(3) 악취확산의 방지
① 방풍림의 설치
　㉠ 축사 주변에 나무를 심어 악취와 먼지를 제어하는 벽을 만드는 방법이다.
　㉡ 방풍림에 의해 난류가 증가되어 악취공기를 희석시켜 주는 효과의 향상과 나뭇잎에 의한 악취가스 흡착에 의한 악취저감효과이다.
　㉢ 나무의 성장기간이 필요하며, 적어도 2열 이상의 나무가 필요하다.
　㉣ 회양목, 노송나무, 산호주, 사철나무, 무궁화나무, 진달래과 나무 등의 악취저감효과가 있는 수종을 식재한다.
② 방풍벽
　㉠ 배출 팬으로부터 4~6m 거리에 벽을 설치, 먼지의 침강과 악취확산을 촉진시키는 방법이다.
　㉡ 단순하게 방진벽만 설치해도 돈사로부터 3m와 5m에서 발생먼지의 92%와 98%의 먼지 확산을 방지하여 악취를 줄일 수 있다.
③ 바이오커튼
　㉠ 바이오커튼은 측벽배기를 하는 무창축사에 반쪽하우스 형태의 파이프구조에 차광막처럼 된 커버를 씌워 축사 내에서 배출되는 먼지와 악취를 줄이도록 하는 방법이다.
　㉡ 먼지나 악취냄새가 많이 발생하는 시간에는 바이오커튼만으로는 악취냄새를 줄이기 어려우므로 커튼 안에 물 또는 화학약품을 분무해 주고 있다.

(4) 배기가스 악취처리기술

처리기술	특 징
바이오필터	• 악취가스를 퇴비, 우드칩, 세라믹 등과 같은 담체에 통과시키면서 생물작용에 의해 악취물질이 분해됨 • 유지관리비가 저렴하고, 복합악취에 대한 처리성능 우수 • 압력손실로 인해 특수 팬의 설치가 요구되는 경우가 있음
활성탄흡착법	• 활성탄에 악취물질을 흡착하여 악취를 제거하는 방법 • 악취물질농도가 수 ppm으로 낮은 경우 설치비 등이 저렴하고 장치가 간단함 • 고농도의 경우 교체비용 및 유지관리비 매우 높음
생물적·화학적 습식 스크러버	• 악취가스를 담체에 통과시키고, 물 또는 약품을 반응기 상단에 스프레이, 생물 혹은 화학적 작용에 의해 악취물질이 분해됨 • 설치비 및 폐액 처리비용 고가 • 산성 및 염기성 악취물질 동시 존재 시 처리성능 저하 • 악취 저감효율 우수 • 시설비와 운전비(약품비)가 고가, 폐수처리 필요
플라스마	• 악취가스에 플라스마를 통과시켜 산화하여 제거 • 장치비용 고가, 고농도에서 효율 저하
오 존	• 오존을 이용하여 악취를 산화할 수 있도록 통풍공기에 주입 • 위험성 문제 때문에 고농도 오존 사용이 어려움 → 고농도 악취에 적용 불가능
이산화염소	• 이산화염소의 장점은 유기물을 산화시키지 않음 • 산소계 살균소독제로 염소계(락스류)보다 산화력이 약 2.5배 강함 • 바이러스 및 녹조류 제거에 넓은 pH영역(2~10)에서 살균력 발휘

3. 악취방지법의 이해

(1) 악취방지법의 목적(법 제1조) 및 시행

① 이 법은 사업활동 등으로 인하여 발생하는 악취를 방지함으로써 국민이 건강하고 쾌적한 환경에서 생활할 수 있게 함을 목적으로 한다.
② 악취방지법은 대기환경보전법에서 분리하여 2004년 2월 9일 제정하여 2005년부터 시행되었다.

(2) 용어정의(법 제2조)

① **악취** : 황화수소, 메르캅탄류, 아민류, 그 밖에 자극성이 있는 물질이 사람의 후각을 자극하여 불쾌감과 혐오감을 주는 냄새를 말한다.
② **지정악취물질** : 악취의 원인이 되는 물질로서 환경부령으로 정하는 것을 말한다.

※ 환경부령으로 정하는 지정악취물질(시행규칙 [별표 1])

종 류			적용시기
• 암모니아 • 메틸메르캅탄 • 황화수소 • 다이메틸설파이드	• 다이메틸다이설파이드 • 트라이메틸아민 • 아세트알데하이드 • 스타이렌	• 프로피온알데하이드 • 뷰틸알데하이드 • n-발레르알데하이드 • i-발레르알데하이드	2005년 2월 10일부터
• 톨루엔 • 자일렌	• 메틸에틸케톤 • 메틸아이소뷰틸케톤	• 뷰틸아세테이트	2008년 1월 1일부터
• 프로피온산 • n-뷰틸산	• n-발레르산 • i-발레르산	• i-뷰틸알코올	2010년 1월 1일부터

③ **악취배출시설** : 악취를 유발하는 시설, 기계, 기구, 그 밖의 것으로서 환경부장관이 관계 중앙행정기관의 장과 협의하여 환경부령으로 정하는 것을 말한다.
  ㉠ 축산시설, 도축업의 시설, 축산폐수처리시설·분뇨처리시설·오수처리시설 및 축산폐수공공처리시설과 같은 축산폐수배출시설 등 48개 시설
  ㉡ 축산시설 : 사육시설 면적이 돼지 $50m^2$, 소·말 $100m^2$, 닭·오리·양 $150m^2$, 사슴 $500m^2$, 개 $60m^2$, 그 밖의 가축은 $500m^2$ 이상인 시설
④ **복합악취** : 두 가지 이상의 악취물질이 함께 작용하여 사람의 후각을 자극하여 불쾌감과 혐오감을 주는 냄새를 말한다.

(3) 악취관리지역의 지정(법 제6조)

① 시·도지사 또는 대도시의 장은 다음에 해당하는 지역을 악취관리지역으로 지정하여야 한다.
  ㉠ 악취와 관련된 민원이 1년 이상 지속되고, 악취배출시설을 운영하는 사업장이 둘 이상 인접(隣接)하여 모여 있는 지역으로서 악취가 배출허용기준을 초과하는 지역
  ㉡ 국가산업단지·일반산업단지·도시첨단산업단지 및 농공단지, 전용공업지역, 일반공업지역으로서 악취와 관련된 민원이 집단적으로 발생하는 지역
② 시·도지사 또는 대도시의 장은 ①에 따른 악취관리지역 지정 사유가 없어진 때에는 악취관리지역의 지정을 해제할 수 있다.

(4) 배출허용기준(법 제7조)

① 악취배출시설에서 배출되는 악취의 배출허용기준은 환경부장관이 관계 중앙행정기관의 장과 협의하여 환경부령으로 정한다.
② 특별시·광역시·특별자치시·도(그 관할구역 중 인구 50만 이상의 시는 제외한다)·특별자치도 또는 인구 50만 이상의 시(대도시)는 ①에 따른 배출허용기준으로는 주민의 생활환경을 보전하기 어렵다고 인정하는 경우에는 악취배출시설 중 대통령령으로 정하는 시설에 대하여 환경부령으로 정하는 범위에서 조례로 ①에 따른 배출허용기준보다 엄격한 배출허용기준을 정할 수 있다.

③ 시·도 또는 대도시는 ②에 따라 엄격한 배출허용기준을 정할 때에는 환경부령으로 정하는 바에 따라 이해관계인의 의견을 들어야 한다.

④ 시·도지사 또는 대도시의 장은 ②에 따라 배출허용기준을 정하거나 변경하였을 때에는 지체 없이 환경부장관에게 보고하여야 한다.

⑤ 시장·군수·구청장은 주민의 생활환경을 보전하기 위하여 필요하다고 인정하는 경우에는 그 관할구역에 있는 악취배출시설에 대하여 시·도에 ②에 따른 엄격한 배출허용기준을 정하여 줄 것을 요청할 수 있다.

※ 배출허용기준 및 엄격한 배출허용기준의 설정 범위(시행규칙 [별표 3])

[복합악취]

구 분	배출허용기준(희석배수)		엄격한 배출허용기준의 범위(희석배수)	
	공업지역	기타 지역	공업지역	기타 지역
배출구	1,000 이하	500 이하	500~1,000	300~500
부지경계선	20 이하	15 이하	15~20	10~15

[지정악취물질]

악취물질	배출허용기준(ppm)		엄격한 배출허용기준(ppm)
	공업지역	기타 지역	
암모니아	2 이하	1 이하	1~2
메틸메르캅탄	0.004 이하	0.002 이하	0.002~0.004
황화수소	0.06 이하	0.02 이하	0.02~0.06

(5) 과징금처분(법 제12조)

① 시·도지사 또는 대도시의 장은 신고대상시설로서 다음에 해당하는 시설을 운영하는 자에게 조업정지를 명하여야 하는 경우로서 그 조업정지가 주민의 생활에 심한 불편을 주거나 공익을 해칠 우려가 있다고 인정되는 경우에는 조업정지처분을 대신하여 1억원 이하의 과징금을 부과할 수 있다.

㉠ 산업집적활성화 및 공장설립에 관한 법률에 따른 공장
㉡ 하수도법에 따른 공공하수처리시설 또는 분뇨처리시설
㉢ 가축분뇨의 관리 및 이용에 관한 법률에 따른 공공처리시설
㉣ 물환경보전법에 따른 공공폐수처리시설
㉤ 폐기물관리법에 따른 폐기물처리시설 중 지방자치단체가 설치하거나 운영하는 시설
㉥ 그 밖에 대통령령으로 정하는 악취배출시설

② ①에 따라 과징금을 부과하는 위반행위의 종류 및 위반 정도 등에 따른 과징금의 금액 등에 관하여 필요한 사항은 환경부령으로 정한다.

③ 시·도지사 또는 대도시의 장은 ①에 따른 시설을 운영하는 자가 ①에 따른 과징금을 납부기한까지 내지 아니하면 지방행정제재·부과금의 징수 등에 관한 법률에 따라 징수한다.

(6) 벌 칙
　① 3년 이하의 징역 또는 3천만원 이하의 벌금에 처하는 경우(법 제26조)
　　㉠ 신고대상시설의 조업정지명령을 위반한 자
　　㉡ 신고대상시설의 사용중지명령 또는 폐쇄명령을 위반한 자
　② 1천만원 이하의 벌금에 처하는 경우(법 제27조)
　　㉠ 신고를 하지 아니하거나 거짓으로 신고를 하고 신고대상시설을 설치 또는 운영한 자
　　㉡ 기술진단전문기관의 등록을 하지 아니하고 기술진단 업무를 대행한 자
　　㉢ 기술진단전문기관의 등록을 한 자
　③ 300만원 이하의 벌금에 처하는 경우(법 제28조)
　　㉠ 개선명령을 이행하지 아니한 자
　　㉡ 관계 공무원의 출입·채취 및 검사를 거부 또는 방해하거나 기피한 자
　　㉢ 악취방지계획에 따라 악취방지에 필요한 조치를 하지 아니하고 악취배출시설을 가동한 자
　　㉣ 기간 이내에 악취방지계획에 따라 악취방지에 필요한 조치를 하지 아니한 자

(7) 과태료(법 제30조)
　① 200만원 이하의 과태료를 부과하는 경우
　　㉠ 조치명령을 이행하지 아니한 자
　　㉡ 기술진단을 실시하지 아니한 자
　　㉢ 변경등록을 하지 아니하고 중요한 사항을 변경한 자
　　㉣ 준수사항을 지키지 아니한 자
　② 100만원 이하의 과태료를 부과하는 경우
　　㉠ 변경신고를 하지 아니하거나 거짓으로 변경신고를 한 자
　　㉡ 보고를 하지 아니하거나 거짓으로 보고한 자 또는 자료를 제출하지 아니하거나 거짓으로 제출한 자

CHAPTER 08 **적중예상문제**

PART 03 가축사양학

01 다음 친환경축산에 대한 설명으로 옳지 않은 것은?
① 유기축산물이란 항생제·합성항균제·호르몬제가 포함되지 않은 유기사료를 급여하여 사육한 축산물이다.
② 무항생제축산물이란 항생제·합성항균제·호르몬제가 포함되지 않은 무항생제사료를 급여하여 사육한 축산물이다.
③ 유기사료란 유기농산물 인증기준에 맞게 재배·생산된 사료이다.
④ 무항생제사료란 유기합성농약과 화학비료 및 사료첨가제 등 화학자재를 전혀 사용하지 않은 사료를 말한다.

해설
무항생제사료란 항생제를 섞지 않은 사료를 말한다.

02 다음 자연순환농업에 대한 설명으로 옳지 않은 것은?
① 자연생태계의 영속적인 물질순환기능을 활용하여 작물과 가축이 건강하게 자라게 하고, 농축산물의 안전성과 품질을 높이고자 하는 농업을 말한다.
② 가축분뇨를 활용한 퇴·액비 등의 유기질 자원을 토양에 환원시켜 토양을 건전하게 유지·보전하면서 농업생산성을 확보하고자 하는 농업을 말한다.
③ 화학비료, 유기합성농약(농약·생장조절제·제초제 등), 가축사료첨가제 등 일체의 합성화학물질을 사용하지 않고 유기물과 자연광석·미생물 등 자연적인 자재만을 사용하는 농법을 말한다.
④ 자연순환농업은 특정자재의 사용 또는 특정농법에 한정되지 않고 "자연계 물질순환의 균형"을 추구하는 모든 농업을 포함한다.

해설
③은 유기농업에 대한 설명이다.

정답 1 ④ 2 ③

03 가축분뇨법상 용어 정의 설명으로 옳지 않은 것은?

① 가축이란 소·돼지·말·닭, 그 밖에 젖소, 오리, 양, 사슴, 메추리 및 개를 말한다.
② 가축분뇨 고체연료란 가축분뇨를 분리·건조·성형 등을 거쳐 고체상의 연료로 제조한 것을 말한다.
③ 퇴비란 가축분뇨를 액체상태로 발효시켜 만든 비료성분이 있는 물질로서 농림축산식품부령으로 정하는 기준에 적합한 것을 말한다.
④ 정화시설이란 가축분뇨를 침전·분해 등 환경부령으로 정하는 방법에 따라 정화하는 시설을 말한다.

해설
③은 액비에 대한 설명이다. 퇴비(堆肥)란 가축분뇨를 발효시켜 만든 비료성분이 있는 물질 중 액비를 제외한 물질로서 농림축산식품부령으로 정하는 기준에 적합한 것을 말한다.

04 시장·군수·구청장은 지역주민의 생활환경보전 또는 상수원의 수질보전을 위하여 일정한 구역을 지정·고시하여 가축의 사육을 제한할 수 있다. 가축사육 제한구역으로 지정할 수 없는 곳은?

① 주거 밀집지역으로 생활환경의 보호가 필요한 지역
② 상수원보호구역, 특별대책지역, 그 밖에 수질환경보전이 필요한 지역
③ 환경정책기본법에 따른 환경기준을 초과한 지역
④ 보건복지부장관 또는 시·도지사가 지정·고시하도록 요청한 지역

해설
④ 환경부장관 또는 시·도지사가 가축사육제한구역으로 지정·고시하도록 요청한 지역

05 다음 중 가축분뇨의 특성에 대한 설명으로 옳지 않은 것은?

① 오염부하량이 사람보다 약간 낮다.
② 오염성분량은 오줌보다 분에 많다.
③ 오염성분농도, 질소농도가 높다.
④ 생물적 처리가 가능하다.

해설
① 오염부하량이 사람보다 10배 정도 높다.

06 다음 중 가축분뇨처리에 대한 설명으로 옳지 않은 것은?

① 가축분뇨의 처리방법으로 가장 좋은 방법은 혐기발효에 의한 연료가스의 생산이다.
② 가축분뇨가 부적절하게 처리되었을 때 생태계파괴 원인은 하천용존산소 감소에 의한 하천생물체 사멸이다.
③ 가축분뇨 퇴비제조 시 퇴비단을 1m 이상 퇴적하는 이유는 고온에 의하여 미생물을 사멸하기 위함이다.
④ 가축분뇨 적정처리방법에는 퇴비화, 액비화, 정화처리 등의 방법이 있다.

해설
① 가축분뇨의 처리방법으로 가장 좋은 방법은 발효 후 비료로 사용하는 방법이다.

07 다음 중 가축분뇨처리의 원칙으로 옳지 않은 것은?

① 가축사양의 효율화 및 허실수관리를 통해 분뇨의 발생을 최소화해야 한다.
② 가축분뇨는 가능한 한 양질의 비료로 사용하여 토양으로 환원해야 한다.
③ 토양으로 환원할 수 없어 불가피하게 방류해야 할 때에는 정화처리 후 방류한다.
④ 가축분뇨는 비료, 연료, 사료로 사용할 수 있으나 연료로 사용하는 것이 가장 바람직하다.

해설
④ 비료로 사용하는 것이 가장 바람직하다.

08 다음 가축 중 1일 1두당 분뇨발생량이 가장 많은 가축은?

① 한 우
② 젖 소
③ 돼 지
④ 닭

해설
가축 1두당 1일 분뇨발생량 : 젖소 > 한우 > 돼지 > 닭, 오리 순이다.

09 다음 중 가축분뇨의 악취배출제어기술에 해당하지 않는 것은?

① 소각법
② 방풍림설치법
③ 막분리법
④ 흡착법

해설
방풍림과 방풍벽은 악취확산방지법에 속한다.

정답 6 ① 7 ④ 8 ② 9 ②

10 다음 중 가축분뇨의 고액분리의 효과로 옳지 않은 것은?

① 유기물은 미생물에 의해 완전히 분해되면 이산화탄소, 물 및 무기물로 전환된다.
② 악취의 원인이 되는 고형물을 사전에 제거하여 악취를 제거한다.
③ 액비저장탱크 바닥에 쌓이는 고형물질을 제거함으로써 탱크저장용량이 확대된다.
④ 퇴비화의 경우 액상분리로 퇴비화효율 증가와 톱밥소요비용이 절감된다.

해설
①은 퇴비화의 효과이다.

11 다음 중 가축분뇨의 퇴비화단계의 설명으로 옳지 않은 것은?

① 초기 단계에는 중온성인 세균과 사상균이 유기물분해에 관여한다.
② 숙성단계는 방선균을 중심으로 구성되는 고온성 균들이 관여한다.
③ 고온단계에서는 셀룰로스, 헤미셀룰로스, 펙틴 등 난해성 물질들이 분해되는 단계로서 고온성 미생물이 관여하며 수 주간 지속된다.
④ 고온단계에서 퇴비온도는 50~60℃ 유지되지만 온도가 60℃ 이상 상승하면 퇴비 중의 고온성 박테리아 및 방선균조차 모두 사멸한다.

해설
② 퇴비더미의 온도가 떨어지며 분해속도도 지연되는 단계로서 숙성단계라고 하며, 방선균을 중심으로 구성되는 중온성 균들이 관여한다.

12 다음 중 가축분뇨의 퇴비화단계의 초기단계에 대한 설명으로 옳지 않은 것은?

① 중온성 미생물에 의해 폐기물이 분해되어 열이 발생되고 퇴비의 온도가 상승하면 중온성 미생물의 밀도와 분해활동이 급격히 감소하고 고온성 미생물의 농도가 증가한다.
② 퇴비원료 중에 당류, 아미노산, 지방산 등 분해되기 쉬운 물질들이 분해되는 단계로서 부숙온도가 상승한다.
③ 유기물이 분해되면서 퇴비더미 온도가 40℃ 이상으로 상승하면 중온성 균은 사멸되고, 고온성 균이 증식한다.
④ 퇴비화과정에 관여하는 중온성 균은 퇴비원료에 따라 상이하나 일반적으로 토양 중에 존재하는 미생물과 유사한 종류가 많다.

해설
①은 고온단계의 설명이다. 초기단계는 가축분과 수분조절제를 혼합하여 발효가 시작되는 단계로 중온성인 세균과 사상균이 유기물분해에 관여한다.

13 다음 중 가축분뇨의 액비화에 대한 설명으로 옳지 않은 것은?

① 액비(液肥)란 가축분뇨를 액체상태로 발효시켜 만든 비료성분이 있는 물질이다.
② 질소 전량의 최소함유량은 0.1% 이상이어야 한다.
③ 호기성 액비화란 액상의 가축분뇨에 포기를 하지 않고 저장탱크 내에 단순저장하는 방법이다.
④ 액비가 비료로서 경지에 환원되기 위해서는 균일성, 액상화, 저접착력, 무악취, 작물에 대한 피해가 없어야 한다.

해설
③은 혐기성 액비화방법이다.

14 다음 중 가축분뇨의 호기성 액비화방법의 설명으로 옳지 않은 것은?

① 액상의 가축분뇨를 교반하면서 공기를 불어넣어 포기처리하는 방법이다.
② 퇴비화와 같이 호기성 미생물로 유기물을 분해시켜 액비를 제조한다.
③ 필요한 조건으로는 미생물의 영양원, 산소, 온도, 수분 등이 있다.
④ 투자비가 비교적 낮고 저장방법이 용이하다.

해설
④ 호기성 액비화는 투자비가 비교적 높고, 처리 후 저장 시에 동력이 소모된다.

15 다음 중 축산악취에 대한 설명으로 옳지 않은 것은?

① 악취의 주요 물질은 암모니아, 황함유 화합물, 휘발성 지방산, 방향족 화합물 등이 있다.
② 호기성 조건에서는 황화수소, 알코올류, 저급지방산, 파라크레졸 등이 다량 발생한다.
③ 암모니아, 아민, 페놀, 휘발성 지방산, 황화수소, 메르캅탄 등은 수용성 악취이다.
④ 원인은 가축분뇨 내의 유기물들이 미생물에 의해 분해되어 휘발성 물질로 전환되어 냄새가 난다.

해설
②는 혐기성 조건에 해당한다.

16 다음 중 악취방지법상 악취관리지역으로 지정할 수 없는 지역은?

① 국가산업단지
② 일반산업단지
③ 주거단지
④ 농공단지

해설
악취관리지역으로 지정할 수 있는 지역
• 악취와 관련된 민원이 1년 이상 지속되고, 악취가 배출허용기준을 초과하는 지역
• 국가산업단지·일반산업단지·도시첨단산업단지 및 농공단지, 전용공업지역, 일반공업지역으로서 악취와 관련된 민원이 집단적으로 발생하는 지역

CHAPTER 09 동물행동 및 복지

PART 03 가축사양학

01 동물행동

1. 동물행동학의 역사

(1) 찰스 다윈(Charles Darwin, 1809~1882년)

① 수없이 많은 세대를 거쳐 자연은 자연환경에 가장 잘 적응하는 것들을 선택하게 되는데 이를 자연도태(Natural Selection)라고 한다.
② 다윈의 진화론에서 생존경쟁과 자연도태에 의한 적자생존을 주장했다.
③ 약하고 무른 수컷보다는 아주 강한 수컷들이 살아남도록 하여 그들의 특질을 다음 세대까지 전달하도록 해 준다.
④ 모든 종은 진화의 산물이며, 생물학적으로 프로그램된 생존기제행동 몇 가지를 가지고 태어난다.

(2) 콘라트 로렌츠(Konrad Lorenz, 1903~1989년)

① 오스트리아의 동물행동학자이다.
② 동물행동학 및 비교행동학의 창시자로 꼽힌다.
③ 비교동작연구의 입장에서 조류의 행동습성을 연구하여 본능적 행동의 해명에 공헌하였고, 특히 공격성의 견지에서 행동을 관찰하였다.
④ 자연계의 서식지에서 여러 종의 동물들의 행동을 관찰하면서 생존가능성을 증진시키는 행동 패턴을 발견하게 되었다.
⑤ 조류는 태어나서 처음 본 움직이는 물체를 어미로 인식하는 본능(각인)을 갖고 있음을 밝혔다.
⑥ 각인은 어린 동물이 일단 생후 초기의 특정한 시기 동안 어떤 대상에 노출되어 그 뒤를 따르게 되면 그 대상에 애착하게 되는 것을 의미한다.
⑦ 회색 오리들의 각인이란 새끼새가 부화한 직후부터 어미를 따라다니는 행동이다.
⑧ 각인현상은 결정적 시기 동안에 일어난다는 것을 최초로 말한 사람이다.

⑨ 결정적 시기란 어떤 동물이 생후 초기, 어떤 대상에 노출되어 그 뒤를 따르며 애착을 가지게 되는 특정한 시기이다.
⑩ 결정적 시기 이전이나 이후에 대상에 노출되면 애착은 형성되지 않는다.
⑪ 1973년에 카를 폰 프리슈·니콜라스 틴베르헌과 함께 동물행동학에 대한 업적으로 노벨 생리학·의학상을 수상했다.

(3) 카를 폰 프리슈(Karl von Frisch, 1886~1982년)
① 독일의 동물학자로 60여 년에 걸친 연구를 통하여 '꿀벌의 언어'를 규명하였다.
② 벌들 사이의 의사소통에 대한 그의 연구는 곤충들의 화학적·시각적 감각기에 대한 지식을 넓히는 데 크게 기여했다.
③ 물고기들이 색깔과 밝기의 차이를 구별할 수 있음을 밝혔고, 후에 물고기의 청각이 사람보다 뛰어나다는 것도 증명했다.
④ 벌이 다양한 맛과 냄새를 구분하는 데 익숙한 것을 발견했고, 후각이 사람과 비슷한 반면 미각은 그만큼 고도로 발달되지 않았음을 발견했다.
⑤ 벌들이 편광(偏光)을 지각함으로써 태양을 나침반으로 사용한다는 이론을 확립했다.

(4) 니콜라스 틴베르헌(Nikolaas Tinbergen, 1907~1988년)
① 자연환경에서의 동물행동을 연구하여, 특히 동물의 구애행동·사회행동에 관한 본능적 행동 기구의 해명을 목표로 삼았다.
② 특정한 특징이 과장됨으로써 자연적 조건보다 강한 행동을 이끌어내는 초정상 자극을 발견하는 등 행동양식, 발달 및 자극 등에 의한 행동양식의 유도에 관한 연구에 기여하였다.

(5) 존 볼비(John Bowlby)의 애착이론
① 인간행동은 적응환경, 즉 인간행동이 진화한 기본환경을 고려해야만 이해될 수 있다고 주장했다.
② 애착관계는 유아가 태어나서 자신을 돌보는 사람, 특히 어머니와 강한 정서적 유대를 맺게 되는 것으로 동물행동학적 이론을 인간관계(어머니와의 애착관계)에 적용하였다.
③ 볼비는 인생에서 첫 3년이 사회정서발달의 민감한 시기라고 했으며, 만약 이 시기에 기회를 못 가지면 나중에 친밀한 인간관계 형성은 거의 불가능하다고 하였다.
④ 유전인자는 매우 이기적인 구조를 가지고 있으며, 유전적 요인이 사회적 행동에 미치는 영향은 개인적 수준에서가 아니라 문화적 사회적 수준에서 훨씬 더 이해하기 쉽다고 믿었다.

(6) 클린턴 리처드 도킨스(Clinton Richard Dawkins, 1941~)
① 영국의 동물행동학자, 진화생물학자 및 대중과학 저술가이다.
② 진화에 대한 유전자 중심적 관점을 대중화하고 밈이라는 용어를 도입한 1976년 저서 『이기적 유전자』로 널리 알려졌다.
③ 표현형의 효과가 유기체 자신의 신체만이 아니라 다른 유기체들의 신체를 포함한 넓은 환경으로 전달된다는 것을 보여준 저서 『확장된 표현형』으로 진화생물학계에서 폭넓은 인용을 받았다.
④ 저서 『만들어진 신』에서 도킨스는 초자연적 창조자가 거의 확실히 존재하지 않으며, 종교적 신앙은 굳어진 착각에 불과하다고 주장했다.

2. 동물행동의 이해와 활용

(1) 동물행동학 개념
① 동물의 행동을 연구해서 각각의 동물행동이 갖는 의미를 연구하는 학문이다.
② 진화론적 관점에서 동물과 인간의 행동을 연구해서 각각의 행동이 갖는 의미를 탐구하는 학문이다.
③ 유전적 요인과 학습적 요인을 포함한 행동의 진화, 행동의 발생 등을 연구한다.
④ 인간의 진화적, 생물학적 배경에 기초한 행동을 연구하는 학문이다.
⑤ 동물의 행동은 크게 개체 유지행동과 사회행동으로 나눌 수 있다.

(2) 동물행동에서 연구하는 대상
① 동물이 먹이를 찾아내는 방법
② 포식자로부터 피하는 방법
③ 몸을 숨기기 위한 방법
④ 이동방향을 알기 위한 항로결정
⑤ 동물상호 간의 구애행동이나 공격행동
⑥ 그들이 서로 어떻게 의사소통을 하는가에 대한 것 등

3. 개체유지행동

(1) 개 념

① 기본적인 생명유지와 본능적인 생리적 욕구를 충족시키기 위한 행동을 의미한다.
② 개체유지행동에는 먹이나 물을 마시는 행동, 휴식과 수면, 배설, 호신, 몸단장하기, 탐색 등의 행동을 말한다.
③ 개체고유의 행동으로 대부분 각 개체가 독립적으로 행동할 수 있는 것들이다.

(2) 섭식행동

① 섭식행동이란 동물이 입을 통해 먹이를 체내로 주입하는 행동을 의미한다.
② 먹이선택은 주로 감각기관을 이용한다. 즉, 시각 또는 청각을 이용해 먹이에 접근하며, 접근한 후에는 섭식여부를 결정하기 위해 후각이나 미각을 이용한다.
③ 섭식행동은 체내의 혈당량이 감소하면, 이를 시상하부의 포만중추가 감지하여 동물이 배고픔을 느끼면서 시작된다.
④ 초식동물은 먹이는 풍부하나 영양가가 낮아 자주 먹는다.
⑤ 육식동물은 사냥하기가 매우 힘드나 영양가는 높다.
⑥ 섭식행동을 위해 무리를 지어 사냥하는 행동과 단독사냥이 있다.
⑦ 무리를 지어 사냥하는 동물은 동료들 간의 의사소통을 하는 사회적 행동이 발달되어 있다.
⑧ 주변에 포식자를 감지하였을 경우, 무더운 시간이나 강한 비바람 등의 가혹조건에서는 섭식행동을 중단한다.

(3) 배설행동

① 초식동물은 아무데나 자주하고 육식동물은 둥지나 멀리 떨어진 곳에 2~3회 한다.
② 개, 고양이의 배설행동은 성적 이형의 행동 차이가 있다.
③ 마킹행동은 주로 수컷에서 나타나는 배설행동으로 성 성숙에 따라 빈도가 높아진다.
④ 개체 간의 상호 그루밍은 가족이나 무리, 동료 간 친화적 행동이다.

4. 사회행동

(1) 개 념

① 사회행동은 집약적인 군집을 이루고 있는 동물집단에서 일어나는 각종 사회성 행동들에 대한 것들이다.

② 사회행동에는 이성에게 구애를 하기 위한 과시행동과 짝짓기, 무리의 형성, 모성(새끼 양육), 세력권 방어, 놀이, 투쟁 등이 있다.
③ 개체들 간에 발생하는 상호작용과 관련된 행동이다.

(2) 사회적 순위제

① 상대보다 강한 것을 우위, 약한 것을 열위라고 하여 개체들 사이의 강하고 약한 관계를 사회적 순위라고 한다.
② 동물의 무리들 간에는 계급이 형성되어 있어 무리의 우두머리를 정점으로 우열에 의한 복종관계가 형성된다.
③ 사회성이 높은 동물은 불필요한 경쟁이나 마찰을 줄이고 필요한 먹이, 공간 등의 자원을 효과적으로 확보할 수 있게 된다.
④ 순위는 신체적 우위나 공격성 등에 의해서 결정된다.

(3) 적대적 행동

① 개체들 간의 사회적 상호작용을 하는 과정에서 갈등과 마찰이 발생한다.
② 다른 동물이나 개체와의 갈등이나 마찰과 관련되어 나타나는 행동을 적대적 행동이라고 한다.
③ 갈등과 마찰의 유형
　㉠ 영역을 확보하기 위한 세력권 다툼
　㉡ 수컷 간의 번식을 위한 이성을 차지하기 위한 공격
　㉢ 먹이, 물, 공간 등 자원을 획득하기 위한 공격
　㉣ 불안, 공포로부터 벗어나기 위한 공격
　㉤ 새끼의 보호, 포식을 위한 공격 등 생존과 관련되는 공격성
　㉥ 기타 아픔, 학습, 병적인 공격 등이 있다.
　㉦ 동종개체 간 충돌하는 영역과 사례(Webster, 1995)
　　• 공격행동
　　　- 위협과 과시 : 경쟁관계의 수컷, 정보수집행동
　　　- 투쟁 : 수컷들의 하렘(Harem) 유지 및 관리(육상, 해상동물)
　　　- 살생 : 식육성, 맹금류의 형제 죽이기
　　　- 무심히 자행하는 폭행 : 탁우성(닭의 깃털 쪼기), 꼬리 깨물기(돼지)
　　• 비공격적 투쟁 : 먹이다툼(대부분의 동물)
　　• 상호기피 : 영역표시행동(맹수류, 개과 동물 등)

- 상호간섭 : 구유통의 개(자기에게 소용없는 것도 남이 쓰려면 방해하는 행동)
- 상대방 조정 : 뻐꾸기(남의 둥지에 알 낳기), 암컷 바다표범(수컷의 싸움을 부추겨 승자와 교미함)

(4) 친화적 행동

① 동물상호 간에 냄새를 맡고 몸을 기대고, 그루밍하거나 장난치는 행동을 말한다.
② 동물의 새끼 시절에 어미의 그루밍행동에 의한 체표자극은 뇌의 발달에 영향을 준다.
③ 처음 보는 개에게 코와 코를 접근하여 냄새를 맡고, 항문이나 음부의 냄새를 맡는 것은 개의 인사행동이다.

※ **플레멘행동** : 여러 포유류에서 구애행동 초기에 자주 발견되는데, 이는 머리를 쭉 쳐들고 윗입술을 걷어 올리는 독특한 행위를 말한다. 암컷이 배설한 소변을 수컷이 핥고 냄새를 맡는다.

5. 이상행동

(1) 개 념

① 동물들이 본래의 정상범위를 벗어난 행동을 보이는 것을 이상행동이라고 한다.
② 고밀도의 사육환경이나 운동부족 또는 다른 개체들과의 상호작용부족, 심리적·유전적 요인 등이 원인이 된다.
③ 동물의 이상행동으로 가장 잘 알려진 것이 카니발리즘(Cannibalism)이다.
④ 이상행동의 특징은 단조롭고 규칙적이나 무의미한 행동이 대부분이다.

(2) 이상행동의 종류

① **불안** : 공포와 같이 불쾌한 감정적 반응으로 주변환경에 대해 신경이 곤두서는 반응으로 낯설고 알지 못하는 상황에서 일어난다.
   예 애완견이 처음 동물병원에 갔을 때 낯선 곳에 대한 불안감으로 나타나는 이상행동이다.
② **공포** : 동물이 이상행동을 보이는 대표적인 예의 하나로, 이미 인지하고 있는 어떤 대상이나 상황에 의해 일어난다.
   예 애완견이 두 번째 동물병원에 갔을 때 치료과정에서 느낀 고통과 불편 등 공포에서 보이는 이상행동이라 할 수 있다.
③ 기타 과격한 공격, 과도한 짖기, 부적절한 배설, 이물질 섭식, 과도한 성 행동 등이 있다.

02 동물복지

1. 동물복지 개념

(1) 동물복지와 자유

① 동물복지의 정의
  ㉠ 동물에게 가해지는 고통과 스트레스를 최소화하는 것이다.
  ㉡ 동물의 기본적인 욕구가 충족되고 고통이 최소화된 행복한 상태의 유지이다.
  ㉢ 미국수의학협회 : 동물복지란 동물에게 적절한 주거환경의 제공, 관리, 영양제공, 질병예방 및 치료, 책임감 있는 보살핌, 인도적인 취급, 인도적인 안락사(필요시) 등 동물의 복리와 관련한 모든 것을 제공하는 인간의 의무이다.

> **더알아두기**
>
> 동물복지에 관한 저서
> • 솔트(Salt, 1892)
>   - 동물복지에 관하여 최초로 언급하였다.
>   - 동물에게 사료와 안식처를 제공할 뿐만 아니라 불필요한 고통을 제거하는 것도 필요하다고 역설하였다.
> • 피터 싱어(Peter Singer)
>   - 동물복지에 관한 저서로 동물해방을 주장하였다.
>   - 동물에게도 권리가 아닌 동등한 배려를 해야 한다.
>   - 동물은 기쁨과 고통을 느낄 수 있기 때문에 그들의 본능을 존중해 주어야 한다.
>   - 특히 통증과 고통은 그 자체가 나쁜 것이며, 인종이나 성별 또는 동물의 종류와 관계없이 해방되어 최소화되어야 한다.
>   - 인간이 동물을 다루는 모든 분야(농장, 유희사냥 등)에서 그들의 고통을 최소화하는 데 노력해야 한다고 하였다.

② 동물복지의 기본원칙

영국의 농장동물복지위원회가 주장한 산업동물에 있어서의 5가지 자유(Five Freedom)
  ㉠ 배고픔과 갈증으로부터의 자유(질병예방을 위한 신선한 음료와 사료의 급여)
  ㉡ 불안으로부터의 자유(쾌적한 잠자리 및 휴식장소를 제공함으로써 달성)
  ㉢ 통증, 부상 또는 질병으로부터의 자유(신속한 진단과 치료 및 예방을 통하여 달성)
  ㉣ 정상적인 행동표현의 자유(충분한 공간, 적절한 시설의 제공, 동물들 간의 상호작용)
  ㉤ 공포와 고통으로부터의 자유(심리적 고통을 피할 수 있는 여건을 조성)

2. 동물복지 법률과 제도

(1) 동물복지의 역사

① 동물복지 관련 법률과 연혁
㉠ 1822년 우마학대방지법이 영국의회 통과
㉡ 1824년 동물학대방지협회 설립
㉢ 1876년 동물학대방지법 제정(동물보호관련 최초의 법)
㉣ 1880년 생체해부반대협회 설립
㉤ 유럽의회는 1992년 동물실험으로 제조된 제품이나 동물실험을 한 성분을 포함한 제품을 유럽연합(EU) 내 시장판매 금지
㉥ 동물복지운동은 유럽을 중심으로 전개되어 여섯 가지의 협정이 EU에서 비준되고 법제화되었다.
- 1968년 국제수송 중의 동물보호협정
- 1976년 농용가축보호협정
- 1979년 도살에 관한 동물보호협정
- 1979년 야생동물과 생식환경보존협정
- 1986년 실험 및 기타 과학적 목적에 사용되는 동물보호협정
- 1987년 애완동물보호협정 등

② 동물보호협정의 기본원칙
㉠ 사람과 동물은 공존하며 윤리적 존재로서 사람은 동물에 대하여 책임을 가지고 행동할 의무가 있다.
㉡ 생명이란 본질적으로 가치를 가지고 있으며, 어떤 동물도 불필요하게 죽이지 않고, 학대하지 않으며, 불필요한 고통을 주어서는 안 된다.
㉢ 사람이 특정한 동물을 지배하는 경우에는 적절한 환경을 제공할 의무가 있다.

③ 우리나라 동물보호법 제정
㉠ 동물보호법은 최초 1991.5.31. 제정, 1991.7.1. 시행되었다.
㉡ 동물보호법의 전면 개정(11.8.4)에 따라 검역검사본부 고시인 동물복지 축산농장 인증기준 및 인증 등에 관한 세부실시요령을 제정하여 시행하고 있다.
㉢ 2022년 4월 26일 동물보호법의 전부개정(시행 2023.4.27.)에 따라 동물학대 예방, 맹견 관리 강화, 반려동물 영업 관련 제도를 정비하고, 준수사항 위반에 대해 처벌을 강화하는 한편, 반려동물행동지도사 자격제도를 도입하여 시행하고 있다.

(2) 동물보호법

① 목적(법 제1조) : 이 법은 동물의 생명보호, 안전 보장 및 복지 증진을 꾀하고 건전하고 책임 있는 사육문화를 조성함으로써, 생명 존중의 국민 정서를 기르고 사람과 동물의 조화로운 공존에 이바지함을 목적으로 한다.

② 동물보호의 기본원칙(법 제3조)
 ㉠ 동물이 본래의 습성과 신체의 원형을 유지하면서 정상적으로 살 수 있도록 할 것
 ㉡ 동물이 갈증 및 굶주림을 겪거나 영양이 결핍되지 아니하도록 할 것
 ㉢ 동물이 정상적인 행동을 표현할 수 있고, 불편함을 겪지 아니하도록 할 것
 ㉣ 동물이 고통·상해 및 질병으로부터 자유롭도록 할 것
 ㉤ 동물이 공포와 스트레스를 받지 아니하도록 할 것

③ 적정한 사육·관리(법 제9조)
 ㉠ 소유자 등은 동물에게 적합한 사료와 물을 공급하고, 운동·휴식 및 수면이 보장되도록 노력하여야 한다.
 ㉡ 소유자 등은 동물이 질병에 걸리거나 부상당한 경우에는 신속하게 치료하거나 그 밖에 필요한 조치를 하도록 노력하여야 한다.
 ㉢ 소유자 등은 동물을 관리하거나 다른 장소로 옮긴 경우에는 그 동물이 새로운 환경에 적응하는 데에 필요한 조치를 하도록 노력하여야 한다.
 ㉣ ㉠부터 ㉢까지에서 규정한 사항 외에 동물의 적절한 사육·관리방법 등에 관한 사항은 농림축산식품부령으로 정한다.
 ※ 개는 분기마다 1회 이상 구충을 하여야 한다.

④ 동물학대 등의 금지(법 제10조)
 ㉠ 누구든지 동물을 죽이거나 죽음에 이르게 하는 다음의 행위를 하여서는 아니 된다.
  • 목을 매다는 등의 잔인한 방법으로 죽음에 이르게 하는 행위
  • 노상 등 공개된 장소에서 죽이거나 같은 종류의 다른 동물이 보는 앞에서 죽음에 이르게 하는 행위
  • 고의로 사료 또는 물을 주지 아니하는 행위로 인하여 동물을 죽음에 이르게 하는 행위
  • 그 밖에 수의학적 처치의 필요, 동물로 인한 사람의 생명·신체·재산의 피해 등 농림축산식품부령으로 정하는 정당한 사유 없이 죽음에 이르게 하는 행위

> **더 알아두기**
>
> 농림축산식품부령으로 정하는 정당한 사유(시행규칙 제6조 제1항)
> - 사람의 생명·신체에 대한 직접적 위협이나 재산상의 피해를 방지하기 위하여 다른 방법이 없는 경우
> - 허가, 면허 등에 따른 행위를 하는 경우
> - 동물의 처리에 관한 명령, 처분 등을 이행하기 위한 경우

ⓒ 누구든지 동물에 대하여 다음의 행위를 하여서는 아니 된다.
- 도구·약물 등 물리적·화학적 방법을 사용하여 상해를 입히는 행위. 다만, 질병의 예방이나 치료 등 농림축산식품부령으로 정하는 경우는 제외한다.
- 살아 있는 상태에서 동물의 몸을 손상하거나 체액을 채취하거나 체액을 채취하기 위한 장치를 설치하는 행위. 다만, 해당 동물의 질병 예방 및 동물실험 등 농림축산식품부령으로 정하는 경우는 제외한다.

> **더 알아두기**
>
> 농림축산식품부령으로 정하는 경우(시행규칙 제6조 제2항)
> - 질병의 예방이나 치료
> - 동물실험
> - 긴급한 사태가 발생하여 해당 동물을 보호하기 위해 필요한 행위

- 도박·광고·오락·유흥 등의 목적으로 동물에게 상해를 입히는 행위. 다만, 민속경기 등 농림축산식품부령으로 정하는 경우는 제외한다.
- 동물의 몸에 고통을 주거나 상해를 입히는 다음에 해당하는 행위
    - 사람의 생명·신체에 대한 직접적 위협이나 재산상의 피해를 방지하기 위하여 다른 방법이 있음에도 불구하고 동물에게 고통을 주거나 상해를 입히는 행위
    - 동물의 습성 또는 사육환경 등의 부득이한 사유가 없음에도 불구하고 동물을 혹서·혹한 등의 환경에 방치하여 고통을 주거나 상해를 입히는 행위
    - 갈증이나 굶주림의 해소 또는 질병의 예방이나 치료 등의 목적 없이 동물에게 물이나 음식을 강제로 먹여 고통을 주거나 상해를 입히는 행위
    - 동물의 사육·훈련 등을 위하여 필요한 방식이 아님에도 불구하고 다른 동물과 싸우게 하거나 도구를 사용하는 등 잔인한 방식으로 고통을 주거나 상해를 입히는 행위

ⓒ 누구든지 소유자 등이 없이 배회하거나 내버려진 동물 또는 피학대동물 중 소유자 등을 알 수 없는 동물에 대하여 다음의 어느 하나에 해당하는 행위를 하여서는 아니 된다.
- 포획하여 판매하는 행위

- 포획하여 죽이는 행위
- 판매하거나 죽일 목적으로 포획하는 행위
- 소유자 등이 없이 배회하거나 내버려진 동물 또는 피학대동물 중 소유자 등을 알 수 없는 동물임을 알면서 알선·구매하는 행위

㉣ 소유자 등은 다음의 행위를 하여서는 아니 된다.
- 동물을 유기하는 행위
- 반려동물에게 최소한의 사육공간 및 먹이 제공, 적정한 길이의 목줄, 위생·건강 관리를 위한 사항 등 농림축산식품부령으로 정하는 사육·관리 또는 보호의무를 위반하여 상해를 입히거나 질병을 유발하는 행위
- 위의 행위로 인하여 반려동물을 죽음에 이르게 하는 행위

㉤ 누구든지 다음의 행위를 하여서는 아니 된다.
- ㉠부터 ㉣까지(㉣의 동물을 유기하는 행위는 제외)의 규정에 해당하는 행위를 촬영한 사진 또는 영상물을 판매·전시·전달·상영하거나 인터넷에 게재하는 행위. 다만, 동물보호 의식을 고양하기 위한 목적이 표시된 홍보 활동 등 농림축산식품부령으로 정하는 경우에는 그러하지 아니하다.
- 도박을 목적으로 동물을 이용하는 행위 또는 동물을 이용하는 도박을 행할 목적으로 광고·선전하는 행위. 다만, 사행산업통합감독위원회법에 따른 사행산업은 제외한다.
- 도박·시합·복권·오락·유흥·광고 등의 상이나 경품으로 동물을 제공하는 행위
- 영리를 목적으로 동물을 대여하는 행위. 다만, 장애인복지법에 따른 장애인 보조견의 대여 등 농림축산식품부령으로 정하는 경우는 제외한다.

⑤ 동물의 운송(법 제11조 제1항)

동물을 운송하는 자 중 농림축산식품부령으로 정하는 자는 다음의 사항을 준수하여야 한다.

㉠ 운송 중인 동물에게 적합한 사료와 물을 공급하고, 급격한 출발·제동 등으로 충격과 상해를 입지 아니하도록 할 것
㉡ 동물을 운송하는 차량은 동물이 운송 중에 상해를 입지 아니하고, 급격한 체온변화, 호흡곤란 등으로 인한 고통을 최소화할 수 있는 구조로 되어 있을 것
㉢ 병든 동물, 어린 동물 또는 임신 중이거나 포유중인 새끼가 딸린 동물을 운송할 때에는 함께 운송 중인 다른 동물에 의하여 상해를 입지 아니하도록 칸막이의 설치 등 필요한 조치를 할 것
㉣ 동물을 싣고 내리는 과정에서 동물이 들어 있는 운송용 우리를 던지거나 떨어뜨려서 동물을 다치게 하는 행위를 하지 아니할 것
㉤ 운송을 위하여 전기(電氣) 몰이도구를 사용하지 아니할 것

⑥ 동물복지축산농장의 인증(법 제59조)
　㉠ 농림축산식품부장관은 동물복지 증진에 이바지하기 위하여 축산물 위생관리법에 따른 가축으로서 농림축산식품부령으로 정하는 동물(이하 '농장동물')이 본래의 습성 등을 유지하면서 정상적으로 살 수 있도록 관리하는 축산농장을 동물복지축산농장으로 인증할 수 있다.
　㉡ ㉠에 따른 인증을 받으려는 자는 지정된 인증기관(이하 '인증기관')에 농림축산식품부령으로 정하는 서류를 갖추어 인증을 신청하여야 한다.
　㉢ 인증기관은 인증 신청을 받은 경우 농림축산식품부령으로 정하는 인증기준에 따라 심사한 후 그 기준에 맞는 경우에는 인증하여 주어야 한다.
　㉣ ㉢에 따른 인증의 유효기간은 인증을 받은 날부터 3년으로 한다.
　㉤ ㉢에 따라 인증을 받은 동물복지축산농장(이하 '인증농장')의 경영자는 그 인증을 유지하려면 ㉣에 따른 유효기간이 끝나기 2개월 전까지 인증기관에 갱신 신청을 하여야 한다.
　㉥ ㉢에 따른 인증 또는 ㉤에 따른 인증갱신에 대한 심사결과에 이의가 있는 자는 인증기관에 재심사를 요청할 수 있다.
　㉦ ㉥에 따른 재심사 신청을 받은 인증기관은 농림축산식품부령으로 정하는 바에 따라 재심사 여부 및 그 결과를 신청자에게 통보하여야 한다.
　㉧ 인증농장의 인증 절차 및 인증의 갱신, 재심사 등에 관한 사항은 농림축산식품부령으로 정한다.

01 콘라트 로렌츠(Konrad Lorenz)의 각인에 대한 설명으로 옳지 않은 것은?

① 조류는 태어나서 처음 본 움직이는 물체를 어미로 인식하는 본능(각인)을 갖고 있음을 밝혔다.
② 회색오리들의 각인이란 새끼새가 부화한 직후부터 어미를 따라 다니는 행동이다.
③ 각인현상은 결정적 시기 동안에 일어난다는 것을 최초로 말한 사람이다.
④ 결정적 시기 이전이나 이후에 대상에 노출되면 애착은 형성된다.

해설
결정적 시기란 어떤 동물이 생후 초기, 어떤 대상에 노출되어 그 뒤를 따르며 애착을 가지게 되는 특정한 시기이다. 따라서 결정적 시기 이전이나 이후에 대상에 노출되면 애착은 형성되지 않는다.

02 동물의 개체유지행동을 위한 섭식행동의 설명으로 옳지 않은 것은?

① 섭식행동을 위해 무리를 지어 사냥하는 행동과 단독사냥이 있다.
② 먹이선택은 주로 촉각을 이용한다.
③ 초식동물은 먹이는 풍부하나 영양가가 낮아 항상 먹고 있다.
④ 무리를 지어 사냥하는 동물은 동료들 간의 의사소통을 하는 사회적 행동이 발달되어 있다.

해설
먹이선택은 주로 감각기관을 이용한다. 즉, 시각 또는 청각을 이용해 먹이에 접근하며, 접근한 후에는 섭식여부를 결정하기 위해 후각이나 미각을 이용한다.

03 우리나라 동물보호법이 최초로 제정된 연도는?

① 1991년 ② 1997년
③ 2008년 ④ 2007년

해설
최초 동물보호법은 1991년 5월 31일 제정, 1991년 7월 1일에 시행되었다.

정답 1 ④ 2 ② 3 ①

04 영국의 농장동물복지위원회가 주장한 산업동물에 있어서의 5가지 자유(Five Freedom)에 해당되지 않는 것은?

① 학대를 받지 않을 자유
② 배고픔과 갈증으로부터의 자유
③ 불안으로부터의 자유
④ 정상적인 행동표현의 자유

해설

동물이 누려야 할 5가지 자유
- 배고픔과 갈증으로부터의 자유
- 불안으로부터의 자유
- 통증, 부상 또는 질병으로부터의 자유
- 정상적인 행동표현의 자유
- 공포와 고통으로부터의 자유

05 동물복지축산농장 인증기관은?

① 농림축산식품부장관
② 축산과학원장
③ 시·도지사
④ 국립축산물품질관리원장

해설

동물복지축산농장의 인증(동물보호법 제59조 제1항)
농림축산식품부장관은 동물복지증진에 이바지하기 위하여 농림축산식품부령으로 정하는 동물이 본래의 습성 등을 유지하면서 정상적으로 살 수 있도록 관리하는 축산농장을 동물복지축산농장으로 인증할 수 있다.

06 동물보호법상 적정한 사육·관리에 대한 설명으로 옳지 않은 것은?

① 적합한 사료급여와 급수, 운동, 휴식 및 수면 보장
② 질병 및 부상동물의 안락사
③ 동물이 새로운 환경에 적응하는 데 필요한 조치
④ 유기방지, 외출 시 안전조치 및 예방접종 등

해설

적정한 사육·관리(법 제9조 제2항)
소유자 등은 동물이 질병에 걸리거나 부상당한 경우에는 신속하게 치료하거나 그 밖에 필요한 조치를 하도록 노력하여야 한다.

07 동물보호법상 동물학대 금지에 해당하지 않는 경우는?

① 포획하여 판매하거나 죽이는 행위
② 보호조치의 대상이 되는 동물임을 알면서 알선·구매하는 행위
③ 도구·약물을 사용하여 질병의 예방이나 치료하는 행위
④ 동물을 유기(遺棄)하는 행위

해설

동물학대 등의 금지(법 제10조 제2항 제1호)
도구·약물 등 물리적·화학적 방법을 사용하여 상해를 입히는 행위. 다만, 해당 동물의 질병 예방이나 치료 등 농림축산식품부령으로 정하는 경우는 제외한다.

정답 4 ① 5 ① 6 ② 7 ③

08 동물보호법상 동물학대 금지에 해당하지 않는 경우는?

① 목을 매다는 등의 잔인한 방법으로 죽이는 행위
② 동물실험을 하기 위해 죽이는 행위
③ 도구·약물을 사용하여 상해를 입히는 행위
④ 살아 있는 상태에서 신체를 손상하거나 체액을 채취하는 행위

해설

학대행위로 보지 않는 경우(시행규칙 제6조 제2항)
1. 질병의 예방이나 치료를 위한 행위인 경우
2. 법에 따라 실시하는 동물실험인 경우
3. 긴급한 사태가 발생하여 해당 동물을 보호하기 위해 필요한 행위

09 동물보호법상 동물운송에 대한 설명으로 옳지 않은 것은?

① 운송 중인 동물에게 적절한 사료와 물을 공급할 것
② 급격한 출발·제동 등으로 충격과 상해를 입지 아니하도록 할 것
③ 사용차량은 동물의 고통을 최소화할 수 있는 구조
④ 병든 동물(환축), 어린 동물 및 임신한 동물 운송 시 칸막이를 설치하지 말 것

해설

동물의 운송(법 제11조 제1항 제3호)
병든 동물, 어린 동물 또는 임신 중이거나 포유중인 새끼가 딸린 동물을 운송할 때에는 함께 운송 중인 다른 동물에 의하여 상해를 입지 아니하도록 칸막이의 설치 등 필요한 조치를 할 것

정답 8 ② 9 ④

PART 04

사료작물학 및 초지학

CHAPTER 01	목초의 분류와 특성
CHAPTER 02	초지조성
CHAPTER 03	초지의 관리 및 이용
CHAPTER 04	사료작물 재배
CHAPTER 05	사료작물의 이용

합격의 공식 시대에듀
www.sdedu.co.kr

CHAPTER 01 목초의 분류와 특성

PART 04 사료작물학 및 초지학

01 목초의 분류

1. 형태에 의한 분류

(1) 사료작물의 형태에 의한 분류

① 눈으로 비교해 보고 식별하는 분류방법으로 가장 널리 이용된다.
② 화본과와 두과가 사료작물의 거의 대부분을 차지하고 있다.

형태상의 분류	사료작물의 종류
벼과(화본과)	일반 벼과 목초류, 화곡류(Cereals), 잡곡류, 피, 레드톱, 오처드그라스, 이탈리안라이그래스, 티머시, 톨페스큐 등
콩과(두과)	클로버류(레드클로버, 화이트클로버), 베치류(커먼베치, 헤어리베치 등), 콩류, 알팔파류, 자운영, 버즈풋트레포일, 매듭풀 등
십자화과(十字花科)	유채, 무, 배추, 갓, 순무 등
국화과	해바라기, 돼지감자
기 타	고구마 줄기 등

[두과 녹비작물의 종류]

일년생 하계 녹비작물	작물의 윤작 및 다년생 작물생산을 위한 토양개량의 목적으로 재배되며 스위트클로버, 세스바니아, 네마황, 네마장황, 야생콩 등
일년생 동계 녹비작물	늦여름 또는 가을에 파종되어 다음해 봄에 주작물을 파종하기 전에 비료로 이용하는 작물로 크림슨클로버, 서브클로버, 커먼베치(잠두), 헤어리베치, 오리포드베치, 퍼플베치, 자운영, 루핀, 알팔파 등
다년생 녹비작물	주로 피복작물로써 곡물과 동시에 재배되기도 하며, 버즈풋트레포일, 화이트클로버 등

(2) 사료작물의 대표적인 화본과와 두과의 비교

구 분	벼과(화본과)	두과(콩과)
떡 잎	1장	2장
잎	• 나란히맥(평행맥), 주로 홑엽(단엽) • 각 마디에서 착생하고 줄기 위에 2열로 어긋나게 남 • 잎몸, 잎혀, 잎귀, 잎집으로 구성	• 그물맥(망상맥), 2~3 또는 다수의 복합엽으로 구성 • 턱잎, 잎자루, 작은 잎자루, 작은 잎(小葉)으로 구성
줄 기	둥글고 뚜렷한 마디, 속이 비어 있음	마디가 뚜렷하지 않고, 속이 차 있는 경우가 많음
뿌 리	수염뿌리	곧은 뿌리, 뿌리혹박테리아가 있음
관다발	흩어져 있음	둥글게 모여 있음
꽃차례	• 꽃잎은 3의 배수 • 수상, 원추, 총상 꽃차례 중의 하나 • 수술(1~3), 암술(2), 인피(2), 외영과 내영 • 열매는 씨방벽에 융합되어 있는 하나의 종자	• 꽃잎은 4~5의 배수 • 기판 1, 익판 2, 용골판 2, 5장의 나비형 • 10개의 수술(9개 융합 1개 유리), 1개의 암술 • 등과 배의 봉합선을 따라 갈라지는 꼬투리 • 종자는 배젖이 없고 양분은 떡잎에 저장
일반특성	• 기호성과 탄수화물 영양가가 높다. • 방목과 채초에 견디는 힘이 강하다. • 가장 많이 분포되고 생육한다. • 방석형(지하경과 포복경)과 다발형이 있다. • 저장양분은 줄기 기부에 저장 • 분얼경(Tiller)이 발달되어 있다.	• 기호성과 영양가(단백질)가 높다. • 건초용으로 알맞다. • 공중질소고정으로 토양비옥도를 증진한다. • 저장양분은 관부(Crown)와 뿌리에 저장 • 녹비작물 또는 간작작물(Cover Crop)로 활용

2. 생존연한에 의한 분류

(1) 분 류

① 1년생 : 콩, 옥수수, 연맥(월동이 불가능한 경우), 수단그라스류, 수수, 진주조(Pearl Millet), 피, 매듭풀, Teosinte, Triticale 등

② 월년생 : 크림슨클로버, 버클로버, 베치, 이탈리안라이그래스, 호맥(Rye), 연맥(Oat, 월동이 가능한 경우), 보리, 귀리, 유채, 자운영 등

③ 2년생 : 레드클로버, 스위트클로버, 알사이크클로버, 커먼라이그래스 등

④ 다년생 : 알팔파, 화이트클로버, 버즈풋트레포일, 오처드그라스, 티머시, 톨페스큐, 리드카나리그래스, 퍼레니얼라이그래스, 켄터키블루그래스, 레드톱, 스무드브롬그래스, 라디노클로버 등

(2) 주요 작물

① 레드클로버(Red Clover) : 혼파초지 또는 목장의 울타리 주변, 도로경사면 등에서 흔히 볼 수 있고, 직립형 이년생 콩과로 목초의 잎은 긴 달걀형이며, 잎의 뒷면과 줄기에는 많은 털이 있고, 잎 중앙에 V형 무늬가 있는 경우가 많다.

② **화이트클로버(White Clover)** : 원산지는 유럽이며, 다년생초로 콩과 목초이다. 산성에 강하고 튼튼하며 재생력이 강하고, 길섶에서 흔히 볼 수 있는 풀이다.
③ **오처드그라스(Orchardgrass)** : 원산지는 유럽이며, 화본과 목초이다. 다년생이고 키는 60~100cm 건조지, 습지, 나무그늘 등에서도 잘 자라며, 풋베기용과 방목지용으로 알맞다. 조생종이고 수확 후 재생이 빠르다. 우리나라에서 가장 많이 재배 및 이용되고 있다.
④ **귀리** : 잎이 많아 풋베기용으로 적당하고, 생초로서 이용기간이 길며, 빅토리아 1호, 백색베루샴종 등이 있다.
⑤ **옥수수** : 수확량은 많으나 만숙이어서 북쪽지방에서는 채종이 잘되지 않고 탄수화물은 많으나 단백질함량이 적어 풋베기 콩과 3 : 1로 혼작 또는 간작한다. 황색 마치종과 백색 마치종이 있다.
⑥ **순무** : 생육기간이 짧고 수분이 많으며, Common Turnip과 Rutabaga 두 가지가 있다. 겨울철 다즙사료로 중요하다.
⑦ **풋베기콩** : 생육이 빠르고 응달에서도 잘 자라며, 보리, 고구마, 풋베기옥수수, 뽕나무, 과수 등의 간작과 풋베기옥수수와의 혼작에 적합하다.
⑧ **티머시(Timothy)** : 유럽 북부아시아가 원산지로 다년생 화본과 목초이며, 내한성은 강하나 뿌리가 짧아 건조에 약하다. 키는 70~100cm 꽃이 핀 후 곧 대가 단단해지므로 수확시기에 주의하여야 한다.
⑨ **이탈리안라이그래스(Italian Ryegrass)** : 이탈리아가 원산지로 내한성이 강하고, 생초 이용기간이 길다. 조생종이므로 이른 봄부터 생육하기 시작한다.
⑩ **레드톱(Red Top)** : 다년생 화본과 목초로 잎이 가늘고 줄기는 원형이며, 내한성은 강하나 습한 토양에서는 생육이 불량하다.
⑪ **수단그라스(Sudan Grass)** : 화본과 목초이며, 이집트가 원산이다. 따뜻한 기후를 좋아하고 분주력이 강하며 재생력이 강한 우수한 목초로 산성토양과 서리에 약하다.
⑫ **알팔파(Alfalfa)** : 중앙아시아가 원산지로 다년생 콩과 목초이다. 심근성이며, 산성에 약하고, 목초의 왕이라 일컫는다. 줄기에는 단백질, 석회분, 비타민 A 등의 함량이 많고 건초분말은 사료로 쓰며 1년에 3회 수확한다.
⑬ **베치류** : 콩과 목초로 내한성이 극히 강하고 습지를 싫어하며, 커먼베치와 헤어리베치 두 가지가 있다.

3. 이용형태에 의한 분류

(1) 청예용
① 키가 크고, 수량이 많은 작물로 낙농지대에서 생초를 가공하지 않은 상태로 이용된다.
② 종류 : 수단그라스, 수단그라스×수수교잡종, 호밀, 귀리, 유채, 연맥, 이탈리안라이그래스 등

(2) 방목용
① 하번초로 키가 작고 줄기가 초지 위에 포복하며, 재상능력이 우수하다.
  ※ **하번초** : 키가 작고 잎줄기가 아래쪽에 많은 것
② 종류 : 켄터키블루그래스, 퍼레니얼라이그래스, 오처드그라스, 톨페스큐, 화이트클로버 등

(3) 건초용
① 수량이 많고 환경적응성, 기호성이 좋은 상번초로 사료가치가 높은 초종이다.
  ※ **상번초** : 키가 크고 잎줄기가 위쪽에 무성한 것
② 종류 : 오처드그라스, 티머시, 톨페스큐, 알팔파, 레드클로버 등

(4) 사일리지용
① 사일리지는 전분함량이 높고 유산균에 의한 발효가 잘되어 충분한 젖산을 생산할 수 있다.
② 사일리지용 사료작물은 재배, 이용목적상 당분함량과 수량이 많은 것을 우선적으로 선택하여야 한다.
③ 종류 : 옥수수, 목초, 호밀 등

(5) 총체용
① 줄기와 이삭을 총체적으로 이용한다는 의미로 유숙, 황숙기에 베어 곤포사일리지로 저장하여 TMR(완전배합사료)로 이용된다.
② 종류 : 벼, 보리 등

[이용목적에 따른 사료작물의 분류]

구 분	화본과	두 과
청예용	수수, 수단그라스, 피, 귀리, 호밀	-
방목용	켄터키블루그래스, 퍼레니얼라이그래스, 오처드그라스, 톨페스큐	화이트클로버, 라디노클로버, 버즈풋트레포일
건초용	오처드그라스, 이탈리안라이그래스, 티머시, 브롬그래스	버즈풋트레포일, 레드클로버, 알팔파
사일리지	옥수수, 호밀, 보리, 벼	-
총체용	보리, 벼	-

4. 식물학적 분류 등

(1) 식물학적 분류법의 특징

① 하나뿐인 유일한 이름이다.
② 전 세계가 공통으로 사용하며 속명의 첫 글자는 대문자로, 종명은 소문자로 쓴다.
③ 이명법(二命法)에 따르면 첫째 부분이 속명(Genus)이고, 둘째 부분이 종명(Species)이다.
④ 다른 단어와 구별하기 위하여 속명과 종명은 이탤릭체로 쓴다.
⑤ 식물에 대한 최초의 분류는 칼 린네(Carl Linnaeus)에 의해 창안되었다.
⑥ 오늘날 식물의 분류는 라틴어를 쓰고 있다.
⑦ 모든 사료작물은 식물계(Kingdom)로부터 시작해서 품종(Variety)에까지 이르고 있다.
⑧ 식물상호 간의 관계에 대한 지식의 발전과 더불어 변화한다. 즉, 명칭은 바뀔 수 있다.
⑨ 계통은 기본적으로 상위로부터 문 > 강 > 목 > 과 > 속 > 종의 6계급으로 나눈다.
⑩ 기본단위인 종은 아종, 변종, 품종으로 세분된다.

(2) 화본과 작물

① 기장아과(Panicoidea)
 ㉠ 기장족(Paniceae) : 판골라그래스(Pangolagrass), 달리스그래스(Dallisgrass), 피, 기장, 조 등
 ㉡ 쇠풀족(Andropogoneae) : 수수, 수단그래스, 억새, 개억새 등
 ㉢ 옥수수족(Maydeae) : 옥수수, 염주, 율무

> **더 알아두기**
>
> **C₄식물**
> 사탕수수나 옥수수와 같은 일부 열대식물은 CO_2가 고정되어 생성되는 최초의 산물이 PGA가 아니라 옥살아세트산이나 아스파르트산, 말산과 같은 4탄소화합물이다. 이처럼 CO_2고정의 최초 산물이 4탄소화합물인 식물은 C_4식물이라고 한다.

② 포아풀아과(Poacoideae)
 ㉠ 김의털족(Festuceae) : 톨페스큐, 스무드브롬그래스, 켄터키블루그래스, 퍼레니얼라이그래스, 이탈리안라이그래스 등
 ㉡ 보리족(Hordeae) : 보리, 밀, 호밀 등
 ㉢ 귀리족(Aveneae) : 귀리 등
 ㉣ 갈풀족(Phalarideae) : 리드카나리그래스 등

ⓜ 겨이삭족(Agrostideae) : 레드톱, 티머시
③ 그령아과(Eragrostoidea) : 우리나라에서는 중요치 않은 C_4작물
　㉠ 그령족 : 위핑러브그라스 등
　㉡ 왕바랭이족 : 버뮤다그래스 등
　㉢ 잔디족 : 잔디

[주요 화본과 작물의 분류]

아 과	족	속	주요 사료작물
기장아과	쇠풀족	수 수	수단그라스
	옥수수족	옥수수	옥수수
포아풀아과	김의털족	포아풀속	켄터키블루그라스
		김의털속	톨페스큐
		오리새속	오처드그라스
	보리족	보 리	보 리
		호 밀	호 밀
	귀리족	귀 리	귀 리
	겨이삭족	산조아재비	티머시
그령아과	잔디족	잔 디	잔 디
	새 족	갈 대	갈 대

(3) 두과 작물

① 3개의 아과가 있으나 온대지방에서는 콩아과가 재배되며, 7개의 주요 족으로 분류된다.
② 두과작물은 종실이 꼬투리를 만들고, 나비모양의 꽃(접형화관)을 피우는 쌍자엽식물이다.
③ 뿌리에는 근류균이 있어 공중질소를 고정한다.
④ 주요 두과 작물의 분류

아 과	족	속	주요 사료작물
콩아과	팥 족	콩 속	대 두
	토끼풀족	전동싸리	스위트클로버
		개자리속	알팔파
		토끼풀속	화이트클로버
	루핀족	루핀속	화이트루핀
	자운영족	자운영속	자운영
	나도황기족	싸리속	코리안레스페데자
	벌노랭이족	벌노랭이속	벌노랭이
	나비나물족	완두속	커먼베치

[기타 주요 사료작물의 분류]

과	속	주요 사료작물
배추과	브라시카속	사료용 순무, 유채
명아주과	비트속	사료용 비트
박 과	호박속	사료용 호박
국화과	해바라기속	해바라기
미나리과	섬바디속	섬바디

(4) 주요 사초의 보통명과 학명

구 분	보통명	속 명	종 명
두과 목초	라디노클로버(Ladino Clover) 레드클로버(Red Clover) 버즈풋트레포일(Bird's foot Trefoil) 알팔파(Alfalfa) 콩(Soy Bean) 화이트클로버(White Clover)	*Trifolium* *Trifolium* *Lotus* *Medicago* *Glycine* *Trifolium*	*repens* *pratense* *corniculatus* *sativa* *max* *repens*
화본과 목초	브롬그래스(Brome Grass) 오처드그래스(Orchard Grass) 이탈리안라이그래스(Italian Ryegrass) 퍼레니얼라이그래스(Perennial Ryegrass) 켄터키블루그래스(Kentucky Bluegrass) 톨페스큐(Tall Fescue) 티머시(Timothy)	*Bromus* *Dactylis* *Lolium* *Lolium* *Poa* *Festuca* *Phleum*	*inermis* *glomerata* *multiflorum* *perenne.* *pratensis* *arundinacea* *pratense.*
청예용 사료작물	수수(Sorghum) 옥수수(Corn) 호밀(Rye)	*Sorghum* *Zea* *Secale*	*bicolor* *mays* *cereale*

5. 적응성에 의한 분류

[기타 주요 사료작물의 분류]

산성토양에 매우 강한 작물	루핀, 호밀, 리드카나리그라스
산성토양에 강한 작물	티머시, 알사이크클로버, 크림슨클로버, 메밀, 옥수수, 완두, 밀, 조, 고구마, 피
산성토양에 약한 작물	알팔파, 오리새, 레드클로버, 스위트클로버, 화이트클로버, 보하라클로버, 자운영, 콩, 완두, 보리
염기에 강한 작물	버뮤다그래스, 로즈그라스, 라이그래스, 웨스턴휘트그래스, 톨휘트그래스(Tall Wheatgrass)
염기에 중간 정도 적응하는 작물	보리, 귀리, 호밀, 스위트클로버, 스트로베리클로버, 수단그라스, 사료용 화곡류
염기에 감수성이 있는 작물	콩, 레드클로버, 화이트클로버

> **더 알아두기**
>
> **자운영(Chinese Milk Vetch)**
> - 꽃은 자홍색, 잎은 깃털모양의 복합엽인 월년생 콩과 사료작물로 내한성이 낮다.
> - 주로 남부지방에서 논에서 토양개량(연작장애 감소, 녹비작물 등)용으로도 이용된다.

6. 기상생태적 분류

(1) 한지형 사료작물의 특징

① 우리나라 재배목초의 대부분이다.
② 북방형 사료작물이다(저온에 강하고 고온에 약함).
③ 성장이 5~6월에 최고에 달한다.
④ 고온에 의한 생육장애로 하고현상이 나타난다(가을에 다시 생육재개).
⑤ 15~21℃의 기온에서 잘 자란다(25℃ 이상에서 생육 불량).
⑥ 오처드그라스, 티머시, 톨페스큐 등이 있다.

[한지형 사료작물과 난지형 사료작물]

구 분	생존기간	화본과	콩 과
한지형	영년생	오처드그라스, 티머시, 톨페스큐, 메도페스큐, 켄터키블루그라스, 레드톱, 스무드브롬그라스, 리드카나리그라스, 퍼레니얼라이그라스, 크리핑벤트그라스	화이트클로버, 라디노클로버, 레드클로버, 알사이크클로버, 알팔파, 스위트클로버, 버드풋트레포일
	월년생	이탈리안라이그라스, 호밀, 귀리, 밀, 보리	크림슨클로버, 서브트레니언클로버, 커먼베치, 헤어리베치, 자운영, 루핀
난지형	영년생	버뮤다그라스, 달리스그라스, 존슨그라스, 판골라그라스, 로즈그라스, 위핑러브그라스, 잔디	칡, 세리시아레스페데자
	일년생	기장, 조, 옥수수, 수수, 수단그라스	코리안레스페데자, 커먼레스페데자, 콩, 완두 등

(2) 난지형 사료작물의 특징

① 화본과·다년생(영년생) : 버뮤다그라스, 달리스그라스, 바히아그라스, 위핑러브그래스, 잔디
② 화본과·1년생 : 수단그라스, 수수, 기장, 조, 옥수수
③ 두과·다년생 : 칡
④ 두과·1년생 : 코리안레스페데자, 대두, 완두, 잠두

7. 기타 분류

(1) 주형과 포복형

① 주형 : 다발형태이며 상번초
  예 오처드그라스, 크림슨클로버
② 포복형 : 지표에 기어 뿌리 발생
  예 켄터키블루그래스, 화이트클로버

(2) 상번초와 하번초의 분류

① 목초 중 상번초와 하번초를 혼작하면 공간을 충분히 이용하여 단위면적당 수량이 많아진다.
② 상번초는 건초용으로 재배되고 수량이 많으며, 기호성이 좋다.
  ㉠ 상번초 : 오처드그라스, 티머시, 톨페스큐, 이탈리안라이그래스, 레드클로버, 알팔파, 리드카나리그라스, 스무드브롬그래스, 메도페스큐, 메도폭스테일, 톨오트그래스 등
  ㉡ 하번초 : 레드페스큐, 켄터키블루그래스, 퍼레니얼라이그래스, 화이트클로버, 화이트벤트그래스, 크레스티드 폭스테일, 거친줄기 메도그래스, 옐로오트그래스, 버즈풋트레포일 등

02 목초의 형태적 특성

1. 화본과 목초의 형태적 특성

(1) 화본과 목초의 일반적 특징

① 근계(뿌리)는 섬유모양의 수염뿌리로 되어 있다.
② 잎은 평형맥으로 되어 있으며, 줄기 위에 어긋나게 2열로 각 마디에 하나씩 나 있다.
③ 지면과 접하는 부위에서 곁눈(Tiller)이 생긴다.
④ 줄기는 대체로 속이 비어 있고, 둥글며 뚜렷한 마디를 가지고 있 다.
⑤ 잎은 잎집, 잎몸, 잎혀, 잎귀로 구성되어 있다.
⑥ 열매는 씨방벽에 융합되어 있는 하나의 종자를 가지고 있다.
⑦ 일반적으로 하나의 수상꽃차례, 원추꽃차례 또는 총상꽃차례로 되어 있다.

(2) 뿌리의 형태
① 1차근(종자근) : 종자가 발아된 직후에 발달하고 퇴화한다.
② 2차근(영구근, 부정근) : 지표면을 향하여 발아된 종자로부터 기부가 신장하게 되며, 여기서 2차근이 발생하게 된다.
③ 다발형 : 오처드그라스, 톨페스큐, 티머시, 퍼레니얼라이그래스
④ 방석형 : 리드카나리그라스(Reed Canarygrass)

(3) 분얼 줄기형태
① 지하경 : 켄터키블루그래스, 리드카나리그라스
　※ **지하경** : 수평으로 신장하는 땅속줄기를 의미
② 포복경 : 버뮤다그래스, 화이트클로버
　※ **포복경** : 지상에 나와 수평으로 기어가는 줄기를 의미
③ 인경(비늘줄기, 지하눈) : 티머시
　※ **종자에 의해서만 번식하는 목초** : 오처드그라스

(4) 화본과 목초의 잎의 형태
① 외떡잎식물로 대부분 초본(草本)이며, 대나무와 같은 목본(木本)도 있다.
② 잎은 좁고 나란히맥(平行脈)이며, 잎자루는 원대를 둘러싸는 잎집으로 되지만 양쪽 가장자리가 합쳐지지 않고 위 끝에는 잎혀(葉舌)가 있다.
③ 작은 이삭(小穗)은 1개 또는 다수의 작은 꽃으로 되며 원추꽃차례 또는 수상꽃차례에 달린다.
④ 꽃잎은 인피(鱗被)로 퇴화되었고, 암술머리는 솔처럼 발달하였으며, 수술은 보통 3개, 암술은 1개이다.

(5) 화본과 목초의 분얼
① 온도가 높아지면 많아진다.
② 영양생장기에 많다.
③ 영양생장기 마지막에 최대에 달한다.
④ 여름과 가을을 거치면서 감소한다.

2. 두과(荳科) 목초의 형태적 특성

(1) 두과(콩과) 사료작물의 형태적 특징

① 뿌리는 직근성이며, 주근과 지근이 잘 분화되면서 땅속으로 뻗는다.
② 잎은 줄기에 어긋나게 붙어 있고 엽병에 붙어 있는 잎은 3개의 소엽으로 되어 있다.
③ 화서는 총상화서, 두상화서 등이 있다.
④ 잇몸의 엽맥은 그물모양이다.
⑤ 두과 목초의 뿌리에는 근류균이 생육한다.
⑥ 두과 목초는 화본과 목초에 비해 조단백질, 칼슘함량이 높다.
⑦ 일반적으로 두과목초는 화본과 목초에 비해 낮은 산도에서도 잘 생육한다.
⑧ 질소시비량 부족 시 화본과 목초보다 두과 목초의 생육이 미약하다.

(2) 두과 목초 줄기

① **포복형** : 라디노클로버, 화이트클로버 등
② **직립형** : 알팔파, 레드클로버 등
③ **덩굴형** : 완두, 잠두 등

(3) 두과 목초의 잎·꽃의 특징

① 쌍떡잎식물, 잎은 대부분 어긋나고 겹잎이며, 대부분 턱잎이 있다.
② 꽃은 대개 양성화이고, 총상꽃차례를 이룬다.
③ 꽃받침은 통모양으로 끝이 5개로 갈라진다.
④ 수술은 대개 10개이고, 서로 붙어 있거나 떨어져 있다.
⑤ 암술은 1개이고, 1개의 심피로 구성되며, 씨방은 상위(上位)이고 1실이다.

03 목초의 식별

1. 화본과 목초의 식별

(1) 화본과 잎의 형태

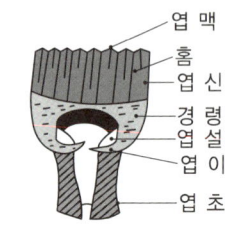

[화본과 목초 잎의 형태]

(2) 화분과 목초의 꽃차례

수상화서	총상화서	원추화서

① 수상화서
  ㉠ 보리나 밀과 같이 꽃차례의 기본단위인 소수들이 이삭축 위에 직접 달려 있는 꽃차례
  ㉡ 퍼레니얼라이그래스, 이탈리안라이그래스, 밀, 보리, 호밀 등
② 총상화서
  ㉠ 소수(Spikelets)가 이삭축에서 나온 1차 지경에 붙어 있는 꽃차례
  ㉡ 버뮤다그래스, 크래브그래스, 바히아그래스, 달리스그래스 등
③ 원추화서
  ㉠ 소수가 이삭축에서 나온 1차 지경에 붙어 있는 꽃차례
  ㉡ 오처드그라스, 톨페스큐, 켄터키블루그래스, 브롬그래스, 티머시, 귀리 등

> **더알아두기**
>
> **이탈리안라이그래스와 퍼레니얼라이그래스의 식별**
> - 이탈리안라이그래스는 줄기가 원통형이나 퍼레니얼라이그래스는 약간 편평하다.
> - 두 초종 모두 화서의 종류는 수상화서이다.
> - 이탈리안라이그래스의 뿌리는 가지가 많고 빽빽하며 수염모양의 영구형 다발로 되어 있다.
> - 퍼레니얼라이그래스의 잎은 짧은 편으로 끝이 뾰족하며 진한 녹색이고 광택이 난다.
> - 초장은 이탈리안라이그래스가 길다.
> - 식물체형은 이탈리안라이그래스가 대형이다.
> - 이탈리안라이그래스는 까끄라기(까락)가 있다.

2. 두과 목초의 식별

(1) 두과(콩과) 목초의 특징

① 두과는 꼬투리의 모습에서 유래한다.
② 유식물의 발달형태에 따라 지상자엽형(알팔파, 레드클로버), 지하자엽형(완두, 베치) 등이 있다.
③ 뿌리는 직근성이고 주근과 지근이 분화되면서 땅속으로 뻗는다(심근성, 천근성이 있다).
④ 알팔파가 대표적인 심근성 두과에 속한다.
⑤ 화이트클로버는 천근성으로 포복경을 내면서 퍼진다.
⑥ 두과 작물 뿌리의 특징은 근류균의 형성이다.
⑦ 두과 작물은 주요 단백질공급원이다.
⑧ 잎은 줄기에 호생으로 붙어 있고, 잎맥은 그물모양이다.
⑨ 두과 목초는 포복형(라디노클로버, 화이트클로버), 직립형(레드클로버, 알팔파), 덩굴형(베치류, 완두)이 있다.
⑩ 줄기는 속이 차 있는 경우가 많고 마디가 뚜렷하지 않다.
⑪ 종자는 등과 배쪽에 봉합선을 따라서 벌어지는 꼬투리 안에 있다.
⑫ 목초의 뿌리에는 질소고정을 할 수 있는 뿌리혹박테리아를 갖는다.

(2) 두과 목초의 꽃차례

① **총상화서** : 헤어리베치, 스위트클로버, 알팔파, 코리안레스페데자
② **두상화서** : 화이트클로버, 레드클로버, 알사이크클로버, 크림슨클로버

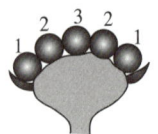

[두상화서]

(3) 자가수분과 타가수분

① **자가수분작물** : 베치류, 레스페데자류, 완두, 대두 등
② **타가수분작물** : 레드클로버, 화이트클로버, 알팔파 등

04 주요 목초의 특성

1. 화본과 목초

(1) 오처드그라스(Orchardgrass : 오리새)

① 유럽 서부 및 중앙아시아 원산으로 엽설이 크다.
② 채종으로 이용하는 것 이외에는 혼파하는 것이 좋다.
③ 청예, 건초 및 사일리지로 이용할 수 있지만 가장 적합한 이용은 방목이다.
④ 생육에 가장 알맞은 기온은 15~21℃ 정도이다.
⑤ 지역적응성이 넓다(제주, 경기, 강원 북부 고산지).
⑥ 환경적응성이 넓다(내서성, 내건성이 강하고, 내습성은 약하다. 단, 혹한에는 약함).
⑦ 상번초(100cm 이상)로 잎수가 많아 생산성이 높다.
⑧ 방목, 채초, 건초, 사일리지 등 다양하게 이용된다.
⑨ 조성 후 2~3년이 경과하면 뭉친 포기를 형성하여 나지가 발생된다.
⑩ 포복성인 초종과 혼파가 유리하다.
⑪ 우리나라에서 가장 널리 재배되는 목초이다.
⑫ 건조에는 잘 견디나 습해에는 약한 편으로, 그늘에서도 잘 자란다.

(2) 톨페스큐(Tall Fescue)

① 유럽이 원산지이며 다년생, 상번초이다.
② 세포 내에 기생하는 곰팡이와 공생하여 더운 여름에 견디는 힘이 비교적 강하다.
③ 짧은 지하경과 잎의 견고성으로 방목과 추위에도 강한 초종이다.
④ 기후 및 토양적으로 적응범위가 가장 넓다(개간지, 척박지, 하천제방 등).
⑤ 뿌리가 깊고 지하경이 있으며(방석모양), 억센 잎과 줄기를 가지고 있다.
⑥ 가축의 답압에 가장 약한 초종이며, 사료가치와 기호성이 낮다.
⑦ 사료가치가 높은 초종의 보조초종으로 혼파가 유리하다.
⑧ 곰팡이에 감염된 이 목초를 섭취한 가축은 생산성이 떨어지기 때문에 종자 구입 시 주의가 요구된다.

(3) 이탈리안라이그래스(Italian Ryegrass)

① 일년생 또는 월년생의 벼과 사료작물이다.
② 가축의 기호성이 좋고, 정착이 잘되어 답리작으로도 많이 재배된다.
③ 잎 표면에 광택이 있고 2배체보다는 4배체가 초장과 잎이 크고 수량이 높은 편이다.
④ 유식물(Seedling) 활력과 발아 후 초기 생육이 좋아 파종이 쉽다.
⑤ 서늘하고 습한 환경에서 가장 잘 자라나 산성토양, 척박지, 가뭄과 저온에 잘 견디지 못한다.
⑥ 단기간의 수량도 높으나 월동률이 다소 떨어진다.
⑦ 유식물의 억압력 지수가 가장 높다.
⑧ 지중해 지방이 원산지이다.
⑨ 초장이 60~120cm에 달하는 다발형 상번초이다.
⑩ 종자에 까락이 있다.
⑪ 줄기는 2~4개의 마디가 있고, 꽃차례는 수상꽃차례이다.
⑫ 내한성이 약한 편으로, 우리나라 남부지방에서 2회 수확이 가능하다.

(4) 티머시(Timothy)

① 원산지는 유럽 북부, 시베리아 동부이다.
② 추위에 강하고 가뭄과 더위에 약하여 높은 산지나 한랭한 지대에 적합하다.
③ 다년생 상번초(90~120cm)이며, 뿌리의 발달이 얕다.
④ 인경(비늘줄기)에 양분을 축적하여 영양번식을 한다.
⑤ 토양적응성은 높은 편이나 산성에 약하다.
⑥ 사료가치가 높아 건초용으로 알맞다(1차, 2차 건초, 3차 이후 방목).

(5) 켄터키블루그래스(Kentucky Bluegrass)
① 원산지는 유라시아와 북아메리카이고, 꽃이 필 때 청색이다.
② 추위에 강하고 고온과 건조에는 약한 편이며, 여름철 수량이 낮다.
③ 냉온대지역에서 잘 자라며 초기 생육이 늦다(조성 1년차에는 불리).
④ 비옥한 식토에서 생육이 양호하며 모래 및 자갈땅에도 가능하다.
⑤ 다년생 하번초이며, 지하경으로 번식한다(빽빽한 식생유지, 방석모양).
⑥ 잔디대용 및 영구초지 조성에 적합하다.
⑦ 재생력이 양호하여 잦은 방목이나 예취에도 잘 견딘다.
⑧ 상번초와 혼파하는 것이 유리하다.

(6) 퍼레니얼라이그래스(Perennial Ryegrass)
① 원산지는 남부 유럽, 북아프리카, 서남아시아이고 호밀풀이라고도 한다.
② 줄기는 곧고 가늘며, 뿌리에는 가지가 많고 부정근을 가지고 있다.
③ 잎은 짧은 편으로 끝이 뾰족하며, 진한 녹색이고 광택이 난다.
④ 어릴 때는 잎이 접혀 있다.
⑤ 화서는 수상화서이며, 1개의 화서에 3~10의 작은 이삭을 가지고 있다.
⑥ 염해에 강하고 토양적응성이 높다(습기가 있고 비옥한 땅).
⑦ 내서성, 내건성, 내한성에 약하고, 여름철에 하고현상이 발생(남서부 지방)한다.
⑧ 다년생 하번초이며, 초기생육이 빠르다(이른봄~늦가을까지 이용가능).
⑨ 방목, 예취 후 재생력이 매우 강하며, 사료가치가 높다.

(7) 리드카나리그라스(Reed Canarygrass)
① 원산지는 유럽, 북 아프리카, 아시아이다.
② 다년생 상번초(100~150cm)로 땅속줄기로 번식한다.
③ 내한성, 내습성, 내건성이 강하고 산성토양에 우수하다.
④ 습한 곳이 적지(하천 범람지)이며, 침수에 강하다.
⑤ 줄기가 강하고, 직립이며, 잎이 넓고 밀생한다.
⑥ 청예, 건초, 사일리지로 이용 가능하며, 하고현상이 없다.
⑦ 기호성이 낮고 수확시기가 늦어지면 사료가치가 떨어진다(출수 개화 전 이용).
⑧ 질소반응이 높고, 알칼로이드 독소를 함유하고 있다.

2. 두과 목초

(1) 알팔파(Alfalfa)
① 원산지는 서남아시아이며, 사료가치가 매우 우수하여 목초의 여왕이라 불린다.
② 다년생 상번초(30~100cm)로 심근성이며, 내한성, 내서성이 강하다.
③ 더위에 강해 하고현상은 없으나 습지에서는 생육이 불량하다.
④ 중성토양(pH 6.5)으로 배수가 양호하고 토심이 깊은 곳이 적지이다.
⑤ 산성토양에 약하고 붕소결핍에 민감하다.
⑥ 관부(Crown)는 재생에 필요한 탄수화물을 가장 많이 함유하고 있다.
⑦ 다년생 두과 목초로 꽃은 총상화서이고, 줄기는 직립하고 30~100cm 정도 자라며, 많은 줄기를 내며 군생한다.
⑧ 잎이 부드럽고 뿌리의 비대가 좋으며 근류균에 의해 질소고정을 한다.
⑨ 자색의 꽃을 피우고 양질의 건초조제가 가능하다.
⑩ 가축의 기호성·Ca의 함량·소화율이 높고, 단백질의 공급량이 많다.
⑪ 광물질이 풍부하고 10여종의 비타민을 함유하므로 사료가치가 높으나, 다량 급여 시 고창증을 유발한다.
⑫ 수확 후 재생이 빠르나 빈번한 예취 또는 조기예취 시에는 포기가 쇠퇴해진다.
⑬ 알팔파 재배 시 가장 많이 탈취되는 영양분은 칼륨이다.

> **더알아두기**
>
> **트리핑(Tripping)현상**
> - 꽃이 핀 후 처음에는 암술대와 이를 둘러싸고 있는 꽃실집이 꽃에 의하여 눌려 있다가 곤충이나 고온 또는 건조 등의 자극을 받아서 암술대와 꽃실집의 선단부가 기판(旗瓣)을 향하여 솟아오르는 현상
> - 알팔파는 타화수정(서로 다른 계통 간의 수정) 작물로서 벌에 의한 트리핑(Tripping)현상으로 수정이 된다.

> **더알아두기**
>
> **우리나라에서 알팔파 재배 시 일반적인 제한요인**
> - 신규조성 시 근류균의 접종이 필요하다.
> - 배수가 잘되도록 하며 석회(Ca)시용으로 산성토양의 교정이 필수적이다.
> - 정착 초기 미량원소 특히 붕소의 시용이 효과적이다.
> - 우리나라는 토양의 산도가 높고 습도가 높아서 알팔파의 재배가 어려운 것으로 알려져 있다.

(2) 버즈풋트레포일(Birds Foot Trefoil)

① 원산지는 지중해이고, 영양가는 알팔파와 비슷하다.
② 두과 목초로 다년생이고, 환경적응성이 강하며 노란 꽃을 핀다.
③ 우리나라에서는 벌노랑이라고 부르는 야생식물로 전국적으로 분포되어 있다.
④ 내서성과 내한성이 강하며, 적응성이 넓어 간척지에도 생육이 가능하다.
⑤ 알팔파가 자랄 수 없는 습지, 라디노클로버가 못 견디는 건조토양에도 재배가 가능하다.
⑥ 심근성으로 내한성, 내건성이 매우 강하다.
⑦ 줄기는 가늘고 포복 또는 직립형(25~40cm)으로 하번초이다.
⑧ 재생이 늦다(연 2~3회 예취). 따라서 재생이 빠른 목초와 경합 시 소멸한다.
  ※ 버즈풋트레포일은 고창증을 일으키지 않는다.

(3) 화이트클로버(White Clover)

① 원산지는 지중해, 서부아시아이다.
② 방목에 잘 견디고 재생력 강하며 우리나라 전 지역에 적응한다.
③ 포복경을 가진 하번초로 옆으로 잘 퍼진다.
④ 다소 서늘하고 습한 곳이 적지이다.
⑤ 호광성이나 뿌리가 얕아 건조에 약하다.
⑥ 단백질, 광물질, 비타민 등이 풍부하여 사료가치가 우수하다.
⑦ 토양보호, 피복작물로도 이용된다.
⑧ 다량 급여 시 고창증을 유발한다.

(4) 레드클로버(Red Clover)

① 원산지는 서남아시아, 카스피해 남부이다.
② 잎이 길쭉하며 흰무늬가 있고, 줄기와 잎에 잔털이 많다.
③ 서늘한 곳이 적지이고 건조에는 약하며, 우리나라 전지역에 적응한다.
④ 단년생 직립 다발형으로 상번초이며, 생존연한이 짧다.
⑤ 비옥하고 배수가 양호한 토양에서 잘 자란다.
⑥ 단백질, 광물질, 비타민 등이 풍부하여, 사료가치가 우수하다.
⑦ 다량급여 시 고창증을 유발한다.

(5) 라디노클로버(Ladino Clover)

① 잔디밭에서는 악성잡초이나, 우리나라 전지역에 자생(토끼풀)한다.
② 영년생이며, 화이트클로버보다 잎이 큰 것이 특징이다.
③ 서늘하고 습한 곳이 적지이며, 포복경이 있어 쉽게 퍼진다.
④ 고온에 강하고 생육과 재생이 빠르며, 토양, 기후 적응성이 높아 수량이 많다.
⑤ 방목에도 잘 견디고 재생력이 강하며, 공중질소를 고정한다.
⑥ 소화양호, 기호성이 높으며 단백질, 광물질이 풍부하다.
⑦ 토양보호, 피복작물로 이용성이 높다.

적중예상문제

PART 04 사료작물학 및 초지학

01 사료작물의 형태에 의한 분류 중 그 연결이 틀린 것은?

① 화본과 – 화곡류, 잡곡류
② 콩과(두과) – 클로버류, 베치류
③ 국화과 – 해바라기, 돼지감자
④ 십자화과 – 고구마, 녹비작물류

해설

형태에 의한 분류

형태상의 분류	사료작물의 종류
벼과(화본과)	일반 벼과 목초류, 화곡류(Cereals), 잡곡류, 피, 레드톱, 오처드그라스, 이탈리안라이그래스, 티머시, 톨페스큐 등
콩과(두과)	클로버류(레드클로버, 화이트클로버), 베치류(커먼베치, 헤어리베치 등), 콩류, 알팔파류, 자운영, 버즈풋트레포일, 매듭풀 등
십자화과(十字花科)	유채, 무, 배추, 갓, 순무 등
국화과	해바라기, 돼지감자
기 타	고구마 줄기 등

02 다음 중 십자화과(十字花科)로 분류되는 초종은?

① 알팔파
② 호 밀
③ 유 채
④ 해바라기

03 다음 사료작물 중 화본과에 속하는 것은?

① 커먼베치
② 매듭풀
③ 레드톱
④ 버즈풋트레포일

해설

①·②·④ 두과

04 다음은 목초를 우리말로 표기한 것이다. 이 중에서 화본과 목초에 속하는 것은?

① 전동싸리
② 매듭풀
③ 오리새
④ 비수리

해설

오리새는 Orchard Grass, Cock's Foot Grass라고도 한다.

1 ④ 2 ③ 3 ③ 4 ③

05 사료작물을 생존연한에 따라 분류할 때 일년생, 월년생, 이년생, 다년생으로 나눌 수 있는데 다음 중 1년생 사료작물에 속하는 것은?

① 티머시
② 이탈리안라이그래스
③ 옥수수
④ 화이트클로버

해설
생존 연한에 따른 분류
- 1년생 : 수단그라스계 교잡종, 수수, 옥수수 등
- 월년생 : 이탈리안라이그래스, 호밀, 보리, 귀리 등
- 2년생 : 레드클로버, 스위트클로버, 알사이크클로버, 커먼라이그래스 등
- 다년생 : 각종 북방형 목초(티머시, 오처드그라스, 알팔파, 라디노클로버, 화이트클로버, 톨페스큐 등)

06 다음 중 1년생 사료작물에 속하는 것은?

① 수단그라스   ② 오처드그라스
③ 알팔파   ④ 레드클로버

해설
② · ③ 다년생
④ 2년생

07 목초 및 사료작물의 생존연한 또는 생활주기로 볼 때 월년생인 화본과 작물로만 짝지어진 것은?

① 자운영, 커먼베치, 헤어리베치
② 오처드그라스, 티머시, 톨페스큐
③ 라디노클로버, 레드클로버, 알팔파
④ 호밀, 보리, 이탈리안라이그래스

08 우리나라에서는 월년생이고 답리작용으로 좋으며, 당분함량이 높아 사일리지용으로 좋은 초종은?

① 오처드그라스
② 톨페스큐
③ 이탈리안라이그래스
④ 레드톱

09 혼파초지 또는 목장의 울타리 주변, 도로 경사면 등에서 흔히 볼 수 있는 이 목초의 잎은 긴 달걀형이며, 잎의 뒷면과 줄기에는 많은 털이 있고 잎 중앙에 V형 무늬가 있는 경우가 많다. 이 직립형 이년생 콩과 목초는?

① 알팔파   ② 화이트클로버
③ 레드클로버   ④ 버즈풋트레포일

10 다음 중 다년생(多年生) 사료작물인 것은?
① 호 밀
② 티머시
③ 수 수
④ 이탈리안라이그래스

> **해설**
> ①·④ 월년생
> ③ 1년생

11 사초는 생존연한에 따라 다년생, 2년생, 월년생, 1년생으로 구분한다. 다음 중 다년생 콩과(荳科) 목초는?
① Red Clover
② Sweet Clover
③ Alsike Clover
④ White Clover

12 다음 사료작물 중 생존연한이 가장 긴 것으로 묶여 있는 것은?
① 라디노클로버, 오처드그라스, 티머시
② 스위트클로버, 커먼라이그래스, 레드클로버
③ 이탈리안라이그래스, 크림슨클로버, 베치
④ 수단그라스, 수수, 콩

13 사료작물의 생존연한에 의한 분류 중에 다년생에 속하지 않는 것은?
① 화이트클로버
② 톨페스큐
③ 티머시
④ 이탈리안라이그래스

14 사료작물은 생존연한에 따라 일년생초, 월년생초, 단년생초 및 다년생초로 구분하는데 다년생에 속하는 화본과 및 두과 작물은?
① 수단그라스, 자운영
② 오처드그라스, 알팔파
③ 이탈리안라이그래스, 스위트클로버(Hubam종)
④ 톨페스큐, 매듭풀

15 우리나라에서 가장 많이 재배, 이용되고 있는 다년생 화본과 목초는?
① 오처드그라스
② 톨페스큐
③ 퍼레니얼라이그래스
④ 라디노클로버

정답 10 ② 11 ④ 12 ① 13 ④ 14 ② 15 ①

16 다음 두과 식물 중 영년생(다년생)인 것은?

① 알팔파
② 레드클로버
③ 크림슨클로버
④ 알사이크클로버

17 다음 중 다년생 사료작물은?

① 티머시
② 이탈리안라이그래스
③ 옥수수
④ 헤어리베치

18 다음 중 난지형에 영년생 사료작물로만 짝지어진 것은?

① 옥수수, 오처드그라스, 귀리
② 버뮤다그라스, 달리스그라스, 기니그라스
③ 수단그라스, 티머시, 알팔파
④ 이탈리안라이그래스, 퍼레니얼라이그래스, 매듭풀

해설

난지형 사료작물
- 화본과 · 다년생(영년생) : 버뮤다그라스, 달리스그래스, 바히아그라스, 위핑러브그라스, 잔디
- 화본과 · 1년생 : 수단그라스, 수수, 기장, 조, 옥수수
- 두과 · 다년생 : 칡
- 두과 · 1년생 : 코리안레스페데자, 대두, 완두, 잠두

19 다음 중 목초 및 사료작물의 이용에 따른 분류로 맞지 않는 것은?

① 수확용
② 청예용
③ 방목용
④ 사일리지용

해설

이용목적에 따른 사료작물의 분류 : 청예용, 방목용, 건초용, 사일리지용, 총체용

20 사료작물을 청예용으로 이용하기에 가장 적합한 종류만 구성되어 있는 것은?

① 이탈리안라이그래스, 수단그라스, 리드카나리그라스
② 켄터키블루그래스, 귀리, 호밀
③ 오처드그라스, 티머시, 퍼레니얼라이그래스
④ 옥수수, 벤트그래스, 화이트클로버

해설

청예작물
- 상번초 : 알팔파, 오처드그라스, 브롬그라스, 이탈리안라이그래스, 리드카나리그라스
- 사초 : 호밀, 수단그라스, 귀리, 유채

21 다음 중 낙농가에서 청예용으로 가장 많이 이용하는 사료작물은?

① 고구마
② 호 박
③ 무
④ 연 맥

22 봄철에 청예할 수 있는 작물은 어느 것인가?
① 수 수
② 호 밀
③ 수단그라스
④ 청예대두

23 사료작물 중 채초지 작물로 가장 적합한 화본과 작물과 두과 작물은?
① 이탈리안라이그래스, 화이트클로버
② 이탈리안라이그래스, 알팔파
③ 톨페스큐, 화이트클로버
④ 켄터키블루그래스, 알팔파

해설
이용목적에 따른 사료작물의 분류

구 분	화본과	두 과
청예용	수수, 수단그라스, 피, 귀리, 호밀	-
방목용	켄터키블루그래스, 퍼레니얼라이그래스 오처드그라스 톨페스큐	화이트클로버, 라디노클로버, 버즈풋레포일
건초용	오처드그라스, 이탈리안라이그래스, 티머시, 톨페스큐, 브롬그래스	버즈풋트레포일, 레드클로버, 알팔파
사일리지	옥수수, 호밀, 보리, 벼	-
총체용	보리, 벼	-

24 사료작물은 이용목적에 따라 방목지용과 채초지용으로 구분하는데 방목지 작물로 적합한 화본과 및 두과 작물은?
① 화본과 - 이탈리안라이그래스,
   두과 - 알팔파
② 화본과 - 켄터키블루그래스,
   두과 - 알팔파
③ 화본과 - 톨오트그래스,
   두과 - 화이트클로버
④ 화본과 - 퍼레니얼라이그래스,
   두과 - 화이트클로버

25 다음 중 방목지용으로 가장 적합한 사료작물은?
① 티머시
② 알팔파
③ 스위트클로버
④ 퍼레니얼라이그래스

26 방목에 가장 잘 적응하는 목초들은?
① 켄터키블루그래스, 퍼레니얼라이그래스
② 오처드그라스, 이탈리안라이그래스
③ 티머시, 퍼레니얼라이그래스
④ 톨페스큐, 이탈리안라이그래스

27 다음 화본과 목초 중에서 영년 방목지에 가장 적합한 것은?

① 티머시
② 이탈리안라이그래스
③ 켄터키블루그래스
④ 스무드브롬그래스

28 건초용으로 가장 부적합한 사료작물은?

① 알팔파   ② 브롬그래스
③ 호 밀   ④ 티머시

29 일반적으로 다음 콩과(두과) 목초 중에서 건초용으로 가장 적당한 것은?

① 크림슨클로버
② 화이트클로버
③ 스위트클로버
④ 알팔파

30 사일리지용 사료작물은 재배, 이용목적상 어떤 특성을 갖고 있는 것을 우선적으로 선택하여야 하는가?

① 초장이 짧은 것
② 수분함량이 많은 근채류
③ 당분함량과 수량이 많은 것
④ 다년생 목초류

31 초지를 조성할 때 적합한 초종을 선택하는 것은 무엇보다도 중요하다. 다음 중 목초와 특성 설명이 가장 부적절하게 연결된 것은?

① 기호성이 높은 초종 – 톨페스큐, 리드카나리그라스
② 사료가치가 높은 초종 – 알팔파 및 클로버류, 퍼레니얼라이그래스
③ 환경 적응성이 뛰어난 초종 – 톨페스큐, 리드카나리그라스
④ 방목으로 이용하기 적합한 초종 – 켄터키블루그래스, 퍼레니얼라이그래스

> **해설**
> **기호성**
> • 상 : 퍼레니얼라이그래스, 티머시, 알팔파, 클로버류
> • 중 : 오처드그라스, 켄터키블루그래스
> • 하 : 톨페스큐, 리드카나리그라스

정답 27 ③ 28 ③ 29 ④ 30 ③ 31 ①

32 사료작물의 식물학적 분류법에 대한 설명으로 틀린 것은?

① 이명법(二命法)에 따르면 첫째 부분이 종명(Species)이고, 둘째 부분이 속명(Genus)이다.
② 식물에 대한 최초의 분류는 Carl Linnaeus에 의해 이루어졌다.
③ 오늘날 식물의 분류는 라틴어를 쓰고 있다.
④ 모든 사료작물은 식물계(Kingdom)로부터 시작해서 품종(Variety)에까지 이르고 있다.

> 해설
> 이명법(二命法)에 따르면 첫째 부분이 속명(Genus)이고, 둘째 부분이 종명(Species)이다.

33 목초나 사료작물 등을 식물학적으로 분류하여 이용하고 있는 학명에 대한 설명으로 옳지 않은 것은?

① 모든 과학적 지식을 동원하여 결정되기 때문에 영구불변하다.
② 속명과 종명으로 구성되어 이명법이라고도 한다.
③ 다른 단어와 구별하기 위하여 속명과 종명은 이탤릭체로 쓴다.
④ 전세계가 공통으로 사용하며 속명의 첫 글자는 대문자로, 종명은 소문자로 쓴다.

> 해설
> 명칭은 바뀔 수 있다(식물상호 간의 관계에 대한 지식의 발전과 더불어 변화).

34 콩과 목초인 라디노클로버(Ladino Clover)가 속한 종의 학명은?

① *Trifolium repens*
② *Glycine max*
③ *Lespedeza bicolor*
④ *Medicago sativa*

> 해설
> ② 콩, ③ 싸리나무, ④ 알팔파

35 다음 중 학명과 작물명이 일치하는 것은?

① *Trifolium pratense* L. : 레드클로버
② *Dactylis glomerata* L. : 티머시
③ *Lolium peranne* L. : 화이트클로버
④ *Festuca arundinacea* Schr. : 이탈리안라이그래스

> 해설
> ② *Dactylis glomerata* L. : 오처드그라스
>   *Phleum pratense* L. : 티머시
> ③ *Lolium perenne* L. : 퍼레니얼라이그래스
>   *Trifolium repens* L. : 화이트클로버
> ④ *Festuca arundinacea* Schr. : 톨페스큐
>   *Lolium multiflorum* : 이탈리안라이그래스

36 목초의 보통명과 학명이 올바르게 짝지어진 것은?

① 톨페스큐(Tall Fescue) : *Dactylis glomerata* L.
② 오처드그라스(Ochardgrass) : *Featuca arundinaceae* L.
③ 알팔파(Alfalfa) : *Phleum pratense* L.
④ 화이트클로버(White Clover) : *Trifolium repens* L.

해설

① 톨페스큐(Tall Fescue) : *Festuca arundinacea* L.
② 오처드그라스(Ochardgrass) : *Dactylis glomerata* L.
③ 알팔파(Alfalfa) : *Medicago sativa*
※ 티머시 : *Phleum pratense* L.

37 사료작물의 식물학적 분류 시 김의털아과(Festucoideae)에 속하지 않는 종(Species)은?

① 오처드그라스   ② 보 리
③ 레드톱   ④ 화이트클로버

해설

화이트클로버는 콩아과(Papilionoidea)에 속한다.

38 내한성이 약한 편으로 우리나라 남부지방에서 답리작으로 재배하여 2회 수확이 가능한 사료작물은?

① 이탈리안라이그래스
② 유 채
③ 보 리
④ 귀 리

해설

이탈리안라이그래스는 가축의 기호성이 좋고 정착이 잘되어 답리작으로도 많이 재배된다.

39 꽃은 자홍색, 잎은 깃털모양의 복합엽인 월년생 콩과 사료작물로 내한성이 낮기 때문에 주로 남부지방에서 논에서 토양개량(연작장해 감소, 녹비작물 등)용으로도 이용되는 초종은?

① 알팔파(Alfalfa)
② 레드클로버(Red Clover)
③ 버즈풋트레포일(Birdsfoot Trefoil)
④ 자운영(Chinese Milk Vetch)

정답 36 ④ 37 ④ 38 ① 39 ④

40 다음 사료작물 중 내한성(耐寒性)이 가장 강한 초종만으로 구성된 것은?
① 크림슨클로버, 스위트클로버
② 존슨그래스, 화이트클로버
③ 버뮤다그래스, 레드클로버
④ 티머시, 레드클로버

해설
내한성이 강한 것
- 화본과 : 티머시, 켄터키블루그래스
- 콩과 : 레드클로버, 화이트클로버, 알팔파
- 청예 : 해바라기, 호밀, 뚱딴지, 유채
- 근채 : 감자, 순무, 양배추

41 다음 두과 목초 중에서 한발(가뭄)에 강한 것은?
① 크림슨클로버   ② 화이트클로버
③ 레드클로버   ④ 알팔파

해설
알팔파의 내한성은 품종에 따라 현저한 차이가 있으며, 가뭄에는 강하지만 습해에는 약해 배수가 잘되는 중성 토양에 가장 알맞다.

42 모래 땅 및 내한성에 잘 견디며 잎은 우상복엽이고, 뿌리에 근류가 달리며 겨울을 지나 꽃피는 것은?
① 헤어리베치
② 라디노클로버
③ 메도페스큐
④ 톨페스큐

43 다음 중 내한성이 가장 강한 것은?
① 유 채
② 보 리
③ 호 밀
④ 연 맥

44 다음 중 내습성이 강하여 다습지역의 재배에 가장 적합한 작물은?
① 알팔파
② 버즈풋트레포일
③ 리드카나리그라스
④ 수단그라스

해설
리드카나리그라스 : 내습성이 강하다. 방목용 및 청예용에 적합하다.

45 다음 사료작물들 중 산성토양에서 가장 잘 자랄 수 있는 초종은?
① 리드카나리그라스
② 알팔파
③ 켄터키블루그래스
④ 레드클로버

해설
리드카나리그라스는 pH 4.9~8.2의 배수가 나쁜 토양에 잘 적응한다.

정답 40 ④ 41 ④ 42 ① 43 ③ 44 ③ 45 ①

46 다음 중 산성토양에서 가장 약한 작물은?

① 수단그라스
② 알팔파
③ 레드톱
④ 완 두

> **해설**
> 알팔파와 스위트클로버는 내산성이 약한 대표적인 목초이다.

47 다음 중 염해에 가장 강하여 간척지 등에 재배가 가능할 것으로 보이는 사료작물은?

① 톨휘트그래스(Tall Wheatgrass)
② 옥수수(Corn)
③ 스무드브롬그래스(Smooth Bromegrass)
④ 호밀(Rye)

48 북방형 사료작물에 속하는 것은?

① 옥수수
② 수단그라스
③ 티머시
④ 버뮤다그래스

> **해설**
> **한지형 사료작물과 난지형 사료작물**

구 분	생존기간	화본과	콩 과
한지형	영년생	오처드그라스, 티머시, 톨페스큐, 메도페스큐, 켄터키블루그래스, 레드톱, 스무드브롬그래스, 리드카나리그래스, 퍼레니얼라이그래스, 크리핑벤트그래스	화이트클로버, 라디노클로버, 레드클로버, 알사이크클로버, 알팔파, 스위트클로버, 버즈풋트레포일
한지형	월년생	이탈리안라이그래스, 호밀, 귀리, 밀, 보리	크림슨클로버, 서브트레니언클로버, 커먼베치, 헤어리베치, 자운영, 루핀
난지형	영년생	버뮤다그래스, 달리스그래스, 존슨그래스, 판골라그래스, 로즈그라스, 위핑러브그래스, 잔디	칡, 세리시아레스페데자
난지형	일년생	기장, 조, 옥수수, 수수, 수단그라스	코리안레스페데자, 커먼레스페데자, 콩, 완두 등

정답 46 ② 47 ① 48 ③

49 북방형 목초(한지형)의 특징으로 볼 수 있는 것은?

① 25℃ 이상의 기온에서 잘 자란다.
② 하고현상을 나타낸다.
③ 옥수수와 수수 등이 있다.
④ 고랭지에서만 생육이 가능하다.

50 한지형 사료작물을 잘못 설명한 것은?

① 저온에 잘 견딘다.
② 북방형 사료작물이다.
③ 성장이 5~6월에 최고에 달한다.
④ 하고현상이 없다.

51 북방형(한지형)목초의 생육적온은?

① 5~10℃   ② 10~15℃
③ 15~21℃ ④ 25~30℃

52 사료작물의 기상 생태학적 분류에서 난지형 작물로만 짝지어진 것은?

① 오처드그라스, 티머시, 톨페스큐
② 호밀, 귀리, 보리
③ 자운영, 헤어리베치, 이탈리안라이그래스
④ 수단그라스, 수수, 옥수수

53 다음 화본과 목초 중 더위에 가장 잘 견디는 것은?

① 티머시
② 수단그라스
③ 리드카나리그라스
④ 켄터키블루그래스

54 하고현상이 일어나지 않는 사료작물은?

① 오처드그라스
② 수단그라스
③ 톨페스큐
④ 연 맥

정답 49 ② 50 ④ 51 ③ 52 ④ 53 ② 54 ②

55 여름철 하고(夏枯)현상을 방지하기 위하여 재배할 수 있는 난지형 사료작물은?

① 스무드브롬그래스
② 오처드그라스
③ 수단그라스계 잡종
④ 이탈리안라이그래스

56 다음 초종 중 우리나라에서 하고(夏枯)에 가장 강한 품종은?

① Tall Fescue
② Timothy
③ Reed Cannarygrass
④ Orchard Grass

해설

하고지수 비교
티머시(3.7) < 톨페스큐(1.2) < 오처드그라스(1.0) < 리드카나리그라스(0.9)

57 다음 초종 중 난지형 목초에 해당하는 것은?

① 티머시
② 버뮤다그래스
③ 화이트클로버
④ 켄터키블루그래스

58 다음 중 남방형 목초는?

① 티머시
② 달리스그라스
③ 오처드그라스
④ 퍼레니얼라이그래스

59 목초 중 상번초(上繁草)와 하번초(下繁草)를 혼작하면 공간을 충분히 이용하여 단위면적당 수량이 많아지는데 상번초와 하번초의 조합이 가장 잘된 것은?

① 퍼레니얼라이그래스 – 레드클로버
② 켄터키블루그래스 – 퍼레니얼라이그래스
③ 오처드그라스 – 화이트클로버
④ 오처드그라스 – 티머시

해설

상번초와 하번초의 분류
- 상번초 : 오처드그라스, 티머시, 톨페스큐, 이탈리안라이그래스, 레드 클로버, 알팔파, 리드카나리그라스, 스무드브롬그래스, 메도페스큐, 메도폭스테일, 톨오트그래스 등
- 하번초 : 레드페스큐, 켄터키블루그래스, 퍼레니얼라이그래스, 화이트클로버, 화이트벤트그래스, 크레스티드폭스테일, 거친줄기 메도그래스, 옐로오트그래스, 버즈풋트레포일 등

정답 55 ③ 56 ③ 57 ② 58 ② 59 ③

60 목초는 초종에 따라 수확횟수에 대하여 반응이 민감한 것이 있고 그렇지 않은 것이 있다. 이것을 목초의 형태에 따라 나누면 상번초와 하번초로 나누는데 다음 중 상번초에 해당하는 목초는?

① 켄터키블루그래스
② 퍼레니얼라이그래스
③ 레드페스큐
④ 오처드그라스

61 건초용으로 재배되는 목초는 수량이 많고 기호성 좋은 상번초들인데 다음 중 이에 속하지 않는 초종은?

① 오처드그라스
② 티머시
③ 톨페스큐
④ 켄터키블루그래스

해설
켄터키블루그래스는 표고 400m 이상에서 말 방목용 다년생 하번초로서, 레드톱과 혼합 목초 조성이 유리하다.

62 다음 보기 중 하번초(Bottom Grass)에 해당하는 목초는?

① 오처드그라스
② 퍼레니얼라이그래스
③ 메도페스큐
④ 리드카나리그라스

63 다음 사료작물의 형태적 특징을 나열한 것 중 화본과 사료작물의 특징이 아닌 것은?

① 뿌리는 수염모양으로 되어 있다.
② 잎은 나란히 맥으로 되어 있다.
③ 지면과 접하는 부위에서 곁눈(Tiller)이 생긴다.
④ 줄기는 대체로 차 있고, 마디가 없다.

해설
줄기는 대체로 속이 비어 있고, 둥글며 뚜렷한 마디를 가지고 있다.

64 벼과(禾本科) 목초는 방석형과 다발형 목초로 나눌 수 있다. 다음 중 지하경이나 포복경이 없어 다발형 목초에 속하는 것은?

① 켄터키블루그래스(Kentucky Bluegrass)
② 오처드그라스(Orchard Grass)
③ 리드카나리그라스(Reed Canarygrass)
④ 스무드브롬그래스(Smooth Bromegrass)

해설
다발형과 방석형 목초
- 다발형 : Orchardgrass, Tall Fescue, Timothy, Perennial Ryegrass
- 방석형 : Reed Canarygrass

65 지상에 나와 있는 수평의 기어가는 줄기 (Stolons, 포복경)로 번식을 하는 초종은?

① 버뮤다그래스(Bermudagrass)
② 브롬그래스(Bromegrasss)
③ 티머시(Timothy)
④ 오처드그라스(Orchardgrass)

해설
버뮤다그래스, 화이트클로버는 포복경에 의한 수평생장이 활발하다.

66 화본과 사료작물의 형태적 특징 중 "수평으로 신장하는 땅속줄기"란 어느 부위를 의미하는가?

① 포복경   ② 지하경
③ 제1차근 ④ 분얼경

67 화본과 목초의 분얼에 대한 설명 중 틀린 것은?

① 온도가 높아지면 많아진다.
② 생식생장기에 많다.
③ 영양생장기 마지막에 최대에 달한다.
④ 여름과 가을을 거치면서 감소한다.

68 화본과 목초의 일반적 특징과 거리가 먼 것은?

① 근계가 하나 또는 가지를 친 직근으로 되어 있다.
② 줄기는 대체로 속이 비어 있고, 둥글며 뚜렷한 마디가 있다.
③ 잎은 평행맥으로 되어 있으며, 줄기 위에 어긋나게 2열로 각 마디에 하나씩 나 있다.
④ 열매는 씨방벽에 융합되어 있는 하나의 종자를 가지고 있다.

69 다음 중 화본과 목초의 일반적인 특성이 아닌 것은?

① 근계는 섬유모양의 수염뿌리로 되어 있다.
② 접종된 목초의 뿌리에는 질소고정을 위한 근류균을 갖는다.
③ 줄기는 대체로 속이 비고, 둥글며 뚜렷한 마디를 가지고 있다.
④ 일반적으로 하나의 수상꽃차례, 원추꽃차례 또는 총상꽃차례로 되어 있다.

해설
②는 두과 작물 뿌리의 특징이다.

70 화본과 작물의 잎혀 형태가 아닌 것은?

① 막 형   ② 분 리
③ 모 형   ④ 부 재

정답 65 ① 66 ② 67 ② 68 ① 69 ② 70 ②

71 이탈리안라이그래스와 퍼레니얼라이그래스에 대한 설명으로 옳지 않은 것은?

① 두 초종 모두 줄기는 원통형이다.
② 두 초종 모두 화서는 수상화서이다.
③ 이탈리안라이그래스의 뿌리는 가지가 많고 빽빽하며 수염모양의 영구형 다발로 되어 있다.
④ 퍼레니얼라이그래스의 잎은 짧은 편으로 끝이 뾰족하며 진한 녹색이고 광택이 난다.

해설
이탈리안라이그래스는 줄기가 원통형이나 퍼레니얼라이그래스는 약간 편평하다.

72 다음 두과 목초와 화본과 목초의 생육적 차이를 설명한 것 중 옳지 않은 것은?

① 두과 목초의 뿌리에는 근류균이 생육한다.
② 두과 목초는 화본과 목초에 비해 조단백질함량이 낮다.
③ 일반적으로 화본과 목초는 두과 목초에 비해 높은 산도에서도 잘 생육한다.
④ 질소시비량 부족 시 두과 목초보다 화본과 목초의 생육이 양호하다.

해설
화본과 목초는 두과 목초에 비교해서 보통 단백질의 함량이 적고 칼슘함량이 낮으므로 주의를 요한다.

73 콩과(荳科) 사료작물의 형태적 특징으로 옳은 것은?

① 뿌리는 수염모양의 섬유근이다.
② 잎은 잎집, 잎몸 및 잎혀 등으로 구성된다.
③ 화서는 수상화서, 원추화서 등이 있다.
④ 잎몸의 엽맥은 그물모양이다.

해설
① 뿌리는 직근성이며, 주근과 지근이 잘 분화되면서 땅속으로 뻗는다.
② 잎은 줄기에 어긋나게 붙어 있고 엽병에 붙어 있는 잎은 3개의 소엽으로 되어 있다.
③ 화서는 총상화서, 두상화서 등이 있다.

74 다음 콩과 사료작물 중 직립형 줄기를 갖는 것은?

① 레드클로버   ② 칡
③ 화이트클로버 ④ 베 치

해설
두과 목초 줄기
• 포복형 : 라디노클로버, 화이트클로버 등
• 직립형 : 알팔파, 레드클로버 등
• 덩굴형 : 완두, 잠두, 베치 등

75 다음 중 가장 심근성 뿌리를 가지고 있는 목초는?

① 화이트클로버
② 오처드그라스
③ 알팔파
④ 레드클로버

해설
대표적인 심근성 두과 목초인 알팔파는 토양조건이 좋으면 2m 이상 신장한다.

76 영양생장을 하고 있는 사료작물의 식별방법 중 다음 그림의 화살표는 어느 부위를 나타내고 있는가?(단, 잎몸과 잎집 사이를 갈라놓는 분기점을 나타내는 분열조직대)

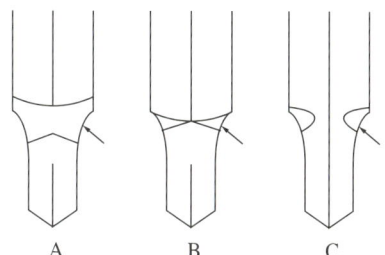

① 유엽(Bud Shoot)
② 경령(Collar)
③ 엽초(Sheath)
④ 엽이(Auricles)

해설

경령, 깃(Collar) : 분열조직이 생장하는 부분으로 잎깃이라고도 한다.
- 화본과 작물은 초엽에서 제1본엽, 제2본엽 순으로 전개되며, 단자엽이고, 본엽은 엽신과 엽초로 구성되며, 엽신과 엽초의 경계를 이루는 부분을 Collar Region(엽설과 엽이가 있다)이라고 하고 초형으로 초종을 동정한다.
- 두과 작물은 호생하거나 나선상으로 착생하며, 복엽이고 엽병과 탁엽이 존재한다.

77 목초의 식별능력은 재배관리상 매우 중요하다. 다음 중 화본과(벼과) 목초의 식별에 쓰이지 않는 식물부위는?

① 엽설(잎혀)
② 엽병(잎자루)
③ 엽초(잎집)
④ 유경(어린 줄기)

해설
두과 작물은 호생하거나 나선상으로 착생한다. 복엽이며, 엽병과 탁엽이 존재한다.

78 이탈리안라이그래스와 퍼레니얼라이그래스는 같은 속(屬)의 목초이기 때문에 겉모양이 비슷하다. 다음 중 두 초종의 식별에 적합한 특징은?

① 잎 혀
② 잎 귀
③ 유 경
④ 꽃 색

79 보리나 밀과 같이 꽃차례의 기본단위인 소수(Spikelets)들이 이삭축 위에 직접 달려 있는 꽃차례(花序)는?

① 수상화서
② 총상화서
③ 원추화서
④ 일반화서

정답 76 ② 77 ② 78 ③ 79 ①

80 다음 그림의 이삭모양은 어떤 화서의 모양인가?

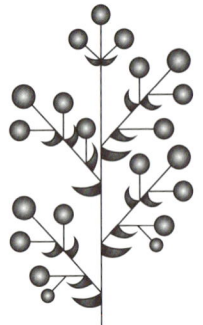

① 원통상화서 ② 수상화서
③ 원추화서 ④ 총상화서

81 두과(콩과) 목초의 특징이 아닌 것은?

① 근류균을 형성
② 주요 단백질 공급원
③ 잎맥은 그물모양
④ 뿌리는 섬유상의 수염뿌리

82 영양생장기관에 의한 클로버의 식별요령으로 잎이 길쭉하며 흰무늬가 있고, 잔털이 많은 초종은?

① 레드클로버(Red Clover)
② 크림슨클로버(Crimson Clover)
③ 화이트클로버(White Clover)
④ 알사이크클로버(Alsike Clover)

83 오처드그라스의 특징 설명으로 맞는 것은?

① 엽설이 크다.
② 줄기는 둥근형이다.
③ 포복경을 가졌다.
④ 잎에는 털이 많이 나 있다.

해설

오처드그라스
- 30~40개 이상의 줄기가 한 포기를 형성하는 전형적인 다발형 목초이다.
- 지하경이나 포복경이 없어 다발을 형성한다.
- 잎은 잔털이 없고 생육 초기에는 접혀 있으며, 너비는 2~8mm이고, V자 모양으로 접혀 있다.

84 오처드그라스에 대한 설명 중 틀린 것은?

① 가을에만 파종해야 한다.
② 채종으로 이용하는 것 이외에는 혼파하는 것이 좋다.
③ 청예, 건초 및 사일리지로 이용할 수 있지만 가장 적합한 이용은 방목이다.
④ 생육에 가장 알맞은 기온은 15~21℃ 정도이다.

85 이 목초는 세포 내에 기생하는 곰팡이와 공생하여 더운 여름에 견디는 힘이 비교적 강하고, 짧은 지하경과 잎의 견고성으로 방목과 추위에도 강한 초종이다. 그러나 곰팡이에 감염된 이 목초를 섭취한 가축은 생산성이 떨어지기 때문에 종자구입 시 주의가 요구된다. 이 초종은 어떤 것인가?

① 알팔파(Alfalfa)
② 오처드그라스(Orchardgrass)
③ 톨페스큐(Tall Fescue)
④ 리드카나리그라스(Reed Canarygrass)

86 기후 및 토양적으로 적응범위가 가장 넓은 목초는?

① 티머시
② 톨페스큐
③ 오처드그라스
④ 이탈리안라이그래스

87 이탈리안라이그래스(Italian Ryegrass)에 대한 설명으로 거리가 가장 먼 것은?

① 일년생 또는 월년생의 벼과 사료작물이다.
② 가축의 기호성이 좋고 정착이 잘되어 답리작으로도 많이 재배된다.
③ 목초 중 내한성이 강하여 우리나라 전역에서 안심하고 재배할 수 있다.
④ 잎 표면에 광택이 있고 2배체보다는 4배체가 초장과 잎이 크고 수량이 높은 편이다.

해설
산성토양, 척박지, 가뭄과 저온에 잘 견디지 못한다.

88 다발형 상번초이면서 기호성이 좋고 유식물 활력과 초기 생육이 좋아 파종이 쉬우며, 단기간의 수량도 높으나 월동률이 다소 떨어지는 사료작물은?

① 이탈리안라이그래스
② 퍼레니얼라이그래스
③ 오처드그라스
④ 톨페스큐

정답 85 ③ 86 ② 87 ③ 88 ①

89 서늘하고 습한 환경에서 가장 잘 자라는 사료작물은?

① 이탈리안라이그래스
② 수단그라스
③ 알팔파
④ 레드톱

90 다음 중 목초 유식물의 억압력 지수가 가장 높은 초종은?

① 이탈리안라이그래스
② 톨페스큐
③ 티머시
④ 켄터키블루그래스

해설
이탈리안라이그래스는 목초 중에서 억압력 지수가 가장 높기 때문에 초기 생육이 느린 혼파초지 또는 단기윤작초지에서 초기 수량을 올리기 위하여 혼파하는 초종이다.

91 Italian Ryegrass의 설명으로 맞지 않는 것은?

① 지중해 지방이 원산지이다.
② 초장이 60~120cm에 달하는 상번초이다.
③ 마디가 불분명하고 속이 차 있다.
④ 종자에 까락이 있다.

해설
줄기는 2~4개의 마디가 있고 꽃차례는 수상꽃차례이다.

92 다음 중 가축의 답압에 가장 약한 초종은?

① 톨오트그래스
② 화이트클로버
③ 퍼레니얼라이그래스
④ 벤트그래스

해설
Tall Oatgrass
유럽이 원산인 다년생 화본과 목초인데, 오늘날에는 세계의 온대지대에 널리 분포되어 있다. 하계에 비가 많고 배수가 잘되는 토지를 좋아하고 산성토지는 좋아하지 않는다. 가축이 밟는 데는 약하고 또 생초의 기호성은 좋지 않으므로 주로 건초로서 이용된다. 또 알팔파와 레드클로버와도 혼파할 수 있다.

93 다음에서 설명하는 것은?

- 줄기는 곧고 가늘며, 뿌리에는 가지가 많고 부정근을 가지고 있다.
- 잎은 짧은 편으로 끝이 뾰족하며 진한 녹색이고 광택이 난다.
- 어릴 때는 잎이 접혀 있다.
- 화서는 수상화서이며, 1개의 화서에 3~10의 작은 이삭을 가지고 있다.

① 오처드그라스
② 레드클로버
③ 톨페스큐
④ 퍼레니얼라이그래스

해설
① 오처드그라스 : 원추화서
② 레드클로버 : 두상화서
③ 톨페스큐 : 원추화서
화 서
- 총상화서 : 헤어리베치, 스위트클로버, 알팔파
- 두상화서 : 화이트클로버, 레드클로버, 알사이크클로버, 크림슨클로버

89 ① 90 ① 91 ③ 92 ① 93 ④

94 인경(비늘줄기)에 양분을 축적하여 영양번식을 하는 목초는?

① 톨페스큐 ② 오처드그라스
③ 알팔파 ④ 티머시

해설
형태에 따른 구근(양분을 저장하는 장소)의 종류
- 지하경 : Kentucky Bluegrass, Bromegrass, Tall Fescue, Reed Canarygrass
- 포복경 : 잔디, White Clover, Bermudagrass
- 직근 또는 관부 : Alfalfa, Red Clover, Birdsfoottrefoil
- 줄기기부 : Orchardgrass, Ryegrass
- 인경 : Timothy, 파, 양파, 백합

95 뿌리가 얕아서 가뭄에 약하며 추위에 강하여 고랭지에 적합한 초종은?

① 오처드그라스
② 톨페스큐
③ 티머시
④ 퍼레니얼라이그래스

96 콩과(두과) 목초의 일반적인 특성과 거리가 먼 것은?

① 뿌리는 곧은 뿌리로 되어 있다.
② 종자는 등과 배쪽에 봉합선을 따라서 벌어지는 꼬투리 안에 있다.
③ 줄기는 대체로 속이 비어 있고, 둥글며 벌어지는 꼬투리 안에 있다.
④ 목초의 뿌리에는 질소고정을 할 수 있는 뿌리혹박테리아를 갖는다.

97 목초를 청예로 이용할 때 고려할 사항 중의 하나는 예취 후의 재생이다. 재생에 영향을 주는 요인에는 많은 것이 있지만 그 중에서도 저장 탄수화물의 축적은 매우 중요하다. 그러면 콩과(두과) 목초인 알팔파에 있어서 재생에 필요한 탄수화물을 가장 많이 함유하고 있는 부위는?

① 잎(Blade) ② 줄기(Stem)
③ 뿌리(Root) ④ 관부(Crown)

98 두과(콩과) 목초만 다량 급여 시 발생하는 대표적인 장해는?

① 고창증 ② 대사장애
③ 번식장애 ④ 소화기질병

정답 94 ④ 95 ③ 96 ③ 97 ④ 98 ①

99 고창증을 일으키지 않는 목초는?

① 알팔파
② 레드클로버
③ 화이트클로버
④ 버즈풋트레포일

100 버즈풋트레포일에 대한 설명으로 옳은 것은?

① 화본과 목초이다.
② 노란 꽃이 핀다.
③ 우리나라에 자생종이 없다.
④ 목초의 여왕이라고 부른다.

> **해설**
> ① 두과 목초이다.
> ③ 우리나라에도 벌노랑이라고 부르는 야생식물로 전국적으로 분포되어 있다.
> ④ 알팔파는 사료가치가 매우 우수하여 목초의 여왕이라 불린다.

101 우리나라에서는 벌노랑이가 여기에 속하며, 내서성과 내한성이 강하며, 적응성이 넓어 간척지에도 생육이 가능한 목초는?

① 라디노클로버
② 오처드그라스
③ 리드카나리그라스
④ 버즈풋트레포일

102 다음 그림에 해당하는 두과 목초는?

① 화이트클로버
② 라디노클로버
③ 레드클로버
④ 알팔파

103 수정을 주로 트리핑(Tripping)현상에 의존하는 것은?

① 톨페스큐
② 매듭풀
③ 알팔파
④ 오처드그라스

> **해설**
> 알팔파는 타화수정(서로 다른 계통 간의 수정) 작물로서 벌에 의하여 트리핑(Tripping)이 되고 수정이 되며, 꼬투리는 빙빙 꼬인 나사모양으로 두세 차례 꼬여 있고, 그 속에 황색의 종자가 1~4개 들어 있다.

104 알팔파의 형태 및 생리·생태적 특징으로 알맞은 것은?
① 꽃은 두상화서이다.
② 단년생 두과 목초이다.
③ 줄기는 포복경이다.
④ 벌에 의한 수분작용을 트리핑(Tripping)이라고 한다.

해설
① 꽃은 총상화서이다.
② 다년생 두과 목초이다.
③ 줄기는 직립하고 30~100cm 정도 자라며, 많은 줄기를 내며 군생한다.

105 알팔파를 설명한 것 중 틀린 것은?
① 뿌리의 비대가 좋고 근류균을 갖는다.
② 줄기의 목질화가 심하고 건조에 약하다.
③ 잎이 부드럽고 기호성이 좋다.
④ 자색의 꽃을 피우고 트리핑으로 수정된다.

106 다음 중 알팔파의 주요 특성이 아닌 것은?
① 가소화 영양분함량이 높다.
② 여름철 하고나 가뭄에 약하다.
③ 양질의 건초조제가 가능하다.
④ 근류균에 의해 질소고정을 한다.

107 알팔파 재배 시 가장 많이 탈취되는 영양분은?
① 인 산
② 칼 륨
③ 칼 슘
④ 마그네슘

108 알팔파를 처음으로 재배하고자 할 때 고려하여야 할 사항과 가장 거리가 먼 것은?
① 아이오딘(I) 시용
② 석회(Ca) 시용
③ 근류균 접종
④ 붕소(B) 시용

정답 104 ④ 105 ② 106 ② 107 ② 108 ①

109 우리나라에서 알팔파 재배 시 일반적인 제한 요인에 대한 설명으로 틀린 것은?

① 신규조성 시 근류균의 접종이 필요하다.
② 수확기계 및 장비가 추가로 필요하다.
③ 배수가 잘되도록 하며, 산성토양의 교정이 필수적이다.
④ 미량원소 특히 붕소의 사용이 효과적이다.

110 다음 중 정착 초기 붕소(B)의 사용이 필요한 작물은?

① 오처드그라스   ② 수단그라스
③ 레스페데자   ④ 알팔파

111 알팔파는 사료가치가 매우 우수하여 목초의 여왕이라 불린다. 우리나라에서 알팔파 재배 시 제한요인이라고 생각되지 않는 것은?

① 토양의 산성
② 월동 불가능
③ 붕소의 결핍
④ 근류균의 부재

> **해설**
> 우리나라에서 알팔파 재배에 성공하려면 배수가 잘되고 석회시용으로 토양을 약산성으로 만들어야 하며, 붕소시비와 근류균을 접종하여 재배하면 알팔파 초지를 유지할 수 있다.

112 우리나라에는 알팔파의 재배가 어려운 것으로 알려져 있는데 그 이유로 가장 적합한 것은?

① 토양의 산도가 낮고 건조해서
② 토양의 산도가 낮고 습도가 높아서
③ 토양의 산도가 높고 건조해서
④ 토양의 산도가 높고 습도가 높아서

> **해설**
> 내산성이 약한 알팔파는 염기성 토양에서 잘 자라지만 너무 높은 염기성 토양에서는 생육이 부진하다.

113 알팔파의 사료가치 중 틀린 것은?

① 가축의 기호성이 좋다.
② Ca의 함량이 낮다.
③ 소화율이 높다.
④ 단백질의 공급량이 많다.

> **해설**
> 알팔파는 단백질이나 무기물 특히 Ca함량이 매우 높다.

정답 109 ② 110 ④ 111 ② 112 ④ 113 ②

CHAPTER 02 초지조성

PART 04 사료작물학 및 초지학

01 초지조성과 자연환경

1. 초지조성의 입지적 조건

> **더알아두기**
>
> **초지조성과정의 순서**
> 입지선정 → 지형정지 → 장애물 제거 → 석회비료 사용 → 파종 → 복토 → 진압

(1) 적합한 입지조건

① 경사도
  ㉠ 경사가 완만하고 비옥한 지형은 사료작물을 재배한다.
  ㉡ 경사가 있거나 복잡한 지형에는 초지를 조성하여 이용한다.
  ㉢ 중산간지의 휴경답도 목초를 재배하기에 좋다.
  ㉣ 경사한계 : 착육우 22°, 한우 및 육우 31°, 면양과 산양 45°

② 경사면의 방향
  ㉠ 남향(양지)
   • 햇빛이 잘 들고 지온이 높으며, 낮과 밤의 기온차가 심하다.
   • 증발산이 많고 건조하기 쉬우며 바람이 많다.
   • 토양의 유기물함량은 많으나 pH와 인산함량이 낮다.
  ㉡ 북향(음지)
   • 선선하여 습기와 수분이 많고 주야간의 지온변화가 작고 목초의 동해가 작다.
   • 일반적으로 서향이나 북향지의 목초수량이 많다.
   • 토양의 유기물함량은 낮고 pH와 인산함량이 높다.

(2) 적합한 초종의 선택
① 목초는 종류에 따라 특성과 사료가치 및 기호성이 각기 다르다.
② 화본과 목초와 두과 목초를 반드시 섞어 뿌리는 혼파가 원칙이다.
③ 특성이 다르므로 혼파하여 장점을 살리고 약점을 보완한다.

(3) 지형 정지
① 초지는 경사지나 산지에 조성되는 것이 일반적이므로 지형조건이 열악하기 쉽다.
② 부분적으로 불량한 지형은 약간 정지작업을 하여 개량원지형 초지를 조성하는 것이 편리하다.

(4) 장애물 제거
① 지표의 기존식생 등의 장애물이 있으면 목초의 정착이 나빠지므로 제거하여야 한다.
② 제초제를 이용하여 고사시킨 뒤 화입을 하거나 전기톱으로 제거하는 방법이 일반적이다.
③ 채식범위가 넓은 흑염소 등을 이용하여 친환경적으로 제거하는 방법도 있다.

(5) 석회 및 비료 시용
① 우리나라 토양은 대부분 산성토양이므로 초지조성 시 석회를 충분히 시용한다.
② 석회는 4~5년마다 추가 시용하는 것이 좋다.
③ 두과 목초는 토양산도에 대한 반응이 더욱 민감하다.

(6) 파종시기 및 파종량
① 파종은 잡초와의 경쟁을 피하기 위해 8월 하순에 한다.
② 파종량은 ha당 30~35kg 정도로 초종별 파종량(kg/ha)은 오처드그라스 16, 톨페스큐 9, 퍼레니얼라이그래스 3, 화이트클로버 2 정도이다.
③ 오처드그라스는 여름철 고온·다습에 약하므로 톨페스큐의 파종량을 증가시키는 것도 바람직하다.

(7) 갈퀴질 및 진압

① 갈퀴질로 목초종자를 지면에 밀착시켜 주고, 진압하여 모세관현상에 의해 토양 중의 수분이 종자에 공급되어 목초 정착률이 향상된다.
② 파종시기가 늦어졌을 경우 반드시 진압하여 조기에 정착할 수 있도록 한다.

> **더알아두기**
>
> 초지조성을 위한 작업단계
> 경운 → 석회살포 → 쇄토 → 비료, 종자살포 → 복토 → 진압

2. 자연초지의 식생

(1) 자연초지

① 야초지 : 목초를 가꾸는 등의 적극적인 인위수단을 가하는 일 없이 자연상태로 채초(採草)나 방목에 이용하는 초지로 그 식생은 야초를 주로 한다.
② 단초형(短草型) : 잔디 등을 주로 하는 초지로 주로 방목지에서 볼 수 있다.
③ 장초형(長草型) : 참억새 등이 우점(優占)되어 있는 초지로 주로 채초지로 이용하고 있다.
④ 기타 : 조릿대형 초지(조릿대류가 주류인 초지), 고사리형 초지(고사리가 우점된 초지), 관목형 초지(관목이 침입된 초지) 등이 있다.

> **더알아두기**
>
> 자연초지의 중요성
> - 초식가축의 사료자원이다. 특히, 한우의 사료자원으로 중요하다.
> - 자연초지는 생산성이 높은 개량초지로 유도할 수 있다.
> - 자연초지를 이해함으로써 개량의 방법과 예측이 가능하다.

(2) 인공초지

① 인위적으로 목초를 가꾸어 만든 축산용의 초지이다(목초지).
② 건초나 사일리지 등의 저장사료를 생산하는 채초지와 가축을 방목하는 방목초지가 있으며, 이 양자를 겸용하는 경우도 있다.

(3) 식생의 천이

① 군락의 천이 : 일정한 토지에 있는 식물군락이 시간의 경과에 따라 변하여 가는 것으로 전진적(생산성 증가) 천이와 후퇴적(생산성 감소) 천이가 있다.
  ㉠ 전진적 천이 : 나지 – 초지 – 잡관목림 – 산림
  ㉡ 후퇴적 천이 : 야초지 – 나지 – 황폐기
② 자연초지의 천이계열(Sere) : 선구기(나지기) – 초원기 – 관목림기 – 삼림기

3. 초지의 기후환경

(1) 우리나라 기후의 특성

① 계절풍 기후의 특성
  ㉠ 겨울에는 시베리아 고기압의 영향으로 우리나라로 한랭건조한 북서계절풍이 불어오고 강수량이 적다.
  ㉡ 봄에는 북서계절풍도 약해지고 온화한 날씨가 나타나지만 일시적으로 시베리아 고기압이 확장하여 꽃샘추위가 나타나기도 한다. 그리고 황사현상이 자주 나타난다.
  ㉢ 여름에는 북태평양 고기압의 영향으로 우리나라로 고온·다습한 남동·남서계절풍이 불어오고 강수량이 많다. 장마는 6월 하순경에 남부지방부터 시작되고, 강수량은 연강수량의 50~70%에 이르고, 일부 지역에 많은 비가 내리는 집중호우현상도 나타난다.
  ㉣ 가을은 이동성 고기압의 영향으로 청명한 날씨가 지속되고, 이동성 고기압이 지나고 저기압이 통과하면서 가을비를 내리기도 한다.
② 대륙성 기후의 특성
  ㉠ 대륙의 영향을 많이 받는 겨울에는 기온이 낮지만, 해양의 영향을 많이 받는 여름에는 기온이 높아 연교차가 크다.
  ㉡ 대륙도는 대륙의 영향 정도를 수치로 나타낸 것인데, 북부 내륙으로 갈수록 대륙도가 높아진다.

(2) 우리나라의 기온 특성

① 우리나라의 연평균기온은 12℃ 정도이다.
② 기온은 남에서 북으로 갈수록, 해발고도가 높은 산지로 갈수록 낮아진다.
③ 동서 간보다 남북 간 기온 차이가 크고, 중부지방의 연평균기온은 비슷한 위도의 동해안이 서해안보다 높다.

④ 기온의 지역차는 여름보다 겨울에 뚜렷하다.
⑤ 비슷한 위도의 겨울기온은 해안지역이 내륙지역보다 높고, 동해안이 서해안지역보다 높다.
⑥ 8월 평균기온 분포를 보면 1월에 비해 기온의 지역차가 작다. 남부지역의 대부분은 기온이 25℃ 이상이다.
⑦ 함경북도 동해안 지역의 여름기온이 낮은 것은 한류의 영향 때문이고, 개마고원과 대관령 일대의 기온이 주변지역보다 낮은 것은 해발고도가 높기 때문이다.

(3) 우리나라의 강수특성

① 연강수량은 약 1,300mm(세계 평균 880mm)로 습윤기후에 속한다.
② 우리나라는 강수량의 연도별(기단의 형성과 배치, 태풍의 통과 횟수 등), 계절별 변화가 심하게 나타난다(대부분의 지역에서 6~8월에 연강수량의 50% 정도가 집중된다).
③ 강수량은 지역차가 심하다.
  ㉠ 강수량은 풍향과 지형, 해발, 고도 등에 영향을 많이 받는다.
  ㉡ 바람받이 사면에 해당하는 지역은 강수량이 많지만 평탄한 지형이 탁월하거나 바람그늘 사면에 해당하는 지역은 강수량이 적다.
  ㉢ 여름철 수증기가 주로 남서지역에서 유입되며 산지가 있는 제주도 남동지역, 한강과 임진강 중류 유역, 대관령 부근 등이 강수량이 많다.
  ㉣ 겨울철 강수량이 많은 지역은 원산 이남의 동해안, 울릉도, 남해안지역, 제주도 등이다.

(4) 기온과 하고현상

① **하고현상의 개념**
  ㉠ 목초가 25℃의 고온이 되면 생장이 정지되고 식물체가 약해지면서 병충해 발생이 증가되어 심하게 지속되면 말라 죽는 것이다.
  ㉡ 하고현상의 원인은 고온, 건조, 장일, 병충해, 잡초번무 등이 있다.
  ㉢ 한랭지형(북방형) 목초의 하고현상이 일어나는 이유는 고온·건조로 인한 생육부진이다. 즉, 고온으로 인한 호흡증가로 인해 광합성에 의한 동화량보다 호흡에 의한 소비증가와 여름철의 고온다습으로 인한 환경의 악화에서 비롯된다.
② **북방형 목초의 하고현상을 방지하기 위한 방법**
  ㉠ 장마 이전에 수확하여 초장을 짧게 유지한다.
  ㉡ 질소비료를 삼가거나 감량하여 시비한다.
  ㉢ 여름철 생육불량기에 관개를 한다(스프링클러에 의한 관개 등).
  ㉣ 초지조성의 대상지를 보수력이 나쁜 사질, 점질토양은 피한다.

◎ 하고에 비교적 강한 초종인 톨페스큐, 오처드그라스 등을 선택한다.
◎ 고온기에 가급적 목초를 이용하지 않고 초장을 적절히 유지해 준다.
◎ 여름철 고온기에 수확 시 9cm 정도로 높게 예취한다.
◎ 고온기에는 방목을 피한다.

4. 초지의 토양환경

(1) 초지의 자연환경요인

① 토양반응(pH)
  ㉠ 목초의 생육에 적합한 토양산도는 대부분 pH 5.5~7.0의 범위이다.
  ㉡ 초지조성 시 석회를 사용해서 산도를 교정했다 해도 3년이 경과하면 대체로 산도가 원상태로 낮아지게 되므로 우점된 초지는 제초제를 사용하여 제거하고 석회를 시용하여 방지한다.
  ㉢ 산성토양의 산도교정은 석회를 살포하여 토양산도를 교정해야 한다.
  ※ 토양교정에 이용되는 석회의 특징
    • 석회는 토양유기물을 분해하여 토양미생물의 생존을 돕는다.
    • 전층시용이 표층시용보다 교정속도가 빠르다.
    • 입자가 굵을수록 효과의 지속성이 오래 간다.
    • 석회입자가 작을수록 교정속도가 빠르다.
    • 석회는 시비량을 여러 번에 나누어 살포한다.

② 토양비옥도
  ㉠ 목초는 비료에 대한 요구도가 일반작물보다 상당히 높다. 따라서 척박한 토양에서 비료를 주지 않고 이용도 하지 않는다면 산야초에 우점되어 목초는 소멸된다.
  ㉡ 우리나라의 산지토양은 일반적으로 척박하고 산성이므로 초지를 관리 이용하지 않고 방치해 두면 잡초 및 산야초들이 재생하게 된다.
  ㉢ 비옥한 토양 또는 시비량 특히 질소질비료를 충분히 시용한 초지에서 이용을 적절히 하지 못하면 잡초들이 번성하게 된다.
  ㉣ 목초는 대부분 잡초보다 재생력이 강하므로 예취나 방목을 자주 해 주는 방법도 잡초 억제에 효과적이다.
  ㉤ 여름철 고온도에는 목초의 하고현상이 발생하므로 가급적 예취높이를 높게 하면 호광성 또는 광발아성 잡초의 발생과 생육을 억제하는 효과가 있다.

③ 토양수분
  ㉠ 척박하고 건조한 토양은 목초의 생육이 극히 불량하고 하고현상이 심하게 나타난다.
  ㉡ 건조기 대책으로서는 관수가 가장 효과적이나 실제면에서 초지관수가 어려우므로 남향 경사지의 가뭄피해가 우려되는 곳에서는 초지조성 시에 소나무 등 그늘을 만들어 줄 수 있는 나무들을 남겨 둔다.
  ㉢ 습하고 배수가 불량한 토양에서는 특히 목초의 주초종인 오처드그라스가 견디지 못하고 소멸된다. 따라서 보파해서 갱신하는 것이 최선의 방법이다.
④ 토양의 경도
  ㉠ 굳은 토양에서는 목초의 뿌리발육이 나쁘다.
  ㉡ 원칙적으로 초지의 갱신에는 겉뿌림 방법이 바람직하지만 토양이 너무 굳을 경우에는 경운갱신으로 토양의 물리성을 개량해 주는 것이 좋다.
  ㉢ 경운하고 조성한 초지는 성겨서 가뭄의 피해를 더 받게 되며 특히 겨울에 서릿발에 의한 피해로 목초의 고사율이 높아진다. 그러므로 경운조성한 초지는 반드시 진압해 주어야 한다.

(2) 우리나라 산지(산악지)토양의 특성

① **산성토양** : 우리나라 토양모재는 대부분 화강암 또는 화강편마암이고, 여름철 집중강우에 의하여 산성토양이다.
② **유기물 부족** : 농경지(3%)에 비해 산악지의 토양은 유기물함량이 1% 이하이다.
③ **낮은 유효인산함량** : 산지토양의 유효인산함량은 11.3%로 농경지의 약 1/10 수준이다.
④ **낮은 양이온치환용량과 염기포화도** : 산지토양은 칼슘, 마그네슘, 칼륨 등 양이온이 낮고 포화도도 낮다.
  ㉠ 산성토양 중에 존재하는 알루미늄이온의 해작용, 망간이온의 과잉 독성, 칼슘, 마그네슘, 인산의 결핍 등의 특성이 있다.
  ㉡ 알루미늄과 철이 활성화되어 인산과 결합함으로써 유효인산농도가 낮다.
  ※ 양이온치환능력이 높을수록 완충력이 올라간다. 즉, 양분저장능력이 높아진다.
⑤ 일반적으로 토심이 얕고 자갈이 많다.

(3) 우리나라에서 부실초지(저위생산성 초지)가 되는 직접적인 요인

① 조성 초기 관리기술의 미숙
② 추비량 부족
③ 과다 및 과소 이용

④ 청예를 위주로 한 초지이용
⑤ 이른 봄 및 늦가을의 과도한 이용
⑥ 초지의 배수불량
⑦ 여름철 수확 지연현상
⑧ 초지생산량의 한계

> **더 알아두기**
>
> **초지의 토양침식방지에 관한 역할**
> - 토양이 다공성이 된다.
> - 빗방울의 충격을 줄여 준다.
> - 다수의 가는 뿌리를 가지고 흙을 결박한다.

02 경운초지 조성

1. 경운초지의 특성과 중요성

(1) 경운초지 조성방법의 장점

① 경운을 하여 줌으로써 자연식생의 제거가 가능하다.
② 짧은 기간 동안에 생산성이 높은 초지조성이 가능하다.
③ 초지의 경운에 의해 땅 표면이 고르기 때문에 목초를 수확할 때 기계작업이 가능하다.

(2) 경운초지 조성방법의 단점

① 경운으로 땅 표면을 갈아엎기 때문에 표토유실을 받기 쉽다.
② 경운에 필요한 농기계를 구입하는 데 비용이 많이 든다.
③ 표고 및 경사 때문에 지대에 따라 농기계의 사용이 불가능하다.

> **더 알아두기**
>
> 초지조성공법
> - 발굽갈이법(제경법) : 산지를 갈아엎지 않고 가축의 발굽과 이빨을 이용하여 선점식생을 제거하고 목초를 파종하는 방법
> - 계단공법 : 주로 경사지에서 기존의 경사지에 대하여 계단상으로 조성정비하는 공법
> - 개량산성공법 : 기존의 상황이 복잡한 지형의 경사지를 지반변경에 의해 조성하고 전체적으로 경사를 완만하게 조성 정비하는 공법
> - 산성공법 : 지형을 바꾸지 않고 경사대로 경운하는 경우 조성공법

2. 입지조건과 장애물 제거

(1) 입지조건

구 분	경운초지	불경운초지	부적지
지 형	평탄, 구릉, 단구, 대지	산록, 산복, 구릉	산악지
경 사	30% 이하(16°)	60%(30°)	60%(31°)
유효토심	50cm 이상	20cm 이상	20cm 이하
토 성	사양질, 식양질	사양질, 식양질	극단의 사질 및 식질
자갈함량	10% 이하	10~30%	35% 이상
토양배수	양호, 약간 양호	양호, 약간 양호	매우 양호, 약간 불량
토양침식	1급 침식	2~3급 침식	4급 침식

(2) 장애물 제거

① 초지대상지에 자생하는 선점식생(잡관목, 야초 등)과 바위, 자갈 등을 제거하는 것이다.
② 장애물 제거의 목적은 경운작업이 가능한 상태로 만드는 것이다.
③ 장애물 제거에 사용되는 기계는 포크레인, 불도저, 트랙터, 레이크도저의 중장비와 전기톱, 예취기 등이 있다.
④ 벌목은 목책림, 비음림, 방풍림(북쪽), 피난림(남쪽), 수원함양림 등은 남겨 두고 벌채한다.

> **더 알아두기**
>
> 경운초지를 조성(집약 초지조성)할 때 작업순서
> 장애물 제거 → 경운 → 쇄토 및 정지 → 시비 → 파종 → 복토 및 진압

3. 파종과 혼파조합

(1) 경운초지의 파종상 준비 및 구비조건
① 배수가 잘되고 상하층 토양의 수분함량이 적당하여야 한다.
② 선점식생과 잡초가 없으며, 균일해야 한다.
③ 종자가 파종되는 바로 밑의 토양은 단단해야 한다.
④ 표토는 부드럽고 입상이며, 너무 곱거나 가루모양이어서는 안 된다.
⑤ 파종상이 갖추어지지 않으면 목초의 정착률이 떨어진다.
⑥ 토양의 경운층은 토양수분과 양분이 위로 이동할 수 있도록 미경운된 하층심토와 직접 접촉되고 연결되어 있어야 한다.

(2) 파종방법
① 점파 : 콩, 옥수수, 칡 등과 같이 일정한 간격을 두고 1립씩 파종하는 방법이다.
② 산 파
  ㉠ 가능한 한 짧은 기간 동안에 목초를 지면에 피복시키는 방법이다.
  ㉡ 토양수분이 적절한 조건에서 잡초억제와 토양피복을 신속히 할 수 있는 장점이 있으나 비료나 종자의 손실량이 많다.
③ 조 파
  ㉠ 골을 따라 파종하는 방법이다.
  ㉡ 건조지대에서 많이 이용하며, 종자와 비료를 절약할 수 있으나 비료의 염해를 받을 염려가 있다.
④ 대상조파
  ㉠ 조파의 단점인 비료의 염해를 줄이기 위하여 보완한 조파방법이다.
  ㉡ 목초종자와 비료를 절약하고, 종자의 비료피해를 막을 수 있다.

(3) 파종시기 및 파종량
① 파종적기
  ㉠ 봄철과 가을철이나 토양수분과 잡초 문제를 고려하면 가을철 장마시기인 8월 25일~9월 15일이 적기이다.
    ※ 우리나라 중부지방에서 가장 적합한 목초의 파종시기는 가을철 장마기인 8월 말~9월 중순경이다.

ⓒ 우리나라 잡초 발생은 대부분 여름철이므로 가을에 파종하는 것이 좋다.
ⓓ 가을철 파종적기는 일평균기온이 5℃가 되는 날로부터 60~80일 전이다(북방형 목초는 일평균기온이 5℃가 되면 생육이 정지되기 때문이다).

② 파종량
  ㉠ 일반적으로 화본과는 ha당 5~20kg 두과는 ha당 5~30kg이다.
  ㉡ 일반적으로 오처드그라스를 채초용으로 단파할 때 ha당 가장 적당한 파종량은 17~25kg 정도이다.
  ㉢ 청예수수를 조파할 때의 10a당 파종량 : 3~5kg

③ 목초의 파종량을 늘려 주어야 하는 경우
  ㉠ 목초종자의 발아율이 낮을 때
  ㉡ 파종시기가 늦었을 때
  ㉢ 토양이 건조하거나 한발이 있을 때
  ㉣ 시비량이 부족한 경우
  ㉤ 지력이 매우 척박하고 경사가 심할 때
  ㉥ 흙이 거칠거나 목초가 잘 자랄 수 없는 곳
  ㉦ 병충해 및 조류피해가 염려되는 곳

(4) 혼 파

① 혼파조합의 기본원칙
  ㉠ 혼파되는 초종은 서로 기호성(방목)이나 경합력이 너무 차이가 나지 않고 비슷해야 한다.
  ㉡ 단순혼파가 중심이 되어야 하고, 4종 이상 혼파하지 않는다.
  ㉢ 의도된 목적에 맞도록 관리되어야 한다.
  ㉣ 최소한 콩과 1초종과 화본과 1초종이 혼파되어야 한다.
  ㉤ 초기 정착을 고려하여 방석형 초종을 혼파한다.
  ㉥ 조성 초기 수량과 정착 후 수량 및 지속성을 고려한다.
  ㉦ 화본과와 두과의 비율을 7 : 3으로 유지한다.

② 혼파의 장점
  ㉠ 가축에게 영양분이 높고 기호성이 좋은 풀을 공급할 수 있다. 즉, 단백질함량이 높은 두과 목초와 탄수화물함량이 많은 화본과 목초의 영양적 균형을 이룬다.
  ㉡ 질소비료의 사용을 줄일 수 있다. 즉, 두과 목초가 근류균으로 공중질소를 고정함으로써 화본과 목초에 질소비료가 절약된다.
  ㉢ 공간을 효율적으로 이용할 수 있다. 즉, 상번초와 하번초를 혼파함으로써 초종 간의 공간을 균형적으로 유지한다.

② 다양한 토양층의 이용과 토양의 비료성분(양분과 수분)을 더욱 효율적으로 이용할 수 있다.
   ⑩ 계절별로 균등한 목초생산이 가능하다. 즉, 혼파 목야지의 산초량이 시기적으로 평준화된다(조만생종, 다양한 목초 혼파).
   ⑪ 자연재해의 정도를 덜 수 있다(동해, 한해(가뭄), 병충해, 습해의 재해 방지 등).
   ⓢ 단위면적당 생산량을 높일 수 있고, 이용방법의 선택이 쉽다(건초, 사일리지, 방목).
③ 혼파의 단점
   ㉠ 재배관리가 어렵다.
   ㉡ 최대수량이 아니다.
   ㉢ 의도된 결과와는 다른 식생변화로 전이하는 경향이 있다.
   ㉣ 관리에 고도의 기술과 목초의 기술이 필요하다.
   ※ 콩과 목초 종자들의 발아율이 낮은 이유 : 종피의 불투수성

4. 근류균의 접종과 종자피복

(1) 근류균의 접종

① 두과(콩과) 목초의 근류균 접종방법
   ㉠ 토양접종법 : 새로운 목초재배지에 근류균을 접종하기 위해 콩과 목초재배경력이 있는 토양을 종자와 함께 뿌려 주는 방법이다.
   ㉡ 종자접종법(인공배양균접종) : 시험관배양균, 분제상근류균, 종자흡착근류균 등이 있다.
   ㉢ 접종할 때 탄산석회를 부착제로 사용한다.
② 접종의 필요성
   ㉠ 근류균이 공기 중의 불활성 질소를 암모니아태질소(NH_3-N)로 전환 → 목초가 질소를 이용함으로 질소비료가 절감된다.
   ㉡ 목초가 재배된 적이 없는 지역이나 질소고정능력이 없는 무효균이 번성한 지역은 목초의 생육이 불량하다.
   ㉢ 목초품종과 근류균 Strain 간에 적합성이 높은 것이 질소고정효과가 높다.
   ㉣ 근류균이 두과 작물의 뿌리썩음병의 발생을 억제하고 토양 내 독소를 파괴하여 목초생장에 좋은 조건을 만들어 줌으로 목초의 영속적인 생육과 수량증대에 영향을 미친다.
   ※ 공기 중 질소를 활발하게 고정하는 근류의 내부에 존재하는 색소는 적색이고, 사료작물 중 질산태질소의 함량이 가장 많은 작물은 알팔파이다.

③ 근류균제 보관 및 접종방법
　㉠ 근류균제는 구입 후 냉장고(4℃)에 보관하는 것이 근류균의 밀도유지에 효과적이다.
　㉡ 근류균은 건조와 직사광선에 약하므로 접종 시 주의해야 한다.
　㉢ 토양이 척박하고 산성이 강하고 건조한 경우에는 유기물이 풍부하고 습도유지가 좋은 지역보다 근류균 접종량이 많아야 한다.
　㉣ 배양된 근류균의 혼탁액을 종자와 섞어 파종한다.
　㉤ 화이트클로버의 근류균은 알팔파에는 접종효과가 거의 없다.
　㉥ 근류균에 접종된 종자는 비료살포와 동시에 파종해서는 안 된다.
④ 두과(콩과) 사료작물들의 근류균주들이 상호접종될 수 있는 조합

접 종	상호접종 가능식물
알팔파군	알팔파, 버클로버(개자리), 스위트클로버
클로버군	레드, 화이트, 라디노, 알사이크, 크림슨, 서브클로버류
완두 및 베치군	완두류, 베치류
강낭콩군	강낭콩
콩 군	콩, 덩굴콩
동부군	동부, 매듭풀류(레스페데자류), 크로타라리아, 칡, 땅콩, 팥
루핀군	루 핀
벌노랑이군	벌노랑이, 버즈풋트레포일
자운영군	자운영

(2) 종자피복
① **종자피복 재료** : 양분(질소유기물, 인산, 석회), 생육조절제, 살균제, 살충제 등
② **종자피복의 효과**
　㉠ 종자의 보존과 토양수분 흡수 및 비료효과 증대로 영양상태를 개선해 준다.
　㉡ 야생조류의 피해를 줄이고 종자의 무게를 증가시켜 토양접촉면적을 증가시킨다.
　㉢ 다공성 물질의 피복은 종자수분을 공급해 발아를 향상시킨다.

> **더 알아두기**
>
> 두과 목초의 중요성
> - 잡초의 침입을 방지한다.
> - 사초의 기호성을 개선한다.
> - 칼슘의 함량이 많다.
> - 가축영양소 요구량을 균형 있게 충족시킬 수 있다.

5. 시비와 진압

(1) 시비

① 질소의 성분 및 시비효과
  ㉠ 다량의 질소시비는 수량의 증가와 단백질 구성에 중요한 역할을 한다.
  ㉡ 대부분의 식물은 질산태(NO_3), 암모니아태(NH_4)로 흡수한다.
  ㉢ 산성비료인 황산암모늄(유안)보다 중성인 요소의 시용이 유리하다.
  ㉣ 벼과는 질소의 효과가 크고, 콩과는 인산의 효과가 크다.
  ㉤ 질소질비료는 몇 회에 나누어 주는 것이 좋다.
  ㉥ 질소시비는 화본과는 분얼수가 늘고 수량이 증가된다.
  ㉦ 질소시비로 화본과와 두과를 혼파하면 화본과의 우점이 심해진다.
  ㉧ 질소시비로 한지형 화본과 작물은 탄수화물 축적을 감소시켜 기호성이 낮아진다.
  ㉨ 질소와 칼륨은 식물체 내에서 탄수화물과 단백질의 축적에 필요하며 목초의 월동 전 추비로서 필요하다.
  ※ 목초는 양분의 흡수율이 크므로 시비에 대한 효과가 잡초보다 크다.

② 인산의 성분 및 시비효과
  ㉠ 인산과 칼륨질비료는 특히 콩과(두과)에 있어서 시비효과가 크다.
  ㉡ 인산질비료가 생육 초기에 결핍되면 화본과 목초의 성장이 느리거나 생육이 멈춘다.
  ㉢ 인산은 콩과 목초의 생육 초기에 요구도가 높다. 즉, 인산은 뿌리의 성장을 도와 정착을 용이하게 한다.
  ㉣ 인산은 산성토양이나 굳은 토양, 모래나 자갈이 많은 토양에서는 결핍되기 쉽다.
  ㉤ 식물체가 흡수하는 인산은 $H_2PO_4^-$ 이다.
  ㉥ 인산은 세포분열, 생장, 광합성, 대사에 관여한다.
  ㉦ 인(P)은 콩과와 화본과 목초 유식물 생육과 정착에 중요하며, 탄수화물대사를 지배한다.

> **더알아두기**
>
> **벼과(화본과)가 우점된 초지에 콩과 목초의 식생비율을 증가시키기 위한 방법**
> - 방목강도 또는 예취고를 낮춘다.
> - 연간 예취횟수를 늘린다.
> - 인산과 칼륨을 증량시비한다. 단, 질소비료는 피한다(비료의 절약효과).

③ 칼륨의 성분 및 시비효과
  ㉠ 추위에 대한 내성을 높이며, 가뭄에 대한 저항성을 준다.
  ㉡ 칼륨은 초지조성 시보다 생육 시에 필요한 비료이다.

ⓒ 질병, 해충, 저온, 가뭄 등에 대한 저항성을 준다.
ⓔ 방목용 초지보다 채초용(건초, 사일리지) 초지로 이용할 때 결핍되기 쉽다.
ⓓ 두과는 화본과에 비해 칼륨섭취 이용능력이 낮다.
ⓑ 가을에 칼륨을 사용하면 월동에 유리하다.
ⓢ 많은 양을 동시에 사용하면 염해의 염려가 있다.
ⓞ 사용량은 60~80kg/ha 정도가 적합하다.

④ 칼슘, 마그네슘, 붕소의 성분 및 시비효과
  ⓐ 칼슘은 세포벽의 구성성분이며, 분열조직에 많이 분포되어 있다.
  ⓑ 마그네슘은 엽록소 및 효소의 기능에 관여한다. 부족 시 목초의 성장이 불량하고 불량목초를 섭취할 경우 그래스테타니를 유발한다.
  ⓒ 칼슘과 마그네슘은 석회의 사용으로 공급할 수 있다.
  ⓓ 붕소는 당의 이용, 세포벽의 형성에 관여한다. 특히 우리나라 토양에 부족하여 알팔파 재배 시는 반드시 사용해야 한다.
  ⓔ 월동개시기에는 추비를 하지 않는다.

⑤ 석회의 기능 및 역할
  ⓐ 콩과에 있어서는 석회의 사용효과가 크며, 특히 석회의 시비효과가 크다.
  ⓑ 석회는 다른 비료성분의 흡수율을 증가시킬 수가 있다.
  ⓒ 석회사용으로 토양이 중성이 되면 질소, 인산, 칼륨, 칼슘, 마그네슘, 황 등의 영양소를 잘 흡수한다.
  ⓓ 석회사용은 질소, 인산, 칼륨 및 미량원소의 흡수를 도와 목초의 생산을 극대화시킨다.
    ※ **미량원소** : 철(Fe), 붕소(B), 망간(Mn), 구리(Cu), 아연(Zn), 몰리브덴(Mo), 염소(Cl)
  ⓔ 칼슘·인 등 영양공급, 알루미늄 또는 망간의 독성은 완화시킨다.
  ⓑ 토양산도를 교정하고 근류근의 활력을 증진시켜 두과 작물의 생산량을 증진시킬 수 있다.
  ⓢ 산성토양에서는 철, 망간, 붕소, 구리 등이 잘 흡수된다.
  ⓞ 석회의 사용량은 양토 또는 식양토, 유기물함량이 많은 토양에서 많다.
  ⓩ 사용방법은 절반은 경운 전에 절반은 경운 후에 땅속에 묻히도록 살포한다.
  ⓧ 초지조성 시 산성토양 개선 시 살포한다.

⑥ 액비 및 구비사용량
  ⓐ 사료작물재배에 있어 가축사양의 부산물인 퇴구비를 사료생산포에 환원시켜 주는 것은 지력의 유지 및 증진에 영향을 미친다.
  ⓑ 가축의 구비는 새로 조성하는 초지와 이른 봄 목초가 생육하기 전에 뿌려 준다.

(2) 진 압

① 진압의 중요성
  ㉠ 토양수분을 종자에 흡착시켜 발아 및 정착에 도움을 준다.
  ㉡ 부슬부슬한 토양을 눌러 수분방출을 억제한다.
  ㉢ 이후 제초제 살포, 시비, 예취 등 다른 기계작업을 용이하게 해 준다.
② 진압은 컬티패커(Culti-Packer)나 롤러를 이용한다.
③ 진압을 목적으로 파상롤러를 부착한 파종기를 사용할 때 사양토, 양토 등에는 적합하나 점토에는 부적합하다.

6. 사후관리

(1) 초기관리의 중요성

① 목초는 일반작물보다 종자가 작고 유식물기에 생육이 느리며, 여러 가지 초종이 혼파되어 종 간, 품종 간 경합이 심하다.
② 조성 초기관리가 초지 전체의 생산성과 초지성패를 좌우한다. 또 초기에 부실한 목초는 초지 성공률을 저하시킨다.
③ 초기관리가 초지의 정착, 연간수량, 품질, 식생구성비율 및 지속성을 결정한다.

(2) 조성 초기관리방법

① 진 압
  ㉠ 파종 연도 가을 및 이듬해 봄에 롤러 및 경방목(가벼운 방목)을 실시한다.
  ㉡ 진압의 뿌리의 활착으로 고사방지, 서릿발 피해방지, 부슬부슬한 토양 안정의 효과가 있다.
② 분얼촉진 및 잡초침입 억제
  ㉠ 도장목초가 15cm 전후(파종 연도 가을 및 이듬해 봄)일 때 가벼운 방목 또는 토핑(Topping)을 실시한다.
  ㉡ 웃자란 목초 및 잡초 억제, 목초의 분얼촉진(햇빛이 줄기기부까지 도달)의 효과가 있다.

03 불경운초지의 개량

1. 불경운초지의 특성과 중요성

(1) 불경운초지의 특성
① 땅을 갈아엎지 않고, 땅 표면에 간단한 파종상 처리를 한다.
② 경운(집약)초지 조성방법에 비해 불경운(간이)초지 개량방법이라고 한다.
③ 대상지의 경사도가 15~30°로 기계사용이 불가능하고, 토심이 얕거나 토양유실의 위험이 높아서 갈아엎기가 어려운 산지의 초지를 개량할 때 많이 쓰는 방법이다.
④ 조성비용은 적게 들고 초지완성기간이 2~3년으로 길며, 기술적인 사후관리 없이는 성공률이 낮다.

(2) 불경운초지개량의 장점
① 땅을 갈지 않고 조성하기 때문에 토양침식이나 토양유실의 위험이 적다.
② 지형에 영향을 적게 받고, 파종비용이 적게 든다.
③ 경사가 심하고 장애물이 많아서 기계를 사용할 수 없는 곳에도 조성이 가능하다.
④ 나무나 잡관목 등 장애물만을 제거하고 조성하기 때문에 작업이 간편하고 비용이 적게 든다.
⑤ 1년생 잡초가 침입할 수 있는 기회를 줄여 준다.
⑥ 토양의 수분함량이 높을 때(우중이나 강우 직후)에도 목초종자 파종이 가능하다.
⑦ 한발, 홍수 및 산불 등으로 긴급복구가 필요할 때 유효한 방법이다.
⑧ 파종시기, 파종방법 등 작업의 폭이 넓고, 연중 생초생산기간이 길다(목초+잡초).

(3) 불경운초지개량의 단점
① 종자와 토양의 접촉이 어려워 발아와 정착이 어렵다.
② 시간과 비용투입에 비하여 개량성과가 낮은 경우가 있다.
③ 개발은 신속하나 초지의 생산성 증가는 더디다.
④ 단위면적당 목초의 수량이 더디게 증가된다.
⑤ 초지의 목양력 증가가 느리다.

(4) 불경운초지개량에 알맞은 목초의 특성

① 산성이나 건조하고 척박한 토양, 좋지 않은 기후환경에도 잘 견딜 수 있는 초종이어야 한다.
② 발아 후 출현된 다음 야초와의 경합을 생각할 때 초기 생육이 빠른 초종이어야 한다.
③ 야초가 점유할 공간을 주지 않기 위해서는 높은 분얼성과 포복성을 가지고 빨리 퍼지는 능력을 가져야 한다.

(5) 불경운초지개량법 종류 및 특징

① **겉뿌림 초지조성** : 초지조성 대상지에 물리적 처리로 선점식생을 제거하고 석회, 비료, 종자를 뿌리고 갈퀴질, 복토, 진압 실시(장애물 제거 → 석회 및 비료살포 → 파종 → 진압)
② **제경(발굽갈이) 초지조성** : 초지대상지에 소나 양을 집중 투입하여 발굽과 이빨을 이용한 선점식생을 제거한 후 파종 또는 다시 가축을 투입하여 진압
③ **임간초지조성** : 최대한 나무를 베지 않고 최소한의 물리적 처리로 초지를 만드는 방법. 임목생산과 가축, 물, 사료의 병행 생산 이용의 도모
※ 임간초지에서는 수목에 의하여 광선이 차단되므로 토양수분의 증발이 억제되어 목초정착에 유리하다.

2. 적지선정 및 목책 설치

(1) 적지선정

① 해발표고가 높을수록 하고(夏枯)는 없으나 목초의 생육일수가 작아진다.
② 채초지는 기계작업이 가능한 15° 이하의 경사지, 방목지는 30°까지 가능하다.
③ 남향 또는 동남향보다는 북향이나 북서향이 목초생산량이 높다.
④ 활엽수가 많은 곳은 벌목의 노력과 경비가 많이 든다.
⑤ 단초형 야초 우점지는 토양비옥도가 낮고 건조하며 종자와 토양의 접촉이 어렵다.
⑥ 장초형 야초지는 토양수분이 좋고 비옥도가 높다.

(2) 목책(Fence) 설치

① 목책은 초지개량 수단 및 방목관리에 필수적이다(영구책).
② 목책은 초지를 개량하기 전에 설치하는 것이 원칙이다.
③ 목책은 음지와 양지를 구분해야 한다.
④ 목책은 지형, 음수조 및 수량을 예상하고 목구를 정한 다음 설치해야 한다.
※ **초지조성 기본요소** : 목책, 비료, 우량한 목초종자

3. 파종상의 준비

(1) 장애물 제거
① 자갈, 바위 관목교목을 제거한다(잡관목은 땅 표면과 평행이 되도록 자른다).
② 수목류, 관목류가 많으면 화입이 가장 좋다.
③ 비음림(그늘나무), 방풍림, 목책림, 사방림 등은 남겨 두고 제거한다.
④ 야초지의 경우 강방목(염소 등)하거나 제초제를 이용한다.

(2) 불경운초지조성 시 선점식생을 제거하는 방법
① 초지에 불을 놓는 화입법
② 야초를 그대로 놓고 죽이는 제초제 사용법
③ 가축에 의한 제경법(강방목, 말굽갈이법, 뉴질랜드식)
  ㉠ 산지를 갈아엎지 않고 가축의 발굽과 이빨을 이용하여 선점식생을 제거하고 목초를 파종하는 방법을 제경법이라고 한다.
  ㉡ 뉴질랜드에서 초기 정착자들이 자연식생을 파괴하고 초지를 조성하던 방법이었다.
  ㉢ 짧은 기간 동안에 많은 두수의 가축을 투입하는 밀집방목이 필수적이다.
  ㉣ 작업순서는 장애물 제거 – 목책설치 – 예비방목 – 시비·파종 – 답압방목 – 조성 후 관리방목의 순서로 조성한다.

4. 파종과 혼파조합

(1) 파종시기
① 가을철에 목초를 파종할 경우 일평균기온이 5℃되는 날로부터 60~80일 전까지 파종을 마쳐야 한다.
② 가을의 파종적기는 8월 중순(늦여름)~9월 중순(초가을)이다.

(2) 파종방법 등
① 산파법, 조파법, 대상조파법이 있다.
② 지형을 여러 구획으로 나누어 등고선을 따라 흩어뿌림한다.
③ 바람이 없는 날 오전에 뿌린다.

④ 목초 파종 후 복토의 깊이는 종자지름의 2~3배이다.
⑤ 화본과 목초와 두과 목초의 적정혼파비율은 7 : 3이다.

(3) 목초의 춘파(春播)와 추파(秋播)의 특성
① 춘파는 잡초의 피해를 받기 쉽고, 정착률이 저하된다.
② 추파는 병충해의 피해가 적고 다음해의 수량이 많으며, 잡초에 의한 경합이 감소된다.

> **더알아두기**
>
> **추파법으로 초지를 조성할 때 유의할 사항**
> - 새로 뿌린 목초종자가 흙과 잘 달라붙도록 해 주어야 한다.
> - 전부터 대상지에서 자라고 있는 야초나 관목은 제거한다.
> - 대상지의 토양 중에 결핍 영양성분을 충분히 공급해 준다.
> - 새로 뿌린 목초종자의 뿌리가 완전히 자랄 동안 보호관리를 철저히 한다.
> - 기계작업에 방해나 효율을 떨어뜨리는 모든 것을 제거해야 한다.
>
> **초지를 주로 초가을에 조성하는 가장 중요한 이유**
> 잡초와의 경쟁을 피하기 위함이고, 호밀을 봄 늦게 파종하면 키가 자라지 않는다.

(4) 불경운초지의 혼파
① 불경운초지의 혼파조합은 경운초지에 비하여 초종수・파종량・방석형 목초가 많으며, 월동에 강하고, 특히 하번초 위주의 초종으로 구성되어 있다.
② 우리나라에서 오처드그라스 중심의 혼파초지 조성 시 가장 알맞은 콩과 목초는 라디노클로버이다.
③ 오처드그라스, 톨페스큐, 라디노클로버로 된 혼파초지에서 예취 높이를 항상 3cm 이하로 하였을 경우 가장 우점이 될 수 있는 초종은 라디노클로버이다.
④ 초지에서 양호한 재생과 식생유지를 고려한 예취높이는 오처드그라스 위주의 혼파초지에서는 6cm 정도 높이가 가장 적당하다.
⑤ 방목초지에 가장 적합한 혼파조합 : 퍼레니얼라이그래스 - 라디노클로버 - 티머시

(5) 혼파초지의 일반관리

① 예취시기가 늦어질수록 수량은 증가하나 질은 떨어진다.
② 첫 번째 예취가 빠를수록 두과 목초(화이트클로버 등)의 비율이 많아진다.
③ 마지막 예취는 서리오기 40일 전에 하는 것이 좋다.
④ 상번초는 하번초보다 예취횟수와 예취높이에 더 민감하다.

5. 근류균의 접종과 종자피복

(1) 근류균의 접종

① 근류균의 접종은 질소비료의 절약효과 및 질소비료 사용 시 발생되는 질소의 용탈과 휘발, 침전 및 유실에 의한 수질오염을 예방할 수 있다.
② 근류균의 군 간에 상호접종은 불가능하나 같은 군에 속하는 다른 목초 간에는 접종이 가능하다.
③ 근류균의 접종은 크게 종토접종과 인공배양균접종으로 분류된다.
④ 가장 좋은 방법은 우수한 근류균을 인공배양하여 접종하는 것이다.

(2) 근류균의 인공접종 조건

① 각 숙주 간에 질소고정이 잘되는 균주를 선택할 것
② 숙주에 대한 근류균의 형성이 빠를 것
③ 근권에서 다른 균주와 경합력이 있을 것
④ 불량균주에 접종의 영향을 받지 않을 것
⑤ 질소고정능력이 높고 숙주범위가 넓을 것
⑥ 토양 중 생존과 번식력이 좋을 것
⑦ 생태적으로 안정되어 접종과 제조가 용이할 것

(3) 근류균의 착생방법

① 종자당 근류균의 접종 수를 증가시킨다.
② 근류균이 접종된 종자는 즉시 파종한다.
③ 근류균이 접종된 종자는 비료와 같이 뿌리지 않는다(종자만 뿌린다).
④ 토양수분이 있고 공기가 습할 때 뿌린다.

(4) 종자피복

① 목초의 정착률을 개선하기 위해 피복한다.
② 피복물질은 석회, 인산, 질소, 유기물과 생육조절제, 살충제, 살균제 등이 있다.

6. 시 비

(1) 시비량

① 석회시용량 : 1~2톤/ha(용석회)
② 인산시용량 : 100~150kg/ha
③ 칼륨시용량 : 40~60kg/ha
④ 질소시용량 : 50~70kg/ha
⑤ 기타 미량요소 : S, Mo, B 등

(2) 시비의 주요사항

① 혼파초지에서 추비 사용적기는 이른 봄과 목초를 베거나 방목한 다음이다.
② 여름철에는 목초가 더디게 자라고 기온이 높으며, 비가 많이 내려 비료성분이 목초에 이용되기 전에 유실되기 쉬우므로 피하는 것이 관례다.
③ 화이트클로버와 오처드그라스의 혼파초지에 질소비료를 많이 사용하면 화이트클로버가 줄어든다.
④ 콩과 목초를 화본과 목초와 혼파했을 때 초지에서 비료의 절약효과가 가장 큰 것은 질소(N)이다.

7. 파종 후 관리

(1) 초기관리

① 월동 후 진압 : 이른 봄 해빙 직후에 비료주기와 같이 실시한다.
② 1차 가벼운 방목 : 목초의 키가 15cm 정도일 때 실시한다.
③ 2차 방목 : 다시 자란 목초가 20cm 정도일 때 실시한다.
④ 청소베기 : 방목 후 남아 있는 잡초나 억센 풀을 베어 준다.

> **더 알아두기**
>
> 청소베기 효과
> - 잡초발생을 줄인다.
> - 기호성을 높일 수 있다.
> - 불식과번초(不食過繁草)를 줄인다.

(2) 잡초억제를 위한 초지관리이용

① 악성잡초의 예방을 위해서 충분한 시비와 석회를 사용한다.
② 지나친 방목은 피한다.
③ 여름철의 너무 낮은 예취는 해롭다.
④ 계속적인 보파가 필요하다. 즉, 초지에 빈 땅이 생겼을 경우 잡초 대신 목초종자가 항상 초지토양에 있어야 잡초의 침입을 막고 초지를 유지할 수 있다.

04 초지시설 및 농기계

1. 용수 및 배수시설

(1) 도 로

① **목도** : 초지에 개설한 도로로 지방도와 연결되고 초지 내 이동 및 가축의 이동에 필요한 도로의 총칭이다.
② **도로** : 간선도로(공용도로와 연결된 도로)와 지선도로(방목지, 채초지와 연결)를 말하며 간선도로는 개설작업에 많은 비용이 들어가므로 가장 가깝고 이용이 편리한 곳에 위치하게 한다.
③ **도로너비** : 간선도로 3.5~5m, 지선도로 3~4m, 도랑경사도 10°로 한다.
④ **대피도로** : 마주 오는 트랙터나 자동차를 피하기 위한 도로이며, 최소 곡선반지름이 15m 이상 되도록 한다.

(2) 용수시설

① **용수** : 가축 음용수, 기계 및 기구 세척용수, 바닥청소 및 소독용수
② **가축용** : 착유우가 가장 많이 소요되고, 건유우나 체중이 가벼운 가축 또는 육우는 용수량이 적다.
③ **방목지** : 자연수 또는 급수장치의 설치가 필요하며, 공급은 수원(지표수, 지하수)에서 수취 – 송수 – 정수 – 저수 – 급수형태로 한다.

(3) 배수시설

① 배수목적
　㉠ 목초의 생육조건 및 생육한 목초의 이용률 향상
　㉡ 작업능률을 개선하고 산사태, 표토유실, 습해방지 등
② 배수시설의 종류
　㉠ 지표수의 배수목적인 겉도랑과 지하수의 배수목적인 속도랑이 있다.
　㉡ 배수로에는 승수로, 집수로, 간선배수로, 배수하천 등이 있다.
　㉢ 지하수위가 높은 습지에는 암거배수를 한다.

2. 목 책

(1) 목책의 종류

① 설치장소에 따라 외책, 내책(능선과 계곡 방향)으로 구분하고 설치목적에 따라 보호책, 위험방지책, 유도책으로 분류한다.
② 만드는 재료에 따라 나무목책, 콘크리트목책, 철주목책, 돌담목책이 있다.
③ 이동 여부에 따라 고정목책, 이동목채, 전기목책이 있으며, 기타 태양열 전기목책, 나일론끈 등이 있다.

(2) 전기목책의 종류

① **용량형** : 일반 전선에 연결하는 것으로, 철선은 12번선을 쓰며 탄력이 700~900N의 힘으로 당겼을 때 늘어나지 않는 고탄소강철선을 쓴다.
② **충격형** : 축전지나 건전지를 사용하여, 전압을 4,000~5,000V 고압으로, 전류는 30~40mA로 변환시켜 1분에 50~60회 단속적으로 흐르게 하는 것이다.

3. 건물 및 부대시설

(1) 사일로 축조 시 고려사항

기밀성, 내구성, 배즙장치, 생력성, 경제성, 강우와 지하수의 방지, 안전성 등

(2) 사일로의 종류

① 재료에 따라 : 콘크리트, 블록, 목재, 철재, 섬유강화플라스틱(FRP)
② 형태에 따라 : 탑형, 벙커, 트랜치, 스택사일로 등
③ 설치위치에 따라 : 지하형(Trench Silo), 지상형(Bunker Silo, Stack Silo)
④ 기능에 따라 : 배즙사일로, 무배즙사일로, 자동반출사일로, 기밀사일로(Harvestor Silo)
⑤ 기타 : 사일리지 백, 랩핑사일리지 등

4. 경운 및 쇄토용 농기계

(1) 경운용 기계 : 초지를 조성할 때 몰드보드 플라우(Mold Board Plow), 원반 플라우(Disc Plow), 로터리(Rotary) 등의 기계가 필요하다.

① 플라우(쟁기, Plow)의 분류
  ㉠ 견인동력에 따라 : 축력 플라우, 경운기 플라우, 트랙터용 플라우
  ㉡ 보습의 형태에 따라 : 몰드보드(볏) 플라우, 원반 플라우, 치즐 플라우
  ㉢ 보습의 수에 따라 : 1련, 2련, 다련 플라우
② 플라우의 특성
  ㉠ 몰드보드 플라우 : 보습, 발토판, 지측판으로 구성되어 있다.
  ㉡ 원반 플라우 : 오목한 원반이 회전하며 절단, 경운, 반전, 쇄토 등을 한다. 주로 경지 개간용으로 사용하나 뿌리가 많아 반전이 잘되지 않는 경우는 부적합하다.
  ㉢ 로터리(Rotary) : 경운·쇄토가 동시 진행되어 작업능률이 좋으나 반전성이 떨어지고, 소요동력, 연료소모량이 많다.
  ※ 장애물 제거용 : 레이크도저(Rake Dozer), 부시커터(Bush Cutter), 로터리커터(Rotary Cutter) 등

(2) 쇄토 정지용 기계

① 해로우의 개념
  ㉠ 해로우는 플라우로 경운한 흙덩이를 목초종자를 파종할 수 있게 파쇄한다.
  ㉡ 파종상을 만들기 위한 기계는 원반 해로우와 치간 해로우가 있다.
② 해로우의 특성
  ㉠ 원반 해로우(Disc Harrow) : 평형원반, 화형원반(원반에 요철이 있는 것)이 있다.
    • 평형원반은 숙전에서 쇄토 정지용으로 사용한다.
    • 점토인 경우 전면은 화형원반을, 후면 갱은 평형원반을 사용한다.
  ㉡ 치간 해로우(Tooth Harrow : Spike Tooth Harrow, Spring Tooth Harrow)
    • 한 개의 축에 수십 개의 치간(이빨처럼 생긴 것)이 붙어 있는 것이다.
    • 지표의 죽은 풀이나 뿌리 제거, 파종 직후 초기 제초용, 산파한 목초종자의 복토 등에 사용한다.

5. 시비 및 파종작업기

(1) 비료살포기

① 석회살포나 목초파종에 이용되며, 살포방법에는 전폭낙하식, 원심살포식이 있다.
② 입상비료살포기(브로드캐스터, Broad Caster) : 호퍼의 바닥에 원판(스피너)을 고속으로 회전시켜 그 원심력으로 살포한다.

(2) 목초파종기

① 곡류파종기 : 화곡류나 두류 파종
② 콤바인드릴 : 종자와 비료를 동시에 파종 및 살포
③ 목초조파기 : 목초종자 조파용
④ 목초산파기 : 목초종자 산파용
  ※ **조파기** : 곡류조파기(비료상자, 곡류상자)에 목초종자 호퍼를 앞 또는 뒤쪽에 부착한 것이다.
⑤ 드릴(Drill)파종기의 특징
  ㉠ 조파(줄뿌림)에 쓰인다.
  ㉡ 파종 후 진압이 가능하다.
  ㉢ 급경사지에서는 작업능률이 좋지 않다.
  ㉣ 종자를 고르게 뿌릴 수 있다.

(3) 진압용 롤러

① 진압에는 롤러, 컬티패커가 사용된다.

　※ **컬티패커** : 흙덩이를 분쇄하고 적당히 다져주어 보수력을 높이는 효과가 있다.

② 토지조성 시 표토의 진압효과

　㉠ 토양 중의 수분 보유를 좋게 하고 토양 중의 공간을 없앤다.

　㉡ 사용비료의 효과를 높여 준다.

> **더알아두기**
>
> **분뇨살포기(액상살포기)**
> - 종류 : 자연유출식, 강제살포식
> - 이동방법 : 견인식, 자주식, 트랙터 탑재식

6. 목초 수확용 농기계

(1) 예취기(Mower, 모어)

① 왕복식 예취기

　㉠ 두 개의 삼각날 중 한 개가 왕복하면서 목초를 예취한다.

　㉡ 트랙터에 장착하거나 보행용 트랙터의 앞부분에 장착하여 사용한다.

　㉢ 포장이 정지되지 않은 곳에 사용하기가 좋다.

② 회전식 예취기

　㉠ 고속으로 회전하는 종축에 원판이나 원통을 붙이고 그 주위에 원심력에 의하여 회전하는 2~4개의 날로 예취하는 목초예취기이다.

　㉡ 취급이나 조정이 없고 작업능률이 높으며 쓰러진 목초의 수확이 쉽다.

　㉢ 작업속도는 빠르나 왕복식에 비하여 비싸고 동력소모가 많다.

(2) 목초수확기(Forage Harvester, 포리지 하베스터)

① 입모 중의 사료작물이나 목초를 예취와 동시에 절단하여 이것을 붙여 올려 트레일러나 다른 운반차에 쌓는 작업의 구조를 가진다(예취, 절단, 이송의 3가지 기능).

② 예취구조에 따라 플레일(Flail)형과 커터헤드 또는 유닛(Cutter Head 또는 Unit)형의 2가지로 나눈다.

7. 건초 및 사일리지 제조용 기계

(1) 헤이 컨디셔너(Hay Conditioner)
① 생초의 자연건조율을 증진하기 위하여 압착을 가하는 기계로 포장에서의 건조시간을 단축시켜 건초의 손실을 최소화할 수 있다(목초를 빨리 마르게 하기 위하여 목초를 으깨는 기계).
② 크러셔형(롤러 표면이 매끄러운 것)과 크리머형(롤러가 기어형)이 있다.
③ 예취한 생초를 두 개의 롤 사이를 통과하면서 압쇄하는 기기이며, 알팔파, 귀리, 호밀, 수단그라스 등 줄기가 굵은 작물에 적합하다.

> **더알아두기**
>
> 모어 컨디셔너(Mower Conditioner)
> - 목초를 예취와 동시에 압쇄 처리하기 위해 모어와 헤이 컨디셔너를 일체화한 작업용 기계이다.
> - 예취와 동시에 한 개의 롤 사이로 통과하면서 압쇄하는 기기이며, 예취폭은 2.13~3.65m로서 보통 2.75m의 것이 많이 사용된다.
> - 롤의 폭은 예취폭보다 약간 좁은 것이 보통이며, 예취부는 왕복식 칼날 또는 원판 회전형 칼날이 많이 쓰인다.
> - 모어 컨디셔너는 왕복칼날 방식 채택으로 깨끗한 예취와 소음이 낮으며, 고무 롤러 시스템으로 작물의 손상 최소화, 불규칙한 노면에서의 칼날 및 기계를 보호한다.

(2) 헤이 레이크(Hay Rake, 집초기)
① 벤 목초를 운반하기 쉽도록 모으는 기계이다.
② 덤프레이크, 스위프레이크, 사이드딜리버리레이크 3가지형이 있다.

(3) 헤이 테더(Hay Tedder, 반전기)
① 벤 풀을 균일하게 건조하기 위한 뒤집는(반전) 기계이다.
② 회전형과 체인형이 있다.

(4) 헤이 베일러(Hay Baler, 곤포기)
① 포장에서 말린 건초를 압축시켜 묶는 기계이다(건초묶음틀).
② 콤팩트형(각을 지어 묶는 것), 라운드형(둥글게 마는 것)이 있다.

8. 산지용 트랙터

(1) 산지용 트랙터의 특징

① 4륜구동형이고, 양 축에 제동장치가 장착되어 있어야 한다.
② 타이어는 다목적용으로 표면의 굽이 방사형이어야 한다.
③ 무게는 앞쪽이 60%, 뒤쪽이 40%(작업기 장착작업 시는 앞뒤 50%씩 유지)로 분포되어 있어야 한다.

(2) 트랙터의 규모

① 소요 대수 결정은 작업량이 가장 많을 때를 기준으로 한다.
② 경사지는 평탄지보다 20~30% 더 큰 마력을 유지해야 한다.
③ 총작업을 기준으로 대수를 산정한다.

적중예상문제

PART 04 사료작물학 및 초지학

01 초지조성과정의 순서가 바르게 나열된 것은?
① 입지선정 – 복토 – 진압 – 파종 – 석회비료 시용 – 지형정지 – 장애물 제거
② 입지선정 – 지형정지 – 장애물 제거 – 석회비료 시용 – 파종 – 복토 – 진압
③ 입지선정 – 지형정지 – 장애물 제거 – 파종 – 석회비료 시용 – 진압 – 복토
④ 장애물 제거 – 입지선정 – 지형정지 – 파종 – 석회비료 시용 – 복토 – 진압

02 초지조성을 위한 작업단계를 가장 바르게 나열한 것은?
① 쇄토 → 비료, 종자살포 → 석회살포 → 경운 → 복토 → 진압
② 경운 → 석회살포 → 쇄토 → 비료, 종자살포 → 복토 → 진압
③ 비료, 종자살포 → 경운 → 석회살포 → 쇄토 → 복토 → 진압
④ 석회살포 → 비료, 종자살포 → 경운 → 쇄토 → 복토 → 진압

03 목초가 25℃의 고온이 되면 생장이 정지되고 식물체가 약해지면서 병충해 발생이 증가되어 심하게 지속되면 말라 죽는 것을 무엇이라고 하는가?
① 월동장애
② 하고현상
③ 답압내성
④ 설부피해

04 목초의 하고현상에 대한 설명으로 가장 적합한 것은?
① 하고현상의 주요인은 높은 기온 때문이다.
② 하고기에는 목초의 초장을 길게 유지하는 것이 좋다.
③ 하고기에는 질소시비를 충분히 하여야 한다.
④ 병해와 하고와는 무관하다.

해설
하고현상의 원인 : 고온, 건조, 장일, 병충해, 잡초번무

정답 1 ② 2 ② 3 ② 4 ①

05 한랭지형 목초의 하고현상이 일어나는 이유는?

① 고온·건조로 인한 생육부진
② 영양생장기에서 생식생장기로 전환
③ 키가 자라는 것이 중지되고 분얼발생이 시작되기 때문
④ 광합성대사가 약화되고 질소대사가 왕성해지기 때문

06 여름철 북방형 화본과 목초에서 흔히 볼 수 있는 하고현상과 가장 관련이 있는 생리적 현상은?

① 굴광작용　　② 호흡작용
③ 질소고정작용　④ 증산작용

> **해설**
> 하고의 원인은 고온으로 인한 호흡증가로 인해 광합성에 의한 동화량보다 호흡에 의한 소비증가, 여름철의 고온다습으로 인한 환경의 악화에서 비롯된다.

07 북방형 목초의 하고현상을 방지하기 위한 방법은?

① 여름철에 자주 수확한다.
② 여름철에 예취높이를 5cm 이하로 짧게 한다.
③ 장마 이전에 수확하여 초장을 짧게 유지한다.
④ 질소비료를 다량 사용한다.

> **해설**
> **북방형 목초의 하고현상을 방지하기 위한 방법**
> - 고온기에 가급적 목초를 이용하지 않고, 유지 관리한다.
> - 여름철 고온기에 수확 시 9cm 정도로 높게 예취한다.
> - 고온기간 중 목초의 초장이 20~30cm 유지되도록 수확시기를 조절한다.
> - 질소비료 사용을 삼간다.
> - 스프링클러에 의한 관개를 실시한다.
> - 하고에 강한 초종인 톨페스큐, 오처드그라스 등을 선택한다.

08 다음 중 초지의 하고대책과 거리가 먼 것은?

① 질소질비료의 추비를 억제한다.
② 스프링클러에 의한 관개를 실시한다.
③ 초지조성의 대상지를 점질토양이나 사질토양으로 선정한다.
④ 하고에 비교적 강한 초종인 톨페스큐, 오처드그라스 등을 선택한다.

> **해설**
> 보수력이 나쁜 사질, 점질토양은 피한다.

정답 5 ① 6 ② 7 ③ 8 ③

09 우리나라 산지토양이 갖는 가장 일반적인 특성은?
① 비옥하고 침식이 작다.
② 토심이 얕고 자갈이 많다.
③ 경사가 심하나 유기물이 많다.
④ 수분이 충분하고 중성에 가깝다.

10 우리나라 산지토양의 특성으로 부적합한 것은?
① 산성토양
② 유기물의 부족
③ 높은 유효인산함량
④ 낮은 양이온교환용량

해설
③ 낮은 유효인산함량

11 다음 중 산성토양의 특징을 잘 나타낸 것은?
① 알루미늄과 망간의 활성이 높아진다.
② 철, 구리, 아연 및 붕소의 용해도가 낮아진다.
③ 인산 흡수계수가 낮아진다.
④ 치환성 칼슘과 마그네슘함량이 높아진다.

해설
① 알루미늄이온이 양이온교환체에 흡착된다. 산성토양 중에 존재하는 알루미늄이온의 해작용, 망간이온의 과잉 독성, 칼슘, 마그네슘, 인산의 결핍에 의한 바가 크다.

12 초지의 환경보전에 대해서 잘못 설명하고 있는 것은?
① 초지의 목초뿌리는 토양을 결속시켜 토양의 침식을 방지한다.
② 공원, 골프장 및 축구장 등의 잔디와 같은 초지는 여가 및 휴식의 장소가 된다.
③ 목초재배는 토양의 단립(單粒)구조가 향상되므로 토양보수성이나 통기성을 향상시킨다.
④ 대도시의 건물옥상, 하천부지 및 자투리 땅 등에 잔디(초지)의 조성은 열섬(Heat Island)현상을 줄여 준다.

13 초지의 토양침식 방지에 관한 역할이 아닌 것은?
① 토양의 온도를 낮추어 준다.
② 토양이 다공성이 된다.
③ 빗방울의 충격을 줄여 준다.
④ 많은 가는 뿌리를 가지고 흙을 결박한다.

14 우리나라 초지의 저위(低位) 생산성에 영향을 미치는 요인이 아닌 것은?

① 추비량의 부족
② 조성 초기 관리의 미숙
③ 청예를 주로 한 초지이용
④ 이른 봄 및 늦가을의 적절한 이용

해설

우리나라의 초지부실화 원인
- 조성 초기 관리기술의 미숙
- 추비량 부족
- 과다 및 과소 이용
- 청예를 위주로 한 초지이용
- 이른 봄 및 늦가을의 과도한 이용
- 초지의 배수불량

15 우리나라에서 부실초지(저위생산성 초지)가 되는 직접적인 요인은?

① 불경운조성방법
② 관리기술 미숙
③ 기계에 의한 진압
④ 발아율이 낮은 종자 사용

해설

초지가 조성되었으나 조성 및 관리기술의 미숙으로 초지가 부실화하여 초지면적에서 제외된다.

16 우리나라에서 부실초지가 되는 원인에는 여러 가지가 있으나 그중 가장 직접적인 요인이라고 생각되는 것은?

① 경운조성   ② 많은 시비량
③ 과소 이용   ④ 기계작업

해설

우리나라는 일반적으로 사양하는 가축두수에 비하여 조성된 초지면적이 부족하기 때문에 과도한 청예 및 방목 이용으로 초지가 쉽게 황폐화되고 있다. 반면 새로 축산을 시작하는 농가는 초지조성에 가축의 입식이 뒤따르지 못해 초지의 과소이용으로 여름 장마철에 목초가 부식되고 고사주가 많이 발생하기도 한다.

17 초지조성 대상자인 산악지 토양을 농경지 토양과 비교한 것 중 가장 바르게 설명한 것은?

① 토양모재가 주로 화강암 또는 화강편마암이므로 중성토양이 많다.
② 알루미늄과 철이 활성화되어 인산과 결합함으로써 유효인산농도가 낮다.
③ 양이온치환용량과 염기포화도는 매우 높은 편이다.
④ 유기물이 매우 풍부하고 토심이 깊은 편이다.

정답 14 ④ 15 ② 16 ③ 17 ②

18 화본과 목초의 성장에 최적인 토양산도는?
① 3.0~4.0   ② 4.0~5.0
③ 5.5~6.8   ④ 7.0~8.5

해설
목초의 생육에 적합한 토양산도는 대부분 pH 5.5~7.0의 범위이다.

19 초지조성을 위하여 대상지의 토양을 조사한 결과, 토양의 pH가 5.0, 유효인산함량이 23ppm이었다. 이 결과를 기초로 한 초지조성 대상지의 토양개량에 대한 설명으로 가장 올바른 것은?
① 유효인산함량은 적정하므로 인산질비료의 시비가 필요 없다.
② 유효태인산함량이 높으므로 목초의 정착에 도움을 준다.
③ 적정 pH에 해당하므로 두과 목초의 성장에 도움을 준다.
④ 농용석회와 같은 석회질자재를 살포하여 토양산도를 교정할 필요가 있다.

해설
모든 식물체는 pH가 6~7인 약산성과 중성에서 생육이 가장 원활하게 이루어진다. 산도는 석회질비료를 시비하는 것이 가장 빠른 시간 안에 효과적으로 개량할 수 있는 방법이다.

20 초지조성 시 산성토양의 산도교정을 위해 주로 사용하는 토양개량제 성분은?
① 질 소   ② 인 산
③ 칼 륨   ④ 석 회

해설
석회질비료를 시비하는 것이 가장 빠른 시간 안에 효과적으로 개량할 수 있는 방법이다.

21 사료작물의 수량을 향상시키기 위하여 재배 시 토양개량제로서 석회를 시용한다. 석회의 역할 또는 시용방법을 바르게 설명하고 있는 것은?
① 목초의 탄수화물대사에 관여하며, 단백질의 주요한 구성성분이다.
② 토양의 미량성분(Mn, B, Cu, Fe)의 유효이용률을 증가시킨다.
③ 토양유기물을 분해하여 토양미생물의 생존을 돕는다.
④ 석회는 물에 쉽게 용해되므로 초지조성 바로 직전에 살포하는 것이 좋다.

22 토양교정에 이용되는 석회에 대한 설명으로 잘못된 것은?

① 석회입자가 작을수록 교정속도가 빠르다.
② 전층시용이 표층시용보다 교정속도가 빠르다.
③ 입자가 굵을수록 효과의 지속성이 오래 간다.
④ 석회는 시비량을 한꺼번에 전량살포하는 것이 교정효과가 크다.

23 간이 초지조성에 사용되는 제초제의 특성과 거리가 먼 것은?

① 풀을 완전하게 죽일 수 있어야 한다.
② 풀을 죽이는데 효과가 빠른 것이어야 한다.
③ 새로 출현한 어린 식물은 제초제의 잔여 해독이 없어야 한다.
④ 선택성 제초제이어야 한다.

24 간이 초지개량 시 사용되는 제초제 종류가 아닌 것은?

① 그라목손(Gramoxone)
② 근사미(Glyphosate)
③ 피트(Peat)
④ DPD(Dalapon)

25 경운초지 조성방법의 장점이 아닌 것은?

① 경운을 하여 줌으로써 자연식생의 제거가 가능하다.
② 짧은 기간 동안에 생산성이 높은 초지조성이 가능하다.
③ 갈아엎지 않기 때문에 토양침식의 위험이 적다.
④ 목초를 수확할 때 기계작업이 가능하다.

해설

경운초지의 장단점

장 점	단 점
• 경운해 줌으로써 자연식생의 제거가 가능하다. • 짧은 기간 동안에 생산성이 높은 초지조성이 가능하다. • 초지조성 시 땅 표면이 고르기 때문에 목초를 수확할 때 기계작업이 가능하다.	• 땅 표면을 갈아엎기 때문에 표토가 유실되기 쉽다. • 땅을 갈아엎는 데 필요한 농기계를 구입하는 비용이 많이 든다. • 표고 및 경사 때문에 지대에 따라 농기계의 사용이 불가능하다.

26 경운초지를 조성할 때 작업순서로 옳은 것은?

① 장애물 제거 – 경운 – 쇄토 및 정지 – 시비 – 파종 – 복토 및 진압
② 장애물 제거 – 쇄토 및 정지 – 경운 – 시비 – 파종 – 복토 및 진압
③ 장애물 제거 – 경운 – 시비 – 쇄토 및 정지 – 파종 – 복토 및 진압
④ 경운 – 장애물 제거 – 쇄토 및 정지 – 시비 – 파종 – 복토 및 진압

정답 22 ④ 23 ④ 24 ③ 25 ③ 26 ①

27 지형을 바꾸지 않고 경사대로 경운하는 경우 조성공법의 종류는?

① 발굽갈이법 ② 계단공법
③ 개량산성공법 ④ 산성공법

해설
① 발굽갈이법(제경법) : 산지를 갈아엎지 않고 가축의 발굽과 이빨을 이용하여 선점식생을 제거하고 목초를 파종하는 방법
② 계단공법 : 주로 경사지에서 기존의 경사지에 대하여 계단상으로 조성 정비하는 공법
③ 개량산성공법 : 기존의 상황이 복잡한 지형의 경사지를 지반 변경에 의해 조성하고 전체적으로 경사를 완만하게 조성 정비하는 공법

28 종자의 크기가 작은 목초에 알맞는 파종상이 갖추어야 할 조건 중 틀린 것은?

① 하층표토와 상층표토에 관계없이 수분함량이 충분히 있어야 한다.
② 목초가 파종되는 표토는 부드럽고 입상이어야 하나 너무 곱거나 가루모양이어서는 안 된다.
③ 종자가 파종되는 바로 밑의 토양은 매우 부드러워야 한다.
④ 토양의 경운층은 토양수분과 양분이 위로 이동할 수 있도록 미경운된 하층심토와 직접 접촉되고 연결되어 있어야 한다.

29 경운초지 조성 시 석회시용량을 결정하는 데 고려하지 않아도 되는 요인은?

① 토양산도
② 토양유기물함량
③ 토성
④ 경사도

30 다음 중 목초종자의 특성에 맞는 파종상으로 틀린 것은?

① 경운층과 미경운된 하층심토와 직접 접촉되고 연결되어 있어 토양수분이 아래로만 이동할 수 있어야 한다.
② 목초가 파종되는 표토는 부드럽고 입상이어야 하나 너무 곱거나 가루모양이어서는 안 된다.
③ 종자가 파종되는 바로 밑의 토양은 단단해야 한다.
④ 상층토양이나 하층토양에 관계없이 수분함량이 충분해야 한다.

해설
경운초지의 파종상 준비 및 구비조건의 충족 필요
• 배수가 잘되고 상하층 토양의 수분함량이 적당하여야 한다.
• 선점식생과 잡초가 없으며, 균일해야 한다.
• 종자가 파종되는 바로 밑의 토양은 단단해야 한다.
• 부드럽고 입상이며, 너무 곱거나 가루모양이어서는 안 된다.
• 파종상이 갖추어지지 않으면 목초의 정착률이 떨어진다.

정답 27 ④ 28 ③ 29 ④ 30 ①

31 콩과 목초 종자들의 발아율이 낮은 이유는?

① 일광 요구성
② 떡잎의 병해
③ 종자의 미숙
④ 종피의 불투수성

32 목초의 파종량을 늘려주지 않아도 좋은 경우는 다음 중 어느 때인가?

① 발아율이 나쁠 때
② 파종기가 지났을 때
③ 건조할 때
④ 토양의 수분함량이 충분할 때

해설

목초의 파종량을 늘려 주어야 하는 경우
- 목초종자의 발아율이 낮을 때
- 파종시기가 늦었을 때
- 토양이 건조하거나 한발이 있을 때
- 시비량이 부족한 경우
- 지력이 매우 척박하고 경사가 심할 때
- 흙이 거칠거나 목초가 잘 자랄 수 없는 곳
- 병충해 및 조류피해가 염려되는 곳

33 혼파조합의 기본원칙이 아닌 것은?

① 혼파되는 초종은 서로 경합능력이 비슷해야 한다.
② 단순혼파가 중심이 되어야 한다.
③ 단위면적당 총종자량이 많아야 한다.
④ 기호성이 비슷한 초종끼리 조합시킬수록 유리하다.

해설

혼파조합의 기본원칙
- 최소한 콩과 1초종과 화본과 1초종이 혼파되어야 한다.
- 단순혼파조합이 되어야 하며 4종 이상 혼파하지 않는다.
- 기호성(방목)이나 경합력이 너무 차이가 나지 않도록 한다.
- 초기 정착을 고려하여 방석형 초종을 혼파한다.
- 조성 초기 수량 정착 후 수량 및 지속성을 고려한다.
- 의도된 목적에 맞도록 관리되어야 한다.
- 화본과와 두과의 비율을 7 : 3으로 유지한다.

34 혼파의 장점이 아닌 것은?

① 공간을 유리하게 이용하여 재배한다.
② 재배관리가 쉽고 채종하기 쉽다.
③ 토양 중의 양분과 수분을 유리하게 이용할 수 있다.
④ 자연재해의 정도를 덜 수 있다.

해설

목초혼파의 장점
- 가축사료로서의 영양균형 유지
- 불량한 생육환경에 대한 대책
- 지상부 및 지하부의 공간활용의 극대화 및 초종 간 경합경감(상번초와 하번초 혼파)
- 단위면적당 생산량을 높일 수 있다.
- 무기질소의 비용절약과 환경친화적 농법(콩과와 벼과 혼파)
- 다양한 토양층의 이용과 토양양분의 균등이용(다양한 목초 혼파)
- 계절별 균등생산과 풍흉의 기복완화(조만생종, 다양한 목초 혼파)
- 이용방법의 선택이 쉽다(건초, 사일리지, 방목).

정답 31 ④ 32 ④ 33 ③ 34 ②

35 단파와 비교할 때 혼파의 장점은?
① 가축의 기호성을 증가시키고 영양분의 공급이 다양해진다.
② 무기질비료의 시비량을 증가시킨다.
③ 초종 간의 공간이용에 경합을 증가시킨다.
④ 두과 목초는 N을, 화본과 목초는 P, K 등을 많이 흡수한다.

36 흔히 초지에서는 단파보다 혼파 시 유리한 점이 많기 때문에 혼파를 실시하는데 그 유리한 점에 해당되는 것은?
① 파종이 편리하다.
② 종자를 절약한다.
③ 관리하기가 쉽다.
④ 목초영양분의 균형을 맞출 수 있다.

37 혼파의 유리한 점이 아닌 것은?
① 단백질함량이 높은 두과 목초와 탄수화물함량이 많은 화본과 목초의 영양적 균형을 이룬다.
② 두과 목초가 근류균으로 공중질소를 고정함으로써 화본과 목초에 질소비료가 절약된다.
③ 두과 목초는 Ca, N을 흡수하며 화본과 목초는 P, K를 많이 흡수함으로써 양분 흡수에 균형을 이룬다.
④ 상번초와 하번초를 혼파함으로써 초종 간의 공간을 균형적으로 유지한다.

38 화본과 목초와 두과 목초의 혼파조합 시 유리한 점이 아닌 것은?
① 질소비료의 사용을 줄일 수 있다.
② 파종작업 및 수확작업 등이 편리하다.
③ 계절별로 균등한 목초생산이 가능하다.
④ 가축에게 영양분이 높고 기호성이 좋은 풀을 공급할 수 있다.

해설
혼파의 단점 : 파종작업이 힘들고, 병해충 방제와 채종작업, 기계화가 어렵다.

39 목초의 혼파재배 시 유리한 점이 아닌 것은?
① 목초관리가 쉽고 초종 간 경합이 줄어든다.
② 토양의 비료성분을 더욱 효율적으로 이용할 수 있다.
③ 혼파 목야지의 산초량이 시기적으로 평준화된다.
④ 공간을 효율적으로 이용할 수 있다.

정답 35 ① 36 ④ 37 ③ 38 ② 39 ①

40 다음 파종방법 중 토양수분이 적절한 조건에서 잡초억제와 토양피복을 신속히 할 수 있는 장점이 있으나 비료나 종자의 손실량이 많은 파종방법은?
① 조 파   ② 산 파
③ 대상조파   ④ 점 파

41 건조지대에서 많이 이용하며 종자는 비료를 절약할 수 있으나 비료의 염해를 받을 염려가 있는 파종방법은?
① 조 파   ② 대상조파
③ 산 파   ④ 겉뿌림

42 다음 중 목초종자와 비료를 절약하고, 종자의 비료피해를 막을 수 있는 파종방법은?
① 산 파   ② 조 파
③ 대상조파   ④ 지표추파

43 두과의 근류균 접종방법에 대한 설명으로 틀린 것은?
① 배양된 근류균의 혼탁액을 종자와 섞어 파종한다.
② 교호접종균에 속하는 목초의 뿌리 부근의 흙을 햇볕에 잘 건조한 후 목초와 혼합파종한다.
③ 화이트클로버의 근류균은 알팔파에는 접종효과가 거의 없다.
④ 근류균에 접종된 종자는 비료살포와 동시에 파종해서는 안 된다.

44 콩과(두과) 목초의 근류균 접종에 대한 설명 중 잘못된 것은?
① 토양접종법이 있다.
② 종자접종법이 있다.
③ 접종할 때 탄산석회를 부착제로 사용한다.
④ 접종된 종자를 소독하여야 한다.

정답 40 ② 41 ① 42 ③ 43 ② 44 ④

45 두과(콩과) 사료작물들의 근류균주들이 상호접종될 수 있는 조합은?

① 알팔파 – 헤어리베치
② 화이트클로버 – 청예대두
③ 알팔파 – 스위트클로버
④ 강낭콩 – 루핀

해설
두과 작물의 상호접종군

접 종	상호접종 가능식물
알팔파군	알팔파, 버클로버(개자리), 스위트클로버
클로버군	레드, 화이트, 라디노, 알사이크, 크림슨, 서브클로버류
완두 및 베치군	완두류, 베치류
강낭콩군	강낭콩
콩 군	콩, 덩굴콩
동부군	동부, 매듭풀류(레스페데자류), 크로타라리아, 칡, 땅콩, 팥
루핀군	루 핀
벌노랑이군	벌노랑이, 버즈풋트레포일
자운영군	자운영

46 토양에 질소를 고정하는 목초가 아닌 것은?

① 알팔파
② 화이트클로버
③ 헤어리베치
④ 톨페스큐

47 콩과 목초 파종 시 근류균의 접종은 매우 중요하다. 그러면 콩과 목초의 근류균은 어떤 비료성분을 고정하여 목초에게 주는가?

① 질 소
② 인 산
③ 칼 륨
④ 마그네슘

48 다음 사료작물 중 질산태질소의 함량이 가장 많은 작물은?

① 티머시
② 켄터키블루그래스
③ 알팔파
④ 수단그라스

해설
근류균이 공기 중의 불활성 질소를 암모니아태질소(NH_3–N)로 전환 → 목초가 질소를 이용하도록 하고, 두과작물의 뿌리썩음병의 발생을 억제하고 토양 내 독소를 파괴하여 목초생장에 좋은 조건을 만들어 주며, 공기 중 질소를 활발하게 고정하는 두과작물 근류의 내부에 존재하는 색소는 적색이고, 사료작물 중 질산태질소의 함량이 가장 많은 작물은 수단그라스이다.

49 공기 중 질소를 활발하게 고정하는 근류의 내부에 존재하는 색소는?

① 녹 색
② 무 색
③ 갈 색
④ 적 색

해설
근류균의 공기 중 질소를 활발하게 고정하는 근류의 내부에 존재하는 색소는 적색이며, 질소고정은 근류의 생체중이 증가해 갈 때, 박테로이드의 조직이 좋을 때, 근류색소가 적색헤모글로빈일 때, 전분축적이 많을 때 고정이 높다.

50 다음 석회, 질소, 인산, 칼륨비료의 시비효과에 관한 설명 중 잘못된 것은?
① 석회는 다른 비료성분의 흡수율을 증가시킬 수가 있다.
② 질소질비료는 몇 회로 나누어 주는 것이 좋다.
③ 인산과 칼륨질비료는 특히 콩과(두과)에 있어서 시비효과가 크다.
④ 다량의 질소시비는 수량은 증가되나 단백질함량은 저하된다.

51 목초의 시비효과에 관한 설명 중 잘못된 것은?
① 벼과는 질소의 효과가 크고, 콩과는 인산의 효과가 크다.
② 목초는 양분의 흡수율이 크므로 시비에 대한 효과가 잡초보다 크다.
③ 콩과에 있어서는 석회의 사용효과가 크며, 특히 석회의 시비 효과가 크다.
④ 벼과는 콩과에 비해 인산의 효과가 크다.

52 콩과와 화본과 목초 유식물 생육과 정착에 중요하며 탄수화물대사를 지배하는 양분은?
① N ② P
③ K ④ Ca

53 콩과 목초의 생육 초기에 요구도가 높은 비료는?
① 질 소 ② 칼 륨
③ 인 산 ④ 석 회

54 목초재배에 있어서 인산질비료에 대한 설명으로 맞는 것은?
① 결핍되면 녹색의 잎이 황색에서 갈색화가 되며 잎면에 백반이 생긴다.
② 과잉흡수되면 길항작용으로 마그네슘과 칼슘이 결핍된다.
③ 생육 초기에 결핍되면 화본과 목초의 성장이 느리거나 생육이 멈춘다.
④ 결핍되면 엽록소의 감소로 잎의 색깔이 녹색에서 담황색으로 변한다.

정답 50 ④ 51 ④ 52 ② 53 ③ 54 ③

55 식물체 내에서 탄수화물과 단백질의 축적에 필요하며, 목초의 월동 전 추비로서 필요한 2가지 비료는?
① 질소와 칼륨
② 질소와 인산
③ 질소와 붕소
④ 질소와 마그네슘

56 목초의 추비적기를 결정하는 요인이 아닌 것은?
① 생육시기
② 기온
③ 배수로
④ 초종

57 오처드그라스에 질소추비를 하려고 한다. 추비시용에 옳지 못한 시기는?
① 예취 직후
② 월동 개시기
③ 월동 후 재생 개시기
④ 파종 직후

58 벼과(화본과)가 우점된 초지에 콩과 목초의 식생비율을 증가시키기 위한 방법 중 틀린 것은?
① 방목강도 혹은 예취고를 낮춘다.
② 연간 예취횟수를 늘린다.
③ 질소질비료를 증량시비한다.
④ 인산과 칼륨을 증량시비한다.

해설
콩과 목초를 화본과 목초와 혼파했을 때 초지에서 비료의 절약효과가 가장 큰 것은 질소이다.

59 사일리지용 옥수수(잡종)를 재배할 때 비료 3요소의 시비는 필수적이다. 헥타르당 성분량으로 몇 kg의 질소를 주는 것이 가장 좋은가?
① 10~50kg
② 70~150kg
③ 200~300kg
④ 400~600kg

정답 55 ① 56 ③ 57 ② 58 ③ 59 ③

60 옥수수 파종 시 10a당 성분량으로 20kg의 질소비료를 줄 경우 이 양은 요소로는 얼마만 한 양에 해당하는가?

① 21.7kg 정도 ② 43.5kg 정도
③ 5.2kg 정도   ④ 87.0kg 정도

해설

요소비료 내 질소량이 약 46%이므로
$\frac{20}{46} \times 100 = 43.47kg$

61 잘 조성된 초지에 칼륨성분 120kg/ha를 추비로 주려고 한다. 칼륨(K)함량이 60%인 염화칼륨비료로는 얼마나 주어야 하는가?

① 72kg/ha   ② 200kg/ha
③ 240kg/ha ④ 300kg/ha

해설

염화칼륨 비료량 x
칼륨성분량 = $x \times 60\%$
∴ $x = \frac{칼륨성분량}{0.6} = \frac{120}{0.6} = 200kg$

62 ha당 50톤의 목초(생초)가 생산되는 초지에 비료성분량으로 필요로 하는 질소추비량은?(단, 생초 중 질소성분 0.5%, 천연공급량 150kg/ha, 비료이용률 50%일 경우)

① 50kg/ha   ② 100kg/ha
③ 150kg/ha   ④ 200kg/ha

해설

ha당 50톤의 목초는 50,000kg/ha × 0.5% = 250kg/ha 비료를 이용한 것이다.
초지에 공급할 추비의 양
= 목초가 이용한 양 - 천연공급량
= (50,000kg/ha × 0.5%) - 150
= 100kg/ha
비료의 이용률이 50%이므로 100 × 100/50 = 200kg/ha

63 다음 중 목초 생육에 대한 칼륨비료의 역할로 옳은 것은?

① 목초의 초기 생육을 촉진하며, 단백질 합성에 필수적이다.
② 토양 중에서 유실되기 쉽고, 많이 시비하면 도장을 한다.
③ 두과 목초의 질소고정에 필요한 다량원소이다.
④ 추위에 대한 내성을 높이며, 가뭄에 대한 저항성을 준다.

정답 60 ② 61 ② 62 ④ 63 ④

64 우리나라의 경우 화강암 또는 화강편마암에서 유래하는 대부분의 토양특성상 알팔파의 재배 및 채종을 하고자 할 때 특히 유의해야 할 점은?

① 토양의 건조상태
② 토양의 유기물함량
③ 석회 및 붕소의 시용
④ 질소비료의 추비

65 붕소(B)의 공급효과가 큰 사료작물은?

① 수단그라스 ② 알팔파
③ 레스페데자 ④ 클로버

66 다음 중 목초가 자라는 데 필요한 미량원소에 해당되지 않는 것은?

① Cu ② Mo
③ Mn ④ Mg

67 사료작물재배에 있어 가축사양의 부산물인 퇴구비를 사료생산포에 환원시켜 주는 일이 토양에 미치는 영향 중 옳은 것은?

① 지력의 유지 및 증진
② 지력의 악화
③ 지력과는 관계없음
④ 연작피해의 증가

68 가축의 구비를 사용하는 데 옳은 방법은?

① 봄철 방목지에 풀이 잘 자랄 때 뿌려 준다.
② 방목지에 떨어진 우분은 자연시비이므로 그냥 둔다.
③ 풋베기재배에는 생분을 기비나 추비로 사용한다.
④ 새로 조성하는 초지와 이른 봄 목초가 생육하기 전에 뿌려 준다.

64 ③ 65 ② 66 ④ 67 ① 68 ④

69 진압을 목적으로 파상롤러를 부착한 파종기를 사용할 때 가장 부적합한 토양은?

① 사양토
② 양토
③ 점토
④ 흙덩이가 많은 토양

70 다음 중 불경운초지개량에 알맞은 목초의 특성에 대한 설명으로 틀린 것은?

① 진압이나 복토가 생략되거나 부족한 상태에서 파종되기 때문에 종자가 선점식생의 고사주나 낙엽 등에 걸리기 쉽게 하기 위해 거칠고 그 크기가 커야 한다.
② 발아 후 출현된 다음 야초와의 경합을 생각할 때 초기 생육이 빠른 초종이어야 한다.
③ 야초가 점유할 공간을 주지 않기 위해서는 높은 분얼성과 포복성을 가지고 빨리 퍼지는 능력을 가져야 한다.
④ 산성이나 건조하고 척박한 토양, 좋지 않은 기후환경에도 잘 견딜 수 있는 초종이어야 한다.

> 해설
>
> 파종은 장애물 및 선점식생 제거와 비료살포 후에 실시한다.
> **산지초지조성 시 종자의 조건**
> • 초기 발아세가 우수하다.
> • 목초의 뿌리에 분얼과 포복성이 있어 경합하는 야초를 제압할 수 있어야 한다.
> • 정착 후 잔존능력이 높아야 한다.

71 불경운초지개량의 장점은?

① 가뭄 시 어린 목초의 정착이 빠르다.
② 표토가 얕고 기계가 없어도 조성이 가능하다.
③ 초지의 목양력 증가가 빠르다.
④ 단위면적당 목초의 수량증가가 빠르다.

72 경운초지와 비교할 때 불경운초지개량의 장점은?

① 토양침식의 위험이 적다.
② 어린 목초의 정착이 잘된다.
③ 초지의 목양력 증가가 빠르다.
④ 기계작업을 하기 좋다.

정답 69 ③ 70 ① 71 ② 72 ①

73 다음 중 불경운초지조성방법의 장점으로 틀린 것은?

① 경사가 심하고 장애물이 많아서 기계를 사용할 수 없는 곳에도 조성이 가능하다.
② 나무나 잡관목 등 장애물만을 제거하고 조성하기 때문에 작업이 간편하고 비용이 적게 든다.
③ 땅을 갈지 않고 조성하기 때문에 토양유실의 위험이 적다.
④ 경운을 하지 않기 때문에 빠른 시일 내에 생산성 높은 초지를 만들 수 있다.

74 불경운초지개량의 특징이 아닌 것은?

① 종자와 토양의 접촉이 어려워 발아와 정착이 어렵다.
② 시간과 비용투입에 비하여 개량성과가 낮을 경우가 있다.
③ 개발은 신속하나 초지의 생산성 증가는 더디다.
④ 기계사용이 불가능한 지대는 개발이 불가능하다.

해설
④ 기계사용이 불가능한 지대라도 개발이 가능하다.

75 초지조성 시 불경운초지개량이 경운초지개량에 비해서 유리한 점이 아닌 것은?

① 조성 시 파종비용이 적게 든다.
② 초지의 목양력 증가가 빠르다.
③ 토양침식 위험이 적고 토양유실이 적다.
④ 1년생 잡초의 침입을 줄여 준다.

해설
불경운초지의 장단점

장점	• 파종비용이 저렴하다. • 갈아엎지 않기 때문에 토양침식의 위험이 적다. • 기계사용이 불가능한 지대라도 개발이 가능하다. • 1년생 잡초가 침입할 수 있는 기회를 줄여 준다. • 강우나 강우 직후 토양의 수분함량이 높을 때에도 목초의 파종이 가능하다. • 목초를 도입함으로써 연중 생초의 생산기간을 연장시켜 준다. • 생산성이 낮은 산지를 신속하고 값싸게 개발할 수 있는 방법이다. • 한발, 홍수 및 산불 등으로 긴급복구가 필요할 때 유효한 방법이다.
단점	• 목초의 정착이 빈약하다. • 시간과 비용의 투입에 비하여 개량의 성과가 낮다. • 대상지의 개발은 신속하지만 초지의 생산성을 높이는 것이 느리기 때문에 단위면적당 목초의 수량이 더디게 증가된다. • 초지의 목양력 증가가 느리다.

76 불경운초지 대상지와 관계가 먼 것은?

① 경사가 심하여 기계작업이 어려운 곳
② 단기간에 목양력을 증가시킬 필요가 있는 곳
③ 토양유실이 염려되어 개간이 어려운 곳
④ 황폐된 목초지를 부분적으로 갱신하고자 하는 곳

77 불경운초지 조성 시 선점식생을 제거하기 위한 적절한 방법으로 볼 수 없는 것은?

① 화 입
② 제초제 처리
③ 복 토
④ 가축에 의한 제경

해설
불경운초지 조성 시 선점식생을 제거하는 방법
- 초지에 불을 놓는 화입법
- 야초를 그대로 놓고 죽이는 제초제 사용법
- 가축에 의한 제경법

78 불경운초지조성의 한 가지 방법인 제경법에 의한 초지조성과 이용에 대한 설명으로 옳은 것은?

① 화입에 의한 초지조성방법이다.
② 산악지형이 많은 아일랜드에서 개발되었다.
③ 답압방목은 ha당 200두 이상의 성우를 방목시켜 가능한 오랜 시일 동안 하는 것이 좋다.
④ 작업순서는 장애물 제거 – 목책설치 – 예비방목 – 시비·파종 – 답압방목 – 조성 후 관리방목의 순서로 조성한다.

해설
① 산지를 갈아엎지 않고 가축의 발굽과 이빨을 이용하여 선점식생을 제거하고 목초를 파종하는 방법을 제경법이라고 한다.
② 뉴질랜드에서 초기 정착자들이 자연식생을 파괴하고 초지를 조성하던 방법이었다.
③ 짧은 기간 동안에 많은 두수의 가축을 투입하는 밀집방목이 필수적이다.

79 임간초지조성은 친환경적 방법으로 우리나라와 같이 산지나 경사지가 많은 지형에 유리한데 다음 설명하는 임간초지의 설명으로 옳은 것은?

① 우리나라에서 재배되고 있는 북방형 목초의 광포화점은 2,500~3,000lux이므로 임간초지조성에 따른 목초생육에 지장이 없다.
② 임간초지에서는 수목에 의하여 광선이 차단되므로 토양수분의 증발이 억제되어 목초정착에 유리하다.
③ 임간초지조성은 경운을 하지 않으므로 화입(火入)을 통하여 선점식생을 제거한다.
④ 임간초지는 목초는 물론 기존의 야초류(초본식물) 등이 같이 성장하고 있으므로 보파가 필요 없다.

80 목초파종적기는 여러 가지 요인에 영향을 받는다. 그러면 가을철에 목초를 파종할 경우 언제까지는 파종을 마쳐야 하는가?

① 일평균기온이 5℃되는 날로부터 60~80일 전
② 일평균기온이 10℃되는 날로부터 60~80일 전
③ 일평균기온이 15℃되는 날로부터 30~40일 전
④ 일평균기온이 5℃되는 날로부터 30~40일 전

정답 77 ③ 78 ④ 79 ② 80 ①

81 목초파종 후 복토의 깊이로 가장 좋은 것은?
① 종자지름의 0.1~0.5배
② 종자지름의 2~3배
③ 종자지름의 4~6배
④ 종자지름의 8~9배

82 목초의 가을파종이 봄파종에 비해서 유리한 것은?
① 발아율이 현저히 증가한다.
② 사료가치가 향상된다.
③ 잡초에 의한 경합이 감소된다.
④ 생육이 빨라진다.

> 해설
> 우리나라에 발생하는 잡초는 대부분 여름철 잡초이므로 가을파종을 하면 잡초와의 경합에서 이길 수 있다.

83 목초의 춘파(春播)와 추파(秋播)의 특성이 잘못 설명된 것은?
① 춘파는 잡초의 피해를 받기 쉽다.
② 추파는 병충해의 피해가 적다.
③ 추파는 다음해의 수량이 많다.
④ 춘파는 목초의 월동률을 낮춘다.

84 초지를 주로 초가을에 조성하는 가장 중요한 이유는 무엇인가?
① 수분함량이 적당하기 때문에
② 온도조건이 적합하기 때문에
③ 목초종자가 여름에 수입되기 때문에
④ 잡초와의 경쟁을 피하기 위하여

85 호밀을 봄 늦게 파종하면 어떤 현상이 일어나는가?
① 키가 자라지 않는다.
② 이삭이 빨리 나온다.
③ 꽃가루가 많아진다.
④ 풋베기 수량이 많아진다.

정답 81 ② 82 ③ 83 ④ 84 ④ 85 ①

86 추파법으로 초지를 조성할 때 유의할 사항 중 틀린 것은?

① 새로 뿌린 목초종자가 흙과 잘 달라붙도록 해 주어야 한다.
② 전부터 대상지에서 자라고 있는 야초나 관목은 제거시킬 필요가 없다.
③ 대상지의 토양 중에 결핍영양성분을 충분히 공급해 준다.
④ 새로 뿌린 목초종자의 뿌리가 완전히 자랄 동안 보호관리를 철저히 한다.

> **해설**
> 초지조성 대상지는 잡관목이든 임지이든 선점식생이 있고, 이를 효과적으로 제거해야 새로 파종된 목초의 유식물이 기존식생과 경합없이 빨리 정착할 수 있다. 또한 기계작업에 방해나 효율을 떨어뜨리는 모든 것을 제거해야 한다.

87 가축의 방목과 건초생산을 위한 화본과 목초와 두과 목초의 적정 혼파비율은?

① 7 : 3
② 4 : 6
③ 5 : 5
④ 2 : 8

88 초지조성을 위하여 목초를 혼파할 때 초종선택에서 유의해야 할 사항 중 가장 거리가 먼 것은?

① 재배하는 지방의 기후풍토에 알맞은 초종
② 화본과 작물과 두과 작물을 혼파
③ 수확시기가 비슷한 초종 선택
④ 가축의 기호성에 차이가 큰 것

89 혼파초지의 일반관리에 대한 설명 중 잘못된 것은?

① 예취시기가 늦어질수록 수량은 증가하나 질은 떨어진다.
② 첫 번째 예취가 빠를수록 화이트클로버의 비율이 많아진다.
③ 마지막 예취는 서리 오기 전 40일 전에 하는 것이 좋다.
④ 상번초는 하번초에 비하여 예취높이에 영향을 받지 않는다.

> **해설**
> 상번초는 하번초보다 예취횟수와 예취 높이에 더 민감하다.

정답 86 ② 87 ① 88 ④ 89 ④

90 불경운초지 개량 시 파종방법에 따른 목초의 정착과 관련하여 가장 좋은 것부터 순서대로 나열된 것은?

- A : Strip Seeder
- B : Rotadrill
- C : Single Disc
- D : Triple Disc
- E : Till Seeder
- F : Hoe Coulter

① A → B → C → D → E → F
② A → B → D → C → E → F
③ E → F → C → D → A → B
④ E → F → D → C → A → B

91 파종방식 중 불경운초지의 조성에 쓰이는 것은?

① 점뿌림
② 겉뿌림
③ 흩어뿌림
④ 줄뿌림

92 겉뿌림법으로 초지를 조성하려 한다. 옳은 순서대로 된 것은?

A : 진 압
B : 파 종
C : 장애물 제거
D : 석회 및 비료살포

① A - C - D - B
② B - A - C - D
③ C - D - B - A
④ D - C - A - B

해설

겉뿌림법 초지조성 순서
장애물 제거 → 석회 및 비료살포 → 파종 → 진압

93 불경운초지에서 혼파에 대한 설명으로 가장 거리가 먼 것은?

① 불경운초지에서 혼파조합은 초종수가 많다.
② 불경운초지의 혼파초종은 상번초가 중심이 된다.
③ 불경운초지의 혼파초종은 방석형 목초가 많다.
④ 불경운초지의 혼파조합은 파종량이 많다.

해설

불경운초지의 혼파조합은 경운초지에 비하여 초종이 많고 파종량이 많으며, 월동에 강하고, 특히 하번초 위주의 초종으로 구성되어 있다.

94 우리나라 혼파초지 조성 시 가장 많이 이용하는 콩과 목초는?
① 알팔파
② 레드클로버
③ 라디노클로버
④ 버즈풋트레포일

95 오처드그라스, 톨페스큐, 라디노클로버로 된 혼파초지에서 예취 높이를 항상 3cm 이하로 하였다. 가장 우점이 될 수 있는 초종은 어느 것인가?
① 오처드그라스
② 톨페스큐
③ 라디노클로버
④ 차이가 없다.

96 초지에서 양호한 재생과 식생유지를 고려한 예취높이는 오처드그라스 위주의 혼파초지에서는 어느 정도 높이가 가장 적당한가?
① 2cm
② 6cm
③ 13cm
④ 15cm

97 다음 사료작물들의 혼파조합 중 방목초지에 가장 적합한 것은?
① 라디노클로버 – 알팔파 – 귀리
② 퍼레니얼라이그래스 – 라디노클로버 – 티머시
③ 진주조 – 톨페스큐 – 라디노클로버
④ 라디노클로버 – 칡 – 자운영

98 다음 중 혼파초지에서 추비 사용적기는?
① 가을철 기온이 따뜻할 때
② 이른 봄과 목초를 베든가 방목한 다음
③ 여름철
④ 겨울철에 비나 눈이 내리는 양이 많을 때

> **해설**
> 추비의 알맞은 시기는 이른 봄과 목초를 예취나 방목한 다음이라고 할 수 있으며, 여름철에는 목초가 더디게 자라고 기온이 높으며 비가 많이 내려 비료성분이 목초에 이용되기 전에 유실되기 쉬우므로 피하는 것이 관례다.

정답 94 ③ 95 ③ 96 ② 97 ② 98 ②

99 화이트클로버와 오처드그라스의 혼파초지에 질소비료를 많이 사용하면 어떻게 되는가?

① 화이트클로버가 줄어든다.
② 오처드그라스가 줄어든다.
③ 둘 다 줄어든다.
④ 둘 다 변화가 없다.

100 초지는 방목 후 청소베기를 해 주는 것이 좋다. 다음 중 청소베기효과와 거리가 먼 것은?

① 잡초발생을 줄인다.
② 기호성을 높일 수 있다.
③ 불식과번초(不食過繁草)를 줄인다.
④ 벼과(科)의 비율을 감소시킨다.

> **해설**
> 청소베기는 방목 후에 남아 있는 큰 잡초나 억센 야초 제거를 말하며, 점점 더 퍼지고 주변 목초를 억압하지 못하도록 방지하는 효과가 있다.

101 디스크해로(Disk Harrow)의 용도로 맞는 것은?

① 땅 갈기
② 석회 살포
③ 파종 후 진압
④ 쇄토 및 정지

> **해설**
> 디스크해로는 플라우나 쟁기로 간 땅의 2차로 경운된 큰 흙덩이를 더욱 미세하게 파쇄하는 작업기이다.

102 초지를 조성할 때 쟁기, 트랙터 플라우, 로터리 등의 기계가 필요한 작업은?

① 진압작업
② 시비작업
③ 경운작업
④ 파종작업

103 다음 중 경운용 작업기로 가장 적합한 것은?

① 도 저
② 쟁 기
③ 해 로
④ 레이크

> **해설**
> 작업기 용도
> • 경운용 작업기 : 쟁기, 플라우, 로터리, 심토 파쇄기
> • 정지용 작업기 : 해로, 무논 정지기, 균평기, 진압기

정답 99 ① 100 ④ 101 ④ 102 ③ 103 ②

104 다음 중 초지 조성에 경운 및 쇄토를 하기 위하여 사용하는 기계가 아닌 것은?

① 하베스터
② 플라우
③ 로터리
④ 디스크해로

105 드릴(Drill)파종기의 특징으로 부적합한 것은?

① 조파(줄뿌림)에 쓰인다.
② 파종 후 진압이 가능하다.
③ 급경사지에서도 작업능률이 좋다.
④ 종자를 고르게 뿌릴 수 있다.

106 파종용 기계와 파종방법이 올바르게 연결되어 있는 것은?

① 브로드캐스터(Broadcaster) - 조파
② 드릴시더(Drill Seeder) - 산파
③ 플랜터(Planter) - 조파
④ 로터리(Rotary) - 산파

107 고속으로 회전하는 종축에 원판이나 원통을 붙이고 그 주위에 원심력에 의하여 회전하는 2~4개의 날로 예취하는 목초 예취기로 취급이나 조정이 없고 작업 능률이 높으며 쓰러진 목초의 수확이 쉬운 예취기는?

① 모어 컨디셔너
② 왕복형 예취기
③ 로터리예취기
④ 프레일모어

108 건초조제 시 건조속도 개선을 위해 목초의 줄기를 눌러 주며 수확하는 기계는?

① 테더(Tedder)
② 스퀘어 베일러(Square Baler)
③ 라운드 베일러(Round Baler)
④ 모어 컨디셔너(Mower Conditioner)

정답 104 ① 105 ③ 106 ③ 107 ③ 108 ④

109 생초의 자연 건조율을 증진하기 위하여 압착을 가하는 기계로 포장에서의 건조시간을 단축시켜 건초의 손실을 최소화 할 수 있는 작업기계는?

① 모 어
② 레이크
③ 베일러
④ 컨디셔너

110 헤이 컨디셔너(Hay Conditioner)는 어떠한 목적으로 사용하는 기계인가?

① 목초를 빨리 마르게 하기 위하여 목초를 으깨는 기계
② 목초를 빨리 마르게 하기 위하여 건초를 뒤집는 기계
③ 건조된 목초를 모으는 기계
④ 건조된 목초를 압축하여 묶는 기계

111 다음에서 설명하는 기계는 무엇인가?

> 예취한 생초를 두 개의 롤 사이를 통과하면서 압쇄하는 기기이며, 알팔파, 귀리, 호밀, 수단그라스 등 줄기가 굵은 작물에 적합하다.

① 테더(Tedder)
② 헤이 컨디셔너(Hay Conditioner)
③ 레이크(Rake)
④ 포리지 하베스터(Forage Harvester)

112 다음에서 설명하는 기계는 무엇인가?

> 입모 중의 사료작물이나 목초를 예취와 동시에 절단하여 이것을 불어 올려 트레일러나 다른 운반차에 쌓는 작업의 구조를 가지며, 예취구조에 따라 플레일(Flail)형과 커터헤드 또는 유닛(Cutter Head 또는 Unit)형의 2가지로 나눈다.

① 헤이 컨디셔너(Hay Conditioner)
② 테더(Tedder)
③ 레이크(Rake)
④ 포리지 하베스터(Forage Harvester)

정답 109 ④ 110 ① 111 ② 112 ④

CHAPTER 03 초지의 관리 및 이용

PART 04 사료작물학 및 초지학

01 초지의 관리

1. 초지관리의 중요성

(1) 초지의 특징
① 초지의 모든 환경 중 방목이 가장 중요하다.
② 초지는 그 군락이 아무리 단순한 집단이더라도 하나의 군체이다(식생은 군체행동).
③ 초지군락은 여러 과로 구성된 식물의 혼생집단이다.
④ 초지는 식물의 종 간 및 품종 간의 경합이 특징이다.
⑤ 초지는 계열과 같이 움직이나 결코 불변한 것은 아니다. 즉, 초지구성 식물집단은 안정된 계열로 행동하나 변화한다.
⑥ 초지의 식생구성의 계속적인 변동으로 천이과정 중 생물적 준극상을 유지한다.
⑦ 초지의 최종평가는 가축생산성에 귀착한다.

(2) 조성 초기의 초지관리
① 월동 전 웃자람으로 겨울철 동사를 막기 위하여 경방목 및 예취 등을 한다.
② 이듬해 봄에 서릿발로 뿌리가 절단되어 고사할 수 있으므로 진압을 실시한다.
③ 관리방목은 6~9주 사이, 라이그래스가 10~12cm 높이 자랐을 때 실시한다.
④ 면양이 적합하나 육성우도 무방하고 단시간 동안의 경방목이어야 한다.
⑤ 초지의 초기 관리는 추파가 8월 중에 실시될 경우 10월 중에 한다.
⑥ 토핑을 실시한다.

> **더알아두기**
>
> **토핑(Topping)**
> - 가을에 파종한 목초나 봄에 파종한 목초가 15cm 정도 자랐을 때 가축을 넣어 가벼운 방목을 시키는 것이다.
> - 목초조성 초기 토핑의 목적은 어린 유식물의 가지치기, 즉 분얼과 뿌리의 활착을 돕는 데 있다.

2. 채초이용 시의 초지관리

(1) 예취의 적정시기

① 1번초의 예취적기는 화본과 목초는 출수 초기(출수 직전이나 출수 직후), 두과 목초는 개화 초기이다.
② 2번초 이후의 재생초는 초장이 30~50cm의 범위에서 예취간격을 고려하여 적절히 예취한다.

> **더 알아두기**
>
> **첫 번째 수확시기가 초지에 미치는 영향**
> - 초지의 식생구성 비율에 영향을 미친다.
> - 연중 수확횟수와 수량분포에 영향을 미친다.
> - 목초의 재생과 수량에 영향을 미친다.

(2) 여름철 예취와 가을의 최종 예취시기 등

① 연간 4~6회 예취가 총생산량이 가장 높다.
② 1년 4회 예취 시

1회	2회	3회	4회
4월 말~5월 초	6월 말 장마 전	8월 중순	9월 또는 10월 초

③ 가을철에 일평균기온이 5℃ 되는 날로부터 40일 전이 최종예취의 적기이다.
④ 하고현상을 피하기 위해서는 초지는 장마 전에 방목이나 예취를 하여 짧은 초장으로 장마철에 들어갈 수 있도록 한다.
⑤ 초지 군락 내부 지표면의 상대조도가 5%일 때가 예취적기이다.
⑥ 최대건물생산속도를 나타내는 시기의 최적엽면적지수보다 1.5배의 엽면적을 나타내는 시기인 평균생산력이 가장 높은 시기가 예취적기이다.
⑦ 북방형 목초는 24~27℃가 되면 자라는 것이 거의 중지된다.
⑧ 계절적인 수량의 변동이 가장 낮은 품종은 화본과 목초에 있어서 리드카나리그라스와 톨페스큐이다.
⑨ 상번초는 높게, 하번초는 낮게 벤다.
⑩ 한여름 지온이 27℃ 이상일 때에는 목초를 베는 것을 피한다.
⑪ 가을에 너무 늦게 예취하면 추운지방에서는 월동에 지장이 있다.

※ 여름철 벼 대체사료작물(논에서 사료작물재배)을 재배할 경우는 내습성(耐濕性)이 가장 중요하게 고려되어야 한다.

3. 방목이용 시의 초지관리

(1) 방목의 효과

① 방목은 다두사육 및 노동력 절감 등 축산경영합리화 관점에서 채초보다 유리하다.
② 가축에게 운동의 기회를 주고 햇빛과 신선한 공기 및 생초를 제공한다.
③ 방목 시 가축의 분뇨는 추비효과가 크므로 화학비료로 추비량을 줄일 수 있다.
④ 고기 및 우유의 생산량을 높인다.

(2) 방목과 제상

① 토양에 따른 제상 : 발굽에 의한 피해는 미사질토·사질토보다는 식토·식양토에서 더 크다.
② 초종에 따른 제상 : 분얼경이 지표면이나 지표면 밑에 있거나 잎이 말려 있으면 제상의 피해가 적다. 포복성 초종은 습한 조건에서 잎이 길고 밀도가 높을 때 피해가 크다.
③ 방목 강도에 따른 제상 : 단위면적당 강목밀도가 증가하면 제상은 크다.
④ 가축 종류에 따른 제상 : 소와 말이 가장 크고, 면양이 그다음이다.
  ※ 제상을 줄이는 방법 : 수분함량이 낮을 때 방목하고, 이동식 목책 사용, 사사 또는 운동장 내의 계류, 청예 이용 등

(3) 방목이용 시 초지관리

① 신규 초지방목은 초고 15cm 내외에서 약방목을 실시하고 점차적으로 방목시간을 늘려 간다.
② 기성초지의 방목 개시적기(두번째 이후)는 초장이 20~25cm 정도일 때이다.
③ 봄철에는 방목강도를 높이고 여름철 고온기에는 방목강도를 낮게 한다.
④ 여름철에는 과방목, 낮춰베기, 질소비료 시용을 피한다.
⑤ 방목방법은 윤환방목을 하고, 연속방목을 피한다.
⑥ 윤환방목은 풀의 높이가 6~10cm 정도로 채식되었을 때 목구(최소단위 방목구획지)를 이동하며, 입목 후 3~5일이 적당하고 늦어도 일주일 내에 윤환방목을 실시한다.
⑦ 목초는 기온이 높아지면 생육이 억제되고 심하면 죽는다(하고현상).
⑧ 불식과번식(不食過繁殖)목초는 제거한다.
⑨ 휴목기간은 봄철은 15~20일, 여름철은 25~35일이 적당하다.

> **더알아두기**
>
> 처음 조성한 목초가 15cm 정도 자라기 시작하면 곧 가축을 넣어 가벼운 방목을 시키거나 낫으로 베어 주는 목적
> - 굳어지지 않고 부슬부슬하게 남아 있는 흙을 가축의 발굽을 통해 진압시켜 주기 위해
> - 목초의 강한 재생력을 이용하여 잡초를 억제하기 위해
> - 목초의 분얼을 촉진시켜 주기 위해

4. 초지의 시비관리

(1) 방목지 시비
① 방목지는 가축의 분뇨배설로 추비량을 줄일 수 있다.
② 채초 중심의 권장시비량보다 질소는 1/4, 인산은 동량, 칼륨은 1/2 정도 적게 준다.

(2) 초지의 추비관리
① 추비적기는 목초의 생산시기, 기온, 강우 및 비료의 종류도 고려되어야 한다.
② 추비의 알맞은 시기는 이른 봄 또는 목초의 예취나 방목한 다음이다.
③ 제1회는 이른 봄 목초가 재생하기 직전에 땅이 녹은 다음에 질소 및 인산을 시비하고, 그 다음에는 질소 및 칼륨을 추비한다.
④ 고온·다습일 때 목초를 베고 나서 질소의 다량추비는 목초 가운데 저장되어 있는 탄수화물의 소모를 촉진시켜 화본과 목초생산이 감소된다.
⑤ 칼륨비료는 매회 목초를 벤 다음 또는 매2회 벤 다음 주는 것이 좋다.
  ※ 초지의 관수를 할 때 가장 사용효과가 큰 비료는 질소이다.

5. 초지의 잡초방제

(1) 방목초지에 발생하는 잡초
① 신규초지 : 냉이, 피, 바랭이, 강아지풀, 쇠비름, 명아주, 어저귀, 메꽃, 여뀌, 돼지풀, 양지꽃 등 1년생 잡초가 많이 발생한다.
② 기성초지 : 소리쟁이, 애기수영, 쑥, 씀바귀 등 다년생 잡초가 많이 발생한다.
  ※ 목초지에서 다년생 외래잡초는 애기수영(*Rumex acetosella*, L.)과 소리쟁이가 대표적이며, 사료작물재배지에서는 주로 일년생 악성잡초로 어저귀, 메꽃, 돼지풀 등의 외래잡초가 있다.

(2) 애기수영과 소리쟁이의 특징

① 애기수영의 특징
- ㉠ 유럽이 원산지인 마디풀과 다년생으로 종자뿐만 아니라 지하경으로도 왕성하게 번식하여 우리나라 대부분의 목초지에 큰 피해를 주고 있다.
- ㉡ 애기수영이 처음 발생하였을 때 즉시 제거하지 않으면 다음 해에는 목초지의 10~20% 정도까지 확산되며, 3~4년 후에는 목초지의 50~65%까지 번져 부실초지로 변하며 방제하기가 점차 힘들어진다.
- ㉢ 한 포기에서 연간 1,000~10,000개의 종자를 생성하며 종자와 뿌리로 번식하여 초지부실화를 촉진한다.
- ㉣ 애기수영은 토양비옥도가 낮고 경사진 산성토양에서 주로 발생되며 초지에 일단 발생하면 제거하기가 무척 어려우므로 잡초가 발생하기 전에 초지의 비옥도 관리에 힘써야 하며 초지토양이 산성화되지 않도록 주기적으로 석회를 시용하여야 한다.

② 소리쟁이의 특징
- ㉠ 소리쟁이는 액상구비를 장기간 많이 시용하여 초지토양이 비옥한 곳에서 발생하여 빠른 속도로 퍼져 초지가 부실화된다.
- ㉡ 소리쟁이는 질소분이 많고 비옥한 토양의 지표식물로 널리 알려져 있다.
- ㉢ 애기수영과 소리쟁이는 다년생 심근성 잡초로서 종자와 지하경(뿌리줄기)으로 번식하기 때문에 물리적 방제가 어렵다.

> **더알아두기**
>
> **네피아그래스(Napier Grass)**
> - 엘리펀트그래스(Elephant Grass)라고도 한다.
> - 열대 아프리카의 1,000mm 이상의 강우가 많은 지방이 원산인 다년생 화본과 목초이다.
> - 고온·다습의 기후에 적합하고, 재생력이 강하며, 건조에도 잘 견딘다.
> - 다비에 의해 다수확을 올릴 수 있으며, 생초, 사일리지, 건초로서 이용된다.
> - 조섬유가 많고 단백질은 적으므로 사료가치는 그다지 좋지 않다.

(3) 악성잡초 방제법

① 초지에 잎이 넓은 여러해살이 잡초가 많을 때는 선택성 제초제를 살포하고, 그렇지 않을 경우는 비선택성 제초제를 살포한 후 부분적으로 초지를 겉뿌림 조성한다.

② 애기수영 방제
- ㉠ 애기수영이 부분적으로 우점된 초지는 보파 30일 전 ha당 글라신액제 4L 또는 MCPP 4L를 물 1,200L에 희석하여 애기수영 잎에 전면 살포한다.

ⓒ 목초파종 30~40일 후 애기수영종자가 다시 자라기 시작하면 MCPP 4L를 2차 살포한다.
ⓒ 애기수영이 많이 발생한 초지를 갱신할 때는 반드시 석회를 사용하여야 하며 시용시기는 목초의 생육이 정지된 초겨울부터 이듬해 이른 봄까지이다.

③ 소리쟁이 방제
ⓐ 소리쟁이의 완전 갱신 시에는 ha당 선택성 제초제인 MCPP 2L를 물 1,200L에 희석하여 보파 30일 전에 전면 살포한다.
ⓑ 소리쟁이도 애기수영과 같이 가을에 종자로 다시 발생하므로 파종한 목초가 정착한 다음 가을에 MCPP 1L/ha를 살포하여 종자에서 발생하는 개체를 방제하여 준다.

④ 화이트클로버 방제
ⓐ 화이트클로버가 우점된 초지는 클로버 생육기간(4~10월) 동안 약제사용이 가능하다.
ⓑ 목초파종(보파) 20일 전에 ha당 MCPP 1.0L를 물 1,200L에 희석하여 엽면에 살포한다.

더알아두기

1년생 잡초(돼지풀, 콩다닥냉이, 망초) 및 광엽잡초(애기수영, 소리쟁이, 쑥)는 디캄바 액제(반벨), MCPP, 벤타존 액제(바사그란) 제초제를 사용하며, 잡초발생이 극심하여 우점한 목초지는 제초제 사용량을 1.5배로 증가시켜 방제한다.

6. 초지의 병충해 방제

(1) 초지의 병해

① 종자전염성 병해
ⓐ 화본과 목초 : 흑수병, 오처드그라스의 노란색 고무병, 톨페스큐의 엔도파이트 진균병, 탄저병, 운형병, 그을음무늬병, 얼룩무늬병(표문병) 등
ⓑ 두과 목초 : 알팔파의 줄기마름병(경고병), 클로버의 검은빛썩음병(흑부병), 클로버의 점무늬병(반점병) 등
ⓒ 방제 : 유기수은제 등에 의한 종자소독법으로 방제가 가능하다.

② 토양전염성 병해
ⓐ 추운지방 : 설부병
ⓑ 더운지방 : 엽부병 및 백견병
ⓒ 방 제
  • 설부병 : 유기수은제와 PCNB제를 눈이 덮이기 전에 살포한다.
  • 엽부병 : 사용 초지에서 예방이 이루어지고 있다.

③ 엽고성 병해
ㄱ) 초지의 수량 감소, 목초생육에 지장, 종자의 질 하락, 사료가치 하락 등의 병해가 있다.
ㄴ) 방제 : 이른 봄 감염된 초지에 불을 놓는 것이 효과적이다.

(2) 초지의 주요병해 특징

① 탄저병(炭疽病)[영명 : Anthracnose, 학명 : *Colletotrichum graminicolum*(Cesati) Wilson]
  ㄱ) 화본과 목초에 가장 많이 발생하며 처음에는 회녹색의 작은 반점이 보이며, 점점 넓어지면서 적갈색으로 변하고 타원형 또는 방추형의 병반이 되며 병반의 한가운데 검은 곰팡이가 발생한다.
  ㄴ) 여름철부터 가을철에 걸쳐 목초의 잎을 시들게 하거나 고사시키고, 재생에 장애를 주며, 여름철 오처드그라스의 하고(夏枯)의 원인이 된다.
  ㄷ) 초지 근방에 탄저병에 관련되는 작물의 재배를 피하고 토양의 비옥도를 높여 주며, 병에 걸린 그루터기를 없애 준다.

② 검은녹병(黑錄炳)[영명 : Stem Rust, 학명 : *Puccinia graminis* Pers]
  ㄱ) 따뜻한 지방에서는 봄철에서 초가을까지 오랫동안 만연하는 병으로 특히 오처드그라스 외에도 화본과 목초의 건초수량과 종자생산을 감소시킨다.
  ㄴ) 오처드그라스의 잎과 엽초에 발생하며 처음에는 잎 표면에 직경 0.5~1mm 정도의 원형이나 타원형의 녹슨 것과 같은 반점이 퍼지나 나중에는 암흑색의 반점이 되어 자라게 되며 이것이 파열되어 녹색(綠色) 또는 검은색의 가루를 날리게 된다.

③ 줄무늬마름병[영명 : Streak, Leaf Streak, Brown Leaf Alight, 학명 : *Scolecotrichum graminis* Fuckel]
  ㄱ) 오처드그라스에 널리 퍼지는 병이나 티머시나 톨오트그래스에도 기생한다.
  ㄴ) 따뜻한 지방에서 중요한 병으로 잎과 엽초에 붙으며 이삭이나 수확이 늦은 목초에 침입하여 목초를 고사시킨다.
  ㄷ) 처음에는 잎으로부터 시작해서 잎맥 사이에 갈색 또는 실이 2~3mm의 선상병반(線狀病斑)이 나타나고 나중에는 전면에 확대되어 회색 또는 회갈색이 되고 죽게 된다.

④ 잎썩음병[영명 : Summer Blight, 학명 : *Pellicularia filamentosa*(PAT)]
  ㄱ) 발병 초기에는 잎이나 엽초에 회녹색 수침상의 증상이 나타나며 심하면 뜨거운 물에 약간 삶은 것처럼 되고 말라 죽는다.
  ㄴ) 썩은 잎에 생기는 붉은 갈색의 작은 균핵은 끊임없이 지면에 떨어져서 다음해에 전염원이 된다.
  ㄷ) 화본과 목초 중에서 퍼레니얼라이그래스의 피해가 가장 크다.

② 이 병은 고온・다습일 때 많이 발생하며 따뜻한 지방에 피해가 크지만 최근에는 추운 지방에서도 발생하는 수가 있다.
⑩ 이 병은 대부분의 화본과 목초에 발생하는데 특히 라이그래스, 브롬그래스, 톨페스큐, 리드카나리그라스 등에도 발생한다.
- 오처드그라스 : 탄저병, 검은녹병, 줄무늬마름병, 잎썩음병, 검정풍뎅이 등
- 라이그래스 : 점무늬병
- 클로버류 : 점무늬병, 갈색뿌리썩음병

⑤ 점무늬병(班點炳)[영명 : Brown Blight, Leaf Blight, 학명 : *Helminthosporium siccans* Drechsl]
㉠ 티머시나 라이그래스 종류에서 봄부터 출수기까지의 장기간에 걸쳐 잎과 잎집 또는 이삭을 통하여 발병한다.
㉡ 처음의 병반은 갈색으로 작지만 점차 커져서 길이가 5~20mm의 타원에 이른다.
㉢ 이 병에 걸리면 청예 및 채종 수량이 저하된다.

⑥ 클로버류 점무늬병(班點炳)[영명 : Summer Black Stem, Leaf Spot, 학명 : *Cercospora zebrina* Passerini]
㉠ 클로버류나 알팔파의 병으로 여름 및 가을 장마기에 발생한다.
㉡ 주로 잎과 잎자루에 침입하며 병의 모양은 기생식물에 따라서 또는 같은 식물이라도 발생시기에 따라서 다르다.
㉢ 다색(茶色)의 병반은 엽맥에서 멈추게 되며, 장방형 또는 줄 모양으로 확실히 구별되는 것이 특징이다.
㉣ 점무늬병이 심하면 누렇게 되며, 죽은 다음에 잎이 떨어지게 된다.

⑦ 갈색뿌리썩음병[영명 : Brown Root Rot, 학명 : *Plenodomus meliloti*]
㉠ 주로 스위트클로버에 발생하지만 레드클로버, 알팔파, 알사익클로버 및 버즈풋트레포일에도 발생한다.
㉡ 봄에 발생하여 목초가 생육을 시작하면서 곧 죽게 된다.
㉢ 뿌리의 썩은 부위는 연한 갈색 또는 진한 갈색의 무늬가 있으며, 주로 뿌리에 발생하나, 포복경까지 발생하기도 한다.

⑧ 멸강나방[영명 : Armyworm, 학명 : *Mythimma spearata* Walker]
㉠ 밤나방과 나비목에 속하는 해충으로 우리나라를 비롯하여 일본, 중국, 인도, 오스트레일리아, 미국 등지에 분포되어 있다.
㉡ 우리나라에서는 초지조성이 시작된 이래 가장 큰 해를 주는 해충이다.
㉢ 주로 조, 귀리, 밀, 옥수수, 벼, 화본과 목초 등에 해를 준다.

② 적게 발생할 때에는 주로 옥수수와 같은 큰 화본과 사료작물의 잎 속에 홀로 살면서 부드러운 잎을 갉아 먹으며, 심할 때는 딱딱한 줄기만 남기고 잎은 다 먹어 버리며, 하루저녁에 수 ha씩 피해를 준다.
　　⑩ 방제법은 디프테렉스 또는 디프수화제가 유효하며, 1ha당 1~1.5kg을 1,000~1,500배액으로 살포하면 좋다. 약제를 뿌린 후 15일 이후에 방목하는 것이 안전하다.
⑨ 검정풍뎅이[학명 : *Lachnosterna kiotoensis* B.]
　　㉠ 풍뎅이과의 딱정벌레목에 속하는 해충으로 한국 및 중국에 분포되어 있으며, 기주식물은 살구나무, 배나무, 사과나무, 포도나무, 찔레나무 등이다.
　　㉡ 성충은 수명이 길며, 기주식물에 날아와 잎과 새싹을 식해하여 피해를 주나, 초지에 대한 피해는 이들의 유충인 것이다.
　　㉢ 유충인 굼벵이는 초지나 잔디밭에 발생하여 식물의 뿌리를 잘라먹기 때문에 화본과 목초인 오처드그라스가 죽게 되어 초지의 갱신이 필요할 정도로 황폐되는 경우가 많다.
　　㉣ 방제법은 비산석회 또는 비산연 40g을 물 10L에 희석하여 뿌려 준다.
⑩ 알팔파 바구미[영명 : Alfalfa Weevil, 학명 : *Hypera postica*(Gryllenhal)]
　　㉠ 어린 유충은 알팔파의 새싹에 피해를 주나, 처음에는 그 증상을 발견하기가 어렵다. 성숙한 유충은 때때로 알팔파의 잎까지 갉아 먹는다.
　　㉡ 유충이 만연할 때는 잎이나 줄기가 조각이 나서 떨어져 잎이 톱니모양으로 찢겨져 있으면 바구미 성충에 의한 피해흔적이다.
　　㉢ 이 해충의 피해는 건초생산량의 50%까지 감수시키며, 또한 청초수량도 감수되며, 건초의 질을 저하시킨다.
　　㉣ 1번초 예취시기를 앞당겨 조기예취하면 유충의 피해를 다소 감소시킬 수 있으며, 청초 예취 시 절단(Chopping)이나 헤이베라초결속 또는 건초집초기를 이용하여 건초를 조제하면 유충을 50%까지 감소시킬 수 있다.

(3) 초지의 해충

① 근계 및 지하경의 해충
　㉠ 채초지 : 방아벌레류, 땅강아지, 풍뎅이류의 유충(굼벵이), 밤나방과의 유충 및 선충 등
　㉡ 오처드그라스의 오래된 초지는 굼벵이류(풍뎅이 유충)의 피해가 많다.

② 지상부 해충
　㉠ 애멸구, 조명나방, 멸강나방류, 끝동매미충, 벼메뚜기류, 콩관총채벌레류, 홍수염호리장님노린재, 콩진딧물류, 배추벼룩잎벌레류, 콩줄기파리류 등
　㉡ 클로버에 대한 배추벼룩잎벌레와 애멸구류 피해와 알팔파에 대한 진딧물의 피해가 크다.

(4) 초지의 병충해 방제

① 재배기술에 의한 병충해 방제
  ㉠ 초지조성 시 경운과 불경운을 절충·병행하고, 표토 병원균을 제거한다.
  ㉡ 지나친 다비나 목초를 너무 늦게 베는 것을 삼간다.
  ㉢ 병충해로 인한 수량저하 시 초지를 갱신한다. 갱신 시는 살충제를 사용하는 것이 효과적이다.
  ㉣ 내병충성 품종의 육성 및 선택으로 억제한다.
  ㉤ 사료작물을 연작하지 않고 윤작한다.
  ㉥ 기주식물 및 해충의 월동장소를 제거한다(논두렁 태우기, 밭 가장자리의 잡초를 제거).
  ㉦ 재배관리 파종시기와 수확시기를 조절한다(병해충의 만연시기를 피함).
  ㉧ 단일초종을 파종하기보다는 혼파를 한다.
② 화학적 방제법
  ㉠ 목초는 가축에게 급여하므로 부득이한 경우에만 살충제를 사용한다.
  ㉡ 독성이 낮은 유기인제를 사용한다.
  ㉢ 가축에게 피해를 주지 않는 기간에 약제를 살포한다.
③ 생물학적 방제법
  ㉠ 천적에 의한 해충방제는 화학적인 방제에 비하여 노력과 비용이 적게 든다.
  ㉡ 천적에는 기생적 곤충, 포식성 곤충, 미생물 등이 있다.

7. 초지의 갱신

(1) 초지 갱신시기

① 화학성이 저하했을 경우 : 토양 pH가 5.0 이하로 산성화
② 물리성이 저하했을 경우 : 토양경도(산중식 경도계) 26mm 이상
③ 식생이 악화됐을 경우 : 잡초의 발생, 나지의 발생, 불식과번지의 생성
④ 기간 초종식생이 쇠퇴했을 경우 : 생산성 및 기호성이 낮은 초종의 구성비율 상승 등

(2) 갱신과정

① 기존식생 제거
  ㉠ 제초제를 사용하여 기존식생을 제거하는 것이 가장 일반적이다.
  ㉡ 이행성 제초제를 살포한 후 고사체가 많으면 화입한다.

ⓒ 가장 바람직한 방법으로는 파종기를 이용하여 파종하는 것이나 여건상 이를 이용할 수 없을 때에는 장마 직후에 파종하는 등 수분공급이 충분한 시기에 갱신하는 것이 효과적이다.

② 석회 및 비료 시용

　　㉠ 우리나라 토양은 대부분 산성토양으로 갱신 시 석회를 시용하여 pH 5.5 이상으로 중화하여 주는 것이 바람직하다.

　　ⓒ 목초의 뿌리생육을 촉진시키는 인산을 충분히 시비한다. 종류별 시비량(kg/ha)은 인산 200~300, 질소와 칼륨은 60~150 정도이다.

③ 파 종

　　㉠ 파종적기는 초지조성과 같이 9월 상순 이전이다.

　　ⓒ 파종기 등을 이용하여 파종하면 정착률이 높아지지만, 여건상 그렇지 못할 경우에는 지표에 산파한다.

　　ⓒ 파종량은 ha당 30~35kg 정도이며, 구체적 초종별 파종량(kg/ha)은 오처드그라스 16kg, 톨페스큐 9kg, 퍼레니얼라이그래스 3kg, 화이트클로버 2kg 정도이다.

　　㉣ 보파할 경우는 초지식생상태에 따라 처음 파종량의 1/3~1/2 정도 산포한다.

④ 갈퀴질 및 진압

　　㉠ 목초의 정착률 향상에 미치는 중요한 요인 중 하나가 수분이다.

　　ⓒ 갈퀴질은 갱신 시 지표에 유기물이 많이 축적되므로 갈퀴질을 통해 목초종자를 지면에 밀착시켜 주는 것이다.

　　ⓒ 진압은 모세관현상에 의해 토양 중의 수분이 종자에 공급되도록 하여 목초의 정착률을 높이는 것이다.

02 초지의 이용

1. 청예의 이용

(1) 청예의 개념

① 목초를 베어서 저장이나 가공없이 직접 급여하는 것으로 생초를 그대로 이용하는 것이다.

② 청예로 이용할 수 있는 초종은 상번초로 알팔파, 오처드그라스, 브롬그라스, 이탈리안라이그래스와 호밀, 수단그라스, 귀리, 유채 등의 사초가 있다.

(2) 청예이용의 장점
① 방목에 비해 ha당 30~50% 가축을 더 사육할 수 있다.
② 먼 거리나 분산되어 있는 초지이용에 적합하다.
③ 사일리지나 건초에 비해 영양가의 손실을 방지한다.
④ 저장급여에 비하여 시설투자비용이 절감된다.
⑤ 영양손실이 가장 적어 단위면적당 많은 사초를 가축에게 급여할 수 있다.
⑥ 방목에서 생기는 제상과 유린을 방지할 수 있다.
⑦ 사일리지나 건초제조의 노력과 비용이 절약된다.

(3) 청예이용의 단점
① 청초를 베고 나르는 기계장비 구입비용이 소요된다.
② 봄철에 방목보다 2주 정도 이용이 늦다.
③ 연간 생산량이 불균형하다(조절필요).
④ 사사(舍飼) 시 생산된 분뇨를 처리해야 한다.
⑤ 고창증, 과식, 독초급여, 기타 이물질 등을 급여할 수도 있다.

2. 방목이용

(1) 방목의 개요
① 방목은 가축이 스스로 운동과 일광욕을 하게 되어 건강상 좋다.
② 방목은 가축 스스로가 자신의 생리적 요구에 따라 풀을 뜯는 것으로, 가장 자연스럽고 경제적인 사초이용방법이다.
③ 분뇨를 방목지에 배설하므로 화학비료의 시비량을 줄일 수 있다.
④ 방목이용의 기본원칙은 가축의 섭취량과 목초의 재생이 균형을 이루도록 하는 것이다.
⑤ 방목 시 초지상태를 효과적으로 유지하여 가축의 섭취량을 높이는 데 필요한 방목용 초지로서 적당한 조건은 초장이 낮고 밀도가 높은 초지이다.
⑥ 채초지와는 달리 방목지에서는 선택채식이나 불식과번초 등이 자주 나타난다.
⑦ 선택채식을 하기에 기호성이 나쁜 목초가 우세해져 초지식생에 나쁜 영향을 끼칠 우려가 있다.
⑧ 계획적인 방목과 전목, 위생작업에 필수적인 목책에는 외책, 내책, 유도책, 위험방지책 등이 있다.

(2) 방목이용의 장점

① 영양생장기 목초로 유지할 수 있어 영양적으로 유리하다.
② 전지효과에 의한 성장촉진효과가 있다.
③ 초지생태계의 양분순환을 촉진한다.
④ 최적엽면적상태로 유지할 수 있어 목초영양가를 증진시킬 수 있다.
⑤ 가축의 건강과 번식에 효과적이다.
⑥ 수확, 이용 및 분뇨의 시비노력이 절약된다.
⑦ 기호하는 목초를 마음대로 채식할 수 있다.
⑧ 토지의 수분스트레스를 방지하고, 식생을 조절한다.
⑨ 목초종자의 토양혼입이 가능하고, 갑작스러운 추위에 의한 손실을 방지할 수 있다.
   ※ 방목은 가장 값싼 목초 이용방법이다.

(3) 방목이용의 단점

① 단위면적당 수량이 청예법에 비해 적다.
② 제상에 의한 가식초량 감소 및 식생이 파괴된다.
③ 과도방목에 다른 토양침식이 우려된다.
④ 제반시설에 비용이 투자되고, 유지에너지가 증가된다.

(4) 방목방법

① **연속방목(고정방목, 전기방목)**
   ㉠ 봄철 풀이 왕성하게 자라는 시기부터 가을까지 방목지를 옮기지 않고 가축을 한 곳에서 방목시키는 방법이다.
   ㉡ 시설관리와 방목관리의 노력이 적게 드는 장점이 있다.
   ㉢ 선택채식, 목초이용률 저하, 토양침식, 가축에너지소모 과다 등의 단점이 있다.
② **윤환방목(젖소의 방목방법)**
   ㉠ 몇 개의 목구(牧區)로 분할하고 각 목구에 순차적으로 방목하는 집약적인 방목법이다.
   ㉡ 다년생 목초나 1년생 사료작물을 방목으로 이용할 경우 가장 알맞은 방목방법이다.
   ㉢ 가장 일반적이며, 비교적 효율성이 높은 방목형태이다.
   ㉣ 오펜하임(Oppenheim) 방목법도 윤환방목의 일종이다.
   ㉤ 윤환방목을 위한 이동식 목책으로는 전기목책이 가장 적합하다.

- ⓑ 윤환방목 장점
    - 선택채식의 기회를 줄임으로써 초지이용률을 높일 수 있다.
    - 과방목 방지로 초지생산력의 저하를 막을 수 있다.
    - 오염된 목초의 양이 적어 높은 목양력의 유지가 가능하다.
    - 적은 목구에서 방목됨으로써 유지에너지가 적다.
③ 대상방목
- ㉠ 방목 시 옆으로 길게 목책을 설치하여 가축을 방목시킨다.
- ㉡ 초지의 방목이용 중 생산성이 가장 높고 집약적인 방목방법이다.
- ㉢ 목구를 전기목책으로 나누고 가축이 12시간 또는 이보다 짧은 시간 동안 한 목구에서 머물 수 있도록 초지를 할당하는 형태의 방목이다.
- ㉣ 목초허실 방지 및 질을 연중 동일하게 유지할 수 있다.
- ㉤ 방목지를 융통성 있게 조절할 수 있고, 목초 필요량을 추정할 수 있다.
- ※ 집약초에 방목되는 가축이 일반적으로 시간제한 방목을 하는 경우 채식시간은 오전, 오후 2시간씩이면 충분한 양을 채식할 수 있다.
④ 계목(매어기르기)
- ㉠ 이용하려는 초지에 말뚝을 박아 일정한 길이의 밧줄이나 쇠사슬로 가축을 계류하여 주위의 풀을 채식토록 하는 방법이다.
- ㉡ 작은 면적의 초지, 하천제방, 도로변 등을 이용할 수 있다.
- ㉢ 목책비용은 적게 드나 노동력이 많이 들어 사육규모가 작은 경우에 적당한 방법이다.
⑤ 대기방목법 : 연속방목으로 황폐된 방목지의 식생을 회복하기 위하여 방목지의 일부를 목책으로 막고 종자가 완숙될 때까지 유목하는 방목법이다.
- ※ **집약적(목구수나 체목일수)인 방목이 강한 순서** : 대상방목 > 윤환방목 > 연속방목

(5) 목양력

목양력이란 방목지가 가축을 수용할 수 있는 능력을 말한다(방목지 생산력).

① 방목일(CD ; Cow Day - 미국)
- ㉠ 방목지에서 몇 두의 가축을 며칠 동안 사육이 가능한가를 나타내는 것
- ㉡ 체중 500kg의 성우 1두(1가축단위)를 1일 방목할 수 있는 초지의 목양력
- ※ 1CD가 의미하는 것 : 체중 약 500kg의 성우 1마리를 1일 방목시킬 수 있는 초지의 생산력을 나타내는 단위

> **예제** 3ha의 방목지에 체중 500kg인 젖소 10마리와 체중 250kg인 송아지 4마리를 150일간 방목하였다면 단위면적당 방목일은?
> **해설** [(10두×1.0)+(4두×0.5)]×150/3ha = 600방목일/ha

② 초지생산단위(북유럽) : 체중 500kg의 가축을 1일 방목할 수 있는 목양력을 1GPU라고 한다.
③ 슈토스(스위스) : 착유우를 방목할 수 있는 초지의 목양력
④ 가축단위 : 체중 500kg의 성우(소)를 1가축단위라 한다.
⑤ 가축단위 방목일 : 체중 500kg, 유생산량 3,640L의 젖소가 일일 소비하는 방목초량으로 표시한다.
⑥ 이용대사에너지 : 체중의 차이뿐만 아니라 체중 및 유량변화를 고려하여 넣기 때문에 가축단위 방목일보다 계산상의 융통성을 갖고 있다.
⑦ 방목밀도 : 방목두수/방목면적
※ 방목밀도는 소 1마리가 1ha에 500kg 기준이다.

> **예제** 방목지 3ha에 500kg의 착유우 12두와 300kg의 육성우 10두를 방목시키려면 이 목구의 방목밀도(放牧密度)는?
>
> **해설** 착유우 12마리(500kg 12마리) + 육성우 10마리(300kg × 10 = 500kg 6마리)
> 총 18마리가 3ha에 방목 중이므로, $\dfrac{18마리}{3ha} = \dfrac{6가축두수}{ha}$

⑧ 일정면적의 초지에 방목할 소의 두수 = $\dfrac{m^2당\ 생산초량 \times \dfrac{채식률}{100} \times 방목지면적}{1일1두당\ 채식량 \times 방목일수}$

(6) 방목개시 적기

① 초장이 20~25cm일 때
② 일시적인 가공 및 저장이 어려운 조건이라면 ha당 생초생산량이 3톤일 때
③ 과잉생산된 목초가 일시에 처리가 가능한 조건에서는 ha당 생초생산량이 5톤일 때
④ 초기 생육이 빠른 라이그래스가 혼파된 초지라면 빠르게 방목을 시작

3. 목초에 의한 가축의 생리적 장애

(1) 목초 테타니병[Grass Tetany, 저마그네슘(Mg)혈증]

① 원인 : 비옥한 토양, 칼륨을 다량시비, 마그네슘의 흡수저해
② 비옥한 목초밭에 칼륨을 다량시비한 결과 마그네슘이 적게 흡수되고, 이런 목초를 먹은 소의 근육은 마그네슘이 결핍되어 발병하며 흥분, 경련 등의 신경증상을 나타낸다.

③ 이 병은 성우에 있어서는 분만 후의 비유기에 화본과 목초 특히 풀이 어리고 급히 무성할 때 방목한 소에서 잘 걸린다.
④ 방목우나 임신 말기의 소에 발병하기 쉬우나 저장 조사료와 농후사료를 급여시키고 있는 사사우(舍飼牛)에는 거의 발생이 되지 않는다.
⑤ 토양, 풀종류, 기상조건이 사료 중의 Mg함량에 영향을 미치기도 하고, 사료 중의 다른 성분이 Mg의 흡수를 저해하는 것도 원인이 된다.

(2) 청산중독

① 수단그라스, 수수×수단 교잡종, 수수 등에 함유한 Cyanogenetic Glucosides 또는 Glucoside Dhurrin이라 불리는 복합물질이 효소 또는 반추가축의 제1위미생물에 의해 가수분해될 때 만들어지는 청산에 의한 중독증을 말한다(어린 수수속의 글루코사이드 두린이란 물질이 가수분해한다).
② 이 물질이 혈액에 흡수되어 혈중 헤모글로빈과 결합하여 Cyanohemoglobin을 형성하고 이 물질은 조직 내 산소의 운반을 방해하므로 중독증상을 일으킨다.
③ 특히 생육 중에 있는 어린 수수류나 수단그라스계 잡종을 청예(青刈)나 방목용으로 이용할 때 발생한다(초봄에 생육이 시작될 때 분얼과 곁가지에 함량이 높다).
④ 이 물질에 중독된 소의 증상은 호흡과 맥박이 빨라지고, 근육경련이 일어나며, 심할 경우 폐사에 이르기도 한다.

(3) 고사리 중독증

① 야생고사리를 소가 섭취하여 발생하는 질병으로 특히 대단위 방목을 하는 농장에서 계절에 따라 집단적으로 발생되기도 한다.
② 발생시기는 고사리가 무성한 시기인 여름과 가을 사이에 많이 발생된다.
③ 비타민 B_1의 결핍과 골수조혈기능의 장애를 일으켜 재생불량성 빈혈, 혈액응고부전을 나타낸다.
④ 초기에는 식욕이 없어지고 경과할수록 눈, 코, 입속 및 질점막에 황달과 출혈반점이 나타나며 심하면 코피가 난다.

CHAPTER 03 적중예상문제

PART 04 사료작물학 및 초지학

01 초지농업의 기본적인 개념은 가축을 생산·이용함에 있어서 초를 경영의 중심으로 하는 농업을 말한다. 초지농업에 대한 설명으로 틀린 것은?
① 인간이 이용하지 못하는 부분을 이용하여 식량을 생산하므로 인간과의 식량경합이 적다.
② 유럽의 윤작농업의 경우 초지농업은 지력증진과 토지 생산성을 유지 향상하기 위한 방법으로 이용되어 왔다.
③ 초지농업에서는 가축의 배설물을 유기질 비료로 이용하므로 생산성면에서 화학비료와는 다른 효과를 나타낸다.
④ 기후나 토양이 열악한 지역에서는 목초의 적응성이 낮아 초지농업이 발전하기 어렵다.

02 다음 초지의 특징에 대한 설명 중 옳지 않은 것은?
① 초지의 최종평가는 건물생산성에 두어야 한다.
② 초지는 여러 개의 과로 이루어진 혼생집단이다.
③ 초지구성 식물집단은 안정된 계열로 행동하나 변화한다.
④ 초지는 식물의 종 간 및 품종 간 경합이 특징으로 되어 있다.

해설
초지의 최종평가는 가축생산성에 귀착한다.

03 다음 중 초지의 이용과 관리에 대한 특징으로 거리가 먼 것은?
① 연간 4~6회 이상 이용되는 경우도 있다.
② 기계수확 또는 가축에 의해 직접 채식되기도 한다.
③ 한번 조성되면 수년간 이용되는 특징이 있다.
④ 주로 단파되기 때문에 시비와 관리가 단순하다.

04 초지조성 시 파종상이 갖추어야 될 궁극적인 목적과 가장 거리가 먼 것은?
① 배수가 잘될 것
② 표토가 아주 고울 것
③ 수분이 많을 것
④ 잡초가 없을 것

정답 1 ④ 2 ① 3 ④ 4 ②

05 다음은 무엇을 설명한 것인가?

> 가을에 파종한 목초나 봄에 파종한 목초가 15cm 정도 자랐을 때 가축을 넣어 가벼운 방목을 시킨다.

① Drilling ② Establishment
③ Topping   ④ Trampling

06 목초 조성 초기 토핑(Topping)의 목적은?

① 추비효과
② 가축운동효과
③ 병충해 방제효과
④ 목초의 분얼촉진효과

해설

겨울철에 목초가 15cm 정도 자랐을 때 방목시키는 것을 토핑(Topping)이라고 하는데, 그 목적은 목양력을 증가시키는 것이 아니라 어린 유식물의 가지치기, 즉 분얼과 뿌리의 활착을 돕는 데 있다.

07 초지에서 1번초의 수확시기 결정은 다른 어떤 결정보다도 매우 중요하다. 첫 번째 수확 시기가 초지에 미치는 영향 중 틀린 것은?

① 초지의 식생 구성비율에 영향을 미친다.
② 연중 수확횟수와 수량분포에 영향을 미친다.
③ 목초의 재생과 수량에 영향을 미친다.
④ 연간시비량과 하고피해에 영향을 미친다.

08 목초의 수량과 품질 및 재생 등을 고려할 때 채초이용 시 화본과 목초의 1차 이용적기는?

① 세포벽물질이 최고일 때
② 출수 직전이나 출수 직후
③ 초장이 25~30cm일 때
④ 아무 때나 관계가 없음

09 화본과 목초의 예취적기에 대한 설명 중 옳은 것은?

① 화본과 목초는 출수 초기가 예취적기이다.
② 2번초 이후의 예취적기는 황숙기이다.
③ 생육단계와 무관하게 30일 간격으로 예취한다.
④ 파종 후 90일 전후이다.

해설

예취적기
- 1번초의 예취적기는 화본과 목초는 출수 초기, 두과 목초는 개화 초기이다.
- 2번초 이후의 재생초는 초장이 30~50cm의 범위에서 예취간격을 고려하여 적절히 예취한다.

정답 5 ③ 6 ④ 7 ④ 8 ② 9 ①

10 다음 중 예취적기를 추정하는 설명으로 옳지 않은 것은?

① 1번초의 예취적기는 화본과 목초는 출수 초기에 콩과 목초는 10% 정도 꽃이 핀 시기이다.
② 초지 군락 내부 지표면의 상대조도가 5%일 때가 예취적기이다.
③ 예취 후 재생 시에 최대건물생산속도를 나타내는 시기인 예취 후 3~4주경이 되는 시기가 예취적기이다.
④ 최대건물생산속도를 나타내는 시기의 최적엽면적지수보다 1.5배의 엽면적을 나타내는 시기인 평균생산력이 가장 높은 시기가 예취적기이다.

11 예를 들어 12월 초순에 5℃ 이하로 기온이 떨어진다고 하면 그 지방의 연중 마지막 목초의 예취시기의 한계는?

① 11월 초순~11월 중순
② 10월 중순~10월 하순
③ 9월 초순~9월 하순
④ 8월 중순~8월 하순

12 여름철 예취와 가을의 최종 예취시기는 초지 관리상 중요한 문제이다. 다음 중 설명이 잘못된 것은?

① 한여름 지온이 27℃ 이상일 때에는 목초를 베는 것을 피한다.
② 가을에 너무 늦게 예취하면 추운 지방에서는 월동에 지장이 있다.
③ 가을철에 일평균기온이 5℃되는 날로부터 40일 전이 최종예취의 적기이다.
④ 하고현상을 피하기 위해서는 목초를 충분히 생육시켜야 한다.

해설

목초의 수량이 다소 적을지라도 초지는 장마 전에 방목이나 예취를 하여 짧은 초장으로 장마철에 들어갈 수 있도록 관리하는 것이 중요하다.

13 북방형 목초의 최종예취적기는 월동과 이듬해 재생에 영향을 미치기 때문에 중요하다. 그러면 가장 적합한 최종예취시기는?

① 일평균기온이 5℃되는 날로부터 40일 전
② 일평균기온이 5℃되는 날로부터 60일 전
③ 일평균기온이 10℃되는 날로부터 40일 전
④ 일평균기온이 10℃되는 날로부터 60일 전

정답 10 ③ 11 ② 12 ④ 13 ①

14 여름철의 예취와 목초의 하고현상관리에 관련되지 않는 것은?
① 북방형 목초는 24~27℃가 되면 자라는 것이 거의 중지된다.
② 계절적인 수량의 변동이 가장 낮은 품종은 화본과 목초에 있어서 리드카나리그라스와 톨페스큐이다.
③ 하고지수가 높을수록 하고에 강하다.
④ 장마 전에 방목이나 예취를 하여 짧은 초장으로 장마철에 들어가도록 한다.

해설
하고지수가 높을수록 하고에 약하다.

15 방목이용 시 초지관리로 적합한 것은?
① 방목방법은 연속방목이 효율적이다.
② 불식과번식(不食過繁殖)은 그대로 내버려두면 된다.
③ 방목 개시적기는 초장이 20~25cm 정도일 때이다.
④ 여름철 강우 시 방목하면 채식량이 증가한다.

16 고온·다습한 여름철 초지관리로 적합한 것은?
① 질소비료를 많이 사용한다.
② 장마 직후에 예취한다.
③ 예취높이를 높게 한다.
④ 가능한 한 초지를 자주 이용한다.

17 처음 조성한 목초가 15cm 정도 자라기 시작하면 곧 가축을 넣어 가벼운 방목을 시키거나 낫으로 베어 주는 것이 좋다. 그 주된 목적과 가장 거리가 먼 것은?
① 굳어지지 않고 부슬부슬하게 남아 있는 흙을 가축의 발굽을 통해 진압시켜 주기 위해
② 목초의 강한 재생력을 이용하여 잡초를 억제하기 위해
③ 가축에게 풀을 이용시켜 초지의 이용성을 향상시키기 위해
④ 목초의 분얼을 촉진시켜 주기 위해

18 여름철 벼 대체 사료작물(논에서 사료작물 재배)을 재배할 때 가장 중요하게 고려되어야 할 것은?
① 내한성(耐寒性) ② 내습성(耐濕性)
③ 내병성(耐病性) ④ 내동성(耐冬性)

해설
논은 밭보다 점토함량이 많아서 물빠짐이 좋은 논이라 하더라도 장마 시 습해가 우려되므로 배수로 관리를 철저히 준수해야 한다.

14 ③ 15 ③ 16 ③ 17 ③ 18 ②

19 초지에서의 추비에 대한 설명으로 가장 올바른 것은?

① 수확량에 관계없이 연간 150kg/ha는 주어야 한다.
② 초지를 방목으로 이용할 때나 청예 위주로 하더라도 추비량은 변하지 않는다.
③ 추비적기는 목초의 생산시기, 기온, 강우 및 비료의 종류도 고려되어야 한다.
④ 여름철 고온기에는 질소비료를 충분히 주어 생육을 촉진시켜 주는 것이 좋다.

20 초지의 관수를 할 때 가장 사용효과가 큰 비료는?

① 질 소
② 인 산
③ 칼 륨
④ 퇴구비

21 대상살포법과 전면살포법을 비교했을 때 대상살포법의 특징으로 틀린 것은?

① 전면살포법에 비해 제초제 구입비용을 줄일 수 있다.
② 잡초제거가 완전하기 때문에 유식물 생장을 촉진할 수 있다.
③ 남아 있는 기존식생이 동반작물 역할을 하여 잡초생장을 억제할 수도 있다.
④ 토양 병해충이 유식물에 집중되지 않는다.

22 목초나 사료작물 재배 시 문제가 되는 잡초가 아닌 것은?

① 소리쟁이
② 네피아그래스
③ 여 뀌
④ 애기수영

23 초지잡초 중 애기수영에 관한 설명으로 옳은 것은?

① 우리나라 원산으로 가축의 기호성이 좋기 때문에 별다른 방제가 필요 없다.
② 콩과이기 때문에 뿌리혹박테리아를 이용하여 질소를 고정하므로 토양을 비옥하게 한다.
③ 한 포기에서 연간 1,000~10,000개의 종자를 생성하며 종자와 뿌리로 번식하여 초지부실화를 촉진한다.
④ 토양이 비옥하고 알칼리성 토양에 특히 잘 번성하므로 퇴비나 비료를 주지 않으면 자연히 없어진다.

해설
① 유럽이 원산지인 마디풀과 다년생으로 종자뿐만 아니라 지하경으로도 왕성하게 번식하여 우리나라 대부분의 목초지에 큰 피해를 주고 있다.
② 애기수영이 처음 발생하였을 때 즉시 제거하지 않으면 다음해에는 목초지의 10~20% 정도까지 애기수영이 확산되며, 3~4년 후에는 목초지의 50~65%까지 번져 부실초지로 변하며 애기수영을 방제하기가 점차 힘들어진다.
④ 애기수영은 토양비옥도가 낮고 경사진 산성토양에서 주로 발생되며 초지에 일단 발생하면 제거하기가 무척 어려우므로 잡초가 발생하기 전에 초지의 비옥도 관리에 힘써야 하며 초지토양이 산성화되지 않도록 주기적으로 석회를 시용하여야 한다.

정답 19 ③ 20 ① 21 ② 22 ② 23 ③

24 사료작물의 병충해를 최소한으로 줄이는 방법으로 부적당한 것은?

① 사료작물을 윤작재배한다.
② 병의 중간숙주식물이 월동할 수 있는 장소를 제거한다.
③ 가축에게 피해를 주지 않는 기간에 약제를 살포한다.
④ 단일품종을 단파한다.

25 다음 중 오처드그라스의 주요 병해가 아닌 것은?

① 탄저병
② 검은 녹병
③ 줄무늬마름병
④ 맥각병

26 다음과 같은 특징을 갖고 있는 병해는?

> 화본과 목초에 가장 많이 발생하며 처음에는 회녹색의 작은 반점이 보이며 점점 넓어지면서 적갈색으로 변하고 타원형 또는 방추형의 병반이 되며 병반의 한가운데 검은 곰팡이가 발생한다. 여름철부터 가을철에 걸쳐 목초의 잎을 시들게 하거나 고사시키고, 재생에 장해를 주며 여름철 오처드그라스의 하고(夏枯)의 원인이 된다.

① 탄저병　　② 점무늬병
③ 맥각병　　④ 줄무늬마름병

27 다음에서 설명하는 것은?

> • 티머시나 라이그래스 종류에서 봄부터 출수기까지의 장기간에 걸쳐 잎과 잎집 또는 이삭을 통하여 발병하고, 병원균은 *Helminthosporium siccans* Drechs.이다.
> • 처음의 병반은 갈색으로 작지만 점차 커져서 길이가 5~20mm의 타원에 이른다. 이 병에 걸리면 청예 및 채종 수량이 저하된다.

① 검은녹병　　② 줄무늬마름병
③ 얼룩무늬병　　④ 점무늬병

28 해충의 종류를 근계 및 지하경을 가해하는 해충과 지상부를 가해하는 해충으로 구분할 때 목초의 지상부에 해를 주지 않는 해충은?

① 애멸구　　② 멸강나방류
③ 조명나방　　④ 방아벌레류

29 우리나라 초지에서 목초에 대한 지상부의 피해해충 분류로 잘못된 것은?

① 끝동매미충
② 검정풍뎅이(유충)
③ 벼룩잎벌레
④ 콩진딧물

해설
C자 모양의 검정풍뎅이유충이 땅속에서 작물의 뿌리를 갉거나 잘라먹으며, 성충은 잎을 식해한다.

30 건초 조제 시 수확적기를 결정할 때 고려해야 할 사항으로 가장 거리가 먼 것은?

① 생육기
② 기 상
③ 양분생산량
④ 파종량과 파종방법

> 해설
> 건초를 만들기 위한 사초의 예취시기는 단위면적당 사초의 수량, 영양분함량 및 비오는 시기를 생각하여 결정하는 것이 좋다.

31 가장 값싼 목초 이용방법은?

① 방 목
② 채 초
③ 건 초
④ 사일리지

32 방목지의 시설은 목장경영에 부담이 되지 않는 범위 내에서 지형 등 자연조건을 효과적으로 활용하여 필요한 최소시설을 하는 것이 좋다. 방목시설관리에 대한 설명 중 가장 올바른 것은?

① 계획적인 방목과 전목, 위생작업에 필수적인 목책에는 외책, 내책, 유도책, 위험방지책 등이 있다.
② 급수조의 크기는 언제나 전방목가축이 한꺼번에 먹을 수 있도록 길게 하여야 한다.
③ 과도한 급염은 질병을 일으키므로 방목장 구석에 위치하여 제한적으로 이용할 수 있게 하여야 한다.
④ 우리나라 기후조건에서는 별도의 피난사나 비음사(피난림이나 비음림)를 만들 필요가 없다.

33 다음 방목에 대한 설명 중 틀린 것은?

① 방목은 가축이 스스로 운동과 일광욕을 하게 되어 건강상 좋다.
② 선택채식을 하기에 기호성이 나쁜 목초가 우세해져 초지식생에 나쁜 영향을 끼칠 우려가 있다.
③ 분뇨를 방목지에 배설하므로 화학비료의 시비량을 줄일 수 있다.
④ 사일리지, 건초에 비해 운반, 조제 및 저장에 소요되는 노력이 많다.

> 해설
> 방목은 가축 스스로가 자신의 생리적 요구에 따라 풀을 뜯는 것으로, 가장 자연스럽고 경제적인 사초 이용방법이다.

정답 30 ④ 31 ① 32 ① 33 ④

34 방목이용의 기본원칙은 가축의 섭취량과 목초의 재생이 균형을 이루어지도록 하는 것이다. 채초지와는 달리 방목지에서는 선택채식이나 불식과번초 등이 자주 나타난다. 방목 시 초지상태를 효과적으로 유지하여 가축의 섭취량을 높이는 데 필요한 방목용 초지로서 적당한 조건은?

① 초장이 낮고 밀도가 낮은 초지
② 초장이 낮고 밀도가 높은 초지
③ 초장이 높고 밀도가 낮은 초지
④ 초장이 높고 밀도가 높은 초지

35 방목이용의 장점이 아닌 것은?

① 영양적으로 유리하다.
② 수확, 이용에 노력이 절약된다.
③ 가축의 건강에 좋다.
④ 풀의 생육에 좋다.

36 방목의 장점이 아닌 것은?

① 분뇨의 시비노력이 절약된다.
② 단위면적의 수량이 청예법에 비해 많아진다.
③ 가축의 건강과 번식에 효과적이다.
④ 기호하는 목초를 마음대로 채식할 수 있다.

37 방목방법에는 집약도(목구수나 체목일수)에 따라 연속방목, 윤환방목 및 대상방목으로 나눌 수 있다. 집약적인 방목이 강한 순에서 약한 순으로 나열된 것은?

① 연속방목 > 대상방목 > 윤환방목
② 대상방목 > 연속방목 > 윤환방목
③ 대상방목 > 윤환방목 > 연속방목
④ 윤환방목 > 대상방목 > 연속방목

38 방목이용법에는 여러 종류가 있는데, 그 중 가장 집약적인 방목방법의 일종으로 목구를 전기목책으로 나누고 가축이 12시간 또는 이보다 짧은 시간 동안 한 목구에서 머물 수 있도록 초지를 할당하는 형태의 방목은?

① 고정방목　② 윤환방목
③ 대상방목　④ 계 목

정답 34 ② 35 ④ 36 ② 37 ③ 38 ③

39 연속방목으로 황폐된 방목지의 식생을 회복하기 위하여 방목지의 일부를 목책으로 막고 종자가 완숙될 때까지 유목하는 방목법은?

① 대상방목법 ② 고정방목법
③ 대기방목법 ④ 할당방목법

40 몇 개의 목구(牧區)로 분할하고 각 목구에 순차적으로 방목하는 집약적인 방목법이며, 다년생 목초나 1년생 사료작물을 방목으로 이용할 경우 가장 알맞은 방목방법은?

① 윤환방목 ② 계속방문
③ 계 목   ④ 고정방목

41 다음 중 가장 일반적이며, 비교적 효율성이 높은 방목형태는?

① 윤환방목   ② 연속방목
③ 주야방목   ④ 시간제한방목

해설
윤환방목
방목지를 4~6개로 나누고 각 목구를 순차적으로 돌아가면서 방목시키는 방법이다. 장점으로 선택채식의 기회를 줄임으로써 초지이용률을 높이고, 과방목 방지로 초지생산력의 저하를 막을 수 있으며, 오염된 목초의 양이 적어 높은 목양력의 유지가 가능하고, 적은 목구에서 방목됨으로써 유지에너지가 적다는 점이다.

42 다음에서 설명하는 것은?

> 이용하려는 초지에 말뚝을 박아 일정한 길이의 밧줄이나 쇠사슬로 가축을 계류하여 주위의 풀을 채식토록 하는 방법이다. 작은 면적의 초지, 하천제방, 도로변 등을 이용할 수 있으며, 목책비용은 적게 드나 노동력이 많이 들어 사육규모가 작은 경우에 적당한 방법이다.

① 계 목   ② 윤환방목
③ 대상방목 ④ 연속방목

43 윤환방목을 위한 이동식 목책으로 가장 적합한 것은?

① 나무목책
② 전기목책
③ 콘크리트목책
④ 철주목책

정답 39 ③ 40 ① 41 ① 42 ① 43 ②

44 방목 개시적기와 관계가 먼 것은?
① 초장이 20~25cm일 때
② 일시적인 가공 및 저장이 어려운 조건이라면 ha당 생초생산량이 3톤일 때
③ 과잉생산된 목초가 일시에 처리가 가능한 조건에서는 ha당 생초생산량이 5톤일 때
④ 초기 생육이 빠른 라이그래스가 혼파된 초지라면 늦게 방목을 시작

45 집약초지에 방목되는 가축이 일반적으로 시간제한 방목을 하는 경우 채식시간은 오전, 오후 몇 시간씩이면 충분한 양을 채식할 수 있는가?
① 1시간씩   ② 2시간씩
③ 4시간씩   ④ 5시간씩

해설
시간제한 방목을 할 경우 오전과 오후에 각 2시간씩 방목을 하는 것이 적당하다.

46 일반적으로 가축단위의 기준이 되는 것은?
① 말   ② 소
③ 양   ④ 돼지

47 다음 중 목양력과 관련된 설명이 틀린 것은?
① 가축단위 방목일 : 체중 500kg, 유생산량 3,640L의 젖소가 일일소비하는 방목초량으로 표시한다.
② 이용대사에너지 : 체중의 차이뿐만 아니라 체중 및 유량변화를 고려하여 넣기 때문에 가축단위 방목일보다 계산상의 융통성을 갖고 있다.
③ 방목일(Cow Day) : 방목지에서 몇 두의 가축이 며칠 사육 가능한가를 나타내는 것으로 체중 500kg의 성우 1마리를 1일간 방목할 수 있으면 1CD가 된다.
④ 방목밀도 : 초량에 관계없이 초지면적당 방목두수(두수/면적)를 말한다.

48 방사일(CD ; Cow-Day)에서 1CD가 의미하는 것은?
① 체중 약 500kg의 성우 1마리를 1일 방목시킬 수 있는 초지의 생산력을 나타내는 단위
② 체중 약 600kg의 성우 1마리를 1일 방목시킬 수 있는 초지의 생산력을 나타내는 단위
③ 체중 약 500kg의 성우 10마리를 1일 방목시킬 수 있는 초지의 생산력을 나타내는 단위
④ 체중 약 600kg의 성우 10마리를 1일 방목시킬 수 있는 초지의 생산력을 나타내는 단위

정답 44 ④ 45 ② 46 ② 47 ④ 48 ①

49 다음에서 설명하는 것은?

- 가장 역사가 오래된 착유방법이다.
- 종실을 파쇄한 후 증자기에서 증기로 찌는데 종실의 종류에 따라 66~110℃에서 15~90분간 처음에는 습식으로, 후에는 건식으로 가열하여 수분을 4~9%로 낮춘다.

① 압축 후 용매추출법
② 직접용매추출법
③ 스크루가공법
④ 수압법

50 만약 3ha의 방목지에 체중 500kg의 젖소 20두와 체중 250kg의 육성우 10두를 100일간 방목하였을 때 이 방목지의 방목일(放牧日, Cow Day)은?

① 1,800일　② 2,500일
③ 2,000일　④ 3,500일

해설
[(20×1.0)+(10×0.5)]×100 = 2,500일

51 3ha의 방목지에 체중 500kg인 젖소 10마리와 체중 250kg인 송아지 4마리를 150일간 방목하였다면 단위면적당 방목일은?

① 1,000　② 600
③ 1,500　④ 1,080

해설
[(10×1.0)+(4×0.5)]×150/3ha = 600방목일/ha

52 방목지에서 가축의 목양력을 계산할 때 가축단위 방목일의 단위가 있다. 10ha에 착유우 젖소(약 500kg) 20두를 30일간 방목할 때 가축단위 방목일(LUGD)은 얼마인가?

① 30일　② 60일
③ 120일　④ 180일

해설
(20×1.0)×30/10 = 60방목일/ha

53 2.5ha의 목구에 500kg의 착유우 13마리와 300kg의 약우 5마리가 방목되었다면 방목밀도는?

① 5.4Animal Units/ha
② 6.4Animal Units/ha
③ 7.4Animal Units/ha
④ 8.4Animal Units/ha

해설
$$\frac{(13두 \times 500kg)+(5두 \times 300kg)}{2.5ha} = 3,200kg/ha$$
$$= 6.4AU$$
방목밀도는 소 1마리가 1ha에 500kg 기준이다.

정답 49 ④　50 ②　51 ②　52 ②　53 ②

54 일정면적의 초지에 방목할 소의 두수를 계산할 때 옳은 식은?

① $\dfrac{1일\ 1두당\ 채식량 \times 방목일수}{m^2당\ 생산초량 \times 채식률}$

② $\dfrac{m^2당\ 생산초량 \times \dfrac{채식률}{100} \times 방목일수}{1일\ 1두당\ 채식량 \times 방목지\ 면적}$

③ $\dfrac{1일\ 1두당\ 채식량 \times 방목일수}{m^2당\ 생산초량 \times 방목두수}$

④ $\dfrac{m^2당\ 생산초량 \times \dfrac{채식률}{100} \times 방목지면적}{1일\ 1두당\ 채식량 \times 방목일수}$

55 젖소 50두를 방목하기 위하여 방목지의 목초수량을 1×1m의 방형틀(Quadrat)을 이용하여 조사하였는데 이때의 목초수량은 0.5kg/m²이었다. 방목지 면적이 1.5ha라면 목초수량은 몇 kg이며, 1두당 몇 kg을 섭취할 수 있는 양인가?

	1.5ha당 목초수량(kg)	1두당 섭취량(kg)
①	7,500	150
②	6,500	120
③	5,500	90
④	4,500	60

해설

1.5ha = 15,000m² (∵ 1a = 100m², 1ha = 100a)
1m²당 0.5kg 목초수량이므로,
1.5ha당 목초수량(kg) = 0.5 × 15,000 = 7,500
1두당 섭취량(kg) = 7,500/50 = 150

56 목초 테타니병 발생과 관계없는 것은?

① 비옥한 토양
② 칼륨을 다량시비
③ 칼슘의 결핍
④ 마그네슘의 흡수저해

57 마그네슘(Mg)이 결핍될 때 야기되는 질병은?

① Fescue Foot
② Grass Tetany
③ Nitrate 중독
④ Milk Fever

58 수수속의 작물에는 두린이란 물질이 있어 청산중독을 일으킨다. 다음 중 설명이 틀린 것은?

① 글루코사이드가 분해한다.
② 어린 수수에 많다.
③ 분얼과 곁가지에 함량이 높다.
④ 저온·다습한 환경일 때 많이 발생한다.

정답 54 ④ 55 ① 56 ③ 57 ② 58 ④

59 수단그라스계 잡종을 파종한 사료작물포에 소를 방목시키려 한다. 청산중독의 위험이 가장 큰 상황은?

① 비가 내린 뒤
② 기온이 따뜻할 때
③ 초봄에 생육이 시작될 때
④ 질소비비를 한 지 두 달되었을 때

60 다음 [보기]의 (　) 안에 적합한 초종은?

┤보기├
- 청산중독은 (　)지대에 소를 방목시킬 때 흔히 발생하는 장애로서 이들 사료작물이 함유하고 있는 글루코사이드 두린이란 물질이 가축의 제1위 내에서 가수분해될 때 만들어지는 청산에 의한 중독증을 말한다.
- 두린함량이 낮은 품종과 잡종은 두린함량이 높다. 일부 잡초에서도 청산이 발견되는데, 진주조에는 없는 것으로 알려져 있다.

① 호 밀　　　　② 귀 리
③ 수단그라스　　④ 옥수수

61 어릴 때 청예나 방목을 하면 청산함량이 높아 청산중독의 위험이 있는 사료작물은?

① 옥수수　　② 호 밀
③ 수수류　　④ 연 맥

62 다음 중 수수류에 대한 설명으로 알맞은 것은?

① 우리나라 기후조건에서 모든 품종이 출수한다.
② 수수교잡종은 방목에 적합한 품종이다.
③ 사료작물 중 단위면적당 가소화 양분을 가장 많이 생산한다.
④ 유식물을 이용할 경우 청산과 질산중독의 위험이 있다.

> 해설
>
> 수수류의 생초 중에는 가축중독을 일으키는 청산(HCN)과 질산 등의 함량이 높아 가축급여 시 유의해야 하는 단점이 있다.

63 다음에서 설명하는 것은?

- 수단그라스, 수수×수단교잡종, 수수 등에 함유한 Cyanogenetic Glucosides 또는 Glucoside Dhurrin이라 불리는 복합물질이 효소 또는 반추가축의 제1위미생물에 의해 가수분해될 때 형성되기도 한다.
- 이 물질이 혈액에 흡수되어 혈중 헤모글로빈과 결합하여 Cyanohemoglobin을 형성하고 이 물질은 조직 내 산소의 운반을 방해하므로 중독증상을 일으킨다.
- 이 물질에 중독된 소의 증상은 호흡과 맥박이 빨라지고, 근육경련이 일어나며, 심할 경우 폐사에 이르기도 한다.

① 그래스테타니　② 타 닌
③ 질 산　　　　④ 청 산

CHAPTER 04 사료작물 재배

01 사료작물의 종류와 특성

1. 사료작물의 종류

(1) 주요 사료작물의 종류
① 봄, 가을 단경기 사료작물 : 귀리, 유채 등
② 여름재배 사료작물 : 옥수수, 수수류, 사료용 피 등
③ 겨울재배 사료작물 : 호밀, 보리, 이탈리안라이그래스 등
  ※ 일정한 재배지역에서 적합한 사료작물을 선별하기 위한 3대 구성요소 : 환경, 작물, 가축

(2) 조사료 생산기반 분류
① 조사료 생산기반은 일반적으로 밭 사료작물, 답리작 사료작물 및 초지로 나누어진다.
② 밭 사료작물
  ㉠ 우리나라 중부의 비교적 밭이 많은 지역으로 경기, 충남북지역이며, 이외 남부지역의 전작지대에서 재배된다.
  ㉡ 여름작물인 옥수수, 수수류 등이 주작물로서 많은 수량을 올릴 수 있도록 하여야 하며, 그 외 호밀, 이탈리안라이그래스, 유채 등은 보조작물로서 주작물의 앞그루나 뒷그루로 재배된다.
  ㉢ 밭 사료작물 : 옥수수, 수단그라스, 수수×수수교잡종, 귀리, 귀리와 유채 혼파이용
③ 답리작 사료작물
  ㉠ 지대는 전남지역과 전북 및 경남과 경북의 평야지대가 재배지역으로 적합하다.
  ㉡ 답리작 사료작물 : 이탈리안라이그래스, 청보리, 호밀, 벼 대체 사료작물 재배
④ 초지는 제주도, 강원도, 경북 북부지역이 적당하다.
  ※ 답리작에 적합한 작물의 특징 : 내습성, 내한성, 내음성이 강해야 한다.

(3) 사료작물의 생육단계 분류

① **생육 초기** : 목초가 어릴 때는 조단백질이 많고 건물함량이 낮아 다량급여 시 설사를 유발한다.
② **생육 중기** : 목초의 생육이 진행됨에 따라 조단백질함량은 감소하고 탄수화물과 조섬유함량이 증가되나 소화율은 감소한다.
③ **생육 숙기** : 사료작물의 숙기가 진행됨에 따라 소화율과 소화속도가 감소하며, 이에 따라 섭취량이 적어진다.

※ **벼과 사료작물의 생육과정** : 영양생장기 → 절간신장기 → 수잉기 → 출수기 → 개화기

> **더알아두기**
>
> **곡류사료의 영양적 특성과 TDN**
> - 곡류사료의 영양적 특성
>   - 에너지함량이 높고 조섬유함량이 낮다.
>   - 티아민은 풍부하나 리보플라빈은 부족하고, 나이아신(Nicotinic Acid)의 함량도 낮은 편이다.
>   - 황색 옥수수를 제외한 곡류와 곡류 부산물에는 카로틴이 거의 존재하지 않는다.
>   - 일반적으로 칼슘과 인의 함량이 적다.
> - TDN(단위면적당 가소화 영양소총량, Total Digestible Nutrients)
>   - 가축의 체내에서 소화되어 흡수되는 영양소(탄수화물, 단백질, 지방)의 총량을 나타내는 단위로 그 값의 크기로 사료의 영양소가 평가되는 것과 동시에 체내의 에너지공급의 상황을 판단하는 영양관리지표로써도 사용되고 있다.
>   - TDN = 가소화 조단백질 + 2.25 × 가소화 조지방 + 가소화 탄수화물

2. 사료작물의 특성

(1) 옥수수의 특성

① 남아메리카 안데스산맥이 원산지로 1년생 화본과 C_4작물이다.
② 표고에 관계없이 잘 자라는 열대성 작물로, 고온을 좋아하며, 다비작물이다.
③ 일평균기온 21~27℃(야간 13℃ 이상)가 최소 140일 정도 계속되어야 최고수확을 올릴 수 있다.
④ 단위면적당 TDN(가소화 영양소 총량)이 가장 높은 사료작물이다(TDN함량은 70%).
⑤ 생육적지는 비옥, 토심이 깊고 유기질이 풍부한 사질양토이다.
⑥ 분얼경은 잘 발생하지 않으며, 사료용으로는 마치종이 널리 재배된다.

⑦ 집약적인 윤작체계에 적합한 사료작물이고, 파종에서 수확까지 기계화작업이 용이하다.
　㉠ 옥수수의 파종을 지연시키지 않으려면 조생품종의 호밀을 파종하는 것이 좋다.
　㉡ 일반적으로 조생종은 조기수확할 때, 만생종은 만기수확할 때 수량이 높아진다.
　㉢ 옥수수 후작으로 일찍 파종하면 가을에 가벼운 방목이나 높은 예취로 이용이 가능하다.
⑧ 단백질(조단백질, 분해성 단백질)과 칼슘, 칼륨함량이 비교적 낮은 사료작물이다.
⑨ 자당과 전분함량이 높아 콩과 목초로 좋은 보완사료작물이다.
⑩ 환경 적응범위가 넓어 우리나라에서는 전국 어디서나 재배가 가능하다.
⑪ 수확시기는 성장단계로는 황숙기, 수분함량으로는 70%, 유선으로는 1/3~2/3 사이에 이를 때이다.

> **더알아두기**
>
> **마치종(Dent Corn)**
> - 옥수수의 사료작물용(사일리지용)으로 가장 적합하다.
> - 경질 전분함량이 낮고 과피가 두꺼워 식용에는 적합하지 않지만 수량성이 가장 높아 사일리지용으로 알맞다.
> - 옥수수 종류 중 키가 크고, 알곡이 굵으며 수량이 많아 사료용으로 가장 널리 재배된다.

(2) 수단그라스의 특성

① 아프리카 수단지방이 원산지로 1년생 화본과 C_4형 식물이다.
② 옥수수보다 건조한 토양에 강하고, 생육에 더 고온을 요한다.
③ 대관령 같은 산간지역에서는 옥수수 재배보다 불리하다.
④ 옥수수보다 토양적응성이 높고, 재생력이 강하여 연 2~3회 수확할 수 있다.
⑤ 평균기온이 25~32℃인 곳에서 왕성하게 생육한다.
⑥ 열대성 식물로 높은 기온과 가뭄에 강하며 옥수수보다 수분 요구량이 적다.
⑦ 중점토에서 사토에 이르기까지 재배할 수 있다.
⑧ 알맞은 토양산도는 pH 5~8이다.
⑨ 사료가치가 낮은 편이며 기호성과 사양능력이 떨어진다.
⑩ 수단그라스계 잡종을 청예용으로 재배할 때 수량이 가장 높은 파종방법 : 조파
⑪ 순계수수나 수단그라스보다는 수수×수단그라스 또는 수단그라스 간 교잡종의 수량이 높다.
　※ 주요 목초 및 일반 사료작물의 생육 최저산도가 가장 낮은 것 : 레드톱

(3) 귀리(연맥)

① 유럽 및 서남아시아가 원산으로 1년생 또는 월년생 작물이다.
② 맥류 중에서 목초에 가장 가까운 생육특성을 가지고 있다.
③ 잎이 많고 커서 가축의 기호성과 영양가가 높은 사료작물이다.
④ 맥류 중 내한성이 가장 약하여 남부지방과 제주도에서 많이 재배된다.
⑤ 봄, 가을 단경기(가장 짧은 기간에 재배이용) 사료작물로 적합하다.
⑥ 이삭이 여물 때도 잎이 심하게 시들지 않는다.
⑦ 줄기는 굵어도 비교적 부드럽고, 잎집이 길며 잎혀는 짧고 잘게 자란다.
⑧ 이삭이 나와도 다른 맥류보다 줄기가 굳어지는 것이 느리다.
⑨ 종자는 식용과 사료용으로 사용하고 특히 말의 사료용으로 많이 재배된다.
⑩ 봄철이나 가을철 다른 작물의 앞, 뒤 틈새 작물로 인기가 높다.

(4) 호 밀

① 유럽 남부와 서남아시아가 원산으로 호밀속의 월년생 식용작물, 사료작물이다.
② 호맥, 흑맥이라고도 하며, 맥류 중 내한성이 강하다.
③ 봄철 생육이 빠르고, 토양의 적응범위가 가장 넓어 재배의 안정성이 매우 크다(특히 척박한 토양 등 불량한 환경조건에서 가장 적응력이 높은 사료작물이다).
④ 우리나라 전국에서 재배가 가능하며, 특히 답리작으로 많이 재배되고 있다.
⑤ 줄기 표면이 납(Wax)으로 덮여 있고, 염색체는 2n = 14이다.
⑥ 중북부지방에서 담근먹이 옥수수의 뒷그루(답리작)로 재배하기에 적합하다.
⑦ 사일리지로 만들 때 수확은 개화기~유숙기에 하는 것이 가장 좋다.
⑧ 호밀은 출수 이후 사료가치가 급격히 낮아지고, 기호성과 사양능력이 떨어진다.
⑨ 종자를 전량 수입에 의존하고 있다.

(5) 유 채

① 학명은 *Brassica napus*로 십자화과에 속하며, 평지, 채종, 운대, 호채라고도 한다.
② 원산지는 스칸디나비아 반도에서부터 시베리아 및 코카서스 지방으로 추정된다.
③ 내한성, 내상성(耐霜性)이 우수하여 가을 늦게까지 이용이 가능하다.
④ 맥류보다 토양적응력이 높고, 단기간 재배로 수량이 많다.
⑤ 수분함량이 높고 조섬유는 적으며, 가용무질소물 및 가소화 단백질 등이 풍부하다.
⑥ 사료용 유채의 이용방법은 방목과 풋베기(청예)가 가장 적합하다.

⑦ 옥수수 후작으로 많이 재배하며, 질소시비수준에 민감하며, 늦게 파종하면 생초수량이 낮아진다.
⑧ 연맥과 혼파하면 수량도 높고 기호성이 좋아지며, 다른 화본과에 비하여 토양개량효과도 높다.
⑨ 질산을 많이 함유하고 있어 가뭄이 들거나 기온이 낮아지면 연맥과 혼파한다.

(6) 이탈리안라이그래스(IRG)

① 지중해 연안이 원산지로 1월 최저평균기온이 −5℃ 이상에서 안전하게 재배할 수 있다.
② 재생력이 강하고 뿌리가 지표부분에 넓게 퍼져 자라기 때문에 잡초의 생육을 억제한다.
③ 생산성과 사료가치가 우수(TDN 60%)하고, 배수 불량지나 습해지역에서도 잘 자란다.
④ 당분함량이 높아 사일리지 조제가 잘되며 사료가치와 가축 기호성이 매우 우수하고 수량이 많은 양질의 풀사료작물이다.
⑤ 월동사료작물 중에서 단일사료작물로 재배면적이 가장 넓다.
⑥ 우리나라 남부지방에서 답리작(논 뒷그루) 사료작물로써 가장 많이 재배·이용하고 있다.
⑦ 출수된 다음의 초기 생육이 매우 빠르고 특히 기호성과 수량이 높은 화본과 목초이다.
⑧ 국내에서 개발한 이탈리안라이그래스 품종은 외국 품종에 비해 추위에 강하고 생산량이 많은 것이 특징인데 현재까지 총 13품종이 개발되었다.
⑨ 국산종자의 보급이 해마다 늘어가고 있으나 건조에는 약한 편이다.
⑩ 작부체계를 고려하면 조생종이나 극조생종의 재배가 유리하며, 품질과 기호성은 만생종에서 더 우수하다.

(7) 청보리(총체보리)

① 보리는 재배 역사가 오래된 작물로서 기계화 재배기술이 일반화되어 있다.
② 일반적인 생육적온은 4~20℃, 강수량은 1,000mm 지대에 잘 적응하는 작물이다.
③ 토양은 양토 또는 식양토가 알맞다.
④ 보리는 건조한 토양보다 약간 습한 논토양에서 생육이 좋으며 배수가 불량한 논은 반드시 배수로를 설치해 주어야 생육 도중 습해를 받지 않는다.
⑤ 청보리의 최대장점은 알곡이 배합사료 대체효과가 크다는 것이다.
⑥ 청보리(총체보리)는 알곡뿐만 아니라 줄기와 잎까지 모두 가축사료로 사용되므로, 생산성과 사료가치가 우수하다.

⑦ 조단백질이 10%로 수입옥수수 조단백질함량(9%) 보다 높고 가격도 수입품의 절반 수준이어서 축산농가에 큰 도움이 될 수 있다.
⑧ 도복이 없고 건조지에서도 비교적 잘 자라며 주로 곤포 사일리지로 이용한다.
⑨ 최근 개발된 유연보리, 유호보리 등의 품종은 까락이 없어 소가 잘 먹는다.

> **더알아두기**
>
> **임자박(들깻묵)**
> - 아시아가 원산지로서 중국 특히 만주에서 많이 생산되며 예로부터 등유 또는 식용으로 사용해 왔다.
> - 경색에 따라 청경종, 적경종으로 분류한다.
> - 단백질함량이나 기호성은 양호한 편이나 조섬유의 함량이 높아 이용률이 떨어진다.
>
> **아마박(Gold Flaxseed)**
> - 아마종실에서 채유한 후의 부산물로 조단백질은 34~38% 정도이다.
> - 기호성이 좋은 편이며 반추가축에게 훌륭한 단백질 보충사료이다.
> - 점액소라는 물질이 함유되어 피모를 윤택하게 할 수 있기 때문에 품평회에 출품하는 소에게 활용할 수 있다.

02 사료작물의 작부체계 및 재배기술

1. 사료작물의 작부체계

(1) 작부체계의 개념
① 작부체계란 동계 사료작물과 하계 사료작물을 순차적으로 연계하여 연간 생산성을 높이기 위한 작물의 재배조합을 말한다.
② 사료작물의 선택은 재배환경에 가장 적합한 작물을 선정하여 단위면적당 생산성을 최대한 높여 양질 조사료를 확보하는 데 목적이 있다.

(2) 작부체계의 종류
① 연작(이어짓기) : 동일한 밭에 같은 종류의 작물을 계속해서 재배하는 것
② 윤작(돌려짓기) : 합리적으로 조합된 작물을 같은 토양에서 일정한 순서에 따라 규칙적으로 돌려가며 재배하는 작부방식

> **더 알아두기**
>
> **윤작의 장점**
> - 토지의 이용성을 높인다.
> - 지력을 유지·증진시킬 수 있다.
> - 노력을 합리적으로 분배할 수 있다.
> - 수량증가와 품질을 향상시킨다.
> - 환원가능 유기물의 확보가 가능하다.
> - 토양전염성 병충해의 발생이 감소하고 잡초가 경감된다.
> - 토양유실이나 양분유실을 막아서 양분보존에 기여한다.
> - 연작에 의한 생육장애(기지현상)가 경감된다.
> - 미생물 및 곤충의 종 다양성을 확보한다.
> - 다양한 작물재배로 노동력의 시기적 집중화를 방지한다.
> - 잔비량이 많아지고, 토양의 구조를 좋게 한다.

③ 간작(사이짓기) : 한 가지 작물이 생육하고 있는 줄 사이에 다른 작물을 재배하는 것

> **더 알아두기**
>
> **노포크식 윤작법과 초생재배**
> - 노포크식 윤작법
>   - 1730년 영국 노포크지방에서 Townshend경이 제창한 윤작방식으로, 이상적 윤작방식의 모범을 초창기에 보여 준 것이다.
>   - 원래 곡물을 계속 재배하여 지력이 떨어지는 것을 방지하는 동시에 사료를 확보하는 두 가지 목적을 위해 발달한 것이다.
>   - Norfolk 윤재식 농법에서 지력증진 작목으로 재배한 것은 클로버이다.
>   - 노포크(Norfolk) 4포식 농법의 특징
>   ⓐ 겨울사료 확보로 축산 도입
>   ⓑ 윤재식 농법
>   ⓒ 동곡 - 근채류 - 하곡 - 클로버작부체계
> - 초생재배의 의미
>   - 과수원 같은 곳에서 목초, 녹비 등을 나무 밑에 재배하는 것
>   - 수목 사이의 공지에 사료작물이나 녹비작물을 재배하여 항상 풀로써 공지를 피복하는 농법
> ※ **레드클로버** : 토양개량 목초로 알맞고 윤작작물로 적합하며, 비에 젖은 것은 고창증을 일으킬 위험성이 있다.

(3) 작부체계별 사료작물의 선택

① 사료작물의 작부조합은 단순하여 실행하기 쉽고 생산량이 많아야 한다.
② 일반적으로 주작물은 여름 사료작물로 건물수량이 많은 사일리지용 옥수수 또는 수수×수단그라스 교잡종을 이용한다.

③ 주작물인 옥수수의 수량이 저하되지 않는 범위에서 부작물의 숙기를 결정하여야 한다.
④ 중북부 지방에서 담근먹이 옥수수의 뒷그루로 재배하기에 적합한 사료작물은 호밀, 귀리(연맥), 유채 등을 파종하는 것이다.
　　※ 청예 또는 사일지사료로 재배되는 귀리(연맥)는 우리나라 중북부 지방의 2모작 조건하에서라면 조숙성 봄연맥(귀리)이 가장 적합하다.
⑤ 중부 지방에서 많이 이용하는 작부조합 중 담근먹이용은 옥수수-호밀 또는 연맥이며, 청예용은 수수류-호밀이다.
⑥ 남부 지방에서 많이 이용하는 작부조합은 옥수수-호밀 또는 이탈리안라이그래스와 수수류-이탈리안라이그래스(또는 호밀)이다.
　　※ 귀리 또는 유채를 봄재배할 때 다음 작물은 수수류가 유리하다(중부 이남).
　　※ 비출수형(영양생장형) 수수류가 재배되는 가장 큰 이유는 이용기간이 길어 작부체계 설정과 농가인력 배분상 유리하기 때문이다.

(4) 적절한 작부체계를 선정하기 위해 고려되어야 할 사항

① 내병성이 강하고, 사료가치가 우수한 작물을 선택한다.
② 생산, 저장, 이용작업이 쉬운 작물을 선택한다.
③ 생산비용이 적게 들고 수량이 높은 작물을 선택한다.
④ 단위면적당 수량 및 가소화 영양소 총량(TDN)이 높은 작물을 선택한다.
⑤ 연간 사료가치의 변화가 적고 안정적으로 공급이 가능한 사료작물을 선택한다.
⑥ 보유기계, 사일로, 가축분뇨 등을 효율적으로 이용할 수 있는 초종 선택이 필요하다.
⑦ 같은 초종이라도 품종에 따라 숙기가 다르므로 품종에 대한 정확한 인식과 선택이 중요하다.
⑧ 작부체계 설정 시 지력유지, 생산량, 사료가치, 품질, 노동력, 수익성 등을 고려한다.

> **더 알아두기**
> **우리나라 사료작물의 작부체계의 운영에 있어서 문제점**
> • 농가가 품종에 대해 잘 모르고 있거나 인식이 부족하다(지역성, 조만성, 주이용목적 등).
> • 초종에 따라 선택할 수 있는 다양한 품종이 없는 형편이다.

(5) 사료작물의 작부체계의 운영에 있어서 농업경영상 지켜야 할 조건

① 농가 노동분배의 합리화(노동집중현상의 완화 및 균등화)
② 윤작원칙의 고수와 위험분산 및 조사료의 자급률 제고 및 균형적 공급
③ 사료작물의 자급률 제고에 의한 사료구입비 지출 극소화
④ 토양비옥도의 지속적 유지
⑤ 사료작물의 특성에 따른 초종과 품종을 조합하여 위험을 분산

2. 사료작물의 재배기술

(1) 옥수수

① 품 종
  ㉠ 국내 육성품종 : 수원 19호, 횡성옥, 광안옥, 수원옥, 두루옥, 광평옥
  ㉡ 도입품종 : P-3394, P-3156, P-3163, P-3489, P-3223, P-3310, P-3313, P-3130, P-36H36, P-32P75, P-32J55(이상 파이오니아계통), 디케이 729(DK729), 지-4743(G-4743), 엔시5514 (NC+5514), 지더블유6959(GW6959), 가르스트8342(Garst8342) 등 모두 30품종이 장려품종으로 등록되어 있다.

② 파종시기
  ㉠ 지온 10℃ 이상일 때, 어린 싹이 늦서리의 피해를 받지 않는 범위 내에서 가능한 일찍 파종해야 한다.
  ㉡ 중북부 고랭지 5월, 중부 지역 4월 중순~하순, 남부 지역 4월 상순~중순

③ 파종량
  ㉠ 방목 및 청예용으로 산파를 할 경우 50kg/ha
  ㉡ 인력파종 시 : 20~30kg/ha, 기계파종 시 : 30~40kg/ha
  ㉢ ha당 조생종 83,000주, 중생종 78,000주, 만생종 72,000주 정도

④ 파종간격
  ㉠ 이랑폭 인력파종은 60cm, 기계화 파종은 70~75cm, 포기 사이 15~20cm
  ㉡ 사질토양은 다른 토양보다 파종깊이를 깊게 한다.
  ※ **옥수수의 발아에 필요한 온도** : 최저온도 6~11℃, 최적온도 30℃, 최고온도 44℃

⑤ 시비량
  ㉠ 연간 ha당 질소 200kg, 인산 150kg, 칼륨 150kg인데, 질소비료는 파종할 때(100kg)와 옥수수가 6~7엽기로 컸을 때(100kg)로 두 번 나누어 준다.
  ㉡ 산도가 높아 토양을 개량할 경우 경운 전에 석회 2,500kg을 살포한 후 경운, 쇄토한다.
  ㉢ 옥수수 재배를 위한 우분의 시용은 ha당 40~50톤 정도가 알맞다.

⑥ 복토 및 진압
  ㉠ 복토는 2~3cm 가량이 좋으며, 가물 때에는 4~5cm 정도가 좋다.
  ㉡ 토양 건조 시는 복토 후 가벼운 진압을 실시하여 발아가 균일하게 한다.
  ㉢ 파종한 다음에는 진압을 잘해 주고, 제초제를 바로 살포해 주어야 한다.
  ㉣ 제초제는 파종 후 3일 이내에 살포해 주고, 바람이 없는 오전에 뿌려 주는 것이 좋다.

⑦ 수 확
  ㉠ 단위면적당 가소화 양분함량이 최고인 때
  ㉡ 옥수수의 수염이 나오기 시작한 후부터 약 50~55일째
  ㉢ 종실 끝부분의 세포층이 검게 변하여 하나의 층을 형성하는 때
  ㉣ 황숙기로 건물비율이 35%(수분함량은 65~70%) 정도 되는 시기

> **더알아두기**
>
> 각 사료작물의 사일리지로 이용할 때 수확 적기
> - 옥수수 : 황숙기 또는 건물함량 30% 내외
> - 호밀 : 개화기~유숙기
> - 사초용 수수 : 호숙 중기~호숙 말기
> - 혼파목초 : 출수 초기 또는 개화 초기

(2) 수수류
  ① 품 종
    ㉠ 수수×수단그라스 교잡종(장려품종) : P-855F, P-877F, 점보(Jumbo), 티이에브그린(TE-Evergreen), 티이헤이그레이저(TEhaygrazer), 베타그레이저(Betta Grazer), 소르단79(Sordan 79), 지더블유9110지(GW9110G), 엔시855(NC+855), 에스엑스17(SX-17), 스피드피드(Speed Feed), 지-세븐(G-7), 터보9(Turbor 9), 터보10(Turbor 10), 지더블류104지(GW104G) 등 15품종
    ㉡ 수수교잡종 : 엔케이367(NK-367), 에스에스405(SS 405), 케이에프429(KF 429) 등 3품종이 있다.
  ② 파종시기
    ㉠ 평균기온이 13~15℃ 이상일 때, 옥수수보다 2~3주일 정도 늦게 파종한다.
    ㉡ 중부이북 지방은 4월 하순~5월 상순, 중부 이남은 4월 중·하순에 파종한다.
  ③ 파종량
    ㉠ 줄뿌림할 경우 30~40kg/ha 파종한다.
    ㉡ 겉뿌림으로 파종하여 청초나 건초로 이용하고자 할 때는 ha당 50~60kg 파종한다.
  ④ 파종방법
    ㉠ 생초나 건초로 이용할 경우는 산파나 세조파를 실시한다.
    ㉡ 사일리지로 이용하고자 할 경우는 이랑너비와 포기 사이를 넓혀서 줄뿌림하는 것이 어렸을 때 쓰러짐을 방지할 수 있어 좋다.

⑤ **파종 후 복토** : 가능한 한 얕게 1~2.5cm가 적당하나, 토양이 건조할 경우는 4~5cm로 다소 깊게 한다.

⑥ **시비량 및 시비방법**

　㉠ 연간 시비량은 ha당 질소 200~250kg(요소 430~540kg), 인산 150kg(용과린 750kg), 칼륨 150kg(염화칼륨 250kg), 퇴비는 20~30톤 정도한다.

　㉡ 질소질비료는 100kg은 밑거름으로 주고 나머지 100~150kg은 수수가 어릴 때와 1차 및 2차 수확 후에 웃거름으로 나누어 사용한다.

　㉢ 인산비료는 전량 밑거름으로, 칼리질 비료는 밑거름과 1차 수확 후 나누어 사용한다.

　㉣ 산도가 높아 토양을 개량할 경우 2~3년마다 ha당 석회 2,000~4,000kg을 경운 전에 살포한 후 경운, 쇄토한다.

⑦ **수확 및 이용**

　㉠ 청예나 건초로 이용할 때 : 1차 예취적기는 출수기 전후에 하고 그다음부터는 초장이 120~150cm 정도 될 때 예취하는 것이 수량이 많다.

　㉡ 사일리지로 이용할 때 : 유숙기~호숙기 때 수확하는 것이 좋다.

　㉢ 어릴 때 방목을 시키면 청산중독 위험성이 있으므로 초장이 45~60cm 될 때까지는 방목을 하지 않는다.

더 알아두기

수단그라스
- 파종적기 : 옥수수보다 2주 정도 늦은 4월 하순에서 5월 상·중순이다.
- 파종량 : 조파 시 ha당 30~40kg, 산파할 경우에는 50~60kg이다.
- 시비량 : 옥수수와 같으며, 질소비료는 파종할 때(100kg)와 수단그라스를 1회 수확한 다음 추비로 100kg을 준다.
- 수확 및 이용
  - 수단그라스는 초장이 1.2m 이상 자랐을 때 이용하는 것이 좋은데, 이보다 키가 작을 때에는 호흡곤란을 일으키는 청산중독의 위험이 따른다.
  - 키가 작을 때엔 방목할 때도 마찬가지로 청산중독의 위험이 따르기 때문에 1~1.2m 이상되었을 시 이용할 것을 권장된다.
  - 옥수수와 수단그라스는 건물수량은 서로 비슷한 수준이나 TDN수량으로 보면 수단그라스는 옥수수의 80% 또는 70~80% 수준이다.

(3) 호밀

① 품 종

　㉠ 국내 육성품종 : 팔당, 두루, 조춘, 칠보, 춘추, 장강, 올호밀 등

　㉡ 도입품종 : 쿨그레이저(Kool Grazer), 엘본(Elbon), 바이타그레이즈(Vita-Graze), 보넬(Bonel), 아덴스아브루치(Athens-Abruzzi), 마톤(Maton), 웬즈아브루치(Wrens Abruzzi), 윈터모아(Wintermore), 단코(Danko), 윈터그레이저70(Winter grazer 70), 루처스(Luchus), 호밀22(Homil22), 오클론(Oklon), 베이츠(Bates), 훔볼트(Humbolt), 맥블루(MACBlue), 바그레이저(Barr Grazer), 바그레인 마스터(Barr Grain Master), 지아이85라이그레이저(GI85Ryegrazer), 지아이87라이그레이저(GI87Ryegrazer), 로바즈파토나이(Lovaszpatonai)등 28품종

② 파종기

　㉠ 벼 수확 후 가급적 일찍 파종한다(원줄기의 잎 수가 4~6매 되는 시기에 월동).

　㉡ 중·북부지방은 9월 하순~10월 상순, 중부 및 남부지방은 10월 중순~하순이 적당하다.

③ 파종량 및 파종방법

　㉠ 파종량 : ha당 160~200kg 내외, 청예용은 곡실용으로 재배할 때보다 많이 한다.

　㉡ 파종방법 : 경운기나 트랙터로 로터리한 다음 비료와 종자를 뿌리고 다시 가볍게 로터리 작업으로 흙을 덮어 준다.

④ 시비량 및 시비방법

　㉠ ha당 질소 150kg, 인산 120kg 및 칼륨 120kg 시비한다.

　㉡ 밑거름으로 퇴비를 사용하고 토양개량제로서 석회를 주면 수량을 많이 올릴 수 있다.

　㉢ 인산과 칼륨은 전량 밑거름으로 사용하고 질소비료는 밑거름과 웃거름으로 나누어 준다.

　㉣ 밑거름과 웃거름의 비율 : 중부 지방 50 : 50, 남부 지방 30 : 70으로 한다.

⑤ 진 압

　㉠ 월동 전후 진압 : 어린 식물이 겨울에 말라죽는 것을 방지하고, 이른 봄철에 서릿발의 피해를 막기 위해 실시한다.

　㉡ 월동 전에 생장이 과다할 때 진압 : 작물의 웃자람을 방지하고 가지치기를 도우며, 가뭄피해 경감 및 뿌리의 활력을 도와 도복을 막아 주는 효과도 있다.

⑥ 수확 및 이용

　㉠ 청예로 이용할 경우 : 출수기부터 개화기 사이

　㉡ 사일리지로 이용할 경우 : 개화기부터 유숙기

(4) 이탈리안라이그래스

① 품 종
- ㉠ 국내육성품종 : 12개 품종으로 극조생종 3, 조생종 3, 중생종 1, 만생종 6품종이 있다.
    - 극조생종 : 그린팜, 그린팜2호, 그린팜3호
    - 조생종 : 코원어리, 코스피드, 코그린
    - 중생종 : 코원마스터, 만생종은 화산101호 등
    ※ 극조생종인 그린팜은 수확이 빨라 벼와의 이모작 재배나 밭에서는 사료용 옥수수와의 작부체계에 유리한 것이 특징이다. 작부체계를 고려하면 조생종이나 극조생종 재배가 유리하며, 품질과 기호성은 만생종에서 더 우수하다.
- ㉡ 도입품종 : 달리타(Dalita), 테트론(Tetrone), 바뮬트라(Barmultra), 테트라플로럼(Tetraflorum), 고르도(Gordo), 씨켐(Sikem), 발티시모(Bartissimo), 윌로(Wilo), 콤비타(Combita), 토스카(Tosca), 플로리다80(Florida 80), 타치와세(Tachiwase), 마샬(Marshall), 그레이저(Grazer), 탐90(TAM 90), 타이푼(Typhoon), 립아이(Ribeye) 등

② 파종시기
- ㉠ 파종적기는 중북부지방에서는 9월 하순으로, 수원지방의 경우 10월 5일이 파종한계기이다(월동률 90%).
- ㉡ 답리작으로 재배할 경우 벼수확 10~15일 전인 9월중·하순경 입모중(立毛中) 파종한다.
- ㉢ 벼 수확 후 파종할 경우에는 수확 직후 실시하며, 늦어도 10월 중순을 넘지 않아야 한다.

③ 파종량 및 파종방법
- ㉠ 파종량 : 조파 시에는 ha당 30kg, 산파 시에는 40kg, 입모 중 파종에서는 50kg이다.
- ㉡ 답리작의 ha당 파종량은 40~50kg이 적당하다.
- ㉢ 벼 수확 후 파종할 경우 드릴파종, 세조파, 산파를 한다.

④ 시비량 및 시비방법
- ㉠ ha당 적정 시비량은 질소 200kg, 인산 150kg 및 칼륨 150kg이다.
- ㉡ 인산비료는 전량 밑거름으로 시용하고 질소비료는 밑거름으로 1/3, 나머지 2/3는 웃거름으로 이듬해 이른 봄 해빙 직후와 첫 번째 예취 후 나누어 시용한다.
- ㉢ 칼리비료는 밑거름과 이듬해 봄에 나누어 준다.

⑤ 파종 후 관리
- ㉠ 월동 전후 이른 봄에 진압하면 서릿발 피해를 막아 주고 가뭄에는 어린 풀이 말라죽지 않으며, 뿌리의 활력을 좋게 하여 가지치기를 촉진한다.
- ㉡ 답리작 재배 시에는 봄 해빙 후 습해를 받기 쉬우므로 배수로를 설치한다.

⑥ 수확 및 이용
- ㉠ 입모 중 파종은 벼 수확 10~15일 전에 파종한다.
- ㉡ 건초를 만들거나 사일리지로 이용할 때는 출수기에 수확한다.

ⓒ 수확시기가 출수기, 개화기로 늦어질수록 수량은 많아지나 사료가치와 건물소화율은 낮아진다.

[국내 개발 주요 목초 및 사료작물 품종]

구 분	초 종	주요 품종
여름 사료작물	옥수수	광평옥, 강일옥, 청안옥, 청사옥, 강다옥, 평안옥, 청다옥 등
	총체벼	녹양, 목우, 목양
월동 사료작물	이탈리안라이그래스	• 극조생종 : 그린팜, 그린팜 2호 • 조생종 : 코그린, 코윈어리, 코스피드 • 중생종 : 코윈마스터 • 만생종 : 화산 101호, 102호, 103호, 104호, 106호, 코워너 등
	청보리	영양, 선우, 상원, 우호, 유연, 소만, 다미, 영한, 유호, 조미 등
	호 밀	곡우, 다그린, 이그린, 올그린, 조그린, 참그린 등
	귀 리	삼한, 동한, 조한, 하이스피드, 다크호스, 풍한, 조풍, 광한 등
	트라이티케일	신영, 조성
	총체밀	청 우
목 초	오처드그라스	합성 2호, 코디, 장벌 101호, 장벌 102호, 온누리 등
	톨페스큐	그린마스터, 푸르미

(5) 청보리(총체보리)

① **품종** : 영양보리, 우호보리, 유연보리, 유한보리 등 13가지
② **파종적기** : 수원 지방의 경우 10월 상순이며, 남부 지방은 10월 중순이다.
③ **파종량** : 조파 시 ha당 150~160kg, 산파 시 200kg(때로는 220kg) 정도이다.
④ **파종 후 관리** : 파종 후 진압을 해 주고 배수로 관리를 잘해 줘야 한다.
⑤ **시비량** : 질소, 인산, 칼륨으로 ha당 각각 100kg 정도를 주며, 이듬해 봄 반드시 웃거름을 주어야 한다.
⑥ **수확적기** : 호숙기에서 황숙 초기이며, 보리 가락 끝부분이 노랗게 변하는 5월 중·하순이다.
⑦ 청보리는 주로 곤포사일리지로 이용된다.

> **더알아두기**
>
> **사료용 총체벼**
> • 사료용 총체벼는 논의 기능을 유지하면서 양질의 조사료자원 확보기반으로 중요성이 크다.
> • 우리나라에서 개발된 품종은 녹양, 목우, 목양 등 3품종이 있다.
> • 총체벼의 곤포사일리지 조제를 위한 수확적기는 호숙기~황숙 초기이다.

(6) 귀리(연맥)

① 품 종
  ㉠ 국내육성종 : 삼절귀리, 올귀리, 말귀리, 하이스피드
  ㉡ 도입품종 : 카이유스(Cayuse), 매그넘(Magnum), 푸트힐(Foothill), 웨스트[West(Speed oat)], 머래이(Murray), 스완(Swan), 엔사일러(Ensiler), 일간(Yilgarn), 팔린업(Palinup), 카셀(Cashel), 일원(Irwin), 데인(Dane), 트로이(Troy), 에이시주니퍼(A.C.Juniper), 하야부사(Hayabusa) 등

② 파종시기
  ㉠ 겨울이 추운 지방에서는 월동재배가 곤란하므로 봄에 일찍 파종하는 것이 좋다.
  ㉡ 봄 파종적기는 중부 지방에서는 3월 상·중순경, 남부 지방은 3월 상순경
  ㉢ 가을재배 시는 중부 지방은 8월 중순경, 남부 지방은 8월 중·하순경

③ 파종량 및 파종방법
  ㉠ 파종량 : 청예재배용으로 줄뿌림은 ha당 120~150kg, 흩어뿌림은 150~200kg이 좋다.
  ㉡ 파종방법 : 줄뿌림을 하고, 방목을 목적으로 할 경우는 산파도 할 수 있다.

④ 시비량 및 시비방법
  ㉠ 시비량 : ha당 비료시용량은 질소 150kg, 인산 및 칼륨은 120kg이 적당하다.
  ㉡ 시비방법 : 질소비료는 밑거름과 웃거름으로 반씩 나누어 주고, 인산 및 칼륨비료는 전량 밑거름으로 준다.

⑤ 수확 및 이용
  ㉠ 봄재배 귀리를 청예로 이용할 때 : 대개 5월 하순경부터 6월 중순까지
  ㉡ 건초를 만들어 이용할 때 : 수잉기부터 출수기까지
  ㉢ 사일리지를 만들 때 : 뒷작물의 파종기를 고려하여 개화기가 수량이나 품질면에서 유리하다.
  ㉣ 귀리는 유채와 혼파재배하여도 좋다.

(7) 유 채

① 품 종
  ㉠ 국내육성종 : 청예단교 4호
  ㉡ 도입품종 : 아켈라(Akela), 벨록스(Velox), 라몬(Ramon), 스파르타(Sparta), 바르나폴리(Barnapoli) 등

② 파종시기
　㉠ 봄 파종의 경우 해빙 직후가 좋으며 중부지방은 3월 중순경, 남부지방은 3월 상·중순경이 알맞다.
　㉡ 가을 파종은 가능한 한 일찍 파종하는 것이 유리하므로 장마가 지나고 더위가 가시기 시작하는 8월 중·하순경이 적당하다.
③ 파종량 및 파종방법
　㉠ 파종량 : 봄재배 시 조파의 경우 ha당 15kg 내외, 가을 재배의 경우에는 파종량을 약간 늘려 ha당 20~30kg으로 한다.
　㉡ 파종방법 : 조파와 산파가 있으며 다소 밀식하는 것이 수량을 올릴 수 있다. 조파 시는 줄 사이를 30cm 정도로 세조파하는 것이 좋다.
④ 시비량 및 시비방법
　㉠ 시비량 : ha당 질소 120~150kg, 인산 및 칼륨질비료는 각각 100~120kg 내외가 적당하며, 질소비료를 충분히 주어야 수량을 올릴 수 있다.
　㉡ 시비방법 : 질소는 밑거름과 웃거름으로 반씩 나누어 주고, 인산과 칼륨질비료는 전량 파종할 때 기비로 사용한다.
⑤ 수확 및 이용
　㉠ 유채는 생육이 빠르므로 생초로 이용 시 파종 후 60일 정도면 충분하다.
　㉡ 뒷재배작물이 있을 때는 파종기를 고려하여 다소 빨리 예취 이용하고, 그렇지 않을 경우 추위가 오기 전까지 포장해 두고 이용할 수 있다.

더알아두기

옥수수, 수단그라스, 연맥, 유채 등의 특징
- 옥수수는 사일리지용으로 수단그라스는 청예용으로 많이 재배한다.
- 옥수수는 도복이 잘 안 되나 도복되면 회복이 어렵고 수단그라스는 도복이 잘되나 회복이 빠르다.
- 옥수수를 주로 사일리지로 이용하는 것은 탄수화물함량이 높아 발효가 쉽게 되기 때문이다.
- 연맥은 내한성이 가장 약하여 남부 지방과 제주도에서 많이 재배한다.
- 유채는 수분이 많아 건초나 사일리지로 이용하기는 힘드나, 조섬유함량이 적고 가용무질소물, 가소화 조단백질 등이 풍부하여 젖소의 청예로 좋다.
- 청예와 방목이용을 목적으로 할 때 유채와 연맥을 혼파하면 수량을 증가시킬 수 있다.
- 작부체계에서 옥수수 수확 후 후작으로 호밀, 연맥, 유채가 많이 이용되고 있다.
- 수수×수단그라스 교잡종은 벼 대신 논에서 여름철 재배할 때 생산성 측면에서 가장 적합한 사료작물이다.
- 수수×수단그라스 교잡종의 재배 이용상의 장점은 강한 재생력과 여름철 청예공급이다.

(8) 트라이티케일

① 우량품종 : 신영, 조성 등

② 파종적기 : 남부 지방 10월 하순, 중부 지방 10월 상·중순

③ 파종방법 및 파종량

㉠ 휴립세조파 : 160kg/ha, 휴립광산파 200kg/ha

㉡ 파종적기보다 늦으면 파종량을 늘려 준다.

④ 시비량 및 시비방법

㉠ 시비량 : 질소 120kg/ha, 인산 100, 칼륨 100(가축분뇨 사용량에 따라 조절 필요)

㉡ 시비방법 : 질소는 파종 시에 40%, 이른 봄에 60%로 나누어 시용한다.

⑤ 파종 후 배수로의 정비로 습해 및 뿌리의 동사를 방지한다.

⑥ 수확 및 이용

㉠ 출수 후 30일 정도(유숙기)에 수확한다.

㉡ 이삭을 눌렀을 때 우유빛 즙이 나올 시기이다.

03 병충해 방제

1. 사료작물의 병충해 및 방제

(1) 병 해

① 흑조위축병(Black Streaked Dwarf Virus, 검은줄오갈병)

㉠ 잎 뒷면에 검은색의 돌출부위 비슷한 줄이 형성되면서 잎이 오그라드는 현상이다.

㉡ 벼를 인근에 재배할 경우 많이 발생하는 해충으로 벼의 애멸구가 매개체이다.

㉢ 우리나라 사일리지용 옥수수에 가장 많은 피해를 준다.

㉣ 강원도에서는 발생하지 않고 주로 중부 이남 지방에서 발생한다.

㉤ 병에 걸린 옥수수는 마디 사이가 짧아 키가 현저히 줄어들고, 잎은 짙은 녹색을 띠며, 잎이 짧고 작아 위로 곧게 뻗쳐 있다.

㉥ 주로 윗잎의 뒷면에 줄이 나타나며 심할 때는 잎집에도 나타난다.

㉦ 옥수수 병 가운데 가장 무서운 병으로 병이 심하게 걸리면, 마디 사이가 자라지 않아 키가 매우 작고 수꽃과 암꽃이 분화되지 못하여 한 알의 씨앗도 열리지 않는다.

② 깨씨무늬병(Southern Leaf Blight, 호마엽고병)
　㉠ 병반모양이 깨씨알처럼 생겼다 하여 붙여진 이름이다.
　㉡ 옥수수 깨씨무늬병은 전세계적으로 발생하며 따뜻하고(20~30℃) 다습한 기후에서 피해가 심한 병이다.
　㉢ 잎에는 작은 반점이 생기고, 작은 반점은 담갈색으로 주변은 약간 짙은 담갈색을 나타낸다.
　㉣ 감염된 옥수수 낟알에는 검은 곰팡이로 덮이는 경우도 있다.
　㉤ 저항성 품종을 심고, 조기에 양분결핍이 오지 않도록 하며, 경운에 의한 병든 잔재물 매몰 및 소각, 병 발생 전 또는 발병 초기에 약제를 살포한다.

③ 그을음무늬병(매문병)
　㉠ 대체로 생육 중기 이후에 강원도 산간지역과 같은 저온·다습상태에서 많이 발생한다.
　㉡ 주로 잎 표면에 발생하나 심할 때는 등숙 중에 이삭껍질(포엽)에도 발병한다.
　㉢ 심하면 잘 여물지 않고 쭉정이 알이 발생하여 수량이 많이 감소하기도 한다.
　㉣ 방제법
　　• 저항성이 강한 품종을 심는 것이 좋다.
　　• 질소와 칼륨이 부족할 때 발병이 심하므로 합리적인 균형시비가 이뤄져야 한다.
　　• 수확 후 잎을 모아서 태워 없애거나 땅속 깊이 파묻어 썩혀 버리고 밭에는 남겨 놓지 말아야 한다.
　　• 병이 심하게 나타나는 지역은 가능한 한 이어짓기를 피하는 것이 좋다.

④ 깜부기병(흑수병)
　㉠ 생육 도중 옥수수의 이삭에 많이 발생하며 검은색의 커다란 혹이 형성된다 하여 흑수병이라고도 한다.
　㉡ 처음에는 흰색의 연한 막으로 싸여 있다가 시간이 지나면서 속이 검은색으로 점차 변화하여 결국 막이 터지면서 검은색의 가루가 날린다.
　㉢ 주로 토양 및 종자전염을 한다. 즉, 병에 걸린 옥수수 개체에서 떨어진 후막포자가 종자에 붙어 있다가 토양 속에 떨어져 월동한 후 다음 해 옥수수 재배 시 연약한 부위에 침투하여 발생하는 병이다.
　㉣ 깜부기병 상습 발생지역에서는 옥수수 이어짓기를 피하고 병든 개체는 별도로 모아 태운다.
　㉤ 종자를 살균제로 분의처리(코팅처리)방법으로 소독한 후 파종한다.

(2) 충해

① 멸강나방(Armyworm)
  ㉠ 5~6월경 옥수수를 비롯한 벼과(화본과) 목초에 큰 피해를 준다.
  ㉡ 주로 가뭄이 지속될 때 발생하여 한 번 발생하면 빠른 속도로 전포장으로 퍼지므로 조기 발견과 방제가 효과적이다.
  ㉢ 옥수수 잎을 주로 갉아먹으며 순식간에 전포장을 옥수수대만 남기고 먹어치운다.
  ㉣ 특히 5월 말경에 자주 발생하므로 이 시기에는 주의 깊은 관찰이 요구된다.
  ㉤ 발생 시에는 ha당 디프테렉스 1,000배액을 1,200L 정도 살포한다.

② 조명나방(European Corn Borer)
  ㉠ 옥수수 최대해충으로 잡식성이며, 모든 밭작물의 잎, 줄기, 종실 등을 가해한다.
  ㉡ 유충은 잎 뒷면에 살며 엽육을 갉아먹고 줄기나 종실속에 들어간다.
  ㉢ 잎이나 줄기 속에서 월동하므로 피해주를 소각하거나 살충제를 살포한다.

※ 방아벌레는 종자·뿌리·땅속줄기를 갉아먹는 해충으로서 흙속에서 2~6년간 서식한다.

04 적중예상문제

PART 04 사료작물학 및 초지학

01 사료작물의 정의나 특성에 대한 설명으로 올바른 것은?

① 반추가축에게 다량급여 시 질병의 발생이 높아진다.
② 사료작물에는 볏집과 같은 짚류도 포함된다.
③ 반추가축이 반추위 발달에 영향을 준다.
④ 옥수수와 같은 사료작물은 질소를 고정한다.

02 일정한 재배지역에서 적합한 사료작물을 선별하기 위한 3대 구성요소가 아닌 것은?

① 환 경
② 작 물
③ 농업기계
④ 가 축

03 사료작물은 성숙함에 따라 화학적 조성분이 변화한다. 다음 중 설명이 틀린 것은?

① 섬유소 증가
② 수분함량의 증가
③ 소화율 감소
④ 조단백질 감소

04 다음은 벼과 사료작물의 생육과정이다. 각각 ( ) 안에 적합한 것은?

영양생장기 → (㉠) → 수잉기 → (㉡) → 개화기

	㉠	㉡
①	절간신장기	출수기
②	출수기	결실기
③	지엽기	절간신장기
④	출수기	지엽기

05 사료작물의 작부체계의 운영에 있어서 농업경영상 지켜야 할 조건이 아닌 것은?

① 농가 노동분배의 합리화
② 윤작원칙의 고수와 위험 분산
③ 사료작물의 자급률 제고에 의한 사료구입비 지출 극소화
④ 토양비옥도가 저하되더라도 단기적 수량 증대의 극대화

정답 1 ③ 2 ③ 3 ② 4 ① 5 ④

06 윤작의 효과가 아닌 것은?
① 수량증가와 품질향상
② 작부체계운용의 단순화
③ 환원가능 유기물의 확보
④ 토양 전염성 병충해의 발생감소

07 옥수수나 수단그라스계 잡종의 후작으로 이용되는 단경기 사료작물에 대한 설명으로 가장 옳은 것은?
① 연맥은 짧은 기간에 많은 수량을 내고 월동이 잘되므로 중부 지방에 알맞다.
② 사료용 유채는 단백질이 높고 토양 중 수분과 질소함량이 높으면 수량이 높으므로 건초로 이용하는 것이 가장 좋다.
③ 이탈리안라이그래스는 초기 생육이 좋고 기호성이 좋으나 월동성이 떨어지므로 주로 남부 지방에서 이용된다.
④ 유채와 연맥은 서로 토양요구도와 관리 및 이용방법이 다르므로 혼파해서 사용해서는 절대 안 된다.

> 해설
> ① 연맥은 내한성이 가장 약하여 남부지방과 제주도에서 많이 재배한다.
> ② 유채는 수분이 많아 건초나 사일리지로 이용하기에는 힘드나, 조섬유함량이 적고 가용무질소물, 가소화 조단백질 등이 풍부하여 젖소의 청예로 좋다.
> ④ 청예와 방목이용을 목적으로 할 때 유채와 연맥을 혼파하면 수량을 증가시킬 수 있다.

08 작부체계에서 옥수수 수확 후 후작으로 많이 이용되고 있는 사료작물로만 묶여진 것은?
① 근채류, 피, 호밀
② 수단그라스, 유채, 연맥
③ 호밀, 연맥, 유채
④ 호밀, 피, 이탈리안라이그래스

09 우리나라에서 재배하는 하계작물로 수량이 가장 높은 작물들은?
① 옥수수와 호밀
② 옥수수와 이탈리안라이그래스
③ 수수류와 이탈리안라이그래스
④ 옥수수와 수수류

10 최근 쌀 소비감소로 논에서 사료작물 재배가 시도되고 있다. 다음 중 벼 대신 논에서 여름철 재배를 할 때 생산성 측면에서 가장 적합한 사료작물은?
① 율 무
② 진주조
③ 이탈리안라이그래스
④ 수수×수단그라스 교잡종

> 해설
> 경지 활용차원에서 논에서 재배가 가능한 여름철 사료작물 중 대표적인 것으로 옥수수와 수수×수단그라스 교잡종을 들 수 있는데, 옥수수보다는 수수×수단그라스 교잡종이 습해에 다소 강하며, 벼 대체작물로 이용하기 위하여 검토되고 있다.

정답 6 ② 7 ③ 8 ③ 9 ④ 10 ④

11 사료용으로 재배되는 수수×수단그라스 교잡종의 재배이용상의 장점은 무엇인가?
① 습지재배의 전용작물
② 생육 초기의 높은 청산함량
③ 생육 후기의 줄기 경화
④ 강한 재생력과 여름철 청예공급

12 고온에서 잘 생육하는 사료작물은?
① 연 맥
② 유 채
③ 호 맥
④ 수수×수단그라스

13 다음 중 동계(겨울) 사료작물이 아닌 것은?
① 호 밀
② 보 리
③ 수단그라스
④ 이탈리안라이그래스

14 우리나라 농업부산물 중 대가축에 가장 많이 이용되고 있는 것은?
① 볏 짚
② 보릿짚
③ 옥수수대
④ 채소부산물

15 다음 중 최근 농업여건이 변화하여 사료작물로 많이 이용되는 것은?
① 진주조
② 청보리
③ 개 밀
④ 소리쟁이

> **해설**
> 청보리는 알곡뿐만 아니라 줄기와 잎까지 모두 가축사료로 사용되며, 조단백질이 10%로 수입옥수수 조단백질함량(9%)보다 높은데다 가격도 수입품의 절반 수준이어서 축산농가에 큰 도움이 될 수 있다.

16 사료작물의 재배목적으로 가장 거리가 먼 것은?
① 값싼 기초사료를 생산
② 가축의 장기활동에 필수적인 사료의 제공
③ 토양침식의 감소와 토양유기물의 증가
④ 토양공급량의 감소

정답 11 ④ 12 ④ 13 ③ 14 ① 15 ② 16 ④

17 사료작물의 재배효과가 아닌 것은?
① 토양 중의 유기물함량을 감소시킨다.
② 토양침식을 감소시킨다.
③ 토양의 구조를 개선시킨다.
④ 좋은 수익을 올릴 수 있는 윤작체계를 확립시킬 수 있다.

18 사료작물은 농후사료만으로 해결할 수 없는 여러 가지 장점을 가지고 있다. 다음 중 장점이 아닌 것은?
① 가축의 건강을 유지시키고 수명을 연장시킨다.
② 매우 높은 영양가를 갖고 있다.
③ 불임증이나 위장병을 예방한다.
④ 미지성장인자를 가지고 있다.

19 곡류사료의 영양적 특성으로 틀린 것은?
① 에너지함량이 높고 조섬유함량이 낮다.
② Thiamin은 풍부하나 Riboflavin은 부족하고, Niacin(Nicotinic Acid)의 함량도 낮은 편이다.
③ 황색 옥수수 이외의 다른 곡류사료는 비타민 A의 전구물질인 Carotene의 함량이 높으며, 비타민 D도 풍부한 편이다.
④ 일반적으로 칼슘과 인의 함량이 적다.

해설
황색 옥수수를 제외한 곡류와 곡류 부산물에는 Carotene이 거의 존재하지 않는다.

20 다음 중 곰팡이와 관계가 없는 것은?
① Tannin   ② Mycotoxin
③ Ergotoxin ④ Aflatoxin

21 곡물생육 시 또는 수확 후 저장 시 곰팡이 발생에 의하여 생성되는 유해물질은?
① 유기산   ② 유리지방산
③ 아플라톡신 ④ 유리아미노산

22 벼과(화본과) 목초의 수량 및 영양성분과의 관계 중 생육시기가 진행됨에 따라 증가하는 것으로만 구성된 것은?
① 조섬유, 단백질
② 리그닌, 단백질
③ 생산량, 조섬유
④ 조지방, 단백질

해설
작물의 생육과 양분함량
• 목초가 어릴 때는 조단백질이 많고 건물함량이 낮아 다량급여 시 설사를 유발한다.
• 생육이 진행됨에 따라 조단백질함량은 감소하고 탄수화물과 조섬유함량이 증가되나 소화율은 감소한다.
• 사료작물의 숙기가 진행됨에 따라 소화율과 소화속도가 감소하며, 이에 따라 섭취량이 적어진다.

정답 17 ① 18 ② 19 ③ 20 ① 21 ③ 22 ③

23 볏짚을 소의 사료로 쓰려고 한다. 기호성과 소화율을 최대로 높이려면 어떻게 하는 것이 좋은가?

① 일반계 볏짚을 사용하여 급여한다.
② 물에 적셨다가 급여한다.
③ 요소에 침지처리하였다가 급여한다.
④ 암모니아가스(가성소다)에 처리한 후 급여한다.

해설

조사료의 사료적 가치 증진 방안으로 가장 많이 활용되고 있는 방법은 화학적 처리방법으로 대표적인 방법에는 가성소다 처리, 암모니아 처리가 사용되고 있으며, 그 밖에 석회 처리, 알칼리 처리 및 과산화수소 처리방법 등이 활용되고 있다.

25 다음 중 목초의 생육진행에 따른 설명으로 틀린 것은?

① 잎의 비율이 감소하고 줄기의 비율이 높아진다.
② 비구조적 탄수화물의 함량은 낮아진다.
③ 리그닌과 세포벽 물질의 비율이 증가한다.
④ 수량은 점차적으로 증가한다.

26 사료용 유채는 질산을 많이 함유하고 있어 가뭄이 들거나 기온이 낮아지면 예방책이 필요하다. 적당한 예방책은?

① 일찍 이용한다.
② 건초로 이용한다.
③ 연맥과 혼파를 한다.
④ 추비를 많이 준다.

24 조사료의 종류 중 TDN함량이 가장 적은 것은?

① 볏 짚
② 옥수수
③ 알팔파
④ 오처드그라스(초기)

해설

볏짚은 만복감을 채우는 데 기여할 뿐이며, 영양소 공급은 기대할 수 없다.

27 사일리지용 옥수수의 수확시기는 사일리지의 발효와 품질에 많은 영향을 미친다. 다음 중 옥수수 사일리지의 수확적기에 대한 설명을 거리가 먼 것은?

① 황숙기
② 생리적 성숙기(흑색층 형성기)
③ 수분함량 68~72% 도달기
④ 출수기로부터 60일 전후

해설

사일리지로 이용할 때 옥수수의 수확 적기 : 황숙기 또는 건물함량 30% 내외

28 주요 목초 및 일반 사료작물의 생육 최저산도가 가장 낮은 것은?
① 레드톱 ② 알팔파
③ 보리   ④ 티머시

29 수단그라스의 생육에 관한 기후 및 토양조건으로 틀린 것은?
① 평균기온이 25~32℃인 곳에서 왕성하게 생육한다.
② 추위에 강하고 가뭄과 고온에도 강하다.
③ 중점토에서 사토에 이르기까지 재배할 수 있다.
④ 알맞은 토양산도는 pH 5~8이다.

해설
수단그라스는 기온이 높고 건조한 지방에서 재배가 잘 되는 사료작물로 가뭄에 강하며 옥수수보다 수분 요구량이 적다. 옥수수보다 생육에 고온을 요구하므로 대관령 같은 산간지역에서는 옥수수 재배보다 불리하다.

30 수단그라스의 생육특성으로 옳지 않은 것은?
① 옥수수보다 건조한 토양에 약하다.
② 옥수수보다 생육에 더 고온을 요한다.
③ 재생력이 강하다.
④ 옥수수보다 토양 적응성이 높다.

31 수단그라스계 잡종을 청예용으로 재배할 때 수량이 가장 높을 것으로 생각되는 파종방법은?
① 조 파   ② 산 파
③ 혼 파   ④ 밀 파

32 수단그라스계 잡종에 대한 설명으로 가장 적합한 것은?
① 연간 2~3회 수확하기 위해서는 옥수수보다 일찍 파종하는 것이 좋다.
② 순계수수나 수단그라스보다는 수수×수단그라스 또는 수단그라스 간 교잡종의 수량이 높다.
③ 대가 굵은 만생형 수단그라스계 잡종은 사일리지용으로 알맞다.
④ 대가 쉽게 뻣뻣해지므로 일찍부터 방목이나 예취하는 것이 좋다.

33 다음 목초 및 사료작물 중 단위면적당 단백질 생산수량이 가장 높은 종류는?
① 옥수수   ② 수단그라스
③ 화이트클로버 ④ 알팔파

정답 28 ① 29 ② 30 ① 31 ① 32 ② 33 ④

34 알팔파, 레드클로버와 같은 두과 목초의 1차 수확적기는?

① 개화 초기 ② 출수 직전
③ 출수 직후 ④ 수잉기

35 사료작물로서 옥수수의 일반적인 특성이 아닌 것은?

① 옥수수는 C_4형 식물이다.
② 일반적으로 높은 기온과 많은 양의 일조가 필요한 작물이 아니다.
③ 일평균기온 21~27℃(야간 13℃ 이상)가 최소한 140일 정도 계속되어야 최고 수확을 올릴 수 있다.
④ 생육적지는 비옥, 토심이 깊고 유기질이 풍부한 사질양토이다.

36 단위면적당 가소화 영양소 총량이 높아 사일리지 작물로 가장 알맞은 것은?

① 수 수
② 연 맥
③ 수단그라스
④ 옥수수

37 다음 설명의 ( ) 안에 들어가야 할 내용이 올바르게 짝지어진 것은?

(㉠)는 사료작물 중 단위면적당 가소화 영양소 수량이 가장 높으며, 일평균 생육적온은 (㉡)이지만 발아 가능한 온도는 (㉢)이다. 수확시기는 성장단계로는 (㉣), 수분함량으로는 (㉤), 유선으로는 (㉥) 사이에 이를 때이다.

① ㉠ : 옥수수   ㉡ : 22℃
  ㉢ : 10℃   ㉣ : 황숙기
  ㉤ : 70%   ㉥ : 1/3~2/3

② ㉠ : 옥수수   ㉡ : 22℃
  ㉢ : 5℃   ㉣ : 유숙기
  ㉤ : 50%   ㉥ : 1/3~2/3

③ ㉠ : 호 밀   ㉡ : 22℃
  ㉢ : 10℃   ㉣ : 황숙기
  ㉤ : 70%   ㉥ : 1/3~2/3

④ ㉠ : 호 밀   ㉡ : 22℃
  ㉢ : 5℃   ㉣ : 유숙기
  ㉤ : 50%   ㉥ : 1/3~2/3

38 적당한 비배관리하에서 옥수수의 건물 중 TDN함량은 약 몇 %인가?

① 50~55
② 55~60
③ 65~70
④ 75~80

정답 34 ① 35 ② 36 ④ 37 ① 38 ③

39 어떤 목초의 영양소함량 중 가소화 조단백질 10%, 가소화 조섬유 12%, 가용무기물소물 26% 및 가소화 조지방함량이 1%일 때 이 목초의 가소화 영양소 총량(TDN)은 몇 %인가?

① 54.25　　② 48.25
③ 50.25　　④ 52.25

해설

가소화 영양소 총량
= 가소화 조단백질% + 가소화 가용무기물소물%
　+ 가소화 조섬유% + (가소화 조지방% × 2.25)
= 10 + 26 + 12 + (1 × 2.25)
= 50.25%

40 사일리지용 옥수수의 특징이 아닌 것은?

① 집약적인 윤작체계에 적합한 사료작물이다.
② 단백질과 칼슘함량이 비교적 높은 사료작물이다.
③ 자당과 전분함량이 높아 양질의 사일리지를 만들 수 있다.
④ 옥수수 사일리지는 콩과 목초로 좋은 보완 사료작물이다.

해설

옥수수 사일리지는 조단백질함량이 낮고 분해성 단백질함량이 낮으며 칼슘, 칼륨의 함량도 낮다.

41 사일리지용 옥수수의 특성을 설명한 것 중 틀린 것은?

① 열대성 작물로 기온이 높은 기후를 좋아한다.
② 환경 적응범위가 넓어 우리나라에서는 전국 어디서나 재배가 가능하다.
③ 가소화 양분수량이 많고 파종에서 수확까지 기계화작업이 용이하다.
④ 단백질의 함량이 높아 사일리지를 제조하기에 유리하다.

42 다음 사료작물 중 옥수수의 품종에 속하는 것은?

① 광평옥　　② 점 보
③ 쿨그레이저　　④ 카이유스

해설

② 점보 : 수단그라스 교잡종
③ 쿨그레이저 : 호밀
④ 카이유스 : 연맥

43 경질 전분함량이 낮고 과피가 두꺼워 식용에는 적합하지 않지만 수량성이 가장 높아 사일리지용으로 재배되는 옥수수 종류는?

① 감립종(Sweet Corn)
② 폭립종(Pop Corn)
③ 마치종(Dent Corn)
④ 연립종(Flour Corn)

44 다음 중 옥수수의 특징이라고 볼 수 없는 것은?

① 표고에 관계없이 잘 자란다.
② 분얼경이 잘 발생한다.
③ 고온을 좋아하며, 다비작물이다.
④ 사료용으로는 마치종이 널리 재배된다.

해설
분얼경은 잘 발생하지 않는다.

45 다음에서 설명하는 것은?

- 아시아가 원산지로서 중국 특히 만주에서 많이 생산되며 예로부터 등유 또는 식용으로 사용해 왔다.
- 경색에 따라 청경종, 적경종으로 분류한다.
- 단백질함량이나 기호성은 양호한 편이나 조섬유의 함량이 높아 이용률이 떨어진다.

① 주정박
② 호 밀
③ 귀 리
④ 임자박

46 중부 지방의 작부체계에 관한 설명 중 가장 바르게 설명한 것은?

① 수량면에서 볼 때 수단그라스계 잡종과 호밀 만생종의 조합이 가장 이상적이다.
② 가능하면 많은 작물을 파종하는 것이 좋으므로 연간 2모작보다는 3모작이, 3모작보다는 4모작이 좋다.
③ 주작물인 옥수수의 수량이 저하되지 않는 범위에서 부작물의 숙기를 결정하여야 한다.
④ 남부 지방에서는 일반적으로 이탈리안라이그래스보다 호밀이 부작물로 적당하다.

정답 43 ③ 44 ② 45 ④ 46 ③

47 TDN 생산이나 긴 겨울철을 생각할 때 우리나라 중북부 지방의 낙농농가에 맞는 작부조합은?(단, 다음 작물들은 모두 만생종이다)

① 옥수수 + 호밀
② 옥수수 + 이탈리안라이그래스
③ 수수 + 이탈리안라이그래스
④ 수수 + 호밀

48 중북부 지방에서 담근먹이 옥수수의 뒷그루로 재배하기에 적합한 사료작물은?

① 대 두   ② 진주조
③ 호 밀   ④ 수 수

> 해설
> 중북부 지방 사일리지용 작부체계에서는 옥수수를 주작물로 하고 수확 후에 호밀이나 귀리(연맥) 또는 유채 등을 파종하는 것이 전형적이다.

49 중북부 지방의 밭에서 사료작물을 생산하기 위하여 윤작을 할 때 작부방식 중 여름 작물로 가장 중요한 작물은?

① 피   ② 호 밀
③ 연 맥   ④ 옥수수

50 중북부 지방의 작부방식에 있어 옥수수를 주작물로 했을 때 그 전후 작물로서 가장 적합한 것들로만 구성된 것은?

① 수단그라스, 연맥, 무
② 호맥, 유채, 연맥
③ 피, 유채, 이탈리안라이그래스
④ 이탈리안라이그래스, 호맥, 수수

51 다음 중부 지방의 작부체계 중 주작물인 옥수수의 파종을 가장 적기에 할 수 있는 작부체계는?

① 호밀 + 옥수수
② 보리 + 옥수수
③ 크림슨클로버 + 옥수수
④ 가을귀리(연맥) + 옥수수

> 해설
> 중부 지방에서는 호밀과의 1년 2기작체계가 대표적이며 귀리도 포함시킬 수 있다.
> ※ 호밀과 옥수수를 심는 경우 호밀을 5월의 건조기에 수확하는 것이 보통이다. 이 경우에 호밀 수확 후 건조한 땅에 옥수수를 심게 되면 옥수수의 발아가 매우 어렵기 때문에 호밀을 되도록 빨리 수확해서 옥수수의 발아 향상과 적정재식본수를 확보하는 데 유의하여야 한다.

정답 47 ① 48 ③ 49 ④ 50 ② 51 ④

52 우리나라 사료작물의 작부체계의 운영에 있어서 문제점들을 지적한 것으로 가장 올바른 것은?

① 농가가 품종에 대하여 잘 모르고 있거나 인식이 부족하며 초종에 따라 선택할 수 있는 다양한 품종이 없는 형편이다.
② 최우수 품종만을 제한적으로 공급하기 때문에 품종 선택에는 별 문제가 없다.
③ 농가가 원하면 목초 및 사료작물 종자는 정부가 지원하고 있기 때문에 농가는 선택권이 전혀 없다.
④ 지역적으로 너무 많은 품종들이 나와 있기 때문에 어떤 품종을 선택해야 할지 결정에 어려움이 있다.

해설
작부조합의 문제점
- 농가의 품종선택상의 문제점
- 품종에 대한 인식과 지식 부족 : 지역성, 조만성, 주이용 목적

53 작부체계 설정 시 고려할 사항과 거리가 먼 것은?

① 생산량 ② 사료가치
③ 파종량 ④ 노동력

해설
작부체계를 선택할 때는 지력유지, 생산량, 사료가치, 품질, 노동력, 수익성 등을 고려한다.

54 적절한 작부체계를 선정하기 위해 고려되어야 할 사항 중 틀린 것은?

① 사료가치가 우수한 작물을 선택한다.
② 생산 및 이용작업이 쉬운 작물을 선택한다.
③ 생산비용은 상관없이 수량이 높은 작물을 선택한다.
④ 단위면적당 수량 및 가소화 영양소 총량이 높은 작물을 선택한다.

해설
작부조합의 전제조건
- 품질이 우수한 사료작물
- 생산, 저장, 이용작업이 쉬운 사료작물
- 생산비용이 싸게 드는 작물
- 단위면적당 가소화 영양소 총량(TDN) 수량이 높은 사료작물
- 연간 사료가치의 변화가 적고 안정적으로 공급이 가능한 사료작물
- 재배생산에 노력이 적게 드는 사료작물
- 기계, 사일로, 우분뇨 등을 효율적으로 이용할 수 있는 사료작물

55 작부조합에 이용되는 사료작물이 갖추어야 할 전제조건과 가장 거리가 먼 것은?

① 단위면적당 TDN 수량에 관계없이 건물 수량이 높아야 한다.
② 내병성이 강하고 품질이 우수하여야 한다.
③ 기계화가 쉬우며 재배생산에 노력이 적게 들어야 한다.
④ 이용과 저장이 쉬우며 생산비용이 싸게 들어야 한다.

정답 52 ① 53 ③ 54 ③ 55 ①

56 답리작에 적합한 작물의 특징이 아닌 것은?

① 다년생이어야 한다.
② 내습성이 강해야 한다.
③ 내한성이 강해야 한다.
④ 내음성이 강해야 한다.

57 비출수형(영양생장형) 수수류가 재배되는 가장 큰 이유는?

① 이용기간이 길어 작부체계 설정과 농가 인력 배분상 유리하다.
② 수확시기가 명확하여 이용이 편리하다.
③ 양분수량 특히 탄수화물의 함량이 증가한다.
④ 2회 예취하여 곡실과 경엽의 수량을 증가시킬 수 있다.

해설
출수형 품종에 비하여 건물수량 차이는 없으나 양분수량이 다소 적고 당도가 낮으나 수확시기가 정해져 있지 않기 때문에 농가의 인력사정이나 조사료 공급이 필요한 시기에 이용할 수 있다.

58 사료작물의 작부체계에서 농업경영상 지켜야 할 조건에 해당하지 않는 것은?

① 농가 노동배분의 합리화
② 토양비옥도의 지속적인 유지
③ 사료작물의 특성에 따른 초종과 품종을 조합하여 위험을 분산
④ 국내에서 사료작물 사초생산성이 높은 옥수수 단작에 의한 생산량 증가

해설
작부체계 운영에 있어 농업경영상 지켜야 할 조건
• 농가 노동분배의 합리화 : 노동집중현상의 완화 및 균등화
• 윤작원칙의 고수
• 토양비옥도의 지속적 유지
• 위험분산
• 사료작물의 자급률 제고
• 자급사료의 균형적 공급

59 사료작물의 작부체계의 운영에 있어서 농업경영상 지켜야 할 조건이 아닌 것은?

① 농가 노동분배의 합리화
② 윤작원칙의 고수와 위험분산
③ 사료작물의 자급률 제고에 의한 사료구입비 지출 극소화
④ 토양비옥도가 저하되더라도 단기적 수량 증대의 극대화

60 합리적으로 조합된 작물을 같은 토양에서 일정한 순서에 따라 규칙적으로 돌려가며 재배하는 작부방식은?

① 간 작
② 윤 작
③ 단 작
④ 다모작

61 윤작의 장점으로서 옳지 않은 것은?

① 어떠한 작물이나 자유롭게 선택할 수 있다.
② 토지의 이용성을 높인다.
③ 지력을 유지·증진시킬 수 있다.
④ 노력을 합리적으로 분배할 수 있다.

62 작물을 윤작함으로써 얻을 수 있는 이점으로 볼 수 없는 것은?

① 토지의 이용성을 높인다.
② 지력을 유지·증진시킬 수 있다.
③ 노력을 합리적으로 분배할 수 있다.
④ 잔비량이 감소한다.

해설
순무와 같은 녹비작물을 재배하면 잔비량이 많아진다.

63 윤작의 효과가 아닌 것은?

① 수량증가와 품질향상
② 작부체계운용의 단순화
③ 환원가능 유기물의 확보
④ 토양전염성 병충해의 발생감소

해설
윤작의 효과
- 지력유지 및 증진
- 피복작물의 토양보호 – 토양유실이나 양분유실을 막아서 양분보존에 기여한다.
- 연작에 의한 생육장애(기지현상)의 경감
- 윤작을 하면 지력증강, 기지회피, 병충해와 잡초경감에 의해서 수량이 증대되고, 여름 작물 – 겨울 작물, 곡실작물 – 청예작물을 결합시켜서 토지이용도를 높일 수 있다.
- 토양선충 경감
- 병해충경감, 잡초경감
- 미생물 및 곤충의 종 다양성을 확보한다.
- 노력분배의 합리화 : 다양한 작물재배로 노동력의 시기적 집중화를 방지한다.
- 농업경영의 안정성 증대 : 자연재해나 시장변동에 의한 피해가 분산된다.

64 토양개량 목초로 알맞고 윤작작물로 적합하며, 비에 젖은 것은 고창증을 일으킬 위험성이 있는 것은?

① 알팔파
② 톨페스큐
③ 오처드그라스
④ 레드클로버

정답 60 ② 61 ① 62 ④ 63 ② 64 ④

65 Norfolk 윤재식 농법에서 지력증진 작목으로 재배한 것은?
① 보 리   ② 밀
③ 벼   ④ 클로버

66 노포크(Norfolk) 4포식 농법의 특징이 아닌 것은?
① 겨울 사료확보로 축산 도입
② 윤재식 농법
③ 전업적 축산
④ 동곡 – 근채류 – 하곡 – 클로버

67 4포식 윤작법(Norfolk Rotation)이 처음 개발된 국가는?
① 미 국   ② 독 일
③ 영 국   ④ 일 본

해설

노포크식 윤작법 : 1730년 영국 노포크(Norfolk)지방에서 Townshend경이 제창한 윤작방식으로, 초창기에 이상적 윤작방식의 모범을 보여준 것이다(순무 – 춘파보리 – 클로버 – 추파밀의 작부체계).

68 과수원, 상원(桑園) 등의 수목 사이의 공지에 사료작물이나 녹비작물을 재배하여 항상 풀로서 공지를 피복하는 농법을 무엇이라 하는가?
① 수경재배
② 휴간재배
③ 유기농업
④ 초생재배

69 말의 사료용으로 많이 재배되는 맥류는?
① 연 맥
② 대 맥
③ 호 맥
④ 트리티케일

70 목초에 가장 가까운 생육특성을 가지고 있으며, 잎이 많고 커서 가축의 기호성이 높은 사료작물은?
① 옥수수   ② 수수류
③ 호 밀   ④ 연 맥

정답 65 ④ 66 ③ 67 ③ 68 ④ 69 ① 70 ④

71 귀리(연맥)에 대한 설명 중 올바른 것은?
① 추위에 강하며 우리나라 전역에서 월동이 가능하다.
② 출수 후 사료가치가 급격히 떨어진다.
③ 봄, 가을 단경기 사료작물로 적합하다.
④ 뿌리가 얕아 수확 후 경운이 쉽다.

72 다음 연맥의 특성을 설명한 것 중 부적합한 것은?
① 맥류 중에서 가장 목초에 가깝다.
② 이삭이 나와도 다른 맥류보다 줄기가 굳어지는 것이 느리다.
③ 다른 맥류보다 추위에 강하다.
④ 단경기 재배에 알맞다.

73 귀리의 일반적인 특성 중 틀린 것은?
① 줄기에 비하여 잎이 적다.
② 이삭이 여물 때도 잎이 심하게 시들지 않는다.
③ 줄기는 굵어도 비교적 부드럽다.
④ 가축의 기호성과 영양가가 높다.

74 다음 사료작물 중에서 가장 짧은 기간에 재배이용이 가능한 작물은?
① 호 밀
② 총체보리(청보리)
③ 귀리(연맥)
④ 이탈리안라이그래스

해설
귀리는 생육속도가 빨라 짧은 기간에 높은 수량을 얻을 수 있어 봄철이나 가을철 다른 작물의 앞, 뒤 틈새작물로 인기가 높으며 잎이 많아 가축도 잘 먹는다.

75 사일리지용 옥수수 재배기술을 서술한 것 중 가장 올바르게 설명한 것은?
① 가능한 한 파종시기를 늦게 한다.
② 모든 품종은 파종량을 늘릴수록 수량이 많다.
③ 인력 및 기계 파종간격은 최대한 좁게 한다.
④ 사질토양은 다른 토양보다 파종깊이를 깊게 한다.

해설
사일리지용 옥수수 재배기술
- 파종시기 : 옥수수는 가능한 일찍 파종해야 한다.
- 파종량 : 방목 및 청예용으로 산파를 할 경우 50kg/ha로 하고 사일리지용으로 재배할 경우 옥수수 파종기를 사용하여 약 70cm 폭으로 조파를 하는데 파종간격은 10cm에 2~5개 종자가 떨어지면 적당한데 파종량은 20~30kg/ha로 한다.
- 파종간격 : 이랑폭 70~75cm, 포기 사이 15~20cm

76 다음 ( ) 안에 적합한 온도는?

> 옥수수는 지온이 ( )℃ 정도가 되면 가능한 한 일찍 파종하는 것이 소출도 높고, 도복의 피해도 줄일 수 있으므로 유리하다.

① 5 ② 10
③ 15 ④ 18

해설

사료용 옥수수 재배방법
토양온도가 10℃ 이상 되면 파종할 수 있으며 서리피해가 없는 한 일찍 파종하는 것이 수량도 많고 도복피해를 줄일 수 있어 유리하다.

77 옥수수의 발아에 필요한 최저 온도범위에 속하는 것은?

① 5℃ ② 10℃
③ 15℃ ④ 20℃

해설

옥수수의 주요 온도
최저온도 약 8℃, 최적온도 약 30℃, 최고온도 약 44℃

78 옥수수 파종기 선택에 관한 설명으로 가장 부적합한 것은?

① 지온이 10℃ 이상이면 파종이 가능하다.
② 중부 지역의 파종적기는 4월 중·하순이 가장 적당하다.
③ 산간지대에서는 늦서리 피해를 고려한다.
④ 만생종은 늦게 파종해야 총수량이 많아진다.

해설

옥수수를 단작으로 파종적기에 파종할 때는 중만생종을 선택하고 귀리, 호밀 등 앞작물의 수확이 지연되어 파종이 늦어질 때는 중생종을 선택하는 것이 작부체계상 유리하다.

79 옥수수의 수확시기에 대한 설명 중 가장 올바른 것은?

① 옥수수의 수분함량에 관계없이 후작의 파종시기를 고려하여 빠를수록 좋다.
② 수확시기가 늦어질수록 건물함량이 높아지기 때문에 늦게 할수록 좋다.
③ 수분함량이 높을수록 답압과 발효가 잘되므로 숙기에 관계없이 일찍 하여야 한다.
④ 건물함량 30% 내외에서 수확하는 것이 삼출액에 의한 건물손실을 줄이고 사일리지의 품질도 높이는 방법이다.

76 ② 77 ② 78 ④ 79 ④

80 다음 중 사일리지 옥수수의 수확적기는?
① 옥수수 수염이 나오기 시작한 후부터 10~20일째
② 옥수수 수염이 나오기 시작한 후부터 50~55일째
③ 옥수수 수염이 나오기 시작한 후부터 70~80일째
④ 옥수수 수염이 나오기 시작한 시기

해설
사일리지용 옥수수의 수확적기
- 단위면적당 가소화 양분함량이 최고인 때
- 옥수수의 수염이 나오기 시작한 후부터 50~55일째
- 종실 끝부분의 세포층이 검게 변하여 하나의 층을 형성하는 때
- 황숙기로 건물비율이 35%(수분함량은 65~70%) 정도 되는 시기

81 탑형 사일로에 저장할 사일리지용 옥수수의 수확적기에 대한 설명으로 가장 알맞은 것은?
① 건물함량이 10% 정도되는 시기이다.
② 건물함량이 20% 정도되는 시기이다.
③ 건물함량이 30% 정도되는 시기이다.
④ 건물함량이 40% 정도되는 시기이다.

82 사일리지 옥수수의 수확적기는?
① 유숙기   ② 호숙기
③ 황숙기   ④ 완숙기

83 각 사료작물의 사일리지로 이용할 때 수확적기를 나타낸 것 중 틀린 것은?
① 옥수수 : 황숙기 또는 건물함량 30% 내외
② 호밀 : 호숙기~완숙기
③ 사초용 수수 : 호숙 중기~호숙 말기
④ 혼파목초 : 출수 초기 또는 개화 초기

84 호밀(호맥)을 사일리지로 만들 때 수확은 어느 시기에 하는 것이 가장 좋은가?
① 생육 초기~수잉기
② 개화기~유숙기
③ 호숙기~황숙기
④ 황숙기~완숙기

정답 80 ② 81 ③ 82 ③ 83 ② 84 ②

85 사일로의 형태별로 초종별 추천 수분함량이 다른데, 탑형 사일로에서 유선 1/2~2/3기의 옥수수의 추천 수분함량으로 가장 적당한 것은?(단, 세절길이는 3/8~1/2로 한다)
① 40~50%   ② 45~50%
③ 55~60%   ④ 63~68%

86 청예용 호밀의 특징으로 맞는 것은?
① 맥류 중 내한성이 강하다.
② 토양을 가리는 성질이 강하다.
③ 담근먹이로만 이용할 수 있다.
④ 답리작 재배가 불가능하다.

87 다음 중 호밀에 대한 설명으로 틀린 것은?
① 호밀속의 월년생 작물이다.
② 줄기 표면이 납(Wax)으로 덮여 있다.
③ 염색체는 2n=14이다.
④ 내한성은 강하나 토양적응성이 낮다.

88 척박한 토양 등 불량한 환경조건에서 가장 적응력이 높은 사료작물은?
① 유 채   ② 알팔파
③ 옥수수   ④ 호 밀

89 옥수수 후작이나 답리작으로 많이 이용되는 호밀에 관한 설명으로 가장 부적절한 것은?
① 내한성이 강한 호밀의 특성을 살리기 위해서는 월동이 가능한 범위 내에서 늦게 파종하는 것이 좋다.
② 옥수수의 파종을 지연시키지 않으려면 조생품종의 호밀을 파종하는 것이 좋다.
③ 일반적으로 조생종은 조기 수확할 때, 만생종은 만기 수확할 때 수량이 높아진다.
④ 옥수수 후작으로 일찍 파종하면 가을에 가벼운 방목이나 높은 예취로 이용도 가능하다.

90 토양적응성이 좋고 월동이 잘되어 우리나라 전국에서 재배가 가능하며, 특히 답리작으로 많이 재배되고 있는 사료작물은?
① 연맥(Oat)
② 유채(Rape)
③ 호맥(Rye)
④ 이탈리안라이그래스(Italian Ryegrass)

정답 85 ④ 86 ① 87 ④ 88 ④ 89 ① 90 ③

91 다음의 내용을 설명하고 있는 사료작물은?

> 학명은 *Brassica napus*로 십자화과(十字花科)에 속하며, 토양에 대한 적응성이 높다. 옥수수 후작으로 많이 재배하며, 봄 파종의 경우 3월 상, 중순이 적기이다. 파종량은 ha당 8~10kg이며, 수분함량이 높고 조섬유는 적고 가용무질소물 및 가소화 단백질 등이 풍부하여 젖소의 풋베기용으로 많이 이용된다.

① 호 밀　② 피
③ 유 채　④ 순 무

92 사료용 유채의 이용방법으로 가장 적합한 것은?

① 방목과 풋베기(청예)
② 풋베기(청예)와 건초
③ 건초와 사일리지
④ 사일리지와 방목

93 사료용 유채의 특징이라고 할 수 없는 것은?

① 내한성이 강하다.
② 단기간 재배로 수량이 많다.
③ 맥류보다 토양 적응력이 높다.
④ 사일리지 제조에 적합하다.

94 사료용 유채에 대한 설명으로 틀린 것은?

① 너무 많이 생산될 때에는 건초로 조제하는 것이 좋다.
② 내상성(耐霜性)이 우수하여 가을 늦게까지 이용이 가능하다.
③ 질소시비수준에 민감하며, 늦게 파종하면 생초 수량이 낮아진다.
④ 연맥과 혼파하면 수량도 높고 기호성이 좋아지며, 다른 화본과에 비하여 토양개량효과도 높다.

95 사료용 유채는 가뭄이 들거나 기온이 낮지면 질산을 많이 함유하고 있어 이용 시 예방책이 필요하다. 적당한 예방책은?

① 일찍 이용한다.
② 건초로 이용한다.
③ 연맥과 혼파를 한다.
④ 추비를 많이 준다.

96 다음 중 우리나라 남부 지방에서 답리작(논 뒷그루) 사료작물로써 가장 많이 재배이용하고 있는 것은?

① 연 맥
② 호 밀
③ 보 리
④ 이탈리안라이그래스

정답 　91 ③　92 ①　93 ④　94 ①　95 ③　96 ④

97 다음 중 논에 답리작용이나 밭의 윤작용으로 설탕함량이 목초 중 가장 높아 사일리지용으로도 적합한 초종은?

① 티머시
② 오처드그라스
③ 이탈리안라이그래스
④ 톨페스큐

98 우리나라 남부 지방에서 답리작으로 많이 재배하는 이탈리안라이그래스에 대한 설명으로 옳은 것은?

① 중북부 지방에서 월동이 곤란한 작물
② 숙근성의 다년생 작물
③ 화본과 목초 중 초기 생육이 특히 느린 작물
④ 품질이 낮고 수량도 적은 작물

99 국내에서 육성한 목초 초종과 품종이 맞는 것은?

① 이탈리안라이그래스 : 그레이저
 오처드그라스 : 장벌 101호
② 이탈리안라이그래스 : 골도
 오처드그라스 : 합성 2호
③ 이탈리안라이그래스 : 월로
 오처드그라스 : 섬머그린
④ 이탈리안라이그래스 : 코그린
 오처드그라스 : 코디

100 작물과 우리나라에서 개발된 사료작물 품종이 바르게 짝지어진 것은?

① 호밀 - 광평옥
② 수수 - 녹양
③ 귀리 - 유연
④ 이탈리안라이그래스 - 코그린

해설

국내개발 주요 사료작물 품종

구 분	초 종	주요 품종
여름 사료 작물	옥수수	광평옥, 강일옥, 청안옥, 청사옥, 강다옥, 평안옥, 청다옥 등
	총체벼	녹양, 목우, 목양
월동 사료 작물	이탈리안 라이그래스	• 극조생종 : 그린팜, 그린팜 2호 • 조생종 : 코그린, 코윈어리, 코스피드 • 중생종 : 코윈마스터 • 만생종 : 화산 101호, 102호, 103호, 104호, 106호, 코워너 등
	청보리	영양, 선우, 상원, 우호, 유연, 소만, 다미, 영한, 유호, 조미 등
	호 밀	곡우, 다그린, 이그린, 올그린, 조그린, 참그린 등
	귀 리	삼한, 동한, 조한, 하이스피드, 다크호스, 풍한, 조풍, 광한 등
	트리티케일	신영, 조성
	총체밀	청 우

101 옥수수 흑조위축병(검은줄오갈병)의 설명 중 옳은 것은?

① 서늘한 지역에서 황숙기에 발병
② 애멸구가 옮기는 바이러스병
③ 잎에 흑색반점이 발생하는 점균병
④ 멸강나방 가해 후 발생하는 검은 곰팡이균

해설

벼를 인근에 재배할 경우 많이 발생하는 해충으로 벼의 애멸구가 매개체이다.

97 ③ 98 ① 99 ④ 100 ④ 101 ②

102 강원도에서는 발생하지 않고 주고 중부이남 지방에서 발생하며, 애멸구에 의해 매개되는 옥수수의 병충해는?

① 깨씨무늬병
② 그을음무늬병
③ 흑조위축병
④ 조명나방

103 초지나 사료작물에 가끔 큰 피해를 주는 멸강나방의 유충 방제에 대한 설명으로 가장 옳은 것은?

① 1년에 한 번씩 번식하므로 성충을 방제하는 것이 가장 효과적이다.
② 주로 콩과에 큰 피해를 주므로 벼과 위주의 혼파조합이나 벼과와 혼파한다.
③ 한 번 발생하면 빠른 속도로 전 포장으로 퍼지므로 조기발견과 방제가 효과적이다.
④ 어떠한 경우에도 살충제에 의한 방제는 하지 말아야 한다.

104 다음에서 설명하는 병충해 종류는?

> 옥수수 잎을 주로 갉아먹으며 순식간에 전 포장을 옥수수대만 남기고 먹어치운다. 특히 5월 말경에 자주 발생하므로 이 시기에는 주의 깊은 관찰이 요구된다. 발생 시에는 ha당 디프테렉스 1,000배액을 1,200L 정도 살포한다.

① 멸강나방
② 조명나방
③ 깜부기병
④ 그을음무늬병

105 우리나라에서 주로 화본과 목초에 가장 큰 피해를 주는 해충은?

① 멸강나방
② 검정풍뎅이
③ 애멸구
④ 진딧물

106 초지에 발생하는 해충에서 지상부에 많이 발생하는 해충이 아닌 것은?

① 방아벌레(Click Beetle)
② 멸강나방(Army Worm)
③ 애멸구(Smaller Brown Plant Hopper)
④ 조명나방(European Corn Borer)

해설
방아벌레는 종자·뿌리·땅속줄기를 갉아먹는 해충으로서 흙속에서 2~6년간 서식한다.

정답 102 ③ 103 ③ 104 ① 105 ① 106 ①

CHAPTER 05 사료작물의 이용

PART 04 사료작물학 및 초지학

01 청예이용

1. 초종별 이용시기

(1) 수단그라스(Sudangrass)

① 수수속에 속하는 1년생 화본과 사료작물이다.
② 재생이 왕성하여 연간 3~4회 정도 예취가 가능하다.
③ 수단그라스를 청예(풋베기)로 이용할 때 적당한 초장의 높이는 120~150cm이다.
④ 초장이 너무 낮을 때 예취하여 급여하면 청산중독의 위험이 있다.
  ※ 수수, 수단그라스류의 사료작물을 방목으로 이용할 때 청산중독위험을 방지할 수 있는 초장은 60cm 이상이다.
⑤ 너무 낮게 수확하면 재생이 늦어지고 죽어 없어지는 개체가 발생하므로 5cm 이하로 예취하지 않는 것이 좋다.
⑥ 자주 예취가 가능한 조, 중생품종에 비하여 대가 굵고 키가 크게 자라는 만숙종은 출수되는 것을 보지 못할 때도 있다.

(2) 호 밀

① 청예용으로 이용 시는 출수기~개화기 사이에 수확한다.
② 청예로 이용할 때는 30cm 이상 자란 것을 수확한다.
③ 호밀(호맥)을 사일리지로 만들 때는 개화기~유숙기 사이에 수확한다.

(3) 유 채

① 예취적기는 개화기이며, 이보다 늦어지면 줄기가 굳어진다.
② 늦가을 청초가 귀한 시기에 베어서 이용한다.

(4) 연 맥

① 가을 재배 연맥을 청예용으로 이용 시 출수기 전에 수확한다.
② 개화 후에는 줄기가 경화되어 사료가치가 떨어진다.

2. 초종별 재생특성

(1) 예취높이
① 목초의 재생에 가장 큰 영향을 미치는 것은 예취높이이다.
② 높이베기의 장점
    ㉠ 낮게 베기보다 저장양분을 많게 한다.
    ㉡ 양・수분의 흡수력이 낮게 베기보다 크다.
    ㉢ 생장점의 수가 많게 된다.
    ㉣ 엽면적이 크다.
③ 낮게 베기의 장점
    ㉠ 목초의 병해충 제거효과가 높게 베기보다 크다.
    ㉡ 어린잎의 광합성 이용능력이 크다.
    ㉢ 증수효과가 있다.
    ※ **클로버 우점현상의 원인** : 잦은 예취, 낮은 예취, 봄에 일찍 예취
    ※ 오처드그라스의 예취높이는 6~9cm가 가장 적당하다(단, 3년째 수량을 기준으로 한다).

(2) 영양분
① 목초가 재생을 위해 저장하는 영양소의 주형태는 탄수화물이다.
② 예취 후 재생에 쓰여질 수 있는 양분은 탄수화물(전분), 단백질, 산(프락토산 등)이다.
    ※ 다년생 목초나 1년생 사료작물로부터 가축에게 공급할 수 있는 주요 영양소는 탄수화물, 섬유소, 가소화 단백질, 광물질 및 비타민 등이 있다.

(3) 기 타
① **온도** : 남방형 목초는 재생 시 온도가 높아야 재생량이 많다.
② **일장** : 장일조건보다는 단일조건에서 재생량이 높고 광량이 많아야 한다.
③ **질소** : 지나치면 재생이 나빠지므로 적량이 좋다.
④ **토양수분** : 높이베기를 하는 것이 좋다(건조조건).

02 건초제조

1. 조제원리

(1) 건초의 개념
① 과잉생산된 조사료를 풀이 생산되지 않은 기간 동안에 이용하기 위한 저장수단이다.
② 자연의 태양에너지를 이용하여 수분함량을 약 15%(15~20%) 이하가 되도록 물리적으로 건조시킨 조사료의 저장형태이다.
③ 초지에서 생산된 목초는 예취하여 생초로 급여하거나 건초 또는 사일리지를 만들어 이용하는 방법이 있다.
④ 생초 중의 수분함량을 미생물이 작용할 수 없을 정도로 낮춤으로써 저장성을 부여한 사료이다.
⑤ 주로 목초가 많이 이용되나 근래는 사료작물도 이용한다(호밀, 귀리 등).
⑥ 우리나라의 건초 조제적기는 5월부터 장마 전인 6월 중순까지이다.

> **더알아두기**
>
> 건초 조제과정의 순서
> 기상예측 → 수확 → 뒤집기(반전) → 집초 → 결속(곤포) → 저장

(2) 고품질 건초의 요건
① 기상상태
　㉠ 벤 다음에 5일 정도 비가 오지 않아야 한다.
　㉡ 비를 맞으면 건물손실과 함께 영양분 손실이 커진다.
　㉢ 만일 비를 한두 차례 맞았다면 사일리지를 만드는 것이 좋다.
② 재료의 적기수확(조제적기)
　㉠ 화본과 목초는 출수기, 두과 목초는 개화 초기이다.
　㉡ 사료가치는 수잉 후기에서 가장 좋고 다음이 출수기이며, 개화기에는 크게 떨어진다.
③ 포장상태에서 건조기간의 최대한 단축
　㉠ 건조기간이 길어질수록 품질이 나빠진다.
　㉡ 건조일수가 좋은 건초는 하루에서 3일 정도, 나쁜 건초는 3~6일, 아주 나쁜 건초는 6~9일 건조시킨 건초이다.

④ 기계화작업체계의 확립
　㉠ 잎은 빨리 마르지만 줄기는 건조속도가 굉장히 느리다.
　㉡ 모어컨디셔너 또는 헤이컨디셔너 농기계를 사용하면 베면서 동시에 기계적으로 줄기를 부수거나 짓눌러 잎과 비슷한 속도로 말린다.

(3) 건초의 장단점

① 건초의 장점
　㉠ 정장제효과가 있어 설사를 방지한다(특히 송아지).
　㉡ 수분함량이 적어 운반과 취급이 용이하다.
　㉢ 태양건조 시 비타민 D의 함량이 높아진다.
　㉣ 풀이 없거나 부족한 계절에 우수한 조사료를 공급할 수 있다.
　㉤ 사일리지로 만들기 어려운 콩과 사료작물의 저장이 용이하다.

② 건초의 단점
　㉠ 기상의 영향을 많이 받아 장기건조 또는 강우 시 품질저하가 일어난다.
　㉡ 부피가 커서 저장공간을 많이 차지한다.
　㉢ 화재의 위험이 있다.

2. 조제방법

(1) 예취시기

① 청예이용을 위한 목초의 첫 번째 예취적기는 화본과 목초는 이삭이 나오기 전후(출수기)이며, 두과 목초는 꽃이 피기 시작할 때(개화 초기)가 좋다.
② 두 번째 이후에는 풀의 키가 30~50cm 내외일 때부터 베어 먹이는 것이 좋으며, 초장이 30~35cm일 때 단위면적당 양분 및 건물수량이 많다.
③ 어릴 때는 목초의 양분함량은 높으나 수량이 적고 또 너무 자라게 되면 건물수량은 많으나 양분함량이 낮아진다.
　㉠ 사료작물의 영양소 중 출수기 이후에 현저하게 감소하는 것 : 단백질과 지방
　㉡ 청예용 호밀의 성분 중 수확이 개화 이후로 늦어질수록 증가하는 성분 : 전분과 섬유소, 리그닌, 규산 등 - 소화이용성이 낮다.
④ 이용횟수는 지역에 따라 다소 차이가 있으나 보통 3~5회이며 생초수량은 약 35~50톤/ha 가량 된다.

[초종별 건초 조제시기]

초 종	건초 조제적기
레드클로버	개화 초기~개화 25%
라디노클로버	10~50% 개화기
알팔파	• 1회 예취 : 첫 꽃이 필 때 • 2회 예취 : 꽃이 한창 필 때 • 3회 예취 : 서리 내리기 40~60일 전
벼과 목초류	이삭이 필 때
수단그라스	이삭이 필 때
호밀·귀리 등	수잉 후기~출수기
벼-콩과 혼파	콩과 목초 수확시기
화본과 목초류(오처드그라스 등)	출수기

(2) 건조방법

① 천일건조법(포장건조법, 양건, 자연건조법)
  ㉠ 태양열을 이용하며 공기의 유통을 좋게 하는 건조방법으로 포장건조법이라고도 한다.
  ㉡ 일기가 3~4일간 쾌청할 때 풀을 베어 그 자리에서 그대로 말리는 방식이다.
  ㉢ 가장 널리 이용되고, 비나 이슬을 맞으면 영양손실이 많아서 좋은 건초를 얻기가 어렵다.
  ㉣ 저녁에는 이슬에 맞지 않도록 긁어모아 두었다가 다음 날 아침에 다시 건조시킨다.

② 가상건조법
  ㉠ 연속하여 좋은 날씨를 만나기 어렵고 빗물의 침투와 지면으로부터의 흡습을 막고, 자연의 통풍을 이용하여 건조하는 방법이다.
  ㉡ 풀시렁을 이용하는 것으로 인건비가 많이 들고 소규모에 알맞다.
  ㉢ 수확 후 포장에서 반전하면서 1~2일 말린 후 수분이 40~50% 되었을 때 초가에 널어 완전히 말린다.
  ㉣ 수분함량이 40~50% 되어야 발효가 적고, 잎의 탈락도 적어 우수한 건초를 만들 수 있다.
  ㉤ 비가 올 경우에는 상부에 비닐을 덮어야 양분용탈에 의한 손실이 적다.

③ 발효건조법(갈색건초)
  ㉠ 비가 자주 오는 지방이나 계절에 이용할 수 있는 방법이다.
  ㉡ 건초는 갈색을 띠므로 갈색건초(Brown Hay)라고도 한다.
  ㉢ 예취 후 1~2일 포장에서 말려서 수분이 50% 정도되면 3~5m 높이의 원뿔형으로 쌓고 비닐 등으로 상부를 덮어 2~3일간 두면 강한 발효가 일어나 온도가 70~80℃로 올라가고 고온의 발효열에 의해 수분이 증발하여 빨리 마르고 발효향을 낸다.
  ㉣ 온도가 올라가면 즉시 헤쳐 넓게 펼쳐 햇빛에 말린다.

ⓜ 잘 만들어지면 담갈색을 띠고, 잘못 만들어지면 흑갈색 또는 흑색을 띠게 된다.
　　ⓗ 이 건초의 제조과정에서는 약 40%의 건물손실이 있으며, 특히 전분과 카로틴 및 단백질 변성에 의한 가소화 단백질의 손실도 크다.
　④ 상온송풍건조법
　　㉠ 열원을 사용하지 않고 송풍기에 의한 송풍만으로 건조하는 방법이다.
　　㉡ 예취 후 1~2일 포장에서 말려서 수분이 40~50% 정도된 풀을 송풍장치가 있는 창고로 운반하고 쌓아 올려 상온송풍건조기로 송풍하여 건조하는 방법이다.
　　㉢ 시설, 노동력, 전기비용이 많이 들기 때문에 우리나라에서는 일반화되어 있지 않다.
　　㉣ 보통 건초수납고(Mow, 우사의 2층 등)의 바닥에 송풍터널을 설치하고 그 위에 포장에서 예건한 풀을 쌓고 송풍하여 건조한다.
　⑤ 화력건조법
　　㉠ 화력을 이용하여 가열된 공기를 불어 넣어 건조하는 방법이다.
　　㉡ 잎이 떨어지기 쉬운 두과 목초를 건조하는 것으로 영양분의 손실이 가장 적다.
　　㉢ 생초에 가까운 품질을 확보할 수 있으나 비용이 많이 소요된다.
　　㉣ 공기를 가열하는 방법에 따라 직접가열식, 간접가열식 등이 있고, 일반적으로 열풍발생장치(가열기와 송풍기) 및 건조실로 구성된다.

(3) 건초 제조과정 중의 손실

손실의 형태는 크게 포장손실과 저장손실로 나누며, 포장에 오래 둘수록 포장손실은 커지고 저장손실은 작아지는 경향이 있다.

　① 호흡에 의한 손실
　　㉠ 식물은 예취 후에도 세포가 살아 있는 동안 당을 분해하여 호흡에너지를 얻는다(열, 물, 이산화탄소 배출).
　　㉡ 세포의 생존기간이 길어질수록 호흡에 의한 양분손실은 크다(수분 40% 이하가 되면 세포 사멸).
　　㉢ 맑은 날씨, 컨디셔닝은 호흡에 의한 손실을 줄이는 데 도움이 된다.
　　㉣ 건조기간이 짧으면 총건물의 2~8%, 길면(저온·고습) 16%의 손실이 있다.
　② 강우에 의한 손실(기상손실)
　　㉠ 식물세포가 죽어 세포벽의 삼투기능이 없어지면 세포 내 양분이 세포 밖으로 나온다.
　　㉡ 이때 비가 오면 수용성 양분은 용탈되어 막대한 양분손실이 발생한다.
　　㉢ 단당류를 포함한 가용무질소물과 단백질의 용탈이 가장 심하다.

③ 잎의 탈락에 의한 손실(기계적 손실)
　㉠ 잎과 작은 줄기들은 빨리 마르고 쉽게 부스러지며, 반전과 집초과정에서 손실이 높다.
　㉡ 잎은 건물의 50%, 영양가의 2/3, 카로틴의 90%, 비타민, 무기물이 많아 탈락에 의한 손실이 크다.
　㉢ 화본과(평행맥)보다 두과 잎(부서지기 쉬운 그물맥)에서 손실이 크다.
　㉣ 컨디셔너는 잎과 줄기를 균형 있게 건조시켜 잎의 탈락을 적게 한다.
　㉤ 집초나 반전작업은 완전히 마르기 전이나 이슬이 마르기 전인 오전에 하는 것이 좋다.
　※ **탈엽(脫葉)손실** : 건초 조제 시에 일반적인 조건하에서 가장 많이 나타나는 손실이다.
④ 발효 및 일광조사에 의한 손실
　㉠ 식물세포 내 효소에 의한 발효로 전분, 당분, 단백질, 카로틴 등이 손실된다.
　㉡ 날씨가 나빠 건조기간이 길수록, 풀이 고르게 펼쳐지지 않을수록 손실은 많아진다.
　㉢ 발효가 강하게 일어날수록 손실이 크므로 발열이 되지 않도록 반전을 빨리 한다.
　㉣ 충분히 마르지 않으면 저장기간 중에도 발효가 일어날 수 있다.
　㉤ 과도한 햇볕에 의한 탈색(카로틴 약 90% 이상 파괴)으로 일어날 수 있다.
　※ **손실의 크기** : 호흡(6.5%), 기계(15.5%), 저장(5%), 용출(6%), 급여 시(3%)
⑤ 저장손실(Storage Losses)
　㉠ 저장손실은 건초의 수분함량, 곤포 자체의 밀도, 창고 내에서의 퇴적밀도와 통기, 외부온도와 습도 등이 관계가 있으며, 주로 박테리아의 활동에 따라 좌우된다.
　㉡ 손실은 당분과 열에 의한 손실이다.
　㉢ 통기성과 자연통풍이 잘되는 건초창고와 기술적인 쌓기 등은 손실을 줄이는 방법이다.

> **더알아두기**
>
> **건초제조과정과 그에 필요한 농업기계**
> - 예취 – 모어
> - 압쇄 – 헤이컨디셔너
> - 뒤집기 – 헤이테더
> - 풀 모음 – 헤이레이크
> - 곤포(묶음) – 베일러
> - 풀 상차(트랙터에 올리는 것) – 헤이로더
> - 운반 – 트럭, 트랙터

(4) 건조와 보존

① 건조효율을 향상시키는 방법
- ㉠ 압쇄(Conditioning)
- ㉡ 반전(Tedding)
- ㉢ 탄산나트륨(Na_2CO_3) 사용
- ㉣ 탄산칼륨(K_2CO_3) 사용

② 건조제(Drying Agents) : 탄산나트륨, 탄산칼륨, 구연산 등으로 큐티클의 밀랍층(Wax)을 제거하여 수분증발을 향상시킨다.

③ 보존제(Preservatives) : 유기산(프로피온산), 무수암모니아, 미생물 접종으로 미생물의 작용을 억제시켜 보존성을 향상시킨다.

(5) 건초 가공품

① 펠릿(Pellet)
- ㉠ 목초분말을 펠릿성형기로 고온·고압조건하에서 순간적으로 단단한 알갱이로 만든 것. 즉, 수확한 목초를 건조하여 분쇄 후 압축 성형한 것이다.
- ㉡ 용적이 줄어들어 취급과 수송이 편리하고 먼지발생을 줄여 줄 수 있다.

② 큐브(Cube)
- ㉠ 짧게 자른 목건초를 압축성형기로 각형의 알갱이로 만든 것이다.
- ㉡ 목건초의 세절편을 압축성형기를 통하여 각형으로 성형한 것이다.
- ㉢ 펠릿에 비해 조사료의 특성을 그대로 간직하고 있다.

※ 수분함량은 목초 분말은 6~8%, 펠릿 6~8%, 큐브 12~14%, 밀도는 큐브가 조금 낮다.

3. 평가 및 급여

(1) 외관 평가기준

① 수확시기가 적절해야 한다.
- ㉠ 예취시기가 늦어질수록 소화율이 떨어진다.
- ㉡ 목초가 성장하면서 단백질, TDN 및 에너지는 감소하고 반면에 섬유소 및 ADF 및 NDF함량은 증가한다. 이로 인하여 목초가 성장하면 할수록 사료가치는 감소한다.

> **더 알아두기**
>
> ADF와 NDF
> - ADF : 조사료의 소화율에 영향을 주는 요인
> - NDF : 가축의 섭취량에 영향을 주는 요인

　　ⓒ 화본과 목초는 출수 전(1등급), 출수 초기(2등급), 출수기(3등급), 개화기 이후(4등급)에 따라 점수 차이가 크며, 두과 목초도 마찬가지이다.

> **더 알아두기**
>
> 사료작물을 예취적기에 예취하였을 경우 가용성 탄수화물이 높은 것에서 낮은 순서
> 옥수수 > 오처드그라스 > 알팔파

② 영양가가 높은 잎이 많아야 한다. 특히 두과 목초에서 그러하다.
　　㉠ 잎은 줄기보다 단백질이 많고 섬유질이 적게 들어 있으므로 잎의 비율이 높을수록 건초의 품질도 좋고, 녹색을 띠어야 한다.
　　ⓒ 잎 많음(1등급), 잎 다소 많음(2등급), 줄기 다소 많음(3등급), 줄기 많음(4등급) 등으로 구분한다.
③ 녹색도가 좋아야 한다.
　　㉠ 건초의 색깔이 연한 녹색~자연 녹색을 띠어야 좋다.
　　ⓒ 적기 수확, 비를 맞지 않고 건조, 음지에서의 저장 등 관리가 잘된 경우 녹도가 짙으며 녹색 정도가 진할수록(자연색) 카로틴과 단백질 등 양분함량이 높아 품질이 우수하다.
　　ⓒ 건초의 색깔이 자연 녹색 1등급, 연녹색은 2등급, 연갈색은 3등급, 그리고 갈색~짙은 갈색은 4등급으로 평가된다.
④ 냄새를 맡아보면 상큼한 풀 냄새(1등급)가 나야 한다.
　　㉠ 건초 본래의 향긋한 냄새와 촉감이 부드러워야 한다.
　　ⓒ 퀴퀴한 냄새나 약간 썩는 냄새 등은 품질에 좋지 않다.
⑤ 건초를 만져보았을 때 감촉이 유연하고 탄력이 있어야 한다.
⑥ 곰팡이 발생 등 이물질이 없을수록 좋다.
⑦ 건초의 가장 적당한 수분함량은 약 15% 정도이다.
　　㉠ 수분함량이 15% 정도가 되면 식물체가 미생물의 작용을 받지 않고 저장이 가능할 뿐만 아니라 용적과 중량이 작아져서 운반과 저장이 편리해진다.
　　ⓒ 20% 이상 되면 저장기간 동안 썩거나 곰팡이가 생겨 가축의 기호성이 떨어지고, 해를 줄 수 있다.

> **더 알아두기**
>
> **건초의 품질평가**
> - 건초의 품질평가 시 고려해야 할 사항 : 잎의 비율, 녹색 정도, 수분함량, 방향성과 촉감, 이잡물의 혼입 정도, 수분함량, 단백질함량, 조섬유함량 등
> - 일반적인 건초 외관상 품질평가에서 중요도(평가 배점)의 크기
>   수확시기(숙기), 잎의 비율 > 향취, 녹색도 > 촉감

(2) 분석에 의한 화학적 평가에 의한 품질평가

① 과학적인 분석을 통하여 도출하는 것을 상대사료가치(RFV, Relative Feed Value)이다.

② 이는 실험실의 화학적 분석을 통하여 조사료의 소화율에 영향을 주는 요인(ADF)과 가축의 섭취량에 영향을 주는 요인(NDF)을 적절하게 결합하여 수치를 도출하는 것으로 상대사료가치 100은 성숙한 알팔파의 품질에 해당하는 수치이다.

③ 조단백질, NDF와 ADF함량을 분석한 다음, 건물섭취율(DMI)과 가소화 건물(DDM)함량을 계산한 후 상대사료가치인 RFV를 구한다.

[상대사료가치(RFV)에 따른 건초의 등급]

초 종	등 급	상대사료가치	초 종	등 급	상대사료가치
콩 과	1등급	140 초과	화본과	2등급	124~140
	2등급	124~140		3등급	101~123
	3등급	101~123		4등급	85~100
	4등급	100 이하		5등급	85 이하

※ 우리나라는 사료가치가 낮은 볏짚이나 야초 등을 조사료로 많이 이용하므로 RFV 75 이하인 5등급 품질을 두 단계로 나누어, RFV 75~60는 5등급, 60 미만은 6등급(부적합, 등외)으로 평가기준을 세분화하고 있다.

03 사일리지 제조

1. 조제원리

(1) 사일리지의 개념

① 사일리지는 우리말로 매초 또는 담근먹이라고 한다.

② 목초나 사료작물을 사일로(사일리지 만드는 용기)에 저장하고 혐기성 젖산발효를 시킨 다즙질 사료이다.

③ 겨울철이 긴 우리나라에서는 매우 적합한 조사료의 저장 및 공급형태이다.
④ 유산균을 증식시켜 다른 불량 균들의 증식을 억제함으로써 저장성이 부여된 사료이다.
⑤ 발효손실, 삼출액의 손실 등을 줄이기 위해서는 재료의 수분함량이 가장 중요하다.
⑥ 젖산 발효의 문제점은 공기가 들어가게 되면 산소에 의해서 부패발효가 일어나게 된다. 따라서 혐기적인 유산균발효를 높이기 위하여 밀봉과 답압을 세심하게 한다.

> **더알아두기**
>
> 외국 조사료 수입으로 발생할 수 있는 사항
> - 수입조사료의 무분별한 수입은 축산농가의 조사료생산 의욕을 저하시킬 수 있다.
> - 수입조사료의 경우 각종 질병, 중금속 및 환경호르몬 등의 오염에 대한 우려가 있다.
> - 가격이 저렴한 짚류 등의 저질조사료의 수입은 분뇨 발생량을 증가시켜 환경오염을 가중시킨다.
> - 수입조사료에 의하여 국내에 없던 잡초종자들이 유입될 수 있다.

(2) 사일리지의 장점

① 연중 저렴하고 양질의 사초를 급여할 수 있다. 즉, 단위면적당 최고의 수량을 올릴 수 있을 때 수확하여 사일리지로 저장하면 연중 싸고 품질이 좋은 조사료를 급여할 수 있다.
② 건초에 비해 날씨의 제약을 적게 받는다.
③ 건초에 비하여 날씨의 지배를 적게 받으므로 양질의 조사료를 조제, 이용할 수 있다.
④ 저장 시의 건물, 단백질, TDN(가소화영양소총량), 카로틴 등의 영양분 손실이 적다.
⑤ 건초에 비하여 단백질, 비타민, 카로틴함량이 높다.
⑥ 기호성이 떨어지는 재료도 사일리지로 만들면 가축에게 이용이 가능하다.
⑦ 다즙질사료를 공급하여 산유량을 높일 수 있다.
⑧ 사일리지 발효과정 동안 잡초종자의 발아능력이 떨어진다.
⑨ 건초보다 저장공간이 적게 필요하고, 화재의 위험성이 적다.
⑩ 기계화하기 쉬우므로 노력이 적게 든다. 사일로 언로더는 원형·탑형 사일로의 표층부터 같은 두께로 긁어내고, 블로어로 불어 올려 충전과 꺼내기를 자동화할 수 있다.

(3) 사일리지의 단점

① 건초에 비하여 비타민 D함량이 적고, 송아지는 설사를 유발한다.
② 특수한 기계나 시설(사일로 축조, 커터, 트랙터 등)이 필요하고 비용이 많이 든다.
③ 제조 시 일시에 많은 노력이 투여된다.
④ 건초에 비하여 수분함량이 높기 때문에 물량취급량이 과다하다.

(4) 사일리지의 재료

① 수분이 65~70%이고 당분, 가용무질소물함량이 많고 단백질이 함유된 것이 좋다.
② 호숙기~황숙기의 옥수수가 가장 좋고 그 밖에 목초, 수수, 귀리, 호밀 등이 있다.
③ 벼과(화본과) 목초는 탄수화물과 당분이 많으므로 사일리지의 발효가 잘된다.
④ 두과 목초는 당분함량이 적고 단백질이 비교적 많이 함유되어 있어 사일리지 재료에 맞지 않는 것이 많다.
⑤ 사초용 수수잡종은 당함량이 높고 수량이 우수하여 사일리지사료로 적당하다.
⑥ 수분이 많으면 양질의 발효를 기대하기 어렵다.

(5) 사일리지의 발효과정

① 제1기 : 호흡작용
 ㉠ 사일리지 재료를 넣자마자 일어나는 현상으로 호기성 상태 또는 호흡기이다.
 ㉡ 호흡을 통하여 가축이 이용하는 영양분을 물과 이산화탄소로 분해하고 열이 발생한다.
 ㉢ 단백질 분해효소(Protease)의 작용으로 단백질의 분해도 병행하여 일어난다.
 ㉣ 답압·밀봉으로 사일로 내의 산소를 최저로 하여 단기간 호흡이 이루어져야 양분손실을 억제할 수 있다.

> **더알아두기**
>
> **호흡작용에 의한 손실을 최소화하기 위한 조치**
> • 벽면주변 등 답압이 잘 안 되는 곳 등을 집중적으로 답압한다.
> • 윗부분은 수분이 약간 많거나 길이가 긴 재료로 충진하고 답압한다.
> • 외부에서 공기나 물이 들어가지 않도록 꼼꼼히 밀봉한다.

② 제2기 : 호기성 세균의 활동기, 초산발효
 ㉠ 사일리지를 급여하기 위해 개봉 후 혐기성 조건이 깨지면서 호기성 세균에 의해 각종 성분이 분해된다.
 ㉡ 제2단계는 미생물 발효에 의해 pH 6~5에서 초산이 생성된다.
 ㉢ 호기성 세균은 호흡 시 산소를 이용하고 이산화탄소, 물을 생성하며 초산, 유산 등을 축적한다.
 ㉣ 사일리지가 호기적 조건에 노출되어 효모 및 곰팡이의 번식에 의해서 재발효하는 현상을 호기적 변패라고도 한다.
③ 제3기 : 유산균 활동기
 ㉠ 혐기성균인 유산균의 증식이 시작된다.

ⓒ 혐기성균(주로 초산균)에 의해 만들어진 산(酸)이 사일로 내에 축적되어, pH 5.0 이하가 되면, 초산균의 활동은 서서히 억제되고, 유산균의 수가 점차 증가하면서 그 활동이 활발해 진다(사일리지 충전한 후 15~20일).
　　ⓒ 활동하고 있는 혐기성균의 종류가 바뀌는 시기이다.
　④ 제4기 : 발효안정기
　　㉠ 사일리지의 pH가 적정수준까지 떨어지면 사일리지 발효는 중지된다.
　　ⓒ 유산 1.0~1.5%, pH 4.2의 안정상태가 된다.
　　ⓒ 호기성 세균은 활동이 정지되고 유산이 축적된다.
　⑤ 제5기 : 낙산발효기
　　㉠ 제4기까지의 발효과정에서 유산균의 활동이 충분치 않아 유산의 생성이나 산도의 저하가 미비한 경우 남아 있는 당이나 유산을 분해하여 낙산균이 생성되어 낙산발효가 일어난다.
　　ⓒ 젖산균을 생성하는 박테리아의 증식 대신 클로스트리디아박테리아가 성장하여 젖산균 대신 낙산을 생산하여 신맛의 사일리지를 만든다.
　　ⓒ 아미노산을 분해하고 이산화탄소를 생성하여 사일리지를 부패시킨다.

(6) 유산균에 의한 사일리지 발효과정

① 낙산발효
　㉠ 당분해성 클로스트리듐은 1분자의 포도당이 1분자의 낙산, 2분자의 이산화탄소와 수소를 생성한다.
　　• $\underline{C_6H_{12}O_6}$ → $\underline{CH_3(CH_2)_2COOH}$ + $2CO_2$ + $2H_2$
　　　포도당　　　　낙산　　　　이산화탄소 수소
　ⓒ 낙산균이 유산을 분해하여 낙산, 이산화탄소, 수소로 만든다.
　　• $\underline{2CH_3CHOHCOOH}$ → $2CH_3(CH_2)2COOH + 2CO_2 + 2H_2$
　　　유산

② 유산발효
　㉠ 호모유산발효
　　• $C_6H_{12}O_6$ → $2CH_3CHOHCOOH$
　ⓒ 헤테로 유산발효
　　• $C_6H_{12}O_6$ → $CH_3CHOHCOOH$ + $\underline{C_2H_5OH}$ + CO_2
　　　　　　　　　　　　　　　　　　에틸알코올
　　• $\underline{C_2H_{10}O_5}$ → $CH_3CHOHCOOH$ + $\underline{CH_3COOH}$
　　　펜토스　　　　　　　　　　　초산
　　• $C_6H_{12}O_6$ + $\underline{2C_6H_{12}O_6}$ + H_2O → $CH_3CHOHCOOH$ + CH_3COOH + $\underline{2C_6H_{14}O_6}$ + CO_2
　　　　　　　과당　　　　　　　　　　　　　　　　　　　　　　　　만니톨

(7) 품질이 좋은 사일리지를 만들기 위한 방법

① 재료의 수분을 적당히 조절한다(68~72%).
② 재료를 잘 밟아주고, 재료를 짧게 잘라 공기가 쉽게 배제되도록 한다.
③ 충진작업을 가능한 한 단시간 내에 하고 외부공기가 들어가지 않게 철저히 밀봉한다.
④ 유산발효가 잘 일어날 수 있게 당분함량이 많은 재료나 당분함량이 많은 첨가물을 섞어 준다.
⑤ 건물함량을 올리기 위하여 예건하고 비트 펄프나 곡류를 첨가한다.
⑥ 밀기울이나 볏짚을 넣고 유산균을 살포한다.

더알아두기

기타 주요사항
- 사일리지 조제 시 생성되는 유기산 중 빨리 생성되는 순서는 초산 → 젖산 → 낙산 순이다.
- 사일리지 발효과정의 시간순서는 혐기적 상태 → 젖산균 증식 → 산도유지 순이다.
- 사일리지의 발효에 영향을 미치는 것은 재료의 수분함량, 재료의 조단백질함량, 재료의 수용성 탄수화물함량, 완충력, 발효주도 세균의 형태, 발효속도, 발효에 수반되는 pH의 저하에 견딜 수 있는 재료의 재질에 의하여 결정된다.
- 옥수수 사일리지 조제 시 가장 적당한 수분함량 : 68~72%

2. 사일로 종류 및 조제방법

(1) 사일로(Silo)의 종류

① 원통사일로(탑형사일로)
  ㉠ 원통을 세워 놓은 것과 같다.
  ㉡ 지상으로 올라온 부분에는 사일리지를 꺼내기에 편리하도록 높이 1~1.5m 마다 문을 만들고 이를 밀폐시킬 수 있도록 설계한다.
  ㉢ 즙액 손실이 크고 충진과 급여 등 이용이 불편하다.
  ㉣ 건축 시 공간이 작고 노출되는 표면적이 작아 충진과 급여 시 기계화가 많이 이루어져야 한다.
  ㉤ 원통형인 탑형사일로의 용적을 계산하는 식

$$용적 = \left(\frac{사일로의\ 직경}{2}\right)^2 \times 3.14 \times 사일로의\ 깊이$$

② 트렌치사일로
- ㉠ 수평사일로라고도 하며, 우리나라에서 가장 많이 이용되는 사일로의 형태이다.
- ㉡ 축사에서 가까운 평지나 경사면에 흙을 파고 바닥, 뒷면 및 양쪽 벽면을 콘크리트로 만들어 저장한다.
- ㉢ 탑형사일로에 비하여 시공이 간단하고 경비가 절약된다(사일로 설치 시 비용이 가장 적게 든다).

③ 벙커(Bunker)사일로
- ㉠ 트렌치 사일로를 지상에 설치한 것을 말한다.
- ㉡ 바닥과 한쪽 끝면을 콘크리트로 견고하게 만들고 양쪽 벽면의 외곽에는 벽면을 받쳐주는 버팀구조물을 세워서 만든다.
- ㉢ 대부분 지상형으로 건축비가 싸며, 경사지를 이용하여 원료를 사일로에 충전시킬 수 있다.
- ㉣ 사일로에 지붕을 하면 공간을 이용하여 건초사로도 이용할 수 있다.
- ㉤ 사일로가 크면 충전시간 및 밀봉이 늦어지며, 공기에 접하는 면적이 크므로 2차 발효가 일어나기 쉽다.

④ 스택사일로
- ㉠ 지상의 평면에 두꺼운 비닐을 깔고 사일리지 재료를 쌓은 다음 주위를 다시 두꺼운 비닐로 덮어 두는 것이다.
- ㉡ 필요에 따라 어떤 장소에나 마음대로 옮겨 다니면서 설치할 수 있는 편리한 점이 있고 시설비가 필요 없는 장점이 있다.
- ㉢ 밀폐상태로 보존할 수가 없으므로 폐기량이 많아지는 결점이 있다. 사일로 중 건물손실률이 가장 높다(30~35%).

⑤ 기밀(氣密)사일로(진공사일로, 하베스터)
- ㉠ 외부 공기를 완전히 차단하도록 강판, FRP 등으로 만든 것이다.
- ㉡ 기능이 가장 우수하고 저수분 사일리지에 적합하다.
- ㉢ 사일리지를 꺼내 먹이는 도중에도 다시 상부에 채워 넣을 수 있다.
- ㉣ 내부의 사일리지를 품질의 변화 없이 장기간 저장할 수 있고, 하부에 장치된 자동취출기로 간단하게 꺼낼 수 있어 편리하다.

> **더알아두기**
>
> **저수분 사일리지**
> - 재료의 수분함량을 약 50%(40~60%)로 예건하여 사일리지를 만드는 방법이다.
> - 발효가 억제되어 일반 사일리지에 비해 젖산함량이 낮고 pH가 높다.
> - 건물섭취량이 고수분 사일리지보다 많고, 즙액유실로 인한 손실이 없다.
> - 겨울에 결빙의 염려가 작다.

⑥ 비닐백사일로

가변적인 사일리지 저장 체계로 추가로 생산된 양 만큼 비닐백을 구입하여 이용할 수 있다.

⑦ 원형곤포사일리지

㉠ 예취를 해서 하루 내지 반나절 정도 예건을 한 다음에 원형곤포로 만든 다음 비닐로 래핑하는 것이다.

㉡ 원형곤포를 이용한 비닐랩사일리지 조제 시 작업단계는 예취 → 집초 → 곤포 → 비닐감기 → 개별저장의 순서이다.

㉢ 원형곤포사일리지 조제에 있어서 예건은 단백질의 암모니아분해 및 낙산발효가 감소하므로 발효품질이 개선된다.

㉣ 예취 후 짧은 기간에 조제하여 기후의 영향이 작다.

㉤ 운반과 저장이 용이하고, 사일리지 유통이 쉽다.

[원형곤포 사일리지의 장단점]

장 점	단 점
• 건초에 비해 수확 시 손실을 줄일 수 있다. • 사일로 등의 시설이 필요 없다. • 기상변화에 대처할 수 있는 가변적인 생산체계이다. • 간편하고 신속하게 저장할 수 있다.	• 저장 중의 손실이 다른 담근먹이에 비해 많다. • 기계구입을 위한 자본투자가 크다. • 단기간에 노동력이 집중된다. • 비닐사용으로 환경오염 문제를 유발한다. • 수분조절(60~65%)이 어렵다.

⑧ 총체사일리지(Whole Crop Silage)

㉠ 알곡을 생산하는 작물을 알곡과 줄기 및 잎을 같이 수확하여 사일리지로 조제한 것을 말한다.

㉡ 당함량이 높아 양질의 사일리지 조제가 쉽다.

㉢ 단위면적당 영양소 수량 및 TDN함량이 높다.

㉣ 수확이 늦거나 서리를 맞은 원료의 경우는 프로피온산을 첨가하여 조제한다.

(2) 사일로의 조제방법

> 제조과정 : 예취 → 세절 → 운반 → 충전 → 밀봉(피복) → 가압

① 예 취

㉠ 사일리지 제조 시 가장 적합한 수분함량은 70% 내외이다(68~72%).

㉡ 수분과다 시에는 한나절 또는 하루 정도 예건시키거나 밀기울이나 쌀겨(미강), 보릿겨 등 수분조절제를 섞어 준다.

ⓒ 작물별 적정 수확시기
- 호밀 : 출수기~출수 후기
- 청보리 : 호숙기~황숙 초기
- 귀리 : 개화기~유숙기
- 이탈리안라이그래스 : 출수기~개화기

ⓔ 옥수수의 경우는 황숙기로 옥수수 종실을 손톱으로 눌러 딱딱하게 느껴질 때이다.

ⓕ 수확적기보다 일찍 수확하면 단백질이 많고 탄수화물이 적으며 수분함량이 높아 젖산발효에 어려움이 있으며, 너무 늦게 수확하면 수분과 양분함량이 부족하여 역시 젖산발효가 잘 일어나지 않고 기호성도 떨어진다. 따라서 재료의 적기수확이 매우 중요하다.

② 세절(절단)

ⓐ 절단하면 사일리지는 표면적이 확대되어 미생물이 접촉할 수 있는 면적을 넓힐 수 있고, 충진이 균일해지며 사일로 내의 산소를 줄여 주며 반추위 내 소화율을 개선시킬 수 있다.

ⓑ 옥수수 1cm 내외(길어도 2cm 미만), 기타 작물 2~4cm로 절단하며 수분함량이 낮을 경우는 짧게 절단해 준다.

ⓒ 옥수수의 경우 1cm 이하로 너무 짧을 때에는 곡실의 90%가 부서져 소화율은 높일 수 있으나 작업효율이 떨어지고, 가축급여 시 사료의 반추위 내 통과속도가 빨라져 사양효과가 현저히 떨어진다.

ⓓ 2cm 이상으로 너무 길게 자를 때에는 젖산균이 적어져 사일리지의 품질이 저하되고 섭취량이 낮아진다. 절단 시에는 균일 절단이 유리하다.

ⓔ 수확시기가 늦었을 경우에는 다소 짧게 잘라 주는 것이 좋다.

더 알아두기

옥수수의 사일리지(Silage) 제조
- 옥수수의 사일리지를 제조할 때에 세절재료는 즙액이 거의 없고 모양이 유지되는 상태가 가장 적당하다.
- 옥수수 사일리지를 제조할 때 쥐기시험(Grab Test)의 결과 중 세절재료는 쥔 손을 서서히 폈을 때 재료의 덩어리가 흐트러지지 않으나 즉시 금이 가고 벌어질 때 가장 적당하다.
- 사일리지 조제 시 재료의 수분함량을 쥐기시험방법으로 추정할 때 물이 흘러나오거나 물방울이 손으로부터 떨어지면 수분이 85% 이상이다.
- 옥수수 사일리지를 제조 시 재료의 수분이 너무 많을 경우 미강이나 밀기울을 섞는다.
- 사일리지 조제 시 재료를 세절할 때 이점
  - 즙액이 삼출을 촉진하고, 젖산균이 번식한다.
  - 단위면적당 많은 양을 넣을 수 있다.
  - 공기를 쉽게 빼내어 빨리 혐기상태로 만든다.
  - 에너지섭취량을 증가시킬 수 있다.
  - 재료 중의 영양손실과 사료의 허실량을 감소시킨다.

③ 충진(사일로에 담기) 및 진압
  ㉠ 충진은 가능한 한 빨리 하도록 하며 트랙터나 포크레인 등을 이용하여 진압을 한다.
  ㉡ 진압은 공기를 배제시켜 유산균의 증식을 촉진시키며, 즙액의 삼출을 촉진하고 용적을 줄이는 데 있다.
  ㉢ 진압이 끝난 후에는 사일로의 윗부분을 보온덮개와 비닐로 덮어주며 흙이나 폐타이어 등을 이용하여 가압하도록 한다.
  ㉣ 사일리지첨가제와 용도
    - 산도(pH)저하제(무기산, 유기산) : 황산, 염산, 폼산(개미산), 프로피온산
    - 발효촉진제(기질, 효소) : 당밀, 섬유분해요소, 녹말분해요소, 락토바실리균, 유산균(젖산균)
    - 발효억제제(살균제) : 폼알데하이드, 헥사민
    - 영양소첨가제(에너지, 질소물, 광물질) : 곡류, 전분, 요소, 탄산칼슘
    - 수분조절제 : 밀기울, 비트펄프, 볏짚
    ※ 사일리지 제조과정에서 발효에 관여하는 미생물 중 저장성을 향상시키고 pH를 낮추어 주는 유익한 균 : 젖산균(Lactic Acid Bacteria)
④ 피복과 누름
  ㉠ 호기성 미생물의 발육을 막기 위하여 표면을 비닐 또는 보온덮개로 덮어 외부로부터 공기나 빗물이 들어가지 않게 한다.
  ㉡ 맨 위에는 합성섬유제품으로 보호막을 친 후 헌타이어, 돌, 흙을 담은 마대 등으로 가압한다.
  ※ 사일리지의 숙성에 필요한 최소한의 저장기간 : 30~40일

(3) 사일리지 조제 시 발생하는 양분손실

① 호흡에 의한 손실 : 수분함량, 세절길이, 충진, 밀봉 등에 영향을 받는다.
② 수확(기계적) 손실 : 수확작업, 예건, 운반 등에서 오는 손실로 보통 건조제보다 적다.
③ 발효에 의한 손실 : 재료의 수분함량, 재료의 당분, 유산균의 종류 등에 따라 달라진다.
④ 삼출액에 의한 손실 : 재료의 수분함량이 68% 이상일 때, 특히 탑형 사일로에서 높다.
  ※ 사일리지 재료의 수분함량이 70% 이하일 때 사일로의 종류에 관계없이 건물 손실이 가장 적은 경우 : 삼출액에 의한 손실
⑤ 급여손실 : 사일리지를 꺼내어 먹일 때 2차 발효 및 흩어짐에 의해 오는 손실로 보통 전체 생산량의 10% 내외이다.
⑥ 표면부패 손실 : 햇빛 노출, 저수분-답압부족, 외부공기 유입에 의한 곰팡이, 효모 등에 의한 손실이다.
⑦ 기타 손실 : 초기 고온·고압에 의한 단백질 변성, 열변성에 의한 소화율 감소 등이 있다.

> **더알아두기**
>
> **분 쇄**
> - 주로 인공건초를 Hammer Mill을 이용하여 1.6~3.2mm의 크기로 만드는 것을 말한다.
> - 용적을 작게 하고 운송과 저장을 편리하게 할 뿐만 아니라 2차 가공품 또는 배합사료의 원료로서 널리 이용되고 있다.
> - 대표적으로 널리 이용되는 것은 알팔파이다.

> **더알아두기**
>
> **사일리지의 열변성**
> 사일리지 조제 중 내부온도가 상승하여 고온발효가 장기간 지속됨으로서 나타나는 열손상(Heat Damage)
> - 갈변화(褐變化)로 기호성이 저하되어 단백질소화율이 감소한다.
> - 목초 또는 사료작물을 저수분상태로 저장할 때 많이 발생한다.
> - 기밀사일로에서 많이 발생하고 있다.
> - 열손상의 정도는 불용성 질소(ADIN)함량을 지표로 판단한다.

3. 평가 및 급여

(1) 외관평가

① 곡실 함유 정도 : 영양가가 높으므로 많을수록 좋다.

② 색깔(녹황색~담황색) : 색깔은 일반적으로 밝은 감을 주는 것이 좋다.

③ 냄새 : 산뜻하고 향긋한 냄새가 나야 한다(새콤한 사일리지 특유의 냄새).

④ 맛 : 상쾌한 산미, 신맛이 약간 나는 것이 좋은 품질의 것이다.

⑤ 수분함량 : 물기가 적당하고 부드러움이 느껴지는 정도의 수분(70% 내외)

⑥ 기호성 : 급여 시 가축이 거부하지 않고 잘 먹는 것이 좋다.

(2) 화학분석에 의한 평가

① pH가 낮을수록(4.2 이하) 젖산함량이 많고 품질이 우수하다.

② 유기산 조성비율 : 젖산의 비율은 높을수록, 낙산의 비율은 낮을수록 좋다.

③ 암모니아태질소 등 질소화합물 : 암모니아태질소비율이 낮을수록 좋다.

④ 소화율 : 높을수록 좋다.

⑤ 기산조성에 의한 사일리지의 품질평가기준표(Flieg법)

> **더 알아두기**
>
> **품질평가 시 주요사항**
> - 총산에 대한 초산의 비율은 사일리지의 질에 크게 문제가 되지 않는다.
> - 옥수수 사일리지에 비하여 수수 사일리지는 총가소화 영양소함량이 낮다.
> - 옥수수 사일리지를 평가하기 위하여 사일로를 개봉하고 깊숙한 곳에서 시료를 채취하여 손으로 꽉 쥐었더니 즙액이 한두 방울 떨어지고 손에는 톡 쏘는 듯한 산취가 오랫동안 가시지 않았다. 이것은 조기수확으로 수분함량이 너무 높고 과발효 또는 젖산발효보다 낙산발효가 더 많이 일어났을 것이다.
> - 옥수수를 수확적기보다 일찍 수확하여 사일리지를 조제할 경우는 배즙량이 증가하므로 배수가 용이한 사일로를 이용한다.
> - 사일리지의 pH가 낮으면 암모니아태질소함량도 낮다.
> - 저수분사일리지에서는 유산생성이 낮아 pH를 발효품질의 지표로 사용할 수 있다.
> - 사일리지(엔실리지)의 품질을 고려할 때 가장 좋은 상태의 pH는 3.8~4.0이다.

(3) 사일리지의 급여

① 옥수수 사일리지의 가축급여를 위한 반출작업(트렌치사일로)

　㉠ 사일리지는 조제 후 30~40일이 지나면 안정화되면서 가축에게 급여가 가능하다.

　㉡ 한 번 파내는 깊이는 10~15cm 이상이 적당하며, 가급적 노출면을 최소화한다. 노출면이 많으면 호기성 미생물이 다시 활동하여 영양분 손실이 크기 때문이다.

　㉢ 옥수수 사일리지는 단백질함량이 낮아 육성우나 착유우 급여 시에는 단백질사료를 보충해 주어야 한다.

　㉣ 품질이 좋지 않은 사일리지는 반드시 양질의 건초나 농후사료 등을 보충하여 급여해 주어야 한다.

② 축종별 급여요령

　㉠ 송아지 및 육성우
- 생후 4~5개월령부터 양질건초와 함께 1일 1kg 정도를 급여하고 차츰 양을 늘려 준다.
- 생후 10~12개월령 육성우는 1일 10kg 정도 급여도 가능하다.

　㉡ 한(육)우
- 건물기준으로 체중의 1~1.5%를 다른 사료와 함께 급여한다.
- 수분함량 70% 사일리지의 경우 체중의 3~4.5%를 급여한다.
- 400kg 한우의 경우 1일 12~18kg을 급여한다.

　㉢ 젖 소
- 사일리지는 다즙질 사료로서 젖소에 대한 기호성이 매우 좋다.
- 발효가 잘된 사일리지는 착유우 두당 30~40kg(건물기준 체중의 2%)까지 급여한다.

③ 가축의 연간 사료필요량을 산출하는 방법
  ㉠ 가축의 사양표준과 사료성분성적표를 기준으로 추산한다.
  ㉡ 젖소에 있어 1일 두당 생초급여량은 체중의 10~15% 정도를 기준으로 한다.
  ㉢ 유우의 경우 1일에 그 체중의 약 10~15%의 생초를 기준으로 계획한다.
  ㉣ 필요 영양분은 가소화 성분으로 계산한다.

> **더알아두기**
>
> **소는 하루에 건초는 체중의 2~3%, 생초는 10~15%를 기준으로 한다.**
> - 체중 500kg인 젖소에 가장 적합한 1일 생초급여량 : 50~75kg
> - 사양 시 체중 600kg의 소 1마리가 1일 섭취해야 할 건초의 양 : 12~18kg

CHAPTER 05 적중예상문제

PART 04 사료작물학 및 초지학

01 다음 중 풋베기법의 장점이 아닌 것은?
① 사일리지나 건초제조의 노력과 비용이 절약된다.
② 축사와 초지 간의 거리에 제한을 받지 않는다.
③ 방목에서 생기는 제상과 유린을 방지할 수 있다.
④ 사일리지나 건초에 비해 영양가의 손실을 방지한다.

02 청예이용 중 풋베기법의 단점은?
① 기생충이 발생하기 쉽고, 질병을 빨리 발견하기 힘들다.
② 기호성이 없는 풀만 남게 되어 우점초가 생긴다.
③ 시설과 경비가 많이 든다.
④ 재배이용에 노력이 많이 든다.

03 수단그라스(Sudangrass)에 대한 설명으로 맞는 것은?
① 생육이 빠르며, 토양이 척박한 곳에서도 잘 자란다.
② 품종에는 윈톡(Wintok), 카유스(Cayuse), 아켈라(Akela) 등이 있다.
③ 초장이 낮은 어린 시기의 것을 청예로 이용할 경우 청산중독의 위험이 있다.
④ 파종량은 조파의 경우 ha당 80~120kg 정도이다.

04 수단그라스계 잡종의 청예이용에 관한 설명으로 잘못된 것은?
① 초장이 너무 낮을 때 예취하여 급여하면 청산중독의 위험이 있다.
② 너무 낮게 수확하면 재생이 늦어지고 죽어 없어지는 개체가 발생하므로 5cm 이하로 예취하지 않는 것이 좋다.
③ 비가 오기 직전에 예취하는 것이 비가 온 후 충분한 수분으로 인하여 재생이 잘된다.
④ 자주 예취가 가능한 조, 중생품종에 비하여 대가 굵고 키가 크게 자라는 만숙종은 출수되는 것을 보지 못할 때도 있다.

정답 1 ② 2 ④ 3 ③ 4 ③

05 수수×수단그라스의 청예이용 시 가장 알맞은 초장은?
① 10~20cm ② 60~70cm
③ 120~150cm ④ 200cm 이상

06 수수, 수단그라스류의 사료작물을 방목으로 이용할 때 청산중독위험을 방지할 수 있는 초장은?
① 15cm 이상 ② 30cm 이상
③ 40cm 이상 ④ 60cm 이상

07 목초의 재생에 가장 큰 영향을 미치는 것은 예취높이인데, 높이 예취하는 것과 낮게 예취하는 방법 중 높이베기의 장점이라고 할 수 없는 것은?
① 화본과의 경우 낮게 베기보다 저장양분을 많게 한다.
② 목초의 병해충 제거효과가 낮게 베기보다 크다.
③ 화본과는 양·수분의 흡수력에서 낮게 베기보다 크다.
④ 높이베기할 때 알팔파는 생장점의 수가 많게 된다.

08 사료작물을 3회 이상 예취하여 생초로 이용하는 것이 유리한데 오처드그라스의 예취높이로 가장 적당한 것은?(단, 3년째 수량을 기준으로 한다)
① 19~20cm ② 2~6cm
③ 10~15cm ④ 6~9cm

09 다음 중 클로버 우점현상의 원인이 아닌 것은?
① 잦은 예취 ② 낮은 예취
③ 질소비료 시비 ④ 봄에 일찍 예취

해설

클로버 우점현상의 원인
- 가을철에는 늦게까지 방목 및 청예로서 이용하므로 겨울철에 목초의 동사주수를 증가시키게 되어 초지 나지화가 가속화되거나 클로버의 우점화현상을 가져오게 된다.
- 소규모 농가는 대규모 전업목장에 비하여 초지이용 방법이 방목보다는 청예이용을 주로 하기 때문에 방목이용 때보다 낮게 바짝 베어지게 되어 클로버에는 유리하나, 주초종인 오처드그라스에는 불리한 관리 방법이 되어 초지의 클로버 우점에 따른 생산성 저하를 가져오게 된다.
- 농가의 월동조사료 부족과 늦가을 사초 부족으로 봄철에 너무 일찍 청예이용을 실시함으로써 화본과 목초보다 양지조건하에서 생육이 유리한 클로버의 우점현상을 가져오게 된다.

정답 5 ③ 6 ④ 7 ② 8 ④ 9 ③

10 목초가 재생을 위해 저장하는 영양소의 주형태는?

① 무기질
② 지 방
③ 탄수화물
④ 단백질

11 예취 후 재생에 쓰여질 수 있는 양분으로만 짝지어진 것은?

① 과당, 셀룰로스
② 포도당, 리그닌
③ 규산, 글루타민
④ 전분, 프락토산

12 다음 중 목초의 생육진행에 따른 설명으로 틀린 것은?

① 잎의 비율이 감소하고 줄기의 비율이 높아진다.
② 비구조적 탄수화물의 함량은 낮아진다.
③ 리그닌과 세포벽 물질의 비율이 증가한다.
④ 수량은 점차적으로 증가한다.

13 다년생 목초나 1년생 사료작물로부터 가축에게 공급할 수 있는 주요 영양소가 아닌 것은?

① 탄수화물
② 가소화 단백질
③ 광물질 및 비타민
④ 리그닌

해설
목초에는 세포내용물을 구성하는 가소화 단백질, 탄수화물, 전분, 펙틴, 산 등은 소화율이 높은 반면, 세포벽 구성물질인 리그닌, 셀룰로스, 헤미셀룰로스 등은 모두 섬유소 계통으로 소화율이 아주 낮다.

14 건초에 대한 설명으로 올바른 것은?

① 건초 조제 시 화본과 목초의 적정 수확 시기는 출수 후기이다.
② 건조되는 과정에서 비타민 E의 형성을 유발시켜 영양소를 증가한 사료이다.
③ 건조 중 수분함량이 저하하므로 화본과 목초가 두과 목초보다 잎의 탈락이 많다.
④ 생초 중의 수분함량을 미생물이 작용할 수 없을 정도로 낮춤으로써 저장성을 부여한 사료이다.

정답 10 ③ 11 ④ 12 ② 13 ④ 14 ④

15 건초의 조제 및 이용 시 장단점을 잘못 설명하고 있는 것은?

① 천일건초의 경우 비타민 D의 함량이 높다.
② 조제과정에서 두과 목초의 영양소 손실이 적다.
③ 조제에 있어서 기후의 영향을 많이 받는다.
④ 송아지의 소화관 발달을 촉진시킨다.

16 다음 설명 중 건초의 장점이 아닌 것은?

① 정장제로서 설사를 방지한다.
② 햇빛에 말린 건초는 비타민 D의 함량이 낮다.
③ 운반과 취급이 용이하다.
④ 손쉽게 만들 수 있다.

17 건초제조과정과 그에 필요한 농업기계를 연결한 것 중 틀린 것은?

① 예취 – 모어
② 압쇄 – 헤이컨디셔너
③ 뒤집기 – 베일러
④ 운반 – 트럭

18 다음 중 건초에 대한 설명으로 옳은 것은?

① 수분함량이 25%로 저장성을 높였다.
② 갈색 건초가 양분의 손실이 적다.
③ 최고 품질의 화본과 건초는 잎의 비율이 40% 이상되어야 한다.
④ 어린 송아지에게 급여하면 위의 발달을 촉진한다.

해설
① 수분함량이 10~15%로 저장성을 높였다.
② 갈색건초의 제조과정에서는 약 40%의 건물손실이 있으며, 특히 전분과 카로틴 및 단백질 변성에 의한 가소화 단백질의 손실도 크다.
③ 최고 품질의 화본과 건초는 잎의 비율이 50% 이상되어야 한다.

19 다음 중 건초저장에 알맞은 수분함량은?

① 10~15%
② 16~21%
③ 22~27%
④ 28~35%

20 어린 송아지에게 급여하면 설사를 방지하고 위의 발달을 촉진시키는 효과가 있는 것은?

① 청 초
② 건 초
③ 고수분 사일리지
④ 저수분 사일리지

21 건초 조제 시 손실이 가장 적을 것으로 예상되는 것은?

① 건초 조제기간 중에 비를 맞을 경우
② 호흡에 의한 손실
③ 잎의 탈락에 의한 손실
④ 부패에 의한 손실

해설

건조방법에 따른 양분손실 비교

건조방법	포장 건조	초가 건조	상온통풍 건조
호흡에 의한 손실(%)	5	5	5
빗물 등에 의한 손실(%)	5~20	5~10	0~5
조제 중 부서지는 소실(%)	15~20	5	5
발효에 의한 손실(%)	5~10	5~10	5~8
양분손실 총량(%)	30~55	20~30	15~23

22 건초 제조 시 비를 맞히게 되면 건초는 어떻게 되는가?

① 단백질의 소화율이 증가된다.
② 부드럽고 기호성이 좋아진다.
③ Ca함량이 반 정도로 저하된다.
④ 사료가치가 저하된다.

23 건초의 조제와 이용에 관한 사항들을 열거한 것 중 가장 거리가 먼 것은?

① 풀이 없거나 부족한 계절에 우수한 조사료를 공급할 수 있다.
② 일반적으로 사일리지로 만드는 것보다 비용이 적게 든다.
③ 생초나 사일리지에 비하여 취급이 쉬운 편이다.
④ 어린 가축에게 양질의 건초급여는 설사 방지 등 정장효과가 있다.

24 목초를 건초로 저장하고 이용할 때의 장점은?

① 기후의 영향을 적게 받는다.
② 화재의 위험이 없다.
③ 비타민 D의 함량이 높다.
④ 저장공간을 작게 차지한다.

정답 20 ② 21 ② 22 ④ 23 ② 24 ③

25 건초의 안전저장과 가장 연관성이 없는 것은?
① 저장장소
② 수분함량
③ 퇴적밀도
④ 잎의 비율

26 사초를 저장하는 방식에 따라 포장손실이 다르다. 그러면 다음 중 수확손실이 가장 클 것으로 예상되는 사초 저장방법은?
① 직접 사일리지(Direct-Cut Silage)
② 예건 사일리지(Wilted Silage)
③ 헤일리지(Haylage)
④ 포장건조 건초(Field-Cured Hay)

27 양질의 건초를 조제하기 위해서는 건조효율을 높이는 것이 중요하다. 건조효율을 향상시키는 방법이 아닌 것은?
① 압쇄(Conditioning)
② 반전(Tedding)
③ K_2CO_3용액 살포
④ 곤포(Baling)

28 건초는 수분함량을 15% 이하로 하여야 하기 때문에 건조과정에서 영양소 손실이 많이 나타난다. 건초 조제 시에 일반적인 조건하에서 가장 많이 나타나는 손실은?
① 호흡(呼吸)손실
② 용탈(溶脫)손실
③ 탈엽(脫葉)손실
④ 저장(貯藏)손실

29 연속하여 좋은 날씨를 만나기 어렵고 빗물의 침투와 지면으로부터의 흡습을 막고, 자연의 통풍을 이용하여 건조하는 방법은?
① 천일건조법
② 가상건조법
③ 발효건조법
④ 상온송풍건조법

30 갈색건초는 어느 건조법에 의해서 제조된 것인가?
① 양건법
② 발효건조법
③ 건가건조법
④ 인공건조법

31 태양열을 이용하며 공기의 유통을 좋게 하는 건초 조제방법으로 천일건조법이라고 하는 것은?

① 포장건조법
② 가상건조법
③ 발효건조법
④ 반발효건조법

32 장시간 일광에 조사되거나 대기 중에 방치되면 약 90% 이상 파괴되는 건초의 성분은?

① 카로틴 ② 당 질
③ 단백질 ④ 지 방

33 잎이 떨어지기 쉬운 두과 목초는 어떤 방법으로 건초를 제조하는 것이 영양분의 손실이 가장 적은가?

① 양건법
② 화력건조법
③ 음건법
④ 발효건조법

34 생초에 가까운 품질을 확보할 수 있으나 비용이 많이 소요되는 건조제조 방법은?

① 화력건조
② 천일건조(양건)
③ 발연건조
④ 삼각가건조

35 수분함량이 80%인 풀을 저장이 가능한 수분함량으로 15%까지 건조한다면 재료 100kg에 대하여 몇 kg의 수분을 증발시켜야 하는가?

① 23.5kg ② 56.5kg
③ 76.5kg ④ 80.5kg

해설

건조 전, 후의 고형물함량은 일정하므로
$W_1(1-X_{w1}) = W_2(1-X_{w2})$ 공식에 대입
여기서, W_1 : 건조 전 고형물함량
W_2 : 건조 후 고형물함량
X_{w1} : 건조 전 함수량
X_{w2} : 건조 후 함수량
100kg(1 − 0.8) = W_2(1−0.15)
W_2 = 23.529kg
증발시켜야 하는 수분의 양은
$X_w = W_1 - W_2$ = 100kg − 23.53kg = 76.47kg

정답 31 ① 32 ① 33 ② 34 ① 35 ③

36 화본과 목초와 두과 목초에 있어서 1번초의 수확적기가 올바르게 연결된 것은?

① 화본과 목초 : 영양생장기,
　　두과 목초 : 개화 말기
② 화본과 목초 : 영양생장기,
　　두과 목초 : 개화 초기
③ 화본과 목초 : 출수기,
　　두과 목초 : 개화 말기
④ 화본과 목초 : 출수기,
　　두과 목초 : 개화 초기

37 화본과 목초의 경우 양질의 건초를 제조하기 위한 수확적기는?

① 개화기　② 만화기
③ 출수기　④ 결실기

38 건초 조제 시 화본과 목초의 예취적기는?

① 개화 결실기
② 신장 초기
③ 생장기
④ 수잉기부터 출수 초기

39 다음 목초의 수확기와 영양가의 변화에 대한 설명 중 틀린 것은?

① 화본과 목초의 최적수확기는 출수기이다.
② 콩과 식물은 최적수확기가 개화 초기부터 개화 말기까지이다.
③ 화본과 목초에 있어서 출수기에 단백질과 지방의 함량이 증가한다.
④ 콩과 목초는 청예수량이 많을 때 영양수량도 증가한다.

> 해설
> 화본과 어린 목초는 단백질함량이 높고 영양가가 많지만 나이가 들수록 섬유질이 높아져 소화율이 떨어진다.

40 사료작물과 건초조제를 위한 수확적기가 틀린 것은?

① 호밀 : 수잉기~출수 초기
② 오처드그라스 : 절간신장기
③ 레드클로버 : 출뢰 초기
④ 알팔파 : 1차는 출뢰기(꽃봉오리기), 2차는 1/10개화기

> 해설
> **초종별 건초 조제시기**

초 종	건초 조제적기
레드클로버	개화 초기~개화 25%
라디노클로버	10~50% 개화기
알팔파 1회 예취	첫 꽃이 필 때
알팔파 2회 예취	꽃이 한창 필 때
알팔파 3회 예취	서리 내리기 40~60일 전
벼과 목초류	이삭이 필 때
수단그라스	이삭이 필 때
호밀·귀리 등	수잉 후기~출수기
벼-콩과 혼파	콩과 목초 수확시기
화본과 목초류 (오처드그라스 등)	출수기

정답　36 ④　37 ③　38 ④　39 ③　40 ②

41 레드클로버와 알팔파 같은 목초의 수확적기는?

① 영양생장기
② 꽃봉오리 맺힐 시기
③ 개화 초기
④ 만개화기

42 청예맥류(호밀 등)로 건초를 제조할 때 건물 및 양분수량을 높여 품질이 좋은 건초를 만들 수 있는 수확적기는?

① 이른 봄 생육 초기
② 수잉 후기~출수기
③ 개화기~유숙기
④ 호숙기~황숙기

43 사료작물의 영양소 중 출수기 이후에 현저하게 감소하는 것은?

① 셀룰로스와 리그닌
② 단백질과 지방
③ 조섬유와 비타민 C
④ 리그닌과 단백질

44 청예용 호밀의 성분 중 수확이 개화 이후로 늦어질수록 증가하는 성분은?

① 유기산과 당류
② 전분과 섬유소
③ 단백질과 비타민
④ 리그닌과 질산염

45 옥수수의 영양소 중 생육이 진행됨에 따라 함량이 증가되는 것은?

① 조단백질
② 가용무질소물
③ 조섬유
④ 조회분

46 건초조제과정을 순서대로 바르게 연결한 것은?

① 기상예측 → 수확 → 결속(곤포) → 뒤집기(반전) → 집초 → 저장
② 기상예측 → 집초 → 뒤집기(반전) → 수확 → 결속(곤포) → 저장
③ 기상예측 → 수확 → 뒤집기(반전) → 집초 → 결속(곤포) → 저장
④ 기상예측 → 뒤집기(반전) → 결속(곤포) → 수확 → 집초 → 저장

정답 41 ③ 42 ② 43 ② 44 ② 45 ② 46 ③

47 성형건초의 종류 중에서 수확한 목초를 건조하여 분쇄 후 압축 성형한 것은?

① 펠릿(Pellet)
② 콥(Cob)
③ 큐브(Cube)
④ 비스킷(Biscuit)

48 다음 건초의 가공품 중 목건초의 세절편을 압축성형기를 통하여 각형으로 성형한 것은?

① 목초분말
② 펠릿티드 헤이
③ 헤이큐브
④ 헤이웨이퍼

49 일반적으로 건초의 품질을 평가하는 항목과 거리가 먼 것은?

① 잎의 비율
② 산 도
③ 수분함량
④ 향기와 촉감

해설
건초의 품질을 평가하는 항목
- 녹색 정도 : 적기수확, 비를 맞지 않고 건조, 음지에서의 저장 등 관리가 잘된 경우 녹도가 짙으며 녹색 정도가 진할수록 카로틴과 단백질 등 양분함량이 높아 품질이 우수하다.
- 잎의 비율 : 잎은 줄기보다 단백질이 많고 섬유질이 적게 들어 있으므로 잎의 비율이 높을수록 건초의 품질도 좋아진다.
- 이잡물의 혼입 정도 : 잡초·돌 등 이물질이 적어야 좋다.
- 수분함량 : 20% 이상되면 저장기간 동안 썩거나 곰팡이가 생겨 가축의 기호성이 떨어지고, 해를 줄 수 있다.
- 방향성과 촉감 : 건초 본래의 향긋한 냄새와 촉감이 부드러워야 한다.

50 좋은 건초를 설명한 것으로 옳은 것은?

① 녹색이고 잎의 비율이 높다.
② 녹색이고 줄기의 비율이 높다.
③ 갈색이고 잎의 비율이 높다.
④ 갈색이고 줄기의 비율이 높다.

51 건초의 품질판정 시 가장 좋은 녹색도는?
① 담록색인 것
② 녹색이 짙고 자연색에 가까운 것
③ 녹색이 거의 남아 있지 않은 것
④ 흑갈색을 띠고 있는 것

52 건초의 품질을 평가하는데 있어서 고려사항이 아닌 것은?
① 수분함량
② 단백질함량
③ 분쇄도
④ 조섬유함량

53 우량건초의 품질로서 부적당한 것은?
① 감촉이 유연하고 탄력이 있다.
② 잎의 비율이 높고 녹색을 띤다.
③ 수분함량이 30% 정도이고 갈색을 띤다.
④ 엽부비율은 레드클로버에서 출뢰기에 40% 이상이다.

54 다음 ( ) 안에 적합한 숫자는?

> 수분함량이 ( )% 정도가 되면 식물체가 미생물의 작용을 받지 않고 저장이 가능할 뿐만 아니라 용적과 중량이 작아져서 운반과 저장이 편리해진다.

① 15 ② 25
③ 35 ④ 45

55 일반적인 건초 외관상 품질평가에서 중요도(평가 배점)의 크기를 바르게 나열한 것은?
① 촉감 > 수확시기(숙기), 잎의 비율 > 향기, 녹색도
② 향기, 녹색도 > 촉감 > 수확시기(숙기), 잎의 비율
③ 녹색도 > 수확시기(숙기), 잎의 비율 > 촉감
④ 수확시기(숙기), 잎의 비율 > 향취, 녹색도 > 촉감

56 목초의 채초이용 시 예취적기의 결정은 건물수량과 영양소함량을 동시에 고려하여야 한다. 목초의 생육이 진행됨에 따라 영양소함량의 변화를 바르게 설명하고 있는 것은?
① 단백질이 증가한다.
② 지방이 증가한다.
③ 광물질이 증가한다.
④ 셀룰로스가 증가한다.

정답 51 ② 52 ③ 53 ③ 54 ① 55 ④ 56 ④

57 목초건초를 조제할 때 예취시기가 건초의 품질에 미치는 영향으로 바르게 설명한 것은?

① 예취시기가 늦어질수록 소화율이 떨어진다.
② 예취시기가 빠를수록 단백질이 떨어진다.
③ 예취시기가 빠를수록 섬유질이 높다.
④ 예취시기가 늦을수록 섭취량이 증가한다.

해설
건초의 품질은 예취시기에 따라 많이 변화한다. 즉, 목초가 성장하면서 단백질, TDN 및 에너지는 감소하고 반면에 섬유소 및 ADF 및 NDF함량은 증가한다. 이로 인하여 목초가 성장하면 할수록 사료가치는 감소한다.

58 사료작물을 예취적기에 예취하였을 경우 가용성 탄수화물이 높은 순에서 낮은 순으로 되어 있는 것은?

① 오처드그라스 > 옥수수 > 이탈리안라이그래스
② 오처드그라스 > 이탈리안라이그래스 > 옥수수
③ 옥수수 > 오처드그라스 > 알팔파
④ 알팔파 > 옥수수 > 오처드그라스

59 바람직한 사일리지용 옥수수의 건물수량 구성 중 암이삭이 차지하는 비율은?

① 50%   ② 30%
③ 20%   ④ 10%

60 일반적으로 옥수수 Silage $1m^3$당 무게는?

① 350kg   ② 450kg
③ 650kg   ④ 850kg

61 건초의 상대사료가치(RFV)가 130이고, 잎의 비율이 35~45%이며, 이물질이 10% 이하이고, 곰팡이 썩은 냄새, 먼지 등이 없는 콩과(두과) 건초의 등급은?

① 1등급   ② 2등급
③ 3등급   ④ 4등급

해설
상대사료가치(RFV)에 따른 건초의 등급

초 종	등 급	상대사료가치
콩 과	1등급	140 초과
	2등급	124~140
	3등급	101~123
	4등급	100 이하
화본과	2등급	124~140
	3등급	101~123
	4등급	85~100
	5등급	85 이하

57 ① 58 ③ 59 ① 60 ③ 61 ②

62 건초의 품질을 평가하는 방법으로 Rohwede 등(1978)의 상대적 사료가치(Relative Feed Value)가 많이 이용되고 있다. 알팔파 건초의 상대적 사료가치가 101~123일 경우 어느 등급에 속하는가?

① 1등급 ② 2등급
③ 3등급 ④ 4등급

63 조사료가 절대적으로 부족한 우리나라에서 일정량의 조사료 수입은 피할 수 없다. 외국으로부터 조사료 수입으로 발생할 수 있는 사항이 아닌 것은?

① 수입조사료의 무분별한 수입은 축산농가의 조사료생산 의욕을 저하시킬 수 있다.
② 수입조사료의 경우 각종 질병, 중금속 및 환경호르몬 등의 오염에 대한 우려가 없다.
③ 가격이 저렴한 짚류 등의 저질조사료의 수입은 분뇨 발생량을 증가시켜 환경오염을 가중시킨다.
④ 수입조사료에 의하여 국내에 없던 잡초 종자들이 유입될 수 있다.

64 사일리지의 특성과 중요성에 대한 설명으로 가장 잘못된 것은?

① 겨울철이 긴 우리나라에서는 매우 적합한 조사료의 저장 및 공급형태이다.
② 발효 중의 영양소 손실을 방지하기 위하여 고수분의 재료는 하베스토아와 같은 기밀사일로가 필요하다.
③ 발효손실, 삼출액의 손실 등을 줄이기 위해서는 재료의 수분함량이 가장 중요하다.
④ 혐기적인 유산균발효를 높이기 위하여 밀봉과 답압을 세심하게 한다.

65 사료작물 중 사초용 수수잡종은 어떻게 이용하는 것이 사료로서 가장 적합한가?

① 방 목 ② 건 초
③ 청 예 ④ 사일리지

해설
당함량이 높고 수량이 우수한 수수교잡종으로 양질의 사일리지를 만들 수 있다.

정답 62 ③ 63 ② 64 ② 65 ④

66 사일리지의 재료에 대한 설명 중 옳은 것은?
① 수분이 많으면 양질의 발효를 기대하기 어렵다.
② 수분에 관계없이 산도(pH)가 4.5 이하이면 우수한 사일리지라고 할 수 있다.
③ 수분이 많으면 누즙(삼출액)에 의한 손실은 적어진다.
④ 수분이 적을수록 표면부패에 의한 손실은 적어진다.

67 사일리지의 재료로 많이 이용되는 벼과(화본과) 목초의 특성에 관한 설명 중 가장 올바른 것은?
① 단백질이 풍부하고 광물질이 적다.
② 탄수화물과 당분이 많으므로 사일리지의 발효가 잘된다.
③ 완충력(Buffering Capacity)이 크기 때문에 적은 유산으로도 산도강하가 쉽게 일어난다.
④ 나란히 맥으로 되어 있어 쉽게 부스러지지 않고 충진이 잘된다.

68 건초보다 사일리지를 이용할 때의 특징으로 옳은 것은?
① 날씨의 영향을 많이 받는다.
② 저장공간을 작게 차지한다.
③ 운반과 취급이 쉽다.
④ 기계화하기 어려워 노력이 많이 든다.

69 건초와 비교할 때 사일리지의 유리한 점이 아닌 것은?
① 다즙질사료를 공급할 수 있다.
② 제조 시 일기의 영향을 덜 받는다.
③ 동일한 면적에 많은 양을 저장할 수 있다.
④ 비타민 D의 공급력이 높다.

해설
④ 비타민 D의 함량이 적다.
사일리지의 장점
- 저렴하고 양질의 사초 급여
- 제조 시 일기에 영향을 적게 받음(건초와 비교)
- 양분손실을 감소시킬 수 있음(건초와 비교)
- 기호성 양호, 이용성 향상
- 작은 면적의 저장장소 소요(건초와 비교)
- 산유량 증가
- 잡초종자 발아방지, 화재위험성 감소(건초와 비교)
- 기계화 유리

70 사일리지 이용에 관한 장단점을 설명한 것 중 가장 거리가 먼 것은?
① 발효품질이 양호한 사일리지는 장기간 저장하면 할수록 양분손실이 많아진다.
② 건초에 비하여 날씨의 지배를 적게 받으므로 양질의 조사료를 조제, 이용할 수 있다.
③ 기호성이 떨어지는 재료도 사일리지로 만들면 가축에게 이용이 가능하다.
④ 단위면적당 최고의 수량을 올릴 수 있을 때 수확하여 사일리지로 저장하면 연중 싸고 품질이 좋은 조사료를 급여할 수 있다.

정답 66 ① 67 ② 68 ② 69 ④ 70 ①

71 사일리지를 제조할 때 단점인 것은?

① 화재의 위험이 없다.
② 잡초를 방제한다.
③ 기호성이 증가한다.
④ 비타민 D함량이 감소한다.

72 사일리지 제조 시 가장 적합한 수분함량은?

① 30% 내외 ② 50% 내외
③ 70% 내외 ④ 90% 내외

73 사일리지 제조 시 수분함량 85%의 재료를 70%까지 건조시키려면 처음 재료의 중량이 얼마가 되게 건조시키면 되는가?

① 4/5 ② 3/4
③ 2/3 ④ 1/2

[해설]

보정계수 = $\dfrac{100-현재수분}{100-보정수분} = \dfrac{100-85}{100-70} = \dfrac{1}{2}$

74 사일리지 조제 중 내부온도가 상승하여 고온 발효가 장기간 지속됨으로써 나타나는 열손상(Heat Damage) 사일리지에 대한 설명이 아닌 것은?

① 갈변화(褐變化)로 기호성이 향상되어 단백질소화율이 증가한다.
② 목초 또는 사료작물을 저수분상태로 저장할 때 많이 발생한다.
③ 기밀사일로에서 많이 발생하고 있다.
④ 열손상의 정도는 불용성 질소(ADIN)함량을 지표로 판단한다.

75 옥수수의 사일리지를 제조할 때에 세절재료는 어느 것이 가장 적당한 상태인가?

① 즙액이 손가락 사이에 나오고 그 모양이 유지되는 상태
② 즙액이 거의 없고 모양이 유지되는 상태
③ 즙액이 아주 없고 모양이 서서히 무너지는 상태
④ 즙액이 매우 많고 모양이 급히 무너지는 상태

정답 71 ④ 72 ③ 73 ④ 74 ① 75 ②

76 옥수수 사일리지(Silage)를 제조할 때 쥐기시험(Grab Test)의 결과 중 세절재료로 가장 적당한 것은?

① 즙액이 손가락 사이로 나오거나 물방울이 떨어질 때
② 쥔 손을 서서히 폈을 때 재료의 덩어리가 흐트러지지 않고 모양이 유지될 때
③ 쥔 손을 서서히 폈을 때 재료의 덩어리가 흐트러지지 않으나 즉시 금이 가고 벌어질 때
④ 쥔 손을 서서히 폈을 때 재료의 덩어리가 즉시 흐트러져 모양이 급히 무너질 때

77 사일리지 조제 시 재료의 수분함량을 쥐기시험(Grab Test)방법으로 추정할 때 물이 흘러나오거나 물방울이 손으로부터 떨어지면 수분이 몇 % 정도인가?

① 85% 이상
② 75~80%
③ 70~75%
④ 65% 이하

78 옥수수사일리지를 제조하려고 하는데 재료의 수분이 너무 많을 경우 수분 조절방안으로 적합한 것은?

① 벤 직후 바로 사일로에 충전한다.
② 재료의 절단길이를 짧게 한다.
③ 재료충전 시 밀기울을 섞는다.
④ 요소를 첨가한다.

79 다음 중 수분함량이 높은 호밀을 직접 사일리지로 만들 때 가장 주의하여 조치할 사항은?

① 세절하지 않고 그대로 제조한다.
② 예건없이 예취하여 바로 제조한다.
③ 화본과 목초와 함께 제조한다.
④ 미강이나 밀기울로 수분을 조절하여 제조한다.

해설

수분과다 시에는 한나절 또는 하루 정도 예건시키거나 밀기울이나 쌀겨(미강), 보릿겨 등 수분 조절제를 섞어준다.

76 ③ 77 ① 78 ③ 79 ④

80 다음 중 Hetero형 유산균에 의한 사일리지 발효과정으로 틀린 것은?

① $C_6H_{12}O_6 \rightarrow C_3H_6O_3 + C_2H_5OH + CO_2$

② $3C_6H_{12}O_6 + H_2O$
$\rightarrow C_3H_6O_3 + 2C_6H_8(OH)_6 + CH_3COOH + CO_2$

③ $C_5H_{10}O_5 \rightarrow C_3H_6O_3 + CH_3COOH$

④ $2C_6H_{12}O_6 + C_6H_{12}O_6$
$\rightarrow C_3H_6O_3 + 2C_6H_8(OH)_6 + CH_3COOH + CH_4$

> **해설**
> $2C_6H_{12}O_6 + C_6H_{12}O_6 + H_2O$
> $\rightarrow CH_3CHOHCOOH + 2C_6H_{14}(OH)_6 + CO_2$

81 사일리지 발효과정을 시간 순서대로 바르게 나열한 것은?

① 산도 유지 → 혐기적 상태 → 젖산균 증식
② 혐기적 상태 → 젖산균 증식 → 산도 유지
③ 젖산균 증식 → 혐기적 상태 → 산도 유지
④ 산도 유지 → 젖산균 증식 → 혐기적 상태

> **해설**
> 사일리지(Silage)란 혐기성 젖산발효를 시켜 젖산의 농도를 높여 만든 저장성 높은 다즙질사료를 의미한다.

82 다음에 열거한 요인 중 사일리지의 발효에 가장 영향을 적게 미치는 것은?

① 재료의 수분함량
② 재료의 조단백질함량
③ 재료의 수용성 탄수화물함량
④ 재료의 조지방함량

> **해설**
> 사일리지의 발효에 영향을 미치는 것은 재료의 수분함량, 재료의 조단백질함량, 재료의 수용성 탄수화물함량, 완충력, 발효주도 세균의 형태, 발효속도, 발효에 수반되는 pH의 저하에 견딜 수 있는 재료의 재질에 의하여 결정된다.

83 사일리지 조제에 있어서 발효를 순조롭게 진행시키기 위한 재료의 수분은 몇 %가 적당한가?

① 48~52%   ② 55~60%
③ 68~72%   ④ 80~85%

84 양질의 사일리지 제조에 있어서 필수적으로 갖추어야 할 조건이 아닌 것은?

① 공기배제   ② 충분한 당
③ 풍부한 젖산균   ④ 충분한 산소

> **해설**
> **고품질 사료작물 사일리지 조제요점**
> • 재료의 적기수확 : 최대양분 축적기
> • 적절한 탄수화물함량
> • 수분함량 조절과 공기배제
> • 필요시 적절한 첨가제 사용 - 젖산균
> • 기계화작업체계 확립

정답 80 ④ 81 ② 82 ④ 83 ③ 84 ④

85 사일리지 조제 시 품질을 높이기 위해 여러 가지 첨가물을 이용하는데 다음 중 발효를 촉진시킬 목적으로 사용하는 첨가물은?

① 개미산　　② 유산균(젖산균)
③ 암모니아　④ 요 소

86 이상적인 사일리지 발효는?

① 유산발효　　② 초산발효
③ 낙산발효　　④ 알코올발효

87 사일리지 발효에 관여하는 미생물 중 저장성을 향상시키고 pH를 낮추어 주는 유익한 균은?

① 이스트(Yeast)
② 크로스트리디아(Clostridia)
③ 젖산균(Lactic Acid Bacteria)
④ 곰팡이(Mold)

> **해설**
> 사일리지는 젖산균의 증식발효로 다른 부패균의 분해작용을 억제한 것으로 담근먹이 또는 매초라고도 한다.

88 사일리지 조제 시 생성되는 유기산 중 빨리 생성되는 순서로 나열했다. 다음 중 옳은 것은?

① 낙산 → 초산 → 젖산
② 낙산 → 젖산 → 초산
③ 젖산 → 낙산 → 초산
④ 초산 → 젖산 → 낙산

89 다음 중 사일리지의 발효과정에서 일어나는 작용으로 틀린 것은?

① 제1단계는 사일리지재료를 넣자마자 일어나는 현상으로 호기성 상태 또는 호흡기이다.
② 제2단계는 미생물 발효에 의해 초산이 생성된다.
③ 제3단계는 젖산의 생산이 감소되고 초산생성 박테리아는 증가된다.
④ 제4단계는 사일리지의 pH가 적정수준까지 떨어지면 사일리지 발효는 중지된다.

> **해설**
> 제3단계 - 유산발효의 개시
> 혐기성균(주로 초산균)에 의해 만들어진 산(酸)이 사일로 내에 축적되어, pH가 5.0 이하가 되면, 초산균의 활동은 서서히 억제되고, 유산균의 수가 점차 증가하면서 그 활동이 활발해진다. 제3단계는 활동하고 있는 혐기성균의 종류가 바뀌는 시기이다.

90 사일리지 발효의 첫 번째 단계인 호흡작용에 의한 손실을 최소화하기 위한 조치가 아닌 것은?

① 가능하면 세절하고 오랜 기간에 걸쳐 밀봉한다.
② 벽면 주변 등 답압이 잘 안 되는 곳 등을 집중적으로 답압한다.
③ 윗부분은 수분이 약간 많거나 길이가 긴 재료로 충진하고 답압한다.
④ 외부에서 공기나 물이 들어가지 않도록 꼼꼼히 밀봉한다.

해설
사일리지 발효 제1단계(호흡작용) 기간이 길수록 가축이 이용해야 할 에너지의 손실이 증가하고, 발생한 열로 인한 사초 중의 단백질 변성으로 소화율이 저하된다.

91 사일리지의 2차 발효(호기적 변패)에 관한 설명으로 옳은 것은?

① 사일리지를 급여하기 위해 개봉 후 혐기성 조건이 깨지면서 호기성 세균에 의해 각종 성분이 분해되는 것
② 사일리지 조제과정 중 식물체의 호흡 등에 의해 혐기조건이 조성되어 유산균의 활동이 가장 활발해지는 단계
③ 충진직후 효모, 곰팡이 등 호기성 세균에 의해 수용성 당분이 분해되는 것
④ 잉여수분이 배출되어 고수분상태에서 발생하는 변패

해설
사일리지 2차 발효
사일리지가 호기적 조건에 노출되어 효모 및 곰팡이의 번식에 의해서 재발효하는 현상으로 호기적 변패라고도 한다.

92 적기보다 조금 일찍 수확하여 수분함량이 다소 높은 재료로 사일리지를 담글 때 올바른 대처방법이라고 볼 수 없는 것은?

① 건물함량을 올리기 위하여 예건한다.
② 비트펄프나 곡류를 첨가한다.
③ 충진과 답압을 잘되게 하기 위하여 수분을 살포하고 밀봉을 잘한다.
④ 밀기울이나 볏짚을 넣고 유산균을 살포한다.

93 사일리지 제조의 원리에 관한 설명 중 가장 바르게 설명한 것은?

① 유산균을 증식시켜 다른 불량 균들의 증식을 억제함으로써 저장성이 부여된 다즙질사료이다.
② 낙산균 및 단백질 분해균에 의해 소화율이 개선된 다즙질사료이다.
③ 수분함량이 높을수록 미생물의 이동이 쉬우므로 pH가 높아도 발효품질은 양호하다.
④ 고온에서 발효시키는 것이 저온에서 발효시키는 것보다 발효속도가 빠르므로 유리하다.

94 품질이 좋은 사일리지를 만들기 위한 방법으로 가장 거리가 먼 것은?

① 재료를 잘 밟아주고 재료를 짧게 잘라 공기가 쉽게 배제되도록 한다.
② 충진작업을 가능한 한 단시간 내에 하고 외부공기가 들어가지 않게 철저히 밀봉한다.
③ 유산발효가 잘 일어날 수 있게 당분함량이 많은 재료나 당분함량이 많은 첨가물을 섞어 준다.
④ 조금만 건조해도 답압과 밀봉이 잘 안 되므로 예건을 피하고 수분을 충분히 공급한다.

95 사일리지재료의 수분함량이 70% 이하일 때 사일로의 종류에 관계없이 건물손실이 가장 적은 경우는?

① 포장에서의 손실
② 표면 부패에 의한 손실
③ 발효에 의한 손실
④ 삼출액에 의한 손실

96 다음 설명하는 사일로의 종류는?

> 대부분 지상형으로 건축비가 싸며, 경사지를 이용하여 원료를 사일로에 충전시킬 수 있다. 사일로에 지붕을 하면 공간을 이용하여 건초사로도 이용할 수 있다. 반면 사일로가 크면 충전시간 및 밀봉이 늦어지며, 공기에 접하는 면적이 크므로 2차 발효가 일어나기 쉽다.

① 벙커(Bunker) 사일로
② 스택(Stack) 사일로
③ 탑형(Tower) 사일로
④ 기밀(Airtight) 사일로

97 수평 사일로라고도 하며, 축사에서 가까운 평지나 경사면에 흙을 파고 바닥, 뒷면 및 양쪽 벽면을 콘크리트로 만들어 저장하는 우리나라에서 가장 많이 이용되는 사일로의 형태는?

① 탑형 사일로
② 스택 사일로
③ 기밀 사일로
④ 트렌치 사일로

98 사일로(Silo) 설치 시 비용이 가장 적게 드는 것은?

① 탑형 사일로
② 기밀 사일로
③ 벙커 사일로
④ 트렌치 사일로

해설
대용량에 적합하며 농가가 보유한 작업기계로 쉽게 충진 및 급여가 가능하여 운반에 드는 에너지가 적게 든다.

99 다음 사일로 중 건물손실률이 가장 높은 것은?

① 벙커 사일로
② 스택 사일로
③ 기밀 사일로
④ 탑형 사일로

> [해설]
> 비용이 저렴한 저장방법으로 이용할 수 있으나 표면적이 넓어 저장 중의 건물손실률이 30~35%에 이를 수 있다.

100 저수분 사일리지 조제에 가장 적합한 사일로는?

① 탑형 사일로
② 기밀 사일로
③ 트렌치 사일로
④ 벙커 사일로

101 다음의 사일로 중에 양분 이론적으로 손실이 가장 적은 사일로는?

① 벙커 사일로
② 트렌치 사일로
③ 기밀 사일로
④ 스택 사일로

102 다음 중 원통형인 탑형 사일로의 용적을 계산하는 식으로 맞는 것은?

① $\left(\dfrac{\text{사일로의 직경}}{2}\right)^2 \times 3.14 \times \text{사일로의 깊이}$

② $\left(\dfrac{\text{사일로의 반경}}{2}\right)^2 \times 3.14$

③ $\left(\dfrac{\text{사일로의 직경}}{4}\right)^2 \times 3.14 \times \text{사일로의 깊이}$

④ $\left(\dfrac{\text{사일로의 반경}}{4}\right) \times 3.14$

103 원통형 탑형 사일로의 직경이 2.0m이고, 높이가 5.0m인 경우 이 사일로의 용적(m³)은 약 얼마인가?

① 12.72m^3 ② 10.05m^3
③ 15.7m^3 ④ 20.77m^3

> [해설]
> 원통형 탑형 사일로의 용적
> $= \left(\dfrac{\text{사일로의 직경}}{2}\right)^2 \times 3.14 \times \text{사일로의 깊이}$
> $= \left(\dfrac{2}{2}\right)^2 \times 3.14 \times 5$
> $= 15.7\text{m}^3$

정답 99 ② 100 ② 101 ③ 102 ① 103 ③

104 다음 중 사일리지용 옥수수의 적절한 절단길이는?

① 1~2cm ② 3~4cm
③ 5~6cm ④ 7~8cm

105 사일리지 조제 시 재료를 세절할 때 이점이 아닌 것은?

① 즙액이 삼출을 촉진한다.
② 단위면적당 많은 양을 넣을 수 있다.
③ 공기를 쉽게 빼 내어 빨리 혐기상태로 만든다.
④ 진압이 잘되어 젖산균의 번식을 억제한다.

해설
재료를 절단하면 그 단면에서 즙액이 나오며 즙액에 유산균이 번식하기 때문에 재료는 가급적 세절할수록 좋다.

106 사일리지 제조 시 재료를 세절하는 이유가 될 수 없는 것은?

① 재료의 압착
② 공기의 배제
③ 첨가물의 균일한 혼합
④ 절단기의 활용

해설
재료는 세절함으로써 일정한 용적의 사일로에 더 많은 재료를 매장할 수 있고 밟는 노력을 절약할 수 있을 뿐만 아니라 쉽게 사일로 내의 공기가 배제되며 좋은 발효를 위해 빠른 시간 내에 혐기적 상태가 되어야 한다. 이로 인해 재료의 호흡은 정지되고 온도의 상승과 재료 중의 영양손실을 막을 수 있다. 재료를 절단하면 그 단면에서 즙액이 나오며 즙액에 유산균이 번식하기 때문에 재료는 가급적 세절할수록 좋다.

107 다음에서 설명하는 것은?

- 주로 인공건초를 Hammer Mill을 이용하여 1.6~3.2mm의 크기로 만드는 것을 말한다.
- 용적을 작게 하고 운송과 저장을 편리하게 할 뿐만 아니라 2차 가공품 또는 배합사료의 원료로서 널리 이용되고 있다.
- 대표적으로 널리 이용되는 것은 알팔파이다.

① 베 일 ② 세 절
③ 큐 브 ④ 분 쇄

정답 104 ① 105 ④ 106 ④ 107 ④

108 사일리지 조제 시 발생하는 양분손실을 잘못 설명한 것은?

① 호흡에 의한 손실 – 수분함량, 세절길이, 충진, 밀봉 등에 영향을 받는다.
② 수확(기계적) 손실 – 수확작업, 예건, 운반 등에서 오는 손실로 보통 건조제보다 많다.
③ 발효에 의한 손실 – 재료의 수분함량, 재료의 당분, 유산균의 종류 등에 따라 달라진다.
④ 삼출액에 의한 손실 – 재료 수분함량이 68% 이상일 때, 특히 탑형 사일로에서 높다.

해설
② 수확(기계적) 손실은 보통 건조제보다 적다.

109 가축이 섭취한 건물량이 15.5kg이고, 대변으로 배설된 건물량이 3.5kg일 때 이 사료의 외견상 건물 소화율은?

① 22.6% ② 44.5%
③ 54.3% ④ 77.4%

해설
$\dfrac{(15.5-3.5)}{15.5} \times 100 = 77.4\%$

110 Whole Crop Silage란 알곡을 생산하는 작물을 알곡과 줄기 및 잎을 같이 수확하여 사일리지로 조제한 것을 말한다. Whole Crop Silage의 특징을 잘못 설명하고 있는 것은?

① 당함량이 높아 양질의 사일리지 조제가 쉽다.
② 단위면적당 영양소 수량 및 TDN함량이 높다.
③ 조제 시 원료의 절단길이는 10~20cm 정도로 하는 것이 좋다.
④ 수확이 늦거나 서리를 맞은 원료의 경우는 프로피온산을 첨가하여 조제한다.

111 저수분 사일리지에 대한 설명으로 옳지 못한 것은?

① 재료의 수분함량을 약 50%로 예건하여 사일리지를 만드는 방법이다.
② 발효가 억제되어 pH가 일반 사일리지에 비해 높고 건물손실량이 적다.
③ 침출액에 의한 건물손실이 없고 겨울에 결빙의 염려가 적다.
④ 낙산이나 암모니아태질소의 생성량이 많아 불쾌한 냄새로 기호성이 떨어진다.

정답 108 ② 109 ④ 110 ③ 111 ④

112 수분함량이 40~60%인 저수분 사일리지의 장점이 아닌 것은?

① 일반 사일리지에 비해 젖산함량이 낮고 pH가 높다.
② 건물섭취량이 고수분 사일리지보다 많다.
③ 즙액유실로 인한 손실이 없다.
④ 재료에 의한 압착 미흡으로 공기배제가 잘된다.

113 저수분 사일리지의 적당한 수분함량은?

① 20~40%   ② 40~60%
③ 60~80%   ④ 80~100%

114 볏짚의 수거율이 높고 저장 중의 양분손실을 줄일 수 있는 방법은?

① 가성소다 처리
② 암모니아 처리
③ 라운드베일 사일리지
④ 고압증기 처리

115 다음 중 원형 곤포 사일리지의 특징이 아닌 것은?

① 예취 후 짧은 기간에 조제하여 기후의 영향이 적다.
② 운반과 저장이 용이하다.
③ 기계구입비용이 적어 초기 자본이 적다.
④ 사일리지 유통이 쉽다.

해설

원형곤포 사일리지의 장단점

장 점	단 점
• 건초에 비해 수확 시 손실을 줄일 수 있다. • 사일로 등의 시설이 필요 없다. • 기상변화에 대처할 수 있는 가변적인 생산체계이다.	• 저장 중의 손실이 다른 담근먹이에 비해 많다. • 기계구입을 위한 자본 투자가 크다. • 단기간에 노동력이 집중된다. • 비닐사용으로 환경오염문제를 유발한다.

116 원형 곤포 사일리지 조제에 있어서 예건은 발효품질이나 기호성을 개선하는 방법이다. 예건에 따른 효과에 대한 설명으로 올바른 것은?

① 예건에 의해 곤포수가 증가한다.
② 예건에 의해 배즙이 감소하지만 발효가 되지 않아 발효품질이 저하된다.
③ 예건에 의해 곤포 1개의 건물중량 및 건물밀도가 감소한다.
④ 단백질의 암모니아분해 및 낙산발효가 감소하므로 발효품질이 개선된다.

117 원형 곤포를 이용한 비닐랩 사일리지 조제 시 작업단계가 순서대로 나열된 것은?

① 예취 → 집초 → 곤포 → 비닐감기 → 개별저장
② 예취 → 곤포 → 비닐감기 → 집초 → 개별저장
③ 곤포 → 예취 → 집초 → 비닐감기 → 개별저장
④ 곤포 → 예취 → 비닐감기 → 집초 → 개별저장

118 생볏짚 원형 곤포 담근먹이 제조 시 작업단계가 올바르게 나열된 것은?

```
A : 집 초      B : 저 장
C : 비닐감기   D : 벼 수확
E : 곤 포
```

① D - A - E - C - B
② D - E - A - C - B
③ D - A - C - E - B
④ D - C - A - E - B

119 사일리지의 숙성에 필요한 최소한의 저장기간은?

① 3~4일   ② 2~3주
③ 30~40일   ④ 3~4개월

120 사일리지 품질을 판정함에 있어 옳지 않은 것은?

① pH가 낮을수록 우수한 사일리지이다.
② 색깔이 짙을수록 품질이 좋다.
③ 신맛이 약간 나는 것이 좋은 품질의 것이다.
④ 수분이 적당하고 부드러운 것이 우수한 사일리지이다.

121 사일리지 품질 감정방법을 설명한 것 중 틀린 것은?

① 색깔은 일반적으로 밝은 감을 주는 것이 좋다.
② 산뜻하고 향긋한 냄새가 나야 한다.
③ 맛은 상쾌한 산미(酸味)를 느끼는 것이 좋다.
④ 충진 당시의 형태 그대로 보존되지 않고 조직이 반쯤 파괴된 것이 좋다.

정답 117 ① 118 ① 119 ③ 120 ② 121 ④

122 사일리지의 품질감정 중 화학적 방법에 의한 품질 감정을 설명한 것으로 잘못된 것은?

① 건물함량에 관계없이 pH치(산도)가 같으면 비슷한 발효양상을 보이므로 질이 비슷하다.
② 사일리지의 유기산 비율은 젖산함량이 높고 낙산의 함량이 없거나 적을수록 양질의 사일리지이다.
③ 전질소함량 중 암모니아태질소의 비율은 낮을수록 우수한 사일리지이다.
④ 총산에 대한 초산의 비율을 사일리지의 질에 크게 문제가 되지 않는다.

123 청예수수와 옥수수는 사료가치 또는 품질면에서 약간의 차이가 있다. 옥수수 사일리지에 비하여 수수 사일리지는 어떠한가?

① 총소화율이 높다.
② 총가소화영양소 함량이 낮다.
③ 건물 소화율이 높다.
④ 산세척섬유소(ADF)함량이 낮다.

124 옥수수 사일리지를 평가하기 위하여 사일로를 개봉하고 깊숙한 곳에서 시료를 채취하여 손으로 꽉 쥐었더니 즙액이 한두 방울 떨어지고 손에는 톡 쏘는 듯한 산취가 오랫동안 가시지 않았다. 이 사일리지에 대한 설명으로 가장 올바른 것은?

① 너무 늦게 수확하여 재료의 건물률이 너무 높고 아마도 곰팡이나 효모가 많이 있을 것이다.
② 수분함량에 비하여 재료의 절단 길이가 길고 곡분과 같은 첨가제를 과도하게 이용하였을 것이다.
③ 조기수확으로 수분함량이 너무 높고 과발효 또는 젖산발효보다 낙산발효가 더 많이 일어났을 것이다.
④ 충분한 예건과 유산균 첨가제를 이용하였기 때문에 삼출액에 의한 손실은 거의 없을 것이다.

125 옥수수를 수확적기보다 일찍 수확하여 사일리지를 조제할 경우의 설명으로 올바른 것은?

① 수확 시 알곡손실이 많고 토사의 혼입이 증가하므로 첨가제를 사용한다.
② 배즙량이 증가하므로 배수가 용이한 사일로를 이용한다.
③ 프로피온산을 원물 무게에 대하여 5% 정도 첨가한다.
④ 암모니아처리를 한다.

정답 122 ① 123 ② 124 ③ 125 ②

126 다음의 사일리지 첨가제와 용도를 잘못 연결한 것은?

① 영양소첨가제 : 곡류, 당밀
② 수분조절제 : 밀기울, 비트펄프, 볏짚
③ 단백질첨가제 : 요소, 암모니아
④ 발효촉진제 : 개미산, 프로피온산

해설
- 발효촉진제 : 당밀, 섬유분해효소
- 산도저하제 : 개미산, 프로피온산

127 사일리지를 만들 때 이용하는 첨가제를 분류할 때 젖산균 첨가제(Inoculant)는 어디에 속하는가?

① 발효촉진제
② 발효억제제
③ 수분조절제
④ 영양소보충제

128 사일리지 제조 시 유산발효촉진을 위한 첨가물은?

① 당 밀
② AIV액
③ 개미산
④ 폼알데하이드

129 사일리지 제조 시 첨가물과 그 작용을 연결시킨 것 중 잘못된 것은?

① 개미산 - pH 저하
② 초성 아황산소다 - 유해발효를 억제
③ 요소 - 재료의 양분을 보강
④ 당밀 - 젖산생성을 억제

130 다음 중 양질의 사일리지 조제를 위한 탄수화물 첨가물이 아닌 것은?

① 옥수수분말   ② 볏 짚
③ 보리분말   ④ 감자분말

131 사일리지의 품질을 향상시키는 첨가제로 부적당한 것은?
① 암모니아
② 당 밀
③ 요 소
④ 전분질사료

132 다음의 여러 사일리지의 분석결과에 대한 설명으로 가장 올바른 것은?
① 유산함량이 높으면 암모니아태질소함량도 높다.
② 사일리지의 pH가 높으면 낙산함량은 낮다.
③ 사일리지의 pH가 낮으면 암모니아태질소함량도 낮다.
④ 낙산함량이 높으면 기호성과 채식량도 증가한다.

133 사일리지의 발효품질에는 밀봉상태, 수분함량, 당 및 온도 등이 관여한다. 다음의 (a)와 (b)의 조건에서 나타나는 발효품질이 바르게 연결되어 있는 것은?

> (a) : 양호한 밀봉, 낮은 수분함량
> (b) : 양호한 밀봉, 높은 수분함량, 낮은 당함량, 높은 온도

① (a) 불량, (b) 불량
② (a) 양호, (b) 불량
③ (a) 불량, (b) 양호
④ (a) 양호, (b) 양호

134 사일리지의 발효품질을 pH를 지표로 평가할 경우의 설명으로 맞는 것은?
① 사일리지의 pH는 주로 낙산함량이 많아지면 저하된다.
② 저수분 사일리지에서는 유산 생성이 낮아 pH를 발효품질의 지표로 사용할 수 있다.
③ 유산발효가 일어나면 암모니아태질소가 증가하여 pH가 높아진다.
④ 발효품질이 양호한 사일리지의 pH는 4.2 이상이다.

135 사일리지(엔실리지)의 품질을 고려할 때 가장 좋은 상태의 pH는?
① 3.8~4.0
② 4.5~5.0
③ 5.0~5.5
④ 5.6~6.0

136 가축의 연간 사료 필요량을 산출하는 방법의 설명으로 잘못된 것은?

① 가축의 사양표준과 사료성분성적표를 기준으로 추산한다.
② 사양표준에는 월 1마리에 대한 소요량이 영양성분으로 표시되어 있다.
③ 유우의 경우 1일에 그 체중의 약 10~15%의 생초를 기준으로 계획한다.
④ 필요영양분은 가소화 성분으로 계산한다.

137 젖소에 있어 1일 두당 생초급여량은 체중의 몇 % 정도가 가장 적당한가?

① 2.5~3% ② 5~10%
③ 10~15% ④ 15~20%

138 건초 위주의 사양 시 체중 600kg의 소 1마리가 1일 섭취해야 할 건초의 양으로 가장 적당한 것은?

① 6~9kg ② 9~12kg
③ 12~18kg ④ 18~24kg

해설
소는 하루에 체중의 2~3%의 건초를 섭취해야 한다.

139 체중 500kg 정도의 젖소를 전량 방목에 의하여 생초를 급여할 경우 1일 몇 kg 정도를 채식하는가?

① 30~40kg
② 60~75kg
③ 80~90kg
④ 100~110kg

140 다음 [보기]의 조건으로 계산한 목초의 건물수량(kg/ha)은?

┤보기├
- 건조 전 시료무게 : 120g
- 건조 후 시료무게 : 24g
- 생초수량 : 25,000kg/ha

① 3,000
② 4,000
③ 5,000
④ 6,000

해설
$25,000 \times \dfrac{24}{120} = 5,000 \text{kg/ha}$

정답 136 ② 137 ③ 138 ③ 139 ② 140 ③

교육이란 사람이 학교에서 배운 것을 잊어버린 후에 남은 것을 말한다.

– 알버트 아인슈타인 –

PART 05
축산경영학 및 축산물가공학

CHAPTER 01	축산경영의 특징과 경영자원
CHAPTER 02	축산경영계획 및 조직화
CHAPTER 03	축산경영관리
CHAPTER 04	축산경영분석 및 평가
CHAPTER 05	축산물 유통
CHAPTER 06	유가공
CHAPTER 07	육가공

합격의 공식 시대에듀
www.sdedu.co.kr

CHAPTER 01 축산경영의 특징과 경영자원

PART 05 축산경영학 및 축산물가공학

01 축산경영의 의의 및 특징

1. 축산 및 축산경영의 개념과 역할

(1) 축산의 개념
① 축산이란, 좁은 의미로는 가축을 사육하여 축산물을 생산하는 것을 말하고, 넓은 의미로는 생산물은 물론 축산물을 가공, 처리하여 유통할 때까지의 전 과정을 말한다.
② 경영학적 의미는 축산경영자가 경영의 목표인 적정소득이나 적정이윤을 달성하기 위하여 가축을 사육하여 증식시키면서 축산물을 생산·가공하고 이를 판매하는 경영활동이다.

(2) 축산경영의 개념
① 축산경영이란 축산업의 목표를 달성하기 위해서 경영요소를 효율적으로 결합하여 이용하는 합리적인 경영활동을 말한다.
② 축산경영의 의의는 경영자의 능력을 발휘하여 부존자원을 효율적으로 이용함으로써, 최대의 수익을 창출하는 것이다.
③ 축산경영은 생산자재의 조달 및 축산물의 판매 등 일체의 활동이 포함된다.
④ 축산경영은 지속적 경영체로서 재생산을 위한 안정적인 생산요소 확보가 중요하다.
⑤ 축산경영은 일정한 경영목표를 설정하고 이를 달성하기 위하여 여러 가지 생산요소를 결합해 나가는 조직이라고 할 수 있다.
⑥ 축산경영의 궁극적인 목표는 소득증대 및 순이익의 극대화이다.
⑦ 축산경영은 축산물의 기술적 생산과정뿐만 아니라 생산에 필요한 자재의 조달과 축산물의 판매활동 등과 같은 경제적 생산과정을 모두 포함한다.

(3) 축산경영의 합리적 운영목표
① 자기소유토지에 대한 지대의 최대화
② 자기자본 이자의 최대화
③ 자가노동 보수의 최대화(가족노동임금의 최대화)
④ 경영관리에 대한 이윤의 최대화

2. 축산경영의 일반적 특징과 경제적 특징

(1) 축산의 현황 특성
① 전체 국토이용에서 농경지 및 전체 농업인구(농가)의 감소
② 산업화로 인한 산업구조에서의 농업부문 약화
③ 농업부문에서 축산업 비중과 축산업 생산액 증가
④ 축산의 규모화, 기업화로 축산농가는 감소하였으나 가축사육두수는 증가
⑤ 식생활의 서구화 등으로 인한 소비증가(가정외 소비 증가)
⑥ 수입사료 의존형, 가공형 축산이다(사료가격에 의한 영향이 크고, 생산성 향상에 어려움).
⑦ 축산을 위협하는 문제점이 지속적으로 발생(시장개방, 사료원료가격증가, 가축분뇨, 가축질병 등)
⑧ 축산업의 기업화로 인한 합리적인 경영의 필요성 대두
⑨ 효율적인 의사결정을 위한 경영자로서 가져야 할 정보의 필요성 대두
⑩ 수출의존도가 낮고, 도시근교 낙농경영의 발달

(2) 축산경영의 일반적 특징
① 생산물의 저장 : 경종농산물의 사료이용으로 저장성 증대
　예 부패하기 쉬운 사료자원을 동물체에 저장
② 2차 생산의 성격 : 사료작물이나 목초재배를 통한 2차 축산물 생산
　예 경종농업에서 생산되는 유기물을 가축에 급여하여 축산물을 생산한다.
③ 물량감소의 성격 : 물량은 감소하고 가치는 증대된다.
　예 소고기 1kg을 생산하기 위하여 8.9kg의 사료량이 필요하다.
④ 간접적 토지관계 : 축산경영은 일반적으로 경지면적보다는 가축두수에 따라 규모가 결정된다.
⑤ 기타 : 경영규모의 영세성, 경영과 가계의 미분리, 가족 노작적 경영 등

(3) 축산경영의 경제적 특징
① 농산물의 이용증진 : 부산물을 경종농업에 이용
② 노동력의 이용증진 : 유휴 노동력의 연중 균등한 투입
③ 토지의 이용증진 : 청예작물 재배, 임야지이용
④ 자금회전의 원활화 : 우유, 달걀 등의 매일 생산으로 자금순환
⑤ 고도의 경영기술 필요 : 전문화된 기술이 필요

⑥ 생산의 안정화 또는 다양화 : 자연재해 피해가 적고 사육시기 조절로 가격의 안정성 향상
⑦ 경종농업과의 보완관계 : 유휴 노동력과 기계의 이용 등

02 경영자원의 유형과 특성

1. 축산경영자원(토지, 자본, 노동 등)의 특징

(1) 토 지

① 토지의 성질
  ㉠ 기술적 특성 : 사료작물의 재배성장 및 가축사육에 중요한 기능을 발휘하는 부양력, 가경력, 적재력의 성질이 있다.
  ㉡ 경제적 특성 : 자본재로서의 기능을 발휘하는 불가동성, 불소모성, 불가증성의 성질이 있다.

② 자연적 특성(기술적 특성)
  ㉠ 토지의 배양력(培養力, Cultivat Ability)
    • 식물의 성장에 필요한 영양분을 공급하는 토지의 성질을 말한다.
    • 비옥도 또는 지력이라고도 한다.
    • 질소(N), 인산(P), 칼륨(K)뿐만 아니라 철(Fe), 칼슘(Ca) 등 무기물성분도 포함된다.
  ㉡ 토지의 가경력(可耕力, Arability)
    • 사료작물이 생육할 수 있는 힘, 뿌리를 뻗게 하고 지상부를 지지 또는 수분이나 양분을 흡수케 하는 물리적 성질을 의미한다.
    • 가경력은 토지의 상태, 즉 토지의 이화학적 성질인 토양의 수분, 토양의 기공, 온도 등과 같은 성질에 좌우된다.

> **더알아두기**
>
> **가경력이 있는 토지**
> • 배수(排水)가 잘되는 토지
> • 보수력(保水力)이 강한 토지
> • 암반과 자갈 등이 없는 토지
> • 경토(耕土)가 깊고 심토(深土)가 좋은 토지
> • 조직구조가 양호한 토지

ⓒ 토지의 적재력(積載力, Loading Ability)
- 축산물의 생산대상인 가축을 사육할 수 있는 장소로서의 기능이다.
- 제반시설 및 노동이 가해지는 장소로서의 기능이다.
- 가축을 사육하는 데 필요한 사료작물을 재배하는 장소로서의 기능이다.
- 축산에서는 방목지, 축사, 건물, 작업장 부지 등 그 이용 목적이 대단히 광범위하다.

③ 토지의 경제적 성질 : 토지는 움직이거나 증가시킬 수 없고, 소모되지 않는 성질을 가진다.
  ㉠ 불가증성(不可增性, 불확장성)
    - 토지는 임의로 만들거나(증가) 또는 확장할 수 없는 성질이다.
    - 토지소유의 독점성 부여, 개척·간척으로 경지확대는 가능하다.
  ㉡ 불소모성(不消耗性, 불가괴성)
    - 토지는 소모되지 않고 불변하며 영구적으로 이용 가능하다.
    - 대농기구, 건물 등과 같은 고정자본재도 가치가 점차 소멸(감가상각)하고, 유동자본재는 1회 사용으로 그 형질이 변화하거나 또는 가치가 전부 소멸한다.
    - 토지는 이용하면 할수록 지력은 소모되나 토지 그 자체는 소모되지 않는다.
    - 토지가 다른 고정자본재와 달리 감가상각을 필요로 하지 않는 이유는 토지 자체가 소모되지 않기 때문이다.
  ㉢ 불가동성(不可動性, 비이동성)
    - 토지가 자유로이 움직일 수 없는 성질이다.
    - 토지는 불가동성에 의한 입지조건에 따른 영향으로 농업의 경영형태가 달라진다.
    - 도시와 거리가 멀수록 조방적(자연력에 의존)인 축산을 한다.
      → 시장과 생산지와의 거리가 멀수록 생산물의 운반이 곤란하고 운임이 많이 소요된다.
    - 거리가 가까울수록 운임이 적게 소요되는 반면 지대가 높아지므로, 집약적인 경영형태로 토지를 이용한다.
    - 근교의 축산경영형태 : 양돈, 한우비육, 착유전업낙농 등 집약적 축산
    - 원교의 축산경영형태 : 한우번식, 젖소육성우 등 조방적 축산

> **더알아두기**
>
> **농장과 시장과의 경제적 거리**
> 생산물이 시장에 도달하기까지의 시간과 운송비를 고려한 거리를 말한다.

④ 토지의 종류와 이용
  ㉠ 경지(논, 밭) : 경지는 농업경영에서 가장 기본적이고 중요한 지목으로 논과 밭에 의한 미곡 중심의 농업경영행태를 한다.

ⓒ 초지 : 가축사양에 필요한 목초재배 또는 가축을 방목하는 풀밭을 의미하며, 자연야초 위주인 목야지와 개량초지 위주인 목초지로 크게 구분한다.
ⓒ 임야 : 숲과 들을 아울러 이르는 토지로, 초지의 토지이용측면에서 필요하다.
ⓔ 기타 지목 : 논두렁, 제방, 하천부지 등

※ **축산경영의 3대 요소** : 토지, 자본재, 노동력+경영기술(4대 요소)

(2) 자 본

① 농업자본의 특성
  ㉠ 농업자본은 농업수익률(자본의 수익률)이 낮아 외부 자본투입이 제한된다. 농업외부로부터 농업자본을 얻기 어렵다.
  ㉡ 농업경영의 목적을 더욱 효율적으로 달성하기 위하여 노동투입의 보조수단으로 자본을 투입한다. 농업자본과 농업노동 간에 대체관계가 있다.
  ㉢ 자본재는 화폐가 아닌 물적 재화의 형태로 생산에 참여한다.
    예 가축, 사료, 종자, 비료, 농기계, 축사 등
  ㉣ 자산은 농가의 재산 개념이다.
  ㉤ 농업자본은 가계와 경영을 구분하기 어렵다.
  ㉥ 농업자본투자가 늘어난다고 해서 동시에 농업환경이 개선되는 것은 아니다.

② 농업자본의 종류
  ㉠ 고정자본
    • 노동수단적 고정자본재 : 대농기구 및 기계(트랙터), 건물 및 부대시설(축사)
    • 토지생산성을 높이는(제고) 고정자본재 : 토지개량설비, 관배수시설자본재
    • 자체가 자본인 생물 : 대가축(번식용 가축-종축, 역우, 젖소, 산란계 종돈), 대식물(과수)
    ※ **고정자본재에 속하는 것** : 산란계, 번식용 가축, 종돈, 토지개량설비, 축사, 트랙터
  ㉡ 유동자본
    • 소동물, 재고농산물(우유, 달걀 등), 재고생산자재(사료, 종자, 비료, 농약 등)
    • 가축-비육우, 비육돈, 육계, 자축 및 육성 중인 모든 가축 등
    • 단 1회의 이용으로 그 원형을 소실하여 그 가치는 생산물로 전화하는 것(약품, 깔짚 등)
    • 현물 : 가축, 원료, 재료
    ※ **유동자본재** : 비육우, 육계, 사료, 비료, 가축약품
  ㉢ 유통자본금 : 현금 및 준현금(예금, 수표, 어음 등)
    • 단기 영농자금 : 2년 미만의 자금(농약, 사료, 비료, 약품 등의 구입비)
    • 중기 영농자금 : 2년 이상 8년 미만의 영농자금(축산시설, 기계 및 장비구입비)
    • 장기 영농자금 : 8년 이상 영농자금(토지나 건물 투자자금)

(3) 노동력

① **농업노동력의 일반특성**
  ⊙ 농업노동의 비연속성 : 자연의 영향을 받는 유기적 생산과정으로 농한기와 농번기가 발생 한다.
  ⓒ 농업노동의 계절성 : 기온, 수분, 일조 등 자연의 영향을 크게 받으므로 노동수요가 연중 고르지 못하다.
  ⓒ 노동 종류의 다양성(다변성)
    • 생산과정에서 그 종류가 많고 부단히 전환 교체되며, 농업생산에 있어서는 분업노동에 어려운 점이 많다.
    • 농업은 생산의 전 과정을 분업화할 수 없고, 한 가지 작업의 전문화가 곤란하므로 기능공이 있을 수 없으며, 작업의 적기 수행의 여부가 생산량에 커다란 영향을 끼친다.
  ② 노동의 이동성 : 농업생산에서는 그 생산과정이 토지에 한정되어 노동수단이 이동한다. 즉, 농지를 따라 다니며 이동하므로 노동의 장소가 바뀐다.
  ⓜ 노동감독의 곤란성 : 노동장소의 공간적 확대로 노동감독이 곤란해지고, 작업의 효과가 서서히 발현된다.
  ⓑ 생산속도의 고정 : 자연조건이 생산과정의 시기와 종기를 결정하므로 생산속도를 조절할 수 없다.
  ⓢ 수확 체감성 : 처음에는 노동효용이 높으나 차츰 피로로 능률이 저하된다.
  ⓞ 기타 육체적 중노동성, 저보수성 등이 있다.

② **농업노동력의 현상 및 문제점**
  ⊙ 노동력 부족 : 이농현상, 농업인구 비율감소, 노령화, 청장년층 부족
  ⓒ 가족노동 집중 : 가족노동의 비중이 크다.
  ⓒ 노동의 집약도 : 경지면적의 영세성으로 가족노작적 소농경영이다.
  ② 농업노동시간 : 지역, 계절적 차이가 있지만 1일 10시간으로 과중노동이다.
  ⓜ 노동의 강도율 : 중노동으로 농민건강에 해를 준다.
  ⓑ 농업노동의 계절적 불균형
    • 농번기에는 자가노동의 과중현상 발생, 노동력 부족으로 고용노동 실시(고용노임의 증가), 노동력 부족으로 작업적기를 놓치게 되어, 조잡하게 될 우려가 있다.
    • 농한기에는 거의 실업상태가 되어 농가경제 빈곤의 원인이 된다.

③ **농업노동의 종류와 특징**
  ⊙ 자가노동 : 경영주 및 그 가족원이 제공하는 노동력으로 다음과 같은 특성이 있다.
    • 노동에 대한 대가인 노임이 경영성과로 수취된다.
    • 경영의 노동수요와 무관하게 존재하고 증감한다.

- 노동의 이용이 소득의 원천이다.
- 노동감독의 필요성이 없고 창의적이며, 노동생산성이 극대화된다.
- 자율적 노동이며, 노동시간에 구애받지 않는다.
- 정신노동과 육체노동의 병행이며, 가족구성원에 의해 지배·결정된다.
- 축산경영의 목적이 소득의 극대화에 있다.
- 축산경영의 주체가 가족이고, 경영과 가계가 분리되어 있지 않다.

ⓒ 고용노동
- 일고노동자(일일고용노동자)
  - 일반적으로, 사업주와 일일고용계약을 체결한 노동자를 말한다.
  - 건강보험법에서의 일고노동자는, 임시로 사용되는 것으로, 하루 단위로 고용되는 자 또는 1개월 이내의 기간을 정해 사용되는 자를 말한다.
- 임시고(계절고)
  - 가족 노동력만으로는 농번기 등의 작업량을 일정기간 내에 수행할 수 없을 때 극히 단기간에 걸쳐 보조노동으로 고용하는 노동이다.
  - 주로 과잉노동력을 보유하고 있는 영세적 소농들이 공급함으로써 비교적 노동의 질이 높고 균일하다.
- 연고 : 1년 이상의 기간 동안에 노동을 제공한다는 조건하에서 경영주와 근로 소유자 간에 성립된 계약에 의해 이루어진 고용관계이다.
- 품앗이 : 교환노동 즉, 친척 또는 이웃 간에 상부상조적인 협동적 노동관행으로, 노동의 대량수요가 일시적으로 발생할 때 노동교환이 생긴다.
- 청부노동 : 일정한 작업량에 대하여 청부를 주고 그 대가를 지불하는 것이다.

> **더알아두기**
>
> **노동투하량**
> 정신적 노동은 경영의 기획과 작업의 지휘 감독 및 경영성과분석 등이고, 중·소농의 경우는 육체적 노동이 대부분이며, 가족경영형태의 경영자의 노동은 정신적 노동과 육체적 노동의 혼합된 형태이다.

④ 농업 노동생산성 향상책
  ㉠ 노동수단의 고도화 : 영농 작업의 기계화, 자동화, 시설화
  ㉡ 작업의 능률화 : 작업방법의 표준화, 간략화
  ㉢ 작업의 공동화(분업화, 협업화) : 공동작업, 협업경영실시 및 생산기술의 전문화를 통한 분업화

② 노동배분의 합리화 : 노동자 능력에 맞는 작업분담 또는 경영계획수립 시에도 동원 가능한 노동력을 고려한다.
⑤ 토지조건의 정비 : 배수시설의 정비, 경지정리, 경지교환·분합, 농로정비 등

> **더 알아두기**
>
> **축산경영 운영에 있어 노동능률 향상 방안**
> - 작업의 간략화, 분업화, 협업화, 표준화, 기계화
> - 노동수단의 고도화, 노동배분의 합리화
> - 토지조건의 정비

(4) 경영능력(기술)

① 축산경영자의 주요 기능
  ㉠ 첫 번째 기능은 목표설정
  ㉡ 구체적, 합리적 계획수립
  ㉢ 생산요소조달, 조직운영, 생산물 판매 등의 경제관리
  ㉣ 인적, 물적 조직의 통제감독
  ㉤ 진단 및 성과의 경영분석

② 축산경영자의 역할
  ㉠ 무엇을 어떻게 얼마나 생산할 것인가의 결정
  ㉡ 생산물의 판매와 처분은 어떻게 할 것인가의 결정
  ㉢ 자본재(축산자재)와 노동력은 어떻게 구입 조달할 것인가의 결정
  ㉣ 축산경영 성과분석 및 계획수립

③ 축산경영자의 경제적 기능
  ㉠ 사료작물과 가축의 종류를 선택하고 결정한다.
  ㉡ 가축의 생산순서와 생산규모를 결정한다.
  ㉢ 생산부문의 경영집약도 결정한다.
  ㉣ 경영성과를 분석하고 경영계획을 세운다.
  ㉤ 생산자재를 구입하는 일
  ㉥ 최종생산물인 축산물을 판매하는 일

④ 축산경영자의 기술적 기능
  ㉠ 가축의 사육방법을 결정하는 일
  ㉡ 경영에 적용할 생산기술을 결정하는 일

⑤ 축산경영자가 의사결정을 하는 과정
　㉠ 문제의 정확한 파악
　㉡ 관련 정보의 수집 및 관찰
　㉢ 문제의 해결방법 분석
　㉣ 최선의 대안 선택
　㉤ 실 행
　㉥ 실행한 행동에 대한 책임 감수
⑥ 축산경영의 의사결정 내용 중 효과적인 경영관리계획에 속하는 항목
　㉠ 경영목표와 적정경영규모의 결정
　㉡ 필요한 생산기록사항의 결정
　㉢ 외부로부터의 기술적, 전문적 원조의 필요성 여부 결정

2. 축산경영의 입지조건

(1) 자연적인 조건

① **자연환경조건** : 토양의 비옥도, 토질 및 지형, 경사도(경작경사도 15°), 기상상태(기후, 강우량, 일조시간, 적설량 등), 지하수 등의 가축사양에 미치는 영향과 사료작물 재배 시 사료작물에 미치는 영향이 축산경영에 있어서 입지결정에 중요한 요소이다.
② 기후조건에서 가축은 온도에 영향을 받는다(가축의 적정온도 및 생산활동한계온도).
　㉠ 사육적온 : 한·육우 10~20℃, 돼지 15~25℃, 젖소 5~20℃, 산란계 16~24℃
　㉡ 습도 : 40~70%(80% 이상이면 생산량 감소)

(2) 경제적 조건(축산경영조직에 영향을 미치는 경제적 결정조건)

① 시장과의 거리 : 가까워야 한다.
② 토지가격 : 적정수준이어야 한다.
③ 축산물과 생산재의 가격 : 적정해야 한다.
④ 시장의 대소와 질
⑤ 시장의 입지와 경제적 거리
　㉠ 농장과 시장과의 경제적 거리란 생산물이 시장에 도달하기까지의 시간과 운송비를 고려한 거리를 말한다.
　㉡ 시장에서 멀리 떨어진 양돈농가가 수취하는 수취가격은 시장에서 가까운 곳에 있는 양돈농가의 수취가격보다 낮다.

ⓒ 시장에서 멀리 떨어진 양돈농가가 구입하는 양돈기자재의 가격은 시장에서 가까운 곳에 있는 양돈농가가 구입할 때보다 비싸다.
ⓓ 시장에서 가까운 곳에서는 착유목장, 양돈, 비육우를 경영하는 것이 한우번식, 젖소육성우를 경영하는 것보다 유리하다.
ⓔ 송아지 생산농가는 시장에서 멀리 떨어져 있어도 무방하다.

(3) 사회적 · 법률적 조건
① 사회적인 조건 : 국민의 풍속 · 전통, 국민의 식습관, 문화생활 가능여부 등
② 법률적인 조건 : 축산에 관한 정책(축산진흥정책 등), 재해보험, 개발제한여부, 절대농지, 보안림, 군사보호지역 등
③ 과학기술의 발달 : 사육기술의 개량, 품종개량, 농기계발달 등

(4) 개인적 조건
① 경영자의 신념 · 지식 · 경영목표 · 예산조달능력 등
② 가족노동의 많고 적음, 기술수준, 가축 및 농기계 등의 자원 등

(5) 농업 입지이론
① 튀넨(J. H. Von Thunen)의 고립국이론
  ㉠ 경영조직에서 시장과 농장과의 거리에 따라 생산물과 집약도가 결정된다고 하는 "고립국" 이론을 전개하였다(소비시장을 중심으로 하는 경영방식에 관한 이론).
  ㉡ 상품의 시장가격과 운송비에 의해 농업경영의 지역 차 발생
  ㉢ 도시에 가까울수록 집약적인 토지이용, 멀수록 조방적 토지이용
  ㉣ 시장을 중심으로 6개의 동심원 구조 형성
  자유식 농업(제1권) → 임업(제2권) → 윤재식 농업(제3권) → 곡초식(제4권) → 삼포식(제5권) → 조방적 목축(제6권)

자유식 농업	원예농업, 낙농업이 집약적으로 행해진다.
임 업	당시에 주연료 및 건축재로 사용되는 목재는 중량이 무거워 운송비 부담이 크므로 도시 가까이 위치하였다.
윤재식 농업	사료작물의 재배로 지력 소모를 막고, 식량작물로 밀을 재배하며, 동시에 가축이 결합된 영농이다.
곡초식	곡물재배와 방목지가 교체되는 영농이다.
삼포식	지력유지를 위해 휴한지를 둔다.
조방적 목축	운송비 부담으로 농업을 포기하고 조방적 목축이 행해진다.

- ⑩ 튀넨의 고립국에서 도시와 가장 가까운 곳의 경영방식은 자유식이다.
- ⑪ 지대결정
  - 매상고에서 생산비와 수송비를 차감한 것이 지대가 되며, 매상고와 생산비가 일정하다면 지대는 시장과의 거리에 의해 결정된다.
  - 지대 = 매상고−생산비−수송비
  - 튀넨에 의하면 농산물 가격, 생산비, 수송비, 인간의 형태변화는 지대를 변화시킨다.
② 리카도 차액지대설
- ⑦ 지대가 발생하는 이유는 비옥한 토지의 양이 상대적으로 희소하고 토지에 수확체감현상이 있기 때문에 곡물수요의 증가가 재배면적을 확대하게 된다.
- ⑥ 비옥도와 위치에 있어서 열등지와 우등지가 발생하게 되는 바, 지대는 한계지를 기준으로 하여 이보다 생산력이 높은 토지에 대한 대가를 말한다.
- ⑦ 한계지란 생산성이 가장 낮은 토지로 지대가 발생하지 않는다. 따라서 어떤 토지의 지대는 그 토지의 생산성과 한계지의 생산성 차이에 의해 결정된다.
- ⑧ 지대는 토지생산물가격(곡물가격)의 구성요인이 되지 않으며, 또한 될 수도 없다. 따라서 토지생산물가격(곡물가격)이 지대를 결정한다.
- ⑩ 평가 : 토지의 위치문제를 경시하였고, 비옥도 자체가 아닌 비옥도의 차이에만 중점을 두었다. 최열등지라 하더라도 지대가 발생하는 것을 설명하지 못한다.
③ 브링크먼(Brinkmann, 1922) : 경영집약도의 측면에서 생산수단을 시장부문과 농장부문 및 임금부문으로 구분하고 이것을 시장과의 거리에 연결시켰으며, 운임차와 생산비 및 판매비와의 관계에서의 차이는 지대와 다르다고 하여 이것이 경영방식 결정 시 입지의 문제라고 하였다.

더 알아두기

낙농경영의 입지조건
- 수리와 교통이 편리한 지대
- 초지면적이 충분한 지대
- 전기, 도로 등 기간시설 근접 지대
- 공업단지와 멀리 떨어진 지대
- 지하수가 풍부한 지대
- 전기나 도로와의 접근성이 양호한 지대
- 헬퍼조직이 활성화된 지대
- 시장과 거리가 가까운 지대

3. 자본재의 종류와 평가방법

(1) 자본재의 개념

① 경제적 관점에서 유형자본재와 무형자본재로 구분된다.
② 노동의 투입관점에서 노동대상 자본재와 노동수단 자본재로 구분된다.
③ 자본재 존속기간의 장단에 의하여(감가상각의 유무) 고정자본재와 유동자본재로 구분된다.
④ 자본의 한 형태로서 구체적이고, 물적인 생산수단이다.
⑤ 축산경영에 있어서 자본재란 축산경영자가 축산물을 생산하기 위하여 투입하는 토지 이외(인간에 의해 생산되지 않는 토지는 자본재라고 할 수 없다)의 물질적 경제재를 의미한다.

> **더알아두기**
>
> **물질적 경제재**
> 인간에 의해 생산된 생산수단 내지 생산물로써 1회 또는 일정기간 사용한 후 소멸되므로 경영활동을 지속하기 위해서 계속 보충해야만 가능한 것을 말한다.

⑥ 자본재란 과거노동의 결과 생산되었고 또 앞으로 생산수단으로서 사용될 재화를 말하며 자본의 일부적인 개념으로서 물적, 기술적인 생산재화의 성질을 갖는 것을 말한다.
⑦ 자본재는 소비재와는 다른 것으로 경영목표를 달성하기 위한 생산수단을 뜻한다.

※ 자본은 종합적인 개념으로서 생산 및 유통과정을 통하여 운영되는 화폐가치의 총액을 의미한다.

[자본재의 종류]

고정자본재	무생고정자본재	• 건물 및 부대시설 : 축사, 사일로, 사무실, 창고 등 • 대농기구 : 경운기, 트랙터, 착유기 등 • 토지 및 토지개량자본재 : 관개・배수시설 등
	유생고정자본재	• 동물자본재 : 육우, 역우, 번식우, 번식돈, 종계, 채란계 등 • 식물자본재 : 영구초지 등
유동자본재		• 원료 : 사료, 종자, 비료, 건초 등 • 재료 : 약품, 연료, 깔짚, 농약, 소농기구, 비닐 등 • 소동물 : 비육우, 비육돈, 육계 등 • 미판매 축산물 : 우유, 달걀 등

(2) 고정자본재

① 무생고정자본재

㉠ 건물 및 부대시설 : 가축 수용력제공, 사료작물저장, 기계, 기구 및 가축보호와 기후변화에 대한 방어의 목적으로 건축된 것. 축사, 사일로, 사무실, 창고 등

- ⓒ 대농기구
    - 다른 생산요소와 결합하여 축산물을 생산하는 필수적인 생산수단
    - 트랙터, 경운기, 쇄토기, 종자살포기, 파종기, 예취기, 제초기, 트레일러, 분무기, 퇴비살포기, 사료제조 및 급여기, 가축관리용구, 분만용구 등
- ⓒ 토지 및 토지개량 자본재
    - 토양의 물리적·화학적 성질과 기능을 개선해서 생산성을 제고시키는 자본재
    - 관개 및 배수시설, 농로 등 토지생산성을 높이는 시설

② 유생고정자본재
- ⓐ 생물로 동물자본재(대동물), 식물자본재(대식물)가 있다.
- ⓑ 대동물 : 육우, 역우, 번식우, 번식돈, 종계, 채란계 등
- ⓒ 대식물 : 목초, 사과, 배 등의 과실수, 영구초지 등

더 알아두기

가축단위(Animal Unit, AU)
가축의 종류에 따라 체중을 지표로 가축단위를 정하여 환산의 척도로 하고 있으며, 체중 500kg의 성우를 1가축단위로 한다.

가축의 종류	가축단위	비 고
소, 말	1.0	1두
돼 지	0.2	5두
양	0.1	10두
닭	0.01	100수

(3) 유동자본재

① 1회 사용 또는 1년 안에 소모되거나 그 원형이 손실되는 것을 말한다.
② 유동자본재는 생산량의 증대에 따라 비용이 증가하는 것으로 감가상각의 대상이 되지 않는다.
③ 소기구 등은 1년 이상 사용할 수 있다 하더라도 감가상각의 대상이 되기에는 미미한 것이므로 소모품으로 간주하여 유동자본재라 한다.
④ **원료** : 사료, 종자, 비료 등 생산물의 증산에 직접적인 영향을 미치는 것이다.
⑤ **재료** : 약품, 연료, 깔짚 등 생산물의 증산에 직접적인 영향을 주지 않으나 소요되는 소모품을 말한다.
⑥ **가축** : 비육우, 송아지, 비육돈, 육계, 자축 및 육성 중인 가축으로 소동물과 판매하지 않은 우유, 달걀 등이 있다.

(4) 자본재의 평가방법

① **자본재평가의 의의** : 기말대차대조표상의 자산재고를 평가하고, 동시에 손익계산서의 계상에 의해서 당기의 손익성과를 분석하기 위한 목적으로 기말의 수량을 조사하고 평가하는 것을 의미

② **자본재의 평가방법**

  ㉠ 취득원가법
  - 자산을 구입할 경우 구입가격과 구입 시 소요되는 제반비용을 합산한 비용 또는 생산할 경우 생산비에 의해서 평가하는 방법이다.
  - 축산경영의 고정자산평가에 있어서 일반적이며, 기초로 하는 평가법이다.
  - 경영의 안전한 운영을 나타낼 수 있다.

  ㉡ 시가평가법 : 자산을 평가시점의 시장가격에 의해서 평가하는 방법으로, 결산 시 자산의 가치를 객관적으로 나타낼 수 있다.

  ㉢ 추정평가법 : 현존의 자산이 고귀품이거나 현재 존재하지 않아 취득원가법과 시가평가법에 의해서 평가할 수 없는 자산일 경우 그 재화와 효용이 같은 유사재화의 취득가격을 평가기준가격으로 하는 방법이다.

  ㉣ 수익가평가법 : 토지와 같은 부동산의 경우 매년 얻어지는 순이익을 기초로 평가하는 방법이다.

  > 수익가격 = 연간순이익/그 지역의 평균이율

  ㉤ 저가평가법 : 취득가격과 시가 중 낮은 가격을 기준으로 평가하는 방법이다.

③ **고정자본재의 평가**

  ㉠ 토지자본의 평가 : 구입가격(부대비용 포함), 시가, 수익가격, 임대가격
  ㉡ 건물 : 건축가격, 수취가격 및 평가액
  ㉢ 대농기계 : 취득가액 또는 평가액
  ㉣ 가축 : 구입가격(부대비용 포함), 시가평가액
  ㉤ 초지 : 토지평가금+초지조성비(종자대, 비료비, 노동비 등)

(5) 고정자본재의 감가상각

① **감가상각의 개념**

  ㉠ 감가 : 고정자본재가 사용 후 시간이 경과함에 따라 자연적으로 노후, 결손, 마모 등으로 인해서 그 가치가 점차 줄어드는 것이다.

- ㄴ 감가상각 : 시간의 흐름에 따른 자산의 가치 감소를 회계에 반영하는 것이다. 경영적인 측면에서 이익과 관계없는 경제적인 비용이므로 추정 또는 유효 내용연수에 감가된 상당액을 경영비(또는 생산비) 산출 시 계상함과 동시에 고정자본재의 평가액을 절하시키는 절차이다.
- ㄷ 감가상각의 목적 : 내용연수 내로 고정자산의 취득원가를 매년 계속적으로 계산하여 절감하고, 생산물의 수익에 의해서 고정자산에 투하된 자본을 회수함으로써 고정자산 본래의 감모가 없이 생산을 지속적으로 하는 데 있다.

② 감가의 원인
- ㄱ 사용 소모에 의한 감가(물질적 감가)
  - 고정자산을 계속적으로 사용하므로 가치의 감소가 발생하는 경우
  - 자연적 소모에 의한 감가 : 사용하지 않아도 시간이 경과함에 따라 자연적으로 물리화학적인 작용에 의하여 점차적으로 경제적 가치가 감소되는 경우
- ㄴ 진부화에 의한 감가(경제적, 기능적 감가)
  - 과학의 발달에 따른 새로운 자본재의 개발로 인하여 기존 자본재의 진부화가 발생
  - 부적합에 의한 감가 : 규모의 확대에 따라 기존의 자본재가 부적합함으로써 새로운 자본재의 구입으로 발생되는 감가
- ㄷ 재해, 재난, 도난 등에 의해서 발생되는 감가(우발적인 요인)

③ 감가상각법의 종류
- ㄱ 정액법(직선법)
  - 기존가격(구입, 생산가격)에서 잔존가격을 차감한 잔액에 대해서 내용연수로 나눈 값을 매년 감가상각비로 책정하는 방법이다.
  - 내용연수에 관계없이 감가상각비가 매년 균등하게 똑같은 액수로 상각한다는 장점이 있다.
  - 고정자본재의 가치감소의 실정과 대응이 되지 않는다는 단점이 있다.
  - 가장 간단하며 농업경영이나 축산경영에서 보편적으로 사용되고 있다.

$$\text{매년 감가상각비} = \frac{\text{고정자본재의 구입가격(생산가격)} - \text{폐기가격(잔존가격)}}{\text{내용연수}}$$

- ㄴ 정률법(체감법)
  - 구입가격에서 감가누계액을 차감한 감가상각잔액에 대하여 매년 일정률을 곱하여 얻어진 값으로서 연수가 경과함에 따라 감가상각비가 점차 체감하는 방법이다.
  - 일정한 비율로 체감하는 감가상각이다.
  - 초기에 능률이 크고 잔존가격이 큰 트랙터, 경운기 등에 적합하다.

- 복잡하고 어려운 단점이 있으나 가장 합리적인 방법이다.

> 감가상각비 = 기말상각잔액(장부가액) × 감가율
> $$R = 1 - \sqrt[n]{\frac{S}{C}}$$
> 여기서, R : 상각률
> n : 내용연수
> S : 잔존가격
> C : 취득가격

ⓒ 급수법
- 자산평가액을 내용연수의 합계로 나눈 후 그 연수의 역(逆)을 곱하여 각 연도의 상각(償却)액을 계산하는 감가방법이다. 즉, 구입가격에서 잔존가격을 뺀 금액을 해당 자산의 내용연수의 합계로 나눈 후 남은 내용연수로 곱하여 감가상각비를 산출한다.
- 기계류 등에서 초기에는 많게, 후기에는 적게 감가상각을 실시하는 것이다.

> 감가상각비 = (취득원가−잔존가치) × (잔존내용연수 / 1 + 2 + 3 + ⋯ + 내용연수)

적중예상문제

PART 05 축산경영학 및 축산물가공학

01 축산경영에 대한 설명 중 맞는 것은?
① 축산경영의 실태는 나라와 시대에 따라서 항상 같다.
② 축산경영은 축산업을 운영하는 것으로 축산물을 최대로 생산함을 의미한다.
③ 축산경영이란 축산업을 조직하고 운영하기 위해서 무제한적인 자원으로 축산물을 생산함을 의미한다.
④ 축산경영이란 축산업의 목표를 달성하기 위해서 경영요소를 효율적으로 결합하여 이용하는 합리적인 경영활동을 말한다.

해설
다른 학자는 "축산경영이란 목표를 달성하기 위한 방법으로써 축산업을 조직하고 운영하기 위해서 제한된 자원으로 많은 축산물을 생산할 수 있고, 최대의 수익을 얻을 수 있는 자원의 배분에 관한 의사결정과정이다."라고 했다.

02 축산경영의 의의로서 가장 적합하지 않은 것은?
① 최대의 수익창출
② 외국산 축산물의 수입증대
③ 부존자원의 효율적 이용
④ 경영자 능력의 발휘

03 축산경영에 관한 설명으로 올바른 것은?
① 축산경영은 축산물의 기술적 생산과정에만 국한되어 설명된다.
② 축산경영은 축산물의 경제적 생산과정에만 국한되어 설명된다.
③ 축산경영은 축산물의 기술적 생산과정뿐만 아니라 생산에 필요한 자재의 조달과 축산물의 판매활동 등과 같은 경제적 생산과정을 모두 포함한다.
④ 생산된 축산물의 가공만을 행하는 경영도 원칙적으로 축산경영에 포함된다.

04 축산경영에 관해 잘못 설명한 것은?
① 축산경영은 경제적 생산과정에 국한되어 설명된다.
② 축산경영은 생산자재의 조달 및 축산물의 판매 등 일체의 활동이 포함된다.
③ 축산경영은 지속적 경영체로서 재생산을 위한 안정적인 생산요소 확보가 중요하다.
④ 축산경영은 일정한 경영목표를 설정하고 이를 달성하기 위하여 여러 가지 생산요소를 결합해 나가는 조직이라고 할 수 있다.

정답 1 ④ 2 ② 3 ③ 4 ①

05 축산경영의 궁극적인 목표는?

① 소득 증대 및 순이익의 극대화
② 생산기술의 극대화
③ 조직의 극대화
④ 생산량의 극대화

해설
축산경영이 추구하는 궁극적인 목표는 순이익 또는 소득을 최대화하는 데 있다.

06 기업적 축산경영의 최대목표는?

① 소득의 극대화
② 가족노동보수의 증대
③ 이윤의 극대화
④ 조수입의 극대화

해설
기업적 경영은 고용노동력에 의존하여 자돈 및 비육돈을 생산 또는 비육하여 이윤추구를 목적으로 한다.

07 축산경영의 목표에 대한 내용으로 틀린 것은?

① 자기소유토지에 대한 지대의 최대화
② 조직의 최대화
③ 자가노동보수의 최대화
④ 자기자본이자의 최대화

해설
② 이윤의 극대화

08 우리나라에서 영세한 가족단위의 축산경영을 합리적으로 운영하는 목표로 볼 수 없는 것은?

① 자기소유 토지지대의 최대화
② 자기자본이자의 최대화
③ 가족노동임금의 최대화
④ 고용노동에 의지한 상품생산의 최대화

09 가계와 경영이 분화되어 있지 않은 소규모 가족적 축산경영농가의 축산경영의 목적은?

① 축산소득
② 축산순수익
③ 축산조수익
④ 축산물생산량

10 농업경영의 목적에 관한 설명으로 볼 수 없는 것은?

① 농업은 실업으로서 식물 및 동물이나 때로는 다시 이들을 가공하여 실익을 올리고 화폐를 얻는 것을 말한다.
② 자본주의하에서의 지속적 수익을 추구한다.
③ 농업경영의 목적은 모든 나라와 시대에 동일하게 나타난다.
④ 여러 가지 경영부문을 알맞게 결합함으로써 연간의 영농으로부터 최고의 순수익을 얻는 것을 말한다.

11 축산경영의 기업화 단계가 순서에 따라 바르게 정리된 것은?

① 부업적 가족경영 → 기업적 가족경영 → 자립적 가족경영 → 기업경영
② 부업적 가족경영 → 자립적 가족경영 → 기업적 가족경영 → 기업경영
③ 부업적 가족경영 → 자립적 가족경영 → 기업경영 → 기업적 가족경영
④ 기업적 가족경영 → 자립적 가족경영 → 기업경영 → 부업적 가족경영

12 축산경영의 기업화를 저해하는 요인이라고 볼 수 없는 것은?

① 자금조달의 문제
② 토지소유의 문제
③ 분업화의 문제
④ 분뇨처리의 문제

13 대규모 축산경영의 특징에 대한 설명으로 틀린 것은?

① 노동생산성을 향상시킬 수 있다.
② 자본생산성을 향상시킨다.
③ 대량구입 및 투입에 따라 비용 증가를 가져온다.
④ 단위당 고정자산액의 감소를 가져올 수 있다.

14 일반 경종농업 부문에 축산경영 부문을 도입하는 목적으로 옳은 것은?

① 겸업소득 증대
② 농업소득 증대
③ 농외소득 증대
④ 이전수입 증대

정답 10 ③ 11 ② 12 ③ 13 ③ 14 ②

15 축산경영의 최종목표를 이윤의 극대화라고 할 때 이윤은 다음 중 무엇에 대한 대가인지 옳게 표현된 것은?

① 자기토지에 대한 토지지대 평가액
② 가족노동에 대한 보수
③ 자기자본에 대한 평가이자
④ 경영에 대한 대가

> **해설**
> 이윤 : 기업적 축산경영에서 경영주체가 경영자로 활동한 대가로 받는 수익으로 구체적으로 조수입에서 생산비를 공제한 것을 말한다.

16 다음 중 축산경영의 목표 내지는 합리화 방안으로 볼 수 없는 것은?

① 농외소득의 최대화
② 자가노동 보수의 최대화
③ 자기자본 이자의 최대화
④ 경영관리에 대한 이윤의 최대화

> **해설**
> **축산경영의 목표**
> • 가족경영 : 농업소득의 최대화
> • 기업경영 : 기업이윤의 최대화
> • 가족적 소농경영 : 총자본 이자의 최대화

17 축산경영 운영의 합리화 방안으로 가장 부적당한 것은?

① 소규모 경영
② 근대화 경영
③ 과학적 경영
④ 경영목표에 합치되는 경영

> **해설**
> **축산경영 운영의 합리화 방안**
> • 합목적화 : 소득을 최대로 하고자 하는 경영목표에 부합되도록 운영
> • 과학화 : 시설 및 기계, 기구를 과학화하여 축산경영에 적용
> • 안전화 : 생산성과 가격의 안전화 방안을 모색
> • 근대화 : 생산력의 증진과 비용 절약
> • 다각화 경영 : 위험분산, 노동의 계절성 조절, 부산물 이용증대 등

18 다음 중 축산경영의 합리화 방안으로 볼 수 없는 것은?

① 생산성 향상
② 물류비용 증대
③ 생산비 절감
④ 생산기술의 개선

> **해설**
> **축산경영의 합리화 방안** : 생산성 향상, 생산비 절감, 생산기술의 개선, 시설·기구 등의 과학화, 경영조직의 적정화

정답 15 ④ 16 ① 17 ① 18 ②

19 우리나라 축산경영의 특징에 해당되는 것으로 가장 적당한 것은?

① 가족농보다 기업농의 수가 많다.
② 수출의존도가 높다.
③ 젖소 사육두수가 가장 많다.
④ 구입사료 의존형 가공형 축산이다.

20 우리나라 축산경영의 특징에 해당되지 않는 것은?

① 수입사료 의존형 가공업적 축산이다.
② 도시근교 낙농경영이 발달하였다.
③ 수출의존도가 낮다.
④ 한우경영은 가족전업농가수보다 기업농가수가 많다.

21 축산경영의 일반적 특징이라고 할 수 있는 것은?

① 농업의 안정화
② 생산물의 저장
③ 노동력의 이용증진
④ 자금의 원활화

해설
축산경영의 일반적 특징
- 생산물의 저장 : 부패하기 쉬운 사료자원을 동물체에 저장
- 간접적 토지관계 : 낙농부분을 제외하고 토지는 간접적이다.
- 물량감소와 가치증대 성격 : 물량은 감소하고 가치는 증진된다.
- 2차 생산의 성격 : 1차 사료작물 생산, 2차 축산물 생산
- 기타 : 경영규모의 영세성, 가족노작적 경영, 경영과 가계의 미분리, 미상품화

22 경종농업에서 생산되는 유기물을 가축에 급여하여 축산물을 생산한다는 축산경영의 특징은?

① 생산물의 저장
② 간접적 토지관계
③ 물량감소의 성격
④ 2차 생산의 성격

해설
사료작물이나 목초재배를 통한 2차 생산의 성격

정답 19 ④ 20 ④ 21 ② 22 ④

23 축산경영의 일반적 특징이라고 할 수 있는 것은?

① 농산물의 이용증진
② 물량감소의 성격
③ 노동력의 이용증진
④ 농업의 안정화

해설
축산경영의 일반적 특징
- 사료작물이나 목초재배를 통한 2차 생산의 성격
- 경지면적보다는 가축수에 따라 규모가 결정되는 간접적 토지한계
- 물량감소의 성격
- 경종농산물의 사료이용으로 저장성 증대

24 소고기 1kg을 생산하기 위하여 8.9kg의 사료량이 필요하다는 것은 축산경영의 일반적 특징 중 어느 것에 해당하는가?

① 간접적 토지관계
② 3차적 생산의 성격
③ 물량감소의 성격
④ 생산물의 저장

25 축산경영은 일반적으로 경지면적보다는 가축두수에 따라 규모가 결정된다. 이는 축산경영의 어떤 특징을 설명한 것인가?

① 토지이용증대
② 토지와의 간접적 관계
③ 물량감소, 가치증대의 성격
④ 축산경영의 2차적 성격

해설
축산경영에서는 토지면적보다는 가축수에 따라서 그 규모가 결정되는 것이 일반적이다. 이는 축산경영의 간접적 토지성격의 설명이다.

26 축산경영의 경제적 특징인 것은?

① 2차 생산의 성격
② 간접적 토지관계
③ 생산물의 저장
④ 자금의 원활화

해설
축산경영의 경제적 특징
토지이용 증진, 노동력이용 증진, 농산물이용 증진, 농업의 안정화, 자금회전의 원활화

27 축산경영은 일반적인 특징과 경제적인 특징으로 분류된다. 다음 중 경제적 특징으로 볼 수 없는 것은?

① 자금회전의 원활화
② 토지의 이용증진
③ 노동력의 이용증진
④ 경영규모의 영세성

해설
축산경영의 경제적 특징
• 축산경영으로 인해 토지이용률을 증진시킬 수 있다.
• 연중 노동의 균등한 투입으로 노동력 이용이 증진된다.
• 농업의 안정화에 기여한다.
• 경종농업 부산물을 이용한 농산물의 이용이 증진된다.
• 자금회전이 원활하다.

28 축산경영의 특징과 거리가 먼 것은?

① 경종농업의 보완관계에 있다.
② 우회생산적 성격이 강하다.
③ 토지면적으로 규모를 결정한다.
④ 생산물의 부가가치가 크다.

29 축산경영의 4대 요소로만 구성된 것은?

① 토지, 노동력, 자본재, 경영기술
② 토지, 고용력, 자본재, 경영기술
③ 목초지, 자가노동, 자본재, 기술
④ 목초지, 고용력, 자본재, 기술

해설
• 축산경영의 3대 요소 : 토지, 자본재, 노동력
• 축산경영의 4대 요소 : 토지, 자본재, 노동력, 경영기술

30 토지의 기술적 성질에 해당되는 것은?

① 적재력
② 불가증성
③ 불가동성
④ 불소모성

해설
토지의 기술적 성질 : 적재력, 가경력, 배양력

31 토지의 배양력(培養力)에 관한 설명 중 옳지 않은 것은?

① 비옥도 또는 지력이라고도 한다.
② 식물의 성장에 필요한 영양분을 공급하는 토지의 성질을 말한다.
③ 질소(N), 인산(P), 칼륨(K)뿐만 아니라 철(Fe), 칼슘(Ca) 등 무기물 성분도 포함된다.
④ 인공적으로 비료나 토지개량사업을 하더라도 향상되지 않는다.

해설
토지의 자연적인 배양력이 매우 낮더라도 인공적으로 비료나 토지개량사업에 의해서 어느 정도 향상시킬 수 있다.

정답 27 ④ 28 ③ 29 ① 30 ① 31 ④

32 가경력(Arability)이 있는 토지에 관한 설명 중 옳지 않은 것은?

① 배수(排水)가 잘되는 토지
② 보수력(保水力)이 강한 토지
③ 암반과 자갈이 많은 토지
④ 경토(耕土)가 깊고, 심토(深土)가 좋은 토지

해설

가경력이 있는 토지
- 배수가 잘되는 토지
- 보수력이 강한 토지
- 암반과 자갈 등이 없는 토지
- 경토가 깊고, 심토가 좋은 토지
- 조직구조가 양호한 토지
- 적당한 공극력이 있는 토지

33 다음 중 토지의 적재력(Loading Ability)에 해당되는 설명으로 틀린 것은?

① 가축을 사육할 수 있는 장소로서의 기능
② 제반시설 및 노동이 가해지는 장소로서의 기능
③ 아무리 이용하여도 소모되지 않는 장소로서의 기능
④ 가축을 사육하는 데 필요한 사료작물을 재배하는 장소로서의 기능

해설

③은 토지의 불소모성을 말한다.
토지의 적재력 : 토지가 산업상의 입지로서 그 위에 생산물과 생산시설을 갖게 하는 기능으로 농업은 토지의 이 특성에 가장 크게 의존한다. 축산에서는 방목지, 축사, 건물, 작업장 부지 등 그 이용 목적이 대단히 광범위하다.

34 토지의 경제적 성질이 아닌 것은?

① 적재력
② 불가증성
③ 불가동성
④ 불소모성

해설

토지의 경제적 성질
- 불가증성 : 토지는 임의로 증가 또는 확장할 수 없는 성질
- 불가동성 : 토지가 자유로이 움직일 수 없는 성질
- 불소모성 : 토지는 다른 생산재와는 달리 사용함에 의하여 소모가 되지 않는다는 성질

35 도시와 거리가 멀수록 조방적인 축산을 하는 것은 토지의 어떤 특성에 기인하는가?

① 불소모성
② 불가증성
③ 무한성
④ 불가동성

해설

불가동성에 의한 입지적 조건에 따른 축산경영형태가 달라진다.

36 토지가 고정자본재이지만 감가상각을 하지 않은 것은 다음 중 어느 성질 때문인가?

① 배양력
② 불가증성
③ 불소모성
④ 불가동성

37 초지에 대한 감가상각을 하지 않게 하는 주된 원인요소가 되는 것은?
① 배양력
② 불가소성
③ 불가동성
④ 불소모성

38 토지가 다른 고정자본재와 달리 감가상각을 필요로 하지 않는 이유로 올바른 것은?
① 조사료를 생산하기 때문에
② 토지 자체가 소모되지 않기 때문에
③ 토지의 지력이 소모되지 않기 때문에
④ 토지가 지역에 따라 자연적 여건이 다르기 때문에

39 다음 중 토지는 어떤 특성 때문에 감가상각을 하지 않는가?
① 생산력 불멸성
② 비이동성
③ 불가증성
④ 적재력

40 다음 중 농업노동력의 특수성에 해당하지 않는 것은?
① 계절성
② 다양성
③ 이동성
④ 감독용이성

해설
농업노동력의 특수성
- 노동의 이동성
- 노동의 다양성
- 노동의 계절성
- 노동과정의 불연속성
- 노동감독의 곤란성
- 노동력의 중노동성

41 노동력 중에서 노동에 대한 대가가 농업노임으로서가 아니라 경영성과로 얻어지는 소득의 원천이 되는 노동력은?
① 자가노동력
② 연고노동력
③ 일고노동력
④ 청부노동력

42 고용노동에 비교한 가족노동의 특징이 아닌 것은?
① 정신노동과 육체노동의 병행
② 자율적 노동
③ 가족구성원에 의해 지배·결정됨
④ 노동성과에 대한 책임부담이 없음

정답 37 ④ 38 ② 39 ① 40 ④ 41 ① 42 ④

43 가족노동력 중심의 축산경영에 대한 설명으로 틀린 것은?
① 가족노동의 대가가 비용으로 계산된다.
② 축산경영의 목적이 소득의 극대화에 있다.
③ 경영과 가계가 분리되어 있지 않다.
④ 축산경영의 주체가 가족이다.

44 축산경영에서 가장 양질의 노동력으로 볼 수 있는 것은?
① 일 고
② 연 고
③ 계절고
④ 가족노동력

45 자가(自家)노동의 특성이 아닌 것은?
① 노임이 경영성과로 수취된다.
② 노동에 대한 보수가 노임으로서 지출된다.
③ 경영의 노동수요와 무관하게 존재하고 증감한다.
④ 노동의 이용이 소득의 원천이다.

46 가족노동력의 특성에 해당되지 않는 것은?
① 상품으로서의 노동력
② 자율적 노동
③ 노동성과에 대한 책임부담이 있음
④ 정신노동과 육체노동의 병행

47 가족노동력의 특징으로 가장 거리가 먼 것은?
① 소득과 관계가 되므로 항상 최선의 노력을 한다.
② 노동시간에 제한을 받지 않는다.
③ 물품, 재료 등의 낭비가 발생한다.
④ 노동감독이 필요치 않다.

48 가족노동력(家族勞動力)의 장점이 아닌 것은?
① 노동시간에 구애받지 않는다.
② 노동감독이 필요하지 않다.
③ 모든 일에 창의적으로 임한다.
④ 노동에 대한 책임이 없다.

해설
노동성과에 대한 책임부담이 있다.

정답 43 ① 44 ④ 45 ② 46 ① 47 ③ 48 ④

49 가족노동의 장점이 아닌 것은?
① 노동력을 완전히 이용할 수 있다.
② 가축관리에 소홀하다.
③ 노동감독이 필요 없다.
④ 창의적 노력을 한다.

50 가족노동의 특징과 가장 거리가 먼 것은?
① 시간의 제한을 받지 아니한다.
② 노동감독이 필요하지 않다.
③ 창의적 노동이 아니다.
④ 노동보수를 지급하지 않는다.

51 축산경영에서 노동능률의 향상과 기계화를 위하여 필요한 것이 아닌 것은?
① 토지조건의 미정비
② 노동수단의 고도화
③ 작업의 능률화
④ 노동력배분의 평균화

52 축산경영에서 농업노동수단의 고도화 방법에 가장 영향을 주는 것은?
① 사료효율을 높인다.
② 체력을 단련한다.
③ 품종을 개량한다.
④ 기계화를 단행한다.

53 축산경영에서 노동력의 능률을 향상시키는 방안이라고 볼 수 없는 것은?
① 작업방법의 표준화
② 노동수단의 고도화
③ 작업의 분업화
④ 작업의 다양화

54 다음 중 축산경영에서 노동능률을 향상시키는 데 도움이 되지 못하는 것은?
① 기계화
② 작업의 간소화
③ 작업의 협업화
④ 노동력 배분의 집중화

해설
노동능률의 향상 방안
- 노동수단의 고도화 : 영농의 기계화 및 시설화
- 작업의 능률화 : 기계화 및 시설화, 작업방법의 표준화 및 작업의 간략화
- 작업의 분업화와 협업화 : 공동작업, 협업경영 실시 및 생산기술의 전문화를 통한 분업
- 노동배분의 평균화 : 노동자의 능력에 맞는 작업분담, 경영계획수립 시에도 동원가능한 노동력을 고려
- 토지조건의 정비 : 배수시설의 정비, 경지정리, 경지교환·분합, 농로정비

정답 49 ② 50 ③ 51 ① 52 ④ 53 ④ 54 ④

55 축산경영자의 주요 기능에 속하지 않는 것은?

① 목표설정
② 경영분석
③ 계획수립
④ 잠재의식

해설
축산경영자의 주요 기능
- 목표설정 : 첫 번째 기능은 확고하고 적정한 경영목표를 설정하는 일
- 계획수립 : 구체적이고 합리적인 계획
- 경제관리 : 생산요소를 조달하고 체계적으로 관리하는 것
- 통제감독 : 인적·물적 조직의 통제감독
- 경영분석 : 진단한 후 성과분석

56 축산경영자의 기능은 경제적 기능과 기술적 기능으로 구성되어 있다. 다음 중 축산경영자의 기술적 기능에 해당되는 사항은?

① 생산자재를 구입하는 일
② 최종생산물인 축산물을 판매하는 일
③ 가축의 사육방법을 결정하는 일
④ 경영성과를 분석하는 일

해설
축산경영자의 기술적 능력
사양, 번식, 육종, 착유, 재배, 치료기술 등 축산분야에 있어서의 모든 기술을 익혀두면 완벽한 경영자로서의 능력을 갖추게 된다.

57 다음 중 축산경영자의 경제적 기능에 속하지 않는 것은?

① 가축의 종류를 선택하고 결정한다.
② 가축의 생산순서와 생산규모를 결정한다.
③ 경영에 적용할 생산기술을 결정한다.
④ 경영성과를 분석하고 경영계획을 세운다.

해설
축산경영자의 경제적 기능
- 사료작물과 가축의 종류 선택 및 결정
- 가축의 생산순서와 생산규모 결정
- 경영성과분석 및 계획수립
- 생산부문의 경영집약도 결정

58 축산경영의 의사결정 내용 중 효과적인 경영관리계획에 속하지 않는 항목은?

① 가축선정 및 생산기술의 선택
② 경영목표와 적정경영규모의 결정
③ 필요한 생산기록사항의 결정
④ 외부로부터의 기술적, 전문적 원조의 필요성 여부 결정

정답 55 ④ 56 ③ 57 ③ 58 ①

59 축산경영인의 역할에 포함되지 않는 것은?
① 축산물 판매
② 축산자재 구입
③ 가계비의 조달 및 지출
④ 축산경영 성과분석 및 계획수립

60 축산경영의 일반적인 의사결정 내용이 아닌 것은?
① 무엇을 생산할 것인가
② 왜 생산할 것인가
③ 어떠한 방법으로 생산할 것인가
④ 각 축산물을 얼마나 생산할 것인가

61 축산경영의 의사결정과정에서 일반적으로 고려되는 내용이라고 볼 수 없는 것은?
① 생산하고자 하는 축산물(가축)의 종류
② 축산물을 생산하고자 하는 동기
③ 가축의 사육방법
④ 생산된 축산물(가축)의 판로

62 축산경영자는 축산경영에 관한 의사결정자이며, 경영성과에 대하여 궁극적인 책임을 지는 사람이다. 다음 중 축산경영자의 역할로서 부적합한 것은?
① 무엇을 어떻게 생산할 것인가의 결정
② 생산물의 판매와 처분은 어떻게 할 것인가의 결정
③ 자본재와 노동력은 어떻게 구입 조달할 것인가의 결정
④ 토지를 이용하여 자본을 어떻게 증식시킬 것인가의 결정

63 축산경영자가 의사결정을 하는 과정에서 마지막으로 취해야 할 사항은?
① 목표의 결정
② 관련 정보의 수집 및 관찰
③ 최선의 대안 선택
④ 실행한 행동에 대한 책임 감수

해설
의사결정의 단계
• 문제를 정확히 확인한다.
• 데이터, 사실 그리고 정보를 수집한다.
• 대체해결방안을 분석한다.
• 가장 최선의 방법을 선택한다.
• 결정한 것을 실행한다.
• 결과를 분석하고 결과에 대한 책임을 진다.

정답 59 ③ 60 ② 61 ② 62 ④ 63 ④

64 다음 중 축산경영조직의 결정에 영향을 미치는 요인과 가장 거리가 먼 것은?

① 자연적 조건
② 사회·경제적 조건
③ 개인적 사정
④ 고용노동력의 능력

해설

축산경영조직의 결정조건
- 자연적 조건 : 기상조건, 토지조건
- 경제적 조건 : 경제적인 거리, 축산물의 가격조건, 축산물 시장의 대·소
- 사회적 조건 : 축산정책, 축산에 대한 사회적인 인식, 국민의 식습관, 과학기술의 발달
- 개인적 사정 : 경영자의 여건(토지사정, 가족사정, 자금사정)

65 농장과 시장의 경제적 거리와 관련된 설명으로 옳은 것은?

① 토지이용형 축산은 대소비지로부터 가까이 위치하고 있다.
② 농장과 시장과의 경제적 거리가 멀수록 생산자의 수취가격은 높다.
③ 농장과 시장과의 경제적 거리란 생산물이 시장에 도달하기까지의 시간과 운송비를 고려한 거리를 말한다.
④ 농장과 시장과의 경제적 거리의 원근(遠近)은 생산자의 수취가격과 관계가 없다.

66 시장의 입지와 경제적 거리는 축산경영조직의 성립에 큰 영향을 미친다. 다음 중 옳지 않은 것은?

① 시장에서 멀리 떨어진 양돈농가가 수취하는 수취가격은 시장에서 가까운 곳에 있는 양돈농가의 수취가격보다 낮다.
② 시장에서 멀리 떨어진 양돈농가가 구입하는 양돈기자재의 가격은 시장에서 가까운 곳에 있는 양돈농가가 구입할 때보다 비싸다.
③ 시장에서 가까운 곳에서는 착유목장을 경영하는 것이 양돈장을 경영하는 것보다 불리하다.
④ 송아지 생산농가는 시장에서 멀리 떨어져 있어도 무방하다.

해설

시장과의 조건 - 경제적인 거리
소비시장에 가까울수록 가격에 비해 부피가 크고 무거운 농산물이나 부패성이 강한 축산물의 생산은 토지를 집약적으로 사용하는 경영형태가 발달하게 되고, 소비시장에서 멀어질수록 가격에 비해 부피와 무게가 적은 동시에 운반하기 쉬운 축산물을 조방적으로 생산하게 된다.

67 축산경영조직의 성립에 영향을 미치는 요인으로 볼 수 없는 것은?

① 기온, 강수량, 풍력 등의 기상조건
② 토질, 물, 지형, 지세 등의 토지의 성상(性狀)
③ 시장의 크기와 축산정책
④ 경영자의 자질과 고용노동력의 능력

정답 64 ④ 65 ③ 66 ③ 67 ④

68 낙농경영의 입지조건으로 부적당한 것은?

① 수리와 교통이 편리한 지대
② 초지면적이 충분한 지대
③ 전기, 도로 등 기간시설 근접 지대
④ 공업단지와 가까운 지대

해설
공업단지와 멀리 떨어진 지대여야 한다.

69 낙농경영의 입지조건으로 적합하지 않은 것은?

① 지하수가 풍부하다.
② 전기나 도로와의 접근성이 양호하다.
③ 헬퍼조직이 활성화되어 있다.
④ 시장과 거리가 멀다.

70 경영조직에서 시장과 농장과의 거리에 따라 생산물과 집약도가 결정된다고 하는 '고립국' 이론을 전개한 학자는?

① 폰 튀넨   ② 차야노프
③ 테일러   ④ 에이 헤디

해설
튀넨(H.Von. Thunen)은 경제적 입지론을 설명한 고립국에서 도시와 가장 가까운 곳에서 자유식 경영방식을 설명하였다.

71 자본재에 관한 설명 중 옳지 않은 것은?

① 경제적 관점에서 유형자본재와 무형자본재로 구분된다.
② 생산 및 유통과정을 통해 운영되는 화폐가치의 총액을 의미한다.
③ 자본재 존속기간 장단에 의하여 고정자본재와 유동자본재로 구분된다.
④ 자본의 한 형태로서 구체적이고 물적인 생산수단이다.

해설
자본재는 자본의 한 형태로써 구체적이고 물적인 생산수단을 의미하는 반면, 자본은 자본주의 경제하에서 생산 및 유통과정을 통해 운영되는 화폐가치의 총액을 의미한다.

72 다음 중 자본재(Capital Goods)라고 볼 수 없는 것은?

① 원 료   ② 재 료
③ 현 물   ④ 토 지

해설
자본재란 축산경영자가 축산물을 생산하기 위하여 투입하는 토지 이외의 물질적 경제재를 의미한다.

73 다음 유동자본재 중 재료인 것은?

① 사 료   ② 약 품
③ 종 자   ④ 비 료

정답 68 ④ 69 ④ 70 ① 71 ② 72 ④ 73 ②

74 축산경영에서 자본재를 고정자본재와 유동자본재로 분류 시 고정자본재에 속하는 것은?

① 토지개량설비 ② 사 료
③ 동물약품 ④ 비육우

해설

자본재의 종류

고정자본재	무생	• 건물 및 부대시설 : 축사, 사일로, 사무실, 창고 등 • 대농기구 : 경운기, 트랙터, 착유기 등 • 토지 및 토지개량 : 관개 · 배수시설 등
	유생	• 동물자본재 : 육우, 역우, 번식우, 번식돈, 종계, 채란계 등 • 식물자본재 : 영구초지 등
유동자본재		• 원료 : 사료, 종자, 비료, 건초 등 • 재료 : 약품, 연료, 깔짚, 농약, 소농기구, 비닐 등 • 소동물 : 비육우, 비육돈, 육계 등 • 미판매 축산물 : 우유, 달걀 등

75 다음 중 고정자본재에 속하는 것은?

① 산란계 ② 비육우
③ 브로일러 ④ 소농구

해설

고정자본재 : 번식우, 번식용 가축, 종돈, 채란계, 축사, 트랙터 등

76 다음 중 고정자본재에 속하는 가축은?

① 비육우 ② 비육돈
③ 채란계 ④ 육 계

해설

• 고정자본재에 속하는 가축 : 착유우, 종모우, 종빈우, 종모돈, 종빈돈, 종계, 채란계 등
• 유동자본재에 속하는 가축 : 비육우, 비육돈, 육계 등

77 고정자본재의 감가원인에 속하지 않는 것은?

① 사용소모에 위한 감가
② 자연적 소모에 의한 감가
③ 시설에 의한 감가
④ 진부화에 의한 감가

해설

발생원인에 따른 고정자산의 감가

물리적(기술적) 감가	• 사용소모에 의한 감가 • 자연적 소모에 의한 감가 • 재해 등에 의한 우발적인 소모
기계적(경제적) 감가	• 진부화에 의한 감가 • 경제사정 변화에 따른 부적응에 의한 감가

78 고정자본재의 감가상각비 중 기술적 감가의 원인이 되는 것은?

① 진부화에 의한 감가
② 부적응에 의한 감가
③ 불충분에 의한 감가
④ 사용소모에 의한 감가

79 감가상각비 계산방법의 종류로 옳은 것은?

① 정액법
② 손익분기법
③ 이자계산법
④ 자산재평가법

해설
감가상각비 계산방법의 종류 : 정액법, 정률법

80 축산경영에서 고정자산 감가상각비 계산방법 중 가장 보편적으로 사용되고 있는 계산법은?

① 정률법　　② 정액법
③ 급수법　　④ 비례법

해설
정액법은 간단하며, 감가상각비가 매년 균등하다는 장점이 있는 반면, 매기 동일하다는 것은 고정자본재의 가치감소의 실정과 맞지 않는 단점도 있다.

81 자산평가액을 내용연수의 합계로 나누고 이것에 그 연수의 역을 곱해서 각 연도의 상각액을 구하는 감가계산법은?

① 급수법　　② 직선법
③ 잔액법　　④ 비례법

82 다음 감가상각에 관한 설명 중 올바른 것은?

① 육계는 감가상각을 한다.
② 비육돈은 감가상각을 한다.
③ 비육우는 감가상각을 한다.
④ 착유우는 감가상각을 한다.

해설
감가상각의 대상이 되는 고정자본재에 속하는 가축은 착유우, 종모우, 종빈우, 종모돈, 종빈돈, 종계, 채란계 등이며, 감가상각의 대상이 되지 않는 유동자본재에 속하는 가축은 비육우, 비육돈, 육계 등이다.

83 젖소의 감가상각비 D를 계산하는 공식을 옳게 표현한 것은?

① $D = \dfrac{젖소의\ 당초가격 - 폐우가격}{내용연수}$

② $D = \dfrac{젖소의\ 시장가격 - 폐우가격}{내용연수}$

③ $D = \dfrac{젖소의\ 당초가격 - 폐우가격 - 운임비}{내용연수}$

④ $D = \dfrac{젖소의\ 시장가격 - 폐우가격 - 폐우운임비}{내용연수}$

정답　79 ①　80 ②　81 ①　82 ④　83 ①

84 고정자본재의 감가상각비 계산을 위하여 필요한 항목으로만 옳게 표시된 것은?

① 유동자본재 초기평가액, 시장가격, 내용연수
② 고정자본재 초기평가액, 잔존가격, 내용연수
③ 고정자본재 초기평가액, 시장가격, 내용연수
④ 유동자본재 초기평가액, 잔존가격, 사용연수

해설

정액법 = $\dfrac{\text{고정자본재의 구입가격} - \text{잔존가격}}{\text{내용연수}}$

85 취득원가 1,000,000원 잔존율 10%, 내용연수 5년인 기계에 제1차년도 감가상각액(정액법)은 얼마인가?

① 15만원 ② 16만원
③ 17만원 ④ 18만원

해설

정액법 = $\dfrac{\text{구입가격} - (\text{구입가격} \times \text{잔존율})}{\text{내용연수}}$

= $\dfrac{1,000,000 - (1,000,000 \times 0.1)}{5}$

= 180,000원

86 당초 가격이 120만원, 폐우가격이 60만원, 내용연수가 5년일 때 젖소의 정액법에 의한 감가상각비는?

① 12만원 ② 15만원
③ 18만원 ④ 21만원

해설

정액법 = $\dfrac{\text{원가} - \text{잔존가치}}{\text{내용연수}}$

= $\dfrac{1,200,000 - 600,000}{5}$

= 120,000원

87 다음의 축사에 대한 감가상각비를 구하고자 한다. 정액법에 의한 1년분 감가상각비는 얼마인가?(신축비 : 200만원, 잔존가격 : 20만원, 내용연수 : 20년)

① 8만 5천원 ② 9만원
③ 10만원 ④ 11만원

해설

정액법 = $\dfrac{2,000,000 - 200,000}{20}$ = 90,000원

88 착유우의 구입가격이 200만원, 착유우의 내용연수가 4년, 착유우의 잔존가가 구입가의 50%일 때 정액법으로 감가상각비를 산출할 경우에 이 착유우의 매년 상각비는?

① 15만원 ② 20만원
③ 25만원 ④ 30만원

해설

정액법 = $\dfrac{2,000,000 - (2,000,000 \times 50\%)}{4}$

= 250,000원

89 A목장에서 초산우 1두를 3,000,000원에 구입하였다. 이 젖소의 내용연수는 3년, 잔존율은 20%라고 할 때 연간 감가상각비는?

① 400,000원
② 600,000원
③ 800,000원
④ 1,000,000원

해설

정액법 $= \dfrac{\text{구입가격} - (\text{구입가격} \times \text{잔존율})}{\text{내용연수}}$

$= \dfrac{3,000,000 - (3,000,000 \times 0.2)}{3}$

$= 800,000$원

90 어떤 젖소의 성축가격이 500만원, 도태 시 잔존가격율은 20%이고 내용연수가 4년일 때 정액법에 의한 1년분 감가상각비는?

① 50만원 ② 80만원
③ 100만원 ④ 120만원

해설

정액법 $= \dfrac{5,000,000 - (5,000,000 \times 0.2)}{4}$

$= 1,000,000$원

91 번식돈 구입가격이 50만원, 연간 번식회전율이 2.5회, 번식돈의 내용연수가 3년, 번식돈의 잔존가액이 구입가액의 40%일 때, 정액법으로 감가상각비를 산출할 경우 번식돈의 매년 감가상각비는 얼마인가?

① 10만원
② 12만원
③ 14만원
④ 16만원

해설

정액법 $= \dfrac{500,000 - (500,000 \times 0.4)}{3}$

$= 100,000$원

92 착유우의 당초가격(취득원가)이 300만원이고, 내용연수 5년이 지난 후의 잔존가격(노폐우가격)이 100만원이라면 정액법으로 계산할 때 매년 감가상각액은 얼마인가?

① 40만원
② 30만원
③ 20만원
④ 10만원

해설

정액법 $= \dfrac{3,000,000 - 1,000,000}{5} = 400,000$원

정답 89 ③ 90 ③ 91 ① 92 ①

93 금년에 트랙터 1대를 2천만원을 주고 구입하였다. 이 트랙터의 내용연수가 10년이고 잔존가격이 2백만원일 경우 정액법으로 계산한 연간 감가상각액은 얼마인가?

① 150만원   ② 180만원
③ 200만원   ④ 220만원

해설

$$정액법 = \frac{고정자본재의\ 구입가격 - 잔존가격}{내용연수}$$

$$= \frac{20,000,000 - 2,000,000}{10}$$

$$= 1,800,000원$$

94 다음 중 자본재 평가방법이 아닌 것은?

① 취득원가법
② 이동평균법
③ 시가평가법
④ 추정평가법

95 자산을 구입할 경우 구입가격과 구입 시 소요되는 제반비용을 합산하여 평가하는 방법은?

① 시가평가법   ② 수익가평가법
③ 추정평가법   ④ 취득원가법

해설

자본재의 평가방법
- **취득원가법** : 자산을 구입할 경우 구입가격과 구입 시 소요되는 제반비용을 합산하여 평가하는 방법
- **시가평가법** : 자산을 평가시점의 시장가격에 의해서 평가하는 방법
- **추정평가법** : 취득원가나 시가가 모두 분명하지 않은 경우 그 재화와 효용이 같은 유사재화의 취득가격을 평가기준가격으로 하는 방법
- **수익가평가법** : 토지와 같은 부동산의 경우 매년 얻어지는 순이익을 기초로 하여 평가하는 방법

96 축산경영의 고정자산 평가에 있어서 일반적이며, 기초로 하는 평가법은?

① 시가의 변동에 따라 평가한다.
② 취득원가에 의해 평가한다.
③ 시장가격에 의해 평가한다.
④ 추정가격에 의해 평가한다.

97 다음 설명은 고정자본재의 어떤 평가방법인가?

취득원가나 시가가 모두 분명하지 않은 경우 그 재화와 효용이 같은 유사재화의 취득가격을 평가기준가격으로 하는 방법이다.

① 수익가에 의한 평가
② 매매가격에 의한 평가
③ 임대가격에 의한 평가
④ 추정가격에 의한 평가

CHAPTER 02 축산경영계획 및 조직화

PART 05 축산경영학 및 축산물가공학

01 축산경영 계획수립

1. 축산경영계획법의 종류와 계획의 과정

(1) 축산경영계획의 개념
① 경영조직을 성공적으로 운영하기 위해 수립하는 계획이다.
② 경영자의 경영이념 및 경영철학을 바탕으로 가장 합리적이고 과학적인 계획이다.
③ 축산업 경영체의 사명, 목적, 전략수립, 시행과 평가 등을 포함하는 장기적·체계적인 계획이다.
④ 경영분석자료 또는 다른 농장에서 수집한 분석자료에 의해서 농장을 설계하고 이를 실행하는 것이다.
⑤ 경영자의 목표를 달성하고자 최대한의 자원을 이용하여 경제성을 바탕으로 농장을 설계하고 이를 실행하려는 경영자의 경영관리이다.

(2) 축산경영계획의 과정
① 경영계획의 순서
  ㉠ 계획 → 조직 → 운영 → 평가 → 통제 → 조사 → 분석 → 계획의 순환과정이다.
  ㉡ 계획은 진단(경영실태조사 → 판단 → 요인분석)과 계획(대책의 처방)의 단계를 거친다.
  ㉢ 축산경영은 계획, 실행, 통제의 순서로 진행된다.
② 축산경영계획상의 유의점
  ㉠ 축산물은 가격변동이 불안정하므로 판매가격은 경영계획 시의 가격이 아니라 전년도의 평균가격으로 한다.
  ㉡ 축산물의 판매단가는 약간 낮게, 생산요소의 구입단가는 약간 높게 설정하여 가격변동에 따른 경영계획의 융통성이 있게 한다.
  ㉢ 축산경영에 따른 소득수준은 인플레이션이나 디플레이션을 고려하고 경영규모나 기술은 변동될 것을 예상하여야 한다.

② 축산경영계획의 주체는 경영자가 되고, 경영계획은 경영자의 경험 및 목표가 포함되어야 하며, 실무자(농장장 또는 직원)도 경영계획을 이해할 수 있어야 한다.
⑩ 축산경영 계획 중 생산계획은 실현 가능한 기술수준을 전제로 하여야 하고, 가시적인 계획(사료급여량 및 토지사용면적 등)이나 자가 노동시간 등과 같이 생산요소로 간주된 부분도 포함하여야 한다.

(3) 축산경영계획법의 종류

① **표준계획법(표준비교법)**
   ㉠ 경영실험농장(표준모델농장)의 경영성과 등의 자료를 비교하는 것이다.
   ㉡ 시험성적이나 전문가의 경험을 토대로 하여 가장 이상적인 진단지표를 작성한 뒤 진단농가와 비교하는 경영진단방법이다.
   ㉢ 경영자가 가축의 생산능력, 토지의 이용, 노동력의 배정, 작업체계, 경영수익, 경영비, 토지소득, 자본수익 등과 같은 표준모델농장의 경영성과를 비교 분석하여 표준모델농장에 근사하게 접근할 수 있도록 경영을 실행해 가는 계획이다.
   ㉣ 표준계획법은 우수한 모델농장의 실적을 기초로 하여 그 성과를 분석하면서 유사한 경영형태를 설계하는 실용성이 있는 방법이다.
   ㉤ 표준계획법은 표준모델농가를 설정하기가 어렵고, 표준적 지표 설정의 기본조건을 충분히 이해하고 있어야 한다.
   ㉥ 경영자의 능력 등 경영성과가 눈에 보이지 않는 요인에 의해서 차이가 발생할 수 있다.

② **직접비교법**
   ㉠ 경영규모 및 형태가 비슷한 많은 농가들을 조사하여 그 평균치를 비교기준치로 정한 뒤 진단농가와 비교하는 진단방법이다.
   ㉡ 경영형태가 동일한 목장 중에서 모범적인 목장을 선정하고 경영성과를 비교하여 경영계획을 수립하는 방법이다.
   ㉢ 경영자와 생산요소의 투입 및 산출관계 등의 경영 전체의 성과를 파악할 수 있는 자료가 필요하다.
   ㉣ 자가목장의 경영여건과 가장 유사한 평균치를 기준으로 하기 때문에 가장 신뢰성이 있다.
   ㉤ 많은 기간에 걸쳐 수립된 경영실적을 자료로 하여 자가경영성과를 비교하여야 하므로 많은 시간이 요구된다.
   ㉥ 기술적, 경영적 성과분석지표를 가지고 있는 농장을 찾기가 어렵다.

③ 예산법(대체법, 시산계획법)
  ㉠ 모든 경영부문을 종합적으로 또는 부분적으로 다른 부문과 대체할 경우에 농장의 수익변화를 검토하고, 여러 대안 중 효율적인 방법을 선택하여 경영계획을 수립하는 방법이다.
  ㉡ 예측을 근거로 한 여러 대안 중 가장 적합한 개선안을 선택하여 경영계획을 수립한다.
  ㉢ 예산법에는 부분예산만을 대상으로 할 것인가 또는 경영 전체를 종합한 예산으로 할 것인가에 따라 부분예산법과 종합예산법으로 분류한다.
    • 부분예산법 : 경영을 전체로 보지 않고 특정한 부분에 새로운 경영방법을 도입하여 거기서 나타나는 효과를 시산하는 것이다.
      예 가축생산계획, 가축관리계획, 사료작물계획 등
    • 종합예산법 : 경영 전체로 확대한 것으로서 다른 요령은 부분예산법과 같고, 경영의 전 부문과 구입, 판매 등의 분야에 대하여 투입산출을 전체적으로 계산하는 점만 다르다.
④ 선형계획법
  ㉠ 제한된 자원을 각 생산부문에 합리적으로 배분하기 위하여 생산조건을 수식화하고 최적화시키는 계획 및 분석기법이다.
  ㉡ 선형계획법은 목적함수와 제약함수를 구체화해야 한다.
  ㉢ 선형계획법은 순수익최대화 또는 비용최소화를 위한 계획이다.
  ㉣ 선형계획의 3요소는 제약조건, 목적함수, 비부조건이다.
    ※ **비부조건** : 선형계획법에 있어서 제약식 중 마이너스(-) 값을 가질 수 없다는 조건이다.
⑤ 적정(목표)이익법
  ㉠ 경영계획의 기준과 합리화의 척도가 되는 적정목표이익을 먼저 설정하고 그 목표달성을 위한 구체적이고 합리적인 경영계획을 수립하는 것이다.
  ㉡ 적정(목표)이익을 결정한 후 이를 기준으로 축산물 생산계획, 구매계획, 판매계획, 재무계획, 시설투자계획 등을 체계적으로 세우는 것이다.

2. 목표이익·생산·판매·투자계획

(1) 목표이익계획

① 이익계획의 개념
  ㉠ 경영자가 경영목표와 방침을 설정하고, 계획하여 예상되는 생산비, 수익 및 소득 등의 관계를 파악하는 경영계획 중의 한 과정이다.
  ㉡ 목표이익을 설정하고 이를 기준으로 판매액과 소요되는 비용을 결정하는 관리계획이다.
  ㉢ 수익과 비용, 투하될 총경영자본을 예측하고, 목표이익을 달성하기 위하여 조수익, 경영비 및 생산비를 통제한다.

> **더 알아두기**
>
> - 목표소득 = 예상조수익 – 허용경영비
> - 적정목표소득 = 목표조수익 – 허용경영비
> - 적정목표이윤 = 목표조수익 – 허용생산비

② 손익분기점 분석
　㉠ 경영자가 어떤 수준의 생산량과 조수익에서 손실과 이익이 발생하는가를 알려고 할 때에는 그 농장(기업)의 손익분기점이 필요하다.
　㉡ 손익분기점은 이익증대방법을 용이하게 발견할 수 있으므로 이익계획에 널리 이용된다.
　㉢ 손익분기점 분석의 순서

> 목표이익의 설정 → 손익분기점의 도표 작성 → 자본도표 작성 → 이익계획표 작성

③ 수익과 비용의 관계로부터 조건이 변화하는 경우
　㉠ 축산물 판매가격의 변동 → 수익의 증감
　㉡ 사료 등 소모자재의 구입가격 변동 → 비용의 증감
　㉢ 시설, 대농기구 등 신규구입에 의한 고정비의 증가 및 판매에 의한 고정비의 감소 → 비용의 증감
④ 손익분기점이란 일정기간의 조수익(매출액)과 비용이 교차하는 점, 즉 이익과 손실이 없는 점이다(손익분기점 매출액).
　㉠ 조수익(매출액 + 평가액) – 비용 = 이익
　㉡ 조수익 – 비용 = 0 → 손익분기점
　㉢ 조수익 = 비용 → 손익분기점
　※ 비용이 경영비일 경우는 소득손익분기점, 비용이 생산비일 경우는 이윤손익분기점이라 한다.
⑤ 축산경영의 손익분기점 활용범위와 수단
　㉠ 목표이익을 달성하기 위한 조업도 및 비용의 허용한계
　㉡ 농장의 최저 및 적정조업도의 결정
　㉢ 일정한 조업을 했을 때의 예상되는 이익과 비용
　㉣ 비용변동이 생산비 원가에 미치는 영향
　㉤ 고정비 또는 변동비가 변화했을 때의 기업손익의 변화
　㉥ 제품의 가격변동이 제품에 미치는 영향
　㉦ 예산편성에 있어서 비용의 허용한계
　㉧ 시설투자가 기업손익에 미치는 영향

⑥ 손익분기점을 사용할 경우의 전제조건과 한계
  ㉠ 각 생산물 농장의 생산비율이나 판매율이 일정하여야 한다.
  ㉡ 비용은 반드시 고정비와 변동비로 분해할 수 있어야 한다.
  ㉢ 당기의 판매량과 생산량이 같아야 한다.
⑦ 손익분기점을 사용 시 전제조건이 성립하기에 따른 문제점
  ㉠ 비용을 고정비와 변동비로 구분해야 하나 준고정비, 체증비, 체감비, 비약비 등이 있으며, 변동비도 각각 그 변동비율이 다르다.
  ㉡ 이론적으로는 고정비와 변동비의 구분은 명백하나 실제로는 고정비가 변동하는 경우도 있고, 변동비가 고정화될 수도 있다.
  ㉢ 물가나 비용의 단가가 항상 유동적이며, 매출단가도 변화한다.
  ㉣ 다품종제품을 생산하는 농장에서는 항상 제품별 매출구성비율이 변동한다.

더 알아두기

손익분기점과 비용분해
- 비용을 고정비와 변동비로 구분함으로써 손익분기점을 산출할 수 있다.
- 비용분해방법 : 개별법(계정과목분해법), 기술적 분석법, 비례율법, 경영공학적 분석법, 실적분석법(산포도표법, 최소자승법) 등이 있다.

최소자승법
산포도표법의 문제점을 보완하여 정밀히 세워진 통계적 기법, 과학적이고 객관적이며 정확히 비용을 분해할 수 있다. 따라서 방정식에는 직선, 포물선 등이 사용되나 비용해법은 직선방정식을 사용한다.

⑧ 손익분기점 산출공식(공식법)
  ㉠ 손익분기점(X) = 총고정비(F) / 1 − [상품개당 변동비(V) / 판매단가(S)]
  ㉡ 손익분기점에서는 이윤이 '0'이 되므로,

  이윤 = 총수익 − 총비용 = 총수익 − 총고정비 − 총유동비

⑨ 손익분기점률과 안전율
  ㉠ 손익분기점률과 안전율은 총매출액 중 어느 정도의 매출액으로써 수지균형을 이루는가를 나타내는 지표이다.

  - 손익분기점률 = $\dfrac{실제매출액 - 안전매출액}{실제매출액}$ = $\dfrac{손익분기매출액}{실제매출액}$

  - 안전율 = $\dfrac{실제매출액 - 매출액}{실제매출액}$ = $\dfrac{안전매출액}{실제매출액}$

ⓒ 손익분기점률과 안전율은 상대적인 관계이다. 즉, 손익분기점률이 60%라면 안전율은 40%가 된다.
　⑩ 한계이익률(Marginal Contribution Ratio)
　　　㉠ 매출액(총수입)에 대한 한계이익의 비율이다. 즉, 총수입 중에서 변동비를 뺀 이익을 총수입으로 나눈 것이다.

$$한계이익률 = \frac{매출액 - 변동비}{매출액} = \frac{한계이익}{매출액}$$

　　　ⓒ 복합경영 시 각 부문별로 한계이익률을 산출하여 비교함으로써 한계이익률이 가장 높은 부문의 생산량을 높이는 것이 전체경영을 효과적으로 할 수 있다.

(2) 생산계획

① 축산경영에서 생산계획 수립 시 고려해야 할 사항
　㉠ 적정목표이익 달성을 위하여 무엇을 얼마만큼 생산할 것인가?
　ⓒ 어떤 방법에 의하여 생산계획을 수립할 것인가?
　ⓒ 왜 또는 누구를 위하여 생산을 할 것인가?

② 축산경영자의 수요량 예측요인
　㉠ 인구(가족의 규모, 연령별 기호 및 인구구성 등)
　ⓒ 가처분소득
　ⓒ 소비지의 지역적인 위치(해안 또는 내륙)
　ⓔ 소비자의 기호 및 선호, 대체재와 보완재의 가격 등

③ 수요예측의 목적과 효과
　㉠ 정부 및 축산관련 연구기관은 장·단기계획과 각종 정책을 수립하는 데 이용된다.
　ⓒ 업체 및 관련기업은 생산, 판매, 재고관리계획 등을 수립한다.
　ⓒ 농가는 정부 및 관련기관에서 발표한 수요함수를 이용하여 예측한 생산계획을 합리적이고 과학적으로 수립한다.

④ 목표소득과 생산계획
　적정목표소득을 달성하는 요소는 두(수)당 목표생산량과 적정두(수)를 유지하는 것이다.
　㉠ 두(수)당 목표생산량의 달성 : 가축의 단위당 생산량 향상(유전능력, 비유능력, 산육능력, 번식능력, 산란능력 등)과 체계적인 이론 및 경영능력을 발휘하여야 한다.
　ⓒ 적정두수의 유지 : 목표소득을 위해서는 적정목표조수익을 향상시켜야 하며, 이를 위해서는 적정목표생산량을 이루어야 한다.

> **더 알아두기**
> - 적정목표생산량 = 1두(수)당 목표생산량×적정(필요)두(수)
> - 적정목표조수익 = 적정목표생산량×예상적정가격
> - 적정목표소득 = 적정목표수익−허용경영비

(3) 판매계획

① 마케팅계획
  ㉠ 마케팅계획의 필요성 : 소득수준의 향상, 소비자 요구의 다양성, 경쟁상품의 출현 등 경제환경과 사회환경의 변화로 생산지향적 경영에서 소비지향적 경영으로 변하고 있다.
  ㉡ 마케팅계획의 목적 : 환경변화에 대처 및 경영목표를 달성함과 동시에 판매망의 확보를 가져오는 것이다.
  ㉢ 판매시장조사, 판매확대방안 등

② 판매시장의 확대
  ㉠ 기존의 판매시장 침투 : 마케팅을 통한 판매촉진, 생산비 절감으로 가격인하 등
  ㉡ 새로운 시장확대 및 개척 : 소비자 기호에 맞는 축산물 생산공급 등

③ 축산경영에서의 판매계획
  ㉠ 판매방법, 판매단계, 판매시기 및 판매두수를 결정하는 것이다.
  ㉡ 작목반(조합) 및 브랜드화 등

(4) 자본의 투자계획

① 자본투자의 의의
  ㉠ 자본투자는 축산물의 생산을 통한 적정이윤을 달성하기 위하여 자본 및 자본재를 투입하는 경영행위이다. 장차 발생될 것으로 기대되는 이윤을 현실화하기 위한 계획이다.
  ㉡ 자본의 투자는 축산경영에 필요한 노동력의 증가와 동시에 노동력의 생산적 효율을 향상시키는 역할을 한다.
  ㉢ 자본의 투자는 새로운 이윤의 창출을 의미한다.
  ㉣ 자본투자가 증대될수록 가족적 영세경영형태에서 전업적, 기업적 경영형태로 변화한다.
  ㉤ 경영형태는 이윤 중심의 동태적인 경영활동으로 변화한다.
  ㉥ 의사결정이 안전선호 경향에서 위험부담 경향으로 변화한다.

Ⓢ 축산경영의 발전요인(투자요인)
  - 내부적 요인
    - 경영자 능력(계획, 경영관리, 시장거래, 자금조달 등)
    - 자원량의 보유수준 내지 동원 가능한 수준(토지, 노동, 자본)
    - 기술수준
    - 수신력(담보력, 인적 신용력)
    - 위험부담력
  - 외부적 요인
    - 축산물의 수요 및 가격조건
    - 생산요소의 공급 및 가격조절
    - 경영을 둘러싼 외적 생산조건(농로, 관배수시설 등의 경지정비조건, 집출하설비, 출하조직 등의 정비조건)

② 투자계획 순서(새로운 투자와 규모의 확대)
  ㉠ 축종선택과 생산물의 판매시장분석 : 수요를 고려한 생산물의 공급계획을 수립하기 위하여 시장의 판매가격과 판매방법 등에 대해서 조사분석한다.
  ㉡ 생산규모 결정과 투입될 생산요소조사 : 축종의 생산규모와 투입될 생산요소를 파악하고 가장 적당한 방법을 선택한다.
  ㉢ 투자의 경제성 분석 : 투자의 타당성에 의거하여 경제성을 계측하여 우열성을 판단하고 선택한다.
  ㉣ 자본조달계획 : 필요한 자본의 종류, 조달방법, 조달자본량 등을 검토한다.
  ㉤ 자본조달의 이용방법 : 가축의 구입, 시설 및 건물의 건축 등이 이루어진다.

> **더알아두기**
>
> **투자계획의 순서**
> 자본의 투자증대 → 생산규모의 확대 → 생산물의 증가 → 소득의 증대

③ 투자타당성 분석
  ㉠ 경제성이 부족한 투자를 억제하여 경영손실을 미연에 방지한다.
  ㉡ 제한된 자본으로 이윤을 가장 최대화할 수 있는 대안의 선택과 투자의 우선순위를 결정한다.

④ 자본투자의 한계성(투자한계액에 영향을 주는 요인)
  ㉠ 차입자금투자의 한계액은 연간 원리금 상환공제가능액(연간 최대기대소득에 영향)과 연금현재가치계수(상환기간과 차입이자율에 영향)가 있다.

ⓒ 자기자본투자의 한계액은 연간 자기자본이자공제가능액(경영성과에 영향)과 최대연이자율(소득과 금융기관 이자율에 따라 경영자의 투자의욕에 영향)이 있다.
　　ⓒ 투자수익률이 금융기관의 이자율보다 높아야 한다는 조건하에서 결정한다.
⑤ **자본투자계획**
　㉠ 자본조달계획
　　• 자금조달의 의사결정은 투자의 경제원칙에 따라 자본의 투자에 의한 한계수익과 한계비용이 같아질 때까지 자본투자가 이루어져야 하며 자본조달비용이 자본투자에 의해 얻어지는 이익(소득)과 같게 되어야 한다.
　　• 자본투자효과(자본생산성)가 가장 큰 부문에 중점을 두어야 한다.
　㉡ 자본운용계획
　　• 자본운용계획표는 수입, 지출의 유동상태를 나타내는 것(감가상각 미포함)으로 자본의 과부족을 파악하여 대책을 계획한다.
　　• 경영자는 생산계획, 손익계획 및 자금계획을 축산물시황, 금융정책 및 여건 등을 고려하여 자본운용계획을 수립(조달계획 + 운용계획 = 대차대조표)한다.
　㉢ 대차대조표 작성

> **더 알아두기**
>
> **대차대조표의 구성**
> • 자산(A) = 부채(P)+자본(K)
> • $A = K$: 부채없이 자기자본만으로 얻어진 경우
> • $A = P$: 자기자본없이 모두 타인자본에 의해서만 이루어진 경우
>
> **자기자본 구성비율**
> 자산을 얻기 위해서 투자된 자본을 총자본이라 하고, 총자본 중에 차지하는 자기자본의 비율을 말하며, 재무구조의 건전성 여부를 판단하는 지표가 된다.
> ※ 재산법 : 기초대차대조표와 기말대차대조표로 당기순이익을 산출
> ※ 손익법 : 손익계산서에 의한 산출

　　• 대차대조표란 일정한 시점에 있어서 농장이 소유하고 있는 자산, 자본, 부채의 상태를 일목요연하게 표시한 일람표로 기초 대차대조표와 기말 대차대조표가 있다.
　　• 자본조달의 의사결정척도 : 자본조달비용(이자 및 기타 비용의 합계)과 자본조달로 추가될 수 있는 이익과 비교할 때 지불되는 이자와 기타 부담비용이 추가이익보다 적을 때 조달되어야 한다.

3. 경영 내·외부환경분석 및 산업분석 등

(1) 국내경제에서 축산업의 현황

① 초창기 축산업은 농업의 작은 한 분야로서 부업형태에 불과했으나 점차 대형화, 전문화되면서 비중 있는 산업으로 성장하였다.
② 1970년대부터 적극적인 정부정책에 힘입어 본격적으로 발전하여 축산 선진국들보다 비교적 짧은 기간에 급성장하였다.
③ 2010년 농업생산액은 미곡 다음으로 축산물(돼지, 한우, 닭, 우유, 달걀, 오리 순)이 많다.
④ 축산업은 다른 국내 관련 산업에도 직·간접적으로 영향을 미칠 수 있는 중요한 식량산업으로 성장하였다. 특히 도축, 육가공, 축산물 저장, 사료 및 동물약품산업은 축산업과 직접적인 상호영향을 미치는 산업이다.
⑤ 축산업 위축 시 축산업과 연계된 더 큰 규모의 관련 산업도 영향을 받아 연쇄적인 피해확대 위험성이 있다.

(2) 국내축산업의 시사점

① 축산업 위축 시 축산업 관련 산업도 영향을 받아 연쇄적인 피해확대 위험성이 있다.
② 축산업의 여건악화로 농가들이 사육을 포기할 경우 생산기반 위축이 우려된다.
③ FTA, 가축질병 및 축산물에 대한 부정적 인식 등으로 국내축산업은 계속 여건이 악화되고 있다.
④ 축산물 자급률이 선진국보다 낮고 축산물 소비량은 증가추세가 계속될 전망이다.
⑤ 세계적인 곡물생산 감소는 축산업에도 심각한 위협요소가 되고 있다.
⑥ 수입축산물 소비증가는 국내산의 가격하락을 유도하여 축산업의 생산기반을 위협하고 자급률을 저하시킨다.
⑦ 이상기후와 농수산물의 구조적인 가격상승요인 빈발로 생산기반이 지속 악화될 전망이다. 이는 배합사료 주원료를 주로 수입 조달하는 우리나라 축산업에는 심각한 위협요소로 작용할 수 있다.

(3) 우리나라 축산의 당면과제(발전방안)

① 고소득의 안정적 확보(기술력, 직불제)와 고품질 축산물을 생산(우수등급, 거세 등)
② 식품의 안전성 확보(HACCP, 이력제) 및 방역시스템 구축
③ 정예인력 육성과 공동조직의 활성화(계열화, 지원조직, 공동시설)

④ 생산비용의 절감과 가공·유통시설의 확충(종합유통센터, 부분육 가공)
⑤ 축산물 생산의 차별화 및 고급화
⑥ 생산과 소비 간 또는 축산과 관련 산업 간의 신뢰 구축
⑦ 축산업 종사자의 의식수준(경영역량, 책임의식 제고 등) 강화
⑧ 지역 내 갈등구조 해소와 각종 제도 보완
⑨ 축산업 품목 간 균형유지와 축산업과 관련 산업의 균형발전
⑩ 조사료 등 부존자원 이용의 극대화와 자급목표를 안정적으로 유지할 대책 마련
⑪ 공격적 마케팅(계약출하, 지역문화 마케팅, 수출) 및 소비홍보(자조금, 소비자 지향)

(4) 한우산업의 발전방안
① 다른 가축과의 경쟁력을 고려하여 번식률과 산육능력을 향상시켜야 한다.
② 유축농가의 부존자원을 효율적으로 이용하여야 한다.
③ 비육기간의 연장으로 출하체중을 높이도록 한다.
④ 거세의 확산으로 육질 고급화를 추구해야 한다.
⑤ 브랜드화로 수입육과의 차별화 전략을 구사해야 한다.
⑥ 환경친화형 사육기술 보급으로 안전성을 확보해야 한다.
⑦ 송아지 생산 안정제 실시 및 한우사육농가 소득보장제를 실시한다.
⑧ 공동목장조성 및 한우개량사업을 강화한다.
⑨ 한우산지 직거래방식과 소고기실명제를 더욱 확대 실시해야 한다.
⑩ 수요를 점검하고, 수입개방에 대한 합당한 대책을 강구해야 한다.
⑪ HACCP를 적용하여 축산물 위생관리를 강조해야 한다.

(5) 양돈경영의 발전방향
① 양돈산업의 계열화
② 양돈농가의 단지화
③ 생산자의 자구적 노력
④ 공동방역시스템의 구축
⑤ 분뇨의 자원화 촉진
　㉠ 폐수의 퇴비화를 위한 투자
　㉡ 폐수처리시설자금의 장기저리 지원
　㉢ 양돈단지화 조성을 통한 공동폐수처리시설 지원

(6) 우리나라의 양계산업의 발전방향
① 종계의 국내생산
② 체계적인 계열화의 확대
③ 다양한 닭고기 및 달걀 요리방법의 개발
④ 공공기관 설립의 확대로 수급의 안정화
⑤ 사료효율의 개선
⑥ 양계경영의 기계화
⑦ 산란계의 산란율, 난중(卵重)의 상승

(7) 축산물시설의 자동화 효과
① 노동생산성 향상
② 노동력 절감 및 규모 확대
③ 작업의 신속화, 표준화 및 단순화
④ 가축능력에 맞는 사양관리
⑤ 사료의 유실방지 및 사료효율을 극대화

(8) 축산물 시장개방에 대한 대처방안
① 축산전업농 육성과 계열화, 부업규모농가들의 협업화를 통한 생산성 향상과 고품질 축산물 생산을 통한 축산업 경쟁력 제고
② 도축시설의 현대화 및 냉장육 유통체계 확립
③ 육류도체 등급제 및 차등가격제 실시 확대, 도축장 및 도계장의 권역화
④ 축산물 유통상의 신선도와 안정성 제고 등을 통한 품질 고급화와 유통혁신
⑤ 가격안정대사업의 정착을 통한 양축경영 및 소득안정
⑥ 축산물에 대한 잔류물질검사 확대 및 강화, 가축방역 및 동물검역 강화 등의 위생 및 검역기능 강화
⑦ 축분 유기질비료생산의 활성화, 생산된 유기질비료의 광역유통체계 확립
⑧ 축산폐수 및 분뇨처리에 대한 기술개발 및 연구투자 확대
⑨ 축분 유기질비료 생산 및 유통을 촉진하기 위한 법적 근거 마련 등을 추진함으로써 국내산 축산물의 가격경쟁력과 품질경쟁력을 동시에 제고해야 한다.

02 축산경영 규모

1. 축산경영 규모의 개념과 척도

(1) 축산경영규모의 개념
① 가족경영에서는 가축사육두수를 의미한다.
② 생산력 향상을 뜻하는 경영소득(이윤)의 대소이다.
③ 자본규모는 건물, 가축, 토지, 기계 등을 종합적으로 평가한다.
④ 기업은 고용노임을 지불하고, 이윤을 올리는 다두사육 개념이다.
⑤ 축산물을 생산하기 위해서 필요한 생산요소의 크기이다.

(2) 축산경영 규모를 측정하는 척도
① **토지규모** : 토지면적, 작부면적
② **노동규모** : 노동일수, 생산노동단위, 사료작물 재배인력
③ **자본규모** : 가축 사육두수, 고정자본 투자액, 조생산액
④ 우리나라는 대부분 가축 사육두수에 의해 경영규모를 표시한다.

(3) 경영규모의 경제성
① 개 념
  ㉠ 생산규모의 확대로 인하여 평균생산비는 감소하고 수익이 체증하는 현상을 의미한다.
  ㉡ 생산요소이용에 제한성이 없고, 기술선택에 있어서도 자유롭게 할 수 있다는 조건하에 이루어진 장기적인 개념이다.
② 축산경영에 있어서 규모의 경제성이 생기는 요인
  ㉠ 분업의 이익
  ㉡ 개별경영의 자원제한성
  ㉢ 생산요소의 불가분할성

(4) 대규모 축산경영의 유리성
① 노동생산성의 향상
② 자본생산성의 향상
③ 단위당 고정자산액의 감소
④ 축산물 판매의 유리성
⑤ 대량구입에 의한 비용절감
⑥ 분업·협업의 유리성
⑦ 금융상 대외 신용의 유리성
⑧ 품질·규격화가 용이

2. 적정규모와 경영규모 확대의 원리

(1) 적정규모
① 적정규모의 개념
   ㉠ 로빈슨(E.A.G. Robinson) : 적정규모기업이란 현재의 경영능력, 기술조건하에서 단위당 평균생산비, 즉 장기에 걸쳐 지불되는 모든 비용을 포함한 평균비용이 최저가 되는 기업의 규모이다.
   ㉡ 마샬(A. Marshall) : 기업의 상향 가동을 전제로 하며, 많은 신규의 기업군이 부단히 교체되는 가운데 어떤 특정한 크기를 가진 정상적인 대표적 기업의 규모는 존속, 발전한다는 것이다.
② 규모의 경제 예
   ㉠ 산란계 농장의 달걀생산비 자료를 보면 사육규모가 커질수록 달걀생산비는 감소한다.
   ㉡ 양돈경영에서 비육돈 300두를 1인이 관리하는 것보다 500두를 관리하는 것이 더 유리할 때가 있다. 이와 같이 변화 중 생산규모가 확대됨에 따라 평균생산비는 감소하고 수익이 체증하는 현상을 말한다.
   ※ 규모의 적정화 문제는 경영의 목적인 소득 또는 순수익을 최대화하는데 중요한 여건이다. 자본규모는 축산경영에 있어서 경영규모를 측정하는 방법으로 가장 바람직한 방법이다.

(2) 경영규모의 확대

① 축산경영규모 확대의 개념
  ㉠ 생산요소의 투입량을 증대함으로써 산출량(이윤, 소득증대)의 증대를 꾀하는 것이다.
  ㉡ 투입생산요소 간의 경제적인 결합원리에 따른 생산량의 확대(경영 규모의 확대)가 이루어져야 한다. 즉, 수입과 비용의 차가 최대가 되는 점이다.

② 경영의 집약화
  ㉠ 경영의 집약도 : 일정한 경영 단위면적에 투하되는 노동력과 자본재의 양을 말한다.
  ㉡ 경영의 집약화는 노동집약형과 자본집약형으로 구분된다.
  ㉢ 경영집약도 = $\dfrac{\text{노동비} + \text{경영자본} + \text{경영자본이자}}{\text{경영면적}}$

③ 축산경영 집약화 방법
  ㉠ 일정 부문에 있어서 변동비의 증가를 야기하는 부문에 집약화를 실시한다.
  ㉡ 토지가 일정한 경우 토지의 시간적, 공간적인 이용을 증대하고 유휴상태를 방지하는 집약화를 실시한다.
  ㉢ 최대이익은 한계 수익곡선과 한계 비용곡선이 만나는 점이므로 그 점까지 집약화한다.
  ㉣ 노동력이 풍부하고 자본력이 약한 경영여건 → 노동집약적·자본조방적
  ㉤ 노동력이 부족하고 자본력이 강한 경영여건 → 자본집약적·노동조방적

03 축산경영조직과 경영형태의 기본개념

1. 축산경영조직화 원리 및 결정조건

(1) 경영조직의 정의

① 셸든(Oliver Sheldon) : 조직이란 각 개인 및 집단이 직무수행에 필요한 능력(정신적, 물질적인 능력)을 결합하여 수행하는 직무를 능률적, 체계적, 적극적으로 활용하기 위한 최선의 길을 마련하는 과정이다(인적조직에 중심).
② 홈메스(C.LI Holmes) : 농장에서 사용되는 모든 생산요소, 즉 그 목장의 생산방향이나 일반법칙 등에 따라 실행하는 경영과정이다(물적 조직에 중심).
∴ 경영목표에 적합하도록 합리적, 능률적으로 축산경영체를 운영하기 위해서 그 농장의 인적자원(구성원) 및 물적 자원을 유기적으로 결합시킨 조직을 의미한다.

(2) 경영조직의 목적
  ① 경영자의 목표(적정소득, 적정이윤)를 달성하기 위하여 합리적이고 과학적인 조직이 필요하다.
  ② 경영활동이 유기적이고 보완관계를 가지면서 효율적으로 결합 조직되어야 한다.
  ③ 경영조직의 목표를 달성하기 위한 방법
    ㉠ 경영의 목표 및 각 부문별 계획을 능률적, 효율적으로 달성할 수 있도록 조직 상호 간의 관계를 파악하여 조직한다.
    ㉡ 인적 자원에 있어서는 종업원의 창의력이 충분히 발휘될 수 있도록 조직한다.
    ㉢ 각 부문 담당자의 책임체계를 분명히 한다.

(3) 경영조직의 요소
  ① **부문화** : 경영의 목표달성에 필요한 업무 또는 작업을 구분하고 이를 각 부문에 할당하는 것이다.
  ② **책임** : 일정한 업무를 수행해야 할 의무와 주어진 업무를 수행하는 방법 및 결과에 대한 책임을 지는 것이다.
  ③ **직무** : 경영목적을 달성하기 위하여 권한과 책임이 부여된 각 지위를 수행해야 할 일정한 업무의 종류와 범위를 의미한다.
  ④ **직위** : 업무를 수행하는 데 필요한 권한과 책임이 부여된 조직상의 지위를 의미한다.
  ⑤ **권한** : 각 지위에 할당된 업무를 수행하거나 또는 타인에게 수행시키기 위하여 주어진 직권을 실행할 수 있는 범위이다.

(4) 경영조직 구성의 원칙
  ① **책임과 권한의 원칙** : 구성원 각각에 대해 개인별, 또는 조직 사이에 해야 할 업무와 그에 따른 권한, 책임을 명확히 하기 위한 가장 기본적인 원리이다.
  ② **조정의 원칙** : 조직의 각 구성원이 담당하는 업무의 중요성이 잘 조절되어 상호 통합되어야 한다는 원칙이다.
  ③ **위임의 원칙(위양의 원칙)** : 조직의 규모가 확대되면 상위자는 하위자에게 직무에 따르는 권한을 위임해야 한다는 원칙이다.
  ④ **전문화의 원칙** : 관련된 업무끼리 묶어서 분업화하여 전문적으로 수행함으로써 업무의 효율을 향상시키려는 원칙이다.
  ⑤ **감독한계 적정화의 원칙** : 한 사람의 관리자가 직접 지휘·감독할 수 있는 부하의 수를 적정하게 제한해야 한다는 원칙이다.

⑥ **명령일원화의 원칙** : 조직의 구성원은 한 사람의 상사로부터 명령과 지시를 받아야 한다는 원칙이다.
⑦ **계층단축화의 원칙** : 조직의 계층을 가능한 적게 해야 한다는 원칙이다.
⑧ **기능화의 원칙** : 조직 구성원을 기능본위로 조직하여 각각의 직무에 따라 적절한 담당자에 의한 경영조직의 합리화를 추구하는 것을 의미한다.
⑨ **모랄(Morale)앙양의 원칙** : 상위자가 리더십을 발휘하여 부하의 사기를 높일 수 있어야 함을 의미한다. 인적인 조직상의 사기앙양을 의미(인센티브)한다.
⑩ **탄력성의 원칙** : 환경조건의 변화에 따라 적응할 수 있도록 조직의 개편이 필요하다.

(5) 경영조직의 적정화

① 축산경영조직의 선택
  ㉠ 경영조직은 축종 간의 비교우위론에 근거해야 하고, 환경조직은 경영의 적합성에 의해서 판단하여야 한다.
  ㉡ 축종과 경영조직과의 적합성을 판단하는 요인
   • 입지조건의 적합여부(적정화를 설계할 때 가장 먼저 고려해야 할 사항)
   • 가축두수의 적합여부
   • 가축두수와 사료작물 및 목초재배의 적합여부
   • 가축두수와 자원과의 조직의 적합여부

② 경영조직 적정화 순서
  ㉠ 입지조건의 적합여부
  ㉡ 생산가축의 적정규모여부
  ㉢ 각 가축의 능력관계
  ㉣ 가축두수와 사료작물 및 목초재배의 적합여부
  ㉤ 노동절약을 위한 기계화방향(노동투입의 집중화를 위한 문제)

(6) 경영조직의 결정조건(축산경영조직의 성립에 영향을 미치는 요인)

① 자연적 조건
  ㉠ 기상조건 : 온도, 습도, 강우량, 일조시간, 무상기간, 바람의 상태 등
  ㉡ 토지조건
   • 토질의 물리적인 성질 : 돌과 자갈 유무, 토양의 종류, 표토의 깊이 등
   • 생화학적 성질 : 목초·옥수수 등의 재배에 유용한 미생물의 종류 및 많고 적음 등
   • 화학적 성질 : 유기질의 다·소, 산도 등

- 토지의 성상 : 지하수 등의 수리관계, 경사도, 고도, 지형 및 지세 등
- 기계화 가능성

② 시장조건(경제적 조건)
  ㉠ 목장과 시장의 경제적인 거리(튀넨의 고립국 이론)
    - 시장이 가까울수록 수취가격이 높아진다.
    - 가까운 곳은 집약적 경영, 먼 곳은 조방적 경영
  ㉡ 축산물의 가격조건 : 시장가격, 산지가격, 대체재 및 보완재가격 등
  ㉢ 시장의 크기 : 대상소비자의 수, 소득수준, 대체재와 보완재의 유무 등
    - 축산물가격이 저렴하고, 수요시장이 넓을 경우 → 생산위주의 경영운영
    - 축산물가격이 높고, 수요시장이 협소할 경우 → 생산비 절감방식

③ 사회적인 조건
  ㉠ 법적, 제도적인 조건 : 생산정책, 가격정책, 유통정책, 관세정책, 축산단체 존재 유무 등
  ㉡ 사회적인 전통과 풍습 및 국민의 식생활 풍습

2. 경영형태 유형화 원리 및 결정조건

(1) 낙농경영형태

① 경영입지조건에 의한 분류
  ㉠ 도시근교형 낙농
    - 경영의 집약도가 다른 경영형태에 비해 높다.
    - 대부분 착유 전업형 낙농형태를 띠고 있다.
    ※ **착유 전업적 경영** : 도시근교에서 농경지가 좁은 상태에서 우유생산을 주로 하는 경영형태
    - 토지면적이 좁고 구입사료에 의존하므로 사료의 자급률이 낮다.
    - 도시근교에 입지하여 시유용 원유를 생산하는 데 유리한 경영형태이다.
    - 규모를 확장하는데 제한적인 요인이 많은 편이다.
    - 부근의 주택 및 농장에 환경문제를 야기한다.
    - 소규모 목장경영이 대부분이며, 기계화가 용이하지 않다.
    - 생산비가 일반적으로 높고, 소량생산에 의해 가격반응이 민감하다.
    ※ 도시근교 낙농에서는 지가, 노임, 조사료비 등이 높고, 농후사료비는 낮다.
  ㉡ 원교형 낙농
    - 도시와 농장 간의 거리가 원거리에 입지하여 채초 및 목초지에서 조사료 생산이 용이하다.
    - 지형적인 위치에 따라 평탄지 순농촌형과 산촌형 낙농으로 구분된다.
    - 지가가 저렴하기 때문에 원유생산비를 절감할 수 있다.

- 소규모 영세농가에서 생산되는 소량의 원유와 구입 농후사료의 운송에 어려움이 많다.
- 초지개량과 사료작물재배에 의한 사료자급률이 높고, 대량 사육이 가능하다.

※ 도시원교에서는 지가와 노임이 싸고, 조사료 조달이 용이하다.

② 사료생산기반에 의한 분류

㉠ 초지형 낙농
- 광대한 초지를 이용하는 이상적인 낙농경영형태이다.
- 조사료의 자급률이 높고, 조방적인 경영형태로 생산비가 절감된다.
- 젖소의 방목에 의한 운동이 가능하므로 젖소의 내용연수가 연장된다.
- 겨울철 및 장마철 등을 대비하여 건초 및 사일리지를 충분히 준비해야 한다.
- 소비시장과 농장이 원거리에 위치하여 생산물(원유), 소비재(농후사료)의 운송비가 높다.

㉡ 답지형 낙농
- 답(논)지역에 입지하여 토지와 결합성이 강한 복합경영형태이다.
- 수도작에 의한 벼의 부산물 또는 사료작물 및 야초 등을 자급사료원으로 이용한다.
- 부산물인 쌀겨, 볏짚 등을 이용하므로 조사료의 자급률이 높다.
- 낙농은 부업적인 성격이며, 생산성 향상에 문제가 있다.

③ 유우의 사육목적에 의한 분류

㉠ 종축형 낙농경영
- 우수한 체형, 혈통의 기초우를 육성하여 우량계통을 조성하고, 독우(송아지), 육성우, 미경산우(새끼를 낳지 않은 암컷 젖소)를 판매하기 위한 형태이다.
- 우량계통을 육성하기 위하여 비육, 번식, 발육, 사료급여 등을 기록하고 평가분석하여 산유량이 많고 내용연수가 긴 경제적인 젖소를 계통 번식할 수 있어야 한다.

㉡ 착유형 낙농
- 원유를 생산하기 위한 경영형태이다(일반적).
- 도시근교에서 이루어지는 낙농경영형태이다.
- 일반적으로 일관경영형태이다(육성우 및 종축형 낙농경영형태까지 포함하여 송아지 분만부터 원유생산에 이르기까지 포괄적인 경영을 의미).

㉢ 육성우 낙농
- 송아지를 분만하여 착유하기 전까지 육성하는 것, 수소나 착유우의 유대가 생산비보다 낮아 수익성이 없을 때 또는 육우가격이 유대보다 높은 경우 원유를 생산하지 않고 비육우 출하를 목적으로 육성하는 낙농경영형태이다.
- 비육우 경영형태와 동일한 의미이다.

④ 경영집약도에 의한 분류
  ㉠ 부업적 낙농(10두 미만)
  ㉡ 복합적 낙농(10~49두)
  ㉢ 전업적 및 기업적 낙농(50두 이상)
⑤ 사료조달방법에 의한 낙농경영형태 : 구입사료의존형 낙농, 자급사료의존형 낙농
⑥ 우리나라 낙농경영의 특성
  ㉠ 유제품보다 시유판매 의존도가 높다.
  ㉡ 육성우(착유우 후보축) 전문 목장이 발달되어 있지 않다.
  ㉢ 낙농가가 경기지역에 가장 많이 분포되어 있다.

(2) 육용우경영형태

① 비육우경영
  ㉠ 젖소 및 한우 등의 밑소를 구입하여 육용으로 키워서 판매할 목적으로 사육하는 경영형태이다.
  ㉡ 비육우의 성별, 월령, 품종 등에 따라 비육기간이 다르나, 보통 450~500kg에 판매한다.
  ㉢ 낙농에 비하여 높은 사양기술을 필요로 하지 않는다.
  ㉣ 비육우경영의 조수익을 증대시키는 방법
    • 송아지 판매두수를 늘린다.
    • 송아지 판매단가를 높인다.
    • 기간 내 송아지 생산효율을 높인다.
② 번식우경영
  ㉠ 암소를 사육하여 독우를 생산하여 이를 이유시킨 후 판매할 목적으로 경영하는 형태이다.
  ㉡ 번식에 따른 사양기술 및 정액수정 등과 같은 기술이 필요하다.
  ㉢ 복합경영형태(번식우+비육우경영)를 띠는 것이 일반적이다.
  ㉣ 한우번식경영의 특징
    • 한우번식농가의 주산물 수입은 송아지 판매이다.
    • 한우번식농가의 조수입 증대를 위해서는 번식률을 향상시켜야 한다.
    • 한우번식농가의 소득증대를 위해서는 조수입 증대와 경영비 절감을 해야 한다.
    • 사육규모가 영세하다.
    • 번식우의 적당한 운동이 필요하고, 번식간격의 단축이 과제이다.

(3) 양돈경영형태

① 사육목적에 의한 분류(사육하고 있는 돼지의 이용용도에 의한 구분)
  ㉠ 종돈생산경영
    • 우수한 혈통과 능력의 종돈(모돈)을 생산하여 판매하는 경영형태이다.
    • 우수한 종돈 생산과 종돈의 보유숫자는 농장의 경영능력을 판단하는 지표가 된다.
  ㉡ 번식돈경영
    • 비육자돈을 생산・판매하기 위해 모돈을 육성・번식하는 경영형태이다.
    • 비육돈 생산을 위해 모돈을 육성・번식하는 것이다.
  ㉢ 비육돈경영
    • 자돈을 일체 생산하지 않고 40~80일령(10~20kg)의 자돈을 구입하여 100~110kg 정도까지 증체한 후 판매하는 경영형태이다.
    • 종돈이나 번식돈의 경영에 비해 조방적인 대량사육이 이루어지고 있다.
  ㉣ 일관경영
    • 모돈을 사육하여 자돈을 생산하고, 생산된 자돈을 비육하여 비육돈을 생산・판매하는 경영형태이다.
    • 비육돈 생산을 최종목표로 하면서도 자돈생산도 같이 한다.

> **더알아두기**
>
> 비육용 자돈을 자급하는 경우 농가가 얻을 수 있는 장점
> • 자돈의 유통비용이 절감되나, 자본회전이 느리다.
> • 자돈의 계획생산에 의하여 경영계획을 수립하기가 쉽다.
> • 외부에서 자돈을 구입할 때 오는 방역상의 피해를 줄일 수 있다.

> **더알아두기**
>
> 양돈경영형태의 발전
> • 양돈의 사육두수 확대, 기술집약적・노동절약형 경영형태로 변천
> • 일관경영 → 비육돈경영 → 종돈경영형태로 이루어지고 있다.

② 경영규모에 의한 분류(양돈의 사육두수에 의해서 구분)
  ㉠ 기업적 경영
    • 고용노동력에 의존하여 자돈 및 비육돈을 생산 또는 비육하여 이윤추구를 목적으로 한다.
    • 대부분 일관경영형태로 순수익 최대화가 목표이다.
    • 유통비용 절감, 대량구입 및 대량판매에 의한 규모의 유리성을 가진다.

- 경영능력 및 기술수준을 향상시킬 수 있고, 새로운 기술도입이 비교적 용이하다.
- 기업경영의 장단점

장 점	• 축산물 수요증가에 효율적 대응이 가능 • 능률적인 기계 및 시설의 도입으로 생산성 증대가 가능 • 단위당 비용의 절감으로 시장경쟁력이 제고 • 새로운 기술의 도입 및 개발로 생산력의 증대가 가능 • 대량거래 및 신용거래가 가능
단 점	• 기계시설, 초지개발 등의 자본수요가 증대 • 사료원료의 해외의존도 상승 • 환경문제가 발생하기 쉬움

ⓒ 전업적 경영
- 경영주의 노동보수를 최대화하기 위하여 생산요소를 투입한다.
- 농가소득이 축산소득으로 구성된 농가이다.
- 농가의 노동력을 축산에만 투여하는 농가이다.
- 자가노동과 일부 고용노동에 의해서 경영하는 가족적인 경영형태이다.
- 일반적으로 도시근교에 입지, 농후사료 및 잔반을 이용한다.
- 기술수준 향상과 규모의 경제성이 가능하므로 많은 자본이 필요하다.

ⓒ 부업경영
- 가족노동보수(소득)의 최대화를 위함이다.
- 경종농업을 위주로 하고, 양돈경영은 부차적으로 자급사료(부산물)를 이용하여 자가노동에 의해서 소득증대를 목적으로 하는 가족적 경영형태이다.
- 유휴노동력과 부산물 및 잔반을 이용할 수 있고 구비를 경종농업에 이용할 수 있다.
- 자돈확보의 어려움, 사료생산 및 조달의 한계성, 위생비의 증가, 가격폭락 시의 손해 등으로 인한 규모확대의 한계 등이 있다.
- 부업경영의 장단점

장 점	• 지력의 증진 및 경지의 집약적인 이용이 가능 • 노동력 및 시설의 효율적인 이용이 가능 • 농산물 부산물과 생산물의 자급활용이 가능
단 점	• 사양기술 및 생산력의 저하로 발전성이 없는 정체적인 경영 • 생산량이 적기 때문에 시장경쟁력이 약함 • 방역 및 가축개량의 곤란한 점이 많음

(4) 양계경영형태

① 육계경영
  ㉠ 닭고기를 생산하기 위하여 육용병아리를 구입하여 육성한 후 판매를 목적으로 한다.
  ㉡ 사료효율이 가장 높고 단기간에 생산규모의 확대 및 축소가 용이하다.
  ㉢ 자본회전이 빠르고, 대량생산이 가능하며, 위험부담기간이 짧다.
  ㉣ 단점 : 가격변동이 크다.

② 산란계경영
  ㉠ 병아리를 구입하여 달걀생산을 목적으로 육성한다.
  ㉡ 육계경영에 비해 사육기간이 길지만 비교적 안정적이다.

③ 종계경영
  ㉠ 종란을 생산할 수 있은 종계를 육성하여 종란을 생산하는 경영형태이다.
  ㉡ 부화한 병아리의 판매목적도 있다.

(5) 생산경제단위에 의한 분류

① 가족경영
  ㉠ 노동력을 고용하지 않고 가족노동에 의한 경영형태로 경영과 가계가 미분리된 상태이다.
  ㉡ 가족노동력에 따라 경영규모가 결정되며 축산물의 생산목적이 주로 소득증대에 있다.
  ㉢ 가족경영은 조직력이 쉬우며, 가족노동력에 대한 노임이 보장되면 생산은 지속적으로 영위된다.
  ㉣ 가족의 생계유지수단과 가족수의 제한성으로 규모의 영세성을 면하기 어렵다.

② 공동경영
  ㉠ 두 가구 이상의 양축가가 모든 경영활동을 공동으로 경영하는 형태이다.
  ㉡ 공동경영원칙은 유리성의 원칙, 공평의 원칙, 민주화 원칙, 조정의 원칙 등이 있다.
  ㉢ 공동경영원칙하에서 축산물의 생산, 판매를 공동으로 투자, 관리한다.
  ㉣ 가족경영의 한계를 극복하고 규모의 유리성을 추구하여 이익을 더욱 추구하기 위함이다.
  ㉤ 사육농가의 이해 갈등과 공동노동 의욕저하 등의 요인에 의한 생산성 저하가 야기된다.

(6) 생산조직에 의한 분류

① 복합경영

　㉠ 개 념
- 경영자가 여러 종류의 축종을 사육하는 것이다.
- 축종과 경종을 공동으로 경영함으로써 경영수익을 증대하려는 것이다.

　㉡ 복합경영의 장단점

장점	토지의 효율적 이용	지력의 유지 증진, 토지의 생산성 증진
	노동력의 이용 증진	노동배분의 연중 평균화, 노동력의 연중 효율적 이용
	기계 및 시설의 효율적 이용	-
	위험의 분산	단일경영인 경우 가축의 질병, 가격의 파동 등에 의해서 경영에 위험부담을 가져올 수 있으나 복합경영은 이를 완화시킬 수 있다.
	자금회전의 원활화	수입원이 다양하고 평준화됨으로써 자금회전이 원활
단점	· 경영 간에 노동의 경합이 생길 수 있어서 노동생산성이 낮아지기 쉽다. · 기계화가 어렵다. · 기술의 다양화로 경영자의 전문적인 기술의 발달이 어렵다. · 전문적인 기술향상이 저해되어 단위당 생산성이 떨어진다. · 여러 종류의 소량판매로 생산물의 판매에 불리하다.	

② 단일경영

　㉠ 개념 : 전문적으로 단일상품을 생산하는 경영형태이다. 단일경영체로서의 축산경영의 전문화가 이루어지도록 한다.

　㉡ 단일경영의 장단점

장점	· 작업이 단일화됨으로써 능률이 높은 기계의 사용이 가능하다. · 작업의 단일화로 노동의 숙련도 향상과 분업화의 이익을 가져온다. · 단일경영으로 생산비의 저하가 가능하고 시장경쟁력이 증대된다. · 생산물의 동일성에 의하여 시장정보에 유리하다. · 단일생산물이므로 판매상 유리하다. · 특정 축산물을 집중적으로 생산하여 경영의 합리화를 기할 수 있다.
단점	· 가축질병, 가격파동 등의 요인이 집중적으로 작용할 수 있어 경영 내적인 불안정성이 존재한다. · 수입이 일정시기에 집중된다. · 자본회전이 원만하지 못하다. · 노동이용이 집중되고 연간 평준화, 분산화가 되지 못하고, 계절적 편중현상이 나타난다.

CHAPTER 02 적중예상문제

PART 05 축산경영학 및 축산물가공학

01 축산경영의 계속성과 조직성을 정확히 표시한 것은?

① 계획 – 조직 – 운영 – 평가 – 조사 – 통제 – 분석 – 계획
② 계획 – 운영 – 조직 – 조사 – 평가 – 통제 – 분석 – 계획
③ 계획 – 조직 – 운영 – 통제 – 조사 – 평가 – 분석 – 계획
④ 계획 – 조직 – 운영 – 평가 – 통제 – 조사 – 분석 – 계획

02 다음 중 축산경영계획법의 종류가 아닌 것은?

① 정률법
② 표준계획법
③ 직접비교법
④ 예산법

03 축산경영 농가에 대한 진단방법으로 경영실험농장(모델농장)의 경영성과 등의 자료를 비교하는 것은?

① 표준비교법
② 직접비교법
③ 시계열비교법
④ 계획대비 실적비교법

해설

표준비교법 : 시험성적이나 전문가의 경험을 토대로 하여 가장 이상적인 진단지표를 작성한 뒤 진단농가와 비교하는 경영진단 방법

04 경영규모 및 형태가 비슷한 많은 농가들을 조사하여 그 평균치를 비교기준치로 정한 뒤 진단농가와 비교하는 진단방법은?

① 직접비교법
② 부문비교법
③ 내부비교법
④ 표준비교법

해설

직접비교법 : 경영진단방법 중 진단 대상농가와 비슷한 경영형태를 가진 그 지역 우수농가의 평균치와 비교하는 방법

정답 1 ④ 2 ① 3 ① 4 ①

05 축산경영계획방법 중 직접비교법에 대한 설명으로 옳은 것은?
① 표준모델 목장을 설정하고 모델목장의 경영성과에 기초하여 자가경영 여건에 적합하도록 경영계획을 수립하는 방법
② 경영합리화의 척도가 되는 적정목표이익을 설정하고 이를 달성할 수 있는 경영계획을 수립하는 방법
③ 경영부문을 종합적 또는 부분적으로 다른 부분과 대체할 경우의 여러 대안들 중에 효율적인 방법을 선택하여 경영계획을 수립하는 방법
④ 경영형태가 동일한 목장 중에서 모범적인 목장을 성정하고 경영성과를 비교하여 경영계획을 수립하는 방법

06 제한된 자원을 각 생산부문에 합리적으로 배분하기 위하여 생산조건을 수식화하고 최적화시키는 계획 및 분석기법을 말하는 것은?
① 표준계획법
② 손익분기분석법
③ 선형계획법
④ 시산법

07 부분시산법을 이용하여 어느 특정한 경영부문를 변화시키고자 할 때 검토해야 할 사항이 아닌 것은?
① 감소되는 수입
② 생산기술 또는 기술계수
③ 새로운 수입 또는 추가수입
④ 새로운 비용과 추가비용

08 축산경영의 설계법에 대한 설명으로 틀린 것은?
① 선형계획법은 목적함수와 제약함수를 구체화해야 한다.
② 축산경영의 설계법인 시산계획법은 종합시산법과 부분시산법으로 구분된다.
③ 선형계획법은 순수익최대화 또는 비용최소화를 위한 계획이다.
④ 경영설계법은 새로운 계획을 찾는 것이기 때문에 과거 경영실적은 필요없다.

09 손익분기점 계산에 대한 설명으로 맞는 것은?
① 비용으로는 경영비만을 계산한다.
② 비용으로는 생산비만을 계산하다.
③ 비용은 반드시 고정비와 변동비로 분해할 수 있어야 한다.
④ 비용을 고정비와 변동비로 분해할 필요가 없다.

10 축산경영에서 생산계획 수립 시 고려해야 할 사항이 아닌 것은?

① 무엇을 생산할 것인가?
② 얼마나 생산할 것인가?
③ 어떤 방법으로 생산할 것인가?
④ 판매가격은 어떻게 설정할 것인가?

11 축산경영의 발전요인 중 내부적 요인이 아닌 것은?

① 경영자 능력
② 자원량 보유수준
③ 축산물의 수요
④ 기술수준

해설
축산경영의 발전요인

내부적 요인	• 경영자 능력(계획, 경영관리, 시장거래, 자금조달 등) • 자원량의 보유수준 내지 동원 가능한 수준(토지, 노동, 자본) • 기술수준 • 수신력(담보력, 인적 신용력) • 위험부담력
외부적 요인	• 축산물의 수요 및 가격조건 • 생산요소의 공급 및 가격조절 • 경영을 둘러싼 외적 생산조건(농로, 관배수시설 등의 경지정비조건, 집출하설비, 출하조직 등의 정비조건)

12 축산업의 경쟁력 향상을 위한 지원방안이 아닌 것은?

① 축산업 연구자금 지원
② 전업농가 육성지원
③ 품질의 차별화 지원
④ 수입관세 및 검역기능의 완화

13 우리나라 축산의 당면과제라고 볼 수 없는 것은?

① 축산물 생산의 차별화 및 고급화
② 비용의 절감
③ 경영의 내부화 촉진
④ 각종 제도의 보완

14 축산경영의 외부화에 해당하지 않은 것은?

① 육성우 목장 운영
② 수정란 이식기술 위탁
③ 낙농 헬퍼(Helper)제도 도입
④ 육성우와 착유우의 농가별 일관경영

15 우리나라 축산경영의 시급한 당면과제가 아닌 것은?

① 생산비용의 절감
② 축산물 생산의 고급화
③ 가축방역의 철저
④ 전근대적인 유통구조의 유지

정답 10 ④ 11 ③ 12 ④ 13 ③ 14 ④ 15 ④

16 한우생산기반을 유지하기 위한 방안이 아닌 것은?

① 송아지 생산안정제 실시
② 한우사육농가 소득보장제 실시
③ 고급육생산을 위한 암소비육 실시
④ 공동목장 조성 및 한우개량사업 강화

해설

한우산업의 지속가능한 발전을 위한 과제와 방향
- 가격·수급 안정
  - 소고기가격 안정 : 소고기가격 안정제도, 농협패커-저지방육 처리
  - 송아지가격 안정 : 송아지 생산안정제 보강, 지역할당-자율감축
  - 공공육성목장 연계 : 송아지 수매·방출, 위탁육성, 헬퍼기능
- 소득·경영 안정
  - 번식농가 소득 안정 : 자가노동비 보장, 다산 장려금, 번식경영직불제
  - 비육농가 소득 안정 : 한우수입보장보험, 피해보전 직불제 보강
  - 사료가격 안정 : 사료가격 안정기금, 총체벼 TMR 센터
- 번식기반 강화
  - 번식우단지 조성 : 번식우 임대축사-공동경영, 축협 생축장 활용
  - 일관경영의 한우개량 컨설팅 : 한우개량 컨설팅-인공수정, 개량정보 전산화
  - 한우산업발전법 : 한우산업 특히 번식경영 보호·육성대책
- 경영조직 고도화
  - 브랜드별, 지역별 생산·경영 조직화 : 기술혁신 확산, 강한 협동조직, 공동마케팅
  - 한우지원조직 : 주변부문 아웃소싱, 핵심부문 생산성 향상
  - 경종-축산 연대 : 볏짚·총체벼·답리작, 퇴비공급-퇴비유통센터
- 방역·안전성
  - 방역, 검역 : 지역방역, 주변국 여행, 전문가양성, 매몰지관리
  - 한우농장 위생관리 : 농장 HACCP, 책임의식
  - 녹색성장의 사고(思考) : 최대 → 적정규모·최고가치, 친환경·동물복지

17 다음 중 한우산업의 발전과 관련된 설명으로 적절하지 않은 것은?

① 다른 가축과의 경쟁력을 고려하여 번식률과 산육능력을 향상시켜야 한다.
② 유축농가의 부존자원을 효율적으로 이용하여야 한다.
③ 비육기간의 연장으로 출하체중을 높이도록 한다.
④ 한우의 산육능력이 외국의 육우에 비하여 떨어지므로 교잡우에 대한 연구가 필요하다.

18 한우경영의 발전방향으로 적합하지 않은 것은?

① 거세의 확산으로 육질 고급화 추구
② 냉동육 유통의 확대
③ 브랜드화로 수입육과의 차별화 전략 구사
④ 환경친화형 사육기술 보급으로 안전성 확보

19 축산농가에 대한 경영진단결과 소득이 낮았을 경우 경영개선의 계획수립상 부적당한 것은?

① 경영의 규모확대
② 비용절감의 기술도입
③ 축산물의 품질향상
④ 생산비용의 증대

20 비육우 경영의 경영개선방법으로 적합하지 않은 것은?
① 판매방법의 개선
② 사양규모의 확대
③ 노동력 확대
④ 사료급여의 합리화

21 비육경영에서 시설을 개선하고자 한다. 우선적으로 고려할 사항이 아닌 것은?
① 자 금
② 사육규모
③ 생산물 판매
④ 장래의 경영목표

22 농후사료 자동화 급여시설에 대한 설명 중 틀린 것은?
① 노동절감효과를 가져올 수 있다.
② 한 번에 사료를 전량 급여함에 따라 비용을 절감할 수 있다.
③ 가축능력에 맞게 사양관리를 할 수 있다.
④ 사료의 유실을 막고, 사료효율을 극대화할 수 있다.

23 다음은 자우생산경영의 저수익성 원인을 설명한 것이다. 이 중에서 사양기술의 결함내용이 아닌 것은?
① 사양규모의 영세성
② 관습적 사양방법
③ 사료급여의 불합리
④ 경영기술의 부족

24 최근 양돈업은 공해를 유발하는 산업으로 지목받고 있다. 이에 대한 해결방안으로 적합하지 않은 것은?
① 계열화 사업으로 대처
② 폐수의 퇴비화를 위한 투자
③ 폐수처리시설자금의 장기저리 지원
④ 양돈단지화 조성을 통한 공동폐수처리시설 지원

25 양돈경영의 발전방향으로서 가장 거리가 먼 것은?
① 양돈산업의 계열화
② 토지생산성 향상
③ 양돈농가의 단지화
④ 생산자의 자구적 노력

정답 20 ③ 21 ③ 22 ② 23 ① 24 ① 25 ②

26 양돈산업의 발전방향으로 적합하지 않은 것은?

① 공동방역시스템의 구축
② 계열화 사업의 확충
③ 부업양돈의 확산
④ 분뇨의 자원화 촉진

해설

양돈경영의 발전방향
- 양돈산업의 계열화
- 양돈농가의 단지화
- 생산자의 자구적 노력
- 공동방역시스템의 구축
- 분뇨의 자원화 촉진
  - 폐수의 퇴비화를 위한 투자
  - 폐수처리 시설자금의 장기저리 지원
  - 양돈단지화 조성을 통한 공동폐수처리시설 지원

27 양돈시설을 자동화하려고 한다. 자동화 효과가 아닌 것은?

① 노동생산성 향상
② 노동력 절감 및 규모확대
③ 작업의 신속화
④ 작업의 표준화 및 복잡화

해설

축산시설 자동화의 직접적 효과
- 작업의 신속화
- 노동생산성 향상
- 경영규모 확대
- 노동력 절감

28 다음 중 산란계의 경영효율의 증진방법으로 가장 적절하지 않은 것은?

① 산란율을 높인다.
② 난중(卵重)을 높인다.
③ 폐사율을 낮춘다.
④ 사료 요구율을 높인다.

29 우리나라의 양계산업의 발전을 위해 적합하지 않은 것은?

① 종계의 수입 확대
② 체계적인 계열화의 확대
③ 다양한 닭고기 및 달걀 요리방법의 개발
④ 공공기관 설립의 확대로 수급의 안정화

해설

우리나라 양계산업 발전방향
- 양계시설의 자동화 기술개발
- 사료효율의 개선
- 종계의 국내생산
- 양계경영의 기계화
- 체계적인 계열화의 확대
- 다양한 닭고기 및 달걀 요리방법의 개발
- 공공기관 설립의 확대로 수급의 안정화

30 축산물 수입 자유화의 대응책으로 적합하지 못한 것은?

① 신기술의 개발·보급
② 생산비의 절감
③ 축산물 생산의 차별화
④ 수입사료곡물에 대한 관세의 대폭적인 인상

해설

수입사료곡물에 대한 관세의 대폭적인 인상은 생산비 증가요인이 된다.

정답 26 ③ 27 ④ 28 ④ 29 ① 30 ④

31 축산경영규모를 측정하는 척도가 아닌 것은?

① 토지면적
② 조생산액
③ 자본회전율
④ 가축두수

해설
축산경영 규모를 측정하는 척도
- 토지규모 : 토지면적, 작부면적
- 노동규모 : 노동일수, 생산노동단위, 사료작물 재배인력
- 자본규모 : 가축 사육두수, 고정자본 투자액, 조생산액

32 규모의 적정화 문제는 경영의 목적인 소득 또는 순수익을 최대화하는 데 중요한 여건이다. 축산경영에 있어서 경영규모를 측정하는 방법으로 가장 바람직한 방법은?

① 경지면적규모
② 자본규모
③ 생산물 판매액(매출액)규모
④ 생산비규모

33 축산경영에서 규모의 경제성이 발생되는 요인으로 볼 수 없는 것은?

① 경기변동에 대한 신축적 대응
② 분업의 이익
③ 생산요소의 불가분할성(不可分割性)
④ 개별경영의 자원제한성(資源制限性)

해설
축산경영에 있어서 규모의 경제성이 생기는 요인
- 분업의 이익
- 개별경영의 자원제한성
- 생산요소의 불가분할성

34 산란계 농장의 달걀생산비자료를 보면 사육규모가 커질수록 달걀생산비는 감소하는 것을 알 수 있다. 이와 같은 내용이 설명하고 있는 것은?

① 규모의 경제
② 기회비용
③ 이윤극대화의 원칙
④ 계열화

35 양돈경영에서 비육돈 300두를 1인이 관리하는 것보다 500두를 관리하는 것이 더 유리할 때가 있다. 이와 같은 변화 중 생산규모가 확대됨에 따라 평균생산비는 감소하고 수익이 체증하는 현상을 설명한 가장 적합한 용어는?

① 규모의 경제성
② 수확의 체감성
③ 손실의 최소화
④ 선입선출

정답 31 ③ 32 ② 33 ① 34 ① 35 ①

36 축산경영조직을 적정화할 때 고려할 사항이 아닌 것은?

① 입지조건의 적합여부
② 생산가축의 적정규모 여부
③ 각 기계의 능력관계
④ 노동력 절약을 위한 기계화 관계

해설
축산경영의 조직을 적정화함에 있어서 고려할 사항
• 생산가축의 적정규모 여부
• 노동투입의 집중화를 위한 문제
• 입지조건의 적합여부
• 가축두수와 사료작물재배의 적정여부

37 축산경영조직의 적정화를 설계할 때 가장 먼저 고려해야 할 사항은?

① 각 가축의 능력관계
② 입지조건의 적합여부
③ 노동력 절약을 위한 기계화 관계
④ 가축두수와 사료작물 또는 목초재배 관계

38 경영조직의 요소 중 직무에 대한 설명 중 옳은 것은?

① 경영의 목표달성에 필요한 업무 또는 작업을 구분하고 이를 각 부문에 할당하는 것
② 일정한 업무를 수행해야 할 의무와 주어진 업무를 수행하는 방법 및 결과에 대한 것
③ 경영목적을 달성하기 위하여 권한과 책임이 부여된 각 지위를 수행해야 할 일정한 업무의 종류와 범위를 의미한 것
④ 업무를 수행하는 데 필요한 권한과 책임이 부여된 조직상의 지위를 의미한 것

39 축산경영의 조직 결정 시 고려하여야 할 경제적 조건이 아닌 것은?

① 축산물의 가격정책
② 축산물이나 물자의 운전가격
③ 시장의 대소와 그 질
④ 목장과 시장과의 경제적 거리

해설
축산물의 가격정책은 사회적인 조건에 해당한다.

40 축산경영의 공동조직(共同組織)과 관련된 내용 중 잘못 기술된 내용은?

① 규모의 영세성으로 인한 다양한 제약요인들을 극복하기 위해서는 경영의 공동조직화를 꾀할 필요가 있다.
② 경영의 공동조직화는 농가의 주체성이 보장되어야 한다.
③ 번식·육성센터의 운영은 공동조직화의 좋은 사례이다.
④ 목초지나 방목장 등의 토지를 공동 이용하는 조직은 축산경영의 공동조직이라 할 수 없다.

41 축산경영의 공동조직 운영원칙으로 적합하지 않은 것은?

① 경쟁의 원칙
② 인화의 원칙
③ 공평의 원칙
④ 민주화의 원칙

> 해설
> 경쟁의 원칙 또는 경합의 원칙은 축산경영에 있어서 공동조직을 지속적으로 유지하기 위해서는 배제되어야 한다.

42 축산경영조직에 있어서 개별조직의 단점을 보완하고 경영의 효율을 증진시키기 위하여 공동조직을 하는 경우 공동조직의 기본원칙으로 볼 수 없는 것은?

① 생산성이나 소득면에서의 유리성
② 경영성과의 배분에 있어서의 공평성
③ 참여농가의 의사반영에 있어서의 민주성
④ 참여농가의 생산물 판매에 있어서의 경쟁성

43 대규모 축산경영의 유리성이라고 할 수 없는 것은?

① 노동생산성의 향상
② 자본생산성의 향상
③ 단위당 고정자산액의 감소
④ 대량구입에 의한 비용증가

> 해설
> **대규모 축산경영의 유리성**
> • 대량구입에 의한 비용절감
> • 분업·협업의 유리성
> • 금융상 대외신용의 유리성
> • 노동·자본 생산성의 향상
> • 단위당 고정자산액의 감소
> • 품질·규격화가 용이
> • 분업·협업이 용이

44 축산경영에 있어서 대규모 경영의 유리성이 아닌 것은?

① 노동생산성의 향상
② 대외신용력 저하
③ 자본생산성의 향상
④ 축산물 판매의 유리성

45 축산경영조직을 결정하는 데 있어 작목 선택 시 비교 유리성의 판단기준에 속하지 않는 것은?

① 단위당 이익
② 일당 노동보수
③ 자금생산자재 및 총생산량
④ 평균 두당 생산비와 매상고

정답 41 ① 42 ④ 43 ④ 44 ② 45 ③

46 다음 중 경영조직의 목표를 달성하기 위한 방법이 아닌 것은?
① 경영주의 능력만을 고려하여 각 부문을 조직한다.
② 각 부문 담당자의 책임체계를 분명히 한다.
③ 인적자원에 있어서는 종업원의 창의력이 충분히 발휘될 수 있도록 조직한다.
④ 경영의 목표 및 각 부문별 계획을 능률적, 효율적으로 달성할 수 있도록 조직 상호 간의 관계를 파악하여 조직한다.

47 축산경영조직의 단일화가 갖는 장점이라 할 수 있는 것은?
① 토지의 합리적 이용 가능
② 노동의 숙련도 제고 및 분업이익의 획득 가능
③ 자연적·경제적 위험분산 가능
④ 자금회전의 원활화 가능

48 축산경영조직에 있어서 단일화의 장점으로 맞는 것은?
① 농기구나 시설의 도입이 용이하다.
② 자금회전의 원활화를 기할 수 있다.
③ 토지의 합리적인 이용과 토지비용의 감소를 들 수 있다.
④ 노동력의 균등이용과 수입의 평균화를 기할 수 있다.

49 축산경영의 복합화가 갖는 장점으로 가장 올바른 것은?
① 유통상의 유리함
② 노동배분의 평균화
③ 분업이익의 획득
④ 기술의 고도화

해설
축산경영 복합화의 장점
• 노동배분의 평균화
• 수입의 평균화
• 자금회전의 원활화

50 육계 계열화의 효과가 아닌 것은?
① 생산농가의 소득안정화 가능
② 생산농가의 독자경영 가능
③ 생산비 절감 가능
④ 제품규격화로 품질 향상

51 자본이 적고 노동력이 풍부한 경영체에서 취해야 할 경영형태로 적합한 것은?
① 노동조방적·자본조방적 경영
② 노동집약적·자본조방적 경영
③ 노동조방적·자본집약적 경영
④ 노동집약적·자본집약적 경영

46 ① 47 ② 48 ① 49 ② 50 ② 51 ②

52 축산경영을 분류하는 데 있어서는 가축의 종류에 의하여 분류하는 것이 일반적인데 다음 중 가축 종류에 의한 분류방법으로 볼 수 없는 항목은?

① 전업경영
② 낙농경영
③ 양돈경영
④ 육우경영

53 우리나라 낙농경영의 특성에 해당되지 않는 것은?

① 유제품보다 시유판매 의존도가 높다.
② 전형적인 초지방목형 낙농경영형태를 띠고 있다.
③ 육성우(착유우 후보축) 전문 목장이 발달되어 있지 않다.
④ 낙농가가 경기지역에 가장 많이 분포되어 있다.

해설
우리나라 낙농경영의 특성
- 유제품보다 시유판매 의존도가 높다.
- 육성우(착유우 후보축) 전문 목장이 발달되어 있지 않다.
- 낙농가가 경기지역에 가장 많이 분포되어 있다.

54 도시근교 낙농과 도시원교 낙농의 차이를 설명한 것이다. 부적절한 것은?

① 도시근교 낙농에서는 지가, 노임, 조사료비 등이 높다.
② 도시근교 낙농에서는 농후사료비는 낮다.
③ 도시원교에서는 지가와 노임이 싸다.
④ 도시원교에서는 조사료 조달이 어렵다.

55 다음 축산경영 중 농후사료비가 가장 적게 소요되는 것은?

① 낙농경영
② 비육우경영
③ 양돈경영
④ 양계경영

56 한우번식경영에 대한 설명들 중 맞지 않는 것은?

① 한우번식농가의 주산물 수입은 송아지 판매이다.
② 한우번식농가의 조수입 증대를 위해서는 번식률을 향상시켜야 한다.
③ 한우번식농가의 소득증대를 위해서는 조수입 증대와 경영비 절감을 해야 한다.
④ 한우번식농가는 우선적으로 송아지 생산비 중 가축비를 절감해야 한다.

정답 52 ① 53 ② 54 ④ 55 ① 56 ④

57 한우번식농가에 대한 설명으로 가장 부적당한 것은?

① 주산물 수입은 송아지 판매이다.
② 소 수입증대를 위해서는 번식률을 향상시켜야 한다.
③ 소득증대를 위해서는 경영비 절감을 해야 한다.
④ 소득증대와 조수익은 아무런 관련이 없다.

해설
한우번식농가의 소득증대를 위해서는 조수입증대와 경영비 절감을 해야 한다.

58 한우번식경영에 관한 설명으로 틀린 것은?

① 사육규모가 영세하다.
② 적당한 운동이 필요하다.
③ 번식간격의 단축이 과제이다.
④ 농후사료를 많이 급여하여야 한다.

59 다음 중 비육우경영의 조수익을 증대시키는 방법이 아닌 것은?

① 송아지 판매두수를 늘린다.
② 송아지 판매단가를 높인다.
③ 송아지 사료비를 절감한다.
④ 기간 내 송아지 생산효율을 높인다.

60 다음 중 양돈경영의 형태에 있어 사용목적에 의한 분류에 해당되지 않는 것은?

① 종돈생산경영
② 번식돈경영
③ 전업 양돈경영
④ 일관경영

61 다음 중 사육목적에 따른 분류에 있어 모돈을 사육하여 자돈을 생산하고, 생산된 자돈을 비육하여 판매하는 경영형태를 나타내는 것은?

① 일관경영
② 번식전문경영
③ 비육전문경영
④ 비육복합경영

62 비육용 자돈을 자급하는 경우 농가가 얻을 수 있는 장점을 설명한 것으로 틀린 것은?

① 자본회전이 빠르다.
② 자돈의 유통비용이 절감된다.
③ 자돈의 계획생산에 의하여 경영계획을 수립하기가 쉽다.
④ 외부에서 자돈을 구입할 때 오는 방역상의 피해를 줄일 수 있다.

해설

일관경영은 비육돈생산을 최종 목표로 하면서도 자돈생산도 같이 하는 경영형태, 즉 송아지나 자돈을 생산하여 직접 비육하고 판매까지 하는 경영형태로 자본회전이 느리다.

63 다음 브로일러 양계경영의 일반적인 장점에 해당하는 것은?

① 가격변화가 작다.
② 출하조정이 쉽다.
③ 자본회전율이 빠르다.
④ 수송과 보관이 쉽다.

해설

브로일러 양계경영의 장점
• 자본회전이 빠르다.
• 사료효율이 높다.
• 위험부담기간이 짧다.
※ 브로일러 양계경영은 가격변동이 크다는 단점이 있다.

64 양계경영에 있어서 입체방법의 결점이 아닌 것은?

① 사료효율이 낮다.
② 발육속도가 낮다.
③ 토지 소요면적이 작다.
④ 육성률이 낮다.

65 단일경영이 갖는 장점이 아닌 것은?

① 작업이 단일화됨으로써 능률이 높은 기계의 사용이 가능하다.
② 특정 축산물을 집중적으로 생산하여 경영의 합리화를 기할 수 있다.
③ 경제적 위험이 분산되며 수입이 평균화된다.
④ 단일생산물이므로 판매상 유리하다.

해설

단일경영의 장단점

장 점	• 작업이 단일화됨으로써 능률이 높은 기계의 사용이 가능하다. • 작업의 단일화로 노동의 숙련도 향상과 분업화의 이익을 가져온다. • 단일경영으로 생산비의 저하가 가능하고 시장경쟁력이 증대된다. • 생산물의 동일성에 의하여 시장정보에 유리하다. • 단일생산물이므로 판매상 유리하다. • 특정 축산물을 집중적으로 생산하여 경영의 합리화를 기할 수 있다.
단 점	• 가축질병, 가격파동 등의 요인이 집중적으로 작용할 수 있어 경영 내적인 불안정성이 존재한다. • 수입이 일정시기에 집중된다. • 자본회전이 원만하지 못하다. • 노동이용이 집중되고 연간 평준화, 분산화가 되지 못하고, 계절적 편중현상이 나타난다.

정답 62 ① 63 ③ 64 ③ 65 ③

66 단일경영의 단점과 가장 거리가 먼 것은?
① 농가경제가 불안정하다.
② 작업의 단일화로 숙련도가 향상된다.
③ 노동의 계절적 편중현상이 나타난다.
④ 자본회전이 원만하지 못하다.

67 축산업만을 영위하는 축산전업농의 기본적인 기준에 합당하지 않은 농가는?
① 농가소득이 축산소득과 겸업소득으로 구성된 농가
② 농가의 노동력을 축산에만 투여하는 농가
③ 농가의 노동력이 완전히 연소될 수 있는 규모의 축산업을 영위하는 농가
④ 농가소득이 축산소득으로 구성된 농가

68 다음 중 생산조직에 따른 경영형태에 속하는 것은?
① 공동경영
② 복합경영
③ 양돈경영
④ 전업경영

69 복합경영의 장점에 대한 설명으로 옳은 것은?
① 소량판매에 유리하다.
② 토지이용을 효율적으로 할 수 있다.
③ 수입원이 단일화되어 수익이 증가한다.
④ 복합적 노동에 의한 노동생산성이 향상된다.

> **해설**
> **복합경영의 장점**
> • 토지의 효율적 이용
> • 노동배분의 연중 편중화
> • 지력의 유지
> • 자금회전의 원활화

70 복합경영의 단점이 아닌 것은?
① 노동생산성이 저하된다.
② 기계화가 어렵다.
③ 기술의 다양화로 기술의 발달이 어렵다.
④ 위험부담이 감소된다.

> **해설**
> **복합경영의 단점**
> • 기술의 다양화로 경영자의 전문적인 기술숙련이 어렵다.
> • 생산물의 판매에 불리하다.
> • 경영 간에 노동의 경합이 생길 수 있어서 노동생산성이 낮아지기 쉽다.
> • 기계화가 어렵다.

71 축산경영에서 가족경영의 특성이 아닌 것은?
① 경영과 가계의 미분리
② 주로 고용노동을 의미
③ 가족노동에 따라 경영규모 결정
④ 가계의 유지가 경영의 목표

> **해설**
> 가족경영은 노동력을 고용하지 않고 가족노동에 의한 경영형태로 경영과 가계가 미분리된 상태이다.

정답 66 ② 67 ① 68 ② 69 ② 70 ④ 71 ②

CHAPTER 03 축산경영관리

PART 05 축산경영학 및 축산물가공학

01 축산경영자원관리

1. 경영자원관리

(1) 경영관리의 개념

① 경영주가 경영체의 목표를 효율적으로 달성하기 위하여 경영체계를 조직하고 운영을 계획하며 지휘, 통제하는 과정이다.
② 경영체의 일반적 기능 : 인사, 재무, 생산, 구매, 회계 등이 있다.
③ 경영관리 : 최고경영자, 중간관리자, 현장관리자 등 경영관리자의 경영활동이다.
④ 경영관리과정 : 계획 → 조직 → 지휘 → 통제하는 과정이다.

> **더 알아두기**
>
> **뉴먼(H. William Newman)의 경영관리 기본과정**
> - 계획 : '무엇을 할 것인가?'를 결정하는 일 - 목표, 방침, 계획과 그 실천 방안, 특정한 처리절차의 결정, 일정의 편성 등 경영전반에 걸친 결정사항
> - 조직 : 경영자와 관리인과의 상호관계를 규정하는 것, 또한 물적 조직(가축, 토지, 자본재 등)이 관리에 편리하도록 결합되는 것
> - 제자원의 조달 : 경영요소(토지, 노동력, 자본재 등)를 조달하는 일
> - 지휘 : 계획의 실시를 지시하는 일
> - 통제 : 계획된 모든 일의 진행상황을 감독하는 일

(2) 축산경영 합리화 방안

① 안전화 경영 : 생산과 가격의 안전화 등
② 근대화 경영 : 생산성 향상과 비용의 절약 등
③ 과학적 경영 : 시설의 자동화, 경영의 과학화 등
④ 합목적화 : 경영목표에 합치되는 경영, 이윤의 최대화 등
⑤ 다각화 경영 : 위험분산, 노동의 계절성 조절, 부산물 이용증대 등

(3) 축산경영의 구체적 합리화 방안
① **생산성 향상** : 시설·기구 등의 과학화
② **경영조직의 적정화** : 공동체제의 확립, 배합, 선택 등
③ **생산비 절감** : 생산비, 노동비, 가축비 등 비용절감
④ **생산기술의 개선** : 사료생산, 번식, 위생, 처리, 가공 등

(4) 축산경영관리의 과제
① 축산경영의 목표 및 계획성이 결여 → 명확한 목표설정이 필요
② 미약한 자기자본으로 과다한 경영확대 → 자본계획, 재무관리의 중요성이 증대
③ 노동절약적 시설과 기계의 과잉투자의 경향 → 투자에 관한 경영관리의 중요성 증대
④ 생산비 분석, 통제해 나가는 경영관리가 중요
⑤ 규모확대에 따른 생산물 단위당 소득 및 소득률 저하 경향
⑥ 가공형 축산에서 사료비의 비중이 높다. → 생산관리체제를 갖추어 나가는 것이 필요
⑦ 축산물가격의 변동이 극심하다. → 상품가치를 높이기 위한 생산, 품질관리가 필요
⑧ 경영계획, 통제, 평가 시 정확한 기록자료가 요구된다.
⑨ 경영규모의 확대에 따른 바람직한 인사관리가 요구된다.
⑩ 축산경영자 자신의 능력향상이 요구된다.

2. 투입요소 대체의 원리 및 투입요소관리 등

(1) 생산가능곡선
일정한 자원으로 두 종류 이상의 생산물을 생산할 때 각 생산물의 가능한 생산량 조합을 연결한 선

(2) 생산물결합관계의 형태
① **결합생산**
  ㉠ 한 가지 생산물을 생산할 때 다른 생산물의 생산이 일정한 비율로 생산되는 경우
  ㉡ 주어진 생산자원으로 동일한 생산과정에서 둘 이상의 생산물(Y_1, Y_2)이 생산될 때, 이들 생산물의 관계

ⓒ 결합생산물의 예

결합관계의 생산물	결합관계의 생산물이 아닌 것
• 우유와 젖소 송아지 • 소고기와 소가죽 • 비육우와 퇴비 • 오리고기와 오리털 • 양고기와 양털 • 산란계와 달걀	• 닭고기와 돼지고기 • 소고기와 돼지고기 • 육계와 달걀 • 산란계와 육계 • 돼지고기와 우유 • 한우고기와 수입소고기

② 경합생산물
  ㉠ 두 생산물 간의 한계대체율이 부(-)를 나타내고, 절댓값이 체증하는 경우의 두 생산물
  ㉡ 특정 생산요소의 양이 주어짐으로써 어느 한 생산물의 생산을 증가시키면 다른 한 생산물의 생산량이 감소하는 경우 이 두 생산물의 관계
  ㉢ 번식비육 일관사육농가에서 축사의 규모를 늘리지 않고, 비육우 전문경영형태로 변경하기 위해서 비육우를 늘릴 경우 이때의 번식우와 비육우의 생산관계

③ 보완생산물
  ㉠ 육우와 벼농사처럼 일정한 자원으로 어느 한 생산물을 위해 자원을 증투함에 따라 다른 생산물의 생산이 증가하는 경우 두 생산물 간의 관계
  ㉡ 양돈농가가 밭작물을 일부 재배할 경우 양돈경영에서 생산된 구비를 밭작물에 투입함으로써 비료구입비도 절약되고 작물수확량도 늘어났을 때 이 두 부문 간의 관계

④ 보합관계
  ㉠ 다른 축산물의 생산량을 증감시키지 않고 한 가지 축산물의 생산량을 증가시킬 수 있을 때 이 두 생산물 간의 관계
  ㉡ 한우사육을 주업으로 하는 농가가 남는 노동력을 이용하여 부업으로 돼지를 사육할 때 두 생산물의 관계

02 경영기록

1. 생산 및 투입요소 기록관리

(1) 기록관리의 개념

① 기록관리의 목적
  ㉠ 경영기록은 경영상의 문제점을 파악하여 차기의 경영계획을 설정하는 데 있다.

ⓒ 경영기록은 경영성과를 파악하고, 경영능력의 분석자료를 제공함으로써 경영개선을 향상시키는 데 있다.
② 기록관리의 필요성
ⓐ 수요의 증가에 따라 전업적·기업적 경영형태로 발전함으로써 경영의 합리화가 요구된다.
ⓑ 과학적인 경영개선(경영의 법칙, 경영조직, 관리 등)과 기록의 필요성이 대두되었다.
ⓒ 경영분석진단과 경영합리화를 위한 필수적인 경영활동이다.

(2) 기록관리의 구분
① 기술분석을 위한 생산관리 기록
ⓐ 노동일지, 생산일지, 출하일지, 사료급여일지, 번식일지, 구입일지 등이 있다.
ⓑ 사료 요구율, 사고율, 번식성적, 분만, 이유, 증체율 등을 파악할 수 있게 해야 한다.
ⓒ 매월 또는 분기별, 연간집계가 가능하도록 기록체계가 이루어져야 한다.
② 성과분석을 위한 비용 수익관리 기록
ⓐ 생산요소의 구입상황, 생산물과 부산물의 판매상황, 생산비용 산출 등을 매일 기록한다.
ⓑ 일정기간 동안 생산비 산출, 손익계산, 대차대조표 작성에 의하여 생산비 분석, 수익성 분석, 안정성 분석이 이루어지도록 작성하여야 한다.

2. 회계 기록관리

(1) 대차대조표
① 개 념
ⓐ 특정시점에서 경영의 재무상태를 나타낸 표이다.
ⓑ 차변에는 자산항목을 기입하고, 대변에는 부채와 자본을 기입한다.
ⓒ 차변과 대변의 합계는 일치해야 한다(대차평균의 원리).
② 차변계정
ⓐ 고정자산 : 토지, 건물, 대농기구, 대동물 등
ⓑ 유동자산 : 소동물, 소농기구, 구입사료, 미판매현물, 중간생산물 등
ⓒ 유통자산 : 현금, 당좌예금, 출자금, 외상매출금, 미수금, 대부금 등
③ 대변계정
ⓐ 부채 : 차입금(장기, 단기), 외상매입금, 미지불금, 지불어음 등
ⓑ 자본 : 자본금, 잉여금, 순이익
※ **당기순이익** : 자본금에 포함되어 자본금을 증가시키는 요인이다.

④ 재무상태 파악
  ㉠ 대차대조표 등식 : 자산(A) = 부채(P) + 자본(K)
  ㉡ 자본등식 : 자본(K) = 자산(A) - 부채(P)

(2) 손익계산서
  ① 개념
    ㉠ 손익의 발생여부를 알아보기 위한 일람표이다.
    ㉡ 비용항목과 손익항목으로 구성된다.
    ㉢ 총이익과 총비용을 계산하여 순이익과 순손실을 파악할 수 있다.
  ② 손익의 계산
    ㉠ 차변과 대변의 합계가 일치해야 한다.

> 총수익 = 총비용 + 순수익, 총비용 = 총수익 + 순손실

   ㉡ 당기순이익은 총비용항목에 포함된다.

> 순이익 = 총수익 - 총비용

03 최적생산수준

1. 생산 및 비용함수의 개념

(1) 생산함수
  ① 생산함수의 개념
    ㉠ 투입과 산출의 기술적 관계를 나타내는 함수이다.
    ㉡ 투입과 산출 간의 상관관계를 의미한다.
    ㉢ 단 한 가지 생산요소로써 어떤 축산물을 생산한다고 가정하고, 생산량을 Y, 투입량을 X라고 할 때 생산량과 투입량의 생산함수는 $Y = f(X)$로 표기한다.
    ㉣ 두 가지 이상의 생산요소를 이용하여 생산물을 생산할 경우 생산함수 $Y = f(X_1, X_2, X_3, \cdots X_n)$의 형식으로 표기한다.
    ㉤ 생산함수에는 TPP(총생산), MPP(한계생산), APP(평균생산)이 있다.

② 총생산(TPP ; Total Physical Product)
  ㉠ 투입한 생산요소의 총량에 대응하는 생산물의 총량, 즉 생산함수는 $Y = f(X)$ 에서 X를 계속 투입한 결과 Y의 양을 총생산이라 한다.
  ㉡ 총생산물은 투입하는 생산요소에 대해서 생산물이 비례하여 생산되는 경우, 체감하는 경우, 체증하는 경우 등이 있다.
    • 총생산이 동일한 비율로 증가하는 경우 : 생산요소 X_1의 투입량에 비례해서 추가되는 생산량이 동일한 비율로 증가하는 경우
    • 총생산의 증가율이 체감하는 경우 : 어떤 생산요소(X_1)를 추가로 투입할수록 그에 따라 얻어지는 추가생산량(Y)의 비율이 점점 감소하는 생산함수
    • 총생산의 증가율이 체증하는 경우 : 생산요소(X_1)를 추가로 투입할수록 그에 따라 얻어지는 추가생산량(Y)이 점점 커지는 경우
    • 총생산의 증가율이 체증하다가 체감하는 경우(일반적 생산함수) : 일반적인 농업생산의 경우 총생산의 증가율이 체증하다가, 어느 단계에 가면 수확체감의 법칙이 작용되어 생산요소의 투입에 따라 총생산의 증가율이 체감하는 경우

③ 평균생산물(APP ; Average Physical Product)
  ㉠ 총생산량(Y)을 투입한 생산요소의 총량(X)으로 나눈 것으로 각 생산요소투입량에 대한 평균생산물을 나타낸다.
  ㉡ 총생산을 투입된 생산요소의 수량으로 나눈 것(Y/X)

  > **예제** 생산량이 10, 투입량이 2일 때 평균생산물(AP)은?
  > **해설** 10/2 = 5

④ 한계생산물(MPP ; Marginal Physical Product)
  ㉠ 추가된 한 단위를 더 투입했을 때 생산되는 추가생산량을 말한다.
  ㉡ 가변투입요소의 1단위 증가투입에서 오는 산출물의 변동을 뜻한다.
  ㉢ 산출량 증가량을 ΔY, 생산요소의 증가량을 ΔX라 하면 한계생산력은 $\Delta Y/\Delta X$
  ㉣ 한계생산물은 양의 변화(+), 부의 변화(-), 0의 상태가 될 수 있다.

  > **예제** 한우비육경영에서 농후사료급여량을 3단위에서 5단위로 증가시키면 총증체량은 5단위에서 9단위로 증가하였을 때의 한계생산은 얼마인가?
  > **해설** 4/2 = 2

⑤ 총생산과 한계생산의 관계
  ㉠ 총생산이 체증되고 있는 동안은 한계생산이 계속 증가(+)한다(한계생산이 0보다 클 때 총생산은 증가한다).
  ㉡ 총생산이 체감되는 경우에는 한계생산도 감소(-)한다.
  ㉢ 총생산력이 최대일 때 한계생산력은 (0)이 된다.
  ㉣ 생산요소의 추가적인 투입에도 불구하고 총생산이 증감 없이 불변인 경우의 한계생산은 0이다.
  ㉤ 생산요소의 추가투입에 대해 총생산이 오히려 감소할 경우의 한계생산은 마이너스이다.
  ㉥ 한계생산이 증가하고 있을 때 총생산량은 증가하고, 한계생산이 감소하고 있을 때는 총생산이 체감적으로 증가한다.

⑥ 총생산과 평균생산의 관계
  ㉠ 총생산의 증가율이 체증하는 경우에 평균생산은 계속 증가한다(변곡점까지).
  ㉡ 생산요소의 추가투입에 대해 총생산의 증가율이 체감하기 시작한 후 어느 단계까지는 평균생산이 증가하다가 그 이후부터 감소된다. 그러나 0이나 그 이하로 내려가지는 않는다.

⑦ 한계생산과 평균생산의 관계
  ㉠ 평균생산물이 증가하는 한 한계생산물은 증가하며, 이때 한계생산은 평균생산물보다 더 크다.
  ㉡ 한계생산이 최고치에서 감소하기 시작하여 평균생산의 수치보다 작아지면 평균생산도 감소하게 되지만 한계생산보다는 큰 수치가 된다.
  ㉢ 한계생산물은 평균생산물이 최대가 될 경우에는 동일하다.
  ㉣ 한계생산물이 평균생산물보다 클 경우 평균생산물은 증가한다.
  ㉤ 한계생산물이 평균생산물보다 작을 경우 평균생산물은 감소한다.
  ㉥ 한계생산물이 평균생산물과 일치할 때 평균생산물은 최대가 된다.

⑧ 생산함수의 3영역
  ㉠ 제1영역
    • 생산요소의 추가적인 투입으로 얻어지는 평균생산이 최대가 될 때까지의 범위이다.
    • 최대의 평균생산물을 산출할 수 있는 총생산(TPP)이 수확체증을 나타내는 단계이다.
    • 생산이 중단되지 않고 계속되어야 할 영역으로 무조건 생산투입을 증가시킨다.
  ㉡ 제2영역
    • 총생산은 계속 증가하지만 한계생산과 평균생산은 감소하는 범위
    • 평균생산이 최고인 점에서 총생산이 최고인 점 사이이다.

- 평균생산물이 최대인 점에서부터 한계생산물이 0이 되는 점까지로 수확체감현상이 나타나는 단계이다.
- 합리적인 생산요소의 사용량을 결정하여야 하는 영역이다.
- 평균생산이 한계생산보다 언제나 크다.

ⓒ 제3영역
- 생산요소의 투입이 지나치게 많아서 총생산이 오히려 감소하는 단계이다.
- 평균생산이 계속 감소하고, 한계생산은 부(-)의 증가를 나타내는 영역이다.
- 최적생산구역은 발생하지 않으므로 투입량을 제2영역까지 감소시키는 것이 유리하다.
- 이 영역에서는 평균생산은 계속 감소하나 0보다는 크고 한계생산은 0 이하이다.

(2) 비용함수

① 총비용(TC ; Total Cost)
   ㉠ 총비용 : 총고정비용(TFC)과 총유동비용(TVC)을 합한 비용이다.
   ㉡ 총고정비용
   - 생산량과 관계없이 일정하므로 수평선으로 나타낸다.
   - 가변비용곡선의 기울기는 총생산물곡선의 기울기와 반대의 형태이다.
   - 임대료, 건축비, 시설비, 감가상각비 등(투입량×가격)
   ㉢ 총가변비용
   - 생산량의 증감에 따라 변동하는 투입재이다.
   - 비료, 농약, 사료, 재료비, 관리비, 인건비 등

② 평균비용(AC ; Average Cost)
   ㉠ 생산물 단위당 비용으로 일정량의 생산에 소요된 총비용을 생산량으로 나눈 것
   ㉡ 평균고정비용
   - 총고정비용을 산출량으로 나눈 것으로 산출량의 증가에 따라서 계속 감소한다.
   - 평균고정비용곡선은 생산량이 증가할수록 단위당 고정비용이 체감한다.
   ㉢ 평균가변비용(AVC, 평균유동비)
   - 총가변비용을 산출량으로 나눈 것으로 평균생산(APP)과 역관계이다.
   - 산출량이 증가함에 따라서 처음에는 감소하나 최저치를 나타낸 후 상승하는 U자형태이다.
   - 평균생산이 증가하면 평균유동비는 감소, 평균생산이 감소하면 평균유동비는 증가, 평균생산이 최대일 때 평균유동비는 최소가 된다.

> **더 알아두기**
> - 평균비용 = 총비용 ÷ 총생산량(AC = TC / Y)
> - 평균고정비 = 총고정비 ÷ 생산량(AFC = TFC / Y)
> - 평균유동비 = 총유동비 ÷ 생산량(AVC = TVC / Y)
> - 평균총비용 = 평균고정비 + 평균유동비(ATC = AFC + AVC = TC / Y)

③ 한계비용(MC ; Marginal Cost)
  ㉠ 일정 생산량하에서 그 생산물 1단위를 더 생산하는 데 필요한 비용의 증가분, 즉 생산물 1단위를 추가할 경우 추가되는 비용이다.
  ㉡ 한계비용은 MC = $\Delta TC/\Delta Y$(총비용의 증가분 ΔTC, 산출량의 증가분 ΔY)
  ㉢ 한계비용곡선에서 한계비용(MC)과 평균비용(AC)이 만나는 점에서 평균비용(AC)이 최소가 된다.
  ㉣ 한계비용과 한계생산물과의 관계는 역의 관계로 한계생산물이 최대점일 때 한계비용은 최저점이 된다.
  ㉤ MC > AC : 생산량을 늘리면 평균비용이 상승한다.
  ㉥ MC < AC : 생산량을 늘리면 평균비용이 감소한다.
  ㉦ AC의 기울기가 0인 곳에서는 생산량이 늘어도 평균비용이 상승하지 않는다(MC = AC).

④ 기회비용
  ㉠ 어느 생산요소가 어느 특정생산에 투입되었을 때 그로 인해 포기되는 비용
  ㉡ 가족노동비나 자기토지 지대 등과 같이 현금지출 비용이 아닌 비목의 비용산정 시 적용되는 개념
  ㉢ 비육우를 사육하는 어느 농민이 여기에 투입된 가족노동력에 대한 비용을 산출하려고 할 때 가족의 기회비용을 고려하여 적용한다.
    예 가족노동력을 비육우사업이 아닌 최선의 다른 곳에서 자기가 가진 기술로 월 3백만원의 소득을 올릴 수 있다고 하면 비육우 사육에 투입된 가족노동력은 월 3백만원으로 계산하여야 한다.

(3) 최적생산수준의 선택

① 총수익과 총비용의 차액이 최대일 때
  ㉠ 총수익(생산물수량×시장가격)과 총비용(생산요소의 수량×가격)의 차액이 최대, 즉 총수익과 총비용의 차액이 최대일 때 최대수익이 된다.
  ㉡ 생산함수 곡선상에서 수익과 비용의 간격이 최대가 될 때 경영수익이 최대가 된다.

② 투입된 생산요소와 생산물의 가격비율이 한계생산의 수치와 일치할 때
  ㉠ 생산요소(X)와 생산물(Y)의 가격비를 한계생산물과 비교함으로 순수익이 최대가 되는 산출수준을 결정하는 방법
  ㉡ 가격선 A와 평행하는 선이 생산함수곡선(TPP)과 접하게 될 때 수익이 최대로 된다.
③ 한계수익과 한계비용이 일치할 때
  ㉠ 추가산출량의 한계수익과 한계비용을 비교함으로써 이윤이 극대화하는 산출수준을 결정하는 방법이다(MR = MC).
  ㉡ 어떤 생산물(Y)을 더 생산하기 위해 생산요소(X_1)를 한 단위 더 투입할 때 추가되는 비용이 한계비용이고, 추가된 투입에서 얻어지는 생산액이 한계수익이 되는데 이들이 같아질 때 수익의 최대화된다.

2. 비용최소화의 기본원리

(1) 등생산곡선

① 일정량의 생산물을 산출할 수 있는 두 생산요소의 가능한 결합을 연결한 선이다.
② 우하향의 기울기를 가진다(생산요소가 서로 대체됨).
③ 원점에서 멀리 위치한 등생산곡선일수록 보다 큰 총생산량을 표시한다.
④ 등생산곡선은 최소비용으로 어떤 생산물을 생산하기 위한 생산요소의 결합을 선택하는 데 유효한 개념이다.
⑤ 곡선상의 어떤 점에서 두 생산요소를 결합하는 경우에도 동일한 수량을 생산한다.
⑥ 등량선은 원점에 대하여 볼록하다(생산요소 간의 대체 정도가 체감함을 의미).
⑦ 서로 다른 등량선은 교차하지 않는다.

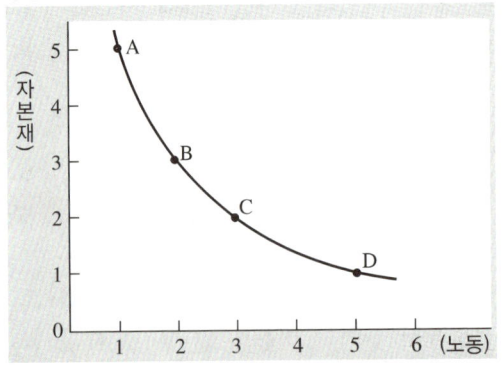

> **더 알아두기**
>
> 한계대체율(Marginal Rate of Substitution)
> 둘 이상의 생산요소 간에 대체관계가 있을 때 한 생산요소의 투입을 한 단위 추가하면 다른 생산요소의 투입이 대체되므로, 같은 양의 Y를 생산하기 위해서 X_1의 투입을 증가시키면 X_2의 투입은 감소한다. 이때 X_1의 추가투입에 대하여 X_2의 투입이 감소하는 비율이다.

(2) 생산요소의 결합형태

① X_1과 X_2가 고정비율로 결합하는 경우 : 두 가지 생산요소가 고정비율로 결합한 경우(최적선택의 문제는 발생하지 않음)
② 일정(불변)대체율 : 일정한 생산수준을 유지하기 위하여 X_1의 변화량을 줄이는 만큼 X_2의 같은 비율로 증가하는 경우(최적선택은 상대가격과 투입의 대체율에 의존)
③ 가변대체율 : 곡선상의 임의의 점에서의 한계대체율은 그 점에서 곡선과 접하는 직선의 기울기로, 기울기는 일정하지 않고 체감 또는 체증한다.

(3) 생산요소의 합리적 결합

① 두 생산물의 결합에 있어 비용이 가장 적게 소요되는 생산요소의 결합
  ㉠ 생산요소가격의 역비는 한계대체율과 같을 때이다. 즉, 생산요소 가격의 역비(逆比)와 한계대체율이 일치하는 점에서 비용이 최소화된다.
    • $(P_{X_1}/P_{X_2} = \Delta X_2 / \Delta X_1)$
  ㉡ 생산물(Y)을 최소비용으로 생산하기 위한 두 생산요소(X_1, X_2)의 최적의 결합조건은
    • $P_{X_1} \cdot \Delta X_1 = P_{X_2} \cdot \Delta X_2$
  ㉢ 최소비용으로 일정한 생산물을 생산하기 위한 투입의 결합은 $P_{X_1}/P_{X_2} = \Delta X_2/\Delta X_1$의 조건이다.
  ㉣ $P_{X_2}\Delta X_2 > P_{X_1}\Delta X_1$이라면 X_1을 증가시키고 X_2를 감소시키면 비용이 감소하고, $P_{X_2}\Delta X_2 < P_{X_1}\Delta X_1$라면 X_2의 증가가 유리하다.

② 가변투입이 3개 이상일 경우 투입의 최소비용 결합조건
  ㉠ 2개 투입의 최적결합은 $P_{X_1}\Delta X_1 = P_{X_2}\Delta X_2$이기 때문에 투입 X_1, X_2, X_3의 최소비용 결합은 $P_{X_1}\Delta X_1 = P_{X_2}\Delta X_2 = P_{X_3}\Delta X_3$
  ㉡ 투입의 최적결합은 하나의 투입량을 줄이는 비용의 감소가, 산출을 유지하기 위하여 다른 투입에서 추가하는 비용과 같아지는 투입의 결합을 나타낸다.

3. 이윤극대화의 기본원리 등

(1) 축산경영의 이윤극대화 조건
① 한계수익 = 한계비용(한계수입이 한계비용과 같을 때)
② 총수익과 총비용의 차액이 최대일 때
③ 생산요소와 생산물의 가격비가 한계생산과 일치할 때
④ 한계생산이 그 가격의 역비와 같을 때
⑤ 한계가치생산이 자원의 가격과 같을 때

(2) 손실최소화의 원리
㉠ 한계수익이 평균총비용보다 낮더라도 고정비는 이미 투자된 것이므로 유동비 수준에만 도달할 수 있다면 생산을 계속하는 것이 유리하다.
㉡ 단기에서 생산물가격이 평균비용(AC) 보다는 낮더라도 평균가변비용(AVC)보다 높다면 생산을 계속하는 것이 유리할 경우가 있다. 이를 손실최소화의 원리라고 한다.
㉢ 산물의 판매가격이 추가 소요되는 유동비 수준에도 미치지 못한다면 더 이상 생산을 하지 않아야 손실을 최소화할 수 있다.

CHAPTER 03 적중예상문제

PART 05 축산경영학 및 축산물가공학

01 축산경영 운영의 합리화 방안으로 가장 부적당한 것은?

① 소규모 경영
② 근대화 경영
③ 과학적 경영
④ 경영목표에 합치되는 경영

해설

축산경영의 합리화 방안
- 생산성 향상
- 물류비용 감소
- 생산비 절감
- 생산기술의 개선
- 근대화 경영(과학적 경영)
- 경영목표에 합치되는 경영

02 일정한 자원으로 두 종류 이상의 생산물을 생산할 때 각 생산물의 가능한 생산량 조합을 연결한 선을 무엇이라고 하는가?

① 총생산가능곡선
② 생산가능곡선
③ 한계생산곡선
④ 동일생산력가능곡선

03 축산경영의 일반적 특징 중 결합생산물의 예로 가장 적합한 것은?

① 산란계와 육계
② 돼지고기와 우유
③ 소고기와 소가죽
④ 한우고기와 수입소고기

해설

결합생산물
- 한 가지 생산물을 생산할 때 다른 생산물의 생산이 일정한 비율로 생산
- 양털과 양고기, 소고기와 소가죽, 우유와 젖소 송아지, 오리고기와 오리털, 비육우와 퇴비, 산란계와 달걀 등이 해당됨

04 주어진 생산자원으로 동일한 생산과정에서 둘 이상의 생산물(Y_1, Y_2)이 생산될 때, 이들 생산물은 어떤 관계인가?

① 결합관계
② 보완관계
③ 경합관계
④ 보합관계

정답 1 ① 2 ② 3 ③ 4 ①

05 주어진 생산자원으로 동일한 생산과정에서 두 생산물(Y_1, Y_2)이 경합될 때, 이들 생산물은 어떤 관계인가?

① 보완관계
② 보합관계
③ 결합관계
④ 경합관계

> **해설**
> **경합관계**
> - 특정 생산요소의 주어진 양으로써 어느 한 생산물 Y_1의 생산을 증가시키면 다른 한 생산물 Y_2의 생산량이 감소하는 경우에 두 생산물의 관계
> - 번식비육 일관사육농가에서 축사의 규모를 늘리지 않고, 비육우 전문경영형태로 변경하기 위해서 비육우를 늘릴 경우 이때의 번식우와 비육우의 생산관계

06 주어진 자원으로 어느 한 생산물(Y_1)을 더 생산하기 위하여 다른 하나의 생산물(Y_2)을 감소해야 할 경우 이들 생산물을 무엇이라고 하는가?

① 경합생산물
② 결합생산물
③ 보합생산물
④ 보완생산물

> **해설**
> **경합생산물**
> - 특정 생산요소의 양이 주어짐으로써 어느 한 생산물의 생산을 증가시키면 다른 한 생산량이 감소하는 경우 이 두 생산물의 관계
> - 두 생산물 간의 한계대체율이 부(-)를 나타내고, 절댓값이 체증하는 경우의 두 생산물

07 육우와 벼농사와 같이 일정한 자원으로 어느 한 생산물을 위해 자원을 증투함에 따라 다른 생산물의 생산에 증가하는 경우 이들 두 생산물을 무엇이라 하는가?

① 결합생산물
② 경합생산물
③ 보완생산물
④ 보합생산물

> **해설**
> **보완생산물** : 생산요소의 일부를 한 생산물 생산에서 다른 생산물의 생산을 위해 사용함으로써 두 생산물이 모두 증가하는 생산물의 결합형태

08 양돈농가가 밭작물을 일부 재배할 경우 양돈경영에서 생산된 구비를 밭작물에 투입함으로써 비료구입비도 절약되고 작물수확량도 늘어났다고 하자. 이때의 두 부문 간의 관계를 무엇이라고 하는가?

① 경합관계
② 보완관계
③ 경쟁관계
④ 결합관계

> **해설**
> **보완관계** : 한우농가가 수도작을 일부 재배할 경우에 한우경영에서 생산된 구비를 수도작에 투입함으로써 비료구입비도 절약되고, 벼수확량도 늘어났다고 가정하자. 이때의 두 부문 간의 관계를 보완관계라 한다.

09 한우사육을 주업으로 하는 농가가 남는 노동력을 이용하여 부업으로 돼지를 사육한다면 두 생산물의 관계는?

① 보합관계 ② 보완관계
③ 결합관계 ④ 경합관계

해설
보합관계 : 다른 축산물의 생산량을 증감시키지 않고 한 가지 축산물의 생산량을 증가시킬 수 있다면 이 두 생산물 간의 관계를 보합관계라 한다.

10 축산경영분석을 위한 대차대조표에 대한 설명으로 옳은 것은?

① 대변에는 자산항목을 기입한다.
② 차변에 비용과 순수익을 기입한다.
③ 특정시점에서 경영의 재무상태를 나타낸 표이다.
④ 회계기간 중에 발생한 수익과 비용을 계산한 표이다.

11 다음 중 대차대조표의 등식을 가장 바르게 표시한 것은?

① 자산 = 부채 + 자본
② 자산 = 자본 − 부채
③ 자본 + 자산 = 부채
④ 자산 + 부채 = 자본

해설
- 대차대조표 등식 : 자산 = 부채 + 자본
- 손익계산서 등식 : 총비용 + 순이익 = 총수익

12 축산경영 분석을 위한 대차대조표의 차변(借邊)에 기재되는 항목은?

① 단기차입금 ② 외상매입금
③ 미수입금 ④ 미지불금

해설
대차대조표의 차변(借邊)에 기재되는 항목
- 고정자산 : 토지, 건물, 대농기구, 대동물, 육성우 등
- 유동자산 : 판매용 송아지, 구입사료, 소농기구
- 유통자산 : 외상매출금, 미수금, 현금, 예금

13 축산경영분석을 위한 대차대조표의 대변(貸邊)에 기재되는 항목은?

① 당좌예금 ② 미수입금
③ 미지불금 ④ 외상매출금

해설
대차대조표의 대변(貸邊)에 기재되는 항목
- 부채 : 장기차입금, 단기차입금, 지불어음, 외상매입금, 미지불금
- 자본 : 자본금, 잉여금

14 투입과 산출의 기술적 관계를 나타내는 함수는?

① 수요함수 ② 이윤함수
③ 생산함수 ④ 비용함수

해설
생산함수 : 투입과 산출 간의 상관관계를 의미하는 함수로, 생산요소의 종류 및 수량과 산출된 생산물과의 생산함수이다.

15 축산기술의 진보는 축산농가의 생산함수를 변화시킨다. 옳지 않은 것은?

① 생산함수를 위로 이동시킨다.
② 같은 노동력으로 더 많은 생산물을 얻을 수 있다.
③ 새롭게 개발된 사료를 소에게 같은 양을 급여해도 이전보다 체중이 더 늘어난다.
④ 기술개발에 따른 비용의 부담으로 축산물가격이 상승된다.

16 생산함수 제2영역에 대한 설명 중 옳은 것은?

① 생산요소 투입 시부터 평균생산이 최고인 점까지의 범위
② 총생산이 최고인 수준 이상까지의 범위
③ 평균생산 및 한계생산이 증가하는 범위
④ 총생산은 증가하지만 한계생산과 평균생산은 감소하는 범위

17 생산함수의 생산영역 설명으로 틀린 것은?

① 생산함수의 제2영역에서는 생산투입을 중단한다.
② 생산함수의 제1영역에서는 무조건 생산투입을 증가시킨다.
③ 최적생산구역은 제3영역에서 발생하지 않는다.
④ 제2영역은 평균생산이 최고인 점에서 총생산이 최고인 점 사이이다.

해설
① 제2영역은 한계생산이 0보다 크다. 따라서 투입요소를 적정하게 유지하여 생산을 지속한다.

18 평균생산비와 한계생산비의 관계가 잘못된 것은?

① 두 곡선은 한계생산비의 최하점에서 교차한다.
② 두 곡선은 평균생산비의 최하점에서 교차한다.
③ 교차점 이전에서는 평균생산비가 한계생산비보다 크다.
④ 교차점 이후에서는 한계생산비가 평균생산비보다 크다.

해설
① 두 곡선은 평균생산비의 최하점에서 교차한다.

19 생산함수에서 평균생산물과 한계생산물의 관계를 바르게 설명한 것은?

① 평균생산물이 증가하면 한계생산물은 감소한다.
② 한계생산물이 평균생산물보다 클 경우 평균생산물은 증가한다.
③ 한계생산물이 평균생산물보다 작을 경우 한계생산물은 증가한다.
④ 한계생산물과 평균생산물이 동일할 경우 평균생산물은 최소가 된다.

20 체증하는 생산함수 형태를 설명한 내용으로 맞는 것은?

① 투입물의 각 추가단위에 대하여 생산물이 동일한 양으로 증가하는 생산함수
② 생산요소를 추가로 투입할수록 그에 따라 얻어지는 추가생산물의 비율이 점점 높아가는 생산함수
③ 생산요소를 추가로 투입할수록 그에 따라 얻어지는 추가생산물의 비율이 점점 작아지지만 총생산량은 증가하는 생산함수
④ 생산요소를 추가로 투입할수록 그에 따라 얻어지는 추가생산물의 비율이 점점 증가하지만 총생산량은 감소하는 생산함수

21 수확체감형태의 생산함수를 설명한 것 중 옳은 것은?

① 어떤 생산요소를 추가로 투입할수록 그에 따라 얻어지는 추가생산량의 비율이 점점 감소하는 생산함수
② 한계생산량은 점차 증가하지만 절대총생산량은 감소하는 생산함수
③ 한계생산량은 점차 증가하고 절대총생산량도 증가하는 생산함수
④ 어떤 생산요소를 추가로 투입할수록 그에 따라 얻어지는 추가생산량의 비율이 점점 증가하는 생산함수

22 다음 중 단기적 농업생산함수에 관한 설명으로 옳은 것은?

① 총생산이 감소하면 한계생산은 영(0)이 된다.
② 총생산이 최대일 때 한계생산은 부(-)가 된다.
③ 한계생산이 평균생산보다 작을 때 평균생산이 증가한다.
④ 한계생산과 평균생산이 같을 때 평균생산이 최고가 된다.

23 평균생산량이 최대가 되는 점에 대한 설명으로 옳은 것은?

① 한계생산이 0이 되는 점이다.
② 한계생산이 최대가 되는 점이다.
③ 평균생산과 한계생산이 일치하는 점이다.
④ 총생산곡선에서 제2영역과 제3영역의 사이 점이다.

해설

한계생산과 평균생산의 관계
- 한계생산물이 평균생산물보다 클 경우 평균생산물은 증가한다.
- 한계생산물이 평균생산물보다 작을 경우 평균생산물은 감소한다.
- 한계생산물이 평균생산물과 일치할 때 평균생산물은 최대가 된다.

정답 20 ② 21 ① 22 ④ 23 ③

24 총생산(TPP), 한계생산(MPP), 평균생산(APP)의 관계 중 옳은 것은?

① MPP = APP일 때 APP는 최대
② MPP > APP일 때 APP는 감소
③ MPP < APP일 때 APP는 증가
④ TPP가 최대일 때 MPP는 증가

25 총생산력이 최대일 때 한계생산력은 어떻게 나타나는가?

① 한계생산력은 (+)로 나타난다.
② 한계생산력은 (−)로 나타난다.
③ 한계생산력은 최대가 된다.
④ 한계생산력은 0이 된다.

26 양돈경영에서 농후사료의 투입량을 2단위에서 4단위로 늘렸더니 생체중이 5단위에서 9단위로 증체하였다면, 한계생산은 얼마인가?

① 2   ② 3
③ 4   ④ 5

해설
한계생산 = 추가투입량으로 인한 증체량/추가투입량
= (9−5)/(4−2)
= 2

27 한계생산이 0보다 클 때 총생산은?

① 변함이 없다.
② 감소한다.
③ 증가한다.
④ 한계생산과 총생산은 관계가 없다.

28 가변투입요소의 1단위 증투(增投)에서 오는 산출물의 변동을 뜻하는 것은?

① 평균생산력
② 총생산력
③ 한계생산력
④ 순생산력

29 총생산량이 10, 투입량이 2일 때 평균생산물(AP)은?

① 20
② 15
③ 10
④ 5

해설
총생산을 투입된 생산요소의 수량으로 나눈 것(Y/X)
평균생산물(AP) = 10/2
= 5

정답 24 ① 25 ④ 26 ① 27 ③ 28 ③ 29 ④

30 $Y = 50 + 1.5X - 0.5X^2$ 이며, 사료가격이 kg당 P_X = 500원, 출하가격이 kg당 P_Y = 1,000원이라면 X의 적정 투입수준은?(단, X : 농후사료, Y : 육계체중이다)

① 1단위
② 2단위
③ 15단위
④ 50단위

해설
적정 자원투입수준의 결정수식
$\frac{\Delta Y}{\Delta X} = \frac{P_X}{P_Y}$
(P_X : 생산요소 X의 가격, P_Y : 생산물 Y의 가격)
$Y = 50 + 1.5X - 0.5X^2$ 미분하면 $Y = 1.5 - X$가 된다.
$1.5 - X = \frac{500}{1,000}$
$1.5 - X = 0.5$
$X = 1$

31 비용함수에서 사용되는 비용에 대한 내용으로 옳지 않은 것은?

① 평균비용 = 총비용 ÷ 총생산량
② 총비용 = 총가변비용 + 총고정비용
③ 평균가변비용 = 총가변비용 ÷ 총생산량
④ 한계비용 = 생산량 증가분 ÷ 총비용 증가분

32 단기에서 생산물가격이 평균비용(AC)보다는 낮더라도 평균가변비용(AVC)보다 높다면 생산을 계속하는 것이 유리할 경우가 있다. 이를 무엇이라 하는가?

① 수익최대화의 원리
② 가격비용의 원리
③ 투입 최적화의 원리
④ 손실 최소화의 원리

33 산란계 경영에 있어서 총가변비가 5,000원, 총고정비가 10,000원, 평균가변비가 1,000원, 평균고정비가 2,000원일 때 총비용은 얼마인가?

① 15,000원 ② 16,000원
③ 17,000원 ④ 18,000원

해설
총비용 = 총고정비용 + 총가변비용
　　　 = 10,000 + 5,000
　　　 = 15,000원

34 어떤 양계경영농가에서 총고정비용이 500,000원, 총유동비용이 300,000원, 평균고정비용이 50,000원, 평균유동비용이 30,000원 투입되었다면 총비용은 얼마인가?

① 800,000원 ② 830,000원
③ 850,000원 ④ 880,000원

해설
총비용 = 총고정비용 + 총가변비용
　　　 = 500,000 + 300,000
　　　 = 800,000원

정답 30 ① 31 ④ 32 ④ 33 ① 34 ①

35 비용에 대한 설명 중 틀린 내용은?
① 고정비는 단기적으로 볼 때 생산량이 변화하면 변하는 비용
② 유동비는 생산물 산출량과 직접 관계되는 비용
③ 총비용은 총고정비와 총유동비의 합계
④ 평균비용은 총비용을 생산량으로 나눈 비용

36 다음 그림과 같은 어느 축산경영비용곡선에서 ㉠과 ㉡에 해당하는 것은?(단, 비용함수 $C = f(y)$, C : 비용, y : 산출량)

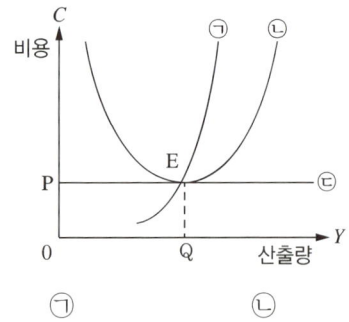

	㉠	㉡
①	총비용곡선	총수익곡선
②	총비용곡선	한계비용곡선
③	평균비용곡선	한계비용곡선
④	한계비용곡선	평균비용곡선

37 비육우를 사육하는 어느 농민이 여기에 투입된 가족노동력에 대한 비용을 산출하려고 할 때 옳은 방법은?
① 최저임금을 적용
② 도시근로자 평균소득을 적용
③ 가족의 기회비용을 고려하여 적용
④ 목표소득을 정하고 이를 기준으로 적용

38 다음 중 가변비용에 해당되는 것은?
① 사료비
② 감가상각비
③ 자기토지지대
④ 고정자본이자

39 소요비용(所要費用)이 아닌 것은?
① 자본이자
② 임 금
③ 지 대
④ 조세공과

40 기회비용에 대한 설명으로 올바른 것은?

① 생산하기 위하여 지출된 총비용
② 일정량의 생산물을 생산하는 데 들어간 비용
③ 생산물을 1단위 더 생산하기 위해 추가적으로 소요되는 비용
④ 어느 생산요소가 어느 특정생산에 투입되었을 때 그로 인해 포기되는 비용

해설

기회비용 : 가족노동비나 자기토지, 지대 등과 같이 현금지출비용이 아닌 비목의 비용산정 시 적용되는 개념이다. 예를 들면, 비육우를 사육하는 어느 농민이 여기에 투입된 가족노동력에 대한 비용을 산출하고자 한다. 가족노동력을 비육우사업이 아닌 최선의 다른 곳에서 자기가 가진 기술로 월 3백만원의 소득을 올릴 수 있다고 하면 비육우 사육에 투입된 가족노동력은 월 3백만원으로 계산하여야 한다. 이를 기회비용이라 한다.

42 다음 중 등생산곡선의 설명으로 틀린 것은?

① 우하향의 기울기를 가진다.
② 여러 개의 등생산곡선은 서로 교차할 수도 있다.
③ 원점에서 멀리 위치한 등생산곡선일수록 보다 큰 총생산량을 표시한다.
④ 등생산곡선은 최소비용으로 어떤 생산물을 생산하기 위한 생산요소의 결합을 선택하는 데 유효한 개념이다.

해설

등생산곡선은 일정량의 생산물을 산출할 수 있는 두 생산요소의 가능한 결합을 연결한 선으로 여러 개의 등생산곡선은 서로 교차하지 않는다.

41 농과대학을 졸업한 A씨가 한우를 사육하고 있는데, 한우를 사육하지 않고 축협에 취업하면 연간 2,000만원의 보수를 받을 수 있다고 가정하면, 이때 한우사육에 투입된 A씨의 노동에 대한 연간 기회비용은?

① 1,000만원
② 2,000만원
③ 3,000만원
④ 4,000만원

43 두 생산물의 결합에 있어 비용이 가장 적게 소요되는 생산요소의 결합은?

① 생산요소가격의 역비는 증가하고 한계대체율은 낮을수록
② 생산요소가격의 역비는 한계대체율과 같을 때
③ 생산요소가격의 역비가 한계대체율보다 클 때
④ 생산요소가격의 역비가 한계대체율보다 작을 때

정답 40 ④ 41 ② 42 ② 43 ②

44 어떤 생산물(Y)을 최소비용으로 생산하기 위한 두 생산요소(X_1, X_2)의 최적결합조건은?(단, ΔX_1과 ΔX_2는 추가투입, P_{X_1}과 P_{X_2}는 생산요소가격이다)

① $P_{X_1} \cdot \Delta X_1 > P_{X_2} \cdot \Delta X_2$
② $P_{X_1} \cdot \Delta X_1 < P_{X_2} \cdot \Delta X_2$
③ $P_{X_1} \cdot \Delta X_1 = P_{X_2} \cdot \Delta X_2$
④ $P_{X_1} \cdot \Delta X_2 = P_{X_2} \cdot \Delta X_1$

해설
생산요소 가격의 역비(逆比)와 한계대체율이 일치하는 점에서 비용의 최소화
$P_{X_1}/P_{X_2} = X_2/X_1$
이 식은 $P_{X_1}\Delta X_1 = P_{X_2}\Delta X_2$으로 다르게 표현되는데 이는 X_2의 추가비용 = X_1의 절감비용과 같다는 것을 의미한다.

45 축산경영의 최종목표로서 이윤의 극대화 조건은?

① 한계수익 = 한계비용
② 한계수익 > 한계비용
③ 총조수익 < 총생산비
④ 총조수익 = 한계비용

해설
축산경영의 수익을 극대화하는 조건은 한계수입이 한계비용과 같을 때이다.

46 축산경영에서 이윤 최대화의 조건이 아닌 것은?

① 총수익과 총비용의 차액이 최대일 때
② 총비용이 가장 낮을 때
③ 생산요소와 생산물과의 가격비가 한계생산물과 일치할 때
④ 한계수익과 한계비용이 일치할 때

해설
축산경영에서 순이익의 최대가 되기 위한 조건
• 한계수익과 한계비용이 일치할 때
• 총수익과 총비용의 차액이 최대일 때
• 생산요소와 생산물의 가격비가 한계생산과 일치할 때
• 균형의 근방에서 한계비용이 상승적일 것
• 한계비용 = 가격
• 한계생산이 그 가격의 역비와 같을 때
• 한계가치 생산이 자원의 가격과 같을 때

47 하루에 25kg의 우유를 생산하는 착유우에 농후사료를 추가적으로 3kg을 더 급여함에 따라 우유가 27kg으로 증가되었다. 이때 우유 kg당 가격이 600원이라고 하면 농후사료가격이 얼마일 때 수익최대화를 이룰 수 있는가?

① 250원
② 300원
③ 350원
④ 400원

해설
$\dfrac{27-25}{3} \times 600 = 400$원

CHAPTER 04 축산경영분석 및 평가

PART 05 축산경영학 및 축산물가공학

01 생산비와 경영비의 개념

1. 생산비 및 경영비의 개념

(1) 생산비의 개념
① 축산물 생산비 계산의 전제조건
  ㉠ 생산비는 화폐가액으로 표시될 수 있어야 한다.
  ㉡ 생산물을 생산하기 위하여 소비된 것이어야 한다.
  ㉢ 정상적인 생산활동을 위해 소비된 것이어야 한다.
② 생산비의 개념
  ㉠ 공산품을 생산하기 위해 사용된 재화와 용역의 비용을 원가라 한다면, 축산물, 농산물 등은 생산비 개념으로 표현한다.
  ㉡ 공산품은 원가에 이윤을 포함하나 축산물은 포함하지 않는다.
  ㉢ 생산비란 축산물을 생산하기 위하여 소비된 소모품(사료, 동물약품, 기타 재료 등)과 인건비, 자본이자 및 지대 등을 합한 총계이다.
    ※ **고정비용** : 생산량의 증감과 무관하게 지불되는 비용

(2) 경영비의 개념
① 조수입을 얻기 위하여 투입된 직접비용 즉, 경영체가 일정기간 동안에 조달 투입된 일체의 용역과 물재에 대해 지불된 비용이다.
② 경영비는 생산비의 일부분이다.
③ 경영비는 순비(농후사료비, 방역치료비, 노임 등)와 자급비(사료작물비 등)의 합계이다.

2. 생산비 및 경영비 비목 구성

(1) 축산물 생산비의 분류
① 기초생산비(1차생산비)
  ㉠ 거래의미의 생산비이다.

ⓒ 기초생산비 = 가축비 + 사료비 + 감가상각비 + 고용노동비 + 기타 제비
② 생산비
ⓐ 농가에서 축산물의 일정단위를 생산하기 위하여 소비된 가치의 합계이다.
ⓑ 생산비 = (기초생산비 + 토지자본이자 + 유동·고정자본이자) - 부산물 수입
　　　　= 경영비+자가노력비 + 유동·고정자본이자 + 토지자본이자
③ 경영비
ⓐ 경영비는 농가의 내부 경제적 관계에서 분류하였을 경우 순비와 자급비의 합계이다. 즉, 농가의 소득으로 되는 비용부분인 내급비를 공제한 경영학상의 생산비를 말한다.
ⓑ 경영비 = 순비 + 자급비 = 생산비 -내급비
ⓒ 가축비, 사료비, 수도광열비, 방역치료비, 수선비, 소농구비, 제재료비, 기타 잡비와 고용노동비, 차입금이자, 종부료 등과 같이 직접 지불된 비용과 건물시설, 대농기구 등의 감가상각비를 포함한 비용의 총액
④ 생산비와 경영비의 분류
ⓐ 생산비 : 경영비, 자가노력비, 제자본이자
ⓑ 경영비 : 가축비, 사료비, 수도광열비, 진료위생비, 수선비, 소농기구비, 제재료비, 기타 잡비, 고용노력비, 차입금이자, 종부료, 임차료, 분뇨처리비, 감가상각비

(2) 생산비와 경영비 항목

① 가축비(비육우)
ⓐ 구입 시 : 송아지 구입가격+구입제 비용
ⓑ 자가편입 시(자가생산) : 이유시점의 송아지를 기준으로 한 편입 당시의 시장거래가격
※ 가축비는 한우비육경영에서 가장 큰 비용 항목이다.

② 사료비
ⓐ 사료비 계산 : 실제 급여한 수량을 사료비로 하는 것을 원칙으로 하며, 구입하였지만 급여하지 않았다면 사료비로 계산하지 않는다.
ⓑ 구입사료비 : 구입가격과 구입 제비용(운임, 노임 등의 평가액)을 포함시키는 것
ⓒ 자급사료비 : 당해사료가 생산된 시점의 시장가격에 의한 단가
ⓓ 자가생산사료비 : 사료이용 목적으로 초지, 사료포 또는 답리작으로 재배한 각종 사료작물의 생산에 투입된 종자, 비료 등의 비용과 노력비
※ 사료비는 비육돈, 젖소, 육계, 산란계 경영비 중 가장 비중이 큰 항목이다.

③ 상각비(감가상각비)
  ㉠ 정액법 : 매년 일정하게 감가상각을 하는 방법
    • 감가상각비 = 취득가액 − 잔존가액 / 내용연수
    • 유우(젖소)감가상각비 = 착유우평가액 − 잔존가액 / 잔여내용연수
    • 번식우(번식돈)감가상각비 = 번식우 현재평가액 − 잔존가액 / 잔여내용연수
  ㉡ 정률법 : 연도가 경과함에 따라 감가상각비를 체감하는 방법
④ 고정자본 이자
  ㉠ 농기구, 축사 및 시설물, 가축 등의 자본액에 대한 평가를 하는 방법으로 계산방식은 다음 공식에 의한다.
    • 고정자본 이자 = 자본평가액 × 자기자본구성비 × 이자율 × 부담률
    • 자본평가액 = [취득가액 − (연상각액 × 경과연수)] × 해당 축종부담비율
    • 자기자본구성비 = (총자본액 − 차입자본액 / 총자본액) × 100
  ㉡ 이자율 : 축산물 생산비조사에서는 농가경제조사, 농산물생산비조사 등에서 적용하고 있는 이자율(100%)을 일률적으로 적용한다.
⑤ 유동자본 이자
  ㉠ 사료구입, 약품구입, 차입금 이자 등 축산물의 생산에 현금으로 투입된 자본액에 대하여 사육기간과 자본회전기간을 고려하여 이자를 계산하여 주는 것이다.
  ㉡ 번식우 : (경영비 − 상각비) / 2 × 자기자본구성비 × 이자율
  ㉢ 비육우 : [(경영비 − 상각비 − 가축비) / 2 + 가축자본액] × 자기자본구성비 × [이자율 × (사육일수 / 365)]
⑥ 토지자본 이자
  ㉠ 토지자본 이자는 축산물 생산에 이용된 건물부지, 운동장, 초지 및 사료포 등에 대한 용역비를 말한다.
  ㉡ 토지자본 이자 = 토지평가액 × 자기자본구성비 × 임차료율
  ㉢ 토지평가액
    • 축산물 생산비조사에서는 국토교통부에서 조사 발표하는 표준지 공시지가를 기준으로 축종별 표본지역 평균 토지가격을 산출하고 이를 소유면적에 곱하여 토지평가액을 산출한다.
    • 임차료율 = 연간임차료 ÷ (차용지면적 × 평당가격)
⑦ 부산물 수입 : 주된 생산물과는 성격이 다른 생산물(구비, 공포대, 송아지 등)로써 금전적인 가치를 가지는 것을 말한다.

⑧ 기 타
  ㉠ 수도광열비 : 전기료, 수도료, 연료비, 동력비 등
  ㉡ 진료위생비 : 의약비, 수의사 진료비, 약품구입비 등
  ㉢ 수선비 : 건물·시설·농기구 등의 수리유지비, 자가수리에서는 재료비와 노동력비 등
  ㉣ 제재료비 : 깔짚, 방충망, 비닐, 청소용구, 전구 등
  ㉤ 기타 잡비 : 교통통신비, 검사료, 협회비 등
  ㉥ 고용노력비 : 일고, 계절고, 연고의 임금
  ㉦ 종부료 : 가축수정료, 자가수정시 정액구입비와 노동력비
  ㉧ 자가노력비 : 지역노임에 준한 가족노동비 등
    • 자가노력비 = 노동투입시간 × 그 지역의 연평균임금
  ㉨ 기타 임차료, 차입금이자
    • 수도광열비 : 축산경영에 소요된 수도료, 전기료, 난방용 연료대
    • 방역치료비 : 가축치료 및 소독약품대, 수의사 진료비, 주사기 등 진료장비 구입비
    • 수선비 : 축사, 창고, 대농기구 등 수선비 또는 자급 재료대
    • 소농구비 : 삽, 괭이 등 소농기구 구입비
    • 제재료비 : 비닐, 깔짚, 수도꼭지, 장화, 장갑 등 재료비
    • 기타 잡비 : 각종회비, 전화료, 잡지구독료, 가축공제비 등
    • 고용노력비 : 상용고용인, 일용인 등 사양관리 노동력에 지급한 현금 또는 현금평가액
    • 차입금이자 : 실제 지불한 차입금이자(금융기관 대출금, 사채 등)
    • 종부료 : 번식우의 인공수정료 또는 자연종부료
    • 임차료 : 임차 사용한 토지, 건물, 장비 등에 지급한 현금 또는 현금평가액
    • 자가노력비 : 한우경영에 투입된 자가노동력에 대한 평가액

02 경영분석의 유형과 특징

1. 축종별 경영진단 및 분석

(1) 비육우 경영진단 분석

① 축산경영의 진단절차
  ㉠ 경영실태 파악 및 분석
  ㉡ 문제의 발견 및 판단

ⓒ 문제에 대한 요인분석
ⓒ 대책 및 처방
② 축산의 경영진단 시 비교분석 기준
  ㉠ 자기경영성과의 연차 간 비교
  ㉡ 해당 지역의 유사한 경영체와의 성과비교
  ㉢ 표준적인 진단기준과의 비교
  ㉣ 주요 진단지표
    • 생산지표 : 번식률, 품질(육량・육질), 사료급여량, 노동시간
    • 수익성지표 : 조수입, 경영비, 생산비
      - 축산소득 = 축산조수입 - 축산경영비
      - 축산순수익 = 축산조수입 - 축산생산비
      - 축산소득률 = 축산소득 / 축산조수입 × 100
      - 축산순수익률 = 축산순수익 / 축산조수입 × 100
      - 노동생산성 = 축산소득 / 노동시간
      - 토지생산성 = 축산소득 / 경지면적
      - 자본생산성 = 축산소득 / 축산자본액
③ 비육우경영의 기술진단지표
  ㉠ 1두 1일당 증체량
    • 비육우의 증체능력을 나타내는 지표이다.
    • 일당 증체량 = 1두당 비육기증체량 / 1두당 비육일수
  ㉡ 사료요구율, 사료효율
    • 사료소모량을 말하며 비육우의 생산능력을 나타내는 지표이다.
    • 사료요구율 = 사료섭취량 / 증체량
    • 사료효율 = 증체량/섭취량 × 100
            = (축산물생산량 / 사료급여량) × 100
  ㉢ 성과지표 : 소득, 가족노동보수, 자기자본이자, 지대, 이윤 등
  ㉣ 요인지표
    • 비육경영 : 1두당 노동시간, 1두당 사료비, 일당 증식가액, 증체량, 출하체중 등
    • 번식경영 : 성우의 두수(사양규모), 1일 1두당 노동시간, 사료요구율 등
    • 육성경영 : 1일 1두당 증식가액, 사료비, 체중가액, 노동시간, 사양규모 등
④ 한우농가의 경영개선에 의한 생산비 절감방안
  ㉠ 일당 증체량 증대
  ㉡ 번식률 향상
  ㉢ 합리적인 사료급여

⑤ 비육우 경영농가에 대한 경영진단 결과 소득이 적었을 때 경영개선방법
  ㉠ 경영규모를 확대한다.
  ㉡ 생력기술을 도입한다.
  ㉢ 적기(한계수익 = 한계비용)에 출하한다.
  ㉣ 비육우 경영의 기술진단지표
    • 비육우 : 1두당 일당 증체량, 사료요구율, 사료효율, 두당 지육생산량, 출하월령, 출하 시 체중, 1인당 관리두수 등
    • 번식우 : 초종부월령, 수정횟수, 번식률, 분만간격, 육성률, 관리노동시간 등

(2) 낙농경영진단 분석

① 사육규모의 적정화
  ㉠ 장기평균비용이 최저가 되는 규모이다.
  ㉡ 노동력을 기준으로 한 적정규모 : 28두
  ㉢ 부부중심의 호당 적정규모 : 32두
  ㉣ 10두 미만의 사육농가는 사육규모를 확대해야 한다.

② 두당 연간산유량
  ㉠ 낙농경영성과를 판단하는 지표이다.
  ㉡ 1두당 연간산유량(305일 기준) = 연간산유량 / 연평균두수
  ㉢ 1두당 1일산유량 = 1두당 연간산유량 / 305일

③ 유지율
  ㉠ 유지방률은 에너지의 충족과 조사료섭취량 혹은 조농비를 가늠해 볼 수 있는 지표로 활용할 수 있다.
  ㉡ 3.4%를 기준으로 하여 0.1% 증감에 따라 유대가 가감된다.
  ㉢ 유지방률이 정상수치보다도 낮아질 경우는 대부분 배합사료 과다 또는 조사료 부족, 에너지 섭취량 부족 등이 있다.

④ 분만간격
  ㉠ 평균분만간격 12~13개월, 평균공태일수 80~110일, 분만 후 첫 수정 평균일수 50~70일, 연 1산이 이상적이다.
  ㉡ 평균분만간격 = 12개월 / 연간 분만횟수
  ㉢ 산유량에 영향을 준다.

⑤ 경산우 1두당 사료포 면적 = 총사료포 면적 / 경산우 사육두수
⑥ 유사비
　㉠ 유사비 = 배합사료 1kg의 가격 / 원유 1kg의 가격
　　　　　 = 구입사료비 / 우유판매금 × 100
　㉡ 우유수입에 대한 구입사료비의 비율이다.
　㉢ 유사율은 작을수록 좋다.

> **더알아두기**
>
> **낙농경영의 기술진단지표**
> - 두당 연간산유량, 유지율, 유사비, 착유일수, 경산우 1두당 사료포면적, 평균분만간격
> - 평균종부횟수, 송아지육성률, 후보축육성률, 첫종부월령, 건유일수, 분만 후 사고율 등

⑦ 낙농농가의 경영개선에 의한 생산비 절감방안
　㉠ 사료효율 향상
　㉡ 사육규모의 적정화
　㉢ 산유량 증대
　㉣ 번식률 향상
　㉤ 젖소 이용연한 연장

(3) 양돈경영진단 분석

① 비육돈 기술진단지표
　㉠ 비육개시 일령 및 체중
　㉡ 비육종료 시 일령 및 체중
　㉢ 1두당 1일증체량(일당 증체량) = 1두당 비육기증체량 / 1두당 비육일수

> **예제** 비육돈의 구입 시 체중이 10kg, 판매 시 체중이 106kg이고, 비육일수가 160일이라면 일당 증체량은 얼마인가?
> **해설** 일당 증체량 = 1두당 비육기증체량(106 - 10) / 1두당 비육일수(160) = 0.6kg

　㉣ 사료요구율 = 사료섭취량/증체량
　㉤ 사료효율 = 증체량/사료섭취량

> **예제** 양돈경영에서 배합사료 투입량이 30단위일 때 증체량이 180단위라면 평균증체량은 얼마인가?
> **해설** 사료효율 = 증체량(180) / 섭취량(투입량, 30) = 6

ⓑ 사고폐사율
ⓢ 등지방 두께

② 번식돈 기술진단지표
  ㉠ 1인당 관리두수, 1두당 자돈판매 두수
  ㉡ 포육두수, 육성두수
  ㉢ 포육률 = 이유두수 / 포유개시두수 × 100
  ㉣ 육성률 = 판매두수 / 포유개시두수 × 100
  ㉤ 연간분만횟수 = 연간분만복수 / 상시사양두수
  ㉥ 분만 후 발정재귀일
  ㉦ 모돈도태율, 모돈번식이용 월령
  ㉧ 1두당 사료급여율, 수태율, 분만율
  ㉨ 자돈 생시 체중, 이유 시 체중, 90일령 체중 등

③ 양돈비육경영의 수익성향상 방안
  ㉠ 상시사육두수 적정화
  ㉡ 연간비육회전율의 최대화
  ㉢ 판매돈 1마리당 매상고의 최대화(두당 판매가 향상)
  ㉣ 판매돈 1두당 비용 절감
  ㉤ 분만두수가 많은 종돈을 선택하여 연간분만횟수를 늘린다.
  ㉥ 폐사 및 도태 등을 포함한 사고율을 최소화
  ㉦ 이유자돈 두수를 증가시킨다. → 양돈번식경영의 수익성 향상방안

(4) 양계경영진단 분석

① 양계경영의 주요 기술지표
  ㉠ 산란율
    - 산란계의 경영성과 지표이다.
    - 헨데이 산란율 = 기간 중 총산란수 / 기간 중 총사육수수 × 100
    - 헨하우스 산란율(산란지수) = 총산란수 / 성계편입 시 마릿수
    ※ **산란지수** : 산란능력, 생존력, 건강성 등이 포함된다.
  ㉡ 육성률
    - 육성기간 동안의 생존율로 폐사나 도태에 의해 감소된다.
    - 육성률(출하율) = 성계수수 / 입추수수 × 100
  ㉢ 난중(卵重)
    - 특란, 대란이 많아야 한다.
    - 평균난중 = 연중 총난중 / 연중 총산란수

- ② 일당 증체량
    - 브로일러의 산육능력판단지표이다.
    - 일당 증체량 = 총증체량 / 사육일수
- ⑩ 사료요구율, 사료효율 : 브로일러의 기술지표
- ⑪ 난사비 = 달걀 1kg당 가격 / 사료 1kg당 가격

> **예제** 달걀 1kg의 가격이 1,500원이고, 사료 1kg의 가격은 250원일 경우 난사비는?
> **해설** 난사비 = 달걀 1kg당 가격(1,500원) / 사료 1kg당 가격(250원) = 6.0

더알아두기

양계의 기술진단지표
- 산란계 기술진단지표 : 산란율, 육성률, 난중, 사료요구율
- 육계 기술진단지표 : 일당 증체량, 출하일령, 육성률, 사료요구율

② 달걀생산비의 절감방안
- ⊙ 경영규모를 확대한다(산란계 사육규모의 확대).
- ⓒ 산란계의 육성률을 높인다.
- ⓒ 산란계의 생존율을 증가시킨다.
- ② 산란계의 자질에 관심을 가져야 한다.
- ⑩ 난사비를 최대한 증가시킨다.
- ⑪ 젊은 암탉을 항상 확보하여야 한다.
- ⊘ 연간분만횟수를 증가시킨다.

③ 양계의 수익성을 극대화하기 위한 방안
- ⊙ 폐사율을 감소시킨다.
- ⓒ 품질 및 상품가치의 균일성을 유지시킨다.
- ⓒ 생산능력을 향상시킨다.

2. 손익분기점 분석

(1) 손익분기점(BEP ; Break-Even Point)의 개념

① 이익도 손실도 없는 것으로 총비용과 총수익이 일치하는 점으로 이익이 '0'이 되는 판매량 또는 매출액을 말한다.
② 원가와 수익의 행태는 선형이다.

③ 모든 원가는 고정비와 변동비로 분해된다.
④ 고정비는 일정하고, 변동비는 조업도에 비례한다.
⑤ 수익과 원가는 조업도(매출수량, 생산량 등)기준에 따라 비교된다.

(2) 고정비와 변동비
① 고정비
㉠ 생산량의 증감과는 관계없이 고정되어 발생하는 비용
㉡ 종류 : 자급사료비, 수선비, 감가상각비, 자가노력비, 지대, 자본이자 등
② 변동비
㉠ 생산량의 증감 변화에 비례해서 변화하는 비용
㉡ 종류 : 구입사료비, 수도광열비, 방역치료비, 소농기구비, 제재료비, 고용노력비 등

(3) 손익분기점의 계산
① 매출액 − 변동비 − 고정비 = 이익
② 손익분기점매출액 = 고정비 + 변동비
③ 손익분기점매출액 − 변동비 = 한계이익
④ 손익분기점 = 고정비 / (1 − 변동비 / 매출액)

> **예제** 낙농농가에 대한 경영분석결과 젖소 1두당 연간평균조수입이 5,000만원, 변동비가 2,500만원, 고정비가 1,500만원일 때 손익분기점은 얼마인가?
> **해설** 손익분기점 = 고정비 1,500만원 / [1 − (변동비 2,500만원 / 매출액 5,000만원)] = 3,000만원

3. 생산성 분석 및 진단지표

(1) 생산성 분석
① 노동생산성(노동효율 분석지표)
㉠ 투하된 노동량과 그 결과로서 얻은 생산량의 비율을 말한다.
㉡ 노동생산성 = 총생산액(량) / 노동투입량

> **예제** 어느 축산농가의 연간소득이 1,200만원이고, 노동투입시간이 400시간이라면 노동생산성은 시간당 얼마인가?
> **해설** 노동생산성 = 총생산액(1,200만원) / 노동투입량(400시간) = 3만원

② 자본생산성(자본효율 분석지표)
   ㉠ 투하된 자본에 대한 생산량을 말하며, 자본계수와는 역수의 관계에 있다.
   ㉡ 자본생산성 = 총생산액(량) / 자본투입량
③ 토지생산성(토지효율 분석지표)
   ㉠ 토지면적 단위당의 생산량을 말하며, 토지생산성은 그 토지의 경제성을 타 토지와 비교하는 데 사용되고 있다.
   ㉡ 토지생산성 = 총생산액(량) / 경지면적
   ※ 가축생산성 = 생산액(생산량) / 가축두수

(2) 기술분석기준

① 가축부문
   ㉠ 육우 : 구입체중, 판매체중, 사육일수, 연간출하마릿수, 1등급 비율, 비육회전율, 사고율, 1일두당 증체율, 우사이용률 등
   ㉡ 번식우 : 초종부월령, 평균종부횟수, 분만간격, 송아지육성률 등
② 사료생산부문 : 농후사료요구율, 조사료요구율, 조사료생산성 등
③ 노동부문 : 1인당 노동력, 상시사육마릿수, 두당 노동투하시간 등

4. 안정성・효율성・수익성 분석 및 진단지표 등

(1) 안정성(유동성) 분석

① 유동비율
   ㉠ 유동자산을 유동부채로 나눈 비율로 보유하고 있는 유동자산이 단기채무인 유동부채를 얼마나 감당할 수 있는가를 측정하는 지표이다.
   ㉡ 한우경영의 안전성을 진단하기 위한 분석지표이다.
   ㉢ 유동비율(%) = 유동자산 / 유동부채 × 100
   ㉣ 안정성은 200%를 기준으로 평가한다.
② 고정자본비율
   ㉠ 고정자산 중에서 자기자본의 비율이 차지하는 정도이다.
   ㉡ 고정자본비율 = 자기자본 / 고정자산 × 100
   ㉢ 안정성은 100%를 기준으로 평가한다.

> **더알아두기**
>
> **고정비율**
> - 고정비율은 고정자산의 적절성을 측정하기 위한 것이다.
> - 고정비율이 작을수록 자금운용측면에서 안정성이 있는 것으로 평가된다.
> - 유동자산 비율이 높을수록 유동성이 높고 자금회전이 원활함을 나타낸다.
>   - 고정비율 = 고정자산 / 자기자본 × 100
>   - 유동자산비율 = 유동자산 / 총자산 × 100
>   - 고정자산비율 = 고정자산 / 총자산 × 100

③ 자기자본비율
  ㉠ 자기자본이 자본총액(자기자본 + 타인자본)에서 차지하는 비율이다.
  ㉡ 경영진단의 안정성에서 가장 중요한 분석지표이다.
  ㉢ 자기자본율이 클수록 자금조달 측면에서는 안정적이다.
  ㉣ 자기자본비율 = 자기자본 / 총자본 × 100
  ㉤ 부채비율이 낮고 자기자본비율이 높으면 좋다.
  ㉥ 부채비율은 자본구성의 균형여부를 측정하는 대표적 지표이다. 부채에 따른 위험성은 유동부채에 의해 야기된다.
  ㉦ 부채비율 = 부채 / 자기자본 × 100
  ㉧ 유동부채비율 = 유동부채 / 자기자본 × 100
  ㉨ 고정부채비율 = 고정부채 / 자기자본 × 100

(2) 수익성 분석

수익성 지표는 소득과 순수익, 1인당 가족노동보수, 축산소득, 축산자본이익 등이 있다.

① 소득과 순수익
  ㉠ 투입된 1단위당(경지 10a당, 가축 1두당, 생산물 1kg당) 소득을 평가하는 분석지표이다.
  ㉡ 축산소득 = 축산조수입 − 축산경영비
    ※ 양계소득 = 자가노력비 + 자기자본이자 + 자기토지자본이자 + 이윤
  ㉢ 축산조수입 = 주산물가액 + 부산물평가액
  ㉣ 순수익(이윤) = 축산조수입 − 생산비(비용)
    - 순수익 : 소득에서 암묵적 비용인 가족노동평가액, 자기자본이자, 자기토지지대를 공제한 것
    - 양계순수익 = 양계조수익 − 양계생산비
  ㉤ 농가소득 = 축산소득 + 농외소득
    - 농가경제잉여 = 농가소득 − (조세공과 + 가계비)

> **더알아두기**
>
> **농가소득 계산방법**
> - 농가소득 = 농업소득 + 농외수익 – 농외지출
> - 농가소득 = 농업소득 + 농외소득
> - 농가소득 = 농업조수익 – 농업경영비 + 농외소득
> - 축산소득 = 조수익 – 경영비

    ⓑ 소득 = 조수입 – 경영비
- 사료포 10a당 소득 = 소득 / 사료포면적(10a당)
- 1두당 소득 = 소득 / 사육두수
- 축산물 1kg당 소득 = 소득 / 총생산량(kg)

② 소득률과 순수익률
    ㉠ 조수입에서 소득으로 발생되는 비율이다. 비율이 높을수록 좋다.
    ㉡ 소득률 = (소득 / 조수입) × 100
    ㉢ 순수익률 = 순수익 / 조수익 × 100

③ 가족노동보수
    ㉠ 가족노동의 효율을 1시간당 또는 1일당(8시간 기준)으로 산출하여 평가한다.
    ㉡ 가족노동보수 = 소득 – (토지자본용역비 + 자기자본이자)
    ㉢ 1시간당 가족노동보수 = 가족노동보수 / 가족노동시간

④ 자본회전율
    ㉠ 투자자본에 대한 조수입(매출액)의 비율이다. 높을수록 자본이용의 효율성이 높다는 것을 의미한다.
    ㉡ 자본회전율 = 매출액 / 총자본액 × 100
    ㉢ 자기자본회전율 = 조수익 / 자기자본 × 100

⑤ 성장성 분석지표
    소득증가율은 성장성 분석의 매우 중요한 지표이며, 매출액 증가율은 농업경영의 외적 성장세를 판단하고, 총자본증가율은 농업경영의 전체적인 성장규모를 측정하는 지표이다. 자기자본 증가율은 자본의 성실도를 분석하는 지표이다.
    ㉠ 소득증가율 = (전년도 소득 / 당해연도 소득 – 1) × 100
    ㉡ 매출액증가율 = (전년도 농업조수익 / 당해연도 농업조수익 – 1) × 100
    ㉢ 총자본증가율 = (전년도 총자본 / 당해연도 총자본 – 1) × 100
    ㉣ 자기자본증가율 = (전년도 자기자본 / 당해연도 자기자본 – 1) × 100

⑥ 기타 주요 진단지표
　㉠ 유사비 = (구입사료비 / 유대) × 100
　㉡ 사료요구율 = 사료급여량 / 축산물생산량
　㉢ 노동생산성 = 소득 / 노동투입량
　㉣ 양계경영의 육성률 = (성계출하두수 / 입추두수) × 100
　㉤ 경영주보수 = 조수입 − (경영비 + 자기자본용역비 + 자기토지용역비 + 경영주를 제외한 가족노력비)

더알아두기

낙농경영에 있어서 조수익
- 우유판매액
- 구비판매액
- 원유판매액
- 송아지생산수입
- 정부지원금
- 송아지판매액
- 육성우증체액
- 우유생산수입
- 구비수입
- 부산물거래가격

03 경영평가

1. 경영계획의 평가방법

(1) 경영진단의 의의와 목적
① 전문가가 미래에 예측될 수 있는 경영의 방향이나 활동의 실태를 조사 및 분석하여, 그 결과에 대하여 경영의 합리적인 발전이나 개선책을 제공하고 경영을 지원하는 것이다.
② 경영 및 경영활동상의 당면과제, 문제점, 결함의 발견과 개선 및 권고에 의한 기업의 발전 향상 설정이다.
③ 기타 부수적 효과를 유도하고 경영방침 및 경영계획수립의 기초가 된다.

(2) 경영진단의 필요성

① 농가 스스로의 문제점 발견 능력의 부족
② 경영상의 문제점 조기발견 및 적절한 대책 강구
③ 경영상의 문제점의 해결과 외부전문가의 컨설팅 필요
④ 객관적 전문지식을 갖춘 컨설턴트의 합리적인 해결방안 필요
⑤ 지자체의 지역경제활성화를 위한 정보제공 등

2. 평가결과의 비교방법

(1) 경영진단의 종류

① 외부비교법
  ㉠ 표준비교법
    • 시험장의 성적, 조사지역에서 표준경영모형을 설정하고, 이를 진단하려는 농업경영체의 경영실적과 비교하여 경영상의 결함을 찾고자 하는 진단방법이다.
    • 표준비교법은 표준경영모형의 설정과 시험장의 성적을 농업경영체에 직접 적용하는 데에 어려움이 있다.
  ㉡ 직접비교법
    • 지역의 비슷한 경영형태를 지닌 우수 농가의 평균값과 진단대상농가를 직접비교하는 방법이다.
    • 직접비교법은 농업경영체 중에서 가장 우수한 농업경영체의 평균값과 비교하는 방법, 지역 경영조사의 결과평균값과 비교하는 방법이 있다.
② 내부비교법
  ㉠ 시계열비교법 : 전년도 농업경영체의 경영성과와 금년의 농업경영성과를 비교하는 방법이다.
  ㉡ 계획 대 실적비교법 : 연초의 농업경영목표와 연말의 경영실적을 비교하여 목표를 달성하지 못한 항목은 원인을 분석하고 경영을 개선하는 방법이다.
③ 부문 간 비교법 : 농업경영체가 시행하는 사업부문 간의 성과를 비교 분석하는 방법이다.

(2) 경영진단의 순서

> 경영실태의 파악 – 문제 발견 – 문제 분석 – 대책수립과 처방

① 경영실태의 파악단계
  ㉠ 경영의 현재상태를 파악하며, 필요한 항목들에 대하여 조사한다.
  ㉡ 진단지표를 사용하여 효과적인 실태파악을 한다.
  ㉢ 축산경영의 기술진단지표 : 번식률, 일당 증체량, 산유량, 유지율, 판매 시 체중, 육성률, 산자수, 이유두수, 포유일수, 산란률, 달걀중량, 분만간격, 사료요구률, 유사비, 초산월령, 파란율 등(축종, 번식축(繁殖畜) 또는 비육축(肥育畜)에 따라 달라지는 경우가 많다).

② 문제의 발견단계
  ㉠ 진단지표를 파악하여 경영의 문제를 찾아내는 과정이다.
  ㉡ 진단 대상경영체의 성과를 기준지표와 비교하여 판단하는 과정이다.

③ 문제의 원인분석단계 : 발견된 문제의 원인이 무엇인가를 분석하는 과정이다.

④ 대책과 처방의 단계 : 앞의 원인분석단계에서 분석된 문제와 원인을 해결하기 위한 방안을 설정하는 단계이다.

(3) 경영진단결과의 표시방법

① 수표(數表)로 표시하는 방법 : 각 경영진단지표를 항목별로 표준 또는 평균값과 함께 기입하여 비교하는 방법이다.

② 도표(圖表)로 표시하는 방법
  ㉠ 원형도법(圓形圖法)
    • 원둘레상의 점들을 표준값 또는 평균값으로 표시하고, 진단농가의 값을 원안에 표시한 다음 점선으로 연결시켜 나타내는 방법이다.
    • 진단농가의 값이 원둘레에 가까울수록 경영이 개선되어 있음을 나타낸다.
  ㉡ 온도계법(溫度計法)
    • 원리는 원형도법과 같으나 표시방법을 원둘레상이 아닌 온도계의 눈금을 이용하여 표시하는 방법이다.
    • 온도계에 진단지표의 평균값 또는 표준값을 지수 100으로 표시하고 진단농가의 수치를 이와 비교하여 높으면 개선되어 있음을 나타내고, 낮으면 결함이 있는 것으로 개선점을 찾아내는 방법이다.

CHAPTER 04 적중예상문제

PART 05 축산경영학 및 축산물가공학

01 축산물 생산비 계산의 전제조건이라고 할 수 없는 것은?
① 생산비는 화폐가액으로 표시될 수 있어야 한다.
② 생산물을 생산하기 위하여 소비된 것이어야 한다.
③ 생산물을 생산하기 위해 구입한 사실이 있어야 한다.
④ 정상적인 생산활동을 위해 소비된 것이어야 한다.

해설
③ 생산하고자 하는 대상물에 투입된 것이라야 한다.

02 생산량의 증감과 무관하게 지불되는 비용은?
① 가변비용
② 고정비용
③ 총비용
④ 평균비용

해설
축산경영에 있어서 생산규모가 증가함에 따라 고정비는 변화하지 않는다.

03 다음 생산비의 내용 중에서 고정비인 것은?
① 트랙터의 감가상각비
② 농후사료구입비
③ 깔짚구입비
④ 고용노동비

해설
고정비용(불변비용) : 감가상각비, 지대, 축사임대료, 보증금

04 다음 생산비 중에서 변동비인 것은?
① 지 대
② 조세공과
③ 생산사료비
④ 감가상각비

정답 1 ③ 2 ② 3 ① 4 ③

05 생산비 중 유동비에 해당하는 것은?

① 지 대
② 사료비
③ 자본이자
④ 감가상각비

해설
유동비 : 사료비, 동력비, 소농구비, 비료비, 종부료, 일용임금

06 농업경영에서 생산비와 경영비의 관계는?

① 경영비가 생산비보다 많다.
② 생산비가 경영비보다 많다.
③ 생산비와 경영비는 같다.
④ 경영에 따라 일정치 않다.

07 기초생산비(1차 생산비) 계산방법으로 올바른 것은?

① 가축비+사료비
② 가축비+사료비+감가상각비
③ 가축비+사료비+감가상각비+노력비+자본이자
④ 가축비+사료비+감가상각비+고용노동비+기타 제비

08 우리나라 축산경영에 소요되는 비용 중 가장 큰 비중을 차지하는 항목은?

① 동물약품비
② 노력비
③ 대농구비
④ 사료비

09 다음 비목 중 우유생산비에 가장 큰 영향을 끼치는 비목은?

① 사료비
② 자본이자
③ 감가상각비
④ 노동비

10 한우비육경영에서 가장 큰 비용항목은?

① 사료비
② 노동비
③ 가축비
④ 감가상각비

해설
한우비육경영의 생산비목 중 가장 큰 비율을 차지하는 항목은 밑소비(가축비)이다.

정답 5 ② 6 ② 7 ④ 8 ④ 9 ① 10 ③

11 비육돈경영비 중 가장 비중이 큰 항목은?
① 농기구비
② 건물비
③ 사료비
④ 제재료비

14 산란계농장에서 달걀생산비에 커다란 영향을 미치는 것이 아닌 것은?
① 산란율
② 사육규모
③ 폐사율
④ 자가노력비

12 육계생산비 중 가장 큰 비중을 차지하는 것은?
① 가축비
② 사료비
③ 방역비
④ 감가상각비

해설
육계생산비, 달걀생산비 가운데 가장 큰 비중을 차지하는 것은 사료비이다.

15 달걀생산을 위해 필요한 비용들 중 경영비에 속하지 않는 것은?
① 사료비
② 자가노력비
③ 차입금이자
④ 진료위생비

해설
생산비와 경영비
- 생산비항목 : 경영비, 자가노력비, 제자본이자
- 경영비항목 : 가축비, 사료비, 수도광열비, 진료위생비, 수선비, 소농기구비, 제재료비, 기타 잡비, 고용노력비, 차입금이자, 종부료, 임차료, 분뇨처리비, 감가상각비가 있다.

13 달걀생산비 중 사료비 다음으로 큰 비중을 차지하는 비목은?
① 가축비(家畜費)
② 노동비(勞動費)
③ 건물비(建物費)
④ 물재비(物財費)

16 생산비산출 비목에 포함되지 않는 것은?
① 자가노력비
② 수도광열비
③ 차입금
④ 감가상각비

정답 11 ③ 12 ② 13 ① 14 ④ 15 ② 16 ③

17 축산경영진단의 순서를 바르게 연결한 것은?

① 경영실태의 파악 – 문제의 분석 – 문제의 발견 – 대책수립 – 처방과 평가
② 문제의 발견 – 경영실태의 파악 – 문제의 분석 – 대책수립과 처방
③ 문제의 발견 – 문제의 분석 – 대책수립 – 경영실태의 파악 – 처방과 평가
④ 경영실태의 파악 – 문제의 발견 – 문제의 분석 – 대책수립과 처방

18 축산의 경영진단 시 비교분석 기준이 아닌 것은?

① 서로 다른 경영유형 간의 성과 비교
② 자기경영성과의 연차 간 비교
③ 해당 지역의 유사한 경영체와의 성과 비교
④ 표준적인 진단기준과의 비교

19 비육우경영농가에 대한 경영진단 결과 소득이 적었을 때 경영개선방법으로서 옳지 않은 것은?

① 경영규모를 확대한다.
② 생력기술을 도입한다.
③ 적기(한계수익 = 한계비용)에 출하한다.
④ 조사료만으로 사양한다.

20 다음 중 비육우경영의 기술진단지표에 해당하지 않는 것은?

① 1두1일당 증체량
② 사료요구율
③ 사료효율
④ 분만율

21 사료효율을 구하는 방법이 바르게 표현된 것은?

① (사료급여량/축산물생산량)×100
② (축산물생산량/사료급여량)×100
③ (구입사료대/유대)×100
④ (사료급여량/사료구입량)×100

22 낙농경영에서 젖소가격이 높을 때 수익성을 낮게 만드는 요인은?

① 산유량을 증가시킨다.
② 번식간격을 단축시킨다.
③ 번식률을 향상시킨다.
④ 젖소의 이용연한을 단축시킨다.

정답 17 ④ 18 ① 19 ④ 20 ④ 21 ② 22 ④

23 낙농경영의 기술진단지표에 해당하지 않는 것은?

① 유사비
② 두당 연간산유량
③ 연간 착유일수
④ 연간번식 회전율

24 낙농경영의 성과분석을 위한 주요 지표가 아닌 것은?

① 유사비(乳詞比)
② 유지율(乳脂率)
③ 연간산유량(年間産乳量)
④ 두당 지육생산량(頭堂枝肉生産量)

25 낙농경영의 주요 진단지표로서 부적합한 것은?

① 1마리당 연간착유량
② 우유지방률
③ 분만간격
④ 출하 시 체중

26 낙농경영에서 유사비(乳飼比)에 관한 내용으로 옳은 것은?

① 유대에 대한 구입사료비의 비율
② 사료비에 대한 우유생산량의 비율
③ 유대에 대한 조사료의 비율
④ 우유생산량에 대한 사료비의 비율

> **해설**
> 유사비(乳飼比)
> • 우유수입에 대한 구입사료비의 비율이다.
> • 배합사료 1kg의 가격/원유 1kg의 가격
> • 유사율은 작을수록 좋다.

27 1일 유대가 6,000원, 1일 급여 농후사료비가 1,800원이었다. 유사비(乳飼費)는 얼마인가?

① 25%
② 30%
③ 35%
④ 40%

> **해설**
> 유사비 = 배합사료 1kg의 가격/원유 1kg의 가격
> = 구입사료비/우유판매금×100
> = 1,800/6,000×100 = 30%

28 우유판매 수입이 월 450만원이고, 구입사료비가 월 135만원이라면 유사비는 얼마인가?

① 30%   ② 33%
③ 35%   ④ 58%

> **해설**
> 유사비 = 135만원/450만원×100 = 30%

정답 23 ④ 24 ④ 25 ④ 26 ① 27 ② 28 ①

29 한우농가의 경영개선에 의한 생산비 절감방안으로 적합하지 않은 것은?

① 일당 증체량 증대
② 분뇨처리시설의 현대화
③ 번식률 향상
④ 합리적인 사료급여

30 낙농농가의 경영개선에 의한 생산비 절감방안이라고 할 수 없는 것은?

① 사료효율 향상
② 사육규모의 적정화
③ 우유등급 향상
④ 산유량 증대

31 우유의 생산비 절감방안으로 적합하지 않은 것은?

① 사료비 절감
② 번식간격의 확대
③ 두당 산유량 증대
④ 젖소의 생산수명 연장

32 낙농농가의 경영개선에 의하여 단위생산당 생산비 절감방안이라고 할 수 없는 것은?

① 유지율 향상
② 산유량 증대
③ 번식육 향상
④ 젖소 이용연한 연장

33 비육돈의 구입 시 체중이 10kg, 판매 시 체중이 106kg이고, 비육일수가 160일이라면 일당 증체량은 얼마인가?

① 0.6kg
② 0.7kg
③ 0.8kg
④ 0.9kg

해설
일당 증체량 = 1두당 비육기 증체량/1두당 비육일수
= (106−10)/160
= 0.6kg

34 비육돈의 비육기간이 90일이고, 이 기간 중의 증체량이 54kg이었다면 1일당 증체량은?

① 600g
② 550g
③ 500g
④ 450g

해설
일당 증체량 = 54/90 = 0.6kg = 600g

35
양돈경영에서 배합사료 투입량이 30단위일 때 증체량이 180단위라면 평균증체량은 얼마인가?

① 4 ② 5
③ 6 ④ 7

해설
평균증체량 = 180/30 = 6

36
양돈경영의 기술지표산출의 공식으로 틀린 것은?

① 육성률 = 육성돈총두수/이유자돈총두수
② 사료효율 = 총증체량/사료 총섭취량
③ 번식돈회전율 = 출하두수/번식돈상시두수
④ 돈사이용률 = 상시사육두수/수용가능두수

37
양돈과 관련된 경영은 크게 비육돈경영과 번식돈경영으로 구분할 수 있는데 그 중 양돈비육경영의 수익성 향상 방안에 해당되는 것은?

① 산자수를 많게 하는 것
② 자돈가격을 높일 것
③ 연간비육회전을 높일 것
④ 연간분만횟수를 증가시킬 것

38
비육돈경영의 수익성을 높이기 위한 수단에 해당하는 것은?

① 육돈의 폐사 및 도태 등을 포함한 사고율을 최소화해야 한다.
② 분만간격을 단축시켜야 한다.
③ 번식능력이 우수하여 산자수가 많은 육돈을 선택해야 한다.
④ 자돈의 육성률을 높여야 한다.

39
양돈의 비육경영 시 수익성 규정요인은?

① 종돈의 사육비용 절약
② 연간분만횟수 증가
③ 판매돈 1마리당 표준비용 감소
④ 분만두수가 많은 종돈 선택

40
양돈번식경영의 수익성 향상방안이라고 할 수 있는 것은?

① 사료요구율을 증가시킨다.
② 이유자돈 두수를 증가시킨다.
③ 연간분만횟수를 적게 한다.
④ 자돈의 육성률을 감소시킨다.

정답 35 ③ 36 ③ 37 ③ 38 ① 39 ③ 40 ②

41 양돈비육경영의 수익성 규정요인이 아닌 것은?
① 사고율 감소
② 상시사육두수 적정화
③ 비육회전기간 연장
④ 두당 판매가 향상

42 비육돈경영에서 수익성 제고방안으로 적절하지 않은 것은?
① 연간비육회전율의 최대화
② 판매돈 1마리당 매상고의 최대화
③ 사고폐사율의 최소화
④ 상시사양두수의 최소화

43 양돈비육경영의 수익성 향상방안으로 부적당한 것은?
① 판매돈 1두당 매상고 증대
② 판매돈 1두당 비용 절감
③ 사고율을 낮춤
④ 육성률을 높임

44 번식돈경영에서 수익성에 긍정적인 영향을 미치는 요인이 아닌 것은?
① 육성률을 높인다.
② 분만두수가 많은 종돈을 선택한다.
③ 종돈의 사육비용을 높인다.
④ 연간분만횟수를 늘인다.

45 양계경영의 주요 기술지표가 아닌 것은?
① 산란율
② 사육마릿수
③ 육성률
④ 난중(卵重)

46 육계농가의 경영성과를 증대시키기 위한 지표와 가장 거리가 먼 것은?
① 사료요구율
② 번식률
③ 육성률
④ 일당 증체량

정답 41 ③ 42 ④ 43 ④ 44 ③ 45 ② 46 ②

47 달걀생산비를 절감할 수 있는 방법으로 가장 부적합한 것은?

① 구입사료의 증가
② 산란율의 제고
③ 산란계 육성률의 제고
④ 산란계 사육규모의 확대

48 달걀생산비의 절감방안이 아닌 것은?

① 사양수수를 증대하여야 한다.
② 산란계의 자질에 관심을 가져야 한다.
③ 젊은 암탉을 항상 확보하여야 한다.
④ 다각경영을 한다.

49 달걀의 생산비 절감방안으로 부적당한 것은?

① 경영규모를 확대한다.
② 노동생산성을 낮춘다.
③ 산란계의 육성률을 높인다.
④ 연간분만횟수를 증가시킬 것

50 양계의 수익성을 극대화하기 위한 방안이 아닌 것은?

① 폐사율을 감소시킨다.
② 품질 및 상품가치의 균일성을 유지시킨다.
③ 생산능력을 향상시킨다.
④ 사료요구율을 높인다.

51 난사비(卵飼比)가 4.4이고, 생산비 중 사료비의 비율이 75%이며, 수당 일일사료섭취량을 110g이라고 할 때 사육허용마릿수는?

① 20마리 ② 25마리
③ 30마리 ④ 35마리

해설

$$허용마릿수 = \frac{난사비 \times 사료비\ 비율}{하루사료섭취량}$$

$$= \frac{4.4 \times 0.75}{0.11}$$

$$= 30마리$$

정답 47 ① 48 ④ 49 ② 50 ④ 51 ③

52 난사비가 6이고 사료 1kg당의 가격이 250원일 때 달걀 1kg의 값은?

① 1,000원 ② 1,250원
③ 1,500원 ④ 11,750원

해설

난사비 = $\dfrac{\text{달걀 1kg당 가격}}{\text{사료 1kg당 가격}}$

$6 = \dfrac{x}{250}$

∴ $x = 1,500$원

53 달걀 1kg의 가격이 1,500원이고, 사료 1kg의 가격은 250원일 경우 난사비는?

① 2.0 ② 5.0
③ 6.0 ④ 4.0

해설

난사비 = $\dfrac{1,500}{250}$
　　　 = 6

54 달걀생산에서 가장 중요한 난사비를 다음 조건을 이용하여 산출하면?(단, 달걀 1kg의 값: 1,375원, 사료 1kg의 값: 250원)

① 4 ② 4.5
③ 5.0 ④ 5.5

해설

난사비 = $\dfrac{1,375}{250}$
　　　 = 5.5

55 모든 비용을 고정비와 변동비로 분류하고 이것을 매출액과의 관계를 분석하여 경영의 채산점을 찾는 분석기법을 무엇이라 하는가?

① 선형계획법
② 대차대조표분석
③ 손익분기분석
④ 안정성 분석

56 낙농경영계획을 수립하기 위한 손익분기점의 기본계산법은?

① (고정비 + 이익)/[1 − (변동비 / 매출액)]
② (고정비 − 이익)/[1 − (변동비 / 매출액)]
③ 변동자본 / [1 − (고정자본 / 매출액)]
④ 고정비 / [1 − (변동비 / 매출액)]

정답 52 ③ 53 ③ 54 ④ 55 ③ 56 ④

57 어느 낙농농가에 대한 경영분석 결과 젖소 1두당 연간평균조수익은 210만원이었으며, 이때 변동비는 63만원이었고 총고정비는 126만원이었을 때 손익분기점의 조수익(순익분기점)은?

① 210만원 ② 180만원
③ 150만원 ④ 126만원

해설

$$손익분기조수입 = \frac{고정비}{1-\left(\frac{변동비}{조수익}\right)}$$

$$= \frac{126만원}{1-\left(\frac{63만원}{210만원}\right)}$$

$$= 180만원$$

58 낙농경영에서 조수입 1,000만원, 고정비 500만원, 변동비 200만원일 때 손익분기 조수입은?

① 310만원 ② 420만원
③ 530만원 ④ 625만원

해설

$$손익분기조수입 = \frac{고정비}{1-\left(\frac{변동비}{조수익}\right)}$$

$$= \frac{500만원}{1-\left(\frac{200만원}{1,000만원}\right)}$$

$$= 625만원$$

59 낙농에서 어느 경산우 1두의 연간총사육비가 150만원(그 중 고정비가 50만원, 변동비가 100만원)이고, 이때 산유량은 5,000kg이었으며 우유 1kg당 변동비가 200원, 우유 농가 판매가격이 kg당 400원이라면 이 소의 연간손익분기 우유생산량은?

① 2,500kg ② 3,750kg
③ 4,000kg ④ 5,000kg

해설

$$손익분기생산량 = \frac{고정비}{단위가격 - \frac{변동비}{생산량}}$$

$$= \frac{500,000}{400 - \frac{1,000,000}{5,000}}$$

$$= 2,500$$

60 부분시산(部分試算)법을 이용하여 어떤 특정 변수가 수익에 어떠한 영향을 끼치는가를 파악하려 할 때 검토하여야 할 사항이 아닌 것은?

① 감소되는 수입
② 새로운 비용과 추가비용
③ 생산기술 또는 기술계수
④ 새로운 수입 또는 추가수입

정답 57 ② 58 ④ 59 ① 60 ③

61 다음 중 비육돈경영에서 노동생산성을 규제하는 요인이 아닌 것은?

① 모돈의 사고율
② 육돈의 비육회전율
③ 비육돈의 두당 판매수입
④ 사육돈의 두당 투입노동량

62 비육돈경영에서 노동생산성(Y/L)을 요인별로 분해하여 나타낸 것이다. 거리가 먼 것은?(단, Y : 순생산액, L : 투하노동량, N : 사양규모, P : 판매비육돈두수)

① $\dfrac{Y}{N} \times \dfrac{N}{L}$
② $\dfrac{Y}{P} \times \dfrac{P}{N} \times \dfrac{N}{L}$
③ $\left(\dfrac{Y}{P} \times \dfrac{P}{N}\right) / \dfrac{L}{N}$
④ $\dfrac{Y}{P} \times \dfrac{P}{N}$

63 10마리의 돼지 비육경영으로 얻어진 순생산액이 100만원이었다. 이때 투하노동력은 1두당 10시간이었을 때 시간당 노동생산성은 얼마인가?

① 10만원　　② 5만원
③ 2만원　　④ 1만원

해설
1두당 10시간×10마리 = 100시간
∴ 시간당 노동생산성 = 100만원/100시간 = 1만원

64 어느 산란계농가의 연간 조수익이 3,000만원, 경영비가 2,000만원, 비용합계액이 2,200만원일 때의 연간소득은?

① 1,000만원
② 800만원
③ 1,200만원
④ 2,000만원

해설
소득 = 조수입－경영비
　　 = 3,000만원－2,000만원
　　 = 1,000만원

65 축산경영의 생산성 지표가 아닌 것은?

① 노동생산성
② 자본생산성
③ 소득률
④ 사료요구율

66 축산자본 생산성을 구하는 공식으로 옳은 것은?

① 축산조수입/축산자본투하액
② 축산소득/축산자본투하액
③ 축산자본투하액/축산조수입
④ 축산자본투하액/축산소득

67 다음 중 축산경영의 성과분석지수가 아닌 것은?
① 축산소득
② 축산순수익
③ 자가노동보수
④ 생산비율

68 한우경영에서 사료요구율이란?
① 총사료급여량/총증체량
② 총증체량/총사료급여량
③ 총증체량/농후사료급여량
④ 사료요구량/총사료급여량

69 한우경영의 안전성을 진단하기 위해서는 어떤 분석지표가 필요한가?
① 손익계산서
② 유동비율
③ 자본회전율
④ 대차대조표

70 다음 중 부채비율을 올바르게 나타낸 것은?
① 유동자산/유동부채
② 타인자본/자기자본
③ 자기자본/고정자산
④ 유동부채/고정자산

71 다음 공식 중 자본계수를 나타내는 공식은?
① 축산소득/영농시간
② 투입자본액/축산순생산액
③ 투입자본액/영농소득
④ 축산소득/투입자본액

72 축산경영의 총투입자본 1,000만원 중 300만원을 외부에서 빌렸을 때 자기자본은?
① 700만원
② 1,000만원
③ 300만원
④ 1,300만원

해설
자기자본 = 1,000만원 - 300만원
= 700만원

정답 67 ④ 68 ① 69 ② 70 ② 71 ② 72 ①

73 축산경영에서 자본진단의 지표로 사용될 수 없는 것은?

① 고정비율
② 고정자본율
③ 자기자본율
④ 손익분기율

74 다음 축산경영 효율지표 중 경제적 효율지표가 아닌 것은?

① 축산자본회전율
② 축산노동단위당 자본투하액
③ 축산물 1kg당 사료비
④ 비육돈 일당 증체량

75 축산경영의 효율을 측정하는 지표가 아닌 것은?

① 일당 증체량
② 부채비율
③ 자본회전율
④ 두당 우유생산량

76 축산경영분석에 있어 성과지표에 해당되는 것은?

① 경영규모
② 생산비율
③ 축산소득
④ 토지이용률

77 다음 중 축산경영성과에 대한 분석지표가 아닌 것은?

① 생산비율
② 자본수익
③ 토지자본 수익
④ 가족노동 보수

78 다음 중 축산경영성과 분석의 지수가 될 수 없는 것은?

① 축산소득
② 생산비율
③ 축산자본이익
④ 가족노동보수

정답 73 ④ 74 ④ 75 ② 76 ③ 77 ① 78 ②

79 축산경영 수익성 지표로 옳지 않은 것은?
① 소득
② 순수익
③ 자본회전율
④ 1인당 가족노동보수

80 다음 중 축산경영 활동에 의한 농업소득을 구성하는 항목이 아닌 것은?
① 자기자본이자
② 자가노동보수
③ 자기토지자본이자
④ 차입자본이자

81 소득에서 암묵적 비용인 가족노동평가액, 자기자본이자, 자기토지지대를 공제한 것은?
① 순수익
② 조수입
③ 자본이익률
④ 가족노동보수

82 축산소득에 대한 계산식 중 맞는 것은?
① 축산소득 = 조수익 – 생산비
② 축산소득 = 조수익 – 경영비
③ 축산소득 = 조수익 – 경영비 – 자기자본이자
④ 축산소득 = 조수익 – 생산비 – 자기자본이자

해설
축산농가의 농가소득 계산방법
- 축산소득 = 조수익 – 경영비
- 농업소득 + 농외소득
- 농업조수익 – 농업경영비 + 농외소득
- 농업조수익 × 소득률 + 농외소득
- 농업소득 + 농외수익 – 농외지출

83 다음 중 소득에 포함되지 않는 것은?
① 차입금이자
② 유동자본이자
③ 고정자본이자
④ 토지자본이자

84 축산경영수익에 있어서 농외수익에 해당되는 것은?
① 우유판매수익
② 고정자본재의 임대수익
③ 달걀판매수익
④ 비육우판매수익

정답 79 ③ 80 ④ 81 ① 82 ② 83 ① 84 ②

85 낙농경영에 있어서 조수입으로 볼 수 없는 항목은?

① 우유판매액
② 송아지판매액
③ 비육우판매액
④ 구비판매액

해설

낙농경영에 있어서 조수입
- 우유판매액
- 구비판매액
- 원유판매액
- 송아지생산수입
- 정부지원금
- 송아지판매액
- 육성우증체액
- 우유생산수입
- 구비수입
- 부산물 거래가격

86 양돈농가가 1년 동안 돼지를 팔아 50,000,000원의 소득과 부산물인 분뇨를 비료로 팔아 10,000,000원의 소득을 얻었다. 돼지를 사육하는데 투입된 총비용은 35,000,000만원이다. 이 양돈농가의 조수입은 얼마인가?

① 5천만원
② 2천 5백만원
③ 6천만원
④ 1천 5백만원

해설

축산조수입 = 주산물가액+부산물평가액
= 5천만원+1천만원
= 6천만원

87 A축산농가의 조수입이 20,000천원, 경영비가 10,000천원, 자가노력비가 2,000천원, 자본이자가 1,000천원일 때 순수익(이윤)은?

① 10,000천원
② 9,000천원
③ 8,000천원
④ 7,000천원

해설

순수익(이윤)
= 축산조수입−생산비(비용)
= 20,000천원−(10,000천원+2,000천원+1,000천원)
= 7,000천원
- 생산비 항목 : 경영비, 자가노력비, 제자본이자
- 경영비 항목 : 가축비, 사료비, 수도광열비, 진료위생비, 수선비, 소농기구비, 제재료비, 기타 잡비, 고용노력비, 차입금이자, 종부료, 임차료, 분뇨처리비, 감가상각비가 있다.

88 양계순수익의 계산공식으로 맞는 것은?

① 양계조수익−양계경영비
② 양계조수익−양계생산비
③ 양계경영비−양계생산비
④ 양계생산비−양계경영비

해설

- 소득 = 조수입−경영비
- 순수익 = 조수입−생산비

85 ③ 86 ③ 87 ④ 88 ②

89 양계소득 내용으로 맞는 것은?
① 자본이자+이윤+노력비+토지자본이자+차입금이자
② 순수익+노력비+이윤+고정자본이자+유동자본 이자
③ 고용노력비+순수익+토지자본이자+차입금이자+고정자본이자
④ 자가노력비+자기자본이자+자기토지자본이자+이윤

90 다음 중 양계경영의 조수입에 영향을 미치지 않는 것은?
① 달걀생산액
② 계분판매액
③ 도태계판매액
④ 사료비

91 산란계 A농가의 조수입이 5천만원, 감가상각비가 5백만원, 차입금이자가 1백만원, 경영비가 2천 5백만원, 자가노력비가 3백만원, 자본이자가 7백만원이라고 할 때 이 농가의 순수익은 얼마인가?
① 5백만원
② 1천만원
③ 1천5백만원
④ 2천만원

[해설]
순수익 = 5천만원 − (경영비 2천5백만원 − 자가노력비 3백만원 − 자본이자 7백만원)
= 1천500만원

92 육계 10수당 조수입이 18,300원, 경영비가 15,800원, 생산비가 16,800원일 때 순수익은?
① 1,000원
② 1,500원
③ 2,500원
④ 3,000원

[해설]
순수익 = 조수입 − 생산비
= 18,300 − 16,800
= 1,500원

93 조수익이 900,000원이고, 경영비가 675,000원, 생산비는 720,000원인 경영의 소득률은?
① 34%
② 30%
③ 25%
④ 20%

[해설]
$$\text{소득률} = \frac{\text{조수익} - \text{경영비}}{\text{조수익}} \times 100$$
$$= \frac{900,000 - 675,000}{900,000} \times 100$$
$$= 25\%$$

정답 89 ④ 90 ④ 91 ③ 92 ② 93 ③

94 1일 유대가 100,000원이었다. 유사비가 30%일 때 1일 허용사료비는 약 얼마인가?

① 20,000원
② 30,000원
③ 40,000원
④ 50,000원

해설
1일 허용사료비 = 100,000×30% = 30,000원

95 주산물 수익 900,000원, 부산물 수익 100,000원인 양계경영에서 수익률 15%로 할 때 허용사료비는?(단, 생산비 중 사료비가 70%일 때)

① 595,000원
② 630,000원
③ 700,000원
④ 735,000원

해설
조수입 = 주산물 수익+부산물 수익 = 100만원
순수익률 = 순수익/조수입×100
→ 15% = 순수익x/100만원×100
∴ 순수익 = 15만원
순수익 = 조수입−생산비
→ 15만원 = 100만원−생산비x
∴ 생산비 = 85만원
생산비 85만원 중 사료비가 70%이므로
→ 85만원×70% = 595,000원

96 비육우 두당 조수입이 3,000,000원, 경영비가 2,250,000원, 생산비가 2,550,000원이다. 이 농가의 비육우 순수익률은 얼마인가?

① 10%   ② 15%
③ 20%   ④ 25%

해설
$$순수익률 = \frac{조수입-생산비}{조수입} \times 100$$
$$= \frac{3,000,000-2,550,000}{3,000,000} \times 100$$
$$= 15\%$$

97 비육우의 두당 생산비가 180만원, 조수입이 270만원, 소득이 81만원일 때 소득률은?

① 60%   ② 50%
③ 40%   ④ 30%

해설
$$소득률 = \frac{소득}{조수입} \times 100$$
$$= \frac{810,000}{2,700,000} \times 100$$
$$= 30\%$$

94 ② 95 ① 96 ② 97 ④

98 다음 주요 진단지표의 계산방식 중 틀린 것은?

① 소득률 = (소득/조수입)×100
② 유사비 = (구입사료비/유대)×100
③ 사료요구율 = 축산물생산량/사료급여량
④ 노동생산성 = 소득/노동투입량

해설

사료요구율 = 사료급여량/축산물생산량

99 양돈비육농가가 자돈을 30kg에 구입하여 106일 동안 사육한 후 체중이 110kg일 때 출하하였다. 이 기간 동안 비육돈 두당 사료섭취량은 228kg이었다면 이 농가의 총사료요구율은?

① 2.75　　② 2.80
③ 2.85　　④ 2.90

해설

사료요구율 = 사료섭취량/축산물증가량
　　　　　 = 228/(110−30)
　　　　　 = 2.85

100 육계에 대한 사료급여량(X)과 출하 시의 체중(Y)과의 관계가 $Y = 1 + 0.5X - 0.25X^2$이고, 육계용 사료가격(P_X)이 kg당 250원, 육계 출하가격(P_Y)이 kg당 1,000원이라면 수익이 최대가 되는 사료투입수준은?

① 0.5　　② 1.0
③ 1.5　　④ 2.0

해설

적정 자원투입수준의 결정수식

$$\frac{\Delta Y}{\Delta X} = \frac{P_X}{P_Y}$$

(P_X : 생산요소 X의 가격, P_Y : 생산물 Y의 가격)
$Y = 1 + 0.5X - 0.25X^2$
미분하면 $Y' = 0.5 - 0.5X$가 된다.
$0.5 - 0.5X = \frac{250}{1,000}$
$0.5 - 0.5X = 0.25$
$X = 0.5$

101 가축사육시설 단위면적당 적정 가축사육기준에서 제시되고 있는 계류식 우사의 비육우 1두당 소요면적은?

① 4m　　② 5m
③ 6m　　④ 7m

해설

성장단계별 두당 가축사육시설 소요면적(단위 : m²)

시설형태	번식우	비육우	송아지
방사식	10.0	7.0	2.5
계류식	5.0	5.0	2.5

정답 98 ③　99 ③　100 ①　101 ②

102 두(수)당 가축사육시설 단위면적당 적정 가축사육기준으로 틀린 것은?

① 한육번식우(방사식) : $10m^2$
② 젖소초임우(계류식) : $10.8m^2$
③ 웅돈 : $6.0m^2$
④ 산란계(케이지) : $0.11m^2$

해설

닭의 수당 가축사육시설 소요면적

구 분	시설형태		소요면적	비 고
산란계	케이지		$0.05m^2$/마리	-
	평 사		9마리/m^2	-
산란육성계	케이지		$0.025m^2$/마리	100일령까지 사육
육 계	무창계사		39kg/m^2	-
	개방계사	강제환기	36kg/m^2	-
		자연환기	33kg/m^2	-
	케이지		$0.045m^2$/마리	-

103 양계경영의 육성률을 올바르게 나타낸 것은?

① (총산란개수/성계상시사육두수)×100
② 중총산란량/연중총산란개수
③ 총증체량/총사육일수
④ (성계출하두수/입추두수)×100

104 농후사료 kg당 가격이 250원에서 300원으로 상승함에 따라 착유우 두당 7,000kg의 우유를 생산하는 농가가 농후사료를 3,500kg 급여하다가 500kg을 감소시키고 동일한 우유를 생산하기 위해 건초로 대체하기로 하였다. 이때 건초는 기존에 급여하는 것보다 750kg이 더 소요되었을 때 건초 kg당 가격이 얼마일 때 사료비가 최소화되는가?

① 200원 ② 210원
③ 220원 ④ 230원

해설

500kg×300원 = 150,000원
∴ 150,000÷750kg = 200원

105 농후사료 kg당 가격이 250원에서 300원으로 상승함에 따라 착유우 두당 7,000kg의 우유를 생산하는 농가가 농후사료를 3,500kg을 급여하다가 500kg 감소시키고 동일한 우유를 생산하기 위해 건초로 대체하기로 하였다. 이때 kg당 건초가격이 200원일 경우 건초를 기존에 급여한 것보다 얼마만큼 더 급여해야 사료비를 최소화할 수 있는가?

① 750kg ② 800kg
③ 850kg ④ 900kg

해설

500kg×300원 = 150,000원
∴ 150,000÷200원 = 750kg

CHAPTER 05 축산물 유통

PART 05 축산경영학 및 축산물가공학

01 축산물 유통의 특징

1. 마케팅의 개념과 역할

(1) 마케팅의 개념

① 마케팅의 정의
- ㉠ 미국마케팅협회(AMA ; American Marketing Association)의 정의 : 마케팅이란 개인이나 조직의 목표를 충족시키는(상호 유익한) 교환을 창출하기 위해 아이디어, 제품 및 서비스의 고안, 가격책정, 판매촉진, 유통을 계획하고 실행하는 과정이다.
- ㉡ 한국마케팅학회(KMA ; Korean Marketing Association) : 마케팅은 조직이나 개인이 자신의 목적을 달성시키는 교환을 창출하고 유지할 수 있도록 시장을 정의하고 관리하는 과정이다.

② 마케팅믹스(Marketing Mix) 4P
- ㉠ 제품(Product) : 고객의 필요와 욕구를 만족시키는 재화, 서비스, 혹은 아이디어
- ㉡ 가격(Price) : 제품을 얻기 위해 지불하는 것
- ㉢ 판매촉진(Promotion) : 구매자와 판매자 사이의 커뮤니케이션
- ㉣ 유통경로(Place) : 소비자가 제품을 구매하는 장소

③ 판매와 마케팅
- ㉠ 판매
  - 판매는 이미 만들어진 상품을 어떻게 하면 잘 팔 수 있는지, 제품구매를 직접 유도하는 것이다.
  - 판매와 촉진활동의 강화를 통해 매출을 증가시켜 이윤을 획득하는 것이다.
- ㉡ 마케팅
  - 마케팅이 지향하는 것은 고객을 이해하고 제품과 서비스를 고객에 맞추어 저절로 팔리도록 하는 것이다.

- 마케팅은 고객의 필요와 욕구를 파악하고 충족시키는 것으로서, 그 결과는 고객에게는 욕구충족을 기업에게는 수익창출이라는 이익이 공유되어야 한다.

구 분	판 매	마케팅
초 점	제품을 강조	고객의 욕구를 강조
수 단	판매와 촉진	통합 마케팅
목 표	매출증대를 통한 이윤창출	고객만족을 통한 이윤창출
시 점	제품을 생산한 후 판매방식 고안	고객의 욕구를 결정하고, 그 욕구의 충족을 위한 제품개발 및 전달방법 고안
계획기	현재의 제품 및 시장 측면에 초점을 둔 단기지향적 계획	신제품, 장래시장, 성장성 측면에 초점을 둔 장기지향적 계획
활동구분	주어지는 것으로 교환활동	창출하는 것으로 창조활동

④ 마케팅의 시대변화 : 생산중심시대 → 판매지향시대 → 마케팅지향시대

(2) 마케팅의 역할

① 생산자 측면에서는 생산비를 보장할 수 있는 가격으로 생산량을 원활히 공급함으로써 안정적인 생산활동이 보장될 수 있다.
② 소비자에게 최소의 비용으로 최대의 효용 또는 만족도를 줄 수 있다.
③ 생산량의 원활한 공급으로 적정가격에 의한 수급조절이 가능하다.
④ 농가의 생산의욕의 향상으로 소득증대가 가능하다.
⑤ 연관산업이 발달된다(유통과정상 수반되는 광고, 포장 등).
⑥ 표준화 및 등급화 등에 의한 소비자의 욕구충족을 달성할 수 있다.

2. 축산물 유통의 기능과 특수성

더알아두기

유통기능이란?
생산자로부터 소비자에게 축산물이 이전되어 가는 과정에서 특화된 활동을 의미
- 소유권이전에 관한 기능으로써 교환기능
- 수송, 저장 및 가공에 의한 시간적, 장소적, 형태적 효용을 창출하는 물적기능
- 표준화 및 등급화, 시장정보, 금융 및 위험부담 등에 의해서 유통의 기능을 조성하는 조성기능(비축, 행정, 법률, 세무 등을 포함)

(1) **교환기능** : 구매, 판매
    ① 교환기능은 소유권을 이전하는 기능이다.
    ② 구매기능 : 농가는 생산요소나 제품을 공급하는 원천을 찾고, 이들을 수집하는 등 구매와 관련된 모든 활동을 수행한다.
    ③ 판매기능 : 머천다이징(Merchandising)이라 불리는 모든 활동을 포함 수요창출을 위한 광고 및 다른 모든 판매촉진 활동과 의사결정 과정(적정판매량, 포장, 최선의 유통경로, 적정 판매 시기 및 장소 설정 등)이다.

(2) **물적기능** : 저장, 수송, 가공
    ① 저장기능
        ㉠ 소비자가 원하는 시간에 구매가 가능하게 하는 기능
        ㉡ 농민의 저장활동 가공원료를 저장하는 창고저장기능
        ㉢ 가공업자, 도매상, 소매상에 의한 완제품 저장 등의 기능
    ② 수송기능
        ㉠ 구매자가 원하는 장소에서 구매가 가능하도록 하는 기능
        ㉡ 수송비를 최소화하는 수송경로, 형태, 적재와 관련한 제반활동까지도 포함하는 기능
    ③ 가공기능
        ㉠ 형태를 변화시키는 모든 활동
        ㉡ 기본적으로 모든 제조활동을 포함(도축, 포장, 가공캔, 가공식품 또는 냉동식품 제조)

(3) **조성기능** : 교환기능과 물적기능을 원활히 수행할 수 있도록 하는 기능
    ① 표준화(규격화) 기능
        ㉠ 수량과 품질을 측정하고, 표준화나 등급화하는 기능
        ㉡ 판매와 구매기능이 간단하게 수행될 수 있게 보조하는 기능(대량판매 용이)
        ㉢ 축산물등급제 : 소고기, 돼지고기, 닭고기, 달걀, 말고기, 오리고기 등
        ㉣ 포장유통 의무화 : 닭고기, 오리고기, 달걀 등
        ㉤ 소고기 품질공정 평가제 : 부분육 거래활성화 및 유통의 지표 제공
        ㉥ 닭고기, 달걀 품질공정평가제 도입
    ② 재무 또는 금융기능
        ㉠ 필요한 자금을 미리 조달할 수 있게 하는 모든 활동
        ㉡ 금융권 자금, 경영자 자금 등 사업규모를 확대할 수 있음

③ 시장정보기능
　㉠ 마케팅과정에서 필요한 대량의 다양한 데이터(시장정보)를 수집, 분석, 해석, 분산/제공하는 활동
　㉡ 축산물 등급표시 : 소고기(5부위 의무표시 판매), 돼지고기, 닭고기, 달걀 등
　㉢ 이력제 : 소고기, 돼지고기
　㉣ 원산지 표시제 : 소고기, 돼지고기, 닭고기, 오리고기, 말고기, 육류 부산물 등
　㉤ 도축장 실명제실시 등
④ 유통합리화 기능
　㉠ 도축장 구조조정 및 거점도축장 육성
　㉡ 직거래 활성화
　㉢ 축산물 종합처리장 지원대책
　㉣ 식육에 대한 냉장보관과 온도관리 강화
　㉤ 돈육선물, 브랜드 육성
　㉥ 축산물 즉석가공판매업 신설
　㉦ 달걀 GP센터 건립 확대
⑤ 위험부담기능
　㉠ 마케팅과정에서 발생할 수 있는 손실위험을 부담하는 활동

> **더알아두기**
>
> 물적위험(Physical Risks)
> 화재, 사고, 강풍, 지진, 기타 요인에 의한 제품의 파손이나 손상과 같은 위험

　㉡ 시장위험(Market Risks) : 마케팅 과정에서 발생하는 가치변화에 의한 위험(가격급락, 소비자선호의 변화, 경쟁자의 새로운 마케팅 전략에 따른 손실 등)
　㉢ 관련기능 : 물적 위험을 위해 보험을 사는 형태 또는 가격위험을 위한 선물거래 형태
⑥ 위생강화 기능
　㉠ 축산물 지육 냉장유통 : 소·돼지 냉도체 판정
　㉡ 식품안전관리인증기준(HACCP ; Hazard Analysis and Critical Control Point)

(4) 축산물 유통의 특성

① 축산물의 수요·공급은 비탄력적이다.
② 축산물의 생산체인 가축이 성숙되기 전에도 상품적인 가치가 있다.

③ 축산물 생산농가가 영세하고 분산적이기 때문에 유통단계상에서 수집상 등 중간상인이 개입될 소지가 많다.
④ 축산물은 부패성이 강하기 때문에 저장 및 보관에 비용이 많이 소요되고 위생상 충분한 검사를 필요로 한다.
⑤ 축산물시장에서의 거래가 이루어지기보다는 중간상인 및 구매자가 구매하고자 하는 가축에 따라 이동하는 경우가 많다(이동거리와 시간에 따라 생체의 감량이 발생하기 때문).
⑥ 가축시장의 경매가격, 도매시장의 육류가격 등 축산물 평가기준 설정이 어렵다.
⑦ 축산물은 생체로부터 가공에 이르기까지 많은 가공시설과 가공기술을 필요로 한다.
⑧ 축산물은 비탄력적으로 가격변동에 대한 대응이 단시간에 이루어지기 어렵다.
⑨ 축산물의 소득탄력성이 다른 농산물에 비해 높기 때문에 소득수준이 향상됨에 따라 축산물의 소비량을 증가시킬 수 있다.

3. 유통비용과 마진 등

(1) 유통비용

① 유통비용의 개념
  ㉠ 생산자로부터 소비자에 이르기까지 비용이다.
  ㉡ 유통마진에서 상업이윤을 제외한 비용이다.
② 유통비용의 구성 : 유통비용은 직접비, 간접비, 이윤으로 구성된다.
  ㉠ 직접비 : 작업비, 운송비, 포장재비, 상·하차비, 수수료, 감모비 등
  ㉡ 간접비 : 점포유지관리비, 인건비, 제세공과금, 감가상각비 등
  ㉢ 이윤 : 총수입에서 임대, 지대, 이자, 감가상각비 따위를 빼고 남는 순이익

(2) 유통마진

① 유통마진 개념
  ㉠ 유통과정에서 발생하는 모든 유통비용이 포함된 개념이다.
  ㉡ 소비자가 지불한 금액과 농가가 수령한 금액 간의 차이이다.

   유통마진 = 소비자 지불가격 - 생산자 수취가격

  ㉢ 소비자가 구매 시 지불한 금액 중 유통단계에서 경영체에 지불된 부분이다.

㉣ 마케팅기업에 의해 수행되는 모든 효용부가활동(Utility-Added)과 마케팅기능에 대한 가격이다.

※ 가격은 유통기능 수행과정에 발생한 지출과 유통경영체의 이윤을 포함한다.

② 축산물 유통비용 절감방안
　㉠ 생산, 도축, 가공, 판매의 일관화 체계의 구축으로 유통 효율화
　　• 생산 – 판매까지 협동조합형 패커 육성
　　• 거점 도축장을 민간패커로 육성
　　• 축산물 브랜드 육성 강화
　㉡ 산지 – 소비지가격 연동성 제고
　　• 소비지 판매시설 확충
　　• 전자상거래(사이버거래) 등 신유통 확대
　　• 축산물가격 및 유통실태 정보제공 확대
　㉢ 품질향상 및 부가가치제고
　　• 축산물 등급판정제도 정비
　　• 육가공 산업 활성화
　　• 부산물 유통구조 합리화 및 부가가치 제고
　㉣ 유통관련 제도개선
　　• 거래증명 제도 개선
　　• 거래관행 개선(돼지 등)

02 브랜드관리

1. 브랜드의 기본개념

(1) 브랜드의 뜻

① 브랜드(Brand)란 고대 노르웨이의 "brandr(불에 달구어 지지다, 낙인하다)"에서 유래되었는데, 가축 소유주가 인두로 가축을 낙인하여 자신의 소유임을 알리기 위한 수단이었다.
② 미국마케팅협회(AMA)에서는 개인이나 단체가 상품과 서비스를 특징짓고 이들을 경쟁자의 상품과 서비스로부터 차별화시킬 의도로 만들어진 이름, 용어, 사인, 심벌이나 디자인 또는 이들의 조합이다.

③ 상품명, 상표, 생산자(또는 생산자단체) 이름, 연락처 등을 명시하고 다른 경쟁품과의 차별화를 꾀하며 부가가치를 높이려는 유통행위이다.
④ 축산물브랜드란 품질 및 위생, 안전성을 보증하고 사업주체와 상표등록이 되어 있는 축산물, 특히 기능성과 관련한 브랜드가 많이 등장한다.

> **더 알아두기**
>
> **기능성 식품**
> 식품에 물리적, 화학적, 생명공학적 수법 등을 이용하여 해당 식품의 기능에 특정한 작용을 발현하도록 부가가치를 부여한 식품군이다.

(2) 브랜드의 기능 및 역할
① 본원적 기능 : 출처기능(생산자, 가공자, 회사 등), 품질보증기능, 신뢰기능, 자산기능
② 파생적 기능 : 인지도 강화기능, 충성도 강화기능, 광고기능, 상징기능

2. 축산물브랜드의 특징

(1) 한우브랜드화 최근 동향
① 몇몇 농가들이 공동출자하고 공동사육하여 브랜드화 하고 있다.
② 거세, 독자적 사료급여, 비육방식 차별화 등으로 고급육 생산이 증가하고 있다.
③ 자체브랜드로 직판점, 백화점, 소고기 소매업소 등의 유통경로로 판매하고 있다.
④ 생산주체는 대부분 영농조합법인 형태의 공동체를 취하고 있다.

(2) 한우브랜드화 특징
① 브랜드 참여 농가수나 사육두수가 적어 소비자에게 충분한 물량공급의 문제점이 있다.
② 출하체중도 브랜드마다 편차가 크고, 사육두수 증가 시 원료 조달에 어려움이 발생할 수 있다.
③ 독자적 사료나 첨가제는 개발하여 사용하지만 브랜드에 상응하는 고급육 생산체계가 정착되어 있지 않다.
④ 체계적인 혈통관리에 의한 밑소관리시스템이 미비하고 품질의 우수성이나 차별성이 균일하게 나타나지 못하고 있다.

⑤ 특수사료나 첨가물의 급여가 육질에 어떻게 반영되고 있는가에 대한 과학적이고 객관적인 검증결과가 부족하다.
⑥ 한우고기에 대한 소비자의 신뢰확보와 우수성 홍보가 미흡하여 품질관리와 브랜드육에 대한 정보가 소비자에게 충분히 전달되지 못하고 있다.

3. 브랜드 형성 및 관리방법

(1) 품질의 균일성

① 의미 : 언제, 어디서나 맛, 색깔, 연도 등이 일정한 축산물로 기본적으로 혈통과 사료, 사양관리 등 3요소가 통일되어야 한다.
② 혈통관리
  ㉠ 브랜드사업 참여농가의 한우는 혈통이 등록된 소여야 한다.
  ㉡ 우수한 암소의 등록, 선발 및 우수정액을 사용한 계획교배 등 철저한 혈통관리로 우수 송아지 생산기반을 확보해야 한다.
③ 사료통일
  ㉠ 모든 가축은 각 사육단계별로 동일한 배합비로 생산된 사료를 급여해야 한다.
  ㉡ 사육단계별로 규격의 통일을 의미하는 것이지 동일회사의 사료로 통일하는 것은 아니다.
④ 사양관리 통일 : 균일한 출하체중, 육질·육량형성을 위해서는 참여농가 모두가 거세시기, 사료급여방법, 출하시기 등에 관한 통일된 사양관리프로그램을 준수하여야 한다.

(2) 위생·안전성

① 의미 : 농장에서부터 식탁에 이르기까지 안전하고 위생적으로 생산·가공되어야 한다.
② 사육단계
  ㉠ 적정 사육밀도 확보로 사육환경의 쾌적성 유지
  ㉡ 동물용 의약품 안전사용 : 비육 후기 사료급여, 휴약기간 준수 등
  ㉢ 철저한 방역 : 소독시설, 기구 확보 및 공동방제단 운영 등
  ㉣ 친환경적 사육환경조성 : 분뇨 자원화 및 처리시설 구비, 악취저감 등
③ 도축·가공단계
  ㉠ HACCP 수준이 높은 도축, 가공장 이용
  ㉡ 동일장소 소재도축, 가공장 이용으로 2차 오염 방지 등
④ 유통단계 : 냉장유통체계(Cold Chain System)에 의한 수송과 보관 준수

(3) 안정적 물량공급 능력

① 의미 : 유통업체가 요구하는 일정규격의 축산물을 적시에 요구한 물량만큼 공급해 줄 수 있는 능력. 즉, 정품(定品), 정시(定時), 정량(定量) 공급능력을 의미한다.
② 물량공급 능력은 목표시장과 시장점유 목표 여부에 따라 달라진다.

> **더알아두기**
>
> 브랜드 존속기간
> - 10년(갱신등록출원 : 만료 전 1년 이내)
> - 존속기간 만료 후 6개월 이내에도 일정액의 과태료를 납부하면 갱신 등록할 수 있음

(4) 축산물브랜드 관리 및 발전방향

① 위생적이면서 안전하고 균일한 품질의 좋은 축산물을 생산·공급한다.
② 책임소재가 분명하고 물량을 안정적으로 공급하며 개성있는 축산물을 생산·공급한다.
③ 지역단위의 폐쇄적 혈통관리를 통한 브랜드화를 기한다.
④ 전통식품이나 건강식품과 관련된 축산가공품의 브랜드화도 추진되어야 한다.
⑤ 브랜드 중심의 마케팅 조직과 인력을 구축하고 브랜드 자산가치를 유형화한다.
⑥ 지자체, 축협, 유통회사, 소비자단체 등이 지역별로 협의체를 구성한다.
⑦ 축산물브랜드협의회를 구성하여 브랜드와 관련된 제반문제를 협의 조정한다.

03 축산물의 가격형성

1. 축산물 가격형성의 원리

(1) 균형가격

① 균형가격의 개념
  ㉠ 수요곡선과 공급곡선 두 선이 만나게 되는 점이 '균형'이 되고, 그때의 가격을 '균형가격', 거래량을 '균형거래량'이라고 한다.
  ㉡ 수요와 공급은 수요의 법칙과 공급의 법칙이 작용하므로, 초과수요는 가격을 상승시켜 공급을 증가시키며, 공급의 증가는 가격을 하락시켜 수요를 증가시킨다.

ⓒ 가격은 공급량과 수요량을 일치시키는 수준까지 하락하며, 이때의 가격수준을 균형가격이라 하고 수요와 공급량을 균형량이라 한다.
② 축산물에 대한 수요의 결정요인
　　㉠ 해당 재화 및 관련 타 재화의 가격
　　㉡ 일인당 국민소득 및 소득분포
　　㉢ 인구의 크기와 구성
　　㉣ 국민의 식품기호
　　㉤ 축산물 수출
③ 축산물의 공급을 결정하는 요인
　　㉠ 해당 재화 및 관련 타 재화의 가격
　　㉡ 생산요소가격
　　㉢ 생산기술 수준
　　㉣ 축산물 수입
④ 축산물 가격에 영향을 미치는 정부정책
　　㉠ 가격통제
　　㉡ 수출입정책
　　㉢ 기타 농업정책

(2) 수요곡선과 공급곡선의 이동
① 공급곡선이 변하지 않는 경우(공급이 일정하다)
　　㉠ 수요곡선이 오른쪽으로 이동하면(수요 증가) → 가격이 상승하고 거래량이 증가한다.
　　㉡ 수요곡선이 왼쪽으로 이동하면(수요 감소) → 가격이 하락하고 거래량이 감소한다.
② 수요곡선이 변하지 않는 경우(수요가 일정하다)
　　㉠ 공급곡선이 오른쪽으로 이동하면(공급 증가) → 가격이 하락하고 거래량이 증가한다.
　　㉡ 공급곡선이 왼쪽으로 이동하면(공급 감소) → 가격이 상승하고 거래량이 감소한다.

(3) 거미집이론(Cobweb Theorem)
① 거미집이론(Cobweb Theorem)의 개념
　　㉠ 거미집이론은 가격변동에 대해 수요와 공급이 시간차를 가지고 대응하는 과정을 규명한 이론이다.
　　㉡ 이 이론은 1934년 미국의 계량학자 W.레온티에프(Wassily Leontief) 등에 의해 정식화되었으며, 가격과 공급량을 나타내는 점을 이은 눈금이 거미집같다고 하여 명명한 것이다.

② 가격과 공급량의 주기적 변동 시 3가지 경우
　㉠ 수렴형 : 수요탄력성 > 공급탄력성, 수요곡선이 완만하다.
　㉡ 발산형 : 수요탄력성 < 공급탄력성, 공급곡선이 완만하다.
　㉢ 순환형(진동형) : 수요탄력성 = 공급탄력성, 수요가격과 공급가격이 같다.

2. 축산물시장 개념과 종류

(1) 시장의 개념

① 재화·서비스(용역)가 거래되어 가격이 형성되는 장소 또는 기구이다.
② 축산물의 구매 및 구입이 이루어지는 어떤 일정한 지역적인 장소이다.
③ 농(축)산물의 견물(Sample)에 의한 헤징(Hedging)이 원거리에서 이루어지는 곡물 및 외환시장도 포함된다.
④ 농(축)산물의 수요와 공급이 수집 - 중계 - 분산기능에 의해서 이루어지는 매개체의 역할을 한다.
⑤ 시장은 완전경쟁, 독과점경쟁, 과점경쟁, 독점시장으로 구분된다.
　㉠ 완전경쟁시장
　　• 다수의 판매자와 구매자가 존재하고, 축산물이 동일하기 때문에 상호대체성이 이루어진다.
　　• 신규기업의 진입과 탈퇴가 자유롭고, 시장정보가 모든 참여자에게 전달된다.
　　• 물량 및 가격에 대해서 단합, 협정, 협의 또는 공공단체의 임시적인 개입이 없다.
　㉡ 독과점경쟁시장
　　• 다수의 판매자와 다수의 구매자가 존재하나, 회사에 따라 특징이 있어 구매자의 입장에서는 이질성이 있다.
　　• 진입과 탈퇴가 자유롭게 보장되어 있으나 완전경쟁에 비하여 어렵고 독점보다는 자유로운 시장경쟁상태이다.
　㉢ 과점경쟁시장
　　• 소수의 판매자와 구매자가 존재하고, 유사하거나 동질의 농(축)산물로 구성된다.
　　• 새 시장에 대한 진입과 탈퇴가 자유롭게 보장되지 않은 시장경쟁상태이다.
　㉣ 독점시장
　　• 완전경쟁시장의 반대의 개념이다.
　　• 판매자 또는 구매자가 하나만 존재하고, 생산물은 대체상품이 존재하지 않는다.
　　• 시장의 진입이 어려운 시장경쟁상태이다.

(2) 시장의 종류

유통경로에 따라 수집시장(가축시장) - 중계시장(도매시장, 공판장) - 분산시장(소매시장)으로 구분한다.

① 가축시장
  ㉠ 축산법 제34조(가축시장의 개설 등)에 의거 가축시장은 농업협동조합법에 따른 축산업협동조합이 개설·관리(1987년 축협으로 일원화)하고 있다.
  ㉡ 한육우, 젖소 등이 중계, 경매 등으로 거래된다.
  ㉢ 축산법에 의거 가축은 가축시장에서 거래하도록 제한하고 있다(일부 예외).
  ㉣ 젖소, 염소 등 중소 동물은 문전거래, 돼지는 생산자가 직접 출하한다.

② 도매시장
  ㉠ 농수산물 유통에 관한 법률에 근거하며, 개설자는 시·도가 지정하는 기관이나 개인이다.
  ㉡ 주로 지육의 경매에 의해 거래된다.
  ㉢ 가격형성기능, 수급조절기능, 분산기능, 위험전가기능, 분산기능, 거래안전기능 등을 한다.
  ㉣ 축산물 공판장은 농수산물 유통 및 가격안정에 관한 법률에 의해 개설된 시장이다.

> **더알아두기**
>
> 축산물 처리
> - 축산물종합처리장 : 정부의 지원으로 설립된 업체로 도축 및 가공하는 대형업체
> - 축산물공판장 : 생산자단체(농·축협)에서 개설·운영하는 도매시장
> - 축산물도매시장 : 도축 후 육류를 경매·입찰방법으로 도매하는 업체(중도매인)

③ 소매시장
  ㉠ 정육점, 대형마트, 백화점, 직영판매장 등에서 정육의 형태로 거래가 이루어진다.
  ㉡ 정육점에서 주로 판매되고, 그 외 식육포장처리업체, 조합에서 거래가 이루어진다.

> **더알아두기**
>
> 축산물 전통시장
> 총 11개 축산물시장이 운영 중으로 (서울)마장동, 가락동, 독산동, (인천)가좌동, (대전)오정동, (광주)양산동, (전남)예양리, (전북)산외면, (부산)구포동, (경남)주촌면, 어방동 등에서 운영 중에 있다.

3. 축산물의 유통경로 및 등급결정구조

(1) 축산물의 유통경로

① 직접유통 : 생산자 → 소비자
② 간접유통 : 양축가 → 수집상, 반출상 → 도매상 → 소매상 → 소비자
③ 계통출하 : 양축가 → 축협도축장경매 → 소매상 → 소비자

> **더알아두기**
>
> **유통경로상 유통주체**
> 생산자(양축가외 계열화업체, 집하장 포함), 생산자단체(조합), 산지유통인(가축거래상인), 산지공판장(중도매인), 가공·저장(식육포장처리업체), 도매상(대리점, 식용란수집판매업체, 식품유통업체), 대형유통업체(대형마트), 소매상(백화점, 슈퍼마켓, 정육점, 직영점, 일반음식점), 수출·기타(2차 가공·기타), 대량수요처(집단급식소)

(2) 소와 소고기 유통

① 소의 출하형태 및 거래
 ㉠ 개별출하(양축가가 도매시장, 공판장에 직접출하), 계통출하(경매방법에 의한다)
 ㉡ 조합, 정육점에서 도축장에 도축을 의뢰하는 임도축이 있다.
 ㉢ 소의 거래방법에는 경매와 일반거래 등이 있다.
② 소도체 등급기준
 ㉠ 소고기의 등급은 육질등급과 육량등급으로 구분하여 판정한다.
 ㉡ 육질등급은 고기의 질을 근내지방도, 육색, 지방색, 조직감, 성숙도에 따라 1^{++}, 1^{+}, 1, 2, 3등급으로 판정하는 것으로 소비자가 고기를 선택하는 기준이 된다.
 ㉢ 육량등급은 도체에서 얻을 수 있는 고기량을 도체중량, 등지방두께, 등심단면적을 종합하여, A, B, C등급으로 판정한다.

[소도체 등급표시]

구 분		육질등급					
		1^{++}등급	1^{+}등급	1등급	2등급	3등급	등외등급
육량등급	A등급	1^{++}A	1^{+}A	1A	2A	3A	–
	B등급	1^{++}B	1^{+}B	1B	2B	3B	–
	C등급	1^{++}C	1^{+}C	1C	2C	3C	–
	등 외	–	–	–	–	–	등 외

③ 등급판정
  ㉠ 등급판정부위 : 소를 도축한 후 2등분할된 왼쪽 반도체의 마지막 등뼈(흉추)와 제1허리뼈(요추) 사이를 절개한 후 등심쪽의 절개면
  ㉡ 등지방두께 : 등급판정부위에서 배최장근단면의 오른쪽면을 따라 복부쪽으로 3분의 2 들어간 지점의 등지방을 mm 단위로 측정(등지방두께가 1mm 이하인 경우에는 1mm로 판정)
  ㉢ 배최장근단면적 : 등급판정부위에서 가로, 세로가 1cm 단위로 표시된 면적자를 이용하여 배최장근의 단면적을 cm^2 단위로 측정(배최장근 주위의 배다열근, 두반극근, 배반극근 제외)
  ㉣ 도체중량 : 도축장경영자가 측정하여 제출한 도체 한 마리분의 중량을 kg단위로 적용
  ※ 도체의 비육상태가 매우 나쁜 경우, 산출된 등급에서 1개 등급을 낮추고 도체의 비육상태가 매우 좋은 경우, 산출된 등급에서 1개 등급을 높인다.
  ※ 소고기의 경우 안심·등심·채끝·양지·갈비 등 5개 부위는 반드시 등급표시를 해야 한다. 나머지 부위나 돼지고기·닭고기 등의 등급은 자율적으로 표시한다.

(3) 돼지와 돼지고기 유통

① 돼지고기의 유통
  ㉠ 돼지고기의 유통은 3단계에서 7단계를 거친다.
  ㉡ 생산자(양돈농가) → 수집상 → 도축-가공업체 → 도매상 → (중간상) → 소매상 → 소비자
  ㉢ 돼지는 도축장에서 도축한다.

② 돼지고기 등급
  ㉠ 1차 등급판정기준 : 도체의 중량과 인력(기계)등급판정방법에 따른 등지방두께
  ㉡ 2차 등급판정기준 : 외관(비육상태, 삼겹살상태, 지방부착상태) 및 육질판정(지방침착도, 육색, 조직감, 지방색, 지방질), 결함상태
  ㉢ 최종등급 : 1차 등급판정결과와 2차 등급판정결과 중 가장 낮은 등급으로 한다.
  ㉣ 1차, 2차를 종합하여 1^+등급, 1등급, 2등급, 등외등급으로 판정한다.

(4) 닭 및 닭고기의 유통

① 닭 및 닭고기의 유통경로는 생계유통과 도계유통으로 대별할 수 있다.
  ㉠ 생계유통
    • 수집·반출상(도매상)이 생산농가에서 수집·집하하여 도계장에 도계를 수탁하는 경우와 도계장에서 수집하는 경우
    • 농협이 생산농가와 계약생산에 의해서 도계한 후 대량소비처 및 군납하는 경로 등

ⓛ 도계유통 : 일반적으로 사육농가에서 수집·반출상에 의해서 도계장을 거친 도계를 소비자나 대량수요처에 공급한다.
※ 생계 및 도계의 유통경로는 일반적으로 수집농가 → 수집·반출상 → 도계장 → 소비자의 경로를 이루고 있다.

② 닭고기의 등급
㉠ 닭고기는 통닭과 부분육을 대상으로 품질을 평가한다.
㉡ 통닭(닭도체) : 외관, 비육상태, 지방부착상태, 신선도와 깃털, 외상, 이물질 유무 등을 평가하여 1^+등급, 1등급, 2등급으로 등급을 판정한다.
㉢ 부분육 : 냉동하지 않은 신선한 원료육만을 사용한 부분육을 대상으로 평가하여 1등급, 2등급으로 등급을 판정한다.

③ 계란 품질등급
㉠ 계란의 유통은 1단계에서 5단계를 거치는데 생산농가 → 도매상(수집·반출상) → 중간도매상 → 소매상 → 소비자 등의 순이다.
㉡ 세척한 계란에 대해 외관검사, 투광 및 할란판정을 거쳐 1^+등급, 1등급, 2등급, 3등급으로 구분한다.
㉢ 외관판정 : 전체적인 모양, 난각의 상태, 오염 여부 등 평가
㉣ 투광판정 : 기실의 크기, 난황의 위치와 퍼짐 정도, 이물질 유무 등 평가
㉤ 할란판정 : 난백의 높이와 달걀의 무게, 이물질 유무 등 평가

더알아두기

달걀의 무게별 분류
- 왕란 : 68g 이상
- 대란 : 52~60g 미만
- 소란 : 44g 미만
- 특란 : 60~68g 미만
- 중란 : 44~52g 미만

④ 오리고기
㉠ 오리고기의 품질은 1^+, 1, 2등급으로 구분한다.
㉡ 오리고기 품질등급 : 외관, 비육상태, 지방부착, 잔털, 깃털, 신선도, 외상, 변색, 뼈의 상태, 이물질 부착, 냄새, 도체처리 등 품질기준에 따라 판정한다.

> **더 알아두기**
>
> **단계별 등급표시방법**
> - 소고기 : 등급판정단계부터 소매단계까지 등심·안심·채끝·양지·갈비 등 5개 부위에 대해 1^{++}, 1^+, 1, 2, 3, 등외등급 등 6개 등급을 표시
> - 돼지고기 : 등급판정단계부터 도매단계(지육)까지는 1^+, 1, 2, 등외등급 등 4개 등급을 표시해야 하나, 이후 유통과정에서는 자율등급표시
> - 닭·오리고기 : 등급판정신청은 자율제로 운용되고 있으나 등급판정을 받은 제품은 소매단계까지 반드시 1^+, 1, 2등급 등 품질등급과 중량규격을 표시
> - 달걀 : 등급판정신청은 자율제로 운용되고 있으나 등급판정을 받은 제품은 소매단계까지 반드시 1^+, 1, 2, 3등급 등 품질등급과 중량규격을 표시

4. 생산농가의 축산물 판매관리 등

(1) 축산물보관업·축산물운반업·축산물판매업·식육즉석판매가공업의 영업자 및 종업원 준수사항(축산물 위생관리법 시행규칙 [별표 13])

① 공통사항

㉠ 축산물은 위생적으로 보관·운반·판매·가공하여야 한다.

㉡ 축산물의 포장·용기가 파손된 축산물을 판매하거나 판매할 목적으로 운반·진열하여서는 아니 된다.

㉢ 허가관청 또는 신고관청으로부터 시정명령·폐기처분·시설개수명령 등 사후조치가 필요한 행정처분을 받은 영업자는 그 명령에 따른 사후조치를 이행한 후 그 이행결과를 지체 없이 처분청에 보고하여야 한다.

㉣ 영업자는 가축 및 축산물 이력관리에 관한 법률에 따른 국내산이력축산물이 아닌 축산물을 보관·운반·판매하는 경우 법에 따른 도축검사증명서를 최종발급일부터 1년간 보관하여야 하고, 축산물운반업 영업자의 경우에는 식육·포장육을 운반하는 운전자(자가운반차량 운전자를 포함한다) 등으로 하여금 도축검사증명서의 원본 또는 사본(휴대전화 또는 카메라 등으로 촬영한 전자적 형태의 파일로 저장된 사진을 포함한다)을 휴대하도록 하여야 한다. 다만, 식육포장처리업 영업자가 생산한 포장육을 뜯지 않은 상태로 그대로 판매하는 경우는 제외한다.

ⓜ 수돗물이 아닌 지하수를 사용하는 경우(축산물이 직접 닿지 않는 시설의 청소에 사용하는 경우는 제외)에는 축산물에 직접 사용하는 물이 나오는 배관 말단의 수도꼭지에서 채수(採水)하여 먹는물관리법에 따른 먹는물 수질검사기관으로부터 다음의 구분에 따른 검사를 받아야 하고, 그 결과 마시기에 적합하다고 인정된 물을 사용해야 한다. 다만, 동일한 건물에서 같은 수원을 사용하는 경우에는 하나의 업소에 대한 시험결과로 다른 업소에 대한 검사를 갈음할 수 있으며, 시·도지사가 오염의 우려가 있다고 판단하여 지정한 지역에서는 먹는물 수질기준 및 검사 등에 관한 규칙에 따른 먹는물의 수질기준에 따른 검사를 하게 할 수 있다.
  - 일부항목 검사 : 1년마다(수질검사를 받은 날의 다음 날부터 기산한다) 먹는물 수질기준 및 검사 등에 관한 규칙에 따른 마을상수도의 검사기준에 따른 검사. 다만, 전항목 검사를 실시하는 연도의 경우는 제외한다.
  - 모든 항목 검사 : 3년마다(수질검사를 받은 날의 다음 날부터 기산한다) 먹는물 수질기준 및 검사 등에 관한 규칙에 따른 먹는물의 수질기준에 따른 검사

ⓗ 영업자는 다음 기준에 따라 종업원에 대하여 매년 1시간 이상 위생교육을 실시해야 한다.
  - 자체적인 위생교육 계획을 수립할 것
  - 법 및 규칙에 따라 위생교육을 받은 영업자 또는 법에 따라 위생교육을 받은 종업원이 교육을 실시할 것
  - 교육 결과를 기록하여 2년간 보관할 것. 다만, 기록의 형태는 업체가 자율적으로 정하여 사용할 수 있다.

ⓢ 영업자는 소비기한이 경과한 축산물을 '폐기용'으로 표시한 후 냉장·냉동 창고 또는 시설 안의 일정구역에 구분하여 보관하여야 한다.

ⓞ 사용 중인 지하수가 지하수법에 따라 수질기준에 적합하지 않은 경우에는 이를 축산물의 처리·가공 등에 직접 또는 수돗물 등 다른 물과 섞어서 사용해서는 안 된다.

ⓩ 영업자는 냉장육의 절단이 쉽도록 그 심부를 제외한 표면만 단단해질 정도로 냉동시설에 일시적으로 보관할 수 있다. 이 경우 표지판 등을 이용하여 냉동육과 구별해야 한다.

② 축산물운반업 영업자의 준수사항
  ㉠ 운반차량(식육판매업소·식육즉석판매가공업소의 자가운반차량을 포함한다)을 이용하여 살아 있는 가축을 운반하여서는 아니 된다.
  ㉡ 운반차량은 수시로 세척·소독하여 청결하게 관리해야 하고, 밀봉되지 않은 축산물이나 밀봉되지 않은 식품(식품위생법에 따른 식품을 말한다. 이하 '식품')을 운반한 이후에는 운반차량 적재고를 세척·소독한 후 다음 운반에 이용해야 한다.

ⓒ 도축장에서 반출되는 소·돼지 등 가축의 식육은 다음의 어느 하나에 해당하는 방법으로 위생적으로 운반하여야 한다. 다만, 별표 1 제1호나목7에 따라 10℃ 이하로 냉각시켜 반출되어야 하는 지육에서 제외되는 지육은 1)에 해당하는 방법으로 위생적으로 운반하여야 한다.
- 매단 상태로 운반. 이 경우 식육이 차량 적재고 바닥에 직접 닿지 아니하도록 하여야 한다.
- 포장한 상태로 운반
- 위생용기에 넣은 상태로 운반

ⓔ 축산물은 식품과 같이 적재·보관하지 않는다. 다만, 축산물과 식품이 각각 밀봉 포장된 경우에는 같이 적재·보관할 수 있다.

③ 축산물판매업 영업자의 준수사항

㉠ 식육판매업의 영업자는 사물인터넷 자동판매기에서 포장육을 판매하는 경우 다음사항을 준수해야 한다.
- 판매용 포장육은 적법하게 제조된 것을 사용할 것
- 포장육에 사용된 식육의 종류·부위명칭·등급·소비기한 및 100g당 가격을 표시할 것. 이 경우 식육의 부위명칭 및 등급의 결정과 그 구별방법, 식육의 종류 표시 등에 관한 세부 사항은 식품의약품안전처장이 정하여 고시한다.
- 위의 내용에 따른 표시를 거짓으로 하지 않을 것
- 사물인터넷 자동판매기를 설치한 장소의 주변을 항상 청결하게 하고, 뚜껑이 있는 쓰레기통을 비치해야 하며, 쥐, 바퀴 등 해충이 사물인터넷 자동판매기 내부에 침입하지 않도록 할 것
- 매일 위생 상태 및 정상가동 여부를 점검하고, 그 내용을 다음과 같은 점검표에 기록하여 보기 쉬운 곳에 항상 비치할 것

점검일시	점검자	점검 결과		비 고
		위생 상태	정상가동 여부	

- 사물인터넷 자동판매기에는 영업신고번호, 일련관리번호(2대 이상의 사물인터넷 자동판매기를 설치한 경우만 해당한다) 및 고장 시 연락 가능한 전화번호를 12포인트 이상의 글씨로 사물인터넷 자동판매기 앞면의 보기 쉬운 곳에 표시할 것

㉡ 식육판매업 및 식육부산물전문판매업의 영업자는 식육의 처리에 사용한 기계·기구류 등을 수시로 세척·소독하여야 한다.

ⓒ 식육판매업의 영업자는 식육을 냉장·냉동실에 보관하여야 하며, 지육상태로 판매장 안에 걸어 놓아서는 아니 된다. 다만, 지육의 가공(절단·분쇄 및 포장을 말한다)을 위하여 판매장에 일시적으로 걸어놓을 때에는 먼지나 파리 등이 지육에 직접 붙지 아니하도록 포장을 벗기지 아니한 상태를 유지하는 등 필요한 조치를 하여야 한다.
ⓓ 식육판매업의 영업자는 냉동식육을 해동하여 냉장식육으로 보관하거나 판매하여서는 아니 된다.
ⓔ 식육판매업·식육부산물전문판매업 및 축산물유통전문판매업의 영업자는 거래내역서에 식육 또는 포장육의 매입에 관하여 그 식육 또는 포장육의 종류·물량·원산지·이력번호 및 매입처 등을 기록하고, 그 기록을 매입일부터 1년간 보관하여야 하며, 그 기록을 허위로 하여서는 아니 된다. 다만, 가축 및 축산물 이력관리에 관한 법률에 따른 이력관리시스템을 이용하여 기록·관리한 경우에는 거래내역서를 본문에 따라 기록·보관한 것으로 본다.
ⓕ 식육판매업의 영업자는 식육 또는 포장육을 판매할 때 식육의 종류·원산지 및 이력번호를 적은 영수증 또는 거래명세서 등을 식품위생법 시행령에 따른 식품접객업의 영업자 또는 식품위생법에 따른 집단급식소 설치·운영자에게 발급하여야 하며, 이를 거짓으로 작성해서는 안 된다.
ⓖ 축산물판매업(식용란수집판매업은 제외한다)의 영업자는 영업자(식품위생법에 따른 영업자 및 집단급식소 설치·운영자를 포함한다) 간의 거래에 관하여 판매일·판매처·판매량 등을 기록한 거래내역서류를 작성하고, 이를 최종 기재일부터 2년간 보관하여야 하며, 관계서류를 허위로 작성·보관하여서는 아니 된다. 다만, 가축 및 축산물 이력관리에 관한 법률에 따른 이력관리시스템을 이용하여 기록·관리한 경우에는 거래내역서를 작성·보관한 것으로 본다.
ⓗ 축산물판매업의 영업자가 냉동식육 또는 냉동포장육을 식품접객업소나 집단급식소에 공급할 때에는 해당 식품접객업 영업자 또는 집단급식소의 영양사 및 조리사가 해동을 요청할 경우 해동을 위한 별도의 보관 장치를 이용하거나 냉장운반을 할 수 있다. 이 경우 해당 제품이 해동 중이라는 표시, 해동을 요청한 자, 해동 시작시간, 해동한 자 등 해동에 관한 내용을 보기 쉬운 장소에 표시해야 하고, "이 제품은 요청에 의하여 냉동포장육제품을 해동 상태로 공급하는 것으로 조리용 외의 목적으로 사용하거나 다시 냉동해서는 안 됩니다"라는 표시와 해동한 제품의 소비기한을 제품 표면에 표시해야 한다.

ⓩ 식육판매업 영업자는 식육 또는 포장육을 영업장(식육판매시설을 갖춘 차량의 경우 시·도지사가 인정하는 장소, 전통시장 지정 영업장소 또는 밀봉한 포장육을 판매하는 사물인터넷 자동판매기의 경우 설치신고한 장소를 포함한다) 외의 장소에서 가공(식육의 절단·분쇄 및 포장을 말한다)·보관·진열·판매하여서는 아니 되며, 식육 판매를 목적으로 하는 영업자(식품접객업·집단급식소 등과 같이 해당 영업소에서 최종소비가 이루어지는 경우는 제외한다)에게 식육을 판매하여서는 아니 된다. 다만, 다음의 어느 하나에 해당하는 경우는 식육 판매를 목적으로 하는 영업자에게 판매할 수 있다.
  - 도축장에서 도축된 지육상태 그대로 다른 식육판매업 영업자에게 판매하려는 경우
  - 수입한 식육을 더 이상의 가공 없이 수입된 상태 그대로 판매하는 경우
  - 개체별로 포장한 닭·오리의 식육을 포장한 상태 그대로 판매하는 경우
ⓒ 축산물유통전문판매업 영업자는 소비자로부터 이물 검출 등 불만사례 등을 신고 받은 경우에는 그 내용을 2년간 기록·보관하여야 하며, 소비자가 제시한 이물 등 증거품은 6개월간 보관하여야 한다. 다만, 부패·변질의 우려가 있는 경우에는 2개월간 보관할 수 있으며 남은 4개월은 사진으로 보관하여야 한다.

(2) 영업장 또는 업소의 위생관리기준(축산물위생관리법 시행규칙 제6조 제1항 관련 [별표 2])

① 작업개시 전 위생관리
  ㉠ 작업실, 작업실의 출입구, 화장실 등은 청결한 상태를 유지하여야 한다.
  ㉡ 축산물과 직접 접촉되는 장비·도구 등의 표면은 흙·고기찌꺼기·털·쇠붙이 등 이물질이나 세척제 등 유해성 물질이 제거된 상태이어야 한다.
② 작업 중 위생관리
  ㉠ 작업실은 축산물의 오염을 최소화하기 위하여 가급적 안쪽부터 처리·가공·유통공정의 순서대로 설치하고, 출입구는 맨 바깥쪽에 설치하여 출입 시 발생할 수 있는 축산물의 오염을 최소화하여야 한다.
  ㉡ 축산물은 벽·바닥 등에 닿지 아니하도록 위생적으로 처리·운반하여야 하고, 냉장·냉동 등의 적절한 방법으로 저장·운반하여야 한다.
  ㉢ 작업장에 출입하는 사람은 항상 손을 씻도록 하여야 한다.
  ㉣ 위생복·위생모 및 위생화 등을 착용하고, 항상 청결히 유지하여야 하며, 위생복 등을 입은 상태에서 작업장 밖으로 출입을 하여서는 아니 된다.
  ㉤ 작업 중 화장실에 갈 때에는 앞치마와 장갑을 벗어야 한다.
  ㉥ 작업 중 흡연·음식물 섭취 및 껌을 씹는 행위 등을 하여서는 아니 된다.
  ㉦ 시계·반지·귀걸이 및 머리핀 등의 장신구가 축산물에 접촉되지 아니하도록 하여야 한다.

③ 영업자·검사관 및 축산물위생감시원의 책무
  ㉠ 영업자는 작업개시 전 또는 작업종료 후에 시설·장비 및 도구 등에 대한 위생상태 및 작동상태를 점검하여야 한다.
  ㉡ 검사관 또는 축산물위생감시원은 자체위생관리기준이 효율적으로 시행되는지의 여부를 감독하고, 그 위반사항을 발견한 경우에는 영업자 또는 관리책임자에게 명하여 이를 즉시 시정·보완하도록 하여야 하며, 위반사항이 행정처분의 사유가 되는 경우에는 그 내용을 관할 시·도지사 또는 소속축산물시험·검사기관의 장에게 보고하여야 한다.
  ㉢ 영업자 또는 관리책임자는 검사관 또는 축산물위생감시원이 지시한 사항을 즉시 시정·보완하기가 어렵다고 판단될 경우에는 시정·보완이 될 때까지 작업을 일시 중단하는 등 필요한 조치를 하여야 한다.
  ㉣ 영업자는 다음 장소에 형성되거나 부착된 이물질을 제거하기 위한 청소를 정기적으로 실시하여야 한다.
    • 축산물과 직접 접촉하는 시설·장비
    • 작업실의 천장, 벽, 자동이송장치 등(이물질의 낙하 등으로 인하여 축산물을 오염시킬 수 있는 경우에만 해당한다)

④ 축산물판매업
  ㉠ 식육을 판매하는 종업원은 위생복·위생모·위생화 및 위생장갑 등을 착용하여야 하며, 항상 청결히 유지하여야 한다.
  ㉡ 작업을 할 때에는 오염을 방지하기 위하여 수시로 칼·칼갈이·도마 및 기구 등을 70% 알코올 또는 동등한 소독효과가 있는 방법으로 세척·소독하여야 한다.
  ㉢ 식육 작업완료 후 칼·칼갈이 등은 세척·소독하여 위생적으로 보관하여야 한다.
  ㉣ 냉장(냉동)실 및 축산물 운반차량은 항상 청결하게 관리하여야 하며 내부는 적정온도를 유지하여야 한다.
  ㉤ 진열상자 및 전기냉장(냉동)시설 등의 내부는 축산물의 가공기준 및 성분규격 중 축산물의 보존 및 유통기준에 적합한 온도로 항상 청결히 유지되어야 한다.
  ㉥ 우유류를 배달하거나 판매하는 때에 사용하는 운반용기는 항상 청결히 유지되어야한다.
  ㉦ 식용란 보관·진열장소 및 운반차량의 내부는 직사광선이 차단되고 적정습도가 유지되어야 하며, 그 온도는 식용란의 보존 및 유통기준에 적합한 온도를 초과하여서는 아니 된다.

05 적중예상문제

01 축산물 유통의 특성에 대한 설명으로 옳지 않은 것은?
① 축산물의 수요・공급은 비탄력적이다.
② 축산물의 생산체인 가축은 성숙되기 전에는 상품적인 가치가 없다.
③ 축산물 생산농가가 영세하고 분산적이기 때문에 유통단계상 수집상 등 중간상인이 개입될 소지가 많다.
④ 축산물은 부패성이 강하기 때문에 저장 및 보관에 비용이 많이 소요되고 위생상 충분한 검사를 필요로 한다.

02 다음 중 유통마진을 잘 나타낸 것은?
① 소비자 지불가격+생산자 수취가격
② 소비자 지불가격-생산자 수취가격
③ 생산자 수취가격-소비자 지불가격
④ 생산자 수취가격-판매비용

03 다음 재화 중에서 자유재는 어느 것인가?
① 종 자   ② 공 기
③ 사 료   ④ 비 료

04 다음 중 중간생산물이라고 할 수 있는 것은?
① 달 걀
② 우 유
③ 쌀
④ 퇴 비

05 콘-호그순환(Corn-Hog Cycle)이란 어떠한 관계에서 발생되는 것인가?
① 두 생산요소의 배합비율 변화
② 생산요소와 생산물의 가격변동
③ 두 생산물의 가격변동
④ 생산요소와 생산물의 생산성 변화

정답 1② 2② 3② 4④ 5②

06 단기적으로 축산물의 판매가격으로는 평균 가변비용만 회수가 가능하다. 이때의 생산에 대한 합리적인 의사결정으로 옳은 것은?

① 생산을 확대한다.
② 생산을 중단한다.
③ 생산을 지속한다.
④ 생산을 감소한다.

07 지난 1주 동안 비육돈의 체중이 75kg에서 80kg으로 증체되었고, 그 동안 사료가 20kg 급여되었다. 이때 비육돈 1kg(생체중)당 판매가격은 1,000원이고, 사료 1kg당 구입가격은 250원이며, 사료 이외에는 사육비용이 없는 것으로 가정한다면, 이 돼지의 처리는?

① 계속 더 사육하는 것이 좋다.
② 바로 판매하는 것이 좋다.
③ 좀 더 일찍 판매하는 것이 좋았을 것이다.
④ 아무 때나 판매해도 상관없다.

해설
- 일당 증체량 = 1두당 비육기증체량/1두당 비육일수
  = 5/7 = 0.71
- 사료요구율 = 사료섭취량/증체량
  = 20/5 = 4

일당 증체량보다 사료요구율이 더 크므로 바로 판매하는 것이 좋다.

08 일반적으로 축산물은 수요의 소득탄력치가 높다. 축산물 수용의 소득탄성치 계산식은?

① 수요증가율/소득증가율
② 소득증가율/수요증가율
③ 가격증가율/소득증가율
④ 소득증가율/가격증가율

09 축산경영에서 생산의 탄력성(ε_p)을 나타낸 공식은?

① $\varepsilon_p = \dfrac{\text{투입량의 증가}}{\text{산출량의 증가}}$

② $\varepsilon_p = \dfrac{\text{산출량의 변화비율}}{\text{투입량의 변화비율}}$

③ $\varepsilon_p = \dfrac{\text{투입량의 변화비율}}{\text{산출량의 변화비율}}$

④ $\varepsilon_p = \dfrac{\text{산출량의 증감}}{\text{투입량의 증감}}$

정답 6 ③ 7 ② 8 ① 9 ②

10 생산함수가 $Y = 4X^2 - X^3$일 때 $X = 3$에서의 생산탄력성은?

① −1 ② 0
③ 1.5 ④ 2

해설

탄력성 = $\dfrac{Y\text{의 변화율}}{X\text{의 변화율}} = \dfrac{\frac{\Delta Y}{Y}}{\frac{\Delta X}{X}} = \dfrac{\Delta Y}{\Delta X} \times \dfrac{X}{Y}$

생산함수가 $Y = 4X^2 - X^3$일 때 $X = 3$을 대입하면
$Y = 9$
$\dfrac{\Delta Y}{\Delta X}$를 1차 미분하면 → $8X - 3X^2$
여기에 $X = 3$을 대입하면 $24 - 27 = -3$
$\dfrac{X}{Y} = \dfrac{3}{9} = \dfrac{1}{3}$
∴ 생산탄력성 = $-3 \times \dfrac{1}{3} = -1$

11 보편적인 의미에서 축산경영에서 축산물에 대한 공급의 탄력성을 옳게 표현한 것은?

① 축산물의 공급의 탄력성은 일정하다.
② 축산물의 공급의 탄력성은 높다.
③ 축산물의 공급의 탄력성은 낮다.
④ 축산물의 공급의 탄력성은 0(제로)이다.

12 국민경제의 발전과 소득증대에 따라 일반곡물 수요에 비하여 축산물의 수요가 증대되는데, 그 이유를 옳게 설명한 것은?

① 일반곡물 수요가 축산물 수요에 비하여 소득탄력성이 크기 때문이다.
② 축산물 수요가 일반곡물 수요에 비하여 소득탄력성이 크기 때문이다.
③ 일반곡물 수요가 축산물 수요에 비하여 가격탄력성이 크기 때문이다.
④ 축산물 수요가 일반곡물 수요에 비하여 가격탄력성이 크기 때문이다.

13 우리나라 축산업이 국민경제에 직접적으로 영향을 미치는 역할이 아닌 것은?

① 농가 소득원의 하나로서 농가의 자금원이다.
② 수입 대체 축산물을 생산 공급함으로써 국민경제의 외화 절약에 기여한다.
③ 국민의 중요한 단백질 공급원을 생산한다.
④ 사료작물의 재배 등을 통하여 토지의 비효율성을 증대시킨다.

14 축산물의 거래는 일반적으로 완전경쟁시장에서 이루어진다. 그 특징에 대한 설명 중 틀린 것은?

① 판매방법은 경매가 아닌 홍보활동에 의해 이루어짐
② 생산자와 소비자의 수가 매우 많음
③ 동질적인 축산물 생산
④ 생산자의 자유로운 진입과 이탈 가능

정답 10 ① 11 ③ 12 ② 13 ④ 14 ①

CHAPTER 06 유가공

PART 05 축산경영학 및 축산물가공학

01 유가공

1. 우유의 성분 및 재료 특성

(1) 우유의 식품적 가치

① 먹기에 편하고 버리는 부분이 없다.
② 소비자의 목적에 맞는 성분을 가진 식품을 제조하기 쉽다.
③ 소화가 빠르고 쉬우므로, 모든 연령층과 노약자, 환자에게도 좋은 식품이다.
④ 가공이 편리하고, 균일성을 기할 수 있다.
⑤ 가공제품의 다양성, 기호성 식품으로서의 장점을 가지고 있다.
⑥ 요리에서 유제품은 다른 식품과 잘 어울린다.
⑦ 원료에서부터 가공, 유통, 소비에까지 가장 위생적으로 처리된 식품이다.

(2) 우유의 영양성분비

① 수분 88%, 단백질 3.0~3.4%, 지방 3.5~4.0%, 유당 4.5~5%, 무기물 0.7%
② 신선한 우유의 pH : 6.6
③ 우유의 단백질 중 카세인의 등전점 : pH 4.6
④ 홀스타인 젖소에서 착유한 우유의 평균 비중(15℃) : 1.032
⑤ 신선한 우유의 산도 : 0.15~0.18%
⑥ 우유의 비열(cal/g) : 지방 0.5, 유당 0.3, 단백질 0.5, 회분 0.7, 수분 1.0(물의 비열보다 작다)
⑦ 우유의 빙점 : −0.53℃

2. 유가공품의 종류 및 가공·저장방법(시유, 아이스크림, 버터, 발효유, 치즈, 연유, 분유 등)

(1) 시유의 제조

- 시유 : 원유를 살균하고 적당한 분량으로 포장하여 시중에 내놓은 우유
- 우유 제조공정도

> 착유 → 집유 → 수유 및 검사 → 청정화 → 냉각 및 저유 → 표준화 → 균질화 → 살균 및 냉각 →
> 무균 충전 → 검사 → 냉장 → 출하

① 착유 : 젖소로부터 원유를 착유한다.

② 집유 : 목장에서 착유 후 바로 냉각탱크(4℃)에 저장된 원유를 냉각저장장치가 되어 있는 집유차로 수집하는 과정이다.

③ 수유 및 검사 : 유질검사(산도, 세균수, 체세포수, 지방률, 진애검사, 항생물질 포함여부 등)
  - ㉠ 수유(受乳) : 목장에서 생산한 원유를 받아서 탱크로리 수송차량으로 수송한 뒤 품질을 조사하고 계량하여 시유와 유제품의 원료로 저장하기까지의 공정이다.
  - ㉡ 검사(檢査)
    - 수유검사(Platform Test) : 외관과 풍미(색상, 응고분리, 향취 등) 비중, 알코올(주정검사)test, 자비시험, 산도측정, 침전물검사
    - 실험실검사(Laboratory Test) : 세균수, 체세포수, 항생물질 검출, 조성분함량분석(유지방, 단백질, 무지고형분, 유당)

④ 청정화 : 여포(濾布)나 금속망(Stainless 網) 또는 여과와 청정 두 기능을 모두 갖춘 청징기(Clarifier)를 이용 큰 먼지, 탈락세포, 이물(異物), 응고단백질, 백혈구, 적혈구, 세균의 일부까지 제거하는 공정이다.

⑤ 냉각 및 저유 : 원유를 5℃ 이하(장기저장)로 유지하며 냉각한다.

⑥ 표준화 : 생산하려는 제품의 종류와 규격에 따라 지방률함량을 일정량으로 조절하는 것으로, 원유의 지방, 무지고형분(Solids-Not-Fat), 강화성분 등을 조정하는 공정이다. 유지방함량이 높으면 탈지유를 첨가하고 낮으면 크림을 첨가한다.

⑦ 균질화 : 지방의 크기를 0.1~2.2μm 정도의 크기로 작게 고루 분쇄하는 작업이다.

> **더알아두기**
>
> **균질의 목적과 장점**
> - 우유의 입자형태를 균일화(미세화), 균일한 점도, 부드러운 텍스처(Texture)로 만든다.
> - 입자의 평균크기를 줄임으로써 유화안정성(Emulsion Stability)을 증가시킨다.
> - 산화의 민감성 감소(제품의 수명을 연장)시킨다.
> - 식품 낙농제품의 경우 소화 및 맛을 크게 향상시킨다.
> - 크림의 분리가 발생하지 않고(크림층 형성의 방지) 진한 느낌이 생긴다.

⑧ 살균 및 냉각

　㉠ 살균(Pasteurization)
　　- 저온장시간살균법(LTLT ; Low Temperature Long Time) : 일반적으로 63~65℃에서 30분간 가열한 후 신속히 냉각시키는 방법
　　- 고온단시간살균법(HTST ; High Temperature Short Time) : 72~75℃(160°F)에서 15~20초간 가열하는 방법이다. LTLT방법보다 효율적인 살균방법으로 병원균의 대부분이 사멸되고 Cream Line 등 품질에도 큰 영향 없이 살균이 이루어져 대규모 유업회사에서 이용하고 있다.

　㉡ 초고온단시간멸균(UHT ; Ultra-High Temperature sterilization)
　　- 원유를 130~150℃에서 1~5초간 가열하는 방법이다.
　　- UHT살균에 있어서는 거의 무균에 가까운 시유가 생산되며 색과 풍미의 변화에 큰 영향이 없는 멸균공정이다.
　　- 직접가열법(Steam Injection System, Steam Infusion System)과 간접가열법(평판열교환법, 관형열교환법, 단편표면열교환법)이 있다.

　※ 우유의 살균(LTLT 또는 HTST)이 이루어졌는지의 여부를 검사하는 데 널리 쓰이는 시험법 : 포스파타제 테스트

⑨ 무균충전 및 무균포장

　㉠ 포장용기 : 유리, 비닐, 플라스틱, 종이 등 재질은 다양하다.
　㉡ UHT 멸균유와 무균충전 : Tetra Pak, Zupak, Pure Pak과 같은 종이용기 등에 산화수소나 자외선을 사용하여 완전멸균시키고 보전성을 높이기 위해 내면에 Aluminium Foil을 접착한 것이 사용된다.
　　- 유제품 제조 시 수분을 첨가하는 이유 : 염지재료 용해, 다즙성 유지, 생산비 감소
　　- 즉석섭취 축산물
　　　- 소비자가 바로 먹을 수 있도록 제조한 우유, 치즈, 요구르트 등이 해당된다.
　　　- 리스테리아균 등의 저온성 식중독균이 증식할 수 있으므로 온도관리를 철저히 해야 한다.
　　　- 냉장제품의 권장 보관 및 유통온도는 6℃ 이하로 한다.

(2) 아이스크림 제조

① 아이스크림은 우유(원유, 분유, 가당연유)에 지방, 무지고형분, 감미료, 유화제 및 안정제, 향료, 색소 및 물 등을 혼합하여 공기를 넣어 냉동시킨 것으로 부드럽고 일정한 조직을 가진 것이 특징이다.

    ㉠ 무지유고형분(Milk Solid-Not-Fat)
- 무지유고형분은 "Solids Not Fat"로 약자로 SNF로 표시한다.
- 우유는 약 88%가 수분이며, 나머지를 전고형분(全固形分)이라 하는데, 여기에서 유지방을 뺀 고형분을 무지유고형분이라 한다.
- 비교적 값이 싼 고형분이다.
- 연유취, 소금맛 또는 가열취가 생기기 쉽다.
- 과량 사용하면 "모래조직(Sandy)"의 결점이 생긴다.

    ㉡ 과당 : 아이스크림의 제조에 사용되는 감미료 중 단맛의 강도가 가장 높다.

② 아이스크림 믹스의 제조공정 순서

> 원료 → 배합 → 살균 → 균질 → 냉각 → 숙성

    ㉠ 배합 : 아이스크림 제조에 이용될 원료를 용해하여 덩어리 지지 않게 잘 혼합한다. 이때 저온살균법(65℃, 30분)으로 1차 살균을 해 준다.

    ㉡ 살균 : 인체의 유해한 미생물을 사멸하기 위해 고온단시간살균법(85~88℃, 15초)을 실시한다.

    ㉢ 균질 : 지방구를 $2\mu m$ 이하로 분쇄하여 지방구 분리를 방지하고 균일하고 부드러운 조직을 부여한다(75℃).

    ㉣ 냉각 및 숙성 : 균질이 끝난 것은 0~4℃로 즉시 냉각하고, 지방을 결정화시키고 점도를 증가시키기 위해 숙성을 한다. 이때 유분리가 방지되고 제품의 맛이 숙성된다(숙성온도 0~4℃, 4~24분).

    ㉤ 동결 : 제품을 -4℃로 동결하여 조직감을 향상시킨다.

    ㉥ 성형 및 포장 : 제품의 고유의 모양에 맞게 성형하여 포장을 한다. 포장 후 -20℃ 이하에 저장하여 제품을 완전동결시켜 출하한다.

더알아두기

연속 아이스크림 냉동기의 장점
- 얼음결정이 작아서 아이스크림의 질감이 부드럽다.
- 신속냉동으로 유당결정이 작아 모래조직(Sandy)현상이 최소화된다.
- 단위제품 간 차이가 적고 숙성시간이 감소된다.

> **더 알아두기**
>
> **크림의 종류**
> - 식용크림(Table Cream) : 커피크림이라고도 하며, 지방률은 보통 18~22% 정도이다. 때로는 25%로 표준화하여 만들어지는 식용크림도 있다.
> - Single 크림 : 유지방함량 18%로 지방과 유장의 분리를 막기 위해서 상대적으로 높은 균질압력이 필요하며, 균질온도는 55℃이다(25MPa, 1단계 균질).
> - Half 크림 : 유지방함량이 10.5~18%로 적합한 점도를 위해서 30MPa 이상의 압력의 균질이 필요하며, 균질온도는 55℃이다.
> - 휘핑크림(Whipping Cream) : 살균유무에 관계없이 신선한 유지방 30~40%를 함유한 크림
> - 포말크림 : 크림을 5~10℃에서 교반하여 거품이 생성되게 한 것이며, 지방률이 보통 30% 이상인 크림
> - Low Fat Cream : 유지방함량 10~12%
> - 고체크림(Plastic Cream) : 지방함량 80~81%
> - 건조크림(Dried Cream) : 건조 전 지방함량은 40~70%
> - 발효크림(Sour Cream, Cultured Cream) : 지방함유율 18~20%의 살균크림을 젖산박테리아에 의하여 발효시킨 것으로 중부유럽과 북유럽인들이 즐겨 이용하는 유제품이다

(3) 버터제조

① 축산물가공품의 유형

㉠ 버터 : 원유, 우유류 등에서 유지방분을 분리한 것이나 발효시킨 것을 교반하여 연압한 것으로 유지방분 80% 이상의 것을 말한다(식염이나 식용색소를 가한 것 포함).

㉡ 가공버터(Processed Butter) : 원유 또는 우유류 등에서 유지방분을 분리한 것이나 발효시킨 것 또는 버터에 식품이나 식품첨가물을 가하고 교반, 연압 등 가공한 것으로 유지방분 30% 이상(단, 유지방분의 함량이 제품의 지방함량에 대한 중량비율로서 50% 이상일 것)의 것을 말한다.

㉢ 버터오일 : 버터 또는 유크림에서 유지방 이외의 거의 모든 수분과 무지유고형분을 제거한 것을 말한다.

㉣ 분 류
- 크림발효 유무에 따라 : 감성(신선)크림버터(크림을 발효시키지 않고 만든 버터), 산성발효크림버터(젖산균 Starter를 이용하여 산을 생성시켜 크림의 점도를 감소시킴)
- 식염첨가 유무에 따라 : 가염(Salted), 무염(Unsalted), 중염(Extrasalted)
- 기타 : 분말버터, 유청버터, 저지방버터

② 발효공정(Batch식, 연속식)

> 원유 → 크림분리 → 중화 → 살균 → 발효 → 숙성 → 교동 → 수세 → 연압 → 성형 → 포장

⊙ 크림분리 : 원유를 50~55℃ 범위로 가온하여 원심분리기를 이용하며 분리한다.
ⓒ 크림의 중화
- 신선한 크림의 산도는 0.10~0.14%이다.
- 높은 산도에서 살균하면 카세인(Casein)이 응고되어 유출되므로 품질이 저하된다.
- 크림의 산도가 0.30% 이상일 경우 10%의 알칼리용액으로 중화하여 0.2~0.25% 정도로 표준화한다.
- 중화제는 탄산소다(Na_2CO_3), 중탄산소다($NaHCO_3$), 가성소다(NaOH) 등과 석회염인 생석회(CaO) 또는 소석회($Ca(OH)_2$)가 있다.

ⓒ 크림의 살균과 냉각
- 유해병원균, 유해미생물, 유산균, 효소 특히, 라이페이스(리파아제, Lipase)를 살균하기 위하여 살균한다.
- Batch(LTLT)법, HTST살균법 등을 이용한다.

② 크림발효
- 3~6%의 젖산균을 첨가하고 21℃에서 6시간 정도 발효시킨다.
- 발효하면 젖산균이 생성한 산에 의하여 크림의 점도가 낮아져서 지방의 분리가 빠르게 되어 교반공정(Churning)이 용이하고 방향성(芳香性) 물질도 생성되어 풍미가 증진된다.
- 단점은 산의 생성으로 지방의 분해를 촉진하여 저장성이 떨어지고 발효공정이 복잡하다.
- 발효에는 *Streptococcus lactis*, *Streptococcus cremoris*를 함께 사용하며, *Streptococcus diacetilactis*와 같은 Aroma(방향)생성균 등도 함께 사용한다.

◎ 숙 성
- 크림의 지방구들이 결정화(액체상태에서 고체상태로 바뀌는 것)되는 과정이다.
- 크림살균 후 교반(Churning)할 때까지 일정한 온도(50~55℃)를 유지(8시간 이상)하는 공정으로 유지방의 결정화를 조절하여 버터의 경도와 전연성을 일정하게 한다.

⑭ 교동(교반, Churning)
- 크림의 지방구가 뭉쳐서 버터의 작은 입자를 형성하고 버터밀크와 분리 되도록 일정한 속도로 크림에 충격을 가하거나 휘저어 주는 것이다.
- 크림의 온도는 겨울철 12~14℃, 여름철 8~10℃, 유지방 35~40%가 알맞다.

ⓢ 연압(Working)
- 버터가 덩어리로 뭉쳐 있는 것을 짓이기는 공정을 연압이라 한다.
- 연압을 통해 수분함량을 조절하고 지방에 수분이 유화(Water/Oil)되도록 고루 분산시키며 물방울이 없게 한다. 또 버터의 조직을 부드럽게 하고 치밀하게 한다.

> **더 알아두기**
>
> **연속식(Continuous Butter Making) 버터제조법**
> - 제조방법에 따른 분류
>   - 한 대의 기계 내에서 가온연압작업을 구분하지 않고 연속적으로 생산하는 방법 : Fritz, Westfalia, Contimab Process
>   - 특수분리기로 지방률 80%의 고농도크림을 만들어 상(Phase) 전환기로 냉각하면서 강한 교반으로 버터를 제조하는 법 : Alfa Process
>   - 25~30%의 크림을 가열교반 후 재분리하여 버터의 조성과 똑같이 조정한 믹스를 급랭장치로 냉각・고화시키는 방법 : Creamary Package, Cherrry Burrell Process
> - 연속식 버터제조의 이점
>   - 품질이 동일한 제품을 얻을 수 있다.
>   - 지방의 손실 방지 및 수분량을 일정하게 조절하기 때문에 제품수량이 크다.
>   - 특별 숙련작업자를 필요로 하지 않고 노동력의 절약과 작업시간을 단축한다.
>   - 조작이 위생적이고 세균오염이 적으며, 공장면적을 절약할 수 있다.

(4) 발효유 제조

① 발효유의 개념

㉠ 우유・염소젖・말젖 등에 젖산균 또는 효모를 배양하고, 젖당(락테이스)을 발효시켜 젖산이나 알코올을 생성함으로써 특수한 풍미를 가지도록 만든 음료이다.

㉡ 산성우유(주로 젖산균을 배양하여 젖산만을 함유)와 알코올발효유(젖산균 및 효모의 작용에 의하여 젖산발효 및 알코올 발효를 동시에 일으킨 알코올 발효유)로 크게 나눈다.
- 산성우유 : 요구르트(Yoghurt), 발효버터밀크, 아시도필루스 밀크(Acidophilus Milk) 등이 있다.
- 알코올발효유 : 양젖・염소젖을 원료로 하는 케피어(Kefir), 말젖을 원료로 하는 쿠미스(Kumyz), 가공 후 살균하여 저장성을 가지게 한 칼피스(Calpis) 등이 있다.

② 발효유의 종류

㉠ 케피어(Kefir)
- 케피어는 코카시안(Caucasian) 산악지대에서 유래된 것으로 산과 알코올발효가 함께 일어나며, 발효유 중에서 역사가 가장 길고 젖소, 염소, 양의 젖으로 만든다.
- 티벳 승려들이 건강을 위해 먹었던 케피어의 모양이 버섯처럼 생겼다 해서 '티벳버섯'이라고도 불린다.

- 케피어는 젖산균 스타터를 사용하지 않고 케피어 그레인(Kefir Grain)으로 발효를 시켜서 만드는데 이것은 서로 공생해서 사는 젤라틴 모양의 미생물로 *Torula keffir*와 *Saccharomyces kefir* 같은 효모와 *Lactobacillus caucasium*과 *Lactococcus lactis* ssp. *lactis* 같은 박테리아로 구성되어 있다.

ⓒ 버터밀크(Butter Milk)
- 원래 버터밀크는 버터제조 시에 나오는 부산물로서 지방함량은 약 0.5%로 레시틴을 많이 함유하고 있다.
- 유청분리가 잘 일어나고 맛이 빨리 변하므로 보관에 어려움이 있고, 좋은 품질을 유지하기가 어렵다.
- 최근에는 탈지분유나 저지방우유를 이용하여 유산균으로 발효시켜 버터밀크를 만드는데 향, 맛, 점도 및 보존성에서 원래의 버터밀크보다 좋다.

ⓒ 발효크림(Sour Cream)
- 유지방함량이 12% 이상인 크림을 *Lactococcus lactis* ssp. *lactis*와 *Lactococcus lactis* ssp. *cremoris* 같은 균을 이용하여 발효시킨 것이다.
- 조직이 매끄럽고 점도가 높으며 맛이 순하고 신맛을 낸다.
- 공기와 접촉하면 표면에 효모가 발생할 수 있고, 장시간 보관하는 경우에는 쓴 맛을 내고 풍미가 떨어진다.

ⓔ 애시도필러스밀크(Acidophilus Milk)
- 미국에서 많이 소비하는 발효유로서 탈지유나 부분탈지유를 멸균하여 약 40℃로 냉각시킨 후 *Lactobacillus acidophilus* 박테리아의 벌크스타터 약 5%를 접종하여 18~24시간 발효한다.
- 산도가 1.0%의 커드(Curd) 형성 시에 10℃ 정도로 냉각하여 포장한다.

ⓜ 쿠미스
- 몽골, 시베리아, 중앙아시아, 러시아 남부 등에서 주로 소비되는 젖산-알코올 발효유로서 전통적으로 말젖으로 제조되어 왔다.
- 현재는 탈지 우유로 제조하며 발효균으로는 *L. delbrueckii* ssp. *bulgaricus*나 Torula Yeast를 사용한다.

③ 제조방법

㉠ 요구르트 제조방법

> 탈지분유 12% 또는 시유 + 탈지분유 3% → 살균(85℃) → 냉각(40℃) → 시판발효유 첨가(탈지유의 2~3%) → 배양(35~40℃, 5~7시간) → 감미료 첨가(탈지유의 9%) → 과일즙 첨가 → 용기에 넣음 → 냉장보관

ⓛ 칼피스 제조방법

> 우유 → 가온 → 설탕첨가 → 용기 → 냉장보관

(5) 치즈 제조

① 치즈의 개념

ⓐ 신선한 우유를 오래 방치하게 되면 산화와 부패가 진행되면서 반고체의 커드(Curd : 우유응고물)와 액체형태의 훼이(Whey : 유장액)로 분리된다. 이 중에서 치즈는 반고체형 물질인 커드로 만들어지고 주성분은 우유단백질인 카세인이며, 그 밖에 우유의 지방이나 불용해성 물질 등이 포함되어 있다.

ⓑ 치즈란 전유, 탈지유, 부분탈지유, 크림, 버터밀크 등을 원료로 하여 여기에 젖산균, 레닛(Rennet) 또는 기타 적합한 단백질 분해효소, 산 등을 첨가하여 카세인을 응고시키고, 유청을 제거한 다음 가열, 압착 등의 처리에 의해서 만들어진 신선한 응고물 또는 발효숙성식품이다.

② 치즈의 일반적인 제조공정

> **더알아두기**
>
> - 치즈의 일반적인 제조공정
>   원유살균(63℃, 30분) → 냉각(32℃) → 스타터첨가(L. lactis 0.007%, L. cremoris 0.007%, 60분) → Rennet 첨가(원유량의 0.003%, 45분) → 커드절단(1×1×1cm, 5분) → 가온(40℃까지 5분에 1℃) → 유청빼기 → 분쇄 → 가염(원유량의 0.4%) → 압착
>   ※ 우유의 살균 → Starter 첨가 → Rennet 첨가 → 커드절단 → 유청배제
> - Cheddar Cheese의 제조공정
>   원료유의 살균 → 냉각 → Starter 첨가 → 응고 → 커드절단 → 가온 → 유청제거 → 커드분쇄 → 가염 → 압착성형 → 건조 및 코팅(Parffin, Dipping) → 숙성 → 포장 → 출고
> - 가공치즈의 제조공정
>   원료치즈선택 → 표피제거 → 원료치즈혼합 → 분쇄 → 첨가물혼합(염, 버터, 탈지분유, 색소 등) → 가열 → 균질 → 충전 → 포장 → 냉각 → 저장

ⓐ 원료유 선별 : 신선한 정상유로 세균수, 체세포수가 적으며 잔류항생물질이 함유되어 있지 않은 원유이어야 한다.

ⓑ 살균 및 냉각 : 저온살균(63~65℃, 30분 가열) 또는 고온살균(72~75℃, 15~20초 가열)하여 21~32℃로 냉각한다.

※ 초고온살균은 유청단백질의 변성을 가져와 레닛을 첨가하여 응고시키는 치즈에는 사용할 수 없는 살균방법이며, 유기산을 첨가하여 만드는 치즈에는 이용이 가능하다.

ⓒ 스타터의 첨가 : 스타터는 보통 0.5~2.0% 범위이며 발효시간은 보통 20분~2시간, 적정 산도는 0.18~0.22% 정도이다.

> **더알아두기**
>
> **스타터의 기능**
> - 응유효소의 작용 촉진하고, 치즈 특유의 풍미 부여
> - 커드로부터 유청 배출의 촉진
> - 치즈 제조 및 숙성 중 잡균 오염이나 생육 억제
> - 치즈의 구성분 조정하고, 숙성효소 작용을 적절히 조정
> - 숙성 중 유산균이 생성한 단백질 분해효소(Protease)가 치즈의 단백질 분해작용

ⓔ 레닛의 첨가 : 레닛에 의하여 치즈가 응고되며, 적당한 온도는 10~40℃이지만 레닛 첨가 시 우유의 온도는 22~35℃이다.

ⓜ 커드의 절단 : 칼로 커드를 살짝 자르고 밑에서 떠올려 보아 커드가 갈라지며 투명한 유청이 스며오는 상태가 적기이다.

ⓗ 커드의 가온 : 절단된 커드는 표면에서부터 유청을 배출하면서 수축하기 때문에 수축의 속도는 가온시간과 산도(젖산균 활성)에 지배되므로 커드를 조금씩 저어주면서 가온한다. 가온온도는 수분이 많은 연질치즈는 31℃ 전후, 경질치즈는 38℃ 전후까지 가온한다.

> **더알아두기**
>
> **자연치즈 제조 시 단단한 커드 발생의 원인**
> - 높은 칼슘농도
> - 낮은 pH
> - 단백질함량을 과도하게 높인 표준화

ⓢ 유청 빼기 : 커드로부터 배출된 유청을 분리시키는 일이다.

ⓞ 가염 및 성형 : 치즈에 가염하는 것은 치즈의 풍미를 좋게 하며 수분함량 조절, 오염미생물에 의한 이상발효억제에 효과가 있다.

> **더알아두기**
>
> **가염목적**
> - 맛 증진효과
> - 추가적인 유청 배출
> - 유산균 발육억제로 치즈 중의 지나친 산도증가 억제
> - 숙성과정에 품질 균일화
> - 숙성기간 중 잡균증식 억제(표면곰팡이 제거)

ⓩ 압착 : 압착기에 넣어 40~50분 예비압착을 한 후 치즈를 꺼내어 반전하여 치즈포로 감싸서 압착기에 넣어 본압착을 한다.
ⓧ 치즈의 숙성 : 치즈는 숙성에 의하여 치즈 특유의 풍미를 갖게 되고 조직이 부드러워져 식품으로서의 가치를 높인다.

③ **치즈의 종류**
㉠ 블루치즈 : 치즈 살이 푸른 대리석 빛을 띠어 붙여진 이름이다. 양유에서 생긴 푸른곰팡이로 숙성시켜 만든다. 프랑스 중부 지방과 남부 지방에서 전통적인 방식으로 만드는 로크포르, 블루 도베른뉴가 대표적이다. 푸른곰팡이 균주는 $Penicillium\ glaucum$, $Penicillium\ roqueforti$를 넣는다.
㉡ 헤드치즈 : 돈두육, 돈심장 등을 이용하여 조직 중의 함유된 젤라틴의 작용으로 고형화한 것이다.
㉢ 파마산치즈 : 이탈리아 파르마(Parma) 시가 원산인 매우 딱딱한 치즈로서, 분말치즈로 만들어 사용한다.
㉣ 에멘탈치즈 : 스위스 에멘탈(Emmental)이 원산지로 스위스 치즈라고도 한다. 탄력 있는 조직을 가지고 있으며 호두와 같은 맛을 낸다.
㉤ 고다치즈 : 네덜란드 남부 Gouda(고다/하우다)가 원산지이며, 부드러운 맛이 특징이다.
㉥ 에담치즈 : 네덜란드 북부 에담(Edam)이 원산지인 치즈로 표면이 빨간색 왁스나 셀로판으로 덮여 있어서 적옥치즈라고도 한다.
㉦ 체다치즈 : 영국 체더(Chedder)가 원산지이며 숙성기간은 3개월로 부드러운 신맛이다.
㉧ 브릭치즈 : 미국에서 만들어진 치즈로, 약간 자극적인 맛이 있다.
㉨ 카망베르치즈 : 프랑스 카망베르(Camambert) 지방이 원산지이며, 흰 곰팡이를 이용하여 숙성시킨 치즈다. 치즈표면에는 흰 곰팡이가 펠트모양으로 생육한다.
㉩ 코티지치즈 : 보통 탈지유로 만드는 숙성시키지 않은 치즈로 저칼로리 고단백질 식품으로 미국에서 대량으로 소비된다. 맛이 더 좋도록 하기 위해 소량의 크림을 첨가하기도 한다.
㉪ 크림치즈 : 크림이나 크림을 첨가한 우유로 만드는 숙성되지 않은 치즈로 버터처럼 매끄러운 조직으로 되어 있고 진한 맛이 난다. 미국에서 가장 많이 보급되어 있는 치즈 중 하나이다.
㉫ 가공치즈 : 유고형분을 40% 이상 함유한다. 가공치즈의 특색은 밀봉되어 있어서 보존성이 좋고, 원료 치즈의 배합에 따라 기호에 맞는 맛을 낼 수 있으며, 맛이 부드럽다. 여러 가지 형태와 크기의 포장이 가능하므로 다채로운 상품화를 꾀할 수 있다.

(6) 연유 제조

① 연유의 개념

　㉠ 가당연유 : 설탕을 첨가한 제품으로 농축유는 주로 가당연유를 지칭할 때 사용되며, 살균 후 균질이 필요하며, 최종농축 후 8.5%의 유지방과 28%의 총고형분을 함유한다.

　㉡ 무당연유 : 설탕을 첨가하지 않고 우유를 열에 의하여 농축한 후 주로 캔에 포장하여 멸균시킨 것 또는 멸균 후 무균적으로 캔에 포장한 것을 말하며, 유화제와 안정제의 첨가가 허용된다.

　㉢ 무당연유와 가당연유와의 차이점
　　• 무당연유는 설탕을 첨가하지 않는 것이다.
　　• 균질화 작업을 실시한다.
　　• 통조림관을 멸균처리한다.
　　• 파일럿시험을 실시한다.

　　※ **연유제조 시 사용되는 가장 효율이 높은 진공농축기** : 박막 수직하강 관상형

② 가당연유의 제조

> 원료유 검사 → 표준화 → 예열 → 가당 → 농축 → 냉각 → 충전 및 포장 → 보존시험

　㉠ 수유검사 : 신선도검사(관능검사, 산도, Methylene Blue시험), 유방염 우유검사, 알코올 시험, pH 측정 등을 한다.

　㉡ 표준화 : 유지방과 무지고형분의 비율을 1 : 2.25로 조절하여 표준화한다.

　㉢ 예비가열 : 농축하기 전에 가열 살균하는 공정으로, 70~80℃에서 10~20분 예열한다.

> **더 알아두기**
>
> **예비가열의 목적**
> 미생물, 효소를 살균, 실활시켜 제품의 보존성을 연장, 첨가된 설탕의 용해, 농축 시 가열면에 우유가 붙는 것을 방지하여 증발속도를 빠르게 하고, 제품의 농후화(Age Thickening)를 억제한다.

　㉣ 가당(설탕첨가) : 원유에 대하여 16~17%의 설탕을 첨가하여 삼투압 작용에 의해 미생물의 발육을 억제하여 보존성을 높이고 연유 특유의 단맛을 부여한다.

　㉤ 농축 : 살균된 우유의 수분을 제거하여 고형분을 높이는 작업으로, 51~56℃로 10~20분 농축하고, 농축의 완성을 판단하는 지표는 비중으로 일반비중계값 1.070~1.085이다.
　　※ **진공농축 이점** : 비가열처리로 영양성분 손실이 적음, 위생적 방법, 풍미유지 가능

　㉥ 냉각 : 유당결정크기가 10μm 이하가 되도록 하기 위하여 유당접종(Seeding)작업을 하여 20℃로 냉각시키면서 교반시킨다. 유당접종은 농축유량 0.04~0.05%로 한다.

　㉦ 충전·포장 : 냉각 후에 12시간 정도 후 살균 냉각된 용기에 밀봉시켜 제품화한다.

> **더 알아두기**
>
> **가당연유의 품질결함 현상**
> - 과립생성 : 세균학적 원인, 방지법으로는 예비가열의 철저, 응축 시 물의 혼합방지, 충전 시 탈기를 충분히 한다.
> - 사상현상 : Sandy현상, 유당의 결정크기가 15μm 이상일 때 느끼는 현상이다.
> - 당침현상 : 통조림관 하부에 유당이 가라앉는 현상으로 유당결정 크기가 20μm 이상일 때 발생한다.

③ 무당연유 제조공정

원료유 검사 → 표준화 → 예열 → 농축 → 균질 → 냉각충전 및 밀봉 → 멸균 → 냉각

㉠ 균질 : 균질온도는 50~60℃가 적당하며, 지방의 분리를 막고 소화율 증가, 비타민 D 강화 및 염기평형도 조정의 효과가 있다.

㉡ 파일럿시험 : 농축연유를 캔에 담아서 고온살균을 할 때에 제품의 멸균효과와 잘못된 멸균조작을 방지하기 위하여 일정량의 시료로 만들어 실제 멸균조건을 안전하게 설정하고 안정제의 첨가 유무를 결정하기 위함이다.

㉢ 멸균 : 무당연유는 설탕을 첨가하지 않으므로 멸균 과정이 필요하다. 멸균온도와 시간은 115.5℃/15분, 121.1℃/7분, 126.5℃/1분으로 한다. 멸균효과를 높이기 위해 릴(Reel)의 회전수를 6~10rpm 정도로 유지한다.

> **더 알아두기**
>
> **무당연유의 품질결함 현상**
> - 가스발효(팽창관) : 멸균 불완전, 권체불량, 수소가스의 생성
> - 이취(미) : 산성취, 고미, 이취로 내열성 세균번식, 안정제의 과도한 첨가
> - 응고현상 : 응유효소의 잔존, 젖산균의 잔존
> - 지방분리 현상 : 점도가 낮을 때 발생, 균질의 불완전
> - 침전현상 : 제품의 저장온도가 높을 경우
> - 갈변화 : 과도한 멸균처리, 고형분이 너무 많을 때
> - 희박화 : 점도가 너무 낮은 경우
> - 익모상 현상 : 단백질함량이 너무 높은 경우, 철성분이 함유된 경우

(7) 분유 제조

① 분유의 개념

　㉠ 원유 또는 탈지유를 그대로 또는 이에 식품 또는 첨가물 등을 가하여 각각 분말(수분함량 5% 이하)로 한 것이다.

　㉡ 종 류
- 전지분유 : 원유의 수분을 제거하고 분말화한 것이다.
- 탈지분유 : 원유의 유지방과 수분을 부분적으로 제거하여 분말화한 것이다.
- 가당분유 : 원유에 당류(설탕, 과당, 포도당)를 가하고 수분제거 후 분말화한 것이다.
- 혼합분유 : 원유 또는 전지분유에 식품 또는 첨가물 등을 가하여 분말상으로 한 것이다.
  예 조제분유, 복합조제분유, 영양강화분유, 인스턴트분유, 크림파우더, 맥아분유, 훼이 파우더(Whey powder), 버터밀크 파우더 등이 있다.
- 조제분유 : 우유(생산양유 및 살균산양유를 제외한다) 또는 유제품에 영유아에 필요한 영양소를 첨가하여 분말로 한 것으로 모유의 성분과 유사하게 만든 것을 말한다.

② 분유 제조공정(전지분유)

> 원유 → 농축 → 살균(예비가열) → 분무 → 건조 → 냉각 및 선별 → 충전 → 탈기 → 밀봉

　㉠ 농축 : 원유를 고형분 40~48% 정도로 농축하여 무가당 연유를 만든다.

　㉡ 살균(예비가열) : HTST살균법(72~75℃/15~20초) 또는 UHT법(130~150℃ 이상/1~5초)의 연속살균법이 쓰이고 있다.

　㉢ 분무 및 건조 : 예열된 농축유를 200kg/cm^{2}의 압력으로 분무시키고, 약 200℃의 열풍으로 순간적으로 건조시킨다.

　㉣ 탈기 및 밀봉 : 탈기분유는 용해도 증가, 산패방지, 호기성 미생물이 억제된다.

　※ **침강성(Sinkability)** : 분유의 용해성에 영향을 주는 요인으로 분유의 용적밀도와 입자의 크기에 따라서 좌우된다.

PART 05 축산경영학 및 축산물가공학

06 적중예상문제

01 홀스타인 젖소에서 착유한 우유의 평균비중(15℃)은?

① 1.638
② 1.055
③ 1.032
④ 0.944

02 우유의 유당함량범위는?

① 3.3~3.8%
② 3.9~4.3%
③ 4.5~5.0%
④ 5.1~5.6%

해설

우유의 성분
- 홀스타인 젖소에서 착유한 우유의 평균비중(15℃) : 1.032
- 신선한 우유의 pH : 6.6
- 우유의 단백질 중 카세인의 등전점 : pH 4.6
- 유당함량범위 : 4.5~5.0%

03 우유 균질의 장점 또는 효과가 아닌 것은?

① 우유 성분의 분리
② 소화 증진
③ 크림층 형성의 방지
④ 산화의 민감성 감소

04 우유의 살균(LTLT 또는 HTST)이 이루어졌는지의 여부를 검사하는 데 널리 쓰이는 시험법은?

① 포스파타제 테스트
② 알코올 테스트
③ 휘발성 지방산 측정테스트
④ 밥콕 테스트

05 다음 중 유제품 제조 시 수분을 첨가하는 이유가 아닌 것은?

① 건조 용이
② 염지재료 용해
③ 다즙성 유지
④ 생산비 감소

06 즉석섭취 축산물에 대한 설명으로 틀린 것은?

① 소비자가 바로 먹을 수 있도록 제조한 우유, 치즈, 요구르트 등이 해당된다.
② 리스테리아균 등의 저온성 식중독균이 증식할 수 있으므로 온도관리를 철저히 해야 한다.
③ 냉장제품의 권장보관 및 유통온도는 6℃ 이하로 한다.
④ 섭취 직전에 처리·가공과정 없이 단순한 조리를 하여 섭취할 수 있는 축산물이다.

정답 1 ③ 2 ③ 3 ① 4 ① 5 ① 6 ④

07 시유에서 균질처리공정의 목적과 거리가 먼 것은?

① 지방구를 미세화시킨다.
② 지방의 분리를 방지한다.
③ 미생물 사멸 및 효소를 파괴한다.
④ 단백질의 소화율이 향상된다.

08 시유의 처리공정의 순서로 옳은 것은?

① 표준화 → 청정 → 살균 → 균질
② 살균 → 청정 → 균질 → 표준화
③ 청정 → 표준화 → 균질 → 살균
④ 균질 → 청정 → 표준화 → 살균

09 냉동유제품 성분 중 무지유고형분(Milk Solid -Not-Fat)의 기능과 한계성에 대한 설명으로 틀린 것은?

① 연유취, 소금맛 또는 가열취가 생기기 쉽다.
② 비교적 값이 싼 고형분이다.
③ 거품을 방지하고 조직을 부드럽게 한다.
④ 과량 사용하면 "모래조직"의 결점이 생긴다.

10 아이스크림 믹스의 제조공정 순서로 옳은 것은?

① 배합 → 균질 → 살균 → 숙성 → 냉각
② 배합 → 살균 → 냉각 → 균질 → 숙성
③ 배합 → 숙성 → 살균 → 냉각 → 균질
④ 배합 → 살균 → 균질 → 냉각 → 숙성

11 아이스크림의 제조에 사용되는 감미료 중 단맛의 강도가 가장 높은 것은?

① 과 당
② 유 당
③ 소비톨
④ 설 탕

12 연속 아이스크림 냉동기의 장점이 아닌 것은?

① 얼음결정이 작아서 아이스크림의 질감이 부드럽다.
② 경화 후 아이스크림 부피의 감소가 가능하다.
③ 신속 냉동으로 유당 결정이 작아 Sandy (모래조직)현상이 최소화된다.
④ 단위제품 간 차이가 적고 숙성시간이 감소된다.

정답 7 ③ 8 ③ 9 ③ 10 ④ 11 ① 12 ②

13 유지방함량이 30~40%인 크림은?
① 휘핑크림　② 플라스틱크림
③ 라이트크림　④ 발효크림

14 발효유 중 발효방법이 나머지 셋과 다른 하나는?
① 요구르트
② 발효버터우유
③ 쿠미스
④ 애시도필러스우유

해설

산성우유(주로 젖산균을 배양하여 젖산만을 함유)와 알코올발효유(젖산균 및 효모의 작용에 의하여 젖산 발효 및 알코올 발효를 동시에 일으킨 알코올 발효유)로 크게 나눈다.
- 산성우유 : 요구르트(Yoghurt), 발효버터우유, 애시도필러스우유(Acidophilus Milk) 등이 있다.
- 알코올발효유 : 양젖·염소젖을 원료로 하는 케퍼(Kefir), 말젖을 원료로 하는 쿠미스(Kumyz), 가공 후 살균하여 저장성을 가지게 한 칼피스(Calpis) 등이 있다.

15 치즈 제조 시 단백질 응유효소에 의해 분해되는 단백질은?
① α-casein
② k-casein
③ β-casein
④ β-lactoglobulin

해설

응유효소(Renin/Rennet)에 의하여 가용성 Casein Micelle (α, β, γ)이 불용성 Casein인 Ca^{++}-paracaseine(α, β), κ-paracasein(Caseinoglygomacropeptide)으로 응유된다. 이때 단백질 주변의 유지방분이 함께 응고되므로써 치즈가 형성되며, 응고되지 않은 가용성 유청단백질과 유당 및 무기질 등은 잔류물질(Whey용액)로 배출된다.

16 자연치즈 제조 시 단단한 커드발생의 원인이 아닌 것은?
① 높은 칼슘농도
② 낮은 pH
③ 단백질함량을 과도하게 높인 표준화
④ 응유과정 중 낮은 베트 온도

17 치즈의 일반적인 제조공정의 순서로 옳은 것은?
① 우유의 균질 → 살균 → Rennet 첨가 → 유청배제 → 커드의 절단
② 우유의 살균 → Rennet 첨가 → Starter 첨가 → 커드의 절단 → 유청배제
③ 우유의 살균 → Starter 첨가 → Rennet 첨가 → 커드의 절단 → 유청배제
④ 우유의 균질 → 살균 → Starter 첨가 → Rennet 첨가 → 커드의 절단 → 유청배제

18 원료로써 돈두육, 돈심장 등을 이용하여 조직 중의 함유된 젤라틴의 작용으로 고형화한 것은?
① 텅소시지
② 헤드치즈
③ 블러드소시지
④ 리버소시지

정답 13 ① 14 ③ 15 ② 16 ④ 17 ③ 18 ②

19 다음 중 Blue Cheese의 제조 시 첨가하는 것은?

① Aspergillus oryzae
② Mucor rouxii
③ Penicillium roqueforti
④ Rhizopus stolonifer

해설

Blue Cheese
- 치즈 살이 푸른 대리석 빛을 띠어 붙여진 이름이다. 프랑스 중부지방과 남부지방에서 전통적인 방식으로 만드는 로크포르, 블루 도베른뉴가 대표적이다.
- 양젖으로 만든 로크포르를 제외하고 보통은 소젖으로 만든다. 브레스, 쥐라 코스(Causse ; 꼬스) 등 주로 산간지방이 주산지이다.
- 블루치즈는 반죽형태가 된 후에 커드를 휘젓고 소금을 친 후 푸른곰팡이 균주, 특히 *Penicillium glaucum*, *Penicillium roqueforti*를 넣는다. 그리고 틀 속에 넣은 후 물기를 빼고 이틀 동안 20℃의 상온에 놓아둔다. 블루 도베른뉴의 경우 약 10℃에서 적어도 2~3주간 숙성시킨다. 이때 각각의 치즈를 여러 차례 뒤집어 물기를 뺀다.

20 무당연유의 제조공정에서 순서가 옳은 것은?

① 농축 → 균질 → 냉각 → 멸균 → 충전
② 농축 → 균질 → 냉각 → 충전 → 멸균
③ 균질 → 농축 → 냉각 → 멸균 → 충전
④ 균질 → 농축 → 냉각 → 충전 → 멸균

21 연유제조 시 사용되는 가장 효율이 높은 진공농축기는?

① 박막 수직하강 관상형
② 박막 수직상승 관상형
③ 원심분리식
④ 진공펌프식

22 분유의 용해성에 영향을 주는 요인으로 분유의 용적밀도와 입자의 크기에 따라서 좌우되는 것은?

① 습윤성(Wettability)
② 침강성(Sinkability)
③ 분산성(Dispersibility)
④ 용해도(Solubility)

23 유가공품의 고온단시간살균법의 조건은?

① 63~65℃, 30분
② 72~75℃, 15~20초
③ 85~90℃, 50~60초
④ 128~138℃, 1~3초

정답 19 ③ 20 ② 21 ① 22 ② 23 ②

CHAPTER 07 육가공

PART 05 축산경영학 및 축산물가공학

01 육가공

1. 식육의 성분과 근육조직의 구조 특성

(1) 식육의 성분
① 수분 : 식육의 약 70%(65~75%)를 차지하고 있다.
  ㉠ 식육에서 수분의 존재상태는 자유수, 결합수, 고정수로 구성되어 있다.
  ㉡ 결합수는 0℃ 이하에서도 얼지 않는 물이다.
② 단백질 : 고기의 구성성분 약 20%(16~22%) 정도를 차지하고 있다.
③ 지방 : 고기의 성분 중 지방함량은 약 2.5%(2.5~5.5%)이다.
④ 탄수화물, 비타민, 미네랄 : 고기 속에는 소량의 탄수화물, 각종 비타민, 미네랄이 존재하고 있다.
  ※ 다른 식육(소고기, 닭고기)에 비하여 돼지고기에 특히 많이 함유된 비타민 : 비타민 B_1
    비타민 B_1함량이 소고기의 10배 안심과 등심 부위에 많음

(2) 근육조직의 구조 특성
① 근육의 구조
  ㉠ 근육은 횡문근[골격근육을 구성(골격근, 수의근)], 평활근[소화기관(내장)을 구성], 심근(심장의 구성)으로 구분하며, 식육으로 이용되는 근육은 주로 골격근이다.
  ㉡ 골격근은 근육의 수축과 이완을 통해 동물의 운동을 수행하는 기관인 동시에 필요한 에너지원을 저장하고 있다.
  ㉢ 골격근은 다수의 근섬유가 혈관과 신경섬유와 함께 결합조직에 의해 다발을 이루는 근섬유속을 만들고, 이 근섬유속은 근막에 쌓여 뼈나 인대에 부착되어 있다.
② 근육조직 용어해설
  ㉠ 근초 : 근섬유를 둘러싸고 있는 원형질막
  ㉡ 근주막 : 근속을 싸고 있는 막
  ㉢ 근장 : 근원섬유 사이의 교질용액
  ㉣ 근절 : 근육의 수축 기작이 일어나는 기본적인 단위

ⓜ 근소포체 : 근육조직을 미세구조적으로 볼 때 망상구조를 가지며 근육수축 시 Ca^{2+}를 세포내로 방출하는 것
ⓑ 근형질 : 근원섬유 사이의 공간에서 젤라틴 형태로 있다. 근섬유의 액체부분으로 세포질 포함 용해된 단백질, 미네랄, 글리코겐, 지방 및 필수 세포소기관
ⓢ 횡근관(T세관) : 근원섬유를 세로로 지나가는 세관, 세포외액, 글루코스, 산소 및 이온과 같은 물질들이 근섬유 내부로 운반되는 경로이다.
ⓞ 근형질세망 : 근원섬유와 나란히 위치하며, 칼슘저장소로 이용한다.
ⓩ 근원섬유 : 각각의 근섬유는 수백개에서 수천개의 근원섬유를 포함한다. 골격근의 수축성을 가진 부분으로 근육수축에 관여한다.
ⓒ 심근 : 미토콘드리아는 크고 수가 많으며 근장에 많은 글리코겐 입자를 가지고 있다.

(3) 수용성 단백질 vs 염용성 단백질

① 근장단백질(수용성 단백질)
  ㉠ 근장단백질은 근원섬유 사이의 근장 중에 용해되어 있는 단백질이다.
  ㉡ 물 또는 낮은 이온강도의 염용액으로 추출되므로 수용성 단백질이라고도 한다.
  ㉢ 육색소단백질인 마이오글로빈, 사이토크롬 등이 있다.
② 기질단백질(결합조직단백질)
  ㉠ 물이나 염용액에도 추출되지 않아 결합조직단백질이라고도 한다.
  ㉡ 주로 콜라겐, 엘라스틴 및 레티큘린 등의 섬유상 단백질들이며, 근육조직 내에서 망상의 구조를 이루고 있다.
③ 근원섬유단백질(염용성 단백질)
  ㉠ 식육구성의 주요 단백질로 높은 이온강도에서만 추출되므로 염용성 단백질이라고도 한다.
  ㉡ 근육의 수축과 이완의 주역할을 하는 수축단백질(마이오신과 액틴), 근육수축기작을 직간접으로 조절하는 조절단백질(트로포마이오신과 트로포닌) 및 근육의 구조를 유지시키는 세포골격단백질(타이틴, 뉴불린 등)로 나눈다.
    ※ **트로포닌** : 근원섬유단백질 중 칼슘이온 수용단백질로서 근수축기작에 중요한 기능을 가지고 있다.
    ※ **마이오신** : 육제품 제조용 원료육의 결착력에 영향을 미치는 염용성 단백질 구성성분 중 함량이 가장 높다.
  ㉢ 분리대두단백질 : 육제품 제조를 위해 사용되는 결착제 중 주성분이 글로불린이며, 90% 이상의 단백질을 함유하고 있고 물과 기름의 결합능력이 좋지만 가열에 의해 암갈색으로 변하기 때문에 다량 사용하지 못한다.
    ※ 가축의 종류에 따라 식육의 풍미가 달라지는 것은 식육의 지질성분에 기인하기 때문이다.

(4) 결합조직

결합조직은 근육이나 지방조직을 둘러싸고 있는 얇은 막 또는 근육이나 내장기관 등의 위치를 고정하고 다른 조직과 결합하는 힘줄 등을 말한다. 즉, 각종 조직과 조직, 기관의 간격을 결합하거나 채우고 있는 조직으로 교원섬유, 탄성섬유, 세망섬유 등이 있다.

① 교원(아교)섬유(Collagenous Fiber)
  ㉠ 주성분은 교원질(Collagen)이라는 단백질로 하얗게 보이기 때문에 백섬유(White Fiber)라고도 한다.
  ㉡ 결합조직에 가장 많은 섬유로 매우 질긴 섬유이며 뼈, 건막, 인대, 피막 등에 많다.

② 탄력섬유(Elastic Fiber)
  ㉠ 주성분은 탄력소(Elastin)라는 단백질이며, 노랗게 보이므로 황섬유(Yellow Fiber)라고도 한다.
  ㉡ 본래 길이의 1.5배까지 늘어날 수 있는 탄성(Elasticity)이 매우 높은 섬유로 탄성이 강하기 때문에 동맥, 탄력연골, 탄력인대 등에 많이 함유되어 있다.

③ 세망(그물)섬유(Reticular Fiber)
  ㉠ 가느다란 다발로 그물모양을 하고 있다.
  ㉡ 골수, 비장, 림프조직 등에 많이 함유되어 있다.

> **더 알아두기**
>
> **골격근의 결합조직**
> - 근외막 : 전체 근육을 가장 바깥에서 싸고 있는 것
> - 근다발막 : 근섬유를 싸고 있는 다발
> - 근내막 : 개개 근섬유를 둘러싸고 있는 결합조직
> - 섬유 아(芽)세포 : 섬유를 만들어내는 세포

2. 근육의 사후경직과 숙성

(1) 사후경직(Rigor-Mortis)

① 사후경직의 원인
  ㉠ 동물의 근육은 도축 직후 근육은 부드럽고 탄력성이 좋고 보수력도 높으나 일정시간이 지나면 굳어지고 보수성도 크게 저하되는 사후경직이 일어난다.
  ㉡ 도축되면 호흡정지에 의하여 여러 기전을 거쳐 액틴(Actin), 마이오신(Myosin) 사이에 서서히 교차(Cross-Bridge)가 형성되어 사후경직이 시작된다.

ⓒ 강직완료는 글리코겐과 ATP가 완전히 소모됨으로써 수축되어 이완되지 않는 근원섬유가 많아지면서 단단하게 굳어진다.
　② 사후강직으로 인한 반응
　　㉠ 근육이 굳는다.
　　㉡ 근육이 pH 하락으로 산성화된다.
　　ⓒ 도축 전 중성의 pH 7에서 근육 내 해당작용으로 pH 5.2~5.6까지 하락한다.

(2) 숙성(Aging)

　① 숙성의 원인
　　㉠ 근막이 효소(Cathepsin 등)의 분해로 근단백질 극변에 이온의 확산을 허용하게 되고 이온의 재분배가 일어나 1가이온과 결합한 단백질은 2가 이온으로 치환된다.
　　㉡ 단백질 분자가 모두 치환되면, 단백질 반응군들은 물과 결합하려고 하는데, 이때 단백질 간에 결합하려는 힘이 줄어들어 분자의 공간효과로 친수성이 회복되며 근육의 보수성이 개선되는 상태가 된다.
　　ⓒ 고기의 숙성기간
　　　• 소고기나 양고기의 경우, 4℃ 내외에서 7~14일, 10℃에서는 4~5일, 16℃에서 2일 정도
　　　• 돼지고기는 4℃에서 1~2일, 닭고기는 8~24시간이면 숙성이 완료된다.
　② 숙성에 따른 변화
　　㉠ 연도개선 : 강직 중 형성된 액토마이오신 상호결합이 근육 내의 미시적 환경변화(pH 변화, 이온저성 변화 등)에 의하여 점차 변형, 약화된다.
　　㉡ 자가소화 : 근육 내 단백질 분해효소에 의한 자가소화로 근원섬유 단백질 및 결합조직 단백질이 일부 분해되고 연화된다.
　　　※ **단백질 분해효소** : Alkaline Proteases, Ca^{2+}에 의해 활성화되는 Neutral Proteases, Cathepsin 또는 Acid Proteases의 3가지 형태가 있다.
　　ⓒ 근육 중의 펩타이드가 아미노산으로 변화되어 고기의 풍미를 향상시킨다.
　　㉣ 보수력이 증가한다.
　　　※ **고기를 숙성시키는 가장 중요한 목적** : 맛과 연도의 개선

(3) 식육(Meat, 食肉)의 관능적 품질

- 육류의 품질 : 육색, 보수성, 연도, 조직감, 풍미 등 관능적 품질과 위생적 품질, 영양적 품질로 평가됨
- 식육의 관능적 품질 : 육색, 보수성, 연도, 조직감, 및 풍미로 평가

① 식육의 색(육색)
  ㉠ 소비자가 식육을 구매하는데 있어 가장 중요하게 고려하는 요소로, 소고기나 돼지고기와 같은 적색육의 고기색은 밝고 선명한 선홍색이 좋고, 광택이 있는 고기가 좋다.
  ㉡ 고기색에 영향을 미치는 요인은 마이오글로빈(Myoglobin)함량, 마이오글로빈 분자의 종류와 화학적 상태이다.
  ㉢ 소고기는 돼지보다 근육 내 마이오글로빈함량이 많다.
  ㉣ 근육 내 마이오글로빈함량은 가축의 종류 및 연령과 관련이 있다.
  ㉤ 운동을 많이 하는 근육일수록 호기성 대사를 주로 하고 육색이 짙다.
  ㉥ 성숙한 소, 수소는 마이오글로빈함량이 많아 짙은 색을 보이고, 소고기는 밝은 체리(Bright Cherry Red)색이며, 송아지 고기는 옅은 핑크색(Brownish Pink)이다.
  ㉦ 진공포장하여 산소가 두절된 산화상태는 어두운 색, 식육이 공기와 충분히 접촉되어 있을 때 환원색소는 산소분자와 반응하여 안정된 Oxymyoglobin형으로 되고 육색은 선홍색이 된다.

> **더알아두기**
>
> **이상육**
> - PSE돈육 : 고기색이 창백하고(Pale), 조직의 탄력성이 없으며(Soft), 고기로부터 육즙이 분리되는(Exudative) 고기를 말하며 주로 스트레스에 민감한 돼지에서 발생한다.
> - DFD육 : 고기의 색이 어둡고(Dark), 조직이 단단하며(Firm), 표면이 건조한(Dry) 고기. 주로 소에서 발생한다.
> - 질식육(Suffocated Meat) : 생육인데도 불구하고 삶은 것과 같은 검푸른 외관을 나타내며 심한 냄새가 나는 육이다.

② 식육의 보수성
  ㉠ 식육이 물리적 처리(절단, 분쇄, 압착, 열처리 등)를 받을 때 수분(유리수, 고정수)을 잃지 않고 보유할 수 있는 능력으로 식육의 보수성이 좋을수록 식육 단백질 사이에 수분이 많이 함유되어 있으므로 연도가 높다.
  ㉡ 식육에 존재하는 물의 세 가지 형태
    - 결합수 : 식육의 수분함량에 4~5%를 차지하고, 단백질 분자와 매우 강하게 결합하여 심한 외부적 작용하에도 결합상태를 유지한다.

- 고정수 : 단백질 분자와의 결합력이 약화된 수분층이다.
- 유리수 : 물의 표면장력에 의하여 식육에 지탱하는 물분자층, 즉 일반적인 육즙이다.
ⓒ 보수력에 영향을 미치는 요인
- 고기의 본질적인 요인(품종, 성, 나이, 사양, 근육의 형태 및 종류, 지방축적 정도 등)
- 고기의 pH, 육단백질의 상태, 이온 강도, 근절의 길이, 사후강직 정도, 온도
- 세포벽의 수분투과성, 가공의 조건 등
③ 식육의 연도 : 식육내 결합조직이나 근육내 지방의 함량이 많을수록 연도가 좋다.
④ 식육의 조직감 : 식육의 강직상태, 보수성, 근내 지방함량, 결합조직함량에 따라 다르다.
⑤ 식육의 풍미 : 일반적으로 혀에서 느끼는 맛과 코에서 느끼는 냄새, 입안에서의 느낌 등으로 판단하며, 숙성, 저장 중에 산화, 화학적 분해 그리고 미생물이 증식되면서 풍미의 변화를 초래한다.

> **더 알아두기**
>
> **메틸렌블루(Methylene Blue) 환원시험법**
> - Methylene Blue 환원능실험은 우유 속에 존재하는 미생물의 대사량을 측정함으로써 우유의 질을 판정하는 방법으로 많은 세균이 우유 속에서 발육하면 우유 속의 용존 산소가 소모됨에 따라 우유의 산화 환원 전위가 낮아진다.
> - 우유 속의 세균 수에 따라 세균의 호흡대사량이 달라지는 것을 이용하여 우유의 질을 판정한다.
> - 색소환원시험법에는 Methylene Blue 환원시험법과 Resazurin 환원시험법이 있다.

3. 육류가공품의 종류 및 가공·저장방법(햄, 베이컨, 소시지 등)

(1) 육류가공품의 종류

① 식육가공은 1차 가공과 2차 가공으로 구분한다.
  ㉠ 1차 가공 : 도체의 발골 및 해체(부분육, 정육)로 신선육을 생산하는 과정이다.
  ㉡ 2차 가공 : 신선육을 분쇄, 혼합, 조미, 건조, 열처리 등의 방법으로 식육 고유의 성질을 변형시킨 것이다.
② 육류가공품에는 햄류, 소시지류, 베이컨류, 건조저장육류, 양념육류, 대통령령으로 정하는 분쇄 가공육제품(햄버거 패티·미트볼·돈가스 등), 갈비가공품, 식육 추출가공품, 식용 우지, 식용 돈지 등이 있다.

(2) 육류가공품의 주요공정

① 염 지

㉠ 건염법
- 가장 오래된 방법으로 소금과 설탕, 질산염 또는 아질산염으로 이루어진 염지제를 원료육 표면에 골고루 발라 문지르고 도포한 후 재워두는 방법이다.
- 고기 내 육즙이 추출되어 수분함량이 감소됨으로써 조직이 단단해지고 저장성이 증가하는 반면에 시간과 노력이 많이 들고 생산성이 낮다.
- 본인햄, 본리스햄 또는 베이컨 제조 등에 사용된다.

㉡ 습염법
- 소금과 기타 염지제들을 물에 녹여 염지액(Brine)을 만들고 이것을 고기 속에 침투시키는 방법으로 주로 열처리하는 햄(Cooked Ham) 제조 시 이용된다.
- 염지액의 소금농도는 15~20%가 적당하나 염지액의 주입량에 따라 염농도를 조절할 수 있다.
- 습염법은 건염법에 비해 소요시간이 짧고 감량도 적다는 장점이 있다.
- 습염법에는 염수침지법, 염지액주사법, 진공텀블링법 및 마사지법 등이 있다.
- 습엽법의 종류
    - 염수침지법 : 원료육을 염수에 침지시키는 방법으로 주로 락스햄, 등심햄, 베이컨 및 족발 제조 등에 사용하는데, 약 15~20%의 염지액으로 1주일 정도 염지시킨다.
    - 염지액주사법 : 염지액을 짧은 시간 내에 고기 속으로 스며들게 하는 방법으로 혈관주사법과 근육에 염지액을 직접주사하는 근육주사법이 있다.
    - 진공텀블링법 : 염지액과 원료육 또는 염지주사한 원료육을 텀블러에 넣고 교반시키는 방법으로 염지 및 결착이 잘된다는 장점이 있다.
    - 마사지법 : 프레스햄 제조와 같이 비교적 작은 육괴들을 염지할 경우 사용하는데, 염지발색 및 결착력의 증가효과가 높다.

> **더 알아두기**
>
> **고기를 염지시킬 때 사용되는 재료**
> 소금, 질산염 또는 아질산염, 염지보조제인 아스코브산염 또는 에르소브산염 이외에 설탕과 인산염이 각 제품의 특성에 따라 적절히 사용되고 경우에 따라서는 향신료와 적포도주 등이 향미증진을 위해 사용된다.
> - 아질산염의 첨가 이유
>   - 육제품의 선홍빛을 고정, 조직감 및 풍미 증진
>   - 지방산화 억제
>   - 미생물 발육 억제 및 식중독 예방효과
>   - 아질산염은 우리 몸속으로 들어오면,
>   ⓐ 단백질 속 아민과 결합하여 나이트로사민(Nitrosamine)이란 발암물질을 생성함
>   ⓑ 기준치 이상 섭취 시 헤모글로빈의 기능을 억제해 세포를 파괴, 이 경우 혈액 속 산소가 줄어 청색증을 유발하기도 함
>   ⓒ 국내에서는 아질산이온 잔존량 70ppm 이하로 규정
> - 인산염첨가 이유
>   - 보수력 증진(pH와 이온강도 증가, 액토마이오신 해리)
>   - 결착력 증가
>   - 저장성 증진
>   - 떫은 맛 증가

- 염지의 효과
  - 발색 증진 : 육제품의 색을 고기의 붉은색으로 유지시켜 주는 발색 및 육색의 고정효과
  - 풍미 증진 : 육제품 특유의 맛을 내는 염지향 향미 생성효과(육제품 제조 시 원료육의 풍미에 영향을 미치는 요인 : 동물의 종류, 연령, 사료 등)
  - 보수성 증진 : 습염법을 이용한 햄 제조 시 소금과 인산염의 기능에 의한 염용성 육단백질 추출과 그로 인한 결착력 및 보수력 증진 그리고 수율향상효과 등이다.
  - 항산화작용 : 지방산화를 억제함으로써 맛을 오랫동안 유지시킬 수 있는 항산화효과
  - 저장성 증진 : 소금에 의한 수분활성도 감소 및 아질산염에 의한 미생물발육억제를 통한 육제품 보존성 증진효과
  - 질산염의 첨가로 인한 *Clostridium botulism* 식중독 예방효과 : 육제품 제조과정에서 염지를 실시할 때 아질산염의 첨가로 억제되는 식중독균(*Clostridium botulinum*)

② 훈 연
  ㉠ 훈연방법
   - 냉훈법 : 고급햄이나 건조소시지 제조에 사용하며, 15~30℃에서 일주일 이상 실시하는 것으로 훈연색이 짙고, 훈연취도 강할 뿐만 아니라 보존성도 길다.

- 온훈법 : 30~50℃에서 수 시간 실시하는데, 풍미나 색깔 및 보존성은 냉훈법보다 못하다.
- 열훈법 : 일반햄이나 소시지의 제조에는 주로 사용하는데, 약 50~60℃에서 1~2시간 실시하는 것으로 풍미와 색깔이 약하고 보존성도 짧다는 단점이 있다.
- 액훈법 : 목초액에 고기를 침지하며, 규격화된 제품생산에 이용된다.
- 전훈법 : 전기를 이용한 연기성분을 침투시켜 흡착시킨다.

ⓒ 훈연의 목적 : 외관과 풍미의 증진, 저장성의 증진, 색택의 증진, 산화방지, 육색향상

(3) 햄의 제조

① 햄의 개념

대표적인 육제품으로 돼지고기의 뒷넓적다리나 엉덩이살을 소금에 절인 후 훈연하여 만든, 독특한 풍미와 방부성을 가진 가공식품

② 햄의 종류

㉠ 프레스햄(Press Ham)
- 저렴한 각종 원료육을 활용하며 육괴끼리 결합시킬 결착육을 사용하며 다양한 풍미, 모양, 크기로 제조한 육제품이다.
- 돼지고기의 육괴를 그대로 살려 염지, 훈연, 가열의 과정을 거친 것으로 햄과 소시지의 중간형태 제품이라고 할 수 있고 스모크햄이라고도 한다.
- 돼지고기 외에 소, 양, 토끼, 닭고기 등을 섞어서 만들기 때문에 저렴한 반면 첨가물이 많이 들어가 육류 특유의 풍미를 느끼지 못한다.

㉡ 본인 햄(Bone in Ham) : 뒷다리 부위를 뼈가 있는 채로 그대로 정형염지한 후 훈연하거나 열처리한 햄(껍질이 있는 것도 포함)

㉢ 안심 햄(Tenderloin Ham) : 안심부위를 가공한 것

㉣ 숄더 햄(Shoulder Ham) : 어깨부위육을 이용하여 제조한 햄

㉤ 피크닉 햄 : 목등심 또는 어깨등심부위육을 가공한 햄

㉥ 본리스 햄(Boneless Ham) : 돼지의 뒷다리를 정형하여 발골(뼈 제거)하고 염지한 후 케이싱에 포장하거나 롤링(Rolling)하여 훈연, 가열한 제품(껍질이 있는 것도 포함)

㉦ 로인햄(Loin Ham) : 등심부위를 가공한 것

㉧ 벨리햄(Belly Ham) : 삼겹살부위를 가공한 것

㉨ 가열 햄(Cooked Ham) : 돼지의 뒷다리를 발골하여 염지한 후, 훈연을 하지 않고 Ham Boiler 또는 Fibrous Casing에 충전하여 가열처리만을 한 햄

③ 일반 햄의 제조공정

> 고기준비 → 염지 → 분쇄 및 혼합 → 세절 및 유화 → 충전 및 결찰 → 훈연 → 가열 → 포장

㉠ 염 지
- 고기를 소금에 절이는 과정
- 소시지에서 발생하기 쉬운 보툴리누스균이 들어오는 것을 방지하고 오래 보존하기 위한 중요한 과정이다.
- 일반적인 소금 외에 아질산염, 인산염 등을 미량 추가해 넣기도 한다.
- 고기색이 선명한 선홍빛으로 발색되고, 보존성을 높이고, 풍미를 유지시키는 역할을 한다.
- 염지는 고기를 소금에 직접 바르는 건염법과 소금을 포함한 염지제를 녹인 염지액을 만들어 고기를 담그는 습염법 등이 있다.
- 염지액을 제조할 때 주의사항
  - 염지액 제조를 위해 사용되는 물은 미생물에 오염되지 않은 깨끗한 물을 이용한다.
  - 천연향신료를 사용할 경우에는 천으로 싸서 끓는 물에 담가 향을 용출시킨 후 여과하여 사용한다.
  - 염지액 제조를 위해 아스코브산염을 제외한 나머지 첨가물들을 물에 넣어 잘 용해시키고 아스코브산염은 사용 직전 투입하도록 한다. 만일 아질산염을 아스코브산염과 동시에 물에 첨가하면 아질산염과 아스코브산염이 화학반응을 일으키게 되며 여기서 발생된 일산화질소의 많은 양이 염지액 주입전 이미 공기 중으로 날아가 버려 발색이 불충분하게 되기 때문이다(아스코브산이 없을 경우 건강보조제인 비타민 C를 넣어도 된다).
  - 염지액을 사용하기 전 염지액 내에 존재하는 세균과 잔존하는 산소를 배출하기 위해 끓여서 사용한다.
  - 염지액은 사용 전 냉장실에서 6~10℃ 정도 충분히 냉각되어야 한다.
  - 염지액의 온도는 원료육의 온도와 동일하게 4~8℃로 유지한다.
  - 육속에 공기가 혼입이 되지 않도록 염지액의 기포를 제거한다.
  - 염지액 투입량은 원료육 중량의 10~15% 정도가 적당하다.
  - 원하는 양의 염지액이 투입되도록 투입 전과 후의 중량을 측정하여 투입한다.
  - 염지액 주입 시 염지액을 한 번에 다 주입시키지 말고 수회에 걸쳐 나눠서 주입하도록 한다.

- ⓒ 분쇄 및 혼합
  - 분쇄는 그라인더 또는 초퍼를 이용하여 덩어리고기를 균일한 크기로 분쇄하는 것으로 홀 플레이트와 칼날 사이는 틈이 없도록 한다.
  - 혼합공정은 입자형태로 분쇄된 고기에 물, 소금, 인산염 등의 염지제를 첨가시키고 기계적으로 비벼 줌으로써 육단백질을 추출시켜 분쇄된 육을 다시 재결합시킬 수 있게 하고 부재료 및 향신료가 고기에 골고루 섞일 수 있도록 하는 공정이다.
- ⓒ 세절 및 유화
  - 세절은 고속의 칼날로 고기를 잘게 쪼개주는 과정이다.
  - 유화는 세절된 원료육을 원료육과 지방, 물 등과 같이 정상적인 상태에서는 서로가 섞이지 않는 물질을 기계적으로 혼합하여 하나의 물질로 만드는 과정이다.
  - ※ **육제품 제조기계 중 유화기능이 있는 것** : Silent Cutter
- ㉣ 충전 및 결찰
  - 충전은 혼합기나 사일런트 커터에서 제조된 혼합육이나 고기 유화물을 햄 또는 소시지의 형태로 만들기 위해 케이싱(Casing)이나 캔 또는 유리병 등의 용기에 집어넣는 공정
  - 결찰은 원료육을 케이싱에 충전 후 매듭을 짓는 공정으로 금속의 클립이나 알루미늄 철사를 이용한 기계로 결찰한다.
- ㉤ 훈 연
  - 훈연은 나무가 불연소되면서 발생되는 연기를 식품에 씌우는 것을 말하는데 훈연을 통해 식품의 풍미가 증진되고 훈연색상을 부여함으로써 외관이 개선되고 보존성이 증진되며 산화방지 효과도 얻게 된다.
  - 냉훈법은 15~30℃의 낮은 온도에서 훈연하며 별도의 가열처리 공정이 없다. 저온으로 장기간 훈연하게 되어 중량감소가 크나 건조가 됨으로써 보존성이 좋아지고 숙성을 시킬 수 있어 완제품의 풍미가 우수하다.
  - 온훈법은 30~50℃의 온도범위에서 시행되는 훈연법으로 가열 햄과 라운드 햄 등을 제조 시 이용된다.
  - 열훈법은 50~80℃의 온도범위에서 단시간에 행해지는 훈연법으로 표면만 강하게 경화하여 내부에는 비교적 많은 수분이 함유된 채로 응고되므로 탄력이 있는 제품생산에 이용되나 풍미는 다소 떨어진다.
- ㉥ 가열 : 가열처리의 목적은 단백질을 응고시켜 바람직한 조직을 부여하고 향미를 생성하며, 미생물을 살균하거나 효소를 불활성화시켜 햄 소시지의 보존성을 증진시키기 위한 것이다.
  - ※ **식육의 가열처리효과** : 조직감 증진, 기호성 증진, 저장성 증진, 향미의 증진, 미생물 살균, 효소 불활성화 등

ⓢ 포 장
- 포장의 목적 중 가장 중요한 것은 식품의 품질에 나쁜 영향을 미칠 수 있는 물리적, 화학적 또는 생물학적 요인으로부터 보호하기 위한 저장수단을 들 수 있다.
- 포장을 통해 제품의 규격화와 적재 및 수송이 간편하며 재고관리가 용이하고 유통 중 손실을 최소화할 수 있으며 제품의 표기에 의한 제품의 정보와 신뢰도 부여와 광고효과 등 편의성을 제공하고 판매촉진을 할 수 있다.

(4) 소시지 제조

① 소시지의 개념
  ㉠ 소시지(Sausage)는 소나 돼지의 내장과 고기를 양념과 함께 갈아 소, 돼지 등 동물의 창자나 셀로판 등 인공케이싱에 채워 넣은 것
  ㉡ 식육을 염지 또는 염지하지 않고 분쇄하거나 잘게 갈아낸 식육에 다른 식품 또는 식품첨가물을 첨가한 후 훈연 또는 가열처리한 후 저온에서 발효시켜 숙성 또는 건조처리한 것

② 소시지의 종류
  ㉠ 프랑크소시지(Franks Sausage) : 미리 조리한 원료육을 돼지의 작은 창자 굵기로 성형한 후 가열한 소시지로 17세기 독일 프랑크푸르트 지방의 소시지 기술자가 처음 만들어 사람들에게 좋은 평가를 받으면서 Frankfurfer라고 불리었고 미국, 일본, 우리나라 등지에서는 Franks로 불리고 있다.
  ㉡ 혼합어육소시지 : 돼지고기와 어육 등을 혼합하여 조미한 후 성형하여 고온, 고압에서 멸균 처리한 제품
  ㉢ 메르게즈(Merguez) : 모로코, 알제리, 튀니지, 리비아 등 북아프리카에서는 메르게즈라 부르는 붉은 색의 매운맛 소시지로 양고기 및 소고기, 또는 이 두 고기를 섞은 형태로 되어 있다.
  ㉣ 부르보스(Boerewors) : 남아프리카 지역에서는 부르보스라는 소시지를 먹으며, 일반적으로 소고기가 쓰이나, 돼지고기, 양고기를 섞기도 한다.
  ㉤ 가열건조소시지 : 젖산균 발효에 의해 pH를 저하시켜 가열처리한 후, 단기간의 건조로 수분함량이 50% 전후가 되도록 만든 소시지
  ㉥ 살라미(Salami) : 발효건조 소시지인 살라미는 약 250년 전에 이탈리아 북부지방에서 처음 생산되었으며 제조공정이 긴 것이 특징이다. 반건조 소시지의 일종으로 마늘이 첨가되어 있고, 보통 샌드위치나 피자 등에 올려서 먹는다.
  ※ **산미료** : 신맛과 청량감을 부여하고 염지반응을 촉진시켜 가공시간을 단축할 수 있어 주로 생햄이나 살라미 제품에 이용된다.

- Ⓢ 페퍼로니(Pepperoni) : 반건조소시지의 일종으로, 고추가 첨가되어 매운맛을 지니고 있고, 주로 피자 토핑에 사용된다.
- ⓞ 볼로냐(Bologna)는 매우 굵게 만들어 훈제한 소시지로, 이것을 얇게 저민 것을 끼워 넣는 볼로냐 샌드위치가 가장 널리 알려진 이탈리아식 샌드위치이다.
  ※ 이탈리아의 소시지로 대표적인 것은 살라미, 페퍼로니, 볼로냐
  ※ **스모크소시지(Smoked Sausage)** : Wiener Sausage, Frankfurt Sausage, Bologna Sausage
- ⓩ 기 타
  - 불가리아 - Lukanka
  - 프랑스, 벨기에 - 앙두이
  - 폴란드, 러시아 - 킬바사
  - 포르투갈, 브라질 - Embutidos(또는 Enchidos)와 Linguica
  - 스페인 - 초리조(Chorizo)
  - 스위스 - Cerclat

③ 소시지 제조과정

> 고기준비 → 염지 → 분쇄·세절 → 혼화 → 케이싱 충전 → 건조 및 훈연 → 가열 → 냉각 → 포장

- ㉠ 원료육 및 선육 : 제품에 필요한 고기를 선별하는 작업
- ㉡ 염지 : 원료육에 각종 첨가물을 가하는 작업
- ㉢ 만육 : 원료육을 갈아내는 작업
- ㉣ 세절·혼화 : 갈아낸 고기를 다시 세절(細節)하여 결착력을 높이고 각종 첨가제를 균일하게 하는 작업
  ※ **고품질 소시지 생산을 위해 유화공정에서 특히 고려해야 할 요인** : 세절온도, 세절시간, 원료육의 보수력
- ㉤ 충전 및 결착 : 필요로 하는 케이싱에 다져 놓고 묶는 작업
- ㉥ 훈 연

(5) 베이컨의 제조

① 베이컨의 개념
- ㉠ 돼지의 복부육(삼겹살) 또는 특정 부위육(등심육, 어깨부위육)을 정형한 것을 염지한 후 훈연하거나 가열처리한 것이다.
- ㉡ 수분 60% 이하, 조지방 45% 이하의 제품이다.

② 베이컨의 제조공정

> 삼겹살 → 정형 → 피빼기 → 염지 → 수세(염기빼기) → 건조 및 훈연 → 냉각 → 포장

※ **육제품에 이용되는 포장재 중 산소투과도($cm^3/m^2 \cdot d \cdot dar$, 20℃, 85% RH)가 가장 높은 것** : PA(Polyamide) 12, 40μm

CHAPTER 07 적중예상문제

PART 05 축산경영학 및 축산물가공학

01 다음 중 근육의 미세구조와 그 설명이 가장 적절하지 않은 것은?
① 근원섬유 - 근육수축에 관여
② 근초 - 근섬유를 싸고 있는 막
③ 근주막 - 근육을 싸고 있는 막
④ 근장 - 근원섬유 사이의 교질용액

02 근육조직을 미세구조적으로 볼 때 망상구조를 가지며 근육수축 시 Ca^{2+}를 세포 내로 방출하는 것은?
① 근 절   ② 근 초
③ 근소포체   ④ 근원섬유

03 근육의 수축기작이 일어나는 기본적인 단위는?
① 근 절   ② 근형질
③ 핵   ④ 암 대

04 다음 설명에 해당하는 근육은?

> 미토콘드리아는 크고 수가 많으며 근장에 많은 글리코겐 입자를 가지고 있다.

① 골격근   ② 평활근
③ 심 근   ④ 배최장근

05 다음 중 결합조직에 포함되지 않은 것은?
① 교원섬유   ② 탄성섬유
③ 세망섬유   ④ 지방섬유

06 식육에 함유되어 있는 일반적인 수분함량은?
① 45~50%
② 55~60%
③ 65~75%
④ 80% 이상

정답 1 ③ 2 ③ 3 ① 4 ③ 5 ④ 6 ③

07 식육에 존재하는 수분에 관한 설명으로 가장 적합하지 않은 것은?

① 결합수는 0℃ 이하에서도 얼지 않는 물이다.
② 식육의 수분은 일반적으로 70% 이상을 차지하고 있다.
③ 자유수는 결합수 표면의 수분분자들과 수소결합을 이루고 있다.
④ 식육에서 수분의 존재상태는 자유수, 결합수, 고정수로 구성되어 있다.

08 식육의 Freezer Burn에 대한 설명으로 틀린 것은?

① 동결육의 표면건조로 인한 변색이 발생한다.
② 상품가치가 상승된다.
③ 조직감이 질겨진다.
④ 이취가 생성된다.

09 근원섬유단백질 중 칼슘이온 수용단백질로서 근수축기작에 중요한 기능을 가지고 있는 것은?

① 트로포닌   ② 리소좀
③ 엘라스틴   ④ 네불린

10 육제품 제조용 원료육의 결착력에 영향을 미치는 염용성 단백질 구성성분 중 가장 함량이 높은 것은?

① 액 틴   ② 레타큘린
③ 마이오신   ④ 엘라스틴

> **해설**
> 근원섬유단백질은 식육을 구성하고 있는 주요 단백질로 높은 이온강도에서만 추출되므로 염용성 단백질이라고도 한다. 근육의 수축과 이완의 주 역할을 하는 수축단백질(마이오신과 액틴), 근육 수축기작을 직·간접으로 조절하는 조절단백질(트로포마이오신과 트로포닌) 및 근육의 구조를 유지시키는 세포골격단백질(타이틴, 뉴불린 등)로 나눈다.

11 육제품 제조를 위해 사용되는 결착제 중 주성분이 Globulin이며, 90% 이상의 단백질을 함유하고 있고 물과 기름의 결합능력이 좋지만 가열에 의해 암갈색으로 변하기 때문에 다량 사용하지 못하는 것은?

① 우유단백질
② 혈장단백질
③ 난 백
④ 분리대두단백질

12 다른 식육에 비하여 돼지고기에 특히 많이 함유된 비타민은?

① 비타민 A   ② 비타민 B_1
③ 비타민 C   ④ 비타민 E

정답 7 ③ 8 ② 9 ① 10 ③ 11 ④ 12 ②

13 가축의 종류에 따라 식육의 풍미가 달라지는 것은 식육의 어떤 성분에 기인하기 때문인가?
① 수 분
② 비타민
③ 지 질
④ 무기질

14 육색에 대한 설명으로 틀린 것은?
① 고기색에 영향을 미치는 요인은 마이오글로빈량, 마이오글로빈 분자의 종류와 화학적 상태이다.
② 돼지고기는 소고기보다 근육 내 마이오글로빈함량이 많다.
③ 근육 내 마이오글로빈함량은 가축의 종류 및 연령과 관련이 있다.
④ 운동을 많이 하는 근육일수록 호기성 대사를 주로 하고 육색이 짙다.

15 돼지고기의 육색이 창백하고, 육조직이 무르고 연약하여, 육즙이 다량으로 삼출되어 이상육으로 분류되는 돈육은?
① 황지(黃脂)돈육
② 연지(軟脂)돈육
③ PSE돈육
④ DFD돈육

16 DFD육에 대한 설명으로 옳은 것은?
① 돼지고기와 암소에서 주로 발생한다.
② 육색이 어둡고 건조하다.
③ pH는 5.4를 나타낸다.
④ 신선육으로 적합하다.

17 생육인데도 불구하고 삶은 것과 같은 검푸른 외관을 나타내며 심한 냄새가 나는 육은?
① 성취(Sex Odor)육
② Two Toning육
③ PSE육
④ 질식육(Suffocated Meat)

18 Methylene Blue 환원시험법의 확인내용은?
① 단백질함량
② 유지방함량
③ 미생물량 추정
④ 무기질량 추정

정답 13 ③ 14 ② 15 ③ 16 ② 17 ④ 18 ③

19 식육의 식중독 미생물 오염방지를 위한 대책으로 적합하지 않은 것은?
① 철저한 위생관리
② 20~25℃에서 보관
③ 충분한 조리
④ 적절한 냉장

20 고기를 숙성시키는 가장 중요한 목적은?
① 육색의 증진
② 보수성 증진
③ 위생안전성 증진
④ 맛과 연도의 개선

21 식육의 가열처리효과로 볼 수 없는 것은?
① 조직감 증진
② 기호성 증진
③ 다즙성 증진
④ 저장성 증신

22 육제품 제조에 사용되는 원료육의 풍미에 영향을 미치는 요인과 가장 거리가 먼 것은?
① 동물의 종류
② 도체중
③ 동물의 연령
④ 사 료

23 뼈가 있는 채로 가공한 햄은?
① Loin Ham
② Shoulder Ham
③ Picnic Ham
④ Bone-in Ham

24 저렴한 각종 원료육을 활용하며 육괴끼리 결합시킬 결착육을 사용하며 다양한 풍미, 모양, 크기로 제조한 육제품은?
① Press Ham
② Salami
③ Tongue Sausage
④ Belly Ham

정답 19 ② 20 ④ 21 ③ 22 ② 23 ④ 24 ①

25 고품질 소시지 생산을 위해 유화공정에서 특히 고려해야 할 요인이 아닌 것은?

① 세절온도
② 세절시간
③ 원료육의 보수력
④ 아질산염의 첨가량

26 훈연의 목적이 아닌 것은?

① 풍미의 증진
② 저장성의 증진
③ 색택의 증진
④ 지방산화 촉진

27 건조소시지 제조에 쓰이며 15~30℃의 온도에서 훈연하는 방법은?

① 온훈법
② 냉훈법
③ 액훈법
④ 열훈법

28 스모크소시지(Smoked Sausage)가 아닌 것은?

① Fresh Pork Sausage
② Wiener Sausage
③ Frankfurt Sausage
④ Bologna Sausage

29 젖산균 발효에 의해 pH를 저하시켜 가열처리한 후, 단기간의 건조로 수분함량이 50% 전후가 되도록 만든 소시지에 해당하는 것은?

① 가열건조소시지
② 스모크소시지
③ 비훈연 건조소시지
④ 프레시소시지

30 신맛과 청량감을 부여하고 염지반응을 촉진시켜 가공시간을 단축할 수 있어 주로 생햄이나 살라미 제품에 이용되는 것은?

① 염미료
② 감미료
③ 산미료
④ 지미료

정답 25 ④ 26 ④ 27 ② 28 ① 29 ① 30 ③

31 육제품 제조 시 첨가되는 소금의 역할이 아닌 것은?
① 결착력 증가
② 향미증진
③ 저장성 증진
④ 지방산화 억제

32 다음 중 염지의 효과로 가장 거리가 먼 것은?
① 발색 증진
② 풍미 증진
③ 건강성 증진
④ 보수성 증진

33 식육의 염지효과가 아닌 것은?
① 발색작용
② 세균증식작용
③ 풍미증진작용
④ 항산화작용

34 육제품 제조 시 원료육에 요구되는 기능적 특성이 아닌 것은?
① 보수성
② 결착력
③ 유화력
④ 수분활성도

35 염지액을 제조할 때 주의사항으로 틀린 것은?
① 염지액 제조를 위해 사용되는 물은 미생물에 오염되지 않은 깨끗한 물을 이용한다.
② 천연 향신료를 사용할 경우에는 천으로 싸서 끓는 물에 담가 향을 용출시킨 후 여과하여 사용한다.
③ 염지액 제조를 위해 아스코브산과 아질산염을 함께 물에 넣어 충분히 용해시킨 후에 사용한다.
④ 염지액을 사용하기 전 염지액 내에 존재하는 세균과 잔존하는 산소를 배출하기 위해 끓여서 사용한다.

> **해설**
> 염지액 제조 시 염지보조제인 아스코브산염을 제외한 나머지 첨가물들을 물에 넣어 잘 용해시키고 아스코브산염은 사용 직전 투입하도록 한다. 만일 아질산염을 아스코브산염과 동시에 물에 첨가하면 아질산염과 아스코브산염이 화학반응을 일으키게 되며 여기서 발생된 일산화질소의 많은 양이 염지액 주입 전 이미 공기 중으로 날아가 버려 발색이 불충분하게 되기 때문이다.

정답 31 ④ 32 ③ 33 ② 34 ④ 35 ③

36 육제품 제조과정에서 염지를 실시할 때 아질산염의 첨가로 억제되는 식중독균은?

① *Clostridium botulinum*
② *Salmonella* spp.
③ *Pseudomonas aeruginosa*
④ *Listeria monocytogenes*

37 염지액 인젝션 과정에서 주의사항으로 틀린 것은?

① 염지액 온도는 원료육의 온도와 동일하게 4~8℃로 유지한다.
② 육속에 공기 혼입이 되지 않도록 염지액의 기포를 제거한다.
③ 염지액 투입량은 원료육 중량의 40% 정도가 적당하다.
④ 원하는 양의 염지액이 투입되도록 투입 전과 후의 중량을 측정하여 투입한다.

> **해설**
> 염지액은 일반적으로 원료육의 10~15% 정도 주입되는데 염지액 주입 시 염지액을 한 번에 다 주입시키지 말고 수회에 걸쳐 나눠 주입하도록 한다. 또한 염지액 주입 시 압력을 2바(bar) 이하로 유지해야 하는데 이렇게 해야 고압에 의한 원료육의 손상을 억제하고 기포발생을 방지할 수 있다.

38 다음 육제품 제조기계 중 유화기능이 있는 것은?

① Mixer
② Grinder
③ Stuffer
④ Silent Cutter

39 육제품 제조 시 사용되는 아질산염의 주된 기능으로 틀린 것은?

① 미생물 성장억제
② 풍미증진
③ 염지육색 고정
④ 산화촉진

40 아질산염의 첨가로 아민류와 반응하여 생성되는 발암의심물질은?

① Nitrosyl Hemochrome
② Nitroso-Myochromogen
③ Nitrosoamine
④ Nitroso Myoglobin

41 육제품에 이용되는 포장재 중 산소투과도 ($cm^3/m^2 \cdot d \cdot dar$, 20℃, 85% RH)가 가장 높은 것은?

① PVDC(Polyvinylidene Chloride), $40\mu m$
② PA(Polyamide) 12, $40\mu m$
③ Cellulose, $80\mu m$
④ PET(Polyester), $20\mu m$

부록

과년도 + 최근 기출복원문제

2019년	기사·산업기사 과년도 기출문제
2020년	기사·산업기사 과년도 기출문제
2021년	기사·산업기사 과년도 기출문제
2022년	기사·산업기사 과년도 기출(복원)문제
2023년	기사·산업기사 과년도 기출(복원)문제
2024년	기사·산업기사 최근 기출복원문제

합격의 공식 시대에듀
www.sdedu.co.kr

2019년 제1회 과년도 기출문제

제1과목 가축육종학

01 Mendel법칙과 가장 관계가 없는 것은?

① 우열의 법칙
② 분리의 법칙
③ 독립의 법칙
④ 순수의 법칙

해설
멘델(Mendel)의 유전법칙
- 우열의 법칙
- 분리의 법칙
- 독립의 법칙

02 다음 중 돼지에서 3품종 간 교배 시 잡종강세의 강도가 가장 큰 것은?

① 이유 시 한배새끼의 전체 체중
② 생존자돈의 생시체중
③ 1복당 자돈의 총수
④ 체중 100kg 도달 일수

해설
돼지의 품종 간 교배에 의한 잡종강세의 강도

구 분	1대 잡종	3품종 교배	퇴교배
이유 시 한배새끼의 전체 체중	24.84	60.76	38.89
생존자돈의 생시체중	1.96	0.39	14.57
1복당 자돈의 총수	4.04	8.62	-11.85
체중 100kg 도달 일수	8.67	8.63	11.28

03 다음 중 돼지 경제형질의 유전력이 가장 낮은 것은?

① 복당 산자수
② 체 장
③ 사료효율
④ 이유 후 일당 증체량

해설
돼지 경제형질의 유전력

형 질	유전력(%)
복당 산자수	5~15
체 장	50~60
사료요구율	25~30
일당 증체량	20~30

04 다음 중 고온에 견디는 힘이 강하여 열대나 아열대지방에서 가장 많이 사육되는 소의 품종은?

① Angus종
② Hereford종
③ Brahman종
④ Charolais종

해설
브라만(Brahman)
미국에서는 일반적으로 Brahman이라고 불리고, 유럽 및 남미에서는 Zebu라고 부르기도 한다. 브라만종의 외형상 특징은 어깨부위에 커다란 견봉, 긴 얼굴, 목덜미에 축 늘어진 목 가죽, 그리고 상당히 큰 귀가 앞을 향하듯이 45° 각도로 늘어져 있는 것이며, 가장 대표적인 피모색은 약간 흰빛이 도는 회색이다. 오늘날 브라만종은 미국의 여러 품종과의 교잡용으로 많이 이용되고 있으며, 특히 아열대 지방이나 건조한 지역에 적합한 신품종의 작출에 많이 이용되고 있다.

정답 1 ④ 2 ① 3 ① 4 ③

05 가축 후대검정의 정확도를 높이기 위한 방법이 아닌 것은?
① 검정하는 환경요인의 영향을 다양하게 해 주어야 한다.
② 후대검정에 배정되는 암가축의 능력을 고르게 한다.
③ 후대검정되는 자손들을 가능한 여러 곳에서 검정한다.
④ 후대검정되는 자손의 수를 많게 한다.

해설
환경요인의 영향을 균등하게 하기 위해 여러 곳에서 검정을 한다. 즉, 후대검정되는 개체의 자손을 유사한 시기와 환경에서 사육하여 비교한다.

06 닭의 산란강도와 같은 의미가 아닌 것은?
① 산란지수
② 일계(日鷄)산란율
③ 연속 산란일수
④ 취소성

해설
④ 취소성 : 알을 품거나 병아리를 기르는 성질
① 산란강도 : 연속 산란일수의 장단

산란지수(개) = $\dfrac{\text{일정 기간의 총산란수}}{\text{최초 입식수수}}$

② 일계산란율(%) = $\dfrac{\text{일정 기간의 총산란수}}{\text{매일의 생존수수 누계}} \times 100$

07 다음 중 소에 있어서 2배체(Diploid) 상태에서의 염색체수로 가장 옳은 것은?
① 35개   ② 50개
③ 60개   ④ 90개

해설
염색체수

오 리	80	닭	78
개	78	말	64
염 소	60	소	60
양	54	산토끼	48
집토끼	44	돼 지	38

08 다음 중 유전상관이 부(負)의 관계인 형질들에 해당하는 것으로 가장 옳은 것은?
① 닭의 산란수와 초산일령
② 사료섭취량과 소의 체중
③ 돼지의 체중과 등 지방층 두께
④ 닭의 체중과 난중

해설
초산일령이 늘어날수록 산란수는 줄어든다.
※ 초산일령과 산란수 간의 상관계수 : −0.4~−0.6

09 돼지의 능력검정 시, 검정개시체중이 32kg이었고 검정종료체중이 107kg이었다. 검정기간 동안의 사료섭취량은 210kg이었으며, 검정에 소요된 기간은 100일이었다면 이 돼지의 1일 평균증체량은?
① 0.32kg   ② 0.60kg
③ 0.75kg   ④ 0.90kg

해설
(107 − 32) ÷ 100 = 0.75kg

10 다음 중 한우 발육능력과 거리가 가장 먼 것은?

① 고기의 연도
② 이유 시 체중
③ 12개월령 체중
④ 일당증체량

해설
고기의 연도는 도체형질에 속한다.

11 육종가에 대한 설명으로 틀린 것은?

① 가축의 육종가는 상가적 유전형가의 총합이다.
② 가축의 육종가는 전달능력의 2배이다.
③ 가축의 육종가는 그 가축의 종축으로서의 가치를 나타낸다.
④ 육종가의 계산은 반복력을 곱하여 구한다.

해설
육종가의 계산은 유전력에 선발차를 곱하여 구한다.

12 유전자들이 누적된 작용역가의 크기에 따라 형질의 표현 정도가 달라지는 경우의 유전자를 무엇이라 하는가?

① 복다유전자   ② 열성유전자
③ 중복유전자   ④ 보족유전자

13 다음 중 닭에서 자웅감별에 이용되는 반성 유전자가 아닌 것은?

① 만우성(K) 유전자
② 흑색(C) 유전자
③ 횡반(B) 유전자
④ 은색(S) 유전자

해설
닭에는 만우성(K), 횡반(B), 은색(S) 외에도 백색다리(Id) 등의 반성형질이 있다.

14 영구환경분산이 10, 일시적 환경분산이 20, 표현형 분산이 50이면 반복력은?

① 0.1   ② 0.2
③ 0.6   ④ 0.8

해설

$$반복력(r) = \frac{유전형\ 분산 + 영구환경분산}{표현형\ 분산}$$
$$= \frac{20 + 10}{50}$$
$$= 0.6$$

15 다음 중 육우 경제형질의 유전력이 가장 높은 것은?

① 수태율   ② 분만간격
③ 생시체중   ④ 배장근단면적

해설
육우 경제형질의 유전력

형 질	유전력(%)
수태율	0~10
분만간격	0~10
생시체중	30~40
배장근단면적	55~60

정답 10 ① 11 ④ 12 ① 13 ② 14 ③ 15 ④

16 다음 중 젖소에서 20~30%의 유전력을 갖는 경제형질은?

① 번식능력 ② 사료효율
③ 비유량   ④ 단백질률

해설
젖소 경제형질의 유전력

형 질	유전력(%)
번식효율	0~10
사료효율	30~40
비유량	20~30
유단백질	45~55

17 가축의 누진교배를 계속할 때 3세대 자손의 유전적 변화로 옳은 것은?

① 개량종 75%, 재래종 25%
② 개량종 87.5%, 재래종 12.5%
③ 개량종 93.8%, 재래종 6.2%
④ 개량종 96.9%, 재래종 3.1%

해설
누진교배 시 각 세대 자손의 유전적 조성의 변화

세 대	자 손	
	개량종(%)	재래종(%)
1	50	50
2	75	25
3	87.5	12.5
4	93.75	6.25

18 다음 중 가축 개량 시 선발의 효과를 크게 하는 방법이 아닌 것은?

① 선발차를 크게 한다.
② 가계선발 위주로 한다.
③ 형질의 유전력이 높아야 한다.
④ 세대간격을 짧게 해야 한다.

해설
선발의 효과를 크게 하는 방법
• 선발차(집단의 크기)를 크게 한다.
• 유전력과 유전변이는 크게 하고, 환경변이는 작게 한다.
• 세대간격을 짧게 한다. 즉, 젊은 가축을 번식에 이용한다.
• 균일한 사양관리 조건하에서 사육한다.
• 후보종축의 기초축 두수를 크게 한다.

19 여러 형질을 종합적으로 고려하여 하나의 점수로 산출한 다음 그 점수에 근거하여 선발하는 방법은?

① 후대검정
② 가계선발
③ 순차적 선발법
④ 선발지수법

해설
④ 선발지수법 : 가축의 총체적인 경제적 가치를 고려한 선발법
① 후대검정 : 자손의 평균능력에 근거하여 종축을 선발하는 방법
② 가계선발 : 가계능력의 평균을 토대로 가계 내의 개체를 전부 선발하거나 도태하는 방법
③ 순차적 선발법 : 우선 한 가지 형질에 대해 선발하여 그 형질이 일정 수준까지 개량되면 다음 형질에 대해 선발하여 한 번에 한 형질씩 개량해 가는 방법

20 다음 중 분산에 대한 설명으로 가장 옳은 것은?

① 분산이 클수록 개체 간의 차이가 작다.
② 분산이 클수록 평균과의 차이가 작아진다.
③ 분산이 클수록 평균과의 차이가 커진다.
④ 분산이 클수록 반드시 측정개체수는 많아진다.

해설
분산(평균제곱)은 각 측정치와 집단평균 간의 차이를 제곱한 값의 평균치이다.

제2과목 가축번식생리학

21 다음 중 임신을 유지시키는 호르몬으로 옳은 것은?

① 옥시토신
② 안드로겐
③ 난포자극호르몬
④ 프로게스테론

해설
프로게스테론 : 수정란의 착상과 임신의 유지에 적합하도록 부생식기관의 기능 발현을 조절하는 성선자극호르몬

22 자궁의 형태가 쌍각자궁인 동물은?

① 소
② 돼지
③ 토끼
④ 말

해설
가축별 자궁의 형태
- 중복자궁 : 설치류, 토끼류
- 분열자궁(양분자궁) : 소, 말, 면양, 개, 고양이
- 쌍각자궁 : 돼지
- 단자궁 : 사람, 영장류

23 다음 중 돼지의 배란시기로 옳은 것은?

① 발정 개시 직후
② 발정 개시 후 10~20시간
③ 발정 개시 후 35~45시간
④ 발정 종료 직후

해설
일반적으로 돼지의 배란시기는 발정 개시 후 약 40시간이다.

24 성선자극호르몬인 난포자극호르몬(FSH)과 황체형성호르몬(LH)의 생리작용과 유사한 태반호르몬을 바르게 연결한 것은?

① FSH - GnRH, LH - hCG
② FSH - eCG, LH - GnRH
③ FSH - eCG, LH - hCG
④ FSH - hCG, LH - eCG

해설
태반호르몬의 생리적 기능

종류	생리적 기능	응용
eCG(융모성성선자극호르몬)	FSH(난포자극호르몬)와 유사	난포자극
hCG(임부융모성성선자극호르몬)	LH(황체형성호르몬)와 유사	배란

25 다음 중 계절번식을 하는 동물은?

① 소   ② 양
③ 돼지   ④ 토끼

해설
- 주년성 번식동물(계절적 영향이 작아 연중번식이 가능한 가축) : 소, 돼지, 토끼 등
- 비주년성 번식동물
  - 단일성 번식동물 : 면양, 산양, 염소, 사슴, 노루, 고라니 등
  - 장일성 번식동물 : 말, 당나귀, 곰, 밍크 등

26 황체형성호르몬의 작용과 직접적 관계가 가장 적은 것은?

① 배란 유발   ② 황체 형성
③ 웅성호르몬 분비   ④ 분만

해설
황체형성호르몬(LH)은 암가축의 배란을 유발하며, 황체 형성 및 웅성호르몬 분비기능을 갖고 있다.

27 가축의 교배 및 발정에 관한 설명으로 옳지 않은 것은?

① 돼지는 자궁경관 내에 사정한다.
② 소는 정액을 질 내 깊은 곳에 사정한다.
③ 소의 배란은 발정이 진행되는 과정에서 일어난다.
④ 소의 정자 다수가 난관 상부까지 도달하는 시간은 4~8시간이다.

해설
소는 발정 종료 후에 배란한다. 즉, 발정 개시로부터 배란이 일어나기까지의 기간은 18~20시간으로, 이는 발정 종료 후 10~12시간에 해당한다.

28 웅성 생식기에 관련된 설명 중 옳지 않은 것은?

① 웅성 생식기관은 정소, 정소상체, 음낭, 정관으로 구성되어 있다.
② 정소는 정자를 생산하고 호르몬을 분비한다.
③ 정소상체 미부보다는 두부에 있는 정자에서 수정능력이 높게 나타난다.
④ 정소상체는 정자의 운반, 농축, 성숙, 저장의 기능을 가지고 있다.

해설
정소상체의 구조
- 두부 : 정자를 함유하는 가는 강관 형태의 정소수출관으로 구성되고, 정소수출관의 기저막에는 분비세포와 운동성 섬모가 있는 세포가 있다.
- 체부 : 정소액(정소에서 생산된 묽은 정자부유액)이 흡수되어 40~80배 정도로 농축된다.
- 미부 : 정자가 정액으로 사출되기 직전까지 저장되어 있는 곳이다.

29 복제동물 생산에 있어서 핵이식의 과정이 아닌 것은?

① 수핵난자와 공핵배의 준비
② 핵이식과 세포융합
③ 핵이식란의 비활성화
④ 핵이식란의 배양과 이식

해설
체세포 핵이식의 단계
1. 수핵난자의 준비
2. 공여핵세포의 준비
3. 난자의 탈핵
4. 탈핵난자에 체세포 주입
5. 세포융합
6. 재조합난자의 활성화
7. 후활성화 처리
8. 핵이식난자의 체외배양 또는 체내이식

정답 25 ② 26 ④ 27 ③ 28 ③ 29 ③

30 유방의 실질조직인 유선세포에서 분비된 유즙의 이동경로를 바르게 설명한 것은?

① 유선포 → 유선엽 → 유선관 → 유두조 → 유두관
② 유선엽 → 유선질 → 유선관 → 유두조 → 유두관
③ 유선관 → 유선엽 → 유선조 → 유두조 → 유두관
④ 유선포 → 유선관 → 유선엽 → 유두조 → 유두관

해설
유즙의 배출경로
유선포 → 유선소엽 → 유선소관 → 유선관 → 유선조 → 유두조 → 유두관

31 포유동물에서의 수정과정 중 난자의 활성화와 관련이 없는 것은?

① 난세포질 내 칼슘 농도의 감소
② 표층과립의 세포 외 유출과 다정자 침입의 방지
③ 제2감수분열의 재개
④ 세포골격의 변화

해설
수정과정에서 난자 내에 칼슘이온의 농도가 급격히 증가되는데, 이것이 표층과립의 막과 난자의 난황막을 결합시킴으로써 표층과립이 붕괴된다. 표층과립의 붕괴는 정자가 접착된 부위에서 시작되어 난자 전체로 확산된다.

32 포유동물에서 난자와 정자가 만나서 수정이 이루어지는 부위와 수정란이 발달하여 착상하는 부위는?

① 수정부위 - 난관, 착상부위 - 자궁경관
② 수정부위 - 자궁각, 착상부위 - 난관
③ 수정부위 - 자궁경관, 착상부위 - 난관
④ 수정부위 - 난관, 착상부위 - 자궁각

해설
포유동물의 난소에서 생산된 난자는 난관에서 배란 및 수정된 후, 자궁각에서 착상하여 태아로 발달한다.

33 다음 중 성 성숙이 가장 느린 품종은?

① Ayrshire
② Holstein
③ Guernsey
④ Jersey

해설
① Ayrshire : 13개월
② Holstein : 11개월
③ Guernsey : 11개월
④ Jersey : 8개월

34 돼지에 있어서 난자가 배란에서부터 난관으로 수송되는 시간은 얼마인가?

① 24시간
② 48시간
③ 66시간
④ 72시간

해설
배란된 난자가 착상될 때까지 난관에서의 수송시간
• 말 : 98시간
• 소 : 72~90시간
• 양 : 72시간
• 쥐 : 72시간
• 돼지 : 48~50시간

정답 30 ① 31 ① 32 ④ 33 ① 34 ②

35 다음 중 동물종에서 공통적으로 발현되는 외부적 발정징후가 아닌 것은?

① 정서 불안
② 식욕 증가
③ 외음부 종창
④ 승가 허용

해설
모든 가축의 공통된 발정증세는 교미·승가의 허용, 극도의 흥분, 식욕 감퇴, 외음부 변화 등이다.

36 소에 있어서 난자의 수정능 보유시간은 배란 후 몇 시간인가?

① 1시간 이내
② 10시간 이내
③ 20~24시간
④ 48시간 이후

해설
난자의 수정능력 보유시간

가축명	난자의 수정능력 보유시간
말	6~8
돼지	8~10
소	8~12(최대 12~24시간)
면양	16~24

37 유선의 분비상피세포에서 합성된 유즙성분이 유선포강 내로 방출되는 경로가 아닌 것은?

① 세포 외 유출 및 이출 분비
② 원형질막 통과 차단
③ 경세포 운반
④ 측세포 운반

38 포유동물에 주로 발생되는 브루셀라병에 대한 설명으로 옳은 것은?

① 급성 또는 만성 전염병으로 유산을 일으킨다.
② 급성 또는 만성 전염병으로 분만 시 후산 정체를 일으킨다.
③ 고질적인 생식기의 유전병으로 유산을 일으킨다.
④ 만성적인 생식기의 유전병으로 분만 시 후산 정체를 일으킨다.

해설
브루셀라병 : 세균성 감염에 의한 급·만성 전염병으로, 유산을 일으킨다.

39 다음 중 비유 유지와 관련이 없는 호르몬은?

① 바소프레신
② 프로락틴
③ 성장호르몬
④ 부신피질자극호르몬

해설
① 바소프레신(Vasopressin)은 항이뇨호르몬이다.
비유 유지에 필요한 호르몬
- 난포호르몬(Estrogen) : 유선관계의 발달
- 황체호르몬(Progesterone) : 유선포계의 발달
- 프로락틴(Prolactin) : 유즙 합성 및 분비
- 성장호르몬(GH)·부신피질호르몬(코르티솔 등)·갑상선호르몬 : 유즙 합성을 위한 유선조직 준비
- 옥시토신(Oxytocin) : 유즙 분비

정답 35 ② 36 ③ 37 ② 38 ① 39 ①

40 소의 분만과정에서 태반만출기에 소요되는 평균시간은?

① 1시간 ② 2~4시간
③ 6~12시간 ④ 18~24시간

해설

소의 분만과정별 소요시간

구 분	범 위	평 균	비정상
준비기	0.5~2.4	2~6	6시간 이상
태아만출기	0.5~4	0.5~1	2시간 이상
태반만출기	0.5~8	4~5	12시간 이상
분만 완료	6~24	8	–

※ 저자의견 : 소의 태반만출기는 평균 4~5시간이나 여기서는 12시간 이전까지는 정상으로 보아 ③을 답으로 본다.

제3과목 가축사양학

41 조단백질 함량이 9%인 옥수수와 조단백질 함량이 33%인 농후사료를 이용하여 조단백질 함량이 15%인 육성비육우 사료를 만들려고 한다면, 옥수수와 농축사료의 배합비율은?

① 33(옥수수) : 9(농축사료)
② 9(옥수수) : 33(농축사료)
③ 18(옥수수) : 6(농축사료)
④ 6(옥수수) : 18(농축사료)

해설

방형법
옥수수   9   18
               ↘ ↗
                  15
               ↗ ↘
농축사료 33   6

42 포유자돈의 특성으로 틀린 것은?

① 포유자돈은 모체이행항체를 태반을 통해 전달받지 못하여 면역적으로 미성숙하다.
② 소화와 흡수기능이 미숙한 상태로, 유당 분해효소(Lactase)를 포함한 여러 가지 소화효소의 분비가 왕성하다.
③ 출생 직후 포유자돈의 체온은 39℃이지만 체온 유지에 필수적인 등지방을 비롯한 체지방의 축적이 부족한 상태이다.
④ 포유자돈은 출생 초기에는 주위지각능력이 낮고, 운동능력이 충분히 발달되지 않아서 모돈에 의한 압사발생률이 높다.

해설

생후 0일령까지는 Lactase의 활성은 높고 Amylase, Protease 및 Lipase의 활성은 낮아 소화·흡수기능이 미숙하지만, 시간이 지남에 따라 Lactase의 활성은 감소하고, 다른 효소의 활성은 증가한다.

43 초유가 일반 우유에 비하여 함유량이 낮은 성분은?

① 유 당 ② 면역글로불린
③ 칼 슘 ④ 단백질

해설

초유의 유당 함량은 2.7%로 일반 우유의 유당 함량인 5.0%보다 낮다.

44 가축의 사료 중 비중이 가장 무거운 것은?

① 비육우 ② 착유우
③ 비육돈 ④ 산란계

해설

산란계 사료에는 비중이 높은 석회석이 함유되기 때문에 비중이 무겁다.

정답 40 ③ 41 ③ 42 ② 43 ① 44 ④

45 육우의 산육능력에 영향을 주는 요인 중 사료섭취량 감소와 가장 거리가 먼 것은?

① 사료 중 가소화에너지 농도가 낮을 때
② 환경온도가 너무 높을 때
③ 음수량이 부족할 때
④ 사료 중 인(P) 함량이 부족할 때

해설
가소화영양소 함량(에너지 농도)이 높을수록 사료고형물의 섭취량은 감소한다.

46 육우사료에 결핍될 경우 그래스테타니(Grass Tetany)를 유발하는 광물질은?

① 칼륨
② 황
③ 마그네슘
④ 셀레늄

해설
목초 테타니병[Grass Tetany, 저마그네슘(Mg)혈증]
비옥한 목초밭에 칼리를 다량 시비한 결과로 마그네슘의 흡수가 적어진 목초를 먹은 소의 근육에 발병하며, 흥분이나 경련 등의 신경증상이 나타난다.

47 결핍 시 산란계의 산란율과 부화율 저하, 돼지의 피부각질화와 백내장현상 등의 증세를 유발하는 수용성 비타민은?

① 티아민(Thiamine)
② 리보플라빈(Riboflavin)
③ 나이아신(Niacin)
④ 바이오틴(Biotin)

해설
① 티아민(Thiamine) : 항각혈병인자
③ 나이아신(Niacin) : 항펠라그라(Pellagra)인자
④ 바이오틴(Biotin) : 항난백장애인자

48 다음 중 반추가축의 조단백질원으로 특성이 다른 하나는?

① 라이신
② 요소
③ 뷰렛
④ 암모니아

해설
라이신은 아미노산의 일종이고, 반추동물이 이용하는 비단백태 질소원으로는 아스파라긴, 요소, 뷰렛, 요인산, 암모니아염, 요산, 질산염 등이 있다.

49 다음 중 육우의 비육밑소로 선발 시 가장 적절한 것은?

① 피부가 두꺼운 것
② 갈비뼈가 충분히 개장되고 간격이 넓은 것
③ 요각폭이 좁고 경사진 것
④ 엉덩이가 넓고 길며 경사가 심한 것

해설
① 털은 짧고 윤기가 있으며, 피부는 얇고 부드러우며 탄력이 있는 것
③ 요각폭이 넓고 평평한 것
④ 엉덩이가 넓고 길며, 경사가 심하지 않은 것

정답 45 ① 46 ③ 47 ② 48 ① 49 ②

50 사료로 섭취한 칼슘(Ca)과 인(P)의 흡수를 증가시키는 데 관여하는 비타민은?

① 비타민 A
② 비타민 B
③ 비타민 C
④ 비타민 D

해설
비타민 D는 칼슘과 인의 흡수를 돕고, 골격 형성에 영향을 준다.

52 다음 중 반추가축에서 에너지가(價)가 가장 낮은 것은?

① 대사에너지
② 정미에너지
③ 가소화에너지
④ 총에너지

해설
에너지의 분류

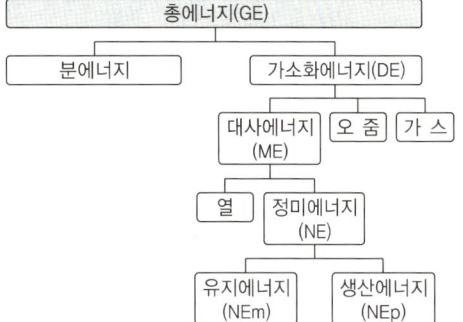

51 육우를 거세할 때 나타나는 현상이 아닌 것은?

① 체내 지방의 축적량을 증가시킨다.
② 남성적 성향의 제거로 인해 운동량을 감소시킨다.
③ 공격성을 감소시킴으로써 관리의 수월성을 도모할 수 있다.
④ 정소를 제거함으로써 체내 에스트로겐의 상대적인 함량을 감소시킨다.

해설
정소를 제거함으로써 웅성호르몬인 테스토스테론의 생성이 억제되어 여성호르몬인 에스트로겐의 지배를 받게 되면서, 성질이 온순해지고 수컷 냄새가 나지 않는다.

53 동물복지문제가 대두되면서 수송아지의 스트레스를 최소화한다는 측면에서 권장되고 있는 거세방법은?

① 고무링법
② 무혈거세법
③ 화학적 거세
④ 외과적 수술법

해설
외과적 수술법 : 스트레스를 최소화할 수 있는 방법이지만, 경험에 의해 숙달된 사람이나 수의사가 필요하다는 단점이 있다.

54 단백질 원료 사료가 아닌 것은?
① 호마박   ② 어 분
③ 타피오카 ④ 대두박

해설
타피오카 : 에우프로니아과 카사바의 뿌리줄기로 제조한 전분으로, 탄수화물 원료 사료이다.

55 반추가축의 사료 내 탄수화물 성분 중에서 가장 소화되기 어려운 것은?
① 헤미셀룰로스 ② 전 분
③ 리그닌   ④ 셀룰로스

해설
세포벽의 구성물질은 펙틴 > 헤미셀룰로스 > 셀룰로스 > 리그닌 순으로 분해도가 점차 낮아진다.

56 다음 중 체내에서 완전산화할 때 대사수 생성량이 가장 많은 것은?
① 1g의 Glycerol
② 1g의 Glucose
③ 1g의 Stearic Acid
④ 1g의 Glutamic Acid

해설
화학식 → 대사수 생성량
① 1g의 Glycerol : $C_3H_5(OH)_3$
② 1g의 Glucose : $C_6H_{12}O_6$
③ 1g의 Stearic Acid : $C_{18}H_{36}O_2$
④ 1g의 Glutamic Acid : $C_5H_9NO_4$
※ 대사수가 많이 생성되는 3대 영양소 : 지방 > 탄수화물 > 단백질

57 모돈 사육 시 영양소요구량이 가장 높은 시기는?
① 임신 전기 ② 임신 후기
③ 포유기   ④ 종부기

해설
번식모돈의 일생 중 영양소요구량이 가장 높은 시기는 포유기이다.

58 옥수수 과다섭취 시 나이아신(Niacin) 결핍증이 유발되는 원인으로 틀린 것은?
① 히스티딘(Histidine)의 함량이 많아져 나이아신(Niacin)으로 전변되는 양이 적음
② 옥수수에는 나이아신(Niacin)이 결핍되고 불용성 형태로 존재하기 때문
③ 트립토판(Tryptophan)의 함량이 낮아져 나이아신(Niacin)으로 전변되는 양이 적음
④ 루이신(Leucine)의 함량이 많아져 나이아신(Niacin)의 생성과정을 억제함

해설
나이아신 결핍증(4D)
조직 내 나이아신이나 그 전구체인 트립토판이 부족하여 여러 기관에 병변을 나타내는 영양장애에 의한 질환(펠라그라)으로 피부염(Dermatitis), 설사(Diarrhea), 치매(Dementia) 등이 나타나고 계속적으로 치료하지 않는 경우에는 사망(Death)을 초래한다. 펠라그라는 나이아신뿐만 아니라 티아민, 리보플라빈, 피리독신이 부족한 경우에도 발병할 수 있는데, 이는 트립토판으로부터 나이아신으로 전환되는 과정에서 이러한 것들이 소요되기 때문이다.
※ 히스티딘(Histidine)은 히스타민(Histamine)의 전구물질이다.

59 가소화영양소총량(TDN)의 계산공식에 해당하는 것은?

① 가소화탄수화물(%) + 가소화조단백질(%) + 가소화조지방(%)
② 가소화탄수화물(%) + 가소화조단백질(%) + 가소화조지방(%) × 2.25
③ 가소화탄수화물(%) + 가소화조지방(%) + 가소화조단백질(%) × 2.25
④ 가소화조단백질(%) + 가소화조지방(%) + 가소화조섬유(%) + 가소화가용무질소물(%)

해설
가소화영양소총량(Total Digestible Nutrients, TDN)
= 가소화가용무질소물(%) + 가소화조섬유(%) + 가소화조단백질(%) + [가소화조지방(%) × 2.25]
= 가소화탄수화물(%) + 가소화조단백질(%) + 가소화조지방(%) × 2.25

60 염산(HCl)을 분비하는 닭의 소화기관은?

① 소 낭   ② 선 위
③ 근 위   ④ 소 장

해설
선위 : 음식물의 소화를 위해 위산과 펩신(Pepsin) 등의 소화액을 분비하는 기관

제4과목 사료작물학 및 초지학

61 다음 중 일반적인 옥수수 사일리지 제조를 위한 재료의 적정 수분 함량으로 가장 적절한 것은?

① 50~55%
② 56~60%
③ 65~70%
④ 75~80%

해설
사일리지 제조 시 가장 적합한 수분 함량은 70% 내외이다.

62 다음 중 뿌리가 얕아서 가뭄에 약하지만 추위에 강하여 고랭지에 가장 적절한 것은?

① 오처드그라스
② 톨페스큐
③ 티머시
④ 퍼레니얼라이그라스

해설
티머시 : 추위에 강하고 더위에 약해 높은 산지나 한랭지에 적합하다.

정답 59 ② 60 ② 61 ③ 62 ③

63 톨페스큐의 주요 병으로 감염되면 환경에 대한 저항성은 증가하나 가축에는 나쁜 영향을 주는 병은?

① 탄저병
② 엔도파이트 진균병
③ 줄무늬마름병
④ 맥각병

해설
톨페스큐 구입 시에는 반드시 엔도파이트프리(Endo-phyte Free) 보증품종임을 확인하여야 한다. 엔도파이트는 종자에 의해서만 전염되고, 감염 여부는 외관상 판별이 불가능하며, 400~500배 이상의 현미경으로만 관찰 가능하다. 병에 감염된 목초를 가축이 장기간 섭취하였을 경우 유량이 감소하고, 증체되지 않으며, 심하면 털이 빠지고 다리가 돌아가는 등 폐사하는 경우도 생긴다.

64 다음 중 사일리지의 숙성에 필요한 적정 저장기간으로 가장 적절한 것은?

① 3~4일 ② 2~3주
③ 30~40일 ④ 3~4개월

해설
사일리지는 조제 후 30~40일이 지나면 안정화되어 가축에게 급여할 수 있다.

65 다음 중 화본과 목초의 일반적 특징에 대한 설명으로 가장 적절하지 않은 것은?

① 근계는 섬유 모양의 수염뿌리로 되어 있다.
② 줄기는 대체로 속이 비어 있고, 뚜렷한 마디를 가진다.
③ 잎은 복합엽으로, 엽맥은 그물 모양으로 되어 있다.
④ 열매는 씨방벽에 융합되어 있는 하나의 종자를 가진다.

해설
화본과 목초의 잎은 단자엽으로 엽맥은 평행맥이고, 두과 목초의 잎은 복합엽으로 엽맥은 그물모양이다.

66 다음 중 건초의 조제와 이용에 대한 설명으로 가장 거리가 먼 것은?

① 풀이 없거나 부족한 계절에 우수한 조사료를 공급할 수 있다.
② 일반적으로 사일리지로 만드는 것보다 포장손실이 적다.
③ 생초나 사일리지에 비하여 운반과 취급이 쉬운 편이다.
④ 어린 가축에게 양질의 건초 급여는 설사 방지 등 정장효과가 있다.

해설
건초는 포장에 오래 둘수록 포장손실이 커진다.

정답 63 ② 64 ③ 65 ③ 66 ②

67 다음 중 북방형 목초의 하고에 가장 많은 영향을 미치는 것은?

① 고온건조
② 생육기의 전환
③ 근류의 분해
④ 바이러스병의 발생

해설
하고현상 : 고온건조한 환경이 지속되어 작물의 생육이 정지하거나 말라 죽는 현상

68 다음 중 소화가 쉬운 성분들로만 구성된 것은?

① 단백질, 큐틴, 가용성 탄수화물
② 단백질, 가용성 탄수화물, 유기산
③ 펩틴, 전분, 실리카
④ 전분, 리그닌, 유기산

해설
세포내용물인 가소화단백질, 탄수화물, 전분, 산 등은 소화율이 높은 반면, 세포벽 구성물질인 펙틴, 헤미셀룰로스, 셀룰로스, 리그닌 등은 모두 섬유소 계통으로 소화율이 아주 낮다.

69 생볏짚 원형 곤포사일리지 제조의 작업단계가 올바르게 나열된 것은?

```
A : 집 초      B : 저 장
C : 비닐감기   D : 벼 수확
E : 곤 포
```

① D → A → E → C → B
② D → E → A → C → B
③ D → A → C → E → B
④ D → C → A → E → B

해설
생볏짚 원형 곤포사일리지 제조 시 작업단계 : 벼 수확 → 집초 → 곤포 → 비닐감기 → 저장

70 다음 중 목초의 파종시기로서 가장 적절하지 않은 경우는?

① 춘파는 해빙 직후가 적당하다.
② 추파는 첫서리 내리기 약 40일 전에 한다.
③ 산지에서는 춘파보다 추파가 동해의 피해를 줄일 수 있다.
④ 우리나라 평지에서는 잡초와의 경합을 고려해서 추파를 권장하고 있다.

해설
③ 산지에서는 추파보다 춘파가 동해의 피해를 줄일 수 있다.

71 답리작 사료작물 재배의 장점에 대한 설명으로 가장 적절하지 않은 것은?

① 토양 중의 유기물 함량을 감소시킨다.
② 토양침식을 감소시킨다.
③ 논에서 가축의 사료를 생산할 수 있다.
④ 수익을 올릴 수 있는 윤작체계를 확립시킬 수 있다.

해설
① 토양 중의 유기물 함량을 증가시킨다.

정답 67 ① 68 ② 69 ① 70 ③ 71 ①

72 귀리의 생육에 가장 알맞은 토양의 pH는?

① 5.6~6.2 ② 6.8~7.5
③ 7.6~7.9 ④ 8.0~8.3

해설
귀리(연맥)는 pH 5.6~6.2 정도의 약산성 토양에서 잘 자란다.

73 다음 중 사일리지의 분석결과에 대한 설명으로 가장 적절한 것은?

① 유산 함량이 높으면 암모니아태질소 함량도 높다.
② 사일리지의 pH가 높으면 낙산 함량은 낮다.
③ 사일리지의 pH가 낮으면 암모니아태질소 함량도 낮다.
④ 낙산 함량이 높으면 기호성과 채식량도 증가한다.

해설
암모니아, 낙산 그리고 pH 간에는 정의 상관관계가 있다.
화학분석에 의한 평가
- 유기산 조성비율 : 젖산의 비율은 높을수록, 낙산의 비율은 낮을수록 좋다.
- pH : pH가 낮을수록(4.2 이하) 젖산 함량이 많고, 품질이 우수하다.
- 암모니아태질소 등 질소화합물 : 암모니아태질소의 비율이 낮을수록 좋다.
- 소화율 : 소화율이 높을수록 좋다.

74 남방형이고 아프리카가 원산이며, 열대 및 아열대지방에 널리 분포하고 있는 사료작물은?

① 버뮤다그래스
② 오처드그라스
③ 티머시
④ 톨페스큐

해설
① 버뮤다그래스 : 난지형 잔디로, 지상에 나와 있는 수평의 기어가는 줄기(Stolons, 포복경)로 번식한다.
잔디의 종류
- 난지형 잔디 : 한국잔디(들잔디, 금잔디, 갯잔디, 빌로드잔디), 버뮤다그래스 등
- 한지형 잔디 : 벤트그래스, 켄터키 블루그래스, 이탈리안라이그래스 등

75 화본과 목초에 비해 두과 목초에 다량함유된 양분은?

① 탄수화물 ② 지 방
③ 회 분   ④ 단백질

해설
두과 목초는 화본과 목초에 비해 조단백질, 칼슘 함량이 높다.

76 다음 중 작부체계 설정 시 고려할 사항과 가장 거리가 먼 것은?

① 생산량   ② 사료가치
③ 노동력   ④ 파종량

해설
작부체계 설정 시 지력 유지, 생산량, 사료가치, 품질, 노동력, 수익성 등을 고려한다.

정답 72 ① 73 ③ 74 ① 75 ④ 76 ④

77 수수나 수단그라스를 청예로 먹일 때 청산중독의 위험이 가장 큰 상황은?

① 비가 내린 뒤 수확하였을 때
② 가뭄이 계속되는 동안 수확하였을 때
③ 서리가 내린 뒤 열흘 후 수확하였을 때
④ 비료기가 소실한 뒤 수확하였을 때

해설
청산중독을 예방하기 위해서는 수단그라스나 수수가 1~1.2m 이상 자랐을 때 이용하고, 너무 가물거나 식물체가 영양적·생리적 스트레스를 받았을 때는 이용하지 않는다.

78 다음 중 건초의 품질평가 시 고려할 요소로 가장 거리가 먼 것은?

① 발효상태
② 이물질 혼입 정도
③ 녹색도
④ 잎의 비율

해설
건초의 품질평가 시 고려해야 할 사항 : 잎의 비율, 녹색 정도, 방향성과 촉감, 이물질의 혼입 정도, 수분·단백질·조섬유 함량 등

79 다음 중 초지와 사료작물의 재배 의의에 대한 설명으로 가장 거리가 먼 것은?

① 인간이 이용할 수 없는 섬유질 사료로 고급식품을 생산한다.
② 기상생태학적으로 우리나라에 가장 적합한 식생이 목초이다.
③ 국토의 균형발전과 잠재적 식량기지로 이용이 가능하다.
④ 반추가축의 정상적인 소화생리에 필수적이다.

해설
지구상의 모든 초지는 그 초지가 위치하는 장소에 따라 사회적·경제적·생태학적으로 독특한 환경을 가지고 있으며, 나름대로의 역할과 기능이 있다.

80 건초 조제 시 건조속도 개선을 위해 목초의 줄기를 눌러 주며 수확하는 기계는?

① 테더
② 스퀘어 베일러
③ 라운드 베일러
④ 모어 컨디셔너

해설
모어 컨디셔너 : 목초를 예취한 동시에 압쇄처리하기 위해 모어와 헤이 컨디셔너를 일체화한 작업용 기계

정답 77 ② 78 ① 79 ② 80 ④

제5과목 축산경영학 및 축산물가공학

81 모돈을 사육하여 자돈을 생산하고, 생산된 자돈을 비육하여 비육돈을 생산·판매하는 경영형태는?

① 종돈생산경영 ② 일관경영
③ 번식돈경영 ④ 비육돈경영

해설
① 종돈생산경영 : 우수한 혈통과 능력의 종돈(모돈)을 생산하여 판매하는 경영형태
③ 번식돈경영 : 비육자돈을 생산·판매하기 위해 모돈을 육성·번식하는 경영형태
④ 비육돈경영 : 자돈을 일체 생산하지 않고 40~80일령(10~20kg)의 자돈을 구입하여 100~110kg 정도까지 증체한 후 판매하는 경영형태

82 다음 중 축산경영 관련 공식이 틀린 것은?

① 조수익 = 주산물평가액 + 부산물평가액
② 단위당 생산비 = (전체생산비 − 부산물평가액) ÷ 생산량
③ 단위당 순수익 = 단위당 조수익 − 단위당 생산비
④ 가족노동보수 = 조수익 − 경영비

해설
가족노동보수
= 소득 − (토지자본용역비 + 자기자본이자)

83 생산비의 기본요건을 설명한 것으로 틀린 것은?

① 생산비는 화폐가액으로 나타내야 한다.
② 생산물을 생산하기 위해서 소비된 것이어야 한다.
③ 정상적인 생산활동을 위해 소비된 것이어야 한다.
④ 생산비는 투입요소들을 물량으로 나타내야 한다.

해설
생산비의 전제조건
• 화폐가액으로 표시될 수 있는 것이어야 한다.
• 생산물을 생산하기 위하여 직접 소비된 것이어야 한다.
• 정상적인 생산활동을 위해 소비된 것이어야 한다(비정상적인 화재 등에 의한 손실은 제외한다).

84 경종농업과 비교할 때 축산노동력의 특수성으로 옳지 않은 것은?

① 노동력의 계절성은 축산이 경종농업보다 크다.
② 노동력의 이동성은 축산이 경종농업보다 작다.
③ 노동력의 다양성은 축산이 경종농업보다 크다.
④ 노동력의 지휘곤란성은 축산경영이 경종농업보다 작다.

해설
작물은 종류나 지역에 따라 재배기간이 한정되어 있고, 파종(씨뿌리기)부터 수확까지 계절에 맞추어 적기에 작업해야 하므로 경종농업의 계절성이 축산보다 강하다.

정답 81 ② 82 ④ 83 ④ 84 ①

85 다음 중 노동생산성의 공식은?

① $\dfrac{총생산비용}{투하노동량}$ ② $\dfrac{투하노동량}{총생산비용}$

③ $\dfrac{투하노동량}{총생산량}$ ④ $\dfrac{총생산량}{투하노동량}$

해설

노동생산성은 투하노동량에 대한 총생산량의 비율로, 일정한 산출물을 만들어내는 데 쓰인 노동투입요소가 얼마나 효율적으로 이용되었는지를 나타내는 지표이다.

86 다음 중 고정자본재에 속하지 않는 것은?

① 트랙터   ② 축 사
③ 비육돈   ④ 경산우

해설

고정자본재의 종류

무생	• 건물 및 부대시설 : 축사, 사일로, 사무실, 창고 등 • 대농기구 : 경운기, 트랙터, 착유기 등 • 토지 및 토지개량 : 관개·배수시설 등
유생	• 동물자본재 : 육우, 역우, 번식우, 번식돈, 종계, 채란계 등 • 식물자본재 : 영구초지 등

87 양계경영의 기술진단지표가 아닌 것은?

① 육성률
② 사료요구율
③ 유사비
④ 난 중

해설

유사비는 우유 수입에 대한 구입사료비의 비율로, 낙농경영의 기술진단지표이다.

88 자본재의 평가방법으로 옳은 것은?

① 취득원가법은 자산의 효용이 동일한 유사한 재화를 평가기초로 삼는 방법이다.
② 시가평가법은 매년 얻어지는 순이익을 기초로 하여 평가하는 방법이다.
③ 저가평가법은 취득가격과 시가 중 낮은 가격을 기준으로 평가하는 방법이다.
④ 추정가평가법은 자산 구입가격과 구입 시 소요되는 제반비용을 합산하는 방법이다.

해설

자본재의 평가방법

• 취득원가법 : 자산을 구입할 경우 구입가격과 구입 시 소요되는 제반비용을 합산하여 평가하는 방법
• 시가평가법 : 자산을 평가시점의 시장가격에 따라 평가하는 방법
• 저가평가법 : 취득가격과 시가 중 낮은 가격을 기준으로 평가하는 방법
• 추정가평가법 : 취득원가나 시가가 모두 분명하지 않은 경우, 그 재화와 효용이 같은 유사재화의 취득가격을 기준으로 평가하는 방법
• 수익가평가법 : 토지와 같은 부동산의 경우, 매년 얻어지는 순이익을 기초로 하여 평가하는 방법

89 다음 중 대차대조표 등식은?

① 자산 = 부채 + 자본
② 자본 = 부채 + 자산
③ 부채 = 자본 + 자산
④ 순이익 = 기수자본 − 기말자본

해설
대차대조표 등식 : 자산(A) = 부채(P) + 자본(K)

91 우유류 중 저지방제품의 유지방 함량범위에 해당하지 않는 것은?

① 0.6% ② 1%
③ 2%   ④ 3%

해설
저지방과 무지방의 유지방 함량범위
- 저지방 : 0.6~2.6%
- 무지방 : 0.6% 이하

90 경영의 목표를 달성하기 위하여 경영요소의 합리적인 조직이 요구되며, 경영방식의 선택, 노동력 구성과 노동생산성 향상을 위한 축산자본의 집약도가 높아질수록 수익과 비용의 차액이 감소하는 등 수익체감의 법칙이 작용하므로 적정규모의 선택이 필요하다. 다음 중 적정규모와 가장 관계가 깊은 것은?

① 최고평균생산비
② 최저평균생산비
③ 최저총생산비
④ 최고한계생산비

해설
적정규모의 개념
현재의 경영능력이나 기술조건하에서 단위당 평균생산비, 즉 장기에 걸쳐 지불되는 모든 비용을 포함한 평균비용이 최저가 되는 기업의 규모를 말한다.

92 발효소시지에 사용되는 스타터 컬처에 대한 설명이 틀린 것은?

① 풍미와 외관, 보존성 등을 향상시키기 위해 발효에 직접 필요한 미생물만 별도 배양하여 사용하는 미생물이다.
② 식중독 미생물이 존재하지 않아야 하며 곰팡이도 독성물질을 생성하지 않아야 한다.
③ 낮은 pH와 6%의 염용액, 150ppm의 아질산염 존재 시에도 생존할 수 있어야 하고, 단백질 및 지방분해효소를 생성해야 한다.
④ 주로 *Lactobacillus*, *Pediococcus*, *Staphylococcus* 등이 있다.

해설
발효소시지의 스타터 컬처(Starter Culture)로 사용되는 미생물은 단백질 및 지방분해효소를 생성하지 않아야 한다.

93 다음 중 Blue Cheese의 제조 시 첨가하는 것은?

① *Aspergillus oryzae*
② *Mucor rouxii*
③ *Penicillium roqueforti*
④ *Rhizopus stolonifer*

해설
페니실리움 로크포르티는 블루치즈를 만드는 곰팡이균이다.

94 사후 근육이 숙성되는 과정에서 근원섬유의 구조가 약화되어 연해지는 이유가 아닌 것은?

① Z-line의 약화
② 경직결합(Rigor Linkage)의 약화
③ Connectin의 약화
④ H대의 약화

해설
연화에 직접적으로 관여하는 근원섬유구조의 변화
- Z선의 취약화에 따른 근원섬유의 소편화
- Actin · Myosin 간의 결합 약화
- Connectin의 분해
- 근세포 외(筋細胞外) Matrix의 취약화
- 조직 중의 프로테아제(Protease)작용

95 유가공품 중 가공유류의 유형에 해당하지 않는 것은?

① 산양유
② 강화우유
③ 유산균첨가우유
④ 유당분해우유

해설
유가공품
- 우유류
- 가공유류 : 강화우유, 유산균첨가우유, 유당분해우유, 가공유
- 산양유
- 발효유류 : 발효유, 농후발효유, 크림발효유, 농후크림발효유, 발효버터유, 발효유분말
- 버터유
- 농축유류 : 농축우유, 탈지농축유유, 가당연유, 가당탈지연유, 가공연유
- 유크림유 : 유크림, 가공유크림
- 버터류 : 버터, 가공버터, 버터오일
- 치즈류 : 자연치즈, 가공치즈
- 분유류 : 전지분유, 탈지분유, 가당분유, 혼합분유
- 유청류 : 유청, 농축유청, 유청단백분말
- 유당, 유단백가수분해식품

96 다른 식육에 비하여 돼지고기에 특히 많이 함유된 비타민은?

① 비타민 A
② 비타민 B_1
③ 비타민 C
④ 비타민 E

해설
돼지고기(0.4~0.9mg/100g)에는 비타민 B_1(Vitamin B_1, 티아민)이 풍부하며, 소고기(0.07mg/100g)보다 많은 양이 함유되어 있다.

정답 93 ③ 94 ④ 95 ① 96 ②

97 소시지의 가열과정에서 발생하는 지방 분리의 원인이 아닌 것은?

① 지방입자를 둘러쌀 수 있는 염용성 단백질의 양이 부족할 때
② 지방이 과다하게 첨가되어 육단백질이 제대로 감싸지 못할 때
③ PSE육과 같이 단백질의 용해성이 나쁜 원료육을 사용할 때
④ 천천히 가열처리하거나 저온처리를 할 때

해설
지방이 분리되는 경우(육단백질이 지방을 충분히 감싸지 못하게 되는 경우, Fat Capping)
- 지방입자를 둘러쌀 수 있는 염용성 단백질의 양이 부족할 때
- 지방을 너무 과다하게 첨가했을 때
- PSE육과 같이 단백질용해성이 나쁜 원료육을 이용했을 때
- 갑작스럽게 가열처리를 하거나 고온처리를 할 때
- 지방을 너무 세절했을 때 : 과다한 지방의 세절로 인해 지방입자의 표면적이 상대적으로 넓어진다.

98 냉장상태에서 신선육을 호기상태로 저장할 때 부패를 일으키는 그람음성간균 미생물이 아닌 것은?

① *Acinetobacter* 속
② *Moraxella* 속
③ *Pseudomonas* 속
④ *Lactobacillus* 속

해설
Lactobacillus 속은 그람양성간균이다.

99 고기의 동결저장에 대한 설명으로 옳은 것은?

① 고기는 0℃에서 100% 동결된다.
② 동결육은 물에 담가 해동하는 것이 가장 좋다.
③ 동결육은 해동과 재냉동을 반복해도 고기품질은 동일하다.
④ 동결 시 생성되는 빙결정(Ice Crystal)이 클수록 고기조직을 파괴하고 해동 시 육즙(Drip)을 유출시킨다.

해설
① 동결저장은 빙결점 이하에서 저장하는 것으로, 보통 −18℃ 이하에서 저장하는 것을 의미한다.
② 깨끗한 물이 계속 흐르게 하는 유동수중해동이 정지수중해동보다 훨씬 위생적이다.
③ 동결육은 해동과 재냉동을 반복하면 고기 중의 육즙이 빠져나와 맛이 없어지고 질겨진다.

100 버터의 제조공정 중, 크림의 지방구들이 뭉쳐서 작은 입자를 형성하고 버터밀크와 분리되도록 일정한 속도로 크림을 휘저어서 기계적으로 지방구에 충격을 주는 공정은?

① Aging
② Churning
③ Working
④ Salting

해설
② Churning : 교반
① Aging : 숙성
③ Working : 연압
④ Salting : 가염
※ 연압 : 버터가 덩어리로 뭉쳐 있는 것을 짓이기는 공정

2019년 제4회 과년도 기출문제

제1과목 가축육종학

01 선발지수를 산출할 때 이용하는 통계량이 아닌 것은?

① 각 형질 간의 표현형 공분산
② 각 형질 간의 표현형 상관계수
③ 각 형질의 상대적 경제가치
④ 각 형질의 추정 생산능력

해설
선발지수를 산출할 때 이용되는 통계량
- 각 형질의 상대적 경제가치
- 각 형질의 표현형 분산
- 각 형질 간의 표현형 공분산 또는 표현형 상관계수
- 각 형질 간의 유전공분산 또는 유전상관계수
- 각 형질의 유전력 또는 상가적 유전분산

02 요크셔(Yorkshire)종과 폴란드차이나(Poland China)종 간 1대잡종 돼지의 모색은?

① 흑 색   ② 적 색
③ 갈 색   ④ 백 색

해설
일반적으로 백색계(요크셔, 랜드레이스 등) 돼지는 I/I, I/i, I/Ip 유전자형을 가지고 있다.
- I : 흰색을 나타내는 유전자
- i : 유색을 나타내는 유전자
- Ip : 반점을 나타내는 유전자

I유전자가 유색이나 반점을 나타내는 유전자에 대해 우성이기 때문에 I/I뿐만 아니라 I/i와 I/Ip 또한 흰색으로 나타난다.

03 총산란수를 검정 개시 시 생존한 닭의 마릿수로 나눈 것은?

① 성 성숙
② 산란율
③ 산란지수(Hen Housed Production)
④ 일계산란율(Hen Day Production)

해설
$$산란지수 = \frac{일정\ 기간의\ 총\ 산란수}{그\ 기간\ 최초의\ 마릿수}$$

04 닭의 산육능력 개량에 관계하는 형질로 가장 적절한 것은?

① 산란강도
② 동기휴산성
③ 취소성
④ 체 형

해설
닭의 개량형질
- 산육능력 : 성장률, 체형, 사료이용성, 체중, 우모 발생속도 등
- 산란능력 : 조숙성, 산란강도, 취소성, 동기휴산성, 산란지속성 등

정답 1 ④ 2 ④ 3 ③ 4 ④

05 브로일러 생산을 위한 이상적인 종계의 교배체계는?

① 육용종(♀) × 육용종(♂)
② 육용종(♀) × 겸용종(♂)
③ 겸용종(♀) × 육용종(♂)
④ 산란종(♀) × 육용종(♂)

해설
브로일러(육계) 생산을 위한 이상적인 종계의 교배체계는 겸용종(♀) × 육용종(♂)이다.

06 젖소의 유지생산량에 있어 A계통의 일반조합능력이 +10kg, B계통의 일반조합능력이 +20kg이고, 두 계통 간의 교배에 의한 자손의 평균능력이 +15kg이라면 두 계통 간의 특정조합능력은?

① −15kg
② 0kg
③ 10kg
④ 15kg

해설
A + B + 특정조합 = 자손
10 + 20 + x = 15
∴ x = −15kg

07 유전력이 높은 형질 개량에 가장 효과적인 선발방법은?

① 후대검정
② 가계선발
③ 개체선발
④ 혈통선발

해설
③ 개체선발 : 개체의 능력만을 기준으로 하여 그 개체를 종축으로 선발하는 방법이다.
① 후대검정 : 도살해야만 측정할 수 있는 형질을 개량할 때 유익한 방법이다.
② 가계선발 : 가계 내 개체 간 차이는 무시하고 가계의 평균능력에 근거한 선발방법이다.
④ 혈통선발 : 부모, 조부모 등의 선조능력에 근거하여 종축의 가치를 판단하여 선발하는 방법이다.

08 한 가지 형질이 일정 기준의 개량량에 도달할 때까지 선발하고 그 다음에는 제2, 제3의 형질로 넘어가는 형태의 선발법은?

① 독립도태법
② 순차적 선발법
③ 선택지수법
④ 혈통선발법

해설
① 독립도태법 : 다수형질 개량 시 각 형질에 대하여 동시에 그리고 독립적으로 선발하는 방법으로, 형질마다 일정한 수준을 정하여 어느 한 형질이라도 그 수준 이하로 내려가는 개체는 다른 형질이 아무리 우수하더라도 도태하는 방법이다.
③ 선택지수법 : 다수의 경제형질을 개량할 때 개량 대상의 형질을 종합적으로 고려하여 하나의 점수를 산출하는 방법으로, 돼지에게 가장 많이 이용하고 있다.

09 한 개체에 대하여 특정형질이 반복하여 발현되고 측정될 수 있다면 동일한 개체에 대해 측정된 기록 간에 상관관계가 형성되는데, 이에 해당하는 상관계수는?

① 육종가
② 유전력
③ 반복력
④ 유전상관

해설
① 육종가 : 어떤 개체의 자손세대에서 나타나는 유전자효과의 평균치
② 유전력 : 전체 분산 중에서 유전분산이 차지하는 비율로, 형질집단에서 변이가 후대로 얼마나 전달되는지를 나타내는 지표
④ 유전상관 : 두 형질의 육종가 사이의 상관관계

10 집단 내 이형접합체의 비율을 높게 하는 교배방법은?

① 계통교배
② 형매 간 교배
③ 품종 간 교배
④ 조손 간 교배

해설
품종 간 교배나 계통 간 교배는 이형접합체의 비율을 증가시키고, 동형접합체의 비율을 감소시킨다.

11 돼지 생산에 있어 모돈의 잡종강세와 자돈의 잡종강세를 모두 이용할 수 있는 교배방법은?

① 무작위교배
② 순종교배
③ 2품종 종료교배
④ 3품종 종료교배

해설
3품종 종료교배
- 두 품종 간 1대잡종 암컷과 제3의 품종을 교배시켜 얻은 3원잡종을 모두 육돈으로 출하하는 방법이다.
- 개체 및 모체의 잡종강세와 품종보상성을 가장 적절하게 이용할 수 있는 방법이다.
- 종부된 빈돈단 21일령 한배새끼의 체중을 가장 크게 하는 교배법이다.

12 동일한 품종 내에서 서로 다른 2개의 근교계통 간 교배에 의하여 생산된 1대잡종은?

① 톱교잡종(Topcross)
② 이품종 톱교잡종(Topcrossbred)
③ 동품종 근친계통 간 교잡종(Incross)
④ 이품종 근친계통 간 교잡종(Incrossbred)

해설
① 톱교잡종 : 모든 품종에서 근교계통의 수가축과 비근교계통의 암가축 간의 교배에 의해 생산된 1대잡종
② 이품종 톱교잡종 : 다른 품종에 속하는 근교계통의 수가축과 비근교계통의 암가축 간의 교배에 의해 생산된 1대잡종
④ 이품종 근교계 간 교잡종 : 다른 품종에 속하는 2개의 근교계통 간의 교배에 의하여 생산된 1대잡종

13 유우의 유전적 개량에서 유전 전달경로 중 선발강도가 가장 낮은 경로는?

① 암소 - 암소(Dam to Dam)
② 암소 - 수소(Dam to Sire)
③ 수소 - 암소(Sire to Dam)
④ 수소 - 수소(Sire to Sire)

해설
가축의 선발에서 선발강도는 가축의 증식률과 밀접한 관련이 있다. 일반적으로 선발차를 크게 하는 데 제약을 주는 요인 중에서 중요한 것은, 축군 대치에 소요되는 씨가축을 제외하고 나면 도태할 수 있는 가축의 수가 줄어들어 선발강도가 낮아지는 데 있다. 이와 같은 현상은 수컷에서보다 암컷에서 특히 현저한 경향이 있고, 축군 내 가축의 수를 증가시키는 경우에 흔히 볼 수 있다.

정답 10 ③ 11 ④ 12 ③ 13 ①

14 홀스타인종의 유량을 조사한 다음 어미소와 딸소가 함께 조사된 것들만 골라 어미소에 관한 딸소의 회귀계수(b)를 계산하였더니 0.15였다. 이 결과로 유전력을 추정한다면 유량에 관한 유전력은?

① 0.15
② 0.25
③ 0.30
④ 0.45

해설
유전력은 회귀계수의 두 배이므로, 0.15×2 = 0.30이다.

15 한우 집단의 3개월령 체중에 대한 집단의 평균이 50kg이고, 선발군의 평균이 56kg일 때 선발차는?

① 6kg
② 56kg
③ 62kg
④ 106kg

해설
선발차(S) = 종축으로 선발된 개체의 평균 − 모집단의 평균
= 56kg − 50kg
= 6kg

16 돼지의 경제형질에 해당하지 않는 것은?

① 유 량
② 복당 산자수
③ 이유 시 체중
④ 이유 후 성장률

해설
돼지의 경제형질 : 복당 산자수, 이유 시 체중, 이유 후 성장률, 사료효율, 도체의 품질(도체장, 배장근단면적, 도체율, 햄-로인 비율, 등지방두께, 근내지방도) 등

17 변이의 크기를 측정하는 값이 아닌 것은?

① 평 균
② 분 산
③ 범 위
④ 표준편차

해설
어느 집단의 변이 크기를 측정하는 데는 범위, 분산, 표준편차 등을 이용한다.
• 범위 : 가장 큰 값과 가장 작은 값의 차이
• 분산 또는 평균제곱 : 각 측정치와 집단평균 간의 차이를 제곱한 값의 평균치
• 표준편차 : 표본분산의 제곱근

18 우모 발생속도가 조우성인 닭과 만우성인 닭을 교배할 때, 우모 발생속도의 유전방식은?

① 종성유전
② 반성유전
③ 융합유전
④ 득성유전

해설
만우성은 반성유전을 하며, 조우성(k)에 대해 우성이어서 깃털 발생속도로 병아리의 성감별이 가능하다.

정답 14 ③ 15 ① 16 ① 17 ① 18 ②

19 돼지에서 나타나는 잡종강세현상이 아닌 것은?

① 잡종종빈돈의 산자능력이 우수하다.
② 잡종자돈의 이유 시 체중이 순종보다 가볍다.
③ 잡종은 순종에 비하여 이유 후 성장이 빨라 일당 증체량이 높다.
④ 잡종자돈의 사산비율이 낮고, 출생 시 활력이 강하여 이유 시까지의 생존율이 높다.

해설
1대 교잡종을 비육돈으로 이용할 때의 장점
- 사산 자돈수가 감소한다.
- 이유 시 육성률이 향상된다.
- 이유 시 자돈의 개체 및 복당체중이 증가한다.
- 육성 비육 시 증체율이 향상된다.
- 출하 체중 도달일령이 단축된다.
※ 1대 교잡종의 이용은 비교적 실시하기가 쉽다는 장점이 있으나, 1대 교잡종의 생산에 이용되는 어미 돼지는 순종이므로 잡종강세효과는 자돈에서만 나타나게 된다.

20 암소를 개량하는 데 있어 개량속도가 가장 빠를 것으로 예상되는 형질은?

① 산유량
② 유지량
③ 유지율
④ 수태당 종부횟수

해설
유지율의 유전력은 약 50%로 높기 때문에 개량속도가 가장 빠를 것으로 예상된다.

제2과목 가축번식생리학

21 번식장해를 일으키는 원인으로 옳지 않은 것은?

① 영양장해
② 해부학적 결함
③ 유전적 원인
④ 젖소의 성질

해설
번식장해의 원인 : 생식기의 해부학적 결함, 호르몬 분비 이상, 유전적 원인, 사양관리 불량, 미생물 감염, 수정기술 및 임상번식검사기술의 부정확 등

22 소에서 프로스타글란딘(Prostaglandin)의 중요한 기능으로 옳은 것은?

① 황체형성
② 임신유지
③ 자궁근육 수축
④ 프로게스테론(Progesterone) 분비 촉진

해설
프로스타글란딘($PGF_{2\alpha}$) : 황체를 퇴행시키고 자궁근, 위와 장의 도관 내 윤활근의 수축을 자극하므로 분만 시 분만촉진제로서의 역할을 한다.

23 수소의 성 성숙과 가장 관련성이 큰 호르몬은?

① 프로락틴(Prolactin)
② 테스토스테론(Testosterone)
③ 프로게스테론(Progesterone)
④ 임마혈청성선자극호르몬(PMSG)

해설
성 성숙호르몬 : 테스토스테론(웅성), 에스트로겐(자성)

정답 19 ② 20 ③ 21 ④ 22 ③ 23 ②

24 소의 수정란을 이식하는 기술에 관한 설명으로 옳지 않은 것은?

① 비외과적 방법으로 난자를 회수할 경우 배란 후 5~6일경에 채란하는 것이 좋다.
② 일반적으로 배반포까지 발달한 것보다 2~8세포기나 상실배를 이식하는 것이 좋다.
③ 이식하고자 하는 수정란의 일령이 수란우의 배란 후 일수와 일치하지 않으면 임신율이 매우 저하된다.
④ 수정란의 형태적 이상은 이식 후의 임신율을 저하시킨다.

해설
소의 난자는 난관에서 수정되어 접합체(Zygote)가 된 후 세포분열에 의해 난할기를 거치는데, 2세포기 – 4세포기 – 8세포기 – 상실배(Morula)기를 거쳐 배반포(Blastocyst)기에 도달하며, 이때가 수정 후 약 7일이 경과했을 때다. 수정란은 일반적으로 8세포기에서 16세포기에 난관에서 자궁각으로 내려오며, 회수된 배반포기의 수정란은 직경이 약 150μm로 실체현미경을 이용하여 채집 또는 검사할 수 있다.

25 수정란 이식으로 얻을 수 있는 가장 큰 장점은?

① 단위가격당 가축 생산두수 증대
② 단위시간당 가축 생산두수 증대
③ 종모축의 유전자 이용률 증대
④ 우수종빈축의 유전자 이용률 증대

해설
수정란 이식은 우수한 종빈축과 종모축을 이용하여 수정란을 생산한 다음 이식하는 방법으로, 가장 큰 장점은 고능력우로부터 많은 수정란을 채란하여 저능력우에 이식함으로써 단기간에 우수한 송아지를 많이 생산할 수 있고, 능력 개량의 향상폭이 넓어지며, 개량기간을 단축시킬 수 있다는 점이다.

26 제1차 성숙분열이 완성되기 전에 배란이 일어나는 동물은?

① 개   ② 소
③ 닭   ④ 돼지

해설
개, 여우 등은 제1차 성숙분열(감수분열)이 완성되기 전에 배란이 일어난다.

27 수정란 이식에 대한 설명으로 옳지 않은 것은?

① 우수한 암가축의 자축을 많이 생산할 수 있다.
② 외국에서 도입 시 가축 대신 수정란을 수송하여 경비를 절감할 수 있다.
③ 계획적인 가축 생산이 불가능하다.
④ 세대간격을 단축할 수 있다.

해설
③ 계획적인 가축 생산이 가능하다.

28 젖소의 난소에 황체낭종이 발생하여 발정이 일어나지 않을 경우에 치료제로 가장 적합한 호르몬은?

① 임부융모성성선자극호르몬(hCG)
② 프로게스테론(Progesterone)
③ 황체형성로흐몬(LH)
④ 프로스타글란딘(Prostaglandin $F_2\alpha$)

해설
프로스타글란딘(Prostaglandin, $PGF_2\alpha$) : 포유가축의 발정동기화, 분만시기의 인위적 조절 및 번식장해의 치료에 광범위하게 사용되는 호르몬이다.

정답 24 ② 25 ④ 26 ① 27 ③ 28 ④

29 소의 발정주기에서 평균적으로 배란이 일어나는 시기는?

① 발정 개시 후 10~11시간
② 발정 개시 후 22~24시간
③ 발정 종료 후 10~11시간
④ 발정 종료 후 22~24시간

해설

주요 가축별 배란시간

구 분	번식특성	배란시간(시간)
소	연 중	발정 종료 후 10~11
돼 지	연 중	발정 개시 후 35~45
면 양	단일성	발정 개시 후 24~30
산 양	단일성	발정 개시 후 30~36
말	장일성	발정 종료 후 24~48

30 소의 잡종교배 시, 자손의 성 성숙 도달일령은 어떻게 변하는가?

① 순종에 비하여 늦어진다.
② 순종에 비하여 빨라진다.
③ 순종과 큰 차이가 없다.
④ 번식계절과 온도에 따라 크게 달라진다.

해설

잡종을 종빈우로 사용할 경우 성 성숙일령이 빨라지며, 종빈우로서의 경제수명도 월등히 길어지는 것으로 알려져 있다.

31 정자 발생과정에서 감수분열이 일어나는 시기는?

① A1형 정원세포 → A2형 정원세포
② A4형 정원세포 → 중간형 정원세포
③ B형 정원세포 → 제1차 정모세포
④ 제1차 정모세포 → 제2차 정모세포

해설

제1정모세포에서 제2정모세포가 되는 과정에서 감수분열이 일어난다.

32 비유에 관한 설명으로 옳지 않은 것은?

① 프로락틴(Prolactin)은 유선포의 분비 상피세포에 직접 작용한다.
② 비유 유지에 필요한 옥시토신(Oxytocin)은 뇌하수체 전엽에서 분비된다.
③ 비유동물의 부신을 제거하면 비유는 현저하게 감소된다.
④ 갑상선호르몬은 비유에 관여한다.

해설

옥시토신은 뇌하수체 후엽에서 분비되는 호르몬으로 자궁 수축, 유즙 배출 및 젖 방출 촉진기능을 담당한다.

정답 29 ③ 30 ② 31 ④ 32 ②

33 정자에서 유전자(DNA)를 함유하고 있는 부위는?

① 두부(Head)
② 경부(Neck)
③ 종부(Tail)
④ 중편부(Middle Piece)

해설

정자의 형태와 구조
- 두부 : 주로 핵으로 구성, DNA 함유
- 경부 : 정자의 두부와 미부를 연결
- 미부 : 중편부, 주부, 종부로 구성
  - 중편부 : 미토콘드리아가 있어 운동에 필요한 에너지를 합성하는 부위
  - 주부 : 파동에 의하여 정자를 추진하는 역할

35 공란우의 수정란을 회수하는 외과적 방법으로 적합한 것은?

① 자궁관류법, 난관관류법
② 난관관류법, 전기자극법
③ 전기자극법, 자궁관류법
④ 난관관류법, 마사지법

해설

수정란을 회수하는 부위에 따라 자궁관류법과 난관관류법으로 구분하고, 다시 관류형태에 따라 상향식과 하향식으로 구분한다.

34 수정란 채취와 채란과정에 대한 설명으로 옳지 않은 것은?

① 채란된 수정란은 발육상태와 형태적 이상 여부를 검사하여야 한다.
② 수정란 채취는 외과적 방법으로만 실시한다.
③ 다배란처리를 위해 난포자극호르몬(FSH)을 사용할 수 있다.
④ 임마혈청성선자극호르몬(PMSG)을 공란우의 발정주기 8~15일 사이에 주사한다.

해설

수정란 이식방법에는 수란축을 수술하여 수정란을 이식하는 외과적 방법과 수술하지 않고 수정란을 자궁각 내로 넣어 주는 비외과적 방법이 있다.

36 번식장해와 관련된 설명으로 옳지 않은 것은?

① 난자가 노화함에 따라 수정력과 생존배를 만드는 능력이 저하될 수 있다.
② 저수태(Repeat Breeders)의 가장 큰 원인은 수정란 또는 배아의 조기사망이다.
③ 번식장해란 생식을 영구적으로 할 수 없는 불임증만을 의미한다.
④ 번식장해는 부적절한 사양관리로 인해 발생할 수 있다.

해설

번식장해란 웅축이나 자축에서 일시적 혹은 지속적으로 번식이 정지되거나 저해되는 현상을 말한다.

정답 33 ① 34 ② 35 ① 36 ③

37 뇌하수체 전엽에서 분비되는 호르몬은?

① 성장호르몬(GH)
② 성선자극호르몬방출호르몬(GnRH)
③ 프로락틴 억제인자(PRIF)
④ 임부융모성성선자극호르몬(hCG)

해설
② 성선자극호르몬방출호르몬(GnRH) : 시상하부 호르몬
③ 프로락틴 억제인자(PRIF) : 시상하부 호르몬
④ 임부융모성성선자극호르몬(hCG) : 태반성 호르몬
뇌하수체 전엽에서 분비되는 호르몬 : 성장호르몬(GH), 갑상선자극호르몬(TSH), 부신피질자극호르몬(ACTH), 난포자극호르몬(FSH), 황체형성호르몬(LH, 당단백질호르몬), 프로락틴(LTH)

38 성선자극호르몬(GTH)에 관한 설명으로 옳지 않은 것은?

① 난포자극호르몬(FSH)은 난소에서 난포 발달을 촉진한다.
② 황체형성호르몬(LH)은 암가축의 배란을 유발하며, 황체 형성기능을 갖고 있다.
③ 성선에 작용하는 스테로이드(Steroid)계 호르몬이다.
④ 황체형성호르몬(LH)은 수가축의 고환에서 테스토스테론의 합성을 촉진한다.

해설
성선자극호르몬(GTH)은 성선을 자극하여 성선호르몬을 분비하게 만드는 호르몬으로, 난포자극호르몬(FSH)과 황체형성호르몬(LH)이 있다.

39 배반포 착상에 필요한 자궁 변화를 일으키며 자궁의 비대에 필요한 교원질을 공급해주는 기능을 하는 호르몬은?

① 프로락틴(Prolactin)
② 소마토스타틴(Somatostatin)
③ 프로게스테론(Progesterone)
④ 성장호르몬(Growth Hormone)

해설
프로게스테론(Progesterone)은 수정란의 착상과 임신의 유지에 적합하도록 부생식기관의 기능 발현을 조절하는 성선자극호르몬이다.

40 형태학적으로 궁부성 태반의 형태를 지닌 동물은?

① 돼 지   ② 토 끼
③ 개   ④ 소

해설
융모막 융모의 분포범위와 윤곽의 형태학적 특징에 따른 태반의 분류
• 궁부성 태반 : 소, 면양, 산양, 사슴
• 대상성 태반 : 개, 고양이, 곰, 밍크(불완전대상태반)
• 산재성 태반 : 돼지, 말, 당나귀, 낙타
• 반상성 태반 : 토끼, 설치류, 영장류

정답 37 ① 38 ③ 39 ③ 40 ④

제3과목 가축사양학

41 필수아미노산인 페닐알라닌을 대체할 수 있는 것은?

① 타이로신(Tyrosine)
② 시스틴(Cystine)
③ 프롤린(Proline)
④ 알라닌(Alanine)

해설

필수·비필수아미노산

필수아미노산		비필수아미노산
대치 불가능	대치 가능	
아르기닌(Arginine)	–	글리신(Glycine)
라이신(Lysine)	–	알라닌(Alanine)
트립토판(Tryptophan)	–	세린(Serine)
히스티딘(Histidine)	–	아스파르트산(Aspartic Acid)
페닐알라닌(Phenylalanine)	타이로신(Tyrosine, 티로신)	글루탐산(Glutamic Acid)
류신(Leucine)	–	프롤린(Proline)
아이소류신(Isoleucine)	–	하이드록시프롤린(Hydroxyproline)
트레오닌(Threonine)	–	시스테인(Cysteine)
메티오닌(Methionine)	시스틴(Cystine)	타이로신(Tyrosine)
발린(Valine)	–	하이드록시라이신(Hydroxylysine)

42 수용성 비타민 중 쌀겨와 밀기울 같은 곡류부산물에 많이 있으며, 결핍 시 다발성 신경염인 각약증과 맥박수 감소증상 등이 나타나는 물질은?

① 티아민
② 리보플라빈
③ 니코틴산
④ 판토텐산

해설

① 티아민(비타민 B_1) : 항각혈병인자
② 리보플라빈(비타민 B_2) : 항구순구각염인자
③ 니코틴산(비타민 B_3) : 항펠라그라(pellagra)인자
④ 판토텐산(비타민 B_5) : 항스트레스인자

43 일반 조성분에 포함되지 않는 것은?

① 조단백질
② 가용무질소물
③ 조섬유
④ 세포벽물질(CWC)

해설

조성분 : 수분, 조단백질, 조지방, 가용무기질소물, 조섬유, 조회분 등
※ 탄수화물은 세포내용물(NSC)과 세포벽물질(CWC)로 구분된다.

44 다음 사료 중 조단백질 함량이 가장 높은 것은?

① 채종박
② 대두박
③ 아마박
④ 임자박

해설

조단백질 함량(%) : 대두박(44.95) > 임자박(39.01) > 채종박(36.24) > 아마박(35.79)

정답 41 ① 42 ① 43 ④ 44 ②

45 펠릿(Pellet)사료에 관한 설명으로 옳지 않은 것은?

① 사료섭취량을 감소시킨다.
② 사료 제조과정 중 열에 약한 병원성 세균 및 독성물질이 파괴된다.
③ 사료 내 비타민의 이용성을 향상한다.
④ 사료의 취급 및 수송이 용이해진다.

해설
펠릿사료란 사료의 부피를 줄이고, 사료섭취량을 높이기 위해 가루사료를 고온고압하에서 단단한 알맹이사료로 만든 다음, 이를 다시 거칠게 분쇄하여 만든 사료이다.

46 강정사양에 대한 설명으로 옳은 것은?

① 교배하기 전에 에너지섭취량을 증가시켜 주는 것
② 교미 전에 휴식시키는 것
③ 시장에 출하하기 직전에 비육하는 것
④ 도살 직전에 급여 및 급수를 중단하는 것

해설
강정사양
- 일반적으로 교배 직전 1~2주의 미경산돈에 실시한다.
- 교배하기 전에 에너지섭취량을 증가시키고, 고에너지사료를 급여하는 방법이다.
- 건강을 개선하고, 교배 시 배란수가 많아지며, 산자수도 증가하는 효과가 있다.
- 발육이 지체된 돼지에 실시할 경우에 특히 효과가 크다.

47 지용성 비타민에 해당하지 않는 것은?

① 비타민 A   ② 비타민 B
③ 비타민 D   ④ 비타민 E

해설
지용성 비타민 : 비타민 A, 비타민 D, 비타민 E, 비타민 K 등

48 수용성 비타민이 체내에서 생합성되기 때문에 사료에 비타민을 필수적으로 공급해 줄 필요가 없는 동물은?

① 닭   ② 소
③ 개   ④ 돼지

해설
반추가축(소)은 반추위 내 미생물에 의해 수용성 비타민이 합성되므로 필수적으로 공급해 줄 필요가 없다.

49 산란 전 예비사료(Pre-lay Diet)를 설명한 내용으로 옳은 것은?

① 칼슘 함량이 1%이며, 모계의 산란율이 0.5%일 때부터 5%가 될 때까지 급여한다.
② 칼슘 함량이 1%이며, 모계의 산란율이 1%일 때부터 2%가 될 때까지 급여한다.
③ 칼슘 함량이 2%이며, 모계의 산란율이 0.5%일 때부터 1%가 될 때까지 급여한다.
④ 칼슘 함량이 2%이며, 모계의 산란율이 2%일 때부터 10%가 될 때까지 급여한다.

해설
산란 전 예비사료(Pre-lay Diet)
- 산란율 0.5%까지는 칼슘 함량 1%의 육성사료를 급여한다.
- 산란율 0.5%부터 1%까지는 칼슘 함량 2%의 산란 전 예비사료를 급여한다.
- 산란율 1% 이상에서는 칼슘 함량 3.5~4.1%의 사료를 조기에 급여한다.

정답 45 ① 46 ① 47 ② 48 ② 49 ③

50 위에서 주로 분비되는 단백질 분해효소는?

① 펩신(Pepsin)
② 아밀라아제(Amylase)
③ 트립신(Trypsin)
④ 카복시펩티다아제(Carboxypeptidase)

해설
펩신은 동물의 위 점막에서 분비되는 위액의 구성물질 중 대표적인 소화효소로, 아스파라긴산프로테아제 산성영역에서 활성화되는 단백질 분해효소이다.

51 소의 복부 왼쪽에 위치하고 있으며, 내부는 근대에 의하여 배낭, 복낭으로 나뉘고 2개의 후맹낭으로 이루어진 위는?

① 제1위
② 제2위
③ 제3위
④ 제4위

해설
제1위는 반추동물의 네 개의 위 중에서 용량이 가장 크다.

52 가축이 탄수화물을 소화하는 데 관여하는 효소는?

① 리파아제(Lipase)
② 프로테제(Protease)
③ 아밀라아제(Amylase)
④ 펩티다아제(Peptidase)

해설
아밀라아제(아밀레이스)는 다당류 탄수화물을 단당류 탄수화물로 분해한다.

53 사료의 소화율을 간접방법으로 평가할 때 외부지시제(External Marker)로 사용되는 물질은?

① 리그닌
② 크로모겐
③ 실리카
④ 산화크로뮴

해설
표시물의 종류
표시물로 적합한 물질에는 산화철(Fe_2O_3), 황산바륨($BaSO_4$), 산화크로뮴(Cr_2O_3) 등 여러 가지가 있는데, 그중 산화크로뮴이 많이 이용되고, 색소원(Chromogen)이나 리그닌(Lignin) 등은 식물성 표시물로, 풀과 같은 목초류 이외의 사료에 이용이 가능하다.

54 사료첨가제로 이용할 수 있는 생균제의 조건으로 적합하지 않은 것은?

① 장 내에 정착하여 생존하고, 유해세균과 경합하여 우점하여야 한다.
② 생산하기 쉽고, 보존성이 길며, 품질관리가 잘되어야 한다.
③ 병원성이 있어야 한다.
④ 위산이나 소화효소에 대한 내성이 있고, 사료 가공과정에서 파괴되지 않아야 한다.

해설
③ 인간이나 가축에게 병원성이 없어야 한다.

55 유기축산에 대한 설명으로 옳지 않은 것은?

① 유기사료의 공급은 필수적이다.
② 질병관리는 치료보다는 예방 위주로 해야 한다.
③ 가축복지를 고려한 사양을 해야 하며, 축종에 따른 적절한 사육조건을 만족시켜야 한다.
④ 항생제와 합성항균제가 첨가된 사료를 급여하여야 한다.

해설

유기축산이란 항생제·합성항균제·호르몬제가 포함되지 않은 100% 유기사료(유기농산물 인증기준에 맞게 재배·생산된 사료 또는 국제식품규격위원회에서 정한 기준에 맞게 생산·수입된 사료)를 급여하고 방목사양, 동물용 의약품으로 질병치료하지 않은 축산물이다.

56 유지율이 3.5%인 우유 40kg을 유지율보정유(FCM)로 환산한 값은?

① 33kg ② 35kg
③ 37kg ④ 39kg

해설

FCM = 0.4M + 15F
여기서, M : 산유량, F : 지방량(산유량 × 유지율)
  = 0.4 × 40 + 15 × (40 × 3.5%)
  = 37kg

57 70%의 총TDN(가소화영양분)을 함유한 대두박과, 84%의 TDN을 함유한 옥수수를 배합하여 TDN 함량이 78%인 사료를 만들고자 할 때, 대두박과 옥수수를 각각 몇 %씩 섞어야 하는가?

① 대두박 : 57.14%, 옥수수 : 45.86%
② 대두박 : 41.98%, 옥수수 : 58.02%
③ 대두박 : 58.02%, 옥수수 : 41.98%
④ 대두박 : 42.86%, 옥수수 : 57.14%

해설

방형법

- 대두박 : $\dfrac{6}{14} \times 100 = 42.86\%$
- 옥수수 : $\dfrac{8}{14} \times 100 = 57.14\%$

58 포유자돈을 조기이유시키는 주원인은?

① 이유 후 모돈의 재발정이 빨리 오기 때문
② 자돈의 사료비가 절약되기 때문
③ 자돈의 관리가 쉬워지기 때문
④ 자돈의 설사병을 방지할 수 있기 때문

해설

돼지 모돈의 번식회전율을 높이기 위하여 3~4주령에 조기이유를 실시한다.

정답 55 ④ 56 ③ 57 ④ 58 ①

59 돼지의 체중범위 중 단백질요구량이 가장 적은 것은?

① 5~10kg　② 10~20kg
③ 20~50kg　④ 100~150kg

해설
체중 50kg부터는 지방 침착이 서서히 이루어지는 시기이므로 저열량·저단백질사료를 급여해 주어야 한다.

60 육계의 체중이 1~2kg일 때 사료요구율이 2.2라면, 체중이 1kg인 육계 100마리가 체중이 2kg까지 자라는 데 소요되는 사료의 양은?

① 100kg　② 150kg
③ 200kg　④ 220kg

해설
2.2 × 100 = 220kg

제4과목 사료작물학 및 초지학

61 다년생 목초 또는 재생을 하는 1년생 사료작물의 수확 후 재생을 위해 보유하여야 하는 주요 저장양분은?

① 탄수화물　② 지방
③ 비타민　④ 무기물

해설
목초가 재생을 위해 저장하는 영양소의 주 형태는 탄수화물이다.

62 벼 대신 논에서 여름철 재배를 할 때 생산성 측면에서 가장 적합한 사료작물은?

① 율무
② 진주조
③ 이탈리안라이그래스
④ 수수×수단그라스 교잡종

해설
일반적으로 주작물은 여름 사료작물로서 건물수량이 많은 사일리지용 옥수수 또는 수수×수단그라스 교잡종을 이용한다.

63 다음 설명의 ( ) 안에 들어갈 용어로 알맞은 것은?

> 사일리지 조제의 특징은 ( )을/를 왕성하게 번식시켜 내부의 pH를 낮추고, 불량잡균(부패균)의 번식을 억제하여 저장력을 증진시키는 데 있다.

① 젖산균　② 초산균
③ 낙산균　④ 효모

64 수단그라스계 목초종자를 파종한 사료작물포에 소를 방목시키려 한다. 청산중독의 위험이 가장 큰 상황은?

① 비가 내린 뒤
② 질소비료 시비 직후
③ 기온이 따뜻할 때
④ 초장이 150cm 이상 자랐을 때

해설
질소비료나 퇴비, 가축분뇨 등을 한꺼번에 많이 사용한 옥수수, 수단그라스, 수수와 같은 여름 사료작물 또는 덜 자란 풀을 소가 섭취할 경우 청산이나 질산중독을 일으킬 수 있다.

정답 59 ④　60 ④　61 ①　62 ④　63 ①　64 ②

65 우리나라 산지토양의 특성으로 옳지 않은 것은?

① 산성 토양
② 유기물의 부족
③ 높은 유효인산 함량
④ 낮은 양이온교환용량

해설
산지토양의 유효인산 함량은 11.3%로, 농경지의 약 1/10 수준이다.

66 우리나라에서 실제로 이용할 수 없는 작부체계는?

① 여름작물 : 사료용 옥수수
　겨울작물 : 호밀
② 여름작물 : 수수×수단그라스
　겨울작물 : 이탈리안라이그래스
③ 여름작물 : 자운영
　겨울작물 : 사료용 옥수수
④ 여름작물 : 사료용 옥수수
　겨울작물 : 보리

해설
생육 중에 예취하여 사일리지를 제조하기 때문에 양적·질적으로 가치가 떨어지는 옥수수 엔실리지가 되므로 자운영을 이용한 후에 옥수수를 파종하는 것은 적절하지 못하다.
※ 우리나라에서 재배하여 이용되고 있는 사료작물은 주작물로는 여름에 재배되는 옥수수, 수수류 등이 있고, 부작물로는 여름작물을 수확하고 가을에 파종하여 이듬해 봄에 이용하는 호밀, 보리, 이탈리안라이그래스 등이 있으며, 가을에 파종하여 가을에 이용하거나 봄에 파종하여 이용하는 귀리, 유채 등이 있다.

67 알팔파에 대한 설명으로 옳지 않은 것은?

① 뿌리의 비대가 좋고, 근류를 갖는다.
② 줄기의 목질화가 심하고, 건조에 약하다.
③ 잎이 부드럽고, 기호성이 좋다.
④ 자색과 황색의 꽃을 피운다.

해설
알팔파의 줄기는 직립하고, 30~100cm 정도 자라며, 많은 줄기를 내고, 군생한다.

68 초지 조성 시 불경운초지 개량이 경운초지 개량에 비해서 유리한 점이 아닌 것은?

① 조성 시 파종비용이 적게 든다.
② 초지의 목양력 증가가 빠르다.
③ 토양침식 위험이 작고, 토양유실량이 적다.
④ 1년생 잡초의 침입을 줄여 준다.

해설
② 초지의 목양력 증가가 느리다.

69 종자 생산을 위한 수정이 트립핑(Tripping) 현상에 의해 이루어지는 초종은?

① 레드클로버
② 매듭풀
③ 라디노클로버
④ 알팔파

해설
트립핑현상이란 알팔파의 꽃에 대한 벌의 수분작용을 말한다.

정답 65 ③　66 ③　67 ②　68 ②　69 ④

70 다년생 화본과 및 다년생 콩과(두과) 작물로 옳게 짝지어진 것은?

① 톨페스큐, 매듭풀
② 수단그라스, 자운영
③ 오처드그라스, 알팔파
④ 이탈리안라이그래스, 스위트클로버(Hubam종)

해설
사료작물의 생존연한에 따른 분류

구 분	화본과	두 과
다년생	오처드그라스, 티모시, 톨페스큐, 켄터키블루그라스, 레드톱 등	화이트클로버, 라디노클로버, 레드클로버, 알팔파, 알사이크클로버 등
월년생	호밀, 귀리, 밀, 보리, 이탈리안라이그래스 등	자운영, 커먼베치, 헤어리베치, 루핀, 크림슨클로버, 리드카나리그라스 등

71 중국에서 비래하는 해충으로 비래성충의 발생최성기는 5월 하순~6월 상순이며, 잎을 갉아먹고 줄기만 남겨 화본과에 큰 피해를 주는 해충은?

① 애멸구   ② 검정풍뎅이
③ 멸강나방   ④ 진딧물

해설
멸강나방 : 우리나라에서 주로 화본과 목초에 가장 큰 피해를 주는 해충으로, 5월 하순과 6월 중순에 가장 많이 발생하며, 피해속도가 빠르고, 주로 목초 및 옥수수의 잎을 갉아먹는다.

72 콩과(두과) 사료작물들의 근류균주들이 상호접종될 수 있는 조합은?

① 알팔파 - 헤어리베치
② 화이트클로버 - 청예대두
③ 알팔파 - 스위트클로버
④ 강낭콩 - 루핀

해설
두과작물의 상호접종군

접 종	상호접종 가능식물
알팔파군	알팔파, 버클로버(개장리), 스위트클로버 등
클로버군	레드, 화이트, 라디노, 알사이크, 크림슨, 서브 등
완두 및 베치군	완두류, 베치류 등
강낭콩군	강낭콩 등
콩 군	콩, 덩굴콩 등
동부군	동부, 매듭풀류(레스페데자류), 크로타라리아, 칡, 땅콩, 팥 등
루핀군	루핀 등
벌노랑이군	벌노랑이, 버드풋트레포일 등
자운영군	자운영 등

73 십자화과로 분류되는 초종은?

① 수 수 ② 호 밀
③ 유 채 ④ 화이트클로버

해설

사료작물의 형태에 의한 분류

형태상의 분류	사료작물의 종류
벼과(화본과)	일반 벼과 목초류(호밀, 수수 등), 화곡류(Cereals), 잡곡류, 피 등
콩과(두과)	클로버류, 베치류, 콩류, 알팔파류, 자운영 등
십자화과	유채, 무, 배추, 갓, 순무 등
국화과	해바라기, 돼지감자
기 타	고구마 줄기 등

74 채초지 작물 중 건초용으로 적합한 사료작물은?

① 티머시, 이탈리안라이그래스
② 켄터키블루그래스, 달리스그래스
③ 퍼레니얼라이그래스, 콤먼베치(Common Vetch)
④ 화이트클로버, 메도페스큐(Meadow Fescue)

해설

이용목적에 따른 사료작물의 분류

구 분	화본과	두 과
청예용	수수, 수단그라스, 피, 귀리, 호밀 등	-
방목용	켄터키블루그래스, 톨페스큐, 퍼레니얼라이그래스, 오처드그라스 등	화이트클로버, 라디노클로버, 버즈풋트레포일 등
건초용	오처드그라스, 이탈리안라이그래스, 톨페스큐, 티머시 등	알팔파, 레드클로버, 버즈풋트레포일 등
사일리지	옥수수, 호밀, 보리, 벼 등	-
총체용	보리, 벼 등	-

75 초생재배에 대한 설명으로 가장 알맞은 것은?

① 다른 작물이 자랄 수 없는 곳에 녹화사업만을 위해 재배되는 것을 말한다.
② 과수원, 뽕나무밭 등의 공간에 목초 또는 사료작물을 재배하는 것을 말한다.
③ 늦가을 녹사료의 공급을 위해 파종된 초지에서 재배하는 것을 말한다.
④ 사료작물과 목초만을 교대로 재배하는 것을 말한다.

해설

과수원의 초생재배

- 과수원의 지표면을 피복하여 잡초 발생을 억제함과 동시에 양료의 이탈을 막고, 배수를 조절하여 과수목의 생육에 도움을 준다.
- 제초제를 사용하지 않는 친환경농법으로, 안전한 과실을 수확하여 판매 시 수익성이 향상된다.
- 잦은 제초로 인한 비용을 줄임과 동시에 피복식물의 퇴비화로 인한 자연적 퇴비공급을 통해 경영환경을 개선할 수 있다.
- 과수원에 사용되는 초생재배의 초종으로는 켄터키블루그래스, 퍼레니얼라이그래스, 오처드그라스, 톨페스큐, 화이트클로버 등이 있다.

정답 73 ③ 74 ① 75 ②

76 윤환방목에 대한 설명으로 옳지 않은 것은?

① 유목기간에 초세 유지가 가능하다.
② 윤환방목지의 풀을 고르게 이용하는 것이 가능하다.
③ 선택채식의 기회가 적어 초지의 황폐화를 초래하는 경우가 적다.
④ 목책시설 비용과 가축관리에 필요한 노동력이 연속방목보다 적게 소요된다.

해설
윤환방목의 장점
- 선택채식의 기회를 줄임으로써 초지이용률을 높인다.
- 과방목을 방지하여 초지생산력의 저하를 막을 수 있다.
- 오염된 목초의 양이 적어 높은 목양력을 유지할 수 있다.
- 적은 목구에 방목함으로써 유지에너지가 적다.

77 목초를 혼파재배할 때 유리한 점이 아닌 것은?

① 목초관리가 쉽고, 초종 간 경합이 줄어든다.
② 콩과(두과)와 화본과 혼파 시 균형 있는 양분의 풀을 가축에게 공급할 수 있다.
③ 상·하번초 혼파 시 초종 간의 공간 이용에 있어서 경합을 줄일 수 있다.
④ 토양 중의 양분을 효율적으로 이용할 수 있다.

해설
혼파는 파종작업이 힘들고, 병해충 방제와 채종작업, 기계화가 어려운 단점이 있다.
혼파의 장점
- 가축이 영양가를 고르게 섭취
- 질소비료 절감 및 토양비옥도 증진
- 상·하번초에 의한 공간의 입체적 이용
- 토양 중 양분의 효율적 이용
- 동해, 한해(가뭄), 병충해, 습해 등의 재해 방지

78 옥수수를 수확하여 사일리지를 조제하려고 건물 함량을 측정하니 24%로 너무 낮아 곡분(건물률 90%)을 첨가하여 건물 함량을 30%로 만들어 사일리지를 조제하려고 한다. 건물 함량이 24%인 옥수수가 1톤이라면 건물 함량이 90%인 곡분의 첨가량은 얼마인가?

① 60kg ② 100kg
③ 120kg ④ 240kg

79 옥수수 사일리지 조제방법 중 가장 좋은 조건은?

① 수분 함량을 40%, pH를 4.5로 맞추어 밀폐한다.
② 수분 함량을 40%, pH를 6.5로 맞추어 공기가 잘 통하게 한다.
③ 수분 함량을 70%, pH를 4.5로 맞추어 밀폐한다.
④ 수분 함량을 70%, pH를 6.5로 맞추어 공기가 잘 통하게 한다.

80 사료작물 선택 시 고려해야 할 사항이 아닌 것은?

① 기호성 ② 건물수량
③ 사료가치 ④ 부숙도

해설
사료작물 선택 시 고려사항 : 영양소 공급과 이용성(사료가치), 기호성, 소화용이성, 안정성 담보(건물수량), 취급의 간편성, 경제성, 친환경성 등

정답 76 ④ 77 ① 78 ② 79 ③ 80 ④

제5과목 축산경영학 및 축산물가공학

81 가경력(Arability)이 있는 토지에 관한 설명으로 옳지 않은 것은?

① 배수가 잘되는 토지
② 보수력이 강한 토지
③ 암반과 자갈이 많은 토지
④ 경토가 깊고, 심토가 좋은 토지

해설
가경력이 있는 토지
- 배수(排水)가 잘되는 토지
- 보수력(保水力)이 강한 토지
- 암반과 자갈 등이 없는 토지
- 경토(耕土)가 깊고, 심토(深土)가 좋은 토지
- 조직구조가 양호한 토지

82 생산여건은 변하지 않았는데 축산물가격이 올라가고 사료가격은 내려가게 되면 어떻게 되는가?

① 총(조)수입은 줄어들고, 경영비는 늘어난다.
② 총(조)수입은 늘어나고, 경영비는 줄어든다.
③ 총(조)수입과 경영비가 다 같이 줄어든다.
④ 총(조)수입과 경영비가 다 같이 늘어난다.

83 경영계획에 대한 진단 중 이익계획에 대한 진단에 해당되는 것은?

① 손익분기점 산출상의 문제점
② 경영자본의 연도별 조달계획의 타당성
③ 총투자액 중 시설투자의 비율과 타당성
④ 장기계획과 단기계획 상호 간 조화의 타당성

해설
이익계획은 경영자가 경영목표와 방침을 설정하고 계획하여 예상되는 생산비, 수익 및 소득 등의 관계를 파악하는 경영계획 중의 한 과정이다.

84 노동에 대한 대가가 농업노임이 아니라 경영성과로 얻어지는 소득의 원천이 되는 노동력은?

① 자가노동력
② 연고노동력
③ 일고노동력
④ 청부노동력

해설
자가노동력은 노동에 대한 대가인 노임이 경영성과로 수취된다.

정답 81 ③ 82 ② 83 ① 84 ①

85 다음 중 고정자본재에 해당하는 것은?

① 사 료
② 산란계
③ 비육돈
④ 브로일러

해설

고정자본재의 종류

무 생	• 건물 및 부대시설 : 축사, 사일로, 사무실, 창고 등 • 대농기구 : 경운기, 트랙터, 착유기 등 • 토지 및 토지개량 : 관개・배수시설 등
유 생	• 동물자본재 : 육우, 역우, 번식우, 번식돈, 종계, 채란계 등 • 식물자본재 : 영구초지 등

86 양계경영의 주요 기술지표가 아닌 것은?

① 산란율
② 사육마릿수
③ 육성률
④ 난 중

해설

양계의 기술진단지표

- 산란계 기술진단지표 : 산란율, 육성률, 난중, 사료요구율 등
- 육계 기술진단지표 : 일당증체량, 출하일령, 육성률, 사료요구율 등

87 유사비에 관한 설명으로 옳은 것은?

① 유대에 대한 사료비의 비율
② 사료비에 대한 우유생산량의 비율
③ 유대에 대한 섭취조사료량의 비율
④ 우유생산량에 대한 사료비의 비율

해설

유사비 = (구입사료비 / 우유 수입) × 100

88 육계에 대한 사료급여량(X)과 출하 시의 체중(Y)과의 관계가 $Y = 1 + 0.5X - 0.25X^2$이고, 육계용 사료가격(P_X)이 kg당 250원, 육계출하가격(P_Y)이 kg당 1,000원이라면, 수익이 최대가 되는 사료 투입수준은?

① 0.5kg
② 1.0kg
③ 1.5kg
④ 2.0kg

해설

적정 자원 투입수준의 결정수식

$$\frac{\Delta Y}{\Delta X} = \frac{P_X}{P_Y}$$

(P_X : 생산요소 X의 가격, P_Y : 생산물 Y의 가격)

$Y = 1 + 0.5X - 0.25X^2$을 미분하면 $Y' = 0.5 - 0.5X$

$0.5 - 0.5X = \dfrac{250}{1,000} = 0.25$

∴ $X = 0.5$

89 소고기의 소매단계 판매에서 의무적으로 등급표시를 해야 하는 부위가 아닌 것은?

① 양 지　　② 우 둔
③ 갈 비　　④ 채 끝

해설
소고기의 육질등급은 소비자의 선택기준으로 1^{++}, 1^{+}, 1, 2, 3등급으로 구분·판정하고 식육판매업소에서는 5개 부위(등심·안심·채끝·양지·갈비)에 대해 의무적으로 육질등급을 표시·판매하도록 규정되어 있다.

90 축산경영 성과분석의 지표가 될 수 없는 것은?

① 생산비율　　② 축산순수익
③ 자기자본이자　　④ 가족노동보수

해설
축산경영 성과분석지표 : 축산소득(순수익), 자기자본이자, 가족노동보수, 지대, 이윤 등

91 염지액 인젝션과정에서 주의사항으로 옳지 않은 것은?

① 염지액 온도는 원료육 온도와 동일하게 4~8℃로 유지한다.
② 육속에 공기 혼입이 되지 않도록 염지액의 기포를 제거한다.
③ 염지액 투입량은 원료육 중량의 40% 정도가 적당하다.
④ 원하는 양의 염지액이 투입되도록 투입 전과 후의 중량을 측정하여 투입한다.

해설
③ 염지액 투입량은 원료육 중량의 10% 정도가 적당하다.

92 골격근에 관한 설명으로 옳지 않은 것은?

① 골격, 혈관벽, 소화기관이나 생식기관에 많이 함유되어 있다.
② 수의근이며, 근육의 수축과 이완 등 동물의 운동을 수행하는 기관이다.
③ 골격근조직은 근섬유와 결합조직, 혈관, 신경섬유, 지방세포 및 임파절로 구성되어 있다.
④ 골격근은 근육 내에 에너지원을 저장하고 있기 때문에 식품으로서의 가치가 매우 높다.

해설
근육은 횡문근[골격근육을 구성(골격근, 수의근)], 평활근[소화기관(내장)을 구성], 심근(심장을 구성)으로 구분하며, 식육으로 이용되는 근육은 주로 골격근이다.

93 가축의 도축 후에 나타나는 근육 내 사후 변화가 아닌 것은?

① pH 저하　　② 젖산 생성
③ ATP 생성　　④ 사후경직

해설
강직완료는 글리코겐과 ATP가 완전히 소모됨으로써 수축되어 이완되지 않는 근원섬유가 많아지면서 단단하게 굳어진다.

94 HACCP에서 식육가공품 가공공정 중 '제조공정-위해요인-방지책'의 연결이 잘못된 것은?

① 원료육처리 - 병원성 미생물 - 미생물검사
② 염지 - 이물질 - 염지액의 오염 방지
③ 포장과 보존 - 물리적 위해요인 - 금속탐지기 이용
④ 세절 - 화학물질 - 제품보증서 확인

정답 89 ② 90 ① 91 ③ 92 ① 93 ③ 94 ④

95 아이스크림의 원료가 되는 성분이 아닌 것은?

① 지방
② 무지유고형분
③ 유화제
④ 알부민

> **해설**
> 아이스크림은 우유(원유, 분유, 가당연유)에 지방, 무지유고형분, 감미료, 유화제·안정제, 향료, 색소 및 물 등을 혼합하여 공기를 넣어 냉동시킨 것으로, 부드럽고 일정한 조직을 가진 것이 특징이다.

96 다음 설명에 해당하는 단백질은?

> • 포유동물에서 총단백질의 20~25%를 차지하는 가장 많은 단백질이다.
> • 결합조직의 일부로서 고기의 연도에 밀접한 영향을 준다.
> • 일종의 당단백질로, 구성 아미노산 중에서 글리신(Glycine)이 1/3을 차지한다.

① 레티큘린(Reticulin)
② 콜라겐(Collagen)
③ 축적지방(Depot Fat)
④ 근섬유(Muscle Fiber)

97 독소형 식중독균으로 옳은 것은?

① *Staphylococcus aureus*
② *Escherichia coli*
③ *Campylobacter*
④ *Yersinia enterocolitica*

> **해설**
> 황색포도상구균(*Staphylococcus aureus*)은 독소형 식중독균으로, 균은 60℃에서 30분간 가열 시 사멸되지만, 장독소는 내열성이 강하여 100℃에서 60분간 가열해야 파괴된다.

98 근육의 연도를 증진시키는 방법으로 옳지 않은 것은?

① 저온숙성
② 온도체가공
③ 고온숙성
④ 전기자극법

> **해설**
> **근육의 연도를 증진시키는 방법** : 저온숙성, 고온숙성, 전기자극법, 골반골 현수 등

99 자연치즈 제조 시 단단한 커드 발생의 원인이 아닌 것은?

① 높은 칼슘 농도
② 낮은 pH
③ 단백질 함량을 과도하게 높인 표준화
④ 응유과정 중 낮은 벳트 온도

100 우유의 건강 증진효과로 옳지 않은 것은?

① 우유를 섭취하면 장에 젖산균의 활동이 증진되어 무기질 흡수가 촉진된다.
② 우유 내 비타민 A는 피부나 점막을 건강하게 유지시켜 준다.
③ 식후 우유 섭취는 N-나이트로소아민을 활성화시켜 암세포의 성장을 억제한다.
④ 우유의 칼슘은 치아의 인산칼슘 형성에 도움을 주어 충치 예방에 기여한다.

2019년 제1회 과년도 기출문제

축산산업기사

제1과목 가축번식육종학

01 다음 중 돼지의 평균 임신기간에 해당하는 것으로 가장 적절한 것은?

① 114~115일
② 154~155일
③ 184~185일
④ 244~245일

해설

가축의 임신기간

구 분	범 위	평 균
돼 지	112~118	114
면 양	144~158	150
소	270~290	280
말	330~340	330

02 다음 중 가축의 육종에 대한 설명으로 가장 적절하지 않은 것은?

① 저도의 유전력범위는 30~50%이다.
② 표현형 상관은 유전상관과 환경상관으로 구분된다.
③ 선발강도는 선발차를 표현형 표준편차로 나눈 값이다.
④ 가축육종의 방법은 크게 선발과 교배방법으로 나눌 수 있다.

해설

유전력의 범위
- 저도 : 20% 이하인 때
- 중도 : 20~40%인 때
- 고도 : 40~50% 이상인 때

03 돼지의 일당 증체량에 대해 개체 선발 시 선발된 암퇘지와 수퇘지에 대한 선발차가 각각 +20g 및 +40g이고, 일당 증체량의 유전력이 30%였다면, 교배하여 생산된 자손에게서 기대되는 유전적 개량량은?

① 6g
② 9g
③ 18g
④ 30g

해설

유전적 개량량 = 선발차 × 유전력
= (20 + 40) / 2 × 0.3
= 9

정답 1 ① 2 ① 3 ②

04 다음 중 선발강도에 대한 설명으로 가장 적절한 것은?

① 선발비율이 높을수록 선발강도는 커진다.
② 동일한 선발비율이라면 모집단의 크기가 클수록 선발강도는 커진다.
③ 측정단위가 다른 형질 간에는 선발강도를 직접 비교할 수 없다.
④ 동일한 선발비율이라면 선발형질의 변이가 작을수록 선발강도는 커진다.

해설
① 선발비율이 작을수록 선발강도는 커진다.
③ 집단의 평균이나 측정단위가 다른 형질 간의 선발차를 비교하는 데 쓰인다.
※ 선발강도(표준화된 선발차)는 선발차를 표현형 표준편차로 나눈 값이다.

$$i = \frac{S}{\sigma p}$$

여기서, i : 선발강도
S : 선발차(선발세대의 전체 평균과 선발 개체들의 평균 간의 차이)
σp : 해당 형질의 표현형 표준편차

05 다음 중 말의 성주기에 대한 설명으로 가장 적절하지 않은 것은?

① 발정기간은 평균 5일이다.
② 암말의 발정주기는 평균 21일이다.
③ 말의 번식계절은 9~10월이다.
④ 발정기간은 일조광선과 목초로 인한 영양관계에 영향을 미친다.

해설
③ 우리나라에서 말의 번식계절은 4~6월이다.
※ 말은 장일성 계절 번식 동물로 북반구에서는 초봄인 3~6월 또는 4~8월까지를 종부시기로 본다.

06 다음 중 가계선발에 대한 설명으로 가장 적절한 것은?

① 가계 내 개체 간의 차이는 선발에 있어서 무시된다.
② 가계선발 계산 시 형매검정 계산방법과 완전히 동일하다.
③ 어미돼지의 포유능력에 영향을 받는 이유 시 체중을 개량하는 데 효과적이다.
④ 단시간 내에 저렴한 비용으로 선발할 수 있다.

해설
가계선발 : 가계 내 개체 간 차이는 무시하고 가계의 평균능력에 근거한 선발방법이다.

07 다음 중 후대검정에 대한 설명으로 가장 적절하지 않은 것은?

① 선발기간을 단축시킬 때 유익하다.
② 도살해야만 측정할 수 있는 형질을 개량할 때 유익하다.
③ 형질의 유전력이 낮아 개체선발을 효과적으로 이용할 수 없을 때 유익하다.
④ 비유능력과 같이 한쪽 성에만 발현되는 형질을 개량하는 데 유익하다.

해설
후대검정을 이용하는 경우
• 한쪽 성에만 발현되는 형질의 개량
• 유전력이 낮은 형질의 개량
• 도살해야 측정할 수 있는 형질의 개량

08 다음 중 개체선발 시 돼지의 경제형질에서 가장 효과적으로 개량할 수 있는 것은?

① 사료효율
② 등 지방층의 두께
③ 이유 후 일당증체량
④ 복당 산자수

해설
등 지방층의 두께 유전력은 0.40~0.55로 높기 때문에 개체선발이 가능하다.
※ 돼지 경제형질의 유전력
 • 사료효율 : 0.25~0.3
 • 이유 후 일당증체량 : 0.2~0.3
 • 복당 산자수 : 0.05~0.15

09 포유동물 중 난소 표면에서 배란이 일어나지 않고, 난소의 배란와에서만 배란되는 동물은?

① 소
② 말
③ 돼 지
④ 토 끼

해설
배란와(Ovulation Fossa)는 말의 난소에서만 볼 수 있는 특수한 부위이다.

10 종돈능력 검정소 검정에 의한 종모돈 선발 시 선발지수를 추정하는 데 필요 없는 것은?

① 일당 증체량
② 도체품질
③ 사료요구율
④ 평균 등지방 두께

해설
종모돈의 선발
• 검정돈은 체중 30kg 도달 시부터 검정을 개시하고, 90kg 도달 시 검정을 종료한다.
• 검정이 종료되면 일당 증체량, 사료요구량, 평균 등지방 두께로 선발지수를 계산해 종모돈의 합격 여부를 결정한다.

11 가축정액을 장기간 보존하기 위하여 동결 정액 제조 시 동해로부터 정자를 보호하기 위해 일반적으로 첨가하는 동해방지제는?

① 구연산
② 글루코스
③ 젤라틴
④ 글리세롤

해설
글리세롤은 동결정액 제조 시 정자의 동해방지제로서의 효과가 큰 물질이다.

12 다음 중 한우의 순종개량방법에 대한 설명으로 가장 적절하지 않은 것은?

① 새로운 우량유전자를 도입할 수 있다.
② 한우의 유전적 특성을 유지하면서 개량할 수 있다.
③ 능력이 우수한 한우 종모우를 선발하여 인공수정으로 많은 수의 암소에 번식시킨다.
④ 한우의 순정품종을 유지하면서 주로 선발을 이용하여 품종 개량을 도모하는 방법이다.

해설
한우의 순종개량방법 : 한우 순종 중에서 우수한 수소 또는 암소를 선발하여 순수한 혈통을 보존하는 동시에 능력을 개량하고자 하는 방법이다.

13 태반성 호르몬으로 발정주기의 동기화와 수정란 이식을 위한 다배란 유도에 이용되는 호르몬은?

① 에스트로겐
② 프로게스테론
③ PMSG(임마혈청성성선자극호르몬)
④ PGF₂α (프로스타글란딘)

해설
PMSG : 젖소의 난소에서 난포가 발육되지 않아 무발정이 계속될 때 치료제로서 가장 적합한 호르몬이다.

14 감염된 소의 생식기로부터 누출되는 배설물에 오염된 사료나 물을 섭취함으로써 세균이 전염되는 소의 생식기병으로 유산을 일으키는 질병은?

① 브루셀라병
② 비브리오병
③ 렙토스피라
④ 톡소플라스마병

해설
브루셀라병은 전염성 번식장애를 일으키는 질병이다.

15 다음 중 PSS(Porcine Stress Syndrome)에 대한 설명으로 가장 적절하지 않은 것은?

① PSS돼지는 PSE돈육을 생산하는 경향이 높다.
② Halothane검정방법을 이용하여 PSS돼지를 가려 낼 수 있다.
③ PSS에 대하여 양성반응을 나타내는 돼지만을 종돈으로 이용한다.
④ 품종에 따라 Halothane검정에 대한 반응에 차이를 나타낸다.

해설
돼지의 스트레스 감수성(PSS)은 외부로부터 가해지는 스트레스에 민감하게 반응하는 증세로, 양성종돈에 대한 적극적인 도태가 필요하다.

16 한우의 일당증체량을 개량하기 위한 수소와 암소의 선발차가 각각 0.2kg, 0.1kg이면 기대되는 세대당 유전적 개량량(kg)은?(단, 한우 일당증체량의 유전력은 0.4이다)

① 0.06kg   ② 0.15kg
③ 0.38kg   ④ 0.45kg

해설
유전적 개량량 = 선발차 × 유전력
= (0.2 + 0.1) / 2 × 0.4
= 0.06kg

정답 13 ③ 14 ① 15 ③ 16 ①

17 육우 중 브랑거스(Brangus)종의 교잡에 사용된 기초품종은?

① Brahman종 × Shorthorn종
② Angus종 × Hereford종
③ Brahman종 × Angus종
④ Hereford종 × Santa Gertrudis종

해설
브랑거스는 브라만종과 애버딘앵거스종의 교배로 만들어진 품종이다.
※ Brahman종 × Shorthorn종 = Santa Gertrudis종

19 한우에서 다음 도식과 같이 품종 간 교배를 실시할 때 번식용 암소 두수의 감소를 방지하는 데 도움이 되는 교배방법은?

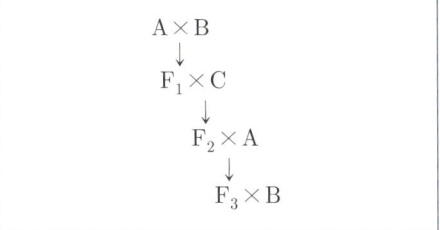

① 1대잡종의 이용
② 퇴교배
③ 상호역교배
④ 3품종 윤환교배

해설
한우를 이용한 품종 간 교배를 실시할 때 번식용 암소의 수가 감소하는 것을 막기 위해 3품종 윤환교배법이나 종료윤환교배법을 이용한다.

18 장관이 음낭 속으로 비어져 나가 정소로 가는 혈관을 압박하여 정소가 위축되는 번식장애는?

① 잠복정소
② 프리마틴
③ 음낭 헤르니아
④ 정소기능 이상

해설
① 잠복정소 : 정소가 음낭 내에 하강하지 않고 복강 내에 머무는 현상
② 프리마틴 : 소에서 자웅(雌雄)의 이성쌍태가 태어나면 90%의 확률로 암컷이 불임하는 현상 또는 그 불임개체

20 개체의 능력과 그 개체가 속해 있는 가계의 평균능력과의 차이를 기준으로 선발하는 방법은?

① 순환선발
② 개체선발
③ 후대검정
④ 가계 내 선발

해설
가계 내 선발 : 가계능력을 무시하고 가계 내 개체들의 능력을 비교하여 선발하는 방법

제2과목 가축사양학

21 곡류사료의 일반적인 특징에 대한 설명으로 가장 옳지 않은 것은?

① 에너지 함량은 높고 조섬유 함량은 낮다.
② 영양소의 소화율이 높고 기호성이 좋다.
③ 비타민 A 및 D의 함량이 낮다.
④ 조사료에 비해 세포벽 구성물질의 함량이 높다.

해설
④ 곡류 사료는 조사료에 비해 세포벽 구성물질의 함량이 낮다.

22 번식을 위한 영양소 요구량에 대한 설명으로 가장 옳지 않은 것은?

① 임신기간이 증가함에 따라 에너지 이용효율이 저하되어 유지에너지 요구량이 증가한다.
② 단백질 요구량은 임신 초기 2/3기간 동안에 급격히 증가하고 임신 후기 1/3기간 동안에는 급격히 감소한다.
③ 무기물 요구량은 초임우가 경산우보다 더 많으며, 임신 말기 Ca과 P의 축적은 태반보다 태아에 많다.
④ 지용성 비타민 중 비타민 A와 D가 번식에 중요한 역할을 하며, 반추동물에 있어서 수용성 비타민은 반추위 미생물에 의해 합성되므로 크게 문제되지 않는다.

해설
단백질 요구량은 임신기간이 경과할수록 증가하며, 임신 말기에는 유지를 위해 단백질 요구량의 50~100%가 더 필요하다.

23 가축의 "성장에 필요한 에너지 요구량"에 대한 정의를 가장 잘 설명한 것은?

① 조직의 생성에만 필요한 에너지
② 가축의 체(體) 유지에 필요한 에너지
③ 가축의 체(體) 유지와 새로운 조직에 필요한 에너지
④ 가축의 번식과 생산에 필요한 에너지

해설
성장에 필요한 에너지 요구량은 조직의 생성 등에 필요한 에너지를 의미하지만, 일반적으로 가축의 성장은 체 유지와 병행된다.

24 무기물의 일반적 기능을 설명한 것으로 가장 옳지 않은 것은?

① 뼈와 치아의 주요 구성성분이다.
② 삼투압, pH를 조절한다.
③ 인지질, 핵단백질, 색소단백질과 같은 유기화합물을 구성한다.
④ 필요 이상으로 섭취된 무기물은 대변과 소변으로 배설되어 아무 이상이 없다.

해설
무기물을 과다하게 섭취하면 필요 이상의 무기물이 몸속에 쌓여 결석과 같은 질환이 유발될 수 있다.

25 고능력 젖소의 비유 초기에 에너지를 추가적으로 공급하기 위한 기준으로 틀린 것은?

① 과비된 젖소 ② 유지방 감소
③ 체중 감소   ④ 산유량 감소

해설
젖소가 과비되면 분만장애와 분만 후에 대사성 질병의 발생빈도가 높아진다.

26 다음 중 가축이 성장하기 위한 영양소 요구량에 대한 설명으로 가장 옳지 않은 것은?

① 어린 가축은 새로운 조직의 생성이 많아 발육이 빠르기 때문에 단백질, 에너지, 비타민, 무기물의 요구량이 높다.
② 소형종이 대형종보다 성장이 빠르고 영양소 요구량이 많다.
③ 암가축은 성숙체중이 수가축에 비해 가볍고, 빨리 도달하기 때문에 성장 시 영양소 요구량이 적다.
④ 성장률이 높으면 영양소 요구량이 많으므로 고에너지사료와 기호성이 높은 균형사료를 급여해야 한다.

해설
※ 저자의견 : 확정답안은 ②이지만 정답이 ③으로 보인다. 성숙체중에 도달하려면 잘 먹었다는 말이고, 잘 먹지 못하면 성숙체중에 도달하는 것이 늦어지므로 영양소 요구량이 많아져야 하기 때문이다.

27 젖소의 건유기 사료 급여방법으로 가장 옳지 않은 것은?

① 고에너지사료 감소
② 조사료 위주로 급여하되 건유우용 배합사료로 조절
③ 비유 말기보다 사료 내 단백질 함량 증가
④ 과비 방지

해설
건유기에 단백질과 에너지를 과잉공급하면 과비를 초래한다.

28 다음 사료 중 조단백질 함량이 가장 높은 것은?

① 수 수   ② 옥수수 글루텐
③ 보 리   ④ 알팔파 건초

해설
사료 중 조단백질 함량(사료 등의 기준 및 규격 [별표 5])
옥수수 글루텐(45~65%) > 알팔파 건초(10~23%) > 수수(10~11%) > 보리(9.5~13%)

29 도체평가 중에서 육질등급과 관계가 없는 것은?

① 근내지방도   ② 지방색
③ 맛   ④ 육 색

해설
소도체 등급판정
- 육질등급 : 근내지방도(Marbling), 육색, 지방색, 조직감, 성숙도
- 육량등급 : 등지방두께, 등심단면적, 도체중량

정답 25 ① 26 ② 27 ③ 28 ② 29 ③

30 칼슘의 흡수이용과 관련이 있으며 골격 형성에 영향을 주는 비타민은?

① 비타민 A ② 비타민 D
③ 비타민 E ④ 비타민 K

해설

비타민 D(Calciferol) - 항구루병인자
- 칼슘과 인의 흡수이용 및 골격 형성에 영향을 준다.
- 반추위 내에서 합성되지 않고, 성장한 가축에서 주로 골연화증의 원인이 된다.
- 결핍증 : 칼슘과 인의 대사장애(골격형성장애, 구루병), 산란율·부화율 저하, 난각질 불량 등

31 근육의 발육은 세포가 수적, 양적으로 증가하는 것과 동시에 지방이 복강과 피하에 축적되는데 이때 근섬유세포 간에 지방이 축적되는 고기를 무엇이라고 하는가?

① 적 육 ② 지방육
③ 상강육 ④ 염지육

해설

상강육(Marbling Meat)이란 근육 내, 즉 근속 간에 지방이 축적된 고기를 말한다.

32 탄수화물의 영양적 기능을 설명한 것으로 가장 옳지 않은 것은?

① 헤모글로빈의 주성분으로 산소를 세포로 운반하는 데 필요하다.
② 동물체 내에서의 중요한 에너지 공급원이다.
③ 유선에서 유당의 합성물질로 이용된다.
④ 에너지 전달체계의 구성물질이다.

해설

①은 단백질의 기능이다.

33 착유우에서 에너지 섭취량이 요구량 이상으로 너무 과다하여 나타날 수 있는 증상에 대한 설명으로 가장 옳지 않은 것은?

① 착유우가 비만하게 된다.
② 체 유지를 위한 에너지 요구량이 증가하게 된다.
③ 성장에 이용되는 에너지는 오히려 많아진다.
④ 유방 또는 유선조직의 발달이 불량하게 된다.

34 반추동물 반추위 내에서 탄수화물이 소화·발효되어 만들어진 물질이 아닌 것은?

① 올리고당 ② 글루코스
③ 펩타이드 ④ 메 탄

해설

펩타이드는 단백질이 분해되어 생성되는 물질이다.

35 섭취한 사료의 총에너지에서 분에너지, 뇨에너지, 가스에너지를 제외한 에너지는?

① 가소화에너지
② 대사에너지
③ 정미에너지
④ 유지에너지

해설

대사에너지(Metaboliable Energy, ME) : 사료에너지(Gross Energy, GE)에서 분뇨 및 가스형태로 손실되는 에너지를 제한 후 동물체 내에서 이용되는 에너지

36 섬유질배합사료(TMR)의 장점에 대한 설명으로 가장 옳지 않은 것은?

① 편식 방지
② 건물섭취량 증가
③ 영양소 이용효율 증대
④ 사료비 증가

해설
조사료의 추가구입이 필요치 않게 되고, 다른 조사료의 급여량도 감소된다.

37 갓 태어난 송아지에서 가장 큰 크기를 갖는 위는?

① 제1위　② 제2위
③ 제3위　④ 제4위

해설
제4위(진위)
- 분문부, 위저부, 유문부로 구성되며 용적이 21L 정도 된다.
- 반추동물의 4개의 위 중에서 단위동물의 위와 같이 소화액에 의한 화학적인 소화작용이 일어나는 곳이며, 담즙이 위 내로 역류하는 것을 방지하는 역할을 한다.
- 제4위는 갓 태어난 송아지의 위 중 가장 크고, 점차 성장하여 성우가 되면서 위의 용적이 변화된다.

38 다음 중 $\dfrac{칼로리(C)}{단백질(P)}$ 의 비율이 가장 큰 사료는?

① 육계 중기사료
② 산란계 사료
③ 산란용 초생추사료
④ 산란용 대추사료

해설
산란용 대추사료(C/P율 : 242)가 가장 크다.

39 반추동물의 반추위 내에 서식하는 미생물이 아닌 것은?

① 박테리아　② 효모
③ 프로토조아　④ 곰팡이

해설
반추위 내 미생물의 종류에는 곰팡이, 프로토조아, 박테리아, 바이러스, 박테리오파지 등이 있다.

40 산란계에 대한 칼슘(Ca), 인(P)의 이용 및 공급에 대한 설명으로 가장 옳지 않은 것은?

① 산란율이 같은 경우 닭의 나이가 어릴수록 더 많은 칼슘(Ca)을 주어야 한다.
② 여름철에는 칼슘(Ca) 함량을 반드시 많이 공급하여 주어야 한다.
③ 일반적으로 닭의 칼슘(Ca)흡수율은 불량하여 50~60% 정도를 흡수할 뿐이다.
④ 칼슘(Ca)의 공급은 인(P)과의 공급비율이 적절하여야 한다.

해설
칼슘(Ca)은 난각의 강도에 가장 큰 영향을 미치는 영양소로, 산란 중인 닭의 경우 산란 후기로 갈수록 칼슘 섭취량을 늘려 주어야 한다.

정답 36 ④　37 ④　38 ④　39 ②　40 ①

제3과목 축산경영학

41 다음 중 가변투입요소가 아닌 것은?

① 창 고 ② 사 료
③ 노동력 ④ 항생제

해설
가변투입요소 : 생산량의 변화에 따라 증감되는 생산요소

42 고정자본재의 감가원인에 속하지 않는 것은?

① 사용소모에 의한 감가
② 자연적 소모에 의한 감가
③ 파손에 의한 감가
④ 진부화에 의한 감가

해설
발생원인에 따른 고정자산의 감가

물리적(기술적) 감가	• 사용 또는 작업에 의한 소모 • 시간의 경과에 따른 자연적 폐퇴(廢頹) • 재해 등에 의한 우발적 소모
기계적(경제적) 감가	• 기술의 진보에 따른 시설 및 설치물의 구식화 • 경제사정 변화에 따른 부적격화

43 축산경영의 생산성지표가 아닌 것은?

① 노동생산성 ② 자본생산성
③ 소득률   ④ 토지생산성

해설
축산경영의 생산성지표 : 노동생산성, 자본생산성, 토지생산성

44 산란계 경영에서 유동비용에 속하는 것은?

① 산란계 상각비
② 계사 감가상각비
③ 자동급이기 구입비
④ 사료비

해설
유동비용과 고정비용
• 유동비용 : 투입기간이나 양에 따라 증가하는 비용
• 고정비용 : 투입기간에 상관없이 일정한 비용

45 다음 중 자본계수를 나타내는 공식은?

① 축산소득 / 영농시간
② 투입자본액 / 축산순생산액
③ 투입자본액 / 영농소득
④ 축산소득 / 투입자본액

해설
자본계수
• 일정 기간 동안의 생산량에 대한 투입한 자본량의 비율
• 자본량을 K, 생산량을 O으로 하여 보통 K/O로 표시한다.

46 생산비 산출비목에 포함되지 않는 것은?

① 자가노력비 ② 수도광열비
③ 차입금   ④ 감가상각비

해설
차입금은 부채항목에 속한다.

정답 41 ① 42 ③ 43 ③ 44 ④ 45 ② 46 ③

47 축산경영의 일반적 특징 중 결합생산물의 예로 가장 적절한 것은?

① 산란계와 육계
② 돼지고기와 우유
③ 소고기와 쇠가죽
④ 한우고기와 수입소고기

해설
결합생산 : 하나의 생산 과정에서 두 가지 이상의 물품이 생산되는 것

48 다음 중 유통의 기능에 해당되지 않는 항목은?

① 축산물의 구매와 판매
② 축산물의 저장과 가공
③ 축산물의 수송
④ 축산물의 생산

해설
축산물의 유통기능
- 교환기능 : 구매, 판매
- 물적기능 : 저장, 운송, 가공
- 조성기능 : 표준화·등급화, 시장정보, 유통금융, 위기부담

49 다음 중 한계비용과 평균비용의 차이를 가장 잘 설명한 것은?

① 한계비용의 최소점에서 한계비용과 평균비용은 같다.
② 평균비용은 생산량을 한 단위 추가생산할 때 필요한 비용이다.
③ 한계비용은 항상 평균비용보다 높다.
④ 평균비용의 최소점에서 한계비용과 평균비용은 같다.

해설
- 한계비용 : 생산량을 한 단위 증가시킬 때 늘어나는 비용
- 평균비용 : 생산물의 단위당 비용으로, 일정량의 생산에 소요된 총비용을 생산량으로 나눈 비용

50 다음 중 자금회전율에 대한 공식으로 가장 적절한 것은?

① 조수입 / 투하자본액
② 투하자본액 / 조수입
③ 조수입 / 부채
④ 투하자본액 / 부채

해설
자본회전율 : 투자자본액에 대한 조수입(매출액)의 비율로, 높을수록 자본이용의 효율성이 높다는 것을 의미한다.

정답 47 ③ 48 ④ 49 ④ 50 ①

51 축산경영의 요소 중 하나인 토지의 경제적 성질은 그 성질상 다른 자본재와는 다른 몇 가지 특이한 성질이 있는데 이에 해당되지 않는 것은?
① 불가증성 ② 불가동성
③ 불소모성 ④ 불가치성

해설
토지의 경제적 성질 : 불가동성, 불소모성, 불가증성

52 가족노동에 대한 설명으로 가장 거리가 먼 것은?
① 노동력을 완전히 이용할 수 있다.
② 가축관리에 소홀하다.
③ 노동감독이 필요 없다.
④ 창의적 노력을 한다.

53 비육돈경영에서 노동생산성(Y/L)을 요인별로 분해하여 나타낸 것이다. 가장 거리가 먼 것은?(단, Y : 순생산액, L : 투하노동량, N : 사양규모, P : 판매비육돈 두수)
① $\dfrac{Y}{N} \times \dfrac{N}{L}$ ② $\dfrac{Y}{P} \times \dfrac{P}{N} \times \dfrac{N}{L}$
③ $\left(\dfrac{Y}{P} \times \dfrac{P}{N}\right) / \dfrac{L}{N}$ ④ $\dfrac{Y}{P} \times \dfrac{P}{N}$

해설
노동생산성은 투하노동량에 대한 총생산량의 비율로, 일정한 산출물을 만들어내는 데 쓰인 노동투입요소가 얼마나 효율적으로 이용되었는지를 나타내는 지표이다.

54 우리나라 축산업이 국민경제에 미치는 역할에 대한 설명으로 가장 거리가 먼 것은?
① 농가소득원의 하나로서 농가의 자금원이다.
② 수입 대체 축산물을 생산·공급함으로써 국민경제의 외화 절약에 기여한다.
③ 국민의 중요한 단백질 공급원을 생산한다.
④ 사료작물의 재배 등을 통하여 토지의 비효율성을 증대시킨다.

해설
산지와 유휴지를 이용한 초지·사료작물의 재배, 답리작을 이용한 사료작물의 재배 등을 통해 토지의 이용과 효율성을 증대시킨다.

55 다음 중 자본회전이 가장 빠른 축종은?
① 육 계   ② 번식돈
③ 비육우 ④ 비육돈

해설
육계경영은 자본회전이 빠르고, 대량생산이 가능하며, 위험부담기간이 짧다.

51 ④ 52 ② 53 ④ 54 ④ 55 ①

56 방목일수가 160일인 어느 낙농가에서 젖소 두당 1일 목초채식량이 20kg이고, 목초채식률이 80%라고 한다. 1ha당 목초생산량이 4,000kg이라면 이때의 젖소 두당 초지 소요면적은?

① 0.5ha ② 0.6ha
③ 1.0ha ④ 1.6ha

해설

방목가축 마릿수 = $\dfrac{\text{목초생산량} \times \text{초지면적} \times \text{채식이용률}}{\text{하루 1마리의 목초채식량} \times \text{방목일수}}$

$1 = \dfrac{4,000 \times x \times 0.8}{20 \times 160}$

∴ $x = 1.0$ha

57 토지자원이 풍부한 나라에서 사용하는 일반적인 축산경영방식은?

① 개방적 경영
② 폐쇄적 경영
③ 조방적 경영
④ 집약적 경영

해설

조방적(粗放的, Extensive) 경영 : 자본이나 노동력 따위의 인공(人工)을 적게 들이고 자연력에 의존하는 경영방식

58 독점시장에 대한 설명으로 가장 적절하지 않은 것은?

① 생산자가 생산량을 줄이면 가격은 상승한다.
② 수요곡선이 한계수입곡선보다 아래에 있다.
③ 한계수입과 한계비용이 같은 점에서 이윤이 극대화된다.
④ 생산자 또는 구매자가 하나인 시장을 의미한다.

해설

독점기업의 한계수입(MR)곡선

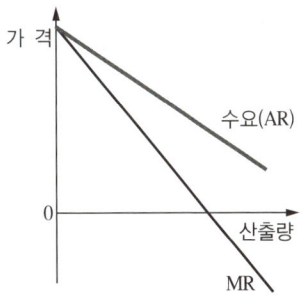

59 다음 중 고용노동력에 해당되지 않는 것은?

① 일 고 ② 연 고
③ 계절고 ④ 가족노동력

해설

고용노동력의 종류 : 연고(年雇), 계절고(季節雇), 일고(日雇), 청부노동(請負勞動), 교환노동(交換勞動, 품앗이)

정답 56 ③ 57 ③ 58 ② 59 ④

60 기업적 축산경영의 최종목표는?

① 생산의 극대화
② 조수익의 극대화
③ 이윤의 극대화
④ 투입량의 극대화

해설
기업적 축산경영의 가장 중요한 목표는 순수익을 극대화하는 것이다.

62 다음 두과 사료식물 중 다년생인 것은?

① 알팔파　　② 레드클로버
③ 크림손클로버　④ 알사익클로버

해설
알팔파는 다년생 상번초(30~100cm)로 심근성이며, 내한성·내서성이 강하다.

63 초지면적 30,000m²에 체중 500kg의 젖소 18두를 방목할 경우, 이때 ha당 방목강도는 얼마인가?

① 4두　　② 6두
③ 8두　　④ 10두

해설
방목밀도 = $\dfrac{방목두수}{방목면적} = \dfrac{500 \times 18}{3} \div 500 = 6두$

※ 방목밀도는 소 1마리당 500kg/ha가 기준이다.
※ 1ha = 10,000m²

제4과목　사료작물학

61 다음 중 목초의 생육진행에 대한 설명으로 가장 적절하지 않은 것은?

① 잎의 비율이 감소하고 줄기의 비율이 높아진다.
② 비구조적 탄수화물의 함량은 계속 낮아진다.
③ 리그닌과 세포벽 물질의 비율은 증가한다.
④ 수량은 점차적으로 증가한다.

해설
식물이 생장하면 열매를 맺고, 열매는 비구조적 탄수화물(당류, 전분, 펙틴 등)이 대부분을 차지한다.

64 다음 중 건초 위주 사양 시 체중 500kg의 소 1마리가 1일 섭취해야 할 건초의 양으로 가장 적절한 것은?

① 5~10kg　　② 10~15kg
③ 15~20kg　　④ 20~25kg

해설
소는 하루에 체중의 2~3%의 건초를 섭취해야 한다.
∴ 500 × 2~3% = 10~15kg

정답　60 ③　61 ②　62 ①　63 ②　64 ②

65 사일리지 발효균 중 산소가 없는 곳에서 잘 번식하는 젖산균의 생육적온으로 가장 적절한 것은?

① 4~7℃
② 8~35℃
③ 40~55℃
④ 55~65℃

해설
젖산균(유산균)의 생육적온은 35℃ 내외이고, 효모는 28℃ 내외이다.

66 목초 중 상번초는 청예 위주의 이용에 알맞고 하번초는 방목 위주의 이용에 알맞다. 다음 중 방목형 목초로만 나열된 것은?

① 오처드그라스, 화이트클로버
② 티머시, 레드클로버
③ 켄터키블루그라스, 라디노클로버
④ 퍼레니얼라이그래스, 알팔파

해설
상번초와 하번초의 분류

상번초	오처드그라스, 티머시, 알팔파, 톨페스큐, 이탈리안라이그래스, 레드클로버, 알팔파, 리드카나리그라스, 스무스브롬그라스, 메도페스큐, 메도폭스테일, 톨오트그래스 등
하번초	레드페스큐, 켄터키블루그라스, 퍼레니얼라이그래스, 화이트클로버, 화이트벤트그래스, 크레스티드폭스테일, 라디노클로버, 옐로오트그래스, 버드풋트레포일 등

67 토양적응성이 좋고 추운지역에서도 월동이 잘되어 우리나라 전역에서 재배가 가능하며, 특히 답리작으로 많이 재배되고 있는 사료작물은?

① 귀리
② 유채
③ 호밀
④ 이탈리안라이그래스

해설
호밀 : 호맥, 흑맥이라고도 하며, 맥류 중 내한성이 강하다.

68 원통형 탑형 사일로의 직경이 2.0m이고, 높이가 5.0m인 경우 이 사일로의 용적(m^3)은 약 얼마인가?

① $10.05m^3$
② $12.72m^3$
③ $15.70m^3$
④ $20.77m^3$

해설
원통형 탑형 사일로의 용적
= 반지름 × 반지름 × 3.14 × 높이
= 1 × 1 × 3.14 × 5
= $15.70m^3$

69 다음 중 1년생 사료작물에 해당하는 것으로 가장 옳은 것은?

① 퍼레니얼라이그래스
② 리드카나리그라스
③ 티머시
④ 수단그라스

해설
수단그라스는 수수속에 속하는 1년생 화본과 사료작물이다.

70 다음 중 비옥하고 습윤한 토양을 좋아하지만 과습지에서도 생육이 가능한 사료작물로 가장 적절한 것은?

① 리드카나리그라스
② 수단그라스
③ 알팔파
④ 달리스그래스

해설
리드카나리그라스는 하천범람지와 같은 습한 곳이 적지이며, 침수에 강하다.

71 다음 중 일반적으로 이탈리안라이그래스와 퍼레니얼라이그래스를 형태적으로 구별한 내용으로 가장 적절하지 않은 것은?

① 이탈리안라이그래스는 초장이 길고 옆 폭이 넓다.
② 식물체형은 이탈리안라이그래스가 대형이다.
③ 이탈리안라이그래스는 까끄라기가 있다.
④ 줄기는 이탈리안라이그래스는 편평하나 퍼레니얼라이그래스는 원통형이다.

해설
이탈리안라이그래스의 줄기는 원통형이고, 퍼레니얼라이그래스의 줄기는 약간 편평하다.

72 사료작물을 적기에 예취하였을 경우 가용성 탄수화물이 높은 순에서 낮은 순으로 가장 적절하게 나열되어 있는 것은?

① 오처드그라스 > 옥수수 > 이탈리안라이그래스
② 오처드그라스 > 이탈리안라이그래스 > 옥수수
③ 옥수수 > 오처드그라스 > 알팔파
④ 알팔파 > 옥수수 > 오처드그라스

정답 69 ④ 70 ① 71 ④ 72 ③

73 다음 중 석회의 역할 또는 시용방법에 대해 가장 적절하게 설명한 것은?

① 목초의 탄수화물 대사에 관여하며 단백질의 주요한 구성성분이다.
② 토양의 미량성분(Mn, B, Cu, Fe)의 유효이용률을 증가시킨다.
③ 토양유기물을 분해하여 토양미생물의 생존을 돕는다.
④ 석회는 물에 쉽게 용해되므로 초지 조성 바로 직전에 살포하는 것이 좋다.

해설
석회는 산성토양을 중성토양으로 개량하여 유효미생물을 번성시킬 수 있어 유기물의 분해를 촉진하고, 질소의 효과를 높이며, 토양구조를 개선하여 물과 공기의 흐름을 좋게 한다.

74 1일 방목에 필요한 면적을 전기목책 등 임시목책을 이용하여 띠 모양으로 목구를 구분하여 방목하는 방법은?

① 대상방목   ② 계속방목
③ 계 목   ④ 윤환방목

해설
대상방목
- 목구(牧區)를 띠 모양으로 세분하여 초지를 구분하고, 구역별로 돌아가면서 휴지기간을 설정하는 방목방법이다.
- 초지의 방목방법 중 생산성이 가장 크고, 집약적이다.

75 다음 중 건초보다 사일리지에 함량이 가장 낮은 비타민은?

① 비타민 A
② 비타민 B
③ 비타민 C
④ 비타민 D

해설
사일리지는 태양빛에 건조시킨 건초에 비해 비타민 D의 함량이 비교적 적다.

76 다음 중 지하경이나 포복경이 없어 다발형 목초에 속하는 것으로 가장 옳은 것은?

① 켄터기블루그래스
② 오처드그라스
③ 리드카나리그라스
④ 스무스브롬그래스

해설

주 형	• 다발형이며 상번초 • 오처드그라스, 크림슨클로버 등
포복형	• 지표에 기어가는 뿌리 발생 • 켄터키블루그래스, 화이트클로버 등

77 다음 중 우리나라 초지에서 목초에 대한 지상부의 피해 해충 분류로 가장 적절하지 않은 것은?

① 끝동매미충
② 검정풍뎅이 유충
③ 벼룩잎벌레
④ 콩진딧물

해설

검정풍뎅이 유충인 굼벵이는 초지나 잔디밭에 발생하여 식물의 뿌리를 잘라먹는데, 화본과 목초인 오처드그라스의 경우 초지의 갱신이 필요할 정도로 피해가 심하다.

78 다음에서 설명하는 것은?

> 초지의 이용률이 좋고, 일정한 면적을 4~10개의 목구로 나누어 순차적으로 돌아가면서 방목하는 방법이다.

① 계목
② 고정방목
③ 윤환방목
④ 대상방목

해설

윤환방목
- 몇 개의 목구(牧區)로 분할하여 각 목구에 순차적으로 방목하는 집약적인 방목방법이다.
- 다년생 목초나 1년생 사료작물을 방목에 이용할 경우 가장 알맞다.

79 다음 중 경운초지 조성에서 석회 시용 시 가장 효과가 좋은 시용방법은?

① 경운 전에 전량을 살포하고 경운한다.
② 시용량의 절반은 경운 전에 나머지 절반은 경운한 후에 시용한다.
③ 경운한 후에 전량을 고루 살포한다.
④ 경운한 후에 절반을 살포하고 나머지 절반은 종자 파종 후 한다.

해설

땅속에 묻히도록 하여 절반은 경운 전에, 절반은 경운 후에 살포한다.

80 초지에서 1번초의 수확시기가 초지에 미치는 영향으로 가장 거리가 먼 것은?

① 초지의 식생 구성비율에 영향을 미친다.
② 연중 수확횟수와 수량분포에 영향을 미친다.
③ 목초의 재생과 수량에 영향을 미친다.
④ 연간시비량과 하고피해에 영향을 미친다.

해설

목초의 예취 적기를 결정할 때 목초의 생산량과 재생을 고려하여 가장 적합한 시기를 선택해야 하는데, 목초가 너무 어릴 때는 양분 함량은 많지만 수량이 상대적으로 적고, 너무 자랐을 때는 양분 함량은 적지만 상대적으로 건물수량이 많아진다. 또한 목초의 재생력은 예취할 당시의 뿌리나 그루터기에 저장되어 있는 양분 함량에 좌우되며 첫 번째 수확시기가 매우 중요하다.

2019년 제4회 과년도 기출문제

제1과목 가축번식육종학

01 돼지의 분만징후를 바르게 설명한 것은?

① 식욕이 왕성해져 무리에서 떨어진다.
② 자리깃을 물어다 새끼 보금자리를 만든다.
③ 꼬리를 자주 움직이며 사타구니에 땀이 난다.
④ 산도(Parturition Canal) 부근의 혈류량이 적어진다.

해설

돼지의 분만징후
- 외음부가 붉게 부어오르고 팽대해지며, 출산이 가까워지면 음부에서 점액이 분비된다.
- 유방은 점차 커지며, 유두는 뚜렷이 솟아나고 검붉은 색을 띠며, 유방을 문질러 짜보면 물과 같은 유즙이 나온다.
- 복부 팽대, 파수 발생, 동작불안 등이 나타난다.
- 분만이 가까워지면 자리깃을 물어다 보금자리를 만든다.

02 돼지는 어떤 종류의 태반을 갖고 있는가?

① 궁부성 태반 ② 대상성 태반
③ 반상성 태반 ④ 산재성 태반

해설

융모막 융모의 분포범위와 윤곽의 형태학적 특징에 따른 태반의 분류
- 궁부성 태반 : 소, 면양, 산양, 사슴
- 대상성 태반 : 개, 고양이, 곰, 밍크(불완전대상태반)
- 산재성 태반 : 돼지, 말, 당나귀, 낙타
- 반상성 태반 : 토끼, 설치류, 영장류

03 돼지의 근친교배에 대한 설명으로 옳은 것은?

① 근교계수 상승으로 성장률, 산자수 등이 증가한다.
② 근교된 수퇘지의 성욕 감퇴, 정소 발육 부진으로 번식능력이 저하된다.
③ 번식능력 저하 방지를 위해 고도의 근친교배를 해야 한다.
④ 근교계통 육성 시 능력이 떨어지는 개체나 계통이라도 도태시키지 않는다.

해설

근친교배의 주된 목적은 혈통의 순수성을 보전하고 조상의 우수형질을 후손에게 전달하는 것으로, 돼지의 경우 근친교배하면 산자수가 적어진다.

04 정자의 구조 중 암가축의 생식기관 내에서 수정능력을 획득할 때 주로 변화되는 부분은?

① 두 부 ② 중편부
③ 주 부 ④ 종 부

해설

정자가 수정능력을 획득하면, 정자두부에서 난자의 투명대를 용해하는 효소를 방출하여 난자로 침투할 통로를 만든다.

정답 1 ② 2 ④ 3 ② 4 ①

05 돼지의 임신 진단방법 중 임신 30일령 전후의 임신을 비교적 정확하게 진단할 수 있는 것은?

① 방사선진단법　② 초음파진단법
③ 논리턴(NR)법　④ 호르몬주사법

해설
돼지의 임신 진단에 가장 많이 이용되는 초음파진단법에는 도플러 방식과 에코펄스 방식이 있다.
- 도플러 방식 : 태아의 심박동과 맥박상태를 측정하며, 임신 15~16일부터 진단이 가능하다.
- 에코펄스 방식 : 자궁 내 양수의 유무를 측정하며, 임신 30~60일에 진단이 가능하다.

06 닭의 체중과 가장 밀접한 상관관계를 가지는 형질은?

① 정강이의 길이
② 생존율
③ 산란율
④ 사료효율

해설
생체중과 정강이의 길이는 상관관계가 높다.

07 일정한 성주기가 없는 가축은?

① 면 양　② 산 양
③ 돼 지　④ 토 끼

해설
- 주년성 번식동물(계절적 영향이 작아 연중번식이 가능한 가축) : 소, 돼지, 토끼 등
- 비주년성 번식동물
  - 단일성 번식동물 : 면양, 산양, 염소, 사슴, 노루, 고라니 등
  - 장일성 번식동물 : 말, 당나귀, 곰, 밍크 등

08 육우와 유우의 경제형질이 연결된 것으로 옳지 않은 것은?

① 육우 - 번식능률
② 유우 - 번식능률
③ 육우 - 이유 시 체중
④ 유우 - 이유 시 체중

해설
젖소의 경제적 가치는 유량·유지량·단백질량·무지고형분량 등의 유성분, 번식능률, 체형, 착유속도, 분만난이도, 체세포수 및 생애수명 등에 의해 결정된다.

09 소의 태반에 대한 설명으로 옳지 않은 것은?

① 궁부성 태반으로 자궁소구가 있다.
② 궁부와 자궁소구가 접합한 태반분엽이 있다.
③ 비임신각에도 궁부는 발달하나, 태반분엽은 형성되지 않는다.
④ 자궁 내 자궁소구가 없고, 융모막의 융모가 태반의 표면 전체에 산재하는 상피융모성 태반이다.

해설
자궁소구와 맞닿는 부위에만 융모막이 형성되어 있는 인대융모성 태반으로, 궁부성 태반이라고도 한다.

10 젖소의 경제형질 중 비유량과 부(-)의 상관관계를 가지는 것은?

① 유지율
② 사료효율
③ 유지생산량
④ 유단백질생산량

해설
비유량과 유지율은 부(-)의 상관관계를 갖는다.

11 수정 시 난자에서 다정자 거부반응에 의하여 다정자 침입을 막는 곳은?

① 과립세포층
② 투명대
③ 위란강
④ 핵 막

해설
투명대반응 : 하나의 정자가 난자에 침입하면 투명대의 성질이 변화하여 침입통로를 메우고, 여분의 정자가 침입하는 것을 차단하는 현상

12 소의 배란시간으로 가장 적합한 것은?

① 발정 개시 후 6~9시간
② 발정 종료 후 10~11시간
③ 발정 종료 후 25~36시간
④ 교배 후 10~11시간

해설
주요 가축별 배란시간

구 분	번식특성	배란시간(시간)
소	연 중	발정 종료 후 10~11
돼 지	연 중	발정 개시 후 35~45
면 양	단일성	발정 개시 후 24~30
산 양	단일성	발정 개시 후 30~36
말	장일성	발정 종료 전 24~48

13 소의 발정징후에 대한 설명으로 옳지 않은 것은?

① 식욕이 줄어든다.
② 자궁경이 이완된다.
③ 움직임이 거의 없어진다.
④ 특이한 소리로 자주 운다.

해설
평상시보다 보행수가 2~4배 증가한다.

14 강력유전(Prepotency)과 관련이 있는 교배방법은?

① 계통교배
② 근친교배
③ 누진교배
④ 순종교배

해설
- 강력유전 : 어떤 개체가 지니고 있는 뛰어나게 우수한 형질을 자손에게 확실히 유전시키는 교배방법
- 근친교배 : 집단 내 동형접합체의 비율은 높이고, 이형접합체의 비율은 낮추는 교배방법

15 다음 ( ) 안에 알맞은 일수는?

> 유우의 능력검정에 있어서 산유기간은 일반적으로 ( )일을 표준으로 하지만, 경우에 따라서는 365일의 산유기간을 이용할 때도 있다.

① 205　　② 255
③ 305　　④ 355

해설
유우의 능력검정에 있어서 산유기간은 일반적으로 305일을 표준으로 한다.

16 주요 산란능력 형질로 옳은 것은?

① 육질률
② 우모발생률
③ 주요 시기 체중
④ 조숙성

해설
초년도의 산란수를 지배하는 요소(GOODALE-HAYS의 산란 5요소) : 조숙성, 취소성, 동기휴산성, 산란강도, 산란지속성

17 능력이 부족한 재래종 소를 개량하는 데 흔히 이용되는 교배방법은?

① 잡종교배　　② 근친교배
③ 누진교배　　④ 순종교배

해설
누진교배는 개량종을 도입하여 재래종 가축의 불량한 능력을 단시간에 효과적으로 개량하는 데 이용된다.

18 다수의 경제형질을 개량할 때 개량 대상의 형질을 종합적으로 고려하여 하나의 점수를 산출하는 방법으로 돼지에게 가장 많이 이용하고 있는 것은?

① 순차선발법　　② 독립도태법
③ 간접선발법　　④ 선발지수법

해설
① 순차선발법 : 우선 한 가지 형질을 선발하여 그 형질이 일정 수준까지 개량되면 다음 형질을 선발하는 것으로, 한 번에 한 형질씩 개량해 가는 선발방법이다.
② 독립도태법 : 다수형질 개량 시 각 형질에 대하여 동시에 그리고 독립적으로 선발하는 방법으로, 형질마다 일정한 수준을 정하여 어느 한 형질이라도 그 수준 이하로 내려가는 개체는 다른 형질이 아무리 우수하더라도 도태하는 방법이다.
③ 간접선발법 : 두 형질 간에 높은 유전상관이 나타나는 경우, 측정이 용이한 형질을 개량함으로써 측정이 곤란한 형질을 개량하는 선발방법이다.

19 난자를 배출하는 부위는?

① 자궁경　　② 난소
③ 수란관　　④ 자궁각

해설
난소는 난자를 배출시키고, 배출된 난자에 수정이 이루어진 후 착상에 성공할 수 있도록 자궁, 난관 그리고 주위 조직을 적절히 준비하는 기능을 한다.

20 우리나라에서 계절번식 동물의 번식기간으로 옳은 것은?

① 면양 : 9~11월
② 말 : 9~11월
③ 멧돼지 : 4~5월
④ 사슴 : 3~5월

해설
② 말 : 4~6월
③ 멧돼지 : 11~12월
④ 꽃사슴 : 10~12월

22 경지방을 생산하는 사료로 옳게 짝지어진 것은?

① 옥수수, 보리
② 고구마, 대두박
③ 면실박, 야자박
④ 전분박, 채종박

해설
사료와 육지방과의 관계
- 연지방(황색의 연한 지방) 형성 : 옥수수, 미강, 어분, 대두박, 아마인박, 땅콩박, 채종박, 비지, 두과 사일리지 등
- 경지방(백색의 단단한 지방) 형성 : 보리, 밀, 호밀, 밀기울, 쌀, 맥강, 면실박, 야자박, 고구마, 감자, 전분박, 짚류, 완두, 순무 등

제2과목 가축사양학

21 탄수화물의 기능을 설명한 것으로 옳지 않은 것은?

① 지방산, 단백질의 합성에도 쓰인다.
② 가장 경제적인 에너지 발생 영양소이다.
③ 체내에서는 지방으로만 축적된다.
④ 뇌와 신경조직의 구성성분이다.

해설
탄수화물은 간이나 근육에 글리코겐의 형태로 저장된다.

23 콕시듐증이 걸렸을 때 계분의 색은?

① 적색분
② 갈색분
③ 녹색분
④ 백색분

해설
계분(변)증상에 따른 질병의 간이진단

증 상	유발 가능 원인
적 색	장막염, 콕시듐증, 뉴캣슬병
갈 색	탄수화물 소화불량
녹 색	소화불량, 전염성 설사
백 색	단백질 과다섭취, 추백리

정답 20 ① 21 ③ 22 ③ 23 ①

24 돈육 생산을 위한 영양소 요구량에 대한 설명으로 옳지 않은 것은?

① 단백질의 이용성을 증대시키기 위해서 에너지의 공급이 충분해야 한다.
② 사료 내 에너지 함량이 많을수록 등지방의 두께는 두꺼워진다.
③ 사료 내 단백질 함량에 비하여 에너지 함량이 많으면 단백질 섭취량이 높아진다.
④ 사료에 비타민을 첨가함으로써 일당증체량을 높일 수 있다.

25 육계의 에너지 요구량은 일반적으로 대사에너지(Metabolic Energy, ME)를 사용하는데 그 이유가 아닌 것은?

① 사료 중 영양균형에 의한 영향이 적다.
② 측정방법이 비교적 쉽고 오차가 작다.
③ 닭의 품종 등 유전적 요인에 따라 크게 달라지지 않는다.
④ 성장, 산란 등 닭의 능력과 상관관계가 낮다.

> **해설**
> 육계의 일일 대사에너지 요구량은 체중, 환경온도, 성장률 및 성별의 영향을 받는다. 일반적으로 대사에너지 공급량이 높을 경우 사료효율은 증가하지만, 과량으로 공급하면 체지방이 과다하게 축적되고, 사료효율이 감소하는 문제가 발생한다.

26 가금류에 많이 사용하는 성장촉진제로 병아리의 성장과 브로일러의 육질 개선, 사료효율 향상, 피부의 착색 및 깃털의 발달에 효과가 있으며, 항생제와 병행사용 시 상응작용도 일어나는 것은?

① 생균제
② 효소제
③ 황산동
④ 유기비소제

> **해설**
> 유기비소제는 콕시듐병 예방제로 사용되고, 성장 촉진 효과가 있는 것으로 밝혀지고 있다.

27 난중 또는 난각질과 비교적 관계가 적은 영양소는?

① 사료 중 단백질 함량
② 인 함량
③ 칼슘 함량
④ 탄수화물 함량

> **해설**
> 달걀에는 아미노산 조성이 우수한 단백질을 비롯하여 지방, 비타민, 광물질 등이 풍부하다.
> ※ 탄수화물은 동물체의 중요한 에너지 공급원이다.

정답 24 ③ 25 ④ 26 ④ 27 ④

28 종란의 수정률, 부화율 및 난중에 관여하는 지방산만으로 구성된 것은?

① 올레인산(Oleic Acid),
   에루크산(Erucic Acid),
   클루파노돈산(Clupanodonic Acid)
② 리놀레산(Linoleic Acid),
   아라키돈산(Arachidonic Acid),
   리놀렌산(Linolenic Acid)
③ 스테아린산(Stearic Acid),
   뷰티르산(Butyric Acid),
   아세트산(Acetic Acid)
④ 프로피온산(Propionic Acid),
   라우르산(Lauric Acid),
   포름산(Formic Acid)

해설
필수지방산(리놀레산, 아라키돈산, 리놀렌산)이 부족할 경우 성장 지연, 계란의 크기 감소, 세균에 대한 저항성 감소, 신장이상, 간경변 등의 증세가 발생한다.

29 부화율을 높이는 데 가장 관계 깊은 비타민은?

① 비타민 E   ② 비타민 B_6
③ 비타민 K   ④ 비타민 C

해설
비타민 E가 부족하면 닭은 부화율이 떨어지고, 병아리는 뇌연화증이 발생할 수 있다.

30 임신한 가축의 가장 적절한 사양방법은?

① 임신 전체 기간 동안에 높은 수준의 영양소가 함유된 사료를 준다.
② 임신 중기에 높은 수준의 영양소가 함유된 사료를 준다.
③ 임신 초기에 높은 수준의 영양소가 함유된 사료를 준다.
④ 임신 후반기에 높은 수준의 영양소가 함유된 사료를 준다.

해설
임신 말기가 되면 태아의 발육이 왕성해져 충분한 영양이 요구된다.

31 임신한 가축의 태아 발달에 관한 설명으로 옳은 것은?

① 임신 전체 기간 동안에 비슷한 발육양태를 유지한다.
② 임신 초기에 빠르게 발달하고 중기 이후에는 둔화된다.
③ 임신 중기까지 완만하며 임신 후반기에는 빠르게 진행된다.
④ 임신 초기에 느리게 발달하고 중기 이후에는 빠르게 진행된다.

정답 28 ②   29 ①   30 ④   31 ③

32 양돈장 경영에 있어서 돼지 사육 시 중요한 점이 아닌 것은?

① 품질이 좋은 고기를 생산할 것
② 복당 산자수를 증가시킬 것
③ 성장을 촉진시켜 육성기간을 짧게 할 것
④ 사료요구율을 높이고 사료효율을 낮게 할 것

해설
- 사료요구율(FCR) : 사료가 고기로 바뀌는 효율을 나타낸 것으로, 숫자가 낮을수록 좋다.
- 사료효율(FE) : 고기가 사료로 바뀌는 효율을 나타낸 것으로, 숫자가 높을수록 좋다.

33 산유 중기의 착유우에 총가소화영양분(TDN) 54%인 조사료와 TDN 82%인 농후사료를 배합해서 TDN이 70%인 사료를 배합하고자 할 때 각 사료의 배합비율은?

① 조사료 : 40.9%, 농후사료 : 59.1%
② 조사료 : 41.9%, 농후사료 : 58.1%
③ 조사료 : 42.9%, 농후사료 : 57.1%
④ 조사료 : 43.9%, 농후사료 : 56.1%

해설
방형법
조사료   54   12
              ↘ ↗
                70
              ↗ ↘
옥수수   82   +16
                     28

- 조사료 : $\frac{12}{28} \times 100 = 42.86\%$
- 농후사료 : $\frac{16}{28} \times 100 = 57.14\%$

34 위액의 주된 작용은?

① 녹말 분해   ② 지방 분해
③ 미생물 생성   ④ 단백질 분해

해설
위액은 살균과 단백질 분해작용을 한다.

35 초유의 성분 중 일반우유 성분보다 적게 들어 있는 것은?

① 유 당   ② 면역글로불린
③ 칼 슘   ④ 비타민 A

해설
초유는 단백질과 유지방 함량이 높고 유당 함량은 낮은데, 이는 갓 낳은 어린 가축의 질병저항력을 높이기 위한 면역글로불린이 많이 들어 있기 때문이다.

36 어떤 비육돈은 건물기준으로 배합사료 4kg을 요구한다. 이때 급여하는 배합사료의 수분 함량이 20%일 경우 실제 급여상태 기준 급여량은?

① 4kg   ② 5kg
③ 6kg   ④ 7kg

정답 32 ④ 33 ③ 34 ④ 35 ① 36 ②

37 한우 수송아지의 거세방법 중 거세가 확실하고 송아지에게 스트레스를 가장 적게 주기 때문에 최근에 가장 널리 사용하는 방법은?

① 무혈거세기법
② 외과적 수술법
③ 고무링법
④ 정관압착법

해설
외과적 수술법 : 스트레스를 최소화할 수 있는 방법이지만, 경험에 의해 숙달된 사람이나 수의사가 필요하다는 단점이 있다.

38 비육 중인 돼지의 체지방을 적게 하면서 증체속도를 빠르게 하기 위한 알맞은 사양관리 요령은?

① 생체중 50kg을 전후로 전기에는 저영양, 중기에는 고영양으로 사양관리한다.
② 생체중 50kg을 전후로 전기에는 고영양, 중기에는 저영양으로 사양관리한다.
③ 이유 후부터 출하까지 저영양으로 사양관리한다.
④ 이유 후부터 출하까지 고영양으로 사양관리한다.

해설
육성·비육돈은 체중이 증가함에 따라 사료섭취량은 증가하고, 영양소요구량은 감소하기 때문에 사료 1kg당 포함되어야 할 영양소의 농도는 감소하게 된다.

39 일반적인 사양 시 젖소의 반추위 내 가장 많이 발생하는 휘발성 지방산(VFA)은?

① 아세트산(Acetic Acid)
② 뷰티르산(Butyric Acid)
③ 프로피온산(Propionic Acid)
④ 아이소뷰티르산(Isobutyric Acid)

해설
반추위 내 휘발성 지방산의 생성비율 : 아세트산(Acetic Acid) > 프로피온산(Propionic Acid) > 뷰티르산(Butyric Acid)

40 반추가축의 소화기관 중 섭취한 영양소의 주된 소화·흡수가 일어나는 곳은?

① 소 장
② 반추위
③ 대 장
④ 식 도

해설
반추동물의 영양소 흡수에 있어 아미노산, 지방산, 단당류 등은 주로 소장에서 흡수되고, 휘발성 지방산은 반추위를 비롯한 위에서 많이 흡수된다.

제3과목 축산경영학

41 고정자본재로 볼 수 없는 것은?
① 착유우 ② 비육우
③ 축 사 ④ 번식돈

해설
고정자본재의 종류

무 생	• 건물 및 부대시설 : 축사, 사일로, 사무실, 창고 등 • 대농기구 : 경운기, 트랙터, 착유기 등 • 토지 및 토지개량 : 관개·배수시설 등
유 생	• 동물자본재 : 육우, 역우, 번식우, 번식돈, 종계, 채란계 등 • 식물자본재 : 영구초지 등

42 고정자본재에 대한 설명으로 옳은 것은?
① 사료, 비료 등이 포함된다.
② 1회 사용으로 가치가 상실된다.
③ 감가상각법에 의하여 비용을 산출한다.
④ 성분이 축산물 중으로 이행되어 가치가 높아진다.

해설
내용연수 내로 고정자산의 취득원가를 매년 계속적으로 계산하여 절감하고, 생산물의 수익에 의해 고정자산에 투하된 자본을 회수함으로써 고정자산 본래의 감모 없이 지속적으로 생산한다.

43 경영조직 단일화의 장점은?
① 기술의 고도화
② 노동력의 배분화
③ 자금회전의 원활화
④ 토지의 합리적 이용

해설
단일경영의 장단점

장 점	• 작업이 단일화됨으로써 능률이 높은 기계의 사용이 가능하다. • 작업의 단일화로 노동의 숙련도가 향상되고, 분업화의 이익이 발생한다. • 단일경영으로 생산비를 줄일 수 있고, 시장경쟁력이 증대된다. • 생산물의 동일성에 의해 시장정보 획득이 유리하다. • 단일생산물이므로 판매상 유리하다. • 특정 축산물을 집중적으로 생산하여 경영의 합리화를 기대할 수 있다.
단 점	• 가축질병, 가격파동 등의 요인으로 인한 경영의 위험부담이 크다. • 수입이 일정 시기에 집중된다. • 자본회전이 원만하지 못하다. • 노동이용이 집중되고, 연간평준화와 분산화가 불가능하며, 계절적 편중현상이 나타난다.

44 축산경영의 조직 결정 시 고려하여야 할 시장과의 조건이 아닌 것은?
① 토지조건
② 시장의 규모
③ 축산물의 가격조건
④ 목장과 시장과의 경제적 거리

정답 41 ② 42 ③ 43 ① 44 ①

45 축산물 경영비 비목에 해당되지 않는 것은?

① 사료비 ② 수도광열비
③ 자가노력비 ④ 수선비

> **해설**
> 자가노력비는 생산비 비목에 해당된다.

46 가변(유동)비용에 속하지 않는 것은?

① 사료비 ② 동력비
③ 감가상각비 ④ 고용노임

> **해설**
> 감가상각비는 고정비용에 속한다.

47 낙농경영에서 젖소의 감가상각비 계산에 포함되지 않는 것은?

① 착유우평가액
② 폐우가격
③ 우유판매가격
④ 내용연수

> **해설**
> 유우(젖소) 감가상각비 = $\dfrac{\text{착유우평가액} - \text{잔존가액}}{\text{잔여내용연수}}$

48 손익분기점 생산량 산출공식으로 옳은 것은?

① 고정비 $\div \left(1 - \dfrac{\text{변동비}}{\text{매출액}}\right)$

② 고정비 $\div \left(1 - \dfrac{\text{매출액}}{\text{변동비}}\right)$

③ 매출액 $\div \left(1 - \dfrac{\text{변동비}}{\text{고정비}}\right)$

④ 매출액 $\div \left(1 - \dfrac{\text{고정비}}{\text{변동비}}\right)$

49 복합경영에 대한 설명으로 옳지 않은 것은?

① 노동력을 효율적으로 이용할 수 있다.
② 기계 및 시설을 효율적으로 이용할 수 있다.
③ 생산물의 동일성에 의하여 시장정보 획득이 유리하다.
④ 수입원이 다양하고 평균화되어 자금회전이 원활하다.

> **해설**
> ③은 단일경영의 장점이다.
>
> **복합경영의 장단점**
>
> | | |
> |---|---|
> | 장점 | • 토지의 효율적 이용 : 지력과 토지생산성을 유지·증진할 수 있다.
• 노동력의 이용 증진 : 노동배분의 연중평균화가 가능하고, 노동력을 연중 효율적으로 이용할 수 있다.
• 기계 및 시설을 효율적으로 이용할 수 있다.
• 위험의 분산 : 단일경영의 경우 가축질병, 가격파동 등의 요인으로 인한 경영의 위험부담이 크지만, 복합경영은 이를 완화시킬 수 있다.
• 자금회전의 원활화 : 수입원이 다양하고 평준화되어 있어 자금회전이 원활하다. |
> | 단점 | • 경영 간에 노동의 경합이 생길 수 있어 노동생산성이 낮아지기 쉽다.
• 기계화가 어렵다.
• 기술의 다양화로 경영자의 전문적인 기술 발달이 어렵다.
• 전문적인 기술 향상이 저해되어 단위당 생산성이 떨어진다.
• 여러 종류의 소량판매로 생산물의 판매에 불리하다. |

정답 45 ③ 46 ③ 47 ③ 48 ① 49 ③

50 일정 기간 동안에 축산경영을 통해 발생한 비용과 이익의 상태를 기록한 회계정보를 무엇이라고 하는가?
① 일기장
② 대차대조표
③ 영농기록장
④ 손익계산서

해설
손익계산서는 손익의 발생 여부를 알아보기 위한 일람표이다.

51 다음 중 유동자본재가 아닌 것은?
① 농후사료
② 사료종자
③ 의약품비
④ 트랙터

해설
자본재의 종류

고정자본재	무생	• 건물 및 부대시설 : 축사, 사일로, 사무실, 창고 등 • 대농기구 : 경운기, 트랙터, 착유기 등 • 토지 및 토지개량 : 관개 · 배수시설 등
	유생	• 동물자본재 : 육우, 역우, 번식우, 번식돈, 종계, 채란계 등 • 식물자본재 : 영구초지 등
유동자본재		• 원료 : 사료, 종자, 비료, 건초 등 • 재료 : 약품, 연료, 깔짚, 농약, 소농기구, 비닐 등 • 소동물 : 비육우, 비육돈, 육계 등 • 미판매 축산물 : 우유, 달걀 등

52 유사비를 표현한 것으로 옳은 것은?
① $\dfrac{유량}{사료비}$
② $\dfrac{구입사료비}{유대}$
③ $\dfrac{조사료비}{유대}$
④ $\dfrac{농후사료비}{유량}$

해설
유사비는 우유 수입에 대한 구입사료비의 비율로, 작을수록 좋다.

53 비용에 관한 공식으로 옳지 않은 것은?
① 평균비용 = 총비용 ÷ 총생산량
② 총비용 = 총고정비용 + 총유동비용
③ 한계비용 = 총비용증가분 ÷ 산출량증가분
④ 평균가변비용 = 산출량 ÷ 총가변비용

해설
평균가변비용 = 총가변비용 ÷ 산출량

54 생산비에 대한 설명으로 옳지 않은 것은?
① 화폐가치로 표시할 수 있어야 한다.
② 천재지변에 의한 손실도 생산비에 포함된다.
③ 생산물을 위해 직접 소비되는 것이어야 한다.
④ 정상적인 생산활동을 위하여 소비된 것이어야 한다.

해설
생산비는 생산을 위해 투입된 재화나 노동력 및 기타 용역의 경제적 가치를 나타내는 것이다.

55 기업적 축산경영의 최대 목표는?
① 소득의 극대화
② 가족노동 보수의 증대
③ 이윤의 극대화
④ 총(조)수입의 극대화

해설
기업적 축산경영의 가장 중요한 목표는 순수익을 극대화하는 것이다.

정답 50 ④ 51 ④ 52 ② 53 ④ 54 ② 55 ③

56 다음 설명에서 ( ) 안에 알맞은 내용은?

> 토지는 자본재로써 중요한 기능을 한다. ( )이란 사료작물이 뿌리를 부착하고 지상부를 움직이지 않게 함과 동시에, 뿌리의 흡수작용을 용이하게 하는 물리적인 성질을 의미한다. 이 기능은 토지의 상태, 즉 토지의 이화학적 성질인 토양의 수분, 토양의 기공, 온도 등과 같은 성질에 좌우된다.

① 토지의 가경력
② 토지의 적재력
③ 토지의 배양력
④ 토지의 불가증성

57 우유 생산을 목적으로 하는 낙농가에서 송아지를 생산한 경우 송아지에 대한 적합한 자본재 평가방법은?

① 시가평가법
② 수익가평가법
③ 기회비용평가법
④ 취득원가평가법

해설
자본재의 평가방법
- 취득원가법 : 자산을 구입할 경우 구입가격과 구입 시 소요되는 제반비용을 합산하여 평가하는 방법
- 시가평가법 : 자산을 평가시점의 시장가격에 따라 평가하는 방법
- 저가평가법 : 취득가격과 시가 중 낮은 가격을 기준으로 평가하는 방법
- 추정가평가법 : 취득원가나 시가가 모두 분명하지 않은 경우, 그 재화와 효용이 같은 유사재화의 취득가격을 기준으로 평가하는 방법
- 수익가평가법 : 토지와 같은 부동산의 경우, 매년 얻어지는 순이익을 기초로 하여 평가하는 방법

58 기초가격이 1,000,000원이고, 잔존율 10%에 내용연수가 5년인 착유기를 정액법을 이용하여 계산한 연간 감가상각비는?

① 100,000원
② 184,500원
③ 180,000원
④ 210,000원

해설

$$정액법 = \frac{구입가격 - (구입가격 \times 잔존율)}{내용연수}$$
$$= \frac{1,000,000 - (1,000,000 \times 0.1)}{5}$$
$$= 180,000원$$

59 어느 비육우 사육농가의 두당 총수입이 2,000,000원, 경영비가 1,000,000원, 감가상각비가 300,000원, 자가노력비가 500,000원일 때, 두당 소득은 얼마인가?

① 1,000,000원
② 700,000원
③ 500,000원
④ 200,000원

해설

축산소득 = 축산조수입 − 축산경영비
= 2,000,000 − 1,000,000
= 1,000,000원

60 노동생산성을 산출하는 공식으로 알맞은 것은?

① 총생산량 ÷ 토지면적
② 총생산량 ÷ 투하자본
③ 총생산량 ÷ 투하노동력
④ 총생산량 ÷ 생산두수

해설
노동생산성은 투하노동량에 대한 총생산량의 비율로, 일정한 산출물을 만들어내는 데 쓰인 노동투입요소가 얼마나 효율적으로 이용되었는지를 나타내는 지표이다.

제4과목 사료작물학

61 일반적으로 사일리지의 건물손실률이 가장 높을 것으로 예상되는 사일로는?

① 기밀사일로
② 벙커사일로
③ 스태크사일로
④ 콘크리트 원통형 사일로

해설
스태크사일로
- 지면에 두꺼운 비닐을 깔고 사일리지 재료를 쌓은 다음, 주위를 다시 두꺼운 비닐로 덮어 두는 것이다.
- 필요에 따라 어떤 장소에나 설치할 수 있고, 시설비가 필요 없는 장점이 있다.
- 밀폐상태로 보존할 수 없어서 폐기량이 많으며, 사일로 중 건물손실률이 가장 높다(30~35%).

62 단경기 사료작물로 많이 이용하는 귀리에 대한 설명으로 가장 적절한 것은?

① 중북부 지방에서 월동이 불가능한 경우가 많다.
② 줄기가 거칠고 잎이 많아 가축기호성이 떨어진다.
③ 파종량은 줄뿌림 시 20~30kg/ha이다.
④ 사일리지를 조제할 때는 수분 함량이 낮아 따로 건조할 필요 없다.

해설
귀리는 맥류 중 내한성이 가장 약해 남부지방과 제주도에서 많이 재배된다.

63 알팔파로 사일리지를 만들 때 재료의 특성과 조제방법에 대한 설명으로 옳은 것은?

① 옥수수에 비해 양질의 사일리지 조제에 유리한 완충력이 높다.
② 가용성 탄수화물 함량이 높아 사일리지 발효가 잘된다.
③ 고수분 사일리지로 제조하는 경우 첨가제 없이도 양질의 사일리지 조제가 가능하다.
④ 예건 또는 저수분 사일리지로 조제하는 것이 좋다.

해설
양질의 사일리지 제조에는 옥수수가 좋다.

64 사료작물 중에서 완충능력이 강한 순에서 약한 순으로 나열된 것은?

① 퍼레니얼 라이그래스 > 옥수수 > 알팔파
② 옥수수 > 알팔파 > 오처드그라스
③ 오처드그라스 > 알팔파 > 옥수수
④ 알팔파 > 오처드그라스 > 옥수수

해설
옥수수 및 화본과 목초의 완충능력은 낮고, 두과 목초는 높다.

정답 61 ③ 62 ① 63 ④ 64 ④

65 톨페스큐에 대한 설명으로 거리가 먼 것은?

① 수량이 높고, 기호성이 뛰어나서 수확 시기가 늦어도 품질이 우수하다.
② 기후에 대한 적응력이 높고, 척박한 토양에서도 잘 자란다.
③ 여름철 고온에서도 잘 견디는 편이고, 토양보존이나 사방용으로도 많이 쓰인다.
④ 종자로 전염되는 엔토파이트에 감염되면 환경적응력은 강화되나 가축에게는 독성을 일으킨다.

해설
기호성
- 상 : 퍼레니얼라이그래스, 티머시, 알팔파, 클로버류
- 중 : 오처드그라스, 켄터키 블루그라스
- 하 : 톨페스큐, 리드카나리그라스

66 공간이용성과 토양양분의 이용성을 제고하고, 가축에게는 영양균형과 기호성을 높이는 장점을 가진 작부방식은?

① 단 작   ② 간 작
③ 혼 작   ④ 윤 작

해설
③ 혼작(섞어짓기) : 생육기간이 거의 같은 두 종류 이상의 작물을 섞어 심는 재배방법
① 단작(홑짓기) : 한 가지 작물만을 심는 재배방법
② 간작(사이짓기) : 자라고 있는 작물의 골이나 포기 사이에 다른 작물을 심는 재배방법
④ 윤작(돌려짓기) : 하나의 농지에 같은 작물을 계속 재배하지 않고, 몇 가지 작물을 돌려가며 심는 재배방법

67 화본과 사료작물 및 목초류의 예취 적기는?

① 생육 중기에서 수잉기 직전까지
② 수잉기 전에서 수잉기 사이
③ 수잉기에서 출수 초기 사이
④ 유숙기에서 완숙기 사이

68 북방형 목초와 남방형 목초의 광합성을 위한 최적 온도는?

① 북방형 : 10~15℃, 남방형 : 35℃
② 북방형 : 15~20℃, 남방형 : 30℃
③ 북방형 : 35℃, 남방형 : 10~15℃
④ 북방형 : 30℃, 남방형 : 15~20℃

해설
생육적온 : 북방형 15~20℃, 남방형 30~35℃

정답 65 ① 66 ③ 67 ③ 68 ②

69 호밀에 대한 설명으로 옳지 않은 것은?

① 호밀속의 월년생 작물이다.
② 줄기 표면이 납(Wax)으로 덮여 있다.
③ 염색체는 2n = 14이다.
④ 내한성은 강하나 토양적응성이 낮다.

해설
호밀은 맥류 중 내한성이 강하고, 봄철 생육이 빠르며, 토양의 적응범위가 가장 넓어 재배의 안정성이 매우 크다.

71 지하경(Rhizome)이 있고, 잘 관리된 상태에서는 방석 모양의 초지를 형성하는 초종은?

① 이탈리안라이그래스
② 리드카나리그라스
③ 화이트클로버
④ 알팔파

해설
- 다발형 : 이탈리안라이그래스, 오처드그라스, 티머시, 알팔파 등
- 방석형 : 리드카나리그라스, 화이트클로버 등

70 토양교정에 이용되는 석회에 대한 설명으로 옳지 않은 것은?

① 석회입자가 작을수록 교정속도가 빠르다.
② 전층 시용이 표층 시용보다 교정속도가 빠르다.
③ 입자가 굵을수록 효과의 지속성은 오래 간다.
④ 석회는 시비량을 한꺼번에 전량 살포하는 것이 가장 좋다.

해설
④ 석회는 시비량을 여러 번에 나누어 살포하는 것이 가장 좋다.

72 다음 설명에 해당하는 것은?

- 화본과 목초이고 1년생이다.
- 잎은 짧고 편으로 끝이 뾰족하며, 진한 녹색이고 광택이 난다.
- 뿌리에서 가지가 많고 부정근을 가지고 있다.

① 버즈풋트레포일
② 퍼레니얼라이그래스
③ 레드클로버
④ 화이트클로버

해설
퍼레니얼라이그래스의 원산지는 남부 유럽, 북아프리카, 서남아시아이고 호밀풀이라고도 한다.

69 ④ 70 ④ 71 ② 72 ②

73 사일리지 조제에 쓰이는 재료에 관한 설명으로 옳지 않은 것은?

① 화본과보다는 콩과 사료작물로 사일리지를 조제하면 발효가 잘된다.
② 완충력도 중요하지만 재료의 수분 함량이 더욱 중요하다.
③ 수분 함량이 70% 이상 되면 누즙에 의한 손실이 커진다.
④ 재료의 특성에 따라 첨가제를 쓰는 것이 유리할 때도 있다.

해설
젖산발효가 잘되는 화본과 작물로 사일리지를 조제하면 발효가 잘된다.

74 다음 설명에 해당하는 해충은?

- 밤나방과 나비목이다.
- 우리나라 초지나 사료작물포에 주기적으로 나타나 심한 피해를 주고, 주로 가뭄과 더불어 발생한다.
- 1년에 3~4회 발생하며, 번데기로 땅속에서 월동한다. 따뜻한 지방에서는 노숙유충으로 월동하거나, 성숙태로 길가나 뚝 등의 마른 풀뿌리 부근에서 월동하는 경우도 있다.

① 조명나방 유충
② 멸강나방 유충
③ 검거세미나방 유충
④ 콩풍뎅이 유충

75 작부체계에서 옥수수 수확 후 후작으로 많이 이용되고 있는 사료작물로만 묶인 것은?

① 근채류, 피, 호밀
② 수단그라스, 유채, 연맥(귀리)
③ 호밀, 연맥(귀리), 유채
④ 호밀, 피, 이탈리안라이그래스

해설
작부체계에서 옥수수 수확 후 후작으로 호밀, 귀리, 유채가 많이 이용되고 있다.

76 화본과 목초와 콩과 목초에 있어서 1번초의 수확 적기가 올바르게 나열된 것은?

① 화본과 목초 : 영양생장기, 콩과 목초 : 개화 말기
② 화본과 목초 : 영양생장기, 콩과 목초 : 개화 초기
③ 화본과 목초 : 출수기, 콩과 목초 : 개화 말기
④ 화본과 목초 : 출수기, 콩과 목초 : 개화 초기

해설
1번초의 예취 적기는 화본과 목초는 출수 초기, 두과 목초는 개화 초기이며, 2번초 이후의 재생초는 초장 35~50cm의 범위에서 예취간격을 고려하여 적절히 예취한다.

정답 73 ① 74 ② 75 ③ 76 ④

77 단작의 유리한 점으로 가장 거리가 먼 것은?

① 풍흉의 조절이 쉽다.
② 배재관리가 편리하다.
③ 종자를 채종하기 편리하다.
④ 고도의 집약재배를 할 수 있다.

78 주로 가을에 파종하여 당년 12월 이전에 이용하는 사료작물은?(단, 중부지방의 경우이다)

① 연맥(귀리)
② 호 밀
③ 수 수
④ 수단그라스계 잡종

해설
귀리 : 품종의 선택은 파종시기에 따라 다르며, 추파는 조생종을 파종하고, 춘파는 중생종 또는 만생종을 파종한다.

79 알팔파에 대한 설명으로 옳지 않은 것은?

① 한발에 대한 적응성이 강하다.
② 습운한 기후에서 생육이 불량하다.
③ 늦가을까지 예취 및 방목하여도 월동률이 우수하다.
④ 다른 목초에 비해 단백질 공급능력이 우수한 사료작물이다.

해설
늦가을까지 이용하는 것은 뿌리의 저장양분 저하로 인해 월동하기 위한 좋은 방법이 못 되고, 최소한 25cm 정도는 성장한 상태로 월동해야 충분히 영양분을 축적하고 강건해진다. 만약 늦가을까지 이용했을 경우, 영양이 적을 때는 월동 전후 동사를 하게 되므로 최소한 늦가을 서리가 오기 전, 4~6주전까지 예취를 끝내야 한다.

80 탑형 사일로에 저장할 사일리지용 옥수수의 수확 적기에 대한 설명으로 가장 알맞은 것은?

① 건물 함량이 10% 정도 되는 시기이다.
② 건물 함량이 20% 정도 되는 시기이다.
③ 건물 함량이 30% 정도 되는 시기이다.
④ 건물 함량이 40% 정도 되는 시기이다.

해설
사일리지용 사료작물의 수확 적기
• 옥수수 : 황숙기 또는 건물 함량 30% 내외
• 호밀 : 개화기에서 유숙기
• 사초용 수수 : 호숙 중기에서 호숙 말기
• 혼파목초 : 출수 초기 또는 개화 초기

제1과목 가축육종학

01 선발차란 무엇인가?

① 선발된 개체들의 평균 능력
② 선발된 개체들의 평균과 가장 능력이 우수한 개체와의 차이
③ 선발 전의 집단 평균과 선발된 집단 평균과의 차이
④ 선발 전의 집단 평균과 가장 능력이 우수한 개체와의 차이

해설
선발차(S)
= 종축으로 선발된 개체의 평균 - 모집단의 평균

02 선발의 효과를 높이는 데 불리한 것은?

① 축군의 개체 간 차이가 커야 한다.
② 축군의 개체 간 차이가 작아야 한다.
③ 선발형질의 유전력이 높아야 한다.
④ 세대간격이 짧아야 한다.

해설
선발의 효과를 크게 하는 방법
- 선발차를 크게 한다.
- 유전력을 크게, 유전변이를 크게, 환경변이를 작게 한다.
- 세대간격을 짧게 한다.
- 균일한 사양 관리 조건하에서 사육한다.
- 후보종축의 기초축 두수를 크게 한다.

03 유각 백색의 쇼트혼종 소와 무각 적색의 쇼트혼종 소를 교배할 때 생산되는 F_1의 표현형은?

① 유각, 적색
② 유각, 조모
③ 무각, 적색
④ 무각, 조모

해설
무각적색(PPRR)과 유각백색(pprr)인 쇼트혼(Shorthorn)종 육우를 교배하여 생산한 F_1끼리 교배하여 얻은 F_2의 분리비는 다음과 같다.

| 무각적색 | 무각조모 | 무각백색 | 유각적색 | 유각조모 | 유각백색 |
(P_RR)	(P_Rr)	(P_rr)	(ppRR)	(ppRr)	(pprr)
3	6	3	1	2	1

- 무각(P)은 유각(p)에 대해 완전우성이다.
- F_2 표현형의 분리비는 적색 1 : 조모색 2 : 백색 1으로 적색(R)이 백색(r)에 대해 불완전우성이다.

04 다음 염색체 이상 현상 가운데 성격이 다른 것은?

① 중복현상
② 이수현상
③ 역위현상
④ 전좌현상

해설
염색체 이상 현상
- 수량적 변이 : 이수성, 배수성
- 구조적 변이 : 중복, 역위, 전좌(전위), 결실, 삽입 등

정답 1 ③ 2 ② 3 ④ 4 ②

05 1,000마리 소의 모색을 조사한 결과가 다음과 같을 때 붉은 모색에 대한 유전자 빈도는 얼마인가?(단, 유전적 평형상태를 가정한다)

표현형	유전자형	두 수
검은색	BB 혹은 Bb	640
붉은색	bb	360

① 0.4　　② 0.6
③ 0.8　　④ 1.0

해설
붉은색 유전자의 빈도 = $\sqrt{360/1,000}$ = 0.6

06 조합능력을 개량하기 위한 육종법은?
① 간접선발법　② 선발지수법
③ 상반반복선발법　④ 계통교배법

해설
조합능력을 개량하기 위하여 고안된 육종법으로 상반반복선발법 또는 상반순환선발법이 있다. 상반반복선발법은 조합능력을 조사하기 위하여 검정교잡을 한 다음 그 성적에 근거해서 선발하는 개량방법이다.

07 돼지의 경제형질 중 일반적으로 유전력이 가장 높은 것은?
① 체 장
② 사료효율
③ 복당 산자수
④ 이유 후 일당 증체량

해설
① 체장 : 50~60%
② 사료효율 : 25~30%
③ 복당 산자수 : 5~15%
④ 이유 후 일당 증체량 : 20~30%

08 생후 160일령에 이유한 송아지의 이유 시 체중이 180kg이었고 360일령에 350kg이 되었다면 이 소의 이유 후 일당 증체량(kg)은?
① 0.65　　② 0.75
③ 0.85　　④ 0.95

해설
(350 − 180)/(360 − 160) = 0.85kg/일

09 다음 중 (가), (나), (다)에 알맞은 내용은?

- 돼지의 Yorkshire종 : 백색은 모든 유색에 대하여 (가)이다.
- 면양의 Merino종 : 보통 백색은 유색에 대하여 (나)이다.
- 면양의 Karakul종 : 백색은 흑색에 대하여 (다)이다.

① (가) : 열성, (나) : 열성, (다) : 열성
② (가) : 열성, (나) : 우성, (다) : 열성
③ (가) : 우성, (나) : 열성, (다) : 열성
④ (가) : 우성, (나) : 우성, (다) : 열성

해설
- 돼지의 Yorkshire종 : 백색은 모든 유색에 대하여 우성이다.
- 면양의 Merino종 : 보통 백색은 유색에 대하여 우성이다.
- 면양의 Karakul종 : 백색은 흑색에 대하여 열성이다.

10 다음 중 반복력의 계산이 어려운 것은?

① 산 차
② 양의 산모량
③ 돼지의 산자수
④ 자손의 이유 시 체중

해설

반복 형질의 예에는 젖소에 있어서 산유량, 말에서의 경주능력, 돼지에서 복당 산자수, 양에서 산모량이 있다. 반복력은 단순히 r로 나타낸다.
① 산차(Parity) : 동일개체의 과거 분만 횟수

11 소의 체위 측정에서 수평면에서 기갑 최고 부까지의 길이를 무엇이라 하는가?

① 체 고   ② 체 장
③ 고 장   ④ 십자부고

해설

소 체위 측정부위

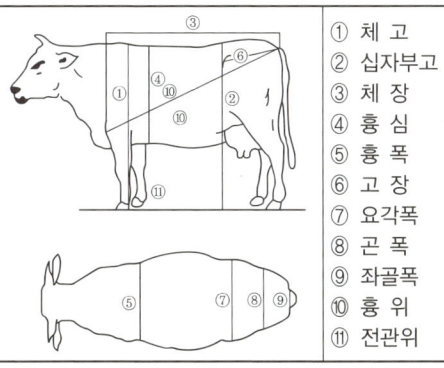

① 체 고
② 십자부고
③ 체 장
④ 흉 심
⑤ 흉 폭
⑥ 고 장
⑦ 요각폭
⑧ 곤 폭
⑨ 좌골폭
⑩ 흉 위
⑪ 전관위

12 암탉의 조숙성을 나타내는 것으로 가장 적합한 것은?

① 초산일령
② 연속 산란일령
③ 산란사 편입일령
④ 최고 산란율 도달일령

해설

조숙성

계군의 산란율이 50%에 도달하는 초산일령으로 조숙할수록 산란수가 많다.

13 A품종의 평균 생시체중은 40kg이고, B품종은 60kg일 때, A품종과 B품종 간의 교잡으로 생산된 합성종의 생시체중은 50kg이었다. 이때 합성종의 잡종강세(%)의 강도는?

① 0   ② 10
③ 15   ④ 20

해설

잡종강세 발현율 = {(F_1의 평균값 − 양친의 평균값) / 양친의 평균값} × 100
= {(50 − 50) / 50} × 100
= 0

14 우성백색 유전자를 가진 Leghorn종(IICC)과 열성백색 유전자를 가진 Wyandott종(iicc)을 교배하여 얻은 F_1끼리 다시 교배시켜 얻은 F_2의 백색과 유색의 분리비는?

① 15 : 1   ② 14 : 2
③ 13 : 3   ④ 12 : 4

해설

우성 상위형질인 닭의 우모색은 억제유전자 I의 상위작용에 의해 F_2(잡종 2대)의 분리비는 13 : 3으로 나타난다.

15 육우의 주요 경제형질이 아닌 것은?

① 번식형질
② 발육형질
③ 도체형질
④ 비유형질

해설

육우의 주요 경제형질
- 번식형질 : 수태율, 수태당 종부횟수, 발정재귀중단율, 수정횟수, 임신율, 임신기간, 분만간격, 연산성, 난산의 비율 등
- 발육형질 : 생시체중, 이유 시 체중, 이유 후 체중률, 증체율, 사료효율 및 체형 등
- 도체형질
  - 육질등급(형질) : 육질, 근내지방도, 연도, 조직감 등
  - 육량등급(형질) : 도체의 품질, 도체율, 도체중, 등지방두께, 배최장근단면적 등
- 질적 형질 : 체형과 외모(털색, 피부색, 뿔의 형태 등)

17 다음 중 (가), (나)에 알맞은 내용은?

- (가)은 전체분산 중에서 상가적 유전분산이 차지하는 비율을 말한다.
- 유전력이 취하는 값의 범위는 (나)까지이다.

① (가) : 넓은 의미의 유전력, (나) : 0~1
② (가) : 넓은 의미의 유전력, (나) : 0~0.5
③ (가) : 좁은 의미의 유전력, (나) : 0~1
④ (가) : 좁은 의미의 유전력, (나) : 0~0.5

해설

- (가) 좁은 의미의 유전력 = $\dfrac{\text{상가적 유전분산}}{\text{전체분산(표현형분산)}}$
- (나) 유전력의 범위는 0~1이며, 유전효과가 없을 경우 0의 값을 갖게 되고 유전효과에 의해서만 표현형이 결정될 경우 1의 값을 갖게 된다.

16 상염색체에 존재하는 유전자에 의해 발현되나 그 개체의 발현은 성호르몬에 의해 영향을 받는 유전현상은?

① 종성유전
② 반성유전
③ 한성유전
④ 모계유전

해설

종성유전
상염색체에 있는 유전자의 유전자형은 동일하지만 호르몬의 작용 등으로 표현형적 차이가 생겨 한쪽의 성에만 나타나거나 또는 한쪽의 성에는 우성으로 발현하고 반대쪽 성에서는 열성으로 잠재하여 유전하는 현상을 말한다.
예 가금의 깃형태 및 색깔, 볏모양, 가축의 뿔, 사람의 대머리

18 근친교배의 영향으로 옳지 않은 것은?

① 번식능력 저하
② 유전자의 고정
③ 강건한 자손 생산
④ 이형접합체의 비율 감소

해설

근친교배의 유전적 효과
- 유전자의 호모성(동형접합체)을 증가, 헤테로성(이형접합체)을 감소시킨다.
- 가축에 있어서 근친도가 높아짐에 따라 각종 치사유전자와 기형 발현 빈도가 높아지며, 번식능력, 성장률, 산란능력, 생존율 등이 저하된다.

19 소에 있어 1번 염색체와 29번 염색체가 융합하여 하나의 염색체를 만드는 경우가 있는데 이와 같은 현상을 무엇이라 하는가?

① Robertsonian 전좌
② Robertsonian 역위
③ Robertsonian 결실
④ Klinefelter 증

해설

전좌 : 염색체의 일부가 같은 염색체의 다른 부분에 결합하는 것

20 좌위 간에 멘델의 독립법칙이 적용되는 상태에서 유전자형이 AaBbCc인 개체와 AABbCc 개체 간의 교배에서 AABbCc인 자손을 얻을 확률은?

① 1/4
② 1/8
③ 1/16
④ 1/32

해설

모든 유전자가 독립되어 있으므로 따로따로 확률을 구해서 곱해 주면 된다.
Aa × AA → AA 나올 확률 : 1/2
Bb × Bb → Bb 나올 확률 : 1/2
Cc × Cc → Cc 나올 확률 : 1/2
∴ 1/2 × 1/2 × 1/2 = 1/8

제2과목 가축번식생리학

21 가장 확실한 젖소의 발정 징후는?

① 승가를 허용한다.
② 큰소리로 운다.
③ 비유가 감소한다.
④ 식욕이 감퇴한다.

해설

발정기에 수컷의 승가를 허용한다.

22 1회 사정정액의 평균치 정자농도(정자수/mL)가 가장 낮은 가축은?

① 소
② 돼지
③ 산양
④ 닭

해설

동물의 정액량 및 정자 수

구 분	사출 정액량(mL)	1mL 중 정자 수	총 정자 수
소	6.0(2.0~8.0)	10(8~15)억	54(20~60)억
말	80(50~200)	1.2(0.8~5)억	100(44~454)억
면양	1.0(0.5~2.0)	30(20~50)억	30(20~50)억
산양	1.0(0.5~2.0)	20(10~35)억	20(10~35)억
돼지	250(150~500)	2(1~2.5)억	400(100~700)억
개	9.5(2.0~20)	2.7(0.6~6.4)억	15(2~25)억
고양이	0.06(0.03~0.09)	–	0.6(0.2~1.2)억
닭	0.7(0.2~1.5)	35(20~50)억	25(10~40)억

23 암컷 생식기관과 배란에 관한 설명으로 옳지 않은 것은?

① 난소, 난관, 자궁, 질, 외부 생식기로 구성되어 있다.
② 자궁각은 수정 장소이다.
③ 소나 말은 일반적으로 한 발정기에 1개의 난자를 방출한다.
④ 그라프난포가 파열되어 난자가 방출된다.

해설

포유동물은 난소에서 생산된 난자가 난관에서 배란 및 수정된 후, 자궁각에서 착상하여 태아로 발달한다.

24 비유가 시작될 때 분비가 상승하는 호르몬이 아닌 것은?

① 프로락틴
② 프로게스테론
③ 성장호르몬
④ 글루코코르티코이드

해설

프로게스테론은 난소의 황체나 태반에서 분비되며, 임신을 유지하는 작용을 한다.
비유 유지에 필요한 호르몬
- 난포호르몬(Estrogen) : 유선관계의 발달
- 황체호르몬(Progesterone) : 유선포계의 발달
- 프로락틴(Prolactin) : 유즙합성 및 분비
- 성장호르몬(GH), 부신피질 호르몬(글루코코르티코이드) 및 갑상선 호르몬
- 옥시토신 : 유즙배출 및 젖 방출촉진

25 부고환의 기능으로 옳지 않은 것은?

① 정자의 운반
② 정자의 농축
③ 정자의 성숙
④ 정자의 분열

해설

부고환은 정자의 운반, 농축, 성숙 및 저장에 관계하는 웅성생식 기관이다.

26 소의 세균성 급·만성 전염병으로 유산을 일으키는 것은?

① 브루셀라병
② 과립성 질염
③ 트리코모나스병
④ 톡소플라스마병

해설

브루셀라병은 감염 소의 생식기로부터 누출되는 배설물에 오염된 사료나 물의 세균을 섭취함으로써 전염되는 가장 일반적인 소의 생식기병으로 유산을 일으키는 특징을 가졌다.

27 가축에서 분만을 인위적으로 유도하고자 할 때 사용할 수 없는 호르몬은?

① 인도메타신
② 덱사메타손
③ 글루코코르티코이드
④ 프로스타글란딘($PGF_{2\alpha}$)

해설

인도메타신은 프로스타글란딘 생합성의 기본적 효소인 사이클로옥시게나제의 작용을 억제한다.
투여 시 분만이 유도되는 약품
$PGF_{2\alpha}$, ACTH제재(베타콜, 베네콜 등), 글루코코르티코이드제재(덱사메타손, 플푸메타손 등)

정답 23 ② 24 ② 25 ④ 26 ① 27 ①

28 음낭의 주요 기능으로 옳은 것은?

① 정소의 온도조절 ② 정자의 운동조절
③ 정자의 운반기능 ④ 정자의 생산기능

해설
음낭의 기능은 정소 및 정소상체의 온도를 체온보다 4~7℃ 정도 낮게 유지하는 일이다.

29 암컷의 생식기관이 발생되는 과정에서 난소의 발생과 가장 관계가 깊은 것은?

① 중 신   ② 생식선 융기
③ 생식 결절 ④ 생식 추벽

해설
개체발생의 초기에 분화된 원시생식세포가 태아의 성이 암컷으로 되면 생식선 융기가 난소로 발달되어 배아세포를 거쳐 난원세포가 된다.

30 젖소의 유방에서 유즙이 생성·운반되는 경로가 바르게 연결된 것은?

① 유선포 → 유선관 → 유선소엽 → 유선조 → 유두관
② 유선포 → 유선소엽 → 유선관 → 유선조 → 유두관
③ 유선포 → 유선조 → 유선관 → 유선소엽 → 유두관
④ 유선포 → 유선소엽 → 유선조 → 유선관 → 유두관

해설
유즙의 배출경로
유선포 → 유선소엽 → 유선소관 → 유선관 → 유선조 → 유두조 → 유두관

31 다음 중 뇌하수체 전엽호르몬이 아닌 것은?

① 안드로겐
② 프로락틴
③ 난포자극호르몬(FSH)
④ 황체형성호르몬(LH)

해설
안드로겐은 뇌하수체 후엽호르몬이다.

32 수컷의 포유동물에서 정자형성과 관계가 없는 호르몬은?

① 황체형성호르몬(LH)
② 난포자극호르몬(FSH)
③ 안드로겐
④ 바소프레신

해설
바소프레신(ADH)은 신장에서 수분 재흡수를 촉진시키고 체내 수분 보유를 증가시키는 항이뇨 호르몬이다.

33 가축의 성 성숙에 미치는 주 요인이 아닌 것은?

① 영양공급 ② 계 절
③ 온 도   ④ 운 동

해설
가축의 성 성숙에 영향을 끼치는 요인 : 유전적 요인, 영양, 계절, 온도, 사육방법 등

정답 28 ① 29 ② 30 ② 31 ① 32 ④ 33 ④

34 인공수정을 위한 소의 수정란 이식 시 어떤 단계의 수정란이 가장 높은 임신율을 보이는가?

① 8세포기 ② 16세포기
③ 상실기 ④ 배반포기

해설
상실배가 더 발달하면 배반포기(상실배와 원장배의 중간기)가 된다.
- 모축의 자궁에 착상되는 수정란의 단계 : 배반포
- 배반포의 형성과 발달과정 중 수정란에서 태반과 태막이 되는 것은 영양배엽(영양막)이고, 내부세포괴는 태아로 발달한다.

35 돼지의 평균 번식 적령기로 옳은 것은?

① 수컷 : 7개월경, 암컷 : 10개월경
② 수컷 : 10개월경, 암컷 : 10개월경
③ 수컷 : 13개월경, 암컷 : 15개월경
④ 수컷 : 20개월경, 암컷 : 20개월경

36 난포자극호르몬(FSH)의 작용으로만 나열된 것은?

① 자궁수축, 분만촉진
② 임신유지, 태아발달
③ 유선자극, 유즙분비
④ 난포발육, 지지세포자극

해설
난포자극 호르몬(FSH)
- 난소에 대한 작용
  - 난포의 발육 촉진
  - 난포액의 분비 촉진
  - 에스트로겐의 분비 유도
- 정소에 대한 작용
  - 원시생식세포의 분화 촉진

37 뇌하수체 전엽에서 분비되는 호르몬으로서 비유 유지에 필요한 호르몬은?

① 프로락틴
② 프로게스테론
③ 황체형성호르몬(LH)
④ 성선자극호르몬방출호르몬(GnRH)

해설
프로락틴(Prolactin) : 뇌하수체 전엽에서 분비되며, 포유류의 유선에 작용하여 유즙분비를 자극한다. 탄수화물을 함유하고 있지 않은 폴리펩타이드 계통의 호르몬이다.

38 닭의 산란주기를 바르게 설명한 것은?

① 한 마리의 암탉이 1년 중 산란한 계란의 수
② 한 마리의 암탉이 1개월 중 산란한 계란의 수
③ 한 마리의 암탉이 연일 산란하는 계란의 수
④ 한 마리의 암탉이 연일 산란하는 시간의 주기적 변화

39 유선이 퇴화되는 과정에 대한 설명으로 옳지 않은 것은?

① 유선포로 유입되는 혈류량이 감소한다.
② 저류된 유즙에 의해 유선포의 내압이 상승한다.
③ 유선포계의 퇴화와 동시에 유선관계의 퇴화도 일어난다.
④ 분비상피세포는 세포소멸(Apoptosis)기전에 의해 파괴·소실된다.

해설

유선퇴행의 조직학적 변화로는 유분비상피세포의 수적감소와 유선포수의 감소, 유선엽의 용적감소, 유즙분비와 관련이 없는 결체조직의 증가 등에 따른 분비기능 저하로 나타난다. 이는 착유를 중단했을 때 오는 유선세포의 퇴화와는 구별된다.

40 소의 지속 발정 원인으로 옳은 것은?

① 포 유
② 난포 미발달
③ 영구황체 존재
④ 발육난포의 장기간 존속

해설

지속성 발정

발정이 비정상적으로 길게 지속되는 상태(10~40일간)를 말하며, 이 경우 배란장애를 병발하고 있는 것이 많다. 성숙한 난포가 장기간에 걸쳐 존속하는 경우 난포의 발육, 성숙, 폐쇄 퇴행이 점차 일어나거나, 난포가 낭종화하는 경우에 보인다.

제3과목 가축사양학

41 분만 후 젖소의 유열을 예방하기 위한 분만 전 건유기의 사양관리로 적합한 것은?

① 사료 중 칼슘(Ca) 함량을 줄인다.
② 사료 중 마그네슘(Mg) 함량을 줄인다.
③ 사료 중 칼륨(K) 함량을 줄인다.
④ 사료 중 인(P) 함량을 줄인다.

해설

젖소가 분만 직후 갑자기 다량의 착유로 칼슘이 부족하게 되면 유열이 일어난다. 분만 전 10일간 칼슘을 적게 급여하여 분만 전에 부(-)의 칼슘균형이 이루어지도록 하여 부갑상선호르몬 분비가 촉진되면, 비유개시 시점에는 칼슘의 생체항상성 기전이 활발해져 젖소의 혈장 내 칼슘농도의 급격한 저하를 방지할 수 있다.

42 산란계 사양의 점등 관리에 대한 설명으로 틀린 것은?

① 산란기간의 점등시간 연장은 산란을 촉진시키는 역할을 한다.
② 점등 관리로 육성계의 조기 성 성숙을 억제시킬 수 있다.
③ 점등시간의 연장은 아침과 저녁으로 나누어 조절하는 것이 좋다.
④ 점등시간의 연장을 통해 닭의 뇌하수체 후엽을 자극하여 난포자극호르몬이 분비된다.

해설

닭에 대한 광선의 자극은 시신경을 통해 뇌하수체 전엽을 자극하여 난포자극호르몬을 분비시킨다.

정답 39 ③ 40 ④ 41 ① 42 ④

43 가축의 신체충실지수(BCS ; Body Condition Score)에 관한 내용으로 (가), (나)에 알맞은 숫자는?

> BCS 점수 1차이는 체중 (가)kg 차이이며, 체조직 1kg이 젖 생산에 이용되면 약 (나)kg의 우유를 생산한다.

① (가) : 60, (나) : 7
② (가) : 80, (나) : 15
③ (가) : 100, (나) : 7
④ (가) : 125, (나) : 15

해설

0.45kg의 체조직을 이용하여 3.2kg의 우유를 생산할 수 있는 에너지를 제공한다. 즉, 신체충실지수(BCS) 1점은 젖소 체중 약 60kg과 같다.

체조직 1kg이 젖생산에 이용될 때 우유 생산량
$0.45 : 3.2 = 1 : x$
$x ≒ 7.1kg$

44 사일리지의 적정발효와 품질보존을 위해 충분히 생성되어야 하는 유기산은?

① 초 산
② 프로피온산
③ 젖 산
④ 낙 산

해설

사일리지의 유기산 비율은 젖산함량이 높고 낙산의 함량이 없거나 적을수록 양질의 사일리지이다.

45 효율적인 비육돈 사료급여 방법으로 가장 적합하지 않은 것은?

① 정육생산을 높이기 위한 사료 급여
② 암수분리 사육 및 암수에 적절한 사료 급여
③ 비육 후기에 고에너지 수준의 사료 급여
④ 육성기보다 단백질 수준이 낮은 사료 급여

해설

비육 후기에 고열량 고에너지 사료를 계속 급여하면 kg증체당 사료비가 증가될 뿐만 아니라 등지방두께 증가에 의한 도체등급하락으로 농가소득이 감소된다.

46 식물성 사료에서 인(Phosphorus)의 이용성이 저하되는 형태는 무엇인가?

① Trypsin Inhibitor
② Phytate
③ Cholecystockinin
④ 1,25-dihydroxy Cholecalciferol

해설

인은 피틴(Phytin)태형태로 되어 있어 돼지사료에서 소화율이 낮고, 이로 인해 환경을 오염시킨다. 또 Phytate는 식물성 사료에서 인의 이용에 방해되는 형태의 물질이다.

47 신생 자돈의 보온 적온은?

① 30℃ 정도　② 20℃ 정도
③ 15℃ 정도　④ 10℃ 정도

해설

신생 포유자돈의 적절한 환경 적온은 30℃ 정도(28~32℃)이다.

48 지방산이 β-산화작용을 받게 되면 TCA 회로에서 Acetyl-CoA를 생성한다. 이때 Acetyl-CoA 1분자가 TCA 회로에서 완전산화될 때 생성되는 ATP 수는?

① 12ATP　② 15ATP
③ 30ATP　④ 35ATP

해설

아세틸 CoA는 TCA회로를 한번 회전할 때 3NADH, 1FADH$_2$, 1ATP를 생성한다.
따라서, 생성되는 ATP는 (3NADH × 3) + (1FADH$_2$ × 2) + 1ATP = 12ATP 이다.

49 비육우의 근내지방도 증가를 위한 영양사양학적 기술로 가장 적합하지 않은 것은?

① 비타민 A 조절급여
② 비타민 E 조절급여
③ 반추위 보호 아미노산 급여
④ 반추위 보호 지방산 급여

해설

육성비육에서는 골격 및 근육의 발달을 위하여 단백질사료 및 칼슘, 인, 비타민 A, 비타민 D가 부족하지 않도록 급여한다.

50 반추위에서 생성되는 휘발성 지방산 중 유지방합성에 가장 많이 이용되는 것은?

① 구연산　② 초 산
③ 프로피온산　④ 젖 산

해설

불용성 탄수화물인 섬유소와 전분의 일부는 반추위 미생물에 의해서 휘발성 지방산으로 분해되어 반추위 벽을 통해 흡수된다.
• 아세트산(초산)과 부틸산(낙산)은 흡수되어 유지방 합성에 이용된다.
• 프로피온산은 흡수되어 유당합성에 이용된다.

51 병아리 육추 시 탁우성(쪼는 성질)이 발생하는 원인과 거리가 먼 것은?

① 밀사하고 있을 때
② 직사광선의 부족으로 너무 어두웠을 때
③ 지나친 농후사료로 섬유질이 부족할 때
④ 사료 중 비타민, 단백질, 무기성분이 결핍되었을 때

해설

탁우성 발생 원인
• 과도한 밀사 사육 시, 고온 사육
• 직사광선 또는 과도한 조도로 밝기가 너무 밝을 때
• 지나친 농후사료로 섬유질이 부족한 때
• 사료 중에 비타민, 단백질, 무기성분이 결핍되었을 때
• 유전적 영향과 습성

52 젖소의 초유에 대한 설명으로 틀린 것은?

① 송아지 생후 24시간 이후에 먹이는 것이 가장 좋다.
② 초유는 태변 등 장내 잔류물의 배출을 촉진한다.
③ 초유는 면역글로불린을 다량 함유하고 있어 질병 저항력을 갖게 한다.
④ 처음 착유한 초유는 보통 우유보다 고형물함량이 약 2배 많다.

해설
젖소의 초유는 송아지 생후 12시간 이내에 먹이는 것이 가장 좋다.

53 요소(Urea)를 이용하기 부적합한 가축은?

① 젖 소   ② 돼 지
③ 육 우   ④ 산 양

해설
반추동물 미생물은 모두 단백질분해요소인 Urease를 가지고 있다.

54 위생적인 착유 순서로서 가장 올바른 것은?

① 기기소독・세척 → 유방세척 → 유방건조 → 전착유 → 유두소독 → 유두컵 장착 → 착유 → 유두컵 제거
② 기기소독・세척 → 유방세척 → 유두소독 → 유방건조 → 전착유 → 유두컵 장착 → 착유 → 유두컵 제거 → 유두소독
③ 기기소독・세척 → 전착유 → 유방세척 → 유방건조 → 유두컵 장착 → 착유 → 유두컵 제거 → 유두소독
④ 기기소독・세척 → 유방세척 → 전착유 → 유두소독 → 유두컵 장착 → 착유 → 유두컵 제거 → 유방건조

해설
위생적인 착유순서(방법)
착유 전 착유기의 전세척 실시 → 스트립컵을 이용한 전착유 → 청결한 물로 유두 주위 완벽한 세척 → 소독수에 담근 수건으로 이물질 완전제거 → 전 침지 실시 → 마른수건을 이용한 수분 및 침지제 완벽 제거 → 유두컵 부착 → 끝젖 착유(5초 이내) → 착유 종료 후 크로우의 진공밸브를 잠가 진공압 차단 후 유유컵 제거 → 유두침지 실시 → 산성 및 알칼리 세제를 이용한 착유기 완벽 세척 → 납유 직후 냉각기 세제를 이용한 완벽 세척

55 다음의 사료 구성분 중 소화율이 가장 낮은 물질은?

① 리그닌   ② 단백질
③ 전 분   ④ 펙 틴

해설
목초에는 세포내용물을 구성하는 가소화단백질, 탄수화물, 전분, 펙틴, 산 등은 소화율이 높은 반면, 세포벽 구성물질인 리그닌, 셀룰로스, 헤미셀룰로스 등은 모두 섬유소 계통으로 소화율이 아주 낮다.

정답 52 ① 53 ② 54 ③ 55 ①

56 단백질의 품질을 측정하는 생물가(BV)의 설명으로 맞는 것은?

① 가소화 단백질의 체단백질로의 이용가치
② 유사 단백질의 체내 이용가치
③ 에너지의 증체에 대한 이용률
④ 가소화 영양소의 총열량 수준

해설
단백질 생물가(BV)는 흡수된 단백질이 얼마나 효율적으로 체단백으로 전환되었는가를 측정한다.

57 옥수수 전분 또는 포도당을 만들 때 부산물로 나오는 것은?

① 당 밀
② 전분박
③ 주정박
④ 글루텐피드

해설
옥수수에서 습식방법에 의하여 전분과 옥배유(Corn Oil), 글루텐밀(Gluten Meal), 글루텐피드(Gluten Feed) 등이 얻어진다.

58 유지율이 3.2%인 우유를 1일 22kg 생산할 경우 유지율이 4%인 표준유로 계산하면 약 얼마인가?

① 15kg
② 19.4kg
③ 20.1kg
④ 22kg

해설
FCM(환산유량) = 0.4M + 15F
여기서, M : 산유량, F : 지방량(산유량 × 유지율)
  = (0.4 × 22) + 15(22 × 3.2%)
  = 19.36kg

59 동물체 내에서의 물의 생리적 기능을 설명한 것으로 틀린 것은?

① 용매제로서 우수하고 이상적인 물질이다.
② 비열과 증발열이 적어 체온 상승을 막아준다.
③ 영양소와 대사 생성물의 수송을 돕는다.
④ 체액의 구성 물질이며 조직기관의 관절부에서 윤활유 역할을 한다.

해설
물은 비열과 증발열이 커서 발생되는 열을 효과적으로 흡수하여 급격한 체온 상승을 막아준다.

60 반추위 내에서 섬유소를 분해·이용하는 미생물이 단백질 합성을 위해 중요한 질소원으로써 이용하는 것은?

① 초 산
② 프로피온산
③ 우회단백질
④ 비단백태질소화합물

해설
비단백태질소화합물은 단백질에서 유래하지 않는 질소화합물로, 반추동물에서는 중요한 단백질 보충제로 이용되고 있다.

정답 56 ① 57 ④ 58 ② 59 ② 60 ④

제4과목 사료작물학 및 초지학

61 여름철 초지관리에 알맞은 방법이라 할 수 없는 것은?

① 과방목이 되지 않게 한다.
② 질소비료를 다량 사용한다.
③ 칼리 등 광물질균형을 맞춘다.
④ 목초의 높이를 적당하게 하여 장마기를 넘긴다.

해설
여름철 초지관리
- 고온기의 초지관리 요점은 목초의 수량증대보다는 양호한 식생유지
- 목초 내의 저장탄수화물 관리가 핵심적 요인
- 예취높이는 가능하면 높게(경방목)
- 생육을 촉진시키는 질소비료의 사용은 적게, 칼리비료는 충분히 공급
- 어린눈과 줄기가 집중되어 있는 지표면의 통풍을 개선하고 충분한 햇빛 공급
- 미기상을 좋게 유지하기 위한 장마 전 예취 등

62 4ha의 방목지에 체중 500kg인 젖소 10마리와 체중 250kg인 송아지 6마리를 200일간 방목하였다면 단위 면적당 방목일(Cow-day ; CD)은?

① 600
② 650
③ 1500
④ 1080

해설
단위 면적당 방목일 = (10×1.0) + (6×0.5)×200/4ha
= 650방목일/ha

63 초지 혼파의 장점에 해당되는 것은?

① 파종이 편리하다.
② 종자를 절약한다.
③ 관리하기가 쉽다.
④ 목초 영양분의 균형을 맞출 수 있다.

해설
혼파의 장단점
- 장 점
  - 단백질 함량이 높은 두과 목초와 탄수화물 함량이 많은 화본과 목초의 영양적 균형을 이룬다.
  - 두과 목초가 근류균으로 공중질소를 고정함으로써 화본과 목초에 질소비료가 절약된다.
  - 상번초와 하번초를 혼파함으로써 초종 간의 공간을 균형적으로 유지한다.
  - 다양한 토양층의 이용과 토양의 비료성분(양분과 수분)을 더욱 효율적으로 이용할 수 있다.
  - 계절별로 균등한 목초생산이 가능하다.
  - 자연재해의 정도를 덜 수 있다(동해, 한해(가뭄), 병충해, 습해의 재해 방지 등).
  - 단위면적당 생산량을 높일 수 있고, 이용방법의 선택(건초, 사일리지, 방목)이 쉽다.
- 단 점
  - 재배관리가 어렵다.
  - 최대수량이 아니다.
  - 의도된 결과와는 다른 식생변화로 전이하는 경향이 있다.
  - 관리에 고도의 기술과 목초의 기술이 필요하다.

64 목초가 재생을 위해 저장하는 영양소의 주형태는?

① 무기질
② 지 방
③ 탄수화물
④ 단백질

정답 61 ② 62 ② 63 ④ 64 ③

65 사료작물의 유해성물질인 청산(HCN)에 관한 설명으로 옳지 않은 것은?

① 수수, 수단그라스계 교잡종에 많이 함유되어있다.
② 가뭄이 있거나 서리가 있을 때 함량이 특히 낮다.
③ 글루코사이드 듀린(Glucoside dhurrin)이 반추위미생물에 의해 가수분해될 때 형성된다.
④ 가축의 혈액에서 사이아노헤모글로빈(Cyanohemoglobin)을 형성하여 산소 운반을 방해한다.

해설

심한 가뭄이나 서리가 내린 후, 질소질 비료를 다량 사용한 경우에는 청산함량이 높아지지만 햇빛에 의해 크게 감소하기 때문에 한나절 건조하면 안심하고 급여할 수 있다.

66 화본과 목초의 예취적기에 대한 설명 중 옳은 것은?

① 화본과 목초는 출수 초기가 예취적기이다.
② 2번초 이후의 예취적기는 황숙기이다.
③ 생육단계와 무관하게 30일 간격으로 예취한다.
④ 파종 후 90일 전후이다.

해설

1번초의 예취적기는 화본과 목초는 출수 초기(출수 직전이나 출수 직후), 두과 목초는 개화초기이다.

67 겉뿌림법으로 초지를 조성하고자 할 때, 그 순서가 옳은 것은?

A. 진 압
B. 파 종
C. 장애물 제거
D. 석회 및 비료 주기

① A → C → D → B
② C → D → B → A
③ B → A → C → D
④ D → C → A → B

해설

겉뿌림법 초지 조성 순서
장애물 제거 → 석회 및 비료살포 → 파종 → 진압

68 사료작물 귀리의 일반적인 특징이 아닌 것은?

① 1년생 또는 월년생 작물이다.
② 여름철에는 서늘하고 습하며, 겨울철에는 따뜻한 기후 조건에서 재배가 가능하다.
③ 생육적지는 배수가 잘되고 토양수분이 충분한 양토나 사양토이다.
④ 수확적기는 황숙기가 지난 후이다.

해설

귀리의 일반적인 특징
- 1년생 또는 월년생 작물이다.
- 여름철에는 서늘하고 습하며, 겨울철에는 따뜻한 기후 조건에서 재배가 가능하다.
- 생육적지는 배수가 잘되고 토양수분이 충분한 양토나 사양토이다.
- 수확적기는 유숙기이다.
- 이삭이 여물 때도 잎이 심하게 시들지 않는다.
- 줄기는 굵어도 비교적 부드럽다.
- 가축의 기호성과 영양가가 높다.

정답 65 ② 66 ① 67 ② 68 ④

69 화본과 목초에 속하는 것은?

① 전동싸리 ② 매듭풀
③ 오리새 ④ 비수리

해설

오리새(오처드그라스)는 다년생 상번초이며, 화본과 목초에 속한다.

70 목초 조성 초기 토핑(Topping)의 목적은?

① 추비 효과
② 가축운동 효과
③ 병충해 방제 효과
④ 목초의 분얼촉진 효과

해설

겨울철에 목초가 15cm 정도 자랐을 때 방목시키는 것을 토핑(Topping)이라고 하는데, 그 목적은 목양력을 증가시키는 것이 아니라 어린 유식물의 가지치기, 즉 분얼과 뿌리의 활착을 돕는데 있다.

71 양질의 건초를 제조하는 방법으로 옳은 것은?

① 궂은 날씨가 잦을 때 제조할 것
② 맑은 날 단시간 내에 건조할 것
③ 야간에는 이슬을 맞힐 것
④ 장시간 동안 서서히 말릴 것

72 식물의 세포벽 구성물질 총함량을 확인할 수 있는 성분은?

① 실리카(Silica)
② 리그닌(Lignin)
③ 중성세제불용섬유소(NDF)
④ 헤미셀룰로스(Hemicellulose)

해설

NDF(Neutral Detergent Fiber)법
식물 세포벽 구성성분인 셀룰로스, 헤미셀룰로스 및 리그닌의 총량을 정량하는 데에 적합하다.

73 옥수수의 영양소 중 생육이 진행됨에 따라 함량이 증가되는 것은?

① 조섬유
② 조회분
③ 조단백질
④ 가용무질소물

해설

옥수수의 영양소는 생육할수록 증가하는 것은 가용무질소물이고, 성숙할수록 증가하는 것은 섬유소와 리그닌이다.

74 원형곤포를 이용한 비닐 랩 사일리지 조제 시 작업 단계가 순서대로 나열된 것은?

① 예취 → 집초 → 곤포 → 비닐감기 → 개별저장
② 예취 → 곤포 → 비닐감기 → 집초 → 개별저장
③ 곤포 → 예취 → 집초 → 비닐감기 → 개별저장
④ 곤포 → 집초 → 비닐감기 → 예취 → 개별저장

해설
생볏짚 원형곤포 담근먹이 제조 시 작업단계
벼 수확 → 집초 → 곤포 → 비닐감기 → 저장

75 중부지방의 작부체계에 관한 설명으로 옳은 것은?

① 수량면에서 볼 때 수단그라스계 잡종과 호밀 만생종의 조합이 가장 이상적이다.
② 가능하면 많은 작물을 파종하는 것이 좋으므로 연간 2모작보다는 3모작이, 3모작보다는 4모작이 좋다.
③ 주작물인 옥수수의 수량이 저하되지 않는 범위에서 부작물의 숙기를 결정하여야 한다.
④ 남부지방에서는 일반적으로 이탈리안라이그래스보다 호밀이 부작물로 적당하다.

해설
중북부지방 사일리지용 작부체계에서는 옥수수를 주작물로 하고 이것을 수확하고 난 후에 호밀이나 귀리(연맥) 또는 유채 등을 파종하는 것이 전형적인 작부체계이다.

76 사료작물과 우리나라에서 개발된 작물 품종이 바르게 짝지어진 것은?

① 호밀 – 광평옥
② 수수 – 녹양
③ 귀리 – 유연
④ 이탈리안라이그래스 – 코그린

해설
국내 개발 주요 목초 및 사료작물 품종

구 분	초 종	주요품종
여름 사료작물	옥수수	광평옥, 강일옥, 청안옥, 청사옥, 강다옥, 평안옥, 청다옥 등
	총제 벼	녹양, 목우, 목양
월동 사료작물	이탈리안 라이그래스	• 극조생종 : 그린팜, 그린팜 2호 • 조생종 : 코그린, 코원어리, 코스피드 • 중생종 : 코원마스터 • 만생종 : 화산101호, 102호, 103호, 104호, 106호, 코위너 등
	청보리	영양, 선우, 상원, 우호, 유연, 소만, 다미, 영한, 유호, 조미 등
	호 밀	곡우, 다그린, 이그린, 올그린, 조그린, 참그린 등
	귀 리	삼한, 동한, 조한, 하이스피드, 다크호스, 풍한, 조풍, 광한 등
	트리티케일	신영, 조성
	총체 밀	청 우
목 초	오처드 그라스	합성 2호, 코디, 장벌 101호, 장벌 102호, 온누리 등
	톨페스큐	그린마스터, 푸르미

77 답리작에 적합한 작물의 특징이 아닌 것은?

① 다년생이어야 한다.
② 내습성이 강해야 한다.
③ 내한성이 강해야 한다.
④ 봄에 생산성이 높아야 한다.

해설

답리작에 적합한 작물의 특징
벼 수확 후 가을부터 봄 모내기 전까지 작물을 재배하므로 내습성, 내한성, 내음성이 강해야 한다.

78 다년생 콩과(두과) 목초에 해당하는 것은?

① 레드클로버
② 스위트클로버
③ 화이트클로버
④ 알사이크클로버

해설

두과 목초
- 1년생 : 코리안레스페데자, 콩, 완두 등
- 월년생 : 헤어리베치, 자운영, 루핀, 크림슨클로버
- 2년생 : 레드클로버, 알사이크클로버, 스위트클로버
- 다년생 : 화이트클로버, 라디노클로버, 알팔파, 버즈풋트레포일, 칡

79 젖소 50두를 방목하기 위해 $1m^2$의 방형틀을 이용하여 목초 수량을 조사한 결과 목초수량이 $0.5kg/m^2$이었다. 방목지 면적이 1.5ha라면 목초수량(A)과 1두당 섭취할 수 있는 양(B)은?

① A : 7,500kg, B : 150kg
② A : 6,500kg, B : 120kg
③ A : 5,500kg, B : 90kg
④ A : 4,500kg, B : 60kg

해설

$1a = 100m^2$, $1ha = 100a$, $1.5ha = 15,000m^2$
$1m^2$당 0.5kg 목초수량이므로
1.5ha당 목초수량(kg) = $0.5 \times 15,000 = 7,500kg$
1두당 섭취량(kg) = $7,500 \div 50 = 150kg$

80 다음 중 가축에서 소화율이 가장 낮은 세포벽 구성 물질은?

① 전 분
② 펙 틴
③ 셀룰로스
④ 가소화단백질

해설

세포벽 구성 물질 : 분해도가 높은 것부터 펙틴, 헤미셀룰로스, 셀룰로스, 리그닌 등이 있다.

제5과목 축산경영학 및 축산물가공학

81 비육돈경영의 수익성 제고 방안에 해당하지 않는 것은?

① 상시 사양두수를 크게 할 것
② 자돈 가격을 높일 것
③ 사고율을 작게 할 것
④ 연간 비육회전율을 높게 할 것

해설
비육돈경영에서 수익성 제고 방안
- 상시 사육두수 적정화
- 판매돈 1마리당 매상고의 최대화
- 사고 폐사율의 최소화
- 연간 비육회전율의 최대화

82 낙농가에 대한 경영분석 결과, 고정비가 80만원이고 유동비가 90만원이었다. 이때 산유량은 5,000kg이었으며 우유 1kg당 가격은 380원이었다면 손익분기 산유량은 얼마인가?

① 3,200kg ② 3,500kg
③ 3,800kg ④ 4,000kg

해설
손익분기 생산량 = 고정비 / (가격 – 단위당 유동비)
= 800,000 / (380 – 180)
= 4,000kg
※ 단위당 유동비 = 900,000 ÷ 5,000 = 180

83 노동 효율을 향상시키기 위한 방법으로 틀린 것은?

① 작업의 다양화
② 작업의 협업화
③ 작업방법의 표준화
④ 노동수단의 고도화

해설
농업 노동생산성 향상책
- 노동수단의 고도화 : 영농 작업의 기계화, 자동화, 시설화
- 작업의 능률화 : 작업방법의 표준화, 간략화
- 작업의 공동화(분업화, 협업화) : 공동작업, 협업경영 실시 및 생산기술의 전문화를 통한 분업화
- 노동배분의 합리화 : 노동자 능력에 맞는 작업분담 또는 경영계획수립 시에도 동원 가능한 노동력을 고려한다.
- 토지조건의 정비 : 배수시설의 정비, 경지정리, 경지교환·분합, 농로정비 등

84 축산경영형태 중 일관경영에 대한 설명으로 옳은 것은?

① 송아지나 자돈만을 생산하는 경영형태
② 생산한 송아지나 자돈만을 구입하여 비육하는 경영형태
③ 송아지나 자돈 등을 구입하여 육성단계까지만 사육하는 경영형태
④ 송아지나 자돈을 생산하여 직접 비육하고 판매까지 하는 경영형태

해설
일관경영
- 모돈을 사육하여 자돈을 생산하고, 생산된 자돈을 비육하여 비육돈을 생산-판매하는 경영형태이다.
- 비육돈생산을 최종 목표로 하면서도 자돈생산도 같이 한다.

정답 81 ② 82 ④ 83 ① 84 ④

85 이윤 극대화의 조건에 해당되는 것은?

① 한계비용의 감소
② 평균비용보다 낮은 가격
③ 한계수입과 한계비용의 일치
④ 총수익과 총비용의 일치

해설

축산경영의 이윤 극대화 조건
- 한계수익 = 한계비용
- 총수익과 총비용의 차액이 최대일 때
- 생산요소와 생산물의 가격비가 한계생산과 일치할 때
- 한계생산이 그 가격의 역비와 같을 때
- 한계가치 생산이 자원의 가격과 같을 때

86 농축산물 전자상거래의 특징이 아닌 것은?

① 직거래에 의한 유통비용 절감
② 전통적인 거래에 비해 초기 자본비용이 많이 소요
③ 특정지역이나 시간대에 한정되지 않고 거래가 가능
④ 세분화된 고객에 접근 가능

해설

전자상거래는 웹서버 이용, 홈페이지 구축 등에 초기 자본비용이 적다.

87 비육우경영의 기술진단지표에 해당하지 않는 것은?

① 1두 1일당 증체량
② 사료요구율
③ 사료효율
④ 분만율

해설

기술진단지표
- 비육우 : 1두당 일당 증체량, 사료요구율, 사료효율, 두당 지육생산량, 출하월령, 출하 시 체중, 1인당 관리두수 등
- 번식유 : 초종부월령, 수정횟수, 번식률, 분만간격, 육성률, 관리노동시간 등

88 수익성 지표에 해당되지 않는 것은?

① 순수익
② 소득
③ 1인당 가족노동보수
④ 노동생산성

해설

노동생산성은 생산성지표에 속한다.
수익성 지표 : 소득과 순수익, 1인당 가족 노동보수, 축산소득, 축산자본이익 등

정답 85 ③ 86 ② 87 ④ 88 ④

89 생산량의 증감과 무관하게 지불되는 비용은?

① 가변비용
② 고정비용
③ 총비용
④ 평균비용

90 감가상각비 계산방법의 종류로 옳은 것은?

① 정액법
② 손익분기법
③ 이자계산법
④ 자산재평가법

해설
감가상각비 계산방법의 종류 : 정액법, 정률법

91 근원섬유에 대한 설명으로 옳지 않은 것은?

① 근원섬유의 횡문은 일정한 주기가 반복되어 특징적인 무늬를 나타낸다.
② 굵은 필라멘트는 주로 마이오신단백질로 구성되고 그 중간을 가로지르는 Z-선이 있다.
③ I대는 명대라고 하며, 주로 가는 필라멘트의 액틴단백질로 구성되어 있다.
④ A대는 암대라고 하며, 중앙에는 약간 밝은 H대와 H대의 중앙에 M선이 있다.

해설
굵은 필라멘트는 주로 마이오신단백질로 구성되고 그 중간을 가로지르는 M-선이 있다.

92 평판형 열교환기에 의한 HTST 살균법의 장점이 아닌 것은?

① 기계화와 자동화가 쉬워진다.
② 열효율은 낮으나 크림분리, 균질, 표준화 등을 연속적으로 처리할 수 있다.
③ 기계설비의 설치면적이 작고, 처리능력의 조절이 용이하다.
④ 세균 오염이 방지된다.

해설
고온 단시간 살균법(HTST)의 장점
- 세척할 때 CIP(Cleaning In Place) 세척이 가능하여 기계화 또는 자동화할 수 있다.
- 처리노력이 적고 열의 효율적 사용으로 경제적이다.
- 기계의 설치면적이 적고 처리용량을 증가시키기 쉽다.
- 세균오염의 기회가 적어 위생적 효과가 좋다.

정답 89 ② 90 ① 91 ② 92 ②

93 어깨등심 부위를 가공한 햄은?

① 로인햄(Loin Ham)
② 본인햄(Bone in Ham)
③ 피크닉햄(Picnic Ham)
④ 안심햄(Tenderloin Ham)

해설

③ 피크닉햄 : 목등심 또는 어깨등심 부위육을 가공한 햄
① 로인햄 : 등심 부위를 가공한 것
② 본인햄 : 뒷다리 부위를 뼈가 있는 채로 그대로 정형 염지한 후 훈연하거나 열처리한 햄
④ 안심햄 : 안심 부위를 가공한 것

95 일반적인 원유의 유당 함량범위는?

① 3.3~3.8%
② 3.9~4.3%
③ 4.5~5.0%
④ 5.1~5.6%

94 훈연의 목적이 아닌 것은?

① 풍미의 증진
② 저장성의 증진
③ 색택의 증진
④ 지방산화 촉진

해설

훈연의 목적
외관과 풍미의 증진, 저장성의 증진, 색택의 증진, 산화 방지, 육색향상

96 도체에 전기자극을 실시하는 주된 목적은?

① 영양 기능성 증진
② 고기의 연도증진
③ 위생 안전성 증진
④ 고에너지물질 생산

해설

근육의 연도를 증진시키는 방법 : 저온숙성, 고온숙성, 골반골 현수, 전기자극법

정답 93 ③ 94 ④ 95 ③ 96 ②

97 육제품 제조 시 인산염의 첨가로 얻을 수 있는 효과가 아닌 것은?

① 보수력 증진
② 식육의 짠맛 완화
③ pH 변화를 통한 미생물 성장 억제
④ 식육 내 철, 구리와 같은 금속이온의 봉쇄

해설
인산염의 작용
- 금속 이온의 봉쇄 작용이 있다.
- 식품의 변색 방지 작용이 있다.
- 식품의 조직의 결착성과 퍼짐성을 증대시킨다.
- 산화방지제의 시너지스트(상승효과)로서 효과가 있다.
- 보수성과 흡수촉진작용이 있다.
- 분산성, 유화성과 해교성이 있다.
- 식품의 산패, 변패를 방지하고, 그 품질을 유지시킨다.

98 시유의 제조 공정에서 살균을 수행하는 목적이 아닌 것은?

① 미생물의 사멸
② 효소의 불활성화
③ 저장성의 증진
④ 지방분리의 억제

해설
살균의 목적
우유영양분의 열에 의한 파괴를 최소로 억제하면서 우유에 존재하거나 존재할 가능성이 있는 모든 병원균을 사멸시키고, 대부분의 부패균을 사멸시켜서 제품의 저장성을 증가시키고, 치즈제조에서와 같이 젖산균 발효를 시킬 때 다른 미생물을 사멸시켜 원하는 발효가 되도록 도와주며, 우유를 변질시킬 수 있는 우유 내의 효소를 파괴하는 데 있다.

99 치즈제조 시 커드 가염의 목적으로 옳지 않은 것은?

① 유산균의 발육 증진
② 양념(Seasoning) 효과
③ 추가적인 유청 배출
④ 숙성과정 중에 잡균 증식 억제

해설
가염목적
- 맛 증진 효과
- 추가적인 유청 배출
- 유산균 발효억제로 치즈 중의 지나친 산도증가 억제
- 숙성과정에 품질 균일화
- 숙성기간 중 잡균 증식 억제(표면곰팡이 제거)

100 근원섬유 단백질에 대한 설명으로 옳은 것은?

① 조절단백질인 액틴과 마이오신은 근절이 형성되는 동안 초원섬유의 배열을 위한 역할을 한다.
② 트로포마이오신은 10개의 G-액틴분자에 결합되어 있다.
③ 타이틴은 근절 내 근원섬유들의 형상과 구조의 순서를 유지시킨다.
④ 네불린은 마이오신 필라멘트의 전 길이에 걸쳐 결합되어 있다.

해설
타이틴(Titin)은 수축성 필라멘트들의 위치를 안정시키고, 원래 길이로 근육 이완 시 필요한 신축성 스프링 역할을 한다.

정답 97 ② 98 ④ 99 ① 100 ③

2020년 제3회 과년도 기출문제

제1과목 가축육종학

01 어떤 개체의 유전자형을 알기 위하여 열성의 호모개체를 교잡하는 검정교배를 나타낸 것은?

① BB×BB
② BB×Bb
③ Bb×Bb
④ Bb×bb

해설
검정교배
여교배 중에서 양친 중 열성친과 교배하는 경우를 검정교배라 하며, 검정교배를 하면 F_1의 유전자형을 알 수 있다.

02 각각의 부모에게서 온 유전자가 합쳐져 새로이 태어난 자손의 유전자형을 형성한 유전자들의 값을 무엇이라고 하는가?

① 평균
② 육종가
③ 우성편차
④ 표현형가

해설
육종가
개체가 지니고 있는 유전자들의 평균효과의 총화로 종축으로서의 가치를 나타낸다.

03 선발강도의 개념을 나타낸 것으로 가장 적합한 것은?

① 선발차이다.
② 선발비율이다.
③ 유전적 개량량이다.
④ 표준화된 선발차이다.

해설
선발강도는 선발차를 표현형 표준편차로 나누어 나타낸다. 측정단위와 관계가 없으므로 측정단위가 다른 형질이나 변이의 크기가 다른 집단의 선발차를 비교할 수 있어 표준화된 선발차라고도 한다.

04 한우의 당대검정우의 조건에 해당하지 않는 것은?

① 등록기관에 부모가 혈통등록이상으로 등록되고 유전자검사결과 친자가 확인된 것
② 씨암소에서 태어나고 생후 160일령 이전에 이유한 수송아지일 것
③ 생후 180일령에 체중이 120kg 이하인 것
④ 당대검정우나 당대검정우의 부모 또는 형제, 자매 중에서 선천성 기형이나 유전적 불량형질이 나타나지 않은 것

해설
한우의 당대검정우의 조건
- 등록기관에 부모가 혈통등록이상으로 등록되고 유전자검사 결과 친자가 확인된 것
- 씨암소에서 태어난 생후 160일령 이전에 이유한 수송아지일 것
- 당대검정우나 당대검정우의 부모 또는 형제, 자매 중에서 선천성 기형이나 유전적 불량형질이 나타나지 않은 것

정답 1 ④ 2 ② 3 ④ 4 ③

05 윤환교배에 대한 설명으로 옳은 것은?

① 서로 다른 2품종 암, 수퇘지를 매세대 교대로 교배하는 것
② 서로 다른 3품종 수퇘지를 매세대 교대로 교배하는 것
③ 서로 같은 2품종 암퇘지를 가지고 순차적으로 교배하는 것
④ 서로 같은 4품종 암, 수퇘지를 매세대 교대로 교배하는 것

해설
윤환교배
서로 다른 3품종을 매세대 교대로 교배하는 것. 즉, 2개 이상의 품종을 이용하여 생산된 암컷에 순종 수컷을 매세대 교대로 교배하는 방법이다.

06 육우의 경제형질이 아닌 것은?

① 번식능률
② 생시체중
③ 도체의 품질
④ 체형 및 외모

해설
육우의 주요 경제형질
- 번식형질 : 수태율(번식능률), 수태당 종부횟수, 발정재귀중단율, 수정횟수, 임신율, 임신기간, 분만간격, 연산성, 난산의 비율 등
- 발육형질 : 생시체중, 이유 시 체중, 이유 후 체중률, 증체율, 사료효율 및 체형 등
- 도체형질
  - 육질등급(형질) : 육질, 근내지방도, 연도, 조직감 등
  - 육량등급(형질) : 도체의 품질, 도체율, 도체중, 등지방두께, 배최장근 단면적 등
- 질적 형질 : 체형과 외모(털색, 피부색, 뿔의 형태 등)

07 돼지의 개량목표로 바람직하지 않은 것은?

① 복당 산자수를 많게 한다.
② 육성률을 향상시킨다.
③ 배장근 단면적을 줄인다.
④ 육돈의 시장출하체중 도달일수를 단축시킨다.

해설
돼지의 개량목표는 등지방층 두께가 얇고 배장근 단면적이 넓으며 도체율, 정육률을 향상시키는 것이다.

08 산란계의 경제형질에 속하지 않는 것은?

① 산란율
② 생존율
③ 성장률
④ 난각질

해설
경제형질
- 산란계 : 생존률, 초산일령, 산란율, 산란지수, 사료요구율, 평균난중, 체중, 수당 사료섭취량, 난각질
- 육용계 : 생체중, 증체량 및 성장률, 사료섭취량과 사료효율, 체지방 및 복강(腹腔)지방, 체형, 도체율, 다리의 결함, 육성률, 번식능력, 질적 형질

09 근교계수 0의 의미로 옳은 것은?

① 개체의 부친과 모친 간에 전혀 혈연관계가 없다.
② 개체의 부친과 모친이 전형매 간의 관계이다.
③ 개체의 부친과 모친이 반형매 간의 관계이다.
④ 개체의 부친과 모친이 부낭 간의 관계이다.

해설
개체의 부와 모의 혈연관계가 가까울수록 근교계수는 높게 나타난다. 즉, 근교계수가 0이면 개체의 부와 모 사이에 혈연관계가 없다.

10 유전적 개량량을 계산하는 방법은?

① 유전력×반복력
② 유전력×표현형상관계수
③ 유전력×육종가
④ 유전력×선발차

해설
세대당 유전적 개량량 = 유전력 × 선발차

11 다음 중 (가), (나)에 알맞은 내용은?

- 선발차를 크게 하기 위해서는 우선 개량하고자 하는 형질의 변이가 (가).
- 일반적으로 암가축에서보다 수가축에서 선발차를 더 (나) 할 수 있다.

① 가 : 작아야 한다, 나 : 작게
② 가 : 작아야 한다, 나 : 크게
③ 가 : 커야 한다, 나 : 작게
④ 가 : 커야 한다, 나 : 크게

해설
선발차의 크기
- 선발차를 크게 하기 위해서는 우선 개량하고자 하는 형질의 변이가 커야 한다.
- 일반적으로 암가축에서보다 수가축에서 선발차를 더 크게 할 수 있다.

12 육우의 두 품종 A와 B에서 최대의 잡종강세를 기대하기 위해서 다음 중 어떤 교배체계를 선택해야 하는가?

① A×B
② (A×B)×A
③ (A×B)×(A×B)
④ (A×B)×B

해설
잡종강세의 효과를 얻기 위해서 혈연관계가 없는 개체끼리의 교배에서 잡종 1대의 능력이 부모의 능력평균보다 우수하게 나타나는 현상이다.

13 잡종강세의 조합능력에 대한 설명으로 옳은 것은?

① 일반조합능력의 차이는 유전자의 상호작용효과에 기인한다.
② 특정조합능력의 차이는 상가적 유전분산에 기인한다.
③ 특정조합능력은 한 계통이 여러 개의 다른 계통과 교배되어 나오는 각종 F_1 능력의 평균을 말한다.
④ 상반반복선발법은 조합능력의 개량을 위하여 고안되어진 것이다.

해설
④ 조합능력을 개량하기 위하여 고안된 육종법으로서 상반반복선발법(상반순환선발법)이 있다.
① 일반조합능력의 차이는 상가적 유전분산에 기인한다.
② 특정조합능력의 차이는 비상가적 유전분산에 기인한다.
③ 특정조합능력은 2개의 특정한 계통 간 교배에 의해 생산된 F_1의 능력과 이들 두 계통의 일반조합능력에 의해 기대되는 값과의 차이이다.

14 다음은 어떤 교배법을 나타낸 것인가?

```
재래종(♀) × 개량종(♂)
        ↓
1대 잡종(♀) × 개량종(♂)
        ↓
  2대 잡종(♀) × 개량종(♂)
        ↓
```

① 누진교배 ② 2품종교배
③ 계통교배 ④ 복교배

해설
누진교배는 개량종을 도입하여 능력이 불량한 재래종 가축의 능력을 단시간에 효과적으로 개량하는 데 이용된다.

15 근친교배의 기능으로 옳은 것은?

① 강건한 자손을 생산한다.
② 유전자를 고정시킬 수 있다.
③ 집단 내 동형접합체의 비율을 줄인다.
④ 잡종교배에 비하여 우수한 자손을 생산한다.

해설
근친교배는 동형접합체의 비율을 높이고 이형접합체의 비율을 줄임으로써 계통을 조성하거나 특정형질을 고정시키는 데 주로 이용하며, 열성불량유전자의 발견에도 이용된다. 근친교배의 단점은 불량형질이 동형접합화 되면서 기형 발생률의 증가, 번식능력 및 내병성의 저하 현상이 나타난다.

16 두 형질 간에 높은 유전 상관을 나타내는 경우 측정이 용이한 형질을 개량함으로써 측정이 곤란한 형질을 개량하는 선발 방법은?

① 결합선발 ② 개체선발
③ 간접선발 ④ 순차선발

해설
간접선발의 이용성
- 개량하려는 형질의 정확한 측정이 곤란하고 그 형질의 유전력이 낮은 경우(가축 성비)
- 개량하려는 형질이 한쪽 성에만 발현되어 다른 쪽 성의 개체에 대해 선발할 수 없을 경우

17 좁은 의미의 유전력에 비하여 넓은 의미의 유전력이 더 높아지는 데 기여할 수 있는 것은?

① 환경분산과 상가적 유전분산
② 환경분산과 우성분산
③ 상위성분산과 우성분산
④ 상위성분산과 상가적 유전분산

해설

유전력

- 좁은 의미의 유전력 = $\dfrac{\text{상가적 유전분산}}{\text{전체분산(표현형분산)}}$

- 넓은 의미의 유전력
  = $\dfrac{\text{상가적 유전분산 + 우성분산 + 상위성분산}}{\text{전체분산(표현형분산)}}$

18 백색 돼지인 요크셔종(WW)과 흑색 돼지인 버크셔종(ww)의 F_1끼리 교배하였을 경우 자손세대(F_2)에서는 모색이 어떻게 나타나는가?

① 전부 백색
② 백색 3 : 흑색 1
③ 백색 2 : 흑색 2
④ 백색 2 : 흑색 1 : 회색 1

해설

멘델이 실험한 모든 단성잡종의 F_2는 우성형질과 열성형질이 3 : 1로 분리하였다.

19 돼지에서 일반적인 복당 산자수의 유전력 범위로 가장 적합한 것은?

① 5~15%
② 16~20%
③ 25~30%
④ 40~45%

해설

돼지의 경제 형질의 유전력

형질	유전력(%)	형질	유전력(%)
복당 산자수	5~15	체형평점	30~40
복당 이유두수		젖꼭지 수	30~40
21일령 복당체중	5~15	등지방 두께	40~55
이유 시 체중	15~25	도체율	25~35
일당 증체량	10~20	배장근 단면적	45~55
사료요구율	20~30	햄퍼센트	40~50
체 장	25~30		

20 Halothane 검정에 의한 PSS(Porcine Stress Syndrome)의 검출빈도가 가장 높은 돼지 품종은?

① 두록(Duroc)
② 요크셔(Yorkshire)
③ 햄프셔(Hampshire)
④ 피어트레인(Pietrain)

해설

피어트레인(Pietrain)

스트레스에 매우 민감하여 고기색깔은 창백하고 연하여 육즙이 많이 분비되는 저질의 돈육을 생산할 수 있으므로 사육상 주의가 필요하다.

제2과목 가축번식생리학

21 프리마틴(Freemartin)에 관한 설명 중 틀린 것은?

① 중간적인 양성의 생식기관을 갖는다.
② 정상적인 암컷과 비슷한 외부생식기를 갖는다.
③ 정소와 여러 가지로 유사점을 가진 변이한 난소를 가진다.
④ 생식선은 골반강까지 내려가 있다.

해설
소의 수컷과 암컷의 이란성 쌍태아에서는 수컷은 이상이 없고 암컷의 생식선이 웅형에 가까워지는 간성을 나타내게 된다. 이런 현상을 프리마틴(Freemartin)이라고 한다.

22 가축의 성 성숙에 관련된 설명으로 틀린 것은?

① 춘기발동기가 시작되는 때를 성 성숙기라 한다.
② 수소의 성 성숙은 교미와 사정이 가능함을 뜻한다.
③ 암소의 성 성숙은 발정이 나타나고 임신이 가능함을 뜻한다.
④ 성 성숙기가 번식적령기와 반드시 일치하는 것은 아니다.

해설
성 성숙과정이 시작되는 시기를 춘기발동기라고 한다.

23 성숙한 포유가축 수컷의 부생식선만을 나열해 놓은 것은?

① 정낭선, 전립선, 쿠퍼선
② 정낭선, 전립선, 유선
③ 랑게르한스섬, 유선, 쿠퍼선
④ 정낭선, 쿠퍼선, 랑게르한스섬

해설
수컷의 부성선(부생식선) : 정낭선, 전립선, 요도구선

24 동결된 수정란을 이식하는 장점은 무엇인가?

① 임신율의 향상
② 임신진단 과정의 생략
③ 임신기간의 단축
④ 수란축과 공란축의 발정동기화 과정 생략

해설
동결 수정란을 이용하는 것에 의해 희망하는 시기에 희망하는 품종과 계통의 송아지를 얻을 수 있게 되었다.

25 배반포의 형성과 발달과정 중 태아로 발달하는 부분은?

① 투명대   ② 영양막
③ 난황막   ④ 내부세포괴

해설
영양막은 태반과 태막형성에 관여하고, 내부세포괴는 태아로 발달한다.

정답 21 ④ 22 ① 23 ① 24 ④ 25 ④

26 난포자극호르몬(FSH)의 생리작용에 해당하는 것은?

① 배 란
② 황체 형성
③ 난포 발육
④ 조직 및 골격 성장 촉진

해설
난포자극 호르몬(FSH)
- 난소에 대한 작용
  - 난포의 발육 촉진
  - 난포액의 분비 촉진
  - 에스트로겐의 분비 유도
- 정소에 대한 작용
  - 원시생식세포의 분화 촉진

27 각 가축의 발정지속시간을 나타낸 것으로 틀린 것은?

① 소 : 18~19시간
② 돼지 : 24~30시간
③ 산양 : 32~40시간
④ 말 : 4~8일

해설
돼지의 발정지속시간 : 48~72시간

28 설치류 동물에서 황체를 유지하는 호르몬은?

① 안드로겐　② 프로락틴
③ 옥시토신　④ 인슐린

해설
프로락틴은 설치류의 황체 유지를 위해 필요하다.

29 포유가축에서 발정의 동기화, 분만시기의 인위적 조절 및 번식장해의 치료에 광범위하게 사용되는 호르몬은?

① 프로스타글란딘($PGF_{2\alpha}$)
② 황체형성호르몬(LH)
③ 임마혈청성성선자극호르몬(PMSG)
④ 성선자극호르몬방출호르몬(GnRH)

해설
프로스타글란딘($PGF_{2\alpha}$)의 기능
황체를 퇴행시키고 자궁근 및 위와 장도관 내 윤활근의 수축을 자극하므로 분만 시에 분만촉진제로서의 역할을 한다.

30 성숙한 암컷 가축의 난관에서 분비되는 난관액의 생리작용으로 틀린 것은?

① 배란 직후의 난자에 영양분 공급
② 정자의 수정능획득 유도
③ 수정 및 배의 착상 전 초기 발육 유도
④ 암가축의 발정 유도

해설
난관액은 배란 직후의 난자에 영양분을 공급하고, 정자가 수정능력을 획득하도록 도와주며, 수정 및 초기배가 자궁에 착상하기 전에 어느 정도 초기 발육을 가능하도록 한다.

정답 26 ③　27 ②　28 ②　29 ①　30 ④

31 수정란 이식을 위한 다배란을 유기시키기 위해서 다음 중 제일 먼저 사용할 수 있는 호르몬은?

① 에스트로겐(Estrogen)
② 난포자극호르몬(FSH)
③ 황체형성호르몬(LH)
④ 프로게스테론(Progesterone)

해설
소의 난포발육을 위해서는 난포자극호르몬(FSH)나 임마혈청성성선자극호르몬(PMSG)을 주사한다.

32 유선 퇴행의 주된 원인에 해당하지 않는 것은?

① 착유중단으로 유방 내 유즙합성물질 침착
② 착유중단으로 인한 유방 내 압력감소
③ 유즙합성물질에 필요한 영양소 및 호르몬 공급중단
④ 유방 내 혈관으로 이행되는 혈액량의 감소

해설
유선의 퇴행
착유 및 우유 분비가 중단되면 혈압보다도 유선 내압이 더욱 증가하여 우유합성 전구체가 유선분비세포로 들어가지 못해 유선 분비세포의 퇴화가 가속화된다. 이에 따라 초기부의 유선포가 먼저 분해되어 지방층 세포로 대체되면서 유선세포수가 감소하게 되고 세포의 기능성도 급격히 감소한다.

33 가축의 교배적기를 결정하는 생리적 요인으로 부적합한 것은?

① 혈장 내 코르티솔 호르몬의 함량
② 배란시기와 정자가 수정능력을 획득하는 데 걸리는 시간
③ 자축의 생식기도 내에서 정자가 수정능력을 유지하는 기간
④ 배란된 난자가 자축의 생식기도 내에서 수정능력을 유지하는 기간

해설
임신 말기까지 황체에서 프로게스테론을 분비하는 소나 돼지와 같은 동물에서는 태아측의 코르티솔에 의하여 태반에서 에스트로겐이 분비되고, 이 에스트로겐이 자궁내막의 $PGF_{2\alpha}$ 분비를 촉진하며, 분비된 $PGF_{2\alpha}$가 난소의 황체를 퇴행시킴으로써 분만이 유기된다.

34 포유동물에서 배란 직전에 혈중농도가 급상승하여 정의 피드백작용을 하는 뇌하수체 호르몬과 난소 호르몬을 올바르게 연결한 것은?

① 황체형성호르몬(LH), 프로게스테론
② 황체형성호르몬(LH), 에스트로겐
③ 난포자극호르몬(FSH), 프로게스테론
④ 난포자극호르몬(FSH), 에스트로겐

해설
성숙한 포유동물에서 배란 직전에 호르몬의 혈중농도가 급상승하여 배란을 유도하는 정의 피드백작용을 하는 호르몬은 뇌하수체 호르몬인 황체형성호르몬(LH)과 난소 호르몬인 에스트로겐(Estrogen)이다.

정답 31 ② 32 ② 33 ① 34 ②

35 단일성 계절번식 가축은?

① 소　　② 말
③ 돼지　④ 면양

해설
계절번식 가축
- 주년성 번식동물 : 소, 돼지, 토끼
- 비주년성 번식동물
  - 단일성 번식동물 : 면양, 산양, 염소, 사슴, 노루, 고라니 등
  - 장일성 번식동물 : 말, 당나귀, 곰, 밍크 등

36 융모막융모의 형태에 따라 산재성 태반을 가진 가축은?

① 돼지　② 면양
③ 소　　④ 개

해설
동물의 태반 종류
- 산재성 태반 : 말, 돼지
- 궁부성 태반 : 소, 산양, 면양
- 대상성 태반 : 고양이, 개
- 반상성 태반 : 설치류, 영장류

37 성 성숙에 영향을 미치는 요인 중 환경적인 요인이 아닌 것은?

① 영양　② 계절
③ 온도　④ 품종

해설
가축의 성 성숙에 영향을 미치는 요인 : 유전적 요인, 영양, 계절, 온도, 사육방법 등

38 정자의 수정능력 획득과 관련한 내용 중 틀린 것은?

① 암가축 생식기관의 분비액에는 수정능력 획득인자가 함유되어 있다.
② 수정능력 획득인자를 정자피복항원이라 한다.
③ 정자의 수정능력 획득은 난소호르몬의 영향을 받는다.
④ 수정능력 획득에 수반되는 정자의 형태 변화는 첨체반응으로 나타난다.

해설
정자에는 수정능력 파괴인자(정자피복항원)가 존재한다.

39 정자의 수정능력 획득 후 정자두부에서 방출되는 효소 중 난자의 투명대를 용해하는 효소는?

① 카테콜아민(Catecholamine)
② 하이포타우린(Hypotaurine)
③ 히알루로니다아제(Hyaluronidase)
④ 아크로신(Acrosin)

해설
정자의 첨체반응
- 수정능력을 획득한 정자가 난자의 투명대를 통과하기 위하여 일어나는 현상이다.
- 아크로신(Acrosin)이 투명대를 통과하도록 돕는다. 즉, 정자가 수정능력 획득에 의하여 정자두부에서 방출되는 효소 중에서 난자의 투명대를 용해하는 효소로 정자의 침투통로를 만든다.
- 히알루로니다아제(Hyaluronidase)라는 효소가 정자를 투명대 표면에 도달하는 것을 돕는다.

정답　35 ④　36 ①　37 ④　38 ②　39 ④

40 쌍각자궁을 갖는 동물은?

① 집토끼　② 돼 지
③ 소　　　④ 원숭이

해설

가축별 자궁의 형태
- 중복자궁 : 설치류, 토끼류
- 분열자궁(양분자궁) : 소, 말, 산양, 개, 고양이
- 쌍각자궁 : 돼지
- 단자궁 : 사람, 영장류

제3과목　가축사양학

41 산란용 닭의 성 성숙 시기와 가장 관계깊은 것은?

① 질 병
② 폐사율
③ 사료 섭취량
④ 산란율 및 난중

42 젖소가 섭취하는 조사료의 양이 감소함에 따라 우유 성분 중에서도 감소하는 것은?

① 유 당　② 알부민
③ 유지방　④ 유단백질

해설

다량의 농후사료와 소량의 조사료를 급여할 경우에는 초산의 생성비율이 저하되기 때문에 유지방의 함량이 저하된다. 초산은 체내에서 에너지원 및 유지방의 합성에 이용되므로 젖소가 섭취하는 조사료의 양이 감소하면 우유 중 유지방 성분이 감소한다.

43 미량광물질의 반추위 내 대사작용으로 틀린 것은?

① 구리(Cu)는 반추위 미생물 성장에 필수적인 광물질로, 단위동물에 비해 반추동물에서 흡수가 잘 일어난다.
② 망간(Mn)은 박테리아나 원생동물의 셀룰로스 분해 능력을 돕지는 못하지만, 여러 가지 중요한 효소의 전효소로서 작용한다.
③ 몰리브덴(Mo)은 구리(Cu)와 함께 셀룰로스 소화율과 휘발성 지방산 생성을 증진시킨다.
④ 코발트(Co)는 반추위 미생물에 의해 이용되어 비타민 B_{12}를 합성한다.

해설

망간(Mn)은 피루브산 카복시라제, 슈퍼옥사이드 디스무타제, 아르기나제와 같은 효소의 구성성분이며, 가수분해효소, 인산화효소, 탈탄산효소 등의 활성인자이다.

44 사일리지 제조에 적당한 조건으로 틀린 것은?

① 적당한 온도와 수분을 부여할 것
② 다져 넣을 때 공기를 배제할 것
③ 잡균의 번식을 방지할 것
④ 단백질의 함량이 많은 재료를 사용할 것

해설

사일리지 제조에 적당한 조건
- 적당한 온도와 수분을 부여할 것
- 다져 넣을 때 공기를 배제할 것
- 잡균의 번식을 방지할 것
- 적절한 탄수화물의 함량을 가질 것
- 필요시 적절한 첨가제를 사용할 것
- 기계화 작업체계가 확립될 것

정답　40 ②　41 ④　42 ③　43 ②　44 ④

45 중성지방은 지방 분해효소인 리파제에 의해 어떤 물질로 분해되는가?

① 레시틴 + 지방산
② 지방산 + 콜레스테롤
③ 글리세롤 + 지방산
④ 글리세롤 + 콜레스테롤

해설
섭취된 중성지방은 바로 체지방으로 이송되지 못하고 장 내에서 리파제의 작용에 의해서 지방산과 2-모노아실글리세롤로 가수분해된다.

46 사료를 펠릿(Pellet)으로 가공할 때의 장점이 아닌 것은?

① 사료 급여 시 먼지 발생이 적다.
② 선택적 채식과 사료낭비가 적다.
③ 사료의 부피를 감소시킨다.
④ 사료 내 지방성분이 많더라도 가공이 쉽다.

해설
펠릿의 장점
- 성형하기 전에 알맞은 입도로 분쇄하므로 세포막이 파괴되고, 세포 내용물질이 노출되어 소화되기 쉽다.
- 증기를 뿜어내기 때문에 열에 약한 미생물이 사멸하고 독성물질이 비활성화된다.
- 사료의 밀도를 높여 섭취량을 증가시킨다.
- 사료의 단위시간당 섭취량이 많아진다.
- 사료의 취급 및 수송이 편하여 퇴적 장소가 적어도 되며, 수송비와 창고 면적이 적게 든다.
- 허실되는 양이 적고 먼지가 적어 작업 공해가 작아진다.

47 동물체조성 중 가장 적은 양을 차지하는 성분은?

① 수 분   ② 단백질
③ 탄수화물   ④ 지 방

해설
동물체의 주요한 구성성분은 수분, 단백질, 지방, 광물질 그리고 극히 소량의 탄수화물이며, 각각의 구성비율은 동물품종, 연령, 성별 및 동물의 상태에 따라 다르다.

48 담즙의 분비에 이상이 생길 경우 어느 영양소의 소화에 장애가 발생하는가?

① 지 방   ② 광물질
③ 단백질   ④ 탄수화물

해설
지방의 소화는 담즙에 의한 유화로부터 시작된다.

49 탄수화물 대사 중 해당과정에 대한 설명으로 옳은 것은?

① TCA회로라고 한다.
② 미토콘드리아에서 일어난다.
③ 15개의 ATP가 생성된다.
④ 혐기적 상태에서 일어난다.

해설
해당과정(Glycolysis)
1차적으로 세포질에서 포도당을 혐기적 상태에서 분해하여 피루브산을 생성하고, 조효소 NAD를 환원하여 NADH를 생성하는 과정이다. 이를 기질 수준의 인산화 반응이라 하며, 포도당(Glucose) 1분자는 ATP를 해당과정 8개, TCA회로 30개 생산한다.

50 체내 흡수된 영양소는 에너지를 생성하며, 이때 소비된 O_2와 생성된 CO_2양과의 비율을 호흡상이라 하는데, 일반적으로 탄수화물과 지방의 호흡상은 각각 약 얼마인가?

① 1.0과 1.2
② 1.0과 1.0
③ 1.0과 0.7
④ 1.0과 0.9

해설
호흡상
탄수화물 : 1, 지방 : 0.70, 단백질 : 0.82

51 위에서 분비되는 염산(HCl)에 대한 설명으로 틀린 것은?

① 위점막세포에서 분비된다.
② 단백질을 변성시킨다.
③ 미생물에 의한 발효 및 부패를 억제한다.
④ 펩신을 활력이 있는 펩시노겐으로 만든다.

해설
펩시노겐이 염산에 의해 펩신으로 활성화된다.

52 착유우의 사양관리에 대한 설명으로 틀린 것은?

① 전 비유기간 중 체중손실 허용 범위는 최대 50kg 정도, 신체충실지수(BCS) 1.0 이내이다.
② 분만 후 저영양상태는 난소 상태에 악영향을 끼치므로 건물섭취량을 증가시켜 준다.
③ 급여사료의 소화율이 유지율에 크게 영향을 미치므로 사료 내 조섬유 함량은 15% 이하가 적정하다.
④ 고능력우에 과다 에너지 공급 시 대사성 질병에 대해 특히 주의하여야 한다.

해설
조섬유가 15~20%일 때 사료이용효율이 가장 높은데 15% 이하일 경우 섬유소 부족으로 유지율이 감소하고 조섬유 함량이 너무 높으면 전체 사료의 에너지 함량이 적어 유량이 감소한다.

53 일반적인 사양조건에서 가축의 사료건물섭취량을 증가시키기 위해 사용하는 첨가제로 가장 거리가 먼 것은?

① 설 탕
② 식 염
③ 리그닌
④ 당 밀

해설
리그닌은 불용성 섬유소로 자연상태에서 단위동물은 물론 반추동물에서도 거의 소화시키지 못한다.

정답 50 ③ 51 ④ 52 ③ 53 ③

54 닭의 영양소요구량에서 고려하여야 하는 미량 광물질로만 맞게 짝지어진 것은?

① Zn, Cd, Fe, Ca
② Mn, Hg, Fe, Se
③ Mn, Fe, I, Se
④ Mn, P, Co, Zn

해설
광물질 중 Mg, K, Na, Mo은 사료에 풍부하므로 별도로 공급하지 않아도 되지만 Mn, Zn, Na, Cl 등은 부족하지 않도록 유의해야 한다.
광물질의 분류
- 다량 광물질
  - 양이온 : Ca, Na, Mg, K
  - 음이온 : Cl, S, P
- 미량 광물질 : Mn, Fe, Cu, I, Zn, Co, Se, F, Mo, As

55 볏짚과 옥수수 사일리지의 총가소화영양분(TDN)이 각각 43%, 67%라고 할 때 볏짚 40%, 옥수수 사일리지 60%를 섞어서 조제한 조사료의 TDN은?

① 55.2% ② 57.4%
③ 62.5% ④ 45.7%

해설
{(0.43 × 0.4) + (0.67 × 0.6)} × 100 = 57.4%

56 갑상선 종양을 일으킬 수 있는 물질인 고이트린(Goitrin)을 갖고 있는 사료는?

① 대두박 ② 호마박
③ 채종박 ④ 임자박

해설
채종박은 유채씨에서 기름을 짜고 남은 것을 말한다. 채종박에 함유되어 있는 고이트린은 갑상선을 비대시킨다.

57 착유우에서 유기가 경과되어 건유기에 가까워지면 감소하는 우유 성분은?

① 유 당 ② 지 방
③ 단백질 ④ 비타민

58 글루코스 신합성 원료물질과 관련이 없는 것은?

① 젖 산 ② 초 산
③ 글리세롤 ④ 프로피온산

해설
반추동물의 글루코스 신합성에는 젖산, 글리세롤, 프로피온산이 주원료로 이용된다.

59 유방염 예방진단과 우유품질관리를 위해 많이 이용되는 방법인 CMT검사법은 CMT시액의 청정제와 어떤 성분이 반응하는 것인가?

① 백혈구 ② 대장균
③ 진피조직 ④ 포도상구균

해설
유선포 내의 우유로 들어가는 백혈구는 체세포라고 부르며 우유 중의 체세포 농도는 체세포수라고 한다. 체세포수가 클수록 조직의 염증수준도 더 높다. 따라서, 우유 중의 체세포수는 유방의 염증상태의 중요한 지표가 된다. 백혈구 유출이 국소적이기 때문에 감염된 분방에만 심하게 체세포수가 증가된다. CMT(California Mastitis Test) 같은 검사방법은 각 분방의 체세포수를 매우 대략적으로 측정할 수 있어 그 분방을 중점적으로 치료할 수 있도록 해 준다.

정답 54 ③ 55 ② 56 ③ 57 ① 58 ② 59 ①

60 돼지의 유지에 필요한 가소화에너지(DE)는 대사체중($kg^{0.75}$)당 114kcal 정도이나, 실제로는 운동에 필요한 에너지량을 고려하여 20% 증가시켜 급여한다. 유지를 위한 돼지의 DE는?

① 131kcal/$kg^{0.75}$
② 134kcal/$kg^{0.75}$
③ 137kcal/$kg^{0.75}$
④ 140kcal/$kg^{0.75}$

해설
114 + (114 × 0.2) = 136.8Kcal/$kg^{0.75}$

제4과목 사료작물학 및 초지학

61 콩과(두과) 목초의 근류균이 고정하여 목초에 공급하는 비료성분은?

① 인
② 질소
③ 칼륨
④ 마그네슘

해설
콩과 목초의 근류균은 질소 비료성분을 고정하여 목초에 준다.

62 사료작물용 이탈리안라이그래스에 대한 설명으로 틀린 것은?

① 내한성이 약한 편이다.
② 답리작으로 재배가 가능하다.
③ 당분 함량이 높아 사료가치가 우수하다.
④ 질소 고정능력이 있어 질소비료를 주지 않아도 된다.

해설
두과 목초는 공중질소를 고정하여 이용하므로 질소비료를 별도로 시용할 필요가 없지만, 화본과 목초(이탈리안라이그래스)는 질소질 비료를 좋아하므로 많은 양을 시용하여야 한다.

63 초지에 질소비료를 시비하는 것의 영향으로 틀린 것은?

① 한지형 화본과 목초에서 탄수화물의 축적을 증가시켜 가축의 기호성을 높여 준다.
② 화본과 목초는 분얼수가 늘고 잎이 많아지며, 수량이 증가한다.
③ 무기성분 중 마그네슘이나 코발트의 함량이 낮아져 가축의 영양불균형을 초래한다.
④ 혼파초지에서 화본과 목초와 두과 목초의 구성비가 변화하여 화본과 목초의 우점이 심해진다.

해설
질소시비로 한지형 화본과 목초는 탄수화물 축적을 감소시켜 기호성이 낮아진다.

64 건초와 비교할 때 사일리지의 유리한 점이 아닌 것은?

① 비타민 D의 공급력이 높다.
② 다즙질 사료를 공급할 수 있다.
③ 제조 시 기상의 영향을 덜 받는다.
④ 동일한 면적에 많은 양을 저장할 수 있다.

해설
사일리지는 양질 건초에 비하여 비타민 D의 함량이 적다.

정답 60 ③ 61 ② 62 ④ 63 ① 64 ①

65 옥수수 후작물로 많이 재배되는 사료작물로 추위에 매우 강하고 척박한 토양에서도 잘 견디며 수량이 많고 초기에 빨리 자라는 특성을 지닌 사료작물은?

① 귀리
② 유채
③ 호밀
④ 이탈리안라이그래스

해설
호밀은 척박한 토양 등 불량한 환경조건에서 가장 적응력이 높은 사료작물이다.

66 알팔파의 특성 설명으로 틀린 것은?

① 하고에 약하다.
② 가축의 기호성이 좋다.
③ 다른 목초보다 광물질 함량이 많다.
④ 다른 목초보다 단백질 함량이 많다.

해설
하고현상은 없으나 습지에서는 생육이 불량하다.

67 윤환방목의 특징으로 옳은 것은?

① 목양력이 낮다.
② 체목기간이 길다.
③ 선택채식을 방지한다.
④ 조방적인 방목방법이다.

해설
윤환방목 장점
- 선택채식의 기회를 줄임으로써 초지이용률을 높일 수 있다.
- 과방목 방지로 초지생산력의 저하를 막을 수 있다.
- 오염된 목초의 양이 적어 높은 목양력의 유지가 가능하다.
- 적은 목구에서 방목됨으로써 유지에너지가 적다.

68 사료작물용 수단그라스계 교잡종에 대한 설명으로 틀린 것은?

① 다년생 사료작물이다.
② 열대성 작물로 생육에 필요한 온도가 옥수수보다 높다.
③ 청예, 건조, 방목, 사일리지로 이용할 수 있다.
④ 말에 방광염을 유발시킬 위험성이 있다.

해설
아프리카 수단지방이 원산지로 1년생 화본과 C_4형 식물이다.

정답 65 ③ 66 ① 67 ③ 68 ①

69 목초나 사료작물 재배 시 문제가 되는 잡초가 아닌 것은?

① 여뀌　　② 소리쟁이
③ 애기수영　④ 네피아그래스

해설
네피아그래스
열대 아프리카의 1,000mm 이상 강우 지방이 원산인 다년산 화본과 목초이다.

70 사료작물의 기상생태학적 분류에서 난지형 작물로만 짝지어진 것은?

① 호밀, 귀리, 보리
② 수단그라스, 수수, 옥수수
③ 오처드그라스, 티머시, 톨페스큐
④ 자운영, 헤어리베치, 이탈리안라이그래스

해설
사료작물의 기상생태학적 분류

구분	화본과	두과
한지형	이탈리안라이그래스, 호밀, 귀리, 밀, 보리, 오처드그라스, 티머시, 톨페스큐, 켄터키블루그래스, 레드톱, 스무스브롬그래스, 퍼레니얼라이그래스, 리드카나리그래스	헤어리베치, 자운영, 루핀, 크림슨클로버, 레드클로버, 알사이크클로버, 스위트클로버, 화이트클로버, 라디노클로버, 알팔파, 버즈풋트레포일
난지형	수단그라스, 수수, 기장, 조, 옥수수, 버뮤다그라스, 달리스그래스, 바히아그래스, 위핑러브그래스, 기니그래스, 잔디	코리안레스페데자, 콩, 완두, 칡 등

71 라디노클로버와 오처드그라스 초지에서 예취와 시비의 상호작용에 대한 설명으로 가장 적합한 것은?

① 2.5cm 높이로 짧게, 4주 간격으로 예취하여도 목초의 수량 및 지속성에는 큰 변화가 없다.
② 4주 간격으로 자주 예취하더라도 예취 높이를 높게 하고 충분한 칼리질 비료를 주면 목초의 수확량 감소를 방지할 수 있다.
③ 예취간격에 상관없이 2.5cm 높이로 짧게 예취하고 질소질 비료를 충분히 주면 목초의 수확량 감소를 방지할 수 있다.
④ 예취 높이가 낮을수록, 예취간격이 짧을수록, 질소시비량이 많을수록 목초의 저장탄수화물 함량은 높아진다.

72 태양열을 이용하여 공기의 순환을 좋게 하여 건초를 만드는 건조법은?

① 천일건조법
② 가상건조법
③ 발효건조법
④ 반발효건조법

해설
천일건조법
태양열을 이용하며 공기의 유통을 좋게 하는 건조 방법으로 포장건조법이라고도 한다.

73
2.5ha의 목구에 500kg의 착유우 13마리와 300kg의 착유우 5마리가 방목되었다면 방목밀도(AU/ha)는?

① 5.4　　② 6.4
③ 7.4　　④ 8.4

해설

$$\frac{(13두 \times 500kg) + (5두 \times 300kg)}{2.5ha} = 3{,}200 kg/ha$$
$$= 6.4 AU$$

방목밀도는 소 1마리가 1ha에 500kg 기준이다.

74
화이트클로버와 오처드그라스의 혼파초지에 질소비료를 많이 시용하면 어떻게 되는가?

① 화이트클로버가 줄어든다.
② 오처드그라스가 줄어든다.
③ 둘 다 줄어든다.
④ 둘 다 변화가 없다.

해설

화이트클로버와 오처드그라스의 혼파초지에 질소비료를 많이 시용하면 화이트클로버의 질소 고정 능력이 감소하고 생육이 억제되어 경쟁에서 불리해진다.

75
옥수수 파종 시 재식밀도를 지나치게 높게 하였을 때 나타나는 현상이 아닌 것은?

① 암 이삭의 발육이 미약하다.
② 도복이 되기 쉽다.
③ 양분, 수량면에서는 유리하다.
④ 이삭이 생기지 않는 그루가 생긴다.

해설

옥수수의 재식밀도가 지나치게 높을 경우에는 옥수수의 암이삭 비율이 25%까지 저하되어(암이삭 정상 비율 : 50%) 가소화 영양수량과 사일리지의 품질이 저하되며 옥수수대가 가늘어져 도복이 많이 발생하게 된다. 반대로 재식밀도가 낮을 경우에는 단위면적당 생산량이 저하된다.

76
초지의 질소 성분 증가요인이 아닌 것은?

① 암모니아의 기화
② 공생적 질소고정
③ 빗물에 용해되어 있는 질소
④ 유기물 또는 질소비료의 사용

77
다음 중 시간제한 방목을 할 경우 1일 언제, 몇 시간 방목을 하는 것이 적당한가?

① 오전에만 4시간
② 오후에만 4시간
③ 오전과 오후에 각 2시간씩
④ 오전과 오후에 각 4시간씩

해설

시간제한 방목을 할 경우 오전과 오후에 각 2시간씩 방목을 하는 것이 적당하다.

정답 73 ② 74 ① 75 ③ 76 ① 77 ③

78 작부체계에서 봄, 가을철 단경기 사료작물로 가장 적절한 것은?

① 밀
② 수수
③ 귀리
④ 옥수수

해설

주요 사료작물의 종류
- 봄, 가을 단경기 사료작물 : 귀리, 유채 등
- 여름재배 사료작물 : 옥수수, 수수류, 사료용 피 등
- 겨울재배 사료작물 : 호밀, 보리, 이탈리안라이그래스 등
※ 밀은 파종 기간에 따라 봄밀과 가을밀(또는 겨울밀)로 나누기도 한다.

79 화본과 초지에 질소 추비를 하려 할 때 가장 적절한 시기는?

① 장마철
② 하고기간
③ 월동개시기
④ 예취 후 재생기

해설

일반적으로 추비의 알맞은 시기는 이른 봄과 목초를 예취나 방목한 다음이라고 할 수 있으며, 여름철에는 목초가 더디게 자라고 기온이 높으며 비가 많이 내려 비료성분이 목초에 이용되기 전에 유실되기 쉬우므로 피하는 것이 관례이다.

80 사료작물 중 월년생에 속하는 화본과와 콩과(두과) 작물 순으로 나열된 것은?

① 수단그라스, 알팔파
② 티머시, 레드클로버
③ 오처드그라스, 화이트클로버
④ 이탈리안라이그래스, 헤어리베치

해설

사료작물의 생존연한에 따른 분류

구 분	화본과	두 과
다년생	오처드그라스, 티머시, 톨페스큐, 켄터키블루그래스, 레드톱 등	화이트클로버, 라디노클로버, 레드클로버, 알팔파, 알사이크클로버 등
월년생	호밀, 귀리, 밀, 보리, 이탈리안라이그래스 등	자운영, 커먼베치, 헤어리베치, 루핀, 크림슨클로버, 리드카나리그라스 등

| 제5과목 | 축산경영학 및 축산물가공학 |

81 A목장에서 초산우 1두를 3,000,000원에 구입하였다. 이 젖소의 내용연수는 3년, 잔존율은 20%라고 할 때 연간 감가상각비는?

① 400,000원
② 600,000원
③ 800,000원
④ 1,000,000원

해설

정액법 = [구입가격 - (구입가격 × 잔존율)] / 내용연수
= [3,000,000 - (3,000,000 × 0.2)] / 3
= 800,000원

82 다음 중 축산경영인이 추구해야 할 경영목표로 가장 적절한 것은?

① 농업 총수입의 극대화
② 자기자본에 대한 수익의 최소화
③ 농업소득의 극대화
④ 자가노동보수의 최소화

해설

축산경영의 궁극적인 목표는 소득 증대 및 순이익의 극대화이다.

83 축산경영의 대상 축종을 한우에서 양돈으로 변경할 때 경영 내의 변화를 분석·검토하여 여러 대안 중 가장 효율적인 대안을 선택하여 경영계획을 수립하는 방법은?

① 예산법
② 표준계획법
③ 직접비교법
④ 적정목표이익법

해설

축산경영계획법의 종류

- 예산법 : 모든 경영부문을 종합적으로 또는 부분적으로 다른 부문과 대체할 경우에 농장경영 내의 분석·검토하고, 여러 대안 중 가장 효율적인 방법을 선택하여 경영계획을 수립하는 방법
- 표준계획법 : 시험성적이나 전문가의 경험을 토대로 하여 가장 이상적인 진단지표를 작성한 뒤 진단농가와 비교하는 경영진단 방법
- 직접비교법 : 경영규모 및 형태가 비슷한 많은 농가들을 조사하여 그 평균치를 비교기준치로 정한 뒤 진단농가와 비교하는 진단방법
- 적정(목표)이익법 : 적정 목표 이익을 설정하고 목표 달성을 위한 구체적인 계획을 수립한다.
- 선형계획법 : 제한된 자원을 각 생산부문에 합리적으로 배분하기 위하여 생산조건을 수식화하고 최적화시키는 계획 및 분석 기법

84 한육우경영에서 조수익을 증대시키는 방안에 해당되지 않는 것은?

① 고정자산처분액을 줄인다.
② 한육우 판매수입을 증가시킨다.
③ 가축증식액을 증가시킨다.
④ 부산물 판매수입을 증가시킨다.

해설

육우경영 조수익을 증대시키는 방법

- 독우 판매두수를 늘린다.
- 판매단가를 높인다(1두당, 기간당).
- 기간 1두당 생산효율을 높인다.

85 비육돈경영에서 노동생산성을 규제하는 요인이 아닌 것은?

① 모돈 회전율
② 육돈의 비육 회전율
③ 비육돈의 두당 판매수입
④ 사육육돈 두당 투입노동량

해설
노동생산성 = 소득 / 노동투입량(시간, 노동수)

86 낙농경영의 형태 중 사료생산기반에 의한 분류가 아닌 것은?

① 초지형 낙농경영
② 원교형 낙농경영
③ 답지형 낙농경영
④ 전지형 낙농경영

해설
낙농경영형태
• 경영입지조건 : 도시근교형, 도시원교형
• 사료생산기반에 의한 분류 : 초지형 낙농, 답지형 낙농, 전지형 낙농
• 사육목적에 의한 분류 : 종축형 낙농, 착유형 낙농, 육성우 낙농

87 농업노동의 특수성에 해당되지 않는 것은?

① 농업노동의 단순성
② 농업노동의 이동성
③ 농업노동의 계절성
④ 노동감독의 곤란성

해설
농업노동력의 특수성
• 노동의 다양성
• 노동의 이동성
• 노동의 계절성
• 노동감독의 곤란성
• 노동과정의 불연속성
• 노동력의 중노동성

88 소고기 1kg을 생산하기 위하여 8.9kg의 사료량이 필요하다는 것은 축산경영의 일반적인 특징 중 어느 것에 해당하는가?

① 간접적 토지관계
② 3차적 생산의 성격
③ 물량감소의 성격
④ 생산물의 저장

해설
물량감소의 성격 : 물량은 감소하고 가치는 증대된다.

89 계란 생산을 위해 필요한 비용에 있어 경영비에 속하지 않는 것은?

① 사료비
② 자가노력비
③ 차입금이자
④ 방역치료비

해설
자가노력비는 생산비에 속한다.

정답 85 ① 86 ② 87 ① 88 ③ 89 ②

90 다음 중 유동자본재가 아닌 것은?

① 사료 ② 축사
③ 비료 ④ 육계

해설

자본재의 종류

고정자본재	무생	• 건물 및 부대시설 : 축사, 사일로, 사무실, 창고 등 • 대농기구 : 경운기, 트랙터, 착유기 등 • 토지 및 토지개량 : 관개 · 배수시설 등
	유생	• 동물자본재 : 육우, 역우, 번식우, 번식돈, 종계, 채란계 등 • 식물자본재 : 영구초지 등
유동자본재		• 원료 : 사료, 종자, 비료, 건초 등 • 재료 : 약품, 연료, 깔짚, 농약, 소농기구, 비닐 등 • 소동물 : 비육우, 비육돈, 육계 등 • 미판매 축산물 : 우유, 달걀 등

91 육제품 제조 시 사용하는 아질산염의 주된 기능으로 틀린 것은?

① 미생물 성장 억제
② 풍미증진
③ 염지육색 고정
④ 산화촉진

해설

아질산염의 기능
• 육제품의 선홍빛을 고정, 조직감 및 풍미 증진
• 지방 산화 억제
• 미생물 발육억제 및 식중독 예방 효과

92 아질산염의 첨가로 아민류와 반응하여 생성되는 발암의심물질은?

① Nitrosyl Hemochrome
② Nitroso-myochromogen
③ Nitrosamine
④ Nitroso-met-myoglobin

해설

아질산염은 우리 몸속으로 들어오면, 단백질 속 아민과 결합하여 발암물질인 나이트로사민(Nitrosamine)을 생성한다.

93 사후 근육의 변화에 대한 설명으로 틀린 것은?

① 체내 혈액순환의 중단은 근육에 산소 공급이 중단되는 것을 의미한다.
② 혐기적 대사로 생성된 젖산은 포도당과 글리코겐으로 재합성된다.
③ 방혈 후 근육의 산화적 대사가 중단되며 혐기적 대사로 전환된다.
④ 근육에 축적되는 젖산 때문에 근육의 pH가 강하된다.

해설

살아 있는 근육에서 산소는 혈액순환을 통해 근육조직으로 운반되고, 마이오글로빈과 결합하여 대사에 이용될 때까지 저장된다. 그러나 방혈 후 저장된 산소가 대사에 이용되고, 그 양이 고갈되기 시작하면, 산화적 대사가 중단되고 산소가 없는, 즉 혐기적 대사로 바뀌게 된다. 이 혐기적 대사를 통해 생성된 젖산은, 살아 있는 근육에서는 간으로 운반되어 포도당과 글리코겐으로 재합성되거나 신장에서 탄산가스와 물로 대사되지만, 혈액순환이 중단되면 근육조직에 그대로 남아 있게 되고 살아 있는 근육이 식육으로 전환하는 가장 중요한 역할을 한다.

94 아이스크림 제조 시 지나치게 큰 유당결정 때문에 생기는 품질결함은?

① 축축한(Soggy) 조직
② 모래알상(Sandy) 조직
③ 푸석푸석한(Crumbly) 조직
④ 고무질(Rubbery) 조직

해설
② 모래알상(Sandy) 조직 : 너무 많은 유당의 함유로 인해 큰 유당결정이 형성되어 발생된다.
① 축축한(Soggy) 조직 : Overrun이 지나치게 낮은 경우 발생한다.
③ 푸석푸석한(Crumbly) 조직 : 건물함량이나 유화제량이 지나치게 낮게 함유될 때 발생한다. 또한 지나친 Overrun이 생성되거나 균질이 약하게 실시될 때 발생한다.
④ 고무질(Rubbery) 조직 : 안정제의 과다 사용 시 발생한다.

95 우리나라 소도체 육량등급 판정요인이 아닌 것은?

① 배최장근 단면적
② 육 색
③ 등지방두께
④ 도체중량

해설
등급판정의 방법·기준 및 적용조건-육량(고기량)등급(축산법 시행규칙 [별표 4])
도체의 중량, 등심 부위의 외부지방 등의 두께, 등심 부위 근육의 크기 등을 종합적으로 고려하여 A·B·C 등급으로 판정한다.

96 다음 자연치즈 중 치즈의 눈(Eye)이 있는 제품은?

① Emmental 치즈
② Cheddar 치즈
③ Gouda 치즈
④ Camembert 치즈

해설
① Emmental 치즈 : 스위스 에멘탈이 원산지로 스위스 치즈라고도 한다. 에멘탈 치즈는 구멍이 나 있는 것이 큰 특징인데, 이 구멍을 '치즈 아이(Cheese eye)'라고 부른다.
② Cheddar 치즈 : 영국 체더가 원산지이며 숙성 기간은 3개월로 부드러운 신맛이다.
③ Gouda 치즈 : 네덜란드 남부 고다가 원산지이며, 부드러운 맛이 특징이다.
④ Camembert 치즈 : 프랑스 카망베르 지방이 원산지이며 흰 곰팡이를 이용하여 숙성시킨 치즈이다. 치즈 표면에는 흰 곰팡이가 펠트 모양으로 생육한다.

97 주로 유청(Whey)에 용존하며 황록색을 띠는 비타민으로 옳은 것은?

① 비타민 A
② 비타민 B_2
③ 비타민 C
④ 비타민 D

해설
비타민 B_2(Riboflavin)
우유는 비타민 B_2를 가장 많이 함유하고 있는 식품으로, 우유 중에 약 80%가 유리형이다. 20%가 FMN(Flavin Mononucleotide) 및 FAD(Flavin Adenine Dinucleotide)로서 단백질과 결합한 형으로 존재하고 있다. Rivoflavin은 형광을 가지고 있으며, 수용액은 황록색을 띠고 있기 때문에 유청의 색도 황록색을 띠고 있다.

98 근원섬유단백질에 대한 설명으로 틀린 것은?

① 액틴 : 마이오신과 결합하여 액토마이오신을 형성하여 근수축을 일으킨다.
② 트로포마이오신 : 근원섬유의 굵은 필라멘트로마이오신 조절단백질로써 작용한다.
③ 마이오신 : 근원섬유단백질 중 가장 많이 함유된 단백질로 ATP 분해기능을 가지고 있다.
④ 트로포닌 : 액틴의 조절단백질로 트로포마이오신과 결합하여 액틴과 마이오신의 상호작용을 조절한다.

해설
가는 필라멘트는 액틴(Actin), 트로포닌(Troponin), 트로포마이오신(Tropomyosin)이라는 세 가지 단백질로 구성되어 있고, 굵은 필라멘트는 마이오신(Myosin)이라는 하나의 단백질로만 이루어져 있다.

99 도체온도가 높은 상태, 즉 가축 도살 후 1시간 이내에 발골하는 온도체가공의 효과가 아닌 것은?

① 원료육의 기능적 가공특성 증진
② 균일한 발색
③ 진공포장육의 육즙 손실 감소
④ 고기연도 증진

해설
온도체 가공의 장단점
• 장 점
  - 원료육의 기능적 가공 특성 증진
  - 정육 수율의 감소방지
  - 진공포장 시 육즙손실 감소
  - 육색의 변화를 최대한 줄일 수 있다.
• 단 점
  - 미생물 증식이 빨라질 수 있다.
  - 사후강직이 완료되기 전의 근육에서 저온단축현상 발생
  - 부분육 절단 시 고기의 손실이 크다.
※ 근육의 연도를 증진시키는 방법 : 저온숙성, 고온숙성, 골반골 현수, 전기자극법

100 우유의 살균법으로 가장 거리가 먼 것은?

① 저온장시간살균법(LTLT)
② 고온단시간살균법(HTST)
③ 자외선(UV)살균법
④ 초고온살균법(UHT)

해설
우유의 살균법
• 저온장시간살균법(LTLT) : 63~65℃에서 30분 가열 후 1일 간 상온에서 방치했다가 다시 살균작업 반복
• 고온단시간살균법(HTST) : 72~75℃에서 15초간 가열 후 급랭
• 초고온멸균법(UHT) : 130~150℃에서 2초간 가열 후 급랭

2020년 제4회 과년도 기출문제

제1과목 가축육종학

01 강력유전을 하게 하는 데 도움이 되는 교배법은?

① 속간교배
② 근친교배
③ 잡종간교배
④ 품종간교배

해설
근친교배는 유전자의 호모성을 증진시켜 강력유전을 하게 된다.

02 육용종 순계 검정에 있어 조사 항목과 내용이 일치하지 않는 것은?(단, 닭 검정기준을 적용한다)

① 64주령 난중 : 첫 모이를 준 날로부터 62~64주령 사이의 평균 난중
② 첫 산란 일령 : 첫 모이를 준 날로부터 첫 산란 개시 일령
③ 육추율 : 첫 모이 수수에 대한 8주령 종료 수수의 비율
④ 부화율 : 부화 입란수에 대한 발생 병아리의 비율

해설
부화율 : 수정란에 대한 발생수수의 백분비로 표시한다.

03 선발 효과를 크게 하는 방법으로 틀린 것은?

① 번식 효율을 높이거나 생존율을 증가시켜야 한다.
② 환경적 변이의 증가보다는 유전적 변이의 증가가 커야 한다.
③ 유전력을 높이기 위하여 환경변이를 크게 한다.
④ 세대 간격을 짧게 하기 위해서 가능하면 강건한 젊은 가축을 번식에 이용한다.

해설
선발의 효과를 크게 하는 방법
- 선발차를 크게 한다.
- 유전력을 크게, 유전변이를 크게, 환경변이를 작게 한다.
- 세대간격을 짧게 한다.
- 균일한 사양 관리 조건하에서 사육한다.
- 후보종축의 기초축 두수를 크게 한다.

04 후대검정은 어떠한 형질에 가장 효과적으로 이용할 수 있는가?

① 유전력이 높은 형질
② 양쪽 성에서 발현되는 형질
③ 도살해야만 측정할 수 있는 형질
④ 개체선발을 효과적으로 이용할 수 있는 형질

해설
후대검정을 이용하는 경우
- 유전력이 낮은 형질의 개량
- 한쪽 성에만 발현되는 형질의 개량
- 도살해야 측정할 수 있는 형질의 개량

정답 1 ② 2 ④ 3 ③ 4 ③

05 모돈 생산능력지수(SPI)에 의해 어미 돼지를 선발하는 경우 기준이 되는 것은?

① 생시 생존 산자수와 모돈의 사료 효율
② 생시 생존 산자수와 21령 복당 체중
③ 이유 두수와 모돈의 사료 효율
④ 모돈의 사료 효율과 21일령 복당 체중

해설
SPI = 6.5NBA + 2.2ALW
(NBA : 해당 모돈의 복당 산자수(생존자돈수), ALW : 21일령 복당 체중)

07 다음과 같은 방식의 잡종 교배 방법은? (단, L : Landrace, Y : Yorkshire, D : Duroc 이다)

$$L(♀) \times Y(♂)$$
$$\downarrow$$
$$F_1(♀) \times D(♂)$$
$$\downarrow$$
$$F_2(♀) \times L(♂)$$
$$\downarrow$$
$$F_3(♀) \times Y(♂)$$
$$\downarrow$$
$$F_4(♀) \times D(♂)$$
$$\downarrow$$
$$\cdots$$

① 상호역교배
② 3원윤환교배
③ 3원종료교배
④ 3원종료윤환교배

06 전형매 사이에 서로 교배를 시켰을 때의 근친계수는 얼마인가?

① 6.25%
② 12.5%
③ 25%
④ 50%

해설
근친계수는 전형매에서는 25%, 반형매에서는 12.5% 이다.

08 한 염색체상에 X-Y-Z의 순으로 있는 유전자에 대해 X-Y 간의 교차율은 20%, Y-Z 간의 교차율은 10%이며, 실제로 X-Z 간의 이중교차율이 1%라면 병발계수(Coefficient of Coincidence)는?

① 0.20
② 0.30
③ 0.33
④ 0.50

해설
병발계수 = $\dfrac{\text{실제 이중교차율}}{\text{이론상 이중교차율}}$ = $\dfrac{0.01}{0.2 \times 0.1}$ = 0.5

09
성장률이라는 형질을 개량하고자 할 때 성장률 대신 체중이라는 형질에 대해 선발하여 성장률을 개량하는 선발 방법은?

① 간접선발 ② 반복선발
③ 순차선발 ④ 절단선발

해설

간접선발은 두 형질 간에 높은 유전 상관을 나타내는 경우 측정이 용이한 형질을 개량함으로써 측정이 곤란한 형질을 개량하는 선발 방법이다.

12
AABB와 aabb 교배 시 가능한 F_1 자손의 유전자형은 총 몇 가지인가?

① 1가지 ② 2가지
③ 3가지 ④ 9가지

해설

A는 a에 우성이고, B는 b에 우성이다. 그러므로 F_1 자손의 유전자형은 AaBb 1가지이다.

10
유지 생산량이 400kg인 암소가 속해 있는 목장의 평균 유지 생산량은 300kg이었다고 한다. 유지 생산량에 대한 유전력이 40%일 때 이 암소의 육종가는?

① 40kg   ② 340kg
③ 360kg ④ 440kg

해설

육종가는 선발차에다 유전력을 곱해 평균치에 더해 준다.
400 − 300 = 100 → 선발차 100 × 0.4 = 40
육종가 = 300 + 40 = 340kg

13
일정비율의 암컷은 대체종빈축의 생산을 위해 윤환교배를 실시하고 나머지 일정비율의 교잡종 암컷은 종료종모축과 교배하여 실용축을 생산하도록 하는 교배 방법은?

① 3품종 종료교배 ② 종료윤환교배
③ 윤환교배   ④ 2품종교배

해설

종료윤환교배
윤환교배 형태나 3품종 또는 그 이상의 품종교배 후 종료하는 것으로, 일정비율의 교잡종 암컷은 비육축(실용축)의 생산을 위해 주로 이용하고, 윤환교배종 중 우수종 40%는 윤환교배를 실시한다.

11
젖소 산유기록의 통계적 보정에 있어서 그 대상이 되지 않는 것은?

① 산유기간   ② 1일 착유횟수
③ 분만 시 연령 ④ 분만 시 체중

해설

젖소 산유기록의 통계적 보정 대상
- 착유일수
- 1일 착유횟수
- 암소의 분만 시 연령
- 건유기간, 공태기간

14
초년도의 산란수를 지배하는 GOODALE – HAYS의 산란 5요소가 아닌 것은?

① 조숙성 ② 취소성
③ 강건성 ④ 동기휴산성

해설

GOODALE–HAYS의 산란 5요소
조숙성, 취소성, 동기휴산성, 산란강도, 산란지속성

정답 9 ① 10 ② 11 ④ 12 ① 13 ② 14 ③

15 돼지의 도체 품질 개량을 위하여 가장 많이 이용되는 검정 방법은?

① 혈통검정　　② 능력검정
③ 후대검정　　④ 형매검정

해설
형매검정
형제 또는 자매의 능력에 근거하여 평가하는 방법으로, 돼지에서 도체 품질의 개량을 위하여 가장 많이 이용되는 검정 방법이다.

16 1,000마리 쇼트혼 소의 모색 유전자형이 다음과 같다고 할 때 직접법으로 계산한 붉은 모색의 유전자 빈도는?

모 색	유전자형	두 수
붉은색	RR	360
조모색	Rr	480
흰 색	rr	160

① 0.4　　② 0.5
③ 0.6　　④ 0.84

해설
붉은모색 유전자의 빈도
$= \left(\text{붉은색 개체의 빈도} + \dfrac{\text{조모색인 개체의 빈도}}{2} \right) \div 1,000$
$= \left(360 + \dfrac{480}{2} \right) \div 1,000 = 0.6$

17 다음 육우의 경제형질 중 유전력이 가장 높은 것은?

① 수태율　　② 도체율
③ 이유 시 체중　　④ 배장근 단면적

해설
① 수태율 : 0~10%
② 도체율 : 35~40%
③ 이유 시 체중 : 30~35%
④ 배장근 단면적 : 55~60%

18 형질 A와 B의 유전공분산이 5이고 A와 B의 유전분산이 각각 25이면, A와 B의 유전상관은 얼마인가?

① 0.5　　② 0.2
③ 0.02　　④ 0.01

해설
유전상관
$= \dfrac{X \text{와 } Y \text{ 두 형질 간의 유전공분산}}{\text{각각 } X \text{와 } Y \text{의 상가적 유전분산의 제곱근의 곱}}$
$= \dfrac{5}{\sqrt{25} \times \sqrt{25}} = 0.2$

19 돼지의 염색체 수(2n)는?

① 38개　　② 46개
③ 60개　　④ 78개

해설
가축의 염색체 수
2배체 상태에서 소는 60개, 돼지는 38개, 닭은 78개를 가진다.

정답　15 ④　16 ③　17 ④　18 ②　19 ①

20 종간잡종으로 생산되는 동물은?

① 말 ② 노 새
③ 염 소 ④ 당나귀

> 해설
>
> **종간교배**
> 동물학상으로 속은 같으나 종이 다른 두 개체 사이의 교배, 종간잡종의 예로 암말과 수나귀 사이의 교배로 생기는 노새를 들 수 있다.

22 정자의 형성 과정 중 X-정자와 Y-정자는 어느 과정에서 형성되는가?

① 정원세포의 증식과정
② 제1감수분열
③ 제2감수분열
④ 형태변화과정

> 해설
>
> 제1정모세포는 제1감수분열과 성숙분열을 통하여 X정자와 Y정자로 나누어지는 2차 정모세포가 된다.

제2과목 가축번식생리학

21 다음 중 돼지의 평균 임신기간은?

① 90일
② 95일
③ 114일
④ 148일

> 해설
>
> **가축의 임신기간**
>
> | 구 분 | 범위(일) | 평균(일) |
> |---|---|---|
> | 말 | 330~340 | 330 |
> | 소 | 270~290 | 280 |
> | 면 양 | 144~158 | 150 |
> | 산 양 | 146~155 | 152 |
> | 돼 지 | 112~118 | 114 |
> | 토 끼 | 28~32 | 30 |
> | 개 | 58~65 | 62 |

23 태반의 분류 중 태반의 모양이 그림과 같은 것은?

① 대상태반 ② 궁부성 태반
③ 산재성 태반 ④ 원반상태반

> 해설
>
> **동물의 태반 종류**
>
> | 산재성 태반 | 궁부성 태반 |
> |---|---|
> | 말, 돼지 | 소, 산양, 면양 |
> | **대상성 태반** | **반상성 태반** |
> | 고양이, 개 | 설치류, 영장류 |

24 다음 중 성스테로이드 호르몬에 해당하는 것은?

① 갑상선호르몬
② 프로게스테론
③ 프로락틴
④ 부신피질자극호르몬

해설
성선에서는 성스테로이드 호르몬으로 웅성호르몬(테스토스테론), 난포호르몬(에스트로겐), 황체호르몬(프로게스테론)이 분비되고, 단백질 호르몬으로 릴랙신, 인히빈, 액티빈 등이 분비된다.

25 다음 중 소의 평균 발정주기로 옳은 것은?

① 4~5일
② 10~15일
③ 21~22일
④ 30~35일

해설
소의 발정주기와 발정지속시간 : 21~22일, 18~20시간

26 정자의 운동에 필요한 에너지를 합성·공급하는 부위로 옳은 것은?

① 두부(Head)
② 중편부(Middle Piece)
③ 주부(Main Piece)
④ 경부(Neck)

해설
미 부
- 정자의 운동기관으로 중편부, 주부, 종부로 구성되어 있다.
- 중편부 : 미토콘드리아가 있어 정자의 운동에 필요한 에너지를 합성 공급한다.
- 주부 : 파동에 의하여 정자를 추진하는 역할을 한다.

27 돼지 액상 정액 보존 온도로 적합한 것은?

① 5℃
② 10℃
③ 15℃
④ 25℃

28 다음 중 계절 번식의 특성을 지닌 가축은?

① 젖 소
② 돼 지
③ 닭
④ 면 양

해설
계절번식 가축
- 주년성 번식동물 : 소, 돼지, 토끼, 닭
- 비주년성 번식동물
  - 단일성 번식동물 : 면양, 산양, 염소, 사슴, 노루, 고라니 등
  - 장일성 번식동물 : 말, 당나귀, 곰, 밍크 등

29 주요 가축의 번식적령기를 결정하는 주요 요인은?

① 온도와 위도
② 월령과 체중
③ 계절과 일조시간
④ 집단의 개체수

해설
번식적령기를 결정하는 요인 중 월령과 체중이 가장 중요하다.

30 자궁근의 강력한 수축운동을 유발하여 분만을 유기하는 호르몬이 아닌 것은?

① 옥시토신
② 에스트로겐
③ 프로게스테론
④ 프로스타글란딘($PGF_{2\alpha}$)

해설
③ 프로게스테론은 임신을 유지시키는 호르몬이다.

31 다음 중 뇌하수체 후엽에서 분비되는 호르몬은?

① 난포자극호르몬(FSH)
② 황체형성호르몬(LH)
③ 프로락틴(Prolactin)
④ 옥시토신(Oxytocin)

해설
④ 옥시토신은 분만 후 자궁의 수축과 유즙 분비를 촉진시키는 뇌하수체 후엽 호르몬이다.
①, ②, ③은 뇌하수체 전엽에서 분비되는 호르몬이다.

32 다음 중 발정한 암퇘지의 배란시기로 옳은 것은?

① 발정개시 후 12~24시간 사이이다.
② 발정개시 후 30~45시간 사이이다.
③ 발정개시 후 50~65시간 사이이다.
④ 발정개시 시기는 배란시기와 무관하다.

해설
일반적인 돼지의 배란시기는 발정개시 후 약 40시간이다.

33 번식 장애의 원인에 해당하지 않는 것은?

① 난소 발육 부전   ② 프리마틴
③ 포유 중 무발정   ④ 영구황체

해설
무발정의 원인
- 난소이상 : 형성부진, 난소 낭종, 프리마틴 등으로 인한 난포발육이상
- 자궁요인 : 임신, 위임신, 태아 미라, 자궁염증 등으로 인한 황체퇴행 장해
- 환경적 요인 : 계절, 비유, 영양공급으로 성선자극호르몬 결핍

34 성숙한 수컷 포유동물의 부생식선이 아닌 것은?

① 랑게르한스 섬   ② 정낭선
③ 전립선   ④ 쿠퍼선

해설
성숙한 수컷의 부성선(부생식선)은 정낭선, 전립선, 요도구선으로 구성되어 있다.

정답 30 ③ 31 ④ 32 ② 33 ③ 34 ①

35 소에서 수정 후 7일경에 수정란을 채란하려고 한다면 어느 부위에서 어떤 발육단계의 수정란이 주로 채란되는가?

① 자궁, 배반포기
② 난관, 4~16세포기
③ 자궁, 4~16세포기
④ 난관, 배반포기

36 임신한 말에서 분비되는 호르몬으로 다수의 난포를 발육시키는 기능이 있는 것은?

① 임마융모성성선자극호르몬(eCG)
② 임부융모성성선자극호르몬(hCG)
③ 성장호르몬(GH)
④ 성선자극호르몬방출호르몬(GnRH)

해설
말은 임신 40일에서 130일 사이에 상당량의 임마융모성성선자극호르몬(eCG)이 분비된다. eCG는 난포를 자극하며 황체를 형성하는 기능을 갖고 있어 다른 종에서 난포성장과 배란자극에 이용된다.

37 다음 중 가장 조기에 소의 임신진단이 가능한 방법은?

① 직장검사법
② 유즙 중 호르몬 측정법
③ 초음파 진단법
④ 방사선 진단법

해설
유즙 중 혈중 프로게스테론(Progesterone)의 농도 측정법
혈액 또는 유즙을 이용하여 임신 진단용 키트로 진단한다. 임신 시 혈중 프로게스테론(Progesterone)의 농도가 증가되며 대체로 교배 3~6주 후에 조사한다.

38 그라프난포(Graafian Follicle)의 조직학적 구성요소가 아닌 것은?

① 간질세포
② 투명대
③ 난모세포
④ 과립막세포

해설
그라프난포
난포강이 형성되고 그 안에 난포액이 차 있는 난포로 난모세포는 난포의 과립층에 싸여 난구를 형성한다. 즉, 암가축의 난포에서 성숙, 발달하는 여러 개의 난포 중 배란 직전에 가장 크게 발달한 난포이다.

39 젖소에서 일정기간의 착유기간 후 다음 비유기 동안 최대한의 우유를 생산하기 위하여 실시하는 건유기의 가장 바람직한 기간은?

① 20~30일
② 30~50일
③ 50~70일
④ 70~90일

해설
일반적으로 건유기간이 60일 전후일 때 이보다 길거나 짧은 경우보다 차기 산유량이 더 높다.

40 소 난자의 배란 후 수정능 유지시간은?

① 6~8시간
② 20~24시간
③ 30~48시간
④ 48~72시간

해설
난자의 수정능력 보유시간

가축명	난자 수정능력 보유시간
소	8~12(최대12~24시간)
말	6~8
돼지	8~10
면양	16~24

35 ① 36 ① 37 ② 38 ① 39 ③ 40 ②

제3과목　가축사양학

41 체외 소화 시험에 사용하는 지시제(Indicator)의 조건이 아닌 것은?

① 생리적으로 불활성 물질일 것
② 독성이 없을 것
③ 소화관에서 흡수 또는 대사되는 물질일 것
④ 소화 내용물과 쉽게 섞이고 고르게 분포될 것

해설
간접 측정에 이용하는 지시제(Indicator)의 조건
- 소화·흡수 과정에서 불활성 물질일 것
- 소화되지 않고 완전히 체외로 배출될 것
- 독성이 없고, 색의 구별이 쉬울 것
- 소화물 및 분내에 균일하게 분포

42 소에서 생체 및 조직의 성장순서를 각각 4단계로 구분한 것 중 순서가 틀린 것은?

① 머리 → 목 → 흉곽 → 허리
② 신경 → 골격 → 근육 → 지방
③ 관골 → 경골 → 대퇴골 → 골반
④ 근육지방 → 피하지방 → 내장지방 → 신장지방

해설
소 생체 및 조직의 성장순서
- 부위 : 머리 → 목 → 가슴 → 허리
- 조직 : 신경 → 골격 → 근육 → 지방
- 골격 : 관골 → 경골 → 대퇴골 → 골반
- 지방침착 : 신장 → 내장 → 피하 → 근육 내

43 최소가격배합표(Least Cost Formula) 작성에 필요한 자료로써 필수적인 것이 아닌 것은?

① 영양소 요구량
② 원료의 성분분석표
③ 원료의 상대가치
④ 원료의 사용가격

해설
합리적인 사료 배합표를 작성하려면 축종별과 생산단계별로 정확한 영양소 요구량을 알아야 하고, 원료의 성분분석표와 원료의 사용 가격이 제시되어야 한다. 이 자료를 활용하면 가축이 필요로 하는 영양소 요구량을 최소가격으로 충족시킬 수 있는 배합비율표의 작성이 가능한데, 이를 최소가격배합표라 한다.

44 반추동물의 소화 작용 중 타액(침)의 기능으로 틀린 것은?

① 사료 중의 단백질이 부족할 때 타액에서 공급하는 질소(N)의 비중이 높아진다.
② 성숙한 반추동물의 타액에는 아밀라아제와 리파아제가 있어 소화에 도움을 준다.
③ 반추동물의 타액은 알칼리성으로 반추위에서 발효될 때 생성되는 산을 중화시키는 완충제 역할을 한다.
④ 반추동물의 타액은 Na^+, K^+, Ca^{2+}, Mg^{2+}, Cl^-, HCO_3^-, 요소 등이 비교적 높은 농도로 함유되어 있어 반추위 내 미생물에 영양소 공급원이 되기도 한다.

해설
성숙한 반추동물의 침에는 소화효소가 없으나, 송아지의 침에는 소량의 리파아제(라이페이스)가 분비되어 지방의 가수분해를 돕는다.

정답 41 ③ 42 ④ 43 ③ 44 ②

45 반추동물에서는 요소나 암모니아와 같은 물질이 단백질원으로 이용되고 있는데, 이러한 물질을 무엇이라 하는가?

① 진정단백질(True Protein)
② 조단백질(Crude Protein)
③ 비단백태질소화합물(NPN)
④ 미생물체단백질(Microbial Protein)

해설
비단백태질소화합물(NPN)
반추위 내 섬유소를 분해하고 이용하는 미생물이 단백질 합성을 위해 중요한 질소원으로써 이용된다.

46 비타민의 종류와 주요기능이 바르게 연결된 것은?

① 비타민 A – 항산화제
② 비타민 D – 야맹증 치료
③ 비타민 E – 칼슘과 인의 대사
④ 비타민 K – 혈액응고

해설
④ 비타민 K : 혈액응고, 내출혈
① 비타민 A : 안질 장애, 번식 장애, 상피 세포 및 점막의 경화
② 비타민 D : 구루병, 비정상적인 골격 형성
③ 비타민 E : 번식 장애, 근육 위축증

47 다음 중 셀레늄(Se)의 결핍증상은?

① 심장의 위축   ② 닭의 삼출성 소질
③ 전신마비   ④ 시야장애

해설
셀레늄(Se) 결핍 증상
• 쥐, 돼지 : 간조직의 괴사
• 닭, 칠면조 : 근위근육병, 삼출성 소질
• 반추가축 : 근육백화병

48 유기비소제가 가축의 성장을 촉진시키는 기전이 아닌 것은?

① 장 내에 서식하는 유해한 미생물의 성장을 억제한다.
② 장벽을 얇게 하여 영양소의 흡수를 돕는다.
③ 질소의 배설을 감소시키는 등 단백질을 절약하는 작용을 한다.
④ 장 내 암모니아의 생성을 촉진하여 단백질 합성을 돕는다.

해설
장 내 암모니아의 생성을 억제하여 미생물 활동을 돕는다.

49 점감점증법은 산란계의 산란율을 증가시키기 위해 최대 얼마까지의 점등시간을 연장해 점등관리를 하는가?(단, 초산이 시작되는 20주령 이후부터로 한다)

① 15시간   ② 17시간
③ 19시간   ④ 21시간

해설
점등관리
• 1주령 병아리는 22~23시간 점등을 한다.
• 2주령에는 20시간으로 조절하고 8주령이 될 때까지 매주 1시간씩 감소시킨다.
• 14주령까지는 9시간 점등한 후 18주령 때에는 12~13시간으로 연장한다.
• 그 후부터는 매주 30분~1시간씩 증가시켜 17시간이 되면 고정한다.

정답 45 ③ 46 ④ 47 ② 48 ④ 49 ②

50
옥수수사일리지의 조단백질 함량이 7%, 건물이 40% 들어 있다면 건물기준으로 옥수수사일리지의 조단백질함량은 몇 % 인가?

① 16.5
② 17.5
③ 18.5
④ 19.5

해설
7 ÷ 40 × 100 = 17.5%

51
소 비육 시 사료와 육질과의 상관관계 설명이 틀린 것은?

① 백색지방을 생산하는 데 영향을 크게 미치는 사료원료는 맥류, 밀기울, 고구마, 감자, 전분박 등이다.
② 사료 내 비타민 A의 함량은 육색과 지방형성에 영향을 준다.
③ 비육 말기에 청초나 사일리지를 급여하면 지방의 황색화가 일어난다.
④ 육질 향상을 위해 비육 말기에 지방을 연하게 하는 사료를 많이 급여한다.

해설
비육 말기에는 지방색을 개선하고 지방을 단단하게 생산하는 사료로 육질개선에 효과를 볼 수 있다.

52
다음 [보기]의 영양소를 바르게 분류한 것은?

┌보기┐
㉠ Arsenic
㉡ Aspartic Acid
㉢ Ascorbic Acid
㉣ Oleic Acid

① 아미노산 : ㉢, 비타민 : ㉡, 지방산 : ㉠, 미네랄 : ㉣
② 아미노산 : ㉡, 비타민 : ㉢, 지방산 : ㉣, 미네랄 : ㉠
③ 아미노산 : ㉢, 비타민 : ㉡, 지방산 : ㉣, 미네랄 : ㉠
④ 아미노산 : ㉡, 비타민 : ㉢, 지방산 : ㉠, 미네랄 : ㉣

해설
- 아미노산 : Aspartic Acid(아스파르트산)
- 비타민 : Ascorbic Acid(비타민 C)
- 지방산 : Oleic Acid(올레인산)
- 미네랄 : Arsenic(비소)

53
황을 함유한 아미노산이 아닌 것은?

① 시스테인(Cysteine)
② 메티오닌(Methionine)
③ 시스틴(Cystine)
④ 트립토판(Tryptophan)

해설
유황을 함유하고 있는 아미노산
메티오닌(Methionine), 타우린(Taurine), 시스테인(Cysteine), 시스틴(Cystine)

정답 50 ② 51 ④ 52 ② 53 ④

54 반추위 내 미생물의 작용에 의해 생성되는 휘발성 지방산은?

① 팔미트산(Palmitic Acid)
② 스테아르산(Stearic Acid)
③ 리놀레산(Linoleic Acid)
④ 초산(Acetic Acid)

해설

휘발성 지방산은 초산, 프로피온산, 낙산 등으로 대별되며 이들의 생성비율은 일반적으로 초산 65%, 프로피온산 20%, 낙산 9%의 비율로 생산된다.

55 가축을 초지에 방목할 때 그래스테타니 발생과 관련이 있는 무기물로만 나열된 것은?

① K, Ca
② K, Mg
③ Mg, Cu
④ Fe, Co

해설

그래스테타니[Grass Tetany, 저마그네슘(Mg)혈증]
비옥한 목초밭에 칼륨(K)을 다량 시비한 결과 마그네슘(Mg)이 적게 흡수되고, 이런 목초를 먹은 소 근육은 마그네슘이 결핍되어 발병하며 흥분, 경련 등의 신경증상을 나타낸다.

56 곡류와 대두박 중심의 양돈 사료에 있어서 가장 결핍되기 쉬운 필수아미노산은?

① 류신(Leucine)
② 발린(Valine)
③ 페닐알라닌(Phenylalanine)
④ 라이신(Lysine)

해설

라이신은 단백질 축적을 위해 필요하며, 곡류 위주의 사료에서 제1 제한아미노산으로 작용하고 있어 필수아미노산 요구량 산정의 기준으로 하고 있다.

57 다음 사료 중 돼지에게 급여하였을 때 연지방을 생성하는 사료는?

① 야자박
② 호밀
③ 탈지유
④ 아마인박

해설

연지방 및 경지방 사료
- 연지방 사료 : 낙화생박, 아마인박, 육분 등
- 경지방 사료 : 보리, 밀, 호밀, 야자박, 감자, 탈지유, 사탕무 등

58 반추가축의 소화기관 중 영양소별 흡수장소를 설명한 것으로 틀린 것은?

① 포도당은 제4위에서 주로 흡수된다.
② 제3위에서는 휘발성지방산(VFA)과 무기물의 흡수가 일어난다.
③ 휘발성지방산(VFA)은 단순확산에 의해 제2위벽으로 흡수된다.
④ 흡수된 휘발성지방산(VFA)은 제1위 정맥을 통해 문맥을 거쳐 간장으로 들어간다.

해설

포도당은 소장에서 주로 흡수된다.

정답 54 ④ 55 ② 56 ④ 57 ④ 58 ①

59 포도당과 갈락토스가 각각 1분자씩 결합된 것으로서 포유동물의 젖 속에 들어 있는 것은?

① 자당(Sucrose)
② 엿당(Maltose)
③ 유당(Lactose)
④ 과당(Fructose)

해설
① 자당(Sucrose) : α-glucose(포도당)와 β-fructose로 이루어지는 이당류
② 엿당(Maltose) : 포도당 두 개가 결합한 이당류
④ 과당(Fructose) : 육탄당

60 사료의 품질평가 방법으로 가장 정확한 방법은?

① 각 사료의 색, 맛, 향기, 냄새, 촉감, 형상 등을 판단하여 평가하는 경험적인 방법
② 가축을 이용한 소화시험, 사양시험, 영양시험, 대사시험 등 많은 시간과 경비, 시설, 노력 등이 필요한 동물시험법
③ 일정용량의 표준중량을 평가하고자 같은 종류의 사료 용량과 중량을 비교하여 평가하는 용적중량에 의한 방법
④ 약품과 기기를 사용하여 정성분석과 정량분석을 하는 사료의 화학적인 품질평가 방법

해설
사료가치를 평가하는 방법에는 물리적 평가방법, 화학적 평가방법, 생물학적 평가방법 등이 있다. 생물학적 평가방법은 많은 시간이 소요되고 과정이 복잡하나, 해당 동물을 직접 이용하므로 평가 결과의 정확도가 높다.

제4과목 사료작물학 및 초지학

61 사일리지 재료에 대한 설명으로 옳은 것은?

① 화본과는 단백질이 많고 광물질이 많아 완충력이 크므로 사일리지 재료로서 가장 적절하다.
② 목초를 예취하여 바로 사일리지를 조제하는 것은 수분함량이 높아 사일리지의 발효품질이 떨어지므로 예건하거나 첨가제를 이용하는 것이 좋다.
③ 수수류 중에서 사일리지에 가장 적합한 것은 잎과 줄기의 비율이 높은 수단그라스계 잡종이다.
④ 사일리지 재료의 수분이 많을 때 이용되는 첨가물은 요소가 가장 많이 쓰인다.

해설
① 화본과는 탄수화물과 당분이 많아 사일리지 발효가 잘된다.
③ 수수류 중에서 사일리지에 가장 적합한 정도는 수수 > 수수×수단그라스 잡종 > 수단그라스 순이다.
④ 사일리지 재료의 수분이 많을 때 이용되는 첨가물은 밀기울, 비트펄프, 볏짚 등이 있다.

62 다음 ( ) 안에 적합한 숫자는?

> 수분함량이 ( )% 정도가 되면 식물체가 미생물의 작용을 받지 않고 저장이 가능할 뿐만 아니라 용적과 중량이 작아져서 운반과 저장이 편리해진다.

① 15　　② 25
③ 35　　④ 45

해설
건초의 가장 적당한 수분함량은 약 15% 정도이다.

정답 59 ③　60 ②　61 ②　62 ①

63 다음 조사료의 종류 중 TDN(Total Digestible Nutrients) 함량이 가장 적은 것은?

① 볏 짚
② 옥수수
③ 알팔파
④ 오처드그라스(초기)

해설
TDN 함량
옥수수(89) > 오처드그라스 초기(71) > 알팔파(57) > 볏짚(38)

64 건초의 품질평가에 있어서 양질의 건초에 대한 설명이 아닌 것은?

① 녹색도가 낮다.
② 잎의 비율이 높다.
③ 상쾌한 냄새를 낸다.
④ 협잡물이 혼입되어 있지 않다.

해설
녹색도
적기 수확, 비를 맞지 않고 건조, 음지에서의 저장 등 관리가 잘된 경우 녹도가 짙으며 녹색 정도가 진할수록 카로틴과 단백질 등 양분함량이 높아 품질이 우수하다.

65 다음 중 다년생 두과(콩과) 목초가 아닌 것은?

① 화이트클로버 ② 헤어리베치
③ 알팔파   ④ 버즈풋트레포일

해설
두과 목초
• 1년생 : 코리안레스페데자, 콩, 완두 등
• 월년생 : 헤어리베치, 자운영, 루핀, 크림슨클로버
• 2년생 : 레드클로버, 알사이크클로버, 스위트클로버
• 다년 : 화이트클로버, 라디노클로버, 알팔파, 버즈풋트레포일, 칡

66 여름철의 예취와 목초의 하고현상 관리에 대한 설명으로 틀린 것은?

① 북방형 목초는 25~27℃가 되면 자라는 것이 거의 중지된다.
② 계절적인 수량의 변동이 낮은 품종은 버즈풋트레포일과 톨페스큐이다.
③ 하고지수가 높을수록 하고에 강하다.
④ 장마 전에 방목이나 예취를 하여 짧은 초장으로 장마철에 들어가도록 한다.

해설
하고지수가 높을수록 하고에 약하다.

67 작부조합에 이용되는 사료작물이 갖추어야 할 전제조건으로 거리가 먼 것은?

① 단위면적당 TDN 수량에 관계없이 건물 수량이 높아야 한다.
② 내병성이 강하고 품질이 우수하여야 한다.
③ 기계화가 쉬우며 재배와 수확에 노력이 적게 들어야 한다.
④ 수확한 후 이용과 저장이 쉬우며 생산비용이 적게 들어야 한다.

해설
작부조합의 전제조건
• 품질이 우수한 사료작물
• 생산, 저장, 이용작업이 쉬운 사료작물
• 생산비용이 싸게 드는 작물
• 단위면적당 가소화영양소총량(TDN) 수량이 높은 사료작물
• 연간 사료가치의 변화가 작고 안정적으로 공급이 가능한 사료작물
• 재배생산에 노력이 적게 드는 사료작물
• 기계, 사일로, 우분뇨 등을 효율적으로 이용할 수 있는 사료작물

정답 63 ① 64 ① 65 ② 66 ③ 67 ①

68 생초에 가까운 품질을 확보할 수 있으나 비용이 많이 소요되는 건조제조 방법은?

① 화력건조
② 천일건조(양건)
③ 발열건조
④ 삼각가건조

69 고품질 곤포 사일리지를 제조하는 방법으로 옳은 것은?

① 수분함량을 40% 이하로 한다.
② 압축은 중요하지 않으므로 느슨하게 곤포한다.
③ 비닐을 2겹으로 감는다.
④ 곤포 후 바로 비닐을 감는다.

해설

고품질 곤포 사일리지 조제 기술
- 곤포 사일리지의 적정 수분함량은 60~70% 내외로 포장에서 예건(사전건조)을 통해서 수분함량을 충분히 낮추도록 한다.
- 곤포의 압력을 최대로 한다.
- 필요시 첨가제를 이용한다.
- 곤포 후 빨리 비닐을 감는다. 비닐을 감는 횟수는 50%가 중복되게 4겹으로 감도록 하고 보관기간이 6개월 이상될 때는 6겹 이상으로 감아 준다.
- 구멍피해를 잘 관찰한다.
- 저장 시 2단 이하로 한다.

70 만생종을 기준으로 TDN(Total Digestible Nutrients) 생산과 긴 겨울철을 고려할 때 우리나라 중북부 지방의 낙농농가에 가장 적절한 작부조합은?

① 옥수수 + 호밀
② 옥수수 + 이탈리안라이그래스
③ 수수 + 이탈리안라이그래스
④ 수수 + 호밀

해설

주작물인 옥수수의 수량이 저하되지 않는 범위에서 부작물의 숙기를 결정하여야 한다. 중부지방에서 담금먹이 옥수수의 답리작으로 재배하기에는 호밀이 적합하다.

71 사일리지용 사료작물은 재배·이용 목적상 어떤 특성을 갖고 있는 것을 우선적으로 선택하여야 하는가?

① 초장이 짧은 것
② 수분함량이 많은 근채류
③ 당분함량과 수량이 많은 것
④ 다년생 목초류

해설

사일리지용 사료작물은 재배·이용목적상 당분함량과 수량이 많은 것을 우선적으로 선택하여야 한다.

72 어떤 목초의 영양소 함량 중 가소화조단백질 10%, 가소화조섬유 12%, 가용무질소물 26% 및 가소화조지방 함량이 1%일 때 이 목초의 가소화영양소총량(TDN)은 몇 %인가?

① 48.25
② 50.25
③ 52.25
④ 54.25

해설
가소화 영양소총량
= 가소화조단백질% + 가소화가용무질소물% + 가소화조섬유% + (가소화조지방% × 2.25)
= 10 + 26 + 12 + (1 × 2.25)
= 50.25%

73 다음 중 하번초(Bottom Grass)에 해당하는 목초는?

① 퍼레니얼라이그래스
② 오처드그라스
③ 리드카나리그라스
④ 메도페스큐

해설
상번초와 하번초의 분류
• 상번초 : 오처드그라스, 티머시, 톨페스큐, 이탈리안라이그래스, 레드 클로버, 알팔파, 리드카나리그라스, 스무스브롬그라스, 메도페스큐, 메도폭스테일, 톨오트그래스 등
• 하번초 : 레드페스큐, 켄터키 블루그라스, 퍼레니얼라이그래스, 화이트 클로버, 화이트 벤트그래스, 크레스티드 폭스테일, 거친줄기 메도그래스, 옐로오트그래스, 버즈풋트레포일 등

74 다음 중 우리나라 남부지방의 답리작에 알맞으며, 특히 기호성과 수량이 높은 사료작물은?

① 연 맥
② 호 밀
③ 보 리
④ 이탈리안라이그래스

해설
이탈리안라이그래스는 가축의 기호성이 좋고 정착이 잘되어 답리작으로도 많이 재배된다.

75 볏짚을 소의 사료로 이용하려 할 때, 기호성과 소화율을 높이는 방법으로 가장 적절한 것은?

① 논바닥에서 건조한 후 비를 맞추어 수분을 조절하여 이용한다.
② 충분히 장기간 건조하여 이용한다.
③ 요소에 침지처리 후 이용한다.
④ 생볏짚 곤포 사일리지로 이용한다.

해설
생볏짚 원형 곤포 사일리지
벼를 수확하고 난 볏짚을 1~2일 이내에 수분함량이 60~70% 수준일 때 원형 곤포기를 이용 400kg 내외 크기의 원형 곤포로 만든 후, 비닐을 4겹 이상 감아 만든 원형 비닐포장 담근 먹이이며 일반 볏짚에 효소를 첨가하여 기호성과 영양가가 높다.

72 ② 73 ① 74 ④ 75 ④

76 초지 조성을 위한 작업 단계를 가장 바르게 나열한 것은?

① 쇄토 → 비료, 종자살포 → 석회살포 → 경운 → 복토 → 진압
② 경운 → 석회살포 → 쇄토 → 비료, 종자살포 → 복토 → 진압
③ 비료, 종자살포 → 경운 → 석회살포 → 쇄토 → 복토 → 진압
④ 석회살포 → 비료, 종자살포 → 경운 → 쇄토 → 복토 → 진압

77 다음 목초 유식물 중 억압력 지수가 가장 높은 초종은?

① 톨페스큐
② 티머시
③ 이탈리안라이그래스
④ 켄터키블루그래스

해설
이탈리안라이그래스는 목초 중에서 억압력 지수가 가장 높기 때문에 초기 생육이 느린 혼파초지 또는 단기윤작초지에서 초기 수량을 올리기 위하여 혼파하는 초종이다.

78 영양생장을 하고 있는 사료작물의 식별방법 중 다음 그림의 화살표는 어느 부위를 나타내고 있는가?(단, 화살표는 잎몸과 잎집 사이를 갈라놓는 분기점을 나타내는 분열조직대를 가리킴)

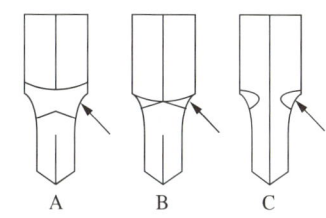

① 유 경
② 경 령
③ 엽 초
④ 엽 이

해설
경령은 잎몸과 잎짚 사이를 갈라놓는 분기점을 나타내는 분얼조직대 또는 생장대라고 할 수 있으며, 이는 보통 털이 없지만 털이 있을 때도 있다. 또한 잎이나 잎짚보다 가벼운 녹색을 갖는 것이 일반적인 특징이다.

79 초지조성의 초기 관리로서 부적합한 것은?

① 가벼운 방목에 의한 진압과 토핑(Topping)
② 도장 목초와 잡초의 억제
③ 목초의 분얼 촉진
④ 초겨울의 추비시용

해설
초지조성의 초기 관리
- 웃자람을 막기 위해서는 경방목을 시켜 주거나 예취 등의 조치가 필요하다.
- 이듬해 봄 서릿발의 피해 및 봄에 가뭄의 적응을 돕기 위한 조치로 진압이 필요하다.
- 분얼과 뿌리의 활착을 돕기 위해 토핑(Topping)을 실시한다.

정답 76 ② 77 ③ 78 ② 79 ④

80 목초 테타니병(Grass Tetany)이란?

① 가축의 혈액 중 마그네슘(Mg)결핍으로 인한 질병
② 톨페스큐 초지에 가축을 장시간 방목시킬 때 발생하는 질병
③ 알칼로이드 화합물을 함유하는 목초를 섭취했을 때 발생하는 질병
④ 가축의 영양소 요구량에 맞추어 사료를 급여하지 못할 때 발생하는 질병

해설

목초 테타니병
비옥한 목초밭에 칼리를 다량 시비한 결과 마그네슘(Mg)이 적게 흡수되고, 이 목초를 먹은 소의 근육은 마그네슘이 결핍되어 흥분, 경련 등의 신경증상을 나타낸다.

82 축산물의 생산비를 계산하는 원칙으로 틀린 것은?

① 생산비는 화폐가액으로 표시될 수 있어야 한다.
② 생산물을 생산하기 위하여 소비된 것이어야 한다.
③ 생산물을 생산하기 위해 구입한 사실이 있는 것만 포함해야 한다.
④ 정상적인 생산활동을 위해 소비된 것이어야 한다.

해설

생산비가 되기 위한 조건
• 생산비는 화폐가치로 표시할 수 있어야 한다.
• 생산비는 생산하고자 하는 축산물에 직접 소비되는 것이어야 한다.
• 생산비는 정상적인 생산활동을 위하여 소비된 것이어야 한다.

제5과목 축산경영학 및 축산물가공학

81 축산경영에 대한 설명으로 옳은 것은?

① 축산경영의 실태는 나라와 시대에 따라서 항상 같다.
② 축산경영은 축산업을 운영하는 것으로 축산물을 최대로 생산함을 의미한다.
③ 축산경영이란 축산의 목표를 달성하기 위해서 경영요소를 효율적으로 결합, 이용하는 합리적인 경영활동을 말한다.
④ 축산경영이란 축산업을 조직하고 운영하기 위해서 무제한적인 자원으로 축산물을 생산하는 것을 의미한다.

83 양돈농가의 총수입(TR)에서 총비용(TC)을 뺀 것을 이윤이라 할 때, 다음 중 이윤을 극대화시켜 주는 조건으로 옳은 것은? (단, MR : 한계수익, MC : 한계비용)

① MR > MC
② MR < MC
③ MR = MC
④ MC = 0

해설

축산경영의 이윤 극대화 조건
한계수익(MR) = 한계비용(MC)

84 토지의 적재력(Loading Ability)에 해당하는 기능으로 틀린 것은?

① 가축을 사육할 수 있는 장소로서의 기능
② 제반시설 및 노동이 가해지는 장소로서의 기능
③ 아무리 이용하여도 소모되지 않는 장소로서의 기능
④ 가축을 사육하는 데 필요한 사료작물을 재배하는 장소로서의 기능

해설

토지의 적재력(積載力, Loading Ability)
- 축산물의 생산대상인 가축을 사육할 수 있는 장소로서의 기능이다.
- 제반시설 및 노동이 가해지는 장소로서의 기능이다.
- 가축을 사육하는 데 필요한 사료작물을 재배하는 장소로서의 기능이다.
- 축산에서는 방목지, 축사, 건물, 작업장 부지 등 그 이용 목적이 대단히 광범위하다.

85 어느 축산농가의 연간 축산물 매출액이 2천만원, 총경영자본이 6천만원이라면 이 농가의 축산자본회전율은 대략 얼마인가?

① 0.25 ② 0.3
③ 3.0   ④ 4.0

해설

자본회전율 = 매출액 / 총자본액 × 100
= 2천만원 / 6천만원 × 100
= 33% = 0.33

86 어떤 투입물을 가장 유리한 다른 대체적인 용도에 사용하지 못할 때 포기하게 되는 보수를 무엇이라고 하는가?

① 한계비용 ② 기회비용
③ 감가상각비 ④ 한계수익

87 축산경영에 있어서 규모의 경제성이 생기는 요인이 아닌 것은?

① 분업 이익의 획득
② 경기변동의 신축성
③ 개별경영의 자원제한성
④ 생산요소의 불가분할성

88 우리나라 도시근교형 낙농경영의 특징이라고 볼 수 없는 것은?

① 경영의 집약도가 다른 경영형태에 비해 높다.
② 시유용 원유를 생산 및 공급하는 데 유리하다.
③ 규모를 확장하는 데 제한적인 요인이 적은 편이다.
④ 토지 면적이 좁고 구입사료에 의존하므로 사료의 자급률이 낮다.

해설

도시근교형 낙농
- 경영의 집약도가 다른 경영형태에 비해 높다.
- 대부분 착유 전업형 낙농형태를 띠고 있다.
- 토지면적이 좁고 구입사료에 의존하므로 사료의 자급률이 낮다.
- 도시근교에 입지하여 시유용 원유를 생산하는 데 유리한 경영형태이다.
- 시유용 원유를 생산 공급하는 데 유리한 경영형태이다.
- 규모를 확장하는 데 제한적인 요인이 많은 편이다.
- 부근의 주택 및 농장에 환경문제를 야기한다.
- 소규모 목장경영이 대부분이며, 기계화가 용이하지 않다.
- 생산비가 일반적으로 높고, 소량생산에 의해 가격반응이 민감하다.

정답 84 ③ 85 ② 86 ② 87 ② 88 ③

89 농축산물 마케팅의 4P전략 구성항목으로 틀린 것은?

① 상품(Product)
② 가격(Price)
③ 홍보(Promotion)
④ 지불(Payment)

해설
농축산물 마케팅의 4P전략 구성항목 : 상품(Product), 가격(Price), 홍보(Promotion), 유통경로(Place)

90 토지의 경제적 성질에 해당하지 않는 것은?

① 불가증성
② 불이용성
③ 불가동성
④ 불소모성

해설
토지의 경제적 성질
자본재로서의 기능을 발휘하는 불가동성, 불소모성, 불가증성의 성질이 있다.

91 다음 중 근수축 메카니즘에 해당하지 않는 것은?

① 근원섬유 형질막에 있어서의 탈분극(활동전위)
② 트로포닌과 Ca^{2+}의 결합
③ 액틴-마이오신 필라멘트 사이의 연결 가교 형성
④ 근소포체에 의한 Ca^{2+}의 능동흡수개시

해설
근소포체는 근육조직을 미세구조적으로 볼 때 망상구조를 가지며 근육수축 시 Ca^{2+}를 세포 내로 방출한다.

92 식육의 일반적인 특성에 대한 설명으로 틀린 것은?

① 고기는 냉장숙성육이 육질이 부드러우면서 연도 측면에서 상품성이 있다.
② 냉동은 고기의 저장기간을 연장하며 육질도 향상시킨다.
③ 냉동과정 중에 발생한 얼음입자들이 고기의 근섬유 조직을 손상시킬 수 있다.
④ 육류의 화학적 조성은 가축의 종류, 성별, 연령, 사양조건, 영양상태, 건강상태 및 부위에 따라 다르다.

해설
냉동은 고기의 저장기간을 연장할 수 있으나 냉동과정 중에 발생한 얼음입자들이 고기의 근섬유 조직을 손상시켜 육질을 저하시키는 단점을 가지고 있다.

정답 89 ④ 90 ② 91 ④ 92 ②

93 냉동유제품에 주로 사용하는 안정제가 아닌 것은?

① Gelatin
② Pectin
③ Sugar Esters
④ Sodium Alginate

해설
자당 지방산 에스터(Sugar Esters)는 비이온계면활성제로 아이스크림 등의 식품용유화제로 이용하고 있다.
냉동유제품에 사용되는 안정제 : Gelatin, Sodium Alginate, Pectin, Guar Gum, Locust Bean Gum 등

94 치즈의 일반적인 제조공정의 순서로 옳은 것은?

① 우유의 균질 → 살균 → Rennet 첨가 → 유청배제 → 커드의 절단
② 우유의 살균 → Rennet 첨가 → Starter 첨가 → 커드의 절단 → 유청배제
③ 우유의 살균 → Starter 첨가 → Rennet 첨가 → 커드의 절단 → 유청배제
④ 우유의 균질 → 살균 → Starter 첨가 → Rennet 첨가 → 커드의 절단 → 유청배제

95 버터가 노란색을 띠게 하는 성분으로 옳은 것은?

① Lactoferrin
② β-lactoglobulin
③ Carotenoid
④ Riboflavin

해설
유지방과 버터의 노란색은 Carotenoid 색소 때문이다.

96 염지액을 제조할 때 주의사항으로 틀린 것은?

① 염지액 제조를 위해 사용되는 물은 미생물에 오염되지 않은 깨끗한 물을 이용한다.
② 천연 향신료를 사용할 경우에는 천으로 싸서 끓는 물에 담가 향을 용출시킨 후 여과하여 사용한다.
③ 염지액 제조를 위해 아스코빈산과 아질산염을 함께 물에 넣어 충분히 용해시킨 후에 사용한다.
④ 염지액을 사용하기 전 염지액 내에 존재하는 세균과 잔존하는 산소를 배출하기 위해 끓여서 사용한다.

해설
염지액 제조 시 염지보조제인 아스코빈산염을 제외한 나머지 첨가물들을 물에 넣어 잘 용해시키고 아스코빈산염은 사용 직전 투입하도록 한다. 만약 아질산염을 아스코빈산염과 동시에 물에 첨가하면 아질산염과 아스코빈산염이 화학반응을 일으키게 되며 여기서 발생된 일산화질소의 많은 양이 염지액 주입 전 이미 공기 중으로 날아가 버려 발색이 불충분하게 되기 때문이다.

97 도체 전기자극에 대한 설명으로 틀린 것은?

① 저전압 전기자극은 가급적 방혈 후 천천히 30~80V의 저전압으로 10~15분간 자극한다.
② 방혈 후 60분 이내면 가능하며 500~700V의 고전압으로 도체를 1.5~2분간 자극한다.
③ 교류가 직류보다 근육의 pH 감소 효과가 커서 주로 이용된다.
④ 소와 양의 적정 주파수는 가장 큰 pH 감소를 가져오는 9~16Hz가 적정선으로 알려져 있다.

해설
전기자극법
- 저전압(30~80V)으로 도살 후 10분 이내에 전기자극 하거나,
- 고전압(200~3,600V)으로 도살한 후 60분 이내에 전기 자극을 실시하는 방식
- 효과 : 저온단축을 방지하고, 단백질 분해효소들에 의한 자가소화를 증진시키고, 근육 미세조직을 파괴(고전압 방식)하여 23~46%의 연도향상 효과가 있다.

99 베이컨의 종류에 대한 설명으로 옳은 것은?

① 돼지의 복부육을 가공한 것을 로인베이컨이라 한다.
② 숄더베이컨은 지방이 적고 육색이 옅고 육질이 다소 무른 특징을 갖고 있다.
③ 사이드베이컨은 돼지의 2분체를 골발·정형 후 가공한 것으로 영국과 덴마크 등 서유럽에서 주로 생산되고 있다.
④ 미들베이컨은 어깨부위를 주로 사용하며 캐나디안베이컨이 이에 속한다.

해설
① 로인베이컨(Loin Bacon) : 등심 부위를 가공하여 지방이 거의 없는 것
② 숄더베이컨(Shoulder Bacon) : 어깨부위육을 정형하고 훈연 과정 없이 가열처리한 것
④ 미들베이컨(Middle Bacon) : 등심과 삼겹 부위를 가공한 베이컨

98 가축의 종류에 따라 식육의 풍미가 달라지는 것은 식육의 어떤 성분이 기인하기 때문인가?

① 수 분   ② 비타민
③ 지 질   ④ 무기질

해설
고기의 맛을 좌우하는 아미노산, 펩타이드, 환원당, 비타민 핵산물질, 지방 등을 풍미성분이라고 하는데, 이러한 풍미성분은 대부분 지방이나 수용성 물질로부터 유래한다.

100 다음 ( )에 알맞은 내용은?

( )는(은) 우유 또는 탈지유에 레닛을 작용시키거나 산을 처리하여 커드(Curd)를 제거한 황록색의 투명한 액체로 치즈제조 부산물을 말한다.

① 전 유
② 대용유
③ 인공유
④ 유 청

2020년 제1·2회 통합 과년도 기출문제

축산산업기사

제1과목 가축번식육종학

01 순종교배에 속하지 않은 것은?
① 근친교배
② 누진교배
③ 무작위 교배
④ 동일 품종 내의 이계교배

해설
누진교배는 개량종을 도입하여 능력이 불량한 재래종을 빠른 시간 내에 개량하는 데 효과적인 교배법이다.
순종교배
- 품종의 특징을 유지하면서 축군의 능력을 향상시키기 위해 이용하는 방법이다.
- 근친교배, 무작위교배, 동일 품종 내의 이계교배 등이 있다.

02 뇌하수체전엽 호르몬 중 난포의 발육과 에스트로겐 분비에 관여하는 호르몬은?
① 황체형성호르몬
② 난포자극호르몬
③ 프로게스테론
④ 황체호르몬

해설
난포자극호르몬(FSH)
- 난소에 대한 작용
  - 난포의 발육 촉진
  - 난포액의 분비 촉진
  - 에스트로겐의 분비 유도
- 정소에 대한 작용
  - 원시생식세포의 분화 촉진

03 닭의 개량에 있어 산란능력과 가장 거리가 먼 형질은?
① 초산일령
② 산란강도
③ 산란지속성
④ 생존율

해설
닭의 개량형질 중 산란능력
조숙성(초산일령), 산란강도, 산란지속성, 취소성, 동기휴산성

04 3원교잡종 생산 시 1대 잡종 생산에서 주로 쓰이는 어미 돼지의 품종은?
① 폴란드차이나(Poland China)
② 햄프셔(Hampshire)
③ 랜드레이스(Landrace)
④ 두록(Duroc)

해설
랜드레이스와 요크셔를 교잡한 어미돼지에 두록 아비돼지를 교배시켜서 생산한 돼지가 3원교잡종이다. 이와 같이 세 가지 품종을 교배하는 것은 유전학에서 말하는 잡종강세의 효과를 이용하기 위한 것이다.

05 소의 태아가 만출된 후 후산이 배출될 때까지의 정상적인 시간은?
① 3~8시간
② 8~12시간
③ 12~24시간
④ 24~36시간

정답 1 ② 2 ② 3 ④ 4 ③ 5 ①

06 육용계의 산육능력과 관계가 깊은 것은?
① 산란강도   ② 성장률과 체형
③ 취소성   ④ 동기휴산성

해설
닭의 개량형질 중 산육능력
성장률, 체형, 사료이용성, 체중, 우모발생속도

07 암소의 일반적인 성 성숙 월령은?
① 3~7개월   ② 8~12개월
③ 13~19개월 ④ 20~24개월

08 황체기에 있는 젖소에 프로스타글란딘($PGF_{2\alpha}$)을 투여했을 때 약 며칠 만에 발정이 일어나는가?
① 1일   ② 3일
③ 7일   ④ 10일

09 소의 번식장해를 유발하는 전염성 질병은?
① 프리마틴
② 백색 처녀우병
③ 난소낭종
④ 브루셀라병

해설
브루셀라병
감염 소의 생식기로부터 누출되는 배설물에 오염된 사료나 물의 세균을 섭취함으로써 전염되는 가장 일반적인 소의 생식기병으로 유산을 일으키는 특징이 있다.

10 다음 중 ( )에 알맞은 내용은?

> • 소의 정액 주입에 ( )이 주로 이용된다.
> • 소에게 ( )으로 정액을 주입하면 자궁경에 가해지는 기계적 자극으로, 자궁경의 운동성이 항진되어 정자의 상행을 도울뿐만 아니라 깊게 주입되므로 수태율도 높다.

① 질내주입법
② 겸자법
③ 질경법
④ 직장질법

11 비육우의 생산성 향상과 가장 관계없는 교배법은?
① 품종 간 교배
② 퇴교배
③ 근친교배
④ 품종 간 윤환교배

해설
근친교배는 혈통의 순수성을 보전하고 조상의 우수형질을 제대로 후손에게 전달하는 것이 주된 목적이다.

12 닭의 성장률을 측정하는 대표적인 척도는?
① 정강이의 길이
② 부리의 길이
③ 근육발생량
④ 지방축적량

해설
정강이 길이는 성장률 측정의 척도이며, 길이가 긴 계통이 짧은 계통보다 성장률과 사료이용성이 높다.

정답 6 ② 7 ② 8 ② 9 ④ 10 ④ 11 ③ 12 ①

13 가축의 발정 징후에 해당되지 않는 것은?

① 보행수가 증가하거나 신경이 예민해지기도 한다.
② 다른 가축에 승가 행동을 하거나 승가를 허용한다.
③ 식욕이 증가하고 젖 생산량이 증가하기 시작한다.
④ 외음부가 붉게 부풀어 오르고 점액을 분비하기도 한다.

해설
식욕이 저하되고 젖 생산량이 줄어들기도 한다.

14 가축들의 교배적기에 관한 설명으로 옳지 않은 것은?

① 소는 발정 중기부터 발정 종료 후 6시간 경까지이다.
② 돼지는 수퇘지의 승가를 허용하는 시점으로부터 10시간부터 25시간 사이이다.
③ 면양은 발정개시 후 20~25시간 전후이다.
④ 말은 직장검사를 한 경우 배란와(Ovulation Fossa)가 닫혀 있는 시기로 배란 후 3일째이다.

해설
암말의 교배적기는 배란 직전이다. 발정 주기에 따른 난소 변화도 직장검사를 통해 알 수 있는데, 발정 초기에는 약 1cm 크기의 단단한 난포가 하나 또는 2~3개가 촉진되며 또한 이 시기에는 보통 하나가 다른 하나에 비해 더 크게 느껴진다. 더 큰 것을 그라피안난포(Graafian Follicle)라고 하며 배란될 때까지 이 난포는 계속 자란다. 대체적으로 직경이 3cm 이상이며 3일 내에 배란된다.

15 수컷의 부생식기 자극과 정자형성 촉진에 주로 관계하는 호르몬은?

① 에스트로겐
② 안드로겐
③ 프로게스테론
④ 릴랙신

해설
성선호르몬인 안드로겐(Androgen)의 생리작용
• 태아의 성분화
• 웅성부생식기관의 발달과 기능발현
• 2차 성징 발현

16 품종 간 교배를 실시할 때 번식용 암소 두수의 감소를 방지하고 매세대 생산되는 송아지의 균일성을 유지하기 위한 교배법으로 가장 바람직한 것은?

① 1대 잡종의 이용법
② 퇴교배법
③ 3품종 종료교배법
④ 종료윤환교배법

해설
한우를 이용한 품종 간 교배 시 번식용 암소의 수가 감소되는 것을 막기 위해서는 3품종 윤환교배법이나 종료윤환교배법을 쓸 수 있다. 3품종 종료교배법은 품종 간 교잡에서 생산된 잡종을 직접 실용축으로 사용하며, 종료윤환교배법도 일정비율의 교잡종 암컷은 실용축을 생산하도록 하고 윤환교배종 중 우수한 40%는 축조유지를 위해 할당된다.

17 후대검정의 정확도를 높이는 방법으로 가장 거리가 먼 것은?

① 후대검정소를 설치 운영한다.
② 검정대상 종축의 자손수를 많게 한다.
③ 검정 수가축에 교배되는 암가축을 임의로 배정한다.
④ 자손 중에서 능력이 떨어지는 개체는 제외시키고 평가한다.

해설

후대검정의 정확도를 높이는 방법
- 태어난 자손의 환경여건을 동일하게 할 것(검정소 검정), 또는 여러 곳에서 검정하여 환경 영향이 균등하도록 한다.
- 환경요인이나 우성효과, 상위성효과 등을 상쇄시키기 위해 많은 자손을 검정한다.
- 수가축의 유전자 절반만이 자손에 전달되므로 암가축을 고르게 배분(많은 암가축에 교배)한다.
- 검정된 자손의 능력은 전부 평가한다.

18 일당증체량이 600g인 암퇘지와 일당증체량이 900g인 수퇘지를 교배시켜 여기서 생산된 자손의 일당증체량이 855g이었다고 할 때 잡종강세 발현율은?

① 8%
② 14%
③ 20%
④ 26%

해설

$$\text{잡종강세 발현율} = \frac{F_1\text{의 평균값} - \text{양친의 평균값}}{\text{양친의 평균값}} \times 100$$

$$= \frac{750 - 855}{750} \times 100$$

$$\fallingdotseq 14\%$$

19 한우의 일반적인 임신기간은?

① 114~125일
② 140~145일
③ 230~235일
④ 280~285일

해설

가축의 임신기간

구 분	범위(일)	평균(일)
말	330~340	330
소	270~290	280
면 양	144~158	150
산 양	146~155	152
돼 지	112~118	114
토 끼	28~32	30
개	58~65	62

20 선발에 의한 유전적 개량량을 크게 할 수 있는 방법이 아닌 것은?

① 선발차를 크게 한다.
② 세대간격을 짧게 한다.
③ 환경적 변이가 커야 한다.
④ 형질의 유전력이 커야 한다.

해설

환경적 변이보다 상가적 유전변이가 커야 한다.

제2과목   가축사양학

21 고시폴(Gossypol)이 함유되어 있어 양돈이나 양계사료 이용 시 주의해야 하는 사료는?

① 임자박   ② 면실박
③ 채종박   ④ 아마인박

해설
식물성 단백질사료 중 유박류에 함유되어 있는 독성물질
• 대두박 : 트립신(Trypsin)
• 면실박(목화씨깻묵) : 고시폴(Gossypol)
• 낙화생박 : 아플라톡신(Aflatoxin)
• 아마박 : 청산(Prussic Acid)
• 채종박 : 미로시나제(Mirosinase)

22 양돈사료에서 Ca 함량이 과도하게 높을 때 결핍이 초래되기 쉬우며, 뼈, 털, 간장, 췌장, 신장 및 근육에 분포되어 있는 미량 광물질은?

① Iodine
② Phosphorus
③ Selenium
④ Zinc

해설
사료 속에 첨가되어 있는 칼슘(Ca)은 아연의 흡수와 대사 기능을 저해하는 요인으로 조사되고 있어 칼슘첨가량에 따라 아연첨가량도 조정될 필요가 있다.

23 육계군의 6주령 평균생체중은 2,200g이고, 생존율이 97%, 사료요구율이 1.8일 때, 이 생계군의 생산성 지수는?

① 23.2   ② 28.2
③ 232.3   ④ 282.3

해설

$$\text{생산지수} = \frac{\text{체중,kg} \times \text{생존율,\%}}{\text{사육일수} \times \text{사료요구율}} \times 100$$

$$= \frac{2.2 \times 97}{42 \times 1.8} \times 100$$

$$= 282.3$$

24 산란계 사료의 가공처리방법 중 가장 적절하지 않은 것은?

① 가루사료   ② 크럼블사료
③ 큐브사료   ④ 펠릿사료

해설
산란계에서는 주로 가루, 크럼블형, 펠릿으로 가공된 사료가 많이 이용되고 있다.
큐브(Cube) : 짧게 자른 목건초를 압축 성형기로 각형의 알갱이로 만든 것

25 닭의 필수아미노산이 아닌 것은?

① Valine   ② Alanine
③ Glycine   ④ Methionine

해설
닭의 필수아미노산
글리신(Glycine), 라이신(Lysine), 류신(Leucine), 메티오닌(Methionine), 발린(Valine), 아르기닌(Arginine), 아이소류신(Isoleucine), 트레오닌(Threonine), 트립토판(Tryptophan), 페닐알라닌(Phenylalanine)

정답   21 ②   22 ④   23 ④   24 ③   25 ②

26 케톤증에 대한 설명으로 옳지 않은 것은?

① 케톤증은 고능력인 젖소에서 분만 후 수일에서 수주일 안에 발생하는 경우가 많다.
② 소화기형 증상으로는 점진적 식욕저하, 건강상태 불량 등이 있다.
③ 지방질 사료를 급여하여 치료한다.
④ 예방법으로 분만 전후에 고에너지 사료를 급여하는 방법이 있다.

> **해설**
> **케톤증**
> 탄수화물 부족과 지방대사이상으로 체내에 케톤체가 정상보다 많아지는 질병이다. 치료에는 포도당의 정맥 투여요법을 실시하며, 보조요법으로 포도당원 물질을 먹이거나 글루코코르티코이드와 더불어 인슐린을 주사하기도 한다.

27 동물에 필요한 영양소의 특징을 바르게 설명한 것은?

① 전분은 구조탄수화물에 속한다.
② 염소(Chlorine)는 다량 필수광물질에 속한다.
③ 인지질(Phospholipid)은 단순지방이다.
④ 세린(Serine)은 필수아미노산이다.

> **해설**
> ① 전분은 비구조탄수화물에 속한다.
> ③ 인지질(Phospholipid)은 복합지방이다.
> ④ 세린(Serine)은 비필수아미노산이다.

28 정미에너지(Net Energy)를 가장 바르게 설명한 것은?

① 사료 내 함유하고 있는 에너지의 총량
② 사료 내 함유 에너지에서 분으로 배출되는 에너지를 제외한 나머지 에너지의 총량
③ 사료 내 함유 에너지에서 분, 뇨, 가스로 손실된 에너지를 제외한 나머지 에너지의 총량
④ 사료 내 함유 에너지에서 분, 뇨, 가스 및 열발생으로 손실된 에너지를 제외한 나머지 에너지의 총량

> **해설**
> **정미에너지(Net Energy)**
> 가축이 사료로 섭취한 에너지 중 순수하게 동물의 유지 및 생산을 위하여 이용되는 에너지이다.

29 다음 중 가축의 생산성 향상을 위한 발효조정제로 미생물제제를 사용할 때 그 효과로 옳지 않은 것은?

① 반추위 내 pH 안정화
② 반추위 내 사료 영양분 흡수 촉진
③ 사료섭취량 감소로 사료효율 증가
④ 총혐기성 미생물 및 섬유로 분해미생물의 증가

> **해설**
> **가축에 미생물 보충의 일반적인 목적**
> - 가축 장내에서 병원성균과 영양소와 부착위치를 놓고 벌이는 경쟁을 높인다.
> - 젖산과 같은 유기산을 생산함으로써 생기는 장내 pH의 저하를 유도함으로써 병원성 미생물의 활력을 떨어뜨린다.
> - 락토페린, 라이소자임 혹은 과산화물과 같은 박테리오신의 배출을 통해 기능성을 높일 수 있다.
> - 세포에 의한 미생물 대사 활동을 증가시킴으로써 숙주 동물의 면역 체계를 촉진시킨다.

정답 26 ③ 27 ② 28 ④ 29 ③

30 가축의 사료에 유지를 공급할 때의 특징과 가장 거리가 먼 것은?

① 사료효율이 개선된다.
② 필수지방산을 공급한다.
③ 지용성 비타민을 공급한다.
④ 에너지함량을 낮춘다.

해설
유지는 많은 에너지를 공급할 수 있는 에너지원이다.

31 다음 중 한우고기 등심부위의 품질에 있어서 가장 크게 영향을 미치는 요인은?

① 단백질의 함량　② 무기질의 함량
③ 글리코겐의 함량　④ 지방의 함량

해설
육질(고기질)등급
근내지방도를 9단계로 측정하고, 고기의 색깔, 고기의 조직 및 탄력, 지방의 색깔과 뼈의 성숙도 등을 종합적으로 고려하여 1^{++}, 1^{+}, 1, 2, 3등급으로 판정한다.

32 다음에서 설명하고 있는 돼지의 질병은?

> 전염성이 매우 강하고 폐사율이 높다. 돼지 콜레라 바이러스가 병원체이며, 감염된 돼지의 배설물이나 분비물로 전염되며 근본적인 치료방법이 없으므로 예방에 주력해야 한다.

① 돼지열병
② 구제역
③ 돼지생식기·호흡기증후군
④ 돼지단독

해설
아프리카돼지열병(ASF)
돼지와 야생멧돼지에 발생하는 치명적 바이러스성 제1종 가축전염병이다.

33 계란의 파란 원인과 발생 시기에 대한 설명으로 옳지 않은 것은?

① 산란량이 많은 계통으로 개량될수록 난질은 저하되는 경향이 있다.
② 일반적으로 산란주령이 경과할수록 난질은 강화된다.
③ 환경온도가 높을수록 난각질은 저하된다.
④ 습도가 높은 곳에 보관할수록 난각의 강도는 약해진다.

해설
산란연령이 증가하고 계란의 저장기간이 길어짐에 따라 난질 저하가 일어나게 된다.

34 탄수화물의 기능을 설명한 것으로 옳지 않은 것은?

① 지방산, 단백질의 합성에도 쓰인다.
② 가장 경제적인 에너지 발생 영양소이다.
③ 체내에서는 지방으로만 축적된다.
④ 뇌와 신경조직의 구성성분이다.

해설
탄수화물의 기능
• 지방, 단백질의 합성원료
• 에너지 공급원
• 뇌와 신경조직의 구성성분
• Ca흡수를 도움
• 당단백질 또는 당지방의 성분 구성

정답 30 ④　31 ④　32 ①　33 ②　34 ③

35 유지율이 3.5%인 우유 37kg을 유지율 보정유(FCM)로 환산하면 얼마인가?

① 16.5kg ② 20kg
③ 40kg   ④ 44kg

해설

FCM(환산유량) = 0.4M + 15F
여기서, M : 산유량
　　　　F : 지방량(산유량 × 유지율)
　　　　　= (0.4 × 37) + 15(37 × 3.5%)
　　　　　= 34.225kg

36 Van Soest 분석법에 의하여 조사료를 분석할 때 분류할 수 있는 항목이 아닌 것은?

① Neutral Detergent Fiber
② Acid Detergent Fiber
③ Lignin
④ Nitrogen Free Extract

해설

Van Soest 분석법에서 정량되는 내용물의 특성
- NDF(Neutral Detergent Fiber) : 중성세제에 끓여도 용해되지 않는 물질로 세포막 성분에 해당하며, 셀룰로스, 헤미셀룰로스, 리그닌, 실리카 등을 정량한다.
- ADF(Acid Detergent Fiber) : NDF 중 산성세제에 용해되지 않는 물질로 셀룰로스, 리그닌, 실리카 등을 정량한다. NDF-ADF = 헤미셀룰로스의 양이 계산에 의해 구해진다.
- ADL(Acid Detergent Lignin) : 리그닌의 함량 분석
- NDS(Neutra Detergent Solubles) : 중성세제에 끓여서 용해되는 물질로 세포내용물을 의미하며, 일반 분석방법에서의 조단백질, 조지방, 가용무질소물 중 대부분이 여기에 속한다.

37 임신우 체조직에 대한 영양소의 공급순서가 가장 후순위인 것은?

① 태 아   ② 뇌
③ 뼈   ④ 근 육

해설

체구성 성분의 발육이 빠른 순서 : 뇌 → 뼈 → 근육 → 지방

38 젖소의 분만 후 비유곡선, 사료섭취량, 체중변화에 대한 설명으로 옳지 않은 것은?

① 젖소의 사료섭취량은 분만 초기에는 낮고 이후 비유 후기까지 서서히 증가한다.
② 젖소는 분만 후 한 번의 비유기 동안 우유생산량, 사료섭취량, 체중이 여러 번 변화한다.
③ 최고비유기로의 도달은 일반적으로 분만 후 4~5주가 소요된다.
④ 건물섭취량은 분만 후 8~10주 사이에 최고에 도달한다.

해설

젖소의 사료섭취량은 분만 초기에는 낮고, 이후 서서히 증가하다가 비유 후기에 다시 낮아지는 곡선형태를 나타낸다.

39 한우의 거세효과와 관련이 없는 것은?

① 육질이 부드러워지고 풍미가 좋아진다.
② 근내지방도가 비육기에 크게 증가하고 근섬유가 가늘어진다.
③ 성질이 온순해져 사양관리가 쉬워진다.
④ 거세하지 않은 소와 비교하여 증체량이 증가한다.

해설
거세우는 육질에 절대적인 영향을 미치는 근내지방도가 비육기에 크게 증가한다.

40 돼지에게 급여 시 체지방을 희고 단단하게 하는 사료는?

① 보 리
② 대두박
③ 어 분
④ 옥수수

해설
연지방 및 경지방 사료
- 연지방 사료 : 돼지에게 연지방을 공급함으로써 연한 지방의 생성을 촉진하는 사료(예 낙화생박, 아마인박, 육분 등)
- 경지방 사료 : 가축의 단단한 지방 생성을 유도하는 사료(예 보리, 밀, 호밀, 야자박, 감자, 탈지유, 사탕무 등)

제3과목 축산경영학

41 축산경영의 4대 요소로만 구성된 것은?

① 토지, 농기구, 노동, 기후
② 토지, 자본, 노동, 경영기술
③ 기후, 가축, 자본, 수자원
④ 기후, 노동, 가축, 경영기술

해설
축산경영의 3대 요소 : 토지, 자본재, 노동력, (+4대 요소) 경영기술

42 고정자본재에 해당하는 것은?

① 동물약품
② 번식우
③ 배합사료
④ 현 금

해설
고정자본재의 종류

무생	• 건물 및 부대시설 : 축사, 사일로, 사무실, 창고 등 • 대농기구 : 경운기, 트랙터, 착유기 등 • 토지 및 토지개량 : 관개 · 배수시설 등
유생	• 동물자본재 : 육우, 역우, 번식우, 번식돈, 종계, 채란계 등 • 식물자본재 : 영구초지 등

정답 39 ④ 40 ① 41 ② 42 ②

43 우리나라 축산경영의 시급한 당면과제가 아닌 것은?

① 생산비용의 절감
② 축산물 생산의 고급화
③ 가축방역의 철저
④ 전근대적인 유통구조의 유지

해설

우리나라 축산의 당면과제(발전방안)
- 고소득의 안정적 확보(기술력, 직불제)와 고품질 축산물을 생산(우수등급, 거세 등)
- 식품의 안전성 확보(HACCP, 이력제) 및 방역시스템 구축
- 정예인력 육성과 공동조직의 활성화(계열화, 지원조직, 공동시설)
- 생산비용의 절감과 가공·유통시설의 확충(종합유통센터, 부분육 가공)
- 축산물 생산의 차별화 및 고급화
- 생산과 소비 간 또는 축산과 관련 산업 간 신뢰 구축
- 축산업 종사자의 의식수준(경영 역량, 책임 의식 제고 등) 강화
- 지역 내 갈등 구조 해소와 각종제도 보완
- 축산업 품목 간 균형 유지와 축산업과 관련산업의 균형발전
- 조사료 등 부존자원 이용의 극대화와 자급목표를 안정적으로 유지할 대책 마련
- 공격적 마케팅(계약출하, 지역문화 마케팅, 수출) 및 소비홍보(자조금, 소비자 지향)

44 고정자본재의 감가상각비 계산을 위하여 필요한 항목으로만 묶여진 것은?

① 유동자본재 초기 평가액, 시장가격, 내용연수
② 고정자본재 초기 평가액, 잔존가격, 내용연수
③ 고정자본재 초기 평가액, 시장가격, 사용연수
④ 유동자본재 초기 평가액, 잔존가격, 사용연수

해설

감가상각비(정액법)
= (고정자본재의 구입가격 − 잔존가격) / 내용연수

45 축산경영 운영에 있어서 이윤 최대화가 되는 조건으로 옳은 것은?

① 한계수익이 한계비용보다 큰 경우
② 한계비용 곡선이 최저가 되는 경우
③ 한계수익이 한계비용보다 적은 경우
④ 총수입과 총비용의 차액이 최대인 경우

해설

축산경영의 이윤 극대화 조건
- 한계수익 = 한계비용
- 총수익과 총비용의 차액이 최대일 때
- 생산요소와 생산물의 가격비가 한계생산과 일치할 때
- 한계생산이 그 가격의 역비와 같을 때
- 한계가치 생산이 자원의 가격과 같을 때

46 토지의 기술적 성질에 해당되는 것은?

① 적재력　② 불가증성
③ 불가동성　④ 불소모성

해설

토지의 성질
- 기술적(자연적) 특성 : 사료작물의 재배성장 및 가축 사육에 중요한 기능을 발휘하는 배양력, 가경력, 적재력의 성질이 있다.
- 경제적 특성 : 자본재로서의 기능을 발휘하는 불가동성, 불소모성, 불가증성의 성질이 있다.

47 가족노동력의 특징으로 옳지 않은 것은?

① 노동성과에 대한 책임부담이 없다.
② 경영주와 그 가족의 노동력으로 구성된다.
③ 노동에 대한 보수가 노임이 아니라 경영성과이다.
④ 가족노동은 소득원의 원천이다.

해설

노동성과에 대한 책임부담이 있다.

48 유통의 기능에 해당되지 않는 항목은?

① 축산물의 구매와 판매
② 축산물의 저장과 가공
③ 축산물의 수송
④ 축산물의 생산

해설

축산물의 유통기능
- 교환기능 : 구매, 판매
- 물적 기능 : 저장, 운송, 가공
- 조성기능 : 표준화 및 등급화, 시장정보, 유통금융, 위기부담

49 축산물 생산지와 시장 간 경제적 거리에 관한 설명으로 옳은 것은?

① 일반적으로 생산지 입지선정 요건과는 무관하다.
② 경제적 거리가 멀수록 생산자의 수취가격은 높다.
③ 토지이용형 축산은 대소비지와 가까이 위치하고 있다.
④ 생산지에서 시장까지 이동시간과 운송비를 고려한 거리이다.

해설

농장과 시장의 경제적 거리란 생산물이 시장에 도달하기까지의 시간과 운송비를 고려한 거리를 말한다.

50 축산 경영진단의 순서를 바르게 연결한 것은?

① 경영실태의 파악 → 문제의 분석 → 문제의 발견 → 대책수립 → 처방과 평가
② 문제의 발견 → 경영실태의 파악 → 문제의 분석 → 대책수립과 처방
③ 문제의 발견 → 문제의 분석 → 대책수립 → 경영실태의 파악 → 처방과 평가
④ 경영실태의 파악 → 문제의 발견 → 문제의 분석 → 대책수립과 처방

해설

경영진단
전문가가 미래에 예측될 수 있는 경영의 방향이나 활동의 실태를 조사 및 분석하여, 그 결과에 대하여 경영의 합리적인 발전이나 개선책을 제공하고 경영을 지원하는 것이다.

정답 46 ① 47 ① 48 ④ 49 ④ 50 ④

51 생산요소의 일부를 한 생산물 생산에서 다른 생산물의 생산을 위해 사용함으로써 두 생산물이 모두 증가하는 생산물 결합 형태는 무엇인가?

① 경합생산물 ② 보합생산물
③ 보완생산물 ④ 결합생산물

해설

생산물 결합관계의 제형태 : 생산물 결합의 관계를 나타내는 생산가능성 곡선의 여러 형태에는 일반적으로 결합생산물, 경합생산물, 보완생산물, 보합생산물로 나누어 볼 수 있다.

- 결합생산물 : 한 가지 생산물을 생산할 때 다른 생산물이 일정비율로 생산되는 경우를 말한다.
- 경합생산물 : 주어진 특정 자원사용량에 의한 생산물의 생산량 증가는 다른 생산물의 생산량 감소를 필연적으로 수반할 때 두 생산물은 경합적 또는 경쟁적이라고 한다.
- 보완생산물 : 자원의 일부를 한 생산물 생산에서 다른 생산물 생산으로 옮겼을 때 그 생산물의 생산증가가 다른 생산물의 생산증가를 수반할 때 두 생산물을 보완생산물이라고 한다.
- 보합생산물 : 다른 생산물의 증가나 감소 없이 한 생산물을 증가시킬 수 있을 때 두 생산물을 보합생산물 또는 보충생산물이라 한다.

52 경영비에 속하는 항목은?

① 가족노동비 ② 자기자본이자
③ 자기토지지대 ④ 물재비

해설

생산비와 경영비
- 생산비 : 경영비에 기회비용 성격의 자가노력비, 자기자본용역비, 자기토지용역비 등을 합한 총투입비용
- 경영비 : 외부에서 구입하여 투입된 일체의 비용과 감가상각비, 재투입한 사료, 퇴비 등 중간생산물 평가액으로 구성

53 취득원가 300만원, 잔존율 40%, 내용연수 6년인 젖소의 매년 감가상각비(정액법)는?

① 20만원 ② 30만원
③ 40만원 ④ 50만원

해설

$$감가상각비 = \frac{구입가격 - (구입가격 \times 잔존율)}{내용연수}$$

$$= \frac{3,000,000 - (3,000,000 \times 0.4)}{6}$$

$$= 300,000원$$

54 다음의 고정자본재 중 감가상각비를 계산하지 않는 항목은?

① 축 사 ② 착유기
③ 경운기 ④ 토 지

해설

토지와 건설 중인 자산 같은 특수한 자산을 제외한 대부분의 고정자산은 감가상각비를 계상한다.

정답 51 ③ 52 ④ 53 ② 54 ④

55 축산경영진단의 경제적 효율지표가 될 수 없는 것은?

① 생산성, 축사자본회전율
② 경영자의 능력, 일당 증체량
③ 가축 마릿수, 축산물 1kg당 사료비
④ 토지 이용률, 축산노동단위당 자본투하액

56 농기계와 관련하여 경영비에 직접 계상하는 항목이 아닌 것은?

① 농기계 최초 구입비용
② 매년 농기계 감가상각비
③ 매년 농기계 수선비용
④ 농기계 구입을 위한 매년 차입자본이자

57 대규모 축산경영의 장점으로 옳지 않은 것은?

① 자본생산성의 향상
② 생산기술 취득용이
③ 축산물 판매의 유리
④ 생산물 비표준화로 다양한 축산물 공급

58 축산경영의 일반적 특징이 아닌 것은?

① 2차 생산의 성격
② 직접적 토지관계
③ 물량감소의 성격
④ 생산물의 저장

해설

축산경영의 일반적 특징
- 2차 생산의 성격 : 1차 사료작물 생산, 2차 축산물 생산
- 간접적 토지관계 : 낙농부분을 제외하고 토지는 간접적이다.
- 물량감소와 가치증대 성격 : 물량은 감소하고 가치는 증진된다.
- 생산물의 저장 : 부패하기 쉬운 사료자원을 동물체에 저장
- 기타 : 경영규모의 영세성, 가족 노작적 경영, 경영과 가계의 미분리, 미상품화

59 낙농경영에서 조수입이 1,000만원, 고정비가 500만원, 변동비가 200만원일 때 손익분기점이 되는 총(조)수입은 얼마인가?

① 310만원
② 420만원
③ 530만원
④ 625만원

해설

$$\text{손익분기조수입} = \frac{\text{고정비}}{1 - \left(\frac{\text{변동비}}{\text{조수익}}\right)}$$

$$= \frac{500만원}{1 - \left(\frac{200만원}{1,000만원}\right)}$$

$$= 625만원$$

정답 55 ② 56 ① 57 ④ 58 ② 59 ④

60 육계의 육성률로 가장 적합한 것은?

① $\dfrac{성계(출하)\ 두수}{입추두수} \times 100$

② $\dfrac{성계(출하)\ 두수}{부화두수} \times 100$

③ $\dfrac{성계(출하)\ 두수}{산란두수} \times 100$

④ $\dfrac{성계(출하)\ 두수}{사육두수} \times 100$

62 콩과(두과) 사료작물에 관한 설명으로 옳지 않은 것은?

① 꼬투리가 있다.
② 근류균이 접종된 뿌리에서는 질소고정을 한다.
③ 뿌리가 수염의 형태로 되어 있다.
④ 토양의 비옥도를 높여 준다.

해설
화본과의 뿌리는 수염의 형태로 되어 있고, 두과 목초의 뿌리는 직근성이며 주근과 지근이 잘 분화되면서 땅속으로 뻗는다.

제4과목 사료작물학

61 사료작물에 대한 설명으로 옳지 않은 것은?

① 내한성이 강하여 중북부 지방에서도 재배할 수 있는 사료작물은 호밀이다.
② 이탈리안라이그래스는 기호성이 높고 유식물 활력이 뛰어나 따뜻한 남부지역 답리작에 알맞다.
③ 귀리(연맥)는 내한성이 특히 강하여 우리나라 어디에서나 월동이 가능한 건초용 사료작물이다.
④ 유채는 수분함량이 많아 다즙사료로서 이용가치가 크다.

해설
귀리는 맥류 중 내한성이 가장 약하여 남부지방과 제주도에서 많이 재배된다.

63 수단그라스를 수확하여 500m²에서 2,800kg 생산되었다면 10a에서 생산 가능한 수량은?

① 5,000kg ② 5,600kg
③ 6,000kg ④ 6,500kg

해설
$2800 \div 500 = 5.6$
$1a = 100m^2 \to 10a \times 100 = 1,000m^2$
$5.6 \times 1,000 = 5,600kg$

정답 60 ① 61 ③ 62 ③ 63 ②

64 양질의 사일리지 조제를 위한 탄수화물 첨가물이 아닌 것은?

① 옥수수 분말
② 볏짚 분말
③ 보리 분말
④ 감자 분말

해설
유산 생성을 촉진하는 첨가제 : 당밀, 전분 및 기타 전분질 사료(감자, 고구마, 비트펄프, 옥수수속대 등), 강피류가 있다.
※ 수분조절제 : 밀기울, 비트펄프, 볏짚

65 다음 중 수수×수단그라스계 교잡종의 파종시기로 가장 적합한 시기는?

① 적정 옥수수 파종시기와 같게
② 적정 옥수수 파종시기보다 빠르게
③ 적정 옥수수 파종시기보다 2~3주 늦게
④ 적정 옥수수 파종시기보다 6~7주 늦게

66 잎에 흰무늬가 없고 둥근 모양으로 3개의 작은 잎자루(소엽병) 중 가운데 자루의 길이가 양옆의 잎자루보다 긴 초종은?

① 화이트클로버
② 레드클로버
③ 알팔파
④ 알사이크클로버

해설
알팔파는 기호성이 높고 질이 좋은 대표적인 초종으로 단백질, 무기물 및 비타민 등이 풍부한 다년생 콩과 목초이다.

67 콩과(두과) 목초를 청예나 건초로 이용할 때 수확적기는?

① 개화초기
② 만개화기
③ 결실기
④ 출뢰전기

해설
청예용 수확적기
• 화본과 : 출수기
• 두과 : 개화초기

68 건초를 6개월 이상 장기간 저장하고자 할 때 적정한 수분함량은?

① 12~15%
② 22~25%
③ 32~35%
④ 42~45%

해설
6개월 이상 장기간 저장에 필요한 건초의 적정 수분함량은 12~15%이다.

정답 64 ② 65 ③ 66 ③ 67 ① 68 ①

69 양질의 건초에 대한 설명으로 가장 옳은 것은?

① 녹색이 짙고 향기가 있으며 잎이 많고 기호성이 높은 것
② 녹색이 짙고 줄기가 많으며 기호성이 높은 것
③ 갈색이 짙고 부피가 크며 기호성이 보통인 것
④ 녹색이 짙고 잎이 많으며, 수분이 20% 이상으로 기호성이 높은 것

해설

건초 품질 평가기준
- 녹색 정도 : 적기 수확, 비를 맞지 않고 건조, 음지에서의 저장 등 관리가 잘된 경우 녹도가 짙으며 녹색 정도가 진할수록 카로틴과 단백질 등 양분함량이 높아 품질이 우수하다.
- 잎의 비율 : 잎은 줄기보다 단백질이 많고 섬유질이 적게 들어 있으므로 잎의 비율이 높을수록 건초의 품질도 좋아진다.
- 이잡물의 혼입 정도 : 잡초·돌 등 이물질이 적어야 좋다.
- 수분함량 : 20% 이상 되면 저장기간 동안 썩거나 곰팡이가 생겨 가축의 기호성이 떨어지고, 해를 줄 수 있다.
- 방향성과 촉감 : 건초 본래의 향긋한 냄새와 촉감이 부드러워야 한다.

70 사일리지 조제 시 생성되는 유기산 중 일찍 생성되는 순서대로 나열한 것은?

① 낙산 → 초산 → 젖산
② 낙산 → 젖산 → 초산
③ 젖산 → 낙산 → 초산
④ 초산 → 젖산 → 낙산

해설

사일리지 조제 시 생성되는 유기산 중 빨리 생성되는 순서는 초산 → 젖산 → 낙산 순이다.

71 알팔파의 종자 전염성 병해는?

① 설부병
② 엽부병
③ 백견병
④ 줄기마름병

해설

설부병, 엽부병, 백견병은 토양전염성 병해이다.

두과 목초의 병해
알팔파의 줄기마름병(경고병), 클로버의 검은빛 썩음병(흑부병), 클로버의 점무늬병(반점병) 등

72 다음에서 설명하고 있는 목초는?

> 다년생으로 상번초이며, 다발형으로 음지에서도 잘 자란다. 내습성에 약하지만 초기 생육이 빨라 5월 상·중순경에 출수하며 토양에 대한 적응성이 넓어 우리나라에서 많이 재배되고 있다. 영양가가 양호하여 가축에 대한 기호성도 좋다. 주로 라디노클로버와 혼파되는 대표적인 초종이다.

① 오처드그라스
② 티머시
③ 톨페스큐
④ 이탈리안라이그래스

해설

① 오처드그라스 : 우리나라에서 가장 널리 재배되는 목초이다.
② 티머시 : 유럽 북부 아시아가 원산지로 다년생 화본과 목초이며, 내한성은 강하나 뿌리가 짧아 건조에 약하다.
③ 톨페스큐 : 곰팡이에 감염된 이 목초를 섭취한 가축은 생산성이 떨어지기 때문에 종자 구입 시 주의가 요구된다.
④ 이탈리안라이그래스 : 이탈리아가 원산으로 내한성이 강하고, 생초 이용기간이 길다.

정답 69 ① 70 ④ 71 ④ 72 ①

73 혼파에 대한 설명으로 옳지 않은 것은?

① 품종이 다른 종류의 사료작물을 혼합하여 재배하는 것을 말한다.
② 혼파조합은 토양 및 기후조건에 따라 달라질 수 있다.
③ 양질의 사료를 많이 생산할 수 있으나, 재배관리가 어렵다.
④ 품종이 다른 4종 이상을 혼합하는 것이 좋다.

해설
단순혼파가 중심이 되어야 하고, 4종 이상 혼파하지 않는다.

74 사일리지의 저장력을 높이는 데 가장 관계가 깊은 미생물은?

① 초산균
② 낙산균
③ 젖산균
④ 곰팡이

해설
젖산균
사일리지 제조 과정에서 발효에 관여하는 미생물 중 저장성을 향상시키고 pH를 낮추어 주는 유익한 균이다.

75 사일리지의 품질을 평가하는 방법 중 화학적 방법이 아닌 것은?

① pH 평가
② 유기산 조성 비율 평가
③ 질소화합물의 종류와 함량 평가
④ 담황녹갈색(올리브색) 평가

해설
색깔평가는 외관평가에 속한다.

76 사일리지용 옥수수의 수확적기에 대한 설명으로 옳은 것은?

① 생육단계가 유숙기에 도달하였을 때
② 유선이 옥수수알맹이의 1/2~3/4 사이에 있을 때
③ 암이삭으로부터 수염이 나오기 시작하여 60일째 정도
④ 옥수수의 건물함량이 75% 정도가 되었을 때

해설
사일리지용 옥수수의 수확적기
- 단위면적당 가소화 양분함량이 최고인 때
- 옥수수의 수염이 나오기 시작한 후부터 50~55일 째
- 종실 끝부분의 세포층이 검게 변하여 하나의 층을 형성하는 때
- 황숙기로 건물비율이 35%(수분함량은 65~70%) 정도 되는 시기
- 유선(Milk Line)이 옥수수알맹이의 1/2~3/4 사이에 있을 때

77 사일리지 조제 중 내부온도가 상승하여 고온발효가 장기간 지속함으로써 나타나는 열손상 사일리지에 대한 설명이 옳지 않은 것은?

① 기밀사일로에서 많이 발생하고 있다.
② 목초 또는 사료작물을 저수분 상태로 저장할 때 많이 발생한다.
③ 갈변화로 기호성이 향상되어 단백질소화율이 증가한다.
④ 열손상의 정도는 불용성 질소(ADIN) 함량을 지표로 판단한다.

해설
갈변화 반응 때문에 단백질과 에너지의 소화율은 감소된다.

78 콩과(두과) 목초의 근류균 접종에 대한 설명으로 옳지 않은 것은?

① 토양접종법이 있다.
② 종자접종법이 있다.
③ 접종할 때 탄산석회가 부착제로 사용된다.
④ 접종된 종자를 소독하여야 한다.

해설
근류균이 접종된 종자는 즉시 파종한다.

79 호밀의 적정 파종량이 10a당 20kg이고 파종하려는 종자의 발아율이 80%일 경우 10a당 이 종자의 파종량은?

① 21kg ② 23kg
③ 25kg ④ 27kg

해설
종자의 파종량 = 파종량 ÷ 발아율 × 100
= 20 ÷ 80 × 100
= 25kg

80 옥수수 파종 시 10a당 18kg의 질소비료를 줄 경우 요소비료(질소 성분 46%) 몇 kg을 주어야 하는가?

① 18kg
② 28kg
③ 39kg
④ 57kg

해설
요소비료 내 질소량이 약 46%이므로
$\frac{18}{46} \times 100 = 39.13$kg

2021년 제1회 과년도 기출문제

제1과목 가축육종학

01 닭에 있어 횡반유전자(B)는 반성유전형질이므로 이를 이용하여 깃털색으로 자웅감별이 가능하도록 하려면 양친의 유전자형을 어떤 식으로 하여야 하는가?

① Z^BZ^B, Z^bW
② Z^BZ^b, Z^bW
③ Z^BZ^b, Z^bW
④ Z^bZ^b, Z^BW

해설

횡반색(Barred Color : B)은 횡반플리머스록종의 암컷(Z^BW)에 흑색미노르카종이나 오스트랄로프종 수컷(Z^bZ^b)을 교배시킬 경우 제세대(F_1) 암컷 병아리는 모두 횡반이 없고 수컷은 머리위에 백색 또는 황색의 횡반을 가진다.

02 X의 근교계수를 계산하는 공식은 다음과 같다. 여기서 F_A 가 나타내는 것은?

$$F_X = \left[\left(\frac{1}{2}\right)^{n+n'+1}(1+F_A)\right]$$

① 공통선조의 근교계수
② X의 아비의 근교계수
③ X의 어미의 근교계수
④ X의 형매의 근교계수

해설

- n : 아비에서 공통선조까지의 세대수
- n' : 어미에서 공통선조까지의 세대수
- F_A : 공통선조의 근교계수
- Σ : 공통선조가 여럿일 경우 이를 모두 합한다는 뜻

03 산란계 농장의 11월 검정성적이 다음 표와 같을 때 이 농장의 평균 난중은?

일자	입식수수	폐사수수	생존연수수	산란수(개)	난중(kg)	사료소비량(kg)
1	1,000	–	–	–	–	–
7		5	6,000	4,980	301.3	900
14		8	6,965	5,691	347.2	1,010
21		7	6,909	5,628	351.1	1,035
28		4	6,860	5,621	354.1	1,015
31		1	3,903	3,235	205.4	570
계	1,000	25	30,637	25,155	1,559.1	4,530

① 46.9g
② 53.9g
③ 61.9g
④ 65.1g

해설

난중 = $\dfrac{\text{18주령 개시일~검정종료일까지의 총난중}}{\text{총산란개수로 나눈 중량}}$

= $\dfrac{1,559,100g}{25,155}$ = 61.9g

04 안달루시안종 닭에 있어 흑색(B)종과 백색(b)종에서 얻은 F_1은 모두 청색으로 나타났으며, F_2에서는 흑색과 백색, 그리고 청색이 각각 1/4, 1/4, 1/2로 나타났다. 이러한 유전 현상을 일컫는 말은?

① 완전 우성
② 불완전 우성
③ 공동 우성
④ 복대립 유전자

해설

불완전 우성 : 이형접합체가 양친의 중간형질을 나타내고, F_2는 1 : 2 : 1로 분리한다.

정답 1 ④ 2 ① 3 ③ 4 ②

05 돼지의 스트레스감수성(PSS) 여부를 판정하는 방법으로 부적합한 것은?

① 모색 판정법
② DNA 분석법
③ 혈청 중 CPK 활성 판정법
④ 할로테인(Halothane) 검정법

해설
스트레스 감수성 판정법
- 육안적 판정법
- DNA 검사법
- CPK 활성 조사법
- 할로테인 검정법

06 형질을 발현시키는 데 있어서 유전과 환경 간의 관계를 바르게 설명한 것은?

① 유전적으로 우수한 가축은 불량한 환경에도 영향을 받지 않는다.
② 아무리 환경조건이 좋다하더라도 그 개체가 태어날 때부터 가진 유전적 한계선은 초과하지 못한다.
③ 개체의 유전적 한계선은 환경조건에 따라 변화될 수 있다.
④ 개체의 능력은 유전과 무관하게 단지 환경의 영향으로 결정된다.

해설
가축의 형질 발현은 유전과 환경의 공동작용으로 나타난다.
- 모색 : 유전의 영향이 크다.
- 수태율 : 환경적 요인에 의한 영향이 크다.

07 다음 중 한우의 개량에 고려하여야 할 경제형질이라고 보기 어려운 것은?

① 번식능력
② 증체량
③ 뿔의 모양
④ 도체품질

해설
체형과 외모(털색, 피부색, 뿔의 형태 등)는 질적 형질에 속한다.

08 표현형 분산에 대한 설명으로 옳은 것은?

① 항상 양의 값(+값)을 취한다.
② 항상 음의 값(-값)을 취한다.
③ 양의 값과 음의 값을 반반 취한다.
④ 양의 값을 취하는 경우가 많다.

해설
표현형 분산
- 유전자형분산과 환경분산으로 분할한다.
- 항상 양의 값(+값)을 취한다.

정답 5 ① 6 ② 7 ③ 8 ①

09 다음 중 돼지 개량의 목표 형질이 아닌 것은?

① 일당 증체량   ② 등지방두께
③ 산자수   ④ 유지율

해설
유지율은 젖소에 해당된다.

10 검정 종료된 종모돈(♂)을 선발하기 위한 선발지수식에 포함되는 형질이 아닌 것은?

① 일당 증체량   ② 사료요구율
③ 등지방두께   ④ 산자수

해설
종모돈은 수컷 씨돼지를 말하므로 산자수가 상관이 없다.
※ 우리나라 공인 종돈능력검정소에서 선발지수를 산출하는데 포함된 형질 : 일당 증체량, 사료요구율, 등지방층 두께

11 선조의 능력을 기준으로 한 선발 방법을 무엇이라 하는가?

① 개체선발   ② 가계선발
③ 혈통선발   ④ 가계 내 선발

해설
혈통선발의 개념 : 부모, 조부모 등의 선조능력에 근거하여 종축의 가치를 판단하여 선발하는 방법이다.

12 다음 그림과 같은 한우와 육우의 교배에서 얻어진 잡종 3대(F_3)에서 한우의 유전자 비율은?

```
한우(♀) × 육우A(♂)
        ↓
$F_1$(♀) × 육우B(♂)
        ↓
$F_2$(♀) × 한우(♂)
        ↓
       $F_3$
```

① 25%   ② 50%
③ 62.5%   ④ 75%

해설
자식은 부모한테서 유전자를 절반씩 받는다.
한우(H), 육우(Y)
한우(♀) = 100, 육우A(♂) = 100
F_1 = H50, Y50
F_2 = H25, Y25 + Y50 = 75
F_3 = H12.5 + H50 = 62.5, Y = 37.5

13 선발의 효과로 옳은 것은?

① 새로운 유전자의 창출
② 새로운 유전자의 제거
③ 우량 유전자 빈도의 증가
④ 우량 유전자 빈도의 감소

해설
선발의 효과란 기존의 우량 유전자를 더 많게 하는 것이다.

14 어떤 형질의 표현형분산 중에서 유전분산이 차지하는 비율을 의미하는 것은?

① 유전력
② 육종가
③ 반복력
④ 유전상관

해설

유전력
- 좁은 의미의 유전력 : 전체 분산 중에서 상가적 유전분산이 차지하는 비율, 즉 $\dfrac{\text{상가적 유전분산}}{\text{표현형분산}}$
- 넓은 의미의 유전력 : 전체 분산 중에서 유전자형이 차지하는 비율, 즉 $\dfrac{\text{유전분산}}{\text{유전분산} + \text{환경분산}}$

15 다음과 같은 방식의 잡종교배 방법은?

Hereford(♀) × Angus(♂)
↓
F₁(♀) × Hereford(♂)
↓
F₂(♀) × Angus(♂)
↓
F₃(♀) × Hereford(♂)
↓

① 3원종료교배
② 3원종료윤환교배
③ 3원윤환교배
④ 상호역교배

해설

상호역교배 : 1대 잡종의 암컷에 그 양친 품종 가운데 어느 한 품종의 수컷을 교배시키고, 다음 세대에는 여기에서 생산된 암컷에 다른 양친의 순종 수컷을 교배시키는 것

16 우리나라 산란계 개량의 목표 대상형질이 아닌 것은?

① 난 중
② 난각질
③ 산란지수
④ 사료요구율

해설

난질을 개량목표로 삼는다. 난각질은 난질 중 가장 중요한 형질로 파각률의 결정적 요인이 되는 형질이다.

17 종축의 선발효과를 크게 하는 방법이 아닌 것은?

① 선발차를 크게 한다.
② 형질의 유전력을 높인다.
③ 세대간격을 짧게 한다.
④ 형질의 변이를 적게 한다.

해설

선발차를 크게 하기 위해서는 우선 개량하고자 하는 형질의 변이가 커야 한다.

18 한 가닥의 DNA 염기의 배열이 ATTGC일 때 이와 상보적인 DNA 염기배열은?

① GCCAT
② UAACG
③ TAACG
④ TUUGC

해설

DNA 구조에서 염기들이 나선의 내부를 향하게 되며, 아데닌(A)은 타이민(T)과만 결합하고, 구아닌(G)은 사이토신(C)과 결합한다.

정답 14 ① 15 ④ 16 ② 17 ④ 18 ③

19 일반적으로 가축의 생산능력이 떨어지는 근친교배를 실시하는 이유로서 틀린 것은?

① 특정 유전자의 고정
② 불량한 열성 유전자의 제거
③ 근친계통 간의 잡종 강세 이용
④ 이형 접합체의 증가

해설
근친교배의 주된 목적은 혈통의 순수성을 보전하고 조상의 우수형질을 제대로 후손에게 전달하는 것이 목적이다.

20 돼지의 교배방법 중 육돈세대와 모돈세대의 잡종강세를 최대한 이용할 수 있는 것으로 가장 적절한 것은?

① 퇴교배
② 상호역교배
③ 일대잡종의 이용
④ 3품종종료교잡법

해설
3품종종료교배
가축 개체가 잡종임으로 인하여 얻어지는 개체 잡종강세 효과뿐만 아니라 개체의 모친이 잡종으로 인하여 얻어지는 모체 잡종강세 효과 모두 100%로 유지하기 위하여 돼지에서 가장 많이 이용되는 교배방법이다.

제2과목 가축번식생리학

21 가장 큰 부생식선으로 가장 많은 분비물을 배출하며 정액의 완충제로 작용하는 인산염과 탄산염이 분비되는 부위는?

① 정낭선
② 전립선
③ 쿠퍼선
④ 정소상체

해설
① 정낭선 : 대부분의 포유동물에서 사정되는 정액 중 대부분은 이곳에서 분비되며, 특히 정액에서 검출되는 Prostaglandin도 이곳에서 분비된다.
② 전립선 : 전립선액은 정자가 부유하고 운동할 수 있는 양분 공급
③ 쿠퍼선(요도구선) : 요도구선 분비액은 사정하기 전 요도를 세척하여 정자의 생존성을 보전
④ 정소상체(부고환) : 정자의 성숙, 농축, 저장 및 운반의 기능을 담당

22 소의 자궁은 어떤 형태로 분류되는가?

① 중복자궁
② 쌍각자궁
③ 분열자궁
④ 단자궁

해설
가축별 자궁의 형태
- 중복자궁 : 설치류, 토끼류
- 쌍각자궁 : 돼지
- 분열자궁(양분자궁) : 소, 말, 면양, 개, 고양이
- 단자궁 : 사람, 영장류

23 암퇘지의 성 성숙이 완료되는 시기는?

① 약 생후 5주
② 약 생후 15주
③ 약 생후 30주
④ 약 생후 60주

정답 19 ④ 20 ④ 21 ① 22 ③ 23 ③

24 다음 중 난자생성과정에서 세포학적 염색체수가 2n인 단계는?

① 성숙난자
② 제2극체
③ 제1난모세포
④ 제2난모세포

해설
난원세포(2n)는 제1난모세포(2n)로 변한 후 제2난모세포(n)와 제1극체로 나누어진다.

25 일반적으로 소의 난자가 배란된 후 수정능력을 유지할 수 있는 시간은?

① 6시간 이내
② 12~24시간
③ 30~42시간
④ 48~60시간

해설
난자의 수정능력 보유시간은 난자가 수정되어 정상적으로 발생할 수 있는 최대기간으로 12~24시간이다.

26 성숙한 포유가축에서 정자형성(Spermatogenesis)이 가장 활발하게 일어나는 최적의 온도는?

① 25℃ 이하
② 26~29℃
③ 30~35℃
④ 26~39℃

27 다음 중 스테로이드호르몬이 아닌 것은?

① 난포호르몬
② 웅성호르몬
③ 황체호르몬
④ 프로스타글란딘

해설
프로스타글란딘은 프로스탄산 골격을 가지는 일련의 생리 활성 물질을 말한다.
※ 성스테로이드 호르몬 : 난포호르몬(에스트로겐), 웅성호르몬(테스토스테론), 황체호르몬(프로게스테론)

28 소의 배란이 일어나는 시기로 가장 적합한 것은?

① 발정 종료 즉시
② 발정 종료 전 3~6시간
③ 발정 종료 전 8~10시간
④ 발정 종료 후 10~11시간

해설
주요 가축의 번식특성 및 발정주기

구 분	번식특성	배란시간(시간)
소	연 중	발정종료 후 10~11
돼 지	연 중	발정개시 후 35~45
면 양	단일성	발정개시 후 24~30
산 양	단일성	발정개시 후 30~36
말	장일성	발정종료 전 24~48

정답 24 ③ 25 ② 26 ③ 27 ④ 28 ④

29 태반에서 분비되는 호르몬은?

① 테스토스테론
② 황체형성호르몬(LH)
③ 갑상선자극호르몬방출호르몬(TRH)
④ 임마혈청성성선자극호르몬(PMSG)

해설

태반호르몬
- 임마혈청성성선자극호르몬(PMSG ; Pregnant Mare's Serum Gonadotropin)
- 태반융모성성선자극호르몬(hCG ; Human Chorionic Gonadotropin)
- 태반성락토겐(HPL ; Human Placental Lactogen)
- 단백질 B(PSPB ; Pregnamancy Specific Protein B)

30 암가축의 발정과 관련된 설명으로 틀린 것은?

① 번식적령기에 도달해야 발정이 개시된다.
② 발정주기는 발정 전기, 발정기, 발정 후기, 발정휴지기로 구분된다.
③ 발정기에 생식기관은 에스트로겐 영향 하에 놓이게 된다.
④ 발정 후기는 프로게스테론 영향하에 놓이게 된다.

해설

성 성숙에 도달한 암컷이 임신하지 않았으면 일정한 간격으로 발정이 반복된다.

31 소 수정란 이식에 있어서 수태율에 직접적인 영향을 미치는 요인으로 적합하지 않은 것은?

① 수정란 이식부위
② 수란우 발정동기화 방법
③ 수정란 이식 기술자
④ 수정란 이식 방법

해설

수란우의 발정동기화는 공란우의 발정 발현일 및 수정란의 일령과 ±2일 이내면 이식이 가능하나 ±1일 이내의 수란우를 선택하는 것이 좋은 수태율을 얻을 수 있다.

※ 수태율에 영향을 미치는 요인
- 이식 자궁각
- 수정란의 이식부위
- 수정란의 이식시기
- 오염방지 수단의 사용과 수태율
- 시술자의 기술과 수태율
- 이식의 난이도와 수태율

32 수가축의 생식세포 분화를 일으키는 직접적인 원인이 되는 호르몬은 테스토스테론과 어떤 호르몬인가?

① 인히빈
② 에스트로겐
③ 난포자극호르몬(FSH)
④ 황체형성호르몬방출호르몬(LHRH)

해설

난포자극호르몬(FSH)은 난자와 정자가 자라는 것을 촉진한다.

33 분비량이 증가하여 가축의 분만에 직접적으로 관여하는 호르몬을 바르게 짝지은 것은?

① 프로게스테론과 릴랙신
② 난포자극호르몬(FSH)와 릴랙신
③ 에스트로겐과 프로게스테론
④ 옥시토신과 릴랙신

해설

가축의 분만에 직접적으로 관여하는 호르몬
- 옥시토신 : 자궁수축, 유즙배출 및 젖 방출촉진기능을 담당하는 호르몬
- 릴랙신 : 치골 결합을 분리시켜 태아가 용이하게 골반을 통과하도록 한다.

34 프로게스테론의 작용이 아닌 것은?

① 유즙배출
② 임신유지
③ 유선포계 발육
④ 착상성 증식 유도

해설

프로게스테론(Progesterone)의 생리작용 : 착상, 임신유지, 유선포계의 발달 등

35 교배 후 다음 발정주기에 재발정이 오지 않았을 때 임신으로 판정하는 임신진단법은?

① 직장검사법
② 질점막 생검법
③ 초음파 임신진단법
④ NR(Non-Return)법

해설

발정무재귀관찰(Non-return)법 : 수정 후 2~4개월이 경과해도 발정이 오지 않을 때에는 임신으로 본다.

36 미수정란의 단위발생(Parthenogenesis)을 위하여 첨가하는 이온으로 옳은 것은?

① Ca^{2+}
② Na^+
③ Mg^{2+}
④ K^+

해설

난자 안에 칼슘 이온(Ca^{2+})을 첨가하면 난자가 활성화되어 단위발생을 유도할 수 있다.

37 정자가 수정능력을 최종적으로 획득하는 부위는?

① 정 소
② 정소상체
③ 정 관
④ 암컷의 생식기

해설

암컷의 생식기관 중 난자와 정자가 결합하여 수정이 이루어지는 장소는 난관이다.

38 다음 중 뇌하수체 후엽에서 분비되는 호르몬은?

① 옥시토신
② 프로게스테론
③ 에스트로겐
④ 난포자극호르몬(FSH)

해설

옥시토신은 분만 후 자궁의 수축과 유즙분비를 촉진시키는 뇌하수체 후엽 호르몬이다.

39 포유류의 정소를 체온보다 낮은 온도로 유지하는 데 직접적으로 관계가 없는 것은?

① 백 막
② 육양막
③ 정소거근
④ 음낭피부의 땀샘

해설

음 낭
정소가 들어 있는 피부주머니로 음낭 피부는 얇고 유연하며 피하지방이 거의 없고 땀샘이 잘 발달되어 있어 열 발산에 적합하도록 되어 있다. 피부 안쪽에는 육양막과 근섬유(정소근)가 존재하여 온도에 따라 수축 작용을 한다.

40 가축의 발정주기로 옳은 것은?

① 소 : 27~30일
② 돼지 : 19~20일
③ 산양 : 25~30일
④ 말 : 30~35일

해설

주요 가축의 번식특성 및 발정주기

구 분	번식특성	발정주기(일)
소	연 중	21~22
돼 지	연 중	19~20
산 양	단일성	21
말	장일성	19~25

제3과목 가축사양학

41 착유우에 결핍되기 쉬운 필수아미노산은?

① 아이소류신(Isoleucine)
② 메티오닌(Methionine)
③ 트립토판(Tryptophan)
④ 발린(Valine)

해설

메티오닌과 라이신은 젖소의 성장과 우유생산에 필수 아미노산으로 착유우에게 부족하기 쉽다.

42 면실박에 함유되어 많이 급여하면 가축의 건강에 나쁜 영향을 주는 물질은?

① 항트립신인자
② 고시폴
③ 글루코시놀레이트
④ 맥각균

해설

면실박에는 목화씨의 기름을 짜고 남은 부산물로 항영양인자 고시폴(Gossypol)이 함유되어 있다.

43 단백질의 소화흡수 과정에서 음세포작용에 의해서 흡수되는 영양소는?

① 아라반
② 면역글로불린
③ 에리트로스
④ 디옥시리보오스

해설

음세포작용 : 세포가 액체상태의 성분을 세포 안으로 유인하는 것(면역글로불린, 알부민).

정답 38 ① 39 ① 40 ② 41 ② 42 ② 43 ②

44 한우 번식우의 번식관리지표 중 옳은 것은?

① 평균 공태일수 : 120~130일
② 분만 후 첫 수정 평균일수 : 90~100일
③ 평균 분만간격 : 12~13개월
④ 임신에 필요한 평균 수정횟수 : 4~5회

해설

한우 번식우의 번식관리지표
- 평균 공태일수 : 80~110일
- 분만 후 첫 수정 평균일수 : 50~70일
- 평균 분만간격 : 12~13개월
- 임신에 필요한 평균 수정횟수 : 2회 이하
- 발정발견율 : 70% 이상

45 다음 중 소장에서 L-아미노산 흡수와 가장 관련 있는 것은?

① 항 체
② 임파선
③ 단순확산
④ Na^+ 펌프

해설

세포막 물질이동에는 능동수송과 수동수송이 있다.
- 아미노산, 포도당이 소장에서 소장 상피세포로 능동수송을 통해 이동한다.
- 나트륨이나 칼륨, 포도당(Glucose), L-아미노산은 능동수송으로 흡수되고 있다.

46 가소화영양소총량(TDN)에 관한 설명으로 옳은 것은?

① 가소화 조지방에 2.25를 곱하여 계산하므로 지방함량이 높을수록 TDN값이 커진다.
② 가소화에너지는 총에너지에서 오줌으로 인한 에너지 손실이 제외된 값이다.
③ 정미에너지를 사용하는 것에 비해 조사료의 에너지가를 과소 평가하게 된다.
④ 조사료의 TDN 1kg은 농후사료 TDN 1kg보다 생산가가 높다.

해설

TDN(단위면적당 가소화영양소 총량, Total Digestible Nutrients)
가축의 체내에서 소화되어 흡수되는 영양소(탄수화물, 단백질, 지방)의 총량을 나타내는 단위로 그 값의 크기로 사료의 영양소가 평가되는 것과 동시에 체내의 에너지 공급의 상황을 판단하는 영양관리지표로써도 사용되고 있다.
TDN = 가소화조단백질 + 2.25 × 가소화조지방 + 가소화탄수화물
② 가소화에너지(DE)는 총에너지(GE)에서 대변으로 배설된 에너지를 공제한 것이다.
③ TDN은 조사료의 에너지가를 과대 평가하게 된다.
④ 조사료의 TDN 1kg은 농후사료 TDN 1kg보다 생산가가 낮다.

47 갓 태어난 젖소 송아지에게 초유는 언제 급여하는 것이 좋은가?

① 되도록 빨리(30분 이내) 급여한다.
② 생후 24시간 이후 급여한다.
③ 생후 48시간 이후 급여한다.
④ 생후 7일 내외로 급여한다.

해설

송아지는 출생 후 가급적 빨리 그리고 많은 양의 초유를 섭취할수록 폐사율이 감소한다.

정답 44 ③ 45 ④ 46 ① 47 ①

48 산란계 병아리 사양 시 첫 모이급여 방법으로 가장 적절한 것은?

① 부화 직후 바로 사료급여
② 부화 후 3~4일 후 사료급여
③ 부화 후 2일경 물에 불린 사료급여
④ 부화 후 2일경 물을 먼저 먹인 후 사료급여

해설
첫 모이주기 : 부화 후 21~22시간에 물을 주고, 24~25시간에 첫 모이를 공급한다.

49 닭은 에너지 요구량 표현 기호로 가장 널리 쓰이는 것은?

① DE   ② ME
③ NE   ④ TDN

해설
영양소 요구량 표현방법
- 젖소 : TCP, TDN
- 돼지 : CP, 라이신, 가소화 라이신, DE
- 가금 : DCP, ME

50 가축사료 중 갑상선 조직에 이상을 가져오는 사료는?

① 감 자   ② 대두박
③ 채종박   ④ 옥수수

해설
채종박
글루코시놀레이트(Glucosinolate, 항갑상선 물질), 에루크산(Erucic Acid, 심근괴저, 지방침윤 유발), 미로시나제(Mirosinase, 갑상선 비대), 비타민 B군 흡수 저해물질(각약증 유발)을 함유하고 있다.

51 육우에서 가장 부족하기 쉬운 비타민은?

① 비타민 A
② 비타민 B
③ 비타민 C
④ 비타민 K

해설
비육우사료에서 가장 결핍되기 쉬운 비타민은 비타민 A이다. 순수 비타민 A는 화학적으로 생산된 화합물인데 식물에는 존재하지 않아 소 사료에는 비타민 A의 전구체인 베타-카로틴의 형태로 공급된다. 그러나 산화로 인한 베타-카로틴이 파괴되기 때문에 식물은 비타민 A의 믿을 만한 공급원이 되지 못한다. 또한 소는 베타-카로틴을 비타민 A로 전환시키는 과정이 효율적이지 못하다.

52 지방이 에너지로 바뀌기 위해 필요한 분해대사 과정은?

① α-산화
② β-산화
③ γ-산화
④ δ-산화

해설
지방이 글리세롤과 지방산으로 분해되면, 글리세롤은 α-글리세롤포스페이트가 되어 해당과정(Glycolysis)을 거치며, 지방산은 β-산화(β-oxidation)로 분해된다.

정답 48 ④   49 ②   50 ③   51 ①   52 ②

53 산란계에서 강제 환우가 필요한 때가 아닌 것은?

① 차기에 달걀 가격 상승이 기대될 때
② 현재 달걀 가격이 낮아서 유지가 곤란할 때
③ 햇닭으로 교체하는 비용이 많이 들 때
④ 노계값이 비쌀 때

해설
산란계 강제 환우는 계란의 품질개선 및 산란기간 연장을 목적으로 하고 있다.

55 오탄당인산회로의 기능적 특성이 아닌 것은?

① 오탄당의 공급원이다.
② NADPH의 생산기구이다.
③ 유당이 생성된다.
④ 직접 산화에 의해 CO_2가 생성된다.

해설
오탄당인산회로는 오탄당인산경로, 육탄당일인산회로라고도 한다.

54 농후사료 가공방법에 대한 설명으로 틀린 것은?

① 알곡을 분쇄하는 것은 일반적으로 가축의 사료 저작을 쉽게 하고, 영양소 흡수이용률을 높이기 위한 방법이다.
② 펠릿 사료는 가축의 소화율 증진, 세균과 독성물질 파괴, 취급용이 등의 효과가 있다.
③ 익스트루전 사료가공 방법은 원료를 삶아 부피를 줄여서 이용하는 방법으로 사료 관리에 용이하다.
④ 사료에 열을 가하여 볶는 방법은 세균, 곰팡이가 사멸하여 사료의 저장성이 증진되고 사료의 이용효율이 향상되는 효과가 있다.

해설
익스트루전 사료는 곡류를 분쇄한 후 증기를 넣어 가압 열처리하여 실린더에서 배출된 부풀어진 사료이다.

56 단백질 분해 효소가 아닌 것은?

① 레 닌
② 펩 신
③ 트립신
④ 아밀라아제

해설
아밀라아제(아밀레이스)는 탄수화물 분해효소이다.

57 곡물 저장 중 호흡작용으로 인하여 발생하는 부산물이 아닌 것은?

① 열
② 물
③ 산 소
④ 탄산가스

해설
곡물 저장 중 호흡작용으로 산소를 흡수하며 이산화탄소와 열, 물을 발생시킨다.

정답 53 ④ 54 ③ 55 ③ 56 ④ 57 ③

58 소 번식을 위한 사양관리 요령 중 영양소 요구량에 대한 설명으로 잘못된 것은?

① 임신 중 번식을 위한 에너지요구량을 결정하는 데에는 태아 발육을 위한 에너지와 임신에 의한 열량증가가 포함된다.
② 임신 중 단백질요구량은 임신 말기로 갈수록 증가한다.
③ 번식우에 칼슘, 인, 철 등의 무기물 공급은 태아에 지장을 주기 때문에 사료급여 시 적게 급여하도록 주의를 기울여야 한다.
④ 번식우에 비타민이 부족하면 유산을 하거나 분만되는 송아지가 작고 비정상적인 경우가 많으므로 결핍되지 않도록 충분히 급여하여야 한다.

해설

번식우에 칼슘과 인의 부족 시 번식장애와 태아 및 어미 가축의 골격발달 및 유지에 심한 장애를 가져온다. 특히 사료 중 에너지를 증가시킬 때 장애현상은 더 악화된다. 임신기간 중 Ca과 P는 태반보다는 태아에 많이 축적된다.

59 다음 중 브로일러 배합사료에서 Ca : P의 비율로 가장 적당한 것은?

① 1 : 1
② 2 : 1
③ 5 : 1
④ 10 : 1

해설

칼슘과 인의 비율은 2 : 1로 필요하지만, 이외에 비타민 D가 첨가되면 발육에 효과가 있다.

60 다음 중 단위가축 소장의 대사과정에서 가장 빨리 흡수되는 탄수화물은?

① 만노스
② 글루코스
③ 프럭토스
④ 갈락토스

해설

소장에서 단당류 흡수 순서

갈락토스 → 글루코스 → 프럭토스 → 만노스 → 펜토스

제4과목 사료작물학 및 초지학

61 목초를 건초로 저장하고 이용할 때의 장점에 해당하는 것은?

① 화재의 위험이 없다.
② 기후의 영향을 적게 받는다.
③ 저장 공간을 작게 차지한다.
④ 정장제의 효과가 있어 송아지 설사 예방에 좋다.

해설

건초의 장단점

장점	• 정장제 효과가 있어 설사를 방지한다(특히 송아지). • 수분함량이 적어 운반과 취급이 용이하다. • 태양 건조 시 비타민 D의 함량이 높아진다. • 풀이 없거나 부족한 계절에 우수한 조사료를 공급할 수 있다. • 사일리지로 만들기 어려운 콩과사료작물의 저장이 용이하다.
단점	• 기상의 영향을 많이 받아 장기건조 또는 강우 시 품질저하가 일어난다. • 부피가 커서 저장공간을 많이 차지한다. • 화재의 위험이 있다.

정답 58 ③ 59 ② 60 ④ 61 ④

62 목초 및 사료작물의 생존연한 또는 생활주기로 볼 때 월년생인 화본과 작물로만 짝지어진 것은?

① 자운영, 커먼베치, 헤어리베치
② 오처드그라스, 티머시, 톨페스큐
③ 라디노클로버, 레드클로버, 알팔파
④ 호밀, 보리, 이탈리안라이그래스

해설

사료작물의 생존연한에 의한 분류

구 분	화본과	두 과
다년생	오처드그라스, 티머시, 톨페스큐, 켄터키블루그래스, 레드톱 등	화이트클로버, 라디노클로버, 레드클로버, 알팔파, 알사익클로버 등
월년생	호밀, 귀리, 밀, 보리, 이탈리안라이그래스 등	자운영, 커먼베치, 헤어리베치, 루핀, 크림슨클로버, 리드카나리그래스 등

63 사료작물로 이용되는 보리에 대한 설명으로 옳은 것은?

① 생육적온은 25~35℃이며 연간 강수량은 1,300mm 이상 지대에 알맞다.
② 호밀보다 초장이 짧고 출수기 전후 수량은 적으나 황숙기로 갈수록 수량이 많아진다.
③ 사질토나 식질토에서 가장 잘 자라므로 논에서 재배할 경우에는 배수로가 없는 것이 좋다.
④ 내한성이 강하여 이른 봄 수량이 높으므로 초봄에 방목으로 이용하는 것이 가장 경제적이다.

해설

② 보리는 호밀보다 초장이 짧고, 출수기 전후의 초기 생산량이 적은 반면, 황숙기로 갈수록 종자 성숙 과정에서 건물 및 가소화 양분축적이 높아져, 건물과 TDN 수량이 호밀과 대등하고, 에너지 함량은 높은 편이나, 추위에는 호밀보다 약한 편이다.
① 생육적온은 4~20℃이며 연간 강수량은 1,000mm 이상에 적응하는 작물이다.
③ 토양은 양토 또는 식양토가 알맞으며, 사질토는 수분과 양분의 부족을 초래하고, 식질토는 토양공기가 부족하기 쉬우며 건조한 토양보다 습한 논 토양에서 생육이 좋고 배수가 불량한 논은 반드시 배수로를 설치해 주어야 생육 도중 습해를 받지 않는다.
④ 보리의 내한성은 맥류 중 중간 정도로 연맥보다는 강하지만 밀, 트리티케일 및 호밀보다는 약하다.

62 ④ 63 ②

64 불경운초지개량의 특징이 아닌 것은?

① 종자와 토양의 접촉이 어려워 발아와 정착이 어렵다.
② 시간과 비용투입에 비하여 개량 성과가 낮을 수 있다.
③ 개발은 신속하나 초지의 생산성 증가는 더디다.
④ 기계사용이 불가능한 지대는 개발이 불가능하다.

해설
기계사용이 불가능한 지대라도 개발이 가능하다.
불경운초지의 장단점

장점	• 파종비용이 저렴하다. • 갈아엎지 않기 때문에 토양침식의 위험이 작다. • 기계사용이 불가능한 지대라도 개발이 가능하다. • 1년생 잡초가 침입할 수 있는 기회를 준다. • 강우나 강우 직후 토양의 수분함량이 높을 때에도 목초의 파종이 가능하다. • 목초를 도입함으로써 연중 생초의 생산기간을 연장시켜 준다. • 생산성이 낮은 산지를 신속하고 값싸게 개발할 수 있는 방법이다. • 한발, 홍수 및 산불 등으로 긴급복구가 필요할 때 유효한 방법이다.
단점	• 목초의 정착이 빈약하다. • 시간과 비용의 투입에 비하여 개량의 성과가 낮다. • 대상지의 개발은 신속하지만 초지의 생산성을 높이는 것이 느리기 때문에 단위면적당 목초의 수량이 더디게 증가된다. • 초지의 목양력 증가가 느리다.

65 우리나라의 산지 토양에 가장 결핍되어 있는 식물영양분은?

① 인 산
② 질 소
③ 칼 륨
④ 마그네슘

해설
산지토양의 유효인산 함량은 11.3%로 농경지의 약 1/10수준이다.

66 오처드그라스에 질소 추비를 하려할 때 추비를 시용하는 시기로 틀린 것은?

① 예취 직후
② 월동 전
③ 파종 직후
④ 월동 후 재생 개시기

해설
오처드그라스에 월동 전(월동 개시기) 질소 비료가 과잉공급되면 가지와 잎이 길고 연하게 자라서 동해, 냉해를 입기 쉬우므로, 예취 직후, 월동 후 재생 개시기, 파종 직후에 질소 추비를 하는 것이 좋다.

67 농업부산물을 조사료원으로 이용 시 고려하여야 할 사항이 아닌 것은?

① 시기나 지역적으로 편중되지 않아 안정적 공급이 이루어질 수 있는지의 여부
② 같은 재료라도 수거장소·가공방법에 따라 성분함량 등 품질의 차이가 없는지의 여부
③ 고능력우에게 공급 가능 여부
④ 변질 유무 혹은 이물질의 혼입 여부

해설
농가에서 섬유질배합사료를 만들 때는 성장단계별 사료급여 프로그램에 맞춰 사료 배합비를 짜고 적정 급여량을 먹이는 것이 중요하다.

68 초지조성 및 관리방법에 대한 설명으로 틀린 것은?

① 쇄토는 종자의 수분 흡수를 돕기 위한 작업이다.
② 진압은 목초 종자가 토양 중의 물과 양분을 잘 흡수·이용하여 초기 생육이 잘 되게 하기 위하여 실시한다.
③ 선점식생 제거를 위해 제초제를 사용해야 할 경우 선택성 제초제를 사용하여야 한다.
④ 가을에 파종한 목초나 봄에 파종한 목초가 15cm 정도 자라기 시작하면 가축을 넣어 가벼운 방목을 하는데 이를 토핑(Topping)이라 한다.

해설
선점식생 제거를 위해 제초제를 사용해야 할 경우 비선택성 제초제를 살포한다.

69 칼륨비료에 대한 설명으로 옳은 것은?

① 토양 산도를 교정한다.
② 목초의 초기 생육을 촉진하며 단백질 합성에 필수적이다.
③ 광합성 과정에서 탄수화물 운반을 위해 필요하고 식물 전자전달경로의 필수영양성분이다.
④ 목초의 추위에 대한 내성을 높여 주고, 가뭄에 대한 저항성을 준다.

해설
칼륨
- 초지조성 시보다 생육 시에 필요한 비료이다.
- 질병, 해충, 저온, 가뭄 등에 대한 저항성을 준다.
- 방목용 초지보다 채초용(건초, 사일리지) 초지로 이용할 때 결핍되기 쉽다.

70 원형 곤포사일리지의 장점이 아닌 것은?

① 수확과 저장 중에 건물 손실이 적다.
② 제초 작업에 노동력과 시간이 절약된다.
③ 다양한 작부체계의 도입이 가능하다.
④ 제조와 취급에 수작업이 편리하다.

해설
원형 곤포사일리지의 장단점

장 점	· 건초에 비해 수확 시 손실을 줄일 수 있다. · 사일로 등의 시설이 필요 없다. · 기상변화에 대처할 수 있는 가변적인 생산체계이다. · 간편하고 신속하게 저장할 수 있다.
단 점	· 저장 중의 손실이 다른 사일리지에 비해 많다. · 기계구입을 위한 자본투자가 크다. · 단기간에 노동력이 집중된다. · 비닐사용으로 환경오염 문제를 유발한다. · 수분조절(60~65%)이 어렵다.

71 옥수수 재배 시 질소시비량은 성분량 기준으로 ha당 200kg 정도라 하고, 질소비료로 요소를 사용할 경우 요소의 실제 시비량은?(단, 요소의 질소함량은 46%이다)

① 250kg/ha
② 336kg/ha
③ 435kg/ha
④ 541kg/ha

해설
요소의 실제 시비량 $x \times 46\% = 200$kg/ha
$x = 434.78 \rightarrow 435$kg/ha

72 목초나 사료작물을 반추동물에게 급여할 때 너무 잘게 분쇄하지 않는 주된 이유는?

① 소화속도가 늦어질 수 있기 때문
② 휘발성 지방산 비율을 정상적으로 유지하지 못하기 때문
③ 유지방 함량이 너무 높아질 수 있기 때문
④ 반추위의 산도를 낮출 수 있기 때문

해설
조사료를 너무 세절하게 되면 반추위가 산성화되어 휘발성지방산의 비율균형이 깨지면서 초산의 생성비율이 낮아져 유지율이 감소하게 된다.

73 콩과 작물에 속하는 것은?

① 오처드그라스 ② 톨페스큐
③ 알팔파 ④ 티머시

해설
①·②·④ 오처드그라스, 톨페스큐, 티머시는 화본과 작물이다.

74 체중 250kg의 육성우 10두를 50일간 방목할 수 있는 초지가 있다면 그 초지 전체의 목양력은 얼마인가?(단, 1방목일(CD; Cowday)은 체중 500kg 성우 1두를 1일간 방목할 수 있는 목양력이다)

① 200 Cow-day ② 250 Cow-day
③ 300 Cow-day ④ 350 Cow-day

해설
목양력 = 500kg 성우 두수 × 방목일수
= 10두 × 50일 × $\frac{250}{500}$
= 250Cow-day

75 사료작물의 건초조제를 위한 수확적기로 틀린 것은?

① 호밀 : 수잉기~출수 초기
② 오처드그라스 : 절간신장기
③ 레드클로버 : 출뢰 초기
④ 알팔파 : 1차는 출뢰기(꽃봉오리기), 2차는 1/10 개화기

해설
오처드그라스를 건초나 사일리지로 이용할 때 첫 수확 적기는 출수기이다.

76 방목 개시 적기로 틀린 것은?

① 초장이 20~25cm일 때
② 일시적인 가공 및 저장이 어려운 조건에서 ha당 생초 생산량이 3톤일 때
③ 과잉생산된 목초가 일시에 처리가 가능한 조건에서 ha당 생초 생산량이 5톤일 때
④ 초기 생육이 빠른 라이그래스가 혼파된 초지일 경우 평소보다 늦게

해설
방목 개시 적기
방목은 일반적으로 ha당 생초생산량이 5톤가량 될 때 시작하는 것이 적당하나, 이때는 과잉 생산된 목초의 처리가 어려우므로, 일시적인 가공 및 저장이 어려운 조건이면 ha당 생초생산량이 3톤이 되는 시기부터 방목을 시작하는 것이 봄철 목초의 과중한 생육을 막을 수 있고 초지의 이용률을 높일 수 있다. 두 번째 이후 목초의 방목 적기는 초장이 20~25cm인 때이며 이때까지의 휴목일수는 봄 18~20일, 여름 35일, 가을 40일로 휴목일수는 평균 25~28일이다.

정답 72 ② 73 ③ 74 ② 75 ② 76 ④

77 다음 열거한 요인 중 사일리지의 발효에 가장 영향을 적게 미치는 것은?

① 재료의 수분함량
② 재료의 조단백질 함량
③ 재료의 수용성 탄수화물 함량
④ 재료의 조지방 함량

해설
발효의 패턴과 정도는 재료 속의 수분 함량, 발효 가능한 성분의 양으로 수용성 탄수화물의 다소, 발효에 수반되는 pH의 저하에 견딜 수 있는 재료의 재질에 의하여 결정된다.

78 초지에서 예취를 주로 이용하거나 사료작물포에서 미완숙 퇴비를 사용할 경우 목초의 뿌리나 지하경에 심한 피해를 주는 해충은?

① 멸강나방
② 진딧물
③ 풍뎅이류 유충
④ 조명나방

해설
근계 및 지하경의 해충 : 방아벌레류, 땅강아지, 풍뎅이류의 유충(굼벵이), 밤나방과의 유충 및 선충 등

79 콩과목초 종자들의 발아율이 낮은 이유로 가장 적절한 것은?

① 낮은 일광 요구성
② 잦은 떡잎의 병해
③ 종자의 미숙
④ 종피의 불투수성

해설
종피의 불투수성 : 종피 또는 과피가 단단하여 흡수가 잘 안 되어 발아가 지연되는 원인이다.

80 사료작물의 초장이 100cm 이하일 때 가축이 섭취하면 청산 함량이 높아 청산 중독의 위험이 있는 초종은?

① 옥수수
② 호 밀
③ 수단그라스
④ 보 리

해설
수단그라스는 초장이 1.2m 이상 자랐을 때 이용하는 것이 좋은데, 이보다 키가 작을 때에는 호흡곤란을 일으키는 청산중독의 위험이 따른다.

제5과목 축산경영학 및 축산물가공학

81 비육경영에 있어서 다음 축산물 생산비 비목 가운데 경영비에 포함되지 않는 것은?

① 사료비
② 자가노력비
③ 가축비
④ 진료위생비

해설
자가노력비는 생산비에 속한다.

정답 77 ④ 78 ③ 79 ④ 80 ③ 81 ②

82 생산함수가 $y=-x^3+30x^2$일 때, 다음 설명에서 틀린 것은?

① 한계생산은 $y=-x^3+30x^2$이다.
② $x=20$일 때, 총생산은 최대가 된다.
③ $x=10$일 때, 한계생산은 최대가 된다.
④ $x=30$일 때, 평균생산은 최대가 된다.

해설
생산함수가 $y=-x^3+30x^2$일 때, $x=30$을 대입하면 $Y=0$
평균생산물(Y/X)은 0보다 커야 한다.
※ 한계생산물과 평균생산물의 상호관계
- 한계생산물이 평균생산물보다 클 경우 평균 생산물은 증가한다.
- 한계생산물이 평균생산물보다 작을 경우 평균생산물은 감소한다.
- 한계생산물이 평균생산물과 일치할 때 평균생산물은 최대가 된다.

84 자본재에 관한 설명으로 틀린 것은?

① 경제적 관점에서 유형자본재와 무형자본재로 구분된다.
② 생산 및 유통과정을 통해 운영되는 화폐가치의 총액을 의미한다.
③ 자본재 존속기간 장단에 의하여 고정자본재와 유동자본재로 구분된다.
④ 자본의 한 형태로서 구체적이고 물질적인 생산수단이다.

해설
②는 자본의 개념이다. 자본재란 과거 노동의 결과 생산되었고 또 앞으로 생산 수단으로서 사용될 재화를 말하며 자본의 일부적인 개념으로서 물적, 기술적인 생산재화의 성질을 갖는 것을 말한다.

83 다음 중 우유의 생산비 절감방안으로 적합하지 않은 것은?

① 사료비 절감
② 번식간격의 확대
③ 두당 산유량 증대
④ 젖소의 생산수명 연장

해설
낙농농가의 경영개선에 의한 생산비 절감방안
- 사료효율 향상
- 사육규모의 적정화
- 산유량 증대
- 번식육 향상
- 젖소 이용 연한 연장

85 다음 중 축산경영의 의사결정 단계에서 마지막으로 취해야 할 내용은?

① 대체안의 선택
② 관련 사실의 관찰
③ 분석과 대체안의 특성화
④ 실행한 행동에 대한 책임 부담

해설
의사결정의 단계
- 문제를 정확히 확인한다.
- 데이터, 사실 그리고 정보를 수집한다.
- 대체해결 방안을 분석한다.
- 가장 최선의 방법을 선택한다.
- 결정한 것을 실행한다.
- 결과를 분석하고 결과에 대한 책임을 진다.

정답 82 ④ 83 ② 84 ② 85 ④

86 다음 중 고정비용(불변비용)에 해당하는 것은?

① 사료비　　② 감가상각비
③ 노동비　　④ 수도광열비

해설
고정비용(불변 비용) : 감가상각비, 지대, 축사임대료, 보증금

87 계란 생산비 가운데 가장 큰 비중을 차지하는 것은?

① 가축비　　② 사료비
③ 자가노력비　④ 감가상각비

해설
육계생산비, 계란 생산비 가운데 가장 큰 비중을 차지하는 것은 사료비이다.

88 축산경영의 복합화가 갖는 장점으로 가장 올바른 것은?

① 유통상의 유리함
② 노동배분의 평균화
③ 분업이익의 획득
④ 기술의 고도화

해설
축산경영 복합화의 장점
- 노동배분의 평균화
- 수입의 평균화
- 자금회전의 원활화

89 축산조수입이 1억, 경영비 5,000만원, 생산비 7,000만원, 지대가 1,000만원일 때 순수익은 얼마인가?

① 3,000만원　　② 4,000만원
③ 5,000만원　　④ 7,000만원

해설
순수익 = 조수입 − 생산비
　　　 = 1억 − 7,000만원
　　　 = 3,000만원

90 시장의 입지와 경제적 거리는 축산경영 조직의 성립에 큰 영향을 미친다. 이와 관련된 설명으로 틀린 것은?

① 시장에서 멀리 떨어진 양돈농가가 수취하는 수취가격은 시장에서 가까운 곳에 있는 양돈농가의 수취가격보다 낮다.
② 시장에서 멀리 떨어진 양돈농가가 구입하는 양돈기자재의 가격은 시장에서 가까운 곳에 있는 양돈농가가 구입할 때보다 비싸다.
③ 시장에 가까운 곳에서는 착유목장을 경영하는 것이 양돈장을 경영하는 것보다 불리하다.
④ 송아지 생산농가는 시장에서 멀리 떨어져 있어도 무방하다.

해설
시장에서 가까운 곳에서는 착유목장, 양돈, 비육우를 경영하는 것이 한우번식, 젖소육성우를 경영하는 것보다 유리하다.

정답 86 ② 87 ② 88 ② 89 ① 90 ③

91 버터의 일반제조공정이다. ( ) 안에 들어갈 2가지 공정이 순서대로 바르게 나열된 것은?

> 크림 → 살균 → 숙성 → ( ) → 수세 → 가염 → ( ) → 충전 및 포장

① 교동 - 연압
② 균질 - 교동
③ 가당 - 연압
④ 연압 - 교동

해설
- 교동(교반, Churning) : 크림의 지방구가 뭉쳐서 버터의 작은 입자를 형성하고 버터밀크와 분리되도록 일정한 속도로 크림에 충격을 가하거나 휘저어 주는 것
- 연압(Working) : 버터가 덩어리로 뭉쳐 있는 것을 짓이기는 공정

92 식육동물의 근육조직에 관한 설명으로 틀린 것은?

① 평활근은 내장근이며 불수의근에 속한다.
② 골격근은 횡문근으로 근육의 수축과 이완을 하는 불수의근이다.
③ 심근은 심장에서만 특징적으로 나타나는 근육이며 자의에 의해 조절할 수 없다.
④ 골격근은 다수의 근섬유로 이루어져 있다.

해설
근 육
- 횡문근[골격근육을 구성(골격근, 수의근)], 평활근[소화기관(내장)을 구성], 심근[심장의 구성)으로 구분하며, 식육으로 이용되는 근육은 주로 골격근이다.
- 골격근은 근육의 수축과 이완을 통해 동물의 운동을 수행하는 기관인 동시에 필요한 에너지원을 저장하고 있다.

93 소시지 제조 시에 실시하는 예비혼합의 장점이 아닌 것은?

① 고기 혼합물의 분석에 의해 제품의 화학적 조성을 정확하게 조절할 수 있다.
② 예비혼합 시 염지제의 첨가에 의해 부패 지연 및 저장기간을 단축시킬 수 있다.
③ 온도체 가공에서 예비혼합은 수용성 단백질의 추출률을 높여 결착성, 보수성, 유화안정성을 높인다.
④ 예비혼합은 가공기계의 효율을 높일 수 있다.

해설
소시지 제조 시에 실시하는 예비혼합의 장점
- 고기 혼합물의 분석에 의해 제품의 화학적 조성을 정확하게 조절할 수 있다.
- 예비혼합 시 염지제 첨가에 의해 부패 지연 및 저장기간을 연장시킬 수 있다.
- 온도체 가공에서 예비혼합은 염용성 단백질의 추출률을 높여 결착성, 보수성, 유화안정성을 높인다.
- 예비혼합은 가공기계의 효율을 높일 수 있다.

94 다음 중 숙성에 의해 일어나는 변화는?
① 식육의 신전성이 증가된다.
② 보수성이 저하된다.
③ 연도가 향상된다.
④ Actomyosin의 상호결합이 점차 강화된다.

해설
숙성에 따른 변화
- 연도개선 : 강직 중 형성된 액토마이오신 상호결합이 근육 내의 미시적 환경변화(pH 변화, 이온저성 변화 등)에 의하여 점차 변형, 약화된다.
- 자가소화 : 근육내 단백질 분해효소에 의한 자가소화로 근원섬유 단백질 및 결합조직단백질이 일부 분해되고 연화된다.
- 근육 중의 펩타이드(Peptide)가 아미노산(Amino Acid)으로 변화되어 고기의 풍미를 향상시킨다.
- 보수력이 증가한다.
※ 고기를 숙성시키는 가장 중요한 목적 : 맛과 연도의 개선

95 다음 중 우리나라 순대와 비슷한 육제품은?
① 간소시지(Liver Sausage)
② 혈액소시지(Blood Sausage)
③ 혀소시지(Tongue Sausage)
④ 헤드치즈(Head Cheese)

해설
혈액소시지는 피를 익히거나 건조한 것을 재료로 만든 소시지로 우리나라 순대와 비슷하다.

96 식육의 영양성분에 관한 설명으로 틀린 것은?
① 탄수화물을 많이 함유하고 있으며 그 영양가치도 높다.
② 지방을 함유하고 있으나 부위에 따라 많은 차이를 보인다.
③ 식육은 무기질이 1% 내외로 P와 Fe의 좋은 공급원이나 Ca의 공급원은 되지 못한다.
④ 지용성 비타민의 함량이 낮지만 수용성 비타민은 비타민 C를 제외하고 높은 편이다.

해설
식육의 구성성분은 약 65~75%가 수분이고, 나머지는 거의 단백질로 구성되어 있다.

97 근육의 사후경직 중 산 경직(Acid rigor)에 대한 설명으로 옳은 것은?

① 절식시킨 상태에서 도살된 동물의 근육에서 일어난다.
② 피로한 상태에서 도살된 동물의 근육에서 일어난다.
③ 안정을 유지하면서 거의 운동을 시키지 않은 상태에서 도살한 동물의 근육에서 일어난다.
④ 부득이한 이유로 절박도살된 동물의 근육에서 일어난다.

해설
산 경직(Acid Rigor)
안정을 유지하면서 거의 운동을 시키지 않은 상태에서 도살한 동물의 사후 근육에서 일어나는 경직현상으로 지체기가 길고 급속기가 대단히 짧다.
① 중간형 경직(Intermediate Type Rigor) : 절식시킨 상태에서 도살된 동물의 근육에서 일어나는 경직
② 알칼리 경직(Alkaline Rigor) : 피로한 상태에서 도살된 동물의 근육에서 일어나는 경직

98 우유 단백질이 아닌 것은?

① Casein
② β-lactoglobulin
③ α-lactalbumin
④ Zein

해설
우유 단백질 : Casein, β-lactoglobulin, α-lactalbumin
※ Zein은 옥수수에 많이 함유된 단백질이다.

99 다음 중 유단백질에 대한 설명으로 틀린 것은?

① 카세인은 유화능력을 갖고 있다.
② β-카세인은 카세인 중 가장 소수성이 높다.
③ κ-카세인은 당을 함유하고 있다.
④ α_{s2}-카세인은 Ca^{2+}에 대해 낮은 감수성을 나타낸다.

해설
α_{s2}-카세인은 Ca^{2+}에 대해 높은 감수성을 나타낸다. α-카세인과 β-카세인은 칼슘에 의해 즉시 침전되는 소수성 단백질이다.

100 치즈의 수율을 증가시키는 방법으로 가장 거리가 먼 것은?

① 원료유의 한외여과
② 농축유 이용
③ 카세인염(Caseinate) 첨가
④ 유당의 첨가

해설
치즈의 수율을 증가시키는 방법
원료유의 한외여과, 농축유 이용, 카세인염(Caseinate) 첨가, 탈지분유의 첨가, 이중살균, 염화칼슘의 첨가, 산성화, 단백분해효소 음성균주 사용, 응유효소의 종류와 농도 및 응고온도, 정상유 혼합, 첨가제의 영향 등이 있다.

정답 97 ③ 98 ④ 99 ④ 100 ④

2021년 제2회 과년도 기출문제

제1과목 가축육종학

01 다음 중 선발의 기능이 아닌 것은?

① 집단의 유전자 빈도를 변화시킨다.
② 집단의 유전자형 빈도를 변화시킨다.
③ 새로운 유전자를 창조한다.
④ 특정 유전자를 고정한다.

해설

선발의 가장 중요한 기능은 유전자 빈도를 변화시키는 것이며, 선발에 의해 유전자 빈도가 변화되면 유전자형 빈도도 동시에 변하게 된다. 그러므로 선발을 통해 인간의 목적에 알맞은 유전자 빈도 또는 유전자형 빈도를 증가시키고 그렇지 않은 유전자 빈도나 유전자형은 감소 또는 제거시킬 수 있다. 선발의 가장 중요한 목표는 경제적으로 중요한 형질을 개량하는 데 있다.

02 한우의 후대검정에 대한 설명으로 틀린 것은?

① 검정소 후대검정우의 선정기준은 후보씨수소 1두당 교배암소 40두 이상을 교배시켜 생산되고 유전자검사 결과 친자가 확인된 수송아지가 6두 이상이어야 한다.
② 후대검정우에 대한 검정기간은 예비검정과 본검정으로 구분하며, 예비검정은 축군의 평균월령이 가급적 6개월령일 때 시작하여 300일동안 실시한다.
③ 후대검정을 개시한 후보씨수소에 대하여는 보증씨수소로 선발되기 이전까지는 냉동정액을 생산, 보관하여야 한다.
④ 후대검정우의 체중 측정 시기는 개시 시, 축군 평균 일령이 360일령, 540일령 및 종료 시로 4회 측정한다.

해설

후대검정우에 대한 검정기간은 예비검정과 본 검정으로 구분하며, 예비검정은 축군평균 150일령에서 180일령사이에 최소 20일 내외로 실시하고, 이 기간 중 기생충구제, 예방접종, 질병검사와 사육환경 적응 여부를 검정하며, 본검정은 예비검정이 끝난 후 검정축군의 평균일령 180일령에 개시하여 530일 동안 실시한다. 단, 축군의 일령범위는 평균값 ±30일 이내로 한다.

정답 1 ③ 2 ②

03 유전자형이 AaBbCc인 개체가 생산하는 배우자의 종류는 몇 가지인가?(단, A, B, C는 연관되어 있지 않다)

① 3 ② 6
③ 8 ④ 9

해설

F_1배우자의 종류수
대립유전자 쌍수가 n이라 할 때 2^n이다.
F_1(AaBbCc)의 배우자의 종류수는 $2^3 = 8$개이다.

04 다음 젖소의 형질 중 유전력이 가장 낮은 것은?

① 번식능률 ② 비유량
③ 사료효율 ④ 유지율

해설

젖소의 경제형질 중 유전력

형 질	유전력
번식효율	0~0.1
비유량	0.2~0.3
사료효율	0.3~0.4
유지율	0.5~0.6

05 어느 젖소군의 평균 유량이 7,500kg이며, 이 우군에 속하는 A라는 젖소가 한 비유기 동안에 8,500kg의 우유를 생산하였다면 A라는 젖소의 유량에 대한 육종가는?(단, 유량에 대한 유전력(h^2)은 0.3이라고 가정함)

① 7,250kg ② 7,800kg
③ 8,500kg ④ 9,550kg

해설

육종가는 선발차에 유전력을 곱해서 평균치를 더해 준다.
∴ $(8,500 - 7,500) \times 0.3 + 7,500 = 7,800$kg

06 선발의 효과를 크게 하기 위한 조건이 아닌 것은?

① 유전력을 높인다.
② 선발차를 크게 한다.
③ 세대간격을 길게 한다.
④ 유전적 개량량이 커야 한다.

해설

세대간격을 짧게 한다. - 젊은 가축을 번식에 이용

07 각 대립유전자의 빈도가 0.5로 같을 때, 소의 유전형질의 우열 관계는 [보기]와 같다. 모든 형질은 각각 독립적으로 유전된다고 했을 때, BbPpHh 유전자형을 가진 개체 간에서 태어나는 자손 중 흑색 피모, 무각, 검은 얼굴을 가진 개체가 나타날 확률은?

┤보기├
모색 : 흑색(B) > 적색(b)
뿔 : 무각(P) > 유각(p)
얼굴색 : 흰색(H) > 다른 색깔(h)

① 1/64 ② 3/64
③ 9/64 ④ 27/64

해설

- 이 F_1개체에서 얻을 수 있는 배우자의 종류는 BPH, BPh, BpH, Bph, bPH, bPh, bpH 및 bph 와 같은 8종류를 얻을 수 있다.
- 이러한 8가지의 배우자가 서로 임의로 결합할 때 F_2에서 64개의 조합을 형성하거나 유전자형의 종류 수는 한쌍의 유전자에 대해 3가지의 유전자형이 나타남으로, $3 \times 3 \times 3 = 27$가지가 된다.
- 표현형의 종류 수 역시 각 대립유전당 두 가지씩 나타나므로 $2 \times 2 \times 2 = 8$가지가 된다.
- 분리비는 (3B+1b)×(3P+1p)×(3H+1h)로써 27BHP, 9BPh, 9bPH, 3Bph, 9bPH, 3bPh, 3bpH, 1bph가 된다.
∴ 흑색 피모(B), 무각(P), 검은 얼굴(h)을 가진 개체는 9/64이다.

08 각 형질 간의 상관관계가 경제가치를 고려하여 다수의 형질에 대하여 점수를 매겨 선발하는 방법은?

① 결합선발법　② 순차선발법
③ 독립도태법　④ 선발지수법

해설

선발지수법
가축의 총체적 경제적 가치를 고려한 선발법이다. 즉, 다수의 형질을 개량할 경우에 대상 형질의 경제적 가치를 감안하여 선발하는 방법이다.

09 다음 형질 가운데서 잡종강세가 비교적 미약하게 발현되는 형질은?

① 생존율　② 강건성
③ 번식능력　④ 도체형질

해설

돼지에 있어서 각 형질별로 잡종강세 효과가 나타나는 정도는 강건성은 잡종강세가 많이 있고, 번식능력에 속하는 산자수와 포유능력 및 발육 속도에서도 어느 정도의 잡종강세가 나타나며, 사료요구율은 약한 정도로 나타나고 도체형질은 낮은 정도로 나타난다.

10 하나의 유전자가 여러 형질을 지배하는 현상은?

① 유전자 다면작용
② 유전자 상위성
③ 두 유전자좌 간의 연관
④ 혈액형 유전자좌에서의 이형접합

해설

다면작용(다면발현) : 1개의 유전자가 2개 이상의 유전 현상에 관여하여 형질에 영향을 미치는 현상

11 육우의 실제 이유 시 체중이 130kg이고 생시체중이 30kg이며 실제 나이가 100일령일 때 보정된 205일 체중은 몇 kg인가?

① 160kg　② 205kg
③ 235kg　④ 270kg

해설

일당 증체량 = (130−30)/100 = 1
205일 체중 = 205일 × 일당 증체량(1) + 생시체중(30)
　　　　　 = 235kg

12 선발차를 형질의 표현형 표준편차로 나눈 것은?

① 선발지수　② 선발반응
③ 선발방법　④ 선발강도

해설

선발강도는 선발차를 표현형 표준편차로 나눈 값이다.

13 다음 중 불량한 재래종 가축의 능력을 비교적 짧은 시일 내에 일정 수준까지 향상시키는 데 가장 효과적으로 이용할 수 있는 것은?

① 계통교배　② 누진교배
③ 순종교배　④ 상호역교배

해설

누진교배 : 개량되지 않은 재래종의 능력을 높이기 위하여 계속해서 개량종과 교배하여 개량종의 혈액비율을 높이는 것이다.

14 암수 모두 무각인 서포크종 면양 수컷(hh)과 암수 모두 유각인 도셋혼종 면양 암컷(HH)을 교배시키면 F_1(Hh)은 암컷이 무각, 수컷이 유각으로 나타난다. 이와 같이 암컷과 수컷의 유전자형이 동일하지만 호르몬 등의 작용으로 표현형이 암수 간에 다르게 나타나는 유전 현상은?

① 반성유전 ② 종성유전
③ 한성유전 ④ 간성유전

해설
상염색체에 있는 우성유전자가 이형접합체에서 성에 따라 우성형질의 발현이 달라지는 현상을 성연관우성 또는 종성유전이라고 한다. 면양의 뿔은 같은 유전자형(Hh)이라도 암컷은 뿔이 없고 수컷만 뿔이 나온다. 따라서 뿔이 나게 하는 유전자(H)가 수컷에서는 우성으로, 암컷에서는 열성으로 작용한다. 즉, 뿔을 형성하는 우성유전자 H가 발현할 때 성호르몬의 영향을 받기 때문이다.

15 잡종교배의 목적으로 가장 적절하지 않은 것은?

① 동형접합체 개체를 늘리기 위하여
② 품종 또는 계통 간의 상보성을 이용하기 위하여
③ 잡종강세를 이용하기 위하여
④ 유해한 열성인자의 발현을 가리기 위하여

해설
잡종교배는 근친교배와는 정반대되는 교배법으로, 근친교배와는 정반대의 유전적 효과를 나타낸다. 근친교배가 동형접합체의 비율을 증가시키고 이형접합체의 비율을 감소시키는 데 반하여 품종 간 교배나 계통 간 교배는 이형접합체의 비율을 증가시키고 동형접합체의 비율을 감소시킨다.

16 순종교배(Purebred Breeding)에 해당하지 않는 것은?

① 근친교배(Inbreeding)
② 이계교배(Outbreeding)
③ 무작위교배(Random Mating)
④ 윤환교배(Rotational Crossing)

해설
순종교배에는 근친교배, 동일 품종 내의 이계교배, 무작위교배, 계통교배 등이 있다.

17 같은 축군에서 같은 연도, 같은 계절에 분만한 번식우를 가리키는 용어는?

① 종모우
② 검정우
③ 동거우(Herdmate)
④ 동기우(Contemporaries)

18 X형질과 Y형질의 유전분산은 각각 4.0 및 9.0이며 이들 두 형질 간 유전공분산은 3.0이다. 이들 두 형질 간 유전 상관계수는?

① 0.08 ② 0.23
③ 0.50 ④ 0.70

해설
유전상관

$= \dfrac{\text{X와 Y 두 형질 간의 유전공분산}}{\text{각각 X와 T의 상가적 유전분산의 제곱근의 곱}}$

$= \dfrac{3}{\sqrt{4} \times \sqrt{9}} = 0.5$

정답 14 ② 15 ① 16 ④ 17 ③ 18 ③

19 다음 혈통도에서 A의 근교계수는 얼마인가?(단, $F_A=0$이다)

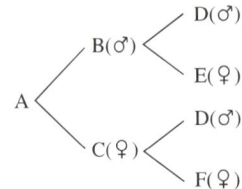

① 0.5
② 0.25
③ 0.125
④ 0.0625

해설
근친계수는 전형매에서는 0.25, 반형매에서는 0.125 이다.

20 계통 교잡 시 나타나는 일반 조합능력은 주로 유전자의 어떤 작용에 의존하는가?

① 우성 작용
② 초우성 작용
③ 상위성 작용
④ 상가성 작용

해설
일반 조합능력의 차이는 주로 상가적 유전분산에 기인하며, 특정 조합능력의 차이는 주로 비상가적 유전분산에 기인한다.

제2과목 가축번식생리학

21 유선의 발달에 대하여 바르게 설명한 것은?

① 유관과 유관분지가 유방 내에서 형성되는 시기는 임신 중기이다.
② 유관주위에 유선포의 발달이 왕성하게 일어나는 시기는 임신 말기이다.
③ 유선상피세포가 모여 유두를 형성하는 시기는 출생 이후이다.
④ 유선상피세포의 증식이 왕성하게 일어나는 시기는 성 성숙기에서 임신 직전까지이다.

해설
유선발육상 임신기간을 셋으로 대별하여 보면 최초 3개월은 유선관계의 신장기, 4~7개월은 분비조직의 증식기, 최후 3개월은 유선포계의 성숙비대기라고 할 수 있다.

22 소에서 수정란을 자궁에서 이식할 때 임신율이 가장 높은 수정란의 발달 단계는?

① 4세포기 ② 8세포기
③ 배반포기 ④ 상실배기

해설
체내로부터 수정란을 얻어서 수란우에 이식을 하는 경우는 상실배(뽕나무 열매모양의 수정란)나 배반포기의 수정란을 채란하여 이용할 수 있다.

23 일반적으로 홀스타인 젖소의 평균 임신기간은?

① 114일 ② 179일
③ 279일 ④ 330일

해설

소의 임신기간

종 류	평균(범위)
Holstein	279(262~282)
한 우	285(281~295)

24 다음 중 어떤 경우에 정자형성(Spermato-genesis)이 가장 심각하게 저하되는가?

① 비타민 A와 B의 결핍 시
② 비타민 A와 E의 결핍 시
③ 비타민 E와 K의 결핍 시
④ 비타민 K와 D의 결핍 시

해설

비타민 A와 E의 결핍 시 정자생성이 심각하게 약화되고 정자 형성 기능이 저하된다.

25 정자의 첨체 반응에 대한 설명으로 틀린 것은?

① 정자가 난자의 투명대를 통과하기 위해 일어나는 현상이다.
② 정자가 난구세포로부터 활력을 받게 된다.
③ 아크로신(Acrosin)이 투명대를 통과하도록 돕는다.
④ 히알루로니다아제(Hyaluronidase)라는 효소가 정자를 투명대 표면에 도달하는 것을 돕는다.

해설

수정능 획득을 못 한 정자는 난자 주변의 난구세포에 의해 접근이 저지된다.

26 포유가축에서 실시하는 발정동기화 기술의 장점에 대한 설명으로 틀린 것은?

① 분만관리와 자축관리가 용이해진다.
② 인공수정의 이용효율이 높아진다.
③ 인건비와 약품비가 절약된다.
④ 가축생산 시기의 조절이 가능하다.

해설

발정주기 동기화의 장단점

장 점	• 발정관찰이 정확하여 인공수정의 실시가 용이하다. • 정액공급 및 보관 등 제반 업무를 효율적으로 수행할 수 있다. • 분만관리와 자축관리가 더욱 용이하다. • 계획번식과 생산조절이 가능하다. • 발정의 발견과 교배적기 파악이 용이하다. • 수정란이식 기술의 발전에 공헌한다. • 가축개량과 능력검정사업을 효과적으로 수행할 수 있다.
단 점	• 사용약품(호르몬제 처리)에 따른 부작용이 나타날 위험성이 있다. • 인건비와 약품비의 부담이 크다. • 전문지식과 숙련된 기술을 필요로 한다.

정답 23 ③ 24 ② 25 ② 26 ③

27 젖소 착유 시 유즙 분비를 촉진시키는 뇌하수체후엽 호르몬은?

① 에스트로겐 ② 프로게스테론
③ 프로락틴   ④ 옥시토신

해설
옥시토신은 분만 후 자궁의 수축과 유즙 분비를 촉진시키는 뇌하수체 후엽 호르몬이다.

28 다음 중 수탉의 1회 정액 사출량으로 옳은 것은?

① 0.1~1.0mL   ② 5~10mL
③ 20~50mL   ④ 150~250mL

29 정자의 수정능 획득에 관한 설명으로 틀린 것은?

① 정자는 암컷 생식기도관 내 분비액에 의해 수정능 파괴인자가 제거됨으로써 수정능을 얻는다.
② 정자의 수정능 파괴인자 제거를 위하여 인위적 처리를 할 시엔 동결이나 60℃ 정도의 열처리를 하면 된다.
③ 정자의 수정능 획득은 주로 자궁에서 개시되어 난관 협부에서 완성된다.
④ 수정능을 획득한 정자는 형태적 변화로 첨체반응을 일으킨다.

해설
정자의 수정능 획득 과정
수정능파괴인자가 함유되어 있는 정장이 제거되고 정자의 표면에 부착되어 있는 당단백질(수정능파괴인자 또는 정자피복항원이라고 부름)이 제거되며 정자의 원형질막이 변화된다.

30 수정란 이식의 장점으로 옳은 것은?

① 종모축의 이용률을 증대시켜 가축의 능력을 개량할 수 있다.
② 종모축의 사양관리의 부담이 경감된다.
③ 종모축의 유전능력을 조기에 판단할 수 있다.
④ 종빈축이 보유하고 있는 난자를 최대로 활용할 수 있다.

해설
수정란이식의 장점
- 우수한 공란우의 새끼를 많이 생산할 수 있다.
- 수정란의 국내외 간 수송이 가능하다.
- 특정 품종의 빠른 증식이 가능하다.
- 우수 종빈축의 유전자 이용률을 증대할 수 있다.
- 가축의 개량기간을 단축할 수 있다.
- 가축 대신 수정란의 수송으로 경비를 절감시킬 수 있다.
- 인위적인 쌍태유기에 이용하여 가축의 생산성을 높일 수 있다.
- 계획적인 가축생산이 가능하다.
- 후대검정을 하는 데 편리하게 사용할 수 있다.

31 뇌하수체 전엽 호르몬이 아닌 것은?

① 난포자극호르몬(FSH)
② 황체형성호르몬(LH)
③ 성장호르몬(GH)
④ 임부태반융모성성선자극호르몬(hCG)

해설
hCG는 태반 호르몬이다.

32 다음 중 가축의 수정적기를 결정하는 가장 중요한 요인은?

① 발정축의 영양 상태
② 환경온도와 일조시간
③ 발정축의 체중과 월령
④ 배란이 일어나는 시기와 수정부위까지의 정자 수송시간

해설
수정적기를 결정하는 생리적 요인
- 배란시기
- 배란된 난자가 암소의 생식기내에서 수정능력을 유지하는 시간
- 정자가 수정부위까지 상행하는 데 요하는 시간
- 정자가 수정능력을 회복하는 데 요하는 시간
- 암소의 생식기 내에서 수정능력을 유지하는 시간

33 계절번식 동물(특히 면양)의 성 성숙에 가장 큰 영향을 미치는 요인은?

① 온도
② 영양상태
③ 일조시간
④ 정신적 요인

해설
계절요인 중 가장 영향을 주는 요인은 광주기성, 즉 일조시간이다.

34 소, 면양 및 돼지에서 초기배의 약 25~40%는 수정과 착상의 말기에서 소실된다. 이와 같은 초기배치사의 원인으로 틀린 것은?

① 발정호르몬과 황체호르몬의 불균형으로 인한 초기배 수송의 촉진 또는 지연으로 생긴다.
② 소, 면양 및 말에서 비유기중에 초기배치사가 발생되는 경우가 많다.
③ 특히 돼지의 경우 초기배의 높은 사망률은 모축의 연령 때문에 일어나는 경우가 많다.
④ 모체의 영양과 초기배치사는 무관하다.

해설
초기배치사 원인의 해결에는 모체의 건강, 영양, 연령, 호르몬의 불균형, 열, 스트레스, 자궁 내의 환경 등이 꼽히고 있다.

35 소의 번식에서 관한 설명으로 틀린 것은?

① 성주기 길이는 평균 21일이다.
② 번식계절이 따로 없는 주년성 번식동물이다.
③ 교배적기는 배란시기와 밀접한 관계가 있다.
④ 배란은 대개 발정기에 일어난다.

해설
소의 배란기와 수정적기

발정시간(평균)	배란기	수정적기
12~38시간(22)	발정개시 후 25~30시간	발정개시 후 9~20시간
	발정종료 후 8~11시간	

정답 32 ④ 33 ③ 34 ④ 35 ④

36 성숙한 포유가축의 자궁이 수행하는 일반적인 생리적 기능으로 적당하지 않은 것은?
① 난자와 정자의 수송
② 황체기능의 조절
③ 교미
④ 임신유지 및 분만개시

해설
성숙한 포유가축의 자궁이 수행하는 생리적 기능
난자와 정자의 수송, 황체기능의 조절, 수정란 착상, 임신유지 및 분만개시

37 분만이 개시될 때 그 농도가 상대적으로 감소하는 호르몬은?
① $PGF_{2\alpha}$
② 프로게스테론
③ 옥시토신
④ 코르티솔

해설
분만이 개시될 때 프로게스테론의 분비가 상대적으로 감소한다.

38 젖소에서 비외과적인 방법으로 수정란을 이식할 경우 가장 좋은 이식 부위는?
① 자궁각 선단
② 난관
③ 자궁경관
④ 난소

해설
수정란 이식부위
• 소 : 자궁각 선단부
• 돼지, 면양, 산양 : 4세포기 이하는 난관, 4세포기 이상은 자궁에 이식

39 난자가 난관을 통과하는 데 소요되는 시간이 가장 긴 것은?(단, 난관의 길이와는 상관관계가 없다)
① 소
② 말
③ 면양
④ 개

해설
난자가 난관을 통과하는 데 소요되는 시간

동물	난관에 체류하는 시간	동물	난관에 체류하는 시간
소	90	고양이	148
면양	72	개	168
말	98	원숭이	96
돼지	50	사람	48~72

40 다음 중 정소상체의 기능이 아닌 것은?
① 정자의 생산
② 정자의 농축
③ 정자의 성숙
④ 정자의 저장

해설
정소상체는 정자의 운반, 농축, 성숙, 저장의 기능을 가지고 있다.

제3과목 가축사양학

41 필수지방산이며 프로스타글란딘(Prosta-glandin)의 전구물질인 것은?

① Linoleic Acid
② Linolenic Acid
③ Arachidonic Acid
④ Stearic Acid

해설
Arachidonic Acid(아라키돈산)
아라키돈산으로부터 합성되는 아이코사노이드(Eicosanoid)는 프로스타글란딘, 트롬복세인, 류코트리엔 등의 전구물질이다.

42 사료조리 가공방법 중 펠레팅(Pelleting)에 관한 설명으로 틀린 것은?

① 건초나 곡류는 펠레팅하기 전에 곱게 분쇄해야 한다.
② 곡류전분의 부분적인 젤라틴화가 일어난다.
③ 선택적 채식을 가능하게 하고 사료 낭비를 줄인다.
④ 지방함량이 높은 사료는 펠레팅이 어렵다.

해설
가축의 선택적 채식이 방지되고, 짧은 시간에 많은 사료를 먹일 수 있다.

43 송아지에 있어서 가장 적합한 초유 급여 시기는?

① 출산 직후 12시간 이내
② 출산 후 13~24시간
③ 출산 후 1~2일
④ 출산 후 만 48시간 이후

해설
송아지는 출생 후 가급적 빨리 그리고 많은 양의 초유를 섭취할수록 폐사율이 감소한다.

44 반추동물이 섭취한 탄수화물은 반추위내 미생물에 의하여 대부분 휘발성지방산(VFA)으로 전변되는데 이 중에서 포도당 합성에 주로 이용되는 휘발성지방산은?

① 프로피온산
② 초 산
③ 낙 산
④ 젖 산

해설
반추위 발효과정에서 생성된 프로피온산은 간에서 포도당으로 전환되어 에너지의 주공급원이 된다.

정답 41 ③ 42 ③ 43 ① 44 ①

45 소화기관의 해부학적 기능 차이로 인해 혈당(Blood Glucose)치가 가장 낮을 것으로 예상되는 동물은?

① 돼지　　② 말
③ 닭　　　④ 소

해설
일반적으로 혈당치는 동물에 따라 변이가 있으며 반추가축은 혈당치가 낮다.

46 돼지의 회장소화율을 구하는 방법 중 특정 내생손실과 기초내생손실을 모두 고려한 것은?

① 표준회장소화율
② 외관상회장소화율
③ 진정회장소화율
④ 조단백질소화율

해설
③ 진정회장소화율 : 특정내생손실과 기초내생손실을 회장(回腸) 소화물 내 영양소 함량에서 제외하여 구하는 소화율
① 표준회장소화율 : 특정 내생 손실에 대한 고려 없이 기초 내생 손실과 채취한 회장 소화물 내 영양소 함량의 차이를 이용하여 소화율을 추정하는 것
② 외관상회장소화율 : 내생 아미노산 손실에 대한 고려없이 회장 말단에서 채취한 소화물과 섭취한 사료 내의 아미노산 함량을 비교하여 소화율을 도출해낸 것
※ 회장소화율
동물의 회장에서 측정한 사료 내 영양소의 소화율을 말한다. 돼지의 경우에는 캐뉼러를 회장에 설치하여 회장 내용물에서 영양소 소화율을 측정하고, 닭의 경우에는 도살한 뒤에 직접 회장 내용물을 채취하여 영양소 소화율을 측정한다.

47 단백질의 생물가(BV ; Biological Value)를 구하는 공식으로 옳은 것은?

① $\dfrac{\text{체내 축적된 질소량}}{\text{흡수된 질소량}} \times 100$

② $\dfrac{\text{체내 흡수된 질소량}}{\text{섭취한 질소량}} \times 100$

③ $\dfrac{\text{흡수한 질소} - \text{분의 질소}}{\text{흡수한 질소}} \times 100$

④ $\dfrac{\text{섭취한 질소} - \text{분의 질소}}{\text{섭취한 질소}} \times 100$

해설
생물가(BV ; Biological Value)
소화 흡수된 분해단백질의 체단백질 합성량을 기준으로 단백질을 평가하는 방법이다. 즉, 흡수된 단백질이 얼마나 효율적으로 체단백으로 전환되었는가를 측정한다.

48 젖소의 초유와 정상유 간의 성분상 가장 큰 차이는?

① 초유는 단백질과 유지방 함량이 높고 유당 함량은 낮다.
② 초유는 단백질 함량이 높고 유지방, 유당 함량이 낮다.
③ 초유는 모든 유성분이 정상유보다 높다.
④ 초유는 유지방 함량만이 정상유보다 높다.

정답 45 ④　46 ③　47 ①　48 ①

49 단백질 분해효소가 아닌 것은?

① 펩신(Pepsin)
② 트립신(Trypsin)
③ 락타아제(Lactase)
④ 레닌(Rennin)

해설
락타아제(락테이스)는 탄수화물 분해효소이다.

50 부란실의 상대습도로 가장 적합한 것은?

① 80~85%
② 70~75%
③ 60~65%
④ 50~55%

51 레시틴이나 플라스마로겐 등의 복합지질 성분으로, 특히 자돈에게 필요한 것으로 알려져 있으며 메티오닌으로부터 합성될 수 있는 비타민은?

① 판토텐산
② 나이아신
③ 콜린
④ 사이아노발라민

해설
콜린(Choline)은 메틸(Methyl)기를 제공하는 항지방간 물질의 비타민이다.

52 가축의 소화율에 관한 설명으로 옳은 것은?

① 조섬유나 실리카 등을 많이 함유하면 소화율이 낮아진다.
② 나이가 어린 가축일수록 소화율이 높다.
③ 사료의 입자도는 소화율에 영향을 주지 않는다.
④ 리그닌(Lignin) 함량이 높으면 소화율도 높다.

해설
단위동물과는 차별화되는 반추가축의 독특한 영양생리구조 때문에 반추가축의 성장은 섭취하는 사료의 성분, 사료식물체의 구성, 품종, 나이에 의해서 많은 영향을 받는다.

53 고능력 젖소에 있어서 건유기 사양관리의 중요성으로 틀린 것은?

① 비유기관의 활성유지
② 임신 중인 태아의 성장
③ 비유기 모체 영양 손실의 회복
④ 다음 착유기간을 위한 영양축적

해설
건유기는 착유를 중지함으로써 한 비유기가 끝난 것이 아니라 다음 비유기를 위한 준비기간으로 가장 중요한 시기이다. 이러한 건유기에는 유방 내 우유를 합성하는 유선조직의 휴식과 산유량을 결정하는 유선상피세포의 재생과 증식, 비유기 불균형된 영양분(농후사료 다급)에 따른 소화기관의 부담 경감과 회복 및 다음 비유기 우유 생산을 위한 영양분 축적, 자궁 내 송아지의 발육이 건유기에 50% 정도 이루어지므로 정상적인 송아지의 발육을 위해서 필요하고 무엇보다도 비유기 유방염의 치료와 건유기 유선의 감염 예방을 위해서 중요하다.

정답 49 ③ 50 ② 51 ③ 52 ① 53 ①

54 산란계의 산란 2기 사양관리에 관한 설명으로 틀린 것은?

① 산란 2기는 성숙체중에 도달하는 42주령부터 72주령까지 30주간이다.
② 산란피크가 되는 시기이므로 영양소 함량이 높은 사료를 무제한 급여한다.
③ 점등시간을 14시간 정도 유지한다.
④ 총산란량 감소에 따라 사료급여량도 줄여야 한다.

해설
이 기간은 산란율이 점점 낮아지는 시기로 총산란량 감소에 따라 사료급여량도 줄여 나간다.

55 육계사육에 있어서 5주령의 예상되는 평균사료 요구율은 약 어느 정도인가?

① 1.0 ② 2.0
③ 3.0 ④ 4.0

56 반추동물의 위 중에서 단위동물의 위와 같은 역할을 하는 것은?

① 제1위 ② 제2위
③ 제3위 ④ 제4위

해설
반추위 내 사료의 이동
- 반추작용과 미생물에 의한 효소작용을 거쳐 일부는 제1위에서 소화·흡수되고, 나머지 발효산물들은 제3위로 이동한다.
- 제3위로의 식괴의 이동은 제2위의 수축으로 액상 식괴들이 밀려나는 유출과정으로 이루어진다.
- 제3위에서는 내용물의 수분 흡수로 식괴를 농축시켜 제4위와 소장에서 소화가 잘되도록 만든다.
- 제4위는 단위동물의 위와 비슷한 기능을 가지고 위 소화작용을 한다.
- 소장으로의 내용물 이동은 산도가 낮아지면서 유문 괄약근의 이완으로 이루어지는데, 사료의 이동속도는 건물의 입자도, 비중, 사료 섭취량 및 섭취 빈도에 따라 달라진다.

57 지방이 근육 내 침착되어 마블링이 많이 생성되도록 하기 위해 비육 말기에는 어떤 사료를 급여해야 하는가?

① 고단백사료
② 고열량사료
③ 고칼슘사료
④ 고섬유소사료

해설
비육 말기에 고열량 사료 급여를 통해 마블링을 높인다.

정답 54 ② 55 ② 56 ④ 57 ②

58 가소화영양소 총량 계산 시 지방은 단백질이나 탄수화물보다 몇 배의 에너지를 더 발생시키는 것으로 계산하는가?

① 2.05배　　② 2.15배
③ 2.25배　　④ 2.35배

해설
단백질이나 탄수화물 1g에서 발생하는 열량은 4kcal, 지방은 9kcal이다.
9 ÷ 4 = 2.25배

59 두과 목초가 충분할 경우 추가 공급이 적게 요구되는 영양소는?

① 칼슘　　② 인
③ 아이오딘　　④ 셀레늄

해설
두과 목초는 단백질과 칼슘의 함량이 높다.

60 젖소에서 우유의 지방성분을 합성하기 위한 전구물질과 그 주요 공급원이 알맞게 짝지어진 것은?

① Acetate - 농후사료
② Acetate - 조사료
③ Propionate - 조사료
④ Propionate - 농후사료

해설
셀룰로스가 많은 조사료를 많이 급여하면 초산(Acetate)이 증가한다.

제4과목　사료작물학 및 초지학

61 윤환방목을 위한 이동식 목책으로 가장 적합한 것은?

① 나무목책
② 전기목책
③ 철주목책
④ 콘크리트목책

해설
전기목책기는 설치나 이동이 간편하고 편리한 목책 중의 하나이다.

62 사일리지의 제조 시 나타나는 발효과정을 단계별로 설명한 것으로 틀린 것은?

① 제1기는 사일로에 충전된 재료 중의 산소와 당류가 식물세포의 호흡작용에 이용되어 탄산가스와 물과 열이 발생한다.
② 제2기는 사일로 내의 산소농도가 약 1% 정도로 저하되고 동시에 식물에 부착되어 있던 호기성 세균이 활발하게 증식을 개시한다.
③ 제3기는 식물과 호기성 세균의 호흡작용으로 사일로 내는 혐기 상태가 되면서 유산균의 증식이 개시된다.
④ 제4기는 발효과정에서 유산균의 활동이 불충분하여 부패의 원인이 되는 낙산균이 등장하여 낙산발효가 일어난다.

해설
④는 제5기의 경우이다. 제4기는 발효안정기로 사일리지의 pH가 적정수준까지 떨어지면 사일리지 발효는 중지된다.

정답　58 ③　59 ①　60 ②　61 ②　62 ④

63 목초나 사료작물 등을 식물학적으로 분류하여 이용하고 있는 학명에 대한 설명으로 틀린 것은?

① 모든 과학적 지식을 동원하여 결정되기 때문에 영구불변하다.
② 속명과 종명으로 구성되어 이명법이라고도 한다.
③ 다른 단어와 구별하기 위하여 속명과 종명은 이탤릭체로 쓴다.
④ 전 세계가 공통으로 사용하며 속명의 첫 글자는 대문자로, 종명은 소문자로 쓴다.

해설
명칭은 바뀔 수 있다(식물 상호 간의 관계에 대한 지식의 발전과 더불어 변화).

64 칼륨 함량이 60%인 염화칼륨 비료를 이용하여 칼륨성분 120kg/ha를 추비로 주려고 할 때 필요한 비료 총량은?

① 72kg/ha
② 200kg/ha
③ 240kg/ha
④ 300kg/ha

해설
염화칼륨 비료량 x,
칼륨성분량 = $x \times 60\%$
$\therefore x = \dfrac{칼륨성분량}{0.6} = \dfrac{120}{0.6} = 200kg$

65 옥수수 재배 시 줄기가 가늘어져 도복되기 쉽고 암이삭이 생기지 않는 개체가 생기며, 암이삭이 생긴다 해도 발육이 미약해지는 경우는?

① 지나치게 밀식했을 때
② 시비량이 많았을 때
③ 파종기가 늦어졌을 때
④ 복토를 너무 깊게 했을 때

66 Hetero형 유산균에 의한 사일리지 발효과정으로 틀린 것은?

① $C_6H_{12}O_6 \rightarrow C_3H_6O_3 + C_2H_5OH + CO_2$
② $3C_6H_{12}O_6 + H_2O$
$\rightarrow C_3H_6O_3 + 2C_6H_8(OH)_6 + CH_3COOH + CO_2$
③ $C_5H_{10}O_5 \rightarrow C_3H_6O_3 + CH_3COOH$
④ $2C_6H_{12}O_6 + C_6H_{12}O_6$
$\rightarrow C_3H_6O_3 + 2C_6H_8(OH)_6 + CH_3COOH + CH_4$

해설
$2C_6H_{12}O_6 + C_6H_{12}O_6 + H_2O$
$\rightarrow CH_3CHOHCOOH + 2C_6H_8(OH)_6 + CO_2$

67. 화본과 목초의 일반적 특징에 대한 설명으로 틀린 것은?
   ① 근계는 섬유모양의 수염뿌리로 되어 있다.
   ② 줄기는 대체로 속이 비어 있고, 뚜렷한 마디를 가진다.
   ③ 잎은 복합엽이고, 엽맥은 그물모양이다.
   ④ 열매는 씨방벽에 융합되어 있는 하나의 종자를 가진다.

   해설
   두과 목초의 잎은 복합엽으로 엽맥은 그물모양이다. 화본과 목초의 잎은 단자엽으로 엽맥은 평행맥이다.

68. 사일리지용 옥수수의 적절한 절단 길이는?
   ① 1~2cm   ② 8~10cm
   ③ 30~40cm   ④ 1~2m

69. 사일리지 조제에 있어서 발효를 순조롭게 진행시키기 위한 재료의 수분은 몇 %가 적당한가?(단, 벙커 사일로의 경우로 한다)
   ① 38~42%   ② 55~60%
   ③ 68~72%   ④ 80~85%

70. 내한성이 약하여 주로 남부지방에서 이용되는 사료작물로 사료가치가 높고 여러 번 수확할 수 있는 초종은?
   ① 호 밀
   ② 귀 리
   ③ 사료용 피
   ④ 이탈리안라이그래스

   해설
   이탈리안라이그래스는 가축의 기호성이 좋고 정착이 잘되어 답리작으로도 많이 재배된다.

71. 옥수수 사일리지를 평가하기 위하여 사일로를 개봉하고 깊숙한 곳에서 시료를 채취하여 손으로 꽉 쥐었더니 즙액이 한두 방울 떨어지고 손에서는 톡 쏘는 듯한 산취가 오래 동안 가시지 않았다. 이 사일리지에 대한 설명으로 가장 올바른 것은?
   ① 너무 늦게 수확하여 재료의 건물률이 너무 높고 아마도 곰팡이나 효모가 많이 있을 것이다.
   ② 수분함량에 비하여 재료의 절단 길이가 길고 곡분과 같은 첨가제를 과도하게 이용하였을 것이다.
   ③ 조기수확으로 수분함량이 너무 높고 과발효 또는 젖산 발효보다 낙산발효가 더 많이 일어났을 것이다.
   ④ 충분한 예건과 유산균 첨가제를 이용하였기 때문에 삼출액에 의한 손실은 거의 없을 것이다.

정답 67 ③ 68 ① 69 ③ 70 ④ 71 ③

72 건초의 수분함량으로 가장 알맞은 것은?

① 15% 이하
② 20~25%
③ 30~35%
④ 40~45%

해설
건초의 수분 함량은 15% 이하여야 한다.

73 방목 후 초지의 청소베기 효과로 거리가 먼 것은?

① 잡초 발생을 줄인다.
② 기호성을 높일 수 있다.
③ 불식목초(不食牧草)를 줄인다.
④ 벼과 작물의 비율을 감소시킨다.

해설
청소베기는 방목 후에 남아 있는 큰 잡초나 억센 야초 제거를 말하며, 점점 더 퍼지고 주변 목초를 억압하지 못하도록 방지하는 효과가 있다.

74 작부체계 설정 시 고려할 사항과 가장 거리가 먼 것은?

① 생산량
② 사료가치
③ 노동력
④ 파종량

해설
작부체계 설정 시 지력유지, 생산량, 사료가치, 품질, 노동력, 수익성 등을 고려한다.

75 초지잡초 중 애기수영에 관한 설명으로 옳은 것은?

① 우리나라 원산으로 가축의 기호성이 좋기 때문에 별다른 방제가 필요 없다.
② 콩과이기 때문에 뿌리혹박테리아를 이용하여 질소를 고정하므로 토양을 비옥하게 한다.
③ 한 포기에서 연간 1,000~10,000개의 종자를 생성하며 종자와 뿌리로 번식하여 초지부실과를 촉진한다.
④ 토양이 비옥하고 알칼리성 토양에 특히 잘 번성하므로 퇴비나 비료를 주지 않으면 자연히 없어진다.

해설
① 유럽이 원산지인 마디풀과 다년생으로 종자뿐만 아니라 지하경으로도 왕성하게 번식하여 우리나라 대부분의 목초지에 큰 피해를 주고 있다.
② 애기수영이 처음 발생하였을 때 즉시 제거하지 않으면 다음해에는 목초지의 10~20% 정도까지 애기수영이 확산되며, 3~4년 후에는 목초지의 50~65%까지 번져 부실초로 변하며 애기수영을 방제하기가 점차 힘들어진다.
④ 애기수영은 토양 비옥도가 낮고 경사진 산성토양에서 주로 발생되며 초지에 일단 발생하면 제거하기가 무척 어려우므로 잡초가 발생하기 전에 초지의 비옥도 관리에 힘써야 하며 초지 토양이 산성화되지 않도록 주기적으로 석회를 사용하여야 한다.

정답 72 ① 73 ④ 74 ④ 75 ③

76 사료 작물로서 옥수수의 일반적인 특성이 아닌 것은?

① 1년생 화본과이다.
② 일반적으로 높은 기온과 많은 양의 일조가 필요한 작물이 아니다.
③ 일평균 기온 21~27℃(야간 13℃ 이상)가 최소한 140일 정도 지속되어야 최고 수확을 올릴 수 있다.
④ 생육적지는 비옥하고 토심이 깊으며 유기질이 풍부한 사질양토이다.

해설
표고에 관계없이 잘 자라며, 열대성 작물로 고온을 좋아하며, 다비작물이다.

77 옥수수 사일리지의 수확 최적기에 해당되지 않는 시기는?

① 단위면적당 최대의 건물수량이 기대되는 시기
② 사일로에 충전할 때 단위 면적당 최대의 건물을 저장할 수 있는 시기
③ 사일리지의 가소화영양소 총량 함량이 가장 높은 시기
④ 사일리지로 만들었을 때 사일로로부터 침출액이 가장 많이 나오는 시기

해설
옥수수 사일리지의 수확 최적기는 ①, ②, ③ 외에 사일리지 조제 시 사일로부터 침출액이 가장 적게 나오는 시기 등이다.

78 덩굴성으로 옆으로 퍼져 생육하는 1년생 또는 월년생 두과작물로 분해가 빠르고 질소함량도 높아 녹비 및 사료작물용으로 재배하는 초종은?

① 헤어리베치 ② 레드클로버
③ 버즈풋트레포일 ④ 유 채

해설
헤어리베치는 모래 땅 및 내한성에 잘 견디며 잎은 우상복엽이고 뿌리에 근류가 달리며 겨울을 지나 꽃이 핀다.

79 목초 중 식물 분류학상 김의털(Festuca) 속인 것은?

① 톨페스큐
② 톨오트그래스
③ 티머시
④ 리드카나리그래스

해설
김의털(Festuca) 속 : 톨페스큐, 스무스브롬그래스, 켄터키블루그래스, 퍼레니얼라이그래스, 이탈리안라이그래스 등

80 사료작물 중 직립형 줄기를 갖는 것은?

① 레드클로버 ② 칡
③ 화이트클로버 ④ 베 치

해설
두과 목초 줄기
• 포복형 : 라디노클로버, 화이트클로버 등
• 직립형 : 알팔파, 레드클로버 등
• 덩굴형 : 베치류, 완두, 잠두, 칡 등

정답 76 ② 77 ④ 78 ① 79 ① 80 ①

제5과목 축산경영학 및 축산물가공학

81 다음의 고정자본재 감가상각비 계산 공식은 무슨 방법에 의한 것인가?

$$감가상각비 = \frac{고정자본재평가액 - 잔존가격}{내용연수}$$

① 정률법 ② 잔액법
③ 정액법 ④ 급수법

해설
정액법은 내용연수에 관계없이 감가상각비가 매년 균등하게 똑같은 액수로 상각한다.

82 유통마진을 산출하는 계산식으로 옳은 것은?

① 생산자 수취가격 − 판매비용
② 소비자 지불가격 − 생산자 수취가격
③ 생산자 수취가격 − 소비자 지불가격
④ 소비자 지불가격 + 생산자 수취가격

해설
유통마진은 소비자가 지불한 금액과 농가가 수령한 금액 간의 차이이다.

83 축산경영비에 포함되지 않는 것은?

① 고용노임 ② 감가상각비
③ 제 재료비 ④ 자기자본이자

해설
자기자본이자는 생산비에 속한다.

84 다음 중 축산소득의 공식으로 옳은 것은?

① 축산소득 = 총수입 − 생산비
② 축산소득 = 총수입 − 경영비
③ 축산소득 = 총수입 − 경영비 − 자기자본이자
④ 축산소득 = 총수입 − 생산비 − 자기자본이자

85 어느 축산농가의 연간 소득이 1,200만원이고, 노동투입 시간이 400시간이라면 노동생산성은 시간당 얼마인가?

① 3만원 ② 4만원
③ 5만원 ④ 7만원

해설

$$노동생산성 = \frac{총생산량}{부하노동량} = \frac{12,000,000}{400}$$
$$= 30,000원$$

86 다음 중 유동비용에 해당하는 것은?

① 지 대
② 자본에 대한 이자
③ 감가상각비
④ 방역치료비

해설
유동비는 가변비로 생산량의 증감에 따라 소요비용이 증감하는 성질의 비용으로써 사료비, 방역치료비 등이 있다.

정답 81 ③ 82 ② 83 ④ 84 ② 85 ① 86 ④

87 생산함수에서 평균생산물과 한계생산물의 관계를 바르게 설명한 것은?

① 평균생산물이 증가하면 한계생산물은 감소한다.
② 한계생산물이 평균생산물보다 클 경우 평균생산물은 증가한다.
③ 한계생산물이 평균생산물보다 작을 경우 한계생산물은 증가한다.
④ 한계생산물과 평균생산물이 동일할 경우 평균생산물은 최소가 된다.

해설
한계생산물과 평균생산물의 상호관계
- 한계생산물이 평균생산물보다 클 경우 평균 생산물은 증가한다.
- 한계생산물이 평균생산물보다 작을 경우 평균생산물은 감소한다.
- 한계생산물이 평균생산물과 일치할 때 평균생산물은 최대가 된다.

88 축산경영에서 생산비와 경영비의 차이를 가장 바르게 설명한 것은?

① 생산비에 감가상각비를 제한 것이 경영비가 된다.
② 생산비에 내급비를 합한 것이 경영비가 된다.
③ 경영비에 내급비를 합한 것이 생산비가 된다.
④ 경영비에 고정비와 유동비를 더하면 생산비가 된다.

해설
경영비 = 순비 + 자급비 = 생산비 – 내급비

89 축산경영의 목표에 대한 내용으로 틀린 것은?

① 자기소유토지에 대한 지대의 최대화
② 조직의 최대화
③ 자가노동보수의 최대화
④ 순수익의 최대화

해설
축산경영의 목표
- 가족경영 : 농업소득의 최대화
- 기업경영 : 기업이윤의 최대화
- 가족적 소농 경영 : 총자본 이자의 최대화

90 축산경영 조직의 결정에 영향을 미치는 요인과 가장 거리가 먼 것은?

① 자연적 조건
② 사회·경제적 조건
③ 개인적 사정
④ 고용노동력의 능력

해설
축산경영조직의 결정조건
- 자연적 조건 : 기상조건, 토지조건
- 경제적 조건 : 경제적인 거리, 축산물의 가격조건, 축산물 시장의 대·소
- 사회적 조건 : 축산정책, 축산에 대한 사회적인 인식, 국민의 식습관, 과학기술의 발달
- 개인적 사정 : 경영자의 여건(토지사정, 가족사정, 자금사정)

정답 87 ② 88 ③ 89 ② 90 ④

91 사상조직(Sandy)은 가당연유의 품질저하에 가장 큰 요인이다. 사상조직과 관련이 깊은 성분은?

① 카세인 ② 유 당
③ 유지방 ④ 효 소

해설
사상현상(Sandy현상) : 유당의 결정크기가 15㎛ 이상일 때 느끼는 현상

92 다음 중 축산물에 대한 설명으로 올바른 것은?

① 식육, 포장육, 원유 및 유가공품을 포함하나 식용란과 알가공품은 포함되지 않는다.
② 식육이란 식용을 목적으로 하는 가축의 지육, 정육, 내장 및 그 밖의 부분을 말한다.
③ 식육에는 어육 및 야생동물의 수렵육은 포함되지 않는다.
④ 뼈는 비가식부위로 식육에 포함되지 않는다.

해설
"식육(食肉)"이란 식용을 목적으로 하는 가축의 지육(枝肉), 정육(精肉), 내장, 그 밖의 부분을 말한다.

93 식육의 전기자극(Electrical Stimulation) 효과가 아닌 것은?

① 히트링(Heat-ring) 생성
② 저온단축 방지
③ 육색 향상
④ 연도 증진

해설
전기자극의 효과 중 가장 두드러지는 것은 연도의 증진과 숙성효과의 증진을 들 수 있다. 전기자극을 통해 연도가 증진되는 것은 일반적으로 저온단축의 감소, 근육미세구조의 파괴 및 근육내 단백질분해효소들의 자가소화력 증진으로 설명될 수 있다.

94 홀스타인 젖소에서 착유한 우유의 평균비중(15℃)은?

① 1.638 ② 1.055
③ 1.032 ④ 0.944

해설
홀스타인 젖소에서 착유한 우유의 평균비중(15℃) : 1.032(범위 1.028~1.034)

95 고기를 숙성시키는 가장 중요한 목적은?

① 육색의 증진
② 보수성 증진
③ 위생안전성 증진
④ 맛과 연도의 개선

해설
고기를 숙성시키는 가장 중요한 목적은 맛과 연도의 개선이다.

정답 91 ② 92 ② 93 ① 94 ③ 95 ④

96 신맛과 청량감을 부여하고 염지반응을 촉진시켜 가공시간을 단축할 수 있어 주로 생햄이나 살라미 제품에 이용되는 것은?

① 염미료 ② 감미료
③ 산미료 ④ 지미료

해설

조미료
맛의 종류에 따라 감미료(단맛), 산미료(신맛), 염미료(짠맛), 지미료(감칠맛) 등으로 나눈다.

97 육제품 제조 시 물의 역할이 아닌 것은?

① 원가 절감
② 온도 조절작용
③ 원료 혼합물의 점도 조절
④ 육단백질 결합 강화

해설

햄 소시지 제조 시 물의 역할
- 원가 절감
- 온도 조절작용
- 용매로서의 작용 : 원료 혼합물의 점도 조절

98 가당연유와 가당탈지연유에 첨가할 수 있는 첨가물이 아닌 것은?

① 설탕 ② 포도당
③ 구연산 ④ 과당

해설

가당연유와 가당탈지연유 및 가공연유
- 가당연유 : 원유에 당류(설탕, 포도당, 과당, 올리고당류)를 가해 농축한 것
- 가당탈지연유 : 원유의 유지방분을 0.5% 이하로 조정한 후 당류를 가해 농축한 것
- 가공연유 : 원유 또는 우유류에 식품 또는 식품첨가물을 가해 농축한 것

99 근육이 식육으로 전환하는 과정에서 글리코겐이 분해되어 만들어지는 것은?

① 젖산(Lactic Acid)
② 아세트산(Acetic Acid)
③ 시트릭산(Citric Acid)
④ 스테아릭산(Stearic Acid)

해설

도살 후 육질과 관련해서 가장 중요한 근육내 변화는 글리코겐이 젖산으로 전환되는 과정이다. 정상육의 경우 이 젖산의 축적은 적절한 속도로 일어나 육의 pH도 완만히 강하하며, 결과적으로 육단백질의 변성 없이 선홍색의 적당한 보수력을 가지게 된다.

100 우유의 살균(LTLT 또는 HTST)이 이루어졌는지의 여부를 검사하는 데 널리 쓰이는 시험법은?

① 포스파테이스 테스트
② 알코올 테스트
③ 휘발성 지방산 측정 테스트
④ 밥콕 테스트

해설

포스파테이스 시험(Phosphatase Test)
우유 중 인산 Ester 및 폴리인산의 가수분해를 촉매하는 효소를 총칭하여 포스파테이스라 한다. 이 효소는 62.8℃ 30분 또는 71~75℃ 15~30초의 가열에 의해서 파괴되므로 저온살균처리 여부와 생유 혼입 여부를 검출하는 방법으로 음성 및 양성 샘플을 가검샘플 우유와 함께 시험에 공시한다. 시험결과를 표준결과와 비교하여 가검우유 1mL 중 2.3μg 이상의 페놀이 포함된 경우 부적합 우유로 판정된다.

2021년 제4회 과년도 기출문제

축산기사

제1과목 가축육종학

01 공통선조가 C인 다음 가계도에서 A의 근교계수는 얼마인가?(단, $F_A=0$이다)

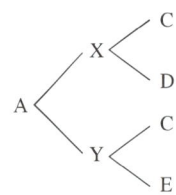

① 0.125 ② 0.250
③ 0.500 ④ 0.750

해설
근친계수는 전형매에서는 0.25, 반형매에서는 0.125이다.

02 선발차의 정의는?

① 선발된 개체들 중 암수의 차이
② 선발된 개체와 도태된 개체의 수
③ 선발된 개체의 암컷의 수
④ 선발된 개체의 평균과 집단의 평균 간 차이

해설
선발차(S) = 종축으로 선발된 개체의 평균 − 모집단의 평균

03 단위기간당 유전적 개량량을 증대시키는 방법이 아닌 것은?

① 세대간격을 최소화한다.
② 유전적 변이를 최소화한다.
③ 선발강도를 최대화한다.
④ 신뢰도를 최대화한다.

해설
환경변이보다 상가적 유전변이가 커야 한다.

04 일반적으로 사료이용성이 좋고 발육이 좋은 3원 교잡종을 생산하기 위하여 가장 널리 쓰이는 종모돈 품종은?

① 요크셔종(Yorkshire)
② 랜드레이스종(Landrace)
③ 햄프셔종(Hampshire)
④ 두록종(Duroc)

해설
돼지 3원 교잡종 생산 시 육질 개선을 위하여 가장 많이 이용되는 품종 : 두록(Duroc)

정답 1 ① 2 ④ 3 ② 4 ④

05 소의 2배체(Diploid) 상태에서의 염색체 수로 옳은 것은?

① 35개 ② 50개
③ 60개 ④ 90개

해설

가축의 염색체수
소는 2배체 상태에서 60개, 돼지는 38개, 닭은 78개를 가진다.

06 젖소의 산차별 산유량에서와 같이 같은 개체에 두 개의 다른 기록 사이의 상관계수는?

① 반복력 ② 유전력
③ 유전상관 ④ 환경상관

해설

반복력
- 한 개체에 대하여 어느 형질이 반복하여 발현될 수 있을 때 같은 개체에 대한 두 개의 다른 기록 사이의 상관계수이다.
- 반복력이 적용되는 형질로는 산차(Parity)별로 측정될 수 있는 산유량과 산자수가 있다.

07 돼지의 능력검정에 이용되는 선발지수식에 일반적으로 포함되지 않는 것은?

① 체 장 ② 일당 증체량
③ 등지방 두께 ④ 사료효율

해설

우리나라 공인 종돈 능력검정소에서 선발지수를 산출하는데 포함된 형질 : 일당 증체량, 등지방층 두께, 사료요구율

08 한우의 개량 목표로 부적합한 것은?

① 산자수의 증가
② 이유 후 증체율의 향상
③ 사료효율의 증진
④ 도체의 품질 개선

해설

한우의 개량에 중요한 형질은 번식능력, 이유 시 체중, 이유 후 증체율, 사료효율, 도체의 품질과 체형 등이다.
※ 돼지를 개량하는 데에는 증체율, 산자수, 사료효율, 도체의 품질 등 여러 가지의 경제 형질을 동시에 고려하여야 한다.

09 Hardy-Weinberg 평형을 이루는 조건으로 옳은 것은?

① 작은 규모의 집단에서만 H-W 평형이 이루어진다.
② 선발이나 돌연변이 같은 유전자 변동 요인이 없어야 한다.
③ 동류교배가 이루어져야 한다.
④ 가급적 근친교배가 이루어져야 한다.

해설

인위적인 선발 및 돌연변이가 없으면 세대 간 유전자 빈도가 변화가 없다.
※ 하디-바인베르크 법칙의 조건
- 교배는 완전히 무작위적이어야 한다.
- 돌연변이는 있을 수 없다.
- 이입과 이출이 없다.
- 대립유전자는 멘델의 제 1법칙에 따라 분리되어야 한다.
- 기대값은 개체군과 표본집단의 크기가 대단히 클 때에 한해서 정확(이런 경우는 전혀 없음)
- 개체군에는 선택이 작용하지 않는다.
  ⇒ 하디-바인베르크 평형을 붕괴시킬 수 있는 두 가지 요인들은 돌연변이와 자연선택이다.

10 육용계에서 생체중의 실현유전력은?

① 0.15~0.25 ② 0.30~0.40
③ 0.50~0.60 ④ 0.70~0.80

해설
성장률의 지표가 되는 시장출하 체중의 유전력은 부친의 분산성분 또는 부모에 대한 자식의 회귀로 추정했을 때 0.40~0.50 범위이나 실현유전력으로 계산하면 0.30~0.40 범위이다.

11 가축의 발생 또는 발육과정에서 일정한 시기에 생리적 또는 물리적 결함을 초래하여 개체를 죽게 하는 유전자를 무엇이라 하는가?

① 복대유전자 ② 동의유전자
③ 치사유전자 ④ 보족유전자

해설
치사유전자
개체의 발생 도중이나 생후 얼마 안 되어 필수 유전자의 이상, 염색체의 이상 또는 생리적 결함으로 그 개체의 생존을 허락하지 않는 작용을 하는 유전인자이다.

12 고기소에 있어서 유각적색(ppbb)인 헤어포드(Hereford)종과 무각흑색(PPBB)인 앵거스(Angus)종을 교배시키면 F_1의 외모는 어떻게 발현되는가?

① 유각적색 ② 유각흑색
③ 무각적색 ④ 무각흑색

해설
소의 뿔과 모색에 관한 연관으로 야생형 무각흑색과 유각적색을 교잡하면 1대는 모두 무각흑색으로 나타난다. 이를 다시 교배하여 2대에서 나타나는 유전자표현형비는 무각흑색 3 : 유각적색 1이다.

13 후대검정 시 수컷 종축 딸의 평균유량이 6,400kg이고, 이들 어미의 평균 유량은 6,100kg이라고 할 때 본 수컷의 종웅지수(Sire Index)는?

① 300kg ② 6,250kg
③ 6,400kg ④ 6,700kg

해설
$Z = 2D - M = D + (D - M)$
　(Z : 종웅지수, D : 딸의 평균, M : 어미의 평균)
　$= 2 \times 6,400 - 6,100$
　$= 6,700$kg

14 한우 당대검정우의 조건에 해당되지 않는 것은?

① 씨암소에서 태어난 생후 160일령 이전에 이유한 수송아지일 것
② 등록기관에 부모가 혈통등록이상으로 등록되고 유전자검사결과 친자가 확인된 것
③ 외모심사 평점이 60점 이상일 것
④ 당대검정우나 당대검정우의 부모 또는 형제, 자매 중에서 선천성 기형이나 유전적 불량형질이 나타나지 않은 것

해설
한우의 당대검정우의 조건
- 씨암소에서 태어난 생후 160일령 이전에 이유한 수송아지일 것
- 등록기관에 부모가 혈통등록이상으로 등록되고 유전자검사 결과 친자가 확인된 것
- 당대검정우나 당대검정우의 부모 또는 형제, 자매 중에서 선천성 기형이나 유전적 불량형질이 나타나지 않은 것

15 다형질선발의 장점이 아닌 것은?

① 단형질선발보다 단일형질의 개량속도가 빨라진다.
② 동시에 여러 형질에 대한 개량을 효율적으로 할 수 있다.
③ 실질적으로 총체적 경제 가치를 높일 수 있다.
④ 많은 양의 정보를 이용할 수 있다.

16 육우의 교잡 목적으로 틀린 것은?

① 번식능력, 생존율, 초기 성장 등에서 잡종강세를 이용하기 위하여
② 품종 간 상보효과를 이용하기 위하여
③ 강력유전현상을 이용하기 위하여
④ 새로운 유전인자를 도입하여 유전적 변이를 크게 하기 위하여

해설
강력유전은 근친교배의 유전적 효과이다.

17 육우 개량에 이용되는 종료윤환교배의 장점에 대한 설명으로 가장 적절하지 않은 것은?

① 실용축으로 생산되는 송아지에서 100%의 잡종강세 효과를 이용할 수 있다.
② 축군 대체에 소요되는 비용과 시설을 줄일 수 있다.
③ 축군 대체용 종빈우를 생산하기 위하여 순종 교배를 할 필요가 없다.
④ 어미소와 송아지 모두에 있어 25%의 잡종강세 효과를 이용할 수 있다.

해설
종료윤환교배
윤환교배 형태이나 3품종 또는 그 이상의 품종교배 후 종료하는 것으로, 일정비율의 교잡종 암컷은 비육축(실용축)의 생산을 위해 주로 이용하고, 윤환교배종 중 우수종 40%는 윤환교배를 실시한다.

18 고기소에서 송아지 생산율이란?

① 우군 내 인공수정된 암소에 대한 이유된 송아지의 비율
② 우군 내 인공수정된 암소에 대한 출생된 송아지의 비율
③ 우군 내 인공수정된 암소에 대한 출하된 송아지의 비율
④ 출생된 송아지에 대한 이유된 송아지의 비율

정답 15 ① 16 ③ 17 ④ 18 ①

19 한우 발육능력과 가장 거리가 먼 형질은?

① 고기의 연도
② 이유 시 체중
③ 12개월령 체중
④ 일당 증체량

해설
연도(고기의 단단함)는 도체형질에 속한다.

20 젖소 개량 시 사용되는 예측차(PD ; Predicted Difference)란 무엇인가?

① 부피단위의 차이를 뜻한다.
② 무게단위의 차이를 뜻한다.
③ 표현형의 차이를 뜻한다.
④ 유전능력의 차이를 뜻한다.

제2과목 가축번식생리학

21 가축의 암컷생식기 내에 주입된 정자가 난관을 통과하면서 나타나는 첨체반응(Acrosome Reaction) 시 방출되는 효소로 옳은 것은?

① Lipase, Acrosin
② Lipase, Hyaluronidase
③ Protease, Lipase
④ Hyaluronidase, Acrosin

해설
첨체에서 분비되는 효소
- 아크로신(Acrosin)은 단백질분해효소로 투명대를 연화시켜서 정자의 침투통로를 만든다.
- 히알루로니다아제(Hyaluronidase)는 난자를 둘러싸고 있는 막을 뚫기위해 필요한 효소이다.

22 정소상체의 기능이 아닌 것은?

① 정자의 저장
② 정자의 성숙
③ 정자의 생산
④ 정자의 운반

해설
정소상체는 정자의 운반, 농축, 성숙, 저장의 기능을 가지고 있다.

23 다음 중 돼지의 정액 채취 방법으로 가장 많이 사용되는 것은?

① 전기자극법
② 수압법
③ 인공질법
④ 콘돔법

해설
돼지의 정액채취는 의빈대(擬牝坮)를 사용하면서 인공질 또는 수압법(手壓法)으로 채취하는 방법이 있는데 대부분 맨손으로 채취하는 수압법을 많이 이용하고 있다.

24 정자가 정액으로 사출되기 직전까지 저장되어 있는 곳은?

① 정낭선
② 정소상체 체부
③ 정소상체 미부
④ 정관 팽대부

해설
정소상체 미부는 정자의 농도도 높고 관강도 넓어서 정자가 저장된다.

25 소의 명확한 발정 징후라고 볼 수 있는 것은?

① 식욕증가
② 행동의 안정상태 유지
③ 착유소의 경우 유량 증가
④ 암소나 수소의 승가 허용

> **해설**
>
> **소 발정징후**
> 불안한 상태를 보이며 꼬리를 들어 올리고 꼬리를 흔들고, 수소를 찾기 위해 울음소리를 내고 더 많이 돌아다닌다. 식욕은 감퇴하고 연변을 배설하고 유량이 크게 감소한다. 뚜렷한 발정징후로는 다른 암소나 수소의 승가를 허용하는 용모자세(Standing Estrus)가 있고, 소는 오후보다 오전에 이러한 발정징후가 뚜렷하고 외음부는 충혈하여 종창되고 밖으로 맑은 점액이 흘러나와 옆구리나 꼬리에 묻기도 한다.

26 수정란 이식 기술의 산업적 이용에 관한 내용으로 잘못된 것은?

① 우수한 모계의 유전형질을 이어받은 자축을 단기간에 다수 생산할 수 있다.
② 가축의 개량과 능력검정 사업에 효과적으로 사용될 수 있다.
③ 동일계 품종이 아니면 수정란 이식이 불가하므로 가축 도입에 이용되는 데는 제한성이 있다.
④ 수정란 성감별 후 이식할 수가 있어 성별의 인위적 조절에도 유용하게 활용할 수 있다.

> **해설**
>
> 젖소에게 한우 수정란을 이식하여 한우 송아지를 생산할 수 있는 것처럼 특정 품종이나 계통을 확대 생산할 수 있다.

27 성숙한 포유동물에서 배란 직전에 호르몬의 혈중농도가 급상승하여 배란을 유도하는 정(Positive)의 피드백작용을 하는 난소 호르몬과 뇌하수체 호르몬을 올바르게 연결한 것은?

① 에스트로겐(Estrogen) – 난포자극호르몬(FSH)
② 에스트로겐(Estrogen) – 황체형성호르몬(LH)
③ 프로게스테론(Progesterone) – 난포자극호르몬(FSH)
④ 프로게스테론(Progesterone) – 황체형성호르몬(LH)

> **해설**
>
> **정(正)의 피드백(Positive Feedback)**
> 난소에서 분비되는 에스트로겐(Estrogen)이 시상하부의 배란 전 방출조절 중추를 자극하여 GnRH 분비를 유발시킴으로써 뇌하수체로부터 황체형성호르몬(LH)을 급격하게 광출시키는 조절기전

28 수컷의 부생식선을 유지시키고 제2차 성징을 발현시킬 뿐만 아니라 정자의 형성에도 직접적으로 관여하는 호르몬은?

① 황체형성호르몬(LH)
② 임부융모성성선자극호르몬(hCG)
③ 테스토스테론(Testosterone)
④ 프로게스테론(Progesterone)

> **해설**
>
> **테스토스테론(Testosterone)**
> 수컷의 부생식기(정소상체, 정관, 음낭, 전립선, 정낭선, 요도구선, 포피)의 성장, 발육과 그 분비기능을 증진시킬 뿐만 아니라 제2차 성징을 발현시키고 성행동이나 성욕을 유발하는 등 수컷의 번식작용에 매우 광범위하게 영향을 미친다.

29 소의 수정란을 비외과적 방법으로 수란우에 이식하기 위한 적정 시기는?

① 수정 후 2~3일
② 수정 후 4~5일
③ 수정 후 6~8일
④ 수정 후 9~10일

30 가축의 임신기간에 관한 설명으로 틀린 것은?

① 가축의 임신기간은 품종에 따라 차이가 있고 주로 유전자형의 차이에 기인한다.
② 돼지의 임신기간은 150일 전후이다.
③ 가축의 연령, 영양, 기온 및 계절과 같은 환경적 요인도 임신기간에 영향을 미친다.
④ 쌍태 임신 시 임신기간이 다소 짧아지는 경향이 있다.

해설

가축의 임신기간

구 분	범위(일)	평균(일)
말	330~340	330
소	270~290	280
면 양	144~158	150
산 양	146~155	152
돼 지	112~118	114
토 끼	28~32	30
개	58~65	62

31 젖소 홀스타인 품종의 성 성숙 월령으로 가장 적합한 것은?

① 8~13개월
② 15~20개월
③ 22~27개월
④ 29~34개월

32 다음 중 장일성 계절번식 동물은?

① 면 양   ② 소
③ 돼 지   ④ 말

해설

번식계절
- 주년성 번식동물(계절적 영향이 적어 연중 번식이 가능한 동물) : 소, 돼지, 토끼
- 비주년성 번식동물
  - 단일성 번식동물 : 면양, 산양, 사슴, 노루, 고라니 등
  - 장일성 번식동물 : 말, 당나귀 등

33 포유동물의 발생과정에서 나타나는 난자의 제2극체 방출시기로 옳은 것은?

① 배란 직전
② 배란 직후
③ 정자의 침입 직전
④ 정자의 침입 직후

해설

배란된 난자는 정자와 수정 후 제2성숙분열을 하고 제2극체를 방출한다.

34 성숙한 가축에서 채취한 신선 정액의 평균 pH 값으로 가장 적합한 것은?

① pH 5.0 이하
② pH 5.5~6.4
③ pH 6.5~7.5
④ pH 8.0 이상

35 포유동물에서 유선의 분비상피세포를 자극하여 유즙의 합성능력을 획득시키는 호르몬은?

① 옥시토신(Oxytocin)
② 프로락틴(Prolactin)
③ 테스토스테론(Testosterone)
④ 안드로겐(Androgen)

해설
유즙분비는 프로락틴(Prolactin), 유즙강화는 옥시토신(Oxytocin)이 관여한다.

36 소의 발정 지속시간으로 가장 적합한 것은?

① 5~10시간
② 18~20시간
③ 24~36시간
④ 3~5일

해설
성숙한 소와 돼지의 발정주기와 발정지속시간
• 소 : 21~22일, 18~20시간
• 돼지 : 18~22일, 48~72시간

37 분만의 개시와 관련된 태아와 모체의 호르몬 변화에 대한 설명으로 옳은 것은?

① 태아의 혈중 코르티솔 농도가 감소하면서 모체의 혈중 프로게스테론 농도도 감소한다.
② 태아의 혈중 코르티솔 농도가 증가하면서 모체의 혈중 프로게스테론과 에스트로겐 농도는 감소한다.
③ 태아의 혈중 코르티솔 농도가 감소하면서 모체의 혈중 프로게스테론 농도는 증가한다.
④ 태아의 혈중 코르티솔 농도가 증가하면서 모체의 혈중 프로게스테론 농도는 감소하고 에스트로겐 농도는 증가한다.

해설
임신 말기까지 황체에서 프로게스테론을 분비하는 소나 돼지와 같은 동물에서는 태아 측의 코르티솔에 의하여 태반에서 에스트로겐이 분비되고, 이 에스트로겐이 자궁내막의 $PGF_{2\alpha}$ 분비를 촉진하며, 분비된 $PGF_{2\alpha}$가 난소의 황체를 퇴행시킴으로써 분만이 유기된다.

38 다음 가축별 자궁의 형태를 올바르게 연결한 것은?

① 말 – 쌍각자궁
② 소 – 중복자궁
③ 돼지 – 쌍각자궁
④ 양 – 중복자궁

해설
가축별 자궁의 형태
• 분열자궁(양분자궁) : 소, 말, 면양, 개, 고양이
• 쌍각자궁 : 돼지
• 중복자궁 : 설치류, 토끼류
• 단자궁 : 사람, 영장류

정답 34 ③ 35 ② 36 ② 37 ④ 38 ③

39 웅성호르몬(Androgen)의 생리작용으로 옳은 것은?

① 발정 및 배란에 관여한다.
② 정자의 형성에 관여한다.
③ 태아의 성분화에는 영향을 미치지 않는다.
④ 수컷의 2차 성징과는 무관하다.

해설

웅성호르몬의 생리적 작용
- 정소에서 분비되는 호르몬으로 정자의 형성에 관여
- 태아의 성분화 및 정소하강
- 웅성의 부생식기관(정소상체, 정관, 음낭, 전립선, 정낭선, 요도구선, 포피)의 성장과 기능발현
- 수컷의 제2차 성징 발현
- 세포의 질소 축적에 의한 근골격의 성장
- 음낭 내의 온도 조절 작용

40 수소의 생식기관에서 내는 정자와 정장이 섞여 정액이 만들어지는 부위는?

① 정소상체 미부
② 정관 팽대부
③ 골반부 요도
④ 요도 음경부

해설

요도의 골반부에 있는 부생식선에서 나온 액체(정장)와 정소상체와 정관으로부터 나온 정자가 완전히 혼합하여 정액(Semen)을 만든다.

제3과목 가축사양학

41 반추위에서 반추위미생물에 의해 합성되는 비타민은?

① 비타민 B군
② 비타민 D군
③ 비타민 E
④ 비타민 A

해설

반추미생물은 수용성 비타민(비타민 B_1, B_2, B_6, B_{12}, 나이아신, 비타민 C, 바이오틴, 엽산, 판토텐산)을 합성할 수 있으며, 미생물에 의해 합성되는 유일한 지용성 비타민은 비타민 K이다.

42 반추동물용 섬유질배합사료의 장점이 아닌 것은?

① 기호성이 증진되어 건물섭취량이 증가되므로 생산성이 향상된다.
② 사료배합기 등의 기계비용이 적게 든다.
③ 조사료의 섭취량이 증가해 대사장애가 적게 발생한다.
④ 생력관리가 가능하다.

해설

반추동물용 섬유질배합사료(TMR) 배합을 위해서는 시설투자에 큰 비용이 소요된다.

43 닭의 체감온도는 건구온도(DBT)와 습구온도(WBT)에 따라서 변한다. 닭의 체감온도를 나타낸 수식은?

① $(0.05 \times DBT) + (0.85 \times WBT)$
② $(0.15 \times DBT) + (0.65 \times WBT)$
③ $(0.35 \times DBT) + (0.35 \times WBT)$
④ $(0.7 \sim 0.8 \times DBT) + (0.2 \sim 0.3 \times WBT)$

44 [보기]의 설명 중 ( ) 안에 맞는 것은?

> [보기]
> 송아지의 발육은 유전적 요인, 기상적 요인 및 영양수준에 의해서 크게 영향을 받으나 실제로 암송아지(젖소)의 육성계획을 세우는데 ( )을/를 언제로 잡을 것인가가 가장 중요하다.

① 초산월령　　② 최고비유기
③ 건유기　　　④ 사료급증기

45 담즙산염(Bile Salt)의 특징이 아닌 것은?

① 소화효소가 포함되어 있다.
② 지방의 소화를 촉진한다.
③ 리파아제(Lipase)를 활성화시킨다.
④ 비타민 D의 흡수를 돕는다.

해설
장으로부터 분비되는 담즙은 소화효소를 갖고 있지 않다.

담즙산의 역할
- 유화작용(표면장력의 약화)으로 지방의 소화를 촉진한다.
- 췌장에서 분비되는 리파아제(라이페이스)를 활성화시킨다.
- 지방산, 콜레스테롤, 비타민 A, D와 카로틴의 흡수를 돕는다.
- 담즙의 분비와 교류를 자극한다.
- 콜레스테롤이 혈관 내에서 침전없이 녹아 있도록 한다.

46 일반전유에 비하여 초유에서의 함량이 낮은 성분은?

① 유 당
② 알부민
③ 면역글로불린
④ 무지고형물

해설
초유는 단백질과 유지방 함량이 높고 유당 함량은 낮다.

47 가용무질소물(NFE)에 해당되는 것은?

① 단백질　　② 지 방
③ 섬유소　　④ 전 분

해설
가용무질소물(NFE)
사료의 전체 함량에서 수분, 조단백질, 조지방, 조섬유 및 조회분을 뺀 나머지를 가용무질소물이라고 하며, 백분율로 나타내는데 NFE는 전분, 당류, 덱스트린 등으로 되어 있고 식물성 사료에 함량이 높으며 비교적 값이 싸고 소화가 잘된다.

48 산란계 사육 시 지방계(脂肪鷄) 발생을 방지하는 요령이 아닌 것은?

① 산란계 기별사양을 실시한다.
② 다산계를 선택한다.
③ 녹사료를 급여한다.
④ 케이지 사양을 실시한다.

해설
케이지 사육은 케이지의 장점인 단위면적당 사육수수 증가, 사료의 이용효율 향상, 위생적 집란, 개체점검의 용이성 등으로 오늘날 산란계 사육에 가장 보편화되고 있는 사육방법이다.

정답 44 ①　45 ①　46 ①　47 ④　48 ④

49 사료의 부피를 줄이며 사료섭취량을 높이기 위해 가루 사료를 고온·고압하에서 단단한 알맹이 사료로 만든 다음, 이를 다시 거칠게 분쇄하여 만든 사료는?

① 가루사료　② 단미사료
③ 크럼블사료　④ 큐브사료

해설
③ 크럼블사료 : 펠릿을 다시 거칠게 부순 것
④ 큐브사료 : 목건초와 당밀을 섞어 만든 장방형 사료

50 100g의 Glucose가 완전산화되어 에너지를 발생시키는 과정에서 다음 식을 참고하여 대사수의 양을 구하면 얼마인가?

$$C_6H_{12}O_6 + 6O_2 \rightarrow 6CO_2 + 6H_2O + 686kcal$$

① 42g　② 60g
③ 100g　④ 200g

해설
대사수는 우리 몸 안에서 유기 영양소의 산화에 의해서 생성되는 물이다.
- 포도당의 60%[(6×18 / 180)×100]에 해당되는 양의 수분이 생성된다.
　∴ 100×60% = 60g
- 지질의 경우 108%, 단백질의 경우 42%의 수분이 생성된다.

51 이상적인 육용형 돼지의 체형이 아닌 것은?

① 체장이 길고 체심이 깊다.
② 어깨가 좁고 흉폭이 얕다.
③ 발목이 짧고 탄력이 있다.
④ 엉덩이가 넓고 깊다.

해설
육용형은 체장이 길고 체심이 깊어 어깨와 옆구리 등의 근육 축적량이 많은 체형이다.

52 갈색 산란계의 산란 초기 사료의 칼슘함량이 가장 적당한 것은?

① 0.7~1.0%
② 1.5~1.8%
③ 3.5~3.7%
④ 5.5~5.9%

53 소의 체지방이 닭의 체지방보다 경도가 높은 이유는?

① 지방 내 프로피온산 함량이 높기 때문
② 반추미생물이 탄소수가 홀수인 지방을 합성하기 때문
③ 반추위 내에서 발생하는 수소이온이 지방산의 이중결합을 포화시키기 때문
④ 소 지방의 불포화지방산 함량이 많기 때문

49 ③　50 ②　51 ②　52 ③　53 ③

54 브로일러 종계의 체중조절을 위해서는 계군 평균체중 조사를 2주령부터 초산 시까지 매주 실시해야 하는데, 계군의 평균체중의 균일성을 알기 위해 사용하는 방법 중 변이계수를 구하는 식은?

① $\dfrac{표준편차}{평균체중} \times 100$

② $\dfrac{표준편차}{(평균체중 - 표준오차)} \times 100$

③ $\dfrac{표준편차}{(최고체중 - 평균체중)} \times 100$

④ $\dfrac{표준오차}{평균체중} \times 100$

55 옥수수와 대두박을 주로 배합한 사료를 돼지에게 급여할 경우 결핍되기 쉬운 제1 제한 아미노산은?

① 메티오닌   ② 라이신
③ 아이소류신   ④ 트레오닌

해설

곡류와 대두박 중심의 양돈 사료에 있어서 가장 결핍되기 쉬운 필수아미노산은 라이신이고, 산란계에서는 메티오닌이다.

56 필수아미노산이 아닌 것은?

① 알라닌(Alanine)   ② 라이신(Lysine)
③ 류신(Leucine)   ④ 발린(Valine)

해설

필수 및 비필수아미노산 : 동물체 단백질을 구성하는 아미노산에는 체내에서 합성이 되는 아미노산과 합성이 불가능한 아미노산이 있다.

필수아미노산		비필수아미노산
대치 불가능	대치 가능	
아르기닌(Arginine)	–	글리신(Glycine)
라이신(Lysine)	–	알라닌(Alanine)
트립토판(Tryptophan)	–	세린(Serine)
히스티딘(Histidine)	–	아스파르트산(Aspartic Acid)
페닐알라닌(Phenylalanine)	타이로신(티로신) Tyrosine	글루탐산(Glutamic Acid)
류신(Leucine)	–	프롤린(Proline)
아이소류신(Isoleucine)	–	하이드록시프롤린(Hydroxyproline)
트레오닌(Threonine)	–	시스테인(Cysteine)
메티오닌(Methionine)	시스틴(Cystine)	타이록신(Tyrosine)
발린(Valine)	–	하이드록시타이로신(Hydroxylysine)

57 닭의 강제환우에 대한 설명으로 틀린 것은?

① 산란계의 육성비를 절감할 수 있다.
② 특란 및 대란 생산율을 높일 수 있다.
③ 비용을 절감하기 위해서는 초생추를 강제환우시키는 것이 좋다.
④ 계란 가격이 낮은 시기를 피하고 가격이 높은 시기를 맞추어 계란을 생산할 수 있다.

해설

산란계의 강제환우는 차기에 생산될 수 있는 산란량과 난질이 경제적인 면에서 유리할 때 수행한다.
• 차기에 달걀 가격 상승이 기대되거나
• 현재 달걀 가격이 낮아서 유지가 곤란할 때
• 햇닭으로 교체하는 비용이 많이 들 때 이용된다.

58 위(Stomach)에서 분비되는 염산의 기능이 아닌 것은?

① 위에서 미생물에 의해 일어나는 발효 및 부패를 억제한다.
② Fe^{2+}의 흡수를 돕는다.
③ 단백질을 변성시키고 이당류의 가수분해를 약간 일으킨다.
④ 펩신을 펩시노겐으로 만든다.

해설
Pepsinogen(펩시노겐)을 활력이 있는 Pepsin(펩신)으로 만든다.

59 반추위 내 휘발성지방산의 흡수속도를 나타낸 순서가 옳은 것은?

① Acetic Acid > Propionic Acid > Butyric Acid
② Propionic Acid > Acetic Acid > Butyric Acid
③ Butyric Acid > Acetic Acid > Propionic Acid
④ Butyric Acid > Propionic Acid > Acetic Acid

해설
휘발성지방산들 간의 흡수속도 : 뷰틸산 > 프로피온산 > 아세트산

60 다음 사료 중 청산 배당체를 함유하고 있는 것은?

① 아마씨깻묵   ② 목화씨깻묵
③ 들깻묵   ④ 콩깻묵

해설
식물성 단백질사료 중 유박류에 함유되어 있는 독성물질

사료명	독성물질
대두박	트립신(Trypsin)
면실박(목화씨깻묵)	고시폴(Gossypol)
낙화생박	아폴라톡신(Aflatoxin)
아마박	청산(Prussic Acid)
채종박	미로시나제(Mirosinase)

제4과목 사료작물학 및 초지학

61 사일리지의 특성과 중요성에 대한 설명으로 틀린 것은?

① 겨울철이 긴 우리나라에서는 매우 적합한 조사료의 저장 및 공급형태이다.
② 양건 건초에 비하여 비타민 D의 함량이 많다.
③ 삼출액의 손실을 줄이기 위하여 재료의 수분함량이 매우 중요하다.
④ 혐기적인 젖산균 발효를 촉진하기 위하여 밀봉과 답압을 세심하게 한다.

해설
건초와 비교하여 비타민 D의 함량이 적다.

62 고속으로 회전하는 종축에 원판이나 원통을 붙이고 그 주위에 원심력에 의하여 회전하는 2~4개의 날로 예취하는 목초 예취기로, 취급이나 조정이 쉽고 작업 능률이 높으며 쓰러진 목초의 수확이 쉬운 것은?

① 모어 컨디셔너(Mower Conditioner)
② 왕복형 예취기(Stickle Bar Mower)
③ 로터리 예취기(Rotary Mower)
④ 플레일 예취기(Flail Mower)

63 줄기밑동에 비늘뿌리(인경)를 가지며 추위에 강하고 더위에 약하여 높은 산지나 한랭한 지대에 적합한 목초는?

① 켄터키블루그래스
② 이탈리안라이그래스
③ 티머시
④ 오처드그라스

해설
티머시는 인경(비늘줄기)에 양분을 축적하여 영양번식을 한다.

64 다음 중 사료작물 재배 이용에 사용되지 않는 기계는?

① 수확기(Harvester)
② 예취기(Mower)
③ 투영기(Projector)
④ 곤포기(Baler)

해설
투영기는 영사기와 유사한 원리로 측정물을 광학적으로 확대 투영하여 투영면 상에서 형상과 치수를 측정한다.

65 사료작물의 표준 시비량이 ha당 N : P : K가 각각 200 : 150 : 150kg일 경우에, 옥수수 3ha를 재배하려면 소요되는 요소의 양은?

① 약 1,000kg
② 약 1,300kg
③ 약 1,600kg
④ 약 1,900kg

해설
질소 시비량은 ha당 200kg로 총 3ha에 600kg이다.
요소의 질소함량은 46%이므로
요소의 양(x)=600÷0.46%=1,304.35kg

66 다음 중 다년생 두과 사료작물은?

① 라디노클로버
② 알사이크클로버
③ 리드카나리그래스
④ 레드톱

해설
생존연한에 의한 분류

구 분	화본과	두 과
다년생	오처드그라스, 티머시, 톨페스큐, 켄터키블루그래스, 레드톱 등	화이트클로버, 라디노클로버, 레드클로버, 알팔파, 알사이크클로버 등
월년생	호밀, 귀리, 밀, 보리, 이탈리안라이그래스 등	자운영, 커먼베치, 헤어리베치, 루핀, 크림슨클로버, 리드카나리그래스 등

정답 62 ③ 63 ③ 64 ③ 65 ② 66 ①

67 수분 함량이 많은 두과목초를 가축이 다량 섭취하였을 때 발생하기 쉬운 질병으로 옳은 것은?

① 질산중독
② 청산중독
③ 목초테타니병
④ 고창증

해설
고창증은 수분이 많은 두과목초나 다량의 농후사료 특히 고단백질의 곡류를 과식한 경우와 부패사료 또는 불량건초 등 발효성 사료를 다량 급여하였을 때에 발생한다.

68 화본과 작물과 클로버의 혼파초지에서 클로버 우점을 방지하기 위한 방법이 될 수 없는 것은?

① 클로버 식생비율이 높은 곳에서 봄에 일찍 낮게 베거나 강방목을 시킨다.
② 여름철 고온건조기에 방목이나 예취를 하지 않도록 한다.
③ 여름철 고온건조기에 질소비료 시용을 피한다.
④ 시비와 예취방법으로 클로버가 20~30% 정도를 차지하도록 유지한다.

해설
클로버 우점현상의 원인 : 잦은 예취, 낮은 예취, 봄에 일찍 예취

69 다음 설명의 ( ) 안에 들어가야 할 내용이 순서대로 옳은 것은?

> (①)(은)는 사료작물 중 단위면적당 가소화영양소 수량이 가장 높으며, 일평균 생육적온은 22℃이지만 발아 가능한 온도는 (②)이다. 수확시기는 성장단계로는 (③), 수분함량으로는 (④), 유선(乳線)으로는 1/3~2/3 사이에 이를 때이다.

① 옥수수 - 10℃ - 황숙기 - 70%
② 옥수수 - 5℃ - 유숙기 - 50%
③ 호밀 - 10℃ - 황숙기 - 70%
④ 호밀 - 5℃ - 유숙기 - 50%

70 사료용 옥수수의 특징이 아닌 것은?

① 풍매화이며 타화수정을 한다.
② 청예로 이용하는 것이 가장 바람직하다.
③ 자웅동주 식물이다.
④ 단위면적당 수확량이 많고 사료가치가 우수하다.

해설
옥수수와 보리는 특히 수용성 탄수화물 함량이 높기 때문에 사일리지로 만들기 좋은 작물이다.

정답 67 ④ 68 ① 69 ① 70 ②

71 다음 사료작물 중 생산량이 가장 많은 것은?

① 청보리
② 호 밀
③ 귀리(연맥)
④ 수수×수단그라스 교잡종

해설

순계 수수나 수단그라스보다는 수수×수단그라스 또는 수단그라스 간 교잡종의 수량이 높다.

72 옥수수나 수단그라스계 잡종의 후작으로 이용되는 단경기 사료작물에 대한 설명으로 가장 옳은 것은?

① 연맥은 짧은 기간에 많은 수량을 내고 월동이 잘되므로 중부지방에 알맞다.
② 사료용 유채는 단백질이 높고 토양 중 수분과 질소 함량이 높을 시 수량이 많아지므로 건초로 이용하는 것이 가장 좋다.
③ 이탈리안라이그래스는 초기 생육이 좋고 기호성이 좋으나 월동성이 떨어지므로 주로 남부지방에서 이용된다.
④ 유채와 연맥은 서로 토양요구도와 관리 및 이용방법이 다르므로 혼파해서 사용해서는 절대 안 된다.

해설

① 연맥은 내한성이 가장 약하여 남부지방과 제주도에서 많이 재배한다.
② 유채는 수분이 많아 건초나 사일리지로 이용하기는 힘드나, 조섬유 함량이 적고 가용무질소물, 가소화 조단백질 등이 풍부하여 젖소의 청예로 좋다.
④ 청예와 방목이용을 목적으로 할 때 유채와 연맥을 혼파하면 수량을 증가시킬 수 있다.

73 초지를 조성할 때 혼파의 장점으로 옳은 것은?

① 재배관리가 쉽다.
② 목초의 이용기간이 짧아진다.
③ 고도의 집약재배가 가능하다.
④ 균형잡힌 양질의 목초를 생산할 수 있다.

해설

혼파의 장점

장 점	• 가축이 영양가를 고르게 섭취 • 질소비료 절감 및 토양비옥도 증진 • 상·하번초에 의한 공간의 입체적 이용 • 토양 중 양분의 효율적 이용 • 동해, 한해(가뭄), 병충해, 습해의 재해 방지 등
단 점	• 파종작업이 힘들다. • 병해충 방제와 채종작업, 기계화가 어렵다.

74 초지조성을 위하여 대상지의 토양을 조사한 결과, 토양의 pH가 5.0, 유효인산함량이 23ppm이었다. 이 결과를 기초로 한 초지조성 대상지의 토양개량에 대한 설명으로 가장 올바른 것은?

① 유효인산함량은 적정하므로 인산질비료의 시비가 필요 없다.
② 유효태인산함량이 높으므로 목초의 정착에 도움을 준다.
③ 적정 pH에 해당하므로 두과목초의 성장에 도움을 준다.
④ 농용석회와 같은 석회질 자재를 살포하여 토양산도를 교정할 필요가 있다.

해설

모든 식물체는 pH가 6~7인 약산성과 중성에서 생육이 가장 원활하게 이루어진다. 석회질 비료의 시비로 빠른 시간 안에 pH를 효과적으로 개량할 수 있다.

정답 71 ④　72 ③　73 ④　74 ④

75 헤이 컨디셔너(Hay Conditioner)는 어떠한 목적으로 사용하는 기계인가?

① 목초를 빨리 마르게 하기 위하여 목초를 으깨는 기계
② 목초를 빨리 마르게 하기 위하여 건초를 뒤집는 기계
③ 건조된 목초를 모으는 기계
④ 건조된 목초를 압축하여 묶는 기계

해설
헤이 컨디셔너(Hay Conditioner)
베어 놓은 목초를 롤러로 압쇄 처리하여, 건조 기간을 단축시키는 작업기

76 옥수수의 종류 중 키가 크고, 알곡이 굵으며 수량이 많아 사료용으로 가장 널리 재배되는 종은?

① 경립종 ② 감립종
③ 마치종 ④ 폭립종

해설
마치종은 알껍질이 두꺼워서 식용으로서는 경립종보다 나빠 우리나라에서는 사료로 가장 많이 이용된다.

77 옥수수 사일리지와 비교한 수수 사일리지의 특징으로 옳은 것은?

① 가축의 기호성이 높다.
② 가소화영양소 총량이 낮다.
③ 건물 소화율이 높다.
④ 산성세제불용섬유소(ADF) 함량이 낮다.

해설
가소화영양소 총량
옥수수 71.61% > 수수류 60.27%

78 다음은 무엇을 설명한 것인가?

> 가을에 파종한 목초나 봄에 파종한 목초가 15cm 정도 자랐을 때 가축을 넣어 가벼운 방목을 시킨다.

① Drilling
② Establishment
③ Topping
④ Trampling

해설
겨울철에 목초가 15cm 정도 자랐을 때 방목시키는 것을 토핑(Topping)이라고 하는데, 그 목적은 목양력을 증가시키는 것이 아니라 어린 유식물의 가지치기, 즉 분얼과 뿌리의 활착을 돕는 데 있다.

79 다음 사료작물 중 가뭄에 견디는 힘이 가장 강한 초종은?

① 화이트클로버
② 알사이크클로버
③ 톨오트그래스
④ 이탈리안라이그래스

해설
톨오트그래스(Tall Oatgrass)
유럽이 원산인 다년생 화본과 목초인데, 오늘날에는 세계의 온대지대에 널리 분포되어 있다. 하계에 비가 많고 배수가 잘되는 토지를 좋아하고 산성 토지는 좋아하지 않는다. 가축이 밟는 데는 약하고 또 생초의 기호성은 좋지 않으므로 주로 건초로서 이용된다. 또 알팔파와 레드클로버와도 혼파할 수 있다.

정답 75 ① 76 ③ 77 ② 78 ③ 79 ③

80 사료작물을 답리작으로 재배할 때 입모 중 파종에 대한 설명으로 틀린 것은?

① 파종량을 증가시켜야 한다.
② 파종 후 종자가 깊이 묻혀 발아기간이 오래 소요된다.
③ 지면이 태양에 직접 노출되지 않아 적정 수분을 유지하기가 쉽다.
④ 벼 수확 및 볏짚 수거가 늦어질 경우 어린 싹이 충분히 자라지 못해 겨울을 넘기면서 많이 죽게 된다.

해설

입모 중 파종
벼를 수확하기 전에 벼가 서 있는 상태에서 먼저 종자를 뿌리는 파종방법으로 파종시기가 늦어지는 것을 방지하기 위한 파종방법이다.

82 다음 중 유동자본재에 해당되는 것은?

① 번식돈
② 번식우
③ 비육우
④ 착유우

해설

자본재의 종류

고정자본재	무생	• 건물 및 부대시설 : 축사, 사일로, 사무실, 창고 등 • 대농기구 : 경운기, 트랙터, 착유기 등 • 토지 및 토지개량 : 관개·배수시설 등
	유생	• 동물자본재 : 육우, 역우, 번식우, 번식돈, 종계, 채란계 등 • 식물자본재 : 영구초지 등
유동자본재		• 원료 : 사료, 종자, 비료, 건초 등 • 재료 : 약품, 연료, 깔짚, 농약, 소농기구, 비닐 등 • 소동물 : 비육우, 비육돈, 육계 등 • 미판매 축산물 : 우유, 달걀 등

제5과목 축산경영학 및 축산물가공학

81 축산경영에서 생산의 탄력성(ε_P)을 나타낸 식은?

① $\varepsilon_P = \dfrac{\text{산출량의 증감}}{\text{투입량의 증감}}$

② $\varepsilon_P = \dfrac{\text{투입량의 변화비율}}{\text{산출량의 변화비율}}$

③ $\varepsilon_P = \dfrac{\text{투입량의 증감}}{\text{산출량의 증감}}$

④ $\varepsilon_P = \dfrac{\text{산출량의 변화비율}}{\text{투입량의 변화비율}}$

83 계란의 생산비 절감 방안으로 적절하지 않은 것은?

① 경영규모를 확대한다.
② 노동생산성을 낮춘다.
③ 산란계의 육성률을 높인다.
④ 산란계의 생존율을 높인다.

해설

산란계 생산비 절감방안
• 산란계 사육규모를 확대한다.
• 난사비를 최대한 증가시킨다.
• 산란계 육성률의 제고로 육성비를 낮춘다.
• 산란계의 생존율을 높인다.
• 산란율의 제고 – 연간분만횟수를 증가

정답 80 ② 81 ④ 82 ③ 83 ②

84 도시근교형 낙농경영의 특징이 아닌 것은?

① 경영의 집약도가 다른 경영형태에 비하여 상대적으로 높다.
② 시유용 원유를 생산 공급하는 데 유리한 경영형태이다.
③ 조사료 생산이 상대적으로 용이하고 조방적인 경영형태이다.
④ 토지면적이 상대적으로 좁고 착유전업형 경영형태를 이룬다.

해설
③은 원교형 낙농경영의 특징이다.

85 다음 중 축산경영 계획법의 종류에 해당되지 않는 것은?

① 표준계획법 ② 간접비교법
③ 예산법   ④ 적정목표이익법

해설
축산경영 계획법의 종류
- 표준계획법 : 가장 합리적으로 조직·운영하는 표준 모델농장을 설정하여, 이 모델농장의 경영성과 등의 자료에 기초하여 자가 경영여건에 적합하도록 경영목표치 등을 지표로 하여 자가경영계획을 수립하는 방법
- 직접비교법 : 경영형태가 동일한 농장 중 경영조직 및 경영성과 등이 모범적인 목장을 설정하고, 그 경영성과와 자가농장의 경영성과를 직접 비교하여 목장경영상의 개선점을 찾아내어 경영계획을 수립하는 방법
- 예산법 : 모든 경영부문을 종합적으로 또는 부분적으로 다른 부문과 대체할 경우에 농장경영 내의 분석·검토하고, 여러 대안 중 가장 효율적인 방법을 선택하여 경영계획을 수립하는 방법
- 선형계획법 : 문제해결이나 계획수립을 위하여 목적함수, 제약조건, 비부(非負)조건을 구성한 후 주어진 제약조건을 만족시키면서 목적함수의 값을 최대화 또는 최소화하는 결정변수의 값을 찾는 것이다.
- 적정(목표)이익법 : 적정 목표 이익을 설정하고 목표 달성을 위한 구체적인 계획을 수립한다.

86 토지의 기술적 성질로만 옳게 나열한 것은?

① 가동성, 가증성, 괴멸성
② 가경력, 가동성, 괴멸성
③ 적재력, 배양력, 가동성
④ 적재력, 가경력, 배양력

해설
토지의 기술적 성질 : 적재력, 가경력, 배양력
※ 토지의 경제적 성질 : 불가증성, 불가동성, 불소모성

87 한우비육경영에서 농후사료 급여량을 3단위에서 5단위로 증가시키고 총증체량은 5단위에서 9단위로 증가하였을 때의 한계생산은 얼마인가?

① 1   ② 2
③ 3   ④ 4

해설
한계생산 = 추가 투입량으로 인한 증체량/추가 투입량
= (9−5)/(5−3)
= 2

88 자본재의 평가방법 중 자산을 구입할 경우 구입가격과 구입 시 소요되는 제반 비용을 합산하여 평가하는 것은?

① 시가평가법
② 취득원가법
③ 수익가평가법
④ 추정평가법

해설

자본재의 평가방법
- 시가평가법 : 자산을 평가시점의 시장가격에 의해서 평가하는 방법
- 취득원가법 : 자산을 구입할 경우 구입가격과 구입 시 소요되는 제반 비용을 합산하여 평가하는 방법
- 수익가평가법 : 토지와 같은 부동산의 경우 매년 얻어지는 순이익을 기초로 하여 평가하는 방법
- 추정가평가법 : 취득원가나 시가가 모두 분명하지 않은 경우 그 재화와 효용이 같은 유사 재화의 취득가격을 평가기준가격으로 하는 방법

89 축산물 유통에서 유통마진율 공식으로 옳은 것은?

① (총판매액−총구입액)/총판매액×100
② (총판매액−총구입액)/총구입액×100
③ 총구입액/총판매액×100
④ 총판매액/총구입액×100

90 계란 1kg의 가격이 1,500원이고, 사료 1kg의 가격은 250원일 경우 난사비는?

① 0.17
② 4.0
③ 5.0
④ 6.0

해설

난사비 = 달걀 1kg당 가격 ÷ 사료 1kg당 가격
= 1,500원 ÷ 250원
= 6.0

91 다음 설명에 해당하는 유크림은?

> 크림을 일정한 조건에서 교반하여 미세한 기포가 생기게 하며 용적을 증가시키고, 버터밀크의 분리가 거의 일어나지 않게 제조한다. 따라서 이 크림의 품질은 기포력에 의해서 결정된다.

① 휘핑크림
② 플라스틱크림
③ 라이트크림
④ 발효크림

해설

휘핑크림
크림을 휘핑(Whipping : 휘저어 거품을 일게 하는 것)할 경우 기포가 크림 속에 들어감과 동시에 단백질의 막에 쌓여 있던 지방구가 파괴되고 유리된 고체지방이 나와 기포의 주위를 둘러싸서 점차 단단하게 된다. 유지방 함량이 30~40%인 크림
② 플라스틱크림(고체크림) : 유지방 함량이 79~81%인 크림
③ 라이트크림(테이블크림) : 유지방 함량이 18~20%인 크림
④ 발효크림 : 지방함유율 18~20%의 살균크림을 젖산박테리아에 의하여 발효시킨 것

92 고기의 관능평가 항목이 될 수 없는 것은?

① 연도　　② 다즙성
③ 향미　　④ 근섬유

해설
고기의 관능평가 항목 : 연도, 다즙성, 향미, 전체기호도

93 인스턴트 분유의 특성이 아닌 것은?

① 과립화된 분말이다.
② 동일한 보통 분말보다 용적 밀도가 낮다.
③ 미립자의 분진이 없다.
④ 습윤성(Wettability)이 좋다.

해설
인스턴트 분유(Instant Milk Powder)
전지탈지분유에 습기를 부여하여 다시 건조한 것으로서 온도가 낮은 물에서 분산성과 용해성이 좋아 많이 생산·보급되고 있다. 분유가 물에 잘 분산되지 않는 것을 방지하려면 분유입자내 잔존 공기의 함량을 낮추어 용적밀도를 높여야 한다.

94 발효유 제조 시 박테리오파지 오염에 대한 대책으로 거리가 먼 것은?

① 혼합균주 및 스타터의 교대사용
② 파지저항성 균주의 사용
③ 파지저항성 배지의 사용
④ 항균제의 사용

95 식육의 식중독 미생물 오염방지를 위한 대책으로 적합하지 않은 것은?

① 철저한 위생관리
② 20~25℃에서 보관
③ 충분한 조리
④ 적절한 냉장

해설
미생물의 증식은 저온상태를 유지하여 억제할 수 있으므로, 식육의 온도는 항상 4℃(진공포장육 -2~0℃) 이하로 보관하고 보관 및 진열온도는 -1~2℃로 한다.

96 식육에 함유되어 있는 일반적인 수분 함량은?

① 30~40%
② 55~60%
③ 65~75%
④ 90% 이상

해설
식육의 구성성분은 약 65~75%가 수분이고, 나머지는 거의 단백질로 구성되어 있다.

정답 92 ④　93 ②　94 ④　95 ②　96 ③

97 도축 후 사후 해당속도가 가장 빠른 축종은?
① 소
② 닭
③ 돼지
④ 염소

해설
사후강직 후의 소고기의 경우, 4℃ 내외의 냉장숙성은 약 2일이 소요되며, 사후 해당속도가 빠른 돼지고기의 경우 4℃ 내외에서 1~2일, 닭고기는 8~24시간 이내에 숙성이 완료된다.

98 유산균의 발효과정에서 생성된 유산에 의해 커드가 형성되는 주요 요인으로 옳은 것은?
① 카세인 등전점에서의 응집
② 마이셀 안정화 작용
③ 지방 산화
④ 유단백질의 2차·3차구조 변화

해설
커드(Curd)
우유가 열, 산, 응유효소 등에 의해 유단백질 카세인이 연결되면서 그 안에 지방과 물을 가두는 응고 현상이다. 우유에 유당을 많이 함유하고 있는 경우에는 커드 생성 등전점(pH 4.6) 이전에 알코올발효가 먼저 일어나 등전점에 도달하지 못하여 커드가 불완전하게 생성된다.
- 열 응고 커드 → 열에 의한 단백질 응고(리코타 치즈)
- 산 응고 커드 → 우유단백질 카세인의 산도에 의한 응고현상(커티지 치즈)
- 치즈 레닛효소 커드 → 우유단백질 카세인의 응유효소에 의한 응고현상

99 근육 수축단백질의 상호결합을 도와 수축을 돕는 '조절단백질'이 옳게 짝지어진 것은?
① 타이틴-네불린
② 마이오신-액틴
③ 트로포마이오신-트로포닌
④ 콜라겐-엘라스틴

해설
근원섬유단백질(염용성단백질)
근육의 수축과 이완의 주 역할을 하는 수축단백질(마이오신과 액틴), 근육 수축기작을 직간접으로 조절하는 조절단백질(트로포마이오신과 트로포닌) 및 근육의 구조를 유지시키는 세포골격단백질(타이틴, 뉴불린 등)로 나눈다.

100 근육조직의 결합조직이 아닌 것은?
① 교원섬유
② 탄성섬유
③ 세망섬유
④ 지방섬유

해설
결합조직은 각종 조직과 조직, 또는 기관의 간격을 결합 또는 채우고 있는 조직으로 교원섬유, 탄성섬유, 세망섬유 등이 있다.

2021년 제1회 과년도 기출복원문제

※ 축산산업기사는 2021년부터 CBT(컴퓨터 기반 시험)로 진행되어 수험자의 기억에 의해 문제를 복원하였습니다. 실제 시행문제와 일부 상이할 수 있음을 알려드립니다.

제1과목 가축번식육종학

01 3원교잡종 생산 시 1대 잡종 생산에서 주로 쓰이는 어미 돼지의 품종은?

① 폴란드차이나(Poland China)
② 햄프셔(Hampshire)
③ 랜드레이스(Landrace)
④ 두록(Duroc)

해설
랜드레이스와 요크셔를 교잡한 어미돼지에 두록 아비 돼지를 교배시켜서 생산한 돼지가 3원교잡종이다. 이와 같이 세 가지 품종을 교배하는 것은 유전학에서 말하는 잡종강세의 효과를 이용하기 위한 것이다.

02 다음 육우의 경제형질 중 유전력이 가장 높은 것은?

① 배장근단면적
② 도체율
③ 수태율
④ 이유 시 체중

해설
① 배장근단면적 : 55~60%
② 도체율 : 35~40%
③ 수태율 : 0~10%
④ 이유 시 체중 : 30~35%

03 닭의 개량에 있어 산란능력과 가장 거리가 먼 형질은?

① 초산일령
② 산란강도
③ 산란지속성
④ 생존율

해설
닭의 개량형질 중 산란능력
조숙성(초산일령), 산란강도, 산란지속성, 취소성, 동기 휴산성

04 근친교배의 유전적 효과에 대한 설명으로 옳은 것은?

① 동형접합체의 비율을 증가시킨다.
② 이형접합체의 비율을 증가시킨다.
③ 유해유전자의 출현빈도를 낮춘다.
④ 잡종강세의 현상이 나타난다.

해설
근친교배의 유전적 효과
- 유전자의 Homo성(동형접합체)을 증가시킨다.
- 유전자의 Hetero성(이형접합체)을 감소시킨다.
- 형질의 발현에 영향을 주는 유전자를 고정시킨다.
- 치사유전자와 기형의 발생빈도가 증가한다.

정답 1 ③ 2 ① 3 ④ 4 ①

05 가축의 임신진단법으로 옳지 않은 것은?

① 직장검사법
② 초음파진단법
③ X선 조사법
④ 논리턴(Non-Return)법

해설
가축의 임신진단법 – 임상적 진단법
질검사법, 직장검사법, 초음파진단법, 외진법(Non-Return) 등

08 다음 중 인공수정에 관한 설명으로 틀린 것은?

① 수태율이 저하된다.
② 특별한 기술자 및 설비가 필요하다.
③ 종모축의 유전능력을 조기에 판정할 수 있다.
④ 자연교미보다 조작에 있어 시간이 더 걸린다.

해설
자연교배가 불가능한 가축도 번식에 이용이 가능하다.

06 돼지의 경제형질이 아닌 것은?

① 복당 산자수
② 이유 시 체중
③ 도체의 품질
④ 모 색

해설
돼지의 경제적 개량형질
복당 산자수, 이유 시 체중, 이유 후 성장률, 사료효율, 도체의 품질(도체장, 배최장근단면적, 도체율, 햄-로인 비율, 등지방두께, 근내지방도)

09 육용계의 자질개량을 위한 선발요건으로 고려할 사항이 아닌 것은?

① 볏의 모양
② 성장률
③ 우모의 발생속도
④ 우모의 색

10 닭의 성장률을 측정하는 대표적인 척도는?

① 산란율
② 생존율
③ 사료효율
④ 정강이의 길이

해설
정강이 길이는 성장률 측정의 척도이며, 길이가 긴 계통이 짧은 계통보다 성장률과 사료이용성이 높다.

07 다음 중 개체선발 시 돼지의 경제형질에서 가장 효과적으로 개량할 수 있는 것은?

① 사료효율
② 등지방층의 두께
③ 이유 후 일당 증체량
④ 복당 산자수

정답 5 ③ 6 ④ 7 ② 8 ① 9 ① 10 ④

11 다음 ( ) 안에 적합한 것은?

> 분만 시에는 태아의 자궁경에 대한 기계적 자극에 의한 신경자극이 시상하부를 통하여 ( )을 분비하면 이는 자궁근육을 강하게 수축시켜서 진통을 일으키므로 태아의 만출과 후산의 배출을 도우며 분만이 끝난 후에는 자궁의 복귀를 돕는 작용을 한다.

① 난포자극호르몬
② 황체형성호르몬
③ 성장호르몬
④ 옥시토신

12 GOODALE과 HAYS 등이 제시한 초년도 산란수를 지배하는 요소가 아닌 것은?

① 조숙성　② 취소성
③ 사료효율　④ 동기휴산성

해설
GOODALE-HAYS의 산란 5요소
조숙성, 취소성, 동기휴산성, 산란강도, 산란지속성

13 젖소의 분만 시 혈장 내의 칼슘과 무기인의 급속한 감소로 발생하는 질병은?

① 질 탈　② 유 열
③ 임신중독　④ 케토시스증

해설
칼슘(Ca)은 젖소에게 부족하게 되면 유열(Milk Fever)이 일어나고 산란계가 부족하면 난각이 얇아져 파란을 많이 발생시키는 광물질이다.

14 선발에 의한 유전적 개량량을 크게 할 수 있는 방법이 아닌 것은?

① 선발차를 크게 한다.
② 세대간격을 짧게 한다.
③ 환경적 변이가 커야 한다.
④ 형질의 유전력이 커야 한다.

해설
환경적 변이보다 상가적 유전변이가 커야 한다.

15 어떤 개체가 지니고 있는 뛰어나게 우수한 형질을 자손에게 확실하게 유전시키는 것은?

① 특성유전
② 강력유전
③ 선부유전
④ 귀선유전

정답 11 ④　12 ③　13 ②　14 ③　15 ②

16 다음 중 임신이상으로 여겨지는 것이 아닌 것은?

① 출생 전 폐사
② 자연유산
③ 요막수종
④ 태반정체

17 실제로 번식에 사용할 수 있는 한우의 초임 적령은?

① 5~6개월령
② 10~12개월령
③ 16~18개월령
④ 22~24개월령

18 유전력이 높은 형질 개량에 가장 효과적인 선발방법은?

① 개체선발
② 가계선발
③ 후대검정
④ 혈통선발

> **해설**
> ① 개체선발 : 개체의 능력만을 기준으로 하여 그 개체를 종축으로 선발하는 방법이다.
> ② 가계선발 : 가계 내 개체 간 차이는 무시하고 가계의 평균능력에 근거한 선발방법이다.
> ③ 후대검정 : 도살해야만 측정할 수 있는 형질을 개량할 때 유익한 방법이다.
> ④ 혈통선발 : 부모, 조부모 등의 선조능력에 근거하여 종축의 가치를 판단하여 선발하는 방법이다.

19 다음 중 계절주기를 나타내는 계절번식 동물은?

① 소
② 돼지
③ 말
④ 토끼

> **해설**
> 계절번식 가축
> • 주년성 번식동물(계절적 영향이 적어 연중번식이 가능한 가축) : 소, 돼지, 토끼
> • 비주년성 번식동물
>   – 단일성 번식동물 : 면양, 산양, 염소, 사슴, 노루, 고라니 등
>   – 장일성 번식동물 : 말, 당나귀, 곰, 밍크 등

20 다음 중 하위기관에서 분비된 호르몬이 상위기관의 호르몬 분비를 촉진하는 것은?

① Positive Feedback(정의 피드백)
② Negative Feedback(부의 피드백)
③ Auto Feedback(자가 피드백)
④ Ultra Short Feedback(초단 피드백)

정답 16 ④ 17 ③ 18 ① 19 ③ 20 ①

제2과목 가축사양학

21 비타민의 종류와 주요기능이 바르게 연결된 것은?

① 비타민 A – 항산화제
② 비타민 D – 야맹증 치료
③ 비타민 E – 칼슘과 인의 대사
④ 비타민 K – 혈액응고

해설

④ 비타민 K : 혈액응고, 내출혈
① 비타민 A : 안질 장애, 번식 장애, 상피 세포 및 점막의 경화
② 비타민 D : 구루병, 비정상적인 골격 형성
③ 비타민 E : 번식 장애, 근육 위축증

22 반추동물의 위 중에서 단위동물의 위와 비슷한 기능을 가진 위는?

① 제1위　② 제2위
③ 제3위　④ 제4위

해설

반추위의 위 : 제1위(반추위, 혹위), 제2위(벌집위), 제3위(겹주름위), 제4위(진위)

23 다음 사료 중 조단백질 함량이 가장 높은 것은?

① 수 수　② 옥수수 글루텐
③ 보 리　④ 알팔파 건초

해설

사료 중 조단백질 함량(사료 등의 기준 및 규격 [별표 5])
옥수수 글루텐(45~65%) > 알팔파 건초(10~23%) > 수수(10~11%) > 보리(9.5~13%)

24 닭사료에 식염은 몇 %가 적당한가?

① 0.1%　② 0.3%
③ 0.8%　④ 10%

해설

초식동물이 단위동물보다 요구량이 많다(농후사료의 1% 미만, 단위동물은 0.3% 공급).

25 탄수화물의 기능을 설명한 것으로 옳지 않은 것은?

① 지방산, 단백질의 합성에도 쓰인다.
② 가장 경제적인 에너지 발생 영양소이다.
③ 체내에서는 지방으로만 축적된다.
④ 뇌와 신경조직의 구성성분이다.

해설

탄수화물은 간이나 근육에 글리코겐의 형태로 저장된다.

26 그래스테타니(Grass-tetany)는 어떤 광물질이 결핍되었을 때 나타나는가?

① 망간(Mn)
② 칼륨(K)
③ 마그네슘(Mg)
④ 칼슘(Ca)

정답 21 ④　22 ④　23 ②　24 ②　25 ③　26 ③

27 다음 영양소 중 단위당 열량가가 가장 높은 영양소는?

① 탄수화물　② 단백질
③ 지 방　④ 전 분

해설
③ 지방 : 1g당 9kcal
①・② 탄수화물, 단백질 : 1g당 4kcal
④ 전분 : 전분은 탄수화물의 일종으로, 1g당 4kcal

28 비타민 B_{12}의 성분인 미량광물질은?

① 아이오딘(I)　② 철(Fe)
③ 구리(Cu)　④ 코발트(Co)

해설
코발트 : 비타민 B_{12}의 구성성분이며, 결핍 시 식욕감퇴, 체중감소, 빈혈 등이 발생한다.

29 케톤증(Ketosis)에 대한 설명으로 관련이 없는 것은?

① 아세톤혈증(Acetonemia)이라고도 한다.
② 고능력인 젖소에서 분만 후 수일에서 수주일 안에 일어나는 경우가 많다.
③ 왼쪽 허구리에 팽만이 일어나고 복통 증세로 인하여 불안, 걱정, 식욕절폐, 다리벌림을 나타낸다.
④ 대사 장애로 인한 케톤체의 과잉 생산과 저혈당증이 원인이다.

해설
케톤증
탄수화물 부족과 지방대사이상으로 체내에 케톤체가 정상보다 많아지는 질병이다. 치료에는 포도당의 정맥 투여요법을 실시하며, 보조요법으로 포도당원 물질을 먹이거나 글루코코르티코이드와 더불어 인슐린을 주사하기도 한다.

30 갓 태어난 송아지에서 가장 큰 크기를 갖는 위는?

① 제1위　② 제2위
③ 제3위　④ 제4위

해설
제4위(진위)
- 분문부, 위저부, 유문부로 구성되며 용적이 21L 정도 된다.
- 반추동물의 4개의 위 중에서 단위동물의 위와 같이 소화액에 의한 화학적인 소화작용이 일어나는 곳이며, 담즙이 위 내로 역류하는 것을 방지하는 역할을 한다.
- 제4위는 갓 태어난 송아지의 위 중 가장 크고, 점차 성장하여 성우가 되면서 위의 용적이 변화한다.

31 다음 보기가 설명하는 닭의 병은?

> *Salmonella gallinarum* 균에 의하여 발병되며, 모든 면에서 추백리와 유사하나 발병 일령이 어린 병아리 때부터 노계가 될 때까지 지속적으로 발병되는 점이 차이가 있으며, 주로 12주령 이후에 집중적으로 발병하는 양상을 말한다.

① 파라티푸스감염증
② 가금콜레라
③ 포도상구균증
④ 가금티푸스

32 한우 번식우가 다음과 같은 양의 사료를 급여상태 기준으로 섭취한다면 이 한우가 하루에 섭취하는 건물량은 얼마인가?

사료종류	급여량	수분함량
옥수수사일리지	10kg	60%
배합사료	4kg	15%
기타 첨가물	0.5kg	8%
합 계	14.5kg	급여상태 기준

① 7.86kg ② 8.86kg
③ 9.86kg ④ 10.89kg

해설
- 옥수수사일리지 : 10kg × (1 − 0.60) = 4.0kg
- 배합사료 : 4kg × (1 − 0.15) = 3.4kg
- 기타 첨가물 : 0.5kg × (1 − 0.08) = 0.46kg
- ∴ 총건물량 = 4.0 + 3.4 + 0.46 = 7.86kg

33 반추동물의 반추위 내에 서식하는 미생물이 아닌 것은?

① 곰팡이 ② 박테리아
③ 효 모 ④ 프로토조아

해설
반추위 내 미생물의 종류에는 곰팡이, 프로토조아, 박테리아, 바이러스, 박테리오파지 등이 있다.

34 가축의 성장곡선(S자 곡선)에 대한 설명 중 옳은 것은?

① 태아시기와 출생 후 성 성숙까지는 성장률이 빨리 증가한다.
② 성 성숙기 이후부터 빠른 성장을 한다.
③ 성숙체중에 가까워지면 성장률은 더욱 빨라진다.
④ 일정한 속도를 유지하며 성장한다.

35 다음 중 지방율 정정유(Fat Correct Milk)란 무엇인가?

① 유지율 6%의 표준유
② 유지율 5%의 표준유
③ 유지율 4%의 표준유
④ 유지율 3%의 표준유

36 아이오딘가가 가장 낮은 것은?

① 옥수수기름
② 면실유
③ 야자유
④ 콩기름

해설
③ 야자유(팜유) : 약 85~105
① 옥수수기름 : 약 111~120
② 면실유 : 약 90~120
④ 콩기름 : 약 129~143
아이오딘가(Iodine Value)는 기름의 불포화도를 나타내는 지표로, 불포화 지방산이 많을수록 아이오딘가가 높다.

37 가축의 간에 지방이 과잉으로 축적되어 발생하는 병적증상을 지방간이라 하는데 이 지방간을 예방하기 위하여 사용할 수 있는 아미노산과 비타민은?

① 메티오닌 - 콜린
② 라이신 - 엽산
③ 트립토판 - 나이아신
④ 아이소류신 - 타이아민

38 정미에너지(Net Energy)를 가장 바르게 설명한 것은?

① 사료 내 함유하고 있는 에너지의 총량
② 사료 내 함유 에너지에서 분으로 배출되는 에너지를 제외한 나머지 에너지의 총량
③ 사료 내 함유 에너지에서 분, 뇨, 가스로 손실된 에너지를 제외한 나머지 에너지의 총량
④ 사료 내 함유 에너지에서 분, 뇨, 가스 및 열발생으로 손실된 에너지를 제외한 나머지 에너지의 총량

해설
정미에너지(Net Energy)
가축이 사료로 섭취한 에너지 중 순수하게 동물의 유지 및 생산을 위하여 이용되는 에너지이다.

39 돼지 비육 시 사료지방의 아이오딘(I)가가 낮은 것을 급여하면 체지방은 어떤 지방으로 구성되는가?

① 경성지방 ② 연성지방
③ 불포화지방 ④ 황색지방

해설
사료의 지방성분 중 아이오딘가가 높으면 체지방은 연성지방이 된다.

40 비유 중인 젖소(체중 600kg)의 유지를 위한 일일 단백질 요구량은?

① 약 200g ② 약 300g
③ 약 350g ④ 약 500g

제3과목 축산경영학

41 다음 중 축산경영인이 추구해야 할 경영목표로 가장 적절한 것은?

① 농업 총수입의 극대화
② 자기자본에 대한 수익의 최소화
③ 농업소득의 극대화
④ 자가노동보수의 최소화

해설
축산경영의 궁극적인 목표는 소득 증대 및 순이익의 극대화이다.

42 축산경영의 일반적 특징으로 옳은 것은?

① 고용기회 증대
② 생산물의 저장
③ 1차 생산의 성격
④ 직접적인 토지이용

해설
축산경영의 일반적 특징
2차 생산의 성격, 물량 감소의 성격, 생산물 저장, 토지와 간접적 관계

43 낙농경영형태 중 경영입지조건에 의한 분류에 해당하는 것은?

① 초지형 낙농
② 종축형 낙농
③ 도시근교형 낙농
④ 부업적 낙농

정답 38 ④ 39 ① 40 ④ 41 ③ 42 ② 43 ③

44 다음 중 축산물 유통마진의 항목에 포함되지 않는 것은?

① 가축비
② 수송비
③ 저장비
④ 수수료

해설
유통마진 : 유통과정에서 발생하는 모든 유통비용이 포함된 개념이다.

45 다음 중 농업소득을 올바르게 나타낸 것은?

① 조수입 - 생산비
② 조수입 - 경영비
③ 조수입 - (경영비 + 자본이자)
④ 조수입 + 농업의 소득

46 축산경영자의 의사결정 과정에서 일반적으로 고려되는 내용이라고 볼 수 없는 것은?

① 생산하고자 하는 축산물(가축)의 종류
② 축산물을 생산하고자 하는 동기
③ 가축의 사육방법
④ 생산된 축산물(가축)의 판로

47 축산경영의 총투입자본 1,000만원 중 300만원을 외부에서 빌렸을 때 자기자본은?

① 700만원　　② 1,000만원
③ 300만원　　④ 1,300만원

해설
자기자본 = 1,000만원 - 300만원
　　　　 = 700만원

48 축산경영의 생산성지표가 아닌 것은?

① 노동생산성
② 자본생산성
③ 소득률
④ 토지생산성

해설
축산경영의 생산성지표 : 노동생산성, 자본생산성, 토지생산성

49 다음 중 이윤 극대화의 조건은?

① 한계수입 = 한계비용
② 한계수입 = 평균비용
③ 한계수입 < 한계비용
④ 한계수입 > 한계비용

해설
축산경영의 이윤 극대화 조건
- 한계수입이 한계비용과 같을 때
- 총수익과 총비용의 차액이 최대일 때
- 생산요소와 생산물의 가격비가 한계생산과 일치할 때
- 한계생산이 그 가격의 역비와 같을 때
- 한계가치생산이 자원의 가격과 같을 때

정답　44 ①　45 ②　46 ②　47 ①　48 ③　49 ①

50 우리나라 도시근교형 낙농경영의 특징이라고 볼 수 없는 것은?

① 경영의 집약도가 다른 경영형태에 비해 높다.
② 시유용 원유를 생산 및 공급하는 데 유리하다.
③ 규모를 확장하는 데 제한적인 요인이 적은 편이다.
④ 토지면적이 좁고 구입사료에 의존하므로 사료의 자급률이 낮다.

해설

도시근교형 낙농경영 : 도시근교에 입지하여 시유용 원유를 생산·공급하는 데 유리한 경영형태
- 장점 : 토지의 면적이 작고 구입사료에 의존하므로 사료의 자급률이 매우 낮으며, 경영의 집약도가 다른 경영형태에 비해 높고, 대부분 착유전업형 낙농형태를 띠고 있다.
- 단점 : 자급사료표 및 초지개발에 제한이 있어 사료자급률이 낮고, 부근의 주택 및 농장에 공해문제를 야기할 수 있으며, 소규모의 목장경영이 대부분인 관계로 기계화가 용이하지 않다.

51 농업부기의 목적이 아닌 것은?

① 생산물의 수익성을 파악
② 경영의 개선점을 파악
③ 특정 시점의 재정 상태를 파악
④ 농자재의 제품정보를 파악

52 축산물 경영비 비목에 해당되지 않는 것은?

① 사료비
② 수도광열비
③ 자가노력비
④ 수선비

해설

자가노력비는 생산비 비목에 해당된다.

53 다음 표는 낙농농가의 착유우 두당 조수입, 비용, 노동투하시간을 나타낸 것이다. 노동생산성이 가장 높은 농가는?

구 분	축산조수입 (천원)	축산생산비 (천원)	축산경영비 (천원)	노동투하시간
A농가	3,000	2,500	1,500	90
B농가	3,100	2,550	1,520	95
C농가	3,200	2,600	1,540	100
D농가	3,300	2,650	1,560	105

① A농가　② B농가
③ C농가　④ D농가

해설

노동생산성 = 축산조수입 / 노동투하시간
- A농가 : 3,000천원 / 90시간 = 33.33
- B농가 : 3,100천원 / 95시간 = 32.63
- C농가 : 3,200천원 / 100시간 = 32.00
- D농가 : 3,300천원 / 105시간 = 31.43

정답 50 ③　51 ④　52 ③　53 ①

54 축산경영에는 일반적 특징과 경제적 특징이 있다. 다음 중 경제적 특징에 해당하는 것은 몇 가지인가?

> • 토지와 노동력 이용의 증진
> • 자금회전의 원활화
> • 농업경영의 안정화
> • 물량감소의 성격
> • 2차 생산의 성격
> • 간접적 토지관계

① 5가지 ② 3가지
③ 4가지 ④ 2가지

55 다음 중 복합경영의 장점에 해당되지 않는 것은?

① 토지이용의 효율화
② 작업의 단일화로 인한 노동의 숙련도 향상
③ 기계 및 시설의 효율적 이용
④ 위험의 분산

해설

복합경영의 장단점

장 점	• 토지의 효율적 이용 • 노동력의 이용 증진 • 기계 및 시설의 효율적 이용 • 위험의 분산 • 자금회전의 원활화
단 점	• 경영 간에 노동의 경합이 생길 수 있어서 노동생산성이 낮아지기 쉽다. • 기계화가 어렵다. • 기술의 다양화로 경영자의 전문적인 기술의 발달이 어렵다. • 전문적인 기술향상이 저해되어 단위당 생산성이 떨어진다. • 여러 종류의 소량판매로 생산물의 판매에 불리하다.

56 다음 중 감가상각을 하는 자산은?

① 토 지
② 대농기구
③ 소농기구
④ 비육우

57 축산물 유통의 특성에 대한 설명으로 옳지 않은 것은?

① 축산물의 수요·공급은 비탄력적이다.
② 축산물의 생산체인 가축은 성숙되기 전에는 상품적인 가치가 없다.
③ 축산물 생산농가가 영세하고 분산적이기 때문에 유통단계상 수집상 등 중간상인이 개입될 소지가 많다.
④ 축산물은 부패성이 강하기 때문에 저장 및 보관에 비용이 많이 소요되고 위생상 충분한 검사를 필요로 한다.

해설

축산물의 생체인 가축은 성숙 전에도 상품적 가치가 있다.

58 가변(유동)비용에 속하지 않는 것은?

① 사료비
② 동력비
③ 감가상각비
④ 고용노임

해설

감가상각비는 고정비용에 속한다.

54 ② 55 ② 56 ② 57 ② 58 ③

59 생산함수의 생산영역 설명으로 틀린 것은?

① 생산함수의 제2영역에서는 생산 투입을 중단한다.
② 생산함수의 제1영역에서는 무조건 생산 투입을 증가시킨다.
③ 최적생산 구역은 제3영역에서 발생하지 않는다.
④ 제2영역은 평균생산이 최고인 점에서 총생산이 최고인 점 사이이다.

해설

생산함수의 생산영역
- 제1영역 : 평균생산이 증가하는 영역, 생산이 중단되지 않고 계속되어야 하므로 무조건 생산투입을 증가시킨다.
- 제2영역 : 평균생산이 최고인 점에서 총생산이 최고인 점 사이, 한계생산이 0보다 크므로 투입요소는 적정유지, 수확체감현상이 나타나는 단계로 합리적인 생산요소의 사용량을 결정하여야 하는 영역이다.
- 제3영역 : 생산요소의 투입이 지나치게 많아서 총생산이 오히려 감소하는 단계로, 최적생산구역은 제3영역에서 발생하지 않는다.

60 계란 500g의 값이 1,000원이고, 사료 2kg의 값이 500원일 때 난사비는 얼마인가?

① 8 ② 2
③ 4 ④ 1

해설

$$난사비 = \frac{달걀\ 1kg당\ 가격}{사료\ 1kg당\ 가격} = \frac{2,000}{250} = 8$$

제4과목 사료작물학

61 콩과 사료작물의 일반적 특징에 해당되는 것은?

① 뿌리 : 직근(곧은 뿌리)
② 열매 : 씨방벽에 융합
③ 줄기 : 둥글고 마디
④ 잎 : 나란히 맥

해설

화본과의 뿌리는 수염의 형태로 되어 있고, 두과 목초의 뿌리는 직근성이며 주근과 지근이 잘 분화되면서 땅속으로 뻗는다.

62 화본과 목초의 형태에 대한 설명으로 옳은 것은?

① 꼬투리가 있다.
② 뿌리는 직근성이다.
③ 줄기는 마디와 마디 사이로 구성되어 있다.
④ 잎은 세 개의 소엽으로 구성되어 있다.

63 저수분 사일리지의 수분함량은?

① 30% 이하
② 35~40%
③ 40~60%
④ 60~80%

정답 59 ① 60 ① 61 ① 62 ③ 63 ③

64 다음 중 옥수수 사일리지의 1cm³당 무게는?

① 700~800kg
② 600~700kg
③ 400~500kg
④ 300~400kg

65 목초 파종 후 복토의 깊이가 가장 좋은 것은?

① 종자지름의 0.1~0.5배
② 종자지름의 2~3배
③ 종자지름의 5~6배
④ 종자지름의 8~9배

66 화본과 사료작물 및 목초류의 예취 적기는?

① 생육 중기에서 수잉기 직전까지
② 수잉기 전에서 수잉기 사이
③ 수잉기에서 출수 초기 사이
④ 유숙기에서 완숙기 사이

67 다음 화본과 목초의 이삭 그림 중 원추화서인 것은?

68 추위에 강하여 우리나라 중북부지방의 답리작 사료작물로 많이 재배되는 것은?

① 귀 리
② 호 밀
③ 오처드그라스
④ 이탈리안라이그래스

해설
호밀은 호맥, 흑맥이라고도 하며 맥류 중 내한성이 강하다.

69 다음 중 건초보다 사일리지에 함량이 가장 낮은 비타민은?

① 비타민 A
② 비타민 B
③ 비타민 C
④ 비타민 D

해설
사일리지는 태양빛에 건조시킨 건초에 비해 비타민 D의 함량이 비교적 적다.

70 다음과 같은 특징을 갖고 있는 병해는?

> 화본과 목초에 가장 많이 발생하며 처음에는 회녹색의 작은 반점이 보이며 점점 넓어지면서 적갈색으로 변하고 타원형 또는 방추형의 병반이 되며 병반의 한가운데 검은 곰팡이가 발생한다. 여름철부터 가을철에 걸쳐 목초의 잎을 시들게 하거나 고사시키고, 재생에 장해를 주며 여름철 오처드그라스의 하고(夏枯)의 원인이 된다.

① 탄저병
② 점무늬병
③ 맥각병
④ 줄무늬마름병

71 합리적으로 조합된 작물을 같은 토양에서 일정한 순서에 따라 규칙적으로 돌려가며 재배하는 작부방식은?

① 간 작   ② 윤 작
③ 단 작   ④ 답리작

72 우리나라에서 알팔파 재배 시 제한요인이 아닌 것은?

① 토양의 산성
② 월동 불가능
③ 붕소의 결핍
④ 근류균의 부재

해설
우리나라는 토양의 산도가 높고 습도가 높아서 알팔파의 재배가 어려운 것으로 알려져 있다.

73 사일리지(엔실리지)의 품질을 고려할 때 가장 좋은 상태의 pH는?

① 3.8~4.0   ② 4.5~5.0
③ 5.0~5.5   ④ 5.6~6.0

74 건초의 품질은 재료의 종류, 목초의 성숙도, 조제방법 등에 따라 달라지며, 가축생산성과 밀접한 연관이 있다. 다음 중 건초의 평가기준과 거리가 먼 것은?

① 녹색도와 곰팡이 발생여부
② 잎의 비율과 순도
③ 건초의 제조방법
④ 향기와 촉감

75 사료작물에 대한 설명으로 옳지 않은 것은?

① 내한성이 강하여 중북부 지방에서도 재배할 수 있는 사료작물은 호밀이다.
② 이탈리안라이그래스는 기호성이 높고 유식물 활력이 뛰어나 따뜻한 남부지역 답리작에 알맞다.
③ 귀리(연맥)는 내한성이 특히 강하여 우리나라 어디에서나 월동이 가능한 건초용 사료작물이다.
④ 유채는 수분함량이 많아 다즙사료로서 이용가치가 크다.

해설
귀리는 맥류 중 내한성이 가장 약하여 남부지방과 제주도에서 많이 재배된다.

정답 70 ① 71 ② 72 ② 73 ① 74 ③ 75 ③

76 대상살포법과 전면살포법을 비교했을 때 대상살포법의 특징으로 틀린 것은?

① 전면살포법에 비해 제초제 구입비용을 줄일 수 있다.
② 잡초제거가 완전하기 때문에 유식물 생장을 촉진할 수 있다.
③ 남아 있는 기존식생이 동반작물 역할을 하여 잡초생장을 억제할 수도 있다.
④ 토양 병해충이 유식물에 집중되지 않는다.

77 품질이 좋은 옥수수 사일리지를 만들기 위한 재료의 가장 알맞은 수분 함량은?

① 30~38%
② 40~56%
③ 68~72%
④ 87~95%

78 옥수수의 사일리지 1차 수확적기는?

① 유숙기
② 황숙기
③ 완숙기
④ 고숙기

해설
사일리지용 사료작물의 수확적기
- 옥수수 : 황숙기 또는 건물함량 30% 내외
- 호밀 : 개화기~유숙기
- 사초용 수수 : 호숙 중기~호숙 말기
- 혼파목초 : 출수 초기 또는 개화 초기

79 사료의 부피를 줄이며 사료섭취량을 높이기 위해 가루사료를 고온·고압하에서 단단한 알맹이 사료로 만든 다음 이를 다시 거칠게 분쇄하여 만든 사료는?

① 가루사료
② 펠릿사료
③ 크럼블사료
④ 큐브사료

해설
크럼블사료 : 펠릿을 다시 거칠게 부순 것

80 알팔파에 대한 설명으로 옳지 않은 것은?

① 한발에 대한 적응성이 강하다.
② 습윤한 기후에서 생육이 불량하다.
③ 늦가을까지 예취 및 방목하여도 월동률이 우수하다.
④ 다른 목초에 비해 단백질 공급능력이 우수한 사료작물이다.

해설
늦가을까지 이용하는 것은 뿌리의 저장양분 저하로 인해 월동하기 위한 좋은 방법이 못되고, 최소한 25cm 정도는 성장한 상태로 월동해야 충분히 영양분을 축적하고 강건해진다. 만약 늦가을까지 이용했을 경우 영양이 적을 때는 월동 전후 동사를 하게 되므로 최소한 늦가을 서리가 오기 전, 4~6주 전까지 예취를 끝내야 한다.

2021년 제4회 과년도 기출복원문제

축산산업기사

제1과목 가축번식육종학

01 돼지의 경제형질이 아닌 것은?
① 유지율
② 복당 산지수
③ 이유 시 체중
④ 도체품질

해설
돼지의 경제적 개량형질
복당 산자수, 이유 시 체중, 이유 후 성장률, 사료효율, 도체의 품질(도체장, 배최장근단면적, 도체율, 햄-로인 비율, 등지방두께, 근내지방도)

02 산란계 대란의 표준난중으로 가장 적절한 것은?
① 25~35g
② 10~20g
③ 50~60g
④ 80~90g

03 돼지의 인공수정 시 정액을 주입하기 위한 주입기가 삽입되는 최적 부위는?
① 질 내
② 자궁경 내
③ 수란관 상부
④ 자궁각 내

04 교미배란하는 동물은?
① 소
② 돼 지
③ 토 끼
④ 면 양

해설
교미 자극이나 유사한 자극을 받음으로써 발생되는 배란을 교미배란이라고 한다. 대부분의 포유동물은 자연 배란을 하지만, 토끼, 고양이, 밍크 등은 교미 자극에 의해 배란이 이루어진다.

05 선발의 효과를 크게 하는 방법으로 틀린 것은?
① 선발차를 크게 한다.
② 유전력을 높게 한다.
③ 선발강도를 작게 한다.
④ 세대간격을 짧게 한다.

해설
선발의 효과를 크게 하는 방법
- 선발차를 크게 한다. - 집단의 크기를 크게
- 유전력을 크게, 유전변이를 크게, 환경변이를 작게 한다.
- 세대간격을 짧게 한다. - 젊은 가축을 번식에 이용
- 균일한 사양관리 조건하에서 사육한다.
- 후보종축의 기초축 두수를 크게 한다.

정답 1 ① 2 ③ 3 ② 4 ③ 5 ③

06 육용계의 개량 형질과 거리가 먼 것은?

① 성장률　② 체 형
③ 사료 이용성　④ 산란율

해설
닭의 경제형질
- 산란계 : 생존율, 초산일령, 산란율, 산란지수, 사료요구율, 평균난중, 체중, 수당사료섭취량
- 육용계 : 생체중, 증체량 및 성장률, 사료섭취량과 사료효율, 체지방 및 복강(腹腔)지방, 체형, 도체율, 다리의 결함, 육성률, 번식능력, 질적형질

07 다음 중 계절주기를 나타내는 계절번식 동물은?

① 소　② 돼 지
③ 말　④ 토 끼

해설
- 주년성 번식동물(계절적 영향이 적어 연중번식이 가능한 가축) : 소, 돼지, 토끼
- 비주년성 번식동물
  - 단일성 번식동물 : 면양, 산양, 염소, 사슴, 노루, 고라니 등
  - 장일성 번식동물 : 말, 당나귀, 곰, 밍크 등

08 소의 발정징후에 대한 설명으로 옳지 않은 것은?

① 식욕이 줄어든다.
② 자궁경이 이완된다.
③ 움직임이 거의 없어진다.
④ 특이한 소리로 자주 운다.

해설
평상시보다 보행수가 2~4배 증가한다.

09 한우의 일반적인 임신기간은?

① 114~125일　② 140~145일
③ 230~235일　④ 280~285일

해설
가축의 임신기간

구 분	범위(일)	평균(일)
말	330~340	330
소	270~290	280
면 양	144~158	150
산 양	146~155	152
돼 지	112~118	114
토 끼	28~32	30
개	58~65	62

10 돼지에서 분만 시 가장 많은 태위는?

① 두위와 미위　② 측두위
③ 전태위　④ 흉두위

11 뇌하수체 전엽에서 분비되며, 유즙의 분비에 매우 중요한 역할을 하고, 모성 행동을 발현시키는 호르몬은?

① FSH　② LH
③ GnRH　④ Prolactin

해설
④ 프로락틴은 유선을 자극하여 비유를 개시시키는 호르몬이다.
① FSH(난포자극호르몬)
② LH(황체형성호르몬)
③ GnRH(성선자극호르몬방출호르몬)

정답 6 ④　7 ③　8 ③　9 ④　10 ①　11 ④

12 가축의 임신진단법으로 옳지 않은 것은?

① 직장검사법
② 초음파진단법
③ X선 조사법
④ 논리턴(Non-Return)법

해설

가축의 임신진단법 – 임상적 진단법
질검사법, 직장검사법, 초음파진단법, 외진법(Non-Return) 등

13 인공수정의 장점이 아닌 것은?

① 종모축의 사육두수를 줄일 수 있어 사료 및 관리비를 절감할 수 있다.
② 숙련된 기술자와 특별한 기구 및 시설이 필요하지 않다.
③ 정액의 원거리수송이 유용하다.
④ 한 발정기에 2~3회 수정을 할 수 있으므로 수태율을 높인다.

해설

인공수정의 장점
- 우수한 씨가축의 이용범위가 확대
- 후대검정에 다른 씨가축의 유전능력 조기 판정 가능
- 씨가축 사양관리의 비용과 노력 절감
- 정액의 원거리 수송 가능
- 자연교배가 불가능한 가축도 번식에 이용 가능
- 교미 시 감염되는 전염병의 확산 방지

14 소의 품종 중 임신기간이 가장 긴 것은?

① Brahaman종
② 한 우
③ Aberdeen Angus종
④ Holstein종

15 X형질과 Y형질의 유전분산은 각각 4.0 및 9.0이며, 이들 두 형질 간 유전공분산은 3.0이다. 이들 두 형질 간 유전상관은?

① 0.4
② 0.5
③ 0.6
④ 0.7

해설

유전상관
$= \dfrac{\text{X와 Y 두 형질 간의 유전공분산}}{\text{각각 X와 Y의 상가적 유전분산의 제곱근의 곱}}$
$= \dfrac{3}{\sqrt{4} \times \sqrt{9}} = 0.5$

16 Hen-Day Rate of Egg Production을 바르게 설명한 것은?

① 일정기간의 총산란수를 기간 내 매일 생존 암탉수로 나눈 것
② 일정기간의 총산란수를 그 기간 최초의 암탉수로 나눈 것
③ 일정기간의 총산란수를 마지막 날의 생존 암탉수로 나눈 것
④ 일정기간의 총산란수를 기간 중간날의 생존 암탉수로 나눈 것

17 젖소의 산유능력을 개량하려 할 때 가장 효과적인 선발법은?

① 개체선발
② 가계선발
③ 후대검정
④ 형매검정

정답 12 ③ 13 ② 14 ① 15 ② 16 ① 17 ③

18 어떤 개체가 지니고 있는 뛰어나게 우수한 형질을 자손에게 확실하게 유전시키는 것은?

① 특성유전
② 강력유전
③ 선부유전
④ 귀선유전

19 정상적인 가축에서 수정란의 착상이 일어나는 장소는?

① 난 관
② 자 궁
③ 자궁경
④ 질

해설
자궁은 수정란을 착상시켜 태반을 형성하고 태아의 개체 발생을 완료하는 근생식기관이다.

20 돼지의 일반적인 번식 적령기로 가장 적합한 것은?

① 5~8개월
② 9~12개월
③ 13~16개월
④ 17~20개월

제2과목 가축사양학

21 반추동물의 반추위 내에 서식하는 미생물이 아닌 것은?

① 박테리아
② 효 모
③ 프로토조아
④ 곰팡이

해설
반추위 내 미생물의 종류에는 곰팡이, 프로토조아, 박테리아, 바이러스, 박테리오파지 등이 있다.

22 경지방 사료인 것은?

① 쌀 겨
② 보 리
③ 번데기
④ 옥수수

해설
생리적 성질에 따른 분류
- 연지방(황색의 연한 지방) 형성 : 옥수수, 미강, 어분, 대두박, 아마인박, 땅콩박, 채종박, 비지, 두과 사일리지
- 경지방(희고 단단한 지방) 형성 : 보리, 호밀, 쌀, 맥강, 야자박, 고구마, 감자, 전분박, 짚류, 완두, 순무

23 다음 사일리지 사료 중 조단백질 함량이 가장 많은 것은?

① 호 밀
② 옥수수
③ 연맥(귀리)
④ 알팔파 건초

해설
사료 중 조단백질 함량(사료 등의 기준 및 규격 [별표 5])
옥수수 글루텐(45~65%) > 알팔파 건초(10~23%) > 수수(10~11%) > 보리(9.5~13%)

정답 18 ② 19 ② 20 ② 21 ② 22 ② 23 ②

24 케톤증(Ketosis)에 대한 설명으로 관련이 없는 것은?

① 아세톤혈증(Acetonemia)이라고도 한다.
② 고능력인 젖소에서 분만 후 수일에서 수주일 안에 일어나는 경우가 많다.
③ 왼쪽 허구리에 팽만이 일어나고 복통 증세로 인하여 불안, 걱정, 식욕절폐, 다리벌림을 나타낸다.
④ 대사 장애로 인한 케톤체의 과잉 생산과 저혈당증이 원인이다.

25 닭의 소화기관 중 단단한 곡류사료를 기계적으로 부수고 섞는 역할을 하는 것은?

① 식 도
② 선 위
③ 근 위
④ 소 낭

해설
근위 속에는 모래가 들어 있어 단단한 곡류 등의 분쇄에 도움을 준다.

26 그래스테타니(Grass-tetany)는 어떤 광물질이 결핍되었을 때 나타나는가?

① 망간(Mn)
② 칼륨(K)
③ 마그네슘(Mg)
④ 칼슘(Ca)

해설
그래스테타니[Grass Tetany, 저마그네슘(Mg)혈증]
비옥한 목초밭에 칼륨(K)을 다량 시비한 결과 마그네슘(Mg)이 적게 흡수되고, 이러한 목초를 먹은 소 근육은 마그네슘이 결핍되어 발병하며 흥분, 경련 등의 신경증상을 나타낸다.

27 가소화영양소 총량(TDN)을 구하는 식으로 ( )에 들어갈 내용은?

TDN = 가소화조단백질 + 가소화조섬유 + 가소화조지방×( ) + 가소화가용무질소물

① 1.25
② 2.25
③ 3.25
④ 4.25

28 단백질에 대한 설명으로 옳지 않은 것은?

① 세포 원형질의 주요한 성분이다.
② 생물체 내에서 효소호르몬의 구성성분이다.
③ 각종 기관과 연조직의 주요 구성성분이다.
④ 체온의 상실을 방지하는 절연체이다.

해설
④는 지방을 말한다.

29 다음에서 설명하는 닭의 병은?

*Salmonella gallinarum*균에 의하여 발병되며, 모든 면에서 추백리와 유사하나 발병 일령이 어린 병일 때부터 노계가 될 때까지 지속적으로 발병되는 점이 차이가 있다. 주로 12주령 이후에 집중적으로 발병하는 양상을 보인다.

① 파라티푸스감염증
② 가금콜레라
③ 포도상구균증
④ 가금티푸스

30. 다음 가축에서 비타민 D₂와 D₃를 이용할 때 동등한 효력을 나타내지 않는 것은?

① 송아지 ② 돼지
③ 개   ④ 병아리

32. 사료를 펠릿(Pellet) 형태로 급여할 때의 효과에 대한 설명으로 옳지 않은 것은?

① 소화율이 개선된다.
② 가축의 선택채식이 방지된다.
③ 유지율이 증가된다.
④ 짧은 시간에 많은 사료를 먹일 수 있다.

31. 다음 중 필수아미노산이 아닌 것은?

① Leucine
② Cysteine
③ Methionine
④ Lysine

해설

필수 및 비필수아미노산 : 동물체 단백질을 구성하는 아미노산에는 체내에서 합성되는 아미노산과 합성이 불가능한 아미노산이 있다.

필수아미노산		비필수 아미노산
대치 불가능	대치 가능	
아르기닌(Arginine)	–	글리신(Glycine)
라이신(Lysine)	–	알라닌(Alanine)
트립토판(Tryptophan)	–	세린(Serine)
히스티딘(Histidine)	–	아스파르트산(Aspartic Acid)
페닐알라닌(Phenylalanine)	타이로신(Tyrosine)	글루탐산(Glutamic Acid)
류신(Leucine)	–	프롤린(Proline)
아이소류신(Isoleucine)	–	하이드록시프롤린(Hydroxyproline)
트레오닌(Threonine)	–	시스테인(Cysteine)
메티오닌(Methionine)	시스틴(Cystine)	타이로신(Tyrosine)
발린(Valine)	–	하이드록시라이신(Hydroxylysine)

33. 산란계 사료의 가공처리방법 중 가장 적절하지 않은 것은?

① 가루사료   ② 크럼블사료
③ 액상사료   ④ 펠릿사료

해설

양계사료

- 사료는 크게 가루(Mash)제품과 가공(Pellet, Crumble, Extrusion & Extruder etc.)제품으로 나뉜다.
- 양계 배합사료는 산란계, 메추리, 종계와 같이 2차 대사산물(달걀, 병아리)이 주로 이용되는 축종은 가루(Mash) 제품이, 육계, 오리와 같이 비육이 주가 되는 축종에서는 가공 제품을 급여한다.
- 오리는 닭에 비하여 침의 분비량이 적은 반면 음수량이 많기 때문에 과거 소규모 사육 시에는 가루사료보다는 주로 반죽사료의 형태로 급여한다.

34. 유지율 3.0%의 우유 40kg을 FCM으로 환산하면 얼마인가?

① 26kg   ② 30kg
③ 34kg   ④ 36kg

해설

FCM = 산유량(M) × 0.4 + 15(산유량 × 유지율)
    = 40 × 0.4 + 15(40 × 0.03)
    = 34kg

정답 30 ④ 31 ② 32 ③ 33 ③ 34 ③

35 반추동물에 있어서 위(胃) 내용물의 수분을 흡수하여 희석된 상태의 내용물을 농축시켜 다음 소화기관에서 소화작용이 잘 이루어질 수 있도록 돕는 곳은?

① 제1위 ② 제2위
③ 제3위 ④ 제4위

해설

반추위 내 사료의 이동
- 반추작용과 미생물에 의한 효소작용을 거쳐 일부는 제1위에서 소화·흡수되고, 나머지 발효산물들은 제3위로 이동한다.
- 제3위로의 식괴의 이동은 제2위의 수축으로 액상식괴들이 밀려나는 유출과정으로 이루어진다.
- 제3위에서는 내용물의 수분흡수로 식괴를 농축시켜 제4위와 소장에서 소화가 잘되도록 만든다.
- 제4위는 단위동물의 위와 비슷한 기능을 가지고 위 소화작용을 한다.
- 소장으로의 내용물 이동은 산도가 낮아지면서 유문 괄약근의 이완으로 이루어지는데, 사료의 이동속도는 건물의 입자도, 비중, 사료섭취량 및 섭취빈도에 따라 달라진다.

36 자돈 빈혈증이 발생되는 원인은 다음 중 어느 영양소가 부족되기 때문인가?

① 철분 ② 칼슘
③ 비타민 D ④ 비타민 A

해설

빈혈증 예방을 위해 생후 1~3일과 10~14일 2차에 걸쳐 각각 100mg/두씩 대퇴부 또는 목 부위 근육에 철분주사를 한다.

37 사료로 섭취한 칼슘(Ca)과 인(P)의 흡수를 증가시키는 데 관여하는 비타민은?

① 비타민 A ② 비타민 B
③ 비타민 C ④ 비타민 D

해설

비타민 D는 칼슘과 인의 흡수를 돕고, 골격 형성에 영향을 준다.

38 돼지 비육 시 사료지방의 아이오딘(I)가가 낮은 것을 급여하면 체지방은 어떤 지방으로 구성되는가?

① 연성지방 ② 경성지방
③ 불포화지방 ④ 황색지방

해설

사료의 지방성분 중 아이오딘가가 높으면 체지방은 연성지방이 된다.

39 다음 비타민 중 결핍증으로 바르게 연결된 것은?

① 비타민 A - 안질장애, 번식장애
② 비타민 D - 혈액응고지연, 내출혈
③ 비타민 B - 구루병, 비정상적인 골격 형성
④ 비타민 E - 발정부진, 수태율 저하

해설

지용성 비타민결핍증
- 비타민 A : 안질장애, 번식장애, 상피세포 및 점막의 경화
- 비타민 D : 구루병, 비정상적인 골격 형성
- 비타민 E : 번식장애, 근육위축증
- 비타민 K : 혈액응고지연, 내출혈

정답 35 ③ 36 ① 37 ④ 38 ② 39 ①

40 유지방의 합성에 가장 영향을 많이 미치는 지방산은?

① Myristic Acid
② Propionic Acid
③ Butyric Acid
④ Acetic Acid

해설
초산(Acetic Acid)은 체내에서 에너지원 및 유지방의 합성에 이용되며 프로피온산은 에너지원 또는 체지방의 합성에 이용된다.

42 낙농경영형태 중 경영입지조건에 의한 분류에 해당하는 것은?

① 초지형 낙농   ② 종축형 낙농
③ 도시근교형 낙농   ④ 답지형 낙농

해설
낙농경영형태
- 경영입지조건 : 도시근교형, 도시원교형
- 사료생산기반에 의한 분류 : 초지형 낙농, 답지형 낙농, 전지형 낙농
- 사육목적에 의한 분류 : 종축형 낙농, 착유형 낙농, 육성우 낙농

43 가족노동력의 특징으로 옳지 않은 것은?

① 노동성과에 대한 책임부담이 없다.
② 경영주와 그 가족의 노동력으로 구성된다.
③ 노동에 대한 보수가 노임이 아니라 경영성과이다.
④ 가족노동은 소득원의 원천이다.

해설
노동성과에 대한 책임부담이 있다.

제3과목 축산경영학

41 다음 중 고정자본재에 해당하는 것은?

① 사료   ② 비료
③ 비육우   ④ 종계

해설
고정자본재에 속하는 것 : 산란계, 번식용 가축, 종돈, 토지개량설비, 축사, 트랙터 등

44 다음 중 양계경영의 육성률을 가장 옳게 설명한 것은?

① 총증체량/총사육일수
② 연중 총산란량/연중 총산란개수
③ (성계 출하두수/입추두수)×100
④ (총산란개수/성계 상시 사육두수)×100

해설
$$육성률(출하율) = \frac{성계\ (출하)두수}{입추두수} \times 100$$

①은 일당 증체량을 구하는 공식이다.

정답 40 ④ 41 ④ 42 ③ 43 ① 44 ③

45 다음 중 축산경영의 경제적 특징으로만 나열된 것은?

① 2차 생산의 성격, 물량감소의 성격 농업의 안정화
② 물량감소의 성격, 농산물 이용증진, 노동력 이용증진
③ 토지이용 증진, 농업의 안정화, 자금회전의 원활화
④ 자금 회전의 원활화, 생산물 저장증진, 토지이용의 증진

46 손익분기점 생산량 산출공식으로 옳은 것은?

① 고정비 $\div \left(1 - \dfrac{변동비}{매출액}\right)$

② 고정비 $\div \left(1 - \dfrac{매출액}{변동비}\right)$

③ 매출액 $\div \left(1 - \dfrac{변동비}{고정비}\right)$

④ 매출액 $\div \left(1 - \dfrac{고정비}{변동비}\right)$

47 가변(유동)비용에 속하지 않는 것은?

① 사료비　② 동력비
③ 감가상각비　④ 고용노임

해설
감가상각비는 고정비용에 속한다.

48 자본재에 관한 설명으로 옳지 않은 것은?

① 경제적 관점에서 유형자본재와 무형자본재로 구분된다.
② 축산물을 생산하기 위하여 투입하는 토지 이외의 물질적 경제재를 의미한다.
③ 생산 및 유통과정을 통해 운영되는 화폐가치의 총액을 의미한다.
④ 자본재 존속기간의 장·단에 의하여 고정자본재와 유동자본재로 구분된다.

해설
자본재는 자본의 한 형태로서 구체적이고 물적인 생산수단을 의미하는 반면, 자본은 자본주의 경제하에서 생산 및 유통과정을 통해 운영되는 화폐가치의 총액을 의미한다.

49 다음의 고정자본재 중 감가상각비를 계산하지 않는 항목은?

① 축 사　② 착유기
③ 경운기　④ 토 지

해설
토지와 건설 중인 자산 같은 특수한 자산을 제외한 대부분의 고정자산은 감가상각비를 계상한다.

정답 45 ③　46 ①　47 ③　48 ③　49 ④

50 다음 한계생산물과 평균생산물의 관계에 대한 설명 중 틀린 것은?

① 평균생산물이 최대가 되는 경우 한계생산물은 최대가 됨
② 한계생산물이 평균생산물보다 클 경우 평균생산물은 증가함
③ 한계생산물이 평균생산물보다 작을 경우 평균생산물은 감소함
④ 한계생산물이 평균생산물과 동일할 경우 평균생산물은 최대가 됨

해설
평균생산물이 증가하는 한 한계생산물은 증가하며 이때 한계생산은 평균생산물보다 더 크다.

51 다음 중 복합경영의 장점에 해당되지 않는 것은?

① 토지이용의 효율화
② 작업의 단일화로 인한 노동의 숙련도 향상
③ 기계 및 시설의 효율적 이용
④ 위험의 분산

해설
복합경영의 장단점

장점	• 토지의 효율적 이용 • 노동력의 이용 증진 • 기계 및 시설의 효율적 이용 • 위험의 분산 • 자금회전의 원활화
단점	• 경영 간에 노동의 경합이 생길 수 있어서 노동생산성이 낮아지기 쉽다. • 기계화가 어렵다. • 기술의 다양화로 경영자의 전문적인 기술 발달이 어렵다. • 전문적인 기술향상이 저해되어 단위당 생산성이 떨어진다. • 여러 종류의 소량판매로 생산물의 판매에 불리하다.

52 다음 중 낙농소득의 산출식으로 맞는 것은?

① 조수입 − 생산비
② 순수익 − 경영비
③ 사양관리자가노임 + 지대 + 자기자본이자 + 순수익
④ 유대 + 지역수입 + 구비평가수입

53 고정자본재의 감가상각비 계산을 위하여 필요한 항목으로만 묶여진 것은?

① 유동자본재 초기 평가액, 시장가격, 내용연수
② 고정자본재 초기 평가액, 잔존가격, 내용연수
③ 고정자본재 초기 평가액, 시장가격, 사용연수
④ 유동자본재 초기 평가액, 잔존가격, 사용연수

해설
$$정액법 = \frac{(고정자본재의\ 구입가격 - 잔존가격)}{내용연수}$$

54 다음 설명에서 ( ) 안에 알맞은 내용은?

> 토지는 자본재로써 중요한 기능을 한다. ( )이란 사료작물이 뿌리를 부착하고 지상부를 움직이지 않게 함과 동시에, 뿌리의 흡수작용을 용이하게 하는 물리적인 성질을 의미한다. 이 기능은 토지의 상태, 즉 토지의 이화학적 성질인 토양의 수분, 토양의 기공, 온도 등과 같은 성질에 좌우된다.

① 토지의 가경력
② 토지의 적재력
③ 토지의 배양력
④ 토지의 불가증성

55 계란 1kg의 가격이 1,500원이고, 사료 1kg의 가격은 250원일 경우 난사비는?

① 0.17 ② 4.0
③ 5.0   ④ 6.0

해설

난사비 = 달걀 1kg당 가격 ÷ 사료 1kg당 가격
= 1,500원 ÷ 250원
= 6.0

56 생산함수의 생산영역 설명으로 틀린 것은?

① 생산함수의 제2영역에서는 생산 투입을 중단한다.
② 생산함수의 제1영역에서는 무조건 생산 투입을 증가시킨다.
③ 최적생산 구역은 제3영역에서 발생하지 않는다.
④ 제2영역은 평균생산이 최고인 점에서 총생산이 최고인 점 사이이다.

해설

생산함수의 생산영역
- 제1영역 : 평균생산이 증가하는 영역, 생산이 중단되지 않고 계속되어야 하므로 무조건 생산투입을 증가시킨다.
- 제2영역 : 평균생산이 최고인 점에서 총생산이 최고인 점 사이, 한계생산이 0보다 크므로 투입요소는 적정유지, 수확체감현상이 나타나는 단계로 합리적인 생산요소의 사용량을 결정하여야 하는 영역이다.
- 제3영역 : 생산요소의 투입이 지나치게 많아서 총생산이 오히려 감소하는 단계로, 최적생산구역은 제3영역에서 발생하지 않는다.

57 축산경영의 의사결정 사항에 해당되지 않는 것은?

① 자원배분 계획
② 축산물 수급 계획
③ 투자와 자본조달 계획
④ 판매계획

58 축산경영의 고정자산 평가에 있어서 일반적이며 기초로 하는 평가법은?

① 시가평가법
② 취득원가평가법
③ 시장가격평가법
④ 추정가격평가법

해설

취득원가법
- 자산을 구입할 경우 구입가격과 구입 시 소요되는 제반비용을 합산한 비용 또는 생산할 경우 생산비에 의해서 평가하는 방법이다.
- 축산경영의 고정자산평가에 있어서 일반적이며 기초로 하는 평가법이다.
- 경영의 안전한 운영을 나타낼 수 있다.

정답 55 ④ 56 ① 57 ② 58 ②

59 A목장의 경영성과가 다음과 같을 때 손익분기점이 되는 매출액은 얼마인가?

매출액	1억 2,000만원
변동비	6,000만원
고정비	4,000만원
당기순이익	2,000만원

① 4,000만원
② 6,000만원
③ 8,000만원
④ 1억원

해설

$$\text{손익분기매출액} = \frac{\text{고정비}}{1-\left(\frac{\text{변동비}}{\text{매출액}}\right)}$$

$$= \frac{4{,}000\text{만원}}{1-\left(\frac{6{,}000\text{만원}}{12{,}000\text{만원}}\right)}$$

$$= 8{,}000\text{만원}$$

60 축산경영에 대한 설명으로 옳지 않은 것은?

① 축산경영자는 일정한 목적을 가지고 경영체를 운영한다.
② 축산경영자는 기초 생산요소인 토지 자본 노동력을 합리적으로 이용하여야 한다.
③ 축산경영은 축산물 생산부문과 사료작물 재배부문으로만 이루어진다.
④ 축산경영은 축산물을 생산하고 그것을 판매 이용 처분하는 조직적인 경제 단위이다.

제4과목 사료작물학

61 다음 중 건초제조의 장점이 아닌 것은?

① 수분함량이 적으므로 운반과 취급이 편리하다.
② 태양건조 시 비타민 D 함량이 높아진다.
③ 정장제로서의 효과가 있어 설사를 방지한다.
④ 사일리지보다 영양분의 손실이 적다.

해설

사일리지가 건초보다 영양분 손실을 50~60%까지 줄일 수 있다.

62 사일리지 제조 시 품질을 높이기 위해 여러 가지 첨가물을 이용하는데 양분보강을 목적으로 사용하는 첨가물이 아닌 것은?

① 당 밀
② 개미산
③ 밀기울
④ 요 소

해설

포름산(개미산)은 산도(pH) 저하제이다.

63 수정을 주로 트리핑(Tripping)현상에 의존하는 것은?

① 톨페스큐
② 매듭풀
③ 알팔파
④ 오처드그라스

해설

알팔파는 타화수정(서로 다른 계통 간의 수정)작물로서 벌에 의하여 트리핑(Tripping)이 되고 수정이 되며 꼬투리는 빙빙 꼬인 나사모양으로 두세 차례 꼬여 있고, 그 속에 황색의 종자가 1~4개 들어 있다.

정답 59 ③ 60 ③ 61 ② 62 ② 63 ③

64 다음 중 1년생 사료작물에 속하는 것은?

① 수단그라스 ② 오처드그라스
③ 알팔파 ④ 레드클로버

해설
생존연한에 따른 분류
- 1년생 : 수단그라스계 교잡종, 수수, 옥수수 등
- 월년생 : 이탈리안라이그래스, 호밀, 보리, 귀리 등
- 2년생 : 레드클로버, 스위트클로버, 알사이크클로버, 커먼라이그래스 등
- 다년생 : 각종 북방형 목초(티머시, 오처드그라스, 알팔파, 라디노클로버, 화이트클로버, 톨페스큐 등)

65 겉뿌림법으로 초지를 조성하려 한다. 옳은 순서대로 된 것은?

① 진압 → 장애물 제거 → 석회 및 비료살포 → 파종
② 장애물 제거 → 석회 및 비료살포 → 파종 → 진압
③ 파종 → 진압 → 장애물 제거 → 석회 및 비료살포
④ 석회 및 비료살포 → 장애물 제거 → 진압 → 파종

해설
겉뿌림법 초지 조성 순서
장애물 제거 → 석회 및 비료살포 → 파종 → 진압

66 다음 중 산란계의 경영효율의 증진방법으로 가장 적절하지 않은 것은?

① 산란율을 높인다.
② 난중(卵重)을 높인다.
③ 폐사율을 낮춘다.
④ 사료요구율을 높인다.

해설
④ 사료요구율을 낮춘다.

67 다음 중 예취적기를 추정하는 설명으로 옳지 않은 것은?

① 1번초의 예취적기는 화본과 목초는 출수 초기에, 콩과 목초는 10% 정도 꽃이 핀 시기이다.
② 초지군락 내부 지표면의 상대조도가 5%일 때가 예취 적기이다.
③ 예취 후 재생 시에 최대 건물생산속도를 나타내는 시기인 예취 후 3~4주경이 되는 시기가 예취적기이다.
④ 최대 건물생산속도를 나타내는 시기의 최적엽면적지수보다 1.5배의 엽면적을 나타내는 시기인 평균생산력이 가장 높은 시기가 예취적기이다.

해설
예취적기
- 1번초의 예취적기는 화본과 목초는 출수 초기, 두과 목초는 개화 초기이다.
- 2번초 이후의 재생초는 초장이 30~50cm의 범위에서 예취간격을 고려하여 적절히 예취한다.

68 건초의 품질평가에 있어서 양질의 건초에 대한 설명이 아닌 것은?

① 녹색도가 낮다.
② 잎의 비율이 높다.
③ 상쾌한 냄새가 난다.
④ 협잡물이 혼입되어 있지 않다.

해설

건초 품질평가기준
- 녹색 정도 : 적기수확, 비를 맞지 않고 건조, 음지에서의 저장 등 관리가 잘된 경우 녹도가 짙으며, 녹색 정도가 진할수록 카로틴과 단백질 등 양분함량이 높아 품질이 우수하다.
- 잎의 비율 : 잎은 줄기보다 단백질이 많고 섬유질이 적게 들어 있으므로 잎의 비율이 높을수록 건초의 품질도 좋아진다.
- 이잡물의 혼입 정도 : 잡초·돌 등 이물질이 적어야 좋다.
- 수분함량 : 20% 이상 되면 저장기간 동안 썩거나 곰팡이가 생겨 가축의 기호성이 떨어지고, 해를 줄 수 있다.
- 방향성과 촉감 : 건초 본래의 향긋한 냄새와 촉감이 부드러워야 한다.

69 기호성이 높고 질이 좋은 대표적인 초종으로 단백질, 무기물 및 비타민 등이 풍부한 다년생 콩과 목초는?

① 크림슨클로버
② 코리안레스페데자
③ 스위트클로버
④ 알팔파

70 화본과 사료작물보다 두과 사료작물이 많이 가지고 있는 영양소는?

① 탄수화물, 섬유소
② 단백질
③ 에너지, 섬유소
④ 섬유소

해설

두과 목초는 화본과 목초에 비해 조단백질, 칼슘 함량이 높다.

71 다음 설명에 해당하는 해충은?

- 밤나방과 나비목이다.
- 우리나라 초지나 사료작물포에 주기적으로 나타나 심한 피해를 주고, 주로 가뭄과 더불어 발생한다.
- 1년에 3~4회 발생하며, 번데기로 땅속에서 월동한다. 따뜻한 지방에서는 노숙유충으로 월동하거나, 성숙태로 길가나 뚝 등의 마른 풀뿌리 부근에서 월동하는 경우도 있다.

① 조명나방 유충
② 멸강나방 유충
③ 검거세미나방 유충
④ 콩풍뎅이 유충

72 사료작물에 대한 설명으로 옳지 않은 것은?

① 내한성이 강하여 중북부 지방에서도 재배할 수 있는 사료작물은 호밀이다.
② 이탈리안라이그래스는 기호성이 높고 유식물 활력이 뛰어나 따뜻한 남부지역 답리작에 알맞다.
③ 귀리(연맥)는 내한성이 특히 강하여 우리나라 어디에서나 월동이 가능한 건초용 사료작물이다.
④ 유채는 수분함량이 많아 다즙사료로서 이용가치가 크다.

해설
귀리는 맥류 중 내한성이 가장 약하여 남부지방과 제주도에서 많이 재배된다.

73 건초의 조제 및 이용 시 장단점 설명으로 틀린 것은?

① 천일건초의 경우 비타민 D의 함량이 높다.
② 조제과정에서 두과 목초의 영양소 손실이 적다.
③ 조제에 있어서 기후의 영향을 많이 받는다.
④ 송아지의 소화관 발달을 촉진시킨다.

74 이탈리안라이그래스의 조단백질 함량이 가장 적은 시기는?

① 개화기
② 개화 후
③ 출수 전
④ 출수 후

75 건초의 품질은 재료의 종류, 목초의 성숙도, 조제방법 등에 따라 달라지며, 가축생산성과 밀접한 연관이 있다. 다음 중 건초의 평가기준과 거리가 먼 것은?

① 녹색도와 곰팡이 발생여부
② 잎의 비율과 순도
③ 건초의 제조방법
④ 향기와 촉감

76 다음 중 수확손실이 가장 클 것으로 예상되는 사료작물 저장 방법은?

① 사일리지
② 예건 사일리지
③ 헤일리지
④ 자연건조 건초

정답 72 ③ 73 ② 74 ② 75 ③ 76 ④

77 사일리지의 품질을 평가하는 방법 중 화학적 방법이 아닌 것은?

① pH 평가
② 유기산 조성 비율 평가
③ 질소화합물의 종류와 함량 평가
④ 담황녹갈색(올리브색) 평가

해설
색깔평가는 외관평가에 속한다.

78 알팔파에 대한 설명으로 옳지 않은 것은?

① 한발에 대한 적응성이 강하다.
② 습윤한 기후에서 생육이 불량하다.
③ 늦가을까지 예취 및 방목하여도 월동률이 우수하다.
④ 다른 목초에 비해 단백질 공급능력이 우수한 사료작물이다.

해설
늦가을까지 이용하는 것은 뿌리의 저장양분 저하로 인해 월동하기 위한 좋은 방법이 못되고, 최소한 25cm 정도는 성장한 상태로 월동해야 충분히 영양분을 축적하고 강건해진다. 만약 늦가을까지 이용했을 경우 영양이 적을 때는 월동 전후 동사를 하게 되므로 최소한 늦가을 서리가 오기 전, 4~6주 전까지 예취를 끝내야 한다.

79 다음 중 저수분 사일리지에 대한 내용으로 틀린 것은?

① 발효가 억제되어 pH가 높고 건물손실량이 적다.
② 저장과 사양을 위한 기계화가 쉬워 사일리지를 위주로 하는 사양프로그램에 알맞다.
③ 침출액에 의한 건물손실이 없고 겨울에 결빙으로 염려가 적다.
④ 공기와 접촉해도 2차 발효를 일으키지 않는다.

해설
저수분 사일리지는 공기배제가 완전히 이루어지지 않으면 2차 발효가 일어날 위험성이 많기 때문에 기밀 사일로를 이용해야 한다는 단점이 있다.

80 옥수수 사일리지 조제방법 중 가장 좋은 조건은?

① 수분 함량을 40%, pH를 4.5로 맞추어 밀폐한다.
② 수분 함량을 40%, pH를 6.5로 맞추어 공기가 잘 통하게 한다.
③ 수분 함량을 70%, pH를 4.5로 맞추어 밀폐한다.
④ 수분 함량을 70%, pH를 6.5로 맞추어 공기가 잘 통하게 한다.

2022년 제1회 과년도 기출문제

제1과목 가축육종학

01 산유량에 대한 어린 수송아지의 선발 방법으로 알맞은 것은?

① 개체선발 ② 혈통선발
③ 형매검정 ④ 후대검정

해설
송아지의 장래를 점칠 수 있는 가장 중요한 방법이 혈통을 아는 것이다. 즉 송아지 부모소의 외모와 산유능력은 어느 정도인가, 또한 등록인가 아닌가 등을 알아야 하며 부모소에 대한 것뿐만 아니라 조부모와 증조부모소까지 3대에 대한 혈통을 알아야 진정으로 혈통을 아는 것이 되지만 그렇지 못할 때는 송아지의 장래를 점치는 데 있어서 정확성이 떨어진다.

02 선발 지수를 산출하는 데 필요한 자료가 아닌 것은?

① 육종가
② 유전력
③ 상대적 경제가치
④ 유전상관계수

해설
선발지수를 산출할 때 이용되는 통계량
- 각 형질의 표현형분산
- 각 형질 간의 표현형공분산 또는 표현형상관계수
- 각 형질 간의 유전공분산 또는 유전상관계수
- 각 형질의 유전력 또는 상가적 유전분산
- 각 형질의 상대적 경제가치

03 R의 가계도가 다음과 같을 때 R의 근교계수는?(단, $F_A = 0$)

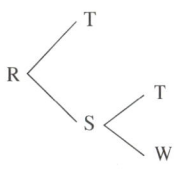

① 0.10 ② 0.25
③ 0.50 ④ 0.75

해설
$(1/2)^2 \times 1 = 0.5^2 \times 1 = 0.25$

04 다음 중 종간 잡종인 노새를 얻기 위한 교배법은?

① 암말과 수나귀 간의 교배
② 암나귀와 수말 간의 교배
③ 암소와 수나귀 간의 교배
④ 암나귀와 수소 간의 교배

해설
종간 교배 : 동물학상으로 종을 달리하는 것 사이의 교배, 종간 잡종의 예로 암말과 수나귀 사이의 교배에 의하여 생기는 노새를 들 수 있다.

정답 1 ② 2 ① 3 ② 4 ①

05 다음 중 우리나라에서 사육하고 있는 주요 돼지 품종인 두록, 요크셔, 랜드레이스 3원교잡종 돼지에서 기대하는 잡종강세 현상으로 볼 수 없는 것은?

① 잡종 종빈돈의 산자능력이 우수하다.
② 잡종 자돈의 이유 시 체중이 순종보다 가볍다.
③ 잡종은 순종에 비하여 이유 후 성장이 빨라 일당증체량이 높다.
④ 잡종 자돈의 사산비율이 낮고, 출생 시 활력이 강하여 이유 시까지의 생존율이 높다.

해설

러시(Lush, 1939) 등이 두록종, 폴랜드차이나종, 요크셔종, 랜드레이스종 등을 이용해 실시한 교잡 실험 결과에 의하면 잡종의 돼지는 다음과 같은 점에서 잡종강세 현상을 나타냈다.
- 잡종의 돼지는 새끼돼지가 사산되는 비율이 낮고 출생 시 새끼 돼지의 활력이 강해 이유 시까지 생존율이 높다.
- 이유 시 잡종 새끼돼지의 개체 체중은 순종에 비해 1.36~1.81kg 더 무거웠고 한배 새끼의 수가 약간 더 많아 한배 새끼의 전체 체중도 잡종이 더 우수했다.
- 잡종은 순종에 비해 이유 후 성장률이 빨라 일당증체량이 0.04~0.05kg 정도 더 많았다.
- 잡종은 체중이 120에 달할 때까지 11.3~13.6kg의 사료를 절약했다.
- 품종 간 교잡에 의한 잡종 어미돼지는 산자 능력이 우수했다.

06 한우 선발육종 시 생시체중(Birth Weight)에 역점을 두는 경우 예상되는 위험성은?

① 난산(難産)의 우려
② 과적(過積)의 우려
③ 왜소의 우려
④ 장기재태(長旗在胎)의 우려

해설

생시체중 : 한우의 출생 시 체중은 어미소 체중의 약 6% 내외로 타종에 비해 작으며 결과적으로 난산율이 낮아 좋다.

07 근친교배의 이용 목적이 아닌 것은?

① 어떤 유전자를 고정하고자 할 때
② 특정개체와 혈연관계가 높은 자손을 생산하기 위해
③ 근교계통을 조성하여 근교계통 간 교잡으로 잡종강세를 얻기 위해
④ 근친교배를 통해 산란율, 수정율과 같은 생산능력을 높이고자 할 때

해설

근교 퇴화 현상 : 각종 치사유전자와 번식능력저하, 성장율, 산란능력, 생존율 등이 낮아진다.
※ 근친교배의 이용
- 어떠한 유전자를 고정하려고 할 때
- 불량한 열성유전자나 치사유전자를 제거하려고 할 때
- 어떤 축군 내에서 특히 우수한 개체가 발견되어 그 개체와의 혈연관계가 높은 자손을 생산하려고 할 때
- 자본 부족으로 씨암가축이나 정액을 구입할 능력이 없는 경우
- 여러 가계를 만들어 가계선발을 통한 가축의 유전적 개량을 도모하기 위한 경우
- 근교계통을 만들어 계통 간 교배를 통한 잡종강세를 이용하기 위한 경우

08 X의 가계도가 다음과 같을 때 X의 생산에 이용된 교배법은?

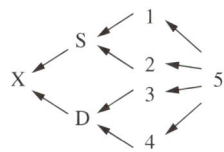

① 퇴교배(Back Cross)
② 누진교배(Grading Up)
③ 계통교배(Line Breeding)
④ 무작위 교배(Random Mating)

해설
계통교배
어느 특정한 개체의 능력이 우수하고 그 우수성이 유전적 능력에 기인한다고 인정될 때, 이 개체의 유전자를 후세에 보다 많이 남기고 또 그 개체와 혈연관계가 높은 자손을 만들기 위하여 이용하는 교배 방법이다.

09 유전인자의 다면작용(Pleiotropism)이란?

① 1개의 유전자가 다수의 형질에 관여하는 현상
② 1개의 형질에 다수의 유전자가 관여하는 현상
③ 다수 유전자 중에서 특정형질에만 특정 유전자가 관여하는 현상
④ 다수 유전자가 복합적으로 원래 유전자 작용이 아닌 특수한 작용을 하는 현상

해설
유전자의 다면작용(다면발현)
1개의 유전자가 2개 이상의 유전 현상에 관여하여 형질에 영향을 미치는 현상

10 돼지 생산에 있어 모돈의 잡종강세와 자돈의 잡종강세를 모두 이용할 수 있는 교배 방법은?

① 무작위 교배
② 순종교배
③ 2품종 종료교배
④ 3품종 종료교배

해설
3품종 종료교배
- 두 품종 간 1대잡종 암컷과 제3의 품종을 교배시켜 얻은 3원잡종을 모두 육돈으로 출하하는 방법이다.
- 개체 및 모체의 잡종강세와 품종보상성을 가장 적절하게 이용할 수 있는 방법이다.
- 종부된 빈돈단 21일령 한배새끼의 체중을 가장 크게 하는 교배법이다.

11 돼지의 등지방 두께에 대한 유전력은 0.5로 고도의 유전력을 나타내고 있다. 이와 같이 유전력이 높은 형질을 개량하는 데 있어 가장 좋은 선발 방법은?

① 개체선발
② 혈통선발
③ 형매검정
④ 후대검정

해설
개체선발은 유전력이 높은 형질의 개량에 효과적으로 이용될 수 있다.

12 다음 중 돼지의 선발 시 고려사항으로 가장 적절하지 않은 것은?

① 암퇘지보다는 수퇘지를 선발함으로써 개량의 효과를 더욱 높일 수 있다.
② 암퇘지에 비해 수퇘지의 종돈 소요두수가 적으므로 선발강도를 낮추어야 한다.
③ 선발된 암퇘지는 번식적령기에 도달 시 수태성적 등에 근거하여 일부 불량 개체는 도태한다.
④ 능력이 우수한 경우라도 사지와 발굽의 상태가 불량하면 도태하는 것이 바람직하다.

해설
선발강도는 가축의 증식률과 밀접한 관계가 있다. 일반적으로 새끼를 많이 낳는 품종에서는 선발강도를 높일 수 있다. 예를 들어 돼지, 닭과 같은 경우 많은 자손을 생산할 수 있기 때문에 많은 개체 중 우수한 일부 개체만 선발할 수 있어 선발강도를 높일 수 있다. 그러나 소와 같이 1년에 1두밖에 생산하지 못하는 경우에는 선발강도를 높이기 어렵다.

13 다음 중 산란계의 경제형질이 아닌 것은?

① 산란능력   ② 난 중
③ 육성률   ④ 난형지수

해설
경제형질
- 산란계 : 생존률, 초산일령, 산란율, 산란지수, 사료요구율, 평균난중, 체중, 수당사료섭취량, 난각질
- 육용계 : 생체중, 증체량 및 성장률, 사료섭취량과 사료효율, 체지방 및 복강(腹腔)지방, 체형, 도체율, 다리의 결함, 육성률, 번식능력, 질적형질

14 무각적색(PPRR)과 유각백색(pprr)인 Shorthorn종 육우를 교배하여 생산한 F_1 (PpRr)의 표현형이 무각조모색으로 나타났다. 멘델이 세웠던 가설 중 어느 것에 모순되는가?

① 특정 형질의 발현을 조절하는 유전인자는 한 쌍으로 되어 있다.
② 한 쌍의 유전인자는 양친으로부터 하나씩 물려받은 것이다.
③ 생식세포가 만들어질 때 유전인자들은 분리된 단위로서, 각 배우자에게 독립적으로 분배된다.
④ 한 쌍의 유전인자가 서로 다를 때 한 인자가 다른 인자를 억제시키고 그 인자만이 발현된다.

해설
멘델의 가설
- 특정한 형질은 한 쌍의 유전인자로 결정되며, 한 쌍의 유전인자는 부모로부터 각각 하나씩 물려받은 것이다.
- 한 쌍의 유전인자는 생식세포가 만들어질 때 분리되어 각각 다른 생식세포로 들어가고, 자손에게 전달되어 다시 쌍을 이룬다. → 분리의 법칙
- 특정한 형질에 대한 한 쌍의 유전인자가 서로 다르면 그중 하나는 표현되고(우성), 다른 하나는 표현되지 않는다(열성).

15 돼지의 경제적 개량 형질로 가장 적절하지 않은 것은?

① 유 량   ② 이유 시 체중
③ 복당 산자수 ④ 도체의 품질

해설
돼지의 경제적 개량 형질
복당 산자수, 이유 시 체중, 이유 후 성장률, 사료효율, 도체의 품질(도체장, 배장근단면적, 도체율, 햄-로인 비율, 등지방두께, 근내지방도)

정답 12 ② 13 ③ 14 ④ 15 ①

16 요크셔(Yorkshire)종과 폴란드차이나(Poland China)종간 1대잡종 돼지의 모색은?

① 흑색
② 적색
③ 갈색
④ 백색

해설
일반적으로 백색계(요크셔, 랜드레이스 등) 돼지는 I/I, I/i, I/Ip 유전자형을 가지고 있다.
• I : 흰색을 나타내는 유전자
• i : 유색을 나타내는 유전자
• Ip : 반점을 나타내는 유전자
I 유전자가 유색이나 반점을 나타내는 유전자에 대해 우성이기 때문에 I/I 뿐 아니라 I/i와 I/Ip 또한 흰색으로 나타낸다.

17 다음 공식은 무엇을 추정하는 데 쓰이는 것인가?

$$\overline{X} + \frac{nh^2}{1+(n-1)r}(X - \overline{X})$$

(단, X : 개체기록의 평균치, n : 기록의 수, h^2 : 유전력, r : 반복력, $\overline{X}$: X의 축군 평균)

① 육종가
② 선발차
③ 유전상관
④ 유전적 개량량

해설
육종가 : 개체가 지니고 있는 유전자들의 평균효과의 총합으로 종축으로서의 가치를 나타낸다.

18 어느 젖소 집단에 있어 유전자가 Hardy-Weinberg 평형상태에 있을 때, 흑색인자의 유전자 빈도를 a라 하면 이 집단에서 3세대 경과 후 이의 유전자 빈도는 어떻게 변화되겠는가?

① a
② a+3
③ a×3
④ a^3

해설
무작위교배를 하는 큰 집단에서는 돌연변이, 선발, 이주, 격리, 유전적 부동과 같은 요인이 작용하지 않을 때 유전자 빈도와 유전자형빈도는 오랜 세대를 경과해도 변하지 않고 일정하게 유지된다.

19 돼지의 경제형질에 대한 유전력이 가장 낮은 것은?

① 복당 산자수
② 일당 증체량
③ 사료효율
④ 등지방두께

해설
돼지 경제형질의 유전력

형질	유전력(%)	형질	유전력(%)
복당 산자수	5~15	사료효율	25~30
일당 증체량	20~30	등지방두께	40~55

정답 16 ④ 17 ① 18 ① 19 ①

20 주로 양적 형질의 유전에 관여하며, 형질 발현에 관계된 유전자수의 수는 대단히 많으나 유전자 개개의 작용 역가는 극히 경미해 환경변이 효과보다 적다. 이러한 유전자 작용은?

① 유전자의 다면작용(Polymorphism)
② 중복유전자(Duplicate gene)
③ 복다유전자(Multiple gene)
④ 중다유전자(Polygene)

해설
중다유전자는 유전자 개개의 작용효과를 뚜렷이 식별할 수 없다는 것이 특징이다.

22 모축의 자궁에 착상되는 수정란의 단계는?

① 8세포기　② 16세포기
③ 상실배　④ 배반포

해설
배반포
수정란이 상실배기를 지나면 배의 내부에 액체가 충만한 분할강이 생기고 분할강이 커짐에 따라 할구는 난자 내 표면에 배열되어 1층의 세포층이 외측을 둘러싸고 그 내강의 한 쪽에 내세포괴가 형성된다. 이 시기의 배를 배반포라고 한다.

제2과목　가축번식생리학

21 다배란을 유도시킨 한우로부터 수정란을 비외과적으로 채취할 때 가장 적당한 시기는?

① 수정직전　② 수정직후
③ 착상직전　④ 착상직후

해설
호르몬을 처리하여 다배란을 유도시킨 한우로부터 수정란을 비외과적으로 채취할 때 가장 적당한 시기는 착상직전 자궁에서 한다.

23 정자의 생존성과 운동성에 영향을 미치는 요인에 대한 설명으로 틀린 것은?

① 정자의 운동은 정액의 pH가 7.0일 때 가장 활발하다.
② 정자의 운동을 활발하게 하기 위해서는 희석액 내 고농도의 Ca와 P가 필요하다.
③ 정액을 급속도로 냉각하면 정자의 활력은 저하한다.
④ 직사광선은 정자의 활력을 일시적으로 증가시키지만 곧이어 유해하게 작용한다.

해설
전해질
- 칼륨, 마그네슘은 정자의 정상적인 기능을 수행하는 데 필요하다.
- 칼슘, 중금속, 고농도의 인은 정자의 운동을 억제 또는 유해하게 작용한다.

24 난소에서 난포가 배란된 위치에 처음으로 생기는 것은?
① 백체 ② 황체
③ 난구 ④ 과립막

해설
- 난포 : 난자가 존재하는 곳
- 황체 : 난자가 배란된 후 형성되는 것

25 임신을 유지시키는 성 스테로이드 호르몬은?
① 에스트로겐(Estrogen)
② 프로게스테론(Progesterone)
③ 테스토스테론(Testosterone)
④ 황체형성호르몬(LH)

해설
프로게스테론(Progesterone) : 배란억제, 임신유지

26 분만 후 모체가 정상적인 상태로 회복되는 산욕기에 일어나는 생리적 변화가 아닌 것은?
① 황체퇴행 ② 자궁퇴축
③ 자궁내막 재생 ④ 발정재귀

해설
발정기간 중 임신이 되지 않으면 자궁에서 황체퇴행인자($PGF_{2\alpha}$)가 분비되어 황체를 퇴행시킨다.

27 정소상체의 기능이 아닌 것은?
① 정자의 생산 ② 정자의 운반
③ 정자의 성숙 ④ 정자의 저장

해설
정소상체는 정자의 운반, 농축, 성숙 및 저장에 관계하는 웅성생식 기관이다.

28 젖소의 난포낭종이 발생하는 가장 직접적인 원인은?
① 난포자극호르몬(FSH)의 분비부족
② 황체형성호르몬(LH)의 분비과잉
③ 황체형성호르몬(LH)의 분비부족
④ 부신피질자극호르몬(ACTH)의 분비부족

해설
FSH의 과잉 분비와 LH 분비부족으로 성숙난포가 파열되지 않아 발생한다.

29 소에서 교배(인공수정) 후 정자와 난자가 난관팽대부에서 만나 수정을 완료하는 데 소요되는 시간은?
① 5~8시간 ② 10~12시간
③ 20~24시간 ④ 30~36시간

정답 24 ② 25 ② 26 ① 27 ① 28 ③ 29 ③

30 배반포에서 태아로 발달되는 곳은?

① 간질세포 ② 영양막
③ 투명대 ④ 내부세포괴

해설
배반포의 형성과 발달과정 중 수정란에서 태반과 태막이 되는 것은 영양배엽(영양막)이고, 내부세포괴는 태아로 발달한다.

31 암소의 발정시기에 나타나는 내외부적 현상으로 가장 거리가 먼 것은?

① 대부분의 암소는 발정전기부터 수컷을 허용한다.
② 발정기에는 에스트로겐이 왕성하게 분비된다.
③ 발정후기에는 황체가 형성된다.
④ 발정기에는 외음부가 붓고 충혈된다.

해설
발정기에 수컷의 승가를 허용한다.

32 암가축의 생식기관 내에서 수정능력을 획득할 때 주로 변화되는 정자 부분은?

① 두부 ② 중편부
③ 주부 ④ 종부

해설
정자의 형태와 구조
- 두부 : 주로 핵으로 구성 – DNA 함유
- 경부 : 정자의 두부와 미부를 연결
- 미부는 중편부, 주부, 종부로 구성
  - 중편부 : 미토콘드리아가 있어 운동에 필요한 에너지를 합성하는 부위
  - 주부 : 파동에 의하여 정자를 추진하는 역할

33 포유동물의 분만 개시기에 일어나는 호르몬 변화가 틀린 것은?

① 황체호르몬(Progesterone) 농도 감소
② 난포호르몬(Estrogen) 농도 증가
③ 프로스타글란딘($PGF_{2\alpha}$) 분비 감소
④ 옥시토신(Oxytocin) 방출

해설
분만기에 분비된 $PGF_{2\alpha}$는 황체를 퇴행시키고 자궁근을 수축하여 분만촉진제 역할을 수행한다.

34 수정란 동결 보존 시 동해방지제로 적합하지 않은 것은?

① DMSO(Dimethyl Sulfoxide)
② 글리세롤(Glycerol)
③ 에틸렌글리콜(Ethylene Glycol)
④ 시트르산(Citric Acid)

해설
수정란 동결 보존 시 동해방지제 : DMSO, 글리세롤, 에틸렌글리콜

35 소와 돼지에서 황체퇴행 시작부터 배란이 일어나기까지의 시기인 난포기(Follicular Phase) 기간은?

① 4~5일 ② 7~8일
③ 10~11일 ④ 14~15일

정답 30 ④ 31 ① 32 ① 33 ③ 34 ④ 35 ①

36 포유동물에서 성숙한 암컷의 발정주기 단계가 올바르게 배열된 것은?

```
A : 발정후기      B : 발정휴지기
C : 발정기        D : 발정전기
```

① B → D → A → C
② B → C → D → A
③ D → C → A → B
④ D → C → B → A

해설
발정주기는 발정전기, 발정기, 발정후기, 발정휴지기로 구분된다.

37 릴랙신에 대한 설명으로 틀린 것은?

① 난포호르몬과 협동하여 유선발육을 촉진시킨다.
② 치골결합을 분리시키거나 자궁경관을 이완시켜 태아가 쉽게 출산할 수 있도록 한다.
③ 난포호르몬과 협동하여 자궁에서 옥시토신에 대한 감수성을 높인다.
④ 난소에서 분비되는 스테로이드 호르몬이다.

해설
릴랙신은 임신 중 태반이나 자궁내막에서 분비되는 단백질계 호르몬이다.

38 포유류 난관의 구성 순서가 옳은 것은?

① 난관채 → 난관누두부 → 난관팽대부 → 난관협부 → 자궁
② 난관누두부 → 난관채 → 난관팽대부 → 난관협부 → 자궁
③ 난관채 → 난관누두부 → 난관협부 → 난관팽대부 → 자궁
④ 난관누두부 → 난관채 → 난관협부 → 난관팽대부 → 자궁

39 발정 종료 후에 배란이 일어나는 가축은?

① 말   ② 면양
③ 돼지 ④ 소

해설
젖소의 경우 배란이 발정 종료 후에 일어난다.

40 1년 중 단 한 번의 발정기밖에 없는 단발정 동물에 해당하는 것은?

① 소   ② 돼지
③ 여우 ④ 면양

해설
발정주기와 발정동물
• 단발정동물(1년에 한번의 발정기) : 개, 곰, 여우, 이리 등
• 다발정동물(1년에 수회 주기적 발정주기) : 소, 돼지, 말 등
• 계절적 다발정동물 : 양, 말, 고양이

정답 36 ③ 37 ④ 38 ① 39 ④ 40 ③

제3과목 가축사양학

41 다음 중 다당류가 아닌 것은?
① Glucose ② Starch
③ Glycogen ④ Cellulose

해설
① 포도당(Glucose) : 단당류

42 다음 단미사료 중 강피류 사료에 해당하지 않는 것은?
① 소맥피 ② 대두피
③ 쌀 겨   ④ 옥수수 글루텐

해설
④ 옥수수 글루텐 : 박류사료

43 산란계의 사양관리에 대한 내용으로 틀린 것은?
① 점등시간을 연장하여 산란을 촉진시킨다.
② 강제환우를 위해 절수와 절식을 시킨다.
③ 제한급여보다는 자유급여를 실시한다.
④ 부리다듬기는 식우벽(Cannibalism) 예방에 도움이 된다.

해설
③ 자유급여보다는 제한급여를 실시한다.

44 부화 중 제2회 검란 시의 관찰 상태가 아닌 것은?
① 기실이 크고 난황이 검은 무정란이 보이기 시작한다.
② 정상 발육란에서는 배자의 운동을 볼 수 있다.
③ 발육란은 기실 가까이까지 굵은 혈관이 뻗어 있다.
④ 발육 중지란은 혈관 발달이 적음을 확인할 수 있다.

해설
1회 검란 시 무정란과 발육중지란을 골라낸다.

45 비육용 밑소의 입식 시 사양관리 방법으로 적절하지 않은 것은?
① 청결하고 건조한 장소를 마련할 것
② 물을 마음껏 먹을 수 있도록 할 것
③ 농후사료를 자유채식 시킬 것
④ 기호성이 좋은 양질의 조사료를 급여할 것

해설
③ 농후사료는 표기한 급여량을 참고하여 제한급여 한다.

46 다음 축종별 사료 중 비중이 가장 무거운 것은?
① 비육우 사료 ② 착유우 사료
③ 비육돈 사료 ④ 산란계 사료

해설
산란계 사료에는 비중이 높은 석회석이 함유되기 때문에 비중이 무겁다.

정답 41 ① 42 ④ 43 ③ 44 ① 45 ③ 46 ④

47 '한국 가축 사양표준'에서 사용하지 않는 에너지단위 또는 시스템은?

① Total Digestible Nutrients
② Metabolizable Energy
③ Therm
④ Digestible Energy

해설
1덤(therm)은 기체소비량을 측정하는 단위로 10만btu를 말한다.

48 반추동물 침(Saliva)의 역할이 아닌 것은?

① 반추위 내 미생물 활동에 필요한 무기물을 공급한다.
② 반추위 내 산도조절을 위한 완충제(Buffer) 역할을 한다.
③ 반추위 내 거품발생을 억제한다.
④ 반추위 내에 여러 가지 소화효소를 공급한다.

해설
반추동물의 타액은 Na^+, K^+, Ca^{2+}, Mg^{2+}, Cl^-, HCO_3^-, 요소 등이 비교적 높은 농도로 함유되어 있어 반추위 내 미생물에 영양소 공급원이 되기도 한다.

49 다음 일반적인 자돈의 사양관리 중 가장 늦게 실시하는 것은?

① 거 세
② 견치 제거
③ 꼬리 자르기
④ 초유 급여

해설
거세를 실시하는 시기는 새끼돼지의 건강과 발육 상태를 고려해 결정하는데, 일반적으로 초유를 충분히 섭취한 3일령에 실시한다.
② 견치 제거 : 생후 3일령에 송곳니의 날카로운 부분을 스테인리스 니퍼를 이용해 절단하거나 연마기로 뾰족한 부분을 둥글게 갈아준다.
③ 꼬리 자르기 : 식육증을 예방하기 위해서는 신생자돈의 꼬리를 생후 3일령에 3~4cm 남겨두고 단미기를 이용해 잘라준다.
④ 초유 급여 : 신생자돈은 태어나자마자 모유를 섭취함으로써 초유 내에 존재하는 항체를 흡수해 면역력을 얻는데, 이를 수동면역이라 한다.

50 임신돈의 사양관리에 대한 설명으로 옳은 것은?

① 임신 후반기에 사료를 증량하여 급여하면 자돈의 생시체중이 증가하고 생존율이 향상된다.
② 임신돈에게는 비교적 섬유질이 적게 함유된 고에너지 사료를 급여하는 것이 바람직하다.
③ 임신 전반기에는 자유채식 할 수 있도록 사료를 충분히 급여하는 것이 중요하다.
④ 임신 전반기에는 합사, 혼사, 예방주사를 하여도 스트레스를 받지 않는다.

해설
돼지의 임신 후반기는 종부 12주부터 분만까지의 기간 즉 30일간을 말하고 이때는 태아의 발육이 매우 급진전으로 증가하게 되므로 이에 따라 자궁, 양막, 유선 등의 발달로 인하여 모돈의 체중이 36% 정도 증가되므로 이 시기에는 태아 성장에 필요한 영양분을 충분히 공급해야 한다.

51 사료를 에너지가로 표현하는 방법에 대한 설명으로 틀린 것은?

① 대사에너지는 가소화에너지에서 오줌 및 가연성 가스 등으로 손실되는 에너지를 공제한 값으로 계산한다.
② 가소화에너지는 섭취한 에너지에서 분으로 배설된 에너지를 공제한 값으로 계산한다.
③ 정미에너지는 순수하게 가축의 생명 유지, 성장, 축산물 생산, 기초대사, 체온 조절 등으로 쓰이는 에너지이다.
④ 사료의 영양성분 1g당 총에너지 값은 탄수화물 > 단백질 > 지방 순으로 크다.

해설
④ 사료의 영양성분 1g당 총에너지 값은 탄수화물 4kcal, 단백질 4kcal, 지방 9kcal이다.

52 다음 중 단백질의 평균 질소 함유량으로 가장 가까운 것은?

① 16% ② 18%
③ 20% ④ 22%

해설
질소의 함량은 단백질의 종류에 따라 약간의 차이는 있으나 평균 16%이다.

53 배합사료의 저장 시 사료 가치를 보존하고 풍미 저하를 가장 최소화할 수 있는 수분 함량은?

① 11~13% ② 20~22%
③ 28~30% ④ 31~33%

해설
사료를 장기간 안전하게 보존하려면, 햇볕이나 화력으로 건조시켜 수분이 15% 이하가 되게 해야 한다.

54 분쇄사료에 대한 설명으로 틀린 것은?

① 가축 소화기관 내 통과속도가 빨라진다.
② 다른 사료와 혼합이 용이하다.
③ 젖소사료용 곡류는 곱게 분쇄할수록 유지방율을 증가시킨다.
④ 곱게 분쇄한 사료는 거칠게 분쇄한 사료보다 기호성이 저하되고 사료효율이 감소된다.

해설
젖소에 급여하는 조사료를 분쇄 및 펠레팅하면 유지방의 함량이 나빠진다.

정답 51 ④ 52 ① 53 ① 54 ③

55 사료공장 분쇄공정에서 선분쇄공정(Pre-grinding System)의 장점이 아닌 것은?

① 분쇄 기능 마비가 생산체계 마비로 연결되지 않는다.
② 원료사료 및 분쇄사료의 저장시설, 면적, 자본 등이 감소한다.
③ 최고 동력 요구량을 감소시킬 수 있다.
④ 개별 사료당 분쇄 공정의 조절이 가능하다.

해설
전분쇄 시스템의 문제점
- 분쇄 전후의 원료 저장시설이 이중으로 필요하여 투자비가 많아진다.
- 개별 분쇄로 인한 취급 관리가 어려워진다.
- 다수의 대용량 분쇄기를 구비하여야 한다.

56 유지사료에 대한 설명으로 틀린 것은?

① 조섬유의 함량이 높고, 부피가 커서 반추가축에게 급여 시 포만감을 줄 수 있는 사료이다.
② 지용성 비타민과 필수 지방산의 공급원이다.
③ 가축의 사료 기호성을 높이고, 사료에서 먼지가 일어나는 것을 감소시킨다.
④ 사료 중 에너지 함량을 높이고 사료효율을 개선시킨다.

해설
유지(지방질) 사료는 지방의 함량이 15% 이상 함유된 것이고, ①은 조사료를 말한다.

57 젖소에게 1일 50g의 요소를 섭취시켰다면 조단백질 약 몇 g에 해당하는가?

① 50g　② 80g
③ 144g　④ 235g

해설
요소 내 질소 함량은 46%이고, 단백질 계수 6.25이다.
50g × 0.46 = 23g
∴ 23 × 6.25 = 143.75g

58 자돈의 빈혈 방지와 가장 거리가 먼 광물질은?

① Na　② Fe
③ Co　④ Cu

해설
나트륨은 양이온과 음이온의 공급을 위해 필요하다.

59 젖소의 유선조직에서 지방산 합성에 가장 많이 사용되는 전구물질은?

① 젖산(Lactic Acid)
② 프로피온산(Propionic Acid)
③ 초산(Acetic Acid)
④ 포도당(Glucose)

해설
휘발성 지방산은 초산, 프로피온산, 낙산 등으로 대별되며 이들의 생성비율은 일반적으로 초산(Acetic Acid) 65%, 프로피온산(Propionic Acid) 20%, 낙산(Butyric Acid) 9%의 비율로 생산된다.

정답 55 ② 56 ① 57 ③ 58 ① 59 ③

60 돼지와 달리 닭에게만 있는 소화기관은?

① 맹장(Cecum)
② 소장(Small Intestine)
③ 대장(Large Intestine)
④ 소낭(Crop)

해설
닭과 같은 가금류의 소화기관 중 위는 단단한 사료를 부드럽게 하는 소낭, 위액을 분비하는 선위, 사료의 분쇄 기능을 하는 근위 등으로 되어 있다.

62 사료작물의 작부체계를 설정하기 위해 작물을 선택할 경우 고려할 사항이 아닌 것은?

① 지역의 기상조건
② 재배작물의 수확시기와 파종시기
③ 연중 노동력의 안배
④ 만생종 품종의 선택

해설
작물의 선택은 해당지역의 기상조건, 토양 비옥도, 재배작물의 수확시기 및 이용형태, 연중 노동력의 안배 등을 고려하여 선택한다.

제4과목 사료작물학 및 초지학

61 목초의 보통명과 학명이 올바르게 짝지어진 것은?

① 톨페스큐(Tall Fescue) : *Dactylis glomerata* L.
② 오처드그라스(Orchardgrass) : *Festuca arundinaceae* L.
③ 알팔파(Alfalfa) : *Phleum pratense* L.
④ 화이트클로버(White Clover) : *Trifolium repens* L.

해설
① 톨페스큐 : *Dactylis glomerata* L.
② 오처드그라스 : *Dactylis glomerata* L.
③ 알팔파 : *Medicago sativa*
  ※ 티머시 : *Phleum pratense* L.

63 건초조제 과정을 순서대로 바로 나열한 것은?

① 수확 → 결속(곤포) → 뒤집기(반전) → 집초 → 저장
② 집초 → 뒤집기(반전) → 수확 → 결속(곤포) → 저장
③ 수확 → 뒤집기(반전) → 집초 → 결속(곤포) → 저장
④ 뒤집기(반전) → 결속(곤포) → 수확 → 집초 → 저장

해설
건초조제 과정의 순서
기상예측 → 수확 → 뒤집기(반전) → 집초 → 결속(곤포) → 저장

64 두과 목초에서 건초조제 중 양분손실이 가장 큰 것은?

① 잎의 탈락에 의한 손실
② 발효, 일광조사 및 공기접촉에 의한 손실
③ 강우에 의한 손실
④ 식물의 호흡에 의한 손실

해설

잎의 탈락에 의한 손실(기계적 손실)
- 잎과 작은 줄기들은 빨리 마르고 쉽게 부스러지며 반전과 집초 과정에서 소실이 높다.
- 잎은 건물의 50%, 영양가의 2/3, 카로틴의 90%, 비타민, 무기물이 많아 탈락에 의한 손실이 크다.
- 화본과(평행맥)보다 두과 잎(부서지기 쉬운 그물맥)에서 손실이 크다.

65 화본과 목초와 두과 목초의 혼파조합 시 유리한 점이 아닌 것은?

① 질소비료의 시용을 줄일 수 있다.
② 초지의 재배관리가 용이하다.
③ 계절별로 균등한 목초생산이 가능하다.
④ 가축에게 영양분이 높고 기호성이 좋은 풀을 공급할 수 있다.

해설

② 혼파의 단점은 재배관리가 어렵다.

66 경운 초지 조성을 위한 적지로 적합하지 않은 것은?

① 유효토심이 얕은 곳
② 방목축의 음료수가 있는 곳
③ 교통이 편리하고 진입로 신설이 용이한 곳
④ 평탄지, 산록, 저구릉지 등으로 경사도 15° 미만인 곳

해설

토양상태에 따른 초지 조성방법

구분	경운 초지	불경운 초지	부적지
지형	평탄, 구릉, 단구, 대지	산록, 산복, 구릉	산악지
경사	30% 이하	60%	60%
유효토심	50cm 이상	20cm 이상	20cm 이하

67 다음 목초 중 하번초는?

① 켄터키블루그래스
② 오처드그라스
③ 티머시
④ 톨페스큐

해설

상번초와 하번초의 분류

상번초	오처드그라스, 티머시, 톨페스큐, 이탈리안라이그래스, 레드클로버, 알팔파, 리드카나리그래스, 스무스브롬그래스, 메도페스큐, 메도폭스테일, 톨오트그래스 등
하번초	레드페스큐, 켄터키블루그래스, 퍼레니얼라이그래스, 화이트클로버, 화이트벤트그래스, 크레스티드폭스테일, 거친줄기 메도그래스, 옐로오트그래스, 버드풋트레포일 등

정답 64 ① 65 ② 66 ① 67 ①

68 건초조제 시 건조속도 개선을 위해 목초의 줄기를 눌러주며 수확하는 기계는?

① 테 더
② 스퀘어 베일러
③ 라운드 베일러
④ 모어 컨디셔너

해설
모어 컨디셔너 : 목초를 예취한 동시에 압쇄처리하기 위해 모어와 헤이 컨디셔너를 일체화한 작업용 기계

69 가축의 방목개시 적기로 적합한 초장의 높이는?

① 20~50cm일 때
② 60~100cm일 때
③ 120~160cm일 때
④ 200~300cm일 때

해설
방목개시 적기
- 초장이 20~25cm일 때
- 일시적인 가공 및 저장이 어려운 조건이라면 ha당 생초생산량이 3톤일 때
- 과잉생산된 목초가 일시에 처리가 가능한 조건에서는 ha당 생초생산량이 5톤일 때

70 디스크 해로(Disk Harrow)의 용도로 맞는 것은?

① 땅 갈기
② 석회 살포
③ 파종 후 진압
④ 쇄토 및 정지

해설
디스크 해로는 플라우나 쟁기로 간 땅을 2차로 경운된 큰 흙덩이를 더욱 미세하게 파쇄하는 작업기이다.

71 우리나라 산지 토양의 특성으로 옳지 않은 것은?

① 산성 토양
② 유기물의 부족
③ 높은 유효인산 함량
④ 낮은 양이온 교환용량

해설
낮은 유효인산 함량 : 산지토양의 유효인산 함량은 11.3%로 농경지의 약 1/10 수준

72 논에 답리작용이나 밭의 윤작용으로 당분 함량이 목초 중 가장 높아 사일리지용으로도 적합한 초종은?

① 티머시
② 오처드그라스
③ 이탈리안라이그래스
④ 톨페스큐

해설
③ 사일리지용
①・④ 건초용
② 방목용

73 다년생 목초 또는 재생을 하는 1년생 사료 작물의 수확 후 재생을 위해 보유하여야 하는 주요 저장 양분은?

① 탄수화물
② 지 방
③ 비타민
④ 무기물

해설
목초가 재생을 위해 저장하는 영양소의 주 형태는 탄수화물이다.

정답 68 ④ 69 ① 70 ④ 71 ③ 72 ③ 73 ①

74 알팔파를 설명한 것으로 틀린 것은?

① 여러해살이 식물이다.
② 뿌리에 근류균을 갖는다.
③ 수정은 바람으로 이루어진다.
④ 잎이 3개 소엽으로 이루어져 있다.

해설

종자 생산을 위한 수정이 트립핑(Tripping) 현상(알팔파 꽃에 대한 벌의 수분작용)에 의해 이루어진다.

75 화본과 목초의 일반적인 특성이 아닌 것은?

① 근계는 섬유모양의 수염뿌리로 되어 있다.
② 두과 목초에 비해 단위면적당 수량은 적지만 가소화영양소총량이 높다.
③ 줄기는 대체로 속이 비고, 둥글며 뚜렷한 마디를 가지고 있다.
④ 일반적으로 하나의 수상꽃차례, 원추꽃차례 또는 총상꽃차례로 되어 있다.

해설

화본과 목초는 두과에 비해 수량, 가소화영양소 총량이 높다.

76 잎이 떨어지기 쉬운 두과 목초는 어떤 방법으로 건초를 제조하는 것이 영양분의 손실이 가장 적은가?

① 양건법
② 음건법
③ 화력 건조법
④ 발효 건조법

해설

화력 건조법

화력을 이용하여 가열된 공기를 불어 넣어 건조하는 방법으로 생초에 가까운 품질을 확보할 수 있으나 비용이 많이 소요된다.

77 오처드그라스의 주요 병해가 아닌 것은?

① 탄저병
② 맥각병
③ 검은녹병
④ 줄무늬마름병

해설

맥각병 : 곰팡이 때문에 풀, 특히 호밀에 생기는 병

78 ha당 50톤의 목초(생초)가 생산되는 초지에서 필요로 하는 질소 추비량은?(단, 생초 중 질소 성분 0.5%, 천연 공급량 150kg/ha, 비료 이용률 50%이다)

① 50kg/ha
② 100kg/ha
③ 150kg/ha
④ 200kg/ha

해설

ha당 50톤의 목초는 50,000kg/ha × 0.5% = 250kg/ha 비료를 이용한 것이다.
초지에 공급할 추비의 양
= 목초가 이용한 양 – 천연공급량
= (50,000kg/ha × 0.5%) – 150 = 100kg/ha
비료의 이용률이 50%이므로
100 × 100 / 50 = 200kg/ha

79 초지의 하고대책과 가장 거리가 먼 것은?

① 질소질 비료의 추비를 억제한다.
② 스프링클러에 의한 관개를 실시한다.
③ 초지조성의 대상지를 점질토양이나 사질토양으로 선정한다.
④ 하고에 비교적 강한 초종인 톨페스큐, 오처드그라스 등을 선택한다.

해설
보수력이 나쁜 사질, 점질토양은 피한다.

80 사일리지용 옥수수의 특징이 아닌 것은?

① 집약적인 윤작체계에 적합한 사료작물이다.
② 단백질과 칼슘 함량이 비교적 높은 사료작물이다.
③ 자당과 전분함량이 높아 양질의 사일리지를 만들 수 있다.
④ 옥수수 사일리지는 콩과 목초의 좋은 보완 사료작물이다.

해설
옥수수 사일리지는 조단백 함량이 낮고 분해성 단백질 함량이 낮으며 칼슘, 칼륨의 함량도 낮다.

제5과목 축산경영학 및 축산물가공학

81 축산경영 공동조직의 운영원칙으로 가장 적절하지 않은 것은?

① 경쟁의 원칙 ② 인화의 원칙
③ 공평의 원칙 ④ 민주화의 원칙

해설
경쟁의 원칙 또는 경합의 원칙은 축산경영에 있어서 공동조직을 지속적으로 유지하기 위해서는 배제되어야 한다.

82 축산경영 분석을 위한 대차대조표의 대변(貸邊)에 기재되는 것은?

① 당좌예금 ② 미수금
③ 미지불금 ④ 현 금

해설
차변에는 자산 항목을 기입하고, 대변에는 부채와 자본을 기입한다.

83 경영형태가 동일한 농장 중 경영조직 및 경영성과 등이 모범적인 목장을 설정하고, 그 경영성과와 자가농장의 경영성과를 직접 비교하여 목장 경영상의 개선점을 찾아내어 경영계획을 수립하는 방법은?

① 표준계획법 ② 직접비교법
③ 예산법 ④ 적정이익법

해설
직접비교법
지역의 비슷한 경영형태를 지닌 우수 농가의 평균값과 진단대상농가를 직접 비교하는 방법이다.

정답 79 ③ 80 ② 81 ① 82 ③ 83 ②

84 자돈을 생산 및 판매하기 위하여 모돈을 육성하고 번식하는 경영형태는?

① 종돈생산경영   ② 비육돈경영
③ 번식돈경영   ④ 일관경영

해설

양돈경영형태(사육하고 있는 돼지의 이용용도에 의한 구분)
- 종돈생산경영 : 우수한 혈통과 능력의 종돈(모돈)을 생산하여 판매하기 위한 경영형태
- 번식돈경영 : 비육자돈을 생산·판매하기 위하여 모돈을 육성·번식하는 경영형태
- 비육돈경영 : 40~80일령(10~20kg)의 자돈을 구입(자돈생산을 일체하지 않고)하여 체중을 100~110kg 정도 사육 후 판매하는 경영형태
- 일관경영 : 모돈을 사육하여 자돈을 생산하고, 생산된 자돈을 비육하여 비육돈을 생산-판매하는 경영형태

85 축산경영의 입지조건으로 가장 적절하지 않은 지역은?

① 수리와 교통이 편리한 지역
② 초지면적이 충분한 지역
③ 전기, 도로 등 기간시설에 가까운 지역
④ 공업단지와 가까운 지대

해설

공업단지와 멀리 떨어진 지대

86 축산물 공급탄력성의 크기에 영향을 주는 요인이 아닌 것은?

① 생산비의 변화정도
② 기술수준의 정도
③ 생산요소의 가격
④ 대체재의 유무

해설

공급의 가격탄력성 결정요인
- 생산비 증감 유무
- 생산기술의 발전 정도
- 공급량 측정기간의 장단
- 용도전환의 용이성 정도
- 생산에 소요되는 시간

87 축산업의 역할에 대한 설명으로 가장 적합하지 않은 것은?

① 식량위기에 대비하는 저장기능이 있다.
② 농한기 유휴 노동력을 흡수하는 기능이 있다.
③ 농산물의 부산물을 효율적으로 활용하는 기능이 있다.
④ 다른 식품에 비하여 인체에 필요한 동물성 고지방을 주로 공급하는 기능이 있다.

해설

축산업의 가장 기본적인 역할은 국민에게 동물성 단백질을 공급하는 것인데, 그 과정에서 축산농가에 소득이 발생하고 축산업 연관 전후방산업에 경제적 파급효과가 발생해 국가 경제 및 지역 경제에 기여하게 된다.

정답 84 ③ 85 ④ 86 ④ 87 ④

88 경운기의 취득가격이 10,000,000원이고, 잔존(폐기)가격이 1,000,000원, 내용연수가 10년이라면 정액법으로 계산할 때 매년의 감가상각액은?

① 1,000,000원 ② 900,000원
③ 800,000원 ④ 500,000원

해설

매년 감가상각비 = $\dfrac{\text{고정자본재의 구입가격} - \text{잔존가격}}{\text{내용년수}}$

$= \dfrac{10,000,000 - 1,000,000}{10}$

$= 900,000$원

89 경영조직에 의한 낙농경영의 분류로 가장 적합하지 않은 것은?

① 초지형 낙농
② 복합경영형 낙농
③ 도시원교형 낙농
④ 착유형 낙농

해설

도시원교형 낙농은 경영입지조건에 의한 분류에 속한다.

90 양계 경영진단을 위한 지표와 거리가 가장 먼 것은?

① 산란율 ② 육성률
③ 일당증체량 ④ 농외소득율

해설

양계의 기술진단 지표
- 산란계 기술진단 지표 : 산란율, 육성률, 난중, 사료요구율
- 육계 기술진단 지표 : 일당증체량, 출하일령, 육성률, 사료요구율

91 식육의 숙성이 이루어지는 이유와 관련이 없는 것은?

① Z-선의 약화
② 코넥틴(Connectin) 단백질의 약화
③ 새로운 거대 식육단백질의 합성
④ 액틴과 미오신 간 결합력의 약화

해설

숙성에 의한 근육 내 변화
액토미오신의 상호 결합이 약화되는 경우에 따라 근절의 길이가 길어지면 근원섬유 간의 공간이 넓어져 보수력이 증진되고, 단백질 분해 효소들의 자가 소화결과로 근원섬유 단백질이 분해되어 연도가 증가되며, 숙성 중 풍미의 증진이 이루어진다.

92 자연치즈 제조 시 염지(Salting)의 목적으로 가장 거리가 먼 것은?

① 부패 미생물 증식 저해
② 유청 배출 촉진
③ 단백질의 용해도 감소
④ 치즈에 향미 부여

해설

가염목적
- 숙성기간 중 잡균 증식 억제(표면곰팡이 제거)
- 추가적인 유청 배출
- 유산균 발육억제로 치즈 중의 지나친 산도증가 억제
- 맛 증진 효과
- 숙성과정에 품질 균일화

정답 88 ② 89 ③ 90 ④ 91 ③ 92 ③

93 우유 단백질의 80%를 차지하는 카세인 (Casein) 중 카세인플라스틱 용도로 쓰이는 것은?

① 염산 카세인
② 황산 카세인
③ 유산 카세인
④ 렌넷 카세인

해설
우유 단백질의 80%를 차지하는 카세인 단백질은 열이나 산에 매우 약해서 가열하거나 식초를 넣으면 서서히 굳게 된다. 카세인 뿐만 아니라 모든 단백질이 산을 만나면 굳는 성질이 있지만 특이하게도 카세인은 산을 만나면 풀처럼 강한 접착력이 생긴다.

94 버터 제조 시 교반(Churning)에 영향을 주는 요인으로 가장 거리가 먼 것은?

① 크림의 양
② 교반 온도
③ 색소와 소금의 양
④ 교반장치의 회전 수

해설
크림분리에 영향을 주는 요인
우유의 온도(버터제조용 32~35℃), 원유의 지방률, 우유의 유입량, 크림분리기의 회전수에 의해 영향을 받는다.
※ 교동(교반, Churning) : 크림의 지방구가 뭉쳐서 버터의 작은 입자를 형성하고 버터밀크와 분리되도록 일정한 속도로 크림에 충격을 가하거나 휘저어 주는 것이다.

95 식육제조의 부재료로 쓰이는 물질과 그 주요 기능이 잘못 연결된 것은?

① 전분 – 탄력성 부여
② 식염 – 맛과 저장성 향상
③ 글루코노델타락톤 – 발색 촉진
④ 에르소르브산염 – 보수성 증진

해설
④ 에르소르브산염 : 염지보조제

96 소시지 제조과정에서 유화물의 수분과 지방이 분리되는 현상에 주로 영향을 끼치는 것은?

① 물의 성질
② 유화물의 온도
③ 증량제의 함량
④ 인산염의 농도

해설
안정성이 높은 유화물은 가열처리 중에서 안정하여 지방과 수분의 분리가 거의 없으나, 불안정한 유화물은 가열처리 중, 또는 저장 중에 일부 조직이 파괴되어 지방과 수분이 분리되어 나온다.

정답 93 ④ 94 ③ 95 ④ 96 ②

97 돼지고기 이상육 중 하나인 PSE육에 대한 설명으로 틀린 것은?

① 육색이 창백하고 조직이 무르고 물기가 많은 고기이다.
② 조리 시 수분손실이 많으나 가공육 제조 시 감량은 적다.
③ 정상육과 비교하여 최종 pH가 5.2 정도로 낮다.
④ 도살 전 계류되어 있는 돼지에서 많이 발생한다.

해설
PSE돈육 : 고기색이 창백하고(Pale), 조직의 탄력성이 없으며(Soft), 고기로부터 육즙이 분리되는(Exudative) 고기를 말하며 주로 스트레스에 민감한 돼지에서 발생한다.

98 식육에 존재하는 수분에 관한 설명으로 틀린 것은?

① 결합수는 용매로써 작용하지 않는 물이다.
② 식육의 수분 함량은 일반적으로 70% 이상이다.
③ 자유수는 결합수 표면의 수분 분자들과 수소결합을 이루고 있다.
④ 식육에서 수분의 존재 상태는 자유수, 결합수, 고정수로 구성되어 있다.

해설
③ 고정수는 결합수 표면의 수분 분자들과 수소결합을 이루고 있다.

99 근원섬유단백질 중 칼슘이온 수용단백질로서 근수축기작에 중요한 기능을 하는 것은?

① 트로포닌 ② 리소좀
③ 엘라스틴 ④ 네불린

해설
골격근의 수축에는 4개의 근원섬유단백질(미오신, 액틴, 트로포미오신, 트로포닌)이 직접 관여한다.

100 원유에 흔히 오염되는 저온성 세균이 아닌 것은?

① *Pseudomonas* 속
② *Clostridium* 속
③ *Alcaligenes* 속
④ *Leuconostoc* 속

해설
원유 중에 존재하는 저온성 세균종
Pseudomonas 속, Flavobacterium 속, Micrococcus 속, Lactobacillus 속, Achromobacter속, *Alcaligenes* 속, *Leuconostoc* 속 등

2022년 제2회 과년도 기출문제

제1과목 가축육종학

01 개량되지 않은 재래종의 능력을 높이기 위해 세대를 거듭하여 개량종과 교배함으로써 개량종의 대립유전자 비율을 높이는 교배법은?

① 근친교배
② 무작위 교배
③ 누진교배
④ 순종교배

해설

누진교배
다음과 같은 방식의 잡종 교배 방법으로 불량한 재래종 가축의 능력을 단시간에 효과적으로 개량하는 데 이용될 수 있는 교배 방법이다.

재래종(♀) × 개량종(♂)
↓
F_1(♀) × 개량종(♂)
↓
F_2(♀) × 개량종(♂)
↓
F_3(♀) × 개량종(♂)
↓

02 다음 중 유전적 개량량(선발반응, Selection Response)을 추정하는 데 필요하지 않은 것은?

① 선발된 개체들의 평균
② 유전력
③ 영구 환경분산
④ 모집단의 평균

해설
유전적 개량량 = h^2S
여기서, h : 유전력
선발차(S) : 종축으로 선발된 개체의 평균 − 모집단의 평균

03 다음 중 서로 다른 품종의 근교계통 수컷과 근교되지 않은 암컷 간의 교배에서 생산된 잡종은?

① 순 종
② 이계교배종
③ 계통교배종
④ 이품종탑교잡종

해설

이품종탑교잡종(Topcrossbred) : 근교계통의 수가축과 계통조성이 되지 않은 다른 품종의 암가축 사이의 교배에 의해서 생산된 자손

정답 1 ③ 2 ③ 3 ④

04 가축의 누진교배를 계속할 때 3세대 자손의 유전적 변화로 옳은 것은?

① 개량종 75%, 재래종 25%
② 개량종 87.5%, 재래종 12.5%
③ 개량종 93.8%, 재래종 6.2%
④ 개량종 96.9%, 재래종 3.1%

해설

교배법에 의한 근교계수(%)

세 대	자가수분	전형매	반형매
1	50.0	25.0	12.5
2	75.0	37.5	21.9
3	87.5	50.0	30.5
4	93.8	59.4	38.1
5	96.9	67.2	44.9

05 반성유전현상에 해당되지 않는 것은?

① 플리머스록종 닭의 횡반
② 사람의 색맹
③ 닭의 만우성과 조우성
④ 닭의 역우 현상

해설

닭의 역우 현상은 불완전 우성에 해당한다.

06 다음을 이용하여 잡종강세율을 구하면?

- White Leghorn 닭의 평균 산란 수 : 280개
- Rhodes Island Red 닭의 평균 산란 수 : 250개
- White Leghorn(♀)×Rhodes Island Red(♂) 잡종의 평균 산란 수 : 290개
- Rhodes Island Red(♀)×White Leghorn(♂) 잡종의 평균 산란 수 : 280개

① 1.8%
② 1.9%
③ 7%
④ 7.5%

해설

$$\text{잡종강세율} = \frac{F_1\text{의 평균} - \text{부모품종의 평균}}{\text{부모품종의 평균}} \times 100$$

$$= \frac{\frac{(290+280)}{2} - \frac{(280+250)}{2}}{\frac{280+250}{2}} \times 100$$

$$= 7.5\%$$

07 소의 쌍태에 있어 한쪽이 수컷이고 다른 쪽이 암컷인 경우 암컷을 프리마틴이라고 하는데 이것은 다음의 어느 것에 해당하는가?

① 성 모자이크
② 키메라
③ 유전적 간성
④ 호르몬성 간성

해설

프리마틴(Freemartin)
소의 이란성 쌍생아가 암컷과 수컷인 경우에, 수컷은 이상이 없지만 암컷은 난소에 장애가 있어 간성형 또는 정소와 유사한 구조를 보이며 부정소나 수정관이 발달하여 태어난 암컷은 생식기관에 결함이 있어 새끼를 낳지 못하는 것을 말한다.

08 가축의 양적 형질이 아닌 것은?

① 한우 체중　② 젖소 산유량
③ 돼지의 모색　④ 난 중

해설

가축의 양적 형질과 질적 형질
- 양적 형질 : 젖소의 비유량, 돼지와 고기소의 증체량, 닭의 산란수 등
- 질적 형질 : 소와 양에서 뿔의 유무, 돼지의 털색깔 및 닭 벗 형태 등

09 젖소의 후대검정에 의하여 선발되는 씨수소의 체형능력종합지수(Type-production Index)에 포함되지 않는 형질은?

① 유지방　② 유단백질
③ 체 형　④ 산유량

해설

체형능력종합지수(KTPI ; Korean Type Production Index)

유지방, 유단백질, 체형종합지수 및 유방종합지수를 이용한 지수식이다. KTPI 지수는 국내여건하의 경제적 값어치를 고려하여 농가에서 개체이용 시 편의성을 높이기 위해 만든 것으로 예를 들어 두 마리의 젖소를 비교 시 유지방량이 훨씬 우수한 개체와 유방이 훨씬 우수한 개체가 있다고 가정했을 때 어떤 개체가 더 우수한지 결정하기가 쉽지 않기 때문에 이를 전체적으로 고려할 수 있도록 만든 지수가 바로 KTPI 지수이다. 이같은 종합지수는 국가별로 각기 다른 이름으로 존재하여 미국은 TPI(Type Production Index, 체형생산지수), 캐나다는 LPI(Lifetime Profit Index, 생애수익지수), 일본은 NTP(Nippon Total Profit Index, 일본총수익지수)로 표현하고 있으며, 각국의 여건과 유전능력성적을 활용한 수치로 이들을 서로 비교하여 우열을 따질 수는 없다.

10 한 유전자좌위(Locus)에 두 가지 형태의 대립유전자 A와 a가 존재할 때, 한 집단에서 A의 빈도가 0.5이고 이 집단의 H-W 유전적 평형상태를 이루면 유전자형 Aa의 빈도는?

① 0.75　② 0.5
③ 0.25　④ 0.1

해설

유전자 빈도
- 한 집단 내 대립 유전자들의 상대적 빈도로 A의 빈도는 p로, a의 빈도는 q로 나타낸다.
- p와 q의 합은 1이다.
- AA 개체수의 빈도는 p, Aa개체수의 빈도는 $2pq$, aa 개체수의 빈도는 q으로 나타낸다.
- 계산식 $1 = p(0.5) + q(x)$
  $q = 0.5$
  Aa의 빈도는 $2pq$이므로 $2 \times 0.5 \times 0.5 = 0.50$이다.

11 표준화된 선발차와 의미가 같은 것은?

① 선발강도　② 선발효과
③ 선발반응　④ 절단형선발

해설

선발차를 표현형 표준편차로 나누어 선발강도로 나타내면 측정단위와 관계가 없으므로 측정단위가 다른 형질이나 변이의 크기가 다른 집단의 선발차를 비교할 수 있다. 따라서 선발강도는 표준화된 선발차라고도 한다.

12 여러 형질을 종합적으로 고려하여 하나의 점수로 산출한 다음 그 점수에 근거하여 선발하는 방법은?

① 후대검정   ② 가계선발
③ 순차적 선발법   ④ 선발지수법

해설
선발지수법
가축의 총체적 경제적 가치를 고려한 선발법이다. 즉, 다수의 형질을 개량할 경우에 대상 형질의 경제적 가치를 감안하여 선발하는 방법이다.

13 한 형질에 대해 선발하여 그 형질이 일정한 수준까지 개량되면 다음 형질에 대해 선발하여 한 번에 한 형질씩 개량해 가는 선발방법으로 옳은 것은?

① 독립도태법   ② 순차적선발법
③ 선택지수법   ④ 혈통선발법

해설
① 독립도태법 : 각 형질(산유량, 유지율, 체형, 번식능력)에 대하여 동시에 그리고 독립적으로 선발하는 방법이다.
③ 선택지수법 : 다수의 경제 형질을 개량할 때 개량대상의 형질을 종합적으로 고려하여 하나의 점수를 산출하는 방법으로 돼지에게 가장 많이 이용하고 있다.

14 난질 중 가장 중요한 형질로 파각율의 결정적 요인이 되는 형질은?

① 난각질   ② 난 중
③ 난각색   ④ 난형지수

해설
난각질 : 난각의 품질. 난각의 두께로 측정하며, 난각이 두꺼울수록 튼튼하여 잘 깨지지 않는다.

15 다음은 수퇘지의 체중(kg)이다. 검정된 12마리의 수퇘지 중 4마리만을 종돈으로 이용하고 나머지는 도태하고자 한다. 개체 선발에 의하여 선발되는 개체의 번호는?

가 계	1	2	3	4
A	75 (A-1)	81 (A-2)	91 (A-3)	93 (A-4)
B	92 (B-1)	80 (B-2)	94 (B-3)	86 (B-4)
C	82 (C-1)	90 (C-2)	74 (C-3)	74 (C-4)

① A-3, A-4, B-1, B-3
② A-4, B-1, B-3, C-2
③ B-1, B-2, B-3, B-4
④ A-4, B-1, B-3, B-4

해설
개체선발 : 개체의 능력만을 기준으로 하여 그 개체를 종축으로 선발하는 방법이다.

16 산란계에서 일정기간 내의 총산란수를 그 기간의 최초의 수수로 나눈 값은?

① 산란지수   ② 연속 산란일수
③ 일계산란율   ④ 평균 산란율

해설
산란지수 : 검정개시일부터 검정종료일까지 총 산란수를 검정개시 수수(首數)로 나눈 달걀수이다(닭에서 산란지수를 보고 종계를 선발하면 산란능력은 물론 생존율까지 함께 개량된다).

17 우성 표현형을 나타내지만 유전자형을 모르는 어떤 개체의 유전자형을 결정하기 위하여 열성동형접합체와 교배하는 방법은?

① 퇴교배　　② 검정교배
③ 상호 역교배　④ 윤환교배

해설
검정교배(Test Cross) : 역교배 중에서 양친 중 열성친과 교배하는 경우를 검정교배라 하며, 검정교배를 하면 F_1의 유전자형을 알 수 있다.

18 돼지의 스트레스 감수성 여부를 판정하는 방법으로 가장 정확성이 높은 것은?

① 메탄가스 검정법
② 탄산가스 검정법
③ 할로테인 검정법
④ 알코올 반응 검정법

해설
할로테인 검정법은 정확도가 95% 이상 되나 조사자가 숙련되어 있지 않은 경우에는 주관이 개입되고 특히 PSS유전자가 Hetrozygote(이형접합체)인 경우에는 할로테인 음성돈으로 분류해야 한다.

19 초파리염색체 연구를 통해 유전자 간 거리를 교차율로 표시하여 최초의 염색체 지도를 작성하였고, 그의 이름을 유전자지도 거리의 단위로 활용하고 있는 연구자는?

① MORGAN　　② de VRIES
③ CORRENS　　④ TSCHERMAK

해설
토머스 모건(Thomas Hunt Morgan)
미국의 유전학자. 생물의 유전형질을 나타내는 유전자가 쌍을 이루어 염색체에 선상배열을 하고 있다는 염색체지도를 초파리의 실험으로 입증하였다. 유전자설을 제창하여 1933년 노벨생리・의학상을 수상하였다.

20 젖소의 유량과 그 외 젖소 경제형질과의 상관관계에 대한 설명으로 옳은 것은?

① 유지량과 유량은 정(+)의 유전상관
② 유지율과 유량은 정(+)의 유전상관
③ 유지율과 유량은 정(+)의 표현상관
④ 유단백질 생산량과 유량과는 부(−)의 유전상관

해설
유지량과 유량은 정(+)의 유전상관이고 유지율과 유량은 부(−)의 유전상관이다.
※ 유전상관 : 두 개의 형질을 지배하는 유전자가 동일 염색체 상에 존재하거나, 또 동일유전자라는 것 등의 원인에 의하여 이들 형질이 잡종집단 속에서 양 또는 음의 방향으로 동시에 변동하는 현상을 말한다.
　• 정의 상관관계 : 양의 상관관계. 한 변수가 증가하면 다른 변수도 같이 증가하는 관계
　• 부의 상관관계 : 음의 상관관계. 한 변수가 증가하면 나머지 하나는 감소하는 관계
※ 유량 : 우유 전체의 양
※ 유지량 : 우유 전체의 양중 유지방의 양
※ 유지율 : 우유 전체 중 유지방의 비율

정답 17 ② 18 ③ 19 ① 20 ①

제2과목 가축번식생리학

21 수정란 이식의 장점이 아닌 것은?

① 우수한 빈축의 자축을 많이 생산할 수 있다.
② 가축 대신 수정란의 수송으로 경비를 절감시킬 수 있다.
③ 후대검정을 하는 데 편리하게 사용할 수 있다.
④ 세대간격을 넓힐 수 있다.

해설
수정란 이식 기술은 유전 개량을 위한 세대간격을 축소해준다.

22 뇌하수체 후엽 호르몬은?

① 타이록신   ② 에스트로겐
③ 옥시토신   ④ 프로락틴

해설
뇌하수체 후엽 호르몬
- 바소프레신[Vasopressin, 항이뇨 호르몬(ADH ; Antidiuretic Hormone)] : 수분의 재흡수성 증가
- 옥시토신(Oxytocin) : 분만 시 자궁수축과 유즙배출 촉진

23 소의 난자 수정능 보유시간은 배란 후 몇 시간인가?

① 1시간 이내   ② 5시간 이내
③ 20~24시간   ④ 48~60시간

해설
정자와 난자의 수정능력 보유시간

가축명	정자 수정능력 보유시간	난자 수정능력 보유시간
소	24~48 (평균30~40)	8~12 (최대12~24시간)
말	72~120	6~8
돼지	28~48	8~10
면양	30~48	16~24

24 황체형성호르몬(LH)의 작용과 직접적 관계가 가장 적은 것은?

① 배란유발
② 황체형성
③ 웅성 호르몬 분비
④ 분만

해설
황체형성 호르몬(LH) : 난소 및 정소자극, 배란촉진

25 임신 60일경 소에 직장검사법으로 임신 진단을 했을 시 중요한 소견에 해당하는 것은?

① 자궁각이 복강에 하수되어 촉지가 곤란하다.
② 자궁각은 바나나 크기로 양쪽 자궁각의 비대칭을 촉지할 수 있다.
③ 중자궁동맥의 직경이 10mm 이상으로 굵고 혈액의 흐름이 힘차게 촉진된다.
④ 태아를 촉지할 수 있다.

정답 21 ④ 22 ③ 23 ③ 24 ④ 25 ②

26 소의 유선발육과 퇴행에 관한 설명으로 틀린 것은?

① 성 성숙기에는 주로 유선포계가 발달하고, 유선관계의 형성은 거의 일어나지 않는다.
② 태아기 중의 유선발육은 호르몬의 영향을 받지 않고 유전적인 요인에 의해 기본적인 형태가 형성된다.
③ 초유구(初乳述) 및 백혈구 등이 출현하는 시기는 임신 9개월령이다.
④ 유선의 퇴행과정에서 유선포는 서서히 지방조직으로 대치된다.

해설
① 성 성숙이 가까워지면 유방의 유선관계가 급속도로 발달한다. 유관주위에 유선포의 발달이 왕성하게 일어나는 시기는 임신말기이다.

27 포유가축에서 정자와 난자가 만나 수정이 이루어질 때 다정자 침입을 방지하는 주요 생리적 작용이 아닌 것은?

① 투명대 반응
② 난황차단
③ 첨체반응
④ 수정 부위에 도달하는 정자 수의 제한

해설
다정자 침입을 방지하는 생리적 작용
난황막 차단, 투명대 반응, 정자수의 제한

28 암소와 암퇘지의 발정징후가 아닌 것은?

① 거동이 불안함
② 수컷과의 교미를 허용함
③ 소리에 민감함
④ 외음부에 주름이 나타남

해설
④ 외음부는 충혈되어 붓고, 밖으로 맑은 점액이 흘러 나온다.

29 소에서 일반적으로 수정란을 이식할 때 수정란을 이식하는 부위는?

① 난 관　　　② 자궁각 선단
③ 자궁경부　 ④ 질

해설
이식부위
- 소 : 자궁각 선단부
- 돼지, 면양, 산양 : 4세포기 이하는 난관, 4세포기 이상은 자궁에 이식

30 젖소에서 배란이 일어나는 시기로 가장 알맞은 것은?

① 발정개시 전 4~5시간
② 발정종료 전 4~5시간
③ 발정종료 후 10~14시간
④ 발정종료 후 48~60시간

해설
젖소의 경우 배란은 발정종료 후에 일어난다. 즉, 발정개시로부터 배란이 일어나기까지 기간은 25~30시간으로서 이는 발정종료 후 10~14시간에 해당한다.

정답 26 ① 27 ③ 28 ④ 29 ② 30 ③

31 다음 중 소의 인공수정 적기는?

① 발정 개시 직후
② 발정이 끝날 무렵
③ 발정이 끝나고 24시간 후
④ 발정이 끝나고 36시간 후

32 배반포에서 태막이 되는 부분은?

① 난구세포 ② 투명대
③ 내부세포괴 ④ 영양외배엽

해설
배반포의 형성과 발달과정 중 수정란에서 태반과 태막이 되는 것은 영양배엽(영양막)이고, 내부세포괴는 태아로 발달한다.

33 수가축의 부생식선 중 카우퍼선이라고 불리는 것은?

① 정낭선 ② 전립선
③ 요도구선 ④ 요도선

해설
부생식선(부성선)은 정낭선, 전립선(섭호선), 요도구선(카우퍼선 : Cowper's Gland)으로 구성되어 있다.

34 다음 중 정액 점조도가 가장 높은 가축은?

① 소 ② 돼 지
③ 말 ④ 면 양

해설
가축정액 정액량, 정자농도 및 전체정자수

동물	정액량(mL)		정자농도(억/mL)		전체 정자 수	
	범위	평균	범위	평균	범위	평균
소	3~10	5	8~15	10	36~60	50
말	50~200	80	0.5~2	1.2	40~200	100
면양	0.5~2.0	1.0	20~50	30	20~50	30
돼지	150~500	250	0.5~3.0	2.0	100~1,000	400
닭	0.1~0.9	0.5	15~35	30	10~40	25

35 젖소의 다배란 유도를 위해 사용되는 호르몬이 아닌 것은?

① 임마혈청성성선자극호르몬(PMSG)
② 난포자극호르몬(FSH)
③ 프로스타글란딘($PGF_{2\alpha}$)
④ 성장호르몬(GH)

해설
다배란 유기에 사용되는 호르몬 : FSH, PMSG, $PGF_{2\alpha}$, HCG

36 소의 평균 임신기간은?

① 114일 ② 279일
③ 330일 ④ 346일

해설
소의 임신기간

종 류	평균(범위)(일)
Holstein	279(262~282)
한 우	285(281~295)

정답 31 ② 32 ④ 33 ③ 34 ④ 35 ④ 36 ②

37 난자의 생리에 대한 설명으로 틀린 것은?
① 대부분 포유동물의 배란은 난모세포가 제2감수분열 중기인 상태에서 일어난다.
② 배란된 난자는 정자와 수정 후 제1극체가 형성된다.
③ 난모세포는 두 차례의 감수분열을 거쳐 난자로 완성된다.
④ 다정자 침입 방지를 위하여 난자는 투명대반응을 일으킨다.

해설
난자는 대부분 제1극체를 방출한 다음 난관 팽대부의 하단에서 수정이 이루어진다.

38 난자의 제1차 성숙분열이 완성되기 전에 배란이 일어나는 동물은?
① 개   ② 소
③ 닭   ④ 돼지

해설
개, 여우 등은 제1차 성숙분열(감수분열)이 완성되기 전에 배란이 일어난다.

39 난포자극호르몬(FSH)의 대용으로 자주 쓰이는 호르몬은?
① 황체형성호르몬(LH)
② 임부융모성성선자극호르몬(HCG)
③ 최유호르몬(LTH)
④ 임마혈청성성선자극호르몬(PMSG)

해설
임마혈청성성선자극호르몬(PMSG, eCG) : FSH 기능 (난포 발육)

40 다음 중 비유 유지와 관련이 없는 호르몬은?
① 바소프레신
② 프로락틴
③ 성장호르몬
④ 부신피질자극호르몬

해설
바소프레신은 신장에서 수분 재흡수를 촉진시키고 체내 수분 보유를 증가시키는 항이뇨 호르몬이다.

제3과목 가축사양학

41 볏짚을 알칼리 처리할 때 기대할 수 있는 가장 큰 효과는?
① 볏짚 중 섬유소의 소화율이 향상된다.
② 볏짚 중 비타민 B군 합성량이 증가한다.
③ 볏짚 중 미량광물질 함량이 증가한다.
④ 볏짚에 납두균이 증가한다.

해설
알칼리처리 즉, 석회석을 물에 녹인 다음 일정기간 담그면 규산이 제거되고, 볏짚을 따뜻한 물속에서 끓여주면 규산의 제거와 리그닌이 분리되어 소화율이 증진될 수 있다.

42 육우를 거세할 때 나타나는 현상이 아닌 것은?

① 운동량이 감소한다.
② 공격성이 감소한다.
③ 증체량이 비거세우에 비해 작아진다.
④ 체내 에스트로겐의 상대적인 함량이 감소한다.

해설
정소를 제거함으로 웅성 호르몬인 테스토스테론의 생성이 억제되면서 여성 호르몬인 에스트로겐의 지배를 받아 성질이 온순하여지고 수컷 냄새가 나지 않는다.

43 반추위 내 미생물이 합성 공급할 수 없어 보충해 주는 것이 좋은 비타민은?

① 비타민 B
② 비타민 K
③ 바이오틴(Biotin)
④ 알파-토코페롤(α-Tocopherol)

해설
반추동물은 반추위미생물이 대부분 수용성 비타민과 비타민 K를 합성할 수 있다.
④ 비타민 E는 알파 토코페롤의 공식 이름이며 지용성 비타민이다.

44 거세우에게 저에너지 사료(L), 중에너지 사료(M) 및 고에너지 사료(H)를 90일 동안 각각 급여했을 때 도체의 최종체지방함량을 가장 높이는 급여방법은?

① L - L - L
② L - L - H
③ H - M - L
④ H - H - H

45 육계의 체중이 1~2kg일 때 사료 요구율이 2.2라면, 체중이 1kg인 육계 100마리가 체중이 2kg까지 자라는 데 소요되는 사료의 양은?

① 100kg
② 150kg
③ 200kg
④ 220kg

해설
2.2 × 100 = 220kg

46 펠릿(Pellet) 사료에 관한 설명으로 틀린 것은?

① 사료 저장 공간의 절감을 이룰 수 있다.
② 사료 제조 과정 중 열에 약한 병원성 세균 및 독성 물질이 파괴된다.
③ Niacin, Biotin과 같은 비타민의 이용성이 저하된다.
④ 열에 약한 항영양성 인자의 파괴가 일어난다.

해설
사료 내 비타민의 이용성을 향상한다.

47 소의 복부 왼쪽에 위치하고 있으며, 내부는 근대에 의하여 배낭, 복낭으로 나뉘고 2개의 후맹낭으로 이루어진 위는?

① 제1위
② 제2위
③ 제3위
④ 제4위

해설
제1위는 반추동물의 4개 위 중 용량이 가장 크다.

48 착유우의 착유량과 외부온도의 관계에 대한 설명으로 틀린 것은?

① 고온 스트레스로 인하여 감소된 산유량은 기온이 낮아져도 원 상태로 회복이 힘들다.
② 고온 스트레스에 의한 산유량 감소는 저능력우가 고능력우보다 크게 나타난다.
③ 젖소는 더위보다 추위에 잘 적응하므로 -15℃ 이하의 극심한 추위가 아니면 사료 섭취량 증가로 산유량 유지가 가능하다.
④ 최적의 유생산을 위한 온도는 10~16℃ 정도의 열중성대이다.

해설
고능력우들은 높은 산유량을 유지하기 위하여 더 많은 에너지와 영양소를 섭취하여야만 하는데 고온 스트레스로 인하여 사료 섭취량이 감소, 에너지 부족현상을 다른 젖소들보다 더 심각하게 겪으므로 대사성 질병 발생이나 번식능력의 저하가 현저히 나타난다.

49 초유가 일반 우유에 비하여 함유량이 낮은 성분은?

① 유 당 ② 면역글로불린
③ 칼 슘 ④ 단백질

해설
초유의 유당은 2.7%로 일반우유의 유당 5.0%보다 낮다.

50 소화에 대한 각종 영양소의 최종 생산물을 나타낸 것으로 틀린 것은?

① Sucrose → Fructose + Glucose
② Lactose → Maltose + Glucose
③ Lipid → Glycerol + Fatty Acid
④ Maltose → 2Glucose

해설
② Lactose → Glucose + Galactose

51 어느 사료의 일반성분을 분석했을 때 수분 12%, 조지방 3%, 조단백질 15%, 조섬유 6%, 조회분 5%이라면 가용무질소물(NFE) 함량은?

① 17% ② 41%
③ 59% ④ 64%

해설
NFE = 100 - 수분 - 조단백질 - 조지방 - 조섬유 - 조회분
 = 100 - 12 - 15 - 3 - 6 - 5 = 59%
※ NFE란 가용무질소물로 전분이나 당이 여기에 포함되며, 주 에너지원으로 옥수수의 전분은 85% 내외이다.

52 가축이 탄수화물을 소화하는 데 관여하는 효소는?

① 리파아제(Lipase)
② 프로테아제(Protease)
③ 아밀라아제(Amylase)
④ 펩티다아제(Peptidase)

해설
아밀라아제(아밀레이스)는 다당류 탄수화물을 단당으로 분해하는 효소이다.

정답 48 ② 49 ① 50 ② 51 ③ 52 ③

53 소의 위에서 수분흡수 및 중탄산나트륨을 흡수하는 부위는?

① 반추위　　② 벌집위
③ 겹주름위　④ 주름위

해설
반추동물의 위

제1위 (반추위, 혹위)	• 반추위는 용적이 커서 큰 소의 경우 180L 정도 되며, 점막에 많은 반추위 유두가 분포되어 있다. • 주로 혐기성 미생물들이 서식하면서 가축이 섭취하는 영양소를 이용하여 미생물 대사작용을 한다.
제2위 (벌집위)	• 반추위와 연결된 제2위, 조직과 기능이 반추위와 비슷하다. • 위벽 점막이 벌집과 같은 모양을 하고 있다. • 용적은 약 8L 정도이다. • 사료를 되새김질하는 기능이 있다.
제3위 (겹주름위)	• 벌집위와 진위 사이에 있는 근엽이 잘 발달된 위로, 용적이 약 17L 정도이다. • 근엽을 통해서 사료 내용물의 수분을 흡수하여 식괴를 형성하며, 분해가 잘 된 위 내용물을 제4위로 넘어가도록 하는 체의 역할을 한다.
제4위 (진위)	• 위 소화가 이루어지는 부위이다. • 분문부, 위저부, 유문부로 구성되며 용적이 21L 정도 된다. • 위 점막은 위액과 일부 효소를 분비하는 조직으로 되어 있어, 단위동물의 위와 비슷한 기능을 한다.

54 다음 중 농후사료를 주로 구성하는 '비구조탄수화물'이 아닌 것은?

① 펙틴　　② 전분
③ 당　　　④ 프럭탄

해설
펙틴은 식물의 구조적 탄수화물이다.

55 고능력 젖소사료에 중조($NaHCO_3$)를 사용하는 것은 어떠한 증상을 예방하기 위함인가?

① 케토시스　　② 요 결석
③ 암모니아 중독　④ 산중독증

해설
산중독증을 예방하기 위해서 사료배합 시에 중조나 산화마그네슘과 같은 완충제를 반드시 첨가해야 한다.

56 소의 영양분 우선 공급 순서로 옳은 것은? (단, 왼쪽일수록 공급이 빠른 순이다)

① 지방 → 뼈 → 근육 → 뇌
② 지방 → 근육 → 뇌 → 뼈
③ 근육 → 뇌 → 뼈 → 지방
④ 뇌 → 뼈 → 근육 → 지방

57 SPF 돼지란 무엇을 의미하는가?

① 모든 병원균이 감염된 돼지
② 특수 병원균이 감염된 돼지
③ 모든 병원균에 감염되지 않은 돼지
④ 특수 병원균에 감염되지 않은 돼지

해설
특정 병원균 부재돈(SPF ; Specific Pathogen Fee)
: 임신 말기의 어미 돼지를 무균실에서 제왕절개 수술 또는 자궁적출 수술로 특정병원균을 배제시키는 첨단기술이다.

정답　53 ③　54 ①　55 ④　56 ④　57 ④

58 반추위 내에서 미생물에 의한 섬유소의 최종 분해물은?

① 포도당
② 글리세롤
③ 휘발성 지방산
④ 아미노산

해설
여러 반추위 세균들이 섬유소 같은 다당류를 단당류로 가수분해하고 단당류를 휘발성 지방산으로 발효시킨다.

59 가소화양분총량(TDN)이 72%, 가소화단백질(DCP)이 12%인 사료의 영양율(NR)은 얼마인가?

① 4.0
② 5.0
③ 6.0
④ 7.0

해설
$$NR = \frac{TDN - DCP}{DCP} = \frac{72-12}{12} = 5$$

60 70%의 가소화양분총량(TDN)을 함유한 대두박과, 84%의 TDN을 함유한 옥수수를 배합하여 TDN 함량이 78%인 사료를 만들고자 할 때, 대두박과 옥수수를 각각 몇 %씩 섞어야 하는가?

① 대두박 : 57.14%, 옥수수 : 42.86%
② 대두박 : 41.98%, 옥수수 : 58.02%
③ 대두박 : 58.02%, 옥수수 : 41.98%
④ 대두박 : 42.86%, 옥수수 : 57.14%

해설
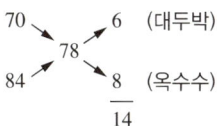
- 대두박 : (6/14) × 100 = 42.857%
- 옥수수 : (8/14) × 100 = 57.142%

제4과목 사료작물학 및 초지학

61 여름철 벼 대체 사료작물(논에서 사료작물 재배)을 재배할 때 가장 중요하게 고려되어야 할 것은?

① 내한성(耐寒性)
② 내습성(耐濕性)
③ 내병성(耐病性)
④ 내동성(耐冬性)

해설
논은 밭보다 점토함량이 많아서 물빠짐이 좋은 논이라 하더라도 장마 시 습해가 우려되므로 배수로 관리를 철저히 준수해야 한다.

62 이탈리안라이그래스에 대한 설명으로 틀린 것은?

① 지중해 지방이 원산지이다.
② 초장이 60~120cm에 달하는 상번초이다.
③ 목초 중 억압력 지수가 제일 낮다.
④ 종자에 까락이 있다.

해설
이탈리안라이그래스는 목초 중에서 억압력 지수가 가장 높기 때문에 초기 생육이 느린 혼파초지 또는 단기윤작초지에서 초기 수량을 올리기 위하여 혼파하는 초종이다.

정답 58 ③ 59 ② 60 ④ 61 ② 62 ③

63 톨페스큐 목초의 주요 병으로, 감염되면 목초의 환경에 대한 저항성은 증대되나 섭취한 가축에는 나쁜 영향을 주는 것은?

① 탄저병
② 엔도파이트 진균병
③ 줄무늬마름병
④ 맥각병

해설
톨페스큐 구입 시 주의할 점은 반드시 종자전염병인 엔도파이트프리(Endophyte Free) 보증 품종임을 확인하여야 한다. 엔도파이트는 종자에 의해서만 전염되며, 감염여부는 외관상 판별이 불가능하고 400~500배 이상의 현미경하에서만 관찰된다. 감염된 목초를 가축이 장기간 섭취하였을 경우 유량이 감소하고 증체가 되지 않으며 심하면 털이 빠지고 다리가 돌아가는 등 폐사되는 경우도 생긴다.

64 사일리지 재료의 수분함량을 간이 측정하는 방법으로 틀린 것은?(단, 재료를 세절한 후 한손으로 약 30초간 꽉 움켜쥐었을 경우임)

① 즙액이 손가락 사이로 떨어질 경우에는 수분이 과다한 상태이다.
② 재료의 덩어리가 그대로 유지되면 수분이 약간 많은 상태(75~80%)이다.
③ 재료의 덩어리는 유지되나 곧 금이 가고 벌어지면 수분이 부족한 상태이다.
④ 재료의 덩어리가 즉시 흐트러지면 수분이 부족한 상태이다.

해설
재료의 수분조절은 간이측정법으로 손에 한움큼 뭉쳐서 꽉 쥐었다 폈을 때 뭉쳐있는 상태에서 금이 가며 서서히 갈라지는 상태가 양호하다.

65 사일리지 제조 시 이용하는 첨가제를 분류할 때 젖산균 첨가제(Inoculant)는 어디에 속하는가?

① 발효촉진제
② 발효억제제
③ 수분조절제
④ 영양소 보충제

해설
발효촉진제 : 당밀, 섬유분해효소

66 다음 중 수수류에 대한 설명으로 알맞은 것은?

① 우리나라 기후조건에서 모든 품종이 출수한다.
② 수수류는 개화기 이후부터 조단백질 함량이 급격히 증가한다.
③ 사료작물 중 단위면적당 가소화 양분을 가장 많이 생산한다.
④ 유식물을 이용할 경우 청산과 질산중독의 위험이 있다.

해설
수수류의 생초 중에는 가축중독을 일으키는 청산(HCN)과 질산 등의 함량이 높아 가축급여 시 유의해야 하는 단점이 있다.

정답 63 ② 64 ③ 65 ① 66 ④

67 화본과 목초와 두과 목초의 청예용 수확적기는 각각 언제인가?

① 화본과 : 개화기, 두과 : 출뢰전기~출뢰기
② 화본과 : 출수기, 두과 : 개화초기
③ 화본과 : 출수전, 두과 : 출뢰기
④ 화본과 : 개화기, 두과 : 개화초기~완숙기

68 건초와 비교한 사일리지를 이용할 때의 특징으로 옳은 것은?

① 날씨의 영향을 많이 받는다.
② 저장 공간을 작게 차지한다.
③ 운반과 취급이 쉽다.
④ 기계화하기 어려워 노력이 많이 든다.

해설

사일리지의 장단점

장점	• 저렴하고 양질의 사초급여 • 제조 시 일기에 영향을 적게 받음(건초와 비교) • 양분손실을 감소시킬 수 있음(건초와 비교) • 기호성 양호, 이용성 향상 • 작은 면적의 저장장소 소요(건초와 비교) • 산유량 증가 • 잡초종자 발아방지, 화재위험성 감소(건초와 비교) • 기계화 유리
단점	• 많은 자본 소요 • 일시에 많은 노력 투여 • 비타민 D 함량이 적음(건초와 비교) • 송아지 설사 유발 • 물량취급량 과다(건초와 비교)

69 두과 목초가 화본과 목초에 비해 특히 많이 가지고 있는 영양소는?

① 탄수화물   ② 가용무질소물
③ 에너지   ④ 단백질

해설

두과 목초는 단백질 및 칼슘 함량이 높다.

70 윤환방목에 대한 설명으로 틀린 것은?

① 유목기간에 초세유지가 가능하다.
② 윤환방목지의 풀을 고르게 이용하는 것이 가능하다.
③ 선택채식의 기회가 적어 초지의 황폐화를 초래하는 경우가 적다.
④ 목책시설 비용과 가축관리에 필요한 노동력이 연속방목보다 적게 소요된다.

해설

윤환방목

방목지를 4~6개로 나누고 각 목구를 순차적으로 돌아가면서 방목시키는 방법이다. 장점으로 선택채식의 기회를 줄임으로써 초지이용률을 높이고, 과방목 방지로 초지생산력의 저하를 막을 수 있으며, 오염된 목초의 양이 적어 높은 목양력의 유지가 가능하고, 적은 목구에서 방목됨으로써 유지에너지가 적다는 점이다.

71. 수단그라스를 청예(풋베기)로 이용할 때 적당한 초장의 높이는?

① 5~10cm ② 20~30cm
③ 120~150cm ④ 220~280cm

해설
초장이 120cm 이하일 때 방목 또는 풋베기 이용 시 청산중독의 위험이 있다.

72. 알팔파의 수확시기는 품질, 수량, 재생을 고려하여야 한다. 건초용으로 이용할 알팔파의 1차 수확적기는?

① 영양생장 초기 ② 꽃봉오리 형성기
③ 개화초기 ④ 종자 결실기

해설
1번초의 예취적기는 화본과 목초는 출수초기(출수직전이나 출수직후), 두과 목초는 개화초기이다.

73. 사일리지의 품질을 화학적 방법으로 평가했을 때 양질의 사일리지에 해당되지 않는 것은?

① 암모니아태 질소함량이 낮은 것
② 초산함량이 높은 것
③ 낙산함량이 낮은 것
④ 젖산함량이 높은 것

해설
총산에 대한 초산의 비율은 사일리지의 질에 크게 문제가 되지 않는다.

74. 단위면적당 가소화양분을 가장 많이 생산하는 사료작물은?

① 옥수수 ② 수 수
③ 귀 리 ④ 호 밀

해설
옥수수는 사료작물 중 단위면적당 가소화영양소 수량이 가장 높다.

75. 화이트클로버의 학명은?

① *Lolium perenne* L.
② *Secale cereale* L.
③ *Medicago sativa* L.
④ *Trifolium repens* L.

해설
① 퍼레니얼라이그래스, ② 호밀, ③ 알팔파

76. 사일리지 발효에 영향을 미치는 요인으로 가장 거리가 먼 것은?

① 수용성 탄수화물
② 불용성 인산
③ 수분함량
④ 재료의 절단과 진압

해설
사일리지의 발효에 영향을 미치는 요인
재료의 수용성 탄수화물 함량, 재료의 수분함량, 재료의 절단과 진압, 재료의 조단백질 함량, 완충력, 발효주도 세균의 형태, 발효속도, 발효에 수반되는 pH의 저하에 견딜 수 있는 재료의 재질에 의하여 결정된다.

정답 71 ③ 72 ③ 73 ② 74 ① 75 ④ 76 ②

77 불경운초지 개량의 장점이 아닌 것은?

① 토양 침식의 위험이 적다.
② 어린 목초의 정착이 빠르다.
③ 기계사용이 불가능한 지대라도 초지조성이 가능하다.
④ 비가 오거나 비가 온 후에도 목초 파종이 가능하다.

해설
불경운초지 개량의 장단점

장점	• 파종비용이 저렴하다. • 갈아엎지 않기 때문에 토양침식의 위험이 작다. • 기계사용이 불가능한 지대라도 개발이 가능하다. • 1년생 잡초가 침입할 수 있는 기회를 준다. • 강우나 강우 직후 토양의 수분함량이 높을 때에도 목초의 파종이 가능하다. • 목초를 도입함으로써 연중 생초의 생산기간을 연장시켜 준다. • 생산성이 낮은 산지를 신속하고 값싸게 개발할 수 있는 방법이다. • 한발, 홍수 및 산불 등으로 긴급복구가 필요할 때 유효한 방법이다.
단점	• 목초의 정착이 빈약하다. • 시간과 비용의 투입에 비하여 개량의 성과가 낮다. • 대상지의 개발은 신속하지만 초지의 생산성을 높이는 것이 느리기 때문에 단위면적당 목초의 수량이 더디게 증가된다. • 초지의 목양력 증가가 느리다.

78 불경운초지 개량에 사용되는 제초제의 특성과 거리가 가장 먼 것은?

① 풀을 완전히 제거하면 안 된다.
② 비선택성 제초제이어야 한다.
③ 풀을 죽이는 데 효과가 빠른 것이어야 한다.
④ 새로 출현한 목초에는 제초제의 잔여 독성이 없어야 한다.

해설
① 풀을 완전하게 죽일 수 있어야 한다.

79 이 바이러스에 감염된 옥수수는 마디 사이가 짧아지고 암이삭이 생기지 않으며 생육 초기에 감염되면 죽어 없어지기도 한다. 이 병은?

① 흑조위축병
② 깨씨무늬병
③ 그을음무늬병
④ 깜부기병

해설
흑조위축병(Black Streaked Dwarf Virus, 검은줄오갈병)
• 잎 뒷면에 검은색의 돌출 부위 비슷한 줄이 형성되면서 잎이 오그라드는 현상이다.
• 우리나라 사일리지용 옥수수에 가장 많은 피해를 준다.

80 우리나라 산지토양의 특성에 대한 설명으로 틀린 것은?

① 토양의 모재가 화강암 또는 화강편마암이고 연평균 강수량이 500mm 이하로 활엽수림이 대부분이기 때문에 pH가 8.0~9.0 정도의 강한 알칼리토양이다.
② 산지가 경사도가 심하여 표토 유실이 많아 유기물이 1% 미만으로 적다.
③ 알루미늄과 철이 활성화되어 인산과 결합하여 인산알루미늄과 인산철이 되어 인산의 고정으로 유효인산의 농도가 낮다.
④ 제주도의 화산회토양의 양이온 치환용량은 높은 편이지만 일가의 양이온의 보유능력이 낮고 강수량이 많아 하층으로 용탈하는 NH_4^+와 K^+이 많으므로 시비한 질소와 칼륨의 효과가 크게 나타나지 않는다.

해설

우리나라 산지토양의 특성
- 산성토양 : 우리나 토양 모재는 대부분 화강암 또는 화강편마암이고, 여름철 집중강우에 의하여 산성토양이다.
- 유기물 부족 : 농경지(3%)에 비해 산악지의 토양은 유기물 함량이 1% 이하이다.
- 낮은 유효인산 함량 : 산지토양의 유효인산 함량은 11.3%로 농경지의 약 1/10 수준이다.
- 낮은 양이온 치환용량과 염기 포화도 : 산지토양은 칼슘, 마그네슘, 칼륨 등 양이온이 낮고 포화도도 낮다.

제5과목 축산경영학 및 축산물가공학

81 다음에서 설명하는 것은?

- 1개월 내지 2개월을 단위기한으로 하여 노동력을 가장 필요로 할 때에나, 가족 노동력 또는 연고의 노동력만으로 작업을 할 수 없을 경우 일시적으로 고용하는 노동력을 의미한다.
- 주로 경종농업의 노동력을 이용한다.

① 일 고
② 상 고
③ 주 고
④ 계절고

해설

계절고(임시고)
- 가족 노동력만으로는 농번기 등의 작업량을 일정기간 내에 수행할 수 없을 때 극히 단기간에 걸쳐 보조노동으로 고용하는 노동이다.
- 주로 과잉노동력을 보유하고 있는 영세적 소농들이 공급함으로써 비교적 노동의 질이 높고 균일하다.

82 TP(총생산), MP(한계생산), AP(평균생산)의 관계 설명으로 옳은 것은?

① AP가 증가 시 AP는 MP보다 크다.
② TP가 최고 시 MP는 마이너스이다.
③ TP가 체중적으로 증가할 때 MP는 감소한다.
④ MP는 AP의 최고점을 지난다.

해설

① AP가 증가하는 한 MP는 증가하며 이때 MP는 AP보다 더 크다.
② TP가 최고 시 MP는 (0)이 된다.
③ TP가 체중적으로 증가할 때 MP는 계속 증가한다.

80 ① 81 ④ 82 ④

83 노동효율 증진을 위한 노동조직 체계화 방안이 아닌 것은?

① 작업의 관리 및 통제
② 작업의 분업화
③ 작업의 중복화
④ 작업의 협업화

84 가변투입요소의 1단위 증가투입에서 오는 산출물의 변동을 뜻하는 것은?

① 순생산성
② 총생산성
③ 한계생산성
④ 평균생산성

85 다음 중 노동 생산성의 공식은?

① $\dfrac{총생산비용}{투하노동량}$

② $\dfrac{투하노동량}{총생산비용}$

③ $\dfrac{투하노동량}{총생산량}$

④ $\dfrac{총생산량}{투하노동량}$

86 다음 중 토지의 경제적 성질이 아닌 것은?

① 불가증성(不可增性)
② 불소모성(不消耗性)
③ 불가동성(不可動性)
④ 불양력성(不養力性)

해설

토지의 성질
- 기술적 특성 : 사료작물의 재배성장 및 가축사육에 중요한 기능을 발휘하는 부양력, 가경력, 적재력의 성질이 있다.
- 경제적 특성 : 자본재로서의 기능을 발휘하는 불가동성, 불소모성, 불가증성의 성질이 있다.

87 기회비용에 대한 설명으로 옳은 것은?

① 생산하기 위하여 지출된 총 비용
② 일정량의 생산물을 생산하는 데 들어간 비용
③ 생산물을 1단위 더 생산하기 위해 추가적으로 소요되는 비용
④ 어느 생산요소가 특정생산에 투입되었을 때 그로 인해 포기해야 하는 비용

88 매출액이 5,000만원, 변동비가 2,500만원, 고정비가 1,500만원일 때 손익분기점은 얼마인가?

① 1,000만원
② 2,000만원
③ 3,000만원
④ 5,000만원

해설

손익분기점 = 고정비 / [1 - (변동비 / 매출액)]
= 1,500만원 / [1 - (2,500만원 / 5,000만원)]
= 3,000만원

정답 83 ③ 84 ③ 85 ④ 86 ④ 87 ④ 88 ③

89 축산경영형태에 대한 설명으로 틀린 것은?

① 경영입지에 의해 도시근교와 도시원교 축산경영으로 분류된다.
② 생산경제단위에 의해 낙농, 육우, 양돈, 양계 축산경영으로 분류된다.
③ 생산조직에 의해 복합경영과 단일경영으로 분류된다.
④ 경영목적에 의해 부업경영, 전업경영, 기업경영으로 분류된다.

해설
② 생산경제단위에 의해 가족경영, 공동경영으로 분류되고, 가축의 종류에 의해 낙농, 육우, 양돈, 양계 축산경영으로 분류된다.

90 다음 중 축산경영 관련 공식이 틀린 것은?

① 조수익 = 주산물 평가액 + 부산물 평가액
② 단위당 생산비 = (전체생산비 − 부산물평가액) ÷ 생산량
③ 단위당 순수익 = 단위당 조수익 − 단위당 생산비
④ 가족노동보수 = (조수익 − 경영비) + 자기토지용역비

해설
가족노동보수 = 소득−(토지자본용역비+자기자본이자)

91 유단백질 중 카세인의 등전점은?

① pH 4.0 ② pH 4.6
③ pH 5.2 ④ pH 5.6

해설
우유의 단백질 중 카세인의 등전점 : pH 4.6

92 근육의 사후경직과 관련된 설명으로 틀린 것은?

① 동물의 사후 골격근이 굳어지고 신전성이 없어지는 현상이다.
② 근육 내 ATP가 완전 소실되면 액틴과 미오신이 결합하여 액토미오신을 형성하기 때문에 사후경직이 일어난다.
③ 경직이 해소될 때 근육 내에서는 ATP의 분해, 근육 pH의 상승, 단백질의 응집 등 생화학적 변화가 일어난다.
④ 사후경직 시간은 동물의 종류에 따라 차이가 있다.

해설
근육에 축적되는 젖산 때문에 근육의 pH가 낮아진다.

정답 89 ② 90 ④ 91 ② 92 ③

93 치즈 제조 시 단백질 응유효소(Rennin)에 의해 분해되는 단백질은?

① α-casein
② k-casein
③ β-casein
④ β-lactoglobulin

해설

우유에 응유효소인 레닌(Rennin)을 첨가하면 수용성의 카세인(k-casein)이 분해되어 파라카세인(Paracasein)이 형성된다.

94 비육된 소의 상강육(Marbling)에서 지방이 잘 부착되는 제2차 근섬유속을 둘러싼 막은?

① 근내막
② 근주막
③ 근상막
④ 근섬막

해설

근주막 : 근속을 싸고 있는 결합조직의 막

95 치즈의 제조과정에서 얻어지는 부산물로서 우유 농축물인 커드를 제외한 나머지 수용성 부분으로 옳은 것은?

① Butter Milk
② Whey
③ Skim Milk
④ Cream

해설

신선한 우유를 오래 방치하게 되면 산화와 부패가 진행되면서 반고체의 커드(Curd, 우유응고물)와 액체 형태의 훼이(Whey, 유장액)로 분리된다.

96 식육의 냉동소(Freezer Burn)에 대한 설명으로 틀린 것은?

① 동결육의 표면건조로 인한 변색이 발생한다.
② 부적절한 동결처리나 장기간 동결저장할 때 주로 생긴다.
③ 냉동소 방지방법으로 밀착포장, 식육의 용액 침지가 있다.
④ 가역적인 반응이므로 식육 표면에 물을 가하면 냉동소를 완화시킬 수 있다.

해설

냉동육을 해동시키는 방법 중 가장 바람직한 것은 요리하기 하루 전에 냉동육을 냉장실(0~5℃)로 옮겨 놓고 서서히 해동되도록 기다리는 것이며 급히 해동시킬수록 육즙 손실이 심해진다. 육즙 손실이 많이 발생될지라도 급히 해동시키고자 하는 경우 랩에 꼭 싸서 흐르는 물에 담가 해동시키거나 전자레인지를 이용하는 방법이 있다.

정답 93 ② 94 ② 95 ② 96 ④

97 HACCP에서 식육가공품 가공공정 중 '제조 공정-위해요인-방지책'의 연결이 잘못된 것은?

① 원료육 처리-병원성 미생물-미생물 검사
② 염지-이물질-염지액의 오염 방지
③ 포장과 보존-물리적 위해요인-금속탐지기 이용
④ 세절-화학 물질-제품 보증서 확인

99 다음 소 도체등급 중 도체의 결함내역과 표시방법이 바르게 연결된 것은?

① 외상-ㅇ
② 근염-ㄱ
③ 수종-ㅅ
④ 근출혈-ㅎ

해설

결함표시
- ㅎ : 근출혈
- ㅈ : 수종
- ㅇ : 근염
- ㅅ : 외상
- ㄱ : 근육제거
- ㅌ : 기타

98 골격근에 대한 설명으로 옳은 것은?

① 골격근섬유는 다핵세포이다.
② 불수의근이다.
③ 무늬를 보이는 횡문근이다.
④ 수축과 이완을 한다.

해설

근육의 구조
- 근육은 횡문근[골격근육을 구성(골격근, 수의근)], 평활근[소화기관(내장)을 구성], 심근[심장의 구성]으로 구분하며, 식육으로 이용되는 근육은 주로 골격근이다.
- 골격근은 근육의 수축과 이완을 통해 동물의 운동을 수행하는 기관인 동시에 필요한 에너지원을 저장하고 있다.
- 골격근은 다수의 근섬유가 혈관과 신경섬유와 함께 결합조직에 의해 다발을 이루는 근섬유속을 만들고, 이 근섬유속은 근막에 쌓여 뼈나 인대에 부착되어 있다.

100 육제품 제조과정에서 염지를 실시할 때 아질산염의 첨가로 억제되는 식중독균은?

① *Clostridium botulinum*
② *Salmonella spp.*
③ *Pseudomonas aeruginosa*
④ *Listeria monocytogenes*

해설

보툴리너스(*Clostridium botulinum*)는 아질산염을 이용하여 포자 발아 및 생육을 억제할 수 있다.

제1과목 가축번식육종학

01 다음 젖소의 경제형질 중 유전력이 가장 낮은 것은?
① 일당증체량 ② 유 량
③ 번식효율 ④ 유지방함량

02 돼지도체의 1차 등급판정 기준이 아닌 것은?
① 기계적 등급판정방법에 따른 등지방두께
② 인력등급판정방법에 따른 등지방두께
③ 도체중량
④ 근내지방도

해설

돼지도체의 1차 등급판정 기준(축산물 등급판정 세부기준 제9조 제1항)
돼지도체 1차 등급판정은 돼지를 도축한 후 부도12와 같이 2분할된 좌반도체에 대하여 다음의 항목을 측정하여 판정한다. 단 3에 따른 측정값의 오류가 발생한 경우에는 2에 따라 인력등급판정방법으로 적용한다.
1. 도체중량 : 도체중량은 도축장경영자가 측정하여 제출한 도체 한 마리 분의 중량을 kg단위로 적용한다.
2. 인력등급판정방법에 따른 등지방두께 : 등지방두께는 왼쪽 반도체의 마지막 등뼈와 제1허리뼈 사이의 등지방두께와 제11번 등뼈와 제12번 등뼈 사이의 등지방두께를 품질평가사가 측정자로 측정한 다음, 그에 대한 평균치를 mm단위로 적용한다.
3. 기계적 등급판정방법에 따른 등지방두께 : 인력등급판정방법과 동일한 위치의 등지방두께를 기계로 측정한 다음 그에 대한 평균치를 mm단위로 적용한다.

03 다음 중 황체가 존재하는 곳은?
① 정 소 ② 난 관
③ 자 궁 ④ 난 소

해설

황체 : 난소에서 난포가 배란된 위치에 처음으로 생기는 것

04 닭의 산란능력을 개량하는 데 가장 효과적인 선발방법은?
① 가계선발 ② 결합선발
③ 개체선발 ④ 후대검정

해설

① 가계선발 : 가계 내 개체 간 차이는 무시하고 가계의 평균능력에 근거한 선발방법이다.
② 결합선발 : 개체능력과 가계능력을 동시에 고려하여 선발하는 방법이다.
③ 개체선발 : 개체의 능력만을 기준으로 하여 그 개체를 종축으로 선발하는 방법이다.
④ 후대검정 : 도살해야만 측정할 수 있는 형질을 개량할 때 유익한 방법이다.

정답 1 ③ 2 ④ 3 ④ 4 ①

05 소의 발정에 대한 설명 중 옳지 않은 것은?

① 평균 발정주기는 30일이다.
② 오후에 발정을 개시한 소가 오전에 개시한 소보다 발정지속 시간이 긴 경향이 있다.
③ 발정개시 시각은 한밤중부터 이른 아침까지가 많고 오후부터 개시하는 것은 적다.
④ 소의 나이가 많아지면 발정지속 시간이 증가되는 경향이 있다.

해설
① 소의 발정주기는 21~22일이다.

06 종돈 검정소에서 검정개시 체중은 30kg이며, 30kg 도달일령이 75일인 종돈을 검정한 결과 90kg, 도달일령이 135일이었다면 검정기간 동안의 일당증체량은?

① 1,000g
② 850g
③ 800g
④ 750g

해설
(90kg - 30kg) / (135일 - 75일) = 1kg/일

07 개체의 추정생산능력을 계산하는 데 이용되는 항목이 아닌 것은?

① 축군의 평균치
② 유전력
③ 반복력
④ 기록수

해설
추정생산능력
$= 축군의 평균치 + \dfrac{기록수 \times 반복력}{1+(기록수-1)반복력}$
$\times (개체의 일생에 걸친 생산기록의 평균치 - 축군의 평균치)$

08 가축들의 교배적기에 관한 설명으로 옳지 않은 것은?

① 소는 발정 중기부터 발정 종료 후 6시간 경까지이다.
② 돼지는 수퇘지의 승가를 허용하는 시점으로부터 10시간부터 25시간 사이이다.
③ 면양은 발정개시 후 20~25시간 전후이다.
④ 말은 직장검사를 한 경우 배란와(Ovulation Fossa)가 닫혀 있는 시기로 배란 후 3일째이다.

해설
암말의 교배적기는 배란 직전이다. 발정 주기에 따른 난소 변화도 직장검사를 통해 알 수 있는데, 발정 초기에는 약 1cm 크기의 단단한 난포가 하나 또는 2~3개가 촉진되며 또한 이 시기에는 보통 하나가 다른 하나에 비해 더 크게 느껴진다. 더 큰 것을 그라피안난포(Graafian Follicle)라고 하며 배란될 때까지 이 난포는 계속 자란다. 대체적으로 직경이 3cm 이상이며 3일 내에 배란된다.

09 다음 중 임신기간이 가장 긴 동물은?

① 소
② 말
③ 돼지
④ 양

10 착유를 너무 자주하거나, 노령기의 소에게 양질의 조사료공급이 부족할 때 난소가 작아져 단단하게 되는 암소의 번식장해는?

① 난소위축
② 무발정
③ 난소난종
④ 난소기능정지

정답 5 ① 6 ① 7 ② 8 ④ 9 ② 10 ①

11 다음 중 종모돈 선발 시 주요 경제형질이 아닌 것은?
① 사료요구율 ② 등지방두께
③ 일당증체량 ④ 비유능력

12 다음 X가계도의 근교계수는 얼마인가?

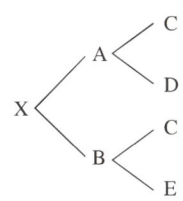

① 25%   ② 50.0%
③ 12.5% ④ 37.5%

13 선발의 효과를 크게 하는 방법으로 틀린 것은?
① 선발차를 크게 한다.
② 유전력을 높게 한다.
③ 선발강도를 작게 한다.
④ 세대간격을 짧게 한다.

해설
선발의 효과를 크게 하는 방법
• 선발차를 크게 한다. – 집단의 크기를 크게
• 유전력을 크게, 유전변이를 크게, 환경변이를 작게 한다.
• 세대간격을 짧게 한다. – 젊은 가축을 번식에 이용
• 균일한 사양관리 조건하에서 사육한다.
• 후보종축의 기초축 두수를 크게 한다.

14 돼지에 있어서 분만 후 28일째 자돈을 이유할 경우 대부분 이유한 날로부터 며칠 사이에 발정이 오는가?
① 1~2일   ② 4~5일
③ 7~8일   ④ 10~11일

15 수컷의 번식공용시기에 도달하는 기간이 가장 긴 것은?
① 말   ② 면양
③ 소   ④ 돼지

해설
① 말 : 48개월
② 면양 : 15~18개월
③ 소 : 15~20개월
④ 돼지 : 10개월

16 산란계 선발요건과 개량 방법이 아닌 것은?
① 다산일 것
② 산란하는 동안 폐사율이 적을 것
③ 도체의 상품적 가치를 높이기 위해 가슴이 넓고 깊은 개체를 선발할 것
④ 사료이용성이 좋을 것

해설
③ 몸 크기를 작게 할 것

정답 11 ④ 12 ③ 13 ③ 14 ② 15 ① 16 ③

17 돼지의 교배적기는 수태지를 허용하기 시작한 시점으로부터 대략 몇 시간 동안인가?

① 1~5시간
② 6~9시간
③ 10~25.5시간
④ 27~31시간

18 분만과정은 준비기, 태아만출기, 태반만출기로 나뉘어진다. 준비기에 일어나는 특징적인 현상이 아닌 것은?

① 자궁 경관의 확장
② 자궁 근육의 수축
③ 이유 후 일당 증체량
④ 옥시토신의 방출

해설

자궁경관 확장기(준비기, 개구기) 과정 및 증상
- 자궁경관의 확장, 자궁근 수축
- 이유 후 일당 증체량, 요막액의 유출
- 자궁 내 에너지원과 단백질 비축
- 모체의 불안정, 태아의 태향과 태세의 변화
- 확장된 자궁경관을 통하여 태막이 질 내로 들어오면 융모막-요막이 파열되어 제1파수가 일어남

19 돼지 일당증체량에 있어서 A계통 일반조합능력이 +100g, B계통 일반조합능력이 +250g이고 이 두 계통 간의 교배에 의한 자손의 평균능력이 +150g이었다면 A계통과 B계통 간의 특정조합능력은?

① −25g
② −200g
③ +25g
④ +200g

20 다음은 어떤 가축의 발정징후인가?

발정 2~3일 전부터 외음부의 발적, 종창이 시작되고 시간이 경과됨에 따라 외음부의 주름이 없어지고 광택을 관찰할 수 있다. 가장 뚜렷한 발정징후로는 다른 암컷이나 수컷의 승가를 허용하는 것과 관리자가 등을 누를 때 나타내는 부동자세가 있다.

① 소
② 산 양
③ 말
④ 돼 지

해설

돼지의 발정징후
- 외음부가 충혈되고 부어 오른다.
- 사료섭취량이 감소한다.
- 질 밖으로 점액을 분비한다.
- 다른 돼지의 승가를 허용한다.

제2과목 가축사양학

21 근육 내, 즉 근육간에 지방이 축적된 고기는?

① 양지육
② 사태육
③ 장정육
④ 상강육

해설

근육의 발육은 세포의 수적, 양적으로 증가하는 것과 동시에 지방이 복강과 피하에 축적되는데 이때 근섬유 세포간에 지방이 축적되는 고기를 상강육이라 한다.

22 보통의 반추 가축사료에서 주된 에너지공급원이 되는 영양소는?

① 탄수화물   ② 비타민
③ 단백질   ④ 지 방

> **해설**
> 탄수화물의 영양소로서 가장 기본적인 기능은 에너지 공급이다.

25 단위축에서 분비되지 않는 탄수화물 소화효소는?

① 아밀라아제   ② 셀룰라아제
③ 말타아제   ④ 수크라아제

23 유지율이 3.5%인 우유 37kg을 유지율 보정유(FCM)로 환산하면 얼마인가?

① 34kg   ② 20kg
③ 16.5kg ④ 40kg

> **해설**
> FCM(환산유량) = 0.4M + 15F
> 여기서, M : 산유량, F : 지방량(산유량 × 유지율)
> = (0.4 × 37) + 15(37 × 3.5%)
> = 34.225kg

26 육성 비육돈 사료에서 사료의 에너지 함량을 높여 줌으로써 나타나는 효과로 틀린 것은?

① 등지방층이 두꺼워진다.
② 배장근단면적이 적어진다.
③ 일당증체량이 많아진다.
④ 도체율이 낮아진다.

24 소에게 매일 13.25%의 단백질을 함유한 클로버 10kg을 공급하였다. 이 소는 매일 21.5kg의 분을 배석하였고, 분의 단백질 함량은 2.32%일 때 단백질의 소화율은?

① 약 42%   ② 약 50%
③ 약 62%   ④ 약 72%

27 가축의 체중(연령) 증가에 따른 체조성의 변화에 대하여 바르게 설명된 것은?

① 수분함량이 감소되고 지방함량이 증가된다.
② 수분함량은 증가되고 지방함량이 감소된다.
③ 수분함량과 지방함량 모두 증가된다.
④ 수분함량과 지방함량 모두 감소된다.

정답 22 ① 23 ① 24 ③ 25 ② 26 ④ 27 ①

28 비반추 초식동물은?

① 염 소　　② 면 양
③ 소　　　④ 말

해설
- 비반추 초식동물 : 말, 토끼, 쥐
- 반추동물 : 소, 염소, 양, 사슴, 낙타 등

29 젖소의 비유곡선과 관련된 내용의 설명 중 틀린 것은?

① 비유 최성기에 도달하는 시기는 그 동물의 유전적 요소와 그 동물의 분만 전 영양상태 및 분만 후 사양관리에 따라 다르나 젖소의 경우는 평균 4~8주째이다.
② 최고유량에 도달한 후 젖소의 산유량은 일정한 비율로 점차 감소하는데, 이 감소율은 개체와 비유기에 따라 다르지만 재임신 후 22주경에 더욱 급속히 떨어진다.
③ 비유 초기에 충분한 영양소를 공급하지 못하더라도 비유 중기 이후 충분한 영양소를 공급할 때는 보상성장의 효과로 인해 산유량이 거의 정상수준으로 회복된다.
④ 재임신시키지 않고 착유를 계속하면 유선의 활동이 약화되어 비록 유량은 감소하지만 2~3년 또는 그 이상까지도 젖을 분비할 수 있고, 6년 이상 비유를 계속한 기록도 있다.

해설
비유 초기에 충분한 영양소를 공급해야 산유량이 정상수준으로 회복된다.

30 곡류사료에 속하지 않는 것은?

① 수 수　　② 대 두
③ 조　　　④ 귀 리

31 우유의 유지방함량 저하를 방지하는 데 적합한 사료는?

① 열처리한 농후사료
② 곱게 분쇄한 조사료
③ 양질의 화본과 건초
④ 펠릿형 가공사료

해설
젖소의 조사료를 세절, 분쇄 또는 펠릿화하면 유지방의 함량이 나빠진다.

32 곡류사료의 영양적 특성에 대한 설명으로 틀린 것은?

① 에너지 함량이 높고 조섬유 함량이 낮다.
② 단백질 함량이 높고 아미노산 조성도 좋다.
③ 영양소 소화율이 높고 기호성이 좋다.
④ 일반적으로 Ca와 P의 함량이 적다.

해설
② 단백질 함량이 낮다.

정답　28 ④　29 ③　30 ②　31 ③　32 ②

33 사료첨가제 중 지용성 비타민으로 옳은 것은?

① 콜 린   ② 엽 산
③ 판토텐산   ④ 토코페롤

해설
④ 토코페롤(Tocopherol, 비타민 E)
• 지용성 비타민 : 비타민 A, D, E, K
• 수용성 비타민 : 비타민 B_1, B_2, B_6, B_{12}, 나이아신, 비타민 C, 바이오틴, 엽산, 판토텐산

34 16%의 조단백질을 함유하는 비육돈 사료를 만들기 위하여 기초사료(조단백질 10%)와 단백질사료(조단백질 35%)를 이용할 때 기초사료와 단백질사료는 어떤 비율로 섞어야 되는가?

① 기초사료 : 단백질사료 = 24 : 76
② 기초사료 : 단백질사료 = 76 : 24
③ 기초사료 : 단백질사료 = 36 : 64
④ 기초사료 : 단백질사료 = 64 : 36

해설
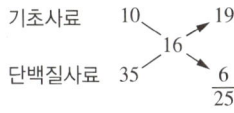

35 한우고기의 품질 향상을 위해 비육기간을 연장하여 사육할 때 수반되는 단점은?

① 등지방두께 증가
② 배최장근단면적 증가
③ 근내지방도 증가
④ 관능특성(연도, 다즙성, 풍미) 개선

36 질이 좋은 목건초 분말에 당밀 등을 섞어서 단단한 장방형으로 가온·고압하에서 성형하여 만든 사료는?

① 가루사료   ② 펠릿사료
③ 크럼블사료   ④ 큐브사료

해설
큐브(Cube)사료 : 짧게 자른 목건초를 압축 성형기로 장방형의 알갱이로 만든 사료

37 육성 비육 시 성장형태의 3단계가 순서대로 맞는 것은?

① 골격최대성장기 → 근육최대성장기 → 지방최대축적기
② 근육최대성장기 → 골격최대성장기 → 지방최대축적기
③ 지방최대축적기 → 근육최대성장기 → 골격최대축적기
④ 골격최대성장기 → 지방최대축적기 → 근육최대성장기

38 반추위 내에서 합성되지 않아 사료로 공급이 필요한 비타민만으로 나열한 것은?

① 비타민 B_2, K   ② 비타민 A, D
③ 비타민 B_2, E   ④ 비타민 A, B_2

해설
반추위에서 반추미생물에 의해 대부분의 수용성 비타민(비타민 B_1, B_2, B_6, B_{12}, 나이아신, 비타민 C, 바이오틴, 엽산, 판토텐산)과 비타민 K가 합성되지만, 비타민 A, D, E는 합성되지 않아 사료로부터 공급이 요구된다.

39 닭의 에너지 이용과 관련된 내용으로 잘못 설명된 것은?

① 체중이 적을수록 에너지 이용효율이 높다.
② 에너지 소비량은 케이지보다 평사에 사육 시 더 많다.
③ 산란능력이 높은 닭이 낮은 닭보다 에너지 이용효율이 높다.
④ 체중이 가벼운 닭은 전체 에너지 소비량이 더 낮다.

40 산란계에서 산란피크로 올라가는 시기의 사양관리 중 잘못된 것은?

① 물과 사료는 항상 먹을 수 있도록 해 주어 충분한 영양을 공급한다.
② 20주령을 전후로 점등시간을 등가시켜 주며 백색계에 비해 체중이 무거운 갈색계는 점등교체시기를 다소 빠르게 해 준다.
③ 온도, 습도 및 환기상태를 수시로 점검하고 최적의 환경조건을 만들어 준다.
④ 산란피크에 도달하면 생리적으로 질병에 대한 저항력이 약해지므로 가급적 산란율이 오르고 있는 기간 중 가능한 모든 예방접종을 실시한다.

해설
④ 산란율이 올라가고 있는 도중에 예방접종을 하면 높은 산란피크를 유지할 수 없으므로 접종시기를 놓쳤더라도 이 시기에는 예방접종을 실시하지 않는다.

제3과목 축산경영학

41 다음 중 변동비용에 해당되지 않는 것은?

① 사료비
② 감가상각비
③ 소농구비
④ 동력비

해설
감가상각비는 고정비용에 속한다.

42 양축농가의 단기지급능력을 측정하는 대표적인 비율이 유동비율이다. 다음 중 유동비율을 나타낸 것은?

① $\dfrac{유동자산}{유동부채} \times 100$
② $\dfrac{유동부채}{유동자산} \times 100$
③ $\dfrac{당좌자산}{유동부채} \times 100$
④ $\dfrac{유동자산}{자기자본} \times 100$

43 축산경영의 총투입자본 1,000만원 중 300만원을 외부에서 빌렸을 때 자기자본은?

① 700만원
② 1,000만원
③ 300만원
④ 1,300만원

해설
자기자본 = 1,000만원 − 300만원
= 700만원

정답 39 ② 40 ④ 41 ② 42 ① 43 ①

44 다음 중 비육우경영의 조수입을 증대시키는 방법이 아닌 것은?

① 송아지 판매두수를 늘린다.
② 송아지 사료비를 절감한다.
③ 송아지 판매단가를 높인다.
④ 기간내 송아지 생산효율을 높인다.

45 A양돈비육농가가 자돈을 30kg에 구입하여 106일 동안 사육한 후 체중이 110kg일 때 출하하였다. 이 기간 동안 비육돈 두당 사료섭취량은 228kg이었다. 이 농가의 사료요구율은 얼마인가?

① 2.07
② 2.85
③ 3.67
④ 7.60

해설

사료요구율 = $\frac{총사료급여량}{총증체량} \times 100$

= $\frac{228kg}{80kg}$ = 2.85

46 축산경영의 적정규모 산출 방법으로 옳지 않은 것은?

① 최소자본 규모의 산출
② 평균비용곡선상의 최저점 산출
③ 적자생존법에 의한 적정규모 계층의 확인
④ 서로 다른 규모 간의 단위 생산비를 직접 비교

47 다음은 토지의 어떠한 특징에 관한 설명인가?

> 토지가 산업상의 입지로서 그 위에 생산물과 생산시설을 갖게 하는 기능으로 농업은 토지의 이 특성에 가장 크게 의존한다. 축산에서는 방목지, 축사, 건물, 작업장 부지 등 그 이용 목적이 대단히 광범위하다.

① 불가동성
② 가경력
③ 불가증성
④ 적재력

해설

토지의 적재력(積載力, Loading Ability)
- 축산물의 생산대상인 가축을 사육할 수 있는 장소로서의 기능이다.
- 제반시설 및 노동이 가해지는 장소로서의 기능이다.
- 가축을 사육하는 데 필요한 사료작물을 재배하는 장소로서의 기능이다.
- 축산에서는 방목지, 축사, 건물, 작업장 부지 등 그 이용 목적이 대단히 광범위하다.

48 비육돈 생산비 중 비중이 큰 비용은?

① 건물비
② 자돈비
③ 사료비
④ 노동비

해설

사료비는 비육돈, 젖소, 육계, 산란계 경영비 중 가장 비중이 큰 항목이다.

49 경영진단방법 중 진단 대상농가와 비슷한 경영형태를 가진 그 지역 우수농가의 평균치와 비교하는 방법은?

① 표준진단법
② 직접비교법
③ 내부비교법
④ 시계열비교법

50 자본이 적고 노동력이 풍부한 경영체에서 취해야 할 경영형태로 적합한 것은?

① 노동조방적·자본조방적 경영
② 노동집약적·자본조방적 경영
③ 노동조방적·자본집약적 경영
④ 노동집약적·자본집약적 경영

> 해설
> - 노동력이 풍부하고 자본이 적은 경영여건 : 노동집약적·자본조방적
> - 노동력이 부족하고 자본이 많은 경영여건 : 자본집약적·노동조방적

51 축산물생산비 중 암묵비용에 해당하는 것은?

① 타인자본이자
② 차입토지자본이자
③ 자기토지자본이자
④ 고용노동평가액

> 해설
> 암묵비용 : 자기노동보수, 자기자본이자, 자기토지지대

52 대규모 축산경영의 장점으로 옳지 않은 것은?

① 자본생산성의 향상
② 생산기술 취득용이
③ 축산물 판매의 유리
④ 생산물 비표준화로 다양한 축산물 공급

53 낙농경영에서 경영비에 속하지 않는 비목은?

① 사료구입비 ② 우유대
③ 소농기구 구입비 ④ 감가상각비

> 해설
> **경영비** : 가축비, 사료비, 수도광열비, 진료위생비, 수선비, 소농기구, 제재료비, 기타 잡비, 고용노력비, 차입금이자, 종부료, 임차료, 분뇨처리비, 감가상각비

54 어떤 생산물(Y)을 최소비용으로 생산하기 위한 두 생산요소(X_1, X_2)의 최적 결합 조건은?(단, ΔX_1과 ΔX_2는 추가 투입, P_{X_1}과 P_{X_2}는 생산요소 가격이다)

① $P_{X_1} \cdot \Delta X_1 > P_{X_2} \cdot \Delta X_2$
② $P_{X_1} \cdot \Delta X_1 > P_{X_2} \cdot \Delta X_2$
③ $P_{X_1} \cdot \Delta X_1 = P_{X_2} \cdot \Delta X_2$
④ $P_{X_1} \cdot \Delta X_2 = P_{X_2} \cdot \Delta X_1$

> 해설
> 생산요소 가격의 역비(逆比)와 한계대체율이 일치하는 점에서 비용의 최소화
> $P_{X_1}/P_{X_2} = \Delta X_2/\Delta X_1$
> 이 식은 $P_{X_1} \Delta X_1 = P_{X_2} \Delta X_2$으로 다르게 표현, 이는 X_2의 추가비용 = X_1의 절감비용과 같다는 것을 의미한다.

55 축산경영에서 공동조직의 원칙에 해당하지 않는 것은?

① 인화의 원칙 ② 경합의 원칙
③ 유리성의 원칙 ④ 민주화의 원칙

> 해설
> 축산경영에 있어서 공동조직을 지속적으로 유지하기 위해서는 경합의 원칙(경쟁의 원칙)은 배제되어야 한다.

56 축산경영 운영에 있어서 이윤 최대화가 되는 조건으로 옳은 것은?

① 한계수익이 한계비용보다 큰 경우
② 한계비용 곡선이 최저가 되는 경우
③ 한계수익이 한계비용보다 적은 경우
④ 총수입과 총비용의 차액이 최대인 경우

> **해설**
> **축산경영의 이윤 극대화 조건**
> • 한계수익 = 한계비용
> • 총수익과 총비용의 차액이 최대일 때
> • 생산요소와 생산물의 가격비가 한계생산과 일치할 때
> • 한계생산이 그 가격의 역비와 같을 때
> • 한계가치 생산이 자원의 가격과 같을 때

57 비육우경영에서 기술지표가 아닌 것은?

① 비육우 번식횟수
② 사료요구율
③ 1인당 비육우 관리두수
④ 비육우 1두당 일당 증체량

58 다른 생산여건이 일정할 경우, 축산물 가격은 올라가고 사료가격은 내려간 경우, 조수익과 경영비의 변화에 관한 내용으로 가장 적절한 것은?

① 조수익과 경영비가 모두 늘어난다.
② 조수익과 경영비가 모두 줄어든다.
③ 조수익은 늘어나고 경영비는 줄어든다.
④ 조수익은 줄어들고 경영비는 늘어난다.

59 축산경영조직의 적정화를 도모하고자 할 때 가장 먼저 고려해야 할 사항은?

① 가축의 적정 사육규모
② 가축의 생산능력
③ 노동력의 기계화
④ 입지조건의 적합여부

> **해설**
> **경영조직 적정화 순서**
> • 입지조건의 적합여부(적정화를 설계할 때 가장 먼저 고려해야 할 사항)
> • 생산가축의 적정규모여부
> • 각 가축의 능력관계
> • 가축두수와 사료작물 및 목초재배의 적합여부
> • 노동절약을 위한 기계화방향(노동투입의 집중화를 위한 문제)

60 다음 중 축산경영에 존재하는 위험과 불확실성을 완화시키는 방법으로 적합하지 않은 것은?

① 경영 다각화
② 선물 시장의 활용
③ 보험 가입
④ 경영규모 확대

정답 56 ④ 57 ① 58 ③ 59 ④ 60 ④

제4과목 사료작물학

61 다음에서 설명하는 사료용 작물은?

> • 일년생 및 월년생의 화본과 작물로서 초장이 100cm 내외이며, 봄에 분얼이 왕성하고 잎의 표면에 광택이 있다.
> • 출수기 이후에도 잎이 많아 사료품질이 우수하고 가축 기호성이 높으나 내한성이 낮아 남부지방에서 주로 재배된다.

① 이탈리안라이그래스
② 연맥(귀리)
③ 호 밀
④ 보 리

62 해충의 종류를 근계 및 지하경을 가해하는 해충과 지상부를 가해하는 해충으로 구분할 때 목초의 지상부에 해를 주지 않는 해충은?

① 멸강나방류
② 애멸구
③ 조명나방
④ 방아벌레류

해설
근계 및 지하경의 해충 : 방아벌레류, 땅강아지, 풍뎅이류의 유충(굼벵이), 밤나방과의 유충 및 선충 등

63 화본과 작물로만 짝지어진 것은?

① 클로버류, 귀리
② 옥수수, 알팔파
③ 알팔파, 보리
④ 옥수수, 보리

해설
• 화본과 : 일반 벼과 목초류(호밀, 수수 등), 화곡류(Cereals), 잡곡류, 피 등
• 두과 : 클로버류, 베치류, 콩류, 알팔파류, 자운영 등

64 다음 중 남방형(난지형) 목초에 속하는 것은?

① 톨페스큐   ② 티머시
③ 수단그라스 ④ 알팔파

해설
①·② 한지형 화본과
④ 한지형 콩과

65 다음 목초 중 추위에 가장 강한 초종은?

① 티머시
② 오처드그라스
③ 스위트클로버
④ 크림슨클로버

해설
티머시 : 추위에 강하고 더위에 약해 높은 산지나 한랭지에 적합하다.

66 콩과 목초의 형태적 특성에 대한 설명으로 틀린 것은?

① 뿌리는 하나이거나 또는 곧은 뿌리로 되어 있다.
② 접종된 목초의 뿌리에는 질소고정을 위한 근류균을 갖는다.
③ 잎은 평행맥으로 되어 있으며 줄기 위에 어긋나게 2열로 각 마디에 하나씩 나 있다.
④ 종자는 일반적으로 배젖이 없다.

해설
③ 잎은 그물맥(망상맥), 2~3 또는 다수의 복합엽으로 되어있다.

67 연맥(귀리)에 관한 설명으로 틀린 것은?

① 밀보다는 척박지의 토양산성에 대한 적응성이 강하다.
② pH 5.6~6.2 정도의 약산성 토양에 잘 자란다.
③ 우리나라 전역에서 월동이 잘되는 작물이다.
④ 벼를 제외한 다른 화곡류보다 가장 많은 수분을 요한다.

해설
③ 맥류 중 내한성이 가장 약하여 남부지방과 제주도에서 많이 재배된다.

68 일반적으로 사일리지의 건물손실률이 가장 높을 것으로 예상되는 사일로는?

① 기밀사일로
② 벙커사일로
③ 스태크사일로
④ 탑형 사일로

해설
스태크사일로
• 지면에 두꺼운 비닐을 깔고 사일리지 재료를 쌓은 다음, 주위를 다시 두꺼운 비닐로 덮어 두는 것이다.
• 필요에 따라 어떤 장소에나 설치할 수 있고, 시설비가 필요 없는 장점이 있다.
• 밀폐상태로 보존할 수 없어서 폐기량이 많으며, 사일로 중 건물손실률이 가장 높다(30~35%).

69 다음 목초 중 뿌리가 가장 깊게 뻗는 초종은?

① 티머시
② 알팔파
③ 라디노클로버
④ 오처드그라스

70 옥수수를 재배할 때 잎에 가장 많은 피해를 주는 해충은?

① 풍뎅이류 유충
② 땅강아지
③ 방아벌레류
④ 멸강나방

해설
적게 발생할 때에는 주로 옥수수와 같은 큰 화본과 사료작물의 잎 속에 홀로 살면서 부드러운 잎을 갉아 먹으며, 심할 때는 딱딱한 줄기만 남기고 잎은 다 먹어 버리고, 하룻저녁에 수ha씩 피해를 준다.

정답 66 ③ 67 ③ 68 ③ 69 ② 70 ④

71 건초제조과정과 그에 필요한 농업기계를 연결한 것 중 틀린 것은?

① 예취 – 모어
② 압쇄 – 헤이 컨디셔너
③ 뒤집기 – 베일러
④ 운반 – 트럭

해설
③ 뒤집기 : 헤이 테더(Hay Tedder, 반전기)
※ 베일러(Hay Baler, 곤포기) : 포장에서 말린 건초를 압축시켜 묶는 기계

72 일반적으로 북방형 목초가 가장 잘 자라는 기온은?

① 5~10℃
② 15~21℃
③ 25~27℃
④ 30~35℃

73 보통 사일리지 재료의 가장 적당한 수분 함량은?

① 20~28%
② 40~45%
③ 68~72%
④ 80~85%

74 수수-수단그라스계 잡종의 가장 이상적인 이용 방법은?

① 풋베기(청예)
② 건초
③ 사일리지
④ 방목

75 중부지방에서 청예용 유채를 옥수수 후작으로 파종 시 적기는?

① 7월 중순~8월 상순
② 8월 중순~9월 상순
③ 9월 중순~10월 상순
④ 10월 중순~11월 상순

76 방목이용의 기본원칙은 가축의 섭취량과 목초의 재생이 균형을 이루어지도록 하는 것이다. 채초지와는 달리 방목지에서는 선택채식이나 불식과 번초 등이 자주 나타난다. 방목 시 초지상태를 효과적으로 유지하여 가축의 섭취량을 높이는 데 필요한 방목용 초지로서 적당한 조건은?

① 초장이 낮고 밀도가 낮은 초지
② 초장이 낮고 밀도가 높은 초지
③ 초장이 높고 밀도가 낮은 초지
④ 초장이 높고 밀도가 높은 초지

정답 71 ③ 72 ② 73 ③ 74 ① 75 ② 76 ②

77 다음 중 사일리지 제조 시 발효에 영향을 미치는 요인과 가장 거리가 먼 것은?

① 재료의 수분함량
② 재료의 길이(크기)
③ 재료의 비타민 함량
④ 진압의 정도

79 콩과(두과) 목초의 근류균 접종에 대한 설명으로 옳지 않은 것은?

① 토양접종법이 있다.
② 종자접종법이 있다.
③ 접종할 때 탄산석회가 부착제로 사용된다.
④ 접종된 종자를 소독하여야 한다.

해설
근류균이 접종된 종자는 즉시 파종한다.

78 다음 중 사일리지의 분석결과에 대한 설명으로 가장 적절한 것은?

① 유산 함량이 높으면 암모니아태질소 함량도 높다.
② 사일리지의 pH가 높으면 낙산 함량은 낮다.
③ 사일리지의 pH가 낮으면 암모니아태질소 함량도 낮다.
④ 낙산 함량이 높으면 기호성과 채식량도 증가한다.

해설
③ 암모니아, 낙산 그리고 pH 간에는 정의 상관관계가 있다.

화학분석에 의한 평가
- 유기산 조성비율 : 젖산의 비율은 높을수록, 낙산의 비율은 낮을수록 좋다.
- pH : pH가 낮을수록(4.2 이하) 젖산 함량이 많고, 품질이 우수하다.
- 암모니아태질소 등 질소화합물 : 암모니아태질소의 비율이 낮을수록 좋다.
- 소화율 : 소화율이 높을수록 좋다.

80 목초의 하고현상에 대한 설명으로 가장 적합한 것은?

① 하고현상의 주요인은 높은 기온 때문이다.
② 하고기에는 목초의 초장을 길게 유지하는 것이 좋다.
③ 하고기에는 질소시비를 충분히 하여야 한다.
④ 병해와 하고와는 무관하다.

해설
하고현상 : 고온건조한 환경이 지속되어 작물의 생육이 정지하거나 말라 죽는 현상으로 고온, 건조, 장일, 병충해, 잡초번무 등이 원인이다.

정답 77 ③ 78 ③ 79 ④ 80 ①

2023년 제1회 과년도 기출복원문제

※ 축산기사는 2023년부터 CBT(컴퓨터 기반 시험)로 진행되어 수험자의 기억에 의해 문제를 복원하였습니다. 실제 시행문제와 일부 상이할 수 있음을 알려드립니다.

제1과목 가축육종학

01 어느 종돈 군에서 154일령 체중에 대하여 선발된 암퇘지와 수퇘지의 선발차가 각각 4kg과 6kg이고, 이때의 유전력이 20%라면 유전적 개량량은 얼마인가?

① 1.0kg
② 1.5kg
③ 10kg
④ 15kg

해설
$[(4+6)/2] \times 0.2 = 1.0$

02 육용계에서 생체중의 실현유전력은?

① 0.15~0.25
② 0.30~0.40
③ 0.50~0.60
④ 0.70~0.80

해설
성장률의 지표가 되는 시장출하 체중의 유전력은 부친의 분산성분 또는 부모에 대한 자식의 회귀로 추정했을 때 0.40~0.50 범위이나 실현유전력으로 계산하면 0.30~0.40 범위이다.

03 염색체의 이수현상(異數現象)을 틀리게 표현한 것은?

① 영염색체적(Nullisomic) : 2n − 2
② 2중3염색체적(Double Trisomic) : 2n + 1 + 1
③ 4염색체적(Tetrasomic) : 2n + 1
④ 단염색체적(Monosomic) : 2n − 1

해설
③ 4염색체적 : 2n+2, 3염색체적 : 2n+1

04 반성유전에 대한 설명으로 옳은 것은?

① Y-염색체에 존재하는 유전자에 의해 지배된다.
② X-염색체에 존재하는 유전자에 의해 지배된다.
③ 상염색체에 존재하는 유전자에 의해 지배된다.
④ 모든 염색체에 존재하는 유전자에 의해 지배된다.

해설
반성유전은 주로 X-염색체상의 유전자에 이상이 있어서 열성이 나타나는 경우가 대부분이다.

정답 1 ① 2 ② 3 ③ 4 ②

05 가축 육종에서 변이의 척도로 가장 널리 이용되는 것은?
① 분산
② 표준편차
③ 범위
④ 변이계수

06 가축의 유전적 개량에 미치는 요인이 아닌 것은?
① 선발강도
② 선발의 정확도
③ 유전적 변이
④ 일시적 환경효과

해설

유전적 개량량 = h^2S
여기서, h : 유전력
선발차(S) : 종축으로 선발된 개체의 평균 − 모집단의 평균

07 후대검정 시 선발의 정확도를 높이는 방법으로 옳지 않은 것은?
① 후대 자손수를 많게 한다.
② 교배 시 암가축 수보다 수가축의 수를 많게 한다.
③ 후대검정 시 교배되는 암가축의 능력을 고르게 한다.
④ 환경요인의 영향을 균등하기 위하여 여러 곳에서 검정을 한다.

해설

후대검정의 정확도를 높이는 방법
- 태어난 자손의 환경여건을 동일하게 할 것(검정소 검정), 또는 여러 곳에서 검정하여 환경 영향이 균등하도록 한다.
- 환경요인이나 우성효과, 상위성효과 등을 상쇄시키기 위해 많은 자손을 검정한다.
- 수가축의 유전자 절반만이 자손에 전달되므로 암가축을 고르게 배분(많은 암가축에 교배)한다.
- 검정된 자손의 능력은 전부 평가한다.

08 18세기 동물육종의 효시라고 불리는 영국의 이 육종가는 육종원리를 "Like Begets like"라고 하였는데 이 사람은 누구인가?
① H. Lewis
② F. Hopkins
③ J. Gilbert
④ R. Bakewell

09 한 가닥의 DNA 염기의 배열이 ATTGC일 때, 이와 상보적인 DNA 염기배열은 무엇인가?
① GCCAT
② UAACG
③ TAACG
④ TUUGC

해설

상보적 결합

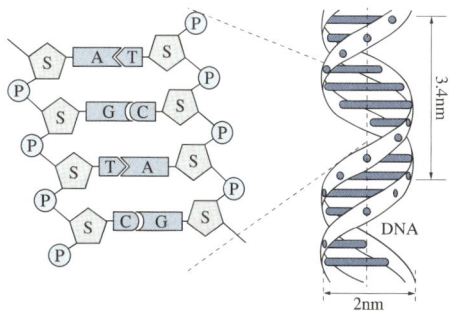

DNA 구조에서 염기들이 나선의 내부를 향하게 되며, 아데닌(A)은 타이민(T)과만 결합하고, 구아닌(G)은 사이토신(C)과 결합한다.

10 잡종교배의 목적으로 가장 적절하지 않은 것은?

① 동형접합체 개체를 늘리기 위하여
② 품종 또는 계통 간의 상보성을 이용하기 위하여
③ 잡종강세를 이용하기 위하여
④ 유해한 열성인자의 발현을 가리기 위하여

해설
잡종교배는 근친교배와는 정반대되는 교배법으로, 근친교배와는 정반대의 유전적 효과를 나타낸다. 근친교배가 동형접합체의 비율을 증가시키고 이형접합체의 비율을 감소시키는데 반하여 품종 간 교배나 계통 간 교배는 이형접합체의 비율을 증가시키고 동형접합체의 비율을 감소시킨다.

11 유각인 한우와 무각인 앵거스종을 교배시킬 때 F_2에서 유각 개체가 나타나는 비율은?

① $\frac{1}{4}$ ② $\frac{2}{4}$
③ $\frac{3}{4}$ ④ $\frac{4}{4}$

해설
유각(pp)과 무각(PP)중에는 무각이 우성이다.
P .... PP × pp
            ↓
F_1 .... Pp × Pp
            ↓
F_2 PP Pp Pp pp
       무각 3 : 유각 1

12 다음 중 (가), (나), (다)에 알맞은 내용은?

- 돼지의 Yorkshire종 : 백색은 모든 유색에 대하여 (가)이다.
- 면양의 Merino종 : 보통 백색은 유색에 대하여 (나)이다.
- 면양의 Karakul종 : 백색은 흑색에 대하여 (다)이다.

① (가) : 열성, (나) : 열성, (다) : 열성
② (가) : 열성, (나) : 우성, (다) : 열성
③ (가) : 우성, (나) : 열성, (다) : 열성
④ (가) : 우성, (나) : 우성, (다) : 열성

해설
- 돼지의 Yorkshire종 : 백색은 모든 유색에 대하여 우성이다.
- 면양의 Merino종 : 보통 백색은 유색에 대하여 우성이다.
- 면양의 Karakul종 : 백색은 흑색에 대하여 열성이다.

13 돼지의 계통조성 목적이 아닌 것은?

① 유전적 균일 정도를 높일 수 있다.
② 우수 유전자를 영속적으로 유지 활용할 수 있다.
③ 돼지 생산 비용을 줄일 수 있다.
④ 효과적인 잡종강세 효과를 얻을 수 있다.

14 강력유전을 하게 하는 데 도움이 되는 교배법은?

① 속간교배 ② 근친교배
③ 잡종간교배 ④ 품종간교배

해설
근친교배는 유전자의 호모성을 증진시켜 강력유전을 하게 된다.

정답 10 ① 11 ① 12 ④ 13 ③ 14 ②

15 돼지의 품종 중 산자수가 많고, 비유능력이 양호하며 새끼돼지를 잘 키우는 품종은?

① Berkshire종 ② Hampshire종
③ Landrace종 ④ Duroc종

해설
Landrace종 : 돼지의 품종 중 1대 잡종 생산에 많이 쓰인다.

16 산란계 농장의 11월 검정성적이 다음 표와 같을 때 이 농장의 평균난중은?

일자	입식 수수	폐사 수수	생존 연수수	산란수 (개)	난중 (kg)	사료 소비량 (kg)
1	1,000	–	–	–	–	
7		5	6,000	4,980	301.3	900
14		8	6,965	5,691	347.2	1,010
21		7	6,909	5,628	351.1	1,035
28		4	6,860	5,621	354.1	1,015
31		1	3,903	3,235	205.4	570
계	1,000	25	30,637	25,155	1,559.1	4,530

① 65.1g ② 61.9g
③ 53.9g ④ 46.9g

해설
평균난중
$= \dfrac{\text{18주령 개시일~검정종료일까지의 총난중}}{\text{총산란개수}}$
$= \dfrac{1,559,100g}{25,155} = 61.9g$

17 한우에 있어서 능력검정 및 선발의 대상이 되지 않는 형질은?

① 도체품질 ② 산유능력
③ 역용능력 ④ 산육능력

18 양돈비육농가가 자돈을 30kg에 구입하여 106일 동안 사육한 후 체중이 110kg일 때 출하하였다. 이 기간 동안 비육돈 두당 사료섭취량은 228kg이었다면 이 농가의 총사료 요구율은?

① 2.75 ② 2.80
③ 2.85 ④ 2.90

해설
사료요구율 $= \dfrac{\text{총사료급여량}}{\text{총증체량}} \times 100$
$= \dfrac{228kg}{80kg} = 2.85$

19 환경변이가 없는 조건에서 사육한 돼지의 165일령 체중이 다음과 같다고 할 때 이형접합체의 유전자형가는?(단, AA : 120kg, Aa : 110kg, aa : 90kg)

① 10kg ② 5kg
③ 30kg ④ 15kg

20 대립유전자의 상호작용에 의한 효과는?

① 평균효과(平均效果)
② 우성효과(優性效果)
③ 상위성 효과(上位性效果)
④ 상가적 효과(相加的效果)

제2과목 가축번식생리학

21 배반포의 형성과 발달과정 중 태아로 발달하는 부분은?

① 난황막　② 내부세포괴
③ 투명대　④ 영양막

해설
영양막은 태반과 태막형성에 관여하고, 내부세포괴는 태아로 발달한다.

22 소에서 세균감염에 의한 급·만성의 전염병으로 유산을 일으키는 것은?

① 트리코모나스병
② 과립성 질염
③ 브루셀라병
④ 톡소플라스마병

해설
브루셀라병은 감염 소의 생식기로부터 누출되는 배설물에 오염된 사료나 물의 세균을 섭취함으로써 전염되는 가장 일반적인 소의 생식기병으로 유산을 일으키는 특징을 가졌다.

23 성숙한 수컷 포유동물의 부생식선이 아닌 것은?

① 랑게르한스섬　② 전립선
③ 정낭선　　　　④ 쿠퍼선

해설
부생식선(부성선) : 정낭선, 전립선(섭호선), 요도구선(쿠퍼선)

24 암컷 가축의 분만 후 발정을 위한 자궁퇴축 기간이 바르게 연결된 것은?

① 소 : 35~40일, 돼지 : 25~28일, 면양 : 10~15일
② 소 : 90~100일, 돼지 : 5~7일, 면양 : 10~15일
③ 소 : 90~100일, 돼지 : 5~7일, 면양 : 25~30일
④ 소 : 35~40일, 돼지 : 25~28일, 면양 : 25~30일

25 가축의 교배적기를 결정하는 생리적 요인으로 부적합한 것은?

① 혈장 내 코르티솔 호르몬의 함량
② 배란시기와 정자가 수정능력을 획득하는 데 걸리는 시간
③ 자축의 생식기도 내에서 정자가 수정능력을 유지하는 기간
④ 배란된 난자가 자축의 생식기도 내에서 수정능력을 유지하는 기간

해설
임신 말기까지 황체에서 프로게스테론을 분비하는 소나 돼지와 같은 동물에서는 태아측의 코르티솔에 의하여 태반에서 에스트로겐이 분비되고, 이 에스트로겐이 자궁내막의 $PFG_{2\alpha}$ 분비를 촉진하며, 분비된 $PFG_{2\alpha}$ 가 난소의 황체를 퇴행시킴으로써 분만이 유기된다.

26 포유동물의 정자 형태변화 과정 순서가 올바르게 나열된 것은?

① 두모기 – 골지기 – 첨체기 – 성숙기
② 골지기 – 두모기 – 첨체기 – 성숙기
③ 두모기 – 첨체기 – 골지기 – 성숙기
④ 골지기 – 첨체기 – 두모기 – 성숙기

해설
포유동물에서 정자의 완성과정 : 골지기 → 두모기 → 첨체기 → 성숙기

27 다음 중 태반의 형태와 가축이 바르게 연결된 것은?

① 산재성 태반 – 면양
② 대상성 태반 – 말
③ 궁부성 태반 – 소
④ 반상성 태반 – 돼지

해설
③ 궁부성 태반 : 소, 산양, 면양
① 산재성 태반 : 말, 돼지
② 대상성 태반 : 고양이, 개
④ 반상성 태반 : 설치류, 영장류

28 유선발육에 관여하지 않는 호르몬은?

① 옥시토신   ② 황체호르몬
③ 프로락틴   ④ 난포호르몬

해설
옥시토신은 분만 후 자궁의 수축과 유즙 분비를 촉진시키는 뇌하수체 후엽 호르몬이다.

29 발정주기 동기화의 장점이 아닌 것은?

① 분만관리와 자축관리가 용이하다.
② 계획번식과 생산조절이 가능하다.
③ 전문지식과 숙련된 기술이 필요하다.
④ 발정의 발견과 교배적기 파악이 용이하다.

해설
발정주기 동기화의 장단점

장점	• 발정관찰이 정확하여 인공수정의 실시가 용이하다. • 정액공급 및 보관 등 제반 업무를 효율적으로 수행할 수 있다. • 분만관리와 자축관리가 더욱 용이하다. • 계획번식과 생산조절이 가능하다. • 발정의 발견과 교배적기 파악이 용이하다. • 수정란이식 기술의 발전에 공헌한다. • 가축개량과 능력검정사업을 효과적으로 수행할 수 있다.
단점	• 사용약품(호르몬제의 처리)에 따른 부작용이 나타날 위험성이 있다. • 인건비와 약품비의 부담이 크다. • 전문지식과 숙련된 기술을 필요로 한다.

30 다음 중 어떤 경우에 정자형성이 가장 심각하게 저하되는가?

① 비타민 A와 B의 결핍 시
② 비타민 E와 K의 결핍 시
③ 비타민 K와 D의 결핍 시
④ 비타민 A와 E의 결핍 시

31 단일성 계절번식 가축은?

① 소　② 돼 지
③ 면 양　④ 말

해설

계절번식 가축
- 주년성 번식동물 : 소, 돼지, 토끼
- 비주년성 번식동물
  - 단일성 번식동물 : 면양, 산양, 염소, 사슴, 노루, 고라니 등
  - 장일성 번식동물 : 말, 당나귀, 곰, 밍크 등

32 홀스타인 암소의 번식적령기 평균체중은?

① 100~200kg
② 200~300kg
③ 300~400kg
④ 400~500kg

33 소와 돼지의 평균 발정주기로 가장 적합한 것은?

① 15일　② 21일
③ 25일　④ 30일

해설

성숙한 소와 돼지의 발정주기와 발정지속시간
- 소 : 21~22일, 18~20시간
- 돼지 : 18~22일, 48~72시간

34 제1차 성숙분열이 완성되기 전에 배란이 일어나는 동물은?

① 개　② 소
③ 닭　④ 돼 지

해설

개, 여우 등은 제1차 성숙분열(감수분열)이 완성되기 전에 배란이 일어난다.

35 가축의 발생과정 중 내배엽에서 분화되는 것은?

① 뼈　② 간
③ 심 장　④ 신경계

해설

수정란이 분할을 거듭하여 각종 조직과 기관으로 분화되는 과정에서 내배엽, 중배엽, 외배엽 3개의 세포층으로 분화한다.
- 내배엽 : 간·췌장·폐·소장·대장 같은 내장기관, 체절, 근육조직
- 중배엽 : 근육계, 골격계, 신경계, 비뇨생식기, 신장·심장·혈액·혈관 같은 심혈관계
- 외배엽 : 뇌·척수, 표피계, 털, 발굽 등의 신경기관

정답 31 ③　32 ③　33 ②　34 ①　35 ②

36 정자의 수정능력 획득과 관련한 내용 중 틀린 것은?

① 암가축 생식기관의 분비액에는 수정능력 획득인자가 함유되어 있다.
② 수정능력 획득인자를 정자피복항원이라 한다.
③ 정자의 수정능력 획득은 난소호르몬의 영향을 받는다.
④ 수정능력 획득에 수반되는 정자의 형태 변화는 첨체반응으로 나타난다.

해설
정자에는 수정능력 파괴인자(정자피복항원)가 존재한다.

37 다음 중 비유(泌乳)유지(維持)에 필요한 호르몬이 아닌 것은?

① 프로락틴(Prolactin)
② 부신피질자극호르몬(ACTH)
③ 코르티솔(Cortisol)
④ 난포자극호르몬(FSH)

해설
④ 난포자극호르몬(FSH)은 당단백질계 호르몬으로 난자 및 정자의 생성에 관여한다.
비유유지에 필요한 호르몬
- 뇌하수체 전엽호르몬 : 프로락틴, 부신피질자극호르몬(ACTH)
- 뇌하수체 후엽호르몬 : 옥시토신
- 비유유지에는 간접적이나 비유량에 영향을 주는 전엽성 호르몬 : 성장호르몬(GH), 갑상선자극호르몬(TSH) 등
- 부신피질호르몬(코르티솔) 및 갑상선호르몬(Thyroxine)
- 부갑상선호르몬(Parathormone)

38 돼지에서 사정된 정액 중 정장물질(Semical Plasma)의 대부분이 분비되는 장소는?

① 정소상체 미부 ② 정낭선
③ 전립선 ④ 카우퍼선

해설
대부분의 포유동물에서 사정되는 정액 중 대부분은 정낭선에서 분비되며, 특히 정액에서 검출되는 Prostaglandin도 이곳에서 분비된다.

39 수컷(雄性)의 2차 성징을 발현시키는 호르몬은?

① Testosterone
② LH
③ Prostaglandin
④ Human Chorionic Gonadotropin(hCG)

해설
웅성호르몬(Testosterone)
수컷의 부생식기(정소상체, 정관, 음낭, 전립선, 정낭선, 요도구선, 포피)의 성장, 발육과 그 분비기능을 증진시킬뿐만 아니라 제2차 성징을 발현시키고 성행동이나 성욕을 유발하는 등 수컷의 번식작용에 매우 광범위하게 영향을 미친다.

40 소에서 수정 후 7일경에 수정란을 채란하려고 한다면 어느 부위에서 어떤 발육단계의 수정란이 주로 채란되는가?

① 자궁, 배반포기
② 난관, 4~16세포기
③ 자궁, 4~16세포기
④ 난관, 배반포기

제3과목　가축사양학

41 두과 목초가 충분할 경우 추가 공급이 적게 요구되는 영양소는?

① 칼 슘　② 인
③ 아이오딘　④ 셀레늄

해설
두과 목초는 단백질과 칼슘의 함량이 높다.

42 베타산화(β-oxidation)는 다음 중 어떤 영양소의 산화와 밀접한 관련이 있는가?

① 비타민　② 단백질
③ 포도당　④ 지방산

해설
지방이 글리세롤과 지방산으로 분해되면, 글리세롤은 α-글리세롤포스페이트가 되어 해당과정(Glycolysis)을 거치며, 지방산은 β-산화(β-Oxidation)로 분해된다.

43 비육우의 사양을 바르게 설명한 것은?

① 비육말기에 단백질을 많이 공급할수록 육질이 더 좋아진다.
② 비육중인 가축에게 수용성 비타민의 공급은 필수적이다.
③ 대두박이나 옥수수를 많이 급여하면 체지방이 연해진다.
④ 고기의 상품가치는 연지방이 많을수록 좋다.

44 산란계의 산란 1기의 특징이 아닌 것은?

① 단백질요구량은 점점 감소한다.
② 체중은 고유한 체중으로 성숙한다.
③ 산란율이 85%~90%로 증가하는 시기이다.
④ 계란의 무게도 40~56g 이상으로 증가하는 시기이다.

해설
정상적인 산란을 유지하고 난중을 최대한 크게 하려면 단백질, 아미노산, 비타민, 광물질 등을 충분히 급여하여야 한다.

45 포유자돈의 특성으로 틀린 것은?

① 포유자돈은 모체이행항체를 태반을 통해 전달받지 못하여 면역적으로 미성숙하다.
② 소화와 흡수기능이 미숙한 상태로, 유당분해효소(Lactase)를 포함한 여러 가지 소화효소의 분비가 왕성하다.
③ 출생 직후 포유자돈의 체온은 39℃이지만 체온 유지에 필수적인 등지방을 비롯한 체지방의 축적이 부족한 상태이다.
④ 포유자돈은 출생 초기에는 주위지각능력이 낮고, 운동능력이 충분히 발달되지 않아서 모돈에 의한 압사발생률이 높다.

해설
생후 0일령까지는 Lactase의 활성은 높고 Amylase, Protease 및 Lipase의 활성은 낮아 소화·흡수기능이 미숙하지만, 시간이 지남에 따라 Lactase의 활성은 감소하고, 다른 효소의 활성은 증가한다.

정답　41 ①　42 ④　43 ③　44 ①　45 ②

46 반추동물의 위 중에서 단위동물의 위와 같은 역할을 하는 것은?

① 제1위　② 제2위
③ 제3위　④ 제4위

해설

반추위 내 사료의 이동
- 반추작용과 미생물에 의한 효소작용을 거쳐 일부는 제1위에서 소화·흡수되고, 나머지 발효산물들은 제3위로 이동한다.
- 제3위로의 식괴의 이동은 제2위의 수축으로 액상 식괴들이 밀려나는 유출과정으로 이루어진다.
- 제3위에서는 내용물의 수분 흡수로 식괴를 농축시켜 제4위와 소장에서 소화가 잘되도록 만든다.
- 제4위는 단위동물의 위와 비슷한 기능을 가지고 위 소화작용을 한다.
- 소장으로의 내용물 이동은 산도가 낮아지면서 유문괄약근의 이완으로 이루어지는데, 사료의 이동속도는 건물의 입자도, 비중, 사료 섭취량 및 섭취 빈도에 따라 달라진다.

47 다음에서 설명하는 가금의 소화기관은?

- 음식물 소화를 위해서 염산이 분비되고, 단백질 소화효소인 펩신이 분비되므로 일반 단위동물의 위에 해당되는 소화기관이다.
- 점액이 분비되어 위산에 의한 피해를 방지한다.

① 소낭　② 췌장
③ 선위　④ 배설강

해설

선위 : 음식물의 소화를 위해 위산과 펩신(Pepsin) 등의 소화액을 분비하는 기관

48 청예로 급여 시 청산이 소량 함유되어 중독을 일으킬 수 있는 사료작물은?

① 옥수수
② 호밀
③ 이탈리안라이그라스
④ 수단그라스

해설

수단그라스나 수수는 청산중독을 예방하기 위해 1~1.2m 이상 자랐을 때 이용해야 한다.

49 초유가 일반 우유에 비하여 함유량이 낮은 성분은?

① 유당　② 비타민 D
③ 칼슘　④ 단백질

해설

초유의 유당 함량은 2.7%로 일반 우유의 유당 함량인 5.0%보다 낮다.

50 반추위에서 생성되는 휘발성 지방산 중 유지방합성에 가장 많이 이용되는 것은?

① 구연산　② 초산
③ 프로피온산　④ 젖산

해설

불용성 탄수화물인 섬유소와 전분의 일부는 반추위 미생물에 의해서 휘발성 지방산으로 분해되어 반추위 벽을 통해 흡수된다.
- 아세트산(초산)과 부틸산(낙산)은 흡수되어 유지방 합성에 이용된다.
- 프로피온산은 흡수되어 유당합성에 이용된다.

정답 46 ④　47 ③　48 ④　49 ①　50 ②

51 다음 사료 중 조단백질 함량이 가장 높은 것은?
① 채종박   ② 대두박
③ 아마박   ④ 임자박

해설
조단백질 함량(%) : 대두박(44.95) > 임자박(39.01) > 채종박(36.24) > 아마박(35.79)

52 육우사료에 결핍될 경우 그래스테타니(Grass Tetany)를 유발하는 광물질은?
① 칼륨   ② 황
③ 마그네슘   ④ 셀레늄

해설
목초 테타니병[Grass Tetany, 저마그네슘(Mg)혈증]
비옥한 목초밭에 칼리를 다량 시비한 결과로 마그네슘의 흡수가 적어진 목초를 먹은 소의 근육에 발병하며, 흥분이나 경련 등의 신경증상이 나타난다.

53 단백질 분해효소가 아닌 것은?
① 락타아제(Lactase)
② 펩신(Pepsin)
③ 트립신(Trypsin)
④ 레닌(Rennin)

해설
락타아제(락테이스)는 탄수화물 분해효소이다.

54 다음 중 췌장에서 분비되지 않는 소화효소는?
① 리파아제(Lipase)
② 뮤신(Mucin)
③ 트립신(Trypsin)
④ 아밀라아제(Pancreatic Amylase)

해설
뮤신은 위점막에서 분비되는 일종의 뮤코프로테인이다.

55 젖소의 대사성 질병에 해당되지 않는 것은?
① 고창증   ② 기종저
③ 유 열   ④ 케토시스

56 유지율이 3.5%인 우유 40kg을 유지율보정유(FCM)로 환산한 값은?
① 33kg   ② 35kg
③ 37kg   ④ 39kg

해설
FCM = 0.4M + 15F
여기서, M : 산유량, F : 지방량(산유량 × 유지율)
= 0.4 × 40 + 15 × (40 × 3.5%)
= 37kg

정답 51 ② 52 ③ 53 ① 54 ② 55 ② 56 ③

57 다음 중 비타민 A의 전구체로 옳은 것은?

① 니코틴산
② 베타카로틴
③ 판토텐산
④ 리보플라빈

해설
순수 비타민 A는 화학적으로 생산된 화합물인데 식물에는 존재하지 않아 소 사료에는 비타민 A의 전구체인 베타-카로틴의 형태로 공급된다.

58 동물의 소화기관 및 부속기관의 기능에 대한 설명 중 내용이 틀린 것은?

① 단위동물의 위에서는 지방의 소화가 이루어지지 않는다.
② 담즙산은 단백질 소화에 중요한 역할을 한다.
③ 위의 염산(HCl)은 Pepsinogen을 Pepsin으로 활성화시킨다.
④ 췌장에서 분비되는 Amylase는 전분을 소화시킨다.

해설
담즙산은 지질 소화에 중요한 역할을 한다.

59 TMR의 장점에 대한 설명으로 가장 옳지 않은 것은?

① 편식 방지
② 건물섭취량 증가
③ 영양소 이용효율 증대
④ 사료비 증가

해설
섬유질배합사료(TMR)는 조사료의 추가구입이 필요치 않게 되고, 다른 조사료의 급여량도 감소된다.

60 단백질이 48% 들어있는 A사료와 단백질이 8% 들어있는 B사료를 가지고 단백질이 20%되는 사료를 만들려면 각각 배합비율은 얼마나 되는가?

① A사료 30%, B사료 70%
② A사료 45%, B사료 55%
③ A사료 35%, B사료 65%
④ A사료 20%, B사료 80%

해설
방형법

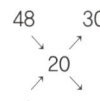

A사료　48　　30
　　　　　↘　↗
　　　　　　20
　　　　　↗　↘
B사료　　8　　70

제4과목 사료작물학 및 초지학

61 남방형 목초가 아닌 것은?

① 켄터키블루그래스
② 달리스그래스
③ 바히아그래스
④ 버뮤다그래스

해설

난지형 사료작물
- 화본과·다년생(영년생) : 버뮤다그래스, 달리스그래스, 바히아그래스, 위핑러브그래스, 잔디
- 화본과·1년생 : 수단그라스, 수수, 기장, 조, 옥수수
- 두과·다년생 : 칡
- 두과·1년생 : 코리안레스페데자, 대두, 완두, 잠두

62 수단그라스계 목초종자를 파종한 사료작물포에 소를 방목시키려 한다. 청산중독의 위험이 가장 큰 상황은?

① 비가 내린 뒤
② 질소비료 시비 직후
③ 기온이 따뜻할 때
④ 초장이 150cm 이상 자랐을 때

해설

질소비료나 퇴비, 가축분뇨 등을 한꺼번에 많이 사용한 옥수수, 수단그라스, 수수와 같은 여름 사료작물 또는 덜 자란 풀을 소가 섭취할 경우 청산이나 질산중독을 일으킬 수 있다.

63 가축의 구비를 사용하는데 옳은 방법은?

① 봄철 방목지에 풀이 잘 자랄 때 뿌려준다.
② 방목지에 떨어진 우분은 자연 시비이므로 그냥 둔다.
③ 풋베기 재배에는 생분을 기비나 추비로 사용한다.
④ 새로 조성하는 초지와 이른 봄 목초가 생육하기 전에 뿌려준다.

64 사일리지 조제에 있어서 발효를 순조롭게 진행시키기 위한 재료의 수분은 몇 %가 적당한가?(단, 벙커나 트렌치 사일로의 경우로 한다)

① 38~42%
② 55~60%
③ 68~72%
④ 80~85%

65 사일리지 제조의 원리에 관한 설명 중 가장 바르게 설명한 것은?

① 유산균을 증식시켜 다른 불량 균들의 증식을 억제함으로써 저장성이 부여된 다즙질 사료이다.
② 낙산균 및 단백질 분해균에 의해 소화율이 개선된 다즙질 사료이다.
③ 수분함량이 높을수록 미생물의 이동이 쉬우므로 pH가 높아도 발효 품질은 양호하다.
④ 고온에서 발효시키는 것이 저온에서 발효시키는 것보다 발효속도가 빠르므로 유리하다.

정답 61 ① 62 ② 63 ④ 64 ③ 65 ①

66 다음 중 건초에 대한 설명으로 옳은 것은?

① 수분함량이 25%로 저장성을 높였다.
② 갈색 건초가 양분의 손실이 적다.
③ 최고 품질의 화본과 건초는 잎의 비율이 40% 이상 되어야 한다.
④ 어린 송아지에게 급여하면 위의 발달을 촉진한다.

67 사료용 수수 및 수단그라스계 잡종의 재배 이용에 관한 설명으로 옳은 것은?

① 대가 굵고 출수가 늦은 계통에 청예 또는 건초로 이용하는 것이 좋다.
② 예취 후 재생이 잘되기 위해서는 맑은 날 10~15cm 높이로 예취하고 질소와 칼리를 추비하는 것이 좋다.
③ 수수, 수단그라스계 잡종은 옥수수보다 도복이 잘 안되나 한번 쓰러지면 회복이 안 되므로 해안지방은 재배를 피한다.
④ 모든 수수, 수단그라스계 잡종은 청예용으로 개발되었기 때문에 최소한 3~5회 수확하여 이용하는 것이 좋다.

68 건물기준으로 사일리지용 옥수수의 TDN 함량으로 옳은 것은?

① 55~60%   ② 65~70%
③ 75~80%   ④ 85~90%

69 사료작물의 식물학적 분류법에 대한 설명으로 틀린 것은?

① 오늘날 식물의 분류는 라틴어를 쓰고 있다.
② 식물에 대한 최초의 분류는 Carl Linnaeus에 의해 이룩되었다.
③ 이명법(二命法)에 따르면 첫부분이 종명(Species)이고, 둘째 부분이 속명(Genus)이다.
④ 모든 사료작물은 식물계(Kingdom)로부터 시작해서 품종(Variety)에까지 이르고 있다.

> **해설**
> ③ 첫째 부분이 속명(Genus)이고, 둘째 부분이 종명(Species)이다.

70 초지조성의 초기 관리로서 부적합한 것은?

① 가벼운 방목에 의한 진압과 토핑(Topping)
② 도장 목초와 잡초의 억제
③ 목초의 분얼 촉진
④ 초겨울의 추비시용

> **해설**
> **초지조성의 초기 관리**
> - 웃자람을 막기 위해서는 경방목을 시켜 주거나 예취 등의 조치가 필요하다.
> - 이듬해 봄 서릿발의 피해 및 봄에 가뭄의 적응을 돕기위한 조치로 진압이 필요하다.
> - 분얼과 뿌리의 활착을 돕기 위해 토핑(Topping)을 실시한다.

정답 66 ④ 67 ② 68 ② 69 ③ 70 ④

71 초지 조성 시 불경운초지 개량이 경운초지 개량에 비해서 유리한 점이 아닌 것은?

① 조성 시 파종비용이 적게 든다.
② 초지의 목양력 증가가 빠르다.
③ 토양침식 위험이 작고, 토양유실량이 적다.
④ 1년생 잡초의 침입을 줄여 준다.

해설
② 초지의 목양력 증가가 느리다.

72 방목지용 사료작물로 가장 적합한 것은?

① 티머시, 스위트클로버
② 켄터키블루그래스, 크림슨클로버
③ 켄터키블루그래스, 라디노클로버
④ 티머시, 크림슨클로버

해설
방목으로 이용하기 적합한 초종 : 켄터키블루그래스, 퍼레니얼라이그래스, 오처드그라스, 톨페스큐, 화이트클로버 등

73 중국에서 비래하는 해충으로 비래성충의 발생최성기는 5월 하순~6월 상순이며, 잎을 갉아먹고 줄기만 남겨 화본과에 큰 피해를 주는 해충은?

① 애멸구   ② 검정풍뎅이
③ 멸강나방   ④ 진딧물

해설
멸강나방 : 우리나라에서 주로 화본과 목초에 가장 큰 피해를 주는 해충으로, 5월 하순과 6월 중순에 가장 많이 발생하며, 피해속도가 빠르고, 주로 목초 및 옥수수의 잎을 갉아먹는다.

74 옥수수 후작물로 많이 재배되는 사료작물로 추위에 매우 강하고 척박한 토양에서도 잘 견디며 수량이 많고 초기에 빨리 자라는 특성을 지닌 사료작물은?

① 이탈리안라이그래스
② 귀 리
③ 호 밀
④ 유 채

해설
호밀은 척박한 토양 등 불량한 환경조건에서 가장 적응력이 높은 사료작물이다.

75 우리나라 초지의 저위(低位) 생산성에 영향을 미치는 요인이 아닌 것은?

① 추비량의 부족
② 조성 초기 관리의 미숙
③ 청예를 주로 한 초지이용
④ 이른 봄 및 늦가을의 적절한 이용

해설
우리나라의 초지부실화 원인
• 조성 초기 관리기술의 미숙
• 추비량 부족
• 과다 및 과소 이용
• 청예를 위주로 한 초지이용
• 이른 봄 및 늦가을의 과도한 이용
• 초지의 배수불량
• 생산성이 낮은 초종의 혼파

정답 71 ② 72 ③ 73 ③ 74 ③ 75 ④

76 다음 중 가축에서 소화율이 가장 낮은 세포벽 구성 물질은?

① 전 분
② 펙 틴
③ 가소화단백질
④ 셀룰로스

해설
세포벽 구성 물질 : 분해도가 높은 것부터 펙틴, 헤미셀룰로스, 셀룰로스, 리그닌 등이 있다.

77 건초와 비교할 때 사일리지의 유리한 점이 아닌 것은?

① 비타민 D의 공급력이 높다.
② 다즙질 사료를 공급할 수 있다.
③ 제조 시 기상의 영향을 덜 받는다.
④ 동일한 면적에 많은 양을 저장할 수 있다.

해설
사일리지는 양질 건초에 비하여 비타민 D의 함량이 적다.

78 사료작물의 건초제조에 알맞은 시기가 부적합한 것은?

① 호밀·연맥 : 유숙기~연호숙기
② 라디노클로버 : 10~50%의 꽃이 필 때
③ 오처드그라스 : 열매 맺는 시기(결실기)
④ 레드클로버 : 첫꽃~25% 꽃이 필 때

해설
③ 오처드그라스(화본과 목초류) : 출수기

79 사료작물을 답리작으로 재배할 때 입모 중 파종에 대한 설명으로 틀린 것은?

① 파종 후 종자가 깊이 묻혀 발아기간이 오래 소요된다.
② 파종량을 증가시켜야 한다.
③ 지면이 태양에 직접 노출되지 않아 적정 수분을 유지하기가 쉽다.
④ 벼 수확 후 파종하면 시기적으로 늦을 때 파종한다.

해설
입모 중 파종
벼를 수확하기 전에 벼가 서 있는 상태에서 먼저 종자를 뿌리는 파종방법으로 파종시기가 늦어지는 것을 방지하기 위한 파종방법이다.

80 일반적으로 건초의 품질을 평가하는 항목과 거리가 먼 것은?

① 잎의 비율
② 산 도
③ 수분함량
④ 향기와 촉감

해설
건초의 품질평가 시 고려해야 할 사항 : 잎의 비율, 녹색정도, 방향성과 촉감, 이물질의 혼입 정도, 수분·단백질·조섬유 함량 등

정답 76 ④ 77 ① 78 ③ 79 ① 80 ②

제5과목 축산경영학 및 축산물가공학

81 축산경영에서 가족경영의 특징이 아닌 것은?

① 경영과 가계의 미분리
② 주로 고용노동을 의미
③ 가족노동에 따라 경영규모 결정
④ 가계의 유지가 경영의 목표

해설
축산의 가족경영은 축산경영의 주체가 가족이고, 경영과 가계가 분리되어 있지 않은 가족노동이 주를 이루며, 축산의 기업경영에서는 고용노동이 주가 된다.

82 고정자본재의 감가상각비 중 기술적 감가의 원인이 되는 것은?

① 진부화에 의한 감가
② 부적응에 의한 감가
③ 불충분에 의한 감가
④ 사용소모에 의한 감가

83 다음 중 유동자본재로 옳은 것은?

① 착유기
② 농후사료
③ 번식우
④ 축 사

해설
자본재의 종류

고정자본재	무생	• 건물 및 부대시설 : 축사, 사일로, 사무실, 창고 등 • 대농기구 : 경운기, 트랙터, 착유기 등 • 토지 및 토지개량 : 관개·배수시설 등
	유생	• 동물자본재 : 육우, 역우, 번식우, 번식돈, 종계, 채란계 등 • 식물자본재 : 영구초지 등
유동자본재		• 원료 : 사료, 종자, 비료, 건초 등 • 재료 : 약품, 연료, 깔짚, 농약, 소농기구, 비닐 등 • 소동물 : 비육우, 비육돈, 육계 등 • 미판매 축산물 : 우유, 달걀 등

84 경종농업과 비교할 때 축산노동력의 특수성으로 옳지 않은 것은?

① 노동력의 계절성은 축산이 경종농업보다 크다.
② 노동력의 이동성은 축산이 경종농업보다 작다.
③ 노동력의 다양성은 축산이 경종농업보다 크다.
④ 노동력의 지휘곤란성은 축산경영이 경종농업보다 작다.

해설
작물은 종류나 지역에 따라 재배기간이 한정되어 있고, 파종(씨뿌리기)부터 수확까지 계절에 맞추어 적기에 작업해야 하므로 경종농업의 계절성이 축산보다 강하다.

정답 81 ② 82 ④ 83 ② 84 ①

85 다음 중 복합경영의 가장 큰 장점으로 볼 수 있는 것은?

① 경영의 위험을 분산시킬 수 있다.
② 노동의 숙련도를 향상시킬 수 있다.
③ 대량판매의 유리성을 기대할 수 있다.
④ 생산비의 저하로 시장경쟁력이 증대된다.

해설

복합경영의 장단점

장점	• 토지의 효율적 이용 • 노동력의 이용 증진 • 기계 및 시설의 효율적 이용 • 위험의 분산 • 자금회전의 원활화
단점	• 경영 간에 노동의 경합이 생길 수 있어서 노동생산성이 낮아지기 쉽다. • 기계화가 어렵다. • 기술의 다양화로 경영자의 전문적인 기술의 발달이 어렵다. • 전문적인 기술향상이 저해되어 단위당 생산성이 떨어진다. • 여러 종류의 소량판매로 생산물의 판매에 불리하다.

86 최근 양돈업은 공해를 유발하는 산업으로 지목받고 있다. 이에 대한 해결방안으로 적합하지 않은 것은?

① 계열화 사업으로 대처
② 폐수의 퇴비화를 위한 투자
③ 폐수처리 시설자금의 장기저리 지원
④ 양돈단지화 조성을 통한 공동폐수처리 시설 지원

87 축산물 유통의 특성에 대한 설명으로 옳지 않은 것은?

① 축산물의 수요·공급은 비탄력적이다.
② 축산물의 생산체인 가축은 성숙되기 전에는 상품적인 가치가 없다.
③ 축산물 생산농가가 영세하고 분산적이기 때문에 유통단계상 수집상 등 중간상인이 개입될 소지가 많다.
④ 축산물은 부패성이 강하기 때문에 저장 및 보관에 비용이 많이 소요되고 위생상 충분한 검사를 필요로 한다.

해설

② 축산물의 생체인 가축은 성숙 전에도 상품적 가치가 있다.

88 저장기간이 짧지만 소비자가 선호하는 선홍색의 육색을 부여하기 위하여 포장 내의 산소농도를 높게 유지시킬 수 있는 포장방법은?

① 랩포장
② 진공포장
③ 스킨팩포장
④ 플라스틱포장

89 다음은 생산물의 결합형태 중 무엇에 관한 설명인가?

> • 한 가지 생산물을 생산할 때 다른 생산물의 생산이 일정한 비율로 생산
> • 양털과 양고기, 쇠고기와 우피 등이 해당됨

① 보합생산 ② 결합생산
③ 경합생산 ④ 보완생산

해설
결합생산 : 하나의 생산 과정에서 두 가지 이상의 물품이 생산되는 것

90 축산경영의 일반적 특징이 아닌 것은?

① 2차 생산의 성격
② 직접적 토지관계
③ 물량감소의 성격
④ 생산물의 저장

해설
축산경영의 일반적 특징
• 2차 생산의 성격 : 1차 사료작물 생산, 2차 축산물생산
• 간접적 토지관계 : 낙농부분을 제외하고 토지는 간접적이다.
• 물량감소와 가치증대 성격 : 물량은 감소하고 가치는 증진된다.
• 생산물의 저장 : 부패하기 쉬운 사료자원을 동물체에 저장
• 기타 : 경영규모의 영세성, 가족 노작적 경영, 경영과 가계의 미분리, 미상품화

91 고기의 동결저장에 대한 설명으로 옳은 것은?

① 고기는 0℃에서 100% 동결된다.
② 동결육은 물에 담가 해동하는 것이 가장 좋다.
③ 동결육은 해동과 재냉동을 반복해도 고기품질은 동일하다.
④ 동결 시 생성되는 빙결정(Ice Crystal)이 클수록 고기조직을 파괴하고 해동 시 육즙(Drip)을 유출시킨다.

해설
① 동결저장은 빙결점 이하에서 저장하는 것으로, 보통 -18℃ 이하에서 저장하는 것을 의미한다.
② 깨끗한 물이 계속 흐르게 하는 유동수중해동이 정지수중 해동보다 훨씬 위생적이다.
③ 동결육은 해동과 재냉동을 반복하면 고기 중의 육즙이 빠져나와 맛이 없어지고 질겨진다.

92 유가공품의 고온단시간살균법 조건은?

① 63~65℃, 30분
② 72~75℃, 15~20초
③ 85~90℃, 50~60초
④ 128~138℃, 1~3초

해설
우유의 살균법
• 저온장시간살균법(LTLT) : 63~65℃에서 30분 가열 후 1일 간 상온에서 방치했다가 다시 살균작업 반복
• 고온단시간살균법(HTST) : 72~75℃에서 15초간 가열 후 급랭
• 초고온멸균법(UHT) : 130~150℃에서 2초간 가열 후 급랭

정답 89 ② 90 ② 91 ④ 92 ②

93 유아가 필요로 하는 모유를 대신할 수 있도록 모유와 비슷하게 만든 것은?

① 대용유 ② 전지분유
③ 탈지분유 ④ 조제분유

해설
② 전지분유(Whole Milk Powder) : 지방을 제거하지 않고 살균만 한 우유 혹은 젖을 분말(가루) 상태로 만든 것
③ 탈지분유(Skim Milk Powder) : 우유에서 지방과 수분을 제거하여 가루 상태로 만든 것

94 식육의 영양성분에 관한 설명으로 옳지 않은 것은?

① 탄수화물을 많이 함유하고 있으며 그 영양가치도 높다.
② 지방을 함유하고 있으나 부위에 따라 많은 차이를 보인다.
③ 식육은 무기질이 1% 내외로 P와 Fe의 좋은 공급원이나 Ca의 공급원은 되지 못한다.
④ 지용성 비타민의 함량이 낮지만 수용성 비타민은 비타민 C를 제외하고 높은 편이다.

해설
① 식육의 구성성분은 약 70~75%가 수분이고, 나머지는 거의 단백질로 구성되어 있다.

95 식육의 보수성이 낮은 경우에 발생하는 현상이 아닌 것은?

① 수분을 많이 함유하고 있어 육색이 짙어진다.
② 가공육 제품의 생산수율이 낮아진다.
③ 다즙성이 저하되어 유리되는 육즙이 많아진다.
④ 수분 손실이 많아 가열감량이 커진다.

해설
① 보수력이 낮아질수록 식육 표면으로 수분이 삼출되고 그 수분이 빛을 반사시켜 육색이 밝아진다.

96 근육의 사후경직과 관련된 설명으로 틀린 것은?

① 동물의 사후 골격근이 굳어지고 신전성이 없어지는 현상이다.
② 근육 내 ATP가 완전 소실되면 액틴과 미오신이 결합하여 액토미오신을 형성하기 때문에 사후경직이 일어난다.
③ 경직이 해소될 때 근육 내에서는 ATP의 분해, 근육 pH의 상승, 단백질의 응집 등 생화학적 변화가 일어난다.
④ 사후경직 시간은 동물의 종류에 따라 차이가 있다.

해설
근육에 축적되는 젖산 때문에 근육의 pH가 낮아진다.

정답 93 ④ 94 ① 95 ① 96 ③

97 식육에 존재하는 수분에 관한 설명으로 틀린 것은?

① 결합수는 용매로써 작용하지 않는 물이다.
② 식육의 수분함량은 일반적으로 70% 이상이다.
③ 자유수는 결합수 표면의 수분 분자들과 수소결합을 이루고 있다.
④ 식육에서 수분의 존재 상태는 자유수, 결합수, 고정수로 구성되어 있다.

해설
③ 고정수는 결합수 표면의 수분 분자들과 수소결합을 이루고 있다.

98 시유 균질화의 주요 목적으로 거리가 먼 것은?

① 우유 성분의 분리
② 소화율 증진
③ 크림층 형성의 방지
④ 점도 향상

해설
균질화는 지방구를 기계적 처리에 의하여 작은 지방구로 분쇄하여 우유 중에 균일하게 분산되도록 하는 공정으로 유화안정성 증가, 크림층 형성방지, 지방소화흡수율 증진, 산화민감성 감소의 효과, 제품의 수명 연장의 효과가 있다.

99 일반적인 계란 생산비 가운데 가장 큰 비중을 차지하는 비목은 무엇인가?

① 가축비
② 사료비
③ 자가노력비
④ 감가상각비

해설
육계생산비, 계란 생산비 가운데 가장 큰 비중을 차지하는 것은 사료비이다.

100 다음 자연치즈 제품 중 Blue Cheese가 아닌 것은?

① Roquefort
② Emmental
③ Gorgonzola
④ Stilton cheese

해설
블루치즈의 종류 : 로크포르(Roquefort), 블뢰 도 베르뉴(Bleu d'Auvergne), 고르곤졸라(Gorgonzola), 다나블루(Danablu), 에델필츠(Edelpilz), 스틸턴(Stilton) 등

97 ③ 98 ① 99 ② 100 ②

2023년 제2회 과년도 기출복원문제

제1과목 가축육종학

01 암수 모두 무각인 서포크종 면양 수컷(hh)과 암수 모두 유각인 도셋혼종 면양 암컷(HH)을 교배시키면 F_1(Hh)은 암컷이 무각, 수컷이 유각으로 나타난다. 이와 같이 암컷과 수컷의 유전자형이 동일하지만 호르몬 등의 작용으로 표현형이 암수 간에 다르게 나타나는 유전 현상은?

① 반성유전
② 종성유전
③ 한성유전
④ 간성유전

해설

상염색체에 있는 우성유전자가 이형접합체에서 성에 따라 우성형질의 발현이 달라지는 현상을 성연관우성 또는 종성유전이라고 한다. 면양의 뿔은 같은 유전자형(Hh)이라도 암컷은 뿔이 없고 수컷만 뿔이 나온다. 따라서 뿔이 나게 하는 유전자(H)가 수컷에서는 우성으로, 암컷에서는 열성으로 작용한다. 즉, 뿔을 형성하는 우성유전자 H가 발현할 때 성호르몬의 영향을 받기 때문이다.

02 다음 중 한우 발육능력과 거리가 가장 먼 것은?

① 고기의 연도
② 이유 시 체중
③ 12개월령 체중
④ 일당증체량

해설

고기의 연도는 도체형질에 속한다.

03 다음 중 산란계의 선발요건에 맞지 않는 것은?

① 다산일 것
② 몸의 크기가 클 것
③ 폐사율이 낮을 것
④ 난중이 무거울 것

해설

산란계의 선발요건(개량목표)
• 산란을 많이 할 것(다산일 것)
• 산란기간 내 폐사율이 낮을 것
• 난질이 양호하고 난중이 무거운 것
• 사료의 이용성이 좋을 것(사료 소비량이 적은 것)
• 몸 크기를 작게 할 것

04 젖소의 산유 능력 검정에 있어 전검정일 산유량이 28kg이고 검정일 산유량이 32kg이었으며 검정일 간격이 31일인 경우 TIM(Test Interval Method)에 의한 검정기간 산유량은?

① 775.0kg
② 782.0kg
③ 932.0kg
④ 960.0kg

해설

$TIM = \left[(31-1) \times \dfrac{(28+32)}{2}\right] + 32 = 932kg$

정답 1 ② 2 ① 3 ② 4 ③

05 돼지의 경제적 개량형질이 아닌 것은?
① 체 형
② 이유 시 체중
③ 복당 산자수
④ 도체의 품질

해설
돼지의 경제적 개량형질
복당 산자수, 이유 시 체중, 이유 후 성장률, 사료효율, 도체의 품질(도체장, 배장근단면적, 도체율, 햄-로인 비율, 등지방두께, 근내지방도)

06 같은 축군에서, 같은 연도에, 같은 계절에 분만한 번식우를 가리키는 용어는?
① 종모우
② 동거우
③ 검정우
④ 동기우

07 일반적으로 사료이용성이 좋고 발육이 좋은 3원 교잡종을 생산하기 위하여 가장 널리 쓰이는 종모돈 품종은?
① 요크셔종(Yorkshire)
② 랜드레이스종(Landrace)
③ 햄프셔종(Hampshire)
④ 두록종(Duroc)

해설
돼지 3원 교잡종 생산 시 육질 개선을 위하여 가장 많이 이용되는 품종 : 두록(Duroc)

08 후대검정을 통해 인공수정용 종모우를 선발하는 경우 다음 중 젖소 개량에 있어 가장 크게 기여하는 것은?
① 종모우의 아비소 선발
② 종모우의 어미소 선발
③ 종빈우의 아비소 선발
④ 종빈우의 어미소 선발

09 개체의 능력과 그 개체가 속해 있는 가계의 평균능력과의 차이를 기준으로 선발하는 방법은?
① 결합선발
② 가계선발
③ 가계 내 선발
④ 개체선발

해설
가계 내 선발 : 가계능력을 무시하고 가계 내 개체들의 능력을 비교하여 선발하는 방법

10 유전자들이 누적된 작용역가의 크기에 따라 형질의 표현 정도가 달라지는 경우의 유전자를 무엇이라 하는가?
① 복다유전자
② 열성유전자
③ 중복유전자
④ 보족유전자

11 다음 중 염색체의 일부가 같은 염색체의 다른 부분에 결합하는 것을 무엇이라 하는가?

① 결 실 ② 역 위
③ 중 복 ④ 전 좌

해설
④ 전좌(전위) : 떨어져 나온 단편의 부착부위가 달라지는 것
① 결실(Deletion) : 염색체의 일부가 떨어져 나가 결과적으로 그 부분의 유전자를 잃게 되는 것
② 역위(전도, Inversion) : 염색체로부터 떨어져 나온 단편이 180° 회전하여 부착된 것
③ 중복(Duplication) : 염색체의 일정한 부위가 염색체 내에 이중으로 되는 것

13 젖소 산유기록의 통계적 보정에 있어서 그 대상이 되지 않는 것은?

① 산유기간
② 1일 착유횟수
③ 분만 시 연령
④ 분만 시 체중

해설
젖소 산유기록의 통계적 보정 대상
- 착유일수
- 1일 착유횟수
- 암소의 분만 시 연령
- 건유기간, 공태기간

12 돼지 검정을 체중 30kg일 때 시작하여 110kg일 때 검정을 종료하였고, 검정 기간은 총 85일 소요되었으며 이 기간 동안 소비된 사료의 양은 215kg이 소요되었다면, 이 돼지의 사료요구율은?

① 1.95 ② 2.53
③ 2.69 ④ 2.83

해설
$$사료요구율 = \frac{사료소비량}{증체량}$$
$$= \frac{215}{110-30} ≒ 2.69$$

14 주로 양적 형질의 유전에 관여하며, 형질 발현에 관계된 유전자수의 수는 대단히 많으나 유전자 개개의 작용 역가는 극히 경미해 환경변이 효과보다 적다. 이러한 유전자작용은?

① 유전자의 다면작용(Polymorphism)
② 중복유전자(Duplicate gene)
③ 복대립유전자(Multiple gene)
④ 중다유전자(Polygene)

해설
중다유전자는 유전자 개개의 작용효과를 뚜렷이 식별할 수 없다는 것이 특징이다.

15 산란계의 경제형질에 속하지 않는 것은?

① 산란율　　② 생존률
③ 성장률　　④ 난각질

해설
경제형질
- 산란계 : 생존률, 초산일령, 산란율, 산란지수, 사료요구율, 평균난중, 체중, 수당 사료섭취량, 난각질
- 육용계 : 생체중, 증체량 및 성장률, 사료섭취량과 사료효율, 체지방 및 복강(腹腔)지방, 체형, 도체율, 다리의 결함, 육성률, 번식능력, 질적 형질

16 특정집단의 유전적 변이가 0이고 표현형 분산이 100일 때 이 집단에서 선발의 효율성은 얼마인가?

① 0%　　② 50%
③ 25%　　④ 100%

해설
변이가 0이라 효율성도 0%이다.

17 선발강도의 개념을 나타낸 것으로 가장 적합한 것은?

① 선발차이다.
② 선발비율이다.
③ 유전적 개량량이다.
④ 표준화된 선발차이다.

해설
선발강도는 선발차를 표현형 표준편차로 나누어 나타낸다. 측정단위와 관계가 없으므로 측정단위가 다른 형질이나 변이의 크기가 다른 집단의 선발차를 비교할 수 있어 표준화된 선발차라고도 한다.

18 육종가의 차이에 의한 분산은?

① 우성분산　　② 환경분산
③ 상위성분산　　④ 상가적 유전분산

해설
- 표현형 분산 = 유전분산 + 환경분산
- 유전자형 분산 = 상가적 유전분산 + 우성분산 + 상위성분산
- 상가적 유전분산 : 육종가의 차이에 의한 분산

19 양적 형질의 표현이 주된 유전자작용은?

① 1개 또는 소수의 유전자에 의해 영향을 받는다.
② 대단히 많은 수의 유전자에 의해 영향을 받는다.
③ 주로 우성작용에 의해 영향을 받는다.
④ 상위작용에 의해 영향을 받는다.

해설
양적 형질의 특성
- 어떤 특정형질은 많은 수의 유전자에 의해 좌우되며, 개개의 유전자작용은 미약하다.
- 연속적인 변이를 나타낸다.

20 돼지의 A품종과 B품종의 평균 산자수가 각각 8두와 10두일 때 F_1의 평균 산자수가 11두였다면 이 때의 잡종강세의 강도는?

① 16.6%　　② 22.2%
③ 26.6%　　④ 33.3%

해설
$$사료요구율(\%) = \frac{F_1의\ 평균 - 부모품종의\ 평균}{부모품종의\ 평균} \times 100$$
$$= \frac{11-9}{9} \times 100 ≒ 22.2\%$$

제2과목 가축번식생리학

21 임신을 유지시키는 성 스테로이드 호르몬은?

① 에스트로겐(Estrogen)
② 프로게스테론(Progesterone)
③ 테스토스테론(Testosterone)
④ 황체형성호르몬(LH)

해설
프로게스테론(Progesterone) : 배란억제, 임신유지

22 정자가 암가축의 생식기관 내에서 수정능력을 획득할 때 주로 변화되는 부분은?

① 두 부
② 중편부
③ 주 부
④ 종 부

해설
정자가 수정능력을 획득하면, 정자두부에서 난자의 투명대를 용해하는 효소를 방출하여 난자로 침투할 통로를 만든다.

23 가축에 있어서 정자와 난자가 만나서 수정이 이루어지는 부위는?

① 난관누두부
② 난관팽대부
③ 난관채
④ 난관자궁접속부

해설
난관팽대부의 하단에서 수정이 이루어진다.

24 정자의 수정능 획득에 관한 설명으로 틀린 것은?

① 정자는 암컷 생식기도관 내 분비액에 의해 수정능 파괴인자가 제거됨으로써 수정능을 얻는다.
② 정자의 수정능 파괴인자 제거를 위하여 인위적 처리를 할 시엔 동결이나 60℃ 정도의 열처리를 하면 된다.
③ 정자의 수정능 획득은 주로 자궁에서 개시되어 난관 협부에서 완성된다.
④ 수정능을 획득한 정자는 형태적 변화로 첨체반응을 일으킨다.

해설
정자의 수정능 획득 과정
수정능 파괴인자가 함유되어 있는 정장이 제거되고 정자의 표면에 부착되어 있는 당단백질(수정능 파괴인자 또는 정자피복항원이라고 부름)이 제거되며 정자의 원형질막이 변화된다.

25 가축에서 분만을 인위적으로 유도하고자 할 때 사용할 수 없는 호르몬은?

① 프로스타글란딘($PGF_{2\alpha}$)
② 덱사메타손
③ 글루코코르티코이드
④ 인도메타신

해설
인도메타신은 프로스타글란딘 생합성의 기본적 효소인 사이클로옥시게나제의 작용을 억제한다.
투여 시 분만이 유도되는 약품
$PGF_{2\alpha}$, ACTH제재(베타콜, 베네콜 등), 글루코코르티코이드제재(덱사메타손, 플푸메타손 등)

정답 21 ② 22 ① 23 ② 24 ② 25 ④

26 면양의 교배적기로 적당한 것은?

① 발정개시 후 5~10시간
② 발정개시 후 25~30시간
③ 발정개시 후 45~50시간
④ 발정개시 후 60~70시간

해설
면양의 교배적기 : 발정개시 후 25~30시간

27 젖소의 난포낭종이 발생하는 가장 직접적인 원인은?

① 난포자극호르몬(FSH)의 분비부족
② 황체형성호르몬(LH)의 분비과잉
③ 황체형성호르몬(LH)의 분비부족
④ 부신피질자극호르몬(ACTH)의 분비부족

해설
FSH의 과잉 분비와 LH 분비부족으로 성숙난포가 파열되지 않아 발생한다.

28 가축별 수정적기로 옳지 않은 것은?

① 소 : 발정종료 전후
② 돼지 : 수퇘지 허용시작 후 10~25시간 사이
③ 면양 : 발정개시 후 20~25시간
④ 산양 : 발정종료 직후

해설
④ 산양 : 발정개시 후 20~35시간 사이

29 다음 중 분만과 관련된 설명으로 틀린 것은?

① 임신 후반기 소 태아의 머리는 자궁 내에서 아래쪽을 향해 있다.
② 분만은 자궁경관확장기, 태아만출기, 태반만출기로 구분한다.
③ 유산, 난산 등에서난 후산의 만출이 늦어진다.
④ 자궁수축은 자율신경의 반사기구와 평활근의 수축에 의해서 일어난다.

해설
태아의 정상적인 분만자세는 앞다리는 자궁경관으로 향하며, 머리는 앞다리 사이에 위치에 있다.

30 포유동물에서 성숙한 암컷의 발정주기 단계가 올바르게 배열된 것은?

| A : 발정후기 | B : 발정휴지기 |
| C : 발정기 | D : 발정전기 |

① B → D → A → C
② B → C → D → A
③ D → C → A → B
④ D → C → B → A

해설
발정주기는 발정전기, 발정기, 발정후기, 발정휴지기로 구분된다.

26 ② 27 ③ 28 ④ 29 ① 30 ③

31 화학적 구조에 따른 호르몬의 분류 중 스테로이드계에 해당되는 것은?

① Relaxin   ② Cortisol
③ Dopamine   ④ Oxytocin

32 정자의 운동에 필요한 에너지를 합성·공급하는 부위로 옳은 것은?

① 두부(Head)
② 중편부(Middle Piece)
③ 주부(Main Piece)
④ 경부(Neck)

해설

미 부
- 정자의 운동기관으로 중편부, 주부, 종부로 구성되어 있다.
- 중편부 : 미토콘드리아가 있어 정자의 운동에 필요한 에너지를 합성 공급한다.
- 주부 : 파동에 의하여 정자를 추진하는 역할을 한다.
※ 난자는 대부분 제극체를 방출한 다음 난관팽대부의 하단에서 수정이 이루어진다.

33 태반 융모막융모의 형태적인 분류 중 돼지에 해당되는 것은?

① 산재성 태반   ② 궁부성 태반
③ 대상성 태반   ④ 반상성 태반

해설
① 산재성 태반 : 말, 돼지
② 궁부성 태반 : 소, 산양, 면양
③ 대상성 태반 : 고양이, 개
④ 반상성 태반 : 설치류, 영장류

34 다음 중 가축인공수정의 장점이 아닌 것은?

① 우수 씨가축의 이용범위가 확대된다.
② 전염병 감염을 예방할 수 있다.
③ 정액의 원거리 수송이 가능하다.
④ 방목하는 집단에서 활용이 용이하다.

해설

인공수정의 장점
- 우수한 씨가축의 이용범위가 확대
- 후대검정에 다른 씨가축의 유전능력 조기 판정 가능
- 씨가축 사양관리의 비용과 노력 절감
- 정액의 원거리 수송 가능
- 자연교배가 불가능한 가축도 번식에 이용 가능
- 교미 시 감염되는 전염병의 확산 방지

35 젖소에서 유방 지지계의 정중제인대에 관한 설명 중 옳은 것은?

① 유방의 외측면에 퍼져 있다.
② 유방의 부착을 견고하게 한다.
③ 유방을 좌우로 흔들리지 않게 한다.
④ 탄력성이 적다.

해설

정중제인대 : 중앙현수인대라고도 한다. 탄력성이 풍부한 인대로서, 유방을 하복벽에 잡아당겨 유방의 부착을 굳게 한다.

정답 31 ② 32 ② 33 ① 34 ④ 35 ②

36 소에 있어서 자궁 내 출혈 혹은 발정에 의한 출혈이 외부로 나타나는 때는 발정주기 중 어느 시기에 해당하는가?

① 발전 전기
② 발정기
③ 발정 후기
④ 발정휴지기

37 자궁을 형태적으로 분류할 때 쌍각자궁의 형태를 갖는 동물은?

① 토 끼
② 돼 지
③ 소
④ 면 양

해설
가축별 자궁의 형태
- 중복자궁 : 설치류, 토끼류
- 분열자궁(양분자궁) : 소, 말, 면양, 개, 고양이
- 쌍각자궁 : 돼지
- 단자궁 : 사람, 영장류

38 다음 중 정소상체의 기능이 아닌 것은?

① 정자의 생산
② 정자의 농축
③ 정자의 성숙
④ 정자의 저장

해설
정소상체는 정자의 운반, 농축, 성숙, 저장의 기능을 가지고 있다.

39 소의 외부적 발정징후로 옳지 않은 것은?

① 숫소의 승가를 허용한다.
② 불안해하고 자주 큰소리로 운다.
③ 식욕이 왕성해지고 온순하여진다.
④ 외음부는 충혈하여 붓고 밖으로 맑은 점액이 흘러 나온다.

해설
소 발정징후
불안한 상태를 보이며 꼬리를 들어 올리고 꼬리를 흔들고, 수소를 찾기 위해 울음소리를 내고 더 많이 돌아다닌다. 식욕은 감퇴하고 연변을 배설하고 유량이 크게 감소한다. 뚜렷한 발정징후로는 다른 암소나 수소의 승가를 허용하는 용모자세(Standing Estrus)가 있고, 소는 오후보다 오전에 이러한 발정징후가 뚜렷하고 외음부는 충혈하여 종창되고 밖으로 맑은 점액이 흘러 나와 옆구리나 꼬리에 묻기도 한다.

40 다음 중 전염성 번식장해를 일으키는 질병은?

① 자궁축농증
② 난소낭종
③ 영구황체
④ 브루셀라병

해설
브루셀라병 : 세균성 감염에 의한 급·만성 전염병으로, 유산을 일으킨다.

제3과목 가축사양학

41 갓 태어난 송아지의 초유급여에 관한 설명으로 틀린 것은?

① 초유급여기간은 3~5일이다.
② 1일 2~3회 포유시킨다.
③ 체중의 8~10%를 급여한다.
④ 초유부족 시 일반우유를 보충 급여한다.

해설
초유부족 시에는 젖소의 냉동초유를 급여한다.

42 돼지는 뼈, 근육, 지방의 발육과정이 품종 간에 차이가 있으며 이를 베이컨형과 라드형으로 구분한다. 다음의 연결 중 잘못된 것은?

① 라드형 : 두록종
② 베이컨형 : 대요크셔종
③ 라드형 : 랜드레이스종
④ 라드형 : 버크셔종

해설
③ 베이컨형 : 랜드레이스종

43 반추위 내에서 생성되는 휘발성 지방산 중 유지방 합성에 가장 많은 영향을 미치는 것은?

① 구연산(Citric Acid)
② 초산(Acetic Acid)
③ 프로피온산(Propionic Acid)
④ 젖산(Lactic Acid)

해설
초산(Acetic Acid)은 체내에서 에너지원 및 유지방의 합성에 이용되며 프로피온산은 에너지원 또는 체지방의 합성에 이용된다.

44 섭취하는 사료에 들어있는 탄수화물이 체내 요구량에 비하여 충분하지 않을 때 탄수화물이 아닌 자원으로부터 탄수화물이 합성되는 작용은?

① Glycolysis
② Glycogenesis
③ TCA cycle
④ Gluconeogenesis

해설
Gluconeogenesis는 탄수화물을 원료로 하지 않는, 즉 아미노산이나 지방으로부터 Glucose(포도당)을 만드는 과정을 뜻한다.

정답 41 ④ 42 ③ 43 ② 44 ④

45 우리나라 돼지에서 가장 널리 쓰이고 있는 사양표준은?

① ARC　② NRC
③ JRC　④ KRC

해설

미국의 NRC(National Research Council)
사양표준은 CP, TDN, DE, ME, Ca, P, Vitamin 등과 유우, 육우, 말, 돼지, 닭, 여우 및 실험동물 등 여러 가축을 다루었으며 세계 각국에서 널리 사용되고 있다.

46 닭에 있어서 글리신(Glycine)이 필수아미노산인 이유는?

① 난각생산 때문에 요구량이 높다.
② 깃털생산 때문에 요구량이 높다.
③ 요소 생성회로가 없기 때문이다.
④ 요산 생성에 필수적이다.

해설

닭에 있어서 요산을 만들기 위해서는 글리신이 필요한데, 체내에서 합성되는 양으로 부족하므로 사료를 통해 추가적으로 공급해주어야 한다.

47 가축 체내의 축적지방의 주 형태는?

① Monoglyceride
② Free Fatty Acid
③ Diglyceride
④ Triglyceride

48 반추동물용 섬유질배합사료의 장점이 아닌 것은?

① 기호성이 증진되어 건물섭취량이 증가되므로 생산성이 향상된다.
② 사료배합기 등의 기계비용이 적게 든다.
③ 조사료의 섭취량이 증가해 대사장애가 적게 발생한다.
④ 생력관리가 가능하다.

해설

반추동물용 섬유질배합사료(TMR) 배합을 위해서는 시설투자에 큰 비용이 소요된다.

49 일반전유에 비하여 초유에서의 함량이 낮은 성분은?

① 유 당　② 알부민
③ 면역글로불린　④ 무지고형물

해설

초유는 단백질과 유지방 함량이 높고 유당 함량은 낮다.

50 가축을 초지에 방목할 때 그래스테타니 발생과 관련이 있는 무기물로만 나열된 것은?

① K, Ca　② K, Mg
③ Mg, Cu　④ Fe, Co

해설

그래스테타니[Grass Tetany, 저마그네슘(Mg)혈증]
비옥한 목초밭에 칼륨(K)을 다량 시비한 결과 마그네슘(Mg)이 적게 흡수되고, 이런 목초를 먹은 소 근육은 마그네슘이 결핍되어 발병하며 흥분, 경련 등의 신경증상을 나타낸다.

정답　45 ②　46 ④　47 ④　48 ②　49 ①　50 ②

51 홀스타인 젖소는 분만 후 젖 생산량이 약 40~60일경 까지는 계속 증가하여 최고 비유기에 도달하면 이후 점차 감소하는데 일반적으로 1주당 평균은 어느 정도 수준으로 감소하는가?

① 0.5~1.0%
② 2.0~2.5%
③ 3.5~4.0%
④ 4.5~5.0%

52 지방이 소장벽에서 흡수되는 주 형태는?

① Gylcerol
② Triglyceride
③ Lincomycin
④ Zingkomin

53 옥수수와 대두박 위주의 산란계 사료에서 제1제한 아미노산은 무엇인가?

① 메티오닌(Methionine)
② 알라닌(Alanine)
③ 글루타민(Glutamine)
④ 타이로신(Tyrosine)

> **해설**
> 곡류와 대두박 중심의 산란계 사료에서 결핍되기 쉬운 아미노산은 메티오닌이고, 양돈 사료에 있어서는 라이신이다.

54 유지사료에 대한 설명으로 틀린 것은?

① 조섬유의 함량이 높고, 부피가 커서 반추가축에게 급여 시 포만감을 줄 수 있는 사료이다.
② 지용성 비타민과 필수 지방산의 공급원이다.
③ 가축의 사료 기호성을 높이고, 사료에서 먼지가 일어나는 것을 감소시킨다.
④ 사료 중 에너지 함량을 높이고 사료효율을 개선시킨다.

> **해설**
> 유지(지방질) 사료는 지방의 함량이 15% 이상 함유된 것이고, ①은 조사료를 말한다.

55 갈색 산란계의 산란 초기 사료의 칼슘함량이 가장 적당한 것은?

① 0.7~1.0%
② 1.5~1.8%
③ 3.5~3.7%
④ 5.5~5.9%

정답 51 ② 52 ④ 53 ① 54 ① 55 ③

56 분만 후 젖소의 유열을 예방하기 위해 분만 전 건유기의 사양관리로 적합한 것은?

① 사료 중 칼슘(Ca) 함량을 줄인다.
② 사료 중 마그네슘(Mg) 함량을 높인다.
③ 사료 중 칼륨(K) 함량을 높인다.
④ 사료 중 인(P) 함량을 줄인다.

해설
젖소가 분만 직후 갑자기 다량의 착유로 칼슘이 부족하게 되면 유열이 일어난다. 분만 전 10일간 칼슘을 적게 급여하여 분만 전에 부(-)의 칼슘균형이 이루어지도록 하여 부갑상선호르몬 분비가 촉진되면, 비유개시 시점에는 칼슘의 생체항상성 기전이 활발해져 젖소의 혈장 내 칼슘농도의 급격한 저하를 방지할 수 있다.

57 반추가축의 소화기관 중 영양소별 흡수장소를 설명한 것으로 틀린 것은?

① 포도당은 제4위에서 주로 흡수된다.
② 제3위에서는 휘발성지방산(VFA)과 무기물의 흡수가 일어난다.
③ 휘발성지방산(VFA)은 단순확산에 의해 제2위벽으로 흡수된다.
④ 흡수된 휘발성지방산(VFA)은 제1위 정맥을 통해 문맥을 거쳐 간장으로 들어간다.

해설
① 포도당은 소장에서 주로 흡수된다.

58 유지율 4.5%인 우유 20kg을 4% FCM으로 보정하면 얼마인가?

① 15.5kg   ② 18.5kg
③ 21.5kg   ④ 24.5kg

해설
FCM(환산유량) = 0.4M + 15F
여기서, M : 산유량, F : 지방량(산유량×유지율)
= (0.4 × 20) + 15(20 × 4.5%)
= 21.5kg

59 액상상태로 전 축종에 단백질 공급원으로 이용되고 있는 맥주효모에 속하는 것은?

① *Tarulopsis* 속
② *Saccharomyces* 속
③ *Hansenula* 속
④ *Candida* 속

60 비유기 모돈의 관리를 바르게 설명한 것은?

① 사료 급여량은 모돈의 체중만을 고려하여 결정하면 된다.
② 분만 직후부터 사료 급여량을 증가시킨다.
③ 모돈이 초산일 경우 몸의 유지와 비유에 필요한 영양소만을 요구한다.
④ 초산돈은 경산돈에 비해 사료급여량을 더 늘린다.

정답 56 ① 57 ① 58 ③ 59 ② 60 ④

제4과목 사료작물학 및 초지학

61 옥수수나 수단그라스계 잡종의 후작으로 이용되는 단경기 사료작물에 대한 설명으로 가장 옳은 것은?

① 연맥은 짧은 기간에 많은 수량을 내고 월동이 잘되므로 중부지방에 알맞다.
② 사료용 유채는 단백질이 높고 토양 중 수분과 질소 함량이 높을 시 수량이 많아지므로 건초로 이용하는 것이 가장 좋다.
③ 이탈리안라이그래스는 초기 생육이 좋고 기호성이 좋으나 월동성이 떨어지므로 주로 남부지방에서 이용된다.
④ 유채와 연맥은 서로 토양요구도와 관리 및 이용방법이 다르므로 혼파해서 사용해서는 절대 안 된다.

해설
① 연맥은 내한성이 가장 약하여 남부지방과 제주도에서 많이 재배한다.
② 유채는 수분이 많아 건초나 사일리지로 이용하기는 힘드나, 조섬유 함량이 적고 가용무질소물, 가소화조단백질 등이 풍부하여 젖소의 청예로 좋다.
④ 청예와 방목이용을 목적으로 할 때 유채와 연맥을 혼파하면 수량을 증가시킬 수 있다.

62 건초 품질평가 기준과 거리가 먼 것은?

① 생산지　　② 수분함량
③ 녹색도　　④ 잎의 비율

해설
건초의 품질평가 시 고려해야 할 사항 : 잎의 비율, 녹색정도, 방향성과 촉감, 이물질의 혼입 정도, 수분·단백질·조섬유 함량 등

63 건초에 대한 설명으로 올바른 것은?

① 건초 조제 시 화본과 목초의 적정 수확 시기는 출수 후기이다.
② 건조되는 과정에서 비타민 E의 형성을 유발시켜 영양소를 증가한 사료이다.
③ 건조 중 수분함량이 저하하므로 화본과 목초가 두과 목초보다 잎의 탈락이 많다.
④ 생초 중의 수분함량을 미생물이 작용할 수 없을 정도로 낮춤으로써 저장성을 부여한 사료이다.

64 화본과 목초의 예취적기에 대한 설명 중 옳은 것은?

① 화본과 목초는 출수 초기가 예취적기이다.
② 2번초 이후의 예취적기는 황숙기이다.
③ 생육단계와 무관하게 30일 간격으로 예취한다.
④ 파종 후 90일 전후이다.

해설
1번초의 예취적기는 화본과 목초는 출수 초기(출수 직전이나 출수 직후), 두과 목초는 개화초기이다.

65 초지의 질소 성분 증가요인이 아닌 것은?

① 암모니아의 기화
② 공생적 질소고정
③ 빗물에 용해되어 있는 질소
④ 유기물 또는 질소비료의 사용

정답 61 ③　62 ①　63 ④　64 ①　65 ①

66 사일리지 발효에 영향을 미치는 요인으로 가장 거리가 먼 것은?

① 수용성 탄수화물
② 불용성 인산
③ 수분함량
④ 재료의 절단과 진압

해설
사일리지의 발효에 영향을 미치는 요인
재료의 수용성 탄수화물 함량, 재료의 수분함량, 재료의 절단과 진압, 재료의 조단백질 함량, 완충력, 발효주도 세균의 형태, 발효속도, 발효에 수반되는 pH의 저하에 견딜 수 있는 재료의 재질에 의하여 결정된다.

67 사료작물은 이용목적에 따라 방목지용과 채초지용으로 구분하는데 방목지 작물로 적합한 화본과 및 두과 작물은?

① 화본과 – 이탈리안라이그래스,
  두과 – 알팔파
② 화본과 – 켄터키블루그래스,
  두과 – 알팔파
③ 화본과 – 톨오트그래스,
  두과 – 화이트클로버
④ 화본과 – 퍼레니얼라이그래스,
  두과 – 화이트클로버

해설
방목으로 이용하기 적합한 초종 : 켄터키블루그래스, 퍼레니얼라이그래스, 오처드그래스, 톨페스큐, 화이트클로버 등

68 수분함량이 많은 두과 목초를 가축이 다량 섭취하였을 때 발생하기 쉬운 질병으로 옳은 것은?

① 질산중독
② 청산중독
③ 목초테타니병
④ 고창증

해설
고창증은 수분이 많은 두과 목초나 다량의 농후사료 특히 고단백질의 곡류를 과식한 경우와 부패사료 또는 불량건초 등 발효성 사료를 다량 급여하였을 때에 발생한다.

69 다음에서 설명하는 것은?

이용하려는 초지에 말뚝을 박아 일정한 길이의 밧줄이나 쇠사슬로 가축을 계류하여 주위의 풀을 채식토록 하는 방법이다. 작은 면적의 초지, 하천제방, 도로변 등을 이용할 수 있으며, 목책비용은 적게 드나 노동력이 많이 들어 사육규모가 작은 경우에 적당한 방법이다.

① 계목   ② 윤환방목
③ 대상방목   ④ 연속방목

해설
② 윤환방목 : 방목지를 4~6개로 나누고 각 목구를 순차적으로 돌아가면서 방목시키는 방법이다.
③ 대상방목 : 방목 시 목구를 길게 옆으로 목책을 설치하여 가축을 방목시킨다.
④ 연속방목 : 봄철 풀이 왕성하게 자라는 시기부터 가을까지 방목지를 옮기지 않고 가축을 한 곳에서 방목시키는 방법

정답 66 ② 67 ④ 68 ④ 69 ①

70 옥수수의 종류 중 키가 크고, 알곡이 굵으며 수량이 많아 사료용으로 가장 널리 재배되는 종은?

① 경립종　　② 감립종
③ 마치종　　④ 폭립종

해설
마치종은 알껍질이 두꺼워서 식용으로서는 경립종보다 나빠 우리나라에서는 사료로 가장 많이 이용된다.

71 가축을 방목할 때 초지의 관리방법에 대한 설명으로 틀린 것은?

① 방목개시 적기는 초고가 25~30cm 정도일 때이다.
② 방목은 서리 내리는 시기에 맞추어 실시한다.
③ 방목 시 잔초의 높이가 5~6cm 정도일 때 끝낸다.
④ 방목 간격은 4~6주 간격을 두고 실시한다.

72 고속으로 회전하는 종축에 원판이나 원통을 붙이고 그 주위에 원심력에 의하여 회전하는 2~4개의 날로 예취하는 목초 예취기로, 취급이나 조정이 쉽고 작업 능률이 높으며 쓰러진 목초의 수확이 쉬운 것은?

① 모어 컨디셔너(Mower Conditioner)
② 왕복형 예취기(Stickle Bar Mower)
③ 로터리 예취기(Rotary Mower)
④ 플레일 예취기(Flail Mower)

73 다음 중 불경운초지 개량에 알맞은 목초의 특성에 대한 설명으로 틀린 것은?

① 진압이나 복토가 생략되거나 또는 부족한 상태에서 파종되기 때문에 종자가 선점식생의 고사주나 낙엽 등에 걸리기 쉽게 하기 위해 거칠고 그 크기가 커야 한다.
② 발아 후 출현된 다음 야초와의 경합을 생각할 때 초기 생육이 빠른 초종이어야 한다.
③ 야초가 점유할 공간을 주지 않기 위해서는 높은 분얼성과 포복성을 가지고 빨리 퍼지는 능력을 가져야 한다.
④ 산성이나 건조하고 척박한 토양, 좋지 않은 기후환경에도 잘 견딜 수 있는 초종이어야 한다.

해설
진압이나 복토가 생략되거나 또는 부족한 상태에서 파종되기 때문에 종자가 선점식생의 고사주나 낙엽 등에 걸리지 않도록 미끄럽고 그 크기가 작아야 한다.

74 일반 사일로에서 옥수수 사일리지를 만들 때 옥수수의 수확적기는?

① 유숙기　　② 황숙기
③ 완숙기　　④ 고숙기

해설
사일리지용 사료작물의 수확적기
• 옥수수 : 황숙기 또는 건물함량 30% 내외
• 호밀 : 개화기~유숙기
• 사초용 수수 : 호숙 중기~호숙 말기
• 혼파목초 : 출수 초기 또는 개화 초기

정답 70 ③　71 ②　72 ③　73 ①　74 ②

75 초지에 가축을 방목할 때 장점이 아닌 것은?

① 분뇨의 초지환원이 용이하다.
② 풀 섭취량 및 초지이용률이 증가한다.
③ 선택 채식으로 초지식생이 좋아진다.
④ 예취, 수확 등 노력절감이 가능하다.

76 사료작물과 건초조제를 위한 수확적기가 틀린 것은?

① 호밀 : 수잉기~출수 초기
② 오처드그라스 : 절간신장기
③ 레드클로버 : 출뢰 초기
④ 알팔파 : 1차는 출뢰기(꽃봉오리기), 2차는 1/10 개화기

해설
오처드그라스를 건초나 사일리지로 이용할 때 첫 수확적기는 출수기이다.

77 건초와 비교할 때 사일리지의 유리한 점이 아닌 것은?

① 다즙질 사료를 공급할 수 있다.
② 제조 시 일기의 영향을 덜 받는다.
③ 동일한 면적에 많은 양을 저장할 수 있다.
④ 비타민 D의 공급력이 높다.

해설
④ 사일리지는 양질 건초에 비하여 비타민 D의 함량이 적다.

78 북방형 목초(한지형)의 특징으로 볼 수 있는 것은?

① 25℃ 이상의 기온에서 잘 자란다.
② 하고현상을 나타낸다.
③ 옥수수와 수수 등이 있다.
④ 고랭지에서만 생육이 가능하다.

해설
한지형 사료작물의 특징
- 우리나라 재배목초의 대부분이다.
- 북방형 사료작물이다(저온에 강하고 고온에 약함).
- 성장이 5~6월에 최고에 달한다.
- 고온에 의한 생장장애로 하고현상이 나타난다(가을에 다시 생육재개).
- 15~21℃의 기온에서 잘 자란다(25℃ 이상에서 생육 불량).
- 오처드그라스, 티머시, 톨페스큐 등이 있다.

79 사료작물의 초장이 100cm 이하일 때 가축이 섭취하면 청산 함량이 높아 청산중독의 위험이 있는 초종은?

① 옥수수   ② 호밀
③ 보리   ④ 수단그라스

해설
수단그라스는 초장이 1.2m 이상 자랐을 때 이용하는 것이 좋은데, 이보다 키가 작을 때에는 호흡곤란을 일으키는 청산중독의 위험이 따른다.

80 다음 중 목초가 자라는 데 필요한 미량원소에 해당되지 않는 것은?

① Cu   ② Mo
③ Mn   ④ Mg

해설
미량원소 : 철(Fe), 붕소(B), 망간(Mn), 구리(Cu), 아연(Zn), 몰리브덴(Mo), 염소(Cl)

제5과목 축산경영학 및 축산물가공학

81 한우 비육경영에 가장 큰 비용 항목은?
① 사료비
② 노동비
③ 가축비
④ 감가상각비

82 다음 중 축산물 유통의 특수성에 대한 설명으로 틀린 것은?
① 가축은 성숙되기 전일지라도 상품적인 가치가 있다.
② 축산물의 수요 공급은 탄력적인 성격을 띠고 있어 가격 변동에 대한 대응이 단시간에 이루어지기 쉽다.
③ 가축을 사육하는 생산농가가 영세적이고 분산적이기 때문에 유통단계상 수집상 등의 중간상인이 개입되어야 할 소지가 많다.
④ 가축은 이동거리와 시간에 따라 생체의 감량이 발생하기 때문에 가축시장에서의 거래가 이루어지기보다는 중간상인 및 구매자가 구매하고자 하는 가축에 따라 이동하는 경우가 많다.

해설
② 축산물의 수요·공급은 비탄력적이다.

83 비육우 두당 조수익이 3,000천원, 경영비가 2,250천원, 생산비가 2,550천원이다. 이 농가의 비육우 순수익률은 얼마인가?
① 25%
② 20%
③ 15%
④ 10%

84 다음 중 도시근교형 낙농경영의 단점에 해당되지 않는 것은?
① 사료자급률이 낮다.
② 환경오염문제를 야기할 수 있다.
③ 원유운송이 용이하지 않다.
④ 기계화가 용이하지 않다.

해설
도시근교형 낙농경영의 특징
- 경영의 집약도가 다른 경영형태에 비해 높다.
- 대부분 착유전업형 낙농형태를 띠고 있다.
- 도시근교에 입지하여 원유운송이 용이하므로 시유용 원유를 생산하는데 유리한 경영형태이다.
- 토지면적이 좁고 구입사료에 의존하므로 사료의 자급률이 낮다.
- 규모를 확장하는 데 제한적인 요인이 많은 편이다.
- 부근의 주택 및 농장에 환경문제를 야기한다.
- 소규모 목장경영이 대부분이며, 기계화가 용이하지 않다.
- 생산비가 일반적으로 높고, 소량생산에 의해 가격 반응이 민감하다.
※ 도시근교 낙농에서는 지가, 노임, 조사료비 등이 높고, 농후사료비는 낮다.

85 다음 중 축산조수입과 관계가 가장 먼 것은?
① 정부지원금
② 브랜드 가치
③ 우유 판매수입
④ 부산물 거래가격

86 착유우의 당초가격(취득원가)이 300만원이고, 내용연수 5년이 지난 후의 잔존가격(노폐우가격)이 100만원이라면 정액법으로 계산할 때 매년 감가상각액은 얼마인가?

① 40만원　② 30만원
③ 20만원　④ 10만원

해설

$$\text{감가상각비} = \frac{\text{취득가액} - \text{잔존가액}}{\text{내용연수}}$$
$$= \frac{300\text{만원} - 100\text{만원}}{5\text{년}}$$
$$= 40\text{만원}$$

87 다음 중 축산경영의 안정성 분석을 위한 평가지표로 가장 적절하지 않은 것은?

① 고정비율　② 부채비율
③ 유동비율　④ 자본회전율

해설

자본회전율은 자본의 유동성에 큰 영향을 미치는 중요한 지표이다.

88 다음 경영진단 지표 중 계산공식이 잘못된 것은?

① 유사비 = (구입사료비 / 유대) × 100
② 소득률 = (소득 / 조수입) × 100
③ 일당증체량 = (판매시체중 − 구입시체중) / 사육일수
④ 사료요구율 = 축산물생산량 / 사료급여량

해설

④ 사료요구율 = 총사료급여량 / 총증체량 × 100

89 복합경영의 장점에 대한 설명으로 옳은 것은?

① 소량판매에 유리하다.
② 토지이용을 효율적으로 할 수 있다.
③ 수입원이 단일화되어 수익이 증가한다.
④ 복합적 노동에 의한 노동생산성이 향상된다.

해설

복합경영의 장단점

장점	• 토지의 효율적 이용 • 노동력의 이용 증진 • 기계 및 시설의 효율적 이용 • 위험의 분산 • 자금회전의 원활화
단점	• 경영 간에 노동의 경합이 생길 수 있어서 노동생산성이 낮아지기 쉽다. • 기계화가 어렵다. • 기술의 다양화로 경영자의 전문적인 기술의 발달이 어렵다. • 전문적인 기술향상이 저해되어 단위당 생산성이 떨어진다. • 여러 종류의 소량판매로 생산물의 판매에 불리하다.

90 소고기 1kg을 생산하기 위하여 8.9kg의 사료량이 필요하다는 것은 축산경영의 일반적인 특징 중 어느 것에 해당하는가?

① 간접적 토지관계
② 3차적 생산의 성격
③ 물량감소의 성격
④ 생산물의 저장

해설

물량감소의 성격 : 물량은 감소하고 가치는 증대된다.

정답 86 ① 87 ④ 88 ④ 89 ② 90 ③

91 축산 경영조직의 적정화를 설계할 때 가장 먼저 고려해야 할 사항은?

① 입지조건의 적합여부
② 각 가축의 능력관계
③ 노동력 절약을 위한 기계화 관계
④ 가축두수와 사료작물 또는 목초재배 관계

해설
경영조직 적정화 순서
- 입지조건의 적합여부(적정화를 설계할 때 가장 먼저 고려해야 할 사항)
- 생산가축의 적정규모여부
- 각 가축의 능력관계
- 가축두수와 사료작물 및 목초재배의 적합여부
- 노동절약을 위한 기계화방향(노동투입의 집중화를 위한 문제)

92 유동자본재에 해당되는 것은?

① 번식돈　② 번식우
③ 비육우　④ 착유우

해설
자본재의 종류

고정자본재	무생	• 건물 및 부대시설 : 축사, 사일로, 사무실, 창고 등 • 대농기구 : 경운기, 트랙터, 착유기 등 • 토지 및 토지개량 : 관개·배수시설 등
	유생	• 동물자본재 : 육우, 역우, 번식우, 번식돈, 종계, 채란계 등 • 식물자본재 : 영구초지 등
유동자본재		• 원료 : 사료, 종자, 비료, 건초 등 • 재료 : 약품, 연료, 깔짚, 농약, 소농기구, 비닐 등 • 소동물 : 비육우, 비육돈, 육계 등 • 미판매 축산물 : 우유, 달걀 등

93 비육돈 생산비에서 가장 큰 비중을 차지하는 것은?

① 자돈비　② 방역치료비
③ 자가노력비　④ 사료비

94 다른 식육에 비하여 돼지고기에 특히 많이 함유된 비타민은?

① 비타민 A　② 비타민 B_1
③ 비타민 C　④ 비타민 E

해설
돼지고기(0.4~0.9mg/100g)에는 비타민 B_1(Vitamin B_1, 티아민)이 풍부하며, 소고기(0.07mg/100g)보다 많은 양이 함유되어 있다.

95 다음 설명에 해당하는 단백질은?

- 포유동물에서 총단백질의 20~25%를 차지하는 가장 많은 단백질이다.
- 결합조직의 일부로서 고기의 연도에 밀접한 영향을 준다.
- 일종의 당단백질로, 구성 아미노산 중에서 글리신(Glycine)이 1/3을 차지한다.

① 레티큘린(Reticulin)
② 콜라겐(Collagen)
③ 축적지방(Depot Fat)
④ 근섬유(Muscle Fiber)

정답 91 ① 92 ③ 93 ④ 94 ② 95 ②

96 육가공품 제조 시 훈연의 목적과 가장 거리가 먼 것은?

① 지방의 산화방지
② 보수력의 증진
③ 육제품의 보존성 부여
④ 풍미와 육색 개선

> **해설**
> 훈연의 기본적인 목적은 고기의 보존성 부여(저장성의 증진), 외관과 풍미의 증진, 색택의 증진, 산화방지, 육색 향상 등이다.

97 사후 근육의 변화에 대한 설명으로 틀린 것은?

① 체내 혈액순환의 중단은 근육에 산소 공급이 중단되는 것을 의미한다.
② 혐기적대사로 생성된 젖산은 포도당과 글라이코겐으로 재합성된다.
③ 방혈 후 근육은 산화적 대사가 중단되며 혐기적 대사로 전환된다.
④ 근육에 축적되는 젖산 때문에 근육의 pH가 강하된다.

98 우유가공 중 지방구를 $2\mu m$ 이하로 균일하게 미세화시켜 크림이 분리되지 않도록 하는 공정은?

① 균질화
② 청정화
③ 연성화
④ 표준화

> **해설**
> 균질화는 지방구를 기계적 처리에 의하여 작은 지방구로 분쇄하여 우유 중에 균일하게 분산되도록 하는 공정으로 유화안정성 증가, 크림층 형성방지, 지방소화흡수율 증진, 산화민감성 감소의 효과, 제품의 수명 연장의 효과가 있다.

99 식육에 함유되어 있는 일반적인 수분 함량은?

① 30~40%
② 55~60%
③ 65~75%
④ 90% 이상

> **해설**
> 식육의 구성성분은 약 65~75%가 수분이고, 나머지는 거의 단백질로 구성되어 있다.

100 즉석섭취 축산물에 대한 설명으로 틀린 것은?

① 소비자가 바로 먹을 수 있도록 제조한 우유, 치즈, 요구르트 등이 해당된다.
② 리스테리아균 등의 저온성 식중독균이 증식할 수 있으므로 온도 관리를 철저히 해야 한다.
③ 냉장제품의 권장 보관 및 유통온도는 6℃ 이하로 한다.
④ 섭취 직전에 처리, 가공 과정 없이 단순한 조리를 하여 섭취할 수 있는 축산물이다.

정답 96 ② 97 ② 98 ① 99 ③ 100 ④

2023년 제1회 과년도 기출복원문제

제1과목 가축번식육종학

01 육용계의 산육능력과 관계가 깊은 것은?

① 취소성
② 성장률과 체형
③ 산란강도
④ 동기휴산성

해설
닭의 개량형질 중 산육능력 : 성장률, 체형, 사료이용성, 체중, 우모발생속도

02 다음은 소의 성주기(발정주기)에 있어서 혈중 호르몬 농도의 상대적 변화 모식도이다. 황체형성호르몬(LH)의 농도변화를 나타낸 곡선은 A~D 중 어느 것인가?

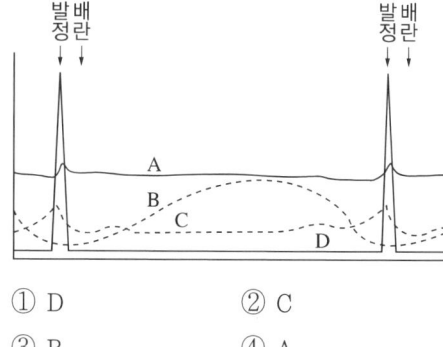

① D
② C
③ B
④ A

03 돼지의 경제형질이 아닌 것은?

① 복당 산자수
② 이유 시 체중
③ 도체의 품질
④ 모 색

해설
돼지의 경제적 개량형질
복당 산자수, 이유 시 체중, 이유 후 성장률, 사료효율, 도체의 품질(도체장, 배최장근단면적, 도체율, 햄-로인 비율, 등지방두께, 근내지방도)

04 육용계의 자질개량을 위한 선발요건으로 고려할 사항이 아닌 것은?

① 볏의 모양
② 성장률
③ 우모의 발생속도
④ 우모의 색

정답 1 ② 2 ② 3 ④ 4 ①

05 3원교잡종 생산 시 1대 잡종 생산에서 주로 쓰이는 어미 돼지의 품종은?

① 폴란드차이나(Poland China)
② 햄프셔(Hampshire)
③ 랜드레이스(Landrace)
④ 두록(Duroc)

해설
랜드레이스와 요크셔를 교잡한 어미돼지에 두록 아비돼지를 교배시켜서 생산한 돼지가 3원교잡종이다. 이와 같이 세 가지 품종을 교배하는 것은 유전학에서 말하는 잡종강세의 효과를 이용하기 위한 것이다.

06 잡종강세 현상이 잘 나타난 노새를 만드는 교배법은?

① 수나귀 × 암소   ② 숫말 × 암나귀
③ 수소 × 암나귀   ④ 수나귀 × 암말

해설
종간 교배 : 동물학상으로 종을 달리하는 것 사이의 교배, 종간 잡종의 예로 암말과 수나귀 사이의 교배에 의하여 생기는 노새를 들 수 있다.

07 일반적으로 유전력을 저도, 중도, 고도로 분류할 때 중도(中度)의 유전력의 범위는 몇 %인가?

① 10~20%   ② 20~40%
③ 40~50%   ④ 50~70%

해설
일반적으로 유전력 40~50% 이상을 고도의 유전력, 20~40%를 중도의 유전력, 20% 이하를 저도의 유전력이라고 한다.

08 산란계 대란의 표준난중으로 가장 적절한 것은?

① 50~60g   ② 10~20g
③ 25~35g   ④ 80~90g

09 다음 중 계절주기를 나타내는 계절번식 동물은?

① 소   ② 돼지
③ 말   ④ 토끼

해설
계절번식 가축
- 주년성 번식동물(계절적 영향이 적어 연중번식이 가능한 가축) : 소, 돼지, 토끼
- 비주년성 번식동물
  - 단일성 번식동물 : 면양, 산양, 염소, 사슴, 노루, 고라니 등
  - 장일성 번식동물 : 말, 당나귀, 곰, 밍크 등

10 소를 비롯한 모든 축종에서 임신이 된 암컷은 다음 주기의 발정발현이 중지되는데, 이것을 근거로 임신을 추정하는 방법은?

① 에스트로겐 분석법
② 초음파 임신진단법
③ NR(Non-Return)법
④ 직장검사법

해설
발정무재귀관찰(Non-Return)법 : 수정 후 2~4개월이 경과해도 발정이 오지 않을 때에는 임신으로 본다.

정답 5 ③ 6 ④ 7 ② 8 ① 9 ③ 10 ③

11 호르몬 작용의 특징으로 틀린 것은?

① 어떤 반응에 대해서도 에너지를 공급하지 않는다.
② 극히 적은 양으로도 기능을 발휘한다.
③ 혈류로부터 장시간 동안 소실되지 않는다.
④ 반응의 속도를 조절하고 새로운 반응을 일으키지 않는다.

해설
가축의 번식에 작용하는 호르몬의 특징
- 어떤 반응에 대해서도 에너지를 공급하지 않는다.
- 극히 적은 양으로도 기능을 발휘한다.
- 반응의 속도를 조절하고 새로운 반응을 일으키지 않는다.
- 혈류로부터 신속히 소실되지만 서서히 수시간 때로는 수일 후에 효과가 나타난다.
- 반감기가 짧다.
- 특정 수용체가 있다.
- 세포 간 생화학적 메커니즘을 조절한다.

12 다음 육우의 경제형질 중 유전력이 가장 높은 것은?

① 수태율
② 도체율
③ 이유 시 체중
④ 배장근단면적

해설
④ 배장근단면적 : 55~60%
① 수태율 : 0~10%
② 도체율 : 35~40%
③ 이유 시 체중 : 30~35%

13 다음 중 개체선발 시 돼지의 경제형질에서 가장 효과적으로 개량할 수 있는 것은?

① 사료효율
② 등지방층의 두께
③ 이유 후 일당증체량
④ 복당 산자수

해설
등지방층의 두께 유전력은 0.40~0.55로 높기 때문에 개체선발이 가능하다.
※ 돼지 경제형질의 유전력
- 사료효율 : 0.25~0.3
- 이유 후 일당증체량 : 0.2~0.3
- 복당 산자수 : 0.05~0.15

14 말이나 소에 많이 발생하는 난소질환의 하나로 무발정, 사모광증 등 불규칙한 발정이 일어나는 번식장해 현상은?

① 난소낭종
② 위임신
③ 영구황체
④ 프리마틴

해설
난소낭종의 증세
지속성 또는 사모광증을 나타내거나 무발정을 나타낸다. 사모광증이 발생한 소는 강하고 지속적으로 불규칙적인 발정행위를 보일뿐만 아니라 투명한 점액을 다량 분비한다.

15 정액의 동결 보존과정에서 동해방지제로 이용되는 물질이 아닌 것은?

① Glycerin
② DMSO
③ Glucose
④ Penicillin

해설
정액 동결 보존 시 동해방지제 : DMSO, 글리세롤(Glycerol), 글루코스(Glucose) 등

16 난소에서 난포가 발육되어 난자를 배출시키기 위한 준비와 교미를 위한 준비기간으로 가장 적합한 것은?

① 발정 전기
② 발정기
③ 발정 후기
④ 발정 휴지기

해설
발정 전기는 발정 휴지기로부터 발정기로 이행하는 시기로, 발정이 시작되기 직전의 단계이다.

17 유전력이 높은 형질 개량에 가장 효과적인 선발방법은?

① 개체선발
② 가계선발
③ 후대검정
④ 혈통선발

해설
① 개체선발 : 개체의 능력만을 기준으로 하여 그 개체를 종축으로 선발하는 방법이다.
② 가계선발 : 가계 내 개체 간 차이는 무시하고 가계의 평균능력에 근거한 선발방법이다.
③ 후대검정 : 도살해야만 측정할 수 있는 형질을 개량할 때 유익한 방법이다.
④ 혈통선발 : 부모, 조부모 등의 선조능력에 근거하여 종축의 가치를 판단하여 선발하는 방법이다.

18 반추가축의 소화기관 중 섭취한 영양소의 주된 소화・흡수가 일어나는 곳은?

① 대 장
② 반추위
③ 소 장
④ 식 도

해설
반추동물의 영양소 흡수에 있어 아미노산, 지방산, 단당류 등은 주로 소장에서 흡수되고, 휘발성 지방산은 반추위를 비롯한 위에서 많이 흡수된다.

19 근친교배의 유전적 효과에 대한 설명으로 옳은 것은?

① 유해유전자의 출현빈도를 낮춘다.
② 이형접합체의 비율을 증가시킨다.
③ 동형접합체의 비율을 증가시킨다.
④ 잡종강세의 현상이 나타난다.

해설
근친교배의 유전적 효과
• 유전자의 Homo성(동형접합체)을 증가시킨다.
• 유전자의 Hetero성(이형접합체)을 감소시킨다.
• 형질의 발현에 영향을 주는 유전자를 고정시킨다.
• 치사유전자와 기형의 발생빈도가 증가한다.

20 탄수화물의 영양소로서 가장 기본적인 기능은?

① 효소분비촉진
② 근육형성
③ 내분비촉진
④ 에너지공급원

해설
탄수화물은 보통의 반추가축 사료에서 주된 에너지공급원이 되는 영양소이다.

제2과목 가축사양학

21 정미에너지(Net Energy)를 가장 바르게 설명한 것은?

① 사료 내 함유하고 있는 에너지의 총량
② 사료 내 함유 에너지에서 분으로 배출되는 에너지를 제외한 나머지 에너지의 총량
③ 사료 내 함유 에너지에서 분, 뇨, 가스로 손실된 에너지를 제외한 나머지 에너지의 총량
④ 사료 내 함유 에너지에서 분, 뇨, 가스 및 열발생으로 손실된 에너지를 제외한 나머지 에너지의 총량

> [해설]
> **정미에너지(Net Energy)**
> 가축이 사료로 섭취한 에너지 중 순수하게 동물의 유지 및 생산을 위하여 이용되는 에너지이다.

22 유지율 2%인 우유 20kg은 유지율 4%인 우유로 환산하면 몇 kg에 해당되는가?

① 17kg   ② 15kg
③ 14kg   ④ 16kg

> [해설]
> FCM(환산유량) = (0.4 × 20) + 15(20 × 2%)
> = 14kg

23 다음 보기가 설명하는 닭의 병은?

> *Salmonella gallinarum*균에 의하여 발병되며, 모든 면에서 추백리와 유사하나 발병 일령이 어린 병아리 때부터 노계가 될 때까지 지속적으로 발병되는 점이 차이가 있으며, 주로 12주령 이후에 집중적으로 발병하는 양상을 말한다.

① 파라티푸스감염증
② 가금콜레라
③ 포도상구균증
④ 가금티푸스

> [해설]
> **가금티푸스** : *Salmonella gallinarum*균에 의해서 발병되며, 여름철에 발병빈도가 높다.

24 수용성 비타민 중 쌀겨와 밀기울 같은 곡류 부산물에 많이 있으며, 결핍 시 다발성 신경염인 각약증과 맥박수 감소증상 등이 나타나는 물질은?

① 티아민   ② 리보플라빈
③ 니코틴산   ④ 판토텐산

> [해설]
> ① 티아민(비타민 B_1) : 항각혈병인자
> ② 리보플라빈(비타민 B_2) : 항구순각염인자
> ③ 니코틴산(비타민 B_3) : 항펠라그라(pellagra)인자
> ④ 판토텐산(비타민 B_5) : 항스트레스인자

정답 21 ④ 22 ③ 23 ④ 24 ①

25 배합사료와 볏짚을 8:2의 비율로 급여할 때 급여되는 전체 사료의 조단백질 함량과 가소화 양분총량(TDN)의 함량은?(단, 배합사료와 볏짚의 조단백질 함량은 10%와 5%이고 TDN 함량은 70%와 30%이다)

① 조단백질 함량 : 6%, TDN 함량 : 42%
② 조단백질 함량 : 7%, TDN 함량 : 60%
③ 조단백질 함량 : 9%, TDN 함량 : 62%
④ 조단백질 함량 : 7.5%, TDN 함량 : 67.5%

26 비육돈에 에너지 수준을 증가하면?

① 등지방두께가 얇아진다.
② 등지방두께가 두꺼워진다.
③ 살코기 비율이 증가한다.
④ 배장근단면적이 증가한다.

27 닭사료에 식염은 몇 %가 적당한가?

① 0.1%   ② 0.3%
③ 0.8%   ④ 10%

해설
초식동물이 단위동물보다 요구량이 많다(농후사료의 1% 미만, 단위동물은 0.3% 공급).

28 다음 중 동물성 단백질사료가 아닌 것은?

① 어 분   ② 말 분
③ 혈 분   ④ 우모분

29 다음 펠릿사료의 장점이 아닌 것은?

① 사료섭취량이 증가된다.
② 사료의 허실이 적다.
③ 음수량이 증가한다.
④ 지용성 비타민 산화속도가 느리다.

해설
③은 펠릿사료의 단점이다.

30 다음 비타민 중 결핍증으로 바르게 연결된 것은?

① 비타민 A – 안질장애, 번식장애
② 비타민 D – 혈액응고지연, 내출혈
③ 비타민 B – 구루병, 비정상적인 골격 형성
④ 비타민 E – 발정부진, 수태율 저하

해설
지용성 비타민 결핍증
• 비타민 A : 안질장애, 번식장애, 상피세포 및 점막의 경화
• 비타민 D : 구루병, 비정상적인 골격 형성
• 비타민 E : 번식장애, 근육위축증
• 비타민 K : 혈액응고지연, 내출혈

31 섬유질배합사료(TMR)의 장점에 대한 설명으로 가장 옳지 않은 것은?

① 편식 방지
② 건물섭취량 증가
③ 영양소 이용효율 증대
④ 사료비 증가

해설
조사료의 추가구입이 필요치 않게 되고, 다른 조사료의 급여량도 감소된다.

32 한우고기의 품질 향상을 위해 비육기간을 연장하여 사육할 때 수반되는 단점은?

① 등지방두께 증가
② 배최장근단면적 증가
③ 근내지방도 증가
④ 관능특성(연도, 다즙성, 풍미) 개선

33 다음 중 고시폴(Gossypol)이란 유해물질이 들어 있는 사료는?

① 면실박
② 야자박
③ 해바라기박
④ 피마자박

해설
식물성 단백질사료 중 유박류에 함유되어 있는 독성물질
- 대두박 : 트립신(Trypsin)
- 면실박(목화씨깻묵) : 고시폴(Gossypol)
- 낙화생박 : 아플라톡신(Aflatoxin)
- 아마박 : 청산(Prussic Acid)
- 채종박 : 미로시나제(Mirosinase)

34 강피류사료에 대한 설명으로 틀린 것은?

① 곡류에 비해 조섬유나 무기물함량이 많다.
② 곡류에 비해 에너지함량이 낮다.
③ 곡류에 비해 조단백질함량이 낮다.
④ 곡류에 비해 비타민함량이 높다.

해설
③ 곡류에 비해 조단백질 및 인의 함량은 높다.

35 일반적으로 탄소, 수소, 산소, 질소, 황, 인으로 구성되어 있는 영양소는?

① 전분
② 탄수화물
③ 지방
④ 단백질

해설
단백질은 탄소, 수소, 산소, 질소, 황으로 구성되어 있는데 이러한 원자들은 아미노산이라 불리는 분자단위로 되어 있다.

정답 31 ④ 32 ① 33 ① 34 ③ 35 ④

36 한우 농가가 TMR사료에 다음과 같은 원료사료를 사용할 경우 조사료 : 농후사료의 비율은?

사료 종류	급여량(kg/두, 건물기준)
옥수수알곡	6.0
대두박	1.0
밀기울	1.5
볏 집	4.0
계	12.5

① 28 : 72
② 30 : 70
③ 32 : 68
④ 34 : 66

해설
- 조사료(볏집) : 4.0kg
  조사료의 비율 = 4 / 12.5 × 100 = 32
- 농후사료(옥수수알곡 + 대두박 + 밀기울) :
  6.0 + 1.0 + 1.5 = 8.5kg
  농후사료의 비율 = 8.5 / 12.5 × 100 = 68
∴ 조사료 : 농후사료 = 32 : 68

37 돼지 비육 시 사료지방의 아이오딘(I)가가 낮은 것을 급여하면 체지방은 어떤 지방으로 구성되는가?

① 경성지방
② 연성지방
③ 불포화지방
④ 황색지방

해설
사료의 지방성분 중 아이오딘가가 높으면 체지방은 연성지방이 된다.

38 소의 비육 시 지방조직의 발달순서로 옳은 것은?

① 피하지방 → 근육 간 지방 → 신장지방 → 근육 내 지방
② 근육 간 지방 → 근육 내 지방 → 신장지방 → 피하지방
③ 근육 내 지방 → 신장지방 → 근육 간 지방 → 피하지방
④ 신장지방 → 근육 간 지방 → 피하지방 → 근육 내 지방

39 유지 단백질 요구량을 결정하는 요인과 거리가 먼 것은?

① 내생뇨질소법
② 질소균형법
③ 사량시험법
④ 기초대사율

40 다음 중 젖소의 비유단계에 있어서 영양소의 요구량이 가장 높은 시기는?

① 비유 말기
② 비유 초기
③ 비유 중기
④ 건유기

해설
비유 초기 영양소 요구량이 높아 농후사료의 증량급여가 필수이나 이 경우에도 반추위의 정상적인 기능을 유지하기 위해서는 양질의 조사료를 40% 이상 급여해야 한다.

정답 36 ③ 37 ① 38 ④ 39 ④ 40 ②

제3과목 축산경영학

41 비용함수가 TC = $100Y - 4Y^2 + Y^3$일 때 평균비용 AC의 최소점은?

① 2 ② 3
③ 4 ④ 5

해설
AC = TC / Y
　 = $100 - 4Y + Y^2$
AC의 최저점은 Y로 미분하여 0인 생산량(Y)을 구한다.
$\frac{dAC}{dY} = 2Y - 4 = 0$
∴ $Y = 2$

42 자본이 적고 노동력이 풍부한 경영체에서 취해야 할 경영형태로 적합한 것은?

① 노동조방적·자본조방적 경영
② 노동집약적·자본조방적 경영
③ 노동조방적·자본집약적 경영
④ 노동집약적·자본집약적 경영

해설
- 노동력이 풍부하고 자본이 적은 경영여건 : 노동집약적·자본조방적
- 노동력이 부족하고 자본이 많은 경영여건 : 자본집약적·노동조방적

43 산란계 경영에서 사료를 2kg 급여하였을 때 계란생산은 10개였다. 3kg을 급여하였을 때 계란을 12개 생산했다면 사료의 한계생산은 얼마인가?

① 1 ② 2
③ 3 ④ 4

해설
한계생산 = 추가 투입량으로 인한 증체량 / 추가 투입량
　 = (12 - 10) / (3 - 2)
　 = 2

44 축산소득률을 계산하는 공식으로 옳은 것은?

① 축산경영비 ÷ 축산소득 × 100
② 축산소득 ÷ 축산조수익 × 100
③ 축산조수익 ÷ 축산수익 × 100
④ 판매량 ÷ 축산물 총생산량 × 100

해설
소득률은 조수익 중에 차지하는 소득의 비율을 말한다.

45 다음 중 육계의 육성율로 가장 적합한 것은?

① $\frac{성계(출하)두수}{입추두수} \times 100$

② $\frac{성계(출하)두수}{부화두수} \times 100$

③ $\frac{성계(출하)두수}{산란두수} \times 100$

④ $\frac{성계(출하)두수}{사육두수} \times 100$

정답 41 ① 42 ② 43 ② 44 ② 45 ①

46 토지 자본에 대한 감가상각비를 계산하지 않는 이유는 토지의 어떤 성질 때문인가?

① 배양력　② 불가증성
③ 불가동성　④ 불소모성

해설

불소모성(不消耗性, 불가괴성)
- 토지는 소모되지 않고 불변하며 영구적으로 이용가능하다.
- 대농기구, 건물 등과 같은 고정자본재도 가치가 점차 소멸(감가상각)하고, 유동자본재는 1회사용으로 그 형질이 변화하거나 또는 가치가 전부 소멸한다.
- 토지는 이용하면 할수록 지력은 소모되나 토지 그 자체는 소모되지 않는다.
- 토지가 다른 고정자본재와 달리 감가상각을 필요로 하지 않는 이유는 토지 자체가 소모되지 않기 때문이다.

47 다음 중 기업적 축산경영의 설명으로 옳지 않은 것은?

① 고용노동 중심의 형태를 취한다.
② 가족노동의 대가가 비용으로 계산한다.
③ 경영과 가계(家計)가 엄격히 분리된다.
④ 축산경영의 목적이 순이익보다는 소득의 극대화에 있다.

해설

기업적 축산경영의 특징은 고용노동에 의지한 상품생산의 최대화로 이윤을 극대화하는 것이다.
※ 가족단위의 축산경영
- 자기소유 토지지대의 최대화
- 자기자본이자의 최대화
- 가족노동임금의 최대화

48 축산경영의 고정자산 평가에 있어서 일반적이며 기초로 하는 평가법은?

① 시가평가법
② 취득원가평가법
③ 시장가격평가법
④ 추정가격평가법

해설

취득원가법
- 자산을 구입할 경우 구입가격과 구입시 소요되는 제반비용을 합산한 비용 또는 생산할 경우 생산비에 의해서 평가하는 방법이다.
- 축산경영의 고정자산평가에 있어서 일반적이며 기초로 하는 평가법이다.
- 경영의 안전한 운영을 나타낼 수 있다.

49 유통의 기능에 해당되지 않는 항목은?

① 축산물의 구매와 판매
② 축산물의 저장과 가공
③ 축산물의 생산
④ 축산물의 수송

해설

축산물의 유통기능
- 교환기능 : 구매, 판매
- 물적 기능 : 저장, 운송, 가공
- 조성기능 : 표준화 및 등급화, 시장정보, 유통금융, 위기부담

정답 46 ④　47 ④　48 ②　49 ③

50 금년에 착유기 한 대를 1,200,000원을 주고 새로 구입하였다. 이 착유기의 내용년수가 8년이고 잔존가격이 80,000원이라고 할 때, 정액법으로 계산한 1년차의 감가상각액은?

① 120,000원　② 140,000원
③ 150,000원　④ 180,000원

해설

매년 감가상각비

$= \dfrac{\text{고정자본재의 구입가격} - \text{잔존가격}}{\text{내용년수}}$

$= \dfrac{1,200,000 - 80,000}{8}$

$= 140,000$원

51 축산물 생산지와 시장간 경제적 거리에 관한 설명으로 옳은 것은?

① 일반적으로 생산지 입지선정 요건과는 무관하다.
② 경제적 거리가 멀수록 생산자의 수취가격은 높다.
③ 토지이용형 축산은 대소비지와 가까이 위치하고 있다.
④ 생산지에서 시장까지 이동시간과 운송비를 고려한 거리이다.

해설

농장과 시장의 경제적 거리란 생산물이 시장에 도달하기까지의 시간과 운송비를 고려한 거리를 말한다.

52 비육돈 생산비 중 가장 큰 비중을 차지하는 비목은?

① 위생치료비
② 고용노력비
③ 감가상각비
④ 사료비

해설

사료비는 비육돈, 젖소, 육계, 산란계 경영비 중 가장 비중이 큰 항목이다.

53 축산물 생산비에서 감가상각 대상으로 옳지 않은 것은?

① 비육우
② 번식 돼지
③ 착유 젖소
④ 구입하여 사용 중인 트랙터

54 상업농시대에 있어서 축산경영의 목표로 적합한 것은?

① 자급자족
② 이윤의 극대화
③ 생산의 최대화
④ 현상유지

해설

기업적 축산경영의 가장 중요한 목표는 순수익을 극대화 하는 것이다.

정답 50 ② 51 ④ 52 ④ 53 ① 54 ②

55 축산경영의 일반적 특징 중 결합생산물의 예로 가장 적절한 것은?

① 산란계와 육계
② 돼지고기와 우유
③ 소고기와 쇠가죽
④ 한우고기와 수입소고기

해설
결합생산 : 하나의 생산 과정에서 두 가지 이상의 물품이 생산되는 것

56 축산경영의 생산성지표가 아닌 것은?

① 노동생산성
② 자본생산성
③ 소득률
④ 토지생산성

해설
축산경영의 생산성지표 : 노동생산성, 자본생산성, 토지생산성

57 수익의 최대화에 관한 설명으로 맞는 것은?

① 수익의 최대화는 한계수익이 한계비용보다 클 때 이루어진다.
② 수익의 최대화는 한계비용이 한계수익보다 클 때 이루어진다.
③ 수익의 최대화는 한계비용과 평균수익이 같을 때 이루어진다.
④ 수익의 최대화는 한계수익과 한계비용이 같을 때 이루어진다.

58 손익계산서에 포함되지 않는 기록 항목은?

① 이 자
② 사료비
③ 당좌예금
④ 우유판매수입

해설
손익계산서 : 수익, 비용, 당기순이익

59 투자에 대한 순현재가치가 0으로 수렴될 때까지의 할인율을 무엇이라 하는가?

① 시장이자율
② 편익비용비율
③ 내부수익률
④ 감가상각률

60 축산경영의 총투입자본 1,000만원 중 300만원을 외부에서 빌렸을 때 자기자본은?

① 700만원   ② 1,000만원
③ 300만원   ④ 1,300만원

해설
자기자본 = 1,000만원 − 300만원
= 700만원

정답 55 ③ 56 ③ 57 ④ 58 ③ 59 ③ 60 ①

제4과목 사료작물학

61 다음 중 재생력이 가장 강하고, 방목지용으로 적합한 콩과 목초는?

① 라디노클로버
② 스위트클로버
③ 레드클로버
④ 알팔파

62 사일리지용 옥수수의 수확적기는?

① 고숙기 ② 유숙기
③ 황숙기 ④ 출수기

해설
사일리지용 옥수수의 수확적기
- 단위면적당 가소화 양분함량이 최고인 때
- 옥수수의 수염이 나오기 시작한 후부터 50~55일째
- 종실 끝부분의 세포층이 검게 변하여 하나의 층을 형성하는 때
- 황숙기로 건물비율이 35%(수분함량은 65~70%) 정도 되는 시기

63 양질의 사일리지를 제조할 때 적당한 첨가물이 아닌 것은?

① 요 소   ② 인 산
③ 당 밀   ④ 밀기울

64 사료작물의 기후적 선택조건과 거리가 먼 것은?

① 생육적온   ② 일조량
③ 토양산도   ④ 강수량

65 호밀을 다음과 같은 조건에서 답리작 사료 작물로 재배할 경우 호밀의 품종으로 가장 알맞은 것은?

> 5월 중·하순경에 모내기를 하여 9월 하순부터 10월 중순까지 벼베기를 끝낸 다음 호밀을 파종(또는 입모 중 파종)하여 다음해 5월 상·중순경에 수확한다.

① 조생종   ② 중생종
③ 만생종   ④ 극만생종

66 다음 콩과 목초 중에서 방목지용으로 널리 이용되는 반면 토양보호와 피복작물로도 이용성이 높은 것은?

① 화이트클로버
② 레드클로버
③ 크림슨클로버
④ 스위트클로버

정답 61 ① 62 ③ 63 ② 64 ③ 65 ① 66 ①

67 화본과 목초에 대한 설명으로 옳은 것은?
① 잎은 호생하거나 나선상으로 착생한다.
② 줄기는 포복형, 직립형 및 덩굴형이 있다.
③ 뿌리는 수근계를 이루며 2차 지근과 부정근들로 영구근군을 형성한다.
④ 화이트클로버, 레드클로버, 오처드그라스 등이 대표적 목초이다.

68 화본과 목초에 있어서 1번초로 가장 적당한 예취 시기는?
① 개화 말기　② 영양생장기
③ 출수 초기　④ 결실기

해설
1번초의 예취적기
• 화본과 목초 : 출수 초기
• 콩과 목초 : 10% 정도 꽃이 핀 시기

69 방목 이용의 장점이 아닌 것은?
① 분뇨의 시비노력이 절약된다.
② 기호 목초를 마음대로 채식할 수 있다.
③ 가축의 건강과 번식에 효과적이다.
④ 균일한 식생이 유지된다.

70 화본과 사료작물보다 두과 사료작물이 많이 가지고 있는 영양소는?
① 탄수화물, 섬유소
② 단백질
③ 에너지, 섬유소
④ 섬유소

해설
두과 목초는 화본과 목초에 비해 조단백질, 칼슘 함량이 높다.

71 추위에 강하여 우리나라 중북부지방의 답리작 사료작물로 많이 재배되는 것은?
① 귀 리
② 호 밀
③ 오처드그라스
④ 이탈리안라이그래스

해설
호밀은 호맥, 흑맥이라고도 하며 맥류 중 내한성이 강하다.

정답　67 ③　68 ③　69 ④　70 ②　71 ②

72 임간초지에 대한 설명으로 틀린 것은?

① 대상지의 경사도는 45° 이상이 최적이다.
② 임간초지 조성은 불경운초지 개량에 해당한다.
③ 겉뿌림으로 파종하여 파종적기는 8월 중·하순경이다.
④ 토양수분을 잘 보존할 수 있는 유기물 함량이 많은 토양이 유리하다.

해설
임간초지 : 초지개량대상지의 나무를 그대로 두거나 목초가 자랄 수 있을 정도의 최소한의 나무만을 베어내고 조성한 초지

73 일반적으로 건초 조제 중 건물손실이 가장 많은 것은?

① 기계에 의한 손실
② 저장에 의한 손실
③ 호흡에 의한 손실
④ 용탈에 의한 손실

해설
건초제조 중의 영양 손실
- 기계에 의한 손실 : 3~28%(평균 15.5%)
- 호흡에 의한 손실 : 4~9%(평균 6.5%)
- 용탈에 의한 손실 : 2~10%(평균 6%)
- 저장에 의한 손실 : 2~9.5%(평균 5%)
- 용출에 의한 손실 : 2~5%(평균 3%)

74 주요 목초 및 일반 사료작물의 생육 최저 산도가 가장 낮은 것은?

① 보리
② 알팔파
③ 레드톱
④ 티머시

75 혼파초지의 장점이 아닌 것은?

① 가축 영양상 영양가의 균형이 잡혀 좋다.
② 초지 이용관리가 매우 용이해진다.
③ 근계가 다르므로 땅속의 양분을 효율적으로 이용할 수 있다.
④ 상번초와 하번초의 혼생으로 공간 경합이 적어진다.

76 건초 조제 시 태양으로 건조할 때 함량이 높아지는 비타민은?

① 비타민 A
② 비타민 B
③ 비타민 C
④ 비타민 D

정답 72 ① 73 ① 74 ③ 75 ② 76 ④

77 다음 중 사일리지의 장점이 아닌 것은?

① 건초에 비해 날씨의 지배를 적게 받는다.
② 건초에 비해 비타민 D 함량이 높다.
③ 생초를 다즙질의 상태로 연중 저장이 가능하다.
④ 토지의 이용성을 높여 단위면적당 많은 가축사육이 가능하다.

해설

사일리지의 장단점

장점	• 저렴하고 양질의 사초급여 • 제조 시 일기에 영향을 적게 받음(건초와 비교) • 양분손실을 감소시킬 수 있음(건초와 비교) • 기호성 양호, 이용성 향상 • 작은 면적의 저장장소 소요(건초와 비교) • 산유량 증가 • 잡초종자 발아방지, 화재위험성 감소(건초와 비교) • 기계화 유리
단점	• 많은 자본 소요 • 일시에 많은 노력 투여 • 비타민 D 함량이 적음(건초와 비교) • 송아지 설사 유발 • 물량취급량 과다(건초와 비교)

78 다음 사료작물 중 질산태질소의 함량이 가장 많은 작물은?

① 티머시
② 켄터키블루그래스
③ 알팔파
④ 수단그라스

79 다음 중 윤작의 장점에 해당되지 않는 것은?

① 연작으로 인한 수량의 감소를 줄일 수 있다.
② 모든 작물의 파종시기를 임의로 결정할 수 있다.
③ 토양 내의 양분을 최대한 이용할 수 있다.
④ 병충해의 발생을 줄일 수 있다.

해설

여러 작물이 같은 경작지에서 윤작 작부체계에 따라 재배되면 각 작물은 토양을 각각의 성장습성에 맞추어 이용할 것이고, 따라서 양분결핍의 위험이 줄어든다.

80 분쇄하지 않은 목초를 성형하고, 형상은 지름과 길이가 거의 동일한 성형건초의 종류는?

① 펠릿(Pellet)
② 콥(Cob)
③ 웨이퍼(Wafer)
④ 큐브(Cube)

해설

① 펠릿(Pellet) : 수확한 목초를 건조하여 분쇄 후 압축 성형한 것
③ 웨이퍼(Wafer) : 목건초의 세절편을 압축성형기를 통하여 원반상(圓盤狀)으로 성형한 것
④ 큐브(Cube) : 짧게 자른 목건초를 압축성형기로 각형의 알갱이로 만든 것

제1과목 가축육종학

01 다음 중 (가), (나)에 알맞은 내용은?

- 선발차를 크게 하기 위해서는 우선 개량하고자 하는 형질의 변이가 (가).
- 일반적으로 암가축에서보다 수가축에서 선발차를 더 (나) 할 수 있다.

① 가 : 작아야 한다. 나 : 작게
② 가 : 작아야 한다. 나 : 크게
③ 가 : 커야 한다. 나 : 작게
④ 가 : 커야 한다. 나 : 크게

해설
선발차를 높이는 방법
- 형질의 변이가 커야 한다.
- 변이의 증가는 환경적 요인이 아닌 유전적 변이이어야 한다.
- 의외의 변수(질병 등)로 인한 사망률을 낮춰, 개체수를 늘려 많은 수의 종자개체를 확보해야 한다.
- 종자개체는 수컷보다 암컷이 더 많이 필요하기에, 선발차가 큰 수컷이 암컷보다 종자개체가 되는 이유이기도 하다.

02 돼지의 염색체 수(2n)는?

① 38개   ② 46개
③ 60개   ④ 78개

해설
가축의 염색체 수
2배체 상태에서 소는 60개, 돼지는 38개, 닭은 78개를 가진다.

03 공통선조가 C인 다음 가계도에서 A의 근교계수는 얼마인가?(단, $F_A = 0$이다)

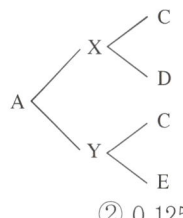

① 0.250   ② 0.125
③ 0.750   ④ 0.500

해설
근친계수는 전형매에서는 0.25, 반형매에서는 0.125이다.

04 한 가지 형질이 일정 기준의 개량량에 도달할 때까지 선발하고 그 다음에는 제2, 제3의 형질로 넘어가는 형태의 선발법은?

① 독립도태법
② 순차적 선발법
③ 선택지수법
④ 혈통선발법

해설
① 독립도태법 : 다수형질 개량 시 각 형질에 대하여 동시에 그리고 독립적으로 선발하는 방법으로, 형질마다 일정한 수준을 정하여 어느 한 형질이라도 그 수준 이하로 내려가는 개체는 다른 형질이 아무리 우수하더라도 도태하는 방법이다.
③ 선택지수법 : 다수의 경제형질을 개량할 때 개량대상의 형질을 종합적으로 고려하여 하나의 점수를 산출하는 방법으로, 돼지에게 가장 많이 이용하고 있다.

정답 1 ④ 2 ① 3 ② 4 ②

05
1,000마리 소의 모색을 조사한 결과가 다음과 같을 때 붉은 모색에 대한 유전자 빈도는 얼마인가?(단, 유전적 평형상태를 가정한다)

표현형	유전자형	두 수
검은색	BB 혹은 Bb	640
붉은색	bb	360

① 0.4 ② 0.8
③ 0.6 ④ 1.0

해설

붉은색 유전자의 빈도 $= \sqrt{\dfrac{360}{1,000}} = 0.6$

06
돼지 3원 교잡종 생산 시 육질 개선을 위하여 가장 많이 이용되는 품종은?

① 랜드레이스 ② 라지화이트
③ 라 콤 ④ 두 록

해설

두록(Duroc) : 일반적으로 사료이용성이 좋고 발육이 좋은 3원 교잡종을 생산하기 위하여 가장 널리 쓰이는 종모돈 품종

07
AABB와 aabb 교배 시 가능한 F_1 자손의 유전자형은 총 몇 가지인가?

① 9가지 ② 1가지
③ 2가지 ④ 3가지

해설

A는 a에 우성이고, B는 b에 우성이다. 그러므로 F_1 자손의 유전자형은 AaBb 1가지이다.

08
육용종 순계 검정에 있어 조사 항목과 내용이 일치하지 않는 것은?(단, 닭 검정기준을 적용한다)

① 64주령 난중 : 첫 모이를 준 날로부터 62~64주령 사이의 평균 난중
② 첫 산란 일령 : 첫 모이를 준 날로부터 첫 산란 개시 일령
③ 육추율 : 첫 모이 수수에 대한 8주령 종료 수수의 비율
④ 부화율 : 부화 입란수에 대한 발생 병아리의 비율

해설

부화율 : 수정란에 대한 발생수수의 백분비로 표시한다.

09
다음을 이용하여 잡종강세율을 구하면?

- White Leghorn 닭의 평균 산란 수 : 280개
- Rhodes Island Red 닭의 평균 산란 수 : 250개
- White Leghorn(♀)×Rhodes Island Red(♂) 잡종의 평균 산란 수 : 290개
- Rhodes Island Red(♀)×White Leghorn(♂) 잡종의 평균 산란 수 : 280개

① 1.8% ② 1.9%
③ 7% ④ 7.5%

해설

잡종강세율 $= \dfrac{F_1\text{의 평균} - \text{부모품종의 평균}}{\text{부모품종의 평균}} \times 100$

$= \dfrac{\dfrac{(290+280)}{2} - \dfrac{(280+250)}{2}}{\dfrac{280+250}{2}} \times 100$

$= 7.5\%$

10 유전력이 높은 형질 개량에 가장 효과적인 선발방법은?

① 개체선발　　② 가계선발
③ 후대검정　　④ 혈통선발

해설
① 개체선발 : 개체의 능력만을 기준으로 하여 그 개체를 종축으로 선발하는 방법이다.
② 가계선발 : 가계 내 개체 간 차이는 무시하고 가계의 평균능력에 근거한 선발방법이다.
③ 후대검정 : 도살해야만 측정할 수 있는 형질을 개량할 때 유익한 방법이다.
④ 혈통선발 : 부모, 조부모 등의 선조능력에 근거하여 종축의 가치를 판단하여 선발하는 방법이다.

11 동일한 품종 내에서 서로 다른 2개의 근교계통 간 교배에 의하여 생산된 1대잡종은?

① 톱교잡종(Topcross)
② 이품종 톱교잡종(Topcrossbred)
③ 동품종 근친계통 간 교잡종(Incross)
④ 이품종 근친계통 간 교잡종(Incrossbred)

해설
① 톱교잡종 : 모든 품종에서 근교계통의 수가축과 비근교계통의 암가축 간의 교배에 의해 생산된 1대잡종
② 이품종 톱교잡종 : 다른 품종에 속하는 근교계통의 수가축과 비근교계통의 암가축 간의 교배에 의해 생산된 1대잡종
④ 이품종 근교계 간 교잡종 : 다른 품종에 속하는 2개의 근교계통 간의 교배에 의하여 생산된 1대잡종

12 육우의 보증 종모우 선발체계의 설명으로 틀린 것은?

① 당대 검정에서는 산육형질이 주요 선발 대상 형질이다.
② 육질을 고려할 경우 후대검정 후에 선발한다.
③ 부모의 능력만 고려한 선발이 후대검정보다 훨씬 선발의 정확도가 높다.
④ 사료 효율도 주요 선발 대상 형질이 될 수 있다.

13 소의 이성쌍태(異性雙胎)에 있어서 암컷에 나타나는 이상(異商)으로 이를 프리마틴(Freemartin) 이라고 하는데 성의 형태는 어떤 것인가?

① 자성(雌性)　　② 웅성(雄性)
③ 간성(間性)　　④ 우성(優性)

해설
프리마틴(Freemartin)
소의 이란성 쌍생아가 암컷과 수컷인 경우에, 수컷은 이상이 없지만 암컷은 난소에 장애가 있어 간성형 또는 정소와 유사한 구조를 보인다.

14 돼지에 있어서 백색인 요크셔(Yorkshire)종과 흑색인 버크셔(Berkshire)종을 교잡시키는 경우 F_2에서 백색과 흑색의 분리비는?

① 백색 1 : 흑색 3
② 백색 2 : 흑색 2
③ 백색 3 : 흑색 1
④ 백색 4 : 흑색 0

정답 10 ① 11 ③ 12 ③ 13 ③ 14 ③

15 X형질과 Y형질의 유전분산은 각각 4.0 및 9.0이며, 이들 두 형질 간 유전공분산은 3.0이다. 이들 두 형질 간 유전상관은?

① 0.4　　② 0.5
③ 0.6　　④ 0.7

해설

유전상관

$= \dfrac{\text{X와 Y 두 형질 간의 유전공분산}}{\text{각각 X와 T의 상가적 유전분산의 제곱근의 곱}}$

$= \dfrac{3}{\sqrt{4} \times \sqrt{9}} = 0.5$

16 가축의 누진교배를 계속할 때 3세대 자손의 유전적 변화로 옳은 것은?

① 개량종 75%, 재래종 25%
② 개량종 87.5%, 재래종 12.5%
③ 개량종 93.8%, 재래종 6.2%
④ 개량종 96.9%, 재래종 3.1%

해설

교배법에 의한 근교계수(%)

세 대	자가수분	전형매	반형매
1	50.0	25.0	12.5
2	75.0	37.5	21.9
3	87.5	50.0	30.5
4	93.8	59.4	38.1
5	96.9	67.2	44.9

17 가축정액을 장기간 보존하기 위해서 동결정액 제조 시 동해로부터 정자를 보호하기 위해 일반적으로 첨가하는 동해방지제는?

① 구연산　　② 비타민 A
③ 젤라틴　　④ 글리세롤

해설

글리세롤은 동결정액 제조 시 정자의 동해방지제로서의 효과가 큰 물질이다.

18 소에서 교배(인공수정) 후 정자와 난자가 난관팽대부에서 만나 수정을 완료하는 데 소요되는 시간은?

① 5~8시간　　② 10~12시간
③ 20~24시간　　④ 30~36시간

19 모돈 생산능력지수(SPI)에 의해 어미 돼지를 선발하는 경우 기준이 되는 것은?

① 생시 생존 산자수와 모돈의 사료 효율
② 생시 생존 산자수와 21령 복당 체중
③ 이유 두수와 모돈의 사료 효율
④ 모돈의 사료 효율과 21일령 복당 체중

해설

SPI = 6.5NBA + 2.2ALW
여기서, NBA : 해당 모돈의 복당 산자수(생존자돈수),
　　　ALW : 21일령 복당 체중

20 돼지의 경제형질에 대한 유전력이 가장 낮은 것은?

① 복당산자수　② 일당증체량
③ 사료효율　　④ 등지방두께

> **해설**
> 돼지 경제형질의 유전력
>
> | 형 질 | 유전력(%) | 형 질 | 유전력(%) |
> |---|---|---|---|
> | 복당산자수 | 5~15 | 사료효율 | 25~30 |
> | 일당증체량 | 20~30 | 등지방두께 | 40~55 |

제2과목　가축번식생리학

21 다음 중 어떤 경우에 정자형성(Spermatogenesis)이 가장 심각하게 저하되는가?

① 비타민 A와 B의 결핍 시
② 비타민 A와 E의 결핍 시
③ 비타민 E와 K의 결핍 시
④ 비타민 K와 D의 결핍 시

> **해설**
> 비타민 A와 E의 결핍 시 정자생성이 심각하게 악화되고 정자 형성 기능이 저하된다.

22 가축인공수정의 장점 설명으로 옳은 것은?

① 가축의 개량에 큰 효과가 있다.
② 숙련된 기술자가 아니라도 수태율에는 이상이 없다.
③ 종모축의 선택에 관계없이 능력 개량이 가능하다.
④ 정자의 보관은 어디에나 장기간 가능하기 때문에 편리하다.

> **해설**
> 인공수정의 장점
> • 우수한 씨가축의 이용범위가 확대
> • 후대검정에 다른 씨가축의 유전능력조기 판정 가능
> • 씨가축 사양관리의 비용과 노력 절감
> • 정액의 원거리 수송 가능
> • 자연교배가 불가능한 가축도 번식에 이용 가능
> • 교미 시 감염되는 전염병의 확산 방지

23 다음 가축별 발정주기와 발정지속시간을 나열해 놓은 것 중 틀린 것은?

① 소 : 21~22일, 18~19시간
② 돼지 : 20~25일, 25~30시간
③ 면양 : 16~17일, 24~36시간
④ 말 : 19~25일, 4~8일

> **해설**
> 가축별 발정주기와 발정지속기간
>
> | 구 분 | 번식특성 | 발정주기(일) | 발정지속시간(시간) |
> |---|---|---|---|
> | 소 | 연 중 | 21~22 | 18~20 |
> | 돼 지 | 연 중 | 19~21 | 48~72 |
> | 면 양 | 단일성 | 16~17 | 24~36 |
> | 산 양 | 단일성 | 21 | 32~40 |
> | 말 | 장일성 | 19~25 | 4~8(일) |

정답　20 ①　21 ②　22 ①　23 ②

24 소 수정란 이식에 있어서 수태율에 직접적인 영향을 미치는 요인으로 적합하지 않은 것은?

① 수정란 이식부위
② 수란우 발정동기화 방법
③ 수정란 이식 기술자
④ 수정란 이식 방법

해설
수란우의 발정동기화는 공란우의 발정 발현일 및 수정란의 일령과 ±2일 이내면 이식이 가능하나 ±1일 이내의 수란우를 선택하는 것이 좋은 수태율을 얻을 수 있다.
※ 수태율에 영향을 미치는 요인
  • 이식 자궁각
  • 수정란의 이식부위
  • 수정란의 이식시기
  • 오염방지 수단의 사용
  • 시술자의 기술
  • 이식의 난이도

25 성숙한 포유가축 수컷의 부생식선만을 나열해 놓은 것은?

① 정낭선, 전립선, 쿠퍼선
② 정낭선, 전립선, 유선
③ 랑게르한스섬, 유선, 쿠퍼선
④ 정낭선, 쿠퍼선, 랑게르한스섬

해설
수컷의 부성선(부생식선) : 정낭선, 전립선, 요도구선(쿠퍼선)

26 태반의 분류 중 태반의 모양이 그림과 같은 것은?

① 대상태반   ② 궁부성 태반
③ 산재성 태반   ④ 원반상태반

해설
동물의 태반 종류

산재성 태반	궁부성 태반
말, 돼지	소, 산양, 면양
대상성 태반	반상성 태반
고양이, 개	설치류, 영장류

27 정자의 형성 과정 중 X-정자와 Y-정자는 어느 과정에서 형성되는가?

① 정원세포의 증식과정
② 제1감수분열
③ 제2감수분열
④ 형태변화과정

해설
제1정모세포는 제1감수분열과 성숙분열을 통하여 X정자와 Y정자로 나누어지는 2차 정모세포가 된다.

28 다음 중 돼지의 평균 임신기간은?

① 90일 ② 95일
③ 114일 ④ 148일

해설

가축의 임신기간

구 분	범위(일)	평균(일)
말	330~340	330
소	270~290	280
면 양	144~158	150
산 양	146~155	152
돼 지	112~118	114
토 끼	28~32	30
개	58~65	62

29 정자의 수정능력 획득을 바르게 설명한 것은?

① 정자는 형성과 동시에 수정능력을 획득하게 된다.
② 정자는 정자변형과 동시에 수정능력을 획득하게 된다.
③ 정자는 난자와 수정하기 전에 암컷의 생식기도 내에서 수정능력을 획득한다.
④ 정자는 사출과 동시에 수정능력을 획득한다.

30 융모막융모의 형태에 따라 궁부성 태반을 가진 가축은?

① 돼 지 ② 면 양
③ 말 ④ 개

해설

동물의 태반 종류
• 산재성 태반 : 말, 돼지
• 궁부성 태반 : 소, 산양, 면양
• 대상성 태반 : 고양이, 개
• 반상성 태반 : 설치류, 영장류

31 다음 중 정소상체의 기능이 아닌 것은?

① 정자의 생산
② 정자의 농축
③ 정자의 성숙
④ 정자의 저장

해설

정소상체는 정자의 운반, 농축, 성숙, 저장의 기능을 가지고 있다.

32 소에서 수정 후 7일경에 수정란을 채란하려고 한다면 어느 부위에서 어떤 발육단계의 수정란이 주로 채란되는가?

① 자궁, 배반포기
② 난관, 4~16세포기
③ 자궁, 4~16세포기
④ 난관, 배반포기

정답 28 ③ 29 ③ 30 ② 31 ① 32 ①

33 소에서 비외과적인 방법으로 수정란을 이식하려 할 때 수정란의 발달시기와 이식부위로 가장 알맞은 것은?

① 발달시기 : 8~16세포기,
   이식부위 : 난관
② 발달시기 : 8~16세포기,
   이식부위 : 자궁
③ 발달시기 : 상실기~배반포기,
   이식부위 : 난관
④ 발달시기 : 상실기~배반포기,
   이식부위 : 자궁

34 웅성호르몬(Androgen)의 생리작용으로 옳은 것은?

① 발정 및 배란에 관여한다.
② 정자의 형성에 관여한다.
③ 태아의 성분화에는 영향을 미치지 않는다.
④ 수컷의 2차 성징과는 무관하다.

해설

웅성호르몬의 생리적 작용
- 정소에서 분비되는 호르몬으로 정자의 형성에 관여
- 태아의 성분화 및 정소하강
- 웅성의 부생식기관(정소상체, 정관, 음낭, 전립선, 정낭선, 요도구선, 포피)의 성장과 기능발현
- 수컷의 제2차 성징 발현
- 세포의 질소 축적에 의한 근골격의 성장
- 음낭 내의 온도 조절 작용

35 뇌하수체 전엽에서 분비되는 호르몬은?

① 성장호르몬(GH)
② 성선자극호르몬방출호르몬(GnRH)
③ 프로락틴 억제인자(PRIF)
④ 임부융모성성선자극호르몬(hCG)

해설

②·③ 성선자극호르몬방출호르몬(GnRH), 프로락틴 억제인자(PRIF) : 시상하부 호르몬
④ 임부융모성성선자극호르몬(hCG) : 태반성 호르몬
뇌하수체 전엽에서 분비되는 호르몬 : 성장호르몬, 갑상선자극호르몬, 부신피질자극호르몬, 난포자극호르몬, 황체형성호르몬, 프로락틴

36 하나의 제1정모세포는 몇 개의 정자로 발달하는가?

① 1개   ② 2개
③ 3개   ④ 4개

해설

1개의 제1정모세포는 제1분열로 2개의 제2정모세포가 되고(2n → n), 제2분열로 4개의 정세포가 되며, 이들 정세포는 분화하여 편모를 갖는 정자가 된다.

37 발정기에 배란이 되지 않는 것은?

① 면 양   ② 돼 지
③ 소   ④ 생 쥐

해설

발정기에 따른 배란시기
- 소 : 발정기가 끝나고 10~12시간 후
- 염소 : 발정기가 끝나고 몇 시간 뒤
- 양 : 발정기 중간
- 돼지 : 발정기의 거의 중간
- 말 : 발정기가 끝나기 1~2일 전

38 포유동물에서 유선의 분비상피세포를 자극하여 유즙의 합성능력을 획득시키는 호르몬은?

① 옥시토신(Oxytocin)
② 프로락틴(Prolactin)
③ 테스토스테론(Testosterone)
④ 안드로겐(Androgen)

해설
유즙분비는 프로락틴(Prolactin), 유즙강화는 옥시토신(Oxytocin)이 관여한다.

39 암가축의 발정징후와 직결되는 호르몬은?

① 에스트로겐   ② 테스토스테론
③ 릴랙신   ④ 옥시토신

해설
난포호르몬(Estrogen)은 자성호르몬이라고도 하며 발정을 유발하는 기능이 있기 때문에 발정호르몬이라고도 한다.

40 다음 중 스테로이드호르몬이 아닌 것은?

① 난포호르몬   ② 웅성호르몬
③ 황체호르몬   ④ 프로스타글란딘

해설
프로스타글란딘은 프로스탄산 골격을 가지는 일련의 생리활성물질을 말한다.
※ 성스테로이드 호르몬 : 난포호르몬(에스트로겐), 웅성호르몬(테스토스테론), 황체호르몬(프로게스테론)

제3과목 가축사양학

41 반추위 내에서 생성되는 휘발성 지방산 중 유지방 합성에 가장 많은 영향을 미치는 것은?

① 구연산(Citric Acid)
② 초산(Acetic Acid)
③ 프로피온산(Propionic Acid)
④ 젖산(Lactic Acid)

해설
초산(Acetic Acid)은 체내에서 에너지원 및 유지방의 합성에 이용되며 프로피온산은 에너지원 또는 체지방의 합성에 이용된다.

42 반추위에서 반추위미생물에 의해 합성되는 비타민은?

① 비타민 B군
② 비타민 D군
③ 비타민 E
④ 비타민 A

해설
반추미생물은 수용성 비타민(비타민 B_1, B_2, B_6, B_{12}, 나이아신, 비타민 C, 바이오틴, 엽산, 판토텐산)을 합성할 수 있으며, 미생물에 의해 합성되는 유일한 지용성 비타민은 비타민 K이다.

43 다음 중 탄수화물인 당류의 흡수부위로 가장 적합한 것은?

① 소장의 상부, 십이지장
② 소장의 하부, 회장
③ 대장의 하부, 맹장
④ 대장의 상부, 결장

44 반추위 내에서 섬유소를 분해·이용하는 미생물이 단백질 합성을 위해 중요한 질소원으로써 이용하는 것은?

① 초 산
② 프로피온산
③ 우회단백질
④ 비단백태질소화합물

해설
비단백태질소화합물은 단백질에서 유래하지 않는 질소화합물로, 반추동물에서는 중요한 단백질 보충제로 이용되고 있다.

45 초유가 일반 우유에 비하여 함유량이 낮은 성분은?

① 칼 슘
② 면역글로불린
③ 유 당
④ 단백질

해설
초유의 유당 함량은 2.7%로 일반 우유의 유당 함량인 5.0%보다 낮다.

46 다음 설명에 해당하는 위의 종류는?

- 반추동물의 4개 위 중 용량이 가장 크다.
- 미생물이 서식하여 발효가 일어나는 위이다.
- 내부표면은 유두(Papillae)라고 하는 케라틴화된 돌기로 덮여져 있다.

① 제1위
② 제2위
③ 제3위
④ 제4위

해설
제1위(반추위, 혹위)
- 반추위는 용적이 커서 큰 소의 경우 180L 정도 되며, 점막에 많은 반추위 유두가 분포되어 있다.
- 주로 혐기성 미생물들이 서식하면서 가축이 섭취하는 영양소를 이용하여 미생물 대사작용을 한다.

47 산란계의 강제 털갈이 방법이 아닌 것은?

① 절식에 의한 방법
② 절수에 의한 방법
③ 일조시간 조절에 의한 방법
④ 환경온도 조절에 의한 방법

해설
산란계 강제 환우(털갈이) 방법
절수, 절식, 점등조절

정답 43 ① 44 ④ 45 ③ 46 ① 47 ④

48 착유우의 착유량과 외부온도의 관계에 대한 설명으로 틀린 것은?

① 고온 스트레스로 인하여 감소된 산유량은 기온이 낮아져도 원 상태로 회복이 힘들다.
② 고온 스트레스에 의한 산유량 감소는 저능력우가 고능력우보다 크게 나타난다.
③ 젖소는 더위보다 추위에 잘 적응하므로 −15℃ 이하의 극심한 추위가 아니면 사료 섭취량 증가로 산유량 유지가 가능하다.
④ 최적의 유생산을 위한 온도는 10~16℃ 정도의 열중성대이다.

해설
고능력우들은 높은 산유량을 유지하기 위하여 더 많은 에너지와 영양소를 섭취하여야만 하는데 고온 스트레스로 인하여 사료 섭취량이 감소, 에너지 부족현상을 다른 젖소들보다 더 심각하게 겪으므로 대사성 질병 발생이나 번식능력의 저하가 현저히 나타난다.

49 지용성 비타민에 해당하지 않는 것은?

① 비타민 A ② 비타민 B
③ 비타민 D ④ 비타민 E

해설
지용성 비타민 : 비타민 A, 비타민 D, 비타민 E, 비타민 K 등

50 포유자돈을 조기이유시키는 주원인은?

① 자돈의 관리가 쉬워지기 때문
② 자돈의 사료비가 절약되기 때문
③ 이유 후 모돈의 재발정이 빨리 오기 때문
④ 자돈의 설사병을 방지할 수 있기 때문

해설
돼지 모돈의 번식회전율을 높이기 위하여 3~4주령에 조기이유를 실시한다.

51 옥수수 사일리지 10톤을 조제하고자 한다. 영양소(단백질원) 강화목적으로 요소를 첨가하려고 할 때 최대로 혼합 가능한 양은?

① 5kg   ② 10kg
③ 50kg ④ 100kg

해설
요소 최대첨가치는 0.5%이다.
10,000kg × 0.5% = 50kg

52 사료를 익스트루전 처리했을 때 기대할 수 있는 효과와 관계가 없는 것은?

① 사료 중 배합된 전분이 젤라틴화된다.
② 사료 중 비타민 A의 이용성을 향상시킨다.
③ 사료의 가소성이 향상된다.
④ 비중이 적고 수분을 잘 흡수하게 된다.

53 다음 중 우리나라에서 반추동물 사료로 급여가 제한되어 있는 것으로만 짝지어진 것은?

① 어분 – 루핀
② 루핀 – 호마박
③ 호마박 – 육골분
④ 육골분 – 어분

해설

소 등 반추동물에게 사료로 사용하는 것을 금지한 물질 (사료 등의 기준 및 규격 [별표 19])
- 동물성 단백질류
- 동물성 무기물 : 모든 동물에서 유래한 단백질이 포함된 골분·골회(1,000℃ 이상에서 회화처리한 것은 제외)·인산2칼슘(광물에서 유래의 것, 지방 및 단백질을 함유하지 않은 것은 제외)
- 불용성 불순물 함량이 중량 환산으로 0.15% 이상인 동물성유지(다만, 반추동물대용유용은 0.02% 이상)
- 젤라틴 및 콜라겐. 다만, 시·도지사가 다음 각 목에 해당되어 승인한 젤라틴 및 콜라겐과 기타 농림축산식품부장관이 지정하는 것은 제외한다.
- 남은 음식물 및 남은 음식물사료
- 교차오염방지에 대한 규정을 위반하여 제조·포장 또는 운송한 사료
- 위의 규정에 따른 사료가 포함된 단미사료 및 배합사료
- 위의 규정에도 불구하고 우유·산양유 및 낙농가공부산물류는 사용이 가능하다.

54 포도당 1분자가 체내에서 완전히 산화된다면 에너지 발생효율은 약 얼마인가?

① 약 40%   ② 약 30%
③ 약 20%   ④ 약 10%

해설

포도당 1분자의 완전산화 과정에서 약 30~32개의 ATP가 생성되며, 총에너지 중 ATP 합성에 사용되는 에너지는 약 40%이고, 나머지는 열로 손실된다.

55 사일리지 제조에 적당한 조건으로 틀린 것은?

① 적당한 온도와 수분을 부여할 것
② 다져 넣을 때 공기를 배제할 것
③ 잡균의 번식을 방지할 것
④ 단백질의 함량이 많은 재료를 사용할 것

해설

사일리지 제조에 적당한 조건
- 적당한 온도와 수분을 부여할 것
- 다져 넣을 때 공기를 배제할 것
- 잡균의 번식을 방지할 것
- 적절한 탄수화물의 함량을 가질 것
- 필요시 적절한 첨가제를 사용할 것
- 기계화 작업체계가 확립될 것

56 결핍 시 산란계의 산란율과 부화율 저하, 돼지의 피부각질화와 백내장 현상 등의 증세를 유발하는 수용성 비타민은?

① 티아민(Thiamine)
② 리보플라빈(Riboflavin)
③ 나이아신(Niacin)
④ 바이오틴(Biotin)

해설

① 티아민 : 항각혈병인자
③ 나이아신 : 항펠라그라(Pellagra)인자
④ 바이오틴 : 항난백장애인자

정답 53 ④ 54 ① 55 ④ 56 ②

57 다음 중 ( )에 알맞은 내용은?

( )는 순수하게 동물의 유지와 생산을 위해 이용되는 에너지라 할 수 있는데, 그 중에서 유지를 위해 사용된 ( )는 대부분 열의 형태로 체외로 분산되지만 성장, 비육, 임신, 우유, 산란 또는 털 등을 생산하는 데 사용된 ( )는 화학에너지의 형태로 생산물에 축적된다.

① 정미에너지
② 가스에너지
③ 가소화에너지
④ 총에너지

해설

정미에너지(Net Energy, NE)
가축이 사료로 섭취한 에너지 중 순수하게 동물의 유지 및 생산을 위하여 이용되는 에너지

58 SPF 돼지란 무엇을 의미하는가?

① 모든 병원균이 감염된 돼지
② 특수 병원균이 감염된 돼지
③ 모든 병원균에 감염되지 않은 돼지
④ 특수 병원균에 감염되지 않은 돼지

해설

특정 병원균 부재돈(SPF ; Specific Pathogen Fee)
임신 말기의 어미 돼지를 무균실에서 제왕절개 수술 또는 자궁적출 수술로 특정 병원균을 배제시키는 첨단 기술이다.

59 다음 중 단당류에 속하지 않는 것은?

① Maltose
② Galactose
③ Mannose
④ Fructose

해설

① Maltose(맥아당) : 이당류
②・③・④ Galactose(갈락토스), Mannose(만노스), Fructose(과당) : 단당류(6탄당)

60 축산 선진국에서는 각기 고유의 가축사양표준을 가지고 있다. 우리나라의 '한국사양표준'이 주요 축종별로 처음으로 제정된 연도는?

① 1998년
② 2000년
③ 2002년
④ 2004년

해설

우리나라에서는 과거 NRC 사양표준이 주로 이용되었다. 2002년에 농림축산식품부 산하 농촌진흥청 주관으로 한우, 젖소, 돼지 및 가금류에 대한 한국사양표준을 제정하였다.

제4과목 사료작물학 및 초지학

61 다음 중 산성토양에서 가장 약한 작물은?

① 수단그라스
② 알팔파
③ 레드톱
④ 완 두

해설

알팔파와 스위트클로버는 내산성이 약한 대표적인 목초이다.

정답 57 ① 58 ④ 59 ① 60 ③ 61 ②

62 다음 중 월년생 화본과 사료작물이 아닌 것은?
① 호 밀
② 이탈리안라이그래스
③ 보 리
④ 기 장

해설
월년생 화본과 사료작물 : 호밀, 귀리, 밀, 보리, 이탈리안라이그래스 등

63 톨페스큐(Tall Fescue)의 학명으로 맞는 것은?
① *Medicago sativa*
② *Dactylis glomerata* L.
③ *Festuca arundinacea* Schr.
④ *Phleum pratense* L.

해설
① *Medicago sativa* : 알팔파
② *Dactylis glomerata* L. : 오처드그라스
④ *Phleum pratense* L. : 티머시

64 방목자리에 적합한 초종으로만 짝지어진 것은?
① 레드클로버, 톨페스큐
② 퍼레니얼라이그래스, 화이트클로버
③ 켄터키블루그래스, 레드클로버
④ 이탈리안라이그래스, 알팔파

해설
방목으로 이용하기 적합한 초종 : 켄터키블루그래스, 퍼레니얼라이그래스, 오처드그라스, 톨페스큐, 화이트클로버 등

65 다음 중 화본과 목초의 일반적 특징에 대한 설명으로 가장 적절하지 않은 것은?
① 근계는 섬유 모양의 수염뿌리로 되어 있다.
② 줄기는 대체로 속이 비어 있고, 뚜렷한 마디를 가진다.
③ 잎은 복합엽으로, 엽맥은 그물모양으로 되어 있다.
④ 열매는 씨방벽에 융합되어 있는 하나의 종자를 가진다.

해설
화본과 목초의 잎은 단자엽으로 엽맥은 평행맥이고, 두과 목초의 잎은 복합엽으로 엽맥은 그물모양이다.

66 다음 중 북방형 목초의 하고에 가장 많은 영향을 미치는 것은?
① 고온건조
② 생육기의 전환
③ 근류의 분해
④ 바이러스병의 발생

해설
하고현상 : 고온건조한 환경이 지속되어 작물의 생육이 정지하거나 말라 죽는 현상

정답 62 ④ 63 ③ 64 ② 65 ③ 66 ①

67 내한성이 약하여 주로 남부지방에서 이용되는 사료작물로 사료가치가 높고 여러번 수확할 수 있는 초종은?

① 호 밀
② 귀 리
③ 사료용 피
④ 이탈리안라이그래스

해설
이탈리안라이그래스는 우리나라 남부지방에서 답리작(논 뒷그루) 사료작물로써 가장 많이 재배 이용하고 있다.

68 오처드그라스에 질소 추비를 하려할 때 추비를 시용하는 시기로 틀린 것은?

① 예취 직후
② 월동 전
③ 파종 직후
④ 월동 후 재생 개시기

해설
오처드그라스에 월동 전(월동 개시기) 질소 비료가 과잉공급되면 가지와 잎이 길고 연하게 자라서 동해, 냉해를 입기 쉬우므로, 예취 직후, 월동 후 재생 개시기, 파종 직후에 질소 추비를 하는 것이 좋다.

69 사료작물 선택 시 고려해야 할 사항이 아닌 것은?

① 기호성
② 건물수량
③ 사료가치
④ 부숙도

해설
사료작물 선택 시 고려사항 : 영양소 공급과 이용성(사료가치), 기호성, 소화용이성, 안정성 담보(건물수량), 취급의 간편성, 경제성, 친환경성 등

70 사료작물의 작부체계를 설정할 때 고려할 사항으로 틀린 것은?

① 많은 초종으로 수량만을 고려하여 작부조합을 설정한다.
② 주작물 수량의 최대 이용을 전제로 하여 부작물을 선택한다.
③ 재배된 사료작물의 이용과 균형공급을 감안한다.
④ 토양의 비옥도를 고려한다.

해설
작물의 선택은 해당지역의 기상조건, 토양 비옥도, 재배작물의 수확시기 및 이용형태, 연중 노동력의 안배 등을 고려하여 선택한다.

71 작물을 윤작함으로써 얻을 수 있는 이점으로 볼 수 없는 것은?

① 토지의 이용성을 높인다.
② 지력을 유지·증진시킬 수 있다.
③ 노력을 합리적으로 분배할 수 있다.
④ 잔비량이 감소한다.

해설
순무와 같은 녹비작물을 재배하면 잔비량이 많아진다.

정답 67 ④ 68 ② 69 ④ 70 ① 71 ④

72 옥수수의 영양소 중 생육이 진행됨에 따라 함량이 증가되는 것은?

① 조섬유
② 조회분
③ 조단백질
④ 가용무질소물

해설
옥수수의 영양소는 생육할수록 증가하는 것은 가용무질소물이고, 성숙할수록 증가하는 것은 섬유소와 리그닌이다.

73 다음 중 건초의 품질을 화학적으로 평가하는 기준에 해당하는 것은?

① 녹색도
② 수분함량
③ pH
④ 곰팡이의 발생 여부

해설
건초의 외관 품질을 평가하는 항목
- 녹색도
- 수분함량
- 이잡물의 혼입 정도(곰팡이 발생 등)
- 잎의 비율
- 방향성과 촉감

74 사일리지 제조 시 이용하는 첨가제를 분류할 때 젖산균 첨가제(Inoculant)는 어디에 속하는가?

① 발효촉진제　② 발효억제제
③ 수분조절제　④ 영양소 보충제

해설
발효촉진제 : 당밀, 섬유분해효소

75 청예로 급여 시 청산이 소량 함유되어 중독을 일으킬 수 있는 사료작물은?

① 옥수수
② 호 밀
③ 이탈리안라이그라스
④ 수단그라스

해설
수단그라스나 수수는 청산중독을 예방하기 위해 1~1.2m 이상 자랐을 때 이용해야 한다.

76 다음 중 초지의 하고대책과 거리가 먼 것은?

① 질소질비료의 추비를 억제한다.
② 스프링클러에 의한 관개를 실시한다.
③ 초지조성의 대상지를 점질토양이나 사질토양으로 선정한다.
④ 하고에 비교적 강한 초종인 톨페스큐, 오처드그라스 등을 선택한다.

해설
보수력이 나쁜 사질, 점질토양은 피한다.

정답 72 ④　73 ③　74 ①　75 ④　76 ③

77 중국에서 비래하는 해충으로 비래성충의 발생최성기는 5월 하순~6월 상순이며, 잎을 갉아먹고 줄기만 남겨 화본과에 큰 피해를 주는 해충은?

① 애멸구 ② 검정풍뎅이
③ 멸강나방 ④ 진딧물

해설
멸강나방 : 우리나라에서 주로 화본과 목초에 가장 큰 피해를 주는 해충으로, 5월 하순과 6월 중순에 가장 많이 발생하며, 피해속도가 빠르고, 주로 목초 및 옥수수의 잎을 갉아먹는다.

78 귀리의 생육에 가장 알맞은 토양의 pH는?

① 5.6~6.2 ② 6.8~7.5
③ 7.6~7.9 ④ 8.0~8.3

해설
귀리(연맥)는 pH 5.6~6.2 정도의 약산성 토양에서 잘 자란다.

79 지형을 바꾸지 않고 경사대로 경운하는 경우 조성공법의 종류는?

① 발굽갈이법 ② 산성공법
③ 개량산성공법 ④ 계단공법

해설
① 발굽갈이법(제경법) : 산지를 갈아엎지 않고 가축의 발굽과 이빨을 이용하여 선점식생을 제거하고 목초를 파종하는 방법
③ 개량산성공법 : 기존의 상황이 복잡한 지형의 경사지를 지반 변경에 의해 조성하고 전체적으로 경사를 완만하게 조성 정비하는 공법
④ 계단공법 : 주로 경사지에서 기존의 경사지에 대하여 계단상으로 조성 정비하는 공법

80 2ha의 목구에서 500kg 홀스타인 착유우 20두와 300kg 육성우 10두가 방목되었다면 이 목구의 ha당 가축단위(Animal Unit, AU)는 얼마인가?

① 10AU ② 13AU
③ 15AU ④ 20AU

해설
$$\frac{(20두 \times 500kg) + (10두 \times 300kg)}{2ha} = 6,500kg/ha$$
$$= 13AU$$
방목밀도는 소 1마리가 1ha에 500kg 기준이다.

제5과목 축산경영학 및 축산물가공학

81 다음 중 축산경영의 안정성 분석을 위한 평가지표로 가장 적절하지 않은 것은?

① 고정비율 ② 부채비율
③ 유동비율 ④ 자본회전율

해설
자본회전율은 자본의 유동성에 큰 영향을 미치는 중요한 지표이다.

정답 77 ③ 78 ① 79 ② 80 ② 81 ④

82 경운기의 취득가격이 10,000,000원이고, 잔존(폐기)가격이 1,000,000원, 내용연수가 10년이라면 정액법으로 계산할 때 매년의 감가상각액은?

① 1,000,000원
② 900,000원
③ 800,000원
④ 500,000원

해설

매년 감가상각비
$= \dfrac{(고정자본재의 구입가격 - 잔존가격)}{내용연수}$
$= \dfrac{10,000,000 - 1,000,000}{10}$
$= 900,000원$

83 계란 생산비 가운데 가장 큰 비중을 차지하는 것은?

① 가축비
② 사료비
③ 자가노력비
④ 감가상각비

해설

육계 생산비, 계란 생산비 가운데 가장 큰 비중을 차지하는 것은 사료비이다.

84 낙농가에 대한 경영분석 결과, 고정비가 80만원이고 유동비가 90만원 이었다. 이 때 산유량은 5,000kg이었으며 우유 1kg당 가격은 380원이었다면 손익분기 산유량은 얼마인가?

① 3,200kg
② 3,500kg
③ 3,800kg
④ 4,000kg

해설

손익분기 생산량 = 고정비/(가격 - 단위당 유동비)
= 800,000/(380 - 180)
= 4,000kg
※ 단위당 유동비 = 900,000 ÷ 5,000 = 180

85 노동효율 증진을 위한 노동조직 체계화 방안이 아닌 것은?

① 작업의 관리 및 통제
② 작업의 분업화
③ 작업의 중복화
④ 작업의 협업화

86 양돈농가의 총수입(TR)에서 총비용(TC)을 뺀 것을 이윤이라 할 때, 다음 중 이윤을 극대화시켜 주는 조건으로 옳은 것은? (단, MR : 한계수익, MC : 한계비용)

① MR > MC
② MR < MC
③ MR = MC
④ MC = 0

해설

축산경영의 이윤 극대화 조건
한계수익(MR) = 한계비용(MC)

87 다음 중 고정자본재에 해당하는 것은?

① 사 료
② 산란계
③ 비육돈
④ 브로일러

해설

고정자본재의 종류

무생	• 건물 및 부대시설 : 축사, 사일로, 사무실, 창고 등 • 대농기구 : 경운기, 트랙터, 착유기 등 • 토지 및 토지개량 : 관개·배수시설 등
유생	• 동물자본재 : 육우, 역우, 번식우, 번식돈, 종계, 채란계 등 • 식물자본재 : 영구초지 등

89 지난 1주 동안 비육돈의 체중이 75kg에서 80kg으로 증체되었고, 그 동안 사료가 20kg 급여되었다. 이때 비육돈 1kg(생체중)당 판매가격은 1,000원이고, 사료 1kg당 구입가격은 250원이며, 사료 이외에는 사육비용이 없는 것으로 가정한다면, 이 돼지의 처리는?

① 계속 더 사육하는 것이 좋다.
② 바로 판매하는 것이 좋다.
③ 좀 더 일찍 판매하는 것이 좋았을 것이다.
④ 아무 때나 판매해도 상관없다.

해설

• 일당 증체량 = $\dfrac{1두당\ 비육기증체량}{1두당\ 비육일수}$
  = 5/7 = 0.71

• 사료요구율 = $\dfrac{사료섭취량}{증체량}$
  = 20/5 = 4

일당 증체량보다 사료요구율이 더 크므로 바로 판매하는 것이 좋다.

88 농축산물 마케팅의 4P전략 구성항목으로 틀린 것은?

① 상품(Product)
② 가격(Price)
③ 홍보(Promotion)
④ 지불(Payment)

해설

농축산물 마케팅의 4P전략 구성항목 : 상품(Product), 가격(Price), 홍보(Promotion), 유통경로(Place)

90 축산소득을 계산하는 공식으로 옳은 것은?

① 축산조수입 – 축산경영비
② 축산조수입 – 축산생산비
③ 축산조수입 – 축산경영비 + 농외소득
④ 축산조수입 – 축산생산비 + 농외소득

해설

• 축산소득 = 축산조수입 – 축산경영비
• 축산소득률(%) = 축산소득 ÷ 축산조수익 × 100

정답 87 ② 88 ④ 89 ② 90 ①

91 감가상각비 계산방법의 종류로 옳은 것은?

① 정액법
② 손익분기법
③ 이자계산법
④ 자산재평가법

해설
감가상각비 계산방법의 종류 : 정액법, 정률법

92 염지액을 제조할 때 주의사항으로 틀린 것은?

① 염지액 제조를 위해 사용되는 물은 미생물에 오염되지 않은 깨끗한 물을 이용한다.
② 천연 향신료를 사용할 경우에는 천으로 싸서 끓는 물에 담가 향을 용출시킨 후 여과하여 사용한다.
③ 염지액 제조를 위해 아스코빈산과 아질산염을 함께 물에 넣어 충분히 용해시킨 후에 사용한다.
④ 염지액을 사용하기 전 염지액 내에 존재하는 세균과 잔존하는 산소를 배출하기 위해 끓여서 사용한다.

해설
염지액 제조 시 염지보조제인 아스코빈산염을 제외한 나머지 첨가물들을 물에 넣어 잘 용해시키고 아스코빈산염은 사용 직전 투입하도록 한다. 만약 아질산염을 아스코빈산염과 동시에 물에 첨가하면 아질산염과 아스코빈산염이 화학반응을 일으키게 되며 여기서 발생된 일산화질소의 많은 양이 염지액 주입 전 이미 공기 중으로 날아가 버려 발색이 불충분하게 되기 때문이다.

93 소시지 제조과정에서 유화물의 수분과 지방이 분리되는 현상에 주로 영향을 끼치는 것은?

① 물의 성질
② 유화물의 온도
③ 증량제의 함량
④ 인산염의 농도

해설
안정성이 높은 유화물은 가열처리 중에서 안정하여 지방과 수분의 분리가 거의 없으나 불안정한 유화물은 가열처리 중 또는 저장 중에 일부 조직이 파괴되어 지방과 수분이 분리되어 나온다.

94 다음 중 우리나라 순대와 비슷한 육제품은?

① 간소시지(Liver Sausage)
② 헤드치즈(Head Cheese)
③ 혀소시지(Tongue Sausage)
④ 혈액소시지(Blood Sausage)

해설
혈액소시지는 피를 익히거나 건조한 것을 재료로 하는 소시지로 우리나라 순대와 비슷하다.

95 축산물 등급제도에 따른 쇠소기의 등급표시 중 육질등급 표시만으로 이루어진 것은?

① 왕, 대, 특대
② 프라임, 레귤러, 엑설런트
③ 1, 2, 3등급
④ A, B, C등급

해설
소도체의 등급표시(축산물 등급판정 세부기준 제7조)
등급표시는 판정된 육질등급을 1^{++}, 1^{+}, 1, 2, 3으로 표시하고, 등외등급으로 판정된 경우에는 등외로 표시한다. 다만, 신청인 등이 희망하는 경우에는 판정된 육량등급도 함께 표시할 수 있다.

96 버터의 제조공정 중, 크림의 지방구들이 뭉쳐서 작은 입자를 형성하고 버터밀크와 분리되도록 일정한 속도로 크림을 휘저어서 기계적으로 지방구에 충격을 주는 공정은?

① 연압(Working)   ② 가염(Salting)
③ 숙성(Aging)   ④ 교반(Churning)

97 훈연과정에서 다환방향족탄화수소(PAH)와 같은 유해물질 생성이 촉진되는 온도는?

① 300℃   ② 200℃
③ 100℃   ④ 400℃

해설

다환방향족탄화수소(PAH)
고기를 불 위에서 굽거나, 훈연 등 열분해 되는 환경에 고기를 노출시킬 때 발생되는 유해물질이다. 숯불 등으로 구울 때 열원에서의 거리, 지방이 불에 떨어져 타는 연기와 접촉되는 정도에 따라 영향을 받으며, 가열온도가 400℃ 이상으로 증가하면 다환방향족탄화수소의 생성은 직선적으로 계속 증가한다.

98 가축의 종류에 따라 식육의 풍미가 달라지는 것은 식육의 어떤 성분이 기인하기 때문인가?

① 수 분   ② 비타민
③ 무기질 ④ 지 질

해설

고기의 맛을 좌우하는 아미노산, 펩타이드, 환원당, 비타민 핵산물질, 지방 등을 풍미성분이라고 하는데, 이러한 풍미성분은 대부분 지방이나 수용성 물질로부터 유래한다.

99 우유의 건강 증진효과로 옳지 않은 것은?

① 우유를 섭취하면 장에 젖산균의 활동이 증진되어 무기질 흡수가 촉진된다.
② 우유 내 비타민 A는 피부나 점막을 건강하게 유지시켜 준다.
③ 식후 우유 섭취는 N-나이트로소아민을 활성화시켜 암세포의 성장을 억제한다.
④ 우유의 칼슘은 치아의 인산칼슘 형성에 도움을 주어 충치 예방에 기여한다.

100 가축의 도축 후에 나타나는 근육 내 사후 변화가 아닌 것은?

① 크레아틴인산 생성
② 젖산 생성
③ 사후경직
④ pH 저하

해설

강직완료는 글리코겐과 ATP가 완전히 소모됨으로써 수축되어 이완되지 않는 근원섬유가 많아지면서 단단하게 굳어진다.

정답 96 ④ 97 ④ 98 ④ 99 ③ 100 ①

2024년 제2회 최근 기출복원문제

제1과목 가축육종학

01 다음 중 산란계의 선발요건에 맞지 않는 것은?

① 다산일 것
② 몸의 크기가 클 것
③ 폐사율이 낮을 것
④ 난중이 무거울 것

해설
산란계의 선발요건(개량목표)
• 산란을 많이 할 것(다산일 것)
• 산란기간 내 폐사율이 낮을 것
• 난질이 양호하고 난중이 무거운 것
• 사료의 이용성이 좋을 것(사료 소비량이 적은 것)
• 몸 크기를 작게 할 것

02 다음과 같은 방식의 잡종 교배 방법은?
(단, L : Landrace, Y : Yorkshire, D : Duroc이다)

$$L(♀) \times Y(♂)$$
$$\downarrow$$
$$F_1(♀) \times D(♂)$$
$$\downarrow$$
$$F_2(♀) \times L(♂)$$
$$\downarrow$$
$$F_3(♀) \times Y(♂)$$
$$\downarrow$$
$$F_4(♀) \times D(♂)$$
$$\downarrow$$
$$\cdots$$

① 상호역교배
② 3원윤환교배
③ 3원종료교배
④ 3원종료윤환교배

03 대립형질의 수가 2쌍일 때 F_1의 유전자형 종류와 F_2에서 총개체수는 몇 개인가?

① 2종류, 4개
② 2종류, 8개
③ 4종류, 8개
④ 4종류, 16개

정답 1 ② 2 ② 3 ④

04 선발의 효과를 크게 하기 위한 조건이 아닌 것은?

① 유전력을 높인다.
② 유전적 개량량이 커야 한다.
③ 세대간격을 길게 한다.
④ 선발차를 크게 한다.

해설
세대간격을 짧게 한다. – 젊은 가축을 번식에 이용

05 성장률이라는 형질을 개량하고자 할 때 성장률 대신 체중이라는 형질에 대해 선발하여 성장률을 개량하는 선발 방법은?

① 간접선발 ② 반복선발
③ 순차선발 ④ 절단선발

해설
간접선발은 두 형질 간에 높은 유전 상관을 나타내는 경우 측정이 용이한 형질을 개량함으로써 측정이 곤란한 형질을 개량하는 선발 방법이다.

06 재래소를 5세대 동안 개량종과 누진교배를 하였다면 5세대의 개량종 혈액비율은?

① 96.88% ② 75.00%
③ 87.50% ④ 93.75

해설
누진교배를 이용할 때 각 세대 자손의 유전적 조성의 변화

세 대	자 손	
	개량종	재래종
1	50.00%	50.00%
2	75.00%	25.00%
3	87.50%	12.50%
4	93.75%	6.25%
5	96.88%	3.12%

07 소의 쌍태에 있어 암컷에 나타나는 이상으로 약 10%만 정상적인 생식능력을 갖는 증상은?

① 클라인펠터 증후군
② 로버트소니안 전위
③ 프리마틴
④ 터너 증후군

해설
프리마틴(Freemartin)
소의 이란성 쌍생아가 암컷과 수컷인 경우에, 수컷은 이상이 없지만 암컷은 난소에 장애가 있어 간성형 또는 정소와 유사한 구조를 보이며 부정소나 수정관이 발달하여 태어난 암컷은 생식기관에 결함이 있어 새끼를 낳지 못하는 것을 말한다.

08 다음 육우의 경제형질 중 유전력이 가장 높은 것은?

① 수태율
② 도체율
③ 이유 시 체중
④ 배장근 단면적

해설
④ 배장근 단면적 : 55~60%
① 수태율 : 0~10%
② 도체율 : 35~40%
③ 이유 시 체중 : 30~35%

정답 4 ③ 5 ① 6 ① 7 ③ 8 ④

09 다음 가계도에서 R의 근교계수는?

$$R \begin{cases} S \\ D \begin{cases} S \\ G \end{cases} \end{cases}$$

① 30%   ② 25%
③ 50%   ④ 12.5%

해설
$(1/2)^2 \times 1 = 0.5^2 \times 1 = 0.25$
∴ $0.25 \times 100 = 25\%$

10 젖소의 산차별 산유량에서와 같이 같은 개체에 두 개의 다른 기록 사이의 상관계수는?

① 반복력   ② 유전력
③ 유전상관   ④ 환경상관

해설
반복력
- 한 개체에 대하여 어느 형질이 반복하여 발현될 수 있을 때 같은 개체에 대한 두 개의 다른 기록 사이의 상관계수이다.
- 반복력이 적용되는 형질로는 산차(Parity)별로 측정될 수 있는 산유량과 산자수가 있다.

11 돼지의 어떤 형질에 대한 유전자형 WW개체와 유전자형 ww개체를 교배하여 F_1을 얻고 다시 F_1끼리 교배시켰을 때 F_2에서 형성되는 유전자형과 이들 구성비는?

① 1WW : 3Ww : 1ww
② 2WW : 2Ww : 1ww
③ 2WW : 1Ww : 1ww
④ 1WW : 2Ww : 1ww

12 초년도의 산란수를 지배하는 GOODALE-HAYS의 산란 5요소가 아닌 것은?

① 조숙성   ② 취소성
③ 강건성   ④ 동기휴산성

해설
GOODALE-HAYS의 산란 5요소
조숙성, 취소성, 동기휴산성, 산란강도, 산란지속성

13 홀스타인종의 유량을 조사한 다음 어미소와 딸소가 함께 조사된 것들만 골라 어미소에 관한 딸소의 회귀계수(b)를 계산하였더니 0.15였다. 이 결과로 유전력을 추정한다면 유량에 관한 유전력은?

① 0.15   ② 0.25
③ 0.30   ④ 0.45

해설
유전력은 회귀계수의 두 배이므로, $0.15 \times 2 = 0.30$이다.

14 한우의 개량 목표로 부적합한 것은?

① 산자수의 증가
② 이유 후 증체율의 향상
③ 사료효율의 증진
④ 도체의 품질 개선

해설
한우의 개량에 중요한 형질은 번식능력, 이유 시 체중, 이유 후 증체율, 사료효율, 도체의 품질과 체형 등이다.

정답 9 ②　10 ①　11 ④　12 ③　13 ③　14 ①

15 가축의 어느 집단에 있어 A_1의 유전자 빈도는 p이고, A_2의 유전자 빈도는 q이다. 이 집단이 Hardy-Weinberg 평형상태에 있을 때 A_2A_2 유전자형의 빈도는?(단, $p + q = 1$)

① q^2　　　② $2pq$
③ pq　　　④ p^2

해설
Hardy-Weinberg 평형상태이므로 A_1A_1의 빈도는 p^2, A_2A_2의 빈도는 q^2, A_1A_2의 빈도는 $2pq$이고, $p^2 + 2pq + q^2 = 1$이다.

16 생명체가 가진 모든 유전자 조합 또는 반수체(n) 염색체 세트에 담겨있는 유전정보의 총합을 의미하는 것은?

① Polydactyl　　② DNA
③ Genome　　　④ RNA

해설
게놈(Genome, 유전체) : 원형질과 함께 완전한 생활기능을 발휘하고 진화에 응하는 최소한도의 염색체 수 1벌을 의미한다.

17 근친교배의 영향으로 옳지 않은 것은?

① 번식능력 저하
② 유전자의 고정
③ 강건한 자손 생산
④ 이형접합체의 비율 감소

해설
근친교배의 유전적 효과
- 유전자의 호모성(동형접합체)을 증가, 헤테로성(이형접합체)을 감소시킨다.
- 가축에 있어서 근친도가 높아짐에 따라 각종 치사유전자와 기형 발현 빈도가 높아지며, 번식능력, 성장률, 산란능력, 생존율 등이 저하된다.

18 유지율 3.5%인 우유를 6,000kg 생산하는 암소의 4% 유지 보정 유량(4% FCM ; Fat-corrected Milk)은?

① 5,650kg　　② 5,700kg
③ 5,550kg　　④ 5,800kg

해설
FCM(환산유량) = 0.4M + 15F
여기서, M : 산유량, F : 지방량
= (0.4 × 6,000) + 15(6,000 × 3.5%)
= 5,550kg

19 콜히친(Colchicine)의 임계농도에서 방추사(Mitotic Spindle)가 형성되지 않는 세포분열이 일어나는데 이를 무엇이라고 하는가?

① 마이오시스(Meiosis)
② 씨-마이오시스(C-Meiosis)
③ 마이토시스(Mitosis)
④ 씨-마이토시스(C-Mitosis)

해설
- 마이토시스(Mitosis) : 체세포분열, 유사분열
- 마이오시스(Meiosis) : 생식세포분열, 감수분열

20 육우의 교잡 목적으로 틀린 것은?

① 번식능력, 생존율, 초기 성장 등에서 잡종강세를 이용하기 위하여
② 품종 간 상보효과를 이용하기 위하여
③ 강력유전현상을 이용하기 위하여
④ 새로운 유전인자를 도입하여 유전적 변이를 크게 하기 위하여

해설
강력유전은 근친교배의 유전적 효과이다.

정답　15 ①　16 ③　17 ③　18 ③　19 ④　20 ③

제2과목 가축번식생리학

21 난소에서 분비되는 에스트로겐(Estrogen)이 시상하부의 배란 전 방출조절중추를 자극하여 GnRH 분비를 유발시킴으로써 뇌하수체로부터 LH를 급격하게 방출시키는 조절기전을 무엇이라 하는가?

① 신경-체액의 조절기전
② 부(負)의 피드백(Negative Feedback)
③ 정(正)의 피드백(Positive Feedback)
④ 단경로피드백(Short Loop Feedback)

해설
피드백 메커니즘
- 부(-)의 메커니즘 : 하위기관에서 분비한 호르몬이 상위기관의 호르몬 분비를 억제
- 정(+)의 메커니즘 : 하위기관에서 분비한 호르몬이 상위기관의 호르몬 분비를 촉진

22 가축의 암컷생식기 내에 주입된 정자가 난관을 통과하면서 나타나는 첨체반응(Acrosome Reaction) 시 방출되는 효소로 옳은 것은?

① Lipase, Acrosin
② Lipase, Hyaluronidase
③ Protease, Lipase
④ Hyaluronidase, Acrosin

해설
첨체에서 분비되는 효소
- 아크로신(Acrosin)은 단백질분해효소로 투명대를 연화시켜서 정자의 침투통로를 만든다.
- 히알루로니다아제(Hyaluronidase)는 난자를 둘러싸고 있는 막을 뚫기위해 필요한 효소이다.

23 젖소에서 유방지지계의 정중제인대에 관한 설명 중 옳은 것은?

① 유방의 외측면에 퍼져 있다.
② 유방의 부착을 견고하게 한다.
③ 유방을 좌우로 흔들리지 않게 한다.
④ 탄력성이 작다.

해설
정중제인대 : 중앙현수인대라고도 한다. 탄력성이 풍부한 인대로서, 유방을 하복벽에 잡아당겨 부착을 견고하게 한다.

24 계절번식을 하는 동물은?

① 소
② 돼 지
③ 토 끼
④ 말

해설
- 주년성 번식동물(계절적 영향이 작아 연중번식이 가능한 가축) : 소, 돼지, 토끼 등
- 비주년성 번식동물
  - 단일성 번식동물 : 면양, 산양, 염소, 사슴, 노루, 고라니 등
  - 장일성 번식동물 : 말, 당나귀, 곰, 밍크 등

25 그라프난포(Graafian Follicle)의 조직학적 구성요소가 아닌 것은?

① 간질세포
② 투명대
③ 난모세포
④ 과립막세포

해설
그라프난포
난포강이 형성되고 그 안에 난포액이 차 있는 난포로 난모세포는 난포의 과립층에 싸여 난구를 형성한다. 즉, 암가축의 난포에서 성숙, 발달하는 여러 개의 난포 중 배란 직전에 가장 크게 발달한 난포이다.

정답 21 ③ 22 ④ 23 ② 24 ④ 25 ①

26 다음 가축별 자궁의 형태를 올바르게 연결한 것은?

① 말 – 쌍각자궁
② 소 – 중복자궁
③ 돼지 – 쌍각자궁
④ 양 – 중복자궁

해설
가축별 자궁의 형태
- 분열자궁(양분자궁) : 소, 말, 면양, 개, 고양이
- 쌍각자궁 : 돼지
- 중복자궁 : 설치류, 토끼류
- 단자궁 : 사람, 영장류

27 다음 중 발정한 암퇘지의 배란시기로 옳은 것은?

① 발정개시 후 12~24시간 사이이다.
② 발정개시 후 30~45시간 사이이다.
③ 발정개시 후 50~65시간 사이이다.
④ 발정개시 시기는 배란시기와 무관하다.

해설
일반적인 돼지의 배란시기는 발정개시 후 약 40시간이다.

28 다음 중 성 성숙에 영향을 미치는 요인이 아닌 것은?

① 계 절   ② 온 도
③ 영 양   ④ 바 람

해설
성 성숙에 영향을 미치는 요인 : 유전적 요인, 영양, 계절, 온도, 사육방법

29 정자의 운동에 필요한 에너지를 합성·공급하는 부위로 옳은 것은?

① 두부(Head)
② 중편부(Middle Piece)
③ 주부(Main Piece)
④ 경부(Neck)

해설
미 부
- 정자의 운동기관으로 중편부, 주부, 종부로 구성되어 있다.
- 중편부 : 미토콘드리아가 있어 정자의 운동에 필요한 에너지를 합성 공급한다.
- 주부 : 파동에 의하여 정자를 추진하는 역할을 한다.

30 소의 명확한 발정 징후라고 볼 수 있는 것은?

① 식욕증가
② 행동의 안정상태 유지
③ 착유소의 경우 유량 증가
④ 암소나 수소의 승가 허용

해설
소의 명확한 발정징후로는 다른 암소나 수소의 승가를 허용하는 용모자세(Standing Estrus)가 있으며, 오후보다 오전에 이러한 발정징후가 뚜렷하고 외음부는 충혈하여 종창되어 밖으로 맑은 점액이 흘러 나와 옆구리나 꼬리에 묻기도 한다.

31 다음 중 소의 평균 발정주기로 옳은 것은?

① 4~5일   ② 10~15일
③ 21~22일 ④ 30~35일

해설
소의 발정주기와 발정지속시간 : 21~22일, 18~20시간

32 난소의 기능이상으로 인하여 나타나는 현상이 아닌 것은?

① 무발정
② 이상발정
③ 배란장애
④ 다정자 침입

해설
난자는 투명대 반응과 난황차단에 의하여 다정자 침입을 거부한다.

33 다음 중 가장 조기에 소의 임신진단이 가능한 방법은?

① 유즙 중 호르몬 측정법
② 직장검사법
③ 방사선 진단법
④ 초음파 진단법

해설
유즙 중 혈중 프로게스테론의 농도 측정법
혈액 또는 유즙을 이용하여 임신 진단용 키트로 진단한다. 임신 시 혈중 프로게스테론(Progesterone)의 농도가 증가되며 대체로 교배 3~6주 후에 조사한다.

34 임신한 말에서 분비되는 호르몬으로 다수의 난포를 발육시키는 기능이 있는 것은?

① 임마융모성성선자극호르몬(eCG)
② 임부융모성성선자극호르몬(hCG)
③ 성장호르몬(GH)
④ 성선자극호르몬방출호르몬(GnRH)

해설
말은 임신 40일에서 130일 사이에 상당량의 eCG가 분비된다. eCG는 난포를 자극하며 황체를 형성하는 기능을 갖고 있어 다른 종에서 난포성장과 배란자극에 이용된다.

35 포유동물의 발생과정에서 나타나는 난자의 제2극체 방출시기로 옳은 것은?

① 배란 직전
② 배란 직후
③ 정자의 침입 직전
④ 정자의 침입 직후

해설
배란된 난자는 정자와 수정 후 제2성숙분열을 하고 제2극체를 방출한다.

36 뇌하수체 전엽에서 분비되는 호르몬으로서 비유유지에 필요한 호르몬은?

① 프로락틴
② 프로게스테론
③ 황체형성호르몬(LH)
④ 성선자극호르몬방출호르몬(GnRH)

해설
프로락틴(Prolactin) : 뇌하수체 전엽에서 분비되며, 포유류의 유선에 작용하여 유즙분비를 자극한다. 탄수화물을 함유하고 있지 않은 폴리펩타이드 계통의 호르몬이다.

37 닭의 산란주기를 바르게 설명한 것은?

① 한 마리의 암탉이 1년 중 산란한 계란의 수
② 한 마리의 암탉이 1개월 중 산란한 계란의 수
③ 한 마리의 암탉이 연일 산란하는 계란의 수
④ 한 마리의 암탉이 연일 산란하는 시간의 주기적 변화

정답 32 ④ 33 ① 34 ① 35 ④ 36 ① 37 ③

38 가축 인공수정 시 정액을 주입할 때 주입기를 삽입하는 부위가 잘못 설명된 것은?

① 소 - 자궁체 내
② 돼지 - 자궁경관
③ 닭 - 난관개구부
④ 면양 - 난관팽대부

39 다음 중 난소낭종의 증상이 아닌 것은?

① 무발정
② 배아사망
③ 수소와 같은 체형
④ 사모광증

해설

난소낭종의 증상
사모광증, 무발정, 양쪽 미근부 함몰, 음문부의 부종상 종대 및 투명한 점액 다량 분비, 수소와 같은 체형

40 다음 중 성 성숙이 가장 느린 품종은?

① Ayrshire
② Holstein
③ Guernsey
④ Jersey

해설

① Ayrshire : 13개월
② Holstein : 11개월
③ Guernsey : 11개월
④ Jersey : 8개월

제3과목 가축사양학

41 분만 후 젖소의 유열을 예방하기 위한 분만 전 건유기의 사양관리로 적합한 것은?

① 사료 중 칼슘(Ca) 함량을 줄인다.
② 사료 중 마그네슘(Mg) 함량을 줄인다.
③ 사료 중 칼륨(K) 함량을 줄인다.
④ 사료 중 인(P) 함량을 줄인다.

해설

젖소가 분만 직후 갑자기 다량의 착유로 칼슘이 부족하게 되면 유열이 일어난다. 분만 전 10일간 칼슘을 적게 급여하여 부(-)의 칼슘균형이 이루어지도록 하여 부갑상선호르몬 분비가 촉진되면, 비유개시 시점에는 칼슘의 생체항상성 기전이 활발해져 젖소의 혈장 내 칼슘농도의 급격한 저하를 방지할 수 있다.

42 다음 중 녹는점(Melting Point)이 가장 낮은 지방산은?

① Palmitic Acid
② Linoleic Acid
③ Oleic Acid
④ Stearic Acid

해설

② Linoleic Acid : -5.0℃
① Palmitic Acid : 63.1℃
③ Oleic Acid : 13.0℃
④ Stearic Acid : 69.6℃
※ 탄소수가 적을수록 녹는점이 낮다.

43 다음 중 다당류가 아닌 것은?

① Glucose
② Starch
③ Glycogen
④ Cellulose

해설

① Glucose(포도당) : 단당류

정답 38 ④ 39 ② 40 ① 41 ① 42 ② 43 ①

44 병아리 육추 시 탁우성(쪼는 성질)이 발생하는 원인과 거리가 먼 것은?

① 밀사하고 있을 때
② 직사광선의 부족으로 너무 어두웠을 때
③ 지나친 농후사료로 섬유질이 부족할 때
④ 사료 중 비타민, 단백질, 무기성분이 결핍되었을 때

해설

탁우성 발생 원인
- 과도한 밀사 사육 시, 고온 사육
- 직사광선 또는 과도한 조도로 밝기가 너무 밝을 때
- 지나친 농후사료로 섬유질이 부족한 때
- 사료 중에 비타민, 단백질, 무기성분이 결핍되었을 때
- 유전적 영향과 습성

45 가소화영양소총량(TDN)에 관한 설명으로 옳은 것은?

① 가소화 조지방에 2.25를 곱하여 계산하므로 지방함량이 높을수록 TDN값이 커진다.
② 가소화에너지는 총에너지에서 오줌으로 인한 에너지 손실이 제외된 값이다.
③ 정미에너지를 사용하는 것에 비해 조사료의 에너지가를 과소 평가하게 된다.
④ 조사료의 TDN 1kg은 농후사료 TDN 1kg보다 생산가가 높다.

해설

② 가소화에너지(DE)는 총에너지(GE)에서 대변으로 배설된 에너지를 공제한 것이다.
③ TDN은 조사료의 에너지가를 과대 평가하게 된다.
④ 조사료의 TDN 1kg은 농후사료 TDN 1kg보다 생산가가 낮다.

46 한우 비육우 육성기 사양관리 방법에 대한 설명으로 옳은 것은?

① CP 15~16%, TDN 69~70%, 배합사료 제한급여
② CP 15~16%, TDN 69~70%, 배합사료 자유급여
③ CP 12~13%, TDN 80~84%, 배합사료 제한급여
④ CP 12~13%, TDN 80~84%, 배합사료 자유급여

해설

한우 비육우 사양관리(한우사양표준)

구 분	CP	TDN	배합사료
육성기	15~16%	69~70%	제한급여
비육전기	13~16%	68~70%	제한급여
비육후기	12~13%	70~74%	자유급여

47 다음 호르몬 중 혈당을 증가시키는 것은?

① Calcitonin ② Glucagon
③ Estrogen   ④ Insulin

해설

글루카곤(Glucagon) : 간에서 포도당을 분비하여 체내 혈당량을 증가시킨다.

48 배합사료의 저장 시 사료가치를 보존하고 풍미 저하를 가장 최소화할 수 있는 수분함량은?

① 11~13% ② 31~33%
③ 20~22% ④ 28~30%

해설

사료를 장기간 안전하게 보존하려면, 햇볕이나 화력으로 건조시켜 수분이 15% 이하가 되게 해야 한다.

49 다음 중 사료 내 곰팡이와 관계가 없는 것은?

① Ergot ② Tannin
③ Aflatoxin ④ Mycotoxin

> [해설]
> **사료 내 곰팡이독소(Mycotoxin)** : 아플라톡신(Aflatoxin), 오크라톡신 A(Ochratoxin A), 보미톡신(Vomitoxin), 제랄레논(Zearalenone), 맥각균(Ergot) 등

50 70%의 총TDN(가소화영양분)을 함유한 대두박과, 84%의 TDN을 함유한 옥수수를 배합하여 TDN 함량이 78%인 사료를 만들고자 할 때, 대두박과 옥수수를 각각 몇 %씩 섞어야 하는가?

① 대두박 : 58.02%, 옥수수 : 41.98%
② 대두박 : 41.98%, 옥수수 : 58.02%
③ 대두박 : 42.86%, 옥수수 : 57.14%
④ 대두박 : 57.14%, 옥수수 : 45.86%

> [해설]
> **방형법**
> 대두박 70   6
>   ↘ ↗
>   78
>   ↗ ↘
> 옥수수 84   +8
>   ――
>   14
>
> • 대두박 : $\frac{6}{14} \times 100 = 42.86\%$
>
> • 옥수수 : $\frac{8}{14} \times 100 = 57.14\%$

51 가축에 있어서 필수아미노산에 속하지 않는 것은?

① Tyrosine ② Methionine
③ Valine ④ Lysine

52 일반적으로 축종마다 적합한 사료가공형태가 있다. 다음 중 연결(동물 – 사료가공형태)이 올바르게 된 것은?

① 물고기 – 익스트루전(Extrusion)
② 애완견 – 가루(Mash)
③ 육성돈 – 박편(Flake)
④ 산란계 – 펠릿(Pellet)

> [해설]
> ① 물고기 – 박편
> ② 애완견 – 익스트루전
> ③ 육성돈 – 가루, 펠릿 등

53 다음 ( ) 안에 알맞은 것은?

> ( )은/는 유황을 함유하고 있는 아미노산이며, 동물성 단백질에 많이 함유되어 있고 식물성 단백질에는 함량이 적으므로 어분 등의 사용량이 적을 때에는 사료에 ( )을/를 첨가하면 효과적이다.

① Iso-leucine ② Glycine
③ Lysine ④ Methionine

> [해설]
> **유황을 함유한 아미노산** : Cysteine, Methionine, Cystine

정답 49 ② 50 ③ 51 ① 52 ④ 53 ②

54 지방이 소장벽에서 흡수되는 주 형태는?

① Gylcerol
② Triglyceride
③ Lincomycin
④ Zingkomin

55 가축이 사료로 섭취한 에너지 중 순수하게 동물의 유지 및 생산을 위하여 이용되는 에너지를 무엇이라고 하는가?

① 총에너지   ② 가소화에너지
③ 대사에너지 ④ 정미에너지

해설
정미에너지(Net Energy, NE)
- 대사에너지에서 열량증가로 손실되는 에너지를 뺀 에너지이다.
- 순수하게 가축의 생명유지, 성장, 축산물 생산, 기초 대사, 체온조절 등으로 쓰이는 가장 과학적인 에너지 표현방법이다.

56 젖소의 초유에 대한 설명으로 틀린 것은?

① 송아지 생후 24시간 이후에 먹이는 것이 가장 좋다.
② 초유는 태변 등 장내 잔류물의 배출을 촉진한다.
③ 초유는 면역글로불린을 다량 함유하고 있어 질병 저항력을 갖게 한다.
④ 처음 착유한 초유는 보통 우유보다 고형물함량이 약 2배 많다.

해설
① 젖소의 초유는 송아지 생후 12시간 이내에 먹이는 것이 가장 좋다.

57 사일리지의 적정발효와 품질보존을 위해 충분히 생성되어야 하는 유기산은?

① 초 산   ② 프로피온산
③ 젖 산   ④ 낙 산

해설
사일리지의 유기산 비율은 젖산함량이 높고 낙산의 함량이 없거나 적을수록 양질의 사일리지이다.

58 다음 중 반추가축의 조단백질원으로 특성이 다른 하나는?

① 뷰 렛   ② 요 소
③ 암모니아 ④ 라이신

해설
라이신은 아미노산의 일종이고, 반추동물이 이용하는 비단백태 질소원으로는 아스파라긴, 요소, 뷰렛, 요인산, 암모니아염, 요산, 질산염 등이 있다.

59 다음 미생물 중 전분을 분해 이용하는 반추미생물이 아닌 것은?

① *Bacteroides*   ② *Clostridium*
③ *Butyrivivrio*   ④ *Succinimonas*

해설
전분을 분해하는 Amyloytic Baceteria
Bacteroides amylophilus, *Succinimonas amylolytica*, *Butyrivivrio fibrisolvens* 등

60 다음 중 산란계 사료로 사용될 경우 난백을 핑크색으로 변색시키며, 난황의 색을 퇴색시키고 흑색반점이 생기게 하는 것은?

① 대두박   ② 땅콩박
③ 임자박   ④ 면실박

해설
면실박의 고시폴은 난황(노른자)에 있는 철과 결합하여 난백(흰자)으로 이동하게 되고 다른 성분들과 반응하여 난백을 분홍색으로 변색시킨다.

63 목초의 여왕으로 불리며 생산력이 뛰어난 다년생 두과 목초로 단백질 함량이 높으며 건초, 생초, 사일리지, 방목 등 다양하게 이용되는 목초는?

① 레드클로버
② 알팔파
③ 화이트클로버
④ 크림슨클로버

해설
알팔파는 사료가치가 매우 우수하여 목초의 여왕이라 불린다.

제4과목 사료작물학 및 초지학

61 콩과 목초인 라디노클로버(Ladino Clover)가 속한 종의 학명은?

① *Trifolium repens*
② *Glycine max*
③ *Lespedeza michx*
④ *Medicago sative*

해설
② 콩(Soy Bean)
③ 싸리(Bush Clover)
④ 알팔파(Alfalfa)

62 북방형 목초의 생육적온은?

① 5~10℃   ② 10~15℃
③ 15~21℃   ④ 25~30℃

해설
북방형 목초는 24~27℃가 되면 자라는 것이 거의 중지된다.

64 두과 목초에서 건초조제 중 양분손실이 가장 큰 것은?

① 잎의 탈락에 의한 손실
② 발효, 일광조사 및 공기접촉에 의한 손실
③ 강우에 의한 손실
④ 식물의 호흡에 의한 손실

해설
잎의 탈락에 의한 손실(기계적 손실)
- 잎과 작은 줄기들은 빨리 마르고 쉽게 부서지며 반전과 집초 과정에서 소실이 높다.
- 잎은 건물의 50%, 영양가의 2/3, 카로틴의 90%, 비타민, 무기물이 많아 탈락에 의한 손실이 크다.
- 화본과(평행맥)보다 두과 잎(부서지기 쉬운 그물맥)에서 손실이 크다.

정답 60 ④ 61 ① 62 ③ 63 ② 64 ①

65 다음 중 사일리지 옥수수의 수확적기는?

① 옥수수 수염이 나오기 시작한 후부터 10~20일째
② 옥수수 수염이 나오기 시작한 후부터 50~55일째
③ 옥수수 수염이 나오기 시작한 후부터 70~80일째
④ 옥수수 수염이 나오기 시작한 시기

해설

사일리지용 옥수수의 수확적기
- 단위면적당 가소화 양분함량이 최고인 때
- 옥수수의 수염이 나오기 시작한 후부터 50~55일째
- 종실 끝부분의 세포층이 검게 변하여 하나의 층을 형성하는 때
- 황숙기로 건물비율이 35%(수분함량은 65~70%) 정도 되는 시기

66 답리작에 적합한 작물의 특징이 아닌 것은?

① 다년생이어야 한다.
② 내습성이 강해야 한다.
③ 내한성이 강해야 한다.
④ 봄에 생산성이 높아야 한다.

해설

답리작에 적합한 작물의 특징
벼 수확 후 가을부터 봄 모내기 전까지 작물을 재배하므로 내습성, 내한성, 내음성이 강해야 한다.

67 윤환방목을 위한 이동식 목책으로 가장 적합한 것은?

① 나무목책
② 전기목책
③ 철주목책
④ 콘크리트목책

해설

전기목책은 설치나 이동이 간편하고 편리한 목책 중의 하나이다.

68 다음의 사일로 중에 양분 이론적으로 손실이 가장 적은 사일로는?

① 벙커 사일로
② 트렌치 사일로
③ 기밀 사일로
④ 스택 사일로

69 멸강나방은 초지와 사료작물 재배지에 큰 피해를 준다. 멸강나방 유충이 가장 왕성하게 발생할 수 있는 재배조건은?

① 화본과 + 두과 사료작물 혼파 사료작물
② 화본과 사료작물
③ 십자화과 사료작물
④ 두과 사료작물

해설

멸강나방은 주로 옥수수나 화본과 목초지를 선호하여 사료작물의 잎 속에 홀로 살면서 부드러운 잎을 갉아 먹는다.

정답 65 ② 66 ① 67 ② 68 ③ 69 ②

70 사일리지 재료의 수분함량을 간이 측정하는 방법으로 틀린 것은?(단, 재료를 세절한 후 한 손으로 약 30초간 꽉 움켜쥐었을 경우임)

① 즙액이 손가락 사이로 떨어질 경우에는 수분이 과다한 상태이다.
② 재료의 덩어리가 그대로 유지되면 수분이 약간 많은 상태(75~80%)이다.
③ 덩어리는 유지되나 곧 금이 가고 벌어지면 수분이 부족한 상태이다.
④ 재료의 덩어리가 즉시 흐트러지면 수분이 부족한 상태이다.

해설
재료의 수분조절은 간이측정법으로 손에 한웅큼 뭉쳐서 꽉 쥐었다 폈을 때 뭉쳐 있는 상태에서 금이 가며 서서히 갈라지는 상태가 양호하다.

71 식물의 세포벽 구성물질 총함량을 확인할 수 있는 성분은?

① 실리카(Silica)
② 리그닌(Lignin)
③ 중성세제불용섬유소(NDF)
④ 헤미셀룰로스(Hemicellulose)

해설
NDF(Neutral Detergent Fiber)법
식물 세포벽 구성성분인 셀룰로스, 헤미셀룰로스 및 리그닌의 총량을 정량하는 데에 적합하다.

72 톨페스큐 목초의 주요 병으로, 감염되면 목초의 환경에 대한 저항성은 증대되나 섭취한 가축에는 나쁜 영향을 주는 것은?

① 탄저병
② 엔도파이트 진균병
③ 줄무늬마름병
④ 맥각병

해설
톨페스큐 구입 시 주의할 점은 반드시 종자전염병인 엔도파이트프리(Endophyte Free) 보증 품종임을 확인하여야 한다. 엔도파이트는 종자에 의해서만 전염되며, 감염여부는 외관상 판별이 불가능하고 400~500배 이상의 현미경하에서만 관찰된다. 감염된 목초를 가축이 장기간 섭취하였을 경우 유량이 감소하고 증체가 되지 않으며 심하면 털이 빠지고 다리가 돌아가는 등 폐사되는 경우도 생긴다.

73 고품질 곤포 사일리지를 제조하는 방법으로 옳은 것은?

① 수분함량을 40% 이하로 한다.
② 압축은 중요하지 않으므로 느슨하게 곤포한다.
③ 비닐을 2겹으로 감는다.
④ 곤포 후 바로 비닐을 감는다.

해설
고품질 곤포 사일리지 조제 기술
- 곤포 사일리지의 적정 수분함량은 60~70% 내외로 포장에서 예건(사전건조)을 통해서 수분함량을 충분히 낮추도록 한다.
- 곤포의 압력을 최대로 한다.
- 필요시 첨가제를 이용한다.
- 곤포 후 빨리 비닐을 감는다. 비닐을 감는 횟수는 50%가 중복되게 4겹으로 감도록 하고 보관기간이 6개월 이상될 때는 6겹 이상으로 감아 준다.
- 구멍피해를 잘 관찰한다.
- 저장 시 2단 이하로 한다.

74 다음 [보기]의 ( ) 안에 적합한 초종은?

> - 청산중독은 ( ) 지대에 소를 방목시킬 때 흔히 발생하는 장애로서 이들 사료작물이 함유하고 있는 글루코사이드 두린이란 물질이 가축의 제1위 내에서 가수분해될 때 만들어지는 청산에 의한 중독증을 말한다.
> - 두린함량이 낮은 품종과 잡종은 두린함량이 높다. 일부 잡초에서도 청산이 발견되는데, 진주조에는 없는 것으로 알려져 있다.

① 호밀
② 귀리
③ 수단그라스
④ 옥수수

해설
수단그라스는 초장이 1.2m 이상 자랐을 때 이용하는 것이 좋은데, 이보다 키가 작을 때에는 호흡곤란을 일으키는 청산중독의 위험이 따른다.

75 경운초지를 조성할 때 작업순서로 옳은 것은?

① 장애물 제거 – 경운 – 쇄토 및 정지 – 시비 – 파종 – 복토 및 진압
② 경운 – 장애물 제거 – 쇄토 및 정지 – 시비 – 파종 – 복토 및 진압
③ 장애물 제거 – 경운 – 시비 – 쇄토 및 정지 – 파종 – 복토 및 진압
④ 장애물 제거 – 쇄토 및 정지 – 경운 – 시비 – 파종 – 복토 및 진압

해설
경운초지를 조성할 때 작업순서
장애물 제거 → 경운 → 쇄토 및 정지 → 시비 → 파종 → 복토 및 진압

76 초지 조성 시 불경운초지 개량이 경운초지 개량에 비해서 유리한 점이 아닌 것은?

① 조성 시 파종비용이 적게 든다.
② 초지의 목양력 증가가 빠르다.
③ 토양침식 위험이 작고, 토양유실량이 적다.
④ 1년생 잡초의 침입을 줄여 준다.

해설
② 초지의 목양력 증가가 느리다.

77 중부지방의 작부체계에 관한 설명으로 옳은 것은?

① 수량면에서 볼 때 수단그라스계 잡종과 호밀 만생종의 조합이 가장 이상적이다.
② 가능하면 많은 작물을 파종하는 것이 좋으므로 연간 2모작보다는 3모작이, 3모작보다는 4모작이 좋다.
③ 주작물인 옥수수의 수량이 저하되지 않는 범위에서 부작물의 숙기를 결정하여야 한다.
④ 남부지방에서는 일반적으로 이탈리안 라이그래스보다 호밀이 부작물로 적당하다.

해설
중북부지방 사일리지용 작부체계에서는 옥수수를 주작물로 하고 수확 후에 호밀이나 귀리(연맥) 또는 유채 등을 파종하는 것이 전형적이다.

78 초지가 환경개선에 기여하는 효과 중 가장 관계가 없는 것은?

① 수자원을 보호한다.
② 경관을 좋게 한다.
③ 공기를 정화시킨다.
④ 병해충을 방제한다.

79 화본과 사료작물 및 목초류의 예취 적기는?

① 생육 중기에서 수잉기 직전까지
② 수잉기 전에서 수잉기 사이
③ 수잉기에서 출수 초기 사이
④ 유숙기에서 완숙기 사이

80 다음 중 가축에서 소화율이 가장 낮은 세포벽 구성 물질은?

① 셀룰로스
② 펙틴
③ 전분
④ 가소화단백질

해설
세포벽 구성 물질 : 분해도가 높은 것부터 펙틴, 헤미셀룰로스, 셀룰로스, 리그닌 등이 있다.

제5과목 축산경영학 및 축산물가공학

81 비목 중 우유생산비에 가장 큰 영향을 미치는 항목은?

① 감가상각비   ② 자본이자
③ 노동비   ④ 사료비

82 대규모 경영의 성립조건에 해당되지 않은 것은?

① 경영자본의 조건
② 기후적 조건
③ 경영능력의 조건
④ 기술적 조건

해설
기후적 조건은 경영규모와 직접적인 관련이 없다.

83 가족노동비나 자기토지에 대한 지대 등과 같이 현금지출비용이 아닌 비목도 생산비에 포함되는데 이들 비목을 생산비에 포함시키는 것은 비용의 어떤 개념 때문인가?

① 기회비용   ② 명시비용
③ 평균비용   ④ 한계비용

해설
기회비용
- 어느 생산요소가 어느 특정생산에 투입되었을 때 그로 인해 포기되는 비용
- 가족노동비나 자기토지 지대 등과 같이 현금지출비용이 아닌 비목의 비용산정 시 적용되는 개념

정답 78 ④ 79 ③ 80 ① 81 ④ 82 ② 83 ①

84 다음 중 축산경영계획법의 종류가 아닌 것은?

① 예산법　　② 정률법
③ 표준계획법　④ 간접비교법

해설
축산경영계획법의 종류에는 표준계획법, 직접비교법, 예산법, 선형계획법, 적정이익법 등이 있다.

85 가경력(Arability)이 있는 토지에 관한 설명중 옳지 않은 것은?

① 배수(排水)가 잘되는 토지
② 보수력(保水力)이 강한 토지
③ 암반과 자갈이 많은 토지
④ 경토(耕土)가 깊고, 심토(深土)가 좋은 토지

해설
가경력이 있는 토지
- 배수가 잘되는 토지
- 보수력이 강한 토지
- 암반과 자갈 등이 없는 토지
- 경토가 깊고, 심토가 좋은 토지
- 조직구조가 양호한 토지
- 적당한 공극력이 있는 토지

86 어느 축산농가의 연간소득이 1,200만원이고, 노동투입시간이 400시간이라면 노동생산성은 시간당 얼마인가?

① 3만원　　② 5만원
③ 4만원　　④ 7만원

해설
$$\text{노동생산성} = \frac{\text{총생산액}}{\text{노동투입량}}$$
$$= \frac{1{,}200\text{만원}}{400\text{시간}} = 3\text{만원}$$

87 축산물의 생산비를 계산하는 원칙으로 틀린 것은?

① 생산비는 화폐가액으로 표시될 수 있어야 한다.
② 생산물을 생산하기 위하여 소비된 것이어야 한다.
③ 생산물을 생산하기 위해 구입한 사실이 있는 것만 포함해야 한다.
④ 정상적인 생산활동을 위해 소비된 것이어야 한다.

해설
생산비가 되기 위한 조건
- 생산비는 화폐가치로 표시할 수 있어야 한다.
- 생산비는 생산하고자 하는 축산물에 직접 소비되는 것이어야 한다.
- 생산비는 정상적인 생산활동을 위하여 소비된 것이어야 한다.

88 비육우의 두당 생산비가 100만원, 순수익이 200만원, 소득이 60만원일 때 소득률은?

① 20%　　② 30%
③ 60%　　④ 80%

해설
$$\text{소득률}(\%) = \frac{\text{소득}}{\text{조수익}} \times 100 = \frac{\text{소득}}{\text{순수익} + \text{생산비}} \times 100$$
$$= \frac{60\text{만원}}{200\text{만원} + 100\text{만원}} \times 100$$
$$= 20\%$$

84 ④　85 ③　86 ①　87 ③　88 ①

89 육우와 벼농사와 같이 일정한 자원으로 어느 한 생산물을 위해 자원을 증투함에 따라 다른 생산물의 생산에 증가하는 경우 이들 두 생산물을 무엇이라 하는가?

① 결합생산물
② 경합생산물
③ 보완생산물
④ 보합생산물

해설

보완생산물 : 생산요소의 일부를 한 생산물 생산에서 다른 생산물의 생산을 위해 사용함으로써 두 생산물이 모두 증가하는 생산물의 결합형태

90 다음의 고정자본재 감가상각비 계산 공식은 무슨 방법에 의한 것인가?

$$감가상각비 = \frac{고정자본재평가액 - 잔존가격}{내용연수}$$

① 정률법
② 잔액법
③ 정액법
④ 급수법

해설

정액법은 내용연수에 관계없이 감가상각비가 매년 균등하게 똑같은 액수로 상각한다.

91 다음 중 결합조직이 아닌 것은?

① 교원섬유
② 세망섬유
③ 탄성섬유
④ 근원섬유

해설

결합조직은 각종 조직과 조직, 또는 기관의 간격을 결합 또는 채우고 있는 조직으로 교원섬유, 탄성섬유, 세망섬유 등이 있다.

92 훈연성이 우수하고 직경이 작아 프랑크푸르트 소시지에 주로 사용하고 있는 인공 케이싱은?

① 천연장 케이싱
② 플라스틱 케이싱
③ 콜라겐 케이싱
④ 셀룰로스 케이싱

해설

④ 셀룰로스 케이싱 : 천연소재인 나무의 펄프를 이용해 만든 것으로 훈연성이 좋고 균일한 품질의 제품을 생산할 수 있어 프랑크푸르트 소시지와 같은 훈연·가열 소시지용으로 사용되며, 껍질을 벗겨 먹어야 하는 번거로움이 있어 대부분 제조공정 중 케이싱을 제거하여 판매한다.
① 천연장 케이싱 : 돼지나 양의 소장으로 만든 것으로, 소시지 반죽과의 밀착성이 우수해 식감이 좋고 그대로 먹을 수 있어 주로 건조 소시지용이나 생 소시지용으로 사용한다. 신축성이 없어 조리 중에 쉽게 파열되고 가격이 비싸다.
② 플라스틱 케이싱 : 플라스틱(합성수지) 케이싱은 가스차단성 때문에 숙성이나 발효를 거치는 소시지용으로는 사용할 수 없다.
③ 콜라겐 케이싱 : 콜라겐단백질을 이용하여 그대로 먹을 수 있어 생소시지용이나 비엔나 소시지, 푸랑크푸르트 소시지등으로 사용할 수 있고, 가스투과성이 높아 훈연 가열 소시지 제조 시 주로 사용된다. 또한 케이싱의 직경이나 강도를 쉽게 조절할 수 있어 주로 굵기가 얇은 소시지용으로 사용된다.

93 박테리아의 성장 중 새로운 서식환경에 적응하면서 최대의 분열을 시작하는 단계는?

① 사멸기　　② 대수기
③ 정체기　　④ 유도기

해설

박테리아 성장곡선
- 유도기(Lag Phase)
  - 새로운 환경에 적응하는 단계
  - 균수의 증가는 거의 없으나 새로운 환경에 적응하기 위해 필요한 다양한 인자를 합성
- 대수기(Exponential Phase)
  - 세포가 최대의 분열을 시작하는 단계
  - 균들의 화학・생리적 특징이 비슷해 연구에 주로 이용하는 시기
- 정체기(Stationary Phase, 정상기) : 총세포 농도는 일정한 값에 머무르며 2차 대사산물을 생산하는 단계
- 사멸기(Death Phase) : 균수는 감소하고 자기용해(Autolysis)가 일어나는 단계

94 젖산균 스타터의 활성저하 요인과 거리가 먼 것은?

① 항생물질(Antibiotic)
② 감미료(Sweetener)
③ 박테리오파지(Bacteriophage)
④ 세제(Detergent) 및 살균제(Disinfectant)

해설

젖산균 스타터 활성 저하 요인
- 산생성량 감퇴 : 잡균오염, 이상유 중의 Lactenin(생육저해물질), 항생물질, 세제 및 살균제, 지방산, 항균물질, 박테리오파지, 플라스미드 손실 등
- 풍미생성 부족
- 고산도
- 유청분리
- 가스발효
- 점질화
- 이상풍미생성

95 근원섬유단백질에 대한 설명으로 틀린 것은?

① 액틴 : 마이오신과 결합하여 액토마이오신을 형성하여 근수축을 일으킨다.
② 트로포마이오신 : 근원섬유의 굵은 필라멘트로 포마이오신 조절단백질로써 작용한다.
③ 마이오신 : 근원섬유단백질 중 가장 많이 함유된 단백질로 ATP 분해기능을 가지고 있다.
④ 트로포닌 : 액틴의 조절단백질로 트로포마이오신과 결합하여 액틴과 마이오신의 상호작용을 조절한다.

해설

가는 필라멘트는 액틴(Actin), 트로포닌(Troponin), 트로포마이오신(Tropomyosin)이라는 세 가지 단백질로 구성되어 있고, 굵은 필라멘트는 마이오신(Myosin)이라는 하나의 단백질로만 이루어져 있다.

96 식육의 전기자극(Electrical Stimulation) 효과가 아닌 것은?

① 히트링(Heat-ring) 생성
② 육색 향상
③ 저온단축 방지
④ 연도 증진

해설

전기자극의 효과 중 가장 두드러지는 것은 연도의 증진과 숙성효과의 증진을 들 수 있다. 전기자극을 통해 연도가 증진되는 것은 일반적으로 저온단축의 감소, 근육미세구조의 파괴 및 근육 내 단백질분해효소들의 자가소화력 증진으로 설명될 수 있다.

97 가당연유를 장기간 저장할 때 점도가 증가하고 젤리상의 응고물을 형성하는 품질결함은?

① 호정화 ② 우모화
③ 농후화 ④ 갈변화

> **해설**
> **농후화**
> 가당연유를 장기간 저장할 때 점도가 증가하고 젤리상의 응고물을 형성하는 현상으로 내용물이 겔(Gel)처럼 엉겨 붙어 물에 잘 풀리지 않으며 쉽게 변질된다.

98 포도당과 갈락토스가 결합된 2당류로써 주에너지 공급원으로 이용되는 우유의 이 성분의 함유량으로 옳은 것은?

① 55% ② 3.4%
③ 4.8% ④ 1.4%

> **해설**
> **유당(Lactose)** : 포도당과 갈락토스가 각각 1분자씩 결합된 2당류로 포유동물의 젖 속에 들어 있으며, 이는 우유 속에 약 4.6~4.9% 함유되어 있는 중요한 에너지원이다.

99 치즈의 일반적인 제조공정의 순서로 옳은 것은?

① 우유의 균질 → 살균 → Rennet 첨가 → 유청배제 → 커드의 절단
② 우유의 살균 → Rennet 첨가 → Starter 첨가 → 커드의 절단 → 유청배제
③ 우유의 살균 → Starter 첨가 → Rennet 첨가 → 커드의 절단 → 유청배제
④ 우유의 균질 → 살균 → Starter 첨가 → Rennet 첨가 → 커드의 절단 → 유청배제

100 도체온도가 높은 상태, 즉 가축 도살 후 1시간 이내에 발골하는 온도체가공의 효과가 아닌 것은?

① 원료육의 기능적 가공특성 증진
② 균일한 발색
③ 진공포장육의 육즙 손실 감소
④ 고기연도 증진

> **해설**
> **온도체 가공의 장단점**
> • 장 점
> – 원료육의 기능적 가공 특성 증진
> – 정육 수율의 감소방지
> – 진공포장 시 육즙손실 감소
> – 육색의 변화를 최대한 줄일 수 있다.
> • 단 점
> – 미생물 증식이 빨라질 수 있다.
> – 사후강직이 완료되기 전의 근육에서 저온단축현상 발생
> – 부분육 절단 시 고기의 손실이 크다.
> ※ 근육의 연도를 증진시키는 방법 : 저온숙성, 고온숙성, 골반골 현수, 전기자극법

정답 97 ③ 98 ③ 99 ③ 100 ④

2024년 제1회 최근 기출복원문제

제1과목 가축번식육종학

01 돼지의 생시체중은 2kg이고 출하 시 체중은 107kg이었으며 출하하는 데까지는 160일이 걸렸다고 한다. 이때의 일당증체량은?

① 0.66kg/일
② 0.76kg/일
③ 1.52kg/일
④ 1.50kg/일

해설
(107kg - 2kg)/160일 = 약 0.66kg/일

02 산란계의 개량 지수 중 알의 모양을 나타내는 지수는?

① 난중지수
② 난형지수
③ 난각지수
④ 난질지수

03 호르몬 작용의 특징으로 틀린 것은?

① 어떤 반응에 대해서도 에너지를 공급하지 않는다.
② 극히 적은 양으로도 기능을 발휘한다.
③ 혈류로부터 장시간 동안 소실되지 않는다.
④ 반응의 속도를 조절하고 새로운 반응을 일으키지 않는다.

해설
가축의 번식에 작용하는 호르몬의 특징
• 어떤 반응에 대해서도 에너지를 공급하지 않는다.
• 극히 적은 양으로도 기능을 발휘한다.
• 반응의 속도를 조절하고 새로운 반응을 일으키지 않는다.
• 혈류로부터 신속히 소실되지만 서서히 수시간 때로는 수일 후에 효과가 나타난다.
• 반감기가 짧다.
• 특정 수용체가 있다.
• 세포 간 생화학적 메커니즘을 조절한다.

04 젖소의 주요 경제형질이 아닌 것은?

① 번식효율
② 증체율
③ 체 형
④ 유지량

해설
젖소의 주요 경제형질
비유량, 유지율, 단백질-유당-무기질(PLM), 유단백질, 유지생산량, PLM 생산량, 유단백질 생산량, 전고형분 생산량, 사료효율, 유방염 저항성, 상유의 크기, 착유 시 유속, 생산수명, 번식효율, 체형평점

정답 1 ① 2 ② 3 ③ 4 ②

05 돼지의 발정징후에 해당하는 것은?

① 외음부에 주름이 나타난다.
② 사료섭취량이 증가한다.
③ 질 밖으로 점액을 분비한다.
④ 다른 돼지의 승가를 허용하지 않는다.

해설

돼지의 발정징후
- 외음부가 충혈되고 부어 오른다.
- 사료섭취량이 감소한다.
- 질 밖으로 점액을 분비한다.
- 다른 돼지의 승가를 허용한다.

06 근친교배의 이용 목적이 아닌 것은?

① 어떤 유전자를 고정하고자 할 때
② 특정개체와 혈연관계가 높은 자손을 생산하기 위해
③ 근교계통을 조성하여 근교계통 간 교잡으로 잡종강세를 얻기 위해
④ 근친교배를 통해 산란율, 수정율과 같은 생산능력을 높이고자 할 때

해설

근친교배의 이용
- 어떠한 유전자를 고정하려고 할 때
- 불량한 열성유전자나 치사유전자를 제거하려고 할 때
- 어떤 축군 내에서 특히 우수한 개체가 발견되어 그 개체와의 혈연관계가 높은 자손을 생산하려고 할 때
- 자본 부족으로 씨암가축이나 정액을 구입할 능력이 없는 경우
- 여러 가계를 만들어 가계선발을 통한 가축의 유전적 개량을 도모하기 위한 경우
- 근교계통을 만들어 계통 간 교배를 통한 잡종강세를 이용하기 위한 경우

07 3품종교잡으로 비육돈을 생산하기 위한 F_1잡종 암퇘지의 생산에 가장 많이 이용되는 어미돼지의 품종은?

① 대요크셔(♀) × 버크셔(♂)
② 대요크셔(♀) × 햄프셔(♂)
③ 랜드레이스(♀) × 대요크셔(♂)
④ 랜드레이스(♀) × 두록(♂)

08 인공수정에 대한 설명으로 옳은 것은?

① 숙련된 기술자와 특별한 기구 및 시설이 필요하지 않다.
② 수태율을 낮춰 비용을 절감할 수 있다.
③ 유전능력을 조기에 판정할 수 있다.
④ 1회 수정에 자연교배보다 시간이 적게 든다.

해설

① 숙련된 기술자와 특별한 기구 및 시설이 필요하다.
② 한 발정기에 2~3회 수정을 할 수 있어 수태율을 높인다.
④ 1회 수정에 자연교배보다 시간이 많이 든다.

09 육종가에 의하여 선발을 할 때 다음 조건 하에서 A돼지의 육종가는?

- 유전력 : 0.60
- A돼지의 일당 증체량 평균 : 1.20kg
- 모집단의 일당 증체량 평균 : 1.90kg

① 1.08kg ② 1.05kg
③ 1.62kg ④ 1.20kg

해설

$$\text{육종가} = \overline{X} + h^2(X - \overline{X})$$
$$= 1.20\text{kg} + 0.6(1.9\text{kg} - 1.2\text{kg})$$
$$= 1.62\text{kg}$$

정답 5 ③ 6 ④ 7 ③ 8 ③ 9 ③

10 소의 임신을 확인하기 위한 임신진단법이 아닌 것은?

① 직장검사법
② 초음파진단법
③ X선 조사법
④ 논리턴(Non-Return)법

해설
가축의 임신진단법(임상적 진단법)
외진법(Non-Return), 직장검사법, 질검사법, 초음파진단법 등

11 돼지의 교배적기로 옳은 것은?

① 수퇘지가 승가하는 것을 허용할 때
② 배란 후 2시간 이내
③ 발정을 오전 중에 발견한 경우 다음날 아침
④ 발정개시 후 10~25시간

해설
돼지의 교배적기는 수퇘지를 허용하기 시작한 시점으로부터 대략 10~26시간 동안(발정개시 후 10~25시간)에 교배 또는 수정을 실시하는 것이 수태율이 가장 높다.

12 다음 중 (1), (2), (3)에 들어갈 내용으로 알맞은 것은?

- 단백질계 호르몬은 분자량이 (1).
- 부신수질호르몬·갑상선호르몬 등은 분자량이 (2).
- 단백질계 호르몬은 원형질막을 통과할 수 (3).

① 1 : 작다, 2 : 작다, 3 : 있다
② 1 : 작다, 2 : 크다, 3 : 있다
③ 1 : 크다, 2 : 작다, 3 : 없다
④ 1 : 크다, 2 : 크다, 3 : 없다

13 분만 시 태아의 만출과 후산의 배출을 도와주는 호르몬은?

① 프로스타글란딘
② 에스트로겐
③ 프로게스테론
④ 옥시토신

해설
옥시토신(Oxytocin) : 포유동물의 유선에서 유즙을 배출시키고 분만 시에 자궁근을 수축시켜 태아를 만출시키는 기능을 수행한다.

14 비유량과 유지율 등의 비유능력에 대해 젖소 종모우를 선발할 때 적합하지 않은 방법은?

① 자매검정
② 개체선발
③ 혈통선발
④ 후대검정

정답 10 ③ 11 ④ 12 ③ 13 ④ 14 ②

15 선발에 의한 유전적 개량량을 크게 할 수 있는 방법이 아닌 것은?

① 선발차를 크게 한다.
② 세대간격을 짧게 한다.
③ 환경적 변이가 커야 한다.
④ 형질의 유전력이 커야 한다.

해설
③ 환경적 변이보다 상가적 유전변이가 커야 한다.

16 다음 중 가축의 육종에 대한 설명으로 가장 적절하지 않은 것은?

① 저도의 유전력범위는 30~50%이다.
② 표현형 상관은 유전상관과 환경상관으로 구분된다.
③ 선발강도는 선발차를 표현형 표준편차로 나눈 값이다.
④ 가축육종의 방법은 크게 선발과 교배방법으로 나눌 수 있다.

해설
유전력의 범위
• 저도 : 20% 이하일 때
• 중도 : 20~40%일 때
• 고도 : 40~50% 이상일 때

17 다음은 난자의 발달단계를 나타내는 모식도이다. A, B, C, D 단계 중 제2극체가 방출되는 단계는?

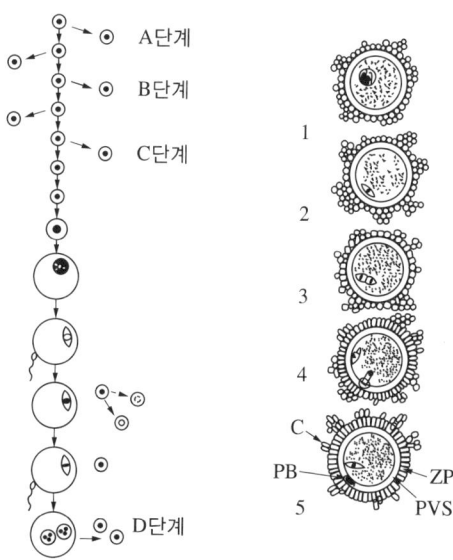

① C단계
② A단계
③ D단계
④ B단계

해설
D단계 : 제2극체의 방출시기 → 배란 후 수정이 되면서 (수정 직후) 제2성숙분열을 하고 제2극체를 방출한다.

18 가축의 분만에 있어서 자궁의 퇴축이 일어나는 시기는?

① 후산기
② 산욕기
③ 개구기
④ 만출기

해설
산욕기 : 분만 후 모체가 정상적인 상태로 회복되는 시기로 자궁퇴축, 자궁내막 재생, 발정재귀가 나타난다.

정답 15 ③ 16 ① 17 ③ 18 ②

19 광의의 유전력을 유전력(h^2)/전체분산 (σ_P^2)이라 할 때 협의의 유전력을 나타내는 것은?

① 우성분산(σ_D^2) / 전체분산(σ_P^2)
② 우성분산(σ_D^2) / 상위성분산(σ_I^2)
③ 상가적 유전분산(σ_A^2) / 상위성분산(σ_I^2)
④ 상가적 유전분산(σ_A^2) / 전체분산(σ_P^2)

해설
- 광의의 유전력 : 전체분산 또는 표현형 분산 중에서 유전분산이 차지하는 비율
- 협의의 유전력 : 전체분산 또는 표현형 분산 중에서 상가적 유전분산이 차지하는 비율

20 다음 중 생식기 전염병에서 오는 번식 장애는?

① 난소낭종
② 백색처녀우병
③ 브루셀라병
④ 프리마틴

해설
브루셀라병
감염 소의 생식기로부터 누출되는 배설물에 오염된 사료나 물의 세균을 섭취함으로써 전염되는 가장 일반적인 소의 생식기병으로 유산을 일으키는 특징이 있다.

제2과목 가축사양학

21 육탄당1인산회로에 의해서 생성되는 NADPH₂는 어디에서 중요하게 활용되는가?

① 지방 합성   ② 단백질 합성
③ 호르몬 합성 ④ 비타민 합성

해설
육탄당1인산회로
지방산 합성경로에 필요한 보조인자 NADPH₂는 육탄당1인산회로 과정에 의하여 생성된다.

22 곡류사료에 속하지 않는 것은?

① 귀 리   ② 수 수
③ 조   ④ 대 두

해설
곡류의 종류 : 옥수수, 밀, 수수, 보리, 호밀(호맥), 귀리(연맥) 등

23 닭의 에너지 이용과 관련된 내용으로 잘못 설명된 것은?

① 체중이 적을수록 에너지 이용효율이 높다.
② 에너지 소비량은 케이지보다 평사에 사육 시 더 많다.
③ 산란능력이 높은 닭이 낮은 닭보다 에너지 이용효율이 높다.
④ 체중이 가벼운 닭은 전체 에너지 소비량이 더 낮다.

19 ④ 20 ③ 21 ① 22 ④ 23 ②

24 케이지 육추 시 부화 후 4~7일령 병아리의 케이지 적정온도는?

① 21~25℃ ② 20℃ 내외
③ 38~40℃ ④ 32~35℃

해설
일반적인 육추 적온은 첫 일주일 동안 32~35℃이고, 그 이후 일주일에 약 3℃씩 낮추어 21~24일령에 최종 온도가 21~22℃에 도달하도록 한다.

25 다음 조건에서 산란계의 일일 총에너지 요구량은?

- 일일체유지 에너지 요구량 : 335kcal
- 일평균 산란율 : 70%
- 계란 1개 생산에 필요한 에너지 : 122kcal

① 430kcal ② 440kcal
③ 420kcal ④ 410kcal

해설
122 × 70% + 335 = 420.4kcal

26 체내 모든 세포에서 발견되는 아미노산으로 시스틴, 시스테인 및 메티오닌의 공통된 구성성분에 속하는 광물질은?

① 셀레늄(Se) ② 아연(Zn)
③ 마그네슘(Mg) ④ 황(S)

해설
필수아미노산 중 유황을 함유한 아미노산 : Cysteine, Methionine, Cystine

27 다음 중 분만 전·후에 젖소에게 일어나는 현상으로 가장 적절하지 않은 것은?

① 태아의 급격한 성장으로 에너지 요구량이 증가한다.
② 태아의 급격한 성장으로 단백질 요구량이 증가한다.
③ 분만 후 산유량과 체중이 증가한다.
④ 분만 시 사료섭취량이 감소하여 체지방이 손실된다.

해설
분만 후 체중감소, 급격한 산유량 증가에 따른 장기간의 영양적 부족상태로 되며 케토시스, 저칼슘증, 유열, 4위전위증 같은 질병을 경험하게 된다.

28 반추동물의 위 중에서 중탄산나트륨(중조)를 흡수하는 곳은?

① 벌집위 ② 주름위
③ 겹주름위 ④ 혹 위

해설
겹주름위
- 벌집위와 진위 사이에 있는 근엽이 잘 발달된 위로, 용적이 약 17L 정도이다.
- 근엽을 통해서 사료 내용물의 수분을 흡수하여 식괴를 형성하며, 분해가 잘된 위 내용물을 제4위로 넘어가도록 하는 체의 역할을 한다.

정답 24 ④ 25 ③ 26 ④ 27 ③ 28 ③

29 우리나라 한우 사양표준에서 제시하고 있지 않은 요구량은?
① DE(가소화에너지)
② NE(정미에너지)
③ ME(대사에너지)
④ TDN(가소화영양소총량)

해설
한국사양표준에서 사용하는 에너지단위 : TDN, DE, ME

30 동물체의 간과 근육에 주로 저장되어 있는 탄수화물의 형태는 어떤 것인가?
① 조섬유
② 콜레스테롤
③ 유 당
④ 글리코겐

31 다음 중 카로틴과 가장 관계가 깊은 비타민은?
① 비타민 A
② 비타민 C
③ 비타민 B_1
④ 비타민 D

해설
가축이 카로틴을 섭취하면 체내에서 비타민 A로 전환된다.

32 젖소가 분만 직후 혈액 내 칼슘이 부족하여 순환장해, 전신마비, 의식불명, 심하면 혼수상태에서 사망하게 하는 질병은?
① 산독증
② 케토시스
③ 그래스테타니
④ 유 열

해설
유 열
젖소에 주로 발생하는 대사성 질병으로 대부분 분만 시나 분만 직후에 발생하며 혈액 내 칼슘부족 등에 의한 순환장애, 전신마비, 의식불명 등의 증상을 보인다.

33 돼지에게 급여 시 체지방을 희고 단단하게 하는 사료는?
① 보 리
② 대두박
③ 어 분
④ 옥수수

해설
연지방 및 경지방 사료
• 연지방 사료 : 돼지에게 연지방을 공급함으로써 연한 지방의 생성을 촉진하는 사료
  예 낙화생박, 아마인박, 육분 등
• 경지방 사료 : 가축의 단단한 지방 생성을 유도하는 사료
  예 보리, 밀, 호밀, 야자박, 감자, 탈지유, 사탕무 등

정답 29 ② 30 ④ 31 ① 32 ④ 33 ①

34 우지와 같은 지방을 사료에 과도하게 첨가할 경우 일어날 수 있는 현상이 아닌 것은?

① 지방이 조섬유 입자를 피복하여 반추미생물에 의한 분해가 감소
② 미생물에 대해 독성을 나타냄으로써 미생물 균총 변화
③ 미생물의 세포막에 흡수되어 미생물의 작용을 억제
④ 지방산과 반추위 내 음이온과 결합하여 불용성의 비누 형성

35 다음 중 당밀에 많이 들어 있는 영양소는?

① 단백질   ② 비타민
③ 무기질   ④ 탄수화물

해설
100g의 당밀에는 약 74.73g의 탄수화물이 포함되어 있으며, 이는 대부분 자당, 포도당, 과당 등의 형태로 존재한다.

36 다음 영양소 중 한우의 비육 시 별도로 공급해주지 않아도 되는 것은?

① 비타민 A   ② 마그네슘
③ 비타민 D   ④ 리보플라빈

해설
반추가축에서는 리보플라빈이 제1위 내에서 합성되므로 부족한 일은 없으나 어린 가축에서는 제1위가 미발달 상태이므로 부족해지는 일이 있다.

37 우유 중 지방율이 높아지면, 함유비율이 낮아지는 성분은?

① 단백질   ② 유 당
③ 회 분   ④ 전고형물

38 곡류의 이용성을 높이기 위해 전분을 젤라틴화 할 목적으로 각종 가공처리가 실용화되었다. 이와 관계없는 것은?

① 수 침   ② 증기압편
③ 가압압편   ④ 건열처리가공

해설
수침(Soaking) : 사료원료 중의 단단한 알곡이나 조사료원을 적정시간 물에 담가두었다가 사료로 이용하는 방법이다.

39 육계의 에너지 요구량은 일반적으로 대사에너지(ME ; Metabolizable Energy)를 사용하는데, 그 이유가 아닌 것은?

① 사료 중 영양균형에 의한 영향이 많다.
② 측정방법이 비교적 쉽고 오차가 적다.
③ 닭의 품종 등 유전적 요인에 따라 크게 달라지지 않는다.
④ ME 값은 성장, 산란 등 닭의 능력과 상관관계가 높다.

정답 34 ④ 35 ④ 36 ④ 37 ② 38 ① 39 ①

40 돼지의 유지에 필요한 가소화에너지(DE)는 대사체중(0.75kg)당 114kg 정도이나 실제로는 약 20%를 증가시켜 운동량 등의 발열량을 고려한다. 이때 유지를 위한 돼지의 DE는?

① 130.8kcal/0.75kg
② 140.8kcal/0.75kg
③ 136.8kcal/0.75kg
④ 134.8kcal/0.75kg

해설
114 + (114 × 0.2) = 136.8kcal / 0.75kg

제3과목 축산경영학

41 축산경영의 4대 요소로만 구성된 것은?

① 토지, 농기구, 노동, 기후
② 토지, 자본, 노동, 경영기술
③ 기후, 가축, 자본, 수자원
④ 기후, 노동, 가축, 경영기술

해설
축산경영의 3대 요소 : 토지, 자본재, 노동력, (+4대 요소 : 경영기술)

42 우리나라 축산경영에서 생산비를 산출할 때 분류하는 노동체계는?

① 가족노동과 품앗이
② 품앗이와 고용노동
③ 자가노동과 가족노동
④ 자가노동과 고용노동

43 다음의 경우 우유 1kg당 생산비는?

조수입	우유수입(4,500kg)	1,340,000원
	부산물수입	389,000원
	계	1,729,000원
생산비	물재비	810,000원
	노임	340,000원
	자본용역비	255,000원
	토지용역비	33,000원
	계	1,438,000원

① 약 230원   ② 약 260원
③ 약 290원   ④ 약 320원

해설
우유 1kg당 생산비 = $\dfrac{\text{총생산비} - \text{부산물수입}}{\text{우유생산량}}$

= $\dfrac{1,438,000원 - 389,000원}{4,500kg}$

= 약 233원

44 생산비 중 기회비용(암묵비용)에 해당하는 것은?

① 가족노동비   ② 방역치료비
③ 이 자   ④ 감가상각비

해설
암묵비용 : 자기노동보수, 자기자본이자, 자기토지지대

정답 40 ③ 41 ② 42 ④ 43 ① 44 ③

45 다음에서 설명하는 시장의 개념은?

> (　　)은 생산자와 소비자의 수가 매우 많고, 생산자의 자유로운 진입과 이탈이 가능하다. 동질적인 축산물을 생산하기 때문에 상호대체성이 이루어지며 시장정보가 모든 참여자에게 전달된다. 물량 및 가격에 대해서 단합, 협정, 협의 또는 공공단체의 임시적인 개입이 없다.

① 독점시장
② 완전경쟁시장
③ 과점시장
④ 독점적 경쟁시장

46 다음 중 기업적 축산경영의 설명으로 옳지 않은 것은?

① 고용노동 중심의 형태를 취한다.
② 가족노동의 대가가 비용으로 계산한다.
③ 경영과 가계(家計)가 엄격히 분리된다.
④ 축산경영의 목적이 순이익보다는 소득의 극대화에 있다.

해설
기업적 축산경영의 특징은 고용노동에 의지한 상품생산의 최대화로 이윤을 극대화하는 것이다.
※ 가족단위의 축산경영
  • 자기소유 토지지대의 최대화
  • 자기자본이자의 최대화
  • 가족노동임금의 최대화

47 다음 중 축산소득의 산출 공식으로 옳은 것은?

① 조수익 + 생산비
② 조수익 + 경영비
③ 조수익 − 경영비 − 농외소득
④ 조수익 − 경영비 + 농외소득

해설
축산농가의 농가소득 계산방법
• 조수익 − 경영비
• 농업소득 + 농외소득
• 농업조수익 − 농업경영비 + 농외소득
• 농업조수익 × 소득률 + 농외소득
• 농업소득 + 농외수익 − 농외지출

48 다음 중 대차대조표 등식의 구성 요소는?

① 자산, 부채, 자본
② 자본, 토지, 손익
③ 자산, 수익, 자본
④ 자산, 부채, 가축

49 한우경영에서 농후사료 급여량을 2단위에서 4단위로 증가시키고 총증체량은 4단위에서 8단위로 증가하였을 때의 한계생산력은?

① 3
② 2
③ 1
④ 4

해설
$$한계생산 = \frac{추가 투입량으로 인한 증체량}{추가 투입량}$$
$$= \frac{(8-4)}{(4-2)}$$
$$= 2$$

정답 45 ② 46 ④ 47 ④ 48 ① 49 ②

50 다음 중 고정자본재에 해당되지 않는 것은?

① 축사
② 트랙터
③ 번식우
④ 사료

해설

고정자본재의 종류

무생	• 건물 및 부대시설 : 축사, 사일로, 사무실, 창고 등 • 대농기구 : 경운기, 트랙터, 착유기 등 • 토지 및 토지개량 : 관개·배수시설 등
유생	• 동물자본재 : 육우, 역우, 번식우, 번식돈, 종계, 채란계 등 • 식물자본재 : 영구초지 등

51 노동능률의 향상 방안이 아닌 것은?

① 작업의 표준화
② 작업의 다양화
③ 작업의 협업화
④ 작업의 분업화

해설

노동능률의 향상 방안
• 노동수단의 고도화 : 영농의 기계화 및 시설화
• 작업의 능률화 : 기계화 및 시설화, 작업방법의 표준화 및 작업의 간략화
• 작업의 분업화와 협업화 : 공동작업, 협업경영 실시 및 생산기술의 전문화를 통한 분업
• 노동배분의 평균화 : 노동자의 능력에 맞는 작업분담, 경영계획수립 시에도 동원가능한 노동력을 고려
• 토지조건의 정비 : 배수시설의 정비, 경지정리, 경지교환·분합, 농로정비

52 소고기 1kg을 생산하기 위하여 8.9kg의 사료량이 필요하다는 것은 축산경영의 일반적인 특징 중 어느 것에 해당하는가?

① 간접적 토지관계
② 3차적 생산의 성격
③ 물량감소의 성격
④ 생산물의 저장

해설

물량감소의 성격 : 물량은 감소하고 가치는 증대된다.

53 축산경영의 경제적 특징에 해당되지 않는 것은?

① 토지와 노동력 이용의 증진
② 농업경영의 안정화
③ 자금회전의 원활화
④ 농촌 수질의 개선

해설

축산경영의 경제적 특징
• 축산경영으로 인해 토지 이용률을 증진시킬 수 있다.
• 연중 노동의 균등한 투입으로 노동력 이용이 증진된다.
• 농업의 안정화에 기여한다.
• 경종농업 부산물을 이용한 농산물의 이용이 증진된다.

54 비용에 관한 공식으로 옳지 않은 것은?

① 평균비용 = 총비용 ÷ 총생산량
② 총비용 = 총고정비용 + 총유동비용
③ 한계비용 = 총비용증가분 ÷ 산출량증가분
④ 평균가변비용 = 산출량 ÷ 총가변비용

해설

④ 평균가변비용 = 총가변비용 ÷ 산출량

55 양돈농가가 1년 동안 돼지를 팔아 5천만원의 소득과 부산물인 분뇨를 비료로 팔아 1천만원의 소득을 얻었다. 돼지를 사육하는 데 투입된 총비용은 3천5백만원이다. 이 양돈농가의 총(조)수입은 얼마인가?

① 5천만원 ② 2천5백만원
③ 6천만원 ④ 1천5백만원

해설
축산조수입 = 주산물가액 + 부산물평가액

56 축산경영에서 공동조직의 원칙에 해당하지 않는 것은?

① 경합의 원칙
② 인화의 원칙
③ 유리성의 원칙
④ 민주화의 원칙

해설
축산경영에 있어서 공동조직을 지속적으로 유지하기 위해서는 경합의 원칙(경쟁의 원칙)은 배제되어야 한다.

57 농기계와 관련하여 경영비에 직접 계상하는 항목이 아닌 것은?

① 농기계 구입을 위한 매년 차입자본이자
② 매년 농기계 수선비용
③ 매년 농기계 감가상각비
④ 농기계 최초 구입비용

58 대규모 축산경영의 특징에 대한 설명으로 틀린 것은?

① 노동생산성을 향상시킬 수 있다.
② 자본생산성을 향상시킨다.
③ 대량구입 및 투입에 따라 비용 증가를 가져온다.
④ 단위당 고정자산액의 감소를 가져올 수 있다.

59 축산경영조직 결정 조건에서 경제적 조건에 해당 되지 않는 것은?

① 경영자의 성향
② 시장의 대·소
③ 생산요소와 생산물의 가격
④ 농장과 시장과의 경제적 거리

60 다음 중 축산경영 규모의 척도로 볼 수 없는 것은?

① 사료작물 재배면적
② 가축사육 두수
③ 경영자 연령
④ 고정자본 투자액

정답 55 ③ 56 ① 57 ④ 58 ③ 59 ① 60 ③

제4과목 사료작물학

61 목초는 다양한 방법에 의하여 번식을 한다. 다음 목초 중 지하경이나 포복경 없이 종자에 의해서만 번식하는 목초는?

① 톨페스큐
② 리드카나리그라스
③ 스무드브롬그래스
④ 오처드그라스

해설
오처드그라스
- 30~40개 이상의 줄기가 한 포기를 형성하는 전형적인 다발형 목초이다.
- 지하경이나 포복경이 없어 다발을 형성한다.
- 잎은 잔털이 없고 생육 초기에는 접혀 있으며, 너비는 2~8mm이고, V자 모양으로 접혀 있다.

62 사료용 옥수수의 병충해가 아닌 것은?

① 조명나방 ② 엔도파이트 진균
③ 거세미나방 ④ 멸강나방

63 윤작의 장점이 아닌 것은?

① 토양 중의 양분을 최대한 이용할 수 있다.
② 파종시기를 임의로 결정할 수 있다.
③ 토양 전염성 병충해의 발생을 줄일 수 있다.
④ 수량의 감소를 막을 수 있다.

해설
여러 작물이 같은 경작지에서 윤작 작부체계에 따라 재배되면 각 작물은 토양을 각각의 성장습성에 맞추어 이용할 것이고, 따라서 양분결핍의 위험이 줄어든다.

64 다음 중 혼파조합의 기본원칙으로 옳지 않은 것은?

① 혼파되는 초종은 서로 경합능력이 비슷해야 한다.
② 혼파에는 화본과 1종과 콩과 1종은 최소한 조합되어야 한다.
③ 초종수를 가급적 많게 하는 것이 좋으며 10종 이상으로 한다.
④ 기호성이 비슷한 초종끼리 조합시킬수록 유리하다.

해설
③ 단순혼파조합이 되어야 하며 4종 이상 혼파하지 않는다.
혼파조합의 기본원칙
- 최소한 콩과 1초종과 화본과 1초종이 혼파되어야 한다.
- 단순혼파조합이 되어야 하며 4종 이상 혼파하지 않는다.
- 기호성(방목)이나 경합력이 너무 차이가 나지 않도록 한다.
- 초기 정착을 고려하여 방석형 초종을 혼파한다.
- 조성 초기 수량 정착 후 수량 및 지속성을 고려한다.
- 의도된 목적에 맞도록 관리되어야 한다.
- 화본과와 두과의 비율을 7 : 3으로 유지한다.

65 기후 및 토양적으로 적응범위가 가장 넓은 목초는?

① 티머시
② 톨페스큐
③ 오처드그라스
④ 이탈리안라이그래스

정답 61 ④ 62 ② 63 ② 64 ③ 65 ②

66 다음에서 설명하는 사료용 작물은?

- 일년생 및 월년생의 화본과 작물로서 초장이 100cm 내외이며, 봄에 분얼이 왕성하고 잎의 표면에 광택이 있다.
- 출수기 이후에도 잎이 많아 사료품질이 우수하고 가축 기호성이 높으나 내한성이 낮아 남부지방에서 주로 재배된다.

① 연맥(귀리)
② 호 밀
③ 보 리
④ 이탈리안라이그래스

67 사일리지 제조 시 유산발효 촉진을 위한 첨가물은?

① 당 밀
② AIV액
③ 개미산
④ 폼알데하이드

해설
발효촉진제 : 당밀, 섬유분해효소

68 원산지가 유럽인 콩과 목초로 산성토양에 잘 견디는 목초는?

① 켄터키블루그래스
② 티머시
③ 알사이크클로버
④ 톨페스큐

69 사일리지의 호기적 변패(2차 발효)에 관한 설명으로 옳은 것은?

① 사일리지를 급여하기 위해 개봉 후 혐기성 조건이 깨지면서 호기성 세균에 의해 각종 성분이 분해되는 것
② 사일리지 조제과정 중 식물체의 호흡 등에 의해 혐기조건이 조성되어 유산균의 활동이 가장 활발해지는 단계
③ 충진직후 효모, 곰팡이 등 호기성 세균에 의해 수용성 당분이 분해되는 것
④ 잉여수분이 배출되어 고수분상태에서 발생하는 변패

해설
사일리지 2차 발효
사일리지가 호기적 조건에 노출되어 효모 및 곰팡이의 번식에 의해서 재발효하는 현상으로 호기적 변패라고도 한다.

70 방목지에서의 가축은 목초를 채식하는 것과 함께 분뇨를 배설하게 되고 분뇨가 떨어진 주변은 채식하지 않아서 다른 곳보다 목초가 무성하게 되는데, 이러한 곳을 무엇이라 하는가?

① 청소베기
② 불식과번지
③ 윤 작
④ 주위작

해설
① 청소베기 : 방목지에서 방목한 후 소가 먹지 않은 풀을 베어내는 것
③ 윤작 : 한 경작지에 여러 가지의 다른 농작물을 돌려가며 재배하는 경작법
④ 주위작 : 포장의 주위에 포장 내의 작물과 다른 작물들을 재배하는 것

정답 66 ④ 67 ① 68 ③ 69 ① 70 ②

71 사일리지용 옥수수 재배기술을 서술한 것 중 가장 올바르게 설명한 것은?

① 가능한 한 파종시기를 늦게 한다.
② 모든 품종은 파종량을 늘릴수록 수량이 많다.
③ 인력 및 기계 파종간격은 최대한 좁게 한다.
④ 사질토양은 다른 토양보다 파종깊이를 깊게 한다.

해설
사일리지용 옥수수 재배기술
- 파종시기 : 옥수수는 가능한 일찍 파종해야 한다.
- 파종량 : 방목 및 청예용으로 산파를 할 경우 50kg/ha로 하고 사일리지용으로 재배할 경우 옥수수 파종기를 사용하여 약 70cm 폭으로 조파한다. 파종간격은 10cm에 2~5개 종자가 떨어지면 적당하며 파종량은 20~30kg/ha로 한다.
- 파종간격 : 이랑폭 70~75cm, 포기 사이 15~20cm

72 답리작으로 수확량이 가장 높은 사료작물은?

① 이탈리안라이그래스
② 오처드그라스
③ 호밀
④ 청예연맥(귀리)

해설
이탈리안라이그래스는 우리나라 남부지방에서 답리작(논 뒷그루) 사료작물로써 가장 많이 재배·이용하고 있다.

73 일반적으로 사일리지의 건물손실률이 가장 높을 것으로 예상되는 사일로는?

① 기밀사일로
② 벙커사일로
③ 스태크사일로
④ 콘크리트 원통형 사일로

해설
스태크사일로
- 지면에 두꺼운 비닐을 깔고 사일리지 재료를 쌓은 다음, 주위를 다시 두꺼운 비닐로 덮어 두는 것이다.
- 필요에 따라 어떤 장소에나 설치할 수 있고, 시설비가 필요 없는 장점이 있다.
- 밀폐상태로 보존할 수 없어서 폐기량이 많으며, 사일로 중 건물손실률이 가장 높다(30~35%).

74 비료를 가장 많이 요구하는 사료작물은?

① 호밀
② 유채
③ 연맥(귀리)
④ 사일리지용 옥수수

75 다음 화본과 목초 중 더위에 가장 잘 견디는 것은?

① 티머시
② 수단그라스
③ 리드카나리그라스
④ 켄터키블루그래스

해설
①·③·④ 티머시, 리드카나리그라스, 켄터키블루그래스는 주로 서늘한 계절에 적합한 한지형 작물로, 더위에 대한 내성이 상대적으로 낮다.

76 우리나라의 농업부산물 중 조사료로 가장 많이 이용하는 것은?

① 고구마 줄기
② 옥수수대
③ 보릿짚
④ 볏 짚

77 사료작물을 형태에 따라 분류할 때 화본과에 속하지 않는 것은?

① 옥수수
② 오처드그라스
③ 유 채
④ 톨페스큐

해설

사료작물의 형태에 의한 분류

형태상의 분류	사료작물의 종류
벼과(화본과)	일반 벼과 목초류(호밀, 수수 등), 화곡류(Cereals), 잡곡류, 피 등
콩과(두과)	클로버류, 베치류, 콩류, 알팔파류, 자운영 등
십자화과	유채, 무, 배추, 갓, 순무 등
국화과	해바라기, 돼지감자
기 타	고구마 줄기 등

78 사일리지용 옥수수의 최적 절단 길이는?

① 1~2cm
② 8~10cm
③ 6~8cm
④ 3~5cm

해설

사일리지용 옥수수의 절단 길이는 1~2cm 정도가 적합하다. 길이가 너무 짧은 경우 입자 사이의 공간이 많아져 발효가 불균일해지고, 소화율·유지율이 감소하며, 너무 길게 절단하면 표면적이 작아져 발효가 느려지고, 섭취하기에 불편해 섭취량이 줄어들 수 있다.

79 방목 및 예취가 초지에 미치는 영향에 대한 설명으로 틀린 것은?

① 방목 때에는 불규칙하게 베어지나 기계로 벨 때에는 최소한의 높이로 베어진다.
② 연속 방목할 경우에는 짧은 기간에 계속해서 이용되는 경우도 있으나 기계로 벨 때에는 일정한 재생기간을 가진다.
③ 방목할 때에는 이용횟수가 많아지고 가축의 이가 닿을 수 있는 곳까지 이용되나 예취할 때에는 일정한 높이를 유지할 수 있다.
④ 방목할 때에는 상번초가 유리하고 예취할 때에는 일정한 높이를 유지할 수 있다.

80 우리나라에서 알팔파 재배 시 제한요인이 아닌 것은?

① 토양의 산성
② 월동 불가능
③ 붕소의 결핍
④ 근류균의 부재

해설

우리나라는 토양의 산도가 높고 습도가 높아서 알팔파의 재배가 어려운 것으로 알려져 있다.

정답 76 ④ 77 ③ 78 ① 79 ④ 80 ②

참 / 고 / 문 / 헌

- 국립축산과학원 축산기술정보 http://www.nias.go.kr
- 전국한우협회 한우자료실 http://ihanwoo.org
- 농협젖소개량사업소 http://www.dcic.co.kr
- 대동테크 http://www.ddtech.co.kr
- 전북한우협동조합 http://www.jbhanwoo.com
- 한돈정보포털 http://data.han-don.com
- 국가법령정보센터 http://www.law.go.kr

2012년 개정판 축산경영학
    공저 류제창, 김정주, 곽영태, 김석은, 양형조, 우영균, 이종인, 장경만, 정장용, 조성균
    발행처 : 선진문화사

2017년 이홍구, 김경훈, 김덕임, 김명화, 김석은, 김종민, 서건호, 안희권, 임연수, 조원모
    공저 한우사육 Ⅰ, Ⅱ
    심금섭, 송준익, 안제국, 이오형, 한동운 공저 돼지사육 Ⅰ, Ⅱ, Ⅲ
    김상호, 권순관, 김은집, 김형식, 노환국, 송준익, 최희철 공저 가금사육 Ⅰ, Ⅱ, Ⅲ
    발행처 : 교육부 한국직업능력개발원

2017년 가학현, 김희발, 서강석, 이창규, 장종수, 진동일, 한재용 공저 가축의 개량과 번식
    안종건, 장종수, 김유용 공저 가축사양학 Ⅰ
    이효원, 김현섭, 장종수 공저 가축사양학 Ⅱ
    정천용, 김유용 공저 가축영양학
    이효원, 김유용, 장종수 공저 사료학
    이효원, 김창호, 김종덕 공저 초지학
    김용택 저 농업경영학
    이효원, 장종수, 고한종 공저 축산학
    발행처 : 한국방송통신대학교출판문화원

축산기사·산업기사 필기 한권으로 끝내기

개정7판1쇄 발행	2025년 01월 10일 (인쇄 2024년 11월 11일)
초 판 발 행	2018년 06월 05일 (인쇄 2018년 04월 03일)
발 행 인	박영일
책 임 편 집	이해욱
편 저	최광희
편 집 진 행	윤진영·장윤경
표지디자인	권은경·길전홍선
편집디자인	정경일·심혜림
발 행 처	(주)시대고시기획
출 판 등 록	제10-1521호
주 소	서울시 마포구 큰우물로 75 [도화동 538 성지 B/D] 9F
전 화	1600-3600
팩 스	02-701-8823
홈 페 이 지	www.sdedu.co.kr
I S B N	979-11-383-7992-2(13520)
정 가	36,000원

※ 저자와의 협의에 의해 인지를 생략합니다.
※ 이 책은 저작권법의 보호를 받는 저작물이므로 동영상 제작 및 무단전재와 배포를 금합니다.
※ 잘못된 책은 구입하신 서점에서 바꾸어 드립니다.

www.sdedu.co.kr   **시대에듀**

합격을 앞당기는 시대에듀의
축산 분야 시리즈

현 축산물품질평가원
축산마케터 감수!

식육처리기능사
한권으로 끝내기
- 필기 핵심요약 및 실기 컬러사진 수록
- 12개년 기출복원문제로 최종 마무리
- 4×6배판 / 28,000원

가축인공수정사
전문가 집필!

가축인공수정사
필기+실기 한권으로 끝내기
- 국립축산과학원의 출제기준 완벽 반영
- 실기 핵심요약 및 예상문제 수록
- 4×6배판 / 35,000원

국가공인 경매사 합격을 위한
초단기 공략 기법!

농·축·수산물 경매사
한권으로 끝내기
- 과목별 핵심이론+적중예상문제 구성
- 최신 개정법령 완벽 반영
- 4×6배판 / 39,000원

학점은행 기사 20학점,
산업기사 16학점 인정!

축산기사·산업기사
필기 한권으로 끝내기
- 최신 출제기준 완벽 반영
- 핵심이론+적중예상문제+기출(복원)문제 구성
- 4×6배판 / 36,000원

농업고등학교 교사가 집필한
완전 학습서!

축산기사·산업기사
실기 한권으로 끝내기
- 핵심만 담은 과목별 핵심이론
- 적중예상문제와 기출복원문제로 최종 마무리
- 4×6배판 / 28,000원

※ 도서의 구성 및 이미지와 가격은 변경될 수 있습니다.

산림·조경 국가자격 시리즈

산림기능사 필기 한권으로 끝내기
최근 기출복원문제 및 해설 수록
- 빨리보는 간단한 키워드 : 시험 전 필수 핵심 키워드
- 최고의 산림전문가가 되기 위한 필수 핵심이론
- 적중예상문제와 기출복원문제를 자세한 해설과 함께 수록
- 4×6배판 / 592p / 28,000원

산림기사·산업기사 필기 한권으로 끝내기
최근 기출복원문제 및 해설 수록
- 한권으로 산림기사·산업기사 대비
- 〈핵심이론 + 적중예상문제 + 과년도, 최근 기출복원문제〉의 이상적인 구성
- 농업직·환경직·임업직 공무원 특채 응시자격 및 공채시험 가산점 인정
- 기사 20학점, 산업기사 16학점 인정
- 4×6배판 / 1,172p / 45,000원

식물보호기사·산업기사 필기 한권으로 끝내기
- 한권으로 식물보호기사·산업기사 필기시험 대비
- 〈핵심이론 + 적중예상문제 + 과년도, 최근 기출복원문제〉의 최적화 구성
- 농업직·환경직·임업직 공무원 특채 응시자격 및 공채시험 가산점 인정
- 기사 20학점, 산업기사 16학점 인정
- 4×6배판 / 980p / 37,000원

도서구입 및 내용문의 1600-3600

전문 저자진과 **시대에듀**가 제시하는

합.격.전.략 코디네이트

조경기능사 필기 한권으로 끝내기
최근 기출복원문제 및 해설 수록
- 빨리보는 간단한 키워드 : 시험 전 필수 핵심 키워드
- 필수 핵심이론 + 출제 가능성 높은 적중예상문제 수록
- 각 문제별 상세한 해설을 통한 고득점 전략 제시
- 조경의 이해를 돕는 사진과 이미지 수록
- 4×6배판 / 828p / 29,000원

유튜브 무료 특강이 있는 조경기사·산업기사 필기 한권으로 합격하기
최근 기출복원문제 및 해설 수록
- 중요 핵심이론 + 적중예상문제 수록
- '기출 Point', '시험에 이렇게 나왔다'로 전략적 학습방향 제시
- 저자 유튜브 채널(홍선생 학교가자) 무료 특강 제공
- 4×6배판 / 1,304p / 42,000원

조경기사·산업기사 실기 한권으로 끝내기
도면작업 + 필답형 대비
- 사진과 그림, 예제를 통한 쉬운 설명
- 각종 표현기법과 설계에 필요한 테크닉 수록
- 최근 기출복원 도면 수록
- 저자가 직접 작도한 도면 다수 포함
- 국배판 / 1,020p / 40,000원

※ 도서의 구성 및 가격은 변동될 수 있습니다.

산림/조경/농림 국가자격 시리즈

도서명	판형 / 가격
산림기사 · 산업기사 필기 한권으로 끝내기	4×6배판 / 45,000원
산림기사 필기 기출문제해설	4×6배판 / 24,000원
산림기사 · 산업기사 실기 한권으로 끝내기	4×6배판 / 25,000원
산림기능사 필기 한권으로 끝내기	4×6배판 / 28,000원
산림기능사 필기 기출문제해설	4×6배판 / 25,000원
조경기사 · 산업기사 필기 한권으로 합격하기	4×6배판 / 42,000원
조경기사 필기 기출문제해설	4×6배판 / 35,000원
조경기사 · 산업기사 실기 한권으로 끝내기	국배판 / 40,000원
조경기능사 필기 한권으로 끝내기	4×6배판 / 29,000원
조경기능사 필기 기출문제해설	4×6배판 / 25,000원
조경기능사 실기 [조경작업]	8절 / 26,000원
식물보호기사 · 산업기사 필기 한권으로 끝내기	4×6배판 / 37,000원
5일 완성 유기농업기능사 필기	8절 / 20,000원
농산물품질관리사 1차 한권으로 끝내기	4×6배판 / 40,000원
농산물품질관리사 2차 필답형 실기	4×6배판 / 31,000원
농 · 축 · 수산물 경매사 한권으로 끝내기	4×6배판 / 39,000원
축산기사 · 산업기사 필기 한권으로 끝내기	4×6배판 / 36,000원
축산기사 · 산업기사 실기 한권으로 끝내기	4×6배판 / 28,000원
가축인공수정사 필기 + 실기 한권으로 끝내기	4×6배판 / 35,000원
Win-Q(윙크) 화훼장식기능사 필기	별판 / 22,000원
Win-Q(윙크) 유기농업기사 · 산업기사 필기	별판 / 35,000원
Win-Q(윙크) 유기농업기능사 필기 + 실기	별판 / 29,000원
Win-Q(윙크) 종자기사 · 산업기사 필기	별판 / 32,000원
Win-Q(윙크) 종자기능사 필기	별판 / 24,000원
Win-Q(윙크) 원예기능사 필기	별판 / 25,000원
Win-Q(윙크) 버섯종균기능사 필기	별판 / 21,000원
Win-Q(윙크) 축산기능사 필기 + 실기	별판 / 24,000원
유튜버 홍선생 조경기능사 필기 가장 빠른 합격	별판 / 25,000원